QUÍMICA DE ALIMENTOS DE **FENNEMA**

Equipe de tradução desta edição:
Adriano Brandelli (*Capítulos 1 e 4*); Alessandro de Oliveira Rios (*Capítulos 8-11, 15*);
Cristina Fumagalli Mantovani (*Iniciais e Capítulos 2, 6, 7, 12*); Jane Maria Rübensam (*Capítulos 3 e 14*);
Luís Fernando Marques Dorvillé (*Capítulo 5 e índice*); Nathalie Almeida Lopes (*Capítulos 13 e 16*).

Equipe de tradução da 4ª edição:
Adriano Brandelli (*Capítulos 1, 4, 6, 11, 17 e 18*); Alessandro de Oliveira Rios (*Capítulos 7, 8, 9 e 10*);
Ana Lyl Oliveira de Carvalho (*Capítulos 12 e 16*); Florencia Cladera-Olivera (*Capítulos 2, 13 e 14*);
Itaciara Nunes (*Capítulos 5 e 15*); Plinho Francisco Hertz (*Capítulo 3*).

D163q   Damodaran, Srinivasan.
            Química de alimentos de Fennema / Srinivasan
        Damodaran, Kirk L. Parkin ; tradução Adriano Brandelli ... [et
        al.] ; revisão técnica: Adriano Brandelli. – 5. ed. – Porto
        Alegre : Artmed, 2019.
            xvi, 1104 p. ; 25 cm.

            ISBN 978-85-8271-545-1

            1. Química – Alimentos. I. Parkin, Kirk L. II. Título.

                                        CDU 664:54

Catalogação na publicação: Karin Lorien Menoncin – CRB 10/2147

Srinivasan
DAMODARAN

Kirk L.
PARKIN

QUÍMICA DE ALIMENTOS DE **FENNEMA**

5ª EDIÇÃO

Revisão técnica:

Adriano Brandelli

Químico industrial. Professor titular da Universidade Federal do Rio Grande do Sul (UFRGS).
Doutor em Ciências Químicas pela Universidade de Buenos Aires.

Reimpressão 2022

artmed

2019

Obra originalmente publicada sob o título
Fennema's food chemistry, 5th edition
ISBN 9781482208122
All Rights Reserved. Authorised translation from the English language edition published by CRC Press, a member of the Taylor & Francis Group LLC.
Copyright © 2017 CRC Press.

Gerente editorial: *Letícia Bispo de Lima*

Colaboraram nesta edição:

Editora: *Mirian Raquel Fachinetto*

Capa: *Márcio Monticelli*

Preparação de originais: *Antonio Aparecido Palma Filho, Madi Pacheco, Soraya Imon de Oliveira*

Leitura final: *Marquieli de Oliveira*

Editoração: *Techbooks*

Reservados todos os direitos de publicação, em língua portuguesa, à
ARTMED EDITORA LTDA., uma empresa do GRUPO A EDUCAÇÃO S.A.
Av. Jerônimo de Ornelas, 670 – Santana
90040-340 Porto Alegre RS
Fone: (51) 3027-7000   Fax: (51) 3027-7070

Unidade São Paulo
Rua Doutor Cesário Mota Jr., 63 – Vila Buarque
01221-020 São Paulo SP
Fone: (11) 3221-9033

SAC 0800 703-3444 – www.grupoa.com.br

É proibida a duplicação ou reprodução deste volume, no todo ou em parte, sob quaisquer formas ou por quaisquer meios (eletrônico, mecânico, gravação, fotocópia, distribuição na Web e outros), sem permissão expressa da Editora.

IMPRESSO NO BRASIL
PRINTED IN BRAZIL

Sobre os autores

Srinivasan Damodaran é professor de Química de Alimentos da University of Wisconsin–Madison. Organizador do livro *Food proteins and lipids* (Plenum Press) e co-organizador do livro *Food proteins and their applications* (com Alain Paraf) (Marcel Dekker, Inc.). Possui 12 patentes registradas e mais de 157 artigos profissionais em sua área de pesquisa, que inclui química de proteínas, enzimologia, ciência superficial e coloidal, tecnologias de processo e polímeros biodegradáveis industriais. É membro da Agriculture and Food Chemistry Division da American Chemical Society. No outono de 2016, Damodaran foi escolhido para ser o primeiro destinatário do prêmio *Cátedra em Química dos Alimentos Owen R. Fennema*, propiciado por doações privadas cujo objetivo é o de honrar e preservar o legado de realizações pessoais do Dr. Fennema. Ele também faz parte do conselho editorial da Revista *Food Biophysics*.

Damodaran é Bacharel (1971) em Química pela University of Madras, Madras (agora Chennai), Índia; Mestre (1975) em Tecnologia de Alimentos pela Mysore University, Mysore, Índia; e Doutor (1981) pela Cornell University, Ithaca, New York, EUA.

Kirk L. Parkin é professor do Departamento de Ciência dos Alimentos da University of Wisconsin–Madison, fazendo parte de seu corpo docente há mais de 31 anos. Seus interesses em pesquisa e ensino se concentram em torno da química e da bioquímica de alimentos. Possui três patentes registradas e cerca de 110 publicações especializadas nas áreas de bioquímica de alimentos marinhos, fisiologia pós-colheita e processamento de frutas e produtos de origem vegetal, enzimologia fundamental e aplicada e compostos de alimentos de origem botânica potencialmente bioativos e promotores da saúde. Foi diretor de Pesquisa do Processamento de Vegetais do College of Agricultural and Life Sciences Fritz Friday durante grande parte dos últimos 19 anos, além de ter sido eleito membro da Agricultural and Food Chemistry Division da American Chemical Society em 2003. É também editor associado do *Journal of Food Science* e membro do conselho editorial da *Food Research International*.

Parkin é Bacharel (1977) e Doutor (2003) em Ciência dos Alimentos pela University of Massachusetts Amherst; e Mestre (1979) em Ciência dos Alimentos pela University of California, Davis, EUA.

Coautores

Chi-Tang Ho
Department of Food Science
Rutgers University
New Brunswick, New Jersey

Christopher B. Watkins
School of Integrative Plant Science
Cornell University
Ithaca, New York

David Julian McClements
Department of Food Science
University of Massachusetts
Amherst, Massachusetts

David S. Horne
Center for Dairy Research
University of Wisconsin–Madison
Madison, Wisconsin

Dennis D. Miller
Department of Food Science
Cornell University
Ithaca, New York

Eric Andrew Decker
Department of Food Science
University of Massachusetts
Amherst, Massachusetts

Gale M. Strasburg
Department of Food Science
and Human Nutrition
Michigan State University
East Lansing, Michigan

Hang Xiao
Department of Food Science
University of Massachusetts
Amherst, Massachusetts

James N. BeMiller
Department of Food Science
Purdue University
West Lafayette, Indiana

Jesse F. Gregory III
Food Science and Human Nutrition
University of Florida
Gainesville, Florida

Jessica L. Cooperstone
The Ohio State University
Columbus, Ohio

Joachim H. von Elbe
University of Wisconsin–Madison
Madison, Wisconsin

Kerry C. Huber
Department of Animal and Food Science
Brigham Young University–Idaho
Rexburg, Idaho

M. Monica Giusti
Department of Food Science
The Ohio State University
Columbus, Ohio

Morgan J. Cichon
The Ohio State University
Columbus, Ohio

Owen R. Fennema

Pieter Walstra
Wageningen Agricultural University
Wageningen, the Netherlands

Robert C. Lindsay
University of Wisconsin–Madison
Madison, Wisconsin

Steven J. Schwartz
The Ohio State University
Columbus, Ohio

Ton van Vliet
Wageningen Agricultural University
Wageningen, the Netherlands

Youling L. Xiong
Department of Animal and Food Sciences
University of Kentucky
Lexington, Kentucky

Prefácio

Bem-vindo à 5ª edição de *Química de alimentos de Fennema*. O intervalo de 11 anos entre as edições levou à transição de colaboradores e significativas modificações de conteúdo em razão de suas novas experiências, bem como das descobertas oriundas de mais de uma década de pesquisas e desenvolvimentos. Novos coautores contribuíram para os capítulos sobre Relações entre água e gelo nos alimentos, Corantes, Substâncias bioativas: nutracêuticas e tóxicas, Características do leite e Fisiologia pós-colheita de tecidos vegetais comestíveis. Os capítulos Interações físicas e químicas dos componentes dos alimentos e Impacto da biotecnologia sobre suprimento e qualidade dos alimentos, publicados na 4ª edição, foram desta vez suprimidos. No entanto, algumas coisas nunca mudaram: Dr. Robert Lindsay foi o único autor do capítulo Aditivos alimentares em todas as cinco edições (na 1ª edição, foi chamado Outros componentes desejáveis dos alimentos) e do capítulo Sabor desde a 2ª edição.

Somos muito gratos pelos esforços dos autores em preparar a 5ª edição, pela seriedade e dedicação investidas tanto nas revisões como nas reescritas completas de capítulos com vistas a atualizar o conteúdo da obra.

Infelizmente, muitos de vocês já sabem, Dr. Owen R. Fennema nos deixou em agosto de 2012. Sir Isaac Newton disse: "Se eu vi mais longe, foi por estar sobre os ombros de gigantes". Privilegiados por ter nossas vidas tocadas por Owen, nos beneficiamos de sua percepção, a qual nos permitiu ver mais longe do que poderíamos fazê-lo sozinhos. Ele também nos inspirou pela sua conduta como cientista, profissional e ser humano. Assim, esta 5ª edição é dedicada ao Dr. Owen R. Fennema: nesse contexto, compartilhamos com você dois documentos, reproduzidos nas próximas páginas.

Srinivasan Damodaran e Kirk L. Parkin

Memorial do corpo docente da University of Wisconsin–Madison

SOBRE O FALECIMENTO DO PROFESSOR EMÉRITO OWEN R. FENNEMA

O professor emérito Owen R. Fennema, 83 anos, de Middleton, faleceu devido a complicações decorrentes de um câncer na bexiga, cercado por familiares, na quarta-feira, 1º de agosto de 2012, no Agrace Hospice Care. Owen nasceu em 23 de janeiro de 1929, em Hinsdale, Illinois, filho de Nicolas (proprietário de uma fábrica de laticínios) e Fern (First) Fennema. Mudou-se para Winfield, Kansas, e concluiu o ensino médio em 1946. Conheceu sua amada esposa, Elizabeth (nome de solteira Hammer), no ensino médio e casaram-se em 22 de agosto de 1948.

Owen frequentou a Kansas State University, obtendo o grau de Bacharel em Indústria de Laticínios em 1950, e já completando o mestrado em Indústria de Laticínios na University of Wisconsin–Madison em 1951. De 1951 a 1953, serviu como 2º tenente no Exército dos EUA, baseado em Fort Hood, Texas. Ele e Elizabeth se mudaram para Minneapolis em 1953, onde Owen trabalhou no Departamento de Pesquisa da Pillsbury Company. Em 1957, o casal se mudou para Madison, onde Owen cursou a graduação superior e recebeu seu PhD em Indústrias de Laticínios e Alimentos: Bioquímica em 1960.

Owen foi contratado como professor adjunto de Química de Alimentos em 1960, promovido a substituto em 1964 e a professor catedrático em 1969. Chefiou esse departamento entre 1977 a 1981 e permaneceu como professor de Ciência dos Alimentos na UW–Madison até sua aposentadoria, ocorrida em 1996. Durante esse período, ele se destacou em todas as facetas de seu trabalho junto ao Departamento de Ciência dos Alimentos, à Faculdade de Ciências Agrárias e da Vida, ao campus da UW–Madison, à profissão de Ciência dos Alimentos e à comunidade internacional.

Na pesquisa, professor Fennema colocou seu grupo na vanguarda de diversas áreas, sendo as mais notáveis e formativas a biologia de baixa temperatura de alimentos e sistemas alimentares modelo e a de filmes comestíveis. Abordagens holísticas foram empregadas, definindo-se e compreendendo-se os comportamentos físicos, químicos e biológicos dos sistemas alimentares que afetam características relacionadas à qualidade dos alimentos. Suas descobertas fundamentais sobre as complexidades das interações entre o comportamento das fases, a reatividade (bio)química e o transporte de solutos nos sistemas alimentares romperam os paradigmas científicos nessas áreas, muitos dos quais orientam os profissionais ainda hoje. Revelar a natureza, a influência e o controle da água e do gelo nos alimentos foi um dos pilares da carreira de pesquisador do professor Fennema, refletido no conteúdo de suas várias centenas de publicações acadêmicas e capítulos de livros, juntamente com cerca de 60 teses/dissertações de alunos de pós-graduação por ele orientados. Entre as muitas honrarias e prêmios que Owen recebeu por suas atividades de pesquisa, destacam-se o Prêmio Avanços na Aplicação de Química Agrícola e Alimentar, maior prêmio da Divisão de Química Agrícola e Alimentar da American Chemical Society, tornar-se membro do Institute of Food Technologists (IFT) e o Prêmio Nicholas Appert (maior honra do IFT), bem como o título de Doutor Honorário em Agricultura e Ciência do Meio Ambiente pela Wageningen Agricultural University, Holanda.

Na sala de aula, professor Fennema era um comunicador talentoso e facilitador da aprendizagem dos alunos. Era lendário em sua organização meticulosa do conteúdo do curso, e suas palestras eram cristalinas, como a "água e o gelo" que ele frequentemente estudava em suas pesquisas. Seu método de explicar os princípios juntamente com exemplos ilustrativos (atualizados regularmente) proporcionava aos alunos uma sensação de "mundo real"; sua presença de sala de aula e seu entusiasmo ao transmitir o conteúdo "(traziam) vida ao assunto". Owen tinha interesse genuíno na aprendizagem dos alunos, incentivava as perguntas e, em seguida, dedicava tempo, dentro e fora da sala de aula, para ajudá-los a unirem os conhecimentos. Tiveram a oportunidade de conhecer Owen como seu respeitoso defensor e encontraram inspiração em seu total comprometimento com a educação. Em uma vida de grandes realizações, Owen foi reconhecido mundialmente pela publicação da obra agora intitulada *Química de alimentos de Fennema* para estudantes e estudiosos da Ciência dos Alimentos, publicado em vários idiomas e amplamente utilizado no mundo todo (ele a considerou uma de suas maiores realizações como instrutor). Recebeu muitos elogios de colegas e alunos, incluindo "professor fenomenal", um "titã em sua área" e um "pai da Ciência dos Alimentos", além de ter orientado indivíduos que mais tarde se tornaram alguns dos líderes mais prestigiados nessa área. Merecidamente, professor Fennema recebeu o Prêmio William V. Cruess de Excelência em Ensino do IFT, o Prêmio de Ensino Diferenciado da UW-Madison e foi também professor-convidado do Programa Fulbright, Madri, Espanha.

Owen atuou em vários conselhos profissionais e comitês, incluindo a American Chemical Society, o Council for Agriculture Science and Technology e o IFT, no qual atuou, dentre outras formas, como tesoureiro (1994-1999) e como presidente (1982-1983). Foi editor-chefe dos periódicos revisados por pares do IFT de 1999 a 2003, quando contribuiu para reverter seu declínio em qualidade e relevância e ascender à sua estatura atual: um periódico de significativo impacto e respeitado entre os estudiosos da Ciência dos Alimentos. Atuou em vários conselhos consultivos nacionais e foi reconhecido com um prêmio especial de citação do Diretor da FDA dos EUA em 2000.

Owen era um cidadão do mundo, como evidenciado por suas muitas contribuições para a Ciência dos Alimentos, não menos do que foi o seu serviço à International Union of Food Science and Technology (IUFoST), na qual atuou em várias funções, além de ministrar palestras e orientar inúmeros estudantes por todo o mundo. De 1999 a 2001, Owen foi o primeiro presidente da International Academy of Food Science and Technology. Ele realmente teve uma influência global, impactando tanto as vidas quanto os programas educacionais de diferentes instituições. Owen era um homem sem preconceito, ilustrado pelo fato de ser um dos primeiros cientistas americanos de alimentos a serem convidados para ir à África do Sul, fazendo questão de visitar e discursar em instituições negras daquele país. Apesar dos diversos prêmios e honrarias, manteve-se um homem de personalidade humilde e solidária: como mentor, estava sempre disponível, tinha paciência ilimitada e se tornou um amigo para toda a vida. Em razão de seu escasso tempo devido às muitas atividades, seus alunos e colegas tentavam conversar com Owen em todas as oportunidades que tinham, às vezes durante seus frequentes passeios pelo campus: contudo, a lendária marcha acelerada de Owen dificultava os que queriam acompanhar o seu ritmo e ao mesmo tempo ter uma conversa acalorada com ele – acabavam perdendo o fôlego. Profissionalmente, ele estava sempre tão à frente do restante de nós, que também nos perguntávamos como poderíamos manter o ritmo.

Owen foi ainda um poeta talentoso, marceneiro, carpinteiro e artesão de cristal de chumbo. Era um artista verdadeiramente talentoso, e muitas de suas obras estão expostas nos prédios da UW–Madison, na sede do IFT em Chicago e em casas de amigos e conhecidos. Uma bela peça recebe os visitantes que chegam pela entrada principal do nosso amado Babcock Hall.

Owen tocou a vida de muitas pessoas, incluindo estudantes, colegas, amigos e familiares. Nas últimas semanas de sua vida, muitas delas escreveram mensagens e cartas a ele sobre o grande professor e mentor que foi e o enorme impacto que causou em suas vidas. "Como um ilustre estudioso, professor de renome mundial e amigo gentil e atencioso, Owen foi uma inspiração para todos nós."

Somos acariciados pela água quando entramos neste mundo, a água nos sustenta como a essência da vida, e um transbordamento de lágrimas acompanha nossos entes queridos que estão nos deixando. Owen estudou a água durante toda sua vida profissional. Assim, é fácil imaginá-lo agora "brincando" com a água, olhando para nós com seu habitual sorriso irônico, sabendo de algo que não sabemos, mas ansioso para compartilhá-lo: sempre o professor. Apesar de lamentarmos sua morte, apreciaremos o presente que ele nos deixou, a impressão indelével do valor da dedicação, do altruísmo, da humanidade e do exemplo.

© University of Wisconsin–Madison, com *permissão*.

Entre os muitos talentos do Dr. Owen Fennema, constava o de ser bom com as palavras, incluindo a capacidade de representar a ciência junto com a arte de contar histórias. Na sequência, um trecho do capítulo do Dr. Fennema sobre "Água e gelo", publicado na 3ª edição do Química de alimentos *(tradução livre):*

PRÓLOGO: ÁGUA – A MATÉRIA ILUSÓRIA DA VIDA E DA MORTE

Sem ser notada na escuridão de uma caverna subterrânea, uma gotícula de água escorre lentamente por uma estalactite, seguindo um caminho deixado por incontáveis antecessores, transmitindo, como eles, um pequeno, mas quase mágico, toque de beleza mineral. Ao parar na ponta da estalactite, a gotícula cresce lentamente até atingir seu tamanho normal, depois se lança rapidamente ao chão da caverna, como se estivesse ansiosa para realizar outras tarefas ou assumir diferentes formas. Para a água, as possibilidades são inúmeras. Algumas gotas assumem papéis de silenciosa beleza – em dias muito frios, na capa do casaco de uma criança, onde um floco de neve de desenho único e perfeição requintada passa despercebido; na teia de uma aranha, onde gotas de orvalho explodem em um brilho repentino ao primeiro toque do sol da manhã; no campo, onde uma chuva de verão traz refresco; ou na cidade, onde o nevoeiro permeia suavemente o ar da noite, reprimindo sons ásperos com um brilho de tranquilidade. Outras gotas se destinam ao barulho e ao vigor de uma cachoeira, à imensidão esmagadora de uma geleira, à natureza ameaçadora de uma tempestade iminente ou à persuasão de uma lágrima no rosto de uma mulher. Para outras, o papel é menos óbvio, mas muito mais significativo. Há vida – iniciada e sustentada pela água em uma miríade de maneiras sutis e mal compreendidas – ou morte, inevitável, catalisada sob circunstâncias especiais por alguns cristais hostis de gelo; ou folhas decompostas no chão da floresta, onde a água trabalha implacavelmente para desconstruir o passado para que a vida possa recomeçar. Mas a forma de água mais familiar aos humanos não é nenhuma dessas; ao contrário, é simples, comum e pouco inspiradora, indigna de ser notada, pois flui em abundância fresca de uma torneira doméstica. "Croak", coaxa um sapo em concordância, ou assim parece, ao aparentar ver com indiferença o meio aquoso do qual sua própria vida depende. Certamente, então, a característica mais notável da água é a ilusão, pois ela é, na realidade, uma substância de complexidade infinita, de grande e imensurável importância, e dotada de uma estranheza e beleza suficiente para empolgar e desafiar qualquer um que a conheça.

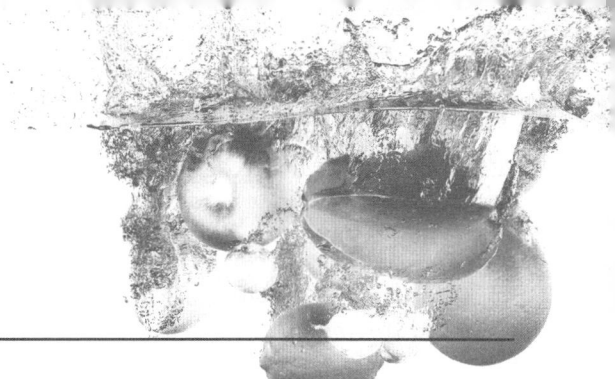

Sumário

1 Introdução à química de alimentos 1
Owen R. Fennema, Srinivasan Damodaran e Kirk L. Parkin

Parte I Principais componentes dos alimentos

2 Relações entre água e gelo nos alimentos 19
Srinivasan Damodaran

3 Carboidratos 91
Kerry C. Huber e James N. BeMiller

4 Lipídeos 175
David Julian McClements e Eric Andrew Decker

5 Aminoácidos, peptídeos e proteínas 239
Srinivasan Damodaran

6 Enzimas 355
Kirk L. Parkin

7 Sistemas dispersos: considerações básicas 465
Ton van Vliet e Pieter Walstra

Parte II Componentes minoritários dos alimentos

8 Vitaminas 539
Jesse F. Gregory III

9 Minerais 623
Dennis D. Miller

10 Corantes 677
Steven J. Schwartz, Jessica L. Cooperstone, Morgan J. Cichon,
Joachim H. von Elbe e M. Monica Giusti

11 Sabor 749
Robert C. Lindsay

12 Aditivos alimentares 799
Robert C. Lindsay

13 Substâncias bioativas: nutracêuticas e tóxicas 863
Hang Xiao e Chi-Tang Ho

Parte III Sistemas alimentares

14 Características do leite 905
David S. Horne

15 Fisiologia e química dos tecidos musculares comestíveis 953
Gale M. Strasburg e Youling L. Xiong

16 Fisiologia pós-colheita de tecidos vegetais comestíveis 1015
Christopher B. Watkins

Índice 1085

Introdução à química de alimentos

Owen R. Fennema, Srinivasan Damodaran e Kirk L. Parkin

CONTEÚDO

1.1 O que é química de alimentos?............ 1
1.2 História da química de alimentos.......... 1
1.3 Estratégias para o estudo da química de alimentos............................ 5
   1.3.1 Análise de situações ocorridas durante o armazenamento e o processamento de alimentos........................... 10
1.4 Papel social do químico de alimentos...... 13
   1.4.1 Por que o químico de alimentos deve estar envolvido em questões sociais?...... 13
   1.4.2 Tipos de envolvimento............... 14
Referências............................. 16

1.1 O QUE É QUÍMICA DE ALIMENTOS?

A ciência dos alimentos trata de suas propriedades físicas, químicas e biológicas e de suas relações com estabilidade, custo, processamento, segurança, valor nutricional, salubridade e conveniência. A ciência dos alimentos é um ramo das ciências biológicas e um tópico interdisciplinar que envolve basicamente microbiologia, química, biologia e engenharia. A química de alimentos é um dos tópicos principais da ciência dos alimentos, tratando da composição e das propriedades dos alimentos, bem como das transformações químicas que eles sofrem durante a manipulação, processamento e o armazenamento. A química de alimentos está diretamente relacionada à química, à bioquímica, à botânica, à zoologia e à biologia molecular. O químico de alimentos depende do conhecimento das ciências antes mencionadas para estudo e controle efetivos dos materiais biológicos usados como matéria-prima para a alimentação humana. O conhecimento das propriedades inatas do material biológico e o domínio de seus métodos de manipulação são de interesse comum dos químicos de alimentos e dos biólogos. O interesse primor-dial dos biólogos inclui reprodução, crescimento e modificações que o material biológico sofre em condições ambientais compatíveis ou razoavelmente compatíveis com a vida. Por outro lado, o químico de alimentos ocupa-se mais do material biológico morto ou moribundo (fisiologia pós--colheita de plantas e pós-morte dos músculos) e das modificações sofridas por ele quando exposto a diversas condições ambientais. Por exemplo, as condições adequadas para a manutenção dos processos vitais residuais são de interesse do químico de alimentos durante a comercialização de frutas frescas e vegetais, ao passo que as condições de incompatibilidade com os processos vitais são de seu interesse quando a preservação do alimento a longo prazo é desejada. Além disso, os químicos de alimentos ocupam-se das propriedades químicas de alimentos derivados de tecidos processados (farinhas, sucos de frutas e vegetais, constituintes isolados e modificados, alimentos manufaturados), alimentos provenientes de material unicelular (ovos e microrganismos) e de um fluido biológico fundamental, o leite. Em resumo, eles têm muito em comum com os biólogos, embora tenham interesses que são, de maneiras distintas, de extrema importância para a humanidade.

1.2 HISTÓRIA DA QUÍMICA DE ALIMENTOS

As origens da química de alimentos são obscuras e os detalhes de sua história não são estudados e registrados com rigor. Esse fato não é surpresa, uma vez que a química de alimentos não assumiu uma identidade clara até o século XX e que sua história está profundamente associada à da química agronômica, cuja documentação histórica não é considerada extensa [1,2]. Portanto, a breve exposição que segue, sobre a sua história, é incompleta e seletiva. Entretanto, a informação disponível é suficiente para indicar quando, onde e por que alguns eventos-chave ocorreram na química de alimentos, relacionando-os a mudanças significativas em relação à qualidade do fornecimento de alimentos a partir do início do século XIX.

Embora a origem da química de alimentos, de consenso, reporte-se à antiguidade, as descobertas mais relevantes, conforme nosso conhecimento atual, tiveram início no final do século XVIII. Os melhores registros de desenvolvimento desse período, os de Filby [3] e Browne [1], e grande parte da informação apresentada neste texto baseiam-se nessas fontes.

Durante o período de 1780 a 1850, diversos químicos famosos fizeram descobertas importantes, muitas delas direta ou indiretamente relacionadas aos alimentos. Esses trabalhos contêm as origens da química de alimentos moderna. Carl Wilhelm Scheele (1742–1786), um farmacêutico sueco, foi um dos maiores químicos de todos os tempos. Além de suas famosas descobertas do cloro, do glicerol e do oxigênio (três anos antes de Priestly, embora não tenha sido publicado), ele isolou e determinou propriedades da lactose (1780), preparou ácido múcico pela oxidação do ácido láctico (1780), desenvolveu um método para preservar vinagre por aplicação de calor (1782, aprimorando a "descoberta" de Appert), isolou o ácido cítrico de suco de limão (1784) e de groselhas (1785), isolou o ácido málico de maçãs (1785) e testou 20 frutas comuns para a presença dos ácidos málico, cítrico e tartárico (1785). O isolamento de vários compostos químicos novos a partir de materiais de origem animal e vegetal é considerado o início da pesquisa analítica de precisão nas químicas agrícola e de alimentos.

O químico francês Antoine Laurent Lavoisier (1743–1794) desempenhou um papel fundamental na rejeição final da teoria do flogisto e na formulação dos princípios da química moderna. Em relação à química de alimentos, ele estabeleceu os princípios fundamentais de análise da combustão orgânica, sendo o primeiro a demonstrar que um processo de fermentação pode ser expresso por uma equação estequiométrica. Além disso, fez a primeira tentativa de determinação da composição elementar do álcool etílico (1784) e apresentou um dos primeiros artigos (1786) sobre ácidos orgânicos em diversas frutas.

Nicolas-Théodore de Saussure (1767–1845), um químico francês, trabalhou muito para formalizar e esclarecer os princípios das químicas agrícola e de alimentos fornecidos por Lavoisier. Ele também estudou as trocas de CO_2 e O_2 durante a respiração das plantas (1804) e o conteúdo mineral das plantas por calcinação, fazendo a primeira determinação precisa da composição elementar do etanol (1807).

Joseph Louis Gay-Lussac (1778–1850) e Louis-Jacques Thenard (1777–1857) elaboraram, em 1811, o primeiro método para determinar as porcentagens de carbono, hidrogênio e nitrogênio em substâncias vegetais desidratadas.

O químico inglês Sir Humphrey Davy (1778–1829), nos anos de 1807 e 1808, isolou os elementos K, Na, Ba, Sr, Ca e Mg. Sua contribuição para as químicas agrícola e de alimentos tornou-se ampla por meio de seus livros sobre química agrícola, dos quais o primeiro (1813) foi *Elements of Agriculture Chemistry, in a Course of Lectures for the Board of Agriculture* [4]. Seus livros serviram para organizar e esclarecer o conhecimento existente naquela época. Na primeira edição, ele afirmou:

> Todas as partes diferentes das plantas podem ser decompostas em alguns poucos elementos. Seus usos para alimentação ou aplicação nas artes dependem da organização desses elementos em compostos, os quais podem ser obtidos tanto a partir de suas partes organizadas, como a partir de seus sucos; a análise da natureza destas substâncias é uma parte essencial da química agrícola.

Na quinta edição, ele afirmou que as plantas costumam ser compostas por apenas sete ou oito elementos e que "as substâncias vegetais mais essenciais consistem em hidrogênio, carbono e oxigênio em diferentes proporções, geralmente isolados, mas, em alguns casos, combinados com azoto [nitrogênio]" (p. 121) [5].

Os trabalhos do químico sueco Jons Jacob Berzelius (1779–1848) e do químico escocês Thomas Thomson (1773–1852) resultaram no início das fórmulas orgânicas, "sem as quais a análise orgânica seria um deserto sem trilha e a análise de alimentos, uma tarefa sem fim" [3]. Berzelius determinou os componentes elementares de 2 mil compostos, confirmando, assim, a lei das proporções definidas. Ele também elaborou um modo de determinar com precisão o conteúdo de água em substâncias orgânicas, uma das deficiências do método de Gay-Lussac e Thenard. Thomson demonstrou que as leis que governam a composição de substâncias inorgânicas aplicam-se à matéria orgânica, um tópico de extrema importância.

Em um livro intitulado *Considérations générales sur l'analyse organique et sur ses applications* [6], Michel Eugene Chevreul (1786–1889), um químico francês, listou os elementos conhecidos naquela época, presentes em substâncias orgânicas (O, Cl, I, N, S, P, C, Si, H, Al, Mg, Ca, Na, K, Mn e Fe), citando os processos então disponíveis para análise orgânica: (1) extração com solventes neutros, como água, álcool ou éter aquoso; (2) destilação lenta ou destilação fracionada; (3) destilação por vapor; (4) passagem da substância por um tubo aquecido à incandescência; e (5) análise com oxigênio. Chevreul foi um dos pioneiros da análise de substâncias orgânicas. Sua pesquisa clássica sobre a composição da gordura animal levou à descoberta dos ácidos esteárico e oleico.

O Dr. William Beaumont (1785–1853), um cirurgião do Exército Norte-Americano, lotado no Forte Mackinac, em Michigan, realizou experimentos clássicos sobre digestão gástrica, desmistificando o conceito existente desde Hipócrates, de que os alimentos contêm um único componente nutritivo. Seus experimentos foram realizados durante o período de 1825 a 1833 em um canadense chamado Alexis St. Martin, cuja ferida causada por um mosquete permitiu o acesso direto ao interior de seu estômago, possibilitando a introdução direta de alimentos e o subsequente exame de alterações digestivas [7].

Entre suas mais notáveis realizações, Justus von Liebig (1803–1873) mostrou, em 1837, que o acetaldeído ocorre como um intermediário entre o álcool e o ácido acético durante a fermentação do vinagre. Em 1842, ele classificou os alimentos como nitrogenados (fibrina vegetal, albumina, caseína, carne e sangue) e não nitrogenados (gorduras, carboidratos e bebidas alcoólicas). Embora essa classificação não seja correta em diversos aspectos, serviu para distinguir diferenças importantes entre vários alimentos. Além disso, ele aperfeiçoou os métodos para a análise quantitativa de substâncias orgânicas, principalmente por combustão, publicando, em 1847, o que parece ser o primeiro livro sobre química de alimentos, *Researches on the Chemistry of Food* [8]. Estão incluídas nesse livro as descrições de sua pesquisa sobre componentes hidrossolúveis do músculo (creatina, creatinina, sarcosina, ácido inosínico, ácido láctico, etc.).

É interessante que o desenvolvimento descrito anteriormente tenha ocorrido em paralelo ao início de problemas graves e disseminados concernentes a adulterações em alimentos, não sendo exagerado afirmar que a necessidade de detectar impurezas em alimentos foi o maior estímulo para o desenvolvimento da química analítica em geral e da química analítica de alimentos em particular. Infelizmente, também é verdade que os avanços na química contribuíram, em parte, para as adulterações em alimentos, uma vez que fornecedores inescrupulosos de alimentos puderam utilizar-se da literatura química disponível, que incluía formulações de alimentos adulterados, além de trocarem modos empíricos antigos e pouco eficientes de adulteração por estratégias mais eficientes, baseadas em princípios científicos. Portanto, a história da química de alimentos e a da adulteração de alimentos estão intimamente interligadas por diversas relações de origem, tornando plausível a consideração do tema da adulteração de alimentos a partir de uma perspectiva histórica [3].

A história da adulteração de alimentos nos países atualmente mais desenvolvidos ocorreu em três fases distintas. De épocas ancestrais até por volta de 1820, a adulteração de alimentos não era um problema sério, não havendo grande necessidade de métodos de detecção. A explicação mais óbvia para essa situação é a de que os alimentos eram comprados de pequenos negócios ou de pessoas, o que fazia as transações envolverem, em grande parte, responsabilidade interpessoal. A segunda fase inicia-se no começo do século XIX, quando as adulterações intencionais em alimentos aumentaram de forma significativa, em frequência e gravidade. Esse incremento pode ser atribuído principalmente ao aumento da centralização do processamento e da distribuição de alimentos, com um decréscimo correspondente de responsabilidade interpessoal e, de modo parcial, ao aparecimento da química moderna, como já mencionado. As adulterações intencionais permaneceram como um problema grave até cerca de 1920, data que marcou o final da fase dois e o início da fase três. Nesse momento, as pressões legais e os métodos efetivos para a detecção reduziram a frequência e a gravidade das adulterações intencionais para níveis aceitáveis. Essa situação tem melhorado, gradativamente, até os dias atuais.

Alguns podem argumentar que uma quarta fase da adulteração de alimentos iniciou-se por volta de 1950, quando os alimentos que continham aditivos químicos permitidos pela legislação tornaram-se prevalentes, o uso de alimentos extensivamente processados aumentou, passando a representar a maior parte da dieta humana da maioria das nações industrializadas, e a contaminação de alguns alimentos por subprodutos indesejáveis da industrialização, como mercúrio, chumbo e pesticidas, tornou-se pública e de relevância legislatória. A validade dessa colocação é muito debatida, não existindo um consenso até hoje. Entretanto, o andamento desse tema ao longo dos anos seguintes tornou-se claro. O interesse público sobre segurança e adequação nutricional dos alimentos continua a evocar mudanças, tanto voluntárias como involuntárias, na maneira como os alimentos são produzidos, manipulados e processados. Essas ações são inevitáveis, pois nos ensinam mais sobre as práticas adequadas de manuseio de alimentos e sobre as estimativas de ingestão máxima tolerável de constituintes indesejáveis, que se tornam mais precisas.

O início do século XIX foi um período de especial interesse público sobre qualidade e segurança dos alimentos. Essa preocupação, ou melhor, essa indignação, foi iniciada na Inglaterra pela publicação de Frederick Accum, *A Treatise on Adulterations of Food* [9], bem como por uma publicação anônima, intitulada *Death in the Pot* [10]. Accum afirmava que, "de fato, seria difícil mencionar um simples item de alimentos que não estivesse associado a um estado adulterado; existem algumas substâncias que costumam ser muito escassas para serem genuínas" (p. 14). Ele ainda comenta, "não é menos lamentável que a aplicação extensiva da química para objetivos nobres da vida tenha sido pervertida como um auxiliar desse comércio nefasto [adulteração]" (p. 20).

Embora Filby [3] defenda que as acusações de Accum foram de certo modo exageradas, é certo que as adulterações intencionais em vários alimentos e ingredientes prevaleceram no século XIX, conforme citado por Accum e Filby, incluindo itens como urucum, pimenta-preta, pimenta-de-caiena, óleos essenciais, vinagre, suco de limão, café, chá, leite, cerveja, vinho, açúcar, manteiga, chocolate, pão e produtos de confeitaria.

Como a gravidade das adulterações em alimentos no início do século XIX tornou-se evidente ao público, as medidas de remediação aumentaram gradativamente. Essas medidas tomaram a forma de novas legislações que criminalizaram a adulteração, gerando-se um grande esforço dos químicos em compreender as propriedades nativas dos alimentos, os compostos mais usados em adulterações e as maneiras de detectá-los. Portanto, durante o período de 1820 a 1850, a química e a química de alimentos começaram a assumir muita importância na Europa. Isso foi possível devido ao trabalho dos cientistas já citados, tendo sido amplamente estimulado pela implantação de laboratórios de pesquisa em química para jovens estudantes, em várias universidades, e pela fundação de novos periódicos para pesquisa em química [1]. Desde então, o avanço da química de alimentos tem seguido em um ritmo acelerado e alguns desses avanços, junto a suas causas, serão mencionados a seguir.

Em 1860, foi estabelecida, em Weede, Alemanha, a primeira estação experimental agronômica mantida por recursos públicos. W. Hanneberg e F. Stohmann foram nomeados como diretor e químico, respectivamente. Com base no trabalho de químicos precursores, eles desenvolveram um procedimento de rotina importante, para a determinação de componentes majoritários dos alimentos. Dividindo uma amostra em diversas partes, eles eram capazes de determinar conteúdo de umidade, "gordura bruta", cinzas e nitrogênio. Logo, multiplicando-se o valor de nitrogênio por 6,25, eles chegaram ao conteúdo de proteína. A digestão sequencial com ácido diluído e álcali diluído gerou um resíduo denominado "fibra bruta". A porção remanescente após a remoção de proteína, gordura, cinzas e fibra bruta foi denominada "extrato livre de nitrogênio". Acreditava-se que essa fração representava os carboidratos digeríveis. Infelizmente, por muitos anos, químicos e médicos pensaram erroneamente que os valores obtidos por esse procedimento representavam o valor nutricional, não importando o tipo de alimento [11].

Em 1871, Jean Baptiste Duman (1800–1884) sugeriu que dietas constituídas apenas de proteína, carboidratos e gordura não eram adequadas para a manutenção da vida.

Em 1862, o Congresso dos Estados Unidos aprovou o Land-Grant College Act, de autoria de Justin Smith Morrill. Essa lei ajudou no estabelecimento de faculdades de agricultura nos Estados Unidos, dando um estímulo considerável ao treinamento de químicos agrícolas e de alimentos. Ainda em 1862, o Departamento de Agricultura dos Estados Unidos foi implementado e Isaac Newton foi nomeado como seu primeiro delegado.

Em 1863, Harvey Washington Wiley tornou-se químico-chefe do Departamento de Agricultura dos Estados Unidos e a partir de seu gabinete então liderou uma campanha contra alimentos adulterados e erroneamente rotulados, culminando na instituição do primeiro Pure Food and Drug Act, nos Estados Unidos (1906).

Em 1887, foram implantadas estações agronômicas experimentais nos Estados Unidos, seguindo a deliberação do Hatch Act. O representante do Missouri, William H. Hatch, presidente do House Committee on Agriculture, foi o autor desse estatuto. Como resultado, o maior sistema nacional de estações agronômicas experimentais do mundo foi implementado, causando um grande impacto à pesquisa em alimentos, nos Estados Unidos.

Durante a primeira metade do século XX, muitas das substâncias essenciais das dietas foram descobertas e caracterizadas, incluindo vitaminas, minerais, ácidos graxos e alguns aminoácidos.

O desenvolvimento e o uso extensivo de substâncias químicas como auxiliares de crescimento, manufatura e comercialização de alimentos foi um evento marcante e satisfatório na metade do século XX.

Esta revisão histórica, embora breve, sugere que o abastecimento atual de alimentos pareça quase perfeito em comparação ao que existia no século XIX. Entretanto, nessa redação, vários temas atuais têm substituído os históricos, isso no que diz respeito a quais pontos a comunidade envolvida com a ciência de alimentos deve abordar para promover a salubridade e o valor nutricional dos alimentos, abrandando as ameaças reais ou supostas à segurança do abastecimento de alimentos. Esses tópicos incluem natureza, eficácia e impacto de componentes não nutrientes em alimentos, suplementos dietéticos e fitoquímicos que podem promover a saúde humana, além da simples nutrição (Capítulo 13); a engenharia genética de grãos (organismos geneticamente modificados [OGMs]) e seus benefícios justapostos a seus riscos à segurança e à saúde humana (principalmente no Capítulo 16); e o valor nutritivo comparativo de colheitas obtidas por métodos de cultivo orgânico em contraponto ao cultivo convencional.

1.3 ESTRATÉGIAS PARA O ESTUDO DA QUÍMICA DE ALIMENTOS

A química de alimentos, caracteristicamente, está relacionada à identificação dos determinantes moleculares de propriedades dos materiais e da reatividade química de matrizes alimentares, bem como à aplicação efetiva desse entendimento à melhora de formulações, processos e estabilidade dos alimentos. Um de seus objetivos importantes é a determinação de relações de causa-efeito e estrutura-funcionalidade entre diferentes classes de componentes químicos. Os fatos resultantes do estudo de um alimento ou de um sistema-modelo podem ser aplicados à compreensão de outros produtos alimentícios. A abordagem analítica da química de alimentos inclui quatro componentes, a saber: (1) determinação das propriedades que são características importantes de um alimento seguro e de elevada qualidade; (2) determinação das reações químicas e bioquímicas que influenciam de maneira relevante em termos de perda de qualidade e/ou salubridade do alimento; (3) integração dos dois pontos anteriores, de modo a entender como as reações químicas e bioquímicas-chave influenciam na qualidade e na segurança; e (4) aplicação desse conhecimento a várias situações encontradas durante formulação, processamento e armazenamento de alimentos.

A segurança é o primeiro requisito de qualquer alimento. Em sentido amplo, isso significa que um alimento deve estar livre de qualquer substância química ou contaminação microbiológica prejudicial no momento de seu consumo. Em termos operacionais, essa definição toma uma forma mais aplicada. Na indústria de enlatados, a esterilidade "comercial", aplicada a alimentos de baixa acidez, significa a ausência de esporos viáveis de *Clostridium botulinum*. Isso pode ser traduzido por um conjunto de condições específicas de aquecimento para um produto específico, em uma embalagem específica. Dados os requisitos de tratamento térmico, pode-se selecionar condições específicas de tempo e temperatura para que se otimize a retenção de atributos de qualidade. Do mesmo modo, em um produto como a manteiga de amendoim, a segurança operacional pode ser considerada, principalmente, como a ausência de aflatoxinas – substâncias carcinogênicas produzidas por algumas espécies de fungos. As etapas da prevenção do crescimento do fungo em questão podem ou não interferir na retenção de algum outro atributo de qualidade; ainda assim, as condições que resultam em produtos seguros devem ser empregadas.

Uma lista de atributos de qualidade de alimentos e algumas alterações que podem ser sofridas por eles durante o processamento e armazenamento é apresentada na Tabela 1.1. As modificações que podem ocorrer, com exceção das que envolvem valor nutricional e segurança, são rapidamente percebidas pelo consumidor.

Muitas reações químicas e bioquímicas podem alterar a qualidade ou a segurança do alimento. Algumas das classes mais importantes dessas reações estão listadas na Tabela 1.2. Cada classe de reação pode envolver diferentes reatantes ou substratos, dependendo especificamente do alimento e das condições particulares de manipulação, processamento ou armazenamento. Elas são tratadas como classes de reações, pois a natureza geral dos substratos ou dos reatantes é similar para todos os alimentos. Logo, o escurecimento não enzimático envolve reações de carbonilas, que podem surgir da existência de açúcares redutores ou ser geradas a partir de diversas reações, como oxidação do ácido ascórbico, hidrólise do amido ou oxidação de lipídeos. A oxidação pode envolver lipídeos, proteínas, vitaminas ou pigmentos e, mais especificamente, a oxidação de lipídeos pode envolver triacilgliceróis em alguns alimentos e fosfolipídeos em outros. A discussão detalhada sobre essas reações será realizada em capítulos subsequentes deste livro.

As reações listadas na Tabela 1.3 causam as alterações listadas na Tabela 1.1. A integração da informação contida em ambas as tabelas pode conduzir ao entendimento das causas de deterioração dos alimentos. A deterioração de um alimento costuma ser constituída por uma série de eventos primários, seguidos de eventos secundários, que, por sua vez, tornam-se evidentes pela alteração de atributos de

TABELA 1.1 Classificação das alterações que podem ocorrer durante manipulação, processamento ou armazenamento

Atributo	Alteração
Textura	Perda de solubilidade
	Perda de capacidade de retenção de água
	Endurecimento
	Amolecimento
Sabor	Desenvolvimento de:
	Rancidez (hidrolítica ou oxidativa)
	Sabor cozido ou caramelo
	Outros odores indesejados
	Sabores desejados
Cor	Escurecimento
	Branqueamento
	Desenvolvimento de cores desejadas (p. ex., escurecimento em produtos cozidos)
Valor nutricional	Perda, degradação ou alteração da biodisponibilidade de proteínas, lipídeos, vitaminas, minerais e outros componentes benéficos à saúde
Segurança	Geração de substâncias tóxicas
	Desenvolvimento de substâncias com efeito protetor à saúde
	Inativação de substâncias tóxicas

TABELA 1.2 Algumas das reações químicas e bioquímicas que podem levar à alteração da qualidade ou da segurança dos alimentos

Tipo de reação	Exemplos
Escurecimento não enzimático	Produtos cozidos, secos e de umidade intermediária
Escurecimento enzimático	Frutas e vegetais cortados
Oxidação	Lipídeos (odores indesejáveis), degradação de vitaminas, descoloração de pigmentos, proteínas (perda de valor nutricional)
Hidrólise	Lipídeos, proteínas, carboidratos, vitaminas, pigmentos
Interações com metais	Complexação (antocianinas), perda de Mg da clorofila, catálise da oxidação
Isomerização de lipídeos	Isomerização *cis* → *trans*, não conjugado → conjugado
Ciclização de lipídeos	Ácidos graxos monocíclicos
Oxidação e polimerização de lipídeos	Formação de espuma durante a fritura
Desnaturalização de proteínas	Coagulação da gema do ovo, inativação de enzimas
Interligação entre proteínas	Perda de valor nutricional durante processamento alcalino
Síntese e degradação de polissacarídeos	Pós-colheita de plantas
Alterações glicolíticas	Pós-colheita do tecido vegetal, pós-morte do tecido animal

TABELA 1.3 Exemplos de relações causa-efeito associadas a alterações em alimentos durante manipulação, armazenamento e processamento

Evento primário	Efeito secundário	Atributo influenciado (ver Tabela 1.1)
Hidrólise de lipídeos	Ácidos graxos livres reagem com proteínas	Textura, sabor, valor nutricional
Hidrólise de polissacarídeos	Açúcares reagem com proteínas	Textura, sabor, cor, valor nutricional
Oxidação de lipídeos	Produtos de oxidação reagem com diversos outros constituintes	Textura, sabor, cor, valor nutricional; pode ocorrer formação de substâncias tóxicas
Contusões em frutas	Ruptura celular, liberação de enzimas, disponibilidade de oxigênio	Textura, sabor, cor, valor nutricional
Aquecimento de produtos da horticultura	Perda de integridade de parede e membrana celulares, liberação de ácidos, inativação de enzimas	Textura, sabor, cor, valor nutricional
Aquecimento do tecido muscular	Desnaturalização e agregação de proteínas, inativação de enzimas	Textura, sabor, cor, valor nutricional
Conversão *cis* → *trans* em lipídeos	Aumento da taxa de polimerização durante a fritura	Formação excessiva de espuma durante a fritura, diminuição do valor nutricional e biodisponibilidade de lipídeos, solidificação do óleo de fritura

qualidade (Tabela 1.1). Exemplos desse tipo de sequência são mostrados na Tabela 1.3. Percebe-se, em particular, que determinado atributo de qualidade pode ser alterado como resultado de vários eventos primários diferentes.

As sequências da Tabela 1.3 podem ser aplicadas em duas direções. Operando-se da esquerda para a direita, pode-se considerar um evento primário em particular, os eventos secundários associados e o efeito sobre o atributo de qualidade. De forma alternativa, pode-se determinar as causas prováveis de uma alteração de qualidade observada (coluna 3, Tabela 1.3), considerando-se todos os eventos primários que podem estar envolvidos e então isolando, por meio de testes químicos apropriados, o evento primário principal. A utilidade do desenvolvimento dessas sequências é o estímulo à abordagem analítica de problemas de alterações de alimentos. As propriedades físicas e químicas dos constituintes majoritários dos alimentos, isto é, proteínas, carboidratos e lipídeos, são invariavelmente alteradas durante o processamento. Essas alterações envolvem reações/interações intra e intercomponente. As principais reações envolvendo proteínas, carboidratos e lipídeos durante o processamento e a manipulação de alimentos estão resumidas nas Figuras 1.1 a 1.3. Estes conjuntos complexos de reações/interações têm um papel essencial no desenvolvimento de propriedades sensoriais e nutricionais desejáveis e indesejáveis nos alimentos.

A Figura 1.4 é um resumo simplificado de reações e interações dos principais compo-

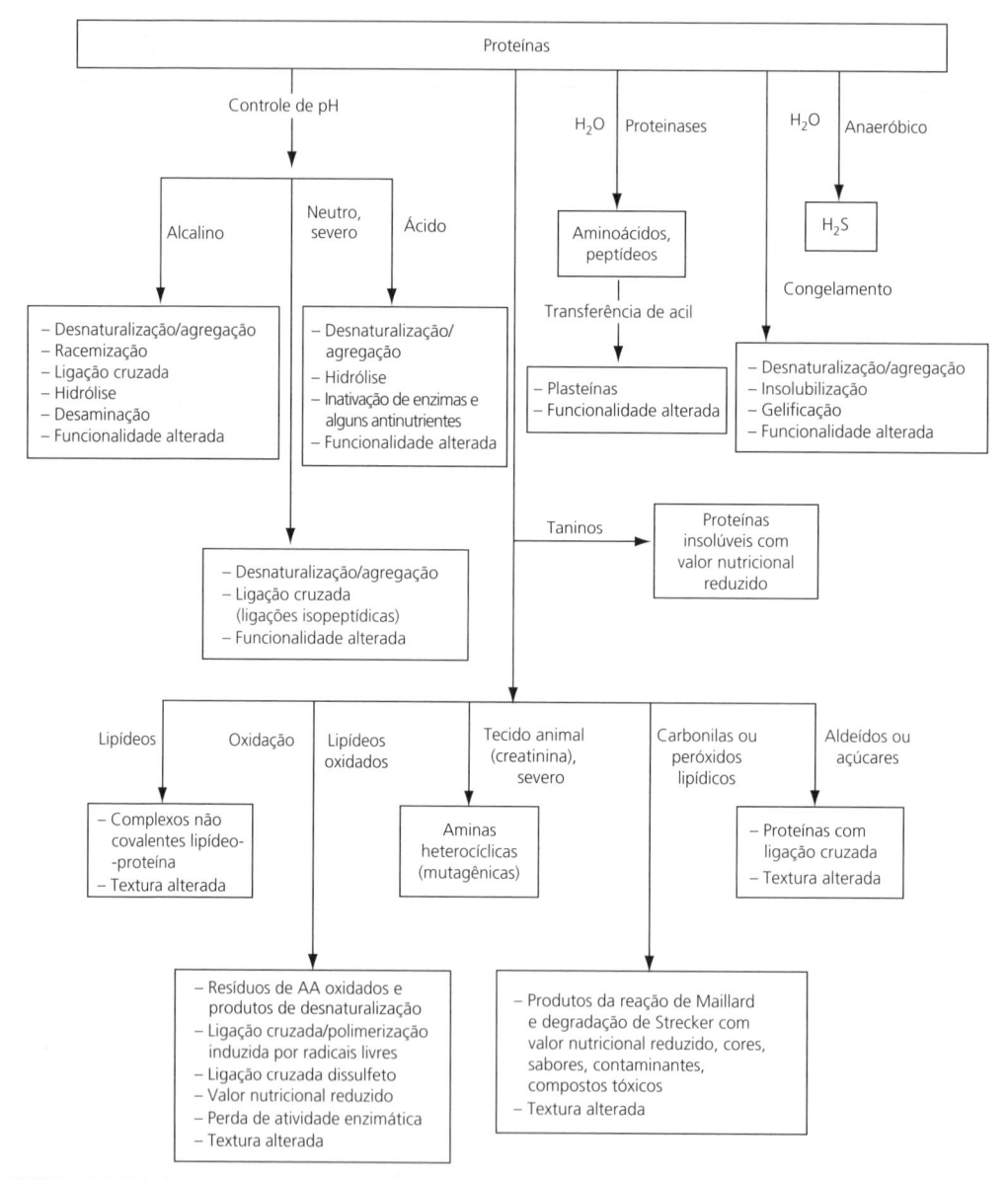

FIGURA 1.1 Principais reações que as proteínas podem sofrer durante o processamento e a manipulação de alimentos. (De Taoukis, P. e Labuza, T.P., em: *Food Chemistry*, 3rd edn., Fennema, O., ed., Marcel Dekker, New York, 1996, p. 1015.)

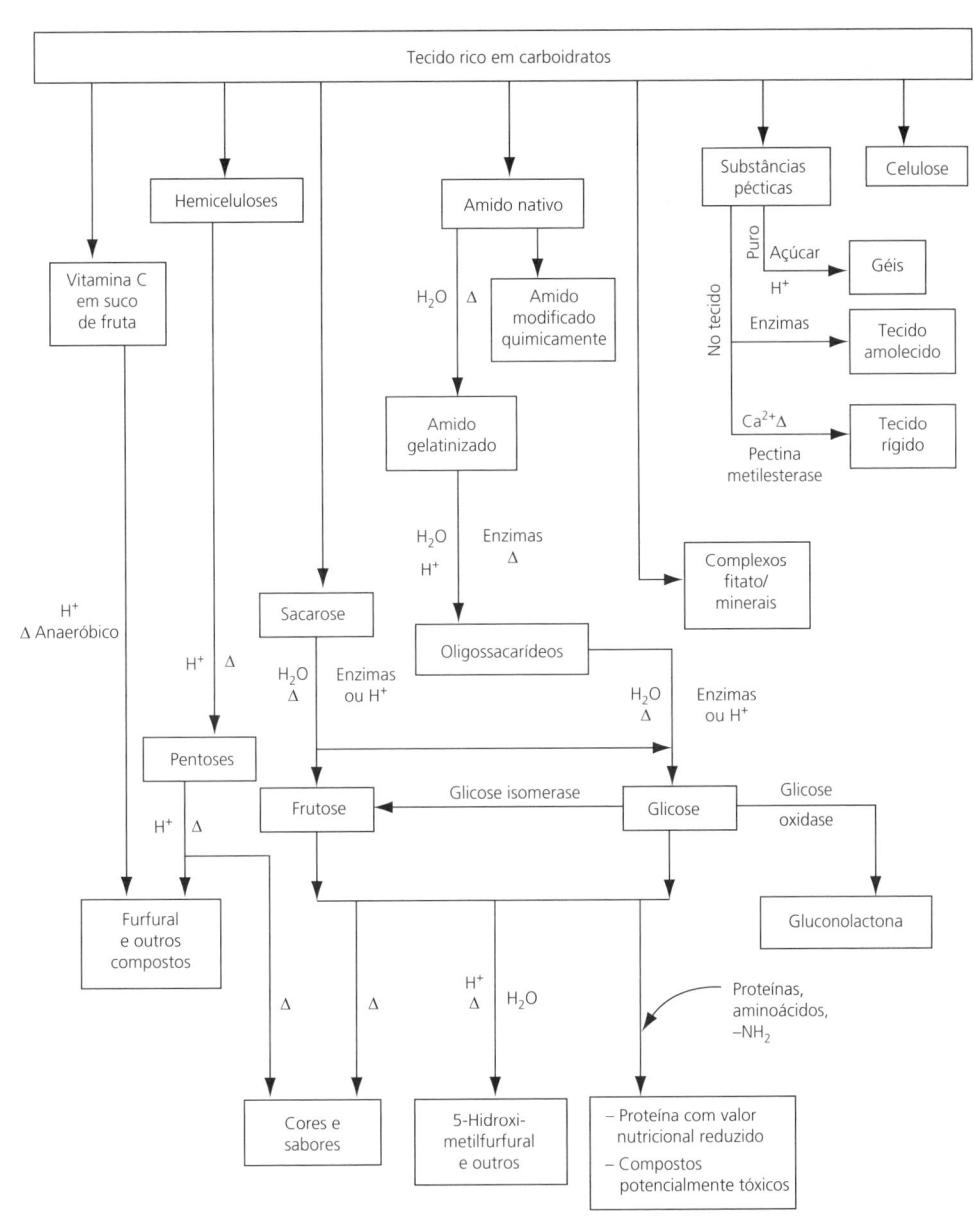

FIGURA 1.2 Principais reações que os carboidratos podem sofrer durante o processamento e a manipulação de alimentos. (De Taoukis, P. e Labuza, T.P., em: *Food Chemistry*, 3rd edn., Fennema, O., ed., Marcel Dekker, New York, 1996, p. 1016).

nentes dos alimentos que levam à deterioração da qualidade do alimento. Cada classe de composto sofre um tipo particular de deterioração. É notável o papel que compostos com carbonilas desempenham em diversos processos de deterioração. Elas surgem principalmente da oxidação de lipídeos e da degradação de carboidratos, podendo levar a destruição do valor nutricional, descoloração e destruição de sabores. Certamente, essas mesmas reações conduzem a sabores e cores desejados durante o cozimento de diversos alimentos.

```
                              Lipídeos
                                  │
        ┌──────────┬──────────────┼─────────────────────┐
   Proteínas   Lipases      H⁺ ou            H₂, Δ, P, Ni
                  ou         OH⁻ e Δ         ou bio-hidrogenação → Lipídeo hidrogenado
                                             Cat. (enzimas
                                             NaOCH₃ e outros) → Lipídeo interesterificado
                                             Δ
                                             Calor moderado
                                             a severo → Dímeros acíclicos e cíclicos, cetonas
```

- Complexos não covalentes lipídeo-proteína
- Textura alterada

Ácidos graxos

Oxidação → Hidroperóxidos → Peróxidos (*trans*, conjugados)

Ramos a partir de Peróxidos:
- Vitaminas → Vitaminas inativas
- Sabores → Alteração de sabor
- Pigmentos → Descoloração de pigmentos
- Proteínas:
  - Ligação cruzada de proteína dissulfeto
  - Textura alterada
- Proteína oxidada
- Valor nutricional reduzido
- Perda de atividade enzimática
- Textura alterada

↓

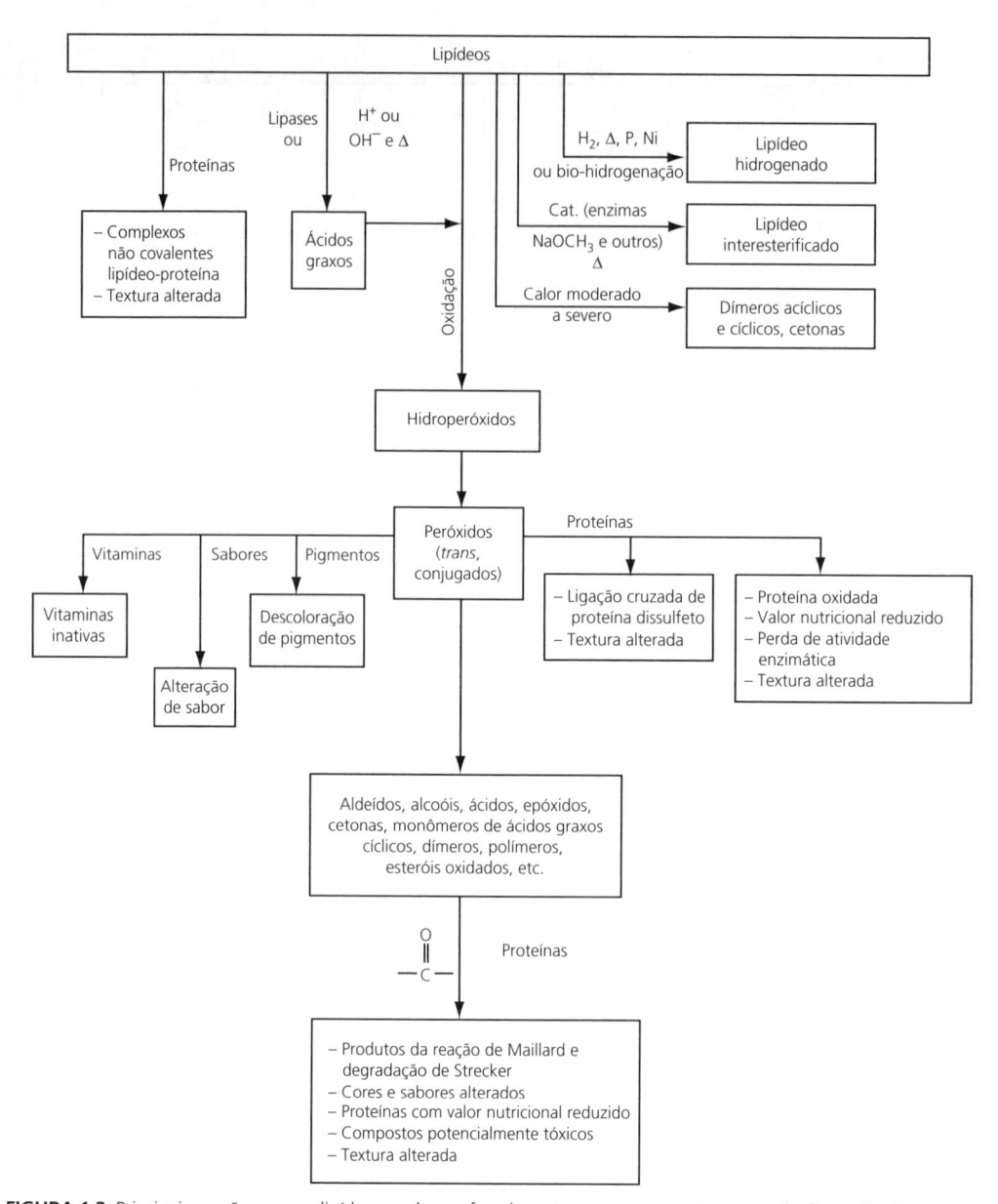

Aldeídos, alcoóis, ácidos, epóxidos, cetonas, monômeros de ácidos graxos cíclicos, dímeros, polímeros, esteróis oxidados, etc.

↓ (O=C─ + Proteínas)

- Produtos da reação de Maillard e degradação de Strecker
- Cores e sabores alterados
- Proteínas com valor nutricional reduzido
- Compostos potencialmente tóxicos
- Textura alterada

FIGURA 1.3 Principais reações que os lipídeos podem sofrer durante o processamento e a manipulação de alimentos. (De Taoukis, P. e Labuza, T.P., em: *Food Chemistry*, 3rd edn., Fennema, O., ed., Marcel Dekker, New York, 1996, p. 1017).

1.3.1 Análise de situações ocorridas durante o armazenamento e o processamento de alimentos

Uma vez que já foram descritos os atributos de alimentos seguros e de alta qualidade, as reações químicas relevantes envolvidas na deterioração de alimentos e a relação entre ambos, pode-se iniciar a consideração sobre a aplicação dessa informação a situações ocorridas durante o armazenamento e o processamento de alimentos.

As variáveis importantes durante o armazenamento e o processamento de alimentos estão listadas na Tabela 1.4. A temperatura é, talvez, a variável mais importante, em decorrência da sua grande influência em todos os tipos de reações químicas. O efeito da temperatura em uma reação

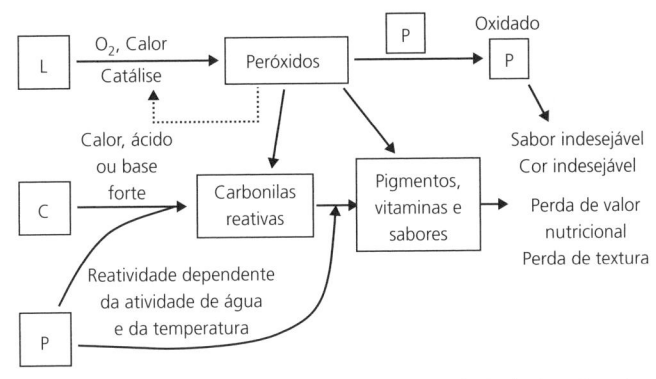

FIGURA 1.4 Resumo das interações químicas entre os componentes principais dos alimentos: L, lipídeos (triacilgliceróis, ácidos graxos e fosfolipídeos); C, carboidratos (polissacarídeos, açúcares, ácidos orgânicos, etc.); P, proteínas (proteínas, peptídeos, aminoácidos e outras substâncias que contêm N).

TABELA 1.4 Fatores relevantes que controlam a estabilidade de alimentos durante manipulação, processamento, armazenamento

Fatores do produto	Fatores ambientais
Propriedades químicas dos componentes individuais (incluindo catalisadores), conteúdo de oxigênio, pH, atividade de água, T_g e W_g	Temperatura (T); tempo (t); composição da atmosfera; tratamentos físicos, químicos ou biológicos impostos; exposição à luz; contaminação; dano físico

Nota: atividade de água = p/p_o, onde p é a pressão de vapor da água sobre o alimento e p_o é a pressão de vapor da água pura; T_g é a temperatura de transição vítrea; W_g é o conteúdo de água do produto na T_g.

individual pode ser estimado a partir da equação de Arrhenius, $k = Ae^{-\Delta E/RT}$. Dados em conformidade com a equação de Arrhenius resultam em uma linha reta quando log k é graficado *versus* 1/T. O parâmetro ΔE é a energia de ativação que representa a variação de energia livre necessária para elevação da espécie química de um estado basal para o de transição, a partir do qual a reação pode ocorrer. Os gráficos de Arrhenius da Figura 1.5 representam reações importantes na deterioração de alimentos. É evidente que as reações em alimentos geralmente seguem a correlação de Arrhenius em um intervalo limitado de temperaturas, mas desvios a essa correlação podem ocorrer em temperaturas mais baixas ou mais elevadas [12]. Logo, é importante lembrar que a correlação de Arrhenius para sistemas alimentares é válida somente para intervalos de temperaturas que tenham sido verificados experimentalmente.

Desvios da equação de Arrhenius podem ocorrer em consequência dos seguintes eventos, muitos dos quais são induzidos tanto por altas como por baixas temperaturas: (1) a atividade enzimática pode ser perdida, (2) a rota (passo limitante) da reação pode mudar, influenciada por reações competitivas, (3) o estado físico do sistema pode mudar (p. ex., congelamento), ou (4) um ou mais reatantes podem ser totalmente consumidos.

Outro fator importante na Tabela 1.4 é o tempo. Durante o armazenamento de um alimento, costuma-se informar sobre qual período se espera que o alimento mantenha um nível específico de qualidade. Portanto, interessa-se pelo tempo em relação ao total das alterações químicas e/ou microbiológicas que ocorrem durante o período específico do tempo de armazenamento e pelo modo como a combinação dessas alterações determinam um prazo específico para o armazenamento do produto. Durante o processamento, existe interesse em se conhecer o tempo necessário de inativação de uma determinada população de microrganismos ou o tempo necessário para que uma reação ocorra, na extensão desejada. Por exemplo, pode ser de interesse o conhecimento de quanto tempo é necessário para a produção do escurecimento desejado em *chips* de batata durante a fritura. Para tanto, deve-se considerar a mudança da temperatura em função do tempo, ou seja, dT/dt. Essa relação é importante, pois permite determinar-se em que extensão a velocidade da reação muda em

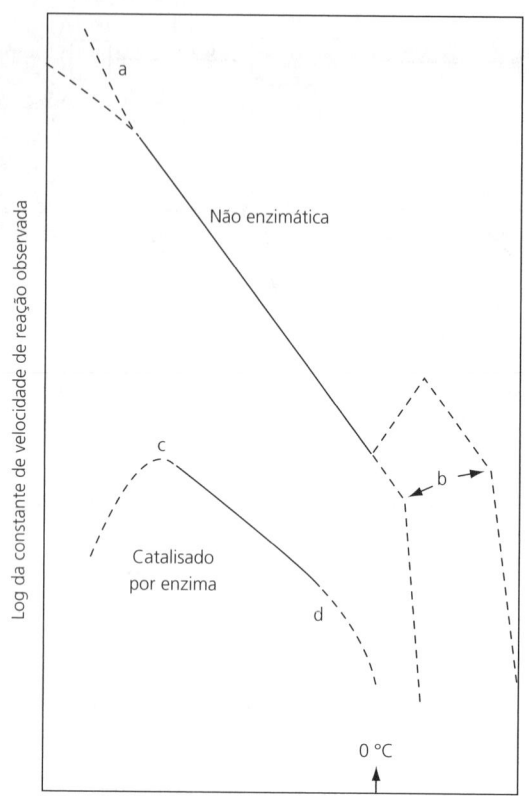

FIGURA 1.5 Ajuste de reações importantes de deterioração de alimentos à equação de Arrhenius. (a) Acima de determinados valores de T, podem ocorrer desvios da linearidade, devido a mudanças na rota da reação. (b) Com a diminuição da temperatura abaixo do ponto de congelamento do sistema, a fase de gelo (essencialmente pura) aumenta, e a fase fluida, que contém os solutos, diminui. A concentração de solutos na fase líquida pode diminuir as velocidades de reação (suplementando o efeito de diminuição da temperatura) ou aumentar as velocidades de reação (opondo-se ao efeito de diminuição da temperatura), dependendo da natureza do sistema (ver Capítulo 2). (c) Para uma reação enzimática existe uma temperatura máxima, na qual a enzima é desnaturalizada, resultando em perda de atividade, e (d) em temperatura próxima ao ponto de congelamento da água, na qual mudanças sutis, como a dissociação de um complexo enzimático, podem levar a um forte declínio da velocidade da reação.

função da temperatura da matriz alimentar durante o processamento. Se o ΔE da reação e o perfil de temperatura do alimento são conhecidos, sua análise integrativa permite a previsão do acúmulo líquido do produto da reação. Isso também é de interesse para alimentos que se deterioram de mais de uma maneira, como por oxidação de lipídeos e escurecimento não enzimático. Se os produtos da reação de escurecimento são antioxidantes, é importante que se saiba se as velocidades relativas dessas reações são suficientes para a ocorrência de uma interação significativa entre elas.

Outra variável, o pH, influencia na velocidade de diversas reações químicas e enzimáticas. Valores extremos de pH costumam ser necessários para que se iniba ostensivamente o crescimento microbiano ou de processos enzimáticos. Essas condições podem acelerar reações catalisadas por ácidos ou bases. Em contrapartida, mesmo uma mudança relativamente pequena no pH pode causar alterações importantes na qualidade de alguns alimentos, como, por exemplo, no músculo.

A composição do produto é importante, pois determina quais reatantes estão disponíveis para transformações químicas. Também é importante a determinação da influência de sistemas alimentares celulares; acelulares e homogêneos; e heterogêneos na disposição e na reatividade dos reatantes. É de particular importância, do ponto de vista da qualidade, a relação existente entre a composição da matéria-prima e a composição do produto acabado. Por exemplo, (1) o modo como frutas e vegetais são manipulados no pós-colheita pode influenciar no conteúdo de açúcar, e isso, por sua vez, pode influenciar no grau de escurecimento obtido durante desidratação ou fritura; (2) o modo como tecidos animais são manipulados no pós-morte exerce influência sobre a velocidade e a extensão da glicólise e sobre a degradação de ATP, e esses fatores, por sua vez, podem influenciar em tempo de armazenamento, rigidez, capacidade de retenção de água, sabor e cor; e (3) a mistura de matérias-primas pode resultar em interações inesperadas, como, por exemplo, a taxa de oxidação pode ser acelerada ou inibida dependendo da quantidade de sal presente.

Outro fator determinante de relevância, relacionado à composição do alimento, é a atividade de água (a_a). Diversos pesquisadores têm demonstrado que o a_a influencia fortemente na velocidade de reações catalisadas por enzimas [13], na oxidação de lipídeos [14,15], no escurecimento não enzimático [16,14], na hidrólise da sacarose [17], na degradação da clorofila [18], na degradação de antocianinas [19], entre outros. Como será abordado no Capítulo 2, a maioria das reações tende a diminuir de velocidade em a_a, tornando-se inferior ao intervalo correspondente a alimentos de umidade intermediária (0,75–0,85). A oxidação de lipídeos e seus efeitos secundários associados, como descoloração de carotenoides, são exceções a essa regra, ou seja, essas reações são aceleradas na extremidade inferior da escala de a_a.

Mais recentemente, tornou-se evidente que a temperatura de transição vítrea (T_g) de alimentos e o correspondente conteúdo de água (W_g) na T_g estão relacionados às taxas de eventos de difusão limitada nos alimentos. Portanto, T_g e W_g têm relevância para propriedades físicas de alimentos congelados e desidratados, condições adequadas de liofilização, alterações físicas que envolvem a cristalização, a recristalização, a gelatinização e a retrogradação do amido, e para reações químicas limitadas por difusão (ver Capítulo 2).

Em produtos industrializados, a composição pode ser controlada pela adição de compostos químicos permitidos, como acidulantes, agentes quelantes, flavorizantes ou antioxidantes, bem como pela remoção de reatantes indesejáveis, como, por exemplo, a remoção de glicose do albúmen de ovo desidratado.

A composição da atmosfera é importante, em especial, em relação à umidade relativa e ao conteúdo de oxigênio, embora o etileno e o CO_2 também sejam importantes durante o armazenamento de tecidos de origem vegetal. Infelizmente, em situações nas quais a exclusão do oxigênio é desejável, essa condição é quase impossível de ser obtida por completo. Em alguns casos, os efeitos deletérios de quantidades residuais de oxigênio tornam-se aparentes durante o armazenamento. Por exemplo, a formação prematura de pequenas quantidades de ácido desidroascórbico (a partir da oxidação do ácido ascórbico) pode resultar em escurecimento pela reação de Maillard, durante o armazenamento.

Para alguns produtos, a exposição à luz pode ser deletéria. Nesses casos, é adequado que os produtos sejam embalados em material refratário à luz ou que se controlem a intensidade e os comprimentos de onda da luz, se possível.

Os químicos de alimentos devem ser capazes de integrar as informações sobre atributos de qualidade dos alimentos, reações de deterioração a que os alimentos são suscetíveis e fatores que controlam os tipos e as velocidades dessas reações, a fim de resolverem problemas relacionados a formulação, processamento e estabilidade durante o armazenamento.

1.4 PAPEL SOCIAL DO QUÍMICO DE ALIMENTOS

1.4.1 Por que o químico de alimentos deve estar envolvido em questões sociais?

Os químicos de alimentos, pelas seguintes razões, devem sentir-se impelidos a se envolverem em questões sociais, as quais permeiem aspectos tecnológicos pertinentes (questões tecnossociais):

- Os químicos de alimentos tiveram o privilégio de receber uma educação de alto nível, tendo adquirido habilidades científicas especiais. Esses privilégios e habilidades trazem consigo um alto nível de responsabilidade correspondente.

- As atividades dos químicos de alimentos influenciam na pertinência do abastecimento de alimentos, na saúde da população, nos custos dos alimentos, na geração e na utilização de resíduos, no uso de água e energia e na natureza das legislações de alimentos. Como esses assuntos vão ao encontro do bem-estar público em geral, é razoável que esses químicos sintam a responsabilidade de direcionarem suas atividades ao benefício da sociedade.
- Se os químicos de alimentos não se envolverem em questões tecnossociais, a opinião de outras pessoas – cientistas de outras profissões, lobistas profissionais, mídia, consumidores ativistas, charlatães, entusiastas antitecnologia – prevalecerá. Muitos desses indivíduos são menos qualificados que um químico de alimentos em temas relacionados a alimentos, sendo que alguns são obviamente desqualificados.
- Os químicos de alimentos têm a missão e a oportunidade de ajudar na resolução de controvérsias que causem impacto ou que são entendidas como conflitantes, no que se refere à saúde pública e em como o público enxerga o desenvolvimento da ciência e da tecnologia. Exemplos de algumas controvérsias atuais são segurança da clonagem e OGMs, uso de hormônios de crescimento animal na produção agrícola e valor nutricional relativo de colheitas produzidas por meio de métodos de cultivo orgânico e convencional.

1.4.2 Tipos de envolvimento

As obrigações sociais do químico de alimentos incluem bom desempenho profissional, cidadania e respeito à ética da comunidade científica, porém o cumprimento desses requisitos tão necessários não é suficiente. Um papel adicional de grande importância, que muitas vezes permanece sem abordagem pelos químicos de alimentos, é a função de auxílio na determinação de como o conhecimento científico é interpretado e usado pela sociedade. Embora os químicos de alimentos e outros cientistas de alimentos não devam ter opinião absoluta a respeito dessas decisões, eles devem, para fins de uma tomada de decisão sábia, ter sua visão observada e considerada. A aceitação dessa postura, que é certamente indiscutível, leva a uma questão óbvia: "O que deve fazer exatamente um químico de alimentos para exercer sua função, nesse tema, de maneira correta?" Várias atividades são adequadas:

1. Participação em sociedades profissionais pertinentes.
2. Realização de trabalhos como consultor em comitês governamentais, quando houver convite.
3. Comprometimento com iniciativas pessoais em atividades de natureza pública.

O terceiro ponto pode envolver cartas a jornais, periódicos, legisladores, agências governamentais, executivos de empresas, administradores de universidades, e outros, bem como palestras a grupos da sociedade civil, incluindo sessões com estudantes e demais agentes sociais.

Os objetivos principais desses esforços são educar e esclarecer o público em relação a alimentos e práticas dietéticas. Isso envolve a melhora da capacidade do público de avaliar de forma inteligente as informações desses tópicos. Alcançar tal objetivo não será fácil, pois uma parte significativa da população tem arraigadas noções falsas sobre alimentos e práticas dietéticas e, em decorrência de o alimento ter, para muitos indivíduos, conotações que se estendem para muito além da visão estrita dos químicos. Sua função pode integrar práticas religiosas, herança cultural, rituais, simbolismo social ou uma rota para o bem-estar fisiológico. Para a maioria, essas posturas não devem ser consideradas na análise dos alimentos e de práticas dietéticas, com valor científico sólido.

Um dos temas alimentares mais controversos, o qual tem evadido à avaliação científica, pelo público, é o uso de substâncias químicas para a modificação de alimentos. A **quimiofobia**, medo de substâncias químicas, tem afligido grande parte da população, fazendo os aditivos químicos, na mente de muitos, representarem riscos que não condizem com os fatos. Pode-se encontrar, com facilidade preocupante, artigos na literatura popular em que se alerta para os alimentos fornecidos aos Estados Unidos, os quais estariam suficientemente carregados com venenos, podendo causar malefícios, no melhor dos casos, e ameaça à vida, no pior. É, de fato, chocante, dizem eles, a maneira como os industrialistas envenenam nossos alimentos por lucro enquanto a ineficiente Food and Drug Administration observa com despreocupação. Autores com esse ponto de vista devem merecer crédito? A resposta para essa questão reside no mérito e na credibilidade que o autor tem em relação ao tema científico que está no centro da discussão. A credibilidade está fundamentada em educação formal, treinamento, experiência prática e contribuições ao conjunto do conhecimento ao qual uma discussão particular está ligada. Atividades de ensino podem ter a forma de pesquisa, descobrimento de novos conhecimentos, revisão e/ou interpretação do corpo do conhecimento. Credibilidade é, ainda, fundamentada em experimentação objetiva, a qual requer consideração de pontos de vista alternativos sobre o conhecimento existente do tema enquanto exequível, em vez do simples apontamento de fatos e interpretações que dão suporte a um ponto de vista preferencial. O conhecimento acumulado pela publicação de resultados de estudos na literatura científica (a qual é submetida à revisão por consultores e está baseada em padrões profissionais específicos de protocolos, documentação e ética) é, portanto, mais merecedor de créditos que publicações populares.

Mais próximo à imaginação diária do estudante ou do profissional em ciência de alimentos em formação, o tema contemporâneo em relação à credibilidade da informação trata da expansão da informação (incluindo a de natureza científica) que está pronta e facilmente acessível pela internet. Algumas dessas informações costumam não ser atribuídas a um autor e o *site* pode ser carente de credenciais óbvias para ser creditado como admissível fonte de credibilidade e mérito. Algumas informações podem ser postadas para o favorecimento de pontos de vista ou causas, podendo fazer parte de uma campanha de *marketing* que tenha a finalidade de influenciar percepções ou hábitos de consumo dos visitantes. Algumas informações da rede são meritórias, tendo sido disseminadas por cientistas treinados e editores científicos; no entanto, o estudante é encorajado a considerar com cautela as fontes de informação obtidas na internet e não se submeter à simples facilidade de acesso.

Apesar da expansão atual e crescente do conhecimento sobre ciência de alimentos, ainda existe discordância sobre segurança alimentar e outros temas concernentes a essa ciência. A maioria dos pesquisados reconhecidos apoia a visão de que nosso suprimento de alimentos é razoavelmente seguro e nutritivo e que os aditivos alimentares legais não apresentam riscos indesejáveis [20–30], embora a vigilância contínua, em virtude de efeitos adversos, seja prudente. Entretanto, um grupo relativamente pequeno de pesquisadores reconhecidos acredita que o fornecimento de alimentos apresenta riscos desnecessários, em particular em relação a alguns aditivos legalizados.

O debate científico em fóruns públicos tem se expandido recentemente, incluindo a segurança pública e ambiental de OGMs, o valor nutricional relativo de colheitas orgânicas e convencionais e a adequação de afirmações conduzidas pela mídia que podem ser interpretadas pelo público como benefícios à saúde em relação a suplementos dietéticos, entre outros. O conhecimento científico desenvolve-se de forma cumulativa e lenta, de modo que pode nos preparar completamente para a próxima discussão. É papel dos cientistas o envolvimento com esse processo, estimulando as partes envolvidas a manter o foco na ciência e no conhecimento, permitindo que políticos adequadamente mais informados encontrem conclusões apropriadas.

Em suma, os cientistas apresentam mais obrigações com a sociedade que indivíduos sem educação científica formal. Espera-se dos cientistas a geração de conhecimento de maneira produtiva e ética, mas isso não é suficiente. Além disso, eles devem aceitar sua responsabilidade de garantir que o conhecimento científico seja usado de modo a render o maior benefício possível à sociedade. O preenchimento dessa obrigação requer que os cientistas não apenas zelem pela excelência e conformidade a altos padrões de ética em suas atividades profissionais diárias, mas que também desenvolvam uma profunda preocupação com o bem-estar e com o esclarecimento científico do público.

REFERÊNCIAS

1. Browne, C. A. (1944). *A Source Book of Agricultural Chemistry*, Chronica Botanica Co., Waltham, MA.
2. Ihde, A. J. (1964). *The Development of Modern Chemistry*, Harper & Row, New York.
3. Filby, F. A. (1934). *A History of Food Adulteration and Analysis*, George Allen & Unwin, London, U.K.
4. Davy, H. (1813). *Elements of Agricultural Chemistry, in a Course of Lectures for the Board of Agriculture*, Longman, Hurst, Rees, Orme and Brown, London, U.K. Cited by Browne, 1944 (Reference 1).
5. Davy, H. (1936). *Elements of Agricultural Chemistry*, 5th edn. Longman, Rees, Orme, Brown, Green and Longman, London, U.K.
6. Chevreul, M. E. (1824). *Considérations générales sur l'analyse organique et sur ses applications*, F.-G. Levrault. Cited by Filby, 1934 (Reference 3).
7. Beaumont, W. (1833). *Experiments and Observations of the Gastric Juice and the Physiology of Digestion*, F. P. Allen, Plattsburgh, NY.
8. Liebig, J. von (1847). *Researches on the Chemistry of Food*, edited from the author's manuscript by William Gregory; Londson, Taylor and Walton, London, U.K. Cited by Browne, 1944 (Reference 1).
9. Accum, F. (1966). *A Treatise on Adulteration of Food, and Culinary Poisons, 1920*, Facsimile reprint by Mallinckrodt Chemical Works, St. Louis, MO.
10. Anonymous (1831). *Death in the Pot*. Cited by Filby, 1934 (Reference 3).
11. McCollum, E. V. (1959). The history of nutrition. *World Rev. Nutr. Diet. 1*:1–27.
12. McWeeny, D. J. (1968). Reactions in food systems: Negative temperature coefficients and other abnormal temperature effects. *J. Food Technol. 3*:15–30.
13. Acker, L. W. (1969). Water activity and enzyme activity. *Food Technol. 23*:1257–1270.
14. Labuza, T. P., S. R. Tannenbaum, and M. Karel (1970). Water content and stability of low-moisture and intermediate-moisture foods. *Food Techol. 24*:543–550.
15. Quast, D. G. and M. Karel (1972). Effects of environmental factors on the oxidation of potato chips. *J. Food Sci. 37*:584–588.
16. Eichner, K. and M. Karel (1972). The influence of water content and water activity on the sugar-amino browning reaction in model systems under various conditions. *J. Agric. Food Chem. 20*:218–223.
17. Schoebel, T., S. R. Tannenbaum, and T. P. Labuza (1969). Reaction at limited water concentration. 1. Sucrose hydrolysis. *J. Food Sci. 34*:324–329.
18. LaJollo, F., S. R. Tannenbaum, and T. P. Labuza (1971). Reaction at limited water concentration. 2. Chlorophyll degradation. *J. Food Sci. 36*:850–853.
19. Erlandson, J. A. and R. E. Wrolstad (1972). Degradation of anthocyanins at limited water concentration. *J. Food Sci. 37*:592–595.
20. Clydesdale, F. M. and F. J. Francis (1977). *Food, Nutrition and You*, Prentice-Hall, Englewood Cliffs, NJ.
21. Hall, R. L. (1982). Food additives, in *Food and People* (D. Kirk and I. K. Eliason, Eds.), Boyd & Fraser, San Francisco, CA, pp. 148–156.
22. Jukes, T. H. (1978). How safe is our food supply? *Arch. Intern. Med. 138*:772–774.
23. Mayer, J. (1975). *A Diet for Living*, David McKay, Inc., New York.
24. Stare, F. J. and E. M. Whelan (1978). *Eat OK—Feel OK*, Christopher Publishing House, North Quincy, MA.
25. Taylor, R. J. (1980). *Food Additives*, John Wiley & Sons, New York.
26. Whelan, E. M. (1993). *Toxic Terror*, Prometheus Books, Buffalo, NY.
27. Watson, D. H. (2001). *Food Chemical Safety*. Vol. 1: Contaminants, Vol. 2: Additives, Woodhead Publishing Ltd., Cambridge, U.K.
28. Roberts, C. A. (2001). *The Food Safety Information Handbook*, Oryx Press, Westport, CT.
29. Riviere, J. H. (2002). *Chemical Food Safety—A Scientist's Perspective*, Iowa State Press, Ames, IA.
30. Wilcock, A., M. Pun, J. Khanona, and M. Aung (2004). Consumer attitudes, knowledge and behaviour: A review of food safety issues. *Trends Food Sci. Technol. 15*:56–66.
31. Taoukis, P. and T. P. Labuza (1996). Summary: Integrative concepts (shelf life testing and modeling), in: *Food Chemistry*, 3rd edn. (O. Fennema, ed.), Marcel Dekker, New York, pp. 1013–1042.

Parte I

Principais componentes dos alimentos

Relações entre água e gelo nos alimentos

Srinivasan Damodaran

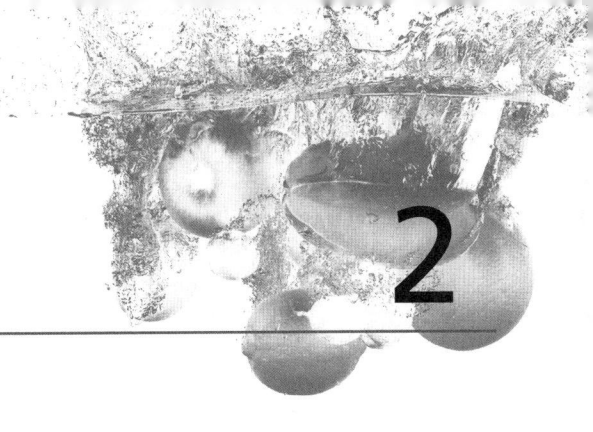

CONTEÚDO

2.1 Introdução........................... 19
2.2 Propriedades físicas da água............. 20
   2.2.1 Relação de fases da água............. 20
   2.2.2 Resumo....................... 25
2.3 A química da molécula da água.......... 25
   2.3.1 Ligações de hidrogênio............. 25
      2.3.1.1 Resumo.................. 28
2.4 Estruturas do gelo e da água líquida....... 29
   2.4.1 Estrutura do gelo.................. 29
   2.4.2 Estrutura da água líquida............ 31
      2.4.2.1 Resumo.................. 34
2.5 Soluções aquosas..................... 35
   2.5.1 Interações entre solutos e água........ 35
   2.5.2 Interação da água com íons.......... 35
   2.5.3 Interação da água com
      grupos polares neutros.................. 38
   2.5.4 Interação da água com solutos apolares.. 39
   2.5.5 O efeito hidrofóbico............... 40
   2.5.6 Conceito de água ligada............. 43
   2.5.7 Propriedades coligativas............ 46
      2.5.7.1 Resumo.................. 47
2.6 Atividade de água.................... 48
   2.6.1 Definição e medição da
      atividade de água..................... 48
      2.6.1.1 Resumo.................. 50
   2.6.2 Isotermas de sorção de umidade....... 50
   2.6.3 Interpretação das isotermas
      de sorção de umidade.................. 52
      2.6.3.1 Resumo.................. 54
   2.6.4 Atividade de água e estabilidade
      alimentar........................... 54
   2.6.5 Alimentos de umidade intermediária.... 55
   2.6.6 Determinação da monocamada BET.... 62
      2.6.6.1 Resumo.................. 64
      2.6.6.2 Dependência da temperatura
        e da pressão...................... 64
   2.6.7 Histerese........................ 66
2.7 Desafios tecnológicos em alimentos de umidade
   intermediária......................... 70
   2.7.1 Migração de umidade em alimentos
      compostos.......................... 70
   2.7.2 Transição de fase em alimentos....... 72
2.8 Mobilidade molecular e estabilidade dos
   alimentos............................ 73
   2.8.1 Transição vítrea.................. 74
   2.8.2 Mobilidade molecular e
      velocidades de reação.................. 76
   2.8.3 Velocidade de reação no estado vítreo... 78
   2.8.4 Diagrama de estado................ 79
   2.8.5 Limitações da equação de WLF....... 82
   2.8.6 Aplicabilidade de diagramas de
      estado em sistemas alimentares............ 82
   2.8.7 Determinação da T_g................ 82
   2.8.8 Dependência da massa molecular na T_g.. 85
   2.8.9 A relação entre as abordagens da a_a,
      teor de água e mobilidade molecular
      usadas na compreensão das relações da
      água nos alimentos.................... 86
Referências............................. 87

2.1 INTRODUÇÃO

A água é a substância mais abundante na Terra e, dependendo da temperatura local, existe em estados sólido, líquido e de vapor em várias regiões. As teorias científicas atuais proclamam que a gênese da vida na Terra não teria sido possível sem a presença de água: a própria formação de estruturas macromoleculares biológicas organizadas, como biomembranas e proteínas/enzimas, e o funcionamento real dessas estruturas biológicas são muitas vezes orquestrados pela água líquida. Além disso, a água desempenha várias outras funções, como a modulação da temperatura corporal, como solvente e transportador de nutrientes e produtos de resíduos e a participação como reagente em reações de hidrólise.

O teor de água dos tecidos biológicos varia de 50 a 90% [1]. Uma vez que os alimentos frescos são derivados principalmente de tecidos vegetais e animais, seu teor de água também está na faixa de 50 a 95% em peso úmido. A água é um componente importante mesmo em produtos alimentares fabricados, como produtos de espuma, emulsão e gel, e o estado da água em tais produtos influencia fortemente sua textura, aparência e sabor. A interação da água com outros componentes, como lipídeos, carboidratos e proteínas, em um sistema alimentar altera profundamente suas propriedades físico-químicas, o que, por sua vez, afeta as propriedades sensoriais e a aceitabilidade dos alimentos pelos consumidores. Por outro lado, os alimentos que contêm alto teor de água são ideais para o crescimento de microrganismos, o que os torna altamente suscetíveis à deterioração microbiana. As técnicas de conservação de alimentos, como congelamento e desidratação, envolvem a transformação de água líquida em gelo ou sua remoção como vapor, respectivamente. Já que a economia desses processos é influenciada pelas propriedades físicas da água sob várias condições de pressão-temperatura, uma compreensão fundamental da estrutura e das propriedades da água nos estados líquido e sólido é essencial para entender a influência da água sobre a estabilidade alimentar em um contexto mais amplo.

2.2 PROPRIEDADES FÍSICAS DA ÁGUA

A água é um composto simples contendo dois átomos de hidrogênio ligados covalentemente a um átomo de oxigênio. No entanto, suas propriedades físicas, tanto no estado líquido quanto no sólido, apresentam 41 anomalias em comparação com outras substâncias (Quadro 2.1) de tamanho molecular similar. Algumas dessas anomalias são tão críticas que a vida na Terra não seria teoricamente possível sem elas. Por exemplo, a densidade de uma substância no estado líquido à sua temperatura de fusão é normalmente $\approx$ 5 a 15% menor do que o sólido na mesma temperatura devido ao aumento da distância (expansão do volume) entre as moléculas no estado líquido. No entanto, este não é o caso da água. A densidade de água líquida a 0 °C é maior que a do gelo a 0 °C. Além disso, a densidade de água na faixa de temperatura de 0 a 100 °C permanece maior que a do gelo, com um máximo de 3,984 °C (Figura 2.1). Como resultado, o gelo flutua na água. Se o gelo tivesse uma densidade maior do que a água líquida, o gelo nos oceanos Ártico e Antártico teria afundado e os oceanos e os mares teriam se transformado lentamente em gelo sólido durante um período, o que teria tornado o planeta inabitável para a vida.

A água também exibe várias outras propriedades anormais que são muito relevantes para o processamento de alimentos. Estas incluem pontos de ebulição e fusão anormais, alta permissividade dielétrica, alta tensão superficial, propriedades térmicas anormais (capacidade calorífica, condutividade térmica, difusividade térmica e calor de fusão e vaporização) e alta viscosidade (em relação à sua baixa massa molecular) (Tabela 2.1). Por exemplo, a condutividade térmica da água e do gelo é grande em comparação com outros líquidos e sólidos não metálicos e, mais importante, a condutividade térmica do gelo a 0 °C é quatro vezes superior à da água a 0 °C. Da mesma forma, a difusividade térmica do gelo é nove vezes superior à da água e a capacidade calorífica do gelo é cerca de metade daquela da água líquida. Devido à maior condutibilidade térmica e à difusividade e à menor capacidade calorífica, a taxa de mudança de temperatura no gelo é muito maior que a da água quando a água e o gelo são expostos a um determinado gradiente de temperatura. O fato de que os alimentos congelam muito mais rápido do que descongelam quando submetidos a um determinado gradiente de temperatura positivo ou negativo deve-se principalmente à diferença mencionada anteriormente nas propriedades térmicas do gelo e da água.

2.2.1 Relação de fases da água

A água existe em todas as três fases, isto é, vapor, líquido e sólido, nas faixas de temperatura e pressão normais encontradas na Terra. A água

QUADRO 2.1 PROPRIEDADES ANÔMALAS DA ÁGUA

1. Ponto de fusão excepcionalmente alto.
2. Ponto de ebulição excepcionalmente alto.
3. Ponto crítico excepcionalmente alto.
4. Tensão superficial excepcionalmente alta.
5. Viscosidade excepcionalmente alta.
6. Calor de vaporização excepcionalmente alto.
7. A água encolhe na fusão.
8. A água possui densidade alta, o que aumenta ao aquecimento (até 3,984 °C).
9. O número de vizinhos mais próximos aumenta com a fusão.
10. O número de vizinhos mais próximos aumenta com a temperatura.
11. A pressão reduz o seu ponto de fusão (13,35 MPa dá um ponto de fusão de –1 °C).
12. A pressão reduz a temperatura da densidade máxima.
13. D_2O e T_2O diferem de H_2O em suas propriedades físicas muito mais do que se poderia esperar de sua massa aumentada; por exemplo, eles têm temperaturas crescentes de densidade máxima (11,185 °C e 13,4 °C, respectivamente).
14. À medida que a temperatura baixa, a água apresenta um aumento excepcional na viscosidade, mas uma diminuição da difusão.
15. A viscosidade da água diminui com a pressão (a temperaturas inferiores a 33 °C).
16. A água possui uma compressibilidade excepcionalmente baixa.
17. A compressibilidade diminui à medida que a temperatura aumenta até um mínimo de ≈ 46,5 °C. Abaixo dessa temperatura, a água é mais fácil de comprimir à medida que a temperatura baixa.
18. A água tem um baixo coeficiente de expansão (expansão térmica).
19. A expansão térmica da água diminui cada vez mais (torna-se negativa) em baixas temperaturas.
20. A velocidade do som aumenta com a temperatura (até um máximo de 73 °C).
21. A água possui mais do dobro da capacidade térmica específica do gelo ou do vapor.
22. A capacidade calorífica específica (C_P e C_V) é excepcionalmente alta.
23. A capacidade calorífica específica C_P possui um mínimo e C_V possui um máximo.
24. A relaxação longitudinal na ressonância magnética é muito pequena a baixas temperaturas.
25. Os solutos têm efeitos variáveis em propriedades como densidade e viscosidade.
26. Nenhuma das suas soluções aproxima-se da idealidade termodinâmica; mesmo D_2O em H_2O não é ideal.
27. A difração de raios X mostra uma estrutura excepcionalmente detalhada.
28. A água super-resfriada tem duas fases e um segundo ponto crítico a ≈ –91 °C.
29. A água líquida pode ser super-resfriada, em pequenas gotículas, até ≈ –70 °C. Também pode ser produzida a partir de gelo amorfo vítreo entre –123 e –149 °C.
30. A água sólida existe em uma variedade mais ampla de estruturas cristalinas estáveis e instáveis e amorfas do que outros materiais.
31. A água quente pode congelar mais rápido que a água fria: o efeito Mpemba.
32. O índice de refração da água tem um valor máximo logo abaixo de 0 °C.
33. A solubilidade dos gases apolares na água diminui com a temperatura a um mínimo e depois aumenta.
34. A baixas temperaturas, a autodifusão da água aumenta à medida que aumentam a densidade e a pressão.
35. A condutividade térmica da água aumenta até ≈ 130 °C e depois cai.
36. As mobilidades de íons de prótons e hidróxidos são excepcionalmente rápidas em um campo elétrico.
37. O calor de fusão da água com temperatura exibe um máximo a –17 °C.
38. A constante dielétrica é alta e comporta-se de forma anômala com a temperatura.
39. Sob alta pressão, as moléculas de água se afastam umas das outras com pressão crescente.
40. A condutividade elétrica da água aumenta até ≈ 230 °C e depois cai.
41. A água quente vibra mais do que a água fria.

Fonte: adaptado de Chaplin, M., Anomalous properties of water. http://www.lsbu.ac.uk/water/anmlies.html, 2003.

é um líquido à temperatura e pressão ambientes; é vaporizada quando a temperatura aumenta para 100 °C e torna-se um sólido quando a temperatura é resfriada até abaixo de 0 °C à pressão atmosférica ambiente. As linhas contínuas no diagrama de fases mostrado na Figura 2.2 representam as combinações temperatura-pressão em que a água pode existir em equilíbrio entre as fases vapor/líquido, líquido/sólido e sólido/vapor. Nesses limites de fase, duas fases de água coe-

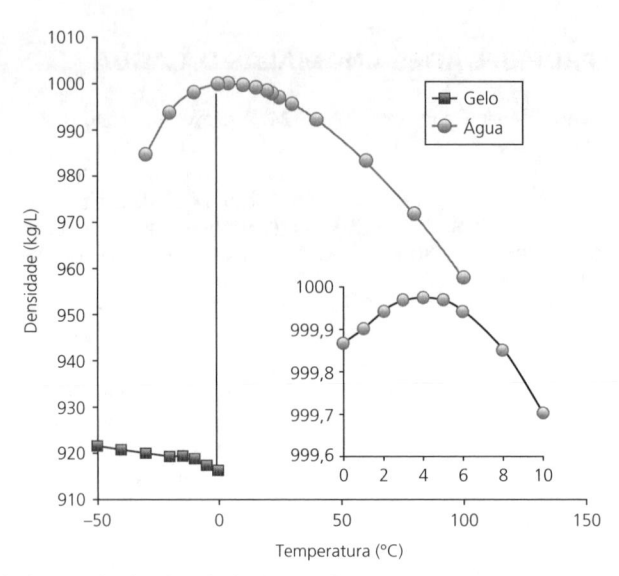

FIGURA 2.1 Densidade da água (-●-) e do gelo (-■-) como função da temperatura. A inserção mostra uma visão expandida dos dados para a água na faixa de 0 a 10 °C.

TABELA 2.1 Propriedades físicas da água e do gelo

Propriedade	Valor
Massa molecular	18,0153
Ponto de fusão (a 101,3 kPa)	0,00 °C
Ponto de ebulição (a 101,3 kPa)	100,00 °C
Temperatura crítica	373,99 °C
Pressão crítica	22,064 MPa
Temperatura do ponto triplo	0,01 °C
Pressão do ponto triplo	611,73 Pa
ΔH_{vap} a 100 °C	40,647 kJ mol^{-1}
ΔH_{sub} a 0 °C	50,91 kJ mol^{-1}
ΔH_{fus} a 0 °C	6,002 kJ mol^{-1}

	Temperatura (°C)			
	Gelo		Água	
Outras propriedades dependentes da temperatura	−20	0	0	+20
Densidade (g/cm^3)	0,9193	0,9168	0,99984	0,99821
Pressão de vapor (kPa)	0,103	0,6113	0,6113	2,3388
Capacidade calorífica (J/g/K)	1,9544	2,1009	4,2176	4,1818
Condutividade térmica (W/m/K)	2,433	2,240	0,561	0,5984
Difusividade térmica (m^2/s)	11,8 × 10^{-7}	11,7 × 10^{-7}	1,3 × 10^{-7}	1,4 × 10^{-7}
Compressibilidade (Pa^{-1})		2	4,9	
Permissibilidade	98	90	87,9	80,2

Fonte: Lide, D.R. (ed.), *Handbook of Chemistry and Physics*, 74th edn., CRC Press, Boca Raton, FL, 1993/1994.

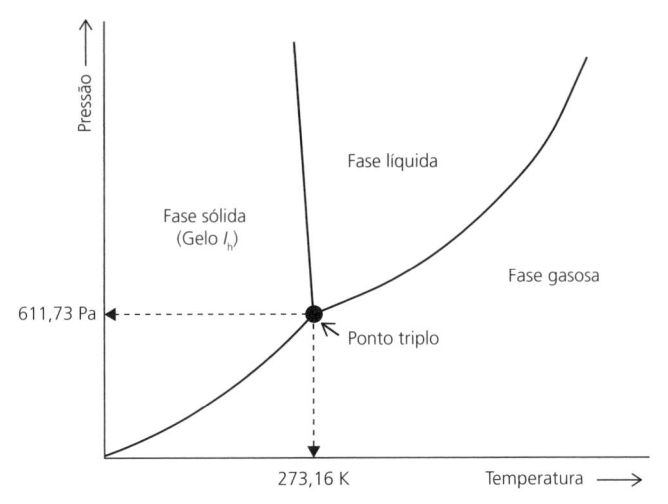

FIGURA 2.2 Diagrama de fases da água que mostra o ponto triplo onde os estados sólidos (gelo I_h)*, líquido e vapor estão em equilíbrio.

*N. de T. Gelo I_h se refere à forma mais comum do gelo, cristalina hexagonal.

xistem (i.e., líquido/vapor, líquido/sólido e sólido/vapor), de modo que o seu potencial químico em ambas as fases é igual. O ponto de encontro desses três limites de fase é conhecido como um "ponto triplo". Para a água, há apenas um ponto triplo de vapor/líquido/sólido. No ponto triplo, as fases gasosa, líquida e sólida da água coexistem em perfeito equilíbrio, evidenciando que os potenciais químicos da água nas fases de vapor, líquido e sólido são iguais no ponto triplo. Para a água, este ponto triplo ocorre a uma temperatura de 273,16 K e uma pressão de 611,73 Pa (0,0060373 atm) (Figura 2.2). Uma ligeira alteração na temperatura ou na pressão do ponto triplo reverte a água para um sistema de duas fases. Nas combinações de temperatura e pressão abaixo do ponto triplo, a água existe em estado sólido ou em estado de vapor. Sob essas condições, quando o gelo sólido é aquecido a uma pressão constante abaixo do ponto triplo, ele se transforma diretamente em vapor, e quando o vapor é submetido a alta pressão à temperatura constante, ele é diretamente convertido em gelo sólido. Esta propriedade, conhecida como sublimação, é a base do processo de liofilização utilizado na indústria de alimentos. A liofilização dos alimentos, em comparação com a secagem normal a altas temperaturas, mantém o valor nutricional e outros atributos de qualidade dos alimentos. A combinação típica de temperatura e pressão utilizada no processo de liofilização é de –50 °C e 13,3 a 26,6 Pa, respectivamente.

Um outro comportamento anômalo da água é que enquanto a inclinação da linha de equilíbrio sólido-líquido da Figura 2.2 é positiva para quase todas as substâncias, ela é negativa para a água. Como resultado, quando a pressão é aumentada gradualmente a uma temperatura constante, ligeiramente abaixo do ponto triplo, o estado da água é transformado de vapor → sólido → líquido, ao passo que todas as outras substâncias seguem a ordem de vapor → sólido. Em outras palavras, enquanto a temperatura de fusão (ou solidificação) da maioria das substâncias eleva-se com o aumento da pressão, a temperatura de fusão do gelo diminui com o aumento da pressão. Este comportamento anômalo do gelo está relacionado à sua estrutura retículo-cristalina única.

O gelo existe em pelo menos 13 formas estruturais diferentes, dependendo da temperatura e da pressão. Como resultado, o diagrama de fases da água exibe vários pontos triplos, entre os quais há apenas um ponto triplo vapor/líquido/sólido e o resto são pontos triplos líquido/sólido/sólido e sólido/sólido/sólido (Figura 2.3). Entre estes, apenas as linhas de vapor/líquido, líquido/gelo I_h e gelo I_h/vapor (Figura 2.2) são de interesse para a biologia e a ciência alimentar. Embora a região

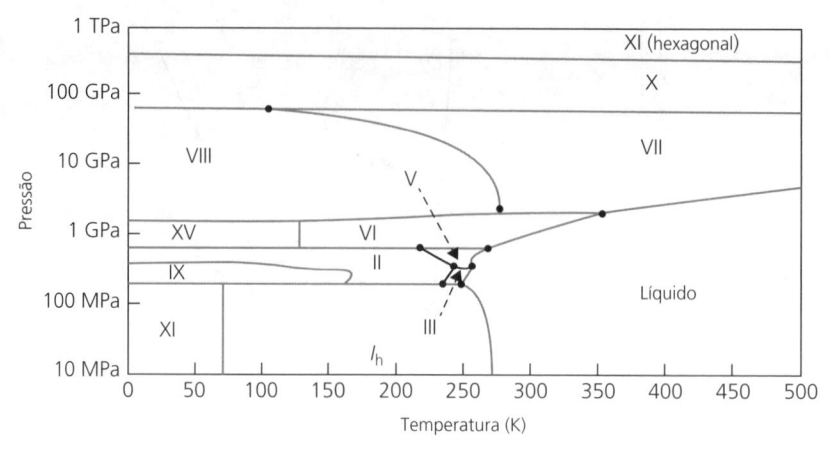

FIGURA 2.3 Diagrama de fases pressão-temperatura da água mostrando várias formas de gelo e múltiplos pontos triplos líquido/sólido/sólido e sólido/sólido/sólido e um único ponto triplo líquido/sólido/vapor.

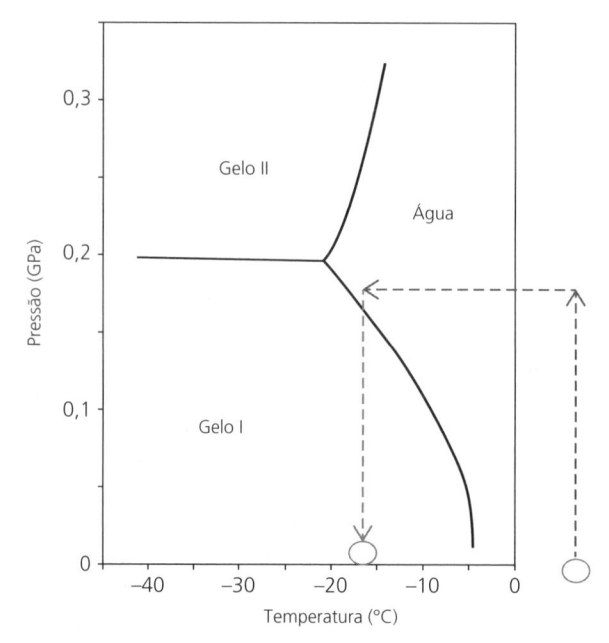

FIGURA 2.4 Detalhes do ponto triplo gelo I_h/gelo III/líquido da água. As setas indicam a mudança de pressão-temperatura sequencial empregada no processo de congelamento rápido sob alta pressão.

de vapor/gelo I_h do diagrama de fases seja útil nas operações de liofilização no processamento de alimentos, a região líquido/gelo I_h do diagrama de fases (Figura 2.2) é relevante para o congelamento e o descongelamento de alimentos congelados.

Além do ponto triplo vapor/líquido/sólido (gelo I_h), a região do ponto triplo água/gelo I_h/gelo III, que ocorre em altas pressões, mostrada no diagrama parcial de fases na Figura 2.4, também é de considerável interesse para a ciência de alimentos. Observe que o ponto de fusão do gelo I_h (ponto de congelamento da água) diminui à medida que a pressão aumenta até ≈ 200 MPa. Este comportamento anômalo é explorado em uma operação de processamento de alimentos, conhecida como processo de congelamento rápido sob alta pressão [2,3]. Neste processo, a substância alimentícia à temperatura ambiente é pressurizada a ≈ 180 a 200 MPa e depois é resfriada a abaixo de 0 °C (comumente de –10 a –20 °C), o que mantém a água no alimento no estado líquido. Depois que o alimento é resfriado até a temperatura desejada, a pressão é diminuída rapidamente para a pressão ambiente, o que resulta no congelamento muito rápido (transformação de água em gelo) de água no alimento. A vantagem do processo de congelamento rápido sob pressão é que o super-resfriamento rápido e uniforme resulta na formação de cristais de gelo muito pequenos, o que ajuda a manter a integridade dos tecidos e das propriedades de textura dos alimentos congelados.

Outra utilidade do diagrama de fase de água/gelo I_h/gelo III é que ele pode ser usado para configurar um processo para o descongelamento rápido de alimentos congelados. Neste caso, quando um alimento congelado a uma determinada temperatura é submetido a alta pressão, ele irá se fundir instantaneamente a essa temperatura. O aumento subsequente da temperatura acima de 0 °C, seguido da liberação da pressão, manterá o alimento no estado descongelado.

2.2.2 Resumo

- A água exibe 41 propriedades físicas anômalas. Entre elas, densidade anômala, alta permissividade dielétrica, alta tensão superficial, propriedades térmicas anormais (i.e., capacidade calorífica, condutividade térmica, difusividade térmica e calor de fusão e vaporização) e alta viscosidade são particularmente importantes na ciência dos alimentos.
- A água tem 13 pontos triplos, dos quais apenas as linhas de vapor/líquido, líquido/gelo I_h e gelo I_h/vapor do ponto triplo vapor/líquido/sólido são de interesse para a biologia e a ciência dos alimentos.

2.3 A QUÍMICA DA MOLÉCULA DA ÁGUA

As inúmeras propriedades anômalas da água sugerem implicitamente que sua estrutura, tanto no estado líquido quanto no estado sólido, é bastante anormal em comparação com outras substâncias. Em nível molecular, uma única molécula de água possui uma estrutura química simples, com dois átomos de hidrogênio ligados covalentemente a um átomo de oxigênio. O átomo de oxigênio está em um estado hibridizado sp^3 com orbitais de ligação em orientação tetraédrica. Dois dos orbitais compartilham elétrons com os orbitais $1s$ dos átomos de hidrogênio e os outros dois orbitais são ocupados pelos dois pares isolados de elétrons (Figura 2.5a).

Em uma molécula de água única, o ângulo H–O–H é de ≈ 104,5° (Figura 2.5b), que é ligeiramente inferior ao ângulo tetraédrico de 109,5°. No entanto, nos estados líquido e gelo, o ângulo H–O–H é superior a 104,5°, presumivelmente devido à interação água-água no estado condensado. O comprimento da ligação O–H é de ≈ 0,96 Å e o raio de Van der Waals do átomo de oxigênio é de ≈ 1,4 Å. Uma molécula de água não possui forma perfeitamente esférica, e o modelo molecular mostrado na Figura 2.5b indica que o seu diâmetro, determinado a partir do seu centro de revolução, é de ≈ 3,12 Å. No entanto, considera-se que o diâmetro de Van der Waals médio da água é de ≈ 2,8 Å.

2.3.1 Ligações de hidrogênio

Muitas das propriedades anômalas da água podem ser rastreadas até sua estrutura simples, porém única. A água é um diidrido de oxigênio. Nesta estrutura molecular, o átomo de oxigênio altamente eletronegativo atrai e desloca os elétrons das ligações O–H mais para a sua direção e, como resultado, os átomos de hidrogênio adquirem uma carga parcial positiva e o átomo de oxigênio assume uma carga parcial negativa. A carga parcial é de cerca de –0,72 no átomo de oxigênio e cerca de + 0,36 em cada um dos dois átomos de hidrogênio. Esta distribuição de carga assimétrica com um ângulo H–O–H de 104,5° transmite à

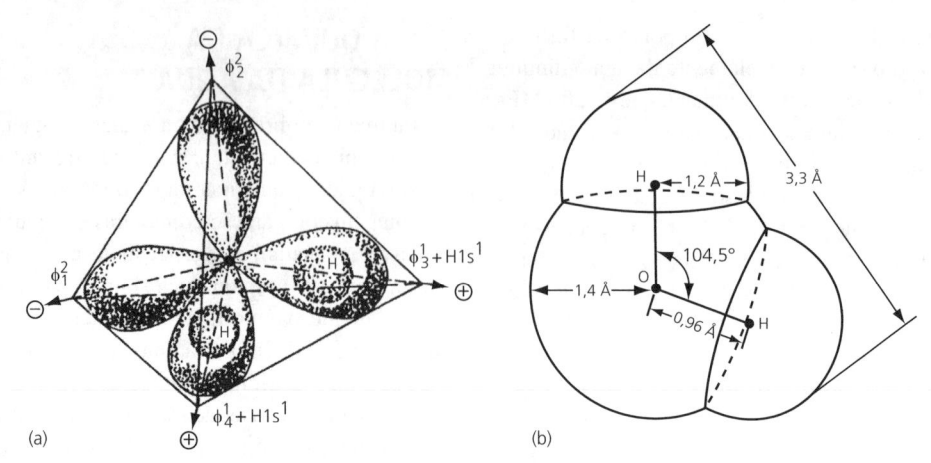

FIGURA 2.5 Modelo esquemático de uma única molécula de água. (a) Configuração SP^3 da água e (b) raios de Van der Waals de uma molécula de HOH no estado de vapor. (De Fennema, O.R., Water and ice, em: *Food Chemistry*, 3rd edn., Fennema, O.R. (ed.), Marcel Dekker, Inc., New York, 1996.)

molécula de água um caráter dipolar permanente. O momento dipolar da água é de ≈ 1,85 unidades de Debye (D) (= 6,2375 × 10^{-30} C m). Este momento dipolar permanente permite que moléculas de água se envolvam em ligações de hidrogênio mediante interações dipolo-dipolo. Uma vez que uma molécula de água tem dois prótons e dois pares solitários de elétrons orientados ao longo dos eixos de um tetraedro, cada molécula de água pode formar quatro ligações de hidrogênio com outras quatro moléculas de água. Nesta configuração, os orbitais O–H atuam como doadores de ligação de hidrogênio e os dois pares solitários de elétrons orbitais do átomo de oxigênio atuam como receptores de ligações de hidrogênio.

A forte interação atrativa entre as moléculas de água decorre principalmente da presença de um número igual de doadores e de receptores de ligações de hidrogênio orientados em geometria tetraédrica e, em menor grau, da eletronegatividade do átomo de oxigênio. Esta distribuição igualitária de doadores e receptores de ligação de hidrogênio permite que a água forme uma estrutura de rede tridimensional estendida de ligações de hidrogênio em estado condensado. Essa situação não ocorre em outros líquidos em que há ligações de hidrogênio. Por exemplo, o fluoreto de hidrogênio (HF) também pode se envolver em interações via ligações de hidrogênio, mas não exibe nenhum comportamento anômalo como o da água. O átomo de flúor no HF também possui quatro orbitais de ligação em um arranjo tetraédrico, mas, ao contrário da água, três orbitais são ocupados por três pares solitários de elétrons (receptores de ligações de hidrogênio) e apenas um doador de ligações de hidrogênio. Essa distribuição desigual de doador/receptor não permite a formação de uma rede tridimensional no HF líquido. Uma situação semelhante também está presente na amônia (NH$_3$) líquida. A geometria tetraédrica da amônia possui três átomos de hidrogênio (doadores de ligações de hidrogênio) ligados a elétrons de nitrogênio e um par solitário, o que permite apenas a formação de uma rede bidimensional de ligações de hidrogênio. Por outro lado, entre os hidretos de elementos eletronegativos, como O, S, Se, Te e Po, a água e o H$_2$Po são os únicos no estado líquido, ao passo que os outros hidretos são gasosos à temperatura ambiente, embora estes também tenham orbitais de elétrons de dois pares solitários (receptores de ligações de hidrogênio) e dois hidrogênios (doadores de ligação de hidrogênio) (Figura 2.6). Atribui-se isso a diferenças na eletronegatividade desses elementos, que segue a ordem O > S > Se > Te > Po. Enquanto a eletronegatividade do oxigênio é 3,5, as do S, Se, Te e Po são 2,5, 2,4, 2,1 e 2,0, respectivamente, em comparação com 2,2 para o hidrogênio. Além disso, enquanto o

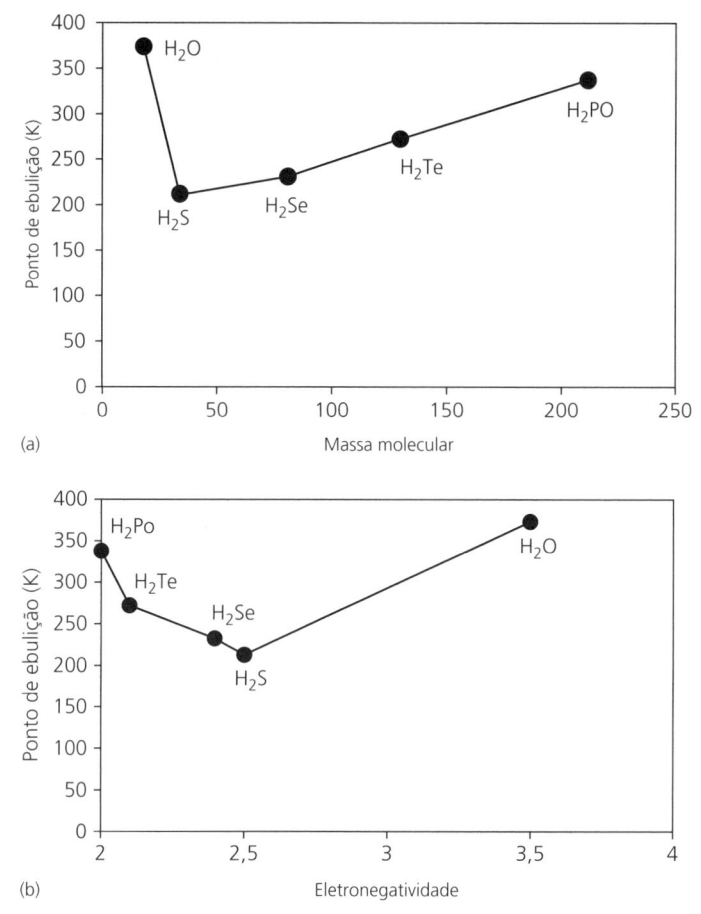

FIGURA 2.6 Variação do ponto de ebulição dos hidretos de vários elementos em função de (a) massa molecular e (b) eletronegatividade dos elementos.

ângulo de ligação H–O–H é 104,5°, o ângulo de ligação H–X–H em outros hidretos é de ≈ 90°. Como resultado, a extensão do deslocamento e polarização dos elétrons é muito insignificante nos hidretos dos últimos elementos. A variação da orientação tetraédrica dos orbitais de ligação também diminui as forças atrativas intermoleculares nesses hidretos. Observa-se que, enquanto os pontos de ebulição dos hidretos de S, Se, Te e Po diminuem linearmente com o aumento da eletronegatividade desses elementos, a água se desvia dessa tendência linear (Figura 2.6b). Este comportamento anômalo indica que o tamanho atômico, a estrutura eletrônica e o ângulo orbital de ligação do átomo de oxigênio são inexplicável e inextricavelmente envolvidos na criação de uma estrutura de rede tridimensional com várias propriedades anômalas.

Uma ligação de hidrogênio refere-se à interação entre um átomo eletronegativo (como o oxigênio) e um átomo de hidrogênio ligado covalentemente a outro átomo eletronegativo. A força de uma ligação de hidrogênio, que é não covalente, está, normalmente, na faixa de 2 a 6 kcal mol^{-1} em comparação a ≈ 80 a 120 kcal mol^{-1} para uma ligação covalente. No entanto, é significativamente maior do que a energia de interação de Van der Waals, que é ≈ 0,1 a 0,3 kcal mol^{-1}, e certamente muito maior do que a energia térmica RT, que é 0,59 kcal mol^{-1} a 25 °C. Como uma ligação de hidrogênio é ≈ 4 a 10 vezes maior que a energia cinética (térmica) média das moléculas à temperatura ambiente, os complexos intermoleculares formados por ligações de hidrogênio são muito estáveis diante de movimentos térmicos.

Como afirmado anteriormente, as ligações de hidrogênio na água surgem porque a água é um dipolo. A força da ligação de hidrogênio água-água depende da orientação das moléculas de água em relação umas às outras. A configuração água-água ótima que confere a força máxima à ligação de hidrogênio é mostrada na Figura 2.7: o ângulo θ na Figura 2.7 refere-se à curvatura do receptor da ligação de hidrogênio em relação ao eixo da ligação de hidrogênio. A energia potencial do dímero da ligação de hidrogênio atinge o menor valor quando β se encontra em torno de 58°. Nessa orientação, um dos pares de elétrons do átomo de oxigênio se alinha com o eixo O–H da outra molécula de água. Deve-se observar que a energia potencial da ligação de hidrogênio não muda muito significativamente quando β oscila de ≈ 58 para –40° (Figura 2.7), indicando que uma flutuação na orientação dentro desta faixa é admissível sem qualquer perda significativa de energia. Devido a esse alto grau de liberdade de orientação, acredita-se que as moléculas de água na água líquida estejam em um estado de alta entropia.

A força da ligação de hidrogênio também depende da distância O–H⋯O. A energia potencial do dímero de água da ligação de hidrogênio atinge um mínimo quando a distância O–H⋯O é de ≈ 2,9 Å. Acima e abaixo dessa distância, a energia potencial aumenta de maneira não linear, como mostra a Figura 2.8, o que denota que as ligações de hidrogênio são interações de curto alcance [4].

2.3.1.1 Resumo
- A água é uma molécula dipolar.

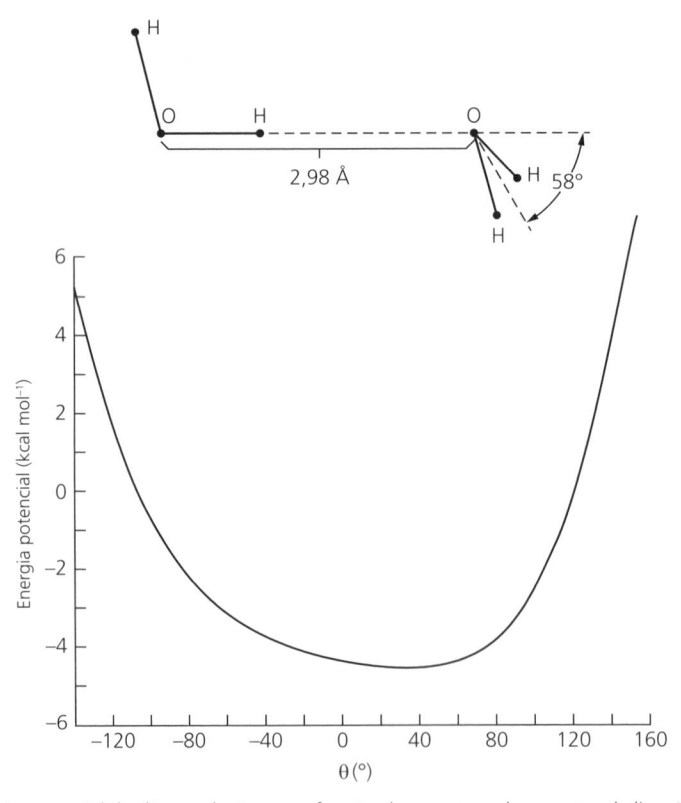

FIGURA 2.7 Energia potencial do dímero de água em função da curvatura do receptor da ligação de hidrogênio. (De Stillinger, F.H., *Science*, 209, 451, 1980).

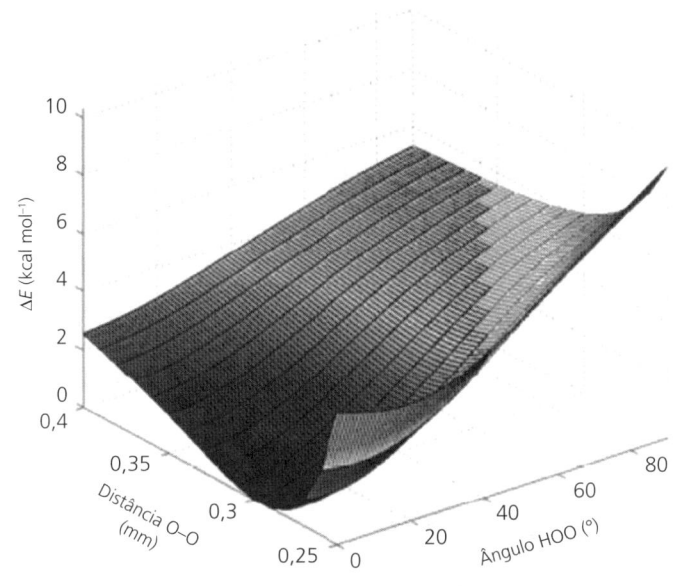

FIGURA 2.8 Energia da ligação de hidrogênio água-água em função da distância oxigênio-oxigênio e ângulo H–O···O. (De Scott, J.N. e Vanderkooi, J.M., *Water*, 2, 14, 2010.)

- Cada molécula de água possui dois doadores de ligação de hidrogênio e dois receptores de ligação de hidrogênio dispostos em uma orientação tetraédrica. Isso permite que a água forme uma estrutura de rede tridimensional estendida de ligações de hidrogênio.
- As propriedades anômalas da água estão relacionadas à sua estrutura de rede ímpar de ligações de hidrogênio.

2.4 ESTRUTURAS DO GELO E DA ÁGUA LÍQUIDA

2.4.1 Estrutura do gelo

O gelo existe em pelo menos 13 fases diferentes (estados estruturais), dependendo da temperatura e da pressão (Figura 2.3). Nas faixas típicas de temperatura e pressão encontradas na Terra, o gelo existe apenas na forma hexagonal. No gelo, cada molécula de água é ligada pelo hidrogênio a quatro moléculas de água (vizinhos mais próximos) em uma orientação tetraédrica, como mostrado na Figura 2.9a. A distância O–O entre as moléculas de água vizinhas mais próximas é de 2,76 Å e a distância O–O entre os segundos vizinhos mais próximos é de 4,5 Å. A extensão desse arranjo tetraédrico cria uma rede tridimensional de ligações de hidrogênio. Devido a esse ordenamento espacial ímpar de átomos na rede, o gelo tem uma estrutura aberta com simetria de cristal hexagonal (Figura 2.9b). Mais especificamente, o gelo pertence à classe bipiramidal di-hexagonal dos cristais. Nesta simetria hexagonal, os átomos de oxigênio de seis moléculas de água ligados por hidrogênio formam um anel hexagonal com uma geometria semelhante a uma cadeira. Isso pode ser visto quando a estrutura do gelo é vista abaixo do eixo c (Figura 2.9c). Um arranjo bidimensional desses anéis hexagonais, com ligações de hidrogênio entre si, constitui o "plano basal" do gelo. Na estrutura de gelo tridimensional estendida, esses planos basais são empilhados um sobre o outro em um alinhamento perfeito, conectados por ligações de hidrogênio perpendiculares aos planos basais. Um cristal de gelo é caracterizado por duas superfícies: o plano basal quando visto abaixo do eixo c e as faces do prisma quando vistas do eixo a (Figura 2.9d). O plano basal é monorrefringente e, portanto, é o eixo óptico do gelo, ao passo que as faces do prisma são birrefringentes.

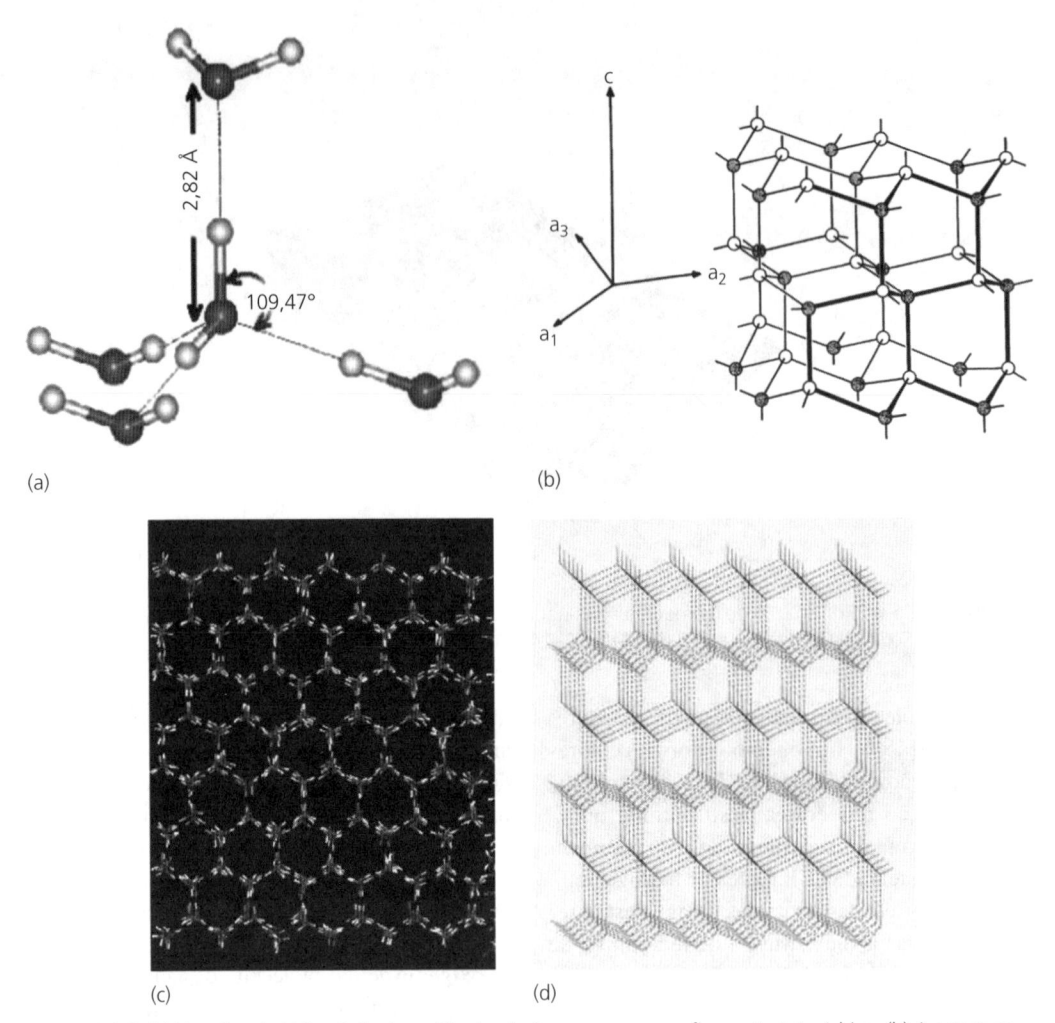

FIGURA 2.9 (a) Ligações de hidrogênio de moléculas de água em uma configuração tetraédrica. (b) A estrutura do gelo I_h. Os círculos abertos e sombreados representam, respectivamente, átomos de oxigênio nas camadas superior e inferior do plano basal. (c) Plano basal, visualizado a partir do eixo c. (d) Plano de prisma.

Devido à estrutura de rede aberta das ligações de hidrogênio, os átomos das moléculas de água ocupam fisicamente apenas ≈ 42% do volume total de gelo I_h. Os 58% restantes do volume são meros espaços vazios, o que explica sua baixa densidade. No entanto, o espaço vazio entre as moléculas de água no gelo não é grande o suficiente para acomodar qualquer outra molécula. Assim, quando uma solução aquosa, por exemplo, sacarose ou solução salina, é congelada, a água cristaliza como gelo puro, deixando o soluto para trás na fase líquida não congelada. Essa propriedade é a base do processo de concentração por congelamento usado na indústria alimentícia para concentrar produtos alimentícios líquidos, como leite e sucos.

A estrutura do gelo não é estática, mas dinâmica. As ligações de hidrogênio no gelo estão em constante fluxo como resultado da rotação/oscilação das moléculas de água na rede cristalina e da dissociação/associação de prótons (que resulta na formação de H_3O^+ e OH^-) (Figura 2.10). Esses eventos moleculares causam "defeitos" em cristais de gelo. A extensão desses defeitos é dependente da temperatura: todas as ligações de hidrogênio no cristal de gelo são estáticas e intei-

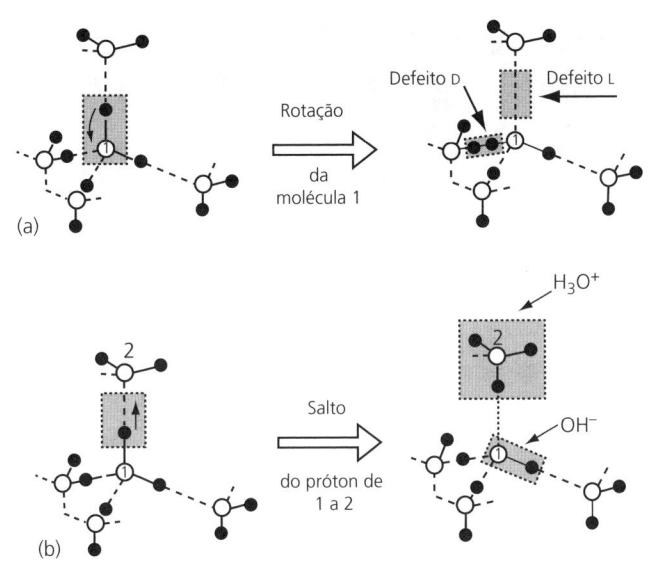

FIGURA 2.10 Representação esquemática de defeitos de prótons no gelo. (a) Formação de defeitos de orientação e (b) formação de defeitos iônicos. Os círculos abertos e preenchidos representam, respectivamente, átomos de oxigênio e hidrogênio. As linhas sólidas e tracejadas representam, respectivamente, ligações químicas e ligações de hidrogênio. (De Fennema, O.R., Water and ice, em: *Food Chemistry*, 3rd edn., Fennema, O.R. (ed.), Marcel Dekker, Inc., New York, 1996.)

ras somente em temperatura igual ou menor que −180 °C. À medida que a temperatura aumenta gradualmente em direção a 0 °C, aumentam as vibrações moleculares na estrutura da rede e a dissociação/deslocamento de prótons. A 0 °C, ou próximo disso, a energia vibracional de algumas moléculas de água é grande o suficiente para que elas escapem da rede cristalina. Por exemplo, estima-se que a amplitude média de vibração de cada molécula de água na rede de cristais de gelo seja de ≈ 0,4 Å em −10 °C [5]. A alta difusividade térmica dos prótons no gelo (Tabela 2.1) e apenas uma pequena diminuição na condutividade elétrica quando a água é transformada do estado líquido para o estado sólido estão essencialmente relacionadas a esses defeitos estruturais no gelo.

2.4.2 Estrutura da água líquida

Como a água líquida é o solvente primário em todos os sistemas biológicos e na formação de estruturas macromoleculares biológicas organizadas, como biomembranas e proteínas/enzimas, e o próprio funcionamento dessas estruturas biológicas é frequentemente orquestrado pela água líquida, há um grande interesse na elucidação da estrutura da água líquida. Ao contrário dos líquidos orgânicos, em que as moléculas estão em um estado relativamente aleatório e são mantidas juntas por interações de Van der Waals de curta distância, acredita-se que a água líquida possua alguma ordem local na forma de agrupamentos de ligações de hidrogênio, em que a orientação relativa e a mobilidade de uma molécula de água são controladas e/ou influenciadas pelas moléculas de água vizinhas. Acredita-se que esses agrupamentos estruturados de vários tamanhos, provavelmente variando de 3 a > 200 moléculas de água [6,7] (Figura 2.11), rompam-se rapidamente e se rearranjem, mas ainda assim existam em um equilíbrio termodinâmico, de forma que as populações dessas estruturas associadas se sustentem em todos os momentos. Na água líquida, esses vários agrupamentos podem ser montados em várias configurações por intermédio de forças fracas de Van der Waals.

A evidência para o modelo de água de "agrupamento intermitente" vem de várias propriedades físicas da água. Como indicado anteriormente, as moléculas de água no gelo ocupam apenas ≈ 42% do volume total de gelo. O espaço restante

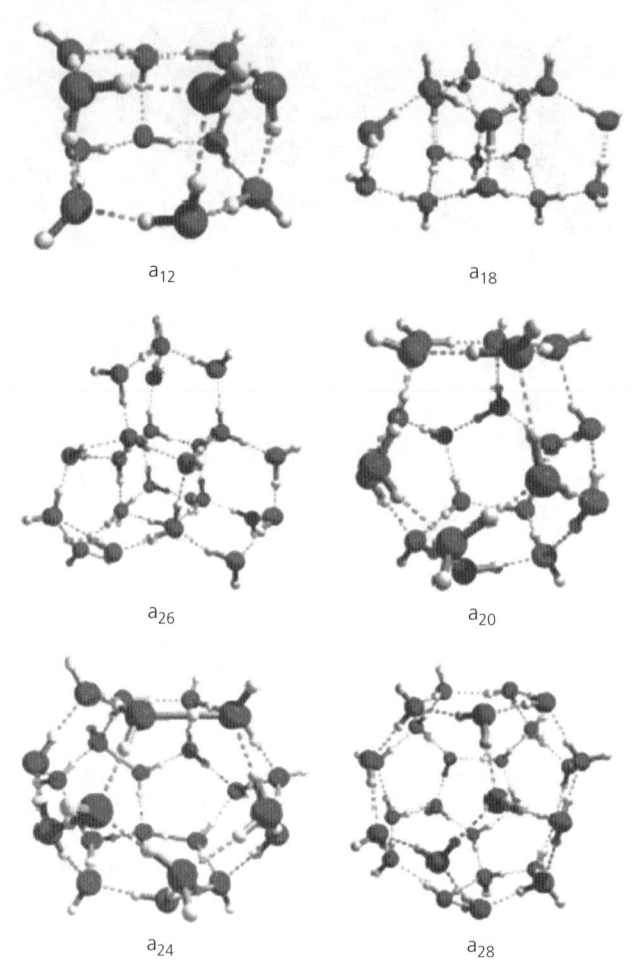

FIGURA 2.11 Agrupamentos de água semelhantes ao gelo de tamanhos que variam de 12 a 28. Acredita-se que o tamanho dos agrupamentos de água na água líquida seja de até 200 moléculas de água. (De Ludwig, R., *Angew. Chem. Int. Ed.*, 40, 1808, 2001.)

é vazio, levando o gelo a assumir uma estrutura aberta. Quando o gelo a 0 °C funde-se em água líquida a 0 °C, o volume fisicamente ocupado pelas moléculas de água é apenas ≈ 60% do valor teoricamente possível para moléculas aleatoriamente agrupadas em um líquido. Embora isso explique, em parte, sua densidade mais alta do que a do gelo, também sugere que a água líquida tem uma estrutura aberta semelhante à estrutura do gelo. Isto é, muitas das moléculas de água no estado líquido ainda estão envolvidas em agrupamentos de redes tetraédricas de ligações de hidrogênio como no gelo. A evidência empírica para isso é a seguinte: o calor latente de fusão de gelo e o calor latente de sublimação do gelo a 0 °C é de 334 e 2.838 J/g, respectivamente. Se assumirmos que o calor da sublimação representa a energia necessária para romper todas as ligações de hidrogênio no gelo, a fim de liberar a água da fase sólida para a fase de vapor, então o número de ligações de hidrogênio a serem rompidas de modo a fundir gelo a 0 °C em água a 0 °C é apenas ≈ 12% (i.e., 334/2.838) do total de ligações de hidrogênio no gelo. Uma análise muito mais rigorosa sugere que cada molécula de água na água líquida faz ligações de hidrogênio com cerca de 3,4 moléculas de água em comparação com 4 no gelo, o que se traduz no rompimento de ≈ 15% das ligações de hidrogênio para a transição de fase gelo-água a 0 °C. Isso implica que ≈ 85% das ligações de hidrogênio no gelo a 0 °C são deixadas intactas em água líquida a 0 °C. No entanto, ao contrário do gelo, a maioria das ligações de hidrogênio na água líquida são distorcidas (são dobradas, giradas ou esticadas) como resultado de maiores movimentos térmicos. Assim, a estrutura da água líquida pode ser vista como uma rede cristalina de gelo parcialmente derretida, na qual se mantém a ordem local, mas perde-se a ordem de longo alcance.

A função de distribuição radial do oxigênio (i.e., a probabilidade de encontrar outro átomo de oxigênio a uma distância radial r do átomo de oxigênio central) da água a 4 °C, determinada por difração de raios X, é mostrada na Figura 2.12 [8–10]. O perfil indica que a primeira camada dos vizinhos mais próximos está presente a uma distância radial de 2,82 Å da molécula de água central (comparado a 2,76 Å no gelo), e o número dos vizinhos mais próximos é 4,4 (em vez de 4 no gelo). A segunda camada de vizinhos mais próximos está a uma distância radial de 4,5 Å, que é semelhante à do gelo. A terceira camada dos vizinhos mais próximos está em 7 Å. Além da terceira camada, não há evidências de difração de raios X para a ordem de longo alcance. Quando a experiência é feita a 50 °C, os picos a 4,5 e 7 Å desaparecem, e o número dos vizinhos mais próximos a 2,9 Å aumenta para 5. Esses dados suportam a alegação de que, no estado líquido, a água existe como agrupamentos de ligações de hidrogênio e os tamanhos desses agrupamentos dependem da temperatura, mas são principalmente hexâmeros, pentâmeros e tetrâmeros aproximadamente à temperatura ambiente. Em uma base de frações molares, hexâmeros e pentâmeros são mais predominantes que as outras espécies. Todas estas espécies estão em equilíbrio termodinâmico dinâmico. Nestes agrupamentos, cada molécula de água faz ligações de hidrogênio com quatro moléculas de água, e a orientação relativa das moléculas de água no estado de ligação de hidrogênio é semelhante àquela encontrada no gelo (Figura 2.7). A baixa viscosidade anômala da água é essencialmente devida à interconversão muito rápida entre essas espécies ligadas por hidrogênio, o que essencialmente impede a ordem de longo alcance na água. A alta capacidade térmica anômala da água também está relacionada a essa dinâmica de ligações de hidrogênio, que requer uma grande quantidade de energia térmica para romper as ligações de hidrogênio.

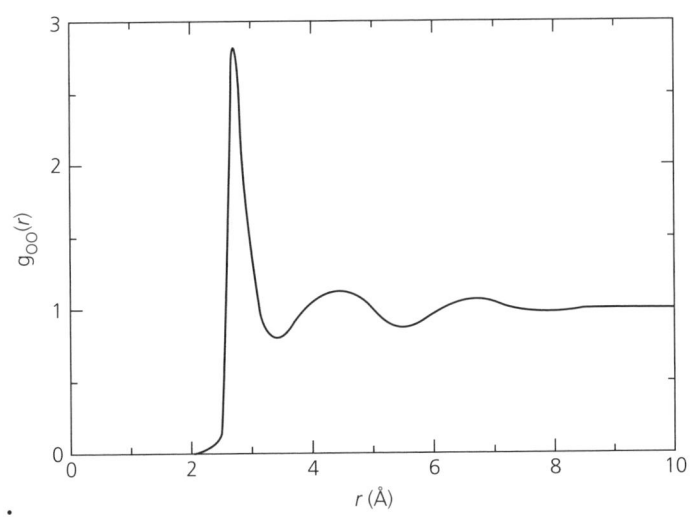

FIGURA 2.12 Função de distribuição radial da água a 4 °C, determinada por difração de raios X. (De Clark, G.N.I. et al., *Mol. Phys.*, 108, 1415, 2010.)

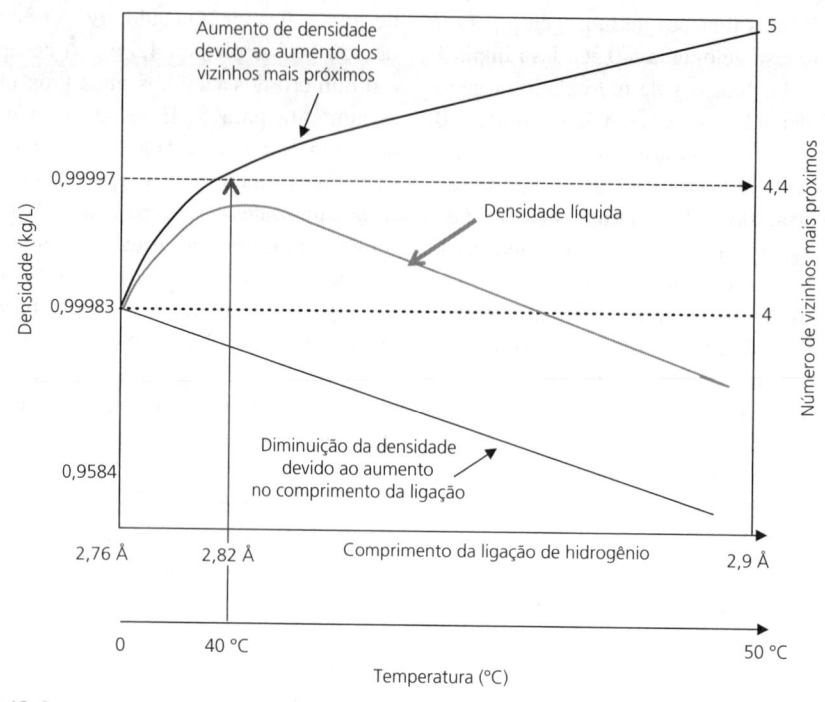

FIGURA 2.13 Representação esquemática das contribuições relativas do comprimento da ligação e dos vizinhos mais próximos da relação temperatura-densidade da água.

Quando o gelo a 0 °C se funde em água líquida a 0 °C, a distância das ligações de hidrogênio entre os primeiros vizinhos mais próximos aumenta de 2,76 para 2,82 Å e aumenta ainda mais para 2,9 Å à medida que se eleva a temperatura até 50 °C. Como consequência desse aumento na distância do vizinho mais próximo, pode-se esperar uma diminuição na densidade à medida que se aumenta a temperatura. No entanto, como o gelo se funde e a temperatura aumenta de 0 para 50 °C, o número de moléculas de água na primeira camada dos vizinhos mais próximos aumenta de 4 para 5. Isso causaria um aumento na densidade. A interação desses dois eventos opostos, isto é, o aumento da distância do vizinho mais próximo e o aumento do número de vizinhos mais próximos, é a razão pela qual a densidade da água passa por um máximo a ≈ 3,98 °C, como mostrado na Figura 2.13. Deve-se ressaltar que o perfil de temperatura-densidade da água é influenciado mais pelo aumento da quantidade de vizinhos mais próximos do que pelo aumento no comprimento das ligações de hidrogênio à medida que o gelo é transformado em água.

2.4.2.1 Resumo
- A baixa densidade do gelo está relacionada à sua arquitetura aberta com espaços vazios.
- A estrutura de gelo não é estática; as ligações de hidrogênio estão em fluxo constante. Várias propriedades anômalas, como, por exemplo, a alta difusividade térmica de prótons no gelo, estão relacionadas a estas dinâmicas das ligações de hidrogênio.
- A água líquida existe como agrupamentos de ligações de hidrogênio de vários tamanhos que existem em um equilíbrio termodinâmico. No estado líquido, cada molécula de água tem vizinhos mais próximos do que no gelo, e varia de 4,4 a 4 °C a ≈ 5 a 50 °C. Essa é a principal razão para a densidade da água ser maior que a do gelo.

TABELA 2.2 Classificação de tipos de interações água-soluto

Tipo	Exemplo	Força (kJ mol^{-1})	Comentários
Carga-dipolo	Íon isento de água	40–600	Depende do tamanho e da carga do íon
Dipolo-dipolo	Água-água	5–25	
	Água-proteína NH	5–25	
	Água-proteína C = O	5–25	
Dipolo-induzido-dipolo (hidratação hidrofóbica)	Água-hidrocarboneto (água + R → R (hid))	Baixa	
Dipolo-induzido-dipolo (interação hidrofóbica)	2R (hid) → R$_2$ (hid)	4–12	

2.5 SOLUÇÕES AQUOSAS

2.5.1 Interações entre solutos e água

Uma vez que a estrutura da água líquida se encontra em equilíbrio dinâmico entre vários agrupamentos de ligações de hidrogênio tetraédricos, a introdução de um soluto em água líquida causará invariavelmente uma mudança na estrutura de equilíbrio da água. Assim, quando um soluto é dissolvido em água, mesmo na ausência de qualquer interação específica entre a água e o soluto, a entropia de mistura altera as propriedades termodinâmicas e estruturais da água. A extensão dessas mudanças torna-se mais significativa no caso de interações moleculares específicas entre a água e o soluto. Como a água é uma molécula dipolar, ela invariavelmente interage com quase todos os solutos dissolvidos por meio de interações carga-dipolo, dipolo-dipolo e dipolo-induzido-dipolo. A força relativa de várias interações não covalentes entre a água e os grupos funcionais de solutos está resumida na Tabela 2.2. Dependendo da natureza química do soluto, essas interações podem aumentar ou desestabilizar a estrutura tetraédrica da água ligada por hidrogênio. Tais mudanças na estrutura líquida da água podem influenciar a estrutura e a estabilidade de moléculas biológicas, como proteínas/enzimas (ver Capítulo 5).

2.5.2 Interação da água com íons

A interação carga-dipolo é a mais forte entre todas as interações não covalentes listadas na Tabela 2.2. Em soluções aquosas, isso ocorre entre a água e os íons móveis (como íons salinos) ou grupos iônicos imobilizados em proteínas e polissacarídeos (Quadro 2.2). A energia potencial desta interação carga-dipolo atraente é dada por

$$E_{\text{íon-dipolo}} = -\frac{(ze)\mu}{4\pi\varepsilon_0\varepsilon}\frac{\cos\theta}{r^2} \quad (2.1)$$

onde

z é o número de cargas no íon e e é a carga de um elétron (= 1,602 × 10^{-19} C).
μ é o momento dipolar da água (= 1,85 unidades Debye ou 6,137 × 10^{-30} C m).
ε_0 é a permissividade do vácuo (= 8,854 × 10^{-12} C^2/N/m^2).

QUADRO 2.2 Representação esquemática da interação íon-dipolo

ε é a constante dielétrica do meio (= 1 para ar ou vácuo).

r é a distância centro a centro entre o íon e o dipolo.

θ é o ângulo do dipolo, que normalmente é zero para a molécula de água livremente móvel.

A energia potencial de interação entre um íon monovalente (p. ex., Na^+, K^+) e uma molécula de água como uma função da distância de separação na fase gasosa (onde ε = 1), determinada a partir da Equação 2.1, é mostrada na Figura 2.14. Já que a distância de separação (*r*) mais próxima entre uma molécula de íon e água é a soma de seus raios de Van der Waals, a força da interação íon-água é fortemente dependente da carga e do tamanho do íon. Para íons de carga similar, a energia de interação íon-água diminui com o aumento do raio iônico.

Em soluções aquosas, a interação íon-dipolo leva à formação de uma cobertura de hidratação contendo n moléculas de água ao redor do íon. A energia livre de Gibbs de hidratação ($\Delta_{hid}G$) dos íons é uma função complexa do tamanho dos íons e do número de moléculas de água que participam da primeira camada de hidratação e além dela [11]. A energia livre de hidratação de Gibbs de vários íons é dada na Tabela 2.3. Deve-se observar que as energias livres de hidratação dos íons são muito fortes, sugerindo que as moléculas de água na cobertura de hidratação podem ter mobilidade restrita. Várias regiões de uma cobertura de hidratação típica, onde se acredita que mudanças na permissividade dielétrica da água seguem uma função de passo, são mostradas na Figura 2.15. A cobertura de hidratação de um íon consiste em duas regiões: a cobertura de hidratação interna é altamente ordenada e, provavelmente, ligada de modo firme (quimicamente absorvida) ao íon. A camada externa, definida como a região cibertática, consiste em moléculas de água semiordenadas em um estado estruturalmente perturbado sob a influência do campo elétrico do íon, de um lado, e da água tetraédrica livre ligada por hidrogênio do outro lado. Além dessa região, a água existe essencialmente no estado livre. O número de moléculas de água na cobertura de hidratação interna de cátions e ânions monovalentes é dado na Tabela 2.3. O número de hidratação depende do tamanho e, portanto, da densidade de carga superficial do íon: quanto maior a densidade de carga da superfície, maior o número de hidratação. No entanto, a ener-

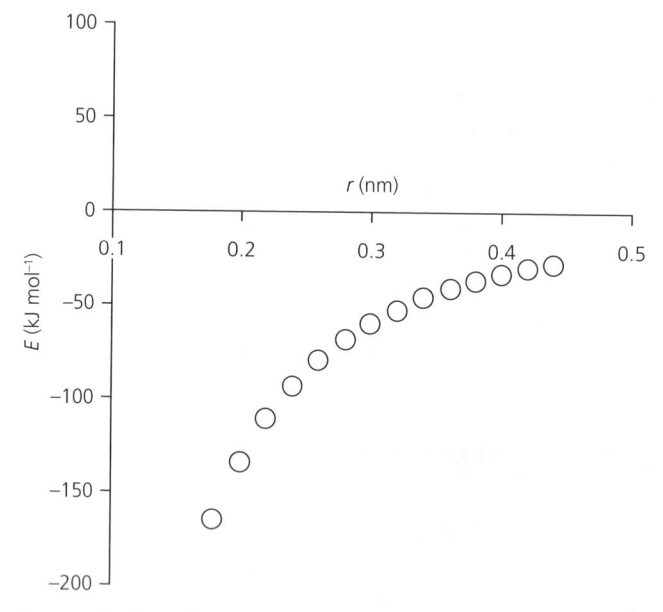

FIGURA 2.14 Interação carga-dipolo teórica entre um íon monovalente e uma molécula de água em função da distância de separação em fase gasosa (ε = 1).

TABELA 2.3 Energia livre de Gibbs de hidratação de íons

-Íon	r (nm)	Δr (nm)	n	$\Delta_{hid}G$ (kJ mol^{-1})	Autoenergia de Born dos íons (kJ mol^{-1})
Li$^+$	0,069	0,172	5,2	–475	1.006
Na$^+$	0,102	0,116	3,5	–365	681
K$^+$	0,138	0,074	2,6	–295	503
NH$_4^+$	0,148	0,065	2,4	–285	469
Mg^{2+}	0,072	0,227	10,0	–1.830	3.859
Zn^{2+}	0,075	0,220	9,6	–1.955	3.704
Ca^{2+}	0,100	0,171	7,2	–1.505	2.778
F$^-$	0,133	0,079	2,7	–465	522
Cl$^-$	0,181	0,043	2,0	–340	383
Br$^-$	0,196	0,035	1,8	–315	354
I$^-$	0,220	0,026	1,6	–275	315
SCN$^-$	0,213	0,029	1,7	–280	326
SO$_4^{2-}$	0,230	0,043	3,1	–1.080	1.208
HCO^{2-}	0,169	0,050	2,1	–395	411

Fonte: Marcus, Y., *J. Chem. Soc. Faraday Trans.*, 87, 2995, 1991.

r é o raio iônico; Δr é a espessura da primeira cobertura de hidratação; n é o número de moléculas de água na primeira camada da cobertura de hidratação; $\Delta_{hid}G$ é a energia livre de hidratação do íon, que inclui moléculas de água na região cibertática.

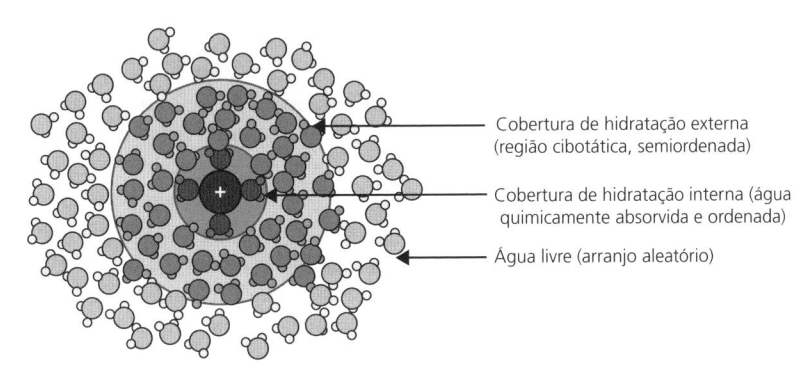

FIGURA 2.15 Representação esquemática de uma cobertura de hidratação ao redor de um cátion monovalente. (De Lower, S., A gentle introduction to water and its structure, 2016. http://www.chem1.com/acad/sci/aboutwater.html, acessado em 27 de janeiro de 2015.)

gia livre de hidratação, $\Delta_{hid}G$, de um íon não está confinada apenas às moléculas de água na camada interna, mas também está relacionada à interação total do campo elétrico do íon com todas as moléculas de água nas regiões interna e cibertática.

Há uma forte evidência de que os íons afetam a estrutura tetraédrica das ligações de hidrogênio da água da fase livre. Nesse sentido, os íons se dividem em duas categorias: íons com raio pequeno e alta densidade de carga de superfície (carga/área de superfície), como Li$^+$, Na$^+$, Ca^{2+}, Ba^{2+}, Mg^{2+} e F$^-$, melhoram a estrutura geral tetraédrica das ligações de hidrogênio da água, ao passo que íons grandes com baixa densidade de carga superficial, como Rb$^+$, Cs$^+$, Br$^-$, I$^-$, ClO$_4^-$, SCN$^-$ e NO$_3^-$, quebram a estrutura da água. O primeiro grupo é conhecido como "cosmotrópico" e o segundo é conhecido como "caotrópico". Os efeitos relativos desses íons na estrutura da água livre seguem uma ordem de classificação conhecida como série Hofmeister. Íons como Cl^- e K^+ têm efeito mínimo sobre a estrutura da água e, portanto, são considerados íons neutros na série Hofmeister. Como a estrutura e a estabilidade das proteínas em soluções aquosas dependem do estado da estrutura da água, os sais caotrópicos geralmente causam a desnaturação das proteínas e aumentam a solubilidade das substâncias apolares, ao passo que os sais cosmotrópicos aumentam a estabilidade da estrutura da proteína e diminuem a solubilidade da substância apolar em soluções aquosas.

2.5.3 Interação da água com grupos polares neutros

A água pode interagir com vários solutos polares neutros (hidrofílicos) por meio da interação dipolo-dipolo, conforme ilustrado no Quadro 2.3. A energia potencial dessa interação é dada por

$$E_{\text{dipolo-dipolo}} = -\frac{\mu_1\mu_2}{4\pi\varepsilon_0\varepsilon} \frac{\cos\theta}{r^3} \qquad (2.2)$$

onde

μ_1 e μ_2 são os momentos dipolares da água e da molécula polar, respectivamente.
r é a distância de centro a centro entre os dipolos.
θ é o ângulo entre os dipolos.

Embora a Equação 2.2 seja perfeitamente aplicável à maioria dos casos de interações dipolo-dipolo, ela fornece um valor menor do que -5 a -6 kcal mol^{-1}, estimado para ligações de hidrogênio em água e interação de água com outros grupos polares de ligações de hidrogênio em polissacarídeos e proteínas. Essa anomalia se deve ao fato de que a interação da água com outra molécula de água ou com um grupo polar (OH) geralmente segue uma interação multipolo, em vez de uma interação dipolo-dipolo [12,13]. A força da ligação de hidrogênio entre um soluto polar e a água é normalmente tão forte quanto a ligação de hidrogênio água-água. Assim, a água interage tão fortemente com grupos polares em componentes alimentares, como proteínas e carboidratos, como faz consigo mesma. No entanto, essa interação não resulta na formação de uma cobertura de hidratação ao redor das moléculas polares, como acontece com os íons.

Via de regra, quando um soluto é dissolvido em água, é bem provável que mude a estrutura da água livre. Isso vale para todos os solutos, incluindo solutos polares neutros e solutos iônicos. No entanto, o fato de um soluto polar neutro aumentar ou quebrar a estrutura da água em grande escala depende da compatibilidade básica e de orientação das ligações de hidrogênio soluto-água com as da água livre ligada tetraedricamente por hidrogênio. A este respeito, polióis, tais como açúcares e glicerol, aumentam as unidades tetraédricas de ligações de hidrogênio na água livre, ao passo que ligações de hidrogênio de ureia com a água quebram a estrutura de água livre ligada tetraedricamente por hidrogênio [14–17]. Evidência para isso vem de estudos de difração de nêutrons, que mostraram que, embora a ureia se misture bem e substitua a água na rede de hidrogênio, seu grande volume molecular interrompe a ligação de hidrogênio água-água, como evidenciado pelo completo desaparecimento do segundo pico vizinho a 4,5 Å na função de distribuição radial (consultar Figura 2.11). Em outras palavras, a ureia destrói, enquanto os polióis aumentam, a ordem de longo alcance na es-

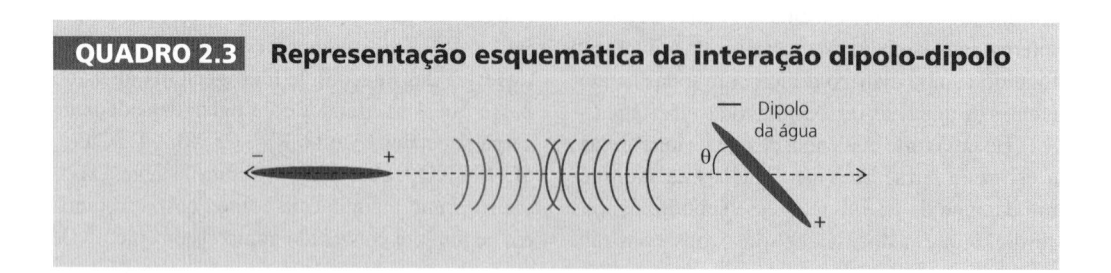

QUADRO 2.3 Representação esquemática da interação dipolo-dipolo

trutura da água livre. Isso não significa que o número total de ligações de hidrogênio por mol de água diminua ou aumente, respectivamente, por essas duas classes de solutos, mas implica apenas que o estado agrupado de longo alcance de água livre é alterado.

Diversos componentes alimentares, como proteínas e polissacarídeos, contêm vários grupos polares neutros, como grupos amina, hidroxila, amida e carbonila, que podem formar ligações de hidrogênio com a água (Figura 2.16). Como indicado anteriormente, uma vez que a resistência dessas ligações de hidrogênio é semelhante à da ligação de hidrogênio água-água, acredita-se que não exista interação preferencial da água com estes grupos em um meio aquoso.

2.5.4 Interação da água com solutos apolares

Embora a maioria das substâncias apolares não seja solúvel e/ou não se misture com a água, em nível molecular a água interage com os solutos apolares por meio da interação dipolo-induzido-dipolo.

As substâncias apolares não possuem um momento dipolar permanente. No entanto, quando uma molécula dipolar (como a água) com um momento dipolar de μ_1 se aproxima de uma molécula apolar, ela causa deslocamento da nuvem de elétrons da molécula apolar (como mostrado no Quadro 2.4). Isso confere um momento dipolar induzido $\mu_2 = \alpha_0\mu_1/4\pi\varepsilon_0\varepsilon$, onde α_0 é a polarizabilidade da molécula apolar (em m^3). A função de energia potencial para a interação dipolo-induzido-dipolo é dada por

$$E_{\text{dipolo-induzido}} = -\frac{\alpha_0\mu_1^2}{(4\pi\varepsilon_0\varepsilon)r^6} \quad (2.3)$$

onde r é a distância de centro a centro entre os dipolos. A interação dipolo-induzido-dipolo entre água e uma molécula apolar é sempre atrativa, o que implica que, no nível molecular, não há "fobia" entre água e substâncias apolares [18]. Se este é o caso, levanta-se uma questão fundamental a respeito do porquê, em uma escala macroscópica, de as substâncias apolares não serem solúveis ou miscíveis na água.

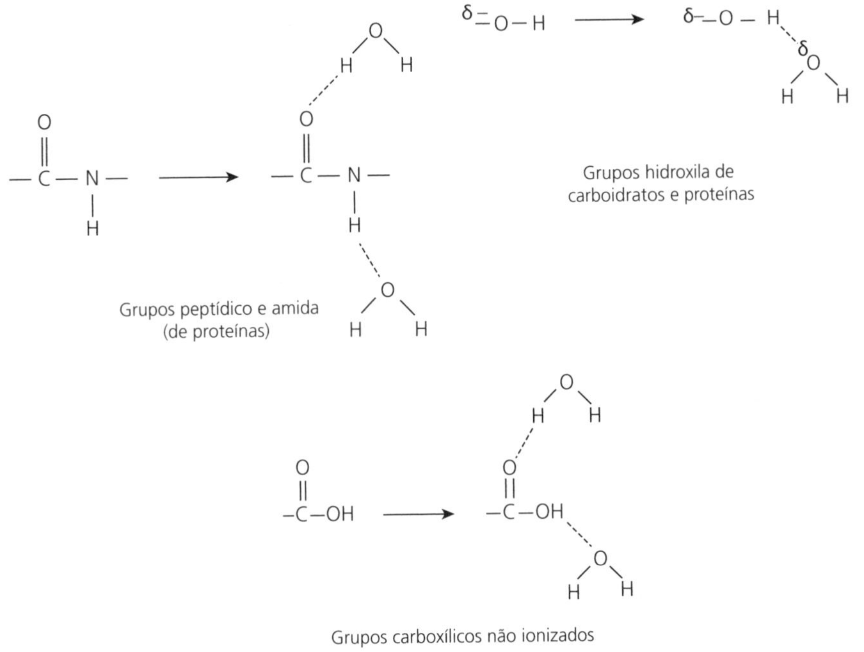

FIGURA 2.16 Exemplos de interação via ligação de hidrogênio entre a água e vários grupos funcionais em proteínas e carboidratos.

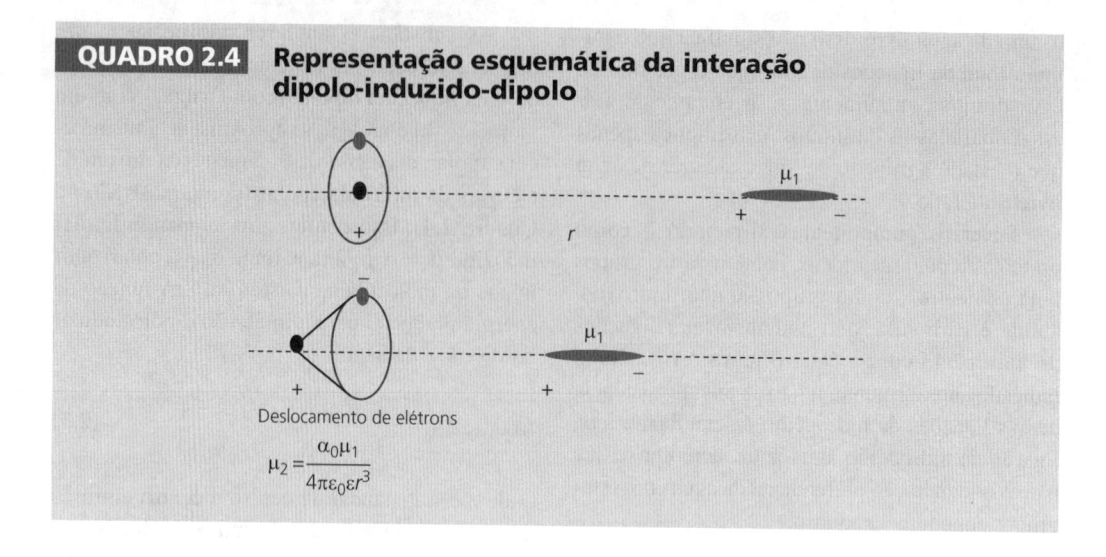

> **QUADRO 2.4** Representação esquemática da interação dipolo-induzido-dipolo
>
> Deslocamento de elétrons
>
> $$\mu_2 = \frac{\alpha_0 \mu_1}{4\pi\varepsilon_0 \varepsilon r^3}$$

2.5.5 O efeito hidrofóbico

Duas explicações foram apresentadas para explicar esse fenômeno. De acordo com a primeira escola de pensamento, considere dois líquidos imiscíveis, como água e n-octano. A energia interfacial entre os líquidos é dada por

$$\gamma_{12} = \gamma_1 + \gamma_2 - W_{adh} \quad (2.4)$$

onde

γ_1 e γ_2 são as tensões superficiais dos líquidos.
γ_{12} é a tensão interfacial.
W_{adh} é o "trabalho de adesão" entre dois líquidos imiscíveis,

Para a maioria dos líquidos imiscíveis, o trabalho de adesão é positivo (p. ex., 43,76 ergs/cm^2 entre água e n-octano), sendo, portanto, atraente e, assim, não há fobia entre água e hidrocarbonetos [18]. No entanto, a energia dessa interação atrativa (cuja origem é a interação dipolo-induzido-dipolo entre a água e o hidrocarboneto) não é forte o suficiente para quebrar as ligações de hidrogênio da água de modo a levar o hidrocarboneto a entrar em solução [18]. Por exemplo, supondo que a concentração de água na interface ar-água seja de $\approx 5.7 \times 10^{-10}$ mol/cm^2 [19], o trabalho de adesão de 43,76 ergs/cm^2 entre a água e o octano na interface água-octano corresponde a uma energia de interação atrativa de cerca de apenas -1.85 kcal mol^{-1}. Por outro lado, a energia média da ligação de hidrogênio da água livre é de ≈ -6 kcal mol^{-1}. Assim, a energia de interação atrativa entre a água e o octano não é grande o suficiente para quebrar ligações de hidrogênio em água livre, e essa desigualdade de energia limita a solubilidade do octano (e substâncias apolares similares) na água.

A segunda linha de pensamento deriva de dados experimentais de mudanças termodinâmicas que ocorrem quando um soluto apolar (como ciclo-hexano ou metano) é transferido da fase gasosa ou de um solvente apolar para um meio aquoso, como mostrado na Figura 2.17. A mudança de entalpia (ΔH) para o processo de transferência é negativa ou nula, dependendo de se a transferência é da fase gasosa ou líquida, mas a mudança de energia livre (ΔG) para esse processo é sempre positiva em ambos os casos, significando que é termodinamicamente desfavorável. Como $\Delta G = \Delta H - T\Delta S$ (onde ΔS é a mudança de entropia), segue-se que, quando um hidrocarboneto é transferido de um meio apolar a um meio aquoso, uma grande mudança negativa (desfavorável) na entropia ocorre na fase aquosa, que mais do que compensa qualquer mudança negativa (favorável) na entalpia, de modo que a mudança de energia livre líquida do processo é positiva, isto é, $\Delta G > 0$ [20,21]. A mudança negativa da entropia denota que, por sua mera presença em meio aquoso, um soluto apolar impõe um aumento na "ordem" ou "estruturação" da

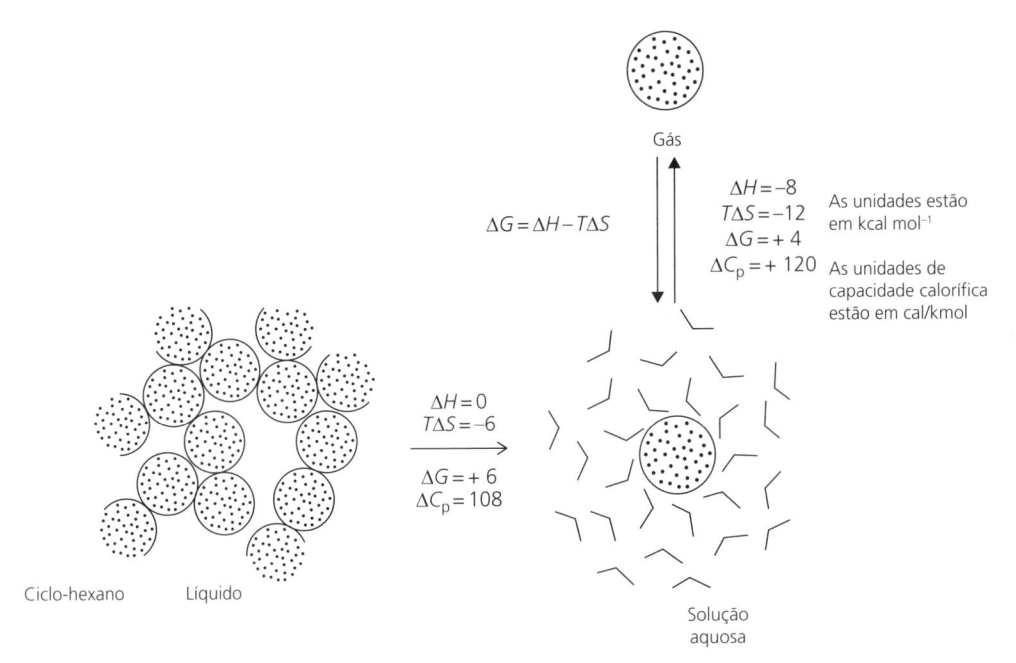

FIGURA 2.17 Termodinâmica típica da transferência de uma molécula apolar do tamanho do ciclo-hexano entre as fases gasosa e líquida e solução aquosa a 20 °C (293 K). Os valores de ΔH, $T\Delta S$ e ΔG estão em unidades de kcal mol^{-1} e os de ΔC_p em unidades de cal/(K mol). (Adaptada de Creighton, T.T., *Proteins: Structures and Molecular Properties*, 2nd edn., W.H. Freeman & Co., New York, 1996, p. 157.)

água. Mais importante ainda, a geometria água-água (orientação) nesta água estruturada é bem diferente daquela dos agrupamentos de água normais mantidos por ligações de hidrogênio.

Quando um soluto apolar é introduzido em uma solução aquosa, a água interage com a superfície apolar por meio da interação dipolo-induzido-dipolo. No entanto, a fim de manter suas interações das ligações de hidrogênio com outras moléculas de água na vizinhança da molécula apolar, a água é forçada a se estender até a superfície apolar e rearranjar sua orientação, de modo que o número máximo de seus orbitais de ligação de hidrogênio (ambos doadores e receptores) esteja apontado para longe da superfície apolar [22] (Figura 2.18). Esta reorganização, conhecida como "hidratação hidrofóbica", é distintamente diferente da hidratação iônica ou hidratação de solutos polares, onde tal exigência de orientação não é imposta. O soluto apolar com esse tipo de camada de hidratação é conhecido como "hidrato de clatrato", e as moléculas de água associadas a essa cobertura de hidratação perdem completamente sua liberdade de rotação. Os hidratos de clatrato são estáveis a baixas temperaturas e a pressões muito elevadas (p. ex., no fundo dos oceanos e no congelamento permanente dos oceanos Ártico e Antártico), mas muito instáveis em condições ambientais.

Uma consequência importante dessa reorganização estrutural da água ao redor do soluto apolar é que a orientação água-água relativa à ligação de hidrogênio na estrutura de clatrato é muito diferente daquela encontrada em agrupamentos de água mantidos por ligações de hidrogênio na água livre e no gelo: a orientação da água no gelo e na água livre está em uma configuração desalinhada, ao passo que no hidrato de clatrato está em uma configuração eclipsada, como mostrado na Figura 2.19. A configuração eclipsada difere da configuração desalinhada por $\approx 60°$ de rotação do ângulo diedro da ligação de hidrogênio. Na configuração eclipsada, os pares solitários de elétrons de átomos de oxigênio estão mais próximos um do outro do que na configuração desalinhada, e o aumento da interação repulsiva entre os pares solitários exerce uma pressão sobre a ligação de hidrogênio. Juntas, a

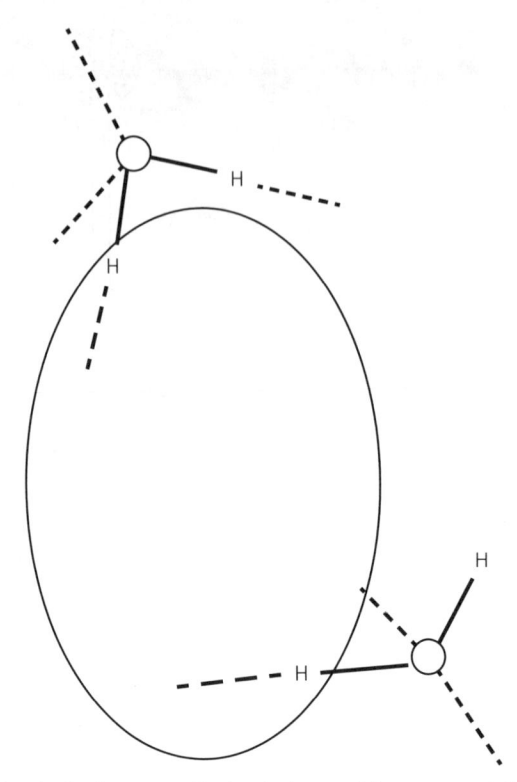

FIGURA 2.18 Preferência de orientação para moléculas de água próximas a um soluto apolar. Para manter suas interações através de ligação de hidrogênio com outras moléculas de água na vizinhança da molécula apolar, a água é forçada a se posicionar na superfície apolar e rearranjar sua orientação de modo que o número máximo de seus orbitais de ligação de hidrogênio (tanto doadores quanto receptores) esteja apontado para longe da superfície apolar. (De Stillinger, F.H., *Science*, 209, 451, 1980).

perda de liberdade rotacional do ângulo diédrico da ligação de hidrogênio e a tensão na ligação de hidrogênio diminuem a entropia da água, o que torna a presença do soluto apolar termodinamicamente desfavorável. Para restaurar sua entropia, torna-se imperativo que a água minimize sua associação com o soluto apolar. Para conseguir isso, a água força os solutos apolares a se agregarem/associarem, de modo que a água liberada das coberturas de clatrato possa retornar ao seu estado original de maior entropia (Figura 2.20). Esse processo, que é o reverso da hidratação hidrofóbica com mudança de energia livre de $\Delta G < 0$, é conhecido como "interação hidrofóbica". Deve-se enfatizar que a interação entre solutos apolares nessas condições é impulsionada não pela atração inata de Van der Waals entre solutos apolares, mas pela força entrópica da estrutura da água, e, portanto, a energia da interação hidrofóbica é consideravelmente mais forte do que a interação de Van der Waals.

Há um consenso entre os biólogos/bioquímicos de que a segunda explicação é mais atraente e provavelmente a correta para explicar a incompatibilidade termodinâmica entre a água e os solutos apolares. A imposição de solutos apolares na água para reorganizar sua estrutura e a tendência da água de recuperar seu estado de entropia superior estão no centro da evolução das estruturas biológicas, como proteínas, biomembranas e outras estruturas celulares, e talvez a evolução da vida baseada no carbono em si. Por exemplo, os fosfolipídeos contêm grupos hidrofílicos (grupos fosfato) e hidrófobos (cadeias acíclicas graxas longas). A interação termodinamicamente desfavorável da água com as cadeias acíclicas graxas força os fosfolipídeos a se agregarem na forma de micelas ou como

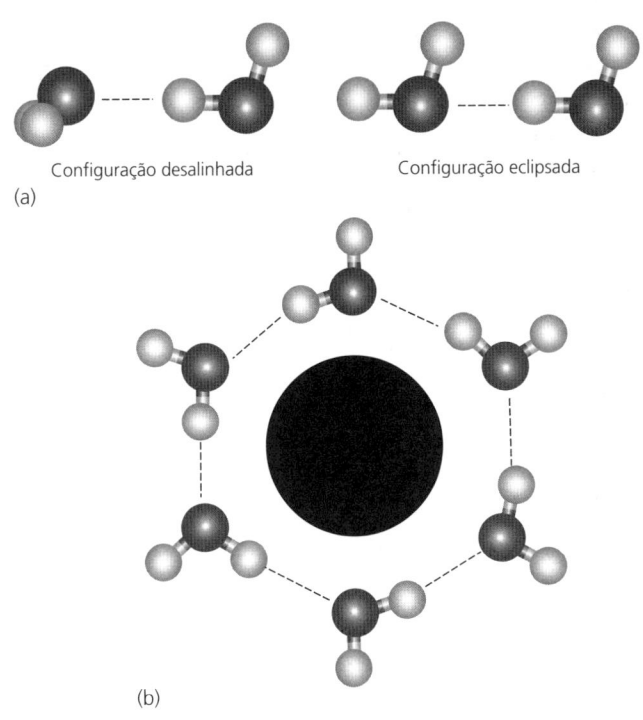

FIGURA 2.19 (a) As configurações desalinhada e eclipsada de dímeros de água ligados por hidrogênio. (b) Esquemas de orientação água-água (configuração eclipsada) em uma superfície hidrofóbica.

estruturas de bicamadas lipídicas, nas quais as cadeias acílicas são removidas do contato direto com a fase aquosa, enquanto os grupos hidrofílicos de cabeças de fosfato são expostos à fase aquosa (Figura 2.21). Da mesma forma, as proteínas contêm resíduos de aminoácidos polares e apolares. Devido à necessidade termodinâmica de evitar o contato com resíduos de aminoácidos apolares e maximizar a interação com resíduos polares de aminoácidos, a água força a cadeia proteica a dobrar-se e adotar uma estrutura tridimensional na qual a maioria dos resíduos apolares é orientada profundamente ao interior e os resíduos polares são expostos à água na superfície (Figura 2.22).

2.5.6 Conceito de água ligada

As discussões anteriores indicam claramente que a água tem o potencial de interagir com uma ampla gama de grupos iônicos, polares e apolares nos alimentos. A força dessas interações varia de $\approx 0,5\ k_B T$ (onde k_B é a constante de Boltzmann e T é a temperatura) para interações dipolo-induzido-dipolo, para $\approx 10\ k_B T$ para interações dipolo-dipolo e para $\approx 25\ k_B T$ para interações íon-dipolo. Já que $k_B T$ representa a energia térmica (cinética) de uma molécula na temperatura T, as interações que são várias vezes maiores que $k_B T$ são, sobretudo, fisicamente ligadas umas às outras. Assim, a água associada a grupos iônicos carregados em um alimento pode ser considerada como "água ligada" com mobilidade restrita. No entanto, existe um debate caloroso (muitas vezes desnecessário) entre os cientistas de alimentos sobre a definição funcional do termo "água ligada".

O equívoco surge porque a interação da água com grupos químicos em alimentos não envolve interação de um para um, conforme representado pelas Equações 2.1 a 2.3, mas envolve a interação de várias moléculas de água com cada grupo químico. Isso é particularmente verdadeiro no caso de grupos iônicos em que a interação íon-água envolve a formação de uma cobertura de hidratação. Por exemplo, no caso de

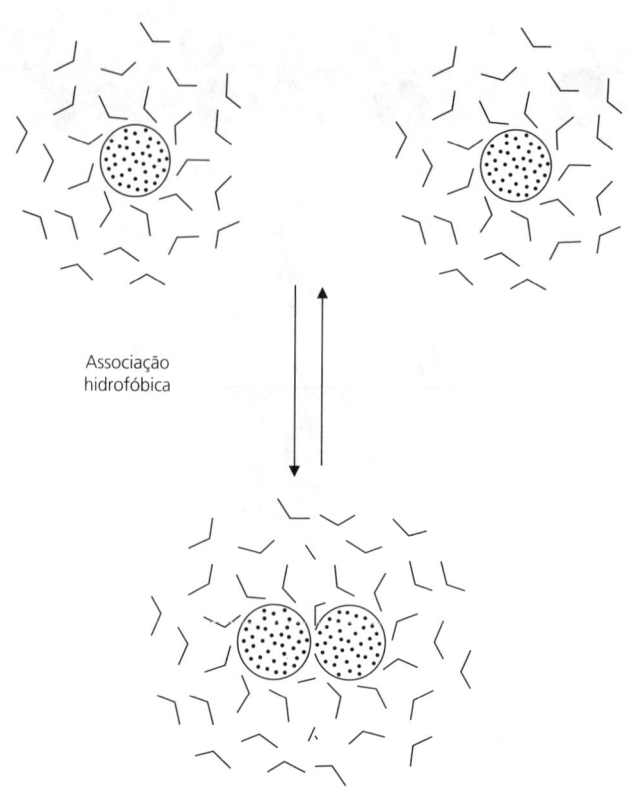

FIGURA 2.20 Representação esquemática da associação hidrofóbica de substâncias apolares em soluções aquosas. A associação é facilitada pela liberação de água das coberturas de hidratação de baixa entropia para o estado livre de alta entropia.

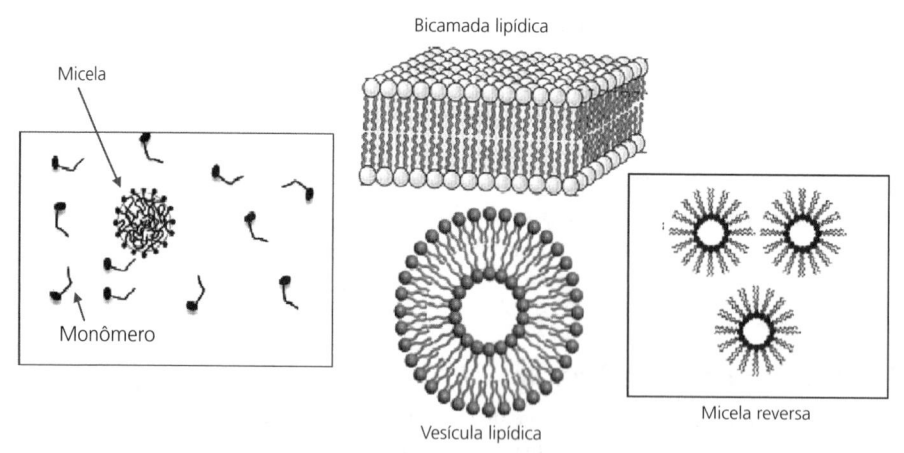

FIGURA 2.21 Formação de várias estruturas de fosfolipídeo (ou tensoativas) organizadas (p. ex., micelas, bicamadas extendidas, bicamadas vesiculares) como resultado do efeito hidrofóbico. (De Israelachvili, J.N., *Intermolecular and Surface Forces*, 2nd edn., Academic Press, New York, 1992, 344pp.)

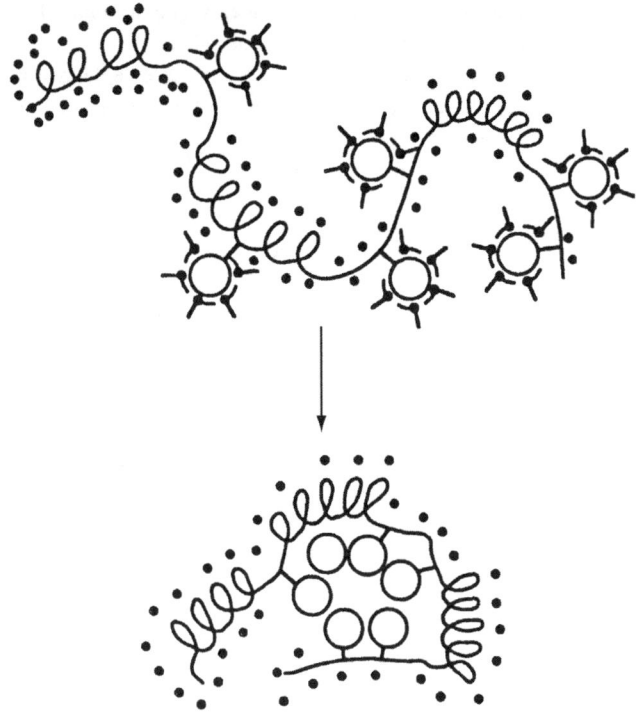

FIGURA 2.22 Ilustração esquemática do dobramento de uma proteína globular, impulsionado por interações hidrofóbicas. Círculos abertos são grupos hidrofóbicos, agregados em forma de L são moléculas de água na cobertura de hidratação de grupos hidrofóbicos e pontos representam moléculas de água associadas a grupos polares. (De Fennema, O.R., *Water and ice*, em: *Food Chemistry*, 3rd edn., Fennema, O.R. (ed.), Marcel Dekker, Inc., New York, 1996.)

um íon monovalente, como Na^+, a autoenergia de Born do íon no estado não hidratado é dada por

$$E_{auto} = \frac{(ze)^2}{8\pi\varepsilon_0\varepsilon a} \quad (2.5)$$

onde a é o raio iônico simples.

De acordo com a Equação 2.5, a autoenergia do Na^+ (cujo raio é 0,102 nm) no estado não hidratado é de 681 kJ mol^{-1} (Tabela 2.3). Quando o Na^+ é introduzido na água, a formação de uma cobertura de hidratação por meio da interação íon-dipolo reduz sua autoenergia em ≈ 365 kJ mol^{-1} (Tabela 2.3). Essa grande redução de energia ocorre como resultado da interação do íon com vários dipolos de água. Se apenas quatro moléculas de água estivessem envolvidas na cobertura de hidratação, então a energia de ligação de cada molécula de água seria ≈ –91 kJ mol^{-1} (ou ≈ 31 $k_B T$). Nessa situação, essas quatro moléculas de água representariam verdadeiramente a "água ligada". Por outro lado, se pressupormos que havia 50 moléculas de água na cobertura de hidratação, incluindo aquelas na região cibertática (Figura 2.15), então a energia **média** de ligação de cada molécula de água na cobertura de hidratação seria de ≈ 7 kJ mol^{-1} (ou ≈ 3 $k_B T$). Nesta situação, as moléculas de água na cobertura de hidratação são fracamente ligadas ao íon. Na realidade, no entanto, a energia de interação das moléculas de água na cobertura de hidratação segue um gradiente exponencial negativo, em que as moléculas de água na camada mais interna da cobertura de hidratação estão fortemente ligadas e aquelas na camada mais externa estão fracamente ligadas ao íon. Além disso, as moléculas de água na cobertura de hidratação não são "estáticas" ou "imobilizadas". Elas se intercambiam rapidamente com outras moléculas de água dentro da cobertura de hidratação, bem como com a água livre em escalas de tempo de nano a picossegundos. Assim, sob um determinado conjunto de condições ambientais de temperatura e pressão, existe uma quantidade dinâmica de água na vizinhança de moléculas de soluto, cujas propriedades termodinâmicas e a mobilidade molecular são significativamente diferentes daquelas distantes do soluto. Como a fronteira entre a água livre e a "água ligada" é impossível de se prever e quantificar, seria mais significativo usar as mudanças nas propriedades termodinâmicas médias da água como um parâmetro para entender o impacto dos solutos na estrutura e na função da água em sistemas alimentares.

2.5.7 Propriedades coligativas

As propriedades coligativas referem-se às propriedades de soluções diluídas que são afetadas pela concentração do soluto, mas não pela sua natureza química. As propriedades da solução que se enquadram nessa categoria são a redução da pressão de vapor, a depressão do ponto de congelamento, a elevação do ponto de ebulição e a pressão osmótica. Em soluções ideais, o impacto de um soluto não volátil sobre estas propriedades é essencialmente devido à entropia de mistura, que, para um sistema binário, é dada por

$$\Delta S_{\text{mistura}} = -R(n_w \ln X_w + n_s \ln x_s) \quad (2.6)$$

onde

n_w e n_s são os números de moles de moléculas de água e soluto, respectivamente.
X_w e x_s são as frações molares de água e soluto, respectivamente.

Como a entalpia de mistura ($\Delta H_{\text{mistura}}$) é zero para soluções ideais, a mudança de energia livre ($\Delta G_{\text{mistura}}$) para uma mistura surge apenas do termo de entropia $-T\Delta S_{\text{mistura}}$. Ou seja, quando um soluto é misturado com água, a energia livre da água diminui em $n_w RT \ln X_w$ e a do soluto em $n_s RT \ln x_s$. Esta diminuição da energia livre é responsável pela depressão do ponto de congelamento e a elevação do ponto de ebulição da água em soluções ideais.

A constante de depressão do ponto de congelamento molal de um solvente é dada por

$$K_f = \frac{RT_f^2 M}{\Delta H_f} \quad (2.7)$$

onde

R é a constante dos gases (J/mol/K).
T_f é o ponto de congelamento do solvente puro (K).
ΔH_f é o calor latente da fusão do solvente (J mol^{-1}).
M é a massa molar do solvente (kg mol^{-1}).

As unidades de K_f estão em K kg mol^{-1}. A constante de depressão do ponto de congelamento para água é de 1,86 K/m, onde m é a molalidade (mol/kg) da solução. A maioria das frutas e vegetais frescos congela a –2 a –5 °C, devido à presença de solutos dissolvidos. Se ΔT é a depressão do ponto de congelamento de uma solução, então a fração molar x_s de soluto nessa solução pode ser determinada a partir de

$$x_s = \frac{\Delta H_f}{RT_f^2} \Delta T \quad (2.8)$$

No caso de solutos ionizáveis, como NaCl e CaCl$_2$, a depressão do ponto de congelamento é dada por

$$\Delta T_f = i K_f m \quad (2.9)$$

onde

m é a molalidade da solução.
i é o fator de Van't Hoff, que é dado por

$$i = \alpha n + (1 - \alpha) \quad (2.10)$$

onde α é a fração do soluto que se dissociou em n íons. Por exemplo, no caso do NaCl, em solução diluída dissocia-se completamente em íons Na$^+$ e Cl$^-$. Portanto, $n = 2$ e $\alpha = 1$, caso em que $i = 2$. Assim, de acordo com a Equação 2.8, a depressão do ponto de congelamento de uma solução de um molal de NaCl será –3,72 °C.

De maneira semelhante, os solutos dissolvidos não voláteis elevam o ponto de ebulição da água. A constante de elevação do ponto de ebulição molal é dada por

$$K_B = \frac{RT_B^2 M}{\Delta H_v} \quad (2.11)$$

onde

T_B é o ponto de ebulição do solvente puro (K).

ΔH_v é o calor latente de evaporação do solvente puro.

O valor K_B da água é de 0,51 K kg mol^{-1}.

As equações 2.8 e 2.11 são válidas apenas para soluções ideais. Um desvio da idealidade implicaria que $\Delta H_{mistura} \neq 0$. Por exemplo, os pontos de ebulição de soluções de sacarose em função da concentração de sacarose são mostrados na Figura 2.23 juntamente com a curva linear prevista pela Equação 2.11. Deve-se observar que, mesmo em concentrações muito baixas de soluto, a curva experimental se desvia da curva ideal. Esse desvio da idealidade deve-se essencialmente à interação específica entre o soluto e o solvente (ligação de hidrogênio) entre a sacarose e a água, o que reduz ainda mais o potencial químico da água, além e acima daquele resultante da entropia da mistura. Isso exigiria energia térmica adicional para direcionar a água da fase de solução para a fase de vapor.

2.5.7.1 Resumo

- A água interage com vários solutos por meio de interações íon-dipolo, dipolo-dipolo e dipolo-induzido-dipolo. Entre estes, a interação íon-dipolo é a mais forte; leva à formação de uma forte cobertura de hidratação em torno de um íon. A água nessa cobertura tem mobilidade restrita.
- Os íons afetam a estrutura da água livre: aqueles que aumentam a estrutura tetraédrica de ligações de hidrogênio são chamados de cosmotrópicos e aqueles que quebram essa estrutura são chamados de caotrópicos.
- O efeito hidrofóbico surge como resultado da mudança negativa de entropia na água quando forma uma cobertura de hidratação (hidrato de clatrato) em torno de uma substância apolar. A orientação água-água ligada por hidrogênio no hidrato de clatrato é diferente daquela dos agrupamentos de água na água livre, o que reduz sua liberdade de rotação e causa uma perda de entropia da água.

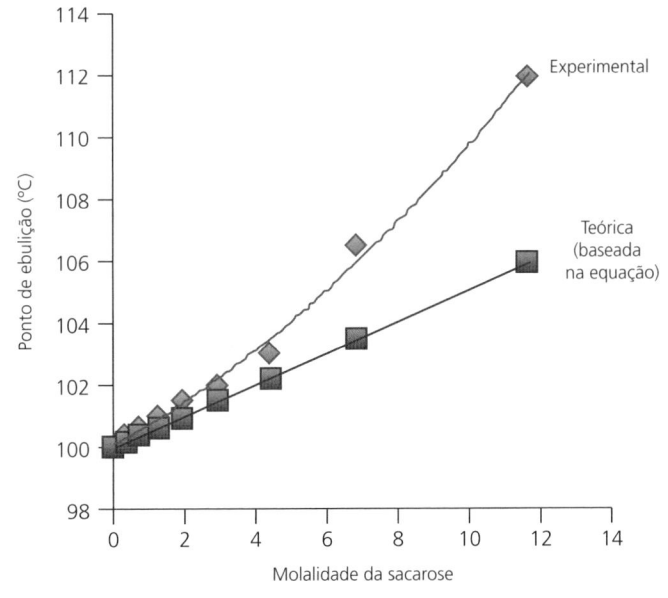

FIGURA 2.23 Elevação do ponto de ebulição da água. (♦) Experimental e (■) previsto pela Equação 2.10.

- Quando a energia de interação água-soluto é muito maior que a energia térmica ($k_B T$), então a fração de água envolvida nessas interações pode ser empiricamente considerada como "água ligada". No entanto, é difícil quantificar a água ligada.
- Propriedades coligativas são aquelas propriedades de soluções diluídas que são afetadas pela concentração do soluto, mas não pela sua natureza química. Elas são o abaixamento da pressão de vapor, depressão do ponto de congelamento, elevação do ponto de ebulição e pressão osmótica. No entanto, as soluções aquosas se desviam fortemente desse comportamento ideal, mesmo em baixas concentrações de soluto. Isso se deve a interações água-soluto específicas do soluto.

2.6 ATIVIDADE DE ÁGUA

A água é essencial para todos os organismos vivos. Ela atua como solvente em reações biológicas e processos de transporte, bem como reatante em diversas reações biológicas. Embora seja necessário um elevado teor de água para as células vivas, ela não é desejável na conservação dos alimentos contra a deterioração microbiana e outras degradações não microbiológicas durante o armazenamento. No entanto, observou-se que vários alimentos contendo o mesmo teor de água diferiam significativamente em sua perecibilidade, sugerindo que pode não ser o conteúdo de água em si, mas o "estado" ou a "atividade" termodinâmica da água em alimentos que podem determinar sua perecibilidade. A um mesmo teor de água, a atividade termodinâmica da água em vários alimentos pode ser diferente dependendo da composição química dos alimentos e da intensidade e/ou da extensão das interações íon-dipolo, dipolo-dipolo e dipolo-induzido-dipolo da água com vários grupos químicos nos alimentos. Está implícito nesta noção o fato de que a água "ligada" a grupos químicos em alimentos pode não estar prontamente disponível para dar suporte ao crescimento de microrganismos ou como reatante para várias reações hidrolíticas que causam deteriorações de qualidade nos alimentos em comparação com a água "livre". Assim, a "atividade de água" de um alimento reflete a capacidade termodinâmica (estado energético) ou a concentração efetiva de água em um alimento que pode realmente participar como um agente químico em vários processos biológicos e químicos.

2.6.1 Definição e medição da atividade de água

De acordo com a termodinâmica clássica, a atividade de água em um sistema aquoso está relacionada à sua concentração efetiva no sistema. A atividade de água no estado puro é unitária e, em uma solução ideal, a atividade de água a_a é igual à fração molar de água, X_{H_2O}, na solução. Isto é,

$$a_a = X_{H_2O} = \frac{n_{H_2O}}{n_{H_2O} + n_{soluto}} \quad (2.12)$$

onde

n_{H_2O} é o número de moles de água.
n_{soluto} é o número de moles de soluto dissolvido no sistema.

Para soluções aquosas, como xaropes de açúcar ou soluções salinas, quando a concentração é expressa em unidade molal (m), a Equação 2.12 se reduz para

$$a_a = X_{H_2O} = \frac{55,5}{55,5 + n_{soluto}} \quad (2.13)$$

Em soluções ideais, a idealidade significa que não há interação soluto-solvente ou que as energias de interação soluto-solvente, solvente-solvente e soluto-soluto são de igual magnitude, de modo que a entalpia de mistura ($\Delta H_{mistura}$) é zero e a entropia da mistura é ideal (ver Equação 2.6).

Como a mudança de energia livre de Gibbs da mistura é

$$\Delta G_{mistura} = \Delta H_{mistura} - T\Delta S_{mistura} \quad (2.14)$$

e como $\Delta H_{mistura} = 0$ para soluções ideais, a energia livre de mistura é derivada apenas da entropia de mistura, ou seja,

$$\Delta G_{mistura} = -T\Delta S_{mistura} \quad (2.15)$$

As soluções reais muitas vezes se desviam da idealidade, e esse desvio surge devido à interação atrativa ou repulsiva entre as moléculas do soluto e do solvente. Interações atrativas soluto-solvente (água) levam a desvios negativos da idealidade, evidenciando que a atividade de água medida é menor do que a fração molar real da água no sistema, ou seja, $a_a < X_a$. Essa situação é predominantemente encontrada em alimentos, em que a forte interação íon-dipolo e dipolo-dipolo da água com grupos iônicos e de ligações de hidrogênio em proteínas e polissacarídeos leva uma fração de água a se ligar à matriz alimentar, resultando em uma diminuição na concentração efetiva de água disponível para processos químicos e biológicos. Qualquer desvio da idealidade pode ser explicado pela modificação da Equação 2.12 como

$$a_a = \gamma_a X_a \quad (2.16)$$

onde γ_a é o coeficiente de atividade de água no sistema. γ_a define a extensão da interação da água com o soluto (i.e., constituintes dos alimentos) e, portanto, é dependente do soluto (i.e., dependente da composição do alimento). Tomando o logaritmo da Equação 2.16 e multiplicando-o por RT, pode ser reescrito como

$$RT \ln a_a = RT \ln \gamma_a + RT \ln X_a \quad (2.17)$$

isto é,

$$\Delta G_a = RT \ln \gamma_a + RT \ln X_a \quad (2.18)$$

A comparação da Equação 2.18 com a Equação 2.5 sugere que, enquanto $RT \ln X_a$ é a mudança de energia livre resultante da entropia de mistura, o termo $RT \ln \gamma_a$ representa a mudança de energia livre em excesso resultante da entalpia de mistura.

Hildebrand e Scott [23] mostraram que o coeficiente de atividade do solvente (i.e., água) em uma solução pode ser calculado a partir da fração molar do soluto usando a equação

$$\ln \gamma = K_s X_s^2 \quad (2.19)$$

onde

X_s é a fração molar do soluto.
K_s é a constante relacionada com a natureza química do soluto.

A substituição da Equação 2.19 na Equação 2.16 fornece

$$a_a = X_a e^{(K_s X_s^2)} \quad (2.20)$$

Como $a_a < X_a$ na maioria dos casos, K_s é caracteristicamente um número negativo. Refere-se à Equação 2.20 como equação de Norrish [24]. Ela é, no entanto, funcionalmente idêntica à Equação 2.16, porém, comparando-se os valores de K_s de vários solutos, é possível obter algum conhecimento sobre a natureza da interação entre a água e vários grupos químicos em solutos.

A medição direta da "concentração efetiva" de água em um alimento é difícil, se não impossível. No entanto, pode ser medida indiretamente da seguinte forma: como discutido anteriormente, a atividade de água reflete o estado termodinâmico de água em um sistema. Quando um sistema aquoso está em equilíbrio com sua fase de vapor, o potencial químico da água em qualquer ponto do sistema é

$$\mu_a = \mu_a^0 + RT \ln\left(\frac{f_a}{f_a^0}\right) \quad (2.21)$$

onde

μ_a é o potencial químico da água no sistema à temperatura T.
μ_a^0 é o potencial químico da água pura (estado padrão) a essa temperatura.
R é a constante dos gases.
f_a é a fugacidade de água no sistema.
f_a^0 é a fugacidade de água pura.

Fugacidade refere-se à tendência de fuga de uma substância (água, neste caso) do estado de solução. Na Equação 2.21, a atividade de água é definida como

$$a_a = \left(\frac{f_a}{f_a^0}\right) \quad (2.22)$$

Como a pressão de vapor da água em um sistema fechado em equilíbrio surge devido à tendência da água em escapar do estado de solução, é lógico supor que a fugacidade esteja intimamente relacionada à pressão de vapor e, portanto,

$$a_a = \left(\frac{f_a}{f_a^0}\right) = \left(\frac{p_a}{p_a^0}\right) \quad (2.23)$$

onde

p_a é a pressão parcial de vapor de água sobre amostra de um alimento em equilíbrio.
p_a^0 é a pressão parcial de vapor da água pura em equilíbrio à mesma temperatura e pressão.

De acordo com a lei de Raoult, para uma solução ideal, a razão p_a/p_a^0 é igual à fração molar daquele componente na solução. Entretanto, em um sistema não ideal, a razão p_a/p_a^0 é igual a $\gamma_a X_a$, onde γ_a é definido como o coeficiente de atividade. Isso se deve ao fato de que interações atrativas de moléculas de água com grupos químicos no alimento diminuem sua tendência a escapar para a fase de vapor.

A igualdade mostrada na Equação 2.23 é válida apenas a baixas pressões (≤ 1 atm), onde a diferença entre f_a/f_a^0 e p_a/p_a^0 é normalmente menor que 1% e, portanto, para todos os efeitos práticos, a atividade de água de um alimento pode ser determinada medindo-se p_a/p_a^0. A razão p_a/p_a^0 é também conhecida como pressão relativa de vapor (RVP). Outra expressão útil de a_a ou RVP é a porcentagem de umidade relativa de equilíbrio (%ERH):

$$a_a = RVP = \frac{\%ERH}{100} \quad (2.24)$$

A confiabilidade do uso de a_a (ou p_a/p_a^0) para prever a segurança e estabilidade de alimentos depende de dois pressupostos importantes: primeiro, um verdadeiro equilíbrio termodinâmico entre a água no alimento e a fase de vapor sobre o alimento foi estabelecido em um sistema fechado. Em segundo lugar, nenhum dos componentes não aquosos do alimento sofre mudança de fase posteriormente durante o armazenamento. Embora esses pressupostos possam ser facilmente atendidos em produtos líquidos, isso pode não ser possível em produtos alimentícios sólidos ou semissólidos complexos, em que o estabelecimento de um verdadeiro equilíbrio pode exigir vários dias e os solutos podem passar lenta e continuamente de um estado amorfo para o estado cristalino. No caso da última situação, que é altamente específica em termos de soluto, a a_a não é um indicador confiável de estabilidades química, física e microbiológica dos alimentos, pois a mudança de fase em qualquer um dos componentes de um produto alimentício alterará seu estado de a_a.

2.6.1.1 Resumo

- Em sistemas ideais (soluções), a atividade de água é a fração molar de água no sistema. Em sistemas não ideais, no entanto, a atividade de água é uma medida da concentração "efetiva" (não a fração molar) da água em um sistema. Ela reflete o estado energético médio da água em um sistema.
- O princípio da fugacidade é usado para medir a atividade de água em uma amostra de alimentos. Em aplicações práticas, a atividade de água de uma amostra é definida como p/p^0, onde p é a pressão parcial de vapor de água da amostra de alimento e p^0 é a pressão parcial de vapor de água pura em equilíbrio à mesma temperatura e pressão.

2.6.2 Isotermas de sorção de umidade

Como $\mu_a - \mu_a^0 = \Delta G$, as Equações 2.21 e 2.23 indicam que a atividade de água de um alimento é uma medida da mudança na energia livre da água em um alimento. Essa mudança na energia livre surge tanto da entropia de mistura ($\Delta S_{mistura}$) quanto da entalpia ($\Delta H_{mistura}$) das interações água-soluto no alimento. Assim, construindo-se um gráfico inverso do teor de água de um alimento como uma função de a_a, é possível avaliar o estado termodinâmico da água em um alimento sob várias condições experimentais e relacioná-lo a mudanças químicas e físicas, bem como à deterioração microbiana dos alimentos. Esses gráficos são conhecidos como "isotermas de sorção de umidade" (MSIs, do inglês *moisture sorption isotherms*).

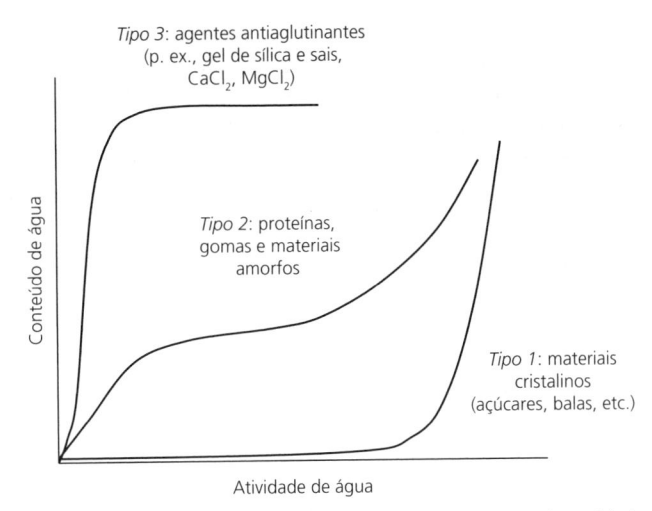

FIGURA 2.24 Representação esquemática dos três tipos de isotermas de sorção de umidade comumente exibidas por alimento.

[Gráfico: eixo Y "Conteúdo de água", eixo X "Atividade de água"; curvas rotuladas — *Tipo 3*: agentes antiaglutinantes (p. ex., gel de sílica e sais, $CaCl_2$, $MgCl_2$); *Tipo 2*: proteínas, gomas e materiais amorfos; *Tipo 1*: materiais cristalinos (açúcares, balas, etc.)]

As MSIs são normalmente construídas pelo método de reabsorção (ou adsorção), no qual um alimento completamente seco é incubado em câmaras de umidade controladas em temperatura constante. Várias soluções de sal saturado (Tabela 2.4) são comumente usadas para criar várias atmosferas de umidade dentro das câmaras. A amostra é mantida na câmara de umidade até atingir um peso constante (em geral, vários dias). O ganho líquido em peso da amostra em equilíbrio a uma dada a_a (ou umidade relativa) representa o conteúdo de água da amostra (g água/g amostra seca) àquela a_a. As formas e posições das MSIs dos alimentos dependem da composição do alimento e dos estados de fase dos componentes. As MSIs geralmente se enquadram em três categorias. Alimentos ricos em ingredientes cristalinos, como açúcares e balas duras, exibem uma isoterma tipo J, que é caracterizada por uma isoterma plana com baixíssimo teor de água até cerca de $a_a \approx 0,8$, seguida por um aumento vertical acentuado no teor de água em $a_a > 0,8$ (Tipo 1, Figura 2.24). Nesse tipo de isoterma, o ponto de inflexão acentuado em $a_a \approx 0,8$ é conhecido como o ponto de deliquescência, onde o alimento começa a se dissolver em solução. Alimentos contendo componentes altamente higroscópicos, tais como agentes antiaglutinantes e certos tipos de sais (p. ex., $CaCl_2$ e $MgCl_2$), exibem a isoterma tipo 3 (Figura 2.24), que é caracterizada por um aumento acentuado no teor de água mesmo em valores de atividade de água muito baixos.

TABELA 2.4 Atividade de água em soluções salinas saturadas

Solução	Atividade de água
Cloreto de lítio	0,120
Acetato de potássio	0,225
Cloreto de magnésio	0,336
Carbonato de potássio	0,440
Nitrato de magnésio	0,550
Nitrato de amônia	0,625
Cloreto de sódio	0,755
Sulfato de lítio	0,850
Sulfato de potássio	0,970

A maioria dos alimentos complexos contendo ingredientes poliméricos, tais como proteínas e polissacarídeos, e componentes amorfos geralmente exibem uma isoterma do tipo sigmoidal (Tipo 2, Figura 2.24). A forma sigmoidal surge em parte devido à presença de diferentes classes de grupos químicos (i.e., grupos iônicos e de ligação de hidrogênio) com variada afinidade de ligação com a água. Exemplos de isotermas de sorção de água de vários alimentos que exibem isotermas sigmoidais e do tipo J são mostrados na Figura 2.25. Observa-se que a sacarose cristalina e a fibra de celulose exibem isotermas do tipo J, ao passo que a goma xantana, o cereal pronto para consumo (RTE), a proteína do soro de leite e o farelo de aveia exibem isotermas de forma sigmoidal.

2.6.3 Interpretação das isotermas de sorção de umidade

Já que a atividade de água representa o estado energético da água, e as mudanças químicas e físicas e o crescimento microbiano dos alimentos são afetados pelo estado energético da água no alimento, uma compreensão profunda dos princípios físicos fundamentais que sustentam as relações hídricas nos alimentos se faz necessária. A relação não linear entre o teor de água e a atividade de água, que dá origem à forma sigmoidal da isoterma, sugere que a água existe em diferentes estados acoplados em alimentos com diferentes níveis de teor de água. De modo conceitual, a isoterma de sorção de formato sigmoidal pode ser dividida em três regiões (zonas), como mostrado na Figura 2.26, representando três diferentes populações ou estados acoplados da água. A zona I representa a região até o primeiro ponto de inflexão (comumente chamado de "joelho") na curva de sorção. Este ponto de inflexão ocorre, geralmente, quando a atividade de água do alimento atinge $\approx 0{,}2$ a $0{,}25$. O estado de energia da água na zona I varia conforme a atividade de água (e teor de água) do alimento, movimentando-se de um valor inicial muito baixo ($\approx 0{,}02$) no alimento seco, para $\approx 0{,}2$ a $0{,}25$. Como $\Delta G_a = RT \ln a_a$, a mudança de energia livre da água no conteúdo de água correspondente a $a_a = 0{,}02$ é de $\approx -9{,}68$ kJ mol^{-1} a 25 °C. Pode-se considerar que esta água está fortemente ligada ao alimento, uma vez que o seu ΔG_a é $\approx 3{,}9$ vezes o $k_B T$. No extremo de alta umidade da zona I, onde $a_a = 0{,}2$, a mudança de energia livre é de $\approx -3{,}98$ kJ mol^{-1} (ou $\approx 1{,}6\,k_B T$). Assim, mesmo dentro da zona I, as moléculas de água em um alimento têm diferentes níveis de energia, variando de $-9{,}68$ kJ mol^{-1} a $-3{,}98$ kJ mol^{-1}. No entanto, o estado energético médio sugere que a quantidade de água correspondente à zona I está razoavelmente ligada ao alimento. Esta água está

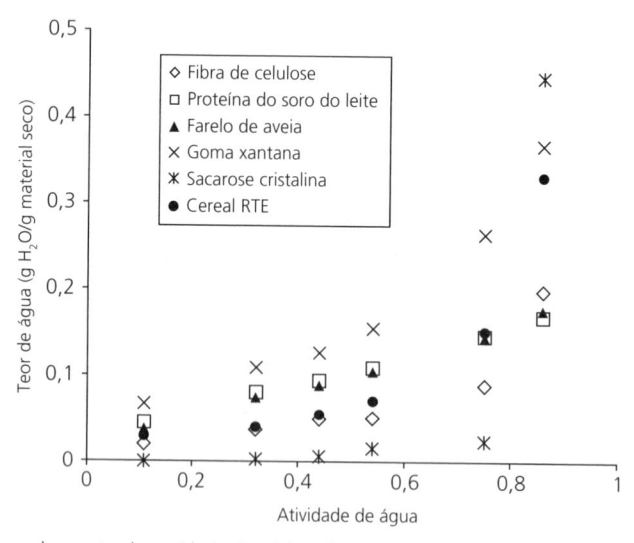

FIGURA 2.25 Isotermas de sorção de umidade de vários alimentos. Cereal RTE refere-se a cereais prontos para consumo.

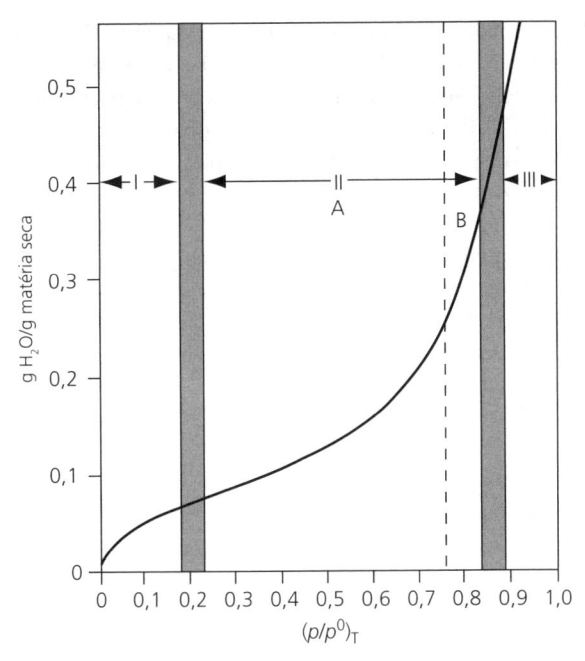

FIGURA 2.26 Isoterma de sorção de umidade generalizada para o segmento de baixa umidade de um alimento a 20 °C. (De Fennema, O.R., Water and ice, em: *Food Chemistry*, 3rd edn., Fennema, O.R. (ed.), Marcel Dekker, Inc., New York, 1996.)

provavelmente ligada a grupos iônicos via interações íon-dipolo (sobretudo na extremidade inferior da zona I) e também a alguns grupos polares por meio de interações dipolo-dipolo (na extremidade superior da zona I). O conteúdo de água dos alimentos nessa região é caracteristicamente ≈ 7% (g H_2O/g alimento seco). Um alimento na zona I é essencialmente seco e de fluxo livre. Devido aos movimentos translacionais e rotacionais limitados (necessários para a formação de gelo), a água na zona I não congela mesmo a –40 °C.

O teor de água correspondente ao extremo de alta umidade da zona I é conhecido como água da "monocamada BET", cujas iniciais são de Brunauer, Emmett e Teller [25]. Neste teor de água, nem todos os grupos polares são hidratados, apenas uma fração dos grupos polares que têm alta afinidade e acessibilidade estérica à água em um alimento. Assim, a monocamada BET representa uma monocamada insaturada de água confinada apenas a locais de ligação de alta afinidade. A hidratação dos restantes grupos polares no alimento começa quando o teor de água (ou a atividade de água) é aumentado para níveis correspondentes à zona II. Na zona II, à medida que o teor de umidade é aumentado, a atividade de água aumenta de 0,2 até 0,85. O ΔG_a aumenta (tornando-se mais positivo), de –3,98 kJ mol^{-1} na extremidade inferior da zona II para ≈ –0,4 kJ mol^{-1} na extremidade de alta umidade da zona II a 25 °C. A zona II possui potencialmente duas subpopulações: a quantidade de água na zona II-A está principalmente associada às moléculas do alimento por intermédio de interações via ligação de hidrogênio, e a quantidade de água correspondente à zona II-B é a água interagindo fracamente com superfícies apolares das moléculas do alimento via interação dipolo-induzido-dipolo.

Como no caso da quantidade da zona I, a maior parte da água na zona II também não congela a –40 °C, embora sua energia livre média seja maior que a da quantidade da zona I. Quando o teor total de água de um alimento estiver próximo do limite da zona II (que também inclui a água da zona I), a água estará principalmente na forma de uma monocamada saturada nas moléculas do alimento (p. ex., proteínas e polissacarídeos), cobrindo todas as superfícies iônicas, polares e apolares. Moléculas de água podem trocar de um sítio de ligação para outro sítio de ligação através das zonas I e II, mas a monocamada saturada contém duas subpopulações distintas de água a qualquer momento, uma correspondente à zona I e a outra correspondente à zona II. As propriedades termodinâmicas dessas duas populações de água permanecem distintas a qualquer momento. Como a água da zona II está fracamente ligada às moléculas do alimento, ela é mais móvel do que a da zona I, mas significativamente menos móvel do que a água livre. Essa alta mobilidade permite que a quantidade de água da zona II atue como um plastificante, provocando o inchaço da matriz alimentar (assim causando a exposição à água de sítios de ligação de hidrogênio escondidos) e diminuindo a temperatura de transição vítrea (T_g) dos alimentos.

À medida que o teor de água aumenta gradualmente acima do limite entre zona I-zona II, a temperatura de transição vítrea (T_g) dos alimentos diminui gradualmente, e no conteúdo de água próximo do limite entre as zonas II e III, a T_g da amostra torna-se igual à temperatura da amostra (ambiente). Assim, o limite entre a zona II e a zona III é o conteúdo crítico de água no qual a transição vítrea do material começa à temperatura ambiente. A transição vítrea é caracterizada por uma grande diminuição na viscosidade, e, como resultado, o alimento começa a fluir (fundir). À medida que o teor de água se move para a zona III, a mobilidade molecular (que é inversamente proporcional à viscosidade) da água e dos constituintes dos alimentos, aumenta em várias ordens de grandeza. A atividade de água crítica em que este salto quântico na mobilidade molecular ocorre na maioria dos alimentos é de ≈ 0,75 a 0,85. As velocidades de reações químicas e mudanças nas propriedades físicas (texturais), que foram subjugadas nas zonas I e II devido à mobilidade molecular restrita, aumentam na zona III. Algumas dessas mudanças podem ser desejáveis e outras, não. A maior mobilidade da água também promove o crescimento de microrganismos na zona III, à medida que a água se torna disponível para participar de processos biológicos. À medida que o teor de água aumenta além da extremidade inferior da zona III, multicamadas de água são formadas em torno das moléculas de alimentos (p. ex., proteínas), e macromoléculas começam a se dissolver em solução à medida que a atividade de água se aproxima de 1.

As propriedades físicas da água em várias zonas da isoterma de sorção de água estão resumidas na Tabela 2.5 [26]. Deve-se enfatizar que, embora a atividade de água (e, portanto, a energia livre da água) aumente de maneira sigmoidal (não linear) em função do teor de água dos alimentos, populações de moléculas de água com baixa energia livre (correspondente às zonas I e II) existem mesmo com teor de umidade muito alto. No entanto, as quantidades dessas populações de água "ligada" constituem apenas uma pequena fração do conteúdo total de água, de modo que a propriedade termodinâmica média da água em um alimento aproxima-se essencialmente daquela da água livre num alto teor de água.

2.6.3.1 Resumo

- MSI é a relação entre a atividade de água e o teor de umidade (g de água/g de matéria seca) no equilíbrio de um alimento em temperatura e pressão constantes.
- A maioria dos alimentos exibe MSI do tipo sigmoidal, que pode ser dividida em três regiões. O estado da energia da água varia nessas três regiões. A água associada aos alimentos na região I não congela a –40 °C e não está disponível para reações químicas. A água na região II também não congela, porém é mais móvel do que na região I e, portanto, pode iniciar transições vítreas nos alimentos. No teor de água correspondente ao extremo superior da região II e além, a maior mobilidade da água favorece mudanças químicas, físicas e microbiológicas nos alimentos.

2.6.4 Atividade de água e estabilidade alimentar

Uma quantidade considerável de estudos demonstrou de forma convincente que a estabilidade alimentar (tanto física como química e microbiológica) é influenciada pela a_a. Compreendendo a relação entre as taxas desses processos e a atividade de água, podemos usar a atividade de água como uma ferramenta tecnológica para controlar mudanças químicas/físicas/biológicas nos alimentos.

Com relação à segurança e à estabilidade alimentar, podemos identificar dois limiares críticos na isoterma de absorção de umidade. Estes são os limites da zona I/zona II e zona II/zona III. A atividade de água dos alimentos nesses limites é comumente de 0,20 a 0,25 e 0,75 a 0,85, respectivamente. Quando a $a_a \leq 0{,}25$ (zona I), os alimentos são secos e essencialmente pós-secos que fluem livremente; a falta de mobilidade molecular inibe as taxas da maioria das reações químicas (exceto a oxidação lipídica), e a indisponibilidade de água para participar de processos biológicos impede o crescimento de microrganismos. Assim, em $a_a \leq 0{,}25$, os alimentos são muito seguros e estáveis, mas a maioria deles não seria comestível (excluindo-se biscoitos e salgadinhos). Por outro lado, quando a $a_a \geq 0{,}8$, os alimentos entram na fase de alta umidade/"borrachosa" (zona III), em que a mobilidade molecular da água e de outros constituintes dos alimentos aumenta exponencialmente, favorecendo o aumento nas taxas de reações químicas indesejáveis e o crescimento microbiano, e, portanto, os alimentos são quimicamente muito instáveis e microbiologicamente não seguros quando a $a_a \geq 0{,}8$. Assim, a região intermediária de atividade de água, isto é, a $0{,}25 < a_a < 0{,}8$, que também é conhecida como faixa de umidade intermediária, é a única região onde é possível manipular as taxas de mudanças químicas e físicas e a segurança microbiológica por ajustar o teor de água e a atividade de água dos alimentos. Os alimentos que se enquadram nessa região são conhecidos como "alimentos de umidade intermediária".

2.6.5 Alimentos de umidade intermediária

Alguns exemplos de atividade de água *versus* relações de estabilidade alimentar em alimentos comuns são mostrados nas Figuras 2.27 a 2.31. O efeito da atividade de água na taxa de oxidação lipídica em batatas fritas a 35 °C está mostrado na Figura 2.27a. Os dados mostram que a taxa de oxidação lipídica é relativamente alta quando a a_a for muito baixa ou muito alta, mas atinge um valor mínimo quando a $a_a \approx 0{,}4$. Este comportamento anormal foi explicado da seguinte forma [27]: No estado muito seco, não há barreira para a colisão do oxigênio com os lipídeos, levando à oxidação. No entanto, como o teor de água aumenta gradualmente até a cobertura da monocamada BET ($a_a \approx 0{,}4$), a água se liga aos hidroperóxidos lipídicos e interfere na sua quebra em radicais livres, etapa necessária para a propagação da oxidação lipídica. Além disso, a água da monocamada BET também hidrata os íons metálicos, como Fe^{2+} e Cu^+, e diminui sua eficácia como catalisadores. Assim, a atividade de água manipula um conjunto complexo de processos químicos que causam a oxidação lipídica em alimentos com baixa umidade. Na Figura 2.27b, é mostrado o efeito da atividade de água na crocância (pontuação sensorial) das batatas fritas. Deve-se observar que a pontuação de crocância também diminui acima de $a_a \approx 0{,}4$, o que concorda com o fato de que maior mobilidade molecular da água acima da cobertura da monocamada BET (i.e., $a_a > 0{,}4$ neste caso) causa plastificação e inchaço da microestrutura da batata e altera suas propriedades texturais. É interessante observar que ambos aumentam a taxa de oxidação lipídica, e a perda de crocância ocorre a cerca de $a_a \approx 0{,}4$, sugerindo que os dois processos estão interligados.

A atividade de água influencia a reação de Maillard nos alimentos [28]. A Figura 2.28a mostra a perda de lisina em função da atividade de água em leite em pó armazenado a 40 °C por 10 dias [29]. A perda máxima de lisina ocorre em $a_a \approx 0{,}65$. Esta perda é devida à reação de escurecimento de Maillard (também conhecida como reação carbonilamina) entre a lactose, que é um açúcar redutor no leite em pó, e o grupo amina dos resíduos de lisina nas proteínas do leite. O primeiro passo da reação de escurecimento de Maillard é a formação de base de Schiff, que é uma reação reversível.

$$P-NH_2 + R-CHO \rightleftarrows P-NH=CH-R + H_2O \quad (2.25)$$

TABELA 2.5 Níveis de hidratação proteica

Propriedade	Aumento do teor de água no sistema			Fase da água livre	
	Água constituinte[a]	Cobertura de solvatação (≤ 3 Å da superfície)		Livre[b]	Ligada[c]
Pressão relativa de vapor (p/p^0)	< 0,02 p/p^0	0,02–0,2 p/p^0	0,2–0,75 p/p^0	0,75–0,85 p/p^0	> 0,85 p/p^0	> 0,85 p/p^0
"Zona" da isoterma[d]	Extrema esquerda, zona I	Zona I	Zona IIA	Zona IIB	Zona III	Zona III
Mol H_2O/mol proteína seca	< 8	8–56	56–200	200–300	> 300	> 300
g H_2O/g proteína seca (h)	< 0,01	0,01–0,07	0,07–0,25	0,25–0,58	> 0,58	> 0,58
Porcentagem de massa baseada na lisozima (%)	1	1–6,5	6,5–20	20–27,5	> 27,5	> 27,5
Característica da água: estrutura	Parte crítica da estrutura da proteína nativa	A água interage principalmente com grupos carregados (≈ 2HOH/grupo). Em 0,07 h transição na organização de água superficial; aparência de agrupamentos associados à conclusão da hidratação do grupo carregado	A água interage principalmente com grupos de superfície polar (≈ 1 HOH/local polar). Os agrupamentos de água centram-se em locais polares carregados. Agrupamentos flutuam em tamanho e disposição. A 0,15 h é alcançada a conectividade de longo alcance a água superficial	As 0,25 h, a água começa a condensar-se em locais superficiais de proteínas através de interação fraca. A 0,38 h, a "monocamada" de água cobre toda a superfície da proteína. local da transição vidro-borracha		

Característica da água: propriedades de transferência termodinâmica[e]

ΔG (kJ mol^{-1})	> |–6|	–6	–0,8	Próxima da livre	
ΔH (kJ mol^{-1})	> |–17|	–70	–2,1	Próxima da livre	
Tempo de residência (s) (mobilidade aproximada)	10^{-2}–10^{-8}	< 10^{-8}	< 10^{-9}	10^{-9}–10^{-11}	10^{-11}–10^{-12}	10^{-11}–10^{-12}
Congelabilidade	Não congelável	Não congelável	Não congelável	Não congelável	Normal	Normal

(Continua)

TABELA 2.5 Níveis de hidratação proteica (Continuação)

	Aumento do teor de água no sistema				
	Água constituinte[a]		Cobertura de solvatação (≤ 3 Å da superfície)	Fase da água livre	
Propriedade				Livre[b]	Ligada[c]
Poder solvente	Nenhum		Moderado	Normal	Normal
Característica da proteína: estrutura	Estado dobrado, estável	Regiões amorfas começam a plastificar pela água	Plastificação posterior de regiões amorfas		
Característica da proteína: mobilidade (reflete na atividade enzimática)	Atividade enzimática insignificante	Atividade enzimática insignificante	Troca de prótons aumenta de 1/1.000 a 0,04 h até total da solução a 0,15 h. Algumas enzimas desenvolvem atividade entre 0,1 e 0,15 h	A 0,38 h atividade da lisozima é 0,1 do que na solução diluída	Atividade máxima	Atividade máxima

Nota: presume-se que a água constitucional esteja presente na proteína seca no início do processo de hidratação. A água é primeiramente absorvida em locais de cadeias laterais carboxílicas e amino-ionizadas, com ≈ 40 moles de água/mol lisozima associando-se desta maneira. Além disso, a absorção de água resulta na hidratação gradual de sítios menos atraentes, principalmente grupos amida da carbonila do esqueleto da proteína. Em 0,38 h, a cobertura em monocamada é obtida pela associação da água com os locais da superfície que ainda são menos atrativos. Nesse estágio de hidratação da proteína, há, em média, 1 HOH/20 Å$_2$ de superfície proteica. No teor de água acima de 0,58 h, a proteína é considerada totalmente hidratada.
[a]Moléculas de água que ocupam sítios específicos no interior da macromolécula de soluto.
[b]Fluxo macroscópico fisicamente irrestrito por uma matriz macromolecular.
[c]Fluxo macroscópico fisicamente restrito por uma matriz macromolecular.
[d]Ver Figura 2.26.
[e]Valores molares parciais para transferência de água da fase livre para a concha de solvatação.
Fontes: dados sobre lisozima obtidos de Franks, F., in: *Characteristics of Proteins*, Franks, F. (ed.), Humana Press, Clifton, NJ, 1988, pp. 127–154; Lounnas, V. e Pettitt, B.M., *Proteins: Struct. Funct. Genet.*, 18, 133, 1994; Rupley, J.A. e Careri, G., *Adv. Protein Chem.*, 41, 37, 1991; Otting, G. et al., *Science*, 254, 974, 1991; Lounnas, V. e Pettitt, B.M., *Proteins: Struct. Funct. Genet.*, 18, 148, 1994.

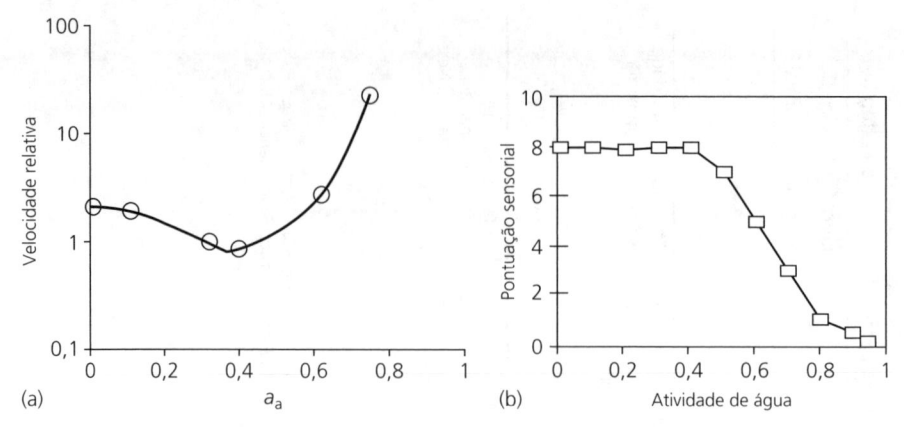

FIGURA 2.27 (a) Velocidade de oxidação lipídica e (b) perda da qualidade sensorial (crocância) em função da atividade de água em batatas fritas a 35 °C. (De Quast, D.G. e Karel, M., *J. Food Sci.*, 37, 584, 1972.)

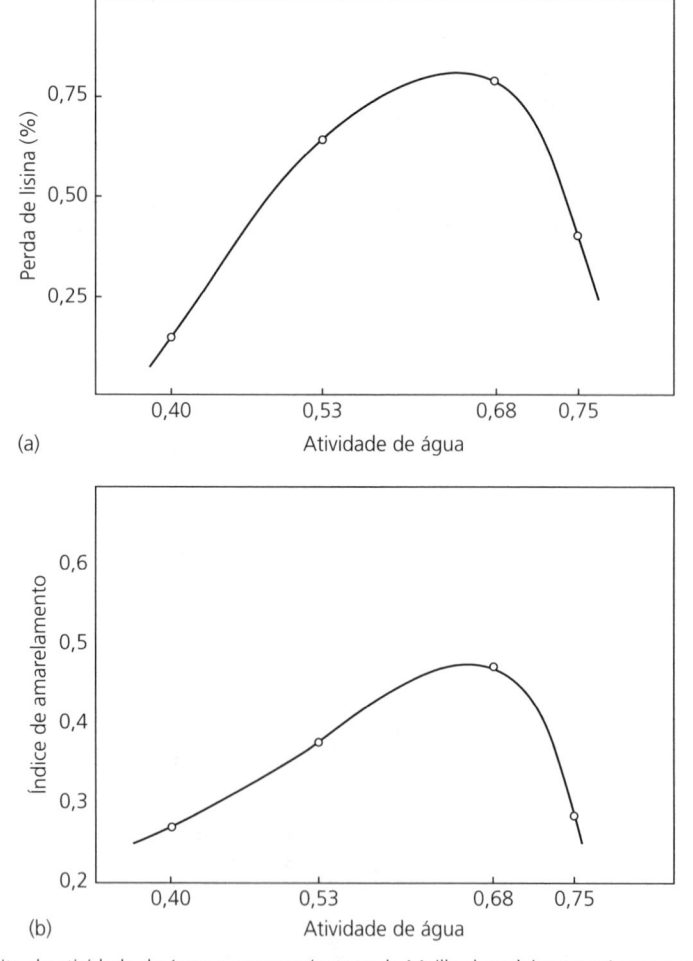

FIGURA 2.28 Efeito da atividade de água no escurecimento de Maillard em leite em pó armazenado a 40 °C por 10 dias. (a) Perda de lisina e (b) alteração de cor como resultado do escurecimento de Maillard. (De Loncin, M. et al., *J. Food Technol.*, 3, 131, 1968.)

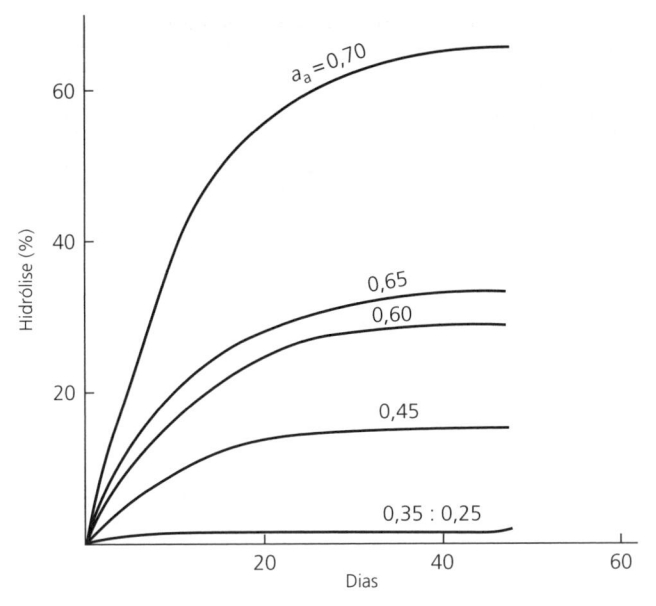

FIGURA 2.29 Efeito da atividade de água na hidrólise enzimática da lecitina em malte de cevada. (De Acker, L., *Food Technol.*, 23, 1257, 1969.)

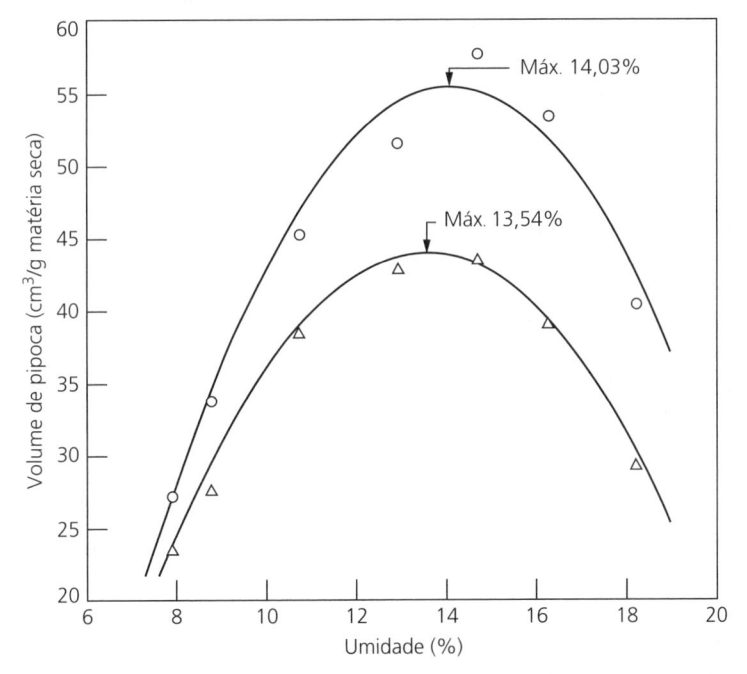

FIGURA 2.30 Efeito do teor de água no volume de pipocas que estouram. (O) estourando no ar; (△) estourando no óleo. (De Metzger, D.D. et al., *Cereal Chem.*, 66, 247, 1989.)

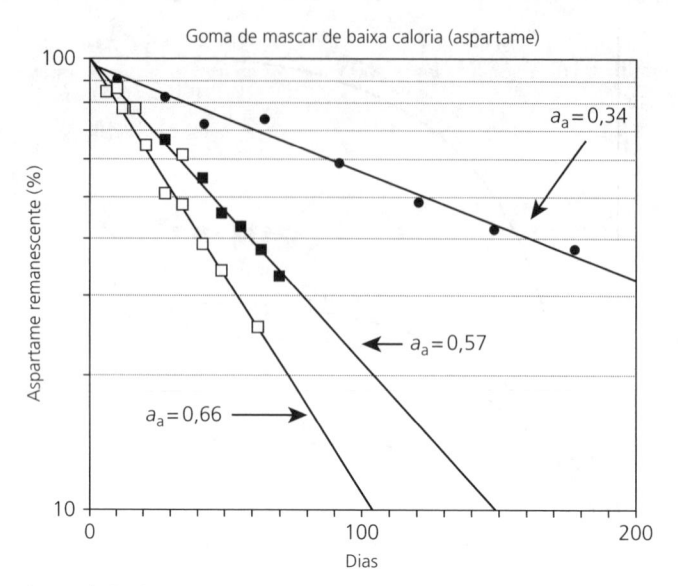

FIGURA 2.31 Efeito da atividade de água na taxa de degradação do aspartame na goma de mascar. (De Bell, L.N. and Labuza, T.P., Aspartame degradation as a function of water activity, em: *Water Relationships in Foods: Advances in the 1980s and Trends for the 1990s*, Levine, H. e Slade, L. (eds.), Springer Science and Business Media, New York, 2013, pp. 337–347.)

Como a água é um dos produtos dessa etapa inicial da reação, a taxa dessa etapa é influenciada pela atividade de água da amostra. Como consequência, a perda de lisina é muito baixa quando a a_a < 0,4, em que a frequência de colisão entre os grupos amina da lactose e proteína é baixa devido à restrição na mobilidade molecular. À medida que a a_a aumenta, o aumento na mobilidade molecular aumenta a taxa de reação e atinge um máximo de $a_a \approx 0,65$. Quando a a_a > 0,65, a quantidade excessiva de água no alimento muda o equilíbrio da reação (Equação 2.25) para a esquerda, causando uma diminuição na taxa da reação de Maillard. Na Figura 2.28b, é mostrada a extensão da descoloração marrom no leite em pó como uma função da atividade de água. A correspondência entre a extensão da perda de lisina e o aumento da descoloração marrom em função da atividade de água confirma que estes dois estão inter-relacionados.

Na Figura 2.29, é mostrado o efeito da atividade de água na hidrólise enzimática da lecitina (fosfolipídeos) no malte de cevada [30]. Outros exemplos dependentes da atividade de água (ou teor de água) – volume de estouro de pipocas [31] e degradação do aspartame na goma de mascar [32] – são mostrados nas Figuras 2.30 e 2.31.

A atividade de água afeta o crescimento de microrganismos em alimentos. A atividade crítica de água necessária para o crescimento depende do tipo de organismo (ver Tabela 2.6). Um resumo da relação entre a atividade de água e as velocidades de vários processos químicos, enzimáticos e biológicos nos alimentos é apresentado na Figura 2.32. Em geral, a velocidade de reações químicas e enzimáticas que requerem água como reatante (p. ex., degradação do aspartame, hidrólise da lecitina e outras degradações hidrolíticas) aumentam gradualmente quando o alimento entra na faixa de atividade intermediária da água (zona II) e acelera na zona III, onde a quantidade de água altamente móvel está disponível. Por outro lado, quando a água é um dos produtos da reação (como no caso da reação de Maillard), a velocidade dessas reações químicas exibe um máximo na faixa de atividade intermediária da água (zona II) como o resultado de processos mutuamente competitivos. Quando a água não é um produto nem um reatante (p. ex., oxidação lipídica), a velocidade dessas reações

TABELA 2.6 Potencial de crescimento de microrganismos em alimentos a diferentes pressões relativas de vapor

Faixa de p/p^0	Microrganismos geralmente inibidos pelo p/p^0 mais baixo da faixa	Alimentos geralmente dentro desta faixa de p/p^0
1,00–0,95	*Pseudomonas, Escherichia, Proteus, Shigella, Klebsiella, Bacillus, Clostridium perfringens*, algumas leveduras	Alimentos altamente perecíveis (frescos), frutas, hortaliças, carne, peixe e leite enlatados; salsichas e pães cozidos; alimentos contendo até 7% (m/m) de cloreto de sódio ou 40% de sacarose
0,95–0,91	*Salmonella, Vibrio parahaemolyticus, Clostridium botulinum, Serratia, Lactobacillus*, alguns fungos, leveduras (*Rhodotorula, Pichia*)	Alguns queijos (*cheddar*, suíço, *muenster*, provolone), carnes curadas (presunto), alguns concentrados de sucos de frutas, alimentos contendo até 12% (m/m) de cloreto de sódio ou 55% de sacarose
0,91–0,87	Muitas leveduras (*Candida, Torulopsis, Hansenula, Micrococcus*)	Embutidos fermentados (salame), pão de ló, queijos secos, margarina, alimentos contendo até 15% (m/m) de cloreto de sódio ou sacarose saturada (65%)
0,87–0,80	A maioria dos fungos (*Penicillia* micotoxigênico), *Staphylococcus aureus*, maioria dos *Saccharomyces* (*bailii*) spp., *Debaryomyces*	A maioria dos concentrados de suco de fruta, leite condensado, xarope de chocolate, xarope de bordo e xarope de fruta; farinha, arroz, leguminosas de 15–17% de umidade; bolo de frutas; presunto estilo *country*, *fondants*
0,80–0,75	A maioria das bactérias halofílicas, *Aspergilla* micotoxigênico	Geleia, marmelada, marzipã, frutas glaceadas, alguns *marshmallows*
0,75–0.65	Fungos xerofílicos (*Aspergillus chevalieri, candidus, Wallemia sebi*), *Saccharomyces bisporus*	Aveia em flocos com 10% de umidade; *nougats* em grão, caldas, *marshmallows*, geleia, melaço, açúcar bruto de cana, algumas frutas secas, nozes
0,65–0,60	Leveduras osmofílicas (*Saccharomyces rouxii*), alguns fungos (*Aspergillus echinulatum, Monascus bisporus*)	Frutas secas de 15–20% de umidade, balas tipo *toffee* e caramelos, mel
0,60–0,50	Sem proliferação microbiana	Massa de 12% de umidade, condimentos com 10% de teor de umidade
0,50–0,40	Sem proliferação microbiana	Ovo integral em pó com 5% de umidade
0,40–0,30	Sem proliferação microbiana	Biscoitos, bolachas, crostas de pão, etc., com 3–5% de teor de de umidade
0,30–0,20	Sem proliferação microbiana	Leite integral em pó com 2–3% de teor de umidade; hortaliças secas com 5% de teor de umidade, flocos de milho com 5% de umidade, biscoitos estilo *country*, bolachas

Fonte: Reid, D.S. e Fennema, O., Water and ice, em: Damodaran, S., Parkin, K.L., e Fennema, O. (eds.), *Fennema's Food Chemistry*, 4th edn., CRC Press, Boca Raton, FL, 2008.

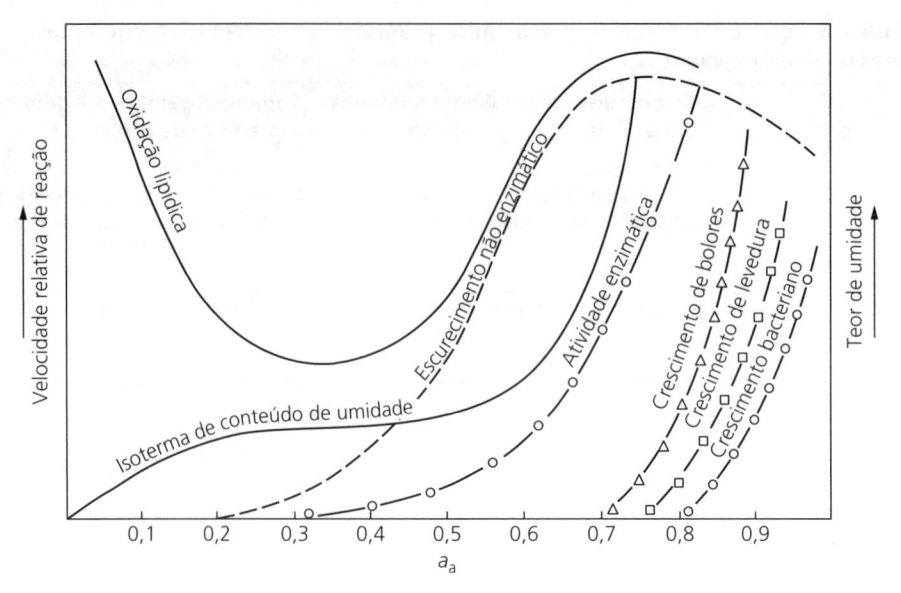

FIGURE 2.32 Relações entre pressão relativa de vapor d'água, estabilidade alimentar e isoterma de sorção. (De Labuza, T.P. et al., *J. Food Sci.*, 37, 154, 1972.)

é principalmente dependente da mobilidade molecular e, portanto, a velocidade dessas reações aumenta gradualmente na zona II e acelera na zona III. No caso de microrganismos (fungos, leveduras e bactérias) que requerem uma quantidade de água com mobilidade molecular próxima à da água livre, o seu crescimento num alimento ocorre apenas em $a_a > 0,7$.

A partir das discussões anteriores, a estabilidade química, física e microbiológica dos alimentos é máxima na faixa de $a_a = 0,2 – 0,4$. No entanto, os alimentos são essencialmente secos e granulados nesta faixa de atividade de água e, portanto, não são comestíveis. Por outro lado, na faixa de 0,6 a 0,8, o teor de umidade é alto o suficiente para tornar os alimentos comestíveis. Os alimentos com atividade de água na faixa de 0,6 a 0,8 (≈ 15–30% de umidade em base de peso seco) são frequentemente chamados de "alimentos de umidade intermediária". Esses alimentos têm vida de prateleira estável sem refrigeração, possuem textura desejável e requerem menos proteção de embalagem. O crescimento de bactérias e leveduras é essencialmente inibido, mas alguns fungos filamentosos podem crescer nesta faixa de atividade de água. O crescimento do fungo pode ser controlado ajustando-se o pH para < 4 e/ou adicionando agentes antifúngicos, como o sorbato de potássio.

2.6.6 Determinação da monocamada BET

Como discutido anteriormente, a monocamada BET de água, na maioria dos alimentos, ocorre na faixa de atividade de água entre 0,2 e 0,4. Como os alimentos são muito estáveis no/abaixo do teor crítico de água correspondente à monocamada BET, ele pode ser usado como um ponto de referência para prever a estabilidade de produtos alimentícios. Dois métodos empíricos estão disponíveis para estimar o valor da monocamada BET de um alimento a partir de sua MSI.

O primeiro é a equação BET [25]

$$\frac{a_a}{m(1-a_a)} = \frac{1}{m_m C_B} + \frac{(C_B - 1)}{m_m C_B} a_a \quad (2.26)$$

onde

a_a é a atividade de água.
m é o teor de água nessa atividade de água.
m_m é o conteúdo de água na monocamada BET.

C_B é uma constante de energia relacionada à diferença entre o potencial químico da água pura no estado livre e na monocamada.

De acordo com a forma linear da equação BET (Equação 2.26), um gráfico de $a_a/m(1-a_a)$ versus a_a deve ser uma linha reta com uma inclinação de $(C_B-1)/m_m C_B$ e um intercepto de $1/m_m C_B$. O teor de água da monocamada BET m_m pode ser determinado a partir dos valores de inclinação e intercepção como

$$m_m = \frac{1}{\text{Interceptação} + \text{inclinação}} \quad (2.27)$$

No entanto, uma das desvantagens da equação BET (Equação 2.26) é que ela, na maioria dos casos, é linear até $a_a \approx 0{,}4$ e desvia abruptamente da linearidade acima de 0,4. Como a porção linear da curva constitui o conjunto de dados de apenas uma região limitada da MSI, o valor m_m determinado pela equação BET não é confiável, embora forneça uma estimativa razoável em alguns casos.

Por exemplo, a isoterma de sorção do glúten do trigo é mostrada na Figura 2.33 [33] e o gráfico BET dos dados é mostrado na Figura 2.34. Observa-se que o gráfico BET é linear apenas até cerca de $a_a \approx 0{,}5$, e, quando a $a_a > 0{,}5$, ele se desvia da linearidade em uma curva ascendente. No exemplo mostrado na Figura 2.34, o valor de m_m determinado a partir dos valores da inclinação e da intercepção do gráfico é 0,052 g de água/g de glúten seco. A atividade de água do glúten no teor de água da monocamada BET é de $\approx 0{,}3$. Deve-se observar que esses valores diferem para diferentes alimentos, dependendo de suas MSIs, que são definidas pela sua composição.

Outro modelo, conhecido como modelo GAB, desenvolvido por Guggenheim [34], Anderson [35] e De Boer [36], para prever o conteúdo crítico de água é uma versão modificada da equação BET. Ele introduz uma segunda constante de energia para contabilizar a adsorção multicamadas em maior teor de água. A forma linear da equação GAB é

$$\frac{a_a}{m(1-ka_a)} = \frac{1}{m_{1,G}kC_G} + \frac{(C_G-1)}{m_{1,G}C_G}a_a \quad (2.28)$$

onde k e C_G (o subscrito G denota o modelo GAB) são as constantes de energia. Um gráfico da função no lado esquerdo da Equação 2.28 em relação a a_a deve ser linear, desde que seja escolhido um

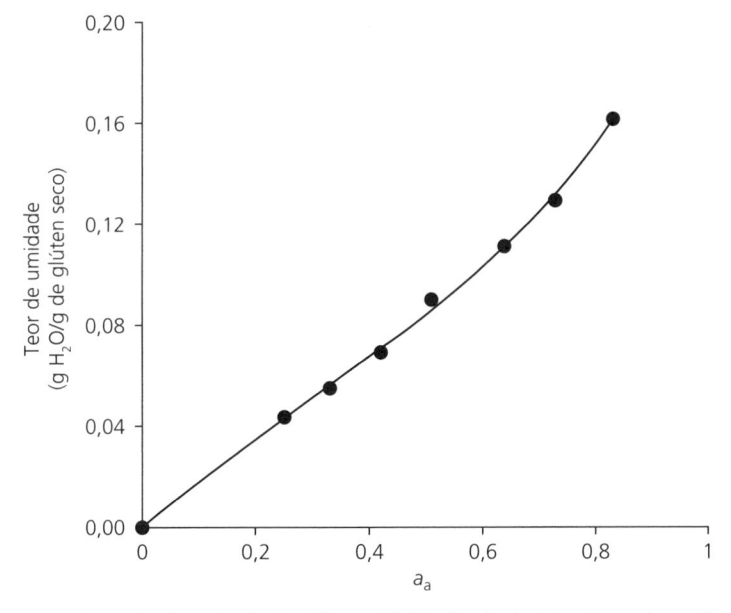

FIGURE 2.33 Isoterma de sorção de umidade do glúten a 25 °C. (De Bock, J.E. e Damodaran, S., *Food Hydrocolloid.*, 31, 146, 2013.)

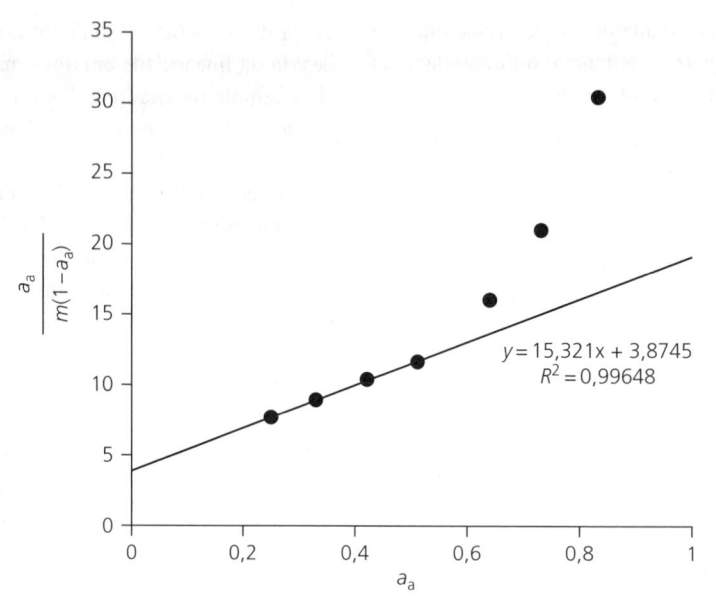

FIGURA 2.34 Gráfico BET dos dados mostrados na Figura 2.33. Observe que o desvio da linearidade do gráfico ocorre em cerca de $a_a = 0,5$.

valor de k adequado para que ele forneça um ajuste linear com o melhor coeficiente de correlação (R^2) dos dados isotérmicos experimentais [37]. O valor de k situa-se entre 0,5 e 0,9 para a maioria dos alimentos. Quando $k = 1$, a equação GAB se torna a equação BET. O gráfico da Figura 2.35 é um gráfico GAB dos dados da MSI do glúten do trigo com três valores de k.

Deve-se observar que, com base nos valores de R^2, o melhor ajuste linear dos dados ocorre quando $k = 0,7$. Acima e abaixo desse valor, a linha GAB é mais ou menos inclinada, respectivamente. No valor k correto, os valores de CG e $m_{1,G}$ podem ser obtidos a partir da relação

$$C_G = \frac{x}{ky} + 1 \quad (2.29)$$

e

$$m_{1,G} = \frac{1}{kC_G y} \quad (2.30)$$

onde x e y são a inclinação e a intercepção do gráfico GAB, respectivamente. No exemplo mostrado na Figura 2.35 para o glúten de trigo, o valor de $m_{1,G}$ para glúten é 0,08 g H_2O/g de glúten seco, que é maior do que o derivado do gráfico BET, e o valor computado de C_G é de 3,9 em $k = 0,7$.

Várias modificações na equação GAB foram propostas para melhorar o ajuste dos dados experimentais das isotermas até próximo de $a_a = 1$ [38–40]; no entanto, para fins práticos, a equação GAB original fornece um valor confiável para a monocamada BET.

2.6.6.1 Resumo

- A monocamada BET representa o teor de água na extremidade de alta umidade da zona I. Ela representa uma monocamada insaturada de água ligada a grupos de alta afinidade, por exemplo, grupos iônicos, em alimento. Alimentos com ou abaixo deste teor de umidade são muito estáveis. Assim, o valor da monocamada BET de um alimento é frequentemente usado como um ponto de referência para prever a estabilidade dos alimentos.

2.6.6.2 Dependência da temperatura e da pressão

A atividade de água dos alimentos é dependente da temperatura. Na maioria dos produtos alimen-

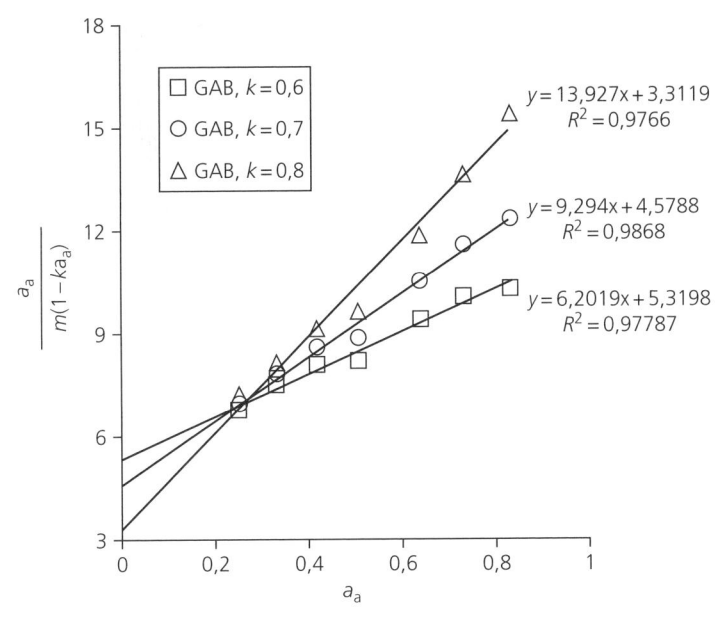

FIGURA 2.35 Gráfico GAB dos dados mostrados na Figura 2.33 em três valores de k (ver Equação 2.27). O melhor ajuste dos dados ocorre em $k = 0,7$ ($R^2 = 0,9868$).

tícios, a atividade de água aumenta com a temperatura e umidade constantes. Isso geralmente causa uma mudança para a direita na MSI, como demonstrado para as batatas [41] na Figura 2.36. Deve-se observar que a um teor de umidade constante, por exemplo, a 0,1 g/g de matéria seca, a atividade de água do amido da batata muda de ≈ 0,32 a 20 °C para ≈ 0,42 a 40 °C e de ≈ 0,67 a 80 °C. Isso é concebível, porque, como as interações íon-dipolo (água) e dipolo-dipolo são exotérmicas por natureza, a tendência de fuga (fugacidade) da água no alimento aumenta à medida que a temperatura se eleva. A extensão da mudança da MSI para uma determinada mudança na temperatura reflete a resposta dos alimentos às flutuações de temperatura. Isso tem importante consequência prática. Por exemplo, se a atividade de água inicial de um alimento a 20 °C é de 0,7, o produto será estável contra o crescimento microbiano. No entanto, se a temperatura do produto flutuar entre 25 e 45 °C em um depósito onde o produto é armazenado ou em trânsito, a atividade de água do produto pode facilmente subir acima de 0,8, levando potencialmente ao crescimento microbiano e à aceleração de produtos químicos e reações enzimáticas no produto.

A relação entre a atividade de água de um alimento a um teor de umidade e temperatura constantes é mais bem descrita pela seguinte equação de Clausius-Clapeyron:

$$\frac{d(\ln a_a)}{d(1/T)} = \frac{-\Delta H_s}{R} \qquad (2.31)$$

onde

T é a temperatura.
ΔH_s é o calor isostérico de sorção.
R é a constante dos gases (8,314 J/mol/K).

De acordo com a Equação 2.31, o gráfico de $\ln a_a$ versus $1/T$ deve ser linear com teor de água constante e o calor de sorção de água (ΔH_s) do alimento pode ser determinado a partir da inclinação da regressão linear dos dados. O gráfico $\ln a_a$ versus $1/T$ é geralmente linear em uma faixa de temperatura significativa a um teor de umidade constante para a maioria dos alimentos. No entanto, ΔH_s é uma função do teor de umidade; ela diminui à medida que o teor de umidade aumenta (Figura 2.37). Ela representa a energia necessária para dessorver a água de um alimento. Variações em ΔH_s com teor de umidade de um alimento refletem a diferença entre a interação água-alimento

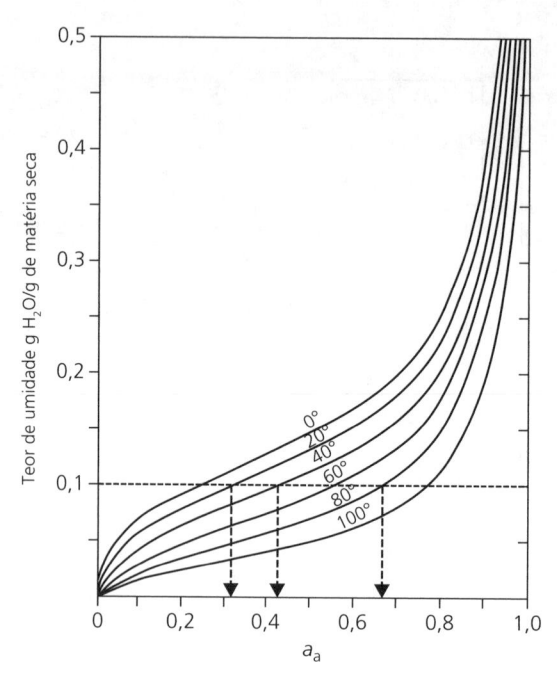

FIGURA 2.36 Isotermas de sorção de umidade para batatas em várias temperaturas. As setas indicam valores de atividade de água em três temperaturas diferentes a um teor constante de água. (De Gorling, P., Physical phenomena during the drying of foodstuffs, em: *Fundamental Aspects of the Dehydration of Foodstuffs*, Society of Chemical Industry, London, U.K., pp. 42–53, 1958.)

e as energias de interação água-água. Por outro lado, diferenças em ΔH_s de vários alimentos com o mesmo teor de umidade refletiriam diferenças na magnitude das energias de interação água-alimento. Quando integrada, a Equação 2.31 assume uma forma mais útil:

$$\ln\left(\frac{a_{a2}}{a_{a1}}\right) = \frac{-\Delta H_s}{R}\left(\frac{1}{T_2} - \frac{1}{T_1}\right) \quad (2.32)$$

onde a_{a1} e a_{a2} são as atividades da água nas temperaturas T_1 e T_2, respectivamente. Esta é uma forma útil da equação de Clausius-Clapeyron para prever mudanças dependentes de a_a em um alimento em um conteúdo constante de umidade. Se os ΔH_s de um alimento em um dado teor de água são conhecidos e se a_{a1} é a atividade de água inicial na temperatura T_1, então a atividade de água da amostra em qualquer outra temperatura T_2 pode ser prevista usando a Equação 2.32.

A pressão também afeta a atividade de água de um alimento a um teor de umidade constante; no entanto, se comparado ao efeito da temperatura, o efeito da pressão é insignificante em situações práticas encontradas durante o manuseio de alimentos. A relação entre a pressão e a atividade de água a um conteúdo constante de umidade e temperatura é dada por

$$\ln\left(\frac{a_{a2}}{a_{a1}}\right) = \frac{\overline{V_L}}{RT}(P_2 - P_1) \quad (2.33)$$

onde

V_L é o volume molar da água.

a_{a1} e a_{a2} são as atividades de água nas pressões P_1 and P_2, respectivamente.

2.6.7 Histerese

As MSIs de alimento podem ser determinadas seguindo duas abordagens diferentes: a primei-

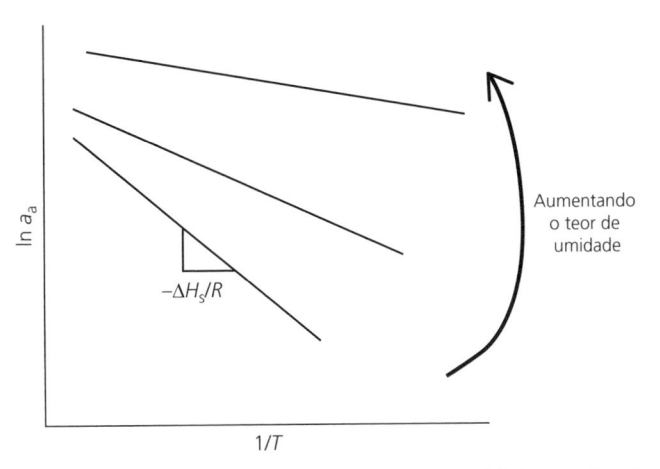

FIGURA 2.37 Gráfico típico de ln a_a versus $1/T$ (de acordo com a Equação 2.30) para alimentos. Observe que a inclinação da reta diminui com o aumento do teor de umidade.

ra envolve expor um alimento de alta umidade a várias atmosferas de umidade relativa decrescente e medir o conteúdo de água de equilíbrio e a atividade de água em cada umidade relativa (a_a). Isso é conhecido como isoterma de dessorção de umidade. Na segunda abordagem, um alimento completamente seco é exposto a atmosferas com umidade relativa crescente (a_a), medindo-se o teor de água de equilíbrio após a exposição. Isso é conhecido como isoterma de reabsorção de umidade. Embora idealmente as formas de isotermas de dessorção e reabsorção (ou adsorção) devam ser idênticas, para a maioria dos materiais alimentares, estas duas isotermas não são sobreponíveis. Esta não superposição das isotermas de dessorção e reabsorção é conhecida como "histerese". A isoterma de dessorção está acima da isoterma de reabsorção para a maioria dos alimentos, sem exceção, como mostra a Figura 2.38.

Várias teorias qualitativas têm sido propostas para explicar a histerese, que inclui condensação capilar, quimissorção, mudanças de fase e alterações morfológicas na estrutura celular [42,43]. Independentemente do mecanismo real, que pode variar dependendo do tipo de alimento, a razão fundamental para a histerese é o colapso dos capilares e das estruturas celulares (e possivelmente a mudança de fase em alguns dos componentes) durante o processo de dessorção (Figura 2.39). O papel dos capilares na histerese pode ser explicado usando a equação de Kelvin. Considere um volume de água com uma superfície plana existindo em equilíbrio com sua fase de vapor na pressão de vapor p^0. Quando a água é transformada numa gotícula esférica, como mostrado a seguir, devido à energia interfacial excessiva desfavorável, ela tenderá a encolher para minimizar a área interfacial. Como resultado, a pressão interna ($P_{interna}$) da gotícula aumentará em comparação com a pressão externa ($P_{externa}$).

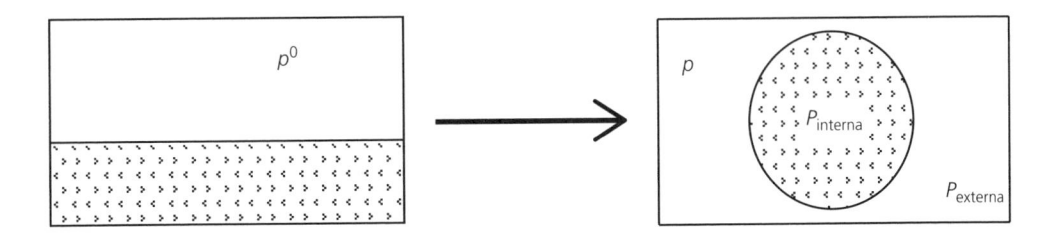

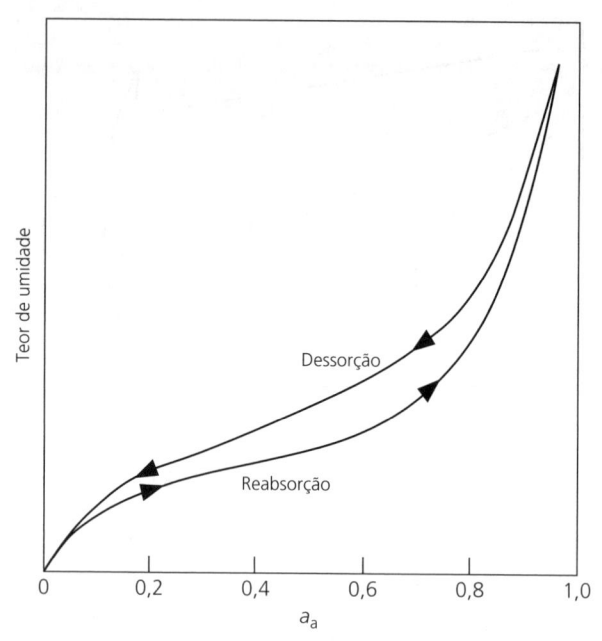

FIGURA 2.38 Histerese da isoterma de sorção de umidade. (De Fennema, O.R., Water and ice, em: *Food Chemistry*, 3rd edn., Fennema, O.R. (Ed.), Marcel Dekker, Inc., New York.)

Estado amorfo → Estado cristalino

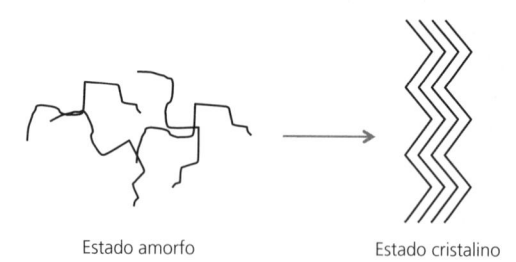

FIGURA 2.39 Representação esquemática da transformação de um material amorfo em estado cristalino durante o processo de dessorção.

Em equilíbrio, a diferença de pressão entre o interior e o exterior da gota é dada pela equação de Laplace:

$$P_{interna} - P_{externa} = \Delta P = \frac{2\gamma}{r} \quad (2.34)$$

onde

γ é a tensão superficial da água.
r é o raio da gotícula.

Essa diferença de pressão aumenta a tendência da água de escapar da fase líquida para a fase de vapor e, portanto, a pressão de vapor do sistema aumenta de p^0 (para uma superfície líquida plana) para p (sobre uma superfície líquida curva convexa). A mudança de energia livre na fase de vapor (ΔG_v) para este processo de transformação é

$$\Delta G_v = RT \ln\left(\frac{p}{p^0}\right) \quad (2.35)$$

e a mudança de energia livre na fase líquida é

$$\Delta G_L = \int_{P(o)}^{P(o)+\Delta P} V_L dP = V_L \Delta P \quad (2.36)$$

Combinando as Equações 2.34 e 2.36, obtemos

$$\Delta G_L = \frac{2\gamma V_L}{r} \quad (2.37)$$

onde V_L é o volume molar da água. Como $\Delta G_v = \Delta G_L$ no equilíbrio,

$$RT \ln\left(\frac{p}{p^0}\right) = \frac{2\gamma V_L}{r} \quad (2.38)$$

A Equação 2.38 é a equação de Kelvin para superfícies líquidas curvas convexas. Para uma superfície líquida côncava, isto é, um menisco líquido em um capilar, a equação de Kelvin pode ser expressa com um sinal negativo, isto é,

$$RT \ln\left(\frac{p}{p^0}\right) = -\frac{2\gamma V_L}{r} \quad (2.39)$$

De acordo com a Equação 2.39, se o raio de curvatura de um menisco líquido for pequeno (i.e., se o diâmetro capilar em um alimento for muito estreito), a pressão de vapor acima do menisco será baixa, e vice-versa. Isso indica que, se os capilares em um alimento colapsam, formando grandes capilares durante o processo de dessorção, então a pressão de vapor acima desses grandes capilares será alta, evidenciando que a condensação de água nos alimentos durante o processo de reabsorção ocorrerá em maior pressão de vapor, o que significa maior atividade de água do que durante o processo de dessorção, originando a histerese.

O conhecimento da histerese de sorção de um alimento é importante para garantir a segurança e a estabilidade do produto durante o armazenamento. Por exemplo, a histerese de sorção de arroz é mostrada na Figura 2.40 [44]. Observe que, em qualquer conteúdo de umidade, a atividade de água do arroz preparada por dessorção é menor que a preparada pela reabsorção. Esta situação é destacada na Figura 2.40 para uma amostra de teor de umidade de 15%: ao passo que a atividade de água do arroz no caso de dessorção é de $\approx 0{,}58$, e no caso de reabsorção é de $\approx 0{,}81$. Portanto, embora o crescimento de fungos não seja possível na amostra com $a_a = 0{,}58$, ocorrerá com $a_a = 0{,}81$. Assim, o conhecimento do teor de umidade sozinho não é suficiente para avaliar a segurança microbiológica de um produto, mas o conhecimento do método usado, isto é, dessorção

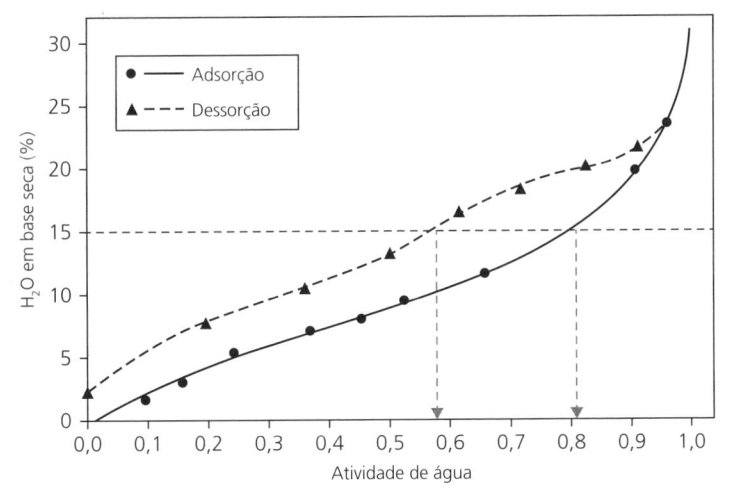

FIGURA 2.40 Histerese de sorção de umidade do arroz [44]. As setas indicam diferentes valores de atividade de água com o mesmo teor de umidade durante os processos de dessorção e reabsorção.

versus reabsorção, e a atividade de água real da amostra são fundamentais. Em termos de estabilidade química, os alimentos preparados pelo método de dessorção são menos estáveis do que aqueles preparados pela reabsorção devido à sua matriz inflada e maior conteúdo de umidade em uma determinada atividade de água. Labuza e colaboradores [45] relataram que a taxa de oxidação lipídica em vários produtos cárneos preparados por dessorção foi muito mais rápida que em produtos preparados por reabsorção em um dado valor de atividade de água. Assim, embora o controle da atividade de água pelo método de reabsorção seja mais caro se comparado ao método de dessorção, uma vez que envolve a desidratação completa do alimento seguida de reabsorção até o nível de atividade de água final desejada, ele proporciona maior estabilidade química e física ao produto alimentício e, portanto, justifica os custos mais elevados [45].

2.7 DESAFIOS TECNOLÓGICOS EM ALIMENTOS DE UMIDADE INTERMEDIÁRIA

2.7.1 Migração de umidade em alimentos compostos

Embora seja bastante fácil controlar o teor de umidade e a atividade de água de um alimento homogêneo (biscoitos, bolachas e queijo), é muito complicado em alimentos com vários domínios (biscoitos recheados de sorvete e bolachas de queijo) ou em misturas contendo dois componentes alimentares diferentes (cereais e passas). A migração de umidade de um componente para outro, em alimentos com vários domínios e misturas de alimentos, pode causar alterações nas propriedades químicas, físicas e sensoriais dos componentes e, assim, afetar sua estabilidade durante o armazenamento.

A migração de umidade em alimentos com múltiplos domínios não é impulsionada por diferenças no teor de umidade, mas pelas diferenças nas atividades de água dos domínios de alimentos [46]. Isso também implica que, se todos os domínios em um alimento com múltiplos domínios tiverem a mesma atividade de água inicial, então não haveria migração de umidade, mesmo se o conteúdo inicial de umidade de cada domínio fosse diferente. A força motriz termodinâmica emana da diferença de energia livre da água em vários domínios do alimento. Isso é mostrado esquematicamente na Figura 2.41. Se $a_{a,A}$ e $a_{a,B}$ são as atividades de água iniciais do domínio A (nata) e do domínio B (biscoito), respectivamente, e se $a_{a,A} > a_{a,B}$, então a energia livre da água no domínio A será maior do que no domínio B. Em um sistema fechado a temperatura constante, esta diferença na energia livre impulsionará a mi-

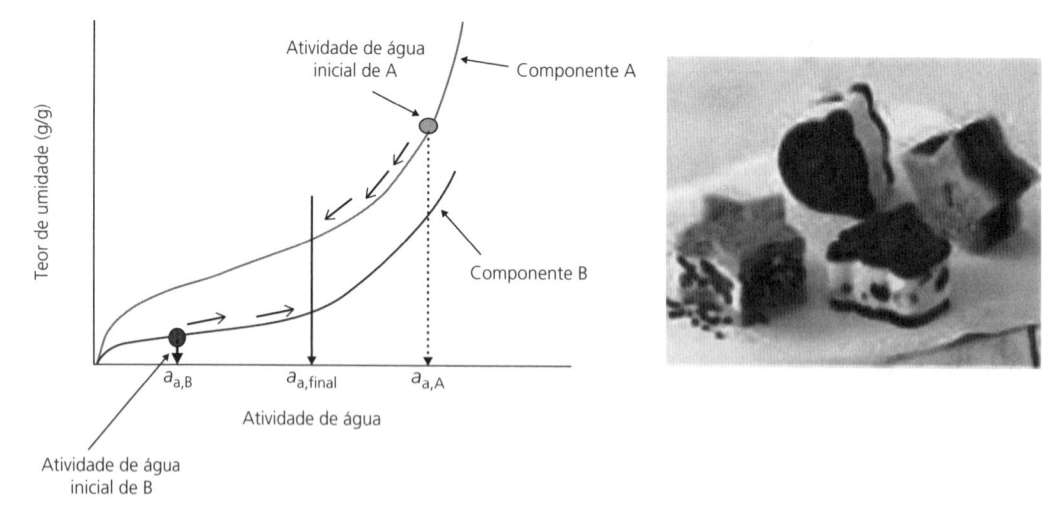

FIGURA 2.41 Ilustração esquemática da migração de umidade em alimentos com múltiplos domínios da região de alta atividade de água (componente) para a região de baixa atividade de água.

gração de água da região de alta atividade de água para a região de baixa atividade de água, até que a atividade de água em todo o produto seja a mesma. Em outras palavras, durante o armazenamento, o conteúdo de umidade e a atividade de água do domínio B aumentarão lentamente, ao passo que no domínio A elas diminuirão com o tempo e ambas atingirão uma atividade final de água em equilíbrio, como mostrado na Figura 2.41. As trajetórias desses movimentos de umidade-atividade de água de A e B seguirão os passos das MSIs dos domínios A e B, respectivamente, conforme mostrado na Figura 2.41.

A migração de umidade em alimentos com vários domínios pode causar alterações indesejáveis nos alimentos. Por exemplo, se o domínio B na Figura 2.41 representa um biscoito, e se o conteúdo inicial de umidade e a atividade de água conferem crocância ao domínio do biscoito, uma mudança na atividade de água de um nível inicial baixo para um nível final mais alto em seu equilíbrio pode afetar negativamente a crocância do domínio do biscoito. Assim, a capacidade de prever o equilíbrio final da atividade de água de um produto e o teor de umidade final dos domínios do produto após o equilíbrio se faz útil no desenvolvimento de estratégias de formulação de produtos para manter a qualidade durante o armazenamento.

Se f_A e f_B são frações de massa seca dos domínios A e B em um sistema alimentar, m_A e m_B são os conteúdos iniciais de umidade (base seca) dos domínios A e B, e $a_{a,A}$ e $a_{a,B}$ são a atividade inicial de água dos domínios A e B, respectivamente, então a atividade final de água, $a_{a,final}$, dos dois domínios alimentares em equilíbrio em um sistema fechado é

$$\ln a_{a,final} = \frac{f_A m_A \ln a_{a,A} + f_B m_B \ln a_B}{f_A m_A + f_B m_B} \quad (2.40)$$

A derivação da Equação 2.40 é apresentada no Quadro 2.5. Se definirmos $a_{a,desejada}$ como uma

---

QUADRO 2.5 **Migração de umidade em alimentos multidomínio**

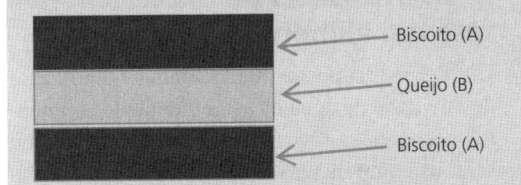

← Biscoito (A)
← Queijo (B)
← Biscoito (A)

Considere um biscoito recheado de queijo, onde A é o domínio do biscoito e B é o domínio do queijo. Se $a_{a,A}$ e $a_{a,B}$ são as atividades de água iniciais de A e B, respectivamente, então a mudança de energia livre de água em A e B é

$$\Delta G_{a,A} = \mu_{a,A} - \mu_a^0 = RT \ln a_{a,A} \quad (Q2.5.1)$$

$$\Delta G_{a,B} = \mu_{a,B} - \mu_a^0 = RT \ln a_{a,B} \quad (Q2.5.2)$$

Se n_A e n_B são o número de moles de água em A e B, respectivamente, então

$$n_A \Delta G_{a,A} = n_A RT \ln a_{a,A} \quad (Q2.5.3)$$

$$n_B \Delta G_{a,B} = n_B RT \ln a_{a,B} \quad (Q2.5.4)$$

Em um sistema fechado em equilíbrio,

$$(n_A + n_B) RT \ln a_{a,Eq} = RT(n_A \ln a_{a,A} + n_B \ln a_{a,B})$$
$$(Q2.5.5)$$

Assim,

$$\ln a_{a,Eq} = \frac{(n_A \ln a_{a,A} + n_B \ln a_{a,B})}{(n_A + n_B)} \quad (Q2.5.6)$$

Se W_T é a massa seca total do produto, W_A e W_B são as massas secas de A e B, respectivamente, e m_A e m_B representam o conteúdo de umidade de A e B (com base em massa úmida), então $n_A = (W_A m_A)/18$ e $n_B = (W_B m_B)/18$, e a Equação Q2.5.6 torna-se

$$\ln a_{a,Eq} = \frac{(W_A m_A \ln a_{a,A} + W_B m_B \ln a_{a,B})}{(W_A m_A + W_B m_B)}$$
$$(Q2.5.7)$$

Dividindo-se o numerador e o denominador do lado direito da equação e definindo-se $f_A = W_A/W_T$ e $f_B = W_B/W_T$,

(Continua)

> **QUADRO 2.5 Migração de umidade em alimentos multidomínio**
> *(Continuação)*
>
> $$\ln a_{a,Eq} = \frac{(f_A m_A \ln a_{a,A} + f_B m_B \ln a_{a,B})}{(f_A m_A + f_B m_B)} \quad (Q2.5.8)$$
>
> onde f_A e f_B são as frações em massa seca de A e B no produto. Conhecendo os teores iniciais de umidade, atividades de água e frações em massa de A e B, a atividade de água no equilíbrio pode ser prevista a partir da Equação Q2.5.8. A equação Q2.5.8 pode ser rearranjada como
>
> $$\frac{W_A}{W_B} = \frac{f_A}{f_B} = \frac{m_B \ln(a_{a,B}/a_{a,final})}{m_A \ln(a_{a,final}/a_{a,A})} \quad (Q2.5.9)$$
>
> A equação Q2.5.9 é útil no desenvolvimento de produtos alimentícios. Se a atividade de água final de um produto alimentício for baseada em critérios sensoriais e de segurança, então a Equação Q2.5.9 pode ser usada para calcular a razão das massas de A e B necessária para atingir a a_a final do produto. (*Nota*: nas Equações Q2.5.8 e Q2.5.9, se as frações em massa forem com base em massa úmida, então o teor de umidade também deve ser expresso na base em massa úmida.)

meta de atividade de água final no equilíbrio, a fim de manter certos atributos de qualidade do produto, então podemos usar os valores f, m e a_a iniciais dos domínios A e B como parâmetros ajustáveis para atingir o equilíbrio $a_{a,desejado}$. Se os valores iniciais de m e a_a não puderem ser usados como parâmetros ajustáveis por razões práticas, então a $a_{a,desejada}$ final pode ser obtida alterando-se as frações de massa dos domínios A e B usando a equação

$$\frac{W_A}{W_B} = \frac{f_A}{f_B} = \frac{m_B \ln(a_{a,B}/a_{a,desejada})}{m_A \ln(a_{a,desejada}/a_{a,A})} \quad (2.41)$$

onde W_A e W_B representam a massa seca (g) dos domínios A e B, respectivamente, no produto formulado. Se as MSIs individuais dos domínios A e B forem conhecidas, então o teor final de umidade dos domínios A e B na $a_{a,final}$ pode ser determinado.

Embora a migração de umidade em alimentos com múltiplos domínios seja impulsionada pelo gradiente de atividade de água nos alimentos, este processo é cinético, e o tempo necessário para atingir o equilíbrio depende de vários fatores que influenciam a taxa de transporte de água no sistema alimentar. Para sistemas alimentares de múltiplos domínios, nos quais a atividade de água final no equilíbrio estiver dentro da faixa em que as estabilidades química, física e microbiológica não forem importantes, a taxa de transporte de umidade dentro do sistema não é crítica. No entanto, se a atividade de água final no equilíbrio estiver na faixa em que a extensão das alterações químicas e físicas e a segurança microbiológica forem inaceitáveis, então a dinâmica do transporte de água afetará a vida de prateleira do produto [47].

2.7.2 Transição de fase em alimentos

Um dos pressupostos fundamentais no conceito de atividade de água na estabilidade dos alimentos é que estes são sistemas em equilíbrio, ou seja, os componentes dos alimentos não sofrem nenhuma alteração física durante o seu armazenamento. Esse pressuposto é questionável para a maioria dos produtos alimentícios, sobretudo os alimentos de umidade intermediária, onde alguns dos componentes dos produtos alimentícios podem estar em estado de não equilíbrio, assim continuamente passando por transições de fase durante o seu armazenamento. Por exemplo, em um produto alimentício, açúcares como sacarose e lactose frequentemente se encontram num estado amorfo (vítreo) logo após a produção do produto. Em estado amorfo, os açúcares exibem uma isoterma de sorção de água sigmoidal (como mostrado na Figura 2.42). Entretanto, durante o armazenamento em um ambiente fechado, os açúcares passarão por mudanças de fase espontâneas do estado amorfo de alta energia (instável) para o estado cristalino de baixa energia (estável). A velocidade dessa transição de fase depende da atividade de água inicial do produto alimentício. Se o teor de água do produto estiver abaixo da monocamada BET ($a_a \approx 0{,}2\text{–}0{,}3$), a velocidade desta transição de fase será extremamente lenta, não gerando maiores preocupações em relação à qualidade do produto. No entanto, com alta atividade de água, a velocidade dessa transição de fase é muito rápida e pode levar apenas alguns minutos para que os açúcares passem pela transformação completa de um estado amorfo para o estado cristalino, como mostrado na Figura 2.42. Quando o açúcar é completamente convertido para o estado cristalino, a forma da MSI muda de sigmoidal para uma isoterma do tipo J. Se o teor de umidade do alimento permanecer o mesmo, a atividade de água do produto aumentará, já que parte da água anteriormente ligada ao estado amorfo é liberada para o estado livre. Isso pode afetar as estabilidades físico-químicas e microbiológicas do produto.

2.8 MOBILIDADE MOLECULAR E ESTABILIDADE DOS ALIMENTOS

Como mencionado anteriormente, alimentos típicos são essencialmente sistemas em não equilíbrio que contínua, mas lentamente, sofrem mudanças físico-químicas durante o seu armazenamento. Essas mudanças incluem, mas não se limitam à, transição de fase em açúcares e materiais poliméricos e reações de associação/dissociação proteína-proteína e proteína-polissacarídeo, assim como mudanças conformacionais em proteínas como resultado de reações químicas com moléculas pequenas (como açúcares redutores). Tais transições de fase alteram continuamente o estado termodinâmico da água nos alimentos e, portanto, as isotermas de sorção de água dos sistemas alimentares reais não são verdadeiramente isotermas de equilíbrio. Assim, as previsões de qualidade e estabilidade de alimentos baseadas na atividade de água de um alimento por si só não são totalmente confiáveis, pois a atividade de água no

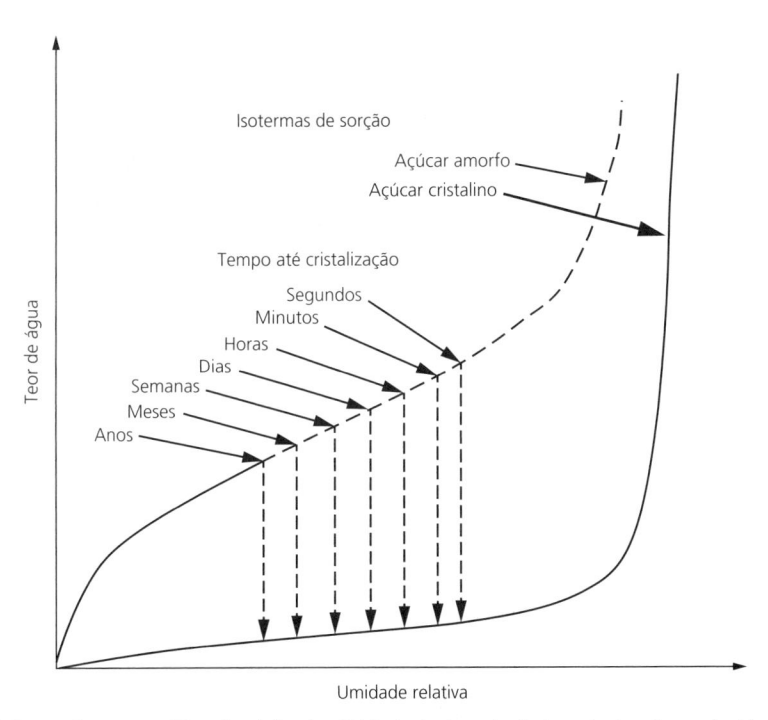

FIGURA 2.42 Ilustração esquemática do efeito da atividade de água (e do teor de água) na velocidade de transição de fase do estado amorfo para o estado cristalino em uma solução sacarose-água. (De Roos, Y.H., *Phase Transitions in Foods*, Academic Press, New York, 1995.)

produto pode mudar com o tempo, mesmo em um ambiente fechado.

Fundamentalmente, as mudanças físico-químicas nos alimentos resultam da difusão de componentes na matriz alimentar. A água desempenha um papel de "carreador" nesse processo. A este respeito, a isoterma de sorção de água fornece simplesmente a informação sobre o estado termodinâmico crítico da água acima do qual a taxa de difusão dos componentes numa matriz alimentar torna-se suficientemente grande para causar alterações físico-químicas indesejáveis nos alimentos. Se este for, de fato, o princípio operacional subjacente no conceito de atividade de água, então qualquer outro conceito que também possa prever a velocidade de processos físico-químicos limitados à difusão em alimentos que estão em um estado de não equilíbrio, sobretudo alimentos amorfos (vítreos) e congelados, seria uma alternativa mais apropriada do que o conceito de equilíbrio da atividade de água para prever a qualidade dos alimentos.

O conceito de mobilidade molecular refere-se apenas a movimentos rotacionais e translacionais em um alimento. Depende principalmente da temperatura e da viscosidade do alimento: é diretamente proporcional à temperatura e inversamente proporcional à viscosidade. No entanto, uma vez que a viscosidade de um alimento depende do teor de água e da sua interação com um efeito plastificante nos constituintes dos alimentos, o teor de água é também um dos principais impulsionadores da mobilidade molecular em alimentos.

2.8.1 Transição vítrea

Em geral, a matéria se encontra em três estados: vapor, líquido e sólido cristalino. Quando o vapor é resfriado, ele condensa ao estado líquido resultante das ligações de hidrogênio, de Van der Waals e outras interações não covalentes entre as moléculas (Figura 2.43). Na maioria dos casos, os líquidos não possuem estrutura e as moléculas estão em orientação aleatória devido a constantes movimentos cinéticos impulsionados pela

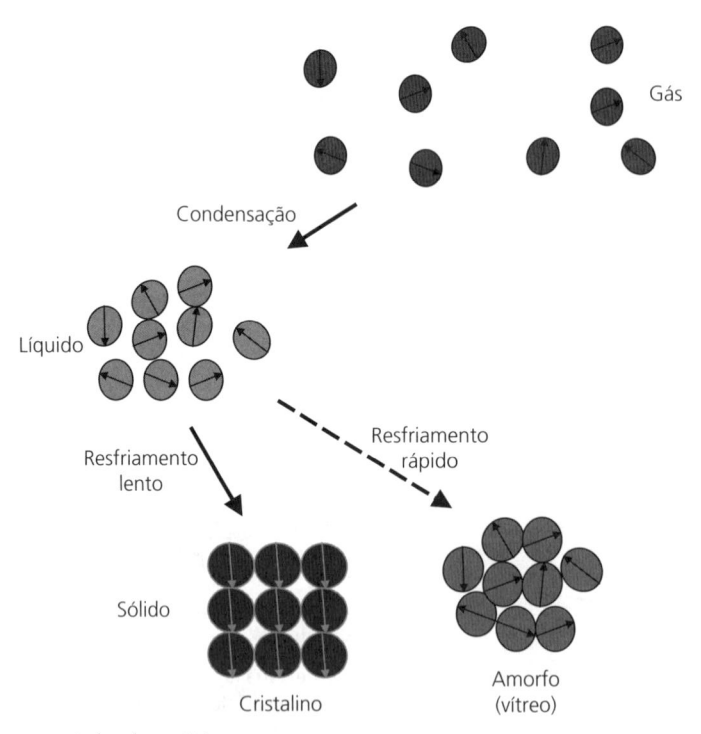

FIGURA 2.43 Diversos estados da matéria.

energia térmica. Quando um líquido é resfriado lentamente, os movimentos cinéticos das moléculas diminuem, as moléculas se reorientam de tal forma que seu potencial de interação é maximizado, e, em uma temperatura específica (ponto de congelamento), o líquido é transformado em um sólido cristalino. No estado cristalino, as moléculas são regularmente ordenadas e representam o menor estado de energia da matéria. Por outro lado, quando o líquido é resfriado a uma velocidade mais rápida (i.e., mais rápido do que a velocidade de reorientação molecular necessária para a formação do retículo cristalino), o líquido repentinamente se transforma em sólido a uma temperatura muito abaixo do ponto de congelamento, na qual as moléculas são orientadas em uma ordem aleatória, sem qualquer tipo de simetria reticular típica de um sólido cristalino. Este estado da matéria é conhecido como vítreo ou sólido amorfo, e, tecnicamente, é um líquido viscoso super-resfriado com mobilidade molecular altamente restrita. Como as interações intermoleculares não são totalmente maximizadas, o estado vítreo tem uma energia livre mais alta que o estado sólido cristalino e, portanto, é considerado estar em um estado metaestável.

A física da formação do "estado vítreo" (sólido amorfo) é apresentada na Figura 2.44. A linha ABCD descreve a relação entre entropia e temperatura durante a transição de fase de uma substância do estado líquido para o cristalino sólido. Quando o líquido é resfriado, no ponto B (ponto de congelamento), o líquido é convertido isotermicamente para o estado sólido (BC) com uma queda súbita na entropia. O resfriamento contínuo do sólido cristalino diminui ainda mais sua entropia (CD). Por outro lado, quando o líquido é super-resfriado, a curva entropia-temperatura assume uma trajetória diferente (BE), na qual a entropia do líquido super-resfriado permanece mais alta que a do sólido cristalino. Quando a trajetória da curva de super-resfriamento é estendida, ela cruza com a linha do cristal. Neste ponto de interseção, conhecido como a temperatura de Kauz-

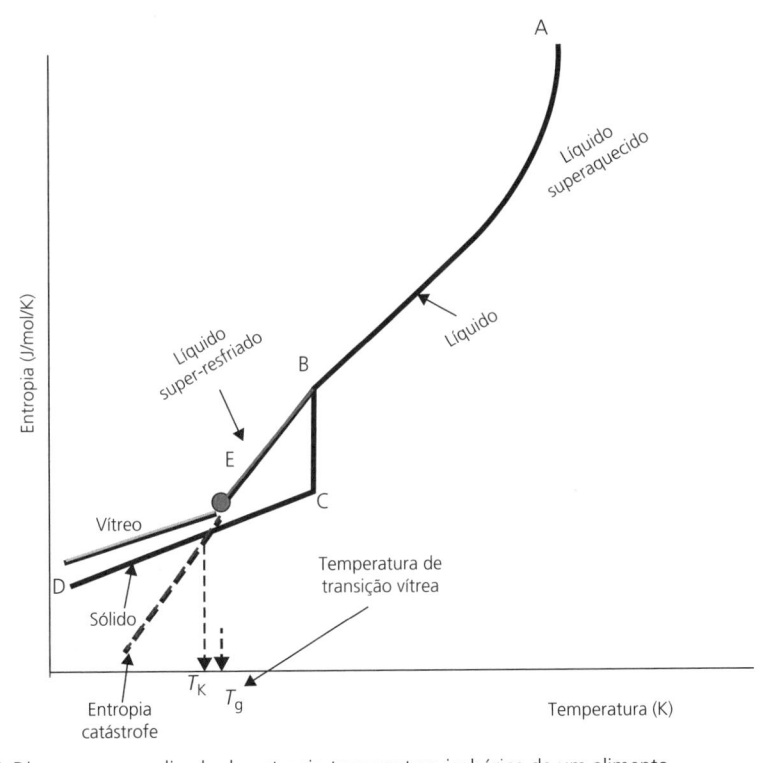

FIGURA 2.44 Diagrama generalizado de entropia-temperatura isobárico de um alimento.

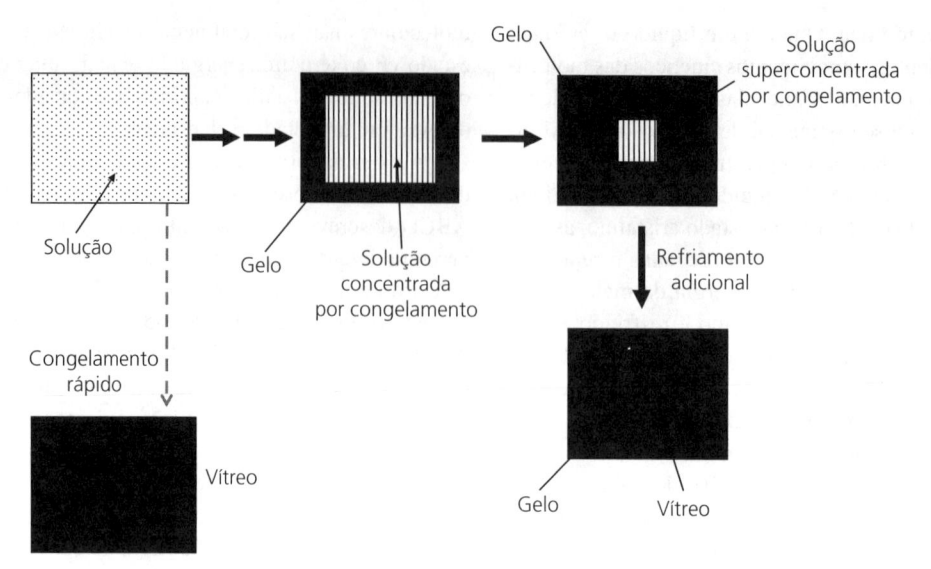

FIGURA 2.45 Representação esquemática de mudanças de fase durante o congelamento lento e rápido de uma solução aquosa.

mann (T_K), a entropia do líquido super-resfriado é igual à do sólido cristalino. Uma vez que esta situação não é possível, a T_K é frequentemente referida como o paradoxo de Kauzmann. Uma extensão adicional da curva de super-resfriamento abaixo da T_K leva a uma situação ainda mais formidável, conhecida como "entropia catástrofe", na qual a entropia do líquido super-resfriado seria menor que a entropia do sólido cristalino, o que é uma violação das leis da natureza. Para evitar esta catástrofe, o líquido super-resfriado se transforma em vítreo a uma temperatura T_g acima da temperatura de Kauzmann. À medida que a temperatura do estado vítreo diminui, sua entropia permanece acima da do sólido cristalino em todas as temperaturas abaixo de T_g, evitando, assim, a situação de entropia catástrofe.

A formação do estado vítreo é um fenômeno comum em alimentos secos, parcialmente secos e congelados. No caso de alimentos congelados, por exemplo, à medida que a temperatura de um alimento vai baixando lentamente, a água cristaliza no ponto de congelamento e se separa da solução. Como resultado, a concentração de soluto na solução restante não congelada aumenta, como mostrado na Figura 2.45. À medida que a temperatura vai diminuindo mais ainda, o processo continua até que a concentração de soluto na fase líquida atinja um nível de saturação. Além dessa etapa, à medida que a temperatura diminui, o soluto não cristaliza devido à sua baixa difusividade em uma solução altamente viscosa, mas a água continua a cristalizar devido à sua alta difusividade. O sistema finalmente alcança um estágio no qual a fase líquida de concentração maximamente congelada se transforma em vítreo (este ponto corresponde a E na Figura 2.44). Assim, um alimento lentamente congelado contém normalmente uma mistura de gelo e fases vítreas aquosas. Em contrapartida, quando o alimento original é rapidamente congelado a uma taxa de resfriamento mais rápida que a taxa de crescimento de cristais de gelo, todo alimento é transformado em vítreo aquoso na temperatura de transição vítrea (Figura 2.45).

2.8.2 Mobilidade molecular e velocidades de reação

Considere uma reação bimolecular entre os reatantes A e B, levando à formação do produto C. A velocidade dessa reação bimolecular é dada por

$$\frac{dC}{dt} = k[A][B] \qquad (2.42)$$

onde

> k é a constante de velocidade de segunda ordem.
> [A] e [B] são as concentrações dos reatantes A e B, respectivamente.

Para que a reação química ocorra, as moléculas devem se difundir no meio e colidir umas com as outras. No entanto, as velocidades da maioria das reações químicas não são limitadas pela difusão, ou seja, nem toda colisão entre os reatantes resulta na formação de produtos. Para que ocorra uma reação, as colisões devem possuir energia suficiente para causar distorções de ligação que elevem os reatantes do estado fundamental para o estado "ativado" ou "de transição". Tais reações são conhecidas como reações limitadas por barreira de energia de ativação, e a constante de velocidade de tais reações é descrita pela equação de Arrhenius:

$$k = Ae^{-E_a/RT} \quad (2.43)$$

onde

> A é o fator pré-exponencial.
> E_a é a barreira de energia de ativação.
> R é a constante dos gases.
> T é a temperatura absoluta.

O fator pré-exponencial A está relacionado à frequência de colisões (Z) entre reatantes e à probabilidade (ρ) da colisão que leva à formação do produto, ou seja, $A = Z\rho$. O fator ρ está relacionado com a probabilidade de ocorrer a orientação correta dos centros de reação dos reatantes no ponto de colisão. O fator exponencial $e^{-E_a/RT}$ descreve a fração de moléculas que possuem energia cinética suficiente na temperatura T para superar a barreira de energia da reação. À medida que a temperatura aumenta, a fração de moléculas com energia mais que suficiente para superar a barreira de energia também aumenta, o que eleva a taxa de reação. Quando o termo exponencial se aproxima da unidade, isto é, quando E_a de uma reação é próxima de zero, a Equação 2.43 é reduzida a

$$k = A \quad (2.44)$$

Se o fator de probabilidade $\rho = 1$, então a constante de velocidade é simplesmente igual à frequência de colisão entre moléculas, $k_{dif} = Z$, e tais reações são denominadas reações de difusão limitada. As reações de difusão limitada geralmente possuem ou não uma energia de ativação muito baixa e atingem a taxa máxima teoricamente possível. Como o coeficiente de difusão das moléculas é da ordem de 10^{-9} a 10^{-10} m^2/s, as constantes de velocidade de reações bimoleculares controladas por difusão estão geralmente na faixa de 10^{10}–10^{11} M^{-1} s^{-1}. As reações que exibem constantes de velocidade inferiores a esses valores são geralmente limitadas pela barreira de energia ou pelo fator estérico ρ (probabilidade).

A constante de velocidade das reações limitada pela difusão é obtida mediante a equação modificada de Smoluchowski:

$$k_{dif} = \frac{4\pi N_A}{1.000}(D_1 + D_2)r \quad (2.45)$$

onde

> D_1 e D_2 são os coeficientes de difusão (m^2/s) dos reagentes 1 e 2.
> r é a menor distância de aproximação (soma dos raios dos reagentes 1 e 2).
> N_A é o número de Avogadro.

Para partículas reativas esféricas, o coeficiente de difusão é dado pela equação de Stokes-Einstein:

$$D = \frac{k_B T}{6\pi \eta a} \quad (2.46)$$

onde

> k_B é a constante de Boltzmann.
> T é a temperatura absoluta (K).
> η é a viscosidade (N s/m^2) do meio.
> a é o raio da partícula.

Se as partículas 1 e 2 tiverem o mesmo raio, então, usando as Equações 2.45 e 2.46, pode-se demonstrar que

$$k_{dif} = \frac{8 k_B N_A}{3.000}\left(\frac{T}{\eta}\right) = \frac{8R}{3.000}\left(\frac{T}{\eta}\right) \quad (2.47)$$

De acordo com a Equação 2.47, a constante de velocidade de uma reação controlada por difusão é diretamente proporcional à temperatura, e inversamente proporcional à viscosidade do meio.

2.8.3 Velocidade de reação no estado vítreo

As reações controladas por difusão geralmente obedecem à Equação 2.47 sob condições de temperatura e pressão normais. Em condições normais, a diminuição da viscosidade do meio (água) é mínima à medida que a temperatura aumenta. Por exemplo, quando a temperatura da água aumenta de 20 a 40 °C, a viscosidade diminui de 10^{-3} Pa s (centipoise) a 0,653 × 10^{-3} Pa s (Tabela 2.1). No entanto, este não é o caso no estado vítreo. Em temperaturas abaixo de T_g, os movimentos de translação e rotação de moléculas em um material vítreo são quase nulos [48]. Por exemplo, a 50 K abaixo de T_g, os tempos de relaxação molecular no estado vítreo aquoso do sorbitol, da sacarose e da trealose estão na faixa de 3 a 5 anos [49], o que corresponde a uma viscosidade > 10^{14} Pa s. Assim, as taxas de todas as alterações físico-químicas em um alimento vítreo são quase nulas. No entanto, na temperatura de transição vítrea T_g, ou seja, a temperatura na qual o estado vítreo se transforma em "borrachoso", permanecendo em equilíbrio neste estado, o tempo de relaxação molecular diminui para ≈ 100 s, o que corresponde a uma viscosidade de ≈ 10^{12} Pa s na maioria dos vidros [50]. Esta diminuição na viscosidade permite a mobilidade molecular até certo ponto, resultando no início de mudanças físico-químicas no alimento. Quando a temperatura é aumentada em 20 K acima da T_g (i.e., $T - T_g = 20$ K), a viscosidade do material diminui 10^5 vezes, de 10^{12} Pa s para ≈ 10^7 Pa s. Como consequência, as velocidades de reações controladas por difusão em alimentos vítreos/borrachosos aumentam em várias ordens de magnitude, com uma pequena mudança na temperatura. No entanto, deve-se enfatizar que o aumento dramático na constante de velocidade, frequentemente observado em materiais vítreos, deve-se principalmente a mudanças na viscosidade, dependendo da temperatura em grau muito menor. Como resultado, para os materiais vítreos/borrachosos a Equação 2.47 pode ser simplificada em

$$k_{dif} \propto \frac{T}{\eta} \tag{2.48}$$

A alteração da viscosidade em função da temperatura em polímeros amorfos é dada pela equação de Williams-Landel-Ferry (WLF) [51].

$$\log\left(\frac{\eta_T}{\eta_g}\right) = -\frac{C_1(T-T_g)}{C_2+(T-T_g)} \tag{2.49}$$

onde

C_1 é uma constante adimensional.
C_2 é uma constante em Kelvin.
η_T é a viscosidade na temperatura T.
η_g é a viscosidade na temperatura de transição vítrea T_g.

C_1 e C_2 são as constantes universais com valores de 17,44 e 51,6 K, respectivamente, para todos os polímeros amorfos. Como a η_g da maioria dos materiais amorfos é de ≈ 10^{12} Pa s [50], conhecendo-se a temperatura de transição vítrea T_g de um material amorfo, a viscosidade η_T do material amorfo em qualquer temperatura T acima de T_g pode ser estimada usando a Equação 2.49, e a constante de velocidade de uma reação limitada pela difusão pode então ser determinada a partir da Equação 2.47. De modo alternativo, referindo-se à Equação 2.48, a constante de velocidade relativa de uma reação em um material amorfo à temperatura T comparada àquela a T_g pode ser determinada a partir de

$$\log\left(\frac{k_g}{k_T}\right) = -\frac{C_1(T-T_g)}{C_2+(T-T_g)} \tag{2.50}$$

onde k_T e k_g são as constantes de velocidade de reação em temperaturas T e T_g, respectivamente. No entanto, debate-se se os valores universais de C_1 e C_2, que foram determinados a partir de estudos sobre polímeros sintéticos amorfos, podem ser aplicados a sistemas complexos de alimentos vítreos aquosos. Independentemente desta ambiguidade e incerteza, a premissa básica de que a mobilidade molecular em alimentos amorfos aumenta em várias ordens de magnitude para um pequeno aumento na temperatura acima de sua temperatura de transição vítrea é incontroversa e, portanto, a T_g de um alimento ainda pode ser usada como o ponto de referência para prever velocidades de reação em temperaturas acima de T_g.

Como a viscosidade é muito alta e as velocidades de reação são extremamente lentas na T_g, muitas vezes é impossível determinar experimentalmente a viscosidade e a k_g à T_g. No entanto, em vez de usar T_g como referência de temperatura, a equação de WLF permite usar uma temperatura diferente de T_g como referência, onde a velocidade de uma reação, bem como a viscosidade de um material vítreo, pode ser medida experimentalmente. Isso também permite, se for desejado, determinar os valores C_1 e C_2 específicos do produto. Se k_r é a constante de velocidade a uma temperatura de referência diferente de T_g, e k_T é a constante de velocidade a qualquer temperatura T, então um gráfico recíproco da Equação 2.50, isto é, $1/\log(k_r/k_T)$ versus $(T - T_r)$, será linear com uma inclinação de $1/C_1$ e uma inclinação de C_2/C_1.

2.8.4 Diagrama de estado

Os alimentos são, caracteristicamente, sistemas multicomponentes nos quais sólidos não aquosos estão combinados com a água. Além disso, quase todos os alimentos existem em um estado de não equilíbrio, no qual um ou mais componentes, incluindo a água, podem estar em transição de fase do estado amorfo para o estado cristalino. Assim, o comportamento das fases dos alimentos não pode ser entendido usando diagramas de fase convencionais, que são adequados apenas para sistemas em verdadeiro equilíbrio. No entanto, eles podem ser estudados por meio de um diagrama de estado, que fornece informações sobre o estado de um alimento em situações de equilíbrio e não equilíbrio.

No contexto dos alimentos, o diagrama de estado descreve essencialmente várias fases (fases estáveis, metaestáveis e instáveis) de um determinado alimento, à medida que a temperatura e a composição do material são alteradas. Isso é mostrado na Figura 2.46 para um sistema binário simples contendo água e sacarose. Entretanto, mesmo em casos de alimentos complexos contendo componentes poliméricos, como proteínas e polissacarídeos, esses sistemas ainda podem ser aproximados como um sistema binário, no qual todos os componentes não aquosos estão agrupados como um único soluto [26]. Esta abordagem é válida somente se nenhum dos componentes não aquosos do alimento sofrer separação de fases e/ou for termodinamicamente incompatível com outros componentes, e a água é o único componente que pode cristalizar [26]. Se a separação de fases ocorre em um sistema contendo mais de um componente polimérico dominante, então seria necessário identificar o componente polimérico cuja transição vítrea (T_g) é mais relevante para controlar a propriedade crítica do alimento em questão [26]. Por exemplo, se o amido é o componente dominante em um alimento, como em produtos de panificação, então o diagrama de estado do amido é o mais relevante para prever mudanças de qualidade naquele alimento.

Como exemplo, o diagrama de estado da mistura binária de sacarose + água é mostrado na Figura 2.46. Existem algumas maneiras de construir o diagrama de estado. No primeiro caso, considere uma solução a 10% (m/m) de sacarose dissolvida em água à temperatura ambiente (posição A no diagrama). Quando a solução é resfriada lentamente, sua temperatura diminui sem qualquer alteração em sua composição até atingir o ponto de congelamento da solução, que ficará abaixo de 0 °C devido à depressão do ponto de congelamento (ver Seção 2.5.7). No ponto de congelamento, parte da água se separará como gelo e, como consequência, a concentração de sacarose aumentará na fase de solução remanescente. Este processo irá se repetir enquanto o sistema for continuamente submetido ao resfriamento lento, e a composição da fase de solução se moverá ao longo da linha T_m até atingir um ponto T_E no qual a solubilidade da sacarose atinja o limite de saturação (C_E) naquela temperatura. A linha contínua, conhecida como linha T_m, é a curva de equilíbrio (ou congelamento) do gelo, onde a solução de sacarose existe em equilíbrio com o gelo. Para aumentar a solubilidade da sacarose em água além do limite de saturação em T_E, é necessário aumentar a temperatura, como demonstrado na curva de solubilidade de equilíbrio T_S. O ponto T_E, onde a curva de fusão do gelo e a curva de solubilidade se encontram, é conhecido como ponto eutético, no qual a solução saturada coexiste com o solvente cristalino (gelo) e o soluto cristalino, sendo também o menor ponto de fusão do gelo e a menor solubilidade do soluto. As linhas sólidas T_m e T_S e o ponto T_E representam situações de equilíbrio verdadeiras. Outra maneira de definir as linhas T_m e T_S é mediante o uso de uma série de soluções de sacarose com concentração crescente, resfriando-as lentamente, assim determinando sua temperatura de congelamento para a linha T_m; e a solubilidade a temperaturas mais altas para determinar a linha T_S.

A linha T_g na Figura 2.46 representa a temperatura de transição vítrea da sacarose aquosa vítrea em função da composição vítrea. A curva T_g é definida pelo super-resfriamento de uma série de soluções de sacarose de concentração crescente. A taxa de super-resfriamento é escolhida de tal forma que nem a água nem a sacarose podem cristalizar a partir da solução, mas colocadas em um estado vítreo homogêneo de açúcar-água à temperatura de transição vítrea. A água pura forma um material vítreo quando super-resfriada a –135 °C, ao passo que a sacarose pura fundida (ponto de fusão a 188 °C) forma um material vítreo a 74 °C quando super-resfriada. A tempe-

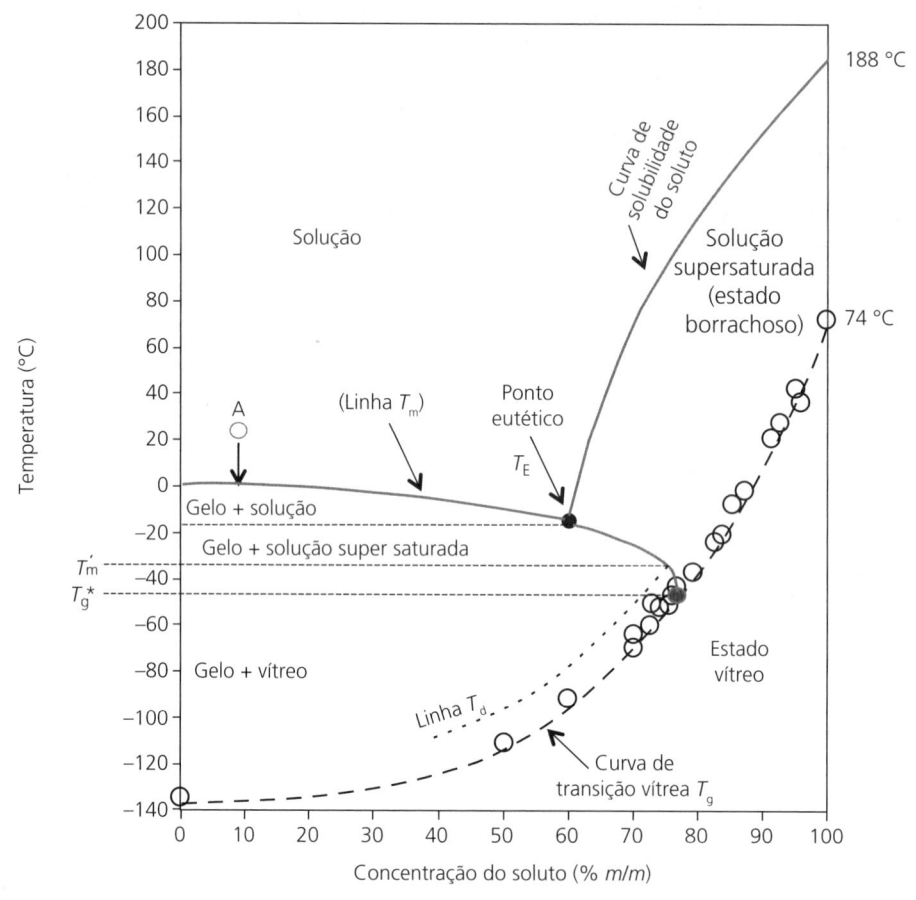

FIGURA 2.46 Diagrama de estado de composição de temperatura para solução de sacarose. Os pressupostos são concentração máxima de congelamento, ausência de soluto (cristalização da sacarose), pressão constante e nenhuma dependência do tempo. A linha T_m é a curva do ponto de transição vítrea. T_E é o ponto eutético e T_g é a curva de transição vítrea. T_d é a curva de desvitrificação vítrea. T_g* é a temperatura de transição vítrea específica do soluto da solução de concentração maximamente congelada e T'_m (também conhecido como T'_g) é o início da separação da água do estado vítreo fundido em forma de gelo. (Adaptada de Reid, D.S. e Fennema, O., Water and ice, em: *Fennema's Food Chemistry*, 4th edn., Damodaran, S., Parkin, K.L., e Fennema, O. (eds.), CRC Press, Boca Raton, FL, 2008.)

ratura de transição vítrea do material vítreo de água-sacarose varia de –135 a 74 °C, dependendo da concentração de sacarose, como mostrado na linha T_g (Figura 2.46).

Quando a solução na concentração e temperatura correspondentes ao ponto eutético (C_E e T_E, respectivamente, a qual representa a solubilidade mínima do soluto) é resfriada ainda mais, em situação ideal, pode esperar-se a cristalização do gelo e do soluto a uma razão constante correspondendo à razão de massa de soluto para água em C_E, de modo que a composição da fase de solução restante permanece em C_E, mas a temperatura declina verticalmente, conforme o calor removido é principalmente o calor latente de fusão do gelo mais o soluto. No entanto, em situações reais, como a viscosidade da solução em C_E é consideravelmente alta, o soluto muitas vezes não cristaliza, ao passo que a água, sendo pouca e com alta mobilidade, continua a cristalizar. Como resultado, a fase de solução torna-se supersaturada e o sistema segue a trajetória mostrada na linha $T_E \rightarrow T_g^*$. À medida que o sistema se move ao longo da linha $T_E \rightarrow T_g^*$, a solução torna-se cada vez mais supersaturada e a viscosidade aumenta continuamente, atingindo um ponto, mostrado na linha T'_m, em que a mobilidade molecular da água na fase de solução remanescente diminui drasticamente e, como resultado, a água também não cristaliza, e, após resfriamento adicional, o sistema se transforma em vítreo em T_g^*. Assim, a região entre T_E e T_g^* representa um estado de não equilíbrio instável. O T_g^* é definido como a temperatura de transição vítrea de uma solução de concentração maximamente congelada, o que é frequentemente encontrado em produtos alimentícios congelados.

Enquanto as linhas sólidas da Figura 2.46 representam situações de equilíbrio, as linhas pontilhadas representam situações de não equilíbrio. O diagrama de estado de um sistema binário pode ser dividido em várias regiões correspondentes a diferentes fases estáveis, metaestáveis e instáveis, conforme ilustrado na Figura 2.46. A região acima das curvas T_m e T_S representa o estado estável da solução. Como a mobilidade molecular é alta no estado de solução, a estabilidade química é mínima nesta região. A região abaixo da linha T_g representa o estado vítreo metaestável (amorfo), em que os movimentos de rotação e translação são bem lentos (mas não zero), a ponto de nenhuma mudança significativa no estado da matéria ocorrer durante um longo período. Assim, as taxas de alterações físico-químicas nos alimentos são insignificantes nesta região. A região entre as linhas T_m e T_g em concentrações de soluto abaixo de C_E (a concentração no ponto eutético) representa um estado amorfo de não equilíbrio em alimentos congelados. De modo similar, a região entre as linhas T_g e T_S em concentrações de soluto acima de C_E representa um estado amorfo de não equilíbrio, no qual o alimento encontra-se em um estado supersaturado ou borrachoso. Ambas as regiões de não equilíbrio são inerentemente instáveis e, se o estado de temperatura-composição de um alimento se encontrar nessas regiões, mudanças físico-químicas ocorrerão com o tempo. As velocidades dessas mudanças, no entanto, dependerão de quão longe está sua temperatura (T) de sua T_g. Em outras palavras, a mobilidade molecular na temperatura de transição vítrea pode ser usada como ponto de referência para prever velocidades de mudanças físico-químicas em um alimento a qualquer temperatura T entre T_g e T_m, e entre as linhas T_g e T_S.

Por exemplo, considere o sorvete a uma temperatura abaixo de sua temperatura de transição vítrea T_g (geralmente $\approx$ –32 °C). A viscosidade do sorvete no estado vítreo, em $T < T_g$, encontrar-se-á em torno de 10^{15} Pa s. À medida que a temperatura aumenta, sua viscosidade na temperatura de transição vítrea, isto é, em $T = T_g$, diminuirá para $\approx 10^{12}$ Pa s, como é o caso da maioria dos polímeros amorfos em sua T_g [50]. À medida que a temperatura aumenta, a mudança (diminuição) na viscosidade como uma função da diferença de temperatura $T - T_g$ seguirá a equação de WLF (Equação 2.49), assumindo que os valores das constantes universais C_1 e C_2 também sejam válidos para sorvetes. Como a mobilidade molecular e, portanto, a velocidade de reação, é inversamente proporcional à viscosidade do material, as velocidades de alterações químicas e físicas, como o crescimento de cristais de gelo e a oxidação lipídica, em sorvetes a qualquer temperatura T dentro da faixa de temperatura T_m e T_g podem ser estimadas usando as Equações 2.49 ou 2.50.

2.8.5 Limitações da equação de WLF

Um pressuposto básico na equação de WLF é que a concentração de reatantes em um sistema é constante em todos os momentos, e a cinética da reação é dependente apenas de grandes mudanças na viscosidade como uma função de $T - T_g$. Esse pressuposto subjacente é violado em algumas regiões do diagrama de estado. Por exemplo, considere um alimento congelado localizado em qualquer temperatura T na região entre as linhas T_g e T_m. À medida que a temperatura aumenta acima de T_g, mesmo que o estado vítreo aquoso derreta em T_g, a água no material vítreo fundido não se separa e cristaliza até que a temperatura suba até um ponto na linha T_d, conhecida como temperatura de desvitrificação. À medida que a água é removida na forma de gelo em $T > T_d$, a concentração de soluto na fase restante da solução aumenta com o tempo, e o sistema alimentar move-se horizontalmente para a direita no diagrama de estado sob condições isotérmicas. Como resultado, a diferença de temperatura $T - T_g$ não é mais constante, mas diminui continuamente com o tempo. Isso exige a inclusão do efeito da concentração na velocidade de reação, principalmente para reações biomoleculares. Se pressupormos que uma reação bimolecular segue uma pseudoprimeira ordem, então a mudança na concentração não tem efeito na velocidade de reação relativa, mas a mudança na diferença de temperatura $T - T_g$ resulta na subestimação da velocidade de reação relativa.

Em contrapartida, considere um alimento cuja concentração esteja acima de C_g^* e localizado a uma temperatura T na região entre as linhas T_g e T_S. Nesta região, o alimento está em um estado borrachoso e, portanto, a cristalização da água e do soluto não é possível. À medida que a temperatura aumenta de T_g para T_S, a viscosidade do material cai em várias ordens de grandeza e as taxas de mobilidade molecular e reação aumentam rapidamente. Muitas mudanças físicas em produtos alimentícios demonstraram seguir verdadeiramente a equação de WLF nesta região.

2.8.6 Aplicabilidade de diagramas de estado em sistemas alimentares

Os sistemas alimentares são muito complexos. Eles contêm vários ingredientes de baixa massa molecular e polímeros de alta massa molecular. No entanto, se o componente dominante que afeta a qualidade de um alimento é conhecido, então as mudanças de qualidade nesse produto podem ser inferidas usando-se o diagrama de estado do componente dominante. Por exemplo, como a sacarose é o principal componente dos biscoitos, o diagrama de estado da água com sacarose é adequado para prever mudanças nos atributos de qualidade de biscoitos. Por outro lado, se um produto alimentício consiste em mais de um domínio, como biscoitos de queijo ou biscoitos de dupla textura, seria apropriado usar diagramas de estado dos componentes dominantes em cada domínio do produto. Entretanto, na maioria dos sistemas alimentares complexos, embora seja relativamente fácil determinar as linhas T_m e T_g, isso não ocorre no caso da linha T_S, pois os solutos em um alimento complexo não cristalizam prontamente na concentração de saturação. Assim, embora seja relativamente simples construir um diagrama de estado para alimentos congelados, ele se torna um desafio no caso de alimentos com umidade intermediária.

2.8.7 Determinação da T_g

A temperatura de transição vítrea T_g de um sistema alimentar simples é geralmente determinada usando-se um calorímetro de varredura diferencial (DSC, do inglês *differential scanning calorimeter*). Entretanto, para alimentos mais complexos, escolhe-se o analisador térmico mecânico-dinâmico (DMTA, do inglês *dynamic mechanical thermal analyzer*). A transição vítreo/borracha ocorre como uma transição de segunda ordem nestes termogramas. Um termograma DSC típico de um sistema binário é mostrado na Figura 2.47. Quando a temperatura da amostra aumenta gradualmente, primeiro material vítreo se funde em um estado borrachoso altamente viscoso em T_g. A viscosidade da borracha diminui consideravelmente à medida que a temperatura aumenta ainda mais, e, acima de uma determinada temperatura, a mobilidade molecular no estado fundido atinge um ponto crítico, em que as moléculas podem se reorientar e interagir umas com as outras para formar uma estrutura cristalina. A cristalização é indicada pelo fluxo de calor exotérmico, e a temperatura no pico exotérmico é a temperatura de cristalização do material. À medida que a temperatura aumenta, o cristal derrete, absorvendo o calor, e o pico endotérmico corresponde à temperatura de fusão do material.

A determinação da T_g de materiais alimentares complexos não é fácil, uma vez que a transição de segunda ordem é muito fraca e pode ser facilmente perdida em um termograma DSC. Para alimentos simples que contêm apenas alguns componentes, por exemplo, um sistema binário, o valor teórico de T_g do material pode ser determinado usando a equação de Gordon-Taylor [52]:

$$T_{g,\text{mistura}} = \frac{w_1 T_{g1} + K w_2 T_{g2}}{w_1 + K w_2} \quad (2.51)$$

onde

w_1 e w_2 são as frações em massa dos componentes 1 e 2, respectivamente.

T_{g1} e T_{g2} são as temperaturas de transição vítrea dos componentes 1 e 2, respectivamente.

K é uma constante, que está relacionada com [53]:

$$K = \frac{\rho_1 T_{g1}}{\rho_2 T_{g2}} \quad (2.52)$$

onde ρ_1 e ρ_2 são as densidades dos componentes 1 e 2, respectivamente. A Equação 2.51 não pressupõe interação específica entre os componentes. Demonstrou-se que a $T_{g,\text{mistura}}$ de materiais vítreos aquosos de amido, lactose e sacarose quase seguiu o comportamento ideal estipulado pela Equação 2.51 [53].

A água é um dos mais eficazes plastificantes de materiais poliméricos amorfos, o que reduz a T_g de materiais amorfos mesmo em concentrações muito baixas. Como mostrado nas Figuras 2.48 e 2.49, a T_g do glúten de trigo amorfo e do amido diminui à medida que o teor de umidade aumenta. O fato de que o efeito da água na T_g do glúten e do amido segue o perfil previsto pela

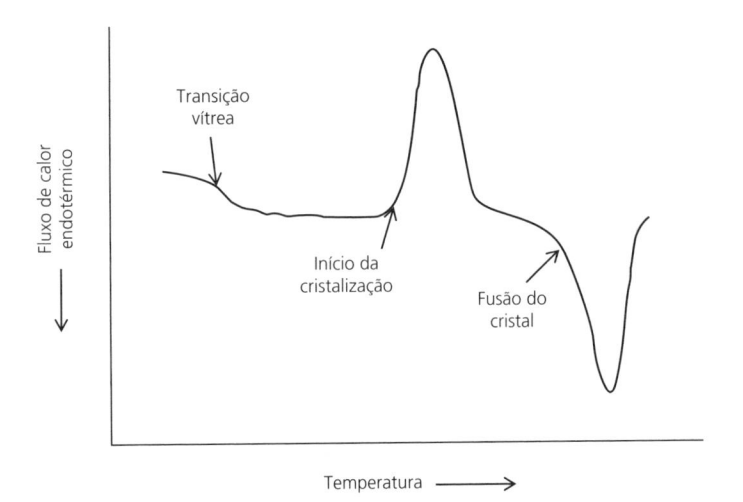

FIGURA 2.47 Representação esquemática de um termograma DSC que é típico de açúcares amorfos liofilizados. Primeiro, o material amorfo (vítreo) se funde. Como a mobilidade molecular se torna suficientemente alta no estado fundido, o soluto cristaliza com a liberação de calor (pico exotérmico). Após aquecimento adicional, os cristais fundem-se (pico endotérmico) à temperatura de fusão típica do material. (De Roos, Y.H., *Phase Transitions in Foods*, Academic Press, New York, 1995.)

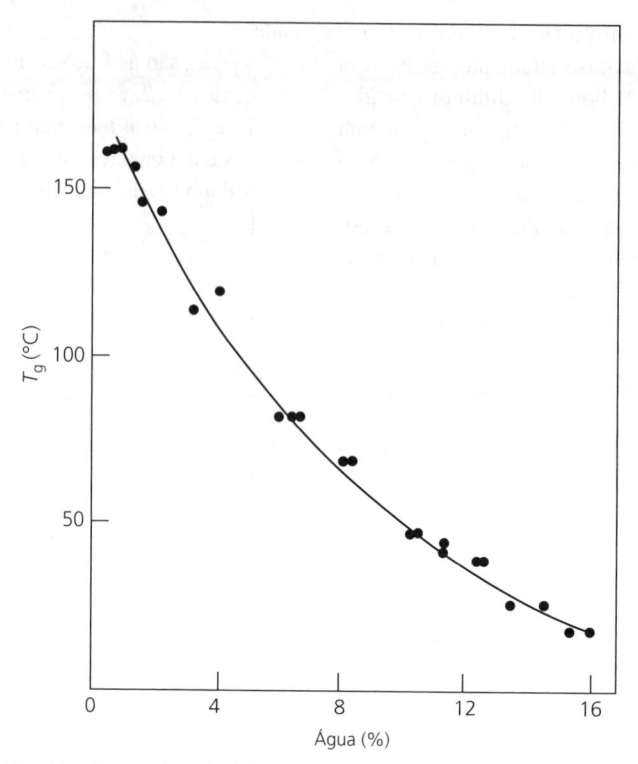

FIGURA 2.48 T_g de glúten de trigo em função do teor de água. (De Hoseney, R.C. et al., *Cereal Chem.*, 63, 285, 1986.)

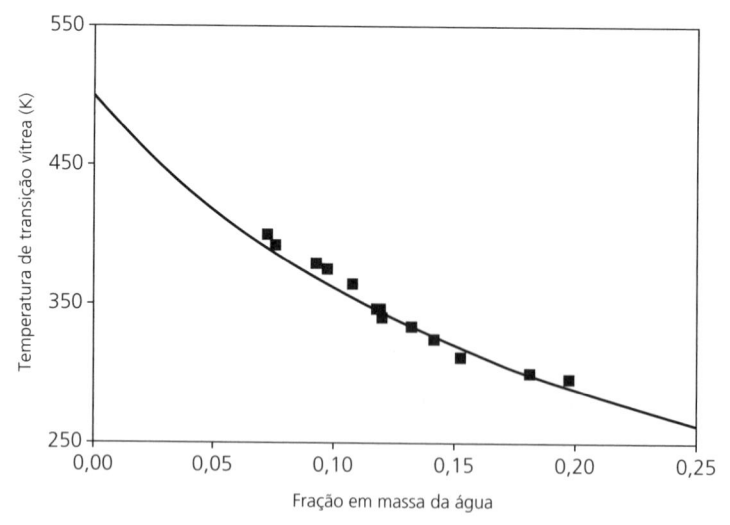

FIGURA 2.49 T_g de amido em função do teor de água. A linha sólida provém da Equação 2.51. (De Hancock, B.C. e Zografi, G., *Pharm. Res.*, 11, 471, 1994.)

Equação 2.51 sugere que, como qualquer outra molécula pequena, a água simplesmente atua como um plastificante nesses materiais amorfos, e não por meio de qualquer outro processo específico [53].

2.8.8 Dependência da massa molecular na T_g

A uma determinada temperatura, a mobilidade translacional das moléculas diminui com o aumento do tamanho molecular. Como consequência, a T_g (assim como a T_g^*) aumenta com o aumento da massa molecular do soluto. No caso de polissacarídeos e polímeros sintéticos, a relação entre a T_g e a massa molecular média M_n do soluto segue a relação empírica

$$T_g = T_{g(\infty)} - \frac{K}{M_n} \quad (2.53)$$

onde

$T_{g(\infty)}$ é a T_g do polímero com massa molecular infinita.

K é uma constante.

No entanto, no caso das maltodextrinas, foi demonstrado que o T_g^* (e também o T_g) atinge um valor constante com massas moleculares superiores a 3.000 Da (Figura 2.50).

Os valores de T_g de mono e dissacarídeos e maltodextrinas estão listados na Tabela 2.7. Deve-se observar que, embora a massa molecular dos monossacarídeos glicose, galactose e frutose seja a mesma, o valor de T_g da frutose é significativamente menor do que o da glicose e da galactose. Essa diferença pode estar relacionada às formas estruturais predominantes desses açúcares: enquanto a glicose e a galactose são aldoses com configuração de piranose, a frutose é uma cetose com uma configuração de furanose. Assim, além da massa molecular, outras características moleculares dos açúcares também desempenham um papel na T_g.

A dependência da massa molecular na T_g dos solutos pode ser explorada na fabricação de produtos alimentícios de textura dupla, como, por exemplo, biscoitos macios por dentro e duros por fora. O diagrama de estado de um biscoito de textura dupla feito pela coextrusão de duas massas diferentes, uma contendo frutose (a parte interior do biscoito) e a outra contendo sacarose (a parte exterior da biscoito), é mostrada na Figura 2.51. Quando o biscoito é assado e resfriado à temperatura ambiente, o estado final

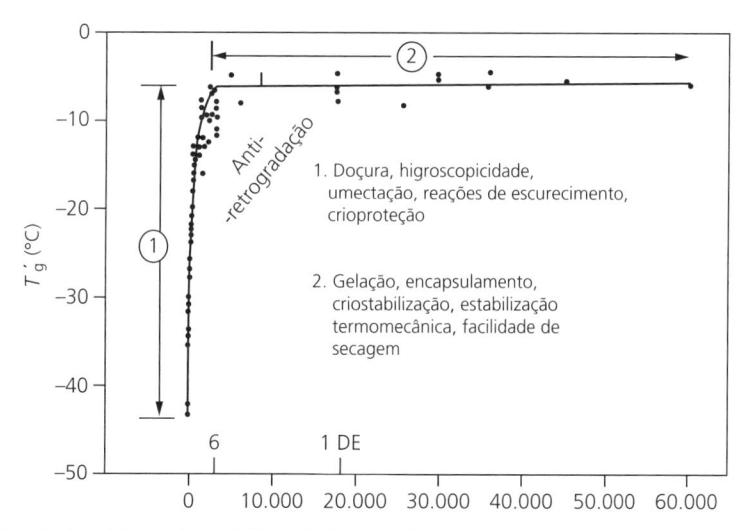

FIGURA 2.50 Resultados típicos sobre a influência do equivalente de dextrose (DE) e da massa molecular média numérica de produtos da hidrólise de amido comercial em T'_g (também conhecido como T'_m). (De Reid, D.S. and Fennema, O., Water and ice, em: *Fennema's Food Chemistry*, 4th edn., Damodaran, S., Parkin, K.L., e Fennema, O. (Eds.), CRC Press, Boca Raton, FL.)

TABELA 2.7 Temperaturas de transição vítrea (T_g) de alguns mono e dissacarídeos comuns e maltodextrinas

Carboidrato	Massa molecular	T_g (°C)
Xilose	150,1	6
Ribose	150,1	−20
Glicose	180,2	31
Frutose	180,2	5
Galactose	180,2	30
Sorbitol	182,1	−9
Manose	180,2	25
Sacarose	342,3	62
Maltose	342,3	87
Trealose	342,3	100
Lactose	342,3	101
Maltotriose	504,5	349
Maltopentose	828,9	398–438
Maltoexose	990,9	407–448
Maltoeptose	1.153,0	412

do produto fica abaixo da linha de sacarose T_g, mas acima da linha de frutose T_g (Figura 2.51). Como resultado, a parte do biscoito que contém sacarose estará em um estado vítreo e, portanto, será crocante, ao passo que a parte contendo frutose (interior) do biscoito estará em um estado borrachoso e, portanto, apresentará uma textura macia.

2.8.9 A relação entre as abordagens da a_a, teor de água e mobilidade molecular usadas na compreensão das relações da água nos alimentos

Enquanto a MSI de um alimento representa a relação entre o teor de umidade (MC) e a a_a de um

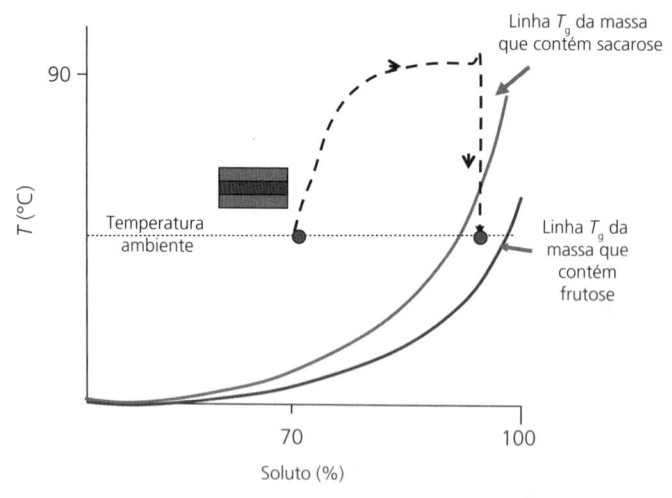

FIGURA 2.51 Diagrama de estado de um típico biscoito com dupla textura (feito com dois açúcares diferentes, p. ex., frutose e sacarose). A linha pontilhada representa o caminho durante o cozimento, o resfriamento e o estado de repouso final. As linhas sólidas representam as posições relativas das linhas T_g de frutose e sacarose.

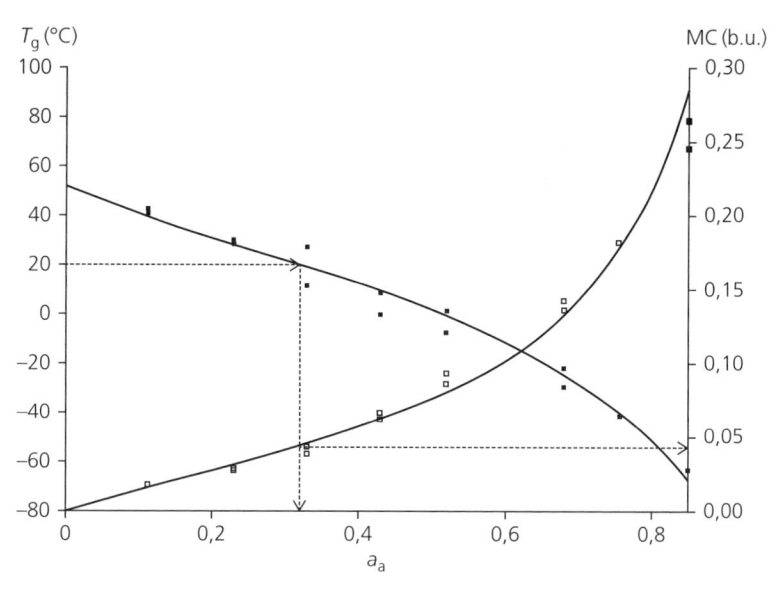

FIGURA 2.52 Relações entre temperatura de transição vítrea (T_g)–atividade de água (a_a, quadrado preto) e teor de umidade (MC g água/g de produto)–atividade de água (quadrado branco) de pó de Borojo seco por pulverização. As linhas sólidas são curvas dos dados experimentais ajustados ao modelo GAB e Gordon e Taylor. (De Mosquera, L.H. *Food Technol.*, 6, 397, 2011.)

alimento em equilíbrio, a relação entre T_g e MC reflete a mobilidade molecular dependente da água no alimento. Como tanto a T_g quanto a a_a estão relacionadas ao conteúdo de água, também existe uma relação entre T_g e a_a. Semelhante à relação MC–a_a, a relação T_g–a_a também é específica de cada produto. Por intermédio de um diagrama de T_g–a_a–MC, a inter-relação entre as propriedades de equilíbrio e cinética (mobilidade molecular) de um alimento e seu impacto na qualidade dos alimentos pode ser compreendida.

Um exemplo da relação T_g–a_a–MC é mostrado na Figura 2.52 para pó de Borojo seco por pulverização [54]. Esse tipo de diagrama pode ser usado para prever o MC e a a_a críticos para manter a qualidade de um produto alimentício a uma determinada temperatura de armazenamento. Por exemplo, se o produto (pó de Borojo) for armazenado a 20 °C, então a a_a e o MC críticos, no qual a temperatura de transição vítrea T_g do produto é igual à temperatura de armazenamento, é de ≈ 0,319 e 0,046 g de água/g de produto, respectivamente, como mostra a Figura 2.52. Nestes a_a e MC críticos, a mobilidade molecular da água e de outros constituintes no produto será próxima de zero (já que a viscosidade η_g é de ≈ 10^{12} Pa s). Se a temperatura do produto fosse elevada para T_g + 20, então a queda de ordem de magnitude em η_g causaria maior mobilidade molecular no produto, resultando em um aumento na a_a e início de mudanças químico-físicas indesejáveis no produto. Assim, a relação T_g–a_a fornece a ligação entre os aspectos cinéticos e de equilíbrio dos produtos alimentícios, o que permite prever o MC crítico necessário para manter a qualidade de um produto durante o armazenamento.

REFERÊNCIAS

1. Fennema, O.R. (1996) Water and ice. In *Food Chemistry*, 3rd edn., Fennema, O.R. (Ed.), Marcel Dekker, Inc., New York.
2. Fernandez, P.P., Otero, L., Guignon, B., and Sanz, P.D. (2006) High-pressure shift freezing versus high-pressure assisted freezing: Effects on the microstructure of a food model. *Food Hydrocolloid*. 20, 510–522.
3. Otero, L. and Sanz, P.D. (2000) High-pressure shift freezing. Part 1. Amount of ice instantaneously formed in the process. *Biotechnol. Prog.* 16, 1030–1036.
4. Scott, J.N. and Vanderkooi, J.M. (2010) A new hydrogen bond angle/distance potential energy surface of the quantum water dimer. *Water* 2, 14–28.

5. Hobbs, P.V. (1974) *Ice Physics*, Clarendon Press, Oxford, U.K.
6. Ludwig, R. (2001) Water: From clusters to the bulk. *Angew. Chem. Int. Ed.* 40, 1808–1827.
7. Roy, R., Tiller, W.A., Bell, I., and Hoover, M.R. (2001) The structure of liquid water: Novel insights from materials research—Potential relevance to homeopathy. *Mater. Res. Innov.* 9–4, 577–608.
8. Narten, A.H. and Levy H.A. (1971) Liquid water: Molecular correlation functions from x-ray diffraction. *J. Chem. Phys.* 55, 2263–2269.
9. Clark, G.N.I., Cappa, C.D., Smith, J.D., Saykally, R.J., and Head-Gordon, T. (2010) The structure of ambient water. *Mol. Phys.* 108, 1415–1433.
10. Hura, G., Sorenson, J.M., Glaeser, R.M., and Head-Gordon, T. (2000) A high-quality x-ray scattering experiment on liquid water at ambient conditions. *J. Chem. Phys.* 113, 9140–9148.
11. Marcus, Y. (1991) Thermodynamics of solvation of ions. *J. Chem. Soc. Faraday Trans.* 87, 2995–2999.
12. Barnes, P., Finney, J.L., Nicholas, J.D., and Quinn, J.E. (1979) Cooperative effects in simulated water. *Nature* 282, 459–464.
13. Stillinger, F.H. and Lemberg, H.L. (1975) Symmetry breaking in water molecule interactions. *J. Chem. Phys.* 62, 1340–1346.
14. Idrissi, A., Gerard, M., Damay, P., Kiselev, M., Puhovskuy, Y., Dinar, E., Lagenat, P., and Vergoten, G. (2010) The effect of urea on the structure of water: A molecular dynamics simulation. *J. Phys. Chem.* B 114, 4731–4738.
15. Soper, A.K., Castner, E.E., and Luxar, A. (2003) Impact of urea on water structure: A clue to its properties as a denaturant? *Biophys. Chem.* 105, 649–666.
16. Walraten, G.E. (1966) Raman spectral studies of the effects of urea and sucrose on water structure. *J. Chem. Phys.* 44, 3726–3727.
17. Guo, F. and Friedman, J.M. (2009) Osmolyte-induced perturbations of hydrogen bonding between hydration layer waters: Correlation with protein conformational changes. *J. Phys. Chem.* B 114, 4731–4738.
18. Hildebrand, J.H. (1979) Is there a "hydrophobic effect"? *Proc. Natl. Acad. Sci.* USA 76, 194.
19. Damodaran, S. (1998) Water activity at interfaces and its role in regulation of interfacial enzymes: A hypothesis. *Colloids Surf. B: Biointerfaces* 11, 231–237.
20. Tanford, C. (1978) Hydrophobic effect and organization of living matter. *Science* 200, 1012–1018.
21. Tanford, C. (1991) *The Hydrophobic Effect: Formation of Micelles and Biological Membranes*, 2nd edn., Krieger, Malabar, FL.
22. Stillinger, F.H. (1980) Water revisited. *Science* 209, 451–457.
23. Hildebrand, J.H. and Scott, R.L. (1962) *Regular Solutions*, Prentice Hall, Englewood Cliffs, NJ.
24. Norrish, R.S. (1966) An equation for the activity coefficients and equilibrium relative humidities of water in confectionery syrups. *J. Food Technol.* 1, 25–39.
25. Burnauer, S., Emmett, H.P., and Teller, E. (1938) Adsorption of gases in multimolecular layers. *J. Am. Chem. Soc.* 60, 309–319.
26. Reid, D.S. and Fennema, O. (2008) Water and ice. In *Fennema's Food Chemistry*, 4th edn., Damodaran, S., Parkin, K.L., and Fennema, O. (Eds.), CRC Press, Boca Raton, FL.
27. Karel, M. and Yong, S. (1981) Autoxidation-initiated reactions in foods. In *Water Activity: Influences Food Quality*, Rockland, L.B. and Stewart, C.F. (Eds.), Academic Press, New York, pp. 511–529.
28. Gonzales, A.S.P., Naranjo, G.B., Leiva, G.E., and Malec, L.S. (2010) Maillard reaction kinetics in milk powder: Effect of water activity and mild temperatures. *Int. Dairy J.* 20, 40–45.
29. Loncin, M., Bimbenet, J.J., and lenges, J. (1968) Influence of the activity of water on the spoilage of food stuffs. *J. Food Technol.* 3, 131–142.
30. Acker, L. (1969) Water activity and enzyme activity. *Food Technol.* 23, 1257–1270.
31. Metzger, D.D., Hsu, K.H., Ziegler, K.E., and Bern, C.J. (1989) Effect of moisture content on popcorn popping volume for oil and hot-air popping. *Cereal Chem.* 66, 247–248.
32. Bell, L.N. and Labuza, T.P. (2013) Aspartame degradation as a function of water activity. In *Water Relationships in Foods: Advances in the 1980s and Trends for the 1990s*, Levine, H. and Slade, L. (Eds.), Springer Science and Business Media, New York, pp. 337–347.
33. Bock, J.E. and Damodaran, S. (2013) Bran-induced changes in water structure and gluten conformation in model gluten dough studied by attenuated total reflectance Fourier transformed infrared spectroscopy. *Food Hydrocolloid.* 31, 146–155.
34. Guggenheim, E.A. (1966) *Applications of Statistical Mechanics*, Clarendon Press, Oxford, U.K., pp. 186–206.
35. Anderson, R.B. (1946) Modifications of the Brunauer, Emmett and Teller equation. *J. Am. Chem. Soc.* 68, 686–691.
36. De Boer, J.H. (1968) *The Dynamical Character of Adsorption*, 2nd edn., Clarendon Press, Oxford, U.K., pp. 200–219.
37. Timmermann, E.O., Chirife, J., and Iglesias, H.A. (2001) Water sorption isotherms of foods and foodstuffs: BET or GAB parameters. *J. Food Eng.* 28, 19–31.
38. Lewicki, P.P. (1998) A three parameter equation for food moisture sorption isotherms. *J. Food Process Eng.* 21, 127–144.
39. Peleg, M. (1993) Assessment of a semi-empirical four parameter general model for sigmoid moisture sorption isotherms. *J. Food Process Eng.* 16, 21–37.
40. Blahovec, J. and Yanniotis, S. (2008) GAB generalized equation for sorption phenomena. *Food Bioprocess Technol.* 1, 82–90.
41. Gorling, P. (1958) Physical phenomena during the drying of foodstuffs. In *Fundamental Aspects of the Dehydration of Foodstuffs*, Society of Chemical Industry, London, U.K., pp. 42–53.
42. Kapsalis, J.G. (1981) Moisture sorption hysteresis. In *Water Activity: Influences on Food Quality*, Rockland, L.B. and Stewart, G.F. (Eds.), Academic Press, New York, pp. 143–177.

43. Kapsalis, J.G. (1987) Influences of hysteresis and temperature on moisture sorption isotherms. In *Water Activity: Theory and Applications to Food*, Rockland, L.B. and Beuchat, L.R. (Eds.), Marcel Dekker, Inc., New York, pp. 173–213.
44. Wolf, M., Walker, J.E., and Kapsalis, J.G. (1972) Water vapor sorption hysteresis in dehydrated food. *J. Agric. Food Chem*. 20, 1073–1077.
45. Labuza, T.P., McNally, L., Gallagher, D., Hawkes, J., and Hurtado, F. (1972) Stability of intermediate moisture foods. 1. Lipid oxidation. *J. Food Sci*. 37, 154–159.
46. Labuza, T.P. and Hyman, C.R. (1998) Moisture migration and control in multi-domain foods. *Trends Food Sci. Technol*. 9, 47–55.
47. Risbo, J. (2003) The dynamics of moisture migration in packaged multi-component food systems I: Shelf life predictions for a cereal-raisin system. *J. Food Eng*. 58, 239–246.
48. Zhou, D. (2002) Physical stability of amorphous pharmaceuticals: Importance of configurational thermodynamic quantities and molecular mobility. *J. Pharm. Sci*. 91, 1863–1872.
49. Shamblin, S.L., Tang, X., Chang, L., Hancock, B.C., and Pikal, M.J. (1999) Characterization of the time scales of molecular motion in pharmaceutically important glasses. *J. Phys. Chem*. 103, 4113–4121.
50. Yue, Y. (2004) Fictive temperature, cooling rate, and viscosity of glasses. *J. Chem. Phys*. 120, 8053–8059.
51. Williams, M.L., Landel, R.F., and Ferry, J.D. (1955) The temperature dependence of relaxation mechanism in amorphous polymers and other glass-forming liquids. *J. Am. Chem. Soc*. 77, 3701–3707.
52. Gordon, M. and Taylor, J.S. (1952) Ideal co-polymers and the second order transitions of synthetic rubbers. 1. Non-crystalline copolymers. *J. Appl. Chem*. 2, 493–500.
53. Hancock, B.C. and Zografi, G. (1994) The relationship between the glass transition temperature and the water content of amorphous pharmaceutical solids. *Pharm. Res*. 11, 471–477.
54. Mosquera, L.H., Moraga, G., de Cordoba, P.F., and Martinez-Navarrete, N. (2011) Water content–water activity–glass transition temperature relationships of spray-dried Borojo as related to changes in color and mechanical properties. *Food Biophys*. 6, 397–406.
55. Creighton, T.T. (1996) *Proteins: Structures and Molecular Properties*, 2nd edn., W.H. Freeman & Co., New York, p. 157.
56. Israelachvili, J.N. (1992) *Intermolecular and Surface Forces*, 2nd edn., Academic Press, New York, p. 344.
57. Quast, D.G. and Karel, M. (1972) Effects of environmental factors on the oxidation of potato chips. *J. Food Sci*. 37, 584–588.
58. Roos, Y.H. (1995) *Phase Transitions in Foods*, Academic Press, New York.
59. Hoseney, R.C., Zeleznak, K., and Lai, C.S. (1986) Wheat gluten: A glassy polymer. *Cereal Chem*. 63, 285–286.
60. Lide, D.R. (Ed.) (1993/1994) *Handbook of Chemistry and Physics*, 74th edn., CRC Press, Boca Raton, FL.
61. Franks, F. (1988) In *Characteristics of Proteins*, Franks, F. (Ed.), Humana Press, Clifton, NJ, pp. 127–154.
62. Lounnas, V. and Pettitt, B.M. (1994) A connected-cluster of hydration around myoglobin: Correlation between molecular dynamics simulation and experiment. *Proteins: Struct. Funct. Genet*. 18, 133–147.
63. Rupley, J.A. and Careri, G. (1991) Protein hydration and function. *Adv. Protein Chem*. 41, 37–172.
64. Otting, G. et al. (1991) Protein hydration in aqueous solution. *Science* 254, 974–980.
65. Lounnas, V. and Pettitt, B.M. (1994) Distribution function implied dynamics versus residence times and correlations: Solvation shells of myoglobin. *Proteins: Struct. Funct. Genet*. 18, 148–160.
66. Lower, S. (2016) A gentle introduction to water and its structure. http://www.chem1.com/acad/sci/aboutwater.html.

Carboidratos

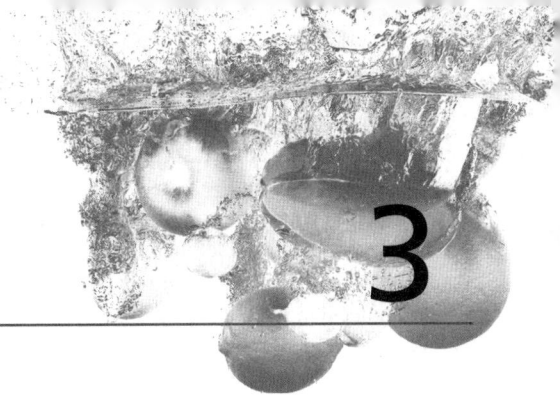

Kerry C. Huber e James N. BeMiller

CONTEÚDO

3.1 Monossacarídeos 92
   3.1.1 Isomerização dos monossacarídeos 95
   3.1.2 Formas cíclicas dos monossacarídeos ... 95
   3.1.3 Glicosídeos 99
   3.1.4 Reações dos monossacarídeos 99
      3.1.4.1 Oxidação a ácidos aldônicos e a aldonolactonas 100
      3.1.4.2 Redução dos grupos carbonila 101
      3.1.4.3 Ácidos urônicos 103
      3.1.4.4 Ésteres do grupo hidroxila 103
      3.1.4.5 Éteres do grupo hidroxila 104
      3.1.4.6 Escurecimento não enzimático 105
      3.1.4.7 Caramelização 110
      3.1.4.8 Formação de acrilamida em alimentos 111
   3.1.5. Resumo 114
3.2 Oligossacarídeos 114
   3.2.1 Maltose 115
   3.2.2 Lactose 115
   3.2.3 Sacarose 116
   3.2.4 Trealose 118
   3.2.5 Ciclodextrinas 118
   3.2.6 Resumo 120
3.3 Polissacarídeos 120
   3.3.1 Estrutura química e propriedades dos polissacarídeos 120
   3.3.2 Cristalinidade, solubilidade e crioestabilização de polissacarídeos 121
   3.3.3 Viscosidade e estabilidade de soluções dos polissacarídeos 123
   3.3.4 Géis 133
   3.3.5 Hidrólise de polissacarídeos 135
   3.3.6 Amido 135
      3.3.6.1 Amilose 136
      3.3.6.2 Amilopectina 136
      3.3.6.3 Grânulos de amido 138
      3.3.6.4 Gelatinização do grânulo e formação de goma 139
      3.3.6.5 Usos dos amidos não modificados .. 141
      3.3.6.6 Gelatinização do amido no interior de tecidos vegetais 141
      3.3.6.7 Retrogradação e envelhecimento ... 143
      3.3.6.8 Complexos de amido 144
      3.3.6.9 Hidrólise do amido 145
      3.3.6.10 Amidos alimentícios modificados 147
      3.3.6.11 Amido pré-gelatinizado 152
      3.3.6.12 Amido dispersável em água fria ... 152
   3.3.7 Celulose: estrutura e derivados 153
      3.3.7.1 Celulose microcristalina 153
      3.3.7.2 Carboximetilceluloses 154
      3.3.7.3 Metilceluloses e hidroxipropilmetilceluloses 154
   3.3.8 Gomas guar e locuste 155
   3.3.9 Goma xantana 157
   3.3.10 Carragenanas, ágar e furcelaranas 158
   3.3.11 Alginatos 162
   3.3.12 Pectinas 163
   3.3.13 Goma arábica 165
   3.3.14 Gelana 166
   3.3.15 Glucomanana Konjac 166
   3.3.16 Inulina e frutoligossacarídeos 167
   3.3.17 Polidextrose 167
   3.3.18 Resumo 168
3.4 Fibra dietética, prebióticos e digestibilidade dos carboidratos 168
   3.4.1 Resumo 171
Questões 171
Referências 172
Leituras sugeridas 174

Os carboidratos constituem mais de 90% da matéria seca das plantas. Logo, são abundantes, amplamente disponíveis e de baixo custo. Os carboidratos são componentes frequentes dos alimentos, podendo tanto ser componentes naturais como adicionados como ingredientes. Tanto as quantidades consumidas como a variedade de produtos nos quais eles se encontram são abundantes. São muito diversos em relação à sua estrutura molecular, tamanho e configurações, com variadas propriedades físicas e químicas; diferem, ainda, em seus efeitos fisiológicos no corpo humano. Eles são passíveis de modificações químicas e bioquímicas e, em alguns casos, físicas, as quais são empregadas comercialmente para melhorar suas propriedades e ampliar suas aplicações.

O amido, a lactose e a sacarose são digeridos por indivíduos saudáveis e, junto à D-glicose e à D-frutose, são fontes de energia, suprindo de 70 a 80% das calorias da dieta humana em todo o mundo. Nos Estados Unidos, esse percentual é menor e varia de um indivíduo para outro. Apesar de sua estrita contribuição calórica, os carboidratos também ocorrem na natureza em formas menos digeríveis, e, dessa maneira, proveem uma fonte benéfica de fibra dietética na dieta humana.

O termo "carboidrato" sugere uma composição elementar geral, a saber, $C_x(H_2O)_y$, a qual representa moléculas que contêm átomos de carbono junto a átomos de hidrogênio e oxigênio na mesma proporção em que ocorrem na água. Entretanto, a maioria dos carboidratos naturalmente produzidos por organismos vivos não apresenta essa fórmula empírica simples. Em vez disso, a maioria deles está na forma de oligômeros (oligossacarídeos) ou de polímeros (polissacarídeos) que consistem em açúcares simples ou modificados com carboidratos de baixa massa molecular mais comumente produzidos pela despolimerização de polímeros naturais.

Este capítulo começa tratando dos açúcares simples; na sequência, apresentam-se as estruturas maiores e mais complexas formadas a partir deles.

3.1 MONOSSACARÍDEOS [7,21]

Os carboidratos contêm **átomos de carbono quiral**; cada um deles possui quatro átomos ou grupos químicos diferentes ligados, originando dois arranjos espaciais de átomos ao redor de um determinado centro quiral. Os dois arranjos espaciais (ou configurações) diferentes dos quatro substituintes são imagens espelhadas que não podem ser sobrepostas umas às outras (Figura 3.1). Em outras palavras, uma é reflexo da outra, tal como o que se observaria em um espelho: o que está à direita em uma configuração está à esquerda em outra, e vice-versa.

A D-glicose é o carboidrato e o composto orgânico mais abundante na natureza, se considerarmos sua presença em formas combinadas de carboidratos. Ela pertence à classe dos carboidratos chamados de **monossacarídeos**. Estes são moléculas de carboidratos que não podem ser divididas em carboidratos mais simples por hidrólise, e costumam ser chamados de **açúcares simples**. Eles são as unidades monoméricas que, unidas, formam estruturas maiores de carboidratos, ou seja, oligossacarídeos e polissacarídeos (ver Seções 3.2 e 3.3), os quais podem ser convertidos, por hidrólise, em seus monossacarídeos constituintes.

A D-glicose é, ao mesmo tempo, um poliálcool e um aldeído. Ela é classificada como **aldose**, uma designação para açúcares que contêm um grupo aldeído (Tabela 3.1). O sufixo "-ose" significa açúcar, e o prefixo "ald-" indica um grupo aldeído. Quando a D-glicose é representada sob a forma de uma cadeia aberta ou vertical (Figura 3.2), conhecida como estrutura acíclica, o grupo aldeído (átomo de carbono 1) e o grupo hidroxila primário (átomo de carbono 6) são representados no topo e na base da cadeia, respectivamente. Nesta condição, cada átomo de carbono que possui um grupo hidroxila secundário (átomos de carbono 2, 3, 4 e 5) possui quatro grupos substituintes diferentes ligados a ele; este átomo, portanto, é um átomo quiral. Uma vez que cada átomo de carbono quiral possui uma imagem espelhada (dois arranjos possíveis para cada átomo de carbono quiral), existe um total de 2^n (onde n designa o número de átomos de carbono quiral na molécula) diferentes arranjos de átomos ao redor desses centros quirais de carbono. Portanto, numa aldose de seis carbonos, como a D-glicose com seus quatro átomos de carbonos quirais, existem 2^4 ou 16 arranjos diferentes de grupos hidroxila secundários em torno dos centros quirais de carbono, com cada arranjo individual

Espelho

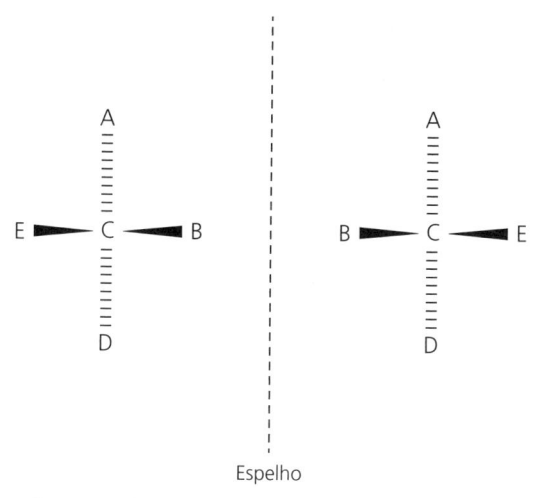

FIGURA 3.1 Um átomo de carbono quiral. A, B, D e E representam diferentes átomos, grupos funcionais ou outros grupos de átomos ligados ao átomo de carbono C. As cunhas indicam ligações químicas que se projetam para fora do plano da página; os tracejados indicam ligações químicas que se projetam para dentro ou para baixo do plano da página.

representando um único açúcar (isômero). Oito dessas aldoses de seis átomos de carbono pertencem à série d (Figura 3.3); as outras oito são a imagem espelhada e pertencem à série l. Todos os açúcares que possuem um grupo hidroxila no carbono quiral de número mais alto (C-5, nesse caso), posicionados no lado direito da molécula, são chamados arbitrariamente de açúcares d, ao passo que todos que possuem um grupo hidroxila no carbono quiral de número mais alto, posicionados à esquerda, são designados como açúcares l. A glicose que se encontra na natureza é representada como a forma d, especificamente a d-glicose, ao passo que sua imagem molecular espelhada é denominada l--glicose. As duas estruturas de d-glicose, em cadeia aberta ou acíclica (chamada de projeção de Fischer), com os átomos de carbono numerados de modo convencional, são mostradas na Figura 3.2. Nessa convenção, cada ligação horizontal projeta-se para o exterior do plano da página, e cada ligação vertical projeta-se para o interior do plano da página (é comum a omissão de linhas horizontais para as ligações químicas covalentes aos átomos de hidrogênio e aos grupos hidroxila, como na estrutura à direita). Uma vez que o átomo de carbono situado na posição mais baixa (C-6) não é quiral, não há sentido

TABELA 3.1 Classificação dos monossacarídeos

	Tipo de grupo carbonila	
Número de átomos de carbono	Aldeído	Cetona
3	Triose	Triulose
4	Tetrose	Tetrulose
5	Pentose	Pentulose
6	Hexose	Hexulose
7	Heptose	Heptulose
8	Octose	Octulose
9	Nonose	Nonulose

```
H — C = O
    |
H — C — OH          HC = O      C-1
    |                |
HO— C — H           HCOH        C-2
    |                |
H — C — OH          HOCH        C-3
    |                |
H — C — OH          HCOH        C-4
    |                |
H — C — OH          HCOH        C-5
    |                |
    H               CH₂OH       C-6
```

FIGURA 3.2 Molécula da D-glicose (cadeia aberta ou estrutura acíclica).

em designar as posições relativas dos grupos e dos átomos a ele ligados. Assim, ele pode ser escrito como –CH$_2$OH.

A D-glicose e outros açúcares que contêm seis carbonos são chamados de **hexoses** (Tabela 3.1), que representam o grupo de aldoses mais abundantes na natureza. Os nomes categóricos são frequentemente combinados, sendo um aldeído de seis carbonos denominado uma **aldo-hexose**.

Existem duas aldoses que contêm três átomos de carbono. Elas são o D-gliceraldeído (D-glicerose) e o L-gliceraldeído (L-glicerose), cada uma possuindo um átomo de carbono quiral. As aldoses com quatro átomos de carbono, as tetroses, possuem dois átomos de carbono quiral; as aldoses com cinco átomos de carbono, as pentoses, possuem três átomos de carbono quiral e constituem o segundo grupo de aldoses mais comum. Prolongando as séries acima de seis átomos de carbono, obtêm-se heptoses, octoses e nonoses, as quais são o limite prático de ocorrência natural dos açúcares. O desenvolvimento de oito

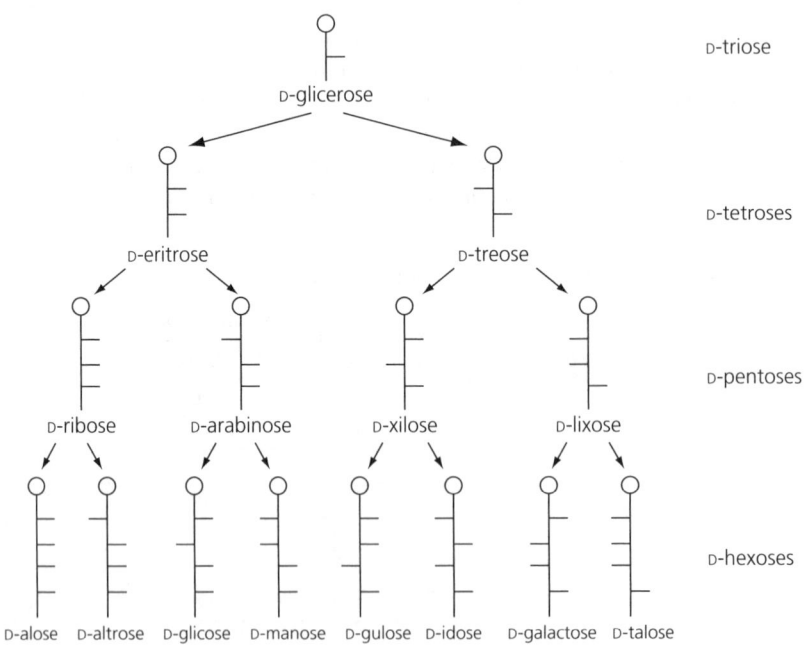

FIGURA 3.3 Estrutura de Rosanoff das D-aldoses que contêm entre 3 e 6 átomos de carbono.

D-hexoses a partir do D-gliceraldeído é apresentado na Figura 3.3. Nessa figura, o círculo em cada representação molecular realça o grupo aldeído; as linhas horizontais designam as posições de cada grupo hidroxila em relação ao seu átomo de carbono quiral; e, na base das linhas verticais, está o grupo hidroxila primário terminal, não quiral (–CH_2OH). Essa maneira estenográfica de indicação de estruturas monossacarídicas é chamada de **método de Rosanoff**. A D-glicose, a D-galactose, a D-manose, a D-arabinose e a D-xilose são comumente encontradas em plantas, predominantemente em formas combinadas, isto é, em glicosídeos, oligossacarídeos e polissacarídeos (discutidos mais adiante). A D-glicose é a aldose primária livre comumente presente em alimentos naturais e, portanto, somente em pequenas quantidades.

Os açúcares da forma L são menos numerosos e menos abundantes na natureza que os da forma D. No entanto, desempenham importantes funções bioquímicas. Dois L-açúcares encontrados em alimentos são a L-arabinose e a L-galactose, ocorrendo como unidades de polímeros de carboidratos (polissacarídeos).

Além das aldoses, existem outros tipos de monossacarídeos nos quais a carbonila funciona como um grupo cetônico. Esses açúcares são chamados de **cetoses** (o prefixo "cet-" representa o grupo cetona). O sufixo que designa a cetose na nomenclatura sistemática dos carboidratos é "-ulose" (Tabela 3.1). A D-frutose (sistematicamente D-arabino-hexulose) é o principal exemplo desse grupo de açúcares (Figura 3.4) [46,71,75].

Ela é uma das duas unidades de monossacarídeos que compreendem o dissacarídeo sacarose (ver Seção 3.2.3), e constitui em torno de 55% de um xarope rico em frutose e em torno de 40% do mel. A D-frutose tem somente três átomos de carbono quiral (C-3, C-4 e C-5). Assim, existem 2^3 ou 8 isômeros de ceto-hexoses. A D-frutose é a única cetose comercial e a única encontrada em forma natural nos alimentos, porém, como a D-glicose, somente em pequenas quantidades.

3.1.1 Isomerização dos monossacarídeos

Aldoses e cetoses simples que apresentam o mesmo número de carbonos são isômeros entre si, isto é, tanto a hexose como a hexulose apresentam a fórmula empírica $C_6H_{12}O_6$ e podem ser interconvertidas por isomerização. A isomerização de um monossacarídeo envolve o grupo carbonila e a α-hidroxila adjacente. Por essa reação, uma aldose é convertida em outra aldose (com configuração oposta em C-2) e na cetose correspondente; uma cetose, por sua vez, é convertida nas duas aldoses correspondentes. Desse modo, por isomerização, a D-glicose, a D-manose e a D-frutose podem ser interconvertidas (Figura 3.5). A isomerização pode ser catalisada tanto por uma base como por uma enzima.

3.1.2 Formas cíclicas dos monossacarídeos

Os grupos carbonila dos aldeídos são reativos e, com facilidade, sofrem ataque nucleofílico dos

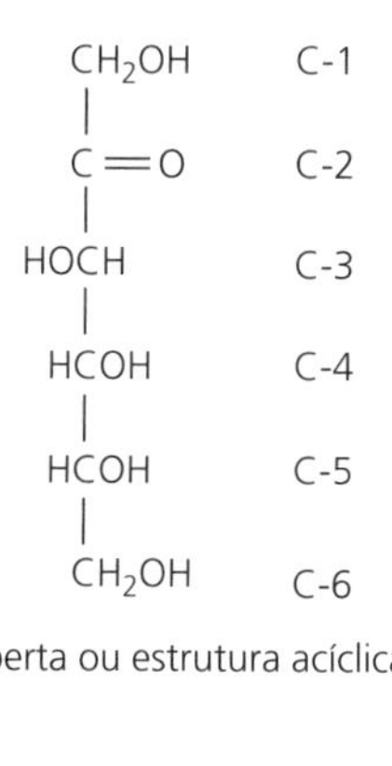

```
        CH₂OH      C-1
         |
        C=O        C-2
         |
        HOCH       C-3
         |
        HCOH       C-4
         |
        HCOH       C-5
         |
        CH₂OH      C-6
```

FIGURA 3.4 Molécula de D-frutose (cadeia aberta ou estrutura acíclica).

átomos de oxigênio de um grupo hidroxila para a produção de um hemiacetal. O grupo hidroxila de um hemiacetal pode reagir, na sequência (por condensação), com o grupo hidroxila de um álcool para produzir um acetal (Figura 3.6). O grupo carbonila de uma cetona reage de modo similar.

A formação do hemiacetal pode ocorrer na mesma molécula de açúcar, aldose ou cetose, isto é, o grupo carbonila de uma molécula de açúcar pode reagir com um de seus próprios grupos hidroxila, como ilustrado na Figura 3.7 para a D-glicose. O açúcar cíclico de seis carbonos que resulta da reação de um grupo aldeído com um grupo hidroxila no carbono C-5 é chamado de **piranose** cíclica. Deve-se observar que, para que o átomo de oxigênio do grupo hidroxila de C-5 reaja para a formação do anel, C-5 deve girar, a fim de fazer esse átomo de oxigênio ficar voltado para cima. Essa rotação leva o grupo hidroximetila (C-6) para uma posição acima do plano do anel. A representação do anel D-glicopiranose na Figura 3.7 é denominada **projeção de Haworth**. Para evitar confusão ao escrever as estruturas cíclicas de Haworth, adotam-se convenções comuns nas quais os átomos de carbono são indicados por ângulos nos anéis, e os átomos de hidrogênio ligados aos átomos de carbono são eliminados todos juntos.

Os açúcares também ocorrem, ainda que com menos frequência (Figura 3.8), em anéis de cinco elementos, chamados de **furanose**.

Quando o átomo de carbono do grupo carbonila é envolvido na formação do anel, permitindo o desenvolvimento do hemiacetal (piranose) (ver Figura 3.7), ele se torna quiral e é definido como o átomo de carbono anomérico. Nos D-açúcares, a configuração apresentada pelo grupo hidroxila que se localiza abaixo do plano do anel (na projeção de Haworth) é a forma alfa, ou α (Figura 3.9). Por exemplo, a α-D-glicopiranose é a D-glicose na forma cíclica piranosídica (anel de seis membros), com a configuração do grupo hidroxila no novo átomo de carbono quiral ou anomérico, C-1, abaixo do plano do anel (posição α). Quando o grupo hidroxila, recém-formado em C-1, encontra-se acima do plano do anel (na projeção de Haworth),

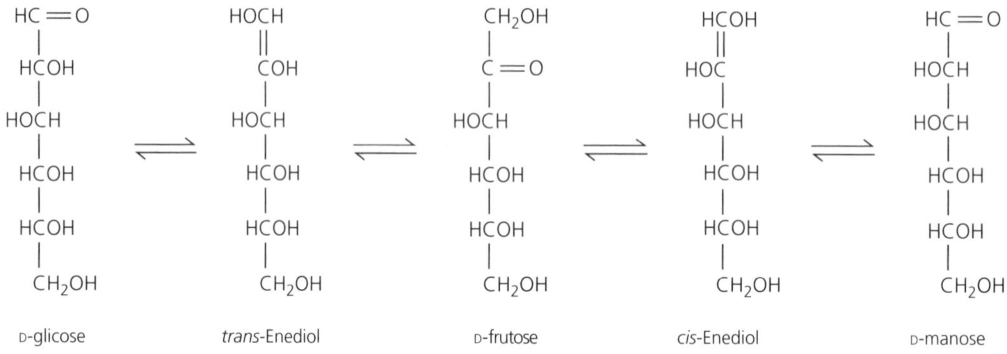

FIGURA 3.5 Inter-relações entre D-glicose, D-manose e D-frutose via isomerização.

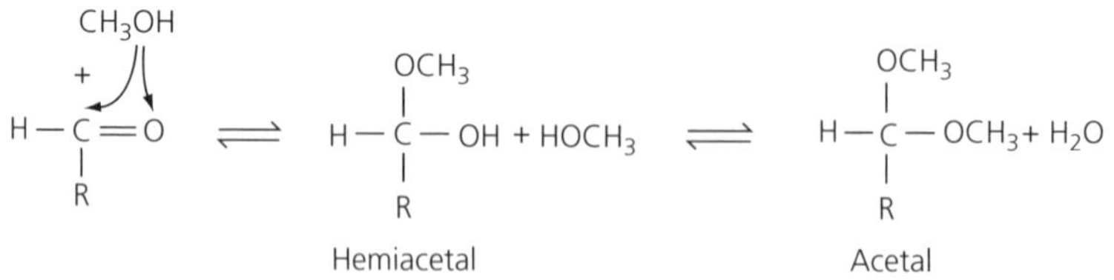

FIGURA 3.6 Formação de um acetal por meio da reação de aldeído com metanol.

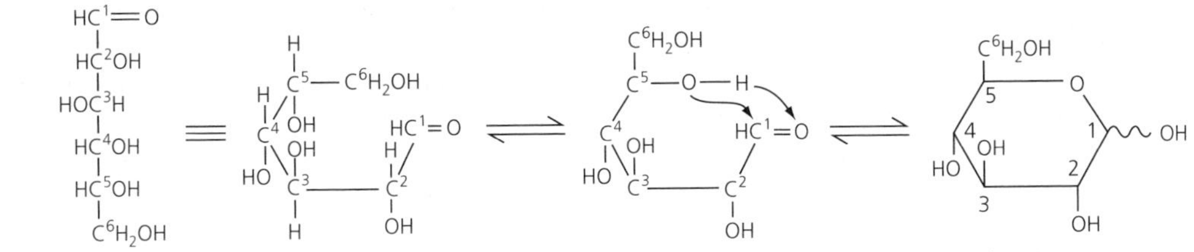

FIGURA 3.7 Formação de um anel hemiacetal piranose de D-glicose.

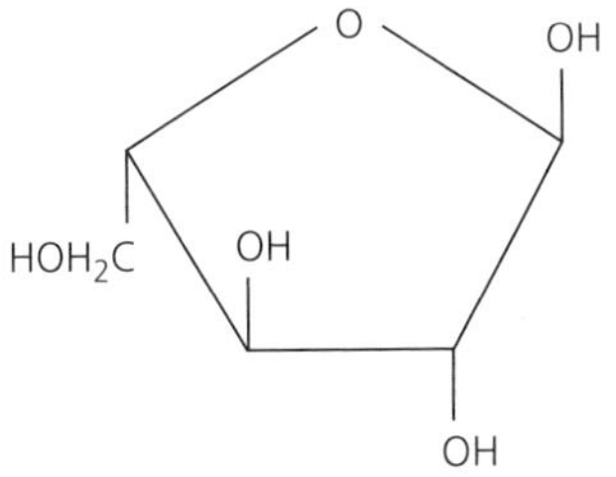

FIGURA 3.8 L-Arabinose na forma de anel de furanose e na configuração α-L.

ele está na posição beta (β), e a estrutura é denominada β-D-glicopiranose (Figura 3.9). Essa nomenclatura é mantida para todos os açúcares da forma D. Para os açúcares da série L, o oposto é verdadeiro, ou seja, o grupo hidroxila anomérico encontra-se acima no α-anômero e abaixo no β-anômero* (ver, p. ex., Figura 3.8). Isso ocorre porque, por exemplo, a α-D-glicopiranose e a

---

*Os anéis das formas α e β de um açúcar são conhecidos como **anômeros**. Dois anômeros compõem um par anomérico.

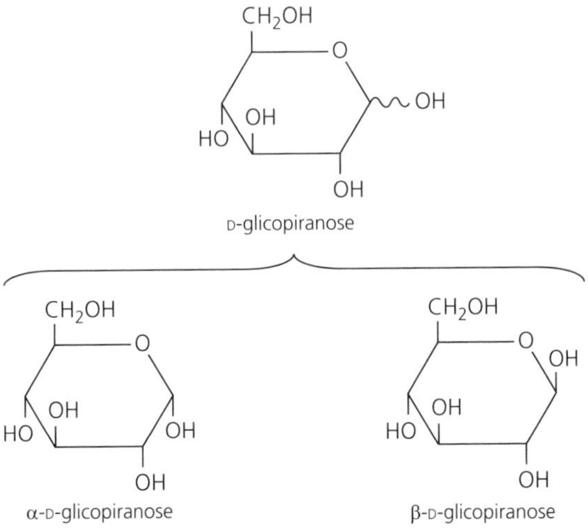

FIGURA 3.9 D-Glicopiranose como uma mistura de duas formas quirais.

α-L-glicopiranose são imagens espelhadas uma da outra. Independentemente da designação do açúcar (D ou L), uma mistura das formas quirais (anoméricas*) é indicada por uma linha mais grossa (i.e., uma ligação) entre o carbono anomérico e seu grupo hidroxila (Figura 3.9).

Entretanto, os anéis piranosídicos não são planos com grupos ligados posicionados diretamente acima e abaixo, como sugere a representação de Haworth. Ao contrário: eles ocorrem sob diversas formas (conformações), entre as quais a mais frequente é a conformação em forma de cadeira, assim denominada por sua semelhança com tal objeto. Na conformação em cadeira, uma ligação de cada átomo de carbono projeta-se acima ou abaixo do anel; estas são chamadas de ligações ou posições axiais. A outra ligação, não envolvida na formação do anel, encontra-se acima ou abaixo em relação às ligações axiais; porém, em relação ao anel, projeta-se para fora, em volta do perímetro da molécula, no qual é chamada de **posição equatorial** (Figura 3.10).

Usando a β-D-glicopiranose como exemplo, C-2, C-3, C-5 e o átomo de oxigênio do anel encontram-se no mesmo plano; C-4 está ligeiramente posicionado acima do anel; e C-1 está localizado logo abaixo do plano, como mostram as Figuras 3.10 e 3.11. Essa conformação é denominada $^4C_1$. A notação C indica que o anel tem forma de cadeira; o número sobrescrito indica

*Ver nota da página anterior.

que C-4 se encontra acima do plano do anel; e o número subscrito indica que C-1 se encontra abaixo do plano do anel. (Existem duas formas de cadeira; a segunda, $^1C_4$, possui grupos axiais e equatoriais invertidos.) Em comparação com anéis de outros tamanhos, o anel de seis vértices distorce menos os ângulos das ligações dos átomos de carbono e oxigênio. A tensão é ainda mais reduzida quando a maioria dos grupos hidroxila está separada ao máximo entre si pela conformação do anel, que posiciona o maior número deles na posição equatorial, mais do que na axial. A posição equatorial é energeticamente favorecida, e a rotação dos átomos de carbono ocorre em torno de suas ligações envolvidas na formação do anel, levando o maior número possível de grupos para as posições equatoriais, o mais distante possível.

Como observado, a β-D-glicopiranose possui todos os seus grupos hidroxila na posição equatorial, mas cada um deles encontra-se um pouco acima ou um pouco abaixo da posição equatorial verdadeira (Figura 3.11). Na β-D-glicopiranose (conformação $^4C_1$), os grupos hidroxila, que estão posicionados na região equatorial, alternam-se nas posições superior e inferior, com C-1 ligeiramente acima e C-2 ligeiramente abaixo, mantendo-se um arranjo "sobe-desce" alternado. O grupo hidroximetila mais volumoso, C-6 nas hexoses, situa-se quase sempre em uma posição equatorial espacialmente livre. Se a β-D-glicopiranose se encontrasse na conformação $^1C_4$, todos esses grupos seriam

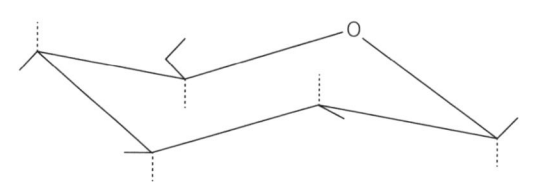

FIGURA 3.10 Um anel de piranose que mostra as posições de ligação equatorial (linha sólida) e axial (linha pontilhada).

FIGURA 3.11 β-D-Glicopiranose na conformação $^4C_1$. Todos os grupos volumosos encontram-se nas posições equatoriais, e todos os átomos de hidrogênio, nas posições axiais.

axiais. Como essa forma é de mais alta energia, há pouca β-D-glicopiranose na conformação $^1C_4$.

Dessa forma, os açúcares simples de seis elementos são bastante estáveis se a posição dos grupos laterais, como hidroxila e hidroximetila, estiverem na posição equatorial. Assim, a β-D-glicopiranose dissolvida em água gera rapidamente uma mistura equilibrada de formas, em cadeias abertas e formas cíclicas de cinco, seis e sete elementos. Em temperatura ambiente (≈ 20 °C), as formas cíclicas de seis elementos (piranoses) predominam, seguidas pelas formas cíclicas de cinco elementos (furanoses). A configuração do átomo de carbono anomérico (C-1 das aldoses) de cada anel pode ser α ou β. A proporção de equilíbrio das formas cíclicas varia com o açúcar e com a temperatura. Essa interconversão entre as formas tautoméricas de um determinado açúcar em solução é chamada de **mutarrotação** e pode ser catalisada tanto por um ácido quanto por uma base. Exemplos da distribuição de formas anoméricas e cíclicas para diferentes monossacarídeos em solução aquosa são mostradas na Tabela 3.2.

A cadeia aberta, que contém um grupo aldeído, constitui apenas 0,003% do total de formas. Todavia, por apresentar rápida interconversão com as formas cíclicas, um açúcar pode reagir de forma fácil e rápida, como se estivesse inteiramente sob a forma de aldeído livre (Figura 3.12).

3.1.3 Glicosídeos

A forma hemiacetal dos açúcares pode reagir com um álcool para produzir um acetal completo; esse produto é chamado de **glicosídeo**. Em laboratório, a reação ocorre sob condições anidras, na presença de um ácido (como catalisador) em temperaturas elevadas. Contudo, os glicosídeos costumam ser produzidos na natureza, isto é, em meios aquosos, por reações enzimáticas em rotas que envolvem vários intermediários. A ligação acetal no átomo do carbono anomérico é chamada de **ligação glicosídica**. Os glicosídeos são denominados pela troca de sufixos, de "-ose" para "-ídeo". No caso de a D-glicose reagir com o metanol, o produto é principalmente o metil α-D-glicopiranosídeo, com menos metil β-D-glicopiranosídeo (Figura 3.13). Também são constituídas as duas formas anoméricas de anéis furanosídicos de cinco vértices; porém, por possuírem estruturas de alta energia, elas se reorganizam em formas mais estáveis sob as condições de formação, estando presentes em equilíbrio, em baixas quantidades. O grupo metila, nesse caso, e qualquer outro grupo ligado ao açúcar para a formação de um glicosídeo, é denominado **aglicona**.

Os glicosídeos sofrem hidrólise em meio aquoso ácido, produzindo um açúcar redutor e um composto hidroxilado. A hidrólise ácido-catalisada torna-se cada vez mais rápida à medida que a temperatura aumenta.

3.1.4 Reações de monossacarídeos

Todas as moléculas de carboidratos possuem hidroxilas livres para reagir. Os monossacarídeos simples e muitas outras moléculas de carboidratos de baixa massa molecular também possuem

TABELA 3.2 Equilíbrio na distribuição das formas cíclicas e anoméricas de monossacarídeos em solução aquosa à temperatura ambiente (≈ 20 °C)

Açúcar	Formas cíclicas de piranose		Formas cíclicas de furanose	
	α-	β-	α-	β-
Glicose	36,2	63,8	0	0
Galactose	29	64	3	4
Manose	68,8	31,2	0	0
Arabinose	60	35,5	2,5	0,5
Ribose	21,5	58,5	6,5	13,5
Xilose	36,5	63	< 1	< 1
Frutose	4	75	0	21

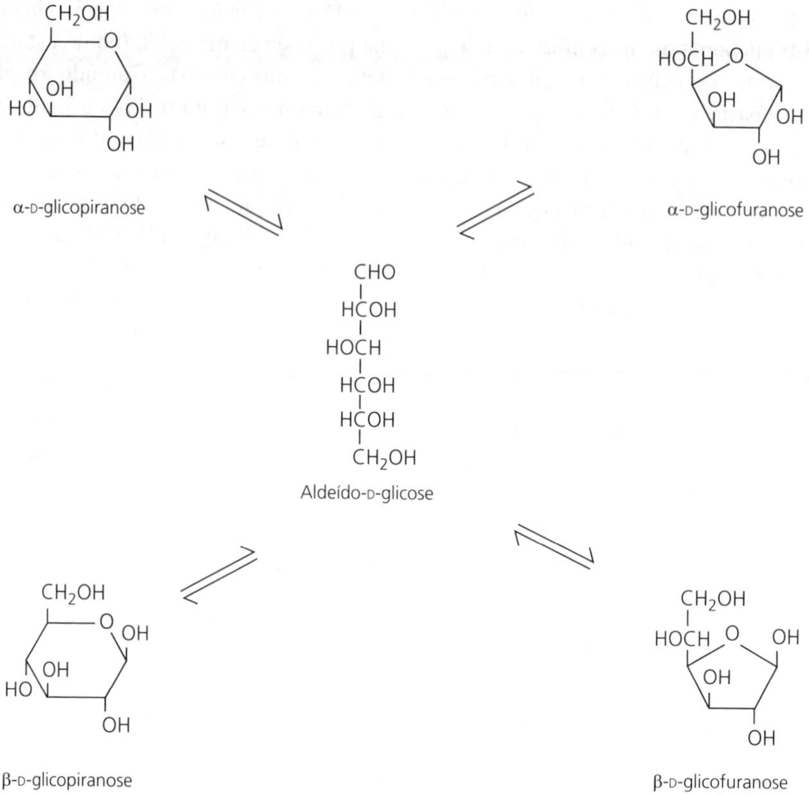

FIGURA 3.12 Interconversão das formas acíclica e cíclica da D-glicose.

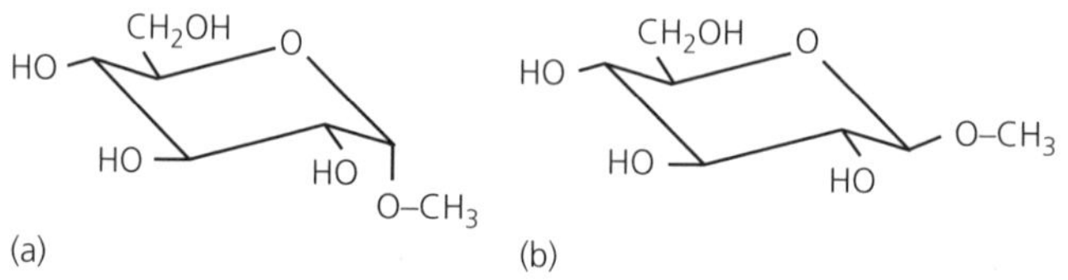

FIGURA 3.13 Metil α-D-glicopiranosídeo (a) e metil β-D-glicopiranosídeo (b).

grupos carbonila disponíveis para reação. A formação de anéis piranosídicos e furanosídicos (hemiacetais cíclicos) e glicosídeos (acetais) de monossacarídeos já foi descrita. Como foi mencionado na Seção 3.1.2, embora as aldoses em solução existam quase inteiramente nas formas cíclicas de piranose ou furanose, elas podem reagir desde que tenham um grupo aldeído livre, devido à rápida interconversão entre as formas linear e cíclica (Figura 3.12). A adição de um grupo químico ao grupo aldeído ou a exaustiva substituição dos grupos hidroxila primários limi-

tarão um monossacarídeo à sua forma linear ou acíclica.

3.1.4.1 Oxidação a ácidos aldônicos e a aldonolactonas

As aldoses são facilmente oxidáveis a ácidos aldônicos pela oxidação do grupo aldeído a um grupo carboxila/carboxilato. Essa reação é comumente usada para a determinação quantitativa dos açúcares. Um dos primeiros métodos para detecção e medida de açúcares utilizava a solução de Fehling. Trata-se de uma solução al-

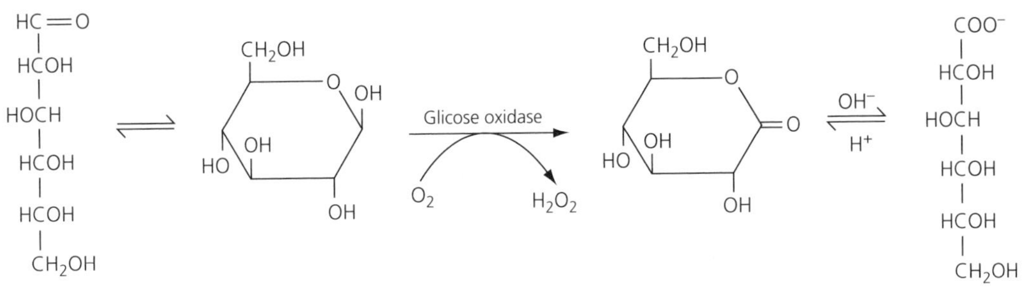

FIGURA 3.14 Oxidação da D-glicose catalisada pela glicose oxidase.

calina de cobre (II) que oxida uma aldose a um aldonato, com redução a cobre (I) e formação de precipitado de cor vermelho-tijolo de Cu_2O (ver Equação 3.1).

$$2Cu(OH)_2 + R-\underset{|}{\overset{H}{C}}=O \rightarrow R-\overset{O}{\overset{\|}{C}}-OH + Cu_2O + H_2O \quad (3.1)$$

As variações desse método (reagentes de Nelson-Somogyi e Benedict) continuam a ser usadas na determinação de açúcares em alimentos e materiais biológicos. No processo de oxidação do grupo aldeído de uma aldose ao sal de um grupo ácido carboxílico, o agente oxidante é reduzido, ou seja, o açúcar reduz o agente oxidante; assim, as aldoses são chamadas de **açúcares redutores**. As α-hidroxi-cetoses (p. ex., frutose) também são denominadas **açúcares redutores**, pois, sob as condições alcalinas dos métodos de Benedict, Fehling e Tollens, elas são primeiro isomerizadas a aldoses, embora a formação de um ácido aldônico seja relativamente menos eficiente para cetoses do que para aldoses.

Um método simples e específico para a oxidação quantitativa da D-glicose a ácido D-glicônico emprega a enzima glicose oxidase, sendo o produto inicial a 1,5-lactona (um éster intramolecular) do ácido (Figura 3.14). Essa reação é comumente empregada para medição da quantidade de D-glicose em alimentos e outros materiais biológicos, incluindo a concentração de D-glicose no sangue e na urina. O ácido D-glicônico é um constituinte natural de sucos de frutas e do mel.

A reação apresentada na Figura 3.14 também é utilizada na produção comercial de ácido D-glicônico e sua lactona (D-glicona-delta-lactona [GDL]; D-glicona-1,5-lactona, de acordo com a nomenclatura sistemática). GDL sofre hidrólise (até sua conclusão) em água, em cerca de três horas, em temperatura ambiente, ocasionando diminuição de pH. Essa hidrólise lenta, que, por sua vez, produz acidificação lenta e sabor suave, faz do GDL um acidulante de alimentos único. Ele é usado em carnes e produtos lácteos e, particularmente, em massas refrigeradas como fermento químico (ver também Capítulo 6).

3.1.4.2 Redução dos grupos carbonila [21,46,48,75]

A hidrogenação é a adição de hidrogênio a uma ligação dupla. Quando aplicada a carboidratos, ela promove a adição de hidrogênio à dupla ligação entre o átomo de oxigênio e o átomo de carbono do grupo carbonila de uma aldose ou de uma cetose. A hidrogenação é prontamente obtida com gás hidrogênio sob pressão na presença níquel de Raney como catalisador. O produto da hidrogenação da D-glicose é o D-glicitol (Figura 3.15), mais conhecido como **sorbitol**; o sufixo "-itol" denota um açúcar álcool (um **alditol**). Os alditóis também são conhecidos como **polióis** e **poli-hidroxi alcoóis**. Como consequência da hidrogenação, esses compostos poli-hidroxi não mais possuem o grupo carbonila necessário para promover a formação da estrutura cíclica, existindo, portanto, na forma linear (i.e., acíclica). Por ser derivado de uma hexose, o D-glicitol (sorbitol) é especificamente um hexitol. O sorbitol é bastante distribuído nos vegetais, sendo encontrado em algas e até mesmo em plantas supe-

$$
\begin{array}{c}
\text{CHO} \\
| \\
\text{HCOH} \\
| \\
\text{HOCH} \\
| \\
\text{HCOH} \\
| \\
\text{HCOH} \\
| \\
\text{CH}_2\text{OH} \\
\text{D-glicose}
\end{array}
\quad\xrightarrow{\text{Redução}}\quad
\begin{array}{c}
\text{CH}_2\text{OH} \\
| \\
\text{HCOH} \\
| \\
\text{HOCH} \\
| \\
\text{HCOH} \\
| \\
\text{HCOH} \\
| \\
\text{CH}_2\text{OH} \\
\text{D-glicitol (sorbitol)}
\end{array}
$$

FIGURA 3.15 Redução da D-glicose.

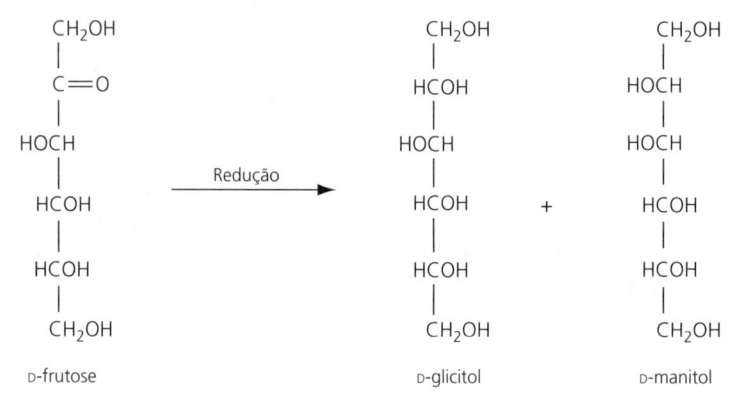

$$
\begin{array}{c}
\text{CH}_2\text{OH} \\
| \\
\text{C}=\text{O} \\
| \\
\text{HOCH} \\
| \\
\text{HCOH} \\
| \\
\text{HCOH} \\
| \\
\text{CH}_2\text{OH} \\
\text{D-frutose}
\end{array}
\quad\xrightarrow{\text{Redução}}\quad
\begin{array}{c}
\text{CH}_2\text{OH} \\
| \\
\text{HCOH} \\
| \\
\text{HOCH} \\
| \\
\text{HCOH} \\
| \\
\text{HCOH} \\
| \\
\text{CH}_2\text{OH} \\
\text{D-glicitol}
\end{array}
\quad+\quad
\begin{array}{c}
\text{CH}_2\text{OH} \\
| \\
\text{HOCH} \\
| \\
\text{HOCH} \\
| \\
\text{HCOH} \\
| \\
\text{HCOH} \\
| \\
\text{CH}_2\text{OH} \\
\text{D-manitol}
\end{array}
$$

FIGURA 3.16 Redução da D-frutose.

riores, onde está presente, sobretudo, nas frutas. No entanto, as quantidades presentes geralmente são pequenas. O sorbitol apresenta metade do poder adoçante da sacarose; é vendido tanto como xarope quanto na forma cristalizada; e é usado como umectante geral, ou seja, uma substância que permite a manutenção/retenção de umidade nos produtos.

O D-manitol pode ser obtido pela hidrogenação da D-manose. Comercialmente, ele é obtido junto com o sorbitol pela hidrogenólise da sacarose. Ele é o produto da hidrogenação da D-frutose (Figura 3.16), componente da sacarose e da isomerização da D-glicose (até D-frutose), a qual pode ser controlada pela alcalinidade da solução usada na hidrogenação catalítica. O D-manitol, diferentemente do sorbitol, não é umectante. Em vez disso, ele cristaliza com facilidade, sendo apenas moderadamente solúvel; é usado como cobertura não adesiva em doces. Possui 65% da doçura da sacarose e é usado em chocolates livres de açúcar, pastilhas, pastilhas para tosse e balas duras e macias.

O xilitol (Figura 3.17) é produzido a partir da hidrogenação da D-xilose, obtida da hemicelulose, principalmente de plantas de bétula. Seus cristais apresentam calor específico bastante negativo em solução. O comportamento endotérmico da solução cristalina de xilitol produz uma sensação de refrescância na boca. Essa refrescância faz do xilitol um ingrediente preferencial em balas de menta e gomas de mascar sem açúcar. Seu poder adoçante é semelhante ao da sacarose. O xilitol não é cariogênico, pois não é metabolizado pela microbiota bucal que produz a placa dentária.

$$CH_2OH$$
$$|$$
$$HCOH$$
$$|$$
$$HOCH$$
$$|$$
$$HCOH$$
$$|$$
$$CH_2OH$$

FIGURA 3.17 Xilitol.

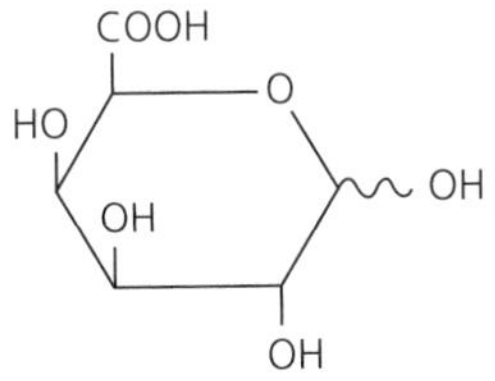

FIGURA 3.18 Ácido D-galacturônico.

3.1.4.3 Ácidos urônicos

O átomo de carbono terminal (na porção final oposta à da cadeia carbônica do grupo aldeído) de uma unidade monossacarídica de um oligo ou de um polissacarídeo pode ocorrer sob a forma oxidada (ácido carboxílico). A aldo-hexose com C-6, sob a forma de grupo ácido carboxílico, é chamada de **ácido urônico**. Quando os átomos de carbono quirais de um ácido urônico estão na mesma configuração que ocorre na D-galactose, por exemplo, o composto é o ácido D-galacturônico (Figura 3.18), o principal componente da pectina (ver Seção 3.3.12). As formas de monossacarídeos do ácido urônico ocorrem mais comumente em vários oligo e polissacarídeos.

3.1.4.4 Ésteres do grupo hidroxila

Os grupos hidroxila dos carboidratos, assim como os grupos hidroxila dos alcoóis simples, formam ésteres com ácidos orgânicos e com alguns inorgânicos. A reação de um grupo hidroxila com uma forma ativada de ácido carboxílico anidro, na presença de uma base adequada, produz um éster:

$$ROH + R'-\overset{O}{\underset{\|}{C}}-O-\overset{O}{\underset{\|}{C}}-R' \text{ ou}$$

$$R'-\overset{O}{\underset{\|}{C}}-Cl \rightarrow R-O-\overset{O}{\underset{\|}{C}}-R' + HO-\overset{O}{\underset{\|}{C}}-R'$$

ou HCl

(3.2)

Acetatos, semiésteres de succinato e outros ésteres de ácidos carboxílicos de carboidratos ocorrem na natureza. Eles são principalmente encontrados como componentes de polissacarídeos. Os açúcares fosfato são intermediários metabólicos comuns (Figura 3.19).

Os monoésteres de ácido fosfórico também são encontrados como constituintes de polissacarídeos. Por exemplo, o amido de batata contém uma pequena porcentagem de grupos de éster fosfato. O amido de milho também, mas em quantidade ainda menor. Na produção de amido modificado para alimentos, o amido de milho costuma ser derivatizado com grupos ésteres monoamidos, diamidos ou ambos (ver Seção 3.3.6.10). Outros ésteres de amido, em particular acetato, succinato e semiéster de succinato substituído e adipatos de

FIGURA 3.19 Exemplos de intermediários metabólicos açúcar fosfato. (a) D-Glicose 6-fosfato. (b) D-Frutose 1,6-bisfosfato.

diamido são amidos alimentícios modificados (ver Seção 3.3.6.10). Os ésteres de ácidos graxos de sacarose (ver Seção 3.2.3) são produzidos comercialmente como emulsificantes de água em óleo. A família dos polissacarídeos de algas vermelhas, os quais incluem as carragenanas, contém grupos sulfato (semiésteres de ácido sulfúrico, R–OSO$_3^-$).

3.1.4.5 Éteres do grupo hidroxila

Os grupos hidroxila dos carboidratos, assim como os grupos hidroxila de alcoóis simples, podem formar tanto éteres como ésteres. Os éteres de carboidratos não são tão comuns na natureza como os ésteres. Entretanto, os polissacarídeos são eterificados comercialmente para apresentarem propriedades modificadas e mais úteis. São exemplos de produtos o metil (–O–CH$_3$), o sódio carboximetil (O–CH$_2$–CO$_2^-$Na$^+$), o hidroxipropil (–O–CH$_2$–CHOH–CH$_3$) éter de celulose e hidroxipropil éteres de amido, todos aprovados para uso alimentício (ver Seções 3.3.6.10, 3.3.7.2 e 3.3.7.3).

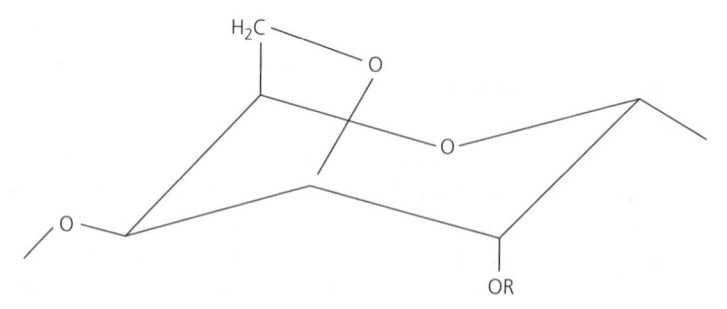

FIGURA 3.20 Uma unidade 3,6-anidro-α-D-galactopiranosil encontrada em polissacarídeos de algas marinhas vermelhas.

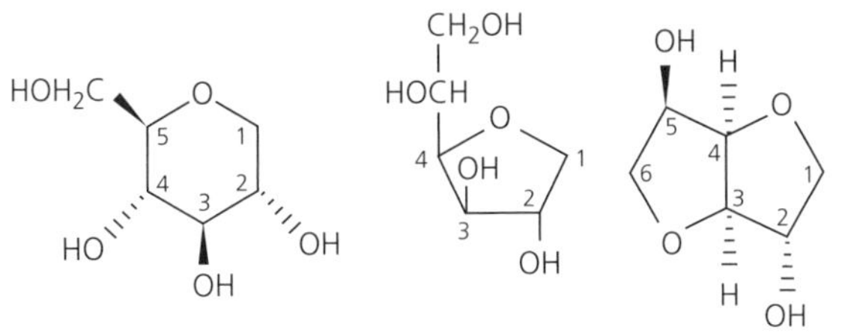

FIGURA 3.21 Anidro-D-glicitóis (sorbitanos). A numeração refere-se aos átomos de carbono da molécula original de D-glicose (e de sorbitol).

Um tipo especial de éter, com uma ligação éter interna entre os átomos de carbono 3 e 6 e uma unidade D-galactosil (Figura 3.20), é encontrado nos polissacarídeos de algas vermelhas, especificamente o ágar, a furcelarana, a κ-carragenana e a L-carragenana (ver Seção 3.3.10). Esse éter interno é conhecido como **anel 3,6-anidro**. Seu nome deriva do fato de ele poder ser visto como o produto da remoção de componentes da água (HOH) dos grupos hidroxila em C-3 e C-6.

Uma família de surfactantes não iônicos, baseada no sorbitol (D-glicitol), é usada em alimentos como emulsificante de água em óleo e como antiespumante. Eles são produzidos por esterificação do sorbitol com ácidos graxos. A desidratação cíclica acompanha a esterificação (inicialmente, no primeiro grupo hidroxila, i.e., C-1 ou C-6), de modo que a porção de carboidrato (hidrofílica) seja não apenas de sorbitol, mas também de seus mono e dianidridos (éteres cíclicos do sorbitol chamados sorbitanos) (Figura 3.21). Os produtos são conhecidos como **ésteres de sorbitanos** (Spans) e incluem derivados mono, di e triéster. (As designações mono-, di- e tri- simplesmente indicam a proporção de grupos éster de ácidos graxos em relação ao sorbitano.) O produto denominado **monoestearato de sorbitano** é, de fato, uma mistura de partes de ésteres dos ácidos esteárico (C_{18}) e palmítico (C_{16}), ésteres de sorbitol (D-glicitol), 1,5-anidro-D-glicitol (1,5-sorbitano) 1,4-anidro-D-glicitol (1,4-sorbitano), e 1,4:3,6-dianidro-D-glicitol (isosorbídeo), um éter dicíclico interno. Ésteres de ácidos graxos sorbitanos, como o monoestearato de sorbitano, o monolaureato de sorbitano e o monoleato de sorbitano, são, algumas vezes, modificados pela reação com óxido de etileno, para produzir os tão conhecidos ésteres etoxilados de sorbitanos, chamados de *Tweens*, os quais são detergentes não iônicos aprovados pela Food and Drug Administration (FDA), nos Estados Unidos, para uso em alimentos.

3.1.4.6 Escurecimento não enzimático [3,21,40,50,77]

O escurecimento de alimentos durante o cozimento ou durante a estocagem se deve geralmente à reação química entre açúcares redutores, principalmente a D-glicose, e grupos amina primários (um aminoácido livre ou um grupo amina lateral de uma proteína.) Essa reação é chamada de **reação de Maillard**, e o processo como um todo, algumas vezes, é denominado **escurecimento de Maillard**. Ele também é chamado de **escurecimento não enzímico** ou **não enzimático** para diferenciá-lo daquele que comumente ocorre em frutas e vegetais frescos cortados, como maçãs e batatas, e que é catalisado por enzimas (ver Seção 6.5.2.1).

Quando aldoses ou cetoses são aquecidas com aminas, ocorrem diversas reações que produzem numerosos compostos, alguns dos quais constituem saborizantes, aromas e materiais poliméricos escuros; porém, os reatantes desaparecem aos poucos. Os sabores, os aromas e as cores produzidos podem ser desejáveis ou indesejáveis. Eles podem ser produzidos lentamente, durante a estocagem, ou com muito mais rapidez, nas altas temperaturas que ocorrem durante frituras, nos grelhados ou no cozimento em forno. Bons exemplos de alimentos nos quais cores, sabores e aromas desejáveis são formados pelas reações de escurecimento de Maillard são as batatas fritas e os pães (principalmente pela formação de crostas externas em ambos os casos). Resumindo, a reação

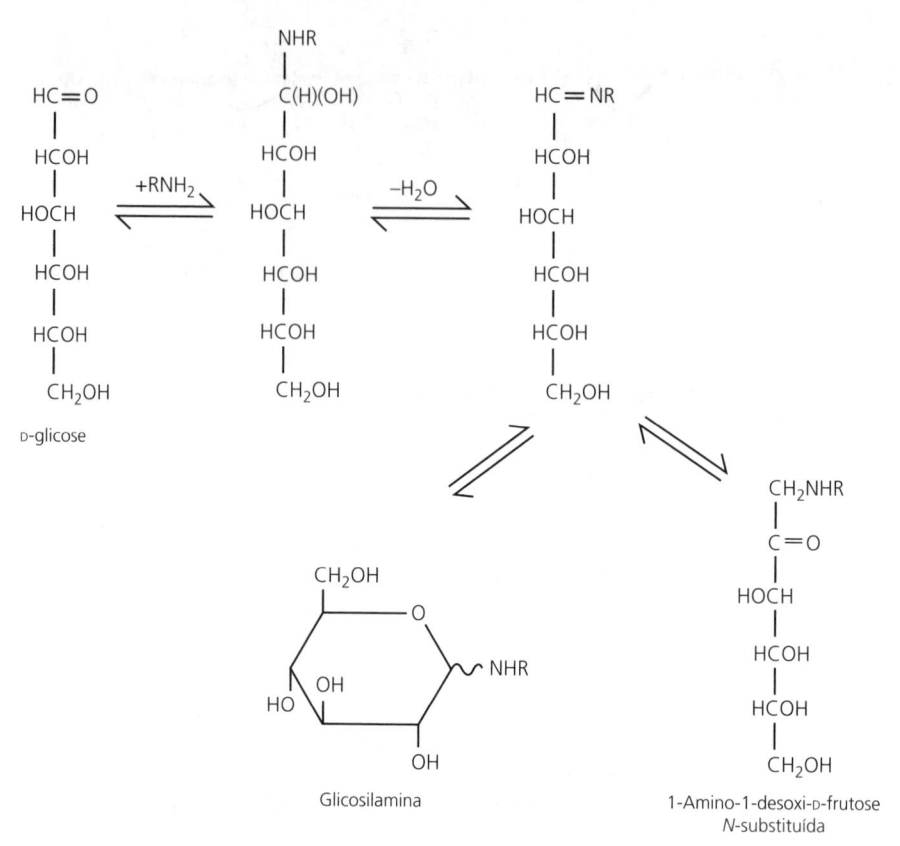

FIGURA 3.22 Produtos da reação da D-glicose com uma amina primária (RNH$_2$).

de Maillard pode ser considerada uma reação multifacetada ocorrendo em três estágios primários:

1. Condensação inicial de um composto carbonila (p. ex., açúcar redutor) com uma amina, seguida por uma série de reações que dão origem à formação do composto de Amadori (para uma aldose).
2. Rearranjo, desidratação, decomposição e/ou reação dos intermediários de Amadori para formar compostos furfurais, redutonas/deidrorredutonas (e seus produtos de decomposição), bem como produtos da degradação de Strecker.
3. Reação dos produtos intermediários de Maillard para formar compostos saborizantes heterocíclicos e pigmentos, de cor vermelho/marrom a preto de alta massa molecular, chamadas de melanoidinas.

O primeiro estágio começa com a adição de uma amina não protonada ao átomo de carbono eletrofílico de um grupo aldeído de um açúcar acíclico, para formar uma base de Schiff (uma imina, RHC=NHR′), a qual pode originar um anel (do mesmo modo que uma aldose se torna cíclica) para formar uma **glicosilamina** (algumas vezes chamada de *N*-glicosídeo), como demonstrado com a D-glicose (Figura 3.22). A base de Schiff sofre uma reação reversível, chamada de **rearranjo de Amadori**, para originar, no caso da D-glicose, um derivado da 1-amino-1-desoxi-D-frutose, o tão conhecido **composto de Amadori**. Ao contrário, a *N*-cetosilamina de um açúcar cetose seria convertida em seu respectivo derivado 2-amino-2-desoxialdose por meio do rearranjo de Heyns. Os produtos das reações de Amadori e de Heyns são os primeiros intermediários da sequência de reações de escurecimento de Maillard.

O segundo estágio da reação de Maillard envolve múltiplas desidratações de vários produtos intermediários e, em alguns casos, cliva-

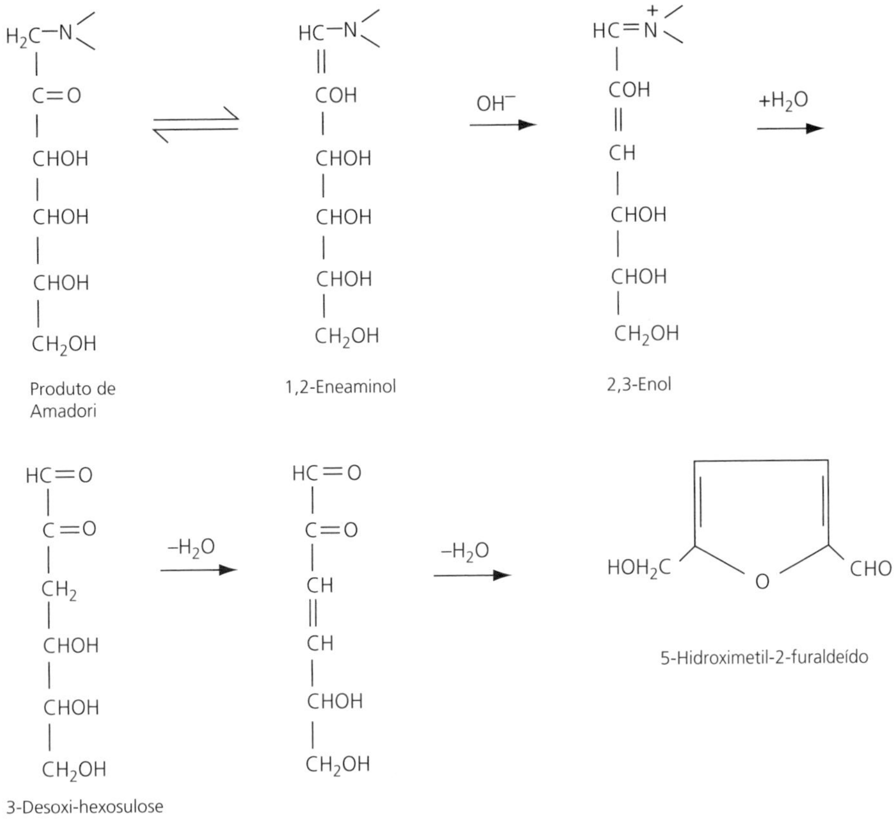

FIGURA 3.23 Conversão do produto de Amadori em hidroximetilfurfural (HMF).

gem de cadeias de sacarídeos e uma subsequente degradação de Strecker de alguns produtos. Assim, os compostos de Amadori sofrem significativa transformação até formar uma mistura complexa de produtos tanto intermediários quanto finais. Uma classe primária de produtos intermediários, formados pelos rearranjos e pelas eliminações, compreende os compostos 1, 3 e 4-desoxicarbonilas, comumente designados por seus nomes comuns como 1, 3 e 4-desoxiosonas, respectivamente. A formação desses compostos intermediários ocorre mais rapidamente na faixa de pH entre 4 e 7, com o intermediário desoxiosona específico formado pela influência do pH. O composto mais prevalente, entre os intermediários, é o 3-desoxiosona, mais corretamente chamado de **3-desoxi-hexosulose** (Figura 3.23), que é o intermediário favorecido (por meio da 1,2-enolização) pelas condições acíclicas. Por outro lado, em pH neutro, o composto mais prevalente é o 1-desoxi-hexosulose (por meio da 2-3-enolização).

Os compostos osonas sofrerão rápida desidratação, principalmente em altas temperaturas, podendo também se tornar cíclicas, do mesmo modo que as aldoses e as cetoses. À medida que a reação continua, principalmente em condições de pH ácido (i.e., a rota do 3-desoxiosona), o produto intermediário desidratado pode formar um anel, originando um derivado furano – derivado de uma hexose 5-hidroximetil-2-furaldeído, mais conhecido como hidroximetilfurfural (HMF) (Figura 3.23). Também aquele formado a partir de uma pentose é um furfural (furaldeído). Quando altas concentrações de compostos contendo grupos amina primários (tais como proteínas [ver Capítulo 5] com proporções mais altas de L-lisina) estão presentes, os produtos primários são os pirrazóis (produtos nos quais o átomo de oxigênio do anel do HMF e furfural é um átomo de nitro-

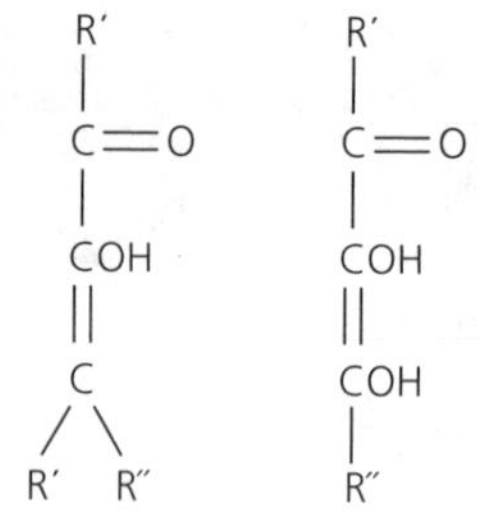

FIGURA 3.24 Dois dos vários tipos de estruturas das redutonas.

gênio, N–R). Sob condições neutras ou levemente alcalinas, formam-se produtos intermediários, chamados de redutonas, a partir de 1-desoxiosonas, com muitos dos produtos intermediários formados por meio dessa rota de modo semelhante àqueles formados durante as reações de caramelização (Seção 3.1.4.7). As redutonas são antioxidantes e, tendo em vista que elas podem estar envolvidas em reações redox, outros intermediários podem ser formados a partir das redutonas (Figura 3.24). Por exemplo, compostos furanona, incluindo o 4-hidroxi-5-metil-3(2H)-furanona – um componente do sabor da carne cozida produzido a partir das reações da ribose com as aminas –, são derivados da rota da 2,3-enolização. O maltol e o isomaltol (Figura 3.25), ambos contribuintes do sabor e do aroma do pão, têm sido propostos como potencialmente formados a partir da 1-desoxiosona por desidratação direta, apesar da substituição 4-O da 1-desoxiosona tanto por uma unidade de glicosila como de galactosila ser relatada para melhorar a formação de maltol.

As osonas (Figura 3.23) também poderão ser clivadas, tanto entre os dois grupos carbonila como no local de um enediol (−COH=COH−), formando produtos de cadeia curta, principalmente aldeídos, que podem sofrer várias reações. Uma reação importante de compostos dicarbonílicos (osonas e desoxiosonas) é a degradação de Strecker. A reação de um desses compostos com um α-aminoácido (R−CHNH$_2$−CO$_2$H) resulta primeiro na formação de uma base de Schiff, em seguida em descarboxilação (liberando CO$_2$), desidratação e eliminação para a produção de um aldeído com um átomo de carbono a menos que o aminoácido original. Os aldeídos produzidos a partir de aminoácidos costumam ser os principais contribuintes para a formação de aroma durante o escurecimento não enzimático, com o conjunto de aminoácidos impactando a natureza dos compostos do aroma produzidos. Entre os compostos importantes do aroma produzidos dessa forma estão o 3-metiltiopropanal (metional, CH$_3$−S−CH$_2$−CH$_2$−CHO), a partir da L-metionina; o fenilacetaldeído (Ph−CH$_2$−CHO), a partir da L-fenilalanina; o metilpropanal ((CH$_3$)$_2$−CH−CHO), a partir da L-valina; o 3-metilbutanal ((CH$_3$)$_2$−CH−CH$_2$−CHO), a partir da L-leucina; e o 2-metilbutanol ((CH$_3$−CH$_2$)(CH$_3$)−CH−CHO), a partir da L-isoleucina.

O terceiro estágio da reação de Maillard envolve a formação de pigmentos marrons ou pretos, de alta massa molecular, e compostos do aroma e do sabor, heterocíclicos, a partir dos produtos intermediários. Os compostos carbonila reativos (HMF, furfural e outras carbonilas) e compostos contendo grupos amina (primariamente aminoácidos) polimerizam-se, formando uma

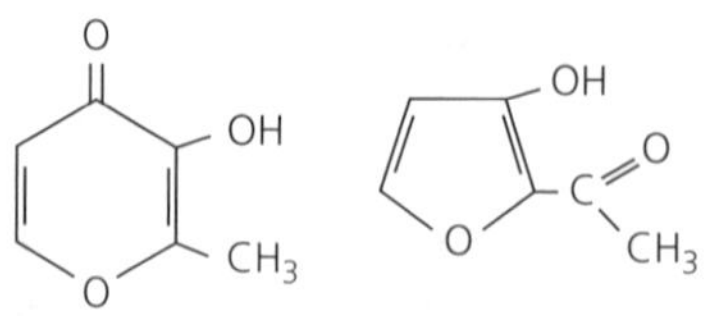

FIGURA 3.25 Maltol e isomaltol.

mistura de polímeros contendo nitrogênio, de cor escura, insolúveis, chamados coletivamente de **melanoidinas**. A variedade de pigmentos formados surge da diversidade de produtos intermediários e da matriz de reações de condensação possíveis. Alguns intermediários contêm nitrogênio, outros contêm somente átomos de carbono, hidrogênio e oxigênio. Todas as melanoidinas contêm anéis aromáticos e ligações duplas conjugadas, mas variam em cor (marrom até preto), massa molecular, conteúdo de nitrogênio e solubilidade.

Outros produtos da reação de escurecimento de Maillard são as proteínas modificadas. As modificações de proteínas são o resultado, principalmente, de sua reação (especialmente reações das cadeias laterais das unidades de L-lisina e L-arginina) com compostos que contêm grupos carbonila, como açúcares redutores, osonas, furfural, HMF e derivados pirrólicos. Por exemplo, a reação do grupo ε-amina de uma unidade de L-lisina em uma molécula de proteína, seguida de um rearranjo de Amadori, converte a unidade de L-lisina em uma unidade de N-frutofuranosil-lisina. Reações posteriores resultam em um furano substituído e em um anel pirrol, tendo sido formados a partir da unidade de frutofuranosil e ligados à molécula de proteína. Reações desse gênero destroem o aminoácido. Sendo a lisina um aminoácido essencial, sua destruição por essa via reduz a qualidade nutricional do alimento. Perdas de 15 a 40% de lisina e arginina em alimentos grelhados e assados são comuns.

A mistura de produtos de Maillard formados é uma função de temperatura, tempo, pH, natureza dos açúcares redutores e natureza dos compostos amino, pelas razões a seguir. Diferentes açúcares sofrem escurecimento não enzimático em velocidades diferentes. A reatividade do grupo carbonila é diferente de acordo com as seguintes regras: aldoses geralmente reagem mais com aminoácidos do que cetoses, ao passo que compostos α-dicarbonilas são até mais reativos do que aldoses. Entretanto, alguns estudos têm demonstrado que a D-frutose é afetada pela reação de escurecimento de Maillard mais rapidamente do que a D-glicose [16a]. A reatividade segue a ordem trioses > tetroses > pentoses > hexoses > dissacarídeos. Apesar de a sacarose ser um açúcar não redutor (Seção 3.2.3), ela pode ser degradada a frutose e glicose durante o aquecimento e ainda contribuir consideravelmente para as reações de escurecimento de Maillard. Compostos amino exibem reatividade variável de acordo com sua basicidade. Íons de amônio reagem com açúcares redutores mais rapidamente do que com aminas, e aminas secundárias originam diferentes produtos. Enquanto proteínas, peptídeos e aminoácidos podem todos participar na reação de Maillard, a reatividade das proteínas se deve principalmente ao grupo ε-amina da lisina, apesar de o grupo guanidila da arginina e o grupo tiol da citeína poderem reagir da mesma forma.

A protonação do átomo de oxigênio do grupo carbonila aumenta sua reatividade, ao passo que a protonação do grupo amina reduz sua reatividade. Assim, o pH é importante no controle da extensão da reação. A velocidade de reação é máxima em um meio levemente ácido para uma reação com aminas e em meio levemente básico para reação com aminoácidos (ver Seção 5.2). Como essa reação tem uma energia de ativação relativamente alta, a aplicação de calor geralmente se faz necessária. A velocidade da reação de Maillard também é uma função da atividade de água (a_a) do produto alimentício, atingindo seu máximo a valores de a_a por volta de 0,6 a 0,7. Sendo assim, para alguns alimentos, o escurecimento de Maillard pode ser monitorado pelo controle da atividade de água, do mesmo modo que pelo controle da concentração de reatantes, do tempo, da temperatura e do pH. O dióxido de enxofre e os íons bissulfito reagem com grupos aldeído, formando compostos de adição e, desse modo, inibem a reação de Maillard pela remoção de, ao menos, alguns dos reagentes (açúcares redutores, HMF, furfural, etc.). A cor, o sabor e o aroma são, por sua vez, determinados pela mistura de produtos. As variáveis das reações que podem ser controladas para aumentar ou diminuir a reação de escurecimento de Maillard são as seguintes: (1) temperatura (sua redução diminui a velocidade da reação) e tempo na temperatura; (2) pH (diminuindo-se o pH, diminui-se a velocidade da reação); (3) ajuste do conteúdo de água (a velocidade máxima da reação ocorre com atividades de água entre 0,6 e 0,7 [≈ 30% de umidade]);

(4) açúcar específico; e (5) presença de íons de metais de transição que, sob condições energéticas favoráveis, sofrem oxidação de um elétron, como os íons Fe^{2+} e Cu^+ (uma reação de radical livre pode ser envolvida perto do final do processo de formação do pigmento).

Em resumo, produtos do escurecimento de Maillard, incluindo polímeros solúveis e insolúveis, são encontrados quando açúcares redutores e aminoácidos, proteínas e/ou outros compostos que contêm nitrogênio são aquecidos juntos, por exemplo, no molho de soja e na crosta do pão. O escurecimento é desejável na panificação (p. ex., na crosta do pão e em biscoitos) e em carnes grelhadas. Os compostos voláteis, produzidos pela reação de escurecimento não enzimático (reação de Maillard) durante a panificação, a fritura ou em grelhados, costumam proporcionar aromas desejáveis. Os produtos da reação de Maillard também são contribuintes importantes do sabor do leite com chocolate, do caramelo, de balas macias e do doce de leite, nos quais ocorre reação dos açúcares redutores com as proteínas do leite. A reação de Maillard também produz sabores, sobretudo em substâncias amargas, as quais podem ser desejáveis (p. ex., no café). Por outro lado, a reação de Maillard pode resultar em compostos de sabor e aroma indesejáveis, que são comumente produzidos durante a pasteurização ultrarrápida do leite, na estocagem de alimentos desidratados e na produção de grelhados de carne ou peixe. Em geral, a aplicação de calor é necessária para a ocorrência de escurecimento não enzimático em alimentos de umidade intermediária.

3.1.4.7 Caramelização [3,67]

O aquecimento de carboidratos, em particular da sacarose (Seção 3.2.3) e de açúcares redutores, em ausência de compostos nitrogenados, promove um complexo grupo de reações conhecidas como caramelização. A reação é facilitada por pequenas quantidades de ácidos e alguns sais. Ainda que não envolva aminoácidos e proteínas como reatantes, a caramelização é similar ao escurecimento não enzimático. O produto final – o caramelo –, como no escurecimento da reação de Maillard, contém uma mistura complexa de compostos poliméricos, formados a partir de compostos cíclicos (anéis de cinco e seis elementos) insaturados. Além disso, assim como no escurecimento de Maillard, também são formados compostos de aroma e sabor. O aquecimento causa desidratação da molécula de açúcar com a introdução de ligações duplas ou a formação de anéis anidro (Figura 3.20). Assim como na reação de Maillard, formam-se intermediários, como 3-desoxiosonas e furanos. Os anéis insaturados podem condensar para formar polímeros úteis, com duplas ligações conjugadas, de coloração marrom. Os catalisadores aumentam a velocidade das reações, sendo usados para conduzir a reação para obtenção de tipos específicos de cor do caramelo, bem como sua solubilidade e acidez.

Os produtos de caramelização são fabricados comercialmente para servirem tanto como corantes quanto como aromatizantes. Na produção de caramelo, um carboidrato é aquecido isoladamente ou na presença de um ácido, uma base ou um sal. O carboidrato mais utilizado é a sacarose, mas a D-frutose, a D-glicose (dextrose), o açúcar invertido (ver Seção 3.2.3), os xaropes de glicose, os xaropes ricos em frutose (ver Seção 3.3.6.9), os xaropes de malte e os melados também podem ser utilizados. Podem ser utilizados ácidos de grau alimentício, como os ácidos sulfúrico, sulfuroso, fosfórico, acético e cítrico. As bases que podem ser utilizadas são os hidróxidos de amônio, sódio, potássio e cálcio. Os sais que podem ser usados são carbonatos de amônio, sódio e potássio, bicarbonatos, fosfatos (mono e dibásicos), sulfatos e bissulfitos. Assim, existe um grande número de variáveis, incluindo a temperatura, na produção de caramelo. A amônia pode reagir com intermediários, como 3-desoxiosonas, produzidos por termólise, a fim de produzir derivados de pirazinas e imidazóis (Figura 3.26).

Existem quatro classes de caramelo reconhecidas, e em todas pode-se empregar um ácido ou uma base durante a preparação, além das condições específicas a seguir descritas, para cada classe. O caramelo da classe I (também chamado de **caramelo claro** ou **caramelo cáustico**) é preparado aquecendo-se um carboidrato sem amônia ou sem íons sulfito. O caramelo da classe II (também chamado de **caramelo sulfito cáustico**) é preparado pelo aquecimento de um carboidrato

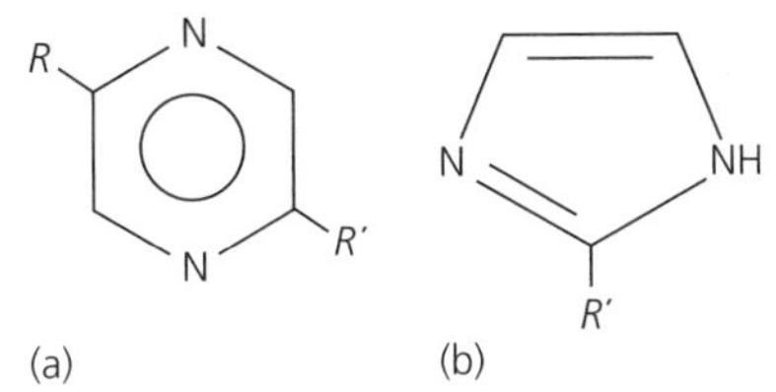

FIGURA 3.26 Pirazina (a) e imidazol (b) formados durante a caramelização, na presença de amônia. $R = -CH_2-(CHOH)_2-CH_2OH$, $R' = -(CHOH)_3-CH_2OH$.

em presença de um sulfito, mas em ausência de qualquer íon amônia. Esse caramelo, que é usado para adicionar cor a cervejas e outras bebidas alcoólicas, é marrom avermelhado e contém partículas coloidais com cargas fracamente negativas, apresentando um pH em solução de 3 a 4. O caramelo da classe III (também conhecido como **caramelo de amônio**) é preparado pelo aquecimento de um carboidrato em presença de uma fonte de íons amônia, mas sem a presença de íons sulfito. Esse caramelo é marrom avermelhado, sendo usado em produtos de panificação, xaropes e pudins. Ele contém partículas coloidais com cargas positivas, apresentando pH em solução de 4,2 a 4,8. O caramelo de classe IV (também chamado de **caramelo de sulfito amônio**) é preparado pelo aquecimento de um carboidrato em presença tanto de sulfito como de íons amônio. Esse caramelo, que é usado em refrigerantes à base de cola, outras bebidas ácidas, xaropes, temperos secos, assados, doces e rações, é marrom, contém partículas coloidais com carga negativa e apresenta pH em solução de 2 a 4,5. Nesse caso, um sal ácido catalisa a clivagem da ligação glicosídica da sacarose, e o íon amônia participa da reação com os açúcares redutores liberados para produzirem o rearranjo de Amadori (rearranjo de Heyns, no caso das cetoses) (ver Seção 3.1.4.6). Em todos os quatro tipos de caramelo, os pigmentos são moléculas poliméricas grandes, com estruturas complexas, variadas e desconhecidas. São esses polímeros que formam as partículas coloidais. Sua velocidade de formação aumenta com o aumento da temperatura e do pH. A caramelização também pode ocorrer durante o cozimento ou a panificação, principalmente na presença de açúcar. Isso pode ocorrer em paralelo com o escurecimento não enzimático (Maillard), durante o processamento de alimentos no qual tanto açúcares re-

dutores quanto aminas estão presentes, como na preparação de chocolate e bombons.

3.1.4.8 Formação de acrilamida em alimentos [2,24,27,57,78,81]

A reação de Maillard tem sido implicada na formação de acrilamida, em muitos alimentos que foram aquecidos a altas temperaturas, durante processamento ou preparação. Níveis de acrilamida (geralmente < 1,5 ppm) têm sido observados em diversos alimentos que foram elaborados por fritura, panificação, produtos extrusados, assados ou outros tipos de processo com temperatura elevada, durante produção ou preparação (Tabela 3.3). A acrilamida não é detectada em alimentos que não foram aquecidos ou naqueles preparados por fervura em água, como batatas cozidas em água, pois a temperatura de cozimento não atinge valores acima de ≈ 100 °C. A acrilamida não é detectada, ou é encontrada apenas em níveis muito baixos, em frutas enlatadas ou congeladas, vegetais e produtos de proteína vegetal (hambúrgueres vegetais e produtos relacionados), com exceção das azeitonas maduras picadas, nas quais foram medidos níveis variando de 0 a 1.925 ppb. (*Nota*: a acrilamida é conhecida por ser neurotóxica em doses muito mais altas do que as encontradas em alimentos. Não existe evidência direta de que a acrilamida cause câncer ou apresente qualquer outro efeito fisiológico em seres humanos nas quantidades usuais das dietas. Entretanto, esforços são feitos para reduzir os níveis de acrilamida em alimentos, que são tomados a partir da compreensão de sua origem.)

Usando-se um sistema-modelo de composição variada de açúcares e aminoácidos, demonstrou-se que a acrilamida deriva, principalmente, da reação de segunda ordem entre açúcares redu-

TABELA 3.3 Variação da concentração de acrilamida encontrada em produtos alimentícios que contêm essa substância em níveis elevados

Alimento	Acrilamida, ppb[a]
Pães	24–130
Cereais matinais (prontos para consumo)	11–1.057
Chocolates	0–74
Café (moído, não coado)	64–319
Café descafeinado (moído)	27–351
Café com chicória	380–609
Biscoitos	34–955
Bolachas tipo "*crackers*"	26–1.540
Batatas fritas	109–1.325
Chips de batata	117–2.762[b]
Pretzels	46–386
Chips de tortilhas	130–196

[a]Os valores extremos, sobretudo os valores muito altos, costumam representar apenas um pequeno número de produtos amostrados.
[b]Uma amostra de *chips* de batata-doce continha 1.570 ppb de acrilamida, e uma amostra de *chips* de legumes continha 1.970 ppb.
Fonte: Center for Food Safety and Applied Nutrition, U.S. Food and Drug Administration, Silver Spring, MD. (The European Safety Authority também monitora as quantidades de acrilamida em alimentos e a exposição a ela por grupos etários.)

tores (via carbonila) e o grupo α-amino da L-asparagina livre [81] (ver Seção 5.2) (Figura 3.27). A reação necessita da presença dos dois substratos e ocorre principalmente por meio de uma base intermediária de Schiff, que, então, sofre descarboxilação, seguida pela clivagem da ligação carbono-carbono para formar a acrilamida. Os átomos de acrilamida são originados da L-asparagina. Apesar de a acrilamida não ser um produto favorecido por essa complexa série de reações (eficiência de reação ≈ 0,1%), ela é capaz de se acumular a níveis detectáveis em produtos alimentícios sujeitos a aquecimento prolongado em altas temperaturas.

As rotas de reação para a formação de acrilamida em sistemas complexos de alimentos são mais complicadas, e vão além de reação direta de açúcares redutores com a asparagina. Produtos derivados da fritura de batatas – como batatas *chips* e batatas fritas em tiras – são notadamente mais suscetíveis à formação de acrilamida por conterem tanto D-glicose quanto L-asparagina livres. As batatas podem acumular açúcares livres durante a estocagem (particularmente em temperaturas de refrigeração, i.e., 3–4 °C), sendo o amido convertido primeiro a sacarose e, depois, a D-glicose e D-frutose. Comercialmente, uma solução de D-glicose é aplicada para branquear as tiras de batata antes da fritura parcial inicial (antes do congelamento), tanto por imersão quanto por aspersão, para otimizar e padronizar o desenvolvimento da cor da batata durante a fritura final. No caso da batata frita em tiras, acredita-se que os produtos intermediários do escurecimento de Maillard (i.e., desoxi-hexosuloses, compostos dicarbonila, etc.; ver Seção 3.1.4.6) gerados durante as reações iniciais dos açúcares redutores e das aminas (i.e., aminoácidos, peptídeos, proteínas) sofram reação com a asparagina e contribuam significativamente para a formação da acrilamida [53]. Levando-se em conta os níveis de substrato, bem como os gradientes de umidade e temperatura durante o processo de fritura, desenvolveu-se um modelo cinético para predição dos níveis de acrilamida no produto final. Somente 0,6% da asparagina total, consumida nas reações em fritura à alta temperatura das batatas em tiras, foi convertida em acrilamida. Ainda, a D-glicose contribui mais para a formação da cor e menos para a formação

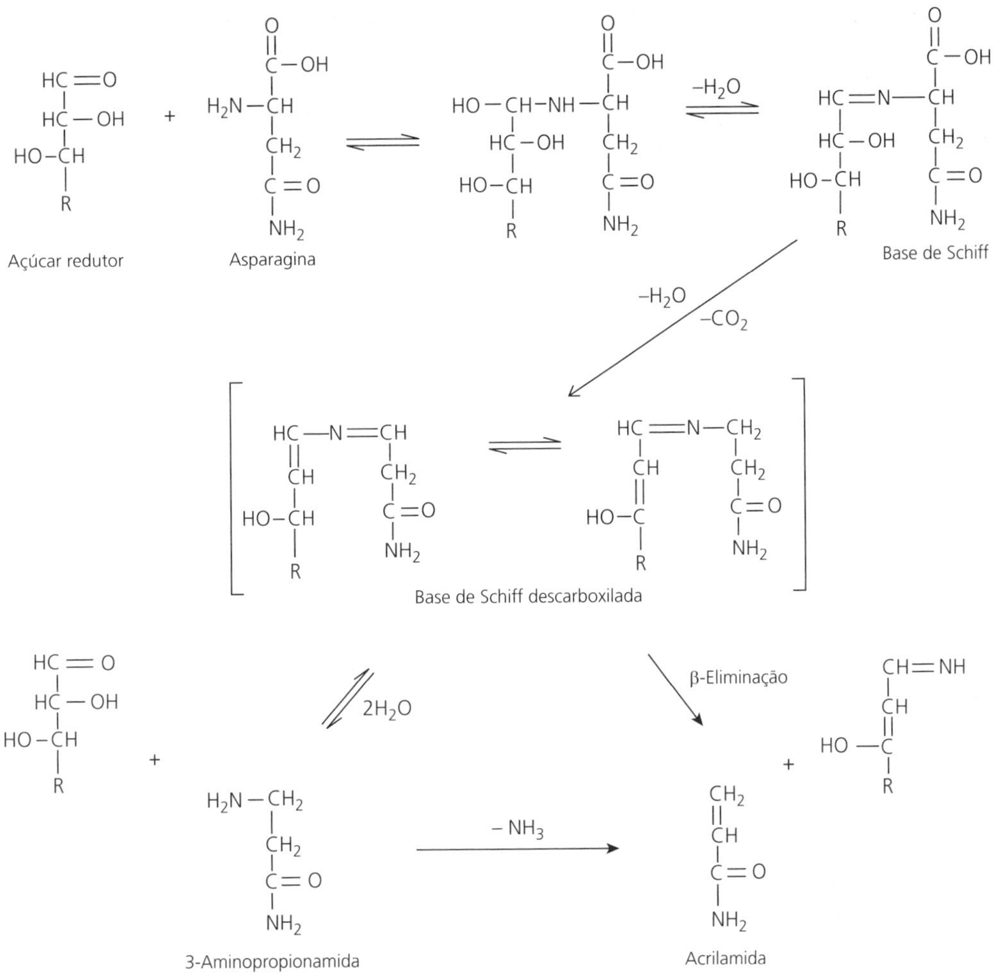

FIGURA 3.27 Mecanismo proposto para a formação de acrilamida em alimentos. (Adaptada de Parker, J.K. et al., *J. Agric. Food Chem.*, 60, 9321, 2012; Zyzak, D.V. et al., *J. Agric. Food Chem.*, 51, 4782, 2003.)

de acrilamida do que a D-frutose, que produz efeitos opostos [29].

A formação de acrilamida requer uma temperatura mínima de 120 °C; ou seja, ela não pode ocorrer em alimentos de alto conteúdo de umidade, sendo cineticamente favorecida pelo aumento da temperatura a ≈ 200 °C. Com a elevação do aquecimento a temperaturas acima de 200 °C, os níveis de acrilamida podem decrescer por meio de reações de eliminação/degradação térmica. Esses níveis de acrilamida em alimentos também são influenciados pelo pH: a formação de acrilamida é favorecida pelo aumento do pH acima da faixa entre 4 e 8. Considera-se que a redução da formação de acrilamida na faixa ácida deve-se, em parte, à protonação do grupo α-amino da asparagina, reduzindo seu potencial nucleofílico. Além disso, a acrilamida parece sofrer aumento das taxas de degradação térmica com a diminuição do pH. A concentração de acrilamida aumenta rapidamente nos estágios tardios de um processo prolongado de aquecimento, uma vez que ocorre perda de água da superfície do alimento, permitindo o aumento da temperatura acima de 120 °C. Produtos com alta área superficial, como os *chips* de batata, estão entre os alimentos processados em alta temperatura que exibem as maiores concentrações de acrilamida. Desse modo, a área exposta de um alimento pode ser um fator adicional, desde que os substratos reatantes e as temperaturas de processamento sejam suficientes para a formação de acrilamida.

Os esforços para minimizar a formação de acrilamida em alimentos costumam envolver uma ou mais das três estratégias a seguir: (1) remoção de um ou de ambos os substratos; (2) alteração das condições de processamento, incluindo coadjuvantes tecnológicos; e (3) remoção da acrilamida do alimento após sua formação. Por meio do branqueamento ou da maceração em água, é possível atingir mais de 60% de redução na concentração de acrilamida em produtos processados de batata, por meio da remoção de substratos reatantes (açúcares redutores e asparagina livre). A modificação dos reatantes (protonação da asparagina pela diminuição do pH, ou conversão da asparagina a ácido aspártico com a asparaginase), a adição de substratos competidores que não produzem acrilamida (p. ex., outros aminoácidos ou proteína que não a asparagina) e a incorporação de sais têm demonstrado diminuir a formação de acrilamida. Quando possível, um melhor controle ou a otimização das condições de processamento térmico (relação temperatura/tempo) também podem trazer benefícios no sentido de minimizar a concentração de acrilamida. Parece provável que a combinação de métodos de diminuição deverá ser necessária para efetivamente limitar a formação de acrilamida nos produtos alimentícios, sendo possível que os métodos empregados variem em função da natureza e das necessidades de um sistema alimentar em particular.

Embora até o presente momento os estudos não tenham revelado associação entre consumo de acrilamida em alimentos e risco de câncer, continuam sendo desenvolvidos estudos sobre carcinogenicidade em longo prazo, mutagenicidade e neurotoxicidade, junto a esforços para redução da formação de acrilamida durante o processamento e a preparação de alimentos.

3.1.5. Resumo

- Monossacarídeos são carboidratos que não podem ser clivados por hidrólise em unidades de carboidratos menores.
- Os monossacarídeos são definidos como poli-hidroxi aldeídos ou cetonas (forma linear ou cíclica), mas podem assumir a estrutura cíclica para formar anéis cíclicos intramoleculares (forma hemiacetal).
- Os monossacarídeos individuais são definidos e diferenciados por:
  - Número de átomos de carbono (3–9 são mais comuns).
  - Natureza do grupo carbonila: aldeído (aldose) ou cetona (cetose).
  - Orientação dos grupos hidroxila em torno dos átomos de carbono quiral.
  - Orientação do grupo hidroxila ligado ao átomo de carbono quiral com o número mais alto: D e L.
  - Tipo de configuração do anel aromático (α vs. β), tamanho do anel (geralmente 5–6 elementos) e conformação do anel (p. ex., $^4C_1$ vs. $^1C_4$).
- Os monossacarídeos podem ser convertidos em glicosídeos (forma acetal), oxidados para formar ácidos carboxílicos (somente aldoses), reduzidos para formar alcoóis ou modificados para formar ésteres ou éteres carboxílicos.
- Os monossacarídeos reagem em altas temperaturas para formar pigmentos marrons, substâncias saborizantes e aromatizantes em certos alimentos por meio do escurecimento não enzimático (Maillard), e sofrem reações de caramelização.

3.2 OLIGOSSACARÍDEOS

Um oligossacarídeo contém entre 2 e 10 e, dependendo da definição, entre 2 e 20 unidades de açúcar, unidas por ligações glicosídicas. Quando uma molécula contém mais de 20 unidades, ela é um polissacarídeo.

Os **dissacarídeos** são glicosídeos nos quais a aglicona é uma unidade monossacarídica. Um composto que contém três unidades monossacarídicas é um **trissacarídeo**. Estruturas que contêm entre 4 e 10 unidades glicosil, lineares ou ramificadas, são **tetra**, **penta**, **hexa**, **hepta**, **octa**, **nona** e **decassacarídeos**, e assim sucessivamente. São poucos os oligossacarídeos de ocorrência natural. A maioria é produzida por hidrólise de polissacarídeos em unidades menores. Como as ligações glicosídicas fazem parte da estrutura acetal, elas sofrem hidrólise ácida em meio ácido e temperatura elevada.

3.2.1 Maltose

A maltose (Figura 3.28) é um exemplo de dissacarídeo. A extremidade redutora (costuma ser escrita à direita da molécula) tem um grupo aldeído potencialmente livre e, em solução, estará em equilíbrio com formas em anel de seis membros α e β, como já foi descrito para os monossacarídeos (ver Seção 3.1.2). Uma vez que O-4 está bloqueada pela ligação da segunda unidade glicopiranosil, um anel furanosídico não pode se formar. A maltose é um açúcar redutor, por ter seu grupo aldeído livre para reagir com oxidantes e, de fato, sofrer quase todas as reações, contanto que esteja presente como uma aldose livre (ver Seção 3.1.4).

A maltose é produzida pela hidrólise do amido com a enzima β-amilase (ver Seção 3.3.6.9). Na natureza, ela é encontrada raramente e apenas em plantas, sendo resultado da hidrólise parcial do amido. A maltose é produzida durante a germinação das sementes, em particular da cevada, e, comercialmente, pela hidrólise do amido, catalisada por enzimas específicas, usando a β-amilase de espécies de *Bacillus*, embora a β-amilase de sementes de cevada, soja e batata-doce também possa ser usada. A maltose é muito pouco usada como adoçante brando para alimentos. Essa substância é reduzida ao alditol maltitol, o qual é usado em chocolates sem açúcar (ver Seção 3.1.4.2).

3.2.2 Lactose

O dissacarídeo lactose (Figura 3.29) é encontrado no leite, principalmente na forma livre, e, em pequena quantidade, como um componente de oligossacarídeos superiores. A concentração da lactose no leite varia de 2,0 a 8,5% conforme a espécie de mamífero, sendo a primeira fonte de carboidratos para os mamíferos recém-nascidos. Os leites de vaca e de cabra contêm de 4,5 a 4,8%, e o leite humano, ≈ 7%. Em seres humanos, a lactose constitui 40% da energia consumida durante a fase de amamentação. Para utilização da energia da lactose, é necessária, primeiro, a hidrólise até os constituintes monossacarídicos, D-glicose e D-galactose, pois somente os monossacarídeos são absorvidos no intestino delgado. O leite também contém de 0,3 a 0,6% de oligossacarídeos que contêm lactose, muitos dos quais são importantes fontes de energia para o crescimento de diversas espécies de *Lactobacillus bifidus*, os quais são microrganismos predominantes da biota intestinal de crianças em fase de amamentação.

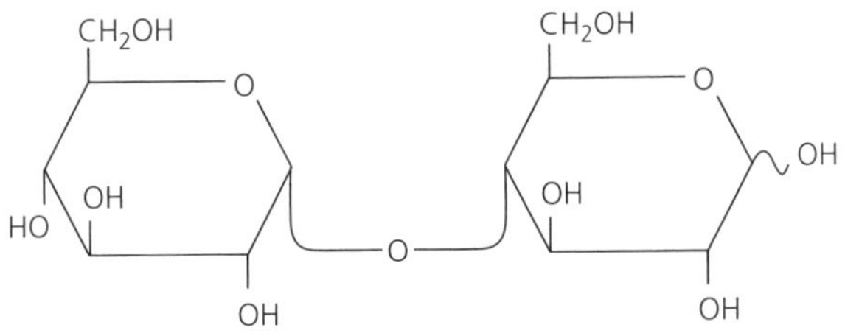

FIGURA 3.28 Maltose.

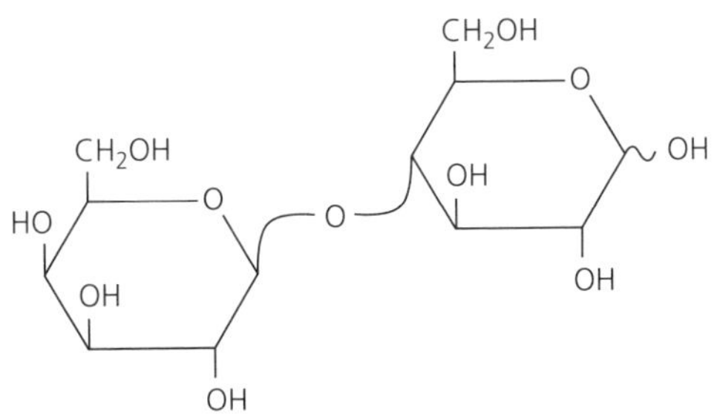

FIGURA 3.29 Lactose.

A lactose é ingerida por meio do leite e de outros produtos lácteos não fermentados, como o sorvete. Os produtos lácteos fermentados, como a maioria dos iogurtes e queijos, contêm menos lactose, pois, durante a fermentação, parte dela é convertida em ácido láctico. A lactose estimula a absorção intestinal e a retenção de cálcio, não sendo digerida até atingir o intestino delgado, onde a enzima lactase está presente. A lactase (uma β-galactosidase) é uma enzima ligada à membrana, localizada nas microvilosidades das células epiteliais do intestino delgado. Ela catalisa a hidrólise da lactose em seus monossacarídeos constituintes, D-glicose e D-galactose, os quais são rapidamente absorvidos, entrando na corrente sanguínea.

$$\text{Lactose} \xrightarrow{\text{lactase}} \text{D-glicose} + \text{D-galactose} \quad (3.3)$$

Se, por alguma razão, a lactose ingerida for hidrolisada apenas parcialmente (i.e., não for digerida por completo) ou, ainda, se não houver hidrólise, o indivíduo em particular estará diante de uma síndrome clínica chamada de intolerância à lactose. No caso de uma deficiência de lactase, parte da lactose persistirá no lúmen do intestino delgado. A presença de lactose tende a atrair fluidos para o lúmen por osmose. Esse fluido produz distensão abdominal e cólicas. Do intestino delgado, a lactose passa para o intestino grosso (colo), onde passa por uma fermentação bacteriana a ácido láctico (presente como ânion lactato) (Figura 3.30) e outros ácidos de cadeia curta. O aumento da concentração dessas moléculas, ou seja, o aumento da pressão osmótica, resulta em aumento da retenção de líquidos. Além disso, os produtos ácidos da fermentação reduzem o pH e irritam a superfície do colo, acarretando no aumento da movimentação do conteúdo intestinal. Os produtos gasosos da fermentação causam inchaço e cólicas.

A intolerância à lactose não costuma ser observada em crianças com idade inferior a 6 anos. Nesse ponto, a incidência de indivíduos com intolerância à lactose começa a crescer, aumentando durante a vida, com maior incidência em idosos. Tanto a incidência como o grau de intolerância à lactose variam entre os grupos étnicos, indicando que a presença ou a ausência de lactase está relacionada à genética.

Existem três maneiras de superar os efeitos da deficiência de lactase. Uma é a remoção da lactose por fermentação, como no iogurte e em outros produtos fermentados. Outra é a produção de leite com baixo teor de lactose, pela adição de lactase (ver Capítulo 6). No entanto, ambos os produtos da hidrólise, D-glicose e D-galactose, são mais doces do que a lactose, e, com ≈ 80% de hidrólise, a mudança de sabor começa a ficar evidente. Sendo assim, a maioria dos leites tem o seu teor de lactose reduzido até o mais próximo possível de 70%, limite estabelecido pelo governo. A terceira maneira é o consumo de β-galactosidase junto a produtos lácteos.

3.2.3 Sacarose [42,54]

A sacarose é composta de uma unidade de α-D-glicopiranosil e uma unidade de β-D-frutofuranosil unidas cabeça com cabeça (extremidade redutora com extremidade reduto-

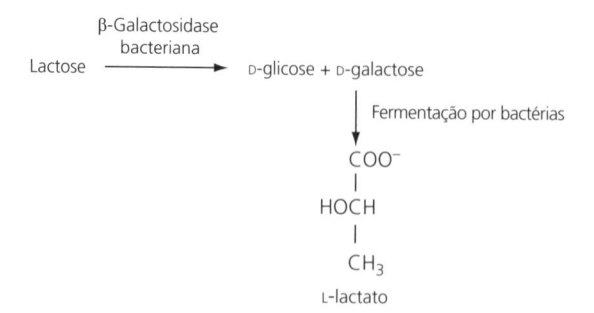

$$\text{Lactose} \xrightarrow{\substack{\beta\text{-Galactosidase} \\ \text{bacteriana}}} \text{D-glicose} + \text{D-galactose}$$

$$\downarrow \text{Fermentação por bactérias}$$

$$\begin{array}{c} COO^- \\ | \\ HOCH \\ | \\ CH_3 \end{array}$$

L-lactato

FIGURA 3.30 Destino da lactose no intestino grosso de indivíduos com deficiência de lactase.

ra), em vez da ligação mais frequente que é o tipo cabeça-cauda (Figura 3.31). Uma vez que não existe uma extremidade redutora livre, ela é classificada como açúcar não redutor.

Existem duas principais fontes de sacarose comercial: a cana-de-açúcar e a beterraba açucareira. Nesta, também se encontra um trissacarídeo, a rafinose, a qual possui uma unidade D-galactopiranosil ligada à sacarose, e um tetrassacarídeo, a **estaquiose**, a qual contém uma segunda unidade D-galactosil (Figura 3.32). Tais oligossacarídeos, também encontrados em feijões, não são digeríveis. Esses e outros carboidratos que não são completamente hidrolisados em monossacarídeos pelas enzimas do intestino não são absorvidos ao passarem pelo colo. Nesse ponto, eles são metabolizados por microrganismos, produzindo lactato e gases. Diarreia, inchaço e flatulência são decorrentes desse processo.

A sacarose tem uma rotação óptica específica de + 66,5°. A mistura equimolar de D-glicose e D-frutose, produzida pela hidrólise da ligação glicosídica que une os dois monossacarídeos, tem uma rotação óptica específica de −33,3°. Os primeiros pesquisadores a relatarem esse processo o chamaram de **inversão**, e a seu produto, de **açúcar invertido**.

A sacarose e muitos outros carboidratos de baixa massa molecular (p. ex., monossacarídeos, alditóis, dissacarídeos e outros oligossacarídeos de

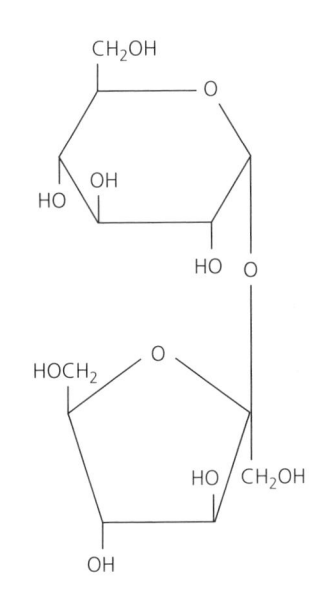

FIGURA 3.31 Sacarose.

αGal*p*(1 ⟶ 6)αGal*p*(1 ⟶ 6)αGlc*p*(1 ⟶ 2)Fru*f*

Sacarose

Rafinose

Estaquiose

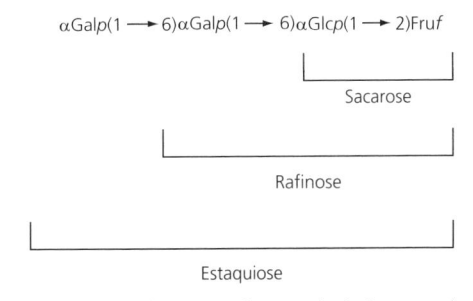

FIGURA 3.32 Sacarose, rafinose e estaquiose (para a explicação da designação das estruturas, ver Seção 3.3.1).

baixa massa molecular), devido à sua grande hidrofilicidade e solubilidade, podem produzir soluções bem concentradas com alta osmolalidade. Essas soluções, como exemplificado para o mel, não necessitam de conservantes, podendo ser usadas não somente como adoçantes (ainda que nem todos os xaropes de carboidratos precisem ter muita doçura), mas também como conservantes e umectantes.

Uma porção de água em qualquer solução de carboidrato não é congelável. Quando a água congelável cristaliza (i.e., forma gelo), a concentração de soluto na fase líquida remanescente aumenta, e o ponto de congelamento diminui. Há um aumento consequente de viscosidade da solução remanescente. Finalmente, a fase líquida se solidifica como um gel, no qual a mobilidade de todas as moléculas se torna restrita e as reações dependentes de difusão se tornam muito lentas (ver Capítulo 2); devido a essa restrição de mobilidade, as moléculas de água tornam-se não congeláveis, ou seja, não formam cristais. Desse modo, os carboidratos funcionam como crioprotetores, protegendo contra a desidratação que destrói a estrutura e a textura causada pelo congelamento.

A enzima sacarase-isomaltose do trato intestinal humano catalisa a hidrólise da sacarose em D-glicose e D-frutose, fazendo da sacarose um dos três carboidratos que o homem pode digerir e utilizar como energia; os outros dois são a lactose e o amido. Os monossacarídeos (D-glicose e D-frutose, os mais significativos para a dieta humana) não necessitam de transformação antes da absorção.

Um composto formado pela substituição dos oito grupos hidroxila da sacarose por átomos de cloro (sucralose) é um adoçante de alta intensidade (ver Capítulo 12). O processo também resulta na conversão da molécula nativa de glicose da sacarose em galactose.

3.2.4 Trealose [48]

Trealose é um dissacarídeo comercialmente disponível que compreende duas unidades de α-D-glicopiranosil unidas por meio de seus respectivos átomos de carbono anomérico (de modo similar à sacarose), sendo, assim, um açúcar não redutor. Embora não seja muito usado, atribuem-se a ele propriedades únicas quando usado em produtos alimentícios, devido principalmente à capacidade de estabilizar e proteger enzimas e outras proteínas durante o aquecimento e o congelamento; de reduzir a retrogradação de amido cozido; de estender a vida de prateleira de produtos de panificação; de preservar as estruturas celulares durante o congelamento; e de preservar sabores e aromas, principalmente durante o congelamento.

3.2.5 Ciclodextrinas [17,21,65]

As ciclodextrinas, formalmente conhecidas como dextrinas de Schardinger e cicloamiloses, estão compreendidas na família dos oligossacarídeos cíclicos, sendo compostas por unidades de α-D-glicopiranosil unidas por ligações (1→4) (Figura 3.33). Essas estruturas cíclicas são formadas a partir de polímeros de amido solúvel, parcialmente hidrolisados (Seção 3.3.6.9) pela ação da enzima ciclodextrina glicosiltransferase (também chamada **ciclomaltodextrina glicosiltransferase**) (ver Capítulo 6), que catalisa uma ciclização intramolecular de cadeias de polímeros de amido. As ciclodextrinas consistem em seis, sete ou oito unidades glicosil, referidas como α, β e γ-ciclodextrinas, respectivamente. Em esquemas de produção comercial, elas podem ser isoladas por cristalização seletiva (seguindo o tratamento do meio de reação com glicoamilase) ou precipitação diferencial envolvendo a adição de agente complexante (geralmente um solvente orgânico). As α, β e γ-ciclodextrinas são todas permitidas para uso em alimentos (são consideradas geralmente vistas como seguras [GRAS, do inglês *generally regarded as safe*] pelas normas regulatórias), mas apenas a β-ciclodextrina é utilizada em um grau apreciável, devido a seu baixo custo (em relação às outras duas, mas ainda alto) e suas funções já conhecidas.

As ciclodextrinas possuem uma forma de funil truncado com o núcleo ou a cavidade hidrofóbica e a superfície externa hidrofílica (Figura 3.34). A solubilidade das ciclodextrinas em água, que é atribuída à presença de grupos hidroxila em sua superfície molecular externa, é diferente entre os tipos α, β e γ (Tabela 3.4). A γ-ciclodextrina é a mais hidrossolúvel, seguida pela α-ciclodextrina; o tipo β, devido a uma

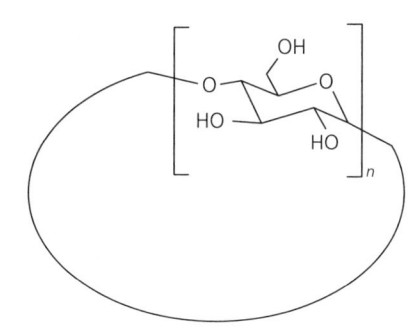

FIGURA 3.33 Estruturas químicas generalizadas de α-ciclodextrinas ($n = 6$), β-ciclodextrinas ($n = 7$) e γ-ciclodextrinas ($n = 8$).

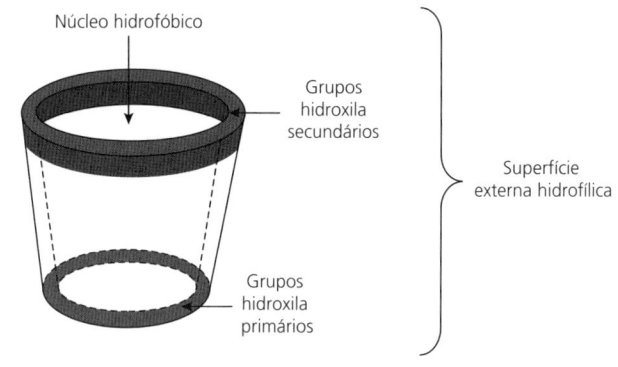

FIGURA 3.34 Representação da forma geométrica idealizada das ciclodextrinas.

extensa faixa de ligações de hidrogênio intramoleculares abrangendo a totalidade do perímetro molecular externo, possui a menor solubilidade em água. Em contrapartida, a cavidade interna possui um ambiente hidrofóbico para a formação de complexos por inclusão com moléculas hóspedes apolares, por meio de associações hidrofóbicas e outras não covalentes. O tamanho da cavidade interna aumenta com o aumento do número de unidades glicosil da ciclodextrina (γ > β > α) (Tabela 3.4). A capacidade de formar complexos é a propriedade mais significativa das ciclodextrinas, sendo a característica que direciona quase todas as suas aplicações em alimentos e industriais. Em sistemas alimentares, elas podem ser usadas para formar complexos com aromas, lipídeos e compostos de cor, para uma série de finalidades. As ciclodextrinas podem ser usadas para complexar com constituintes indesejáveis (tais como mascarar compostos de sabor e odor indesejável e sabor amargo, bem como a remoção de colesterol e ácidos graxos livres); estabilizar a oxidação química (p. ex., proteção de compostos de aroma, fixação de compostos fenólicos precursores de escurecimento enzimático); aumentar a solubilidade de compostos de aroma lipofílicos;

TABELA 3.4 Características químicas de α, β e γ-ciclodextrinas

Característica	α	β	γ
Número de unidades de glicosil	6	7	8
Massa molecular	972	1.135	1.297
Solubilidade (g/100 mL a 25 °C)	14,5	1,9	23,2
Diâmetro da cavidade (Å)	4,7–5,3	6,0–6,5	7,5–8,3

e melhorar a estabilidade física dos ingredientes de alimentos (encapsulação de voláteis, liberação controlada de sabores).

3.2.6 Resumo

- Os oligossacarídeos contêm de 2 a 20 unidades de monossacarídeos unidos entre si por meio de ligações glicosídicas.
- O oligossacarídeo mais abundante é o dissacarídeo sacarose. Ele é formado por D-glicose (uma aldose) como anel de seis elementos (piranose), ligada à D-frutose (uma cetose), na forma cíclica de cinco elementos (furanose), por meio de um átomo de carbono anomérico a uma ligação glicosídica de um átomo de carbono anomérico.

3.3 POLISSACARÍDEOS [12,18,72]

3.3.1 Estrutura química e propriedades dos polissacarídeos

Os **polissacarídeos** são polímeros de monossacarídeos. Assim como os oligossacarídeos, eles são compostos de unidades glicosil em arranjos lineares, mas a maioria deles apresenta muito mais do que as 10 ou 20 unidades glicosil, que são o limite dos oligossacarídeos. O número de unidades de monossacarídeos de um polissacarídeo, denominado **grau de polimerização** (DP, do inglês *degree of polymerization*), é variável. São poucos os polissacarídeos que possuem um DP menor do que 100; a maioria apresenta DP entre 200 e 3.000. Os maiores, como a celulose, possuem DP de 7.000 a 15.000. No amido, a amilopectina é ainda maior, tendo uma massa molecular média de 10^7 (DP > 60.000). Estima-se que mais de 90% da massa de carboidratos da natureza seja encontrada na forma de polissacarídeos. O termo científico genérico para o polissacarídeo é **glicano**.

Como ficou subentendido no parágrafo anterior, todos os polissacarídeos ocorrem numa faixa de massas moleculares – não aqueles de origens diferentes, mas sim aqueles oriundos de uma fonte específica. Essa margem referida de massas moleculares ocorre porque, diferentemente das proteínas, os polissacarídeos são sintetizados por enzimas sem a ajuda de um modelo de RNA.

O termo **polidisperso** é usado para descrever a amplitude de massas moleculares entre as cadeias de um conjunto de polissacarídeos; assim, cada molécula dentro de uma preparação de um determinado dependendo do polissacarídeo pode ter uma massa molecular (dependendo do DP) que é diferente daquela de qualquer outra molécula na preparação. Pela mesma razão, isto é, biossíntese sem a ajuda de um modelo, as estruturas químicas finas da maioria dos polissacarídeos também diferem de molécula para molécula. Para um determinado polissacarídeo, estruturas químicas finas podem variar em tipo, proporção e/ou distribuição das unidades de monossacarídeos, as ligações que formam as cadeias individuais e o número e a distribuição de grupos não carboidratos (se estiverem presentes). O termo que descreve essa característica é conhecido como **polimolecular**.

Se todas as unidades glicosídicas de um polissacarídeo forem do mesmo monossacarídeo, elas serão homogêneas quanto à unidade monomérica, sendo denominadas **homoglicanos**. Exemplos são a celulose (Seção 3.3.7), a amilose do amido (Seção 3.3.6.1), que é linear, e a amilopectina (Seção 3.3.6.2), que é ramificada. Todos os três são compostos somente por unidades D-glicopiranosil.

Quando o polissacarídeo é composto por duas ou mais unidades monossacarídicas diferentes, ele é um **heteroglicano**. Um polissacarídeo que possui duas unidades de monossacarídeos diferentes é um di-heteroglicano; se contém três unidades diferentes de monossacarídeos, é um tri-heteroglicano, e assim sucessivamente. Os di-heteroglicanos são, em geral, polímeros lineares de blocos de unidades similares que se alternam ao longo da cadeia, ou consistem em uma cadeia linear de um tipo de unidade glicosil, com uma segunda unidade presente como ramificação, apresentando uma unidade simples. Um exemplo do primeiro tipo é o alginato (ver Seção 3.3.11) e, do segundo, a goma guar e a goma locusta (ver Seção 3.3.8).

Na nomenclatura abreviada dos oligo e polissacarídeos, as unidades glicosil são designadas pelas três primeiras letras de seu nome (com a primeira letra maiúscula), exceto para a glicose, que é Glc. Se a unidade monossacarídica for de um D-açúcar, o D será omitido; somente

L-açúcares são, então, designados, por exemplo, LAra para L-arabinose. O tamanho do anel é designado em itálico, com *p* para piranose e *f* para furanose. A configuração anomérica é designada com α ou β, o que for apropriado; por exemplo, uma unidade α-D-glicopiranosil é indicada como α-Glc*p*. Os ácidos urônicos são designados com a letra maiúscula A; por exemplo, um ácido L-gulopiranosilurônico (ver Seção 3.3.11) é indicado como LGul*p*A. A posição das ligações pode ser designada por 1→3 ou 1,3; a primeira forma é utilizada por químicos de carboidratos, e a última é a designação mais usada por bioquímicos. Utilizando-se a nomenclatura abreviada, a estrutura da lactose é representada como β-Gal*p*(1→4)Glc ou β-Gal*p*1,4Glc, e a da maltose como α-Glc*p*(1→4)Glc ou α-Glc*p*1,4Glc. (As extremidades redutoras não podem ser designadas por α ou β, nem como um anel piranosídico ou furanosídico [exceto no caso de produtos cristalinos], pois o anel pode abrir e fechar; ou seja, em soluções de lactose e maltose e de outros oligo e polissacarídeos, a unidade da extremidade redutora ocorrerá como uma mistura de formas de anéis α e β piranosídicos e, também, na forma acíclica, com conversão rápida entre elas; ver Figura 3.12.)

3.3.2 Cristalinidade, solubilidade e crioestabilização de polissacarídeos

A maioria dos polissacarídeos contém unidades glicosil que, em média, possuem três grupos hidroxila. Cada um desses grupos tem a possibilidade de formar ligações de hidrogênio com uma ou mais moléculas de água. Além disso, o átomo de oxigênio do anel e o átomo de oxigênio que liga um anel de açúcar ao outro pode formar ligações de hidrogênio com a água. Como cada unidade de açúcar da cadeia tem a capacidade de reter moléculas de água, os glicanos possuem uma forte afinidade com a água, e a maioria se hidrata facilmente quando ela está disponível. Em sistemas aquosos, as partículas de polissacarídeos podem captar moléculas de água, inchar e, geralmente, passar por dissolução parcial ou completa.

Os polissacarídeos, assim como os carboidratos de baixa massa molecular, modificam e controlam a mobilidade da água em sistemas alimentares. A água desempenha um papel importante, influenciando as propriedades físicas e funcionais dos polissacarídeos. Os polissacarídeos e a água, juntos, controlam muitas propriedades funcionais dos alimentos, inclusive a textura.

A água de hidratação, que é naturalmente unida às moléculas de polissacarídeo por ligações de hidrogênio, costuma ser descrita como água não congelável, ou seja, a água cuja estrutura foi suficientemente modificada pela presença da molécula de polímero de maneira a não congelar. Essa água também tem sido chamada de **água plastificante**. Ainda que seus movimentos estejam retardados, elas podem trocar-se de maneira livre e rápida com outras moléculas de água. A água de hidratação compõe apenas uma pequena parte do total de água de géis e tecidos frescos de alimentos. A água que excede à de hidratação é retida em capilares de diversos tamanhos, no gel ou no tecido.

Os polissacarídeos são crioestabilizadores, mais do que crioprotetores. Eles não aumentam a osmolalidade nem diminuem o ponto de congelamento da água significativamente, uma vez que são moléculas grandes e de elevada massa molecular, e a pressão osmótica e a depressão do ponto de congelamento são propriedades coligativas. Quando uma solução de polissacarídeos é congelada, forma-se um sistema de duas fases, de água cristalina (gelo) e vítreo, consistindo de, talvez, 70% de moléculas de polissacarídeos e 30% de água não congelável. Como no caso das soluções de carboidratos de baixa massa molecular, a água não congelada faz parte de uma solução muito concentrada, na qual a mobilidade das moléculas de água é restrita pela viscosidade extremamente alta. Enquanto alguns polissacarídeos proporcionam crioestabilização, produzindo uma matriz congelada-concentrada que limita intensamente a mobilidade molecular, outros proporcionam crioestabilização, restringindo o crescimento de cristais de gelo, por adsorção ao núcleo ou aos sítios de crescimento do cristal. Na natureza, alguns polissacarídeos são nucleadores de gelo.

Dessa forma, tanto os carboidratos de baixa mssa molecular como os de alta massa molecular são efetivos em proteger alimentos estocados em temperaturas de congelamento (em geral, a

–18 °C) das trocas destrutivas de estrutura e textura, apresentando diferentes graus de efetividade. A melhor qualidade do produto e a estabilidade durante a estocagem são resultado do controle da quantidade (particularmente no caso dos carboidratos de baixa massa molecular) e do estado estrutural (particularmente no caso dos carboidratos poliméricos) da matriz congelada-concentrada amorfa que circunda os cristais de gelo.

A maioria dos polissacarídeos – senão todos, exceto os que têm forma arbustiva, com estruturas de ramificações sobre ramificações – existe em algum tipo de forma helicoidal. Alguns homoglicanos lineares, como a celulose (ver Seção 3.3.7), possuem estruturas planas em forma de fita. Cada uma das cadeias lineares uniformes se liga por ligações de hidrogênio à outra, e assim sucessivamente, formando zonas cristalinas separadas por zonas amorfas (Figura 3.35). A cristalinidade das cadeias lineares confere às fibras de celulose, assim como às fibras de madeira e de algodão, sua grande força, sua insolubilidade e sua resistência à ruptura; esta última ocorre porque as regiões cristalinas são quase inacessíveis à penetração de enzimas. Esses polissacarídeos com elevado grau de orientação e cristalinidade são exceções. A maioria deles não é tão cristalina, hidrata-se com facilidade e se dissolve em água.

Os di-heteroglicanos não ramificados, que contêm blocos não uniformes de unidades glicosil, e, ainda, a maioria dos polissacarídeos ramificados não podem formar micelas, pois suas cadeias não podem se empacotar intimamente no comprimento necessário para que se formem ligações intermoleculares fortes e, então, zonas cristalinas consideráveis. Dessa forma, essas cadeias têm o seu grau de solubilidade aumentado à medida que são menos hábeis em se aproximar. Em geral, os polissacarídeos se tornam mais solúveis em proporção ao grau de irregularidade das cadeias moleculares, o que é outra forma de dizer que, quanto maior for a dificuldade de aproximação das moléculas, maior será sua solubilidade.

Polissacarídeos solúveis em água e polissacarídeos modificados, usados em alimentos ou

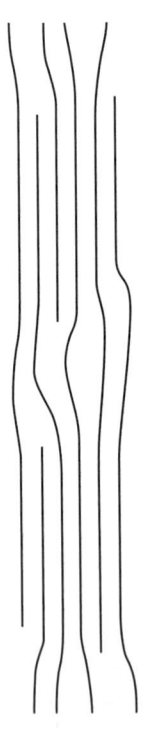

FIGURA 3.35 Regiões cristalinas nas quais as cadeias se encontram paralelas e ordenadas, separadas por regiões amorfas.

em outras aplicações industriais, são divididos em duas categorias: (1) amidos nativos e modificados e (2) polissacarídeos não amiláceos, conhecidos como **hidrocoloides** ou **gomas alimentares**. Os hidrocoloides são vendidos na forma de pó, com tamanho variado das partículas. Os polissacarídeos não amiláceos são também componentes majoritários das dietas fibrosas (ver Seção 3.4).

3.3.3 Viscosidade e estabilidade de soluções de polissacarídeos [39,49,55,72]

Os polissacarídeos (gomas, hidrocoloides) são utilizados em alimentos, principalmente, para espessar e/ou gelificar soluções aquosas e, ainda, para modificar e/ou controlar as propriedades de fluxo e a textura de produtos líquidos, e também as propriedades de deformação de produtos semissólidos. Os polissacarídeos não amiláceos são geralmente usados em produtos alimentícios em baixas concentrações, de 0,10 a 0,50%, indicando sua grande capacidade de produzir viscosidade e formar géis.

A viscosidade da solução de um polímero é função do tamanho e da forma de suas moléculas e da conformação que venham a adotar no solvente. Em alimentos e bebidas, o solvente é uma solução aquosa de outros solutos. A forma das moléculas dos polissacarídeos em solução é função das rotações em torno das ligações das uniões glicosídicas. Quanto maior for a liberdade interna em cada ligação glicosídica, maior o número de conformações disponíveis para cada segmento. A flexibilidade da cadeia proporciona um forte estado entrópico, o qual costuma superar considerações energéticas, induzindo a cadeia a adotar formas desordenadas ou orientação aleatória (Figura 3.36) em solução aquosa. Entretanto, a maioria dos polissacarídeos exibe desvios do estado de orientação aleatória estrito, formando hélices rígidas, geralmente com segmentos helicoidais, sendo a natureza específica das hélices uma função da composição e das ligações dos monossacarídeos.

O movimento de polímeros lineares em solução aumenta o espaço ocupado. Quando colidem entre si ou sofrem sobreposição de seus respectivos domínios, eles criam fricção, consomem energia e, desse modo, produzem viscosidade. Os polissacarídeos lineares produzem soluções altamente viscosas, ainda que em baixas concentrações. A viscosidade depende, ao mesmo tempo, do DP (que é relacionado à massa molecular), da forma e da flexibilidade da cadeia polimérica solvatada; as maiores, mais alongadas e/ou com moléculas mais rígidas produzem a maior viscosidade. Em relação ao DP, as preparações de carboximetilcelulose (CMC) (ver Seção 3.3.7.2) podem ter soluções viscosas a uma concentração de 2%, que pode variar de < 5 até > 100.000 mPa s. Um produto com alto grau de viscosidade provavelmente seria usado se o espessamento do produto fosse o atributo desejado, ao passo que um produto com baixo grau de viscosidade seria usado se fosse desejável ter mais sólidos em solução,

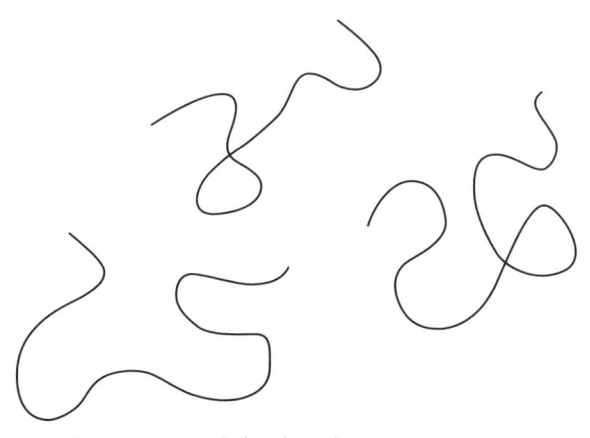

FIGURA 3.36 Moléculas de polissacarídeos enroladas aleatoriamente.

como a formação de um filme ou para melhorar o paladar.

Um polissacarídeo altamente ramificado pode ocupar muito menos espaço do que um polissacarídeo linear com mesma massa molecular ou DP (Figura 3.37). Como resultado, as moléculas altamente ramificadas colidirão com menos frequência e produzirão uma viscosidade muito menor que a de moléculas lineares de mesmo DP. Isso também implica que polissacarídeos bastante ramificados devem ser muito maiores que polissacarídeos lineares para produzirem a mesma viscosidade, na mesma concentração.

Do mesmo modo, os polissacarídeos de cadeias lineares exibindo apenas um tipo de carga iônica (quase sempre uma carga negativa resultante dos grupos ionizados carboxila e semiéster sulfato) assumem uma configuração estendida devido à repulsão das cargas de mesmo sinal, aumentando o comprimento da cadeia e, então, aumentando o espaço ocupado pelo polímero. Desse modo, esses polímeros tendem a produzir soluções de alta viscosidade.

Os glicanos não ramificados, com estruturas de unidades repetidas, formam dispersões aquosas instáveis que precipitam ou gelificam rapidamente. Isso ocorre com segmentos de moléculas longas que colidem e formam ligações intermoleculares que excedem a distância de algumas unidades. Então, os alinhamentos iniciais curtos se estendem em forma de zíper, de modo a aumentar a força das associações intermoleculares. Outros segmentos de outras cadeias, que colidem com esse núcleo organizado, ligam-se a ele, aumentando o tamanho da fase ordenada e cristalina. As moléculas lineares continuam a se ligar, de modo a formar uma micela que pode atingir um tamanho no qual as forças gravitacionais causam precipitação. Por exemplo, a amilose, quando dissolvida em água aquecida e então resfriada abaixo de 65 °C, sofre agregação molecular e precipita, um processo chamado de **retrogradação**. Durante o resfriamento do pão e de outros produtos de panificação, as moléculas de amilose se associam para gerar firmeza. Em tempos longos de estocagem, as ramificações da amilopectina associam-se (e podem produzir cristalização parcial), produzindo endurecimento (ver Seção 3.3.6.7).

Em geral, as moléculas de homoglicanos neutros, não ramificados, possuem a tendência inerente de se associar e cristalizar parcialmente. Entretanto, quando os glicanos lineares são derivados, ou caso ocorra derivação natural – assim como na goma guar (ver Seção 3.3.8), que possui unidades glicosil simples ao longo de uma cadeia central –, seus segmentos da cadeia não se associam, resultando em uma solução estável.

Soluções estáveis também são formadas em cadeias lineares que contêm grupos carregados,

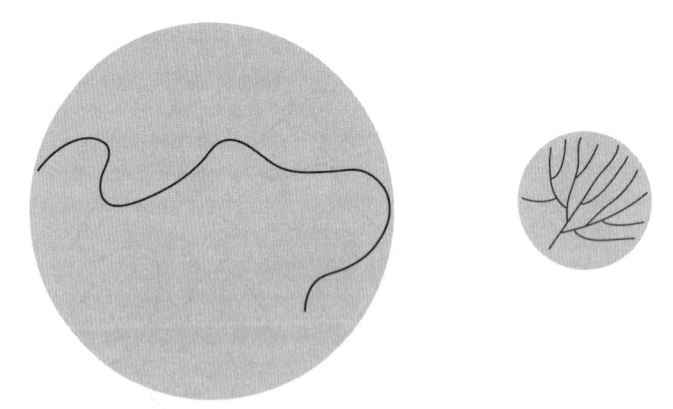

FIGURA 3.37 Volumes relativos ocupados por um polissacarídeo linear e um polissacarídeo altamente ramificado de mesma massa molecular.

de modo que as repulsões de Coulomb previnem a aproximação de um segmento ao outro. Como já mencionado, a repulsão de cargas pode causar uma extensão das cadeias, proporcionando alta viscosidade. Essas soluções estáveis de alta viscosidade são vistas no alginato de sódio (ver Seção 3.3.11) – em que cada unidade glicosil é uma unidade de ácido urônico que contém um grupo carboxilato ionizado, com carga negativa – e na goma xantana (ver Seção 3.3.9) – em que uma das cinco unidades glicosil é uma unidade de ácido urônico, e um grupo carboxilado adicional de um acetal cíclico de ácido pirúvico está presente com uma frequência de cerca de 1 para cada 10 unidades monossacarídicas. Todavia, se o pH de uma solução de alginato for reduzido a 3, o que causa um aumento na proporção de grupos de ácidos carboxílicos para se tornarem protonados (os valores de pK_a dos grupos de ácidos carboxílicos são iguais a 3,38 e 3,65), as moléculas menos ionizadas resultantes podem se associar e precipitar ou formar um gel, como se espera de glicanos não carregados (neutros) e não ramificados.

As carragenanas são misturas de cadeias lineares com estruturas não uniformes que possuem uma carga negativa decorrente dos numerosos grupos semiéster sulfato ionizados ao longo da cadeia (Seção 3.3.10). Essas moléculas não precipitam a baixo pH, pois os grupos sulfato permanecem ionizados em praticamente todos os valores de pH.

Soluções de hidrocoloides são dispersões de moléculas hidratadas e/ou agregados de moléculas hidratadas. Seu comportamento de fluxo é determinado por tamanho, forma, suscetibilidade à deformação (flexibilidade), bem como por presença e dimensão das cargas das moléculas hidratadas e/ou dos agregados. Existem dois tipos de fluxos exibidos por soluções de polissacarídeos: o pseudoplástico (mais comum) e o tixotrópico; ambos são caracterizados pela capacidade espessante de diminuir com o aumento das forças de cisalhamento (*shear thinning*).

Em fluxos pseudoplásticos, o aumento da taxa de cisalhamento resulta em um fluxo mais rápido, ou seja, quanto maior a força aplicada, menor a viscosidade (Figura 3.38). A força aplicada pode ser a de verter, mastigar, deglutir, bombear, misturar ou qualquer outra que induza ao cisalhamento. Se a força aplicada é removida, a solução readquire sua viscosidade inicial instantaneamente. A mudança de viscosidade é independente do tempo, ou seja, a taxa de fluxo varia instantaneamente com a mudança da taxa de cisalhamento. Em geral, gomas lineares de alta massa molecular formam a maioria das soluções pseudoplásticas (ver xantana, na Tabela 3.5), com o efeito aumentado pelo aumento da cadeia rígida.

FIGURA 3.38 Logaritmo da viscosidade em função da taxa de cisalhamento para um fluido pseudoplástico diluído por cisalhamento.

TABELA 3.5 Polissacarídeos solúveis não amiláceos predominantemente usados em alimentos

Goma	Fonte	Classe	Forma geral	Unidades e ligações monoméricas (relações aproximadas)	Grupos substituintes não carboidratos	Solubilidade em água	Características-chave gerais	Principais aplicações em alimentos
Alginas (alginatos) (em geral, alginato de sódio)	Algas marrons	Extrato de alga marinha Ácido (poli) urônico	Linear	Copolímero em bloco das seguintes unidades: → 4)-βManpA (1,0) → 4)-αLGulpA (0,5–2,5)		Alginato de sódio solúvel	Géis com Ca^{2+} Viscoso, soluções não muito pseudoplásticas	Forma géis sem fusão (géis de sobremesas, análogos de frutas, outros alimentos moldados) Análogos de carne
						Ácido algínico insolúvel		O ácido algínico forma géis macios e tixotrópicos sem fusão (tomate gelatinoso, recheios de padaria tipo geleia, cereais matinais recheados com frutas)
					Grupos hidroxipropil éster do alginato de propileno glicol (PGA)	Solúvel	Atividade de superfície Soluções estáveis a ácidos e Ca^{2+}	Estabilização de emulsões em molhos de salada cremosos Espessante em molhos de salada de baixa caloria

(Continua)

TABELA 3.5 Polissacarídeos solúveis não amiláceos predominantemente usados em alimentos (*Continuação*)

Goma	Fonte	Classe	Forma geral	Unidades e ligações monoméricas (relações aproximadas)	Grupos substituintes não carboidratos	Solubilidade em água	Características-chave gerais	Principais aplicações em alimentos
Carboximetil celulose (CMC)	Derivada da celulose	Celulose modificada; celulósica	Linear	→ 4)-βGlcp-(1 →	Carboximetil éteres (DS 0,4–0,8)[a]	Elevada	Soluções claras e estáveis, podem ser tanto pseudoplásticas como tixotrópicas	Retarda o crescimento de cristais de gelo em sorvetes e outras sobremesas congeladas Espessante, auxiliar de suspensão, coloide protetor e melhorador de textura em diversos molhos, caldos e pastas Lubrificante, formador de filme e auxiliar de processamento para produtos extrusados Espessante para chantili e umectante em tortas em misturas relacionadas Ligante de umidade e retardador de cristalização e/ou sinerese em glacês, coberturas de bolo, coberturas em geral, recheios e pudins Espessante de xaropes Auxiliar de suspensão e espessante em pós-secos, misturas de bebidas quentes e geladas Elaboração de caldo de carne em alimentos secos para animais
Carragenanas	Algas vermelhas	Extratos de algas Galactanos sulfatados	Linear		Sulfato semiéster			

(*Continua*)

TABELA 3.5 Polissacarídeos solúveis não amiláceos predominantemente usados em alimentos (*Continuação*)

Goma	Fonte	Classe	Forma geral	Unidades e ligações monoméricas (relações aproximadas)	Grupos substituintes não carboidratos	Solubilidade em água	Características-chave gerais	Principais aplicações em alimentos
				Tipos Kappa: → 3)-βGalp 4-SO$_3^-$ (1 → 4)-3,6An-αGalp (1 →		Tipos Kappa: sal de Na$^+$ solúvel em água fria, sais de K$^+$ e Ca^{2+} insolúveis; todos os sais são solúveis em temperaturas > 65 °C; solúveis em leite quente; insolúveis em leite frio	Formam géis duros, quebradiços, termorreversíveis com K$^+$ > Ca^{2+} Espessam e gelificam leite em baixa concentração Gelificação sinérgica com LBG	Estabilizante secundário em sorvetes e produtos relacionados Preparação de leite evaporado, fórmulas infantis, nata batida estável a congelamento-descongelamento, sobremesas lácteas e achocolatados Cobertura de carnes Melhora adesão e aumenta a capacidade de retenção de água de emulsões cárneas Melhora a textura e a qualidade de produtos cárneos com gordura reduzida
				Tipos Iota: → 3)-βGalp 4-SO$_3^-$ (1 → 4)-3,6An-αGalp 2-SO$_3^-$ (1 →		Tipos Iota: sal de Na$^+$ solúvel em água fria, sais de K$^+$ e Ca^{2+} insolúveis; todos os sais são solúveis em temperaturas > 55 °C; solúvel em leite quente, insolúvel em leite frio	Forma géis macios, resilientes e termorreversíveis com Ca^{2+} > K$^+$; os géis não sofrem sinerese e têm boa estabilidade ao congelamento-descongelamento	Forma géis aquosos elásticos, livres de sinerese, termorreversíveis e estáveis ao congelamento/descongelamento Frequentemente misturados com κ-carragenana para ser usado na fabricação de sobremesas gelificadas aquosas que não necessitam de refrigeração, em cobertura de chantili, sobremesas e em cremes e pudins sem ovos

(*Continua*)

TABELA 3.5 Polissacarídeos solúveis não amiláceos predominantemente usados em alimentos (*Continuação*)

Goma	Fonte	Classe	Forma geral	Unidades e ligações monoméricas (relações aproximadas)	Grupos substituintes não carboidratos	Solubilidade em água	Características-chave gerais	Principais aplicações em alimentos
				Tipos Lambda: →3)-βGalp 2-SO₃⁻ (1 →4)-αGalp 2,6-diSO₃⁻ (1→		Tipos Lambda: todos os sais são solúveis em água fria e quente e em leite	Espessante em leite frio	Creme chantili, bebidas matinais instantâneas, cremes sem leite para café e misturas secas para chocolate quente
Gelana	Meio de fermentação	Polissacarídeo microbiano	Linear	→4)-αLRhap-(1 →3)-βGlcp-(1 → 4)-βGlcpA-1 → 4)-βGlcp-(1→	O tipo nativo contém um grupo éster acetato e um glicerato em cada unidade repetitiva	Solúvel em água morna	Gelifica com qualquer cátion As soluções têm valores de rendimento elevados Os tipos pobres em acil formam géis firmes, quebradiços e não elásticos Os tipos ricos em acil formam géis macios, elásticos e não quebradiços	Misturas para panificação Barras nutricionais Bebidas nutricionais Coberturas de frutas Creme azedo e iogurtes
Goma guar	Semente de guar (tipo de lentilha)	Galactomanana de semente	Linear com ramificações de unidades simples (comporta-se como polímero linear)	→4)-βManp (~0,56) αGalp 1 ↓ 6 →4)-βManp (~1,0) (Man:Gal = ~1,56:1)		Elevada	Soluções estáveis, opacas, muito viscosas, moderadamente pseudoplásticas Espessante barato	Liga água, previne crescimento de cristais de gelo, melhora sensação bucal, suaviza textura produzida por carragenana + LBG e diminui derretimento em sorvetes e picolés Produtos lácteos, refeições preparadas, produtos de panificação, molhos, rações animais

(*Continua*)

TABELA 3.5 Polissacarídeos solúveis não amiláceos predominantemente usados em alimentos (*Continuação*)

Goma	Fonte	Classe	Forma geral	Unidades e ligações monoméricas (relações aproximadas)	Grupos substituintes não carboidratos	Solubilidade em água	Características-chave gerais	Principais aplicações em alimentos
Goma arábica (goma acácia)	Árvore da acácia	Goma exsudada	Ramificação sobre ramificação, altamente ramificada	Estrutura complexa e variável, contém polipeptídeo		Muito elevada	Emulsificante e estabilizadora de emulsões. Compatível com elevadas concentrações de açúcares. Muito baixa viscosidade em altas concentrações	Previne cristalização de sacarose em confeitos. Emulsifica e distribui componentes lipídicos em confeitos. Preparação de aromas em emulsões de óleo em água. Componente de cobertura de balas recobertas. Preparação de aromas em pó
Inulina	Raiz de chicória	Extrato vegetal	Linear	→ 2)-βFruf(1 →		Solúvel	Gelifica quando soluções quentes são resfriadas. Pode ser usada como mimético de gorduras	Ingrediente em barras nutricionais, matinais e energéticas, e hambúrguer vegetal como fonte de fibra dietética e miméticos de gordura
Gluco-manana Konjac	Tubérculos de Konjac	Extrato da planta	Ramificada	→ 4)-βManp(1 → → 4)-βGlcp(1 → (Man:Glc ≈ 1,6:1)	Grupos acetila	Nativa-solúvel	Nativa: alta viscosidade, forma soluções diluídas pelo cisalhamento. Deacetilada: géis fortes, elásticos, irreversíveis	Usado na Ásia em massas/macarrão, alimentos estruturados e géis para sobremesas. Ligante em produtos de carne e frango, incluindo alimentos para animais. Apresenta propriedades como substituto da gordura em alimentos de baixo teor de gordura

(*Continua*)

TABELA 3.5 Polissacarídeos solúveis não amiláceos predominantemente usados em alimentos (*Continuação*)

Goma	Fonte	Classe	Forma geral	Unidades e ligações monoméricas (relações aproximadas)	Grupos substituintes não carboidratos	Solubilidade em água	Características-chave gerais	Principais aplicações em alimentos
Goma locuste (goma caroba, LBG)	Semente de alfarroba	Galactomanana de semente	Linear com ramificações de unidades simples (comporta-se como polímero linear)	→4)- βMan*p*(~2,5) α Gal*p* 1 ↓ 6 →4)-βMan*p*(~1,0) (Man:Gal = ~3,5:1)		Solúvel apenas em água quente; requer 90 °C para solubilização completa	Interage com xantana e κ-carragenana para formar géis rígidos; raramente é usada sozinha	Fornece excelente resistência ao choque térmico, derretimento suave e textura desejável em sorvetes e outras sobremesas congeladas Géis com xantana ou κ-carragenana em alimentos para animais análogos à carne
Metilceluloses (MC) e hidroxipropilmetil celuloses (HPMC)	Derivadas da celulose	Celulose modificada	Linear		Grupos hidroxipropil (MS 0,02–0,3)[a] e metil (DS 1,1–2,2)[a] éter	Solúvel em água fria, insolúvel em água quente	Soluções claras que gelificam com calor; atividade de superfície	MC: Fornece características similares às da gordura Reduz a absorção de gordura em produtos fritos Dificulta a cremosidade por meio da formação de filme e viscosidade Fornece lubrificação Retém gás durante assamento Retém umidade e controle da distribuição de umidade em produtos de padaria (aumenta a vida útil e dificulta a maciez) HPMC: coberturas batidas não lácteas; quando estabiliza espumas, melhora as características do batido, previne a separação de fases e fornece estabilidade ao congelamento-descongelamento

(*Continua*)

TABELA 3.5 Polissacarídeos solúveis não amiláceos predominantemente usados em alimentos (*Continuação*)

Goma	Fonte	Classe	Forma geral	Unidades e ligações monoméricas (relações aproximadas)	Grupos substituintes não carboidratos	Solubilidade em água	Características-chave gerais	Principais aplicações em alimentos
Pectinas	Casca de citrus Resíduos de maçã	Extrato vegetal Ácido (poli) urônico	Linear	Composta principalmente de unidades de →4)-αGalpA	Grupos metil éster Pode conter grupos amida	Solúvel	Formam géis tipo geleia na presença de açúcares e ácido ou com Ca^{2+}	Pectina com alta metilação (HM): geleias, compotas, marmeladas, conservas ricas em açúcar Bebidas lácteas ácidas Pectina com baixa metilação (LM): geleias, compotas, marmeladas, conservas dietéticas
Xantana	Meio de fermentação	Polissacarídeo microbiano	Linear com unidades de trissacarídeos; ramificações sobre qualquer outra unidade da cadeia principal (comporta-se como um polímero linear)	βManp 1 ↓ 4 βGlcpA 1 ↓ 2 αManp6-Ac 1 ↓ 3 →4)-βGlcp-(1→4)-βGlcp-(1→	Acetil éster Acetal piruvil cíclico sobre algumas unidades terminais βManp	Elevada	Soluções muito pseudoplásticas, de elevada viscosidade; excelente estabilizador de emulsões e suspensões; a viscosidade da solução não é afetada pela temperatura e nem pelo pH; excelente compatibilidade com sais; aumento sinérgico da viscosidade por interação com goma guar; gelificação reversível por calor com LBG	Estabilização de dispersões, suspensões e emulsões Espessante

[a] Para definições de DS e MS, ver Seções 3.3.6.10 e 3.3.7.3, respectivamente.
LBG, goma locuste (do inglês *locust bean gum*).

Soluções de gomas menos pseudoplásticas são referidas como de **fluxo longo***; essas soluções geralmente são percebidas como "limosas" ou viscosas. As soluções mais pseudoplásticas são descritas como de fluxo curto, sendo, no geral, percebidas como não viscosas. Na ciência de alimentos, materiais viscosos são aqueles que são espessos, que aderem à boca e são difíceis de engolir. A limosidade é inversamente relacionada à pseudoplasticidade, ou seja, para ser percebida como não limosa, deve-se produzir uma perda de viscosidade acentuada nas forças de cisalhamento baixas de mastigação e de deglutição.

O **fluxo tixotrópico** é um segundo tipo de fluxo dependente das forças de cisalhamento. Nesse caso, a redução de viscosidade, que resulta do aumento da taxa de fluxo, não ocorre instantaneamente. A viscosidade de soluções tixotrópicas diminui sob forças de cisalhamento constantes, de maneira dependente de tempo, retomando a viscosidade original após ter cessado a força, mas, mesmo assim, somente após um intervalo de tempo bastante definido e mensurável. Esse comportamento se deve à produção de uma transição gel → solução → gel. Em outras palavras, uma solução tixotrópica em repouso é um gel fraco (que pode ser vertido) (ver Seção 3.3.4). A CMC é um exemplo de uma goma que pode apresentar fluxo tixotrópico (Tabela 3.5).

Para a maioria dos hidrocoloides, um aumento de temperatura resulta na diminuição da viscosidade. A perda da viscosidade em função do aumento de temperatura é, muitas vezes, uma propriedade importante, pois significa que mais hidrocoloides podem ser colocados em solução, em temperaturas mais altas; em seguida, a solução pode ser resfriada para que ocorra o espessamento (a goma xantana é uma exceção, pois a viscosidade de suas soluções é praticamente constante em temperaturas entre 0 e 100 °C; ver Seção 3.3.9).

3.3.4 Géis [16,72]

Um **gel** é uma rede tridimensional contínua de moléculas ou partículas conectadas (como cristais, gotículas de emulsões ou agregados moleculares/fibrilas) que retém um grande volume de uma fase líquida contínua, de modo semelhante a uma esponja. Em muitos produtos alimentícios, a rede do gel consiste em um polímero de moléculas ou em fibrilas constituídas por moléculas de polímeros (polissacarídeos e/ou proteínas) unidas em zonas de associação por ligações de hidrogênio, associações hidrofóbicas (i.e., forças de Van der Waals), ligações iônicas cruzadas, entrelaçamento e/ou ligações covalentes sobre pequenos segmentos ao longo de seus comprimentos, ao passo que a fase líquida é uma solução/dispersão aquosa de solutos de baixa massa molecular e segmentos das cadeias dos polímeros não envolvidos nas zonas de junção.

Os géis possuem algumas características dos sólidos e dos líquidos. Quando as moléculas do polímero, ou as fibrilas formadas a partir delas, interagem ao longo de porções de suas cadeias, formando zonas de associação e, desse modo, uma rede tridimensional (Figura 3.39), uma solução fluida se altera, tornando-se um material que mantém sua forma (parcial ou inteiramente). A estrutura da rede tridimensional apresenta resistência suficiente a uma força aplicada que a faz se comportar, em parte, como um sólido elástico. Entretanto, a fase líquida contínua, na qual as moléculas são completamente móveis, torna o gel menos rígido do que um sólido comum, levando-o a comportar-se, em certos aspectos, como um líquido viscoso. Portanto, um gel é um **semissólido viscoelástico**, ou seja, o comportamento de

---

*Ocorre **fluxo curto** em soluções viscosas cuja viscosidade depende da força de cisalhamento, principalmente pseudoplásticas, e **fluxo longo** em soluções viscosas cuja viscosidade independe ou varia pouco em função da força de cisalhamento. Esses termos foram aplicados muito antes da existência de instrumentos para a determinação e a medição de fenômenos reológicos. As interpretações foram obtidas pela observação do comportamento das soluções, conforme descrito a seguir. Quando uma goma ou uma solução verte de uma pipeta ou de um funil, as que não são dependentes da força de cisalhamento formam longos jorros, ao passo que as que são dependentes formam gotas. Isso ocorre porque, quanto mais fluido existir no orifício, maior será o peso do jorro. Como consequência, o fluxo torna-se cada vez mais rápido, causando a redução da viscosidade em função do cisalhamento, a ponto de o jorro romper-se em gotas.

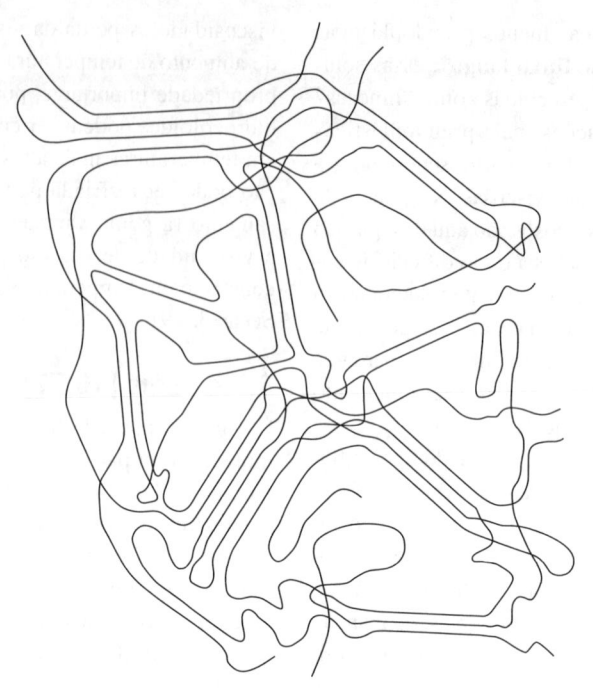

FIGURA 3.39 Representação diagramática do tipo de estrutura em rede tridimensional encontrada em géis. As cadeias paralelas indicam a estrutura ordenada e cristalina de uma zona de junção. Os espaços vazios entre as zonas de junção contêm uma solução aquosa de segmentos de cadeias de polímeros e outros solutos dissolvidos.

um gel em resposta a uma força aplicada é, em parte, o comportamento de um sólido elástico e, em parte, o de um líquido viscoso.

Embora os materiais do tipo gel ou os bálsamos possam ser formados por altas concentrações de partículas (como no caso da massa de tomate), para formar um gel a partir de moléculas de hidrocoloides em solução, as moléculas dos polímeros ou os agregados de moléculas devem sair parcialmente da solução, sobre segmentos limitados de suas cadeias, para formar regiões de zonas de junção que as unem em estrutura de rede de gel tridimensional. Em geral, se as zonas de associação continuam a crescer após a formação do gel, a rede se torna mais compacta, e a estrutura se contrai, resultando na sinerese. (**Sinerese** é a expulsão do líquido de um gel.)

Embora os géis de polissacarídeos contenham menos de 2% de polímero, ou seja, podem conter até 98% de água, eles podem ser bastante fortes. Exemplos de géis de polissacarídeos são sobremesas gelificadas, galantinas, pedaços moldados de frutas, anéis de cebola moldados, ração de pequenos animais semelhantes à carne, geleias, gelatinas e confeitos em forma de gotas de goma.

A escolha de um hidrocoloide específico para uma determinada aplicação depende da viscosidade ou da força de gel desejada, da reologia desejada, do pH do sistema, das temperaturas de processamento, de interações com outros ingredientes, da textura do produto desejada e do custo da quantidade necessária para a obtenção das propriedades desejadas. As características funcionais também são consideradas. Isso inclui a capacidade dos hidrocoloides de funcionar como ligantes, espessantes, inibidores de cristalização, agentes de clarificação e de turbidez, elementos de recobrimento (filmes de cobertura), emulsificadores, estabilizadores de emulsão, agentes de encapsulação, substitutos de gordura, agentes de floculação, estabilizadores de espuma, estabilizadores de suspensões, agentes de volume, inibidores de sinerese e coadjuvantes de nata batida; destaca-se, ainda, sua habilidade de influenciar na absorção e na ligação de água (para fazer a retenção da água e o controle de migração). Cada goma tende a ter uma propriedade de mais destaque (às vezes, diversas propriedades singulares), a qual costuma servir de base para a escolha em uma aplicação específica (Tabela 3.5).

3.3.5 Hidrólise de polissacarídeos

Os polissacarídeos são relativamente menos estáveis à clivagem hidrolítica do que as proteínas, podendo, às vezes, sofrer despolimerização durante processamento e/ou estocagem do alimento.* Com frequência, os hidrocoloides são deliberadamente despolimerizados com objetivos funcionais. Por exemplo, os hidrocoloides podem ser intencionalmente despolimerizados de tal modo que uma concentração relativamente alta de polímeros poderia ser usada como espessante sem produção de viscosidade excessiva.

A hidrólise das ligações glicosídicas, que une as unidades de monossacarídeos (glicosil) em oligo e polissacarídeos, pode ser catalisada por ácidos (H^+) e/ou enzimas. A extensão da despolimerização, a qual redunda em diminuição da viscosidade, é determinada por pH, temperatura, tempo a uma dada temperatura e pH e estrutura do polissacarídeo. A hidrólise ocorre com mais facilidade durante o processamento térmico de alimentos ácidos (em contrapartida à estocagem), pois a temperatura elevada acelera a velocidade de reação. Os defeitos associados à despolimerização durante o processamento podem ser minimizados pela utilização de mais polissacarídeos (hidrocoloides) na formulação, para compensar a degradação, usando-se um grau de viscosidade dos hidrocoloides mais alto, novamente para compensar qualquer despolimerização, ou usando-se um hidrocoloide relativamente mais estável a ácidos. A despolimerização também pode ser um dos fatores determinantes da vida de prateleira.

Os polissacarídeos também estão sujeitos à hidrólise catalisada por enzimas. A taxa e os produtos finais desse processo são controlados pela especificidade das enzimas, pH, temperatura e tempo. Os polissacarídeos, assim como os outros carboidratos, estão sujeitos a ataque microbiano, devido à sua suscetibilidade à hidrólise enzimática. Além disso, os hidrocoloides muito raramente são fornecidos estéreis, um fato que deve ser considerado quando eles são usados como ingredientes.

3.3.6 Amido [5,19,20,33,55]

As características químicas e físicas e os aspectos nutricionais do amido o destacam dos demais carboidratos. O amido é a reserva predominante nutricional e de energia das plantas superiores, fornecendo de 70 a 80% das calorias consumidas pelos seres humanos no mundo todo. O amido e os hidrolisados de amido constituem a maior parte dos carboidratos digeríveis da dieta humana. Além disso, a quantidade de amido utilizada na preparação de produtos alimentícios – sem contar o que está presente nas farinhas usadas na produção de pães e de outros produtos de panificação, aqueles naturalmente presentes nos grãos como arroz e milho consumidos como tal ou usados em cereais matinais, ou aqueles naturalmente consumidos em frutas e em vegetais, como as batatas – excede em muito o uso combinado de todos os outros hidrocoloides alimentares.

Os amidos comerciais são obtidos a partir de sementes de cereais, principalmente de milho comum, milho ceroso, milho de alto teor de amilose, trigo, vários tipos de arroz, tubérculos e raízes, sobretudo batata e mandioca (tapioca). Por exemplo, o amido de milho é comercialmente extraído pelo processo de moagem de milho úmido, no qual os grãos secos são mergulhados em água, seguido de trituração e lavagens sucessivas para liberar e purificar o amido dos outros constituintes dos grãos. Os amidos e os amidos modificados apresentam numerosas aplicações em alimentos, incluindo a promoção de adesão, ligação, turbidez, polvilho, filmes de cobertura, reforçador de espuma, gelificante, vitrificante, retenção de umidade, estabilizante, texturizante e espessante.

O amido distingue-se dos carboidratos por ocorrer, na natureza, como partículas parcialmente cristalinas, denominadas **grânulos**. Os grânulos de amido são insolúveis, mas se hidratam em alguma extensão em água à temperatura ambiente. Como resultado, eles podem ser dispersos na água, produzindo suspensões ou pastas de baixa

---

*Por outro lado, os polissacarídeos não sofrem desnaturação.

viscosidade que podem ser facilmente misturadas e bombeadas, mesmo em concentrações superiores a 40%. A capacidade de aumento de viscosidade (espessamento) do amido é obtida apenas quando a suspensão de grânulos é cozida. Aquecendo-se uma suspensão de 5% dos principais grânulos de amidos nativos a 80 °C (175 °F), sob agitação, obtém-se uma dispersão de alta viscosidade que pode ser chamada de **goma**. Uma segunda particularidade é que a maioria dos grânulos de amido é composta de uma mistura de dois polímeros: um polissacarídeo essencialmente linear, chamado de **amilose**, e um polissacarídeo altamente ramificado, chamado de **amilopectina**.

3.3.6.1 Amilose [5]

Enquanto a amilose é essencialmente uma cadeia linear de unidades de α-D-glicopiranosil unidas por ligações (1→4), algumas moléculas de amilose contêm um pequeno número de ramificações conectadas à cadeia principal por ligações α-(1→6), nos pontos de ramificação. Talvez 1 em 180 a 320 unidades, ou de 0,3 a 0,5% das ligações, sejam ramificações. As ramificações, nas moléculas de amilose ramificadas, são muito longas ou muito curtas, e a maioria dos pontos de ramificação é separada por longas distâncias, de modo que as propriedades da amilose são aquelas de moléculas lineares. A masa molecular média das moléculas de amilose varia de acordo com a fonte de amido. As moléculas de amilose de diferentes fontes botânicas de amido apresentam massas moleculares que, em média, variam de 10^5 a 10^6.

O arranjo axial→equatorial da ligação glicosídica (1→4) das unidades α-D-glicopiranosil, na cadeia de amilose, confere às moléculas uma forma helicoidal ou espiral, voltada para a direita (Figura 3.40). O interior da hélice contém uma predominância de átomos de hidrogênio e é hidrofóbico/lipofílico, ao passo que no exterior da hélice estão posicionados os grupos hidroxila. A vista inferior do eixo da hélice é muito parecida com a vista inferior de uma sequência de moléculas de α-ciclodextrina (ver Seção 3.2.4), uma vez que cada volta da hélice contém cerca de seis unidades de α-D-glicopiranosil ligadas (1→4).

A maioria dos amidos contém ≈ 25% de amilose (Tabela 3.6). Os dois amidos de milho de alta amilose comercialmente disponíveis possuem conteúdo aparente de amilose de mais ou menos 52% e 70 a 75%.

3.3.6.2 Amilopectina [5]

A amilopectina é uma molécula muito grande e altamente ramificada. Seus pontos de conexão das ramificações constituem entre 4 e 7% do total de ligações. A amilopectina consiste em uma cadeia principal, possuindo somente o único grupo redutor na porção terminal da molécula ao qual está ligada uma das várias camadas terciárias de cadeias ramificadas. As ramificações curtas das moléculas de amilopectina são agrupadas (Figura 3.41) e ocorrem em grânulos, apresentando-se como duplas-hélices, ao passo que as ramificações de cadeias longas se estendem além de um único aglomerado, proporcionando conexões intragru-

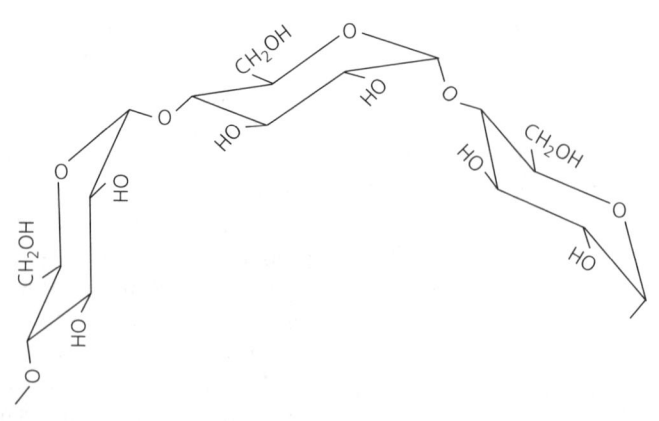

FIGURA 3.40 Segmento trissacarídico de uma porção não ramificada de amilose ou molécula de amilopectina.

TABELA 3.6 Propriedades gerais de alguns grânulos de amido e suas gomas

	Amido de milho comum	Amido de milho ceroso	Amido de milho com alta amilose	Amido de batata	Amido de tapioca	Amido de trigo
Tamanho dos grânulos (eixo principal, μm)	2–30	2–30	2–24	5–100	4–35	2–55
Percentual de amilose	28	< 2	50–75	21	17	28
Temperatura de gelatinização (°C)[a]	62–80	63–72	66–170[b]	58–65	52–65	52–85
Viscosidade relativa	Média	Média-alta	Muito baixa[b]	Muito alta	Alta	Baixa
Reologia da goma[c]	Curta	Longa	Curta	Muito longa	Longa	Curta
Claridade da goma	Opaca	Levemente nebulosa	Opaca	Clara	Clara	Opaca
Tendência a gelificar/retrogradar	Alta	Muito baixa	Muito alta	Média a baixa	Média	Alta
Lipídeos (% de base seca)	0,8	0,2	—	0,1	0,1	0,9
Proteínas (% de base seca)	0,35	0,25	0,5	0,1	0,1	0,4
Fósforo (% de base seca)	0,00	0,00	0,00	0,08	0,00	0,00
Sabor	Cereal (leve)	"Limpo"		Leve	Suave	Cereal (leve)

[a] Da temperatura inicial de gelatinização até a formação completa de goma.
[b] Em condições normais de cozimento, nas quais a suspensão é aquecida de 95 a 100 °C, o amido de milho rico em amilose não produz viscosidade. A formação de goma não ocorre até que a temperatura atinja 160 a 170 °C.
[c] Para descrição dos fluxos longo e curto, ver Seção 3.3.3.

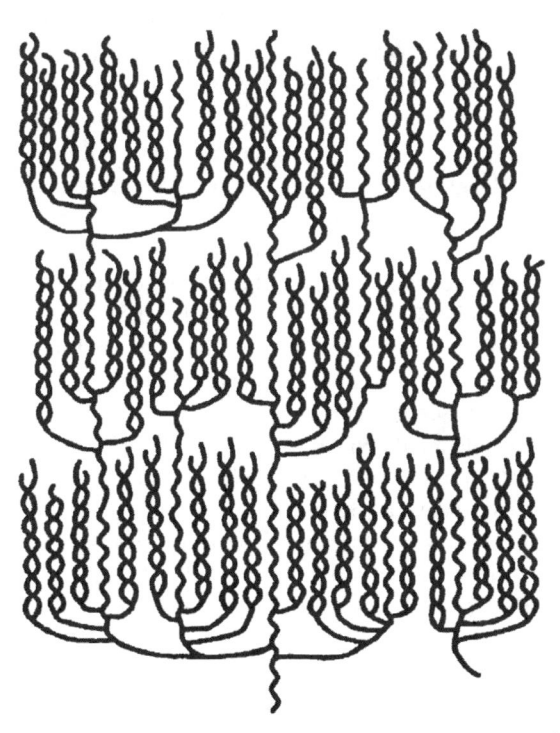

FIGURA 3.41 Representação diagramática de parte de uma molécula de amilopectina. (Redesenhada, com permissão, a partir de Imberty, A. et al., *Starch/Staerke*, 43, 375, 1991.)

pos ao longo de todo o comprimento das moléculas de amilopectina. A massa molecular média de $\approx 8 \times 10^5$ (DP ≈ 5.000) até, possivelmente, 6×10^9 (DP $\approx 37 \times 10^6$) faz a amilopectina estar entre as maiores, se não a maior, das moléculas encontradas na natureza.

A amilopectina está presente em todos os amidos convencionais. Ela constitui mais ou menos 75% (com base na massa) da maioria dos amidos comuns (Tabela 3.6). Alguns amidos são constituídos inteiramente de amilopectina, sendo denominados como **cerosos** ou **amidos de amilopectina**. O milho ceroso (*waxy maize*), primeiro grão reconhecido por conter amido constituído apenas por amilopectina, é assim denominado porque, quando o grão é cortado, a superfície do miolo apresenta aparência vítrea ou cerosa. A maioria dos outros amidos constituídos apenas de amilopectina é chamada de cerosa, embora, no caso do milho, não haja cera em sua constituição.

A amilopectina de batata é a única, entre os amidos comerciais, a possuir mais do que quantidades-traço de grupamentos éster fosfato. Esses grupos éster fosfato encontram-se ligados com mais frequência (60–70%) a uma posição O-6, com o outro terço na posição O-3. Estes grupos éster fosfato ocorrem aproximadamente uma vez a cada 215 a 560 unidades de α-D-glicopiranosil.

3.3.6.3 Grânulos de amido [5]

Os grânulos de amido são constituídos de moléculas de amilose e/ou amilopectina dispostas de modo radial, com as cadeias redutoras terminais voltadas para dentro, em direção ao centro do grânulo. Eles contêm regiões cristalinas e não cristalinas (chamadas de amorfas) em camadas alternadas.* As camadas semicristalinas ou mais densas dos grânulos de amido contêm grandes quantidades de estrutura cristalina. A natureza cristalina das densas camadas ou invólucros dentro dos grânulos de amido surgem das ramificações em dupla-hélice de amilopectina agrupadas, que se empacotam juntas para formar lamelas cristalinas em todo o grânulo (Figura 3.41). Assim, a estrutura molecular ordenada e cristalina dos grânulos é amplamente fornecida pelas moléculas de amilopectina, sendo estabilizada por ligações de hidrogênio entre as cadeias e dentro delas. Quando observados por um microscópio de luz polarizada (com o seletor de polarização posicionado a 90° de um para outro), arranjos radiais ordenados das moléculas de amido, no grânulo, são evidentes pela birrefringência dos grânulos, sendo visualizada como uma cruz de polarização (cruz preta sobre fundo branco). O centro da cruz encontra-se no hilo, a origem do crescimento do grânulo.** A localização precisa e a disposição da amilose dentro dos grânulos ainda são motivos de debate.

Os grânulos de amido de milho, mesmo originados de uma mesma fonte, possuem formas mistas, sendo algumas são esféricas, outras angulares, e outras recortadas (para o tamanho, ver Tabela 3.6). Os grânulos de amido de trigo são lenticulares, apresentando uma distribuição de tamanho bimodal ($\approx < 10$ e > 10 μm); os grânulos de forma lenticular são maiores, e os menores são mais esféricos. Os grânulos de arroz são os menores grânulos de amido comerciais (1–9 μm), embora os pequenos grânulos do amido de trigo sejam quase do mesmo tamanho. Muitos dos grânulos de amido de tubérculos e raízes, como os amidos de batata e de mandioca, tendem a ser maiores que os de amidos de sementes e, em geral, são menos densos e mais fáceis de cozinhar. Os grânulos de amido de batata possuem uma forma oblonga e podem alcançar até 100 μm ao longo do maior eixo.

Todos os amidos comerciais contêm pequenas quantidades de cinzas, lipídeos e proteínas (Tabela 3.6). O conteúdo de fósforo do amido de batata (0,06–0,1%, 600–1.000 ppm) deve-se à presença de grupos éster fosfato nas moléculas de amilopectina. Os grupos éster fosfato conferem uma carga levemente negativa aos grânulos de amido de batata, resultando em alguma repulsão de Coulomb, o que pode contribuir para o rápido intumescimento

---

*Os grânulos de amido são compostos por camadas até certo ponto como as camadas de uma cebola, excetuando-se o fato de que essas camadas não podem ser retiradas.

**Existem várias fontes de bons microscópios óticos (com ou sem polarização cruzada) e imagens eletrônicas de grânulos de amido. Entre elas se encontram as Referências [35,59].

desses grânulos em água quente, bem como para várias propriedades das gomas de amido de batata, a saber, sua alta viscosidade, sua boa claridade (Tabela 3.6) e sua baixa taxa de retrogradação (ver Seção 3.3.6.7). Os grupos éster fosfato também são responsáveis pela alteração das propriedades de cozimento e das gomas do amido de batata na presença de íons cálcio (fornecidos pelas ligações salinas das cadeias adjacentes). As moléculas de amido de cereais não possuem grupos éster fosfato ou o possuem em quantidades muito menores que as moléculas de amido de batata. Apenas os amidos de cereais contêm lipídeos endógenos nos grânulos. Esses lipídeos internos são principalmente ácidos graxos livres (AGL) e lisofosfolipídeos (LFL) (ver Capítulo 4), em grande parte lisofosfatidil colina (89% em amido de milho), sendo que a relação de AGL para LFL varia de um amido de cereal a outro.

3.3.6.4 Gelatinização do grânulo e formação de goma [5,6,61]

Os grânulos de amido não danificados são insolúveis em água fria, mas podem absorver água de modo reversível, ou seja, eles podem inchar um pouco e, então, retornar a seu tamanho original ao secar. Quando aquecidos em água, os grânulos de amido passam por um processo chamado de **gelatinização**, que é a ruptura da ordem granular e molecular, isto é, fusão dos cristalitos e desdobramento das estruturas duplas em hélice devido ao rompimento das ligações de hidrogênio que estabilizam as cadeias de amido dentro dos grânulos intactos. Evidências da perda de ordem incluem inchaço irreversível do grânulo, perda de birrefringência e perda de cristalinidade. Durante a gelatinização ocorre lixiviação da amilose. A gelatinização total de uma população de grânulos ocorre acima de uma faixa de temperatura (Tabela 3.6) devido à heterogeneidade estrutural entre os grânulos (todas as populações de grânulos de amido são heterogêneas). A temperatura aparente da gelatinização inicial e a variação acima da qual ocorre a gelatinização dependem do método de medida e da relação entre amido e água, do tipo de grânulo e do grau de heterogeneidade no interior da população de grânulos sob observação. Vários aspectos da gelatinização da população dos grânulos podem ser determinados. Estes são a temperatura de iniciação, a temperatura máxima ou média e a temperatura final da gelatinização.

O aquecimento contínuo dos grânulos de amido em excesso de água resulta em mais intumescimento do grânulo, mais lixiviação de compostos solúveis (principalmente amilose) e, eventualmente, sobretudo com a aplicação de forças de cisalhamento, na ruptura total dos grânulos. Esses fenômenos resultam na formação de uma pasta de amido. (Na tecnologia do amido, o que é chamado de **pasta** é o que resulta do aquecimento de uma suspensão de amido na presença de uma força de corte.) O intumescimento e a ruptura do grânulo produzem uma goma viscosa (a pasta), constituída de uma fase contínua de amilose solubilizada e/ou moléculas de amilopectina, e uma fase descontínua de grânulos remanescentes (fragmentos e **grânulos-fantasma***). A dispersão molecular completa não é alcançada, exceto, talvez, sob condições de alta temperatura, alto cisalhamento e excesso de água, condições que raramente (se é que já ocorreram) são encontradas na preparação de produtos alimentícios.

O resfriamento de um amido de milho normal resulta em um gel viscoelástico, rígido e firme.

Uma vez que a gelatinização do amido é um processo endotérmico, a calorimetria de varredura diferencial (DSC, do inglês *differential scanning calorimetry*), que mede tanto a entalpia como a temperatura da gelatinização, é muito usada para acompanhar o processo. Embora não haja concordância completa sobre a interpretação dos dados de DSC e dos eventos que ocorrem durante a gelatinização dos grânulos de amido, a seguinte descrição geral é bastante aceita: a água age como plastificante. O seu efeito melhorador da mobilidade é primeiro realizado nas regiões amorfas, as quais, fisicamente, possuem uma natureza vítrea. Quando os grânulos de amido estão na presença de água suficiente (pelo menos 60%) e alcançam uma temperatura específica (T_g, temperatura de transição vítrea), as regiões amorfas plastificadas dos grânulos passam por uma fase de transição de um

---

*Grânulos-fantasma são os grânulos residuais que sobram após cocção, sem cisalhamento ou até mesmo com cisalhamento moderado. Consiste da porção externa do grânulo. Ele se apresenta como uma camada externa insolúvel.

estado vítreo a um estado elástico.* No entanto, a transição de estado vítreo para a fase elástica nos grânulos de amido hidratado pode ocorrer abaixo da temperatura ambiente, não sendo, assim, detectada pelo DSC em condições usuais de operação. Desse modo, são medidas as temperaturas do início, do pico máximo e da finalização da gelatinização, bem como a entalpia da fusão dos cristalitos.

A fusão dos complexos lipídeo-amilose ocorre em temperaturas muito mais altas (100–120 °C, em excesso de água) do que a fusão das ramificações em dupla-hélice empacotadas, na forma cristalina. Os complexos lipídeo-amilose são formados entre os segmentos de hélice única de moléculas de amilose quando uma pasta de amido contendo ácidos graxos ou monoacil glicerolipídeos (ver Capítulo 4) é resfriada. O pico de DSC correspondente a esse evento é ausente nos produtos de amido sem amilose, isto é, nos amidos cerosos.

Sob condições normais de processamento dos alimentos (calor e umidade, embora muitos alimentos contenham quantidades de água limitadas para o cozimento do amido), os grânulos de amido incham rapidamente, ultrapassando o ponto de reversibilidade, isto é, além do momento de gelatinização. As moléculas de água penetram entre as cadeias, rompem as ligações entre elas e criam camadas de hidratação em torno das moléculas separadas. Isso "plastifica" (lubrifica) as cadeias, de modo que elas se tornam completamente separadas e solvatadas. A entrada de grandes quantidades de água produz inchaço dos grânulos a várias vezes seu tamanho original. Quando uma suspensão de amido a 5% é aquecida sob agitação leve, os grânulos absorvem água até que a maior parte desta seja retida por eles, obrigando-os a

---

*Um material vítreo é um sólido mecânico (líquido super-resfriado) capaz de suportar sua própria massa contra um fluxo. A borracha é um líquido sub-resfriado que pode exibir fluxo viscoso (ver Capítulo 2 para mais detalhes).

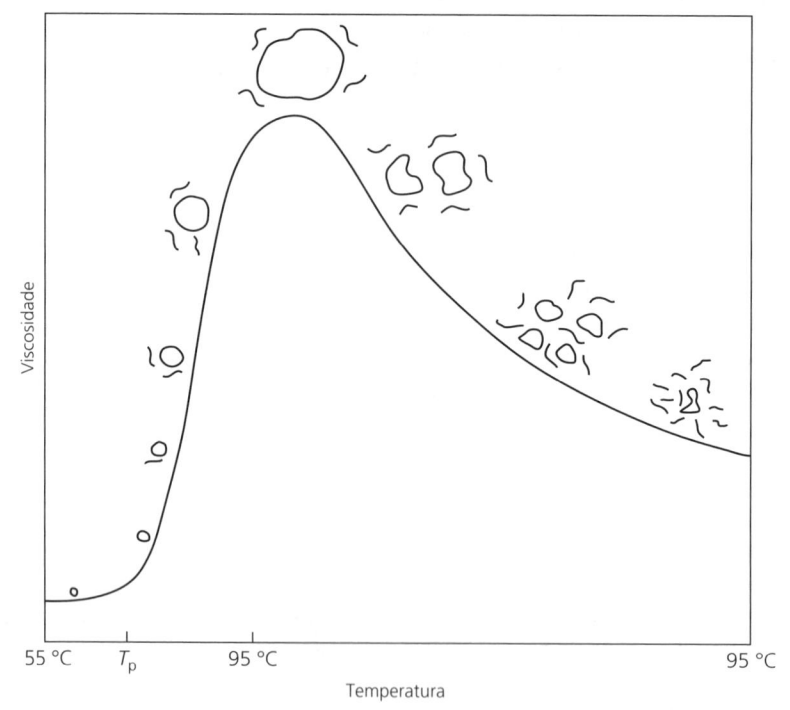

FIGURA 3.42 Curva representativa de cozimento/gelatinização que mostra as mudanças de viscosidade relacionadas ao intumescimento dos grânulos de amido e sua desintegração, quando a suspensão é aquecida até 95 °C e, então, mantida a essa temperatura, pelo uso de um instrumento que proporciona baixo cisalhamento. T_p é a temperatura de formação de goma na qual começa um rápido aumento da viscosidade do sistema (ocorre em seguida à gelatinização).

inchar, apertando-se um contra o outro, e preenchendo o recipiente com uma massa altamente viscosa de amido, com a maior parte da água no interior dos grânulos inchados. Assim, a massa de amido apresenta consistência semelhante à de um pudim, visto que a maior parte do espaço é composta por grânulos inchados de baixa mobilidade na massa. Dessa forma, os grânulos de amido nativo, altamente inchados, são quebrados e desintegrados por agitação, resultando em decréscimo de viscosidade. À medida que os grânulos de amido incham, as moléculas de amilose hidratadas difundem-se ao longo da pasta até a fase externa (água), um fenômeno responsável por alguns aspectos do comportamento da massa. Dados sobre o inchaço do amido podem ser obtidos utilizando-se instrumentos que registram a viscosidade de modo contínuo. Conforme a temperatura aumenta, a viscosidade se mantém constante por algum tempo e, então, decresce (Figura 3.42).

A maioria das suspensões de grânulos de amido é agitada enquanto é aquecida, a fim de prevenir a deposição dos grânulos no fundo do recipiente. Os instrumentos que registram as mudanças que ocorrem durante a obtenção de goma de amido (i.e., o comportamento da goma) em função da temperatura produzem curvas como as da Figura 3.42, também com o emprego de agitação. No momento em que o pico de viscosidade é alcançado, alguns grânulos já foram quebrados pela agitação. Com a continuidade da agitação, mais grânulos rompem-se e fragmentam-se, causando um posterior decréscimo de viscosidade. Ao se resfriarem, algumas moléculas de amido se reassociam parcialmente, formando um precipitado ou um gel. Esse processo é chamado de **retrogradação** (ver Seção 3.3.6.7). A firmeza do gel depende da extensão da associação da zona de formação (ver Seção 3.3.4) que é influenciada (facilitada ou dificultada) pela presença de outros ingredientes, como gorduras, proteínas, açúcares, ácidos e quantidade de água presente.

3.3.6.5 Usos dos amidos não modificados

Os amidos desempenham diferentes funções na produção de alimentos. Eles são usados principalmente para produzir qualidades de textura desejáveis. Primariamente, eles proporcionam volume e preenchimento. A extensão da gelatinização, em produtos de panificação, afeta muito suas propriedades, incluindo comportamento no armazenamento e taxa de digestão. Em produtos de panificação feitos com massa de baixa umidade, muitos grânulos de amido de trigo permanecem não gelatinizados, devido à umidade insuficiente presente para facilitar a gelatinização. Em produtos de alta umidade, a maioria, ou todos os grânulos, tornam-se gelatinizados

A maioria dos amidos usada como ingredientes de alimentos é de "amidos alimentícios modificados" (ver Seção 3.3.6.10), pois a textura das suspensões cozidas de amido nativo, em particular a de amido nativo de milho normal, é indesejável. As massas claras e coesivas, produzidas a partir de amido de milho ceroso, são um pouco mais desejáveis, mas mesmo este costuma ser modificado quimicamente para melhorar as funcionalidades conferidas por ele. O amido de batata não modificado é utilizado em cereais extrusados e produtos alimentícios tipo *snacks* e em misturas secas para sopas e bolos. O amido de arroz produz géis opacos úteis para alimentos infantis. Os géis de amido de arroz ceroso são claros e cocsivos. Os géis de amido de trigo são fracos e possuem um sabor leve devido aos componentes residuais da farinha. Os amidos de tubérculos (batata) e de raízes (mandioca) possuem ligações intermoleculares fracas dentro dos grânulos nativos e incham muito, originando massas de alta viscosidade (Tabela 3.6). Contudo, se uma força de cisalhamento for aplicada, a viscosidade decrescerá rapidamente, uma vez que os grânulos muito inchados se rompem com facilidade.

3.3.6.6 Gelatinização do amido no interior de tecidos vegetais [1,36,37,52]

A maioria dos amidos dietéticos é encontrada no interior dos grãos ou em produtos alimentícios de origem vegetal, nos quais o amido é a matéria seca predominante. Desse modo, é importante conhecer as propriedades térmicas do amido dentro desse ambiente natural, pois estas se relacionam à aceitabilidade e à textura de alimentos processados. O grau de gelatinização do amido, no interior do sistema alimentar, é geralmente dependente tanto da quantidade de água presente como da extensão do tratamento térmico. Como já mencionado, em alguns produtos de panificação, os grânulos de amido podem permanecer não gelatinizados, mesmo quando aquecidos a altas temperaturas. Na crosta de tortas e em alguns biscoitos ricos em gorduras e que apresentam baixo teor de umidade, ≈ 90% dos grânulos de amido de trigo permanecem não gelatinizados. Em pães e bolos, que apresentam um conteúdo de umidade mais alto, ≈ 96% dos grânulos de amido são gelatinizados, porém, por serem aquecidos sem cisalhamento, eles permanecem evidentes, podendo ser isolados, embora muitos estejam deformados.

O processamento térmico (branqueamento, panificação, fervura, vapor, fritura) de vegetais geralmente é suficiente para induzir o amolecimento desejável dos tecidos. A continuação do processo de aquecimento torna os tecidos vegetais mais suscetíveis a fraturas entre as células do parênquima (em vez de através delas).

O tecido parenquimático é o tipo de tecido mais abundante em vegetais comestíveis. Em geral, ele é composto por agregados de células de formato poligonal, sendo que cada uma contém aglomerados de grânulos de amido rodeados por uma parede celular celulósica. As células adjacentes estão ligadas ou cimentadas pela lamela média, a qual é constituída principalmente por substâncias pécticas. A água, que é o constituinte predominante da maioria dos tecidos vegetais, se encontra principalmente nos vacúolos do interior da célula (84%), ao passo que o equilíbrio se completa com grânulos de amido (13%) e componentes da parede celular (3%).

Quando o tecido de uma planta é aquecido, os grânulos de amido semicristalinos se ligam à água disponível do interior das células, sofrendo inchaço e gelatinização (Figura 3.43). A umidade natural dentro do tecido parenquimático costuma ser suficiente para plastificar os grânulos de amido e facilitar a gelatinização, embora a temperatura na qual esses eventos térmicos ocorrem seja levemente superior para os grânulos de amido alojados no interior das células da planta natural, quando em comparação com o amido isolado. A maior temperatura de gelatinização do amido *in situ* pode ser atribuída à presença de solutos. Embora a gelatinização do amido seja completada dentro do tecido da planta (a ordem molecular é completamente perdida), o intumescimento dos grânulos é limitado pelos limites das paredes das células vizinhas. Os grânulos de amido incham (com alguma perda de amilose das células) para preencher grande parte do volume total de suas respectivas células, produzindo uma pasta de amido inchado que ainda pode possuir alguns grânulos remanescentes discerníveis. O intumescimento dos grânulos, durante o aquecimento, tem demonstrado exercer uma pressão interna notável

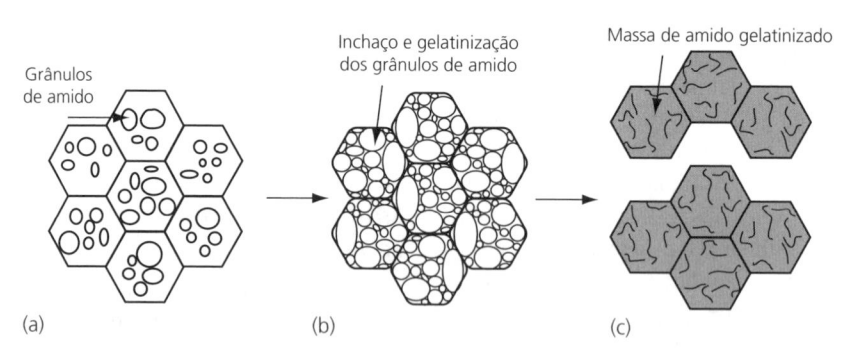

FIGURA 3.43 Dentro do parênquima de plantas, os grânulos de amido (a) que se encontram no interior das células passam por inchaço e gelatinização, durante o aquecimento, para exercer uma "pressão de inchaço" temporária nas proximidades das paredes celulares. (b) Com o aquecimento adicional, os grânulos de amido se agrupam em uma massa gelatinizada razoavelmente uniforme dentro das células. (c) O tecido aquecido se torna predisposto ao aumento da separação da massa de células mortas, a qual é atribuída, principalmente, à degradação de pectina, dentro da lamela média, embora se acredite que a pressão de inchaço do amido contribua com um papel secundário significativo.

nas paredes das células parenquimáticas (estimada em 100 kPa). Embora a dimensão da pressão do inchaço por si só seja insuficiente para ocasionar a ruptura celular (as células costumam permanecer intactas), as células isoladas do parênquima de batata aumentam temporariamente de tamanho, tornando-se mais esféricas, como resultado da gelatinização do amido. Esse fenômeno, conhecido como **arredondamento** celular, ocorre junto à degradação da pectina por β-eliminação [4] no interior da lamela média, causando amolecimento do tecido parenquimático. Como o fenômeno de amolecimento característico é observado nos tecidos que não contêm conteúdos significativos de amido, tais como os tomates, esse efeito é atribuído, principalmente, à degradação da pectina na lamela média.

Mesmo assim, em tecidos que contêm amido, como nas batatas, o alto conteúdo de amido e/ou o grau de inchaço do grânulo está associado à maciez e à maior friabilidade do tecido cozido. Acredita-se que o fenômeno de "arredondamento" celular exerça pressão física sobre a lamela média, parcialmente degradada ou enfraquecida, contribuindo de modo secundário para a separação celular ou o encharcamento do tecido. Além disso, acredita-se que o nível de inchaço do amido gelatinizado, para preenchimento do volume das células, influencia a percepção humana da umidade do tecido na boca. Um alto conteúdo de amido e a capacidade de intumescimento geralmente são mais eficazes na ligação da umidade livre nos tecidos cozidos, produzindo uma sensação seca na boca. A textura da batata cozida tem sido classificada tradicionalmente como farinhenta ou cerosa. Uma textura farinhenta é caracterizada por um tecido de aparência seca que se desintegra ou encharca com facilidade. Em contrapartida, um tecido ceroso (não se deve confundir com amido ceroso) é definido por sua aparência úmida, que provoca uma sensação "gomosa" na boca, e textura firme. Em geral, as batatas farináceas são consideradas mais adequadas para a maioria dos produtos processados (batatas fritas, purê de batatas, etc.). As variedades de batatas cujos tecidos apresentam uma textura cerosa após o cozimento encontram aplicações em produtos cozidos e enlatados. Concluindo, o comportamento de gelatinização do amido parece exercer uma influência significativa sobre a textura de vegetais cozidos e sobre o uso potencial final, por seu papel secundário no amolecimento do tecido ("arredondamento celular") e na capacidade de retenção de água interna do tecido parenquimático.

3.3.6.7 Retrogradação e envelhecimento [28,45,47,61]

Como já indicado, o resfriamento de uma pasta quente de amido produz, em geral, um gel firme viscoelástico. A formação de zonas de associação de um gel pode ser considerada como o primeiro estágio de uma tentativa de cristalização das moléculas de amido. Ao se esfriar e armazenar massas de amido, ele se torna progressivamente menos solúvel. Em soluções diluídas, as moléculas de amido precipitarão. O processo coletivo pelo qual as moléculas em solução ou as massas se tornam menos solúveis é chamado de **retrogradação**. A retrogradação de amidos cozidos envolve os dois constituintes poliméricos, amilose e amilopectina. A amilose passa por retrogradação com muito mais rapidez do que a amilopectina (de minutos a horas para a amilose, e de dias a semanas ou meses para a amilopectina), dependendo, naturalmente, da natureza do produto e das condições de estocagem. (As cadeias de amilose estão predominantemente envolvidas no desenvolvimento inicial da viscosidade e na força do gel de pastas após o resfriamento.) A taxa de retrogradação depende de muitas variáveis, entre elas a razão molecular entre a amilose e a amilopectina; a estrutura das moléculas de amilose e de amilopectina, que são determinadas pela origem botânica do amido; a temperatura; a concentração de amido; e a presença e concentração de outros ingredientes, principalmente surfactantes e sais. Muitos defeitos na qualidade de alimentos, como o envelhecimento do pão, a perda de viscosidade e a formação de precipitados em sopas e molhos, devem-se, ao menos em parte, à retrogradação do amido.

O envelhecimento de produtos de panificação é percebido pelo aumento da firmeza do miolo e pela perda da percepção de frescor. O envelhecimento começa logo após a conclusão do processo de panificação e o começo do resfriamento do produto. A taxa de envelhecimento do produto depende da formulação, do processo de panificação e das condições de armazenamento. O envelhecimento se deve, pelo menos em parte, à transição gradual de um amido amorfo a um amido parcialmente cristalino e retrogradado. Nos produtos de panificação, em que existe a quantidade suficiente de umidade para gelatinização dos grânulos de amido (mantendo-se a identidade do grânulo), a retrogradação da amilose (insolubilização) pode ser completada durante o período de resfriamento, em temperatura ambiente. Acredita-se que a retrogradação da amilopectina envolva principalmente a associação de suas ramificações externas e requeira um tempo muito maior, em comparação à retrogradação da amilose, o que a torna importante no processo de envelhecimento que ocorre com o tempo, após o resfriamento do produto.

A maioria dos lipídeos polares com propriedades surfactantes retarda o enrijecimento do miolo pela formação de complexos com as moléculas poliméricas do amido. Compostos como o glicerilmonopalmitato (GMP), outros monoacilgliceróis e seus derivados e o estearoil 2-lactilato de sódio (SSL) são incorporados às massas de pão e de outros produtos de panificação para aumentar a vida de prateleira.

3.3.6.8 Complexos de amido

Por serem helicoidais, com o interior hidrofóbico, as cadeias de amilose são capazes de formar complexos com porções hidrofóbicas lineares de moléculas que se ajustam ao centro hidrofóbico. O iodo (como I_3^-) é capaz de se complexar com as moléculas de amilose e de amilopectina. De novo, a complexação ocorre no interior hidrofóbico dos segmentos helicoidais. Com a amilose, os longos segmentos helicoidais permitem a formação de cadeias longas com poli(I_3^-) complexado, gerando uma coloração azul que é usada como teste diagnóstico da presença de amido. O complexo amilose-iodo contém 19% de iodo, sendo que a determinação da quantidade de complexo pode ser usada na medição da quantidade de amilose aparente presente no amido. Os complexos de amilopectina são de cor vermelho a marrom, porque as cadeias ramificadas de amilopectina são muito curtas para permitir a formação de cadeias longas com poli(I_3^-) complexado. A diferença de cor entre os complexos de amilose e amilopectina é usada para diferenciar os genótipos não cerosos dos cerosos.

Uma característica de amidos de cereais contendo amilose se refere ao conteúdo de quantidades pequenas, mas funcionalmente importantes, de AGLs, LFLs e monoacilgliceróis (ver Capítulo 4). Os amidos do trigo, do centeio e da cevada contêm quase exclusivamente LFLs; outros amidos de cereais contêm principalmente AGLs. A lisofosfatidilcolina é o lipídeo mais abundante no amido de trigo e de milho. Os complexos de amido com esses lipídeos polares e emulsificantes/surfactantes formam complexos de hélice simples, primariamente após o amido de um produto alimentício ser cozido ou gelatinizado (geralmente a goma). Os lipídeos polares podem afetar as pastas de amido e os alimentos amiláceos, como resultado da formação de complexos de uma ou mais das três maneiras descritas a seguir: (1) por afetar o processo associado à gelatinização do amido e à formação de pastas (i.e., perda de birrefringência, inchaço dos grânulos, lixiviação de amilose, fusão das regiões cristalinas dos grânulos de amido e aumento de viscosidade durante o cozimento); (2) pela modificação do comportamento reológico das gomas resultantes; e (3) pela inibição da cristalização das moléculas de amido associadas ao processo de retrogradação. Aqui, também, a complexação com emulsificantes ocorre com muito mais facilidade, apresentando muito mais efeitos sobre a amilose do que sobre a amilopectina; assim, os emulsificantes afetam muito mais os amidos normais que os cerosos.

Alguns compostos aromatizantes também podem formar complexos com as moléculas de amilose e com as longas cadeias de amilopectina. Em tais complexos, os compostos do sabor, aroma ou outros compostos orgânicos podem ser incorporados a moléculas hóspedes dentro das hélices dos amidos (semelhante aos complexos amilose-lipídeos) e/ou entre as hélices dos amidos para serem encapsulados. A complexação auxilia na retenção de compostos voláteis e pode proporcionar um efeito protetor contra sua oxidação.

3.3.6.9 Hidrólise do amido
[5,15,32,48,58,63,69,71,74,75]

As moléculas de amido, como todas as outras moléculas de polissacarídeos, são despolimerizadas por ácidos a quente. A hidrólise das ligações glicosídicas ocorre mais ou menos de forma aleatória para produzir, no início, fragmentos muito grandes. Comercialmente, adiciona-se ácido clorídrico aos amidos bem-misturados, ou, então, trata-se o amido granular umedecido, sob agitação, com o gás cloreto de hidrogênio; a mistura é então aquecida até que o grau de despolimerização desejado seja atingido. O ácido é neutralizado, e o produto é recuperado, lavado e seco. Os produtos permanecem granulares, mas se desagregam com mais facilidade do que o amido de origem não tratado. Eles são chamados de **amidos modificados por ácidos** ou **por cocção rápida**, **por diluição** ou **amidos fluidificados**. Ainda que apenas poucas ligações glicosídicas sejam hidrolisadas, os grânulos de amido se desintegram com muito mais facilidade durante o aquecimento em água. Os amidos modificados com ácidos formam géis com maior claridade e mais reforçados, embora proporcionem soluções menos viscosas. Esses produtos são usados como formadores de filmes e adesivos em produtos como nozes revestidas e outros doces e quando se deseja um gel forte, como, por exemplo, em balas de goma (balas tipo jujuba, balas em formato de fatia de laranja e pastilhas de hortelã) e em pães de queijo. Para preparar géis particularmente fortes e de formação rápida, o amido de milho de alto teor de amilose é usado como amido de base.

Despolimerizações mais intensas do amido, com ácidos, produzem dextrinas. Em concentrações iguais, as dextrinas produzem viscosidade mais baixa do que os amidos de cocção rápida, podendo ser usadas em altas concentrações no processamento de alimentos. Elas possuem propriedades adesivas e formadoras de filmes, sendo utilizadas em doces e produtos revestidos. Elas também são utilizadas como enchimento, agentes de encapsulação e carreadores de aromas, em especial aromas secos por atomização. As dextrinas são classificadas por sua solubilidade em água fria e pela cor (brancas ou amarelas). Aquelas que retêm grandes quantidades de cadeias lineares ou de grandes fragmentos dessas cadeias formam géis fortes.

A hidrólise incompleta de dispersões de amidos cozidos (i.e., gomas), tanto com ácidos como com enzimas, produz misturas de malto-oligossacarídeos*, as quais são conhecidas industrialmente como **maltodextrinas**. Estas são classificadas de acordo com sua equivalência em dextrose (DE). A DE é relacionada ao DP por meio da equação DE = 100/DP, onde DE e DP são valores médios das populações de moléculas. Portanto, a DE de um produto de hidrólise é seu poder redutor como um percentual do poder redutor da D-glicose pura (dextrose); assim, a DE está inversamente relacionada à massa molecular média. As **maltodextrinas** são definidas como produtos com valores de DE que são mensuráveis, porém menores que 20, ou seja, suas DPs médias são > 5. Maltodextrinas de menor DE (i.e., com massa molecular média maior)

---

*Os oligossacarídeos obtidos a partir do amido são conhecidos como **malto-oligossacarídeos**.

TABELA 3.7 Propriedades funcionais dos produtos da hidrólise de amido

Propriedades aumentadas pelo maior grau de hidrólise[a]	Propriedades aumentadas em produtos de menor conversão[b]
Doçura	Capacidade de produzir viscosidade
Higroscopicidade e umectância	Capacidade de "encorpar" o produto
Redução do ponto de congelamento	Estabilização de espumas
Aumento do sabor	Prevenção do crescimento de cristais de gelo
Fermentabilidade	Prevenção da cristalização do açúcar
Reação de escurecimento	

[a]Xaropes de alta conversão (alta dextrose).
[b]Xaropes de baixa conversão e maltodextrinas.

não são higroscópicas, ao passo que as de maior DE tendem a absorver umidade. As maltodextrinas são insípidas, praticamente sem sabor doce, sendo excelentes contribuintes para o corpo e o volume de sistemas alimentares (Tabela 3.7).

A hidrólise continuada do amido produz uma mistura de D-glicose, maltose e outros malto-oligossacarídeos. Xaropes com esses componentes em diferentes concentrações são produzidos em grandes quantidades. Um dos mais comuns apresenta DE de 42. Esses xaropes são estáveis, uma vez que a cristalização das misturas complexas não se dá com facilidade. Eles são vendidos em concentrações de alta osmolalidade ($\approx$ 70% de sólidos), sendo alta o suficiente para que organismos comuns não possam crescer neles. Um exemplo é o xarope para *waffles* e panquecas, que é colorido com corante caramelo e aromatizado com xarope de bordo. A hidrólise a valores DE de 20 a 60 gera misturas de moléculas que, quando secas, são chamadas de **sólidos de xarope de milho**. Estes se dissolvem rapidamente e são levemente doces. As propriedades funcionais dos produtos de hidrólise de amidos são apresentadas na Tabela 3.7.

Para hidrolisar amido a D-glicose (ver Capítulo 6), são usadas três ou quatro enzimas. A α-amilase é uma endoenzima que cliva as moléculas de amilose e de amilopectina internamente, produzindo oligossacarídeos. Estes podem ter uma, duas ou três ramificações via ligações do tipo (1→6), uma vez que a α-amilase age apenas nas ligações (1→4) do amido. A α-amilase também não ataca segmentos de polímero de amido que formam duplas-hélices, nem os que estão complexados com lipídeos polares (segmentos de hélice simples estabilizada).

A glicoamilase (amiloglicosidase), em combinação com a α-amilase, é utilizada comercialmente para a produção de xaropes de D-glicose (dextrose) e dextrose cristalina. Esta enzima age sobre o amido gelatinizado por completo como uma exoenzima, liberando, sequencialmente, unidades D-glicosil simples a partir da extremidade não redutora das moléculas de amilose e de amilopectina, mesmo as que estão ligadas por ligações (1→6). Consequentemente, a enzima pode hidrolisar por completo o amido a D-glicose, mas ela sempre é usada em amidos que foram despolimerizados com α-amilase para gerar mais fragmentos e, por consequência, mais extremidades não redutoras.

A β-amilase libera o dissacarídeo maltose, em sequência, a partir de extremidades não redutoras das cadeias do polímero de amido. Quando o substrato é a amilopectina, ela ataca as extremidades não redutoras, liberando maltose sequencialmente, mas sem clivar as ligações (1→6) nos pontos de ramificação; desse modo, ela libera um resíduo de amilopectina, denominado **dextrina-limite**, mais especificamente a β-dextrina-limite.

Existem várias enzimas que eliminam ramificações que são catalisadoras específicas da hidrólise de ligações (1→6) na amilopectina, produzindo muitas moléculas lineares, mas de baixa massa molecular. Uma dessas enzimas é a isoamilase, a outra é a pululanase.

A ciclodextrina glicanotransferase é uma enzima única de *Bacillus*, que forma, a partir do amido, anéis de unidades α-D-glicopiranosil com ligações (1→4), chamadas de **ciclodextrinas** (ver Seção 3.2.5).

O xarope de glicose, frequentemente chamado de xarope de milho nos Estados Unidos, é a principal fonte de D-glicose e D-frutose. Para fazer um xarope, uma suspensão de amido em água é misturada com uma α-amilase estável termicamente e colocada em um aquecedor especial, no qual ocorre a gelatinização rápida e a hidrólise é catalisada pela enzima (liquefação). Após ser resfriada a uma temperatura entre 55 e 60 °C, a hidrólise continua com a glicoamilase. Então, o xarope é clarificado, concentrado, refinado com carvão ativo e resinas trocadoras de íons. Se o xarope é refinado corretamente e associado a núcleos de cristalização, obtém-se a D-glicose cristalina (dextrose).

Para a produção de D-frutose, a solução de D-glicose é passada ao longo de uma coluna que contém glicose isomerase ligada (imobilizada). Esta enzima catalisa a isomerização da D-glicose para D-frutose (ver Figura 3.5), formando uma mistura equilibrada de $\approx$ 58% de D-glicose e 42% de D-frutose (ver Capítulo 6). Altas concentrações de D-frutose costumam ser desejadas. (O xarope de alta frutose [HFS, do inglês *high-fructose syrup*] mais comumente usado como adoçante de refrigerantes contém ≈ 55% de D-frutose.) Para fazer um xarope com concentração de D-frutose superior a 42%, o xarope isomerizado é passado ao longo de um leito de resina trocadora de cátions, em forma de sal de cálcio. A resina liga a D-frutose, que pode ser recuperada e adicionada ao xarope normal, para produzir o xarope enriquecido com D-frutose.

3.3.6.10 Amidos alimentícios modificados [6,74,76]

Os sistemas alimentares apresentam uma grande variedade de exigências complexas – que incluem aquecimento a altas temperaturas, ambientes de alta acidez, misturas/bombeamento sob altas forças de cisalhamento, estocagem refrigerada prolongada – pelas quais um amido deve estar apto a reter sua funcionalidade requerida. Assim, em geral, os processadores de alimentos preferem amidos com propriedades que não podem ser proporcionadas por amidos nativos. Estes produzem pastas pouco encorpadas, pouco coesivas e gomosas, quando aquecidas, e géis, com propriedades indesejáveis e pouco estáveis quando resfriadas. Fazem-se modificações de modo a melhorar as características das massas e dos géis de modo que as massas resultantes possam suportar as condições de calor, cisalhamento e acidez associadas às condições particulares de processamento; outras modificações são feitas para introduzir funcionalidades específicas, tais como claridade da goma, força do gel ou aumento da estabilidade em relação à retrogradação. Os amidos modificados são macroingredientes e aditivos de alimentos úteis, funcionais e abundantes.

As modificações podem ser físicas ou químicas. As modificações químicas originam produtos de amido com ligações cruzadas, estabilizados, oxidados e depolimerizados (modificação ácida, cocção rápida, ver Seção 3.3.6.9). As modificações físicas geram produtos pré-gelatinizados (ver Seção 3.3.6.11) e dispersáveis/solúveis em água fria (ver Seção 3.3.6.12), bem como aqueles com digestibilidade lenta ou reduzida (ver Seção 3.4). As modificações químicas são as que mais afetam as funcionalidades, e a maioria dos amidos modificados foi produzida com substâncias que reagem com grupos hidroxila para a formação de éteres ou ésteres. As modificações podem ser de um só tipo; porém, com frequência, os amidos são preparados pela combinação de dois, três e, algumas vezes, quatro processos.

As reações químicas atualmente permitidas e usadas nos Estados Unidos para a produção de amidos modificados são as seguintes:

- Esterificação com anidrido acético, anidrido succínico, uma mistura de anidrido acético e ácido adípico, anidrido 2-octenilsuccínico, cloreto de fosforil, trimetafosfato de sódio, tripolifosfato de sódio e ortofosfato monossódico.
- Eterificação com óxido de propileno.
- Modificação ácida com os ácidos clorídrico e sulfúrico.
- Branqueamento com peróxido de hidrogênio, ácido peracético, permanganato de potássio e hipoclorito de sódio.
- Oxidação com hipoclorito de sódio.
- Algumas combinações permitidas dessas reações.

As regulamentações atuais nos Estados Unidos permitem combinações específicas dessas reações para serem utilizadas na produção de produtos de amido duplamente modificado (estabilização + ligações cruzadas) e outros com múltiplas modificações usando essas reações. Em outros países, são praticadas reações de acetilação usando-se o acetato de vinila, ligações cruzadas com epicloroidrina e oxidações com outros oxidantes, como peróxido de hidrogênio na presença de íons Cu(II). Os amidos alimentícios modificados esterificados e eterificados aprovados e utilizados nos Estados Unidos incluem os seguintes:

Amidos estabilizados
- Hidroxipropil amido (éter de amido).
- Acetatos de amido (éster de amido).
- Octenilsuccinatos de amido (éster de monoamido).
- Fosfato de monoamido (éster).

Amidos com ligações cruzadas
- Fosfato de diamido.
- Adipato de diamido.

Amidos estabilizados e com ligações cruzadas
- Diamido fosfato hidroxipropilado.
- Diamido fosfato fosforilado.
- Diamido fosfato acetilado.
- Diamido adipato acetilado.

Amidos com ligações cruzadas possuem temperaturas de gelatinização e de formação de gomas maiores, resistência aumentada às forças e ao cisalhamento, estabilidade aumentada a condições de baixo pH e, além disso, produzem gomas com maior viscosidade e estabilidade em comparação ao amido base.

Os produtos estabilizados apresentam temperaturas de gelatinização e de formação de gomas menores, são de fácil redispersão quando gelatinizados, produzem gomas e géis com tendência reduzida à retrogradação; isto é, apresentam maior estabilidade, melhor estabilidade ao congelamento e ao descongelamento e são mais claros em comparação com o amido base.

Também em comparação com o amido base, os amidos com ligações cruzadas e estabilizados costumam apresentar menores temperaturas de gelatinização e de formação de goma, produzem gomas de maior viscosidade e demonstram os outros atributos das ligações cruzadas e da estabilização.

Os produtos oxidados com hipoclorito são mais brancos, apresentam menor temperatura de gelatinização e de formação de goma, produzem a menor viscosidade máxima da goma e resultam em géis macios e claros quando comparados ao amido não modificado.

Produtos diluídos (ver Seção 3.3.6.9), isto é, pouco depolimerizados, apresentam temperaturas de gelatinização e de formação de gomas menores e produzem gomas, quando ainda quentes, com menos viscosidade, mas com força do gel aumentada após resfriamento, quando comparados ao amido base.

Qualquer amido (milho, milho ceroso, batata, tapioca/mandioca, trigo, arroz, etc.) pode ser modificado, mas as modificações são feitas significativamente apenas nos amidos de milho normal, de milho ceroso, de batata e, com frequência muito menor, nos de tapioca e de trigo. Os amidos modificados de milho ceroso são particularmente populares na indústria de alimentos dos Estados Unidos. As gomas de amido de milho comum não modificado formarão géis, e estes, em geral, serão coesivos, gomosos e propensos à sinerese (i.e., propensos a desprender umidade). As gomas de amido de milho ceroso exibem pouca tendência à formação de gel em temperatura ambiente, e é por isso que o amido de milho ceroso costuma ser preferido como o amido base para os amidos de grau alimentício, embora as gomas de amido de milho ceroso tornem-se turvas e espessas, exibindo sinerese, quando armazenadas sob refrigeração ou congeladas; assim, mesmo o amido de milho ceroso é modificado para aumentar a estabilidade das gomas. O composto mais comum e mais útil empregado para a estabilização do amido é o éter hidroxipropílico (discutido mais adiante).

Melhorias em propriedades específicas que podem ser obtidas por combinações adequadas das modificações são a redução da energia necessária à cocção (melhora da gelatinização e formação de goma), modificação das características de cocção (redução da viscosidade da goma quente), aumento de solubilidade, aumento ou decréscimo da viscosidade da goma, aumento da estabilidade ao congelamento e descongelamento das gomas, aumento da claridade da goma, aumento do brilho da goma, redução ou aumento da formação e da força do gel, redução de sinerese do gel, aumento da interação com outras substâncias, aumento das propriedades estabilizantes, melhora da formação de filme, aumento da resistência à água de filmes, redução da coesão da goma e aumento da estabilidade a ácido, calor e cisalhamento.

O amido, como todos os carboidratos, pode sofrer reações em seus vários grupos hidroxila. Em amidos modificados, apenas um número muito reduzido de grupos hidroxila é modificado. Normalmente, ligam-se grupos éster ou éter em níveis de substituição (DS, do inglês *degree of substitution*) muito baixos.* Os valores de DS costumam

---

*O grau de substituição é definido como o número médio de grupos hidroxila esterificados ou eterificados, por unidade de monossacarídeo. Tanto os polissacarídeos ramificados como os não ramificados, compostos por unidades hexopiranosil, possuem uma média de três grupos hidroxila por unidade monomérica. Portanto, o DS máximo para o amido ou para a celulose é de 3,0, embora o máximo possível não seja permitido em produtos usados como ingredientes alimentícios.

ser < 0,1 e, geralmente, em uma faixa de 0,002 a 0,2, dependendo da modificação.* Portanto, há, em média, um substituinte para cada grupo de 500 a 5 unidades de D-glicopiranosil, respectivamente. Pequenos níveis de derivatização mudam de modo drástico as propriedades dos amidos, aumentando significativamente sua utilidade. Produtos amiláceos que tenham sido esterificados ou eterificados com reagentes monofuncionais resistem às associações intercadeias, o que reduz a tendência da goma de amido de gelificar ou de sofrer retrogradação, ocorrendo tendência à precipitação. Desse modo, essa modificação costuma ser chamada de **estabilização**, e os produtos são chamados de **amidos estabilizados** (ver adiante). O uso de reagentes bifuncionais produz amidos com ligações cruzadas. Os amidos alimentícios modificados frequentemente são estabilizados e com ligações cruzadas (i.e., duplamente modificados).

A acetilação do amido até o máximo permitido em alimentos (DS 0,09, nos Estados Unidos) reduz a temperatura de gelatinização, melhora a claridade da goma, proporciona estabilidade à retrogradação e, ainda, alguma estabilidade ao congelamento e ao descongelamento (mas, em geral, de forma menos eficaz que a hidroxipropilação).

Os fosfatos de amido monoéster (monoamido fosfatos) (Figura 3.44) são elaborados pelo tratamento dos grânulos de amido com soluções de tripolifosfato de sódio ou ortofosfato monos-

*Os limites específicos da quantidade de derivatização de um amido alimentício modificado são estabelecidos por leis ou regulamentos em diferentes países e regiões.

sódico. Os fosfatos monoamido produzem gomas claras e estáveis que têm textura longa e coesiva.

A viscosidade da goma, que geralmente é alta, pode ser controlada pela variação da concentração de reagentes, tempo de reação, temperatura e pH. O aumento de substituições diminui a temperatura de gelatinização até que os produtos se tornem primeiramente intumescíveis em água fria (ver Seção 3.3.6.12). Os fosfatos de amido de milho produzem gomas com alta viscosidade, claridade, estabilidade e textura – mais do que os amidos de batata. Os fosfatos de amido são bons estabilizadores de emulsões e produzem gomas com estabilidade aumentada ao congelamento/descongelamento. Nos Estados Unidos, um amido fosforilado para ser usado como ingrediente em alimentos pode conter quantidades residuais de fosfato que não excedam 0,4% quando o ortofosfato monossódico é o reagente utilizado, e 0,04% quando o reagente usado for o trimetafosfato de sódio (ambos calculados como fósforo).

A preparação de um éster alquenilsuccinato de amido liga uma cadeia hidrocarbonada às moléculas do polímero (Figura 3.45). Mesmo em DS muito baixo, as moléculas de octenilsuccinato de amido se concentram na interface de uma emulsão de óleo em água, em função da hidrofobicidade dos grupos alquenil. Essa característica os torna úteis como estabilizadores de emulsão. Os produtos do 2-octenilsuccinato de amido podem ser utilizados em diversas aplicações em alimentos em que há necessidade de estabilização de emulsões, como é o caso das bebidas aromatizadas. A presença de uma cadeia alifática tende a fornecer ao derivado amiláceo uma percepção sensorial

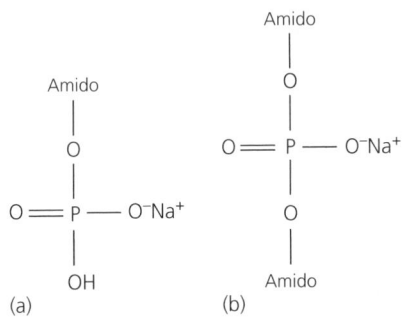

FIGURA 3.44 Estruturas de um monoéster fosfato de amido (a) e de um diéster fosfato (b). O diéster une duas moléculas de amido, resultando em grânulos de amido entrecruzados.

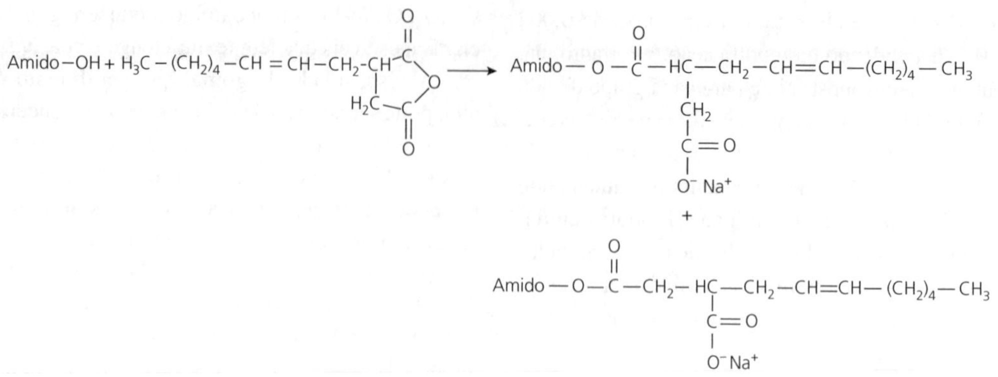

$$\text{Amido–OH} + \text{H}_3\text{C}-(\text{CH}_2)_4-\text{CH}=\text{CH}-\text{CH}_2-\overset{\displaystyle\text{O}}{\underset{\text{H}_2\text{C}-\text{C}}{\text{CH}\underset{\displaystyle\text{O}}{\overset{\displaystyle\|}{\text{C}}}}} \longrightarrow$$

$$\text{Amido}-\text{O}-\overset{\text{O}}{\underset{\|}{\text{C}}}-\text{HC}-\text{CH}_2-\text{CH}=\text{CH}-(\text{CH}_2)_4-\text{CH}_3$$
$$\begin{array}{c}|\\\text{CH}_2\\|\\\text{C}=\text{O}\\|\\\text{O}^-\text{Na}^+\end{array}$$

+

$$\text{Amido}-\text{O}-\overset{\text{O}}{\underset{\|}{\text{C}}}-\text{CH}_2-\text{HC}-\text{CH}_2-\text{CH}=\text{CH}-(\text{CH}_2)_4-\text{CH}_3$$
$$\begin{array}{c}|\\\text{C}=\text{O}\\|\\\text{O}^-\text{Na}^+\end{array}$$

FIGURA 3.45 Preparação do éster de amido 2-octenilsuccinato.

gordurosa, sendo possível, assim, que se usem esses derivados na substituição parcial da gordura em alguns alimentos. Produtos de alto DS não são higroscópicos, sendo usados como agentes para polvilhar e como auxiliares de processo.

A hidroxipropilação é a reação mais usada no preparo de produtos de amido estabilizados. O hidroxipropilamido (amido–O–CH_2–CHOH–CH_3) é preparado pela reação do amido com o óxido de propileno para a produção de um baixo nível de eterificação (DS 0,02–0,2, sendo que 0,2 é o máximo permitido nos Estados Unidos). O hidroxipropilamido apresenta propriedades similares às do acetato de amido, pois também possui "obstáculos" ao longo da cadeia polimérica do amido, os quais previnem as associações entre as cadeias que originam a retrogradação. A hidroxipropilação reduz a temperatura de gelatinização. Os hidroxipropilamidos formam gomas claras que não retrogradam e resistem ao congelamento e ao descongelamento. Eles são usados como espessantes e extensores. Para melhorar a viscosidade, particularmente sob condições ácidas, altas forças de cisalhamento e condições de cozimento, os amidos acetilados e hidroxipropilados são ligados a grupos fosfato por ligações cruzadas.

A maioria dos amidos alimentícios modificados possui ligações cruzadas. Estas ocorrem quando os grânulos de amido reagem com reagentes bifuncionais, que, por sua vez, reagem com os grupos hidroxila em duas moléculas diferentes ou cadeias adjacentes dentro do grânulo. As ligações cruzadas são obtidas frequentemente pela produção de ésteres de diamido fosfato (Figura 3.44).

Em suspensões alcalinas, o amido sofre reação tanto com oxicloreto de fósforo (fosforilcloreto, $POCl_3$) como com trimetafosfato de sódio, sendo o $POCl_3$ o reagente mais usado para formar as ligações cruzadas. As ligações simultâneas das cadeias de amido com diéster de fosfato ou outras ligações cruzadas reforçam a estrutura do grânulo e reduzem tanto a velocidade como o grau de intumescimento dos grânulos e sua subsequente desintegração. Assim, os grânulos exibem reduzida sensibilidade às condições de processamento (altas temperaturas, tempos estendidos de cozimento, baixo pH, alto cisalhamento durante o processo de mistura, homogeneização e/ou bombeamento). As gomas cozidas de amido com ligações cruzadas são mais viscosas*, mais encorpadas, têm textura curta e são menos suscetíveis à ruptura, durante longa cocção ou exposição a pH baixo e/ou agitação vigorosa, quando em comparação com as massas dos amidos nativos dos quais foram produzidas. É necessária uma pequena quantidade de ligações cruzadas para produzir um efeito considerável; com baixos níveis de ligações cruzadas, os grânulos incham em proporção inversa ao DS. À medida que as ligações cruzadas aumentam, os grânulos se tornam cada vez mais tolerantes às condições físicas e à acidez, mas cada vez menos

---

*Observe, na Figura 3.42, que o máximo de viscosidade é alcançado quando o sistema contém grânulos de amido altamente inchados. Os grânulos com ligações cruzadas são menos propensos a se desintegrar com a aplicação de cisalhamento. Desse modo, há menos perda de viscosidade depois de o pico ter sido alcançado.

dispersáveis por cocção, e a demanda de energia para atingir o máximo de inchaço e de viscosidade aumenta. Por exemplo, o tratamento de um amido com apenas 0,0025% de trimetafosfato de sódio reduz muito tanto as taxas como o grau de inchaço do grânulo, aumenta bastante a estabilidade da goma e muda radicalmente seu perfil de viscosidade e suas características de textura. O tratamento com 0,08% de trimetafosfato gera um produto cujo intumescimento do grânulo é restrito de tal modo que nunca se alcança o pico de viscosidade durante o período de aquecimento. Conforme o grau de ligações cruzadas aumenta, o amido também se torna mais estável a ácidos. Embora ocorra hidrólise de ligações glicosídicas durante o aquecimento em meio ácido, as ligações cruzadas com fosfato que unem as cadeias de amido umas às outras ajudam a reter grandes moléculas e a prevenir a perda da viscosidade (i.e., as ligações cruzadas por si só são razoavelmente estáveis em um ambiente ácido e auxiliam compensando os efeitos da hidrólise do amido). Somente outra ligação cruzada, o éster de diamido do ácido adípico, é autorizada para uso em alimentos nos Estados Unidos.

A maioria dos amidos alimentícios contém menos de uma ligação cruzada para cada 1.000 unidades de α-D-glicopiranosil. A tendência para o uso de processos de cocções contínuas exige aumento da resistência ao cisalhamento e da estabilidade a superfícies quentes. As ligações cruzadas no amido também proporcionam estabilidade ao caráter espessante durante o armazenamento. Na esterilização de alimentos enlatados, em função de sua reduzida taxa de gelatinização e inchaço, os amidos com ligações cruzadas mantêm uma baixa viscosidade inicial, o tempo suficiente para facilitar a transferência rápida de calor e o alcance da temperatura necessários para que se proporcione uma esterilização uniforme, antes que o intumescimento do grânulo confira as características desejadas de textura e viscosidade à suspensão. Amidos com ligações cruzadas são usados em sopas enlatadas, molhos, pudins e em misturas para massas. As ligações cruzadas do amido de milho ceroso proporcionam às massas claras rigidez suficiente para que, quando usadas em recheios de tortas, mantenham sua forma ao serem cortadas.

A oxidação com hipoclorito de sódio (cloro em solução alcalina) resulta na depolimerização, na redução da viscosidade e na diminuição da temperatura de formação de goma. A oxidação também reduz a associação de moléculas de amilose, ou seja, resulta em alguma estabilização por meio da introdução de pequenas quantidades de grupos carboxilato e carbonil às cadeias de amido. Os amidos oxidados produzem géis mais moles e menos viscosos (quando comparados ao amido de origem), sendo usados quando tais propriedades são necessárias. Eles também são usados para melhorar a adesão das massas de empanados de peixe e de carne e em vegetais. Tratamentos brandos com hipoclorito, peróxido de hidrogênio ou permanganato de potássio apenas clareiam o amido e reduzem a contagem de microrganismos viáveis.

A modificação ácida (como descrito na Seção 3.3.6.9) também pode ser feita com um amido eterificado. Tal "diluição" pode ser praticada pela mesma razão que é feita com os amidos nativos, ou seja, para reduzir a viscosidade, de modo a obter mais sólidos na solução e, assim, aumentar as características de volume, encorpamento e adesão do produto, e assim por diante. A viscosidade reduzida pode ser obtida, também, por oxidação com hipoclorito de sódio, como descrito no parágrafo anterior.

Os amidos alimentícios modificados são desenvolvidos para aplicações específicas. As propriedades que podem ser controladas pelas combinações de ligações cruzadas, estabilização e afinamento de amidos de milho, milho ceroso, batata, trigo, entre outros, incluem as seguintes: adesão, clareza das soluções/pasta, cor, capacidade de estabilizar emulsões, capacidade de formar filmes, liberação de aromas, velocidade de hidratação, capacidade de retenção de umidade, estabilidade a ácidos, estabilidade ao calor e ao frio, estabilidade às forças de cisalhamento, temperatura necessária para cocção e viscosidade (goma fria e goma quente). Embora não se limitem a elas, algumas das características conferidas aos produtos alimentícios incluem palatabilidade, redução da migração de gordura, textura, brilho, estabilidade e pegajosidade.

Os amidos que são estabilizados e também possuem ligações cruzadas são usados em alimentos enlatados, congelados, assados e desidratados. Em alimentos infantis e em recheios para tortas com frutas em latas e em vidros, eles proporcionam longa vida de prateleira. Além disso, eles permitem que se mantenha a estabilidade de tortas de frutas congeladas, empadas e molhos congelados em longos períodos de armazenamento.

3.3.6.11 Amido pré-gelatinizado

Os produtos de amido que foram descritos até agora são conhecidos como **amidos texturizantes** (*cook-up*). Em contrapartida, o amido que foi cozido/gomado e seco com pouca ou nenhuma retrogradação pode ser parcialmente redissolvido em água à temperatura ambiente, proporcionando viscosidade sem a necessidade de aquecimento posterior ou de cozimento. Esse amido é chamado de amido **pré-gelatinizado** ou **instantâneo**. Esse amido foi gelatinizado, mas também houve formação de goma, ou seja, muitos grânulos intumescidos foram destruídos; portanto, ele poderia ser chamado mais apropriadamente de amido pré-cozido ou amido pré-goma. Existem duas formas básicas de fazer produtos pré-gelatinizados. Em uma, a suspensão de amido é introduzida entre dois cilindros aquecidos com vapor, muito próximos e girando em sentidos contrários; de modo alternativo, é aplicado no alto de um cilindro simples aquecido com vapor. Em ambos os casos, a suspensão de amido é gelatinizada e transformada em goma quase instantaneamente; depois, a goma resultante que recobre os cilindros seca rapidamente. A película formada é então raspada dos cilindros e triturada até formar um pó. Os produtos resultantes são solúveis em água fria, podendo produzir dispersões viscosas quando agitados com água em temperatura ambiente, embora geralmente seja necessário um pouco de aquecimento ou cisalhamento para que se atinja a viscosidade máxima. O segundo método de preparação utiliza um extrusor. Neste processo, o calor e o cisalhamento gerados dentro da extrusora gelatinizam e rompem as estruturas dos grânulos de amido umedecidos e intumescidos. O extrudato expandido, vítreo e crocante obtido é moído até se tornar pó.

Tanto os amidos modificados como os não modificados podem ser usados para se fazer amidos pré-gelatinizados. Se forem usados amidos quimicamente modificados (Seção 3.3.6.10), as propriedades introduzidas pelas modificações são mantidas nos produtos pré-gelatinizados; assim, as propriedades das gomas, como estabilidade e estabilidade a congelamento e descongelamento, também podem ser conferidas aos amidos pré-gelatinizados. O amido com poucas ligações cruzadas e pré-gelatinizado é utilizado em sopas instantâneas, cobertura de pizzas, cereais matinais e aperitivos extrusados.

A principal vantagem dos amidos pré-gelatinizados é que eles podem ser usados sem cozimento. Como as gomas hidrossolúveis, o amido pré-gelatinizado e finamente moído forma pequenas partículas de gel quando adicionado à água, porém, quando disperso e dissolvido de forma adequada, produzirá uma solução de alta viscosidade. Produtos com moagem mais grosseira se dispersam com mais facilidade, produzindo dispersões de baixa viscosidade e com um aspecto granuloso ou de polpa, o que é desejável em alguns produtos. Muitos amidos pré-gelatinizados são usados em misturas secas, como misturas para pudim instantâneo. Eles se dispersam facilmente com alta agitação e cisalhamento ou quando pré-misturados com açúcares ou outros ingredientes secos.

3.3.6.12 Amido dispersável em água fria

O amido granular que incha intensamente em água à temperatura ambiente é produzido pelo aquecimento de um amido de milho comum, em solução aquosa de etanol em proporção de 75 a 90%, ou em processo específico em atomizador. Esse produto (também chamado de **amido solúvel em água fria**) também é classificado como amido pré-gelatinizado ou amido instantâneo. A diferença entre ele e o amido pré-gelatinizado convencional é que, aqui, embora o arranjo cristalino e a birrefringência dos grânulos tenham sido rompidos ou destruídos pelo tratamento inicial, os grânulos permanecem intactos. Portanto, quando adicionados à água, eles incham como se tivessem sido cozidos. A dispersão feita por incorporação de amido dispersável em soluções de açúcar ou xaropes de glicose, com rápida agitação, pode ser moldada, uma vez que produz géis rígidos que podem ser fatiados. O resultado é uma goma doce. Os amidos dispersáveis em água fria também são utilizados na confecção de sobremesas e em misturas para massas de bolos que contenham sólidos, como frutas (mirtilo), que, de outro modo, iriam para o fundo antes que a massa adquirisse consistência pelo aquecimento, durante o cozimento.

3.3.7 Celulose: estrutura e derivados [79]

A celulose é um homopolissacarídeo linear, insolúvel, de alta massa molecular, constituído de unidades repetidas de β-D-glicopiranosil, unidas por ligações glicosídicas (1→4) (Figura 3.46). As ligações axial → equatorial (1→4), que unem as unidades α-D-glicopiranosil das moléculas do polímero de amido, produzem uma estrutura helicoidal (uma α-hélice) (Figura 3.40). Em contrapartida, as ligações equatorial → equatorial (1→4), que unem as unidades β-D-glicopiranosil das moléculas de celulose, originam uma estrutura plana em forma de fita, na qual cada unidade de glicopiranosil da cadeia está voltada para baixo, em comparação com as unidades precedentes e subsequentes. Em função de sua natureza plana e linear, as moléculas de celulose podem associar-se umas às outras por meio de ligações de hidrogênio, ao longo de extensas zonas, formando maços fibrosos e policristalinos. As zonas amorfas separam e conectam as zonas cristalinas. A celulose é insolúvel em água, pois, para que haja dissolução, a maioria de suas inúmeras ligações de hidrogênio deve ser rompida ao mesmo tempo. No entanto, a celulose pode, por meio de derivatização, ser convertida em gomas hidrossolúveis.

A celulose e suas formas modificadas servem como fibra dietética, uma vez que não são digeridas e não contribuem com nutrientes e nem com calorias ao passar pelo trato gastrintestinal humano. As fibras dietéticas são importantes para a nutrição humana (ver Seção 3.4).

Celuloses purificadas, em pó, estão disponíveis como ingrediente de alimentos. Uma celulose de alta qualidade pode ser obtida da madeira, após ter sido transformada em polpa e, em seguida, purificada. Entretanto, a pureza química da celulose em pó não é necessária para uso alimentício, uma vez que as paredes celulares celulósicas são componentes de todas as frutas e hortaliças. A contaminação microbiana, a cor, o aroma e o sabor da celulose em pó usada em alimentos são insignificantes; assim, ela é frequentemente adicionada ao pão para lhe acrescentar volume, sem adição de calorias. Os produtos panificados de baixa caloria, feitos com celulose em pó, têm seu conteúdo de fibra dietética aumentado.

3.3.7.1 Celulose microcristalina [51,55,63,72]

Uma celulose purificada e insolúvel, denominada **celulose microcristalina** (MCC, do inglês *microcrystalline cellulose*), é produzida por uma hidrólise parcial da polpa de celulose de madeira purificada, com a hidrólise ocorrendo nas zonas amorfas, seguida pela separação dos microcristais liberados. As moléculas de celulose são cadeias completamente lineares, relativamente rígidas, de cerca de 3 mil unidades de β-D-glicopiranose, que se associam com facilidade a longas zonas de junção. Entretanto, as cadeias lineares longas e pesa-

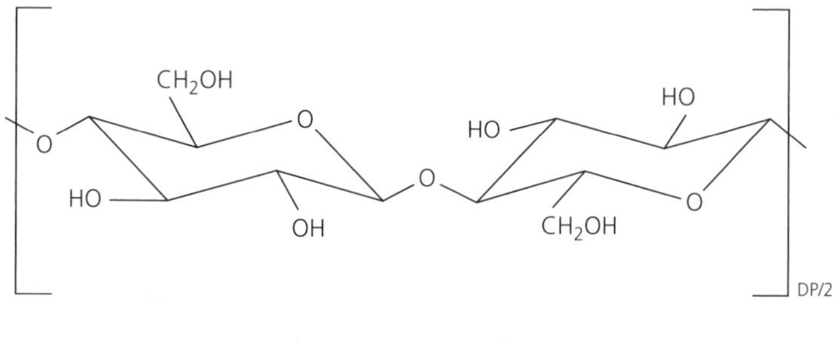

FIGURA 3.46 Celulose (unidade repetitiva).

das não são alinhadas perfeitamente ao longo de todo o seu comprimento, criando interrupções na estrutura cristalina. Esses lapsos na cristalinidade são simplesmente a separação das cadeias de celulose de um estado de ordenamento de outro de maior aleatoriedade, formando as regiões amorfas. Tal estrutura está representada na Figura 3.35. Quando a polpa de madeira purificada é hidrolisada com ácido, este penetra nas regiões de baixa densidade, amorfas e hidratadas, onde as cadeias do polímero têm maior liberdade de movimento, e efetua a clivagem hidrolítica da cadeia nessa região, liberando porções cristalinas individuais das extremidades.

Dois tipos de MCC são produzidos, cada um sendo estável tanto ao calor como a ácidos. A MCC em pó é um produto derivado da atomização. A atomização produz agregados porosos de microcristais. A MCC em pó é utilizada como transportador de aromas e agente antiendurecimento de queijo ralado. O segundo tipo é dispersável em água e apresenta propriedades funcionais semelhantes às das gomas solúveis em água. Para produzir MCC coloidal, é aplicada uma considerável energia mecânica após a hidrólise inicial para separar as microfibrilas enfraquecidas e fornecer uma elevada proporção de agregados de tamanho coloidal (< 0,2 µm de diâmetro). Para prevenir a reassociação dos agregados durante a secagem, adiciona-se CMC de sódio (Seção 3.3.7.2), xantana (Seção 3.3.9) ou alginato de sódio (Seção 3.3.11). A goma aniônica auxilia na redispersão, interagindo diretamente com os agregados e atuando como uma barreira à reassociação, dando às partículas agregadas uma carga negativa estabilizadora.

As principais funções da MCC coloidal são estabilização de emulsões e espumas, principalmente durante o processamento em temperaturas elevadas; a formação de géis com textura untuosa (a MCC não se dissolve nem forma zonas de junção intermoleculares, mas apresenta formação preferencial de uma rede de microcristais hidratados); a estabilização dos géis de pectina e de amido ao calor; o aumento da adesividade; a substituição de gorduras e óleos em produtos como molhos para salada e sorvetes; e o controle do crescimento de cristais de gelo. A MCC estabiliza emulsões e espumas por se adsorver nas interfaces e reforçar as películas interfaciais. Trata-se de um ingrediente comum de sorvetes com gordura reduzida e de outros produtos gelados para sobremesa.

3.3.7.2 Carboximetilceluloses [30,33,51,55,63,73]

A carboximetilcelulose (CMC) (Tabela 3.5) é ampla e extensivamente usada como goma para alimentos. O tratamento da polpa de madeira purificada, com hidróxido de sódio a 18%, produz celulose alcalina (99% pura). Quando esta reage com o sal sódico do ácido cloroacético, forma-se o sal sódico do éter carboximetílico (celulose–O–CH_2–$CO_2^-Na^+$). A maioria dos produtos comerciais de CMC possui um DS (ver Seção 3.3.6.10), variando de 0,4 a 0,8. O tipo mais vendido para uso como ingrediente alimentício apresenta DS de 0,7.

Uma vez que a CMC consiste em uma longa e muito rígida molécula com carga negativa, devido a seus numerosos grupos carboxílicos ionizados, a repulsão eletrostática faz essas moléculas ficarem estendidas quando em solução. Da mesma forma, as cadeias adjacentes repelem umas às outras. Como consequência, as soluções de CMC tendem a ser, ao mesmo tempo, altamente viscosas e estáveis, estando disponíveis em uma ampla faixa de graus de viscosidade. A CMC estabiliza dispersões de proteínas, particularmente perto do valor do pH isoelétrico da proteína.

3.3.7.3 Metilceluloses e hidroxipropilmetilceluloses

Para se fazer metilceluloses (MCs) (Tabela 3.5), trata-se a celulose alcalina com cloreto de metila para a introdução de grupos éter metílico (celulose–O–CH_3). Muitos membros dessa família de gomas também contêm grupos éter hidroxipropílicos (celulose–O–CH_2–CHOH–CH_3). As hidroxipropilmetilceluloses (HPMCs) são feitas pela reação de celuloses alcalinas com óxido de propileno e cloreto de metila. O grau de substituição com grupos éter metílico das MCs comerciais varia de 1,1 a 2,2. A substituição molar (MS, do inglês *molar substitution*)* com grupos éter hidroxipropílicos, em HPMCs comerciais, variam de 0,02 a 0,3. (Ambos os membros desta família de gomas, MC e HPMC, costumam ser referidos simplesmente como **metilceluloses**.) Ambos os produtos são solúveis em água fria, pois as protrusões dos grupos éter metílicos e hidroxipropílicos, ao longo das cadeias, previnem a associação intermolecular característica da celulose.

Enquanto a adição dos poucos grupos éter distribuídos ao longo das cadeias aumenta a solubilidade em água, eles também diminuem a hidratação da cadeia, pela substituição dos grupos hidroxila que ligam a água por grupos éter menos polares, conferindo características únicas aos membros dessa família de gomas. Os grupos éter restringem a solvatação das cadeias a ponto de deixá-las no limite da solubilidade em água. Quando uma solução aquosa é aquecida, as moléculas de água que estão hidratando o polímero se dissociam da cadeia, e a hidratação é diminuída o suficiente, de modo que as associações intermoleculares aumentam (provavelmente por forças de Van der Waals), ocorrendo a gelificação. A diminuição da temperatura do gel permite que as moléculas se hidratem e se dissolvam novamente; assim, a termogelificação é reversível.

Por causa dos grupos éter, as cadeias hidrocoloides são um pouco ativas na superfície e absorvem nas interfaces. Isso ajuda a estabilizar emulsões e espumas. As MCs também podem ser usadas para reduzir a quantidade de gordura em produtos alimentícios por meio de dois mecanismos: (1) fornecem propriedades semelhantes à gordura, de modo que o teor de gordura de um produto pode ser reduzido, e (2) reduzem a adsorção de gordura durante a fritura de um produto, em função da estrutura do gel produzido pela termogelificação, que forma uma barreira ao óleo, mantém a umidade e age como um aglutinante.

3.3.8 Gomas guar e locuste [30,33,43,51,55,63,73]

A goma guar e a goma locuste (LBG, do inglês *locust bean gum*) são importantes polissacarídeos espessantes (Tabela 3.5). Entre as gomas naturais comercializadas, a goma guar produz a mais alta viscosidade. Ambas as gomas são obtidas pela moagem do endosperma de sementes. O principal componente dos endospermas é uma galactomanana. As galactomananas consistem em uma cadeia principal de unidades de β-D-manopiranosil unidas por ligações (1→4) a ramificações de uma única unidade de α-D-galactopiranosil, ligadas na posição O-6 (Figura 3.47). O polissacarídeo

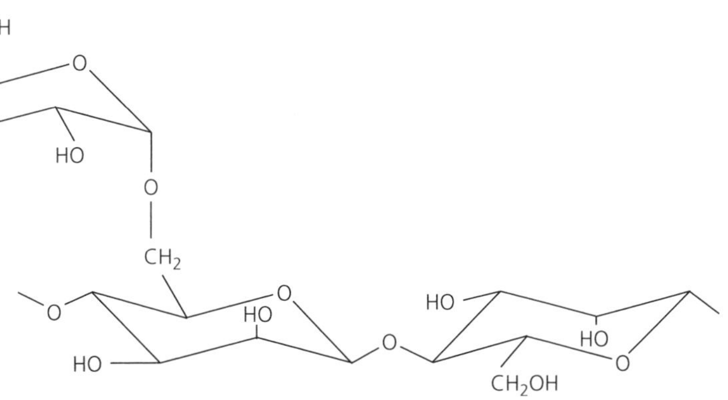

---

*Os moles de substituição, ou substituição molar (MS), indicam o número médio de moles dos substituintes ligados à unidade glicosil de um polissacarídeo. Pelo fato de a reação de um grupo hidroxila com o óxido de propileno criar um novo grupo hidroxila, com o qual o óxido de propileno pode reagir mais tarde, podem formar-se cadeias de poli (óxido de propila), cada uma terminada com um grupo hidroxila livre. Uma vez que mais de três moles de óxido de propileno podem reagir com uma única unidade hexopiranosídica, o valor de MS é mais usado que o de DS.

FIGURA 3.47 Segmento representativo de uma molécula de galactomanana.

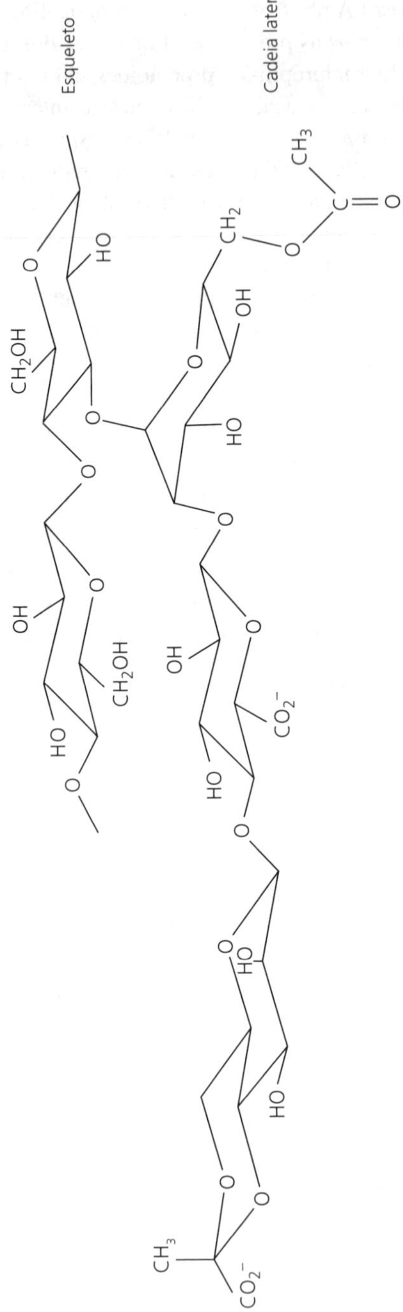

FIGURA 3.48 Estrutura da unidade repetitiva do pentassacarídeo da xantana. Observe a unidade 4,6-O-piruvil-D-manopiranosil na extremidade não redutora, ao lado da cadeia do trissacarídeo. Normalmente, cerca da metade das cadeias laterais é piruvilada.

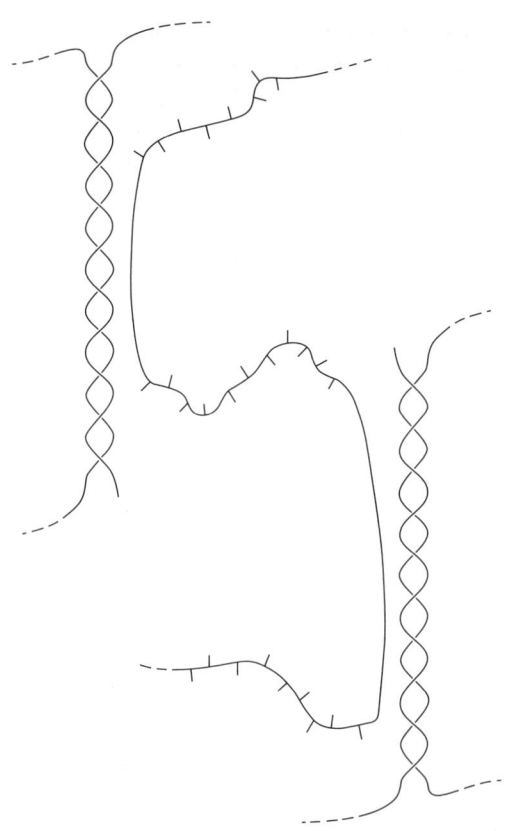

FIGURA 3.49 Representação da interação hipotética de uma molécula de goma locuste com porções de dupla--hélice de moléculas de goma xantana ou carragenana, formando uma rede tridimensional e um gel.

rígidas, que produzem soluções de alta viscosidade. Como a guarana tem suas unidades galactosil dispostas de maneira bastante regular ao longo da cadeia, há poucos locais adequados para a formação de zonas de junção. No entanto, a LBG, com suas longas seções de "cadeias nuas", pode formar zonas de junção e, como resultado, necessita de aquecimento em água em torno de 90 °C para solubilização completa. Apesar de as moléculas de LBG não formarem um gel por si mesmas, suas moléculas interagem com as hélices de xantana (Figura 3.48; Seção 3.3.9) e de carragenana (Seção 3.3.10), formando zonas de junção e géis rígidos (Figura 3.49).

A goma guar proporciona espessamento econômico em um grande número de alimentos. Ela é bastante utilizada com outras gomas alimentícias, por exemplo, em sorvetes, nos quais é frequentemente usada em combinação com CMC (Seção 3.3.7.2), carragenana (Seção 3.3.10) e LBG.

As gomas guar e LBG são encontradas nos mesmos produtos. Cerca de 85% da LBG é usada em produtos lácteos e sobremesas congeladas. Ela raramente é usada sozinha, sendo usada, de preferência, em combinação com outras gomas, tais como CMC, carragenana, xantana e goma guar. É usada em combinação com κ-carragenana e xantana para aproveitamento do fenômeno sinérgico de formação de gel. Sua concentração típica de utilização é de 0,05 a 0,25%.

específico que compõe a goma guar é a guarana, na qual cerca da metade das unidades D-manopiranosil da cadeia principal contém uma unidade α-D-galactopiranosil.

A galactomanana da LBG (também chamada de **goma caroba**) tem menos ramificações do que a guarana. Sua estrutura é mais irregular, com longos trechos de cerca de 80 unidades de D-manosil, sem derivações, alternando com seções de cerca de 50 unidades, nas quais a maioria das unidades da cadeia principal tem um grupo α-D-galactopiranosil, conectado a suas posições O-6 por ligações glicosídicas.

Devido à diferença em suas estruturas, as gomas guar e LBG possuem diferentes propriedades físicas, apesar de ambas serem galactomananas e serem compostas de cadeias longas e um tanto

3.3.9 Goma xantana [18,30,33,49,51,55,63,73]

A *Xanthomonas campestris*, uma bactéria muito encontrada nas folhas das plantas da família da couve, produz um polissacarídeo, denominado **xantana**, que é produzido em grandes fermentadores, sendo muito utilizado como goma alimentícia. Esse polissacarídeo é conhecido comercialmente como **goma xantana** (Tabela 3.5).

A goma xantana tem uma cadeia principal idêntica à da celulose (Figura 3.48; comparar com a Figura 3.46). Na molécula de xantana, cada duas unidades de β-D-glicopiranosil da cadeia principal de celulose possuem ligada, na posição O-3, uma unidade trissacarídica, a β-D-manopiranosil--(1→4)-β-D-glicopiranosil-(1→2)-6-*O*-acetil-β-

-D-manopiranosil.* Cerca da metade das unidades terminais de β-D-manopiranosil possui ácido pirúvico ligado a um acetal 4,6-cíclico. As cadeias de trissacarídeos laterais interagem com a cadeia principal, tornando a cadeia de xantana bastante rígida. A rigidez da xantana é ainda aumentada por sua estrutura ordenada, que se acredita consistir de uma dupla-hélice trançada. É provável que a massa molecular seja da ordem de 2×10^6, embora valores muito maiores, possivelmente devido à agregação, tenham sido relatados.

A goma xantana interage com a goma guar de forma sinérgica, para produzir aumento de viscosidade da solução. A interação com LBG produz um gel termorreversível (Figura 3.49).

A xantana é muito usada como goma alimentícia devido às características importantes a seguir: ela é solúvel tanto em água quente como em água fria; produz alta viscosidade na solução, em baixas concentrações; não gera mudanças perceptíveis na viscosidade da solução na faixa de temperatura de 0 a 100 °C, o que a torna única entre as gomas alimentícias; exibe um comportamento fortemente pseudoplástico; é solúvel e estável em sistemas acídicos; possui excelente compatibilidade com sal; forma gel quando usada em combinação com a LBG; é um excepcional estabilizante de suspensões e emulsões; e confere estabilidade a produtos submetidos a congelamento e descongelamento. As propriedades incomuns e muito úteis da goma xantana resultam, sem dúvida, de sua rigidez estrutural e da forma estendida de suas moléculas, que, por sua vez, resultam de sua cadeia linear do tipo celulósico, que é estirada e mantida rígida pelas cadeias laterais aniônicas trissacarídicas.

A goma xantana é ideal para estabilizar dispersões aquosas, suspensões e emulsões. Como a viscosidade de suas soluções se altera muito pouco com a temperatura, ou seja, suas soluções não se tornam mais espessas quando resfriadas, essa goma se torna insubstituível para espessar e estabilizar produtos, como molhos de salada e calda de chocolate, os quais necessitam fluir de forma fácil quando retirados do refrigerador ou em temperatura ambiente, ou outros molhos, os quais não devem se tornar muito espessos quando estão frios, nem se tornarem líquidos demais quando quentes. Nos molhos de salada mais usuais além de espessante, essa goma serve como estabilizador tanto da suspensão de partículas como do óleo nas emulsões de óleo em água. Ela também é usada como espessante e agente de suspensão em molhos sem óleo (de baixas calorias). Em molhos para salada com ou sem óleo, a goma xantana é quase sempre usada em combinação com alginato de propileno glicol (PGA, do inglês *propylene glycol alginate*) (ver Seção 3.3.11). O PGA diminui a viscosidade dos sistemas que contêm goma xantana e reduz sua pseudoplasticidade. Juntos, eles conferem a fluidez desejada, associada à pseudoplasticidade própria da xantana e à sensação de cremosidade relacionada à solução pseudoplástica.

3.3.10 Carragenanas, ágar e furcelaranas [9,30,33,51,55,63,73]

O termo **carragenana** se refere ao grupo ou à família de galactanas sulfatadas extraídas de algas vermelhas com soluções alcalinas. Normalmente, o sal sódico é produzido a partir de carragenanas. As carragenanas são misturas de várias galactanas sulfatadas relacionadas (ver Tabela 3.4). Elas são cadeias lineares de unidades D-galactopiranosil unidas com ligações (1→3)-α-D e (1→4)-β-D--glicosídicas alternadas, sendo que a maioria das unidades de galactosil apresenta um ou dois grupos semiéster sulfato esterificados no grupo hidroxila dos átomos de carbono C-2 e/ou C-6. Isso resulta em um conteúdo de sulfato que varia de 15 a 40%. As unidades costumam conter um anel 3,6-anidro. Os principais tipos de estruturas são denominadas carragenanas kappa (κ), iota (ι) e lambda (λ) (Figura 3.50). As unidades dissacarídicas mostradas na Figura 3.50 representam os blocos constituintes predominantes de cada tipo, mas não são unidades estruturais repetidas. As carragenanas, da forma como são extraídas, são misturas de polissacarídeos não homogêneos. As carragenanas comerciais, das quais podem obter-se mais de 100 a partir de um único fornecedor para aplicações diferentes, contêm diferentes proporções dos três principais tipos estruturais (κ, ι e λ), produzidos a partir de misturas de espécies de al-

---

*Os heteroglicanos de bactérias, diferentemente dos heteroglicanos de plantas, possuem estruturas regulares de unidades repetidas.

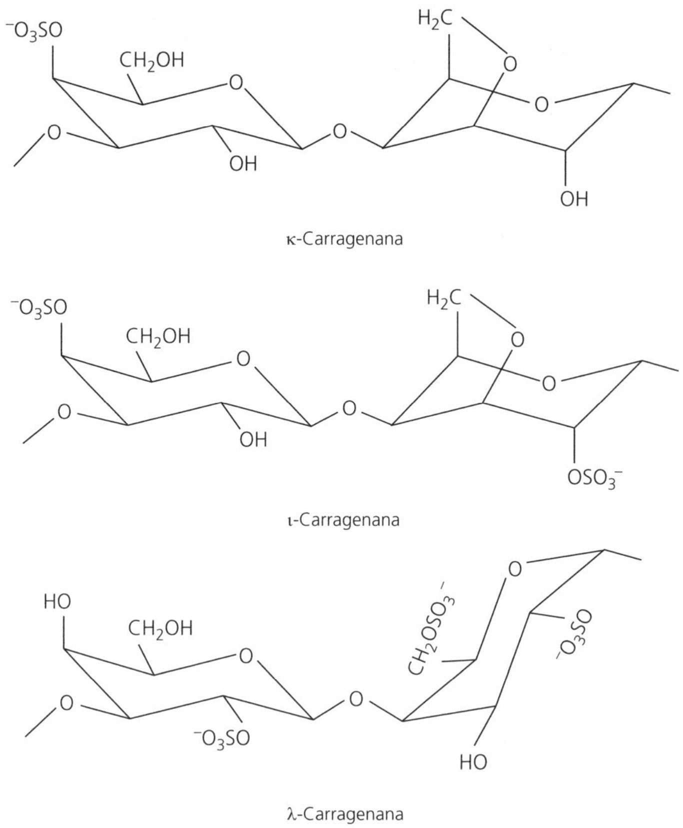

FIGURA 3.50 Estruturas unitárias idealizadas das carragenanas dos tipos κ, ι e λ.

gas vermelhas. Para a obtenção do produto em pó, podem ser adicionadas outras substâncias, como íons potássio e açúcar (para a padronização).

Os produtos de carragenanas se dissolvem em água para formar soluções bastante viscosas. A viscosidade é relativamente estável, em uma ampla faixa de valores de pH, pois os grupos semiéster sulfato estão sempre ionizados, mesmo sob condições muito ácidas, conferindo às moléculas uma carga negativa consistente. No entanto, as carragenanas podem despolimerizar-se em soluções ácidas aquecidas; essas condições devem ser evitadas na utilização de carragenanas comerciais.

Os segmentos de moléculas de carragenanas dos tipos κ e ι existem sob a forma de duplas-hélices de cadeias paralelas. Na presença dos íons cálcio ou potássio, formam-se géis termorreversíveis pelo resfriamento de uma solução quente que contém segmentos de dupla-hélice. A gelificação pode acontecer em concentrações tão baixas quanto 0,5% de goma. Quando soluções de κ-carragenanas são resfriadas na presença de íons potássio, forma-se um gel rígido e quebradiço. Os íons cálcio são menos eficazes para causar gelificação, embora, juntos, os íons cálcio e potássio produzam um gel bastante forte. Os géis mais fortes feitos com base nas carragenanas são produzidos a partir das κ-carragenanas. Esses géis tendem a sofrer sinerese conforme as zonas de junção crescem em comprimento dentro da estrutura. A presença de outras gomas retarda esse processo.

As ι-carragenanas são um pouco mais solúveis que as do tipo κ, mas, novamente, apenas a forma de sal sódico é solúvel em água fria. As ι-carragenanas gelificam melhor com íons cálcio. O gel resultante é macio e resiliente, possui boa estabilidade no congelamento e no descongelamento e não sofre sinerese, provavelmente pelo fato de as ι-carragenanas serem mais hidrofílicas e formarem menos zonas de junção que as κ-carragenanas.

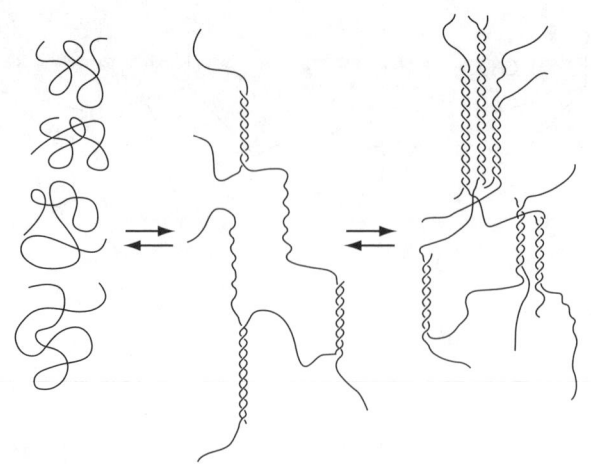

FIGURA 3.51 Representação do mecanismo hipotético da gelificação de carragenanas dos tipos κ e ι. Em uma solução aquecida, as moléculas do polímero estão em estado enovelado. À medida que a solução é resfriada, elas se entrelaçam em estruturas de dupla-hélice. Conforme a solução é resfriada, acredita-se que as duplas-hélices se acomodem juntas, com a ajuda de íons potássio e cálcio.

Ocorre gelificação durante o resfriamento de soluções de carragenanas dos tipos κ ou ι, pois as moléculas lineares não são capazes de formar duplas-hélices contínuas devido à presença de irregularidades estruturais. As porções de hélices lineares se associam, então, para formar um gel tridimensional na presença do cátion apropriado (Figura 3.51). Todos os sais das λ-carragenanas são solúveis e não gelificam.

Nas condições em que segmentos de dupla-hélice estão presentes, as moléculas de carragenanas, particularmente as do tipo κ, formam zonas de junção com os segmentos descobertos de LBG para produzir géis rígidos, quebradiços e que sofrem sinerese (Figura 3.49). Essa gelificação ocorre em uma concentração um terço da necessária para que se forme um gel puro de κ-carragenana.

As carragenanas são usadas com frequência em função de sua capacidade de formar géis com leite e água. As misturas dos tipos de carragenanas são usadas para se obter diversos produtos que são padronizados com quantidades variáveis de sacarose, glicose (dextrose), sais tamponantes ou promotores de gelificação, como cloreto de potássio. Os produtos comerciais disponíveis formam vários géis: claros ou turvos, rígidos ou elásticos, duros ou macios, termoestáveis ou termicamente reversíveis e os que sofrem ou não sinerese. Os géis de carragenanas não necessitam de refrigeração, pois não se fundem em temperatura ambiente. Eles são estáveis ao congelamento e ao descongelamento.

Uma propriedade útil das carragenanas é sua reatividade com proteínas, sobretudo as do leite. As κ-carragenanas formam complexos com as micelas de κ-caseína do leite, formando um gel fraco, tixotrópico e que pode ser vertido. O efeito espessante das κ-carragenanas é de 5 a 10 vezes maior no leite do que na água. Essa propriedade é usada na preparação do chocolate ao leite, na qual um gel de estrutura tixotrópica previne a precipitação das partículas de cacau. Tal estabilização requer somente ≈ 0,025% de goma. Essa propriedade também é utilizada na preparação de sorvetes, leite evaporado, fórmulas infantis, creme batido estável a congelamento e descongelamento e emulsões nas quais a gordura do leite é substituída por óleo vegetal.

O efeito sinérgico entre a κ-carragenana e a LBG (Figura 3.49) produz géis com maior elasticidade e força e com menos sinerese que os feitos apenas com κ-carragenato de potássio. Se comparada com a κ-carragenana isolada, a combinação κ-carragenana e LBG proporciona maior estabilização e retenção de bolhas de ar em sorvetes, mas, também, aderência um tanto demasiada, de modo que se adiciona goma guar para suavização da estrutura do gel.

Presuntos e fiambres de aves resfriados absorvem entre 20 e 80% mais de salmoura quando esta contém de 1 a 2% de κ-carragenana. Também ocorre melhoria no fatiamento. O revestimento de carnes com carragenanas serve como barreira mecânica de proteção e como veículo para temperos e aromas. A carragenana é, algumas vezes, adicionada aos substitutos de carne feitos a partir de caseína e proteínas vegetais. A carragenana é usada para reter água e manter seu conteúdo e, por consequência, manter a maciez de produtos à base de carne, como salsichas, durante o cozimento. A adição de uma carragenana dos tipos κ ou ι na forma de Na^+ ou de carragenana PES/PNG (ver adiante) à carne bovina moída, de baixo teor de gordura, melhora a textura e a qualidade do hambúrguer. Normalmente, a gordura tem o propósito de manter a maciez; porém, devido ao poder de ligação da carragenana com proteínas e sua alta afinidade pela água, as carragenanas podem ser usadas para substituir, em parte, essa função da gordura animal natural em produtos magros.

Alguns usos das carragenanas são indicados na Tabela 3.5. Entretanto, os produtos de carragenanas para uso como ingredientes alimentícios são frequentemente uma mistura dos tipos de carragenanas. Por exemplo, uma mistura dos tipos κ ε λ é usada na fabricação de *milk-shakes*, e misturas dos tipos κ ε ι são usadas em géis solúveis em água para sobremesas que não necessitam de refrigeração.

Existe também uma farinha de algas modificada com álcalis, antigamente denominada carragenana ***processed Euchema seaweed*** (PES) ou ***Philippine natural grade*** (PNG), que hoje é chamada apenas de carragenana. Para preparar essa forma de carragenana, as algas vermelhas são tratadas com uma solução de hidróxido de potássio. Como os sais de potássio dos tipos de carragenanas encontrados nessas algas são insolúveis, as moléculas de carragenanas não são solubilizadas e nem extraídas. Os componentes solúveis de baixa massa molecular são removidos principalmente das algas durante esse tratamento. A alga remanescente é seca e moída, formando um pó. Essa carragenana é, portanto, um material composto que contém não apenas moléculas de carragenana que seriam extraídas com hidróxido de sódio diluído, mas também outros materiais da parede celular.

Duas outras gomas alimentícias, o ágar e a furcelarana (também chamada de **ágar dinamarquês**), também são oriundas de algas vermelhas, apresentando estruturas e propriedades que são estreitamente relacionadas às das carragenanas. Da mesma forma que a gelana (Seção 3.3.13), o uso principal do ágar é em misturas de panificação, em glacês e em merengues, uma vez que ele

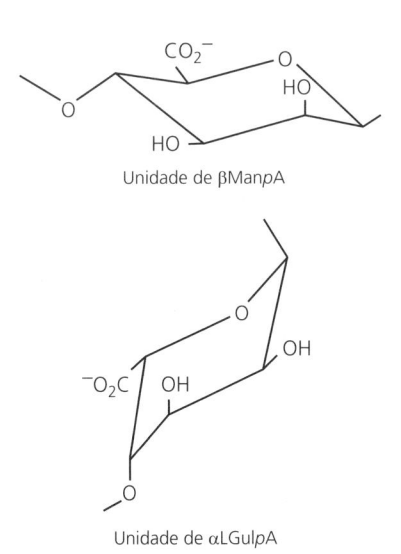

FIGURA 3.52 Unidades de ácido β-D-manopiranosilurônico (βManpA), na conformação $^4C_1$, e α-L-gulopiranosilurônico (αLGulpA), na conformação $^1C_4$.

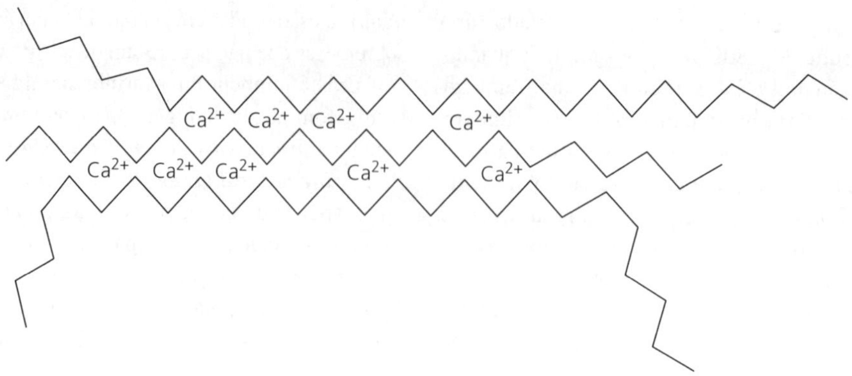

FIGURA 3.53 Representação da formação proposta para uma junção entre regiões de blocos G de três moléculas de alginato, promovida por íons cálcio.

é compatível com grandes quantidades de açúcar; os produtos não sofrem derretimento em altas temperaturas durante a estocagem nem ficam aderidos aos materiais de embalagem.

3.3.11 Alginatos [30,33,49,51,55,63,73]

Os alginatos comerciais são sais, com mais frequência sal de sódio, de um ácido poliurônico linear (ácido urônico), o ácido algínico, obtido de algas marrons (Tabela 3.5). O ácido algínico é composto de duas unidades monoméricas, de ácido β-D-manopiranosilurônico e de ácido α-L-gulopiranosilurônico. Esses dois monômeros ocorrem em regiões homogêneas ou blocos (compostas exclusivamente de uma unidade ou de outra) e em regiões ou blocos de unidades mistas. Os segmentos que contêm apenas unidades de D-manuronopiranosil são denominados blocos M, e aqueles que contêm somente unidades L-guluronopiranosil são denominados blocos G. As unidades D-manuronopiranosil encontram-se na conformação $^4C_1$, ao passo que as unidades L-guluronopiranosil encontram-se na conformação $^1C_4$ (ver Seção 3.1.2 e Figura 3.52), conferindo aos diferentes blocos diferentes conformações de cadeias. As regiões de blocos M são achatadas e lembram uma fita, de forma semelhante à conformação da celulose (ver Seção 3.3.7), devido à ligação equatorial → equatorial. As regiões de ligação do bloco G possuem uma conformação preguada (corrugada), como resultado de suas ligações glicosídicas axial → axial. As diferentes porcentagens dos diferentes segmentos de blocos fazem os alginatos de algas diferentes terem propriedades variadas. Alginatos com maior conteúdo de blocos G produzem géis de maior força.

As soluções de alginato de sódio são altamente viscosas. O sal de cálcio dos alginatos é insolúvel. A insolubilidade resulta das interações entre os íons cálcio e as regiões de blocos G da cadeia. As aberturas formadas entre duas cadeias de blocos G são cavidades que fixam íons cálcio. O resultado é uma zona de junção que tem sido denominada como arranjo em "caixa de ovo", com os íons cálcio sendo comparáveis a ovos dentro de cavidades de caixas (Figura 3.53). A força do gel depende do conteúdo de blocos G no alginato usado e da concentração de íons cálcio.

Os alginatos de propileno glicol (PGAs) são feitos pela reação de ácido algínico úmido com óxido de propileno, a fim de produzir um éster parcial com 50 a 85% de grupos carboxila esterificados. As soluções de PGA são muito menos sensíveis a baixos valores de pH e a cátions polivalentes, incluindo os íons cálcio e as proteínas, do que as soluções de alginatos não esterificados, pois os grupos carboxila esterificados não se ionizam. Além disso, o grupo propileno glicol introduz uma protuberância na cadeia, a qual previne a associação estreita entre as cadeias. Portanto, as soluções de PGA são estáveis. Devido à tolerância aos íons cálcio, os PGAs podem ser usados em produtos lácteos. Os grupos hidrofóbicos do propileno glicol também conferem às moléculas uma leve atividade interfacial, ou seja, propriedades espumantes, emulsificantes e estabilizadoras de emulsão. O PGA é usado quando se deseja estabilidade a ácidos, não reatividade com íons cálcio (p. ex., em produtos lácteos) ou sua propriedade tensoativa. Dessa forma, ele é usado como espessante em molhos para saladas (Tabela 3.5). Em molhos de baixa caloria, ele costuma ser usado em associação à goma xantana (Seção 3.3.9).

Os sais de alginatos são usados com mais frequência como ingredientes de alimentos, em decorrência de sua capacidade de formar géis. Os géis de alginato de cálcio são obtidos por preparação por difusão, preparação interna e preparação por resfriamento. A preparação por difusão pode ser usada para a preparação de alimentos estruturados. Um bom exemplo são as tiras moldadas de pimenta. Na produção de tiras de pimenta para o recheio de azeitonas verdes, o homogeneizado de pimenta é primeiro misturado com água, a qual contém uma pequena quantidade de goma guar como espessante imediato, e, em seguida, com alginato de sódio. A mistura é bombeada para uma correia transportadora, sendo gelificada pela adição de íons cálcio. A lâmina gelificada é cortada em tiras finas, que são introduzidas nas azeitonas. A preparação interna, usada para misturas de frutas, purês e produtos análogos de frutas, envolve a liberação lenta de íons cálcio para dentro da mistura. A liberação lenta é obtida pela ação combinada de um ácido orgânico levemente solúvel e de um sequestrante de sal de cálcio insolúvel. A preparação por resfriamento envolve a mistura de componentes necessários à formação de um gel em temperatura acima de sua temperatura de fusão, para que a mistura ganhe forma ao ser resfriada. Os géis de alginato são razoavelmente termoestáveis e apresentam pouca ou nenhuma sinerese. Diferentemente dos géis de gelatina, os de alginato não são termorreversíveis e, semelhantemente aos géis de carragenanas, não necessitam de refrigeração, podendo ser usados como géis de sobremesas que não fundem, mesmo em altas temperaturas ambientes. No entanto, como resultado, eles não fundem na boca como os géis de gelatina. Os filmes de alginato de cálcio são usados como envoltórios comestíveis de salsichas. O ácido algínico, ou seja, uma solução de alginato cujo pH foi diminuído, com ou sem a adição de íons cálcio, é empregado na preparação de géis macios, tixotrópicos e que não fundem (Tabela 3.5).

3.3.12 Pectinas
[18,30,33,51,55,63,73]

As pectinas comerciais são galacturonoglicanos [ácidos poli(α-D-galactopiranosilurônicos)] com conteúdo variado de grupos éster metílico (Tabela 3.5). As moléculas-mães nativas, presentes nas paredes celulares e nas camadas intercelulares de todas as plantas, a partir das quais as pectinas comerciais são obtidas, são moléculas muito mais complexas do que aquelas que são convertidas em galacturonoglicanos metil esterificados durante extração com ácido. A pectina comercial é obtida da casca de frutas cítricas e do bagaço de maçã; a pectina das cascas de limão e lima, em geral, é a mais fácil de ser isolada e a de mais alta qualidade. Dependendo de sua estrutura, as pectinas possuem uma capacidade única de formar géis espalháveis, na presença de açúcar e ácido, ou na presença de íons cálcio, sendo usadas principalmente nesses tipos de aplicações.

A composição e as propriedades das pectinas variam de acordo com sua fonte, com o processo usado durante a preparação e com os tratamentos subsequentes. Durante a extração com ácido fraco, ocorre um pouco de depolimerização e hidrólise dos grupos éster metílico. Portanto, o termo **pectina** indica uma família de compostos e é geralmente usado, em sentido genérico, para designar as preparações poli(ácido galacturônico) (galacturonoglicano) solúveis em água, com conteúdos éster metílico e graus de neutralização variados, capazes de formar géis. Em todas as pectinas nativas, alguns dos grupos carboxila ocorrem na forma de éster metílico. Dependendo das condições de fabricação, os grupos restantes de ácido carboxílico livre podem ser parcial ou completamente neutralizados, ou seja, parcial ou totalmente presentes como sódio, potássio ou gru-

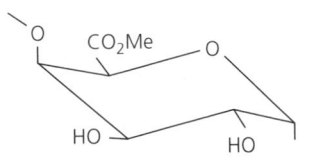

FIGURA 3.54 Unidade monomérica predominante de uma pectina com alto grau de metilação.

pos carboxilato de amônio. Em geral, eles estão presentes na forma de sal de sódio.

Por definição, preparações nas quais mais da metade dos grupos carboxila encontram-se sob a forma de éster metílico ($-COOCH_3$) são classificadas como pectinas (Figura 3.54) de alto grau de metoxilação (HM, do inglês *high-methoxyl*); o restante dos grupos carboxila estão presentes como uma mistura de formas de ácido livre ($-COOH$) e de sal (p. ex., $-COO^-Na^+$). Preparações nas quais menos da metade dos grupos carboxila encontram-se sob a forma éster metílico são chamadas de pectinas de baixo grau de metoxilação (LM, do inglês *low-methoxyl*). A porcentagem de grupos carboxila esterificados com metanol constitui o grau de esterificação (GE) ou o grau de metilação (GM). O tratamento de uma preparação de pectina com amônia (frequentemente dissolvida em metanol) converte alguns dos grupos éster metílico em grupos carboxiamida (15–25%). No processo, forma-se uma pectina LM (por definição). Esses produtos são conhecidos como **pectinas LM amidadas**.

A estrutura principal e fundamental de todas as moléculas de pectina é uma cadeia linear de unidades de ácido α-D-galactopiranosilurônico unidas por ligações (1→4). Os açúcares neutros, principalmente a L-ramnose, também estão presentes. Nas pectinas cítricas e de maçã, as unidades α-L-ramnopiranosil estão inseridas na cadeia polissacarídica, em intervalos bastante regulares. As unidades inseridas de α-L-ramnopiranosil podem proporcionar as irregularidades estruturais necessárias para limitar o tamanho das zonas de junção e, assim, a gelificação efetiva (em oposição à precipitação/insolubilidade completa). Pelo menos algumas pectinas contêm cadeias de arabinogalactanas ramificadas e/ou pequenas cadeias laterais compostas de unidades D-xilosil, unidas por ligações covalentes, embora muitas dessas cadeias nativas ramificadas sejam removidas durante a extração para fins comerciais. A presença de cadeias laterais também pode ser um fator que limita a extensão da associação de cadeias, melhorando a formação de gel e a estabilidade. As zonas de junção são formadas entre cadeias regulares e não ramificadas de pectina, quando as cargas negativas dos grupos carboxilato são removidas (adição de ácido), quando a hidratação das moléculas é reduzida (pela adição de um cossoluto, quase sempre um açúcar, a uma solução de pectina HM) e/ou quando cadeias poliméricas são unidas por pontes de cátions cálcio.

As soluções de pectina HM gelificam quando há ácido e açúcar em quantidade suficiente. À medida que o pH de uma solução de pectina diminui, os grupos carboxilato, altamente hidratados e carregados, são convertidos em grupos não carregados e apenas levemente hidratados. Como resultado da perda de algumas de suas cargas e de sua hidratação, as moléculas poliméricas podem, então, associar-se sobre uma porção ao longo de seu comprimento, formando zonas de junções e uma rede de cadeias poliméricas que aprisionam a solução aquosa de moléculas de soluto. A formação de zonas de junção é favorecida pela presença de alta concentração ($\approx 65\%$, pelo menos 55%) de açúcar, o qual compete com as moléculas de pectina pelas moléculas de água, reduzindo a hidratação das cadeias e permitindo que elas interajam umas com as outras.

As soluções de pectinas LM gelificam apenas na presença de cátions divalentes que proporcionam pontes cruzadas entre cadeias. O aumento da concentração de cátions divalentes (apenas o íon cálcio é usado em aplicações alimentícias) geralmente aumenta a força do gel e a temperatura na qual uma pectina LM pode ser formada. Pectinas LM amidadas exibem sensibilidade aumentada aos cátions de cálcio e geralmente não necessitam de adição de cálcio (além daquele presente na água de torneira) para induzir a formação de gel. O mesmo modelo geral de "caixa de ovo" (Figura 3.53), usado para descrever a formação e a estrutura de géis de alginato de cálcio (Seção 3.3.11), é usado para explicar a gelificação de soluções de pectinas LM (padrão e amidadas) produzidas pela adição de íons cálcio. Como não necessita de açúcar para a gelificação, a pectina LM é usada na confecção de geleias e marmeladas com baixo teor de açúcar.

3.3.13 Goma arábica [30,33,51,55,63,73]

Quando a casca de algumas árvores e arbustos é lesionada, as plantas secretam um material pegajoso que endurece, a fim de selar a ferida e protegê-la contra infecções e dessecamento. Alguns exsudatos costumam ser encontrados em plantas que crescem em regiões semiáridas. Visto que são pegajosos logo que exsudados, poeira, insetos, bactérias ou pedaços de casca aderem às lágrimas (assim como são chamadas) do exsudato. A goma arábica (goma acácia), a goma *karaya* e a goma *ghatti* são exsudatos de árvores; a goma tragacante é o exsudato de um arbusto. Das gomas de exsudatos, a goma arábica é a mais usada como goma alimentícia atualmente.

A goma arábica (Tabela 3.5) é um exsudato de árvores de acácia, das quais existem várias espécies distribuídas nas regiões tropicais e subtropicais. As áreas mais importantes de crescimento das acácias e nas quais se produzem as melhores gomas são o Sudão e a Nigéria. Formas de goma arábica, purificadas e secas por atomização, são comumente produzidas.

A goma arábica é um material heterogêneo, mas, em geral, consiste de duas frações primárias. Uma delas, que representa ≈ 70% da goma, é composta de uma cadeia de polissacarídeos com pouca ou nenhuma proteína. A outra fração contém moléculas de maior massa molecular com proteínas como parte de sua estrutura. A fração polissacarídeo-proteína é, ela mesma, heterogênea, no que se refere ao conteúdo proteico. As estruturas de polissacarídeo são unidas de forma covalente ao componente proteico por ligações às unidades hidroxiprolina e, talvez, a unidades serina, os dois aminoácidos predominantes do polipeptídeo. O conteúdo proteico total é de ≈ 2% em massa, mas algumas frações podem conter até 25% de proteínas.

As estruturas do polissacarídeo, tanto as ligadas como as não ligadas às proteínas, são arabinogalactanas ácidas altamente ramificadas, com a seguinte composição aproximada: D-galactose, 44%; L-arabinose, 24%; ácido D-glucurônico, 14,5%; L-ramnose, 13%; ácido 4-*O*-metil-D-glucurônico, 1,5%. Elas contêm cadeias principais de unidades β-D-galactopiranosil ligadas em (1→3), possuindo de duas a quatro unidades de cadeias laterais, constituídas de unidades β-D-galactopiranosil ligadas em (1→3), unidas a ela por ligações (1→6). Tanto as cadeias principais como as numerosas cadeias laterais apresentam α-L-arabinofuranosil, α-L-ramnopiranosil, β-D-glucuronopiranosil e 4-*O*-metil-β-D-glucuronopiranosil ligadas. As unidades de ácido urônico ocorrem mais frequentemente como extremidades não redutoras.

A goma arábica se dissolve com facilidade sob agitação em água. Essa é uma propriedade ímpar entre as gomas alimentícias, exceto para as que foram despolimerizadas para produzir tipos de baixa viscosidade, devido à sua alta solubilidade e à baixa viscosidade de suas soluções. Pode-se fazer soluções com concentração de 50%; acima dessa concentração, as dispersões se assemelham a géis.

A goma arábica é um agente emulsificante razoável e um estabilizador muito bom de flavorizantes em emulsões de óleo em água. É a goma de escolha para a emulsificação de óleos cítricos, outros óleos essenciais e imitações de flavorizantes, usados como concentrados para refrigerantes e para emulsões usadas em panificação. Nos Estados Unidos, a indústria de refrigerantes consome ≈ 30% da goma disponível como emulsificante e estabilizante. Para uma goma ter efeito tanto emulsificante como estabilizador de emulsões, ela deve possuir grupos de ancoragem, com uma forte afinidade pela superfície do óleo, e um tamanho molecular suficientemente grande para cobrir as superfícies das gotículas dispersas. A goma arábica possui atividade tensoativa e forma uma camada macromolecular espessa em torno das gotículas de óleo, de modo a produzir estabilização espacial. Emulsões feitas com flavorizantes oleosos e goma arábica podem ser secas por atomização para produzir pós flavorizantes secos que não são higroscópicos e nos quais o óleo flavorizante está protegido da oxidação e da volatilização. Outros atributos desses produtos em pó são a dispersão rápida e a liberação de flavorizantes, sem alteração da viscosidade do produto. Os pós flavorizantes estáveis são usados em produtos secos empacotados, como bebidas, bolos, sobremesas, pudins e misturas para sopas.

Outra característica importante da goma arábica é sua compatibilidade com altas concentrações de açúcar. Portanto, ela é amplamente utilizada na elaboração de produtos com alto conteúdo de açúcar e baixo conteúdo de água. Mais da metade do suprimento mundial de goma arábica é usada na produção de caramelos, balas de goma e pastilhas. Nesses produtos, ela previne a cristalização da sacarose, emulsifica e distribui os componentes de gordura e ajuda a prevenir o *bloom* (branqueamento da superfície causado pela transição polimórfica dos lipídeos da manteiga de cacau). Outro uso da goma arábica é como componente de glacê, usado em doces.

3.3.14 Gelana [30,33,49,51,55,63,73]

A gelana, conhecida comercialmente como **goma gelana** (Tabela 3.5), é um polissacarídeo extracelular aniônico produzido pela bactéria *Sphingomonas elodea*, cultivada em grandes tanques de fermentação. A molécula da gelana é linear e composta de unidades β-D-glicopiranosil, β-D-glicuronopiranosil e α-L-ramnopiranosil em uma razão molar de 2:1:1. A gelana nativa (também chamada de **gelana rica em acil**) contém dois grupos éster, um grupo acetil e um grupo gliceril, todos na mesma unidade glicosil. Há, em média, um grupo éster glicerato para cada unidade tetrassacarídica repetida e um grupo éster acetato para cada duas unidades repetidas.

Parte da gelana é desesterificada pelo tratamento com álcali. A remoção dos grupos acil causa efeitos drásticos sobre as propriedades do gel de gelana. A forma desesterificada é conhecida como **gelana pobre em acil**. A estrutura de sua unidade tetrassacarídica repetida é →4)-α-L--R-ha$p$-(1→3)-βGlc$p$-(1→4)-βGlc$p$A-(1→4)-β--Glc$p$-(1→. Três formas básicas de gomas estão disponíveis: ricas em acil (nativa), pobres em acil clarificadas e pobres em acil não clarificadas. A maior parte da gelana usada em produtos alimentícios é a do tipo pobre em acil clarificada.

A gelana pode formar géis com cátions monovalentes e divalentes, sendo que os divalentes (Ca^{2+}) são ≈ 10 vezes mais eficazes. Os géis podem ser formados com concentrações de goma tão baixas quanto 0,05% (99,95% de água). A gelificação é obtida pelo resfriamento de uma solução quente que contém o cátion necessário. O cisalhamento durante o resfriamento de uma solução de gelana quente previne a ocorrência do mecanismo normal de gelificação, produzindo um fluido suave, homogêneo e tixotrópico, que pode ser vertido, o qual estabiliza emulsões e suspensões de forma bastante efetiva. A agitação suave de um gel fraco de gelana também romperá sua estrutura e o transformará em um fluido suave, tixotrópico e que pode ser vertido com excelentes propriedades de estabilização de emulsões e suspensões.

Os tipos de gelana pobre em acil formam géis firmes, quebradiços e não elásticos (com texturas similares aos géis feitos com ágar e κ-carragenana). Os tipos ricos em acil (nativos) formam géis macios, elásticos, não quebradiços (com texturas similares às dos géis feitos com misturas de goma xantana e LBG). Géis com texturas intermediárias podem ser obtidos pela mistura dos dois tipos básicos de gelana.

Quando a gelana é usada como ingrediente em misturas para massas, ela não se hidrata muito em temperatura ambiente e, assim, aumenta a viscosidade da massa. No entanto, ela se hidrata sob aquecimento, retendo a umidade no produto cozido. A gelana é usada na formulação de barras nutricionais devido à sua capacidade de retenção de umidade. A capacidade de suas soluções permanecerem suspensas em baixa concentração (sem produzir alta viscosidade) torna a gelana útil em bebidas nutricionais e dietéticas.

3.3.15 Glucomanana Konjac [33,55]

A glucomanana Konjac comercial (também conhecida como **konjac mannan**, ou KG) é uma farinha feita a partir dos tubérculos das espécies *Amorphophallus*, que são cultivadas em toda a Ásia. Vários graus das farinhas que diferem na pureza do polissacarídeo estão disponíveis. A estrutura básica do polissacarídeo é a de uma cadeia levemente ramificada de unidades unidas (1→4) de β-D-manopiranosil e β-D-glicopiranosil em uma proporção de ≈ 1,6:1. A KG nativa é pouco acetilada.

A KG interage sinergicamente com amidos, κ e ι-carragenanas, ágar e xantana. Géis fortes, elásticos e termicamente reversíveis são formados quando soluções quentes de combinações de κ-carragenana ou xantana mais KG são resfriadas. Quando as soluções dessas combinações hidrocoloides são aquecidas em temperaturas de autoclave antes do resfriamento, formam-se géis estáveis ao calor. Os géis formados a partir de combinações de KG e xantana têm boa estabilidade ao congelamento e descongelamento.

As combinações de KG e xantana produzem viscosidades de soluções não aquecidas que são cerca de três vezes maiores do que as de qualquer hidrocoloide usado sozinho na mesma concentração total. A KG também interage com amidos (nativos e modificados) para produzir aumento da viscosidade. Os géis termoestáveis são formados pelo congelamento de pastas de misturas de amido de KG cozidas.

Embora a KG nativa por si só não forme géis, a KG desacetilada forma géis que são estáveis a temperaturas de autoclave. Assim, vários tipos diferentes de géis podem ser feitos a partir de diferentes combinações de KG com diferentes amidos e com diferentes hidrocoloides e em diferentes condições de formação de gel.

3.3.16 Inulina e frutoligossacarídeos [8,11,14,22,23,25,31,38,41,55,56,66]

A inulina (Tabela 3.5) ocorre naturalmente como carboidrato de reserva em milhares de espécies de plantas, incluindo cebola, alho, aspargo e banana. Sua principal fonte comercial é a raiz de chicória (*Chicorium intybus*). Alguma quantidade também é obtida de tubérculos de alcachofra-de-jerusalém (*Helianthus tuberosus* L.).

A inulina é composta por unidades de β-D-frutofuranosil unidas por ligações (2→1). As cadeias do polímero são frequentemente, mas nem sempre (por causa da degradação, seja ela natural ou durante o isolamento), terminadas, em sua extremidade redutora, com uma unidade de sacarose. É raro o DP da inulina ultrapassar 60, se é que alguma vez isso já aconteceu. Ela ocorre em plantas, junto a frutoligossacarídeos, originando um DP global na faixa de 2 a 60.

As moléculas que contêm unidades furanosil, como as moléculas de inulina e de sacarose, sofrem hidrólise catalisada por ácidos com muito mais facilidade do que as que contêm unidades piranosil. A inulina é um polissacarídeo de reserva, de modo que, aparentemente, em qualquer momento, podem estar presentes moléculas em várias etapas de síntese e, talvez, de clivagem. Como consequência, as preparações de inulina são misturas de frutoligossacarídeos e pequenas moléculas de polissacarídeos.

A inulina costuma ser depolimerizada de propósito em frutoligossacarídeos. Tanto a inulina como os frutoligossacarídeos dela originados são prebióticos. (Prebióticos são ingredientes alimentícios não digeríveis que possuem efeito benéfico no hospedeiro, devido ao estímulo seletivo do crescimento e/ou da atividade de um número limitado de espécies bacterianas já presentes no colo. Os prebióticos são usados com frequência pelos benefícios nutricionais e de saúde que proporcionam.)

Soluções aquosas de inulina podem ser feitas com concentrações tão elevadas quanto 50%. Quando soluções quentes de inulina, em concentrações > 25%, são resfriadas, formam-se géis termorreversíveis. Os géis de inulina são descritos como géis particulados (sobretudo após cisalhamento), com textura cremosa, semelhante à gordura. Em função disso, a inulina pode ser usada como mimético de gordura em produtos com baixo teor de gordura. Ela melhora a textura e a sensação bucal de sorvetes e molhos com baixo teor de gordura. A inulina é um ingrediente em lanches, barras nutricionais, barras energéticas para esportes, bebidas à base de soja e hambúrgueres vegetais.

A inulina e os frutoligossacarídeos não são digeridos pelas enzimas do estômago e do intestino delgado. Portanto, eles são componentes da fibra dietética (Seção 3.4). Essas substâncias proporcionam um índice glicêmico igual a zero, isto é, não aumentam os níveis sanguíneos de glicose e de insulina.

3.3.17 Polidextrose [46,48]

Quando os açúcares são aquecidos no estado seco (com ou sem adição de álcool) na presença de um catalisador ácido, são formadas ligações glicosídicas (ver Seção 3.1.3). Um produto chamado **polidextrose** (ver Capítulo 12) é produzido aquecendo-se juntos a D-glicose/dextrose (pelo menos 90%), o D-glicitol/sorbitol (não mais de 2%) e o ácido cítrico. Forma-se uma variedade de ligações glicosídicas e, como tanto a D-glicose como o sorbitol têm múltiplos grupos hidroxila, a cadeia da polidextrose é altamente ramificada. As cadeias de polidextrose apresentam-se numa faixa que abrange desde o oligo até os polissacarídeos (DP média ≈ 12). Ela compõe ≈ 90% da fibra dietética (ver Seção 3.4), isto é, é apenas ≈ 10% digerível e, portanto, tem um baixo valor calórico. A polidextrose é, também, um prebiótico (ver Seção 3.4). Ela é empregada como um substituto das propriedades funcionais da sacarose, isto é, como um agente adoçante inócuo que fornece volume (proporcionando sólidos para manter as propriedades organolépticas em produtos contendo adoçantes de alta intensidade, em vez de sacarose); também é utilizada como umectante para prevenir ou reduzir a migração de água de recheios e coberturas de produtos de panificação e de barras nutricionais, a fim de reduzir o ponto de congelamento em sobremesas lácteas com baixo teor de açúcar e em outros produtos com baixo ou nenhum açúcar. Ela apresenta propriedades semelhantes às da gordura e é usada em sorvetes sem gordura e em biscoitos com baixo teor de gordura.

3.3.18 Resumo

- Os polissacarídeos são diferentes polímeros compostos de > 20 a > 60.000 unidades de monossacarídeos unidos entre si por ligações glicosídicas.
  - Assim como os poli-hidroxi polímeros, todos os polissacarídeos são tanto solúveis em água como retentores de água. Aqueles que são solúveis em água gelificam e/ou promovem o espessamento de um sistema aquoso (aumentam a viscosidade).
  - A viscosidade de uma solução de um polissacarídeo é determinada pelo tamanho da molécula e pela forma, rigidez e concentração das cadeias de polissacarídeos.
  - A maior parte das soluções de polissacarídeos exibem comportamento tanto pseudoplástico como fluxo tixotrópico em concentrações comumente empregadas em alimentos.
  - Os géis de polissacarídeos geralmente são estabilizados pelas zonas de junção formadas entre as cadeias dos polímeros.
- Os polissacarídeos podem sofrer clivagem hidrolítica em condições acídicas, embora as condições específicas que promovem a hidrólise sejam diferentes para cada polissacarídeo específico.
- O polissacarídeo mais abundante em produtos alimentícios é o amido, que é o único polissacarídeo digerível. Ele supre a maior parte das calorias das dietas humanas no mundo todo, por meio de sua conversão em unidades monossacarídicas (D-glicose). É composto de dois polissacarídeos, a amilose e a amilopectina.
  - Os grânulos de amido são os únicos nas cadeias de polímeros que estão organizados nas plantas, na forma de agregados semicristalinos, solúveis em água (1–100 μm), e que são chamados de **grânulos**. Esses grânulos devem ser primeiramente cozidos/aquecidos em água para que as cadeias de polímeros sejam solubilizadas e apresentem as propriedades funcionais dos amidos.
  - Os amidos são frequentemente modificados quimicamente para aumentar ou estender suas propriedades físicas antes de serem usados como ingredientes alimentícios.
- Outros polissacarídeos solúveis em água oriundos de plantas terrestres, de algas marinhas, de microrganismos e de modificações químicas da celulose são usados como ingredientes alimentícios (agentes espessantes, estabilizadores, ligantes, gelificantes, etc.), sendo conhecidos como **hidrocoloides**.

3.4 FIBRA DIETÉTICA, PREBIÓTICOS E DIGESTIBILIDADE DOS CARBOIDRATOS [7,10–14,20,22,23,26,31,34, 38,44,55,59,62,64,68,70,80]

As bases fundamentais para os benefícios de fibras dietéticas solúveis e insolúveis, os efeitos prebióticos das fibras de carboidratos e as possíveis inter-relações entre o catabolismo de carboidratos dentro dos intestinos delgado e grosso representam as áreas-chave de interesse. Os nutricionistas estabelecem as exigências de fibra dietética entre 25 e 50 g por dia. Tradicionalmente, a fibra dietética proporciona múltiplos benefícios à saúde, auxiliando no funcionamento normal do trato gastrintestinal. A fibra dietética consiste principalmente de moléculas hidrofílicas que aumentam a massa intestinal e fecal (sobretudo por causa da capacidade de retenção de água), o que diminui o tempo de trânsito intestinal e previne a constipação. A fibra solúvel reduz os níveis sanguíneos de colesterol, talvez pela expulsão de sais biliares, diminuindo suas chances de reabsorção a partir do intestino grosso; assim, contribuem para a diminuição de doenças cardíacas. A fibra prebiótica pode ser especialmente útil para abrandar as doenças inflamatórias dos intestinos, reduzindo as chances de câncer do colo e do reto. A fibra prebiótica também proporciona regulação do sistema imune por meio do efeito de sua fermentação no colo e dos produtos de fermentação resultantes, que consistem em ácidos graxos de cadeia curta. Os aspectos nutricionais e os efeitos fisiológicos dos carboidratos na saúde e no bem--estar dos seres humanos constituem áreas muito ativas da pesquisa em ciência de alimentos.

Oligossacarídeos e polissacarídeos dietéticos podem ser digeríveis (a maioria dos produtos à base de amido), parcialmente digeríveis ou não digeríveis (amidos resistentes [ver a seguir] e essencialmente todos os outros polissacarídeos) quando passam pelo intestino delgado humano. O amido, uma vez gelatinizado, é o único polissacarídeo que pode ser hidrolisado pelas enzimas humanas, isto é, pode ser clivado em D-glicose, que é absorvida pelas microvilosidades do intestino delgado para suprir a principal energia metabólica dos seres humanos. Somente quando ocorre a hidrólise digestiva completa até monossacarídeos os produtos da digestão dos carboidratos estão aptos a serem absorvidos e catabolizados. (Apenas os monossacarídeos podem ser absorvidos ao longo da parede do intestino delgado, e somente a D-glicose é produzida pela digestão de polissacarídeos em seres humanos, pois somente os amidos podem ser digeridos.)

Os materiais da parede celular de plantas, principalmente a celulose, outros polissacarídeos não amiláceos e a lignina, que são consumidos como componentes naturais de vegetais comestíveis, frutas e outros materiais de plantas, bem como gomas alimentícias adicionadas a produtos alimentícios preparados (Seções 3.3.7 a 3.3.17), não são digeridos no estômago ou no intestino delgado de seres humanos. (A acidez do estômago não é suficiente, nem o tempo de permanência dos polissacarídeos no estômago é suficientemente longo para causar uma clivagem química significativa.) A fibra dietética também compreende outras substâncias além dos polímeros, incluindo oligossacarídeos não digeríveis, como, por exemplo, a rafinose e a estaquiose (Seção 3.2.3) em legumes. A única característica em comum dessas substâncias é que elas não são digeríveis (dentro do intestino delgado), que é o principal critério para que sejam classificadas como componentes da fibra dietética.

Farelos de cereais, feijão e feijão branco são especialmente boas fontes de fibra dietética. Um produto baseado nas cascas de semente de *psyllium* possui alta capacidade de retenção de água, o que acelera o trânsito do trato gastrintestinal, sendo usado para prevenir a constipação. Um produto à base de metilcelulose é comercializado com o mesmo propósito. Outros hidrocoloides, por não serem digeríveis, também funcionam como fibra dietética. Um componente da fibra dietética digno de nota é um polissacarídeo solúvel em água, o β-glicano, o qual está presente nos farelos de aveia e cevada. O β-glicano da aveia tem se tornado um ingrediente alimentício comercial, pois foi demonstrado seu efeito na redução do nível sérico de co-

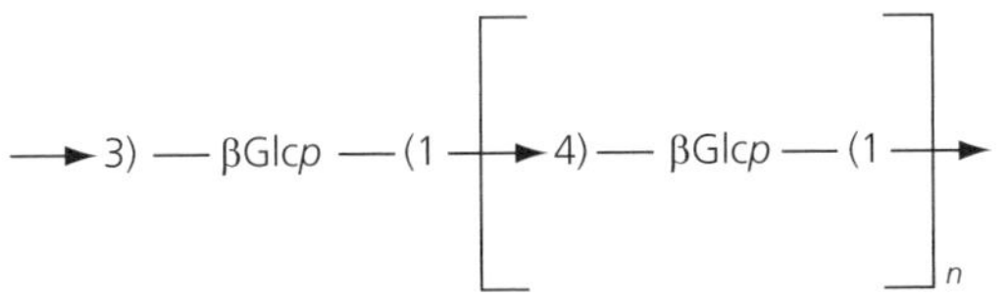

$$\longrightarrow 3) - \beta Glcp - (1 \longrightarrow 4) - \beta Glcp - (1 \longrightarrow]_n$$

FIGURA 3.55 Estrutura representativa (representação abreviada) de um segmento de β-glicanos de aveia e cevada; n geralmente é 1 ou 2, mas, ocasionalmente, pode ser maior.

lesterol. A molécula do β-glicano da aveia é uma cadeia linear de unidades de β-D-glicopiranosil. Cerca de 70% das unidades estão unidas por ligações (1→4), e 30%, por ligações (1→3). As ligações (1→3) ocorrem isoladamente, sendo separadas por sequências de duas ou três ligações (1→4). Assim, a molécula é composta de unidades β-celotriosil (1→3)-[→3)-βGlc$p$-(1→4)--β–Glc$p$-(1→4)-βGlc$p$-(1→] e β-celotetraosil, unidas por ligações (1→3) (Figura 3.55). Esses (1→4,1→3)-β-glicanos costumam ser chamados de **β-glicanos de ligações mistas**.

Quando ingeridos por via oral, os β-glicanos reduzem o nível pós-prandial de glicose e a resposta da insulina, ou seja, eles moderam a resposta glicêmica, tanto em pessoas normais como em diabéticos. Eles também reduzem as concentrações séricas de colesterol em ratos, galinhas e seres humanos. Esses efeitos fisiológicos são típicos da fibra dietética solúvel. Outros polissacarídeos solúveis apresentam efeitos similares, mas em diferentes graus.

Os carboidratos não digeridos a monossacarídeos pelas enzimas humanas no intestino delgado (todos os outros com exceção de sacarose, lactose e produtos como as maltodextrinas feitas a partir do amido) passam ao colo ou intestino grosso como fibra dietética. Quando os polissacarídeos não digeridos alcançam o intestino grosso, entram em contato com os microrganismos normais, alguns dos quais produzem enzimas que catalisam a hidrólise das moléculas de certos polissacarídeos ou de certas partes. A consequência disso é que os polissacarídeos não clivados no trato intestinal superior podem ser clivados e utilizados pelas bactérias no intestino grosso. Os açúcares que são removidos das cadeias de polissacarídeos são usados pelos microrganismos do intestino grosso como fontes de energia nas rotas de fermentação anaeróbica que dão origem aos ácidos láctico, acético, propiônico, butírico e valérico. Esses ácidos graxos de cadeia curta podem ser absorvidos ao longo da parede intestinal, sendo metabolizados principalmente no fígado. Além disso, uma pequena fração, embora significativa em alguns casos, dos açúcares liberados pode ser absorvida pela parede intestinal e transportada pelo sistema sanguíneo portal, pelo qual são conduzidos até o fígado, sendo lá metabolizados. Calcula-se que, em seres humanos, ≈ 7% da energia seja derivada de açúcares liberados dos polissacarídeos pela ação dos microrganismos do intestino grosso ou dos ácidos de cadeia curta produzidos a partir deles por meio de fermentação anaeróbica.

A extensão da clivagem dos polissacarídeos depende da abundância de microrganismos particulares que produzem as enzimas específicas requeridas. Substratos não digeridos que atingem o intestino grosso e são metabolizados como descrito anteriormente pela microflora do colo representam uma classe especial de fibra dietética, chamada de **prebiótico**. Prebióticos são substâncias que não são digeridas pelas enzimas do intestino delgado humano, mas proporcionam efeitos fisiológicos e benefícios à saúde do hospedeiro ao estimular seletivamente o crescimento e/ou a bioatividade de microrganismos benéficos já presentes no trato gastrintestinal, sobretudo no intestino grosso e no colo.

O **amido resistente** (AR) é tanto uma fonte de fibra dietética como um prebiótico de importância emergente [60]. Alguma parte do amido em um alimento pode existir em uma forma que permita a ele passar pelo intestino delgado intacto, isto é, não digerido. O AR é um componente especialmente importante da fibra dietética, pois produz maiores quantidades de ácido butírico do que outras formas de fibra, uma vez que sofre fermentação no colo. (O ácido butírico está implicado na prevenção do câncer colorretal.) Existem quatro categorias tradicionalmente reconhecidas de AR, com um quinto tipo mais recentemente identificado. O AR1 é o amido contido dentro de células vegetais e é fisicamente inacessível à α-amilase salivar e pancreática, como em alguns tecidos vegetais. O AR2 é o amido granular não cozido. Por exemplo, o amido de milho rico em amilose (amiloamido) é comercializado como fonte de AR e fibra dietética porque alguns dos seus grânulos permanecem não gelatinizados mesmo a temperaturas de cozimento típicas (100 °C para produtos contendo quantidades relativamente altas de água e temperaturas superiores a 100 °C para produtos de baixa umidade). O AR3 é um amido retrogradado (principalmente amilose retrogradada); exemplos de produtos que contêm AR3 são batatas que foram fervidas e resfriadas (p. ex., para salada de batata), pães e produtos relacionados. O AR4 é a porção de um amido alimentício quimicamente modificado resistente à digestão; o AR5 consiste em amilose complexada com lipídeos. Existe, também, a questão de como modificar o amido de tal forma que a glicose liberada deste componente mais consumido da dieta humana seja liberada a uma taxa que não resulte em um grande aumento no nível de açúcar no sangue depois de uma refeição (conhecido como um **pico hiperglicêmico**).

A inulina e os frutoligossacarídeos derivados de inulina são ingredientes populares usados para adicionar fibra dietética aos produtos alimentícios (ver Seção 3.3.16). Essas substâncias também são prebióticos importantes.

3.4.1 Resumo

- Somente os monossacarídeos podem passar através da parede do intestino delgado para a corrente sanguínea, e apenas a sacarose, a lactose, o amido e os oligossacarídeos à base de amido podem ser hidrolisados a monossacarídeos (D-glicose, D-frutose e D-galactose) pelas enzimas digestivas humanas.
- Todos os outros carboidratos são componentes da fibra alimentar, isto é, são componentes alimentares não digeríveis. A fibra dietética contribui com os benefícios tradicionais para a saúde, como, por exemplo, aumento do volume fecal, diminuição do tempo de trânsito das fezes e redução dos níveis séricos de colesterol.
- Os prebióticos são fontes de fibra alimentar que sofrem fermentação durante o trânsito pelo trato gastrintestinal (mais notavelmente o colo), promovendo o crescimento ou a bioatividade da microflora intestinal específica que promove a saúde e o bem-estar do hospedeiro. Mesmo algumas formas de amido, conhecidas como **amido resistente**, são capazes de atingir o colo na forma não digerida e servem como substrato prebiótico para a microflora benéfica.

QUESTÕES

1. Escreva as estruturas da D-manose e da L-manose em sua forma de cadeia aberta.
2. Demonstre a conversão da forma de cadeia aberta da D-frutose em ambas as formas em anel, a α-D-furanose e α-D-piranose (escrita como projeção de Haworth).
3. Escreva as estruturas de α-D-galactopiranose e β-D-galactopiranose como (a) projeção de Haworth e (b) estrutura de conformação ($^4C_1$).
4. O que é mutarrotação? Qual é a consequência desse processo?
5. Mostre, por equação, como se forma o manitol. Qual é o tipo de reação que o açúcar sofre nesse processo?
6. Liste (a) os reagentes e (b) as condições de reação necessárias para o escurecimento não enzimático (reação de Maillard).
7. Descreva as condições específicas que podem ser empregadas para minimizar o escurecimento não enzimático em alimentos.
8. A maltose é um glicosídeo? Justifique.
9. Escreva as estruturas da lactose, da maltose e da sacarose.
10. Explique por que a lactose e a maltose podem ser reagentes diretos na reação de Maillard, ao passo que a sacarose, não.
11. Se você fosse desenhar um polissacarídeo pseudoplástico ideal, quais características utilizaria na sua construção?
12. Desenhe um diagrama de um gel típico de polissacarídeo e a indicação dos componentes-chave da estrutura do gel.
13. Descreva as estruturas moleculares gerais da amilose e da amilopectina.
14. Por que o amido deve ser primeiramente cozido em excesso de água para exercer sua funcionalidade como agente espessante e/ou gelificante?
15. Descreva os eventos associados com a gelatinização do amido. Incorpore um diagrama para melhorar sua explicação, se necessário.
16. O que é retrogradação do amido? Essa reação é um fenômeno desejável ou não nos sistemas alimentares?
17. Explique o conceito de amido de ligações cruzadas e por que essa reação se realiza.

18. Compare as condições necessárias para a ocorrência de formação de gel das pectinas HM e LM. Descreva a característica molecular que é primariamente responsável pelos requerimentos diferenciais de gelificação desses dois polissacarídeos.
19. Identifique um hidrocoloide ideal que poderia potencialmente ser usado para obtenção de cada uma das seguintes características: (a) alta viscosidade, (b) comportamento pseudoplástico, (c) estabilidade em condições de alta acidez, (d) emulsificação, (e) substituição da gordura, (f) termogelificação e (g) gelificação na presença de cátions.
20. Defina prebiótico. Quais são os potenciais benefícios associados com um prebiótico?

REFERÊNCIAS

1. Aguilera, J.M., L. Cadoche, C. Lopez, and G. Guitierrez (2001). Microstructural changes of potato cells and starch granules heated in oil. *Food Research International* 34:939–947.
2. Becalski, A., B.P.-Y. Lau, D. Lewis, and S.W. Seaman (2003). Acrylamide in foods: Occurrence, sources, and modeling. *Journal of Agricultural and Food Chemistry* 51:802–808.
3. Belitz, H.-D., W. Grosch, and P. Schieberle, eds. (2004). *Food Chemistry*, Springer-Verlag, Berlin, Germany, Chapter 4.
4. BeMiller, J.N. (2007). *Carbohydrate Chemistry for Food Scientists*, 2nd edn., AACC International, St. Paul, MN.
5. BeMiller, J.N. and R.L. Whistler, eds. (2009). *Starch: Chemistry and Technology*, 3rd edn., Academic Press, New York.
6. Bertolini, A.C., ed. (2010). *Starches: Characterizations, Properties, and Application*, CRC Press, Boca Raton, FL.
7. Biliaderis, C.G. and M.S. Izydorczyk (2007). *Functional Food Carbohydrates*, CRC Press, Boca Raton, FL.
8. *British Journal of Nutrition* (2005). 93(Suppl):1.
9. Campo, V.L., D.F. Kwano, D.B. da Silva, and I. Carvalho (2009). Carrageenans: Biological properties, chemical modifications and structural analysis—A review. *Carbohydrate Polymers* 77:167–180.
10. Charalampopoulos, D. and R.A. Rastall, eds. (2009). *Prebiotics and Probiotics Science and Technology*, Springer, New York.
11. Cho, S.S., ed. (2012). *Dietary Fiber and Health*, CRC Press, Boca Raton, FL.
12. Cho, S.S. and M.L. Dreher, eds. (2001). *Handbook of Dietary Fiber*, Marcel Dekker, New York.
13. Cho, S.S. and E.T. Finocchiaro, eds. (2009). *Handbook of Prebiotics and Probiotics Ingredients: Health Benefits and Food Applications*, CRC Press, Boca Raton, FL.
14. Cho, S.S. and P. Samuel, eds. (2009). *Fiber Ingredients: Food Applications and Health Benefits*, CRC Press, Boca Raton, FL.
15. Chronakis, I.S. (1998). On the molecular characteristics, compositional properties, and structuralfunctional mechanisms of maltodextrins: A review. *Critical Reviews in Food Science and Technology* 38:599–637.
16. Dickinson, E., ed. (1991). *Food Polymers, Gels, and Colloids*, The Royal Society of Chemistry, London, U.K.; 16a. Dill, W.L. (1993). Protein fructosylation: Fructose and the Maillard reaction. *American Journal of Clinical Nutrition* 58:779S–787S.
17. Dodzluk, H., ed. (2006). *Cyclodextrins and Their Complexes*, Wiley-VCH, New York.
18. Dumitriu, S., ed. (1998). *Polysaccharides*, Marcel Dekker, New York.
19. Eliasson, A.-C., ed. (2004). *Starch in Food: Structure, Function and Applications*, Woodhead Publishing, Cambridge, U.K.
20. Eliasson, A.-C., ed. (2006). *Carbohydrates in Foods*, 2nd edn., Taylor & Francis, Boca Raton, FL.
21. Embuscado, M.E., ed. (2014). *Functionalizing Carbohydrates for Food Applications*, DEStech Publications, Lancaster, PA.
22. Flamm, G., W. Glinsman, D. Kritchevsky, L. Prosky, and M. Roberfroid (2001). Inulin and oligofructose as dietary fiber: A review of the evidence. *Critical Reviews of Food Science and Nutrition* 41:353–362.
23. Flickinger, E.A., J.V. Loo, and G.C. Fahey, Jr. (2003). Nutritional responses to the presence of inulin and oligofructose in the diets of domesticated animals: A review. *Critical Reviews of Food Science and Nutrition* 43:19–60.
24. Freidman, M. (2003). Chemistry, biochemistry, and safety of acrylamide: A review. *Journal of Agricultural and Food Chemistry* 51:4504–4526.
25. Fuchs, A., ed. (1993). *Inulin and Inulin-Containing Crops*, Elsevier, Amsterdam, the Netherlands.
26. Gibson, G.R. and M.B. Roberfroid, eds. (2008). *Handbook of Prebiotics*, CRC Press, Boca Raton, FL.
27. Granvogl, M. and P. Schieberle (2006). Thermally generated 3-aminopropionamide as a transient intermediate in the formation of acrylamide. *Journal of Agricultural and Food Chemistry* 54:5933–5938.
28. Gray, J.A. and J.N. BeMiller (2003). Bread staling: Molecular basis and control. *Comprehensive Reviews of Food Science and Food Safety* 2:1–21.
29. Higley, J., J.-Y. Kim, K.C. Huber, and G. Smith (2012). Added versus accumulated sugars on color development and acrylamide formation in French-fried potato strips. *Journal of Agricultural and Food Chemistry* 60:8763–8771.
30. Hoefler, A.C. (2004). *Hydrocolloids*, American Association of Cereal Chemists, St. Paul, MN.
31. Holownia, P., B. Jaworska-Luczak, I. Wisniewska, P. Bilinski, and A. Wojtyla (2010). The benefits & potential health hazards posed by the prebiotic inulin—A review. *Polish Journal of Food and Nutrition Sciences* 60:201–211.

32. Hull, P. (2010). *Glucose Syrups: Technology and Applications*, Wiley-Blackwell, Chichester, U.K.; 32a. Imberty, A., A. Buléon, V. Tran, and S. Perez (1991). Recent advances in starch structure. Starch/Stärke 43:375–384.
33. Imeson, A., ed. (2010). *Food Stabilisers, Thickeners, and Gelling Agents*, Wiley-Blackwell, Oxford, U.K.
34. Izydorczyk, M.S. and J.E. Dexter (2008). Barley β-glucans and arabinoxylans: Molecular structure, physicochemical properties, and uses in food products—A review. *Food Research International 41*:850–868.
35. Jane, J.-L., S.L. Kasemsuwan, S. Leas, H. Zobel, and J.F. Robyt (1994). Anthology of starch granule morphology by scanning electron microscopy. *Starch/Stärke 46*:121–129.
36. Jarvis, M.C. (1998). Intercellular separation forces generated by intracellular pressure. *Plant Cell and Environment 21*:1307–1310.
37. Jarvis, M.C., E. MacKenzie, and H.J. Duncan (1992). The textural analysis of cooked potato. 2. Swelling pressure of starch during gelatinization. *Potato Research 35*:93–102.
38. Kalyani Nair, K., S. Kharb, and D.K. Thompkinson (2010). Inulin dietary fiber with functional health attributes—A review. *Food Reviews International 26*:189–203.
39. Lapasin, R. and S. Pricl (1995). *Rheology of Industrial Polysaccharides*, Chapman & Hall, New York.
40. Labuza, T.P., G.A. Reineccius, V. Monnier, J. O'Brien, and J. Baynes, eds. (1995). *Maillard Reactions in Chemistry, Food, and Health*, CRC Press, Boca Raton, FL.
41. Madrigal, L. and E. Sangronis (2007). Inulin and derivatives as key ingredients in functional foods. *Archivos Latinoamericanos de Nutricion 57*:387–396.
42. Mathlouthi, M. and Reiser, P., eds. (1995). *Sucrose: Properties and Applications*, Blackie Academic & Professional, Glasgow, U.K.
43. Mathur, N.K. (2011). *Industrial Galactomannan Polysaccharides*, CRC Press, Boca Raton, FL.
44. McCleary, B.V. and L. Prosky, eds. (2001). *Advanced Dietary Fibre Technology*, Blackwell Science, London, U.K.
45. Miles, M.J., V.J. Morris, P.D. Orford, and S.G. Ring (1985). The roles of amylose and amylopectin in the gelation and retrogradation of starch. *Carbohydrate Research 135*:271–281.
46. Mitchell, H., ed. (2006). *Sweeteners and Sugar Alternatives in Food Technology*, Blackwell, Oxford, U.K.
47. Morris, V.J. (1994). Starch gelation and retrogradation. *Trends in Food Science and Technology 1*:2–6.
48. Nabors, L.O., ed. (2012). *Alternative Sweeteners*, 4th edn., CRC Press, Boca Raton, FL.
49. Nishinari, K. and E. Doi, eds. (1993). *Food Hydrocolloids*, Plenum Press, New York.
50. Nursten, H.E. (2005). *The Maillard Reaction: Chemistry, Biochemistry, and Implications*, The Royal Society of Chemistry, Cambridge, U.K.
51. Nussinovitch, A. (1997). *Hydrocolloid Applications: Gum Technology in Food and Other Applications*, Blackie Academic & Professional, London, U.K.
52. Ormerod, A., J. Ralfs, S. Jobling, and M. Gidley (2002). The influence of starch swelling on the material properties of cooked potatoes. *Journal of Materials Science 37*:1667–1673.
53. Parker, J.K., D.P. Balagiannis, J. Higley, G. Smith, B.L. Wedzicha, and D.S. Mottram (2012). Kinetic model for the formation of acrylamide during the finish-frying of commercial French-fries. *Journal of Agricultural and Food Chemistry 60*:9321–9331.
54. Pennington, N.L. and C.W. Baker, eds. (1990). *Sugar: A User's Guide to Sucrose*, Van Nostrand Reinhold, New York.
55. Phillips, G.O. and P.A. Williams, ed. (2009). *Handbook of Hydrocolloids*, 2nd edn., Woodhead Publishing, Cambridge, U.K.
56. Roberfroid, M. (2004). *Inulin-type Fructans: Functional Food Ingredients*, CRC Press, Boca Raton, FL.
57. Rydberg, P., S. Eriksson, E. Tareke, P. Karlson, L. Ehrenberg, and M. Tornqvist (2003). Investigations of factors that influence the acrylamide content of heated foodstuffs. *Journal of Agricultural and Food Chemistry 51*:7012–7018.
58. Schenck, F.W. and R.E. Hebeda, eds. (1992). *Starch Hydrolysis Products*, VCH Publishers, New York.
59. Seidermann, J. (1966). *Stärke-Atlas*, Paul Parey, Berlin, Germany.
60. Shi, Y.-C. and C.C. Maningat, eds. (2013). *Resistant Starch: Sources, Applications and Health Benefits*, Wiley-Blackwell, Chichester, UK.
61. Slade, L. and H. Levine (1989). A food polymer science approach to selected aspects of starch gelatinization and retrogradation, in *Frontiers in Carbohydrate Research—1* (R.P. Millane, J.N. BeMiller, and R. Chandrasekaran, eds.), Elsevier Applied Science, Amsterdam, the Netherlands, pp. 215–270.
62. Slavin, J. (2013). Fiber and prebiotics: Mechanisms and health benefits. *Nutrients 5*:1417–1435.
63. Stephen, A.M., G.O. Phillips, and P.A. Williams, eds. (2006). *Food Polysaccharides and Their Applications*, 2nd edn., CRC Press, Boca Raton, FL.
64. Swennen, K., C.M. Curtin, and J.A. Delcour (2006). Non-digestible oligosaccharides with prebiotic properties. *Critical Reviews in Food Science and Technology 46*:459–471.
65. Szente, L. and J. Szejtli (2004). Cyclodextrins as food ingredients. *Trends in Food Science and Technology 15*:137–142.
66. Tomasik, P. (2003). *Chemical and Functional Properties of Food Saccharides*, CRC Press, Boca Raton, FL.
67. Tomasik, P., M. Palasinski, and S. Wiejak (1989). The thermal decomposition of carbohydrates. Part 1. The decomposition of mono-, di-, and oligo-saccharides. *Advances in Carbohydrate Chemistry and Biochemistry 47*:203–278.
68. Tungland, B.C. and D. Meyer (2002). Nondigestible oligo- and polysaccharides (dietary fiber): Their physiology and role in human health and food. *Comprehensive Reviews in Food Science and Food Safety 1*:73–92.
69. Van Beynum, G.M.A. and J.A. Roels, eds. (1985). *Starch Conversion Technology*, Marcel Dekker, New York.
70. van der Kamp, J.W., N.-G. Asp, J.M. Jones, and G. Schaafsma, eds. (2004). *Dietary Fibre: Bio-Active Carbohydrates for Food and Feed*, Wageningen Academic Publishers, Wageningen, the Netherlands.

71. Varzakas, T., A. Labropoulos, and S. Anestis, eds. (2012). *Sweeteners: Nutritional Aspects, Applications, and Production Technology*, CRC Press, Boca Raton, FL.
72. Walter, R.H., ed. (1998). *Polysaccharide Association Structures in Food*, Marcel Dekker, New York.
73. Whistler, R.L. and J.N. BeMiller, eds. (1993). *Industrial Gums*, 3rd edn., Academic Press, San Diego, CA.
74. Whistler, R.L., J.N. BeMiller, and E.F. Paschall, eds. (1984). *Starch: Chemistry and Technology*, 2nd edn., Academic Press, New York.
75. Wilson, R., ed. (2007). *Sweetness*, 3rd edn., Wiley-Blackwell, Oxford, U.K.
76. Wurzburg, O.B., ed. (1986). *Modified Starches: Properties and Uses*, CRC Press, Boca Raton, FL.
77. Yaylayan, V.A. and A. Huyghues-Despointes (1994). Chemistry of Amadori rearrangement products: Analysis, synthesis, kinetics, reactions, and spectroscopic properties. *Critical Reviews in Food Science and Nutrition* 34:321–369.
78. Yaylayan, V.A., A. Wnorowski, and C. Perez Locas (2003). Why asparagine needs carbohydrates to generate acrylamide. *Journal of Agricultural and Food Chemistry* 51:1753–1757.
79. Young, R.A. and R.M. Rowell, eds. (1986). *Cellulose*, John Wiley, New York.
80. Zhang, G. and B.R. Hamaker (2010). Cereal carbohydrates and colon health. *Cereal Chemistry* 87:331–341.
81. Zyzak, D.V., R.A. Sanders, M. Stojanovic, D.H. Tallmadge, B.L. Eberhart, D.K. Ewald, D.C. Gruber et al. (2003). Acrylamide formation mechanisms in heated foods. *Journal of Agricultural and Food Chemistry* 51:4782–4787.

LEITURAS SUGERIDAS

Belitz, H.-D., W. Grosch, and P. Schieberle, eds. (2004). *Food Chemistry*, Springer-Verlag, Berlin, Germany, Chapters 4 and 19.

BeMiller, J.N. (2007). *Carbohydrate Chemistry for Food Scientists*, 2nd edn., American Association of Cereal Chemists, St. Paul, MN.

BeMiller, J.N. (2010). Carbohydrate analysis, in *Food Analysis*, 4th edn. (S.S. Nielsen, ed.), Kluwer Academic/Plenum Publishers, New York, Chapter 10.

BeMiller, J.N. and K.C. Huber (2011). Starch, in *Ulmann's Encyclopedia of Industrial Chemistry*, 7th edn. (B. Elvers, ed.), Wiley-VCH, Weinheim, Germany.

Biliaderis, C.G. and M.S. Izydorczyk (2007). *Functional Food Carbohydrates*, CRC Press, Boca Raton, FL.

Cui, S.W., ed. (2005). *Food Carbohydrates: Chemistry, Physical Properties, and Applications*, CRC Press, Boca Raton, FL.

Eliasson, A.-C., ed. (2006). *Carbohydrates in Food*, 2nd edn., Marcel Dekker, New York.

Huber, K.C. and J.N. BeMiller (2010). Modified starch: Chemistry and properties, in *Starches: Characterization, Properties, and Applications* (A. Bertolini, ed.), Taylor & Francis Group, LLC, Boca Raton, FL.

Huber, K.C., J.N. BeMiller, and A. McDonald (2005). Carbohydrate chemistry, in *Handbook of Food Science, Technology, and Engineering*, Vol. 1 (Y. Hui, ed.), Taylor & Francis Group, LLC, Boca Raton, FL.

International Union of Pure and Applied Chemistry and International Union of Biochemistry and Molecular Biology. Nomenclature of Carbohydrates, *Pure and Applied Chemistry* 68:1919–2008 (1996), *Carbohydrate Research* 297:1–92 (1997), *Advances in Carbohydrate Chemistry and Biochemistry* 52:43–177 (1997), http://www.chem.qmul.ac.uk/iupac/2carb/ (1996). (Note: These published documents are identical.)

Imeson, A., ed. (2010). *Food Stabilisers, Thickeners, and Gelling Agents*, Wiley-Blackwell, Oxford, U.K.

Nursten, H.E. (2005). *The Maillard Reaction: Chemistry, Biochemistry, and Implications*, The Royal Society of Chemistry, Cambridge, U.K.

Stephen, A.M., G.O. Phillips, and P.A. Williams, eds. (2006). *Food Polysaccharides and Their Applications*, 2nd edn., CRC Press, Boca Raton, FL.

Tomasik, P., ed. (2003). *Chemical and Functional Properties of Food Saccharides*, CRC Press, Boca Raton, FL.

Wrolstad, R.E. (2012). *Food Carbohydrate Chemistry*, Wiley-Blackwell, London, U.K.

Lipídeos

David Julian McClements e Eric Andrew Decker

CONTEÚDO

4.1 Introdução 176
4.2 Componentes lipídicos principais 176
    4.2.1 Ácidos graxos 177
        4.2.1.1 Nomenclatura dos ácidos graxos saturados 177
        4.2.1.2 Nomenclatura dos ácidos graxos insaturados 177
    4.2.2 Acilgliceróis 178
    4.2.3 Fosfolipídeos 180
    4.2.4 Esfingolipídeos 181
    4.2.5 Esteróis 181
    4.2.6 Ceras 181
    4.2.7 Lipídeos diversos 182
    4.2.8 Composição das gorduras 182
    4.2.9 Resumo 184
4.3 Refino de lipídeos 184
    4.3.1 Degomagem 184
    4.3.2 Neutralização 184
    4.3.3 Branqueamento 185
    4.3.4 Desodorização 185
4.4 Interações moleculares e organização dos triacilgliceróis 185
4.5 Propriedades físicas dos triacilgliceróis ... 186
    4.5.1 Propriedades reológicas 187
    4.5.2 Densidade 190
    4.5.3 Propriedades térmicas 190
    4.5.4 Propriedades ópticas 191
    4.5.5 Propriedades elétricas 192
4.6 Conteúdo de gordura sólida de triacilgliceróis 192
4.7 Cristalização de triacilgliceróis 193
    4.7.1 Super-resfriamento 194
    4.7.2 Nucleação 195
    4.7.3 Crescimento de cristais 197
    4.7.4 Eventos pós-cristalização 198
    4.7.5 Morfologia de cristais 199
    4.7.6 Polimorfismo 200
    4.7.7 Cristalização de óleos e gorduras comestíveis 201
    4.7.8 Cristalização de gorduras em emulsões .. 202
4.8 Alteração do conteúdo de gordura sólida de alimentos 203
    4.8.1 Mistura 203
    4.8.2 Intervenções dietéticas 203
    4.8.3 Manipulação genética 203
    4.8.4 Fracionamento 204
    4.8.5 Hidrogenação 204
    4.8.6 Interesterificação 206
    4.8.7 Resumo 206
4.9 Funcionalidade dos triacilgliceróis em alimentos 208
    4.9.1 Textura 208
    4.9.2 Aparência 208
    4.9.3 Sabor 209
4.10 Deterioração química de lipídeos: reações hidrolíticas 209
4.11 Deterioração química de lipídeos: reações oxidativas 209
    4.11.1 Mecanismos químicos da oxidação lipídica 210
        4.11.1.1 Iniciação 210
        4.11.1.2 Propagação 212
        4.11.1.3 Terminação 212
    4.11.2 Pró-oxidantes 214
        4.11.2.1 Pró-oxidantes que promovem a formação de hidroperóxidos lipídicos 214
        4.11.2.2 Pró-oxidantes que promovem a formação de radicais livres 216
        4.11.2.3 Pró-oxidantes que promovem a decomposição de hidroperóxidos 217
    4.11.3 Formação de produtos de decomposição da oxidação de lipídeos 218
        4.11.3.1 Reações de β-clivagem 218
        4.11.3.2 Produtos de reações adicionais da decomposição de ácidos graxos 220
        4.11.3.3 Oxidação do colesterol 221
    4.11.4 Antioxidantes 221
        4.11.4.1 Controle de radicais livres 221
        4.11.4.2 Tocoferóis 222
        4.11.4.3 Fenólicos sintéticos 224
        4.11.4.4 Fenólicos vegetais 225
        4.11.4.5 Ácido ascórbico e tióis 226

4.11.4.6 Controle de pró-oxidantes 227
4.11.4.7 Controle de metais pró-oxidantes . 227
4.11.4.8 Controle de oxigênio singlete 227
4.11.4.9 Controle de lipoxigenases 228
4.11.4.10 Controle de intermediários da oxidação 228
4.11.4.11 Ânion superóxido 228
4.11.4.12 Peróxidos 228
4.11.4.13 Interações entre antioxidantes ... 228
4.11.4.14 Localização física dos antioxidantes . 229
4.11.5 Outros fatores que influenciam na velocidade de oxidação de lipídeos 229
  4.11.5.1 Concentração de oxigênio 229
  4.11.5.2 Temperatura 229
  4.11.5.3 Área de superfície 230
  4.11.5.4 Atividade de água 230
4.11.6 Medição da oxidação de lipídeos 230
  4.11.6.1 Análise sensorial 230
  4.11.6.2 Produtos primários da oxidação de lipídeos 230
  4.11.6.3 Ligações duplas conjugadas 231
  4.11.6.4 Hidroperóxidos lipídicos 231
  4.11.6.5 Produtos secundários da oxidação de lipídeos 231
  4.11.6.6 Análise de produtos secundários voláteis 232
  4.11.6.7 Carbonilas 232
  4.11.6.8 Ácido tiobarbitúrico 232
4.11.7 Resumo 233
4.12 Lipídeos de alimentos e saúde 233
  4.12.1 Bioatividade dos ácidos graxos 233
  4.12.2 Ácidos graxos *trans* 234
  4.12.3 Ácidos graxos ω-3 234
  4.12.4 Ácido linoleico conjugado 234
  4.12.5 Fitoesteróis 235
  4.12.6 Carotenoides 235
  4.12.7 Lipídeos de baixa caloria 235
  4.12.8 Resumo 236
Referências 236

4.1 INTRODUÇÃO

Os lipídeos são um amplo grupo de compostos quimicamente diversos que são solúveis em solventes orgânicos. Em geral, os alimentos lipídicos são indicados como gorduras (sólidos) ou óleos (líquidos), correspondendo a seu estado físico à temperatura ambiente. Os alimentos lipídicos também são classificados como apolares (p. ex., triacilglicerol e colesterol) e polares (p. ex., fosfolipídeos), o que indica diferenças em sua solubilidade e em suas propriedades funcionais. O conteúdo total e a composição de lipídeos em alimentos podem variar muito. Como os lipídeos desempenham um papel importante na qualidade dos alimentos, pois contribuem com atributos como textura, sabor, nutrição e densidade calórica, sua manipulação tem tido uma ênfase especial na pesquisa e no desenvolvimento de alimentos, nas últimas décadas. Essa investigação está focada na alteração da composição de lipídeos, a fim de modificar a textura, alterar a composição de ácidos graxos e colesterol, diminuir o conteúdo total de gordura, alterar a biodisponibilidade e tornar os lipídeos mais estáveis diante da oxidação. Além disso, a estabilidade física deles é importante para a qualidade do alimento, já que muitos lipídeos existem como dispersões/emulsões, sendo termodinamicamente instáveis. Para que se efetuem mudanças na composição de lipídeos, com garantia de produção de alimentos de alta qualidade, o conhecimento básico das suas propriedades químicas e físicas é indispensável. Este capítulo dará ênfase na composição química dos lipídeos, suas propriedades físicas e comportamento na cristalização, métodos de modificação da composição de ácidos graxos e triacilgliceróis e, portanto, propriedades físico-químicas dos lipídeos, sua propensão a sofrer deterioração oxidativa e seu papel na saúde e nas doenças.

4.2 COMPONENTES LIPÍDICOS PRINCIPAIS

A seguinte Seção contém uma breve descrição da nomenclatura das principais classes de lipídeos encontrados em alimentos. Para mais informações sobre nomenclatura de lipídeos, consulte O'Keefe [63] ou a página na internet da International Union for Pure and Applied Chemistry (IUPAC), http://www.chem.qmul.ac.uk/iupac/lipid.

4.2.1 Ácidos graxos

Os componentes principais dos lipídeos são os ácidos graxos, compostos que contêm uma cadeia alifática e um grupo ácido carboxílico. A maioria dos ácidos graxos de ocorrência natural possui número par de carbonos em uma cadeia linear, devido ao processo biológico de alongamento da cadeia, no qual dois carbonos são adicionados a cada vez. A maioria dos ácidos graxos da natureza apresenta entre 14 e 24 carbonos. Embora algumas gorduras contenham ácidos graxos com menos de 14 carbonos, níveis significativos de ácidos graxos de cadeia curta são encontrados principalmente em óleos tropicais e na gordura do leite. Os ácidos graxos costumam ser classificados como saturados e insaturados, sendo que os insaturados apresentam ligações duplas. Os ácidos graxos podem ser descritos por nomes sistemáticos, comuns e abreviados.

4.2.1.1 Nomenclatura dos ácidos graxos saturados

A IUPAC tem padronizado as descrições sistemáticas dos ácidos graxos. Seu sistema nomeia os hidrocarbonetos parentais do ácido graxo com base no número de carbonos (p. ex., 10 carbonos: decano). Como os ácidos graxos possuem um grupo ácido carboxílico, a terminação **o** do nome do hidrocarboneto é substituída por **oico** (p. ex., decanoico). Os nomes comuns existem para a maioria dos ácidos graxos de número par e para muitos de número ímpar (Tabela 4.1). Muitos dos nomes comuns originaram-se da fonte da qual o ácido graxo foi isolado de forma comum ou tradicional (p. ex., ácido palmítico e óleo de palma). Um sistema numérico pode ser usado para a abreviatura dos nomes. O primeiro número nesse sistema designa o número de carbonos do ácido graxo, ao passo que o segundo designa o número de ligações duplas (p. ex., hexadecanoico = palmítico = 16:0). Obviamente, o segundo número será sempre zero para os ácidos graxos saturados.

4.2.1.2 Nomenclatura dos ácidos graxos insaturados

Os ácidos graxos que contêm ligações duplas em sua cadeia alifática são chamados de ácidos graxos insaturados. No sistema da IUPAC, a designação **anoico** é modificada para **enoico**, como designação da presença de uma ligação dupla (Tabela 4.1). Com base no número de ligações duplas, os termos **di**, **tri**, **tetra**, e assim por diante são adicionados. Também existem nomes comuns para ácidos graxos insaturados (com exceção de alguns ácidos graxos poli-insaturados de cadeia longa). Nesse caso, o sistema de abreviações numéricas é similar ao dos ácidos graxos saturados, com o segundo número como indicação do número de ligações duplas (p. ex., octadecadienoico = 18:2). As posições das ligações duplas no sistema IUPAC estão numeradas pela letra delta (Δ), que indica a posição da ligação dupla a partir do ácido carboxílico. Por exemplo, o ácido oleico, que tem 18 carbonos e uma ligação dupla, seria ácido 9-octadecenoico, e o ácido linoleico, que tem 18 carbonos e duas ligações duplas, seria ácido 9,12-octadecadienoico. O sistema de numeração alternativo que indica a posição das ligações duplas a partir do grupo metil terminal do ácido graxo é conhecido como sistema ômega (ω) (em alguns casos, designado pela notação taquigráfica "n"). O sistema ω é útil em alguns casos, pois pode agrupar os ácidos graxos com base em sua atividade biológica e sua origem biossintética, já que muitas enzimas reconhecem os ácidos graxos a partir da terminação metil da molécula, quando esterificada ao glicerol. De fato, os ácidos graxos ω-3 geralmente apresentam atividade biológica similar em sua capacidade de diminuir níveis sanguíneos de triacilgliceróis [11].

A configuração natural das ligações duplas em ácidos graxos insaturados é a configuração *cis*. Nessa configuração, os carbonos da cadeia alifática estão do mesmo lado da ligação dupla, ao passo que as ligações duplas *trans* teriam os carbonos em lados opostos (Figura 4.1). As ligações duplas em ácidos graxos poli-insaturados (com mais de duas ligações duplas) estão, na maioria dos casos, numa configuração interrompida pelo grupo metileno, que costuma ser chamado de sistema pentadieno. Neste, as duas ligações duplas encontram-se nos carbonos 1 e 4. Em outras palavras, as ligações duplas não estão conjugadas, mas separadas por um carbono metilênico (Figura 4.2). Isso significa que as ligações duplas

TABELA 4.1 Nomes sistemáticos, comuns e numéricos dos ácidos graxos encontrados em alimentos

Nome sistemático	Nome comum	Abreviação numérica
Ácidos graxos saturados		
Hexanoico	Caproico	6:0
Octanoico	Caprílico	8:0
Decanoico	Cáprico	10:0
Dodecanoico	Láurico	12:0
Tetradecanoico	Mirístico	14:0
Hexadecanoico	Palmítico	16:0
Octadecanoico	Esteárico	18:0
Ácidos graxos insaturados		
cis-9-Octadecenoico	Oleico	18:1 Δ9
cis-9, cis-12-Octadecadienoico	Linoleico	18:2 Δ9
cis-9, cis-12, cis-15-Octadecatrienoico	Linolênico	18:3 Δ9
cis-5, cis-8, cis-11, cis-14-Eicosatetraenoico	Araquidônico	20:4 Δ5
cis-5, cis-8, cis-11, cis-14, cis-17-Eicosapentaenoico	EPA	20:5 Δ5
cis-4, cis-7, cis-10, cis-13, cis-16, cis-19-Docosa-hexaenoico	DHA	22:6 Δ4

da maioria dos ácidos graxos insaturados estão afastadas por três carbonos (p. ex., 9, 12, 15 octadecatrienoico). Desse modo, é possível antecipar a posição de todas as ligações duplas na maioria dos ácidos graxos insaturados de ocorrência natural, se a localização da primeira ligação dupla for conhecida. Isso justifica a razão pela qual o sistema de abreviação numérica, em alguns casos, dará apenas o número de ligações duplas e a posição da primeira (p. ex., 9, 12, 15 octadecatrienoico = 18:3Δ9 = 18:3ω-3).

A presença de ligações duplas influencia no ponto de fusão dos ácidos graxos. As ligações duplas em configuração *cis* farão o ácido graxo se organizar em uma configuração curvada. Logo, os ácidos graxos insaturados não são lineares, dificultando sua auto-orientação em configurações muito empacotadas. Devido ao impedimento espacial para o empacotamento, as interações de Van der Waals entre ácidos graxos insaturados são relativamente fracas. Portanto, menos energia é necessária para promover transições de fase sólido-líquido, fazendo seu ponto de fusão diminuir. Quanto mais ligações duplas forem adicionadas, mais curvada se tornará a molécula, mais fracas as interações de Van der Waals e menor o ponto de fusão. Os ácidos graxos com ligações duplas na configuração *trans* são mais lineares que os ácidos graxos na configuração *cis*, o que resulta em um empacotamento mais forte das moléculas e em pontos de fusão mais elevados. Por exemplo, o ponto de fusão do ácido esteárico (octadecanoico) é de ≈ 70 °C, o do ácido oleico (*cis*-9-octadecenoico) é 5 °C e o do ácido elaídico (*trans*-9-octadecenoico) é 44 °C [66].

4.2.2 Acilgliceróis

Mais de 99% dos ácidos graxos encontrados em plantas e animais são esterificados com glicerol. Ácidos graxos livres não são comuns em tecidos vivos, pois apresentam citotoxicidade devido à sua capacidade de romper a organização da membrana celular. Quando estão esterificados com glicerol, sua atividade e sua toxicidade diminuem.

Os acilgliceróis existem como mono, di e triésteres, sendo conhecidos como monoacilgliceróis, diacilgliceróis e triacilgliceróis, respectivamente. Desses três, os triacilgliceróis são os mais comuns em alimentos, embora mono e diésteres sejam utilizados, em alguns casos, como aditivos alimentares (p. ex., emulsificantes). O carbono central de um triacilglicerol exibe quiralidade se

Ácido *cis*-9-octadecenoico (ácido oleico)

Ácido *trans*-9-octadecenoico (ácido elaídico)

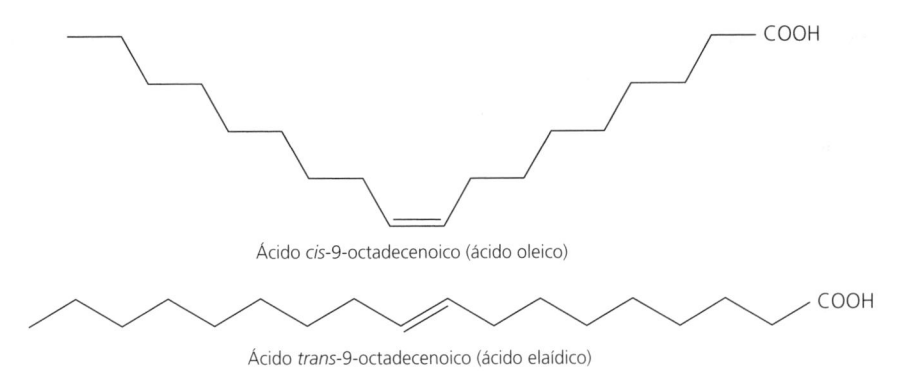

FIGURA 4.1 Diferenças entre as ligações duplas *cis* e *trans* em ácidos graxos insaturados.

Interrupção por grupo metileno

Sistema pentadieno do ácido linoleico

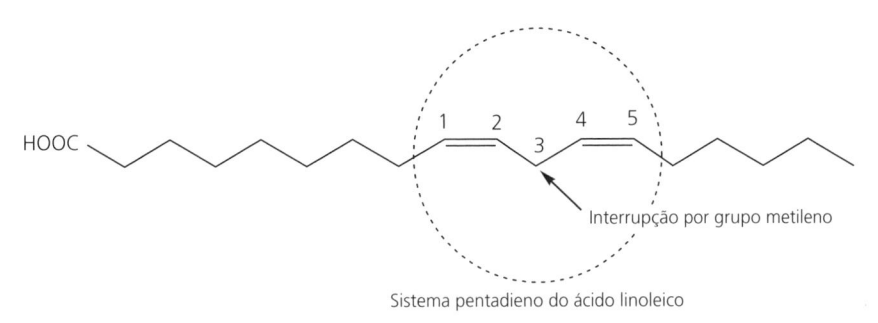

FIGURA 4.2 O sistema pentadieno do ácido graxo poli-insaturado, ácido linoleico.

ácidos graxos diferentes estiverem ligados aos carbonos terminais do glicerol. Por isso, os três carbonos da porção glicerol do triacilglicerol podem ser diferenciados por numeração estereoespecífica (*sn*). Se o triacilglicerol for mostrado em uma projeção planar de Fischer, os carbonos serão numerados de 1 a 3 de cima para baixo.

Os triacilgliceróis podem ser nomeados por vários sistemas diferentes. Em geral, eles são chamados pelos nomes comuns dos ácidos graxos. Se o triacilglicerol contiver apenas um ácido graxo (p. ex., ácido esteárico abreviado como St), ele poderá ser chamado de triestearina, triestearato, glicerol triestearato, triestearoil glicerol, StStSt ou 18:0-18:0-18:0. Os triacilgliceróis que contêm diferentes ácidos graxos são chamados de outra forma, dependendo do conhecimento da localização estereoespecífica de cada ácido graxo. A nomenclatura desses triacilgliceróis heterogêneos substitui a terminação **ico** do nome do ácido graxo por **oil**. Se a localização estereoespecífica não for conhecida, um triacilglicerol que contiver ácido palmítico, ácido oleico e ácido esteárico será chamado de palmitoil-oleoil-estearoil-glicerol. De forma alternativa, esse triacilglicerol poderia ser chamado de palmito-oleo-estearina ou glicerol-palmito-oleo-estearato. Se a localização estereoespecífica dos ácidos graxos é conhecida, adiciona-se *sn* ao nome, como em 1-palmitoil-2-oleoil-3-estearoil-*sn*-glicerol, *sn*-1-palmito-2-oleo-3-estearina ou *sn*-glicerol-1-palmito-2-oleo-3-estearato. Se dois dos ácidos graxos forem idênticos, o nome poderá ser encurtado como nos casos de 1,2-dipalmitoil-3-estearoil-*sn*-glicerol, *sn*-1,2-dipalmito-3-estearina ou *sn*-glicerol-1,2-dipalmito-3-estearato. Os triacilgliceróis heterogêneos também podem ser nomeados usando-se abreviaturas para ácidos graxos, como em PStO ou 16:0-18:0-18:1 (localização estereoespecífica desconhecida) ou *sn*-PStO ou *sn*-16:0-18:0-18:1 (localização estereoespecífica conhecida) para 1-palmitoil-2-estearoil-3-oleoil-*sn*-glicerol.

4.2.3 Fosfolipídeos

Os fosfolipídeos ou fosfoglicerídeos são modificações dos triacilgliceróis, nas quais os grupos fosfato costumam ser encontrados na posição *sn*-3 (consultar as estruturas de fosfolipídeos na Figura 4.3). O fosfolipídeo mais simples é o ácido fosfatídico (PA), no qual o grupo substituinte no fosfato, em *sn*-3, é um –OH. Outras modificações do grupo substituinte do fosfato em *sn*-3 resultam na fosfatidilcolina (PC), na fosfatidilserina (PS), na fosfatidiletanolamina (PE) e no fosfatidilinositol (PI) (Figura 4.3). A nomenclatura é similar à dos triacilgliceróis, com o nome e a localização do grupo fosfato no final do nome (p. ex., 1-palmitoil-2-estearoil-*sn*-glicero-3-fosfoetanolamina). O termo "liso" significa que um ácido graxo foi removido do fosfolipídeo. Na indústria de alimentos, lisofosfolipídeo geralmente indica um fosfolipídeo do qual o ácido graxo foi removido da posição **sn**-2. A nomenclatura oficial requer que a localização estereoespecífica do ácido graxo removido seja nomeada (p. ex., 2-lisofosfolipídeos, IUPAC). A fosfatidilcolina costuma ser chamada de lecitina na indústria de alimentos; entretanto a lecitina comercializada como aditivo alimentar geralmente não é fosfatidilcolina pura.

A presença do grupo fosfato altamente polar nos fosfolipídeos os torna compostos surfactantes (ver Capítulo 7). A atividade de superfície permite que os fosfolipídeos se organizem em bicamadas, as quais são determinantes para as propriedades das membranas biológicas. Como as membranas celulares necessitam manter sua fluidez, os ácidos graxos presentes nos fosfolipídeos geralmente são insaturados, a fim de que se previna a cristalização à temperatura ambiente. Os ácidos graxos na posição *sn*-2 costumam ser mais insaturados que os da posição *sn*-1. Os ácidos graxos da posição *sn*-2 podem ser liberados por fosfolipases, podendo, então, ser utilizados como substratos de enzimas, como as cicloxigenases e as lipoxigenases. A atividade surfactante dos fosfolipídeos possibilita que eles possam ser utilizados para a modificação das propriedades físicas de lipídeos, atuando como emulsificantes, bem como para a modificação do comportamento de cristalização de lipídeos (ver Capítulo 7).

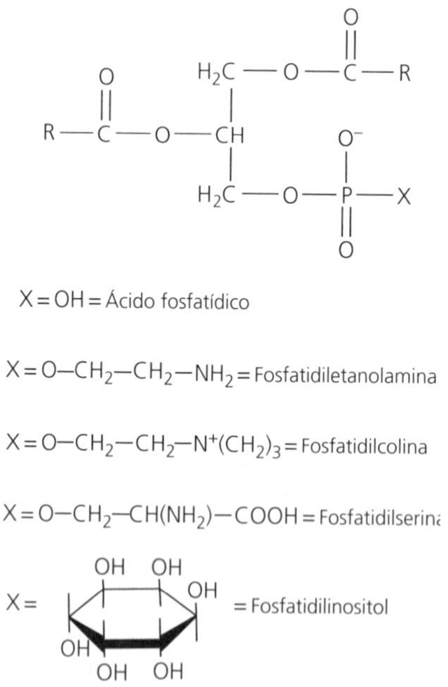

$X = OH = $ Ácido fosfatídico

$X = O-CH_2-CH_2-NH_2 = $ Fosfatidiletanolamina

$X = O-CH_2-CH_2-N^+(CH_2)_3 = $ Fosfatidilcolina

$X = O-CH_2-CH(NH_2)-COOH = $ Fosfatidilserina

$X = $ (inositol) $ = $ Fosfatidilinositol

FIGURA 4.3 Estruturas de fosfolipídeos comumente encontrados em alimentos.

4.2.4 Esfingolipídeos

Os esfingolipídeos são lipídeos que normalmente contêm uma base esfingosina. Os esfingolipídeos mais comuns são esfingomielina (um esfingofosfolipídeo), ceramidas, cerebrosídeos e gangliosídeos. Esses lipídeos costumam ser encontrados em associação a membranas celulares, sobretudo no tecido nervoso. Em geral, eles não são componentes majoritários dos lipídeos alimentares.

4.2.5 Esteróis

Os esteróis são derivados dos esteroides. Esses lipídeos apolares sempre apresentam três anéis de seis carbonos e um anel de cinco carbonos que está ligado a uma cadeia alifática (Figura 4.4). Os esteróis têm um grupo hidroxila ligado ao carbono 3 do anel A. Ésteres de esteróis são esteróis com um ácido graxo esterificado, no grupo hidroxila do carbono 3. Os esteróis são encontrados tanto em plantas (fitoesteróis) quanto em animais (zooesteróis). O colesterol é o principal esterol encontrado nos lipídeos de origem animal. Os lipídeos de origem vegetal contêm inúmeros esteróis, sendo o β-sitosterol e o estigmasterol predominantes. O colesterol pode ser encontrado em plantas como um esterol minoritário. O grupo hidroxila no carbono 3 dos esteróis propicia que esses compostos sejam surfactantes. O colesterol pode, portanto, orientar-se em membranas celulares, nas quais desempenha importância na estabilização da estrutura da membrana. O colesterol também é importante por ser o precursor para a síntese de sais biliares, e o 7-di-hidrocolesterol é o precursor na produção da vitamina D na pele, por meio da irradiação ultravioleta (UV) [68]. Altos níveis de colesterol no sangue e, em particular, colesterol alto em lipoproteínas de baixa densidade (LDL, do inglês *low density lipoprotein*), têm sido associados ao aumento do risco de doenças cardiovasculares. Por esse motivo, recomenda-se a redução de colesterol na dieta pela remoção de gordura animal na dieta e do colesterol de gorduras animais por redução na gordura total. Os fitoesteróis da dieta diminuem a absorção de colesterol no intestino e, portanto, têm sido adicionados a alimentos, a fim de se reduzir os níveis sanguíneos de colesterol (ver Seção 4.12).

4.2.6 Ceras

A definição química estrita para a cera é: éster de um ácido de cadeia longa, com um álcool de cadeia longa. De fato, as ceras industriais e alimentares são uma combinação de classes químicas, incluindo ceras ésteres, ésteres de esteróis, cetonas, aldeídos, alcoóis, hidrocarbonetos e esteróis [68]. As ceras podem ser classificadas de acordo com sua origem, como animal (cera de abelha), vegetal (cera de carnaúba) e mineral

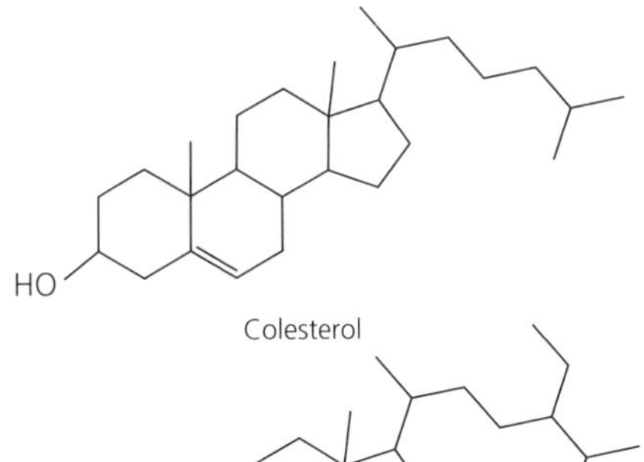

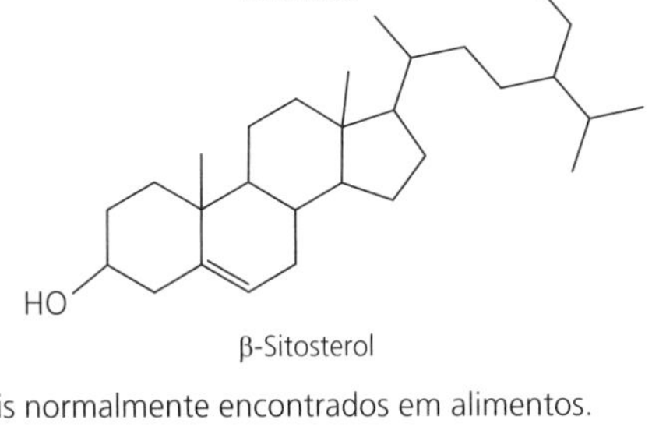

FIGURA 4.4 Estruturas de esteróis normalmente encontrados em alimentos.

(cera de petróleo). As ceras são encontradas na superfície de tecidos vegetais e animais, e sua função é inibir a perda de água ou repelir a água. As ceras costumam ser adicionadas à superfície de frutas para retardar sua desidratação durante o armazenamento.

4.2.7 Lipídeos diversos

Outros lipídeos alimentares são as vitaminas lipossolúveis (A, D, E e K) e os carotenoides, os quais serão abordados em outras Seções deste livro.

4.2.8 Composição das gorduras

Os lipídeos alimentares apresentam uma ampla variedade de composição de ácidos graxos, conforme mostrado na Tabela 4.2. Diversas tendências gerais podem ser observadas entre os lipídeos. A maioria dos óleos vegetais, sobretudo os de sementes de oleaginosas, é bastante insaturada, contendo, principalmente, ácidos graxos da série de 18 carbonos. Óleos de oliva e canola são ricos em ácido oleico, óleos de milho e soja são ricos em ácido linoleico e o óleo de semente de linho é rico em ácido linolênico. Os triacilgliceróis de origem vegetal que contêm quantidade elevada de ácidos graxos saturados incluem a manteiga de cacau e os óleos tropicais (p. ex., coco). Os óleos de palma e de coco são únicos por seu elevado conteúdo de ácidos graxos de cadeia intermediária 8:0 a 14:0, com predominância de 12:0. O nível de ácidos graxos saturados em gorduras e óleos de animais costuma seguir a ordem da gordura do leite > ovelha > carne bovina > porco > frango > peru > peixes marinhos, sendo os ácidos palmítico e esteárico os principais ácidos graxos saturados. A composição de ácidos graxos das gorduras animais depende do sistema digestório de cada animal, sendo que a gordura de não ruminantes (p. ex., frango, suínos e pescados) é parcialmente dependente da composição de ácidos graxos da dieta. Um exemplo disso são os produtos suínos, como o presunto ibérico, em que os regimes dietéticos são manipulados para que se produza banha com conteúdo elevado de ácido oleico. Entre os não ruminantes, os triacilgliceróis de animais marinhos são únicos, devido a seu elevado conteúdo de ácidos graxos ω-3, eicosapentaenoico e do-

cosa-hexaenoico. Em ovelhas e vacas, os ácidos graxos da dieta estão sujeitos à bio-hidrogenação por enzimas microbianas do rúmen. Isso resulta na conversão de ácidos graxos insaturados em saturados, podendo, ainda, produzir ácidos graxos com ligações duplas conjugadas (incluindo ligações *trans*), como o ácido linoleico conjugado. Como os ruminantes consomem quase só lipídeos de origem vegetal, nos quais os ácidos graxos são principalmente da série de 18 carbonos, o produto final da rota de bio-hidrogenação é o ácido esteárico. Portanto, a manteiga e a gordura das carnes bovina e ovina contêm maior conteúdo de ácido esteárico que a gordura de não ruminantes. As bactérias do rúmen são únicas em sua propriedade de fermentar carboidratos a acetato e β-hidroxibutirato. Na glândula mamária, esses substratos são convertidos em ácidos graxos, resultando em uma gordura da manteiga com alta concentração de ácidos graxos saturados de cadeia curta (4:0 e 6:0), os quais não são encontrados em outros triacilgliceróis de alimentos. As bactérias do rúmen também promovem a formação de cetoácidos, hidroxiácidos e ácidos graxos ramificados. Devido ao impacto das bactérias do rúmen sobre os ácidos graxos, a gordura da manteiga contém centenas de ácidos graxos diferentes.

A localização estereoespecífica dos ácidos graxos também pode variar nos triacilgliceróis dos alimentos. Os triacilgliceróis em algumas gorduras, como sebo (gordura da carne), óleo de oliva e óleo de amendoim, apresentam a maioria de seus ácidos graxos distribuídos de forma homogênea entre as três posições do glicerol. Entretanto, algumas gorduras podem ter comportamentos muito específicos, em termos da localização estereoespecífica dos ácidos graxos. Muitos triacilgliceróis de origem vegetal possuem ácidos graxos (poli)insaturados, concentrados na posição *sn*-2. O melhor exemplo disso é a manteiga de coco, na qual mais de 85% do ácido oleico encontra-se em *sn*-2, com os ácidos palmítico e esteárico distribuídos de maneira homogênea, em *sn*-1 e *sn*-3. Os triacilgliceróis de algumas gorduras animais tendem a ter ácidos graxos saturados concentrados em *sn*-2. Nesse sentido, o ácido palmítico encontra-se principalmente na posição *sn*-2, na gordura do leite e na banha

TABELA 4.2 Composição de ácidos graxos (%) de alimentos comuns

Alimento*	4:0	6:0	8:0	10:0	12:0	14:0	16:0	16:1 Δ9	18:0	18:1 Δ9	18:2 Δ9	18:3 Δ9	20:5 Δ5	22:6 Δ4	Total saturado
Azeitona							13,7	1,2	2,5	71,1	10,0	0,6			16,2
Canola							3,9	0,2	1,9	64,1	18,7	9,2			5,5
Milho							12,2	0,1	2,2	27,5	57,0	0,9			14,4
Soja						0,1	11,0	0,1	4,0	23,4	53,2	7,8			15,0
Semente de linho							4,8		4,7	19,9	15,9	52,7			9,5
Coco		0,5	8,0	6,4	48,5	17,6	8,4		2,5	6,5	1,5				91,9
Cacau						0,1	25,8	0,3	34,5	35,3	2,9				60,4
Manteiga	3,8	2,3	1,1	2,0	3,1	11,7	26,2	1,9	12,5	28,2	2,9	0,5			62,7
Gordura bovina					0,1	3,3	25,5	3,4	21,6	38,7	2,2	0,6			50,6
Gordura suína					0,1	1,5	24,8	3,1	12,3	45,1	9,9	0,1			38,8
Frango						1,3	23,2	6,5	6,4	41,6	18,9	1,3			31,1
Salmão					0,2	5,0	15,9	6,3	2,5	21,4	1,1	0,6	1,9	11,9	23,4

*Apenas os ácidos graxos majoritários desses produtos estão listados.
Todas as composições de ácidos graxos são adaptadas de White [93], com exceção do salmão, que é adaptada de Ackman [1].

(gordura suína). A localização estereoespecífica de um ácido graxo pode ser um determinante importante de seu impacto nutricional. Quando os triacilgliceróis são digeridos no intestino, os ácidos graxos provenientes de *sn*-1 e *sn*-3 são liberados pela lipase pancreática, resultando em dois ácidos graxos livres e um monoacilglicerol *sn*-2. Se ácidos graxos saturados de cadeia longa encontram-se em *sn*-1 e *sn*-3, sua biodisponibilidade é menor, pois os ácidos graxos livres podem formar sais insolúveis de cálcio após a hidrólise realizada pela lipase pancreática. Portanto, a localização de ácidos graxos de cadeia longa saturada em *sn*-2 na gordura do leite pode ser um mecanismo de garantia de que tais ácidos sejam absorvidos por crianças. Como os ácidos graxos localizados em *sn*-1 e *sn*-3 são absorvidos com pouca eficiência, eles fornecem menos calorias [16], causando menor impacto sobre o perfil dos lipídeos sanguíneos. Por exemplo, quando a banha apresenta seus ácidos graxos distribuídos de forma aleatória e, portanto, apresenta mais ácido palmítico em *sn*-1 e *sn*-3, há menor aumento do conteúdo plasmático de ácido palmítico que na banha não modificada, a qual tem 65% do ácido palmítico em *sn*-2. Este princípio tem sido usado para produzir triacilgliceróis de baixo teor calórico, como o Salatrim (ver Seção 4.12).

4.2.9 Resumo

- Os ácidos graxos são os principais componentes estruturais da maioria dos lipídeos alimentares.
- Os ácidos graxos podem ser saturados ou insaturados, o que afeta suas propriedades físicas e biológicas.
- Os alimentos lipídicos possuem uma composição de ácidos graxos variável em função do tecido vegetal ou animal do qual o lipídeo é obtido.
- A posição dos ácidos graxos nos triacilgliceróis também é dependente da fonte animal ou vegetal de onde o lipídeo é obtido.

4.3 REFINO DE LIPÍDEOS

Os triacilgliceróis são extraídos de fontes de origem animal e vegetal. A "fluidização" é uma operação de tratamento térmico que rompe as estruturas celulares para liberar triacilgliceróis de subprodutos animais e espécies de peixes subutilizadas. Os triacilgliceróis de plantas podem ser isolados por pressão (oliva), extração por meio de solventes (sementes de oleaginosas) ou por uma combinação de ambos (para abordagens detalhadas sobre extrações de gorduras e óleos, ver Referência [44]). Óleos e gorduras brutos resultantes desses processos não conterão apenas triacilgliceróis, mas também lipídeos (como ácidos graxos livres, fosfolipídeos, aromatizantes lipossolúveis e carotenoides) e materiais não lipídicos (como proteínas e carboidratos). Esses componentes devem ser removidos para a produção de óleos e gorduras com cor, sabor e vida útil desejados. Os passos principais de refino estão descritos a seguir.

4.3.1 Degomagem

A presença de fosfolipídeos gera a formação de emulsões água em óleo (A/O) em gorduras e óleos. As emulsões fazem o óleo turvar, sendo que a água pode representar riscos quando os óleos são aquecidos em temperaturas superiores a 100 °C (borrifo e formação de espuma). Os fosfolipídeos contêm grupos amina que podem interagir com carbonilas, formando produtos de coloração escura durante o processamento térmico e o armazenamento. A degomagem é um processo que remove os fosfolipídeos pela adição de 1 a 3% de água, entre 60 e 80 °C, por 30 a 60 min. Pequenas quantidades de ácido costumam ser adicionadas à água para que se aumente a solubilidade dos fosfolipídeos. Isso ocorre porque o ácido cítrico pode ligar cálcio e magnésio, portanto diminuindo a agregação dos fosfolipídeos, tornando-os mais hidratáveis. Sedimentação, filtração ou centrifugação são então utilizadas para a remoção das "gomas" coalescentes, formadas por fosfolipídeos e água. Em alguns óleos, como o de soja, os fosfolipídeos são recolhidos e vendidos como lecitinas.

4.3.2 Neutralização

Os ácidos graxos livres devem ser removidos de óleos brutos, pois eles causam sabor desagradável, aceleram a oxidação de lipídeos, geram espuma e interferem em operações de hidrogenação e interesterificação. A neutralização é realizada misturando-se uma solução de soda cáustica com óleo bruto, o que leva os ácidos graxos livres a formarem sabões solúveis que podem ser removidos separando-se a fase oleosa da aquosa, que contém os sabões. A quantidade de soda cáustica usada depende da concentração de ácidos graxos livres presente no óleo bruto. O material resultante pode ser usado para a alimentação de animais ou para a produção de surfactantes e detergentes.

4.3.3 Branqueamento

Os óleos brutos costumam conter pigmentos que resultam em cores indesejáveis (carotenoides, gossipol, etc.) ou promovem oxidação de lipídeos (clorofilas). Os pigmentos são removidos pela mistura do óleo aquecido (80–110 °C) com absorventes, como argilas neutras, silicatos sintéticos, carvão ativado ou terras ativadas. O absorvente é removido por filtração. Esse processo geralmente é realizado sob vácuo, pois os absorventes podem acelerar a oxidação dos lipídeos. Outros efeitos benéficos do branqueamento são a remoção de ácidos graxos livres e fosfolipídeos residuais e a destruição de hidroperóxidos lipídicos.

4.3.4 Desodorização

Os lipídeos brutos contêm componentes aromáticos indesejáveis, como aldeídos, cetonas e alcoóis, os quais ocorrem naturalmente no óleo a partir de reações de oxidação lipídica ocorrentes durante a extração e o refino. Os compostos voláteis são removidos submetendo-se o óleo à destilação por arraste de vapor em temperaturas elevadas (180–270 °C) e pressões baixas. O processo de desodorização também pode destruir hidroperóxidos lipídicos, aumentando a estabilidade oxidativa do óleo, mas pode resultar na formação de ácidos graxos *trans*. Esse é o motivo pelo qual muitos alimentos lipídicos não são livres de ácidos graxos *trans*. Óleos também podem ser refinados fisicamente para remover ácidos graxos e odores indesejáveis, evitando a etapa de neutralização. Esse processo requer temperaturas mais elevadas, aumentando o rendimento, mas eleva a formação de ácidos graxos *trans* [85]. Após a desodorização estar completa, adiciona-se ácido cítrico (0,005–0,01%) para quelar e inativar metais pró-oxidantes. O destilado conterá tocoferóis e esteróis que podem ser recuperados e usados como antioxidantes e ingredientes funcionais de alimentos (fitoesteróis).

4.4 INTERAÇÕES MOLECULARES E ORGANIZAÇÃO DOS TRIACILGLICERÓIS

Esta Seção é especialmente dedicada às propriedades moleculares dos lipídeos e à sua influência sobre propriedades dos alimentos. Em particular, haverá uma análise de como a estrutura, organização e interação de moléculas lipídicas determinam suas propriedades funcionais (p. ex., características de fusão e cristalização, atividade surfactante e interação com outros componentes dos alimentos), que, por sua vez, determinam as propriedades físico-químicas e sensoriais dos produtos alimentícios (p. ex., textura, estabilidade, aparência e sabor).

Embora existam diferentes categorias de lipídeos nos sistemas alimentares, esta Seção se concentrará, em particular, nos triacilgliceróis, devido à sua abundância natural e à sua importância principal em produtos alimentícios. Como já mencionado, os triacilgliceróis são ésteres de uma molécula de glicerol e três moléculas de ácidos graxos, sendo que cada ácido graxo pode ter um número diferente de átomos de carbono, grau de insaturação e ramificação. O fato de existir muitos tipos diferentes de ácidos graxos e de poderem estar localizados em diferentes posições na molécula do glicerol significa que os alimentos podem conter uma grande variedade de triacilgliceróis diferentes presentes nos alimentos. De fato, as gorduras e os óleos comestíveis sempre apresentam uma grande variedade de moléculas de triacilgliceróis diferentes, e o tipo e a concentração dependem de sua origem [3,32,33].

Os triacilgliceróis têm uma estrutura de "garfo-torcido", com dois dos ácidos graxos nos terminais da molécula de glicerol apontando para a mesma direção e o ácido graxo da posição *sn*-2 apontando para a direção oposta (Figura 4.5). No estado líquido, existe considerável liberdade rotacional ao longo da cadeia saturada. Os triacilgliceróis são moléculas predominantemente apolares e, portanto, os tipos de interações moleculares mais importantes, responsáveis por sua organização estrutural, são atrações de Van der Waals e impedimento espacial [43]. Em dada separação molecular (s^*), existe um mínimo no potencial de par intermolecular $w(s^*)$, o qual fornece a medida das forças atrativas que mantêm as moléculas unidas nos estados líquido e sólido (Figura 4.6). No caso de moléculas de triacilgliceróis, s^* será próxima à distância entre cadeias hidrocarbônicas vizinhas. A organização estrutural das moléculas de triacilgliceróis é determinada principalmente por seu estado físico, o qual depende do equilíbrio entre as interações de atração molecular e da influência desagregadora da energia térmica. Os lipídeos existem como líquidos acima de seu ponto de fusão e como sólidos em temperaturas suficientemente abaixo de seu ponto de fusão (Seção 4.7).

As moléculas lipídicas podem assumir diversos tipos de organização estrutural diferentes, tanto em estado líquido como sólido, dependendo de suas características moleculares exatas (p. ex., extensão da cadeia, grau de insaturação, polaridade) [37,38]. No estado sólido, a organização das moléculas lipídicas pode ocorrer de diversas maneiras. As moléculas de triacilgliceróis podem empilhar-se em cristais, de modo que a altura das camadas formadas tenha aproximadamente a dimensão de duas (p. ex., α e β-L2) ou três (p. ex., β-L3) cadeias de ácidos graxos (Figura 4.7). Além disso, as moléculas de triacilgliceróis podem empacotar-se com diferentes ângulos de inclinação em relação ao plano das camadas, por exemplo, comparando α e β-L2 (Figura 4.7). Os cristais formados por moléculas de triacilgliceróis também podem ser descritos em termos do arranjo das moléculas dentro de uma rede cristalina, por exemplo, como hexagonal, triclínico ou ortorrômbico (Figura 4.8). Essas diferenças indicam que os cristais de gordura podem existir de diversas formas cristalinas polimórficas, as quais apresentam propriedades físicas e comportamentos de fusão diferentes (Seção 4.7.5). O tipo de forma cristalina adotada depende da estrutura molecular e da composição dos lipídeos, assim como das condições ambientais durante a cristalização (taxa de resfriamento, temperatura de manutenção, cisalhamento). Mesmo no estado líquido, os triacilgliceróis não se encontram orientados de forma aleatória, mas apresentam uma ordem que permite a auto-organização das moléculas lipídicas em entidades estruturais (p. ex., estruturas lamelares) [37,38]. Acredita-se que o tamanho e o número dessas entidades estruturais diminuem conforme a temperatura aumenta.

Deve-se observar que se convencionou o uso do termo **gordura** como referência aos lipídeos em estado sólido, à temperatura ambiente ($\approx 25\ °C$), ao passo que o termo **óleo** é utilizado como referência a lipídeos em estado líquido, embora, em geral, ambos os termos sejam usados de modo intercambiável [91,92].

4.5 PROPRIEDADES FÍSICAS DOS TRIACILGLICERÓIS

As propriedades físicas de gorduras e óleos comestíveis dependem principalmente de sua estrutura molecular, suas interações e da organização das moléculas de triacilgliceróis que eles contêm [32,56,91]. Em particular, a força

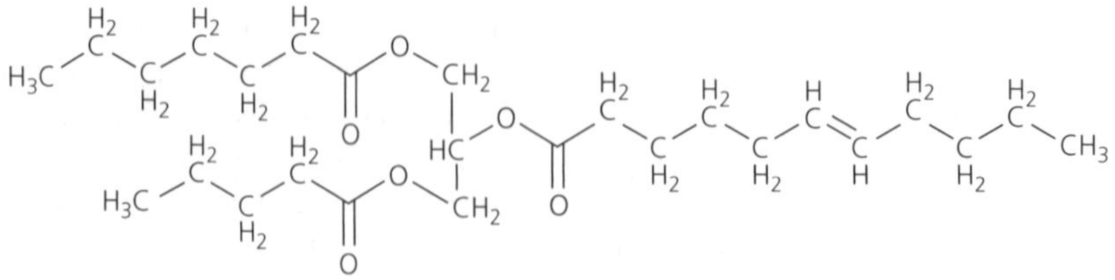

FIGURA 4.5 Estrutura química de uma molécula de triacilglicerol, a qual consiste em três ácidos graxos e uma molécula de glicerol.

das interações de atração entre as moléculas e a efetividade de seu empacotamento em uma fase condensada determinam muito de seu comportamento térmico, densidade e propriedades reológicas (Tabela 4.3).

4.5.1 Propriedades reológicas

A maioria dos óleos são líquidos newtonianos com viscosidades intermediárias, geralmente entre ≈ 30 e 60 mPa s, a temperatura ambiente (≈ 25 °C) (p. ex., óleos de milho, semente de girassol, canola e peixe) [15,21,78]. Entretanto, o óleo de mamona tende a apresentar uma viscosidade muito maior, em comparação à maioria dos óleos, pois ele contém uma fração considerável de ácidos graxos com grupamento álcool ao longo de seu esqueleto de hidrocarboneto, o qual é capaz de formar ligações de hidrogênio relativamente fortes com moléculas vizinhas. A viscosidade do óleo líquido tende a diminuir aos poucos com o aumento da temperatura, e pode ser descrita, de forma adequada, por uma correlação logarítmica.

A maioria das "gorduras sólidas" de fato consiste em uma mistura de cristais de gordura dispersos em uma matriz de óleo líquido. As propriedades reológicas dessas gorduras sólidas são muito dependentes de concentração, morfologia, interações e organização dos cristais de gordura presentes no sistema [54,56,91]. As gorduras sólidas costumam exibir um tipo de comportamento reológico conhecido como "plasticidade". Nesse caso, o material plástico comporta-se como sólido

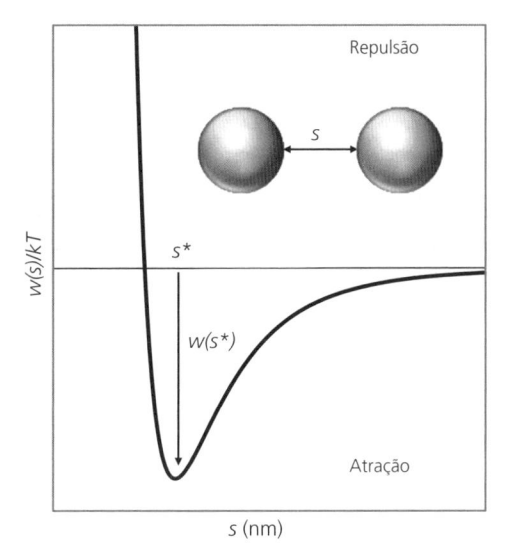

FIGURA 4.6 A força de interações atrativas entre moléculas lipídicas depende da profundidade do mínimo sobre o potencial geral de interação molecular.

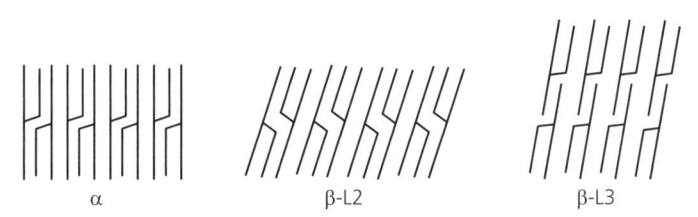

FIGURA 4.7 Tipos comuns de organização molecular global de triacilgliceróis, em fases cristalinas. (Adaptada de Walstra, P., *Physical Chemistry of Foods*, Marcel Dekker, New York, 2003.)

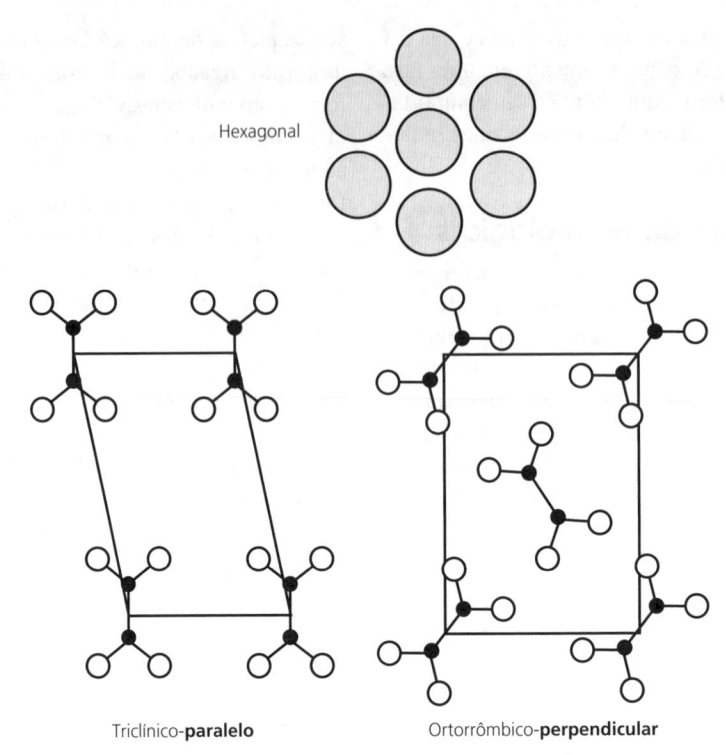

FIGURA 4.8 Os três tipos mais comuns de empacotamento de cadeias de hidrocarboneto: hexagonal, triclínico (**paralelo**) e ortorrômbico (**perpendicular**). Nos empacotamentos triclínico e ortorrômbico, os círculos pretos representam átomos de carbono, e os círculos brancos, átomos de hidrogênio. As cadeias de hidrocarboneto são vistas de cima. (Adaptada de Walstra, P., *Physical Chemistry of Foods*, Marcel Dekker, New York, 2003.)

TABELA 4.3 Comparação entre algumas propriedades físico-químicas de um óleo líquido (trioleína) e água a 20 °C

	Óleo	Água
Massa molecular	885	18
Ponto de fusão (°C)	5	0
Densidade (kg m^{-3})	910	998
Compressibilidade	$5{,}03 \times 10^{-10}$	$4{,}55 \times 10^{-10}$
Viscosidade (mPa·s)	≈ 50	1,002
Condutividade térmica (W m^{-1} K^{-1})	0,170	0,598
Calor específico (J kg^{-1} K^{-1})	1.980	4.182
Coeficiente de expansão térmica (°C^{-1})	$7{,}1 \times 10^{-4}$	$2{,}1 \times 10^{-4}$
Constante dielétrica	3	80,2
Tensão superficial (mN m^{-1})	≈ 35	72,8
Índice de refração	1,46	1,333

sob a aplicação de uma tensão crítica, conhecida como tensão inicial de cisalhamento (τ_0), mas se comporta como um líquido acima dessa tensão. O comportamento reológico de um material plástico ideal, conhecido como **plástico de Bingham**, é mostrado na Figura 4.9. Para a aplicação de uma tensão de **cisalhamento**, as características reológicas desse tipo de material podem ser descritas pela seguinte equação:

$$\tau = G\gamma \quad (\text{para } \tau < \tau_0) \tag{4.1}$$

$$\tau - \tau_0 = \eta\dot{\gamma} \quad (\text{para } \tau \geq \tau_0) \tag{4.2}$$

onde
τ é a tensão de cisalhamento aplicada.
γ é a deformação resultante.
$\dot{\gamma}$ é a taxa de deformação.
G é o módulo de cisalhamento.
η é a viscosidade de Bingham.
τ_0 é a tensão inicial de cisalhamento.

Na prática, as gorduras sólidas tendem a exibir um comportamento de plástico não ideal. Acima da tensão inicial de cisalhamento, a gordura pode não fluir como um líquido ideal, exibindo um comportamento não newtoniano (p. ex., afinamento por cisalhamento). Abaixo da tensão inicial de cisalhamento, a gordura pode não se comportar como um sólido ideal, exibindo algumas características de fluidez (p. ex., viscoelasticidade). Além disso, a tensão inicial de cisalhamento pode não ocorrer a um valor claramente definido, mas dentro de um intervalo de tensão aplicada, pois há uma ruptura gradual da estrutura da rede cristalina de gordura. A tensão inicial de cisalhamento de uma gordura tende a crescer com o aumento do conteúdo de gordura sólida, tendendo, ainda, a ser maior para morfologias cristalinas que são capazes de formar redes tridimensionais que se estendem pelo volume do sistema com maior facilidade. Abordagens detalhadas das características de gorduras plásticas foram recentemente apresentadas em outras publicações [54,56,91].

A origem estrutural do comportamento plástico das gorduras sólidas pode ser atribuída à sua capacidade de formar redes tridimensionais de pequenos cristais de gordura dispersos em matrizes de óleo líquido (Figura 4.9). Sob determinada aplicação de tensão, existe uma pequena defor-

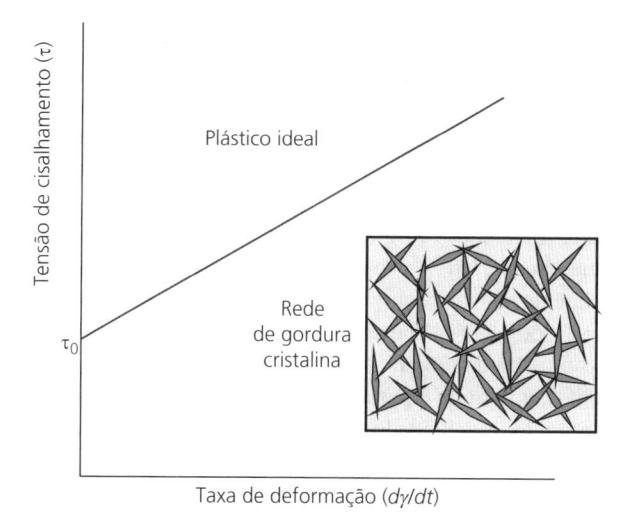

FIGURA 4.9 Um material plástico ideal "plástico de Bingham" comporta-se como sólido sob a aplicação de uma tensão crítica, conhecida como tensão inicial de cisalhamento (τ_0), mas comporta-se como líquido acima dessa tensão.

mação da amostra, mas as ligações fracas entre os cristais de gordura não são rompidas. Quando a tensão inicial de cisalhamento é ultrapassada, as ligações fracas são rompidas e os cristais de gordura deslizam um contra o outro, conduzindo à fluidez da amostra. Uma vez que a força é removida, o fluxo para e os cristais de gordura começam a formar ligações com seus vizinhos novamente. A taxa em que esse processo ocorre pode ter implicações econômicas para a funcionalidade do produto. A influência das características reológicas dos triacilgliceróis sobre as propriedades físico-químicas e sensoriais dos alimentos será descrita adiante.

4.5.2 Densidade

A densidade de um lipídeo é definida como a massa de material requerida para ocupação de um determinado volume. Essa informação costuma ser importante para o delineamento de operações de processamento de alimentos, já que ela determina a quantidade de material que pode ser armazenado em um tanque ou fluir ao longo de uma tubulação de volume determinado. A densidade dos lipídeos também é importante para algumas aplicações em alimentos, pois ela influencia as propriedades gerais do sistema, por exemplo, a taxa de coalescência de gotas de óleo em emulsões óleo em água (O/A) depende da diferença de densidade entre o óleo e a fase aquosa [59]. As densidades dos óleos líquidos tendem a estar entre $\approx$ 910 e 930 kg m^{-3}, à temperatura ambiente, tendendo a diminuir com o aumento da temperatura [15]. As densidades de gorduras totalmente sólidas costumam estar a cerca de 1.000 a 1.060 kg m^{-3}. Elas também diminuem com o aumento da temperatura [78]. Em muitos alimentos, a gordura é parcialmente cristalina; desse modo, a densidade depende do conteúdo de gordura sólida (SFC, do inglês *solid fat content*), ou seja, da fração de gordura total que está solidificada. A densidade de uma gordura parcialmente cristalina tende a aumentar conforme o SFC aumenta, por exemplo, após resfriamento abaixo da temperatura de cristalização. Medições da densidade de uma gordura parcialmente cristalina podem, portanto, ser usadas em alguns casos, a fim de determinar seu SFC.

A densidade de um lipídeo em particular depende, em primeiro lugar, da eficiência do empacotamento de suas moléculas de triacilgliceróis: quanto mais eficiente o empacotamento, maior a densidade. Logo, os triacilgliceróis que contêm ácidos graxos saturados lineares são capazes de empacotar com mais eficiência, em comparação aos que contêm ácidos graxos ramificados ou insaturados e, portanto, tendem a apresentar densidades superiores [91,92]. O motivo pelo qual as gorduras sólidas tendem a ter maior densidade que os óleos líquidos também se deve ao fato de que as moléculas costumam empacotar com mais eficiência. No entanto, isso nem sempre ocorre. Por exemplo, em sistemas lipídicos que contêm elevadas concentrações de triacilgliceróis puros, os quais cristalizam em um intervalo estreito de temperatura, é demonstrado que a densidade do sistema lipídico como um todo diminui, de fato, com a cristalização, em decorrência da formação de vazios [39].

4.5.3 Propriedades térmicas

As propriedades térmicas mais importantes dos lipídeos, do ponto de vista prático, são o calor específico (C_P), a condutividade térmica (κ), o ponto de fusão (T_{mp}) e a entalpia de fusão (ΔH_f) [21,32,78]. Essas características térmicas determinam o conteúdo total de calor que deve ser fornecido (ou removido) de um sistema lipídico, a fim de alterar sua temperatura de um valor para outro, bem como a taxa na qual esse processo será alcançado. Os calores específicos de muitos óleos líquidos e gorduras sólidas encontram-se por volta de 2 J g^{-1}, elevando-se com o aumento da temperatura [24]. Os lipídeos são condutores de calor relativamente pobres e costumam apresentar condutividades térmicas menores ($\approx$ 0,165 W m^{-1} s^{-1}) que as da água ($\approx$ 0,595 W m^{-1} s^{-1}). Informações detalhadas sobre as propriedades térmicas de diferentes tipos de lipídeos líquidos e sólidos têm sido abordadas em outras publicações [15,24,34,78].

O ponto de fusão e o calor de fusão de um lipídeo dependem do empacotamento das moléculas do triacilglicerol dentro dos cristais formados: quanto mais efetivo o empacotamento, maiores o ponto de fusão e a entalpia de fusão [43,91]. Portanto, os pontos de fusão e os calores de fusão de triacilgliceróis puros tendem a aumentar com o aumento do tamanho da cadeia. Eles são maiores para ácidos graxos saturados, em comparação a ácidos graxos insaturados; maiores para ácidos graxos de cadeia linear, em relação a ácidos graxos ramificados; maiores para triacilgliceróis com distribuição mais simétrica de ácidos graxos na molécula do glicerol; e maiores para formas polimórficas mais estáveis (Tabela 4.4). A cristalização de lipídeos é um dos fatores mais importantes para a determinação de sua influência sobre as propriedades físico-químicas e sensoriais de alimentos e, portanto, será tratada com mais detalhes nas Seções 4.7 e 4.9.

Para algumas aplicações, o conhecimento da temperatura em que um lipídeo inicia a decomposição devido à degradação térmica é importante (p. ex., fritura ou cozimento). A estabilidade térmica dos lipídeos pode ser caracterizada por seus pontos de fumaça, ignição e chama [64]. O **ponto de fumaça** é a temperatura na qual a amostra começa a liberar fumaça quando testada sob condições específicas. O **ponto de ignição** é a temperatura na qual os produtos voláteis gerados pelo lipídeo estão sendo produzidos em uma taxa na qual podem ser temporariamente inflamados por aplicação de uma chama, mas não podem sustentar a combustão. O **ponto de chama** é a temperatura na qual a evolução de voláteis, decorrente da decomposição térmica, ocorre com tanta rapidez que a combustão contínua pode ser sustentada após exposição à chama. As medições dessas temperaturas são particularmente importantes ao se selecionar lipídeos para serem usados em temperaturas elevadas (p. ex., durante fritura ou cozimento). A estabilidade térmica de triacilgliceróis é muito maior que a dos ácidos graxos, logo, a propensão de lipídeos à degradação durante o aquecimento é, em grande parte, determinada pela quantidade de material orgânico volátil que eles contêm, incluindo ácidos graxos livres.

4.5.4 Propriedades ópticas

O conhecimento das propriedades ópticas dos lipídeos é importante devido à sua influência na aparência geral de muitos alimentos (p. ex., cor e opacidade), mas também por sua relação com as características moleculares dos lipídeos, de modo que podem ser usadas para avaliar a qualidade de óleos [63]. As propriedades ópticas mais importantes dos lipídeos são seus índices de refração e espectro de absorção. Os índices de refração de óleos líquidos costumam cair no intervalo entre 1,43 e 1,45 à temperatura ambiente ($\approx$ 25 °C) [24]. O índice de refração de um óleo em par-

TABELA 4.4 Pontos de fusão e calores de fusão das formas polimórficas mais estáveis, de moléculas de triacilgliceróis selecionadas

Triacilglicerol	Ponto de fusão (°C)	ΔH_f (J g^{-1})
LLL	46	186
MMM	58	197
PPP	66	205
SSS	73	212
OOO	5	113
LiLiLi	–13	85
LnLnLn	–24	—
SOS	43	194
SOO	23	—

L, ácido láurico (C12:0); M, ácido mirístico (C14:0); P, ácido palmítico (C16:0); S, ácido esteárico (C16:0); O, ácido oleico (C18:1); Li, ácido linoleico (C18:2); Ln, ácido linolênico (C18:3). O ponto de fusão também depende da forma polimórfica, por exemplo, para SSS é 55, 63 e 73 °C para as formas α, β' e β, respectivamente. (Dados de diversas fontes.)

ticular é primeiro determinado pela estrutura molecular dos ácidos graxos que ele contém. O índice de refração tende a aumentar com o crescimento da extensão da cadeia, aumento do número de ligações duplas e aumento da conjugação de ligações duplas. Equações empíricas têm sido desenvolvidas, a fim de relacionar a estrutura molecular dos lipídeos a seus índices de refração [24]. O índice de refração de lipídeos é importante em emulsões alimentares, pois sua magnitude determina a quantidade de espalhamento de luz e opacidade [57].

O espectro de absorção de um óleo também pode exercer influência significativa sobre a coloração final de um produto alimentício. Além disso, medidas do espectro de absorção podem fornecer informações valiosas sobre a composição, a qualidade ou as propriedades de um óleo, como grau de instauração, extensão da oxidação lipídica, presença de impurezas e isomerização *cis-trans* [64]. Os triacilgliceróis puros apresentam pouca cor inerente, pois não contêm grupos que absorvem luz na região visível do espectro eletromagnético. Entretanto, os óleos comerciais costumam apresentar cor devido a seu conteúdo significativo de pigmentos que absorvem luz (p. ex., carotenoides e clorofila). Por esse motivo, os óleos comestíveis costumam passar por uma etapa de despigmentação durante seu refino.

4.5.5 Propriedades elétricas

O conhecimento das propriedades elétricas dos lipídeos é importante em alguns casos, pois diversas técnicas analíticas usadas para a análise de alimentos lipídicos baseiam-se em medições de suas características elétricas, por exemplo, a determinação das medidas da concentração de gordura por condutividade elétrica ou a determinação do tamanho de gotículas de gordura por contagem de pulso elétrico [59]. Os lipídeos costumam apresentar constantes dielétricas relativamente baixas ($\varepsilon_R \approx 2$–4) em decorrência da baixa polaridade das moléculas de triacilgliceróis (Tabela 4.3). A constante dielétrica de triacilgliceróis puros tende a aumentar com o crescimento da polaridade (p. ex., pela presença de grupos –OH ou devido à oxidação) e com a diminuição da temperatura [24]. Além disso, os lipídeos tendem a ser condutores de eletricidade fracos, apresentando resistência elétrica relativamente elevada.

4.6 CONTEÚDO DE GORDURA SÓLIDA DE TRIACILGLICERÓIS

Como mencionado anteriormente, os triacilgliceróis comestíveis contêm uma variedade de ácidos graxos distintos. Se estes estão distribuídos aleatoriamente no esqueleto do glicerol, o número de combinações possíveis de triacilgliceróis com ácidos graxos diferentes nas posições *sn*-1, *sn*-2 e *sn*-3 dependerá do número de ácidos graxos diferentes no lipídeo. As combinações de ácidos graxos nos triacilgliceróis impactam nas transições de fase líquido-sólido do lipídeo, pois cada tipo de triacilglicerol tem um ponto de fusão diferente. Isso significa que os triacilgliceróis de alimentos não têm um ponto de fusão exato, mas, ao contrário, derretem em um intervalo de temperatura amplo. Esse intervalo é geralmente mencionado como "intervalo plástico", pois a existência de gordura sólida e líquida geralmente proporciona propriedades reológicas que são caracterizadas como plásticas, isto é, elas apresentam comportamento de sólido abaixo de determinada tensão de cisalhamento e como líquido acima deste valor (Figura 4.9). Embora o termo "intervalo plástico" seja comumente usado, é possível que a gordura esteja parcialmente cristalina e não tenha propriedades reológicas que possam ser estritamente classificadas como plásticas. Por exemplo, um lipídeo fluido pode conter cristais de gordura desagregados. O perfil de derretimento de triacilgliceróis é comumente descrito em termos do SFC, que especifica qual fração ou porcentagem do lipídeo é sólida a dada temperatura. A Figura 4.10 apresenta o perfil de fusão de um triacilglicerol alimentar típico. Em temperaturas suficientemente baixas, o triacilglicerol é completamente sólido (SFC = 100%). Como a temperatura é aumentada, a gordura entra no intervalo plástico, com triacilgliceróis de cadeia curta e insaturada derretendo primeiro, seguidos pelos maiores e mais saturados, até que o lipídeo derrete e torna-se completamente líquido (SFC = 0%). Devido à presença de diferentes tipos de cristais, à possibilidade de super-resfriamento e à solubilidade de triacilgliceróis de elevado e baixo ponto de fusão, as propriedades de fusão dos lipídeos não podem ser preditas diretamente da composição dos triacilgliceróis [91]. O SFC de alimentos gordurosos, habitualmente, é medido por calorimetria, alterações de volume (dilatometria) ou ressonância magnética (RM) [64]. Em geral, RM é o método de escolha para medir SFC por ser rápido, não destrutivo e não requerer extensiva preparação da amostra.

Os ácidos graxos em gorduras naturais não estão distribuídos aleatoriamente. Algumas fontes naturais de gordura têm apenas algumas combinações de diferentes triacilgliceróis, ao passo que outras apresentam numerosas combinações. Gorduras que contêm triacilgliceróis com pontos de fusão similares tendem a derreter em um intervalo de temperatura estreito. Esses triacilgliceróis se solidificarão em estados cristalinos mais estáveis. Por outro lado, gorduras que contenham triacilgliceróis mais heterogêneos terão um amplo intervalo de derretimento. Alguns lipídeos (manteiga) podem apresentar misturas de triacilgliceróis de elevado e baixo pontos de fusão, que produzirão uma curva de fusão contínua escalonada.

O conteúdo de gordura sólida *versus* perfil de temperatura de um lipídeo comestível é um dos fatores determinantes mais importantes na seleção de uma aplicação, pois afetará muitos atributos funcionais do alimento. Por exemplo, influenciará a aparência e a estabilidade de óleos e molhos para saladas armazenados em temperatura de refrigeração, a espalhabilidade de margarinas e manteigas sob diferentes condições (p. ex., refrigeração ou temperatura ambiente), o derretimento de chocolates na boca e a textura de muitos produtos de panificação.

4.7 CRISTALIZAÇÃO DE TRIACILGLICERÓIS

As transições de fase sólido-líquido são uma parte integral de muitas operações de processamento usadas para produzir alimentos, como, por exemplo, margarina, manteiga, sorvete e nata batida. O desenvolvimento de produtos alimentícios com propriedades desejáveis depende, portanto, do conhecimento dos fatores principais que influenciam na cristalização e na fusão de lipídeos em alimentos [37,38,56,91].

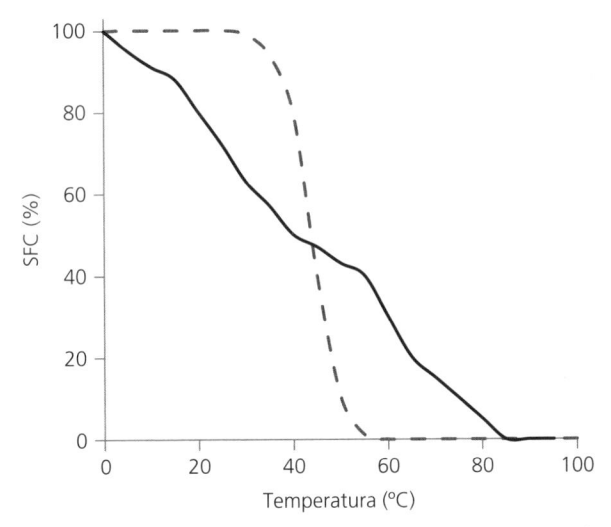

FIGURA 4.10 Comparação entre o perfil de derretimento de um triacilglicerol puro e o de uma gordura comestível típica. A gordura comestível derrete em um intervalo de temperatura maior, por consistir de uma mistura de diversos tipos de moléculas de triacilgliceróis puros, cada qual com pontos de fusão distintos.

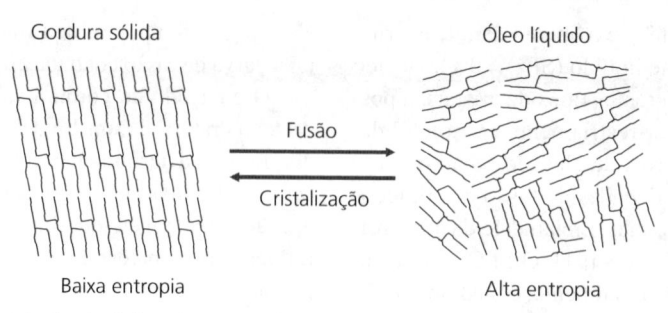

FIGURA 4.11 O arranjo de triacilgliceróis nos estados sólido e líquido depende de um balanço entre a influência de interações atrativas entre as moléculas e a influência da energia térmica.

O arranjo contrastante das moléculas de triacilgliceróis no estado líquido e sólido é mostrado esquematicamente na Figura 4.11. O estado físico de um triacilglicerol em uma temperatura particular depende de sua energia livre, a qual se constitui da contribuição dos termos de entalpia e entropia: $\Delta G_{S \to L} = \Delta H_{S \to L} - T\Delta S_{S \to L}$ [5]. O termo de entalpia ($\Delta H_{S \to L}$) representa a mudança geral da intensidade das interações moleculares entre os triacilgliceróis quando eles são convertidos de sólido para líquido, ao passo que o termo de entropia ($\Delta S_{S \to L}$) representa a mudança na organização das moléculas que ocorre devido ao processo de fusão. A intensidade das ligações entre moléculas lipídicas é maior no estado sólido que no líquido, pois as moléculas são capazes de se empacotar com mais eficiência e, portanto, $\Delta H_{S \to L}$ é positivo (desfavorável), o que favorece o estado sólido. Por outro lado, a entropia das moléculas lipídicas em estado líquido é maior que em estado sólido, o que torna o $\Delta S_{S \to L}$ positivo (favorável) e favorece o estado líquido. Em baixas temperaturas, o termo de entalpia prevalece sobre o termo de entropia ($\Delta H_{S \to L} > T\Delta S_{S \to L}$), fazendo o estado sólido ter a menor energia livre [91]. À medida que a temperatura aumenta, a contribuição da entropia torna-se mais importante. Acima de uma determinada temperatura, conhecida como **ponto de fusão**, o termo de entropia prevalece sobre o de entalpia ($T\Delta S_{S \to L} > \Delta H_{S \to L}$). Nesse caso, o estado líquido tem a menor energia livre. Sendo assim, um material muda de sólido para líquido quando sua temperatura é elevada acima do ponto de fusão. Transições sólido-líquido (fusões) são endotérmicas, pois deve haver fornecimento de energia ao sistema para a aproximação das moléculas mais separadas. Ao contrário disso, uma transição líquido-sólido (cristalizações) é exotérmica, pois com o agrupamento das moléculas ocorre liberação de energia. Mesmo que a energia livre do estado sólido seja inferior ao ponto de fusão, pode não haver cristais sólidos até que um óleo líquido tenha sido resfriado em temperatura suficientemente inferior à do ponto de fusão devido à perda de energia livre associada à formação de núcleos.

De modo geral, a cristalização de gorduras pode ser dividida de forma conveniente nos estágios: super-resfriamento, nucleação, crescimento de cristais e eventos pós-cristalização [37,38,55,91].

4.7.1 Super-resfriamento

Embora a forma sólida dos lipídeos seja termodinamicamente favorável abaixo de seu ponto de fusão, os lipídeos podem persistir na forma líquida em temperaturas inferiores às do ponto de fusão por um período considerável antes que cristalizações sejam observadas. Isso ocorre em virtude da energia de ativação (barreira de energia) associada à formação de núcleos, a qual deve ser ultrapassada antes da ocorrência da transição de fase líquido-sólido (Figura 4.12). Se a intensidade da energia de ativação for alta o suficiente em comparação à energia térmica, a cristalização não ocorrerá em uma escala de tempo observável, e o sistema existirá em um estado **metaestável**. A intensidade da energia de ativação depende da capacidade de formação de núcleos de cristais em óleo líquido, os quais devem ter estabilidade suficiente para que cresçam como cristais. O grau de super-resfriamento de um líquido pode ser definido como $\Delta T = T_{mp} - T$, sendo que T é a temperatura e T_{mp} é o ponto de fusão. O valor de ΔT no qual a cristalização é inicialmente observada depende da estrutura química do lipídeo, da presença de material contaminante, da taxa de resfriamento, da microestrutura da fase lipídica (p. ex., se o óleo é puro ou emulsificado) e da aplicação de forças externas [37,91]. Os óleos puros não contêm impurezas, podendo ser, em geral, super-resfriados por mais de 10 °C antes que a cristalização seja observada.

4.7.2 Nucleação

O crescimento de cristais pode ocorrer somente após a formação de núcleos estáveis no líquido. Acredita-se que esses núcleos sejam agrupamentos de moléculas do óleo que formam pequenos cristais organizados, sendo gerados quando algumas moléculas lipídicas colidem, tornando-se associadas umas às outras [44,45]. Ocorre mudança de energia livre relacionada à formação de um desses núcleos [37]. Abaixo do ponto de fusão, o estado cristalino é termodinamicamente favorável, então há um decréscimo na energia livre quando algumas moléculas do óleo se agrupam para formar um núcleo. Esta variação negativa de energia livre (ΔG_V) é proporcional ao **volume** do núcleo formado. Por outro lado, a formação de núcleos leva à criação de uma nova interface entre as fases líquida e sólida. Esse processo envolve o aumento da energia livre, com o objetivo de ultrapassar a tensão interfacial. Esta variação positiva de energia livre (ΔG_S) é proporcional à **área de superfície** do núcleo formado. A variação total de energia livre associada à formação de núcleos é, portanto, a combinação de um termo de volume e um de superfície [91]:

$$\Delta G = \Delta G_V + \Delta G_S = \frac{4}{3}\pi r^3 \frac{\Delta H_{fus}\Delta T}{T_{mp}} + 4\pi r^2 \gamma_i \quad (4.3)$$

onde
  r é o raio do núcleo.

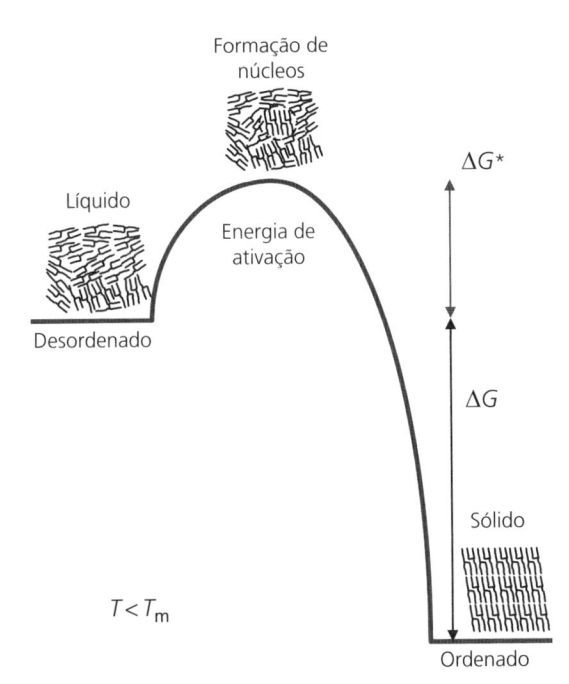

FIGURA 4.12 Quando a energia de ativação associada à formação de núcleos é alta o suficiente, os óleos líquidos podem persistir em estado metaestável abaixo do ponto de fusão de gorduras.

ΔH_{fus} é a variação de entalpia por unidade de volume associada à transição líquido-sólido (que é negativa).

γ_i é a tensão interfacial sólido-líquido.

A contribuição do volume torna-se mais negativa conforme o tamanho do núcleo aumenta, ao passo que a contribuição da superfície torna-se mais positiva (Figura 4.13). Portanto, a contribuição da superfície tende a apresentar prevalência para núcleos pequenos, enquanto a contribuição do volume tende a apresentar prevalência para núcleos grandes. Como resultado, a variação global de energia livre associada à formação de núcleos apresenta valor máximo no raio crítico de núcleo (r^*):

$$r^* = \frac{2\gamma_i T_{mp}}{\Delta H_{fus} \Delta T} \quad (4.4)$$

Se um núcleo for formado espontaneamente, com um raio menor que o crítico, haverá tendência de dissociação dos raios com redução da energia livre do sistema. Por outro lado, se um núcleo for formado com raio superior ao valor crítico, haverá tendência de que ele cresça em forma de cristal. Essa equação indica que o tamanho crítico de um núcleo, necessário para o crescimento de cristais, diminui quando o grau de super-resfriamento aumenta, o que contribui para o aumento da taxa de nucleação, que é observada de forma experimental com a diminuição da temperatura.

A taxa na qual ocorre a nucleação pode ser matematicamente relacionada à energia de ativação ΔG^*, a qual deve ser ultrapassada antes da formação de núcleos estáveis [37]:

$$J = A \exp\left(\frac{-\Delta G^*}{kT}\right) \quad (4.5)$$

onde

J é a taxa de nucleação, que é igual ao número de núcleos estáveis formados por segundo por unidade de volume do material.
A é o fator pré-exponencial.
k é a constante de Boltzmann.
T é a temperatura absoluta.

O valor de ΔG^* é calculado em substituição ao r da Equação 4.3, com o raio crítico dado pela

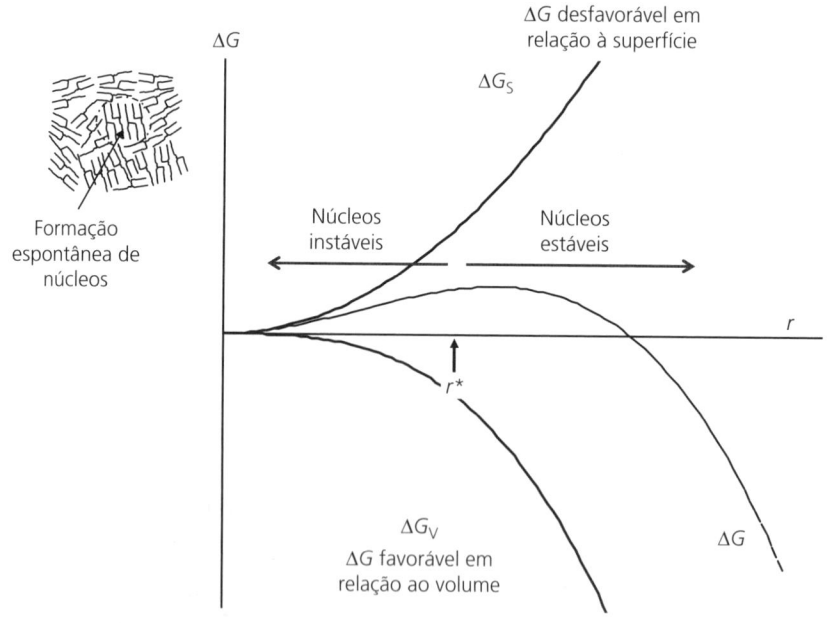

FIGURA 4.13 O tamanho crítico necessário para que ocorra crescimento de cristais em um núcleo depende do equilíbrio entre as contribuições do volume e da superfície para a energia livre de formação de núcleos. Aqueles que são formados espontaneamente, com raios acima de r^*, crescem, ao passo que os formados com raios inferiores se dissociam.

Equação 4.5. A variação da taxa de nucleação fornecida pela Equação 4.4, com o grau de super-resfriamento (ΔT), é mostrada na Figura 4.14. A formação de núcleos estáveis é desprezível em temperaturas um pouco abaixo do ponto de fusão, aumentando de forma drástica quando o líquido é resfriado abaixo da temperatura T^* determinada. De fato, observa-se que a taxa de nucleação aumenta com o grau de resfriamento até determinada temperatura, após a qual diminui com ocorrência de resfriamento adicional. Isso ocorre em decorrência do aumento da viscosidade do óleo, que acontece à medida que a temperatura diminui, baixando a difusão de moléculas lipídicas em direção à interface líquido-núcleo [8,37]. Por consequência, existe um máximo de taxa de nucleação em temperatura determinada (Figura 4.14).

O tipo de nucleação supracitado ocorre quando não existem impurezas no óleo, referindo-se normalmente à **nucleação homogênea** [37,30]. Se o óleo líquido está em contato com superfícies estranhas, como as de partículas de poeira, cristais de gordura, gotículas de óleo, bolhas de ar, micelas reversas ou recipiente que contém o óleo, a nucleação pode ser induzida à temperatura superior à esperada para um sistema puro. A nucleação decorrente da presença de superfícies estranhas é chamada de **nucleação heterogênea**, podendo ser dividida em dois tipos: primária e secundária [55]. A nucleação heterogênea primária ocorre quando as superfícies estranhas apresentam estruturas químicas diferentes das do óleo, ao passo que a nucleação heterogênea secundária ocorre quando as superfícies são cristais com a mesma estrutura química do óleo líquido. A nucleação heterogênea secundária é a base para a "germinação" da nucleação, em lipídeos super-resfriados. Esse processo envolve a adição de cristais de triacilgliceróis pré-formados em um líquido super-resfriado, formado pelo mesmo triacilglicerol, de modo a promover nucleação a uma temperatura superior àquela que seria possível em condições normais.

A nucleação heterogênea ocorre quando as impurezas fornecem superfícies nas quais a formação de núcleos estáveis é termodinamicamente mais favorável que em óleo puro. Como resultado, o grau de super-resfriamento necessário para início da cristalização da gordura é reduzido. Por outro lado, alguns tipos de impurezas são capazes de diminuir a taxa de nucleação de óleos, pois são incorporadas à superfície do núcleo em crescimento, prevenindo a incorporação adicional de moléculas do óleo [82]. Uma impureza atuará como catalisador ou como inibidor da nucleação, dependendo de sua estrutura molecular e interações com os núcleos. Deve-se observar que ainda existem muitos debates sobre a modelagem matemática da nucleação, uma vez que as teorias existentes costumam prever taxas de nucleação muito diferentes das medidas experimentais [38,40,91]. Entretanto, a forma geral de dependência entre as taxas de nucleação e a temperatura é fornecida de maneira razoável pelas teorias existentes (ver Figura 4.14).

4.7.3 Crescimento de cristais

Quando um núcleo estável se forma, ocorre o crescimento de cristais pela incorporação de moléculas do óleo líquido à interface sólido-líquido [40]. Os cristais lipídicos têm muitas faces diferentes, sendo que cada face pode crescer a taxas que variam muito entre si, o que explica, em parte, a grande variedade de morfologias de cristais, que podem ser formadas por lipídeos em alimentos. A taxa global de crescimento do cristal depende de diversos fatores, incluindo transferência de massa das moléculas da fase líquida para a interface sólido-líquido, incorporação das moléculas à armação do cristal e remoção do calor gerado pelo processo de cristalização a partir da interface [37]. Condições ambientais ou do sistema, como viscosidade, condutividade térmica, estrutura dos cristais, perfil de temperatura e agitação mecânica, podem influenciar nos processos de transferência de calor e massa e, portanto, na taxa de crescimento dos cristais. Consequentemente, é difícil construir um modelo teórico de crescimento de cristais. Em sistemas de cristalização de lipídeos, a incorporação de uma molécula na superfície do cristal geralmente é etapa limitante em temperaturas elevadas, ao passo que a difusão de uma molécula para a interface é geralmente limitante em baixas temperaturas. Isso ocorre porque a viscosidade do

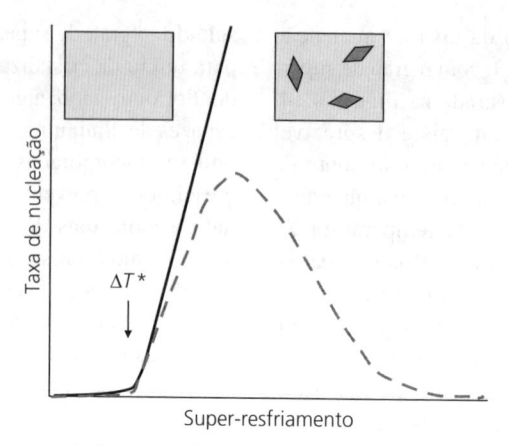

FIGURA 4.14 Teoricamente, a taxa de formação de núcleos estáveis aumenta com o super-resfriamento (linha), porém, na prática, a taxa de nucleação diminui abaixo de determinadas temperaturas, pois a difusão das moléculas do óleo é reduzida pelo aumento de sua viscosidade (pontilhado).

óleo aumenta conforme a temperatura diminui e, então, a difusão da molécula é retardada. A taxa de crescimento tende a crescer inicialmente com o aumento do grau de super-resfriamento até que se alcance uma taxa máxima, após a qual haverá diminuição [37]. A dependência da taxa de crescimento da temperatura mostra, dessa forma, uma tendência similar à da taxa de nucleação. No entanto, a taxa máxima de formação de núcleos costuma ocorrer em temperaturas diferentes da taxa máxima de crescimento de cristais (Figura 4.15). Essa diferença é responsável pela dependência do número e do tamanho de cristais produzidos das taxas de resfriamento e temperatura de retenção. Se um óleo líquido é resfriado com rapidez a uma temperatura em que a taxa de nucleação é menor que a taxa de crescimento, então haverá formação de poucos cristais grandes. Por outro lado, se o óleo for resfriado a uma temperatura em que a taxa de crescimento for menor que a taxa de nucleação, haverá formação de muitos cristais pequenos. Experimentalmente, tem sido observado que a taxa de crescimento de cristais é proporcional ao grau de super-resfriamento e inversamente proporcional à viscosidade do material [37,86].

Várias teorias matemáticas têm sido desenvolvidas para modelar a taxa de crescimento de cristais durante a cristalização de gorduras [37,38]. O modelo mais adequado para uma situação específica depende da etapa limitante para o sistema particular sob condições ambientais prevalentes, por exemplo, transferência de massa das moléculas lipídicas para a interface sólido-líquido, transferência de massa de espécies não cristalinas para fora da interface, incorporação de moléculas líquidas na estrutura cristalina ou remoção de calor gerado pelo processo de cristalização a partir da interface. Na prática, geralmente é difícil desenvolver modelos básicos devido à complexidade da descrição matemática dos numerosos processos físico-químicos envolvidos.

4.7.4 Eventos pós-cristalização

Uma vez que cristais são formados em um sistema lipídico, podem ocorrer mudanças posteriores em seu empacotamento, tamanho, composição e interações [37,91]. A pós-cristalização pode envolver a mudança da forma polimórfica menos estável para uma mais estável, devido à reorganização das moléculas de triacilgliceróis dentro dos cristais. Se um lipídeo forma cristais mistos (p. ex., cristais que contêm uma mistura de diferentes tipos de triacilgliceróis), pode haver alterações na composição dos cristais durante o armazenamento, em decorrência da difusão de moléculas de triacilglicerol entre os cristais. Além disso, pode haver crescimento líquido no tamanho médio dos cristais lipídicos, com o tempo dependente do amadurecimento de Ostwald, o qual consiste no crescimento de

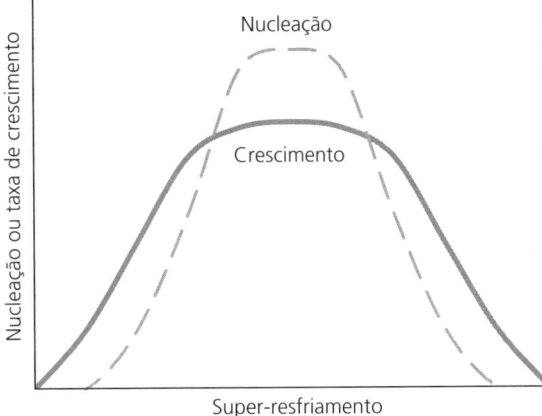

FIGURA 4.15 As taxas de nucleação e o crescimento de cristais apresentam dependências diferentes da temperatura, as quais explicam as diferenças do número e do tamanho dos cristais de gordura produzidos sob diferentes regimes de resfriamento.

cristais grandes em dependência dos pequenos, por meio da difusão de moléculas lipídicas entre os cristais. Ao final, as ligações entre os cristais de gordura podem se fortalecer durante o tempo de armazenamento, devido ao mecanismo de sedimentação (fusão conjunta de cristais). As alterações pós-cristalização podem exercer influência significativa sobre as propriedades físico-químicas e sensoriais dos alimentos e, portanto, entendê-las e controlá-las é importante. Por exemplo, os eventos pós-cristalização costumam gerar o aumento do tamanho dos cristais em lipídeos, o que é indesejável em muitos casos, pois leva a uma percepção arenosa durante o consumo.

4.7.5 Morfologia de cristais

A morfologia dos cristais depende de uma série de fatores internos (p. ex., estrutura molecular, composição, empacotamento e interações) e externos (p. ex., perfil tempo-temperatura, agitação mecânica e impurezas). Em geral, quando um óleo líquido é resfriado com rapidez a temperaturas abaixo de seu ponto de fusão, forma-se um grande número de cristais pequenos, porém, quando o mesmo óleo é resfriado lentamente a temperaturas um pouco abaixo de seu ponto de fusão, forma-se um pequeno número de cristais grandes [37,91]. Isso ocorre em virtude das diferenças de dependência da temperatura entre as taxas de nucleação e cristalização (Figura 4.15). A taxa de nucleação tende a aumentar mais rapidamente com a diminuição da temperatura que a taxa de cristalização até um determinado valor máximo, tendendo a diminuir com mais rapidez com diminuições posteriores de temperatura. Desse modo, o resfriamento rápido tende a produzir muitos núcleos ao mesmo tempo, os quais, subsequentemente, crescem como pequenos cristais, ao passo que o resfriamento lento tende a produzir um pequeno número de núcleos, os quais têm tempo de crescer, tornando-se cristais maiores, antes que outros núcleos sejam formados (Figura 4.15). O tamanho dos cristais tem implicações importantes nas propriedades reológicas e organolépticas de muitos tipos de alimentos. Quando os cristais são muito grandes, eles são percebidos como "granulares" ou "arenosos" na boca. A eficiência do empacotamento molecular em cristais também depende da taxa de resfriamento. Se uma gordura é resfriada lentamente, ou o grau de super-resfriamento é pequeno, as moléculas têm tempo suficiente para serem incorporadas de maneira eficiente no cristal. Com taxas de resfriamento rápidas, as moléculas não têm tempo suficiente para empacotar de maneira eficiente antes que outra molécula seja incorporada. Então, o resfriamento rápido tende a produzir cristais que contêm mais deslocamentos, nos quais as moléculas estão menos densamente empacotadas [86]. Portanto, a taxa de resfriamento tem um impacto relevante sobre a morfologia e as propriedades funcionais de lipídeos cristalinos em alimentos.

4.7.6 Polimorfismo

Os triacilgliceróis manifestam um fenômeno conhecido como **polimorfismo** (monotrópico), que é a capacidade de um material de existir sob a forma de diversas estruturas cristalinas com diferentes empacotamentos moleculares [50,55,76]. As moléculas de triacilgliceróis podem organizar-se como cristais de gordura por diferentes modos, conduzindo a diferentes formas polimórficas (Figuras 4.7 e 4.8) com diferentes propriedades físico-químicas. Os três tipos mais comuns de empacotamento em triacilgliceróis são hexagonal, ortorrômbico e triclínico, os quais costumam ser designados como formas polimórficas α, β' e β, respectivamente [37,91]. A estabilidade termodinâmica das três formas diminui na ordem: $\beta > \beta' > \alpha$. Mesmo sendo a forma β a mais estável termodinamicamente, os triacilgliceróis geralmente cristalizam inicialmente na forma α, pois esta apresenta a menor energia de ativação para formação de núcleos (Figura 4.16). Com o passar do tempo, os cristais assumem a forma polimórfica mais estável, numa taxa que depende das condições ambientais, como temperatura, pressão e presença de impurezas. A conversão de uma forma polimórfica em outra pode ser monitorada por métodos como calorimetria de varredura diferencial (DSC, do inglês *differential scanning calorimetry*), que mede alterações no calor liberado (exotérmico) ou absorvido (endotérmico) por um material quando a transição de fase ocorre (Figura 4.17). Neste exemplo, quando uma gordura inicialmente na forma α é aquecida, ela sofre uma série de transições: transformação α-β'; fusão β'; cristalização β; e fusão β. O tempo necessário para esses tipos de transformações dos cristais é fortemente influenciado pela homogeneidade da composição do triacilglicerol. A transição da forma α tende a ocorrer rapidamente para composições relativamente homogêneas, em que todos os triacilgliceróis têm estruturas moleculares semelhantes. Por outro lado, a transição é relativamente lenta para gorduras de composição complexa, nas quais os triacilgliceróis apresentam estruturas moleculares diversificadas. As diferentes formas polimórficas de lipídeos podem ser distinguidas umas das outras usando-se diversos métodos, incluindo difração de raios X, DSC, infravermelho, RM e espectroscopia Raman [37,55,91]. Esses métodos se baseiam no fato de que as diferentes formas polimórficas possuem unidades cristalinas diferentes, que podem ser categorizadas por sua altura, largura e ângulos de inclinação (Figura 4.18). O conhecimento das formas polimórficas dos cristais em lipídeos é importante porque pode exercer um grande impacto sobre o comportamento térmico e a morfologia dos cristais formados, e, portanto, sobre as propriedades físico-químicas e sensoriais dos alimentos. Por exemplo, as características desejáveis de textura e aparência em produtos como chocolate dependem da garantia de que os cristais de gordura sejam produzidos e mantidos na forma polimórfica adequada [2]. Os lipídeos comestíveis de diferentes fontes biológicas ou que sofrem diferentes processamentos (p. ex., fracionamento, interesterificação ou hidrogenação) geralmente tendem a adotar formas polimórficas preferenciais, normalmente β ou β', uma vez que a forma α é mais instável [3]. Os lipídeos que adotam a forma β' (óleo de palma e vários óleos hidrogenados) tendem a proporcionar cristais menores com textura macia, o que é desejável em margarinas e *spreads*. Por outro lado, lipídeos que adotam a forma β normalmente geram cristais maiores com textura arenosa, que é indesejável para estas aplicações.

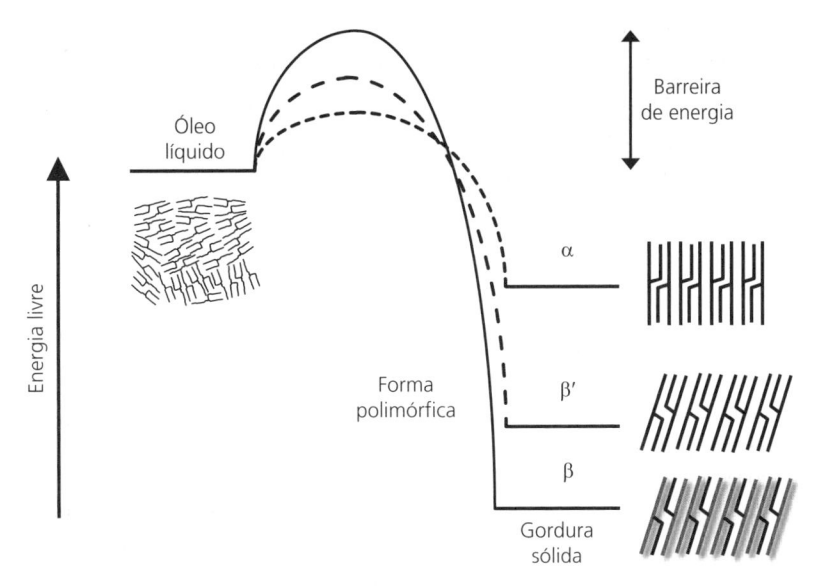

FIGURA 4.16 O estado polimórfico formado inicialmente, quando um óleo cristaliza, depende da magnitude relativa da energia de ativação associada à formação de núcleos.

4.7.7 Cristalização de óleos e gorduras comestíveis

O ponto de fusão de um triacilglicerol depende do tamanho da cadeia e do grau de instauração dos ácidos graxos, assim como de suas posições relativas na molécula de glicerol (Tabela 4.4). Os óleos e gorduras comestíveis contêm uma mistura complexa de vários tipos de moléculas de triacilgliceróis, cada qual com um ponto de fusão diferente. Portanto, normalmente fundem/solidificam dentro de um intervalo de temperaturas, e não em uma temperatura definida, como seria o caso de um triacilglicerol puro (Figura 4.10).

O perfil de fusão de uma gordura não é uma simples média dos perfis de fusão de seus constituintes, pois os triacilgliceróis com alto ponto de fusão são solúveis nos de baixo ponto de fusão [91]. Por exemplo, em uma mistura 50:50 de triestearina e trioleína é possível dissolver 10% de triestearina sólida em trioleína líquida a 60 °C. A solubilidade de um componente sólido em um

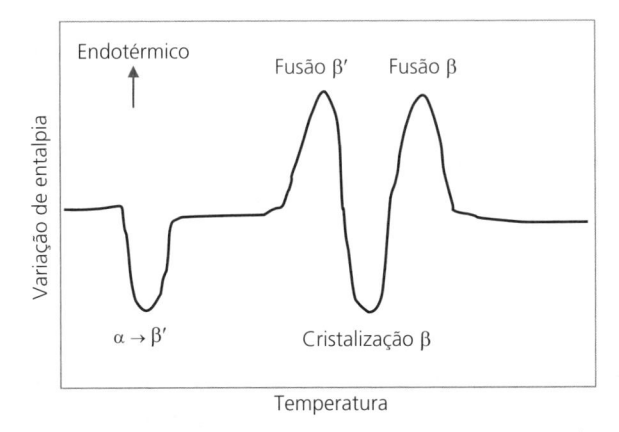

FIGURA 4.17 Alterações polimórficas podem ser monitoradas usando-se calorimetria de varredura diferencial. Este termograma de DSC mostra transições de um polimorfo para outro (α-β'), assim como fusão e cristalização de diferentes polimorfos (β ou β').

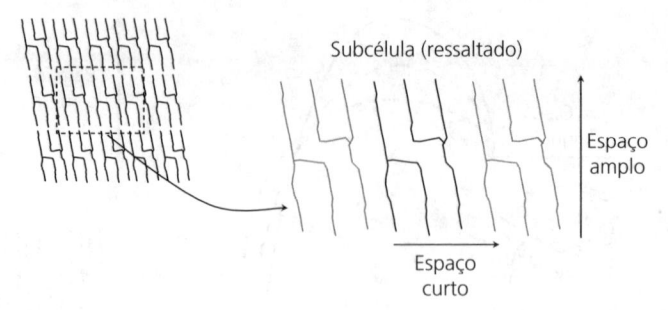

FIGURA 4.18 As células unitárias de lipídeos cristalinos podem ser caracterizadas por suas dimensões.

componente líquido pode ser predita assumindo que eles possuem pontos de fusão suficientemente distintos (> 20 °C):

$$\ln x = \frac{\Delta H_{fus}}{R} \left[\frac{1}{T_{mp}} - \frac{1}{T} \right] \quad (4.6)$$

onde

x é a solubilidade, expressa como fração molar, do componente de maior ponto de fusão para o componente de menor ponto de fusão. ΔH_{fus} é o calor de fusão molar.

As propriedades estruturais e físicas dos cristais produzidos por resfriamento de uma mistura complexa de triacilgliceróis são fortemente influenciadas pela taxa de resfriamento e temperatura [37,55,91]. Se um óleo é resfriado rapidamente, todos os triacilgliceróis cristalizam aproximadamente ao mesmo tempo e uma **solução sólida** é formada. Esta consiste em cristais homogêneos em que os triacilgliceróis estão intimamente misturados uns com os outros. Por outro lado, se o óleo é resfriado lentamente, os triacilgliceróis de ponto de fusão elevado cristalizam primeiro, ao passo que os de baixo ponto de fusão cristalizam posteriormente, e então **cristais mistos** são formados. Estes cristais são heterogêneos e consistem em algumas regiões ricas em triacilgliceróis de ponto de fusão elevado e outras regiões que são pobres nestes triacilgliceróis. O fato de uma gordura cristalina formar cristais mistos ou uma solução sólida influenciará muitas de suas propriedades físico-químicas, como densidade, reologia e perfil de fusão, que podem ter grande influência nas propriedades de alimentos. O tipo de cristal formado é influenciado pela compatibilidade molecular de várias moléculas de triacilgliceróis no sistema, que depende do tamanho da cadeia, da instauração e da posição dos ácidos graxos. Uma revisão detalhada de aspectos termodinâmicos e cinéticos da cristalização de gorduras e do tipo de estrutura cristalina formada em sistemas mistos é apresentada por outros autores [40]. De modo característico, um lipídeo pode exibir quatro diferentes tipos de comportamento de fase, dependendo da natureza das moléculas de triacilgliceróis presentes: (1) soluções sólidas monotéticas contínuas, (2) sistemas eutéticos, (3) soluções sólidas parcialmente monotéticas e (4) sistemas periféticos. Uma discussão sobre os diferentes sistemas e as características das misturas lipídicas que comumente levam a cada um deles é apresentada no artigo de Himawan et al. [40].

Uma vez que uma gordura cristaliza, os cristais individuais podem agregar-se para formar uma rede tridimensional que isola óleo líquido por meio de forças capilares [55]. As interações responsáveis pela agregação de cristais em gorduras puras são essencialmente interações de Van der Waals entre os cristais de gordura sólida, embora "pontes aquosas" também possam ter um papel importante em alguns produtos. Uma vez que a agregação ocorre, os cristais de gordura podem fundir-se parcialmente, o que fortalece a rede cristalina.

4.7.8 Cristalização de gorduras em emulsões

A influência da cristalização de gorduras nas propriedades físico-químicas intrínsecas de emulsões alimentares depende de se a gordura forma a fase contínua ou a fase dispersa. A estabilidade e a reologia típicas de emulsões A/O, como manteigas e margarinas, são determinadas pela presença de uma rede de cristais de gordura agregados dentro da fase contínua (óleo). A rede de gordura cristalina é responsável por prevenir sedimentação de gotículas de água por influência da gravidade, assim como determinar os atributos de textura do produto. Se existirem muitos cristais, o produto é firme e de difícil espalhamento, mas quando existirem poucos cristais, o produto é macio e colapsa com o próprio peso [91]. A seleção da gordura com características de fusão adequadas é um dos aspectos mais importantes na produção de margarinas e *spreads*. O perfil de fusão de gorduras naturais pode ser otimizado para aplicações específicas por meio de vários métodos físicos ou químicos, incluindo mistura, interesterificação, francionamento e hidrogenação [32–34].

A cristalização de gorduras também tem uma influência importante sobre as propriedades físico-químicas de muitas emulsões O/A, como o leite e molhos para saladas. Quando gotículas de gordura são parcialmente cristalinas, um cristal de uma gotícula pode penetrar em outra gotícula durante uma colisão, fazendo as duas gotículas ficarem unidas. Este fenômeno é conhecido com **coalescência parcial**, e leva a um aumento dramático na viscosidade da emulsão, assim como a uma diminuição da estabilidade para formação de nata [27]. A coalescência parcial extensiva pode eventualmente levar à inversão de fase, ou seja, conversão de uma emulsão O/A em uma emulsão A/O. Esse processo é um dos passos mais importantes na produção de manteigas, margarinas e *spreads*. A coalescência parcial também é importante na produção de sorvetes e nata batida, em que uma emulsão O/A é resfriada a uma temperatura na qual a gordura nas gotículas cristaliza parcialmente e sofre agitação mecânica para promover colisões entre gotículas e agregação [30]. As gotículas agregadas formam uma rede tridimensional ao redor de bolhas de ar e uma rede tridimensional na fase contínua, que contribui para a estabilidade e a textura do produto.

4.8 ALTERAÇÃO DO CONTEÚDO DE GORDURA SÓLIDA DE ALIMENTOS

As gorduras naturais com intervalos plásticos desejáveis não estão sempre disponíveis e, em alguns casos, são dispendiosas. Além disso, a alteração dos perfis de ácidos graxos costuma ser desejável para que a gordura se torne menos suscetível à oxidação (diminuição da insaturação) ou mais vantajosa nutricionalmente (aumento da insaturação). Portanto, diversas tecnologias têm sido desenvolvidas para alteração da estrutura química e do conteúdo de gordura sólida em alimentos lipídicos.

4.8.1 Mistura

O método mais simples de alterar a composição de ácidos graxos e o perfil de fusão é misturar as gorduras com diferentes composições de triacilgliceróis. Essa prática é efetuada em produtos como óleos para fritura e margarinas.

4.8.2 Intervenções dietéticas

A composição de ácidos graxos de gorduras animais pode ser alterada pela manipulação dos tipos de gorduras da dieta. Essa prática é efetiva em não ruminantes, como suínos, frangos e peixes. O aumento dos níveis de ácidos graxos insaturados em gorduras de ruminantes (bovinos e ovinos) não é eficiente, pois as bactérias do rúmen hidrogenam biologicamente os ácidos graxos antes que eles alcancem o intestino delgado, onde poderiam ser absorvidos para o sangue.

4.8.3 Manipulação genética

A composição dos ácidos graxos das gorduras pode ser manipulada geneticamente por meio de alteração das rotas enzimáticas que produzem ácidos graxos insaturados. A manipulação genética tem sido realizada com sucesso tanto por programas tradicionais de cruzamento como por tecnologias de modificação genética. Diversos óleos obtidos a partir de plantas geneticamente modificadas, como girassol, estão disponíveis no comércio. A maioria desses óleos contém níveis elevados de ácido oleico.

4.8.4 Fracionamento

A composição dos ácidos graxos e dos triacilgliceróis das gorduras também pode ser alterada pela manutenção da gordura em temperaturas nas quais os triacilgliceróis de cadeia longa, ou mais saturados, cristalizarão, coletando-se então tanto a fase sólida (mais saturados ou de cadeia longa) como a líquida (mais insaturados ou de cadeia curta). Isso geralmente é realizado em óleos vegetais, por meio do processo de **fracionamento a seco**. Esse processo é necessário para óleos usados em produtos que serão refrigerados, para que se previna a cristalização e a turvação dos triacilgliceróis. O fracionamento a seco também é necessário para óleos usados em maionese ou molhos de salada, em que a cristalização desestabilizaria a emulsão. Óleos de palma, farelo de palma (oleína/estearina), peixes e gordura da manteiga são frequentemente fracionados para alterar sua composição de ácidos graxos.

4.8.5 Hidrogenação

A hidrogenação é um processo químico que adiciona hidrogênio às ligações duplas. Esse processo é usado para alterar lipídeos, fazendo com que sejam mais sólidos em temperatura ambiente, exibam comportamento diferente de cristalização (tornando a composição de triacilgliceróis mais homogênea) e/ou sejam mais estáveis oxidativamente. Esses objetivos são alcançados pela remoção de ligações duplas, obtendo-se ácidos graxos mais saturados. A hidrogenação também é usada para o branqueamento de óleos, uma vez que a destruição das ligações duplas em compostos como carotenoides causará perda de cor. Os produtos produzidos por hidrogenação incluem margarinas e óleos parcialmente hidrogenados que apresentam estabilidade oxidativa aumentada.

A reação de hidrogenação necessita de um catalisador para aumentar a velocidade da reação, gás hidrogênio para fornecer o substrato, agitação para misturar o catalisador com os substratos e controle de temperatura para aquecer e liquefazer o óleo e depois refrigerá-lo assim que a reação exotérmica começar [45]. O óleo usado na hidrogenação deve ser previamente refinado, pois os contaminantes reduzirão a eficiência do catalisador. A hidrogenação é realizada em um processo contínuo ou em oscilação de temperaturas, entre 250 e 300 °C. O níquel metálico é o catalisador de uso mais comum, sendo adicionado em 0,01 a 0,02%. Ele é incorporado a um suporte poroso, proporcionando um catalisador com grande área de superfície que pode ser recuperado por filtração. A mistura contínua é um parâmetro fundamental, pois a transferência de massa dos reatantes limita a reação. Esta demora de 40 a 60 min, durante os quais o progresso é monitorado por mudanças no índice de refração. Uma vez completo, o catalisador é recuperado por filtração, podendo ser usado em outra reação.

O mecanismo de hidrogenação envolve a complexação inicial do ácido graxo insaturado com a presença do catalisador em cada uma das extremidades da ligação dupla (Figura 4.19, passo 1). O hidrogênio que é absorvido ao catalisador pode então romper um dos complexos metal-carbono, formando um estado semi-hidrogenado com o outro carbono que permanece ligado ao catalisador (passo 2). Para completar a hidrogenação, o estado semi-hidrogenado interage com outro hidrogênio, rompendo a ligação carbono-catalisador remanescente e produzindo um ácido graxo hidrogenado (passo 3). Entretanto, se o hidrogênio não está disponível, a reação inversa pode ocorrer, sendo que o ácido graxo é liberado do catalisador e a ligação dupla é regenerada (passo 4). A ligação dupla que é regenerada pode apresentar-se nas configurações *cis* ou *trans* (isômeros geométricos), podendo estar no mesmo átomo de carbono ou migrar ao carbono adjacente (p. ex., um ácido graxo com uma ligação dupla originalmente entre os carbonos 9 e 10 pode migrar para os carbonos 8 e 9 ou 10 e 11; isômeros posicionais). A propensão da ligação dupla à regeneração está relacionada à quantidade de hidrogênio associada ao catalisador. Portanto, condições como baixa pressão de hidrogênio, baixa agitação, temperatura elevada (a reação é mais rápida que a taxa de difusão do hidrogênio para o catalisador) e concentração elevada do catalisador

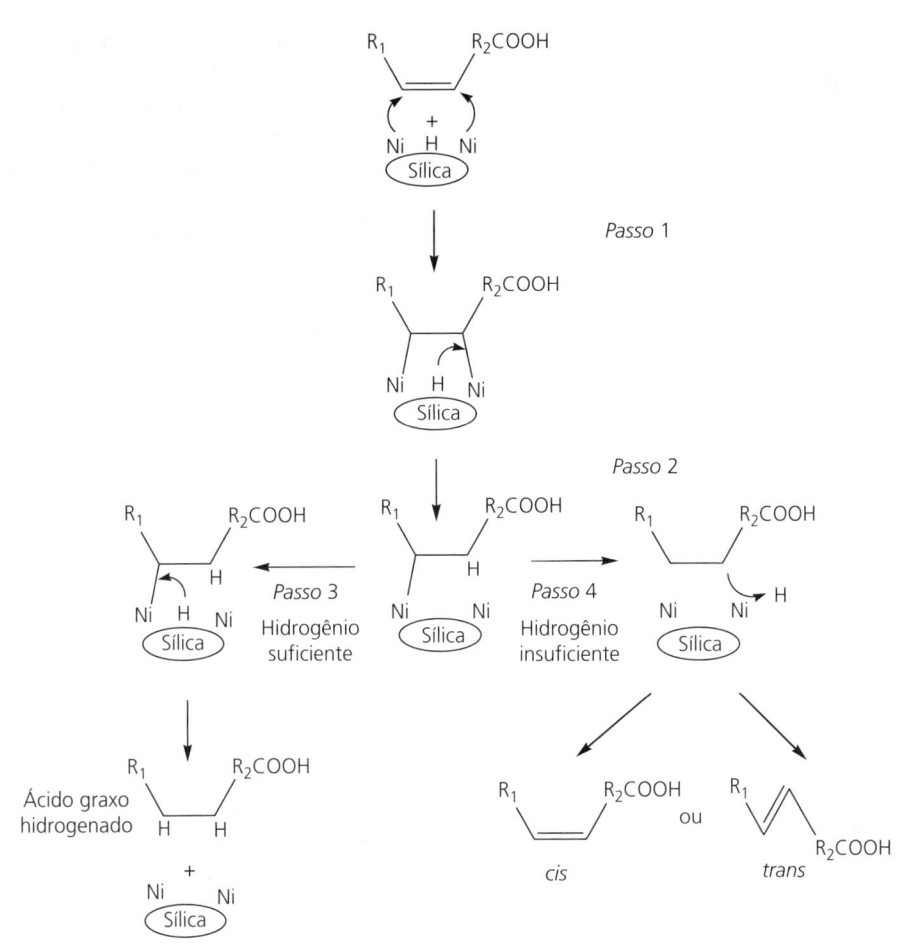

FIGURA 4.19 Vias envolvidas na hidrogenação, as quais levam à formação de ácidos graxos saturados e ácidos graxos insaturados *cis* e *trans*.

(dificulta a saturação do catalisador com hidrogênio) resultam em níveis elevados de isômeros geométricos e posicionais. Isso pode ser preocupante, pois os ácidos graxos *trans* estão associados ao aumento do risco de doenças cardiovasculares.

A seletividade da hidrogenação refere-se à tendência de o processo de hidrogenação ocorrer mais rapidamente em alguns ácidos graxos (comparado à hidrogenação aleatória, em que todos os ácidos graxos seriam hidrogenados de maneira similar). A hidrogenação dos ácidos graxos mais insaturados geralmente é desejável, pois aumenta a estabilidade oxidativa do óleo com formação minoritária de triacilgliceróis saturados de elevada temperatura de fusão, que causariam problemas de cristalização e textura. A seletividade ocorre porque a taxa de hidrogenação de ácidos graxos poli-insaturados é mais rápida que para ácidos graxos monoinsaturados (parcialmente devido à maior afinidade do catalisador por sistemas pentadieno de ligações duplas presentes nos ácidos graxos poli-insaturados). Quando a concentração de hidrogênio no catalisador é baixa, a hidrogenação é seletiva, pois os ácidos graxos poli-insaturados são hidrogenados mais rapidamente que os monoinsaturados. Entretanto, baixas concentrações de hidrogênio também podem levar à produção elevada de isômeros geométricos e posicionais, evidenciando que o lipídeo pode conter quantidades grandes de ácidos graxos *trans*.

4.8.6 Interesterificação

A interesterificação é um processo que envolve alteração do perfil de fusão de lipídeos sem modificação da composição de ácidos graxos [32,33]. É um processo aleatório que causa o rearranjo dos ácidos graxos, resultando na produção de um perfil de triacilgliceróis diferente do lipídeo original. Completada a interesterificação aleatória, todas as combinações possíveis de triacilgliceróis devem ser produzidas. Isso resulta em alterações significativas nos perfis de fusão, pois novos triacilgliceróis foram produzidos. A interesterificação também altera o comportamento de cristalização da gordura por dificultar que os lipídeos formem o tipo de cristal mais estável (p. ex., β, triclínico), uma vez que a composição de triacilgliceróis se torna mais heterogênea. A interesterificação pode ser realizada com misturas de lipídeos, tais como uma gordura com intervalo de fusão em temperaturas elevadas e um óleo de baixo ponto de fusão. Se essas duas fontes de lipídeos forem misturadas, o perfil de fusão poderá apresentar uma curva descontínua, em forma de degraus, pois o óleo funde primeiro seguido pela gordura. A interesterificação desses dois lipídeos criaria triacilgliceróis novos, contendo combinações de ácidos graxos saturados e insaturados com fusão gradual ao longo do intervalo plástico. Outra aplicação é a interesterificação de gorduras com composições de triacilgliceróis muito homogêneas, a fim de que se produzam triacilgliceróis heterogêneos; um processo que ampliaria o intervalo de plasticidade e tornaria mais difícil a formação de cristais estáveis.

A interesterificação nem sempre é aleatória [32]. Na interesterificação dirigida, a temperatura de reação é mantida baixa o suficiente para que, quando triacilgliceróis altamente saturados forem produzidos, cristalizem e sejam removidos da reação. Esse processo produz uma fase líquida, que é mais insaturada, e uma fase sólida, que é mais saturada que o lipídeo parental. A interesterificação também pode ser realizada com o uso de lipases como catalisadores. A vantagem das lipases é sua possibilidade de apresentar especificidade por diferentes localizações estereoespecíficas do triacilglicerol ou por diferentes ácidos graxos. Isso significa que triacilgliceróis estruturados podem ser produzidos com mudanças na composição de ácidos graxos ou no tipo de triacilglicerol (p. ex., alterações na posição *sn*-2). Alterando-se a composição de ácidos graxos e/ou de triacilgliceróis, essas gorduras podem apresentar propriedades nutricionais ou físicas superiores. A interesterificação é realizada por acidólise, alcoólise, glicerólise e transesterificação [32]. A transesterificação é o método mais usado para a alteração das propriedades de lipídeos alimentares. Em geral, são utilizados alquilatos de sódio (p. ex., etilato de sódio) para aceleração desse processo, pois essas substâncias são baratas e ativas em baixas temperaturas. Acredita-se que o catalisador real da reação seja o ânion carbonila de um diacilglicerol (Figura 4.20). O diacilglicerol negativo pode atacar o grupo carbonila ligeiramente positivo do ácido graxo de um triacilglicerol, formando um complexo de transição. Uma vez ocorrida a transesterificação, o complexo de transição se decompõe, de modo que o ácido graxo é transferido para o diacilglicerol e o ânion migra para o local do ácido graxo transferido. O processo de transesterificação pode ocorrer em um mesmo triacilglicerol (intraesterificação) ou em um triacilglicerol diferente (interesterificação). Para que a interesterificação ocorra, a reação deve ter baixos níveis de água, ácidos graxos livres e peróxidos (que inativam o catalisador). A transesterificação aleatória é realizada entre 100 a 150 °C, completando-se em 30 a 60 min. A reação é interrompida pela adição de água para inativação do catalisador.

A interesterificação estava inicialmente limitada por seu custo elevado e o baixo valor dos produtos resultantes, como margarinas. Entretanto, como o requerimento de rotulagem de ácidos graxos *trans* estimulou a remoção de gorduras parcialmente hidrogenadas de alimentos, a utilização de óleos interesterificados tem crescido, pois seu conteúdo de ácidos graxos *trans* é baixo devido à sua similaridade com os óleos e as gorduras parentais.

4.8.7 Resumo

A alteração do perfil de ácidos graxos pode alterar características de fusão, estabilidade oxidativa e qualidade nutricional de lipídeos.

- A alteração dos perfis de ácidos graxos pode ser obtida pela mistura de diferentes fontes

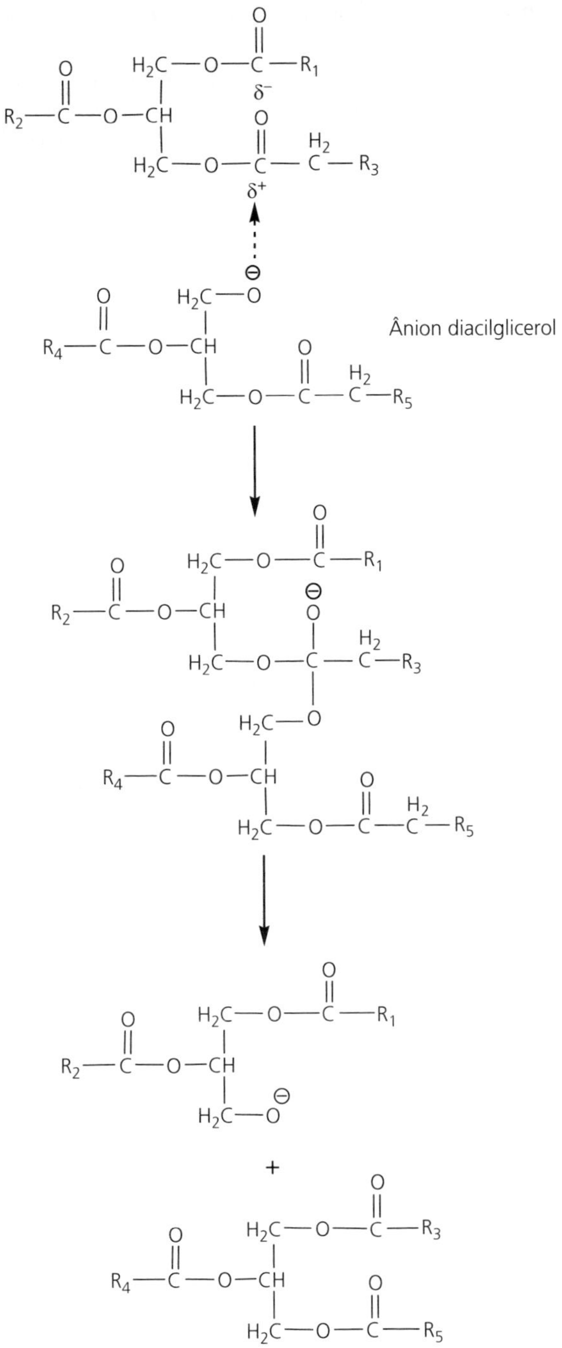

FIGURA 4.20 Mecanismo proposto para a reação de interesterificação envolvendo catálise pelo ânion carbonila de um diacilglicerol. (Adaptada de Shahidi, F. e Wanasundara, J.P.K., *Crit. Rev. Food Sci. Nutr.*, 32, 67, 1992.)

lipídicas ou modificando-se quimicamente a estrutura dos ácidos graxos ou a composição de triacilgliceróis.
- A hidrogenação remove ligações duplas dos ácidos graxos, o que aumenta os intervalos de fusão e estabilidade oxidativa.
- A hidrogenação pode formar ácidos graxos *trans* que são nutricionalmente indesejáveis.
- A interesterificação rearranja os ácidos graxos no triacilglicerol, alterando os intervalos de fusão.
- A interesterificação pode ser usada para produzir gorduras sólidas com concentrações mínimas de ácidos graxos *trans*.

4.9 FUNCIONALIDADE DOS TRIACILGLICERÓIS EM ALIMENTOS

A capacidade dos cientistas de alimentos de melhorar a qualidade dos produtos alimentícios depende de seu entendimento profundo dos muitos papéis exercidos por óleos e gorduras na determinação de suas propriedades.

4.9.1 Textura

A influência dos lipídeos na textura dos alimentos é fortemente determinada pelo estado físico do lipídeo e pela natureza da matriz alimentar (p. ex., gordura a granel, gordura emulsificada ou gordura estrutural). Para óleos puros, como os de cozinha ou para salada, a textura é determinada pela viscosidade do óleo no intervalo de temperatura de utilização. Para gorduras parcialmente cristalinas, como em chocolates, produtos assados, gordura vegetal, manteiga e margarina, a textura é determinada, em especial, por concentração, morfologia e interações dos cristais de gordura [55]. Em particular, o perfil de fusão dos cristais de gordura exerce papel fundamental na determinação de propriedades como textura, estabilidade, espalhabilidade e sensação bucal. Em emulsões O/A, a viscosidade do sistema é determinada principalmente pela concentração de gotículas de óleo presentes, mais do que pela viscosidade do óleo nas gotículas [58]. A característica de textura cremosa de muitas emulsões alimentares O/A é determinada pela presença de gotículas de gordura (p. ex., cremes, sobremesas, molhos de salada e maionese). Em emulsões A/O de alimentos, a reologia global do sistema é determinada pela reologia da fase oleosa. Em muitas emulsões alimentares A/O, como margarinas, manteigas e *spreads*, a fase oleosa é parcialmente cristalina, apresentando propriedades plásticas. Portanto, a reologia desses produtos é determinada pelo SFC, bem como pela morfologia e pelas interações dos cristais de gordura presentes, o que, por sua vez, é governado pelas condições de cristalização e armazenamento [55]. Por exemplo, a "espalhabilidade" desses produtos é determinada pela formação de uma rede tridimensional de cristais de gordura agregados na fase contínua, os quais fornecem rigidez mecânica ao produto. Em muitos alimentos, os lipídeos compõem uma parte integral da matriz sólida, que também contém outros componentes (p. ex., em chocolate, bolachas, biscoitos, queijo, tortas). O estado físico dos lipídeos desses sistemas influi em sua textura pela formação de uma rede de cristais de gordura que interagem entre si, dando ao produto final propriedades reológicas desejáveis, como firmeza ou crocância.

4.9.2 Aparência

A aparência característica de muitos produtos alimentícios é bastante influenciada pela presença de lipídeos. A cor de óleos puros, como os de cozinha ou para salada, é determinada principalmente pela presença de pigmentos que absorvem luz, como clorofilas e carotenoides. As gorduras sólidas costumam ser opticamente opacas em virtude do espalhamento da luz pelos cristais de gordura presentes, ao passo que os óleos líquidos costumam ser translúcidos. A opacidade das gorduras depende de concentração, tamanho e forma dos cristais de gordura. Aparências turvas, opacas ou nebulosas em emulsões alimentares são resultado direto da imiscibilidade do óleo e da água, uma vez que isso leva a um sistema em que as gotículas de uma fase estão dispersas na outra fase. As emulsões alimentares costumam ser opticamente opacas, pois a luz que passa através delas é espalhada pelas gotículas [57]. A intensidade do espalhamento depende de concentração, tamanho e índice de refração das gotículas presentes, de forma que tanto a cor como a opacidade da emulsão são muito influenciadas pela presença da fase lipídica.

4.9.3 Sabor

O sabor dos alimentos é fortemente influenciado pelo tipo e pela concentração dos lipídeos presentes. Os triacilgliceróis são moléculas relativamente grandes que apresentam baixa volatilidade e, portanto, pouco sabor inerente. Entretanto, óleos e gorduras comestíveis de diferentes fontes naturais têm perfis de sabor diferenciados pela presença de compostos voláteis característicos, como produtos da oxidação de lipídeos e impurezas naturais. O sabor de muitos alimentos é influenciado de maneira indireta pela fase lipídica, pois seus compostos podem sofrer partição entre as frações de óleo, água e regiões gasosas dentro da matriz, de acordo com sua polaridade e sua volatilidade [57]. Por esse motivo, o aroma e o sabor percebidos costumam ser muito influenciados pelo tipo e pela concentração dos lipídeos presentes.

Os lipídeos também influenciam na sensação bucal de muitos alimentos [91,92]. Os óleos líquidos podem cobrir a língua durante a mastigação, fornecendo uma sensação bucal oleosa característica. A presença de cristais de gordura confere sensações "granulares" ou "arenosas" se forem suficientemente grandes. A fusão de cristais na boca gera uma sensação refrescante, o que é um atributo sensorial importante de muitos alimentos gordurosos [88,89].

4.10 DETERIORAÇÃO QUÍMICA DE LIPÍDEOS: REAÇÕES HIDROLÍTICAS

Os ácidos graxos livres causam problemas aos alimentos, pois produzem odores indesejados, reduzem a estabilidade oxidativa, causam formação de espuma e reduzem o ponto de fumaça (temperatura em que o óleo começa a formar fumaça). Quando a liberação de ácidos graxos livres, a partir de um esqueleto de glicerol, resulta no desenvolvimento de sabor desagradável (p. ex., ácidos graxos livres voláteis de baixa massa molecular que geram aromas desagradáveis, ou ácidos graxos de cadeia longa que geram sabor de sabão),

ocorre o que se chama de **rancidez hidrolítica**. Ainda assim, os ácidos graxos de cadeia curta são desejados em produtos como queijos, nos quais contribuem para perfis de sabor.

Os ácidos graxos livres podem ser liberados a partir de triacilgliceróis por enzimas chamadas lipases. Em tecidos vivos, a atividade de lipases é estritamente controlada, já que os ácidos graxos podem apresentar citotoxicidade pela degradação da integridade da membrana celular. Durante o processamento e o armazenamento de tecidos biológicos usados como matéria-prima para alimentos, estruturas celulares e mecanismos de controle bioquímico podem ser destruídos e as lipases podem tornar-se ativas (p. ex., pode haver contato com substratos lipídicos). Um bom exemplo disso pode ser observado na produção do óleo de oliva, em que o óleo da primeira prensagem apresenta concentração baixa de ácidos graxos livres. Os óleos das prensagens subsequentes e o extraído do bagaço apresentam conteúdo elevado de ácidos graxos livres, pois a matriz celular é rompida, e as lipases têm tempo de hidrolisar os triacilgliceróis. A hidrólise de triacilgliceróis também pode ocorrer na fritura de óleos em razão das temperaturas elevadas de processamento e da introdução de água do alimento frito. Conforme o conteúdo de ácidos graxos livres do óleo de fritura aumenta, o ponto de fumaça e a estabilidade oxidativa diminuem, fazendo a tendência para a formação de espuma aumentar. Os óleos de fritura comerciais são filtrados sobre uma base regular, com absorventes que são capazes de ligar e remover ácidos graxos livres, aumentando a vida útil do óleo. A hidrólise de triacilgliceróis também pode ocorrer em valores extremos de pH.

4.11 DETERIORAÇÃO QUÍMICA DE LIPÍDEOS: REAÇÕES OXIDATIVAS

"Oxidação lipídica" é o termo geral utilizado para descrever uma sequência complexa de alterações químicas resultantes da interação de lipídeos com oxigênio [25,61]. Os triacilgliceróis e os fosfolipídeos têm pouca volatilidade e, portanto, não contribuem de forma direta para o aroma dos alimentos. Durante reações de oxidação de lipídeos, os ácidos graxos esterificados em triacilgliceróis e fosfolipídeos decompõem-se, formando moléculas pequenas e voláteis que produzem os aromas indesejados, conhecidos como **rancidez oxidativa**. Em geral, esses compostos voláteis são prejudiciais à qualidade dos alimentos, embora existam alguns produtos, como alimentos fritos, cereais desidratados e queijos, para os quais pequenas quantidades de produtos da oxidação de lipídeos constituem componentes positivos do sabor.

4.11.1 Mecanismos químicos da oxidação lipídica

A peça central das reações de oxidação lipídicas são as espécies moleculares conhecidas como **radicais livres**. Os radicais livres são moléculas ou átomos que apresentam elétrons não pareados. As espécies de radicais livres podem variar muito no que diz respeito à energia. Radicais, como o radical hidroxil ($^{\bullet}OH$), apresentam energia muito elevada e, de fato, podem oxidar qualquer molécula, causando abstração de hidrogênio. Outras moléculas, como o antioxidante α-tocoferol, podem formar radicais livres com baixa energia. Esses antioxidantes podem diminuir as reações de oxidação mediante a formação de radicais de baixa energia que têm menos capacidade de atacar moléculas, como os ácidos graxos insaturados.

A cinética da oxidação de lipídeos nos alimentos costuma apresentar uma fase *lag* seguida pelo aumento exponencial da taxa de oxidação. A extensão da fase *lag* é muito importante para processadores de alimentos, já que esse é o período em que a rancidez não é detectada e a qualidade do alimento é elevada. Uma vez que a fase exponencial é alcançada, a oxidação de lipídeos e o desenvolvimento de aromas indesejáveis ocorrem com rapidez. A extensão da fase *lag* da oxidação aumenta com diminuição de temperatura, concentração de oxigênio, grau de insaturação dos ácidos graxos, atividade de pró-oxidantes e aumento da concentração de antioxidantes. A Figura 4.21 mostra como o deltatocoferol pode aumentar a fase *lag* da oxidação de uma emulsão O/A de óleo de milho [42].

A via de oxidação de ácidos graxos pode ser descrita por três etapas gerais: iniciação, propagação e terminação.

4.11.1.1 Iniciação

Essa etapa descreve a abstração do hidrogênio de um ácido graxo para a formação de um radical ácido graxo conhecido como radical alquil ($L^{\bullet}$). Uma vez que o radical alquil é formado, o radi-

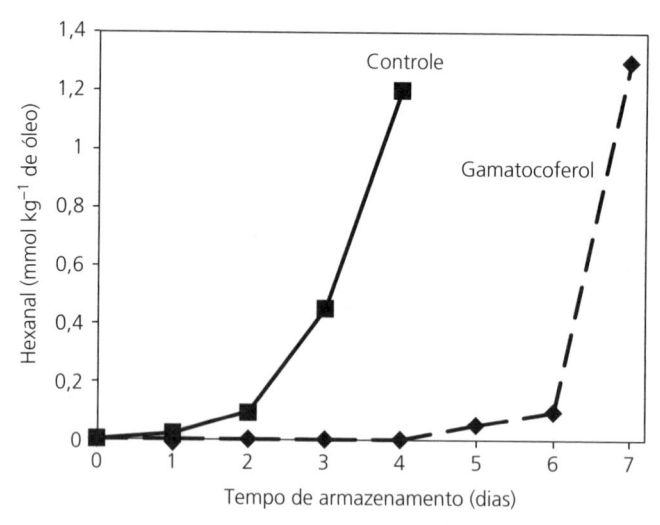

FIGURA 4.21 Impacto do gamatocoferol na fase *lag* de oxidação de emulsão óleo em água do óleo de milho. (Adaptada de Huang, S.W. et al., *J. Agric. Food Chem.*, 42, 2108, 1994.)

cal livre é estabilizado pela deslocalização sobre a ligação dupla, resultando em deslocamento da ligação dupla e, no caso de ácidos graxos poli-insaturados, a partir da formação de ligações duplas conjugadas. O deslocamento da localização pode produzir ligações duplas nas configurações *cis* ou *trans*, sendo que há predominância da *trans*, causa de sua maior estabilidade. A Figura 4.22 mostra as etapas de iniciação para a abstração de hidrogênio a partir do carbono metilênico do ácido linoleico, com geração de dois isômeros pelo rearranjo da ligação dupla. Quando o hidrogênio é abstraído do ácido oleico, o radical alquil pode ser encontrado em três localizações diferentes (Figura 4.23).

A facilidade para a formação de radicais de ácidos graxos aumenta com o aumento do grau de insaturação. A energia de dissociação da ligação covalente carbono-hidrogênio em uma cadeia alifática é de 98 kcal mol^{-1}. Se um átomo de carbono é adjacente a uma ligação dupla, a ligação covalente carbono-hidrogênio torna-se mais fraca, com energia de dissociação de 89 kcal mol^{-1}. Em ácidos graxos poli-insaturados, as ligações duplas apresentam-se em uma configuração de pentadieno com carbono metilênico intermediário (Figura 4.24). Como a ligação covalente carbono-hidrogênio desse carbono é enfraquecida por duas ligações duplas, sua energia de dissociação de ligação é ainda menor, 80 kcal mol^{-1}. À medida que a energia de dissociação da ligação carbono-hidrogênio diminui, a abstração do hidrogênio torna-se mais fácil, e a oxidação de lipídeos, mais rápida. Estima-se que o ácido linoleico (18:2) seja de 10 a 40 vezes mais suscetível à oxidação que o ácido oleico (18:1). Quando outras ligações duplas são adicionadas a ácidos graxos poli-insaturados, um carbono metilênico intermediário é adicionado, produzindo outro sítio de abstração de hidrogênio. Por exemplo, o ácido linoleico (18:2) apresenta um carbono metilênico, ao passo que o ácido linolênico (18:3) apresenta dois, e o araquidônico (20:4), três (Figura 4.24). Na maioria dos casos, as taxas de oxidação dobram com a adição de um carbono metilênico. Logo, o ácido linolênico oxida duas vezes mais rápido que o linoleico, sendo que o araquidônico oxida duas vezes mais rápido que o linolênico (quatro vezes mais rápido que o linoleico).

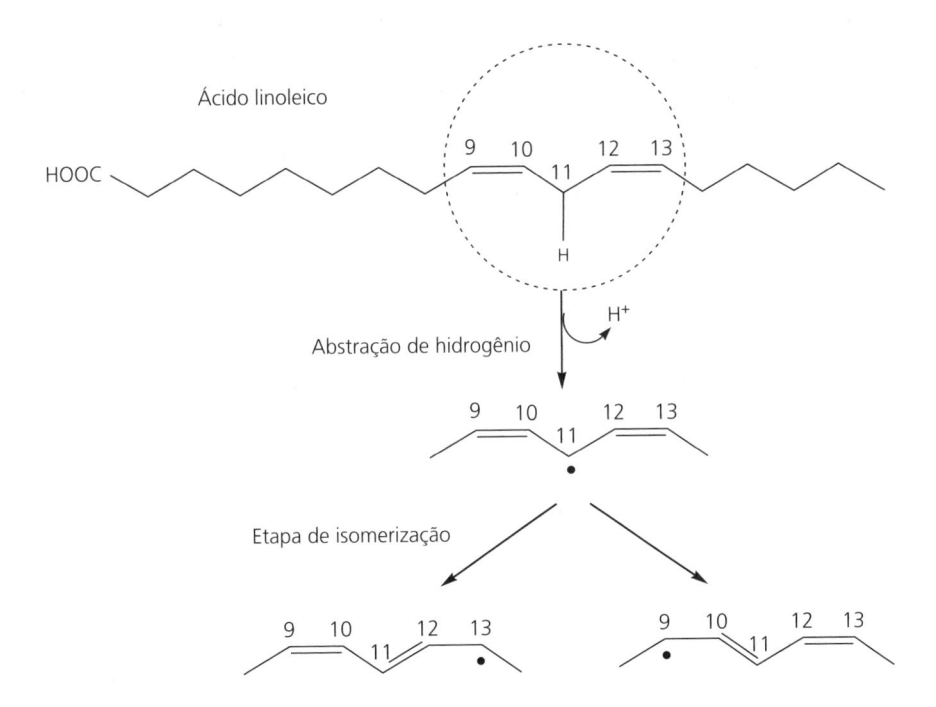

FIGURA 4.22 Etapa de iniciação da oxidação lipídica do ácido linoleico.

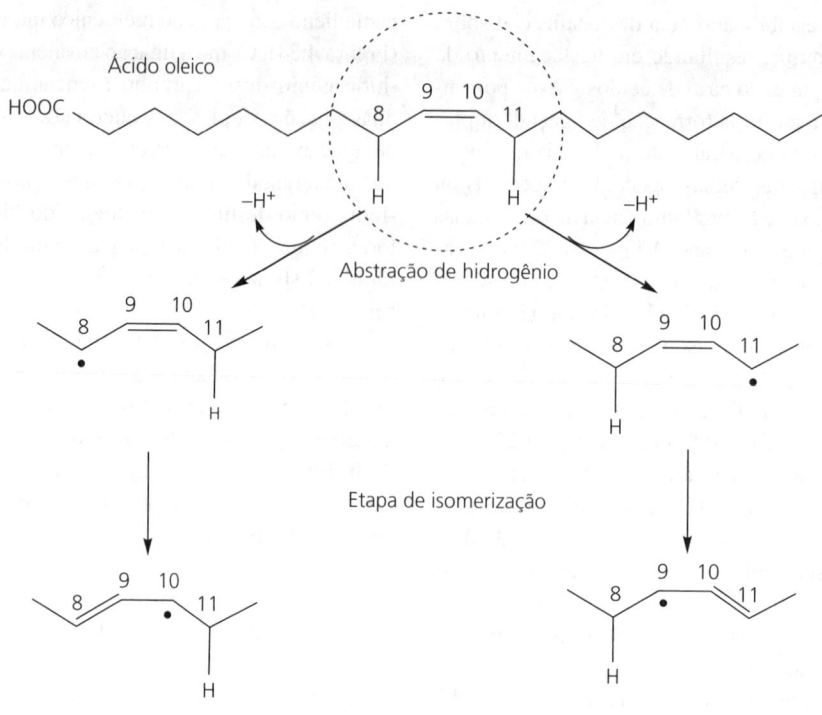

FIGURA 4.23 Etapa de iniciação da oxidação lipídica do ácido oleico.

4.11.1.2 Propagação

A primeira etapa da propagação envolve a adição de oxigênio ao radical alquil. Oxigênio atmosférico ou triplete é um birradical, pois contém dois elétrons com a mesma direção de *spin* que não podem existir no mesmo orbital de *spin*. Os radicais livres formados a partir do oxigênio triplete têm pouca energia, não causando a abstração direta de hidrogênio. No entanto, os radicais livres de oxigênio podem reagir com o radical alquil em uma taxa de difusão limitada. A combinação de radicais alquil com um dos radicais do oxigênio triplete resulta na formação de uma ligação covalente. O outro radical do oxigênio permanece livre. O radical resultante é conhecido como **radical peroxil** (LOO•). A energia elevada dos radicais peroxil permite que eles promovam a abstração de hidrogênio de outra molécula. Como a ligação covalente carbono-hidrogênio de ácidos graxos insaturados é fraca, essas substâncias são suscetíveis ao ataque de radicais peroxil. A adição de hidrogênio ao radical peroxil resulta na formação de um hidroperóxido de ácido graxo (LOOH) e na formação de novos radicais alquil em outros ácidos graxos. Portanto, a reação é propagada de um ácido graxo para outro. Um esquema dessa via para duas moléculas de ácido linoleico é mostrado na Figura 4.25. A localização do hidroperóxido lipídico corresponderá à localização do radical alquil. Logo, o linoleato produzirá quatro hidroperóxidos, e o oleato, dois.

4.11.1.3 Terminação

Essa reação descreve a combinação de dois radicais para a formação de espécies não radicais. Na presença de oxigênio, o radical livre predominante é o radical peroxil, uma vez que o oxigênio será adicionado aos radicais alquil em taxas de difusão limitadas. Logo, sob condições atmosféricas, as reações de terminação podem ocorrer entre dois radicais peroxil. Em ambientes com pouco oxigênio (p. ex., óleos de fritura), podem ocorrer reações de terminação entre radicais alquil, formando-se dímeros de ácidos graxos (Figura 4.26).

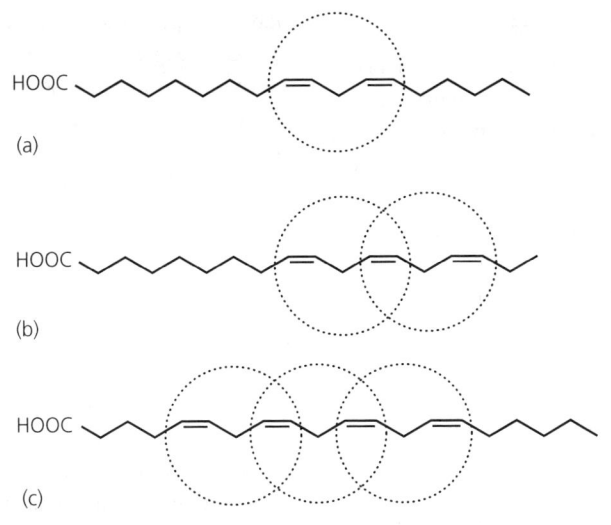

FIGURA 4.24 Pentadienos dos ácidos (a) linoleico, (b) linolênico e (c) araquidônico.

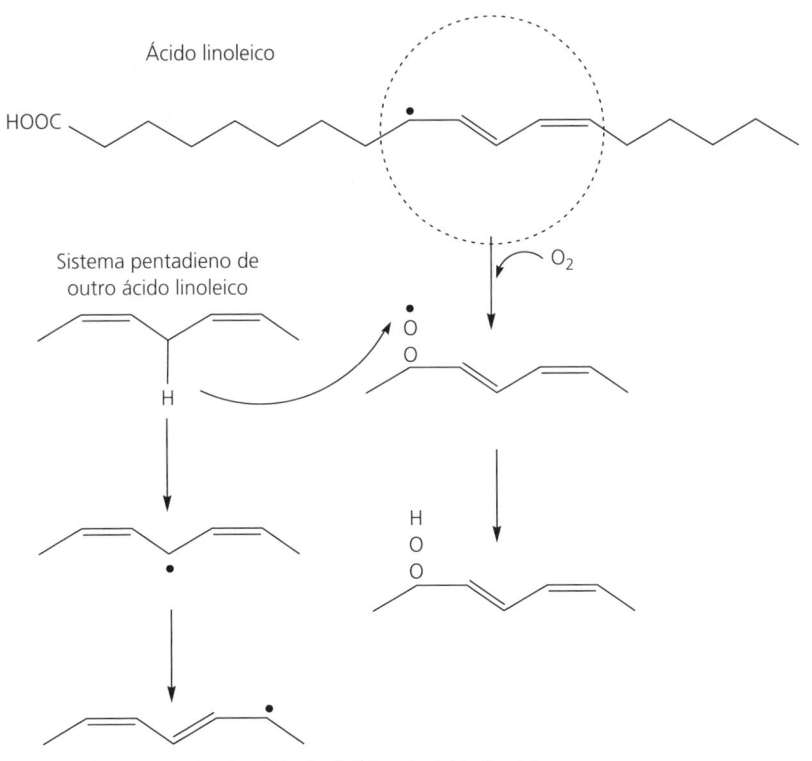

FIGURA 4.25 Etapa de propagação da oxidação lipídica do ácido linoleico.

4.11.2 Pró-oxidantes

A oxidação de lipídeos costuma ser chamada de auto-oxidação. O prefixo "auto" significa "que age por si", portanto o termo "auto-oxidação" é usado para descrever a geração por perpetuação própria de radicais livres a partir de ácidos graxos insaturados na presença de oxigênio ocorrente durante a oxidação lipídica. Na etapa de iniciação, a abstração de hidrogênio de ácidos graxos insaturados resulta na produção de um único radical livre. A adição de oxigênio ao radical alquil para a formação de um radical peroxil e a abstração subsequente de hidrogênio, a partir de outro ácido graxo ou antioxidante, para a formação de um hidroperóxido lipídico, na etapa de propagação, não resultam em aumento líquido de radicais livres. Logo, se a "auto-oxidação" for a única reação na oxidação de lipídeos, a formação de produtos de oxidação aumentará linearmente a partir do tempo zero. Entretanto, em muitos alimentos, a fase *lag* é seguida por rápido aumento exponencial da oxidação. Isso indica que existem outras reações de oxidação lipídica que produzem radicais livres adicionais.

Os pró-oxidantes, encontrados em todos os sistemas alimentares, são compostos ou fatores que causam ou aceleram a oxidação de lipídeos. Muitos pró-oxidantes não são catalisadores verdadeiros, pois são alterados durante a reação (p. ex., o oxigênio singlete é convertido em hidroperóxido e o íon ferroso é convertido ao estado férrico). Os pró-oxidantes podem acelerar a oxidação de lipídeos por interação direta com ácidos graxos insaturados para a formação de hidroperóxidos lipídicos (p. ex., lipoxigenases e oxigênio singlete) ou para a promoção da formação de radicais livres (p. ex., metais de transição ou decomposição de peróxidos estimulados por radiação UV). Deve-se observar que os hidroperóxidos lipídicos não contribuem para aromas indesejáveis e, portanto, não causam rancidez de forma direta. No entanto, os hidroperóxidos são substratos importantes da rancidez, pois sua decomposição costuma resultar em cisões nos ácidos graxos que produzem compostos voláteis de baixa massa molecular, os quais são responsáveis por aromas indesejáveis. Os principais pró-oxidantes dos alimentos são discutidos a seguir.

4.11.2.1 Pró-oxidantes que promovem a formação de hidroperóxidos lipídicos

4.11.2.1.1 Oxigênio singlete

Como foi mencionado, o oxigênio triplete ($^3O_2$) é um birradical, pois seus dois elétrons no orbital antiligante 2p têm a mesma (paralela ou antipa-

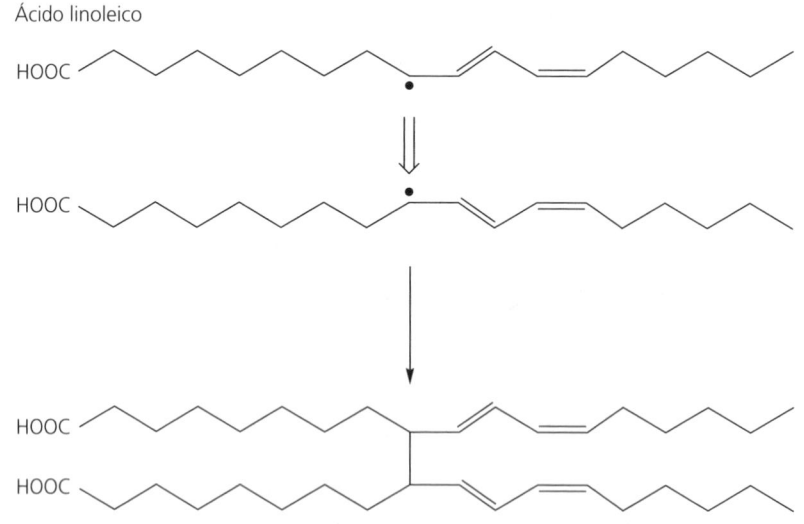

FIGURA 4.26 Exemplo de uma etapa de terminação da oxidação lipídica sob condições de baixa concentração de oxigênio.

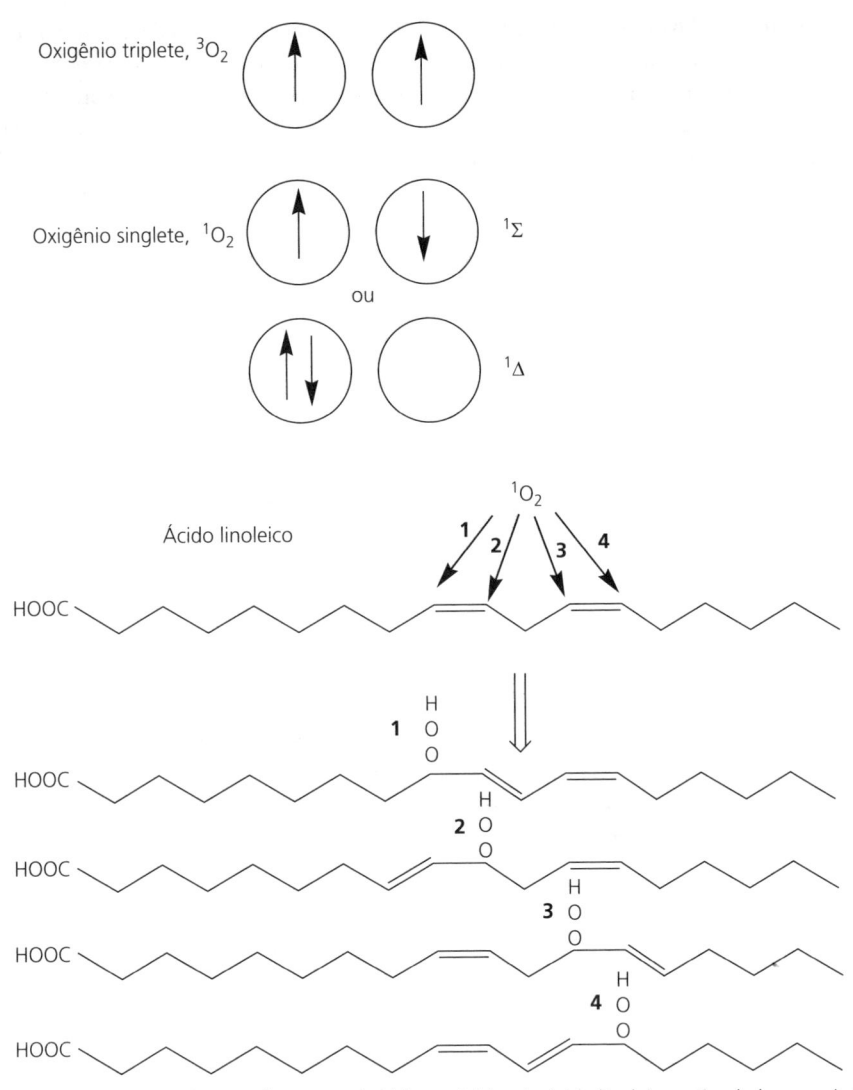

FIGURA 4.27 O oxigênio singlete e a formação de hidroperóxidos do ácido linoleico estimulada por oxigênio singlete (De Min, D.B. e Boff, J.M., Lipid oxidation in edible oil, in: *Food Lipids, Chemistry, Nutrition and Biotechnology*, eds. C.C. Akoh e D.B. Min, Marcel Dekker, New York, 2002, pp. 335–364).

ralela) direção de *spin* (Figura 4.27). O princípio de exclusão de Pauli estabelece que dois elétrons com a mesma direção de *spin* não podem existir no mesmo orbital eletrônico. O oxigênio triplete não pode reagir diretamente com os elétrons no orbital de outra molécula a não ser que seus elétrons tenham direções de *spin* paralelas (dois elétrons no orbital de uma molécula não radical podem ter direção de *spin* opostas). Se os elétrons do orbital antiligante 2p têm direções de *spin* opostas, o oxigênio é chamado de **singlete** ($^1O_2$).

O oxigênio singlete pode existir em cinco diferentes configurações, sendo que a mais comum em alimentos é o estado $^1\Delta$, no qual os elétrons existem no mesmo orbital (para descrição detalhada, ver Referência [61]). Como o oxigênio singlete é mais eletrofílico que o triplete, ele pode reagir diretamente com a densidade eletrônica elevada das ligações duplas. Uma vez que os elétrons do oxigênio singlete se ajustam à direção de *spin* do elétron na ligação dupla, eles podem reagir com ácidos graxos insaturados de maneira direta, formando hidroperóxidos lipídicos 1.500 vezes mais rápidos que o oxigênio triplete. O oxigênio singlete pode reagir com cada carbono localizado no final da ligação dupla, deslocando a ligação dupla para a formação de uma ligação dupla *trans*. Isso significa que a oxidação do linoleato pelo oxigênio singlete pode produzir quatro hidroperóxidos diferentes (Figura 4.27), em comparação aos dois hidroperóxidos típicos produzidos na etapa de iniciação da oxidação de lipídeos (Figura 4.22). As localizações diferentes dos hidroperóxidos resultarão na formação de diversos produtos únicos de decomposição de ácidos graxos, os quais serão discutidos adiante.

A formação mais comum de produção do oxigênio singlete é a por fotossensitização. Clorofila, riboflavina e mioglobina são os fotossensores de alimentos que podem absorver energia da luz, formando um estado singlete excitado, o qual é convertido para o estado triplete excitado. Este pode reagir diretamente com substratos, como ácidos graxos insaturados, e abstrair um hidrogênio para causar a iniciação da oxidação lipídica. Essa via é conhecida como tipo 1. Ela produzirá os mesmos hidroperóxidos lipídicos observados na etapa de iniciação descrita previamente para a auto-oxidação. O estado triplete excitado do fotossensor também pode reagir com o oxigênio triplete, formando o oxigênio singlete e o estado singlete do fotossensor na via de tipo 2. As vias de tipo 1 e 2 são dependentes da concentração de oxigênio, sendo que a de tipo 2 é favorecida por ambientes com oxigênio elevado. O oxigênio singlete também pode ser formado química e enzimaticamente, bem como por decomposição de hidroperóxidos. Entretanto, acredita-se que a produção por fotossensitização seja a principal via de formação de oxigênio singlete nos alimentos.

4.11.2.1.2 Lipoxigenase

Diversos tecidos vegetais e animais contêm enzimas conhecidas como lipoxigenases, as quais produzem hidroperóxidos lipídicos. As lipoxigenases (LOX) de sementes de plantas como soja e ervilha existem em diversas isoformas (para revisão, ver Referência [95]). Na soja, a isoforma L-1 inicialmente reage com ácidos graxos livres, produzindo hidroperóxidos no carbono 13 dos ácidos linoleico e linolênico. A isoforma L-2 produz hidroperóxidos nas posições 9 e 13, sendo ativa sobre os ácidos linoleico e linolênico, livres ou esterificados. As LOXs de plantas são enzimas citoplasmáticas que contêm ferro sem grupo heme. O ferro na LOX inativa está no estado ferroso. A ativação ocorre pela oxidação do ferro ao estado férrico, um processo que costuma ser promovido por peróxidos. A LOX, então, catalisa a abstração do hidrogênio do carbono metilênico, a fim de formar o radical alquil e a conversão do ferro da LOX, o qual retorna ao estado ferroso, resultando na formação de um complexo LOX-radical alquil graxo. Um elétron íon ferroso é então doado ao radical peroxil com a finalidade de formar um ânion peroxil. Quando o ânion peroxil reage com o hidrogênio para formar o hidroperóxido, o ácido graxo é liberado da enzima. Uma vez que o oxigênio é removido do sistema, a enzima abstrai um hidrogênio de um ácido graxo e o ferro é convertido ao estado ferroso. Como não há oxigênio, o radical alquil é liberado, e a LOX volta a sua forma inativa. As LOXs também têm sido descritas em tecidos animais, sobretudo em tecidos com muita associação ao sistema circulatório (p. ex., guelras de peixes [56]).

4.11.2.2 Pró-oxidantes que promovem a formação de radicais livres

4.11.2.2.1 Radiações ionizantes

Por vezes, os alimentos são submetidos a radiações ionizantes para a destruição de patógenos e o aumento de sua vida útil. Entretanto, as radiações ionizantes podem converter moléculas a estados excitados, que produzem radicais livres. As radiações ionizantes produzem radicais hidroxil (•OH) a partir da água. Dos radicais conhecidos, o radical hidroxil é o mais reativo, sendo capaz de abstrair hidrogênio de lipídeos, bem como de moléculas, como proteínas e DNA. Portanto, não é surpreendente que a irradiação de alimentos, sobretudo alimentos cárneos, ricos em lipídeos e pró-oxidantes, possa aumentar a rancidez oxidativa.

4.11.2.3 Pró-oxidantes que promovem a decomposição de hidroperóxidos

Os hidroperóxidos lipídicos são encontrados em todos os alimentos que contêm lipídeos. O peróxido de hidrogênio é também encontrado em alimentos quando é utilizado como auxiliar em processamento e quando é produzido por enzimas como a superóxido dismutase em alimentos, como carnes, frango e pescado. Os lipídeos alimentares apresentam 1 a 100 nmol de hidroperóxidos por grama de lipídeo. Isso corresponde a um número 40 a 1.000 vezes superior às concentrações de hidroperóxidos estimadas *in vivo* (p. ex., lipídeos plasmáticos), o que sugere que a oxidação ocorre durante a extração e o refino de óleos e gorduras [17]. Os hidroperóxidos lipídicos podem ser decompostos por temperaturas elevadas, durante o processamento térmico, ou por diversos pró-oxidantes. Após a decomposição, eles produzem radicais adicionais, um fator que pode ser responsável pelo aumento exponencial da oxidação observada após a fase *lag* ou período de indução, ocorrente em muitos alimentos. A decomposição de hidroperóxidos lipídicos também leva à formação de radicais alcooxil, os quais podem ingressar em reações de β-clivagem. A reação de β-clivagem é a principal via de decomposição de ácidos graxos em compostos de baixa massa molecular, os quais são voláteis o suficiente para serem percebidos como ranço oxidativo.

4.11.2.3.1 Metais de transição

Os metais de transição são encontrados em todos os alimentos, pois são constituintes comuns de material biológico, água, ingredientes e materiais de embalagem. Eles são alguns dos principais pró-oxidantes dos alimentos, diminuindo a estabilidade oxidativa de alimentos e tecidos biológicos por sua capacidade de decompor hidroperóxidos em radicais livres [29,36]. Os metais reativos decompõem peróxidos de hidrogênio e peróxidos lipídicos por meio da via de ciclo redox, a seguir:

$$Mn^{n+} + LOOH \text{ ou } HOOH \rightarrow Mn^{n+1} + LO^\bullet \text{ ou } HO^\bullet + OH^-$$

$$Mn^{n+1} + LOOH \rightarrow Mn^{n+} + LOO^\bullet + H^+$$

onde

Mn^{n+} e Mn^{n+1} são metais de transição em seu estado reduzido e oxidado.

LOOH e HOOH são peróxidos de lipídeo e hidrogênio.

$LO^\bullet$, $HO^\bullet$ e $LOO^\bullet$ são os radicais alcooxil, hidroxil e peroxil, respectivamente.

Os radicais hidroxil são produzidos a partir de peróxido de hidrogênio, ao passo que os radicais alcooxil são produzidos a partir de peróxidos lipídicos. Quando o ferro e o hidroperóxido estão envolvidos com essa via, esta é conhecida como a **reação de Fenton**. A concentração, o estado químico e o tipo de metal influenciarão na velocidade da decomposição do hidroperóxido. O cobre e o ferro são os metais de transição que mais costumam participar dessas reações em alimentos, sendo que o ferro geralmente é encontrado em concentrações superiores em comparação ao cobre. Este é mais reativo no estado cuproso (Cu^{1+}), decompondo o peróxido de hidrogênio com velocidade 50 vezes superior à decomposição promovida pelo íon ferroso (Fe^{2+}). O estado redox também é importante, sendo que o Fe^{2+} decompõe hidrogênio 10^5 vezes mais rápido que o Fe^{3+}. Além disso, o Fe^{2+} é mais hidrossolúvel que o Fe^{3+}, o que indica que ele estará mais disponível para promover a decomposição de hidroperóxidos em alimentos hidrossolúveis. O tipo de peróxido também é importante nesse processo. Por exemplo, o Fe^{2+} decompõe hidroperóxidos lipídicos cerca de 10 vezes mais rápido que o peróxido de hidrogênio [29,36].

Como o estado reduzido do metal de transição é mais eficiente na decomposição de peróxidos, os compostos redutores que são capazes de promover o ciclo redox de metais de transição podem promover a oxidação de lipídeos. Exemplos de redutores pró-oxidantes são o ânion superóxido ($O_2^{-\bullet}$) e o ácido ascórbico. O ânion superóxido é produzido pela adição de um elétron ao oxigênio triplete. O elétron adicionado ao ânion superóxido pode, então, ser transferido a um metal de transição para causar sua redução. Esse ânion é produzido por enzimas, liberação de oxigênio da oximioglobina para produção de metamioglobina ou por células como os fagócitos. O ciclo redox do ferro via ânion superóxido para a formação da oxidação de lipídeos é mostrado nas equações a seguir. Esse ciclo é conhecido como reação de Haber-Weiss.

$$Fe^{3+} + O_2^{-\bullet} \rightarrow Fe^{+2} + O_2$$

$$Fe^{2+} + H_2O_2 \rightarrow Fe^{+3} + {}^\bullet OH + OH^-$$

$$\text{Líquida: } O_2^{-\bullet} + H_2O_2 \rightarrow O_2 + {}^\bullet OH + OH^-$$

O ácido ascórbico também pode participar das reações de Haber-Weiss; entretanto, ao contrário do ânion superóxido, ele também pode agir como antioxidante. Em concentrações elevadas de ascorbato, sua atividade antioxidante predomina sobre sua capacidade de acelerar oxidações promovidas por metais, o que resulta em um efeito líquido antioxidante.

Os metais de transição associados a proteínas também podem promover a decomposição de hidroperóxidos. As hemeproteínas são as proteínas mais bem estudadas desse grupo, sendo que o ferro na mioglobina, a hemoglobina, as peroxidases e a catalase são capazes de promover tanto a decomposição de peróxidos lipídicos quanto de peróxidos de hidrogênio. Em alguns casos, as hemeproteínas têm sido apontadas como causa da cisão homolítica de hidroperóxidos lipídicos, o que indica que o rompimento de hidroperóxidos produzirá dois radicais livres (hidroxil e alcooxil). A desnaturalização térmica dessas proteínas pode aumentar sua atividade pró-oxidante, o que se presume pelo aumento da exposição do ferro do grupo heme, o qual está mais disponível para interação efetiva com hidroperóxidos. A desnaturalização da mioglobina é um dos fatores que aceleram a oxidação de lipídeos em carnes cozidas. Esse problema é conhecido como **sabor superaquecido**.

4.1.2.3.2 Luz e temperaturas elevadas

As luzes UV e visível podem promover a decomposição de hidroperóxidos para produzir radicais livres. Logo, embalagens que diminuem a exposição à luz podem atenuar a velocidade da oxidação lipídica. Além disso, temperaturas elevadas promoverão a decomposição de hidroperóxidos lipídicos, então o controle de temperatura é um modo importante para controlar a rancidez. De fato, o acúmulo de hidroperóxidos lipídicos não costuma ser percebido em óleos de fritura, pois a ruptura deles ocorre rapidamente após serem formados.

4.11.3 Formação de produtos de decomposição da oxidação de lipídeos

Uma vez que os hidroperóxidos lipídicos são decompostos em radicais alcooxil, podem ocorrer diversos esquemas de reações. Os produtos dessas reações dependerão do tipo de ácido graxo e da localização do hidroperóxido no ácido graxo. Além disso, os produtos de decomposição podem ser insaturados, apresentando estruturas pentadieno intactas, evidenciando que os produtos de oxidação podem ser oxidados posteriormente. Isso resulta na formação de centenas de produtos diferentes de oxidação de ácidos graxos. Como o tipo de produto de oxidação do ácido graxo depende da composição dos ácidos graxos do alimento, a oxidação de lipídeos pode causar diferentes efeitos sobre as propriedades sensoriais. Por exemplo, a oxidação de óleos vegetais que apresentam predominância de ácidos graxos ω-6 produzirá odores "gramíneos" e "de feijão", ao passo que a oxidação de ácidos graxos de cadeia longa ω-3 em óleos marinhos produzirá aromas "de pescado".

Uma das razões que levam à clivagem de cadeias alifáticas de ácidos graxos na decomposição de hidroperóxidos lipídicos é a produção do radical alcooxil (LO${}^\bullet$). Este é mais energético que os radicais alquil e peroxil. Portanto, quando o radical alcooxil é produzido, ele tem energia suficiente para atacar outros ácidos graxos insaturados, outros grupos pentadieno dentro do mesmo ácido graxo, ou ligações covalentes adjacentes ao grupo alcooxil. Essa última reação, conhecida como **reação de β-clivagem**, é importante para a qualidade de alimentos, pois resulta na decomposição de ácidos graxos em compostos de baixa massa molecular, os quais são percebidos como ranço.

4.11.3.1 Reações de β-clivagem

O radical alcooxil altamente energético tem a capacidade de abstrair um hidrogênio da ligação carbono-carbono de um dos lados do radical oxigênio. O ácido linoleico não esterificado será

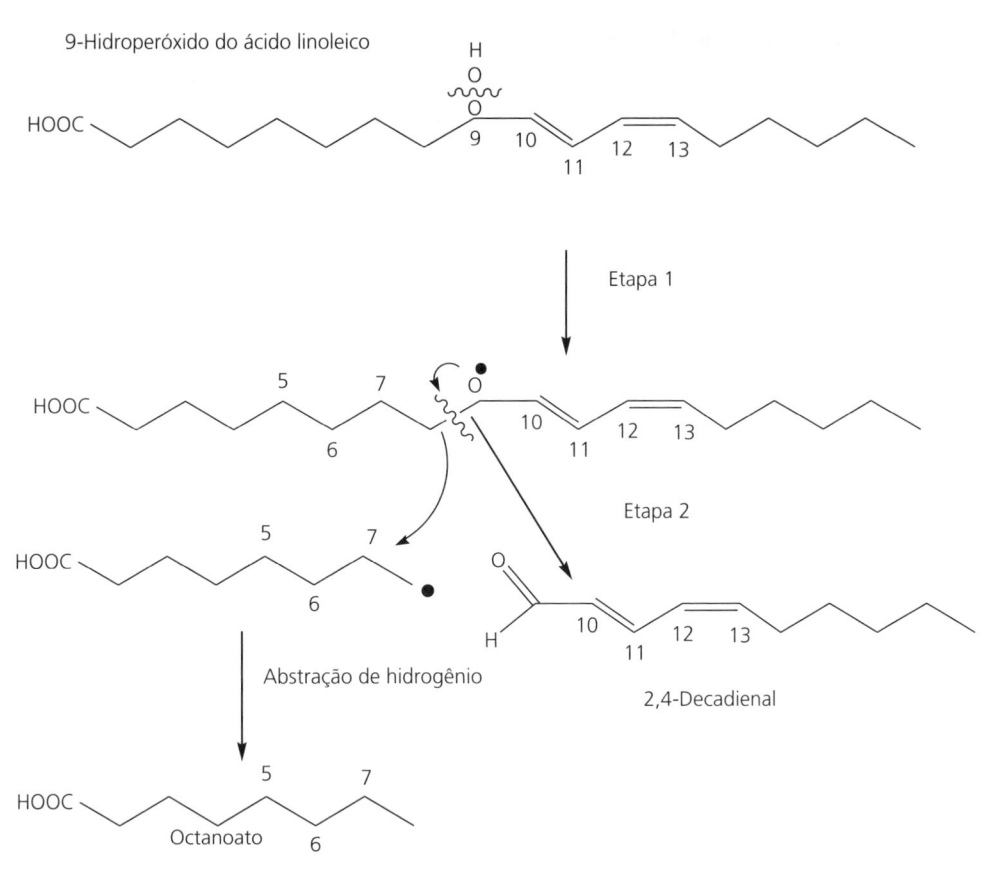

FIGURA 4.28 Produtos de decomposição da reação de β-clivagem do 9-hidroperóxido do ácido linoleico quando a clivagem do ácido graxo ocorre no lado do ácido carboxílico. (De Frankel, E.N., *Lipid Oxidation*, 2nd edn., Oily Press, Scotland, 2005.)

usado para demonstrar os tipos de produtos resultantes das reações de β-clivagem. O leitor deve lembrar que o produto de decomposição no terminal ácido carboxílico do ácido graxo costuma encontrar-se esterificado no glicerol de um triacilglicerol ou de um fosfolipídeo. Logo, esse produto de decomposição não seria volátil e, portanto, não contribuiria para a rancidez, a não ser que sofresse reações de decomposição posteriores, formando compostos de baixa massa molecular. A Figura 4.28 mostra a formação de produtos de decomposição do ácido linoleico quando o hidroperóxido está localizado no carbono 9. Na etapa 1, o hidroperóxido decompõe-se no radical alcooxil. A Etapa 2 mostra a reação de β-clivagem que ocorre porque o radical alcooxil altamente energético pode abstrair um hidrogênio das ligações carbono-carbono adjacentes, rompendo a cadeia do ácido graxo. Essa clivagem pode ocorrer em qualquer lado do radical alcooxil. Se a clivagem do ácido graxo ocorrer no lado do ácido carboxílico, os produtos de decomposição serão o octanoato e 2,4-decadienal (Figura 4.28). A clivagem no lado oposto do radical alcooxil (Figura 4.29, lado metil do ácido graxo), 9-oxononanoato e um radical vinílico de nove carbonos serão produzidos. Radicais vinílicos costumam interagir com radicais hidroxil, formando aldeídos e produzindo, portanto, 3-nonenal. Vias similares ocorrem se o hidroperóxido encontra-se no carbono 13. A clivagem no terminal ácido carboxílico produzirá 12-oxo-9-dodecenoato e hexanal. A clivagem no terminal metil produzirá 13-oxo-9,11-tridecadienoato e pentano.

Quando o oxigênio singlete ataca o ácido linoleico, ele forma hidroperóxidos em todos os car-

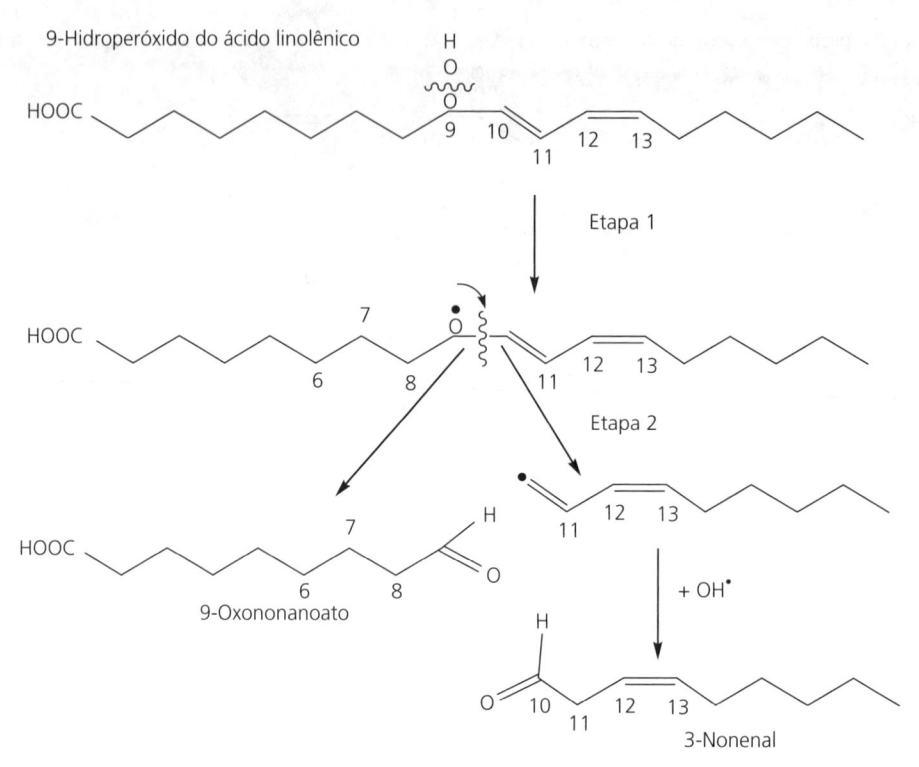

FIGURA 4.29 Produtos de decomposição da reação de β-clivagem do 9-hidroperóxido do ácido linoleico quando a clivagem do ácido graxo ocorre no lado metil. (De Frankel, E.N., *Lipid Oxidation*, 2nd edn., Oily Press, Scotland, 2005.)

bonos associados às ligações duplas (Figura 4.27). Isso significa que haverá formação de hidroperóxidos nos carbonos 9 e 13, assim como na oxidação iniciada por radicais livres, além de mais hidroperóxidos nos carbonos 10 e 12. Os produtos típicos da reação de β-clivagem de um radical alcooxil no carbono 10 serão o 9-oxononanoato e o 3-nonenal para clivagem no terminal carboxílico e 10-oxo-8-decenoato e 2-octeno para clivagem no terminal metil do ácido graxo. Os produtos típicos da reação de β-clivagem de um radical alcooxil no carbono 12 serão 9-undecenoato e 2-heptenal para clivagem no terminal carboxílico e 12-oxo-9--dodecenoato e hexanal para clivagem no terminal metil do ácido graxo.

Como pode ser observado a partir da discussão sobre os produtos de β-clivagem e outras reações de radicais livres do ácido linoleico, vários produtos podem ser formados. Uma discussão detalhada sobre os produtos da β-clivagem de ácidos graxos está descrita no trabalho de Frankel [25]. Vias similares a essa ocorrerão para outros ácidos graxos insaturados, produzindo compostos únicos adicionais. Os produtos de decomposição costumam conter ligações duplas e, em alguns casos, sistemas pentadieno intactos. Os sistemas de ligações duplas podem sofrer abstração de hidrogênio ou ataque por oxigênio singlete que resultará na formação de produtos de decomposição adicionais. Enquanto a discussão anterior mostra os produtos de decomposição teóricos do ácido linoleico, a realidade indica que nem todos esses produtos são detectados. Isso se deve ao fato de que esses compostos podem passar por reações de decomposição adicionais.

4.11.3.2 Produtos de reações adicionais da decomposição de ácidos graxos

Além dos produtos de hidroperóxidos de ácidos graxos já descritos, os radicais de ácidos graxos podem passar por diversas outras reações, formando produtos, como olefinas, alcoóis, ácidos carboxílicos, cetonas, epóxidos e produtos cíclicos (para revisão, ver Referência [25]). Os radicais alquil reagem com os radicais hidrogênio e hidroxil, produzindo olefinas e alcoóis. Como já mencionado, os radicais alcooxil são altamente energéticos. Por isso, eles podem abstrair hidrogênio de outras moléculas, como ácidos graxos insaturados ou antioxidantes, a fim de produzir alcoóis de ácidos graxos. Os radicais alcooxil também podem perder um elétron, sendo convertidos em cetona, ou podem ligar-se a um carbono adjacente, a fim de formar um epóxido. Os radicais peroxil podem reagir com ligações duplas dentro de um mesmo ácido graxo, produzindo produtos cíclicos, como endoperóxidos bicíclicos.

Os aldeídos produzidos a partir da decomposição de ácidos graxos são importantes em virtude de sua influência sobre o desenvolvimento de odores indesejáveis. Entretanto, os aldeídos podem reagir com componentes nucleofílicos do alimento. Em particular, eles interagem com sulfidril e aminas em proteínas, podendo alterar a funcionalidade destas. Um exemplo disso é a capacidade dos aldeídos insaturados de reagir com histidina na mioglobina, via reação de adição do tipo Michael [22]. Acredita-se que essa reação contribua para a conversão da mioglobina em metamioglobina, causando a descoloração da carne.

Produtos de decomposição dos ácidos graxos podem resultar ainda em dímeros e polímeros [25]. Isso pode ocorrer via reações de terminação radical-radical. Na presença de oxigênio (radicais alcooxil e peroxil), a polimerização envolve a formação de peróxido ou ligações éter. Na ausência de oxigênio (radicais alquil), a polimerização ocorre por intermédio de ligações cruzadas carbono-carbono. Essas ligações geralmente ocorrem quando óleos são submetidos a temperaturas elevadas, em que a solubilidade do oxigênio é baixa. Ligações cruzadas de ácidos graxos em triacilgliceróis são geralmente significativas apenas em óleos de fritura.

4.11.3.3 Oxidação do colesterol

O colesterol contém uma ligação dupla entre os carbonos 5 e 6 (Figura 4.4). Como no caso dos ácidos graxos, a ligação dupla é suscetível ao ataque de radicais livres, podendo sofrer reações de decomposição para produzir alcoóis, cetonas e epóxidos [81]. A via mais notável de oxidação do colesterol é iniciada pela formação de um hidroperóxido no carbono 7. Esse hidroperóxido pode se decompor em um radical alcooxil, que, por sua vez, pode ser reorganizado em 5,6 epóxidos, 7-hidroxilcolesterol e 7-cetocolesterol. Os produtos de oxidação do colesterol são potencialmente citotóxicos, tendo sido associados ao desenvolvimento de arteriosclerose. Os produtos de oxidação do colesterol têm sido encontrados, principalmente, em produtos de origem animal que passam por tratamentos térmicos, tais como carnes cozidas, banha, sebo e manteiga, bem como em derivados desidratados de leite e ovos.

4.11.4 Antioxidantes

O estresse oxidativo ocorre em todos os organismos expostos a ambientes oxigenados. Logo, os sistemas biológicos desenvolveram diversas defesas antioxidantes, a fim de se proteger da oxidação. Não existe uma definição uniforme para antioxidante, pois existem diversos mecanismos químicos pelos quais a oxidação pode ser inibida. Em geral, os tecidos biológicos a partir dos quais os alimentos são obtidos contêm muitos sistemas antioxidantes endógenos. Infelizmente, as operações de processamento de alimentos podem remover antioxidantes ou causar estresse oxidativo, superando os sistemas antioxidantes endógenos do alimento. Portanto, é comum que se incorpore proteção antioxidante adicional a alimentos processados. Os mecanismos antioxidantes dos compostos que são usados para aumentar a estabilidade oxidativa de alimentos incluem o controle de radicais livres, pró-oxidantes e intermediários da oxidação.

4.11.4.1 Controle de radicais livres

Muitos antioxidantes retardam a oxidação de lipídeos pela remoção de radicais livres, inibindo, portanto, a iniciação, a propagação e as reações de β-clivagem. Sequestrantes de radicais livres (SRLs) ou antioxidantes que interrompem a reação em cadeia podem interagir com os radicais peroxil (LOO•) e alcooxil (LO•) por meio das seguintes reações.

LOO• ou LO• + SRL → LOOH ou LOH + SRL•

Os sequestrantes de radicais livres inibem a oxidação de lipídeos por reagirem mais rápido com os radicais livres, em comparação aos ácidos graxos insaturados. Acredita-se que os SRLs interajam principalmente com radicais peroxil, pois a propagação é a etapa mais lenta da oxidação de lipídeos, indicando que os radicais peroxil geralmente sejam encontrados como os radicais majoritários nos sistemas. Os radicais peroxil apresentam estado energético mais baixo que radicais como o alcooxil [10] e, portanto, devem reagir preferencialmente com o hidrogênio de baixa energia do SRL do que com ácidos graxos poli-insaturados. Os SRLs costumam ser encontrados em baixas concentrações e, portanto, não competem efetivamente com radicais de iniciação (p. ex., •OH), que podem oxidar o primeiro composto com que tiverem contato [52].

A eficiência do antioxidante depende da capacidade do SRL de doar hidrogênio para um radical livre. Como a energia de ligação do hidrogênio no SRL diminui, a transferência do hidrogênio para o radical livre é energeticamente mais favorável e, portanto, mais rápida. A capacidade de um SRL de doar seu hidrogênio para um radical livre pode ser prevista com a ajuda de potenciais-padrão de redução [10]. Qualquer composto que tenha um potencial de redução menor que o de um radical livre (ou espécie oxidada) é capaz de doar seu hidrogênio para esse radical livre, a não ser que a reação seja impossível do ponto de vista cinético. Por exemplo, em um SRL que inclui α-tocoferol ($E^{o\prime}$ = 500 mV), catecol ($E^{o\prime}$ = 530 mV) e ascorbato ($E^{o\prime}$ = 282 mV), todos apresentam potencial de redução menor que os radicais peroxil ($E^{o\prime}$ = 1.000 mV) e, portanto, são capazes de doar seu hidrogênio para que o radical peroxil forme um hidroperóxido.

A eficiência do SRL também depende da energia do radical SRL resultante (SRL•). Se o SRL• é um radical de baixa energia, a probabilidade do radical de catalisar a oxidação de ácidos graxos insaturados diminui. Um SRL efetivo forma radicais de baixa energia, em virtude da deslocalização por ressonância, conforme mostrado na Figura 4.30 [77]. SRLs efetivos também produzem radicais que não reagem rapidamente com o oxigênio, formando hidroperóxidos. Se um sequestrante de radical forma um hidroperóxido, ele pode sofrer reações de decomposição que produzem radicais adicionais, os quais podem causar a oxidação de ácidos graxos insaturados. O SRL• pode participar de reações de terminação com outros SRLs• ou com radicais lipídicos, formando espécies não radicais. Isso significa que cada SRL é capaz de inativar pelo menos dois radicais livres, sendo que o primeiro é desativado quando o SRL interage com radicais peroxil ou alcooxil, e o segundo quando o SRL• entra em reações de terminação com outro SRL• ou radical lipídico (Figura 4.31).

Os compostos fenólicos possuem muitas propriedades de SRL eficientes. Eles doam um hidrogênio de seus grupos hidroxil, sendo que o radical fenólico subsequente pode apresentar baixa energia, pois o radical é deslocalizado ao longo da estrutura do anel fenólico. Em geral, a efetividade de um SRL fenólico aumenta pela ação de grupos substituintes no anel fenólico, os quais aumentam a capacidade do SRL de doar hidrogênio a radicais lipídicos e/ou de aumentar a estabilidade do SRL• [77]. Em alimentos, a eficiência de SRL fenólicos também depende de sua volatilidade, de sua sensibilidade ao pH e de sua polaridade. Alguns exemplos de SRLs mais comuns em alimentos são apresentados a seguir.

4.11.4.2 Tocoferóis

Os tocoferóis são um grupo de compostos que tem um sistema de anéis com hidroxilação (anel cromanol), com uma cadeia fitol (Figura 4.32). As diferenças entre tocoferóis homólogos se devem às diferenças na metilação do anel cromanol, sendo que o α é trimetilado (posições 5, 7 e 8), o β (posições 5 e 8) e o γ (posições 7 e 8) são bimetilados e o δ é monometilado (posição 8). Os tocotrienóis diferem dos tocoferóis pela presença de três ligações duplas em sua cadeia de fitol. Os tocoferóis têm três carbonos assimétricos e, portanto, cada homólogo pode ter oito estereoisômeros possíveis. Os tocoferóis naturais são encontrados em toda a configuração **rac** ou **RRR**, já os sintéticos têm estereoisômeros com combinações das configurações **R** e **S**. A configuração de estereoisômeros do α-tocoferol é importante,

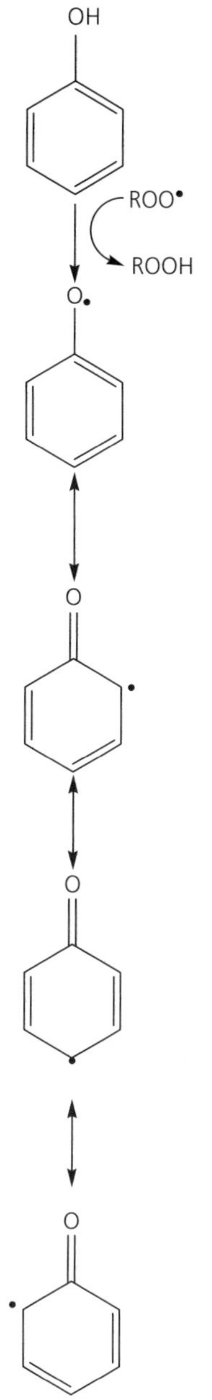

FIGURA 4.30 Deslocalização por ressonância de radical fenólico. (Adaptada de Shahidi, F. e Wanasundara, J.P.K., *Crit. Rev. Food Sci. Nutr.*, 32, 67, 1992.)

pois apenas os estereoisômeros **RRR** e **2R** (**RSR**, **RRS** e **SRR**) têm atividade significativa de vitamina E, podendo ser utilizados para o estabelecimento da ingestão alimentar recomendada (RDA, do inglês *recommended daily allowance*) de vitamina E, nos Estados Unidos [23]. O α-tocoferol costuma ser vendido como um éster metílico, quando utilizado como suplemento nutricional. O éster metílico é hidrolisado no trato gastrintestinal, regenerando o α-tocoferol. A forma de éster metílico dos tocoferóis bloqueia o grupo hidroxil, diminuindo a suscetibilidade da molécula a pas-

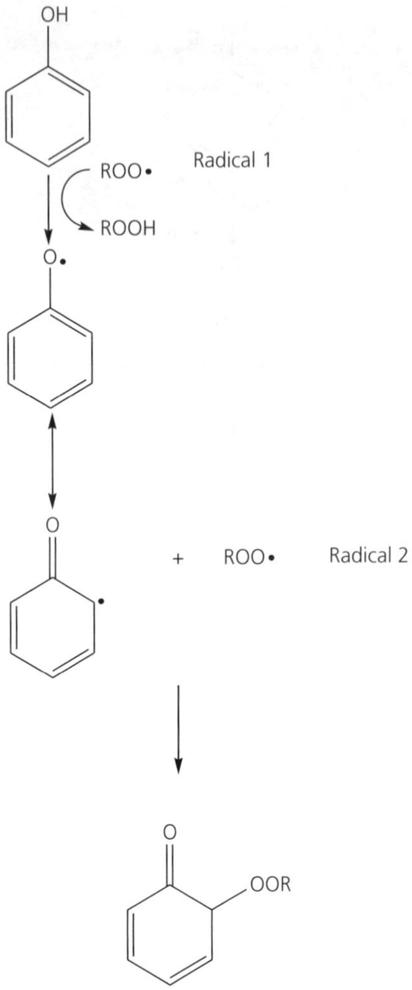

FIGURA 4.31 Reação de terminação entre um radical antioxidante e um radical lipídico peroxil (ROO•).

sar por degradação oxidativa. Deve-se observar que o bloqueio do grupo hidroxil pelo éster metílico remove a atividade antioxidante do tocoferol. A esterificação do α-tocoferol também aumenta sua estabilidade, mantendo a atividade de vitamina E durante o armazenamento.

As reações entre tocoferóis e radicais peroxil lipídicos levam à formação de um hidroperóxido lipídico e de diversas estruturas de ressonância de radicais tocoferoxil. Os radicais tocoferoxil podem interagir com outros radicais lipídicos ou uns com os outros, formando diversos produtos de terminação. Os tipos e as quantidades desses produtos dependem de taxas de oxidação, espécies radicais, localização física (p. ex., lipídeos de reserva em relação a lipídeos de membrana) e concentração de tocoferol (ver Referência [52], para mais detalhes). Os tocoferóis costumam ser insolúveis em água. Entretanto, eles podem variar em polaridade, como o α-tocoferol (trimetilado), que é o mais apolar, e o δ-tocoferol (monometilado), que é o mais polar. Essas diferenças de polaridade alteram a atividade surfactante dos tocoferóis, um fator que pode causar impacto sobre sua atividade antioxidante.

4.11.4.3 Fenólicos sintéticos

O fenol não é um bom antioxidante, mas a adição de grupos substituintes ao anel fenólico pode aumentar a atividade antioxidante. Logo, em sua

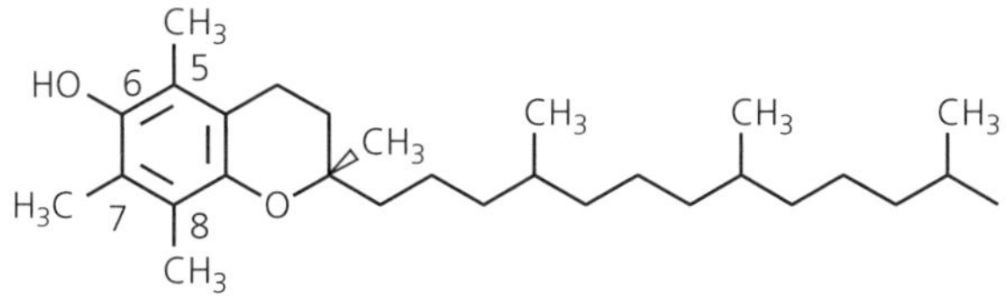

FIGURA 4.32 Estrutura do α-tocoferol.

maioria, os antioxidantes sintéticos são compostos monofenólicos substituídos. Os SRLs sintéticos mais usados em alimentos são hidroxitolueno butilado (BHT), hidroxianisol butilado (BHA), butil-hidroxiquinona terciária (TBHQ) e galato de propila (Figura 4.33). Esses SRLs sintéticos variam em polaridade na ordem BHT (mais apolar) > BHA > TBHQ > galato de propila. Assim como em outros SRLs, as interações entre os antioxidantes sintéticos e os radicais lipídicos resultam na formação de um radical fenólico de baixa energia, estabilizado por ressonância. Estes radicais de baixa energia não catalisam a oxidação de ácidos graxos insaturados com rapidez e não reagem com facilidade com o oxigênio para formar hidroperóxidos instáveis do antioxidante, os quais se decompõem em radicais livres de alta energia que podem promover oxidação. Os fenólicos sintéticos são efetivos em inúmeros sistemas alimentares; entretanto, seu uso na indústria de alimentos diminuiu, recentemente, devido a preocupações com a segurança e à busca do consumidor por produtos naturais.

4.11.4.4 Fenólicos vegetais

As plantas contêm diversos compostos fenólicos, como fenólicos simples, ácidos fenólicos, antocianinas, derivados do ácido cinâmico e flavonoides. Esses fenólicos estão distribuídos em larga escala em frutas, temperos, chás, café, sementes e grãos. Todas as classes de fenólicos apresentam os requisitos estruturais de SRLs, embora suas atividades variem muito. Os fatores que influenciam na atividade de SRL de fenólicos vegetais incluem posição e grau de hidroxilação, polaridade, solubilidade, potencial de redução, estabilidade do fenólico a operações de processamento do alimento e estabilidade do radical fenólico.

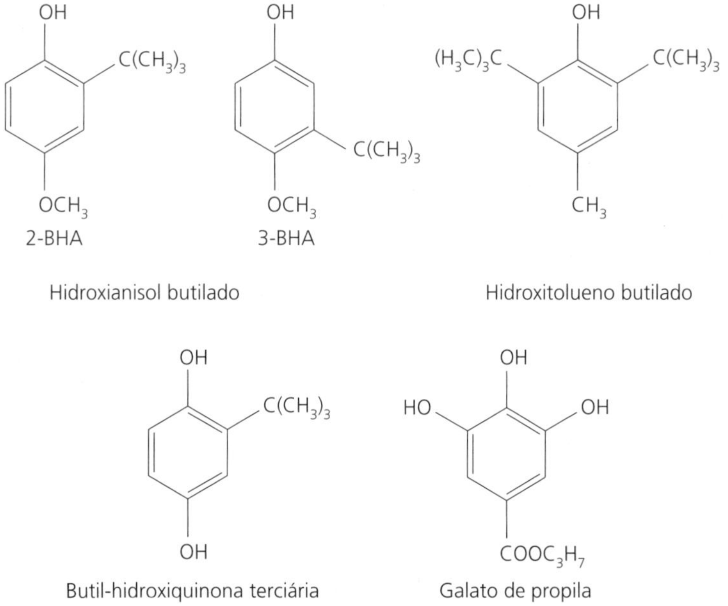

FIGURA 4.33 Estruturas de antioxidantes sintéticos usados em alimentos.

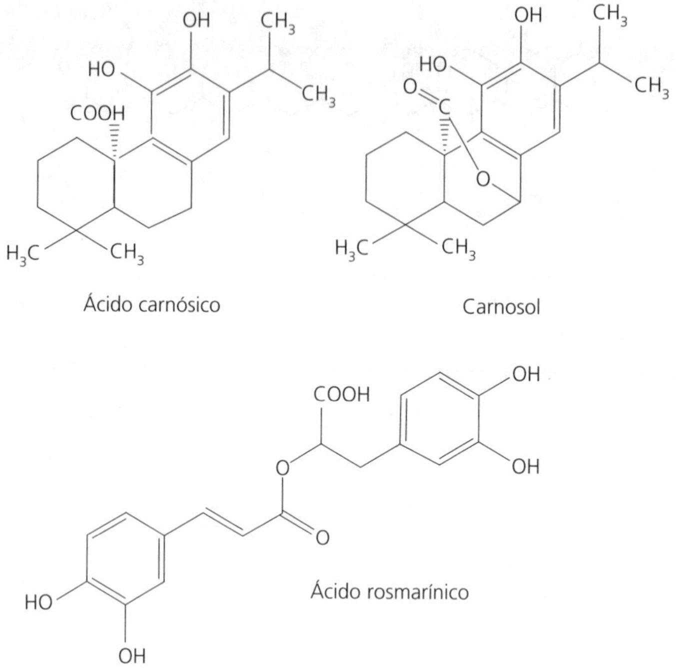

FIGURA 4.34 Estruturas de antioxidantes fenólicos encontrados em extratos de alecrim.

Extratos de alecrim são a fonte mais importante, sendo usados comercialmente como aditivos em alimentos, a fim de inibir a oxidação de lipídeos. O ácido carnósico, o carnosol e o ácido rosmarínico são os principais SRLs em extratos de alecrim (Figura 4.34). Esses extratos podem inibir a oxidação de lipídeos em diversos alimentos, incluindo carnes, óleos e emulsões lipídicas [4,26,60]. A utilização de antioxidantes fenólicos de extratos brutos de ervas como o alecrim costuma ser limitada pela presença de compostos flavorizantes como os monoterpenos. Os compostos fenólicos encontrados naturalmente em alimentos vegetais e óleos são importantes para sua estabilidade oxidativa endógena.

Os níveis de fenólicos em plantas podem variar em função da maturidade da planta, do tipo de tecido, das condições de crescimento, da idade pós-colheita e das condições de armazenamento [9,41,84].

4.11.4.5 Ácido ascórbico e tióis

Em geral, os radicais livres são gerados na fase aquosa de alimentos, por processos como a reação de Fenton, a qual produz radicais hidroxil a partir do peróxido de hidrogênio. Os radicais livres podem ser surfactantes, ou seja, eles podem migrar ou fracionar-se em uma interface entre a fase lipídica e a fase aquosa, em dispersões lipídicas. Como os radicais livres podem ser encontrados na fase aquosa, os sistemas biológicos contêm compostos hidrossolúveis capazes de suprimir radicais livres. O ácido ascórbico e os tióis eliminam radicais livres, resultando na formação de radicais de baixa energia [18]. Os tióis, como a cisteína e a glutationa, podem contribuir para a estabilidade oxidativa de alimentos de origem animal e vegetal, mas dificilmente são adicionados como antioxidantes em alimentos. Uma exceção são os tióis encontrados em proteínas que podem inibir a oxidação de lipídeos em alimentos [20,87]. O ascorbato e seu isômero, o ácido eritórbico, podem bloquear radicais livres. Ambos desempenham atividades similares, porém o ácido eritórbico é mais barato. O ácido ascórbico está disponível como conjugado, por meio do ácido palmítico. O conjugado é lipossolúvel e surfactante. Isso o torna um antioxidante efetivo para óleos puros e emulsões. No trato gastrintestinal, o palmitato de ascorbila é hidrolisado para os ácidos ascórbico e palmítico, logo, não existem restrições para seu nível de utilização.

4.11.4.6 Controle de pró-oxidantes

A taxa em que os lipídeos se oxidam nos alimentos depende muito da concentração e da atividade dos pró-oxidantes (p. ex., metais de transição, oxigênio singlete e enzimas). O controle de pró-oxidantes é, portanto, uma estratégia efetiva para o aumento da estabilidade oxidativa dos alimentos. Tanto os antioxidantes endógenos como os exógenos causam impacto sobre a atividade de metais de transição e do oxigênio singlete.

4.11.4.7 Controle de metais pró-oxidantes

O ferro e o cobre são exemplos de metais de transição pró-oxidantes importantes, pois aceleram a oxidação de lipídeos pela promoção da decomposição de hidroperóxidos. A atividade pró-oxidante de metais é alterada por agentes quelantes ou complexantes. Os quelantes inibem a atividade de metais pró-oxidantes por meio de um ou mais dos mecanismos a seguir: prevenção do ciclo redox de metais; ocupação de todos os sítios de coordenação do metal; formação de complexos metálicos insolúveis; e/ou impedimento espacial das interações entre metais e lipídeos ou intermediários de oxidação (p. ex., hidroperóxidos) [18]. Alguns quelantes de metais podem aumentar as reações oxidativas pelo aumento da solubilidade do metal e/ou pela alteração do potencial redox. A tendência de um quelante de acelerar ou inibir a atividade pró-oxidante depende das concentrações do metal e do quelante. De fato, o EDTA (ácido etilenodiaminotetracético) é ineficaz ou pró-oxidante quando as relações EDTA:ferro são ≤ 1 e antioxidante quando EDTA:ferro é > 1 [53].

Os principais quelantes de metais encontrados em alimentos contêm diversos grupos de ácido carboxílico (p. ex., EDTA e ácido cítrico) ou fosfato (p. ex., polifosfatos e fitato). A maioria dos quelantes atua na fase aquosa dos alimentos, mas alguns também se distribuem na fase lipídica (p. ex., ácido cítrico), permitindo inativar metais solúveis em lipídeos. Os quelantes devem encontrar-se ionizados para serem ativos, portanto sua atividade diminui em valores de pH inferiores ao pK_a dos grupos ionizáveis. Os quelantes mais usados como aditivos em alimentos são ácido cítrico, EDTA e polifosfatos. A efetividade dos fosfatos cresce junto ao aumento do número de grupos de fosfato; logo, o tripolifosfato e o hexametafosfato são mais efetivos que o ácido fosfórico [83]. Os metais pró-oxidantes também podem ser controlados por proteínas ligantes de metais, como transferrina, fosvitina, lactoferrina, ferritina e caseína (para revisão, ver Referência [18]).

4.11.4.8 Controle de oxigênio singlete

Como já mencionado, o oxigênio singlete é um estado excitado do oxigênio que pode promover a formação de hidroperóxidos lipídicos. Os carotenoides são um grupo diverso (> 600 compostos diferentes) de polienos de coloração amarela a vermelha. A atividade de oxigênio singlete pode ser controlada por carotenoides, tanto por mecanismos químicos como por extinção física [51,67]. Os carotenoides bloqueiam o oxigênio singlete quimicamente quando ele ataca suas ligações duplas. Essa reação leva à formação de produtos de degradação oxigenados do carotenoide, tais como aldeídos, cetonas e endoperóxidos. Essas reações causam a decomposição do carotenoide, levando à perda de cor e à atividade antioxidante. O mecanismo mais efetivo de inativação do oxigênio singlete por carotenoides é a extinção física. Nesse mecanismo, os carotenoides bloqueiam o oxigênio singlete fisicamente, por meio de transferência de energia de um oxigênio singlete para um carotenoide, produzindo um carotenoide em estado excitado e um oxigênio triplete em estado basal. A energia é dissipada do carotenoide excitado por interações vibracionais e rotacionais, e o solvente circundante leva-o de volta ao estado basal. Nove ou mais ligações duplas conjugadas do carotenoide são necessárias para o bloqueio físico. Os carotenoides que têm estruturas de anéis de seis carbonos oxigenados e seus polienos geralmente são mais efetivos no bloqueio físico do oxigênio singlete. Os carotenoides também podem absorver fisicamente a energia de sensores fotoativados, como a riboflavina, impedindo que o fotossensor promova a formação do oxigênio singlete.

4.11.4.9 Controle de lipoxigenases

As lipoxigenases são catalisadores ativos da oxidação de lipídeos, encontradas em plantas e em alguns tecidos animais. A atividade de lipoxigenase pode ser controlada por inativação térmica e por meio de programas de melhoramento de plantas, os quais diminuem a concentração dessas enzimas em tecidos comestíveis.

4.11.4.10 Controle de intermediários da oxidação

Alguns compostos encontrados em alimentos influenciam de forma indireta nas taxas de oxidação de lipídeos por meio da interação com metais pró-oxidantes ou oxigênio, formando espécies reativas. Exemplos desses compostos incluem o ânion superóxido e os hidroperóxidos.

4.11.4.11 Ânion superóxido

O superóxido participa de reações oxidantes pela redução de metais de transição ao seu estado mais ativo ou pela promoção da liberação do ferro ligado a proteínas. Além disso, em valores de pH baixos, o superóxido forma seu ácido conjugado, o radical peridroxil (HOO•), o qual pode catalisar a oxidação de lipídeos de forma direta [46]. Devido à natureza pró-oxidante do ânion superóxido em reações oxidantes, os sistemas biológicos contêm superóxido dismutase (SOD). O SOD catalisa a conversão do ânion superóxido em peróxido de hidrogênio por meio da seguinte reação:

$$2O_2^{-\bullet} + 2H^+ \rightarrow O_2 + H_2O_2$$

4.11.4.12 Peróxidos

Os peróxidos são intermediários importantes de reações oxidantes, uma vez que se decompõem via metais de transição, irradiação e temperaturas elevadas para a formação de radicais livres. O peróxido de hidrogênio está presente em alimentos em decorrência de adição direta (p. ex., operações de processamento asséptico) e formação em tecidos biológicos por mecanismos como a dismutação do superóxido pela SOD e a atividade de peroxissomos e leucócitos. A inativação do peróxido de hidrogênio é catalisada pela catalase, uma enzima que contém heme, por meio da seguinte reação [46]:

$$2H_2O_2 \rightarrow 2H_2O + O_2$$

A glutationa peroxidase é uma enzima que contém selênio. Ela pode decompor tanto hidroperóxidos lipídeos como peróxido de hidrogênio, usando glutationa reduzida (GSH), como um cossubstrato [78]:

$$H_2O_2 + 2GSH \rightarrow 2H_2O + GSSG$$

ou

$$LOOH + 2GSH \rightarrow LOH + H_2O + GSSG$$

onde
  GSSG é a glutationa oxidada.
  LOH é um álcool graxo.

4.11.4.13 Interações entre antioxidantes

Os sistemas alimentares costumam apresentar sistemas múltiplos de antioxidantes endógenos. Além disso, esses antioxidantes podem ser adicionados a alimentos processados. A presença de múltiplos antioxidantes aumenta a estabilidade oxidativa do produto devido às interações entre os antioxidantes. O sinergismo geralmente é usado para descrever as interações entre antioxidantes. Para que as interações entre os antioxidantes sejam sinérgicas, o efeito das combinações deve ser maior que a soma dos antioxidantes individuais. Entretanto, em muitos casos, a efetividade das combinações entre os antioxidantes é igual ou menor que seu efeito aditivo. Portanto, deve-se tomar cuidado ao falar em atividade sinérgica.

O aumento da atividade antioxidante pode ser observado na presença de dois ou mais SRLs. Na presença de diversos SRLs, é possível que um SRL (o SRL primário) reaja com mais rapidez com um radical livre lipídico, em comparação a outros radicais livres, devido à menor energia de dissociação de ligações ou ao fato de que a localização física do SRL é mais próxima ao local onde os radicais livres estão sendo gerados. Na presença de múltiplos SRLs, o SRL primário, o qual é oxidado com rapidez, pode ser regenerado por um SRL secundário, sendo que o radical livre é transferido do SRL primário para o secundário. Esse processo é observado com o α-tocoferol e o ácido ascórbico. Nesse sistema, o α-tocoferol é o SRL primário em virtude de sua presença na fase lipídica. O ácido ascórbico, então, regenera o radical tocoferoxil ou possibilita a regeneração da tocoferilquinona em α-tocoferol, resultando na formação de di-hidroascorbato [10]. Como resultado líquido, o SRL primário (α-tocoferol) é mantido em estado ativo, podendo continuar a eliminação de radicais livres na fase lipídica do alimento.

Combinações de quelantes e SRLs podem resultar no aumento da inibição da oxidação de lipídeos [25]. Essas interações ocorrem por um efeito de "disputa" promovido pelo quelante. Este diminui a quantidade de radicais livres formados no alimento pela inibição de reações catalisadas por metais, causando eventual inativação do SRL por meio de reações de terminação ou auto-oxidação mais lentas. Assim, a concentração de SRL será superior, pois, diminuindo a geração de radicais livres, a inativação de SRLs será menor.

Uma vez que sistemas com antioxidantes múltiplos podem inibir a oxidação por diferentes mecanismos (p. ex., SRL, complexação de metais e extinção do oxigênio singlete), o uso de antioxidantes múltiplos pode aumentar de forma significativa a estabilidade oxidativa dos alimentos. Assim, quando são planejados sistemas antioxidantes, os antioxidantes usados devem ter diferentes mecanismos de ação e/ou propriedades físicas. A determinação de quais antioxidantes serão mais efetivos depende de fatores como tipo de catalisador da oxidação, estado físico do alimento e fatores que influenciam na atividade do antioxidante por si só (p. ex., pH, temperatura e capacidade de interação com outros componentes/antioxidantes do alimento).

4.11.4.14 Localização física dos antioxidantes

Os antioxidantes podem apresentar uma grande taxa de efetividade, dependendo da natureza física do lipídeo [25,71]. Por exemplo, os antioxidantes hidrofílicos costumam ser menos efetivos em emulsões O/A que os lipofílicos, ao passo que os antioxidantes lipofílicos são menos efetivos em óleos puros que os hidrofílicos [25,71]. Essa observação tem sido descrita como "paradoxo antioxidante". As diferenças de efetividade entre antioxidantes, em óleos puros e emulsões O/A, devem-se à sua localização física nos dois sistemas. Presume-se que os antioxidantes polares sejam mais efetivos em óleos puros, pois eles podem acumular-se em micelas reversas dentro do óleo [12], locais em que as reações de oxidação de lipídeos ocorrerão com mais facilidade, em decorrência das altas concentrações de oxigênio e pró-oxidantes [90]. Ao contrário disso, os antioxidantes apolares são predominantemente mais efetivos em emulsões O/A por permanecerem retidos nas gotículas de óleo e/ou por poderem acumular-se na interface óleo-água, local em que as reações de oxidação de lipídeos ocorrem predominantemente. Inversamente, em emulsões O/A, os antioxidantes polares tendem a sofrer partição na fase aquosa, fase em que serão menos efetivos na proteção dos lipídeos.

4.11.5 Outros fatores que influenciam na velocidade de oxidação de lipídeos

4.11.5.1 Concentração de oxigênio

A redução da concentração de oxigênio é um método usado com frequência para a inibição da oxidação de lipídeos. Entretanto, a adição de oxigênio ao radical alquil é uma reação (rápida) limitada por difusão; portanto, para que haja uma inibição efetiva da oxidação de lipídeos, a maior parte do oxigênio deve ser removida do sistema. Como a solubilidade do oxigênio é maior no óleo do que na água, a remoção do oxigênio para impedimento da oxidação de lipídeos pode ser dificultada se não houver condições de vácuo. Infelizmente, poucos estudos têm se dedicado à pesquisa da oxidação de lipídeos em concentrações intermediárias de oxigênio.

4.11.5.2 Temperatura

O aumento da temperatura costuma aumentar a velocidade da oxidação de lipídeos. No entanto, esse aumento também diminui a solubilidade do oxigênio e, em alguns casos, temperaturas elevadas podem diminuir a oxidação. Isso pode ocorrer em óleos puros aquecidos. Por outro lado, se um alimento é frito em óleo quente, ocorre aeração do óleo, o que leva à aceleração da oxidação. Temperaturas elevadas também podem causar degradação e volatilização de antioxidantes e, no caso de enzimas antioxidantes, inativação por desnaturalização.

4.11.5.3 Área de superfície

O aumento da área de superfície dos lipídeos pode elevar as taxas de oxidação de lipídeos, uma vez que esse processo pode ocasionar o aumento da exposição ao oxigênio e a pró-oxidantes. Esse efeito tem sido observado recentemente em óleos puros que contêm nanoestruturas formadas por surfactantes de ocorrência natural (p. ex., fosfolipídeos) e água [12].

4.11.5.4 Atividade de água

Conforme a água é retirada de um alimento, a velocidade da oxidação de lipídeos costuma diminuir. Isso ocorre devido à diminuição da mobilidade de reatantes, como metais de transição e oxigênio. Em alguns alimentos, a remoção contínua da água resulta na aceleração da oxidação de lipídeos. Acredita-se que essa aceleração em baixa atividade de água se deva à perda da camada de água de solvatação que recobre os hidroperóxidos lipídicos [12,13].

4.11.6 Medição da oxidação de lipídeos

Como se pode observar pela discussão anterior, que trata das vias de oxidação de lipídeos, diversos produtos de oxidação podem ser formados a partir de um único ácido graxo. Além disso, esses produtos de decomposição costumam conter ligações duplas e, em alguns casos, sistemas pentadienos. Os sistemas de ligações duplas podem sofrer abstração posterior de hidrogênio ou ataque por oxigênio singlete, o que resultará na formação de produtos de degradação adicionais. Como os alimentos lipídicos contêm muitos ácidos graxos insaturados diferentes, podendo ser expostos a diferentes pró-oxidantes, muitos produtos de decomposição podem ser formados. Além disso, muitos produtos de oxidação são instáveis (hidroperóxidos) e podem reagir com outros componentes do alimento (aldeídos). Portanto, a complexidade de vias torna a análise da oxidação de lipídeos muito desafiadora. Adiante, será apresentado um resumo das técnicas analíticas mais utilizadas no monitoramento dos produtos de oxidação em alimentos lipídicos.

4.11.6.1 Análise sensorial

O padrão ouro para medições da oxidação de lipídeos é a análise sensorial, pois trata-se da única técnica que monitora de forma direta aromas e sabores indesejáveis, gerados por reações de oxidação. Além disso, a análise sensorial pode ser altamente sensível, já que os seres humanos conseguem detectar alguns componentes do aroma em níveis inferiores ou próximos aos níveis de detecção de métodos químicos ou instrumentais. A análise sensorial de lipídeos oxidados deve ser realizada com um painel, o qual é treinado para a identificação de produtos de oxidação. O treinamento costuma ser específico para cada produto, uma vez que os produtos de oxidação de diferentes ácidos graxos podem produzir perfis sensoriais distintos. Em virtude da necessidade de treinamento intenso, em geral a análise sensorial é demorada e dispendiosa, sendo, obviamente, inadequada para análises rápidas e dinâmicas, requeridas em operações de controle de qualidade. Por essa razão, muitas técnicas químicas e instrumentais têm sido desenvolvidas. Em um cenário ideal, essas técnicas são mais úteis quando aplicadas junto à análise sensorial. Existem diversos testes para a medição da deterioração oxidativa nos alimentos. Os métodos mais comuns, bem como suas vantagens e desvantagens serão discutidos adiante.

4.11.6.2 Produtos primários da oxidação de lipídeos

Os produtos primários da oxidação de lipídeos são compostos produzidos nas etapas de iniciação e propagação desse processo. Por se tratarem dos primeiros produtos de oxidação, eles podem aparecer precocemente na oxidação de lipídeos. Entretanto, durante as etapas mais avançadas de oxidação, as concentrações desses compostos diminuem, bem como suas taxas de formação, que se tornam mais lentas que as de decomposição. Uma desvantagem do uso de produtos primários para medir a oxidação reside na baixa volatilidade desses produtos, o que impossibilita que contribuam diretamente para aromas e sabores indesejáveis. Além disso, sob certas condições (como temperaturas elevadas [óleos de fritura] ou conteúdo elevado de metais de transição), a concentração de produtos primários pode apresentar pouco aumento líquido, pois suas taxas de decomposição são relativamente altas. Isso produziria resultados enganosos, já que um óleo muito rançoso pode apresentar concentrações muito baixas de produtos primários da oxidação de lipídeos.

4.11.6.3 Ligações duplas conjugadas

As ligações duplas conjugadas são formadas com rapidez em ácidos graxos poli-insaturados após a abstração do hidrogênio na etapa de iniciação. Dienos conjugados têm o máximo de absorção de 234 nm, com coeficiente de extinção molar de $2,5 \times 10^4 \, M^{-1} \, cm^{-1}$ [7]. Esse coeficiente permite um nível intermediário de sensibilidade, em comparação a outras técnicas. A medida de dienos conjugados pode ser útil para sistemas de óleos simples; entretanto, costuma ser ineficaz em alimentos complexos, nos quais muitos compostos existentes também absorvem em comprimentos de onda similares e, por isso, causam interferência. Em alguns casos, valores de dienos conjugados são usados em combinação com hidroperóxidos, já que muitos hidroperóxidos lipídicos apresentam um sistema dieno conjugado. No entanto, a aplicação dessa equivalência deve ser evitada, pois os produtos de decomposição de ácidos graxos também podem conter ligações duplas conjugadas e ácidos graxos monossaturados (p. ex., oleicos), os quais formarão hidroperóxidos que não apresentam um sistema dieno conjugado. Trienos conjugados também são medidos nos alimentos a 270 nm. Essa técnica é útil apenas em lipídeos que têm três ou mais ligações duplas, sendo limitada a óleos altamente insaturados, como o de semente de linho e os de peixes.

4.11.6.4 Hidroperóxidos lipídicos

Um método bastante comum para a medição da qualidade oxidativa de lipídeos é a medição de hidroperóxidos de ácidos graxos. A maioria dos métodos que medem hidroperóxidos lipídicos se baseia na capacidade dos hidroperóxidos de oxidar compostos indicadores. Os valores de peróxido são expressos em miliequivalentes (mEq) de oxigênio por kg de óleo, sendo que 1 mEq é igual a 2 mmol de hidroperóxido. O método de titulação mais comum usa a conversão de iodeto a iodo, promovida pelo hidroperóxido. O iodo é então titulado com tiossulfito de sódio para produzir iodeto, o qual é medido pelo indicador de amido [70]. Esse método é relativamente pouco sensível, com limite de detecção de 0,5 mEq kg^{-1} de óleo, podendo requerer até 5 g de lipídeo. Por isso, é prático somente para gorduras ou óleos puros ou isolados. A oxidação de íon ferroso a férrico, promovida por hidroperóxidos lipídicos, também pode ser usada, sendo que os íons férricos são detectados por cromóforos específicos para esse fim, como tiocianato ou laranja de xilenol [79]. Esses métodos são muito mais sensíveis que os métodos de titulação, sendo que o método do tiocianato tem um coeficiente de extinção de $4,0 \times 10^4 \, M^{-1} \, cm^{-1}$, permitindo que a análise seja realizada com quantidades de miligramas de lipídeos [79].

4.11.6.5 Produtos secundários da oxidação de lipídeos

Os produtos secundários da oxidação de lipídeos são compostos que surgem da decomposição de hidroperóxidos de ácidos graxos por reações de β-clivagem. Como já descrito, essas reações podem gerar centenas de compostos distintos, tanto voláteis como não voláteis, a partir da oxidação de lipídeos nos alimentos. Como é impossível medir todos esses compostos ao mesmo tempo, estes métodos costumam visar à análise de um composto individual ou de uma classe de compostos. Uma das desvantagens desses métodos é que a formação de produtos secundários deriva da decomposição de hidroperóxidos lipídicos. Portanto, em alguns casos (p. ex., na presença de antioxidantes), as concentrações de produtos secundários podem ser baixas, ao passo que as concentrações de produtos primários são elevadas. Além disso, compostos em alimentos que contêm grupos amina e sulfidril (p. ex., proteínas) podem interagir com produtos secundários que contêm grupos funcionais como aldeídos, o que os torna difíceis de serem medidos. Uma das vantagens desses métodos é que eles avaliam muitos produtos da decomposição de ácidos graxos, os quais são responsáveis diretos por odores e sabores indesejáveis em óleos rançosos e, portanto, têm elevada correlação com a análise sensorial.

4.11.6.6 Análise de produtos secundários voláteis

Os produtos de oxidação lipídica voláteis costumam ser medidos por cromatografia gasosa com uso de injeção direta, *headspace* estático ou dinâmico ou microextração em estado sólido [48]. Com o uso desses sistemas, a oxidação de lipídeos pode ser medida por meio de produtos específicos (p. ex., hexanal para lipídeos ricos em ácidos graxos ω-6 e propanal para lipídeos ricos em ácidos graxos ω-3), classes de produtos (p. ex., hidrocarbonetos ou aldeídos) ou voláteis totais como indicadores. Cada método pode fornecer diferentes perfis de voláteis devido a diferenças em suas capacidades de extração e coleta dos voláteis da amostra. A vantagem da medição de produtos voláteis da oxidação de lipídeos é a alta correlação com a análise sensorial em comparação com produtos primários de oxidação. Sua desvantagem é o custo da instrumentação e a dificuldade de analisar grandes quantidades de amostras, sobretudo lipídeos que estão oxidando com rapidez (essas costumam ser demoradas). Além disso, esses métodos geralmente usam etapas de aquecimento para o aumento da concentração de voláteis no *headspace* acima das amostras. Em alguns alimentos, como carnes, a etapa de aquecimento pode aumentar a velocidade de oxidação de lipídeos, pelo cozimento do alimento. Em geral, os lipídeos devem ser amostrados na menor temperatura possível. Outro problema é a perda de compostos voláteis por processos como a destilação por vapor, em óleos para fritura.

4.11.6.7 Carbonilas

As carbonilas que surgem da oxidação de lipídeos podem ser determinadas pela reação de lipídeos com 2,4-dinitrofenilidrazina, formando hidrazonas correspondentes que absorvem luz em 430 a 460 nm. Esse método é limitado pela presença de outras carbonilas no alimento, as quais podem causar interferência [70]. Técnicas de cromatografia líquida de alto desempenho (HPLC, do inglês *high performance liquid chromatography*) têm sido desenvolvidas para separar as carbonilas provenientes da oxidação de lipídeos de compostos interferentes. No entanto, essas técnicas são sofisticadas e demoradas e, por isso, não são utilizadas com frequência para alimentos lipídicos.

As carbonilas também podem ser medidas por conjugação com anisidina, para formar produtos que absorvem em 350 nm. Esse método é útil, pois pode medir carbonilas não voláteis e de alta massa molecular. Isso também é útil para óleos de fritura, nos quais os produtos de oxidação voláteis são perdidos por destilação a vapor. A anisidina também é usada para medir a oxidação em produtos como óleos de peixes, pois esses óleos costumam passar por destilação intensa por vapor durante o refino. Por essa razão, a anisidina é útil em óleos de peixes, pois pode fornecer a indicação da qualidade do óleo antes da destilação por vapor, uma vez que os compostos não voláteis de alta massa molecular são retidos pelo óleo.

4.11.6.8 Ácido tiobarbitúrico (TBA)

O ensaio do TBA baseia-se na reação entre TBA e carbonilas que formam adutos fluorescentes vermelhos sob condições ácidas [94]. O ensaio pode ser conduzido em amostras brutas, extratos ou destilados, sendo que a formação de adutos pode ser conduzida dentro de um intervalo grande de temperaturas (25–100 °C) e tempos (15 min a 20 h). O composto que costuma ser atribuído como produto primário de oxidação detectado pelo TBA é o malondialdeído (MDA), cujo aduto, com TBA, absorve luz de forma muito intensa em 532 nm. O MDA é um dialdeído produzido pela degradação oxidativa em duas etapas de ácidos graxos com três ou mais ligações duplas. Isso significa que o rendimento de MDA durante a oxidação de lipídeos depende da composição de ácidos graxos, sendo que os mais insaturados produzem quantidades maiores de MDA. O TBA também pode reagir com outros aldeídos produzidos na oxidação de lipídeos, principalmente aldeídos insaturados.

O ensaio de TBA apresenta baixa especificidade devido à sua capacidade de reação com carbonilas não lipídicas como ácido ascórbico, açúcares e produtos do escurecimento não enzimático. Esses compostos formam adutos com o TBA, os quais absorvem no intervalo de 450 a 540 nm. Geralmente, é mais adequado referir-se a substâncias reativas ao TBA (TBARS, que, além do MDA, inclui outros compostos que podem gerar cromóforos cor-de-rosa). Para diminuir problemas com interferentes, o complexo TBA-MDA pode ser medido diretamente por fluorescência ou por técnicas de HPLC.

O ensaio de TBA pode ser útil para a análise da oxidação de lipídeos em alimentos, pois trata-se de um método simples e barato. No entanto, a falta de especificidade desse método requer o conhecimento das limitações do teste, de modo que comparações e conclusões inadequadas não sejam tomadas. Para minimizar o potencial de erro da interpretação da análise com TBA, sugere-se que a análise de amostras frescas não oxidadas seja realizada, a fim de que se tome conhecimento sobre as substâncias reativas com TBA que não derivam da oxidação de lipídeos. Por outro lado, o método do TBA deve ser evitado em alimentos nos quais as concentrações de compostos interferentes sejam elevadas. Além disso, tentativas de uso do TBA para comparação das alterações oxidativas em produtos com composições de ácidos graxos diferentes são inadequadas, pois a quantidade de MDA varia de acordo com a composição dos ácidos graxos.

4.11.7 Resumo

A hidrólise de triacilgliceróis pode influenciar a qualidade de alimentos por liberar ácidos graxos, que impactam negativamente no sabor, propriedades físicas e estabilidade oxidativa de óleos e gorduras.

- O ranço oxidativo ocorre via reações autocatalíticas mediadas por radicais livres.
- O ranço oxidativo ocorre quando ácidos graxos são decompostos em aldeídos e cetonas de baixa massa molecular.
- Pró-oxidantes, como metais de transição, oxigênio singlete e enzimas, geralmente são a principal causa de oxidação de lipídeos em alimentos.
- Os antioxidantes diminuem a oxidação sequestrando radicais livres e/ou diminuindo a atividade de pró-oxidantes.
- A oxidação de lipídeos também é influenciada por fatores como concentração de oxigênio, insaturação de ácidos graxos, temperatura e atividade de água.
- A análise sensorial é o padrão ouro para medição do ranço oxidativo.
- A oxidação de lipídeos pode ser monitorada pela medida de produtos primários de oxidação, porém estes não costumam ser fortemente correlacionados com o ranço.
- Os produtos secundários de oxidação originam-se da decomposição de ácidos graxos e podem ser mais adequadamente correlacionados com o ranço.

4.12 LIPÍDEOS DE ALIMENTOS E SAÚDE

4.12.1 Bioatividade dos ácidos graxos

Os lipídeos da dieta costumam ser associados negativamente à saúde. Como a obesidade apresenta uma forte relação com diversas enfermidades, como doenças cardíacas e diabetes, o papel negativo dos lipídeos na saúde geralmente é atribuído à sua alta densidade calórica de 9 kcal g^{-1}. Alguns lipídeos específicos têm sido associados ao risco de doenças cardíacas, em decorrência de sua capacidade de modular os níveis de colesterol LDL no sangue. Como os níveis de colesterol LDL estão associados ao desenvolvimento de doenças cardíacas, diversas estratégias de dietas têm sido propostas para que se diminua o colesterol LDL, incluindo redução dos ácidos graxos saturados para < 10% das calorias, redução do colesterol da dieta para < 300 mg por dia, e mantendo a ingestão de ácidos graxos *trans* mais baixa possível [19]. Recentemente, o papel dos ácidos graxos saturados em doenças cardíacas tem sido questionado, pois ácidos graxos saturados elevam o colesterol HDL (colesterol "bom"). Além disso, os efeitos biológicos dos ácidos graxos saturados variam de acordo com o tipo de ácido graxo [14].

4.12.2 Ácidos graxos *trans*

Os ácidos graxos *trans* têm recebido atenção especial por seu papel único em doenças cardíacas, desempenhado por sua capacidade de aumentar o colesterol LDL e diminuir o colesterol HDL [47]. Esse comportamento se deve, em parte, à configuração geométrica dos ácidos graxos *trans*, os quais são mais parecidos com os ácidos graxos saturados que com os insaturados. Devido a seu potencial efeito prejudicial à saúde, a concentração de ácidos graxos *trans* deve ser descrita no rótulo de alimentos em muitos países. Nos Estados Unidos, alimentos com menos que 0,5 g/porção não necessitam rotular ácidos graxos *trans*, pois, nesse caso, não são feitas descrições sobre o conteúdo de gordura, ácidos graxos ou colesterol. Isso ocorre porque o refino causa formação de ácidos graxos *trans*, assim, em sua maioria, os óleos comerciais não são livres de lipídeos *trans*. Devido à exigência de rotulagem, as concentrações de ácidos graxos *trans* em alimentos diminuíram significativamente [75].

Enquanto muitas pesquisas têm sido dedicadas aos aspectos negativos dos lipídeos na saúde, existem evidências crescentes de que alguns lipídeos comestíveis podem reduzir os riscos de diversas doenças. Estes lipídeos bioativos incluem ácidos graxos ω-3, fitoesteróis, carotenoides e ácido linoleico conjugado.

4.12.3 Ácidos graxos ω-3

À medida que as práticas agrícolas avançaram, o perfil de lipídeos comestíveis nas sociedades ocidentais mudou de forma drástica. Acredita-se que os ancestrais da humanidade tenham consumido dietas com quantidades aproximadamente iguais de ácidos graxos ω-6 e ω-3. O desenvolvimento da agricultura moderna aumentou a disponibilidade de gorduras refinadas, principalmente de óleos vegetais, modificando a dieta humana para a relação de ω-6 para ω-3 de mais de 7:1. Trata-se de uma mudança muito rápida, tendo em vista a escala de tempo evolucionária, a qual se torna, por isso, problemática, pois os seres humanos interconvertem ácidos graxos ω-6 em ω-3 em baixas velocidades. Os níveis de ácidos graxos ω-3 na dieta são importantes, pois esses lipídeos bioativos desempenham um papel vital na fluidez de membranas, na sinalização celular, na expressão de genes e no metabolismo de eicosanoides. Portanto, o consumo de ácidos graxos ω-3 é essencial para a promoção e para a manutenção da saúde, sobretudo de mulheres grávidas, lactantes e indivíduos com doenças coronarianas, diabetes, disfunções imunológicas e saúde mental comprometida. Existem fortes evidências de que os níveis de ácidos graxos ω-3 consumidos atualmente pela população em geral sejam inadequados [19]. Diversas empresas de alimentos têm tentado aumentar os níveis desses lipídeos bioativos em seus produtos pela incorporação direta de ácidos graxos ω-3 aos alimentos ou pela inclusão deles na alimentação animal. Essas abordagens costumam ser prejudicadas pela deterioração oxidativa dos ácidos graxos ω-3 durante o processamento e o armazenamento dos produtos fortificados.

4.12.4 Ácido linoleico conjugado

As duas ligações duplas do ácido linoleico costumam estar em um sistema metilênico em que duas ligações simples separam as ligações duplas. Entretanto, o sistema de ligações duplas encontra-se alterado em alguns casos, resultando na isomerização das ligações duplas em uma configuração conjugada. A isomerização pode ocorrer durante processos como hidrogenação, sendo comum durante o processo de hidrogenação biológica promovida por bactérias em ruminantes. Os isômeros, conhecidos como **ácido linoleico conjugado** (CLA, do inglês *conjugated linoleic acid*), têm recebido atenção especial por sua capacidade de inibir o câncer [35], diminuir o colesterol sanguíneo [49], inibir o aparecimento do diabetes e influenciar no ganho de peso [69]. Os diferentes isômeros causam efeitos biológicos distintos, sendo que o ácido 9-*cis*, 11-*trans*-linoleico apresenta atividade anticarcinogênica e o ácido 10-*trans*, 12-*cis*-linoleico tem capacidade de influenciar no acúmulo de gordura corporal. O isômero 9-*cis*, 11-*trans* do CLA é o mais encontrado em produtos lácteos e cárneos [80]. Os mecanismos moleculares da bioatividade do CLA têm sido atribuídos à sua capacidade de modular a formação de eicosanoides e à expressão gênica. A meta-análise da ingestão de CLA na dieta humana indicou que existe pouco impacto na composição corporal [65].

4.12.5 Fitoesteróis

Os principais fitoesteróis dos alimentos são sitosterol, campesterol e estigmasterol. Os fitoesteróis comestíveis praticamente não são absorvidos pelo trato gastrintestinal. Sua bioatividade reside no fato de que eles podem inibir a absorção do colesterol biliar (produzido pelas células intestinais) e da dieta [72,73]. A ingestão diária de 1,5 a 2 g de fitoesteróis pode reduzir o colesterol LDL de 8 a 15%. Como a principal atividade dos fitoesteróis é a inibição da absorção de colesterol, sua efetividade é maior quando consumidos junto a uma dieta que contenha colesterol. Os fitoesteróis têm pontos de fusão muito elevados e, portanto, existem em forma de cristais lipídicos nas temperaturas comuns à maioria dos alimentos. Para minimizar a cristalização, os fitoesteróis são esterificados com ácidos graxos insaturados para aumento de sua solubilidade em lipídeos.

4.12.6 Carotenoides

Os carotenoides são um grupo diverso ($>$ 600 compostos diferentes) de polienos lipossolúveis de coloração amarela a vermelha. A vitamina A é um nutriente essencial, obtido de carotenoides como o β-caroteno. A bioatividade de outros carotenoides é uma área de pesquisa de grande interesse. Esse interesse foi inicialmente dedicado à atividade antioxidante deles. Entretanto, quando se realizaram triagens clínicas com o uso de β-caroteno em indivíduos com risco de estresse por radicais livres (fumantes), observou-se que o β-caroteno estava associado ao aumento das taxas de câncer de pulmão [6]. Outros carotenoides têm sido associados a benefícios à saúde. A luteína e a zeaxantina podem aumentar a acuidade e a saúde visuais [31]. Os efeitos benéficos do tomate têm sido atribuídos a um carotenoide específico, o licopeno [62]. Curiosamente, os tomates cozidos apresentam biodisponibilidade de licopeno, o que se atribui à conversão induzida por calor do *trans*-licopeno no isômero *cis*-licopeno.

4.12.7 Lipídeos de baixa caloria

Uma das preocupações de saúde relativa aos triacilgliceróis comestíveis decorre de sua alta densidade calórica. Muitas tentativas têm sido realizadas com o fim de se produzirem alimentos com pouca gordura, os quais apresentem os mesmos atributos sensoriais dos produtos com gordura autêntica, usando-se miméticos de gordura. Miméticos de gordura são compostos não lipídicos, como proteínas ou carboidratos, que podem produzir propriedades semelhantes às da gordura com baixos valores calóricos. Uma abordagem similar tem sido adotada para a produção de componentes lipídicos sem calorias ou com baixo conteúdo calórico (substituintes de gordura). O primeiro lipídeo não calórico comercial foi um éster de ácidos graxos da sacarose (Olestra da Proctor & Gamble). Esse composto é não calórico, pois a presença de seis ou mais ácidos graxos esterificados na sacarose impede espacialmente que a lipase hidrolise as ligações de éster para liberar ácidos graxos livres que podem ser absorvidos pelo sangue. A falta de digestibilidade dos ésteres de ácidos graxos da sacarose implica que passem pelo trato gastrintestinal e sejam excretados nas fezes. Essa propriedade pode causar problemas gastrintestinais, como diarreia.

Lipídeos estruturados com baixa densidade calórica também têm sido usados na indústria de alimentos (p. ex., Salatrim da Nabisco). Esses produtos se baseiam no princípio de que apenas ácidos graxos nas posições *sn*-1 e *sn*-3 dos triacilgliceróis são liberados como ácidos graxos livres por hidrólise pela lipase pancreática. Se o *sn*-1 e o *sn*-3 têm ácidos graxos saturados de cadeia longa ($\geq$ 16 carbonos), sua liberação pode levar a interações com cátions divalentes, formando sabões insolúveis que não são biodisponibilizados com facilidade. Gorduras estruturadas de baixas calorias também usam ácidos graxos de cadeia curta ($\leq$ 6 carbonos) na posição *sn*-2. Após a hidrólise pela lipase pancreática, o monoacilglicerol *sn*-2 é absorvido pelas células do endotélio intestinal. Os ácidos graxos de cadeia curta em *sn*-2 por vezes são metabolizados no fígado, onde geram menos calorias do que os ácidos graxos de cadeia longa. A combinação de ácidos graxos saturados de cadeia longa em *sn*-1 e *sn*-3 e ácidos graxos de cadeia curta em *sn*-2 produz um triacilglicerol com 5 a 7 cal g^{-1}.

4.12.8 Resumo

Os lipídeos podem ser benéficos ou prejudiciais à saúde.

- Os ácidos graxos *trans* têm sido negativamente associados à saúde, pois aumentam o colesterol LDL e diminuem o colesterol HDL.
- Os ácidos graxos ômega-3, ácido linoleico conjugado, fitoesteróis e carotenoides são exemplos de lipídeos com influência positiva na saúde.
- O conteúdo calórico de lipídeos pode ser diminuído alterando-se sua digestão e metabolismo.

REFERÊNCIAS

1. Ackman, R. G. 2000. Fatty acids in fish and shellfish. In: *Fatty Acids in Foods and Their Health Implications*, 2nd edn, ed. C.K. Chow, Marcel Dekker Inc., New York, pp. 155–186.
2. Afoakwa, E. O., Paterson, A., and Fowler, M. 2007. Factors influencing rheological and textural qualities in chocolate—A review. *Trends Food Sci. Technol.* 18(6):290–298.
3. Akoh, C. C. and Min, D. B. 2008. *Food Lipids: Chemistry, Nutrition, and Biotechnology* (3rd edn.). Boca Raton, FL: CRC Press.
4. Aruoma, O. I., Halliwell, B., Aeschbach, R., and Löligers, J. 1992. Antioxidant and pro-oxidant properties of active rosemary constituents: Carnosol and carnosol and carnosic acid. *Xenobiotica* 22:257–268.
5. Atkins, P. and de Paula, J. 2014. *Physical Chemistry: Thermodynamics, Structure, and Change* (10th edn.). Oxford, U.K.: Oxford University Press.
6. Bendich, A. 2004. From 1989 to 2001: What have we learned about the "biological actions of betacarotene"? *J. Nutr.* 134:225S–230S.
7. Beuge, J. A. and Aust, S. D. 1978. Microsomal lipid peroxidation. *Meth. Enzymol.* 52:302–310.
8. Boistelle, R. 1988. Fundamentals of nucleation and crystal growth. In: *Crystallization and Polymorphism of Fats and Fatty Acids*, eds. N. Garti, and K. Sato, Marcel Dekker, New York, Chap 5.
9. Britz, S. J. and Kremer, D. F. 2002. Warm temperatures or drought during seed maturation increase free α-tocopherol in seeds of soybean (glycine max). *J. Agric. Food Chem.* 50:6058–6063.
10. Buettner, G. R. 1993. The pecking order of free radicals and antioxidants: Lipid peroxidation, α-tocopherol, and ascorbate. *Arch. Biochem. Biophys.* 300:535–543.
11. Calder, P. C. 2014. Very long chain omega-3 (n-3) fatty acids and human health. *Eur. J. Lipid Sci. Technol.* 116:1280–1300.
12. Chen, B., McClements, D. J., and Decker, E. A. 2011. Minor components in food oils: A critical review of their roles on lipid oxidation chemistry in bulk oils and emulsions. *Crit. Rev. Food Sci. Nutr.* 51:901–916.
13. Chen, H., Lee, D. J., and Schanus, E. G. 1992. The inhibitory effect of water on the Co2+ and Cu2+ catalyzed decomposition of methyl linoleate hydroperoxides. *Lipids* 27:234–239.
14. Chowdhury, R., Warnakula, S., Kunutsor, S., Crowe, F., Ward, H. A., and Johnson, L. 2014. Association of dietary, circulating, and supplement fatty acids with coronary risk a systematic review and metaanalysis. *Ann. Intern. Med.* 160:658–658.
15. Coupland, J. N., and McClements, D. J. 1997. Physical properties of liquid edible oils. *J. Am. Oil Chem. Soc.* 74(12):1559–1564.
16. Decker, E. A. 1996. The role of stereospecific saturated fatty acid position on lipid nutrition. *Nutr. Rev.* 54:108–110.
17. Decker, E. A. and McClements, D. J. 2001. Transition metal and hydroperoxide interactions: An important determinant in the oxidative stability of lipid dispersions. *Inform* 12:251–255.
18. Decker, E. A. 2002. Nomenclature and classification of lipids. In: *Food Lipids, Chemistry, Nutrition and Biotechnology*, eds. C. C. Akoh and D. B. Min, Marcel Dekker, New York, pp. 517–542.
19. Dietary Guidelines for Americans. 2010. U.S. Department of Agriculture and U.S. Department of Health and Human Services, (7th edn.). Washington, DC: U.S. Government Printing Office.
20. Elias, R. J., Kellerby, S. S., and Decker, E. A. 2008. Antioxidant activity of proteins and peptides in foods. *Crit. Rev. Food Sci.* Nutr. 48:430–441.
21. Fasina, O. O. and Colley, Z. 2008. Viscosity and specific heat of vegetable oils as a function of temperature: 35C to 180C. *Int. J. Food Prop.* 11(4):738–746.
22. Faustman, C., Liebler, D. C., McClure, T. D., and Sun, Q. 1999. Alpha, beta-unsaturated aldehydes accelerate oxymyoglobin oxidation. *J. Agric. Food Chem.* 47:3140–3144.
23. Food and Nutrition Board, Institute of Medicine. 2001. *Vitamin E, in Dietary Reference Intakes for Vitamin C, Vitamin E, Selenium and Carotenoids*. Washington, DC: National Academy Press, pp. 186–283.
24. Formo, M. W. 1979. Physical properties of fats and fatty acids. In: *Bailey's Industrial Oil and Fat Products* (5th edn.), ed. D. Swern, Vol. 1, New York: John Wiley & Sons.

25. Frankel, E. N. 2005. *Lipid Oxidation* (2nd edn.). Scotland: Oily Press.
26. Frankel, E. N., Huang, S-W., Aeschbach, R., and Prior, E. 1996. Antioxidant activity of a rosemary extract and its constituents, carnosic acid, carnosol, and rosmarinic acid, in bulk oil and oil-in-water emulsion. *J. Agric. Food Chem.* 44:131–135.
27. Fredrick, E., Walstra, P., and Dewettinck, K. 2010. Factors governing partial coalescence in oil-in-water emulsions. *Adv. Colloid Interface Sci.* 153(1–2):30–42.
28. German, J. B. and Creveling, R. K. 1990. Identification and characterization of a 15-lipoxygenase from fish gills. *J. Agric. Food Chem.* 38:2144–2147.
29. Girotti, A. W. 1998. Lipid hydroperoxide generation, turnover and effector action in biological systems. *J. Lipid Res.* 39:1529–1542.
30. Goff, H. D. and Hartel, R. W. 2013. *Ice Cream*. New York: Springer.
31. Granado, F., Olmedilla, B., and Blanco, I. 2003. Nutritional and clinical relevance of lutein in human health. *Br. J. Nutr.* 90:487–502.
32. Gunstone, F. D., Harwood, J. L., and Dijkstra, A. J. 2007. *The Lipid Handbook* (3rd edn.). Boca Raton, FL: CRC Press.
33. Gunstone, F. D. 2008. *Oils and Fats in the Food Industry*. Chichester, U.K.: Blackwell Publishing.
34. Gunstone, F. D. 2013. Composition and properties of edible oils. In: *Edible Oil Processing* (2nd edn.), eds. W. Hamm, R. J. Hamilton, and G. Calliauw. Hoboken, NJ: Wiley Blackwell, pp. 1–39.
35. Ha, Y. L., Grimm, N. K., and Pariza, M. W. 1987. Anticarcinogens from fried ground beef: Heat-altered derivatives of linoleic acid. *Carcinogenesis* 8:1881–1887.
36. Halliwell, B. and Gutteridge, J. M. 1990. Role of free radicals and catalytic metal ions in human disease: An overview. *Meth. Enzymol.* 186:1–88.
37. Hartel, R. W. 2001. *Crystallization in Foods*. Gaithersburg, MD: Aspen Publishers.
38. Hartel, R. W. 2013. Advances in food crystallization. *Annu. Rev. Food Sci. Technol.* 4:277–292.
39. Hernqvist, L. 1984. On the structure of triglycerides in the liquid-state and fat crystallization. *Fette Seifen Anstrichmittel* 86(8):297–300.
40. Himawan, C., Starov, V. M., and Stapley, A. G. F. 2006. Thermodynamic and kinetic aspects of fat crystallization. *Adv. Colloid Interface Sci.* 122(1–3):3–33.
41. Howard, L. R., Pandjaitan, N., Morelock, T., and Gil, M. I. 2002. Antioxidant capacity and phenolic content of spinach as affected by genetics and growing season. *J. Agric. Food Chem.* 50:5891–5896.
42. Huang, S. W., Frankel, E. N., and German J. B. 1994. Antioxidant activity of alpha-tocopherols and gamma-tocopherols in bulk oils and in oil-in-water emulsions. *J. Agric. Food Chem.* 42:2108–2114.
43. Israelachvili, J. 2011. *Intermolecular and Surface Forces* (3rd edn.). London, U.K.: Academic Press.
44. Iwahashi, M. and Kasahara, Y. 2011. Dynamic molecular movements and aggregation structures of lipids in a liquid state. *Curr. Opin. Colloid Interface Sci.* 16(5):359–366.
45. Johnson, L. A. 2002. Recovery, refining, converting and stabilizing edible oils. In: *Food Lipids, Chemistry, Nutrition and Biotechnology*, eds. C. C. Akoh and D. B. Min. New York: Marcel Dekker, pp. 223–274.
46. Kanner, J., German, J. B., and Kinsella, J. E. 1987. Initiation of lipid peroxidation in biological systems. *Crit. Rev. Food Sci. Nutr.* 25:317–364.
47. Khosla, P. and Hayes, K. C. 1996. Dietary trans-monounsaturated fatty acids negatively impact plasma lipids in humans: Critical review of the evidence. *J. Am. Coll. Nutr.* 15:325–339.
48. Larick, D. K. and Parker, J. D. 2002. Chromatographic analysis of secondary lipid oxidation products. In: *Current Protocols in Food Analytical Chemistry*, ed. R. Wrolstad. New York: John Wiley & Sons, pp. D2.2.1–D2.4.9.
49. Lee, K. N., Kritchevsky, D., and Pariza, M. W. 1994. Conjugated linoleic acid and atherosclerosis in rabbits. *Atherosclerosis* 108:19–25.
50. Lee, A. Y., Erdemir, D., and Myerson, A. S. 2011. Crystal polymorphism in chemical process development. In *Annual Review of Chemical and Biomolecular Engineering*, ed. J. M Prausnitz, Vol. 2, pp. 259–280.
51. Liebler, D. C. 1992. Antioxidant reactions of carotenoids. *Ann. NY Acad. Sci.* 691:20–31.
52. Liebler, D. C. 1993. The role of metabolism in the antioxidant function of vitamin E. *Crit. Rev. Toxicol.* 23:147–169.
53. Mahoney, J. R. and Graf, E. 1986. Role of α tocoperol, ascorbic acid, citric acid and EDTA as oxidants in a model system. *J. Food Sci.* 51:1293–1296.
54. Marangoni, A. G. and Tang, D. 2008. Modeling the rheological properties of fats: A perspective and recent advances. *Food Biophys.* 3(2):113–119.
55. Marangoni, A. G. and Wesdorp, L. H. 2012. *Structure and Properties of Fat Crystal Networks* (2nd edn.). Boca Raton, FL: CRC Press.
56. Marangoni, A. G., Acevedo, N., Maleky, F., Co, E., Peyronel, F., Mazzanti, G., and Pink, D. 2012. Structure and functionality of edible fats. *Soft Matter* 8(5):1275–1300.
57. McClements, D. J. 2002. Theoretical prediction of emulsion color. *Adv. Colloid Interface Sci.* 97(1–3):63–89.
58. McClements, D. J. 2005. *Food Emulsions: Principles, Practice, and Techniques* (2nd edn.). Boca Raton, FL: CRC Press.
59. McClements, D. J. 2007. Critical review of techniques and methodologies for characterization of emulsion stability. *Crit. Rev. Food Sci. Nutr.* 47(7):611–649.
60. Mielche, M. M. and Bertelsen, G. 1994. Approaches to the prevention of warmed oven flavour. *Trends Food Sci. Technol.* 5:322–327.
61. Min, D. B. and Boff, J. M. 2002. Lipid oxidation in edible oil. In: *Food Lipid, Chemistry, Nutrition and Biotechnology*, eds. C. C. Akoh and D. B. Min. New York: Marcel Dekker, pp. 335–364.
62. Nguyen, M. L. and Schwartz, S. J. 1999. Lycopene: Chemical and biological properties. *Food Technol.* 53:38–45.
63. O'Keefe, S. F. 2002. Nomenclature and classification of lipids. In: *Food Lipids, Chemistry, Nutrition and Biotech-

64. O'Keefe, S. F. and Pike, O. A. 2014. Fat characterization. In: *Food Analysis*, ed. S. S. Nielsen. New York: Springer, pp. 239–260.
65. Onakpoya, I. J., Posadzki, P. P., Watson, L. K., Davies, L. A., and Ernst, E. 2012. The efficacy of long-term conjugated linoleic acid (CLA) supplementation on body composition in overweight and obese individuals: A systematic review and meta-analysis of randomized clinical trials. *Eur. J. Nutr.* 51:127–134.
66. O'Neil, M. J. 2006. *The Merck Index: An Encyclopedia of Chemicals, Drugs, and Biologicals* (14th edn.). Whitehouse Station, NJ: Merck.
67. Palozza, P. and Krinksky, N. I. 1992. Antioxidant effect of carotenoids in vivo and in vitro—An overview. *Meth. Enzymol.* 213:403–420.
68. Parish, E. J., Boos, T. L., and Li, S. 2002. The chemistry of waxes and sterols. In: *Food Lipids, Chemistry, Nutrition and Biotechnology*, eds. C. C. Akoh and D. B. Min. New York: Marcel Dekker, pp. 103–132.
69. Park, Y., Storkson, J. M., Albright, K. J., Liu, W., and Pariza, M. W. 1999. Evidence that the trans-10, cis-12 isomer of conjugated linoleic acid induces body composition changes in mice. *Lipids* 34:235–241.
70. Pegg, R. B. 2002. Spectrophotometric measurement of secondary lipid oxidation products. In: *Current Protocols in Food Analytical Chemistry*, ed. R. Wrolstad. New York: John Wiley & Sons, pp. D2.4.1–D2.4.18.
71. Porter, W. L. 1993. Paradoxical behavior of antioxidants in food and biological systems. *Tox. Indus. Health* 9:93–122.
72. Quilez, J., Garcia-Lorda, P., and Salas-Salvado, J. 2003. Potential uses and benefits of phytosterols in diet: Present situation and future directions. *Clin. Nutr.* 22:343–351.
73. Russell, J. C., Eqart, H. S., Kelly, S. E., Kralovec, J., Wright, J. L. C., and Dolphin, P. J. 2002. Improvement of vascular disfunction and blood lipids of insulin resistant rats by a marine oil-based phytosterol compound. *Lipids* 37:147–152.
74. Rousseau, D. and Marangoni, A. G. 2002. Chemical interesterification of food lipids: Theory and practice. In: *Food Lipids, Chemistry, Nutrition and Biotechnology*, eds. C. C. Akoh and D. B. Min. New York: Marcel Dekker, pp. 301–334.
75. Ratnayake, W. M. N., L'Abbe, M. R., Farnworth, S., Dumais, L., Gagnon, C., Lampi, B. et al. 2009. Trans fatty acids: Current contents in Canadian foods and estimated intake levels for the Canadian population. *J. AOAC Int.* 92:1258–1276.
76. Sato, K., Bayes-Garcia, L., Calvet, T., Cuevas-Diarte, M. A., and Ueno, S. 2013. External factors affecting polymorphic crystallization of lipids. *Eur. J. Lipid Sci. Technol.* 115(11):1224–1238.
77. Shahidi, F. and Wanasundara, J. P. K. 1992. Phenolic antioxidants. *Crit. Rev. Food Sci. Nutr.* 32:67–103.
78. Shahidi, F. 2005. *Bailey's Industrial Oil and Fat Products, Edible Oil and Fat Products: Chemistry, Properties, and Health Effects*, Vol. 1. New York: Wiley-Interscience.
79. Shantha, N. C. and Decker, E. A. 1994. Rapid sensitive iron-based spectrophotometric methods for the determination of peroxide values in food lipids. *J. AOAC Int.* 77:421–424.
80. Shantha, N. C., Crum, A. D., and Decker, E. A. 1994. Conjugated linoleic acid concentrations in cooked beef containing antioxidants and hydrogen donors. *J. Food Lipids* 2:57–64.
81. Smith, L. L. and Johnson, B. H. 1989. Biological activities of oxysterols. *Free Rad. Biol. Med.* 7:285–332.
82. Smith, K. W., Bhaggan, K., Talbot, G., and van Malssen, K. F. 2011. Crystallization of fats: Influence of minor components and additives. *J. Am. Oil Chem. Soc.* 88(8):1085–1101.
83. Sofos, J. N. 1986. Use of phosphates in low sodium meat products. *Food Technol.* 40:52–57.
84. Talcott, S. T., Howard, L. R., and Brenes, C. H. 2000. Antioxidant changes and sensory properties of carrot puree processed with and without periderm tissue. *J. Agric. Food Chem.* 48:1315–1321.
85. Tasan, M. and Demirci, M. 2003. Trans FA in sunflower oil at different steps of refining. *J. Am. Oil Chem. Soc.* 80:825–828.
86. Timms, R. E. 1991. Crystallization of fats. *Chem. Ind.* May:342.
87. Tong, L. M., Sasaki, S., McClements, D. J., and Decker, E. A. 2000. Mechanisms of antioxidant activity of a high molecular weight fraction of whey. *J. Agric. Food Chem.* 48:1473–1478.
88. van Aken, G. A., Vingerhoeds, M. H., and de Wijk, R. A. 2011. Textural perception of liquid emulsions: Role of oil content, oil viscosity and emulsion viscosity. *Food Hydrocoll.* 25(4):789–796.
89. van Vliet, T., van Aken, G. A., de Jongh, H. H. J., and Hamer, R. J. 2009. Colloidal aspects of texture perception. *Adv. Colloid Interface Sci.* 150(1):27–40.
90. Waraho, T., McClements, D. J., and Decker, E. A. 2011. Mechanisms of lipid oxidation in food dispersions. *Trends Food Sci. Technol.* 22:3–13.
91. Walstra, P. 2003. *Physical Chemistry of Foods*. New York: Marcel Dekker.
92. Walstra, P. 1987. Fat crystallization. In: *Food Structure and Behaviour*, eds. J. M. V. Blanshard and P. Lillford. London, U.K.: Academic Press, Chap 5.
93. White, P. J. 2000. Fatty acids in oilseeds. In *Fatty Acids in Foods and Their Health Implications*, 2nd edn, ed. C.K. Chow, Marcel Dekker Inc., New York, pp. 227–263.
94. Yu, T. C. and Sinnhuber, R. O. 1967. An improved 2-thiobarbituric acid (TBA) procedure for measurement of autoxidation in fish oils. *J. Am. Oil Chem. Soc.* 44:256–261.
95. Zhuang, H., Barth, M. M., and Hildebrand, D. 2002. Fatty acid oxidation in plant lipids. In: *Food Lipids, Chemistry, Nutrition and Biotechnology*, eds. C. C. Akoh and D. B. Min. New York: Marcel Dekker, New York, pp. 413–464.

Aminoácidos, peptídeos e proteínas 5

Srinivasan Damodaran

CONTEÚDO

5.1 Introdução 240
5.2 Propriedades físico-químicas dos
    aminoácidos 241
  5.2.1 Propriedades gerais 241
    5.2.1.1 Estrutura e classificação 241
    5.2.1.2 Estereoquímica de aminoácidos ... 243
    5.2.1.3 Propriedades acidobásicas e de
            polaridade relativa de aminoácidos 244
    5.2.1.4 Hidrofobicidade de aminoácidos ... 247
    5.2.1.5 Propriedades ópticas de
            aminoácidos 248
  5.2.2 Reatividade química de aminoácidos .. 249
  5.2.3 Resumo 253
5.3 Estrutura de proteínas 253
  5.3.1 Hierarquia estrutural de proteínas 253
    5.3.1.1 Estrutura primária 253
    5.3.1.2 Estrutura secundária 255
    5.3.1.3 Estrutura terciária 258
    5.3.1.4 Estrutura quaternária 261
  5.3.2 Forças envolvidas na estabilidade
        estrutural de proteínas 262
    5.3.2.1 Limitações espaciais 263
    5.3.2.2 Interações de Van der Waals 263
    5.3.2.3 Ligações de hidrogênio 263
    5.3.2.4 Interações eletrostáticas 265
    5.3.2.5 Interações hidrofóbicas 265
    5.3.2.6 Ligações dissulfeto 268
  5.3.3 Estabilidade conformacional e
        adaptabilidade de proteínas 268
  5.3.4 Resumo 269
5.4 Desnaturação proteica 270
  5.4.1 Termodinâmica da desnaturação 271
  5.4.2 Agentes desnaturantes 273
    5.4.2.1 Agentes físicos 273
    5.4.2.2 Agentes químicos 280
  5.4.3 Resumo 285
5.5 Propriedades funcionais das proteínas 285
  5.5.1 Hidratação proteica 287
  5.5.2 Solubilidade 290
    5.5.2.1 pH e solubilidade 292
    5.5.2.2 Força iônica e solubilidade 294
    5.5.2.3 Temperatura e solubilidade 294
    5.5.2.4 Solventes orgânicos e solubilidade .. 294
  5.5.3 Propriedades interfaciais das proteínas .. 295
    5.5.3.1 Propriedades emulsificantes 299
    5.5.3.2 Propriedades espumantes 304
  5.5.4 Fixação de aroma 309
    5.5.4.1 Termodinâmica das interações
            proteína-aroma 309
    5.5.4.2 Fatores que influenciam a fixação
            do aroma 310
  5.5.5 Viscosidade 311
  5.5.6 Gelificação 313
  5.5.7 Texturização 316
    5.5.7.1 Texturização por formação de fibra
            (*spun-fiber*) 316
    5.5.7.2 Texturização por extrusão 317
  5.5.8 Formação de massa 318
5.6 Hidrolisados proteicos 321
  5.6.1 Propriedades funcionais 322
  5.6.2 Alergenicidade 323
  5.6.3 Peptídeos amargos 324
5.7 Propriedades nutricionais das proteínas ... 324
  5.7.1 Qualidade proteica 324
  5.7.2 Digestibilidade 326
    5.7.2.1 Conformação proteica 326
    5.7.2.2 Fatores antinutricionais 327
    5.7.2.3 Processamento 327
  5.7.3 Avaliação do valor nutritivo da proteína ... 327
    5.7.3.1 Métodos biológicos 327
    5.7.3.2 Métodos químicos 329
    5.7.3.3 Métodos enzimáticos e
            microbiológicos 329
5.8 Alterações físicas, químicas e nutricionais
    de proteínas induzidas pelo processamento ... 330
  5.8.1 Alterações na qualidade nutricional e
        formação de compostos tóxicos 330
    5.8.1.1 Efeito de tratamentos térmicos
            moderados 330
    5.8.1.2 Alterações na composição durante a
            extração e o fracionamento 332
    5.8.1.3 Alterações químicas dos
            aminoácidos 332
    5.8.1.4 Efeitos de agentes oxidantes 336

5.8.1.5 Reações carbonila-amina 339
5.8.1.6 Outras reações de proteínas
   em alimentos. 341
5.8.2 Alterações nas propriedades funcionais
   das proteínas 343
5.9 Modificações químicas e enzimáticas
   das proteínas 345
   5.9.1 Modificações químicas 345
      5.9.1.1 Alquilação 345
      5.9.1.2 Acilação 346
      5.9.1.3 Fosforilação 347
      5.9.1.4 Sulfitólise 348
      5.9.1.5 Esterificação 348
   5.9.2 Modificação enzimática 349
      5.9.2.1 Hidrólise enzimática 349
      5.9.2.2 Reação de plasteína 349
      5.9.2.3 Ligação cruzada de proteínas .. 349
Referências. 350

5.1 INTRODUÇÃO

As proteínas desempenham um papel central nos sistemas biológicos. Embora o DNA seja o portador da informação básica – principalmente os códigos para as sequências de proteínas –, as reações e os processos bioquímicos que sustentam a vida de uma célula/organismo são realizados por enzimas que são proteínas. Milhares de enzimas foram descobertas. Cada uma delas catalisa uma reação biológica altamente específica nas células. Além de funcionarem como enzimas, as proteínas (como o colágeno, a queratina e a elastina) também funcionam como componentes estruturais das células, ossos, unhas, cabelo, tendões, entre outros, em organismos complexos. A diversidade funcional das proteínas resulta essencialmente de sua composição química.

As proteínas são polímeros altamente complexos, compostos por 20 aminoácidos diferentes. Os aminoácidos são ligados por meio de ligações amida substituídas. Diferentemente das ligações glicosídicas em polissacarídeos e fosfodiéster em ácidos nucleicos, que são ligações simples, a ligação amida substituída em proteínas apresenta caráter parcial de ligação dupla, o que ressalta a propriedade estrutural única dos polímeros proteicos. A diversidade funcional das proteínas reside fundamentalmente na variedade de formas tridimensionais que podem ser produzidas pelo rearranjo da sequência de aminoácidos nas proteínas. Por exemplo, uma pequena proteína com 200 resíduos de aminoácidos pode ser organizada em 20^{200} sequências diferentes, e cada uma dessas sequências apresentaria diferentes estruturas tridimensionais e funções biológicas. Para demonstrar sua importância biológica, essas macromoléculas foram chamadas de proteínas, nome que deriva da palavra grega *proteois*, que significa o primeiro tipo.

Em relação aos seus componentes, as proteínas contêm 50 a 55% de carbono, 6 a 7% de hidrogênio, 20 a 23% de oxigênio, 12 a 19% de nitrogênio e 0,2 a 3,0% de enxofre com base em *m/m*. A síntese proteica ocorre nos ribossomos. Depois da síntese, as enzimas citoplasmáticas modificam alguns dos aminoácidos que as compõem. Isso muda a composição básica de algumas proteínas. Aquelas que não são modificadas enzimaticamente nas células são denominadas "homoproteínas" e as que são modificadas covalentemente ou complexadas com componentes não proteicos são chamadas de "proteínas conjugadas" ou "heteroproteínas". Os componentes não proteicos são frequentemente chamados de "grupos prostéticos". Exemplos de proteínas conjugadas incluem **nucleoproteínas** (p. ex., ribossomos), **glicoproteínas** (p. ex., ovoalbumina e κ-caseína), **fosfoproteínas** (p. ex., α e β-caseínas, cinases e fosforilases), **lipoproteínas** (p. ex., proteínas da gema do ovo e várias proteínas plasmáticas) e **metaloproteínas** (p. ex., hemoglobina, mioglobina, citocromos e várias enzimas). As glico e fosfoproteínas apresentam, respectivamente, ligações covalentes com carboidratos e grupos fosfato, ao passo que as outras proteínas conjugadas são complexos não covalentes que contêm ácidos nucleicos, lipídeos ou íons metálicos. Esses complexos não covalentes podem ser dissociados sob condições apropriadas.

As proteínas também podem ser classificadas de acordo com sua organização estrutural tridimensional. As **proteínas globulares** são aquelas que apresentam formas esféricas ou elipsoidais, resultantes do dobramento ou colapso sobre si mesmas das cadeias polipeptídicas. Por outro lado, as **proteínas fibrosas** são moléculas em forma de bastão (*rod-shaped*) que contêm cadeias polipeptídicas lineares torcidas (p. ex., tropomiosina, colágeno, queratina e elastina). As proteínas fibrosas também podem ser formadas pela agregação linear de pequenas proteínas globulares (p. ex., actina e fibrina). Enquanto a maioria das enzimas é formada por proteínas globulares, as proteínas fibrosas atuam invariavelmente como **proteínas estruturais** em ossos, unhas, tendões, pele e músculos.

As diversas funções biológicas das proteínas podem ser categorizadas como **catalisadores enzimáticos**, **proteínas estruturais**, **proteínas contráteis** (miosina, actina e tubulina), **hormônios** (insulina e hormônio do crescimento), **proteínas transportadoras** (albumina sérica, transferrina e hemoglobina), **anticorpos** (imunoglobulinas [IgG]), **proteínas de armazenamento** (albumina do ovo e proteínas dos grãos) e **toxinas**. As proteínas de armazenamento são encontradas principalmente em ovos e sementes de plantas. Essas proteínas agem como fontes de nitrogênio e de aminoácidos para a germinação de sementes e embriões. As toxinas fazem parte do mecanismo de defesa em certos microrganismos, animais e plantas para a sobrevivência contra predadores.

Todas as proteínas são essencialmente compostas pelos mesmos 20 aminoácidos primários. Entretanto, algumas não contêm todos os 20 aminoácidos. As diferenças de estrutura e função entre as milhares de proteínas surgem a partir da sequência em que os aminoácidos estão ligados entre si por meio de ligações amida. Literalmente, trilhões de proteínas com propriedades únicas podem ser sintetizadas pela alteração da sequência, do tipo e da proporção dos aminoácidos e do comprimento da cadeia de polipeptídeos.

Todas as proteínas biologicamente produzidas podem ser usadas como **proteínas alimentares**. Entretanto, por razões práticas, as proteínas alimentares podem ser definidas como aquelas que apresentam fácil digestão, são atóxicas, adequadas nutricionalmente, funcionalmente utilizáveis em produtos alimentícios, disponíveis em abundância e produzidas por agricultura sustentável. Tradicionalmente, leite, carnes (incluindo peixe e aves), ovos, cereais, leguminosas e oleaginosas têm sido as principais fontes de proteínas alimentares utilizadas. Muitas delas são proteínas de armazenamento em tecidos animais e vegetais, que atuam como fontes de nitrogênio para o crescimento embrionário ou de jovens filhotes. Devido ao aumento crescente da população mundial, que deve alcançar 9 bilhões por volta do ano 2050, existe uma necessidade urgente de desenvolver fontes não tradicionais de proteínas para a alimentação humana para atender às demandas futuras. No entanto, a adequação dessas novas fontes de proteínas para uso em alimentos depende de seu custo e de sua capacidade de preencher a função normal dos ingredientes proteicos, tanto de alimentos processados como dos preparados em casa.

As propriedades funcionais das proteínas nos alimentos estão relacionadas às suas características estruturais e outras características físico-químicas. É essencial uma compreensão básica das propriedades físicas, químicas, nutricionais e funcionais das proteínas e das mudanças que essas propriedades sofrem durante o processamento quando se deseja melhorar o desempenho das proteínas encontradas nos alimentos e quando se buscam novas ou mais baratas fontes de proteína para competir com as proteínas alimentares tradicionais.

5.2 PROPRIEDADES FÍSICO--QUÍMICAS DOS AMINOÁCIDOS

5.2.1 Propriedades gerais

5.2.1.1 Estrutura e classificação

Os α-aminoácidos são as unidades estruturais básicas das proteínas. Esses aminoácidos consistem em um átomo de carbono α ligado covalentemente a um átomo de hidrogênio, um grupo amina, um grupo carboxila e um

$$NH_2 - \overset{\overset{\displaystyle H}{|}}{\underset{\underset{\displaystyle R}{|}}{C^{\alpha}}} - COOH \quad\quad (5.1)$$

grupo R, que é frequentemente denominado cadeia lateral. A estrutura dos aminoácidos (mostrada na Figura 5.1) varia apenas na natureza química da cadeia lateral do grupo R. As propriedades físico-químicas dos aminoácidos, tais como carga elétrica final, solubilidade, reatividade química e potencial de formação de ligações de hidrogênio, dependem da natureza química do grupo R.

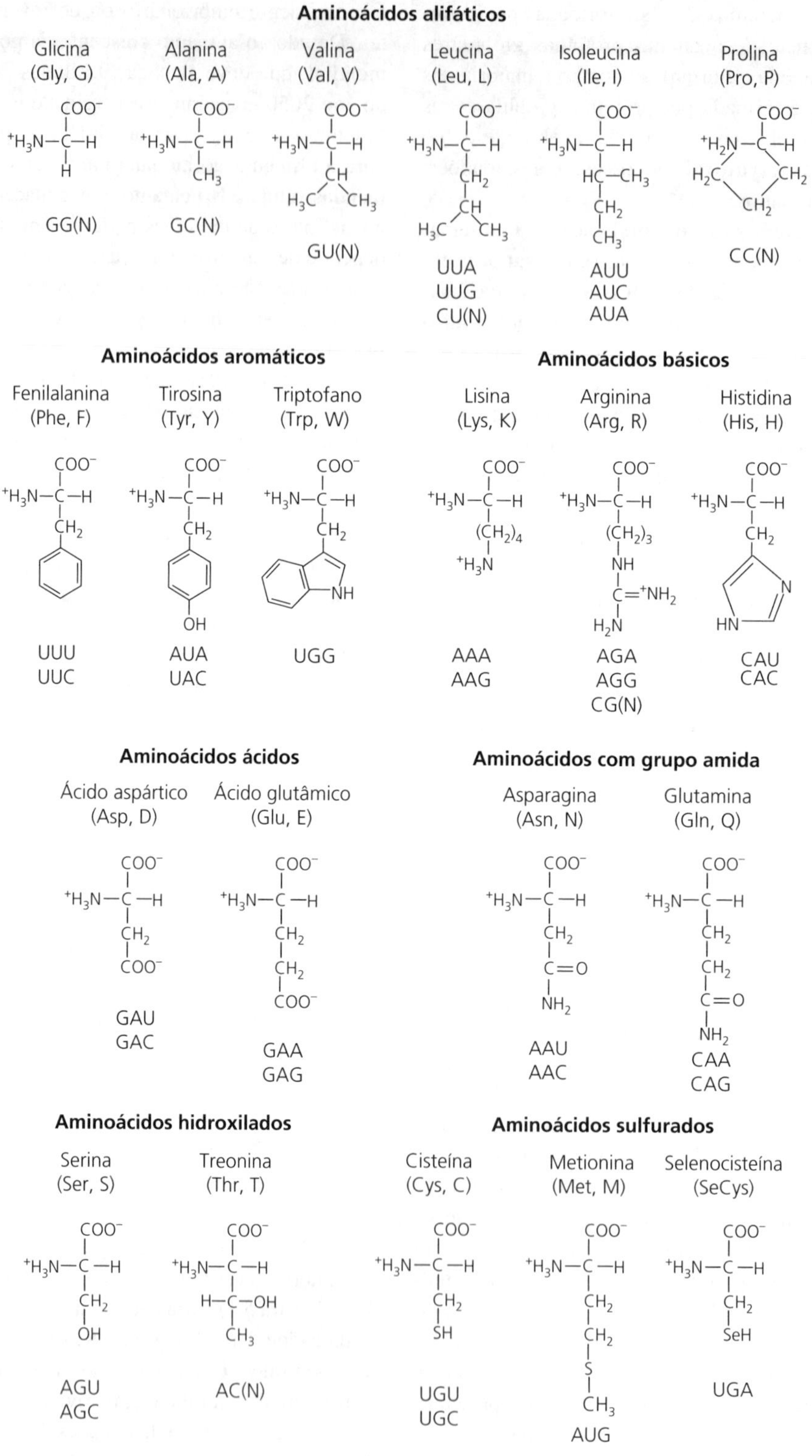

Aminoácidos alifáticos

Glicina (Gly, G)	Alanina (Ala, A)	Valina (Val, V)	Leucina (Leu, L)	Isoleucina (Ile, I)	Prolina (Pro, P)
GG(N)	GC(N)	GU(N)	UUA, UUG, CU(N)	AUU, AUC, AUA	CC(N)

Aminoácidos aromáticos

Fenilalanina (Phe, F)	Tirosina (Tyr, Y)	Triptofano (Trp, W)
UUU, UUC	AUA, UAC	UGG

Aminoácidos básicos

Lisina (Lys, K)	Arginina (Arg, R)	Histidina (His, H)
AAA, AAG	AGA, AGG, CG(N)	CAU, CAC

Aminoácidos ácidos

Ácido aspártico (Asp, D)	Ácido glutâmico (Glu, E)
GAU, GAC	GAA, GAG

Aminoácidos com grupo amida

Asparagina (Asn, N)	Glutamina (Gln, Q)
AAU, AAC	CAA, CAG

Aminoácidos hidroxilados

Serina (Ser, S)	Treonina (Thr, T)
AGU, AGC	AC(N)

Aminoácidos sulfurados

Cisteína (Cys, C)	Metionina (Met, M)	Selenocisteína (SeCys)
UGU, UGC	AUG	UGA

FIGURA 5.1 α-Aminoácidos primários que ocorrem em proteínas.

A maioria das proteínas naturais geralmente contém até 20 aminoácidos diferentes ligados entre si por meio de ligações amida. Destes, 19 aminoácidos contêm o grupo amina primário e 1 (prolina) contém um grupo imina secundário. Algumas enzimas (p. ex., a glutationa peroxidase e a formato desidrogenase) contêm selenocisteína, que foi reconhecida como um novo 21º aminoácido natural em proteínas [1]. Esses aminoácidos diferem apenas na natureza química do grupo R de cadeia lateral (Figura 5.1). Um tRNA especial específico da selenocisteína incorpora a selenocisteína a um número limitado de proteínas utilizando o códon de término UGA durante a tradução utilizando um mecanismo conhecido como recodificação traducional [2]. A análise bioinformática indica que existem pelo menos 25 genes codificando proteínas com selenocisteína no genoma humano [3].

Os aminoácidos listados na Figura 5.1 possuem códigos genéticos, incluindo a selenocisteína. Ou seja, cada um dos aminoácidos possui um tRNA específico que traduz a informação genética do mRNA em uma sequência de aminoácidos, durante a síntese proteica. Após as proteínas serem sintetizadas e liberadas dos ribossomos, as cadeias laterais de alguns dos resíduos de aminoácidos em proteínas selecionadas

Hidroxilisina   Hidroxiprolina   γ-Carboxiglutamato   Fosfosserina

Aminoácidos derivados

(5.2)

passam por uma modificação enzimática pós-traducional. Estes **aminoácidos derivados** são aminoácidos de ligações cruzadas ou derivados simples de aminoácidos isolados. As proteínas que contêm resíduos de aminoácidos derivados são chamadas de proteínas **conjugadas**. A cistina, que é formada por resíduos de cisteína com ligações cruzadas S–S, encontrada na maioria das proteínas, é um bom exemplo de aminoácido de ligação cruzada. Outros aminoácidos de ligação cruzada, como a desmosina, a isodesmosina e di e tritirosina, são encontrados em proteínas estruturais, como a elastina e a resilina. Vários derivados simples de aminoácidos são encontrados em diversas proteínas. Por exemplo, a 4-hidroxiprolina e a 5-hidroxilisina são encontradas no colágeno. Elas são o resultado de uma modificação pós-traducional durante a maturação da fibra do colágeno. A fosfosserina e a fosfotreonina são encontradas em várias proteínas, incluindo as caseínas. A N-metilisina é encontrada na miosina e o γ-carboxiglutamato é encontrado em vários fatores de coagulação do sangue e proteínas ligantes de cálcio.

5.2.1.2 Estereoquímica de aminoácidos

Com exceção da Gly, o átomo de carbono α de todos os aminoácidos é quiral devido aos quatro diferentes grupos ligados a ele. Em consequência, 19 dos 21 aminoácidos exibem atividade óptica, isto é, eles giram o plano da luz polarizada de modo linear. Além do átomo de carbono α, os átomos de carbono β da Ile e da Thr também são assimétricos e, portanto, tanto a Ile como a Thr podem existir em quatro formas enantioméricas. Entre os aminoácidos derivados, a hidroxiprolina e a hidroxilisina também contêm dois carbonos centrais assimétricos. Todas as proteínas encontradas na natureza contêm apenas L-aminoácidos. Convencionalmente, os enantiômeros L e D são representados, uma vez que essa nomenclatura se baseia nas configurações do D e do L-gliceraldeído, e não na direção real da rotação da luz polarizada de modo linear. Ou seja, a configuração L não se refere à rotação levógira como no caso do L-gliceraldeído. Na realidade, em sua maioria, os L-aminoácidos são dextrorrotatórios, e não levorrotatórios.

D-aminoácido   L-aminoácido

(5.3)

5.2.1.3 Propriedades acidobásicas e de polaridade relativa de aminoácidos

Como os aminoácidos contêm um grupo carboxílico (ácido) e um grupo amina (básico), eles se comportam tanto como ácidos quanto como bases, ou seja, eles são **anfólitos**. Por exemplo, a Gly, o mais simples de todos os aminoácidos, pode existir em três diferentes estados ionizados, dependendo do pH da solução (ver Equação 5.4).

Em pH próximo ao neutro, tanto os grupos α-amina como os α-carboxílicos são ionizados e a molécula se torna um **íon dipolar** ou **zwitteríon**. O pH no qual o íon dipolar se torna eletricamente neutro é chamado de "ponto isoelétrico" (pI). Quando o zwitteríon é titulado com um ácido, o grupo COO^- é protonado. O pH no qual as concentrações de COO^- e $COOH$ são iguais é conhecido como pK_{a1} (que é um logaritmo negativo da constante de dissociação ácida K_{a1}). Da mesma forma, quando o zwitteríon é titulado com uma base, o grupo NH_3^+ é desprotonado. Como antes, o pH no qual $[NH_3^+] = [NH_2]$ é conhecido como pK_{a2}. Uma típica curva de titulação eletrométrica para um aminoácido dipolar é apresentada na Figura 5.2. Além dos grupos α-amina e α-carboxílico, as cadeias laterais de Lys, Arg, His, Asp, Glu, Cys e Tyr também contêm grupos ionizáveis. Os valores do pK_{a3} de todos os grupos ionizáveis nos aminoácidos são fornecidos pela Tabela 5.1. Os pontos isoelétricos dos aminoácidos podem ser estimados a partir de seus valores de pK_{a1}, pK_{a2} e pK_{a3}, utilizando-se as seguintes expressões:

Para aminoácidos sem cadeia lateral carregada, $pI = (pK_{a1} + pK_{a2})/2$.

Para aminoácidos ácidos, $pI = (pK_{a1} + pK_{a3})/2$.

Para aminoácidos básicos, $pI = (pK_{a2} + pK_{a3})/2$.

Os subscritos 1, 2 e 3 referem-se aos grupos α-carboxílico, α-amina e aos grupos ionizáveis da cadeia lateral, respectivamente.

Nas proteínas, o α-COOH de um aminoácido é ligado covalentemente ao α-NH_2 do aminoáci-

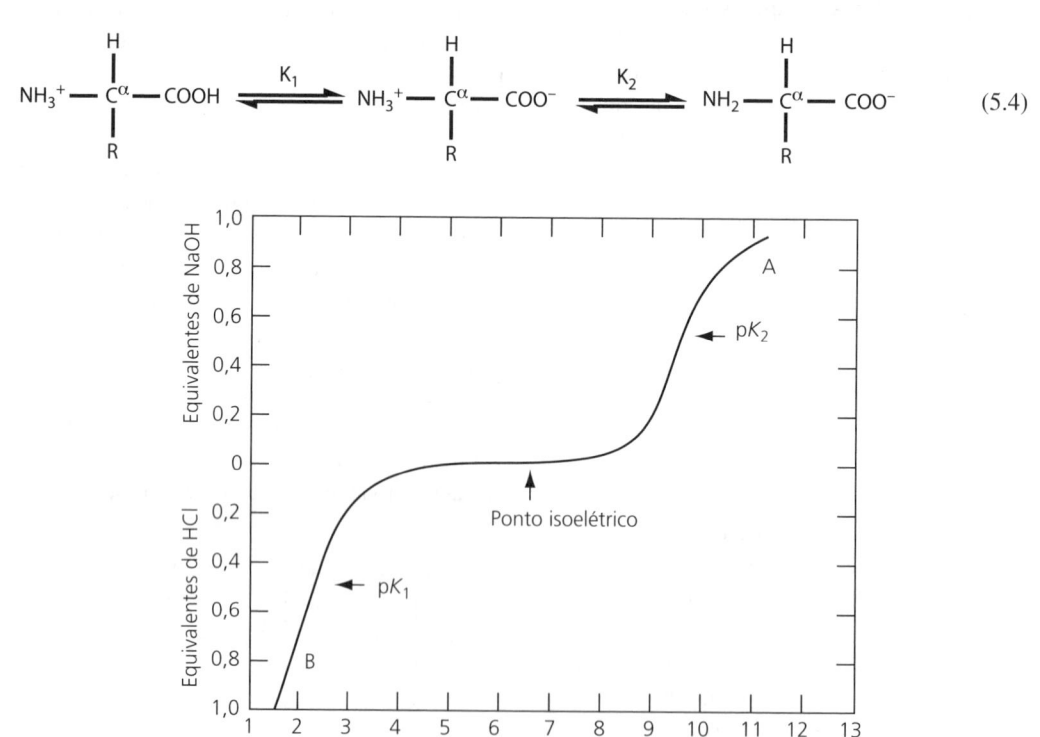

$$NH_3^+ - \underset{R}{\overset{H}{C^\alpha}} - COOH \underset{}{\overset{K_1}{\rightleftharpoons}} NH_3^+ - \underset{R}{\overset{H}{C^\alpha}} - COO^- \underset{}{\overset{K_2}{\rightleftharpoons}} NH_2 - \underset{R}{\overset{H}{C^\alpha}} - COO^- \quad (5.4)$$

FIGURA 5.2 Curva de titulação de um aminoácido típico. (De Tanford, C., *J. Am. Chem. Soc.*, 79, 5333, 1957.)

TABELA 5.1 Propriedades de grupos ionizáveis em aminoácidos livres a 25 °C

Aminoácido	pK_{a1} (–COOH)	pK_{a2} (NH_3^+)	pK_{a3} (cadeia lateral)	pI
Ácido aspártico	1,88	9,60	3,65	2,77
Ácido glutâmico	2,19	9,67	4,25	3,22
Alanina	2,34	9,69	—	6,00
Arginina	2,17	9,04	12,48	10,76
Asparagina	2,02	8,80	—	5,41
Cisteína	1,96	10,28	8,18	5,07
Fenilalanina	1,83	9,13	—	5,48
Glicina	2,34	9,60	—	5,98
Glutamina	2,17	9,13	—	5,65
Histidina	1,82	9,17	6,00	7,59
Isoleucina	2,36	9,68	—	6,02
Leucina	2,30	9,60	—	5,98
Lisina	2,18	8,95	10,53	9,74
Metionina	2,28	9,21	—	5,74
Prolina	1,94	10,60	—	6,30
Serina	2,20	9,15	—	5,68
Tirosina	2,20	9,11	10,07	5,66
Treonina	2,21	9,15	—	5,68
Triptofano	2,38	9,39	—	5,89
Valina	2,32	9,62	—	5,96

do seguinte na sequência da proteína por meio de uma ligação amida. Em consequência, os únicos grupos ionizáveis das proteínas são os grupos amina N-terminais, o grupo carboxílico C-terminal e os grupos ionizáveis das cadeias laterais. Os valores de pK_a dos grupos ionizáveis das proteínas são diferentes daqueles dos aminoácidos livres (Tabela 5.2). Mudanças significativas nos valores do pK_a das proteínas, em comparação àqueles dos aminoácidos livres, estão relacionadas à alteração nos ambientes dielétrico e eletrônico desses grupos na estrutura tridimensional das proteínas. (Essa propriedade é importante nas enzimas.)

O grau de ionização de um grupo ionizável em proteínas, bem como em aminoácidos em qualquer pH de solução dado pode ser determinado pelo uso da **equação de Henderson-Hasselbach**:

$$pH = pK_a + \log \frac{[\text{Base conjugada}]}{[\text{Ácido conjugado}]} \quad (5.5)$$

Utilizando-se a equação de Henderson-Hasselbach, a carga final (fracional) de um grupo ionizável pode ser determinada utilizando as seguintes equações: para grupos portadores de uma carga no estado de dissociação e desprovidos de carga no estado protonado (p. ex., carboxila, sulfidrila e grupos fenólicos), a carga fracional negativa do pH de qualquer solução é dada pela fórmula

$$\text{Carga negativa} = \frac{-1}{1 + 10^{(pK_a - pH)}} \quad (5.6)$$

Para grupos portadores de carga (positiva) no estado protonado e neutros no estado desprotonado (p. ex., grupos amina e guanidínio), a carga fracional positiva no pH de qualquer solução é dada pela fórmula

$$\text{Carga positiva} = \frac{1}{1 + 10^{(pH - pK_a)}} \quad (5.7)$$

A carga final de uma proteína ou peptídeo em um determinado pH pode ser estimada pelo somatório de todas as cargas positivas e negativas nesse pH.

Os aminoácidos podem ser classificados em várias categorias com base na natureza da inte-

TABELA 5.2 Valores médios de pK_a de grupos ionizáveis em proteínas

Grupo ionizável	pK_a	Forma ácida ↔ Forma básica
Terminal COOH	3,75	$-COOH \leftrightarrow -COO^-$
Terminal NH_2	7,8	$-NH_3^+ \leftrightarrow -NH_2$
Cadeia lateral COOH (Glu, Asp)	4,6	$-COOH \leftrightarrow -COO$
Cadeia lateral NH_2	10,2	$-NH_3^+ \leftrightarrow -NH_2$
Imidazol	7,0	(estruturas do imidazol)
Sulfidrila	8,8	$-SH \leftrightarrow -S^-$
Fenólico	9,6	(estruturas do fenol)
Guanidil[a]	13,8[a]	(estruturas do guanidil)

[a]Da Referência [117].

ração de suas cadeias laterais com a molécula de água. Aminoácidos com cadeias laterais alifáticas (Ala, Ile, Leu, Met, Pro e Val) e aromáticas (Phe, Trp e Tyr) são hidrofóbicos e, portanto, exibem solubilidade limitada em água (Tabela 5.3). Os aminoácidos polares (hidrofílicos) são completamente solúveis em água, podendo apresentar carga elétrica (Arg, Asp, Glu, His e Lys) ou serem sem carga elétrica (Ser, Thr, Asn, Gln e Cys). As cadeias laterais de Arg e de Lys contêm grupos guanidil e amina, respectivamente, e, desse modo, são carregadas positivamente (básicas) em pH neutro. O grupo imidazol da His é básico em estado natural. Entretanto, em pH neutro, sua carga final é apenas ligeiramente positiva. As cadeias laterais dos ácidos Asp e Glu contêm um grupo carboxílico. Esses aminoácidos apresentam uma carga final negativa, em pH neutro. Tanto os aminoácidos básicos como os ácidos são fortemente hidrofílicos. A carga final de uma proteína em condições fisiológicas depende da proporção de resíduos ácidos e básicos dos aminoácidos nela contidos.

As polaridades de aminoácidos neutros sem carga situam-se entre as polaridades dos aminoácidos hidrofóbicos e as dos aminoácidos com carga. A natureza polar da Ser e da Thr é atribuída ao grupo hidroxila que é capaz de ligar o hidrogênio à água. Como a Tyr também contém um grupo fenólico ionizável que se ioniza em pH alcalino, ela também é considerada um aminoácido polar. No entanto, com base em suas características de solubilidade em pH neutro, ela deveria ser considerada como um aminoácido hidrofóbico. O grupo amida da Asn e da Gln é capaz de interagir com a água por meio de ligações de hidrogênio. Quando ocorre hidrólise ácida ou alcalina, o grupo amida da Asn e da Gln é convertido em grupo carboxílico com liberação de amônia. A maioria dos resíduos de Cys em proteínas existe como cistina, que é um dímero de Cys produzido pela oxidação de grupos tiol para formar uma ligação cruzada dissulfeto.

A prolina é um aminoácido singular, pois é o único **iminoácido** das proteínas. Na prolina, a cadeia lateral propil é ligada covalentemente tanto ao átomo de carbono α como ao grupo α-amina, formando uma estrutura de anel de pirrolidina.

TABELA 5.3 Propriedades dos aminoácidos a 25 °C

Aminoácido	Massa molecular	Volume do resíduo, Δ^3	Área do resíduo,[a] Δ^2	Solubilidade (g L^{-1})	Hidrofobicidade (kcal mol^{-1})[b,c] (ΔG_{tr}^0)
Ala	89,1	89	115	167,2	0,4
Arg	174,2	173	225	855,6	−1,4
Asn	132,1	111	160	28,5	−0,8
Asp	133,1	114	150	5,0	−1,1
Cys	121,1	109	135	—	2,1
Gln	146,1	144	180	7,2 (37 °C)	−0,3
Glu	147,1	138	190	8,5	−0,9
Gly	75,1	60	75	249,9	0
His	155,2	153	195	—	0,2
Ile	131,2	167	175	34,5	2,5
Leu	131,2	167	170	21,7	2,3
Lys	146,2	169	200	739,0	−1,4
Met	149,2	163	185	56,2	1,7
Phe	165,2	190	210	27,6	2,4
Pro	115,1	113	145	620,0	1,0
Ser	105,1	89	115	422,0	−0,1
Thr	119,1	116	140	13,2	0,4
Trp	204,2	228	255	13,6	3,1
Tyr	181,2	194	230	0,4	1,3
Val	117,1	140	155	58,1	1,7

[a]Da Referência [118].
[b]Da Referência [119].
[c]Os valores de ΔG são relativos à glicina com base nos coeficientes de distribuição da cadeia lateral (K_{eq}) entre o 1-octanol e a água.

5.2.1.4 Hidrofobicidade de aminoácidos

Um dos principais fatores que afetam as propriedades físico-químicas de proteínas e peptídeos, tais como estrutura, solubilidade, propriedade de ligação a lipídeos, é a hidrofobicidade dos resíduos de aminoácidos constituintes [4]. A hidrofobicidade pode ser definida como o excesso de energia livre de um soluto dissolvido em água em comparação ao de um solvente orgânico em condições similares. A forma mais simples e direta de se estimar a hidrofobicidade das cadeias laterais dos aminoácidos ocorre mediante a determinação experimental das alterações de energia livre para a dissolução das cadeias laterais dos aminoácidos em água e em um solvente orgânico, como o octanol ou o etanol. O potencial químico de um aminoácido dissolvido em água pode ser expresso por:

$$\mu_{AA,a} = \mu_{AA,a}^o + RT\ln\left(\gamma_{AA,a} X_{AA,a}\right) \quad (5.8)$$

onde

$\mu_{AA,a}^o$ é o potencial químico padrão de um aminoácido.
$\gamma_{AA,a}$ é o coeficiente de atividade.
$X_{AA,a}$ é a concentração.
T é a temperatura absoluta.
R é a constante dos gases.

Do mesmo modo, o potencial químico de um aminoácido dissolvido em um solvente orgânico, por exemplo, o octanol, pode ser expresso como

$$\mu_{AA,oct} = \mu_{AA,oct}^o + RT\ln\left(\gamma_{AA,oct} X_{AA,oct}\right) \quad (5.9)$$

Em soluções saturadas, nas quais $X_{AA,a}$ e $X_{AA,oct}$ representam as solubilidades do aminoácido em água e em octanol, respectivamente, os potenciais químicos do aminoácido em água e octanol são os mesmos, isto é,

$$\mu_{AA,a} = \mu_{AA,oct} \quad (5.10)$$

Portanto,

$$\mu^0_{AA,oct} + RT\ln(\gamma_{AA,oct} X_{AA,oct}) = \mu^0_{AA,a} + RT\ln(\gamma_{AA,a} X_{AA,a}) \qquad (5.11)$$

O valor $\mu^0_{AA,a} - \mu^0_{AA,oct}$, que representa a diferença entre os potenciais químicos padrão decorrentes da interação do aminoácido com o octanol e com a água, pode ser definido como a mudança da energia livre $\Delta G^0_{tr,(oct \to a)}$ de transferência do aminoácido do octanol para a água. Desse modo, supondo-se que a proporção entre os coeficientes de atividade seja um, a equação supracitada pode ser expressa como

$$\Delta G^0_{tr,(oct \to a)} = -RT\ln\left(\frac{S_{AA,a}}{S_{AA,oct}}\right) \qquad (5.12)$$

onde $S_{AA,oct}$ e $S_{AA,a}$ representam as solubilidades em unidades de fração molar do aminoácido em octanol e em água, respectivamente.

Como ocorre com todos os outros parâmetros termodinâmicos, ΔG^0_{tr} é uma função aditiva. Isto é, se uma molécula possui dois grupos químicos, A e B, atraídos covalentemente, a ΔG^0_{tr} de transferência de um solvente para outro é a soma das variações de energia livre para a transferência dos grupos A e B. Isto é,

$$\Delta G^0_{tr,AB} = \Delta G^0_{tr,A} + \Delta G^0_{tr,B} \qquad (5.13)$$

A mesma lógica pode ser aplicada à transferência de um aminoácido do octanol para a água. Por exemplo, a Val pode ser considerada um derivado da Gly com uma cadeia lateral isopropil no átomo de carbono α.

```
            COO⁻
             |
    ⁺H₃N —— C —— H      Grupo glicil
             |
    - - - - - | - - - - -
             |
            CH
           / \
        H₃C   CH₃        Grupo propil
```

A variação de energia livre de transferência da valina do octanol para a água pode, então, ser considerada como

$$\Delta G^0_{tr,Val} = \Delta G^0_{tr,Gly} + \Delta G^0_{tr,cadeia\ lateral} \qquad (5.14)$$

ou

$$\Delta G^0_{tr,cadeia\ lateral} = \Delta G^0_{tr,Val} - \Delta G^0_{tr,Gly} \qquad (5.15)$$

Em outras palavras, a hidrofobicidade das cadeias laterais dos aminoácidos pode ser determinada pela subtração $\Delta G^0_{tr,Gly}$ de $\Delta G^0_{tr,AA}$.

Os valores de hidrofobicidade das cadeias laterais de aminoácidos, isto é, a variação de energia livre para a transferência da cadeia lateral de um aminoácido da fase do octanol para a fase da água, obtidos desse modo, são fornecidos na Tabela 5.3. As cadeias laterais de aminoácidos com grandes valores positivos de ΔG^0_{tr} são hidrofóbicas; elas se apresentam preferencialmente em fases orgânicas do que em fases aquosas. Em proteínas, esses resíduos de aminoácidos tendem a se localizar no interior da proteína e longe da água, onde a polaridade do ambiente é semelhante à da fase orgânica. Os resíduos de aminoácidos com valores negativos de ΔG^0_{tr} são hidrofílicos, sendo que esses resíduos costumam estar localizados na superfície das moléculas proteicas, em contato com a fase aquosa.

A hidrofobicidade de uma cadeia lateral apolar é uma função linear da área da superfície de contato entre a cadeia lateral apolar e a fase aquosa circundante, como demonstrado na Figura 5.3.

5.2.1.5 Propriedades ópticas de aminoácidos

Os aminoácidos aromáticos Trp, Tyr e Phe absorvem luz na região próxima do ultravioleta (250–300 nm). Além disso, Trp e Tyr também apresentam fluorescência na região UV. Os comprimentos de onda máximos de absorção e emissão de fluorescência dos aminoácidos aromáticos são fornecidos pela Tabela 5.4. Esses resíduos de aminoácidos são responsáveis pelas propriedades da absorção UV das proteínas na faixa de 250 a 300 nm, com absorção máxima próxima de 280 nm, para a maioria das proteínas. Uma vez que tanto as propriedades de absorção como as de fluorescência desses aminoácidos são influenciadas pela polaridade do seu ambiente, as mudanças das propriedades ópticas das proteínas costumam ser usadas como meio de controle das alterações conformacionais das proteínas.

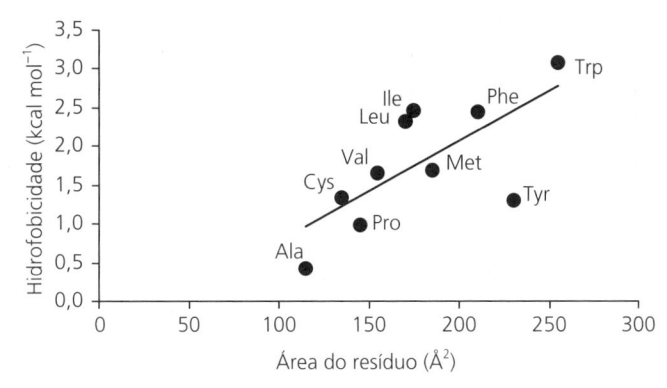

FIGURA 5.3 Correlação entre área de superfície e hidrofobicidade de resíduos apolares de aminoácidos.

5.2.2 Reatividade química de aminoácidos

Os grupos reativos, como amina, carboxílico, sulfidrila, fenólico, hidroxila, tioéter (Met), imidazol e guanil, em proteínas, podem participar de reações químicas de maneira semelhante a pequenas moléculas orgânicas que contenham esses grupos. Reações típicas de vários grupos com cadeia lateral estão representadas na Tabela 5.5. Várias dessas reações podem ser utilizadas para alterar as propriedades hidrofílicas e hidrofóbicas e as propriedades funcionais de proteínas e peptídeos. Algumas dessas reações também podem ser utilizadas na quantificação de aminoácidos e resíduos específicos de aminoácidos em proteínas. Por exemplo, as reações de aminoácidos com ninidrina, O-ftaldialdeído ou fluorescamina são utilizadas regularmente na quantificação de aminoácidos.

- **Reação com ninidrina:** é frequentemente utilizada na quantificação de aminoácidos livres. Quando um aminoácido reage com uma quantidade excessiva de ninidrina, para cada mol de aminoácido consumido formam-se um mol de amônia, um mol de aldeído, um mol de CO_2 e um mol de hidridantina (Equação 5.16). A amônia liberada reage posteriormente com um mol de ninidrina e um mol de hidridantina, formando um produto de cor púrpura, conhecido como púrpura de Ruhemann, o qual apresenta absorbância máxima em 570 nm. A partir de prolina e de hidroxiprolina, forma-se um produto de coloração amarela, que apresenta absorbância máxima em 440 nm. Essas reações de cor fornecem a base da determinação colorimétrica de aminoácidos.

$$(5.16)$$

TABELA 5.4 Absorbância e fluorescência em luz ultravioleta de aminoácidos aromáticos

Aminoácido	$\lambda_{máx}$ de absorbância (nm)	Coeficiente de extinção molar (L mol^{-1} cm^{-1})	$\lambda_{máx}$ de fluorescência (nm)
Fenilalanina	260	190	282[a]
Triptofano	278	5.500	348[b]
Tirosina	275	1.340	304[b]

[a]Excitação a 260 nm.
[b]Excitação a 280 nm.

TABELA 5.5 Reações químicas dos grupos funcionais em aminoácidos e proteínas

Tipo de reação	Reagente e condições	Produto	Observações
Grupos amina			
1. Alquilação redutora	HCHO, NaBH$_4$ (formaldeído)	$\text{R}-\overset{+}{\text{NH}}(\text{CH}_3)_2$	Útil como radiomarcador de proteínas
2. Guanidação	$\text{NH}=\text{C}(\text{O}-\text{CH}_3)-\text{NH}_2$ (O-metilisoureia) pH 10,6, 4 °C por 4 dias	$\text{R}-\text{NH}-\text{C}(=\text{NH}_2^+)-\text{NH}_2$	Converte a cadeia lateral de lisil em homoarginina
3. Acetilação	Anidrido acético	$\text{R}-\text{NH}-\text{C}(=\text{O})-\text{CH}_3$	Elimina a carga positiva
4. Succinilação	Anidrido succínico	$\text{R}-\text{NH}-\text{C}(=\text{O})-(\text{CH}_2)_2-\text{COOH}$	Introduz uma carga negativa nos resíduos de lisil
5. Tiolação	(Ácido tiparacônico) estrutura com COOH	$\text{R}-\text{NH}-\text{C}(=\text{O})-\text{CH}_2-\text{CH}(\text{COOH})-\text{CH}_2-\text{SH}$	Elimina a carga positiva e inicia um grupo tiol nos resíduos de lisil
6. Arilação	1-Fluoro-2,4-dinitrobenzeno (FDNB)	R–NH–(2,4-dinitrofenil)	Utilizada para a determinação de grupos amina
	2,4,6-Ácido trinitrobenzeno sulfônico (TNBS)	R–NH–(2,4,6-trinitrofenil)	O coeficiente de extinção é 1,1 × 10^4 M^{-1} cm^{-1} 367 nm; utilizada para determinar os resíduos reativos de lisil nas proteínas

(Continua)

TABELA 5.5 Reações químicas dos grupos funcionais em aminoácidos e proteínas (*Continuação*)

Tipo de reação	Reagente e condições	Produto	Observações
7. Desaminação	1,5 M NaNO$_2$ em ácido acético, 0 °C	R—OH + N$_2$ + H$_2$O	
Grupos carboxila			
1. Esterificação	Metanol ácido	®—COOCH$_3$ + H$_2$O	A hidrólise do éster ocorre em pH > 6,0
2. Redução	Boroidrato em tetraidrofurano, ácido trifluoracético	®—CH$_2$OH	
3. Descarboxilação	Ácidos, álcalis, tratamento por aquecimento	R—CH$_2$—NH$_2$	Ocorre apenas em aminoácidos, não em proteínas
Grupo sulfidrila			
1. Oxidação	Ácido perfórmico	®—CH$_2$—SO$_3$H	
2. Bloqueio	CH$_2$—CH$_2$ \ NH (Etilenoimina)	®—CH$_2$—S—(CH$_2$)$_2$—NH$_3^+$	Introduz grupos amina
	Ácido iodoacético	®—CH$_2$—S—CH$_2$—COOH	Introduz um grupo amina
	CH—CO \ CH—CO / O (Anidrido maleico)	®—CH$_2$—S—CH—COOH | CH$_2$—COOH	Introduz duas cargas negativas para cada grupo SH bloqueado
	p-Mercuribenzoato	®—CH$_2$—S—Hg—⟨C$_6$H$_4$⟩—COO$^-$	O coeficiente de extinção para esse derivado a 250 nm (pH 7) é 7500 M^{-1}cm^{-1}; essa reação é utilizada para determinar o conteúdo de SH das proteínas
	N-Etilmaleimida	®—CH$_2$—S—CH—CO \ CH$_2$—CO / NH	Utilizada para bloquear grupos SH

(*Continua*)

TABELA 5.5 Reações químicas dos grupos funcionais em aminoácidos e proteínas (*Continuação*)

Tipo de reação	Reagente e condições	Produto	Observações
	5,5'-Ditiobis (2-ácido nitrobenzoico) (DTNB)	R—S—S—⟨benzeno com COO⁻ e NO₂⟩ + ⁻S—⟨benzeno com COO⁻ e NO₂⟩ (Tionitrobenzoato)	Um mol de tionitrobenzoato é liberado: o ε_{412} do tionitrobenzoato é 13.600 $M^{-1} cm^{-1}$; essa reação é utilizada para determinar grupos SH em proteínas
Serina e treonina			
1. Esterificação	CH_3-COCl	R—O—C(=O)—CH₃	
Metionina			
1. Halogenetos de alquila	CH_3I	R—CH₂—S⁺(CH₃)—CH₃	
2. β-Propiolactona	CH₂—CH₂—CO—O (anel)	R—CH₂—S⁺(CH₃)—CH—CH₂—COOH	

$$\text{(reação esquemática)} \quad (5.17)$$

A reação com ninidrina costuma ser utilizada para determinar a composição de aminoácidos de proteínas. Nesse caso, a proteína é inicialmente hidrolisada em meio ácido, formando aminoácidos. Os aminoácidos livres são então separados e identificados utilizando-se cromatografia hidrofóbica/troca iônica. Os eluatos da coluna reagem com a ninidrina, sendo quantificados por medição da absorbância a 570 e 440 nm.

- **Reação com *O*-ftaldialdeído:** a reação dos aminoácidos com *O*-ftaldialdeído (1,2-benzeno dicarbonal) na presença de 2-mercaptoetanol produz um derivado altamente fluorescente que apresenta excitação máxima a 380 nm e emissão de fluorescência máxima a 450 nm (ver Equação 5.17).
- **Reação com fluorescamina:** a reação de aminoácidos, peptídeos e proteínas que contêm aminas primárias com fluorescamina produz um deivado altamente fluorescente com emissão de fluorescência máxima em 475 nm quando excitado em 390 nm. Esse método pode ser utilizado na quantificação de aminoácidos, bem como na quantificação de proteínas e peptídeos (ver Equação 5.18).

5.2.3 Resumo

- As proteínas são compostas por 21 aminoácidos naturais. A selenocisteína foi reclassificada como o 21º aminoácido.
- As propriedades acidobásicas dos resíduos de aminoácidos em uma proteína determinam a carga final da proteína em um determinado pH da solução.
- A hidrofobicidade dos resíduos de aminoácidos é definida como a variação de energia livre para a transferência de uma cadeia lateral de um resíduo de uma fase orgânica para uma fase aquosa. O octanol é utilizado como um solvente de referência, uma vez que sua constante dielétrica é semelhante àquela do interior de uma proteína.
- Os resíduos aromáticos de aminoácidos nas proteínas são responsáveis pela absorção das proteínas no espectro próximo ao UV.

5.3 ESTRUTURA DE PROTEÍNAS

5.3.1 Hierarquia estrutural de proteínas

Existem quatro níveis estruturais em proteínas: **primário**, **secundário**, **terciário** e **quaternário**.

5.3.1.1 Estrutura primária

A estrutura primária de uma proteína refere-se à sequência linear, na qual os aminoácidos constituintes são covalentemente ligados por meio de ligações amida, também chamadas de ligações peptídicas. A ligação amida resulta da condensação do grupo α-carboxílico de um determinado aminoácido (*i*) e do grupo α-amina do aminoácido *i* + 1, com a remoção de uma molécula de água. Nessa sequência linear, todos os resíduos de aminoácidos encontram-se na configuração L.

$$\text{Fluorescamina} + R-CH(NH_2)-COOH \longrightarrow \text{produto} + H_2O \quad (5.18)$$

Uma proteína com n resíduos de aminoácidos contém $n - 1$ ligações peptídicas.

$$-NH-\underset{R_1}{CH}-COOH + NH_2-\underset{R_2}{CH}-COOH$$

$$\downarrow -H_2O$$

$$-NH-\underset{R_1}{CH}\underset{}{\boxed{-C(=O)-N}}-\underset{R_2}{CH}-COOH \quad (5.19)$$

Ligação peptídica

A extremidade com o grupo α-amina livre é conhecida como N-terminal, e a com o grupo α-COOH livre é conhecida como C-terminal. Por convenção, N-terminal representa o início, e C-terminal, o final da cadeia polipeptídica quando a informação da sequência primária é indicada.

O comprimento da cadeia (n) e a sequência na qual os resíduos n estão ligados atuam como um código para a formação de estruturas secundárias e terciárias, resultando nas propriedades físico-químicas, estruturais e biológicas de uma proteína. A massa molecular das proteínas varia de alguns milhares de dáltons (Da) para mais de 1 milhão de Da. Por exemplo, a titina, que é uma proteína de cadeia simples encontrada no músculo, apresenta massa molecular de mais de 1 milhão de Da, enquanto a secretina apresenta uma massa molecular de ≈ 2.300 Da. A massa molecular da maioria das proteínas se encontra na faixa entre 10.000 e 100.000 Da.

A sequência de polipeptídeos pode ser descrita como unidades repetitivas de $-N-C-C^\alpha-$ ou $-^\alpha C-C-N$. A expressão $-NH-^\alpha CHR-CO-$ refere-se a um resíduo de aminoácido, considerando que $-^\alpha CHR-CO-NH-$ (ver Equação 5.20) representa

Resíduo de aminoácido

$$\boxed{-NH-\underset{R_i}{^\alpha CH}-\boxed{C(=O)-N}-\underset{R_{i+1}}{^\alpha CH}-COOH}$$

← Unidade peptídica

(5.20)

uma **unidade peptídica**. Embora a ligação CO–NH seja descrita como uma ligação covalente simples, na verdade ela tem um caráter parcial de ligação dupla devido à estrutura de ressonância provocada pela deslocalização de elétron (Equação 5.21).

$$-C(=O)-\underset{H}{N}- \rightleftharpoons -C(-O^-)=\underset{H}{N^+}-$$

(5.21)

$$-C-\overset{O^{-(-0,42)}}{\underset{H^{+(+0,2)}}{C\cdots N}}-C \quad \text{Comprimento do dipolo} = 0,88 \text{ Å}$$

Essa propriedade apresenta várias implicações estruturais importantes nas proteínas.

• Primeiro, a estrutura de ressonância evita a protonação do grupo N–H do peptídeo.
• Segundo, em decorrência do caráter parcial de ligação dupla, a rotação da ligação CO–NH é restrita a um máximo de 6°, conhecido como ângulo ω. Devido a essa restrição, cada segmento de seis átomos ($-C^\alpha-CO-NH-C^\alpha-$) da sequência peptídica encontra-se em um único plano. A sequência polipeptídica, em essência, pode ser descrita como uma série de planos $-C^\alpha-CO-NH-C^\alpha-$ ligados ao longo dos átomos C^α, como mostrado na Equação 5.22. Como as ligações peptídicas constituem cerca de um terço do total das ligações covalentes da sequência, sua liberdade rotacional restrita reduz drasticamente a flexibilidade da sequência. Apenas as ligações $N-C^\alpha$ e $C^\alpha-C$ apresentam liberdade rotacional, sendo denominadas ângulos diedrais φ (*phi*) e ψ (*psi*), respectivamente. Elas também são conhecidas como ângulos de torsão da cadeia principal.

$$-^\alpha C - \underset{R_1}{C(=O)} = \underset{H}{N} - ^\alpha C - \underset{R_3}{C(=O)} = \underset{H}{N} - ^\alpha C - \underset{}{C(=O)} = \underset{H}{N} - ^\alpha C -$$

(com R_2, R_4 acima)

(5.22)

- Terceiro, a deslocalização de elétrons também confere uma carga parcial negativa ao átomo de oxigênio da carbonila e uma carga parcial positiva ao átomo de hidrogênio do grupo N–H. Assim, as ligações de hidrogênio (**interação dipolo-dipolo**) entre os grupos C=O e N–H da cadeia peptídica são possíveis em condições adequadas.
- Outra consequência da natureza parcial de ligação dupla da ligação peptídica é que os quatro átomos anexados à ligação peptídica podem estar presentes na configuração *cis* ou *trans*. Entretanto, quase todas as ligações peptídicas das proteínas estão presentes na configuração *trans*.

$$
\begin{array}{cc}
\text{trans} & \text{cis}
\end{array}
\tag{5.23}
$$

Isso ocorre porque a configuração *trans* é termodinamicamente mais estável que a configuração *cis*. Como a transformação *trans* → *cis* aumenta a energia livre da ligação peptídica em 8,3 kcal mol^{-1}, a isomerização das ligações peptídicas não ocorre em proteínas. Uma exceção são as ligações peptídicas que envolvem resíduos de prolina. Como a variação de energia livre da transformação *trans* → *cis* da ligação peptídica que envolve resíduos de prolina é de aproximadamente apenas 1,86 kcal mol^{-1}, em altas temperaturas, essas ligações peptídicas algumas vezes sofrem isomerização *trans* → *cis*.

Embora as ligações N–C$^\alpha$ e C$^\alpha$–C sejam, de fato, ligações simples, e, portanto, os ângulos diedrais ϕ e ψ possam, teoricamente, ter liberdade rotacional de 360°, na verdade sua liberdade rotacional é restringida por limitações estéricas dos átomos da cadeia lateral. Essas restrições diminuem ainda mais a flexibilidade da cadeia polipeptídica.

5.3.1.2 Estrutura secundária

A estrutura secundária refere-se ao arranjo espacial periódico dos resíduos de aminoácido em alguns segmentos da cadeia polipeptídica. As estruturas periódicas surgem quando resíduos de aminoácidos consecutivos de um segmento compreendem o mesmo conjunto de ângulos de torsão ϕ e ψ. A torção desses ângulos é orientada por interações não covalentes de curto alcance ou de proximidade entre as cadeias laterais dos aminoácidos, o que leva à diminuição da energia livre local. A estrutura **aperiódica** ou **aleatória** refere-se às regiões da cadeia polipeptídica onde resíduos sucessivos de aminoácidos possuem diferentes conjuntos de ângulos de torção ϕ e ψ.

Em geral, duas formas de estruturas secundárias periódicas (regulares) são encontradas nas proteínas, a saber, estruturas helicoidais e do tipo folha estendida. Características geométricas de várias estruturas regulares encontradas em proteínas são fornecidas pela Tabela 5.6.

5.3.1.2.1 Estruturas helicoidais

As estruturas helicoidais das proteínas são formadas quando os ângulos ϕ e ψ de resíduos consecutivos de aminoácidos são torcidos para alcançar um mesmo conjunto de valores. Ao selecionar diferentes combinações de ângulos ϕ e ψ, é teoricamente possível que se criem vários tipos de estruturas helicoidais com diferentes formas geométricas. Entretanto, a α-hélice é a estrutura helicoidal predominante encontrada nas proteínas, uma vez que é a mais estável de todas as estruturas helicoidais. Os segmentos curtos da 3$_{10}$-hélice também podem estar presentes em várias proteínas globulares.

A configuração geométrica da α-hélice é apresentada na Figura 5.4. O passo dessa hélice, isto é, o aumento do comprimento axial por rotação, é de 5,4 Å. Cada rotação helicoidal envolve 3,6 resíduos de aminoácidos, sendo que cada um aumenta o comprimento axial em 1,5 Å. O ângulo de rotação do eixo por resíduo é de 100° (i.e., 360°/3,6). Nessa configuração, as cadeias laterais dos aminoácidos estão orientadas perpendicularmente ao eixo da hélice.

A α-hélice é estabilizada por ligações de hidrogênio. Nessa estrutura, cada sequência de grupo N–H é ligada por ligação de hidrogênio ao grupo C=O do quarto resíduo anterior. Treze

TABELA 5.6 Características geométricas das conformações dos polipeptídeos regulares

Estrutura	φ	ψ	n	r	h (Å)	t
α-Hélice destra	−58°	−47°	3,6	13	1,5	100°
π-Hélice	−57°	−70°	4,4	16	1,15	81,8°
3_{10}-Hélice	−49°	−26°	3	10	2	120°
Lâminas β paralelas	−119°	+113°	2	—	3,2	—
Lâminas β antiparalelas	−139°	+135°	2	—	3,4	—
Poliprolina I (cis)	−83°	+158°	3,33		1,9	
Poliprolina II (trans)	−78°	+149°	3,00		3,12	

φ e ψ representam os ângulos diédricos das ligações N–C_α e C_α–C, respectivamente; n é o número de resíduos por volta; r é o número de átomos da cadeia no interior de uma alça de hélice formada por ligações de hidrogênio; h é a elevação da hélice por resíduo de aminoácido; t = 360 °C/n, giro da hélice por resíduo.

átomos da sequência encontram-se nessa volta mantida por ligações de hidrogênio, de modo que a α-hélice algumas vezes é chamada de hélice $3,6_{13}$ (Figura 5.4). As ligações de hidrogênio são orientadas paralelamente ao eixo da hélice, e os átomos N, H e O da ligação de hidrogênio encontram-se quase em linha reta, isto é, o ângulo da ligação de hidrogênio é quase zero. O comprimento da ligação de hidrogênio, isto é, a distância N−H⋯O, é de ≈ 2,9 Å e a força dessa ligação é de ≈ 4,5 kcal mol^{-1}. A α-hélice pode existir tanto na orientação para a direita como para a esquerda. Elas são imagens especulares uma da outra. Contudo, a orientação para a direita é a mais comum nas proteínas naturais.

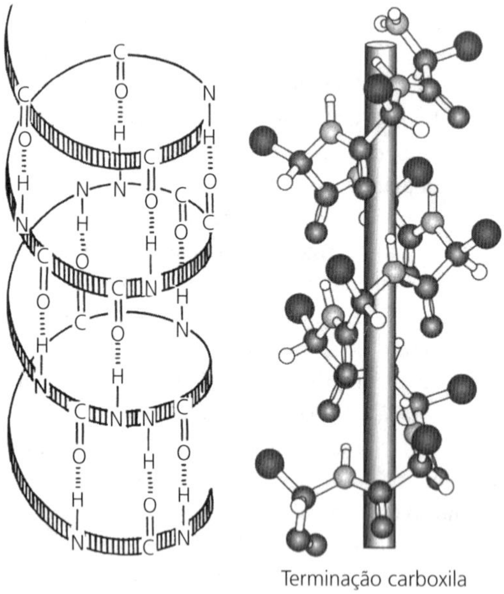

Os detalhes da formação da α-hélice são incorporados como um código binário na sequência dos aminoácidos. Esse código está relacionado à disposição dos resíduos polares e apolares da sequência. Segmentos polipeptídicos com repetição de sequências de sete aminoácidos (hepteto) –P–N–P–P–N–N–P–, em que P e N são resíduos polares e apolares, respectivamente, formam rapidamente α-hélices em soluções aquosas [5]. O código binário determina a formação da α-hélice, e não a composição específica dos resíduos polares e apolares da sequência do hepteto. Pequenas variações no código binário do hepteto são toleradas, desde que outras interações inter ou intramoleculares sejam favoráveis à formação da α-hélice. Por exemplo, a tropomiosina, uma proteína muscular, existe inteiramente na forma de bastão α-helicoidal do tipo hélice superenrolada (coiled coil). A repetição da sequência do hepteto nessa proteína é –N–P–P–N–P–P–P–, sendo um pouco diferente da sequência supracitada. Apesar dessa variação, a tropomiosina existe por completo na forma de α-hélice devido a outras interações estabilizadoras no bastão superenrolado [6].

A maior parte da estrutura α-helicoidal encontrada nas proteínas é de caráter anfifílico, isto

FIGURA 5.4 Arranjo espacial de polipeptídeos em uma α-hélice. (De https://www.google.com/search?q=alpha+helix.)

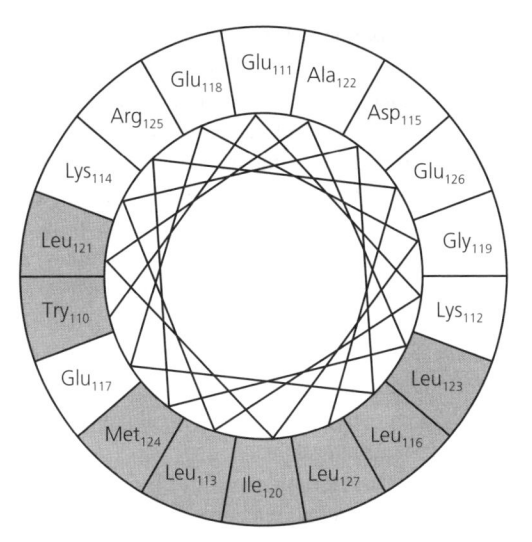

FIGURA 5.5 Vista transversal da estrutura helicoidal dos resíduos 110 a 127 do hormônio de crescimento bovino. A parte superior da roda helicoidal (não preenchida) representa a superfície hidrofílica, e a base (preenchida) representa a superfície hidrofóbica da hélice anfifílica. (De He, X.M. e Carter, D.C., Atomic structure and chemistry of human serum albumin, *Nature*, 358, 209–214, 1992. Reimpresso, com permissão, de AAAS.)

é, uma das metades da superfície da hélice é ocupada por resíduos hidrofóbicos, e a outra, por resíduos hidrofílicos. Isso é demonstrado esquematicamente, sob a forma de uma roda α-helicoidal, na Figura 5.5. Na maioria das proteínas, a superfície não polar da hélice volta-se para o interior da proteína, estando geralmente envolvida em interações hidrofóbicas com outras superfícies apolares.

Em resíduos de prolina, devido à estrutura de anel, formada pela ligação covalente da cadeia lateral propil com o grupo amina, a rotação da ligação N–C^α não é possível e, portanto, o ângulo ϕ possui o valor fixo de 70°. Além disso, uma vez que não há hidrogênio ligado ao átomo de nitrogênio, ele não pode formar ligações de hidrogênio. Em virtude desses dois atributos, os segmentos que contêm resíduos de prolina não podem formar α-hélice. Na verdade, a prolina é considerada um aminoácido que quebra a α-hélice. As proteínas que contêm altos níveis de resíduos de prolina tendem a assumir uma estrutura aleatória ou aperiódica. Por exemplo, os resíduos de prolina constituem ≈ 17% do total de resíduos de aminoácidos na β-caseína, e 8,5%, na α_{s1}-caseína, e em decorrência da distribuição uniforme desses resíduos em suas estruturas primárias, as α-hélices e outras estruturas secundárias não estão presentes nessas proteínas. Entretanto, a poliprolina é capaz de formar dois tipos de estruturas helicoidais, denominadas "poliprolina I" e "poliprolina II". Na poliprolina I, as ligações peptídicas estão na configuração *cis*, e na II, estão na *trans*. Outras características geométricas dessas hélices são fornecidas pela Tabela 5.6. O colágeno, que é a proteína animal mais abundante, apresenta-se como hélice poliprolina tipo II. No colágeno, em média, todo terceiro resíduo é uma glicina, que, em geral, é seguida de um resíduo de prolina. Três cadeias polipeptídicas são entrelaçadas, formando uma tripla-hélice, com a estabilidade desta mantida por ligações de hidrogênio intercadeias. Essa estrutura de tripla-hélice singular é responsável pela alta força de tensão do colágeno.

5.3.1.2.2 Estrutura da folha β

A **folha β** é uma estrutura estendida com formas geométricas específicas, apresentadas na Tabela 5.6. Nessa forma estendida, os grupos C=O e N–H são orientados perpendicularmente em relação à cadeia polipeptídica e, portanto, ligações de hidrogênio são possíveis apenas entre segmentos (intersegmento), e não dentro de um segmento (intrassegmento). As fitas β costumam ser compostas de 5 a 15 resíduos de aminoácidos. Nas proteínas, duas fitas β da mesma molécula interagem via ligações de hidrogênio, formando uma estrutura laminar conhecida como folha β-pregueada. Na estrutura laminar, as cadeias laterais são orientadas perpendicularmente (acima e abaixo) em relação ao plano da lâmina. Dependendo das orientações direcionais N → C das fitas, podem formar-se dois tipos de estruturas de folha β-pregueada, denominadas **folha β paralela** e **folha β antiparalela** (Figura 5.6). Na folha β paralela, as orientações N → C das fitas β correm paralelas, enquanto na outra, elas correm em direções opostas. Essas diferenças de orientação das cadeias afetam a configuração geométrica das ligações de hidrogênio.

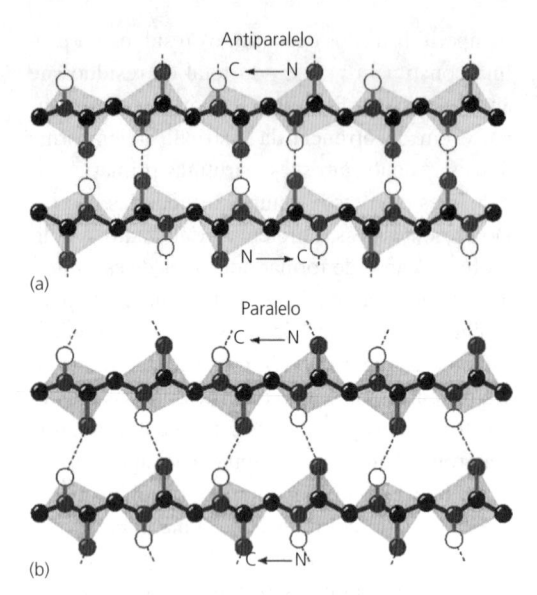

FIGURA 5.6 Folhas β (a) paralelas e (b) antiparalelas. As linhas pontilhadas representam as ligações de hidrogênio entre os grupos de peptídeos. As cadeias laterais dos átomos de C_α são orientadas perpendicularmente (para cima ou para baixo), em relação à direção da cadeia principal. (De Brutlag, D.L., Advanced molecular biology course, http://cmgm.stanford.edu/biochem201/slides/protein structure, 2000.)

Nas folhas β antiparalelas, os átomos N—H···O posicionam-se em linha reta (ângulo zero da ligação H), aumentando a estabilidade da ligação de hidrogênio, ao passo que nas folhas β paralelas, elas se posicionam em um ângulo, reduzindo a estabilidade das ligações de hidrogênio. As folhas β antiparalelas são, portanto, mais estáveis do que as folhas β paralelas.

O código binário que especifica a formação das estruturas das folhas β nas proteínas é –N–P–N–P–N–P–N–P–. Claramente, os segmentos polipeptídicos que contêm resíduos alternados polares e apolares apresentam forte propensão a formar estruturas de folha β. Segmentos ricos em volumosas cadeias laterais hidrofóbicas, como Val e Ile, também tendem a formar folhas β. Como esperado, alguma variação no código é tolerada.

A estrutura de folha β costuma ser mais estável do que a de α-hélice. As proteínas que contêm grandes frações de folha β costumam exibir altas temperaturas de desnaturação. Exemplos disso são a β-lactoglobulina (51% de folha β) e a globulina 11S da soja (64% de folha β), as quais apresentam temperaturas de desnaturação térmica de 75,6 e 84,5 °C, respectivamente. Por outro lado, a temperatura de desnaturação da albumina sérica bovina, que tem 64% de estrutura α-hélice, é de apenas $\approx$ 64 °C [7]. Quando soluções de proteínas do tipo α-hélice são aquecidas e resfriadas, a α-hélice é geralmente convertida em folha β [7]. A conversão da estrutura α-hélice em folha β ocorre espontaneamente em príons em determinadas condições da solução [8]. Entretanto, a conversão de folha β para α-hélice induzida por calor ainda não foi observada em proteínas.

Outra característica estrutural comum encontrada em proteínas é a curva β ou volta β. Ela ocorre como resultado da inversão de 180° da cadeia polipeptídica envolvida na formação da folha β. A curva do tipo fechada (*hairpin-type*) resulta da formação de folha β antiparalela, ao passo que uma curva *crossover* resulta da formação da folha β paralela. Em geral, a curva β envolve um segmento de quatro resíduos dobrando-se sobre si mesmos, sendo a curva estabilizada por uma ligação de hidrogênio. Os resíduos dos aminoácidos Asp, Cys, Asn, Gly, Tyr e Pro são comuns em curvas β.

Os conteúdos de α-hélice e folha β de várias proteínas são fornecidos pela Tabela 5.7.

5.3.1.3 Estrutura terciária

A estrutura terciária refere-se ao arranjo espacial de equilíbrio alcançado quando a cadeia linear da proteína com segmentos da estrutura secundária dobra-se ainda mais em uma forma tridimensional compacta. As estruturas terciárias da β-lactoglobulina e da faseolina (proteína de armazenamento do feijão) são apresentadas na Figura 5.7. A transformação de uma proteína de uma configuração linear (estrutura primária) em uma estrutura terciária dobrada é um processo complexo. No nível molecular, as particularidades da formação da estrutura terciária da proteína estão presentes em sua sequência de aminoácidos, isto é, quando uma proteína nativa é desnaturada, ela se dobra de volta à sua estrutura terciária dobrada original com a remoção do desnaturante. A partir da perspectiva termodinâmica, a formação da

TABELA 5.7 Conteúdo da estrutura secundária de proteínas globulares selecionadas[a]

Proteína	% de α-hélice	% de folha β	% de curva β	% de aperiódico
Desoxiemoglobina	85,7	0	8,8	5,5
Albumina sérica bovina	67,0	0	0	33,0
α_{s1}-Caseína	15,0	12,0	19,0	54,0
β-Caseína	12,0	14,0	17,0	57,0
κ-Caseína	23,0	31,0	14,0	32,0
Quimotripsinogênio	11,0	49,4	21,2	18,4
Imunoglobulina G	2,5	67,2	17,8	12,5
Insulina (dímero)	60,8	14,7	10,8	15,7
Inibidor da tripsina bovina	25,9	44,8	8,8	20,5
Ribonuclease A	22,6	46,0	18,5	12,9
Lisozima de ovo	45,7	19,4	22,5	12,4
Ovomucoide	26,0	46,0	10,0	18,0
Ovoalbumina	49,0	13,0	14,0	24,0
Papaína	27,8	29,2	24,5	18,5
α-Lactoalbumina	26,0	14,0	0	60,0
β-Lactoglobulina	6,8	51,2	10,5	31,5
Soja 11S	8,5	64,5	0	27,0
Soja 7S	6,0	62,5	2,0	29,5
Faseolina	10,5	50,5	11,5	27,5
Mioglobina	79,0	0	5,0	16,0

[a]Os valores representam a porcentagem do número total de resíduos de aminoácidos.
Fonte: compilada a partir de várias fontes.

estrutura terciária envolve a otimização de várias interações favoráveis não covalentes (hidrofóbicas, eletrostáticas, de Van der Waals e ligações de hidrogênio) no interior da molécula de proteína, de modo que essas forças superem o efeito desestabilizante da entropia conformacional da cadeia polipeptídica, a fim de que a energia livre final da molécula seja reduzida ao valor mínimo possível [9]. A reconfiguração mais importante que acompanha a redução da energia livre durante a formação da estrutura terciária é a realocação da maioria dos resíduos hidrofóbicos no interior da estrutura proteica afastando-se do ambiente aquoso e, ainda, a realocação da maioria dos resíduos hidrofílicos, sobretudo dos resíduos com carga elétrica para a interface proteína-água. Embora exista uma forte tendência para que resíduos hidrofóbicos sejam inseridos no interior da proteína, em geral, isso pode ser realizado apenas parcialmente devido a limitações estéricas. De fato, na maioria das proteínas globulares, os resíduos apolares ocupam ≈ 40 a 50% da superfície acessível à água [10]. Além disso, alguns grupos polares são inevitavelmente inseridos no interior das proteínas. Entretanto, esses grupos polares inseridos são invariavelmente ligados por meio de ligações de hidrogênio a outros grupos polares, de forma que suas energias livres sejam minimizadas no ambiente apolar do interior da proteína. A proporção de superfícies apolares em relação às polares na superfície da proteína influencia várias de suas propriedades físico-químicas.

O dobramento de uma proteína a partir de uma estrutura aleatória, que resulta em uma estrutura terciária dobrada, é acompanhado pela redução da área de interface proteína-água. Uma das teorias propostas para explicar o dobramento da proteína é o **efeito de volume excluído**. De acordo com essa teoria, o custo energético da criação de uma cavidade na molécula de água, em oposi-

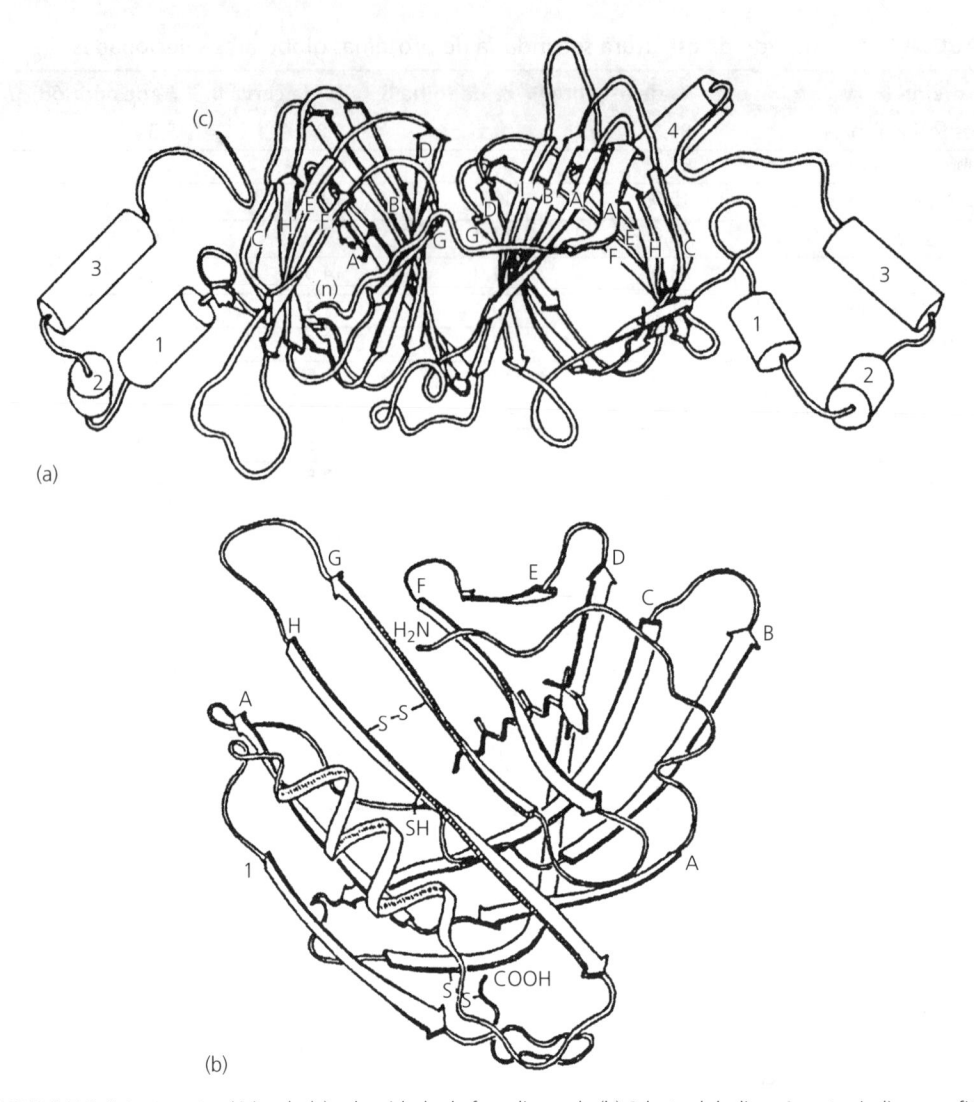

FIGURA 5.7 Estruturas terciárias da (a) subunidade da faseolina e da (b) β-lactoglobulina. As setas indicam as fitas de folha β e os cilindros indicam a α-hélice. ([a]: De Lawrence, M.C. et al., *EMBO J.*, 9, 9, 1990; [b]: Papiz, M.Z. et al., *Nature*, 324, 383, 1986.)

ção à sua energia coesiva, para abrigar uma molécula de proteína, é maior no estado não dobrado do que na proteína dobrada, que apresenta uma área de superfície acessível à água menor [11,12]. A diferença entre o custo energético da formação de uma cavidade pequena no estado dobrado em oposição à formação de uma cavidade grande no estado não dobrado atua como uma força propulsora (força solvofóbica) para a dobra da proteína. Dito de outra forma, o efeito de volume excluído está fundamentalmente relacionado à tensão na interface proteína-água, e a dobra proteica ocorre para minimizar a área da interface proteína-água.

A "área de interface acessível" de uma proteína é definida como a área da interface total de um espaço tridimensional ocupado pela proteína, determinado pela rolagem, hipotética, de uma molécula esférica de água com raio 1,4 Å ao longo de toda a superfície da molécula de proteína. O exame da área de superfície acessível da água de um grande número de proteínas globulares nativas mostrou que a área de interface acessível (em Å²) é uma função simples da massa molecular, M, de uma proteína, apresentada na equação 5.10:

$$A_s = 6,3 \, M^{0,73} \quad (5.24)$$

Por outro lado, a área da interface acessível total de um polipeptídeo nascente, em seu estado estendido (i.e., molécula toda estendida sem as estruturas secundária, terciária ou quaternária) também está correlacionada à massa molecular de acordo com a equação 5.10:

$$A_t = 1,48M + 21 \quad (5.25)$$

A área de superfície final de uma proteína que se dobrou durante a formação de uma estrutura terciária globular é

$$A_b = A_t - A_s = (1,48 + 21) - 6,3 \, M^{0,73} \quad (5.26)$$

A proporção e a distribuição dos resíduos hidrofílicos e hidrofóbicos na estrutura primária afetam várias propriedades físico-químicas da proteína. Por exemplo, a forma de uma molécula de proteína dobrada é determinada por sua sequência de aminoácidos. Se a proteína apresentar um grande número de resíduos hidrofílicos distribuídos uniformemente em sua sequência, ela assumirá uma forma alongada ou em bastão. Isso ocorre porque, para uma determinada massa, formas alongadas apresentam uma grande proporção de superfície-área-volume, de modo que mais resíduos hidrofílicos podem ser inseridos na superfície em contato com a água. Por outro lado, se uma proteína apresentar um grande número de resíduos hidrofóbicos, ela assumirá uma forma globular (quase esférica), que apresenta a menor proporção de superfície-área-volume, permitindo que mais resíduos hidrofóbicos sejam inseridos no interior da proteína. Entre as proteínas globulares, verifica-se, em geral, que quanto maior for o tamanho da proteína, maior é a proporção de resíduos de aminoácidos hidrofóbicos do que hidrofílicos.

As estruturas terciárias de várias proteínas polipeptídicas simples são compostas de domínios. Os "domínios" são definidos como as regiões da sequência polipeptídica que se dobram, independentemente, em uma estrutura terciária. Eles são, em essência, miniproteínas dentro de uma única proteína. A estabilidade estrutural de cada domínio é muito independente dos demais. Na maioria das proteínas de cadeia simples, os domínios dobram-se independentemente, interagindo uns com os outros para formar a estrutura terciária única da proteína. Em algumas proteínas, como no caso da faseolina (Figura 5.7), a estrutura terciária pode conter dois ou mais domínios distintos (componentes estruturais) conectados por um segmento da cadeia polipeptídica. O número de domínios da proteína costuma depender de sua massa molecular. Proteínas pequenas (p. ex., lisozima, β-lactoglobulina e α-lactoalbumina) com 100 a 150 resíduos de aminoácidos geralmente formam um único domínio de estrutura terciária. Proteínas grandes, como as imunoglobulinas, contêm diversos domínios. A cadeia leve da imunoglobulina G contém dois domínios, ao passo que a cadeia pesada contém quatro. O tamanho de cada um desses domínios é de ≈ 120 resíduos de aminoácidos. Do mesmo modo, a albumina sérica humana, que é composta por 585 resíduos de aminoácidos, possui três domínios homólogos, sendo que cada domínio contém dois subdomínios [13].

5.3.1.4 Estrutura quaternária

A estrutura quaternária refere-se ao arranjo espacial de uma proteína quando ela contém mais de uma cadeia polipeptídica. Várias proteínas biologicamente importantes existem como dímeros, trímeros, tetrâmeros, etc. Qualquer um desses complexos quaternários (também conhecidos como oligômeros) pode ser composto por subunidades (monômeros) do mesmo polipeptídeo (homogêneo) ou por diferentes polipeptídeos (heterogêneos). Por exemplo, a β-lactoglobulina ocorre como um dímero, na faixa de pH entre 5 e 8, como um octâmero, na faixa de pH de 3 a 5, e como um monômero, na faixa de pH acima de 8, sendo que as unidades monoméricas desses complexos são idênticas. Por outro lado, a hemoglobina é um tetrâmero composto de duas cadeias polipeptídicas diferentes, isto é, cadeias α e β.

A formação de estruturas oligoméricas é resultante de interações específicas proteína-proteína. Elas são compostas primeiro por interações não covalentes, tais como ligações de hidrogênio, interações hidrofóbicas e eletrostáticas. A proporção de resíduos de aminoácidos hidrofóbicos em uma proteína influencia a tendência à formação de estruturas oligoméricas. Proteínas que contêm mais de 30% de resíduos de aminoácidos hidrofóbicos exibem maior tendência a formar estruturas oligoméricas do que as proteínas que contêm menos resíduos desse tipo de aminoácidos.

A formação da estrutura quaternária é principalmente orientada pela necessidade termodinâmica de inserir as superfícies hidrofóbicas expostas das subunidades. Quando o conteúdo de aminoácidos hidrofóbicos de uma proteína for > 30%, será fisicamente impossível formar uma estrutura terciária com todos os resíduos apolares inseridos no seu interior. Como consequência, há uma maior probabilidade de que ocorram grandes porções hidrofóbicas na superfície e que interações hidrofóbicas entre essas porções levem à formação de dímeros, trímeros, etc. (Figura 5.8).

Muitas proteínas alimentares, sobretudo as proteínas de cereais e leguminosas, ocorrem como oligômeros de polipeptídeos diferentes. Como seria de se esperar, essas proteínas costumam conter mais de 35% de resíduos de aminoácidos hidrofóbicos (Ile, Leu, Trp, Tyr, Val, Phe e Pro). Além disso, elas também contêm 6 a 12% de prolina. Como resultado, as proteínas de cereais ocorrem em estruturas oligoméricas complexas. As proteínas de armazenamento importantes da soja, β-conglicinina e glicinina, contêm ≈ 41 e 39% de resíduos de aminoácidos hidrofóbicos, respectivamente. A β-conglicinina é uma proteína trimérica composta de três diferentes subunidades. Ela exibe um complexo fenômeno de associação-dissociação em função da força iônica e do pH [14]. A glicinina é composta de 12 subunidades, seis delas sendo ácidas, e as demais, básicas. Cada subunidade básica mantém uma ligação cruzada com uma subunidade ácida por meio de uma ligação dissulfeto. Os seis pares acidobásicos são mantidos juntos no estado oligomérico por interações não covalentes. A glicinina também exibe um comportamento complexo de associação-dissociação devido à força iônica [14].

Em proteínas oligoméricas, a área de superfície acessível, A_S, é correlacionada à massa molecular do oligômero [10], que é representada pela seguinte fórmula:

$$A_S = 5,3 \, M^{0,76} \quad (5.27)$$

Essa relação é diferente da que se aplica às proteínas monoméricas (Equação 5.24). A área da superfície inserida quando a estrutura oligomérica nativa é formada a partir de suas subunidades polipeptídicas constituintes pode ser estimada pela equação:

$$A_b = A_t - A_S = (1,48 \, M + 21) - 5,3 \, M^{0,76} \quad (5.28)$$

onde

A_t é a área acessível total das subunidades do polipeptídeo nascente, em seu estado completamente estendido.

M é a massa molecular da proteína oligomérica.

5.3.2 Forças envolvidas na estabilidade estrutural de proteínas

O processo de dobramento de uma cadeia polipeptídica aleatória, para a formação de uma estrutura tridimensional, é bastante complexo. Como mencionado anteriormente, a base para a conformação biológica nativa está codificada na sequência de aminoácidos da proteína. Na década de 1960, Anfinsen e colaboradores mostraram que quando a ribonuclease desnaturada foi adicionada a uma solução tampão fisiológica, ela

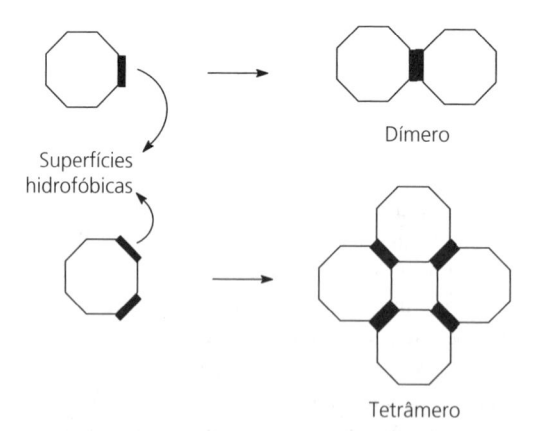

FIGURA 5.8 Representação esquemática da formação de dímeros e oligômeros em proteínas.

se dobrou de novo, atingindo sua conformação nativa e voltando a quase 100% de sua atividade biológica. Mostrou-se, posteriormente, que várias enzimas exibem uma tendência semelhante. A transformação lenta, porém espontânea, de um estado desnaturado para outro não desnaturado é facilitada por várias interações intramoleculares não covalentes. A conformação nativa de uma proteína é um estado termodinâmico, no qual várias interações favoráveis são maximizadas, sendo que as desfavoráveis são minimizadas, de modo que a energia livre total de uma molécula de proteína encontra-se em seu menor valor possível. As forças que contribuem para o dobramento proteico podem ser agrupadas em duas categorias: (1) interações intramoleculares que emanam de forças intrínsecas à molécula proteica e (2) interações intramoleculares afetadas pelo solvente circundante. As interações de Van der Waals e as interações estéricas pertencem à primeira categoria, ao passo que as ligações de hidrogênio e as interações eletrostáticas e hidrofóbicas pertencem à segunda.

5.3.2.1 Limitações espaciais

Embora os ângulos ϕ e ψ da sequência peptídica tenham, teoricamente, 360° de rotação livre, seus valores são muito restritos em polipeptídeos devido às limitações espaciais dos átomos da cadeia lateral. Em consequência, os segmentos de uma cadeia polipeptídica podem assumir apenas um número limitado de configurações. Distorções da geometria plana de uma unidade peptídica, ou alongamento e dobramento de ligações, resultarão em aumento da energia livre da molécula. Assim, o dobramento de uma cadeia polipeptídica pode ocorrer apenas a fim de evitar a deformação do comprimento e dos ângulos das ligações.

5.3.2.2 Interações de Van der Waals

Trata-se de interações dipolo-dipolo e dipolo induzido-dipolo induzido entre átomos neutros das moléculas de proteína. Quando dois átomos se aproximam um do outro, cada átomo induz um dipolo no outro por meio da polarização de uma nuvem de elétrons. A interação entre os dipolos induzidos tem um componente atrativo e outro repulsivo. As magnitudes dessas forças dependem da distância interatômica. A energia de atração é inversamente proporcional à sexta potência da distância interatômica, e a interação repulsiva é inversamente proporcional à 12ª potência dessa distância. Portanto, a uma distância r, a energia final de interação entre dois átomos é fornecida pela função da energia potencial

$$E_{\text{vdW}} = E_{\text{a}} + E_{\text{r}} = \frac{A}{r^6} + \frac{B}{r^{12}} \quad (5.29)$$

onde

A e B são constantes para um determinado par de átomos.

E_{a} e E_{r} são as energias de interação atrativa e repulsiva, respectivamente.

As interações de Van der Waals são muito fracas, diminuindo rapidamente com a distância, tornando-se desprezíveis acima de 6 Å. A energia da interação de Van der Waals para vários pares de átomos varia entre –0,04 a –0,19 kcal mol^{-1}. Nas proteínas, contudo, uma vez que numerosos pares de átomos estão envolvidos nas interações de Van der Waals, o somatório de sua contribuição para o dobramento e para a estabilidade da proteína pode ser significativo.

5.3.2.3 Ligações de hidrogênio

As ligações de hidrogênio envolvem a interação de um átomo de hidrogênio que está covalentemente ligado a um átomo eletronegativo (como N, O ou S) com outro átomo eletronegativo. Uma ligação de hidrogênio pode ser representada como D–H···A, em que D e A são os átomos eletronegativos doador e aceptor, respectivamente. A força de uma ligação de hidrogênio varia entre 2 e 7,9 kcal mol^{-1}, dependendo do par de átomos eletronegativos envolvidos e do ângulo da ligação.

As proteínas contêm vários grupos capazes de formar ligações de hidrogênio. Alguns dos possíveis candidatos são apresentados na Figura 5.9. Entre esses grupos, o maior número de ligações de hidrogênio é formado entre grupos de ligações peptídicas N–H e C=O, nas estruturas α-hélice e folha β.

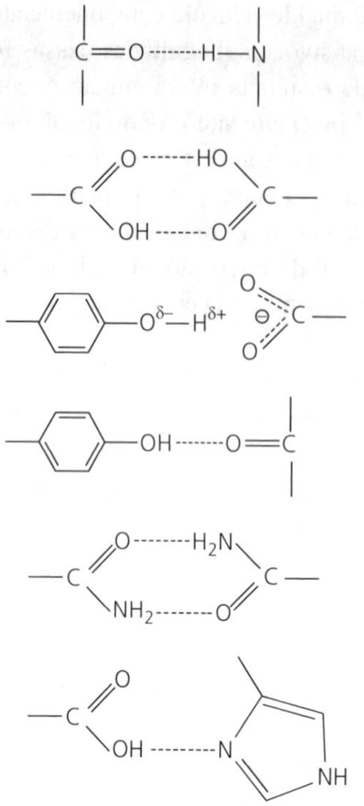

Ligação de hidrogênio entre grupos peptídicos

Ligação de hidrogênio entre grupos carboxílicos não ionizados

Ligação de hidrogênio entre grupo hidroxila ou fenólico e grupos carboxílicos ionizados

Ligação de hidrogênio entre grupo hidroxila ou fenólico e os grupos carbonila do peptídeo

Ligação de hidrogênio entre grupos amida da cadeia lateral

Ligação de hidrogênio entre o grupo carboxílico da cadeia lateral e a cadeia lateral de histidina

FIGURA 5.9 Grupos ligados por ligações de hidrogênio em proteínas. (De Scheraga, H.A., Intramolecular bonds in proteins. II. Noncovalent bonds, em: *The Proteins*, Neurath, H. (ed.), 2nd edn., Vol. 1, Academic Press, New York, 1963, pp. 478–594.)

A ligação entre hidrogênio e peptídeo pode ser considerada como uma interação dipolo-dipolo permanente entre os dipolos $N^{\delta-}{-}H^{\delta+}$ e $C^{\delta+}{=}O^{\delta-}$:

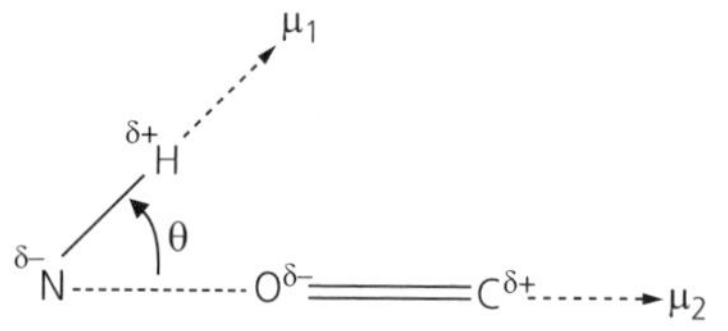

(5.30)

A força da ligação de hidrogênio é dada pela função da energia potencial

$$E_{\text{ligação-H}} = \frac{\mu_1\mu_2}{4\pi\varepsilon_0\varepsilon r^3}\cos\theta \qquad (5.31)$$

onde

μ_1 e μ_2 são os momentos dipolo.
ε_0 é a permissividade do vácuo.
ε é a constante dielétrica do meio.
r é a distância entre os átomos eletronegativos.
θ é o ângulo da ligação de hidrogênio.

A energia da ligação de hidrogênio é diretamente proporcional ao produto dos momentos dipolo e ao cosseno do ângulo da ligação, sendo inversamente proporcional à terceira potência da distância N···O e à permissividade dielétrica do meio. A força da ligação de hidrogênio alcança o máximo quando θ é zero, sendo zero quando θ é 90°. As ligações de hidrogênio de estruturas α-hélice e folha β antiparalela apresentam valor de θ muito próximo de zero, ao passo que as de folhas β paralelas apresentam valores θ maiores. A distância ótima N···O para a energia máxima da ligação de hidrogênio é 2,9 Å. Em distâncias menores, a interação eletrostática repulsiva entre os átomos $N^{\delta-}$ e $O^{\delta-}$ provoca diminuição significativa da força da ligação de hidrogênio. Em distâncias maiores, a fraca interação dipolo-dipolo entre os grupos N–H e C=O diminui a força da ligação de hidrogênio. A força das ligações de hidrogênio N–H···O=C no interior das proteínas, onde a constante dielétrica ε está próxima de 1, é de $\approx$ 4,5 kcal mol^{-1}. “Força” refere-se à quantidade de energia necessária para se quebrar a ligação.

A existência de ligações de hidrogênio nas proteínas está bem consolidada. Como a formação de cada ligação de hidrogênio diminui a energia livre da proteína em ≈ −4,5 kcal mol^{-1}, acredita-se que, em geral, elas podem agir não apenas como força de estabilização da estrutura dobrada, mas também como força motriz para a dobra da proteína. Contudo, essa suposição é questionável, uma vez que a molécula de água pode formar ligações de hidrogênio fortes, podendo competir por essas ligações com os grupos N−H e C=O de proteínas, evitando a formação de ligações de hidrogênio N−H⋯O=C e, portanto, a formação de ligações de hidrogênio N−H⋯O=C não pode agir como um força motriz para a formação de α-hélice e folha β pregueada nas proteínas. A ligação de hidrogênio é, principalmente, uma interação iônica. Como outras interações iônicas, sua estabilidade também depende da permissividade dielétrica do meio. A estabilidade das ligações de hidrogênio nas α-hélices e folhas β pregueadas deve-se principalmente a um meio dielétrico baixo, criado por interações hidrofóbicas entre cadeias laterais apolares. Essas cadeias laterais volumosas impedem o acesso da água às ligações de hidrogênio N−H⋯O=C situadas na estrutura secundária. Assim, elas são estáveis enquanto o meio apolar local for mantido.

5.3.2.4 Interações eletrostáticas

Como observado anteriormente, as proteínas contêm vários resíduos de aminoácidos com grupos ionizáveis. Em pH neutro, os resíduos de Asp e Glu são negativamente carregados, e Lys, Arg e His são carregados positivamente. Em pH alcalino, os resíduos de Cys e Tyr assumem carga negativa.

Dependendo do número relativo de resíduos carregados negativa e positivamente, as proteínas assumem uma carga líquida negativa ou uma carga líquida positiva, em pH neutro. O pH no qual a carga líquida é zero é chamado de "pH isoelétrico" (pI), sendo este diferente do "ponto isoiônico". O ponto isoiônico é o pH da solução proteica na ausência de eletrólitos. O pH isoelétrico de uma proteína pode ser estimado a partir de sua composição de aminoácidos e dos valores de pK_a de grupos ionizáveis, usando-se a equação de Henderson-Hasselbach (Equações 5.6 e 5.7).

Com poucas exceções, quase todos os grupos com carga elétrica nas proteínas estão distribuídos na superfície da molécula proteica e em contato com o solvente aquoso circundante. Como em pH neutro as proteínas assumem uma carga líquida positiva ou negativa, pode-se esperar que a interação repulsiva líquida entre cargas semelhantes desestabilize a estrutura da proteína. É ainda razoável supor que interações atrativas entre grupos com cargas opostas, em alguns locais críticos, possam contribuir para a estabilidade da estrutura proteica. Contudo, na realidade, o montante das forças repulsivas e atrativas é minimizado em soluções aquosas devido à alta permissividade dielétrica da água. A energia de interação eletrostática entre duas cargas fixas q_1 e q_2 separadas pela distância r é dada por

$$E_{ele} = \pm \frac{q_1 q_2}{4\pi\varepsilon_0 \varepsilon r} \qquad (5.32)$$

No vácuo ou no ar (ε = 1), a energia de interação eletrostática entre duas cargas a uma distância de 3 a 5 Å varia de ± 110 a ± 66 kcal mol^{-1}. Na água (ε = 80), entretanto, a energia de interação é reduzida para ± 1,4 a ± 0,84 kcal mol^{-1}, a qual é equivalente à energia térmica (ET) da molécula de proteína a 37 °C. Além disso, uma vez que a distância entre as cargas elétricas em uma molécula de proteína é normalmente muito maior do que 5 Å, as interações eletrostáticas atrativas e repulsivas entre cargas localizadas na superfície da proteína não contribuem de maneira significativa para a estabilidade proteica. Em qualquer caso, as interações eletrostáticas no interior de uma proteína já foram estimadas antes da formação da estrutura final da proteína.

Embora as interações eletrostáticas possam não agir como forças motrizes primárias para o dobramento de proteínas, sua propensão a permanecerem expostas ao ambiente aquoso certamente influenciará o padrão do dobramento.

5.3.2.5 Interações hidrofóbicas

A partir das discussões anteriores, torna-se óbvio que, em soluções aquosas, as ligações de hidrogênio e as interações eletrostáticas intramoleculares em uma cadeia polipeptídica não possuem energia suficiente para agir como forças motrizes para o dobramento da proteína. As interações polares das proteínas não são muito estáveis em ambiente aquoso, sendo que sua estabilidade depende da manutenção de um ambiente apolar. A principal força motriz do dobramento de proteínas vem das interações hidrofóbicas entre grupos apolares.

Em soluções aquosas, a interação hidrofóbica entre grupos apolares é o resultado de uma interação termodinamicamente desfavorável entre a água e os grupos apolares. Quando um hidrocarboneto é dissolvido em água, a variação da energia livre padrão (ΔG) é positiva e as variações de volume (ΔV) e de entalpia (ΔH) são negativas. Embora ΔH seja negativa, indicando que existe interação favorável entre a água e o hidrocarboneto, ΔG é positiva. Como $\Delta G = \Delta H - T\Delta S$ (onde T é a temperatura e ΔS é a variação de entropia), a variação positiva de ΔG deve resultar de uma grande variação negativa na entropia, a qual compensa a variação favorável de ΔH. A diminuição da entropia é o resultado da formação de uma tela ou estrutura aquosa, semelhante a uma gaiola, ao redor do hidrocarboneto. Devido à variação positiva final de ΔG, a interação entre a água e os grupos apolares é altamente desfavorável. Consequentemente, em soluções aquosas, os grupos apolares tendem a se agregar, de modo que a área de contato direto com a água é minimizada. A interação induzida pela estrutura da água entre grupos apolares em soluções aquosas é conhecida como interação hidrofóbica.

Como a interação hidrofóbica é a antítese da dissolução de grupos apolares na água, o valor de ΔG para interações hidrofóbicas é negativo, ao passo que os valores de ΔV, ΔH e ΔS são positivos. Diferentemente de outras interações não covalentes, as interações hidrofóbicas são endotérmicas, isto é, são mais fortes em altas temperaturas, sendo mais fracas em baixas temperaturas. Por outro lado, as ligações de hidrogênio e as interações eletrostáticas são exotérmicas na natureza e, portanto, são mais fracas em altas temperaturas do que em baixas temperaturas. A variação da energia livre hidrofóbica devido à temperatura geralmente segue uma função quadrática, isto é

$$\Delta G_{H\phi} = a + bT + cT^2 \quad (5.33)$$

onde
    a, b, c são constantes.
    T é a temperatura absoluta.

A dependência da distância da energia de interação hidrofóbica entre duas moléculas esféricas apolares está de acordo com a expressão [15]

$$E_{H\phi} = -20 \frac{R_1 R_2}{R_1 + R_2} e^{-D/D_0} \text{ kcal mol}^{-1} \quad (5.34)$$

onde
    R_1 e R_2 são os raios das moléculas apolares.
    D é a distância em nm entre as moléculas.
    D_0 é a extensão do decaimento (1 nm).

Diferentemente das ligações eletrostáticas, as ligações de hidrogênio e as interações de Van der Waals, que apresentam uma relação de potência inversa com a distância entre os grupos que interagem, a interação hidrofóbica segue uma relação exponencial com a distância entre os grupos que interagem. Desse modo, ela é efetiva em distâncias relativamente longas (p. ex., 10 nm). Embora a Equação 5.34 seja útil para estimar a energia de interação hidrofóbica entre partículas esféricas apolares ideais, ela não é útil no caso de proteínas, devido às complexidades estruturais envolvidas e à distribuição irregular das porções hidrofóbicas na superfície proteica.

A energia hidrofóbica livre de uma proteína pode ser estimada utilizando-se outras correlações empíricas. A energia livre hidrofóbica de hidrocarbonetos alifáticos, bem como de cadeias laterais de aminoácidos, é diretamente proporcional à área de superfície apolar acessível à água. Isso está representado na Figura 5.10 [16]. A constante de proporcionalidade, isto é, a inclinação, varia entre 22 cal mol^{-1} Å^{-2} para as cadeias laterais de Ala, Val, Leu e Phe, e 26 cal mol^{-1} Å^{-2} para Ser, Thr, Trp e Met. Em média, a hidrofobicidade das cadeias laterais dos aminoácidos é de aproxima-

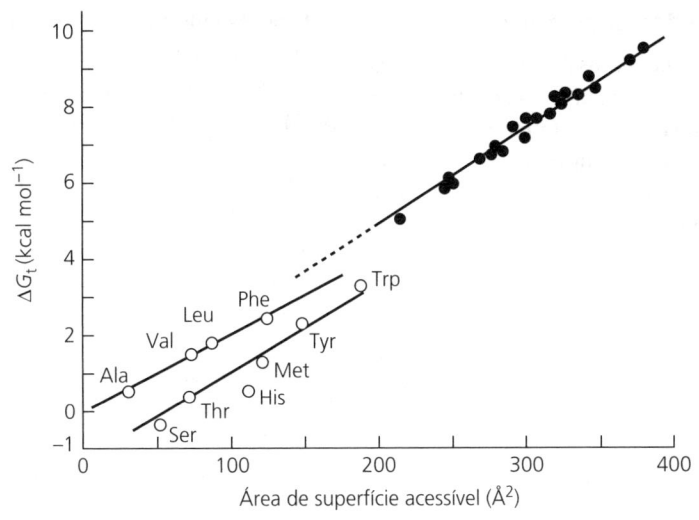

FIGURA 5.10 Relação entre hidrofobicidade e área de superfície acessível das cadeias laterais de aminoácidos (círculos abertos) e hidrocarbonetos (círculos preenchidos). (De Richards, F.M., *Annu. Rev. Biophys. Bioeng.*, 6, 151, 1977; cortesia de Annual Reviews, Palo Alto, CA.)

mente 24 cal mol^{-1} Å^{-2}. Isso está próximo do valor de 25 cal mol^{-1} Å^{-2} para os alcanos (a inclinação para os hidrocarbonetos se encontra na Figura 5.10). Isso significa que, para a remoção de cada Å^2 da área da superfície apolar do ambiente aquoso, uma proteína diminuirá sua energia livre em 24 cal mol^{-1}. Sendo assim, a redução da energia livre hidrofóbica total durante o dobramento de uma proteína, do estado não dobrado para o estado dobrado, pode ser estimada pela multiplicação do total da área de superfície inserida A_b (ver Equação 5.28) por 24 cal mol^{-1} Å^{-2}.

A área de superfície inserida em várias proteínas globulares e as energias hidrofóbicas livres estimadas são mostradas na Tabela 5.8. É evidente que a energia livre hidrofóbica contribui de modo significativo para a estabilidade da estrutura proteica.

TABELA 5.8 Área de superfície acessível (A_s), área de superfície inserida (A_b) e energia livre hidrofóbica em proteínas

Proteína	MW (Dáltons)	A_s (Å2)	A_b (Å2)	$\Delta G_H\phi$ (kcal mol^{-1})
Parvalbumina	11.450	5.930	11.037	269
Citocromo C	11.930	5.570	12.107	294
Ribonuclease A	13.690	6.790	13.492	329
Lisozima	14.700	6.620	15.157	369
Mioglobina	17.300	7.600	18.025	439
Proteína transportadora de retinol (RDB)	20.050	9.160	20.535	500
Papaína	23.270	9.140	25.320	617
Quimotripsina	25.030	10.440	26.625	648
Subtilisina	27.540	10.390	30.390	739
Anidrase carbônica B	28.370	11.020	30.988	755
Carboxipeptidase A	34.450	12.110	38.897	947
Termolisina	34.500	12.650	38.431	935

Os valores de A_s são da Referência [84].
A_b foi calculado a partir das equações 5.25 e 5.26.

5.3.2.6 Ligações dissulfeto

As ligações dissulfeto são as únicas ligações covalentes cruzadas de cadeia lateral encontradas em proteínas. Elas podem ser tanto intramoleculares como intermoleculares. Em proteínas monoméricas, as ligações dissulfeto são formadas como resultado do dobramento de proteínas. Quando dois resíduos Cys são colocados próximos um do outro, com orientação adequada, a oxidação de grupos sulfidrila pelo oxigênio molecular resulta na formação de ligações dissulfeto (S–S). Uma vez formadas, elas ajudam a estabilizar a estrutura tridimensional das proteínas.

Misturas proteicas que contêm resíduos de Cys e ligações S–S são capazes de sofrer reações de troca sulfidrila-dissulfeto, como é mostrado a seguir:

(5.35)

A reação de troca também pode ocorrer dentro de uma única proteína desnaturada se ela contiver um grupo sulfidrila livre e uma ligação dissulfeto. Essa reação costuma levar à diminuição de estabilidade da molécula proteica.

Em resumo, a formação de uma estrutura de proteína tridimensional específica é o resultado líquido de diversas interações não covalentes de atração e repulsão e formação de ligações dissulfeto.

5.3.3 Estabilidade conformacional e adaptabilidade de proteínas

A estabilidade da estrutura nativa das proteínas é definida como a variação de energia livre entre os estados nativo e desnaturado (ou não dobrado) da molécula proteica. Ela costuma ser representada como ΔG_D, referindo-se à quantidade de energia necessária para desogarnizar uma proteína do estado nativo para um estado desnaturado.

Todas as interações não covalentes discutidas anteriormente contribuem para a estabilidade da estrutura original da proteína. Se considerarmos apenas as interações não covalentes, o ΔG_D do estado original poderia contribuir com centenas de kcal mol^{-1} (p. ex., ver Tabela 5.8 para a contribuição das interações hidrofóbicas). Todavia, vários estudos experimentais mostraram que o ΔG_D final das proteínas se encontra na faixa de 5 a 20 kcal mol^{-1}, o que poderia indicar a existência de uma outra força no interior da cadeia proteica que tenta desestabilizar a estrutura original. Esta força contrária é a entropia conformacional da cadeia polipeptídica. Quando uma proteína é transformada de um estado desordenado para um estado dobrado, ocorre a perda dos movimentos translacionais, rotacionais e vibracionais, provocando uma grande redução da entropia conformacional da cadeia proteica. O aumento da energia livre resultante dessa perda de entropia conformacional compensa parcialmente a redução da energia livre provocada por interações não covalentes favoráveis presentes no estado dobrado. Desse modo, a variação de energia livre que favorece o estado dobrado é reduzida a um nível de $\approx$ 5 a 20 kcal mol^{-1}. Assim, as diversas energias de interação que contribuem para a energia livre para os processos D (desnaturado) $\rightleftarrows$ N (nativo) podem ser expressas como:

$$\Delta G_{D \to N} = \Delta G_{\text{ligação-H}} + \Delta G_{\text{ele}} + \Delta G_{H\phi} + \Delta G_{\text{vdW}} - T\Delta S_{\text{conf}}$$
(5.36)

onde

$\Delta G_{\text{ligação-H}}$, ΔG_{ele}, $\Delta G_{H\phi}$ e ΔG_{vdW} são, respectivamente, as variações de energia livre para as interações com ligações de hidrogênio, interações eletrostáticas, interações hidrofóbicas e interações de Van der Waals.

ΔS_{conf} é a variação da entropia conformacional da cadeia polipeptídica.

A ΔS_{conf} de uma proteína em estado desordenado é de $\approx$ 1,9 a 10 cal mol^{-1} K^{-1} por resíduo. Em geral, supõe-se um valor médio de 4,7 cal mol^{-1} K^{-1} por resíduo, que corresponde a um aumento de $\approx$ 10 vezes no número de conformações disponíveis para uma média de resíduos de aminoácidos no estado desordenado [17]. No estado desordenado, uma proteína com 100 resíduos de aminoácidos com 310 K terá uma entropia conformacional de $-T\Delta S_{\text{conf}}$, que será de $\approx -4,7 \times 100 \times 310 = -145,7$ kcal mol^{-1}. No estado desordenado, a perda dessa entropia conformacional, isto é, $-T(-\Delta S_{\text{conf}}) = T\Delta S_{\text{conf}}$, atua como uma força de desestabilização.

Os valores de ΔG_D, isto é, a energia necessária para o desdobramento de várias proteínas, são apresentados na Tabela 5.9. Deve-se observar que, apesar da presença de numerosas interações intramoleculares, as proteínas são apenas marginalmente estáveis. Os valores de ΔG_D da maioria das proteínas correspondem ao equivalente energético de 1 a 3 ligações de hidrogênio ou ≈ 2 a 5 interações hidrofóbicas, o que sugere que a quebra de algumas interações não covalentes desestabilizaria a estrutura nativa de muitas proteínas.

Em contrapartida, parece que as proteínas não foram projetadas para serem moléculas rígidas. Elas se encontram em um estado metaestável, e suas estruturas podem facilmente se adaptar a qualquer alteração no meio. Esta adaptabilidade conformacional pode ser necessária para que as proteínas realizem várias funções biológicas importantes. Por exemplo, a ligação eficiente dos substratos ou ligantes prostéticos a enzimas envolve, invariavelmente, a reorganização dos segmentos polipeptídicos nos sítios de ligação. Por outro lado, as proteínas que necessitam de alta estabilidade estrutural para realizar suas funções fisiológicas costumam ser estabilizadas por ligações dissulfeto intramoleculares, as quais neutralizam de maneira efetiva a entropia conformacional (i.e., a tendência da cadeia polipeptídica a se desdobrar).

5.3.4 Resumo

- A estrutura primária de uma proteína refere-se à sua sequência de aminoácidos.
- As ligações peptídicas possuem um caráter de ligação dupla parcial, levando a quatro importantes implicações estruturais na cadeia proteica.
- As estruturas α-hélice e folhas β são as principais estruturas secundárias encontradas nas proteínas. As informações para a formação dessas estruturas estão inseridas na forma de um código binário na sequência de aminoácidos.
- As estruturas α-hélice e folhas β são anfifílicas em seu estado natural, isto é, elas pos-

TABELA 5.9 Valores de ΔG_D para proteínas selecionadas

Proteína	pH	T (°C)	ΔG_D (kcal mol^{-1})
α-Lactoalbumina	7	25	4,4
β-Lactoglobulina bovina A + B	7,2	25	7,6
β-Lactoglobulina bovina A	3,15	25	10,2
β-Lactoglobulina bovina B	3,15	25	11,9
Lisozima T4	3,0	37	4,6
Lisozima da clara do ovo de galinha	7,0	37	12,2
Actina G	7,5	25	6,5
Lipase (de *Aspergillus*)	7,0	—	11,2
Troponina	7,0	37	4,7
Ovoalbumina	7,0	25	6,0
Citocromo C	5,0	37	7,9
Ribonuclease	7,0	37	8,1
α-Quimotripsina	4,0	37	8,1
Tripsina	—	37	13,2
Pepsina	6,5	25	10,9
Hormônio do crescimento	8,0	25	14,2
Insulina	3,0	20	6,5
Fosfatase alcalina	7,5	30	20,3

ΔG_D representa G_U–G_N, sendo que G_U e G_N são, respectivamente, as energias livres dos estados desnaturado e nativo de uma molécula proteica.
Fonte: compilada a partir de várias fontes.

suem superfícies hidrofóbica e hidrofílica distintas.
- Como um resíduo de prolina possui um ângulo fixo de 70° ϕ, ele não pode ser incluído nas estruturas α-hélice e folhas β.
- A estrutura terciária refere-se à estrutura espacial final de uma proteína, onde as estruturas secundárias ordenadas e as regiões periódicas se encontram colapsadas em uma forma globular, na qual a maioria dos grupos apolares são inseridos no seu interior e os grupos hidrofílicos são expostos às moléculas de água.
- As principais interações não covalentes que orientam o dobramento das proteínas são as interações de Van der Waals, ligações de hidrogênio e interações eletrostáticas e hidrofóbicas.
- A variação de energia livre final para a transformação de uma proteína de um estado desordenado para um estado dobrado varia normalmente de 5 a 20 kcal mol^{-1}. Assim, a estrutura proteica é apenas marginalmente estável.

5.4 DESNATURAÇÃO PROTEICA

A estrutura nativa de uma proteína é o resultado final de várias interações atrativas e repulsivas que se originam de forças intramoleculares variadas, bem como da interação de vários grupos proteicos com a molécula de água como solvente circundante; sendo em grande parte o resultado do meio. O estado nativo é, termodinamicamente, o mais estável, com a energia livre mais baixa possível. Qualquer mudança em seu ambiente, tal como variações de pH, força iônica, temperatura e composição de solventes, afetará as forças eletrostáticas e hidrofóbicas no interior da molécula, resultando, assim, em uma nova estrutura de equilíbrio. Alterações sutis na estrutura que não alterem drasticamente a arquitetura molecular da proteína costumam ser consideradas como "adaptabilidade conformacional", ao passo que alterações importantes nas estruturas secundária, terciária e quaternária, sem clivagem das ligações peptídicas da cadeia principal, são consideradas "desnaturação". Do ponto de vista estrutural, enquanto a estrutura nativa de uma proteína é uma entidade bem definida, com coordenadas estruturais para cada um dos átomos da molécula, podendo ser obtida a partir de sua estrutura cristalográfica, o mesmo não ocorre com a estrutura desnaturada. A desnaturação é um fenômeno no qual o estado inicial bem definido de uma proteína formada sob condições fisiológicas é transformado em uma estrutura final mal definida sob condições não fisiológicas, utilizando-se um agente desnaturante. Isso não envolve nenhuma alteração química na proteína. No estado desnaturado, em decorrência de um maior grau de liberdade rotacional dos ângulos diedrais da cadeia polipeptídica, a proteína pode assumir vários estados conformacionais, diferindo apenas ligeiramente em sua energia livre. Essa condição é representada esquematicamente na Figura 5.11. Alguns estados desnaturados possuem mais estruturas residuais organizadas (secundárias) do que outros. Deve-se observar que, mesmo no estado completamente desnaturado, as proteínas globulares típicas, com exceção da gelatina, não se comportam como verdadeiras *random coil* (estado de desordem estrutural). Isso decorre do caráter parcial de ligação dupla da ligação peptídica e das restrições espaciais locais provocadas pelas cadeias laterais volumosas que não permitem a liberdade rotacional de 360° nas ligações covalentes da sequência polipeptídica.

A viscosidade intrínseca ([η]) de uma proteína completamente desnaturada é uma função

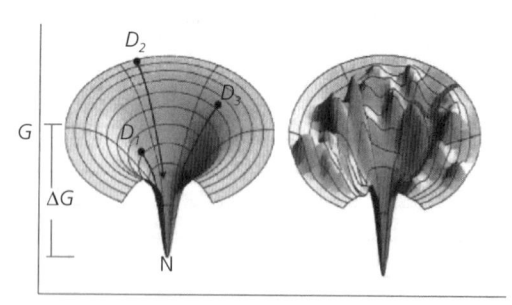

FIGURA 5.11 Representação esquemática da energia de uma molécula proteica em função de sua conformação. A conformação com a menor energia geralmente é a do estado nativo. (De Sadi-Carnot, Energy landscape, *Encyclopedia of Human Thermodynamics, Human Chemistry, and Human Physics*, 2015. www.eoht.info/page/Energy+landscape.)

do número de resíduos de aminoácidos, sendo expressa pela equação empírica (Equação 5.18):

$$[\eta] = 0{,}716\, n^{0{,}66} \tag{5.37}$$

onde n é o número de resíduos de aminoácidos da proteína.

Com frequência, a desnaturação assume uma conotação negativa, pois ela indica perda de algumas propriedades. As enzimas perdem sua atividade após a desnaturação. No caso das proteínas alimentares, embora a desnaturação geralmente provoque a perda de solubilidade e de algumas propriedades funcionais, em alguns casos, a desnaturação proteica é muito desejável. Por exemplo, a desnaturação parcial de proteínas na interface ar-água e óleo-água melhora as propriedades emulsificantes e de formação de espuma, ao passo que a desnaturação térmica excessiva das proteínas da soja diminui suas propriedades emulsificantes e de formação de espuma. Por outro lado, em geral, as proteínas desnaturadas são mais digeríveis do que as proteínas nativas. Em bebidas proteicas, nas quais a alta solubilidade e a dispersibilidade de proteínas são necessárias, até mesmo desnaturações parciais da proteína, durante o processamento, podem provocar floculação e precipitação durante o armazenamento do produto, podendo, assim, afetar de modo adverso seus atributos sensoriais. A desnaturação térmica é também um pré-requisito para a gelificação induzida por calor das proteínas alimentares. Assim, para se desenvolver estratégias de processamento adequadas, é imperativo um conhecimento básico sobre os fatores ambientais e outros fatores que afetam a estabilidade estrutural das proteínas em sistemas alimentares.

5.4.1 Termodinâmica da desnaturação

A desnaturação é um fenômeno que envolve a transformação de uma estrutura tridimensional e bem definida de uma proteína, formada em determinadas condições fisiológicas, para um estado desordenado, em condições não fisiológicas. Como a estrutura não é um parâmetro facilmente quantificável, é impossível a medição direta das frações das proteínas nativa e desnaturada

em uma solução. Entretanto, a desnaturação afeta invariavelmente várias de suas propriedades físico-químicas, tais como absorbância no ultravioleta, fluorescência, viscosidade, coeficiente de sedimentação, rotação óptica, dicroísmo circular, reatividade de grupos sulfidrila e atividade enzimática. Desse modo, a desnaturação proteica pode ser estudada mediante o monitoramento das alterações dessas propriedades físico-químicas.

Quando alterações em uma propriedade física ou química, y, são monitoradas em função da temperatura ou da concentração do desnaturante, muitas proteínas globulares monoméricas exibem perfis de desnaturação, como mostrado na Figura 5.12. onde y_N e y_D são valores de y para os estados nativo e desnaturado da proteína, respectivamente.

Para a maioria das proteínas, à medida que a concentração do desnaturante (ou a temperatura) aumenta, o valor de y permanece inicialmente inalterado e, acima de uma concentração crítica do desnaturante (ou da temperatura), seu valor muda abruptamente de y_N para y_D, dentro de uma faixa estreita de concentração ou temperatura do desnaturante. Para a maioria das proteínas globulares, essa transição é muito aguda, indicando que a des-

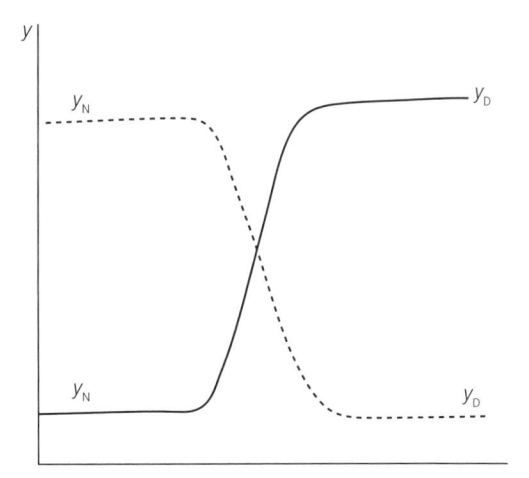

FIGURA 5.12 Curvas típicas de desnaturação proteica. y representa qualquer propriedade física ou química mensurável de uma molécula de proteína que varia com a conformação proteica. y_N e y_D são os valores de y para os estados nativo e desnaturado, respectivamente.

naturação da proteína é um processo cooperativo. Ou seja, assim que a molécula de proteína começa a se desdobrar, ou assim que algumas interações na proteína são quebradas, a molécula inteira se desdobra completamente, com leve aumento adicional de concentração (ou de temperatura) do desnaturante acima do limiar. A natureza cooperativa do desdobramento sugere que as proteínas globulares ocorrem apenas nos estados nativo e desnaturado, isto é, os estados intermediários não são possíveis. Isso é conhecido como modelo de "transição em dois estados". Para o modelo de dois estados, o equilíbrio entre os estados nativo e desnaturado na região de transição cooperativa pode ser expresso como

$$N \xleftrightarrow{K_D} D$$

$$K_D = \frac{[D]}{[N]} \qquad (5.38)$$

onde K_D é a constante de equilíbrio. Como a concentração de moléculas de proteínas desnaturadas na ausência de um desnaturante é extremamente baixa ($\approx$ 1 em 10^9), a determinação experimental de [D] não é possível. Entretanto, na região de transição, ou seja, em concentrações suficientemente elevadas do desnaturante (ou em temperatura suficientemente alta), o aumento da quantidade de moléculas de proteína desnaturada permite a determinação experimental [D], e, portanto, a constante de equilíbrio aparente, $K_{D,ap}$. Na região de transição, onde tanto as moléculas de proteínas nativas como desnaturadas estão presentes, o valor de y pode ser expresso por

$$y = f_N y_N + f_D y_D \qquad (5.39)$$

onde

f_N e f_D são as frações da proteína nos estados nativo e desnaturado.

y_N e y_D são valores de y para os estados nativo e desnaturado, respectivamente.

A partir da Figura 5.12,

$$f_N = \frac{y_D - y}{y_D - y_N} \qquad (5.40)$$

$$f_D = \frac{y - y_N}{y_D - y_N} \qquad (5.41)$$

a constante de equilíbrio aparente é dada por

$$K_{D,ap} = \frac{f_D}{f_N} = \frac{y - y_N}{y_D - y} \qquad (5.42)$$

e a energia livre da desnaturação é dada por

$$\Delta G_{D,ap} = -RT \ln K_{D,ap} \qquad (5.43)$$

O gráfico de ΔGD_{ap} *versus* a concentração de desnaturante é geralmente linear, e então a K_D e a ΔG_D da proteína em água pura (i.e., na ausência de desnaturante) são obtidas a partir da interseção com y. Com a determinação de K_D em várias temperaturas, a entalpia de desnaturação, ΔH_D, pode ser determinada pela equação de van't Hoff:

$$\Delta H_D = -R \frac{d(\ln K_D)}{d(1/T)} \qquad (5.44)$$

As proteínas monoméricas que contêm dois ou mais domínios com estabilidades estruturais diferentes costumam exibir várias etapas de transição no perfil de desnaturação. Se as etapas de transição estiverem bem separadas, as estabilidades de cada domínio podem ser obtidas a partir do perfil de transição, utilizando-se o modelo supracitado de dois estados. A desnaturação de proteínas oligoméricas ocorre via dissociação de subunidades, seguida da desnaturação das mesmas.

A desnaturação proteica pode ser reversível, sobretudo em proteínas monoméricas pequenas. Quando o desnaturante é removido da solução proteica (ou a amostra é resfriada), na ausência de agregação, a maioria das proteínas monoméricas se reorganizam para atingir sua conformação nativa em condições adequadas da solução, tais como pH, força iônica, potencial redox e concentração proteica. Muitas proteínas se reorganizam quando a concentração proteica está abaixo de 1 μM. Acima de 1 μM de concentração proteica, a reorganização é parcialmente inibida devido à maior interação intermolecular resultante de interações intramoleculares. Potenciais redox comparáveis aos do fluido biológico facilitam a formação de pares corretos de ligações dissulfeto durante o redobramento.

5.4.2 Agentes desnaturantes
5.4.2.1 Agentes físicos
5.4.2.1.1 Temperatura e desnaturação

O calor é o agente desnaturante mais utilizado no processamento e na conservação de alimentos. As proteínas são submetidas a graus variáveis de desnaturação durante o processamento, dependendo do tempo e da temperatura utilizados. Isso pode afetar suas propriedades funcionais nos alimentos, sendo importante, desse modo, o conhecimento das condições da solução que podem afetar a desnaturação proteica.

Quando uma solução proteica é aquecida gradualmente acima da temperatura crítica, ela sofre uma transição brusca do estado nativo para o desnaturado. A temperatura no ponto médio de transição, no qual a proporção da concentração dos estados nativo e desnaturado é 1, é conhecida como temperatura de fusão T_f ou como temperatura de desnaturação T_d. O mecanismo de desnaturação das proteínas induzido pela temperatura envolve principalmente o efeito da temperatura sobre a estabilidade das interações não covalentes. Nesse aspecto, as ligações de hidrogênio e as interações eletrostáticas, que são exotérmicas por natureza, são desestabilizadas, e as interações hidrofóbicas, que são endotérmicas, são estabilizadas à medida que a temperatura aumenta. A força das interações hidrofóbicas alcança seu máximo em ≈ 70 a 80 °C e diminui em temperaturas mais altas. Além das interações não covalentes, o efeito da temperatura na entropia conformacional, $T\Delta S_{conf}$, também desempenha um papel desestabilizador importante na estabilidade das proteínas. A entropia conformacional da cadeia aumenta à medida que a temperatura se eleva, o que favorece um estado desordenado. A estabilidade final de uma proteína em determinada temperatura é, desse modo, a soma total dessas forças estabilizantes e desestabilizantes. Entretanto, uma análise cuidadosa do efeito da temperatura sobre várias interações encontradas em proteínas revela o seguinte: nas proteínas globulares, a maioria dos grupos carregados eletricamente ocorre na superfície da molécula proteica, estando completamente expostos ao meio aquoso muito dielétrico. Em função do efeito de triagem dielétrica da água, as interações eletrostáticas atrativas e repulsivas entre os resíduos carregados são muito reduzidas. Além disso, em condições de força iônica fisiológica, ou seja, em 0,15 M, a triagem de grupos carregados nas proteínas por íons contrários reduz ainda mais as interações eletrostáticas nas proteínas. Assim, o papel das interações eletrostáticas na estabilidade das proteínas não é significativo. Do mesmo modo, as ligações de hidrogênio são instáveis em meio aquoso e, portanto, sua estabilidade nas proteínas depende das interações hidrofóbicas que criam um meio dielétrico baixo no local. Isso implica que, enquanto a manutenção de condições apolares for mantida, as ligações de hidrogênio na proteína permanecem intactas com o aumento da temperatura. Esses fatos sugerem que, embora as interações polares sejam afetadas pela temperatura, elas não costumam contribuir para a desnaturação proteica induzida pelo calor. Com base nessas considerações, a estabilidade do estado nativo da proteína pode ser considerada como uma variação da energia livre final proveniente das interações hidrofóbicas que tendem a favorecer o estado dobrado e a entropia conformacional da cadeia que favorece o estado desordenado. Isto é,

$$\Delta G_{N \to D} = \Delta G_{H\phi} + \Delta G_{conf} \qquad (5.45)$$

Como a variação de entalpia (ΔH) para as interações hidrofóbicas é muito pequena, a Equação 5.45 pode ser expressa como

$$\Delta G_{N \to D} = -T(-\Delta S_{água}) - T\Delta S_{conf} \qquad (5.46)$$

A dependência da estabilidade da proteína em relação à temperatura, sob pressão constante, pode ser expressa como

$$\frac{\partial \Delta G_{N \to D}}{\partial T} = \frac{\partial \Delta G_{H\phi}}{\partial T} + \frac{\partial \Delta G_{conf}}{\partial T} \qquad (5.47)$$

As interações hidrofóbicas são fortalecidas em temperaturas mais altas, e, portanto, $(\partial \Delta G_{H\phi}/\partial T) > 0$ em temperaturas mais elevadas. A entropia conformacional da cadeia proteica aumenta a partir do desdobramento da proteína, e, portanto, $(\partial \Delta G_{conf}/\partial T) < 0$. À medida que a temperatura aumenta, a interação entre essas forças opostas alcança um ponto no qual $\partial \Delta G_{N \to D}/\partial T = 0$. A temperatura na qual esse processo ocorre indica a temperatura de desnaturação (T_d) da proteína. As contribuições relativas das forças principais para a estabilidade da molécula proteica em função da temperatura estão representadas na Figura 5.13. Deve-se observar que a estabilidade das ligações de hidrogênio nas proteínas não é afetada significativamente pela temperatura. Os valores de T_d de algumas proteínas estão listados na Tabela 5.10 [14].

Supõe-se, com frequência, que, quanto menor a temperatura, maior será a estabilidade de uma proteína. Isso não é sempre verdadeiro. Algumas proteínas são desnaturadas em baixas temperaturas [19]. Por exemplo (Figura 5.14) [18,73], a estabilidade da lisozima aumenta com a redução da temperatura, ao passo que a estabilidade da mioglobina e de uma lisozima mutante do fago T_4 apresentam sua estabilidade máxima em torno de 30 e 12,5 °C, respectivamente. Abaixo e acima dessas temperaturas, a mioglobina e a lisozima do fago T_4 são menos estáveis. Quando armazenadas abaixo de 0 °C, essas duas proteínas sofrem desnaturação induzida pelo frio. A desnaturação a frio se deve principalmente ao enfraquecimento das interações hidrofóbicas no interior de uma

TABELA 5.10 Temperaturas de desnaturação térmica (T_d) e hidrofobicidades médias de proteínas

Proteína	T_d	Hidrofobicidade média (kcal mol^{-1} resíduo^{-1})
Tripsinogênio	55	0,89
Quimotripsinogênio	57	0,90
Elastase	57	—
Pepsinogênio	60	0,97
Ribonuclease	62	0,78
Carboxipeptidase	63	—
Álcool desidrogenase	64	—
Albumina sérica bovina	65	1,02
Hemoglobina	67	0,96
Lisozima	72	0,90
Insulina	76	1,00
Albumina do ovo	76	0,97
Inibidor de tripsina	77	—
Mioglobina	79	1,05
α-Lactoalbumina	83	1,03
Citocromo C	83	1,06
β-Lactoglobulina	83	1,09
Avidina	85	0,92
Glicinina de soja	92	—
Proteína 11S de feijão-fava	94	—
Proteína 11S de girassol	95	—
Globulina de aveia	108	—

Fonte: dados compilados a partir de Bull, H.B. e Breese, K., *Arch. Biochem. Biophys*, 158, 681, 1973.

proteína, o que permite que o efeito desestabilizador da entropia conformacional domine, resultando em desdobramento. A temperatura da estabilidade máxima (mínimo de energia livre) depende do impacto relativo da temperatura nas forças de estabilização e desestabilização nas proteínas. As proteínas que são estabilizadas principalmente por interações hidrofóbicas são mais estáveis em temperaturas próximas da temperatura ambiente do que na temperatura de refrigeração. As ligações dissulfeto intramoleculares das proteínas tendem a estabilizá-las tanto em baixas quanto em altas temperaturas, pois elas contrabalançam a entropia conformacional da cadeia proteica.

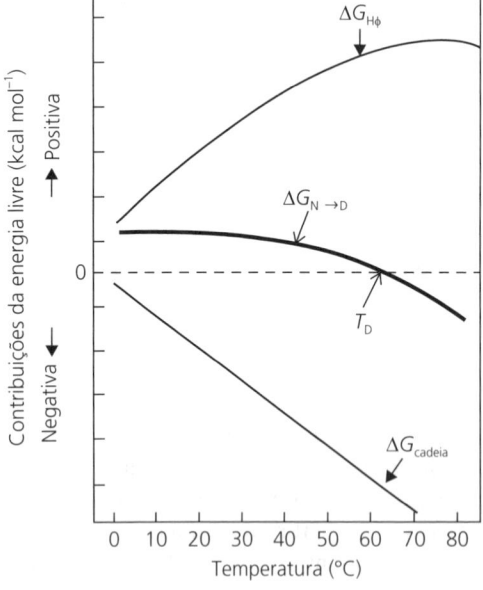

FIGURA 5.13 Mudanças relativas em contribuições da energia livre por ligações de hidrogênio, interações hidrofóbicas e entropia conformacional para a estabilidade das proteínas em função da temperatura.

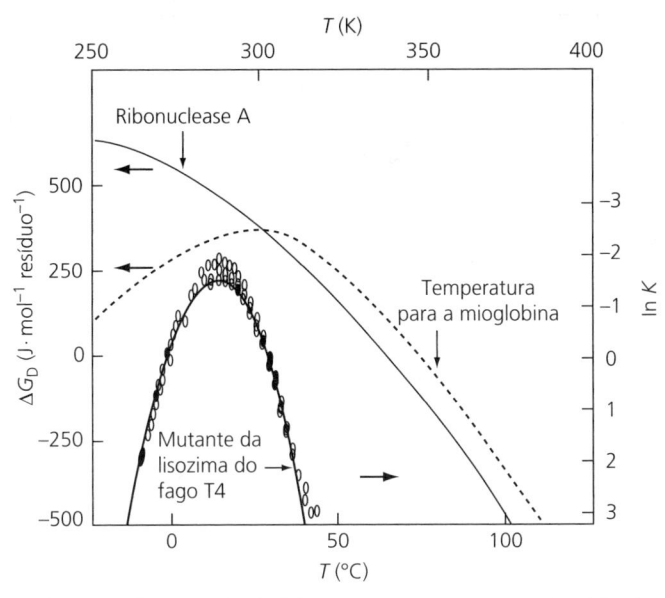

FIGURA 5.14 Variação da estabilidade proteica (ΔG_D) com a temperatura para mioglobina (----), ribonuclease A (—) e um mutante da lisozima do fago T4 (O–O). K é a constante de equilíbrio. (Compilada de Chen, B. e Schellman, J.A., *Biochemistry*, 28, 685, 1989; Lapanje, S., *Physicochemical Aspects of Protein Denaturation*, Wiley-Interscience, New York, 1978.)

Várias proteínas alimentares sofrem desnaturação e dissociação reversíveis em baixas temperaturas. A glicinina, uma das proteínas de armazenamento da soja, agrega-se e precipita-se quando armazenada a 2 °C, tornando-se então solúvel quando retorna à temperatura ambiente. Quando o leite desnatado é armazenado a 4 °C, a β-caseína dissocia-se das micelas de caseína, o que altera as propriedades físico-químicas e coagulantes das micelas de caseína. Várias enzimas oligoméricas, como a lactato desidrogenase e a gliceraldeído fosfato desidrogenase, perdem a maior parte da sua atividade enzimática quando armazenadas a 4 °C, o que tem sido atribuído à dissociação das subunidades. Entretanto, quando aquecidas até a temperatura ambiente e mantidas nessa temperatura por algumas horas, elas se reassociam e recuperam completamente sua atividade [20].

A composição de aminoácidos afeta a estabilidade térmica das proteínas. As proteínas que contêm uma maior proporção de resíduos de aminoácidos hidrofóbicos, principalmente Val, Ile, Leu e Phe, tendem a ser mais estáveis do que as mais hidrofílicas. Uma forte correlação positiva também ocorre entre a termoestabilidade e o número percentual de alguns resíduos de aminoácidos. Por exemplo, a análise estatística de 15 proteínas diferentes demonstrou que suas temperaturas de desnaturação térmica estão correlacionadas positivamente ($r = 0,98$) à soma do número percentual dos resíduos de Asp, Cys, Glu, Lys, Leu, Arg, Trp e Tyr. Por outro lado, as temperaturas de desnaturação térmica do conjunto de proteínas estão correlacionadas negativamente ($r = -0,975$) à soma do número percentual de Ala, Asp, Gly, Gln, Ser, Thr, Val e Tyr (Figura 5.15) [21]. Outros resíduos de aminoácidos exercem pouca influência sobre a T_d.

A estabilidade térmica das proteínas de organismos termofílicos e hipertermofílicos, os quais podem resistir a temperaturas extremamente altas, também é atribuída à sua composição singular de aminoácidos [22]. Essas proteínas contêm níveis mais baixos de resíduos de Asn e Gln do que aqueles de organismos mesofílicos. A consequência, nesse caso, é que como os resíduos Asn e Gln são suscetíveis à desamidação em altas temperaturas, níveis mais elevados desses resíduos em proteínas mesofílicas podem contribuir par-

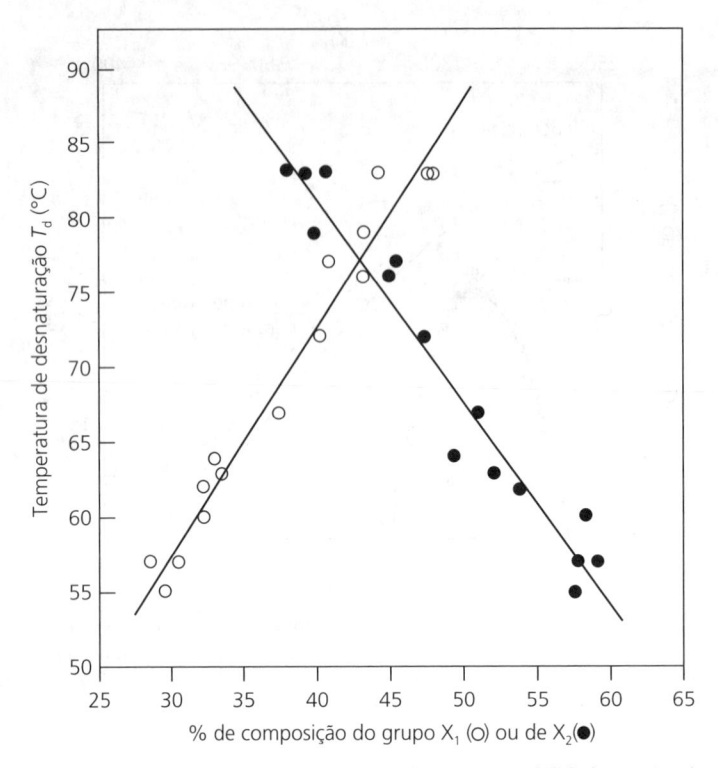

FIGURA 5.15 Correlações de grupos de resíduos de aminoácidos com a estabilidade térmica de proteínas globulares. O grupo X1 representa Asp, Cys, Glu, Lys, Leu, Arg, Trp e Tyr. O grupo X2 representa Ala, Asp, Gly, Gln, Ser, Thr, Val e Tyr. (Adaptada de Ponnuswamy, P.K. et al., *Int. J. Biol. Macromol.*, 4, 186, 1982.)

cialmente para essa instabilidade. Os conteúdos de Cys, Met e Trp, que podem ser oxidados facilmente em altas temperaturas, também apresentam baixo número de proteínas hipertermoestáveis. Por outro lado, as proteínas termoestáveis têm altos níveis de Ile e Pro [23,24]. Acredita-se que o alto teor de Ile melhore o acondicionamento do núcleo proteico [25], o que reduz as cavidades ocultas ou os espaços vazios. A ausência de espaços vazios pode reduzir a mobilidade da cadeia polipeptídica em temperaturas elevadas, minimizando o aumento da entropia de configuração da cadeia polipeptídica em altas temperaturas. Acredita-se que conteúdos elevados de Pro, sobretudo nas regiões de alça da cadeia proteica, forneçam rigidez à estrutura [26,27]. O exame de estruturas cristalográficas de várias proteínas/enzimas de organismos termofílicos mostra que elas também contêm um número significativamente maior de pares iônicos nas fendas proteicas e um número substancialmente maior de moléculas de água inseridas envolvidas em ligações de hidrogênio entre segmentos, em comparação com seus equivalentes mesofílicos [28,29]. No conjunto, parece que as interações polares (tanto pontes salinas quanto ligações de hidrogênio entre os segmentos) no interior da proteína apolar são responsáveis pela termoestabilidade das proteínas de organismos termofílicos e hipertermofílicos, sendo que tal ambiente é facilitado por um teor elevado de Ile. Como já discutido, é possível que cada ponte salina no interior da proteína, onde a constante dielétrica é aproximadamente igual a 4, aumente a estabilidade da estrutura proteica em ≈ 20 kcal mol^{-1}. Em geral, as enzimas termoestáveis são caracterizadas por um núcleo mais intensamente hidrofóbico, acondicionamento mais compacto, alças removidas ou encurtadas, maior rigidez devido à maior frequência de prolina nas alças, espaços vazios em menor número e/ou tamanho, menor proporção área-volume, menor número de resíduos termolábeis, aumento das ligações de hidrogênio e número de pares de pontes salinas/iônicas e de redes de pontes salinas [24].

A desnaturação térmica de proteínas globulares monoméricas é, em sua maior parte, reversível em uma concentração proteica muito baixa, por exemplo, abaixo de um μM. Contudo, a desnaturação térmica pode tornar-se irreversível quando a proteína é aquecida a 90 a 100 °C por um período prolongado, mesmo em pH neutro. Essa irreversibilidade ocorre devido a várias modificações químicas na proteína, como desamidação dos resíduos de Asn e Gln, clivagem de ligações peptídicas nos resíduos de Asp, destruição de resíduos de Cys e de cistina [30,31]. Além disso, em concentrações proteicas elevadas (i.e., > 1 μM), as interações intermoleculares de proteína-proteína entre as moléculas proteicas desnaturadas levam à agregação/coagulação, evitando a possibilidade de renaturação/redobramento da proteína à sua estrutura nativa. O diagrama de energia-estado desse sistema é apresentado esquematicamente na Figura 5.16. Observe que a energia livre da proteína no estado agregado é menor do que no estado nativo.

A água facilita muito a desnaturação térmica das proteínas [32]. Proteínas desidratadas em pó são extremamente estáveis à desnaturação térmica. A T_d diminui muito com o aumento da concentração de água de 0 a 0,35 g de água (g de proteína)$^{-1}$ (Figura 5.17). Um aumento na concentração de água de 0,35 para 0,75 g de água (g de proteína)$^{-1}$ provoca apenas uma ligeira redução de T_d. Acima de 0,75 g de água/g de proteína, a T_d da proteína é igual à encontrada em uma solução diluída de proteína. O efeito da hidratação sobre a termoestabilidade é fundamentalmente relacionado à dinâmica da proteína. No estado seco, as proteínas apresentam estrutura estática, isto é, os segmentos polipeptídicos apresentam mobilidade restrita. À medida que a concentração de água aumenta, a hidratação e a penetração parcial da água nas cavidades da superfície provocam a expansão da proteína. Esse estado expandido, que representa conversão da proteína de um estado amorfo para um estado com consistência de borracha, alcança seu valor máximo em uma concentração de água de 0,3 a 0,4 g/g de proteína, em temperatura ambiente. A expansão da proteína aumenta a mobilidade e a flexibilidade da cadeia, e a molécula de proteína assume uma estrutura fundida mais dinâmica. Quando aquecida, essa estrutura dinâ-

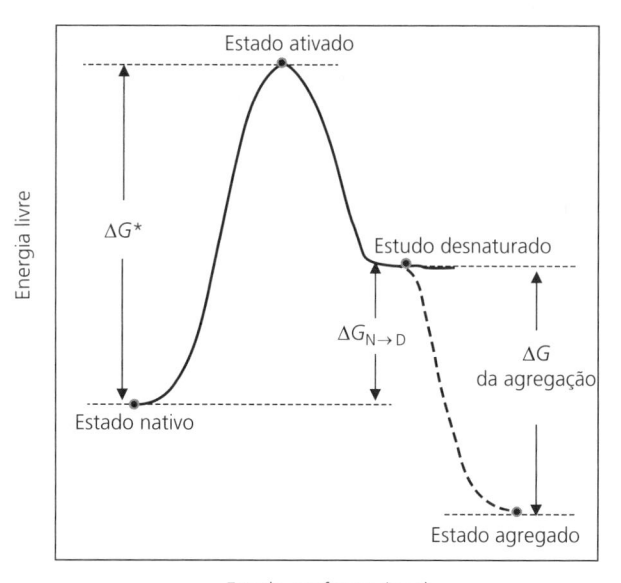

FIGURA 5.16 Representação esquemática das diferenças de energia livre entre o estado nativo, ativado, desnaturado e agregado de uma proteína.

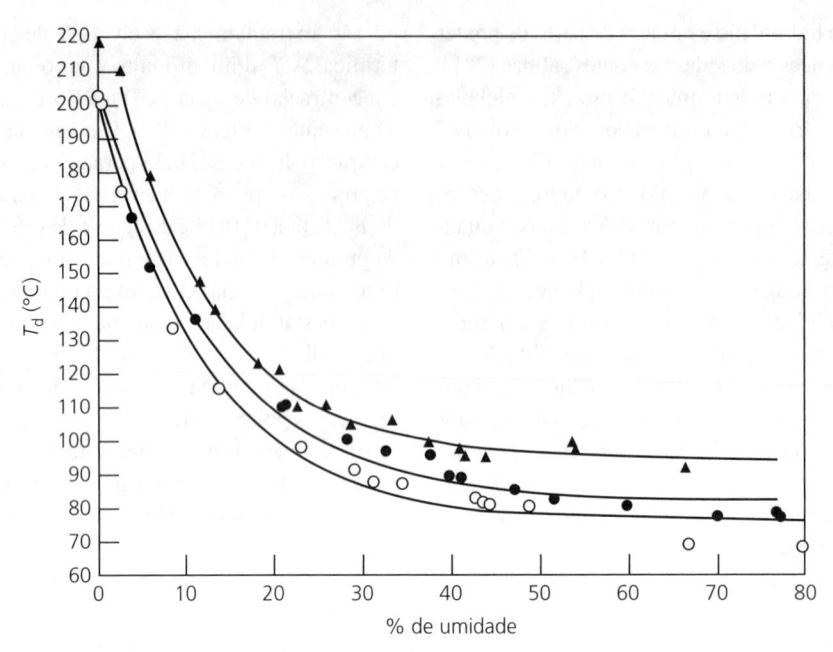

FIGURA 5.17 Influência do teor de água sobre a temperatura (T_d) de desnaturação da proteína de soja. (De Tsukada, H. et al., *Biosci. Biotechnol. Biochem.*, 70, 2096, 2006.)

mica flexível aumenta o acesso de moléculas de água às pontes salinas e às ligações de hidrogênio do peptídeo além do que seria possível no estado seco, resultando em uma T_d menor.

Aditivos, como sais e açúcares, afetam a termoestabilidade das proteínas em soluções aquosas. Açúcares, como sacarose, lactose, glicose e glicerol, estabilizam as proteínas contra a desnaturação térmica [33]. A adição de 0,5 M de NaCl a proteínas, tais como a β-lactoglobulina, proteínas de soja, albumina sérica e globulina de aveia, aumenta significativamente sua T_d [7,34,35].

5.4.2.1.2 Pressão hidrostática e desnaturação

Uma das variáveis termodinâmicas que afetam a conformação das proteínas é a pressão hidrostática. Diferentemente da desnaturação induzida por temperatura, que costuma ocorrer no intervalo de 40 a 80 °C à pressão de uma atmosfera, a desnaturação induzida por pressão pode ocorrer a 25 °C se a pressão for suficientemente elevada. A maioria das proteínas sofre desnaturação induzida por pressão no intervalo de 1 a 12 kbar, como é evidenciado pelas alterações em suas propriedades espectrais. O ponto médio da transição induzida por pressão ocorre entre 4 e 8 kbar [36,37].

A desnaturação de proteínas induzida por pressão ocorre porque as proteínas são flexíveis e compressíveis. Embora os resíduos de aminoácidos estejam densamente compactados no interior das proteínas globulares, alguns espaços vazios existem invariavelmente, levando à compressibilidade. O volume médio parcial específico das proteínas globulares no estado hidratado, v^0, é de ≈ 0,74 mL g^{-1}. O volume parcial específico pode ser considerado como a soma de três componentes:

$$v^o = V_C + V_{Cav} + \Delta V_{Sol} \tag{5.48}$$

onde

V_C é a soma dos volumes atômicos.
V_{Cav} é a soma dos volumes dos espaços vazios no interior da proteína.
ΔV_{Sol} é a variação de volume decorrente da hidratação [38].

Quanto maior for a V_{Cav}, maior será a contribuição dos espaços vazios para o volume parcial específico e mais instável será a proteína quando pressurizada. As proteínas fibrosas são, em sua maioria, desprovidas de espaços vazios e, consequentemente, elas são mais estáveis à pressão hidrostática do que as proteínas globulares.

A desnaturação de proteínas globulares induzida por pressão costuma ser acompanhada pela redução de volume por volta de 30 a 100 mL mol^{-1}. Essa redução é causada por dois fatores: eliminação de espaços vazios à medida que a proteína se desdobra e hidratação dos resíduos de aminoácidos apolares que ficam expostos durante o desdobramento. Esse último evento resulta em decréscimo de volume (ver Seção 5.3.2). A variação de volume é associada à variação de energia livre pela expressão

$$\Delta V = \frac{d(\Delta G)}{dp} \quad (5.49)$$

onde p é a pressão hidrostática.

Se uma proteína globular for completamente desdobrada durante a pressurização, a variação de volume deve ser de $\approx 2\%$. Entretanto, variações de volume de 30 a 100 mL mol^{-1}, observadas nas proteínas desnaturadas por pressão, correspondem a uma mudança de apenas 0,5% de volume. Isso indica que as proteínas se desdobram apenas parcialmente mesmo em pressão hidrostática de até 10 kbar.

A desnaturação proteica induzida por pressão é altamente reversível. A maior parte das enzimas, em soluções diluídas, recupera sua atividade quando a pressão é reduzida à pressão atmosférica [39]. Entretanto, a regeneração da estrutura nativa é um processo lento. No caso de enzimas e proteínas oligoméricas desnaturadas por pressão, as subunidades primeiro se dissociam entre 0,001 e 2 kbar e, em seguida, se desnaturam em pressões maiores [40]; quando a pressão é removida, as subunidades reassociam-se e a restauração quase completa da atividade enzimática ocorre após algumas horas.

Pressões hidrostáticas elevadas estão sendo investigadas como uma ferramenta no processamento de alimentos, por exemplo, para inativação microbiana ou gelificação. Como altas pressões hidrostáticas (2–10 kbar) danificam irreversivelmente as membranas celulares, provocando a dissociação das organelas dos microrganismos, isso inativará microrganismos vegetativos [41]. A gelificação por pressão da clara do ovo, da solução de proteína de soja a 16% ou da solução de actomiosina a 3%, pode ser realizada pela aplicação de uma pressão hidrostática de 1 a 7 kbar, por 30 min, a 25 °C. Os géis induzidos por pressão são mais macios do que os termicamente induzidos [42]. Além disso, a exposição do músculo de carne bovina a pressões hidrostáticas de 1 a 3 kbar provoca fragmentação parcial das miofibrilas, o que pode ser útil no amaciamento da carne e na gelificação de proteínas miofibrilares [43]. O processamento sob pressão, diferentemente do processamento térmico, não provoca danos aos aminoácidos essenciais, à coloração natural nem ao sabor, assim como não leva ao desenvolvimento de compostos tóxicos. Dessa forma, o processamento de alimentos em alta pressão hidrostática pode ser vantajoso para alguns produtos alimentícios, exceto pelo custo.

5.4.2.1.3 Cisalhamento e desnaturação

O elevado cisalhamento mecânico gerado por agitação, amassamento, batimento, entre outros, pode provocar a desnaturação de proteínas. Muitas proteínas se desnaturam e se precipitam quando são vigorosamente agitadas. Nessas circunstâncias, a desnaturação ocorre devido à incorporação de bolhas de ar e à adsorção de moléculas de proteína na interface ar-líquido. À medida que a interface ar-líquido apresenta um excesso de energia livre em comparação com a fase principal, as proteínas sofrem modificações conformacionais na interface. A extensão das modificações conformacionais depende da flexibilidade da proteína. As proteínas altamente flexíveis desnaturam-se com mais rapidez em interfaces ar-líquido do que as proteínas rígidas. Após a desnaturação interfacial, os resíduos apolares da proteína desnaturada orientam-se em direção à fase gasosa, e os resíduos polares, em direção à fase aquosa.

Várias operações do processamento de alimentos envolvem alta pressão, cisalhamento e altas temperaturas, por exemplo, extrusão, mistura sob alta velocidade e homogeneização. Quando uma lâmina rotatória produz uma alta taxa de cisalhamento, criam-se pulsos subsônicos, ocorrendo ainda cavitação nos bordos de fuga da lâmina. Ambos os eventos contribuem para a desnaturação da proteína. Quanto maior for a taxa de cisalhamento, maior será o grau de desnaturação. A combinação de alta temperatura com alta força de cisalhamento provoca a desnaturação irreversível das proteínas. Por exemplo, quando uma solução de proteína do soro a 10 a 20%, em pH de 3,5 a 4,5 e a 80 a 120 °C, está sujeita a uma taxa de cisalhamento de 7.500 a 10.000 s^{-1}, ela forma partículas macrocoloidais esféricas insolúveis de ≈ 1 μm de diâmetro. "Simplesse", um material hidratado produzido nessas condições, tem características organolépticas macias semelhantes a uma emulsão.

5.4.2.2 Agentes químicos

5.4.2.2.1 pH e desnaturação

As proteínas são mais estáveis à desnaturação em seus pontos isoelétricos do que em qualquer outro pH. Em pH neutro, a maioria das proteínas está carregada negativamente, e algumas estão carregadas positivamente. Como a energia repulsiva eletrostática final é pequena em meio aquoso, e como essa energia eletrostática já foi contabilizada na formação da estrutura proteica nativa em pH fisiológico neutro, a maioria das proteínas é estável em pH próximo ao neutro. No entanto, a forte repulsão eletrostática intramolecular provocada pela alta carga final em valores extremos de pH resulta em expansão e desdobramento da molécula proteica. O grau de desdobramento é maior em valores extremos de pH alcalino do que em valores extremos de pH ácido. O primeiro comportamento é atribuído à ionização dos grupos carboxílicos, sulfidrilas e fenólicos, parcialmente inseridos, que levam ao desenovelamento da cadeia polipeptídica quando procuram migrar para o ambiente aquoso. A desnaturação induzida pelo pH é, na maioria dos casos, reversível. Entretanto, em alguns casos, hidrólises parciais de ligações peptídicas, desamidação de Asn e Gln, destruição de grupos sulfidrila em pH alcalino ou agregação podem resultar na desnaturação irreversível das proteínas.

5.4.2.2.2 Solventes orgânicos e desnaturação

Os solventes orgânicos afetam a estabilidade das interações hidrofóbicas das proteínas, das ligações de hidrogênio e das interações eletrostáticas de diferentes formas [44]. Como as cadeias laterais apolares são mais solúveis em solventes orgânicos do que em água, os solventes orgânicos enfraquecem as interações hidrofóbicas. Por outro lado, como a estabilidade das ligações de hidrogênio nas proteínas depende de um meio com baixa permissividade dielétrica, alguns solventes orgânicos podem, de fato, fortalecer ou promover a formação de ligações de hidrogênio peptídicas. Por exemplo, o 2-cloroetanol provoca um aumento na incidência de α-hélice em proteínas globulares. A ação de solventes orgânicos em interações eletrostáticas é dupla. Por meio da diminuição da permissividade dielétrica, eles aumentam as interações eletrostáticas entre grupos de cargas opostas, elevando também a repulsão entre grupos com carga semelhante. Desse modo, o efeito final de um solvente orgânico sobre a estrutura da proteína costuma depender da magnitude do seu efeito sobre as várias interações polares e apolares. Em baixas concentrações, alguns solventes orgânicos podem estabilizar várias enzimas contra a desnaturação. Em altas concentrações, contudo, todos os solventes orgânicos provocam a desnaturação de proteínas, em decorrência de seu efeito solubilizante sobre as cadeias laterais apolares.

5.4.2.2.3 Desnaturação por aditivos de baixa massa molecular

Como o dobramento de proteínas depende das propriedades do solvente, uma alteração dessas propriedades levará a uma alteração correspondente na estabilidade da proteína. Vários cossolventes miscíveis/solúveis em água, como açúcares, alcoóis poli-hídricos, ureia, polietilenoglicol e alguns aminoácidos, alteram a estabilidade proteica em soluções aquosas [45,46]. Enquanto alguns desses cossolventes (p. ex., ureia e cloridrato de guanidina) desestabilizam a estrutura da proteína, outros cossolventes, principalmente os açúcares, poliólis e alguns aminoácidos (osmólitos), aumentam a estabilidade da proteína [45,46]. Os açúcares tendem a estabilizar a estrutura nativa. No caso de sais neutros, enquanto alguns sais, como sulfatos, fosfatos e sais de fluoreto de sódio, denominados cosmotrópicos, estabilizam a estrutura da proteína, outros, como brometos, iodetos, percloratos e tiocianatos, denominados "caotrópicos", desestabilizam a estrutura proteica.

De acordo com as teorias mais aceitas, uma combinação de dois mecanismos, a saber, a interação preferencial da água e moléculas cossolventes com a superfície da proteína (i.e., modelo de permutação de solventes) e o efeito de volume excluído, determina a estabilidade de proteínas globulares em soluções cossolventes [45,47–50]. De acordo com o modelo de interação preferencial, se a afinidade da superfície proteica for maior com o cossolvente do que com a água, o cossolvente se liga aos *loci* proteicos com liberação de água dos *loci* proteicos para a fase principal, e, se os *loci* proteicos possuírem uma afinidade maior com a água do que com o cossolvente, a água se liga preferencialmente aos *loci* proteicos, e o cossolvente é excluído do domínio proteico (Figura 5.18). A termodinâmica da ligação e exclusão de componentes do solvente da superfície da proteína é considerada como um fenômeno simétrico [47]. No caso de cossolventes desnaturados, a ligação das moléculas de cossolvente aos *loci* proteicos altera o equilíbrio de dobrado ⇌ desdobrado, favorecendo o estado desdobrado, uma vez que mais *loci* de ligação estão disponíveis para o cossolvente no estado desdobrado do que no estado dobrado, ocorrendo o processo oposto no caso dos osmólitos. No caso dos cossolventes estabilizantes, ocorre o oposto, isto é, a água se liga preferencialmente à superfície proteica, e essa ligação aumenta a estabilidade da proteína.

Enquanto o modelo de interação preferencial parece explicar aparentemente o modo de ação dos desnaturantes na estabilidade proteica, não existem evidências claras na literatura de que os efeitos estabilizantes dos osmólitos ocorram devido à hidratação preferencial da superfície da proteína. Se o modelo fosse válido para os osmólitos, seria esperada uma correlação positiva entre o parâmetro de hidratação preferencial (i.e., $\partial g_1/\partial g_2$ em condições de temperatura, pressão e de outra solução constantes, onde g_1 são

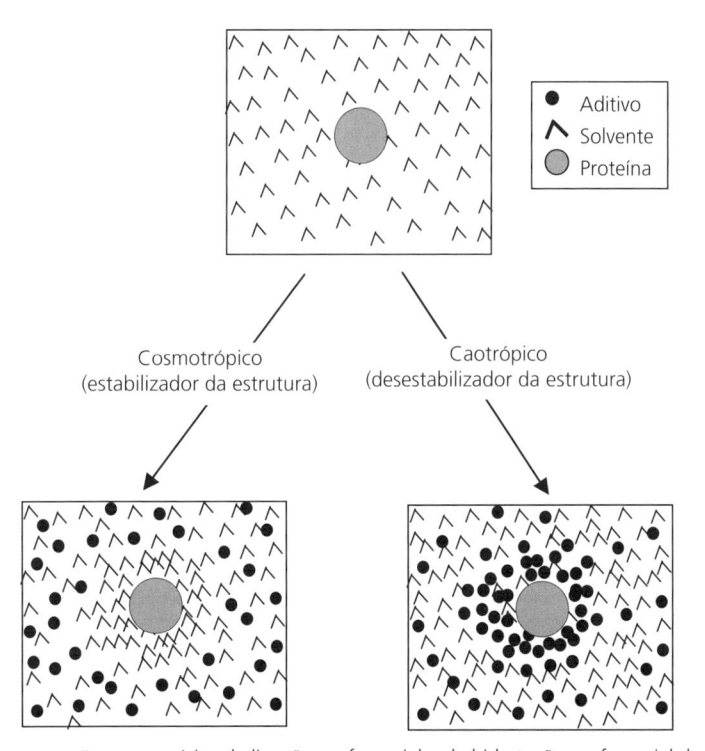

FIGURA 5.18 Representação esquemática da ligação preferencial e da hidratação preferencial da proteína na presença de aditivos. (Adaptada de Creighton, T.E., *Proteins: Structures and Molecular Properties*, W.H. Freeman & Co., New York, 1993, pp. 158–159.)

gramas de água e g_2 são gramas de proteína) e a estabilidade térmica de proteínas em soluções de osmólitos. No entanto, uma análise crítica dos dados da literatura revela a ausência de correlação entre o parâmetro de hidratação e a temperatura de transição térmica (T_m) de várias proteínas. Como exemplo, a relação entre o parâmetro de hidratação preferencial e a temperatura de transição térmica da α-quimotripsina em soluções de sacarose é apresentada na Figura 5.19. A ausência de correlação lança uma dúvida sobre a hidratação preferencial ser o mecanismo pelo qual os osmólitos influenciam a estabilidade das proteínas. Deve ser observado, entretanto, que, em contraste com o parâmetro de hidratação preferencial, a exclusão preferencial de osmólitos (i.e., $\partial g_3/\partial g_2$, em que o subscrito 3 se refere ao osmólito) da vizinhança do domínio da proteína apresenta uma correlação linear com T_m. Em contrapartida, no entanto, deve ser observado que a exclusão preferencial da sacarose (i.e., $\partial g_3/\partial g_2$, em que o subscrito 3 se refere à sacarose) da vizinhança exibe uma correlação linear com T_m. Portanto, logicamente, pode ser inferido que o efeito de um osmólito na estabilidade de uma proteína pode estar diretamente ligado à(s) força(s) responsável(eis) pela exclusão do osmólito do domínio da proteína, e o acúmulo de água na superfície da proteína pode ser apenas uma consequência dessa exclusão, em vez de a sua causa.

É evidente que o mecanismo exato pelo qual os osmólitos (e desnaturantes) alteram a estabilidade das proteínas permanece não elucidado. Filosoficamente, para que uma variedade de osmólitos que diferem em suas propriedades físicas e químicas apresente efeitos semelhantes na estabilidade de proteínas, o mecanismo fundamental envolvido deve ser universal. Sua origem pode não se encontrar meramente nas interações entre a água e o cossolvente com os grupos na superfície das proteínas, mas em uma interação eletrodinâmica quântica de três corpos entre a fase da proteína e o osmólito por intermédio do meio aquoso. Em um estudo recente, foi demonstrado que a estabilidade térmica de várias proteínas em vários cossolventes era linearmente relacionada à pressão eletrodinâmica que emerge da interação proteína-cossolvente (Figura 5.20) [33,51]. A pressão eletrodinâmica era positiva (repulsiva) para osmólitos que aumentavam a estabilidade das proteínas, ao passo que era negativa (atrativa) para desnaturantes, sugerindo que a interação eletrodinâmica de três corpos de Lifshift-Van der

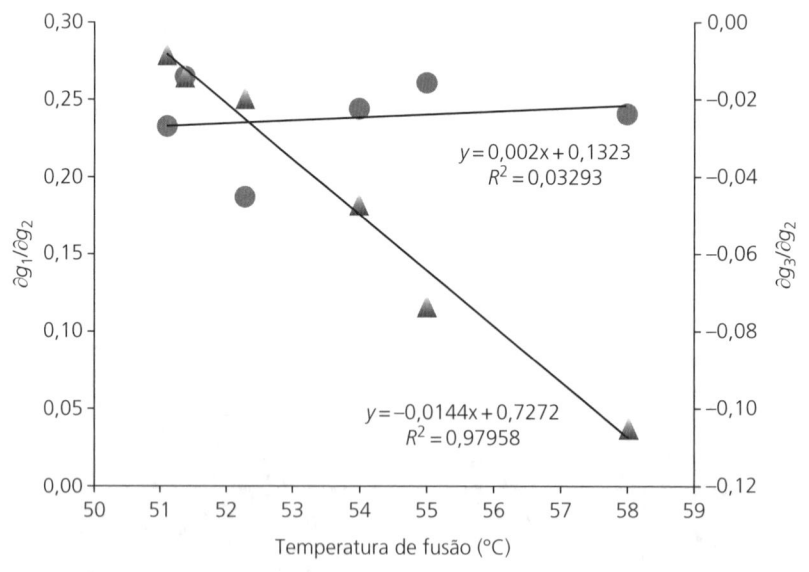

FIGURA 5.19 Relação entre temperatura de fusão e parâmetro de hidratação preferencial ($\partial g_1/\partial g_2$) (●) e parâmetro preferencial de ligação ($\partial g_3/\partial g_2$) (▲) da sacarose com a α-quimiotripsina. (Desenhado usando dados de Lee, J.C. e Timasheff, S.N., *J. Biol. Chem.*, 256, 7193, 1981.)

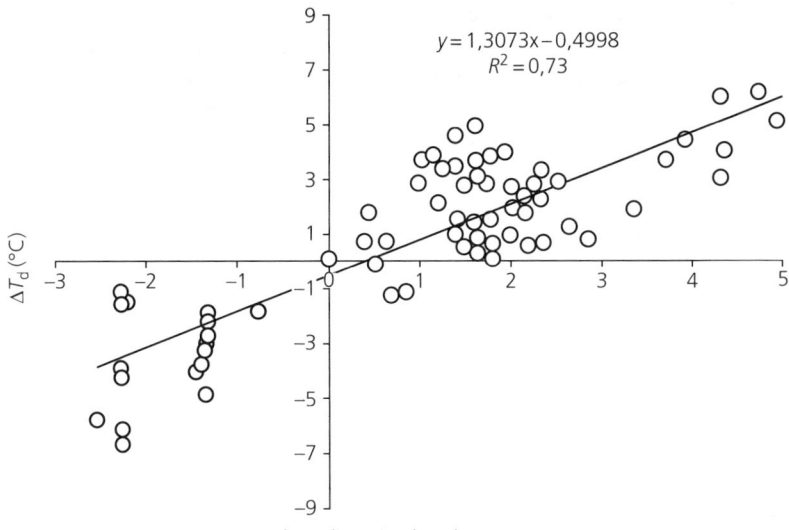

FIGURA 5.20 Relação entre pressão eletrodinâmica e variação líquida na temperatura de desnaturação térmica, T_d, de várias proteínas. (De Damodaran, S., *Biochemistry*, 52, 8363, 2013.)

Waals pode ser um mecanismo universal pelo qual os cossolventes exercem seu efeito sobre a estabilidade proteica.

Quando a proteína é exposta a uma mistura de cossolventes estabilizadores e desestabilizadores, o efeito final sobre sua estabilidade geralmente acompanha uma regra de aditividade. Por exemplo, a sacarose e os polióis são considerados estabilizadores da estrutura proteica, ao passo que o cloridrato de guanidina (GuHCl) é um desestabilizador da estrutura. Quando a sacarose é misturada ao GuHCl, a concentração de GuHCl necessária para o desdobramento das proteínas aumenta com o aumento da concentração de sacarose [52].

5.4.2.2.4 Solutos orgânicos e desnaturação

Os solutos orgânicos, sobretudo a ureia e o GuHCl, causam desnaturação de proteínas. Para muitas proteínas globulares, o ponto médio de transição do estado nativo para o estado desnaturado ocorre a 4 a 6 M de ureia e a 3 a 4 M de GuHCl, em temperatura ambiente. A desnaturação completa frequentemente ocorre em 8 M de ureia e em ≈ 6 M de GuHCl. Este é um desnaturante mais potente do que a ureia devido ao seu caráter iônico. Muitas proteínas globulares não sofrem desnaturação completa mesmo em 8 M de ureia, ao passo que em 8 M de GuHCl, elas geralmente existem em estado completamente desnaturado de *random coil* (estado de desordem estrutural).

Acredita-se que a desnaturação proteica pela ureia e pelo GuHCl é associada a dois mecanismos. O primeiro envolve ligações preferenciais de ureia e GuHCl com a proteína desnaturada. A remoção da proteína desnaturada como um complexo proteína–desnaturante altera o equilíbrio N ↔ D para a direita. À medida que a concentração do desnaturante aumenta, a conversão contínua da proteína para o complexo proteína-desnaturante resulta, eventualmente, na sua desnaturação completa. Como a ligação do desnaturante com a proteína desnaturada é muito fraca, é necessária uma concentração de desnaturante muito elevada para que ocorra desnaturação completa da proteína. Como a ligação dos desnaturantes com a proteína desnaturada é muito fraca, uma concentração elevada de desnaturante é necessária para alterar o equilíbrio N ↔ D para a direita. O segundo mecanismo envolve a solubilização de resíduos de aminoácidos hidrofóbicos em soluções de ureia e GuHCl. Como a ureia e o GuHCl têm o potencial de formar ligações de hidrogênio, em alta concentração, esses solutos quebram a estrutura de ligações de hidrogênio da água. Essa desestruturação da água implica que ela seja um melhor solvente para resíduos apolares. Isso resulta em desdobramento e solubilização de resíduos apolares provenientes do interior da molécula de proteína.

A desnaturação induzida por ureia ou por GuHCl é reversível. Entretanto, a reversibilidade completa da desnaturação proteica induzida por ureia é, às vezes, difícil. Isso ocorre porque parte da ureia é convertida em cianato e amônia. O cianato reage com os grupos amina, alterando a carga elétrica da proteína.

5.4.2.2.5 Detergentes e desnaturação

Os detergentes, como o dodecilsulfato de sódio (SDS), são poderosos agentes desnaturantes de proteínas. O SDS em concentração de 3 a 8 mM desnatura a maioria das proteínas globulares. Esse mecanismo envolve ligações preferenciais do detergente com a molécula de proteína desnaturada. Isso provoca um deslocamento do equilíbrio entre os estados nativo e desnaturado. Diferentemente da ureia e do GuHCl, os detergentes ligam-se fortemente a proteínas desnaturadas, sendo essa a razão para a desnaturação completa em concentrações relativamente baixas de detergente de 3 a 8 mM. Em decorrência dessa forte ligação, a desnaturação induzida por detergente é irreversível. As proteínas globulares desnaturadas pelo SDS não existem em estado *random coil* (estado de desordem estrutural); em vez disso, elas assumem um formato de bastão α-helicoidal nas soluções de SDS. Esse formato em bastão é considerado adequadamente como desnaturado.

5.4.2.2.6 Sais caotrópicos e desnaturação

Os sais afetam a estabilidade das proteínas de dois modos diferentes. Em baixas concentrações, os íons interagem com proteínas por meio de interações eletrostáticas não específicas. Essa neutralização eletrostática das cargas proteicas geralmente estabiliza a estrutura da proteína. A neutralização completa da carga por íons ocorre em 0,2 M de força iônica ou abaixo desse patamar, sendo independente da natureza do sal. Entretanto, em maiores concentrações (> 1 M), os sais têm efeitos iônicos específicos que influenciam a estabilidade estrutural das proteínas. Sais como Na_2SO_4 e NaF aumentam a estabilidade proteica, ao passo que outros, como NaSCN e $NaClO_4$, a enfraquecem. A estrutura da proteína sofre mais influência de ânions do que de cátions. Por exemplo, o efeito de vários sais de sódio sobre a temperatura de desnaturação térmica da β-lactoglobulina é apresentado na Figura 5.21. Em mesma força iônica, Na_2SO_4 e NaCl aumentam a T_d, ao passo que NaSCN e $NaClO_4$ a reduzem. Independentemente de sua composição química e de suas diferenças conformacionais, a estabilidade estrutural de macromoléculas é afetada de forma negativa por concentrações elevadas de sais [53,54]. NaSCN e $NaClO_4$ são desnaturantes fortes. A capacidade relativa de vários ânions em ponto isoiônico de influenciarem a estabilidade de proteínas (e do DNA) costuma seguir a série, $F^- < SO_4^{2-} < Cl^- < Br^- < I^- < ClO_4^- < SCN^- < Cl_3CCOO^-$. Esse *ranking* é conhecido como série de Hofmeister ou série caotrópica. Sais de fluoreto, cloreto e sulfato são estabilizadores estruturais, ao passo que sais de outros ânions são desestabilizadores estruturais.

O mecanismo dos efeitos dos sais sobre a estabilidade estrutural das proteínas ainda não é conhecido, mas acredita-se que esteja relacionado à sua capacidade relativa de se ligar às proteínas e alterar suas propriedades de hidratação. Os sais que estabilizam as proteínas aumentam a hidratação proteica, ligando-se fracamente a elas, ao passo que os sais que desestabilizam as proteínas diminuem a hidratação proteica e se ligam fortemente a elas [53]. Todavia, não se sabe se esses efeitos são mediados ou não por alterações na estrutura da água como um todo [54]. Como discutido na Seção 5.4.2.2.3, o mecanismo do efeito do sal de Hofmeister na estabilidade de proteínas pode ser o resultado da interação eletrodinâmica de três corpos entre a proteína e os íons ao longo do meio aquoso [33,51].

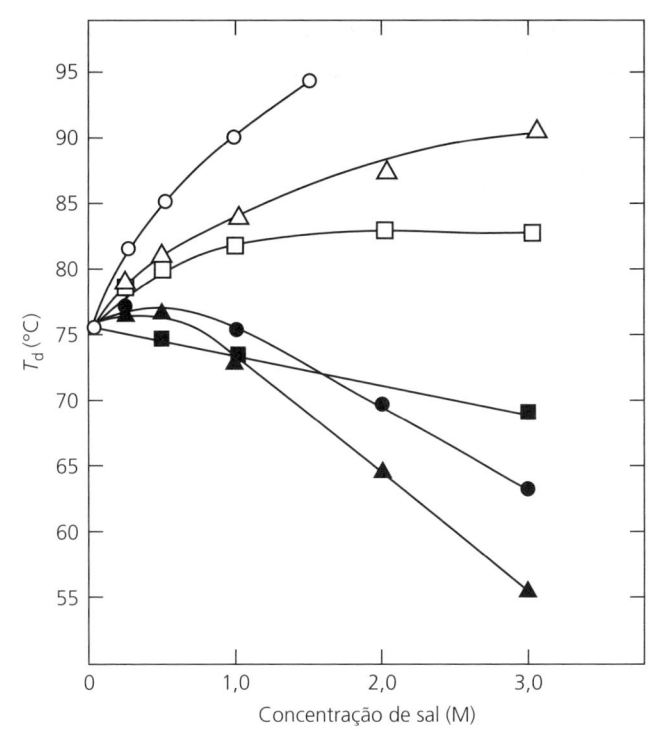

FIGURA 5.21 Efeitos de vários sais de sódio sobre a temperatura de desnaturação, T_d, da β-lactoglobulina em pH 7,0. ○, Na_2SO_4; △, Nacl; □, NaBr; ●, NaClO4; ▲, NaSCN; ■, ureia. (De Damodaran, S., *Int. J. Biol. Macromol.*, 11, 2, 1989.)

5.4.3 Resumo

- A desnaturação proteica envolve a transformação de uma proteína de seu estado nativo organizado para um estado desorganizado.
- A desnaturação proteica pode ser monitorada pelo registro das alterações de suas propriedades físicas, tais como a absorção à luz UV, fluorescência, coeficiente de sedimentação e viscosidade, como uma função da concentração do desnaturante.
- Os desnaturantes proteicos típicos são temperatura, extremos do pH, pressão, solventes orgânicos, solutos orgânicos e sais caotrópicos.

5.5 PROPRIEDADES FUNCIONAIS DAS PROTEÍNAS

As preferências alimentares dos seres humanos estão baseadas principalmente em atributos sensoriais, tais como textura, sabor, cor e aparência. Os atributos sensoriais de um alimento resultam de interações complexas entre vários componentes alimentares principais e secundários. As proteínas possuem uma grande influência sobre os atributos sensoriais dos alimentos. Por exemplo, as propriedades sensoriais dos produtos de panificação estão relacionadas às propriedades viscoelásticas e de formação da massa do glúten do trigo; as características de textura e suculência de carnes dependem muito das proteínas musculares (actina, miosina, actomiosina e várias proteínas solúveis da carne); as propriedades de textura e de coagulação dos produtos lácteos são fruto da estrutura coloidal singular das micelas de caseína; e a estrutura de alguns bolos, bem como as propriedades de batimento de alguns produtos de sobremesa, dependem das propriedades das proteínas da clara do ovo. Os papéis funcionais de várias proteínas em diversos produtos alimentícios são apresentados na Tabela 5.11. A funcionalidade das proteínas dos alimentos refere-se às propriedades físico-químicas que influenciam no desempenho das proteínas

TABELA 5.11 Funções das proteínas alimentares em sistemas alimentares

Função	Mecanismo	Alimento	Tipo de proteína
Solubilidade	Hidrofilicidade	Bebidas	Proteínas do soro de leite
Viscosidade	Ligação à água, forma e tamanho hidrodinâmicos	Sopas, molhos de carne, molhos para salada, sobremesas	Gelatina
Ligação à água	Ligações de hidrogênio, hidratação iônica	Salsichas de carne, bolos e pães	Proteínas da carne, proteínas do ovo
Gelificação	Retenção e imobilização de água, formação de redes	Carnes, géis, bolos, produtos de panificação, queijo	Proteínas da carne, proteínas do leite e do ovo
Coesão-adesão	Ligações hidrofóbicas, iônicas e de hidrogênio	Carnes, salsichas, massas, produtos assados	Proteínas da carne, proteínas do ovo e proteínas do soro de leite
Elasticidade	Ligações hidrofóbicas, ligações cruzadas dissulfeto	Carnes, produtos de panificação	Proteínas da carne, proteínas de cereais
Emulsificação	Formação de película e adsorção nas interfaces	Salsichas, almôndega, sopa, bolos, molhos	Proteínas da carne, proteínas do ovo, proteínas do leite
Formação de espuma	Adsorção interfacial e formação de película	Chantilis, sorvetes, bolos, sobremesas	Proteínas do ovo, proteínas do leite
Fixação de lipídeos e aroma	Ligações hidrofóbicas, retenção	Produtos de panificação com baixo teor de gordura, *doughnuts*	Proteínas do leite, proteínas do ovo, proteínas de cereais

Fonte: Kinsella, J.E. et al., Physicochemical and functional properties of oilseed proteins with emphasis on soy proteins, em: *New Protein Foods: Seed Storage Proteins,* Altshul, A.M. e Wilcke, H.L. eds., Academic Press, London, U.K., 1985, pp. 107–179.

dos sistemas alimentares durante seu processamento, armazenamento, preparo e consumo.

Os atributos sensoriais dos alimentos são obtidos por meio de interações complexas entre vários ingredientes funcionais. Por exemplo, os atributos sensoriais de um bolo emanam do calor da formação de gel, formação de espuma e propriedades emulsificantes dos ingredientes utilizados. Portanto, para que uma proteína seja útil como ingrediente em bolos e outros produtos semelhantes, ela deve possuir diversas funcionalidades. As proteínas de origem animal, por exemplo, do leite (caseínas), do ovo e as proteínas da carne, são amplamente utilizadas em alimentos industrializados. Essas proteínas são misturas de várias proteínas com diversas propriedades físico-químicas, sendo capazes de realizar múltiplas funções. Por exemplo, a clara do ovo possui muitas funcionalidades, tais como gelificação, emulsificação, formação de espuma, ligação com a água e coagulação pelo calor, tornando-a uma proteína altamente desejável para muitos alimentos. As suas múltiplas funcionalidades são o resultado de interações complexas entre seus componentes proteicos, a saber, ovoalbumina, conalbumina, lisozima, ovomucina e outras proteínas semelhantes à albumina. As proteínas vegetais (p. ex., proteínas de soja e outras proteínas de leguminosas e sementes oleaginosas), bem como outras proteínas, tais como as do soro do leite, são utilizadas em grau limitado nos alimentos convencionais. Embora essas proteínas também sejam misturas de várias outras, elas não funcionam tão bem quanto as proteínas animais na maioria dos produtos alimentícios. As propriedades moleculares exatas das proteínas que são responsáveis por várias funcionalidades desejáveis nos alimentos ainda não são bem compreendidas.

As propriedades físico-químicas que controlam a funcionalidade proteica incluem tamanho; forma; composição e sequência de aminoácidos; carga elétrica final e distribuição das cargas elétricas; razão de hidrofobicidade/hidrofilicidade; estruturas secundárias, terciárias e quaternárias; flexibilidade e rigidez molecular; e capacidade de interagir/reagir com outros componentes. Como as proteínas apresentam múltiplas propriedades físico-químicas, é difícil delinear o papel de cada uma dessas propriedades em relação a uma determinada propriedade funcional.

Em nível empírico, as diversas propriedades funcionais das proteínas podem ser observadas como manifestações de três aspectos moleculares dessas moléculas: (1) propriedades de hidratação, (2) propriedades relacionadas à superfície proteica e (3) propriedades hidrodinâmicas/reológicas dependentes do tamanho e da forma (Tabela 5.12). Embora se conheça muito a respeito das propriedades físico-químicas de várias proteínas de alimentos, a previsão de suas propriedades funcionais a partir de suas propriedades moleculares ainda não foi bem-sucedida. Foram estabelecidas algumas correlações empíricas entre as propriedades moleculares e algumas propriedades funcionais em sistemas-modelo de proteínas. No entanto, o comportamento dos sistemas-modelo muitas vezes não é o mesmo que o existente nos produtos alimentícios reais. Isso pode ser atribuído, em parte, à desnaturação das proteínas durante o processamento. A extensão da desnaturação depende do pH, da temperatura, de outras condições de processamento e de características do produto. Além disso, nos alimentos reais, as proteínas interagem com outros componentes alimentares, como lipídeos, açúcares, polissacarídeos, sais e outros componentes secundários, o que modifica seu comportamento funcional. Apesar dessas dificuldades inerentes, tem-se alcançado um progresso considerável no que diz respeito à compreensão da relação entre as várias propriedades físico-químicas das moléculas proteicas e suas propriedades funcionais.

5.5.1 Hidratação proteica [55]

A água é um componente essencial dos alimentos. As propriedades reológicas e de textura dos alimentos dependem da interação da água com outros componentes do alimento, principalmente com proteínas e polissacarídeos. A água modifica as propriedades físico-químicas das proteínas. Por exemplo, o efeito plástico da água sobre as proteínas amorfas e semicristalinas dos alimentos altera sua temperatura de transição vítrea (ver Capítulo 2) e sua T_d. A temperatura de transição vítrea refere-se à temperatura na qual ocorre a conversão de um sólido amorfo quebradiço (vítreo) em um estado flexível tipo borracha, ao passo que a temperatura de fusão se refere à temperatura em que ocorre a transição de um sólido cristalino para uma estrutura desordenada.

Muitas propriedades funcionais das proteínas, tais como dispersibilidade, umectabilidade, expansão, solubilidade, espessamento/viscosidade, capacidade de retenção de água, gelificação, coagulação, emulsificação e formação de espuma, dependem de interações entre as moléculas de água e proteína. Em alimentos de umidade baixa ou intermediária, como os produtos de panificação e as carnes trituradas, a capacidade das proteínas de se combinar com a água é importante para a aceitabilidade desses alimentos. A capacidade de uma proteína de apresentar um equilíbrio adequado entre suas interações proteína-proteína e proteína-água é essencial para suas propriedades térmicas de gelificação.

As moléculas de água ligam-se a diversos grupos nas proteínas. Esses grupos incluem grupos carregados (interações íon-dipolo); grupos peptídicos da cadeia principal; grupos amida de Asn e Gln; grupos hidroxila dos resíduos de Ser, Thr e Tyr (todas as interações dipolo-dipolo); e resíduos apolares (interação dipolo-dipolo induzida e hidratação hidrofóbica).

TABELA 5.12 Ligação entre os aspectos físico-químicos das proteínas e o seu impacto sobre a funcionalidade nos alimentos

Propriedade geral	Funções afetadas
1. Hidratação	Solubilidade, dispersibilidade, umectabilidade, expansão, espessamento, absorção de água, capacidade de retenção de água
2. Propriedade surfactante	Emulsificação, formação de espuma, fixação de aroma, ligação a pigmentos
3. Hidrodinâmica/Reologia	Elasticidade, viscosidade, coesividade, mastigabilidade, adesão, viscosidade, gelificação, formação de massa, texturização

A **capacidade da proteína de se ligar à água** é definida como gramas de água ligada por grama de proteína quando um pó seco de proteína é equilibrado com vapor d'água a uma umidade relativa de 90 a 95%. A capacidade de ligação com a água (também chamada de capacidade de hidratação) de vários grupos de proteínas polares e apolares é apresentada na Tabela 5.13. Os resíduos de aminoácidos com grupos carregados ligam-se a cerca de 6 moles de água por resíduo, os resíduos polares não carregados ligam-se a cerca de 2 moles de água por resíduo, e os grupos apolares ligam-se a cerca de 1 mol de água por resíduo. Portanto, a capacidade de hidratação de uma proteína está relacionada, em parte, à sua composição em aminoácidos, ou seja, quanto maior o número de resíduos carregados, maior a capacidade de hidratação.

A capacidade de hidratação de uma proteína pode ser calculada a partir de sua composição de aminoácidos, usando-se a equação empírica:

$$a = f_C + 0{,}4 f_P + 0{,}2 f_N \qquad (5.50)$$

onde

a é g de água/g de proteína.

f_C, f_P e f_N são as frações dos resíduos carregados, polares e apolares, respectivamente, na proteína.

A capacidade de hidratação experimental de várias proteínas globulares monoméricas coincide com as calculadas a partir da equação supracitada. No entanto, isso não se aplica às proteínas oligoméricas. Como as estruturas oligoméricas envolvem uma inserção parcial da superfície proteica na interface subunidade-subunidade, os valores calculados costumam ser maiores do que os valores experimentais. Por outro lado, a capacidade de hidratação experimental das micelas de caseína (≈ 4 g de água (g de proteína)$^{-1}$) é muito maior do que a prevista pela equação supracitada. Isso se deve à enorme quantidade de espaço vazio dentro da estrutura da micela de caseína, a qual absorve água por capilaridade e aprisionamento físico.

Em nível macroscópico, a ligação da água com as proteínas ocorre em um processo gradativo. Os grupos iônicos de alta afinidade são solvatados primeiro em baixa atividade de água, seguidos pelos grupos polares e apolares. A sequência das etapas envolvidas no aumento de atividade de água é apresentada na Figura 5.22 (ver também Capítulo 2). A isoterma de sorção das proteínas, isto é, a quantidade de água ligada por grama de proteína como uma função da umidade relativa, é, invariavelmente, uma curva sigmoide (ver Capítulo 2). Para a maioria das proteínas, a cobertura saturada da monocamada de água ocorre em uma atividade de água (a_a) de $\approx 0{,}7$ a $0{,}8$, ao passo que as multicamadas de água são formadas em $a_a > 0{,}8$. A cobertura da monocamada saturada corresponde a $\approx 0{,}3$ a $0{,}5$ g de água (g de proteína)$^{-1}$. A água da monocamada saturada está principalmente associada a grupos iônicos, polares e apolares da superfície da proteína. Essa água não pode ser con-

TABELA 5.13 Capacidade de hidratação de resíduos de aminoácidos[a]

Resíduo de aminoácido	Hidratação (moles de H_2O (resíduo de mol)$^{-1}$)
Polar	
Asn	2
Gln	2
Pro	3
Ser, The	2
Trp	2
Asp (não ionizada)	2
Glu (não ionizada)	2
Tyr	3
Arg (não ionizada)	3
Lys (não ionizada)	4
Iônico	
Asp$^-$	6
Glu$^-$	7
Tyr$^-$	7
Arg$^+$	3
His$^+$	4
Lys$^+$	4
Apolar	
Ala	1
Gly	1
Phe	0
Val, Ile, Leu, Met	1

[a]Representa a água não congelada associada a resíduos de aminoácidos, com base em estudos de ressonância magnética de polipeptídeos.
Fonte: Kuntz, I.D. 1971. *J. Amer. Chem. Soc.* 93:514–516.

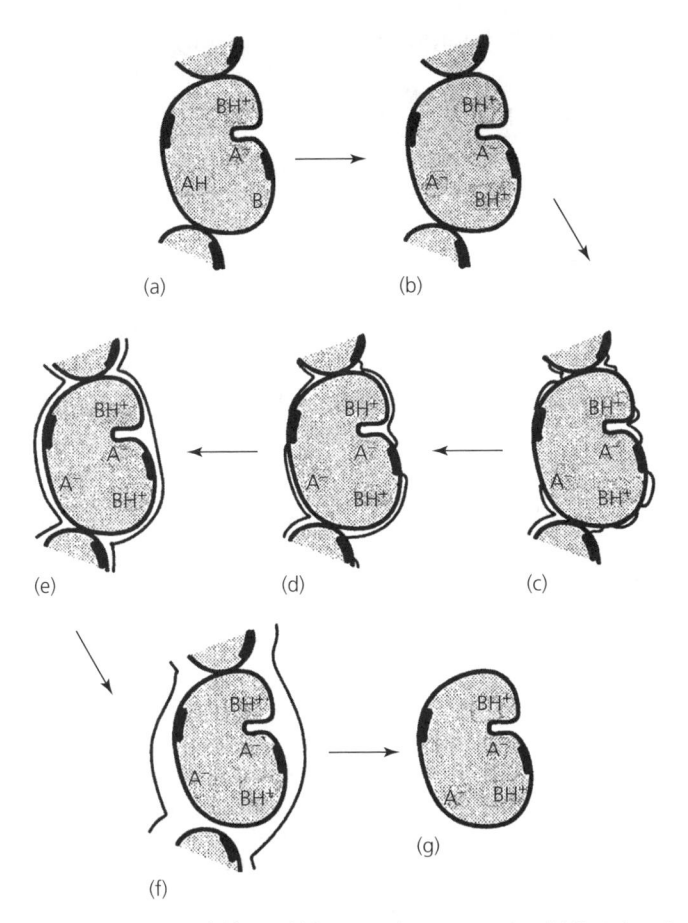

FIGURA 5.22 Sequência das etapas envolvidas na hidratação de uma proteína. (a) Proteína não hidratada. (b) Hidratação inicial dos grupos carregados. (c) Formação de agrupamentos de água perto de sítios polares e carregados. (d) Hidratação completa nas superfícies polares. (e) Hidratação hidrofóbica dos segmentos apolares; cobertura completa da monocamada. (f) Formação de pontes entre a água associada a proteínas e a água total. (g) Hidratação hidrodinâmica completa. (De Rupley, J.A. et al., Thermodynamic and related studies of water interacting with proteins, em: *Water in Polymers*, Rowland, S.P. (ed.), ACS Symposium Series 127, American Chemical Society, Washington, DC, 1980, pp. 91–139.)

gelada, não participa como solvente em reações químicas e é chamada, com frequência, de água "ligada", o que deve ser compreendido como água com mobilidade "restrita". Na faixa de hidratação de 0,07 a 0,27 g g^{-1}, a energia necessária para a dessorção da água a partir da superfície da proteína é de apenas 0,18 kcal mol^{-1}, a 25 °C. Como a energia cinética térmica da água a 25 °C é de $\approx$ 0,6 kcal mol^{-1}, sendo maior do que a energia livre de dessorção, as moléculas de água da monocamada são razoavelmente móveis.

Em $a_a = 0,9$, as proteínas ligam-se com $\approx 0,3$ a 0,5 g de água (g de proteína)$^{-1}$ (Tabela 5.14).

Em $a_a > 0,9$, a água líquida total se condensa nos interstícios e nas fendas das moléculas proteicas, ou em capilares de sistemas proteicos insolúveis, como as miofibrilas. As propriedades dessa água são semelhantes às da água total. Essa água é chamada de água hidrodinâmica, movendo-se junto com a molécula proteica.

Vários fatores ambientais, tais como pH, força iônica, temperatura, tipo de sais e conformação proteica, influenciam na capacidade das proteínas de se ligarem à água. As proteínas são menos hidratadas no seu pH isoelétrico, no qual o aumento das interações proteína-proteína resulta em uma

TABELA 5.14 Capacidade de hidratação de várias proteínas

Proteína	g de água (g de proteína)$^{-1}$
Proteína pura[a]	
Ribonuclease	0,53
Lisozima	0,34
Mioglobina	0,44
β-Lactoglobulina	0,54
Quimotripsinogênio	0,23
Albumina sérica	0,33
Hemoglobina	0,62
Colágeno	0,45
Caseína	0,40
Ovoalbumina	0,30
Preparações comerciais de proteína[b]	
Concentrados de proteína do soro	0,45–0,52
Caseinato de sódio	0,38–0,92
Proteína de soja	0,33

[a] A 90% de umidade relativa.
[b] A 95% de umidade relativa.
Fonte: compilada de várias fontes.

interação mínima com a água. Acima e abaixo do pH isoelétrico, em virtude do aumento da carga elétrica final e das forças repulsivas, as proteínas se expandem e se ligam mais à água. A capacidade de ligação à água da maior parte das proteínas é maior em um pH de 9 a 10 do que em qualquer outro pH. Isso se deve à ionização da sulfidrila e dos resíduos de tirosina. Acima de pH 10, a perda de grupos ε-amina positivamente carregados dos resíduos lisil resulta na redução da ligação com a água.

Em baixas concentrações (< 0,2 M), os sais aumentam a capacidade de ligação das proteínas à água. Isso ocorre porque os íons de sais hidratados, sobretudo os ânions, ligam-se (fracamente) a grupos carregados nas proteínas. Nessa baixa concentração, a ligação de íons às proteínas não afeta a camada de hidratação dos grupos carregados da proteína, e o aumento da ligação com a água se deve, essencialmente, à água associada aos íons ligados. No entanto, em concentrações elevadas de sal, grande parte da água existente está ligada a íons salinos, resultando em desidratação da proteína.

A capacidade de ligação das proteínas à água geralmente diminui à medida que a temperatura aumenta, devido à redução das ligações de hidrogênio e à diminuição da hidratação dos grupos iônicos. A capacidade de uma proteína desnaturada de se ligar à água costuma ser ≈ 10% maior do que a de uma proteína nativa. Isso se deve ao aumento da razão entre a área da superfície e a massa (ou volume), com exposição de alguns grupos polares e hidrofóbicos previamente inseridos. Se a desnaturação levar à agregação da proteína, então sua capacidade de ligação à água pode, na verdade, diminuir em função do deslocamento da água pelo aumento das interações proteína-proteína. As proteínas alimentares desnaturadas geralmente apresentam baixa solubilidade em água. Suas capacidades de ligação à água, no entanto, não são tão diferentes das encontradas no estado nativo. Dessa forma, a capacidade de ligação à água não pode ser utilizada para prever as características de solubilidade das proteínas. A solubilidade de uma proteína não depende apenas de sua capacidade de ligação à água, mas também de outros fatores termodinâmicos.

Em aplicações alimentares, a capacidade de retenção de água de uma proteína é mais importante do que a capacidade de ligação à água. A capacidade de retenção de água refere-se à capacidade da proteína de absorver água e retê-la contra a força gravitacional dentro de uma matriz proteica, como em géis proteicos ou nos músculos de carne bovina e de peixe. Essa água corresponde ao somatório da água ligada, da água hidrodinâmica e da água aprisionada fisicamente (capilaridade). Esta última contribui mais para a capacidade de retenção de água do que as águas ligada e hidrodinâmica. No entanto, estudos mostraram que a capacidade de retenção de água das proteínas está correlacionada positivamente à capacidade de ligação à água. A capacidade das proteínas de aprisionar água está associada à suculência e à maciez dos produtos de carne triturada e às propriedades de textura desejáveis de pães e de outros produtos tipo gel.

5.5.2 Solubilidade

As propriedades funcionais das proteínas são frequentemente afetadas por sua solubilidade, e as propriedades mais afetadas são espessamento, formação de espuma, emulsificação e gelificação. As proteínas insolúveis apresentam usos muito limitados nos alimentos.

A solubilidade de uma proteína é uma manifestação termodinâmica do equilíbrio entre interações proteína-proteína e proteína-solvente:

Proteína-Proteína + Água $\rightleftarrows$ Proteína-Água
(5.51)

A agregação das proteínas na água, que eventualmente leva à sua insolubilidade, envolve equilíbrio entre a interação eletrostática repulsiva, favorecendo a solubilidade e a interação das forças de atração de Van der Waals e hidrofóbicas, que favorecem a precipitação, entre as moléculas de proteína, como apresentado na figura a seguir. Os segmentos escuros representam os segmentos hidrofóbicos da superfície da proteína e as letras z e e representam a carga elétrica final e a carga de um elétron (1,6 × 10^{-19} C), respectivamente.

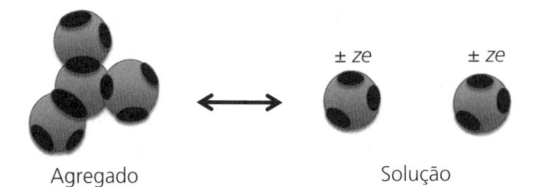

Agregado de proteína ↔ Solução de proteína

A variação da energia livre final para dissolução de uma proteína pode ser expressa como

$$E_{final} = E_{elec} + E_{vdW} + E_{H\phi}$$

Se a energia potencial eletrostática repulsiva for maior (mais negativa) do que o somatório das energias potenciais de atração (positiva) de Van der Waals e hidrofóbicas, isto é, se E_{final} for negativa, então a proteína irá se dissolver na solução. Por outro lado, se a E_{final} do processo for positiva, a proteína poderá se agregar e precipitar. As interações de Van der Waals e as interações hidrofóbicas são sempre de atração, e, portanto, o termo eletrostático (e, consequentemente, a hidrofilicidade da proteína) determinará se a proteína poderá ou não se dissolver em um determinado pH.

Como as proteínas são partículas coloidais com vários grupos carregados positiva e negativamente na superfície, a Equação 5.32, adequada para a interação entre duas cargas de ponto fixo, não poderá descrever adequadamente a interação eletrostática entre duas moléculas de proteína de dimensões coloidais. A energia de interação final entre as duas partículas coloidais pode ser descrita pela teoria DLVO:

$$E_{final} \approx \left(\frac{2\pi\sigma^2 R}{\varepsilon_0 \varepsilon \kappa^2} e^{-\kappa D}\right) + \left(\frac{AR}{12D}\right) + \left(E_{H\phi}\right) \quad (5.52)$$

onde

σ é a densidade da carga na superfície de uma molécula de proteína.
R é o raio.
ε_0 é a permissividade dielétrica do vácuo.
ε é a constante dielétrica do meio (água).
κ é o comprimento de Debye.
D é a distância superfície-superfície entre as moléculas de proteína.
A é a constante de Hamaker.

O comprimento de Debye depende da força iônica do meio de acordo com a seguinte equação:

$$\kappa^{-1} = \left(\frac{\varepsilon_0 \varepsilon kT}{2N_A e^2 I}\right)^{1/2} \quad (5.53)$$

onde

k é a constante de Boltzmann.
T é a temperatura.
N_A é o número de Avogadro.
e é a carga de um elétron.
I é a força iônica do meio (em mol m^{-3}).

Para um eletrólito 1:1, como o NaCl, a Equação 5.53 simplifica para $\kappa^{-1} = 0{,}304/[\text{NaCl}]^{1/2}$nm; e para um sal 2:1, como o CaCl$_2$, $\kappa^{-1} = 0{,}176/[\text{CaCl}_2]^{1/2}$nm. Como $\sigma = q/4\pi R^2$ (onde $q = ze$ é a carga final), a Equação 5.52 pode ser simplificada como

$$E_{final} \approx \left(\frac{z^2 kT}{4\pi R^3 N_A I} e^{-\kappa D}\right) + \left(\frac{AR}{12D}\right) + \left(E_{H\phi}\right) \quad (5.54)$$

O potencial de interação eletrostática é inversamente proporcional ao raio da partícula e à força iônica I e diretamente proporcional ao número final de cargas (z) da partícula. Como z depende do pH do meio, o potencial de interação eletrostática será zero no pH isoelétrico da proteína e, assim, os potenciais interativos de atração de Van der Waals e hidrofóbicos poderão dominar e provocar a precipitação da proteína. A constante A de Hamaker, para proteína em água, é de $\approx 10^{-21}$ J e, assim, o potencial de atração de Van der Waals depende do raio da proteína. Por outro lado, como a composição da superfície da proteína não é homogênea e os grupos apolares estão distribuídos irregularmente na superfície, a Equação 5.34 não pode ser utilizada para determinar o potencial de interação hidrofóbico $E_{H\phi}$. Entretanto, se os segmentos de interação hidrofóbica forem grandes, e se a área da superfície dos segmentos for conhecida, então poderemos estimar o potencial hidrofóbico em uma distância constante (D = 0) entre os segmentos hidrofóbicos, utilizando o conceito de área de superfície inserida (ver Figura 5.10).

Bigelow [56] propôs que a solubilidade de uma proteína está fundamentalmente relacionada à hidrofobicidade média dos resíduos de aminoácidos e à frequência da carga. A hidrofobicidade média é definida como

$$\Delta G = \sum \frac{\Delta g_{resíduo}}{n} \qquad (5.55)$$

onde

$\Delta g_{resíduo}$ é a hidrofobicidade de cada cadeia lateral do aminoácido obtida a partir da variação de energia livre para transferência do octanol para a água (ver Seção 5.2.1.4).

n é o número total dos resíduos na proteína.

A frequência da carga é definida por

$$f = \left(\frac{n^+ + n^-}{n}\right) \qquad (5.56)$$

onde

n^+ e n^- são o número total dos resíduos com cargas elétricas positivas e negativas, respectivamente.

n é o número total de resíduos.

De acordo com Bigelow [56], quanto menor a hidrofobicidade média e maior a frequência da carga, maior será a solubilidade da proteína. Embora essa correlação empírica seja verdadeira para a maioria das proteínas, ela não é absoluta.

A solubilidade proteica é determinada pela hidrofilicidade e pela hidrofobicidade da superfície da proteína que entra em contato com a água circundante, e não pela hidrofobicidade média e pela frequência de carga da molécula como um todo. Como a maioria dos resíduos hidrofóbicos está inserida no interior da proteína, apenas os grupos apolares que estão na superfície afetariam a solubilidade. Quanto menor o número de segmentos hidrofóbicos da superfície, maior será a solubilidade.

Com base nas características de solubilidade, as proteínas são classificadas em quatro categorias. As **albuminas** são as proteínas que são solúveis em água em pH 6,6 (p. ex., albumina sérica, ovoalbumina e α-lactoalbumina), as **globulinas** são as solúveis em soluções salinas diluídas em pH 7,0 (p. ex., glicinina, faseolina e β-lactoglobulina), as **glutelinas** são as solúveis apenas em soluções ácidas com pH 2,0 e soluções alcalinas com pH 12 (p. ex., glutelinas do trigo) e as **prolaminas** são as solúveis em etanol 70% (p. ex., zeína e gliadinas). Tanto as prolaminas como as glutelinas são proteínas altamente hidrofóbicas.

Além das propriedades físico-químicas intrínsecas, a solubilidade é influenciada por várias condições da solução, tais como pH, força iônica, temperatura e presença de solventes orgânicos.

5.5.2.1 pH e solubilidade

Em valores de pH abaixo ou acima do pH isoelétrico, as proteínas possuem uma carga final positiva ou negativa, respectivamente. A repulsão eletrostática e a hidratação dos resíduos carregados promovem a solubilidade da proteína. Quando a solubilidade é plotada contra o pH, a maior parte das proteínas dos alimentos exibe uma curva em forma de U. A solubilidade mínima ocorre próxima do pH isoelétrico das proteínas. A maioria das proteínas dos alimentos é ácida; isto é, a soma dos resíduos de Asp e Glu é maior do que a soma dos resíduos de Lys, Arg e Hys. Assim, elas exibem sua solubilidade mínima em pH de 4 a 5 (pH isoelétrico) e sua solubilidade máxima em pH alcalino. A ocorrência da solubilidade mínima próxima ao pH isoelétrico se deve, principalmente, à ausência de repulsão eletrostática, o que promove a agregação e a precipitação por meio de interações hidrofóbicas. Algumas proteínas dos alimentos são altamente solúveis em seu pH isoelétrico, por exemplo, a β-lactoglobulina (pI 5,2) e a albumina sérica bovina (pI 5,3). Isso se deve ao fato de essas proteínas apresentarem grandes proporções de resíduos hidrofílicos superficiais em relação aos grupos apolares da superfície. Lembre-se de que, embora a proteína seja eletricamente neutra em seu pI, ela ainda apresenta um número igual de cargas positivas e negativas na superfície, as quais contribuem para a hidrofilicidade proteica. Se a hidrofilicidade e as forças de repulsão da hidratação que surgem nos resíduos carregados eletricamente forem maiores do que as interações hidrofóbicas proteína-proteína, então a proteína ainda será solúvel no pI.

Como a maioria das proteínas é altamente solúvel em pH alcalino de 8 a 9, a extração proteica de fontes vegetais, tais como farinha de soja, é realizada nesse pH. Na Figura 5.23 é apresentado um processo industrial típico para o isolamento da proteína de soja, com base em seu comportamento de solubilidade-pH.

A desnaturação pelo calor altera o perfil da solubilidade-pH das proteínas (Figura 5.24). O isolado da proteína do soro (WPI, do inglês *whey protein isolate*) nativa é inteiramente solúvel na faixa de pH de 2 a 9, porém, quando aquecido a 70 °C, durante 1 a 10 min, desenvolve-se um perfil de solubilidade típico em forma de U, com solubilidade mínima em pH 4,5. A alteração do perfil de solubilidade na presença da desnaturação pelo calor deve-se ao aumento da hidrofobicidade da superfície proteica como consequência do desdobramento. Este altera o equilíbrio entre as interações proteína-proteína e proteína-solvente, a favor da primeira.

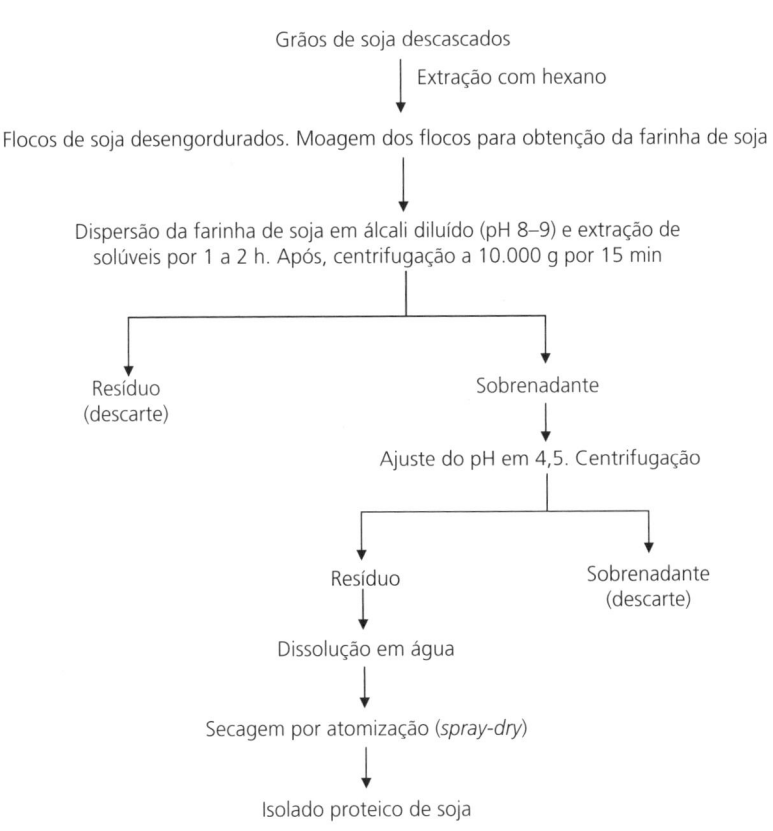

```
Grãos de soja descascados
        │
        │ Extração com hexano
        ▼
Flocos de soja desengordurados. Moagem dos flocos para obtenção da farinha de soja
        │
        ▼
Dispersão da farinha de soja em álcali diluído (pH 8–9) e extração de
solúveis por 1 a 2 h. Após, centrifugação a 10.000 g por 15 min
        │
    ┌───┴───┐
    ▼       ▼
 Resíduo  Sobrenadante
(descarte)   │
             ▼
      Ajuste do pH em 4,5. Centrifugação
             │
         ┌───┴───┐
         ▼       ▼
      Resíduo  Sobrenadante
         │    (descarte)
         ▼
   Dissolução em água
         │
         ▼
  Secagem por atomização (spray-dry)
         │
         ▼
   Isolado proteico de soja
```

FIGURA 5.23 Processo industrial típico para isolamento da proteína da soja a partir de farinha de soja desengordurada.

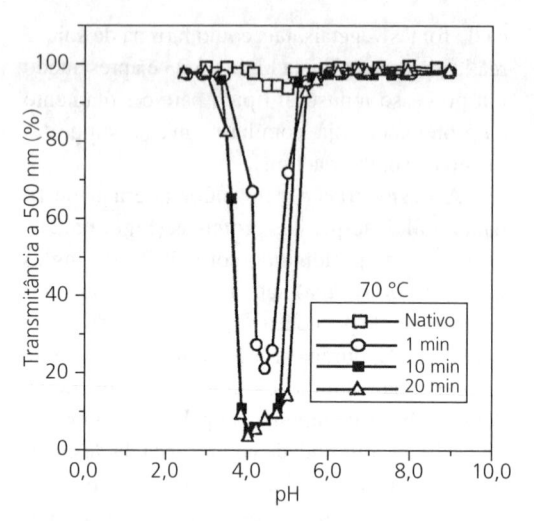

FIGURA 5.24 Perfil de solubilidade-pH das soluções do isolado proteico do soro de leite aquecido a 70 °C em vários momentos. (De Zhu, H. e Damodaran, S., *J. Agric. Food Chem.*, 42, 846, 1994.)

5.5.2.2 Força iônica e solubilidade

A força iônica de uma solução salina é dada por

$$\mu = 0{,}5 \Sigma C_i Z_i^2 \quad (5.57)$$

onde
C_i é a concentração de um íon.
Z_i é sua valência.

Em uma força iônica baixa (< 0,5 M), os íons neutralizam as cargas na superfície das proteínas. Essa seleção de cargas afeta a solubilidade de duas maneiras, dependendo das características da superfície proteica. A solubilidade diminui para as proteínas que contêm alta incidência de trechos apolares e aumenta para as que não os contêm. O primeiro comportamento é típico de proteínas de soja e o último é exibido pela β-lactoglobulina. Enquanto a diminuição de solubilidade é provocada pelo aumento das interações hidrofóbicas, o aumento de solubilidade resulta da diminuição de atividade iônica do macroíon proteico. Em forças iônicas > 1,0 M, os sais apresentam efeitos iônicos específicos na solubilidade da proteína. À medida que a concentração de sais aumenta, os sais de sulfato e fluoretos diminuem progressivamente a solubilidade (*salting out*), ao passo que os sais de brometo, iodeto, tiocianato e perclorato aumentam a solubilidade (*salting in*). Com uma força iônica constante, a eficácia relativa dos diversos íons sobre a solubilidade segue a série de Hofmeister, e os ânions promovem a solubilidade na seguinte ordem $SO_4^- < F^- < Cl^- < Br^- < I^- < ClO_4^- < SCN^-$, ao passo que os cátions diminuem a solubilidade na seguinte ordem $NH_4^+ < K^+ < Na^+ < Li^+ < Mg^{2+} < Ca^{2+}$. Esse comportamento é análogo aos efeitos dos sais sobre a temperatura de desnaturação térmica das proteínas (ver Seção 5.4).

Em geral, a solubilidade das proteínas de soluções salinas segue a seguinte relação

$$\log\left(\frac{S}{S_0}\right) = \beta - K_S C_S \quad (5.58)$$

onde
S e S_0 são solubilidades da proteína em solução salina e na água, respectivamente.
K_S é a constante de *salting out*.
C_S é a concentração molar do sal.
β é a constante característica apenas da proteína.

K_S é positiva para os sais do tipo *salting out* e negativa para os sais do tipo *salting in*.

5.5.2.3 Temperatura e solubilidade

Em pH e força iônica constantes, a solubilidade da maioria das proteínas costuma aumentar em temperaturas entre 0 e 40 °C. Uma exceção são as proteínas de alta hidrofobicidade, tais como a β-caseína e algumas proteínas de cereais, que apresentam uma relação negativa com a temperatura. Acima de 40 °C, o aumento na energia cinética térmica ocasiona desdobramento da proteína (desnaturação), exposição de grupos apolares, agregação e precipitação, ou seja, diminuição de solubilidade.

5.5.2.4 Solventes orgânicos e solubilidade

A adição de solventes orgânicos, como etanol e acetona, reduz a permissividade do meio aquoso. Isso aumenta as forças eletrostáticas intra e intermoleculares, tanto repulsivas como atrativas. As interações eletrostáticas intramoleculares repulsivas provocam o desdobramento da molécula de proteína. No estado desorganizado, a baixa permissividade do meio promove a formação de ligações entre as moléculas de hidrogênio, entre os grupos peptídicos expostos e as interações eletrostáticas intermoleculares de atração entre grupos de cargas opostas. As interações polares intermoleculares levam à precipitação proteica em solventes orgânicos ou à redução da solubilidade em meio aquoso. O papel das interações hidrofóbicas provocando a precipitação em solventes orgânicos é mínimo, o que ocorre em função do efeito de solubilização dos solventes orgânicos em resíduos apolares. Uma exceção são as proteínas do tipo prolamina. Essas proteínas são hidrofóbicas a ponto de serem solúveis apenas em etanol a 70%.

Como a solubilidade das proteínas está intimamente relacionada a seus estados estruturais, ela é utilizada, com frequência, como medida do grau de desnaturação durante os processos de extração, isolamento e purificação. Ela também é usada como índice das aplicações potenciais das proteínas. Os concentrados e isolados proteicos preparados comercialmente apresentam uma ampla faixa de solubilidade. As características de solubilidade dessas preparações proteicas são expressas como **índice de solubilidade proteica** (PSI, do inglês *protein solubility index*) ou **índice de dispersibilidade proteica** (PDI, do inglês *protein dispersibility index*). Ambos os termos expressam a porcentagem (%) de proteína solúvel presente em uma amostra proteica. O PSI dos isolados proteicos comerciais varia entre 25 e 80%.

5.5.3 Propriedades interfaciais das proteínas

Diversos alimentos naturais e processados são espumas ou emulsões. Esses tipos de sistemas dispersos são instáveis, a menos que uma substância anfifílica adequada esteja presente na interface entre as duas fases (ver Capítulo 7). As proteínas são moléculas anfifílicas, migrando espontaneamente para uma interface ar-água ou uma interface óleo-água. A migração espontânea das proteínas de um volume líquido para uma interface indica que a energia livre das proteínas é menor na interface do que na fase aquosa. Dessa forma, quando o equilíbrio é estabelecido, a concentração de proteína na região interfacial é sempre muito maior do que a encontrada na fase aquosa. Diferentemente dos surfactantes de baixa massa molecular, as proteínas formam uma película altamente viscoelástica em uma interface, a qual tem a capacidade de suportar choques mecânicos durante a estocagem e a manipulação. Desse modo, as espumas e as emulsões estabilizadas por proteínas são mais estáveis do que as preparadas com surfactantes de baixa massa molecular e, por isso, as proteínas são muito usadas com essa finalidade.

Embora todas as proteínas sejam anfifílicas, elas diferem significativamente em suas propriedades na superfície. As diferenças de propriedades ativas na superfície entre as proteínas não pode ser atribuída a diferenças na proporção de resíduos hidrofóbicos em relação aos hidrofílicos. Se as altas proporções de hidrofobicidade/hidrofilicidade fossem o principal determinante da atividade de superfície das proteínas, então as proteínas vegetais, que contêm mais de 40% de resíduos de aminoácidos hidrofóbicos deveriam ser melhores surfactantes do que proteínas do tipo albumina, como a ovoalbumina e a albumina sérica bovina, que contêm menos de 30% de resíduos de aminoácidos hidrofóbicos. Em contrapartida, a ovoalbumina e a albumina sérica são melhores agentes emulsificantes e espumantes do que as proteínas da soja e outras proteínas vegetais. Além disso, a hidrofobicidade média da maioria das proteínas encontra-se dentro de um intervalo estreito, embora exibam notáveis diferenças em suas atividades de superfície. Deve-se concluir, portanto, que as diferenças de atividade na superfície estão relacionadas, principalmente, às diferenças na conformação das proteínas. Fatores conformacionais de importância incluem estabilidade/flexibilidade da cadeia polipeptídica, facilidade de adaptação a mudanças no ambiente e padrão de distribuição de grupos hidrofílicos e hidrofóbicos na superfície proteica. Todos esses fatores conformacionais são interdependentes, exercendo uma grande influência conjunta sobre a propriedade surfactante das proteínas.

Foi demonstrado que proteínas com atividade surfactante desejável possuem três atributos: (1) capacidade de rápida adsorção à interface; (2) capacidade de desdobrar-se com rapidez e reorientar-se em uma interface; e (3), uma vez na interface, a capacidade de interagir com moléculas vizinhas e formar uma forte película coesiva e viscoelástica capaz de suportar movimentos térmicos e mecânicos [57,58].

A formação e a estabilização de espumas e emulsões requer a presença de um surfactante que possa reduzir efetivamente a tensão interfacial entre as fases ar/óleo e aquosa. Isso pode ser alcançado utilizando-se surfactantes pequenos, tais como lecitina, monoacilglicerol *Tween* 20, ou macromoléculas, como as proteínas. Em uma concentração equivalente na interface, as proteínas costumam ser menos efetivas do que os surfactantes pequenos na redução da tensão interfacial. Em geral, a maioria das proteínas diminui a tensão nas interfaces ar-água e óleo-água, em ≈ 15 mN m^{-1}, na cobertura da monocamada saturada, em comparação com 30 a 40 mN m^{-1}, para surfactantes de baixa massa molecular. A incapacidade das proteínas de reduzir a tensão interfacial está relacionada às suas propriedades estruturais complexas. Embora as proteínas contenham grupos hidrofóbicos e hidrofílicos em sua estrutura primária, não existe uma cabeça hidrofílica ou uma cauda hidrofóbica claramente definidas, como são encontradas na lecitina ou no monoacilglicerol. Esses grupos estão disseminados de modo aleatório em toda a estrutura primária das proteínas, e, na conformação terciária dobrada, existem alguns resíduos hidrofóbicos como segmentos segregados na superfície da proteína, enquanto a maior parte deles está, de fato, inserida no interior da mesma.

O padrão de distribuição dos segmentos hidrofílicos e hidrofóbicos sobre a superfície das proteínas afeta sua rapidez de adsorção à interface ar-água ou óleo-água. Se a superfície da proteína for extremamente hidrofílica e não contiver segmentos hidrofóbicos discerníveis, é provável que a ancoragem da proteína na interface não aconteça, pois a superfície da proteína terá uma energia livre mais baixa na fase aquosa do que na interface. À medida que o número de segmentos hidrofóbicos da superfície proteica aumenta, a adsorção espontânea na interface torna-se mais provável (Figura 5.25). Os resíduos hidrofóbicos isolados distribuídos aleatoriamente sobre a superfície proteica não constituem um segmento hidrofóbico nem possuem uma energia de interação suficiente para se ancorarem fortemente à proteína em uma interface. Embora mais de 40% da superfície acessível total da proteína globular típica esteja coberta por resíduos apolares, eles não aumentarão a adsorção proteica, a não ser que ocorram como segmentos ou regiões segregadas. Em outras palavras, as características moleculares da superfície proteica exercem uma grande influência sobre o fato de a proteína adsorver-se espontaneamente ou não a uma interface e o quão eficaz ela será como estabilizadora de dispersões.

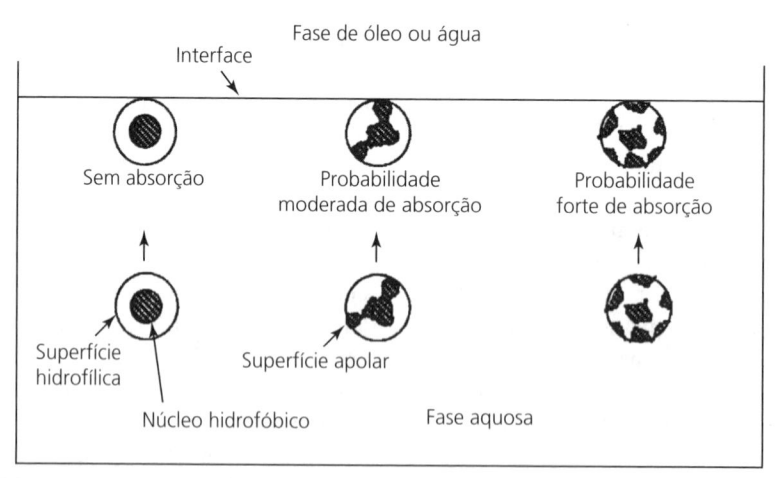

FIGURA 5.25 Representação esquemática do papel dos segmentos hidrofóbicos de superfície sobre a probabilidade de adsorção de proteínas na interface ar-água. (De Damodaran, S., *J. Food Sci.*, 70, R54, 2005.)

O modo de adsorção das proteínas a uma interface é diferente do modo dos surfactantes de baixa massa molecular. No caso de surfactantes de baixa massa molecular, como os fosfolipídeos e os monoacilgliceróis, os limites conformacionais para adsorção e orientação não existem, pois as partes hidrofílicas e hidrofóbicas estão presentes nos extremos opostos da molécula. No caso das proteínas, no entanto, o padrão de distribuição dos segmentos hidrofóbicos e hidrofílicos na superfície, assim como a rigidez estrutural da molécula, causam limitações à adsorção e à orientação. Em decorrência da natureza dobrada e volumosa das proteínas, uma vez adsorvida, uma grande porção da molécula permanece na fase principal, e apenas uma pequena porção é ancorada na interface (Figura 5.26). A tenacidade com que essa pequena porção da molécula de proteína permanece presa à interface depende do número de segmentos peptídicos ancorados à interface e da energia da interação entre esses segmentos e a interface. A proteína será retida na interface apenas quando a soma das variações de energia livre negativa das interações dos segmentos for muito maior que a energia cinética térmica da molécula de proteína. O número de segmentos do peptídeo ancorado na interface depende, em parte, da flexibilidade conformacional da molécula. Moléculas altamente flexíveis, como as caseínas, podem sofrer mudanças conformacionais rápidas uma vez adsorvidas à interface, permitindo que segmentos polipeptídicos adicionais se liguem à interface. Por outro lado, proteínas globulares rígidas, como a lisozima e a proteína da soja, não podem sofrer mudanças conformacionais extensas na interface.

Nas interfaces, as cadeias polipeptídicas assumem três configurações distintas: fileiras, alças e caudas (Figura 5.27). As fileiras são segmentos que estão em contato direto com a interface, as alças são segmentos do polipeptídeo que estão suspensos na fase aquosa e as caudas são segmentos N e C-terminais da proteína, os quais costumam estar localizados na fase aquosa. A distribuição relativa dessas três configurações depende das características conformacionais da proteína. Quanto maior a proporção de segmentos polipeptídicos na configuração de fileira, mais forte será a ligação e mais baixa a tensão interfacial.

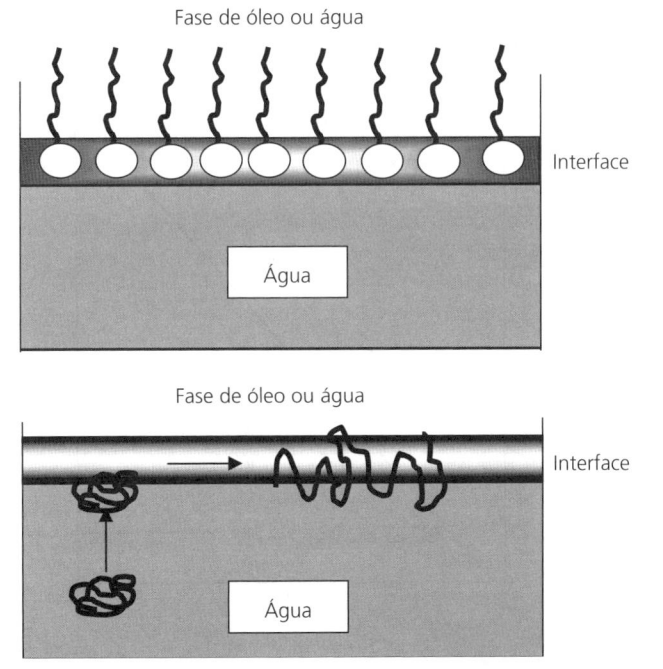

FIGURA 5.26 Diferença entre o modo de adsorção de um surfactante de baixa massa molecular e o de uma proteína, nas interfaces ar-água e óleo-água.

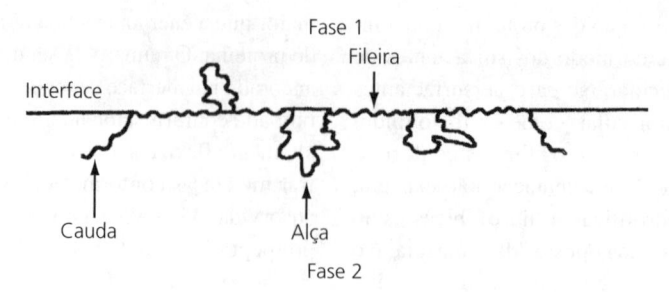

FIGURA 5.27 As várias configurações de um polipeptídeo flexível em uma interface. (De Damodaran, S., *J. Food Sci.*, 70, R54, 2005.)

A propriedade molecular isolada mais importante que afeta a atividade surfactante das proteínas é a flexibilidade molecular. Ela se refere à capacidade inata da proteína de sofrer rápida mudança conformacional quando é transferida de um ambiente para outro, por exemplo, da fase aquosa total para uma interface. A compressibilidade adiabática das proteínas costuma ser usada como medida de sua flexibilidade molecular. Pesquisas com várias proteínas não relacionadas têm mostrado que a atividade superficial dinâmica das proteínas, isto é, a redução da tensão superficial causada por um miligrama de proteína por cm^2 **durante** a adsorção da fase principal para a interface ar-água, está positiva e linearmente correlacionada à compressibilidade adiabática (flexibilidade) de proteínas (Figura 5.28) [59].

A mudança rápida de conformação em uma interface é essencial para que a proteína reoriente seus resíduos hidrofóbicos e hidrofílicos em direção ao óleo e às fases aquosas, bem como para maximizar a exposição e a partição desses resíduos em duas fases. Isso assegurará uma rápida redução na tensão interfacial, sobretudo nas fases iniciais de formação de uma emulsão.

A força mecânica de uma película proteica em uma interface depende das interações intermoleculares coesivas. Elas incluem interações eletrostáticas atrativas, ligações de hidrogênio e interações hidrofóbicas. A polimerização interfacial das proteínas adsorvidas por meio de reações de troca dissulfeto-sulfidrila também aumenta suas propriedades viscoelásticas. A concentração de proteínas na película interfacial é de ≈ 20 a

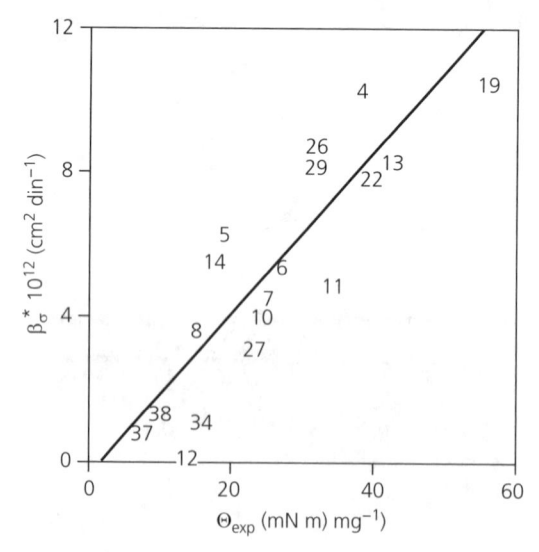

FIGURA 5.28 Relação entre compressibilidade adiabática e propriedade surfactante das proteínas. Os números do gráfico referem-se às identidades das proteínas (ver Referência [59] para mais detalhes).

25% (m/v), sendo que a proteína ocorre em um estado de quase gel. O equilíbrio de várias interações não covalentes é crucial para a estabilidade e as propriedades viscoelásticas da película tipo gel. Por exemplo, se as interações hidrofóbicas forem muito fortes, isso pode levar a agregação interfacial, coagulação e eventual precipitação da proteína em detrimento da integridade da película. Se as forças eletrostáticas repulsivas forem mais fortes do que as interações atrativas, isso pode impedir a formação de uma película espessa e coesa. Portanto, é necessário que exista um equilíbrio adequado entre as interações de atração, repulsão e hidratação, a fim de que se forme uma película viscoelástica estável. Os diversos processos moleculares que ocorrem durante a adsorção e a formação das películas de proteína nas interfaces estão resumidos na Figura 5.29.

Os princípios básicos envolvidos na formação e na estabilidade de emulsões e espumas são muito semelhantes. No entanto, como a energia dessas interfaces é diferente, os requisitos moleculares para a funcionalidade da proteína nesses ambientes não são iguais. Em outras palavras, uma proteína que é um bom emulsificador pode não ser um bom agente de formação de espuma.

Deve ter ficado claro, agora, que o comportamento das proteínas nas interfaces é muito complexo, não sendo, ainda, bem compreendido. Portanto, a discussão seguinte sobre as propriedades emulsificantes e de formação de espuma dos alimentos proteicos será, em grande parte, de natureza qualitativa.

5.5.3.1 Propriedades emulsificantes

A físico-química da formação da emulsão e os fatores que afetam a formação de cremes, floculação, coalescência e estabilidade são abordados no Capítulo 7.

Vários alimentos naturais e processados, como leite, gema de ovo, leite de coco, leite de soja, manteiga, margarina, maionese, pastas para passar no pão, molhos para salada, sobremesas geladas, salsichas, linguiças e bolos, são produtos do tipo emulsão, nos quais as proteínas desempenham um papel importante como emulsificantes. No leite *in natura*, a membrana composta de lipoproteínas estabiliza os glóbulos de gordura. Quando o leite é homogeneizado, a película de proteína formada por micelas de caseína e de proteínas do soro substitui a membrana lipoproteica. O leite homogeneizado é mais estável à formação de nata em comparação com o leite natural, pois a película proteica de micelas soro-caseína é mais resistente do que a membrana lipoproteica natural.

5.5.3.1.1 Métodos para determinação das propriedades emulsificantes das proteínas

As propriedades emulsificantes das proteínas alimentares são avaliadas por meio de vários métodos, tais como distribuição por tamanho das gotículas de óleo formadas, atividade emulsificante, capacidade de emulsão (CE) e estabilidade da emulsão.

- **Índice de atividade emulsificante (IAE):** as propriedades físicas e sensoriais de uma emulsão estabilizada por proteína dependem do tamanho das gotículas formadas e da área interfacial total produzida. O tamanho médio das gotículas das emulsões pode ser determinado por diversos métodos, tais como microscopia óptica (não muito confiá-

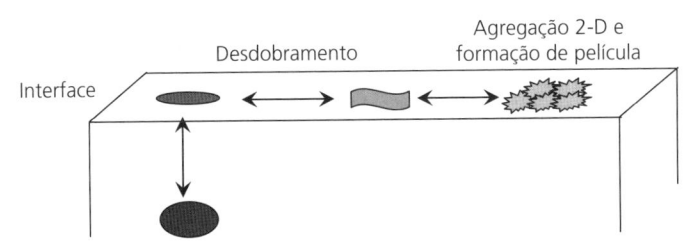

FIGURA 5.29 Ilustração esquemática de diversos processos moleculares que ocorrem nas películas de proteínas em interfaces.

vel), microscopia eletrônica, dispersão de luz (espectroscopia por correlação de fótons) ou uso de um contador Coulter. Conhecendo-se o tamanho médio da gotícula, a área interfacial total pode ser obtida a partir da seguinte relação

$$A = \frac{3\phi}{R} \quad (5.59)$$

onde

ϕ é a fração do volume da fase dispersa (óleo).
R é o raio médio das partículas de emulsão.

Se m é a massa da proteína, então o IAE, isto é, a área interfacial criada por unidade de massa da proteína é

$$IAE = \frac{3\phi}{Rm} \quad (5.60)$$

Outro método simples e mais prático para determinação do IAE das proteínas é o método turbidimétrico [60]. A turbidez de uma emulsão é dada por

$$T = \frac{2,303A}{l} \quad (5.61)$$

onde

A é a absorbância.
l é o comprimento do percurso.

De acordo com a teoria de Mie de dispersão de luz, a área interfacial de uma emulsão representa o dobro de sua turbidez. Se ϕ é a fração do volume e se C é o peso da proteína por volume unitário da fase aquosa, então o IAE da proteína é dado por

$$IAE = \frac{2T}{(1-\phi)C} \quad (5.62)$$

Deve-se observar que o termo $(1-\phi)$ na Equação 5.62 se refere ao volume da fração da fase aquosa na emulsão, e, portanto, $(1-\phi)C$ corresponde à massa total da proteína em um volume unitário da emulsão.

Embora o IAE seja um parâmetro simples para avaliar a atividade de superfície de proteínas e o método de turbidimetria seja uma ferramenta básica simples para determinar o IAE, existem duas desvantagens principais nesse conceito. Primeiro, o método se baseia na mensuração da turbidez em um único comprimento de onda, 500 nm. Como a turbidez de emulsões alimentícias depende do comprimento de onda, a área interfacial obtida a partir da turbidez em 500 nm não é, de fato, a área interfacial da emulsão. Portanto, o uso da equação supracitada para estimar o diâmetro médio da partícula ou o número de partículas presentes na emulsão fornece resultados que não são muito confiáveis. A segunda desvantagem é o modo como o IAE é definido: a área interfacial criada por um mg de proteína em um conjunto de condições. Considerando que a massa molecular média seja de 115 para os resíduos de aminoácidos nas proteínas, embora a concentração molar dos resíduos de aminoácidos em uma determinada concentração de várias proteínas possa ser a mesma, a concentração molar de proteínas não deve ser igual, uma vez que elas variam amplamente em suas massas moleculares. Está implícito na definição do IAE que todas as proteínas se encontram completamente desdobradas, e que todos os resíduos de aminoácidos estão completamente expostos na interface. Se este não for o caso, o IAE deverá ser uma função da concentração molar, e não da concentração da massa das proteínas. Esse método pode ser usado para comparação qualitativa das atividades emulsificantes de diferentes proteínas, ou de alterações na atividade emulsificante de uma proteína após vários tratamentos.

- **Carga proteica**: a quantidade de proteína adsorvida na interface óleo-água de uma emulsão influencia sua estabilidade. Para se determinar a quantidade de proteína adsorvida, a emulsão é centrifugada, a fase aquosa é separada e a fase lipídica é lavada e centrifugada diversas vezes para que se remova qualquer proteína fracamente adsorvida. A quantidade de proteínas adsorvidas nas partículas de emulsão é determinada pela diferença entre o total de proteína inicialmente presente na emulsão e a quantidade presente no fluido de lavagem da fase lipídica. Conhecendo-se a área total interfacial das partículas de emulsão, pode-se calcular a quantidade de proteína adsorvida/m^2 de área interfacial. Em geral, a carga proteica está localizada no intervalo entre ≈ 1 e 3 mg m^{-2} da área interfacial. À medida que a fração de volume da fase óleo aumenta, a carga proteica diminui, considerando-se um conteúdo proteico constante na emulsão total. Para emulsões com muita gordura e gotículas de tamanho pequeno, necessita-se de mais proteína para o revestimento adequado da área interfacial e para a estabilização da emulsão.

- **Capacidade de emulsão**: CE é o volume (mL) de óleo que pode ser emulsificado por grama de proteína antes que ocorra a inversão de fase (mudança da emulsão óleo em água para água em óleo). Esse método envolve a adição de óleo ou gordura fundida em uma velocidade e temperatura constantes, em solução aquosa de proteína continuamente agitada em um processador de alimentos. A inversão da fase é detectada por mudança abrupta de viscosidade ou cor (em geral, adiciona-se um corante ao óleo) ou por aumento da resistência elétrica. Para uma emulsão estabilizada por proteína, a inversão de fase geralmente ocorre quando o ϕ está em torno de 0,65 a 0,85. A inversão não se processa instantaneamente, sendo precedida pela formação de uma emulsão dupla água-em-óleo-em-água. Como a CE é expressa como volume de óleo emulsificado por grama de proteína na inversão de fase, ela diminui com o aumento da concentração de proteína logo que é alcançado o ponto no qual a proteína não adsorvida se acumula na fase aquosa. Portanto, para comparar capacidades de emulsão de diferentes proteínas, deve-se usar perfis CE *versus* concentração de proteína, em detrimento de CE a uma concentração proteica específica.
- **Estabilidade da emulsão**: as emulsões estabilizadas por proteína costumam permanecer estáveis durante dias. Dessa forma, não se observa uma quantidade detectável de formação de nata ou separação de fase em um intervalo de tempo razoável quando as amostras são armazenadas sob condições atmosféricas. Portanto, com frequência, usam-se condições drásticas, como estocagem a uma temperatura elevada ou separação sob força centrífuga, para avaliar a estabilidade da emulsão. Quando se utiliza centrifugação, a estabilidade passa a ser, então, expressa como a redução percentual da área da interface (i.e., turbidez) da emulsão ou do volume percentual da nata separado, ou, ainda, como conteúdo de gordura da camada de nata. No entanto, com mais frequência, a estabilidade da emulsão é expressa como

$$ES = \frac{\text{Volume da camada de creme}}{\text{Volume total da emulsão}} \times 100$$

(5.63)

onde o volume da camada de nata é medido após tratamento padronizado de centrifugação. A técnica de centrifugação comum envolve a centrifugação de um volume conhecido de emulsão em um tubo de centrífuga graduado a **1.300 g**, durante 5 min. O volume da fase lipídica separada é então medido e expresso como percentual do volume total. Às vezes, usa-se a centrifugação a uma força gravitacional relativamente baixa (**180 g**) por um período de tempo mais longo (15 min) para que se evite a coalescência das gotículas.

O método turbidimétrico (ver acima) também pode ser usado para avaliar a estabilidade da emulsão. Nesse caso, a estabilidade é expressa como índice da estabilidade da emulsão, o qual é definido como o tempo necessário para se alcançar a turbidez da emulsão que representa a metade do valor original.

Os métodos usados para determinação da estabilidade da emulsão são muito empíricos. A grandeza mais importante relacionada à estabilidade é a alteração de área interfacial ao longo do tempo, porém ela é difícil de ser medida diretamente.

5.5.3.1.2 Fatores que influenciam a emulsificação

As propriedades das emulsões estabilizadas por proteínas são afetadas por vários fatores. Eles incluem fatores intrínsecos, como pH, força iônica, temperatura, presença de surfactantes de baixa massa molecular (LMW, do inglês *low-molecular-weight*), açúcares, volume da fase óleo, tipo de proteína e o ponto de fusão do óleo usado, além de fatores extrínsecos, como tipo de equipamento, taxa de entrada de energia e taxa de cisalhamento. Ainda não surgiram métodos padronizados para se avaliar sistematicamente as propriedades emulsificantes das proteínas. Desse modo, os resultados entre os laboratórios não podem ser comparados com precisão, o que impede a compreensão dos fatores moleculares que afetam as propriedades emulsificantes das proteínas.

As forças gerais envolvidas na formação e na estabilização das emulsões serão discutidas no Capítulo 7. Portanto, apenas os fatores moleculares que afetam as emulsões estabilizadas por proteínas devem ser discutidos nesta Seção.

A solubilidade desempenha um papel importante nas propriedades emulsificantes, porém a existência de 100% de solubilidade não é um requisito absoluto. Embora as proteínas altamente insolúveis não funcionem bem como emulsificantes, não existe nenhuma relação confiável entre solubilidade e propriedades emulsificantes na faixa de 25 a 80% de solubilidade. Entretanto, como a estabilidade de uma película proteica na interface óleo-água depende de interações favoráveis, tanto com a fase água como com a fase óleo, pode ser necessário que exista algum grau de solubilidade. O requisito mínimo de solubilidade para um bom desempenho pode ser variável entre as proteínas. Em emulsões de carnes, tais como linguiças e salsichas, a solubilização das proteínas miofibrilares em 0,5 M NaCl aumenta suas propriedades emulsificantes. Alguns isolados proteicos de soja comerciais, obtidos por processamento térmico, apresentam baixas propriedades emulsificantes devido à sua solubilidade muito baixa.

A formação e a estabilidade das emulsões estabilizadas por proteínas são afetadas pelo pH. Vários mecanismos estão envolvidos nesse processo. Geralmente, as proteínas que apresentam alta solubilidade em pH isoelétrico (p. ex., albumina sérica, gelatina e proteínas da clara do ovo) possuem CE e atividade emulsificante máxima nesse pH. A ausência de carga final e de interações eletrostáticas repulsivas em pH isoelétrico ajudam a maximizar a carga proteica na interface, promovendo a formação de uma película altamente viscoelástica e contribuindo para a estabilidade da emulsão. No entanto, a ausência de interações eletrostáticas repulsivas entre as partículas de emulsão pode, em alguns casos, promover floculação, coalescência e, dessa forma, diminuir a estabilidade da emulsão. Por outro lado, se a proteína estiver altamente hidratada em pH isoelétrico (o que é incomum), então as forças de repulsão de hidratação entre as partículas da emulsão podem evitar a floculação e a coalescência e, assim, estabilizar a emulsão. Como, em seu pH isoelétrico, a maior parte das proteínas alimentares (caseínas, proteínas do soro comerciais, proteínas da carne e proteínas da soja) é pouco solúvel, pouco hidratada e desprovida de forças eletrostáticas repulsivas, elas geralmente não são bons emulsificantes a esse pH. Essas proteínas podem, no entanto, tornar-se emulsificadores eficazes quando se distanciam de seu pH isoelétrico.

As propriedades emulsificantes das proteínas apresentam uma fraca correlação positiva com a hidrofobicidade de superfície, mas não com a hidrofobicidade residual média (i.e., kcal mol^{-1} resíduo^{-1}). A capacidade de várias proteínas de diminuir a tensão interfacial na interface óleo-água e de aumentar o IAE está relacionada a seus valores de hidrofobicidade de superfície (Figura 5.30). No entanto, essa relação não é, de modo algum, perfeita. As propriedades emulsificantes de várias proteínas, como β-lactoglobulina, α-lactoalbumina e proteínas de soja, não mostram uma correlação forte com a hidrofobicidade de superfície. Algumas razões prováveis são fornecidas na Seção 5.5.3.1.1.

A hidrofobicidade de superfície das proteínas é geralmente determinada ao se medir a quantidade de sonda fluorescente hidrofóbica, como o ácido *cis*-parinárico, que pode se ligar à proteína [61]. Embora esse método forneça alguma informação sobre a hidrofobicidade da superfície proteica, é questionável se o valor medido realmente reflete a "hidrofobicidade" da superfície proteica. A verdadeira definição da hidrofobicidade de superfície é aquela porção da superfície apolar da proteína que faz contato com a água total circundante. Entretanto, o ácido *cis*-parinárico é capaz

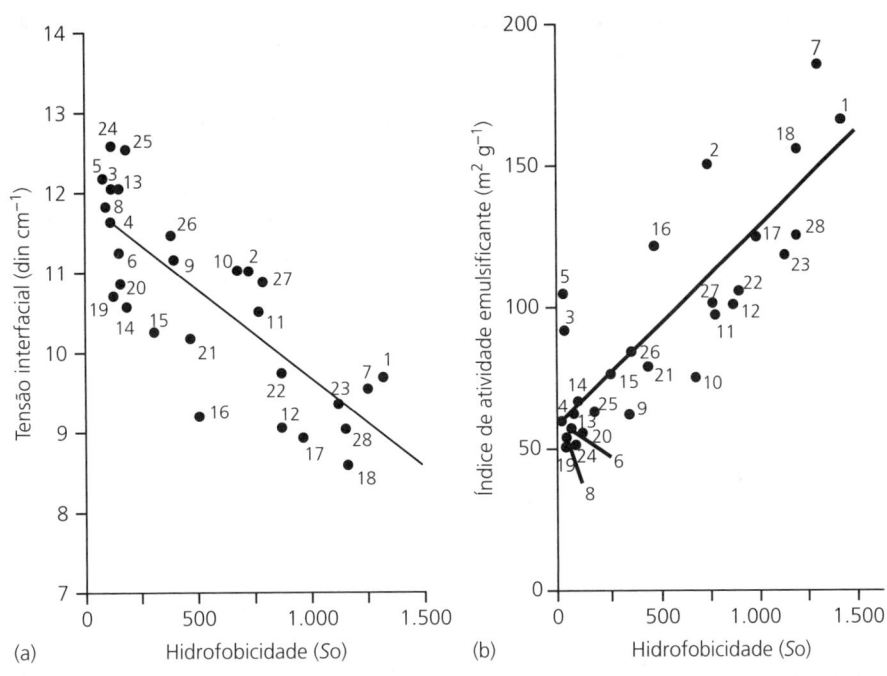

FIGURA 5.30 Correlações da hidrofobicidade superficial de várias proteínas com (a) tensão interfacial óleo-água e (b) IAE (índice de atividade emulsificante). A hidrofobicidade superficial foi determinada a partir da quantidade de sonda fluorescente hidrofóbica por unidade de massa da proteína. Os números plotados representam (1) albumina sérica bovina; (2) β-lactoglobulina; (3) tripsina; (4) ovoalbumina; (5) conalbumina; (6) lisozima; (7) κ-caseína; (8–12) ovoalbumina desnaturada pelo calor a 85 °C por 1, 2, 3, 4 ou 5 min, respectivamente; (13–18) lisozima desnaturada pelo calor a 85 °C por 1, 2, 3, 4, 5 ou 6 min, respectivamente; (19–23) ovoalbumina ligada a 0,2, 0,3, 1,7, 5,7 ou 7,9 moles de dodecilsulfato por mol de proteína, respectivamente; (24–28) ovoalbumina ligada a 0,3, 0,9, 3,1, 4,8 ou 8,2 moles de linoleato por mol de proteína, respectivamente. (De Kato, A. e Nakai, S., *Biochim. Biophys. Acta*, 624, 13, 1980.)

de se ligar apenas às cavidades hidrofóbicas. Essas cavidades proteicas são acessíveis a ligantes apolares, mas não são acessíveis à água, podendo ficar inacessíveis a qualquer uma das duas fases de uma emulsão óleo-água, a não ser que a proteína seja capaz de passar por um rápido rearranjo conformacional na interface. A baixa correlação da hidrofobicidade de superfície (medida pela ligação do ácido *cis*-parinárico) com as propriedades emulsificantes de algumas proteínas pode estar relacionada ao fato de que o ácido *cis*-parinárico não fornece indicação de flexibilidade molecular. Essa flexibilidade na interface óleo-água pode ser o determinante mais importante das propriedades emulsificantes das proteínas.

A desnaturação parcial das proteínas antes da emulsificação, a qual não resulta em insolubilização, geralmente aumenta suas propriedades emulsificantes. Isso se deve ao aumento da flexibilidade molecular e da hidrofobicidade de superfície. No estado desordenado, as proteínas que contêm grupos sulfidrila livres e ligações dissulfeto sofrem lenta polimerização por meio da reação de troca dissulfeto-sulfidrila [62], o que leva à formação de uma película altamente viscoelástica na interface óleo-água. A desnaturação excessiva pelo calor pode prejudicar as propriedades emulsificantes, tornando a proteína insolúvel.

Emulsificadores de baixa massa molecular, como os fosfolipídeos, que geralmente são encontrados em alimentos, competem com as proteínas pela adsorção na interface óleo-água [63]. Como os surfactantes de baixa massa molecular podem difundir-se com rapidez na interface e são desprovidos de restrições conformacionais para reorientação nesta, eles podem efetivamente inibir a adsorção das proteínas em concentrações elevadas. Se pequenas moléculas emulsificantes forem adicionadas a uma emulsão estabilizada por proteína, elas poderão deslocá-la da interface, provocando instabilidade na emulsão.

Outro fator que afeta as emulsões estabilizadas por proteínas é a composição proteica. Em geral, as proteínas dos alimentos são misturas de vários componentes proteicos. Por exemplo, a proteína do ovo é uma mistura de cinco proteínas principais e vários componentes proteicos secundários. Da mesma forma, a proteína do soro constitui uma mistura de α-lactoalbumina, β-lactoglobulina e várias outras proteínas secundárias. As proteínas de armazenamento de sementes, tais como o isolado proteico de soja, contêm pelo menos duas frações proteicas principais, a saber, leguminas e vicilinas. Durante a emulsificação, os componentes proteicos da mistura competem entre si pela adsorção à interface. A composição da película proteica formada na interface depende das atividades de superfície relativa de vários componentes proteicos da mistura. Por exemplo, quando se permite que a mistura de 1:1 de α e β-caseínas se adsorvam à interface óleo-água, a quantidade de α-caseína da película proteica em equilíbrio é quase o dobro daquela de β-caseína [64]. Na interface ar-água, entretanto, observa-se um comportamento oposto [65]. Variações na composição proteica da fase principal afetariam a composição proteica da película adsorvida e, possivelmente, a estabilidade da emulsão.

A uma concentração elevada, as misturas proteicas costumam apresentar incompatibilidade em se misturar em uma solução [66]. Nas películas de proteínas mistas em uma interface óleo-água, na qual a concentração proteica local encontra-se na faixa de 15 a 30%, a ocorrência de uma separação de fases bidimensional das proteínas é possível de acordo com o tempo de armazenamento. Foram registradas evidências desse processo nas interfaces ar-água [67,68] e óleo-água [64]. Se ocorrer uma separação das proteínas em fases distintas, em películas de proteína mista ao redor das gotículas de óleo, é possível que a interface dessas regiões separadas por fase possa agir como fonte de instabilidade nas emulsões. No entanto, ainda não se determinou uma correlação direta entre a incompatibilidade termodinâmica de se misturar as proteínas em películas proteicas mistas na interface óleo-água e a estabilidade cinética das emulsões compostas por misturas proteicas.

5.5.3.2 Propriedades espumantes

As espumas consistem em uma fase contínua aquosa e uma fase dispersa gasosa (ar). Muitos alimentos processados são produtos do tipo espuma. Eles incluem cremes batidos, sorvetes, bolos, merengues, pães, suflês, musses e *marshmallows*. As propriedades singulares de textura e a sensação provocada por esses produtos na boca resultam das minúsculas bolhas de ar dispersas. Na maioria desses produtos, as proteínas são os principais agentes ativos de superfície que ajudam na formação e na estabilização da fase dispersa gasosa.

Em geral, a formação de bolhas ou o ato de bater ou agitar uma solução proteica produz espumas estabilizadas por proteínas. A propriedade de uma proteína de formar espuma se refere à sua capacidade de formar uma película fina e resistente na interface gás-líquido, de modo que grandes quantidades de bolhas de gás possam ser incorporadas e estabilizadas. As propriedades de formação de espuma são avaliadas de várias maneiras. A **capacidade de formar espumas** ou a **espumabilidade** de uma proteína se refere à quantidade de área interfacial que pode ser criada pela proteína. Ela pode ser expressa de diversas maneiras, tais como *overrun* (volume de espuma em estado estável) ou **poder espumante** (ou expansão da espuma). O *overrun* é definido como

$$Overrun = \frac{\text{Volume de espuma}}{\text{Volume total de líquido inicial}} \times 100$$

(5.64)

O poder espumante (FP, do inglês *foaming power*) é expresso como

$$FP = \frac{\text{Volume de gás incorporado}}{\text{Volume total de líquido}} \times 100 \quad (5.65)$$

O poder espumante geralmente aumenta com a concentração proteica até que um valor máximo seja atingido. Ele também é afetado pelo método usado para formação de espuma. O FP de uma determinada concentração proteica costuma ser usado como base para a comparação das propriedades de formação de espuma de diversas proteínas (Tabela 5.15).

TABELA 5.15 Comparação do poder espumante de soluções proteicas

Tipo de proteína	Poder espumante[a] a 0,5% de conc. proteica (m/v)
Albumina sérica bovina	280%
Isolado proteico de soro	600%
Clara do ovo	240%
Ovoalbumina	40%
Plasma bovino	260%
β-Lactoglobulina	480%
Fibrinogênio	360%
Proteína de soja (hidrolisada por enzimas)	500%
Gelatina (pele suína processada por ácido)	760%

[a]Calculada de acordo com a Equação 5.60.
Fonte: Poole, S. et al., *J. Sci. Food Agric*. 35, 701, 1984.

A "estabilidade da espuma" refere-se à capacidade da proteína de estabilizar uma espuma contra o estresse gravitacional mecânico. A estabilidade da espuma é muitas vezes expressa como o tempo necessário para que 50% do líquido seja drenado da espuma ou para que ocorra uma redução de 50% no volume da espuma. Há vários métodos empíricos, e eles não fornecem informações fundamentais sobre os fatores que afetam a estabilidade da espuma. A medida mais direta da estabilidade da espuma corresponde à redução da área interfacial da espuma como uma função do tempo, como demonstrado na Equação 5.66. De acordo com a equação de Laplace, a pressão interna de uma bolha de espuma é maior do que a pressão externa (atmosférica), e, em condições estáveis, a diferença de pressão, ΔP, é

$$\Delta P = p_i - p_o = \frac{4\gamma}{r} \quad (5.66)$$

onde

p_i e p_0 são as pressões interna e externa, respectivamente.
r é o raio da bolha de espuma.
γ é a tensão de superfície.

De acordo com essa equação, a pressão no interior de um vaso fechado contendo espuma aumentará com o colapso desta. A carga final na pressão é obtida por [69]

$$\Delta P = \frac{-2\gamma \Delta A}{3V} \quad (5.67)$$

onde

V é o volume total do sistema.
ΔP é a variação de pressão.
ΔA é a carga final na área interfacial resultante do colapso da espuma.

A área interfacial inicial da espuma é fornecida por

$$A_o = \frac{3V \Delta P_\infty}{2\gamma} \quad (5.68)$$

onde ΔP_∞ é a variação de pressão final quando ocorre o colapso total da espuma. O valor de A_0 é a medida de espumabilidade. Considerando que o colapso de uma espuma segue uma cinética de primeira ordem, a velocidade de colapso de uma espuma pode ser expressa como

$$\frac{A_o - A_t}{A_o} = -kt \quad (5.69)$$

onde

A_t é a área da espuma, e t, o tempo.
k é a constante de velocidade de primeira ordem.

A constante de velocidade de primeira ordem pode ser utilizada para comparar a estabilidade de espumas produzidas por diferentes proteínas. Essa abordagem pode ser utilizada no estudo da propriedades espumantes das proteínas alimentares [70,71].

A **força de rigidez** da espuma refere-se ao peso máximo que uma coluna de espuma é capaz de suportar antes que ocorra o colapso. As medidas de viscosidade da espuma também avaliam essa propriedade.

5.5.3.2.1 Fatores ambientais que influenciam a formação e a estabilidade da espuma

- **pH**: vários estudos mostraram que as espumas estabilizadas por proteínas são mais estáveis no pH isoelétrico da proteína do que em qualquer outro pH, desde que não ocorra insolubilização da proteína no pI. Na região do pH isoelétrico ou perto dela, a falta de interações repulsivas promove interações favoráveis proteína-proteína e a formação de uma película viscosa na interface. Além disso, ocorre aumento da quantidade de proteína adsorvida à interface no pI devido à ausência de repulsão entre a interface e as moléculas em adsorção. Esses dois fatores aumentam tanto a espumabilidade como a estabilidade da espuma. Se a proteína for pouco solúvel no pI, como acontece com a maioria das proteínas dos alimentos, então apenas a fração da proteína solúvel estará envolvida na formação da espuma. Como a concentração dessa fração solúvel é muito baixa, a quantidade de espuma formada será menor, mas a estabilidade será elevada. Embora a fração insolúvel não contribua para a espumabilidade, a adsorção dessas partículas proteicas insolúveis poderá estabilizar a espuma, provavelmente por meio do aumento das forças coesivas na película proteica. Geralmente, a adsorção das partículas hidrofóbicas aumenta a estabilidade das espumas. Em um pH diferente do pI, a espumabilidade das proteínas é frequentemente boa, porém a estabilidade da espuma é baixa. As proteínas da clara do ovo exibem boas propriedades de formação de espuma em pH de 8 a 9 e em seu pH isoelétrico de 4 a 5.

- **Sais**: os efeitos dos sais sobre as propriedades de formação de espuma das proteínas dependem do tipo de sal e das características de solubilidade da proteína na solução salina. A espumabilidade e a estabilidade da espuma da maioria das proteínas globulares, como albumina sérica bovina, albumina do ovo, glúten e proteínas da soja, aumentam com a elevação da concentração de NaCl. Esse comportamento geralmente é atribuído à neutralização das cargas pelos íons salinos. Entretanto, algumas proteínas, como a proteína do soro do leite, apresentam o efeito oposto: tanto a espumabilidade quanto a estabilidade da espuma diminuem com o aumento da concentração de NaCl (Tabela 5.16) [72]. Isso é atribuído ao *salting in* (solubilização por sais) das proteínas do soro, sobretudo da β-lactoglobulina. As proteínas que são *salted out* (precipitadas por sais) em solução salina determinada geralmente exibem maiores propriedades de formação de espuma, ao passo que as que são *salted in* exibem propriedades de formação de espuma fracas. Cátions divalentes, como Ca^{2+} e Mg^{2+}, melhoram significativamente tanto a formação da espuma como sua estabilidade a concentrações de 0,02 a 0,4 M. Isso se deve principalmente às ligações cruzadas das moléculas proteicas e à criação de películas com melhores propriedades viscoelásticas [73].
- **Açúcares**: a adição de sacarose, lactose e outros açúcares a soluções proteicas frequentemente compromete a espumabilidade, porém aumenta a estabilidade das espumas. O efeito positivo dos açúcares na estabilidade das es-

TABELA 5.16 Efeito do NaCl sobre a espumabilidade e a estabilidade da espuma do isolado proteico do soro de leite

Concentração de NaCl (M)	Área interfacial total (cm^2 mL^{-1} de espuma)	Tempo para o colapso de 50% da área inicial
0,00	333	510
0,02	317	324
0,04	308	288
0,06	307	180
0,08	305	165
0,10	287	120
0,15	281	120

Fonte: compilada a partir de Zhu, H. e S. Damodaran, S., *J. Food Sci.*, 59, 554, 1994.

pumas se deve ao aumento da viscosidade da maior parte, o que reduz a taxa de drenagem do fluido da lamela. A redução da capacidade de formação de espuma se deve ao aumento da estabilidade da estrutura proteica nas soluções de açúcar. Em função disso, a molécula proteica é menos capaz de se desdobrar quando sofre adsorção à interface. Isso diminui a capacidade da proteína de reduzir a tensão interfacial e produzir grandes áreas interfaciais e um grande volume de espuma durante o batimento. Em produtos de sobremesa do tipo espuma, que contêm açúcar, como merengues, suflês e bolos, é preferível que se acrescente o açúcar depois do batimento, quando possível. Isso permitirá a adsorção da proteína e seu desdobramento, formando uma película estável, e, em seguida, o açúcar acrescentado aumentará a estabilidade da espuma, elevando a viscosidade do fluido da lamela.

- **Lipídeos**: os lipídeos, principalmente os fosfolipídeos, quando presentes em concentrações > 0,5%, diminuem acentuadamente as propriedades de formação de espuma das proteínas. Como os lipídeos são mais ativos na superfície do que as proteínas, eles se adsorvem rapidamente na interface ar-água, inibindo a adsorção das proteínas durante a formação de espuma. Como as películas de lipídeos são desprovidas de propriedades coesivas e viscoelásticas necessárias para suportar a pressão interna das bolhas de espuma, elas se expandem rapidamente e, em seguida, sofrem colapso durante o batimento. Dessa forma, os isolados e os concentrados proteicos do WPC livre de lipídeos, bem como as proteínas da soja e as proteínas do ovo sem gema, possuem melhores propriedades de formação de espuma do que as preparações contaminadas por lipídeos.
- **Concentração proteica**: diversas propriedades das espumas são influenciadas pela concentração de proteínas. Quanto maior for a concentração de proteína, mais firme será a espuma. Sua firmeza resulta do pequeno tamanho das bolhas e da alta viscosidade. A estabilidade da espuma é aumentada por maiores concentrações proteicas, uma vez que isso aumenta a viscosidade e facilita a formação de uma película proteica coesiva de múltiplas camadas na interface. A espumabilidade geralmente atinge seu valor máximo em algum ponto durante o aumento da concentração de proteínas. Algumas proteínas, por exemplo, a albumina sérica, são capazes de formar espumas relativamente estáveis a uma concentração proteica de 1%, ao passo que o WPI e as proteínas da soja exigem o mínimo de 2 a 5% para a formação de espumas relativamente estáveis. Em geral, a maior parte das proteínas exibe sua espumabilidade máxima a uma concentração de 2 a 8%. A concentração interfacial de proteínas em espumas é de $\approx$ 2 a 3 mg m^{-2}.

A desnaturação parcial por calor melhora as propriedades de formação de espuma das proteínas. Por exemplo, o aquecimento do WPI a 70 °C durante 1 min aumenta as propriedades de formação de espuma, ao passo que o aquecimento a 90 °C durante 5 min as diminui, embora as proteínas aquecidas permaneçam solúveis em ambos os casos [71]. A redução das propriedades de formação de espuma do WPI aquecido a 90 °C resulta da extensa polimerização da proteína por intermédio de reações de intercâmbio via dissulfeto-sulfidrila. Proteínas com alto teor de ligações cruzadas e de polimerização não são capazes de se adsorverem à interface ar-água durante a formação de espuma.

O método de produção de espuma influencia as propriedades de formação de espuma das proteínas. A introdução de ar por formação de bolhas ou pulverização geralmente resulta em uma espuma "úmida" com bolhas de tamanho relativamente grande. O batimento a uma velocidade moderada resulta em espumas com bolhas de tamanho pequeno, pois a ação de cisalhamento resulta em desnaturação parcial da proteína antes que ocorra a adsorção. No entanto, o batimento a uma alta taxa de cisalhamento ou o "excesso de batimento" podem diminuir o poder de formação de espuma devido à extensa desnaturação, agregação e precipitação de proteínas.

Alguns alimentos do tipo espuma, como *marshmallow*, bolos e pães, são aquecidos depois que a espuma é formada. Durante o aquecimento, a expansão do ar e a redução da viscosidade podem provocar a ruptura das bolhas e o colapso da espuma. Nesses casos, a integridade da espuma depende da gelificação da película proteica na interface, de modo que se desenvolva uma força mecânica suficiente para estabilização da espuma. Gelatina, glúten e clara do ovo são produtos que apresentam boas propriedades de formação de espuma e de gelificação, sendo bastante adequados para essa finalidade.

5.5.3.2.2 Propriedades moleculares que influenciam na formação e estabilidade da espuma

Para que uma proteína atue de forma efetiva como um agente de formação de espuma ou como emulsificador, ela deve satisfazer os seguintes requisitos básicos: (1) deve ser capaz de se adsorver rapidamente na interface ar-água; (2) deve desdobrar-se prontamente e se rearranjar na interface; e (3) deve ser capaz de formar uma película coesiva viscosa por meio de interações intermoleculares. As propriedades moleculares que afetam as propriedades de formação de espuma são flexibilidade molecular, densidade e distribuição de cargas e hidrofobicidade.

O excesso de energia livre da interface ar-água é significativamente maior do que aquele da interface óleo-água. Portanto, para estabilizar a interface ar-água durante a formação de espuma, a proteína deve ter a capacidade de se adsorver rapidamente à interface recém-criada, reduzindo instantaneamente a tensão interfacial para um valor baixo. A redução da tensão interfacial depende da capacidade da proteína de rapidamente se desdobrar, rearranjar e expor seus grupos hidrofóbicos na interface. As proteínas do tipo *random coil* (estado de desordem estrutural), tais como a β-caseína, agem bem dessa forma. Por outro lado, proteínas globulares densamente dobradas, como a lisozima, adsorvem-se muito devagar, desdobram-se apenas parcialmente e reduzem a tensão na superfície apenas levemente [74]. Portanto, a lisozima é um agente ruim para a formação de espuma. Desse modo, a flexibilidade molecular da interface é essencial para o bom desempenho de um agente de formação de espuma.

Assim como a flexibilidade molecular, a hidrofobicidade também desempenha um papel importante na espumabilidade das proteínas. O poder de formação de espuma das proteínas está correlacionado positivamente à hidrofobicidade média. No entanto, o poder de formação de espuma das proteínas varia curvilineamente com a hidrofobicidade da superfície, não havendo uma correlação significativa entre essas duas propriedades em valores de hidrofobicidades > 1.000 [75]. Isso indica que é necessária uma hidrofobicidade de superfície de no mínimo 1.000 para a adsorção inicial das proteínas na interface ar-água, ao passo que, uma vez adsorvida, a capacidade da proteína de criar mais área interfacial durante a formação da espuma depende de sua hidrofobicidade média.

Proteínas que apresentam boa espumabilidade não precisam ser bons estabilizadores de espuma. Por exemplo, embora a β-caseína apresente excelente espumabilidade, a estabilidade de sua espuma é baixa. Por outro lado, a lisozima apresenta espumabilidade baixa, mas suas espumas são muito estáveis. No geral, as proteínas que apresentam bom poder de espumabilidade não têm capacidade de estabilizar a espuma, ao passo que as que produzem espumas estáveis costumam exibir baixo poder de formação de espuma. Aparentemente, a espumabilidade e a estabilidade são influenciadas por dois conjuntos diferentes de propriedades moleculares das proteínas, os quais, com frequência, são antagônicos. Enquanto a espumabilidade é afetada pela taxa de adsorção, flexibilidade e hidrofobicidade, a estabilidade depende das propriedades reológicas das películas de proteína. As propriedades reológicas das películas de proteínas dependem de hidratação, espessura, concentração da proteína e de interações intermoleculares favoráveis. As proteínas que se desdobram apenas em parte, retendo algum grau de estrutura dobrada, costumam formar películas mais espessas e mais densas e espumas mais estáveis (p. ex., a lisozima e a albumina sérica) do que as que se desdobram por completo (p. ex., β-caseína) na interface ar-água. No primeiro caso, a estrutura dobrada estende-se para a subsuperfície na forma de alças. As interações não covalentes, e talvez a ligação cruzada dissulfeto, entre essas alças promovem a formação de uma rede de gel que possui excelentes propriedades viscoelásticas e mecânicas. Para que uma proteína possua espumabilidade e estabilidade de espuma satisfatórias, ela deve apresentar o equilíbrio apropriado entre flexibilidade e rigidez, deve sofrer desdobramento com facilidade e deve envolver-se em um grande número de interações coesivas na interface. No entanto, é difícil, se não impossível, prever o grau de desdobramento desejável para uma determinada proteína. Além desses fatores, a estabilidade da espuma costuma exibir uma relação inversa à densidade da carga das proteínas. A alta densidade de carga parece interferir na formação de películas coesivas.

A maioria das proteínas alimentares é constituída de misturas de várias proteínas e, portanto, suas propriedades de formação de espuma são influenciadas pelas interações entre os componentes proteicos presentes na interface. As excelentes propriedades de batimento da clara do ovo são atribuídas às interações entre seus componentes proteicos, a saber, ovoalbumina, conalbumina e lisozima. Diversos estudos indicaram que as propriedades de formação de espuma de proteínas ácidas podem ser melhoradas quando misturadas com proteínas básicas, tais como lisozima e clupeína [76]. Esse efeito de intensificação parece estar relacionado à formação de um complexo eletrostático entre as proteínas ácidas e básicas.

A hidrólise enzimática limitada das proteínas geralmente aumenta suas propriedades de formação de espuma. Isso se deve ao aumento da flexibilidade molecular e à maior exposição dos grupos hidrofóbicos. Entretanto, a hidrólise extensiva prejudica a espumabilidade, pois os peptídeos de baixa massa molecular não podem formar uma película coesiva na interface.

5.5.4 Fixação de aroma

As proteínas em si são inodoras. No entanto, elas podem ligar-se a compostos aromáticos e, dessa forma, afetar as propriedades sensoriais dos alimentos. Várias proteínas, sobretudo as de sementes oleaginosas e WPCs, carreiam sabores indesejáveis, o que limita sua utilidade em aplicações nos alimentos. Esses *off-flavors* (aromas indesejáveis) são, principalmente, o resultado de aldeídos, cetonas e alcoóis gerados pela oxidação de ácidos graxos insaturados. Quando são formados, esses compostos contendo carbonilas ligam-se às proteínas e produzem aromas indesejáveis característicos. Por exemplo, o aroma gorduroso semelhante ao feijão das preparações de proteína da soja é atribuído à presença do hexanal. A afinidade de ligação de algumas dessas carbonilas é tão forte que elas resistem até mesmo à extração por solvente. É necessário um entendimento básico sobre o mecanismo de ligação dos odores indesejáveis às proteínas para que possam ser desenvolvidos métodos adequados para sua remoção.

A propriedade de fixação de aroma das proteínas também apresenta aspectos desejáveis, pois elas podem ser usadas como carreadores ou modificadores de aroma em alimentos industrializados. Isso é útil em análogos da carne que contêm proteínas vegetais, nos quais a imitação bem-sucedida de um aroma semelhante à carne é essencial para sua aceitação por parte do consumidor. Para que uma proteína funcione como um bom carreador de aroma, ela deve se ligar estreitamente aos aromas, retê-los durante o processamento e liberá-los durante a mastigação do alimento. No entanto, as proteínas não se ligam a todos os compostos aromáticos com igual afinidade. Isso leva à retenção desigual e desproporcional de alguns aromas e a perdas indesejáveis durante o processamento. Como os flavorizantes ligados às proteínas não contribuem para o sabor e o aroma, a não ser que eles sejam prontamente liberados na boca, é essencial que se conheçam os mecanismos de interação e afinidade de ligação dos diversos flavorizantes caso se deseje criar estratégias efetivas para o desenvolvimento de produtos proteicos com aroma ou para a remoção dos odores indesejáveis.

5.5.4.1 Termodinâmica das interações proteína-aroma

Nos sistemas-modelo água-aroma, a adição das proteínas provoca redução da concentração *headspace* dos compostos aromáticos. Isso se deve à ligação das moléculas aromáticas às proteínas. O mecanismo de ligação das moléculas aromáticas às proteínas depende do conteúdo de umidade da amostra de proteína, mas as interações costumam ser não covalentes. Os pós proteicos secos ligam-se às moléculas aromáticas principalmente mediante interações eletrostáticas, de

Van der Waals e por ligações de hidrogênio. O aprisionamento físico dentro dos capilares e dos interstícios dos pós proteicos também pode contribuir para suas propriedades aromáticas. Em alimentos líquidos ou de alta umidade, o mecanismo da ligação da molécula aromática por parte das proteínas envolve basicamente a interação dos compostos de aroma apolares (ligantes) aos segmentos ou às cavidades hidrofóbicas da superfície da proteína. Além das interações hidrofóbicas, os compostos aromáticos com grupos polares, tais como grupos hidroxila e carboxila, também podem interagir com proteínas por meio de ligações de hidrogênio e interações eletrostáticas. Após se ligarem às regiões hidrofóbicas da superfície, os aldeídos e as cetonas podem difundir-se para o interior hidrofóbico da molécula proteica.

A interação proteína-molécula aromática é, em geral, totalmente reversível. No entanto, os aldeídos podem ligar-se covalentemente ao grupo amina das cadeias laterais da lisina, sendo que essa interação é irreversível. Contudo, apenas a fração ligada de modo não covalente pode contribuir para o aroma e o sabor do produto proteico.

A dimensão da fixação da molécula aromática às proteínas hidratadas depende do número de regiões de ligação hidrofóbica disponíveis na superfície da proteína [77]. Os sítios de ligação geralmente são compostos de grupos de resíduos hidrofóbicos segregados na forma de uma cavidade bem definida. Os resíduos apolares individuais na superfície proteica têm menos probabilidade de agir como sítios de ligação. Em condições de equilíbrio, a ligação não covalente reversível de um composto aromático com proteínas segue a equação de Scatchard:

$$\frac{\upsilon}{[L]} = nK - \upsilon K \qquad (5.70)$$

onde
  υ são moles do ligante fixados por mol de proteína.
  n é o número total de sítios de ligação por mol de proteína.
  $[L]$ é a concentração do ligante livre em equilíbrio.
  K é a constante de equilíbrio da ligação (M^{-1}).

De acordo com essa equação, um gráfico de $\upsilon/[L]$ versus υ será uma linha reta; os valores de K e n podem ser obtidos a partir da inclinação e da interseção, respectivamente. A variação de energia livre para a fixação do ligante à proteína é obtida a partir da equação, $\Delta G = -RT \ln K$, onde R é a constante do gás e T é a temperatura absoluta. As constantes termodinâmicas para a ligação de compostos carbonila a várias proteínas são apresentadas na Tabela 5.17. A constante de ligação aumenta cerca de três vezes para cada acréscimo de grupo metileno ao comprimento da cadeia, com uma variação de energia livre correspondente de $-0,55$ kcal mol^{-1} por grupo CH_2. Isso indica que a ligação é de natureza hidrofóbica.

Considera-se, na relação de Scatchard, que todos os sítios de fixação do ligante em uma proteína tenham a mesma afinidade e que nenhuma mudança conformacional ocorra a partir da fixação do ligante a esses sítios. Ao contrário dessa segunda suposição, as proteínas, na verdade, costumam passar por uma mudança conformacional modesta quando se ligam a compostos aromáticos. A difusão dos compostos aromáticos para o interior da proteína pode romper as interações hidrofóbicas entre os segmentos desta e, dessa forma, desestabilizar a estrutura proteica. Os ligantes de moléculas aromáticas com grupos reativos, como aldeídos, podem ligar-se covalentemente aos grupos ε-amina dos resíduos de lisina, alterar a carga final da proteína e, em seguida, provocar o desdobramento desta. O desdobramento resulta na exposição de novos sítios hidrofóbicos para a fixação do ligante. Devido a essas mudanças estruturais, os gráficos de Scatchard para as proteínas costumam ser curvilíneos. No caso de proteínas oligoméricas, como as proteínas da soja, as mudanças conformacionais podem envolver tanto a dissociação como o desdobramento das subunidades. As proteínas desnaturadas, em geral, exibem um grande número de sítios de ligação com fracas constantes de associação. Os métodos para mensuração da fixação do aroma podem ser encontrados nas Referências [77,78].

5.5.4.2 Fatores que influenciam a fixação do aroma

Como as moléculas aromáticas voláteis reagem com as proteínas hidratadas principalmente por

TABELA 5.17 Constantes termodinâmicas para a fixação de compostos carbonila às proteínas

Proteína	Compostos carbonila	n (moles mol^{-1})	K (M^{-1})	ΔG (kcal mol^{-1})
Albumina sérica	2-Nonanona	6	1.800	−4,4
	2-Heptanona	6	270	−3,3
β-Lactoglobulina	2-Heptanona	2	150	−3,0
	2-Octanona	2	480	−3,7
	2-Nonanona	2	2.440	−4,7
Proteína de soja				
Nativa	2-Heptanona	4	110	−2,8
	2-Octanona	4	310	−3,4
	2-Nonanona	4	930	−4,1
	5-Nonanona	4	541	−3,8
	Nonanal	4	1.094	−4,2
Parcialmente desnaturada	2-Nonanona	4	1.240	−4,3
Succinilada	2-Nonanona	2	850	−4,0

n, número de sítios de ligação no estado nativo; K, constante de equilíbrio da ligação.
Fonte: compilada a partir de Damodaran, S. e Kinsella, J.E., *J. Agric. Food Chem.* 28, 567, 1980; Damodaran, S. e Kinsellam, J.E., *J. Agric. Food Chem.* 29, 1249, 1981; O'Neill, T.E. e Kinsella J.E., *J. Agric. Food Chem.* 35, 770, 1987.

meio de interações hidrofóbicas, qualquer fator que afete as interações hidrofóbicas ou a hidrofobicidade de superfície das proteínas influenciará na fixação do aroma. A temperatura exerce um pequeno efeito sobre a fixação do aroma, exceto quando ocorre um desdobramento térmico significativo da proteína. Isso se deve ao fato de o processo de associação ser basicamente conduzido por entropia, e não por entalpia. As proteínas desnaturadas termicamente apresentam maior capacidade para fixar aromas. No entanto, sua constante de ligação é geralmente baixa em comparação à das proteínas naturais. Os efeitos dos sais sobre a fixação do aroma estão relacionados às suas propriedades de *salting in* e *salting out*. Os sais do tipo *salting in*, que desestabilizam as interações hidrofóbicas, reduzem a fixação do aroma, ao passo que os do tipo *salting out* aumentam a fixação do aroma.

O efeito do pH sobre a fixação do aroma quase sempre está relacionado às mudanças conformacionais induzidas pelo pH nas proteínas. A fixação do aroma geralmente é maior em pH alcalino do que em pH ácido. Isso se deve ao fato de as proteínas tenderem a se desnaturar mais em pH alcalino do que em pH ácido. A quebra das ligações dissulfeto das proteínas que ocorre em pH alcalino provoca desdobramento das proteínas e, em geral, aumenta a fixação do aroma. A proteólise que interrompe e diminui o número de regiões hidrofóbicas nas proteínas diminui a fixação do aroma. Isso pode ser usado como uma forma de remover aromas indesejáveis das proteínas das sementes de oleaginosas.

5.5.5 Viscosidade

A aceitação de vários alimentos dos tipos semissólido e líquido por parte do consumidor (p. ex., molhos, sopas, bebidas, etc.) depende da viscosidade ou da consistência do produto. A viscosidade de uma solução se relaciona à sua resistência ao fluxo quando uma força é aplicada (ou tensão de cisalhamento). Para uma solução ideal, a tensão de cisalhamento (i.e., força por unidade de área, F/A) é diretamente proporcional à taxa de cisalhamento (i.e., o gradiente de velocidade entre as camadas do líquido, dv/dr). Isso é expresso como

$$\frac{F}{A} = \eta \frac{dv}{dr} \tag{5.71}$$

A constante de proporcionalidade η é conhecida como coeficiente de viscosidade. Os fluidos que obedecem à expressão supracitada são chamados de fluidos newtonianos.

O comportamento de fluxo das soluções é muito influenciado pelo tipo de soluto. Polímeros solúveis de alta massa molecular aumentam muito a viscosidade, mesmo em concentrações muito baixas. Isso depende mais uma vez de diversas propriedades moleculares, tais como tamanho, forma, flexibilidade e hidratação. As soluções de macromoléculas em *random coil* (estado de desordem estrutural) apresentam viscosidade maior do que as soluções de macromoléculas compactas dobradas de mesma massa molecular.

A maior parte dessas soluções, inclusive as soluções proteicas, não apresenta comportamento newtoniano, principalmente em elevadas concentrações proteicas. Para esses sistemas, o coeficiente de viscosidade diminui quando a taxa de cisalhamento aumenta. Esse comportamento é conhecido como *shear-thinning* ou pseudoplástico, seguindo a seguinte relação

$$\frac{F}{A} = m\left(\frac{dv}{dr}\right)^n \quad (5.72)$$

onde

m é o coeficiente de consistência.

n é um expoente conhecido como "índice de comportamento de fluxo".

O comportamento pseudoplástico das soluções proteicas resulta da tendência das moléculas proteicas de orientar seus eixos principais na direção do fluxo. A dissociação de dímeros e oligômeros fracamente ligados em monômeros também contribui para o cisalhamento fino. Quando o cisalhamento ou o fluxo cessam, a viscosidade pode ou não retornar ao valor original, dependendo da taxa de retorno das moléculas proteicas à orientação aleatória. As soluções de proteínas fibrosas, por exemplo, gelatina e actomiosina, geralmente permanecem orientadas e, dessa forma, não voltam à sua viscosidade original. Por outro lado, as soluções de proteínas globulares, como as proteínas da soja e do soro, recuperam rapidamente sua viscosidade quando o fluxo cessa. Essas soluções são chamadas de "tixotrópicas".

O coeficiente de viscosidade (ou consistência) da maior parte das soluções proteicas segue uma relação exponencial com a concentração da proteína, tanto devido às interações proteína-proteína como devido às interações entre as esferas de hidratação das moléculas proteicas. Um exemplo que envolve frações proteicas da soja é mostrado na Figura 5.31 [79]. Em concentrações elevadas de proteína ou em géis proteicos nos quais as interações proteína-proteína são numerosas e fortes, as proteínas apresentam um comportamento viscoelástico plástico. Nesses casos, para se iniciar o fluxo é necessária uma quantidade específica de força, conhecida como "tensão de escoamento".

O comportamento de viscosidade das proteínas é uma manifestação de complexas interações entre diversas variáveis, incluindo tamanho, forma, interações proteína-solvente, volume hidrodinâmico e flexibilidade molecular no estado hidratado. Quando dissolvidas em água, as proteínas absorvem água e se expandem. O volume das moléculas hidratadas é muito maior do que o volume não hidratado. A água associada à proteína induz efeitos de longo alcance sobre o comportamento

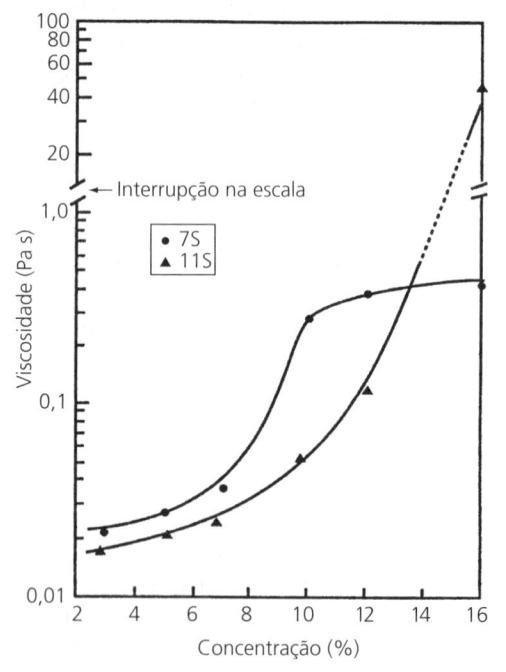

FIGURA 5.31 Efeito da concentração sobre a viscosidade (ou índice de consistência) de soluções de proteína de soja 7S e 11S, a 20 °C. (De Rao, M.A. et al., Flow properties of 7S and 11S soy protein fractions, em: *Food Engineering and Process Applications*, Le Maguer, M. e Jelen, P. (eds.), Elsevier Applied Science, New York, 1986, pp. 39–48.)

de fluxo do solvente. A dependência da viscosidade em relação à forma e ao tamanho das moléculas proteicas segue a equação abaixo

$$\eta_{sp} = \beta C (\upsilon_2 + \delta_1 \upsilon_1) \quad (5.73)$$

onde

η_{sp} é a viscosidade específica.
β é o fator relacionado à forma.
C é a concentração.
υ_2 e υ_1 são os volumes específicos da proteína não hidratada e do solvente, respectivamente.
δ_1 são gramas de água ligadas por grama de proteína.

Aqui, υ_2 também está relacionado à flexibilidade molecular. Quanto maior o volume específico da proteína, maior será sua flexibilidade.

A viscosidade das soluções proteicas diluídas é expressa de diversas formas. A **viscosidade relativa** η_{rel} refere-se à proporção da viscosidade da solução proteica em relação à do solvente. Ela é medida em um viscômetro capilar do tipo Ostwal-Fenske, sendo expressa como

$$\eta_{rel} = \frac{\eta}{\eta_0} = \frac{\rho t}{\rho_0 t_0} \quad (5.74)$$

onde

ρ e ρ_0 são as densidades da solução proteica e do solvente, respectivamente.
t e t_0 são tempos de fluxo para um volume determinado de solução proteica e do solvente, respectivamente, ao longo do capilar.

Outras formas de se expressar viscosidade podem ser obtidas a partir da viscosidade relativa. A viscosidade específica é definida como

$$\eta_{sp} = \eta_{rel} - 1 \quad (5.75)$$

A **viscosidade reduzida** é

$$\eta_{rel} = \frac{\eta_{sp}}{C} \quad (5.76)$$

onde C é a concentração proteica e a **viscosidade intrínseca** é

$$[\eta] = \text{Lim} \frac{\eta_{sp}}{C} \quad (5.77)$$

A viscosidade intrínseca [η] é obtida extrapolando-se um gráfico de viscosidade reduzida *versus* concentração proteica para uma concentração proteica zero (Lim). Como as interações proteína-proteína são insignificantes na diluição infinita, a viscosidade intrínseca descreve precisamente os efeitos da forma e do tamanho sobre o comportamento de fluxo das moléculas proteicas individuais. As mudanças na forma hidrodinâmica das proteínas, que resultam de tratamentos por calor e pH, podem ser estudadas medindo-se suas viscosidades intrínsecas.

5.5.6 Gelificação

O gel é uma fase intermediária entre o sólido e o líquido. Tecnicamente, ele é definido como "sistema substancialmente diluído que não exibe um estado constante de fluxo". Ele é composto de polímeros em ligação cruzada por meio de ligações covalentes ou não covalentes, formando uma rede capaz de aprisionar a água, bem como outras substâncias de baixa massa molecular (ver Capítulo 7).

A gelificação proteica refere-se à transformação de uma proteína em estado de "sol" para um "estado semelhante a gel". O calor, as enzimas ou os cátions divalentes em condições apropriadas facilitam essa transformação. Todos esses agentes induzem a formação de uma estrutura de rede. No entanto, os tipos de interações covalentes e não covalentes envolvidas, bem como o mecanismo de formação da rede, podem variar de maneira considerável.

A maior parte dos géis proteicos de alimentos é preparada por meio do aquecimento de uma solução proteica moderadamente concentrada. Nesse tipo de gelificação, a proteína em estado "sol" é primeiramente transformada em estado "pró-gel" por meio da desnaturação. No estado "sol", o número de grupos de ligação não covalente disponível nas proteínas para a formação da estrutura de rede é limitado. O estado pró-gel, no entanto, é um estado líquido viscoso no qual algum grau de desnaturação proteica e de polimerização já ocorreu. Além disso, no estado pró-gel, um número importante de grupos funcionais, como ligações de hidrogênio e grupos hidrofóbicos que podem formar ligações não covalentes intermoleculares, ficam expostos, de modo que a segunda etapa pode ocorrer, a saber, a formação da rede proteica. A conversão do sol em pró-gel é irreversível, uma vez que ocorrem muitas interações proteína-proteína entre as moléculas desdobradas. Quando o pró-gel é resfriado até a temperatura ambiente ou de refrigeração, a redução da energia cinética térmica facilita a formação de ligações não covalentes estáveis entre os grupos funcionais expostos das diversas moléculas, constituindo a gelificação.

As interações envolvidas na formação da rede são principalmente ligações de hidrogênio e interações eletrostáticas e hidrofóbicas. As contribuições relativas dessas forças variam de acordo com o tipo de proteína, condições de aquecimento, extensão da desnaturação e condições ambientais. As ligações de hidrogênio e as interações hidrofóbicas contribuem mais do que as interações eletrostáticas para a formação da rede, exceto quando íons multivalentes estão envolvidos na ligação cruzada. Como as proteínas costumam apresentar carga final, ocorre repulsão eletrostática entre as moléculas proteicas, o que geralmente não leva à formação da rede. No entanto, os grupos carregados são essenciais para a manutenção das interações proteína-água e para a capacidade de retenção de água dos géis.

As redes de gel que são sustentadas por ligações não covalentes são termicamente reversíveis, ou seja, ao se aquecer, elas se fundirão, formando um estado pró-gel, como costuma ser observado com os géis de gelatina. Isso ocorre especialmente quando as ligações de hidrogênio são os principais constituintes da formação da rede. Como as interações hidrofóbicas são fortes em temperaturas elevadas, as redes de gel formadas por interações hidrofóbicas são termicamente irreversíveis, por exemplo, os géis da clara de ovo. As proteínas que contêm tanto grupos de cisteína como de cistina podem sofrer polimerização por meio de reações de intercâmbio dissulfeto-sulfidrila durante o aquecimento, formando uma rede covalente contínua ao se resfriar. Esses géis costumam ser termicamente irreversíveis. Exemplos de géis desse tipo são ovoalbumina, β-lactoglobulina e géis da proteína do soro.

As proteínas formam dois tipos de géis, isto é, géis do tipo coágulo (opacos) e géis translúcidos. O tipo de gel formado por uma proteína é determinado por suas propriedades moleculares e suas condições de solução. As proteínas que apresentam grandes quantidades de resíduos de aminoácidos apolares

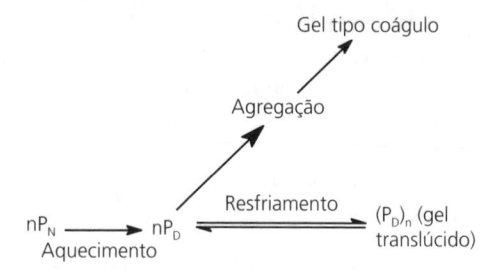

$$nP_N \xrightarrow{\text{Aquecimento}} nP_D \xrightleftharpoons{\text{Resfriamento}} \begin{array}{c} \nearrow \text{Gel tipo coágulo} \\ \text{Agregação} \\ (P_D)_n \text{ (gel translúcido)} \end{array}$$

Onde P_N é o estado nativo, P_D é o estado desordenado e n é o número de moléculas de proteína que participam da ligação cruzada.

(5.78)

sofrem agregação hidrofóbica durante a desnaturação.

Esses agregados insolúveis se associam aleatoriamente, formando um gel irreversível do tipo coágulo. Uma vez que as taxas de agregação e formação da rede são mais rápidas do que a taxa de desnaturação, as proteínas desse tipo formam com facilidade uma rede de gel, mesmo ao serem aquecidas. A opacidade desses géis se deve à dispersão da luz provocada pela rede (isotrópica) não ordenada de agregados proteicos insolúveis. Os géis do tipo coágulo costumam ser fracos e propensos à sinérese.

As proteínas que contêm pequenas quantidades de resíduos de aminoácidos apolares formam complexos solúveis durante a desnaturação. Como a taxa de associação dos complexos solúveis é mais lenta do que a taxa de desnaturação e a rede de gel é quase toda formada por interações de ligações de hidrogênio, eles geralmente não formam um gel até que ocorra aquecimento seguido de resfriamento (usa-se normalmente uma concentração de proteína de 8–12%). Com o resfriamento, a taxa de associação lenta dos complexos solúveis facilita a formação de uma rede de gel ordenada e translúcida.

No âmbito molecular, os géis do tipo coágulo tendem a se formar quando o somatório dos resíduos proteicos de Val, Pro, Leu, Ile, Phe e Trp excedem 31,5 mol% [80]. Os que contêm menos do que 31,5 mol% dos resíduos hidrofóbicos supracitados costumam formar géis translúcidos se o solvente usado for água. Entretanto, essa regra não é obedecida quando soluções salinas são usadas como solvente. Por exemplo, o conteúdo de aminoácidos hidrofóbicos da β-lactoglobulina é de 32 mol%, ainda assim, ela forma um gel translúcido em água. Contudo, quando o NaCl é incluído, ela forma um gel do tipo coágulo, mesmo em baixa concentração de sal, de 50 mM. Isso ocorre devido à neutralização da carga pelo NaCl, o qual promove agregação hidrofóbica ao se aquecer. Dessa forma, o equilíbrio entre as interações hidrofóbicas atrativas e as interações eletrostáticas repulsivas controla o mecanismo de gelificação e a aparência do gel. Essas duas forças, de fato, controlam o equilíbrio das interações proteína-proteína e proteína-solvente no sistema de formação de gel. Se as interações proteína-proteína forem maiores do que as interações proteína-solvente, haverá propensão à formação de um precipitado. Se as interações proteína-solvente predominarem, o sistema poderá não gelificar. Um gel do tipo coágulo ou um gel translúcido se formará quando a magnitude das forças hidrofóbicas e hidrofílicas estiver em algum ponto entre esses dois extremos.

Os géis proteicos são sistemas altamente hidratados que contêm até 98% de água, em alguns casos (p. ex., os géis de gelatina). A água retida nesses géis apresenta uma atividade semelhante à de soluções aquosas diluídas, porém carece de fluidez e não pode ser expressa com facilidade. O mecanismo pelo qual a água líquida pode ser mantida em um estado semissólido em géis não é bem compreendido. No entanto, o fato de que os géis translúcidos, formados basicamente por interações de ligações de hidrogênio, retêm mais água do que os géis do tipo coágulo e são menos propensos à sinérese sugere que grande parte da água esteja ligada pelo hidrogênio aos grupos C=O e N−H das ligações peptídicas, esteja associada a grupos carregados na forma de camadas de hidratação e/ou exista em redes água-água, parecidas com o gelo, extensamente ligadas por ligações de hidrogênio. Além disso, é possível que dentro do ambiente restrito da microestrutura da rede de gel possa existir água como um fator de ligação cruzada de ligações de hidrogênio entre os grupos C=O e N−H dos segmentos peptídicos. Isso pode restringir a capacidade de fluxo de água dentro de cada célula, o que se acentua à medida que o tamanho da célula diminui. É possível, ainda, que um pouco de água possa ser retido como água capilar nos poros da estrutura do gel, sobretudo nos géis do tipo coágulo.

A estabilidade da estrutura do gel em oposição a forças térmicas e mecânicas depende do número e dos tipos de ligações cruzadas formados pelas cadeias monoméricas. Termodinamicamente, a estrutura do gel seria estável apenas quando a soma das energias de interação de um monômero na rede de gel fosse maior do que sua energia cinética térmica. Isso depende de vários fatores intrínsecos (como tamanho e carga final) e extrínsecos (tais como pH, temperatura e força iônica). A raiz quadrada da dureza dos géis proteicos apresenta uma relação linear com a massa molecular [81]. Proteínas globulares com massa molecular < 23.000 Da não podem formar géis induzidos pelo calor em nenhuma concentração proteica razoável, a não ser que elas contenham pelo menos um grupo sulfidrila livre ou uma ligação dissulfeto. Os grupos sulfidrila e as ligações dissulfeto facilitam a polimerização e, dessa forma, aumentam a massa molecular efetiva dos polipeptídeos para mais de 23.000 Da. As preparações de gelatina com massas moleculares efetivos de menos de 20.000 Da não podem formar géis.

Outro fator crítico é a concentração da proteína. Para formar uma rede de gel que se mantenha sozinha, é necessária uma concentração mínima de proteína, conhecida como o menor ponto de equivalência (LCE, do inglês *least concentration endpoint*) [82]. O LCE é de 8% para as proteínas da soja, 3% para a albumina do ovo e ≈ 0,6% para a gelatina. Acima dessa concentração mínima, a relação entre a força do gel, G, e a concentração da proteína, C, segue uma lei exponencial:

$$G \alpha (C - C_o)^n \tag{5.79}$$

onde C_0 é o LCE. Para as proteínas, o valor de n varia de 1 a 2.

Vários fatores ambientais, como pH, sais e outros aditivos, também afetam a gelificação das proteínas. No ponto isoelétrico, ou próximo a ele, as proteínas geralmente formam géis do tipo coágulo. Em extremos de pH, formam-se géis fracos devido à forte repulsão eletrostática. O pH ótimo para a formação de gel é encontrado em torno de 7 a 8 para a maioria das proteínas.

A formação de géis de proteína pode, por vezes, ser facilitada por uma proteólise limitada. Um exemplo bem conhecido é o queijo. A adição de quimosina (renina) às micelas de caseína do leite resulta na formação de um gel do tipo coágulo. Isso é alcançado pela clivagem da κ-caseína, um componente da micela, provocando a liberação de uma porção hidrofílica conhecida como glicomacropeptídeo. As chamadas micelas paracaseína remanescentes são providas de superfícies altamente hidrofóbicas que facilitam a formação de uma rede de gel fraca.

A ligação cruzada enzimática das proteínas em temperatura ambiente também pode resultar na formação de uma rede de gel. A transglutaminase é a enzima que costuma ser usada na preparação desses géis. Essa enzima catalisa a formação de ligações cruzadas de ε-(γ-glutamil)lisil entre os grupos glutamina e lisil das moléculas proteicas. Utilizando-se esse método de ligação cruzada enzimática, géis altamente elásticos e irreversíveis podem ser formados até mesmo em concentrações proteicas baixas.

Cátions divalentes, como Ca^{2+} e Mg^{2+}, também podem ser usados na formação de géis proteicos. Esses íons formam ligações cruzadas entre grupos carregados negativamente de moléculas proteicas. Um bom exemplo desse tipo de gel é o tofu obtido a partir das proteínas da soja. Os géis de alginato também podem ser formados dessa forma. Um método geral para a produção do tofu é apresentado na Figura 5.32.

5.5.7 Texturização

Texturização significa a transformação de uma proteína do estado globular para uma estrutura física fibrosa que tem características sensoriais semelhantes à carne. As diversas propriedades funcionais esperadas para os produtos proteicos texturizados incluem mastigabilidade, elastici-

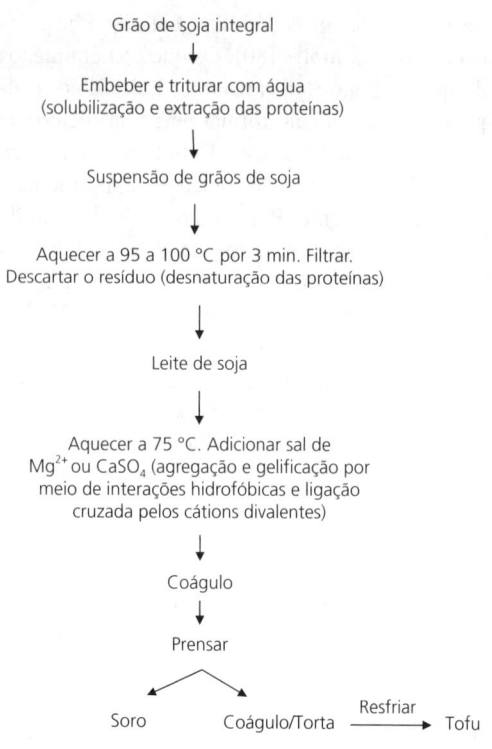

Grão de soja integral
↓
Embeber e triturar com água
(solubilização e extração das proteínas)
↓
Suspensão de grãos de soja
↓
Aquecer a 95 a 100 °C por 3 min. Filtrar.
Descartar o resíduo (desnaturação das proteínas)
↓
Leite de soja
↓
Aquecer a 75 °C. Adicionar sal de
Mg^{2+} ou $CaSO_4$ (agregação e gelificação por
meio de interações hidrofóbicas e ligação
cruzada pelos cátions divalentes)
↓
Coágulo
↓
Prensar
↙ ↘
Soro   Coágulo/Torta —Resfriar→ Tofu

FIGURA 5.32 Processo comercial típico para a produção do tofu.

dade, maciez e suculência. As proteínas vegetais são frequentemente a fonte proteica preferida para texturização, uma vez que elas não apresentam outras propriedades funcionais desejáveis, as quais estão presentes nas proteínas de origem animal. As proteínas vegetais texturizadas são fabricadas usando-se dois processos diferentes, a saber, **texturização por formação de fibra** (*spun-fiber*) e **extrusão termoplástica**.

5.5.7.1 Texturização por formação de fibra (spun-fiber)

Nesse processo, uma solução de isolado proteico de soja altamente concentrado ($\approx$ 20% m/v) é ajustada em pH de 12 a 13, sendo armazenada até a sua viscosidade aumentar para 50.000 a 100.000 centipoise, como resultado de desnaturação proteica e de algumas reações de ligação cruzada induzidas por álcalis. Esse "material" de elevada viscosidade é então bombeado por meio de *spinneret*, um dispositivo com uma placa que contém milhares de micro-orifícios. O extrudado fibroso passa por um banho com sal e ácido fosfórico em pH de 2,5. A proteína coagula instantaneamente nesse banho, transformando-se em uma massa fibrosa. A fibra é, então, encaminhada para passar por rolos de aço, onde é comprimida e esticada para aumentar sua força. Em seguida, é lavada para a remoção do excesso de acidez e sais. As fibras lavadas passam por uma série de tanques que contêm gordura, aromas, corantes e ligantes, dependendo do produto final. A fibra é aquecida a 80 a 90 °C para induzir a gelificação da proteína ligante. A clara do ovo costuma ser usada como ligante em virtude de suas excelentes propriedades de coagulação pelo calor. O produto final sofre processo de secagem e classificação por tamanho. O fluxograma do processo de **texturização por formação de fibra** (*spun-fiber*) é apresentado na Figura 5.33.

5.5.7.2 Texturização por extrusão

Nesse processo, a farinha de soja desengordurada ou o concentrado de proteína de soja com alto índice de solubilidade proteica são acondicionados com vapor, sendo que o teor de umidade é ajustado para 20 a 25%. Essa massa sólida é colocada em um extrusor que é, basicamente, uma rosca rotatória inserida em um tubo cilíndrico com extremidade cônica, no qual o espaço entre a rosca e o tubo diminui de modo progressivo ao longo do eixo do parafuso. À medida que a massa da proteína avança ao longo da rosca, ela é rapidamente aquecida a 150 a 180 °C. Essa temperatura elevada e o acúmulo progressivo de pressão, à medida que a massa se move descendo ao longo da rosca, fazem ocorrer cozimento sob pressão e, como resultado, a massa proteica funde-se e as proteínas são desnaturadas. Em termos técnicos, isso é conhecido como fusão

Proteína de soja
↓
Solução de proteína a 20% em pH 12–13
↓
"Envelhecimento"
(causa desdobramento e aumento da viscosidade)
↓
Extrusão sob pressão por meio de um *spinnert*
(formação de fibras)
↓
Fibras imersas em um banho de ácido fosfórico que contém sal em pH 2,5
(coagulação ácida)
↓
Pressão e alongamento
(orientação molecular e força da fibra)
↓
Lavagem
(para remoção do excesso de acidez e sal)
↓
Formulação com gordura, aromatizantes e ligantes (clara do ovo)
↓
Ajuste da temperatura em 80–90 °C
(gelificação do ligante proteico)
↓
Proteína texturizada

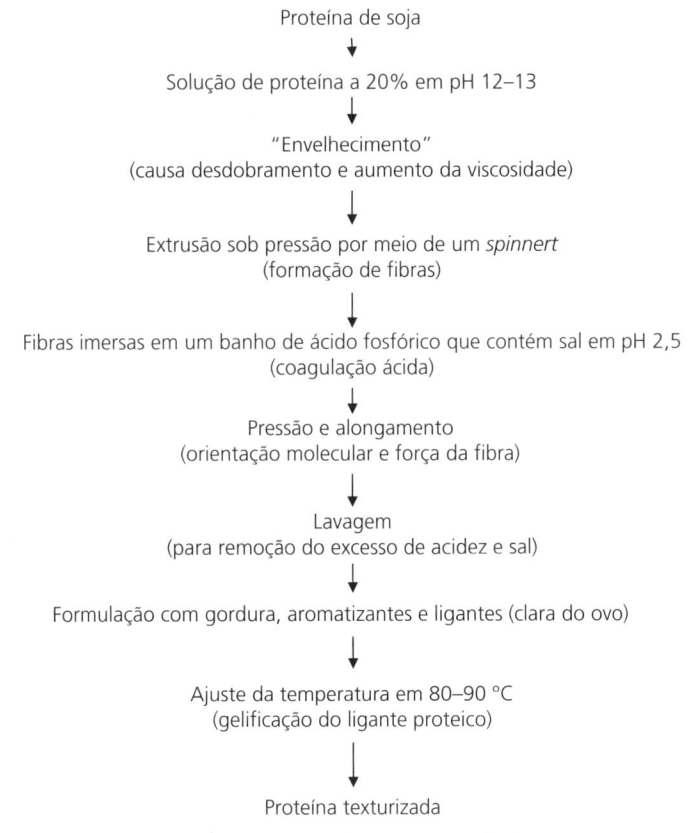

FIGURA 5.33 Processo típico de texturização por *spun-fiber* das proteínas da soja.

termoplástica. As proteínas desnaturadas tornam-se alinhadas em forma de fibra à medida que a massa se move ao longo da rosca. Quando a massa sai do molde, a liberação repentina da pressão provoca evaporação da água, ocorrendo expansão (*puffing*) do produto. Ajustando-se a pressão e a temperatura, pode-se controlar a expansão. Quando for desejado um produto denso, a massa é resfriada antes de sair do molde. O extrudado é, então, cortado em pedaços, e seu processamento posterior depende de seu uso. O fluxograma geral do processo para texturização das proteínas por extrusão é apresentado na Figura 5.34.

Os princípios gerais envolvidos em ambos os métodos supracitados são a desnaturação térmica ou alcalina das proteínas, o realinhamento das proteínas desnaturadas em forma de rede fibrosa, a ligação das fibras por uso de um ligante proteico e a flavorização do produto final. As proteínas vegetais texturizadas são cada vez mais usadas como complementos em produtos de carnes trituradas (bolinhos de carne, molhos, hambúrgueres, etc.) e como análogos da carne ou "imitação de carne".

Farinha de soja desengordurada tratada com o mínimo de calor
↓
Condicionamento com vapor e ajuste do conteúdo de umidade em 20–25%
↓
Alimentação ao extrusor
↓
Aquecimento a 150–180 °C (desnaturação térmica; fusão termoplástica e formação de fibras)
↓
Saída do extrusor (a liberação da pressão ocasiona evaporação da água e expansão do produto)
↓
Proteína texturizada

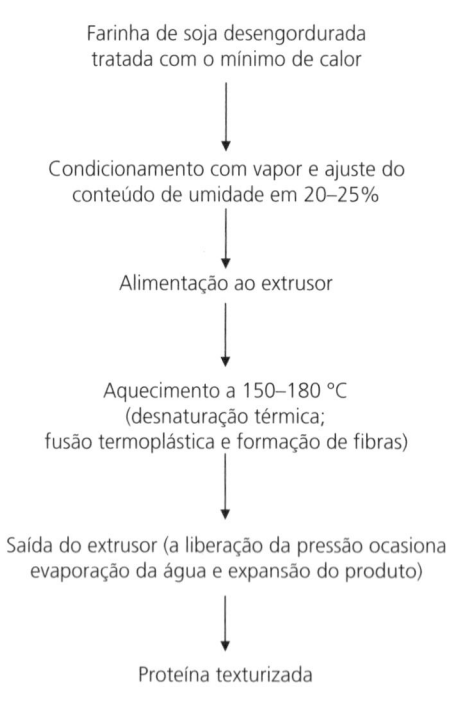

FIGURA 5.34 Texturização por extrusão da farinha de soja.

5.5.8 Formação de massa

Quando a mistura de farinha de trigo e água (proporção de cerca de 3:1) é amassada, ela forma uma massa viscoelástica adequada para a confecção de pães e outros produtos de panificação. Essas características não usuais da massa podem ser atribuídas às proteínas da farinha de trigo.

A farinha de trigo contém várias frações solúveis e insolúveis de proteínas. As proteínas solúveis, compreendendo ≈ 20% das proteínas totais, são principalmente a albumina e as enzimas do tipo globulina, bem como algumas glicoproteínas menos importantes. Essas proteínas não contribuem para as propriedades de formação da massa da farinha de trigo. A principal proteína de armazenamento do trigo é o glúten. Este é uma mistura heterogênea de proteínas, principalmente as gliadinas e as gluteninas, com solubilidade limitada em água. Quando misturado à água, o glúten forma uma massa viscoelástica capaz de aprisionar gases durante a fermentação.

O glúten apresenta uma composição singular de aminoácidos, sendo que Gln e Pro são responsáveis por mais de 40% de seus resíduos de aminoácidos (Tabela 5.18). A baixa solubilidade do glúten em água é atribuída a seu baixo teor de resíduos de Lis, Arg, Glu e Asp, que, juntos, perfazem menos de 10% do total de resíduos de aminoácidos. Cerca de 30% dos resíduos de aminoácidos do glúten são hidrofóbicos, e contribuem muito para sua capacidade de formar agregados proteicos por intermédio de interações hidrofóbicas e de se ligar a lipídeos e outras substâncias apolares. Os teores elevados de glutamina e aminoácidos hidroxilados (≈ 10%) do glúten são responsáveis por suas propriedades de ligação à água. Além disso, as ligações de hidrogênio entre a glutamina e os resíduos hidroxilados dos polipeptídeos do glúten contribuem para suas propriedades de coesão-adesão. Os resíduos de cisteína e cistina são responsáveis por 2 a 3 mol% do total de resíduos de aminoácidos do glúten. Durante a formação da massa, esses resíduos sofrem reações de intercâmbio sulfidrila-dissulfeto, resultando em polimerização extensa das proteínas do glúten [83].

Ocorrem diversas transformações físico-químicas quando a farinha e o glúten do trigo são misturados à água e amassados: a água se

TABELA 5.18 Composição de aminoácidos da glutenina e da gliadina

Aminoácido	Glutenina (mol%)	Gliadina (mol%)
Cys	2,6	3,3
Met	1,4	1,2
Asp	3,7	2,8
Thr	3,4	2,4
Ser	6,9	6,1
Glx[a]	28,9	4,6
Pro	11,9	16,2
Gly	7,5	3,1
Ala	4,4	3,3
Val	4,8	4,8
Ile	3,7	4,3
Leu	6,5	6,9
Tyr	2,5	1,8
Phe	3,6	4,3
Lys	2,0	0,6
His	1,9	1,9
Arg	3,0	2,0
Trp	1,3	0,4

[a]Glx corresponde à mistura de Glu e Gln. A maior parte da Glx das proteínas do trigo é encontrada sob a forma de Gln.
Fonte: MacRitchie, F. e Lafiandra, D., Structure-function relationships of wheat proteins, em: *Food Proteins and Their Applications*, Damodaran, S. e Paraf, A., eds., Marcel Dekker, New York, 1997, pp. 293–324.

liga a vários grupos hidrofílicos e carregados eletricamente do glúten. No estado seco, o principal elemento estrutural secundário do glúten é a estrutura de folha β [84]. Essas não são as folhas β regulares paralelas e antiparalelas com ligações de hidrogênio entre as estruturas, comumente encontradas nas proteínas globulares, e não existe um fluxo de calor endotérmico no perfil de calorimetria diferencial do glúten [85]. Após absorção da água, o glúten é submetido a uma transformação estrutural maior, envolvendo a conversão das estruturas de folha β em estrutura volta β [84,85]. Sabe-se que os polipeptídeos de glutenina no glúten apresentam sequências repetidas de PGQGQQ e GYYPTSLQQ [86] e que essas sequências podem imediatamente formar voltas β consecutivas que assumem uma estrutura do tipo espiral β. O diâmetro dessa espiral β é de 19,5 Å com intervalo de 14,9 Å [87]. A estrutura espiral β se comporta efetivamente como uma mola distensível, sendo um dos elementos estruturais responsáveis pela viscoelasticidade da massa [88]. Além dessa transformação estrutural principal, os polipeptídeos de glutenina sofrem reações de intercâmbio de sulfidrila-dissulfeto durante o processo de amassamento, resultando na formação de polímeros filamentosos. Esses polímeros lineares interagem entre si, provavelmente por meio de ligações de hidrogênio, associações hidrofóbicas e ligações cruzadas dissulfeto, formando uma película em rede, capaz de reter o gás (Figura 5.35). Devido a essas transformações no glúten, a resistência da massa

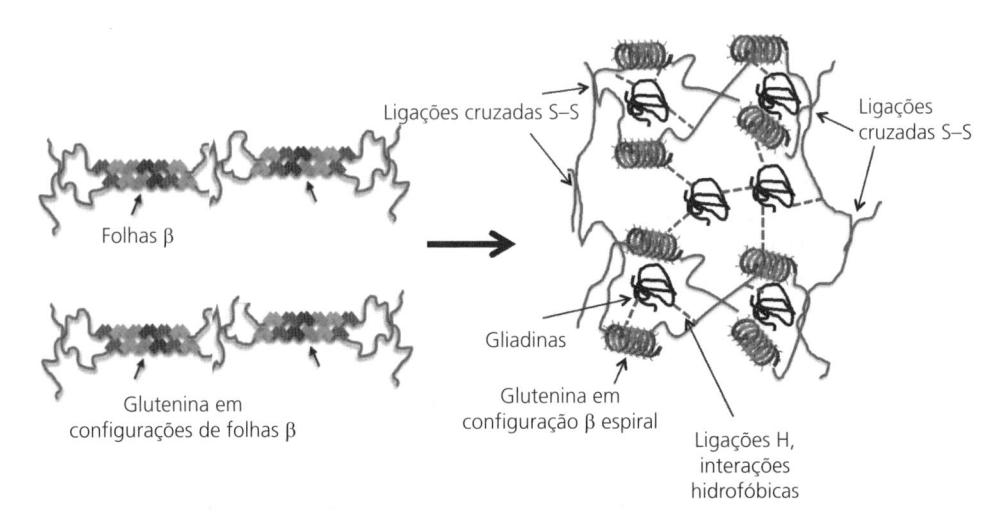

FIGURA 5.35 Mecanismo proposto para formação da rede de glúten na massa de farinha de trigo.

aumenta com o tempo, até que se alcance o grau máximo, sendo seguido por diminuição de resistência, indicando a quebra da estrutura da rede. A quebra envolve o alinhamento dos polímeros na direção do cisalhamento e de alguma quebra das ligações cruzadas de dissulfeto, reduzindo o tamanho dos polímeros. O tempo necessário para que se alcance a força máxima da massa ($R_{máx}$) durante o amassamento é usado para se medir a qualidade do trigo na confecção de pães – quanto mais tempo, melhor a qualidade.

A viscoelasticidade da massa de trigo está relacionada à extensão das reações de intercâmbio sulfidrila-dissulfeto. Tal ponto de vista se baseia no fato de que, quando redutores como a cisteína ou os agentes bloqueadores da sulfidrila como a N-etilmaleimida (NEM), são acrescentados à massa, a viscosidade diminui muito. Por outro lado, a adição de agentes oxidantes como iodatos e bromatos aumenta a elasticidade da massa. Isso significa que o glúten do trigo rico em grupos SH e S–S pode apresentar qualidades superiores para a produção de pão, porém essa relação não é confiável. Dessa forma, interações que não sejam ligações cruzadas dissulfeto, como ligações de hidrogênio e interações hidrofóbicas, também desempenham um papel vital na viscoelasticidade da massa de trigo.

As diferenças na qualidade de produção de pães a partir de diferentes cultivos de trigo podem estar relacionadas a diferenças na composição do próprio glúten. Como já mencionado, o glúten é constituído por gliadinas e gluteninas. As gliadinas são compostas de quatro grupos, a saber, α, β, γ e ω-gliadinas. No glúten, elas existem como polipeptídeos separados com massas moleculares que vão de 30.000 a 80.000 Da. As gliadinas contêm um número constante de resíduos de cisteína. Elas existem como ligações dissulfeto intramoleculares. As ligações dissulfeto estão inseridas no interior da proteína, de modo que elas não participam das reações de intercâmbio sulfidrila-dissulfeto com outras proteínas. As ligações dissulfeto parecem permanecer como dissulfetos intramoleculares durante a confecção da massa. Dessa forma, a massa feita a partir de gliadinas isoladas e amido é viscosa, mas não viscoelástica.

As gluteninas, por outro lado, são polipeptídeos heterogêneos com massas moleculares que variam entre 12.000 e 130.000 Da. Elas são classificadas a seguir em gluteninas de alta massa molecular (mW > 90.000, HMW) e de baixa massa molecular (mW < 90.000, LMW). No glúten, os polipeptídeos de glutenina estão presentes como polímeros unidos por ligações cruzadas de dissulfeto, com massas moleculares que chegam a milhões. Devido à sua capacidade de se polimerizar extensamente mediante reações de intercâmbio sulfidrila-dissulfeto, as gluteninas contribuem muito para a elasticidade da massa. Alguns estudos mostraram uma correlação positiva significativa entre o conteúdo de glutenina HMW e a qualidade do pão elaborado com algumas variedades de trigo [89]. Informações disponíveis indicam que um padrão específico de associação com ligações cruzadas dissulfeto entre gluteninas de LMW e HMW na estrutura do glúten pode ser muito mais importante para a qualidade do pão do que a quantidade de proteína HMW. Por exemplo, a associação/polimerização entre as gluteninas de LMW proporciona uma estrutura semelhante à formada pela gliadina de HMW. Esse tipo de estrutura contribui para a viscosidade da massa, mas não para sua elasticidade. Por outro lado, a elasticidade da massa aumenta quando as gluteninas de LMW fazem ligação cruzada com as gluteninas de HMW por meio de ligações cruzadas dissulfeto (no glúten). É possível, que nas variedades de trigo de boa qualidade, um número maior de gluteninas de LMW possa se polimerizar às de HMW, ao passo que, nas variedades de trigo de baixa qualidade, a maior parte das gluteninas de LMW pode polimerizar-se entre si. As diferenças entre os estados associados das gluteninas do glúten de diversas variedades de trigo podem estar relacionadas às diferenças entre suas propriedades conformacionais, tais como a hidrofobicidade de superfície e a reatividade dos grupos sulfidrila e dissulfeto.

Em resumo, as ligações de hidrogênio entre os grupos amida e hidroxila, as interações hidrofóbicas e as reações de intercâmbio sulfidrila-dissulfeto contribuem para o desenvolvimento das propriedades viscoelásticas singulares da massa de trigo. No entanto, o resultado dessas interações para a obtenção de boas propriedades de fabricação da massa pode depender das propriedades estruturais de cada proteína e das proteínas às quais ela se associa na estrutura total do glúten.

Como os polipeptídeos do glúten, sobretudo as gluteninas, são ricos em prolina, eles apresentam uma estrutura secundária muito pouco ordenada. Qualquer estrutura ordenada que exista inicialmente nas gliadinas e nas gluteninas se perde durante a mistura e o amassamento. Portanto, não ocorre nenhum desdobramento adicional durante o cozimento do pão.

A suplementação da farinha de trigo com albumina e proteínas do tipo globulina, por exemplo, proteínas do soro e da soja, afeta de modo adverso suas propriedades viscoelásticas, bem como a qualidade de cocção da massa. Essas proteínas diminuem o volume do pão, interferindo na formação da rede de glúten. A adição de fosfolipídeos ou outros surfactantes à massa neutraliza os efeitos adversos das proteínas estranhas sobre o volume do pão. Nesse caso, a película surfactante/proteína compensa a película de glúten danificada. Embora esse processo resulte em um volume de pão aceitável, as suas qualidades sensoriais e de textura são menos desejáveis do que o normal.

Às vezes, o glúten isolado é usado como ingrediente proteico em produtos que não estão relacionados à panificação. Suas propriedades de coesão-adesão o tornam um ligante eficaz nos produtos de carnes trituradas e do tipo *surimi*.

5.6 HIDROLISADOS PROTEICOS

A hidrólise parcial de proteínas com uso de enzimas proteolíticas é uma das estratégias para melhorar as propriedades funcionais. Estas, como solubilidade, dispersibilidade, formação de espuma e emulsificação, podem ser melhoradas pela proteólise limitada das proteínas. Os hidrolisados proteicos apresentam muitos usos em alimentos para fins especiais, como alimentos geriátricos, fórmulas infantis não alergênicas, bebidas para esportistas e alimentos dietéticos. Como os hidrolisados proteicos podem ser digeridos com facilidade, eles são úteis em fórmulas infantis e em alimentos geriátricos.

Proteólise significa hidrólise enzimática de ligações peptídicas em proteínas (ver Equação 5.80).

Nessa reação, para cada ligação peptídica clivada pela enzima, libera-se um mol de grupo carboxila e um mol de grupo amina. Quando é permitida a reação total, o produto final é uma mistura de todos os aminoácidos constituintes da proteína. A proteólise incompleta resulta na liberação de uma mistura de polipeptídeos provenientes da proteína original. As propriedades funcionais dos hidrolisados proteicos dependem do grau de hidrólise (DH, do inglês *degree of hydrolysis*) e das propriedades físico-químicas, isto é, tamanho, solubilidade, etc., dos polipeptídeos do hidrolisado.

O DH é definido como a fração de ligações peptídicas clivadas, sendo geralmente expresso como um percentual:

$$\%\text{DH} = \frac{n}{n_T} \times 100 \qquad (5.81)$$

onde

n_T é o número total de moles de ligações peptídicas presentes em um mol de proteína.
n é o número de moles de ligações peptídicas clivadas por mol de proteína.

Quando a massa molar de uma proteína não é conhecida ou a amostra de proteína é uma mistura de várias proteínas, n e n_T são expressos como o número de ligações peptídicas por grama de proteína.

O DH é geralmente monitorado pelo método pH-Stat. O princípio subjacente a esse método é que, quando a ligação peptídica é hidrolisada, o grupo carboxila recém-formado ioniza-se por completo em um pH > 7, liberando um íon H$^+$. Como resultado, o pH da solução proteica diminui progressivamente com o tempo de hidrólise. Na faixa de pH entre 7 e 8, o número de moles de íons H$^+$ liberados é equivalente ao número de moles das ligações peptídicas hidrolisadas. No método pH-Stat, o pH da solução proteica é mantido constante pela titulação com NaOH. O número de moles de NaOH consumidos durante a proteólise é equivalente ao número de moles de ligações peptídicas clivadas.

Várias proteases podem ser utilizadas na preparação de hidrolisados proteicos. Algumas

$$\text{NH}-\underset{\underset{R_1}{|}}{\text{CH}}-\text{CO}-\text{NH}-\underset{\underset{R_2}{|}}{\text{CH}}-\text{CO} \;+\; H_2O \;\xrightarrow{\text{Protease}}\; \text{NH}-\underset{\underset{R_1}{|}}{\text{CH}}-\text{COOH} \;+\; H_2N-\underset{\underset{R_2}{|}}{\text{CH}}-\text{CO}- \qquad (5.80)$$

dessas proteases são enzimas de sítios específicos (Tabela 5.19). Devido às suas especificidades, os tipos de fragmentos polipeptídicos liberados no hidrolisado variam entre as proteases. A alcalase oriunda do *Bacillus licheniformis* é a principal enzima comercial utilizada na fabricação do hidrolisado proteico. Essa enzima pertence à família das subtilisinas, as quais são serina proteases.

5.6.1 Propriedades funcionais

As propriedades funcionais dos hidrolisados proteicos dependem do tipo de enzimas utilizadas em sua preparação. Isso se deve principalmente às diferenças de tamanho e a outras propriedades físico-químicas dos polipeptídeos liberados durante a hidrólise. Em geral, a solubilidade da maioria das proteínas melhora depois da hidrólise, independentemente da enzima utilizada. Quanto maior o DH, maior será a solubilidade. No entanto, o aumento final de solubilidade depende do tipo de enzima utilizada. A Figura 5.36 apresenta o perfil de solubilidade-pH da caseína, antes e depois da hidrólise, com a protease V-8. Deve-se observar que a solubilidade da caseína em seu pH isoelétrico aumenta significativamente após a hidrólise parcial. Esse tipo de comportamento também é observado com outras proteínas. A alta solubilidade proteica é particularmente importante nas bebidas proteicas ácidas, nas quais a precipitação e a sedimentação são indesejáveis.

Como a solubilidade da proteína é essencial para suas propriedades emulsificantes e de formação de espuma, as proteínas parcialmente hidrolisadas costumam apresentar melhores propriedades emulsificantes e de formação de espuma. No entanto, essa melhora depende do tipo de enzima usada e do DH. Em geral, a capacidade de emulsificação e de formação de espuma aumenta até um DH < 10% e diminui em um DH > 10%. Por outro lado, as estabilidades de espumas e emulsões feitas com hidrolisados proteicos são geralmente menores do que as da proteína intacta. Uma das razões para isso é a incapacidade de polipeptídeos pequenos formarem uma película viscoelástica coesiva nas interfaces ar-água e óleo-água.

Os hidrolisados proteicos não costumam formar géis termoinduzidos, sendo a gelatina uma exceção. Esta é produzida a partir do colágeno por hidrólise ácida ou alcalina. A gelatina é uma mistura heterogênea de polipeptídeos. A média da massa molecular dos polipeptídeos na amostra de gelatina depende do DH. Isso afeta profundamente sua força de gel. Quanto maior a média da massa molecular, maior será a força do gel. Amostras de gelatina com média da massa molecular < 20.000 Da não chegam a formar géis em qualquer concentração de gelatina. As propriedades de gelificação de produtos comerciais de gelatina são expressas em termos de força de gel, utilizando-se um gelômetro de Bloom. A força de gel é definida como a massa em gramas necessária para

TABELA 5.19 Especificidade de várias proteases

Protease	Tipo	Especificidade
Elastase	Endoproteinase	Ala–aa; Gly–aa
Bromelina	Endoproteinase	Ala–aa; Tyr–aa
Tripsina	Endoproteinase	Lys–aa; Arg–aa
Quimotripsina	Endoproteinase	Phe–aa; Trp–aa; Tyr–aa
Pepsina	Endoproteinase	Leu–aa; Phe–aa
Protease V-8	Endoproteinase	Asp–aa; Glu–aa
Termolisina	Endoproteinase	aa–Phe; aa–Leu
Alcalase	Endoproteinase	Inespecífica
Papaína	Endoproteinase	Lys–aa; Arg–aa; Phe–aa; Gly–aa
Prolilendopeptidase	Endoproteinase	Pro–aa
Subtilisina A	Endoproteinase	Inespecífica

Nota: "aa" representa qualquer um dos 20 resíduos de aminoácidos.

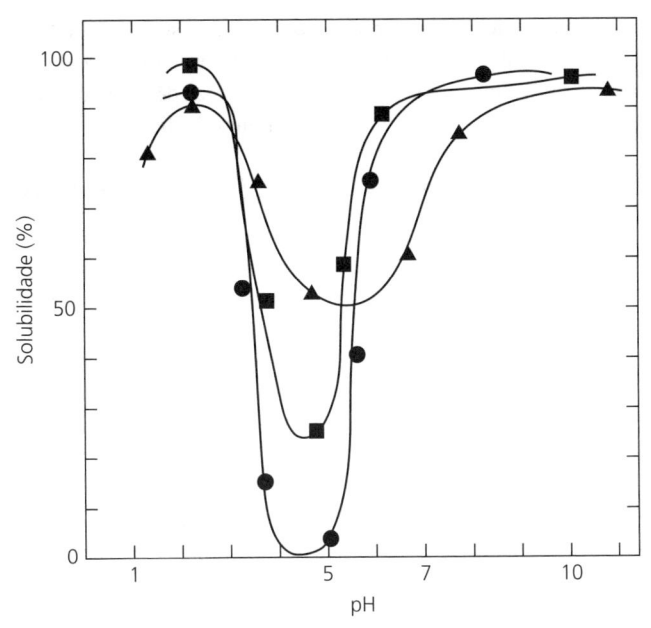

FIGURA 5.36 Perfis de solubilidade-pH da caseína nativa e da caseína modificada pela protease V-8 de *Staphylococcus aureus*. A solubilidade foi expressa como percentual da proteína total da solução. ●, caseína nativa; ■, 2% de DH; ▲, 6,7% de DH. (De Adler-Nissen, J., *J. Agric. Food Chem.*, 27, 1256, 1979.)

deslocar o êmbolo do gelômetro em 4 cm dentro de um gel de gelatina a 6,67% (m/v), que foi incubado por 17 horas em banho-maria a 10 °C. A Tabela 5.20 apresenta as condições necessárias para a produção de força de gel de vários tipos de alimentos produzidos à base de gelatina.

5.6.2 Alergenicidade

Várias proteínas alimentares, incluindo as proteínas do leite de vaca, proteínas da soja, glúten, proteínas do ovo e proteínas do amendoim, provocam várias reações alérgicas em crianças e adultos. Entretanto, os hidrolisados dessas proteínas apresentam menor alergenicidade do que seus equivalentes naturais [90,91]. A alergenicidade das proteínas íntegras resulta da presença de sítios antigênicos (epítopos) que se ligam à imunoglobulina E (IgE). Nos hidrolisados proteicos, tanto os epítopos conformacionais quanto os de sequência específica (lineares) são destruídos pela clivagem proteolítica. Por exemplo, a hidrólise da caseína a um DH de até 55%, usando-se pancreatina (mistura de enzimas pancreáticas), reduz sua alergenicidade em ≈ 50% [92]. Da mesma forma, os hidrolisados de proteínas do soro utilizando uma combinação de pepsina e α-quimotripsina reduzem efetivamente a sua alergenicidade [93]. Desse modo, os hidrolisados proteicos são a principal fonte de aminoácidos essenciais para lactentes e crianças que apresentam predisposição ou alto risco de desenvolvimento de reação alérgica às proteínas alimentares.

A redução final da alergenicidade dos hidrolisados proteicos depende do tipo de protease utilizada. As proteases inespecíficas ou uma mistura de proteases são mais eficazes do que as de sítio

TABELA 5.20 Requerimentos de força de gel (*bloom rating*) para alguns produtos alimentícios à base de gelatina

Produto	Força de gel (g)	Concentração usada em alimentos
Bala recheada com geleia	220	7–8%
Geleia de frutas	100–120	10–12%
Marshmallow	220	2–3%
Pastilhas	50–100	1%

específico na redução da alergenicidade das proteínas. O DH também desempenha um papel importante: quanto maior o seu valor, maior será a redução da alergenicidade. Por essas razões, a eficácia das proteases na redução da alergenicidade de uma proteína costuma ser expressa como índice de redução de alergenicidade (ARI, do inglês *allergenicity reduction index*). O ARI é definido como a proporção da porcentagem de redução na alergenicidade em relação à porcentagem de DH.

5.6.3 Peptídeos amargos

Uma das propriedades mais indesejáveis dos hidrolisados proteicos é seu sabor amargo. Ele é proveniente de alguns peptídeos liberados durante a hidrólise. Existem muitas evidências de que o amargor dos peptídeos está relacionado à hidrofobicidade. Os peptídeos com hidrofobicidade residual média de $< 1{,}3$ kcal mol^{-1} não são amargos (ver Capítulo 11). Por outro lado, os peptídeos com hidrofobicidade residual média $> 1{,}4$ kcal mol^{-1} são amargos [94]. Nesse caso, com frequência, a hidrofobicidade residual média dos peptídeos é calculada usando-se as energias livres de transferência de resíduos de aminoácidos do etanol para a água (ver Tabela 11.1). A formação de peptídeos amargos nos hidrolisados proteicos depende da composição e da sequência de aminoácidos e do tipo de enzimas usadas. Os hidrolisados de proteínas altamente hidrofóbicas, como caseína, proteínas da soja e proteína do milho (zeína) são muito amargos, ao passo que os hidrolisados das proteínas hidrofílicas, como a gelatina, são menos amargos. As caseínas e as proteínas da soja hidrolisadas com várias proteases comerciais produzem diversos peptídeos amargos. O amargor pode ser reduzido ou eliminado utilizando-se uma mistura de endo- e exopeptidases, que promovem a quebra dos peptídeos amargos em fragmentos com hidrofobicidade média dos resíduos $< 1{,}3$ kcal mol^{-1}.

5.7 PROPRIEDADES NUTRICIONAIS DAS PROTEÍNAS

As proteínas diferem em seu valor nutritivo. Vários fatores, como a composição de aminoácidos essenciais e sua digestibilidade, contribuem para essas diferenças. Portanto, a necessidade diária de proteínas depende do tipo e da composição de proteínas da dieta.

5.7.1 Qualidade proteica

A "qualidade" de uma proteína está relacionada principalmente à sua composição de aminoácidos essenciais e à sua digestibilidade. As proteínas de alta qualidade são aquelas que contêm todos os aminoácidos essenciais em níveis maiores do que os níveis de referência da FAO/OMS/UNU [95], apresentando digestibilidade comparável ou melhor do que as proteínas da clara do ovo ou do leite. As proteínas animais são de melhor "qualidade" que as vegetais.

As proteínas dos principais cereais e leguminosas costumam ser deficientes em pelo menos um dos aminoácidos essenciais. Enquanto as proteínas de cereais, como arroz, trigo, cevada e milho, são muito pobres em lisina e ricas em metionina, as de leguminosas e de sementes oleaginosas são deficientes em metionina e ricas ou adequadas em lisina. Algumas proteínas de sementes oleaginosas, como as do amendoim, são deficientes tanto em metionina quanto em lisina. Os aminoácidos essenciais cujas concentrações em uma proteína estão abaixo dos níveis de uma proteína de referência são denominados "aminoácidos limitantes". Adultos que consomem apenas proteínas de cereais ou proteínas de leguminosas têm dificuldade para manter sua saúde; crianças com idade inferior a 12 anos que consomem dieta que contém apenas uma dessas fontes de proteínas não conseguem manter uma taxa normal de crescimento. Os teores de aminoácidos essenciais de vários alimentos proteicos estão listados na Tabela 5.21.

Tanto as proteínas animais como as vegetais apresentam em geral quantidades adequadas ou mais do que adequadas de His, Ile, Leu, Phe + Tyr e Val. Esses aminoácidos geralmente não são limitados nos principais alimentos. Com mais frequência, Lys, Thr, Trp e aminoácidos que contêm enxofre são os limitantes. A qualidade nutricional de uma proteína deficiente em um aminoácido essencial pode ser melhorada misturando-a com outra proteína que seja rica nesse aminoácido. Por exemplo, a mistura de proteínas de cereais

TABELA 5.21 Conteúdos de aminoácidos essenciais e valor nutricional das proteínas obtidas a partir de várias fontes (mg g^{-1} de proteína)

Propriedade (mg g^{-1} de proteína)	Ovo	Leite de vaca	Carne	Peixe	Trigo	Arroz	Milho	Cevada	Soja	Soja para ração (cozida)	Ervilha	Amendoim	Vagem
Concentração de aminoácido													
His	22	27	34	35	21	21	27	20	30	26	26	27	30
Ile	54	47	48	48	34	40	34	35	51	41	41	40	45
Leu	86	95	81	77	69	77	127	67	82	71	70	74	78
Lys	70	78	89	91	23^a	34^a	25^a	32^a	68	63	71	39^a	65
Met + Cys	57	33	40	40	36	49	41	37	33	22^b	24^b	32	26
Phe + Tyr	93	102	80	76	77	94	85	79	95	69	76	100	83
Thr	47	44	46	46	28	34	32^b	29^b	41	33	36	29^b	40
Trp	17	14	12	11	10	11	6^b	11	14	8^a	9^a	11	11
Val	66	64	50	61	38	54	45	46	52	46	41	48	52
Total de aminoácidos essenciais	512	504	480	485	336	414	422	356	466	379	394	400	430
Conteúdo proteico (%)	12	3,5	18	19	12	7,5	—	—	40	32	28	30	30
Escore químico (%) (baseado no padrão da FAO/OMS, 1985)	100	100	100	100	40	59	43	55	100	73	82	67	—
PER	3,9	3,1	3,0	3,5	1,5	2,0	—	—	2,3	—	2,65	—	—
VB (em ratos)	94	84	74	76	65	73	—	—	73	—	—	—	—
NPU	94	82	67	79	40	70	—	—	61	—	—	—	—

^{a}Primeiro aminoácido limitante.
^{b}segundo aminoácido limitante.
PER, quociente de eficiência proteica; VB, valor biológico; NPU, utilização líquida da proteína.
Fontes: FAO/WHO/UNU, Energy and protein requirements, Report of a joint FAO/WHO/UNU Expert Consultation, World Health Organization Technical Report Series 724, WHO, Geneva, Switzerland, 1985; Eggum, B.O. e Beames, R.M., The nutritive value of seed proteins, em: Seed Proteins, Gottschalk, W. e Muller, H.P., eds., Nijhoff/Junk, The Hague, the Netherlands, 1983, pp. 499–531.

com proteínas de leguminosas fornece um nível completo e balanceado dos aminoácidos essenciais. Dessa forma, dietas que contêm quantidades apropriadas de cereais e leguminosas (grãos) e que sejam nutricionalmente completas nos demais aspectos são adequadas para que se promova crescimento e manutenção. Uma proteína de baixa qualidade também pode ser nutricionalmente melhorada por suplementação com aminoácidos essenciais livres que estejam sub-representados. A suplementação de leguminosas com Met e de cereais com Lys geralmente melhora sua qualidade.

A qualidade nutricional de uma proteína ou de uma mistura proteica é ideal quando contém todos os aminoácidos essenciais em proporções que produzam excelentes taxas de crescimento e/ou ótima capacidade de manutenção. Os padrões ideais de aminoácidos essenciais para crianças e adultos são apresentados na Tabela 5.22. Entretanto, como as necessidades reais de aminoácidos essenciais dos indivíduos de uma determinada população variam dependendo de suas condições nutricional e fisiológica, as necessidades de aminoácidos essenciais de crianças pré-escolares (2–5 anos de idade) geralmente são recomendadas como um nível seguro para todas as faixas etárias [96].

O consumo excessivo de qualquer aminoácido específico pode levar ao "antagonismo de aminoácidos" ou toxicidade. A ingestão excessiva de um aminoácido costuma resultar no aumento da necessidade de outros aminoácidos essenciais. Isso se deve à competição entre os aminoácidos pelos sítios de absorção na mucosa intestinal. Por exemplo, altos níveis de Leu diminuem a absorção de Ile, Val e Tyr, mesmo se os níveis dietéticos desses aminoácidos forem adequados. Isso leva ao aumento da necessidade dietética desses últimos três aminoácidos. O consumo excessivo de outros aminoácidos essenciais também pode inibir o crescimento, induzindo condições patológicas.

5.7.2 Digestibilidade

Embora a composição de aminoácidos essenciais seja o principal indicador da qualidade proteica, a qualidade real também depende do nível de utilização desses aminoácidos no organismo. Dessa forma, a digestibilidade (biodisponibilidade) de aminoácidos pode afetar a qualidade das proteínas. As digestibilidades de várias proteínas pelos seres humanos estão listadas na Tabela 5.23. As proteínas alimentares de origem animal são mais bem digeridas do que as de origem vegetal. Vários fatores afetam a digestibilidade de proteínas.

5.7.2.1 Conformação proteica

O estado estrutural da proteína influencia sua hidrólise pelas proteases. As proteínas naturais são, em geral, menos hidrolisadas por completo em comparação às proteínas parcialmente desnaturadas. Por exemplo, o tratamento da faseolina (uma proteína do grão de feijão) com uma mistura de proteases resulta apenas na clivagem limitada da proteína, o que produz a liberação de um po-

TABELA 5.22 Padrão recomendado de aminoácidos essenciais para as proteínas alimentares

	Padrão recomendado (mg g^{-1} de proteína)			
Aminoácido	Bebês	Pré-escolares (2–5 anos)	Escolares (10–12 anos)	Adultos
Histidina	26	19	19	16
Isoleucina	46	28	28	13
Leucina	93	66	44	19
Lisina	66	58	44	16
Met + Cys	42	25	22	17
Phe + Tyr	72	63	22	19
Treonina	43	34	28	9
Triptofano	17	11	9	5
Valina	55	35	25	13
Total	434	320	222	111

Fonte: FAO/WHO/UNU, Energy and protein requirements, Report of a joint FAO/WHO/UNU Expert Consultation, World Health Organization Technical Report. Series 724, WHO, Geneva, Switzerland, 1985.

TABELA 5.23 Digestibilidade de várias proteínas alimentares em seres humanos

Fonte proteica	Digestibilidade (%)
Ovo	97
Leite, queijo	95
Carne, peixe	94
Milho	85
Arroz (polido)	88
Trigo integral	86
Farinha de trigo branca	96
Glúten de trigo	99
Farinha de aveia	86
Milheto	79
Ervilhas	88
Amendoim	94
Farinha de soja	86
Isolado proteico de soja	95
Feijões	78
Cereal de milho	70
Cereal de trigo	77
Cereal de arroz	75

Fonte: FAO/WHO/UNU, Energy and protein requirements, Report of a joint FAO/WHO/UNU Expert Consultation, World Health Organization Technical Report Series 724, WHO, Geneva, Switzerland, 1985.

lipeptídeo de 22.000 Da como produto principal. Quando a faseolina desnaturada pelo calor é tratada sob condições similares, ela é hidrolisada por completo até aminoácidos e dipeptídeos. Em geral, proteínas fibrosas insolúveis e proteínas globulares extensivamente desnaturadas são de difícil hidrólise.

5.7.2.2 Fatores antinutricionais

A maioria dos isolados e concentrados proteicos vegetais contém inibidores de tripsina e quimotripsina (tipo Kunitz e tipo Bowman-Birk) e lectinas. Esses inibidores dificultam a hidrólise completa de proteínas de leguminosas e de sementes oleaginosas pelas proteases pancreáticas. As lectinas, que são glicoproteínas, ligam-se às células da mucosa intestinal, interferindo na absorção de aminoácidos. As lectinas e os inibidores de protease tipo Kunitz são termolábeis, ao passo que o inibidor do tipo Bowman-Birk é estável sob condições de processamento térmico normal. Assim, as proteínas de leguminosas e de sementes oleaginosas tratadas pelo calor são, em geral, mais digeríveis do que os isolados proteicos naturais (apesar da pequena presença de inibidor residual do tipo Bowman-Birk). As proteínas vegetais também contêm outros fatores antinutricionais, como taninos e fitatos. Os taninos, que são produtos da condensação dos polifenóis, reagem covalentemente com os grupos ε-amina dos resíduos de lisina. Isso inibe a clivagem dos polipeptídeos catalisada pela tripsina nos sítios de lisina.

5.7.2.3 Processamento

A interação de proteínas com os polissacarídeos e as fibras da dieta também reduz a velocidade e o grau da hidrólise. Isso é particularmente importante nos produtos alimentícios extrudados, nos quais costumam ser utilizadas temperatura e pressão altas. As proteínas sofrem várias alterações químicas que envolvem resíduos de lisina quando expostas a altas temperaturas e pH alcalino. Essas alterações reduzem sua digestibilidade. A reação de açúcares redutores com grupos ε-amina também diminui a digestibilidade da lisina.

5.7.3 Avaliação do valor nutritivo da proteína

Como a qualidade nutricional das proteínas pode variar muito, sendo influenciada por muitos fatores, é importante que existam procedimentos para a avaliação da qualidade. Estimativas de qualidade são úteis para: (1) determinar a quantidade necessária para promover um nível seguro de aminoácidos essenciais para crescimento e manutenção e (2) monitorar alterações no valor nutritivo de proteínas durante o processamento de alimentos, de modo a conhecer as condições de processamento que minimizam a perda de qualidade. A qualidade nutritiva das proteínas pode ser avaliada por diversos métodos biológicos, químicos e enzimáticos.

5.7.3.1 Métodos biológicos

Os métodos biológicos são baseados em ganho de peso ou retenção de nitrogênio em modelos animais quando alimentados com dieta que contenha proteína. Uma dieta livre de proteínas é usada como controle. O protocolo recomendado pela FAO/OMS [96] costuma ser usado para avaliação da qualidade da proteína. Os ratos geralmente são os animais de teste, embora, às vezes, sejam utilizados seres humanos. Utiliza-se uma dieta com conteúdo aproximado de 10% de proteínas com base em seu peso seco para assegurar que a ingestão de proteínas esteja abaixo das necessidades diárias. A energia adequada deve ser fornecida pela dieta. Nessas condições, a proteína presente na dieta é utilizada ao máximo para o crescimento. O número utilizado de animais-modelo deve ser suficiente para assegurar resultados que sejam estatisticamente confiáveis. É comum utilizar um período de teste de nove dias. Durante cada dia desse período, a quantidade (g) de dieta consumida é tabulada para cada animal e as fezes e a urina são coletadas para análises de nitrogênio.

Os dados dos estudos de alimentação animal são utilizados de diversas maneiras para avaliar a qualidade proteica. O **quociente de eficiência proteica** (PER, do inglês *protein efficiency ratio*) é o peso (em gramas) ganho por grama de proteína consumida. Trata-se de uma expressão simples de uso comum. Outra expressão útil é o **quociente de eficiência final da proteína** (NPR, do inglês *net protein ratio*). Ele é calculada da seguinte forma:

$$\mathrm{NPR} = \frac{\begin{pmatrix}\text{Ganho}\\ \text{de peso}\end{pmatrix} - \begin{pmatrix}\text{Perda de peso}\\ \text{da proteína}\end{pmatrix} - \begin{pmatrix}\text{Grupo}\\ \text{livre}\end{pmatrix}}{\text{Proteína ingerida}} \quad (5.82)$$

Os valores de NPR fornecem informações sobre a capacidade das proteínas de proporcionar manutenção e crescimento. Como os ratos crescem muito mais rápido que os seres humanos, e como uma maior porcentagem de proteína é utilizada para manutenção em crianças em fase de crescimento do que em ratos, costuma-se questionar se os valores de PER e NPR derivados dos estudos em ratos são úteis para estimar as necessidades humanas [97]. Embora esse argumento seja válido, existem procedimentos de correção adequados.

Outra abordagem para a avaliação da qualidade da proteína envolve a medida de absorção e de perda de nitrogênio. Isso permite o cálculo de dois parâmetros úteis de qualidade de proteína: a **digestibilidade aparente da proteína** ou o **coeficiente de digestibilidade de proteína**, obtido a partir da diferença entre a quantidade de nitrogênio ingerido e a quantidade de nitrogênio excretado nas fezes. Entretanto, como o nitrogênio fecal total também inclui o nitrogênio metabólico ou endógeno, deve-se fazer uma correção para obter a **digestibilidade real da proteína**. A digestibilidade real (DR) pode ser calculada da seguinte maneira:

$$\mathrm{DR} = \frac{I-(N_F - N_{F,e})}{I} \times 100 \qquad (5.83)$$

onde

I é o nitrogênio ingerido.
N_F é o nitrogênio fecal total.
$N_{F,e}$ é o nitrogênio fecal endógeno.

O $N_{F,e}$ é obtido por uma alimentação com dieta livre de proteína. A DR fornece o percentual de nitrogênio ingerido absorvido pelo corpo. Entretanto, ela não informa a respeito da quantidade de nitrogênio realmente retido ou utilizado pelo corpo.

O valor biológico, VB, é calculado como segue:

$$\mathrm{VB} = \frac{I-(N_F - N_{F,e})-(U_N - U_{U,e})}{I-(N_F - N_{F,e})} \times 100 \qquad (5.84)$$

onde N_U e $N_{U,e}$ são as perdas de nitrogênio total e endógeno, respectivamente, na urina.

A **utilização líquida da proteína** (NPU, do inglês *net protein utilization*), isto é, a porcentagem de consumo de nitrogênio retido como nitrogênio corporal, é obtida a partir do produto de DR e VB. Então,

$$\mathrm{NPU} = \mathrm{DR} \times \mathrm{VB} = \frac{I-(N_F - N_{F,e})-(U_N - U_{U,e})}{I} \times 100 \qquad (5.85)$$

O PER, os VBs e os NPUs de várias proteínas alimentares estão apresentados na Tabela 5.21.

Outros bioensaios que são ocasionalmente usados na avaliação da qualidade das proteínas incluem ensaios para atividade enzimática, mudanças no teor de aminoácidos essenciais do plasma, níveis de ureia no plasma e na urina e taxa de repleção das proteínas plasmáticas ou ganho de massa corporal de animais previamente alimentados com dieta livre de proteínas.

5.7.3.2 Métodos químicos

Os métodos biológicos são caros e consomem muito tempo. A determinação do conteúdo de aminoácidos de uma proteína e a comparação dele com o padrão de aminoácidos essenciais de uma proteína de referência ideal podem fornecer uma avaliação rápida do valor nutricional proteico. O padrão ideal de aminoácidos essenciais em proteínas (proteína de referência) para pré-escolares (2–5 anos) é fornecido pela Tabela 5.22 [95], sendo esse o padrão para todas as faixas etárias, exceto para lactentes. A cada aminoácido essencial de uma proteína de teste se atribui um **escore químico**, o qual é definido como

$$\frac{\text{mg de aminoácidos por g de proteína de teste}}{\text{mg do mesmo aminoácido por g da proteína de referência}} \times 100$$

(5.86)

O aminoácido essencial que apresenta o menor valor é o aminoácido mais limitante da proteína de teste. O escore químico desse aminoácido limitante fornece o escore químico da proteína de teste. Como já mencionado, Lys, Thr, Trp e os aminoácidos sulfurados são geralmente os aminoácidos limitantes nas proteínas alimentares. Portanto, os escores químicos desses aminoácidos costumam ser suficientes para a avaliação do valor nutricional das proteínas. O escore químico permite a estimativa da quantidade de uma proteína de teste ou da mistura de proteínas necessária para se alcançar a exigência diária de um aminoácido limitante. Isso pode ser calculado da seguinte forma:

$$\text{Consumo necessário de proteína} = \frac{\text{Consumo recomendado de proteína de ovo ou leite}}{\text{Valor químico da proteína}} \times 100$$

(5.87)

Uma das vantagens do método do escore químico é sua simplicidade e o fato de permitir a determinação dos efeitos complementares das proteínas sobre a dieta. Ele também permite o desenvolvimento de dietas proteicas de alta qualidade, misturando-se várias proteínas adequadas a diversos programas de alimentação. Existem, contudo, várias desvantagens em se utilizar esse método. Um pressuposto do escore químico é que todas as proteínas de teste sejam completa ou igualmente digeríveis e que todos os aminoácidos essenciais sejam absorvidos por completo. Como essa suposição é frequentemente violada, não há geralmente uma boa correlação entre os resultados dos bioensaios e dos escores químicos. Entretanto, a correlação aumenta quando os escores químicos são corrigidos levando-se em conta a digestibilidade da proteína. A digestibilidade aparente das proteínas pode ser rapidamente determinada *in vitro* usando-se uma combinação de três ou quatro enzimas, como tripsina, quimotripsina, peptidase e protease bacteriana.

Outra deficiência do escore químico é que ele não distingue entre D e L-aminoácidos. Como apenas os L-aminoácidos podem ser usados pelos animais, esse escore superestima o valor nutricional da proteína, principalmente das proteínas expostas a alto pH, o que provoca racemização. Esse método também é incapaz de predizer os efeitos negativos de altas concentrações de um aminoácido essencial sobre a biodisponibilidade de outros aminoácidos essenciais, e ele também não leva em conta o efeito de fatores antinutricionais, como os inibidores da protease e as lectinas, que podem estar presentes na dieta. Apesar dessas grandes desvantagens, descobertas recentes indicam que os escores químicos, quando corrigidos levando-se em conta a digestibilidade proteica, correlacionam-se bem com ensaios biológicos para as proteínas que apresentam VBs acima de 40%. Quando o VB se encontra abaixo de 40%, a correlação é fraca [96].

5.7.3.3 Métodos enzimáticos e microbiológicos

Os métodos enzimáticos *in vitro* às vezes são utilizados para medir a digestibilidade e a liberação de aminoácidos essenciais. Em um método, as proteínas de teste são inicialmente digeridas com pepsina e, depois, com pancreatina (extrato pancreático liofilizado) [83]. Em outro método, foi utilizada uma combinação de enzimas, denominadas pepsina e pancreatina (que são uma mistura de tripsina, quimotripsina e peptidases), utilizadas para digestão de proteínas em condições de ensaio padronizadas [98]. Esses métodos, além de fornecerem informações sobre a digestibilidade inata das proteínas, são úteis para detectar alterações na qualidade proteica induzidas pelo processamento.

O crescimento de vários microrganismos, tais como *Streptococcus zymogenes*, *Streptococcus faecalis*, *Leuconostoc mesenteroides*, *Clostridium perfringens* e *Tetrahymena pyriformis* (protozoário), também tem sido utilizado para determinar o valor nutricional das proteínas [99]. Desses microrganismos, o *T. pyriformis* é particularmente útil, pois suas necessidades de aminoácidos são similares às de ratos e seres humanos.

5.8 ALTERAÇÕES FÍSICAS, QUÍMICAS E NUTRICIONAIS DE PROTEÍNAS INDUZIDAS PELO PROCESSAMENTO

O processamento comercial de alimentos pode envolver aquecimento, resfriamento, secagem, aplicação de produtos químicos, fermentação, irradiação ou vários outros tratamentos. Destes, o aquecimento é o mais comum, sendo normalmente realizado para destruir microrganismos, inativar enzimas endógenas que provocam alterações oxidativas e hidrolíticas nos alimentos durante o armazenamento e para transformar uma mistura pouco atraente de ingredientes alimentares crus em um produto final atraente do ponto de vista organoléptico. Além disso, proteínas como β-lactoglobulina e α-lactoalbumina bovinas e a proteína da soja, que algumas vezes provocam respostas alergênicas ou de hipersensibilidade, podem, em algumas ocasiões, tornar-se inócuas por desnaturação térmica. Infelizmente, os efeitos benéficos alcançados pelo aquecimento de alimentos proteicos são, em geral, acompanhados por alterações que podem afetar adversamente o valor nutritivo e as propriedades funcionais das proteínas. Nesta Seção, serão discutidos tanto os efeitos desejáveis como os indesejáveis do processamento de alimentos sobre as proteínas.

5.8.1 Alterações na qualidade nutricional e formação de compostos tóxicos

5.8.1.1 Efeito de tratamentos térmicos moderados

A maioria das proteínas dos alimentos é desnaturada quando exposta a tratamentos térmicos moderados (60–90 °C, 1 h ou menos). A desnaturação extensa de proteínas frequentemente resulta em insolubilização, podendo comprometer as propriedades funcionais que dependem da solubilidade. Do ponto de vista nutricional, a desnaturação parcial das proteínas geralmente aumenta a digestibilidade e a biodisponibilidade de aminoácidos essenciais. Várias proteínas vegetais purificadas e preparações proteicas de ovo, embora livres de inibidores de protease, apresentam baixa digestibilidade *in vitro* e *in vivo*. O aquecimento moderado aumenta a sua digestibilidade sem produzir derivados tóxicos.

Além de melhorar a digestibilidade, o tratamento térmico moderado também inativa várias enzimas, como proteases, lipases, lipoxigenases, amilases, polifenoloxidase e outras enzimas oxidativas e hidrolíticas. A falha em desativar essas enzimas pode resultar no desenvolvimento de odores indesejáveis, rancidez, alterações na textura e descoloração de alimentos durante o armazenamento. Por exemplo, as sementes oleaginosas e leguminosas são ricas em lipoxigenases. Durante o esmagamento ou fracionamento desses grãos para extração de óleo ou de isolados proteicos, essa enzima, na presença de oxigênio molecular, catalisa a oxidação de ácidos graxos poli-insaturados para, inicialmente, produzir hidroperóxidos. Esses hidroperóxidos decompõem-se em seguida, liberando aldeídos e cetonas, os quais produzem odores indesejáveis na farinha de soja e em seus isolados e concentrados proteicos. Para evitar a formação de aromas indesejáveis é necessário que se desative a lipoxigenase por meio térmico antes do esmagamento.

O tratamento térmico moderado é particularmente benéfico para as proteínas vegetais, uma vez que elas costumam conter fatores antinutricionais proteicos. As proteínas das leguminosas e das oleaginosas apresentam vários inibidores de tripsina e quimotripsina. Esses inibidores prejudicam a digestão eficiente das proteínas e, assim, reduzem sua biodisponibilidade. Além disso, a inativação e a complexificação de tripsina e quimotripsina por esses inibidores induzem a superprodução e secreção dessas enzimas pelo pâncreas, o que pode levar à hipertrofia pancreática (aumento do pâncreas) e ao adenoma pancreático. As proteínas das leguminosas e das oleaginosas também contêm lectinas, que são glicoproteínas, sendo também conhecidas como fito-hemaglutininas, uma vez que provocam aglutinação dos eritrócitos. As lectinas apresentam uma forte afinidade de ligação com carboidratos. Quando consumidas por seres humanos, elas dificultam a digestão proteica [100] e provocam má absorção intestinal de outros nutrientes. Essa última consequência resulta da ligação das lectinas às glicoproteínas de membrana das células da mucosa intestinal, alterando sua morfologia e suas propriedades de transporte. Tanto os inibidores de protease como as lectinas encontradas em proteínas vegetais são termolábeis. A torrefação de leguminosas e oleaginosas ou o tratamento por calor úmido da farinha de soja inativam tanto as lectinas como os inibidores de protease, aumentam a digestibilidade e o PER dessas proteínas (Figura 5.37) e evitam a hipertrofia pancreática [101]. Esses fatores antinutricionais não provocam problemas nas leguminosas processadas por cozimento doméstico ou industrial, nem nos produtos à base de farinha quando as condições de aquecimento são adequadas para inativá-los.

As proteínas do leite e do ovo também contêm vários inibidores de protease. A ovomucoide, que possui atividade antitríptica, constitui ≈ 11% da clara do ovo. A proteína ovoinibidora, que inibe tripsina, quimotripsina e algumas proteases fúngicas, está presente em um nível de 0,1% na clara do ovo. O leite contém vários inibidores de protease, como o inibidor do ativador do plasminogênio (PAI, do inglês *plasminogen activator inhibitor*) e o inibidor de plasmina (PI, do inglês *plasmin inhibitor*), derivado do sangue. Todos esses inibidores perdem suas atividades quando submetidos a tratamento térmico moderado na presença de água.

Os efeitos benéficos do tratamento térmico também incluem a inativação das toxinas proteicas, como a toxina botulínica do *Clostridium botulinum* (inativada por aquecimento a 100 °C) e a enteroxina do *Staphylococcus aureus*.

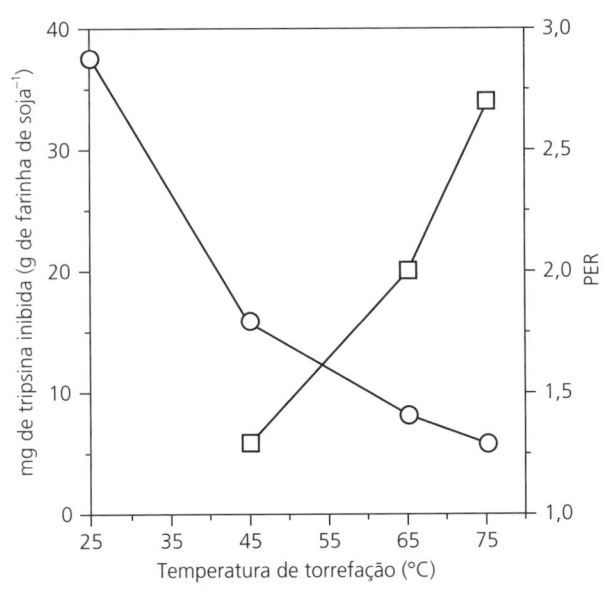

FIGURA 5.37 Efeito da torrefação sobre a atividade inibitória da tripsina e PER da farinha de soja. (Adaptada de Friedman, M. e Gumbmann, M.R., *Adv. Exp. Med. Biol.*, 199, 357, 1986.)

5.8.1.2 Alterações na composição durante a extração e o fracionamento

O preparo de isolados proteicos a partir de fontes biológicas envolve várias operações unitárias, como extração, precipitação isoelétrica, precipitação de sais, termocoagulação e ultrafiltração (UF)/diafiltração. É muito provável que algumas das proteínas do extrato bruto sejam perdidas durante algumas dessas operações. Por exemplo, durante a precipitação isoelétrica, algumas proteínas tipo albumina ricas em enxofre, que costumam ser solúveis em pH isoelétrico, podem ser perdidas no fluido sobrenadante. Essas perdas podem alterar a composição de aminoácidos e o valor nutricional dos isolados proteicos quando comparados com os dos extratos brutos. Por exemplo, o WPC preparado por ultrafiltração/diafiltração e os métodos de troca iônica passam por alterações marcantes em seus conteúdos de proteose-peptona, afetando consideravelmente suas propriedades de formação de espuma.

5.8.1.3 Alterações químicas dos aminoácidos

As proteínas passam por várias mudanças químicas quando processadas a altas temperaturas. Essas mudanças incluem racemização, hidrólise, dessulfuração e desamidação. A maior parte dessas alterações químicas é irreversível e algumas delas resultam na formação de tipos de aminoácidos modificados que podem ser tóxicos.

5.8.1.3.1 Racemização

O processamento térmico das proteínas em pH alcalino, como é realizado na preparação de alimentos texturizados, invariavelmente leva à racemização parcial dos resíduos de L-aminoácidos para D-aminoácidos [102]. A hidrólise ácida das proteínas provoca racemização parcial dos aminoácidos [103]; o que também ocorre com torrefação de proteínas ou de alimentos com conteúdo proteico acima de 200 °C [104]. O mecanismo em pH alcalino envolve subtração inicial do próton do átomo de carbono α por um íon hidroxila. O carbânion resultante perde sua assimetria tetraédrica. A adição subsequente de um próton da solução pode ocorrer a partir do topo ou da base do carbânion. Como essa probabilidade é igual, o resultado é a racemização do resíduo do aminoácido (Equação 5.80) [102]. A taxa de racemização de um resíduo é afetada pela força de retirada do elétron da cadeia lateral. Desse modo, resíduos como Asp, Ser, Cys, Glu, Phe, Asn e Thr são racemizados a uma velocidade maior do que os outros resíduos de aminoácidos [102]. A taxa de racemização também depende da concentração do íon hidroxila, porém independe da concentração de proteínas. É interessante observar que essa taxa é cerca de dez vezes mais rápida em proteínas do que em aminoácidos livres [102], sugerindo que as forças intramoleculares de uma proteína reduzem a energia de ativação da racemização. Além da racemização, o carbânion formado em pH alcalino também pode sofrer reação de β-eliminação para produzir uma desidroalanina reativa intermediária (DHA) (ver Equação 5.88).

A racemização dos resíduos de aminoácidos provoca redução de digestibilidade da proteína, uma vez que as ligações peptídicas que envolvem resíduos de D-aminoácidos são hidrolisadas com menos eficiência por proteases gástricas e pancreáticas. Isso leva à perda dos aminoácidos essenciais que foram racemizados, comprometendo o valor nutricional da proteína. Os D-aminoácidos também são absorvidos com menos eficiência ao longo das células da mucosa intestinal e, ainda que absorvidos, eles não podem ser utilizados na síntese proteica *in vivo*. Além disso, verificou-se que alguns D-aminoácidos, por exemplo, D-prolina, são neurotóxicos em frangos [105].

Além da racemização e das reações de β-eliminação, o aquecimento de proteínas em pH alcalino destrói vários resíduos de aminoácidos, como Arg, Ser, Thr e Lys. A Arg se decompõe em ornitina.

Quando as proteínas são aquecidas acima de 200 °C, como costuma ocorrer em superfícies de alimentos durante os processos de assamento ao forno ou grelhado, os resíduos de aminoácidos sofrem decomposição e pirólise. Vários produtos da pirólise têm sido isolados e identificados a partir da carne grelhada, sendo altamente mutagênicos, como determinado pelo teste de Ames. Os produtos mais carcinogênicos/mutagênicos são formados a partir da pirólise dos resíduos de Trp e Glu [106]. A pirólise dos resíduos de Trp produz carbolinas

$$\text{(5.88)}$$

e seus derivados. Compostos mutagênicos também são produzidos em carnes a temperaturas moderadas (190–200 °C). Eles são conhecidos como compostos IQ (imidazoquinolinas), que são produtos da condensação de creatina, açúcares e alguns aminoácidos, como Gly, Thr, Ala e Lys [107]. Os três mutagênicos mais potentes formados em peixe grelhado estão demonstrados na Equação 5.89.

Após o aquecimento de alimentos de acordo com os procedimentos recomendados, os compostos IQ costumam ser encontrados apenas em concentrações muito baixas (µg).

5.8.1.3.2 Ligação cruzada de proteínas

Várias proteínas alimentares apresentam ligações cruzadas intra e intermoleculares, como ligações dissulfeto em proteínas globulares, desmosina e isodesmosina, como ligações cruzadas dos tipos di e tritirosina em proteínas fibrosas, tais como queratina, elastina, resilina e colágeno. O colágeno também contém ligações cruzadas ε-N-(γ-glutamil)lisil e/ou ε-N-(γ-aspartil)-lisil. Uma das funções dessas ligações cruzadas em proteínas naturais é minimizar a proteólise *in vivo*. O processamento de proteínas alimentares, principalmente em pH alcalino, também induz a formação de ligações cruzadas. As ligações covalentes não naturais entre as cadeias polipeptídicas reduzem a digestibilidade e a biodisponibilidade dos aminoácidos essenciais que estão envolvidos na ligação cruzada ou próximos a ela.

Como discutido na Seção anterior, o aquecimento em pH alcalino ou acima de 200 °C em pH neutro resulta em subtração do próton do átomo do carbono α, levando à formação de um carbânion e, subsequentemente, à formação de resíduo de desidroalanina (DHA). A formação de DHA também pode ocorrer por meio de um mecanismo

$$\text{(5.89)}$$

2-Amino-3-metilimidazo-[4,5-*f*]quinolina (IQ)

2-Amino-3,4-dimetilimidazo-[4,5-*f*]quinolina (MeIQ)

2-Amino-3,8-dimetilimidazo-[4,5-*f*]quinoxalina (MeIQx)

em etapa única sem o carbânion intermediário. Uma vez formados, os resíduos de DHA altamente reativos reagem com grupos nucleofílicos, como o grupo ε-amina do resíduo lisil, o grupo tiol do resíduo Cys, o grupo δ-amina da ornitina (formado pela decomposição da arginina) ou um resíduo histidil, resultando na formação de ligações cruzadas de lisinoalanina, lantionina, ornitoalanina, histidinilalanina, respectivamente,

em proteínas. A lisinoalanina é a ligação cruzada mais importante encontrada em proteínas tratadas por álcalis, em virtude da abundância imediata de resíduos lisil acessíveis (ver Equação 5.82).

A formação das ligações cruzadas de proteína-proteína em proteínas tratadas por álcalis diminui sua digestibilidade e seu valor biológico. A redução de digestibilidade está relacionada à incapacidade da tripsina de clivar a ligação pep-

(5.90)

tídica na ligação cruzada lisinoalanina. Além disso, as restrições espaciais impostas pelas ligações cruzadas também impedem a hidrólise de outras ligações peptídicas nas proximidades das ligações cruzadas lisinoalanina e similares. Evidências indicam que a lisinoalanina livre é absorvida no intestino, mas o organismo não a utiliza, sendo sua maior parte excretada na urina. Uma parte da lisinoalanina é metabolizada nos rins. A incapacidade do organismo de clivar as ligações covalentes da lisinoalanina reduz a biodisponibilidade da lisina em proteínas tratadas por álcalis.

Ratos alimentados com 100 ppm de lisinoalanina pura ou com 3.000 ppm de lisinoalanina ligada à proteína desenvolvem nefrocitomegalia (i.e., um distúrbio renal). Entretanto, efeitos nefrotóxicos não têm sido observados em outras espécies de animais, como codornas, camundongos, *hamsters* e macacos. Isso tem sido atribuído às diferenças nos tipos de metabólitos formados em ratos *versus* outros animais. Nos níveis encontrados em alimentos, a lisinoalanina ligada à proteína aparentemente não causa nefrotoxicidade em seres humanos. Não obstante, a minimização da formação da lisinoalanina durante o processamento alcalino das proteínas é um objetivo desejável.

Os conteúdos de lisinoalanina de vários alimentos comerciais estão listados na Tabela 5.24. A extensão da formação de lisinoalanina depende do pH e da temperatura. Quanto maior o pH, maior será a extensão de formação da lisinoalanina. Tratamentos térmicos de alimentos a altas temperaturas, como com o leite, levam ao aumento significativo da lisinoalanina, mesmo em pH neutro. A formação de lisinoalanina em proteínas pode ser minimizada ou inibida pela adição de compostos nucleofílicos de baixa massa molecular, como cisteína, amônia ou sulfitos. A eficácia da cisteína se deve ao fato de o grupo nucleofílico SH reagir 1.000 vezes mais rapidamente do que o grupo ε-amina da lisina. O sulfito de sódio e a amônia exercem seus efeitos inibidores ao competir com o grupo ε-amina da lisina pela DHA. O bloqueio dos grupos ε-amina de resíduos de lisina pela reação com anidridos ácidos antes do tratamento alcalino também diminui a formação da lisinoalanina. Entretanto, esse processo resulta em perda de lisina, podendo ser inadequado para aplicações alimentares.

TABELA 5.24 Conteúdo de lisinoalanina (LAL) em alimentos processados

Alimento	LAL ($\mu g\ g^{-1}$ de proteína)
Flocos de milho	390
Pretzels	500
Canjica	560
Tortilhas	200
Tacos	170
Leite (fórmula infantil)	150–640
Leite evaporado	590–860
Leite condensado	360–540
Leite UHT	160–370
Leite HTST	260–1.030
Leite em pó (*spray-dried*)	0
Leite desnatado evaporado	520
Simulação de queijo	1.070
Sólidos secos da clara do ovo	160–1.820
Caseinato de cálcio	370–1.000
Caseinato de sódio	430–6.900
Caseína ácida	70–190
Proteína vegetal hidrolisada	40–500
Agente espumante (*whipping*)	6.500–50.000
Isolado proteico de soja	0–370
Extrato de levedura	120

Fonte: Swaisgood, H.E. e Catignani, G.L., *Adv. Food Nutr. Res.*, 35, 185, 1991.

Nas condições normais utilizadas no processamento de vários alimentos, apenas pequenas quantidades de lisinoalanina são formadas. Desse modo, acredita-se que a sua toxicidade em alimentos tratados por álcalis não seja preocupante. Entretanto, redução de digestibilidade, perda da biodisponibilidade da lisina e racemização de aminoácidos (alguns dos quais são tóxicos) são todos resultados indesejáveis em alimentos tratados por álcalis, como as proteínas vegetais texturizadas.

O aquecimento excessivo de soluções de proteína pura ou de alimentos proteicos de baixo teor de carboidratos também resulta na formação de ligações cruzadas ε-N-(γ-glutamil)lisil e ε-N-(γ-aspartil)lisil. Elas envolvem a reação de transamidação entre os resíduos de Lys e de Gln ou de Asn (Equação 5.83). As ligações cruzadas resultantes são denominadas ligações isopeptídicas, pois são estranhas às proteínas naturais. Os isopeptídeos resistem à hidrólise enzimática no intestino e, portanto, essas ligações cruzadas prejudicam a digestibilidade das proteínas e a biodisponibilidade da lisina.

$$\text{Lisina} \quad \text{Glutamina}$$

Ligação cruzada de ε-N-(γ-glutamil)lisina

(5.91)

A radiação ionizante de alimentos resulta na formação de peróxido de hidrogênio por meio da radiólise da água na presença de oxigênio, o que, por sua vez, gera alterações oxidativas e polimerização nas proteínas. Essa radiação também pode produzir, diretamente, radicais livres pela ionização da água.

$$H_2O \rightarrow H_2O^+ + e^- \quad (5.92)$$

$$H_2O^+ + H_2O \rightarrow H_3O^+ + {}^xOH \quad (5.93)$$

O radical livre hidroxila pode induzir a formação de radicais proteicos livres, que, por sua vez, podem provocar a polimerização de proteínas.

$$P + OH \rightarrow P^* + H_2O \quad (5.94)$$

$$P^x + P^* \rightarrow P-P$$
$$P^* + P \rightarrow P-P^* \quad (5.95)$$

O aquecimento de soluções de proteína a 70 a 90 °C e em pH neutro geralmente conduz a reações de intercâmbio sulfidrila-dissulfeto (se esses grupos estiverem presentes), resultando na polimerização das proteínas. Entretanto, esse tipo de ligação cruzada induzida por calor em geral não apresenta efeitos adversos na digestibilidade das proteínas e na biodisponibilidade de aminoácidos essenciais, uma vez que essas ligações podem ser quebradas *in vivo*.

5.8.1.4 Efeitos de agentes oxidantes

Agentes oxidantes, como o peróxido de hidrogênio e o peróxido de benzoíla, são utilizados como agentes bactericidas no leite, agentes clareadores em farinhas de cereais, isolados proteicos e concentrados de proteína de peixe, bem como na desintoxicação de tortas à base de sementes oleaginosas. O hipoclorito de sódio também costuma ser usado como bactericida e agente desintoxicante em farinhas e tortas. Além dos agentes oxidantes que algumas vezes são adicionados aos alimentos, vários compostos oxidativos são produzidos endogenamente em alimentos durante o processamento. Eles incluem radicais livres formados durante a irradiação de alimentos, a peroxidação de lipídeos, a fotoxidação de compostos como riboflavina e clorofila e o escurecimento não enzimático dos alimentos. Além disso, os polifenóis presentes em vários isolados de proteínas vegetais podem ser oxidados pelo oxigênio molecular em quinonas, em pH neutro a alcalino, o que levará, por fim, à formação de peróxidos. Os agentes oxidantes altamente reativos provocam oxidação de vários resíduos de aminoácidos e polimerização de proteínas. Os resíduos de aminoácidos mais suscetíveis à oxidação são Met, Cys, Trp e His, e, em menor extensão, Tyr.

5.8.1.4.1 Oxidação da metionina

A metionina é facilmente oxidada em sulfóxido de metionina por vários peróxidos. A incubação da metionina ligada à proteína ou da metionina livre com peróxido de hidrogênio (0,1 M), em temperatura elevada durante 30 min, resulta em conversão completa da metionina em sulfóxido de metionina [108]. Sob fortes condições oxidantes, o sulfóxido de metionina é, ainda, oxidado em metionina sulfona e, em alguns casos, em ácido homocisteico.

A metionina torna-se biologicamente indisponível uma vez oxidada em metionina sulfona ou ácido homocisteico. Por outro lado, o sulfóxido de metionina é reconvertido em Met sob as condições

$$\begin{array}{c}
-NH-CH-CO- \\
| \\
CH_2 \\
| \\
CH_2 \\
| \\
S \\
| \\
CH_3 \\
\text{Metionina}
\end{array} \longrightarrow \begin{array}{c}
-NH-CH-CO- \\
| \\
CH_2 \\
| \\
CH_2 \\
| \\
S \rightarrow O \\
| \\
CH_3 \\
\text{Metionina} \\
\text{sulfóxido}
\end{array} \longrightarrow \begin{array}{c}
-NH-CH-CO- \\
| \\
CH_2 \\
| \\
CH_2 \\
| \\
O \leftarrow S \rightarrow O \\
| \\
CH_3 \\
\text{Metionine} \\
\text{sulfona}
\end{array} \longrightarrow \begin{array}{c}
-NH-CH-CO- \\
| \\
CH_2 \\
| \\
CH_2 \\
| \\
O \leftarrow S \rightarrow O \\
| \\
OH \\
\text{Ácido} \\
\text{homocisteico}
\end{array} \quad (5.96)$$

ácidas do estômago. Além disso, algumas evidências indicam que todo o sulfóxido de metionina que passa pelo intestino é absorvido, sendo reduzido *in vivo* à metionina. Entretanto, a redução *in vivo* do sulfóxido de metionina para metionina é lenta. O PER, ou NPU, da caseína oxidada com 0,1 M de peróxido de hidrogênio (que transforma por completo a metionina em sulfóxido de metionina) é ≈ 10% menor do que o da caseína-controle.

5.8.1.4.2 Oxidação da cisteína e da cistina

Sob condições alcalinas, a cisteína e a cistina seguem a via da reação de β-eliminação para a produção de DHA. Entretanto, em pH ácido, a oxidação da cisteína e da cistina, em sistemas simples, resulta na formação de vários produtos intermediários de oxidação. Alguns desses derivados são instáveis. Os mono e dissulfóxidos da L-cistina são biodisponíveis, talvez por serem reduzidos, retornando à forma L-cistina no organismo. No entanto, os derivados mono e dissulfona da L-cistina não são biologicamente disponíveis. Da mesma forma, embora o ácido cisteína sulfênico seja biologicamente disponível, o cisteína sulfínico e o cisteico não o são. A taxa e o nível de formação desses produtos de oxidação em alimentos ácidos não estão bem documentados (ver Equação 5.97).

5.8.1.4.3 Oxidação do triptofano

Entre os aminoácidos essenciais, o Trp é excepcional devido ao seu papel em várias funções biológicas. Portanto, sua estabilidade em alimentos processados é de grande interesse. Sob condições ácidas, moderadas e oxidantes, como na presença de ácido perfórmico, dimetilsulfóxido ou *N*-bromosuccinimida (NBS), o Trp é oxidado principalmente em β-oxi-indolilalanina. Sob condições ácidas, intensas e oxidantes, como na presença de ozônio, peróxido de hidrogênio ou lipídeos peroxidantes, ele é oxidado à *N*-formilquinurenina, quinurenina e outros produtos não identificados.

$$\begin{array}{c}
-NH-CH-CO- \\
| \\
CH_2 \\
| \\
SH \\
\text{Cisteína}
\end{array}$$

$$\downarrow H^+$$

$$\begin{array}{c}
-NH-CH-CO- \\
| \\
CH_2 \\
| \\
SOH \\
\text{Ácido cisteína sulfênico}
\end{array} \qquad \begin{array}{c}
| \quad\quad\quad | \\
CO \quad\quad CO \\
| \quad\quad\quad | \\
HC-CH_2-S-S-CH_2-HC \\
| \quad\quad\quad\quad\quad\quad\quad\quad | \\
NH \quad\quad\quad\quad\quad\quad NH \\
| \quad\quad\quad\quad\quad\quad\quad\quad | \\
\text{Cistina}
\end{array}$$

$$\downarrow H^+$$

$$\begin{array}{c}
-NH-CH-CO- \\
| \\
CH_2 \\
| \\
SO_2H \\
\text{Ácido cisteína sulfínico}
\end{array} \qquad \begin{array}{c}
| \quad O \quad O \quad | \\
CO \quad\uparrow\quad\uparrow\quad CO \\
| \quad\quad\quad | \\
HC-CH_2-S-S-CH_2-HC \\
| \quad\quad\quad\quad\quad\quad\quad\quad | \\
NH \quad\quad\quad\quad\quad\quad NH \\
\text{Mono ou dissulfóxido de cistina}
\end{array}$$

$$\downarrow H^+$$

$$\begin{array}{c}
-NH-CH-CO- \\
| \\
CH_2 \\
| \\
SO_2H \\
\text{Ácido cisteína sulfônico}
\end{array} \qquad \begin{array}{c}
| \quad O \quad O \quad | \\
CO \quad\uparrow\quad\uparrow\quad CO \\
| \quad\quad\quad | \\
HC-CH_2-S-S-CH_2-HC \\
| \quad\downarrow\quad\downarrow\quad | \\
NH \quad O \quad O \quad NH \\
\text{Mono ou dissulfona cistina}
\end{array}$$

$$(5.97)$$

(5.98)

A exposição do Trp à luz, na presença de oxigênio e de um fotossensibilizador, como

(5.99)

riboflavina ou clorofila, leva à formação de *N*-formilquinurenina e quinurenina como os produtos principais e vários outros produtos secundários. Dependendo do pH da solução, também podem ser formados outros derivados, como 5-hidroxiformilquinurenina (pH > 7,0) e hidroperóxido tricíclico (pH 3,6–7,1) [109]. Além dos produtos fotoxidativos, o Trp forma um fotoaduto com a riboflavina. Tanto o triptofano livre como o ligado à proteína são capazes de formar esse aduto. O nível de formação desse fotoaduto é dependente da disponibilidade de oxigênio, sendo maior em condições anaeróbicas.

Os produtos da oxidação do Trp são biologicamente ativos. Além disso, as quinureninas são carcinogênicas em animais, e todos os outros produtos da fotoxidação do Trp, bem como as carbolinas formadas durante o grelhado de carnes, apresentam atividades mutagênicas e inibem o crescimento de células de mamíferos em culturas de tecidos. O fotoaduto triptofano-riboflavina apresenta efeitos citotóxicos em células de mamíferos, exercendo disfunções hepáticas durante a nutrição parenteral. Esses produtos indesejáveis normalmente estão presentes em concentrações muito baixas nos alimentos, a menos que um ambiente oxidativo seja propositalmente criado.

Entre as cadeias laterais dos aminoácidos, apenas as de Cys, His, Met, Trp e Tyr são suscetíveis à fotoxidação. No caso da Cys, o ácido cisteico é o produto final. A Met é fotoxidada primeiro em sulfóxido de metionina e, finalmente, em metionina sulfona e ácido homocisteico. A fotoxidação da histidina leva à formação de aspartato e ureia. Os produtos da fotoxidação da tirosina não são conhecidos. Como os alimentos contêm riboflavina (vitamina B_2) tanto endógena como suplementada, e costumam ser expostos à luz e ao ar, espera-se que ocorra algum grau de fotoxidação sensibilizada nos resíduos do aminoácido supracitado. No leite, a metionina livre é convertida em metional por oxidação ativada pela luz, conferindo um sabor característico ao leite. Em concentrações equimolares, as taxas de oxidação dos aminoácidos sulfurados e do Trp provavelmente seguem a ordem Met > Cys > Trp.

5.8.1.4.4 Oxidação da tirosina

A exposição de soluções de tirosina à peroxidase e ao peróxido de hidrogênio resulta na oxidação da tirosina em ditirosina. A ocorrência desse tipo de ligação cruzada tem sido encontrada em proteínas naturais, como resilina, elastina, queratina, colágeno e, mais recentemente, em massas.

$$\text{Tirosina} \xrightarrow{H_2O_2,\ \text{peroxidase}} \text{Ditirosina}$$

(5.100)

5.8.1.5 Reações carbonila-amina

Entre as várias alterações químicas induzidas pelo processamento em proteínas, a reação de Maillard (escurecimento não enzimático) provoca o maior impacto sobre as propriedades sensoriais e nutricionais. A reação de Maillard refere-se a um conjunto complexo de reações, iniciado por reação entre aminas e compostos carbonila, as quais, em alta temperatura, decompõem-se e, eventualmente, condensam-se, transformando-se em um produto marrom insolúvel, conhecido como melanoidinas (ver Capítulo 3). Essa reação não ocorre apenas em alimentos durante o processamento, mas também em sistemas biológicos. Em ambos os casos, proteínas e aminoácidos em geral fornecem o componente amina e os açúcares redutores (aldoses e cetoses), o ácido ascórbico e os compostos carbonílicos produzidos a partir da oxidação lipídica fornecem o componente carbonila.

Alguns dos derivados carbonila provenientes do processo de escurecimento não enzimático reagem prontamente com aminoácidos livres. Isso resulta na degradação dos aminoácidos em aldeídos, amônia e dióxido de carbono, sendo essa reação conhecida como "degradação de Strecker".

Os aldeídos contribuem para o desenvolvimento do aroma durante a reação de escurecimento. A degradação de Strecker de cada aminoácido produz um aldeído específico com aroma distinto (Tabela 5.25 e Equação 5.101).

A reação de Maillard compromete o valor nutricional das proteínas. Alguns dos produtos são antioxidantes e outros podem ser tóxicos, mas estes provavelmente não são prejudiciais nas concentrações encontradas em alimentos. Isso ocorre porque o grupo ε-amina da lisina é a principal fonte de aminas primárias em proteínas e costuma estar envolvido na reação carbonila-amina, sofrendo uma grande perda em biodisponibilidade quando essa reação ocorre. O grau de perda da Lys depende da fase da reação de escurecimento. A lisina envolvida nas fases iniciais do escurecimento, incluindo a base de Schiff, é biologicamente disponível. Os derivados iniciais são hidrolisados em lisina e açúcar nas condições ácidas do estômago. Entretanto, após a fase de cetosamina (produto de Amadori) ou de aldosamina (produto de Heyns), a lisina não é mais biodisponível. Isso se deve à baixa absorção desses derivados no intestino. É importante observar que não se desenvolve nenhuma coloração nesse estágio. Embora o sulfito iniba a formação de pigmentos marrons [110], ele não pode evitar a perda de disponibilidade da lisina, uma vez que não pode evitar a formação dos produtos de Amadori e Heyns.

A atividade biológica da lisina nos vários estágios da reação de Maillard pode ser determinada quimicamente pela adição de 1-fluoro-2,4--dinitrobenzeno (FDNB), seguida por hidrólise ácida da proteína derivada. O FDNB reage com os grupos ε-amina disponíveis dos resíduos lisil. O hidrolisado é, então, extraído com éter etílico para a remoção do FDNB que não reagiu; a concentração de ε-dinitrofenil-lisina (ε-DNP-lisina) na fase aquosa é determinada medindo-se a absorbância a 435 nm. A lisina disponível também pode ser determinada pela reação do ácido 2,4,6-trinitrobenzeno sulfônico (TNBS) com o grupo ε-amina. Nesse caso, a concentração do derivado ε-trinitrofenil-lisina (ε-TNP-lisina) é determinada a partir de absorbância a 346 nm.

O escurecimento não enzimático não provoca apenas perdas importantes de lisina, mas as carbonilas insaturadas reativas e os radicais livres formados durante a reação de escurecimento causam a oxidação de vários outros aminoácidos essenciais, sobretudo Met, Tyr, His e Trp. A ligação cruzada das proteínas por compostos dicarbonila produzi-

TABELA 5.25 Notas de sabor características de aldeídos produzidos pela degradação de Strecker a partir de aminoácidos

Aminoácido	Sabor típico
Phe, Gly	Caramelo
Leu, Arg, His	Pão tostado
Ala	Nozes (em geral)
Pro	Biscoito tipo *cracker*
Gln, Lys	Manteiga
Met	Caldo, feijão
Cys, Gly	Defumado, queimado
Ácido α-aminobutírico	Noz (fruto da nogueira)
Arg	Pipoca

$$\begin{array}{c} R \\ | \\ C=O \\ | \\ C=O \\ | \\ R \end{array} + H_2N-CH-COOH \longrightarrow \begin{array}{c} R \\ | \\ C=O \\ | \\ C=N-CH-R_1 \\ | \quad | \\ R \quad COOH \end{array} + H_2O$$

Substâncias α-dicarbonila   Aminoácido

$$\downarrow H_2O$$

$$R_1CHO + CO_2 + R-\underset{\underset{OH}{|}}{C}-\overset{O}{\overset{\|}{C}}-R + NH_3$$

Aldeído derivado de aminoácido

(5.101)

dos durante o escurecimento diminui sua solubilidade, prejudicando a digestibilidade proteica.

Suspeita-se que alguns dos produtos de coloração marrom da reação de Maillard sejam mutagênicos. Embora os compostos mutagênicos não sejam necessariamente carcinogênicos, todos os carcinogênicos conhecidos são mutagênicos. Portanto, a formação de compostos de Maillard mutagênicos em alimentos é preocupante. Estudos com misturas de glicose e aminoácidos mostraram que os produtos de Maillard de Lys e Cys são mutagênicos, ao passo que os de Trp, Tyr, Asp, Asn e Glu não o são, como determinado pelo Teste de Ames. Deve-se salientar que os produtos da pirólise de Trp e Glu (em carne grelhada) também são mutagênicos (teste de Ames). Deve ser destacado que os produtos da pirólise de TRP e Glu (em carnes grelhadas) também são mutagênicos (teste de Ames). Como discutido anteriormente, o aquecimento de açúcares e aminoácidos na presença de creatina produz os mutagênicos mais potentes tipo IQ (ver Equação 5.81). Embora os resultados baseados em sistemas-modelo não possam ser aplicados com segurança em alimentos, é possível que a interação de produtos da reação de Maillard com outros constituintes de menor massa molecular em alimentos possa produzir substâncias mutagênicas e/ou carcinogênicas.

O ponto positivo é que alguns produtos da reação de Maillard, principalmente as redutonas, possuem atividade antioxidante [111,112]. Isso se deve ao seu poder redutor e à sua capacidade de quelar metais, como Cu e Fe, os quais são pró-oxidantes. As aminorredutonas formadas a partir da reação de triose redutonas com aminoácidos, tais como Gly, Met e Val, apresentam excelente atividade antioxidante.

Além de açúcares redutores, outros aldeídos e cetonas presentes em alimentos também podem fazer parte da reação carbonila-amina. É importante destacar que o gossipol (do caroço de algodão), o glutaraldeído (adicionado a dietas proteicas para controlar a desaminação no rúmen dos ruminantes) e os aldeídos (principalmente o malonaldeído) obtidos a partir da oxidação de lipídeos podem reagir com grupos amina das proteínas. Os aldeídos bifuncionais, como o malonaldeído, podem formar ligações cruzadas e polimerizar proteínas. Os aldeídos bifuncionais, como o malonaldeído, podem realizar ligações cruzadas e polimerizar proteínas. Isso pode resultar em insolubilização, perda da digestibilidade e biodisponibilidade da lisina, além de perda das propriedades funcionais das proteínas. O formaldeído também reage com o grupo ε-amina dos resíduos de lisina. Acredita-se que o endurecimento do músculo de peixes tipo bacalhau durante o armazenamento sob congelamento se deva a reações do formaldeído com as proteínas do peixe.

$$P-NH_2 + OHC-CH_2-CHO \longrightarrow P-N=CH-CH_2-CH=N-P \quad (5.102)$$

Grupo amina da proteína   Malonaldeído   Ligações cruzadas proteína-proteína

5.8.1.6 Outras reações de proteínas em alimentos

5.8.1.6.1 Reações com lipídeos

A oxidação de lipídeos insaturados leva à formação de radicais livres alcóxi e peróxi. Esses radicais livres, por sua vez, reagem com proteínas, formando radicais livres lipídeo-proteína. Os radicais livres conjugados lipídeo-proteína podem sofrer ligação cruzada de polimerização de proteínas, levando a diversos produtos com ligações cruzadas:

$$LH + O_2 \rightarrow LOO^* \quad (5.103)$$

$$LOO^* + LH \rightarrow LOOH + L^* \quad (5.104)$$

$$LOOH \rightarrow LO^* + HO^* \quad (5.105)$$

$$LO^* + PH \rightarrow LOP \quad (5.106)$$

$$LOP + LO^* \rightarrow {}^*LOP + LOH \quad (5.107)$$

$${}^*LOP + {}^*LOP \rightarrow POLLOP \quad (5.108)$$

ou

$$LOO^* + PH \rightarrow LOOP \quad (5.109)$$

$$\text{LOOP} + \text{LOO}^* \rightarrow {}^*\text{LOOP} + \text{LOOH} \quad (5.110)$$

$$^*\text{LOOP} + {}^*\text{LOOP} \rightarrow \text{POOLLOOP} \quad (5.111)$$

$$^*\text{LOOP} + {}^*\text{LOP} \rightarrow \text{POLLOOP} \quad (5.112)$$

Além disso, os radicais livres lipídicos podem também levar à formação de radicais livres proteicos nas cadeias laterais de cisteína e histidina, que podem, então, sofrer reações de polimerização e ligação cruzada:

$$\text{LOO}^* + \text{PH} \rightarrow \text{LOOH} + \text{P}^* \quad (5.113)$$

$$\text{LO}^* + \text{PH} \rightarrow \text{LOH} + \text{P}^* \quad (5.114)$$

$$\text{P}^* + \text{PH} \rightarrow \text{P--P}^1 \quad (5.115)$$

$$\text{P--P}^* + \text{PH} \rightarrow \text{P--P--P}^* \quad (5.116)$$

$$\text{P--P--P}^* + \text{P}^* \rightarrow \text{P--P--P--P} \quad (5.117)$$

Os hidroperóxidos lipídicos (LOOH) dos alimentos podem se decompor, resultando na liberação de aldeídos e cetonas, particularmente malonaldeído. Esses compostos carbonila reagem com grupos amina de proteínas via reação carbonila-amina e formação da base de Schiff. Como já discutido, a reação do malonaldeído com as cadeias laterais de lisil leva à ligação cruzada e à polimerização das proteínas. A reação de peroxidação de lipídeos com proteínas costuma ter efeitos deletérios sobre o valor nutricional das proteínas. A ligação não covalente de compostos carbonilas com proteínas também produz aromas indesejáveis.

5.8.1.6.2 Reações com polifenóis

Compostos fenólicos, como ácido p-hidroxibenzoico, catecol, ácido cafeico, gossipol e querceína, são encontrados em todos os tecidos vegetais. Durante a maceração de tecidos vegetais, esses compostos fenólicos podem ser oxidados pelo oxigênio molecular em pH alcalino, transformando-se em quinonas. Isso também pode ocorrer por ação da polifenoloxidase, que geralmente está presente em tecidos vegetais. Essas quinonas altamente reativas podem reagir de maneira irreversível com os grupos sulfidrila e amina das proteínas. A reação das quinonas com grupos SH e α-amina (N-terminais) é muito mais rápida do que com grupos ϵ-amina. Além disso, as quinonas também podem sofrer reações de condensação, resultando na formação de pigmentos castanhos de alta massa molecular. Esses produtos castanhos permanecem muito reativos, combinando-se com facilidade com os grupos SH e amina das proteínas. As reações do grupo quinona-amina reduzem a digestibilidade e a biodisponibilidade da cisteína e da lisina ligadas à proteína.

5.8.1.6.3 Reações com solventes halogenados

Os solventes orgânicos halogenados são frequentemente utilizados na extração de óleos e de alguns fatores antinutricionais de sementes oleaginosas, como torta de semente de algodão e soja. A extração com tricloroetileno resulta na formação de uma pequena quantidade de S-diclorovinil-L-cisteína, que é tóxica. Por outro lado, os solventes diclorometano e tetracloroetileno não parecem reagir com proteínas. O 1,2-dicloroetano reage com resíduos de Cys, His e Met em proteínas. Alguns fumigadores, como o brometo de metila, podem alquilar resíduos de Lys, His, Cys e Met. Todas essas reações diminuem o valor nutricional das proteínas, e algumas são preocupantes do ponto de vista da segurança.

5.8.1.6.4 Reações com nitritos

A reação de nitritos com aminas secundárias e, em certo grau, com aminas primárias e terciárias, resulta na formação de N-nitrosamina, que é um dos compostos mais carcinogênicos formados nos alimentos. Os nitritos geralmente são adicionados a carnes para melhorar sua coloração e impedir o crescimento bacteriano. Os aminoácidos (ou resíduos) mais envolvidos nessa reação são Pro, His e Trp, mas Arg, Tyr e Cys também podem reagir com nitritos. Essa reação ocorre principalmente sob condições ácidas e em temperaturas elevadas.

Capítulo 5 Aminoácidos, peptídeos e proteínas

$$\text{(esquema de reações do HONO com Trp, Cys e Pro, formando N-Nitrosotriptofano, S-Nitrosocisteína e N-Nitrosopirrolidona)} \tag{5.118}$$

As aminas secundárias produzidas durante a reação de Maillard, como produtos de Amadori e Heyns, também podem reagir com nitritos. A formação de *N*-nitrosaminas durante cozimento e grelhado da carne tem sido uma grande preocupação, porém aditivos, como ácido ascórbico e eritorbato, são eficazes na redução dessa reação.

5.8.1.6.5 Reações com sulfitos

Os sulfitos reduzem as ligações dissulfeto em proteínas, produzindo derivados *S*-sulfonados. Eles não reagem com resíduos de cisteína (ver Equação 5.119).

Na presença de agentes redutores, como cisteína ou mercaptoetanol, os derivados *S*-sulfonados são novamente convertidos em resíduos de cisteína. Os *S*-sulfonados se decompõem em pH ácido (como no estômago) e em pH alcalino, transformando-se em dissulfetos. A *S*-sulfonação não diminui a biodisponibilidade da cisteína. O aumento de eletronegatividade e a ruptura de ligações dissulfeto em proteínas a partir da *S*-sulfonação provocam o desdobramento das moléculas de proteína, afetando suas propriedades funcionais.

5.8.2 Alterações nas propriedades funcionais das proteínas

Os métodos ou processos usados para o isolamento de proteínas podem afetar suas propriedades funcionais. A desnaturação mínima durante várias etapas do isolamento geralmente é desejável, uma vez que isso ajuda na manutenção de uma solubilidade proteica aceitável, o que costuma ser um pré-requisito para a funcionalidade dessas proteínas em produtos alimentícios. Em alguns casos, a desnaturação controlada ou parcial das proteínas pode melhorar determinadas propriedades funcionais.

$$\text{P}-\text{S}-\text{S}-\text{P} + SO_3^{2-} \longrightarrow \text{P}-\text{S}-SO_3^{2-} + \text{P}-\text{S}^- \tag{5.119}$$

As proteínas costumam ser isoladas usando-se a precipitação isoelétrica. As estruturas secundárias, terciárias e quaternárias da maioria das proteínas globulares são estáveis em seu pH isoelétrico, e as proteínas tornam-se rapidamente solúveis de novo quando dispersas em pH neutro. Por outro lado, compostos proteicos, como as micelas de caseína, são desestabilizados de forma irreversível pela precipitação isoelétrica. O colapso da estrutura micelar da caseína precipitada isoeletricamente resulta de vários fatores, incluindo a solubilização do fosfato de cálcio coloidal e a mudança no equilíbrio das interações hidrofóbicas e eletrostáticas entre os vários tipos de caseínas. As composições das proteínas precipitadas isoeletricamente costumam apresentar alterações em relação à sua forma nativa. Isso ocorre porque algumas frações proteicas secundárias são solúveis no pH isoelétrico do componente principal, não sendo, portanto, precipitadas. Essa mudança de composição afeta as propriedades funcionais do isolado proteico.

A ultrafiltração (UF) é amplamente utilizada na preparação de WPCs. Tanto a composição proteica como a não proteica de WPCs são afetadas pela remoção de pequenos solutos durante a UF. A remoção parcial da lactose e das cinzas influencia muito as propriedades funcionais de WPCs. Além disso, o aumento das interações proteína-proteína ocorre no concentrado UF durante a exposição a temperaturas moderadas (50–55 °C), diminuindo a solubilidade e a estabilidade da proteína ultrafiltrada, que, por sua vez, altera sua capacidade de ligação com a água e suas propriedades de gelificação, formação de espuma e emulsificação. Entre os componentes das cinzas, as variações de conteúdo de cálcio e fosfato afetam significativamente as propriedades gelificantes dos WPCs. Os isolados proteicos do soro preparados por troca iônica contêm poucas cinzas e, por isso, apresentam propriedades funcionais superiores às dos isolados obtidos por ultrafiltração/diafiltração.

Os íons de cálcio costumam induzir a agregação das proteínas. Isso é atribuído à formação de pontes iônicas que envolvem íons Ca^{2+} e grupos carboxílicos. O grau da agregação depende da concentração do íon cálcio. A maioria das proteínas apresenta agregação máxima na concentração do íon Ca^{2+} entre 40 a 50 mM. Em algumas proteínas, como caseínas e proteínas da soja, a agregação do cálcio leva à precipitação, ao passo que, no caso do WPI, forma-se um agregado coloidal estável (Figura 5.38).

A exposição de proteínas ao pH alcalino, particularmente em elevadas temperaturas, provoca alterações conformacionais irreversíveis. Isso se deve, em parte, à desamidação dos resíduos de Asn e Gln, e à β-eliminação dos resíduos de cistina. O aumento resultante de eletronegatividade e quebra de ligações dissulfeto provoca mudanças estruturais extensas em proteínas expostas a álcalis. Geralmente, as proteínas tratadas com álcalis são mais solúveis e apresentam melhores propriedades emulsificantes e de formação de espuma.

O hexano costuma ser utilizado na extração de óleo de sementes oleaginosas, como soja e algodão. Esse tratamento causa, invariavelmente, a desnaturação das proteínas da torta, prejudicando sua solubilidade e outras propriedades funcionais.

Os efeitos de tratamentos térmicos em alterações químicas e propriedades funcionais de proteínas são descritos na Seção 5.6. A quebra

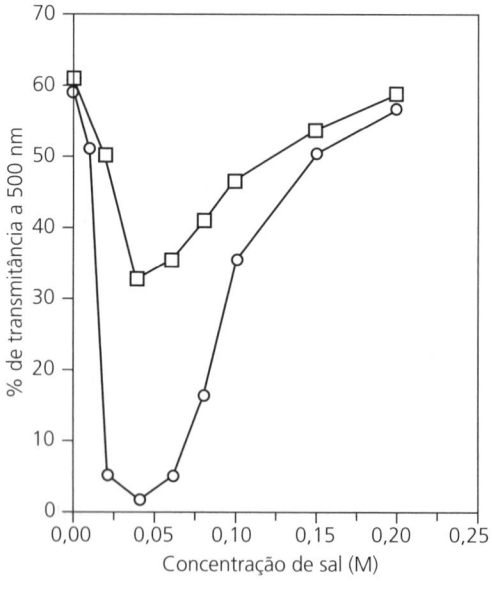

FIGURA 5.38 Concentração de sal *versus* turbidez do isolado proteico do soro de leite (5%) em soluções de $CaCl_2$ (O) e $MgCl_2$ (□), após a incubação por 24 h, em temperatura ambiente. (De Zhu, H. e Damodaran, S., *J. Agric. Food Chem.*, 42, 856, 1994.)

$$\text{P}\begin{array}{c}\text{SH}\\\text{NH}_2\end{array} + \begin{array}{c}\text{Iodoacetato}\\\text{I}-\text{CH}_2-\text{COOH}\\\text{pH 8-9}\\\text{I}-\text{CH}_2-\text{CONH}_2\\\text{Iodoacetamida}\end{array} \longrightarrow \begin{array}{c}\text{P}\begin{array}{c}\text{S}-\text{CH}_2-\text{COOH}\\\text{NH}-\text{CH}-\text{COOH}\end{array}\\\text{P}\begin{array}{c}\text{S}-\text{CH}_2-\text{CONH}_2\\\text{NH}-\text{CH}_2-\text{CONH}_2\end{array}\end{array} \qquad (5.120)$$

das ligações peptídicas que envolvem resíduos aspartil durante aquecimento intenso das soluções proteicas libera peptídeos de baixa massa molecular. O aquecimento intenso sob condições de pHs alcalinos e ácidos também provoca hidrólise parcial das proteínas. A quantidade de peptídeos de baixa massa molecular em isolados proteicos pode afetar suas propriedades funcionais.

5.9 MODIFICAÇÕES QUÍMICAS E ENZIMÁTICAS DAS PROTEÍNAS

5.9.1 Modificações químicas

A estrutura primária das proteínas contém várias cadeias laterais reativas. As propriedades físico-químicas das proteínas podem ser alteradas, sendo que as funcionais podem ser melhoradas por alteração química das cadeias laterais. Entretanto, deve-se ter a cautela de observar que, embora a derivatização química das cadeias laterais de aminoácidos possa melhorar as propriedades funcionais das proteínas, ela também pode comprometer seu valor nutricional, produzir alguns derivados de aminoácidos tóxicos e apresentar problemas regulatórios, embora reações similares possam ocorrer *in vivo* ou *in situ*.

Como as proteínas apresentam várias cadeias laterais reativas, numerosas modificações químicas podem ser realizadas. Algumas dessas reações estão listadas na Tabela 5.5. Entretanto, apenas algumas dessas reações são adequadas para a modificação das proteínas alimentares. Os grupos ε-amina dos resíduos lisil e o grupo SH da cisteína são os grupos nucleofílicos mais reativos das proteínas. A maioria dos procedimentos de modificação química envolve esses grupos.

5.9.1.1 Alquilação

Os grupos SH e amina podem ser alquilados por reação com um iodoacetato ou uma iodoacetamida. A reação com iodoacetato resulta na eliminação da carga positiva do resíduo lisil e na introdução de cargas negativas, tanto nos resíduos de lisil como nos de cisteína (ver Equação 5.120).

O aumento da eletronegatividade proteica pode alterar o perfil de pH-solubilidade das proteínas, podendo, ainda, provocar seu desdobramento. Por outro lado, a reação com iodocetamida resulta apenas na eliminação de cargas positivas. Isso também levará ao aumento local de eletronegatividade, porém o número de grupos carregados negativamente das proteínas permanecerá inalterado. A reação com a iodoacetamida bloqueia efetivamente os grupos sulfidrila, de modo que a polimerização proteica induzida pelo dissulfeto não possa ocorrer. Os grupos sulfidrila também podem ser bloqueados pela reação com *N*-etilmaleimida (NEM)

$$\text{P}-\text{SH} + \underset{N\text{-Etil}}{\overset{O}{\underset{O}{\bigcirc}}\!\!\!\!\!\!\!\!\!\!\!\!\!\!\!\!N-C_2H_5} \longrightarrow \text{P}-\text{S}-\underset{O}{\overset{O}{\underset{O}{\bigcirc}}\!\!\!\!\!\!\!\!\!\!\!\!\!\!\!\!N-C_2H_5} \qquad (5.121)$$

$$\text{P}-NH_2 + R-CHO \xrightarrow{\text{pH alcalino}} \text{P}-N=CH-R \xrightarrow{NaBH_4} \text{P}-NH-CH_2-R \quad (5.122)$$

Aldeído

Os grupos amina também podem ser alquilados por redução com aldeídos e cetonas em presença de redutores como boro-hidreto de sódio ($NaBH_4$) ou cianoboro-hidreto de sódio ($NaCNBH_3$). Nesse caso, a base de Schiff formada pela reação do grupo carbonila com o grupo amina é reduzida em seguida pela ação do redutor. Aldeídos alifáticos e cetonas ou açúcares redutores podem ser usados nessa reação. A redução da base de Schiff impede a progressão da reação de Maillard, resultando em uma glicoproteína como produto final (glicosilação redutora) (ver Equação 5.122).

As propriedades físico-químicas da proteína modificada serão afetadas pelo reagente utilizado. A hidrofobicidade da proteína pode ser aumentada se um aldeído alifático ou cetona for selecionado para a reação; modificando-se o comprimento da cadeia do grupo alifático, pode-se alterar seu grau de hidrofobicidade. Por outro lado, se um açúcar redutor for selecionado como reagente, a proteína será mais hidrofílica. Como as glicoproteínas apresentam propriedades superiores de formação de espuma e emulsificantes (como no caso da ovoalbumina), a glicosilação redutora das proteínas deve melhorar sua solubilidade e suas propriedades interfaciais.

5.9.1.2 Acilação

Os grupos amina podem ser acilados por reação com vários anidridos ácidos. Os agentes acilantes mais comuns são anidrido acético e succínico. A reação da proteína com o anidrido acético resulta na eliminação das cargas positivas dos resíduos lisil e no aumento correspondente de eletronegatividade. A acilação com anidrido succínico ou com outros anidridos dicarboxílicos resulta na substituição da carga positiva por uma negativa nos resíduos lisil. Isso aumenta a eletronegatividade das proteínas e o desdobramento da proteína, caso seja permitida a ocorrência de uma reação extensa (ver Equação 5.123).

As proteínas aciladas costumam ser mais solúveis que as naturais. Na verdade, a solubilidade das caseínas e de outras proteínas de menor solubilidade pode ser aumentada pela acilação com anidrido succínico. Entretanto, a succinilação, dependendo da extensão da modificação, geralmente prejudica outras propriedades funcionais. Por exemplo, as proteínas succiniladas apresen-

$$\text{P}-\ddot{N}H_2 + \begin{matrix} O \\ \parallel \\ C-CH_3 \\ | \\ O \\ | \\ C-CH_3 \\ \parallel \\ O \end{matrix} \xrightarrow{pH>7} \text{P}-NH-\overset{O}{\underset{\parallel}{C}}-CH_3 + CH_3-COOH$$

Anidrido acético

$$\text{P}-\ddot{N}H_2 + \begin{matrix} O \\ \parallel \\ C-CH_2 \\ | \\ O \\ | \\ C-CH_2 \\ \parallel \\ O \end{matrix} \xrightarrow{pH>7} \text{P}-NH-\overset{O}{\underset{\parallel}{C}}-CH_2 \\ | \\ HOOC-CH_2$$

Anidrido succínico

(5.123)

$$\text{P}-\overset{..}{\text{NH}_2} + \text{R}-\overset{\text{O}}{\overset{\|}{\text{C}}}-\text{N}\begin{matrix}\overset{\text{O}}{\overset{\|}{\text{C}}}-\text{CH}_2\\ \\ \underset{\text{O}}{\underset{\|}{\text{C}}}-\text{CH}_2\end{matrix} \xrightarrow{\text{pH} > 7} \text{P}-\text{NH}-\overset{\text{O}}{\overset{\|}{\text{C}}}-\text{R} + \text{HN}\begin{matrix}\overset{\text{O}}{\overset{\|}{\text{C}}}-\text{CH}_2\\ \\ \underset{\text{O}}{\underset{\|}{\text{C}}}-\text{CH}_2\end{matrix}$$

(5.124)

Éster de *N*-hidroxila succinimida

$$\text{P}-\overset{..}{\text{NH}_2} + \text{Cl}-\overset{\text{O}}{\overset{\|}{\text{C}}}-\text{R} \longrightarrow \text{P}-\text{NH}-\overset{\text{O}}{\overset{\|}{\text{C}}}-\text{R} + \text{HCl}$$

tam fracas propriedades de gelificação por calor, em decorrência das poderosas forças eletrostáticas repulsivas. A alta afinidade das proteínas succiniladas pela água também diminui sua adsortividade nas interfaces óleo-água e ar-água, comprometendo suas propriedades de emulsificação e de formação de espuma. Além disso, em função dos vários grupos carboxílicos introduzidos, as proteínas succiniladas são mais sensíveis à precipitação induzida por cálcio do que a proteína de origem.

As reações de acetilação e succinilação são irreversíveis. A ligação isopeptídica succinil-lisina é resistente à clivagem catalisada pelas enzimas pancreáticas digestivas. Além disso, as células da mucosa intestinal absorvem pouco a succinil-lisina. Desse modo, a succinilação e a acetilação reduzem muito o valor nutricional das proteínas.

A ligação de ácidos graxos de cadeia longa ao grupo ε-amina dos resíduos lisil pode aumentar a anfifilicidade das proteínas. Isso pode ser realizado pela reação de um éster de cloreto de acila ou um éster *N*-hidroxisuccinimida de um ácido graxo com uma proteína. Esse tipo de modificação pode aumentar a lipofilicidade e a capacidade de ligação a lipídeos das proteínas, podendo, ainda, facilitar a formação de novas estruturas micelares e de outros tipos de agregados proteicos (ver Equação 5.124).

5.9.1.3 Fosforilação

Diversas proteínas alimentares, como as caseínas, são fosfoproteínas. As proteínas fosforiladas são muito sensíveis à coagulação induzida pelo íon cálcio, o que pode ser desejável em produtos que simulam queijos. As proteínas podem ser fosforiladas por reação com oxicloreto de fósforo ($POCl_3$). A fosforilação ocorre principalmente no grupo hidroxila dos resíduos de serina e de treonina e no grupo amina dos resíduos lisil. A fosforilação aumenta muito a eletronegatividade proteica. A fosforilação de grupos amina resulta na adição de duas cargas negativas para cada carga positiva eliminada pela alteração (ver Equação 5.125).

Em algumas condições de reação, sobretudo em altas concentrações proteicas, a fosforilação com $POCl_3$ pode levar à polimerização das proteínas, como demonstrado na Equação 5.126. Essas reações de polimerização tendem a minimizar o aumento de eletronegatividade e sensibilidade ao cálcio da proteína modificada. A ligação N–P é lábil a ácidos. Assim, espera-se que, sob as condições prevalentes no estômago, as proteínas *N*-fosforiladas passem por desfosforilação e regeneração dos resíduos lisil. Desse modo, é provável que

$$\text{P}\begin{matrix}\text{NH}_2 \\ \\ \text{OH}\end{matrix} + POCl_3 \longrightarrow \text{P}\begin{matrix}\text{NH}-\overset{\overset{\ominus}{\text{O}}}{\underset{\|}{\text{P}}}-\text{O}^{\ominus}\\ \| \\ \text{O}\\ \\ \text{O}\\ | \\ {}^{\ominus}\text{O}-\overset{\|}{\text{P}}=\text{O}\\ | \\ {}^{\ominus}\text{O}\end{matrix}$$

(5.125)

$$\underset{OH}{\overset{NH_2}{P}} + POCl_3 \longrightarrow \underset{O-POCl_2}{\overset{NH-POCl_2}{P}} \longrightarrow \underset{\underset{OH}{\overset{|}{P}}}{\overset{NH-POCl-O-\overset{NH_2}{\overset{|}{P}}}{\underset{O-POCl-HN}{P}}} \longrightarrow \longrightarrow \text{Polimerização} \quad (5.126)$$

a digestibilidade da lisina não seja significativamente comprometida pela fosforilação química.

5.9.1.4 Sulfitólise

A sulfitólise refere-se à conversão das ligações dissulfeto das proteínas em um derivado S-sulfonado por meio da utilização de um sistema de oxirredução que envolve sulfito e cobre (Cu^{II}) ou outros oxidantes. Esse mecanismo é mostrado na Equação 5.127.

A adição de sulfito à proteína inicialmente quebra a ligação dissulfeto, resultando na formação de um $S-SO_3^-$ e um grupo tiol livre. Trata-se de uma reação reversível, sendo que a constante de equilíbrio é baixa. Na presença de um agente oxidante, como cobre (II), os grupos SH recém-liberados são reoxidados, voltando a formar ligações dissulfeto intra ou intermoleculares, sendo que estas, por sua vez, são clivadas de novo pelos íons dissulfeto presentes na mistura da reação. O ciclo de oxirredução se repete até que todas as ligações dissulfeto e grupos sulfidrila sejam convertidos em derivados S-sulfonados [113].

Tanto a clivagem das ligações dissulfeto como a incorporação de grupos SO_3^- provocam alterações conformacionais nas proteínas, afetando suas propriedades funcionais. Por exemplo, a sulfitólise das proteínas do soro do queijo altera drasticamente seus perfis de pH-solubilidade (Figura 5.39) [114].

5.9.1.5 Esterificação

Os grupos carboxílicos dos resíduos de Asp e Glu em proteínas não são altamente reativos. Entretanto, sob condições ácidas, esses resíduos podem ser esterificados com alcoóis. Esses ésteres são estáveis em pH ácido, mas são hidrolisados com facilidade em pH alcalino.

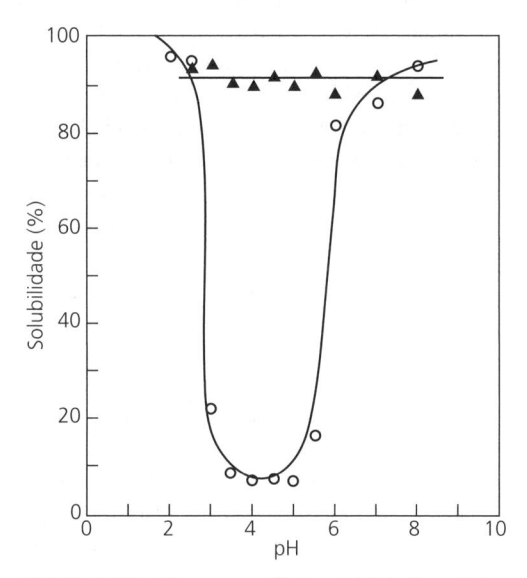

FIGURA 5.39 pH versus perfil de solubilidade proteica de (▲) soro doce original e (o) soro doce sulfonado. (De Gonzalez, J.M. e Damodaran, S., *J. Agric. Food Chem.*, 38, 149, 1990.)

$$\underset{\underset{O_2}{\underset{\text{Oxidação (cobre)}}{\longleftarrow}}}{\overset{\text{Redução}}{\overset{}{\text{P}-S-S-\text{P} + SO_3^{2-} \longrightarrow \text{P}-S-SO_3^- + \text{P}-SH}}} \quad (5.127)$$

5.9.2 Modificação enzimática

Sabe-se que ocorrem várias modificações enzimáticas de proteínas/enzimas nos sistemas biológicos. Essas modificações podem ser agrupadas em seis categorias gerais, a saber, glicosilação, hidroxilação, fosforilação, metilação, acilação e ligação cruzada. Essas modificações enzimáticas das proteínas *in vitro* podem ser usadas para melhorar suas propriedades funcionais. Embora diversas modificações enzimáticas de proteínas sejam possíveis, apenas algumas delas são passíveis de utilização na prática da modificação de proteínas destinadas ao uso em alimentos.

5.9.2.1 Hidrólise enzimática

A hidrólise de proteínas alimentares com a utilização de proteases, tais como pepsina, tripsina, quimotripsina, papaína e termolisina, altera suas propriedades funcionais. A hidrólise extensa por proteases não específicas, como a papaína, provoca solubilização até mesmo de proteínas pouco solúveis. Esses hidrolisados geralmente apresentam peptídeos de baixa massa molecular da ordem de 2 a 4 resíduos de aminoácidos. A hidrólise extensa compromete várias propriedades funcionais, como propriedades de gelificação, formação de espuma e emulsificantes (ver Seção 5.6 para mais detalhes).

5.9.2.2 Reação de plasteína

A reação de plasteína refere-se a uma série de reações que envolvem proteólise inicial, seguidas de nova síntese de ligações peptídicas por uma protease (geralmente papaína ou quimotripsina). O substrato proteico, em baixas concentrações, é, em primeiro lugar, parcialmente hidrolisado pela papaína. Quando o hidrolisado contendo a enzima é concentrado (30–35% de sólidos), e incubado, a enzima recombina aleatoriamente os peptídeos, gerando novas ligações peptídicas [115]. A reação de plasteína também pode ser realizada em um processo de etapa única, no qual uma solução (ou uma pasta) de proteína a 30 a 35% é incubada com papaína na presença de L-cisteína. No entanto, em ambos os casos, a massa molecular dos polipeptídeos formados é comumente menor do que a da proteína original. Assim, as enzimas, sobretudo a papaína e a quimotripsina, agem tanto como proteases quanto como esterases, sob condições determinadas. Como a estrutura e a sequência de aminoácidos dos produtos de plasteína são diferentes daquelas da proteína nativa, esses produtos em geral exibem propriedades funcionais alteradas. Quando a L-metionina é incluída na mistura da reação, ela é covalentemente incorporada aos polipeptídeos recém-formados. Desse modo, a reação de plasteína pode ser explorada para melhorar a qualidade nutricional de alimentos proteicos deficientes em metionina ou lisina.

5.9.2.3 Ligação cruzada de proteínas

A transglutaminase catalisa uma reação de transferência de acil que envolve uma reação entre o grupo ε-amina de resíduos lisil (receptor de acil) e o grupo amina de resíduos de glutamina (doador de acil), resultando na formação de uma ligação cruzada isopeptídica (ver Equação 5.128).

Essa reação pode ser utilizada na realização de ligações cruzadas entre diferentes proteínas e na produção de novas formas de proteínas alimentares que podem apresentar propriedades funcionais melhoradas. Em alta concentração proteica, a ligação cruzada catalisada pela transglutaminase leva à formação de géis e películas proteicas, em temperatura ambiente [116]. Essa reação também pode ser empregada para melhorar a qualidade nutricional de proteínas por ligações cruzadas de lisina e/ou metionina aos resíduos de glutamina.

$$\text{P}-(CH_2)_2-\overset{\overset{O}{\|}}{C}-NH_2 + H_2N-(CH_2)_4-\text{P} \longrightarrow \text{P}-(CH_2)_2-\overset{\overset{O}{\|}}{C}-NH-(CH_2)_4-\text{P} + NH_3 \quad (5.128)$$

Resíduo de glutaminil   Resíduo de lisil

REFERÊNCIAS

1. Böck, A., K. Forchhammer, J. Heider, and C. Baron. 1991. Selenoprotein synthesis: An expansion of the genetic code. *Trends Biochem. Sci.* 16:463–467.
2. Baranov, P. V., R. F. Gesteland, and J. F. Atkins. 2002. Recoding: Translational bifurcations in gene expression. *Gene* 286:187–201.
3. Kryukov, G. V., S. Castellano, S. V. Novoselov, A. V. Lobanov, O. Zehtab, R. Guigó, and V. N. Gladyshev. 2003. Characterization of mammalian selenoproteomes. *Science* 300:1439–1443.
4. Pace, C. N., H. Fu, K. L. Fryar, J. Landua, S. R. Trevino, B. A. Sirley, M. M. Hendricks et al. 2011. Contribution of hydrophobic interactions to protein stability. *J. Mol. Biol.* 408:514–528.
5. Kamtekar, S., J. Schiffer, H. Xiong, J. M. Babik, and M. H. Hecht. 1993. Protein design by binary patterning of polar and nonpolar amino acids. *Science* 262:1680–1685.
6. Mak, A., L. B. Smillie, and G. Stewart. 1980. A comparison of the amino acid sequences of rabbit skeletal muscle and tropomyosins. *J. Biol. Chem.* 255:3647–3655.
7. Damodaran, S. 1988. Refolding of thermally unfolded soy proteins during the cooling regime of the gelation process: Effect on gelation. *J. Agric. Food Chem.* 36:262–269.
8. Pan, K.-M., M. Baldwin, J. Nguyen, M. Gasset, A. Serban, D. Groth, I. Mehlhorn et al. 1993. Conversion of α-helices into β-sheets features in the formation of the crappie prion proteins. *Proc. Natl. Acad. Sci. U.S.A.* 90:10962–10966.
9. Pace, C. N., J. M. Scholtz, and G. R. Grimsley. 2014. Forces stabilizing proteins. *FEBS Lett.* 588:2177–2184.
10. Miller, S., J. Janin, A. M. Lesk, and C. Chothia. 1987. Interior and surface of monomeric proteins. *J. Mol. Biol.* 196:641–656.
11. Graziano, G. 2009a. Dimerization thermodynamics of large hydrophobic plates: A scaled particle theory study. *J. Phys. Chem B.* 113:11232–11239.
12. Graziano, G. 2009b. Role of salts on the strength of pairwise hydrophobic interaction. *Chem. Phys. Lett.* 483:67–71.
13. He, X. M. and D. C. Carter. 1992. Atomic structure and chemistry of human serum albumin. *Nature* 358:209–214.
14. Utsumi, S., Y. Matsumura, and T. Mori. 1997. Structure-function relationships of soy proteins. In *Food Proteins and Their Applications*, S. Damodaran and A. Paraf (Eds.), Marcel Dekker, New York, pp. 257–291.
15. Israelachvili, J. and R. Pashley. 1982. The hydrophobic interaction is long range, decaying exponentially with distance. *Nature* 300:341–342.
16. Richards, F. M. 1977. Areas, volumes, packing, and protein structure. *Annu. Rev. Biophys. Bioeng.* 6:151–176.
17. Graziano, G. 2010. On the molecular origin of cold denaturation of globular proteins. *Phys. Chem. Chem. Phys.* 12:14245–14252.
18. Tanford, C. 1957. Theory of protein titration curves. I. General equations for impenetrable spheres. *J. Am. Chem. Soc.* 79:5333–5339.
19. Caldarelli, G. and P. De Los Rios. 2001. Cold and warm denaturation of proteins. *J. Biol. Phys.* 27(2):229–241.
20. Weber, G. 1992. *Protein Interactions*. Chapman & Hall, New York, pp. 235–270.
21. Ponnuswamy, P. K., R. Muthusamy, and P. Manavalan. 1982. Amino acid composition and thermal stability of proteins. *Int. J. Biol. Macromol.* 4:186–190.
22. Taylor, T. J. and I. I. Vaisman. 2010. Discrimination of thermophilic and mesophilic proteins. *BMC Struct. Biol.* 10(Suppl. 1):S5.
23. Russell, R. J., J. M. Ferguson, D. W. Hough, M. J. Danson, and G. L. Taylor. 1997. The crystal structure of citrate synthase from the hyperthermophilic archaeon pyrococcus furiosus at 1.9 Å resolution. *Biochemistry* 36:9983–9994.
24. Watanabe, K., Y. Hata, H. Kizaki, Y. Katsube, and Y. Suzuki. 1997. The refined crystal structure of *Bacillus cereus* oligo-1,6-glucosidase at 2.0 Å resolution: Structural characterization of proline-substitution sites for protein thermostabilization. *J. Mol. Biol.* 269:142–153.
25. Russell, R. J. M., D. W. Hough, M. J. Danson, and G. L. Taylor. 1994. The crystal structure of citrate synthase from the thermophilic archaeon, *Thermoplasma acidophilum*. *Structure* 2:1157–1167.
26. Bogin, O., M. Peretz, Y. Hacham, Y. Korkhin, F. Frolov, A. J. Kalb, and Y. Burstein. 1998. Enhanced thermal stability of *Clostridium beijerinckii* alcohol dehydrogenase after strategic substitution of amino acid residues with prolines from the homologous thermophilic *Thermoanaerobacter brockii* alcohol dehydrogenase. *Protein Sci.* 7(5):1156–1163.
27. Nakamura, S., T. Tanaka, R. Y. Yada, and S. Nakai. 1997. Improving the thermostability of *Bacillus stearothermophilus* neutral protease by introducing proline into the active site helix. *Protein Eng.* 10:1263–1269.
28. Aguilar, C. F., L. Sanderson, M. Moracci, M. Ciaramella, R. Nucci, M. Rossi, and L. Pearl. 1997. Crystal structure of the-glycosidase from the hyperthermophilic archaeon *Sulfolobus solfataricus*. *J. Mol. Biol.* 271:789–802.
29. Yip, K. S. P., T. J. Stillman, K. Britton, P. J. Artymium, P. J. Baker, S. E. Sedelnikova, P. C. Engel et al. 1995. The structure of *Pyrococcus furiosus* glutamate dehydrogenase reveals a key role for ion-pair networks in maintaining enzyme stability at extreme temperatures. *Structure* 3:1147–1158.
30. Ahren, T. J. and A. M. Klibanov. 1985. The mechanism of irreversible enzyme inactivation at 100°C. *Science* 228:1280–1284.
31. Wang, C.-H. and S. Damodaran. 1990. Thermal destruction of cysteine and cystine residues of soy protein under conditions of gelation. *J. Food Sci.* 55:1077–1080.
32. Tsukada, H., K. Takano, M. Hattori, T. Yoshida, S. Kanuma, and K. Takashashi. 2006. Effect of sorbed water on the thermal stability of soybean protein. *Biosci. Biotechnol. Biochem.* 70:2096–2103.
33. Damodaran, S. 2012. On the molecular mechanism of stabilization of proteins by cosolvents: Role of Lifshitz electrodynamic forces. *Langmuir* 28:9475–9486.
34. Damodaran, S. 1989. Influence of protein conformation on its adaptability under chaotropic conditions. *Int. J. Biol. Macromol.* 11:2–8.
35. Harwalkar, V. R. and C.-Y. Ma. 1989. Effects of medium composition, preheating, and chemical modification

upon thermal behavior of oat globulin and β-lactoglobulin. In *Food Proteins*, J. E. Kinsella and W. G. Soucie (Eds.), American Oil Chemists' Society, Champaign, IL, pp. 210–231.
36. Heremans, K. 1982. High pressure effects on proteins and other biomolecules. *Annu. Rev. Biophys. Bioeng.* 11:1–21.
37. Somkuti, J. and L. Smeller. 2013. High pressure effects on allergen food proteins. *Biophys. Chem.* 183:19–29.
38. Gekko, K. and Y. Hasegawa. 1986. Compressibility-structure relationship of globular proteins. *Biochemistry* 25:6563–6571.
39. Kinsho, T., H. Ueno, R. Hayashi, C. Hashizume, and K. Kimura. 2002. Sub-zero temperature inactivation of carboxypeptidase Y under high hydrostatic pressure. *Eur. J. Biochem.* 269(18):4666–4674.
40. Weber, G. and H. G. Drickamer. 1983. The effect of high pressure upon proteins and other biomolecules. *Q. Rev. Biophys.* 16:89–112.
41. Lado, B. H. and A. E. Yousef. 2002. Alternative food-preservation technologies: Efficacy and mechanisms. *Microbes Infect.* 4(4):433–440.
42. Okomoto, M., Y. Kawamura, and R. Hayashi. 1990. Application of high pressure to food processing: Textural comparison of pressure- and heat-induced gels of food proteins. *Agric. Biol. Chem.* 54:183–189.
43. Buckow, R., A. Sikes, and R. Tume. 2013. Effect of high pressure on physicochemical properties of meat. *Crit. Rev. Food Sci. Nutr.* 53:770–776.
44. Griebenow, K. and A. M. Klibanov. 1996. On protein denaturation in aqueous-organic mixtures but not in pure organic solvents. *J. Am. Chem. Soc.* 118(47):11695–11700.
45. Timasheff, S. N. 1993. The control of protein stability and association by weak interactions with water: How do solvents affect these processes? *Annu. Rev. Biophys. Biomol. Struct.* 22:67–97.
46. Canchi, D. R. and A. E. Garcia. 2013. Cosolvent effects on protein stability. *Annu. Rev. Phys. Chem.* 64:273–293.
47. Timasheff, S. N. 2002. Protein-solvent preferential interactions, protein hydration, and the modulation of biochemical reactions by solvent components. *Proc. Natl. Acad. Sci. U.S.A.* 99:9721–9726.
48. Chalikian, T. V. 2014. Effect of cosolvent on protein stability: A theoretical investigation. *J. Chem. Phys.* 141:22D504–22D5604-9.
49. Schellman, J. A. 2003. Protein stability in mixed solvents: A balance of contact interaction and excluded volume. *Biophys. J.* 85:108–125.
50. Lee, J. C. and S. N. Timasheff. 1981. The stabilization of proteins by sucrose. *J. Biol. Chem.* 256:7193–7201.
51. Damodaran, S. 2013. Electrodynamic pressure modulation of protein stability in cosolvents. *Biochemistry* 52:8363–8373.
52. Taylor, L. S., P. York, A. C. Williams, H. G. M. Edwards, V. Mehta, G. S. Jackson, I. G. Badcoe, and A. R. Clarke. 1995. Sucrose reduces the efficiency of protein denaturation by a chaotropic agent. *Biochim. Biophys. Acta* 1253:39–46.
53. Collins, K. D. 2004. Ions from the Hofmeister series and osmolytes: Effects on proteins in solution and in the crystallization process. *Methods* 34:300–311.
54. Zhang, Y. and Cremer, P. S. 2006. Interactions between macromolecules and ions: The Hofmeister series. *Curr. Opin. Chem. Biol.* 10:658–663.
55. Kuntz, I. D. and W. Kauzmann. 1974. Hydration of proteins and polypeptides. *Adv. Protein Chem.* 28:239–345.
56. Bigelow, C. C. 1967. On the average hydrophobicity of proteins and the relation between it and protein structure. *J. Theoret. Biol.* 16:187–211.
57. Dickinson, E. 1998. Proteins at interfaces and in emulsions: Stability, rheology and interactions. *J. Chem. Soc. Faraday Trans.* 88:2973–2985.
58. Damodaran, S. 2005. Protein stabilization of emulsions and foams. *J. Food Sci.* 70:R54–R66.
59. Razumovsky, L. and S. Damodaran. 1999. Surface activity—Compressibility relationship of proteins. *Langmuir* 15:1392–1399.
60. Pearce, K. N. and J. E. Kinsella. 1978. Emulsifying properties of proteins: Evaluation of a turbidimetric technique. *J. Agric. Food Chem.* 26:716–722.
61. Kato, A. and S. Nakai. 1980. Hydrophobicity determined by a fluorescent probe method and its correlation with surface properties of proteins. *Biochim. Biophys. Acta* 624:13–20.
62. Dickinson, E. and Y. Matsumura. 1991. Time-dependent polymerization of β-lactoglobulin through disulphide bonds at the oil-water interface in emulsions. *Int. J. Biol. Macromol.* 13:26–30.
63. Fang, Y. and D. G. Dalgleish. 1996. Competitive adsorption between dioleoylphosphatidylcholine and sodium caseinate on oil-water interfaces. *J. Agric. Food Chem.* 44:59–64.
64. Damodaran, S. and T. Sengupta. 2003. Dynamics of competitive adsorption of s-casein and-casein at the oil-water interface: Evidence for incompatibility of mixing at the interface. *J. Agric. Food Chem.* 51:1658–1665.
65. Anand, K. and S. Damodaran. 1996. Dynamics of exchange between s1-casein and-casein during adsorption at air-water interface. *J. Agric. Food Chem.* 44:1022–1028.
66. Polyakov, V. L., V. Y. Grinberg, and V. B. Tolstoguzov. 1997. Thermodynamic compatibility of proteins. *Food Hydrocoll.* 11:171–180.
67. Razumovsky, L. and S. Damodaran. 2001. Incompatibility of mixing of proteins in adsorbed binary protein films at the air-water interface. *J. Agric. Food Chem.* 49:3080–3086.
68. Sengupta, T. and S. Damodaran. 2001. Lateral phase separation in adsorbed binary protein films at the air-water interface. *J. Agric. Food Chem.* 49:3087–3091.
69. Nishioka, G. M. and S. Ross. 1981. A new method and apparatus for measuring foam stability. *J. Colloid Interface Sci.* 81:1–7.
70. Yu, M.-A. and S. Damodaran. 1991. Kinetics of protein foam destabilization: Evaluation of a method using bovine serum albumin. *J. Agric. Food Chem.* 39:1555–1562.
71. Zhu, H. and S. Damodaran. 1994. Heat-induced conformational changes in whey protein isolate and its relation to foaming properties. *J. Agric. Food Chem.* 42:846–855.
72. Zhu, H. and S. Damodaran. 1994. Proteose peptones and physical factors affect foaming properties of whey protein isolate. *J. Food Sci.* 59:554–560.

73. Zhu, H. and S. Damodaran. 1994. Effects of calcium and magnesium ions on aggregation of whey protein isolate and its effect on foaming properties. *J. Agric. Food Chem.* 42:856–862.
74. Xu, S. and S. Damodaran. 1993. Comparative adsorption of native and denatured egg-white, human and T4 phage lysozymes at the air-water interface. *J. Colloid Interface Sci.* 159:124–133.
75. Kato, S., Y. Osako, N. Matsudomi, and K. Kobayashi. 1983. Changes in emulsifying and foaming properties of proteins during heat denaturation. *Agric. Biol. Chem.* 47:33–38.
76. Poole, S., S. I. West, and C. L. Walters. 1984. Protein-protein interactions: Their importance in the foaming of heterogeneous protein systems. *J. Sci. Food Agric.* 35:701–711.
77. Damodaran, S. and J. E. Kinsella. 1980. Flavor-protein interactions: Binding of carbonyls to bovine serum albumin: Thermodynamic and conformational effects. *J. Agric. Food Chem.* 28:567–571.
78. Damodaran, S. and J. E. Kinsella. 1981. Interaction of carbonyls with soy protein: Thermodynamic effects. *J. Agric. Food Chem.* 29:1249–1253.
79. Rao, M. A., S. Damodaran, J. E. Kinsella, and H. J. Cooley. 1986. Flow properties of 7S and 11S soy protein fractions. In *Food Engineering and Process Applications*, M. Le Maguer and P. Jelen (Eds.), Elsevier Applied Science, New York, pp. 39–48.
80. Shimada, K. and S. Matsushita. 1980. Relationship between thermo-coagulation of proteins and amino acid compositions. *J. Agric. Food Chem.* 28:413–417.
81. Wang, C.-H. and S. Damodaran. 1990. Thermal gelation of globular proteins: Weight average molecular weight dependence of gel strength. *J. Agric. Food Chem.* 38:1154–1164.
82. Gosal, W. S. and S. B. Ross-Murphy. 2000. Globular protein gelation [Review]. *Curr. Opin. Colloid Interface Sci.* 5(3–4):188–194.
83. Shewry, P. R. and A. S. Tatham. 1997. Disulphide bonds in wheat gluten proteins. *J. Cereal Sci.* 25:207–227.
84. Bock, J. E. and S. Damodaran. 2013. Bran-induced changes in water structure and gluten conformation in model gluten dough studied by Fourier transform infrared spectroscopy. *Food Hydrocoll.* 31:146–155.
85. Bock, J. E., R. K. Connelly, and S. Damodaran. 2013. Impact of bran addition on water properties and gluten secondary structure in wheat flour doughs studied by attenuated total reflectance Fourier transform infrared spectroscopy. *Cereal Chem.* 90:377–386.
86. Van Dijk, A. A., E. De Boef, A. Bekkers, L. L. Van Wijk, E. Van Swieten, R. J. Hamer, and G. T. Robillard. 1997. Structure characterization of the central repetitive domain of high molecular weight gluten proteins. II. Characterization ion solution and in the dry state. *Protein Sci.* 6:649–656.
87. Miles, M. J., H. J. Carr, T. C. McMaster, K. J. I'Anson, P. S. Belton, V. J. Morris, M. Field, P. R. Shewry, and A. S. Tatham. 1991. Scanning tunneling microscopy of a wheat seed storage protein reveals details of an unusual super secondary structure. *Proc. Natl. Acad. Sci. U.S.A.* 88:68–71.
88. Belton, P. S. 1999. On the elasticity of wheat gluten. *J. Cereal Sci.* 29:103–107.
89. Barro, F., L. Rooke, F. Bekes, P. Gras, A. S. Tatham, R. Fido, P. A. Lazzeri, P. R. Shewry, and P. Barcelo. 1997. Transformation of wheat with high molecular weight subunit genes results in improved functional properties. *Nat. Biotechnol.* 15:1295–1299.
90. Bertrand-Harb, C., A. Baday, M. Dalgalarrondo, J. M. Chobert, and T. Haertle. 2002. Thermal modifications of structure and codenaturation of α-lactalbumin and β-lactoglobulin induce changes in solubility and susceptibility to proteases. *Nahrung* 46:283–289.
91. Bonomi, F., A. Fiocchi, H. Frokloiaer, A. Gaiaschi, S. Iametti, P. Rasmussen, P. Restani, and P. Rovere. 2003. Reduction of immunoreactivity of bovine β-lactoglobulin upon combined physical and proteolytic treatment. *J. Dairy Res.* 70:51–59.
92. Mahmoud, M. I., W. T. Malone, and C. T. Cordle. 1992. Enzymatic hydrolysis of casein: Effect of degree of hydrolysis on antigenicity and physical properties. *J. Food Sci.* 57:1223–1227.
93. Kilara, A. and D. Panyam. 2003. Peptides from milk proteins and their properties. *Food Sci. Nutr.* 43:607–633.
94. Adler-Nissen, J. 1986. Relationship of structure to taste of peptides and peptide mixtures. In *Protein Tailoring for Food and Medical Uses*, R. E. Feeney and J. R. Whitaker (Eds.), Marcel Dekker, New York, pp. 97–122.
95. FAO/WHO/UNU. 1985. Energy and protein requirements, Report of a joint FAO/WHO/UNU expert consultation. World Health Organization Technical Report Series 724, WHO, Geneva, Switzerland.
96. FAO/WHO. 1991. Protein Quality Evaluation, Report of a Joint FAO/WHO expert consultation. FAO Food and Nutrition Paper 51, FAO, Geneva, Switzerland, pp. 23–24.
97. Friedman, M. 1996. Nutritional value of proteins from different food sources. A review. *J. Agric. Food Chem.* 44:6–29.
98. Calsamiglia, S. and M. D. Stern. 1995. A three-step in vitro procedure for estimating intestinal digestion of protein in ruminants. *J. Animal Sci.* 73:1459–1465.
99. Ford, J. E. 1981. Microbiological methods for protein quality assessment. In *Protein Quality in Humans: Assessment and In Vitro Estimation*, C. E. Bodwell, J. S. Adkins, and D. T. Hopkins (Eds.), AVI Publishing Co., Westport, CT, pp. 278–305.
100. Vasconcelos, I. M. and J. R. A. Oliveira. 2004. Antinutritional properties of plant lectins. *Toxicon* 44:385–403.
101. Reddy, N. R. and M. D. Pierson. 1994. Reduction in antinutritional and toxic components in plant foods by fermentation. *Food Res. Int.* 27:281–290.
102. Liardon, R. and D. Ledermann. 1986. Racemization kinetics of free and protein-bound amino acids under moderate alkaline treatment. *J. Agric. Food Chem.* 34:557–565.
103. Fay, L., U. Richli, and R. Liardon. 1991. Evidence for the absence of amino acid isomerization in microwave-heated milk and infant formulas. *J. Agric. Food Chem.* 39:1857–1859.
104. Hayase, F., H. Kato, and M. Fujimaki. 1973. Racemization of amino acid residues in proteins during roasting. *Agric. Biol. Chem.* 37:191–192.

105. Cherkin, A. D., J. L. Davis, and M. W. Garman. 1978. D-proline: Stereospecific-sodium chloride dependent lethal convulsant activity in the chick. *Pharmacol. Biochem. Behav.* 8:623–625.
106. Chen, C., A. M. Pearson, and J. I. Gray. 1990. Meat mutagens. *Adv. Food Nutr. Res.* 34:387–449.
107. Kizil, M., Oz, F., and Besier, H. T. 2011. A review on the formation of carcinogenic/mutagenic heterocyclic aromatic amines. *J. Food Process Technol.* 2:120.
108. Stadtman, E. R. and R. L. Levine. 2003. Free radical-mediated oxidation of free amino acids and amino acid residues in proteins. *Amino Acids* 25:207–218.
109. Rosario, M., M. Domingues, P. Domingues, A. Reis, C. Fonseca, F. M. L. Amado, and J. V. Ferrer-Correia. 2003. Identification of oxidation products and free radicals of tryptophan by mass spectrometry. *J. Am. Soc. Mass Spectrom.* 14:406–416.
110. Wedzicha, B. L., I. Bellion, and S. J. Goddard. 1991. Inhibition of browning by sulfites. In *Nutritional and Toxicological Consequences of Food Processing*, M. Friedman (Ed.), Advances in Experimental Medicine and Biology, Vol. 289, Plenum Press, New York, pp. 217–236.
111. Somoza, V. 2005. Five years of research on health risks and benefits of Maillard reaction products: An update. *Mol. Nutr. Food Res.* 49:663–672.
112. Yilmaz, Y. and R. Toledo. 2005. Antioxidant activity of water-soluble Maillard reaction products. *Food Chem.* 93:273–278.
113. Gonzalez, J. M. and S. Damodaran. 1990. Sulfitolysis of disulfide bonds in proteins using a solid state copper carbonate catalyst. *J. Agric. Food Chem.* 38:149–153.
114. Gonzalez, J. M. and S. Damodaran. 1990. Recovery of proteins from raw sweet whey using a solid state sulfitolysis. *J. Food Sci.* 55:1559–1563.
115. Gong, M., A. Mohan, A. Gibson, and C. C. Udenigwe. 2015. Mechanisms of plastein formation, and prospective food and nutraceutical applications of the peptide aggregates. *Biotechnol. Rep.* 5:63–69.
116. Kuraishi, C., K. Yamazaki, and Y. Susa. 2001. Transglutaminase: Its utilization in the food industry. *Food Rev. Int.* 17:221–246.
117. Fitch, C. A., G. Platzer, M. Okon, B. Garcia-Moreno, and L. P. McIntosh. 2015. Arginine: Its pK_a value revisited. *Protein Sci.* 24:752–761.
118. Lesser, G. J. and G. D. Ross. 1990. Hydrophobicity of amino acid subgroups in proteins. *Proteins: Struct. Funct. Genet.* 8:6–13.
119. Fauchere, J. L. and Pliska, V. 1983. Hydrophobic parameters—pi of amino acid side-chains from the partitioning of N-acetyl-aminoacid amides. *Eur. J. Med. Chem.* 18:369–375.
120. Bull, H. B. and K. Breese. 1973. Thermal stability of proteins. *Arch. Biochem. Biophys.* 158:681–686.
121. Kinsella, J. E., S. Damodaran, and J. B. German. 1985. Physicochemical and functional properties of oilseed proteins with emphasis on soy proteins. In *New Protein Foods: Seed Storage Proteins*, A. M. Altshul and H. L. Wilcke (Eds.), Academic Press, London, U.K., pp. 107–179.
122. Kuntz, I. D. 1971. Hydration of macromolecules. III. Hydration of polypeptides. *J. Am. Chem. Soc.* 93:514–516.
123. O'Neill, T. E. and J. E. Kinsella. 1987. Binding of alkanone flavors to β-lactoglobulin: Effects of conformational and chemical modification. *J. Agric. Food Chem.* 35:770–774.
124. MacRitchie, F. and D. Lafiandra. 1997. Structure-function relationships of wheat proteins. In *Food Proteins and Their Applications*, S. Damodaran and A. Paraf (Eds.), Marcel Dekker, New York, pp. 293–324.
125. Eggum, B. O. and R. M. Beames. 1983. The nutritive value of seed proteins. In *Seed Proteins*, W. Gottschalk and H. P. Muller (Eds.), Nijhoff/Junk, The Hague, the Netherlands, pp. 499–531.
126. Swaisgood, H. E. and G. L. Catignani. 1991. Protein digestibility: In vitro methods of assessment. *Adv. Food Nutr. Res.* 35:185–236.
127. Lawrence, M. C., E. Suzuki, J. N. Varghese, P. C. Davis, A. Van Donkelaar, P. A. Tulloch, and P. M. Colman. 1990. The three-dimensional structure of the seed storage protein phaseolin at 3 Å resolution. *EMBO J.* 9:9–15.
128. Papiz, M. Z., L. Sawyer, E. E. Eliopoulos, A. C. T. North, J. B. C. Findlay, R. Sivaprasadarao, T. A. Jones, M. E. Newcomer, and P. J. Kraulis. 1986. The structure of-lactoglobulin and its similarity to plasma retinol-binding protein. *Nature* 324:383–385.
129. Scheraga, H. A. 1963. Intramolecular bonds in proteins. II. Noncovalent bonds. In *The Proteins*, H. Neurath (Ed.), 2nd edn., Vol. 1, Academic Press, New York, pp. 478–594.
130. Chen, B. and J. A. Schellman. 1989. Low-temperature unfolding of a mutant of phage T4 lysozyme. 1. Equilibrium studies. *Biochemistry* 28:685–691.
131. Lapanje, S. 1978. *Physicochemical Aspects of Protein Denaturation*. Wiley-Interscience, New York.
132. Creighton, T. E. 1993. *Proteins: Structures and Molecular Properties*. W.H. Freeman & Co., New York, pp. 158–159.
133. Rupley, J. A., P.-H. Yang, and G. Tollin. 1980. Thermodynamic and related studies of water interacting with proteins. In *Water in Polymers*, S. P. Rowland (Ed.), ACS Symposium Series 127, American Chemical Society, Washington, DC, pp. 91–139.
134. Adler-Nissen, J. 1979. Determination of the degree of hydrolysis of food protein hydrolysates by trinitrobenzenesulfonic acid. *J. Agric. Food Chem.* 27:1256–1260.
135. Friedman, M. and M. R. Gumbmann. 1986. Nutritional improvement of legume proteins through disulfide interchange. *Adv. Exp. Med. Biol.* 199:357–390.
136. Yon, J. M. 2001. Protein folding: A perspective for biology, medicine and biotechnology. *Braz. J. Med. Biol. Res.* 34:419–435.
137. Sadi-Carnot. 2015. Energy landscape. *Encyclopedia of Human Thermodynamics, Human Chemistry, and Human Physics.* www.eoht.info/page/Energy+landscape.

Enzimas

Kirk L. Parkin

CONTEÚDO

6.1 Introdução......................... 356
6.2 Natureza geral das enzimas............. 356
   6.2.1 Enzimas como biocatalisadores....... 356
   6.2.2 Natureza proteica e não proteica das enzimas............................ 356
   6.2.3 Poder catalítico das enzimas......... 358
      6.2.3.1 Teoria das colisões para reações catalisadas........................ 358
      6.2.3.2 Teoria do estado de transição para a catálise enzimática.................. 359
   6.2.4 Mecanismos de catálise enzimática.... 361
      6.2.4.1 Natureza geral dos sítios ativos das enzimas......................... 361
      6.2.4.2 Mecanismos específicos de catálise........................... 362
   6.2.5 Cinética das reações enzimáticas...... 371
      6.2.5.1 Modelos simples para reações enzimáticas....................... 371
      6.2.5.2 Expressões de velocidade para reações enzimáticas................. 372
      6.2.5.3 Análise gráfica de reações enzimáticas....................... 374
   6.2.6 Especificidade e seletividade da reação enzimática..................... 378
      6.2.6.1 Padrões de especificidade de enzimas alimentares selecionadas....... 378
      6.2.6.2 Nomenclatura e classificação das enzimas....................... 384
6.3 Uso de enzimas exógenas em alimentos... 385
   6.3.1 Considerações gerais................ 385
   6.3.2 Enzimas modificadoras de carboidratos......................... 385
      6.3.2.1 Enzimas modificadoras de amido.. 388
      6.3.2.2 Modificações de açúcares e aplicações........................ 396
      6.3.2.3 Modificação enzimática de pectinas.......................... 399
      6.3.2.4 Outras glicosidases............. 403
   6.3.3 Enzimas modificadoras de proteínas... 404
      6.3.3.1 Serina proteases................ 404
      6.3.3.2 Proteases aspárticas (ácidas)...... 404
      6.3.3.3 Cisteína (sulfidril) proteases...... 405
      6.3.3.4 Metaloproteases................ 406
      6.3.3.5 Aplicações da atividade proteolítica.. 407
      6.3.3.6 Transglutaminase............... 411
   6.3.4 Enzimas transformadoras de lipídeos.. 412
      6.3.4.1 Lipase........................ 412
      6.3.4.2 Aplicações de lipases............ 414
      6.3.4.3 Lipoxigenases.................. 416
      6.3.4.4 Fosfolipases................... 416
   6.3.5 Aplicações diversas de enzimas....... 416
6.4 Influência ambiental na atividade enzimática........................... 417
   6.4.1 Temperatura....................... 417
      6.4.1.1 Respostas gerais da atividade enzimática à temperatura............. 417
      6.4.1.2 Temperatura ótima para função enzimática........................ 418
      6.4.1.3 Resumo dos efeitos da temperatura....................... 420
   6.4.2 Efeitos do pH..................... 420
      6.4.2.1 Considerações gerais............ 420
      6.4.2.2 Estabilidade enzimática em função do pH...................... 420
      6.4.2.3 Efeitos do pH sobre a atividade enzimática........................ 421
      6.4.2.4 Outros tipos de comportamento com pH........................... 426
   6.4.3 Relações com a água e atividade enzimática........................... 427
      6.4.3.1 Efeitos da desidratação e da atividade de água.................... 427
      6.4.3.2 Efeitos osmóticos da dessecação... 429
      6.4.3.3 Dessecação por congelamento..... 431
   6.4.4 Técnicas de processamento não térmico......................... 433
6.5 Enzimas endógenas aos alimentos e seu controle......................... 433
   6.5.1 Efeitos em células e tecidos.......... 433
   6.5.2 Atividade enzimática relacionada à qualidade de cor dos alimentos.......... 435
      6.5.2.1 Fenol oxidases................. 435
      6.5.2.2 Peroxidases................... 440
      6.5.2.3 Outras oxidorredutases........... 444

6.5.3 Enzimas relacionadas à biogênese
do sabor............................ 444
6.5.3.1 Lipoxigenase................. 444
6.5.3.2 Hidroperóxido liase e transformações
enzimáticas relacionadas.............. 448
6.5.3.3 Biogênese de outros sabores
derivados de lipídeos................. 451
6.5.3.4 Origem e controle de sabores
pungentes e outros efeitos bioativos...... 451
6.5.4 Enzimas que afetam a qualidade
da textura dos alimentos................ 456
6.5.4.1 Controle de enzimas modificadoras
de polímeros de carboidratos........... 456
6.5.4.2 Controle de enzimas
modificadoras de proteínas............ 457
6.5.4.3 Redução de defeitos na textura de
alimentos por meio de moléculas pequenas
para o controle de enzimas............. 458
Referências............................. 459
leituras sugeridas....................... 464

6.1 INTRODUÇÃO

Durante o período de 1600 a 1800, as ações de enzimas em tecidos vivos ou respiratórios eram chamadas de "fermentos". Exemplos que representam os primórdios da enzimologia de alimentos incluem fermentações alcoólicas de leveduras, processos digestivos em animais e malteamento de grãos para evocar a atividade "diastática", causando uma conversão de amido em açúcar. O termo "enzima" foi criado por W. Kühne, em 1878, a partir do termo grego *enzyme*, que significa "na levedura".

As enzimas alimentares geralmente podem ser classificadas de duas maneiras: as que são adicionadas aos alimentos (fontes exógenas), para causar uma mudança desejável, e as que existem em alimentos (fontes endógenas), e que podem ou não ser responsáveis por reações que afetam a qualidade do alimento. As enzimas exógenas podem ser obtidas a partir de uma série de fontes, e as escolhas entre enzimas exógenas baseiam-se no custo e na funcionalidade. A funcionalidade adequada está relacionada a atividade catalítica, seletividade e estabilidade sob condições que prevalecem durante a aplicação específica. As enzimas endógenas propõem grandes desafios de controle, uma vez que estão presentes na matriz do alimento em diversos níveis, havendo restrições de como o alimento pode ser manipulado a fim de se modular a ação enzimática. Em alguns alimentos, as enzimas endógenas podem ser responsáveis por reações que tanto melhoram a qualidade do alimento quanto a pioram. O objetivo deste capítulo é fornecer a base química para a compreensão de como as enzimas funcionam, e como esse entendimento pode ser utilizado para controlar a ação das enzimas na transformação dos alimentos, a produção de ingredientes alimentícios, a manutenção, a melhora e o monitoramento da qualidade dos alimentos.

6.2 NATUREZA GERAL DAS ENZIMAS

6.2.1 Enzimas como biocatalisadores

As enzimas têm três características importantes: são proteínas e catalisadores, exibem seletividade em relação aos substratos e estão sujeitas à regulação. As enzimas são a forma mais comum e onipresente de catalisadores biológicos. Elas são responsáveis por processos vitais e medeiam funções sintéticas, metabólicas, de renovação e de sinalização celular. O único outro catalisador biológico conhecido que ocorre naturalmente é o RNA catalítico ou "ribozimas", que estão envolvidos na modificação do RNA e na ligação de aminoácidos durante a síntese de proteínas (tradução). Os anticorpos podem ser desenvolvidos como catalisadores quando criados contra um hapteno portador de um análogo do estado de transição de um substrato desejado.

6.2.2 Natureza proteica e não proteica das enzimas [30,43,94]

Todas as enzimas são proteínas que variam em massa molecular de aproximadamente 8 kDa ($\approx$ 70 aminoácidos, p. ex., algumas tiorredoxinas e glutarredoxinas) a 4.600 kDa (complexo piruvato descarboxilase). As principais enzimas são compostas de cadeias polipeptídicas múltiplas ou subunidades, apresentando estrutura quaternária. Essas subunidades, na maioria das vezes, associam-se por meio de forças não covalentes comuns (ver Capítulo 5); essas associações podem envolver cadeias polipeptídicas idênticas (homólogas) ou dissimilares (heterólogas). Enzimas oligoméricas podem possuir diversos sítios de atividade, e algumas enzimas grandes podem ser formadas por diversas atividades catalíticas em uma cadeia polipeptídica única. Nesse último caso, como no caso do complexo ácido graxo sintetase de organismos superiores, diferentes atividades estão associadas a diferentes domínios de proteínas que existem sobre o polipeptídeo, e tais polipeptídeos grandes podem associar-se posteriormente a dímeros ou oligômeros. Enzimas monoméricas com um único sítio ativo também podem ter diferentes domínios dentro da cadeia polipeptídica, cada qual com uma função própria relacionada à catálise ou a outras propriedades biológicas.

Algumas enzimas requerem componentes não proteicos, chamados "cofatores, "coenzimas" ou "grupos prostéticos", para exercerem sua função catalítica [112]. A maioria dos cofatores comuns inclui íons metálicos (metaloenzimas), flavinas (flavoenzimas), biotina, lipoato, muitas das vitaminas B e derivados da nicotinamida (que são, de fato, cossubstratos que estão fortemente ligados e sofrem reações redox reversíveis). As enzimas repletas de um cofator essencial são chamadas de "holoenzimas", ao passo que aquelas sem o cofator essencial são chamadas de "apoenzimas" e não têm atividade catalítica. Outros componentes não proteicos de enzimas incluem lipídeos (lipoproteína), carboidratos (em ASN*, glicoproteína) ou fosfato (em SER, fosfoproteína), e, enquanto esses constituintes não costumam apresentar um papel na catálise, têm impacto sobre as propriedades físico-químicas e conferem sítios de reconhecimento celular à enzima. As enzimas sintetizadas como precursores latentes são chamadas de "zimógenos" e necessitam de processamento proteolítico para potencializar sua atividade (como as enzimas digestivas e a quimosina de terneiros).

Aquelas que existem como proteínas monoméricas (cadeia polipeptídica única) geralmente têm massas moleculares no intervalo de 13 a 50 kDa. A maioria das enzimas celulares tem massa no intervalo de 30 a 50 kDa; as enzimas oligoméricas, em geral, variam de 80 a 100 kDa, sendo formadas por subunidades de 20 a 60 kDa; apenas ≈ 1 a 3% das proteínas celulares têm menos de 240 kDa [130]. As enzimas oligoméricas, geralmente estão envolvidas em processos metabólicos no organismo hospedeiro, e a presença de subunidades permite diversas dimensões de regulação por metabólitos celulares, comportamento alostérico (cooperatividade entre subunidades) e interação com outros componentes ou estruturas celulares.

Enzimas extracelulares ou secretadas tendem a ser polipeptídeos menores e monoméricos, em geral com atividade hidrolítica e maior estabilidade em relação às enzimas intracelulares. As enzimas hidrolíticas extracelulares ajudam na mobilização e na assimilação de nutrientes e fatores de crescimento do ambiente onde o (micro)organismo, por outro lado, teria pouco controle sobre fatores como temperatura, pH e composição. Muitas das enzimas exógenas usadas em alimentos são derivadas de microrganismos onde elas podem ser rapidamente produzidas em larga escala por isolamento a partir do caldo de fermentação. Entretanto, elas também podem ser extraídas a partir de fontes vegetais ou animais, e tais extratos podem ser favorecidos em algumas aplicações em alimentos. As fontes microbianas de enzimas permanecem sendo uma área de grande interesse pelo fato de a seleção de cepas e as técnicas moleculares poderem ser usadas para a seleção rápida ou a modificação de propriedades específicas de enzimas necessárias para determinados processos em alimentos.

Uma enzima pode existir como múltiplas formas que diferem ligeiramente em sua sequência primária, mas que têm uma função catalítica quase idêntica. Essas pequenas diferenças na sequência podem se manifestar como diferenças sutis ou profundas na seletividade por substrato/produto, características de pH e temperatura ótimos. Refere-se a tais entidades como "isoformas" de enzimas (termos menos atuais são isozimas e isoenzimas).

Com base na riqueza atual de conhecimento da estrutura e sequência das proteínas, as enzimas são taxonomicamente agrupadas como "famílias", com membros compartilhando funções catalíticas e estruturais comuns (com elementos estruturais assumindo nomes interessantes, como barris, hélices, chave grega e rocambole – termos que podem ser mais provavelmente escutados em uma festa universitária do que numa discussão sobre proteínas e

---

*A identificação de resíduos de aminoácidos em enzimas será feita usando os códigos de três letras (maiúsculas) que são comumente reconhecidos. A posição na sequência primária da proteína, quando apropriado, é indicada com subscritos.

enzimas). Tal agrupamento está relacionado à origem e ao destino evolucionários. O conhecimento da sequência do peptídeo também é fundamental para relacionar enzimas com base na similaridade da estrutura primária (homologia), e a presença de pequenas sequências peptídicas que são "conservadas" como "motivos" ajuda a identificar ou confirmar a existência do suposto sítio ativo em enzimas com mecanismos relacionados. O entendimento de como a estrutura proteica está relacionada à função catalítica fornece a base dos esforços para a melhora do uso de enzimas em alimentos.

6.2.3 Poder catalítico das enzimas [30,43,54,151]

Os catalisadores são agentes que aceleram a velocidade de reações sem que eles mesmos sofram qualquer modificação química líquida. Eles funcionam reduzindo a barreira de energia necessária para a transformação de um reagente em um produto. Isso é mais bem ilustrado com o uso de uma hipotética "reação coordenada", representando a mudança de energia livre associada a uma reação para produzir um produto (P) (Figura 6.1). Em reações catalisadas, o substrato (S) é elevado a um estado de transição ($S^{\ddagger}$) a um gasto reduzido de energia livre ($\Delta G^{\ddagger}_{cat}$) em relação à reação não catalisada ($\Delta G^{\ddagger}_{não\ cat}$). A Figura 6.1 é uma simplificação, visto que podem existir diversos estados intermediários em uma coordenada de reação. No entanto, geralmente há uma etapa única, crítica ou limitadora da taxa, possuindo a maior magnitude ou grau de mudança de $+G$, que geralmente rege a taxa geral de qualquer processo químico. Reações com uma diminuição líquida na energia livre ($-\Delta G_{líq}$) são favoráveis, mas isso não indica quão **rápido** a reação acontecerá. A taxa de reação é ditada termodinamicamente por $\Delta G^{\ddagger}$. Exemplos do poder catalítico de enzimas selecionadas estão resumidos na Tabela 6.1.

A terminologia relacionada à catálise enzimática foi padronizada com o objetivo de evitar a ambiguidade e descritores arbitrários [3]. Uma unidade internacional (U) de atividade enzimática causa a conversão de 1 μmol de substrato por minuto em condições padronizadas (geralmente otimizadas). A unidade do SI para atividade enzimática é o *katal*, que é definido como a quantidade de enzima que causa a conversão de 1 mol de substrato por segundo sob condições definidas. A atividade molecular das enzimas é definida como um "número de renovação" de (k_{cat}), ou o número de moléculas de substrato que podem ser convertidas por uma molécula de enzima (sítio ativo) por minuto, sob condições definidas. O limite superior de k_{cat} observado para enzimas é de $\approx 10^7$.

6.2.3.1 Teoria das colisões para reações catalisadas

Existem duas formas de se calcular quantitativamente as taxas de reações químicas (cinética) e a catálise. A mais simples é a teoria das colisões, que é expressa como

$$k = PZe^{-E_a/RT} \qquad (6.1)$$

onde
    k é a constante da taxa de reação.
    P é a probabilidade da reação (inclui orientação molecular como um fator).
    Z é a frequência de colisão, e o termo exponencial refere-se à proporção de reagentes em colisão com energia suficiente de ativação (E_a) para permitir que a reação ocorra.
    R é a constante dos gases.
    T é a temperatura.

O fator mais importante que dita as taxas de reação em função da temperatura nesta equação é o termo exponencial, já que um aumento de 10 °C produz apenas um aumento de $\approx 4\%$ em "Z", porém um aumento de 100% (dobro) do termo

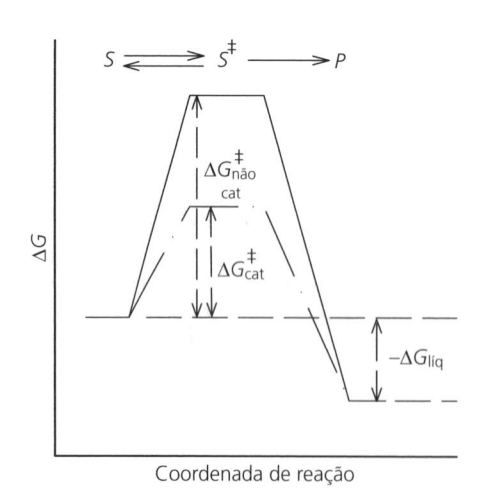

FIGURA 6.1 Coordenadas de reação que comparam a reação catalisada à não catalisada.

TABELA 6.1 Exemplos do poder catalítico de enzimas

Reação	Catalisador	Energia livre de ativação (kcal mol^{-1})	Taxa relativa de reação[a]
$H_2O_2 \rightarrow \frac{1}{2}O_2 + H_2O$	Nenhum (aquoso)	18,0	1,0
	Iodeto	13,5	$2,1 \times 10^3$
	Platina	11,7	$4,2 \times 10^4$
	Catalase (1.11.1.6)	5,5	$1,5 \times 10^9$
Hidrólise de p-nitrofenil acetato	Nenhum (aquoso)	21,9	1,0
	H$^+$	18,0	$7,2 \times 10^2$
	OH$^-$	16,2	$1,5 \times 10^4$
	Imidazol	15,9	$2,5 \times 10^4$
	Albumina sérica[b]	15,3	$6,9 \times 10^4$
	Lipoproteína lipase	11,4	$5,0 \times 10^7$
Hidrólise da sacarose	H$^+$	25,6	1,0
	Invertase (3.2.1.26)	11,0	$5,1 \times 10^{10}$
Ureia + $H_2O \rightarrow CO_2 + 2NH_3$	H$^+$	24,5	1,0
	Urease (3.5.1.5)	8,7	$4,2 \times 10^{11}$
Hidrólise da caseína	H$^+$	20,6	1,0
	Tripsina (3.4.4.4)	12,0	$12,0 \times 10^6$
Hidrólise de etilbutirato	H$^+$	13,2	1,0
	Lipase (3.1.1.3)	4,2	$4,0 \times 10^6$

[a]Taxas relativas são calculadas a partir de $e^{-Ea/RT}$ (Equação 6.1) a 25 °C.
[b]Não considerada uma reação enzimática.
Fontes: O'Connor, C.J. e Longbottom, J.R., *J. Colloid Interface Sci.*, 112, 504, 1986; Sakurai, Y. et al., *Pharm. Res.*, 21, 285, 2004; Whitaker, J.R., Voragen, A.G.J., e D.W.S. Wong (Eds.), *Handbook of Food Enzymology*, Marcel Dekker, New York, 2003.

$e^{-Ea/RT}$ se E_a for 12 kcal mol^{-1}. E_a de reações enzimáticas geralmente varia de 6 a 15 kcal mol^{-1} [122]. A relação descrita na Equação 6.1 foi desenvolvida empiricamente por S. Arrhenius no final do século XIX, tendo grande utilidade na forma integrada, na qual a resposta enzimática à temperatura pode ser avaliada quantitativamente (Seção 6.4.1).

6.2.3.2 Teoria do estado de transição para a catálise enzimática

Outra abordagem mecanisticamente mais significativa para explicar as taxas de reações enzimáticas é baseada na teoria do estado de transição das taxas absolutas de reação. Essa teoria é amplamente atribuída a H. Eyring (década de 1930), e se baseia na premissa de que, para ocorrer a reação de um substrato (*S*) a um produto (*P*), o estado basal *S* deverá alcançar um estado **ativado** ou de transição ($S^\ddagger$), a partir do qual ele se **compromete** a formar *P* (Figura 6.1). A distribuição de *S* e $S^\ddagger$ é caracterizada por uma constante de pseudoequilíbrio ($K^\ddagger$) como

$$K^\ddagger = \frac{S^\ddagger}{S} \quad (6.2)$$

e a velocidade de reação ou decomposição de $S^\ddagger$ para *P* é caracterizada como

$$\frac{dP}{dt} = k_d[S^\ddagger] \quad (6.3)$$

onde k_d é a constante de taxa de primeira ordem para o decaimento de $S^\ddagger$ para *P*. O importante parâmetro termodinâmico é a mudança de energia livre de ativação ($\Delta G^\ddagger$) entre *S* e $S^\ddagger$:

$$\Delta G^\ddagger = -RT \ln K^\ddagger \quad (6.4)$$

Combinando equivalências das Equações 6.2 e 6.4, tem-se

$$[S^\ddagger] = [S]e^{-\Delta G^\ddagger/RT} \quad (6.5)$$

A taxa constante k_d (Equação 6.3) é equivalente à frequência vibracional (v) do vínculo em transformação. Esta se baseia na consideração de que uma molécula no estado de transição está tão enfraquecida que o decaimento ocorrerá com a próxima vibração da ligação [54]. O decaimento de $S^‡$ ocorre quando a energia vibracional da ligação é igual à energia potencial, e a relação torna-se

$$k_d = v = \frac{k_B T}{h} \quad (6.6)$$

onde

k_B é a constante de Boltzmann.
h é a constante de Planck.

Assim, a teoria sustenta que todas as taxas de transição se decompõem na mesma taxa e a taxa de reação é influenciada apenas por [S], temperatura e a característica $\Delta G^‡$ (a qual define $K^‡$, Equação 6.4) para uma reação enzimática com um S específico. Depois de substituir k_d da Equação 6.6 e de $S^‡$ da Equação 6.5, a Equação 6.3 da taxa torna-se agora

$$\text{Taxa} = \frac{dP}{dt} = k_S[S] = \frac{k_B T}{h} \times [S]^{-\Delta G^‡/RT} \quad (6.7)$$

Assim, ao longo de um intervalo fixo de [S], a taxa de reação e a constante de velocidade k_S ($k_S[S] = k_B T/h \exp^{-\Delta G^‡/RT}$) podem ser determinadas experimentalmente, e então a $\Delta G^‡$ pode ser calculada. Uma vez que $\Delta G^‡$ é determinada, a equação pode ser reorganizada para permitir o cálculo das entidades termodinâmicas, $\Delta H^‡$ e $\Delta S^‡$.

Se a redução da energia livre de ativação que é gasta por um catalisador é conhecida, pode-se, então quantificar ou predizer até que ponto a reação é acelerada, com base na teoria das colisões (Equação 6.1), ou na teoria do estado de transição (Equação 6.7), visto que o resultado será o mesmo, sendo dado pelo termo exponencial de energia livre. Por exemplo, se uma enzima reduzir a energia de ativação ($G^‡$ ou E_a) de uma reação química por 5,4 kcal mol^{-1}, o que é bem pouco, então a taxa relativa da reação enzimática é acelerada por um fator de 250.000 sobre a reação não catalisada.

O poder da teoria do estado de transição jaz em sua simplicidade ao explicar o mecanismo de funcionamento das enzimas, como elas evoluem para tornarem-se catalisadores mais eficientes, e como são distintas de anticorpos (ambas as seletividades reconhecem ligantes). No contexto da catálise enzimática, o substrato livre (S) deve primeiro ligar-se à enzima livre (E) para resultar em um complexo associado distribuído entre o estado basal (ES) e o estado ativado ($ES^‡$). O papel da enzima é reduzir a $\Delta G^‡$ e, portanto, aumentar $K^‡$, ou a proporção em estado estacionário de S como a espécie ativada $S^‡$, em comparação com uma reação não catalisada. Isso é indicado para a catálise em geral na Figura 6.1, embora algumas propriedades-chave da catálise enzimática por estabilização do estado de transição sejam mais bem ilustradas em uma coordenada de reação modificada (Figura 6.2a). A associação de E e S para formar ES tem uma energia livre característica de ligação (ΔG_S) (frequentemente negativa para reações de substrato único). Independentemente da magnitude de ΔG_S, essa associação favorece interações entre E e S, sendo chamada de "energia de ligação" e podendo ser usada para facilitar a catálise (Seção 6.2.4.2). A próxima etapa da catálise é a elevação de S ao estado de transição como $ES^‡$ (do qual todas as formas são transformadas em P e E livre). Esse passo é termodinamicamente representado como $\Delta G^‡$. A mudança mínima de energia livre de ativação líquida para a reação ocorrer (para livre $S \rightarrow P$) é ΔG_T. ΔG_T é a soma das energias livres da ligação individual (ΔG_S) e etapas catalíticas ($\Delta G^‡$). Usando esse diagrama, torna-se fácil observar onde há vantagem catalítica para enzimas, pois elas evoluem para reconhecer substratos. Se o sítio de ligação para um substrato evolui **apenas** de modo a melhor reconhecer (tornar-se mais complementar a) o estado basal de S, a afinidade entre E e S aumentará, e a ligação se tornará mais favorável (ΔG_S mais negativo; Figura 6.2b). como consequencia, não há mudança em ΔG_T, porém um aumento em $\Delta G^‡$ e uma barreira de energia maior devem ser superados a para o passo $ES \rightarrow ES^‡$. De modo alternativo, se a **única** mudança no reconhecimento enzima-substrato é que o sítio de ligação se torna mais complementar à estrutura representada por $S^‡$, então a energia livre tanto para a reação líquida (ΔG_T) quanto para a etapa de formação de ligações/quebra ($\Delta G^‡$)) é reduzida (Figura 6.2c). Deve ficar claro que a vantagem

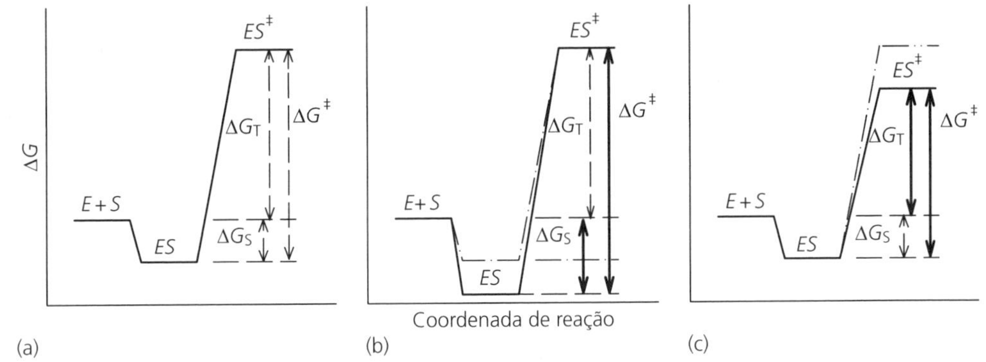

FIGURA 6.2 Coordenada de reação enzimática e vantagem evolucionária. (a) Reação enzimática típica. (b) Consequência da evolução da enzima, a fim de se tornar mais complementar ao estado basal do substrato (S). (c) Consequência da evolução da enzima, a fim de ser complementar à forma de estado de transições de S. Setas em negrito indicam onde as mudanças em ΔG são evidentes em relação ao painel (a). (Adaptada de Fersht, A., *Enzyme Structure and Mechanism*, 2nd edn., W.H. Freeman & Company, New York, 1985.)

reside no reconhecimento da enzima ou na estabilização da forma de estado de transição de S^*.

6.2.4 Mecanismos de catálise enzimática [30,43,151]

No nível molecular, as enzimas possuem sítios ativos que ligam S e estabilizam $S^{\ddagger}$. Os resíduos de aminoácidos que formam o sítio ativo e qualquer cofator requerido interagem coletivamente com o substrato via interações covalentes e/ou não covalentes. As enzimas podem usar diversos mecanismos para catalisar o estabelecimento/rompimento de ligações e processos de rearranjo atômico, e a habilidade para fazê-lo se baseia nos aminoácidos específicos e em seu arranjo espacial dentro do sítio ativo. Além dos aminoácidos essenciais para a catálise, outros aminoácidos podem auxiliar na catálise por intermédio do reconhecimento de S e estabilização de $S^{\ddagger}$.

6.2.4.1 Natureza geral dos sítios ativos das enzimas

Certos aminoácidos das enzimas são responsáveis pela atividade catalítica. Considerando-se o tamanho das proteínas, pode parecer surpreendente que apenas um número limitado de aminoácidos,

---

*S converte-se em, ou estabiliza-se como, $S^{\ddagger}$ por ligação, por meio da utilização de energia de ligação e das forças mecanísticas envolvidas na catálise enzimática.

caracteristicamente do intervalo de 3 a 20, seja responsável pela função catalítica [130], com o número sendo, de certa maneira, proporcional ao tamanho da enzima. Por outro lado, o grupo de enzimas conhecido como serina proteases apresenta variação de tamanho na faixa de 185 a 800 resíduos de aminoácidos, correspondendo de 20 a 90 kDa (a maioria é de 25–35 kDa), mas contém a mesma unidade catalítica (tríade) de HIS-ASP-SER. Essas comparações mostram que as enzimas contêm mais resíduos de aminoácidos do que o necessário para a atividade catalítica, o que fez surgir a questão: "por que as enzimas são tão grandes?" [130]. Os resíduos de aminoácidos catalíticos das enzimas raramente encontram-se próximos uns dos outros na sequência primária, estando distribuídos ao longo da cadeia polipeptídica. Por exemplo, a tríade catalítica é HIS_{64}-ASP_{32}-SER_{221} para a protease subtilisina *Bacillus subtilis*, e HIS_{257}-ASP_{203}-SER_{144} para a lipase *Rhizomucor miehei* (proteases de serina e lipases estão relacionadas mecanisticamente) [23,63]. Logo, uma das funções das porções não catalíticas da cadeia polipeptídica é trazer os resíduos catalíticos para dentro do mesmo espaço tridimensional através das estruturas secundária e terciária da proteína. O arranjo espacial preciso dos resíduos catalíticos permite que eles funcionem como uma unidade catalítica, e a dobra polipeptídica também aproxima outros resíduos que contribuem com forças de ligação para proporcionar o reconhecimento do substrato. Portanto, a conformação do polipeptídeo age como um "andaime" para posicionar de modo correto, dentro do espaço tridimensional, os resíduos de aminoácidos com funções catalíticas e de reconhecimento do substrato.

Outro papel da cadeia polipeptídica é fornecer um ajuntamento bem próximo de átomos, de modo que a água se encontre ausente do interior da enzima. A limitação da água a 25% do volume da proteína permite a formação de cavidades e fendas interiores que são relativamente apolares e desprovidas de água, o que aumenta as forças dipolo, facilitando a catálise. Outros resíduos de aminoácidos não catalíticos podem participar no funcionamento geral da enzima, servindo como cofatores ou efetores dos sítios de ligação e dos sítios de reconhecimento de superfície para interação com outros componentes celulares, ou para atrair/reter o substrato [43,130]. Finalmente, os aminoácidos não envolvidos na catálise ou no reconhecimento do substrato podem ditar a sensibilidade da conformação da proteína a fatores ambientais, como pH, força iônica e temperatura, de forma a modular a atividade enzimática e conferir estabilidade geral à enzima.

6.2.4.2 Mecanismos específicos de catálise

Os mecanismos pelos quais as enzimas funcionam como catalisadores podem ser reduzidos a cerca de quatro categorias gerais [30,54]. Tratam-se de aproximações, catálise covalente, catálise geral acidobásica e tensão ou distorção molecular (Tabela 6.2). Outras forças que contribuem para a catálise serão identificadas quando apropriado.

6.2.4.2.1 Papel da energia de ligação

Antes de descrever cada um dos mecanismos enzimáticos majoritários, é necessário discutir o papel da energia de ligação, o qual foi introduzido na Seção 6.2.3.2, já que ele contribui para todos os mecanismos descritos até então. Energia de ligação é o termo usado para se referir às interações favoráveis derivadas da associação entre o substrato e a enzima no sítio ativo [30,43,151]; a energia de ligação é derivada das propriedades complementares existentes entre a enzima e o substrato. A complementaridade (geométrica e eletrônica) pode ser "pré-formada" (baseada no antigo conceito *lock and key** de reconhecimento enzima-substrato postulado por E. Fischer), ou ser "desenvolvida" após a ligação, ou resultar de uma combinação de ambos. A energia líquida de ligação também é definida como a variação de energia livre (no geral negativa) resultante da dessolvatação do substrato em troca da interação com a enzima. A perda de

---

*N. de T. Literalmente, "chave e fechadura".

TABELA 6.2 Mecanismos comuns de catálise enzimática

Mecanismo	Forças envolvidas	Resíduos e cofatores potencialmente envolvidos
Aproximação	Modelado como catálise intra vs. intermolecular	Resíduos do sítio ativo e de reconhecimento do substrato
Catálise covalente	Nucleofílica	SER, THR, TYR, CYS, HIS (base), LYS (base), ASP⁻, GLU⁻
	Eletrofílica	LYS (base de Schiff), piridoxal, tiamina, metais (cátions)
Catálise geral acidobásica	Associação/dissociação de prótons, estabilização de cargas	HIS, ASP, GLU, CYS, TYR, LYS
Distorção conformacional	Ajuste induzido, tensão induzida, mecanismo *rack* (distorção do substrato), flexibilidade conformacional	Resíduos do sítio ativo e de reconhecimento do substrato

Fontes: Copeland, R.A., *Enzymes: A Practical Introduction to Structure, Function, Mechanism, and Data Analysis,* 2nd edn., John Wiley, New York, 2000; Saier, M.H., *Enzyme in Metabolic Pathways: A Comparative Study of Mechanism, Structure, Evolution and Control,* Harper & Row, New York, 1987; Walsh, C., *Enzymatic Reaction Mechanisms,* W.H. Freeman & Company, San Francisco, CA, 1979.

entropia devida à associação enzima-substrato é compensada pela entropia ganha pelo solvente (no geral água). Parte desta energia de ligação pode ser utilizada para fins produtivos em catálise, sendo convertida em energia de ativação mecânica e/ou química. Pode ser usada para mobilizar S no sítio ativo, ou desestabilizar S, ou estabilizar $S^{\ddagger}$. A capacidade de uma enzima de reagir de forma rápida com um substrato em relação a outro (definida como "seletividade") pode estar diretamente relacionada à quantidade de energia de ligação que pode ser usada para facilitar a etapa catalítica. Resíduos de aminoácidos cataliticamente não essenciais no sítio ativo (ou próximo dele) costumam auxiliar a catálise com o uso da energia de ligação.

6.2.4.2.2 Aproximação

A aproximação pode ser mais bem descrita como unidades catalíticas e substrato próximos um ao outro em uma orientação favorável, o que facilita a reatividade. Outro modo de prever o poder catalítico da aproximação é que uma vez que os reatantes estão localizados no mesmo espaço do sítio ativo da enzima, sua **molaridade efetiva** é significativamente aumentada em relação à concentração da solução. Esse mecanismo oferece uma **contribuição entrópica** à catálise, pois ajuda a superar a alta diminuição da entropia que se faria necessária para a junção de todos os participantes em uma reação. Portanto, a contribuição dos efeitos de aproximação para a catálise costuma ser modelada por concentrações efetivas (aumentadas) no contexto de efeitos de ação de massas sobre as velocidades de reação.

O tempo de vida de associações intermoleculares entre reatantes colidindo em solução costuma ser seis ordens de magnitude menor que a de um complexo formado pela união típica do substrato à enzima [151]. A bolsa de ligação da enzima permite o "acoplamento" ou "ancoramento" do substrato ao sítio ativo em um ambiente com pouca água. O tempo de vida maior da interação levaria por si só a uma maior probabilidade de se alcançar o estado de transição. Assim, a aproximação também pode ser modelada como uma reação **intramolecular**, na qual todos os reatantes são vistos como existentes **dentro** de uma única molécula (a enzima), em comparação com uma reação **intermolecular**.

O efeito catalítico líquido da aproximação baseia-se em cálculos um tanto teóricos, mas é visto como responsável pelo aumento de 10^4 até 10^{15} na taxa comparado com uma reação química que envolve de um a três substratos (maior aumento para reações com múltiplos substratos) [151,154]. A aproximação é uma propriedade mecanística que não é conferida por aminoácidos específicos, mas pelas naturezas química e física do sítio ativo e pela diversidade de aminoácidos que o formam (Tabela 6.2).

6.2.4.2.3 Catálise covalente

A catálise covalente envolve a formação de um intermediário covalente enzima-substrato ou cofator-substrato, sendo que tal mecanismo de catálise é iniciado por ataque nucleofílico ou eletrofílico. (*Nota*: os comportamentos nucleofílico e eletrofílico de resíduos/cofatores da enzima também podem estar envolvidos em mecanismos não covalentes.) Os centros nucleofílicos são ricos em elétrons, às vezes carregados negativamente, e buscam centros deficientes em elétrons (núcleos) com os quais reagir, como carbonos carbonílicos, ou grupos funcionais fosforil ou glicosil. A catálise eletrofílica envolve a retirada de elétrons de centros reativos por eletrófilos, também chamados de "dissipadores" de elétrons. Enquanto a catálise covalente envolve grupos nucleofílicos e eletrofílicos entre os reatantes, a classificação da reação é baseada em qual centro está iniciando a reação.

Implícita com a formação de um intermediário covalente está a existência de pelo menos dois passos ao longo da coordenada de reação, ou seja, a formação e a quebra do aduto covalente (Enz-Nu-P$_2$), cada um com uma característica $\Delta G^{\ddagger}$ (Figura 6.3). Os múltiplos estágios de catálise também refletem a presença de diversas formas da enzima, com uma coordenada de reação cineticamente mais complicada que a mostrada na Figura 6.1. A catálise covalente é comum a muitas classes de enzimas, incluindo as serina e tiol proteases, lipases e carboxilesterases e muitas glicosil hidrolases. O efeito catalítico líquido da catálise covalente é estimado em um aumento da taxa de 10^2 a 10^3 sobre uma reação química.

6.2.4.2.3.1 Catálise nucleofílica

Os resíduos de aminoácidos das enzimas que fornecem centros nucleofílicos estão listados na Tabela 6.2. Em geral, a nucleofilicidade é dependente da basicidade do grupo funcional, a qual está relacionada à habilidade de doar um par de elétrons a um próton [30,43]. Portanto, a constante da taxa nucleofílica é correlacionada positivamente com o pK_a para compostos relacionados pela estrutura (maiores pK_as resultam em maior taxa de reação). Entretanto, os grupos nucleofílicos em enzimas funcionam, caracteristicamente, em um intervalo limitado de pH (quase sempre em pH próximo de 7), que é propício para manter a estabilidade conformacional da enzima. Assim, enquanto a ARG pode funcionar potencialmente como um nucleófilo, seu valor de pK_a da cadeia lateral de ≈ 12 dita que ela existiria quase exclusivamente na forma de ácido conjugado em enzimas sob praticamente todas as condições naturais, o que explica o fato de não estar listada na Tabela 6.2. Outro fator que causa impacto na velocidade da catálise nucleofílica é a natureza do "grupo retirante" ou dos produtos originados durante a formação do intermediário covalente (P_1 na Figura 6.3). Quanto menor a basicidade (menor o valor de pK_a) do grupo retirante, maior a velocidade de reação de um determinado nucleófilo.

A tríade catalítica HIS-ASP(GLU)-SER, característica das famílias das enzimas serina protease e lipase/carboxilesterase, é um dos exemplos mais estudados de catálise nucleofílica. Essas enzimas catalisam a hidrólise de ligações amida (peptídica) e éster, respectivamente, via um intermediário covalente. O funcionamento da unidade catalítica HIS-ASP-SER é um exemplo clássico de catálise nucleofílica como mecanismo de reação, mas várias outras forças mecanísticas estão envolvidas no decorrer da catálise enzimática. Na tríade catalítica de subtilisina (*B. subtilis* protease, EC 3.4.21.62), a SER_{221} atua como um nucleófilo, doando elétrons para o carbono amídico da ligação peptídica (Figura 6.4) [23,24]. A nucleofilicidade do átomo de oxigênio SER_{221} é aumentada pelo HIS_{64}, atuando como uma base geral receptora de um próton, e o resíduo vizinho ASP_{32} estabiliza a carga em desenvolvimento no HIS_{64}. Isso resulta na formação do intermediário tetraédrico transitório acil-enzima. Na etapa final, a HIS_{64} atua como um ácido geral, doando um próton para o fragmento peptídico N-terminal do peptídeo clivado, que constitui o grupo retirante, e o aduto covalente acil-enzima é formado. Embora não mostrada na Figura 6.4, a conclusão do ciclo catalítico é alcançada quando a água, agindo como um terminal nucleofílico, desloca o fragmento peptídico do SER_{221}, formando outro intermediário tetraédrico

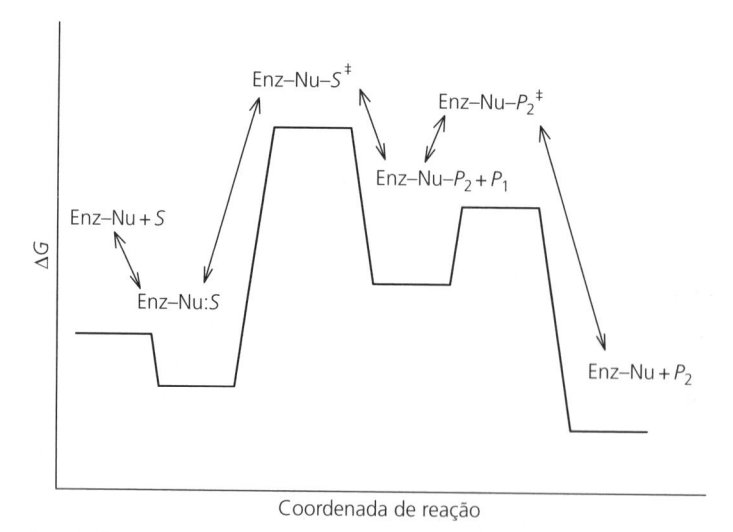

FIGURA 6.3 Coordenada de reação para uma reação enzimática por catálise nucleofílica com intermediário covalente. ENZ–Nu, enzima com grupo catalítico nucleofílico; *S*, substrato; P_x, produtos.

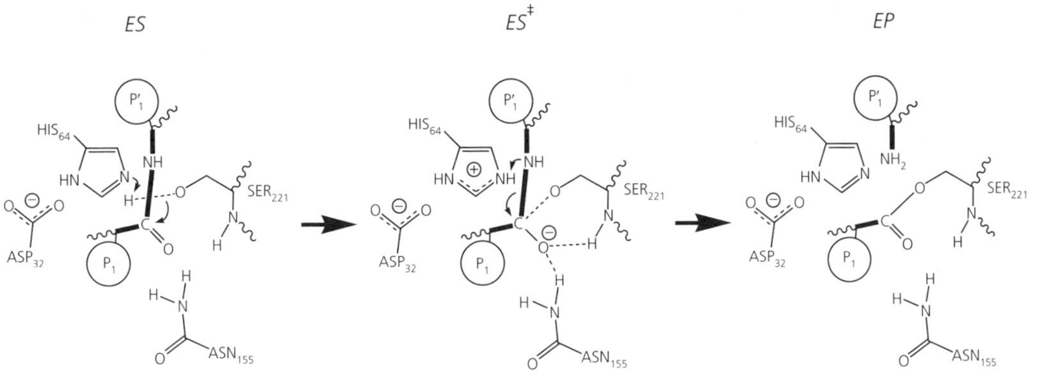

FIGURA 6.4 Mecanismo de reação de serina proteases. Esqueleto peptídico do substrato em negrito. Grupos P_1 e P_1' indicam as cadeias laterais de aminoácidos que compreendem os respectivos lados N e C-terminais da ligação *scissile* (cindível [N. de R. T. São ligação peptídica do substrato a ser clivada pela protease]). (Adaptada de Carter, P. e Wells, J.A., *Nature*, 332, 564, 1988; Carter, P. e Wells, J.A., *Protein B*, 7, 335, 1990.).

por meio do mesmo maquinário catalítico recém-descrito. O resíduo ASN_{155} é menos crítico para a catálise, mas atua estabilizando o desenvolvimento do intermediário tetraédrico (um "oxiânion") dentro de um espaço da enzima conhecido como "orifício do oxiânion".

O comportamento de mutantes da subtilisina (em que resíduos específicos de aminoácidos são substituídos por outros, usando técnicas moleculares) revela a importância dos aminoácidos que compõem a tríade. A enzima nativa tem uma eficiência catalítica (indexada como k_{cat}/K_M, explicado na Seção 6.2.5.3) de $1,4 \times 10^5$ (Tabela 6.3). Se tanto o resíduo SER_{221}, como HIS_{64} ou ASP_{32} forem trocados por ALA, a eficiência catalítica será reduzida em $\approx 10^4$ a 10^6. Quando dois ou os três resíduos são substituídos por ALA, observa-se pouca ou nenhuma perda adicional de eficiência

TABELA 6.3 Efeito de mutações pontuais em constantes catalíticas da protease subtilisina

Enzima	k_{cat} (s^{-1})	K_M (μM)	k_{cat}/K_M ($s^{-1} M^{-1}$)
Tipo selvagem	$6,3 \times 10^1$	440	$6,3 \times 10^5$
$SER_{221} \rightarrow ALA$	$5,4 \times 10^{-5}$	650	$8,4 \times 10^{-2}$
$HIS_{64} \rightarrow ALA$	$1,9 \times 10^{-4}$	1.300	$1,5 \times 10^{-1}$
$ASP_{32} \rightarrow ALA$	$1,8 \times 10^{-2}$	1.400	$1,3 \times 10^1$
As três mutações	$7,8 \times 10^{-3}$	730	$1,1 \times 10^{-1}$

Fontes: Carter, P. e Wells, J.A., *Nature*, 332, 564, 1988; Carter, P. e Wells, J.A., *Protein Struct. Funct. Genet.*, 7, 335, 1990.

catalítica, mostrando que os três resíduos de aminoácidos agem como uma **unidade**, em vez de trazerem contribuições adicionais ao poder catalítico. Os mesmos resíduos de aminoácidos constituem a tríade de lipases (e da maioria das carboxilesterases). Para as lipases, ocorre a mesma sequência de eventos mostrada na Figura 6.4, exceto que o substrato é um éster (R–CO–OR'), onde o grupo acil (R–CO–) continua a formar o mesmo intermediário acil-enzima, ao passo que o álcool liberado (R'OH) constitui o grupo retirante. A tríade catalítica de HIS-ASP(GLU)-SER é uma unidade catalítica altamente conservada para lipases e carboxilesterases, ao passo que as proteases podem funcionar por qualquer um dos quatro mecanismos catalíticos distintos (Seção 6.3.3). Três carboxilesterases que utilizam unidades catalíticas e mecanismos alternativos incluem a fosfolipase A_2 secretória (pancreática, veneno de abelha e cobra; díade HIS/ASP), lipídeo acil-hidrolase da batata (díade ASP/SER) e pectina metilesterase (díade ASP/ASP).

6.2.4.2.3.2 Catálise eletrofílica

A catálise eletrofílica constitui outro tipo de mecanismo covalente, no qual a etapa característica da coordenada da reação é o ataque eletrofílico. Resíduos de aminoácidos em enzimas não fornecem grupos eletrofílicos adequados. Ao contrário, os eletrófilos são provenientes de cofatores deficientes de elétrons ou um derivativo catiônico de nitrogênio formado entre o substrato e os resíduos catalíticos da enzima para iniciar a catálise eletrofílica (Tabela 6.2).

Algumas das reações enzimáticas mais bem caracterizadas que evocam a catálise eletrofílica empregam piridoxal fosfato (um nutriente vitamínico essencial, B_6, Capítulo 7) como cofator; muitas dessas enzimas estão envolvidas na transformação no metabolismo de aminoácidos [43,140]. O mecanismo geral da reação piridoxal-enzima envolve a transferência (transaminação) de um grupo piridoxal ligado à base de Schiff (–C=N–) de um resíduo enzima-LYS para um aminoácido reativo ligado ao sítio ativo da enzima (Figura 6.5a). A base de Schiff intermediária é estabilizada pelo anel piridina que atua como um dissipador de elétrons. Um resíduo na enzima, então, atua como uma base (B:) para absorver o próton liberado do substrato como uma etapa inicial comum da rota da reação. O grupo substituinte perto do centro quiral (–R, –H, –COO–) a ser clivado ("lisado") ou transferido é conferido pelo grupo substituinte α-C que estiver perpendicular ao plano do intermediário piridínio, por possuir o menor E_a para transformação/remoção (Figura 6.5b).

Algumas das propriedades do sítio ativo compartilhadas por muitas piridoxal-enzimas são ilustradas com a ação da alina liase (EC 4.4.1.4, S-alqu(en)il-L-cisteína sulfóxido [ACSO] liase) no ACSO (Figura 6.6). Essa enzima costuma ser chamada de alinase, sendo responsável pela geração de aromas característicos em vegetais da família *Allium* (cebola, alho, alho-poró, cebolinha, etc.) após ruptura ou corte inicial dos tecidos frescos. Para a enzima do alho, a LYS_{251} (LYS_{285} na cebola e LYS_{280} no alho-poró) se coordena com o cofator piridoxal, auxiliada pelo *phosphate-binding cup** e resíduos adicionais que se ligam a N piridínio e grupos hidroxila [69]. O substrato se coordena com outros resíduos de enzimas (ARG_{401}, SER_{63} e GLY_{64} amida e TYR_{92}) para seletividade enzimática (estéreo) para sulfóxidos de (+)S-alquil-L-cis-

---

*N. de T. Em tradução livre, "cálice de ligação de fosfato".

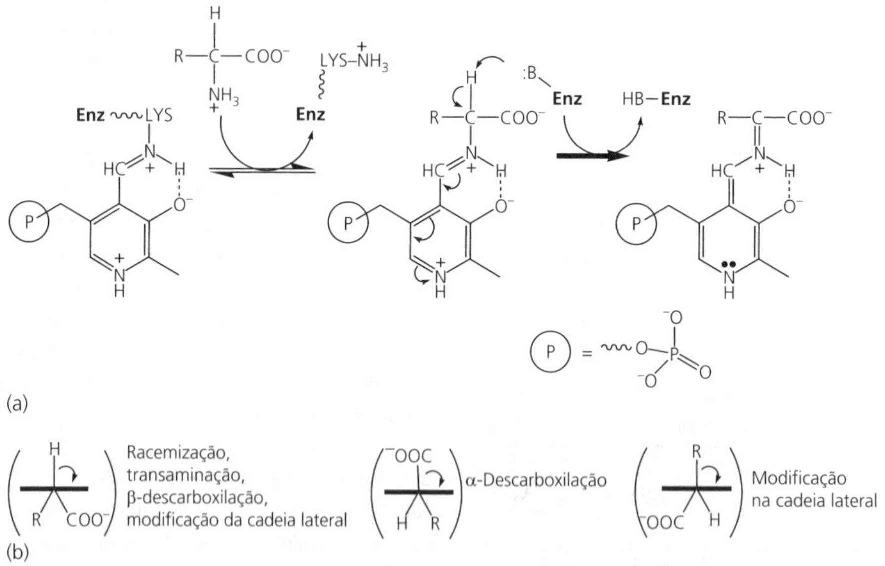

FIGURA 6.5 Mecanismo geral de reação de enzimas que contêm piridoxal. (a) Etapas iniciais da transaldiminação e da remoção do átomo α-H. (b) Relação da configuração α-C para tipos de reação catalisadas. (Adaptada de Fersht, A., *Enzyme Structure e Mechanism*, 2nd edn., W.H. Freeman & Company, New York, 1985; Tyoshimura, T. et al., *Biosci. Biotech. Biochem.*, 60, 181, 1996.)

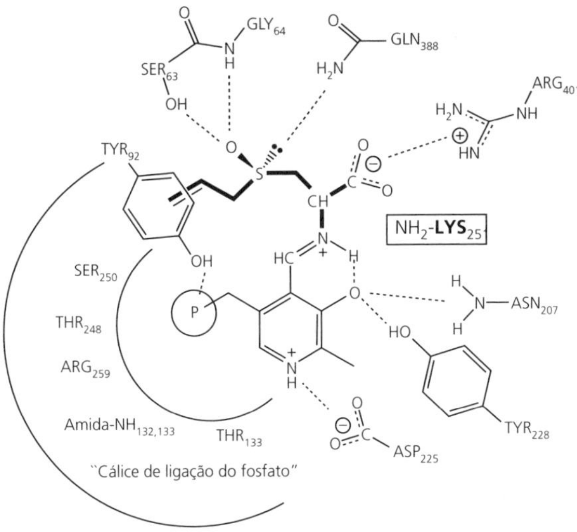

FIGURA 6.6 Sítio ativo da alinase do alho. O esqueleto do substrato sulfóxido de *S*-alquil-L-cisteína encontra-se em **negrito**. (Adaptada de Kuettner, E.B. et al., *J. Biol. Chem.*, 277, 46402, 2002.)

teína. A alinase causa a β-clivagem do substrato, resultando no ácido sulfênico (R–S–OH, um bom grupo retirante).

6.2.4.2.4 Catálise geral ácido-base

A maioria das reações enzimáticas envolve a transferência de prótons em algum momento durante a catálise, e isso é frequentemente alcançado por resíduos de aminoácidos que agem como ácidos gerais para doar um próton, e bases gerais para aceitar um próton. A catálise geral acidobásica proporciona a transferência de prótons no sítio ativo à medida que o(s) substrato(s) se transforma(m) em produtos durante o ciclo catalítico. Esta pode ser diferenciada da catálise acidobásica específica que requer H^+ ou ^-OH derivados do solvente para difundir-se para o sítio ativo. Os resíduos de aminoácidos que podem funcionar como ácidos ou bases em geral comumente possuem valores pK_a no intervalo do pH ótimo para atividade enzimática e estabilidade (geralmente pH 4–10), esses resíduos aparecem na Tabela 6.2. Lembre-se de que o comportamento acidobásica geral contribui para o mecanismo nucleofílico das serina proteases, das lipases e das carboxilesterases (Figura 6.4). De fato, HIS é um resíduo geralmente envolvido na catálise

geral acidobásica , pois o pK_a do grupo imidazol nas proteínas está no intervalo de 6 a 8, tornando-o ideal para funcionar como **ácido ou base** sob condições em que muitas enzimas são ativas.

Um exemplo de catálise geral acidobásica é dado pela lisozima (EC 3.2.1.17, mucopeptídeo *N*-acetilmuramil hidrolase, também chamada de muramidase), uma enzima que ocorre na saliva, na secreção do ducto lacrimal e na clara do ovo. O mecanismo evocado pela lisozima aplica-se às glicosil hidrolases em geral (Seção 6.3.2), incluindo enzimas que hidrolisam amido, açúcares e pectinas [126]. A lisozima pode ser usada como um agente bactericida em alimentos, pois hidrolisa os heteropolímeros de peptidoglicano da parede celular procariótica (sobretudo de microrganismos gram-positivos, o que inclui muitos patógenos em alimentos). Mais bem ilustrado próximo ao pH ótimo de ≈ 5, o mecanismo de ação conta com a natureza geral acidobásica dos aminoácidos do sítio ativo GLU_{35} e ASP_{52} [33,126,154].

O próton de GLU_{35} atua como um ácido geral e doa um próton ao átomo de oxigênio da ligação glicosídica cindível; o carboxilato ASP_{52} serve para estabilizar de modo eletrostático o desenvolvimento do íon carboxênio do substrato, atuando

$$\text{(6.8)}$$

como uma base.* A água que entra, necessária para completar a hidrólise (não mostrada), é parcialmente ionizada pelo grupo carboxilato GLU_{35}, para ativar a adição de –OH (da água) à C1 do glicosídeo original, com H^+ adquirido por GLU_{35} para o ciclo completo do sítio ativo da enzima. A exclusão da água e uma abundância de resíduos hidrofóbicos na fenda do sítio ativo da enzima criam um ambiente apolar próximo ao resíduo GLU_{35}, tornando-o menos capaz de ionizar e conferindo um pK_a anormalmente alto de 6,1. Isso permite que ele funcione como um catalisador ácido geral em pH 5. A relativa falta de água para proteger as cargas também permite que surjam dipolos fixos entre os resíduos catalíticos e o intermediário em desenvolvimento. Isso serve para reduzir E_a em ≥ 9 kcal mol^{-1} (correspondendo a um aumento da taxa de $> 10^6$) em relação à reação não catalisada na água [33].

Um exemplo de reações de transferência de prótons/elétrons (comuns em metaloenzimas) é encontrado em enzimas xilose isomerase (E.C. 5.3.1.5, D-xilose-cetol-isomerase), também conhecida como glicose isomerase. Essa enzima catalisa uma reação de equilíbrio entre isômeros da aldose e cetose. Quase todas as xilose isomerases caracterizadas são homotetrâmeros, gerando dois sítios ativos cada, com um cátion como cofator (no geral Mg^{2+}; também Mn^{2+}, Co^{2+}) [154]. Uma sequência de sítio ativo conservada (enzima *Streptomyces* spp.) inclui resíduos que ligam os cátions ($GLU_{180,216}$, $ASP_{244,254,256,286}$, HIS_{219}) e outros alinhando o sítio ativo (HIS_{53}, PHE_{93}, TRP_{135}, LYS_{182}, GLU_{185}) [126]. O sítio ativo é bifurcado com áreas altamente polares e hidrofóbicas (sobretudo TRP_{135}), e a última serve para excluir água. Essa enzima tem sido, no decorrer da história, um exemplo de catálise acidobásica geral, porém uma visão mais contemporânea aponta para o fato de que ela catalisa uma reação de transferência de hidreto. As etapas específicas da sequência da reação incluem abertura do anel, etapa limitante da velocidade de transferência de hidrogênio e fechamento do anel [48,49]. Dos dois íons Mg^{2+}, o Mg_s é estrutural e coordena com o O2 e o O4 do substrato de açúcar, e o Mg_c é catalítico (Figura 6.7). Após a abertura do anel (não mostrado), o $^-$OH é gerado a partir da água pelo carboxilato ASP_{254}, atuando como uma base geral para remover um H^+. Um próton do O2 é transferido para o $^-$OH ligado ao Mg_c, após, o Mg_c é, então, atraído para o O2 negativamente carregado (o Mg_c realmente se move) para estabilizar o estado de transição, o que é auxiliado pela ligação de H entre a LYS_{182} e O1. Esse movimento do Mg_c é sincronizado com a transferência do hidreto (–H:) do C2 para o C1. Esta é uma reação de equilíbrio, e a transferência de hidreto pode ser revertida essencialmente pelos mesmos passos com o Mg_c: $^-$OH coordena, transportando H^+ de alcóxido O1 para O2 para facilitar a transferência de hidreto de C1 para C2.

---

*Muitas glicosil hidrolases, incluindo a lisozima, são classificadas como exemplos de catálise nucleofílica devido à formação de um intermediário covalente [126], embora isso não seja mostrado na Equação 6.8. O carboxilato $ASP5_2$ é um bom nucleófilo (Tabela 6.2). Os mecanismos de glicosil hidrolases são explicados na Seção 6.3.2.

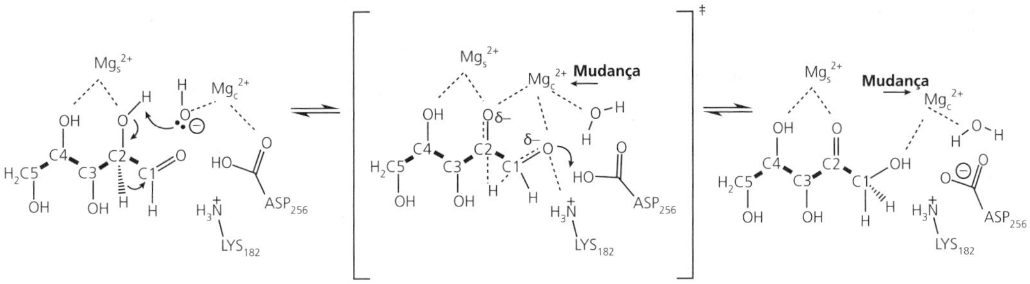

FIGURA 6.7 Mecanismo de reação da xilose (glicose) isomerase. (Adaptada de Garcia-Viloca, M. et al., *J. Am. Chem. Soc.*, 124, 7268, 2002; Garcia-Viloca, M. et al., *Science*, 303, 186, 2004.)

Aumentos da taxa de reação de 10^2 a 10^3 estão comumente associados à catálise acidobásica geral, na qual o ganho ou a retirada de elétrons são necessários ao longo da coordenada de reação. No exemplo da lisozima, o maior aumento da taxa geral é baseado em outros fatores (estabilização eletrostática, deformação do substrato) que contribuem para a catálise.

6.2.4.2.5 Deformação e distorção

Tal explicação mecanística está fundamentada na premissa de que domínios de interação dos substratos e das enzimas não são tão rígidos como implícito no conceito de *lock and key* proposto para a catálise enzimática por E. Fischer, em 1894. A distorção ou a tensão como fatores que governam a catálise foram apresentadas por J.B.S. Haldane e L. Pauling, já que estavam relacionadas à teoria do estado de transição da catálise enzimática. Assim, enquanto há complementaridade estrutural e eletrônica entre enzima e substrato para fornecer forças atrativas, essa complementaridade não é "perfeita". Se a complementaridade pré-formada fosse perfeita, a catálise seria menos provável de acontecer, devido à grande barreira de energia requerida para alcançar um estado de transição (ver Figura 6.2b).

Alguma complementaridade pré-formada entre a enzima e o sítio de ligação do substrato permite o reconhecimento deste e a aquisição de energia de ligação, além de ajudar a orientar o substrato no sítio ativo. A utilização produtiva da energia de ligação resultante da associação enzima-substrato pode se manifestar como indutor de tensão/deformação sobre a enzima e/ou o substrato, permitindo que a complementaridade seja desenvolvida em direção a um estado de transição. Os efeitos sobre o substrato dificilmente envolvem estiramento de ligações, contorção ou dobramento de ângulos de ligação, pois estima-se que grandes forças sejam necessárias para tais eventos [43]. Ao contrário, deformações sobre o substrato costumam ocorrer com restrição da liberdade rotacional de ligação, compressão estérica e repulsão eletrostática entre a enzima e o substrato. Logo, em um verdadeiro senso físico, o substrato pode estar sujeito à tensão (onde não ocorre distorção) seguida da ligação à enzima, de modo que o alívio de tal tensão por meio da utilização de parte da energia de ligação ajude a promover o estado de transição. Um exemplo disso é observado no mecanismo da lisozima, no qual o íon carbônio do estado de transição da piranose derivativa (Equação 6.8) assume uma conformação de meia-cadeira ("sofá") em detrimento da conformação mais estável de cadeira.

Considera-se que enzimas como proteínas apresentam estruturas mais flexíveis que pequenos substratos (in)orgânicos. Ao contrário da complementaridade pré-formada, a flexibilidade conformacional da proteína fornece a base para a hipótese do "ajuste induzido" para catálise enzimática, originalmente introduzido por D. Koshland. Aqui, as perturbações conformacionais no sítio ativo da enzima após a ligação do substrato são vistas como facilitadoras da estabilização do complexo $ES^‡$. Sendo assim, a modulação conformacional no sítio ativo da enzima após a ligação do substrato pode ajudar a alinhar grupos reativos tanto da enzima como do substrato, a fim de facilitar a catálise.

Um exemplo de mecanismo de ajuste induzido de catálise é a ativação da superfície das lipases, nas quais o domínio proteico que constitui uma "tampa" que cobre o sítio ativo sofre uma mudança conformacional para permitir que o substrato éster de ácido graxo tenha acesso ao sítio ativo e sofra hidrólise. Um movimento molecular mais sutil nas enzimas envolve o movimento do Mg_c na xilose isomerase recém-descrita (Figura 6.7), sendo que a aceleração estimada da velocidade da reação é de $\approx 10^4$ [49]. Um terceiro exemplo de ajuste induzido é a papaína, uma sulfidril protease, na qual a deformação estericamente induzida após ligação do substrato é aliviada após a formação de um intermediário tetraédrico; a especificidade e o mecanismo da papaína são apresentados posteriormente nas Seções 6.2.6 e 6.3.3. Torna-se aparente que muitas, se não a maioria, das enzimas evocam ajuste induzido em algum grau durante a função catalítica. Embora as estimativas do efeito catalítico líquido da deformação sejam difíceis de quantificar, a extensão da aceleração da taxa varia de 10^2 a 10^4.

6.2.4.2.6 Outros mecanismos enzimáticos

Enzimas redox (oxidorredutases) catalisam reações de transferência de elétrons por ciclos entre estados redox de grupos prostéticos. Estes podem ser metais de transição (ferro ou cobre), ou cofatores, como flavinas (nicotinamidas, como NAD(P)H, são cossubstratos em reações redox). A lipoxigenase (linoleato-oxigênio oxidorredutase; EC 1.13.11.12) é amplamente distribuída em vegetais e animais, e possui ferro não heme como grupo protético. Ela é reativa com ácidos graxos que possuem um grupo 1,4-pentadieno de ácidos graxos poli-insaturados (podem existir diversos exemplares desses grupos em ácidos graxos), representados pelo ácido linoleico ($18:2_{9c,12c}$). As lipoxigenases iniciam a degradação oxidativa de ácidos graxos em produtos, que podem conferir sabores indesejáveis (rançosos) ou desejáveis, e também podem branquear pigmentos por meio de reações secundárias. A lipoxigenase é frequentemente isolada dos tecidos do hospedeiro no estado "inativo" do $Fe^{(II)}$ (Figura 6.8). A ativação ocorre pela reação com um peróxido (há baixos níveis de peróxidos existentes em todos

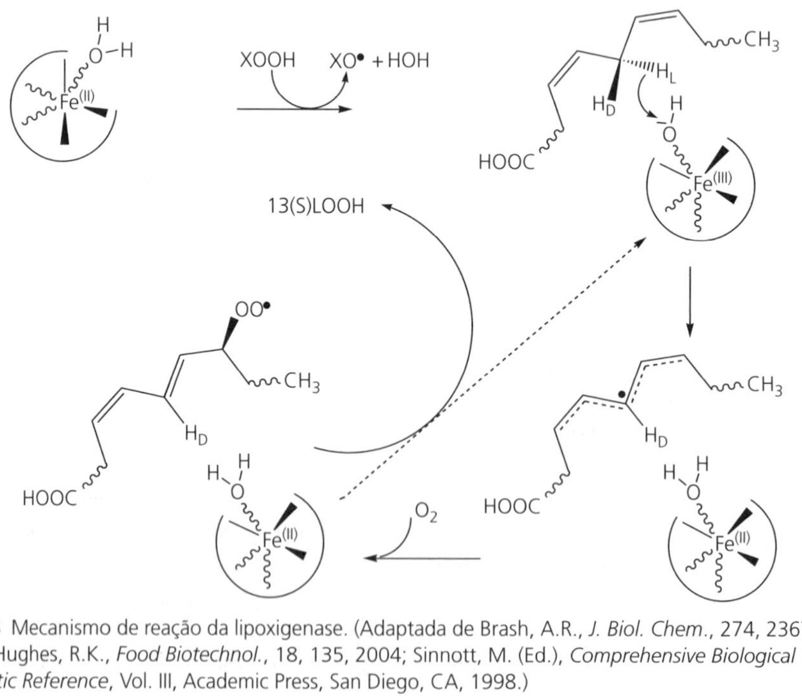

FIGURA 6.8 Mecanismo de reação da lipoxigenase. (Adaptada de Brash, A.R., *J. Biol. Chem.*, 274, 23679, 1999; Casey, R. e Hughes, R.K., *Food Biotechnol.*, 18, 135, 2004; Sinnott, M. (Ed.), *Comprehensive Biological Catalysis. A Mechanistic Reference*, Vol. III, Academic Press, San Diego, CA, 1998.)

os tecidos biológicos), produzindo o complexo HO-Fe$^{(III)}$ ativado com o grupo hidroxila coordenado servindo de base para abstrair um átomo H (por um processo chamado de "tunelamento"*) do carbono metilênico (essas ligações C–H possuem a menor energia de ligação nos ácidos graxos). O aduto do radical livre é estabilizado por ressonância, e o O_2 é adicionado ao radical alquil nos sítios permitidos no lado oposto do substrato a partir do Fe (ver discussão sobre especificidade, Seção 6.2.6). O radical peroxil resultante abstrai um átomo de H do grupo prostético inativo água-Fe(II) para permitir o produto hidroperóxido do ácido graxo (hidroperóxido ácido 13-S-linoleico para a lipoxigenase majoritária da soja), fazendo a enzima retornar ao estado ativo.

A catálise metalo-eletrostática é frequentemente identificada como um mecanismo catalítico discreto. O autor optou por ilustrar essas características de mecamismos como parte do comportamento catalítico de outras enzimas descritas neste capítulo, incluindo lipoxigenase, xilose isomerase, carboxipeptidase A e termolisina.

6.2.4.2.7 Efeitos líquidos sobre a catálise enzimática

Estima-se que os efeitos líquidos da indução de várias combinações de mecanismos sobre a catálise enzimática resultem em um aumento de até 10^{17} a 10^{19} na taxa de reação, em comparação com reações não catalisadas [49,105,154]. A maior parte desse aumento se dá por estabilização do estado de transição (redução da energia de ativação), e uma pequena contribuição pode ser derivada do processo de tunelamento, particularmente nas etapas de transferência de hidrogênio.

6.2.5 Cinética das reações enzimáticas

Os mecanismos de catálise enzimática descritos anteriormente respondem pela química da transformação do substrato, mas são insuficientes para caracterizar a cinética das reações enzimáticas (o quão rápido elas ocorrem). Como as enzimas são usadas para acelerar reações, de modo a aumentar e/ou adicionar valor a alimentos, o conhecimento de quão rápidas as reações enzimáticas podem ocorrer é um fator crítico na decisão de se e quando um processo enzimático deve ser usado. Como as enzimas também são seletivas, saber o quão mais seletiva é uma enzima para um substrato em relação a outro, ou em relação a uma reação não enzimática, também pode ser um fator decisivo na escolha de um processo enzimático. As taxas de qualquer reação, enzimática ou não, dependem de fatores cinéticos intrínsecos (relacionados às energias de ativação; Figuras 6.1 e 6.2) e das concentrações de reagentes e catalisadores (efeitos de ação em massa). Como as concentrações podem variar entre as condições da reação, é mais válido comparar o poder catalítico relativo com base em fatores intrínsecos, tais como constantes cinéticas. Se as constantes de taxa de reação são conhecidas para um conjunto de condições ambientais, então as taxas de reação podem ser preditas para qualquer combinação de concentrações de reatantes e catalisadores sob tais condições gerais.

6.2.5.1 Modelos simples para reações enzimáticas [31,122]

As enzimas são relativamente únicas no tipo de cinética que exibem. Considere a reação enzimática mais simples, o modelo de equilíbrio rápido, conhecido como cinética de Michaelis-Menten. Aqui, uma enzima (E) atua sobre um único substrato (S) para formar um complexo de associação simples (ES) (algumas vezes chamado de complexo de Michaelis), resultando em um único produto (P):

$$E + S \underset{k_1}{\overset{k_{-1}}{\rightleftarrows}} ES \xrightarrow{k_{cat}} E + P \tag{6.9}$$

Presume-se que a ligação de S a E represente condições de equilíbrio entre a associação ($E + S \to ES$) e etapas de dissociação ($ES \to E + S$), cada uma com uma característica de taxa constante de segunda ordem (k_1) e primeira ordem (k_{-1}). A convenção bioquímica é representar o equilíbrio de ligação como processos de dissociação, e, as-

---

*Tunelamento é um mecanismo (modelado como um coeficiente de transmissão) que descreve a transferência de H quando menos energia que o esperado é requerida (um atalho ou túnel é "escavado" abaixo da barreira de energia). Isso pode envolver transferência de H em duas partes inseparáveis, primeiro o núcleo seguido pelo elétron [49].

sim, a condição de equilíbrio para essa etapa de ligação do substrato é expressa como

$$\frac{[E]\times[S]}{[ES]} = \frac{k_{-1}}{k_1} = K_S \quad \text{(constante de dissociação ou de afinidade)} \quad (6.10)$$

Observe que um valor decrescente de K_S indica que existe uma proporção maior de enzima na forma ES, e que existe uma maior ligação ou afinidade entre E e S. O segundo estágio da reação enzimática é a etapa catalítica de $ES \rightarrow E + P$, caracterizada pela constante de taxa catalítica de primeira ordem, k_{cat}. Logo, a velocidade inicial (v) de uma reação enzimática pode ser representada como

$$v = \frac{dP}{dt} = k_{cat}[ES] \quad (6.11)$$

e se considera que a taxa de formação de P, nesse modelo, não perturba o equilíbrio de ligação entre E e S; sendo assim, é um modelo de referência de equilíbrio rápido para cinética enzimática.

Uma abordagem cinética alternativa considera que a velocidade de decomposição de ES para formar P pode influenciar a proporção ou a distribuição da enzima entre os estados livres de E e ES. Para conciliar esses fatos, pode-se considerar que, em um curto período de tempo de observação de uma reação, a [ES] não muda, ou a mudança é insignificante (isso é conhecido como a abordagem do estado estacionário, desenvolvida por G. Briggs e J. Haldane). Sob este cenário:

$$\frac{d[ES]}{dt} \approx 0 \quad (6.12)$$

Assim a taxa de formação de ES é equivalente à taxa de desaparecimento de ES. Como a formação de ES vem da ligação de S com E (passo k_1), e o desaparecimento de ES é explicado pela soma dos processos de dissociação ES (passos k_{-1} e k_{cat})

$$k_1[E] \times [S] = (k_{-1} + k_{cat})[ES] \quad (6.13)$$

Essa equação pode ser rearranjada como um processo de dissociação para

$$\frac{[E]\times[S]}{[ES]} = \frac{(k_{-1}+k_{cat})}{k_1} = K_M, \quad \text{constante de Michaelis} \quad (6.14)$$

Tal equação é similar à Equação 6.10, exceto pelo fato de permitir que [ES] seja ditada tanto pela via de dissociação quanto pela catalítica. Outro fator-chave para a relação entre K_S (Equação 6.10) e K_M (Equação 6.14) é a magnitude relativa de k_{-1} e k_{cat}. Se k_{cat} for de mais ou menos algumas ordens de grandeza de k_{-1}, então k_{cat} pode ser ignorado e a distribuição da enzima entre E e ES será ditada somente pelo equilíbrio de ligação, tornando K_M equivalente a K_S. Por outro lado, se k_{cat} estiver mais ou menos dentro de uma ordem de grandeza de k_{-1}, então a distribuição de equilíbrio de ligação prevista entre E e ES nunca será alcançada, pois a etapa k_{cat} é suficientemente rápida para reduzir ES a menos do que níveis de equilíbrio. Assim, neste caso, $K_M \neq K_S$ e K_M não indicam simplesmente afinidade. Considera-se que enzimas que se comportam dessa maneira seguem os modelos cinéticos do estado estacionário. K_M é referida como uma constante de pseudodissociação para ES, e possui as unidades de molaridade (M), assim como S (e K_S). Isso permite que o K_M e [S] sejam diretamente comparados, já que têm as mesmas unidades, e a utilidade dessa relação será mostrada mais tarde. Nos casos em que $k_{cat} \gg k_{-1}$, $k_{cat}/K_M = k_1$, isso indica que a reação é limitada pela etapa de associação. Como as constantes de taxa de associação para enzimas são frequentemente $\approx 10^7$ a 10^8 s^{-1} M^{-1}, a existência de condições de estado estacionário pode ser diagnosticada pela estimativa k_{cat}/K_M e os valores sendo 10^6 a 10^8 s^{-1} M^{-1} [43,151]. Muitas enzimas de oxirredução e isomerização exibem cinética do estado estacionário, ao passo que a maioria (mas não todas) as enzimas hidrolíticas, não (assim, para a maioria das enzimas hidrolíticas $K_M \approx K_S$, e K_M é geralmente uma medida da afinidade).

6.2.5.2 Expressões de velocidade para reações enzimáticas

As expressões de velocidade de reações enzimáticas podem ser planejadas, tomando-se relações de duas equivalências, a expressão de velocidade (Equação 6.11) e uma expressão para a conservação da enzima total (E_T):

$$\frac{v}{[E_T]} = \frac{k_{cat}\times[ES]}{([E]+[ES])} \quad (6.15)$$

A equação é muito simplificada se as espécies enzimáticas forem expressas apenas na forma [ES], o que pode ser feito com a reorganização da Equação 6.14 em $[E] = (K_M \times [ES])/[S]$ e substituindo por [E] na Equação 6.15. Considerando-se que o mais rápido que uma reação enzimática pode ocorrer ($V_{máx}$) é o momento em que toda enzima está na forma ES, então

$$V_{máx} = k_{cat} \times [E_T] \quad (6.16)$$

A Equação 6.15 agora é simplificada em

$$v = \frac{V_{máx} \times [S]}{(K_M + [S])} \quad (6.17)$$

Isso se torna uma relação muito poderosa em vários aspectos. Contanto que $V_{máx}$ e K_M sejam constantes, esta equação assume a forma de

$$y = \frac{ax}{(b+x)} \quad (6.18)$$

Tal equação, em que a e b são constantes, é definida como uma hipérbole retangular, e a cinética enzimática simples geralmente é chamada de cinética hiperbólica. A Equação 6.17 também ajuda a ilustrar como as taxas de reação enzimática são dependentes do substrato, e num baixo [S], $K_M \gg [S]$ e

$$v = \frac{V_{máx} \times [S]}{K_M} \quad (6.19)$$

Assim, quando S está em concentrações limitantes em direção à diluição infinita, a taxa da reação é caracterizada pela constante combinada $V_{máx}/K_M$, a reação é de primeira ordem em relação a S, e a reação enzimática em diluição [S] é descrita como

$$E + S \xrightarrow{V_{máx}/K_M} E + P \quad (6.20)$$

Esse modelo corresponde à capacidade de uma enzima de reconhecer e então transformar um substrato no estado diluído, o que fornece uma medida da "eficiência catalítica", quantificada pela constante $V_{máx}/K_M$ (também chamada de "constante de especificidade"). Comparações quantitativas da seletividade enzimática frente a múltiplos substratos, baseadas em valores de $V_{máx}/K_M$, permitem inferências de como a enzima reconhece os substratos (Seção 6.2.6). Como $V_{máx}/K_M$ são constantes, a comparação de constantes de seletividade é válida em todos os níveis de [S] entre os substratos competidores. No outro extremo, se $[S] \gg K_M$, então a Equação 6.17 é simplificada para

$$v = V_{máx} \quad (6.21)$$

Torna-se óbvio que a velocidade da reação é de ordem zero em relação a [S], e, sob essa condição, toda enzima está **saturada** com substrato, tal que a reação enzimática pode ser modelada simplesmente como

$$ES \xrightarrow{k_{cat}} E + P \quad (6.22)$$

A importância de tal situação é que a velocidade da reação é apenas dependente da $[E_T]$ (lembre-se da Equação 6.16), e que essa condição deve ser satisfeita se se deseja desenvolver um ensaio para a quantificação da atividade enzimática presente, como o caso em que a atividade enzimática é usada como indicador de eficácia de processo.

Podem existir casos em que as reações enzimáticas não sigam a cinética de Michaelis-Menten convencional, tanto porque o modelo não se aplica, como porque a habilidade de ajustar os dados experimentais ao modelo é obscurecida por outros fatores em jogo (p. ex., inibição de S, inibidor endógeno em S, diversas enzimas causando a mesma reação). Essas e outras complexidades podem ser reconciliadas por técnicas mais avançadas [31,122]. Em todo caso, o uso de termos como K_M é reservado apenas para situações em que o comportamento de Michaelis-Menten é validado; caso contrário, termos como $S_{0,5}$ e $K_{0,5}$ são recomendados como termos análogos.

Outros modelos e relações cinéticas aplicados com menos frequência em sistemas enzimáticos em alimentos não serão discutidos neste capítulo. Entretanto, eles são importantes para identificar e incluir reações de dois substratos com uma ordem de adição de substratos e/ou produtos compulsória ou aleatória, reações de equilíbrio e enzimas alostéricas [31,122].

6.2.5.3 Análise gráfica de reações enzimáticas

Entre os casos extremos de concentração infinita (saturação) e diluição infinita de S, é fácil predizer as taxas de reação enzimática se os valores relativos de $V_{máx}$, K_M e S são conhecidos; os dois últimos têm unidades de molaridade, tal que S pode ser expresso como múltiplos de K_M (xK_M). Se v é expresso como uma proporção de $V_{máx}$ (dividindo-se ambos os lados da Equação 6.17 por $V_{máx}$), a expressão de velocidade da reação enzimática é simplificada para

$$\frac{v}{V_{máx}} = \frac{xK_M}{(K_M + xK_M)} \quad (6.23)$$

Se substituirmos uma série de valores (1, 2, 3, etc., e 0,5, 0,33, 0,2, etc.) por "x" na Equação 6.23, pode-se construir uma relação cinética enzimática típica em função de [S] ou [S]/K_M, que produz uma hipérbole retangular (Figura 6.9; uma assíntota é $V_{máx}$, ao passo que a outra está em um valor S/K_M biologicamente irrelevante de –1). Essa figura mostra como a reação é de primeira ordem em relação a [S] com uma inclinação da tangente traçada em direção à diluição infinita de [S] equivalente a $V_{máx}/K_M$, conforme predito na Equação 6.19. A reação aproxima-se da ordem zero à medida que [S] aumenta e a saturação da enzima é aproximada. Além disso, tal gráfico pode ser construído após $V_{máx}$ e K_M serem determinados para uma reação enzimática, e deve haver um bom ajuste entre o comportamento observado e o previsto. Caso contrário, isso significa que a enzima não se comporta estritamente de acordo com o modelo de Michaelis-Menten, o que sugere maior complexidade na natureza da reação.*

A determinação de $V_{máx}$ (proporcional a k_{cat}) e K_M é importante para qualquer enzima de interesse, visto que são esses dois termos que permitem prever quão rápido a catálise ocorrerá ao longo de uma gama de condições de E e S. Uma aplicação particularmente útil de parâmetros cinéticos no processamento de alimentos deriva da forma integrada da expressão de velocidade de Michaelis-Menten:

$$V_{máx} \times t = K_M \times \ln\left(\frac{S_o}{S}\right) + ([S_o] - [S]) \quad (6.24)$$

---

*Muitas reações enzimáticas complexas, tais como reações com substratos múltiplos, apresentam cinética hiperbólica clássica desde que apenas um substrato seja limitante, ou variável para a reação, de tal modo que ela se comporta cineticamente como uma reação de substrato simples ou de "pseudoprimeira ordem".

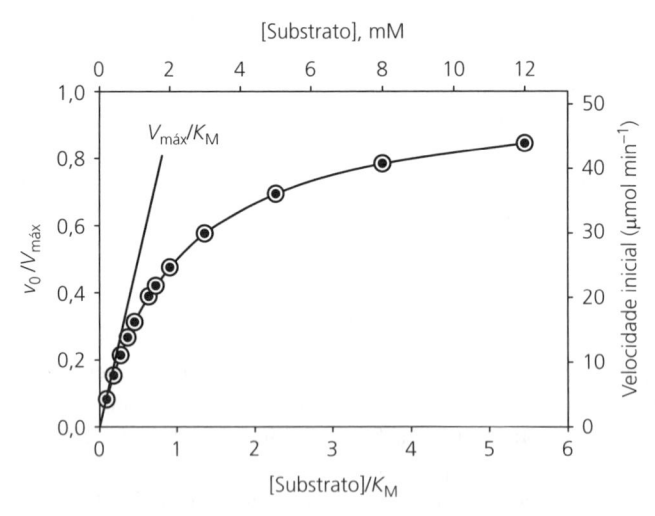

FIGURA 6.9 Cinética de Michaelis-Menten (hiperbólica). Supõe-se que a enzima hipotética tenha um $V_{máx}$ de 52 µmol/min e um K_M de 2,2 mM. Os símbolos brancos representam dados gráficos sobre a ordenada esquerda/eixo inferior; os símbolos pretos representam dados gráficos sobre a ordenada direita/eixo superior. O gráfico de linha curva representa ajuste de regressão não linear.

onde

S_o é a concentração inicial do substrato.
S é a concentração de substrato no tempo t.

O tempo necessário para uma conversão fracionária desejada (X) do substrato [$X = (S_o - S)/S_o$] é

$$t = SX + K_M \times \frac{\ln[1/(1-X)]}{V_{máx}} \qquad (6.25)$$

Essa relação pode fornecer uma estimativa razoável da quantidade de enzima (termo $V_{máx}$) que deve ser adicionada para se alcançar uma extensão específica de reação dentro de determinado período de tempo (tal como em uma situação de processamento). Essa equação pode apenas fornecer estimativas aproximadas, pois existem muitas razões pelas quais as atividades enzimáticas podem se desviar do curso previsto, e elas incluem o esgotamento de correatantes/substrato, inibição do produto, inativação progressiva da enzima e mudança nas condições que afetam o progresso da reação, entre outros.

As constantes de velocidade derivadas da equação de Michaelis-Menten têm outros significados. A constante de primeira ordem k_{cat} refere-se apenas ao comportamento de ES e outras espécies semelhantes (outros intermediários mais o complexo enzima-produto, EP). Lembre-se de que essa constante também é chamada de número de renovação da enzima. K_M, a **constante de Michaelis**, geralmente é chamada de **constante aparente de dissociação**, pois tal constante pode representar o comportamento de espécies de múltiplas enzimas ligadas (ver Figura 6.3 como exemplo). O nome "aparente" também deriva da K_M, sendo frequentemente determinada por dados experimentais, gerando gráficos v *versus* [S] e não pela determinação direta de constantes de taxa compostas (k_1, k_{-1}, k_{cat}). K_M é a concentração de substrato em que a enzima reage em ½ $V_{máx}$ e é meio saturada por substrato. K_M é teoricamente independente de [E], embora o comportamento anômalo possa ocorrer, principalmente em sistemas enzimáticos concentrados e complexos. Por último, a comparação de K_M com [S] em uma matriz alimentar pode ser bastante reveladora. Metabólitos intermediários em sistemas celulares geralmente estão presentes em concentrações no intervalo de K_M, pois isso permite o controle detalhado das reações nas quais a atividade pode aumentar ou diminuir com uma mudança sutil de [S] [131]. Ao contrário, se [S] $\gg K_M$ em sistemas celulares, isso implica que alguma barreira à atividade enzimática sobre esse substrato deve existir (como separação física ou "compartimentalização") para a condição de [S] $\gg K_M$ persistir. Enquanto K_M para muitas enzimas e seus substratos está na faixa de 10^{-6} a 10^{-2} M, alguns valores de K_M podem ser bastante altos, como 40 mM para glicose oxidase em glicose, 250 mM para xilose (glicose) isomerase em glicose e 1,1 M na catalase em H_2O_2 [154]. A constante de taxa aparente de segunda ordem, k_{cat}/K_M (proporcional a $V_{máx}/K_M$), refere-se às propriedades da enzima livre (lembre-se da Equação 6.20) e também é chamada de "constante de especificidade". A magnitude dessa constante não pode ser maior que qualquer outra constante de segunda ordem para o sistema enzimático e, como tal, representa um valor mínimo para a constante de associação (etapa k_1 da Equação 6.9) para um sistema enzima-substrato.

6.2.5.3.1 Propriedades críticas de ensaios enzimáticos

Uma vez entendido que a caracterização cinética das reações enzimáticas auxilia a conduzir seu uso e controle em matrizes alimentares, é igualmente importante entender como derivar tais constantes com precisão e confiabilidade. A abordagem tradicional é coletar observações experimentais sobre como a velocidade da reação (v) varia com [S] (como na Figura 6.9). O progresso da reação pode ser monitorado usando-se métodos contínuos ou descontínuos, em que P se acumula no tempo, para gerar um conjunto de dados de reação (Figura 6.10). Um dos fatores mais críticos é garantir que **taxas lineares** ou **velocidades iniciais** (v_o) estejam sendo medidas, uma vez que as expressões de velocidade desenvolvidas com base nos modelos de Michaelis-Menten (e muitos outros modelos cinéticos) são válidas apenas para um nível inicial específico de substrato [S_o], e não conforme [S] diminui. Na prática, isso é alcançado ao permitir que não mais que 5 a 10% da [S] original seja consumido durante o período de observação [30]. Isso é especialmen-

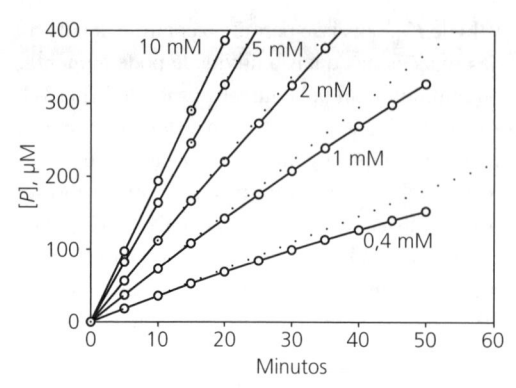

FIGURA 6.10 Curvas de progresso de reações enzimáticas em função de [S]. O progresso da reação é baseado nos parâmetros hipotéticos da enzima na legenda da Figura 6.9 e aparece como linhas sólidas e de símbolos. As tangentes para a velocidade inicial ou a parte "linear" das curvas aparecem como linhas pontilhadas.

te importante a um baixo [S] inicial ($[S_o] < K_M$), em que a taxa de reação se aproxima de primeira ordem em relação a [S]. Mesmo nesse caso, ainda é possível estimar a taxa linear ou v_o desenhando uma tangente e linearizando a porção inicial da curva de progresso da reação (ver Figura 6.10). Há menos oportunidades para a reação se desviar da linearidade em $[S_o] \gg K_M$, uma vez que a reação permanecerá quase em ordem zero com relação a [S] mesmo após > 10% de depleção de $[S_o]$. Além das complicações da dependência das taxas de reação quando $[S] < K_M$, um maior **grau de erro** é geralmente encontrado ao se medir as taxas de reação mais lentas dentro de uma faixa de [S], com base nos limites de sensibilidade do método (analítico) do ensaio.

6.2.5.3.2 Estimativa de K_M e $V_{máx}$

Uma maneira comum de estimar K_M e $V_{máx}$ a partir de dados de taxas experimentais é usando qualquer uma das três transformações lineares da expressão original da taxa de Michaelis-Menten (Equação 6.17, Figura 6.11). Embora essas transformações tomem formas diferentes, elas são matematicamente equivalentes, devendo gerar resultados idênticos, usando-se dados precisos. Entretanto, todas as observações experimentais têm um erro associado, e tais erros podem diferenciar forças e fraquezas em métodos lineares alternativos. A transformação linear mais comumente utilizada (e mal utilizada) é o gráfico do duplo recíproco (Lineweaver-Burk) [46,57]. A principal limitação desse gráfico é que o peso maior está nos pontos de dados mais fracos do conjunto (p. ex., as menores [S] estudadas estão sujeitas a maior % de erro), e o grau de incerteza (erro, ao longo do eixo Y) é aumentado pela natureza recíproca das coordenadas (Figura 6.11b). Dessa forma, mesmo um simples erro ou incerteza podem influenciar bastante a localização da linha de regressão. Lineweaver e Burk reconheceram que o "peso" apropriado das coordenadas deve ser exercido, porém isso é altamente ignorado hoje. O gráfico de Hanes-Woolf é oposto ao gráfico do duplo-recíproco pelo fato de que ele dá mais ênfase (peso) aos pontos de dados menos onerados com erro (com maior [S] no conjunto) (Figura 6.11d). Entretanto, isso também cria um viés gráfico dentro do conjunto de dados em direção à parte $[S] > K_M$ da curva. Finalmente, o gráfico de Eadie-Scatchard coloca uma distribuição de peso similar sobre cada ponto do conjunto de dados, mas sofre de erro (incerteza) encontrado sobre ambos os eixos, pois a variável dependente (v_o) constitui um fator em cada um deles (Figura 6.11c). Este gráfico linear também é útil à medida que permite a identificação mais fácil de pontos de dados "discrepantes" em relação aos outros gráficos (o ponto no v_o mais baixo é destacado).

Independentemente do gráfico utilizado, o conjunto de dados deve incluir observações que incluam um bom equilíbrio de [S] acima, abaixo e próximo de K_M [31,122]. Isso evita que o conjunto de dados seja muito inclinado para a região superior ou inferior da curva hiperbólica (Figura 6.9). Mais precisamente, é a resposta da taxa de reação à região onde $[S]/K_M$ varia de 0,2 a 4 que é mais importante e serve para definir a curvatura do gráfico e o quão dependente de [S] é a taxa. Transformações lineares não são o único meio de se estimar constantes cinéticas de reações enzimáticas. Os dados experimentais podem ser ajustados a uma hipérbole retangular, um ajuste de regressão não linear específico (Equação 6.17; Figuras 6.9 e 6.11a) para obter estimativas dos valores K_M e $V_{máx}$ diretamente do conjunto de dados original (não transformado). Essa curva também

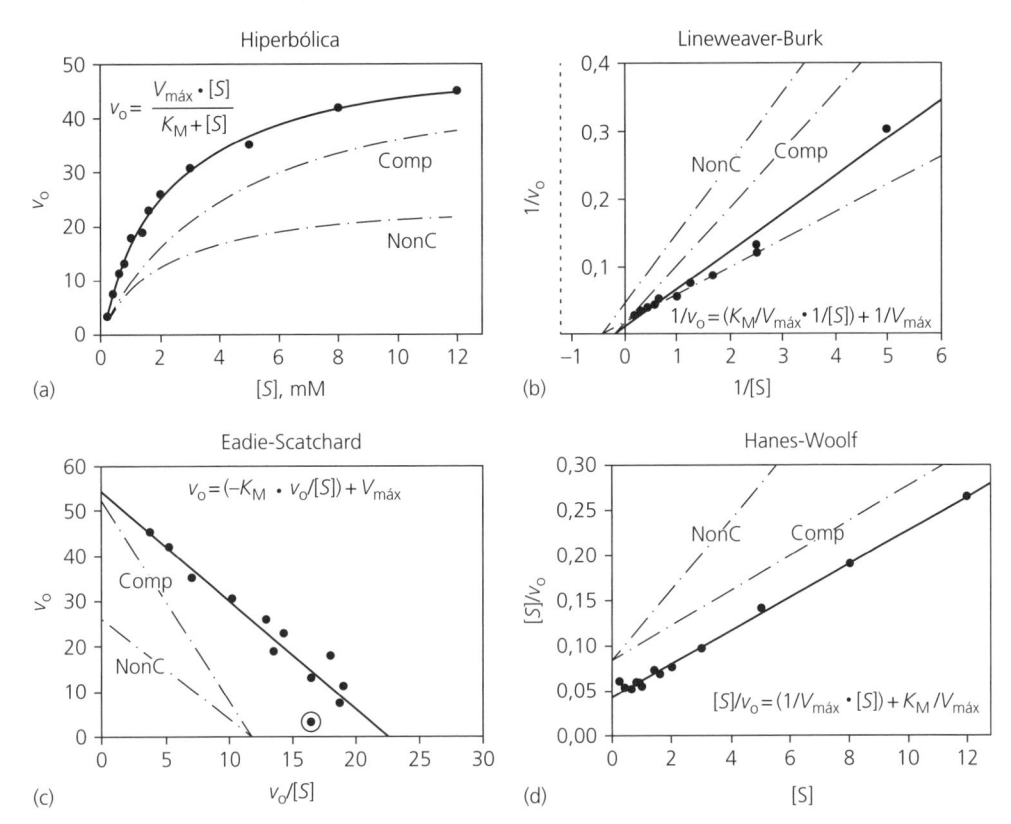

FIGURA 6.11 Gráficos de transformação hiperbólica e linear de dados de velocidade enzimática. (a) Hiperbólica, (b) Lineweaver-Burk, (c) Eadie-Scatchard, (d) Hanes-Woolf. Observações experimentais hipotéticas para uma enzima com parâmetros cinéticos que se aproximam daqueles na legenda da Figura 6.9 aparecem como gráficos de linha sólida e símbolos mais bem ajustados. As equações para todos os gráficos lineares estão expressas na forma de $y = mx + b$. Os gráficos de linhas tracejadas ponto e traço são para os tipos de inibição modelados na Figura 6.12, assumindo valores (de inibidor) e K_I de 0,8 mM e 0,5, respectivamente, para inibição competitiva (Comp) e não competitiva (NonC). A linha tracejada no painel (b) é a reação não inibida corrigida para pontos de dados "discrepantes" observados no mais baixo (substrato) avaliado; o ponto discrepante é identificado no painel (c).

permite estimativas visuais razoáveis de K_M e $V_{máx}$ e quão bem os dados reais estão em conformidade com a curva ajustada.

Os gráficos lineares também têm utilidade na caracterização da ação de inibidores (I) de reações enzimáticas (Figura 6.11, gráficos de linhas tracejadas). Os dois tipos comuns de inibição são competitiva e não competitiva (Figura 6.12). Os inibidores competitivos têm estruturas que se assemelham às dos substratos e interferem com a ligação S no sítio ativo, fazendo a reação enzimática se comportar como tendo um valor K_S ou K_M elevado (sem afetar a etapa k_{cat} ou o valor $V_{máx}$). Por outro lado, os inibidores não competitivos não interferem na ligação S (não têm impacto dos valores de K_S ou K_M), mas efetivamente "envenenam" a enzima, reduzindo a $V_{máx}$ a uma proporção equivalente à quantidade de enzima ligada ao inibidor ([EI] + [ESI]) a uma dada [I] e respectiva constante de dissociação do inibidor (K_I) no sistema. O efeito de um inibidor competitivo pode ser melhorado pela adição de excesso [S] para "superar a competição" do inibidor e puxar o equilíbrio da reação em direção a ES e $ES \rightarrow E + P$. Em contrapartida, isso não ocorre para o inibidor não competitivo, uma vez que este pode se ligar tanto a E quanto a ES, e, portanto, a quantidade de [$EI + ESI$] não é afetada por [S] num determinado [I]. Uma inspeção rigorosa das inclinações e interceptações correspondentes das linhas representando os dois tipos de inibição

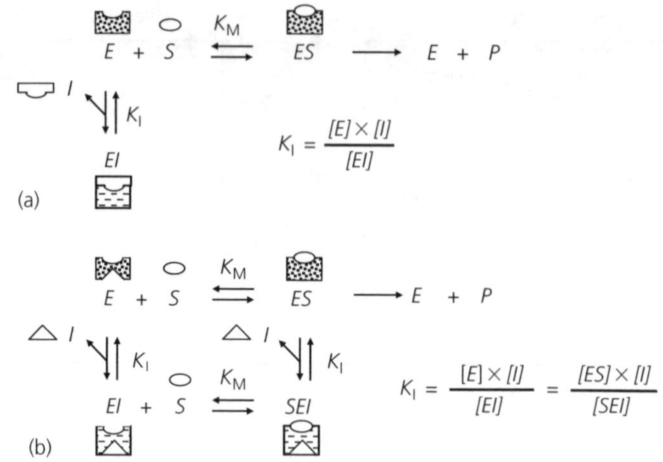

(a)
$$E + S \overset{K_M}{\rightleftharpoons} ES \longrightarrow E + P$$
$$\downarrow I \quad \updownarrow K_I$$
$$EI$$
$$K_I = \frac{[E] \times [I]}{[EI]}$$

(b)
$$E + S \overset{K_M}{\rightleftharpoons} ES \longrightarrow E + P$$
$$\downarrow I \; \updownarrow K_I \qquad \downarrow I \; \updownarrow K_I$$
$$EI + S \overset{K_M}{\rightleftharpoons} SEI$$
$$K_I = \frac{[E] \times [I]}{[EI]} = \frac{[ES] \times [I]}{[SEI]}$$

FIGURA 6.12 Modelos para inibição simples (a) competitiva e (b) não competitiva de reações enzimáticas.

nos gráficos lineares (Figura 6.11b até d) revela que $V_{máx}$ permanece constante, ao posso que a K_M aumenta para inibição competitiva, $V_{máx}$ diminui e K_M permanece constante, para inibição não competitiva em relação às reações sem inibidor. As equações para os valores de K_I para esses tipos de inibição aparecem na Figura 6.12, e os valores de K_M e $V_{máx}$ são modificados pelo fator de $(1 + [I]/K_I)$, conforme apropriado [31,122].

Outros tipos menos comuns de inibição incluem inibidores (substratos) suicidas que se ligam ao sítio ativo e são transformados pela enzima em derivados que reagem com a enzima e a desativam, e inibidores acompetitiva que apenas se ligam a espécies ES e inibem a ação enzimática. Relatos de inibição acompetitiva devem ser tratados com grande ceticismo, uma vez que existem poucos casos documentados desse tipo de comportamento [31].

6.2.6 Especificidade e seletividade da reação enzimática [43]

Embora os termos especificidade e seletividade na maioria das vezes sejam usados intercambiavelmente, tais termos relacionam-se com o **poder discriminatório** da ação enzimática. As enzimas podem fazer a discriminação entre substratos competidores com base em afinidades diferenciais de ligação e facilidade de catálise. Uma enzima pode ser **específica** se reagir apenas com substratos que tenham certo tipo de ligação química (p. ex., peptídeo, éster, glicosídeo) ou grupo químico (p. ex., aldo-hexose, álcool, pentadieno), ou pode exibir especificidade (quase) absoluta quando uma única reação química é catalisada para substrato(s) definido(s). Além disso, as enzimas também podem exibir especificidade por produto e especificidade estereoquímica. Portanto, pode-se considerar especificidade como o significado da natureza geral e/ou exclusiva do tipo de reação enzimática catalisada. O termo **seletividade** refere-se à preferência relativa ou à reatividade de uma enzima frente a substratos similares, competidores, indexados de acordo com $V_{máx}/K_M$ (Seção 6.2.5). Para o leitor casual, o uso intercambiável dos termos especificidade e seletividade é aceitável.

6.2.6.1 Padrões de especificidade de enzimas alimentares selecionadas

6.2.6.1.1 Enzimas proteolíticas

Alguns dos primeiros (e considerados clássicos) trabalhos sobre o papel de sítios não catalíticos das enzimas no reconhecimento de S envolvem a papaína (EC 3.4.22.2), que é a cisteína protease do látex do mamão papaia com aplicação comercial como agente de amaciamento de carne. Usando-se uma série de substratos peptídicos sintéticos, diferentes sítios da enzima e substratos foram "mapeados" [118,119], e a base da seletividade enzimática foi inferida a partir da reatividade relativa dos membros dessa série de substratos (Figura 6.13).

O formalismo desenvolvido hoje é aplicado a todas as reações protease-peptídeo. A ligação cindível de substratos peptídicos é designada como aquela que liga os resíduos P_1 e P_1', ao passo que outros resíduos de substrato de aminoácidos são sequencialmente designados como $P_2, P_3 \ldots P_i$ em direção ao N-terminal e $P_2', P_3' \ldots P_i'$ em direção ao C-terminal. Os locais correspondentes da papaína que interagem com os subsítios do substrato são designados S e S' com os mesmos códigos numéricos que os resíduos correspondentes do substrato. Enquanto a série P de resíduos do substrato corresponde a aminoácidos únicos, um ou vários resíduos de aminoácidos podem compartilhar e ocupar um mesmo "espaço" S_x para interagir coletivamente com um resíduo correspondente do substrato. Os dados de seletividade usados para "mapear" os resíduos importantes da papaína também são mostrados na Figura 6.13.

Enquanto se considera que a papaína tem uma ampla seletividade para hidrolisar ligações peptídicas, esse estudo mostrou a evidente preferência por substratos com PHE (resíduo aromático/apolar) no sítio P_2 do substrato (outros substratos examinados não foram incluídos na figura). Como resultado, embora a PHE não faça parte da ligação peptídica hidrolisada, a enzima exibe preferência no reconhecimento da PHE no sítio S_2, o que determina qual ligação peptídica é registrada como a ligação cindível. Infere-se que o "espaço" do subsítio S_2 da papaína é ocupado por resíduo(s) igualmente hidrofóbico(s) e que a interação entre os resíduos P_2 e S_2 é a maior contribuição para a seletividade da papaína para hidrólise da ligação peptídica. O sítio ativo da papaína é composto por uma fenda profunda com os resíduos catalíticos CYS_{25} e HIS_{159} em lados opostos da fenda [126]. Imagina-se que até sete resíduos apolares de ambos os lados da fenda componham o espaço S_2 da papaína. Em comparação, as serina proteases exibem principalmente seletividade de substrato por intermédio de interações nos (sub)sítios S_1/P_1, e os resíduos de aminoácidos críticos e a seletividade de ligação resultante para tripsina, quimotripsina e elastase são conferidos, em grande parte, por fatores estéricos e eletrostáticos, como mostrado na Figura. 6.14.

Talvez nenhuma enzima seja mais conhecida por sua seletividade de reação do que a quimosina protease ácida (EC 3.4.23.4, também chamada de renina), que é usada exclusivamente para fabricação de queijos. A preparação bruta da enzima, chamada de "coalho", é obtida do estômago de terneiros jovens, sendo altamente seletiva para a hidrólise da ligação PHE_{105}–MET_{106} da κ-caseína durante a fase inicial de coagulação do leite para a fabricação de queijo. Estudos cinéticos da ação da quimosina sobre peptídeos sintéticos que modelam partes do substrato κ-caseína revelaram fatores responsáveis por sua seletividade (Tabela 6.4). Inicialmente, verificou-se que a quimosina é uma endopeptidase seletiva de tamanho, requerendo pelo menos um pentapeptídeo para atividade, na qual PHE ou MET não podem ser o resíduo terminal (dados não mostrados na Tabela 6.4). Portanto, a reatividade, assim como fragmentos de peptídeos (a) e (b), representam uma referência ou um nível basal de atividade da quimosina

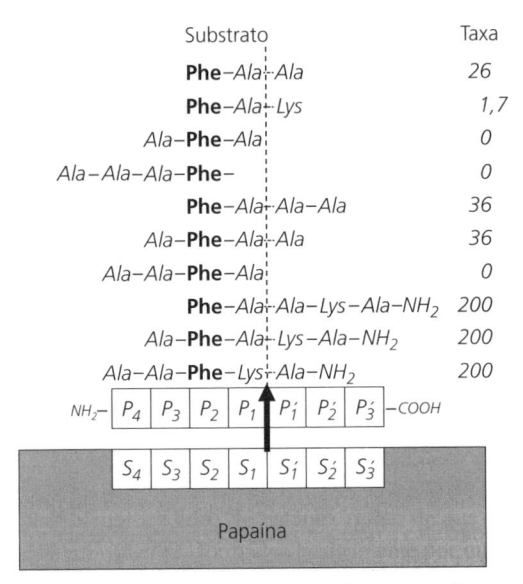

Substrato	Taxa
Phe–Ala┊Ala	26
Phe–Ala┊Lys	1,7
Ala–**Phe**–Ala┊	0
Ala–Ala–Ala–**Phe**–	0
Phe–Ala┊Ala–Ala	36
Ala–**Phe**–Ala┊Ala	36
Ala–Ala–**Phe**–Ala┊	0
Phe–Ala┊Ala–Lys–Ala–NH_2	200
Ala–**Phe**–Ala┊Lys–Ala–NH_2	200
Ala–Ala–**Phe**–Lys┊Ala–NH_2	200

$NH_2-\;|\;P_4\;|\;P_3\;|\;P_2\;|\;P_1\;|\;P_1'\;|\;P_2'\;|\;P_3'\;|-COOH$

$|\;S_4\;|\;S_3\;|\;S_2\;|\;S_1\;|\;S_1'\;|\;S_2'\;|\;S_3'\;|$

Papaína

FIGURA 6.13 "Mapeamento" de substrato do sítio ativo da papaína por análise cinética com uso de substratos peptídicos. (Dados selecionados e adaptados de Schechter, I. e Berger, A., *Biochem. Biophys. Res. Commun.*, 27, 157, 1967; Schechter, I. e Berger, A., *Biochem. Biophys. Res. Commun.*, 32, 898–912, 1968.) As velocidades de reação estão normalizadas pelo autor, uma vez que a reatividade dos substratos foi determinada por análise de ponto final após diferentes tempos de incubação (as velocidades iniciais não foram medidas). A seta e a linha tracejada indicam o alinhamento da ligação peptídica a ser hidrolisada.

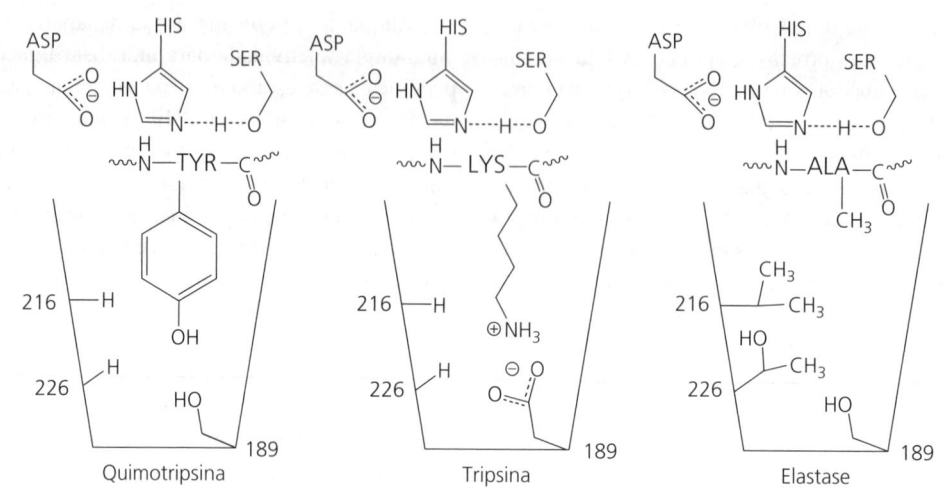

FIGURA 6.14 Bolsas de ligação do substrato para serina proteases. A cadeia lateral de aminoácido P_1 preferencial é mostrada nas bolsas de ligação com outras cadeias laterais de aminoácidos da enzima nos locais 216, 226 e 189. (Adaptada de Fersht, A., *Enzyme Structure and Mechanism,* 2nd edn., W.H. Freeman & Company, New York, 1985; Whitaker, J.R., *Principles of Enzymology for the Food Sciences,* 2nd edn., Marcel Dekker, New York, 1994.)

sobre a ligação PHE-MET em peptídeos de tamanho mínimo. A extensão do peptídeo em direção ao C terminal da κ-caseína (substratos (c) até (g)) aumenta a seletividade da reação (k_{cat}/K_M) em direção à ligação PHE-MET em 2 a 3 ordens de magnitude sobre o substrato (b), com maior impacto na elevação de k_{cat} do que na redução de K_M, embora ambos os parâmetros sejam afetados. Isso demonstra o importante papel que os resíduos de ILE-PRO-PRO$_{108-110}$ têm no reconhecimento do substrato e, principalmente, na estabilização do estado de transição, com a rigidez dos resíduos PRO desempenhando um papel fundamental, podendo impor deformação/distorção. Para o substrato κ-caseína completo, resíduo PRO pode ajudar a expor a ligação hidrolisável à protease (Capítulo 14). Do mesmo modo, a extensão do substrato peptídico no sentido do N-terminal (substratos (h) e (i)) aumenta a seletividade em duas ordens de grandeza. Isso é quase exclusivamente realizado pela afinidade aumentada (ligação) do substrato à enzima, pois a K_M

TABELA 6.4 Interações enzima-substrato envolvidas na seletividade da quimosina para a ligação PHE-MET da κ-caseína

κ-Caseína	100	Peptídeo 105 ↓ 106	110	k_{cat} (s^{-1})	K_M (mM)	k_{cat}/K_M (s^{-1} mM^{-1})
Ref	His-Pro-His-Pro-His-Leu-Ser-Phe-Met-Ala-Ile-Pro-Pro-Lys-Lys					
a	Ser-Phe-Met-Ala-Ile-OMe			0,33	8,5	0,04
b	Leu-Ser-Phe-Met-Ala-OMe			0,58	6,9	0,08
c	Leu-Ser-Phe-Met-Ala-Ile-OMe			18,3	0,85	21,6
d	Leu-Ser-Phe-Met-Ala-Ile-Pro-OMe			38,1	0,69	55,2
e	Leu-Ser-Phe-Met-Ala-Ile-Pro-Pro-OMe			43,3	0,41	105
f	Leu-Ser-Phe-Met-Ala-Ile-Pro-Pro-Lys-OH			33,6	0,43	78,3
g	Leu-Ser-Phe-Met-Ala-Ile-Pro-Pro-Lys-Lys-OH			29,0	0,43	66,9
h	His-Pro-His-Pro-His-Leu-Ser-Phe-Met-Ala-Ile-Pro-Pro-Lys-OH			66,2	0,026	2.510
i	His-Pro-His-Pro-His-Leu-Ser-Phe-Met-Ala-Ile-Pro-Pro-Lys-Lys-OH			61,9	0,028	2.210

Fonte: Visser, S., *Neth. Milk Dairy J.,* 35, 65, 1981.

diminui, ao passo que há pouca mudança na k_{cat}. O aglomerado positivamente carregado de resíduos $HIS_{98,100,102}$ no pH da reação ajuda a "congelar" o substrato no sítio ativo, coordenando-se com grupos eletronegativos correspondentes na enzima nos subsítios S_8-S_6-S_4, proporcionando atração eletrostática. Este exemplo demonstra como a estrutura do substrato pode aumentar a seletividade da reação por meio de interações de longo alcance com a enzima, neste caso, aumentando a seletividade (k_{cat}/K_M) em ≈ 5 ordens de grandeza na ligação cindível. Esse exemplo também explica por que tem sido desafiador identificar e usar "coalhos microbianos" (substitutos da quimosina) para a produção de queijos, pois as proteases alternativas geralmente têm relação atividade coagulante/atividade proteolítica mais baixa (0,10–0,52) do que a quimosina (1,4), o que leva à degradação contínua do coalho (comprometendo a qualidade da textura) e ao amargor indesejável conforme o queijo matura [73].

6.2.6.1.2 Glicosil hidrolases (glicosidases) [126,154,159]

As glicosil hidrolases agem sobre ligações glicosídicas em di, tri e polissacarídeos. A natureza e a extensão do reconhecimento enzima-substrato e o mapeamento de subsítios têm sido bastante estudados entre esse grupo de enzimas. Exemplos incluem a glucoamilase, uma hidrolase de exoatuação que libera unidades de glicose individuais a partir da extremidade não redutora de malto-oligossacarídeos α,1→4 lineares ligados; a lisozima, uma hidrolase de endoatuação que reconhece um repetido heterodímero α,1→4-ligado de [*N*-acetilglucosamina (NAG) → ácido *N*-acetilmurâmico (NAM)]$_n$; e a α-amilase, uma hidrolase de endoação que cliva aleatoriamente segmentos lineares de α,1→4 ligados a segmentos de [glicose]$_n$ no amido (Figura 6.15). Análogos ao mapeamento do sítio ativo de proteases, os subsítios de ligação de substrato das glicosil hidrolases são mapeados como (–*n*...–2, –1, +1, +2 ... +*n*) [35]. A hidrólise ocorre na ligação glicosídica do resíduo que fornece o grupo carbonil ao subsítio –1 e o grupo álcool ao subsítio +1. A interação enzima-substrato em um ou em ambos os subsítios (principalmente –1) pode contribuir para uma mudança de energia livre desfavorável de associação (+ΔG_S). Isso deveria ser esperado, já que as ligações do substrato a serem transformadas necessitam ser elevadas a um estado de transição. De certa forma, a interação nos subsítios ao redor do(s) resíduo(s) transformado(s) contribui para ΔG_S de ligação favorável (negativa), e essa energia de ligação pode ser usada para facilitar a catálise. A extensão da interação do subsítio enzima-substrato é "mapeada" ou confinada ao lugar onde a distância adicional do comprimento do substrato em direção aos subsítios +*n* ou –*n* não tem impacto sobre os parâmetros da catálise. No caso específico da glicoamilase (Figura 6.15a), os sítios de +1 a +3 aumentam tanto a ligação quanto a catálise, ao passo que os outros sítios servem para aumentar a ligação e têm pouco efeito sobre a catálise.

Para a lisozima (Figura 6.15b), as interações com resíduos nos subsítios –2 e +1 são essenciais no aumento da reatividade, porém, mesmo interações nos subsítios mais remotos, –4 e +2, têm efeitos consideráveis sobre a catálise [43,151,159]. Ligações de H são um fator primordial no reconhecimento enzima-substrato, sobretudo entre resíduos –4/–3 e de ASP_{101} do substrato. A estrutura do substrato também é importante, pois o grupo volumoso do resíduo NAM é preferido como subsítio –1; as porções lactil do NAM estão estericamente impedidas de ocupar os subsítios de ligação enzimática –4, –2 e +1. Para a α-amilase (Figura 6.15c), os resíduos imediatamente adjacentes (–2/+2) à unidade de maltose cindível (–1/+1) fornecem maiores ΔG_S para ligação e aceleração da catálise. Um grau adicional de polimerização (DP) continua a aumentar a ligação (K_M) mais do que a catálise (k_{cat}). Em todos os três exemplos, as interações remotas enzima-substrato fornecem a energia necessária à estabilização do estado de transição no sítio ativo.

6.2.6.1.3 Enzimas modificadoras de lipídeos

Para lipases, existem sítios de ligação tanto para a porção acil como para a porção álcool do éster a ser hidrolisado, sendo que cada sítio possui dois subsítios (Figura 6.16a) [63]. Esses sítios estão alinhados com resíduos hidrofóbicos e a seletividade é conferida pelo volume das bolsas de ligação. Por exemplo, o tamanho grande (L_A) e mé-

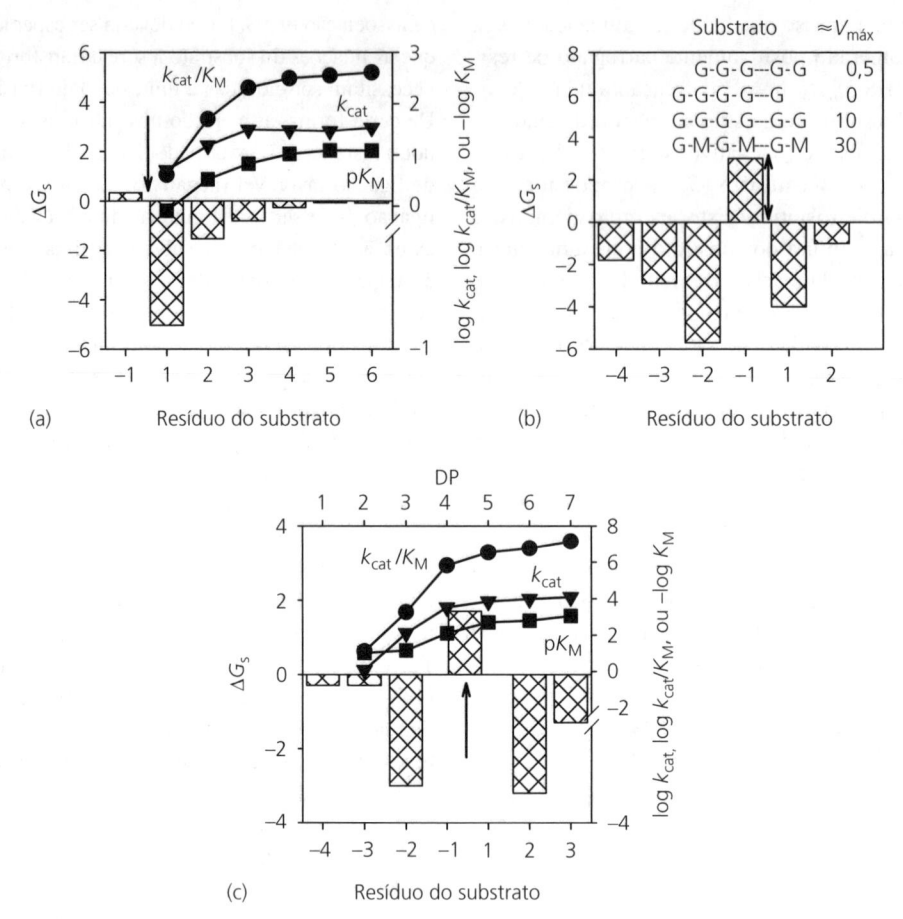

FIGURA 6.15 Mapeamento de subsítios de substrato de glicosil hidrolases por análise cinética. A atividade foi analisada para uma série de oligômeros de 1 a 7 unidades de glicose com ligações α-1,4 para (a) glicoamilase e (c) α-amilase. A maltose é o menor substrato para ambas as enzimas, mas a ligação da glicose ocorre para a glicoamilase. Para a glicoamilase, as constantes cinéticas coincidem com o tamanho do substrato, aumentando de –1 para n; para a α-amilase, as constantes cinéticas coincidem com o DP dos oligômeros; para a (b) lisozima, a constante cinética é para substratos-modelo em que G = N-acetilglicosamina e M = ácido N-acetilmurâmico. As estimativas de ΔG_s coincidem com cada subsítio, e as setas indicam a ligação cindível. (Dados obtidos de Christophersen, C. et al., *Starch/Stärke*, 50(1, Suppl), 39, 1998; Meagher, M.M. et al., *Biotechnol. Bioeng.*, 34, 681, 1989; Nitta, Y. et al., *J. Biochem.*, 69, 567, 1971.)

dio (M_A) dos subsítios acila da lipase de *Candida rugosa* são compatíveis com os tamanhos respectivos dos grupos n-acila C8 e C4 (Figura 6.16b; [96]), resultando em forte preferência de reatividade para tais grupos acila (mas não para o grupo n-acil C6 relacionado). Muitas lipases exibem múltiplos ótimos para comprimento da cadeia de ácidos graxos [2,74,108]. O grupo álcool do substrato éster se liga a um sítio exposto ao solvente, abrangendo os subsítios que hospedam os grupos constituintes grande (L_{alc}) e médio (M_{alc}) da porção álcool (e grupo retirante; Figura 6.16a). Pelo menos três resíduos de aminoácidos das lipases (adjacentes aos resíduos SER/HIS catalíticos e aos grupos amida estabilizadores do oxiânion) interagem com o grupo M_{alc} para conferir seletividade ao grupo álcool [63]. Outras propriedades dos sítios de ligação do substrato das lipases, incluindo acessibilidade, volume e topografia, conferem regiosseletividade aos grupos éster (Figura 6.16c, como *sn*-1,3-regioespecífico ou inespecífico), bem como seletividade de ácido graxo (p. ex., saturado vs. insaturado)

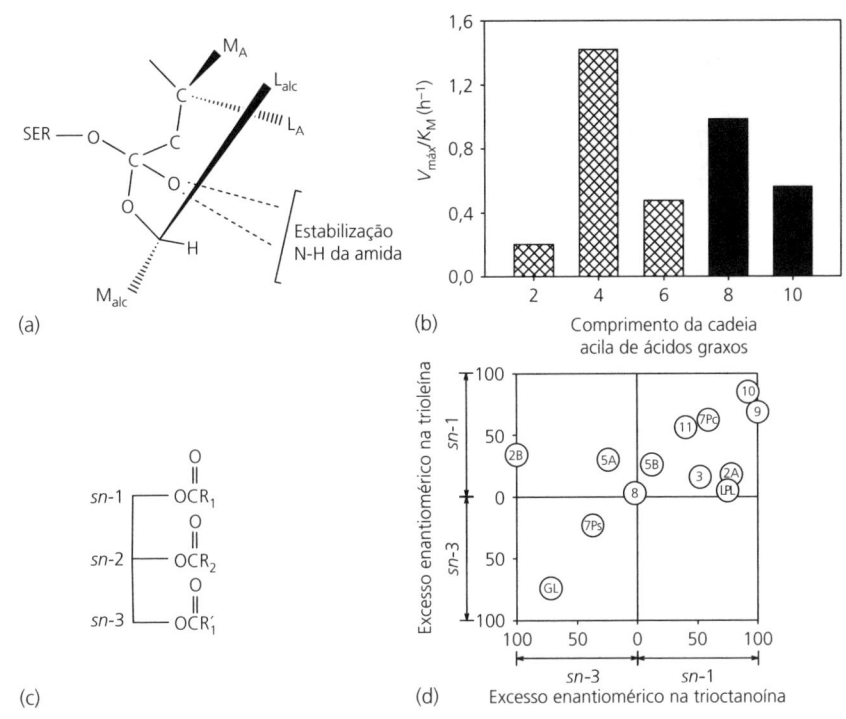

FIGURA 6.16 Características da seletividade de substratos de lipases. (Dados e figuras adaptados de Kazlauskas, R.J., *Trends Biotechnol.*, 12, 464, 1994; Parida, S. e Dordick, J.S., *J. Org. Chem.*, 58, 3238,1993; Rogalska, E. et al., Chirality, 5, 24, 1993.) Os painéis denotam: (a) sítios de reconhecimento de substrato, (b) seletividade de comprimento de cadeia acila, (c) numeração estereoespecífica de glicerolipídeos, (d) estereosseletividade de algumas lipases em substratos-modelo. Diferentes barras sombreadas no painel (b) indicam diferentes vieses espaciais na reação entre substratos ácidos graxos rac-α-hidroxilados. A codificação numérica para lipases no painel (d) aparece na Tabela 6.8, na qual uma letra maiúscula que a acompanha refere-se a uma isoforma da enzima. LPL, lipoproteína lipase do leite; GL, lipase gástrica humana; 7Ps, lipase de *Penicillium simplicissimum*; 7Pc, lipase de *Penicillium camemberti*.

[2,74,108]. A contribuição relativa de todos esses fatores de seletividade em grupos acila e álcool governa a estereoespecificidade (quase todos os triacilgliceróis mistos são quirais); e uma investigação com o uso de dois substratos-modelo (trioleína e trioctanoína) mostra a gama de estereosseletividade entre lipases e como isso pode ser influenciado pela estrutura do substrato (Figura 6.16d).

Um amplo escopo de fatores confere seletividade às lipoxigenases, que reagem exclusivamente com o grupo 1,4-pentadieno de ácidos graxos poli-insaturados, representados pelo ácido linoleico ($18:2_{9c,12c}$) [88]. A seletividade posicional (regiosseletividade) na oxigenação do ácido araquidônico ($20:4_{5c,8c,11c,14c}$) tem emergido como uma base para a classificação das lipoxigenases (como 5-LOX, 8-LOX, 9-LOX, 11-LOX, 12-LOX, 15-LOX). As lipoxigenases possuem duas cavidades que fornecem acesso ao sítio ativo. Uma longa cavidade em forma de funil é revestida com resíduos hidrofóbicos com ILE_{553} e TRP_{500}, controlando o acesso de O_2 ao sítio ativo [88,105]. A outra cavidade também é revestida com resíduos neutros e hidrofóbicos e se curva para formar uma bolsa em forma de "U" ou em forma de "bota" próxima ao centro ativo, que hospeda o substrato do ácido graxo (Figura 6.17).

As lipoxigenases são seletivas para a oxigenação do carbono do pentadieno nas posições [−2] ou [+2] a partir do carbono metilênico (local da abstração de H), em relação ao ácido carboxílico terminal [62]. Isso reflete uma diferença básica na especificidade do produto da lipoxigenase em como ela "conta carbonos" baseando-se em se a

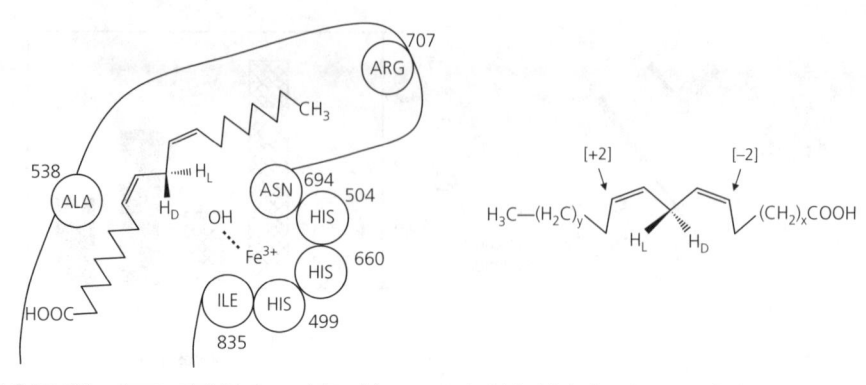

FIGURA 6.17 Sítio ativo e seletividade posicional (estereosseletividade) da lipoxigenase. (Adaptada de Boyington, J.C. et al., *Science*, 260, 1482, 1993; Coffa, G. e Brash, A.R., *Proc. Natl. Acad. Sci. U.S.A.*, 101, 15579, 2004; Newcomer, M.E. e Brash, A.R., *Protein Sci.*, 24, 298, 2015; Prigge, S.T. et al., *Biochimie*, 79, 629, 1997.)

orientação preferida de ligação do substrato é do terminal carboxilato (tipo [−2]) ou do metil (tipo [+2]) que entra primeiro na bolsa de ligação.

O sítio de oxigenação também depende de qual dos possíveis múltiplos sistemas 1,4-pentadieno (18:3$_{9c,12c,15c}$ tem dois, 20:4$_{5c,8c,11c,14c}$ tem três) é alinhado com o ferro do sítio ativo, o que parcialmente depende do tamanho da bolsa de ligação do ácido graxo. Os resíduos LEU$_{546}$ e ILE$_{552}$ posicionam o carbono metilênico do pentadieno em alinhamento com o ferro catalítico. Bolsas de ligação maiores acomodam porções maiores do substrato do ácido graxo e alteram a seletividade posicional em direção ao terminal carboxila (como 5-LOX) para ácidos graxos que inserem o grupo metila primeiro. O tamanho da bolsa de ligação dos ácidos graxos também é controlado pelos resíduos THR$_{709}$ e SER$_{747}$ na bolsa marcada por ARG$_{707}$ (Figura 6.17). Por fim, a estereoespecificidade do produto da lipoxigenase (o S ou o R-hidroperóxido de ácido graxo) está relacionada a um único resíduo de aminoácido na enzima (resíduo 542 na isoforma 1 da LOX de soja) sendo ALA (grupo R = CH$_3$) ou GLY (grupo R = H), respectivamente [29]. A ALA$_{542}$ obstrui estericamente a adição de O$_2$ ao sítio proximal (*pro*-R, C-9) e confere a estereosseletividade 13S, ao passo que a GLY$_{542}$ permite a oxigenação no sítio proximal, gerando os produtos hidroperóxidos 9R (Figura 6.17). Esta propriedade se aplica a todas as estruturas de lipoxigenases analisadas até o momento [88]. A seletividade da reação da lipoxigenase também depende de se o ácido graxo está esterificado e em qual forma agregada (micelas, complexos detergentes ou na forma de sal) e pH (que determina o grau de ionização do grupo carboxila). O efeito do pH sobre a seletividade é explicado com base no fator de orientação do substrato [154]. A LOX-1 da soja apresenta seletividade de produto em pH ótimo de ≈ 9, em que o 13-hidroperóxido-octadienoato é preferido em detrimento a 9-hidroperóxido-octadienoato por ≈ 10:1, ao passo que, em pH ≈ 7, os dois produtos são formados em proporções quase iguais. Em pH 9, o carboxilato ionizado confere o posicionamento do linoleato, conforme mostrado na Figura 6.17, ao passo que, em pH 7, o ácido linoleico protonado pode ligar-se inicialmente na orientação "inversa" do grupo carboxila, colocando o grupo C-9 em alinhamento para a adição de oxigênio. Esse exemplo mostra como a estrutura do substrato também pode influenciar na seletividade da reação.

6.2.6.2 Nomenclatura e classificação das enzimas

Como nomes "triviais" são quase sempre insuficientes para representar a natureza precisa de uma reação enzimática, as enzimas são sistematicamente nomeadas e catalogadas* de acordo com regras de nomenclatura definidas pela Comissão de Enzimas (EC) da International Union of Biochemists and Molecular Biologists (IUBMB).

---

*5.684 enzimas foram listadas até o dia 1º de janeiro de 2016: http://www.enzyme-database.org/stats.php.

Embora nomes triviais ainda sejam usados para se referir a enzimas, a designação de um número "EC" remove a ambiguidade sobre a reação específica que está sendo descrita. O número EC é composto de quatro partes, cada uma representando alguma característica da reação enzimática (Tabela 6.5). O primeiro número descreve a classe geral da reação. Hidrolases (classe 3) são a classe mais importante de enzimas em alimentos, seguidas pelas oxidorredutases (classe 1). Os nomes triviais para o grupo das transferases (classe 2) algumas vezes incluem o termo "sintase", que não parece muito distinto do termo "sintetase", este último reservado para ligases (classe 6), as verdadeiras enzimas de síntese ou formadoras de ligações. As liases (classe 4) são enzimas que rompem ligações por meio de processos não hidrolíticos, e os nomes triviais para as enzimas que causam reações reversas de "liase" podem incluir "sintase" ou "hidratase". As isomerases (classe 5) causam rearranjo intramolecular de átomos. O segundo e terceiro dígitos seguem para a identificação adicional da reação e do(s) substrato(s) e/ou ligação transformada. As reações enzimáticas deficientes em definição exata têm o terceiro dígito designado como "99". O último dígito inclui uma função de "registro" para diferenciar enzimas que compartilham os mesmos três dígitos iniciais, o que também fornece uma propriedade adicional da reação para distingui-la de todas as outras enzimas conhecidas. Vários números EC já foram identificados em partes anteriores deste capítulo com a primeira menção de enzimas específicas.

6.3 USO DE ENZIMAS EXÓGENAS EM ALIMENTOS [3,50,139,155]

6.3.1 Considerações gerais

A decisão de quando empregar um processo enzimático baseia-se em diversas considerações [19, 98]. As enzimas são favorecidas quando (1) permitem-se condições amenas para se manter atributos positivos do alimento, (2) subprodutos potenciais de um processo químico são inaceitáveis, (3) um processo químico é difícil de ser controlado, (4) a designação de "natural" deve ser mantida, (5) o alimento ou ingrediente é de valor nobre, (6) um processo químico tradicional necessita ser substituído ou expandido ou (7) a especificidade de reação é requerida. O custo-benefício relativo também é um fator crítico. Algumas enzimas podem ser usadas como preparações "imobilizadas", permanecendo ativas enquanto fixadas ou ligadas a matrizes inertes ou partículas. Isso permite que a enzima seja acondicionada em uma coluna/biorreator, por meio do qual o substrato perfunde, ou recolhida após uma reação em quantidade com o substrato por filtração ou sedimentação, de modo que a enzima pode ser usada repetidamente até que perca sua atividade além de um nível aceitável. Desse modo, os custos da enzima são reduzidos.

Usos categóricos de enzimas exógenas incluem a produção de ingredientes alimentares e *commodities*, tais como xaropes de milho, glicose, xaropes de alta frutose, açúcar invertido e outros adoçantes, hidrolisados proteicos e lipídeos estruturados; a modificação de componentes dentro de uma matriz alimentar, como na estabilização de cervejas, na coagulação do leite (produção de queijos), no amaciamento de carnes, na eliminação de amargor em sucos cítricos e no amaciamento de crostas; a melhoria de processos, tais como maturação de queijos, extração de sucos, clarificação de sucos/vinhos, extração de óleos de frutas e sementes, filtração de bebidas (cerveja/vinho), mistura rápida de massas, fermentação e estabilização para produtos assados; o controle de processos, tais como biossensores *online*; e análise de componentes. Usos importantes de enzimas exógenas serão apresentados com base na natureza do componente alimentar que está sofrendo a transformação.

6.3.2 Enzimas modificadoras de carboidratos [126,155,159]

A maioria das enzimas comercialmente usadas para ação sobre os carboidratos dos alimentos é hidrolítica, sendo chamadas de glicosil hidrolases ou glicosidases. Algumas dessas enzimas podem catalisar transferência de grupos glicosila e/ou reações hidrolíticas reversas em processos alimentares nos quais os níveis de substrato no geral são altos (30–40% em sólidos) devido a efeitos de ação em massa. Esse grupo de enzimas representa cerca da metade do uso de enzimas (com base em custos) como auxiliares de processo na indústria de

TABELA 6.5 Regras e instruções de nomenclatura sistemática para a classificação de enzimas

1ª) Classe da enzima (tipo de reação)	2ª) Subclasse Substrato, doador, ligação (exemplos)	3ª) Subsubclasse Outros grupos distinguíveis, aceptor, característica (exemplos)	4ª) Registro Número serial para diferenciar enzimas que compartilham os mesmos três números iniciais (exemplos, nomes comuns)	Formato para nome sistemático
1. Oxidorredutase (oxirredução)	Grupo no doador oxidado	Aceptor reduzido		Doador-aceptor oxidorredutase
	1. Grupo CH-OH	1. NAD(P)	1.1.1.1 Álcool desidrogenase	
	10. Difenol (ou relacionado)	3. O_2	1.10.3.1 Catecol (difenol) oxidase	
	13. Doador simples, O_2	11. Dois átomos de O incorporados	1.13.11.12 Lipoxigenase	
	14. Doadores pareados, O_2	18. Um átomo de O incorporado	1.14.18.1 Monofenol monoxigenase	
2. Transferase (transferência de grupos)	Grupo transferido	Grupo adicional delineado		Doador-aceptor grupo transferase
	3. Grupo acila	1. Diferente do grupo amina	2.3.1.175 Álcool aciltransferase	
		2. Grupo amina	2.3.2.13 Transglutaminase	
	4. Grupo glicosila	1. Grupo hexosila	2.4.1.19 Ciclodextrina glicosiltransferase	
3. Hidrolase (hidrólise)	Ligação hidrolisada	Classe do substrato		Hidrolase
	1. Ésteres	1. Éster carboxílico	3.1.1.3 Lipase	
	2. Glicosidase	1. O- ou S-glicosil	3.2.1.147 Mirosinase (tioglicosidase)	
	4. Peptídica	24. Metalopeptidase	3.4.24.27 Termolisina	
4. Liase (eliminação)	Ligação clivada	Grupo eliminado		Substrato grupo liase
	1. C–C	2. Aldeído liase	4.1.2.32 Trimetilamina-N-óxido aldolase	
	2. C–O	2. Ação sobre polissacarídeos	4.2.2.10 Pectina liase	
	4. C–S	1. (Nenhum, apenas 23 enzimas)	4.4.1.4 Aliina liase	
5. Isomerase (isomerização)	Tipo de reação	Substrato, posição, quiralidade		Racemase, epimerase, isomerase, mutase
	2. cis-trans-isomerase	1. (Nenhum, apenas 10 enzimas)	5.2.1.5 Linoleato isomerase	
	3. Redox intramolecular	1. Interconversão aldose-cetose	5.3.1.5 Xilose isomerase	
6. Ligase (formação de ligação)	Ligação sintetizada	Substrato, cossubstrato(s)		X-Y ligase (sintetase)
	4. C–C	2. Ácido-aminoácido (peptídeo)	6.3.2.3 Glutationa sintetase	

Fonte: IUBMB, http://www.chem.qmul.ac.uk/iubmb/.

alimentos, principalmente para produção de adoçantes e agentes de corpo/espessantes (dextrinas) a partir do amido, e para modificação de carboidratos em aplicações de panificação. Aplicações especiais para várias glicosidases continuam a surgir.

Algumas propriedades gerais desse grupo de enzimas são bem estabelecidas, derivadas da análise estrutural e sequencial de membros de mais de 60 famílias de glicosidases baseadas na sequência. As glicosil hidrolases atuam sobre ligações glicosídicas, e as enzimas desse grupo compartilham muitas propriedades estruturais e catalíticas. Muitas glicosidases são proteínas de múltiplos domínios, nas quais uma porção da proteína funciona como unidade catalítica e outros domínios têm funções alternativas, sendo uma delas a de ligar substratos polissacarídicos estendidos. Os sítios ativos das glicosidases contêm duplos resíduos carboxila/carboxilato (ASP/GLU) de forma semelhante ao que foi mostrado para o mecanismo da lisozima (Equação 6.8). Em termos de mecanismo, esse grupo de enzimas funciona tanto por catálise geral acidobásica como por catálise nucleofílica (com assistência de efeitos eletrostáticos e de deformação/distorção). Em todos os casos, um resíduo ácido doa um H^+ para o átomo O-glicosídico, a fim de gerar um íon oxocarbênio como estado de transição (Figura 6.18). Ou o resíduo carboxilato desprotona e ativa a água, gerando um –OH nucleofílico para completar a hidrólise, ou o carboxilato pode atuar diretamente como um nucleófilo e formar um intermediário covalente; em ambos os casos, o resíduo álcool é liberado como grupo retirante.

As glicosidases podem ser classificadas como "retentoras" ou "inversoras", com base no destino da configuração anomérica (α ou β) da ligação glicosídica hidrolisada (Figura 6.18). As do tipo inversoras têm uma distância maior entre os resíduos catalíticos ácidos ($\approx$ 9,5 Å), permitindo à molécu-

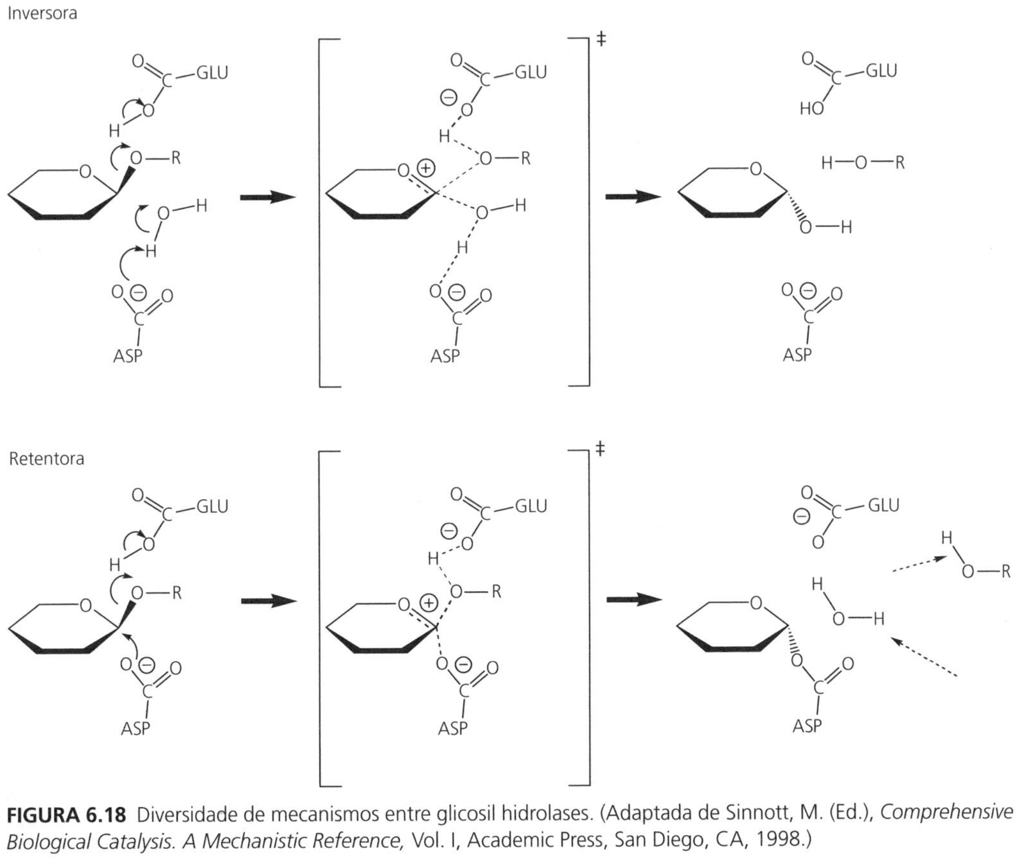

FIGURA 6.18 Diversidade de mecanismos entre glicosil hidrolases. (Adaptada de Sinnott, M. (Ed.), *Comprehensive Biological Catalysis. A Mechanistic Reference*, Vol. I, Academic Press, San Diego, CA, 1998.)

la de água ativada (nucleófilo) acesso ao sítio anomérico alternativo em relação ao sítio de liberação de ROH a partir da ligação glicosídica. As do tipo retentoras têm menor espaçamento entre resíduos catalíticos ($\approx$ 5,5 Å), de modo que a água entra no sítio ativo apenas depois que o grupo álcool liberado sai do sítio ativo (reação de duplo deslocamento). No mecanismo de reação de retenção, o intermediário covalente glicosil-enzima formado com o resíduo carboxilato serve para dirigir a água (tornada nucleofílica pelo resíduo de base geral que remove o H^+) para a mesma posição anomérica que o grupo retirante ROH ocupava antes, sendo a configuração anomérica "retida". Apenas glicosidases retentoras catalisam tanto hidrólise como reações de transferência de glicosil, ao passo que as inversoras apenas catalisam reações de hidrólise. Outra diferença geral entre glicosidases é se elas apresentam ação "endo" ou "exo". As exoglicosidases ligam a porção terminal (em geral, mas nem sempre, a extremidade não redutora) do substrato em alinhamento com a ligação cindível no sítio ativo, ao passo que as endoglicosidases atacam sítios de maneira aleatória no interior do substrato. A nomenclatura trivial de glicosidases como "α" e "β" (como em amilases e glicosidases) reconhece a configuração anomérica dos grupos redutores liberados como axial e equatorial, respectivamente. Um resumo dos tipos e uma classificação de glicosidases de maior importância em alimentos são fornecidos na Tabela 6.6. O "mapeamento" de sítio ativo/substrato foi introduzido anteriormente (ver Figura 6.15), no qual a ligação glicosídica a ser hidrolisada se encontra alinhada nos subsítios –1/+1. Com poucas exceções, um ou dois resíduos hidrofóbicos da enzima interagem com o grupo C_5-hidroximetilênico do resíduo do substrato –1, a fim de proporcionar uma "plataforma hidrofóbica" de estabilização do estado de transição [87].

6.3.2.1 Enzimas modificadoras de amido

As enzimas que atuam sobre o amido são usadas principalmente para aplicações em *commodities*, tais como produção de xaropes de milho, dextrinas, xaropes de milho de alta frutose e outros adoçantes, como xaropes de maltose e glicose. As modificações do amido também são desejáveis em uma extensão mais limitada em produtos de panificação; as glicosidases exógenas são adicionadas com o objetivo de retardar a retrogradação e facilitar a fermentação por leveduras.

6.3.2.1.1 α-Amilase [126,143,154,159]

As amilases são usadas para hidrolisar amido (principalmente de milho) em dextrinas menores e, assim, "afinar" suspensões de amido. A α-amilase (EC 3.2.1.1, 1,4-α-D-glicano glicano-hidrolase) é uma endoenzima de ação retentora α→α responsável, principalmente, por reduzir rapidamente a massa molecular média de polímeros de o amido. Ela é o membro representativo da família 13 das glicosidases, e várias delas são usadas no processamento de amido. Essa família é caracterizada por ter pelo menos três domínios separados dentro da proteína, um para catálise, outro para servir de sítio de ligação para o amido granular e o terceiro para fornecer ligação para o cálcio e ligar os outros dois domínios. O tamanho molecular da enzima de diversas fontes (mais de 70 sequências foram relatadas) normalmente varia de 50 a 70 kDa (embora algumas possam chegar a 200 kDa). A α-amilase liga Ca^{2+} em múltiplos sítios, e o mais importante encontra-se próximo à fenda do sítio ativo, de modo a estabilizar as estruturas secundárias e terciárias. O Ca^{2+} é fortemente ligado e serve para estender a estabilidade da enzima em pH com valores entre 6 e 10; e a estabilidade térmica da α-amilase é muito dependente da fonte. O sítio ativo é composto por pelo menos cinco subsítios (posições de –3 a +2, Tabela 6.6; conforme Figura 6.15c), requerendo um substrato de pelo menos três unidades de glicose em comprimento. Dos três resíduos conservados no sítio ativo (tendo-se a α-amilase pancreática suína como referência), ASP_{197} é o nucleófilo que forma o intermediário covalente glicosil-enzima, GLU_{233} está situado no subsítio +1 e participa como catalisador ácido geral e ASP_{300} serve para coordenar com C2-OH e C3-OH da unidade do substrato no subsítio –1, a fim de afetar a deformação/tensão do substrato. Os resíduos preservados HIS_{299} e HIS_{101} estão envolvidos na ligação do substrato e na estabilização do estado de transição para reduzir coletivamente a E_a em

TABELA 6.6 Propriedades catalíticas de glicosil hidrolases

Enzima	Seletividade de ligação[a]	Seletividade de produto[a]	Resíduos catalíticos[b]	Mapeamento de subsítios de substrato[c]
α-Amilase	α-1→4 Glicose	RET α→α	GLU$_{233}$, ASP$_{300}$ (ácido, nucl/base)	Endo · [ ][ ][*][-3][-2][-1][+1][+2][*][ ][ ]
β-Amilase	α-1→4 Glicose	INV α→β	GLU$_{186}$, GLU$_{380}$ (ácido, nucl/base)	Exo · [ ][ ][ ][ ][-2][-1][+1][+2][ ][ ]
Pululanase	α-1→6 Glicose	Similar RET α→α	GLU$_{706}$, ASP$_{677}$ (ácido, nucl/base)	Endo · [ ][ ][-4][-3][-2][-1][+1][+2][ ][ ]
Glicoamilase	α-1→4 (α-1→6) Glicose	INV α→β	GLU$_{179}$, GLU$_{400}$ (ácido, nucl/base)	Exo · [ ][ ][ ][ ][ ][-1][+1][+2][+3][+4][+5]
Ciclomaltodextrina transferase	α-1→4 Glicose	RET α→α	GLU$_{257}$, ASP$_{229}$ (ácido, nucl/base)	Endo · [-7][-6][-5][-4][-3][-2][-1][+1][+2][ ]
Invertase	β-1→2 Frutose	RET β→β	GLU$_{204}$, ASP$_{23}$ (ácido, nucl/base)	β-D-frutopiranosil = −1; glicose = +1 · [ ][ ][ ][ ][ ][-1][+1][ ]

(Continua)

TABELA 6.6 Propriedades catalíticas de glicosil hidrolases (*Continuação*)

Enzima	Seletividade de ligação	Seletividade de produto[a]	Resíduos catalíticos[b]	Mapeamento de subsítios de substrato[c]
β-Galactosidase	β-1→4 Galactose	RET β→β	GLU_{461}/Mg^{2+}, GLU_{537} (ácido, nucl/base)	β-D-galatopiranosil = −1; glicose/aglicona = +1
β-Glicosidase	β-1→4, β-1→ Aglicona glicose	RET β→β	GLU_{170}, GLU_{358} (ácido, nucl/base)	Exo
Poligalacturonase	α-1→4 Galacturonato	INV α→β	ASP_{201}, $ASP_{180,202}$ (ácido, nucl/base)	Endo (tipos exo também existem)
Xilanase	α-1→4 Xilose	RET β→β	GLU_{172}, GLU_{78} (ácido, nucl/base)	Endo (alguns tipos exo também existem, algumas inversoras)
Lisozima	α-1→4-NAM-NAG[d]	RET α→α	GLU_{35}, ASP_{52} (ácido, nucl/base)	Endo, unidades NAM-NAG ligam em −1/+1

[a] RET, retentora; INV, inversora.
[b] Enzimas de referência citadas no texto. Nucl. = nucleófilo.
[c] *, algumas enzimas exibem esse subsítio.
[d] Unidades repetitivas *N*-acetilmuramato-*N*-acetilglicosamina.
Referências citadas no texto.

5,5 kcal mol^{-1}. A HIS$_{201}$ interage com o resíduo catalítico GLU$_{233}$ para alterar o pH ótimo de 5,2 a 6,9. Devido à contribuição crucial dos resíduos HIS para a atividade e perfil pH-atividade, acreditou-se por muito tempo que a HIS estaria envolvida no mecanismo de ação da α-amilase. O pH ótimo também depende do comprimento do substrato, e os malto-oligossacarídeos que não ocupam totalmente os cinco subsítios de ligação reagem em uma faixa de pH ótimo mais estreita. Outros resíduos apolares preservados são TRP, TYR e LEU, os quais estão envolvidos na ligação ao substrato e aos grânulos de amido por meio de interações hidrofóbicas empilhadas [34,154].

Existem diversas fontes de α-amilases, a maioria microbiana, embora amilases de malte (cevada ou trigo) estejam disponíveis. Os produtos finais típicos da ação das α-amilases são dextrinas α-limite ramificadas e malto-oligossacarídeos de 2 a 12 unidades de glicose, predominantemente na parte superior desse intervalo [154,155]. A viscosidade do amido é reduzida com rapidez devido à natureza randômica da hidrólise, diminuindo em pouco tempo a massa molecular média das cadeias de amilose/amilopectina. Entre as amilases microbianas, os parâmetros ótimos são geralmente encontrados dentro das faixas de pH 4 a 7 e 30 a 130 °C [95]. As fontes comerciais comuns para a transformação de amido incluem as α-amilases de espécies *Bacillus* e *Aspergillus*. As α-amilases de *Bacillus* são termoestáveis e podem ser usadas entre 80 e 110 °C com pH entre 5 e 7 ou 5 e 60 ppm Ca^{2+} [155]. As enzimas de fungos (*Aspergillus*) funcionam em condições ótimas entre 50 e 70 °C, pH 4 a 5 e ≈ 50 ppm Ca^{2+} [95,155]. Como as α-amilases de fungos também são endoglicosidases, elas tendem a favorecer a acumulação de malto-oligossacarídeos menores ($n = 2$–5) como produtos finais da liquefação do amido [139]. Uma α-amilase "maltogênica" única de *Bacillus* (EC 3.2.1.133) também foi identificada [28] e, enquanto a produção de maltose é mais associada à ação de β-amilases (ver próxima Seção), as β-amilases maltogênicas parecem resultar em maiores níveis de maltose tanto por hidrólise prolongada (exaustiva) do amido, como por diversos episódios hidrolíticos ("processivos") em uma cadeia de amilose antes de sua dissociação completa do sítio ativo [34].*

As amilases com pH alcalino ótimo entre 9 e 12 evocam particular interesse, potencialmente como auxiliares no processamento de alimentos (e detergentes), e especialmente como a glicosidase conservada característica do sítio ativo ASP/GLU pode funcionar com pH alto. Na adaptabilidade alcalina para um *Bacillus* spp., a α-amilase foi associada com uma proporção menor de resíduos de GLU, ASP e LYS e aumento de ARG, HIS, ASN e GLN. Isso serve para manter o equilíbrio de cargas em pH alcalino e altera a dinâmica do sítio ativo que eleva o pK dos grupos catalíticos ASP/GLU [124]. Observam-se estas alterações, bem como o aumento do conteúdo hidrofóbico e estrutura compacta, e a água reduzida perto do sítio ativo para muitas glicosil hidrolases adaptadas ao meio alcalino [8].

6.3.2.1.2 β-Amilase [95,126,139,154]

A β-amilase (1,4-α-D-glucano malto-hidrolase, EC 3.2.1.2) é uma exoglicosidase, α→β inversora, que libera unidades de maltose a partir de extremidades não redutoras de cadeias de amilose, sendo um membro da família 14 das glicosidases. A ação extensiva da β-amilase sobre o amido gera uma mistura de maltose e dextrinas β-limite, sendo que as últimas retêm os pontos de ramificação α-1,6 e as porções lineares remanescentes inacessíveis (por impedimento estérico) à enzima. As dextrinas β-limite têm massa molecular média superior à das dextrinas α-limite, pois a ação exo da β-amilase não consegue ultrapassar os pontos de ramificação α-1,6, ao passo que a α-amilase, sendo uma endoenzima, consegue fazê-lo. β-amilases de soja, batata-doce e *Bacillus* spp. estão entre as mais bem caracterizadas. As enzimas vegetais apresentam ≈ 56 kDa (a enzima da batata-doce é um tetrâmero), ao passo que as enzimas microbianas têm entre 30 e 160 kDa. A β-amilase é única, por apresentar uma estrutura de domínio simples, em vez de uma estrutura de domínios múltiplos encontrada em outras glicosida-

---

*N. de T. Processividade tem a ver com a habilidade que uma enzima tem de catalisar "consecutivas reações sem desprender-se de seu substrato".

ses amilolíticas. Os resíduos catalíticos (β-amilase de soja) são GLU_{186} (ácido geral) e GLU_{380} (base geral), separados por 10 a 11 Å alojados dentro de uma bolsa profunda. A ligação do substrato causa o fechamento da tampa, fornecendo uma energia de ligação favorável, estimada em 22 kcal mol^{-1}, e protegendo o sítio ativo do solvente. Isso possivelmente intensifica as forças dipolo que facilitam a catálise e fornece outro exemplo de mecanismo de **ajuste induzido**. Existem quatro subsítios de ligação ao substrato com os resíduos catalíticos GLU orientados sobre faces opostas do subsítio –1. A HIS_{93} é posicionada nos subsítios –1 e –2 e pode conferir sensibilidade ao pH no lado alcalino. O equivalente a duas unidades de maltose se liga ao sítio ativo (subsítios –2 a +2); tal propriedade pode indicar o quão perto a enzima pode atuar nos pontos de ramificação no amido. Em um momento, acreditou-se que os resíduos de CYS estivessem envolvidos na catálise, mas mutações pontuais revelaram que eles têm pouca função catalítica, embora possam desempenhar um papel na estabilidade conformacional da enzima. Enquanto as enzimas vegetais não podem se ligar e digerir o amido cru, algumas enzimas microbianas têm domínios separados na proteína que lhes confere essa habilidade. A β-amilase está sujeita à inibição competitiva por α-ciclodextrina, o que parece ser mediado pela LEU_{383}, formando um complexo de inclusão e bloqueando o acesso ao sítio ativo. β-amilases geralmente têm um pH ótimo mais alcalino (pH 5,0–7,0) em relação às α-amilases, não requerem Ca^{2+} e exibem temperatura ótima na faixa de 45 a 70 °C, dependendo da fonte (fontes microbianas são mais termoestáveis).

6.3.2.1.3 Pululanase [82,143,154,159]

As pululanases do tipo I (EC 3.2.1.41, pululana 6-glicano-hidrolase) são chamadas de enzimas "desramificadoras" ou "dextrinases-limite", pois hidrolisam dextrinas que contêm as ligações glicosídicas α-1,6 que constituem os pontos de ramificação da amilopectina. A pululanase está presente em muitas bactérias, algumas leveduras e cereais, e a análise sequencial a coloca na família 13 da α-amilase (enzimas α→α-retentoras). A enzima é uma lipoproteína de 1.150 aminoácidos (MW estimada em 145 kDa) com cinco domínios com cinco sítios de ligação ao cálcio. Os resíduos do sítio ativo (enzima *Klebsiella pneumoniae*) são GLU_{706} (ácido) e ASP_{677} (nucleófilo/base) com auxílio de ASP_{734} (Tabela 6.6), com subsítios de substrato de –4 a +2 e características preservadas com α-amilase. A pululanase é caracterizada (e chamada trivialmente) por sua habilidade de agir sobre pulunana, uma unidade repetitiva de [α-D-Glc--(1→4)-α-D-Glc-(1→6)-α-D-Glc (1→4)-α-D-Glc]. A pululanase pode agir sobre fragmentos maiores, mas não menores que a pulunana, age lentamente sobre a amilopectina e prefere dextrinas-limite que são produzidas durante os estágios avançados da liquefação e da sacarificação do amido [159]. Seus produtos são glico-oligossacarídeos lineares pequenos, como a maltose. As pululanases são comumente obtidas de *Klebsiella* e *Bacillus* spp., apresentam massas de ≈ 100 kDa, limites superiores de temperatura de 55 a 65 °C e pH ótimo de 3,5 a 6,5 com nenhum requerimento de cofator (embora algumas sejam ativadas por Ca^{2+}). As pululanases de origem vegetal também são chamadas de dextrinases-limite, sendo os grãos germinados ou malteados suas fontes mais ricas, sobretudo a cevada. As pululanases do tipo II (ou amilopululanases, EC 3.2.1.41 ou 3.2.1.1) são principalmente de origem microbiana, têm atividade combinada α-amilase-pululanase e conseguem hidrolisar as ligações α-1,4 e α-1,6 no amido. Outras enzimas relacionadas são as neopululanases (EC 3.2.1.125) e as isopululanases (EC 3.2.1.57), que agem sobre as ligações α-1,4 da pululana em direção às extremidades redutora e não redutora do ponto de ramificação, respectivamente, para gerar os trissacarídeos α-1,6 ramificados panose e isopanose.

6.3.2.1.4 Glicoamilase [95,126,154]

A glicoamilase (1,4-α-D-glicano glicano-hidrolase, EC 3.2.1.3), também conhecida trivialmente como amiloglicosidase, é uma exoenzima α→β inversora, que, isoladamente, compreende a família 15 das glicosidases. Ela hidrolisa unidades de glicose a partir da extremidade não redutora de fragmentos lineares de amido. Embora a glicoamilase seja seletiva para ligações α-1,4-glicosídicas, ela pode agir devagar sobre as ligações α-1,6 características da amilopectina e da pululana. Logo, o produto exclusivo da digestão exaustiva da glicoamilase é a glicose. Ela tem propriedades estruturais e mecanismo similares aos da α-amilase, incluindo os resíduos catalíticos respectivos GLU_{179} e GLU_{400} ácido e base (enzima *Aspergillus* spp.), um domínio separado de ligação de amido e um domínio de ligação curto. Algumas glicoamilases podem agir sobre amido nativo (cru) granular. Dois resíduos $TRP_{52,120}$ auxiliam a catálise ao formar ligações de H com GLU_{179}, aumentando sua acidez. O domínio catalítico tem cinco subsítios diferentes do resíduo de glicona cindível −1 (conforme Figura 6.15a), e os subsítios +1 a +5 exibem −ΔG para ligação (favorável), principalmente no subsítio +1. Como ΔG é incremental para os subsítios, a enzima tem maior seletividade de reação quanto maior forem os glico-oligossacarídeos lineares C2-C6+. Esse padrão de seletividade é conducente para a obtenção de hidrólise exaustiva de segmentos curtos de amilose a glicose. O substrato oligomérico deve entrar em um "poço" para obter acesso ao local ativo, e, devido a essas restrições estéricas, a dissociação e a religação do substrato remanescente é a etapa limitante da taxa.

As fontes primárias de glicoamilases são principalmente bactérias e fungos [95]. Elas apresentam massa no intervalo de 37 a 112 kDa, podem existir sob múltiplas isoformas, não têm cofatores e exibem pHs ótimos no intervalo de 3,5 a 6,0 e 40 a 70 °C. A glicoamilase de *Aspergillus* é comumente usada, sendo mais ativa e estável em pH entre 3,5 e 4,5, com temperatura ótima entre 55 e 60 °C [154]. A enzima de *Rhizopus* é de interesse, pois uma isoforma dela também pode hidrolisar com facilidade os pontos de ramificação α-1,6 [95]. As glicoamilases são glicosidases que agem com relativa lentidão em relação a outras envolvidas na transformação de amido, e as programações de processos (na indústria) têm evoluído no sentido de acomodar essa propriedade.

6.3.2.1.5 Ciclomaltodextrina Glicanotransferase [126,154,155]

A ciclomaltodextrina glicanotransferase (CGT, 1,4-α-D-glicano 4-α-D-[1,4-α-D-glicano]-transferase [ciclização], EC 2.4.1.9) catalisa reações de hidrólise e transglicosilação intra e intermoleculares. As reações de ciclização resultam em hexa-(α), hepta-(β) e octa-(γ) sacarídeos, mais conhecidos como ciclodextrinas. A CGT é uma endoenzima α→α retentora, pertencente à família 13 das glicosidases e que tem dois domínios adicionais na proteína além dos três observados para a α-amilase, incluindo sítios de ligação ao substrato (especificamente maltose) adicionais. Os múltiplos sítios de ligação permitem interação com amido cru (embora a CGT não seja muito ativa sobre ele) e ajudam a guiar fragmentos lineares de amido à cavidade do sítio ativo. As CGTs são de origem microbiana e caracteristicamente monoméricas, com massa de ≈ 75 kDa. Os resíduos catalíticos (enzima *Bacillus circulans*) incluem ASP_{229} (base/nucleófilo) e GLU_{257} (ácido geral), ao passo que ASP_{328} e $HIS_{140,327}$ desempenham papéis na ligação do substrato e na estabilização do estado de transição, ARG_{227} orienta o nucleófilo e HIS_{233} se coordena com o Ca^{2+} requerido (como em algumas α-amilases). Existem nove subsítios no sítio ativo, −7 a +2, compatíveis com o fato de a β-ciclodextrina ser o produto favorecido da ciclização intramolecular (Tabela 6.6).

Embora as ciclodextrinas sejam os produtos comerciais principais da CGT, esta apresenta pouca seletividade de substrato e produto, uma vez que ela pode catalisar diversas reações, incluindo hidrólise, ciclização, desproporcionamento ou acoplamento. Por exemplo, ela pode reagir com glicose e amido para formar malto-oligossacarídeos de vários tamanhos de cadeia, bem como acoplar açúcares (muitos monossacarídeos são reconhecidos) com grupos álcool, tais como os do ácido ascórbico e os flavonoides. Esses últimos processos oferecem potencial para preparação de novos compostos de funcionalidades únicas em sistemas alimentares. As CGTs comumente exibem pH ótimo de 5 e 6, e a temperatura ótima foi melhorada de 50 a 60 °C para 80 a 90 °C há alguns anos, pela introdução de formas termoestáveis. Fontes diferentes de CGT favorecem diversas ciclodextrinas (hexa, hepta ou octaoligômeros) como produto principal.

6.3.2.1.6 Aplicações de modificações do amido

6.3.2.1.6.1 Hidrólise do Amido

A transformação industrial do amido inicia-se com uma suspensão de amido de 30 a 40% em sólidos no pH nascente de 4,5 (Figura 6.19). A "liquefação" após o ajuste de pH para 6,0 a 6,5 ocorre por aquecimento breve a 105 °C (para gelatinizar o amido) após temperação en-

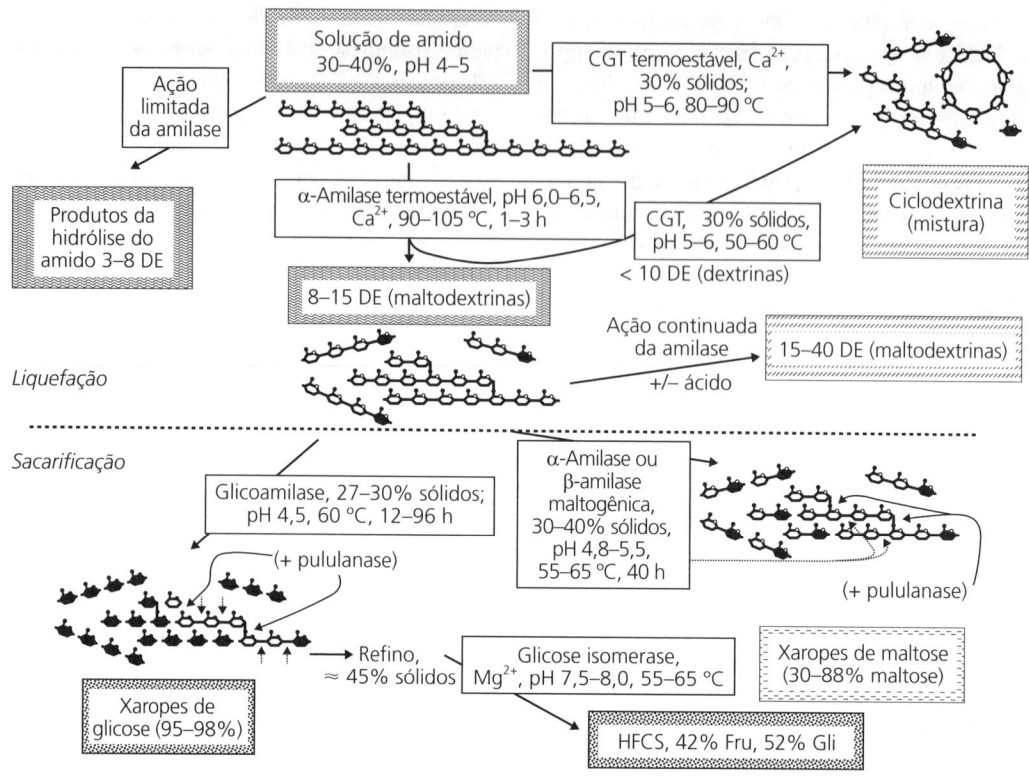

FIGURA 6.19 Modificação comercial do amido por processamento enzimático. As unidades preenchidas de glicose são extremidades redutoras, e as unidades de glicose pontilhadas são extremidades não redutoras existentes no amido original que evoluíram durante o estágio de liquefação. Referências citadas no texto.

tre 90 a 95 °C por 1 a 3 horas na presença de uma α-amilase termoestável (bacteriana) e adição de Ca^{2+}. Isso resulta numa mistura de dextrinas lineares e ramificadas (maltodextrinas) com a extensão de hidrólise no intervalo de 8 a 15 DE (equivalentes de dextrose), o que é suficiente para prevenir a gelatinização do amido no resfriamento para etapas subsequentes (daí o termo liquefação). A partir desse ponto existem três etapas alternativas. Uma é a produção de maltodextrinas de 15 a 40 DE (xaropes de milho, usados como espessantes, agentes de corpo e produção de viscosidade), que é conduzida por exposição adicional à amilase (em alguns casos, o ácido [HCl] também é usado para liquefazer inicialmente o amido gelatinizado). Dois outros caminhos levam à produção de adoçantes, a temperaturas de ≈ 60 °C e pH para 4,5 a 5,5, a fim de acomodar as condições ótimas das enzimas usadas. Para a conversão a um xarope de glicose a 95 a 98% (95 DE), os sólidos são reduzidos para 27 a 30% e tratados com glicoamilase (frequentemente usada como enzima imobilizada em coluna), com ou sem pululanase, durante 12 a 96 h. O xarope com mais de 95% de glicose pode, então, ser refinado, concentrado a 45% de sólidos e tratado como uma coluna de xilose (glicose) isomerase imobilizada em pH entre 7,5 e 8,0 e 55 a 65 °C com adição de Mg^{2+}, a fim de se produzir um xarope de milho de alta frutose, com 42% de frutose (52% de glicose), o qual pode ser ainda mais refinado e/ou enriquecido a um xarope de 55% de frutose. A produção do outro adoçante produzido a partir do amido liquefeito é facilitada pela adição de α-amilase ou β-amilase fúngica (maltogênica), com ou sem adição de pululanase, para produzir uma gama de xaropes de maltose (30–88%) para uso em confeitaria. Dependendo da fonte de amilase maltôgenica selecionada, os malto-oligossacarídeos predominantes que se acumulam na mistura do produto podem ter entre 2 e 5 unidades de glicose.

Dois outros tipos de produtos não adoçantes preparados a partir da solução de amido original envolvem a ação de diversas α-amilases adicionadas antes que o amido seja progressivamente aquecido ao ponto de gelatinização. Isso leva a um padrão e grau de hidrólise (DE 3–8) controlado que resulta em dextrinas grandes (chamadas de produtos de hidrólise do amido), que podem formar géis termorreversíveis e se comportam como miméticos de gordura. Muitos dos detalhes da preparação desses produtos estão na literatura das patentes, porém o processo geralmente envolve ação limitada da amilase em uma faixa de temperaturas [139]. De modo alternativo, a ciclodextrina glicosiltransferase termoestável (CGT) pode ser adicionada à suspensão de amido nativo após o ajuste do pH para 5 e 6 e então ser incubada a 80 a 90 °C. O rendimento total da ciclodextrina a partir da ação da CGT sobre o amido é inversamente proporcional à concentração de amido e ao grau de liquefação [159]. Sendo assim, a produção de ciclodextrina em processos comerciais costuma ser conduzida com níveis de amido de ≈ 30% de sólidos (1–33% foram relatados em literaturas de patentes [135]) como um ajuste entre a porcentagem de rendimento (eficiência) e o rendimento total (produção). A CGT termoestável tanto pode hidrolisar o amido nativo (gelatinizado) na presença de Ca^{2+} adicionado como transglicosilar (ciclizar) os fragmentos resultantes. A CGT não termoestável também pode ser utilizada, mas requer uma digestão prévia e limitada do amido para permitir a liquefação (até ≈ 10 DE para evitar a gelificação), após a qual a CGT é adicionada a temperaturas reduzidas (50–60 °C). O rendimento em ciclodextrinas pode ser aumentado por pré ou cotratamento do amido com enzima desramificadora e por incorporação de agentes complexantes (solventes ou detergentes) para direcionar a reação em direção a um ou mais tipos de ciclodextrina [135,159].

Seguindo adiante, esforços para melhorar o processamento e a transformação do amido focarão na extensão da estabilidade do pH (para pH 4–5) e na redução do requerimento de Ca^{2+} da α-amilase, bem como na melhora da capacidade de digestão de amido cru pelas β-amilases [95,143]. Para todas as enzimas envolvidas, o aumento da estabilidade térmica criará mais eficiência no processamento, além de promovê-lo em uma única etapa. Além disso, a descoberta de determinantes para a seletividade de produtos de reação para a obtenção de produtos preferenciais ou a distribuição de produtos permanece sendo uma prioridade.

6.3.2.1.6.2 Panificação [28,104,143]

De fato, todas as glicosidases discutidas anteriormente têm sido adicionadas para algum benefício em aplicações de panificação, e as α-amilases são as mais usadas. A princípio, acreditava-se que as amilases funcionassem principalmente pela mobilização de carboidratos fermentáveis por leveduras. Elas também são adicionadas a massas para degradar amidos danificados e/ou suplementar a atividade de amilases endógenas de farinhas de baixa qualidade (em termos de panificação). Entretanto, reconhece-se atualmente que as amilases adicionadas diretamente à massa reduzem sua viscosidade e melhoram seu volume, a maciez (antienvelhecimento) e também a cor da crosta. A maioria desses efeitos pode ser atribuída à hidrólise parcial do amido durante o cozimento, à medida que o amido gelatiniza. A diminuição da viscosidade (afinamento) ajuda a melhorar volume e textura, permitindo que reações envolvidas no condicionamento e no cozimento da massa ocorram com mais rapidez (efeito de transferência de massa). Acredita-se que o efeito antienvelhecimento seja conferido por hidrólise limitada da amilose e, em particular, de cadeias da amilopectina, de modo a retardar a taxa pela qual ela pode retrogradar, e esta continua sendo a principal razão pela qual as α-amilases são adicionadas aos produtos de panificação hoje.* Uma overdose de α-amilases leva a pães com textura emborrachada ou endurecida, e isso está associado ao acúmulo de maltodextrinas ramificadas de 20 a 100 DP. Assim, deve-se tomar cuidado para se adicionar a quantidade correta de amilase a um produto

---

*As estimativas de valores de produtos de panificação desperdiçados por envelhecimento nos Estados Unidos em 1990 são de ≈ 1 bilhão de dólares [56].

específico, e as amilases não devem sobreviver ao processo de cozimento ou atividade residual indesejável ocorrerá após a produção. Isso se realiza por meio da estabilidade térmica e da quantidade de amilase adicionada a uma aplicação particular para controlar a extensão em que a amilase atua e persiste durante o ciclo de cozimento [56]. Mais recentemente, os tipos maltogênicos de α-amilase foram reconhecidos como agentes antienvelhecimento superiores, pois tendem a formar malto-oligossacarídeos menores (DP 7–9) e dextrinas maiores (que são plastificantes) em comparação aos produzidos pela atividade endo das α-amilases convencionais. Logo, as amilases maltogênicas tendem a manter a rede de amido gelatinizado do pão intacta (macio, mas não emborrachado), e a pequena redução do tamanho das cadeias de amido mantém a elasticidade da casca sendo suficiente para retardar o envelhecimento.

6.3.2.1.6.3 Cervejaria e fermentações [154,155]

As hidrolases do amido têm sido reconhecidas por muito tempo como enzimas essenciais na indústria cervejeira, o que tem origem na descoberta de 1833 da atividade "diastática" em grãos malteados (germinados), levando à comercialização de α e β-amilases. Entretanto, amilases endógenas aos grãos malteados são insuficientes para mobilizar completamente os carboidratos fermentáveis, pois elas estão em concentrações insuficientes, não possuem estabilidade térmica para os processos envolvidos e/ou existem inibidores endógenos nos grãos. Logo, α e β-amilases, glicoamilase, pululanase e enzimas de hidrólise da parede celular são adicionadas (quase exclusivamente a partir de fontes microbianas), a fim de maximizar a disponibilidade de carboidratos fermentáveis. Glicanases e xilanases (discutidas posteriormente) são adicionadas para hidrolisar glicanas (similares à celulose, mas com ligações β-1,3 e β-1,4) e xilanas (predominantemente polímeros de xilose, o principal componente hemicelulósico da parede celular). As α e β-amilases adicionadas são usadas para completar a degradação do amido para dextrinas α e β-limite que não conseguem ser obtidas com as amilases termossensíveis do malte. As dextrinas-limite remanescentes fornecem corpo ao produto final. Entretanto, dextrinas-limite podem ser transformadas em fermentáveis pela adição de glicoamilase (e/ou pululanase), e cervejas produzidas com essa enzima são de baixa caloria (*light*). As enzimas exógenas são adicionadas durante (ou logo após) a etapa de "maceração", que é conduzida em temperaturas moderadas (45–65 °C), sendo destruídas durante a etapa subsequente de fervura *wort*.

6.3.2.2 Modificações de açúcares e aplicações

6.3.2.2.1 Isomerização da glicose

A xilose (glicose) isomerase (EC 5.3.1.5, D--xilose cetol-isomerase) é uma das enzimas mais reconhecidas na produção de adoçantes a partir de amido de milho, sendo encontrada apenas em microrganismos [3,139,154]. Embora seja mais seletiva para xilose, ela reage de modo eficiente com glicose em uma reação de equilíbrio de isomerização, resultando em frutose. Ela se tornou uma das enzimas de maior importância industrial, sendo usada para produção de xarope de milho de alta frutose (adoçante). O mecanismo dessa enzima e dos resíduos importantes do sítio ativo foram discutidos em detalhes na Seção 6.2.4.2. A enzima existe como homotetrâmeros na faixa de 170 a 200 kDa, com dois cofatores metálicos essenciais por subunidade (comumente Mn^{2+}, Mg^{2+}, e Co^{2+}). A enzima é comercialmente disponível (em particular a de *Streptomyces* spp.) em forma imobilizada em coluna, por meio da qual o xarope de glicose encontra-se em infusão. Etapas operacionais típicas envolvem trocas de íons e carvão para refinar os sólidos do xarope de glicose entre 40 e 50% (93% de sólidos como glicose) resultante da sacarificação do amido (Figura 6.19). O pH é ajustado a ≈ 7,5 (um comprometimento entre estabilidade máxima em pH 5 e 7 e atividade máxima entre 7–9), 1,5 mM Mg^{2+} é adicionado, e o xarope é perfundido através do reator por um tempo de permanência apropriado para que se obtenha a conversão desejada a 55 a 65 °C (mesmo que a temperatura ótima esteja entre 75–85 °C). A temperatura é um comprometimento entre maximização da estabilidade da enzima (para permitir o seu funcionamento por várias semanas ou meses), redução da viscosidade, prevenção de crescimento microbiano e limitação de reações do tipo Maillard (glicação) de cadeias laterais amino da enzima, resultando em inativação. A maior limitação do uso industrial da glicose isomerase é a instabilidade térmica. Dependendo das condições do processo, um xarope de glicose (DE ≈ 95) pode ser convertido em um xarope de frutose de 42 a 45% (equilíbrio de glicose). A operação da enzima a temperaturas mais elevadas favorecerá o rendimento da frutose (com base na dependência da temperatura da constante de equilíbrio), e esforços de biologia molecular têm sido realizados com o intuito de se obter melhor estabilidade térmica.

6.3.2.2.2 Oxidação da glicose [127,154]

A glicose oxidase (EC 1.1.3.4, β-D-glicose-oxigênio 1-oxidorredutase) é obtida principalmente do *Aspergillus niger*. Ela é uma glicoproteína dimérica de 140 a 160 kDa, com uma bolsa de ligação profunda que abriga a glicose por meio de 12 ligações de H e diversas interações hidrofóbicas, responsáveis por sua especificidade para o açúcar. Apesar disso, o K_M para glicose é relativamente alto em ≈ 40 mM, mas isso é compensado pela elevada renovação/taxa catalítica da reação. A enzima é relativamente estável até 60 °C e em um intervalo de pH de 4,5 a 7,5, permitindo diversas condições de emprego da glicose oxidase como auxiliar de processo. A glicose oxidase é usada principalmente para eliminar a glicose de claras de ovos e reduzir o potencial de escurecimento de Maillard na desidratação e no armazenamento. As claras de ovos devem ter primeiramente seu pH ajustado de ≈ 9 a < 7 com ácido cítrico antes que a glicose oxidase seja adicionada juntamente com o H_2O_2 (para servir como um reservatório de O_2 fornecido pela atividade de catalase frequentemente coexistente), a 7 a 10 °C por até 16 horas, antes da secagem por atomização [85]. Outros usos potenciais da glicose oxidase para a remoção de oxigênio em líquidos ou embalagens, ou para a geração de ácido glicônico (um produto de fermentação ácida e fermento químico) ainda não foram amplamente adaptados. A glicose oxidase também pode ser usada para gerar H_2O_2 como agente antibacteriano (em pastas de dente e **via** ação de lactoperoxidase no leite) ou como um condicionador de massa (reforçador), pela geração de oxidantes, podendo servir como um agente "natural" para substituir bromatos, a fim de induzir ligações dissulfureto no glúten [155].

6.3.2.2.3 Hidrólise da sacarose (inversão) [126,154]

A invertase (EC 3.2.1.26, β-D-frutofuranosídeo fruto-hidrolase) tem sido objeto de estudo por muito tempo, e a invertase das leveduras foi a enzima selecionada por Michaelis-Menten (1913) para a geração de dados com a finalidade de construir seu modelo cinético. Cerca de 40 invertases foram sequenciadas, e elas existem como isoformas em tecidos vegetais e microrganismos, sendo proteínas monoméricas ou oligoméricas com massas moleculares de 37 a 560 kDa. Muitas são glicoproteínas; isoformas de vegetais costumam ser chamadas de ácidas ou de invertases do tipo neutras/alcalinas para refletir as condições de atividade ótima (pH 4–5 e 7–8, respectivamente). A invertase é uma glicosiltransferase β → β-retentora, sendo que o nome comum "invertase" expressa a capacidade da enzima de mudar ("inverter") a rotação óptica de uma solução de sacarose, e não a estereoquímica de sua ação (Tabela 6.6). A enzima é única no fato de resistir e permanecer ativa em osmolaridades elevadas (até 30 M de sacarose). Os resíduos catalíticos (enzima de levedura) são GLU_{204} (ácido) e ASP_{23} (nucleófilo/base). A seletividade por substrato é para glicosídeos β-D-frutofuranosil, sendo o mais importante a sacarose. A invertase (de levedura) é usada como uma enzima exógena, sobretudo na produção de produtos de confeitaria de recheio mole, e na produção de mel artificial a partir de sacarose. Para uso em confeitaria, a enzima pode ser tanto injetada em confeitos cobertos como misturada ao açúcar granular (*fondant*) imediatamente antes de ser coberto. Ao permitir que o confeito descanse, dá-se o tempo para que a invertase aja sobre a sacarose e cause uma liquefação viscosa do centro.

6.3.2.2.4 Hidrólise da lactose [62,126,154]

A β-D-galactosidase (EC 3.2.1.23, β-D-galactosídeo galacto-hidrolase ou lactase) é encontrada em mamíferos (trato intestinal) e microrganismos, e pertence à família 2 das glicosil hidrolases. Estas enzimas existem comumente como homotetrâmeros de cadeias polipeptídicas, com massa variando de $\approx$ 90 a 120 kDa, e a enzima (*lac*Z) de *Escherichia coli* é representativa de lactases (a subunidade monomérica é de 1.023 aminoácidos com cinco domínios estruturais). Cada unidade dimérica contribui com duas unidades catalíticas (uma de cada polipeptídeo, cada uma das quais fornece um *loop* para completar o sítio ativo do outro). Assim, existem quatro sítios ativos para cada tetrâmero, e a bolsa de ligação é uma fenda profunda na interface das cadeias polipeptídicas. A díade catalítica envolve os resíduos GLU_{537} (nucleófilo/base, *E. coli*) e GLU_{461} (ácido) (Tabela 6.6). Dos vários Mg^+ ligados em cada subunidade, dois se relacionam diretamente com a atividade. O sítio ativo fortemente ligado Mg^+ (ou Mn^+) se coordena com o resíduo catalítico GLU_{461}, GLU_{416}, HIS_{418} e três moléculas de água. O outro Mg^+ interage com o GLU_{797} para estabilizar a estrutura de *loop* do sítio ativo. Tanto K^+ como o Na^+ estão ligados e conferem estabilização dímero-dímero, aumentam a afinidade por substratos e estabilizam o estado de transição e o intermediário covalente. Muitos β-D-galactosídeos são atacados pela lactase, indicando alguma especificidade restrita pelo resíduo glicona (subsítio –1), embora aparentemente falte uma análise ampla das relações do subsítio. A ligação H da enzima HIS_{540} com C2–OH, C4–OH e C6–OH confere a estabilização do estado de transição e pode ter um papel na especificidade do glicona. A ampla especificidade para o resíduo não galactosil tem levado ao uso de um substrato cromogênico-modelo, *o*-nitrofenil β-D-galactosídeo, para a rotina e para facilitar o ensaio da enzima. Pelo fato de ser uma enzima β→β-retentora, a β-D-galactosidase também pode catalisar reações de transglicosilação da galactose com outros açúcares (lactose, galactose, glicose) por meio de ligações β-1,6, para formar oligossacarídeos não usuais de 2 a 5 DP.

A enzima de fontes microbianas oferece um amplo intervalo de pH ótimo (5,5–6,5 para bactérias, 6,2 a 7,5 para leveduras, e 2,5 a 5,0 para fungos) para aplicações comerciais. A temperatura ótima é de 35 a 40 °C para as enzimas bacterianas e de levedura e de até 55 a 60 °C para as enzimas fúngicas. A enzima fúngica é a única forma não ativada por Mg^{2+} ou Mn^{2+}. Tal diversidade operacional permite o uso de β-D-galactosidases microbianas em alimentos ácidos (soro ácido, alimentos lácteos fermentados), assim como em leite e soro doce. A enzima está sujeita à inibição por produto (galactose), p. ex. o, Ca^{2+} e Na^+. A hidrólise da lactose pode ser usada para aumentar o poder adoçante, os substratos fermentáveis e os açúcares redutores, reduzir a incidência de cristalização da lactose (p. ex., o estado "arenoso" do sorvete) e permitir o consumo de produtos lácteos por indivíduos intolerantes à lactose (deficiência intestinal de lactase-florizina hidrolase, uma enzima com dois sítios ativos e funções). Comercialmente, o leite fluido com lactose hidrolisada é produzido por adição direta (processamento em batelada) da enzima de levedura, a qual pode atingir $\approx$ 70% de hidrólise; a enzima é subsequentemente destruída pela pasteurização [155]. O soro ou os sólidos permeados de soro podem ser processados por reatores enzimáticos imobilizados usando a β-galactosidase *Aspergillus*, atingindo $\approx$ 90% de hidrólise da lactose.

6.3.2.2.5 Outras glicosidases

As β-glicosidases (EC 3.2.1.21, β-D-glicosídeo glico hidrolase) são um grupo diverso de enzimas que compreende partes das famílias 1 e 3 das glicosil hidrolases. A β-glicosidase é uma enzima de retenção β→β, com os respectivos resíduos ácidos e nucleofílicos sendo GLU_{170} e GLU_{358} (a um espaçamento de 5,5 Å, enzima *Alcaligenes faecalis*) (Tabela 6.6). As β-glicosidases são provenientes de diversas fontes microbianas e vegetais, com a enzima mais amplamente disponível originada de amêndoas (também chamada de "emulsina"). Essas enzimas tendem a ter ampla estabilidade ao pH (4–10), apresentando atividade ótima em pH 5 a 7, dependendo da fonte. A faixa superior de temperatura prática é de 40 a 50 °C e, embora a enzima seja sensível a reagentes sulfidrila (implicando um papel estabilizador da CYS), sua estrutura compacta torna a enzima bastante resistente ao ataque proteolítico. As β-glicosidases podem hidrolisar açúcares (como a celobiase sobre a celobiose), tioglicosídeos e β-D-glicosídeos de grupos alquil e aril (que constituem a porção aglicona). A ação sobre os últimos tipos de β-glicosídeos pode gerar compostos aromáticos em bebidas preparadas de frutas (vinho e sucos), assim como no chá [154,156]. A remoção de amargor (naringina) de sucos cítricos é obtida por β-glicosidases. Essa atividade pode estar presente em preparações de pectinase usada em extratos de frutas e preparação de sucos. Algumas β-glicosidases endógenas podem ser responsáveis pela emanação de agentes bioativos, como o HCN (a partir do glicosídeo cianogênico linamarina na mandioca e nos feijões-de-lima; durrina no sorgo; amigdalina em amêndoas, pêssegos e caroço de damascos) e isotiocianatos anticarcinogênicos e goiterogênicos (e com gosto pungente/amargo) a partir do substrato glucosinolato em *Brassicas* (a partir da enzima mirosinase, discutida adiante). Enquanto algumas glicosidases em preparações de pectinase podem liberar aromas a partir de precursores em sucos de fruta tratados, efeitos adversos incluem a perda de coloração baseada em antocianinas e a produção de sabor adverso ("fruta estragada") a partir da liberação de ácido ferrúlico [156].

A isomaltulose sintetase é uma enzima com atividades de glicosil hidrolase e transglicosilase. Os resíduos do sítio ativo incluem ASP_{241} e GLU_{295} (enzima *Klebsiella* spp. LX3), como nucleófilo/base e ácido, respectivamente [162]. A rota de reação em duas etapas envolve hidrólise inicial da sacarose (α-D-glicosil-1,2-β-D-frutose), seguida da glicosilação da frutose no sítio C6-OH para a geração de isomaltose (α-D-glicosil-1,6-β-D-frutose). O efeito líquido é uma isomerização, e ambas as etapas da reação ocorrem em um único sítio ativo. Um processo industrial utiliza células bacterianas imobilizadas [19] para produzir isomaltulose (também chamada de isomaltose), um adoçante não cariogênico, potencial agente prebiótico, e substrato para hidrogenação, resultando no açúcar álcool dissacarídeo, conhecido como Isomalt®.

A α-galactosidase (EC 3.2.1.22) é usada para converter rafinose no açúcar de beterraba em sacarose, a fim de se aumentar o rendimento do processo em 3% e facilitar a recristalização da sacarose. *Pellets* de micélio de *Mortierella vinacea* são a fonte da enzima comercial [19].

6.3.2.3 Modificação enzimática de pectinas [154]

As enzimas de degradação da pectina são categorizadas em três tipos gerais, poligalacturonase, pectato e pectina liases e pectina metilesterases. As reações específicas catalisadas por essas três atividades de pectinase são mostradas na Figura 6.20. Essas enzimas costumam ser encontradas em vegetais e microrganismos (sobretudo em fungos) e existem sob múltiplas isoformas. Coletivamente, esse grupo de atividades enzimáticas compreende as preparações de "pectinases", em geral derivadas de *A. niger*, que são usadas na maioria das aplicações comerciais para o processamento de tecidos de frutas e hortaliças, extração e clarificação de sucos.

6.3.2.3.1 Poligalacturonase [12,101,145,154]

As poligalacturonases (galacturonídeo 1,4-α--galacturonidase, EC 3.2.1.15 para a forma **endo**ativa, e EC 3.2.1.67 e 3.2.1.82 para as formas **exo**ativas) são enzimas α→β-inversoras que pertencem à família 28 das glicosil hidrolases (Tabela 6.6). A endoenzima de *A. niger* tem três resíduos $ASP_{180,201,202}$ conservados que funcionam como unidades catalíticas acidobásicas gerais, mas parecem estar distantes dentro do intervalo de 4,0 a 4,5 Å, e não a 9,0 a 9,5 Å, como é comum para glicosidades inversoras. A ideia prevalente é que o par $ASP_{180,201}$ ativa água como nucleófilo, ao passo que a ASP_{202} protona o grupo retirante e é assistido por HIS_{223} (também conservada), ao passo que uma TYR_{291} conservada também auxilia na catálise. Existem de 4 a 6 subsítios de ligação ao substrato (−5/−3 a +1, dependendo da isoforma), o que condiz com a propriedade de atividade endo, sendo que essa propriedade confere o tamanho mínimo do substrato. As isoformas com maior força de ligação (afinidade) no subsítio −5 não reagem aleatoriamente, mas, em vez disso, reagem de modo progressivo por religação e hidrólise repetida de uma única cadeia. A LYS_{258} é importante no subsítio −1 e pode fornecer o requerimento para ligação de um resíduo de substrato Gal*p*A (não esterificado) nesse sítio por meio de interação iônica com o grupo carboxilato.

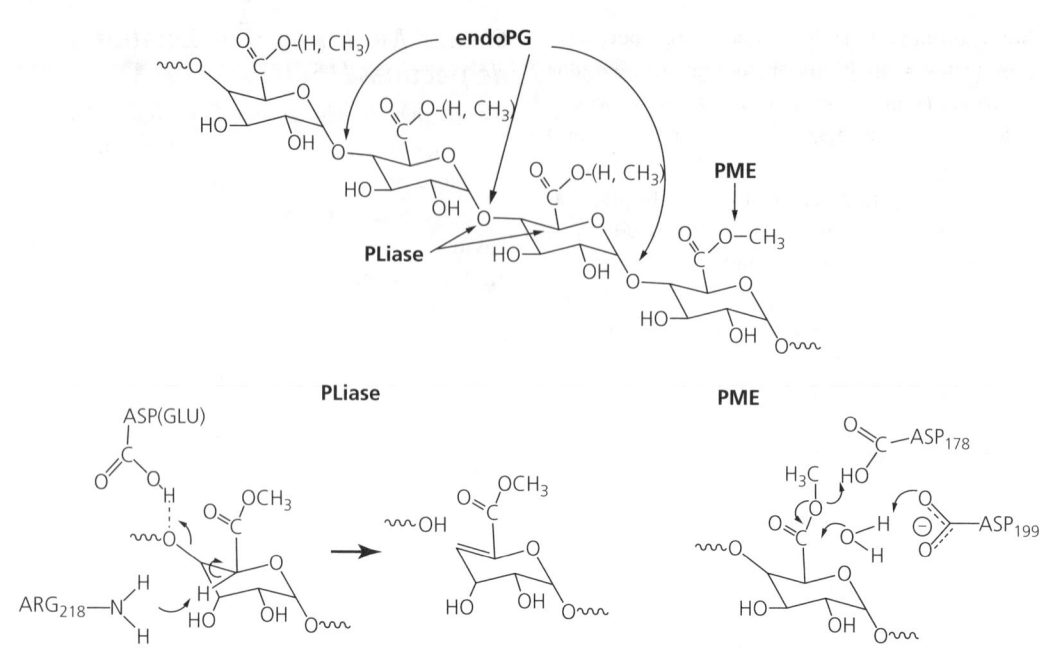

FIGURA 6.20 Sítio de ação e mecanismo de reação de enzimas que degradam pectina. (Adaptada de Benen, J.A.E. et al., Structure-function relationships in polygalacturonases: A site-directed mutagenesis approach, in *Recent Advances in Carbohydrate Engineering*, Gilbert, H.J., Davies, G.J., Henrissat, B., e B. Svensson (Eds.), The Royal Society of Chemistry, Cambridge, U.K., pp. 99–106, 1999; Pickersgill, R.W. e Jenkins, J.A., Crystal structure of polygalacturonase e pectin methylesterase, in *Recent Advances in Carbohydrate Engineering*, Gilbert, H.J., Davies, G.J., Henrissat, B., e B. Svensson (Eds.), The Royal Society of Chemistry, Cambridge, U.K., pp. 144–149, 1999; Whitaker, J.R. Voragen, A.G.J., e D.W.S. Wong (Eds.), *Handbook of Food Enzymology*, Marcel Dekker, New York, 2003.)

As enzimas fúngicas são mais ativas em um intervalo de pH de 3,5 a 6,0 (assim como as enzimas de vegetais), 40 a 55 °C, e possuem massas moleculares de 30 a 75 kDa. O resultado da ação da poligalacturonase é a despolimerização da pectina e a solubilização progressiva dos fragmentos de poliuronídeo. O resultado prático de tal atividade é que as barreiras intercelulares (lamelas médias) são rompidas, e a viscosidade diminui à medida que a ação da enzima é mantida. Enquanto as exopoligalacturonases também são de origem fúngica e disponíveis, elas não são ativas quando um resíduo de ácido galacturônico metilado se liga ao subsítio +1 e, como não são eficientes para despolimerização e redução da viscosidade, são de utilidade limitada.

6.3.2.3.2 Pectinaesterase [101,154]

As pectinas metilesterases (EC 3.1.1.11 pectina pectil-hidrolase) têm sido mais bem caracterizadas a partir de fungos, embora também sejam prevalentes em tecidos vegetais. Coletivamente, essas enzimas existem como múltiplas isoformas (ácidas, neutras, alcalinas) de uma determinada fonte, variando de 25 a 54 kDa em massa; podem ter ampla estabilidade de pH (dentro da faixa geral de pH 12–10) e estabilidade térmica moderada (40–70 °C), dependendo da fonte. As enzimas fúngicas apresentam pH ótimo entre 4 e 6, ao passo que as enzimas de vegetais têm pH ótimo mais alcalino (pH 6–8) e geralmente requerem níveis submilimolares de Na^+. Sendo uma carboxilesterase, espera-se que as unidades e os mecanismos catalíticos se assemelhem à tríade ASP–HIS–SER (como para lipases e serina proteases). No entanto, dois resíduos $ASP_{178,199}$ e um ARG_{267} (enzima de *Erwinia chrysanthemi*) são conservados entre pectina metilesterases. Um ASP está desprotonado e serve para ativar a água nucleofílica para atacar o carbono da carbonila, ao passo que o outro ASP é ácidico e protona um oxigênio da carbonila (Figura 6.20). Um intermediário tetraédrico não covalente é formado e colapsa para liberar o ácido livre e o metanol. Estudos sobre a enzima *A. niger* sugerem 4 a 6 sítios de ligação glicada, e a desmetilação não consegue ocorrer no terminal não redutor de um fragmento de pectina. As seletividades de produto e substrato variam entre as pectina metilesterases (e isoformas) em termos de graus preferenciais de metilação do substrato de pectina, se a hidrólise contínua é favorecida sobre uma cadeia única de pectina ou se a hidrólise é aleatória ou em sítios próximos espaçados.

6.3.2.3.3 Pectato liase [116,154]

A pectato liase (EC 4.2.2.2, (1→4) α-D-galacturonano liase) e a pectina liase (EC 4.2.2.10, (1→4)-6-*O*-metil-α-D-galacturonano liase) também despolimerizam a pectina, com a primeira reconhecendo resíduos acídicos adjacentes à ligação cindível e a última reconhecendo resíduos metil-esterificados adjacentes à ligação cindível (o resíduo de galacturonato a ser atacado está posicionado no subsítio +1). Ambas as enzimas ocorrem sob múltiplas isoformas. A pectato liase requer que até quatro Ca^{2+} coordenem o grupo galacturonato e os resíduos múltiplos e os de ASP/GLU no/próximo ao sítio ativo. Essas enzimas são prevalentes em fungos e também são encontradas em bactérias (as enzimas de *E. chrysanthemi* estão entre as mais conhecidas), sendo encontradas em menor extensão em vegetais. O pH ótimo das pectato liases geralmente encontra-se no intervalo alcalino de 8,5 a 9,5, e pectinas de baixa metilação são o substrato preferido. As pectina liases têm um pH ótimo de ≈ 6, de acordo com a preferência para atuar sobre formas ácidas (protonadas) ou totalmente metoxiladas de pectinas; *Aspergillus* spp. são uma fonte comum. Embora as pectinas liases não necessitem de Ca^{2+}, esse cátion estimula a atividade e muda o pH ótimo para uma região mais ácida. Ambas as liases são estáveis até ≈ 50 °C, e uma ARG_{218} conservada em pectato liase (enzima Pel1C de *E. chrysanthemi*) atua como a base no mecanismo de reação para abstrair o próton de C5 (Figura 6.20). A ARG atuando como uma base catalítica é incomum, mas o p*K* calculado desse resíduo é de 9,5 (p*K* reduzido pelo Ca^+ localizado), consistente com o pH ótimo alcalino. A LYS tem o mesmo propósito que a ARG em outras liases pectadas. Embora o grupo específico de doadores de prótons seja desconhecido, muitos resíduos de ASP/GLU revestem o local ativo, e a água do solvente também pode servir a esse propósito. As exoenzimas têm subsítios pequenos (limitados a −1 ou −2 em direção à extremidade não redutora), ao passo que o intervalo na topografia dos subsítios de endoenzimas é de −2/+2 a −7/+3, dependendo da isoforma. Devido ao pH dos tecidos de hortaliças e principalmente de frutas processadas para sucos, as pectina liases são mais aplicáveis como auxiliares de processo que as pectato liases.

6.3.2.3.4 Aplicações de enzimas que degradam pectinas [3,50,85,154,155]

Os usos comuns das preparações de pectinases e enzimas relacionadas incluem maceração de tecidos, liquefação de tecidos, aumento da recuperação ou extração (suco ou óleo), clarificação e facilitação da remoção de cascas (sobretudo em frutas cítricas). Preparações comerciais de pectinases geralmente são misturas de diversos tipos de enzimas que degradam pectina, celulose e hemicelulose, e a evolução das aplicações de "pectinases" será em direção ao desenvolvimento de especificidade enzimática para objetivos e produtos específicos. Na maioria dos casos, os tratamentos enzimáticos são realizados a 20 a 30 °C por várias horas para processos moderados ou a 40 a 50 °C por 1 a 2 horas para os mais rigorosos (maceração, liquefação) em pH do suco ou extrato. O processamento do tecido começa com um esmagamento inicial (moagem) ou moagem grosseira do tecido (Figura 6.21). A preparação grosseira do tecido é submetida a preparações enzimáticas destinadas a hidrolisar e despolimerizar a lamela média (substâncias pécticas), já que isso conduz à liberação de células individuais e agregados com paredes celulares intactas (Figura 6.21a). Assim, a endopoligalacturonase (especialmente) ou as endopectina liases são as mais adequadas e as suspensões de células resultantes podem ser utilizadas em sucos ou néctares de polpa, alimentos para crianças ou ingredientes para outros produtos.

Outra linha de processamento origina-se com uma moagem mais fina ou trituração do tecido

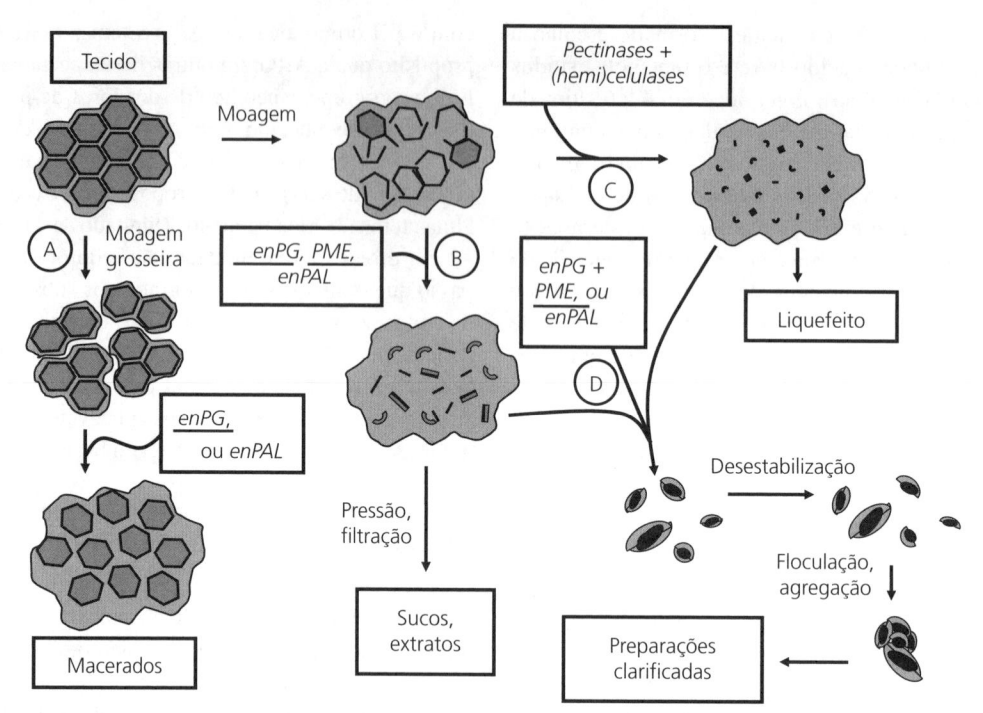

FIGURA 6.21 Processamento comercial de extratos de frutas e hortaliças usando pectinases. (Compilada a partir de informações de Godfrey, T. e West, S. (Eds.), *Industrial Enzymology,* 2nd edn., Stockton Press, New York, 1996; Nagodawithana, T. e Reed, G. (Eds.), *Enzymes in Food Processing*, 3rd edn., Academic Press, New York, 480p, 1993; Whitehurst, R.J. e Law, B.A. (Eds.), *Enzymes in Food Technology*, 2nd edn., CRC Press, Boca Raton, FL, 2002.)

(geralmente por moinho de martelo), no qual o resultado desejado é maximizar a expulsão do líquido e, em alguns casos, de material da polpa. Os "extratos" de pomos e frutas vermelhas costumam requerer a adição de enzimas para converter o macerado viscoso/semigelificado da fruta triturada (causado pela solubilização parcial de pectinas e pela capacidade elevada de retenção de água dos sólidos) para maximizar a extração de suco durante a prensagem subsequente (Figura 6.21b). Pectinases capazes de despolimerizar e degradar pectinas altamente metoxiladas são as mais adequadas e incluem, em particular, a endopoligalacturonase e a pectina metilesterase, ao passo que a endopectina liase também pode ser utilizada. Os sucos preparados dessa maneira podem ser tanto claros como turvos, dependendo do tecido específico e da combinação de enzimas usada.

A liquefação da fruta ou do material vegetal é usada para converter toda a massa do tecido em um produto líquido, o que também diminui a necessidade de filtração ou prensagem subsequente (Figura 6.21c). Esse resultado é obtido com uma combinação robusta de pectinases (poligalacturonase, pectina metilesterase e pectina liases), celulases (tanto exo como endo-β-glicanases) e hemicelulases (atuando sobre xilanas, mananas, galactanas e arabinanas). Uma vez que muito do material da lamela média e da parede celular é "solubilizado" (até 80%), as células se rompem facilmente por pressão osmótica ou cisalhamento, liberando o conteúdo líquido. A liquefação é usada para converter muitas frutas tropicais polposas (manga, goiaba, banana), azeitonas e maçãs armazenadas em sucos ou extratos oleaginosos. Esses sucos podem ser turvos ou claros, dependendo do tecido e das enzimas utilizadas.

A última aplicação mais importante de enzimas exógenas que degradam a pectina ou a parede celular é a clarificação de sucos ou extratos (Figura 6.21d). Isso requer eventos iniciais que desestabilizem qualquer "turbidez" no suco ou no extrato. A turbidez pode ser desejável em alguns sucos (p. ex., suco de laranja), mas não para sucos de maçã e uva, nos quais os translúcidos são preferidos. A turbidez é conferida por partículas coloidais que consistem em proteína (carregada positivamente no pH do suco) coberta com pectina (resíduos do ácido galacturônico estão parcialmente dissociados e com cargas negativas). As enzimas despolimerizadoras de pectina solubilizam e modificam a pectina, permitindo que uma proteína interaja de forma eletrostática com as camadas de pectina de outros particulados, levando a agregação, floculação e facilitando a clarificação. Estima-se que o pH ótimo para esse processo seja de ≈ 3,6, e a clarificação é quase sempre facilitada pela pectina metilesterase, sobretudo quando em combinação com endopoligalacturonase, ou pectina liase isolada para pectinas de elevada metilação (p. ex., maçãs). O papel da pectina metilesterase é gerar sítios para ligações cruzadas induzidas por Ca^{2+} nos particulados, levando a agregados que se depositem com facilidade. Em alguns casos, os sucos clarificados podem sofrer uma turvação reversa. A arabinose compreende ≈ 90% do material polissacarídeo que participa nesta turvação, e a turvação é minimizada se a endoarabinanase for incluída no tratamento de prensagem e/ou na clarificação.

Em sucos cítricos (laranja), um processo chamado "lavagem da polpa" necessita de pectinases para reduzir a viscosidade da água de extração da polpa residual antes que ela seja outra vez adicionada ao suco espremido inicialmente do tecido. As frutas cítricas também podem ser descascadas enzimaticamente pela perfuração da casca e a infusão de pectinase a vácuo por ≈ 1 h entre 20 e 40 °C, pois isso permite que o albedo esponjoso branco seja parcialmente digerido, deixando o fruto facilmente descascado e segmentado. Existem considerações específicas de quais processos e enzimas usar para determinadas frutas e quais produtos serão preparados a partir delas, descritas em detalhes em outras literaturas [155].

6.3.2.4 Outras glicosidases

As xilanases (EC 3.2.1.8, β-1,4-D-xilana xilo--hidrolase) são principalmente glicosidases β→β-retentoras das famílias 10 e 11 (existem xilanases em outras famílias), capazes de hidrolisar polímeros de xilose lineares com ligações β-1,4 (com vários grupos substituintes como arabinose) [126,154] (Tabela 6.6). Essas enzimas existem sob múltiplas isoformas e podem ter ação endo ou exo (as endoenzimas têm maior importância em alimentos). As xilanas são o componente hemicelulósico majoritário e, junto à celulose, compreendem a parte bruta do material da parede celular de produtos botânicos. As xilanases são encontradas em vegetais (especialmente importantes em cereais), bactérias e fungos, e têm massa molecular normalmente no intervalo de 16 a 40 kDa. A enzima de *B. circulans* tem resíduos catalíticos GLU_{78} (nucleófilo) e GLU_{172} (ácido/base geral), e o último resíduo varia entre pK_a 6,7 (enzima livre) e 4,2 (forma com substrato ligado). A xilanase A de *Pseudomonas fluorescens* tem uma topografia de subsítio de substrato de –4 a +1. Em geral, os subsítios variam de 4 a 7 resíduos. As enzimas bacterianas são originadas de *Bacillus*, *Erwinia* e *Streptomyces* spp., ao passo que as de fungos são de *Aspergillus* e *Trichoderma* spp. As enzimas bacterianas têm pH ótimo entre 6,0 e 6,5, ao passo que as de fungos são mais ativas em pHs entre 3,5 e 6,0, dependendo da fonte, sendo que a maioria das xilanases tem ampla estabilidade de pH dentro do intervalo entre 3 e 10. Temperaturas ótimas para a atividade variam entre 40 e 60 °C.

As enzimas xilanases são benéficas para despolimerizar a arabinoxilana não extraível em água em pentosanas solúveis em água, sendo que as últimas possuem alta capacidade de retenção de água [104]. Isso aumenta a viscosidade da massa e leva a um aumento de elasticidade, força do glúten e volume final do pão. A dosagem excessiva de xilanases ou a adição de xilanases que atuam preferencialmente em arabinoxilanas solúveis em água pode não ter efeito ou resultar em massa pegajosa (causada pela degradação excessiva de pentosanas retentoras de água), com desempenho comprometido. A combinação de amilases e xilanases é de importância particular na formulação de massas congeladas [155].

As endoxilanases são hemicelulases usadas no processamento de frutas e hortaliças. As xilanases também são usadas em cervejaria (na redução da viscosidade do *wort*), facilitando as etapas de separação/filtração, reduzindo a formação de turvação e melhorando o rendimento do processo. Hemicelulases/xilanases de *Trichoderma* e *Penicillium* spp. têm encontrado uso em processo de moagem úmida para a separação de amido do glúten em grãos, principalmente no trigo [50].

Outras enzimas de importância que degradam a parede celular são as que hidrolisam as ligações β-1,4 e β-1,3 de glicanas, chamadas de celulases e glicanases [154]. Essas enzimas são adicionadas para assistir processos de liquefação de tecidos de frutas e hortaliças e para grãos em cervejaria, a fim de melhorar o nível de açúcares fermentáveis, auxiliar na filtração de grãos exauridos a partir do *wort* e reduzir a incidência de formação de "turvação de glicanas" [3,155].

A lisozima já foi apresentada em termos de mecanismo de ação (Equação 6.8, Figura 6.15b e Tabela 6.6). Ela tem potencial para uso como agente antimicrobiano, particularmente contra microrganismos gram-positivos [154]. Está entre as menores enzimas, com 14 kDa, e a fonte mais comum é a clara do ovo de galinha. É estável em pH levemente ácido e perde atividade na clara do ovo durante o armazenamento, à medida que o pH da clara do ovo aumenta para ≈ 9. Ela tem sido usada como agente antisséptico na produção de queijos [155], prevenindo o "estufamento tardio" (formação de gás) por *Clostridium* spp. em alguns queijos [3,50].

6.3.3 Enzimas modificadoras de proteínas [154]

Os termos proteinases ou proteases são usados intercambiavelmente em referência às enzimas que hidrolisam proteínas. As regras de nomenclatura permitem o uso de tais termos, porém a preferência é descrever essas enzimas como exopeptidases ou endopeptidases. As proteases são algumas das enzimas mais bem caracterizadas em reconhecimento a seu papel vital no sistema digestório humano e à sua comercialização precoce (Christian Hansen comercializou um coalho de terneiro padronizado para produção de queijo em 1874). As peptidases que transformam proteínas alimentares *in situ*, ou que são adicionadas para causar transformações de proteínas, pertencem a uma das quatro classes descritas a seguir.

6.3.3.1 Serina proteases

Entre as enzimas proteolíticas estudadas inicialmente, encontram-se as serina proteases secretadas pelo pâncreas, pela tripsina (EC 3.4.21.4), pela quimotripsina (EC 3.4.21.1) e pela elastase (EC 3.4.21.37); uma vez que estão envolvidas na digestão humana e na assimilação de nutrientes. A serina protease subtilisina (de *B. subtilis*) foi caracterizada como um exemplo de mecanismo nucleofílico assistido por um sistema de reposição de carga na Figura 6.4. A maioria dos membros desse grupo apresenta massas moleculares de 25 a 35 kDa, sendo caracterizados por um sulco ou fenda na superfície como sítio de ligação do substrato. A seletividade é conferida pelo reconhecimento tanto do resíduo N-terminal (P_1, como para as enzimas pancreáticas listadas anteriormente) ou C-terminal (P_1') compreendidos na ligação peptídica cindível. As subtilisinas de vários *Bacillus* spp. são amplamente utilizadas na preparação de hidrolisados proteicos, e tendem a exibir ampla seletividade entre aminoácidos compreendidos na ligação peptídica (o sítio de interação S_4/P_4 também confere seletividade). As endopeptidases pancreáticas também são usadas em várias aplicações, e seus padrões de seletividade foram ilustrados na Figura 6.14.

6.3.3.2 Proteases aspárticas (ácidas)

As proteases aspárticas são caracterizadas por dois resíduos ASP altamente conservados como unidade catalítica, sendo que a maioria também é ativa sob condições ácidas (pH 1–6) com ótimo próximo de pH 3 a 4 [154]. Membros familiares desse grupo incluem a enzima digestiva pepsina, a quimosina de terneiro (também chamada de "renina" ou "coalho", usada na produção de queijos), a catepsina (que pode estar envolvida no amaciamento *post mortem* da carne) e as peptidases substitutas da quimosina de *Mucor* spp. Essas endopeptidases têm massas de 34 a 40 kDa e são monoméricas, com dois domínios proteicos separados por uma bolsa profunda de ligação ao substrato. Devido ao seu papel na assimilação de nutrientes, as pepsinas exibem ampla especificidade para ligações peptídicas com uma fenda de ligação ao substrato que se estende de P5 a P3'

[90]. O mecanismo de reação para hidrólise envolve uma díade de resíduos conservados de ASP, atuando como ácido/base geral (ASP$_{34,216}$ na quimosina) e um intermediário não covalente. Com base na pepsina humana, os resíduos ASP$_{32,215}$ compreendem uma plataforma coplanar que hospeda água no mesmo plano, com ASP$_{215}$ servindo de base geral para ativar a água como nucleófilo (Figura 6.22) [39,90]. O resíduo ASP$_{34}$ aumenta a eletrofilicidade do carbono da ligação péptica cindível, fornecendo uma ligação H de baixa barreira ao átomo de oxigênio carbonilo. A obtenção do intermediário tetraédrico (não covalente com a enzima) é seguida por transferência de prótons intermoleculares síncronos para protonar o átomo de N, levando à clivagem da ligação peptídica. A dissociação dos produtos de hidrólise e a transferência de H$^+$ de volta para o resíduo ASP$_{32}$ restauram o estado ativo pendente de ligação de outra molécula de água. Essa arquitetura e os mecanismos moleculares são responsáveis pelo perfil de atividade em baixo pH das proteases de aspartato (valores de pK de 1,5 e 4,5 para a pepsina humana) e sua habilidade em causar reações de transpeptidação. O mecanismo de transpeptidação permanece ambíguo, mas deve exigir taxas de liberação diferencial de fragmentos peptídicos e ligação de outro peptídeo antes da próxima molécula de água no ciclo catalítico.

A seletividade na hidrólise proteica entre as proteases aspárticas é bastante semelhante, pois reconhece resíduos apolares (aromáticos, LEU) com ampla seletividade (incluindo ASP, GLU) no local do substrato P_1. Uma análise das propriedades únicas de especificidade da quimosina em análogos da κ-caseína foi apresentada anteriormente (Tabela 6.4).

6.3.3.3 Cisteína (sulfidril) proteases [126,154]

As cisteína proteases são um grupo diverso de enzimas (mais de 130 conhecidas) presentes em animais, vegetais e microrganismos. A maioria dos membros desse grupo pertence à família da papaína, sendo outros membros a quimopapaína (EC 3.4.22.6) (múltiplas isoformas) e a caricaína (EC 3.4.22.30) do látex de *Carica papaya*; a actinidina (EC 3.4.22.14) do *kiwi* e da groselha; a ficina (EC 3.4.22.3) do figo (látex); a bromalaína (EC 4.3.22.4) do abacaxi; bem como as catepsinas lisossomais de tecidos animais [154]. Um sistema único de protease de cisteína no músculo é a calpaína (isoformas múltiplas), uma enzima de duas subunidades que é ativada pelo Ca^{2+} e tem um papel no amaciamento *post mortem* do músculo. As enzimas desse grupo apresentam massa de 24 a 35 kDa, têm atividade ótima em pH 6,0 a 7,5 e podem suportar temperaturas de até 60 a 80 °C (em parte, em virtude das três ligações dissulfeto). Resíduos conservados (tendo a papaína como referência) incluem a unidade catalítica de pares iônicos formada por CYS$_{25}$ e HIS$_{159}$, assistida por ASN$_{175}$, ao passo que GLN$_{19}$ ajuda a estabilizar o intermediário oxiânion. Cada um dos dois domínios proteicos contribui com um resíduo catalítico do par iônico, posicionado em uma fenda profunda entre os domínios. O mecanismo é único pelo fato de a catálise nucleofílica e ácida geral ocorrer

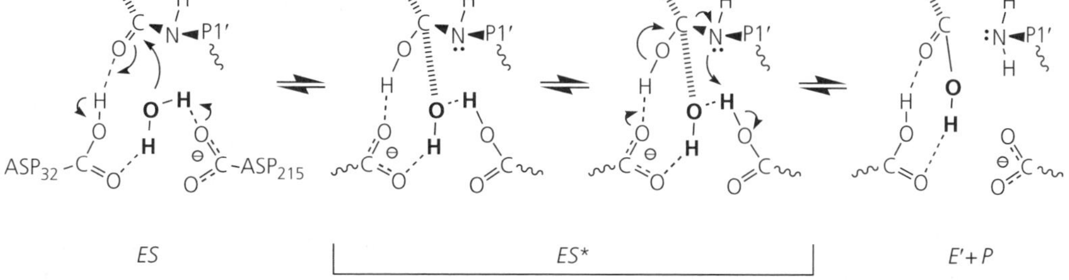

FIGURA 6.22 Mecanismo de reação de proteases aspárticas. (Figura redesenhada a partir de Wlodawer, A. et al., Catalytic pathways of aspartic peptidases, em: *Handbook of Proteolytic Enzymes*, 3rd edn., Rawlings, N.D. e G. Salveson (Eds.), Vol. 1, Academic Press, New York, 2013, pp. 19–26.)

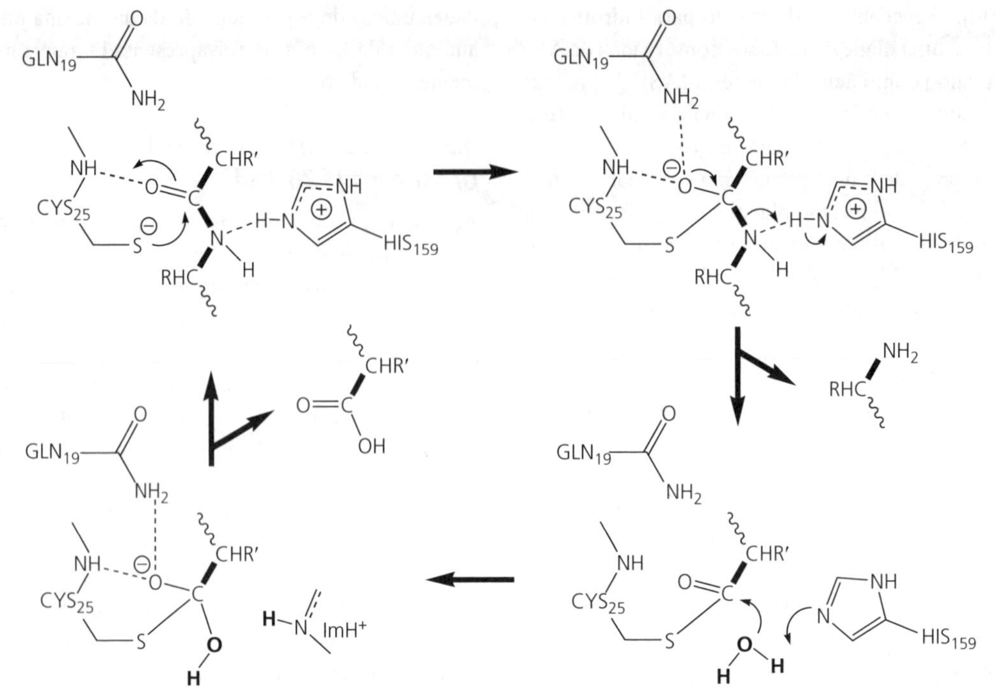

FIGURA 6.23 Mecanismo de reação de cisteína proteases. (Figura redesenhada a partir de Sinnott, M. (Ed.), *Comprehensive Biological Catalysis. A Mechanistic Reference*, Vol. I, Academic Press, San Diego, CA, 1998.)

por meio de um par iônico tiolato-imidazol (Figura 6.23). O grupo tiolato (RS^-) ataca a amida C eletrofílica, resultando em um oxiânion intermediário covalente, estabilizado pela amida NH da CYS_{25} e GLN_{19}. A protonação ácida do grupo amina retirante pelo resíduo HIS_{159} resulta em um intermediário tioéster, que é finalmente deslocado pela água ativada por HIS_{159} por meio de outro intermediário tetraédrico). Não é mostrado o papel da ASN_{175}, em que o oxigênio da amida H se liga com o átomo do imidazol $N^{\varepsilon 2}$ de HIS_{159}. As cisteína proteases são similares em termos de seletividade hidrolítica. Considera-se que elas possuam ampla seletividade para ligações peptídicas, com preferência por aminoácidos aromáticos e básicos em P_1 e resíduos de substratos apolares (particularmente PHE) em P_2 do substrato peptídico (Figura 6.13).

6.3.3.4 Metaloproteases

As metaloproteases constituem a quarta classe geral de enzimas proteolíticas. Os membros mais conhecidos desse grupo incluem a exoprotease carboxipeptidase (peptidil-L-aminoácido hidrolase, EC 3.4.17.1, uma enzima digestiva), a endoprotease termolisina (de *Bacillus thermoproteolyticus*, EC 3.4.24.27) originalmente isolada em uma estação termal no Japão, e a endoprotease neutra de *Bacillus amyloliquefaciens* [154]. A maioria das metaloproteases de relevância para qualidade e processamento de sistemas alimentares é constituída de exoenzimas e requer Zn^{2+} como metal. Elas são classificadas em cinco famílias com base no motivo de ligação ao metal rico em HIS com um resíduo de GLU, uma vez que suas sequências primárias representam proteínas com tamanho variável de 15 a 87 kDa. Tanto a carboxipeptidase A (87 kDa) como a termolisina (35 kDa) possuem bolsas de ligação hidrofóbicas que favorecem cadeias laterais de aminoácidos apolares e aromáticas (particularmente LEU, PHE) posicionadas em subsítios de substrato P_1'. Na carboxipeptidase A, um pequeno "orifício" é criado, em parte, por ARG_{145} e ASN_{144} no subsítio da enzima S_1', o que confere a natureza C-terminal exo a essa enzima, em coordenação com o grupo P_1' COO^-. A termolisina (uma endopeptidase) não tem uma bolsa de ligação tão restrita quanto a carboxipeptidase, podendo alojar um segmento maior do peptídeo.

Um mecanismo-modelo unificado tem sido proposto para metaloproteases, mas deixando espaço para a diversidade de resíduos catalíticos [126]. Para a termolisina, o Zn^{2+} está coordenado com o $^-OH/H_2O$ (o coordenado tem $pK_a \approx 5$), que é deslocado pela ligação do substrato (Figura 6.24). A HIS_{231} atua como um catalisador-base geral com um pK_a de ≈ 8 (assistida por ASP_{226}) para ativar a água nucleofílica. Antes se pensava que o GLU_{143} era a base catalítica, acredita-se agora que ele ofereça estabilização eletrostática para o intermediário tetraédrico δ^+C–O da ligação peptídica cindível; o Zn^{2+} também se coordena com o δ^-O carbonil da ligação peptídica cindível. Por fim, o colapso do intermediário para a formação dos peptídeos produzidos regenera o sítio ativo.

Para a carboxipeptidase A, a ausência de HIS para atuar como uma base geral é compensada pela capacidade do resíduo carboxiterminal do substrato de ativar a água nucleofílica (não é raro ocorrer catálise assistida pelo substrato). Por outro lado, as propriedades mecanísticas são quase idênticas às da termolisina. Embora a ação de exopeptidase da carboxipeptidase possa ser conferida pela pequena bolsa de ligação hidrofóbica, o fato de que o substrato deve fornecer a função-base geral (carboxilato) pode ser igualmente importante.

6.3.3.5 Aplicações da atividade proteolítica [76,85,154,155]

As proteases comerciais estão disponíveis em vários níveis de pureza, sendo que algumas contêm múltiplos agentes proteolíticos, como é típico em preparações de *Aspergillus* spp. Dependendo da aplicação, pode haver a necessidade de seletividade,

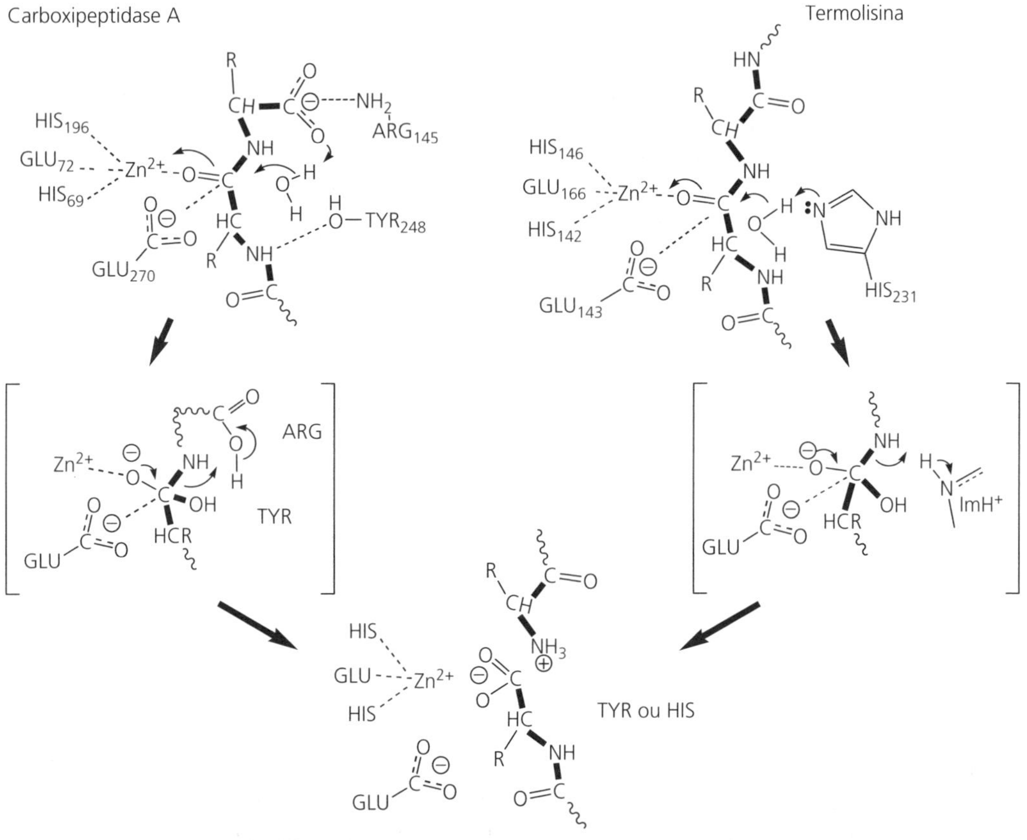

FIGURA 6.24 Mecanismo de reação de metaloproteases. (Figura redesenhada a partir de Sinnott, M. (Ed.), *Comprehensive Biological Catalysis. A Mechanistic Reference*, Vol. I, Academic Press, San Diego, CA, 1998.)

tanto estrita como ampla, na hidrólise de proteínas. A seletividade ampla também pode ser obtida pela adição de múltiplas preparações de proteases. Em muitos casos, as proteases secretadas por organismos fermentativos, sejam naturais ou adicionados como cultura, contribuem substancialmente para a proteólise em matrizes alimentares. Algumas das aplicações comerciais importantes das enzimas proteolíticas são descritas nesta Seção.

6.3.3.5.1 Hidrolisados proteicos [85,154]

A hidrólise de proteínas por peptidases é realizada com o objetivo de melhorar a funcionalidade da proteína do peptídeo em termos de propriedades nutricionais, sensoriais, de textura e físico-químicas (solubilidade, formação de espuma, emulsificação, gelificação), bem como para a redução de alergenicidade (exemplos específicos são citados no Capítulo 5). Um isolado proteico é tratado por uma endopeptidase selecionada em um processo em batelada por algumas horas, após o qual a enzima adicionada é desativada por tratamento térmico. Os principais fatores na decisão da escolha da proteína como fonte do hidrolisado são o custo/benefício, as propriedades funcionais intrínsecas (que são limitadas de alguma maneira para garantir o processamento hidrolítico), a composição de aminoácidos, e de certa maneira a sequência primária, se conhecida. Esses fatores são considerados no contexto com a seletividade conhecida da endopeptidase, principalmente se houver sítios de hidrólise preferidos para a obtenção da funcionalidade desejada. Além disso, os requisitos de pH e temperatura também influenciam na escolha de proteínas e peptidases candidatas para a obtenção do resultado desejado. As endopeptidases costumam ser empregadas para se alcançar diminuições rápidas da massa molecular média de peptídeos, ao passo que as exopeptidases são usadas para hidrolisar oligopeptídeos pequenos em aminoácidos compostos.

As proteínas (em geral de carne, leite, pescado, trigo, hortaliças, legumes e leveduras) podem ser sujeitadas a um pré-tratamento que as torna desnaturadas parcialmente, já que isso melhora o acesso da peptidase e o ataque hidrolítico (a desnaturação excessiva pode levar à agregação e impedir a hidrólise). Os níveis de proteína-enzima estão suficientemente altos para que a enzima reaja em quase $V_{máx}$ com autodigestão limitada da enzima, embora a inibição do produto pela acumulação de peptídeos possa atenuar a reatividade. Os níveis de proteína em reações em batelada geralmente são de 8 a 10%, desde que não existam limitações de solubilidade, e a quantidade de enzima adicionada quase sempre é de $\approx 2\%$ em base proteica, dependendo da pureza. O progresso da reação é monitorado por algum dos diversos métodos (ver Capítulo 5), e a reação é encerrada quando o grau de hidrólise (DH) desejado é alcançado. Valores respectivos de DH de 3 a 6% (tamanho médio dos peptídeos de 2–5 kDa) costumam ser desejáveis para funcionalidade física, DH $\approx 8+\%$ e 1 a 2 kDa de tamanho médio dos peptídeos para solubilidade ótima no uso em produtos de nutrição clínica e esportiva, e DHs mais exaustivos (como 50–70%) para a geração de pequenos peptídeos e aminoácidos com menos de 1 kDa de tamanho médio para uso em alimentos para crianças e hipoalergênicos, e preparações de ingredientes saborizantes (sopas, molhos, salsas). Quanto maior o DH, maior a possibilidade de acúmulo de peptídeos amargos (pequenos e hidrofóbicos), sendo que medidas costumam ser necessárias para o controle desse defeito potencial (discutido adiante). Mais recentemente, houve relatos da preparação de peptídeos bioativos a partir de hidrolisados proteicos, incluindo fosfopeptídeos de caseína que ligam Ca^{2+} para melhorar a biodisponibilidade de minerais, preparações antioxidantes, e peptídeos que inibem a enzima de conversão da angiotensina em plasma humano (como intervenção potencial para diminuir a pressão sanguínea). As proteases também podem ser usadas para isolar proteínas musculares residuais de ossos de peixes e animais terrestres como hidrolisados proteicos, e isso geralmente envolve incubação a 55 a 65 °C de 3 a 4 horas. A mistura final do produto da hidrólise enzimática das proteínas pode necessitar de refinação e/ou separação pós-tratamento para a obtenção de um derivado do produto adequado para a aplicação pretendida.

6.3.3.5.2 Coagulação do leite [3,154]

A quimosina de terneiro (renina) e os substitutos de quimosina são adicionados ao leite para causar a reação inicial de coagulação na manufatura de queijos. A atividade de coagulação do leite está relacionada à hidrólise específica da ligação PHE_{105}-MET_{106} da κ-caseína, liberando um glicomacropeptídeo (etapa enzimática), que cria uma superfície hidrofóbica sobre as micelas, o que leva à agregação (etapa não enzimática). A seletividade única da quimosina foi citada anteriormente (Tabela 6.4). As culturas iniciadoras são adicionadas ao leite entre 40 e 45 °C para causar um declínio de pH de 5,8 a 6,5, sobre o qual a quimosina é adicionada para iniciar a coagulação. Como resultado de etapas subsequentes da manufatura do queijo, parte da atividade enzimática permanece no coalho e contribui para a maturação do queijo e o desenvolvimento de sabor durante a maturação. As proteases das culturas iniciadoras também contribuem para a manutenção da proteólise de desenvolvimento de sabor durante a maturação.* Uma quimosina recombinante de *E. coli* K-12 (CHY-MAX®) foi a primeira enzima geneticamente modificada a ser aprovada para uso em alimentos e preparações comerciais semelhantes, sendo amplamente utilizada. Os substitutos da quimosina incluem as pepsinas bovina e suína e as endopeptidases aspárticas de *Rhyzomucor* spp. e *Cryphonectria parasitica*, que possuem razão de atividade proteolítica coagulante do leite da ordem listada (o que leva à redução do rendimento do processo e potencial amargor no queijo).

6.3.3.5.3 Amaciamento de carnes [3,139]

A papaína e outras sulfidril endopeptidases (bromaleína e ficina) são aplicadas ao músculo ou às carnes que não se tornam suficientemente macias durante a maturação *post mortem*. Essas enzimas são eficazes nesta aplicação porque podem hidrolisar o colágeno e a elastina, que são proteínas do tecido conectivo que contribuem para a resistência da carne. Entretanto, os dois inconvenientes do amaciamento por endopeptidases exógenas são que elas não podem ser "superdosadas" e o padrão de amaciamento não é o mesmo do que

ocorre na carne maturada/amaciada de maneira natural (os padrões de seletividade de proteólise são diferentes). A enzima (no geral, papaína) em forma pulverizada (usando-se sal ou outro material inócuo como carreador) pode ser aplicada diretamente à superfície de carnes, ou a enzima diluída em solução salina pode ser injetada ou aplicada por imersão. A aplicação *ante mortem* da enzima é possível pela injeção intravenosa de uma solução salina quase pura nos animais de 2 a 10 min antes do abate, algumas vezes após o atordoamento; isso ajuda a distribuir a enzima pelos tecidos musculares. A injeção de papaína desativada (forma dissulfídica) evita qualquer desconforto aos animais, uma vez que a enzima se torna ativa pelas condições redutoras que rapidamente prevalecem no *post mortem*. Em muitos casos, devido à relativa estabilidade térmica dessas endopeptidases, talvez grande parte do efeito de amaciamento ocorra tanto durante a fase de cozimento da carne como durante a manipulação e o armazenamento refrigerado dela.

6.3.3.5.4 Processamento de bebidas [85,139]

Na cerveja, um defeito referido como turvação por resfriamento pode ser causado pela associação (complexação) de taninos e proteínas. A papaína tem sido utilizada (desde 1911) para hidrolisar proteínas e minimizar a formação de turvação, embora a bromaleína e a ficina, bem como outras proteases bacterianas e fúngicas, também possam ser usadas para essa finalidade hoje. A endopeptidase é adicionada após a fermentação e antes da filtragem final. A papaína é finalmente destruída pela pasteurização típica da cerveja, sendo que sua ação excessiva pode levar à perda da estabilidade da espuma [155]. Outras proteases, particularmente a protease neutra de *B. amyloliquefaciens*, são adicionadas durante a etapa de mosturação para aumentar o nitrogênio solúvel a partir de proteínas e suportar a fermentação subsequente (fazendo restar ainda menos proteína para participar da formação de turvação). É importante controlar ou medir a proteólise na cerveja, pois é necessário manter os níveis de proteína residual como garantia de atributos específicos de qualidade.

---

*N. de T. Cultura iniciadora, um preparado contendo grande número de microrganismos vivos ou em estado latente para auxiliar ou iniciar um processo.

6.3.3.5.5 Condicionamento de massas [3,85,155]

As formulações de massas e vários tipos de farinhas (de qualidade para pães ou biscoitos) conferem força e propriedades reológicas à massa, o que causa impacto sobre a qualidade final do produto. O pH da massa é geralmente ≈ 6,0, mas pode variar muito e se aproximar do pH 8,0 em alguns casos; as proteases disponíveis são adequadas para a faixa de pH neutro/alcalino com enzimas bacterianas (*Bacillus* spp.) e faixa ácida com enzimas fúngicas (*Aspergillus* spp.). As proteases são usadas para modificar e otimizar a força da massa para um produto em particular, servindo para reduzir o tempo de mistura, a fim de que se obtenha a viscoelasticidade adequada da massa. As proteases também podem melhorar o desempenho de farinhas com glúten danificado, que conferem massas menos elásticas e endurecidas. Proteases exógenas são adicionadas para afetar a hidrólise controlada do glúten durante a etapa de acondicionamento da massa, embora as proteases possam continuar agindo enquanto ela é assada até a desativação térmica. A hidrólise do glúten enfraquece sua rede, resultando em aumento da extensibilidade e da viscoelasticidade da massa desenvolvida. Essas propriedades estão associadas ao aumento de volume do pão, ao desenvolvimento de crosta uniforme e à maciez do produto final. A hidrólise controlada é obtida pelo uso de proteases com seletividade moderada (para se evitar hidrólise exaustiva) e dosagem a uma taxa que forneça o grau desejado de hidrólise antes da inativação durante o ciclo de cozimento. A proteólise excessiva resultará em um produto com pouco volume e com defeitos de textura. O uso de proteases pouco específicas (ou misturas de proteases) é adequado quando massas fracas são necessárias para moldar em formas, como crosta de pizza, *wafers* ou biscoitos. A escolha da protease pode ser crítica para a qualidade do produto, uma vez que as proteases têm diferentes especificidades de reação com as proteínas principais do glúten, tanto com a gliadina como com a glutenina (Tabela 6.7). Tais variações podem ser responsáveis por diferentes graus de melhoria de desempenho de massas pela escolha da protease exógena.

6.3.3.5.6 Modulação do sabor (eliminação de amargor) [106]

Os hidrolisados proteicos e alimentos fermentados (queijo, cacau, cerveja, carnes curadas, molho de peixe, soja) submetidos a graus intermediários de proteólise por endoproteases podem desenvolver amargor quando pequenos peptídeos hidrofóbicos se acumulam além dos limites de percepção sensorial. As exopeptidases são usadas para remover o amargor desses alimentos e estão disponíveis a partir de fontes bacterianas, de fungos, vegetais e animais (mais de 70 estão catalogadas pela IUBMB). As exopeptidases podem ser específicas para o C-terminal (carboxipeptidases) ou para N-terminal (aminopeptidases) e também

TABELA 6.7 Seletividade hidrolítica de proteases sobre as proteínas principais do glúten

Preparação de protease	Atividade relativa em relação a		Relação de atividade na glutenina-gliadina
	Glutenina	Gliadina	
A	1,00	2,17	0,46
B	0,50	0,17	3,0
C	0,69	0,064	11
D	1,30	0,90	1,4
E	0,37	0,19	2,0
F	0,55	0,87	0,63
H	2,07	3,02	0,68
I	2,68	0,38	7,0
G	0,60	0,038	16

Nota: adaptada a partir de Tucker, G.A. e Woods, L.F.J. (Eds.), *Enzymes in Food Processing*, 2nd edn., Blackie, New York, 1995.
Fonte: preparações de proteases individuais não foram especificadas no levantamento original.

para a liberação de um único aminoácido, dipeptídeo ou tripeptídeo do substrato. Em sobreposição a esses tipos de especificidade, encontra-se a seletividade por algum resíduo de aminoácido no(s) sítio(s) do substrato P_1/P_1' ou P_2/P_2', sendo exemplos a X-PRO-dipeptidil aminopeptidase e a LEU-aminopeptidase. As exopeptidases geralmente requerem a ação anterior de endopeptidases específicas para garantir que os peptídeos amargos sejam degradados com eficiência. As exopeptidases de bactérias lácticas estão entre as mais bem caracterizadas; tal conhecimento permite o uso estratégico de culturas fermentadoras ou culturas iniciadoras, ou extratos livres de células para controlar o amargor em alimentos fermentados ou hidrolisados. Por exemplo, o *Lactobacillus helveticus* CNRZ32 é uma linhagem comercial para a redução do amargor e a intensificação do desenvolvimento do sabor em queijos. Ela possui um complexo sistema enzimático proteolítico que inclui endopeptidases com especificidade pós-prolina (PRO em S_1) e uma aminopeptidase geral [17]. Quando agem em conjunto, estas atividades enzimáticas facilitam a degradação dos peptídeos amargos em aminoácidos livres, reduzindo, assim, o amargor.

6.3.3.5.7 Síntese do aspartame [19,61,154]

A termolisina, uma metaloprotease, é usada para sintetizar aspartame (L-ASP-L-PHE-OCH$_3$), um substituto do açúcar usado principalmente em refrigerantes de baixa caloria. A termolisina é um catalisador especialmente adequado para este processo: é estável a 90 °C, mas otimamente ativa a 80 °C. É ativada mais do que 10 vezes por altos níveis de sal (1–5 M), permitindo que funcione bem em alta osmolaridade (elevada [substrato]), tolere solventes orgânicos, seja seletiva para preparar a ligação peptídica no grupo α-COOH de ASP (o método químico pode causar reações no grupo β-COOH do ASP, criando um análogo amargo) e não hidrolise o grupo metil éster do PHE (o qual é necessário para adoçar). O processo sintético evoluiu, de modo a usar uma termolisina imobilizada em um reator em batelada com água-acetato de etila monofásico como meio de reação, proporcionando rendimentos > 95% a 55 °C.

6.3.3.6 Transglutaminase [36,154]

As transglutaminases (EC 2.3.2.12, γ-glutamil-peptídeo, amina-γ-glutamiltransferase) ocorrem em animais, vegetais e microrganismos (principalmente *Streptoverticillium* spp.). Em animais, elas têm papel crítico nas ligações cruzadas da fibrina (coagulação do sangue) e da queratinização (desenvolvimento do tecido epidérmico) entre outras funções; em vegetais, elas parecem estar envolvidas na formação do citoesqueleto e da parede celular, ao passo que, em bactérias, elas podem estar envolvidas na montagem do revestimento em células esporuladas. As transglutaminases de mamíferos (TG) são caracteristicamente proteínas monoméricas de 75 a 90 kDa, ao passo que as enzimas microbianas são de ≈ 28 a 30 kDa. Elas comumente requerem Ca^{2+} para atividade, e têm pH ótimo variando de neutro a pouco alcalino. Assim como as endopeptidases, as proteínas parcialmente desnaturadas ou desdobradas permitem acesso melhorado da TG. Os tipos de reações que as TG catalisam são (⊩ representa o esqueleto da proteína) os seguintes (ver Equações 6.26 a 6.28).

Essas reações fornecem a base para aplicações em alimentos. A reação mais importante é a ligação cruzada de proteínas por uma ligação isopeptídica (Equação 6.26) que tem a capacidade de aumentar o tamanho das proteínas resultantes e criar uma ampla rede dentro da matriz alimentar. Um exemplo no qual isso é explorado é a criação de géis irreversíveis e termoestáveis por ligação cruzada de proteínas de ovos, leite ou proteína da soja com gelatina.

Ligação cruzada: ⊩GLN-CO-NH$_2$ + NH$_2$-LYS⊩ → ⊩GLN-CO-NH-LYS⊩ + NH$_3$ (6.26)

Transferência de acil: ⊩GLN-CO-NH$_2$ + NH$_2$-R → ⊩GLN-CO-NH-R + NH$_3$ (6.27)

Desamidação: ⊩GLN-CO-NH$_2$ + H$_2$O → ⊩GLN-COOH + NH$_3$ (6.28)

A adição de TG durante os estágios iniciais da produção de iogurte serve para aumentar a força do gel e reduzir a sinérese, ao passo que na manufatura do queijo, ela pode fornecer maior rendimento de proteína. Em produtos de panificação, a adição de TG à massa facilita a formação da rede de glúten, melhorando a estabilidade da massa, a força do glúten e a viscoelasticidade e levando à melhora de volume, estrutura e crosta do produto final. Para alimentos cárneos, as aplicações da TG envolvem melhoria ou controle da força do gel em produtos à base de *surimi*, servindo como agente de ligação para o desenvolvimento de produtos cárneos formados a partir de fragmentos de carne picados ou pequenos de baixo valor, ou, ainda, para melhorar a força do gel em presuntos e produtos embutidos.

6.3.4 Enzimas transformadoras de lipídeos

6.3.4.1 Lipase

As lipases (EC 3.1.1.3; triacilglicerol acil-hidrolase) são distintas de outras carboxilesterases por agirem apenas na interface óleo-água. Esse requisito é facilmente observado na relação entre taxa de reação e aumento dos níveis de substrato (Figura 6.25). Enquanto as esterases reagem com substratos solúveis pela cinética convencional de Michaelis-Menten, as lipases não acessam prontamente os substratos até que tenham excedido sua solubilidade e comecem a formar agregados coloidais, tais como micelas, que representam uma interface. As lipases e carboxilesterases quase invariavelmente têm a tríade catalítica GLU(ASP)-SER-HIS como local de transformação, conforme ilustrado para as serina proteases (Figura 6.4). Assim, o mecanismo nucleofílico envolvendo o intermediário acil-enzima e dois intermediários tetraédricos também se aplica às lipases.

Enquanto a atividade de lipases endógenas costuma estar associada à hidrólise de acilgliceróis e a problemas com degradação de lipídeos e/ou rancidez hidrolítica (ou levando à rancidez oxidativa, uma vez que os ácidos graxos liberados tendem a ser mais propensos à oxidação), as lipases exógenas são usadas para objetivos benéficos. Atualmente, os usos comerciais das lipases envolvem a liberação de ácidos graxos aromatizantes (cadeia curta) a partir de lipídeos e o rearranjo de grupos acil graxos ao longo do esqueleto do glicerol para criar triacilgliceróis de valor e funcionalidade elevados a partir de lipídeos de baixo valor. Ambas as aplicações baseiam-se na seleção de lipases com a seletividade de reação necessária para resultar nos produtos desejados.

A seletividade das lipases foi introduzida na Figura 6.16, envolvendo seletividade para o

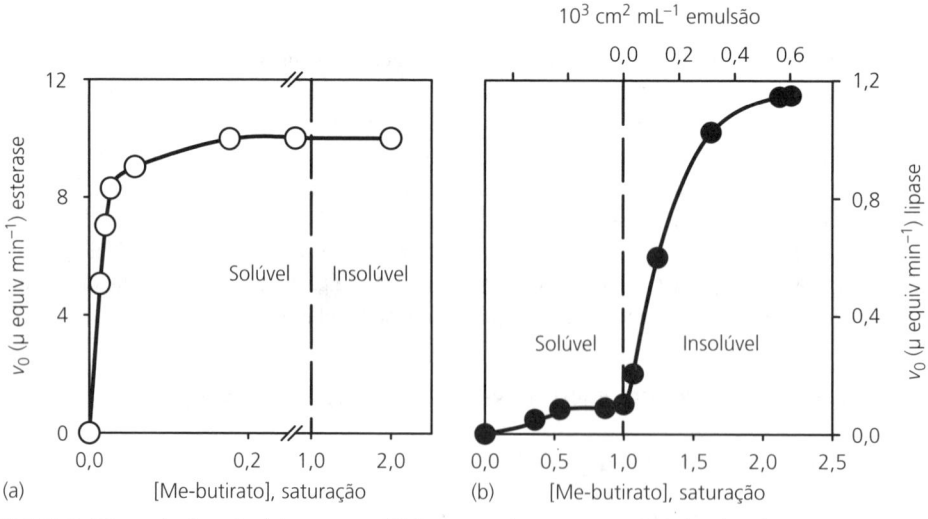

FIGURA 6.25 Diferenciação entre (a) esterase e (b) lipase com base nas propriedades do substrato. (Figura redesenhada a partir de Sarda, L. e Desnuelle, P., *Biochim. Biophys. Acta,* 30, 513, 1958.)

grupo acil graxo, posição do éster no esqueleto sn-glicerol, tamanho do triglicerol (mono, di ou triacilado), bem como interações entre esses fatores, que conferem a estereosseletividade característica. Os tipos de seletividade exibidos por muitas das lipases comercialmente relevantes ou promissoras de mais de 100 fontes caracterizadas são mostrados na Tabela 6.8. Tipos raros de seletividade incluem a preferência para sítios sn-2--glicerol exibidos pela lipase A de *Candida antarctica* e uma isoforma minoritária da lipase de *Geotricum candidum*, embora essa característica possa estar ligada ao tipo de substrato (grupo acil graxo) usado no estudo dessa propriedade. Muitas lipases da Tabela 6.8 foram analisadas para estereosseletividade (Figura 6.16d). As lipases

TABELA 6.8 Padrões de seletividade de algumas lipases de interesse comercial ou usadas em aplicações comerciais

Lipase	Preferência para			Outras propriedades; comentários
	Sítios sn-glicerol	Ácido graxo[a]	Glicerolipídeo[b]	
1. *Aspergillus niger*	sn-1,3 ≫ sn-2	Cadeia curta, 16	AG	
2. *Candida antarctica* formas A e B	A: sn-2 > sn-1,3	Cadeia curta, 18:X	AG	Bolsa de ligação de ácidos graxos ≈ 13 °C
	B: sn-1,3 > sn-2	6–10 > ampla	AG; GL	
3. *Candida rugosa*	sn-1,3 > sn-2; inespecífica	4,8 > ampla	AG	Isoformas múltiplas (anteriormente *C. cylindraceae*) Bolsa de ligação de ácidos graxos ≈ 17 °C
4. *Carica papaya*	sn-1,3 > sn-2	4, cadeia curta	AG	O látex contém papaína
5. *Geotricum candidum*	Inespecífica; sn-2 > sn-1,3	8, cadeia longa; 18:X	AG	Isoformas múltiplas (a isoforma minoritária é sn-2 seletiva)
6. Patatina (tubérculos de batata)	sn-1,3 > sn-2	8, 10	MAG > DAG; GL, PL	Acil-hidrolase genérica
7. *Penicillium* spp.	Inespecífica; sn-1,3 > sn-2	Cadeia longa	MAG, DAG	Isoformas múltiplas
8. Pancreática	sn-1,3 (especificidade estrita)	4 > amplo	AG	Bolsa de ligação de ácidos graxos ≈ 8 °C
9. *Pseudomonas* spp.	Inespecífica; sn-1,3 > sn-2	8, 16	AG	Bolsa de ligação de ácidos graxos de ≈ 14 °C, similar ao da *Burkholderia* spp.
10. *Rhizomucor miehei*	sn-1,3 ≫ sn-2	8–18	AG; PL, GL	Bolsa de ligação de ácidos graxos ≈ 18 °C
11. *Rhizopus arrhizus*	sn-1,3 ≫ sn-2	8–14	AG; GL, PL	Quase idêntica a lipases de *Rhizopus* spp.

Nota: ambiguidades e inconsistências entre as observações compiladas são comuns e estão baseadas na variedade de modos de reação em que os padrões de seletividade são estabelecidos.
[a] Os ácidos graxos são designados conforme o número de carbonos na cadeia n-acil; 18:X indica um ácido graxo de 18C com X = 0 a 3 ligações duplas.
AG, acilgliceróis; GL, glicolipídeo; PL, fosfolipídeo; MAG, monoacilglicerol; DAG, diacilglicerol.
Fontes: Ader, U. et al., Screening techniques for lipase catalyst selection, em Methods in Enzymology, Rubin, B. e E.A. Dennis (Eds.), Vol. 286, *Lipases, Part B. Enzyme Characterization e Utilization*, Academic Press, New York, pp. 351–387, 1997; Gunstone, F.D. (Ed.), *Lipid Synthesis e Manufacture*, CRC Press LLC, Boca Raton, FL, 472p., 1999; Lee, C-H. e Parkin, K.L., *Biotechnol. Bioeng.*, 75, 219, 2001; Persson, M. et al., Chem. Phys. Lipids, 104, 13, 2000; Pinsirodom, P. e Parkin, K.L. *J. Agric. Food Chem.*, 48, 155, 2000; Pleiss, J. et al., *Chem. Phys. Lipids*, 93, 67, 1998; Rangheard, M-S. et al., *Biochem. Biophys. Acta*, 1004, 20, 1989; Sugihara, A. et al., *Protein Eng.*, 7, 585, 1994; Yamaguchi, S. e Mase, T., *Appl. Microbiol. Biotechnol.*, 34, 720, 1991.

normalmente possuem pH ótimo de 5,0 a 7,0 e intervalos de temperatura ótima entre 30 e 60 °C.

6.3.4.2 Aplicações de lipases
6.3.4.2.1 Produção de sabores

As lipases usadas para gerar sabores "picantes" relacionados à maturação em queijos, especialmente das variedades italiano e maturados por fungos, são seletivas para a hidrólise de ácidos graxos de cadeia curta (C4–C8) de triacilgliceróis da gordura do leite, incluindo lipases pré-gástricas de cabra, cordeiro e bezerro [3,50,155]. Como esses ácidos graxos de cadeia curta estão enriquecidos na posição *sn*-3--glicerol, uma lipase que é seletiva para esse sítio também deve ser aplicável a esse objetivo. A lipase do látex de papaia é seletiva para a posição *sn*-3--glicerol, porém, como a papaia contém papaína, ela não é adequada para queijos. Algumas lipases microbianas (*C. rugosa*, ou *R. miehei* e *A. niger*) também são conhecidas por liberar ácidos graxos de cadeia curta e/ou ligados em *sn*-1,3 a partir da gordura do leite (Tabela 6.8). A maioria das lipases hidrolisa ácidos graxos insaturados que podem ser precursores de produtos de oxidação de cetonas e lactonas, algumas resultando do metabolismo microbiano. As lipases também são usadas para preparar queijos modificados por enzimas para uso como queijo processado, cremes vegetais, molhos ou ingredientes saborizantes, sendo que a pasteurização subsequente serve para destruir a atividade enzimática residual. A sobredose de enzimas pode levar a um sabor de sabão ou excessivamente pungente.

6.3.4.2.2 Reestruturação de acilgliceróis

Outro uso majoritário das lipases é o rearranjo estratégico de grupos acil graxos para resultar em uma distribuição predeterminada no *sn*-glicerol, criando lipídeos de elevado valor a partir de produtos de baixo valor [53]. O resultado pretendido é a preparação de "lipídeos estruturados". A abordagem básica para reestruturação de lipídeos com lipases é o uso de um meio de reação microaquoso (< 1% de umidade), composto principalmente por um solvente orgânico ou apenas pelo substrato lipídico (que pode servir de "solvente"). Sob tais condições, a reatividade líquida dos lipídeos com a lipase é em direção à (res)síntese de ésteres, e não à hidrólise. Os vários tipos de processos mediados por lipases que podem ser conduzidos (Figura 6.26) envolvem reações de um único substrato triacilglicerol (interesterificação, rota D); entre um triacilglicerol e uma fonte exógena de ácido graxo (acidólise, rota A), éster(es) de ácido graxo (transesterificação, rota B) ou alcoóis (alcoólise, rota C); ou entre cossubstratos álcool e ácidos graxos (esterificação, rota E). As aplicações mais bem-sucedidas exploram estrategicamente as seletividades características das lipases combinadas com a distribuição conhecida de ácidos graxos dentro do material de partida (fontes naturais de triacilgliceróis). Essas aplicações serão destacadas no próximo parágrafo.

A manteiga de cacau é uma gordura *premium* devido à sua elevada "pureza" natural, com > 80 a 90% das espécies moleculares de triacilgliceróis, sendo POSt (38–44%), StOSt (28–31%) e POP (15–18%)*, fornecendo um perfil de fusão agudo e cooperativo ([53], Capítulo 4). Os substitutos da manteiga de cacau podem ser preparados usando-se uma lipase regiosseletiva *sn*-1,3 e uma fração média de óleo de palma (58% de POSt) combinadas com ácido esteárico exógeno, usando-se uma abordagem de "acidólise" (Figura 6.26a) em um tanque reator com agitação por 16 horas a 40 °C. O resultado é um produto que tem 32% de POSt, 13% de StOSt e 19% de POP. O processo usa lipases de *Aspergillus*, *Rhizomucor* ou *Rhizopus*, que também podem ser imobilizadas em um reator de leito recheado para a passagem rápida do produto. A primeira preparação lipídica estruturada por enzimas comercializada é Betapol®, um derivado de gordura enriquecido em OPO, que é o principal triacilglicerol no leite materno humano [120]. Assim, a OPO constitui um produto nutricional para uso em fórmulas infantis. Nessa aplicação, a tripalmitina (PPP; enriquecida com estearina de palma) é um material de base adequado, podendo reagir com ácido oleico (1:1 *m/m*) em uma reação de acidólise (Figura

---

*As espécies de triacil-*sn*-glicerol são identificadas usando-se as designações curtas de ácidos graxos (Capítulo 4) de St para ácido esteárico, *P* para ácido palmítico, *O* para ácido oleico, listados em ordem conforme a ocorrência nas posições *sn*-1, *sn*-2 e *sn*-3.

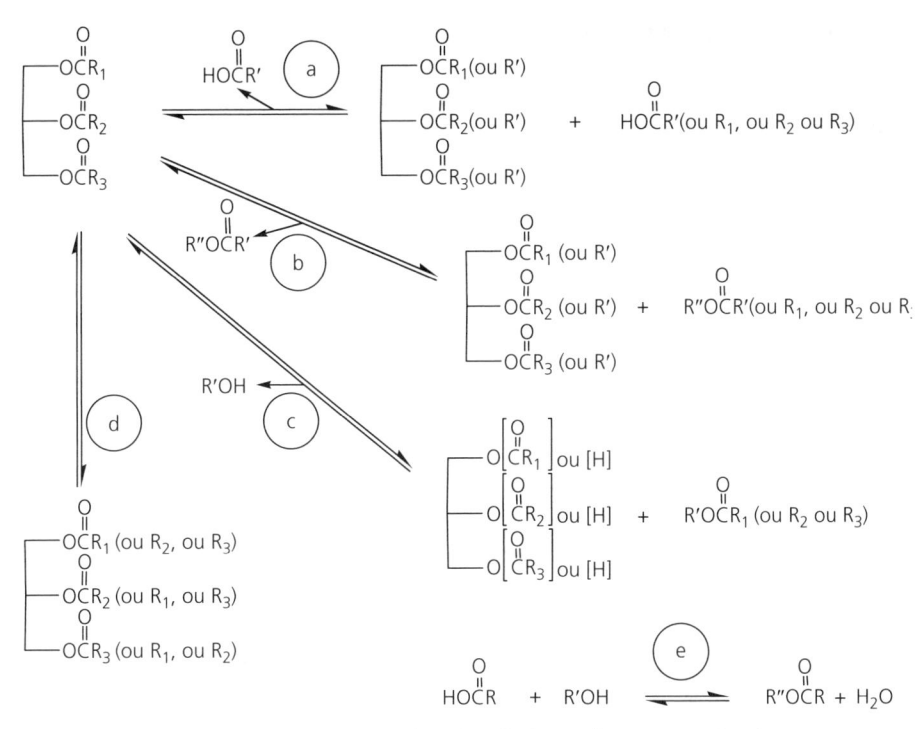

FIGURA 6.26 Tipos de reações de reestruturação de acil mediadas por lipases em meio microaquoso. (a) Acidólise, (b) transesterificação, (c) alcoólise, (d) interesterificação e (e) esterificação.

6.26a) com uma lipase sn-1,3 seletiva. O processo de duas etapas com uma lipase sn-1,3 seletiva envolve uma reação de alcoólise inicial do PPP com etanol (Figura 6.26c) para resultar em sn-2-palmitoilglicerol, seguido por uma reação de esterificação (Figura 6.26e) na presença de ácido oleico. O Betapol também pode ser preparado a partir de fontes nativas de lipídeos da fração rica em PPP do óleo de palma e dos óleos de girassol e canola ricos em ácido oleico. Abordagens semelhantes podem ser usadas para preparar outros "lipídeos estruturados" com lipases, incluindo lipídeos medicinais/dietéticos, porém, atualmente, os produtos comerciais são produzidos mediante processos químicos.

6.3.4.2.3 Melhoria da massa

As lipases são ingredientes comuns em massa de pão [3,139,155]. Elas suplementam lipases endógenas dos grãos de cereais e são adicionadas como melhoradores de massa, manifestando-se no aumento de volume do pão, na crosta e no tamanho de células de ar mais uniforme, e menor tendência a retrogradar, sem influenciar as propriedades reológicas (de mistura) da massa. Tais melhorias derivam da hidrólise de lipídeos do cereal ou de lipídeos adicionados, gerando agentes emulsificantes, mono e diacilglicerolipídeos, que podem ajudar na incorporação e na estabilização de pequenas células de ar na massa. Os monoacilgliceróis também podem formar complexos de inclusão com a amilose, o que reduz a tendência do amido de retrogradar após o cozimento. Além disso, a adição de lipases, em vez de emulsificantes, como ingredientes permite uma declaração no rótulo "mais limpa". As lipases que costumam ser usadas em panificação [50] são originadas de *Rhizomucor* e *Rhizopus* spp., que podem hidrolisar glicolipídeos e fosfolipídeos, além de acilgliceróis (Tabela 6.8); lisofosfolipídeos e lisoglicolipídeos são agentes surfactantes potentes. Elas também são usadas na produção das massas instantâneas, pois melhoram sua brancura, um importante atributo de qualidade [155]. Esse efeito pode resultar da oxidação dos ácidos graxos insaturados e do branqueamento da massa por meio de reações secundárias. A adição de lipase também reduz rachaduras na massa instantânea seca e seu endurecimento após o cozimento; isso está associado à redução da perda de amido, que talvez ocorra pela complexação com ácidos graxos e lisoglicerolipídeos.

6.3.4.3 Lipoxigenases

A ação da lipoxigenase quase sempre é associada a efeitos deteriorantes em alimentos e na qualidade dos lipídeos. Esse aspecto será abordado posteriormente neste capítulo. Um uso benéfico da lipoxigenase é fornecer poder oxidante durante o condicionamento da massa [155]. A lipoxigenase oxida os ácidos graxos insaturados (disponibilizados pelas lipases adicionadas), gerando condições oxidantes que ajudam a fortalecer a rede de glúten ao afetar ligações cruzadas de dissulfeto no glúten, aumentando a viscoelasticidade da massa. A adição de farinha de soja (ou de feijão) na massa do pão é o modo preferencial de se incorporar lipoxigenase, o que pode diminuir ou eliminar a necessidade de agentes oxidantes mais convencionais, como bromatos. As reações de oxidação secundárias também podem destruir carotenoides endógenos e afetar o clareamento e o branqueamento do produto final, como o desejado para a massa instantânea e para alguns pães.

6.3.4.4 Fosfolipases

As fosfolipases são classificadas como tipos A_1, A_2, C e D, cada uma com diferente e exclusiva seletividade para fosfolipídeos (Figura 6.27). Uma de suas aplicações comerciais é a adição de fosfolipase A_2 (EC 3.1.1.4) (*Aspergillus* spp. e o pâncreas são fontes comuns) em óleos crus durante a etapa de degomagem para hidrolisar fosfolipídeos no sítio *sn*-2 e gerar os correspondentes lisofosfolipídeos [50]. Isso é importante para a remoção a de fosfolipídeos não hidratáveis. A fosfolipase A_2 tem uso potencial como agente para criar emulsificantes lisofosfolipídeos superiores a partir de fontes ricas em fosfolipídeos, tais como a gema de ovo [3], sendo que esse efeito pode ocorrer *in situ* na manufatura do pão por meio da adição de lipase com atividades similares às da fosfolipase A_2 (Tabela 6.8).

6.3.5 Aplicações diversas de enzimas

Uma urease ácida (EC 3.5.1.5, ureia amino-hidrolase) de *Lactobacillus fermentum* é aprovada para uso em vinhos, a fim de prevenir a acumulação de ureia, que, caso contrário, pode reagir com etanol, formando etilcarbamato, um carcinógeno para animais. A hexose oxidase (EC 1.1.3.5) tem sido adicionada à massa de pão, na qual existem diversas hexoses disponíveis como substrato, para gerar equivalentes oxidantes como condicionadores de massa [3]. A catalase (EC 1.11.1.6, H_2O-H_2O_2 oxidorredutase) é especificamente adicionada para remover resíduos de H_2O_2 do leite tratado com esse agente para a redução de carga microbiana quando não é possível iniciar a refrigeração prontamente [50]. A sulfidiloxidase (tiol oxidase, EC 1.8.3.2, tiol-O_2 oxidorredutase) há tempos tem sido considerada como uma solução para o problema de sabor cozido no leite UHT, que é causado por tióis formados durante o processamento [154]. A sulfidril (tiol) oxidase de *A. niger* é sugerida como um possível condicionador de massas por fornecer poder oxidante e formar ligações dissulfeto no glúten [3].

Indo além, como o custo da produção de enzimas é reduzido por avanços biotecnológicos e genéticos, um aumento na competitividade de processos mediados por enzimas levará à expan-

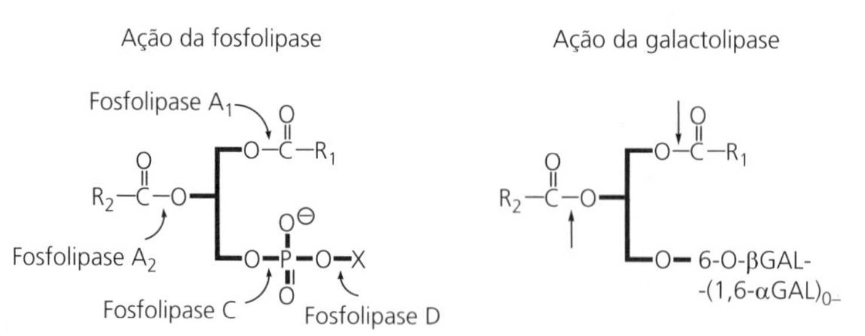

FIGURA 6.27 Especificidade de ligação para enzimas lipolíticas que agem sobre glicerolipídeos polares.

são de seus usos comerciais. Restrições de espaço não permitem a citação e a discussão de outras enzimas com potencial comercial como auxiliares de processamento. O aumento do intervalo de estabilidade térmica e do pH continuará sendo prioridade, uma vez que o aproveitamento de resíduos das cadeias agrícolas por processos enzimáticos atrai cada vez mais interesse.

6.4 INFLUÊNCIA AMBIENTAL NA ATIVIDADE ENZIMÁTICA

Temperatura, pH e atividade de água estão entre os mais importantes fatores ambientais que influenciam a atividade enzimática, e alterações desses parâmetros compreendem o principal modo físico de controle da ação de enzimas em matrizes alimentares. Esta Seção examinará como esses fatores afetam o funcionamento das enzimas.

6.4.1 Temperatura

6.4.1.1 Respostas gerais da atividade enzimática à temperatura

A temperatura tem efeitos previsíveis e opostos (ativação e desativação) sobre a atividade de enzimas. A sua elevação aumenta a energia livre no sistema; o resultado líquido é a diminuição da barreira de energia para a ocorrência das reações, que são aceleradas. Lembre-se da Equação 6.1 (Seção 6.2.3.1), e se o fator de frequência de Arrhenius "A" for substituído pelas constantes combinadas "PZ", a transformação logarítmica resulta em

$$\ln k = \ln A - \frac{E_a}{RT} \quad (6.29)$$

A Equação 6.29 prevê uma relação linear entre ln k e $1/T$ com um declive de $-E_a/R$. Valores maiores de E_a significam maior dependência das reações em relação à temperatura.

Observe que essa relação (Equação 6.29) vale apenas para examinar e predizer constantes de velocidade (k_x) ou parâmetros compostos de, ou diretamente proporcionais a, taxas de velocidade constante, tais como k_{cat}, $V_{máx}$, K_M, e $V_{máx}/K_M$ ou K_S, desde que a ordem de reação não mude com a temperatura. A simples medição da atividade enzimática sob uma condição específica não satisfaz esse requisito. "Quebras" ou descontinuidades na parte linear (inclinação negativa) ou não linear dos gráficos de Arrhenius são apresentadas como evidência de eventos bioquímicos majoritários, tais como transição de fase de lipídeos para enzimas da membrana ou presença de múltiplas isoformas de enzimas. É provável que tais descontinuidades representem uma mudança dependente da temperatura na magnitude de uma constante de taxa como K_M, ou uma mudança na ordem de reação, etapa limitante da velocidade, ou ionização de uma unidade crítica [54,125].

A função do gráfico de Arrhenius é fornecer uma estimativa de E_a, que é um indicador de poder catalítico para uma reação enzimática em relação a uma reação não catalisada ou quimicamente catalisada (ver Tabela 6.1). Um desvio da linearidade (mas não uma "quebra") em gráficos de Arrhenius para atividade enzimática ocorre em temperatura com elevação progressiva (a $\approx$ 0,0030 K^{-1} sobre o eixo x na Figura 6.28a) devido ao efeito secundário da temperatura sobre as enzimas, que é o de causar a desnaturação. Aumentos na temperatura além do máximo ou "ótimo" para atividade enzimática levam a um declínio acentuado na taxa de reação constante, e essa porção linear positivamente inclinada da parcela representa um E_a para desativação da enzima (102 kcal mol^{-1} neste exemplo). Os valores de E_a para desativação de enzimas normalmente variam de 40 a 200 kcal mol^{-1} em comparação a 6 a 15 kcal mol^{-1} para ativação. A desnaturação proteica envolve o desdobramento de grandes segmentos da cadeia polipeptídica, um processo global que requer grande variação de energia livre em comparação com a energia necessária para a estabilização do estado de transição no sítio ativo (um processo localizado).

Pode ser difícil determinar com precisão a v_o de uma reação (i.e., taxas lineares) em temperaturas em que a enzima está inicialmente ativa, porém é inativada rapidamente, como um meio para determinar sua desativação térmica (como na Figura 6.28a). Uma maneira mais direta de se determinar os parâmetros de inativação térmica de uma enzima é incubá-la em várias temperaturas e testar a atividade residual remanescente sob condições padronizadas de ensaio enzimático (geralmente em pH ótimo e com temperatura que não

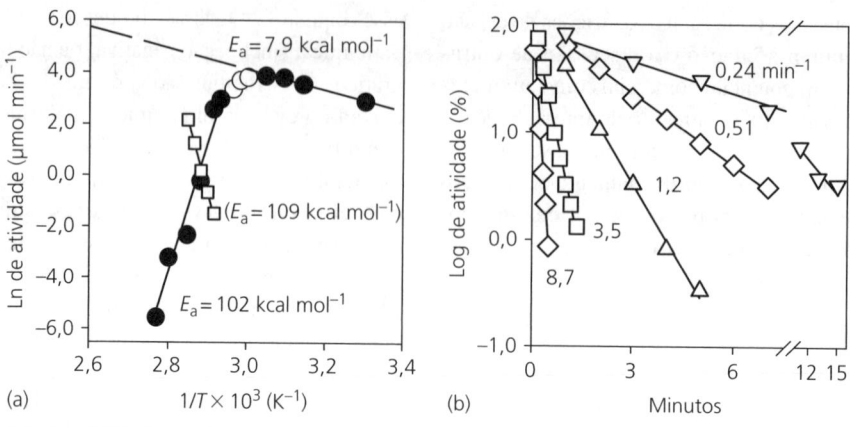

FIGURA 6.28 Sensibilidade térmica da pectina metilesterase de tomate. (a) Gráfico de Arrhenius (figura redesenhada a partir de Laratta, B. et al., *Proc. Biochem.*, 30, 251, 1995.), em que os dados originais aparecem como círculos, e somente os círculos pretos foram usados para construir aproximações lineares. Os quadrados abertos são dados derivados do painel (b). (b) Gráficos de inativação de primeira ordem (figura redesenhada a partir de Anthon, G.E. et al., *J. Agric. Food Chem.*, 50, 6153, 2002.), em que as inclinações crescentes dos gráficos correspondem a temperaturas de incubação de 69,8, 71,8, 73,8, 75,8 e 77,8 °C.

cause inativação) após vários intervalos de tempo (Figura 6,28b). O ensaio para enzima deve usar $[S] \gg K_M$,* de forma que as taxas de reação resultantes sejam $\approx V_{máx}$ ($\propto E_T$) e com taxa limitante e linear com relação a $[E]$. Uma vez que a inativação enzimática quase sempre é um processo de primeira ordem ($[E_o]$ é o nível inicial)

$$[E] = [E_o]e^{-kt} \quad e \quad \ln\frac{[E]}{[E_o]} = -k_d t \quad (6.30)$$

Os resultados são interpretados como gráficos semilog (um fator de 2.303 é usado para interconverter gráficos log e ln) e, para cada temperatura avaliada, um k_d correspondente (constante de taxa de desativação) pode ser estimado por regressão linear (inclinações = $-k_d/2{,}303$) (Figura 6.28b). O conjunto de valores de k_d pode ser transposto para um gráfico de Arrhenius (Figura 6.28a) para estimar a E_a da inativação enzimática, que é E_a de 109 kcal mol^{-1} neste exemplo. Portanto, uma boa concordância é observada com estudos independentes, usando-se modos alternativos de se determinar a sensibilidade térmica da pectina metilesterase de tomates.

---

*Às vezes, os limites na solubilidade de S ou outros fatores complicadores fazem essa condição ser de difícil obtenção.

6.4.1.2 Temperatura ótima para função enzimática

A temperatura ótima para a atividade de uma enzima resulta dos efeitos líquidos da temperatura sobre ativação e inativação. Enquanto a temperatura ótima é aquela em que a taxa de reação enzimática (v_o) é maior, essa condição tem uma duração limitada, e, com o tempo, a desnaturação progressiva logo predomina e muito da atividade original é perdida. Um exemplo de padrões típicos de comportamento térmico de enzimas é dado pela pululanase de *Aerobacter aerogenes* (Figura 6.29a). Observe a progressão mais suave da inclinação ascendente para a curva de atividade a 10 a 40 °C em comparação com o aumento brusco da constante de taxa de desativação (k_d) a 50 a 60 °C e o decréscimo drástico da atividade/estabilidade da atividade da enzima a 50 a 60 °C. Estas tendências de maior dependência térmica (maiores valores de E_a) da inativação enzimática ao longo da ativação de temperatura da reação também podem ser vistas nos gráficos para a pectina metilesterase de tomate (Figura 6.28a). Portanto, conforme a temperatura aumenta, a aceleração da inativação da enzima em algum ponto torna-se a influência dominante da temperatura. Os perfis de atividade e estabilidade dependentes da temperatura de várias enzimas relacionadas a alimentos

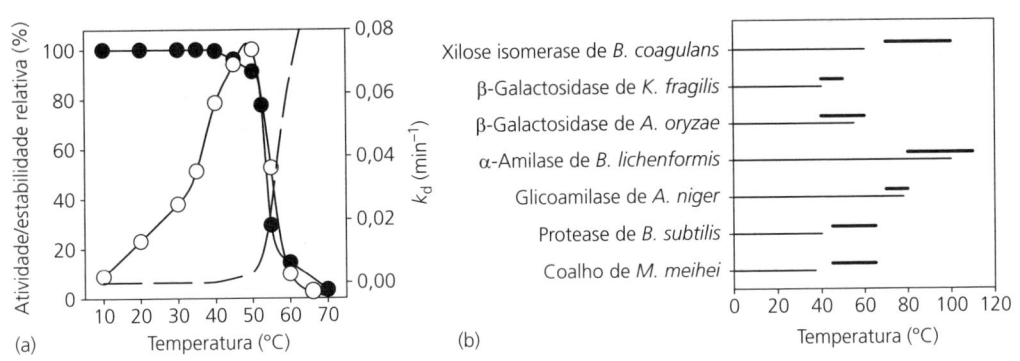

FIGURA 6.29 Sensibilidade térmica de (a) pululanase e (b) várias enzimas comerciais. (Dados selecionados e figuras redesenhadas de Godfrey, T. e West, S. (Eds.), *Industrial Enzymology*, 2nd edn., Stockton Press, New York, 1996; Ueda, S.e Ohba, R., *Agric. Biol. Chem.*, 36, 2382, 1972.) Os símbolos pretos representam a estabilidade da enzima, os abertos, a atividade enzimática, e as linhas tracejadas representam a dependência da constante de velocidade de inativação da enzima no painel (a). No painel (b), as barras espessas representam o intervalo intrínseco de temperatura ótima da enzima, e as barras estreitas indicam temperaturas de processo em que essas enzimas comumente são usadas.

são fornecidos na Figura 6.29b. Os limites superiores práticos de temperatura de uma reação enzimática em aplicações em alimentos geralmente estão a 5 a 20 °C abaixo da temperatura em que a velocidade máxima de reação é observada, com o objetivo de se manter a atividade elevada e persistente durante o processo planejado.

Um gráfico análogo é reservado para avaliar a influência da temperatura sobre processos de equilíbrio. O gráfico é similar ao da Figura 6.28a, exceto pelo fato de que a ordenada é log K, e a inclinação é proporcional a ΔH^o, em vez de E_a:

$$\frac{d \ln K}{d(1/T)} = \frac{-\Delta H^o}{R} \qquad (6.31)$$

Um exemplo sumariza a dependência da temperatura da constante de equilíbrio (K_{eq}) para a isomerização da glicose ⇌ frutose catalisada pela xilose isomerase (Figura 6.30). Este gráfico encontra utilidade na caracterização da dependência de temperatura de outros equilíbrios relacionados ao funcionamento ótimo da enzima, como $K^{\ddagger}$ para a teoria do estado de transição, ionização de cadeias laterais de aminoácidos (K_a) envolvidos na atividade enzimática, ou funções de cinética enzimática que representam (pseudo-)equilíbrios (K_M, K_S).

Existem outros efeitos da temperatura sobre a atividade enzimática. A inativação de enzimas por resfriamento pode ocorrer para enzimas oligoméricas quando forças apolares estão envolvidas na associação de polipeptídeos. A baixa temperatura reduz a força de tais interações (Capítulo 5), podendo promover a dissociação de subunidades e comprometer a atividade. Temperaturas elevadas costumam reduzir a solubilidade aquosa de gases, e as reações que requerem O_2 podem tornar-se limitantes dependendo do K_M e da solubilidade do O_2 dissolvido. Alguns substratos lipídicos sofrem transição de fase em intervalos de temperatura relevantes para alimentos. A presença de domínios de fase sólida, principalmente em bicamadas de

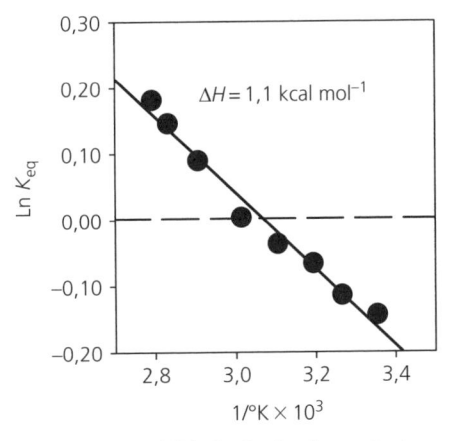

FIGURA 6.30 Sensibilidade térmica da constante de equilíbrio de reação da xilose isomerase. (Figura redesenhada a partir de Rangarajan, M. e Hartley, B.S., *Biochem. J.*, 283, 223, 1992.)

fosfolipídeos, constitui um defeito de superfície e cria acesso para enzimas lipolíticas, frequentemente levando ao aumento da hidrólise.

6.4.1.3 Resumo dos efeitos da temperatura

Enquanto cada enzima exibe comportamento único, algumas observações gerais podem ser feitas em relação à estabilidade térmica. Ligantes (substratos ou mesmo inibidores) aumentam a estabilidade por ajudarem a reter a estrutura nativa no sítio ativo e ao redor dele. Outros fatores de composição no meio também podem aumentar ou diminuir a estabilidade térmica. Algumas tendências gerais dessa estabilidade são o fato de que ela aumenta com a diminuição do tamanho da proteína, com o menor número de cadeias peptídicas, com aumento do número de ligações salinas e de dissulfeto e com níveis elevados de proteína. Ela ainda aumenta estando em ambiente nativo *versus* ambiente *in vitro*, para proteínas solúveis *versus* de membrana e para proteínas extracelulares *versus* intracelulares.

6.4.2 Efeitos do pH

6.4.2.1 Considerações gerais

Todos os grupos proteicos ionizáveis sofrerão transições dependentes do pH com base em valores intrínsecos de pK_a dos resíduos de aminoácidos (Tabela 6.9). Muitas dessas transições causarão impacto sobre a estabilidade da enzima e, em um intervalo estreito de pH, podem atuar em cooperação para desestabilizar completamente a enzima (ver Capítulo 5). Por outro lado, a maioria das ionizações de cadeias laterais de aminoácidos não causa impacto ou causa impacto limitado sobre a atividade enzimática e elas permanecem "transparentes" no contexto da função enzimática. Existe um número limitado (frequentemente 1–5) de resíduos de aminoácidos para os quais seus estados de ionização conferem a dependência de pH sobre a atividade enzimática. A ionização de substrato, produto, inibidor e cofatores também pode ter impacto na reatividade enzimática, e o pH pode influenciar a distribuição de K_{eq} ou de equilíbrio dos reagentes em uma reação enzimática.

6.4.2.2 Estabilidade enzimática em função do pH

As enzimas têm uma dependência característica de estabilidade em relação ao pH; um exemplo é fornecido pela pululanase de *A. aerogenes* (Figura 6.31a). Duas tendências gerais são que (1) a faixa de pH da estabilidade da enzima é geralmente mais ampla do que a faixa de pH da atividade enzimática e (2) a estabilidade da enzima declina rapidamente nos pH desestabilizadores, uma vez que a desestabilização por pH é um processo cooperativo. Ao contrário, a diminuição da atividade enzimática em função do pH costuma exibir transição mais mensurável com características de uma curva de titulação, onde os grupos ionizáveis 1 a 3 são os únicos determinantes da resposta enzimática ao pH no qual cada transição ocorre. A estabilidade das enzimas ao pH é medida expondo-se (pré-incubando) a enzima a vários pHs e, depois, medindo-se a atividade residual em condições padronizadas de pH (quase-)ótimo a uma temperatura específica não desnaturante. Um gráfico similar ao usado para caracterizar valores de k_d para a sensibilidade térmica de enzimas pode ser usado com pH substituindo-se a temperatura como variável de interesse (Figura

TABELA 6.9 Propriedades de grupos ionizáveis de aminoácidos em enzimas

Grupo ionizável	pK_a (25 °C)	ΔH_{ion} (kcal mol^{-1})	Grupo ionizável	pK_a (25 °C)	ΔH_{ion} (kcal mol^{-1})
Carboxila			Amônio		
C-Terminal (α)	3,0–3,2	≈ 0 ± 1,5	N-terminal (α)	7,5–8,5	10–13
β/γ-Carboxila (ASP, GLU)	3,0–5,0		ε-Amina (LYS)	9,4–10,6	
Imidazol (HIS)	5,5–7,0	6,9–7,5	Fenólico (TYR)	9,8–10,4	6,0–8,6
Sulfidril (CYS)	8,0–8,5	6,5–7,0	Guanidium (ARG)	11,6–12,6	12

Fonte: Fersht, A., *Enzyme Structure and Mechanism*, 2nd edn., W.H. Freeman & Company, New York, 1985; Segel, I.H., *Enzyme Kinetics. Behavior and Analysis of Rapid Equilibrium and Steady-State Enzyme Systems*, John Wiley & Sons, Inc., New York, 1975; Whitaker, J.R., *Principles of Enzymology for the Food Sciences*, 2nd edn., Marcel Dekker, New York, 1994.

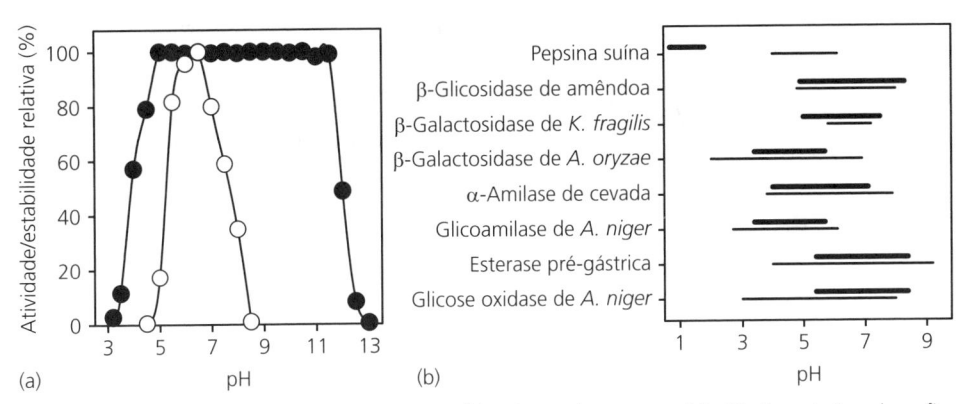

FIGURA 6.31 Sensibilidade ao pH de (a) pululanase e (b) várias enzimas comerciais. (Dados selecionados e figuras redesenhadas a partir de Godfrey, T. e West, S. (Eds.), *Industrial Enzymology*, 2nd edn., Stockton Press, New York, 1996; Ueda, S. e Ohba, R., *Agric. Biol. Chem.*, 36, 2382, 1972.) Os símbolos pretos representam a estabilidade da enzima, os brancos, a atividade da enzima no painel (a). No painel (b), as barras espessas representam o momento em que a enzima mantém mais de 80% da atividade e as barras finas indicam onde essas enzimas exibem mais de 80% de estabilidade.

6.28b). Assim como para a sensibilidade à temperatura, a estabilidade ao pH pode ser dependente dos constituintes e das condições do meio; por exemplo, a presença de substrato e outros ligantes pode aumentar o intervalo de estabilidade do pH, em que a α-amilase é > 50% ativa do pH 4 a 7 e de 4 a 11 na presença de Ca^{2+} [153]. Em alguns casos, as perdas de atividade induzidas por pH podem ser reversíveis, mas quase sempre dentro de um intervalo limitado de valores de pH desestabilizantes e por um período limitado. A pululanase é inativa, mas estável em pH 9 a 11 por pelo menos 30 min, sendo que, dentro desse período, a atividade pode ser totalmente recuperada ajustando-se o pH para 6 e 7 (Figura 6.31a).

Conhecer a estabilidade ao pH de enzimas é importante para a seleção de uma enzima compatível com as condições prevalentes para uma aplicação potencial, de modo que a enzima persista por tempo suficiente para cumprir a função esperada. Também é importante entender se a desestabilização da enzima contribui para a diminuição da atividade em dado pH, de modo que uma análise dos efeitos do pH sobre a atividade possa ser conduzida com precisão (próxima Seção). A estabilidade ao pH para enzimas comerciais selecionadas é mostrada na Figura 6.31b; os intervalos de estabilidade ao pH aqui mostrados ocorrem em temperaturas encontradas durante o processamento, no qual a estabilidade é mais limitada que no exemplo da pululanase (em que a estabilidade ao pH foi medida sob temperatura não desnaturalizante de 40 °C). A estabilidade à temperatura torna-se reduzida em intervalos de pH além do ótimo para a estabilidade da enzima. Logo, a temperatura e o pH têm influência coordenativa sobre tal estabilidade.

6.4.2.3 Efeitos do pH sobre a atividade enzimática [43,122,153]

Assim como o local catalítico de uma enzima compreende alguns poucos aminoácidos críticos, a resposta ao pH da atividade enzimática também se baseia em poucos aminoácidos ionizáveis. O papel de tais aminoácidos pode ser (1) conferir estabilidade conformacional ao sítio ativo ou estarem envolvidos na (2) ligação do substrato ou, ainda, na (3) transformação do substrato, no qual o estado de ionização é crítico para esses papéis. O intervalo de pH de mais de 80% da atividade máxima em temperaturas comuns de processamento para enzimas de alimentos selecionadas também aparece na Figura 6.31b.

Para entender a base do efeito do pH sobre a atividade enzimática, deve-se considerar uma curva típica de dependência de pH "em forma de sino" geralmente observada para enzimas (Figura 6.32a). A propriedade essencial desse perfil é a presença de transições laterais alcalinas e ácidas separadas, chamadas respectiva-

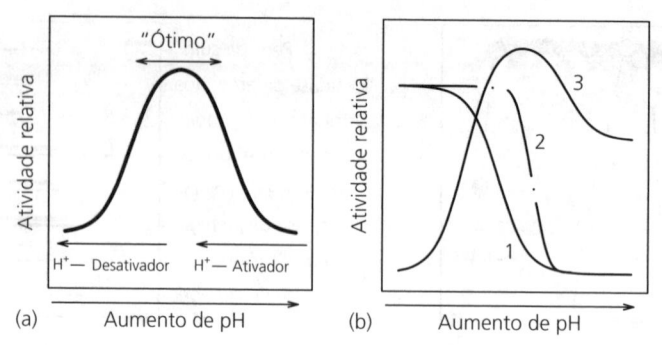

FIGURA 6.32 Respostas típicas da atividade enzimática ao pH. Ver explicações no texto.

mente de etapas H$^+$-ativadora e H$^+$-desativadora. Portanto, a protonação do grupo pK_a alcalino permite que a enzima funcione, e a protonação do grupo pK_a ácido atenua o funcionamento da enzima. Outros tipos de comportamento de pH mostrados (Figura 6.32b) incluem uma transição de pH simples (curva 1), incluindo uma com diminuição mais gradual da atividade que a outra (curva 2), e um caso em que a transição de pH leva a um estado enzimático menos ativo (em vez de inativo) (curva 3).

A avaliação empírica do pH "ótimo" da "atividade" da enzima sob condições específicas do ensaio enzimático (tal como na Figura 6.31a) é algo arbitrário e tem significado limitado. É mais útil verificar se os efeitos do pH são sobre a estabilidade conformacional, ligação do substrato ou transformação do substrato. Assim, a análise da dependência de $V_{máx}$ e K_M sobre o pH fornece uma visão de como a função da enzima responde ao pH. O comportamento do pH dos grupos enzimáticos cruciais é modelado de forma idêntica ao estado de ionização de outros ácidos e bases fracos:

$$EH \rightleftharpoons E^- + H^+ \quad \text{e} \quad K_a = \frac{[H^+][E^-]}{[EH]} \quad (6.32)$$

Tais ionizações para a enzima existem para ambas as formas "livre" (E) e "ligada" (ES) e podem ser identificadas para cada uma das transições ácidas (K_{a1}) e alcalinas (K_{a2}). Esse comportamento pode ser representado por três estados de ionização da enzima livre:

$$HEH^+ \underset{}{\overset{K_{E1}}{\rightleftharpoons}} EH + H^+ \underset{}{\overset{K_{E2}}{\rightleftharpoons}} E^- + H^+ \quad (6.33)$$

onde $K_{E1} = \dfrac{[H^+][HE]}{[HEH^+]}$ e $K_{E2} = \dfrac{[H^+][E^-]}{[EH]}$

(6.34)

O mesmo padrão de comportamento pode ser estendido para o complexo ES, onde

$$HEH^+S \underset{}{\overset{K_{ES1}}{\rightleftharpoons}} EHS + H^+ \underset{}{\overset{K_{ES2}}{\rightleftharpoons}} E^-S + H^+ \quad (6.35)$$

onde $K_{ES1} = \dfrac{[H^+][EHS]}{[HEH^+S]}$ e $K_{ES2} = \dfrac{[H^+][E^-S]}{[EHS]}$

(6.36)

Sob esse cenário, todos os equilíbrios cinéticos e de ionização podem ser organizados conforme descrito no contexto das etapas catalíticas da ação enzimática (Figura 6.33). Nesse modelo, os estados enzimáticos mais ativos são as formas EH e EHS e estão associados aos valores de $V_{máx}$ e K_M ótimos ou "intrínsecos" (consistentes com a Figura 6.32a). O modelo pode ser aplicado para determinar se o declínio na "atividade" sobre o pH ácido ou alcalino é causado por certas formas enzimáticas (HEH^+ e E^-) que não se ligam a S ou aqueles (HEH^+S e E^-S) incapazes de transformar $S \to P$. O modelo também acomoda todas as espécies enzimáticas dentro de uma faixa de pH especificada, sendo parcialmente ativo (como o gráfico 3 na Figura 6.32b) com constantes cinéticas modificadas pelo pH ($\alpha/\beta\, K_M^{H+}$ e $\alpha/\beta\, V_{máx}^{H+}$), com modificadores α/β comumente na faixa $1 \to \infty$ e $1 \to 0$, respectivamente, para essas constantes cinéticas. Os termos K_M^{H+} e $V_{máx}^{H+}$ representam a dependência dessas constantes cinéticas sobre o pH relativo aos valores intrínsecos K_M e $V_{máx}$ em pH ótimo.

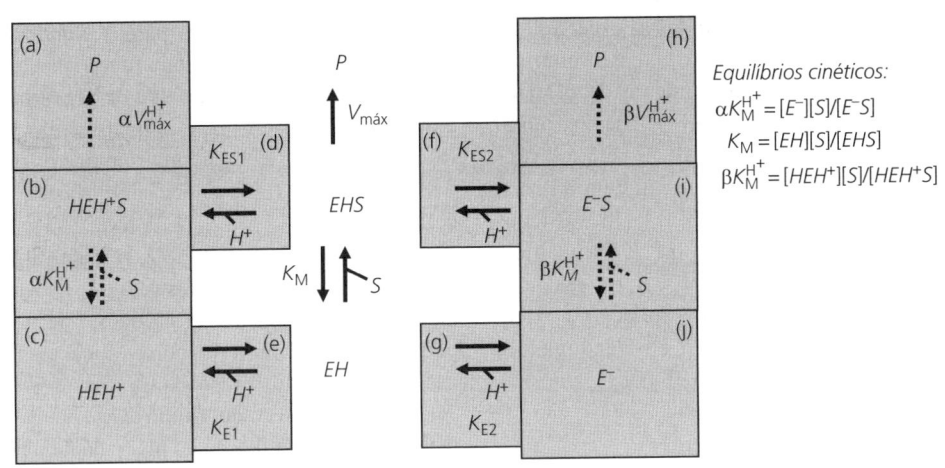

FIGURA 6.33 Modelo cinético da resposta da atividade enzimática ao pH. Painéis: (a), (b) e (c) representam etapas catalíticas na faixa de pH ácido; (h), (i) e (j) representam etapas catalíticas na faixa de pH alcalino; (d) e (e) representam equilíbrios de ionização na faixa de pH ácido; (f) e (g) representam equilíbrios de ionização na faixa de pH alcalino. (Adaptada de Copeland, R.A., *Enzymes: A Practical Introduction to Structure, Function, Mechanism, e data Analysis*, 2nd edn., John Wiley, New York, 2000; Segel, I.H., *Enzyme Kinetics. Behavior and Analysis of Rapid Equilibrium and Steady-State Enzyme Systems*, John Wiley & Sons, Inc., New York, 1975; Whitaker, J.R., *Principles of Enzymology for the Food Sciences*, 2nd edn., Marcel Dekker, New York, 1994.)

Com qualquer enzima, uma consideração razoável a se fazer (baseada na curva de atividade em forma de sino) é a de que existem três estados de ionização, e cada um tem potencial para ligar S apenas com a forma otimamente ionizada capaz de transformar $S \to P$. Essa consideração modificaria o modelo geral (Figura 6.33), omitindo os painéis "a" e "h". Se combinado com as equações de velocidade de reação convencionais aplicadas anteriormente (Equação 6.15).

$$\frac{v}{E_T} = \frac{k_{cat} \times [EHS]}{[EH]+[HEH^+]+[E^-]+[EHS]+[HEH^+S]+[E^-S]}$$

|......espécies"E"......| |........ espécies "ES" ......|

(6.37)

Para o lado direito da equação, todas as espécies enzimáticas podem ser expressas na forma de EHS, usando-se os equilíbrios de ionização (Equações 6.34 e 6.36) e cinético (equações na Figura 6.33) apropriados. Como todas as espécies de enzimas estão em equilíbrio, qualquer uma delas em particular pode ser expressa em termos de outra espécie enzimática. Especificamente, os equilíbrios usados para expressar cada espécie enzimática na forma EHS são os seguintes:

Para EH, K_M;   para HEH^+, K_{E1}

e então K_M;   para E^-, K_{E2} e então K_M.

Para HEH^+S, K_{ES1} então K_M;

para E^-S, K_{ES2} então K_M.

Em seguida, fatorando EHS, fatorando ambos os lados da equação por E_T (e usando a Equação 6.16), e então dividindo o numerador e o denominador do lado direito por S/K_M, seguido por K_M, leva a:

$$v = \frac{V_{máx} \times [S]}{K_M\left(1+([H^+]/K_{E1})+(K_{E2}/[H^+])\right)+[S]\left(1+([H^+]/K_{ES1})+(K_{ES2}/[H^+])\right)} = f_E f_{ES} \quad (6.38)$$

Essa equação permite que todas as espécies "E" livres sejam expressas coletivamente como um termo de distribuição dependente de pH (f_E), chamado de função de pH de Michaelis, juntamente com um termo f_{ES} análogo para todas as espécies "ES"* Estas funções refletem a distribuição quantitativa de relações dos três estados de ionização das espécies "E" ou "ES" a qualquer pH como função dos termos H^+ e K_a (na essência, eles resultam em curvas de "titulação"). Além disso, ao dividir o numerador e o denominador do lado direito da Equação 6.38 por f_{ES} ,mostra-se como as constantes cinéticas-chave são influenciadas pelo pH:

$$v = \frac{V_{máx}/f_{ES} \times [S]}{K_M(f_E/f_{ES}) + [S]} \quad (6.39)$$

e assim

$$V_{máx}^{H^+} = \frac{V_{máx}}{\left(1 + ([H^+]/K_{ES1}) + (K_{ES2}/[H^+])\right)} \quad (6.40)$$

e

$$K_M^{H^+} = K_M \times \frac{f_E}{f_{ES}} = K_M \frac{\left(1+([H^+]/K_{E1})+(K_{E2}/[H^+])\right)}{\left(1+([H^+]/K_{ES1})+(K_{ES2}/[H^+])\right)} \quad (6.41)$$

E se a razão dessas constantes cinéticas modificadas for obtida

$$\frac{V_{máx}^{H^+}}{K_M^{H^+}} = \frac{V_{máx}}{K_M \times (f_E)} = \frac{V_{máx}}{K_M\left(1+([H^+]/K_{E1})+(K_{E2}/[H^+])\right)} \quad (6.42)$$

Assim, o termo $V_{máx}^{H^+}$ refere-se apenas ao comportamento de todas as espécies "ES" (f_{ES}), e o termo $V_{máx}^{H^+}/K_M^H$ refere-se apenas ao comportamento de todas as espécies "E" livres (f_E; lembre-se também das Equações de 6.19 a 6.22) sobre como as enzimas respondem ao pH.

---

*Observe que as funções de pH de Michaelis foram desenvolvidas como as espécies de EHS; tais funções podem ser desenvolvidas para qualquer espécie "E" como referência e, ao passo que serão tomadas de formas diferentes, o comportamento das enzimas será modelado de maneira idêntica para um dado conjunto de valores de K_a e [H^+].

As observações obtidas para a papaína podem ilustrar como o pH afeta a função da enzima (Figura 6.34a até c). Uma faixa de pH ótimo de 5 a 7 pode ser observada, e estimativas dos valores ótimos de $V_{máx}$ e K_M permitiram que os dados fossem ajustados (pelo autor) às Equações 6.40 e 6.42 acima para $V_{máx}^{H^+}$ e $V_{máx}^{H^+}/K_M^{H^+}$, levando a valores de pK_a de 4,0 e 8,2 e 4,2 e 8,2, respectivamente (Figura 6.34a e b). Os valores para pK_a podem ser identificados a partir desses gráficos, traçando-se perpendiculares a partir dos pontos sobre as curvas nas quais o valor da ordenada representa 50% do valor máximo observado. Como existe pouca alteração em K_M** em função do pH (painel c), pode-se concluir que a ionização da enzima induzida por pH tem um efeito desprezível sobre a ligação do substrato e pode ser atribuída apenas para um efeito do pH na etapa catalítica sobre a região de pH avaliada. Resumindo para a papaína, existe(m) grupo(s) ionizável(s) para cada transição de pH, com todos os estados de ionização do E livre capazes de ligar S, mas apenas a forma EHS é capaz de transformar $S \rightarrow P$. Assim, o modelo assumido levando à Equação 6.37 se encaixa no comportamento da papaína, e os painéis a e h (Figura 6.33) seriam omitidos do modelo completo com α = β = 1 para o $K_M^{H^+}$, explicando o comportamento da papaína. A resposta da atividade da papaína ($V_{máx}$) ao pH na Figura 6.34a lembra a da Figura 6.32a. Para permitir uma análise mais profunda dos efeitos do pH [122], as formas logarítmicas das Equações 6.40 a 6.42 resultam em

$$\log V_{máx}^{H^+} = \log V_{máx} - \log\left[1 + \frac{[H^+]}{K_{ES1}} + \frac{K_{ES2}}{[H^+]}\right] \quad (6.43)$$

$$\log \frac{V_{máx}^{H^+}}{K_M^{H^+}} = \log \frac{V_{máx}}{K_M} - \log\left[1 + \frac{[H^+]}{K_{E1}} + \frac{K_{E2}}{[H^+]}\right] \text{ e} \quad (6.44)$$

e observações são rotineiramente consideradas como "gráficos de Dixon" (para o comportamento

---

**Alterações no K_M de menos de alguns múltiplos são geralmente considerados insignificantes e devem aproximar-se de ≥ 3 vezes em magnitude de diferença para serem praticamente significativas na resposta do pH da ação da enzima.

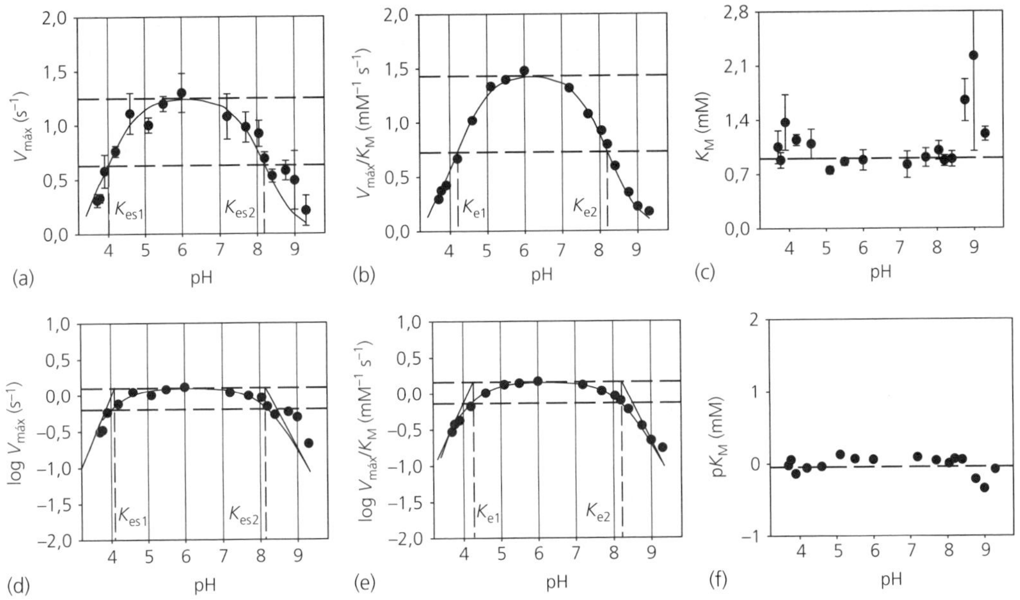

FIGURA 6.34 Análise da resposta da atividade enzimática ao pH usando a papaína como exemplo. Painéis: (a) e (d) são respostas de $V_{máx}$, (b) e (e) são respostas de $V_{máx}/K_M$, e (c) e (f) são respostas de K_M. (Dados obtidos a partir de Lowe, G. e Yuthavong, Y., pH-Dependence and structureactivity relationships in the papain-catalysed hydrolysis of anilides. *Biochem. J.*, 124, 117, 1971.) Ajuste de linha para equações explicados no texto.

$$\log K_M^{H^+} = \log K_M - \log\left[1 + \frac{[H^+]}{K_{ES1}} + \frac{K_{ES2}}{[H^+]}\right] + \log\left[1 + \frac{[H^+]}{K_{E1}} + \frac{K_{E2}}{[H^+]}\right] \tag{6.45}$$

da papaína na Figura 6.34d até f). A equação 6.45 não é plotada *per se*, mas $pK_M^{H^+}$ sim ($p = -\log$), pois isso faz qualquer deflexão para baixo da parcela onde ocorre uma transição de pH que corresponde a uma função prejudicada, semelhante às parcelas das Equações 6.43 e 6.44. As formas log das equações tornam alguns aspectos do comportamento enzimático como uma função do pH mais fácil de visualizar e interpretar (Figura 6.34d a f). A $V_{máx}$ é facilmente identificada pela parte plana (inclinação ≈ 0) do gráfico; o pH ótimo é o ponto médio entre os valores de pK_a. As inclinações para as transições ácidas ($+n$) e alcalinas ($-n$) nas partes ascendentes e descendentes mais inclinadas da curva de resposta ao pH representam o número de resíduos de aminoácidos ionizáveis envolvidos em cada transição. No caso da papaína, os gráficos de Dixon resultam em inclinações de +1 e –1, indicando que o estado de ionização de um único resíduo de aminoácido é responsável pela resposta da enzima ao pH em cada transição. As inclinações dos gráficos de Dixon para o funcionamento de enzimas geralmente variam de 1 a 3, sendo que diversos grupos ionizáveis da enzima resultam em mais transições cooperativas (tais como no gráfico 2 da Figura 6.32b).

Os gráficos de Dixon também permitem a estimativa de valores de pK_a de duas maneiras. Como o ponto em que pH = pK_a representa a condição em que o(s) grupo(s) ionizável(is) está(ão) semiprotonado(s), isso corresponde ao local onde a atividade medida da enzima é 50% do máximo. Portanto, sobre uma escala logarítmica usada nos gráficos de Dixon, os valores de pK_a podem ser localizados onde a curva de resposta ao pH intersecta um ponto de 0,3 unidades da ordenada abaixo do máximo. Outro modo de se estimar valores de pK_a é estender as inclinações das partes ascendentes e descendentes para a interseção de resposta máxima (uma horizontal), que, então, cai perpendicularmente ao eixo para identificar pK_a. Em alguns casos, a escolha do método usado depende da natureza e da extensão dos dados coletados. Para a papaína (Figura 6.34d-f), as estimativas por ambos os métodos fornecem uma concordância próxima nos valores de pK_a de 4,1 e 8,1 e 4,2 e 8,2, para as respectivas formas de enzima livres e ligadas. Os resíduos de aminoácidos com grupos ionizáveis que estão em conformidade com esses valores de pK_a são GLU/ASP e CYS (Tabela 6.9). No entanto, o comportamento real do pH da papaína é conferido por um par iônico imidazol-tiolato (HIS-CYS) (que atua como uma unidade, (ver Figura 6.23). A CYS_{25} é ativa na forma dissociada, ao passo que o resíduo HIS_{159} deve estar protonado para o sítio ativo funcionar. Esse comportamento fornece outro exemplo de como as propriedades de ionização de resíduos de aminoácidos podem ser amplamente moduladas em relação a potenciais-padrão de ionização de aminoácidos em solução (Tabela 6.9).

Com o modelo anterior, o comportamento pH-dependente de enzimas pode ser aplicado para qualquer enzima de interesse. Uma análise da dependência do pH da xilose isomerase indica que, sobre o intervalo de pH 5 a 8 (o uso comercial é em pH 7–8), a capacidade da enzima de transformar $S \rightarrow P$ não é afetada (a curva log k_{cat} é plana, Figura 6.35a). No entanto, a inclinação da unidade para a transição ácida indica que o estado de ionização de um único grupo ionizável na enzima é responsável pela ligação do substrato (K_M muda, Figura 6.35b), e, como k_{cat} não muda, então $\Delta K_M \approx \Delta K_S$ para essa análise. O objetivo de identificar valores de pK_a que representem transições sensíveis ao pH cruciais para o funcionamento da enzima é insinuar a identidade dos resíduos de aminoácidos envolvidos em tal resposta enzimática. O valor de pK_a do grupo ionizável na xilose isomerase é 5,7 a 6,1, fazendo corresponder a um resíduo de HIS (Tabela 6.9). A relação de van't Hoff (Figura 6.30a, Equação 6.31) geralmente é usada para indicar os resíduos de aminoácidos envolvidos com base em valores característicos de ΔH_{ion}. Para a xilose isomerase, o pK_a do grupo ionizável muda em função da temperatura com um valor de ΔH_{ion} de 5,6 kcal mol^{-1} (a partir da inclinação, Figura 6.35c), o que é consistente com o observado para resíduos imidazol (Tabela 6.9)

6.4.2.4 Outros tipos de comportamento com pH

Outros tipos de comportamentos com pH podem afetar as reações enzimáticas. O estado de ionização do substrato, do produto ou do inibidor pode influenciar a reatividade da enzima, dependendo da natureza das interações que a permitem ligar e transformar esses ligantes. Desse modo, a ionização das cadeias laterais dos aminoácidos da enzima pode modular a seletividade da reação entre substratos potenciais. Por exemplo, muitas proteases exibem um pH ótimo diferente para a atividade hidrolítica em relação a diferentes substratos proteicos [50].

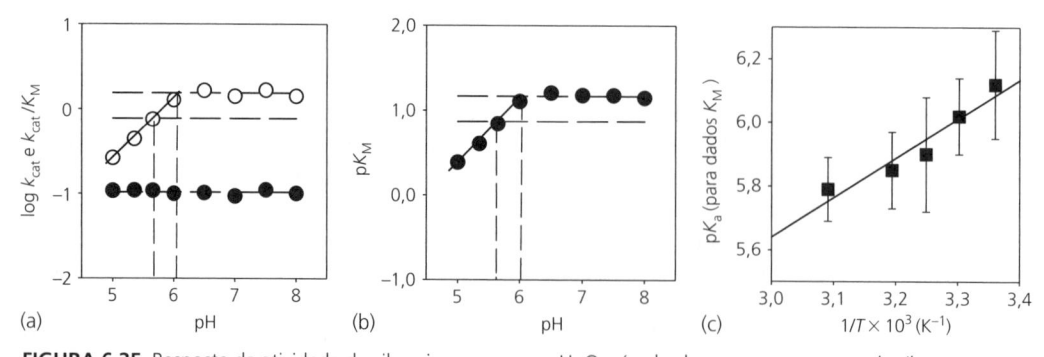

FIGURA 6.35 Resposta da atividade da xilose isomerase ao pH. Os círculos brancos representam k_{cat}/k_M e os círculos pretos representam k_{cat} no painel (a). Painéis: (a) é a resposta das etapas catalíticas, (b) é a resposta de k_M, e (c) é a resposta térmica do grupo ionizável envolvido na catálise. (Redesenhada a partir de Vangrysperre, W. et al., *Biochem. J.*, 265, 699, 1990.)

6.4.3 Relações com a água e atividade enzimática [37,41,121]

O controle do nível e a disposição da água em alimentos é uma forma principal de conservação e pode afetar a atividade e a estabilidade de enzimas. A água tem impacto sobre a taxa de reações por servir como meio de difusão, controlar a diluição ou concentração de solutos, estabilizar e plastificar proteínas e servir de cossubstrato para reações hidrolíticas. Reduzir a quantidade de água livre ou solvente (por desidratação ou congelamento) gera várias alterações de composição e materiais inter-relacionados nos alimentos, os quais influenciam as reações enzimáticas.

6.4.3.1 Efeitos da desidratação e da atividade de água

Os principais efeitos de se reduzir a água livre ou o solvente são o de diminuir o papel da água como meio de difusão e como cossubstrato. A extensão da redução do conteúdo de água é mais bem caracterizada pelo termo termodinâmico da atividade de água (a_a), pois esse termo mostra como ela se comporta em relação aos solutos (inclusive enzimas). Para a lisozima, por exemplo, em a_a 0 a 0,1 a água está fortemente ligada (monocamada) a grupos carregados e polares de proteínas. Em a_a 0,1 a 0,4, a água torna-se ligada aos domínios menos polares da proteína, incluindo o esqueleto peptídico. Em $a_a > 0,4$ a água de condensação contribui para a água da multicamada e aumenta a fração de água realmente livre ou solvente. Os valores exatos de a_a nos quais transições similares dos estados de água ocorrem em matrizes alimentares são dependentes do material. O efeito da a_a sobre reações enzimáticas foi estudado mais intensamente entre as décadas de 1950 e 1980; um exemplo de aplicação geral do comportamento é ilustrado na Figura 6.36a. À medida que a a_a é reduzida dentro do intervalo de 0,90 a 0,35, o progresso das reações de hidrólise é reduzido, aproximando-se de uma posição de quase-equilíbrio de hidrólise em extensão mais limitada. Quando a a_a é então elevada, retoma-se o progresso da reação de uma maneira representativa àquela que ocorre na a_a anterior. Portanto, esse efeito da água é reversível, e, em matrizes alimentares e biológicas, tal comportamento é interpretado como efeitos de capilaridade que limitam a extensão do progresso da reação em a_a limitante. Esses efeitos foram demonstrados para a atividade de lipase, fosfolipase e invertase, mas, em geral, são aplicáveis a todas as enzimas; a atividade da polifenol oxidase é reduzida em 90 a 95% em termos da taxa inicial e da extensão da reação, conforme a a_a é reduzida de 1,0 para 0,60 [138]. Para reações de síntese de ésteres, as lipases de diversas fontes possuem a_a ótimos diferentes (Figura 6.36b).

As enzimas exibem a_a mínima diferente para a função catalítica. Em a_a ou abaixo da monoca-

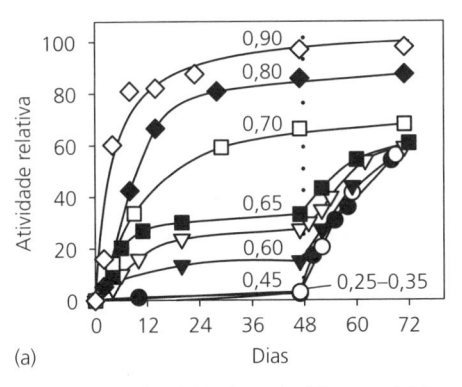

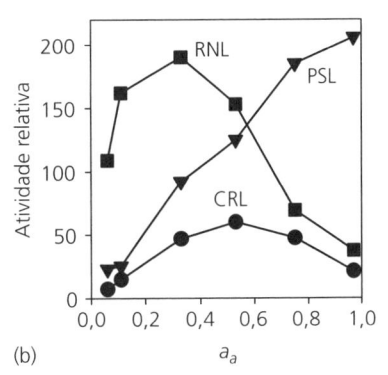

FIGURA 6.36 Resposta da atividade enzimática a a_a. (a) Resposta de malte de cevada moída (fonte de fosfolipase) sobre 2% de lecitina a 30 °C, com ajuste de a_a para 0,70 após 48 dias. (b) Resposta para atividade de síntese de ésteres de várias lipases. RNL, lipase de *Rhizopus niveus*; PSL, lipase de *Pseudomonas* spp; CRL, lipase de *Candida rugosa*. (Figura redesenhada a partir de Acker, L. and Kaiser, H., Lebensm. Unters. Forsch., 110, 349, 1959; Wehtje, E. and Adlercreutz, P., Biotechnol. Lett., 11, 537, 1997.)

mada, a plasticidade enzimática é limitada, mas algumas enzimas ainda exibem atividade. Uma água inferior ao valor da monocamada pode restringir a reatividade, mas isso também melhora a estabilidade térmica, pois a liberdade conformacional é restrita da mesma forma e existe menor tendência de desdobramento da proteína em temperaturas diferentes da de desnaturação. O limiar ou a_a mínima necessária para a atividade enzimática varia de 0,25 a 0,70 para várias oxidorredutases, e de 0,025 a 0,96 para várias hidrolases, tanto em matrizes de alimentos quanto em sistemas-modelo (Tabela 6.10). Mesmo uma baixa atividade enzimática residual pode ser suficiente para causar impacto sobre a qualidade dos alimentos em virtude dos extensos períodos em que os alimentos de umidade intermediária são armazenados.

Outro efeito da redução de a_a é influenciar os equilíbrios envolvendo a água (reações de hidrólise), por meio de efeitos de ação de massa. Assim, para $AB + H_2O \leftrightarrows A' + B'$,

$$K_{eq} = \frac{[A'] \times [B']}{[AB] \times [H_2O]} \quad (6.46)$$

À medida que a_a diminui, há uma mudança na posição dos reagentes e produtos para a acumulação de $[AB]$. Esse princípio é explorado comercialmente ao usar lipases em meios microaquosos ($<$ 1% de H_2O) para causar várias reações (Figura 6.26), levando à produção de lipídeos com funcionalidade melhorada. Do mesmo modo, o conteúdo ótimo de água (relacionado à a_a) é de $\approx$ 2 a 3% para reações de termolisina, levando à formação de ligação peptídica no curso da síntese de aspartame [86]. Muitas enzimas exibem a_a ótimo para a atividade, sendo geralmente $>$ 0,90.

A combinação de falta de meio de difusão e plasticidade da enzima pode causar alterações nas rotas das reações e da distribuição dos produtos [37,121]. Para a ação da α-amilase sobre o amido, conforme a a_a diminui de 0,95 para 0,75, ocorre uma mudança na distribuição dos produtos malto-oligossacarídeos de uma mistura heterogênea de oligômeros de 1 a 7 unidades de glicose para produtos com 1 a 3 unidades de glicose. Isso indica que a hidrólise é menos aleatória na natureza. A difusão restrita de enzima e substrato favorece uma maior processividade no ataque enzimático, uma vez que a mobilidade limitada dos reagentes pode sujeitar os segmentos de amido a múltiplas ações hidrolíticas em sítios próximos. Do mesmo modo, a difusibilidade restrita em a_a de 0,65 faz os produtos finais da reação da lipoxigenase serem elevados em produtos de condensação de linoleato com correspondente diminuição de hidroperóxidos de ácidos graxos. A capacidade limitada de difusão permite que os hidroperóxidos permaneçam próximos por mais tempo e participem de reações de adição (condensação bimolecular) de radicais livres.

A redução de a_a também pode mudar as constantes cinéticas ou de equilíbrio que governam a reatividade da enzima. Por exemplo, o pH ótimo da polifenol oxidase muda mais de 0,5 unidade de pH à medida que a a_a diminui de 1,0 para 0,85 [138]. Tal mudança condiz com o caráter dielétrico diminuído do meio e com o aumento correspondente de pK_a de grupos ionizáveis importantes para o funcionamento da enzima. A lipase exibe um K_M mínimo em a_a de $\approx$ 0,4 [37], e isso pode

TABELA 6.10 Requerimentos de a_a para a atividade de enzimas selecionadas

Enzima	Matriz/substrato	a_a mínima	Enzima	Matriz/substrato	a_a mínima
Amilases	Farinha de centeio	0,75	Amilases	Amido	0,40–0,76
	Pão	0,36			
Fosfolipases	Massa	0,45	Fosfolipases	Lecitina	0,45
Proteases	Farinha de trigo	0,96	Lipases	Óleo, tributirina	0,025
Fitase	Grãos	0,90	Fenol oxidase	Catecol	0,25
Glicose oxidase	Glicose	0,40	Lipoxigenase	Ácido linoleico	0,50–0,70

Fonte: Drapon, R., Modalities of enzyme activities in low moisture media, em *Food Packaging and Preservation. Theory and Practice*, M. Mathlouthi (Ed.), Elsevier Applied Science Publishers, New York, pp. 181–198, 1986.

resultar de uma alteração nas propriedades da enzima ou da natureza da interface do substrato. Dependendo da composição e da a_a de algumas matrizes alimentares ou de sistemas-modelo, podem ocorrer transições vítreas, nas quais o movimento molecular é fortemente restrito em relação a um estado "borrachoso" ou mais fluido (Capítulo 2). Em alguns casos, o estado vítreo estabiliza melhor as enzimas, mas estas geralmente exibem uma sensibilidade dependente da temperatura sobre a estabilidade em meios de baixa umidade, independentemente de existir ou não um estado vítreo ou borrachoso [117]. Em termos de atividade enzimática, estudos em sistemas-modelo indicam elevação não evidente da atividade enzimática, como pode ser esperado quando ocorre uma transição do estado vítreo para o estado borrachoso [27]. Fatores específicos de composição podem modular a atividade enzimática e/ou a estabilidade em sistemas de baixa umidade mais do que a mera presença de um estado vítreo.

Por fim, à medida que a água é removida, há um declínio correspondente na viscosidade da fase líquida remanescente, o que pode servir para atenuar reações enzimáticas por difusibilidade reduzida dos reatantes e dos produtos. O efeito da viscosidade foi avaliado em alguns casos de atividade enzimática, usando-se "viscógenos" inertes (p. ex., glicerol, polióis, polímeros). Demonstrou-se que aumentos de viscosidade reduzem as taxas de reações enzimáticas que são controladas por difusão ou quando causam uma mudança na etapa limitante de velocidade, como na etapa de dissociação do produto. As reações enzimáticas ("quase perfeitas") controladas por difusão são consideradas aquelas com valores k_{cat}/K_M de $\approx 10^8$–10^9 $M^{-1}s^{-1}$, aproximando as taxas limitadas pela difusão para reações bimoleculares entre uma molécula grande e uma pequena [151]. Estudos iniciais de atenuação de reações da invertase em alta sacarose foram interpretados como um efeito da viscosidade aumentada, mas depois demonstrou-se que a causa principal era a inibição do substrato [84]. Esse exemplo enfatiza a dificuldade de se tentar isolar efeitos individuais de um fator ambiental conforme o conteúdo de água é modificado, pois muitos outros fatores são modificados simultaneamente.

6.4.3.2 Efeitos osmóticos da dessecação [41,160]

Conforme a água é progressivamente removida dos alimentos, ou solutos são adicionados a um meio líquido, os solutos dissolvidos tornam-se mais concentrados na fase líquida remanescente. Como consequência, outro resultado da dessecação é o aumento da força iônica e da osmolaridade. A estabilidade e, em maior extensão, a atividade de enzimas em meios hiperosmóticos, são influenciadas pelo perfil e pela concentração dos solutos presentes; constituintes iônicos específicos são geralmente classificados como desestabilizantes (*salting-in*) ou estabilizantes (*salting-out*) para proteínas (Capítulo 5). Cada enzima exibe uma resposta característica a esses solutos e mudanças em suas concentrações à medida que a dessecação ocorre. O comportamento de enzimas em meios hiperosmóticos é relevante para muitos processos enzimáticos comerciais que utilizam elevados níveis (10–40%) de substrato (pectinases, proteases, amilases e enzimas modificadoras de açúcares). Felizmente, muitos desses substratos também são agentes estabilizantes de proteínas, tais como polióis, açúcares e aminoácidos [160], sendo que níveis elevados de substrato ajudam a estabilizar as enzimas contra a desnaturação térmica.

Outra consequência das reações enzimáticas em meios ricos em sólidos é o favorecimento das reações reversas (principalmente hidrólises) por efeito de ação em massa (lembre-se da Equação 6.46). As reações reversas com lipases fornecem o meio de sintetizar ou rearranjar ésteres (Figura 6.26). As plasteínas formadas por proteases com elevada concentração de peptídeo são mediadas por reações de transpeptidação. Tais reações permitem a incorporação de aminoácidos nutricionalmente limitantes. O uso de glicoamilase sob condições comerciais relevantes (Figura 6.19) resulta em um nível limitado de acúmulo indesejável de isomaltose (ligação α,1-6) por meio de reações de hidrólise reversa. A β-galactosidase media reações de transglicosilação com alta concentração de lactose e gera oligômeros de galactose e glicose que têm uso potencial como prebióticos.

Algumas enzimas estão constantemente expostas ao estresse hiperosmótico na natureza.

Exemplos de organismos que vivem em ambientes hiperosmóticos incluem todas as espécies marinhas (a água salgada é ≈ 3,5% NaCl), vegetais e microrganismos que habitam água salobra, solos de alta salinidade, fontes minerais e fontes hidrotermais. O congelamento e a dessecação também ocorrem em condições hiperosmóticas. Sistemas osmorregulatórios evoluíram de modo a compensar os efeitos negativos de meios de elevadas osmolaridade e força iônica. Osmoprotetores são compostos como polióis (glicerol, manitol, sorbitol), açúcares (sacarose, glicose, frutose, trealose), aminoácidos (em particular GLY, PRO, GLU, ALA, β-ALA) e diversas aminas metiladas (Figura 6.37). Entre essas estruturas, observe a frequência dos grupos funcionais estabilizadores de –OH (capacidade de ligação H), NH_4^+, $R_xNH_y^+$, $–CH_2–COO^-$ e SO_3^{2-}, esses grupos estabilizam proteínas, contrabalançando ou minimizando o efeito de agentes desestabilizadores como Na^+, K^+, Cl^-, ureia e ARG.

Acredita-se que os mecanismos pelos quais esses osmoprotetores agem incluam repulsão elétrica entre soluto-proteína (promovendo a compactação da estrutura da água e a da proteína, promovendo o estado nativo) e interações diretas soluto-proteína (ligações de H). Dois exemplos de osmoproteção merecem atenção especial, aqueles por aminas metiladas e os por trealose. Os tecidos de organismos marinhos podem conter até 100 mM de trimetilamina-*N*--óxido (TMAO). Esse osmólito endógeno protege as enzimas dos tecidos de efeitos de desestabilização (alterações adversas no K_M) de sais e até mesmo da ureia (um potente desnaturante de proteínas encontrado em tecidos de tubarões e arraias). Um composto relacionado, a betaína, alivia os efeitos inibitórios do NaCl sobre enzimas em tecidos vegetais sob estresse salino. A trealose (glicopiranosil-α,1-1-glicopiranosídeo) está entre os mais efetivos osmoprotetores conhecidos. Esse composto parece formar ligações de H com proteínas e promover a estrutura da água como estabilizadora de proteínas contra estresse de dessecação e congelamento [160]. Enquanto os osmoprotetores preservam a atividade enzimática em tecidos em ambientes de estresse aquoso, eles também podem ser adicionados a preparações enzimáticas para torná-las mais estáveis. Isso é realizado para preparações enzimáticas congeladas e liofilizadas, muitas das quais são ≤ 10% de proteína ativa, ao passo que o restante é material excipiente ou carreador, o que pode incluir crio ou osmoprotetores.

Algumas enzimas podem requerer constituintes iônicos para funcionar de maneira ótima ou evoluíram para funcionar bem sob condições de estresse aquoso, tal como as de organismos halotolerantes ou halofílicos. Algumas dessas enzimas foram identificadas empiricamente por meio da evolução e do uso de várias culturas iniciadoras para fermentações nas quais a adição

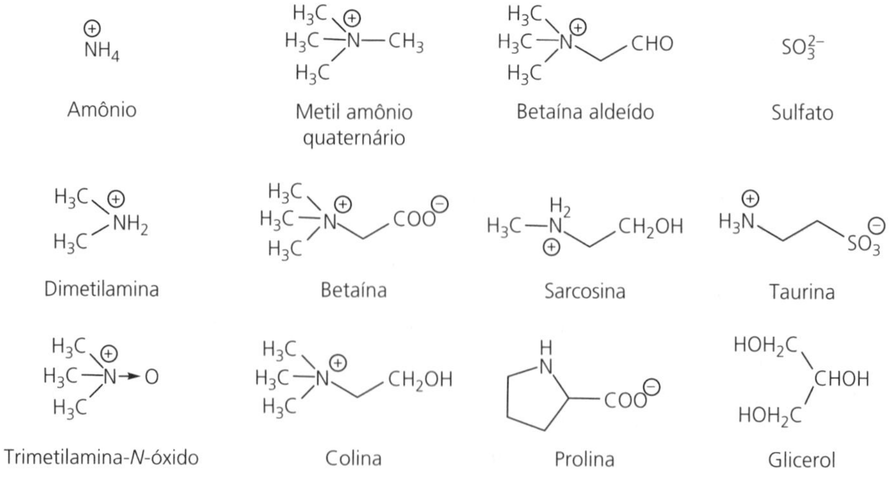

FIGURA 6.37 Sistemas de osmólitos.

de sal está envolvida (p. ex., queijos, molho de soja). As enzimas de importância para fermentações devem ser tolerantes o suficiente para durarem e serem ativas o suficiente para causar as mudanças desejadas durante a fermentação. Em outros casos, a estimulação da atividade por sais (osmótica) tem sido observada. A termolisina, usada para sintetizar o edulcorante aspartame, é estimulada 12 vezes por 4 M NaCl no pH ótimo de ≈ 7 (Figura 6.38), e a estimulação por cátions monovalentes ocorre na ordem descendente: $Na^+ > K^+ > Li^+$ [61]. A estimulação afeta apenas a etapa k_{cat}, e não a ligação S, mudando pK_a do grupo acídico de 5,4 para 6,7, ao passo que o grupo alcalino permanece em pK_a de ≈ 7,8. O ambiente rico em sal ativa a enzima por interações eletrostáticas na superfície e no sítio ativo da enzima, o que está associado a uma mudança conformacional na proteína. Essa enzima é ajustada de maneira ideal para a síntese peptídica em níveis elevados de cossubstrato.

6.4.3.3 Dessecação por congelamento

O congelamento é diferente de outros processos de dessecação pelo fato de que a água livre é removida como uma fase sólida, o que é acompanhado por temperaturas menores (< 0 °C) que as encontradas em alimentos secos, de umidade intermediária ou altamente osmóticos. Dessa forma, o aumento da temperatura e da concentração de solutos é o principal determinante da atividade enzimática em um meio congelado, com os efeitos de viscosidade e difusão embutidos nesses fatores. A a_a pode ser um fator menos importante no congelamento em comparação com o meio dessecado, visto que é definida pela pressão de vapor relativa do gelo e água super-resfriada na mesma temperatura; a a_a é apenas suprimida para 0,82 a −20 °C (Capítulo 2). Os efeitos do congelamento foram examinados em detalhes nas décadas de 1960 e 1980, embora os esforços persistam devido ao interesse contínuo na criopreservação de sistemas biológicos. Estudos utilizaram sistemas-modelo, bem como reações em matrizes alimentares.

A influência combinada dos dois fatores dominantes responsáveis pelos efeitos do congelamento sobre as reações enzimáticas pode ser resumida como segue. A temperatura reduzida sempre diminuirá k_{cat}, prevendo uma taxa decrescente de reação baseada na característica E_a para a reação. Os efeitos da concentração são mais variados e estão relacionados à concentração de agentes que controlam a atividade enzimática (substratos, inibidores, efetores, cofatores, agentes tamponantes) no meio não congelado e os efeitos coletivos de elevar suas concentrações pela remoção do solvente água como gelo. A concentração de solutos pode impactar negativamente ou desestabilizar enzimas por meio de efeitos osmóticos e/ou inibidores, principalmente se $S > K_M$ e as taxas de reação diminuírem conforme o resultado. O resultado líquido seria uma diminuição geral na taxa de reação com o congelamento. Pode ocorrer um aumento limitado da reatividade enzimática, tal como pela concentração elevada de S ou efetor positivo, mas de uma maneira que consegue equilibrar aproximadamente o efeito atenuante da temperatura reduzida, resultando em pouca ou nenhuma alteração após o congelamento. O terceiro resultado potencial é aquele em que o efeito da concentração do substrato aumenta de forma substancial a reatividade, em particular para [S] inicialmente diluído, de modo que esse efeito é dominante sobre a temperatura, e existe um aumento líquido na reatividade com o congelamento.

O evento físico da formação de cristais de gelo pode ter pelo menos três consequências distintas. Uma delas é que, em sistemas celulares, esses cristais podem romper estruturas celulares e promover a mistura da enzima e dos solutos que

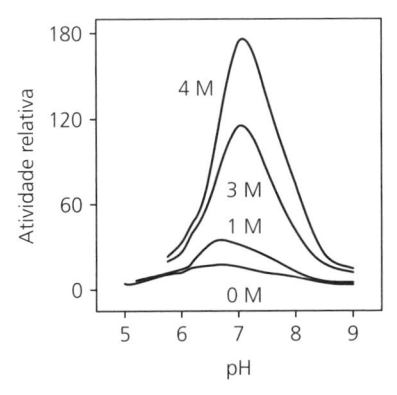

FIGURA 6.38 Ativação salina (NaCl) da atividade da termolisina. (Figura redesenhada a partir de Inouye, K. et al., *J. Biochem.*, 122, 358, 1997.)

podem ter origem em diferentes compartimentos celulares. Esse efeito de descompartimentalização é frequentemente responsável por sistemas celulares que exibem reatividade melhorada em altas ou exageradas temperaturas de congelamento (–3 a –12 °C), chegando, às vezes, a –20 °C. O tamanho do cristal de gelo, que é primeiramente uma função de quão rápido o congelamento ocorre (e secundariamente por meio do processo de recristalização), também pode exercer efeitos sobre a reatividade enzimática em sistemas congelados. O congelamento rápido favorecerá maior homogeneidade na distribuição dos cristais de gelo e "agrupamentos" menores e mais dispersos da fase líquida reativa remanescente. Isso pode reter alguma segregação entre a enzima e os reatantes, sobretudo se eles estiverem originalmente em diferentes compartimentos celulares, mesmo que o efeito líquido da concentração pelo congelamento fosse equivalente a um congelamento mais lento até a mesma temperatura final. A terceira consequência está relacionada à taxa de congelamento: embora se considere que quanto mais rápido o congelamento na faixa de $\approx$ 1 a 100 °C min^{-1}, a melhor atividade/estabilidade enzimática é retida, o contrário parece ser a regra geral [22,132]. O congelamento rápido cria cristais de gelo menores com maior área de superfície do que o congelamento lento, e com menor oportunidade de agrupamento de meio líquido não congelado. Os cristais pequenos parecem favorecer a desnaturação da superfície das enzimas. Algumas proteínas não são tão sensíveis como outras, e, em sistemas celulares, as barreiras celulares e compartimentos podem compensar ou exacerbar esse fenômeno. De qualquer modo, taxas lentas ou moderadas de congelamento favorecem a estabilidade e a retenção da atividade enzimática durante o armazenamento congelado. Geralmente, a atividade enzimática é perdida durante o armazenamento congelado prolongado de sistemas aquosos, mas isso ocorre em extensão mais limitada em pós liofilizados, nos quais os cristais de gelo são removidos antes da armazenagem.

As taxas de descongelamento têm grande influência na retenção da atividade enzimática em sistemas biológicos. O descongelamento progressivamente mais lento, de 10 a 0,1 °C min^{-1}, leva a perdas crescentes em várias enzimas em soluções-modelo, e a faixa de temperatura em que a maioria das desativações ocorre é de –10 °C até o descongelamento [22 44]. A recristalização do gelo durante o descongelamento pode causar cisalhamento e tensão superficial adicionais que, depois, desnaturam proteínas durante esse processo. O descongelamento lento também foi observado como particularmente desnaturante para enzimas em matrizes de alimentos; um exemplo é o caso da alinase da cebola [149].

O aumento de viscosidade na fase líquida é outra consequência do congelamento, com menos água disponível para servir como meio de difusão. Como foi observado para reduções em a_a, temperaturas de congelamento mais baixas limitam a velocidade e a extensão em que a reação pode ocorrer (Figura 6.39). Há pouco tempo, houve uma tenta-

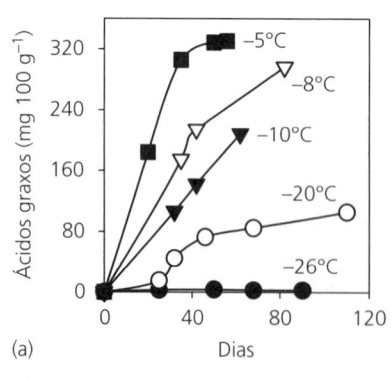

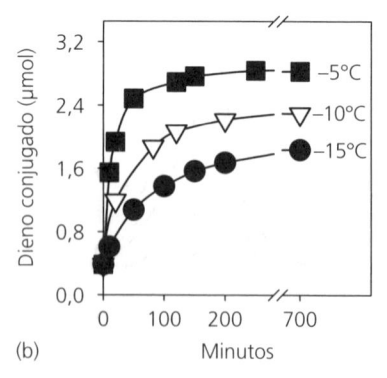

FIGURA 6.39 Efeito do congelamento sobre o progresso da reação de (a) ação da lipase em ervilhas não escaldadas e (b) oxidação do ácido linoleico pela lipoxigenase em reação-modelo. (Figura redesenhada a partir de Bengtsson, B. e Bosund, I., *J. Food Sci.*, 31, 474, 1966; Fennema, O. e Sung, J.C., *Cryobiology*, 17, 500, 1980.)

tiva de se quantificar o efeito da viscosidade pelo estudo do congelamento da fosfatase alcalina em soluções de sacarose [26]. A fosfatase alcalina é difundida na natureza, e, no leite, é utilizada como indicador de processo térmico; é uma enzima eficiente que reage a uma taxa (k_{cat}/K_M de 10^6–10^7 $M^{-1}s^{-1}$) próxima do limite de difusão. As medições da função catalítica (k_{cat}/K_M) estavam de acordo com o efeito previsto da viscosidade e poderiam explicar o comportamento em soluções parcialmente congeladas. No entanto, outros fatores podem ser importantes para enzimas que reagem com taxas menores que as controladas por difusão. Um desses outros fatores ainda não discutidos inclui os eutéticos, que podem causar alterações (de pH) iônicas e composicionais que podem afetar a atividade e a estabilidade das enzimas. A concentração da enzima e da proteína no meio também tem impacto sobre a sensibilidade da enzima ao congelamento, e maiores concentrações favorecem um grau maior de retenção da enzima ativa, provavelmente por meio de interações de estabilização proteína-proteína. Por último, a presença de compostos crioprotetores melhora a estabilidade enzimática, sendo importantes os mesmos osmoprotetores discutidos anteriormente, em particular a trealose e outros polióis e açúcares.

6.4.4 Técnicas de processamento não térmico [137]

As principais tecnologias não térmicas que estão sendo avaliadas para resultados de conservação de alimentos incluem processamento de alta pressão hidrostática (HPP), campo elétrico pulsado, ultrassom, irradiação, luz ultravioleta e processos oxidativos (ozônio, dióxido de cloro). Todos esses métodos visam ao controle microbiano, mas o HPP e o ultrassom também podem desativar enzimas indesejáveis nos alimentos, mantendo o "frescor" que, de outra forma, seria perdido pelo processamento térmico. Pressões suficientemente altas irão perturbar e desdobrar estruturas proteicas e dissociar oligômeros, levando a declínios na atividade enzimática. A HPP envolve pressões de 100 a 900 MPa, nas quais a ativação da atividade enzimática pode ser encontrada a pressões de até ≈ 400 MPa, ao passo que o aumento da pressão para 900 MPa geralmente causa inativação de baixa a larga escala. As sensibilidades enzimáticas à pressão dependem da matriz do tecido, das condições da HPP e dos tratamentos auxiliares, de modo que o desenvolvimento do processo deve prosseguir empiricamente. Produtos de frutas e hortaliças (sucos, geleias, purês) estão mais sujeitos à HPP para estender o prazo de validade baseando-se na desativação de enzimas. Um dos sucessos comerciais mais evidentes é a capacidade de preservar o purê de abacate por várias semanas em temperaturas refrigeradas devido à inativação e ao controle da fenol oxidase.

6.5 ENZIMAS ENDÓGENAS AOS ALIMENTOS E SEU CONTROLE

Este capítulo trata da caracterização e da manipulação da atividade enzimática endógena nos alimentos, um desafio contínuo para os cientistas de alimentos. A intenção aqui é fornecer uma compreensão da natureza e da distribuição de enzimas nos tecidos, da complexidade de seu comportamento e suas interações, e como estratégias físicas e químicas podem ser empregadas para atenuar ou potencializar a atividade enzimática quando necessário ou desejável. Eventos bioquímicos complexos e inter-relacionados, tais como amadurecimento e metabolismo pós-colheita e pós-abate, bem como manipulação genética, são abordados em outros capítulos.

6.5.1 Efeitos em células e tecidos

Enzimas relacionadas à qualidade ou ao processamento dos alimentos no geral são estudadas em formas purificadas ou parcialmente purificadas para o entendimento de suas propriedades e características intrínsecas. Tais estudos *in vitro* costumam fazer uso de níveis de enzima de 10^{-7} a 10^{-12} M. Um cálculo rápido usando um alimento hipotético que é 10% proteína de 1.000 proteínas diferentes, com uma massa média de 100 kDa, resulta na estimativa de concentração aproximada de qualquer espécie proteica de 10^{-6} M [122]. Com certeza, algumas proteínas individuais estão mais presentes que outras, então o intervalo de concentrações pode ser facilmente de ± 3 ordens de grandeza (10^{-3}–10^{-9} M). Portanto, em média, os níveis de enzimas em matrizes alimentares e biológicas são várias ordens de grandeza maiores que as usadas em estudos para caracterizá-las. Exemplos de níveis elevados de enzimas em alimentos de diversas fontes são fornecidos na Tabela 6.11. Os níveis estimados nessa tabela não causam qualquer enriquecimento posterior conferido pela localização (compartimentalização) dentro da célula, que pode aumentar concentrações por uma outra ordem de grandeza ou mais. Mesmo alimentos não teciduais, como leite e ovos, exibem uma heterogeneidade estrutural que serve para distribuir e concentrar os componentes endógenos entre as fases discretas.

A compartimentalização e a concentração *in vivo* de enzimas causam impacto em suas propriedades nos alimentos de diversos modos. As propriedades das enzimas podem ser dependentes da concentração. Isso é especialmente verdade para enzimas oligoméricas em que a dissociação é favorecida pela diluição, e, assim, o caráter cinético associado com enzimas oligoméricas (alosterismo) pode ser diminuído. Relacionamentos cinéticos entre E e S também podem mudar com alterações na $[E]$, embora teoricamente constantes como K_M sejam independentes de $[E]$. Um exemplo surpreendente está disponível para a fosfofrutocinase muscular (que influencia a taxa de glicólise *post mortem* durante a conversão de músculo em carne) (Figura 6.40a). Em níveis fisiologicamente relevantes da enzima (500 µg mL^{-1}, $\approx 10^{-6}$ M), $S_{0,5}$ é 0,5 mM, ao passo que a 5 µg mL^{-1} ($\approx 10^{-8}$ M), $S_{0,5}$ é cerca de 10 vezes maior em 6,4 mM. Além disso, no nível mais baixo de enzima, a inibição por ATP (também um cossubstrato) na presença de um ativador, frutose-2,6-bisfosfato, foi mais aguda com um K_I de 1,2 mM, em comparação a um K_I de 10 mM nos níveis fisiológicos da enzima. Outra dimensão do comportamento da enzima *in situ* é o fato de que outros constituintes podem modular a reatividade. Na presença de frutose bisfosfatase, a fosfofrutocinase exibe uma cinética do tipo hiperbólica com um $S_{0,5}$ de 2,9 mM, ao passo que, sozinha, exibe uma cinética alostérica com $S_{0,5}$, aumentando para 9,2 mM (Figura 6.40b). Portanto, a frutose bisfosfatase pode "ativar" a fosfofrutocinase *in situ* no músculo por meio de interações estruturais ou efeitos metabólicos.

Outro fator de impacto na reatividade enzimática *in situ* são os níveis relativos de enzimas, substratos e cofatores, pelos quais múltiplas enzimas podem competir. Por exemplo, os metabólitos intermediários da glicólise variam de 20 a 540 µM, ao passo que as enzimas glicolíticas variam de 32 a 1.400 µM [131]. Logo, os substratos podem ser limitantes para reações de rotas metabólicas primárias e secundárias. Os níveis estáveis de NAD$^+$/NADH são estimados em $\approx$ 540/50 µM,

TABELA 6.11 Exemplos de concentrações elevadas de enzimas em alimentos e tecidos

Enzima	Fonte	Nível encontrado	Concentração	Comentário
Gliceraldeído-3-fosfato desidrogenase	Músculo (carne)	> 1% em massa, base úmida	0,34 mM	A aldolase é de 0,15 mM; a lactato desidrogenase é de 0,11 mM; existe complexo multienzimático
Peroxidase	Raiz de rábano	20% de proteína	0,2 mM	As isoformas podem ser citosólicas ou plastídicas
Lipídeo acil-hidrolase	Tubérculos de batata	$\approx$ 30% de proteína	0,2 mM	Proteína de armazenamento, localizada na membrana extravacuolar ou enriquecida no broto terminal do tubérculo
Alinase	Bulbo da cebola Dente de alho	$\approx$ 6% de proteína $\approx$ 10% de proteína	0,02 mM 0,2 mM	Citosólico (cebola) ou nos revestimentos dos dentes (alho)
Pancreatina (mistura de proteases digestivas)	Pâncreas	$\approx$ 0,04 g/g de massa seca	$\approx$ 1,0 mM de protease total	Tripsina, quimotripsinogênio e elastase podem existir como zimogênio e formas ativas

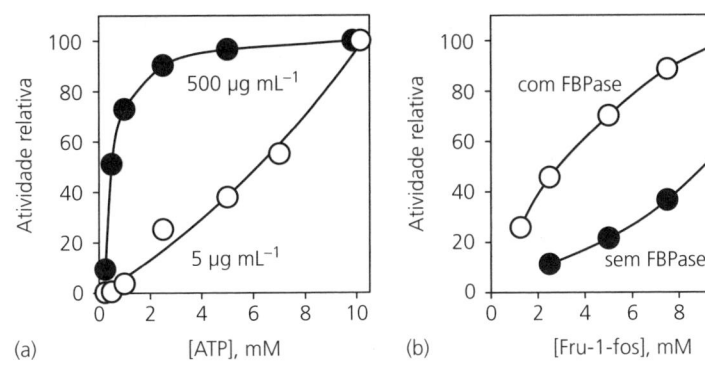

FIGURA 6.40 Efeitos de condições *in situ* simuladas sobre o funcionamento da (a) fosfofrutocinase e da (b) fosfofrutocinase na presença ou na ausência de frutose bisfosfatase (FBPase). (Figura redesenhada a partir de Bär, J. et al., *Biochem. Biophys. Res. Commun.*, 167, 1214, 1990; Ovádi, J. et al., *Biochem. Biophys. Res. Commun.*, 135, 852, 1986.)

e a competição e os valores relativos de K_M para esses cossubstratos entre as muitas oxidorredutases em sistemas biológicos frequentemente determinam quais enzimas são ativas e quais não o são (praticamente não existe NAD$^+$/NADH "livre"). Em contrapartida, a caracterização *in vitro* da atividade enzimática frequentemente faz uso do excesso de (co)substrato(s) e [S] de 10^{-6} a 10^{-2} M.

Deve ser evidente agora que a compartimentalização é uma propriedade fundamental no controle da atividade enzimática em sistemas alimentares e biológicos. Entretanto, esse processo significa mais que uma simples separação por uma estrutura de membrana dentro de uma organela ou outra barreira física. As enzimas podem estar separadas umas das outras ou de seus substratos por estarem ligadas a outras proteínas, membranas ou, ainda, a polissacarídeos. Elas podem estar compartimentalizadas por interação e ligação umas com as outras, e essa associação permite o direcionamento metabólico de substratos e intermediários a produtos finais ao segregá-los do citosol ou do conjunto metabólico difusional nas células. As enzimas também podem ser compartimentalizadas funcionalmente como formas latentes por outros fatores. Os exemplos incluem pH localizado ou força iônica (ou gradientes), presença de um inibidor reversível, ausência de efetor ou cofator positivo, ou requerimento de ativação proteolítica de formas zimogênicas de enzimas.

A disposição das enzimas em alimentos pode ser controlada com facilidade em alguns casos. O simples ato de romper tecidos é um dos meios. Se isso melhora a qualidade (como na geração de sabor) ou diminui (o escurecimento enzimático), depende do material alimentar específico, de seus atributos específicos de qualidade e da reação específica evocada. Por exemplo, a ação da lipoxigenase sobre lipídeos pode gerar tanto aromas rançosos como agradáveis; o escurecimento enzimático é desejável na "fermentação" química do chá, mas não para frutas e hortaliças recém-cortadas.

6.5.2 Atividade enzimática relacionada à qualidade de cor dos alimentos

6.5.2.1 Fenol oxidases [129,142,150]

O escurecimento enzimático é causado por enzimas chamadas fenolase, fenol oxidase, polifenol oxidase, catecolase, cresolase e tirosinase. Essas enzimas estão distribuídas em microrganismos, vegetais, fungos e animais, incluindo seres humanos, nos quais sua ação leva à pigmentação da pele. Elas estão relacionadas por terem a mesma arquitetura de sítio ativo tipo 3 (acoplado oxidativamente) com cobre binuclear, podendo mediar a última ou ambas as reações a seguir:

$$\text{Monofenol} + O_2 + 2H^+ \rightarrow o\text{-difenol} + H_2O \quad (6.47)$$

$$o\text{-Difenol} + \tfrac{1}{2}O_2 \rightarrow o\text{-quinona} + H_2O \quad (6.48)$$

A primeira reação envolve hidroxilação e é classificada como monofenol monoxigenase (EC 1.14.18.1), ao passo que a segunda reação envolve oxidação classificada como atividade de 1,2-benzenodiol-oxigênio oxidorredutase (EC 1.10.3.1). A primeira reação fornece a base para a "atividade cresolase", uma vez que o *p*-cresol geralmente representa monofenóis e é usado rotineiramente como substrato para a hidroxilação do monofenol (e subsequente oxidação). O catecol é o nome comum do 1,2-benzenediol (o *o*-difenol mais simples) e, portanto, as atividades de cresolase e "catecolase" são usadas para representar as etapas respectivas de hidroxilação e oxidação do difenol. Tirosinase é um termo usado para representar enzimas com as reações de hidroxilação e oxidação. Esse nome deriva da enzima abundante no cogumelo comum (*Agaricus bisporus*), que atua sobre o substrato endógeno tirosina. A ação da enzima não forma pigmentos marrons diretamente. A *o*-quinona resultante dessa ação sofre reações de condensação química (e pode envolver aminas e proteínas) para gerar produtos poliméricos conjugados diversos, chamados "melaninas", que são de cor marrom-avermelhada.

Cada átomo de cobre binuclear está fortemente ligado a três resíduos de HIS (catecolase da batata-doce; $HIS_{88,109,118}$ e $HIS_{240,244,274}$), e essa propriedade é a sequência mais bem conservada entre as polifenol oxidases e as enzimas com cobre binuclear relacionadas [40,129]. Enzimas de vegetais superiores tendem a ser monoméricas ou homo-oligômeros com massa monomérica de 30 a 45 kDa. As tirosinases geralmente são glicosiladas e existem em múltiplas isoformas, exibindo diferentes seletividades por substrato. O mecanismo para as tirosinases envolve reações redox em etapas envolvendo $2e^-$ (Figura 6.41). O estado da enzima nos tecidos é normalmente distribuído em formas de $\approx$ 85% Met (Cu^{II}–Cu^{II}–OH^-) e $\approx$ 10 a 15% Oxi (Cu^{II}–Cu^{II}–O_2^{2-}), e a enzima é frequentemente isolada na forma Met. A oxidação de difenóis é fácil com ambas as formas, e as reações ocorrem com rapidez por meio do ciclo mostrado sobre o perímetro. Portanto, em um ciclo completo, um mol de O_2 e $4e^-$ do substrato são usados para produzir dois moles de H_2O. Na porção do ciclo que inicia com a enzima na forma desóxi, o O_2 provavelmente se liga antes ao difenol, formando uma ponte peróxido única (forma óxi), recebendo elétrons de Cu^I–Cu^I.

A hidroxilação costuma exibir um período lag, pois requer a forma óxi da enzima menos abundante, e grupos substituintes sobre o anel fenólico do substrato podem impedir a reatividade devido a restrições espaciais da *orto*-hidroxilação [129]. A sequência de hidroxilação representa o ciclo interno na Figura 6.41, gerando um mol de H_2O por mol de O_2 consumido. Os monofenóis parecem sofrer tanto a reação de hidroxilação como a de oxidação em sequência em um único episódio catalítico. Os difenóis são ativadores da reatividade da enzima para monofenóis e reduzem o período lag ao permitir que a enzima cicle rapidamente da forma met para óxi (essa propriedade em geral é expressa na Equação 6.47, com necessidade de um doador de H, BH_2 em vez de $2H^+$). A inibição competitiva recíproca de monofenóis sobre a oxidação de *o*-difenóis e de *o*-difenóis sobre a *o*-hidroxilação de monofenóis é coerente com as rotas compartilhadas, mas parcialmente divergentes da reciclagem da enzima para cada atividade. Níveis baixos de H_2O_2 podem ativar a tirosinase por converter a forma met para a forma óxi; quantidades excessivas desse reagente desativam a enzima, possivelmente por um radical cripto-óxi gerado pelo complexo Cu_2-peróxido binuclear, destruindo finalmente os ligantes HIS que mantêm o cobre no sítio ativo. Apesar de relatos anteriores de enzimas que possuem apenas atividade de cresolase, parece que todas as enzimas do tipo cresolase possuem atividade de catecolase com razões de atividade no intervalo de 1:10 a 1:40 [161]. A maioria das enzimas do tipo catecolase também tem atividade de cresolase.

O escurecimento enzimático ocorre em camarões e outros crustáceos, constituindo o defeito chamado de mancha preta. A hemocianina, uma proteína que contém cobre, envolvida no transporte de O_2 em crustáceos e intimamente relacionada à tirosinase, pode ter algum envolvimento no desenvolvimento da mancha preta. As lacases (EC 1.10.3.2) constituem outro grupo de enzimas amplamente difundidas em vegetais e fungos, que oxidam difenóis, mas não exibem atividade do tipo cresolase. Apesar de possivelmente con-

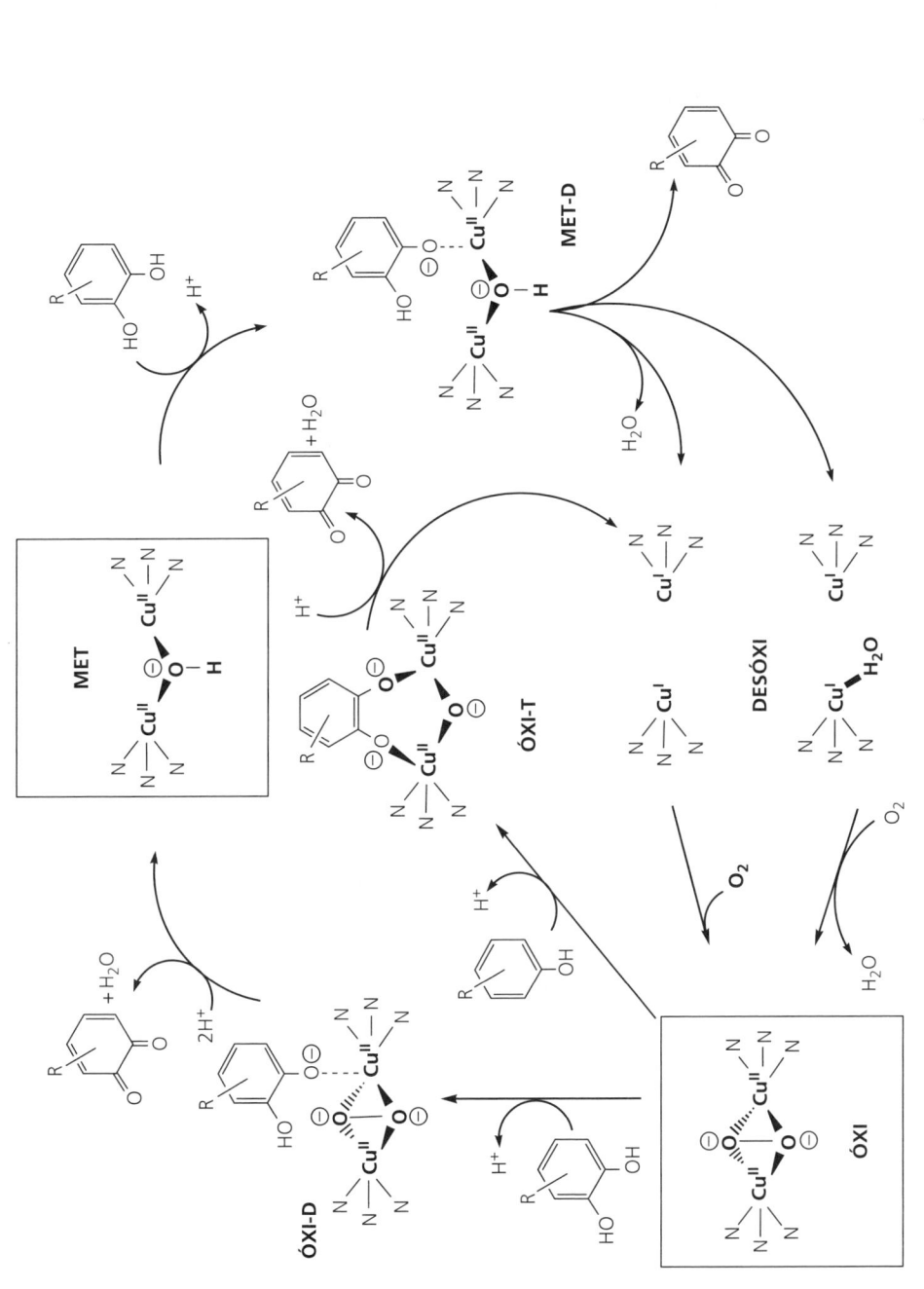

FIGURA 6.41 Mecanismo de reação e ciclagem da polifenol oxidase. Predominam formas naturais de enzimas que aparecem nas caixas. As espécies ÓXI são coordenadas com dois átomos molares de O_2, ao passo que as espécies MET são coordenadas com –OH. Algumas espécies têm difenol (D) ou monofenol (T) ligados ao sítio ativo. (Adaptada e redesenhada de Eicken, C. et al., *Curr. Opin. Struct. Biol.* 9, 677, 1999; Solomon, E.I. et al., *Chem. Rev.*, 96, 2563, 1996.)

tribuir para reações de escurecimento enzimático em alimentos, suas propriedades são suficientemente similares às das *o*-difenol oxidases (existem algumas diferenças na sensibilidade a inibidores) para que não sejam consideradas aqui.

Acredita-se que o papel das polifenol oxidases em vegetais seja de defesa contra pestes e patógenos [150]. A ação de difenol oxidases em tecidos vegetais representa um mecanismo clássico de ativação por descompartimentalização, pois a enzima é plastídica (cloroplastos e cromoplastos), podendo ser de 95 a 99% latente; pode estar complexada com um inibidor (p. ex., oxalato); e os substratos estão compartimentalizados em outros locais (vacúolos ou células especializadas) ou existem como precursores. A ruptura do tecido pode ativar difenol oxidases latentes por ácido e contato com substratos (dos vacúolos) por processamento proteolítico de zimógenos, ou por vários ativadores químicos, sobretudo surfactantes. As *o*-quinonas produzidas pela reação enzimática são reativas e podem desativar enzimas secretadas por um organismo invasivo; a polimerização de *o*-quinonas (melanólise) também pode fornecer uma barreira física para a infestação.

Em alimentos, as fenol oxidases são a causa do escurecimento enzimático, que pode ser desejável em produtos como passas, ameixas, cacau, chá, café e cidra de maçã. As polifenol oxidases também demonstraram produzir ligações cruzadas ditirosina, o que pode ser benéfico quando a "texturização" de proteínas é um resultado desejado, tal como na formação de gel e no condicionamento da massa de pão (glúten). *In vivo*, a tirosinase tem sido implicada na síntese de betalaína. Entretanto, na maioria das frutas e hortaliças, sobretudo em produtos minimamente processados, o escurecimento enzimático está associado à perda de qualidade de cor. A presença de fenol oxidases em grãos, tais como trigo, está correlacionada à perda de "brancura" nas massas, um defeito de qualidade.

As polifenol oxidases nos tecidos de frutas e hortaliças exibem pHs ótimos no intervalo geral de 4,0 a 7,0, e alguns substratos influenciam o pH ótimo. Os efeitos do pH são mediados por um único grupo ionizável que afeta a ligação do substrato (etapa K_M), e não o passo catalítico ($V_{máx}$) ou a conformação enzimática global. A temperatura ótima para as fenol oxidases está na faixa de 30 a 50 °C, mas a estabilidade de temperatura é comparativamente alta e caracterizada por meia-vida de vários minutos na faixa de 55 a 80 °C, dependendo da fonte. Assim, durante o processamento térmico, existe uma grande oportunidade de as fenol oxidases serem ativadas, uma vez que temperaturas entre ≈ 60 a 65 °C evocam a liberação celular (descompartimentalização) e a mistura de enzima e substrato em temperaturas elevadas.

As preferências por substratos dependem da fonte e da isoforma da enzima. Entre os substratos endógenos ou naturais mais comuns estão os derivados dos ácidos cafeoil-quínico, cafeoil-tartárico e cafeoil-chiquímico, a catequina e outros mostrados na Figura 6.42, nos quais os valores de K_M estão no intervalo geral de 0,5 a 20 mM.

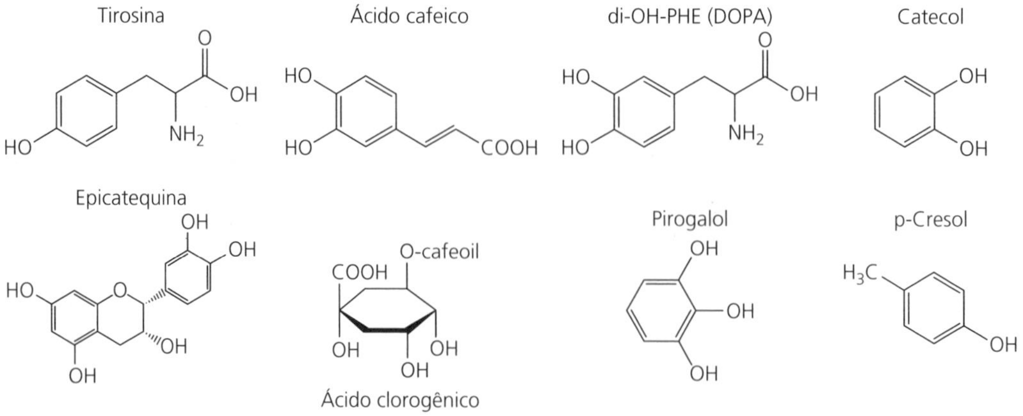

FIGURA 6.42 Substratos de polifenol oxidases.

Alguns substratos são inibidores em níveis suficientemente altos.

Há muito interesse a respeito da inibição do escurecimento enzimático, existindo diversas estratégias nesse sentido. A desidratação, o congelamento e o processamento térmico são efetivos desde que o tempo requerido para efetivar o processo não permita escurecimento intolerável e alterações de textura relacionados com a retenção de qualidade. Outros métodos físicos incluem embalagem em atmosfera modificada para alimentos minimamente processados ou cobertura de seções do tecido com xaropes de açúcares (sobretudo para produtos congelados) ou filmes comestíveis para limitar a disponibilidade do cossubstrato O_2. Esta última abordagem é efetivada pelo fato de K_M para O_2 ser $\approx$ 50 µM; a água saturada de ar a 25 °C é de $\approx$ 260 µM, fornecendo oportunidade para uma redução significativa nos níveis de O_2 dissolvido. A limitação para produtos que respiram é que o O_2 não pode ser eliminado a ponto de levar ao metabolismo anaeróbico, o qual frequentemente gera sabores indesejáveis. Enquanto algumas polifenol oxidases sofrem inativação (por reação com o-quinonas), as milhares de renovações enzimáticas ocorrentes antes da inativação limitam o potencial de exploração dessa propriedade como meio de controle do escurecimento enzimático em alimentos.

Em sua maioria, os tratamentos mais populares são químicos, baseados tanto na inibição como na inativação da enzima, complexando substratos nativos ou reduzindo as quinonas para o-difenóis e/ou quinonas conjugadas, de modo que se previna a formação de melanina. Como última estratégia, os agentes químicos que atuam apenas como agente redutor retardarão o escurecimento apenas até o ponto em que são eliminados, oferecendo pouca proteção posterior. Alguns agentes redutores, sobretudo tióis, podem conjugar quimicamente com quinonas para formar adutos não polimerizantes, por"ém esse efeito também é de duração limitada, pois os tióis são consumidos no processo:

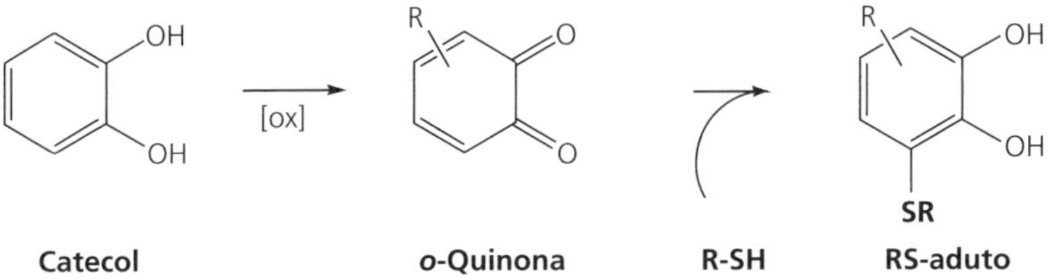

$$\text{Catecol} \xrightarrow{[ox]} o\text{-Quinona} \xrightarrow{R\text{-SH}} RS\text{-aduto} \quad (6.49)$$

As estratégias relacionadas à inibição da enzima têm maior efetividade a longo prazo e incluem acidulantes, inibidores enzimáticos, agentes quelantes e inativadores enzimáticos. Os acidulantes, como os ácidos cítrico, málico e fosfórico, exploram a baixa sensibilidade da ação enzimática ao pH, desde que possam ser adicionados sem outros efeitos adversos. Os inibidores que lembram substratos nativos podem ocupar de modo competitivo o sítio de ligação fenólico; tais inibidores aparecem na Figura 6.43.

Quelantes, tais como EDTA, ácido oxálico e ácido cítrico (incluindo sucos que contenham esses ácidos orgânicos, como limão e ruibarbo), coordenam com cobre no sítio ativo, e há evidências, em alguns casos, de que uma parte do cobre possa ser removida, embora isso não seja necessariamente requerido para inibição. A HIS liga o cobre (log K_{assoc} de 10–18) muito fortemente e agentes quelantes de cobre (log K_{assoc} de 15–19 para EDTA e 4–9 para oxalato) podem não ser efetivos para remover o cobre do sítio ativo da enzima. Outros

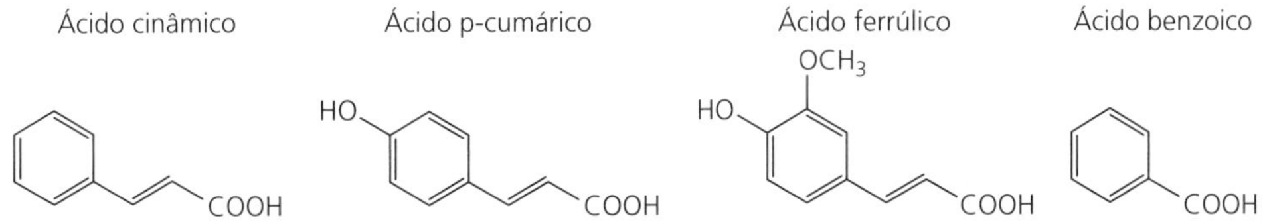

FIGURA 6.43 Outros inibidores da polifenol oxidase que se assemelham a substratos.

inibidores coordenam com o cobre do sítio ativo e inibem competitivamente a atividade; esses inibidores incluem sais de haletos, cianetos, CO e alguns reagentes tiólicos. As estratégias para complexar substratos nativos e limitar sua disponibilidade ou seu acesso à reação enzimática têm focado em tratamentos com quitosana e ciclodextrina. O uso prospectivo desses agentes pode ser limitado ao tratamento de produtos fluidos. Polivinilpirrolidona (forma insolúvel) é outra matriz de complexação fenólica que é usada principalmente para fins de pesquisa em tentativas de isolar fenol oxidases e, ao mesmo tempo, minimizar a extensão do escurecimento que ocorre durante a extração inicial do tecido. Entretanto, essa abordagem pode diminuir o valor nutricional de sucos, visto que fenóis e compostos relacionados são associados a benefícios à saúde (Capítulo 13).

Agentes redutores, tais como vários sulfitos, ácido ascórbico e cisteína, têm múltiplos efeitos na inibição do escurecimento enzimático. Eles podem atuar por redução de o-quinonas a difenóis ou o-quinonas quimicamente conjugadas, retardando, assim, a formação da melanina. Esse efeito é de duração limitada, pois os redutores equivalentes são esgotados durante a ação prolongada da enzima. Um dos efeitos mais importantes desses agentes parece ser irreversível: a inativação covalente de fenol oxidases, uma vez que a atividade enzimática não é totalmente recuperada por diálise subsequente após pré-incubação estendida na ausência do substrato [92]. Esses inibidores parecem coordenar com o cobre do sítio ativo, sofrendo reações de transferência de elétrons sob condições aeróbicas para resultar em "cripto-"oxirradicais (não detectados ou identificados com facilidade) no sítio ativo. Essas espécies oxidantes degradam os ligantes HIS do sítio ativo, inativando a enzima e liberando cobre. A capacidade de agentes inibidores para funcionar desse modo em tecidos rompidos baseia-se em fatores cinéticos, ou seja, quão rápido e competitivamente eles ligam e inativam a enzima, em relação à rapidez com que ela atua sobre os substratos. Os sulfetos e tióis têm maior duração de efetividade como inibidores de escurecimento em tecidos rompidos em comparação com o ácido ascórbico; essas distinções correlacionam-se à inativação mais rápida da enzima para o primeiro grupo [92]. A tropolona e o 4-hexilresorcinol são dois inibidores de fenol oxidase identificados há pouco tempo (Figura 6.44).

Ambos assemelham-se a um substrato e coordenam fortemente com o cobre do sítio ativo; tais inibidores são efetivos no intervalo de $\approx$ 1 µM. O 4-hexilresorcinol foi isolado de um extrato de figo usado como preparação de ficina (protease). Ele é usado principalmente para controlar a mancha preta em crustáceos, como um substituto para os sulfitos (exceção do GRAS pela FDA), que estão sendo progressivamente banidos devido a respostas que ameaçam a saúde de uma parte de seres humanos, particularmente os asmáticos. A tropolona não pode ser adicionada a alimentos, mas é útil para distinguir entre o escurecimento causado por fenol oxidases e o causado por peroxidases. Outro tipo de inibidor de fenol oxidases são os peptídeos do mel e de brotos de milho que ainda não foram identificados, assim como vários ciclopeptídeos pequenos [150]. O ácido kójico foi identificado a partir de culturas de *Aspergillus* e *Penicillium* spp., sendo um inibidor efetivo das fenol oxidases, provavelmente por coordenação com o cobre no sítio ativo; entretanto, seu uso pode ser limitado a alimentos fermentados usando-se esses organismos, já que dados anteriores indicam toxicidade em animais.

6.5.2.2 Peroxidases [38,142]

As peroxidases são enzimas onipresentes em vegetais, animais e microrganismos, e estão orga-

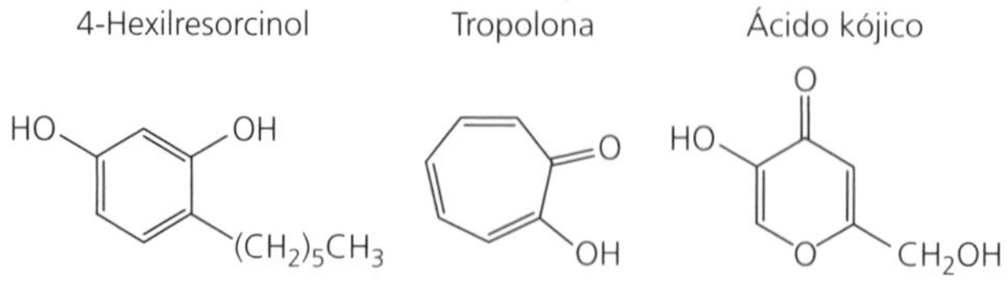

FIGURA 6.44 Outros inibidores da polifenol oxidase que se assemelham a substratos.

nizadas em superfamílias de vegetais (incluindo micróbios) e animais. As peroxidases vegetais são as mais relevantes para a bioquímica de alimentos, e as várias classes (famílias) de peroxidases vegetais incluem as de origem procariótica, as secretadas por fungos e as clássicas peroxidades vegetais. As peroxidases de vegetais são proteínas heme (protoporfirina IX) glicosiladas, monoméricas, de massa de 40 a 45 kDa, compostas por dois domínios similares, surgidos de duplicação de genes. Peroxidases de vegetais são, em sua maioria, solúveis, com outras sendo formas associadas à membrana ou ligadas covalentemente, os últimos tipos sendo liberados por enzimas que degradam a parede celular. Os papéis fisiológicos das peroxidases incluem a formação e a degradação da lignina, a oxidação do regulador de vegetal ácido indolacético (envolvido no amadurecimento e em processos catabólicos associados), a evolução de uma defesa contra pragas e patógenos e a remoção de H_2O_2 celular. As isoformas são classificadas em acídicas, neutras e alcalinas com base no ponto isoelétrico. A peroxidase C neutra da raiz de rábano (EC 1.11.1.7, doador-H_2O_2 oxidorredutase) é o membro mais estudado e, consequentemente, serve de modelo de peroxidase; suas características quase sempre são aplicáveis a outras peroxidases. A reação geral de peroxidação catalisada é

$$2\ AH\ \text{(doador de elétron)} + H_2O_2 \rightarrow 2H_2O + 2A^\bullet \quad (6.50)$$

A enzima pode existir em cinco estados de oxidação, e o estado de repouso é a forma Fe^{III} (Figura 6.45). A reação com H_2O_2 ocorre após acoplamento próximo ao ferro heme, e a HIS_{42} age como uma base geral para "puxar" um elétron, gerando o ânion hidroperoxil, um nucleófilo forte que coordena com o Fe. O resíduo HIS_{170} ligante de Fe age, então, como uma base geral para empurrar elétrons em direção ao peróxido e permite a clivagem heterolítica de O–O para resultar em H_2O como grupo retirante (H^+ proveniente da HIS_{42} agora age como ácido geral), resultando no composto I peroxidase ($Fe^V = O$). Assim, $2e^-$ do Fe^{II}

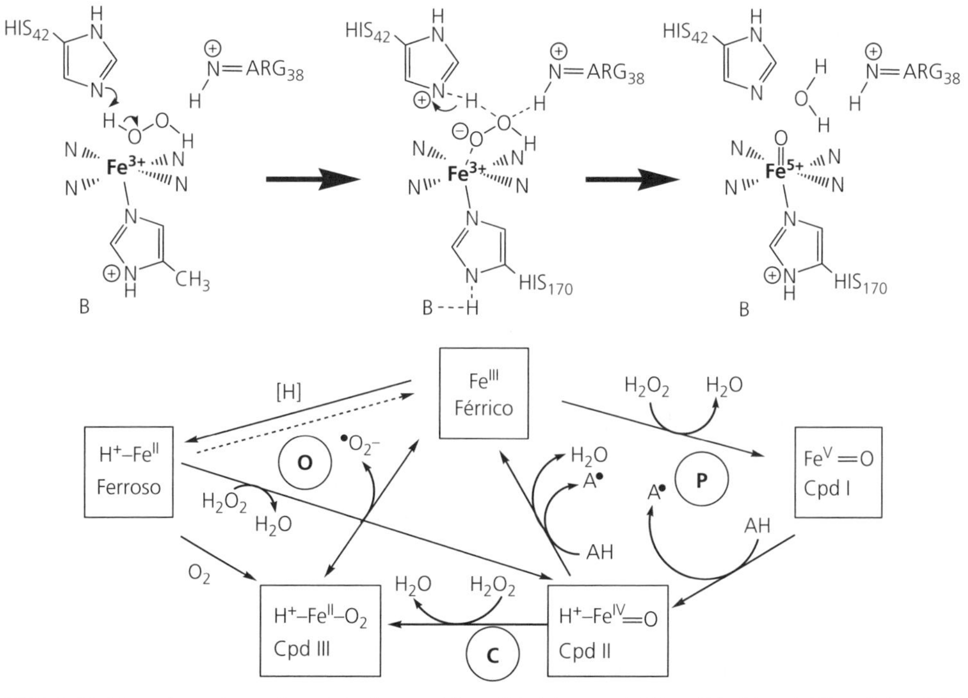

FIGURA 6.45 Mecanismo de reação e ciclo da peroxidase. P é ciclo peroxidático; C é ciclo catalítico; O é o ciclo oxidático na parte inferior do esquema. (Figura redesenhada a partir de Dunford, M.B., Heme Peroxidases, John Wiley & Sons, New York, 507pp., 1999.)

heme é usado para reduzir o H_2O_2 e formar H_2O. Duas sucessivas etapas de transferência $1e^-$ (e H^+) de cada um dos dois doadores AH revertem a enzima de volta ao estado de repouso (completando o ciclo peroxidático), passando pelo composto II ($H^+ - Fe^{IV} = O$) e liberando outra H_2O como grupo retirante. Cada uma dessas etapas é progressivamente mais lenta em relação à velocidade de formação do composto I. Na maioria dos casos, as peroxidases são inibidas com facilidade por agentes químicos que se ligam ao grupo prostético heme, os mais comuns sendo cianetos, NaN_3 e CO, assim como alguns compostos tiólicos. Entretanto, o uso de tais inibidores é limitado para a caracterização de peroxidases. Além disso, a ambiguidade geral em relação ao papel delas na qualidade de alimentos fornece uma justificativa insuficiente para a adição de inibidores específicos.

Fenóis (p. ex., p-cresol, catecol, ácido cafeico e cumárico; Figuras 6.42 e 6.43), ácido ascórbico, NADH e aminas aromáticas (p. ex., ácido p-aminobenzoico) são doadores de elétrons comuns para a conversão do composto I em composto II e de volta à peroxidase férrica. O 2A$^\bullet$ resultante do ciclo peroxidático pode ter diversos destinos. Se AH for o ácido ascórbico, então 2A$^\bullet$ resultará em um mol de ácido ascórbico e um mol de di-hidroascorbato. Se AH for o guaiacol, então 2A$^\bullet$ sofrerá adição de radicais livres (polimerização), resultando em tetrâmeros. A cor marrom resultante fornece a base do uso do guaiacol no ensaio de peroxidase, sendo muito usada como indicador de eficácia do branqueamento:

(6.51)

O pirogalol é outro substrato que sofre reação de homocondensação de radicais livres, resultando em um dímero de coloração púrpura (purpurogalina). O tocoferol como AH pode resultar em radicais livres estáveis, ao passo que, se a tirosina for usada, os adutos de radicais livres podem condensar, formando dímeros. As ligações cruzadas de ditirosina na massa do pão (glúten) podem promover viscoelasticidade e boa qualidade de cozimento.

Na presença de excesso de H_2O_2, a peroxidase manterá um processo catalítico (Figura 6.45) por reação com um segundo mol de H_2O_2 para H_2O, formando o composto III ($H^+-Fe^{II}-O_2$).

As peroxidases exibem atividade máxima sobre doadores AH em níveis de H_2O_2 de 3 a 10 mM, sendo esses níveis importantes nos ensaios de peroxidase que servem como indicador de branqueamento. Os ensaios que usam excesso de H_2O_2 resultarão no composto III, que não retorna ao estado de repouso com eficiência, resultando em uma subestimação da atividade de peroxidase.

Existem outras reações únicas exibidas pela peroxidase. Uma envolve NADH, que, na presença de traços de H_2O_2, pode reagir no ciclo de peroxidação como AH, resultando em dois moles de NAD$^\bullet$. Este pode ter vários destinos e permitir que outras reações ocorram:

$$NAD^\bullet + O_2 \rightarrow NAD + {}^-O_2^\bullet \qquad (6.52)$$

$${}^-O_2^\bullet + 2H^+ \rightarrow H_2O_2 \qquad (6.53)$$

$$NAD^\bullet + \text{peroxidase férrica} \rightarrow NAD + \text{peroxidase ferrosa} \qquad (6.54)$$

$$\text{Peroxidase ferrosa} + O_2 \rightarrow \text{oxiperoxidase (composto III)} \qquad (6.55)$$

$$\text{Oxiperoxidase} \rightarrow \text{peroxidase férrica} + {}^-O_2^\bullet \text{ (e então a Equação 6.53 pode seguir)} \qquad (6.56)$$

Portanto, usando-se NADH, a peroxidase tem a capacidade de gerar seu próprio cossubstrato (H_2O_2) quando existem apenas níveis-traço, fazendo uso dos ciclos peroxidático e oxidático.

Outros tipos de atividades associadas a peroxidase, oxidação e hidroxilação são efeitos indiretos da reatividade da peroxidase. A sequência que usa NADH como AH nos ciclos peroxidático e oxidático ilustra como a ação da peroxidase pode resultar em oxigênio reativo e oxirradicais. Essas espécies de oxigênio podem causar reações de oxidação. As reações de oxidação podem ocorrer se um cossubstrato gerar uma espécie $A^\bullet$ que possa abstrair átomos de H de outros componentes. Tal sequência pode iniciar outras reações de radicais livres que podem levar à formação de derivados poliméricos a partir de componentes fenólicos, lembrando o escurecimento mediado pela fenol oxidase. Portanto, a reação de peroxidase com um substrato fenólico pode causar oxidação (química) indireta de outro, podendo obscurecer uma avaliação da ação direta da peroxidase sobre os componentes em um sistema misto como os alimentos. Substratos de peroxidase fenólica que produzem $A^\bullet$ reativo a O_2 também formarão $^-O_2^\bullet$ e H_2O_2, que podem, ainda, mediar reações de oxidação. Logo, a quantidade de papéis que a peroxidase desempenha no escurecimento e em outros processos de descoloração em alimentos ainda é um enigma. Alguns dos mais recentes envolvimentos da peroxidase no escurecimento estão baseados em associações correlativas da atividade da peroxidase e níveis ou incidência de escurecimento; tais observações permanecem sem conseguir estabelecer causa e efeito.

Peroxidases de vegetais frequentemente exibem pH ótimo na faixa de pH 4,0 a 6,0, embora a faixa de pH para formar o composto I seja ampla, caracterizada por valores finais de pK_a de $\approx$ 2,5 e 10,9. A transição ácida é conferida pelo resíduo HIS_{42}, cujo pK_a pode variar entre 2,5 e 4,1, dependendo da composição do meio. Trata-se de um pK_a baixo para HIS, que deve agir primeiro como base conjugada, provocada por uma rede de múltiplas ligações de H que serve para facilitar a dissociação de H^+. O pH ótimo geral para reações de peroxidase relaciona-se às etapas que utilizam AH para reciclar a peroxidase férrica no ciclo peroxidático. As espécies AH são doadores de H (não apenas doadores de e^-), devendo estar protonadas (se têm um H^+ dissociável) para servir como substrato; o pH ótimo frequentemente depende do substrato.

As peroxidases estão entre as enzimas mais onipresentes e termoestáveis dos tecidos vegetais; essas características favorecem seu uso como indicadores de branqueamento. A ideia é que se a atividade da peroxidase endógena é destruída, todas as outras enzimas deteriorativas de qualidade também devem ser. A limitação dessa estratégia é que o processamento térmico excessivo geralmente é aplicado, o que pode comprometer a qualidade de diversos outros processos (p. ex., textura, nutrição, lixiviação de componentes). Entretanto, até que outras enzimas específicas sejam identificadas como mais termoestáveis entre as que causam impacto direto sobre a qualidade de vegetais branqueados (e congelados), e sejam fáceis de analisar, a peroxidase permanecerá como indicador de branqueamento de escolha. Os efeitos da temperatura sobre as peroxidases variam com o tecido. Geralmente, a temperatura ótima para a atividade é modesta, variando de 40 a 55 °C. A estabilidade térmica é bastante alta e, dependendo da fonte, a inativação completa pode exigir uma exposição de vários minutos entre 80 e 100 °C para porções intactas de tamanho adequado dos tecidos vegetais. O grupo heme-protético, glicosilação, quatro ligações dissulfureto e a presença de 2 moles de Ca^{2+} com participação provável em pontes salinas são fatores responsáveis pela estabilidade térmica da peroxidase. A estabilidade térmica reduz à medida que o pH diminui no intervalo de 3 a 7 e com o aumento da força iônica. A regeneração da atividade da peroxidase ocorre no intervalo de pH 5,5 a 8,0, após curtos períodos de processamento térmico, como no branqueamento. Acredita-se que a regeneração envolva a reconstituição do heme no sítio ativo que foi perdido durante a inativação inicial. Aquecimentos mais extensivos, como em autoclave, diminuem a propensão à regeneração da atividade enzimática devido a alterações conformacionais mais extensas e reações covalentes. Entretanto, a liberação de heme livre no meio pode servir para catálise de reações oxidativas; tais processos têm sido implicados como causadores de sabores indesejáveis em vegetais enlatados. Outras reações catalisadas pela peroxidase que afetam a qualidade dos alimentos incluem a formação de radicais fenóxi que indiretamente oxidam os lipídeos e a oxidação direta da capsaicina, o princípio pungente das pimentas.

Enquanto o papel da peroxidase no escurecimento enzimático permanece sendo uma questão em aberto, demonstrou-se, de maneira conclusiva, que ela pode destruir alguns pigmentos, particularmente betalaínas em beterraba. A peroxidase também foi implicada no branqueamento da clorofila sob condições específicas.

6.5.2.3 Outras oxidorredutases [38]

A lactoperoxidase é a peroxidase do leite e pertence à superfamília das peroxidases animais. É uma glicoproteína monomérica de 78 kDa, que contém Ca^{2+} e uma protoporfirina IX modificada que está ligada covalentemente. A lactoperoxidase tem propriedades semelhantes à peroxidase C da raiz de rábano em termos de reatividade e ciclagem de H_2O_2 por intermédio de formas de peroxidase. A lactoperoxidase é particularmente distinta da peroxidase C na medida em que é mais reativa com haletos (particularmente I^-) e espécies relacionadas. É de particular interesse a sua capacidade de reagir com tiocianato (SCN^-), normalmente presente no leite, como AH no ciclo peroxidático conforme mostrado na Equação 6.57.

O ácido hipotiocianoso e sua base conjugada (pK_a 5,3) hipotiocianito ($OSCN^-$) são agentes antimicrobianos. A adição de pequenas quantidades de H_2O_2 (e também SCN^-, se não abundante) ao leite causa um processo de "pasteurização a frio" que reduz a carga microbiana do leite cru, o que é uma importante opção em climas (sub)tropicais, nos quais o acesso imediato à refrigeração pode não ser disponível. O $OSCN^-$ gerado pela enzima é mais efetivo que a adição de produto químico exógeno, talvez devido ao fato de a lactoperoxidase adsorver as superfícies e particulados e, assim, gerar $OSCN^-$ na proximidade dos microrganismos.

A catalase (EC 1.11.1.6) é uma enzima heme tetramérica que é onipresente na natureza, estando relacionada às peroxidases. Sua função principal é desintoxicar as células do H_2O_2 em excesso à medida que a enzima degrada H_2O_2 em H_2O mais $½O_2$. A catalase é bastante termoestável e tem sido considerada como uma enzima indicadora de branqueamento. É fácil de ser ensaiada, tomando-se um pequeno disco de papel-filtro, mergulhando-o em um homogenato de vegetal branqueado e, então, colocando-se o disco em um tubo-teste com H_2O_2 diluído. Um teste positivo para catalase residual é indicado quando o disco flutua até a superfície, sendo boiado por pequenas bolhas aderentes de O_2 formadas pela enzima ativa absorvida no disco.

6.5.3 Enzimas relacionadas à biogênese do sabor

6.5.3.1 Lipoxigenase [16,25,154]

O papel das lipoxigenases em alimentos e na qualidade dos alimentos continua a ser avaliado, apesar de essas enzimas terem sido caracterizadas por 80 anos de estudos prévios. Algumas das primeiras descrições referiam-se a atividades de "lipoxidase" e "caroteno oxidase". As lipoxigenases (e oxigenases relacionadas) são difundidas em vegetais, animais e fungos, mas acreditava-se que existiam apenas no reino vegetal. O mecanismo da lipoxigenase e a base da seletividade de reação foram caracterizados anteriormente neste capítulo. Esta Seção focará na multiplicidade de reação e nas rotas subordinadas de transformação de ácidos graxos e os papéis associados de processos mediados pela lipoxigenase na qualidade de alimentos. A ação da lipoxigenase pode ser desejável ou indesejável, dependendo do alimento específico e do contexto no qual é realizada; muitos exemplos, além dos que são apresentados na sequência, são fornecidos em várias análises [25,154].

A lipoxigenase foi por muito tempo conhecida por causar defeitos de qualidade em vegetais processados que não sofreram tratamento térmico suficiente para destruição da enzima. As leguminosas (feijão-branco, soja, ervilha) são particularmente suscetíveis ao desenvolvimento de rancidez oxida-

$$2SCN^- + Enz\text{-}(Fe^V{=}O) \rightarrow 2SCN^\bullet + Enz\text{-}(Fe^{III}) \rightarrow SCN^- + HOSCN + H^+ \qquad (6.57)$$

tiva devido aos altos níveis de lipoxigenase (Tabela 6.12). A diversidade de reações mediadas pela lipoxigenase pode ser responsável pelo ciclo de reações que se estendem além das necessárias para ilustrar o mecanismo (lembre-se da Figura 6.8). O ciclo anaeróbico abrange a reatividade da enzima na ausência de O_2 ou em meio pobre em O_2; essa parte inclui a ativação de peróxido do estado de repouso da enzima (Fe^{II}) para o estado ativo (Fe^{III}), algumas vezes chamado de atividade de "lipoperoxidase" (Figura 6.46). Como resultado dessa ativação, uma espécie oxirradical ($XO^{\bullet}$) é liberada, a qual pode propagar reações de radicais livres; esse ciclo pode continuar na ausência de O_2, por meio do qual radicais ácidos graxos ($L^{\bullet}$) podem ser formados e liberados. Nos casos em que o $XO^{\bullet}$ é derivado de ácidos graxos poli-insaturados, ele pode sofrer rearranjo intramolecular e formar epóxidos reativos. Logo, muitas lipoxigenases causam reações de co-oxidação de radicais livres secundárias quando o ciclo anaeróbico está operante. Quando O_2 é abundante, ocorre o mecanismo normal de reação, conforme explicado anteriormente (Figura 6.8). Algumas lipoxigenases têm menos afinidade com ácidos graxos e intermediários de reação, e o radical hidroperoxil ($LOO^{\bullet}$) pode dissociar-se prematuramente por meio do "*loop* de baixa afinidade" antes que o ciclo catalítico normal seja completado (Figura 6.46). Isso requer que a enzima seja reativada por peróxido no ciclo anaeróbico. A afinidade do substrato da isoforma 3 da lipoxigenase de sementes de ervilha e soja é 20 vezes menor do que as outras respectivas isoformas de sementes [7,59]. Portanto, as isoformas 3 de ervilhas e soja são as principais responsáveis pela geração de $LOO^{\bullet}$, causando auto-oxidação posterior de ácidos graxos e reações de co-oxidação por meio da evolução de espécies reativas de oxigênio, incluindo oxigênio singlete ($^1O_2$) durante o ciclo aeróbico (a maioria das isoformas causa co-oxidação apenas no ciclo anaeróbico). Os ciclos aeróbico e anaeróbico constituem rotas alternativas do ciclo enzimático, e ambas as rotas podem operar juntas. O nível preciso de O_2 nem sempre é o único determinante da rota preferencial de ciclagem da enzima. As características cinéticas para cada etapa; os níveis relativos de enzimas, os substratos e intermediários; e o microambiente da enzima, influenciam o grau pelo qual cada rota é ativada.

As lipoxigenases de várias fontes alimentares diferem em perfis de isoformas, de pH ótimo e de regio e estereosseletividade da reação (Tabela 6.12). Elas são enzimas "solúveis", porém várias isoformas são encontradas em diferentes

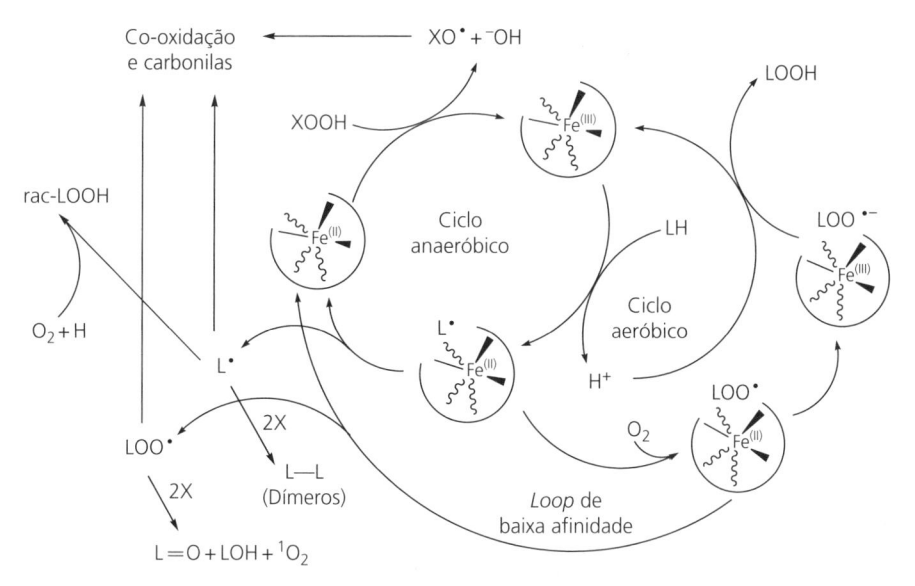

FIGURA 6.46 Rota de reação e ciclagem de lipoxigenase. (Adaptada e redesenhada a partir de Hughes, R.K. et al., *Biochem. J.*, 333, 33, 1998; Whitaker, J.R., Voragen, A.G.J., e D.W.S. Wong (Eds.), *Handbook of Food Enzymology*, Marcel Dekker, New York, 2003; Wu, Z. et al., *J. Agric. Food Chem.*, 47, 4899, 1999.)

TABELA 6.12 Propriedades de lipoxigenases e hidroperóxido liases selecionadas

Fonte (isoforma) da lipoxigenase	Atividade relativa	pH ótimo	Especificidade da lipoxigenase 9:13, S/R	Especificidade da hidroperóxido liase	Compostos dominantes no tecido hospedeiro
Semente de soja (1)	4.200	9,0	4:96 13S (pH 9) 23:77 13S (pH 6,6)	S-13-LOOH (níveis baixos)	n-hexanal, hexenais, odores indesejáveis
(2)		6,5	50:50 9R ≥ 9S		
(3)		7,0	65:35 R/S		
Germe de milho	—	6,5	93:7 9S	(Traço/níveis baixos)	n-hexanal, odores indesejáves (cetóis na semente de milho)
Semente de ervilha (3 isoformas)	1.800	6,6	67:33 R/S (pH 6,6) 59:41 13S, 9R (pH 9)	(Traço/níveis baixos)	Sabores indesejáveis
Tubérculos de batata	4.600	5,5	95:5 9S	9/13-LOOH	trans-2-cis-6-nonadienal
Tomate (3 isoformas)	360	5,5	96:4 9S	13-LOOH (CYP74B)	trans-2-hexenal, cis-3-hexen-1-ol, n-hexenal
Pepino	30–120	5,5	75:25	9,13-LOOH	trans-2-cis-6-nonadienal
Pimentão verde	300	5,5–6,0	Falta avaliação definitiva	13-LOOH (CYP74B)	cis-3-hexenal, trans-2-hexenal, n-hexenal
Pera	Traço	6,0	95:5	9-LOOH	trans-2-cis-6-nonadienal
Maçã	< 120	6,0–7,0	15:85	13-LOOH	n-hexenal, trans-2-hexenal
Cogumelos	—	8,0	10:90 13S	Ver texto	1-octen-3-ol, 1-octen-3-ona
Folhas de chá	—	6,5	16:84 13S	S-13-LOOH	trans-2-hexenal, cis-3-hexenal, n-hexanal

Fonte: Galliard, T. e Chan, H.W-S. Lipoxygenases, em *The Biochemistry of Plants: A Comprehensive Treatise, Volume 4, Lipids: Structure and Function*, P.K. Stumpf (Ed.), Academic Press, New York, pp. 131–161, 1980; Grosch, W. Lipid degradation products and flavour, em *Food Flavours. Part A. Introduction*, Morton, I.D. e A.J. MacLeod (Eds.), Elsevier Scientific Publishing, New York, pp. 325–398, 1982; Kuribayashi, T. et al., *J. Agric. Food Chem.*, 50, 1247, 2002; Matsui, K. et al., *J. Agric. Food Chem*, 49, 5418, 2001; Vliegenthart, J.F.G. e Veldink, G.A., Lipoxygenases, em: *Free Radicals in Biology*, W.A. Pryor (Ed.), Vol. V., Academic Press, New York, pp. 29–64, 1982.

compartimentos celulares, refletindo seus papéis e objetivos únicos na transformação de ácidos graxos nos tecidos [45]. As lipoxigenases da semente de soja são as mais estudadas e, historicamente, dão base para a classificação [7]. A isoforma 1 da lipoxigenase é a mais abundante na semente de soja, sendo incomum em seu pH ótimo alcalino. Essa propriedade e a estereosseletividade ao produto 13S levam-na a ser classificada como uma lipoxigenase "tipo I". As isoformas 2 e 3 têm pH ótimo mais neutro e exibem menor seletividade de produto; tais propriedades gerais incluem a base histórica para a classificação do "tipo II". Agora, fica claro que a maioria das lipoxigenases tem pH ótimo quase neutro e difere muito no grau de seletividade de produto, fazendo a classificação original de "tipo" de utilidade limitada. Mesmo a classificação com base na regiosseletividade da oxigenação do ácido araquidônico (p. ex., 5-LOX) descrita anteriormente leva ao favorecimento da classificação com base nas similaridades estruturais. Um levantamento seletivo de lipoxigenases vegetais (Tabela 6.12) revela que muitas são regiosseletivas para a oxigenação do ácido linólico (ou linolênico) em C9 para produzir o hidroperóxido (LOOH) de configuração S. Algumas lipoxigenases (principalmente as isoformas de soja 2 e 3 e as isoformas de sementes de ervilha) necessitam de regio e estereosseletividade. Essa propriedade está associada à redução de afinidade por substratos ácidos graxos durante a sequência da reação [7,56]. Se L$^\bullet$ é liberado de forma prematura, a combinação química com O_2 molecular será aleatória (não seletiva), levando a misturas de rac-LOOH, ao passo que a oxigenação, quando o substrato estiver no sítio ativo, exibirá tendências de baixa regio e estereosseletividade (Figura 6.46).

As isoformas de lipoxigenase causadoras de reações de co-oxidação produzem múltiplos produtos de auto-oxidação, incluindo aldeídos e cetonas (carbonilas) produzidos por meio de um mecanismo de radicais livres. A co-oxidação também branqueia carotenoides e, enquanto isso pode destruir (pró)nutrientes, é um resultado útil e desejável no branqueamento da massa do pão e em produtos de panificação relacionados (a geração de oxirradicais também pode melhorar as propriedades viscoelásticas e tensionais da massa). As farinhas de sementes de soja e ervilha (bem como as de batata e grão-de-bico) podem ser adicionadas à massa do pão devido a seus efeitos branqueadores de carotenoides e do melhoramento da massa, pois a lipoxigenase do trigo tem baixa atividade branqueadora. As lipoxigenases do tomate e do pimentão verde também são capazes de co-oxidar carotenoides. Muitas outras fontes de alimentos vegetais têm múltiplas isoformas de lipoxigenases, incluindo a maioria dos cereais e grãos, bem como vagens.

O defeito de rancidez oxidativa causado pelas lipoxigenases pode ser atribuído a dois fenômenos (abordados em detalhes no Capítulo 4). Um deles é a oxidação dos ácidos linoleico e linolênico a LOOH e a consequente decomposição química em vários aldeídos e cetonas aromáticos. O segundo é a produção enzimática direta de radicais de ácidos graxos liberados na matriz alimentar que, depois, iniciam e propagam reações de co-oxidação e auto-oxidação de radicais livres. O n-hexanal confere um sabor de feijão, sendo usado como um indicador geral do grau de oxidação de ácidos graxos. Entre as fontes de lipoxigenase listadas (Tabela 6.12), soja, milho e ervilhas são as mais propensas a desenvolver rancidez derivada da ação da lipoxigenase. Isso requer que o milho e as ervilhas sejam branqueados pelo menos a ponto de desativá-la antes do congelamento e do armazenamento; na soja, a ação da lipoxigenase deve ser destruída ou atenuada antes do congelamento (por branqueamento), moendo-a até farinha (por secagem), ou refinando-a em óleo e isolados de proteína.

Algumas diferenças sutis entre isoformas de lipoxigenases têm sido exploradas como tentativa de se gerenciar a qualidade dos alimentos. Linhagens isogênicas de sementes de soja, deficientes em certas isoformas de lipoxigenase, têm sido avaliadas por sua propensão a causar sabores rançosos em feijões, óleo de soja e alimentos formulados (pão). Para sementes de soja homogeneizadas, a lipoxigenase 2 parece ser responsável pela produção de níveis aumentados de n-hexanal [58]. A presença das isoformas 1 ou 3, ou de ambas, reduz a capacidade da isoforma 2 de produzir n-hexanal, sugerindo que o destino dos hidroperóxidos de ácidos graxos depende da isoforma que os produz. Quando a farinha de linhagens de soja deficientes em isoformas específicas foi usada em massa de pão, a isoforma 1 foi associada a maior incremento no volume do pão, e a 2 foi associada a maior aumento da viscoelasticidade e força da massa [32]. A isoforma 2 também foi associada a maiores níveis de voláteis indesejáveis, o que explica as farinhas de legumes serem adicionadas a menos de 1% em massas de pão. Esses exemplos mostram como o conhecimento mesmo de diferenças sutis na ação enzimática pode levar a novas estratégias para produzir alimentos e gerenciar a qualidade.

As lipoxigenases e oxigenases relacionadas (cicloxigenases) ocorrem em tecidos animais, e os sistemas musculares são os mais relevantes para os alimentos [16,25]. As lipoxigenases animais são essencialmente idênticas às lipoxigenases vegetais e fúngicas em termos de estrutura e mecanismo. A diferença fundamental é que o ácido araquidônico e ácidos de cadeia longa com elevado grau de insaturação são os substratos naturais das lipoxigenases de animais, embora elas também sejam ativas sobre os ácidos linoleico e linolênico. Em peixe fresco, a ação da lipoxigenase endógena é conhecida por formar sabores desejáveis (Capítulo 11), mas as informações permanecem deficientes sobre as relações entre as lipoxigenases de animais e a qualidade de alimentos.

O meio mais efetivo de se prevenir as consequências negativas da ação das lipoxigenases é o processamento térmico para desativar a enzima, sendo o ajuste de pH uma abordagem secundária. Muitos compostos já foram identificados como inibidores da enzima, e aqueles com propriedades típicas de antioxidantes fenólicos extinguem reações de oxidação secundárias com pouco efeito direto sobre a enzima. Apenas alguns inibidores foram consistentemente identificados por inibir a lipoxigenase de maneira direta (Figura 6.47), incluindo ácido nordi-hidroguaiarético, catecóis e esculetina (todos a ≈ 10 μM), que coordenam com o Fe do sítio ativo e/ou reduzem para o estado inativo Fe^{II}. Além disso, o resveratrol (≈ 10 μM) e o $SnCl_2$ (5 mM) são inibidores competitivos.

6.5.3.2 Hidroperóxido liase e transformações enzimáticas relacionadas [13,148]

A decomposição de ácidos graxos LOOH (derivados da ação da lipoxigenase) por reações químicas **inespecíficas** resulta em carbonilas que conferem rancidez (Capítulo 4). Em contrapartida, aromas agradáveis surgem na presença de enzimas que direcionam **especificamente** a transformação de LOOH em outros derivados. Em muitas frutas e tecidos vegetais, essa rota alternativa é causada por hidroperóxido liases, levando ao acúmulo de um conjunto limitado de produtos de degradação de 6, 9 e 12 carbonos de composição definida (Figura 6.48 e Tabela 6.12). A sequência geral dos eventos é a liberação do ácido graxo a partir de glicerolipídeo intacto por lipídeo acil-hidrolase, dioxigenação do ácido graxo em hidroperóxidos 9/13 pela lipoxigenase, clivagem dos hidroperóxidos 9/13 pela hidroperóxido liase e, então, uma possível isomerização e uma conversão final de aldeídos em alcoóis pela atividade da desidrogenase alcoólica. A existência dessa rota foi inferida inicialmente para a origem do sabor da banana, e sua enzimologia foi definitivamente estabelecida para pepinos e tomates [47,52,148].

As rotas espécie-específicas de transformação de ácidos graxos em sabores desejáveis derivam dos efeitos combinados e da especificidade das lipoxigenases e das hidroperóxido liases e, ainda, da abundância relativa de enzimas auxiliares. Por exemplo, para o tomate, embora o ácido graxo 9-LOOH seja o produto dominante da ação da lipoxigenase (Tabela 6.12), a especificidade da hidroperóxido liase (9:13-LOOH em taxas relativas 1:62) determina que os fragmentos C6 e C12 sejam mais produzidos no tecido

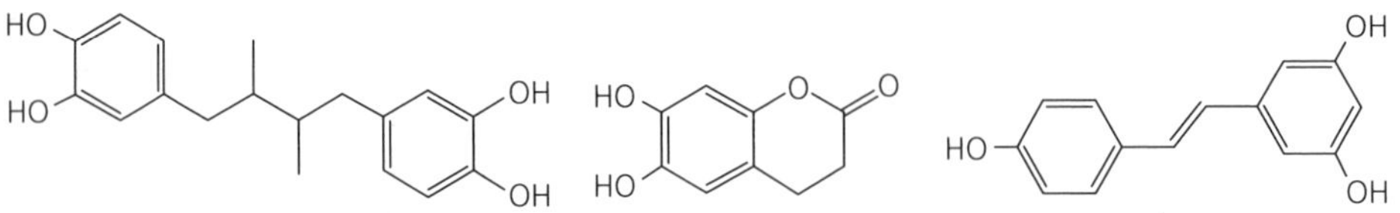

FIGURA 6.47 Inibidores de lipoxigenase.

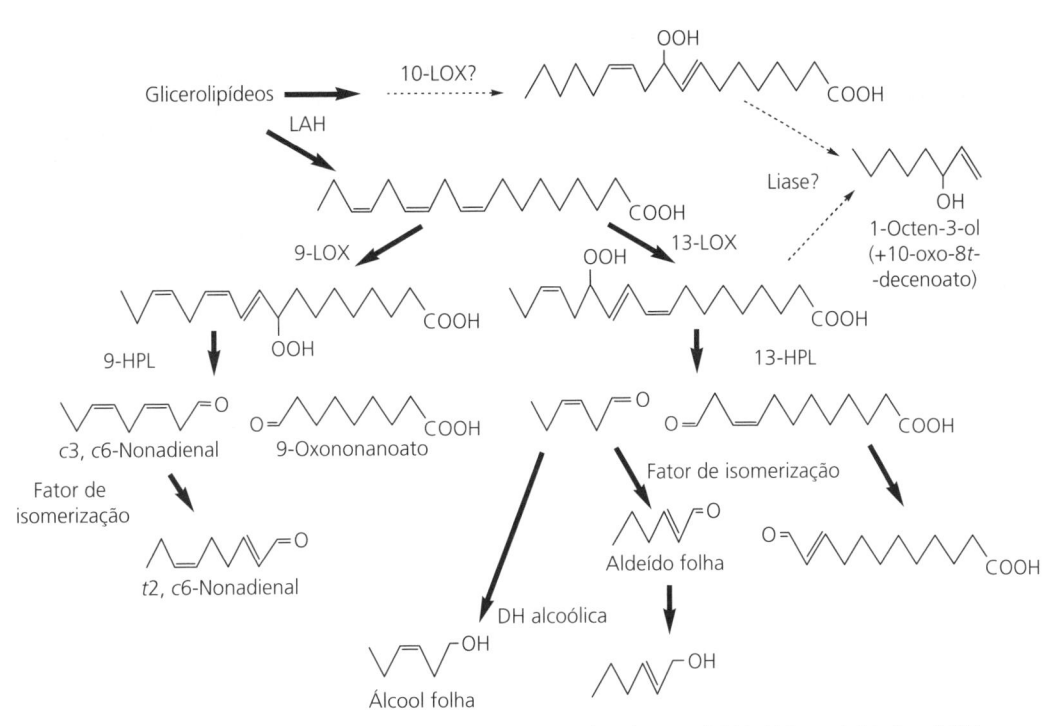

FIGURA 6.48 Transformação coordenada de ácidos graxos por lipoxigenase (LOX), hidroperóxido liase (HPL) e enzimas auxiliares para a produção de notas e sabores "verdes". (Adaptada de Blée, E., *Prog. Lipid Res.*, 37, 33, 1998; Fuessner, I. e Wasternack, C., *Annu. Rev. Plant Biol.*, 53, 275, 2002; Vliegenthart, J.F.G. e Veldink, G.A., Lipoxygenases, em: *Free Radicals in Biology*, W.A. Pryor (Ed.), Vol. V, Academic Press, New York, 1982, pp. 29–64.)

rompido. Ao contrário, a hidroperóxido liase do pepino é bastante inespecífica (9:13-LOOH em taxas relativas 2:1), e a dominância de fragmentos C9 a partir da oxidação direcionada de ácidos graxos e da fragmentação é determinada predominantemente pela seletividade da lipoxigenase. Os exemplos listados na Tabela 6.12 podem ser agrupados como formadores principalmente de sabores tipo pepino (espécies do nonadienal) ou sabores tipo folha-de-chá e, ainda, ricos em sabores florais/frutados conferidos por hexenal/hexanais/hexenóis. A razão pela qual os membros dentro de um grupo (acumuladores de C9 ou C6) não têm o mesmo sabor geral depende de vários outros fatores envolvidos na biogênese do sabor. Dois fatores envolvem diferenças nos níveis das enzimas compostas na rota, assim como as razões de substratos dos ácidos linoleico e linolênico liberados pela ação da lípideo acil-hidrolase. A rota (Figura 6.48) é mostrada para o ácido linolênico, mas as mesmas reações podem ocorrer para o ácido linoleico, resultando em produtos análogos com características de sabor distintas, e diferenças na seletividade da enzima para esses ácidos graxos causarão impacto sobre a composição do produto final. Diferenças nos tecidos entre as enzimas auxiliares também determinarão a composição do produto final. Embora evidências de enzimas específicas de isomerização tenham sido obtidas para pepinos, semente de linhaça, germe de trigo, cevada e soja [47,148], esses fatores de isomerização permanecem ambíguos [5,13]. A hidroperóxido isomerase foi originalmente listada como EC 5.3.99.1 (excluída em 1992), mas agora é explicada pela ação da "hidroperóxido desidratase", especificamente a aleno óxido sintase (EC 4.2.1.92) e a aleno óxido ciclase (EC 5.3.99.6), embora estas atividades sejam mais conhecidas por produzirem jasmonatos e cetóis [5]. Assim, a natureza de um "fator de isomerização" ainda precisa ser esclarecida. Pouco se conhece da desidrogenase alcoólica específica envolvida, embora pelo menos três isoformas (genes *ADH-1, 2, 3*) estejam presentes em muitos tecidos vegetais que poderiam contribuir com essa função [13,133]. Além disso, cada tecido tem outros agentes saborizantes, conferidos por outras rotas metabólicas ou enzimáticas que contribuem ou ainda dominam o sabor característico geral das fontes de alimentos listadas na Tabela 6.12.

As hidroperóxido liases (classificadas como citocromos, CYP74B e CYP74C) são prováveis tetrâmeros de unidades monoméricas de 55 a 60 kDa e ligadas a membranas (plastídicas) nos tecidos [45]. Eles diferem de outros citocromos, pois não requerem O_2 e NAD(P)H; em vez disso, eles utilizam o ácido graxo LOOH como substrato e doador de oxigênio na formação de novas ligações C–O. Não é surpreendente que muitos inibidores de lipoxigenases (Figura 6.47) também inibam hidroperóxido liases, pois ambas as enzimas ligam cadeias de ácidos graxos. Além dos quatro ligantes tetrapirrol, o Fe está coordenado com uma CYS [45]. As enzimas de pimenta, tomate e goiaba são altamente específicas para 13-LOOH e estão localizadas na subfamília CYP74B, ao passo que as do pepino e do melão agem sobre 9/13-LOOH e estão localizadas na subfamília CYP74C. Outras hidroperóxido liases ainda necessitam ser completamente caracterizadas e classificadas. Um conjunto único de produtos é observado para o sistema enzimático em cogumelos (e outros fungos), que formam os fragmentos C10 e C8 dos ácidos linoleico e linolênico desoxigenados (Tabela 6.12, Figura 6.48). Inicialmente, foi proposta a presença de uma 10-LOX, mas foi estabelecido que a LOX de cogumelos desoxigena o sítio C-13 [68]. Entretanto, o isômero 10-LOOH linoleato é formado em cogumelos, e as preparações proteicas de cogumelos podem clivar o derivado 10-LOOH em C10 oxoácido e 1-octen-3-ol. Parece agora que as oxigenases produtoras de psi (fatores de crescimento) que têm um grupo heme-protético produzem peróxidos 8 e 10 a partir do ácido linoleico [18].

O mecanismo de ação da hidroperóxido liase (e outros membros da família CYP74) foi proposto recentemente a partir de estudos com a enzima de goiabas. O mecanismo homolítico envolve um radical epoxialílico levando a um hemiacetal, que se lisa para resultar nos produtos de fragmentação (Figura 6.49). Esse mecanismo provavelmente se aplica a todas as hidroperóxido liases, sendo consistente com o mecanismo estabelecido para os citocromos P450.

Tentativas de aplicar o conhecimento da rota lipoxigenase-hidroperóxido liase em frutas geneticamente modificadas apresentaram resultados variados. A introdução de uma Δ9 desnaturase (para aumentar o substrato ácido graxo) e de uma desidrogenase alcoólica em tomates melhorou o sabor, ao passo que a supressão da lipoxigenase e a superexpressão de uma 9-hidroperóxido liase não tiveram efeito [79]. Oportunidades comer-

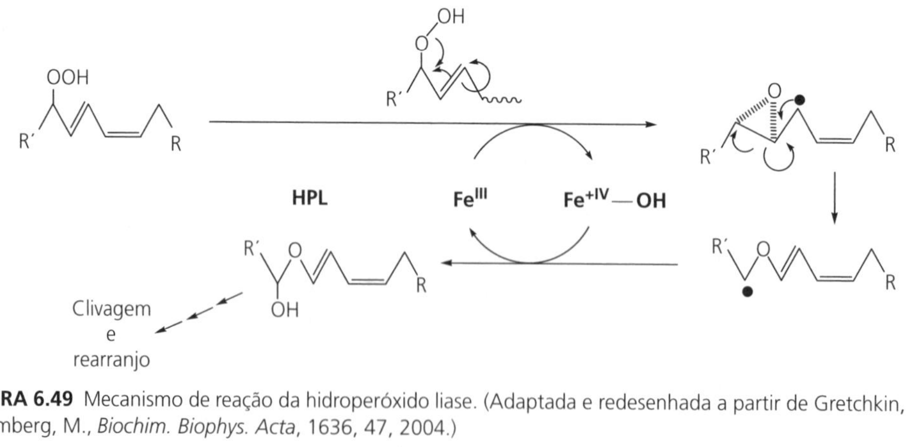

FIGURA 6.49 Mecanismo de reação da hidroperóxido liase. (Adaptada e redesenhada a partir de Gretchkin, A.N. e Hamberg, M., *Biochim. Biophys. Acta*, 1636, 47, 2004.)

ciais estão atualmente empregando 13-lipoxigenase específica altamente ativa e 13-LOOH hidroperóxido liase em combinação com uma fonte barata de ácido linolênico para produzir os sabores de "notas verdes" conferidos por aldeídos e alcoóis C6, um mercado global estimado anualmente em mais de 40 milhões de dólares.

6.5.3.3 Biogênese de outros sabores derivados de lipídeos [114]

A álcool aciltransferase (EC 2.3.1.84) é responsável por emanar ésteres aromáticos em muitas frutas climatéricas, principalmente durante a fase de amadurecimento, na qual seu nível nos tecidos aumenta [114]. Esta enzima existe em frutas, como maçãs, morangos, bananas, melões e azeitonas, entre outras, e também em fungos e leveduras. A reação catalisada é

S-acil-coenzima A + álcool
$\updownarrow$
Acil-éster + coenzima A-SH (6.58)

O perfil típico de ésteres formados por essa enzima na fruta em amadurecimento inclui ésteres de acetato e butanoato, metil e etil ramificados, feniletil ou grupos n-alcoólicos, caracteristicamente de 2 a 8 carbonos.

Novos sabores derivados de lipídeos em alimentos podem surgir de outras rotas. As lipases têm sido consideradas como mediadoras de formação de ésteres voláteis, por meio de reações de hidrólise reversa. Não existem evidências dessa ocorrência em tecidos de frutas, mas isso acontece em alguma extensão durante fermentações com leveduras, e baixos níveis de sabores frutados podem ser mediados por organismos fermentativos, contribuindo para o sabor geral de alimentos fermentados e maturados, como os queijos. A biossíntese de terpenoides em vegetais usados como ervas e condimentos ocorre por uma rota biossintética complexa de várias etapas a partir de unidades de isopreno [114]. Uma lipoproteína lipase (LPL, estimulada pela lipoproteína) ocorre no leite a 1 ou 2 mg L^{-1} [154] e pode dar origem à "rancidez espontânea" se o leite for manuseado precariamente antes da pasteurização.

6.5.3.4 Origem e controle de sabores pungentes e outros efeitos bioativos

6.5.3.4.1 Transformação da mirosinase de glucosinolatos [4,64,83]

Vegetais da família Brassicaceae, principalmente repolho, brócolis, couve-flor, nabo, couve, couve-de-bruxelas, rabanete, mostarda e *wasabi*, são conhecidos por sua pungência. Após a ruptura dos tecidos, as condições tornam-se favoráveis para a reação da enzima mirosinase (EC 3.2.1.147 [anteriormente 3.2.3.1], tioglicosídeo glico-hidrolase) e um conjunto diverso de glucosinolatos sem odor como substratos, que origina uma "bomba de óleo de mostarda". A visão predominante é de que a mirosinase está localizada em vacúolos de células especializadas (idioblastos), chamadas de "células de mirosina", e glucosinolatos (até 100 mM) e ascorbato estão contidos em vacúolos de outros tipos de células, incluindo células S (ricas em enxofre), adjacentes às células de mirosina [4,64]. Quando o tecido é rompido, o ascorbato se torna diluído em nível de 1 a 2 mM, o que ativa a enzima conforme ela se mistura com os substratos glucosinolatos. As mirosinases são de 10 a 20% glicosiladas e existem como múltiplas isoformas de massa monomérica de 65 a 70 kDa com estruturas estabilizadas por 3 ligações dissulfeto e por Zn^{2+}; elas podem existir como homo-oligômeros ou em complexos com outras proteínas. As mirosinases apresentam uma atividade ótima nas faixas de pH 4 a 8 e 40 a 75 °C, dependendo da fonte. Proteínas em células não mirosinas, incluindo a proteína epitioespecífica (ESP), a proteína formadora de tiocianato (TFP) e a proteína nitriloespecífica (NSP), compartilham sequência homóloga e influenciam a distribuição de produtos que evoluem após a ação hidrolítica da mirosinase inicial em glucosinolatos [64,67]. As ações de ESP e NSP requerem Fe^{2+} e podem ser de natureza catalítica [15].

A mirosinase é uma enzima retentora da família 1 das glicosil hidrolases (Seção 6.3.2), sendo única em duas funções. Ela hidrolisa β-D-tioglicosídeos (e não O-glicosídeos), e tem apenas um dos dois resíduos catalíticos usuais ASP/GLU

[20]. A enzima possui uma bolsa de ligação hidrofóbica (enzima de semente de mostarda, $PHE_{331,371,473}$, ILE_{257}, TYR_{33}) para hospedar os grupos R do glucosinolato, que são, em sua maioria, em cadeias de alqu(en)il que podem ser ramificadas ou substituídas por S, S = O, ceto ou grupos hidroxila [83]. Vários resíduos (GLU_{464}, GLN_{39}, HIS_{141}, ASN_{186}) fornecem ligações de H com a glicose, e TRP_{457} fornece a plataforma hidrofóbica para o empilhamento do anel de piranose [20]. GLN_{409} e $ARG_{194,259}$ coordenam com os grupos sulfato do substrato. A GLU_{409} constitui o nucleófilo da enzima carboxilato para deslocar o S-aglicona (um bom grupo retirante) e forma um intermediário covalente de glicose-enzima (Figura 6.50). A etapa limitante da taxa é a liberação da glicose e, em outras glicosil hidrolases, um segundo GLU/ASP conservado serve para este propósito, ativando a água como um nucleófilo. Essa função não existe, e alguma assistência para ativar água para deslocar a glicose (e reter a configuração β) pode ser dada pela ligação de H com GLN_{187}. Acredita-se que um efeito ativador plenamente reconhecido do ácido ascórbico sobre a mirosinase (de poucas a várias centenas de vezes sobre $V_{máx}$) seja conferido pelo ascorbato, atuando como um cofator "externo" [21]. O ascorbato liga-se à enzima após a liberação da aglicona (eles compartilham o mesmo sítio de ligação) e ele parece funcionar ativando a água nucleofílica para deslocar a glicose. A distância entre o GLU_{409} e o ascorbato é $\approx 7{,}0$ Å, maior que a distância de 4,5 Å entre o GLU/ASP catalítico de glicosil hidrolases retentoras típicas, mas isso pode ser necessário para acomodar o resíduo ascorbato mais volumoso. A ativação máxima do ascorbato ocorre em 0,5 a 1,5 mM; o excesso de ascorbato compete com a ligação do glucosinolato e impede o ciclo da enzima.

O destino do glucosinolato hidrolisado também depende de fatores de composição e da natureza das estruturas do glucosinolato, algumas das quais são mostradas na Figura 6.51. Sob condições de pH que prevalecem em tecidos vegetais, os derivados isotiocianatos são formados

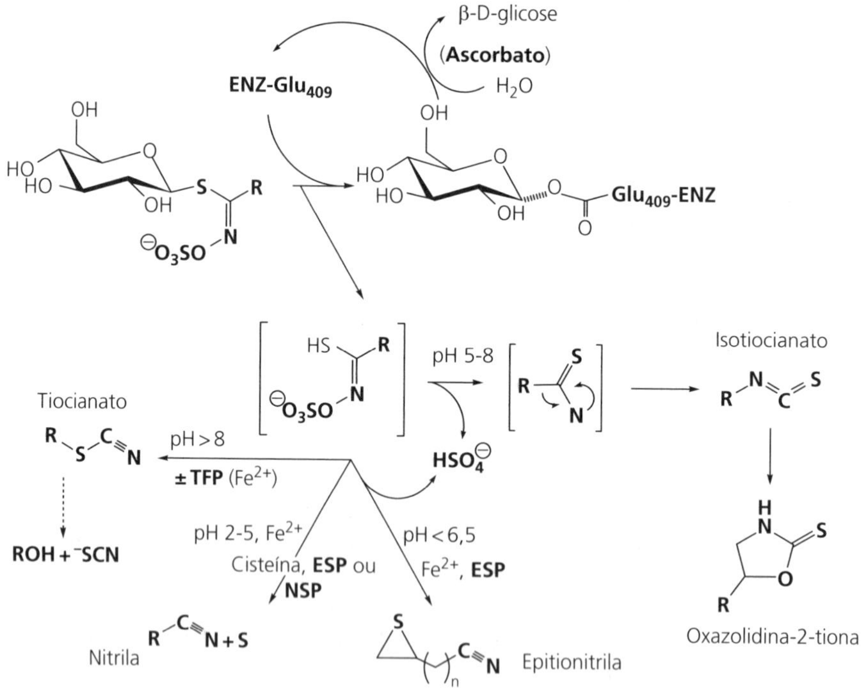

FIGURA 6.50 Mecanismo de reação da mirosinase. ESP, proteína epitioespecífica; NSP, proteína nitriloespecífica; TFP, proteína formadora de tiocianato. (Adaptada de Burmeister, W.P. et al., *Structure*, 5, 663, 1997; Burmeister, W.P. et al., *J. Biol. Chem.*, 275, 39385, 2000; Kissen, R. et al., *Phytochem. Rev.*, 8, 69, 2009; Mithen, R.F. et al., *J. Sci. Food Agric.*, 80, 967, 2000.)

Capítulo 6 Enzimas 453

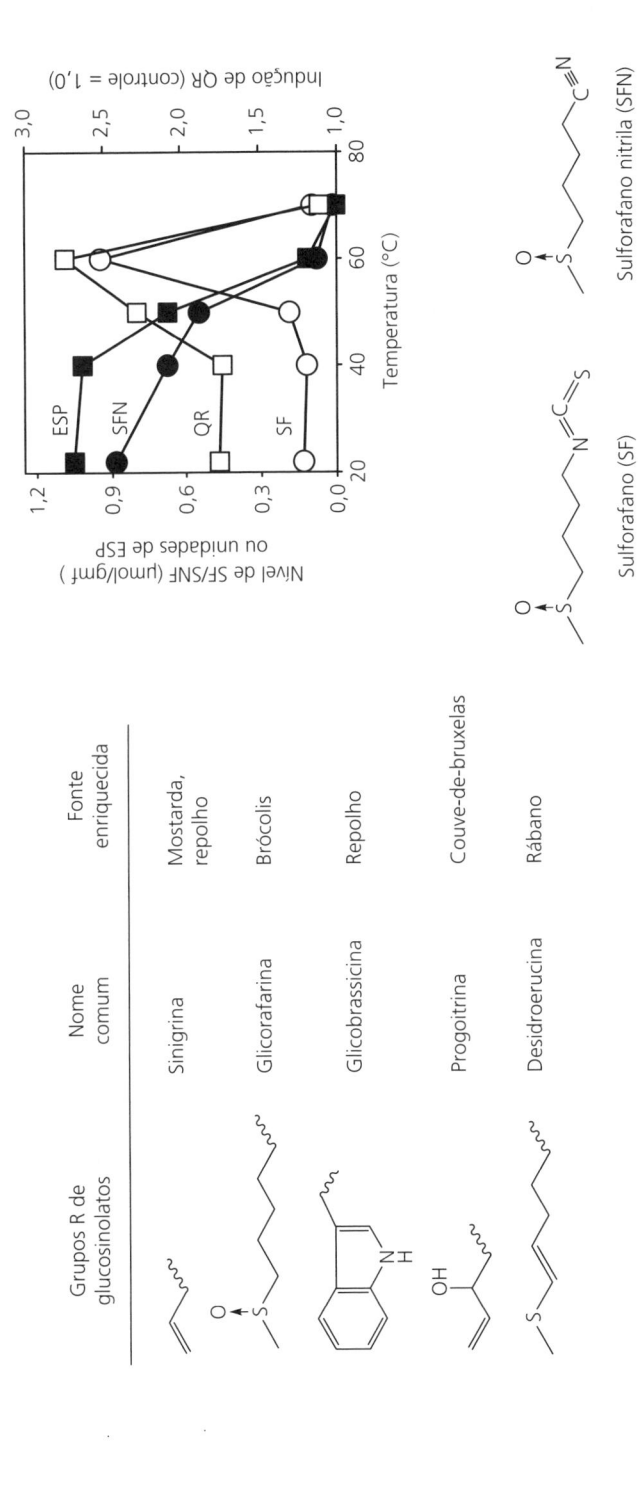

FIGURA 6.51 Glucosinolatos representativos e controle da formação do produto final da mirosinase. ESP, proteína epitioespecífica; QR, quinona redutase. (Figura redesenhada de Matusheski, N.V. et al., *Phytochemistry*, 65, 1273, 2004.)

espontaneamente (Figura 6.50). Na presença de Fe^{2+} e um ESP, as epitionitrilas e as nitrilas (também com a presença de NSP) podem acumular-se à custa de isotiocianatos. Os produtos de hidrólise de glucosinolatos de 2-hidroxialq-(en)il (p. ex., progoitrina) são instáveis como isotiocianatos e sofrem rearranjo para oxazolidina 2-tionas. Sob condições ácidas, na presença de Fe^{2+} e cisteína, as nitrilas podem acumular-se e, sob condições neutras a levemente alcalinas, o indol (p. ex., glicobrassicina) e os benzilglucosinolatos decompõem-se para formar os alcoóis e o cianato correspondentes, ao passo que os derivados de alil (sinigrina) e os derivados de metiltio (desidroerucina) resultam nos tiocianatos. Os tiocianatos também podem ser formados pela ação do TSP [67]. Alguns desses produtos têm efeitos antinutricionais. Os cianatos interferem na absorção de iodeto; os 2-hidroxi-3-butenilglucosinolatos (progoitrina) estão associados com hipotireoidismo; e as nitrilas podem apresentar toxicidade. Apesar dessas preocupações, existe uma associação clara entre o consumo de vegetais *Brassica* spp. e a redução do risco de câncer, e muito disso é atribuído aos glucosinolatos e a seus produtos de transformação.

Acredita-se que o sulforafano, o isotiocianato derivado da glicorafanina, seja um dos agentes quimiopreventivos do câncer mais potentes da dieta, derivado do brócolis (Capítulo 12). Entretanto, o derivado sulforafano nitrilo é formado em maior quantidade que o sulforafano em brócolis, e a forma nitrila tem potencial quimiopreventivo de câncer de muitas ordens de magnitude menor que a forma isotiocianato [80]. O processamento térmico foi examinado como um meio para minimizar o sulforafano nitrilo e, ao mesmo tempo, maximizar o acúmulo de sulforafano em flores de brócolis (Figura 6.51). Um tratamento térmico suave de 60 °C por 10 a 20 min mantém a atividade da mirosinase e destrói a atividade epítioespecífica; esta desativação preferencial da última causa uma reversão na razão das formas nitrila/isotiocianato do sulforanato de 10:1 para ≈ 1:10. O benefício é aumentar os níveis do mais potente agente anticarcinogênico do brócolis.

6.5.3.4.2 Alinase e enzimas relacionadas [154]

As alinases (EC 4.4.1.4, alina alquenil-sulfenato liases, ou alina liase) são enzimas de geração de sabor de membros do gênero *Allium*, incluindo cebolas, alho, alho-poró, cebolinha e espécies taxonomicamente relacionadas com repolho e alguns vegetais. Há cerca de quarenta anos, uma alinase foi relatada pela primeira vez no cogumelo *shitake* como responsável pela evolução do composto aromatizante exclusivo lentionina. No entanto, um recente estudo molecular indica que a enzima tem pouca homologia com alostinas prototípicas, e grande homologia com cisteína dessulfurases (EC 2.8.1.7) em fungos; a enzima é proposta como uma nova dessulfurase com ampla especificidade, que inclui substratos ACSO [75]. A arquitetura do sítio ativo e o mecanismo da alinase foram apresentados anteriormente como um exemplo de uma enzima fosfato piridoxal, e a reação envolve a β-lise de derivados de aminoácidos não proteicos, ACSOs (Figura 6.6). Os produtos de reação imediata, os ácidos sulfênicos (R-SOH), condensam-se para formar tiossulfinatos. Em cebola e espécies afins (alho-poró, chalota), grande parte do ácido 1-propenilsulfênico é isomerizado para propanetial-S--óxido (fator lacrimogêneo, LF) pela LF sintase [78], embora por várias décadas acreditadou-se que esta etapa era de natureza química/espontânea (Figura 6.52). O mecanismo da LF sintase não foi elucidado, mas a diversidade neste rearranjo intramolecular enzimático existe e pode envolver reações clássicas de isomerase ou desidrogenase [55]. Essa reação está condicionada à ruptura dos tecidos, pois os substratos da ACSO residem no citosol, ao passo que a enzima é vacuolar. A maioria das alinases tem seletividade similar com preferência para a reação entre espécies de ACSO na ordem descendente: insaturados (1-propenil- e 2-propenil-) > propil > metilderivados; razões de reatividade (baseadas em valores de $V_{máx}/K_M$) de ≈ 10:2:1 [123] representam um valor médio de um amplo intervalo de valores de seletividade relativa de alinases descritos na literatura. Consequentemente, os produtos de reação e os sabores característicos produzidos em tecidos de *Allium* são con-

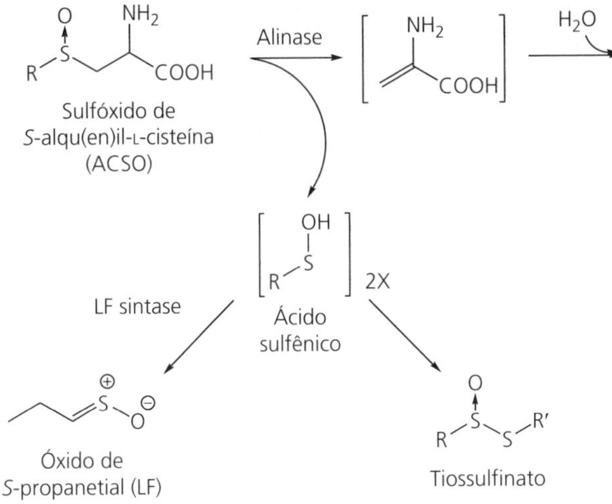

Perfis de ACSO em vegetais

Grupo R	Alho	Cebolinha	Cebola	Alho-poró	Repolho
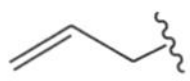	+++	–	–	–	–
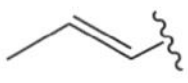	–	+	+++	++	–
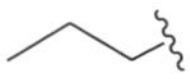	–	–	+/–	+/–	–
H_3C	+	++	+	+	++

FIGURA 6.52 Rota de reação da alinase e perfil de substratos em diversos tecidos vegetais. LF, fator lacrimatório. (Compilada de Masamura, N. et al., *Biosci. Biotechnol. Biochem.*, 76, 447, 2012; Shen, C. e Parkin, K.L., *J. Agric. Food Chem.*, 48, 6254, 2000; Whitaker, J.R., Voragen, A.G.J., e D.W.S. Wong (Eds.), *Handbook of Food Enzymology*, Marcel Dekker, New York, 2003.)

feridos pelos níveis relativos de vários substratos ACSO presentes (Figura 6.52), mais que por propriedades espécie-específicas de alinases.

A enzima é glicosilada, existe como um número limitado de isoformas, e pode ser oligomérica com massa monomérica no intervalo de 48 a 54 kDa. Uma distinção entre as alinases é o pH ótimo, que está na faixa de pH 7 a 8 para as enzimas de cebola, alho-poró e brócolis, e pH 5,5 a 6,5 para o alho e enzimas relacionadas. No entanto, essa diferença de pH ótimo é de importância prática limitada, visto que as alinases são bastante ativas na faixa de pH 4,5 a 8,5 [65,154]; compreendem 6 e 10% da proteína do tecido, respectivamente, em cebola e alho; e há uma abundância de atividade em tecidos quebrados (onde o pH varia de 5,2–6,0). Ocorre 70 a 90% de conversão de ACSO pela alinase em produtos organossulfurados em células rompidas de tecidos de cebola, em temperatura ambiente e em ≈ 1 min, e quase ≈ 100% de conversão em células rompidas em 1 h [70,110].

Além dos sabores desejáveis produzidos com a ruptura dos tecidos, existem diversas propriedades da reação da alinase que têm impacto sobre a capacidade de controlar a qualidade de alimentos. Preparações de tecidos de *Allium* picados e armazenados ou acidificados (conservas tipo picles) podem descorar e gerar pigmentos cor-de-rosa/vermelhos (em cebolas) e azul-esverdeados (em alho). As espécies 1-propenil-S(O)S-R tiossulfinatos estão implicadas como principal causa dessa descoloração [66]. Alho armazenado (refrigerado) pode acumular níveis baixos de 1-propenil-ACSO, e o alil-ACSO contribui para a descoloração em alho picado.

A preservação da atividade da alinase é importante para potencializar a reação da enzima no ponto de escolha de uma preparação do tecido. Como mencionado anteriormente, o congelamento preserva a atividade da alinase se o descongelamento é rápido o suficiente para prevenir a desnaturação excessiva [149]. Crioprotetores como glicerol e cofator exógeno piridoxal fosfato têm sido adicionados com frequência em preparações de alinase, a fim de estabilizar a atividade enzimática. A liofilização retém ≈ 75% da atividade original, ao passo que secagem a baixas temperaturas (55 °C) retém ≈ 50% da atividade original [73]. Estes métodos são adequados para preparar tecidos de *Allium* como suplementos dietéticos nos quais se deseja ter alinase residual suficiente para gerar tiossulfinatos *in situ* (no intestino) em seres humanos. Isso requer o uso de cápsulas ou comprimidos recobertos para proteger a enzima dos efeitos desativadores do ácido e das enzimas gástricas. Por outro lado, pós de alho e cebola preparados para uso como condimentos sofrem um tratamento térmico mais intenso e têm apenas ≈ 5% de atividade residual de alinase.

Em tecidos de *Allium*, alguns precursores de sabor ACSO podem existir como peptídeos de γ-glutamil-ACSO, e esses peptídeos ligados a ACSO não são reconhecidos como substratos pela alinase. Uma transpeptidase (EC 2.3.2.2) catalisa a transferência do grupo γ-glutamil do ACSO para outro aminoácido e libera ACSO livre, que, então, pode ser modificado pela alinase e, posteriormente, potencializar o sabor. Bulbos de *Allium* e sementes em germinação são ricos na atividade de transpeptidase, fazendo-se uso de extratos desses tecidos para mobilizar um conjunto secundário de precursores de sabor em várias preparações de *Allium*. Estas são mais úteis sob a forma seca, cuja reconstituição com meio aquoso ocasiona as atividades enzimáticas e resulta em melhoria do sabor no momento da escolha.

As cistina liases (EC 4.4.1.8), também conhecidas como β-cistationases, também existem em vegetais *Allium*, crucíferas e leguminosas, bem como em algumas bactérias. Elas são enzimas que contêm piridoxal, catalisando a β-eliminação de cistina e resultando em tiocisteína (CYS-SSH), o que pode levar a sabores sulfurosos. Nos brócolis, existem múltiplas isoformas, as quais são solúveis e têm pH ótimo de 8 a 9. Dependendo da fonte, as cistina liases também podem reagir com ACSO, porém as alinases não reagem com cistina. Uma enzima piridoxal semelhante à metionina-γ-liase (EC 4.4.1.1) gera metanotiol (CH_3SH) como produto de reação; essa reação tem sido implicada no desenvolvimento adequado de sabor em alguns queijos, como o conferido por culturas iniciadoras ou adjuntas.

6.5.3.4.3 Outras atividades enzimáticas relacionadas ao sabor

O adoçamento causado pela elevação de maltose em produtos de batata-doce cozida em processo doméstico e processada termicamente (enlatada, flocos, purê) é uma característica de qualidade positiva conferida por β-amilases endógenas [136]. As linhas de batata-doce com alto teor de maltose apresentam maior atividade de β-amilase com estabilidade térmica adequada. Durante o processamento térmico moderado (progressivamente aquecido em 70–90 °C ao longo de 2 h), um grau mais rápido e maior de gelatinização do amido nestas mesmas linhas permite a ação sustentada da β-amilase no amido, levando a níveis de maltose até cinco vezes maiores em relação aos observados para as linhas de maltose moderada e baixa.

6.5.4 Enzimas que afetam a qualidade da textura dos alimentos

Mudanças texturais e reológicas nos alimentos podem ser causadas por enzimas que agem sobre componentes alimentares de alta e baixa massa molecular. Exemplos de algumas modificações texturais e reológicas já foram descritos no contexto do uso de enzimas exógenas para liquefazer/afinar o amido, reduzir a viscosidade e turbidez em sucos de frutas, hidrolisar ou induzir a gelificação de proteínas, modificar a viscoelasticidade da massa de pão, etc. Esta Seção abordará o controle de enzimas endógenas que podem ter um impacto desejável ou indesejável sobre a qualidade dos alimentos.

6.5.4.1 Controle de enzimas modificadoras de polímeros de carboidratos

Talvez o exemplo mais rudimentar de controle da atividade de enzimas endógenas sobre os carboidratos sejam os processos de rompimento "quente" e "frio" para a preparação de produtos à base de tomate. Esses termos são parcialmente impróprios, sendo que um processo de rompimento a quente consiste no aquecimento rápido dos tecidos do tomate a mais de 85 a 90 °C com uma clara intenção de desativar atividades endógenas de poligalacturonase e pectina metilesterase. Isso preserva os níveis de pectina, promove viscosidade e consistência e estabiliza a turbidez em sucos. Ao contrário, um processo de rompimento frio faz uso de temperaturas > 70 °C, nas quais tais enzimas são termicamente ativadas, resultando em despolimerização da pectina com perda correspondente de viscosidade, com a desesterificação da pectina levando a perda da estabilidade da turbidez, redução da consistência e separação do soro (líquido) dos sólidos. O processo de rompimento frio pode promover maior qualidade de sabor, talvez por permitir uma maior geração de sabor mediado por lipoxigenase/hidroperóxido liase, mas esse efeito não tem sido consistentemente observado. Tanto o processo de rompimento frio como o quente são usados para sucos e outros produtos de frutas, dependendo de como esses produtos serão usados (como produto final ou ingrediente para outros produtos). As pastas de tomate são mais bem preparadas por processos de rompimento quente para a retenção de consistência e viscosidade. O processamento a altas temperaturas para desativação de pectinase também é usado para outras frutas de sumo (laranja), com o objetivo de manter a estabilidade da turbidez como um atributo de qualidade.

Outra abordagem para o controle de enzimas pectinolíticas para a manutenção da textura é a aplicação de um tratamento térmico intermediário e moderado (chamado de branqueamento em baixa temperatura) para mitigar o amolecimento em decorrência de processamento térmico subsequente de produtos de frutas e hortaliças intactas (ou em pedaços). Os tratamentos na faixa de 55 a 80 °C destinam-se a estimular a ação da pectina metilesterase e o tecido "firme", ao promover a adesão entre os elementos da parede celular e da lamela intermediária [144]. A hidrólise de grupos metóxi da pectina cria grupos carboxilato que podem formar pontes de Ca^{2+} entre polímeros de pectina vizinhos (ver modelo caixa de ovo, Capítulo 3). Isso pode aumentar a firmeza da textura e prevenir a desintegração de peças do tecido ("despedaçamento") durante o processamento térmico subsequente, tal como autoclave.

Um dos mais recentes sucessos foi com batatas [9], em que os pré-tratamentos térmicos de 30 a 120 min a 60 a 70 °C antes da fervura foram eficazes na prevenção do amolecimento excessivo, quase eliminando o despedaçamento. Esse esforço foi iniciado para atender às necessidades de conservar batatas com alto teor de amido por meio de conserva em lata. Uma temperatura mínima de 55 a 60 °C é necessária para tornar o tecido "permeável" e permitir a migração de cátions, bem como ativar a pectina metilesterase, ao passo que as temperaturas tradicionais de branqueamento desativarão a enzima antes que ela tenha oportunidade suficiente para agir. Assim, as fatias de batata fervidas diretamente (1–2 h para simular a autoclave) sofrem 80 a 100% de desintegração, ao passo que as submetidas a um pré-tratamento de 60 a 70 °C seguido de ebulição, não se despedaçaram. A mesma abordagem mostrou-se efetiva para batatas-doces, vagens, pepinos (na preparação de picles), cenouras, pimentão e tomate e, em alguns casos, o efeito sobre a firmeza é aumentado pelo uso de soluções que contêm Ca^{2+}.

6.5.4.2 Controle de enzimas modificadoras de proteínas

A degradação de proteínas é um determinante importante do amaciamento maturado de carnes. As catepsinas liberadas dos lisossomos e/ou calpaínas são as proteases endógenas do músculo que parecem ter maior impacto sobre o amaciamento. Além da temperatura e da duração da maturação e da taxa de declínio do pH *post mortem*, existem poucos métodos de influenciar a proteólise endógena. Um processo que tem recebido atenção constante é a estimulação elétrica de carcaças pós-morte, que pode conferir amaciamento por reduzir o encurtamento pelo frio, rompendo elementos estruturais do músculo e estimulando proteases endógenas, em parte, pela liberação de Ca^{2+} no sarcoplasma [60]. O sistema de calpaínas do músculo, CYS-proteases ativadas por Ca^{2+}, tem sido implicado como tendo um papel na hidrólise pós-morte inicial que leva ao amaciamento. As proteases do músculo são apenas um dos diversos fatores que determinam a maciez da carne (ver Capítulo 15).

As proteases endógenas do músculo de peixe podem limitar a qualidade de géis manufaturados (produtos à base de *surimi*). As proteases de tecidos musculares de peixe formadores de géis fracos são sensíveis a reagentes CYS-reativos. Um modo efetivo de se gerenciar esse problema é a adição de inibidores de protease tipo cistatina. Tais inibidores são encontrados no plasma bovino, na clara do ovo de galinha e em batatas, podendo ser adicionados a produtos à base de *surimi* para inibir a atividade de proteases endógenas e ajudar a manter a força do gel.

As proteases endógenas também ocorrem no leite, sendo a principal delas o sistema plasmina (derivado do sangue). A plasmina (EC 3.4.21.7) é uma SER-protease de massa de 81 kDa, com atividade ótima em pH 7,5 a 8,0 e 37 °C [154]. No entanto, a enzima é estável ao longo de um amplo intervalo de pH de 4 a 9 e exibe 20% de atividade máxima a 5 °C. A plasmina sobrevive à pasteurização, devido, em parte, às suas múltiplas ligações dissulfureto, e ela também retém atividade após a ultrapasteurização. O plasminogênio (a forma zimogênio) é dominante no leite, sendo transformado por ativadores (incluindo outra SER-protease), resultando na plasmina ativa. Tanto plasmina/plasminogênio como seus ativadores estão associados às micelas de caseína. Inibidores e ativadores da plasmina são encontrados na fase do soro e previnem ativação espontânea e proteólise no leite fresco e pasteurizado. Durante a produção de queijos, a plasmina permanece com as micelas de caseína e contribui para a proteólise, particularmente das caseínas α_{s2} e β no queijo, durante a maturação. Em queijos produzidos com leite ultrafiltrado, a plasmina pode ser menos ativa devido à maior retenção dos sólidos do soro (fonte dos inibidores da plasmina) no coágulo resultante. Devido à resistência térmica da plasmina, ela é um fator majoritário na proteólise de queijos submetidos a elevadas temperaturas de cocção, podendo inativar inibidores de plasmina. Devido à sua resistência térmica, a plasmina tem sido implicada na gelificação de leite e derivados, submetidos a processamento em ultra-alta temperatura.

6.5.4.3 Redução de defeitos na textura de alimentos por meio de moléculas pequenas para o controle de enzimas

Em tâmaras, um defeito conhecido como "parede de açúcar" ocorre quando a razão sacarose/açúcar redutor é alta (2:1), causando cristalização da sacarose em toda a fruta, resultando numa textura dura e arenosa [128]. Tâmaras naturais e secas de grau *premium* apresentam relação de açúcares no intervalo 1,1 a 1,6:1, e tâmaras propensas à parede açucarada tendem a apresentar baixos níveis de invertase endógena. Para reduzir a incidência desse defeito, tâmaras de parede açucarada foram submetidas a solução de tratamento por infusão a vácuo contendo 0,01 a 0,10% de invertase comercial, incluindo uma amostra compreendendo o tratamento-controle pulverizado com uma quantidade equivalente de água pura. Após o tratamento, que resultou no aumento do teor de umidade entre 20 e 22% (e um aumento na a_a), as tâmaras foram seladas e armazenadas por 60 dias a $\approx$ 27 °C. Como esperado, as tâmaras com infusão de enzima exibiram uma "inversão" de 54 a 76% da sacarose, diminuindo a razão açúcares redutores de sacarose para 0,22 a 0,44:1. De modo surpreendente, mesmo nas tâmaras infusas em água, a inversão de sacarose foi de 53%, com uma redução na relação de açúcares redutores de sacarose para 0,56:1. O defeito da parede açucarada não foi evidente após 60 dias de tratamento para as amostras com infusão na enzima ou em água. Isso ilustra a facilidade de se potencializar a atividade endógena em algumas situações, nesse caso, pela simples adição de água. No final do período de 60 dias, todas as tâmaras tratadas e controladas foram secas com 16 a 18% da umidade original, sendo observadas por mais um mês. Todas as amostras infundidas na água retornaram ao defeito de parede açucarada, ao passo que aquelas infundidas na enzima mostraram 0 a 10% de incidência de retorno ao defeito, o que é inversamente proporcional à dose da enzima. Logo, a eliminação permanente do defeito requer o tratamento com invertase exógena.

O último exemplo de controle da ação enzimática em alimentos lida com a demetilase TMAO (EC 4.1.2.32), que provoca uma reação no músculo, particularmente nos dos peixes da família Gadoid (bacalhau):

$$(CH_3)_3N \to O \to (CH_3)_2NH + HCHO \quad (6.59)$$

O formaldeído (HCHO) produzido causa ligações cruzadas de proteínas, tornando o tecido muscular rígido e fibroso quando armazenado como filés ou em blocos/porções. A ruptura do tecido, por congelamento ou apenas por ter sido picado, permite a reação enzimática por descompartimentalização (TMAO pode ser > 100 mM no músculo). A TMAO demetilase não é bem distribuída, mas ocorre em algumas bactérias. No músculo e órgãos de peixes, ela parece estar associada à membrana, podendo ser solubilizada. Dois **cofatores** ou sistemas de cossubstratos demonstraram mediar a reatividade para a enzima isolada de membrana [97]. Um requer NAD(P)H e FMN e funciona apenas anaerobiamente, ao passo que o outro envolve Fe^{2+}, ascorbato e/ou cisteína e funciona independentemente da tensão de oxigênio, porém é apenas 20% estimulante quando comparado com o sistema NAD(P)H/FMN.

É comercialmente importante evitar essa reação em blocos de peixes congelados ($\approx$ 7 kg de dimensão retangular), que são posteriormente processados em pedaços de peixe e porções; o "envelhecimento" no gelo por até 10 dias antes do congelamento foi avaliado como uma abordagem prática [109]. As taxas de formação de HCHOs variaram de 0 a 25 µmol/100 g dia^{-1} em blocos preparados a partir de filés frescos (0 dias de idade) com maiores taxas para o interior mais anaeróbico, onde os sistemas de cofatores NAD(P)H/FMN são mais funcionais. No entanto, esse efeito de profundidade rapidamente diminuiu após apenas 1 dia de envelhecimento antes do preparo do bloco, e as taxas variaram de 7 a 12 µmol HCHO formado/100 g dia^{-1} (do exterior para o interior do bloco). Após 10 dias de envelhecimento no gelo, as taxas de formação de HCHO variaram de 2,1 a 2,4 µmol/100 g dia^{-1} em todos os locais do bloco. Uma explicação para isso é que os cofatores anaeróbicos com maior taxa de aceleração (NAD(P) H e FMN) decaíram rapidamente no músculo do peixe envelhecido e não puderam ser reabastecidos [100]. O potencial de formação de HCHO após longos períodos de envelhecimento teve a contribuição do sistema de cofator reativo menor (ferro, ascorbato, cisteína), que também decaiu ao longo do tempo, levando a uma inibição final de 80 a 90% da formação de HCHO após 10 dias de envelhecimento. Este exemplo ilustra um meio simples para controlar a ação da enzima por meio de estratégias que visam à disposição de (co-)reatantes para reações enzimáticas. Uma abordagem alternativa para gerenciar essa reação específica e o problema textural associado foi baseada na sugestão feita por um pescador do Maine de mergulhar/congelar os filés na água do mar como uma etapa intermediária [71]. Isso permite que uma proporção dos constituintes de baixa massa molecular, incluindo substrato e cofatores, seja osmoticamente lixiviada do músculo, resultando em uma redução de $\approx$ 80% na taxa e na extensão da formação de HCHO e menor deterioração do tecido no congelamento subsequente.

REFERÊNCIAS

1. Acker, L. and H. Kaiser (1959). Uber den einfluß der feuchtigkeit auf den ablauf enzymatischer reaktionen in wasserarmen lebensmitteln. II. Mitteilung. *Lebensm. Unters. Forsch.* 110:349–356 (in German).
2. Ader, U., Andersch, P., Berger, M., Goergens, U., Haase, B., Hermann, J., Laumen, K. Seemayer, R., Waldinger, C., and M.P. Schneider (1997). Screening techniques for lipase catalyst selection, In *Methods in Enzymology*, Rubin, B. and E.A. Dennis (Eds.), Vol. 286, *Lipases, Part B. Enzyme Characterization and Utilization*, Academic Press, New York, pp. 351–387.
3. Aehle, W. (2004). *Enzymes in Industry. Production and Applications*, 2nd edn., Wiley-VCH, Weinheim, Germany.
4. Andréasson, E. and L.B. Jørgensen (2003). Localization of plant myrosinases and glucosinolates, In *Recent Advances in Phytochemistry—Volume 37. Integrative Phytochemistry: From Ethnobotany to Molecular Ecology*, J.T. Romero (Ed.), Elsevier Scientific Ltd., Oxford, U.K., pp. 79–99.
5. Andreou, A. and I. Feussner (2009). Lipoxygenases— Structure and reaction mechanism. *Phytochemistry* 70:1504–1510.
6. Anthon, G.E., Sekine, Y., Watanabe, N., and D.M. Barrett (2002). Thermal inactivation of pectin methyl esterase, polygalacturonase, and peroxidase in tomato juice. *J. Agric. Food Chem.* 50:6153–6159.
7. Axelrod, B., Cheesebrough, T.M., and S. Laakso (1981). Lipoxygenase from soybeans. In *Methods in Enzymology*, J.M. Lowenstein (Ed.), Vol. 71, *Lipids*, Academic Press, New York, pp. 441–451.
8. Bai, W., Zhou, C., Zhao, Y., Wang, Q., and Y. Ma (2015). Structural insight into and mutational analysis of family 11 xylanases: Implications for mechanisms of higher pH catalytic adaptation. *PLoS One* 10(7):e0132834.
9. Bartolome, L.G. and J.E. Hoff (1972). Firming of potatoes: Biochemical effects of preheating. *J. Agric. Food Chem.* 20:266–270.
10. Bär, J., Martínez-Costa, O.H., and J.J. Aragón (1990). Regulation of phosphofructokinase at physiological concentration of enzyme studied by stopped-flow measurements. *Biochem. Biophys. Res. Commun.* 167:1214–1220.

11. Bengtsson, B. and I. Bosund (1966). Lipid hydrolysis in unblanched frozen peas (*Pisum sativum*). *J. Food Sci.* 31:474–481.
12. Benen, J.A.E., Kester, H.C.M., Armand, S., Sanchez-Torres, P., Parenicova, L., Pages, S., and J. Visser (1999). Structure-function relationships in polygalacturonases: A site-directed mutagenesis approach, In *Recent Advances in Carbohydrate Engineering*, Gilbert, H.J., Davies, G.J., Henrissat, B., and B. Svensson (Eds.), The Royal Society of Chemistry, Cambridge, U.K., pp. 99–106.
13. Blée, E. (1998). Phytooxylipins and plant defense reactions. *Prog. Lipid Res.* 37:33–72.
14. Boyington, J.C., Gaffney, B.J., and L.M. Amzel (1993). The three-dimensional structure of an arachidonic acid 15-lipoxygenase. *Science* 260:1482–1486.
15. Brandt, W., Backenköhler, A., Schulze, E., Plock, A., Herberg, T., Roese, E., and U. Wittstock (2014). Molecular models and mutational analyses of plant specifier proteins suggest active site residues and reaction mechanism. *Plant Mol. Biol.* 8:173–188.
16. Brash, A.R. (1999). Lipoxygenases: Occurrence, functions, catalysis, and acquisition of substrate. *J. Biol. Chem.* 274:23679–23682.
17. Broadbent, J.R. and J.L. Steele (2007). Proteolytic enzymes of lactic acid bacteria and their influence on bitterness in bacterial-ripened cheeses, In *Flavor of Dairy Products*, Caldwaller, K.R., Drake, M.A., and R.J. McGorrin (Eds.), American Chemical Society (Symposium Series), Washington, DC, pp. 193–203.
18. Brodhun, F., Schneider, S., Obel, C.G., Hornung, E., and I. Feussneri (2010). PpoC from *Aspergillus nidulans* is a fusion protein with only one active haem. *Biochem. J.* 425:553–565.
19. Buccholz, K., Kasche, V., and U.T. Bornscheuer (2005). *Biocatalysis and Enzyme Technology*, Wiley-VCH, Weinhein, Germany.
20. Burmeister, W.P., Cottaz, S., Driguez, H., Iori, R., Palmieri, S., and B. Henrissat (1997). The crystal structures of *Sinapis alba* myrosinase and a covalent glycosyl-enzyme intermediate provides insights into the substrate recognition and active-site machinery of an *S*-glucosidase. *Structure* 5:663–675.
21. Burmeister, W.P., Cottaz, S., Rollin, P., Vasella, A., and B. Henrissat (2000). High resolution x-ray crystallography shows that ascorbate is a cofactor for myrosinase and substitutes for the function of the catalytic base. *J. Biol. Chem.* 275:39385–39393.
22. Cao, E., Chen, Y., Cui, Z., and P.R. Foster (2003). Effect of freezing and thawing rates on denaturation of proteins in aqueous solutions. *Biotechnol. Bioeng.* 832:684–690.
23. Carter, P. and J.A. Wells (1988). Dissecting the catalytic triad of a serine protease. *Nature* 332:564–568.
24. Carter, P. and J.A. Wells (1990). Functional interaction among catalytic residues in subtilisin BPN'. *Protein Struct. Funct. Genet.* 7:335–342.
25. Casey, R. and R.K. Hughes (2004). Recombinant lipoxygenase and oxylipin metabolism in relation to food quality. *Food Biotechnol.* 18:135–170.
26. Champion, D., Blond, G., Le Meste, M., and D. Stimatos (2000). Reaction rate modeling in cryoconcentrated solutions: Alkaline phosphatase catalyzed DNPP hydrolysis. *J. Agric. Food Chem.* 48:4942–4947.
27. Chen, Y-H., Aull, J.L., and L.N. Bell (1999). Invertase storage stability and sucrose hydrolysis in solids as affected by water activity and glass transition. *J. Agric. Food Chem.* 47:504–509.
28. Christophersen, C., Otzen, D.E., Norman, B.E., Christensen, S., and T. Schäfer (1998). Enzymatic characterisation of Novamyl®, a thermostable α-amylase. *Starch/Stärke* 50(1, Suppl):39–45.
29. Coffa, G. and A.R. Brash (2004). A single active site residue directs oxygenation stereospecificity in lipoxygenases: Stereocontrol is linked to the position of oxygenation. *Proc. Natl. Acad. Sci. U.S.A.* 101:15579–15584.
30. Copeland, R.A. (2000). *Enzymes. A Practical Introduction to Structure, Function, Mechanism, and Data Analysis*, 2nd edn., John Wiley, New York.
31. Cornish-Bowden, A. (1995). *Fundamentals of Enzyme Kinetics*, Portland Press, Ltd., London, U.K.
32. Cumbee, B., Hildebrand, D.F., and K. Addo (1997). Soybean flour lipoxygenase isozymes effects on wheat flour dough rheological and breadmaking properties. *J. Food Sci.* 62:281–283,294.
33. Dao-Pin, S., Liao, D-I., and S.J. Remington (1989). Electrostatic fields in the active sites of lysozyme. *Proc. Natl. Acad. Sci. U.S.A.* 86:5361–5365.
34. Dauter, Z., Dauter, M., Brzozowski, A.M., Christensen, S., Borchert, T.V., Beier, L., Wilson, K.S., and G.J. Davies (1999). X-ray structure of Novamyl, the five-domain "maltogenic" α-amylase from *Bacillus stearothermophilus*: Maltose and acarbose complexes at 1.7 Å resolution. *Biochemistry* 38:8385–8392.
35. Davies, G.J., Wilson, K.S., and B. Henrissat (1997). Nomenclature for sugar-binding subsites in glycosyl hydrolases. *Biochem. J.* 321:557–559.
36. De Jong, G.A.H. and S.J. Koppelman (2002). Transglutaminase catalyzed reactions: Impact on food applications. *J. Food Sci.* 67:2798–2806.
37. Drapon, R. (1986). Modalities of enzyme activities in low moisture media, In *Food Packaging and Preservation. Theory and Practice*, M. Mathlouthi (Ed.), Elsevier Applied Science Publishers, New York, pp. 181–198.
38. Dunford, M.B. (1999). *Heme Peroxidases*, John Wiley & Sons, New York, 507pp.
39. Dunn, B.M. (2002). Structure and mechanism of the pepsin-like family of aspartic peptidases. *Chem. Rev.* 102:4431–4458.
40. Eicken, C., Krebs, B., and J.C. Sacchettini (1999). Catechol oxidase—Structure and activity. *Curr. Opin. Struct. Biol.* 9:677–683.
41. Fennema, O. (1975). Activity of enzymes in partially frozen aqueous systems, In *Water Relations in Foods*, R. Duckworth (Ed.), Academic Press, New York, pp. 397-413.
42. Fennema, O. and J.C. Sung (1980). Lipoxygenase-catalyzed oxidation of linoleic acid at subfreezing temperature. *Cryobiology* 17:500–507.
43. Fersht, A. (1985). *Enzyme Structure and Mechanism*, 2nd edn., W.H. Freeman & Company, New York.
44. Fishbein, W.N. and J.W. Winkert (1977). Parameters of biological freezing damage in simple solutions: Catalase. I. The characteristic pattern of intracellular freezing dam-

age exhibited in a membraneless system. *Cryobiology* 14:389–398.
45. Fuessner, I. and C. Wasternack (2002). The lipoxygenase pathway. *Annu. Rev. Plant Biol.* 53:275–297.
46. Fukagawa, Y., Sakamoto, M., and T. Ishikura (1981). Micro-computer analysis of enzyme-catalyzed reactions by the Michaelis-Menten equation. *Agric. Biol. Chem.* 49:835–837.
47. Galliard, T. and H.W-S. Chan (1980). Lipoxygenases, In *The Biochemistry of Plants. A Comprehensive Treatise, Volume 4, Lipids: Structure and Function*, P.K. Stumpf (Ed.), Academic Press, New York, pp. 131–161.
48. Garcia-Viloca, M., Alhambra, C., Truhlar, D.C., and J. Gao (2002). Quantum dynamics of hydride transfer by bimetallic electrophilic catalysis: Synchronous motion of Mg^{2+} and H^- in xylose isomerase. *J. Am. Chem. Soc.* 124:7268–7269.
49. Garcia-Viloca, M., Gao, J., Karplus, M., and D.C. Truhlar (2004). How enzymes work: Analysis by modern rate theory and computer simulations. *Science* 303:186–195.
50. Godfrey, T. and S. West (Eds.) (1996). *Industrial Enzymology*, 2nd edn., Stockton Press, New York.
51. Gretchkin, A.N. and M. Hamberg (2004). The "heterolytic lyase" is an isomerase producing a short-lived fatty acid hemiacetal. *Biochim. Biophys. Acta* 1636:47–58.
52. Grosch, W. (1982). Lipid degradation products and flavour, In *Food Flavours: Part A. Introduction*, Morton, I.D. and A.J. MacLeod (Eds.), Elsevier Scientific Publishing, New York, pp. 325–398.
53. Gunstone, F.D. (Ed.) (1999). *Lipid Synthesis and Manufacture*, CRC Press LLC, Boca Raton, FL, 472pp.
54. Gutfreund, H. (1972). *Enzymes: Physical Principles*, John Wiley & Sons, Ltd., London, U.K., 242pp.
55. He. Q., Kubec, R., Jadhav, A.P., and R.A. Musah (2011). First insights into the mode of action of a "lachrymatory factor synthase"—Implications for the mechanism of lachrymator formation in *Petiveria alliacea*, *Allium cepa* and *Nectaroscordum* species. *Phytochemistry* 72:1939–1946.
56. Hebeda, R.E., Bowles, L.K., and W.M. Teague (1991). Use of intermediate temperature stability enzymes for retarding staling in baked goods. *Cereal Foods World* 36:619–624.
57. Henderson, P.J.F. (1979). Statistical analysis of enzyme kinetic data, in *Techniques in Protein and Enzyme Biochemistry, Part II*, Kornberg, H.L., Metcalfe, J.C., Northcote, D.H., Pogson, C.I., and K.F. Tipton (Eds.), Elsevier/North Holland Biomedical Press, Amsterdam, the Netherlands, pp. B113/1–B113/43.
58. Hildebrand, D.F., Hamilton-Kemp, T.R., Loughrin, J.H., Ali, K., and R.A. Andersen (1990). Lipoxygenase 3 reduces hexanal production from soybean seed homogenates. *J. Agric. Food Chem.* 38:1934–1936.
59. Hughes, R.K., Wu, Z., Robinson, D.S., Hardy, D., West, S.I., Fairhurst, S.A., and R. Casey (1998). Characterization of authentic recombinant pea-seed lipoxygenases with distinct properties and reaction mechanisms. *Biochem. J.* 333:33–43.
60. Hwang, I.H., Devine, C.E., and D.L. Hopkins (2003). The biochemical and physical effects of electrical stimulation on beef and sheep meat tenderness. *Meat Sci.* 65:677–691.

61. Inouye, K., Lee, S-B., Nambu, K., and B. Tonomura (1997). Effect of pH, temperature, and alcohols on the remarkable activation of thermolysin by salts. *J. Biochem.* 122:358–364.
62. Juers, D.H., Matthews, B.W., and R.E. Huber (2012). LacZ b-galactosidase: Structure and function of an enzyme of historical and molecular biological importance. *Protein Sci.* 21:1792–1807.
63. Kazlauskas, R.J. (1994). Elucidating structure-mechanism relationships in lipases: Prospects for predicting and engineering catalytic properties. *Trends Biotechnol.* 12:464–472.
64. Kissen, R., Rossiter, J.T., and A.M. Bones (2009). The 'mustard oil bomb': Not so easy to assemble?! Localization, expression and distribution of the components of the myrosinase enzyme system. *Phytochem. Rev.* 8:69–86.
65. Krest, I., Glodek, J., and M. Keusgen (2000). Cysteine sulfoxides and alliinase activity of some *Allium* species. *J. Agric. Food Chem.* 48:3753–3760.
66. Kubec, R., Hrbáčová, M., Musah, R.A., and J. Velíšek (2004). *Allium* discoloration: Precursors involved in onion pinking and garlic greening. *J. Agric. Food Chem.* 52:5089–5094.
67. Kuchering, J.C., Burow, M., and U. Wittstock (2012). Evolution of specifier proteins in glucosinolate-containing plants. *BMC Evol. Biol.* 12:127 (14pp).
68. Kuribayashi, T., Kaise, H., Uno, C., Hara, T., Hayakawa, T., and T. Joh (2002). Purification and characterization of lipoxygenase from *Pleurotus ostreatus*. *J. Agric. Food Chem.* 50:1247–1253.
69. Kuettner, E.B., Hilgenfeld, R., and M.S. Weiss (2002). The active principle of garlic at atomic resolution. *J. Biol. Chem.* 277:46402–46407.
70. Lancaster, J.E., Shaw, M.L., and W.M. Randle (1998). Differential hydrolysis of alk(en)yl cysteine sulphoxides by alliinase in onion macerates: Flavour implications. *J. Sci. Food Agric.* 78:367–372.
71. Landolt, L.A. and H.O. Hultin (1982). Inhibition of dimethylamine formation in frozen red hake muscle after removal of trimethylamine oxide and soluble proteins. *J. Food Biochem.* 6:111–125.
72. Laratta, B., Fasanaro, G., De Sio, F., Castaldo, D., Palmieri, A., Giovane, A., and L. Servillo (1995). Thermal inactivation of pectin methyl esterase in tomato puree: Implications on cloud stability. *Proc. Biochem.* 30:251–259.
73. Lawson, L.D and Z.J. Wang (2001). Low allicin release from garlic supplements: A major problem due to the sensitivities of alliinase activity. *J. Agric. Food Chem.* 49:2592–2599.
74. Lee, C-H. and K.L. Parkin (2001). Effect of water activity and immobilization on fatty acid selectivity for esterification reactions mediated by lipases. *Biotechnol. Bioeng.* 75:219–227.
75. Liu, L.Y., Lei, X-Y., Chen, L-F., Bian, Y-B., Yang, H., Ibrahim, S.A., and W. Huang (2015). A novel cysteine desulfurase influencing organosulfur compounds in *Lentinula edodes*. *Sci. Rep.* 5:10047; doi: 10.1038/srep10047.
76. Löffler, A. (1986). Proteolytic enzymes: Sources and applications. *Food Technol.* 40(1):63–70.

77. Lowe, G. and Y. Yuthavong (1971). pH-Dependence and structure-activity relationships in the papain-catalysed hydrolysis of anilides. *Biochem. J.* 124:117–122.
78. Masamura, N., Ohashi, W., Tsuge, N., Imai, S., Ishii-Nakamura, A., Hirota, H., Nagata, T., and H. Kumagai (2012). Identification of amino acid residues essential for onion lachrymatory factor synthase activity. *Biosci. Biotechnol. Biochem.* 76:447–453.
79. Matsui, K., Fukutomi, S., Wilkinson, J., Hiatt, B., Knauf, V., and T. Kajawara (2001). Effect of overexpression of fatty acid 9-hydroperoxide lyase in tomatoes (*Lycopersicon esculentum* Mill.). *J. Agric. Food Chem.* 49:5418–5424.
80. Matusheski, N.V., Juvik, J.A., and E.H. Jeffery (2004). Heating decreases epithiospecifier protein activity and increases sulforaphane formation in broccoli. *Phytochemistry* 65:1273–1281.
81. Meagher, M.M., Nikolov, Z.L., and P.J. Reilly (1989). Subsite mapping of *Aspergillus niger* glucoamylases I and II with malto- and isomaltooligosaccharides. *Biotechnol. Bioeng.* 34:681–688.
82. Mikami, B., Iwamoto, H., malle, D., Yoon, H-J., Demirkan-Sarikaya, E., Mezaki, Y., and Y. Katsuya (2006). Crystal sructure of pullulanase: Evidence for parallel binding of oligosaccharides in the active site. *J. Mol. Biol.* 359:690–707.
83. Mithen, R.F., Dekker, M., Ververk, R., Rabot, S., and I.T. Johnson (2000). The nutritional significance, biosynthesis and bioavailability of glucosinolates in human foods. *J. Sci. Food Agric.* 80:967–984.
84. Monsan, P. and D. Combes (1984). Effect of water activity on enzyme action and stability. *Ann. NY Acad. Sci.* 434:48–60.
85. Nagodawithana, T. and G. Reed (Eds.) (1993). *Enzymes in Food Processing*, 3rd edn., Academic Press, New York, 480pp.
86. Nakanishi, K., Takeuchi, A., and R. Matsuno (1990). Long-term continuous synthesis of aspartame precursor in a column reactor with an immobilized thermolysin. *Appl. Microbiol. Biotechnol.* 32:633–636.
87. Nerinckx, W., Desmet, T., and M. Claeyssens (2003). A hydrophobic platform as a mechanistically relevant transition state stabilizing factor appears to be present in the active center of *all* glycoside hydrolases. *FEBS Lett.* 538:1–7.
88. Newcomer, M.E. and A.R. Brash (2015). The structural basis for specificity in lipoxygenase catalysis. *Protein Sci.* 24:298–309.
89. Nitta, Y., Mizushima, M., Hiromi, K., and S. Ono (1971). Influence of molecular structures of substrates and analogues on Taka-amylase A catalyzed hydrolyses. *J. Biochem.* 69:567–576.
90. Wlodawer, A., Gustchina, A., and M.N.G. James (2013). Catalytic pathways of aspartic peptidases, In *Handbook of Proteolytic Enzymes*, 3rd edn., Rawlings, N.D. and G. Salveson (Eds.), Vol. 1, Academic Press, New York, pp. 19–26.
91. O'Connor, C.J. and J.R. Longbottom (1986). Studies in bile salt solutions. XIX. Determination of Arrhenius and transition-state parameters for the esterase activity of bile-salt-stimulated human milk lipase: Hydrolysis of 4-nitrophenyl alkanoates. *J. Colloid Interface Sci.* 112:504–512.
92. Osuga, D.T. and J.R. Whitaker (1995). Mechanisms of some reducing compounds that inactivate polyphenol oxidases, in *Enzymatic Browning and Its Prevention*, Lee, C.Y. and J.R. Whitaker (Eds.), symposium series 600, American Chemical Society, Washington, DC, pp. 210–222.
93. Ovádi, J., Aragón, J.J., and A. Sols (1986). Phosphofructokinase and fructose bisphosphatase from muscle can interact at physiological concentration with mutual effects on their kinetic behavior. *Biochem. Biophys. Res. Commun.* 135:852–856.
94. Palmer, T. (1995). *Understanding Enzymes*, 4th edn., Prentice Hall/Ellis Horwood, New York.
95. Pandey, A., Nigam, P., Soccol, C.R., Soccol, V.T., Singh, D., and R. Mohan (2000). Advances in microbial amylases. *Biotechnol. Appl. Biochem.* 31:135–152.
96. Parida, S. and J.S. Dordick (1993). Tailoring lipase specificity by solvent and substrate chemistries. *J. Org. Chem.* 58:3238–3244.
97. Parkin, K.L. and H.O. Hultin (1986). Characterization of trimethylamine-N-oxide (TMAO) demethylase activity from fish muscle microsomes. *J. Biochem.* 100:77–86.
98. Penet, C.S. (1991). New applications of industrial food enzymology: Economics and processes. *Food Technol.* 45(1):98–100.
99. Persson, M., Svensson, I., and P. Adlercreutz (2000). Enzymatic fatty acid exchange in digalactosyldiacylglycerol. *Chem. Phys. Lipids* 104:13–21.
100. Phillippy, B.Q. and H.O. Hultin (1993). Some factors involved in trimethylamine N-oxide (TMAO) demethylation in post mortem red hake muscle. *J. Food Biochem.* 17:251–266.
101. Pickersgill, R.W. and J.A. Jenkins (1999). Crystal structure of polygalacturonase and pectin methylesterase, in *Recent Advances in Carbohydrate Engineering*, Gilbert, H.J., Davies, G.J., Henrissat, B., and B. Svensson (Eds.), The Royal Society of Chemistry, Cambridge, U.K., pp. 144–149.
102. Pinsirodom, P. and K.L. Parkin (2000). Selectivity of Celite-immobilized patatin (lipid acyl hydrolase) from potato (*Solanum tuberosum* L.) tubers in esterification reactions as influenced by water activity and glycerol analogues as alcohol acceptors. *J. Agric. Food Chem.* 48:155–160.
103. Pleiss, J., Fischer, M., and R.D. Schmid (1998). Anatomy of lipase binding sites: The scissile fatty acid binding site. *Chem. Phys. Lipids* 93:67–80.
104. Poutanen, K. (1997). Enzymes: An important tool in the improvement of the quality of cereal foods. *Trends Food Sci. Technol.* 8:300–306.
105. Prigge, S.T., Boyington, J.C., Faig, M., Doctor, K.S., Gaffney, B.J., and L.M. Anzel (1997). Structure and mechanism of lipoxygenases. *Biochimie* 79:629–636.
106. Raksalkulthai, R. and N.F. Haard (2003). Exopeptidases and their application to reduce bitterness in food: A review. *Crit. Rev. Food Sci. Nutr.* 43:401–445.
107. Rangarajan, M. and B.S. Hartley (1992). Mechanism of D-fructose isomerization by *Arthrobacter* D-xylose isomerase. *Biochem. J.* 283:223–233.
108. Rangheard, M-S., Langrand, G., Triantaphylides, C., and J. Baratti (1989). Multi-competitive enzymatic reactions

in organic media: A simple test for the determination of lipase fatty acids specificity. *Biochem. Biophys. Acta* 1004:20–28.
109. Reece, P. (1983). The role of oxygen in the production of formaldehyde in frozen minced cod muscle. *J. Sci. Food Agric.* 34:1108–1112.
110. Resemann, J., Maier, B., and R. Carle (2004). Investigations on the conversion of onion aroma precursors S-alk(en)yl-L-cysteine sulphoxides in onion juice production. *J. Sci. Food Agric.* 84:1945–1950.
111. Rogalska, E., Cudrey, C., Ferrato, F., and R. Verger (1993). Stereoselective hydrolysis of triglycerides by animal and microbial lipases. *Chirality* 5:24–30.
112. Saier, M.H. (1987). *Enzyme in Metabolic Pathways. A Comparative Study of Mechanism, Structure, Evolution and Control*, Harper & Row, New York.
113. Sakurai, Y., Ma, S-F., Watanabe, H., Yamaotsu, N., Hirono, S., Kurono, Y., Kragh-Hansen, U., and M. Otagiri (2004). Esterase-like activity of serum albumin: Characterization of its structural chemistry using p-nitrophenyl esters as substrates. *Pharm. Res.* 21:285–292.
114. Sanz, C., Olias, J.M., and A.G. Perez (1997). Aroma biochemistry of fruits and vegetables, In *Phytochemistry of Fruit and Vegetables*, Tomás-Barberán, F.A and R.J. Robins (Eds.), Oxford University Press, Oxford, U.K., pp. 125–155.
115. Sarda, L. and P. Desnuelle (1958). Action de la lipase pancréatique sur les esters en émulsion. *Biochim. Biophys. Acta* 30:513–520.
116. Scavetta, R.D., Herron, S.R., Hotchkiss, A.T., Kita, N., Keen, N.T., Benen, J.A., Kester, H.C., Visser, J., and F. Jurnak (1999). Structure of a plant cell wall fragment complexed to pectate lyase C. *Plant Cell* 11:1081–1092.
117. Schebor, C., Burin, L., Burea, M.P., Aguilera, J.M., and J. Chirife (1997). Glassy state and thermal inactivation of invertase and lactase in dried amorphous matrices. *Biotechnol. Prog.* 13:857–863.
118. Schechter, I. and A. Berger (1967). On the size of the active site of proteases. I. Papain. *Biochem. Biophys. Res. Commun.* 27:157–162.
119. Schechter, I. and A. Berger (1968). On the active site of proteases. III. Mapping the active site of papain; specific peptide inhibitors of papain. *Biochem. Biophys. Res. Commun.* 32:898–912.
120. Schmid, U., Bornscheuer, U.T., Soumanou, M.M., McNeill, G.P., and R.D. Schmid (1999). Highly selective synthesis of 1,3-oleoyl,2-palmitoylglycerol by lipase catalysis. *Biotechnol. Bioeng.* 64:678–684.
121. Schwimmer, S. (1980). Influence of water activity on enzyme reactivity and stability. *Food Technol.* 34(5):64–83.
122. Segel, I.H. (1975). *Enzyme Kinetics. Behavior and Analysis of Rapid Equilibrium and Steady-State Enzyme Systems*, John Wiley & Sons, Inc., New York.
123. Shen, C. and K.L. Parkin (2000). In vitro biogeneration of pure thiosulfinates and propanethial-S-oxide. *J. Agric. Food Chem.* 48:6254–6260.
124. Shirai, T., Igarashi, K., Ozawa, T., Hagihara, H., Kobayashi, T., Ozaki, K., and S. Ito (2007). Ancestral sequence evolutionary trace and crystal structure analyses of alkaline α-amylase from *Bacillus* sp. KSM-1378 to clarify the alkaline adaptation process of Proteins. *Proteins: Struct. Funct. Bioinf.* 66:600–610.
125. Silvius, J.R., Read, B.D., and R.N. McElhaney (1978). Membrane enzymes: Artifacts in Arrhenius plots due to temperature dependence of substrate-binding affinity. *Science* 199:902–904.
126. Sinnott, M. (Ed.) (1998). *Comprehensive Biological Catalysis: A Mechanistic Reference*, Vol. I, Academic Press, San Diego, CA.
127. Sinnott, M. (Ed.) (1998). *Comprehensive Biological Catalysis: A Mechanistic Reference*, Vol. III, Academic Press, San Diego, CA.
128. Smolensky, D.C., Raymond, W.R., Hasegawa, S., and V.P. Maier (1975). Enzymatic improvement of date quality. Use of invertase to improve texture and appearance of "sugar wall" dates. *J. Sci. Food Agric.* 26:1523–1528.
129. Solomon, E.I., Sundaram, U.M., and T.E. Machonkin (1996). Multicopper oxidases and oxygenases. *Chem. Rev.* 96:2563–2605.
130. Srere, P.A. (1984). Why are enzymes so big? *Trends Biochem. Sci.* 9:387–390.
131. Srivastava, D.K. and S.A. Bernhard (1986). Metabolite transfer via enzyme-enzyme complexes. *Science* 234:1081–1086.
132. Strambini, G.B. and E. Gabellieri (1996). Protein in frozen solutions: Evidence of ice-induced partial unfolding. *Biophys. J.* 70:971–976.
133. Strommer, J. (2011). The plant ADH gene family. *Plant J.* 66:128–142.
134. Sugihara, A., Shimada, Y., Nakamura, M., Nagao, T., and Y. Tominaga (1994). Positional and fatty acids specificities of *Geotrichum candidum*. *Protein Eng.* 7:585–588.
135. Szejtli, J. (1988). *Cyclodextrin Technology*, Kluwer Academic Publishers, Dordrecht, the Netherlands, 450pp.
136. Takahata, Y., Noda, T., and T. Nagata (1994). Effect of β-amylase stability and starch gelatinization during heating on varietal differences in maltose content in sweet potatoes. *J. Agric. Food Chem.* 42:2564–2569.
137. Terefe, N.S., Buckow, R., and C. Versteeg (2014). Quality-related enzymes in fruit and vegetable products: Effects of novel food processing technologies, part 1: High-pressure processing. *Crit. Rev. Food Sci. Nutr.* 54:24–63.
138. Tome, D., Nicolas, J., and R. Drapon (1978). Influence of water activity on the reaction catalyzed by polyphenoloxidase (E.C.1.14.18.1) from mushrooms in organic liquid media. *Lebensm-Wiss. u.-Technol.* 11:38–41.
139. Tucker, G.A. and L.F.J. Woods (Eds.) (1995). *Enzymes in Food Processing*, 2nd edn., Blackie, New York.
140. Tyoshimura, T., Jhee, K-H., and K. Soda (1996). Stereospecificity for the hydrogen transfer and molecular evolution of pyridoxal enzymes. *Biosci. Biotech. Biochem.* 60:181–187.
141. Ueda, S. and R. Ohba (1972). Purification, crystallization and some properties of extracelullar pullulanase from *Aerobacter aerogenes*. *Agric. Biol. Chem.* 36:2382–2392.

142. Vámos-Vigyázó, L. (1981). Polyphenol oxidase and peroxidase in fruits and vegetables. *Crit. Rev. Food Sci. Nutr.* 21:49–127.
143. Van der Maarel, M.J.E.C., ven der Veen, B., Uitdehaag, J.C.M., Leemhius, H., and L. Dijkhuizem (2002). Properties and applications of starch-converting enzymes of the α-amylase family. *J. Biotechnol.* 94:137–165.
144. Van Dijk, C., Fischer, M., Beekhuizen, J-G., Boeriu, C., and T. Stolle-Smits (2002). Texture of cooked potatoes (*Solanum tuberosum*) 3. Preheating and the consequences for the texture and cell wall chemistry. *J. Agric. Food Chem.* 50:5098–5106.
145. van Santen, Y., Benen, J.A.E., Schröter, K-H., Kalk, K.H., Armand, S., Visser, J., and B.W. Dijkstra (1999). 1.68-Å crystal structure of endopolygalacturonase II from *Aspergillus niger* and identification of active site residues by site-directed mutagenesis. *J. Biol. Chem.* 274:30474–30480.
146. Vangrysperre, W., Van Damme, J., Vandekerckhove, J., De Bruyne, C.K., Cornelis, R., and H. Kersters-Hilderson (1990). Localization of the essential histidine and carboxylate group in D-xylose isomerases. *Biochem. J.* 265:699–705.
147. Visser, S. (1981). Proteolytic enzymes and their action on milk proteins. A review. *Neth. Milk Dairy J.* 35:65–88.
148. Vliegenthart, J.F.G. and G.A. Veldink (1982). Lipoxygenases, In *Free Radicals in Biology*, W.A. Pryor (Ed.), Vol. V., Academic Press, New York, pp. 29–64.
149. Wäfler, U., Shaw, M.L., and J.E. Lancaster (1994). Effect of freezing upon alliinase activity in onion extracts and pure enzyme preparations. *J. Sci. Food Agric.* 64:315–318.
150. Walker, J.R.L. and P.H. Ferrar (1998). Diphenol oxidases, enzyme-catalysed browning and plant disease resistance. *Biotechnol. Genet. Eng. Rev.* 15:457–497.
151. Walsh, C. (1979). *Enzymatic Reaction Mechanisms*, W.H. Freeman & Company, San Francisco, CA.
152. Wehtje, E. and P. Adlercreutz (1997). Lipases have similar water activity profiles in different reactions. *Biotechnol. Lett.* 11:537–540.
153. Whitaker, J.R. (1994). *Principles of Enzymology for the Food Sciences*, 2nd edn., Marcel Dekker, New York.
154. Whitaker, J.R., Voragen, A.G.J., and D.W.S. Wong (Eds.) (2003). *Handbook of Food Enzymology*, Marcel Dekker, New York.
155. Whitehurst, R.J. and B.A. Law (Eds.) (2002). *Enzymes in Food Technology*, 2nd edn., CRC Press, Boca Raton, FL.
156. Wrolstad, R.E., Wightman, J.D., and R.W. Durst (1994). Glycosidase activity of enzyme preparations used in fruit juice processing. *Food Technol.* 48(11):90–98.
157. Wu, Z., Robinson, D.S., Hughes, R.K., Casey, R., Hardy, D., and S.I. West (1999). Co-oxidation of β-carotene catalyzed by soybean and recombinant pea lipoxygenases. *J. Agric. Food Chem.* 47:4899–4906.
158. Yamaguchi, S. and T. Mase (1991). Purification and characterization of mono- and diacylglycerol lipase isolated from *Penicillium camemberti. Appl. Microbiol. Biotechnol.* 34:720–725.
159. Yamamoto T. (Ed.) (1995). *Enzyme Chemistry and Molecular Biology of Amylases and Related Enymes*, The Amylase Research Society of Japan, CRC Press, Boca Raton, FL.
160. Yancey, P.H., Clark, M.E., Hand, S.C., Bowlus, R.D., and G.N. Somero (1982). Living with water stress: Evolution of osmolyte systems. *Science* 217:1214–1222.
161. Yoruk, R. and M.R. Marshall (2003). Physicochemical properties and function of plant polyphenol oxidase: A review. *J. Food Biochem.* 27:361–422.
162. Zhang, D., Li, N., Lok, S-M., Zhang, L-H., and K. Swaminathan (2003). Isomaltulose synthase (*Pa*II) of *Klebsiella* sp. LX3. *J. Biol. Chem.* 278:35428–35434.

LEITURAS SUGERIDAS

Aehle, W. (2004). *Enzymes in Industry. Production and Applications*, 2nd edn., Wiley-VCH, Weinheim, Germany, 484pp.

Copeland, R.A. (2000). *Enzymes: A Practical Introduction to Structure, Function, Mechanism, and Data Analysis*, 2nd edn., John Wiley, New York, 397pp.

Fersht, A. (1985). *Enzyme Structure and Mechanism*, 2nd edn., W.H. Freeman & Company, New York, 475pp.

Godfrey, T. and S. West (Eds.) (1996). *Industrial Enzymology*, 2nd edn., Stockton Press, New York, 609pp.

Palmer, T. (1995). *Understanding Enzymes*, 4th edn., Prentice Hall/Ellis Horwood, New York, 398pp.

Segel, I.H. (1975). *Enzyme Kinetics. Behavior and Analysis of Rapid Equilibrium and Steady-State Enzyme Systems*, John Wiley & Sons, Inc., New York, 957pp.

Sinnott, M. (Ed.) (1998). *Comprehensive Biological Catalysis. A Mechanistic Reference*, Vols. I–IV, Academic Press, San Diego, CA.

Stauffer, C.E. (1989). *Enzyme Assays for Food Scientists*, Van Norstrand Reinhold, New York, 317pp.

Tucker, G.A. and L.F.J. Woods (Eds.) (1995). *Enzymes in Food Processing*, 2nd edn., Blackie, New York, 319pp.

Whitehurst, R.J. and B.A. Law (Eds.) (2002). *Enzymes in Food Technology*, 2nd edn., CRC Press, Boca Raton, FL, 255pp.

Whitaker, J.R. (1994). *Principles of Enzymology for the Food Sciences*, 2nd edn., Marcel Dekker, New York, 625pp.

Whitaker, J.R., A.G.J. Voragen, and D.W.S. Wong (Eds.) (2003). *Handbook of Food Enzymology*, Marcel Dekker, New York, 1108pp.

Sistemas dispersos: considerações básicas

Ton van Vliet e Pieter Walstra*

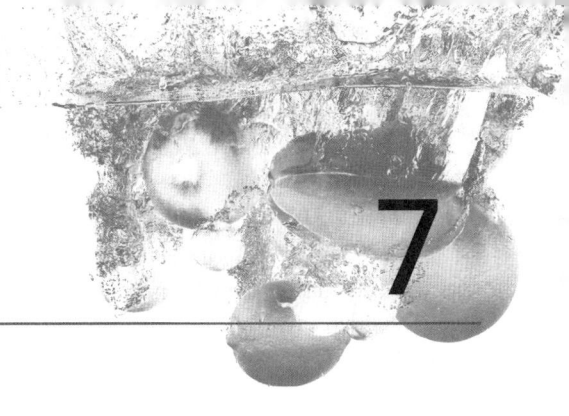

CONTEÚDO

7.1 Introdução 466
   7.1.1 Alimentos como sistemas dispersos ... 466
   7.1.2 Caracterização das dispersões 467
   7.1.3 Efeitos nas velocidades de reação 469
   7.1.4 Resumo 470
7.2 Fenômenos de superfície 470
   7.2.1 Tensão interfacial e adsorção 470
   7.2.2 Surfactantes 472
      7.2.2.1 Anfifílicos 472
      7.2.2.2 Polímeros 474
   7.2.3 Ângulos de contato 476
   7.2.4 Interfaces curvas 477
   7.2.5 Reologia interfacial 478
   7.2.6 Gradientes de tensão superficial 480
   7.2.7 Funções dos surfactantes 481
   7.2.8 Resumo 481
7.3 Interações coloidais 482
   7.3.1 Atração de Van der Waals 482
   7.3.2 Duplas camadas elétricas 483
   7.3.3 Teoria de Deryagin-Landau, Verwey-Overbeek 484
   7.3.4 Repulsão estérica 484
   7.3.5 Interação depletiva 486
   7.3.6 Outros aspectos 487
   7.3.7 Resumo 487
7.4 Dispersões líquidas 487
   7.4.1 Descrição 487
   7.4.2 Sedimentação 488
   7.4.3 Agregação 489
   7.4.4 Resumo 491
7.5 Sólidos moles 491
   7.5.1 Separação de fases de misturas de biopolímeros 492
      7.5.1.1 Incompatibilidade termodinâmica .. 492
      7.5.1.2 Coacervação complexa 494
   7.5.2 Géis: caracterização [80] 494

      7.5.2.1 Estrutura 494
      7.5.2.2 Parâmetros reológicos e de fratura . 495
      7.5.2.3 Módulo 497
      7.5.2.4 Géis poliméricos 497
      7.5.2.5 Géis de partículas 498
   7.5.3 Propriedades funcionais 499
   7.5.4 Alguns géis alimentícios 502
      7.5.4.1 Polissacarídeos 502
      7.5.4.2 Gelatina 503
      7.5.4.3 Géis de caseinato 505
      7.5.4.4 Géis de proteínas globulares 505
      7.5.4.5 Géis mistos 506
   7.5.5 Sensação bucal ocasionada pelos alimentos 508
   7.5.6 Resumo 509
7.6 Emulsões 511
   7.6.1 Descrição 511
   7.6.2 Formação de emulsão 512
      7.6.2.1 Rompimento das gotículas 512
      7.6.2.2 Recoalescência 513
      7.6.2.3 Escolha do emulsificante 514
   7.6.3 Tipos de instabilidade 516
   7.6.4 Coalescência 518
      7.6.4.1 Ruptura do filme 518
      7.6.4.2 Fatores que afetam a coalescência . 518
   7.6.5 Coalescência parcial 521
      7.6.5.1 Sorvete 523
   7.6.6 Resumo 524
7.7 Espumas 524
   7.7.1 Formação e descrição 525
      7.7.1.1 Por supersaturação 525
      7.7.1.2 Por forças mecânicas 526
      7.7.1.3 Evolução da estrutura da espuma ... 527
   7.7.2 Estabilidade 528
      7.7.2.1 Maturação de Ostwald 528
      7.7.2.2 Escoamento 529
      7.7.2.3 Coalescência 530
   7.7.3 Resumo 531
Referências 533
Leituras sugeridas 536

---

*Falecido em 29 de maio de 2012.

7.1 INTRODUÇÃO

Os assuntos discutidos neste capítulo são diferentes dos abordados na maior parte deste livro, dado o modesto envolvimento da verdadeira química, que diz respeito a reações nas quais ocorre transferência de elétrons. No entanto, muitos aspectos dos sistemas dispersos são importantes para o entendimento das propriedades da maioria dos alimentos e do processamento de "alimentos fabricados".

Embora essa abordagem envolva teorias básicas, procurou-se discuti-la ao mínimo. A maioria dos tópicos abordados neste capítulo são analisados mais detalhadamente no livro *Physical Chemistry of Foods*, de P. Walstra (ver em Leituras sugeridas).

7.1.1 Alimentos como sistemas dispersos

A maioria dos alimentos são sistemas dispersos. Alguns são soluções homogêneas, como o óleo de cozinha e algumas bebidas, mas até mesmo a cerveja, na forma como é consumida, tem uma camada de espuma. As propriedades de um sistema disperso não podem ser completamente derivadas de sua composição química, pois também dependem da sua estrutura física. Tal estrutura pode ser muito complexa, como é o caso de alimentos derivados de tecidos animais e vegetais, abordados nos Capítulos 15 e 16. Os alimentos industrializados, bem como alguns alimentos naturais, podem apresentar estruturas um pouco mais simples: a espuma da cerveja é uma solução que contém bolhas de gás; o leite é uma solução que contém gotículas de gordura e agregados proteicos (micelas de caseína); as gorduras plásticas consistem em cristais de triacilgliceróis agregados contendo óleo; os molhos para saladas podem ser apenas emulsões; e diversos géis consistem em uma rede de moléculas de polissacarídeos que imobilizam soluções. No entanto, outros alimentos industrializados têm estruturas complexas que contém diversos elementos estruturais diferentes, variando em tamanho e estado de agregação: géis preenchidos, espumas gelificadas, materiais obtidos por extrusão ou centrifugação, pós, margarina, massa, pão, entre outros.

A existência de um estado disperso gera algumas consequências importantes:

1. Na medida em que diferentes componentes estão em compartimentos distintos, não existe equilíbrio termodinâmico. Com certeza, mesmo um alimento homogêneo pode não estar em equilíbrio, porém para sistemas dispersos, esse é um aspecto muito mais importante. Pode ter consequências significativas para as reações químicas, conforme discutido brevemente na Seção 7.1.3.

2. Os componentes de sabor podem estar em compartimentos separados, e isso fará com que sejam liberados lentamente durante a mastigação do alimento. Além disso, a compartimentalização dos componentes de sabor pode levar a flutuações na liberação do sabor durante a mastigação, levando, assim, à sua intensificação, uma vez que esse processo contrabalança de alguma forma a adaptação dos sentidos aos componentes de sabor. A maioria dos alimentos **compartimentalizados** apresenta sabor bastante diferente em relação ao mesmo alimento que tenha sido homogeneizado antes da ingestão.

3. Se houver forças de atração agindo entre os elementos estruturais (como costuma acontecer), o sistema terá uma consistência determinada definida como sua resistência contra a deformação permanente. Essa é uma propriedade funcional importante por estar relacionada a atributos como sustentação, espalhabilidade e facilidade de corte. Além disso, a consistência afeta a sensação bucal, assim como qualquer inomogeneidade do alimento. Os cientistas de alimentos geralmente incluem essas propriedades dentro do termo "textura".

4. Se o produto tem consistência significativa, qualquer solvente (na maioria dos alimentos, a água) presente será imobilizado contra o fluxo. Portanto, a transferência de massa (e, geralmente, a de calor também) acontecerá por difusão, e não por convecção. Isso pode gerar efeitos consideráveis sobre as velocidades de reação.

5. A aparência do sistema pode ser muito afetada. Isso se deve à dispersão da luz através dos

elementos estruturais, desde que sejam > 50 nm. Inomogeneidades amplas são visíveis e originam aquilo que, no dicionário, está definido como "textura".

6. Como o sistema é fisicamente heterogêneo ao nível microscópico, pode ser fisicamente instável. Podem ocorrer diversos tipos de alterações durante o armazenamento, as quais podem ser percebidas como o desenvolvimento de inomogeneidade macroscópica (p. ex., separação em camadas). Além disso, durante o processamento ou a utilização, podem ocorrer alterações no estado disperso que podem ser desejáveis, como no *chantilly*, ou indesejáveis, como na nata excessivamente batida, em que há formação de grânulos de manteiga.

Alguns desses aspectos serão discutidos neste capítulo. Serão deixadas de lado as propriedades mecânicas em grande escala, assim como os aspectos de hidrodinâmica e engenharia de processos. É evidente que a maioria dos alimentos mostram comportamentos bastante específicos, porém a abordagem de cada um deles levaria muito tempo e proporcionaria pouco entendimento sobre o assunto. Portanto, serão enfatizados alguns aspectos gerais de modelos de dispersão bastante simples.

7.1.2 Caracterização das dispersões

Dispersões são sistemas discretos de partículas em um líquido contínuo. Quando as partículas são gasosas, tem-se uma espuma; quando são líquidas, tem-se uma emulsão; e com partículas sólidas, tem-se uma suspensão (p. ex., suco de laranja contendo fragmentos de polpa). As emulsões podem ser de dois tipos: óleo em água (o/a) e água em óleo (a/o). A maioria das emulsões alimentícias é do tipo o/a (leite, molhos para salada e a maioria das sopas), podendo ser diluídas em água. As dispersões podem conter diferentes partículas: o leite também contém pequenos agregados proteicos, e as sopas costumam conter pedaços de tecidos vegetais. A manteiga e a margarina contêm gotículas aquosas, mas não são emulsões a/o verdadeiras, pois o óleo contém cristais de gordura, formando uma rede preenchedora de espaços.

Este último exemplo é de dispersão sólida, isto é, um sistema no qual a massa contínua adquiriu propriedades semelhantes às de um sólido após a formação da dispersão. Em um omelete espumoso, a solução proteica contínua gelificou. O chocolate líquido é uma dispersão de partículas sólidas (cristais de açúcar e fragmentos de cacau) em óleo e, sob resfriamento, o óleo torna-se uma matriz de gordura em grande parte cristalina.

Se um sistema binário for semelhante a um sólido, ele poderá ter, a princípio, duas "fases" contínuas. O exemplo clássico é uma esponja molhada, na qual tanto a matriz como a água são contínuas. Diversos alimentos são sistemas bicontínuos; por exemplo, no pão, tanto o gás como a matriz sólida são contínuos. Caso contrário, o pão perderia a maior parte de seu volume após o cozimento, já que as células de gás quente encolheriam consideravelmente ao esfriar, pois consistem, em grande parte, de vapor de água.

Um sistema coloidal, frequentemente abreviado como coloide, é normalmente definido como uma dispersão contendo partículas que são claramente maiores que pequenas moléculas (p. ex., moléculas de solvente), mas pequenas demais para serem visíveis. Isso implicaria um intervalo de tamanho de ≈ 10 nm a 0,1 mm. Dois tipos de sistemas coloidais são geralmente distinguidos: liofílicos ("gostam de solvente") e liofóbicos ("odeiam solvente"). Este último consiste em duas (ou mais) fases, como ar, óleo, água ou vários materiais cristalinos. Os sistemas coloidais liofóbicos não são formados de modo espontâneo: há gasto de energia para que uma fase se disperse na outra (contínua), e o sistema formado não está em equilíbrio e, portanto, é fisicamente instável.

Um sistema coloidal liofílico se forma com a "dissolução" de um material em um solvente adequado, e o sistema, então, está em equilíbrio. Os principais exemplos são as macromoléculas (polissacarídeos, proteínas, etc.) e associações coloidais. Estas últimas são formadas a partir de moléculas anfifílicas, como os sabões. Elas contêm uma "cauda" hidrofóbica relativamente longa e uma "cabeça" polar (i.e., hidrofílica). Em um ambiente aquoso as moléculas tendem a se associar, de modo que as caudas se aproximam umas das outras, ao passo que as cabeças ficam em contato com a água. Dessa maneira, formam-se micelas ou estruturas cristalinas líquidas. As micelas serão discutidas brevemente na Seção 7.2.2. As fases cristalinas líquidas [39] são pouco proeminentes nos alimentos.

Além disso, é possível observar que um sistema instável pode parecer estável (i.e., não mostra alteração significativa em suas propriedades durante o tempo de observação). Isso significa que a taxa de alteração é muito pequena, em geral devido (1) à alta energia (livre) de ativação para que ocorra uma reação química ou uma mudança física; ou (2) ao movimento muito lento de moléculas ou partículas em decorrência da viscosidade extremamente alta do sistema (como no caso dos alimentos desidratados).

A **escala de tamanhos** dos elementos estruturais nos alimentos pode variar muito, abrangendo uma faixa de valores de seis ordens de grandeza (Figura 7.1). Uma molécula de água tem um diâmetro de ≈ 0,3 nm, ao passo que uma típica célula tecidual de plantas ou animais terá diâmetro de ≈ 0,3 mm. A forma das partículas também é importante, assim como sua fração de volume ϕ (i.e., a proporção do volume do sistema que é tomado pelas partículas). Todas essas variáveis afetam as propriedades do produto. Alguns efeitos do tamanho ou escala são os seguintes:

1. **Aparência visual**: por exemplo, uma emulsão o/a será praticamente transparente se as gotículas tiverem diâmetros de 0,03 µm; brancoazulada para 0,3 µm; branca para 3 µm; e a cor do óleo (normalmente amarela) será discernível com gotículas de 30 µm.
2. **Área superficial**: para um conjunto de esferas, cada uma com um diâmetro d (em m), a área de superfície específica é dada por

$$A = 6\frac{\phi}{d} \quad (7.1)$$

em $m^2\ m^{-3}$, onde ϕ é a fração volumétrica de partículas dispersas. Dessa forma, a área pode ser grande. Para uma emulsão de $\phi = 0,1$ e $d = 0,3$ µm, $A = 2\ m^2$ por mL de emulsão. Se 5 mg de proteína forem adsorvidos por m^2 de superfície de óleo, a quantidade de proteína adsorvida representará 1% da emulsão.
3. **Tamanho dos poros**: existem regiões de fase contínua entre as partículas, cujos tamanhos são proporcionais ao tamanho das partículas e inversamente proporcionais à ϕ. Se a fase dispersa formar uma rede preenchedora de espaços, os poros nessa região seguirão as mesmas

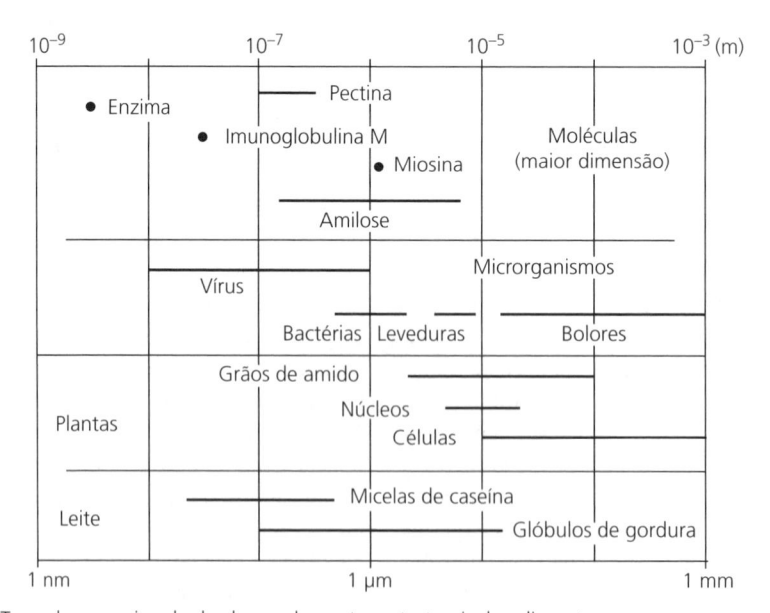

FIGURA 7.1 Tamanho aproximado de alguns elementos estruturais dos alimentos.

regras. A permeabilidade, isto é, a facilidade com que o solvente pode fluir através dos poros, é proporcional ao quadrado do tamanho do poro. Isso explica por que um gel polimérico é muito menos permeável que um gel composto de partículas maiores (Seção 7.5.2).

4. **Escalas de tempo envolvidas**: (*Nota*: uma escala de tempo é definida como o tempo característico necessário para a ocorrência de um evento, como o tempo para uma reação entre duas moléculas, para o giro de uma partícula ou, para que um pão seja assado.) Quanto maiores forem as partículas, maiores serão as escalas de tempo envolvidas. Por exemplo, o valor médio da raiz dos quadrados da distância de difusão (z) de uma partícula de diâmetro d em função do tempo t é

$$\langle z^2 \rangle^{0,5} \propto \left(\frac{t}{d}\right)^{0,5} \qquad (7.2)$$

Na água, uma partícula de 10 nm de diâmetro irá se difundir por uma distância igual a seu diâmetro em $\approx$ 1 μs; uma partícula de 1 μm, em 1 s; e uma de 0,1 mm, em 12 dias. Considerando-se a difusão de um material dentro de um elemento estrutural, a relação entre o coeficiente de difusão D, a distância l e o tempo $t_{0,5}$ necessário para obtenção da metade da concentração é

$$l^2 \approx D t_{0,5} \qquad (7.3)$$

O D de pequenas moléculas em água vale $\approx 10^{-9}$ m^2 s^{-1} e, na maioria dos casos, é menor (quanto maiores as moléculas, maior será a viscosidade da solução).

5. **Efeito de forças externas**: a maioria das forças externas que age nas partículas é proporcional ao quadrado do diâmetro, ao passo que a maioria das forças coloidais de atração entre partículas é proporcional ao diâmetro. Isso implica que as partículas pequenas sejam praticamente impermeáveis a influências externas, como as forças de cisalhamento ou a gravidade. As partículas grandes frequentemente podem ser deformadas ou até mesmo destruídas por forças externas, além de sedimentarem bem mais rápido.

6. **Facilidade de separação**: alguns dos pontos abordados anteriormente levam à conclusão de que é muito mais difícil separar partículas pequenas de um líquido do que separar partículas grandes.

É muito raro as partículas serem todas do mesmo tamanho. A **distribuição de tamanhos** é um assunto complexo [2,70] que não será discutido aqui. Basta dizer que uma faixa de tamanho pode normalmente ser utilizada para caracterizar uma distribuição de tamanhos e que o diâmetro médio volume/superfície d_{vs} ou d_{32}, em geral, pode ser considerado como típico para a distribuição. Entretanto, propriedades diferentes podem necessitar de diferentes tipos de médias. Quanto maior a distribuição de tamanhos (largura definida pelo desvio-padrão dividido pela média), maiores serão as diferenças entre os tipos de média (não sendo rara a diferença de uma ordem de grandeza). A determinação precisa da distribuição de tamanhos costuma ser muito difícil [2]. As dificuldades em sua determinação e interpretação aumentam quando as partículas são mais anisométricas ou diferem em suas propriedades.

7.1.3 Efeitos nas velocidades de reação

Conforme mencionado anteriormente, os componentes de um alimento disperso podem estar compartimentalizados, o que pode afetar muito as velocidade de reação. Em um sistema que contém uma fase aquosa (α) e uma fase oleosa (β), os componentes costumam ser solúveis nas duas fases. A distribuição de Nernst ou a lei de partição afirma que a relação de concentrações (c) em ambas as fases é constante:

$$\frac{c_\alpha}{c_\beta} = \text{Constante} \qquad (7.4)$$

A constante dependerá da temperatura e, talvez, de outras condições. Por exemplo, o pH exerce um forte efeito sobre a partição de ácidos carbóxilos, já que esses ácidos são solúveis em óleo apenas quando se encontram em estado neutro. Em pHs altos, com os ácidos completamente ionizados, quase todos estarão na fase aquosa, ao passo que, em pHs baixos, a concentração na fase oleosa pode ser considerável. Observe que a quantidade de um reagente em uma fase também depende da fração de volume da fase.

Quando ocorre uma reação em uma das fases presentes, a velocidade de reação não depende da concentração global do reagente, mas de sua concentração na fase mencionada [102]. Essa concentração pode ser igual ou menor que a concentração global, dependendo da magnitude da constante de partição (Equação 7.4). Como muitas reações nos alimentos são, na verdade, uma cascata de diversas reações, o padrão global de reação e a mistura de componentes formados também poderão depender da partição. As reações químicas muitas vezes envolvem transporte entre compartimentos e, portanto, dependem de distâncias e mobilidades moleculares. Aplicando-se a Equação 7.3, obtêm-se tempos de difusão para dentro ou fora de elementos estruturais relativamente pequenos (p. ex., gotículas de emulsão) muito curtos, na maioria dos casos. No entanto, se o solvente encontra-se imobilizado em uma rede de elementos estruturais, isso pode desacelerar significativamente as reações, sobretudo se os reagentes, como o O_2, necessitarem difundir-se de fora para dentro. Além disso, algumas reações ocorrem principalmente no limite entre as fases. Um exemplo disso é a auto-oxidação de lipídeos, na qual o material oxidável (óleo insaturado) encontra-se na forma de gotículas de óleo, e o catalisador, como íons de cobre, encontra-se na fase aquosa. Outro exemplo é encontrado nas situações em que a enzima está presente em um elemento estrutural e o componente no qual ela atua está em outro elemento. Nesses casos, a área de superfície específica pode ser determinante para a velocidade de reação. A adsorção de substâncias reativas nas interfaces entre os elementos estruturais pode diminuir sua concentração efetiva e, portanto, sua reatividade. Sendo assim, as velocidades de reações químicas e a mistura dos produtos de reação podem ser bastante diferentes entre um sistema disperso e em um sistema homogêneo. Os exemplos em tecidos animais e vegetais são bem conhecidos, porém os outros casos ainda não foram estudados em detalhes, com exceção da atividade de alguns aditivos [102] e, é claro, da lipólise enzimática do óleo em emulsões.

7.1.4 Resumo

- A maioria dos alimentos são sistemas dispersos, o que afeta propriedades como a velocidade das alterações químicas, o sabor, a aparência visual, a consistência e a estabilidade física.
- Os sistemas dispersos são caracterizados por composição, tipo e tamanho das inomogeneidades.
- A compartimentalização afeta significativamente a velocidade de reações químicas.

7.2 FENÔMENOS DE SUPERFÍCIE

Como já mencionado, a maioria dos alimentos apresenta um grande limite entre fases ou área interfacial. Com frequência, as substâncias são adsorvidas nas interfaces, o que possui um efeito considerável sobre as propriedades estáticas e dinâmicas do sistema. Nesta Seção, os aspectos básicos serão discutidos, e as aplicações serão discutidas mais adiante (ver [1,3] para literatura geral).

Podem existir diversos tipos de interfaces entre duas fases, sendo que as principais são gás-sólido, gás-líquido, líquido-sólido e líquido-líquido. Se uma das fases é um gás (principalmente o ar), em geral fala-se em superfície; nos demais casos, fala-se de interface, embora frequentemente essas palavras sejam intercambiáveis. É mais importante a distinção entre uma interface sólida, na qual uma das fases é um sólido, e uma interface fluida entre dois fluidos (gás-líquido ou líquido-líquido). A interface sólida é rígida, ao passo que a líquida pode ser deformada.

7.2.1 Tensão interfacial e adsorção

Uma interface entre duas fases contém um excesso de energia livre que é proporcional à área interfacial. Como consequência, a interface procurará tornar-se a menor possível, a fim de minimizar a energia livre interfacial. Isso significa que se deve aplicar uma força externa para aumentar a área da interface. A força de reação na interface é de atração, agindo no plano da interface. Se a interface for líquida, essa força pode ser mensurada (ver Figura 7.2a), sendo que a força por unidade de comprimento é denominada **tensão superfi-**

TABELA 7.1 Algumas tensões interfaciais

Material	Contra o ar	Contra a água
Água	72	0
Solução saturada de NaCl	82	0
DSS 0,02 M em água	41	0
0,1 g L^{-1} de β-caseína[a]	44	0
Etanol	22	0
Óleo parafínico	30	50[b]
Óleo de triacilglicerol	35	30

DSS, dodecil sulfato de sódio.
Nota: valores aproximados (mN m^{-1}), à temperatura ambiente.
[a]Tempo de maturação dia 1 [49].
[b]Alguns tampões proporcionam tensão interfacial menor que a da água.

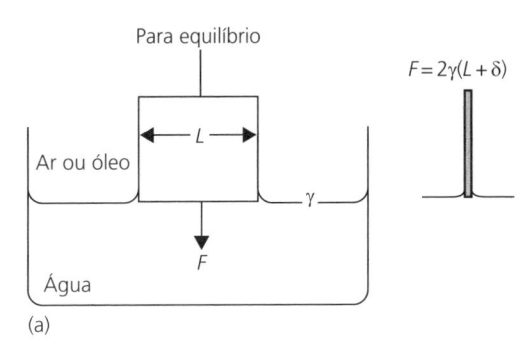

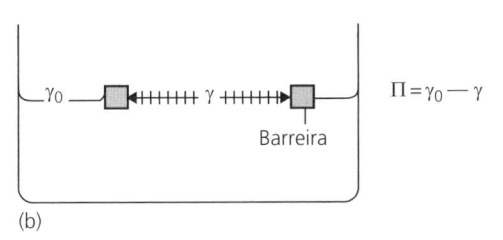

FIGURA 7.2 (a) Medição da tensão superficial ou interfacial pela utilização do prato de Wilhelmy (largura L, espessura δ). O prato é acoplado a uma balança sensível. F = força líquida. (b) Ilustração da pressão de superfície (Π) causada por moléculas de surfactante adsorvidas (representadas por traços verticais). Entre as barreiras, a tensão superficial é reduzida, e uma pressão bidimensional líquida de magnitude Π age sobre as barreiras.

cial ou interfacial: símbolo γ, unidade N m^{-1}. (γ_{oa} significa a tensão entre óleo e água; γ_{As} é a tensão entre o ar e um sólido, etc.). Os sólidos também apresentam tensão superficial, mas não se consegue medi-la.

A magnitude de γ depende da composição de ambas as fases. Na Tabela 7.1, são mostrados alguns exemplos. A tensão interfacial depende também da temperatura, quase sempre diminuindo com o aumento desta.

Algumas moléculas de uma solução em contato com a superfície de uma fase podem se acumular nessa superfície e formar uma monocamada. Isso é conhecido como "adsorção". (*Nota*: a a*d*sorção deve ser diferenciada da a*b*sorção, em que a substância é captada para **dentro** de um material.) A substância que adsorve é chamada de "surfactante". O surfactante adsorve porque sua energia livre é menor na superfície do que na fase livre. Quando adsorve, também diminui a energia livre da solução e, com isso, diminui a tensão superficial. Na Figura 7.3a, são apresentados alguns exemplos. Pode-se observar que o decréscimo de γ depende da concentração de surfactante restante na solução depois que o equilíbrio é atingido. Quanto menor o valor de c_{eq} no qual um determinado decréscimo de γ for obtido, maior será a **atividade de superfície** do surfactante.

Uma variável importante é a **carga superficial**, Γ, que é a quantidade (em moles ou em unidades de massa) de material adsorvido por unidade de área superficial. Para $\Gamma = 0$, $\gamma = \gamma_0$, que é o valor de uma interface limpa. A concentrações de surfactante relativamente altas (c_{eq}), o valor de Γ atinge um platô, onde o surfactante forma uma monocamada comprimida. O platô de Γ corresponde à concentração de surfactante na qual γ atinge o platô. A magnitude do $\Gamma_{platô}$ varia entre os surfactantes, sendo que, para a maioria, fica entre 1 e 4 mg m^{-2}. A relação entre Γ e a concentração de equilíbrio do surfactante é chamada de "isoterma de adsorção". Substâncias em fase gasosa, como a água no ar, também podem adsorver em superfícies (sólidas), e as mesmas relações se aplicam.

Cada surfactante tem, em equilíbrio (e a uma determinada temperatura), uma relação fixa entre a magnitude de Γ e o decréscimo de γ. Esta última é chamada de "pressão superficial" $\Pi = \gamma_0 - \gamma$ (conforme Figura 7.2b). O valor máximo de Π varia entre os surfactantes, sendo que, para muitos deles (não para todos), o valor é praticamente o mesmo das interfaces ar-água e óleo-água. A relação entre

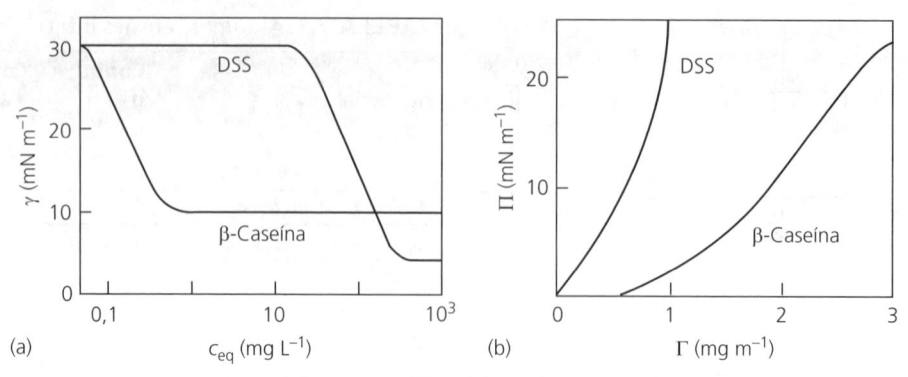

FIGURA 7.3 Absorção de β-caseína e DSS em uma interface óleo-água. (a) Tensão superficial (γ) em função da concentração de equilíbrio do surfactante (c_{eq}). (b) Relação entre pressão superficial (Π) e carga superficial (Γ) (resultados aproximados). (De Walstra, P. et al., *Dairy Science and Technology*, CRC/Taylor & Francis, Boca Raton, FL, 2006.)

Π e Γ é chamada "equação de estado de superfície". Alguns exemplos são apresentados na Figura 7.3b.

A **taxa de adsorção** de um surfactante depende principalmente de sua concentração. O surfactante frequentemente é transportado a uma superfície por difusão. Se sua concentração é c e a carga de superfície a ser obtida é Γ, uma camada adjacente à superfície de espessura Γ/c será suficiente para a obtenção do surfactante. Aplicando-se a Equação 7.3 e substituindo-se $l = \Gamma/c$ obtém-se

$$t_{0,5} = \frac{\Gamma^2}{Dc^2} \tag{7.5}$$

Em soluções aquosas, D normalmente é da ordem de 10^{-10} m^2 s^{-1}. Considerando-se uma concentração de surfactante de 3 kg m^{-3} e Γ = 3 mg m^{-2}, o resultado é $t_{0,5} \approx$ 10 ms. A adsorção será completa a ≈ 10 vezes $t_{0,5}$, ou seja, em bem menos de um segundo. Se a concentração de surfactante for menor, a adsorção demorará (muito) mais, contudo a agitação posterior aumentará a taxa de adsorção de forma acentuada. Em outras palavras, a adsorção, na prática, será quase sempre rápida.

7.2.2 Surfactantes

Os principais surfactantes (ou tensoativos) podem ser de dois tipos: os polímeros e as pequenas moléculas anfifílicas. *(Nota sobre terminologia*: alguns autores utilizam o termo "surfactante" apenas para as pequenas moléculas anfifílicas. Além disso, os surfactantes costumam ser chamados de emulsificantes.)

7.2.2.1 Anfifílicos

A parte hidrofóbica (lipofílica) de uma pequena molécula anfifílica geralmente é uma cadeia alifática. Existe uma grande diversidade de partes hidrofílicas. Em um surfactante clássico, o sabão comum, a porção hidrofílica é um grupo carboxila ionizado. A maioria das substâncias anfifílicas não é muito solúvel nem em água nem em óleo, sofrendo a menor repulsão por esses solventes quando estão parcialmente em um ambiente hidrofílico (água) e parcialmente em um ambiente hidrofóbico (óleo), ou seja, em uma interface o/a (ver Figura 7.4) [101]. Tais substâncias também adsorvem em interfaces ar-água e em algumas interfaces sólido-água. Em solução, tendem a associar-se e formar micelas (i.e., agregados aproximadamente esféricos, nos quais as caudas hidrofóbicas estão no meio, e as cabeças hidrofílicas se voltam para o exterior) para diminuir a interação repulsiva com o solvente.

Algumas moléculas surfactantes pequenas relevantes para os cientistas de alimentos são apresentadas na Tabela 7.2 [38,64]. São classificadas como não iônicas, aniônicas e catiônicas, de acordo com a natureza da porção hidrofílica. Além disso, é feita uma distinção entre surfactantes naturais (p. ex., sabões, monoacilgliceróis, fosfolipídeos) e sintéticos. Os polissorbatos são um pouco diferentes dos demais na parte hidrofílica,

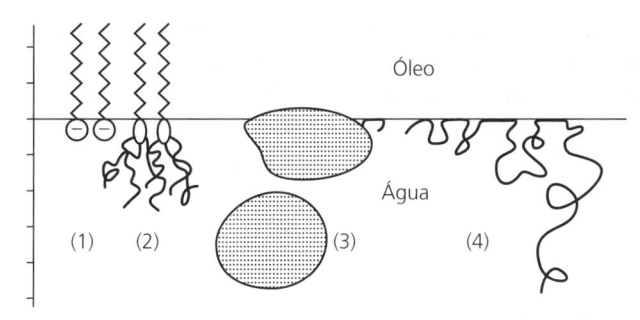

FIGURA 7.4 Modo de absorção de alguns surfactantes em uma interface óleo-água. À esquerda, tem-se uma escala em nanômetros. (1) Sabão; (2) Polissorbato;* (3) uma proteína globular pequena (para efeitos de comparação, mostra-se uma molécula em solução); e (4) β-caseína. Altamente esquemático. (De Walstra, P. et al., *Dairy Science and Technology*, CRC/Taylor & Francis, Boca Raton, FL, 2006.)
*N. de T. Também conhecido como *Tween*.

que contém três ou quatro cadeias poli(oxietileno) com comprimento de cerca de cinco monômeros. Os fosfolipídeos podem ter composição e propriedades variadas, e vários são zwitteriônicos.

Uma característica importante das moléculas surfactantes pequenas é seu **valor HLB** (do inglês, *hydrophilic-lipophilic balance*), que se refere ao equilíbrio hidrofílico-lipofílico. O HLB é definido de maneira que um valor 7 significa que a substância tem quase a mesma solubilidade em água e em óleo. Valores menores implicam mais solubilidade em óleo, e vice-versa. Os valores de HLB para os surfactantes encontram-se na faixa de 1 a 40. A relação entre o valor de HLB e a solubilidade é útil e também diz respeito ao quão adequado é o surfactante como emulsificante: surfactantes com HLB > 7 geralmente são adequados para a produção de espumas e emulsões o/a; ao passo que aqueles com HLB < 7 são adequados para emulsões a/o (ver também Seção 7.6.2, que trata da regra de Bancroft). Os surfactantes adequados como agentes de limpeza (detergentes) apresentam valor HLB elevado em solução aquosa. Diversas outras relações com valores de HLB têm sido reivindicadas, mas a maioria delas é questionável.

TABELA 7.2 Algumas moléculas surfactantes pequenas e seus valores de balanço hidrofílico-lipofílico (HLB)

Tipo	Exemplo de surfactante	Valor HLB
Não iônicas		
Álcool alifático	Hexadecanol	1
Monoacilglicerol	Monoestearato de glicerol	3,8
Ésteres de monoacilgliceróis	Monopalmitato de lactoil	8
Spans	Monoestearato sorbitano	4,7
	Mono-oleato sorbitano	7
	Monolaurato sorbitano	8,6
Polissorbato 80	Mono-oleato de polioxietileno sorbitano	16
Aniônicas		
Sabão	Oleato de Na	18
Ésteres de ácido láctico	Lactato estearoil-2-lactoil de Na	21
Fosfolipídeos	Lecitina (zwitteriônica)	Relativamente elevado
Teepol[a]	DSS	40
Catiônicos[a]		Elevado

[a]Não utilizado em alimentos, e sim como detergente.

Originalmente, o valor de HLB de um surfactante foi determinado a partir de sua solubilidade em água dividida por sua solubilidade em óleo. Hoje, os valores de HLB têm sido derivados para diversos grupos químicos. Muitos autores tabularam esses valores (p. ex., [28]). O(s) grupo(s) polar(es) de um surfactante apresenta(m) valor positivo, sendo que os grupos hidrofóbicos apresentam valor negativo. A soma desses valores acrecida de 7 fornece o valor de HLB. Em geral, uma cadeia alifática maior fornecerá um HLB menor, e um grupo mais polar ou um grupo polar maior fornecerá um HLB maior. Na verdade, o número de HLB de um surfactante depende da temperatura e do tipo de óleo.

Como já mencionado, muitas moléculas anfifílicas pequenas tendem a formar micelas, o que ocorre acima da **concentração micelar crítica** (CMC). Além dessa concentração, moléculas adicionais de surfactante entrarão nas micelas e sua atividade termodinâmica (ou concentração efetiva, em termos mais grosseiros) aumentará levemente. Em consequência, a carga superficial Γ não aumentará e γ não diminuirá ainda mais. Na Figura 7.3a, a CMC para o dodecil sulfato de sódio (DSS) é alcançada a uma concentração total de ≈ 300 mg L^{-1}. Em uma série homóloga de surfactantes, uma cadeia maior resulta em um valor menor de CMC. Para surfactantes iônicos, a CMC diminui acentuadamente com o aumento da força iônica. A CMC também pode depender do pH.

Na interface ar-água, observa-se, em grande parte, os mesmos padrões, mas como γ_0 é maior e Π tem praticamente o mesmo valor, γ é muito maior. O menor valor de γ obtido em uma interface ar-água é de ≈ 35 mN m^{-1}, ao passo que em interfaces óleo-triacilglicerol-água, esse valor alterna entre valores inferiores a 1 e ≈ 5 mN m^{-1} para a maioria das moléculas surfactantes pequenas.

Deve-se levar em conta que os surfactantes comercialmente disponíveis costumam ser **misturas** de vários componentes, variando quanto ao comprimento da cadeia e, possivelmente, em outras propriedades. Estes componentes podem ser diferentes, por exemplo, no valor platô de γ. Em particular, alguns componentes-traço presentes podem fornecer valores menores de γ que os componentes principais e, no equilíbrio, os surfactantes que fornecem o menor γ serão predominantes na interface. No entanto, devido à concentração mais baixa, sua difusão até a interface será lenta (ver Equação 7.5). Isso sugere que muito tempo passará até que se alcance uma composição de equilíbrio e, assim, um valor de γ estacionário. Outra complicação é que, em dispersões reais, a razão superfície/volume é muito grande, ao passo que essa mesma razão é muito pequena nas situações em que γ costuma ser medido (i.e., em uma interface macroscópica entre as fases). Isso significa que o resultado das medições de γ pode não ser representativo para os valores reais em uma espuma ou emulsão.

7.2.2.2 Polímeros

Diversos polímeros sintéticos podem ser utilizados como surfactantes, e existem muitas evidências experimentais e teorias disponíveis a respeito desse assunto [27]. Os copolímeros, nos quais alguns dos segmentos são razoavelmente hidrofóbicos e outros hidrofílicos, são adequados. Eles tendem a adsorver com "trens", "laços" e "caudas" (conforme Figura 7.4, curva 4). Existem poucos polímeros naturais que adsorvem dessa maneira. A atividade de superfície dos polissacarídeos ainda é controversa. A maior parte dos polissacarídeos superfície-ativos contém uma porção proteica que é responsável por esse atributo [21]. Por outro lado, modificações químicas podem gerar polissacarídeos com grupos hidrofóbicos. Exemplos bem conhecidos são alguns éteres de celulose que podem ser utilizados como emulsificantes [13].

As **proteínas** geralmente são os surfactantes escolhidos em tecnologia de alimentos, principalmente para espumas e emulsões o/a [19,57,93]. (Devido à sua insolubilidade em óleos, são inadequadas para emulsões a/o.) O modo de adsorção das proteínas é variado (ver Figura 7.4). Há sempre uma mudança na conformação, muitas vezes considerável. Por exemplo, a maioria das enzimas (com exceção das lipases verdadeiras) perde completamente sua atividade após a adsorção em interfaces o/a, o que se deve à mudança conformacional. Algumas enzimas retêm uma parte de sua atividade após a adsorção em interfaces ar-água [17]. A maioria das proteínas globulares parece manter uma conformação relativamente globular nas interfaces, mas não as nativas. Proteínas com pouca estrutura secundária, como a gelatina e as caseínas, tendem a adsorver de forma mais semelhante aos polímeros lineares. Isso significa que essas proteínas se projetam muito mais longe na fase aquosa do que a maioria das proteínas globulares. Estas últimas podem ser desnaturadas antes da absorção (p. ex., por tratamento térmico), o que altera sua conformação após a adsorção. Em geral, o Γ e a distância de projeção aumentam. Em altas concentrações mássicas de proteína, pode ocorrer adsorção de multicamada, porém, nesse caso, a segunda camada e as camadas mais remotas serão pouco adsorvidas.

Na Figura 7.3, comparou-se a adsorção de uma proteína e um surfactante aniônico, e há normalmente três diferenças principais entre as proteínas e os polímeros sintéticos grandes em comparação a moléculas anfifílicas pequenas:

1. A proteína é claramente mais ativa na superfície que o surfactante aniônico. Como consequência, a dessorção de proteínas adsorvidas não poderá ser ou será apenas fracamente alcançada por meio da diluição ou "lavagem". A dificuldade de dessorção pode ser aumentada pelas reações de ligação cruzada entre moléculas de proteína adsorvidas. Isso foi demonstrado para proteínas contendo um grupo tiol livre, onde podem ocorrer intercâmbios cisteína-cisteína na interface [25].

2. Como mostrado na Figura 7.3b, a equação de estado de superfície difere muito entre a proteína e o DSS. Para uma proteína, o valor de Γ no qual se observa uma pressão superficial significante é muito maior do que para o DSS. Isso se deve ao fato de que, em baixos valores de Γ, a magnitude de Π é proporcional à carga superficial expressa em moles de surfactante por unidade de área interfacial, levando-se em conta que a massa molar de uma proteína típica é $\approx$ 100 vezes maior do que a de um anfifílico típico. Isso gera algumas consequências importantes para a produção de emulsões e espumas (Seções 7.6.2 e 7.7.1).

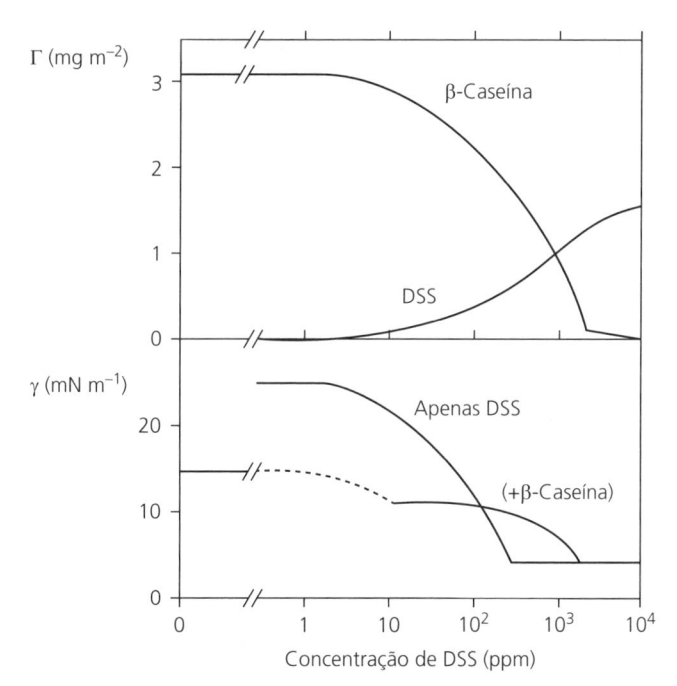

FIGURA 7.5 Carga superfícial (Γ) em uma emulsão o/a e tensão superficial (γ) na interface o/a, para β-caseína, na presença de concentrações diferentes de DSS; γ também é dado para DSS apenas. (Dos resultados de Walstra, P. e de Roos, A.L., *Food Rev. Int.*, 9, 503, 1993.)

3. O surfactante aniônico produz menos tensão interfacial que a proteína, no platô de adsorção. A magnitude dessa tensão afeta diversos fenômenos, como será discutido adiante. Por enquanto, será mencionado o aspecto do deslocamento de uma proteína da interface por um anfifílico presente em alta concentração [15]. Isso é ilustrado na Figura 7.5. Muitos alimentos contêm naturalmente alguns surfactantes (ácidos graxos, monoacilgliceróis e fosfolipídeos), o que pode modificar as propriedades das camadas de adsorção.

Até certo ponto, as proteínas também podem deslocar-se mutuamente em uma camada de superfície, dependendo de concentração, atividade superficial, massa molar, flexibilidade molecular, e assim por diante. Embora a adsorção de proteínas pareça irreversível, uma vez que é praticamente impossível a diminuição substancial de Γ pela diluição do sistema, a ocorrência de deslocamento mútuo implica, entretanto, que moléculas individuais de proteínas na camada interfacial possam intercambiar-se com as que estão em solução, ainda que lentamente.

7.2.3 Ângulos de contato

Quando dois fluidos estão em contato com um sólido e entre si, existe uma linha de contato entre as três fases [1]. Na Figura 7.6a, encontra-se um exemplo para o sistema ar-água-sólido. Deve existir um equilíbrio entre as forças de superfície que agem no plano da superfície sólida, o que leva à equação de Young:

$$\gamma_{As} = \gamma_{as} + \gamma_{Aa} \cos\theta \qquad (7.6)$$

O ângulo de contato θ é tirado convencionalmente da fase fluida mais densa. Seu valor depende de três tensões superficiais. γ_{As} e γ_{as} não podem ser medidas, mas sua diferença pode ser derivada do ângulo de contato. Se $(\gamma_{As} - \gamma_{as})/\gamma_{Aa} > 1$, a Equação 7.6 não tem solução, $\theta = 0$ e o sólido será completamente molhado pelo líquido, como exemplificado pela água sobre um vidro limpo. Se o quociente mencionado for < -1, a água não molhará; um exemplo disso é a água sobre o Teflon ou sobre outros materiais altamente hidrofóbicos.

Na Figura 7.6b, mostra-se a situação mais complexa do contato entre três fluidos. Neste caso, deve haver um equilíbrio entre as forças de superfície, nos planos horizontal e vertical, originando dois ângulos de contato. Uma pressão de espalhamento pode ser definida como

$$\Pi_S = \gamma_{Aa} - (\gamma_{Ao} + \gamma_{oa}) \qquad (7.7)$$

Na Figura 7.6b, $\Pi_S < 0$. Para $\Pi_S > 0$, a soma das energias livres de superfície nas interfaces A/o e o/a será menor do que na interface A/a isolada, de modo que o óleo se espalhará sobre a superfície da água. Com a utilização dos valores da Tabela 7.1, conclui-se que, para o óleo parafínico, $\Pi_S = -8$ mN m^{-1}, o que implica que a gotícula não se espalhará (mas irá aderir à interface A/a). Para o óleo triacilglicerol, tem-se $\Pi_S = 7$ mN m^{-1}, e ocorrerá espalhamento. Esses aspectos são importantes para a interação entre gotículas em emulsão e bolhas em espumas. É evidente que as pressões de espalhamento podem ser alteradas pelos surfactantes. No entanto, a maioria das proteínas apresentam quedas em γ_{Aa} e γ_{oa} praticamente na mesma quantidade, por isso a pressão de espalhamento não se altera de forma significativa.

A Figura 7.6c mostra uma pequena partícula sólida localizada em uma interface óleo-água. A equação de Young também se aplica a este caso. O ângulo de contato ($\approx 140°$ na fase aquosa) é bastante típico para cristais de triacilglicerol em uma interface óleo-triacilglicerol-água. O ângu-

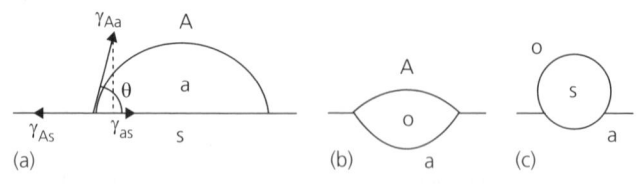

FIGURA 7.6 Ângulos de contato (θ): exemplos de sistemas trifásicos. A = ar; o = óleo; s = sólido; a = água. As setas em (a) indicam os valores das três tensões interfaciais. Ver o texto para maiores explicações. (De Walstra, P. et al., *Dairy Science and Technology*, CRC/Taylor & Francis, Boca Raton, FL, 2006.)

lo de contato pode ser, nesse caso, reduzido pela adição de um surfactante adequado (p. ex., DSS) na fase aquosa. A adição de uma grande quantidade de surfactante pode, até mesmo, levar a θ = 0 e, portanto, à umectação completa do cristal pela fase aquosa. Isso é realizado em alguns processos para a separação de cristais de gordura de óleos. A aderência de cristais à interface o/a e o ângulo de contato associado podem ser importantes para a estabilidade da emulsão (p. ex., Seção 7.6.5).

Pode-se observar que a ação da gravidade pode alterar a forma das interfaces dos fluidos mostrados na Figura 7.6, mas os ângulos de contato permanecem os mesmos. Se as gotículas forem < 1 mm, o efeito da gravidade tende a ser bastante pequeno.

7.2.4 Interfaces curvas [1]

A pressão do lado côncavo de uma interface curva é sempre maior que a do lado convexo. A diferença é chamada de "pressão de Laplace" (p_L), dada por

$$p_L = \frac{2\gamma}{R} \qquad (7.8)$$

onde R é o raio da curvatura; para uma partícula esférica, R é igual ao raio r da partícula.

Uma consequência importante disso é que as gotas e as bolhas tendem a ser esféricas, sendo difícil deformá-las; quanto menores elas forem, mais difícil será sua deformação. Quando uma gota não é esférica, o raio de curvatura varia com a localização, o que implica uma diferença de pressão dentro da gota. Isso faz o material na gota se deslocar de regiões com pressão elevada para aquelas com menor pressão, até que uma forma esférica seja obtida. Apenas a aplicação de uma tensão externa à gota (ou bolha) poderá deformá-la e causar a perda do seu formato esférico. Alguns exemplos podem ser esclarecedores. Para uma gotícula de emulsão de raio igual a 0,5 μm e tensão interfacial de 0,01 N m^{-1}, a pressão de Laplace seria 4×10^4 Pa (0,4 bar), sendo necessária uma pressão externa considerável para causar deformação substancial. Para uma bolha de ar de 1 mm de raio e γ = 0,05 N m^{-1}, a p_L seria de 100 Pa, permitindo a ocorrência de deformação com mais facilidade. Estes aspectos serão discutidos mais a fundo nas Seções 7.6.2, 7.6.4 e 7.7.1.

Outra consequência da pressão de Laplace é a **elevação capilar**, ilustrada na Figura 7.7a. Em um capilar vertical que contém um líquido com um ângulo de contato igual a zero (p. ex., água em um tubo de vidro), forma-se um menisco côncavo. Para um capilar de raio r, isso implica diferença de pressão de magnitude $2\gamma/r$ entre a água logo abaixo do menisco e a água fora do tubo à mesma altura. O líquido no tubo irá, então, subir até que a pressão devida à gravidade ($g\rho h$) esteja em equilíbrio com a pressão capilar. Por exemplo, em um capilar cilíndrico de 0,1 mm de raio interno, a água pura subiria 15 cm. Se o ângulo de contato for maior, o aumento será menor; se for > 90°, ocorrerá depressão capilar.

Esses aspectos são relevantes na dispersão de pós em água. Ao adicionar-se um punhado de pó à água, deverá ocorrer entre as partículas de pó uma elevação capilar da água através dos poros (vazios) para que elas sejam umectados, um pré-requisito para a dispersão e posterior dissolução

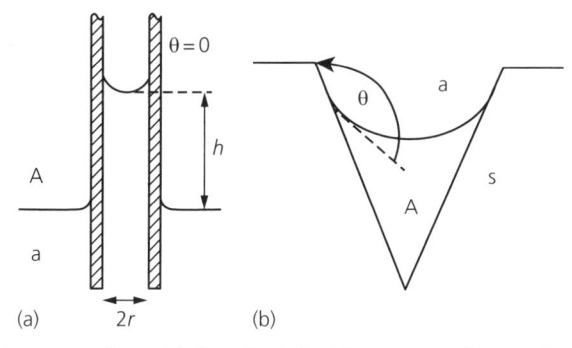

FIGURA 7.7 Alguns fenômenos capilares. (a) Elevação de líquido em um capilar, se o ângulo de contato θ = 0. (b) Bolsa de ar em uma fenda em um sólido submerso em água. Ver texto.

do pó. Esse processo requer um ângulo de contato (entre o pó, a água e o ar) < 90°. O ângulo de contato efetivo em um pó é substancialmente maior que o ângulo em uma superfície lisa do mesmo material. Nesse sentido, o ângulo no último caso deve ser bem menor que 90° para que o pó umedeça (ver [78]).

Uma terceira consequência da pressão de Laplace é o **aumento da solubilidade** do gás em uma bolha no líquido a seu redor. De acordo com Laplace (Equação 7.8), a pressão de um gás em uma bolha (pequena) aumenta, e, de acordo com a lei de Henry, a solubilidade de um gás é proporcional à sua pressão. O efeito da curvatura de uma partícula sobre a solubilidade do material na partícula não se restringe a bolhas de gás, sendo fornecido de forma geral pela **equação de Kelvin**

$$RT \ln \frac{s(r)}{s_\infty} = \frac{2\gamma M}{\rho r} \qquad (7.9)$$

para partículas esféricas de raio r; s é a solubilidade; s_∞, a solubilidade na interface plana (i.e., solubilidade "normal"); e M e ρ são a massa molar e a densidade de massa do material na partícula, respectivamente. R é a constante universal dos gases (J mol^{-1} K^{-1}), e T, a temperatua absoluta (K). Exemplos calculados pela Equação 7.9 são apresentados na Tabela 7.3. Pode-se observar que, para a maioria dos sistemas, o raio da partícula deve ser muito pequeno (p. ex., < 0,1 µm) para que se tenha um efeito significativo. No entanto, gases em bolhas de 1 mm apresentam um aumento perceptível de solubilidade.

O aumento da solubilidade dá origem à **maturação de Ostwald**, ou seja, o crescimento de grandes partículas em dispersões à custa de partículas pequenas e, finalmente, ao desaparecimento das partículas menores. No entanto, isso só acontece quando o material das partículas é, pelo menos, um pouco solúvel na fase contínua. Sendo assim, isso pode acontecer em espumas e emulsões a/o, mas não em emulsões de óleo-tricilglicerol-água. A taxa da maturação de Ostwald é governada por diversos fatores (ver Seção 7.7.2).

A maturação de Ostwald sempre ocorrerá com cristais em soluções saturadas, mas será lenta se os cristais forem grandes. Outro efeito causado por essa maturação é o "arredondamento" dos cristais pequenos. Nas bordas de um cristal, o raio de curvatura pode ser muito pequeno (alguns nanômetros), levando ao aumento significativo da solubilidade (Tabela 7.3, cristais de gordura em óleo). Desse modo, o material próximo à extremidade do cristal será dissolvido e depositado em outro lugar. Os cristais de gelo pequenos (p. ex., 20 µm) em alimentos parcialmente congelados costumam apresentar formas relativamente isométricas.

Se a superfície de uma partícula é (parcialmente) côncava e não convexa, como mostrado na Figura 7.7b, a solubilidade é, naturalmente, menor. Se a situação apresentada representar um equilíbrio local, a concentração do gás no líquido será inferior à saturação. Se a concentração do gás for mais elevada, a bolsa de gás crescerá.

7.2.5 Reologia interfacial [4,5,43,94]

Se uma interface contém surfactante, tem propriedades reológicas. Dois tipos de reologia de superfície podem ser distinguidos no cisalhamento e na

TABELA 7.3 Exemplos do aumento de solubilidade do material em uma partícula em decorrência da curvatura[a]

Variável	Água em óleo	Ar em água	Cristais de gordura em óleo	Cristais de sacarose em solução saturada
r (m)	10^{-6}	10^{-4}	10^{-8}	10^{-8}
γ (N m^{-1})	0,005	0,05	0,005	0,005
ρ (kg m^{-3})	990	1,2	1.075	1.580
M (kg mol^{-1})	0,018	0,029	0,70	0,342
s_R/s_∞	1,000073	1,010	1,30	1,091

[a]Calculada pela Equação 7.9 para alguns raios de curvatura arbitrários e valores razoáveis de tensão interfacial (temperatura de 300 K).

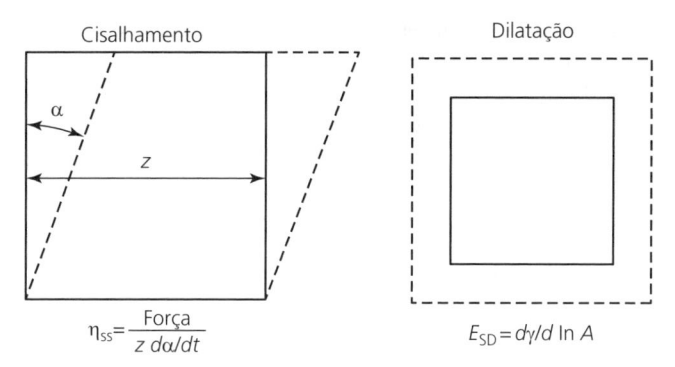

FIGURA 7.8 Ilustração das modificações geométricas aplicadas a um elemento de superfície quando aplicada a reologia de superfície durante o cisalhamento simples e na dilatação.

dilatação (Figura 7.8). Quando a interface sofre cisalhamento (permanecendo constante tanto a área como a quantidade de surfactante da interface), pode-se medir a força necessária no plano da interface. Isso muitas vezes é realizado em função da taxa de cisalhamento, obtendo-se a **viscosidade de cisalhamento superficial** η_{SS} (em unidades de N s m^{-1}). Para a maioria dos surfactantes, a η_{SS} é pequena e desprezível, embora esse não seja o caso de diversos surfactantes poliméricos. Por exemplo, para uma monocamada de caseinato de Na, observou-se uma viscosidade de 0,002 N s m^{-1}, para camadas de proteínas globulares entre 0,01 e 1 N s m^{-1}. Para a maioria dos sistemas, ocorre diminuição da taxa de cisalhamento, sendo que a viscosidade observada é aparente, isto é, seu valor depende da taxa de cisalhamento. Os valores reportados para proteínas globulares variam muito, em parte devido à incerteza experimental, pois a monocamada pode ser produzida ou rompida, e a "viscosidade" medida dependerá muito do padrão de ruptura [48]. Para algumas proteínas, a viscosidade aumenta fortemente com a idade da monocamada, em virtude da formação de ligações intermoleculares [17].

Se a área interfacial aumentar, mantendo inalterada sua forma, ocorrerá um aumento da tensão interfacial pela diminuição de Γ. Esse processo costuma ser expresso no **módulo de dilatação superficial**, definido como

$$E_{SD} \equiv \frac{d\gamma}{d\ln A} \qquad (7.10)$$

onde A é a área interfacial. E_{SD} é finito para todos os surfactantes, embora seja muito pequeno se a atividade do surfactante for alta e a taxa de aumento da superfície for pequena. Nesse caso, o surfactante da fase livre difundirá rapidamente à superfície ampliada, aumentando Γ e diminuindo γ. Em outras palavras, o equilíbrio entre a concentração na fase livre (c_{eq}) e a concentração interfacial (Γ) será restabelecido com rapidez. Portanto, o E_{SD} diminui bastante com a redução da taxa de deformação. Para proteínas, o E_{SD} pode ser grande e menos dependente da escala de tempo, pelo fato de as proteínas adsorverem praticamente de modo irreversível. No entanto, a concentração interfacial de proteínas tem um grande efeito: a Figura 7.3b mostra que, para uma proteína, o valor de Γ deve ser alto para um valor significativo de Π ser atingido e, por conseguinte, de E_{SD}. Alterações na conformação da proteína mediante adsorção e dilatação também podem afetar o módulo.

O E_{SD} é uma propriedade que aparece em diversas equações relacionadas a fenômenos de interface. Um dos problemas associados a ele é a dificuldade, se não impossibilidade, de sua medição, exceto em escalas de tempo relativamente longas e/ou deformações pequenas. De um modo geral, para proteínas globulares em uma interface A/a, foram observados valores de ≈ 30 a 100 mN m^{-1} e para β-caseína, de ≈ 10 a 20 mN m^{-1} [4,30,56,74]. Os valores da interface o/a podem ser significativamente diferentes dos da interface A/a.

Os parâmetros reológicos de superfície de camadas de proteína dependem naturalmente e pH, força iônica, qualidade do solvente, temperatura, etc. Em geral, os módulos e as viscosidades são máximos próximo ao pH isoelétrico. Observa-se ainda, que a viscosidade de dilatação e o módulo de cisalhamento superficiais podem ser medidos.

7.2.6 Gradientes de tensão superficial

Se uma interface líquida contém um surfactante, podem ser gerados gradientes de tensão superficial. Isso é ilustrado na Figura 7.9, para o caso de uma interface A/a. Na Figura 7.9a, um gradiente de velocidade ($\nabla v = dv_x/dy$) na água arrasta moléculas de surfactante a favor da corrente, produzindo, assim, um gradiente de tensão superficial: γ será, então, menor a favor da corrente. Isso implica que a superfície exerce uma **tensão tangencial** $\Delta\gamma/\Delta x$ sobre o líquido. Quando o gradiente é grande o suficiente, a tensão pode ser igual e oposta à tensão de cisalhamento $\eta \cdot \nabla v$ (η, viscosidade do líquido), significando que a superfície não irá se movimentar. Se não houver surfactante, a superfície se movimentará com o fluxo do líquido; no caso de uma interface o/a, a velocidade do fluxo será contínua ao longo da interface.

Isso tem consequências importantes, sobretudo para espumas, como pode ser observado pela comparação dos Quadros (c) e (d). Na ausência de surfactante, o líquido entre duas bolhas de espuma flui rapidamente para baixo, como uma gota que cai. Na presença de surfactante, o fluxo é muito mais lento, já que as "paredes" do filme podem agora resistir à tensão causada pelo líquido que flui para baixo. Em outras palavras, o desenvolvimento de gradientes de tensão superficial é essencial para a formação de uma espuma. Isso também significa que uma pequena bolha de ar ou uma gotícula de emulsão que se desloca ao longo do líquido ao redor tem, em quase todos os casos, uma superfície imóvel (i.e., comporta-se como uma partícula rígida). Nesses casos, o gradiente de γ pode ser bastante amplo, pois Δx é pequeno.

A Figura 7.9b mostra que o líquido adjacente a uma interface irá se deslocar com ela quando esta exibir (por algum motivo, como a adsorção local de surfactante) um gradiente de tensão interfacial. Isso é chamado de "efeito Marangoni". Esse efeito pode ser observado em uma taça de vinho, em que o vinho desprendido acima do nível do líquido tende a se movimentar para cima, e, assim, a evaporação do etanol gera o aumento local de γ, produzindo, dessa forma, um gradiente de γ.

Uma consequência importante do efeito Marangoni é proporcionar estabilidade a um fil-

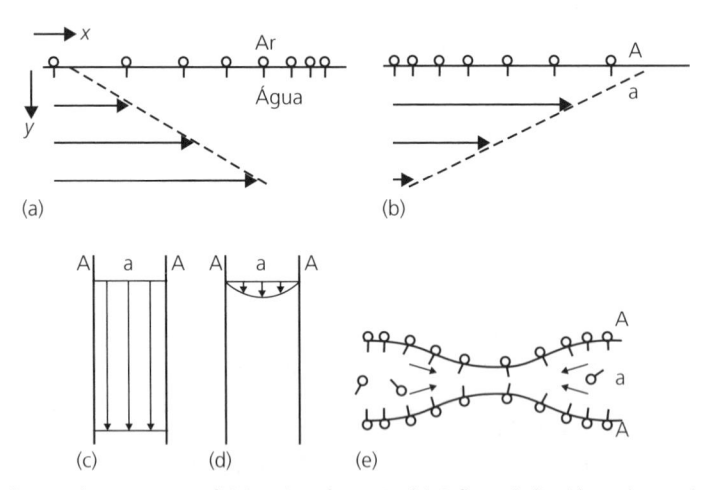

FIGURA 7.9 Gradientes de tensão superficial na interface A/a. (a) O fluxo de líquido ao longo de uma superfície gera um gradiente de tensão superficial. (b) Efeito Marangoni: um gradiente de tensão superficial gera o fluxo do líquido adjacente. (c) Drenagem do líquido a partir de um filme vertical na ausência ou (d) na presença de um surfactante. (e) Mecanismo de Gibbs para a estabilidade de um filme. (A partir de Walstra, P., Principles of foam formation and stability, em: *Foams: Physics, Chemistry and Structure*, Wilson, A.J., ed., Springer, London, U.K., 1989, pp. 1–15.)

me fino, como ilustrado na Figura 7.9e. Se, por algum motivo, o filme adquirir uma região focal mais fina, a sua área de superfície aumenta localmente, diminuindo Γ, aumentando γ e estabelecendo um gradiente de γ. Isso acarreta o fluxo de líquido adjacente para o local mais fino, restabelecendo, assim, a espessura do filme. O "mecanismo de Gibbs" explica a estabilidade de filmes líquidos finos, como no caso da espuma.

Os gradientes de tensão superficial também são primordiais na prevenção da coalescência de gotas recém-formadas durante a emulsificação, como discutido na Seção 7.6.2. Em todas essas situações, os efeitos dependem da elasticidade do filme (ou elasticidade de Gibbs), definida como sendo duas vezes o módulo de dilatação superficial (duas vezes, pois um filme tem duas superfícies). Filmes finos costumam apresentar grande elasticidade, devido à escassez de surfactante dissolvido. Em um filme espesso que contém uma concentração relativamente elevada de surfactante, as moléculas deste podem difundir-se rapidamente para um local com baixa carga de superfície e restaurar a tensão superficial original. Isso não ocorre (ou ocorre apenas de forma muito lenta) com um filme fino, implicando uma grande elasticidade, exceto em escalas de tempo muito longas.

7.2.7 Funções dos surfactantes

Os surfactantes presentes em alimentos, tanto as moléculas anfifílicas pequenas como as proteínas, podem produzir diversos efeitos, os quais serão brevemente resumidos a seguir:

1. Devido à diminuição de γ, a pressão de Laplace diminui, e a interface pode ser deformada com mais facilidade. Isso é importante para a formação de espumas e emulsões (Seção 7.6.2) e para a ocorrência de coalescência (Seção 7.6.4).
2. Os ângulos de contato são afetados, o que é importante para os eventos de dispersão e umectação. O ângulo de contato determina se uma partícula sólida pode ser adsorvida em uma interface fluida e, então, até que ponto pode aderir a qualquer uma das fases fluidas. Esses aspectos exercem uma influência significativa na estabilidade de algumas emulsões (Seção 7.6.5) e espumas (Seção 7.7.2).
3. Uma diminuição da energia livre interfacial retardará proporcionalmente a maturação de Ostwald. A taxa de maturação de Ostwald também pode ser afetada pelo módulo dilacional de superfície (Seção 7.7.2).
4. A presença de surfactante permite a geração de gradientes de tensão superficial, podendo ser esta a sua função mais importante. Trata-se de algo essencial para a formação e a estabilidade de emulsões e espumas (Seções 7.6.2, 7.6.4, 7.7.1 e 7.7.2).
5. A adsorção de surfactantes em partículas pode modificar muito as forças (coloidais) interpartículas, principalmente pelo aumento da repulsão e, portanto, da estabilidade. Isso será discutido na Seção 7.3.
6. As partículas anfifílicas pequenas podem formar micelas capazes de abrigar moléculas hidrofóbicas, como moléculas de óleo, em seu interior. Isso aumenta muito a solubilidade aparente de diversas substâncias hidrofóbicas, formando a base da detergência.
7. As moléculas pequenas de surfactante podem passar por interações específicas com macromoléculas. Os anfifílicos iônicos costumam associar-se a proteínas, o que altera substancialmente algumas das propriedades dessas proteínas (p. ex., o pH isoelétrico, a solubilidade aparente, a atividade superficial). Outro exemplo disso é a interação de alguns surfactantes do tipo lipídicos com a amilose.

7.2.8 Resumo

- As interfaces são caracterizadas por uma força de contração, a tensão superficial ou interfacial γ (N m^{-1}).
- A adsorção de surfactantes leva a um γ menor.
- Os dois tipos principais de surfactantes são polímeros (incluindo proteínas) e pequenas moléculas anfifílicas.
- Quando dois líquidos e um sólido ou três líquidos se encontram, haverá um ângulo de contato entre as respectivas interfaces, o que afeta fortemente os eventos de umectação e dispersão.

- Interfaces curvas dão origem à chamada pressão de Laplace entre os lados côncavo e convexo da interface, produzindo fenômenos como a ascensão capilar, a maturação de Ostwald e a resistência à deformabilidade de pequenas gotas.
- As propriedades reológicas de uma interface contendo surfactantes podem ser distinguidas como aquelas que fornecem resistência à deformação por cisalhamento (importante para vários surfactantes poliméricos que incluem muitas proteínas) e aquelas que se opõem à deformação dilacional (importante para todos os surfactantes).
- O fluxo de um líquido ao longo de uma interface com surfactantes leva ao gradiente de tensão superficial, e vice-versa. Estes desempenham um papel importante na estabilidade das espumas, impedindo a coalescência de gotículas de emulsões recém-formadas e o efeito Marangoni (i.e., o retardamento da drenagem do líquido).

7.3 INTERAÇÕES COLOIDAIS

Na Seção 7.1.2, os sistemas coloidais foram definidos e classificados. Geralmente, algumas forças entre partículas colidais têm origem nas propriedades materiais das partículas e do líquido intersticial. Essas forças de interação coloidal agem em uma direção perpendicular à superfície da partícula, ao contrário das forças abordadas na Seção 7.2, que agem no plano da superfície. Essas forças podem ser tanto de atração quanto de repulsão.

A força líquida de interação que age entre partículas coloidais tem consequências importantes:

1. Determina se as partículas irão se agregar (Seção 7.4.3), o que, por sua vez, pode determinar uma maior instabilidade física. Por exemplo, a agregação de partículas pode levar ao aumento da sedimentação e, por conseguinte, à formação rápida de uma camada de nata ou sedimento. (*Nota sobre terminologia*: os termos "floculação" e "coagulação" também podem ser utilizados, muitas vezes com uma conotação mais específica; o primeiro se refere à agregação reversível, e o último, à irreversível.)

2. Em outras situações, as partículas agregadas podem formar uma rede preenchedora de espaços, como um gel (Seção 7.5), sendo que as propriedades reológicas e a estabilidade dos sistemas que contêm essa rede dependem muito da interação coloidal.
3. As forças de interação afetam significativamente a suscetibilidade à coalescência das gotículas de emulsão e das bolhas de gás, bem como à coalescência parcial dos glóbulos de gordura (Seção 7.6.4 e 7.6.5).

O efeito líquido das interações coloidais também pode depender de forças externas, por exemplo, devido à gravidade, à agitação ou a um gradiente de potencial elétrico, podendo também depender do tamanho e da forma das partículas. Além disso, a adsorção de surfactantes nas partículas pode modificar muito a magnitude das forças de repulsão.

Alguns aspectos das interações coloidais serão discutidos brevemente, com generalização para os casos simples de esferas idênticas. Referências sobre a ciência dos coloides podem ser encontradas nos livros mencionados na Seção Leituras sugeridas.

7.3.1 Atração de Van der Waals

As forças de Van der Waals são onipresentes entre as moléculas, podendo também agir entre entidades maiores, como partículas coloidais. O fato de essas forças serem aditivas, dentro de certos limites, implica a dependência da força de interação da distância entre as partículas (medida entre as superfícies externas), sendo muito menor entre partículas que entre moléculas. Para duas partículas esféricas idênticas, a energia livre de interação de Van der Waals é dada por

$$V_A \approx \frac{Ar}{12h}, \quad h < \approx 10 \text{ nm} \tag{7.11}$$

onde

r é o raio da partícula.
h é a distância entre as partículas.
A é a constante de Hamaker.

Esta última depende do material das partículas e do fluido entre elas, aumentando em grandeza conforme aumenta a diferença entre as propriedades dos dois materiais. Para a maioria das partículas em alimentos aquosos, A está entre 1 e 1,5 vezes kT ($kT \approx 4 \times 10^{-21}$ J, em temperatura ambiente), mas para bolhas de ar em água, A é muito maior, representando ≈ 10 vezes kT. Os valores tabelados para esta constante estão disponíveis [33,46,47,85].

Se ambas as partículas forem do mesmo material e o fluido entre elas for diferente, A sempre será positivo e as partículas serão atraídas entre si. Se as duas partículas forem de materiais diferentes, A poderá ser negativo e talvez haja repulsão de Van der Waals, porém isso é relativamente incomum.

7.3.2 Duplas camadas elétricas

A maioria das partículas em soluções aquosas exibe carga elétrica, devido aos íons adsorvidos ou aos surfactantes iônicos. Na maioria dos alimentos, as cargas são predominantemente negativas. Uma vez que o sistema deve ser eletricamente neutro, as partículas são acompanhadas por uma nuvem de íons carregados com carga oposta, chamados de contraíons. Um exemplo da distribuição de contraíons e coíons é apresentado na Figura 7.10a. É evidente que, a certa distância da superfície, as concentrações de cargas positivas e negativas de uma solução se igualam. Além dessa distância, a carga da partícula é neutralizada, devido ao excesso de contraíons na dupla camada elétrica. Esta é definida como a zona entre a superfície da partícula e o plano no qual se atinge a neutralização. A dupla camada não deve ser encarada como uma camada imobilizada, pois as moléculas de solvente e íons se difundem para dentro e para fora da camada.

Os efeitos elétricos costumam ser expressos pelo potencial elétrico ψ (em volts). Seu valor em função da distância h da superfície é dado por

$$\psi = \psi_0 \exp(-kh) \quad (7.12)$$

onde ψ_0 é o potencial na superfície e a espessura nominal da dupla camada elétrica, ou comprimento de Debye $1/\kappa$, é dada por

$$\kappa \approx 3{,}2I^{0{,}5} \; (\text{nm}^{-1}) \quad (7.13)$$

para soluções aquosas em temperatura ambiente. A força iônica I depende da concentração iônica total, sendo definida por

$$I \equiv \frac{1}{2}\sum m_i z_i^2 \quad (7.14)$$

onde

m é a concentração molar.

z é a valência de cada espécie iônica presente.

Deve-se observar que, para um sal como o NaCl, I é igual à molaridade da solução, mas isso não ocorrerá se íons de maior valência estiverem presentes. Para $CaCl_2$, I é três vezes a molaridade.

Na Figura 7.10b, são apresentados cálculos de potencial em função da distância. As forças iônicas de alimentos aquosos variam de 1 mM

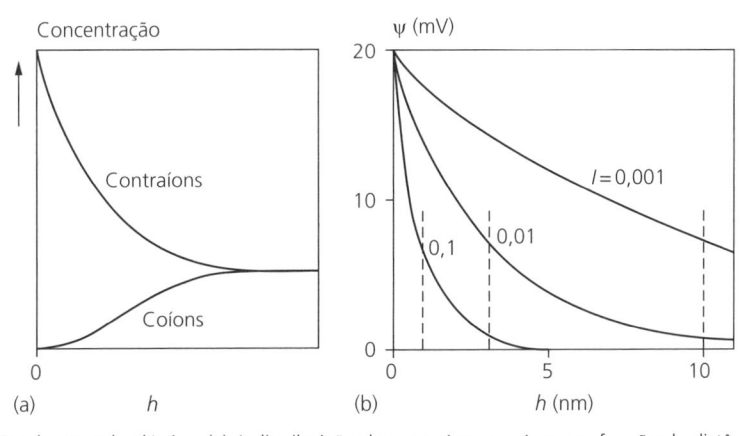

FIGURA 7.10 Dupla camada elétrica. (a) A distribuição de contraíons e coíons em função da distância h da superfície carregada. (b) O potencial ψ em função da distância para três valores de força iônica I (mM); as linhas pontilhadas indicam o comprimento de Debye ($1/\kappa$).

(água da torneira comum) a mais de 1 M (para alimentos em conserva). O valor de I para o leite é $\approx 0,075$ M e para o sangue é $\approx 0,14$ M. Como consequência, a espessura da dupla camada é de apenas ≈ 1 nm ou menor.

As interações elétricas dependem do potencial de superfície e este, por sua vez, geralmente depende do pH. Para a maioria dos sistemas alimentares, os valores de $|\psi_0|$ estão abaixo de 30 mV. Em concentrações elevadas de contraíons (sobretudo se forem divalentes), pares de íons podem ser formados entre os contraíons e os grupos carregados na superfície das partículas, diminuindo, assim, $|\psi_0|$.

Em fases não aquosas, a constante dielétrica costuma ser muito menor que na água, tornando a Equação 7.12 inválida. Além disso, nesta situação, a força iônica geralmente será quase nula. Ou seja, mesmo que haja uma superfície carregada (como pode ser o caso de gotículas aquosas flutuando em óleo), as forças elétricas de interação serão insignificantes.

7.3.3 Teoria de Deryagin-Landau, Verwey-Overbeek

Quando partículas eletricamente carregadas de mesmo sinal aproximam-se muito, suas duplas camadas se sobrepõem. Assim, as partículas se repelem mutuamente. A energia livre de interação elétrica de repulsão V_E pode ser calculada. Para esferas de tamanho igual, este valor é dado em uma primeira aproximação pela proporcionalidade

$$V_E \propto r\, \psi_0^2 \exp(-kh) \qquad (7.15)$$

As energias de interação V_A (em decorrência da atração de Van der Waals) e V_E podem ser somadas, o que conduziu à primeira teoria útil da estabilidade coloidal, a teoria DLVO (Deryagin-Landau, Verwey-Overbeek). Essa teoria permite o cálculo da energia livre total V necessária para trazer duas partículas da distância infinita para a distância h. Não elaboraremos sobre isso pois um cálculo preciso geralmente não é possível para os sistemas alimentares. A energia total de interação costuma ser dividida por kT, isto é, a energia cinética média envolvida em um encontro entre duas partículas por movimento browniano (calor).

Algumas tendências serão discutidas a seguir, fazendo referência à Figura 7.11. A curva 1 apresenta um exemplo da atração de Van der Waals e sempre se torna mais forte para uma distância menor entre partículas. A curva 2 é um exemplo de soma da atração de Van der Waals e da repulsão eletrostática. Nesse caso, tem-se o chamado mínimo secundário na curva, perto de C. Graças ao movimento browniano, um par de partículas rapidamente alcançará esse ponto. O valor de V, nesse caso, é $\approx -3kT$, sendo suficiente para causar agregação das partículas. No entanto, essas partículas podem se desagregar novamente, pois a atração nesse exemplo é fraca. O par de partículas pode, às vezes, até mesmo ultrapassar o máximo de energia livre no ponto B ($\approx 10\, kT$), o que implica que esse par atingirá o mínimo primário A, que é tão profundo que as partículas se tornam permanentemente agregadas. A Equação 7.11 até mesmo prevê que V_A tende a $-\infty$ para $h \to 0$, mas para um h muito pequeno, a repulsão entre os núcleos dos átomos na camada de superfície impedirá que isso aconteça.

Normalmente, não é possível alterar a atração de Van der Waals, porém a repulsão eletrostática pode ser modificada prontamente. A diminuição da força iônica faz a repulsão agir em uma distância maior, quase eliminando o mínimo secundário. O aumento da carga das partículas e, consequentemente, de $|\psi_0|$, quer pela inclusão de um surfactante iônico, quer pela manipulação do pH, gera sobretudo o aumento do máximo da curva, impedindo, assim, a agregação permanente. Se $|\psi_0|$ for baixo e I for alta, a atração prevalecerá em todas as distâncias, e as partículas se agregarão com rapidez.

Geralmente, apesar da teoria DLVO ser muito bem-sucedida para vários sistemas inorgânicos, ela é inadequada para a previsão da estabilidade da maioria dos sistemas biogênicos. Os glóbulos de gordura do leite, por exemplo, são estáveis contra a agregação em seu pH isoelétrico (3,8), no qual apresentam potencial de superfície zero e, portanto, a teoria DLVO prediria repulsão nula [95]. Em consequência disso, outras forças de interação que não são consideradas nessa teoria podem tornar-se importantes.

7.3.4 Repulsão estérica

Como mostrado na Figura 7.4, algumas moléculas adsorvidas (polímeros, polissorbatos, etc.)

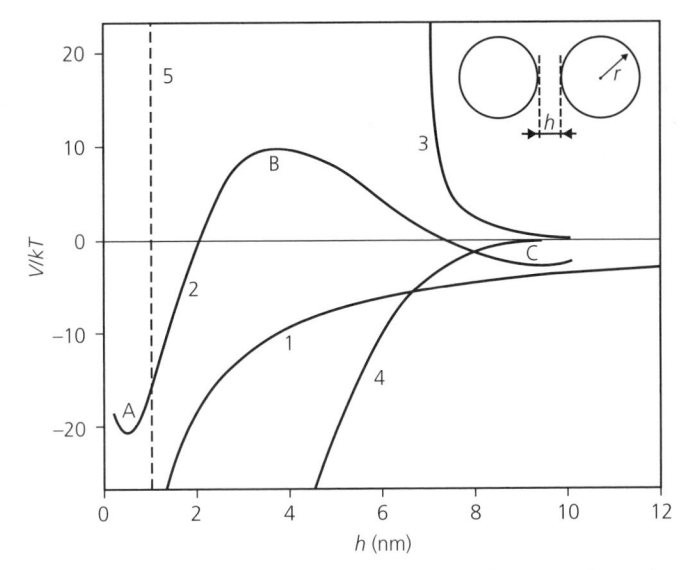

FIGURA 7.11 Exemplos de cálculos da energia livre de interação V entre duas partículas em função da distância h entre elas; a inserção mostra a geometria considerada. Curvas de (1) atração de Van der Waals; (2) interação DLVO; (3) repulsão estérica; e (4) interação de depleção. (Ver mais explicações no texto.) (De Walstra, P. et al., *Dairy Science and Technology*, CRC/Taylor & Francis, Boca Raton, FL, 2006.)

têm cadeias moleculares flexíveis ("filamentos") que se projetam para dentro da fase contínua, podendo causar repulsão estérica. Dois mecanismos podem ser distinguidos. Primeiro, se a superfície de outra partícula se aproximar, os filamentos são restringidos nas conformações que podem assumir, o que implica perda de entropia e, por conseguinte, aumento da energia livre, ocorrendo repulsão. Esse efeito de restrição de volume pode ser muito grande, mas tem importância apenas se as superfícies tiverem uma densidade de filamentos (número de filamentos por unidade de área) muito baixa. Isso se dá porque as camadas de filamentos começam a se sobrepor quando da aproximação das partículas. Dessa forma, um segundo mecanismo entrará em ação antes do primeiro. A sobreposição causa o aumento da concentração de filamentos protuberantes e, assim, leva ao aumento da pressão osmótica, ocasionando o movimento da água para a região sobreposta, resultando em repulsão. No entanto, isso ocorre apenas se a fase contínua for um bom solvente para os filamentos; caso contrário, poderá haver atração. Por exemplo, gotículas de emulsão revestidas por caseína têm filamentos protuberantes, conferindo estabilidade às gotículas. Se houver adição de etanol à emulsão, a qualidade do solvente será bastante diminuída e as gotículas se agregarão [19].

Em alguns casos, a energia livre de repulsão estérica pode ser calculada com precisão razoável [27]. Se esses valores forem adicionados à atração de Van der Waals, serão obtidas curvas de interação total *versus* distância interpartícula. A qualidade do solvente costuma ser de extrema importância e, se o solvente for de boa qualidade, a repulsão pode ser muito forte (conforme a curva 3, na Figura 7.11). Em sistemas alimentares, na prática, geralmente não é possível realizar cálculos de repulsão estérica, pois a situação é muito complexa. Por exemplo, a natureza das moléculas adsorvidas pode variar muito [22,27,89]. Um exemplo disso são as proteínas que exibem filamentos protuberantes na adsorção, como as caseínas. Esses filamentos carregam cargas elétricas que podem aumentar a repulsão.

Por outro lado, os polímeros adsorvidos podem causar agregação pela formação de pontes, quando forem adsorvidos simultaneamente por duas partículas [27,89]. Isso pode acontecer se houver uma quantidade muito pequena de polímero para a cobertura total da área de superfície das partículas ou com certos métodos de processamento. Além disso, as ligações interpartículas podem ser formadas entre as proteínas adsorvidas, como exemplifica a formação de ligações –S–S– a altas temperaturas, ou as ligações –Ca– entre cargas negativas nos filamentos, se houver uma quantidade suficiente de Ca^{2+}. Em geral, mudanças sutis na composição de uma dispersão aquosa podem causar efeitos profundos sobre a estabilidade coloidal.

7.3.5 Interação depletiva

Além das cadeias poliméricas que se projetam de uma superfície, as moléculas poliméricas em solução podem afetar a interação coloidal. Considere-se uma dispersão líquida, por exemplo, uma emulsão, que também contenha alguns polímeros (não adsorvidos) nela dissolvidos, como a goma xantana. O centro de uma molécula de polímero não pode estar mais próximo à superfície do que um valor δ, que é aproximadamente igual a seu raio R_g, como ilustrado na Figura 7.12. Assim, uma camada de líquido encontra-se em depleção do polímero. Ou seja, a concentração dos polímeros no líquido livre aumenta em virtude da presença de gotículas de emulsão. Consequentemente, a pressão osmótica Π_{osm} da solução aumenta. Se duas gotas pequenas então se aproximarem (i.e., agregarem-se), parte de suas camadas depletivas se sobrepõem, e a concentração do polímero no líquido livre diminui. Por conseguinte, a pressão osmótica diminui. Como o sistema sempre tentará tornar a pressão osmótica a menor possível, existirá uma força motriz para agregação das gotículas. A energia de interação é dada, aproximadamente, por

$$V_D \approx -2r\Pi_{osm}(2\delta - h)^2, \quad 0 < h < 2\delta, \quad r \gg \delta \tag{7.16}$$

onde

$\delta = R_g$ é a menor distância de aproximação das moléculas de polímero.
h é a distância entre as partículas.
r é o raio das partículas.

Em uma primeira aproximação, a energia é proporcional à concentração molar do polímero e também dependerá da qualidade do solvente.

O resultado é que os polissacarídeos podem causar agregação depletiva em alimentos, mesmo em baixa concentração; por exemplo, 0,03% de goma xantana ($R_g \approx 30$ nm) pode ser suficiente para que isso ocorra [19]. Um exemplo é apresentado na curva 4 da Figura 7.11. Concentrações substancialmente mais altas de polímero muitas vezes levam à formação de gel, o que implica na imobilização das partículas (Seções 7.4.2 e 7.5.2).

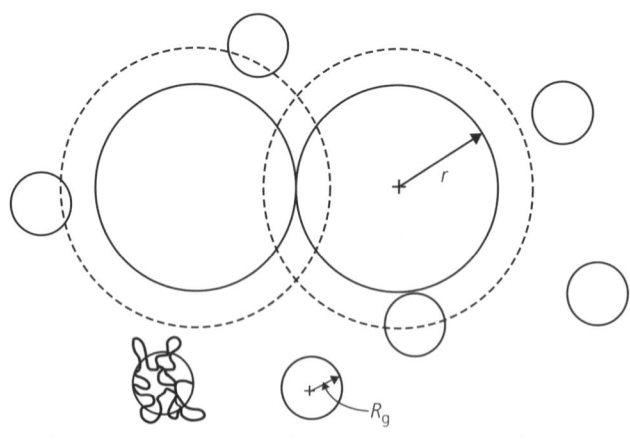

FIGURA 7.12 Representação esquemática da depleção de moléculas não adsorventes de polímero (raio de rotação R_g, representado pelos círculos pequenos) da superfície de partículas coloidais (raio r, representado pelos círculos grandes) e da superposição das zonas de depleção (delimitadas por linhas tracejadas), quando as partículas estão agregadas. (Redesenhada a partir de Walstra, P., em: *Food Colloids em Polymers: Stability and Mechanical Properties*, Dickinson, E. e Walstra, P., eds., Royal Society of Chemistry, Cambridge, U.K., 1993, pp. 1–15.)

7.3.6 Outros aspectos

Deve ficar claro que podem ocorrer vários tipos de interações coloidais em alimentos e que a espécie e a concentração de surfactantes presentes influenciam fortemente estas interações. Mesmo nos casos mais simples, diversas variáveis são importantes (Tabela 7.4).

Diversas complicações adicionais podem ser mencionadas. A teoria DLVO não se aplica a distâncias muito pequenas, nem é obedecida a previsão do efeito do tamanho da partícula. A causa pode ser a rugosidade superficial.

Em distâncias muito pequenas, podem ocorrer **interações hidrofóbicas**, as quais geralmente causam atração. O efeito resulta da baixa qualidade do solvente. Esse tipo de interação tem uma forte dependência da temperatura, tornando-se muito fraca quando próxima a 0 °C e aumentando com a elevação da temperatura.

Essas interações hidrofóbicas podem acontecer, em princípio, se uma **proteína** for o surfactante. Entretanto, mesmo nesse caso, o resultado tende a ser a repulsão. Isso se deve à combinação das repulsões eletrostática e estérica, embora o cálculo da energia de interação não seja possível. Se o pH for próximo ao ponto isoelétrico da proteína adsorvida, a repulsão eletrostática pode transformar-se em atração eletrostática entre grupos negativos e positivos nas superfícies. Além disso, agora a atração hidrofóbica pode acontecer, e as partículas cobertas de proteínas agregam-se próximas a seu pH isoelétrico.

TABELA 7.4 Fatores que afetam a magnitude de diversas contribuições à energia livre de interação (V) entre partículas em sistemas aquosos

Variável	V_A	V_E	V_S
Tamanho da partícula	+	+	(+)
Material da partícula	+	–	–
Camada adsorvida	(+)	+	+
pH	–	+	–[a]
Força iônica	–	+	–[a]
Qualidade do solvente	–	–	+

A, atração de Van der Waals; E, repulsão eletrostática; S, repulsão estérica. +, efeito; –, sem efeito; (+), efeito sob algumas condições.
[a] Na ausência de cargas elétricas.

7.3.7 Resumo

- As interações coloidais determinam a estabilidade das partículas contra a agregação, o que, por sua vez, afeta outras instabilidades físicas.
- As forças de Van der Waals entre partículas semelhantes são sempre atraentes.
- Forças elétricas de repulsão e atração existem entre partículas carregadas; camadas elétricas duplas formam-se em torno de partículas carregadas.
- A teoria DLVO descreve a soma das forças atrativas de Van der Waals e das forças repulsivas das camadas duplas sobrepostas.
- Forças de repulsão estéricas são criadas por polímeros adsorvidos.
- A interação depletiva entre partículas coloidais é facilitada por polímeros dissolvidos em fase aquosa.

7.4 DISPERSÕES LÍQUIDAS

7.4.1 Descrição

Existem diversos tipos de dispersões líquidas. Neste texto, a abordagem está limitada às suspensões (partículas sólidas em um líquido) e aos aspectos das emulsões que seguem as mesmas regras. Alimentos que são suspensões incluem leite desnatado (micelas de caseína em soro de leite), cristais de gordura em óleo, muitos sucos de frutas e vegetais (células, agrupamentos celulares e fragmentos de células em solução aquosa) e alguns alimentos processados (p. ex., sopas). Durante o processamento (fabricação dos alimentos), também se encontram suspensões, como grânulos de amido na água, cristais de açúcar em solução saturada e agregados proteicos em fase aquosa.

As dispersões estão sujeitas a diversos tipos de instabilidade, ilustradas esquematicamente na Figura 7.13. É possível distinguir mudanças no tamanho das partículas e em sua disposição. A formação de pequenos agregados de partículas pode ser considerada como pertencente a ambas as categorias. A dissolução e o crescimento das partículas dependem da concentração do material, de sua solubilidade e da difusão. Em uma solução supersaturada, a nucleação deve ocorrer antes que

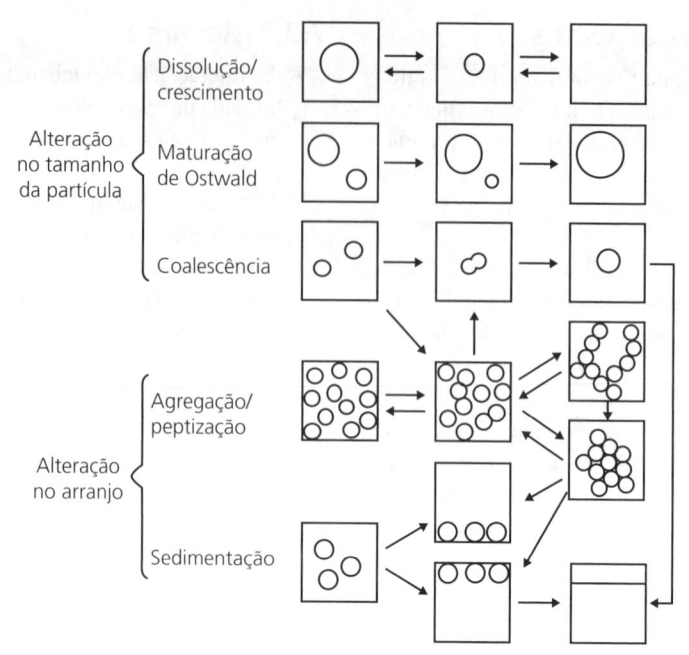

FIGURA 7.13 Ilustração das diversas alterações na dispersividade. Altamente esquemático.

as partículas possam ser formadas. Não serão discutidos aqui a dissolução, a nucleação ou o crescimento. A maturação de Ostwald é abordada nas Seções 7.2.4 e 7.7.2, e a coalescência, na Seção 7.6.4. As demais mudanças serão abordadas na Figura 7.13.

As diversas alterações podem ser afetadas entre si, como mostrado na figura. Além disso, a sedimentação aumenta pelo crescimento do tamanho das partículas, além de aumentar a taxa de agregação de partículas que tenham tendência a se agregar. A agitação do líquido pode aumentar a taxa de algumas mudanças, mas também pode dificultar a sedimentação e romper agregados grandes.

7.4.2 Sedimentação

Quando há diferença de densidade (ρ) entre a fase dispersa (ρ_D) e a fase contínua (ρ_C), existe uma força de flutuação agindo sobre as partículas. Segundo Arquimedes, a força líquida na direção da sedimentação para esferas é dada por $a\pi d^3(\rho_D - \rho_C)/6$, onde a é a aceleração. Conforme a esfera acelera, encontra uma força de fricção que é igual a $3\pi d\eta_C v$, segundo Stokes, onde η_C é a viscosidade da fase contínua e v é a velocidade instantânea (em relação à fase contínua). Igualando as forças, obtém-se a velocidade de sedimentação de equilíbrio ou de Stokes:

$$v_S = \frac{a(\rho_D - \rho_C)d^2}{18\eta_C}. \quad (7.17)$$

Se as partículas apresentarem uma distribuição de tamanho, d^2 deverá ser substituído por $\sum n_i d_i^5 / \sum n_i d_i^3$, onde n_i é o número de partículas por unidade de volume na classe i com diâmetro d_i.

Para a sedimentação gravitacional, $a = g = 9{,}81$ m s^{-2}; para a sedimentação centrífuga, $a = R\omega^2$, onde R é o raio efetivo da centrífuga e ω é sua taxa de rotação, em radianos por segundo. Exemplificando: se o diâmetro da esfera for 1 μm, a diferença de densidade for 100 kg m^{-3} e a viscosidade da fase contínua for igual a 1 mPa s (i.e., água), então as esferas sedimentarão por gravidade a uma taxa de 55 nm s^{-1} ou 4,7 mm por dia. A sedimentação depende muito do tamanho da partícula, e esferas de 10 μm se movimentarão 47 cm em um dia. Normalmente, a viscosidade diminui e a taxa de sedimentação aumenta com a elevação da temperatura. Se a diferença de densidade na Equação 7.17 for negativa, a sedimentação será para cima, naquilo que comumente é referido como formação de nata; a sedimentação para baixo pode ser chamada assentamento.

A equação de Stokes é muito útil para previsão das tendências, mas quase nunca é verdadeiramente válida. Entre os muitos fatores que causam o desvio da Equação 7.17 [92], os mais importantes para alimentos são os seguintes:

1. As partículas não são esferas homogêneas. Uma partícula anisométrica tende a sedimentar mais devagar, pois se orienta durante a sedimentação, de modo a maximizar o atrito (i.e., uma partícula de formato plano adotará uma orientação "horizontal"). Um agregado de partículas, mesmo sendo esférico, sedimenta com mais lentidão que uma esfera homogênea do mesmo tamanho, pois o líquido intersticial do agregado torna a diferença de densidade efetiva menor.
2. Correntes de convecção na dispersão (p. ex., ocasionadas por pequenas flutuações na temperatura) podem dificultar muito a sedimentação de partículas pequenas (< -1 μm).
3. Se a fração volumétrica das partículas ϕ não for muito pequena, a sedimentação será dificultada, aproximadamente conforme

$$v = v_S(1-f)^8 \qquad (7.18)$$

Para $\phi = 0,1$, a taxa de sedimentação já está reduzida em 57%.

4. Se as partículas se agregam, a taxa de sedimentação aumenta, pois o aumento de d^2 é sempre maior que a diminuição de $\Delta\rho$. Além disso, como agregados maiores sedimentam com mais rapidez, eles ultrapassam os menores e, assim, tornam-se ainda maiores, levando a uma aceleração maior da taxa de sedimentação. Isso pode aumentar a sedimentação em várias ordens de grandeza. Um bom exemplo disso é a formação rápida de nata em leite cru refrigerado, em que os glóbulos de gordura se agregam pela presença de crioglobulinas [95].
5. Na Equação 7.17, existe o pressuposto implícito de que a viscosidade é newtoniana, isto é, independente da taxa de cisalhamento (ou tensão de cisalhamento), o que não é verdadeiro para muitos alimentos líquidos. A Figura 7.14 fornece alguns exemplos da dependência da viscosidade aparente η_a sobre a tensão de cisalhamento. A tensão causada por uma partícula é dada pela força de flutuação ao longo da secção transversal da partícula, isto é, $\approx g\Delta\rho d$ para esferas sob gravidade. A tensão é da ordem de 1 mPa para muitas partículas. Essa é, portanto, a tensão que as partículas sofrem durante a sedimentação. A viscosidade deve ser medida nessa tensão (σ) (ou a taxa de cisalhamento correspondente, dada por σ/η_a), ao passo que a maioria dos viscosímetros aplica uma tensão bem maior que 1 Pa. A Figura 7.14 mostra que a viscosidade aparente pode diferir em várias ordens de grandeza, de acordo com a tensão de cisalhamento aplicada.

A Figura 7.14 também apresenta um exemplo de líquido que exibe pouca tensão de escoamento. Abaixo dessa tensão, o líquido não fluirá. No entanto, isso não ocorre durante a manipulação, pois a tensão de escoamento é muito pequena (uma pressão de 1 Pa corresponde a uma "coluna" de água de 0,1 mm de altura). Apesar disso, costuma ser suficiente para a prevenção da sedimentação (ou formação de nata), bem como da agregação. Entre os alimentos líquidos que apresentam tensão de escoamento estão o leite de soja, muitos sucos de fruta, o leite achocolatado e diversos molhos. Esses aspectos serão discutidos na Seção 7.5.3.

7.4.3 Agregação

As partículas em um líquido apresentam movimento browniano e, desse modo, costumam encontrar-se umas com as outras. Esses encontros podem levar à agregação, definida como o estado em que as partículas permanecem próximas por um período de tempo muito maior do que ocorreria na ausência de interação coloidal de atração. A taxa de agregação geralmente é calculada de acordo com a teoria de agregação pericinética de Smoluchowski [66]. A taxa inicial de agregação em uma dispersão diluída de esferas de igual tamanho é

$$-\frac{dN}{dt} = \frac{4kTN^2}{3\eta W} \qquad (7.19)$$

onde N é o número de partículas, isto é, partículas não agregadas mais partículas agregadas, por uni-

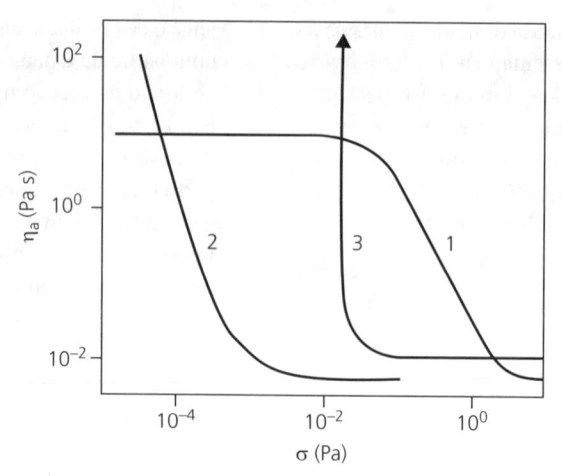

FIGURA 7.14 Exemplos esquemáticos de comportamentos não newtonianos do fluxo de líquidos: a viscosidade aparente η_a em função da tensão de cisalhamento σ. A curva 1 é típica de uma solução polimérica; a curva 2, de uma dispersão de partículas muito pequenas fracamente agregadas; e a curva 3, de um sistema que exibe tensão de escoamento. (De Walstra, P., Emulsion stability, em: *Encyclopedia of Emulsion Technology*, Vol. 4, Becher, P., ed., Dekker, New York, 1996, pp. 1–62.)

dade de volume. Smoluchowski considerou um fator de estabilidade W igual à unidade. O tempo necessário para se reduzir à metade o número de partículas é

$$t_{0,5} = \frac{\pi \eta d^3}{8kT\phi} \qquad (7.20)$$

onde ϕ é a fração volumétrica das partículas. Isso resulta em $d^3/10\phi$ s para partículas em água, em temperatura ambiente, onde d é dado em μm. Para $d = 1$ μm e $\phi = 0,1$, tem-se 1 s, implicando que a agregação será muito rápida.

Na maioria das situações práticas, a agregação é muito mais lenta, pois W costuma apresentar valores altos. A magnitude do fator de estabilidade é determinada principalmente pela repulsão coloidal entre as partículas (Seção 7.3). Quando se deseja, por exemplo, o aumento do tempo de vida média de 1 s para 4 meses, será necessário um valor $W = 10^7$.

A utilização direta da Equação 7.19 para a predição da estabilidade raramente é possível em sistemas alimentares. Existem inúmeras complicações, sendo algumas das mais importantes: (1) em geral, é impossível de se predizer o valor de W; (2) o fator de estabilidade pode mudar com o tempo (um exemplo disso é a hidrólise enzimática de grupos –$COOCH_3$ na pectina a grupos –COO^- que, então, podem formar pontes com os íons Ca^{2+} presentes); (3) existem outros mecanismos de encontro, devido ao fluxo (agitação) ou à sedimentação; e (4) a agregação pode assumir diversas formas, levando à coalescência (que pode ocorrer com gotas pequenas de óleo) ou à formação de agregados. No entanto, a aplicação da teoria de agregação muitas vezes é possível e útil, mas é muito mais complexa do que se consegue abordar aqui [9,89,92].

De acordo com a natureza das forças de interação entre as partículas agregadas (Seção 7.3.3), pode-se adicionar agentes para causar **desagregação**. Isso pode ser realizado para a estabilização de um alimento, bem como para o estabelecimento (em laboratório) da natureza das forças. Deve-se perceber que frequentemente há mais de um tipo de força agindo. A diluição com água pode causar desagregação devido (1) à diminuição da pressão osmótica (se a interação depletiva for a principal causa da agregação), (2) à redução da força iônica (que aumenta a repulsão eletrostática) ou (3) à melhora da qualidade do solvente (que pode aumentar a repulsão estérica). As forças elétricas também podem ser manipuladas alterando-se o pH. A formação de pontes por cátions divalentes frequentemente pode ser desfeita por meio de adição de um agente quelante, como o EDTA.

A formação de pontes por polímeros ou proteínas adsorvidos podem ser desfeitas principalmente pela adição de uma pequena molécula surfactante adequada (Seção 7.2.2). A reversão de interações específicas (p. ex., pontes –S–S–) requer reagentes específicos. Além disso, mudanças de temperatura podem afetar a estabilidade do agregado, pela alteração da qualidade do solvente.

Se as forças entre as partículas em um agregado não forem muito fortes, a desagregação pode ser alcançada por meio de **forças de cisalhamento**. Essas forças exercem uma tensão $\eta \cdot \nabla v$, onde ∇v é o gradiente de velocidade (taxa de cisalhamento). Em água, seria necessário um $\nabla \eta = 10^3 \text{ s}^{-1}$ para atingir uma tensão de cisalhamento de 1 Pa, o que não parece ser muito grande. No entanto, as tensões de cisalhamento que ocorrem durante a agitação e o fluxo geralmente são suficientes para o rompimento (parcial) de grandes agregados.

Outro aspecto relevante é que as pontes podem ser **reforçadas** após a agregação. Nesse sentido, é mais adequado se falar em **junções** entre partículas, já que qualquer junção pode representar muitas ligações (até, por exemplo, uma centena delas) Esse reforço ou fortalecimento pode ocorrer por meio de diversos mecanismos [89].

A agregação de partículas em alimentos líquidos muitas vezes é indesejável. Ela pode levar à falta de homogeneidade do produto, por exemplo, pelo fato de que a agregação aumenta muito a sedimentação ou pode induzir a coalescência de gotículas em emulsão. Em outros casos, agregações fracas podem ser desejáveis. Pode haver formação de uma rede preenchedora de espaços de partículas agregadas, portanto, de um gel (fraco). Isso será discutido adiante, na Seção 7.5.2.5. Como consequência, as partículas são imobilizadas e não sedimentam, ou sedimentam muito vagarosamente. Exemplos disso são as partículas de cacau em um leite achocolatado e as células e os fragmentos de tecidos no leite de soja (ver Figuras 7.17 e 7.20).

7.4.4 Resumo

- Partículas em dispersões líquidas exibem mudanças na dispersividade como resultado de mudanças no tamanho das partículas (dissolução/crescimento, amadurecimento de Ostwald e coalescência) e no arranjo (sedimentação e agregação).
- Sedimentação/formação de nata, causada por uma diferença na densidade, com sua velocidade dependendo do diâmetro das partículas, diferença de densidade, da viscosidade da fase contínua e da aceleração.
- A agregação/desagregação depende do equilíbrio entre as forças de interação entre as partículas em função da distância, das mudanças nas propriedades de dispersão devido à força iônica e ao pH e da presença de forças de cisalhamento devido ao fluxo de transmissão.

7.5 SÓLIDOS MOLES

Muitos alimentos são "sólidos moles", a exemplo do pão, margarina, manteiga de amendoim, *ketchup* e queijo. Outro termo bastante utilizado é o termo "semissólido". Ambos os termos apresentam uma definição deficiente: excluem alimentos que fluem com facilidade, bem como os sólidos verdadeiros, ou seja, os alimentos que apresentam, no máximo, uma deformação elástica (i.e., totalmente recuperável) sob uma força aplicada manualmente. Quase todos os sólidos moles são materiais compostos, isto é, que não são homogêneos em uma escala mesoscópica, ou até mesmo, macroscópica. Suas principais classes estruturais são as seguintes:

Géis: são caracterizados pela predominância de líquido (**solvente**) e pela presença de uma matriz contínua de material interligado. Essa rede preenchedora de espaços confere seu caráter sólido.

Sistemas estreitamente empacotados: nesses sistemas, as partículas deformáveis constituem, de longe, a maior fração volumétrica, por meio da qual se deformam mutuamente, até certo ponto. O material intersticial é um líquido ou, em alguns casos, um gel fraco. Como exemplos, têm-se purês vegetais (p. ex., *ketchup* e molho de maçã), emulsões concentradas (p. ex., maionese) e espumas poliédricas (p. ex., espuma da cerveja). Os géis concentrados de amido constituídos por grânulos de amido altamente intumescidos e

parcialmente gelatinizados também pertencem a essa categoria. Quando os grânulos são destruídos, é gerada uma "solução" macromolecular altamente viscosa.
- **Materiais celulares**: a maioria dos tecidos de hortaliças e frutas pertence a essa categoria. Eles são caracterizados por terem paredes celulares relativamente rígidas conectadas, cercando um material semelhante a líquido.

Nem todos os sólidos moles são englobados por essa classificação. Por exemplo, a carne tem uma estrutura fibrosa. Além disso, existem tipos intermediários. Como classes principais de sólidos moles, discutiremos primariamente os géis (Seções 7.5.2 a 7.5.4). Estas seções serão precedidas por uma Seção sobre fenômenos que podem ocorrer quando vários biopolímeros são misturados em concentrações (claramente) superiores a 1%.

7.5.1 Separação de fases de misturas de biopolímeros

Muitos produtos alimentares contêm misturas de biopolímeros, frequentemente misturas de proteínas e polissacarídeos. Em solução, a natureza da interação proteína-polissacarídeo tem um grande efeito sobre as propriedades do sistema misto. Em geral, as três situações diferentes a seguir podem ser distinguidas quando uma solução proteica e uma de polissacarídeo são misturadas:

1. A proteína e o polissacarídeo podem se misturar. No entanto, esse resultado é raro na mistura de concentrações mais altas de ambos os biopolímeros, principalmente se estes tiverem uma alta massa molar.
2. Ambos os biopolímeros se associam, levando à formação de complexos proteína-polissacarídeo, **coacervação complexa** ou separação de fase associativa.
3. **Incompatibilidade termodinâmica** ou separação de fases segregativa.

Se ocorrer mistura ou separação de fases, isso depende do sinal da mudança na energia livre de Gibbs da mistura $\Delta F_{mistura}$, que é dada por

$$\Delta F_{mistura} = \Delta H_{mistura} - T\Delta S_{mistura} \quad (7.21)$$

onde
$\Delta H_{mistura}$ é a entalpia da mistura.
$\Delta S_{mistura}$ a entropia da mistura.

Se a $\Delta F_{mistura} \leq 0$, a mistura ocorre; e é quando $\Delta F_{mistura} > 0$, o sistema separa em fases distintas. A separação de fases pode ser causada por um aumento em $\Delta H_{mistura}$ ou por uma diminuição em $\Delta S_{mistura}$, por exemplo, devido a um aumento na concentração de biopolímero ou causada por uma alteração nas condições, tais como pH e força iônica. Observe que a entropia de mistura em $J\ mol^{-1}\ K^{-1}$ será (muito) menor para polímeros do que para moléculas pequenas e diminui com o aumento da massa molecular devido à agregação, por exemplo.

7.5.1.1 Incompatibilidade termodinâmica

A incompatibilidade termodinâmica será o resultado mais comum quando as proteínas e os polissacarídeos forem misturados em concentrações mais altas que as de costume, mas também poderá ocorrer quando, por exemplo, duas proteínas ou dois polissacarídeos forem misturados (p. ex., amilose e amilopectina) em soluções de amido razoavelmente diluídas (gelatinizadas). Para uma mistura proteína-polissacarídeo, leva a uma fase rica em proteína (e pobre em polissacarídeo) e a uma fase rica em polissacarídeo e pobre em proteína [31,71]. Isso acontece, por exemplo, em misturas de gelatina e polissacarídeos dextrana e maltodextrina.

A incompatibilidade termodinâmica ocorre quando as interações entre as macromoléculas forem repulsivas e/ou quando sua afinidade com o solvente for diferente. As macromoléculas geralmente "preferem" estar rodeadas por moléculas idênticas ou por solvente. A concentração necessária para separação de fases em misturas de biopolímeros é menor quando a massa molar dos biopolímeros é maior. As propriedades importantes dos biopolímeros que impactam a separação de fases são a densidade de carga e a conformação. Os polissacarídeos lineares são mais incompatíveis com proteínas do que os ramificados. Por exemplo, para a goma gelana, foi constatado que a transição *coil-helix** estimula a separação de fases. O desdobramento de proteínas globulares também favorece a separação de fases que, do mesmo modo, é estimulada pela agregação de um dos biopolímeros.

Proteínas e vários polissacarídeos são polieletrólitos. Se o pH não estiver próximo do ponto isoelétrico e a força iônica for baixa, a separação de fases não ocorrerá. Sob essas condições, os íons salinos podem se dividir entre os biopolímeros, causando perda considerável de entropia de mistura. A diferença relativa na concentração de sal entre a fase de polieletrólito concentrada e a outra fase diminuirá com o aumento da força iônica e desaparecerá em $\approx 0,1$ M, permitindo a separação de fases da proteína em um pH mais distante do ponto isoelétrico. Próximo ao ponto isoelétrico, o baixo teor de sal promove a separação de fases, pois a solubilidade da proteína diminui com a diminuição da força iônica.

A Figura 7.15a fornece um diagrama de fase hipotético para um sistema de separação de fases. As linhas de amarração indicam como será a separação. Uma mistura da composição A será se-

---

*N. de T. Essa transição significa uma mudança de conformação de "espiral" para "hélice".

parada em fases com composição B e C. A razão dos volumes das duas fases, B e C, é igual à razão das distâncias AC/AB. Quanto mais longa a linha de amarração, maior a incompatibilidade. O ponto indica o ponto crítico, isto é, a composição na qual as linhas de amarração desaparecem. Neste ponto, as duas fases "hipotéticas" formadas terão composição e volume iguais. Ele pode ser determinado a partir da intersecção da linha que liga os pontos médios das linhas de amarração através da curva binodal. Na região abaixo do bimodal, as duas soluções de biopolímero são completamente miscíveis.

Os diagramas de fase são frequentemente assimétricos; a concentração de proteína necessária para a separação de fases é geralmente maior que a concentração de polissacarídeo. A assimetria é maior para as proteínas globulares do que para moléculas mais ou menos desdobradas, como a gelatina e as caseínas.

A taxa de separação pode variar de muito lenta a rápida, dependendo das concentrações de ambos os polímeros e das condições, tais como temperatura, pH e força iônica. Como a separação de fases geralmente ocorre em altas concentrações, a difusão de moléculas de biopolímero é muito lenta. Nos estágios iniciais da separação de

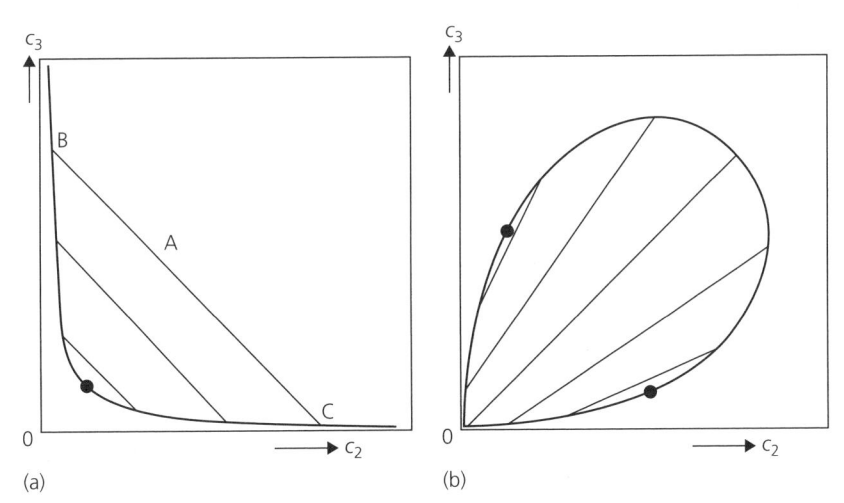

FIGURA 7.15 Casos idealizados de separação de fases em misturas aquosas de duas macromoléculas nas concentrações c_2 e c_3. (a) Separação de fase segregativa ou incompatibilidade termodinâmica. (b) Separação de fase associativa ou coacervação complexa. As linhas mais grossas denotam o bimodal (limite de solubilidade), e as linhas finas, as linhas de amarração. Os pontos indicam pontos críticos. (De Walstra, P., *Physical Chemistry of Foods*, Marcel Dekker, New York, 2003.)

fases, uma das fases forma gotículas, resultando na formação de uma chamada emulsão água-em-água. Qual das fases se torna a fase dispersa depende da razão da concentração de ambos os polímeros e de suas propriedades. A tensão interfacial entre as fases é muito pequena, 10^{-7} a 10^{-4} N · m^{-1}. As gotículas são facilmente deformáveis.

A desmistura será interrompida se a fase contínua formar um gel antes que o sistema atinja o equilíbrio em um sistema de duas camadas separado em fase macroscópica. Alguns exemplos de géis formados serão discutidos na Seção 7.5.4.5.

7.5.1.2 Coacervação complexa

A coacervação complexa ocorre quando a interação entre os diferentes polímeros é de atração. Um exemplo claro é uma mistura de uma proteína abaixo de seu pH isoelétrico (com grupos positivos) e um polissacarídeo carregado negativamente a uma força iônica I não muito alta. A altas I, as cargas serão fortemente blindadas. Exemplos de coacervação complexa são, por exemplo, entre uma solução de gelatina ácida e a goma arábica e entre a β-lactoglobulina e a goma arábica em pH 2,5 a 4,5 e baixa I. Como resultado, muitas vezes forma-se um sistema de duas fases: uma fase contendo uma dispersão concentrada com o complexo de ambos os polímeros, e a outra contendo principalmente água. Um diagrama de fase idealizado desse sistema é mostrado na Figura 7.15b. Além dos coacervados, pequenos complexos solúveis podem se formar. Se as interações forem fracas, um gel fraco e homogêneo resultará, e, se forem fortes, ocorrerá coprecipitação de ambos os polímeros.

7.5.2 Géis: caracterização [80]

7.5.2.1 Estrutura

Pode-se distinguir os tipos de géis com base em diversos critérios. Para géis alimentícios, a principal divisão é a de redes de partículas e redes de polímeros (ver Figura 7.16).

Géis poliméricos: a matriz consiste em moléculas de cadeias longas e lineares, cada uma das quais apresentando ligações cruzadas com outras moléculas em diversos pontos ao longo da cadeia. Pode-se realizar uma subdivisão, de acordo com a natureza das ligações cruzadas:

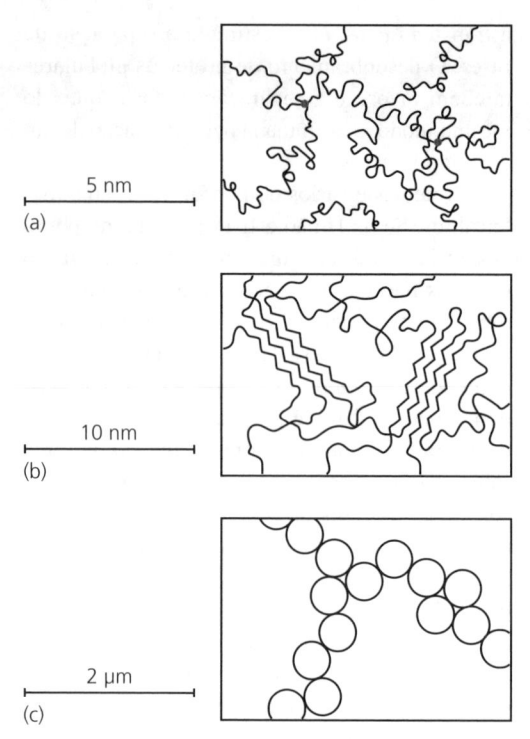

FIGURA 7.16 Ilustração altamente esquemática de três tipos de estrutura de gel. Os pontos em (a) denotam ligações cruzadas. (a) Gel de polímero, ligações cruzadas covalentes; (b) microcristalitos de gel de polímero; e (c) gel de partículas. Observe as diferenças na escala. (De Walstra, P., *Physical Chemistry of Foods*, Marcel Dekker, New York, 2003.)

ligações covalentes (Figura 7.16a) e ligações físicas (não covalentes). Estas últimas são predominantes em géis alimentícios, por exemplo, pontes salinas, regiões microcristalinas (Figura 7.16b), ou tipos específicos de emaranhamentos (ver Seções 7.5.4.1 e 7.5.4.2). Outra subdivisão é a das cadeias entre as ligações cruzadas, as quais podem ser bastante flexíveis, como em géis de gelatina, ou mais rígidas, como na maioria dos géis de polissacarídeo.

Géis de partículas: esses géis são ilustrados na Figura 7.16c. Quando comparados com géis poliméricos, a maioria das redes de géis de partículas é bem mais grosseira (poros maiores). É possível estabelecer uma subdivisão em géis de partículas duras, como cristais de triacilglicerol em gorduras plásticas, e géis de partículas deformáveis, como micelas de caseína em diversos géis lácteos (como o iogurte).

Deve-se observar, ainda, que as ligações cruzadas físicas entre as moléculas de polímero, bem como as regiões de contato entre as partículas, devem ser preferencialmente chamadas de "junções", em vez de "pontes", uma vez que as junções costumam conter muitas ligações individuais ($\approx$ 10–100). Além disso, as ligações em uma junção podem ser de diferentes tipos (p. ex., Van der Waals, eletrostáticas, hidrofóbicas e ligações de hidrogênio). Algumas proteínas também podem estar unidas em ligação cruzada por ligações covalentes (p. ex., pontes intermoleculares –S–S–).

A gelificação pode ser **induzida** de diversas formas, dependendo da natureza do material gelificante. Em geral, é possível distinguir:

Géis formados a frio: esses géis são formados após aquecimento a temperaturas nas quais o material que forma a rede é dissolvido ou forma uma dispersão de partículas muito pequenas. Com posterior resfriamento, forma-se um gel como resultado da formação de ligações cruzadas físicas. Exemplos disso são a gelatina, a κ-carragenana, misturas de gomas alfarroba e xantana, bem como as gorduras plásticas. No caso dos géis poliméricos, o resfriamento geralmente envolve a transição da conformação das moléculas que formam a rede, como no caso da κ-carragenana.

Géis formafos a quente: quando uma solução de proteínas globulares é aquecida acima de sua temperatura de desnaturação, um gel pode ser formado caso a concentração de proteína esteja acima de um valor crítico c_0; no geral, esses géis são irreversíveis e aumentam consideravelmente em firmeza ao serem resfriados. A magnitude de c_0 depende da natureza da proteína, das condições físico-químicas e da taxa de aquecimento. Como exemplos têm-se a clara de ovo, a proteína isolada de soja, as proteínas do soro de leite e as proteínas da carne. Além disso, alguns polissacarídeos quimicamente modificados podem formar géis reversíveis em altas temperaturas. Por exemplo, éteres de celulose, como a metilcelulose, que contêm grupos –OCH_3, formam um gel em altas temperaturas por meio de ligações hidrofóbicas.

Alguns géis são formados pela **mudança de condições** que afetam as interações coloidais ou moleculares, como pH, força iônica, sais específicos (p. ex., íons Ca^{2+}) ou ação enzimática. Como exemplos têm-se géis lácteos induzidos por ácido ou renina e gelificação fria pela mudança de pH de uma dispersão de agregados de proteínas globulares termicamente desnaturadas (p. ex., de β-lactoglobulina ou ovoalbumina).

7.5.2.2 Parâmetros reológicos e de fratura

A maioria das propriedades comestíveis e de uso de géis alimentícios é determinada, em grande parte, por seu comportamento mecânico (Seção 7.5.3). Para um melhor entendimento desses aspectos, serão abordadas agora algumas propriedades mecânicas básicas.

A partir do ponto de vista reológico, um gel é um material que mostra características predominantemente **elásticas**, durante determinado período de tempo, e que possui um módulo relativamente pequeno ($< 10^7$ Pa) em comparação aos sólidos verdadeiros. Um módulo é definido como a razão entre uma tensão ($\sigma \equiv$ força/área) que age sobre um material e a sua deformação relativa (ou distensão, ε). Isso se aplica apenas se σ/ε for independente de ε, denotando, em geral, pequenas deformações. Um comportamento elástico implica que o material se deformará instantaneamente sob tensões aplicadas a uma distensão constante no tempo, mas volta com rapidez à sua forma original no momento em que a tensão é removida (ver linha pontilhada na Figura 7.17a).

No entanto, para muitos géis, a deformação não é totalmente instantânea: após uma deformação elástica inicial, o material deforma-se aos poucos durante a aplicação da tensão (ver Figura 7.17a). Após a remoção da tensão, o gel não volta à sua forma original, sendo que a diferença aumenta com o tempo durante o qual a tensão foi aplicada. O gel, portanto, exibe uma combinação de comportamentos elástico e viscoso (fluxo), e diz-se que se comporta de maneira "viscoelástica". Os géis de gelatina e de κ-carragenana, a temperaturas muito abaixo dos pontos de gel, mostram um comportamento quase totalmente elástico, ao passo que os géis lácteos induzidos por renina e ácido são géis claramente viscoelásticos.

Sob tensões altas, o gel pode fraturar ou fluidizar, dependendo de sua estrutura e – em alguns

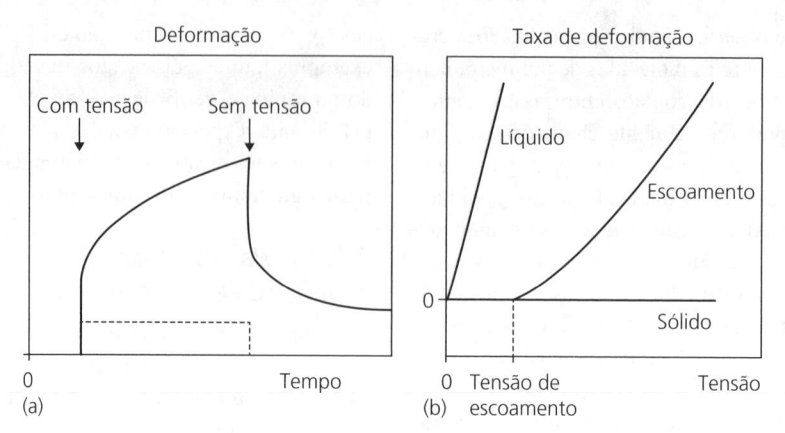

FIGURA 7.17 Viscoelasticidade. (a) Exemplo da relação entre deformação (distensão) e tempo, quando um material viscoelástico é submetido repentinamente a uma determinada tensão e após a remoção dessa tensão; a linha pontilhada representa a tensão abaixo da tensão de escoamento do material. (b) Taxa de deformação em função da tensão para um líquido newtoniano; um sólido mole que mostra deformação e um sólido elástico.

géis – da taxa em que a tensão aumenta. A **fratura** implica na quebra do gel tensionado em diversos pedaços. Se o material contiver uma alta proporção de solvente em grandes poros, o espaço entre os pedaços pode ser imediatamente preenchido pelo solvente, como ocorre quando um gel lácteo induzido por renina é cortado durante a fabricação de queijo. A **fluidização** resulta no gel começando a fluir, mas permanecendo ainda uma massa coerente (ver Figura 7.17b). A manteiga, a margarina e a maioria das geleias são exemplos de géis que fluidizam, ao passo que gelatina, ágar e κ-carragenana são exemplos de géis que fraturam.

As propriedades mecânicas dos géis variam muito. A Figura 7.18a fornece uma curva hipotética tensão-deformação, que termina no ponto em que ocorre a fratura. O módulo do material G, também chamado de **rigidez**, é a tensão dividida pela deformação, desde que esse quociente seja constante; este último aspecto só costuma ser verdadeiro para deformações muito pequenas, no geral, menores que 1%. A **resistência** de um

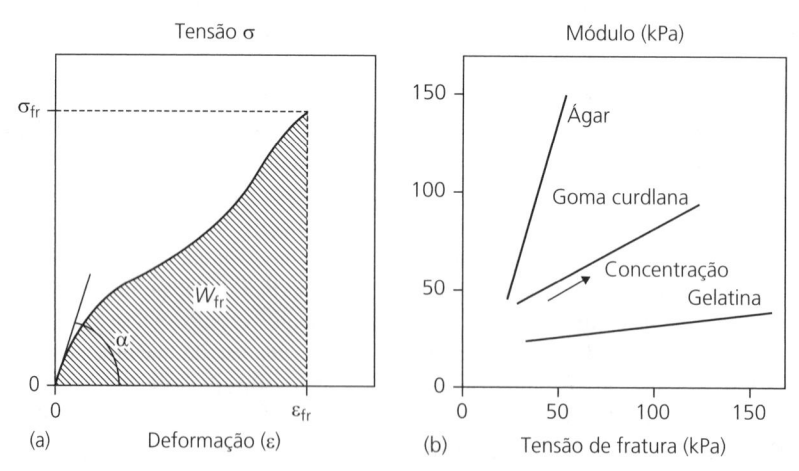

FIGURA 7.18 Deformação grande. (a) Exemplo hipotético da relação entre tensão e deformação, quando um sólido mole é deformado até fraturar; o módulo é igual a tan α. W_{fr} significa o trabalho de fratura. (b) Relação entre módulo e tensão de fratura para géis de diversos materiais (a goma curdlana é um polímero bacteriano de β-1,3 glucana) em várias concentrações. (Conforme Kimura, H. et al., *J. Food Sci.*, 38, 668, 1973.)

material está relacionada principalmente à tensão de fratura σ_{fr}, e não, ao módulo. Termos como "firmeza", "dureza" e "resistência" costumam ser usados de forma indiscriminada, mas o atributo sensorial geralmente se correlaciona à tensão de fratura. Ao comparar-se géis produzidos em concentrações diferentes, o módulo e a tensão de fratura não precisam estar intimamente correlacionados (ver Figura 7.18b) [36]. Observa-se, muitas vezes, que a adição de partículas inertes ("preenchedores") a um material em gel aumenta o módulo, porém diminui a tensão de fratura [44]. Isso é parcialmente explicado pelo fato de que o módulo é predominantemente determinado pelo número e pela força das ligações no gel, ao passo que as propriedades de fratura dependem muito da falta de homogeneidade em larga escala [80].

As propriedades descritas como "falhas" e "fragilidade" estão intimamente relacionadas à reciprocidade da deformação na fratura (ε_{fr}). A última pode variar muito. Para a gelatina, ε_{fr} é $\approx$ 3, e, para alguns géis polissacarídeos, menos 0,1. Para géis como os representados nas Figuras 7.16a e 7.16b, ε_{fr} depende muito do comprimento e da rigidez das cadeias entre as ligações cruzadas.

Outro parâmetro é a "tenacidade", que está relacionada ao trabalho de fratura W_{fr}. A tenacidade deriva da área sob a curva da Figura 7.18a e é expressa em J m^{-3}.

Para uma discussão mais extensa das propriedades reológicas e de fratura dos alimentos, ver [80].

7.5.2.3 Módulo

Nos casos de deformações pequenas, os géis podem ser caracterizados por um módulo. Será dada uma expressão muito geral para o módulo, baseada em um modelo simplificado de gel. Nesse modelo, o gel é construído a partir de filamentos mutuamente unidas através de ligações cruzadas. Um filamento pode consistir de uma cadeia polimérica ou de uma cadeia de partículas agregadas. Quando uma força é aplicada a essa cadeia, o resultado será uma força de reação sobre a cadeia. Essa força é proporcional à deformação Δx vezes a derivada da força de interação f em relação à distância x entre as ligações cruzadas, df/dx. Multiplicando-se ambos os lados da equação pelo número N de filamentos sustentadores de tensão por unidade de secção transversal, obtém-se a seguinte expressão

$$\sigma = -N \frac{df}{dx} \Delta x \quad (7.22)$$

A alteração local da distância pode ser recalculada para uma deformação macroscópica ε, dividindo-se Δx por um comprimento característico C determinado pela geometria da rede. (O cálculo de C é complexo e não será abordado aqui.) Como f geralmente pode ser expressa como a derivada da energia livre F (de Gibbs), no que diz respeito à distância x, obtém-se

$$\sigma = CN \frac{d^2 F}{dx^2} \varepsilon \quad (7.23)$$

Como $G = \sigma/\varepsilon$ e $dF = dH - T\,dS$, onde H é a entalpia e S a entropia, obtemos a seguinte expressão para o módulo:

$$G = CN \frac{d^2 F}{dx^2} = CN \frac{d(dH - T\,dS)}{dx^2} \quad (7.24)$$

7.5.2.4 Géis poliméricos

A deformação de géis com cadeias poliméricas longas e flexíveis entre ligações cruzadas leva principalmente a mudanças na conformação dessas cadeias, resultando na diminuição da entropia da rede. Isso significa que o termo de entalpia da Equação 7.24 pode ser desprezado. Para géis com cadeias poliméricas rígidas entre as ligações cruzadas, a deformação também implica alteração na entalpia, pois as ligações químicas das cadeias estão sendo dobradas ou esticadas. A maioria dos géis de polissacarídeos caem nesta categoria e, em alguns deles, as mudanças de entropia podem ser desprezadas.

Deve-se salientar, ainda, que, ao derivar a Equação 7.24, pressupõe-se implicitamente que as propriedades de todas as cadeias sejam idênticas. Este geralmente não é o caso, sobretudo porque as ligações cruzadas geralmente têm a forma de junções, em que o número e a força das ligações em uma junção podem variar substancialmente. No entanto, no caso simples mostrado na Figura 7.16a (ligações cruzadas químicas e cadeias longas e flexíveis), a Equação 7.24 pode ser reduzida a uma expressão muito simples para o módulo

$$G = vkT \tag{7.25}$$

onde v é o número de cadeias entre as ligações cruzadas por unidade de volume. Essa equação ajusta-se bem a deformações muito pequenas, desde que o valor de v não mude com a temperatura ou outras variáveis (pH, força iônica ou qualidade do solvente durante a gelificação).

Ao se aplicarem as teorias da percolação, foram derivadas leis simples de escalonamento para o módulo de géis poliméricos com a concentração c do material formador de gel, por exemplo [69].

$$G \propto (c - c_0)^n \tag{7.26}$$

onde o expoente n varia na maioria das vezes entre 2 e 4, dependendo da estrutura da rede. Existe uma concentração mínima c_0 para a formação do gel, mas não existe uma explicação física para esse valor. Esses valores dependem da natureza do material que forma o gel e das condições físico-químicas durante a gelificação. Em geral, a relação (7.26) pode ser bem ajustada aos resultados experimentais.

7.5.2.5 Géis de partículas

Esses géis podem formar-se por agregação de partículas feitas para atraírem umas as outras, por exemplo, por uma mudança no pH, na força iônica ou na qualidade do solvente. A estrutura dos agregados formados costuma ser de natureza **fractal** [100]. Quando partículas "atrativas" se encontram de forma aleatória, formam-se pequenos agregados (no início, pares) e, conforme estes encontram outros agregados, vão resultando em agregados maiores. Esse processo é chamado de agregação grupo-grupo. Uma relação simples entre o número (médio) de partículas de um agregado N_p e o raio R do agregado tende a se desenvolver

$$N_p = \left(\frac{R}{r}\right)^D \tag{7.27}$$

onde r é o raio das partículas primárias. D é uma constante < 3, chamada "dimensionalidade fractal". Como esta é < 3, os agregados maiores são mais tênues (rarefeitos) do que os menores. A fração média volumétrica das partículas de um agregado é dada por

$$\phi_{ag} = \frac{N_p}{N_m} = \frac{(R/r)^D}{(R/r)^3} = (R/r)^{D-3} \tag{7.28}$$

onde N_m é o número primário de partículas que uma esfera de raio R obteria em arranjo compacto. Como $D < 3$, ϕ_{ag} diminui à medida que R aumenta, até igualar-se à fração volumétrica das partículas primárias no sistema ϕ. Em princípio, todas as partículas serão, então, incluídas nos agregados, os quais preenchem o sistema. Formam-se ligações entre os agregados, resultando em uma rede preenchedora de espaços (i.e., um gel). O raio crítico dos agregados no ponto de gel é dado por

$$R_g = r\phi^{1/(D-3)} \tag{7.29}$$

Esse mecanismo implica que um gel será formado para qualquer valor de ϕ, mesmo para valores pequenos. No entanto, para ϕ muito pequenos, o gel será fraco demais para ser notado, quebrando-se prontamente com uma agitação fraca. Além disso, pode ocorrer a sedimentação de agregados antes da formação do gel. Esse problema acontecerá de forma mais imediata quando ϕ for menor. Dessa forma, haverá uma concentração crítica ϕ_0 de gelificação.

Uma complicação que ocorre com frequência é que, logo após a formação de agregados pequenos, ocorrem rearranjos de partículas, como ilustrado na Figura 7.19. As partículas podem rolar umas sobre as outras até formarem ligações com mais de uma partícula. A natureza fractal dos agregados permanece, mas em vez de r, deve-se utilizar um raio **efetivo** maior (r_e) nas equações. Ademais, isso acarretará um valor maior de ϕ_0, devido à sedimentação mais rápida dos agregados pequenos.

A teoria da agregação fractal permite a derivação de leis de escalonamento para parâmetros reológicos do gel formado. Pressupõe-se que o módulo do gel deriva exclusivamente de uma mudança na entalpia sob deformação. Além disso, é levado em conta que as estruturas fractais são (em média) autossimilares. Isso implica que o número

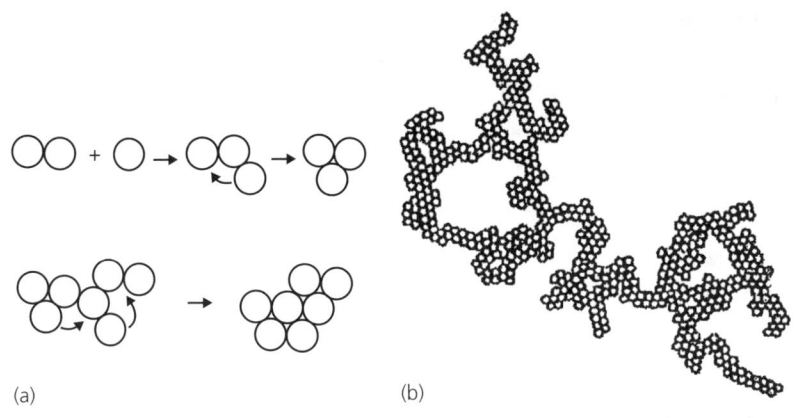

FIGURA 7.19 Rearranjos de curto prazo em agregados fractais. (a) Exemplos de partículas que rolam umas sobre as outras, de modo a atingir um número de coordenação maior. (b) Exemplo de agregado fractal em duas dimensões, nas quais ocorreram arranjos de curto prazo. (De Walstra, P., *Physical Chemistry of Foods*, Marcel Dekker, New York, 2003.)

de ligações (ou junções) entre agregados adjacentes independa de seu raio. A área de contato entre os agregados do gel final será proporcional a R_g^2. Isso significa que o número de ligações entre os agregados por unidade de área de secção transversal do gel terá relação com R_g^{-2}, e, por conseguinte, com o número de cordões sob tensão N da Equação 7.24. Isso leva à proporcionalidade do módulo ϕ como

$$G \propto C \frac{d^2H}{dx^2} \phi^{2/(3-D)} \qquad (7.30)$$

Em geral, $D \approx 2{,}2$, de modo a tornar G proporcional a $\approx \phi^{2{,}5}$. Como C também pode depender de ϕ, pode-se observar tanto dependências mais fracas como mais fortes de G por ϕ [51,80].

Em resumo, apesar de os géis de partículas parecerem estruturas muito desordenadas, geralmente leis simples de escalonamento são aplicáveis para descrever as diversas propriedades (ver também Equação 7.32).

7.5.3 Propriedades funcionais

Os tecnólogos de alimentos produzem géis com propósitos determinados, muitas vezes para obter uma consistência específica ou conferir estabilidade física. As propriedades desejadas e os meios de alcançá-las estão resumidos nas Tabelas 7.5 e 7.6.

TABELA 7.5 Consistência do gel: características mecânicas desejadas de géis fabricados com propósito determinado

Propriedade desejada	Parâmetros relevantes	Condições relevantes
Sustentação	Tensão de escoamento	Escala de tempo
Firmeza	Tensão de ruptura ou tensão de escoamento	Escala de tempo, deformação, taxa de deformação
Formato[a]	Tensão de escoamento + tempo de restauração	Diversas
Manipulação, fatiamento	Tensão de fratura, trabalho de fratura	Taxa de deformação
Propriedades alimentícias	Propriedades de escoamento e fratura; rigidez	Taxa de deformação (deformação para rigidez)
Força (p. ex., do filme)	Propriedades de fratura	Tensão, escala de tempo, taxa de deformação

[a] Após a fabricação do gel.

TABELA 7.6 Propriedades necessárias à estabilidade física do gel

Previne ou impede	Propriedades necessárias
Movimento de partículas	
Sedimentação	Alta viscosidade ou tensão de escoamento significativa + tempo de restauração curto
Agregação	Alta viscosidade ou tensão de escoamento significativa
Mudanças locais de volume	
Maturação de Ostwald	Tensão de escoamento muito alta
Movimento do solvente	
Escape	Permeabilidade baixa + tensão de escoamento significativa
Convecção	Alta viscosidade ou tensão de escoamento significativa
Movimento do soluto	
Difusão	Permeabilidade muito baixa, viscosidade alta do solvente

A **consistência** já foi brevemente abordada, mas o conteúdo da Tabela 7.5 é importante: de acordo com o objetivo que se deseja, as medidas reológicas e de fratura devem ser pertinentes e conduzidas segundo a escala de tempo ou taxa de deformação relevante. Isso não deve necessariamente ser difícil. Por exemplo, para se avaliar a sustentação, que é a propensão de um gel (p. ex., um pudim) manter sua forma sob seu próprio peso, a medição de um módulo não faz sentido. O experimento adequado é a simples observação do gel e, possivelmente, a medição da altura de uma amostra no momento em que começa a ceder. Para assegurar a sustentação, a tensão de escoamento deve ser maior do que $g \times \rho \times H$, onde H é a altura da amostra. Para uma peça de 10 cm de altura, seu valor seria $\approx 9,8 \times 10^3 \times 0,1 \approx 10^3$ Pa. Deve-se, ainda, destacar que essa tensão de escoamento costuma ser menor quando a escala de tempo é maior.

Os **géis muito fracos** foram abordados brevemente na Seção 7.4.3. No dia a dia, tal sistema parece ser líquido, já que flui para fora de uma garrafa se sua tensão de escoamento for algo em torno de < 10 Pa. No entanto, esse sistema exibe propriedades elásticas sob tensões extremamente pequenas. Estas pequenas tensões de escoamento podem ser suficientes para prevenir sedimentação. Um bom exemplo é o leite de soja (Figura 7.20) [58]. O leite de soja contém pequenas partículas, constituídas por fragmentos celulares e organelas. Essas partículas se agregam, formando um gel fraco e reversível. Mediante condições do processo adequadas, a tensão de escoamento é suficiente para prevenir que essas partículas, ou mesmo partículas maiores, sedimentem. Algumas misturas de polissacarídeos, como as soluções de goma xantana e goma alfarroba, mesmo estando muito diluídas, podem exibir tensão de escoamento baixa (Figura 7.14, curva 3). Essa tensão pode prevenir a sedimentação de qualquer partícula presente [45].

Permeabilidade: em alguns casos, deseja-se deter o movimento do líquido. Nesses casos, a permeabilidade do gel é um parâmetro essencial. De acordo com a lei de Darcy, a velocidade superficial v de um líquido através de uma matriz porosa é

$$v \equiv \frac{Q}{A} = \frac{B}{\eta} \frac{\Delta p}{x} \qquad (7.31)$$

onde

Q é a taxa de fluxo volumétrica ($m^3 \ s^{-1}$) ao longo de uma área de secção transversal A.

Δp é a diferença de pressão sobre a distância x.

A permeabilidade B (em m^2) é uma constante material que varia muito entre os géis. O leite coalhado, similar a um gel particulado (produzido a partir de micelas de paracaseína), tem permeabilidade da ordem de $10^{-12} \ m^2$, ao passo que um gel polimérico (p. ex., gelatina) geralmente apresentaria $B = 10^{-17}$. Neste último caso, a perda de líquido do gel seria extremamente lenta.

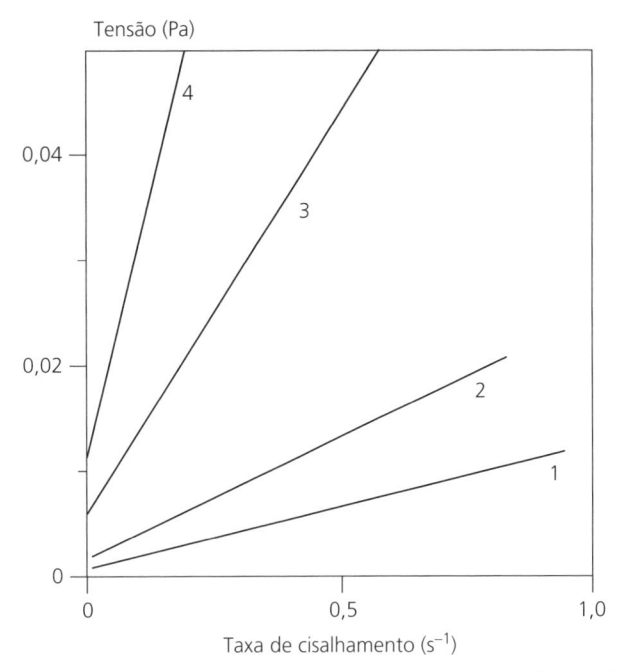

FIGURA 7.20 Curvas de fluxo (tensão de cisalhamento vs. taxa de cisalhamento) do leite de soja. As tensões de escoamento são dadas pela intersecção das curvas com o eixo y. Os leites de soja foram produzidos com soja descascada (curvas 1 e 2) ou grãos inteiros (3 e 4), deixados de molho durante uma noite em temperatura ambiente (1 e 3) ou durante 4 horas a 60 °C (2 e 4). (Confome Oguntunde, A.O. et al., Physical characterization of soymilk, em: *Trends in Food Biotechnology*, A.H. Ghee, N.B. Hen e L.K. Kong, eds., *Proceedings of the Seventh World Congress on Food Science and Technology*, Singapore, 1987, Institute of Food Science and Technology, Singapore, 1989, pp. 307–308.)

Para géis de partículas fractais, pode-se obter uma lei simples para a permeabilidade

$$B = \frac{r_e^2}{K} \phi^{2/(D-3)} \qquad (7.32)$$

onde

K é uma constante de proporcionalidade, frequentemente entre 50 e 100.

r_e é o raio efetivo de partículas.

O expoente ϕ ajusta-se muito bem [100].

O transporte de um soluto ao longo do líquido em um gel deve ocorrer por **difusão**, uma vez que a convecção costuma ser impossível. O coeficiente de difusão D de um soluto em um gel concentrado não é muito diferente daquele em solução, pelo menos para moléculas pequenas. Entretanto, a relação de Stokes para difusividade $D = kT/6\Pi\eta r$, onde r é o raio da molécula, não pode ser aplicada aqui, uma vez que a viscosidade macroscópica do sistema de gel é irrelevante, já que a viscosidade percebida pelas moléculas difusoras seria a viscosidade do solvente. Por outro lado, o soluto deve difundir-se em torno dos filamentos da matriz do gel, e os obstáculos serão maiores para moléculas maiores em poros menores entre os segmentos no gel. Esses aspectos são ilustrados na Figura 7.21 [55].

O **entumescimento** e a **sinerese** são propriedades adicionais dos géis. Sinerese refere-se à expulsão de líquido do gel, sendo o processo oposto ao entumescimento. Não existem regras gerais que governem sua ocorrência. Em géis poliméricos, a diminuição da qualidade do solvente (p. ex., por mudança de temperatura), a adição de sal (no caso de polieletrólitos) ou o aumento do número de ligações cruzadas ou junções podem causar a sinerese. No entanto, uma vez que a diferença de pressão da Equação 7.31 e o valor de B geralmente são muito pequenos, a sinerese (ou o entumescimento) tende a ser muito lenta. Em géis de partículas, a sinerese pode acontecer com

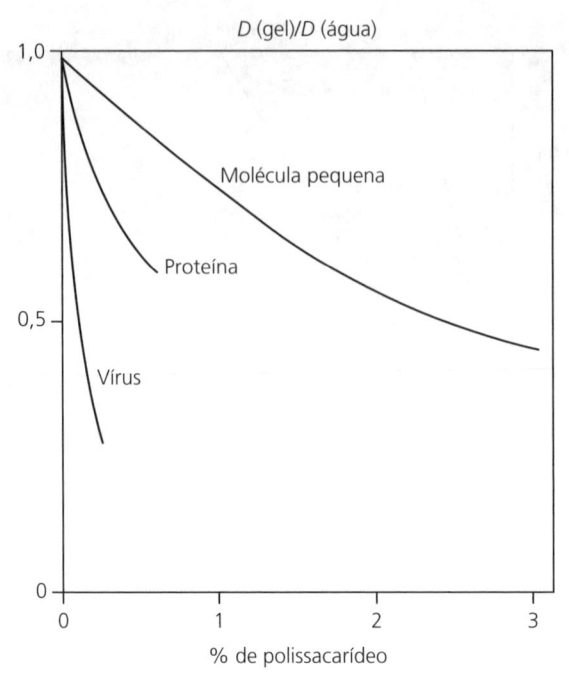

FIGURA 7.21 Difusão de solutos em géis de polissacarídeo para várias concentrações. D é o coeficiente de difusão. (Exemplos altamente esquemáticos; conforme Muhr, A.H. e Blanshard, J.M.V., *Polymer*, 23 (Suppl.), 1012, 1982.)

muito mais rapidez, devido à permeabilidade significamente maior. Sabe-se que o leite coalhado é propenso à sinerese, uma etapa essencial para a produção de queijo. A combinação das variáveis que influenciam a sinerese é complicada [81].

7.5.4 Alguns géis alimentícios

Os pontos relativamente teóricos discutidos anteriormente serão agora ilustrados durante a abordagem de alguns géis alimentícios.

7.5.4.1 Polissacarídeos [53]

Apesar da diversidade de tipos de polissacarídeos (ver Capítulo 3), existem algumas regras gerais que governam suas propriedades. A maioria das cadeias de polissacarídeo é razoavelmente rígida, sendo uma das razões pelas quais vários grupos laterais volumosos podem estar presentes na estrutura da cadeia. Em geral, podem ocorrer flexões perceptíveis de um segmento de cadeia apenas se seu comprimento ultrapassar ≈ 10 monômeros (resíduos de monossacarídeos). Como consequência dessa característica, os polissacarídeos produzem soluções muito viscosas. Por exemplo, goma xantana a 0,1% aumentará a viscosidade da água em um fator de pelo menos 10. Alguns polissacarídeos podem formar géis. Em termos gerais, as ligações cruzadas do gel são junções, e cada uma delas contém um grande número de ligações (fracas), ao mesmo tempo que, em conjunto, envolvem uma porção considerável do material. Ou seja, os segmentos entre as ligações cruzadas não são muito longos, e esse, aspecto, combinado à rigidez da cadeia, leva a géis bastante curtos (ou mesmo frágeis). Na verdade, estes são intermediários entre os géis entrópicos e os géis entálpicos (conforme Equação 7.24). É óbvia a existência de uma variação considerável entre os polissacarídeos, nesse sentido.

As ligações cruzadas entre moléculas de polissacarídeo podem ser de qualquer um dos três tipos listados a seguir:

1. **Microcristalinidades** (tipo 1): é o tipo mais simples, constituindo um empilhamento localizado de segmentos de cadeia esticados,

conforme mostrado na Figura 7.16b. É um tipo incomum em polissacarídeos gelificantes (embora a celulose nativa seja um exemplo de polímero linear quase cristalizado por completo). A amilose não consegue formar cadeias lineares, mas o empilhamento de hélices simples de amilose aparentemente possibilita a formação de regiões microcristalinas em soluções e, se a concentração de amilose for alta o suficiente, ocorrerá gelificação. Com a amilopectina observa-se um comportamento similar. Estes fenômenos estão envolvidos na "retrogradação" do amido gelatinizado. As microcristalinidades também podem ser formadas a partir de outros elementos estruturais.

2. **Duplas-hélices** (tipo 2): diversos polissacarídeos (p. ex., carragenanas, ágar e goma gelana) podem formar duplas-hélices abaixo de temperaturas bem-definidas, dependendo das condições. Cada hélice costuma envolver duas moléculas, mas sua formação somente pode ocorrer nas regiões não pilosas do polímero (i.e., regiões desprovidas de grupos laterais volumosos). As duplas-hélices poderiam, assim, formar ligações cruzadas, levando à gelificação. No entanto, a formação de hélices tende a ser muito rápida (milissegundos), ao passo que a gelificação é muito mais lenta (alguns segundos). As duplas-hélices formam microcristalinidades (ver Figura 7.22a), pelo menos na κ-carragenana, as quais presumivelmente as estabilizam. No momento em que as hélices "fundem", ocorre o mesmo com o gel.

3. **Junções *egg-box*** (tipo 3): ocorrem em alguns polissacarídeos carregados, como alginato, quando estão presentes cátions divalentes (Figura 7.22c). O alginato tem cargas negativas, normalmente espaçadas a distâncias regulares, que permitem que cátions divalentes, como o Ca^{2+}, estabeleçam pontes entre duas moléculas poliméricas paralelas. Desse modo, formam-se junções bastante rígidas. É provável que as junções se autorrearranjem em regiões microcristalinas. As junções não fundem facilmente, a menos que a temperatura esteja próxima de 100 °C.

Muitos fatores podem afetar a gelificação e as propriedades gelificantes dos polissacarídeos. Tais fatores incluem a estrutura molecular, a massa molar (Figura 7.23b), a concentração (Figuras 7.23a e b), a temperatura (Figura 7.24b), a qualidade do solvente e, para polieletrólitos, o pH e a força iônica (Figura 7.24b) [99].

7.5.4.2 Gelatina [11,40]

De todos os géis alimentícios, a gelatina é o que mais se aproxima de um gel entrópico ideal. Os filamentos moleculares flexíveis entre as ligações cruzadas são longos, conferindo ampla extensibilidade ao gel. Além disso, a gelatina é predominantemente elástica, pois as ligações cruzadas são razoavelmente permanentes (pelo menos em temperaturas baixas). No entanto, a relação dada para

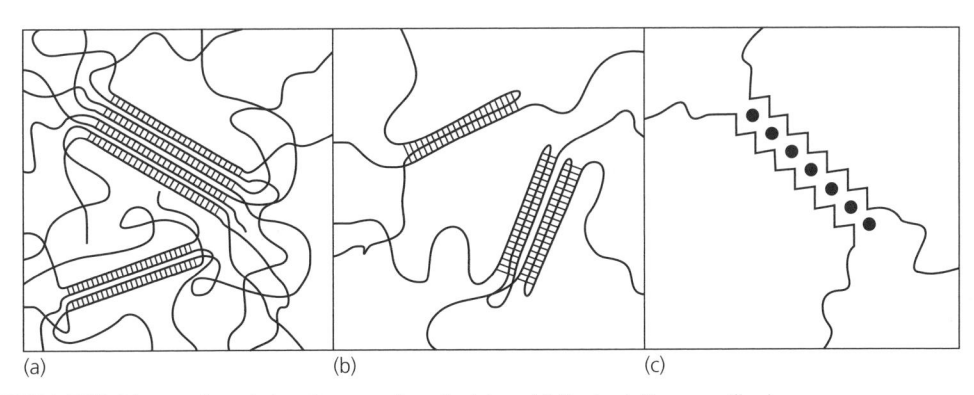

(a)   (b)   (c)

FIGURA 7.22 Diversos tipos de junções em géis poliméricos. (a) Duplas-hélices empilhadas em carragenanas, por exemplo. (b) Triplas-hélices na gelatina. (c) Junção *egg-box*, por exemplo, no alginato; os pontos denotam íons Ca. Representação altamente esquemática; as hélices são indicadas pelas ranhuras.

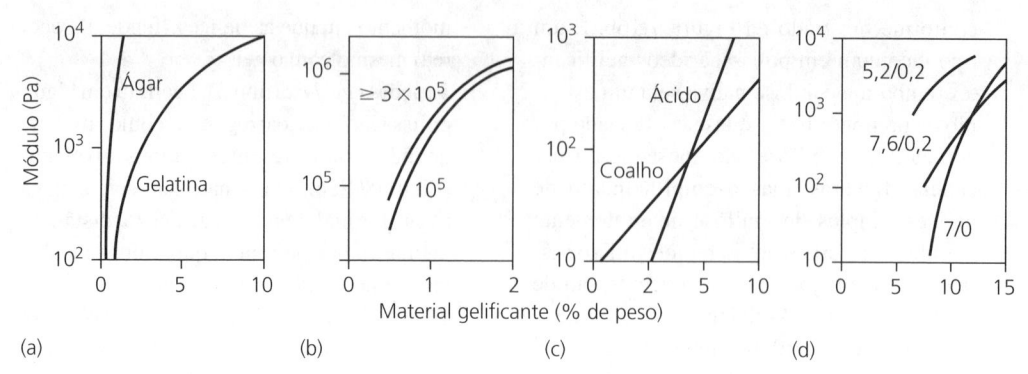

FIGURA 7.23 Efeito da concentração do material formador de gel sobre o módulo de cisalhamento dos géis. (a) Ágar e gelatina. (b) κ-carragenana de duas massas moleculares (indicadas) em KCl a 0,1%. (c) Géis de caseína produzidos por acidificação lenta ou por coagulação. (d) Géis de fromação a quente de proteína isolada de soja; os valores próximos às curvas indicam pH/NaCl (molar) adicionado.

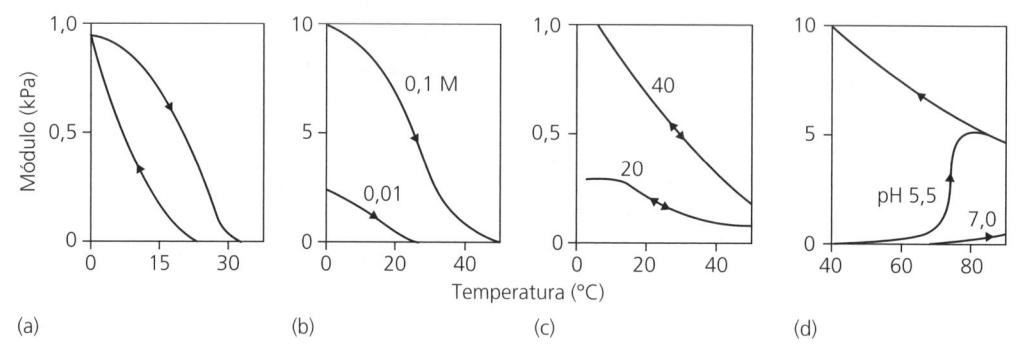

FIGURA 7.24 Efeito da temperatura sobre o módulo de cisalhamento dos géis. As setas indicam a sequência de temperatura. (a) Gelatina (2,5%). (b) κ-Carragenana (1%) para duas concentrações de $CaCl_2$ (indicadas). (c) Géis ácidos de caseína (2,5%) produzidos e envelhecidos em duas temperaturas (indicadas). (d) β-Lactoglobulina (10%) em dois valores de pH (indicados). Os resultados também dependerão das taxas de aquecimento ou resfriamento.

o módulo na Equação 7.25 não é seguida à risca. A grosso modo, o módulo aumenta com o quadrado da concentração (Figura 7.23a), e a dependência da temperatura é muito diferente da previsão (Figura 7.24a). Estas discrepâncias são resultantes do mecanismo de ligações cruzadas. Apesar do rigoroso tratamento do colágeno durante a preparação da gelatina, as moléculas podem reter muito de seu comprimento e produzir soluções aquosas altamente viscosas. Após o resfriamento, as moléculas tendem a formar triplas-hélices, semelhantes às hélices de prolina no colágeno. Isso se aplica apenas a uma parte da gelatina, sendo que as regiões helicoidais são relativamente curtas. Uma molécula de gelatina não consegue formar uma dupla-hélice intermolecular, ao contrário de vários polissacarídeos. Isso ocorre porque as ligações peptídicas são incapazes de um giro completo de 360°, implicando que a formação da hélice em um lugar causará a torção de outras partes das moléculas, as quais logo parariam devido ao impedimento estérico. As moléculas de gelatina provavelmente se curvam drasticamente no que se chama curva β, formando, em seguida, uma dupla-hélice curta. Subsequentemente, uma terceira fita pode envolver essa hélice, completando-a. Se a terceira fita for parte de outra molécula, uma ligação cruzada é formada (ver Figura 7.22b). Quando a temperatura é elevada, as triplas-hélices fundem-se, levando à diminuição do módulo.

De fato, o mecanismo de gelificação deve ser muito mais complicado. Como mostra a Figura 7.24a, existe uma histerese considerável entre as curvas de resfriamento e aquecimento. Além disso, ao se resfriar uma solução de gelatina a uma temperatura inferior a 25 °C, por exemplo, o módulo pode continuar em crescimento por dias. Isso ocorre aliado a um aumento no conteúdo de material helicoidal de até $\approx 30\%$ da gelatina, mas também ocorrerão alguns rearranjos estruturais. Ainda é motivo de discussão a extensão da ocorrência do empilhamento de triplas-hélices.

Finalmente, pode-se destacar que a dependência do estado do gel em relação à temperatura, que é praticamente exclusiva da gelatina, propricia diversas possibilidades para a produção de alimentos.

7.5.4.3 Géis de caseinato [83,90,100]

O leite contém micelas de caseína, que são agregados de proteínas medindo ≈ 120 nm de diâmetro médio, cada um contendo $\approx 10^4$ moléculas de caseína (ver Capítulo 14). A agregação das micelas pode se dar pela diminuição do pH a $\approx 4,6$ (diminuindo, assim, a repulsão elétrica) ou pela adição de uma enzima proteolítica que remova as partes das moléculas de κ-caseína que se projetam para dentro do solvente (diminuindo, assim, a repulsão estérica). Os géis fractais são formados com uma dimensionalidade fractal de $\approx 2,3$. A permeabilidade, que é $\approx 2 \times 10^{-13}$ m^2 para concentrações médias de caseína (c), depende fortemente dessa variável e é proporcional a c^{-3}. Para os géis de caseína, existe uma relação linear entre o módulo logarítmico e a concentração logarítmica de caseína (Figura 7.23c), de acordo com sua natureza fractal (Equação 7.30). As diferentes inclinações implicam em diferença na estrutura. Os filamentos inicialmente tortuosos produzidos durante a formação do gel coalhado são endireitados pouco depois, ao passo que os filamentos nos géis ácidos permanecem tortuosos [52].

Os blocos de construção do gel, isto é, as micelas de caseína, são, por si só, deformáveis e as junções entre eles são flexíveis. Desse modo, o gel é muito fraco e mole. Para os géis ácidos de caseína, a tensão de fratura é ≈ 100 Pa e a deformação de fratura é $\approx 1,1$. Para os géis coalhados, esses valores são ≈ 10 Pa e 3, respectivamente. Portanto, o gel ácido é mais curto. Estes resultados se aplicam a deformações lentas (p. ex., ao longo de 15 min). Para deformações mais rápidas, a tensão de fratura é muito maior. A aplicação de uma tensão levemente acima de 10 Pa a um determinado gel coalhado produzirá um fluxo (sem tensão de escoamento detectável) e, depois de um tempo considerável, ocorrerá a fratura. Aplicar uma tensão de 100 Pa leva à fratura dentro de 10 s. Um comportamento semelhante é encontrado em alguns outros tipos de géis de partículas, mas não é de forma alguma universal.

Todos esses valores dependem das condições aplicadas, em particular da temperatura. Pode-se observar que o módulo de um gel de caseína é maior em temperaturas mais baixas (Figura 7.24c). Isso pode parecer estranho, pois as ligações hidrofóbicas entre moléculas de caseína exercem um papel importante na manutenção da coesão do gel, sendo que a força dessas ligações diminui com a redução da temperatura. Supostamente, uma diminuição na força das ligações hidrofóbicas (baixa T) levaria ao inchaço das micelas e, assim, a uma área de contato maior entre as micelas adjacentes e a um número maior de ligações por junção. Por outro lado, uma temperatura de formação de gel mais alta leva a um módulo maior (pelo menos para géis ácidos, Figura 7.24c) e isto se deve a uma pequena diferença na geometria da rede, e não a uma diferença no tipo de ligações.

Em temperaturas acima de 20 °C, os géis coalhados apresentam sinerese. A sinerese ocorre junto ao rearranjo da rede de partículas, o que implica na ocorrência de alguma desagregação. Em uma região onde nenhuma quantidade de líquido pode ser expulsa (i.e., no interior do gel), também ocorre rearranjo, levando ao surgimento de algumas regiões mais densas e outras menos densas. Esse processo é chamado de microssinerese e resulta em um aumento da permeabilidade, além de causar o endireitamento dos filamentos da rede citados anteriormente.

7.5.4.4 Géis de proteínas globulares [12,67,68,80]

Muitas proteínas globulares com boa solubilidade formam gel sob aquecimento, se a concentração de proteínas for superior a um valor crítico

c_0 (Figura 7.23d). A formação de géis a quente ocorre apenas se uma parte das proteínas tiver sido desnaturada por aquecimento e não voltar à sua forma nativa após o resfriamento (conforme Figura 7.24d). A formação de gel é um processo relativamente lento, demorando no mínimo vários minutos. É possível que demore muito mais tempo para alcançar a rigidez máxima. A formação do gel involve uma série de reações consecutivas: (1) as moléculas de proteínas desnaturam-se, (2) as moléculas desnaturadas agregam-se em partículas mais ou menos esféricas ou alongadas e (3) as partículas formam uma rede preenchedora de espaço. Essas reações ocorrem em paralelo.

Os detalhes da formação de géis e das propriedades dos géis obtidos variam muito entre as proteínas, devido à variação da estrutura molecular e à estabilidade conformacional. Uma complicação adicional seria que os géis de assentamento a quente geralmente são constituídos de misturas de proteínas, como as proteínas do soro de leite ou as proteínas isoladas de soja. As ligações envolvidas na formação do gel incluem ligações –S–S–; interações eletrostáticas, hidrofóbicas ou de Van der Waals; e ligações de H como parte das junções intermoleculares entre filamentos β.

A estrutura e, portanto, as propriedades reológicas também variam muito conforme o pH, a força iônica, a composição do sal e a taxa de aquecimento. Em geral, dois tipos de estrutura de gel podem ser distinguidos microscopicamente, a saber: redes de filamentos finos e de filamentos grossos. Os géis do primeiro tipo são claros (transparentes) e consistem em filamentos relativamente finos (diâmetro geralmente entre 10–50 nm) que se ramificam, formando uma rede. Normalmente, são formados por aquecimento em pH distante do ponto isoelétrico e baixa força iônica. Os géis de filamentos grossos ou géis de partículas (alguns com estrutura de rede fractal) são turvos e, em geral, formados por partículas mais ou menos esféricas, medindo 0,1 a 1 μm. Esses géis costumam ser formados por aquecimento em pH próximo ao ponto isoelétrico e/ou alta força iônica. Os géis de filamentos grossos tendem a ser mais firmes que os de filamentos finos. Nos dois tipos de gel, a tortuosidade dos filamentos pode variar consideravelmente, resultando em deformações de fratura amplamente diversas. Além disso, os géis proteicos de assentamento a quente variam substancialmente em sua permeabilidade e, portanto, em sua propensão à perda de solvente sob pressões que agem durante o processamento ou a manipulação adicional.

Um processo alternativo para a produção de géis de proteínas globulares é o aquecimento da solução em cujo pH ocorra desnaturação das moléculas e formação de pequenos agregados, contudo sem formar gel. Após o resfriamento, o pH é levado a um valor próximo ao ponto isoelétrico e um gel se forma. Esse processo é conhecido como gelificação a frio.

A formação estrutural durante a extrusão é comparável ao assentamento a quente de proteínas globulares. Os produtos da soja ricos em proteínas são exemplos importantes desse processo [41].

7.5.4.5 Géis mistos

Agora, será esclarecido que a estrutura e as propriedades dos géis podem variar significativamente. O módulo de um gel a 1% pode variar em quase cinco ordens de grandeza, e a deformação no momento da fratura pode variar por um fator de 100. Praticamente todos os sistemas exibem relações específicas que, muitas vezes, são pouco compreendidas.

A situação torna-se ainda mais complexa quando os géis mistos são considerados. Os géis preenchidos por partículas (p. ex., pequenas gotas de emulsão) são relativamente simples, podendo apresentar propriedades bastante alteradas em comparação aos não preenchidos [10,44,80]. Muitas vezes, utiliza-se uma mistura de polissacarídeos. Atrações fracas entre os polímeros nas condições de formação do gel podem causar gelificação, mesmo que ambos os polímeros não sejam gelificantes [10,54]. Por exemplo, soluções diluídas de goma xantana ou goma alfarroba não apresentam tensão de escoamento considerável, ao contrário das misturas diluídas (após aquecimento e subsequente resfriamento, formam-se junções mistas). Outro exemplo é a adição de κ--carragenana a 0,03% ao leite, que resulta na formação de um gel fraco. Isso é aplicado (p. ex., ao leite achocolatado) com o intuito de prevenir a sedimentação das partículas de cacau.

O uso de misturas de biopolímeros para a formação de gel frequentemente gera incompatibilidade termodinâmica durante a mistura ou durante a formação do gel (Seção 7.5.1). Por exemplo, em misturas de gelatina e a fase não gelificante do polissacarídeo dextrana, a separação ocorre diretamente após a mistura a uma temperatura acima do ponto de gelificação da gelatina. Se a solução de gelatina for a fase contínua após a separação de fases, o sistema irá se congelar após o resfriamento. Se ambos os biopolímeros forem formadores de gel, aquele que gelificar primeiro determinará a principal topologia da estrutura do gel. Fator importante é o tempo de espera pela formação do gel para sistemas que começam a separar as fases diretamente após a mistura. Em outros sistemas, a separação de fases é induzida pelo processo de formação do gel. Por exemplo, para misturas de gelatina-maltodextrina, o ordenamento conformacional (formação de hélice) da gelatina no resfriamento induz a separação de fases [42].

A microestrutura dos géis mistos de proteína-polissacarídeo dependerá das propriedades de ambos os biopolímeros (Figura 7.25) e suas concentrações e condições durante a formação do gel. Por exemplo, para géis mistos de proteína do soro-polissacarídeo de assentamento a frio, uma taxa mais lenta de acidificação e, com isso, uma taxa mais lenta de formação do gel, resultou em uma microestrutura mais grossa dos géis mistos. Polissacarídeos neutros, como as gomas guar e alfarroba, resultaram em sistemas contínuos de proteína e fases séricas descontínuas em concentrações mais baixas de polissacarídeo (Figura 7.25a). Com uma concentração crescente de polissacarídeos, a área da fase proteica diminuiu e, finalmente, essa fase tornou-se descontínua. Misturas com polissacarídeos carregados negativamente, como a goma gelana em concentrações intermediárias e a goma xantana, κ-carragenina, carboximetilcelulose e pectinas em concentrações mais baixas de polissacarídeos, resultaram em géis bicontínuos (Figura 7.25b) e inversão de fase em concentrações mais altas. A microestrutura precisa dos géis formados depende principalmente da densidade de carga dos polissacarídeos [16]. As propriedades mecânicas dos géis proteicos contínuos dependem principalmente do equilíbrio entre o aumento da concentração local de proteínas nos cordões proteicos e a diminuição da continuidade da rede proteica devido ao polissacarídeo.

Os alimentos completos são ainda mais complexos que os sistemas discutidos até agora [32]. No entanto, o conhecimento desses princí-

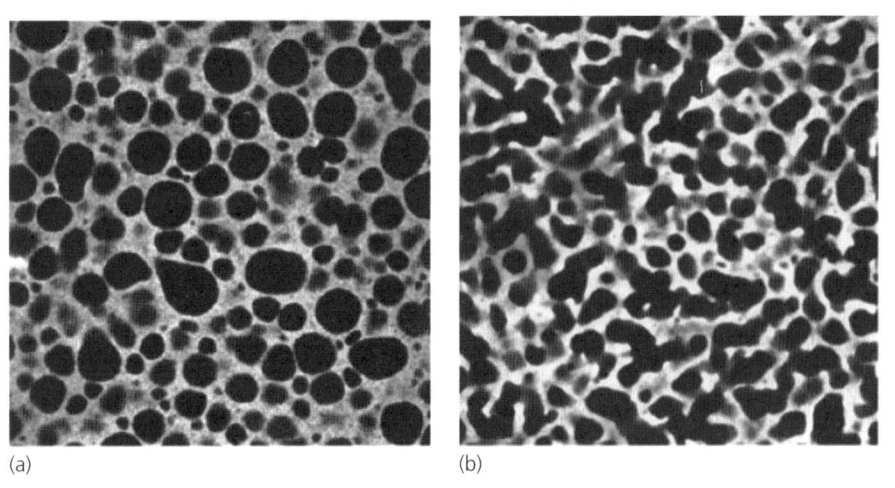

(a) (b)

FIGURA 7.25 Exemplos de microestruturas formadas na gelificação a frio em pH 4,8 de uma mistura de isolado de proteína do soro do leite a 3% com goma alfarroba a 0,1% (a), e com goma gelana a 0,4% (b). Com a proteína da goma de alfarroba são formados géis contínuos com gotículas grosseiramente esféricas contendo a goma de alfarroba, ao passo que com a goma gelana a 0,4%, são formados géis bicontínuos. (Com base nos resultados de Van den Berg, L. et al., *Food Hydrocoll.*, 22, 1404, 1980b.)

pios pode ser de grande ajuda na compreensão do comportamento dos alimentos, bem como para o desenvolvimento de experimentos voltados para seu estudo.

7.5.5 Sensação bucal ocasionada pelos alimentos [34,62,79,80]

As características sensoriais relacionadas à ingestão dos alimentos formam um atributo essencial de qualidade. Os alimentos industrializados costumam ser especialmente desenvolvidos com a finalidade de otimizar essas características, que incluem sabor, textura e aparência. Aqui, a textura será enfocada da forma como é percebida na boca, que envolve basicamente consistência e falta de homogeneidade física. Na verdade, a boca pode ser considerada uma unidade de processamento na qual o alimento é trabalhado, quebrado e transportado para o esôfago de maneira dependente de suas características mecânicas. Além disso, a boca e a cavidade nasal conectada contêm diversos órgãos sensoriais, os quais são usados na avaliação das características do alimento ingerido.

A maneira como os líquidos e os alimentos sólidos moles são processados na boca difere da forma de processamento dos alimentos sólidos duros. Os líquidos são apenas transportados para o esôfago, principalmente pelo uso da língua, ao passo que o processamento dos alimentos sólidos duros envolve etapas distintas. Em geral, pode-se distinguir (1) ingestão/mordedura; (2) mastigação e umedecimento, incluindo a formação do bolo; e (3) deglutição do bolo e limpeza da boca. Em cada etapa, o alimento é deformado de maneiras diferentes e em diversas velocidades, enquanto é misturado com a saliva. O processamento de sólidos moles também envolve uma ação de prensar e rasgar entre a língua e o palato. Durante esse processamento, o consumidor começa a avaliar as características do alimento, incluindo diversos atributos de textura, como espessura, aspereza/suavidade, textura granular, entre outros. Várias dessas características são atributos multicomponentes, já que consistem em subatributos que devem estar presentes em conjunto e em certa quantidade. A **cremosidade**, por exemplo, envolve espessura e suavidade, enquanto a aspereza deve estar

ausente. (É provável que o sabor também possa contribuir para a impressão de cremosidade.)

O processamento na boca é mais conhecido para líquidos e sólidos duros, embora ainda de forma limitada; mesmo assim, algumas regras gerais já foram estabelecidas.

A avaliação oral de um líquido depende de suas características de fluxo, que é melhor expressa como viscosidade, em função da taxa de cisalhamento. Via de regra, para líquidos de baixa viscosidade (inferiores a 0,1 Pa s), a avaliação sensorial da viscosidade, corresponde a uma avaliação instrumental sob uma tensão de cisalhamento de $\approx$ 10 Pa. Para produtos com alta viscosidade (acima de 10 Pa s), a avaliação sensorial corresponde a uma avaliação instrumental a uma velocidade constante de cisalhamento de 10 a 20 s^{-1}, embora a avaliação na boca muitas vezes também envolva uma ação de espalhamento entre a língua e o palato. Para viscosidades intermediárias, existe uma transição gradual para os parâmetros reológicos que são determinantes. A **espessura** geralmente é considerada como uma característica sensorial única; entretanto, além da viscosidade (aparente), outras propriedades reológicas podem estar envolvidas. Isso certamente acontece para sólidos moles, como molho de maçã ou *ketchup*.

Para líquidos de baixa viscosidade, como água e leite, o fluxo na boca pode ser localmente turbulento. Para todos os líquidos e muitos alimentos sólidos moles, a taxa de fluxo bucal varia de local para local, sendo que o alimento é misturado com a (diluído pela) saliva. O *ketchup* (molho de tomate), por exemplo, e muitos produtos baseados em soluções hidrocoloides tornam-se "mais finos" durante o fluxo. Esse efeito é percebido na boca e parece estar relacionado ao atributo de textura **viscosidade**; no entanto, nem mesmo esse simples atributo pode ser dado a uma propriedade reológica [79]. Para alimentos com tensão de escoamento abaixo da qual não apresentam fluxo, como é o caso de muitos sólidos moles, a espessura percebida também dependerá da magnitude dessa tensão de escoamento. Por último, a ação de prensagem e de cisalhamento entre a língua e o palato induzirão um fluxo de elongação além do fluxo de cisalhamento e, ainda, para diversos materiais, sobretudo os poliméricos, a viscosidade de elongação é substancialmente maior que a viscosidade **comum** do cisalhamento simples.

É provável que o efeito da temperatura sobre a percepção da viscosidade e os atributos de textura relacionados à tensão de escoamento seja relativamente pequeno. No entanto, seu efeito pode ser muito maior quando ocorre uma mudança de fase entre a temperatura inicial do alimento e a temperatura da boca (p. ex., o derretimento de cristais de gordura ou de um gel de gelatina). Além disso, podem ocorrer mudanças devido à ação de enzimas. Embora o tempo de permanência na boca de muitos produtos seja de apenas alguns segundos, pode ocorrer uma degradação significativa do amido durante esse período, dependendo, por exemplo, do grau de mistura do alimento com a saliva.

Após a deglutição, uma camada de resíduos alimentares costuma permanecer sobre a língua e outras partes da cavidade oral. A extensão da camada depende das propriedades de adesão e de coesão do alimento, bem como das partículas remanescentes após o processamento na boca. Este revestimento afetará muito a impressão sensorial "pós-deglutição". Por exemplo, a ligação de (macro) moléculas à camada de muco que cobre as superfícies orais parece estar correlacionada ao aumento dos atributos sensoriais de adstringência ou aspereza.

Como mencionado anteriormente, pode-se distinguir três etapas no processamento de um alimento sólido na boca. A ação de morder pode ser, em grande parte, imitada pela compressão uniaxial entre duas cunhas [84] a uma taxa de compressão adequada. As amplas propriedades de deformação de muitos alimentos dependem da taxa de deformação. A velocidade da mordida geralmente é algo entre 2 e 6 cm s^{-1}. A resistência à mordida e a força de mordida máxima necessária para fraturar o material estão relacionadas à firmeza e à dureza sensoriais, embora outras propriedades também estejam envolvidas. Após a mordida, o alimento continuará a ser quebrado pelas ações de moagem e corte entre os molares. Atributos como "quebradiço" e "espalhável" não se relacionam de maneira simples às propriedades mecânicas medidas, por exemplo, pela compressão uniaxial. Para sólidos moles, esses atributos não dependem apenas das amplas propriedades de deformação dos alimentos até a fratura, mas também, em grande parte, de seu comportamento depois disso, ou seja, o modo e a extensão com que se desfazem após a fratura [75,76]. Além disso, atributos como crocância e desintegração são atributos complexos que combinam uma ampla gama de percepções, como comportamento de fratura, características sonoras emitidas, densidade, geometria e sabor [80].

A língua desempenha um papel importante no transporte do alimento para os molares, bem como na decisão de quais partículas estão suficientemente fragmentadas e úmidas para serem deglutidas; a velocidade e a importância relativa desses processos dependerão do tipo de alimento (ver Figura 7.26). O alimento, então, é transportado rumo à parte anterior da cavidade bucal, onde forma o bolo que é engolido depois de certo tempo. A limpeza da cavidade bucal pode ser realizada pela ação mecânica da língua, dispersão ou dissolução lenta do alimento remanescente na saliva e quebra enzimática.

7.5.6 Resumo

- Misturas de biopolímeros frequentemente exibirão separação de fases em concentrações mais altas, pelo que se pode distinguir incompatibilidade termodinâmica e coacervação complexa.
- Os géis podem ser distinguidos com base, por exemplo, na estrutura (géis de polímeros e partículas) e no processo de formação do gel (géis de assentamento a quente, gelificação a frio e formação resultante da alteração de condições como pH e ação enzimática).
- Para uma caracterização completa das propriedades mecânicas dos géis, é necessária uma gama de parâmetros. Os mais importantes são o módulo, a fratura ou tensão de escoamento e deformação, a forma da curva de tensão *versus* deformação e a maneira como se desagrega após a fratura/escoamento.
- Os géis de polímero são caracterizados por cadeias poliméricas longas; sua flexibilidade pode variar enormemente, o que, talvez, possa afetar as propriedades do gel. Os géis de gela-

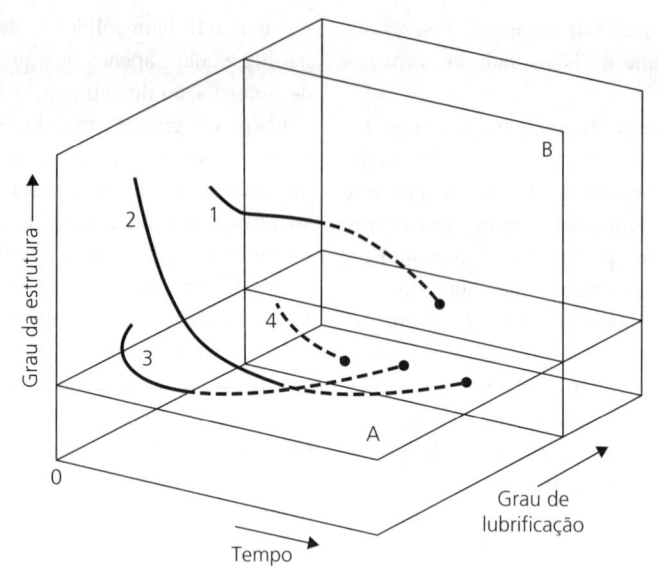

FIGURA 7.26 Esquema das trajetórias de desagregação de alguns alimentos na boca, após a ingestão (no tempo = 0). Os dois processos principais considerados são: (a) a quebra da estrutura, considerada suficiente abaixo do plano horizontal A, e (b) o grau de lubrificação, o qual seria suficiente além do plano vertical B. O alimento processado (bolo) deve cumprir ambos os critérios antes de ser deglutido. Exemplos: (1) carne macia e suculenta; (2) carne seca e dura; (3) pão-de-ló seco (observe que o grau de lubrificação primeiro diminui, e depois, aumenta); e (4) um líquido espesso, por exemplo, iogurte batido. (As linhas são pontilhadas quando estão abaixo de A e/ou além de B); Os pontos de deglutição são indicados por pontos. (Modificado a partir de Hutchings, J.B. e Lillford, P.J., *J. Texture Stud.*, 19, 103, 1988.)

tina têm longas cadeias moleculares flexíveis entre as ligações cruzadas, ao passo que os géis de polissacarídeos (a maioria) são caracterizados por cordões relativamente curtos e razoavelmente rígidos.
- Os géis de partículas são formados devido à agregação de partículas. A estrutura dos agregados formados costuma ser de natureza fractal. Mais tarde, essa estrutura pode mudar como resultado de rearranjos.
- Antes de medir as propriedades funcionais dos géis, deve-se considerar os parâmetros e as condições relevantes que determinam a propriedade desejada.
- Ligações cruzadas de géis polissacarídicos podem ocorrer devido à formação de microcristalitos, duplas-hélices e junções *egg-box*.
- A formação de géis proteicos de assentamento a quente é um processo relativamente lento, caracterizado por três reações consecutivas que ocorrem parcialmente em paralelo. Em geral, uma série de diferentes interações desempenham um papel na formação de ligações entre as moléculas de proteína.
- A estrutura dos géis formados pela gelificação da mistura de biopolímeros está claramente relacionada à ocorrência de separação de fases antes e durante a formação do gel.
- As características dos alimentos ingeridos estão diretamente relacionadas às suas propriedades mecânicas e diferem muito entre líquidos e alimentos sólidos duros. Os líquidos são transportados diretamente ao esôfago pela língua, ao passo que o processamento de sólidos duros envolve várias etapas. O processamento de sólidos moles é intermediário. Para alimentos líquidos, sua viscosidade e aderência ao revestimento oral são características importantes, ao passo que para os sólidos, grandes deformações, fratura ou propriedades de escoamento são características essenciais.

7.6 EMULSÕES

7.6.1 Descrição

As emulsões são dispersões de um líquido em outro. As variáveis mais importantes para determinar as propriedades emulsionantes são as seguintes:

1. **Tipo**. O tipo de emulsão, isto é, óleo-em-água ou água-em-óleo, determina, entre outras coisas, em qual líquido a emulsão pode ser diluída (Seção 7.1.2). Muitos alimentos são emulsões de óleo-em-água (o/a), como o leite e produtos lácteos, molhos, molhos de salada e sopas. Quase não existem alimentos que são emulsões a/o verdadeiras. A manteiga e a margarina contêm gotas aquosas que, no entanto, estão embutidas em uma gordura plástica; o derretimento da parte cristalina da gordura produz uma emulsão a/o que imediatamente se separa em uma camada de óleo por cima de uma camada aquosa. As gotículas de diversas emulsões o/a também contêm cristais de gordura, ao menos em baixas temperaturas, por isso não são emulsões (em termos restritos).

2. **Distribuição do tamanho das gotículas**. Esse fator é importante para a estabilidade física, uma vez que gotas menores costumam fornecer emulsões mais estáveis. No entanto, a energia e a quantidade de emulsificante necessária para a produção de uma emulsão aumentam com a diminuição do tamanho das gotículas. O diâmetro médio típico de uma gotícula mede 1 μm, mas pode variar entre 0,2 e vários μm. Dada a grande dependência da estabilidade em relação ao tamanho da gotícula, o intervalo de distribuição de tamanho também é importante. Na Figura 7.27a, são apresentados exemplos de distribuições de tamanho das gotículas.

3. **Fração volumétrica** da fase dispersa (ϕ). Para a maioria dos alimentos, ϕ está entre 0,01 e 0,4. Para a maionese, esse valor pode ser 0,8, isto é, acima do valor do empacotamento máximo de esferas rígidas ($\approx 0{,}7$). Isso significa que as gotículas oleosas encontram-se um pouco distorcidas. A fração volumétrica exerce um grande efeito sobre a viscosidade da emulsão, variando de um líquido fino a uma espécie de pasta com o aumento de ϕ.

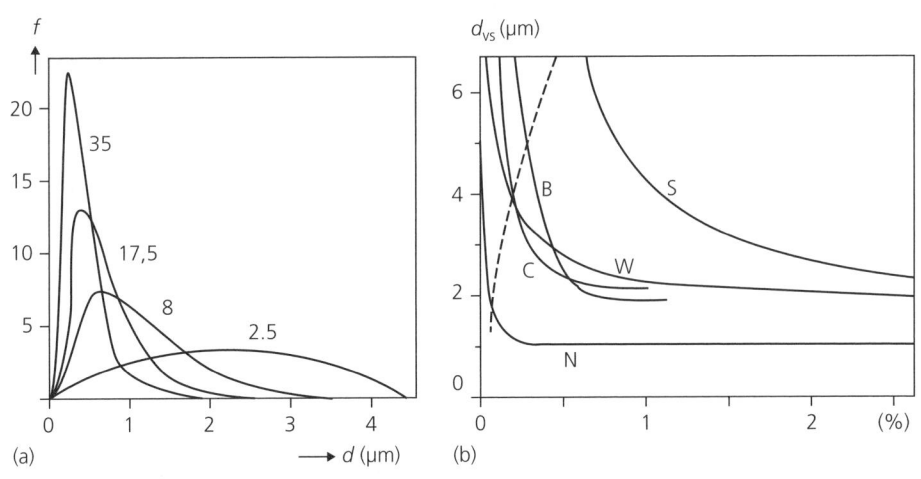

FIGURA 7.27 Emulsificação: efeito de diferentes condições sobre o tamanho da gotícula resultante. (a) Efeito da pressão de homogeneização (indicada próxima às curvas em MPa) sobre a distribuição da frequência volumétrica, em porcentagem do óleo por classe de largura de 0,1 μm *versus* diâmetro da gotícula (*d*); 3,5% de óleo em leite desnatado. (b) Efeito da concentração de emulsificante (% de *m/m*) sobre o diâmetro médio de gotícula volume/superfície (d_{vs}) para vários emulsificantes. B, proteína do sangue; C, caseinato de sódio; N, surfactante de pequenas moléculas não iônicas; S, proteína de soja; W, proteína do soro de leite. Resultados aproximados para 20% de óleo e intensidade de emulsificação moderada. (De Walstra, P., *Physical Chemistry of Foods*, Marcel Dekker, New York, 2003.)

4. Composição e espessura da **camada superficial** ao redor das gotículas. Determina as propriedades interfaciais e as forças de interação coloidal (Seção 7.2.7); as últimas afetam significativamente a estabilidade física.
5. Composição da **fase contínua**. Determina as condições do solvente para surfactante, pH e força iônica e, portanto, as interações coloidais. A viscosidade da fase contínua tem efeitos pronunciados sobre a formação de nata.

Ao contrário das partículas sólidas em suspensão, as gotículas em emulsão são esféricas (simplifica substancialmente muitos cálculos preditivos) e deformáveis (permitindo o rompimento e a coalescência das gotículas). Além disso, sua interface é fluida, permitindo o desenvolvimento de gradientes de tensão interfacial. No entanto, na maioria das condições, as gotículas de emulsão se comportam como partículas sólidas. A partir da Equação 7.8, a pressão de Laplace de uma gotícula de raio igual a 1 μm e a tensão interfacial $\gamma = 5$ mN m^{-1} é 10^4 Pa. Para uma viscosidade líquida de $\eta = 10^{-3}$ Pa s (água) e um gradiente de velocidade atingido por agitação ou fluxo ∇v de 10^5 s^{-1} (muito vigoroso), a tensão de cisalhamento $\eta \cdot \nabla v$ que age sobre a gotícula será igual a 10^2 Pa. Isso significa que a deformação da pequena gota será desprezível. Além disso, o surfactante na superfície da gotícula permitirá que a superfície suporte uma tensão de cisalhamento (Seção 7.2.6). Para as condições mencionadas, a diferença de tensão interfacial entre os dois lados da gotícula de 1 mN m^{-1} será mais que suficiente para prevenir o movimento lateral da interface, e uma diferença dessa magnitude pode ser alcançada com facilidade. Pode-se concluir que as gotículas de emulsão se comportam como esferas sólidas, a menos que a agitação seja extremamente vigorosa ou que as gotículas sejam muito grandes.

7.6.2 Formação de emulsão [86,97,98]

Nesta Seção, serão abordados o tamanho das gotículas e a carga superficial obtidos durante a produção de emulsões, sobretudo quando são utilizadas proteínas como surfactantes.

7.6.2.1 Rompimento das gotículas

Para fazer uma emulsão, é necessário óleo, água, um emulsificante (i.e., um surfactante adequado) e energia (em geral, energia mecânica). A produção das gotas é fácil, mas sua quebra em gotas pequenas costuma ser difícil. As gotas resistem à deformação e, assim, quebram-se devido à pressão de Laplace, que se torna maior conforme o tamanho da gotícula diminui. Isso exige um grande aporte de energia. A energia necessária será menor se a tensão interfacial (e, portanto, a pressão de Laplace) for reduzida por meio da adição de um emulsificante, embora esse não seja seu papel principal.

A energia necessária para a deformação e o rompimento de gotículas geralmente é fornecida por uma agitação intensa. Essa agitação pode causar forças de cisalhamento viscosas suficientemente fortes, se a fase contínua for viscosa o bastante. Essa situação é comum quando são produzidas emulsões a/o ($\eta_{óleo} \approx 0,05$ Pa s), resultando em gotículas com diâmetros reduzidos a alguns μm. Em emulsões o/a, a viscosidade da fase contínua tende a ser baixa e, para quebrar as gotículas, são necessárias forças inerciais. Essas forças são produzidas pelas flutuações de pressão intensas e rápidas que ocorrem no fluxo turbulento. O equipamento de escolha é o homogeneizador de alta pressão, o qual pode produzir gotas pequenas com tamanhos a partir de 0,1 μm. O tamanho médio de gotícula obtido é quase proporcional à pressão de homogenização elevada a –0,6 (conforme Figura 7.27a). Quando são utilizados agitadores de alta velocidade, a agitação mais rápida, mais prolongada ou em volume menor resulta em gotículas menores; no entanto, a obtenção de gotículas com diâmetros abaixo de 1 ou 2 μm costuma ser impossível.

Existem, no entanto, outros fatores que afetam o tamanho das gotículas. A Figura 7.28 ilustra os **diferentes processos** que ocorrem durante a emulsificação. Além da ruptura das pequenas gotas (Figura 7.28a), o emulsificante deve ser transportado para a interface recém-gerada (Figura 7.28b). O emulsificante não é transportado por difusão, mas por convecção, e de forma extremamente rápida. A turbulência intensa (ou a alta taxa de cisalhamento, se for esse o caso) também

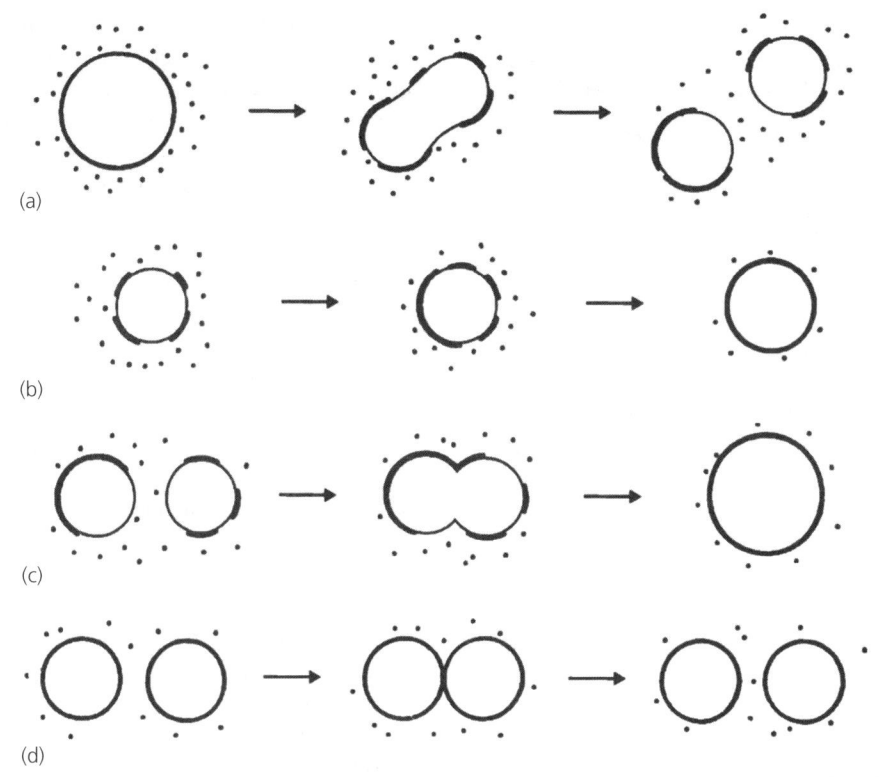

FIGURA 7.28 Processos importantes que ocorrem durante a emulsificação. As gotas são representadas pelas linhas finas, e o emulsificante, pelas linhas grossas e pelos pontos. Altamente esquemático e sem escala. Ver o texto para mais explicações. (De Walstra, P., *Physical Chemistry of Foods*, Marcel Dekker, New York, 2003.)

leva a encontros frequentes entre as gotículas (Figura 7.28c e d). Se estiverem insuficientemente cobertas por surfactante, essas gotículas podem recoalescer (Figura 7.28c). Todos esses processos têm suas próprias escalas de tempo, as quais dependem de diversas condições, mas alguns μs é bastante característico. Ou seja, todos os processos ocorrem inúmeras vezes, mesmo durante a passagem pela válvula de um homogeneizador, e um estado estável – no qual ocorre equilíbrio entre as quebras e as coalescências – é mais ou menos atingido.

7.6.2.2 Recoalescência

O principal papel de um emulsificante é **prevenir a recoalescência** das gotículas recém-formadas. Parece lógico atribuir essa função à repulsão coloidal entre as gotículas, causada pelo surfactante adsorvido. No entanto, as gotículas são prensadas várias vezes, devido à agitação, seja no fluxo laminar ou no turbulento. A tensão máxima envolvida é da ordem da tensão necessária para a quebra das gotículas, a qual é da ordem da sua pressão de Laplace, que seria $\approx 10^4$ Pa. Exemplos de cálculos apontam que a pressão de "desconectação" entre as gotículas decorrente da repulsão coloidal será, em geral, muito menor (10^2 Pa ou menos). Desse modo, essa pressão será insuficiente para impedir que as gotas se aproximem e não impedirá a recoalescência. De fato, os experimentos costumam mostrar uma fraca correlação entre a recoalescência durante a emulsificação e a coalescência na emulsão final.

É provável que o mecanismo envolvido na prevenção da recoalescência seja o seguinte: quando duas gotículas cobertas (parcialmente) pelo surfactante são pressionadas juntas, o líquido entre elas será espremido para fora, causando a formação de um gradiente de tensão superficial. Isso é ilustrado na Figura 7.29 [91]. O gradiente

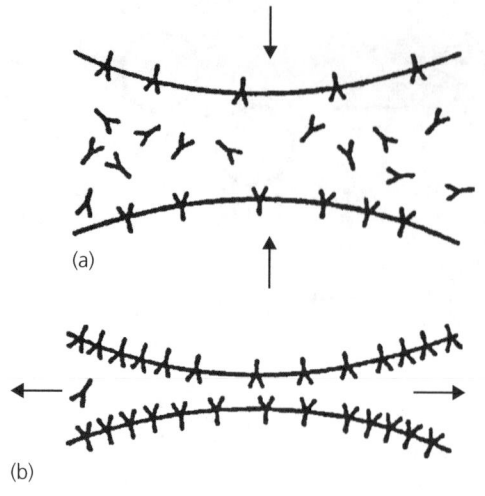

FIGURA 7.29 (a) Duas gotas se aproximam durante a emulsificação. (b) Ilustração da formação de um gradiente γ que diminui o fluxo de saída da fase contínua a partir do vão entre as gotículas. Moléculas de surfactante indicadas por Y. (Modificada a partir de Walstra, P., *Chem. Eng. Sci.*, 48, 333, 1993.)

γ produzirá uma desaceleração considerável do fluxo de líquido, como discutidos anteriormente em relação às Figuras 7.9a e b. Isso pode diminuir significativamente a taxa de aproximação das gotículas, sem impedir a sua aproximação, porém a pressão que as empurra uma contra a outra geralmente será de curta duração ou, até mesmo, mudará de sinal (i.e., separando as gotículas) antes que elas possam coalescer. Cálculos amostrais confirmam que as tensões e escalas de tempo envolvidas são de ordens de grandeza apropriadas.

Esse fenômeno costuma ser chamado de **efeito de Gibbs-Marangoni**: sua magnitude depende do valor da elasticidade de Gibbs do filme (i.e., duas vezes o módulo de superfície-dilacional local), e seu mecanismo está relacionado ao efeito de Marangoni.

7.6.2.3 Escolha do emulsificante

Regra de Bancroft: essa regra estabelece que, ao se produzir uma emulsão de óleo, água e um surfactante (emulsificante), a fase contínua será aquela em que o surfactante for mais solúvel. Na Figura 7.29, o surfactante está presente na fase contínua. Supondo que o surfactante esteja nas gotículas, dificilmente um gradiente γ se desenvolveria, uma vez que as moléculas de surfactante conseguem chegar prontamente à interface, resultando em uma camada de adsorção de composição quase constante. Se o surfactante se encontra na fase contínua, quase não estará presente no filme fino entre as gotículas, e um gradiente γ poderá persistir. Desse modo, quando se deseja formar uma emulsão a/o, é necessário um surfactante com baixo HLB, e para uma emulsão o/a, é preciso um surfactante com HLB alto.

As **proteínas** são os emulsificantes preferenciais para as emulsões alimentícias o/a, visto que são comestíveis, ativas na superfície, solúveis em água e proporcionam resistência superior à coalescência [93]. No entanto, em uma mesma intensidade de agitação, as gotículas obtidas são substancialmente maiores do que aquelas obtidas com um surfactante conveniente cuja molécula seja pequena, na mesma concentração de massa. O motivo principal pode ser explicado pela Figura 7.3b. Pode-se observar que, para uma proteína, a obtenção de uma diminuição significativa de γ requer uma concentração de superfície (Γ) excessiva muito maior na interface o/a do que para o DSS. Isso também significa que a possibilidade de formação de um gradiente de γ significativo durante a emulsificação é muito menor, em comparação ao DSS (e à maioria dos demais emulsificantes de moléculas pequenas). Isso, por sua vez, implica que a extensão da recoalescência das gotículas seja muito mais forte do que para o DSS, como já foi observado experimentalmente.

No entanto, pode-se fazer gotículas menores aplicando emulsificação mais intensa, como uma pressão de homogeneização maior, desde que haja proteína o suficiente. Alguns exemplos de tamanho médio de gotícula (d_{vs}) são fornecidos pela Figura 7.27b. Em concentrações altas de emulsificante, d_{vs} alcança um valor platô. Esse valor é menor para surfactantes não iônicos do que para proteínas, e isso se deve principalmente ao fato de os surfactantes não iônicos produzirem uma menor tensão interfacial.

Pode-se observar que as diversas proteínas fornecem quase mesmo valor platô para d_{vs}. Isso não é estranho, já que produzem valores similares para a tensão interfacial (≈ 10 mN m^{-1}). Contudo, em concentrações baixas, as amplas diferenças em d_{vs} são evidentes. Diversos testes foram desenvolvidos com a finalidade de avaliar a adequação das proteínas como emulsificantes. O conhecido índice de atividade emulsificante (EAI, do inglês *emulsifying activity index*) envolve a emulsificação de uma quantidade grande de óleo em uma solução de proteína diluída [59]. Esse teste corresponde aproximadamente às condições indicadas pela linha pontilhada da Figura 7.27b. Assim, o resultado do teste não é realista para a maioria das situações práticas, pois a razão proteína/óleo normalmente seria muito maior. Como consequência, os valores de EAI muitas vezes são irrelevantes.

Tentativas têm sido feitas no sentido de explicar as diferenças de EAI de várias proteínas pelas diferenças em sua hidrofobicidade superficial [35]. No entanto, as correlações existentes são fracas e outros pesquisadores refutaram esse conceito (p. ex., [63]). A partir do ponto de vista dos autores, as proteínas diferem primariamente em sua eficiência emulsificante, pois diferem em massa molar ou em solubilidade. Para uma massa molar maior e a mesma concentração em massa, a concentração molar será menor, sendo presumivelmente a variável mais importante para a obtenção de um efeito de Gibbs-Marangoni forte. Proteínas com uma massa molar menor seriam, portanto, emulsificantes mais eficientes. Deve-se considerar que diversas preparações de proteínas, sobretudo de produtos industriais, contêm agregados moleculares de diversos tamanhos, aumentando significativamente a massa molar efetiva e diminuindo a eficiência emulsificante. De modo geral, as preparações de proteínas pouco solúveis são emulsificantes fracos.

Uma massa molar substancialmente diminuída, por exemplo, por meio da hidrólise parcial da proteína, de fato levará à formação de gotículas menores. Por outro lado, emulsões obtidas com peptídeos razoavelmente pequenos em geral apresentam coalescência significativa após o preparo [65].

Outra variável importante é a **carga superficial** (Γ). Se um emulsificante tende a fornecer Γ alta, será necessária uma quantidade maior para a produção de uma emulsão. Compare, por exemplo, as proteínas do soro do leite e da soja nas Figuras 7.27b e 7.30. Além disso, uma Γ muito alta costuma ser necessária para a obtenção de emulsões estáveis.

No caso de pequenas moléculas surfactantes, atinge-se o equilíbrio entre Γ e a concentração em massa de surfactante. Como consequência, o conhecimento da concentração total de surfactante, da área interfacial o/a e da isoterma de adsorção (p. ex., Figura 7.3a) permitirá o cálculo de Γ, independentemente do modo como a emulsão se forma. Isso não ocorre quando uma proteína (ou outro polímero) é o emulsificante, uma vez que o equilíbrio termodinâmico não é alcançado (Seção 7.2.2). Sendo assim, a carga superficial de uma proteína pode depender da forma como é feita a emulsão, além das variáveis mencionadas.

Tem-se observado que gráficos como os mostrados na Figura 7.30 são mais adequados para relacionar Γ à concentração de proteína. Essa figura mostra alguns exemplos obtidos

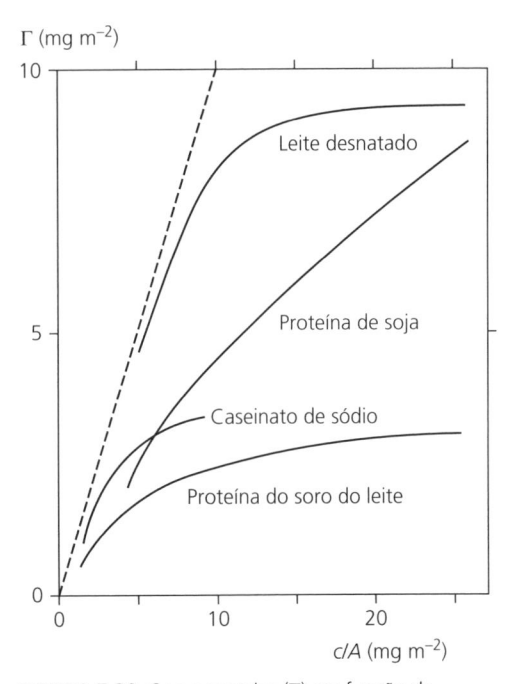

FIGURA 7.30 Carga proteica (Γ) em função da concentração de proteína (c) por unidade de área superficial de óleo (A) gerada por emulsificação. As linhas pontilhadas indicam a relação que seria obtida se toda a proteína presente adsorvesse. (De Walstra, P. e de Roos, A.L., *Food Rev. Int.*, 9, 503, 1993.)

para várias proteínas. Se c/A for muito pequeno, presume-se que algumas proteínas venham a se desdobrar quase totalmente na interface o/a, formando uma camada polipeptídica estirada, com $\Gamma \approx 1$ mg m^{-2}. Várias proteínas altamente solúveis fornecem valores de platô de ≈ 3 mg m^{-2}. Os agregados proteicos podem fornecer valores muito maiores. Deve-se observar, ainda, que quaisquer agregados proteicos grandes existentes tenderão a ser adsorvidos preferencialmente durante a emulsificação, levando, assim, a um aumento ainda maior de Γ.

É necessária a presença de um emulsificante, não somente para a formação de uma emulsão, mas também para **fornecer estabilidade** à emulsão após a sua formação. É importante distinguir claramente essas duas funções principais que, com frequência, não estão relacionadas entre si. Um emulsificante pode ser muito apropriado para produzir gotas pequenas, mas pode não conseguir proporcionar estabilidade a longo prazo contra a coalescência, ou vice-versa. Portanto, a avaliação das proteínas meramente por sua capacidade de produzir gotículas não é muito útil. Outra característica muitas vezes desejável de um surfactante é a capacidade de evitar a agregação sob uma série de condições (pH próximo ao ponto isoelétrico, força iônica elevada, solventes de baixa qualidade, altas temperaturas). A seguir, serão abordados os tipos de instabilidade das emulsões e as formas de preveni-la.

7.6.3 Tipos de instabilidade [20,92,93]

As emulsões podem passar por diversos tipos de alterações físicas, como mostrado na Figura 7.31. Essa figura se refere emulsões o/a. As emulsões

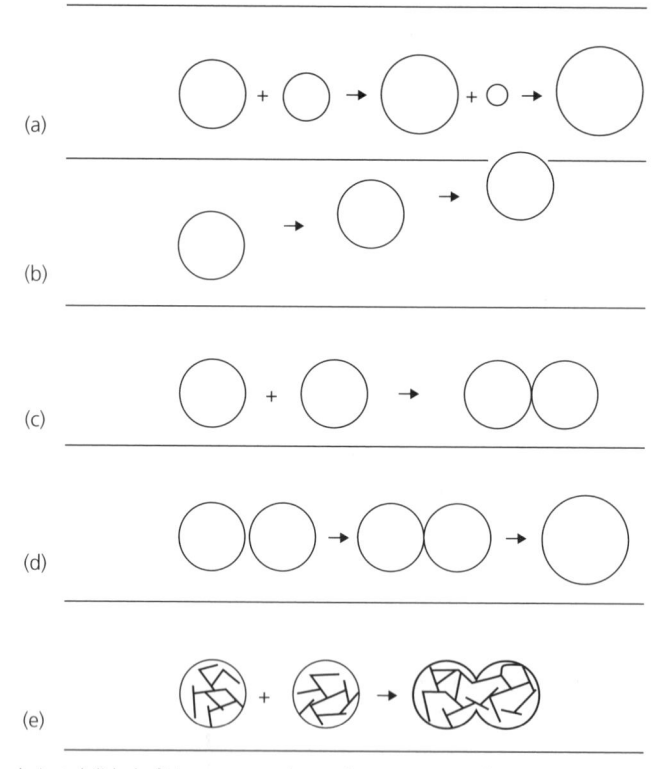

FIGURA 7.31 Tipos de instabilidade física para emulsões óleo-em-água. Altamente esquemático. (a) Maturação de Ostwald, (b) formação de nata, (c) agregação, (d) coalescência e (e) coalescência parcial. O tamanho da área de contato em (d) pode estar muito exagerado; as linhas mais grossas e curtas em (e) representam cristais de triacilglicerol.

a/o se destacam por causarem sedimentação para baixo, em vez de formação de nata.

A **maturação de Ostwald** (Figura 7.31a) não costuma ocorrer em emulsões o/a, pois normalmente são utilizados óleos de triacilglicerol insolúveis em água. Quando óleos essenciais estão presentes (p. ex., em sucos cítricos), alguns deles apresentam solubilidade suficiente para que as gotas menores desapareçam gradativamente [24]. Emulsões a/o podem apresentar maturação de Ostwald. Os dados da Tabela 7.3 mostram apenas um excesso muito pequeno de solubilidade para uma gotícula de 2 µm, mas que seria suficiente para produzir uma maturação de Ostwald significativa durante o armazenamento prolongado. Isso pode ser evitado com facilidade pela adição de um soluto adequado à fase aquosa (i.e., um soluto insolúvel em óleo). Isso é possibilitado por uma baixa concentração de sal (p. ex., NaCl): assim que uma gotícula se encolhe, sua concentração salina e pressão osmótica aumentam, produzindo, assim, uma força motriz para o transporte de água na direção oposta. O resultado líquido é uma distribuição estável do tamanho da gotícula.

As demais instabilidades são discutidas em outras Seções: formação de nata, na Seção 7.4.2; agregação, na Seção 7.4.3; coalescência, na Seção 7.6.4; e coalescência parcial, na Seção 7.6.5.

As diversas mudanças podem afetar umas às outras. A agregação aumenta muito a formação de nata e, quando isso ocorre, a formação de nata aumenta ainda mais a velocidade de agregação, e assim por diante. A coalescência somente pode acontecer quando as gotículas estão próximas umas das outras (i.e., em um agregado ou em uma camada de nata). Se a camada de nata for mais compacta, o que pode acontecer quando gotículas razoavelmente grandes formam nata, a coalescência será mais rápida. Se ocorrer coalescência parcial em uma camada de nata, essa camada pode assumir as características de um tampão sólido.

Muitas vezes, é desejável **estabelecer o tipo de instabilidade** que ocorreu em uma emulsão. A coalescência leva à formação de gotas grandes e não de agregados irregulares ou aglomerados. As aglomerações decorrentes de coalescência parcial coalescerão em gotículas grandes quando forem aquecidas o suficiente para derreter os cristais de gordura. Um microscópio óptico pode ser utilizado na determinação da possível ocorrência de agregação, coalescência ou coalescência parcial. A Seção 7.4.3 apresenta algumas dicas de como diferenciar as diversas causas de agregação. É bastante comum que a coalescência ou a coalescência parcial levem a uma ampla distribuição de tamanhos, e, então, as gotículas maiores ou aglomerados rapidamente formem nata.

A **agitação** pode prejudicar a formação de nata, rompendo agregados de gotículas fracamente unidas, mas as não aglomerações formadas por coalescência parcial. Agitações suaves tendem a contrapor as coalescências verdadeiras.

Quando uma emulsão o/a recebe um golpe de ar, isso ocasiona a adsorção de gotículas sobre bolhas de ar. As gotículas, então, podem ser quebradas em outras ainda menores, devido à propagação do óleo ao longo da interface A/a (Seção 7.2.3). Se as gotículas contiverem gordura cristalina, pode ocorrer aglomeração e, nesse sentido, a introdução de ar por golpes de ar pode promover coalescência parcial. Isso é o que acontece durante o batimento da nata para produzir manteiga, bem como durante o batimento do creme de leite para obter *chantilly*. No último caso, o agregado de gotículas parcialmente sólidas forma uma rede contínua que encapsula e estabiliza as bolhas de ar, conferindo rigidez à espuma.

Uma forma de prevenir ou retardar todas essas alterações, com exceção da maturação de Ostwald, é a **imobilização das gotículas**, por exemplo, via transformação da fase contínua em gel (Seção 7.5.3). Como exemplos disso, pode-se citar a manteiga e a margarina, nas quais as gotículas de água são imobilizadas por uma rede de cristais de gordura. Além disso, alguns cristais tornam-se orientados na direção da interface óleo-água, devido ao ângulo de contato favorável (Seção 7.2.3). Assim, as gotículas não conseguem ficar próximas umas das outras. Quando o produto é aquecido para derreter os cristais, as gotículas aquosas coalescem prontamente. Muitas vezes, adiciona-se um surfactante conveniente à margarina, a fim de prevenir a coalescência rápida durante o aquecimento, já que isso poderia causar respingos indesejáveis.

7.6.4 Coalescência [26,92,93]

A presente discussão enfocará as emulsões o/a. A fundamentação teórica ainda é confusa.

7.6.4.1 Ruptura do filme

A coalescência é induzida pela ruptura do filme fino (lamela) entre gotículas próximas (o mesmo se aplica aos filmes entre bolhas de ar). Esse processo é ilustrado na Figura 7.32a: um pequeno orifício pode formar-se no filme aleatoriamente (devido ao movimento browniano). Se o raio do orifício for maior que metade da espessura do filme ($R > \delta/2$), a pressão de Laplace próxima de 1 será maior que próxima de 2; portanto, o líquido no filme fluirá de 1 para 2; com isso, o orifício se expandirá, implicando na ruptura do filme. Desse modo, as gotículas fluirão juntas imediatamente. Ademais, qualquer filme se romperá ao se tornar fino o suficiente, mas a repulsão coloidal irá se opor a esse processo. No entanto, a Figura 7.32b mostra que o filme pode se tornar localmente mais fino, dada a possibilidade de desenvolvimento de ondas simétricas em suas superfícies. A amplitude das ondas pode ser maior, logo, a ruptura do filme será mais provável quando o comprimento de onda do filme for maior (i.e., a área do filme for maior) e γ for menor.

A teoria subjacente não será discutida, entre outras razões, por não explicar todas as observações sobre coalescência de gotículas. Por exemplo, observa-se que alguns surfactantes macromoleculares causam resistência adicional à coalescência. Presume-se que essas moléculas formem monocamadas coesas que também devem se romper para que o filme se rompa. Exemplos importantes desse processo são as proteínas que tendem a formar camadas coesas após a adsorção, como a β-lactoglobulina. Nesse caso, parece haver envolvimento da formação de pontes –S–S– intermoleculares.

7.6.4.2 Fatores que afetam a coalescência

Sendo assim, a ruptura do filme é um evento aleatório e isso gera importantes consequências: (1) a probabilidade da coalescência, quando existente, será proporcional ao tempo em que as gotículas permanecerem próximas umas às outras. Isso, portanto, é especialmente provável em camadas de nata ou agregados. (2) A coalescência é um processo de primeira ordem no que diz respeito ao tempo, diferentemente da agregação, que, em princípio, é de segunda ordem. (3) A probabilidade de haver ruptura de um filme será proporcional à sua área. Isso implica que o achatamento das gotículas na aproximação, levando à formação de uma área maior de filme, promoverá a coalescência.

A formação ou não de um filme plano é, portanto, uma variável essencial. Pode ser expressa pelo **número de Weber**, que fornece a razão entre

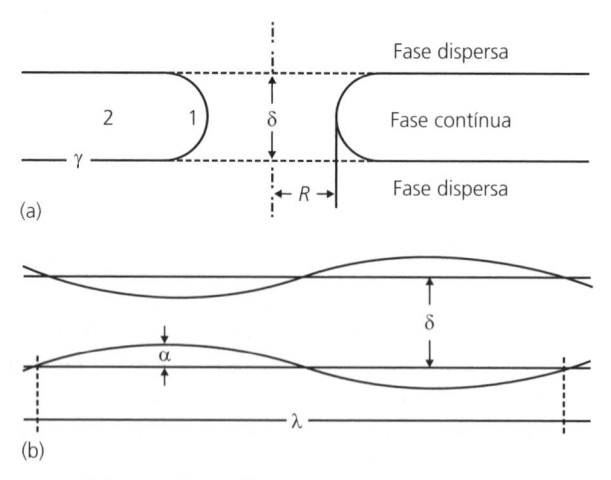

FIGURA 7.32 Secção transversal de parte de um filme com espessura (média) δ entre gotículas (ou bolhas de gás). (a) Ilustração da formação de orifício. (b) Propriedades de uma onda simétrica se desenvolvendo no filme.

a tensão local em um par de gotículas e a pressão de Laplace na gota. A tensão local é a tensão externa (σ_{ext}) vezes um fator de concentração de tensão, e este último é igual ao raio da gotícula através da menor distância (h) entre as superfícies da gota. Isso leva à seguinte expressão

$$W_e = \frac{\sigma_{ext} d^2}{8\gamma h} \qquad (7.33)$$

Se $W_e > 1$, forma-se um filme fino entre as gotas, e quanto maior for W_e, maior será o raio do filme. Para $W_e \ll 1$, não há formação de filme real e quase não haverá coalescência.

A tensão externa pode ser ocasionada pelas forças coloidais de atração ou pelas tensões hidrodinâmicas causadas por fluxo ou agitação, ou, ainda, pela tensão gravitacional ou centrífuga na camada de nata (ou sedimento). Para pequenas gotas de emulsão cobertas por proteínas, a condição $W_e \ll 1$ é quase sempre cumprida, a menos que existam forças externas intensas. Mesmo em uma camada de nata formada sob gravidade, a tensão externa será pequena o suficiente para que W_e seja $\ll 1$.

Levando-se em consideração as observações anteriores, pode-se obter as conclusões que seguem. A ocorrência de coalescência é menos provável para os seguintes casos:

1. **Gotas pequenas**: (1) levam a um menor W_e e, portanto, a uma menor área de filme entre as gotículas e a uma probabilidade menor de ruptura do filme. (2) Mais eventos de coalescência são necessários para obtenção de gotículas de tamanho determinado. (3) A taxa de formação de nata é diminuída. Na prática, o tamanho médio da gotícula é a variável dominante.
2. **Um filme espesso entre gotículas**: isso implica que forças de repulsão fortes ou de longo alcance entre as gotículas (Seção 7.3) proporcionam estabilidade contra a coalescência. Para interações do tipo DLVO, a coalescência ocorrerá com facilidade se as gotículas estiverem agregadas no mínimo primário (Figura 7.11). A repulsão estérica é particularmente eficaz contra a coalescência, uma vez que tende a manter as gotículas relativamente distantes umas das outras.
3. **Tensões interfaciais maiores**: isso pode parecer estranho, pois o surfactante necessário para a produção de emulsões diminui γ. Além disso, um γ menor implica uma menor energia livre superficial do sistema e, por conseguinte, em forças motrizes menores para a coalescência. No entanto, a energia livre de **ativação** é o que mais contribui para a ruptura do filme, sendo maior para um γ maior. Isso acontece porque um γ maior torna mais difícil a formação e a deformação de um filme (saliência, desenvolvimento de uma onda sobre o filme), sendo necessária uma deformação local para a indução da ruptura.

Com base nesses princípios, as **proteínas** parecem ser bastante adequadas para a prevenção da coalescência e isso concorda com o que se observa. As proteínas não produzem um γ muito pequeno e frequentemente proporcionam uma repulsão considerável, tanto elétrica quanto estérica. A Figura 7.33 mostra resultados de experimentos nos quais se permitiu que pequenas gotas em uma solução proteica extremamente diluída formassem nata em interfaces o/a planas, de determinada idade, observando-se o tempo necessário para a coalescência. Obser-

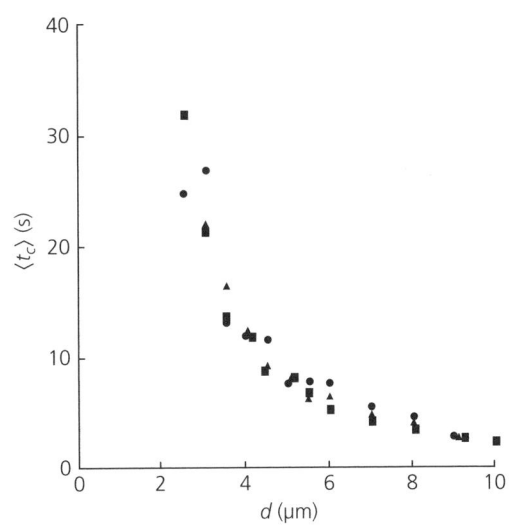

FIGURA 7.33 Tempo médio (# $t_c\Sigma$) para a coalescência de gotículas de óleo de diversos diâmetros (d) com uma interface o/a plana, em soluções de proteína a 1 ppm preparadas há 20 min. ▲, β-caseína; ●, κ-caseína; ■, lisozima. (Conforme Dickinson, E. et al., *J. Chem. Soc. Faraday Trans.* 1, 84, 871, 1988.)

va-se um forte efeito do tamanho da gotícula. Os resultados mostrados foram obtidos sob condições (concentração de proteína e tempo de adsorção) nas quais a carga superficial das proteínas era ≈ 0,5 mg m^{-2}, no máximo, implicando uma repulsão muito fraca. Nos casos em que foi permitida a formação de uma camada adsorvida espessa, os autores observaram uma ausência quase total de coalescência.

A Figura 7.33 mostra que não houve diferenças significativas entre as proteínas quanto à sua capacidade de prevenção da coalescência. Isso, de modo geral, é a situação observada na prática, com exceção da gelatina, que é um pouco menos efetiva do que a maioria das outras proteínas. Sob condições rigorosas (ver próximo parágrafo), pode-se observar diferenças entre as proteínas, com os caseinatos tendendo a ser superiores. A hidrólise parcial das proteínas pode prejudicar significativamente sua capacidade de prevenir a coalescência [65].

Tem-se tentado relacionar a capacidade de inibição da coalescência das proteínas (e de outros surfactantes) a várias propriedades, principalmente à viscosidade de cisalhamento superficial (Seção 7.2.5) da camada de proteína adsorvida. Em alguns casos, observa-se uma correlação positiva entre a (aparente) viscosidade de cisalhamento superficial e a estabilidade à coalescência, mas existem muitos casos em que há um grande desvio dessa relação. Por exemplo, os caseinatos fornecem viscosidade de cisalhamento superficial muito baixa e, todavia, uma ótima estabilidade à coalescência. Observam-se correlações razoáveis para muitas proteínas globulares, se as gotas forem relativamente grandes ou Γ for razoavelmente pequena. Presume-se que a causa do aumento da estabilidade seja a formação de ligações cruzadas intermoleculares na interface, como já mencionado.

Por outro lado, em uma emulsão altamente concentrada (p. ex., ϕ = 0,8) sujeita a um fluxo elongacional intenso pela compressão através de um pequeno orifício, pode haver coalescência considerável se as camadas superficiais consistirem em proteínas globulares com ligações cruzadas [73]. Isso foi explicado considerando-se a emulsão como um sólido mole sujeito a fraturas macroscópicas (ver Seção 7.5.2). Aparentemente, os planos de fratura encontram-se ao longo das gotículas de emulsão, levando a uma forte coalescência local. Emulsões com ϕ alta estabilizadas com caseinato, que não forma ligações cruzadas intermoleculares fortes, não apresentam coalescência significativa em fluxo elongacional.

A maioria das **moléculas de surfactantes pequenas** confere uma tensão interfacial pequena. Como um γ pequeno favorece a coalescência, os surfactantes que conferem repulsão estérica considerável, como os polissorbatos (*Tweens*), estão entre os mais eficientes. Os surfactantes iônicos são eficientes contra a coalescência apenas a uma baixa força iônica.

Surfactantes cujas moléculas são pequenas e que estão presentes (ou são adicionados) em emulsões estabilizadas por proteínas tendem a deslocar a proteína da superfície das gotículas (Seção 7.2.2; Figura 7.5), e isso costuma diminuir a resistência à coalescência. Se a coalescência for desejada, esse evento fornecerá uma maneira de alcançá-la (p. ex., a adição de DSS e algum sal [para diminuir a espessura da dupla camada], rapidamente produzirá coalescência).

As emulsões alimentícias podem exibir coalescência sob **condições extremas**. Por exemplo, durante o congelamento, a formação de cristais de gelo forçará as gotículas da emulsão a se aproximarem, frequentemente causando coalescência abundante durante o descongelamento. Algo semelhante ocorre após a secagem e a posterior redispersão. Nesse caso, a coalescência é atenuada por concentrações relativamente elevadas de **matérias sólidas não gordurosas**. Em situações assim, melhores estabilidades são obtidas com gotas pequenas e uma camada espessa de proteínas (p. ex., caseinato de Na).

Outra condição extrema é a centrifugação, que ocasiona a formação rápida de uma camada de nata ao promover a compressão das gotículas umas contra as outras com força suficiente para produzir um alto W_e, promovendo, assim, um achatamento considerável até mesmo das gotículas menores e, provavelmente, coalescência. Isso significa que testes de centrifugação para a predição da estabilidade de emulsões à coalescência durante o armazenamento geralmente não são válidos, já que as condições durante a centrifugação diferem significativamente daquelas vigentes durante a manipulação de emulsões. (Entretanto, isso não significa que os testes de centrifugação para predição da formação de nata sejam inúteis. Esses testes podem ser bastante úteis se as complicações discutidas na Seção 7.4.2 forem levadas em conta.)

Prever a taxa de coalescência é sempre muito difícil. A melhor abordagem é o uso de um método sensível para estimar o tamanho médio da gotícula (p. ex., a turbidez a um comprimento de onda adequado) e estabelecer as alterações ao longo do tempo (p. ex., alguns dias).

7.6.5 Coalescência parcial [6–8,14,77,92]

Em muitas emulsões alimentícias o/a, uma parte do óleo das gotículas pode cristalizar. A proporção de gordura sólida, ψ, depende da composição da mistura de triacilglicerol e da temperatura (Capítulo 4). Em gotículas de emulsão, ψ também pode depender do histórico de temperatura, uma vez que um óleo finamente emulsificado pode demonstrar sub-resfriamento considerável e duradouro, tornando-se maior quanto menores forem as gotículas [87]. Isso é ilustrado na Figura 7.34. Se uma gotícula de emulsão contém cristais de gordura, estes geralmente formam uma rede contínua. Estes fenômenos afetam grandemente a estabilidade da emulsão. A presença de cristais significa que não se tem uma verdadeira emulsão o/a e, nesse caso, é mais adequado falar-se em glóbulos de gordura.

Os glóbulos de gordura que contêm uma rede de cristais de gordura não podem coalescer por completo (Figura 7.31e). Se o filme entre os glóbulos rompe, estes formam um aglomerado irregular e permanecem unidos por um "istmo" de óleo líquido. Sendo assim, a coalescência verdadeira e a parcial apresentam consequências diferentes. A coalescência parcial gera o aumento da fração volumétrica aparente do material disperso, e, se a fração volumétrica original for ≈ 0,2 ou maior e a taxa de cisalhamento for relativamente pequena, pode ser formada uma rede sólida (ou similar a um gel) de aglomerados parcialmente coalescidos.

A ruptura do filme entre glóbulos muito próximos pode ser desencadeada por um cristal que se projete da superfície do glóbulo e penetre o filme. Isso acontece principalmente durante fluxo ou agitação, podendo ocorrer a uma velocidade seis ordens de grandeza maior que a da verdadeira coalescência (para uma mesma emulsão, sem cristais de gordura). Isso quer dizer que a coalescência parcial é muito mais importante que a coalescência verdadeira, se uma emulsão o/a estiver sujeita à cristalização da gordura.

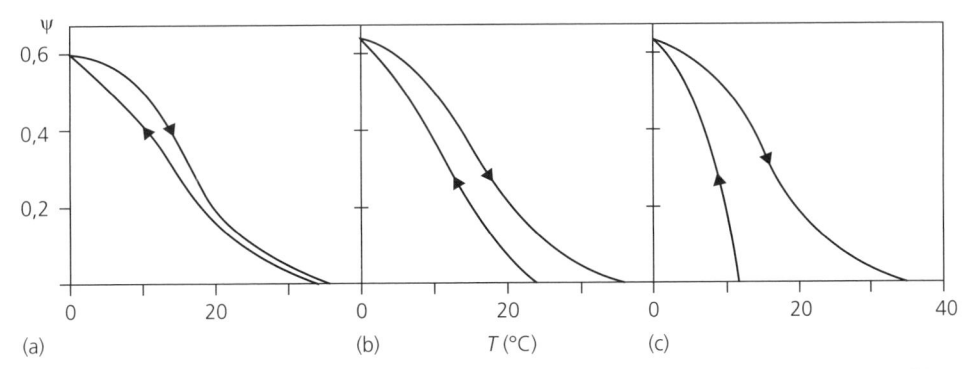

FIGURA 7.34 Proporção de gordura de leite que se torna sólida (ψ) após 24 horas de armazenamento a frio à temperatura T e após novo aquecimento (após ter sido mantida a 0 °C). (a) Gordura na fase livre; (b) a mesma gordura em creme de leite natural (tamanho de glóbulo ≈ 4 μm); e (c) a mesma gordura em creme de leite homogeneizado (tamanho do glóbulo ≈ 0,5 μm). (Dos resultados de P. Walstra e Van Beresteyn, E.C.H., *Neth. Milk Dairy J.*, 29, 35, 1975.)

A cinética da coalescência parcial é complexa e variável, pois é afetada por diversos fatores. Em muitas emulsões, as partículas grandes (glóbulos originais ou agregados já formados) são mais propensas à coalescência parcial do que as partículas pequenas, causando um processo autoacelerado gerador de grandes aglomerações que formam nata com rapidez. A camada resultante pode, então, exibir um tamanho médio de partícula decrescente. Outras emulsões podem simplesmente demonstrar um aumento gradual do tamanho médio da partícula, ao longo do tempo.

Os fatores mais importantes que afetam a **taxa de coalescência parcial** costumam ser os seguintes (Figura 7.35):

1. **Taxa de cisalhamento**: produz vários efeitos. (1) A taxa de encontro entre as partículas é proporcional à taxa de cisalhamento (Seção 7.4.3). (2) Devido ao fluxo de cisalhamento, dois glóbulos que se encontram rolarão um contra o outro, aumentando, assim, significativamente a probabilidade de que um cristal saliente de um glóbulo atinja (em curto tempo) a posição próxima de outro glóbulo. (3) A força de cisalhamento tende a pressionar glóbulos próximos uns contra os outros, contra qualquer força repulsiva que atue entre eles, aumentando, assim, a possibilidade de que um cristal saliente de uma posição favorável perfure o filme. Desse modo, a taxa de cisalhamento exerce um efeito muito grande sobre a taxa de coalescência parcial, sendo que essa influência se torna ainda maior quando o fluxo é turbulento, em vez de laminar.

2. **Fração volumétrica de gotículas**: para um ϕ maior, a taxa de coalescência parcial é obviamente maior, sendo de segunda ordem no que diz respeito a ϕ.

3. **Cristalização da gordura**: se a fração de sólidos (ψ) for nula, a coalescência parcial será impossível. Do mesmo modo, a coalescência parcial não poderá ocorrer na ausência de gordura líquida ($\psi = 1$). Para uma ψ

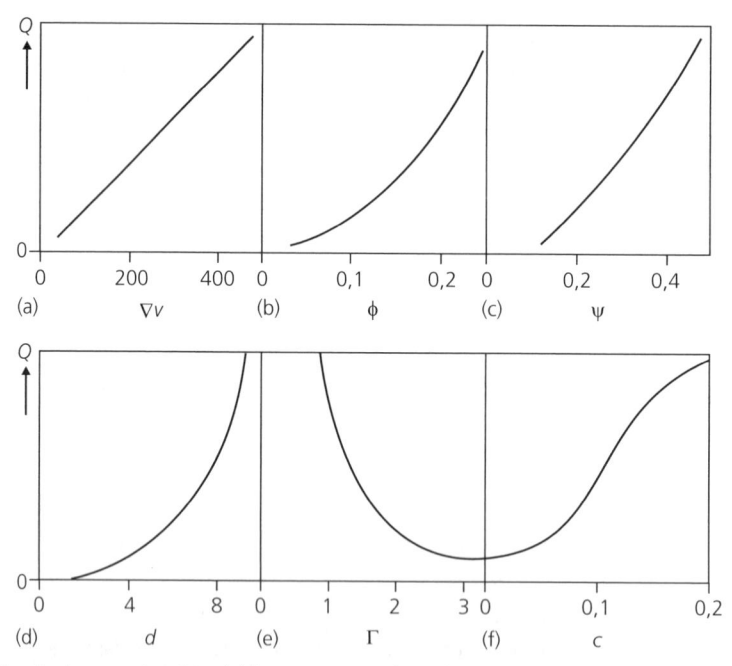

FIGURA 7.35 Resultados aproximados obtidos para a taxa de coalescência parcial (Q) em emulsões estabilizadas por proteínas, em função (a) da taxa de cisalhamento ∇v (s^{-1}); (b) da fração volumétrica ϕ; (c) da proporção de gordura sólida ψ; (d) do diâmetro médio do glóbulo d (µm); (e) da carga superficial proteica Γ (mg m^{-2}); e (f) da concentração de pequenas moléculas surfactantes adicionadas c (%). Os gráficos servem apenas para ilustrar tendências. (De Walstra, P., Emulsion stability, em: *Encyclopedia of Emulsion Technology*, Vol. 4, Becher, P., ed., Dekker, New York, 1996, pp. 1–62.)

bastante baixa, a taxa de coalescência parcial geralmente cresce com o aumento de ψ, pois isso leva mais cristais a se tornarem salientes. No entanto, a relação entre ψ e a taxa é variável, devido, em grande parte, à variação no tamanho do cristal e ao arranjo. Um aspecto importante a ser ressaltado é que os cristais devem formar uma rede ao longo do glóbulo para suportar os cristais salientes. A ψ mínima necessária para a formação dessa rede costuma ser da ordem de 0,1. Quando a maior parte do óleo está cristalizada e os cristais são muito pequenos, a rede cristalina pode reter firmemente o óleo remanescente, prevenindo, assim, a coalescência parcial, mesmo se o filme for perfurado. Além disso, a distância da saliência pode depender de ψ, do histórico de temperatura, do tamanho e da forma do cristal.

4. **Diâmetro do glóbulo**: relações como a mostrada na Figura 7.35d geralmente são observadas, embora a escala de tamanho do glóbulo varie de forma considerável entre as emulsões. Presume-se que o efeito de d se deva a (1) glóbulos maiores sensíveis à força de cisalhamento maior e a (2) glóbulos exibindo uma área de filme maior entre dois glóbulos.

5. **Tipo e concentração de surfactante**: dois efeitos são de importância fundamental. Primeiro, essas variáveis determinarão o ângulo de contato óleo-cristal-água (Seção 7.2.3) e, portanto, afetarão a distância a que um determinado cristal poderá projetar-se. Segundo, essas variáveis determinam a repulsão (força e amplitude) entre os glóbulos. Quanto mais fraca a repulsão, mais fácil será duas gotículas se aproximarem, aumentando, assim, a probabilidade de um cristal saliente perfurar o filme entre ambas. Dessa forma, a repulsão aliada ao tamanho do glóbulo determinará qual será a taxa mínima de cisalhamento necessária para que aconteça a coalescência parcial; foram observados valores entre 5 e 120 s^{-1}. Algumas emulsões não mostraram coalescência parcial em nenhuma das taxas de cisalhamento estudadas. O melhor tipo de surfactante para alcançar esse objetivo é, novamente, uma proteína, desde que a carga de superfície seja alta o suficiente (Figura 7.35e). A adição de um surfactante de pequenas moléculas geralmente leva ao deslocamento da proteína da superfície (Seção 7.2.2), aumentando muito a coalescência parcial (Figura 7.35f).

7.6.5.1 Sorvete [96]

Nesta Seção, serão ilustradas algumas consequências da coalescência parcial em relação ao preparo do sorvete e suas propriedades. Esse produto tem uma estrutura complexa, contendo cristais de gelo, uma fase aquosa constituída por leite desnatado concentrado com adição de açúcar(es), bolhas de ar e glóbulos de gordura de leite, os quais são parcialmente cristalizados. As bolhas de ar e os cristais de gelo são produzidos em um trocador de calor de superfície raspada, durante agitação vigorosa e resfriamento rápido. Os glóbulos de gordura são necessários para a cobertura das bolhas de ar, a fim de garantir estabilidade contra a maturação de Ostwald e a coalescência das bolhas (Seção 7.7.2).

Os glóbulos de gordura demonstram extensa coalescência parcial no trocador de calor, o que é desejável. Isso leva à formação de uma rede preenchedora de espaço de aglomerações de glóbulos de gordura e bolhas de ar cobertas por esses glóbulos. Essa estrutura proporciona "resistência ao derretimento", isto é, uma certa firmeza permanece após os cristais de gelo derreterem na boca. Ademais, isso confere ao produto uma aparência **seca** e uma consistência **limitada**. Esta última diminui muito a aderência do produto. As propriedades supracitadas tornam o sorvete mais atraente para o consumidor e permitem a utilização de máquinas embaladoras rápidas.

Se o sorvete for produzido com nata natural (não homogeneizada, com adição de açúcar e diversos aditivos), a coalescência parcial ocorrerá com muita rapidez. Os glóbulos de gordura naturais do leite não são muito pequenos (em sua maior parte, medindo 1,5–6 μm) e têm uma camada superficial que confere uma tensão interfacial muito baixa (1–1,5 mN m^{-1}). Além disso, a agitação vigorosa produz grandes aglomerações de glóbulos de gordura, as quais são largas demais para cobrir por completo as bolhas de ar desejadas. Consequentemente, o sorvete obtido apresenta uma estrutura áspera, com grandes bolhas de ar e extensos aglomerados de gordura. O reparo consiste em homogeneizar o creme para produzir glóbulos de gordura menores (p. ex., 0,4–1,2 µm). As camadas superficiais desses glóbulos consistem amplamente em proteínas do plasma do leite. Isso inibe a coalescência parcial (Figura 7.35d e 7.35e). O produto obtido contém pequenas bolhas de ar e uma estrutura homogênea, mas não apresenta a resistência ao derretimento e a desidratação desejadas.

Para superar esse último problema, são adicionados surfactantes cujas moléculas são pequenas e que aumentam substancialmente a taxa de coalescência parcial (Figura 7.35f). Variar o tipo e a concentração desses surfactantes permite estabelecer condições ideais para a obtenção de um produto de boa qualidade.

7.6.6 Resumo

- Dois tipos principais de emulsões podem ser distinguidos: o/a e a/o. As principais características são a distribuição do tamanho das gotículas, a fase dispersa da fração volumétrica, a composição e a espessura da camada superficial e a composição da fase contínua.
- Para produzir uma emulsão, necessita-se de óleo, água, um emulsificante adequado e energia.
- Processos importantes durante a emulsificação são o rompimento das gotículas, o transporte do emulsificante para a interface recém-criada, os encontros e a recoalescência das gotículas recém-formadas e a agregação e desagregação.
- O principal papel dos emulsificantes é prevenir a recoalescência durante a emulsificação pelo efeito de Gibbs-Marangoni, e após a emulsificação por repulsão coloidal.
- Para emulsões o/a, as proteínas são principalmente os melhores emulsionantes, sobretudo por serem comestíveis e conferirem resistência superior contra a coalescência após a emulsificação.
- Os tipos de instabilidades físicas são a formação de nata (ou sedimentação), o amadurecimento de Ostwald, a agregação, a coalescência e a coalescência parcial.

- A maturação de Ostwald envolve o crescimento de gotículas maiores à custa das menores, e ocorre quando a fase descontínua é solúvel na fase contínua.
- A coalescência envolve a ruptura do filme fino entre duas gotículas próximas. Ocorre tão logo esse filme se torne maior e mais fino. Acontecerá com menor probabilidade para gotículas menores, um filme mais espesso entre as gotículas e uma maior tensão interfacial.
- Condições extremas, como congelamento e descongelamento, secagem e redispersão e centrifugação, favorecem a coalescência.
- A coalescência parcial pode ocorrer, pois o óleo em emulsões o/a é parcialmente cristalizado. O grau em que isso ocorre depende principalmente da taxa de cisalhamento, da fração volumétrica das partículas dispersas, da proporção de gordura que é sólida, do diâmetro das gotículas, da carga superficial proteica e da concentração de surfactante (adicionado) de moléculas pequenas.

7.7 ESPUMAS

De certa forma, as espumas são muito parecidas com as emulsões o/a; ambas são dispersões de um fluido **hidrofóbico** em um líquido hidrofílico. No entanto, devido às suas diferenças quantitativas consideráveis, suas propriedades também acabam sendo diferentes qualitativamente. Na Tabela 7.7, são apresentadas informações quantitativas. É evidente que o diâmetro de bolha é tão grande que exclui as espumas do domínio dos coloides. O diâmetro grande combinado com a ampla diferença de densidade leva as bolhas de espuma a formar nata com mais rapidez que gotículas de emulsão, em algumas ordens de grandeza. A solubilidade relativamente alta do ar na água pode ocasionar maior rapidez na maturação de Ostwald (muitas vezes chamado desproporcionalidade em espumas). Se a fase gasosa for CO_2, como ocorre em alguns alimentos (pão, bebidas gaseificadas), a solubilidade será ainda mais elevada (por um fator ≈ 50). As escalas de tempo características durante a formação são duas ou três ordens de grandeza maiores para as espumas, em comparação à

TABELA 7.7 Comparação entre espumas e emulsões: grau de magnitude de algumas quantidades

Propriedade	Espuma	Espuma	Emulsão a/o	Emulsão o/a	Unidades
Diâmetro da gota/bolha	10^{-3}	10^{-4}	5×10^{-6}	10^{-6}	m
Fração volumétrica	0,9	0,8	0,1	0,1	—
Número de gotas/bolhas	10^{9}	10^{11}	10^{15}	10^{17}	m^{-3}
Tensão interfacial	0,05	0,05	0,005	0,01	$N\,m^{-1}$
Pressão de Laplace	2×10^{2}	2×10^{3}	4×10^{3}	4×10^{4}	Pa
Solubilidade D em C	$2,1^{a}$	$2,1^{a}$	0,15	0	vol.%
Diferença de densidade D–C	-10^{3}	-10^{3}	10^{2}	-10^{2}	$kg\,m^{-3}$
Relação de viscosidade D/C	10^{-4}	10^{-4}	10^{-2}	10^{2}	—
Escala de tempo^{b}	10^{-3}	10^{-4}	10^{-5}	10^{-6}	s

D, fase dispersa (ar, triacilgliceróis ou água); C, fase contínua.
^{a}Se envolver CO_2, a solubilidade será ≈ 100 vol.% a uma pressão de 1 bar.
^{b}Tempos característicos durante a formação.

maioria das emulsões o/a. Como a formação de nata e a maturação de Ostwald ocorrem de forma tão rápida, muitas vezes as instabilidades físicas já estão presentes durante a formação da espuma, complicando o estudo da formação e da estabilidade das espumas.

Diversos aspectos das espumas serão brevemente abordados. Os fenômenos de superfície são de extrema importância para a formação da espuma e de suas propriedades. Algumas informações básicas são fornecidas na Seção 7.2. Outras fontes de referência na literatura são [29,60,88,97]. Para saber sobre a preparação de manteiga e *chantilly*, ver [72]. Além disso, alguns livros mencionados em Leituras sugeridas, em particular os de Walstra e Dickinson, apresentam capítulos sobre espumas.

7.7.1 Formação e descrição

Em princípio, as espumas podem ser produzidas de duas formas: por supersaturação ou mecanicamente.

7.7.1.1 Por supersaturação

Em decorrência de sua alta solubilidade, um gás (normalmente CO_2 ou N_2O) é dissolvido em um líquido aquoso sob alta pressão (de alguns bars). Quando a pressão diminui, o gás forma bolhas, e a formação dessas bolhas não se dá por nucleação. Uma bolha de gás formada espontaneamente precisará ter um raio inicial de ≈ 2 nm e isso implicaria uma pressão de Laplace (Equação 7.8) de ≈ 10^{8} Pa ou 10^{3} bar. Para tanto, o gás deveria ser levado a essa pressão, o que obviamente é impraticável. Em vez disso, as bolhas de gás sempre crescem a partir de pequenas bolsas de ar já presentes nas paredes do recipiente ou em pequenas partículas. O ângulo de contato gás/água/sólido pode chegar a 150° em sólidos muito hidrofóbicos, permitindo que pequenas bolsas de ar permaneçam em fendas ou fissuras no sólido (Figura 7.7b). Para curvaturas negativas, ainda pode haver permanência de ar não saturado nesses locais.

Por exemplo, se um recipiente pressurizado de um líquido carbonatado é aberto, a pressão excedente é liberada, o CO_2 torna-se supersaturado, difundindo-se em direção a todas as bolsas de ar presentes. Essas bolsas de ar crescem e são expulsas quando se tornam grandes o suficiente, deixando um fragmento de outra bolha que possa crescer. As bolhas se elevam enquanto continuam crescendo, e uma camada de bolhas (i.e., a espuma) é formada. Essas bolhas sempre são muito grandes (p. ex., ≈ 1mm).

Outro exemplo é a formação de CO_2 em massas fermentadas com levedura. O CO_2 em excesso chega aos sítios contendo pequenas bolhas de ar capturadas, e esses sítios aumentam de tamanho. Alguns crescem e formam células visíveis de gás, gerando uma estrutura macroscópica de espuma.

7.7.1.2 Por forças mecânicas

Um fluxo de gás pode ser conduzido por aberturas estreitas para dentro da fase aquosa (*sparging*). Isso causa formação de bolhas de ar que, entretanto, são bastante grandes (geralmente > 1 mm). Bolhas menores podem ser produzidas aplicando-se golpes de ar no líquido. Inicialmente, formam-se bolhas grandes que são quebradas em bolhas cada vez menores, sucessivamente. As forças de cisalhamento normalmente são fracas demais para a obtenção de bolhas pequenas, e o mecanismo de ruptura em geral envolve flutuações de pressão em um campo turbulento, como as ocorrentes durante a formação de emulsões o/a (Seção 7.6.2). Bolhas medindo ≈ 100 μm podem ser obtidas dessa forma, com as menores medindo ≈ 20 μm.

O batimento é o método de escolha no processamento industrial. Em um sistema aberto, como ao bater claras de ovos em uma tigela, as principais resultantes do processo são o tamanho médio da bolha e a fração de volume do gás incorporado (ϕ). Esta última costuma ser expressa como **percentual de expansão**, sendo igual a $100\phi/(1 - \phi)$. Os fatores que determinam a expansão são pouco compreendidos. Portanto, em vez de discutir todos os aspectos, algumas variáveis importantes são fornecidas na Figura 7.36. As mesmas variáveis afetam o tamanho das bolhas resultantes. Em geral, velocidades de batimento maiores e concentrações de surfactante maiores resultam em bolhas menores. Na indústria, os sistemas fechados são utilizados com frequência, permitindo que as quantidades de líquidos e de gás sejam medidas. Isso, então, determina a expansão obtida, desde que haja surfactante o suficiente.

Para produzir uma espuma, é necessário um **surfactante**. Quase todos os tipos de surfactante servirão para isso, uma vez que o único critério para sua funcionalidade é que se produza um determinado gradiente de γ. Isso não significa que qualquer surfactante seja apropriado para a produção de uma espuma estável, como será discutido mais adiante. Além disso, é a concentração molar de surfactante que determina a expansão, significando que as proteínas requerem uma concentração mássica maior que as pequenas moléculas anfifílicas.

No entanto, as proteínas são os agentes escolhidos pela indústria de alimentos, pois são comestíveis e tendem a resultar em espumas relativamente estáveis. Conforme pode-se observar na Figura 7.36a, a concentração de proteínas é uma variável importante. Para a obtenção de uma alta expansão, são necessárias concentrações muito grandes. Uma das razões pelas quais a clara de ovo é um agente formador de espuma superior é

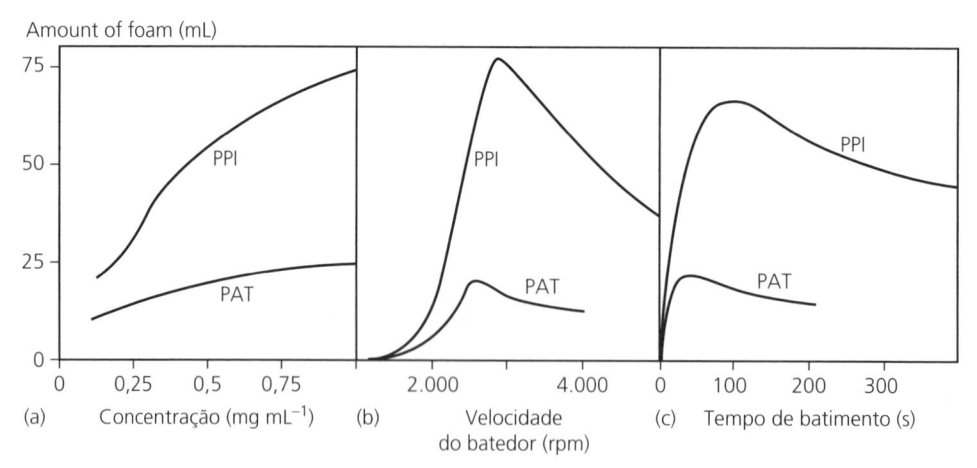

FIGURA 7.36 Quantidade de espuma produzida a partir de soluções diluídas de isolado de proteína de batata (PPI, do inglês *potato protein isolate*) e patatina purificada (PAT, do inglês *purified patatin*). pH = 7,0; força iônica = 0,05 molar. (a) Efeito da concentração de proteína. (b) Efeito da velocidade do batedor (rotações por minuto). (c) Efeito do tempo de batimento. Os resultados são cortesia de G. van Koningsveld. (De Walstra, P., *Physical Chemistry of Foods*, Marcel Dekker, New York, 2003.)

que ela contém 10% de proteína. Uma solução de proteína do soro do leite não desnaturada a 5% pode produzir uma expansão de ≈ 1.000%. No entanto, existe uma variação considerável entre as proteínas quanto à concentração necessária para obtenção de uma determinada expansão. Alguns peptídeos obtidos pela hidrólise de uma proteína conseguem fornecer expansões maiores que as próprias proteínas em concentração mássica igual, porém a estabilidade física da espuma muitas vezes é prejudicada significativamente. Via de regra, as misturas de proteínas, ou de proteínas e peptídeos, são superiores como agentes espumantes, em relação à maioria das proteínas puras.

7.7.1.3 Evolução da estrutura da espuma

A Figura 7.37 mostra as etapas da formação de espuma após a criação das primeiras bolhas. Assim que o batimento cessa, as bolhas elevam-se rapidamente, formando uma camada de espuma (a menos que a viscosidade do líquido seja muito alta). A força de flutuação logo torna-se suficiente para causar a deformação mútua das bolhas, levando à formação de lamelas planas entre elas. A tensão ocasionada pela flutuação é aproximadamente igual a $\rho_{água}gH$, onde H é a altura da camada de espuma (i.e., ≈ 100 Pa para H = 1 cm). No entanto, observa-se uma concentração de tensão significativa conforme as bolhas esféricas entram em contato, significando que bolhas com uma pressão de Laplace igual a 10^3 Pa se tornarão acentuadamente achatadas. Com o escoamento posterior de líquido intersticial, as bolhas passarão a exibir uma forma poliédrica. Onde três lamelas se encontram (nunca > 3, pois isso acarretaria uma conformação instável), forma-se um volume de água em forma de prisma, delimitado por superfícies cilíndricas. Esse elemento estrutural é chamado de fronteira de Plateau. Em geral, as pequenas bolhas residuais desaparecem rapidamente por ocasião da maturação de Ostwald. Desse modo, uma espuma poliédrica bastante regular é formada, algo semelhante à estrutura de uma colmeia. Na parte inferior das camadas de espuma, as bolhas permanecem mais ou menos esféricas.

À medida que a drenagem da espuma continua, sua fração volumétrica de ar aumenta, e uma camada de líquido se forma embaixo da espuma. A pressão de Laplace na fronteira de Plateau é inferior à encontrada nas lamelas, levando ao fluxo de líquido nas fronteiras de Plateau. Como essas fronteiras estão interconectadas, proporcionam caminhos pelos quais o líquido pode escoar. Conforme o escoamento continua, é possível alcançar prontamente um valor de ϕ igual a 0,95, correspondente a uma expansão de 1.900%. Essa espuma não é muito significativa como alimento. Para evitar o escoamento (excessivo), podem ser incorporadas pequenas partículas de enchimento que devem ser hidrofílicas, caso contrário as bolhas podem sofrer coalescência considerável (Seção 7.7.2.3). Gotículas de emulsão cobertas de proteína funcionam bem, sendo incorporadas a diversas coberturas batidas. Outra possibilidade é a gelificação da fase aquosa. Esse processo

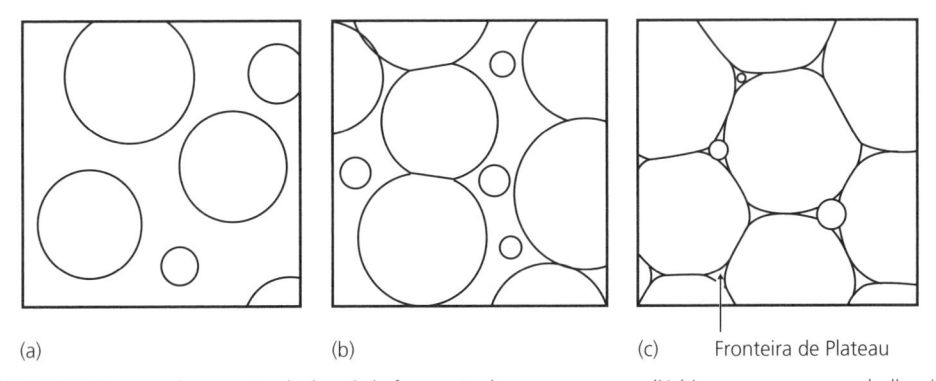

FIGURA 7.37 Etapas subsequentes (a, b e c) da formação de uma espuma poliédrica, uma vez que as bolhas já tenham sido geradas. A espessura das lamelas entre as bolhas é pequena demais para ser observada nessa escala (diâmetro da bolha < 1 mm).

é empregado em diversos produtos alimentícios aerados, como merengue, omeletes, suflê, creme bávaro, pães e bolos. Ao se deixar o sistema gelificar em uma etapa inicial, também é possível produzir uma espuma com bolhas esféricas. Em outras palavras, pode-se fazer uma espuma **borbulhante** ou **úmida**, em vez de uma espuma poliédrica ou **seca**.

As espumas poliédricas em si podem ser consideradas géis. A deformação da espuma gera aumento da curvatura das bolhas, aumento correspondente da pressão de Laplace e um comportamento elástico para deformações pequenas. Sendo assim, em tensões maiores, as bolhas escorregam umas nas outras e ocorre deformação viscoelástica. Há, portanto, uma tensão de escoamento (ver Seção 7.5.2), evidentemente, pois até mesmo uma porção alta de espuma pode manter sua forma sob o seu próprio peso. A tensão de escoamento costuma ser superior a 100 Pa. Para uma leitura complementar, ver [80] e referências incluídas.

7.7.2 Estabilidade

As espumas estão sujeitas a três principais tipos de instabilidade:

1. Maturação de Ostwald (desproporcionalidade), que é a difusão de gás de bolhas pequenas para bolhas maiores (ou para a atmosfera). Isso acontece porque a pressão em bolhas pequenas é maior que em bolhas grandes.
2. Escoamento de líquido a partir e ao longo da camada de espuma, em decorrência da gravidade.
3. Coalescência das bolhas causada pela instabilidade do filme entre elas.

Até certo ponto, essas alterações são interdependentes: o escoamento pode promover a coalescência, ao passo que a maturação de Ostwald ou a coalescência podem aumentar o escoamento.

Estas instabilidades são controladas por fatores fundamentalmente diferentes, como será esclarecido adiante. Infelizmente, muitos estudos sobre a estabilidade de espumas falharam em distinguir os três tipos de instabilidade. Uma das razões para isso pode ser a falta de métodos adequados para o monitoramento da distribuição de tamanho das bolhas.

7.7.2.1 Maturação de Ostwald

Ver os conceitos básicos na Seção 7.2. A maturação de Ostwald muitas vezes é o tipo mais importante de instabilidade de espuma, sobretudo nos alimentos, em que o tamanho da bolha é relativamente pequeno quando em comparação a muitas outras espumas. Dentro de alguns minutos após a formação de espuma, frequentemente há o espessamento perceptível da distribuição de tamanho das bolhas. A maturação de Ostwald se dá com mais rapidez no topo da camada de espuma, pois o ar pode difundir-se diretamente para a atmosfera, e a camada de água entre a bolha e a atmosfera é muito fina. No entanto, a maturação pode ocorrer dentro da espuma, a uma taxa significativa.

Uma abordagem clássica da taxa de maturação de Ostwald, baseada na Equação 7.9 e nas leis de difusão, foi realizada por de Vries [18]. Esse autor considerou uma bolha pequena de raio r_0, rodeada por bolhas muito maiores, a uma distância média δ. A mudança do raio com o tempo, t, será dada por

$$r^2(t) = r_0^2 - \left(\frac{RTD\,s_\infty\gamma}{p\delta}\right)t \qquad (7.34)$$

onde

D é o coeficiente de difusão do gás em água (em m^2 s^{-1}).

s_∞ é a solubilidade para $r = \infty$ (uma vez que a solubilidade de um gás é proporcional à sua pressão, ela é dada em mol m^{-3} Pa^{-1}).

γ é a tensão interfacial (na maioria das vezes $\approx 0,05$ N m^{-1}).

p é a pressão ambiente (frequentemente, 10^5 Pa).

A partir da Equação 7.34, conclui-se que a bolha encolherá cada vez mais rápido conforme diminui de tamanho. Além disso, como γ e a solubilidade da maioria dos gases em água são altas, o encolhimento é rápido, como ilustrado pelos exemplos a seguir. Uma bolha de nitrogênio com raio igual a 0,1 mm e a $\delta = 1$ mm em água desapareceria em ≈ 3 min, ao passo que uma bolha semelhante de CO_2, sumiria em ≈ 4 s. Isso não é muito realista, uma vez que os pressupostos geométricos subjacentes à Equação 7.34 não são totalmente cumpridos na prática e também porque o processo se torna um pouco mais lento em presença de uma mistura de gases, como o ar. Além disso, conforme as bolhas menores remanescentes tornam-se maiores, a taxa de alteração diminui com o tempo. No entanto, a maturação de Ostwald pode ocorrer muito rapidamente.

A maturação de Ostwald pode ser interrompida ou retardada? Se uma bolha encolher, sua área diminuirá e sua carga de superfície (Γ) aumentará, desde que o surfactante não sofra dessorção. Se não ocorrer dessorção, γ será menor e, portanto, a pressão de Laplace também diminuirá, implicando na queda da força motriz para a maturação de Ostwald. Essa força até mesmo cessará quando o módulo de dilatação superficial, E_{SD}, que é uma medida da alteração em γ com a variação na área (ver Equação 7.10), tornar-se aproximadamente igual a γ. No entanto, o surfactante normalmente dessorve, e E_{SD}, portanto, diminui a uma velocidade que depende de diversos fatores, sobretudo do tipo de surfactante. Em espumas feitas com surfactante de moléculas pequenas, a dessorção ocorre prontamente, sendo que um retardo na maturação de Ostwald tende a ser insignificante. No entanto, as proteínas tendem a dessorver muito lentamente (ver Seção 7.2.2) e E_{SD} pode permanecer razoavelmente alto (Seção 7.2.6), em particular se o gás em questão for o CO_2. A maturação de Ostwald será então substancialmente retardada [61], embora as bolhas (e gotículas de emulsão) encolhidas também possam romper-se [23,37,50]. Se o gás for ar ou N_2, implicando que a maturação de Ostwald será muito mais lenta, E_{SD} tenderá a permanecer baixo, e a maturação de Ostwald não será retardada de maneira considerável.

Algumas proteínas originam camadas tenazes na interface A/a devido a reações de ligação cruzada entre moléculas adsorvidas. A clara de ovo é um bom estabilizante de espumas. Durante o batimento, ocorre uma forte desnaturação na superfície, gerando amplos agregados proteicos bastante estáveis. Estes agregados se mantêm irreversivelmente adsorvidos, resultando em uma forte resistência à maturação de Ostwald. Consegue-se alcançar algo semelhante com partículas sólidas que tenham um ângulo de contato adequado (Figura 7.6). Um exemplo disso é fornecido pelos glóbulos de gordura parcialmente sólidos do *chantilly*, os quais cobrem por completo as bolhas de ar, além de formar uma rede ao longo do sistema (ver Seção 7.6.5).

Muitos sistemas complexos contêm ao menos algumas partículas sólidas que agem dessa forma (as quais são pequenas e bastante hidrofílicas). A retração da bolha ocorre até que as partículas sólidas adsorvidas se toquem. Em seguida, uma bolha pequena, mas estável, permanece. Essa parece ser a causa da formação de muitos tipos de espumas indesejáveis e persistentes. Outro exemplo disso são as células de gás na massa do pão [82], as quais demonstram extensa maturação de Ostwald com um número de células visíveis no produto final inferior a 1%, em relação ao observado no início. Isso não significa que todas as outras tenham desaparecido. De fato, permanecem muitas células minúsculas que, provavelmente, sejam estabilizadas por partículas sólidas. Essas células não são visíveis, mas dispersam luz o suficiente para conferir a aparência branca ao miolo do pão.

Deve-se mencionar que a maturação de Ostwald pode ser prevenida por uma tensão de escoamento na fase aquosa, desde que essa tensão seja elevada ($\approx 10^4$ Pa). Um exemplo disso é o chocolate que contém bolhas de ar (aerado).

7.7.2.2 Escoamento

Conforme mencionado na Seção 7.2.6, a imobilização de uma interface A/a por meio de um gradiente de γ é essencial para a prevenção de um escoamento quase instantâneo (Figuras 7.9c e d). A altura máxima que um filme vertical (lamela) pode atingir entre duas bolhas, ao mesmo tempo em que previne o movimento das superfícies do filme, é dada por

$$H_{máx} = \frac{2\Delta\gamma}{\rho g \delta} \quad (7.35)$$

O valor máximo que $\Delta\gamma$ (entre as partes superior e inferior de um filme vertical) pode assumir é igual à pressão superficial Π, a qual deve ser $\approx 0,03$ N m^{-1}. Para filmes aquosos de espessura $\delta = 0,1$ mm, $H_{máx}$ será de 6 cm, um valor muito maior que o necessário em espumas de alimentos (6 cm é, na verdade, a altura aproximada das maiores espumas flutuantes em uma solução de detergente).

O tempo de escoamento de um filme vertical simples com superfícies imobilizadas é dado por

$$t(\delta) \approx \frac{6\eta H}{\rho g \delta^2} \quad (7.36)$$

onde $t(\delta)$ é o tempo necessário para que o filme escoe a uma espessura δ determinada. Para um filme de 1 mm de altura, somente 6 s de escoamento serão necessários para conseguir uma espessura de 10 µm. No entanto, a taxa de escoamento reduz com a diminuição da espessura, demorando 17 dias para que o escoamento alcance δ = 20 nm. Este último valor é a espessura aproximada em que as forças de atração de Van der Waals entre as duas superfícies do filme entram em ação.

A previsão da taxa de escoamento em espumas reais é muito mais difícil, sendo impossível realizar cálculos precisos. A Equação 7.36 será útil para a obtenção de valores aproximados (ordens de grandeza). É evidente que o escoamento pode diminuir muito e, assim, aumentar a viscosidade. Para tanto, deve ser medida em tensões de cisalhamento bastante baixas. Uma tensão de escoamento $\approx gH\rho_{água}$ (onde H é a altura da camada de espuma) também deterá o escoamento.

7.7.2.3 Coalescência

Esse processo ocorre quando um filme entre bolhas se rompe, embora seu mecanismo seja influenciado por algumas circunstâncias. Pode-se distinguir três casos principais:

1. **Filmes espessos**: trata-se de filmes suficientemente espessos para que a interação coloidal entre as duas superfícies seja desprezível. Nesse caso, o mecanismo estabilizador de Gibbs é essencial (Seção 7.2.6, em especial Figura 7.9e). A ruptura do filme (e, portanto, a coalescência da bolha) ocorrerá somente quando a concentração de surfactante for muito baixa. Se um filme for extensivamente esticado, como sempre ocorre durante o batimento, a ruptura acontecerá mais rápido. De fato, observa-se uma velocidade de batimento ótima para a formação de espuma (Figura 7.36b), ou seja, onde se tem uma incorporação maior de ar.

2. **Filmes finos**: são filmes suficientemente delgados para tornarem as interações coloidais importantes. As considerações feitas na Seção 7.6.4 são grosseiramente aplicáveis (ver em especial a Figura 7.32) e, na ausência de uma forte repulsão coloidal mantendo a espessura do filme relativamente grande, pode haver a imediata ruptura do filme. Todavia, pode demorar muito para que o filme escoe até alcançar uma espessura fina. Por outro lado, a água do filme pode evaporar, principalmente no topo da espuma. Portanto, a ruptura do filme ocorrerá sobretudo no alto das espumas, levando à diminuição de sua altura. Em comparação às emulsões, as espumas são muito mais instáveis contra a coalescência. O γ é grande (mais estável); os filmes entre as bolhas são **permanentes** (menos estáveis); a área do filme é muito grande (menos estável); além do mais, muito menos filmes devem romper-se para que a coalescência se torne significativa (ver Tabela 7.7). Novamente, as proteínas podem produzir os filmes mais estáveis, sobretudo quando formam camadas adsorvidas espessas.

3. **Filmes que contêm partículas estranhas**: observa-se, com frequência, que a presença de partículas estranhas, em particular de lipídeos, é muito prejudicial à estabilidade das espumas. Essas partículas podem causar a ruptura de filmes relativamente espessos, sendo que vários mecanismos já foram postulados [29]. Presume-se que a expansão de óleo sobre a superfície A/a do filme exerça um papel predominante nesse processo. As gotículas de óleo cobertas por proteínas têm uma camada superficial hidrofílica e, logo, não conseguem espalhar óleo sobre a superfície A/a. Todavia, em se tratando de glóbulos de gordura, isto é, gotículas de óleo contendo cristais de triacilglicerol, o óleo pode chegar

com facilidade à superfície A/a, conforme o papel desses cristais na coalescência parcial (Seção 7.6.5). Glóbulos de gordura especialmente grandes são bem eficazes para a quebra das espumas. É bem sabido que traços de batom são prejudiciais à estabilidade da espuma da cerveja. Outro exemplo é o leite desnatado, que contém menos de 0,05% de gordura e glóbulos muito pequenos, com os quais se pode produzir uma espuma muito melhor que a produzida a partir do leite integral.

Em relação a isso, a concentração numérica de partículas estranhas deve ser considerada. Uma espuma alimentícia típica contém $\approx 10^{12}$ lamelas por m^3 de fase líquida. Portanto, presume-se que 10^{12} partículas por m^3 seriam suficientes para causar uma substancial coalescência das bolhas, desde que as partículas possam induzir a ruptura do filme. Seriam adequados glóbulos de gordura maiores, medindo ≈ 6 μm de diâmetro, contendo gordura líquida e sólida. Uma concentração igual a 10^{12} desses glóbulos por m^3 corresponde a $\approx 0,01\%$ de gordura. Desse modo, quantidades muito pequenas podem induzir coalescência significativa.

Em um típico *chantilly*, o número de glóbulos de gordura parcialmente sólida é muito alto (pelo menos 10^{16} m^{-3}). Muitos desses glóbulos seriam capazes de induzir a ruptura do filme. No entanto, sua concentração elevada ocasiona a adsorção quase simultânea de muitos glóbulos que estejam extreitamente próximos uns dos outros. A disseminação do óleo líquido ao longo de qualquer extensão torna-se impossível, a ruptura do filme raramente ocorrerá, e o resultado será uma espuma bastante firme e estável. Contudo, se o batimento continuar, os glóbulos de gordura sofrerão uma extensiva coalescência parcial, formando grandes aglomerações, e, posteriormente, seu número se tornará tão pequeno que poderá acontecer a ruptura precoce do filme. Em outras palavras, o batimento em excesso destrói a espuma formada anteriormente. Durante o batimento do creme de leite para a obtenção de grânulos de manteiga, isto é, grandes agregados de glóbulos de gordura, esse processo é proposital.

7.7.3 RESUMO

- As espumas podem ser produzidas via supersaturação, o que permite que pequenas bolsas de ar presentes no sistema cresçam, e mecanicamente, geralmente incorporando ar no líquido.
- A fração volumétrica de ar incorporado é frequentemente expressa como porcentagem de expansão. Os principais fatores determinantes são concentração de surfactante (geralmente proteína), velocidade do batedor e tempo de batimento.
- As bolhas de gás formam creme rapidamente e formam uma camada de espuma. Sua fração volumétrica de ar aumentará rapidamente devido ao escoamento e, no final, pode resultar em uma espuma poliédrica.
- Tipos de instabilidade física são a maturação de Ostwald, o escoamento de líquidos e a coalescência de bolhas de gás.
- A maturação de Ostwald frequentemente é o tipo mais importante de instabilidade de espuma, mais rápido no topo da camada de espuma do que na fase livre. A taxa é muito mais rápida para espumas com CO_2 contendo bolhas de gás do que com bolhas de nitrogênio, devido à solubilidade muito maior do CO_2 na água. A maturação de Ostwald pode ser retardada por camadas adsorvidas com alto módulo de superfície-dilacional, e interrompida pela adsorção de partículas sólidas e via solidificação da fase contínua.
- O escoamento pode ser significativamente retardado pela imobilização da interface A/a, bem como aumentando a viscosidade da fase contínua.
- Com respeito à coalescência, podem-se distinguir três casos principais: (1) filmes espessos, o mecanismo de estabilização de Gibbs é essencial; (2) filmes finos, as interações coloidais são importantes; e (3) filmes contendo partículas estranhas (p. ex., gotículas de óleo que podem se espalhar pela superfície A/a. Como o número de células de gás por m^3 é muito menor do que nas emulsões, os efeitos decorrentes da coalescência serão percebidos muito antes.

Símbolos utilizados frequentemente

A	Área superficial (específica)	(m^{-1}, m^2)
	Constante de Hamaker	(J)
a	Atividade termodinâmica	(fração molar)
	Aceleração	(m s^{-2})
B	Permeabilidade	(m^2)
c	Concentração	(kg m^{-3}; mol m^{-3}; mol L^{-1})
D	Coeficiente de difusão	(m^2 s^{-1})
	Dimensionalidade fractal	(–)
d	Diâmetro de partícula	(m)
E_{SD}	Módulo dilacional superficial	(N m^{-1})
F	Energia livre (de Gibbs)	(J; J mol^{-1})
f	Força	(N)
G	Módulo de deformação elástica	(Pa)
g	Aceleração da gravidade	(9,81 m s^{-2})
H	Altura	(m)
	Entalpia	(J; J mol^{-1})
h	Distância interpartícula	(m)
I	Força iônica	(mol L^{-1})
k	Constante de Boltzmann	(1,38 × 10^{-23} J K^{-1})
l	Distância, comprimento	(m)
m	Concentração	(mol L^{-1})
N	Número de concentração (total)	(m^{-3})
n_i	Número de partículas na classe i	(m^{-3})
p	Pressão	(Pa)
p_L	Pressão de Laplace	(Pa)
Q	Taxa volumétrica de fluxo	(m^3 s^{-1})
R	Constante universal dos gases	(8,314 J mol^{-1} K^{-1})
	Raio do agregado (floco)	(m)
R_{cr}	Raio crítico	(m)
R_g	Raio de giro	(m)
r	Raio da partícula	(m)
S	Entropia	(J K^{-1}; J mol^{-1} K^{-1})
s	Solubilidade do gás	(mol m^{-3} Pa^{-1})
T	Temperatura (absoluta)	(K)
t	Tempo	(s)
$t_{0,5}$	Tempo de vida média	(s)
V	Energia livre de interação	(J)
v	Velocidade	(m^3 s^{-1})
v_s	Velocidade de partícula de Stokes	(m^3 s^{-1})
∇v	Gradiente de velocidade; taxa de cisalhamento	(s^{-1})
W	Taxa de estabilidade	(–)
x	Distância	(m)
z	Valência	(–)

Símbolos gregos		
Γ	(Carga) superficial em excesso	(mol m^{-2}, kg m^{-2})
γ	Tensão superfície/interface	(N m^{-1})
δ	Espessura de camada (filme)	(m)
ε	Esticamento (deformação relativa)	(–)
ε_{fr}	Esticamento na quebra	(–)
θ	Ângulo de contato	(rad)
κ	Comprimento recíproco de Debye	(m^{-1})
η	Viscosidade	(Pa s)
η_a	Viscosidade aparente	(Pa s)
Π	Pressão superficial	(N m^{-1})
Π_{osm}	Pressão osmótica	(Pa)
ρ	Densidade mássica	(kg m^{-3})
σ	Tensão	(Pa)
σ_{fr}	Tensão de ruptura	(Pa)
σ_y	Tensão de escoamento	(Pa)
ϕ	Fração de volume	(–)
ψ	Fração sólida	(–)
	Potencial elétrico	(V)

Subscritos	
A	Ar
a	Água (fase aquosa)
C	Fase contínua
D	Fase dispersa
O	Óleo
S	Sólido

REFERÊNCIAS

1. Adamson, A.W. and A.P. Gast (1997), *Physical Chemistry of Surfaces*, 6th edn., John Wiley, New York.
2. Allen, T. (1981), *Particle Size Measurement*, 3rd edn., Chapman & Hall, London, U.K.
3. Baszkin, A. and W. Norde, eds. (2000), *Physical Chemistry of Biological Interfaces*, Dekker, New York.
4. Benjamins, J. and E.H. Lucassen-Reynders (1988), Surface dilational rheology of proteins adsorbed at air/water and oil/water interfaces, in *Studies in Interface Science* (D. Möbius and R. Miller, eds.), Elsevier, Amsterdam, the Netherlands, pp. 341–384.
5. Benjamins, J. and E.H. Lucassen-Reynders (2003), Static and dynamic properties of proteins adsorbed at three different liquid interfaces, in *Food Colloids, Biopolymers and Materials* (E. Dickinson and T. van Vliet, eds.), Royal Society of Chemistry, Cambridge, U.K., pp. 216–225.
6. Boode, K. and P. Walstra (1993), Kinetics of partial coalescence in oil-in-water emulsions, in *Food Colloids and Polymers: Stability and Mechanical Properties* (E. Dickinson and P. Walstra, eds.), Royal Society Chemistry, Cambridge, U.K., pp. 23–30.
7. Boode, K. and P. Walstra (1993), Partial coalescence in oil-in-water emulsions 1. Nature of the aggregation, *Colloids Surf.* **81**: 121–137.
8. Boode, K., P. Walstra, and A.E.A. de Groot-Mostert (1993), Partial coalescence in oil-in-water emulsions 2. Influence of the properties of the fat, *Colloids Surf.* **81**: 139–151.
9. Bremer, L.G.B., P. Walstra, and T. van Vliet (1995), Estimation of the aggregation time of various colloidal systems, *Colloids Surf. A* **99**: 121–127.
10. Brownsey, G.J. and V.J. Morris (1988), Mixed and filled gels—Models for foods, in *Functional Properties of*

Food Macromolecules (J.R. Mitchell and D.A. Ledward, eds.), Elsevier Applied Science, London, U.K., pp. 7–23.

11. Busnell, J.P., S.M. Clegg, and E.R. Morris (1988), Melting behaviour of gelatin: Origin and control, in *Gums and Stabilizers for the Food Industry*, Vol. 4 (G.O. Phillips, D.J. Wedlock, and P.A. Williams, eds.), IRL Press, Oxford, U.K., pp. 105–115.
12. Clark, A.H. and C.D. Lee-Tufnell (1986), Gelation of globular proteins, in *Functional Properties of Food Macromolecules* (J.R. Mitchell and D.A. Ledward, eds.), Elsevier Applied Science, London, U.K., pp. 203–272.
13. Coffey, D.G., D.A. Bell, and A. Henderson (1995), Cellulose and cellulose derivatives, in *Food Polysaccharides and Their Applications* (A.M. Stephen, ed.), Dekker, New York, pp. 123–153.
14. Darling, D.F. (1982), Recent advances in the destabilization of dairy emulsions, *J. Dairy Res.* **49**: 695–712.
15. De Feijter, J.A., J. Benjamins, and M. Tamboer (1987), Adsorption displacement of proteins by surfactants in oil-in-water emulsions, *Colloids Surf.* **27**: 243–266.
16. De Jong, S. and F. van de Velde (2007), Charge density of polysaccharide controls microstructure and large deformation properties of mixed gels, *Food Hydrocoll.* **21**: 1172–1187.
17. De Roos, A.L. and P. Walstra (1996), Loss of enzyme activity due to adsorption onto emulsion droplets, *Colloids Surf. B* **6**: 201–208.
18. de Vries, A.J. (1958), Foam stability. II. Gas diffusion in foams, *Receuil Trav. Chim.* **77**: 209–225.
19. Dickinson, E. (1992), Structure and composition of adsorbed protein layers and the relation to emulsion stability, *J. Chem. Soc. Faraday Trans.* **88**: 2973–2983.
20. Dickinson, E. (1994), Protein-stabilized emulsions, *J. Food Eng.* **22**: 59–74.
21. Dickinson, E. (2003), Hydrocolloids at interfaces and the influence on the properties of dispersed systems, *Food Hydrocoll.* **17**: 25–39.
22. Dickinson, E. and L. Eriksson (1991), Particle flocculation by adsorbing polymers, *Adv. Colloid Interface Sci.* **34**: 1–29.
23. Dickinson, E., R. Ettelaie, B.S. Murray, and Z. Du (2002), Kinetics of disproportionation of air bubbles beneath a planar air–water interface stabilized by food proteins, *J. Colloid Interface Sci.* **252**: 202–213.
24. Dickinson, E., V.B. Galazka, and D.M.W. Anderson (1991), Emulsifying behaviour of gum Arabic. Part 1: Effect of the nature of the oil phase on the emulsion Droplet-size distribution, *Carbohydr. Polym.* **14**: 373–383.
25. Dickinson, E. and Y. Matsumura (1991), Time-dependent polymerization of β-lactoglobulin through disulphide bonds at the oil–water interface in emulsions, *Int. J. Biol. Macromol.* **13**: 26–30.
26. Dickinson, E., B.S. Murray, and G. Stainsby (1988), Coalescence stability of emulsion-sized droplets at a planar oil–water interface and the relation to protein film surface rheology, *J. Chem. Soc. Faraday Trans. 1* **84**: 871–883.
27. Fleer, G.J., M.A. Cohen Stuart, J.M.H.M. Scheutjens, T. Cosgrove, and B. Vincent (1993), *Polymers at Interfaces*, Chapman & Hall, London, U.K.
28. Friberg, S.E., R.F. Goubran, and I.H. Kayali (1990), Emulsion stability, in *Food Emulsions*, 2nd edn. (K. Larsson and S.E. Friberg, eds.), Dekker, New York, pp. 1–40.
29. Garrett, P.R. (1993), Recent developments in the understanding of foam generation and stability, *Chem. Eng. Sci.* **48**: 367–392.
30. Graham, D.E. and M.C. Phillips (1980), Proteins at liquid interfaces IV. Dilational properties, *J. Colloid Interface Sci.* **76**: 227–239.
31. Grinberg, V. and V.B. Tolstoguzov (1997), Thermodynamic incompatibility of proteins and polysaccharides in solutions, *Food Hydrocoll.* **11**: 145–158.
32. Hermansson, A.-M. (1988), Gel structure of food biopolymers, in *Functional Properties of Food Macromolecules* (J.R. Mitchell and D.A. Ledward, eds.), Elsevier Applied Science, London, U.K., pp. 25–40.
33. Hough, D.B. and L.R. White (1980), The calculation of Hamaker constants from Lifshitz theory with application to wetting phenomena, *Adv. Colloid Interface Sci.* **14**: 3–41.
34. Hutchings, J.B. and P.J. Lillford (1988), The perception of food texture: Tthe philosophy of the breakdown path, *J. Texture Stud.* **19**: 103–115.
35. Kato, A. and S. Nakai (1980), Hydrophobicity determined by a fluorescent probe method and its correlation with surface properties of proteins, *Biochim. Biophys. Acta* **624**: 13–20.
36. Kimura, H., S. Morikata, and M. Misaki (1973), Polysaccharide 13140: A new thermo-gelable polysaccharide, *J. Food Sci.* **38**: 668–670.
37. Kloek, W., T. van Vliet, and M. Meinders (2001), Effect of bulk and interfacial rheological properties on bubble dissolution, *J. Colloid Interface Sci.* **237**: 158–166.
38. Krog, N.J. (1990), Food emulsifiers and their chemical and physical properties, in *Food Emulsions*, 2nd edn. (K. Larsson and S.E. Friberg, eds.), Dekker, New York, pp. 127–180.
39. Larsson, K. and P. Dejmek (1990), Crystal and liquid crystal structure of lipids, in *Food Emulsions*, 2nd edn. (K. Larsson and S.E. Friberg, eds.), Dekker, New York, pp. 97–125.
40. Ledward, D.A. (1986), Gelation of gelatin, in *Functional Properties of Food Macromolecules* (J.R. Mitchell and D.A. Ledward, eds.), Elsevier Applied Science, London, U.K., pp. 171–201.
41. Ledward, D.A. and J.R. Mitchell (1988), Protein extrusion—More questions than answers? in *Food Structure—Its Creation and Evaluation* (J.M.V. Blanshard and J.R. Mitchell, eds.), Butterworths, London, U.K., pp. 219–229.
42. Lorén, N., A.-M. Hermansson, M.A.K. Williams, L. Lundin, T.J. Foster, C.D. Hubbard, A.H. Clark, I.T. Norton, E.T. Bergström, and D.M. Goodall (2001), Phase separation induced by conformational ordering of gelatin in gelatin/maltodextrin mixtures, *Macromolecules* **34**: 289–297.
43. Lucassen-Reynders, E.H. (1981), Surface elasticity and viscosity in compression/dilation, in *Anionic Surfactants: Physical Chemistry of Surfactant Action* (E.H. Lucassen-Reynders, ed.), Dekker, New York, pp. 173–216.

44. Luyten, H. and T. van Vliet (1990), Influence of a filler on the rheological and fracture properties of food materials, in *Rheology of Foods, Pharmaceutical and Biological Materials with General Rheology* (R.E. Carter, ed.), Elsevier Applied Science, London, U.K., pp. 43–56.
45. Luyten, H., T. van Vliet, and W. Kloek (1991), Sedimentation in aqueous xanthan + galactomannan mixtures, in *Food Polymers, Gels and Colloids* (E. Dickinson, ed.), Royal Society Chemistry, Cambridge, U.K., pp. 527–530.
46. Lyklema, J. (1991), *Fundamentals of Interface and Colloid Science*, Vol. I, *Fundamentals*, Academic Press, London, U.K., pp. A9.1–A9.7.
47. Lyklema, J., ed. (2005), *Fundamentals of Interface and Colloid Science*, Vol. IV, *Particulate Colloids*, Elsevier Academic Press, London, U.K., pp. A3.1–A3.9.
48. Martin, A., M.A. Bos, M. Cohen Stuart, and T. van Vliet (2002), Stress–strain curves of adsorbed protein layers at the air/water interface measured with surface shear rheology, *Langmuir* **18**: 1238–1243.
49. Martin, A., K. Grolle, M.A. Bos, M. Cohen Stuart, and T. van Vliet (2002), Network forming properties of various proteins adsorbed at the air/water interface in relations to foam stability, *J. Colloid Interface Sci.* **254**: 175–183.
50. Meinders, M.B.J. and T. van Vliet (2004), The role of interfacial rheological properties on Ostwald ripening in emulsions, *Adv. Colloid Interface Sci.* **108–109**: 119–126.
51. Mellema, M., J.H.J. van Opheusden, and T. van Vliet (2002), Categorization of rheological scaling models for particle gels applied to casein gels, *J. Rheol.* **46**: 11–29.
52. Mellema, M., P. Walstra, J.H.J. van Opheusden, and T. van Vliet (2002), Effects of structural rearrangements on the rheology of rennet-induced casein particle gels, *Adv. Colloid Interface Sci.* **98**: 25–50.
53. Morris, V.J. (1986), Gelation of polysaccharides, in *Functional Properties of Food Macromolecules* (J.R. Mitchell and D.A. Ledward, eds.), Elsevier Applied Science, London, U.K., pp. 121–170.
54. Morris, V.J. (1992), Designing polysaccharides for synergistic interactions, in *Gums and Stabilizers for the Food Industry*, Vol. 6 (G.O. Phillips, P.A. Williams, and D.J. Wedlock, eds.), IRL Press, Oxford, U.K., pp. 161–172.
55. Muhr, A.H. and J.M.V. Blanshard (1982), Diffusion in gels, *Polymer* **23**(Suppl.): 1012–1026.
56. Murray, B.S. and E. Dickinson (1996), Interfacial rheology and the dynamic properties of adsorbed films of proteins and surfactants, *Food Sci. Technol. Intern.* **2**: 131.
57. Norde, W. and J. Lyklema (1991), Why proteins prefer interfaces, *J. Biomater. Sci. Polymer Ed.* **2**: 183–202.
58. Oguntunde, A.O., P. Walstra, and T. van Vliet (1989), Physical characterization of soymilk, in *Trends in Food Biotechnology* (A.H. Ghee, N.B. Hen, and L.K. Kong, eds.), *Proceedings of the Seventh World Congress on Food Science and Technology*, Singapore, 1987, Institute of Food Science and Technology, Singapore 1989, pp. 307–308.
59. Pearce, K.N. and J.E. Kinsella (1978), Emulsifying properties of proteins: Evaluation of a turbidimetric technique, *J. Agric. Food Chem.* **26**: 716–723.
60. Prins, A. (1988), Principles of foam stability, in *Advances in Food Emulsions and Foams* (E. Dickinson and G. Stainsby, eds.), Elsevier Applied Science, London, U.K., pp. 91–122.
61. Ronteltap, A.D. and A. Prins (1990), The role of surface viscosity in gas diffusion in aqueous foams. II. Experimental, *Colloids Surf.* **47**: 285–298.
62. Shama, F. and P. Sherman (1973), Identification of stimuli controlling the sensory evaluation of viscosity, *J. Texture Stud.* **4**: 103–118.
63. Shimizu, M., M. Saito, and K. Yamauchi (1986), Hydrophobicity and emulsifying activity of milk proteins, *Agric. Biol. Chem.* **50**: 791–792.
64. Shinoda, K. and H. Kunieda (1983), Phase properties of emulsions: PIT and HLB, in *Encyclopedia of Emulsion Technology*, Vol 1. *Basic Theory* (P. Becher, ed.), Dekker, New York, pp. 337–367.
65. Smulders, P.E.A., P.W.J.R. Caessens, and P. Walstra (1999), Emulsifying properties of β-casein and its hydrolysates in relation to their molecular properties, in *Food Emulsions and Foams* (E. Dickinson and J.M. Rodriguez Patino, eds.), Royal Society of Chemistry, Cambridge, U.K., pp. 61–69.
66. Spielman, L.A. (1978), Hydrodynamic aspects of flocculation, in *The Scientific Basis of Flocculation* (K.J. Ives, ed.), Sijthoff & Noordhoff, Alphen aan den Rijn, the Netherlands, pp. 63–88.
67. Stading, M., M. Langton, and A.-M. Hermansson (1992), Inhomogeneous fine-stranded β-lactoglobulin gels, *Food Hydrocoll.* **6**: 455–470.
68. Stading, M., M. Langton, and A.-M. Hermansson (1993), Microstructure and rheological behaviour of particulate β-lactoglobulin gels, *Food Hydrocoll.* **7**: 195–212.
69. Stauffer, D., A. Coniglio, and M. Adam (1982), Gelation and critical phenomena, *Adv. Polym. Sci.* **44**: 105–107.
70. Stockham, J.D. and E.G. Fochtman (1977), *Particle Size Analysis*, Ann Arbor Science Publication, Ann Arbor, MI.
71. Tolstoguzov, V.B. (1993), Thermodynamic incompatibility of food macromolecules, in *Food Colloids and Polymers: Stability and Mechanical Properties* (E. Dickinson and P. Walstra, eds.), Royal Society of Chemistry, Cambridge, U.K., pp. 94–102.
72. Van Aken, G.A. (2001), Aeration of emulsions by whipping, *Colloids Surf.* **190**: 333–353.
73. Van Aken, G.A. (2002), Flow-induced coalescence in protein-stabilized highly concentrated emulsions, *Langmuir* **18**: 3549–3556.
74. Van Aken, G.A. and M.T.E. Merks (1994), Dynamic surface properties of milk proteins, *Prog. Colloid Polymer Sci.* **97**: 281–284.
75. Van den Berg, L., T. van Vliet, E. van der Linden, M.A.J. van Boekel, and F. van de Velde (1980a), Physical properties giving the sensory perception of whey protein/polysaccharide gels, *Food Biophys.* **3**: 1989–1206.
76. Van den Berg, L., A.L. Carolas, T. van Vliet, E. van der Linden, M.A.J. van Boekel, and F. van de Velde (1980b), Energy storage controls crumbly perception in whey proteins/polysaccharide mixed gels, *Food Hydrocoll.* **22**: 1404–1417.
77. Van Boekel, M.A.J.S. and P. Walstra (1981), Stability of oil-in-water emulsions with crystals in the disperse phase, *Colloids Surf.* **3**: 109–118.
78. Van Kreveld, A. (1974), Studies on the wetting of milk powder, *Neth. Milk Dairy J.* **28**: 23–45.

79. Van Vliet, T. (2002), On the relation between texture perception and fundamental mechanical parameters for liquids and time-dependent solids, *Food Qual. Prefer.* **13**: 111–118.
80. Van Vliet, T. (2013), *Rheology and Fracture Mechanics of Foods*, CRC Press, New York.
81. Van Vliet, T., H.J.M. van Dijk, P. Zoon, and P. Walstra (1991), Relation between syneresis and rheological properties of particle gels, *Colloid Polym. Sci.* **269**: 620–627.
82. Van Vliet, T., A.M. Janssen, A.H. Bloksma, and P. Walstra (1992), Strain hardening of dough as a requirement for gas retention, *J. Texture Stud.* **23**: 439–460.
83. Van Vliet, T., S.P.F.M. Roefs, P. Zoon, and P. Walstra (1989). Rheological properties of casein gels, *J. Dairy Res.* **56**: 529–534.
84. Vincent, J.F.V., G. Jeronimides, A.A. Kahn, and H. Luyten (1991), The wedge fracture test: A new method for measurement of food texture, *J. Texture Stud.* **22**: 45–57.
85. Visser, J. (1972), On Hamaker constants: A comparison between Hamaker constants and Lifshitz–van der Waals constants, *Adv. Colloid Interface Sci.* **3**: 331–363.
86. Walstra, P. (1983), Formation of emulsions, in *Encyclopedia of Emulsion Technology*, Vol. 1 (P. Becher, ed.), Dekker, New York, pp. 57–127.
87. Walstra, P. (1987), Fat crystallization, in *Food Structure and Behaviour* (J.M.V. Blanshard and P. Lillford, eds.), Academic Press, London, U.K., pp. 67–85.
88. Walstra, P. (1989), Principles of foam formation and stability, in *Foams: Physics, Chemistry and Structure* (A.J. Wilson, ed.), Springer, London, U.K., pp. 1–15.
89. Walstra, P. (1993), Introduction to aggregation phenomena in food colloids, in *Food Colloids and Polymers: Stability and Mechanical Properties* (E. Dickinson and P. Walstra, eds.), Royal Society of Chemistry, Cambridge, U.K., pp. 1–15.
90. Walstra, P. (1993), Syneresis of curd, in *Cheese: Chemistry, Physics and Microbiology*, Vol. 1. *General Aspects* (P.F. Fox, ed.), Chapman & Hall, London, U.K., pp. 141–191.
91. Walstra, P. (1993), Principles of emulsion formation, *Chem. Eng. Sci.* **48**: 333–349.
92. Walstra, P. (1996), Emulsion stability, in *Encyclopedia of Emulsion Technology*, Vol. 4 (P. Becher, ed.), Dekker, New York, pp. 1–62.
93. Walstra, P. (2002), The roles of proteins and peptides in formation and stabilisation of emulsions, in *Gums and Stabilizers for the Food Industry*, Vol. 11 (P.A. Williams and G.O. Phillips, eds.), Royal Society of Chemistry, Cambridge, U.K., pp. 237–244.
94. Walstra, P. and A.L. de Roos (1993), Proteins at air–water and oil–water interfaces: Static and dynamic aspects, *Food Rev. Int.* **9**: 503–525.
95. Walstra, P. and R. Jenness (1984), *Dairy Chemistry and Physics*, Wiley, New York.
96. Walstra, P. and M. Jonkman (1998), The role of milkfat and protein in ice cream, in *Ice Cream* (W. Buchheim, ed.), International Dairy Federation, Brussels, Belgium, pp. 17–24.
97. Walstra, P. and I. Smulders (1997), Making emulsions and foams: An overview, in *Food Colloids: Proteins, Lipids and Polysaccharides* (E. Dickinson and B. Bergenståhl, eds.), Royal Society of Chemistry, Cambridge, U.K., pp. 367–381.
98. Walstra, P. and P.E.A. Smulders (1998), Emulsion formation, in *Modern Aspects of Emulsion Science* (B.P. Binks, ed.), Royal Society of Chemistry, Cambridge, U.K., pp. 56–99.
99. Walstra, P. and E.C.H. van Berensteyn (1975), Crystallization of milk fat in the emulsified state, *Neth. Milk Dairy J.* **29**: 35–65.
100. Walstra, P., T. van Vliet, and L.G.B. Bremer (1991), On the fractal nature of particle gels, in *Food Polymers, Gels and Colloids* (E. Dickinson, ed.), Royal Society of Chemistry, Cambridge, U.K., pp. 369–382.
101. Walstra, P., J.M. Wouters, and T.J. Geurts (2006), *Dairy Science and Technology*, CRC/Taylor & Francis, Boca Raton, FL.
102. Wedzicha, B.L. (1988), Distribution of low-molecular-weight food additives in dispersed systems, in *Advances in Food Emulsions and Foams* (E. Dickinson and G. Stainsby, eds.), Elsevier, London, U.K., pp. 329–371.

LEITURAS SUGERIDAS

Blanshard, J.M.V. and P. Lillford, eds. (1987), *Food Structure and Behaviour*, Academic Press, London, U.K.

Blanshard, J.M.V. and J.R. Mitchell, eds. (1988), *Food Structure Its Creation and Evaluation*, Butterworth, London, U.K.

Dickinson, E. (1992), *An Introduction into Food Colloids*, Oxford Science, Oxford, U.K.

Friberg, S.E., K. Larsson, and J. Sjöblom, eds. (2004), *Food Emulsions*, 4th edn., Marcel Dekker, New York.

Hill, S.E., D.A. Ledward, and J.R. Mitchell, eds. (1998), *Functional Properties of Food Macromolecules*, 2nd edn., Aspen, Gaithersburg, MD.

Walstra, P. (2003), *Physical Chemistry of Foods*, Marcel Dekker, New York.

Parte II

Componentes minoritários dos alimentos

Vitaminas

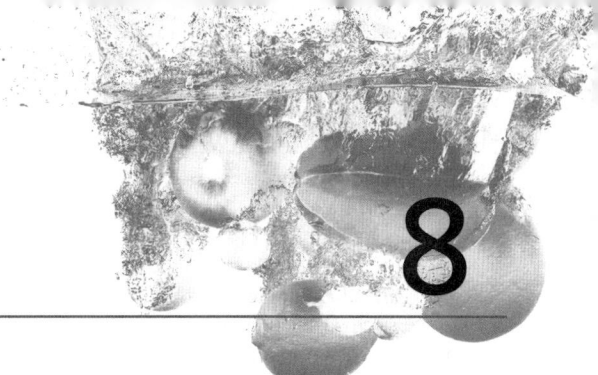

Jesse F. Gregory III

CONTEÚDO

8.1 Introdução........................... 540
   8.1.1 Objetivos......................... 540
   8.1.2 Resumo da estabilidade das vitaminas .. 540
   8.1.3 Toxicidade das vitaminas............ 541
   8.1.4 Fontes das vitaminas 541
8.2 Adição de nutrientes aos alimentos....... 542
8.3 Recomendações dietéticas 545
8.4 Métodos analíticos e fontes de dados 548
8.5 Biodisponibilidade das vitaminas 548
8.6 Causas gerais de variação/perdas de vitaminas em alimentos.................. 549
   8.6.1 Variação inerente ao conteúdo de vitaminas 549
   8.6.2 Alterações pós-colheita 550
   8.6.3 Tratamentos preliminares: limpeza, lavagem e moagem............ 550
   8.6.4 Efeitos do branqueamento e do processamento térmico 551
   8.6.5 Perdas de vitaminas pós-processamento 552
   8.6.6 Influência dos processamentos químicos e de outros componentes alimentares 554
8.7 Vitaminas lipossolúveis................. 555
   8.7.1 Vitamina A........................ 555
      8.7.1.1 Estrutura e propriedades gerais 555
      8.7.1.2 Estabilidade e modos de degradação 557
      8.7.1.3 Biodisponibilidade............... 561
      8.7.1.4 Métodos analíticos............... 562
   8.7.2 Vitamina D....................... 562
      8.7.2.1 Estrutura e propriedades gerais 562
      8.7.2.2 Métodos analíticos............... 563
   8.7.3 Vitamina E....................... 563
      8.7.3.1 Estrutura e propriedades gerais 563
      8.7.3.2 Estabilidade e mecanismo de degradação 565
      8.7.3.3 Biodisponibilidade............... 567
      8.7.3.4 Métodos analíticos............... 567
   8.7.4 Vitamina K....................... 567
      8.7.4.1 Estrutura e propriedades gerais 567
      8.7.4.2 Métodos analíticos............... 568

8.8 Vitaminas hidrossolúveis................ 569
   8.8.1 Ácido ascórbico................... 569
      8.8.1.1 Estrutura e propriedades gerais 569
      8.8.1.2 Estabilidade e modos de degradação 571
   8.8.2 Tiamina 578
      8.8.2.1 Estrutura e propriedades gerais 578
      8.8.2.2 Estabilidade e modos de degradação 580
   8.8.3 Riboflavina 584
      8.8.3.1 Estrutura e propriedades gerais 584
      8.8.3.2 Estabilidade e modos de degradação 586
      8.8.3.3 Biodisponibilidade............... 587
      8.8.3.4 Métodos analíticos............... 587
   8.8.4 Niacina........................... 587
      8.8.4.1 Estrutura e propriedades gerais 587
      8.8.4.2 Biodisponibilidade............... 588
      8.8.4.3 Métodos analíticos............... 589
   8.8.5 Vitamina B_6 589
      8.8.5.1 Estrutura e propriedades gerais 589
      8.8.5.2 Estabilidade e modos de degradação 592
      8.8.5.3 Biodisponibilidade............... 597
      8.8.5.4 Quantificação................... 597
   8.8.6 Folato............................ 598
      8.8.6.1 Estrutura e propriedades gerais 598
      8.8.6.2 Estabilidade e modos de degradação 601
   8.8.7 Biotina........................... 606
      8.8.7.1 Estrutura e propriedades gerais 606
      8.8.7.2 Estabilidade 607
      8.8.7.3 Métodos analíticos............... 607
      8.8.7.4 Biodisponibilidade............... 608
   8.8.8 Ácido pantotênico 608
      8.8.8.1 Estrutura e propriedades gerais 608
      8.8.8.2 Estabilidade e modos de degradação 609
      8.8.8.3 Biodisponibilidade............... 609
      8.8.8.4 Métodos analíticos............... 609
   8.8.9 Vitamina B_{12}................... 610
      8.8.9.1 Estrutura e propriedades gerais 610

8.8.9.2 Estabilidade e modos de
degradação 611
8.8.9.3 Biodisponibilidade 612
8.8.9.4 Métodos analíticos 612
8.9 Compostos ocasionalmente considerados
vitaminas essenciais. 613
8.9.1 Colina e betaína 613
8.9.2 Carnitina 613
8.9.3 Pirroloquinolina quinona 614
8.9.4 Coenzima Q_{10}. 614
8.10 Otimização da retenção de vitaminas 615
8.10.1 Otimização das condições de
processamento térmico 615
8.10.2 Previsão de perdas 616
8.10.3 Efeitos das embalagens 616
8.11 Resumo 616
Referências. 617
Leituras sugeridas 621

8.1 INTRODUÇÃO

8.1.1 Objetivos

Desde a descoberta das vitaminas básicas e de suas diversas formas, foram publicadas várias informações sobre sua retenção nos alimentos durante tratamento pós-colheita, processamento comercial, distribuição, armazenamento e preparação. Além disso, muitas revisões foram escritas sobre esse tema. Um bom resumo das conclusões mais antigas em relação a esse assunto está em *Nutritional Evaluation of Food Processing* [59,60,78], ao qual o leitor é convidado a ler. Contudo, há necessidade de uma revisão profunda na literatura mais recente e de mais estudos sistemáticos usando métodos analíticos contemporâneos.

Os principais objetivos deste capítulo são a discussão e a análise crítica da química de vitaminas individuais, bem como o entendimento dos fatores químicos e físicos que influenciam em sua retenção e sua biodisponibilidade nos alimentos. Outro objetivo consiste na indicação dos equívocos a respeito do que se conhece sobre vitaminas e no destaque de fatores que afetam a qualidade dos dados, em relação ao que se entende sobre a estabilidade das vitaminas. Deve-se observar que há um estado lamentável de inconsistência de nomenclatura na literatura de vitaminas, com a utilização de muitos termos obsoletos. Ao longo de todo este capítulo, a terminologia recomendada pela International Union of Pure and Applied Chemistry (IUPAC) e pela American Society for Nutritional Sciences [1] será utilizada sempre que possível.

8.1.2 Resumo da estabilidade das vitaminas

As vitaminas compreendem um grupo diverso de compostos orgânicos, os quais são micronutrientes essenciais na nutrição. As funções das vitaminas *in vivo*, sob vários aspectos, são: (a) atuação como coenzimas ou seus precursores (niacina, tiamina, riboflavina, biotina, ácido pantotênico, vitamina B_6, vitamina B_{12} e folato); (b) atuação como componentes do sistema de defesa oxidante (ácido ascórbico (AA), alguns carotenoides e vitamina E); (c) atuação como fatores envolvidos na regulação genética (vitaminas A, D e muitas outras); e (d) atuação em funções específicas, como a vitamina A na visão, ascorbatos em várias reações de hidroxilação e vitamina K nas reações de carboxilação específicas.

As vitaminas são constituintes minoritários dos alimentos. Do ponto de vista da química de alimentos, o interesse principal é a maximização da retenção da vitamina por meio da minimização da extração aquosa (lixiviação) e de alterações químicas, como oxidação e reação com outros componentes alimentares. Além disso, diversas vitaminas influenciam a natureza química dos alimentos por funcionarem como agentes redutores, desativadoras de radicais, reagentes nas reações de escurecimento e precursoras de sabor. Embora se saiba muito sobre a estabilidade e as propriedades das vitaminas, o conhecimento de como elas se comportam em um meio alimentar complexo é mais limitado. Muitos estudos publicados, algumas vezes por necessidade, têm envolvido o uso da química, definida por sistemas-modelo (ou apenas soluções-tampão), para simplificar a investigação da estabilidade das vitaminas. Os resultados desses estudos devem ser interpretados com cautela, pois, em muitos casos, a fidelidade com que os sistemas-modelo simulam os sistemas alimentares complexos não está clara. Embora esses estudos tenham proporcionado descobertas importantes sobre as variáveis químicas que afetam a retenção, eles apresentam algumas limitações para prever o comportamento das vitaminas em sistemas alimentares complexos. Isso ocorre porque muitas vezes os alimentos complexos diferem de forma acentuada do sistema-modelo, em termos de variáveis físicas e composicionais, incluindo atividade de água, força iônica, pH, catalisadores enzimáticos e traços metálicos e outros reagentes (proteínas, açúcares redutores, radicais livres, espécies ativas de oxigênio, etc.). Neste capítulo, a ênfase será sobre o comportamento de vitaminas em condições relevantes para alimentos.

A maioria das vitaminas existe como grupos de compostos relacionados estruturalmente, os quais exibem funções nutricionais semelhantes. Muitas tentativas já foram feitas com o objetivo de resumir a estabilidade das vitaminas, como é mostrado na Tabela 8.1 [59]. A principal limitação das generalizações é a variação acentuada de estabilidade que pode existir entre as diversas formas de cada vitamina. Várias formas de cada vitamina podem exibir estabilidade e reatividade muito diferentes (p. ex., pH de estabilidade ótima e suscetibilidade à oxidação). Por exemplo, o ácido tetra-hidrofólico e o ácido fólico são dois folatos que exibem propriedades nutricionais quase idênticas. Como será descrito adiante, o ácido tetra-hidrofólico (uma forma de ocorrência natural) é bastante sensível à degradação oxidativa, ao passo que o ácido fólico (uma forma sintética, utilizada na fortificação de alimentos) é muito estável. Sendo assim, as tentativas de generalização ou resumo das propriedades de vitaminas são, na melhor das hipóteses, imprecisas e, na pior, muito enganosas.

8.1.3 Toxicidade das vitaminas

Além do papel nutricional das vitaminas, é importante que se reconheça seu potencial de toxicidade. As vitaminas A, D e B_6 são de preocupação particular em relação a esse aspecto. Casos de toxicidade por vitaminas são quase sempre associados ao consumo de suplementos nutricionais. A toxicidade potencial também ocorre a partir de fortificações excessivas e inadvertidas, como ocorreu em um incidente isolado com leite fortificado com vitamina D. Isso ilustra a necessidade de vigilância contínua por agências reguladoras e de saúde pública. Casos de intoxicação por vitaminas endógenas dos alimentos são extremamente raros.

8.1.4 Fontes das vitaminas

Como as vitaminas têm sido consumidas em forma de suplementos por uma parte crescente da po-

TABELA 8.1 Resumo da estabilidade das vitaminas[a]

Nutriente	Neutro	Ácido	Alcalino	Ar ou oxigênio	Luz	Calor	Perda máxima na cocção (%)
Vitamina A	E	I	E	I	I	I	40
Ácido ascórbico	I	E	I	I	I	I	100
Biotina	E	E	E	E	E	I	60
Carotenos	E	I	E	I	I	I	30
Colina	E	E	E	I	E	E	5
Vitamina B_{12}	E	E	E	I	I	E	10
Vitamina D	E	E	I	I	I	I	40
Folato	I	I	I	I	I	I	100
Vitamina K	E	I	I	E	I	E	5
Niacina	E	E	E	E	E	E	75
Ácido pantotênico	E	I	I	E	E	I	50
Vitamina B_6	E	E	E	E	I	I	40
Riboflavina	E	E	I	E	I	I	75
Tiamina	I	E	I	I	E	I	80
Tocoferóis	E	E	E	I	I	I	55

Atenção: essas conclusões são simplificadas e podem não representar com fidelidade a estabilidade das vitaminas, em todas as circunstâncias.
[a]E, estável (não há destruição importante); I, instável (destruição significativa).
Fonte: adaptada de Harris, R., General discussion on the stability of nutrients, em: *Nutritional Evaluation of Food Processing*, Harris, R. e von Loesecke, H. (eds.), AVI Publishing Co., Westport, CT, 1971, pp. 1–4. Com modificações.

pulação, em muitos casos o suplemento alimentar costuma representar a principal e mais importante fonte de ingestão vitamínica. Os alimentos, em suas variáveis e distintas formas, fornecem vitaminas que ocorrem naturalmente em vegetais, animais e fontes microbiológicas, além das vitaminas adicionadas na fortificação. Além disso, alguns alimentos dietéticos e terapêuticos, fórmulas enterais e soluções intravenosas são formulados, de modo que toda a necessidade de vitaminas do indivíduo seja fornecida a partir dessas fontes.

Independentemente de se as vitaminas estão presentes de forma natural ou foram adicionadas, existe a possibilidade de perdas significativas por meios químicos ou físicos (lixiviação ou outras separações). As perdas de vitaminas são, de certo modo, inevitáveis na fabricação, na distribuição, na comercialização, no armazenamento doméstico e na preparação do alimento processado. Essas perdas também podem ocorrer durante o tratamento pós-colheita de frutos e na distribuição de frutas e vegetais, bem como durante manipulação pós--abate e distribuição de produtos cárneos. Uma vez que o suprimento alimentar moderno encontra-se cada vez mais dependente de alimentos processados e formulados industrialmente, a adequação nutricional dos alimentos depende, em grande parte, da compreensão de como as vitaminas são perdidas e da capacidade de controle dessas perdas.

Embora informações consideráveis em relação à estabilidade das vitaminas nos alimentos estejam disponíveis, nossa capacidade de usar tais informações é frequentemente limitada por uma fraca compreensão dos mecanismos de reação, cinética e termodinâmica sob várias circunstâncias. Por isso, muitas vezes torna-se difícil, com base nos conhecimentos atuais, prever-se a extensão em que determinado tratamento, armazenamento ou condições de manipulação influenciarão na retenção de muitas vitaminas. Sem informações precisas a respeito da cinética de reação e termodinâmica, também é difícil selecionar condições e métodos de processamento, armazenamento e manipulação de alimentos para otimização da retenção de vitaminas. Desse modo, há uma grande necessidade de caracterização mais precisa da química básica da degradação de vitaminas ocorrente em sistemas alimentares complexos.

8.2 ADIÇÃO DE NUTRIENTES AOS ALIMENTOS

Durante todo o início do século XX, a deficiência nutricional era o principal problema de saúde pública dos Estados Unidos. A pelagra era endêmica em quase toda a porção rural da região Sul, e, ao mesmo tempo, deficiências de riboflavina, niacina, ferro e cálcio eram frequentes. O desenvolvimento de padrões de identidade oficialmente definidos sob a autorização da Food, Drug and Cosmetic Act (Lei de Alimentos, Medicamentos e Cosméticos), de 1938, previa a adição direta de diversos nutrientes aos alimentos, em particular em alguns produtos lácteos e cereais. Embora os aspectos tecnológicos e históricos da fortificação estejam fora do âmbito de aplicação deste capítulo, recomenda-se a leitura de *Nutrient Additions to Food, Nutritional, Technological, and Regulatory Aspects* [7] para uma discussão mais abrangente sobre esse tema. A erradicação quase completa de doenças visíveis por deficiência de vitaminas fornece evidências sobre a eficácia excepcional dos programas de fortificação, bem como sobre a melhora geral da qualidade nutricional do suprimento alimentar nos Estados Unidos.

A definição de termos associados à adição de nutrientes aos alimentos inclui o seguinte:

1. **Restauração**: adição para o restabelecimento da concentração original de nutrientes essenciais.
2. **Fortificação**: adição de nutrientes em quantidades significativas suficientes, a ponto de transformar o alimento de fonte boa para fonte superior de nutrientes adicionados. Isso pode incluir a adição de nutrientes que normalmente não estão associados ao alimento ou a adição de nutrientes já existentes para níveis superiores aos que o alimento processado possui.
3. **Enriquecimento**: adição de quantidades específicas de nutrientes selecionados, de acordo com um padrão de identidade, tal como definido pela Food and Drug Administration (FDA) dos Estados Unidos.
4. **Nutrificação**: trata-se de um termo genérico destinado a abranger toda a adição de nutrientes aos alimentos.

A adição de vitaminas e outros nutrientes aos alimentos, embora seja benéfica nas práticas atuais, traz consigo o potencial de abuso e, com isso, riscos aos consumidores. Por essas razões, foram desenvolvidas importantes orientações que transmitem o uso prudente e razoável das vitaminas. Essas orientações da FDA dos Estados Unidos [21 CFR, Seção 104.20(g)] indicam que os nutrientes adicionados a alimentos devem ser:

1. Estáveis, sob condições habituais de armazenamento, distribuição e utilização.
2. Fisiologicamente disponíveis a partir de alimentos.
3. Presentes em quantidades em que haja garantia de que não ocorrerá ingestão excessiva.
4. Apropriados à sua finalidade e em conformidade com o fornecimento (i.e., regulamentos) que rege a segurança.

Além disso, afirma-se nas orientações que "a FDA não incentiva a adição indiscriminada de nutrientes aos alimentos". Recomendações semelhantes foram desenvolvidas e aprovadas em conjunto pelo Council on Foods and Nutrition of the American Medical Association (AMA), pelo Institute of Food Technologists (IFT), bem como pela Food and Nutrition Board (FNB), da National Academy of Sciences-National Research Council [4].

Em adição a isso, as diretrizes da AMA-IFT-FNB recomendam que sejam cumpridos os seguintes requisitos prévios para justificar a fortificação: (1) a ingestão do nutriente em questão deve ser insuficiente para uma parte substancial da população; (2) o alimento (ou categoria) deve ser consumido pela maior parte dos indivíduos da população-alvo; (3) deve haver garantias suficientes de que não ocorrerá ingestão excessiva e (4) o custo deve ser razoável para a população de destino. A declaração do comitê também incluiu o posterior endosso dos programas de enriquecimento:

> As seguintes práticas específicas continuam a ser endossadas nos Estados Unidos: o enriquecimento de farinhas, pão, arroz desgerminado e branco (com tiamina, riboflavina, niacina e ferro); a retenção e a restauração de tiamina, riboflavina, niacina e ferro em alimentos à base de cereais processados; a adição de vitamina D ao leite, leite desnatado e leite em pó sem gordura, a adição de vitamina A em margarina, leite desnatado. e leite em pó sem gordura e a adição de iodo ao sal de cozinha. A ação de proteção do flúor contra as cáries dentais é reconhecida e, por isso, a sua adição padronizada é aprovada para regiões nas quais o abastecimento de água apresenta baixo teor de flúor.

A mudança mais recente na política de fortificação diz respeito ao ácido fólico. A partir de 1º de janeiro de 1998, a inclusão de ácido fólico a cereais enriquecidos é obrigatória (todos aqueles com padrões de identidade, incluindo a maioria das farinhas de trigo, arroz, milho, pães e massas). Isso tem provado ser uma abordagem viável para proporcionar a suplementação de ácido fólico, com a finalidade de reduzir o risco de algumas anomalias congênitas (espinha bífida e anencefalia), pois tem melhorado o estado nutricional de folato na população. Os níveis de adição de ácido fólico foram escolhidos com o intuito de minimizar os riscos de ingestão excessiva (> 1 mg de ácido fólico/dia), reduzindo-se, assim, o risco de se mascarar o diagnóstico de deficiência de vitamina B_{12}. A maior parte do risco de exposição excessiva ao ácido fólico provém do uso de suplementos, e não do consumo de alimentos fortificados. Internacionalmente, as políticas de fortificação variam muito, porém, atualmente, mais de 70 países permitem ou exigem adição de ácido fólico aos alimentos.

A estabilidade das vitaminas em alimentos fortificados e enriquecidos tem sido bastante avaliada. Como mostrado na Tabela 8.2, a estabilidade das vitaminas adicionadas a cereais enriquecidos, em condições de testes acelerados de vida de prateleira, é excelente [3,22]. Resultados semelhantes foram relatados em relação a cereais matinais fortificados (Tabela 8.3). A eficiência da retenção se deve, em parte, à estabilidade das formas químicas das vitaminas utilizadas, bem como ao ambiente favorável, no que diz respeito à atividade de água e à temperatura. A estabilidade das vitaminas A e D em produtos lácteos enriquecidos também tem se mostrado satisfatória.

TABELA 8.2 Estabilidade de vitaminas adicionadas a cereais

Vitamina	Declarado	Encontrado	Tempo de armazenamento a 23 °C (meses)		
			2	4	6
Em 450 g de farinha branca					
Vitamina A (UI)	7.500	8.200	8.200	8.020	7.950
Vitamina E (UI)[a]	15,0	15,9	15,9	15,9	15,9
Piridoxina (mg)	2,0	2,3	2,2	2,3	2,2
Folato (mg)	0,30	0,37	0,30	0,35	0,3
Tiamina (mg)	2,9	3,4	—	—	3,4
Em 450 g de farinha de milho amarela					
Vitamina A (UI)	—	7.500	7.500	—	6.800
Vitamina E (UI)[a]	—	15,8	15,8	—	15,9
Piridoxina (mg)	—	2,8	2,8	—	2,8
Folato (mg)	—	0,30	0,30	—	0,29
Tiamina (mg)	—	3,5	—	—	3,6
	Depois da panificação		Cinco dias de armazenamento		
Em 740 g de pão					
Vitamina A (UI)	7.500	8.280	8.300		
Vitamina E (UI)[a]	15	16,4	16,7		
Piridoxina (mg)	2	2,4	2,5		
Folato (mg)	0,3	0,34	0,36		

[a]A vitamina E é expressa como acetato de DL-a-tocoferol.
Fonte: Cort, W. M. et al., Food Technol., 30, 52, 1976.

TABELA 8.3 Estabilidade de vitaminas adicionadas a cereais matinais

Conteúdo de vitamina (por g de produto)	Valor inicial	Tempo de armazenamento	
		3 meses (40 °C)	6 meses (23 °C)
Vitamina A (UI)	193	168	195
Ácido ascórbico (mg)	2,6	2,4	2,5
Tiamina (mg)	0,060	0,060	0,064
Riboflavina (mg)	0,071	0,074	0,67
Niacina (mg)	0,92	0,85	0,88
Vitamina D	17,0	15,5	16,6
Vitamina E (UI)	0,49	0,49	0,46
Piridoxina (mg)	0,085	0,088	0,081
Folato (mg)	0,018	0,014	0,018
Vitamina B_{12} (µg)	0,22	0,21	0,21
Ácido pantotênico (mg)	0,42	0,39	0,39

Fonte: Anderson, R. H., Food Technol., 30, 110, 1976.

8.3 RECOMENDAÇÕES DIETÉTICAS

Para que se avalie o impacto da composição de alimentos e dos padrões de consumo sobre o estado nutricional dos indivíduos e das populações e para que se determinem os efeitos nutricionais do processamento particular dos alimentos e das práticas de manipulação, é fundamental que exista um padrão de referência nutricional. Nos Estados Unidos, a Recomendação de Ingestão Diária (RDA) foi desenvolvida para esses fins. Os valores de RDA foram definidos pelo Committee on Dietary Allowances of the Institute of Medicine's Food and Nutrition Board como "a média do nível de ingestão dietética diária suficiente para atender à necessidade de um nutriente de quase todos os indivíduos saudáveis (97–98%) de um determinado grupo de mesmo gênero e estágio de vida" [70]. Na medida do possível, os valores de RDA são formulados com a inclusão de subsídios para a variabilidade dentro da população, com respeito às exigências nutricionais, bem como à possibilidade de biodisponibilidade incompleta de nutrientes. No entanto, as limitações sobre o que se conhece a respeito da biodisponibilidade de vitaminas em alimentos tornam esses subsídios um pouco incertos. Muitos outros países, além de diversas organizações internacionais, como a FAO/OMS, desenvolveram valores de referência semelhantes aos das RDAs, os quais, algumas vezes, diferem em quantidade em razão de diferenças nos julgamentos científico e filosófico.

Para que a rotulagem de alimentos tenha significado para os consumidores, a concentração de micronutrientes é mais bem expressa tendo relação a valores de referência. Nos Estados Unidos, dados de rotulagem nutricional de micronutrientes têm sido tradicionalmente expressos pela porcentagem dos valores de RDAs dos Estados Unidos, uma prática que se originou no começo da rotulagem nutricional, no início dos anos 1970. As RDAs dos Estados Unidos, utilizadas hoje para a rotulagem nutricional, foram obtidas a partir dos valores de RDA de 1968, diferindo um pouco dos valores atuais de RDA relatados pela Food and Nutrition Board (Tabela 8.4). Essas diferenças, embora não sejam perceptíveis para o consumidor, devem ser reconhecidas e entendidas. A regulamentação federal* permite a modificação de RDAs dos Estados Unidos da FDA "de tempos em tempos, à medida que mais informações sobre a nutrição humana se tornem disponíveis" [21 CFR § 101.9(c)(7)(b)(ii)], embora poucas mudanças tenham sido implementadas. Sob a revisão do regulamento da rotulação implementada pela FDA, em 1994, as RDAs dos Estados Unidos foram substituídas pela "Ingestão Diária Recomendada (IDR)", que é a equivalente atual das RDAs dos Estados Unidos. No formato atual da rotulagem nutricional, o conteúdo de vitaminas é expresso nas porcentagens da IDR, sendo listada em rótulos como "% de valor diário". A política atual da FDA declara:

> Existem dois conjuntos de valores de referência para relatar os nutrientes na rotulagem nutricional: 1) Valores Diários de Referência (VDRs) e 2) Ingestão Diária Recomendada (IDR) ou Referência de Ingestão Diária (RID). Esses valores auxiliam os consumidores na interpretação de informações sobre a quantidade de um nutriente presente em um alimento e na comparação dos valores nutricionais de produtos alimentícios. Os VDRs são estabelecidos para adultos e crianças com 4 ou mais anos de idade, assim como os IDRs, com exceção da proteína. Os VDRs são fornecidos para gordura total, gordura saturada, colesterol, carboidratos totais, fibra alimentar, sódio, potássio e proteína. Os IDRs são fornecidos para vitaminas e minerais e para proteínas para crianças com menos de 4 anos e para mulheres grávidas e lactantes. No entanto, para limitar a confusão do consumidor, o rótulo inclui um único termo (i.e., Valor Diário [VD]), para designar os VDRs e os IDRs. Especificamente, o rótulo inclui o % de VD, exceto o % de VD para proteína que não é necessário, a menos que seja feita uma alegação de proteína para o produto ou se o produto for usado por bebês ou crianças com menos de 4 anos de idade. (http://www.fda.gov/Food/GuidanceRegulation/GuidanceDocumentsRegulatoryInformation/LabelingNutrition/ucm064928.htm, acessado em 28 de setembro de 2016.)

---

*N. de R. T. No Brasil, as recomendações para ingestão de vitaminas são indicadas pela Agência Nacional de Vigilância Sanitária (Anvisa).

TABELA 8.4 Comparação entre a recomendação de ingestão diária para vitaminas e a "ingestão diária recomendada" (IDR), utilizadas atualmente na rotulagem nutricional, nos Estados Unidos

Categoria	Idade (anos) ou condições	Vitamina A (µg RAE)[a]	Vitamina D (µg)	Vitamina E (mg como α-tocoferol)	Vitamina K (µg)	Vitamina C (mg)	Tiamina (mg)	Riboflavina (mg)	Niacina (mg NE)	Vitamina B6 (mg)	Folato (µg DFE)	Vitamina B12 (µg)	Ácido pantotênico (mg)	Biotina (µg)	Colina (mg)
Bebês	0,0-0,5	400	5	4	2,0	40	0,2	0,3	2	0,1	65	0,4	1,7	5	125
	0,5-1,0	500	5	5	2,5	50	0,3	0,4	4	0,3	80	0,5	1,8	6	150
Crianças	1-3	300	5	6	30	15	0,5	0,5	6	0,5	150	0,9	2	8	200
	4-8	400	5	7	55	25	0,6	0,6	8	0,6	200	1,2	3	12	200
Homens	9-13	600	5	11	60	45	0,9	0,9	12	1,0	300	1,8	4	20	375
	14-18	900	5	15	75	75	1,2	1,3	16	1,3	400	2,4	5	25	550
	19-30	900	5	15	120	90	1,2	1,3	16	1,3	400	2,4	5	30	550
	31-50	900	5	15	120	90	1,2	1,3	16	1,3	400	2,4	5	30	550
	51-70	900	10	15	120	90	1,2	1,3	16	1,7	400	2,4	5	30	550
	>70	900	10	15	120	90	1,2	1,3	16	1,0	400	2,4	5	30	550
Mulheres	9-13	600	5	11	60	90	0,9	0,9	12	1,2	300	1,8	4	20	375
	14-18	700	5	15	75	90	1,0	1,0	14	1,3	400	2,4	5	25	400
	19-30	700	5	15	90	90	1,1	1,1	14	1,3	400	2,4	5	30	425
	31-50	700	5	15	90	90	1,1	1,1	14	1,3	400	2,4	5	30	425
	51-70	700	10	15	90	90	1,1	1,1	14	1,5	400	2,4	5	30	425
	>70	700	10	15	90	90	1,1	1,1	14	1,5	400	2,4	5	30	425
Gestantes	<18	750	5	15	75	80	1,4	1,4	18	1,9	600	2,6	6	30	450
	19-30	770	5	15	90	85	1,4	1,4	18	1,9	600	2,6	6	30	450
	31-50	770	5	15	90	85	1,4	1,4	18	1,9	600	2,6	6	30	450

(Continua)

TABELA 8.4 Comparação entre a recomendação de ingestão diária para vitaminas e a "ingestão diária recomendada" (IDR), utilizadas atualmente na rotulagem nutricional, nos Estados Unidos (*Continuação*)

Categoria	Idade (anos) ou condições	Vitamina A (µg RAE)[a]	Vitamina D (µg)	Vitamina E (mg como α-tocoferol)	Vitamina K (µg)	Vitamina C (mg)	Tiamina (mg)	Riboflavina (mg)	Niacina (mg NE)	Vitamina B$_6$ (mg)	Folato (µg DFE)	Vitamina B$_{12}$ (µg)	Ácido pantotênico (mg)	Biotina (µg)	Colina (mg)
Lactantes	<18	1.200	5	19	75	115	1,4	1,6	17	2,0	500	2,8	7	35	550
	19–30	1.300	5	19	90	120	1,4	1,6	17	2,0	500	2,8	7	35	550
	31–50	1.300	5	19	90	120	1,4	1,6	17	2,0	500	2,8	7	35	550
IDR[b] usado no rótulo dos alimentos		1.000 (5.000 UI)	10 (400 UI)	20 (30 UI)	Sem RDI	60	1,5	1,7	20	2,0	400	6,0	Sem RDI	Sem RDI	Sem RDI

[a]Unidades (por dia); RE, equivalentes de retinol; RAE, equivalentes de retinol usada, nos Estados Unidos, na rotulagem nutricional de alimentos; anteriormente denominada como RDA dos Estados Unidos. (1 µg RAE = 1 µg de retinol ou 12 µg de β-caroteno, 24 µg de α-caroteno, 24 µg de criptoxantina); vitamina E como equivalente de α-tocoferol; NE, equivalente de niacina (1 mg NE = 1 mg de niacina ou 60 mg de triptofano); DFE, equivalente de ingestão de folato (µg DFE = µg folato de ocorrência natural em alimentos + 1,7 × µg ácido fólico sintético).
Fonte: Institute of Medicine, *Dietary Reference Intakes for Vitamin C, Vitamin E, Selenium, and Carotenoids*, National Academy Press, Washington, DC, 2000; Institute of Medicine. Food and Nutrition Board, *Dietary Reference Intakes for Vitamin A, Vitamin K, Arsenic, Boron, Chromium, Copper, Iodine, Iron, Manganese, Molybdenum, Nickel, Silicon, Vanadium, and Zinc* – Institute of Medicine. Food and Nutrition Board, *Dietary Reference Intakes: Thiamin, Riboflavin, Niacin, Vitamin B$_6$, Folate, Vitamin B$_{12}$, Pantothenic Acid, Biotin, and Choline*, National Academy Press, Washington, DC, 1998.

8.4 MÉTODOS ANALÍTICOS E FONTES DE DADOS

As principais fontes de informações a respeito do teor de vitaminas nos alimentos dos Estados Unidos são o U.S. Department of Agriculture's National Nutrient Database for Standard Reference (Banco de Dados para Padrão de Referência) que fornece dados *online* para mais de 8 mil alimentos (USDA Food Composition Databases, 2015. http://ndb.nal.usda.gov/, acessado em 29 de setembro de 2016.). Há uma necessidade contínua de melhoria e validação de métodos. Atualmente, está publicamente disponível um resumo dos métodos analíticos utilizados, abordagens de amostragem e estatísticas no National Nutrient Database para Padrão de Referência (http://www.ars.usda.gov/SP2UserFiles/Place/12354500/Data/SR26/sr26_doc.pdf, acessado em 29 de setembro de 2016). Questões relacionadas ao desenvolvimento e ao uso de bancos de dados de nutrientes foram discutidas por Holden e colaboradores. [65].

A adequação desses métodos é um problema grave em relação a muitas vitaminas. Enquanto os métodos analíticos atuais costumam ser aceitáveis para algumas vitaminas (p. ex., ácido ascórbico, tiamina, riboflavina, niacina, vitamina B_6, vitamina A e vitamina E), eles são menos adequados para outras (p. ex., folato, ácido pantotênico, biotina, carotenoides, vitamina B_{12}, vitamina D e vitamina K). Os fatores que limitam a adequação desses métodos podem envolver falta de especificidade dos métodos químicos tradicionais, interferências em ensaios microbiológicos, extração incompleta do(s) analito(s) a partir da matriz alimentícia, falta de medição de certas substâncias nutricionalmente ativas por métodos cromatográficos; e medição incompleta de formas complexadas de uma vitamina. O aprimoramento de dados analíticos para vitaminas exigirá suporte adicional para pesquisa de desenvolvimento de métodos, treinamento aprimorado de analistas, desenvolvimento de protocolos de controle de qualidade (p. ex., validação e padronização de procedimentos) e desenvolvimento de materiais com padrões de referência para análises de vitaminas. Os pontos fortes e as limitações dos métodos de análise de cada vitamina serão abordados resumidamente neste capítulo.

8.5 BIODISPONIBILIDADE DAS VITAMINAS

O termo "biodisponibilidade" refere-se ao grau em que um nutriente ingerido sofre absorção intestinal, bem como a sua utilização ou função metabólica dentro do organismo. Em sentido amplo, biodisponibilidade envolve tanto a absorção como a utilização dos nutrientes **quando consumidos.** Esse conceito não diz respeito às perdas que podem ocorrer antes do consumo. Para a descrição completa da adequação nutricional de um alimento, três fatores devem ser conhecidos: (1) a concentração da vitamina **no momento do consumo**; (2) a identidade das várias espécies químicas de vitamina presentes; e (3) a biodisponibilidade das formas de vitaminas, **do modo como elas existem na refeição consumida**.

Os fatores que influenciam a biodisponibilidade das vitaminas incluem (1) composição da dieta, a qual pode influenciar a velocidade de trânsito intestinal, viscosidade, características emulsificantes e pH; (2) forma da vitamina (muitas formas diferem em taxa ou grau de absorção, estabilidade no estômago e intestino antes da digestão, facilidade de conversão para a forma metabolicamente ativa ou de coenzima ou funcionalidade metabólica); (3) interações entre a vitamina e algum dos componentes da dieta alimentar (p. ex., proteínas, amidos, fibra dietética e lipídeos) que interferem na absorção intestinal da vitamina. Embora o que se conhece sobre a biodisponibilidade relativa às várias espécies de cada vitamina apresente rápido aprimoramento, as influências complexas da composição dos alimentos sobre a biodisponibilidade das vitaminas permanecem pouco compreendidas. Além disso, os efeitos de processamento e armazenamento sobre a biodisponibilidade foram apenas parcialmente determinados.

A aplicação de informações sobre a biodisponibilidade de vitaminas é limitada neste momento. A biodisponibilidade costuma ser considerada para a elaboração de recomendações alimentares (p. ex., valores de RDA), mas isso envolve apenas a utilização de valores de estimativas médias de biodisponibilidade. As informações são muito fragmentadas e variáveis para permitir que os dados de biodisponibilidade das vitaminas possam ser incluídos em tabelas de composição. No entanto, mesmo se o conhecimento sobre a biodisponibilidade das vitaminas em alimentos fosse mais completo, os dados em relação a **alimentos individuais** poderiam ser de pouca utilidade. A necessidade mais premente diz respeito à melhor compreensão da biodisponibilidade das vitaminas na **dieta como um todo** (incluindo efeitos interativos de alimentos individuais) e às fontes de variação sobre isso, entre cada indivíduo.

8.6 CAUSAS GERAIS DE VARIAÇÃO/PERDAS DE VITAMINAS EM ALIMENTOS

A partir do momento da colheita, todos os alimentos, inevitavelmente, já sofreram algumas perdas de vitaminas. O significado nutricional de perdas parciais de vitaminas depende do estado nutricional de cada indivíduo (ou população), da importância do alimento particular como fonte de vitamina e da biodisponibilidade desta. Muitos métodos de processamento, armazenamento e manipulação são destinados a minimizar as perdas de vitaminas. A seguir, encontra-se um resumo dos diversos fatores responsáveis pela variação do teor de vitaminas nos alimentos.

8.6.1 Variação inerente ao conteúdo de vitaminas

A concentração de vitaminas em frutas e vegetais costuma variar com características genéticas do cultivo, fase de maturação, época de colheita e clima. Durante a maturação de frutas e vegetais, a concentração de vitaminas é determinada pelas taxas de síntese e degradação. Informações sobre as variações da concentração de vitaminas ao longo do tempo (para a maioria das frutas e dos poucos vegetais) não estão disponíveis, exceto para ácido ascórbico e β-caroteno em poucos produtos. No exemplo apresentado na Tabela 8.5, a concentração máxima de ácido ascórbico em tomates ocorreu antes de sua maturação completa. Um fenômeno semelhante foi observado em estudos recentes de folato em tomates, com redução de 35%, observada durante o amadurecimento. Um estudo revelou que a concentração de carotenoides em cenouras variou de forma significativa em decorrência da diversidade de variedades, porém não teve influência significativa da fase de maturação.

Pouco se sabe sobre mudanças no conteúdo de vitaminas durante o desenvolvimento de cereais e leguminosas. Ao contrário das frutas e dos vegetais, os cereais e as leguminosas são colhidos em um estágio bastante uniforme de maturidade.

As práticas agrícolas e as condições ambientais sem dúvida influenciam no teor de vitaminas em alimentos de origem vegetal, mas poucos dados sobre esse tema estão disponíveis. Klein e Perry [83] determinaram o teor de ácido ascórbico e a atividade de vitamina A (a partir de carotenoides) em frutas e vegetais selecionados, em amostras colhidas em seis locais diferentes, em todo os Estados Unidos. Nesse estudo, encontrou-se uma grande variação entre os locais de amostragem, o que se deve, possivelmente, a efeitos geográficos/climáticos, diferenças entre variedades e efeitos de práticas agrícolas locais. Interações entre as práti-

TABELA 8.5 Influência do grau de maturidade sobre o conteúdo de ácido ascórbico em tomates

Semanas a partir da antese	Peso médio (g)	Cor	Ácido ascórbico (mg/100 g)
2	33,4	Verde	10,7
3	57,2	Verde	7,6
4	102	Verde-amarelada	10,9
5	146	Amarelo-avermelhada	20,7
6	160	Vermelha	14,6
7	168	Vermelha	10,1

Fonte: Malewski, W. e Markakis, P., *J. Food Sci.*, 36, 537, 1971.

cas agrícolas, incluindo tipo e quantidade de fertilizantes, tipo de irrigação, meio ambiente e genética certamente têm influência sobre o teor de vitaminas em alimentos de origem vegetal, embora essas relações sejam muito difíceis de ser caracterizadas de forma sistemática. A tecnologia existe para as plantas alimentares serem geneticamente modificadas para produzir maiores quantidades de certas vitaminas (p. ex., folato, tocoferóis) ou compostos com atividade vitamínica (p. ex., β-caroteno) para alcançar a "biofortificação" [27,30] ou, ainda, por abordagens de reprodução seletiva.

O teor de vitaminas em produtos de origem animal depende tanto dos mecanismos de controle biológico como da dieta do animal. No caso de muitas vitaminas do complexo B, a concentração nos tecidos é limitada pela capacidade dos tecidos de absorverem a vitamina a partir do sangue, convertendo-a para a(s) forma(s) de coenzima. Uma dieta animal com inadequação nutricional pode produzir tecidos com concentrações reduzidas de vitaminas hidrossolúveis e lipossolúveis. Em oposição à situação das vitaminas hidrossolúveis, a suplementação dietética com vitaminas lipossolúveis pode aumentar com facilidade as concentrações no tecido. Esse fato tem sido analisado como um meio de aumentar a concentração de vitamina E em alguns produtos de origem animal, a fim de melhorar a estabilidade oxidativa e a retenção de cor.

8.6.2 Alterações pós-colheita

Frutas, vegetais e tecidos animais mantêm atividades enzimáticas que contribuem para as alterações pós-colheita no teor de vitaminas dos alimentos. A liberação de enzimas oxidativas e hidrolíticas, como resultado da deterioração da integridade celular e da compartimentação, pode causar alterações na distribuição das formas químicas e na atividade das vitaminas. Por exemplo, a desfosforilação de coenzimas vitamina B_6, tiamina ou flavina, a desglicolização de vitamina B_6 glicosídeo e a desconjugação de poliglutamil folato podem ocasionar diferenças entre as distribuições pós-colheita, as quais ocorrem de forma natural em plantas e animais antes da colheita ou do abate. A extensão dessas mudanças dependerá de danos físicos ocorrentes durante a manipulação, possível excesso de temperatura, bem como período de tempo entre a colheita e o processamento. Essas alterações terão pouca influência sobre a concentração líquida de vitaminas, mas podem influenciar em sua biodisponibilidade. Em contrapartida, alterações oxidativas, como as causadas por lipoxigenases, podem reduzir a concentração de muitas vitaminas, ao passo que o ácido ascórbico oxidase pode reduzir, especificamente, a concentração de ácido ascórbico.

Alterações pós-colheita na concentração de vitaminas são inevitáveis, mas podem ser minimizadas quando procedimentos adequados são seguidos durante o manejo pós-colheita de frutas e hortaliças. A manipulação inadequada dos produtos vegetais, por meio da ação prolongada, em temperatura ambiente, pode contribuir para perdas maiores de vitaminas lábeis. O metabolismo contínuo de tecidos vegetais na pós-colheita pode ser responsável por alterações na concentração total, bem como na distribuição de formas químicas de determinadas vitaminas, dependendo das condições de armazenamento. Uma vez que os tecidos vegetais são metabolicamente ativos, alterações na concentração total, bem como na distribuição das formas químicas de algumas vitaminas, podem ocorrer em função das condições de armazenamento. Perdas pós-colheita de vitaminas em produtos cárneos costumam ser mínimas sob condições típicas de armazenamento refrigerado.

8.6.3 Tratamentos preliminares: limpeza, lavagem e moagem

O descascamento e a limpeza de frutas e vegetais podem ocasionar perdas de vitaminas, uma vez que esses nutrientes estão concentrados nas frações descartadas, como caule, pele e casca. Embora isso possa ser uma causa significativa de perda de vitaminas em relação a frutas ou vegetais intactos, na maioria dos casos, esses fatos devem ser considerados como perdas inevitáveis, que ocorrem independentemente do processamento industrial ou do preparo doméstico.

Tratamentos alcalinos para a facilitação do descascamento podem causar perdas de vitaminas lábeis, como folato, ácido ascórbico e tiamina, na superfície do produto. No entanto, perdas desse tipo tendem a ser reduzidas em comparação ao teor de vitamina total do produto.

Toda exposição a água, solução aquosa de cortes ou outros tipos de tecidos danificados de produtos vegetais ou animais gera a perda de vitaminas hidrossolúveis por extração (lixiviação). Isso pode ocorrer durante lavagem, transporte por fluxos de água e exposição à salmoura durante o cozimento. A extensão de tais perdas depende de fatores que influenciam na difusão e na solubilidade da vitamina, incluindo: pH (o qual pode afetar a solubilidade e a dissociação de vitaminas, a partir de sítios de ligação do tecido), força iônica do extrator, temperatura, proporção do volume do alimento e da solução aquosa e proporção do volume da superfície e das partículas do alimento. As propriedades extrativas que afetam a destruição da vitamina uma vez extraída incluem oxigênio dissolvido, força iônica, concentração e tipo de metais-traço catalíticos e a presença de solutos que são destrutivos (p. ex., cloro) ou protetores (p. ex., certos agentes redutores).

A moagem de cereais envolve a trituração e o fracionamento para remoção de farelos (tegumento da semente) e gérmen. Uma vez que muitas vitaminas estão concentradas nos farelos e nos germes, grandes perdas de vitaminas podem ocorrer durante a moagem (Figura 8.1). Essas perdas, assim como a prevalência de doenças pela deficiência de vitaminas, contribuíram com argumentos necessários para que se iniciasse o enriquecimento de cereais pela adição de diversos nutrientes (riboflavina, niacina, tiamina, ferro e cálcio) e, mais recentemente, ácido fólico. O impacto benéfico do programa de enriquecimento sobre a saúde pública tem sido muito grande.

8.6.4 Efeitos do branqueamento e do processamento térmico

O branqueamento, que é um tratamento térmico suave, é uma etapa essencial do processamento de frutas e vegetais. Seus principais efeitos são inativação de enzimas potencialmente deletérias, redução da carga microbiana e diminuição intersticial de gases antes de tratamento posterior. A inativação de enzimas costuma apresentar efeitos benéficos sobre a estabilidade das vitaminas em muitos alimentos, durante o armazenamento posterior.

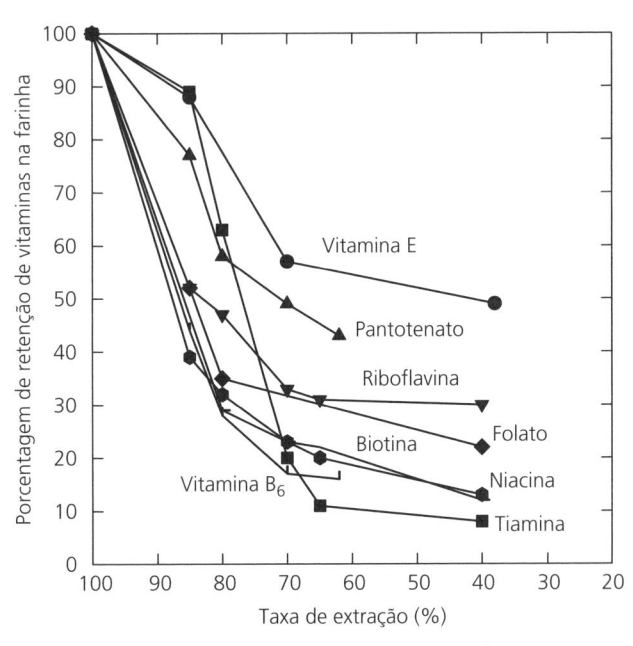

FIGURA 8.1 Retenção de nutrientes selecionados em função do grau de refino da produção de farinha de trigo. A taxa de extração refere-se à recuperação porcentual de farinha a partir de grãos integrais durante a moagem. (Redesenhada a partir de Moran, T., *Nutr. Abstr. Rev. Ser. Hum. Exp.*, 29, 1, 1959.)

O branqueamento pode ser realizado em água quente, vapor de água, ar quente ou por micro-ondas. As perdas de vitaminas ocorrem principalmente por oxidação e por extração aquosa (lixiviação), sendo o calor um fator de importância secundária. O branqueamento em água quente pode causar perdas consideráveis de vitaminas hidrossolúveis por lixiviação (p. ex., Figura 8.2) Está bem documentado, como resultado dessa diferença, que tratamentos de alta temperatura e tempo curto (HTST) melhoram a retenção de nutrientes lábeis durante o branqueamento e outros processos térmicos. Efeitos específicos do branqueamento foram revisados [128].

Alterações no teor de vitaminas em alimentos durante o tratamento térmico foram estudadas e revisadas intensamente [59,60,78,124]. A temperatura elevada acelera reações que, de outra forma, ocorreriam com mais lentidão à temperatura ambiente. Perdas de vitaminas induzidas termicamente dependem da natureza química dos alimentos, do seu ambiente químico (pH, umidade relativa do ar, metais de transição, outros compostos reativos, concentração de oxigênio dissolvido, etc.), da estabilidade de formas individuais de vitaminas presentes e da possibilidade de lixiviação. O significado dessas perdas nutricionais depende do grau de perda e da importância do alimento como fonte de vitamina em regimes alimentares. Embora sujeitos a variações consideráveis, dados representativos sobre perdas de vitaminas durante a fabricação de conservas de vegetais são apresentados na Tabela 8.6.

8.6.5 Perdas de vitaminas pós-processamento

Em comparação à perda de vitaminas durante o processamento térmico, o armazenamento posterior costuma ter efeitos pequenos, porém significativos, sobre o conteúdo de vitaminas. Diversos fatores contribuem para as perdas pequenas pós-processamento: (a) as velocidades de reação são relativamente lentas em temperatura ambiente ou reduzida; (b) o oxigênio dissolvido pode ser reduzido; e (c) o pH pode mudar durante o processamento (ele geralmente diminui), devido a efeitos térmicos ou efeitos de concentração (secagem ou congelamento), o que pode apresentar um efeito favorável sobre a estabilidade de vitaminas, como

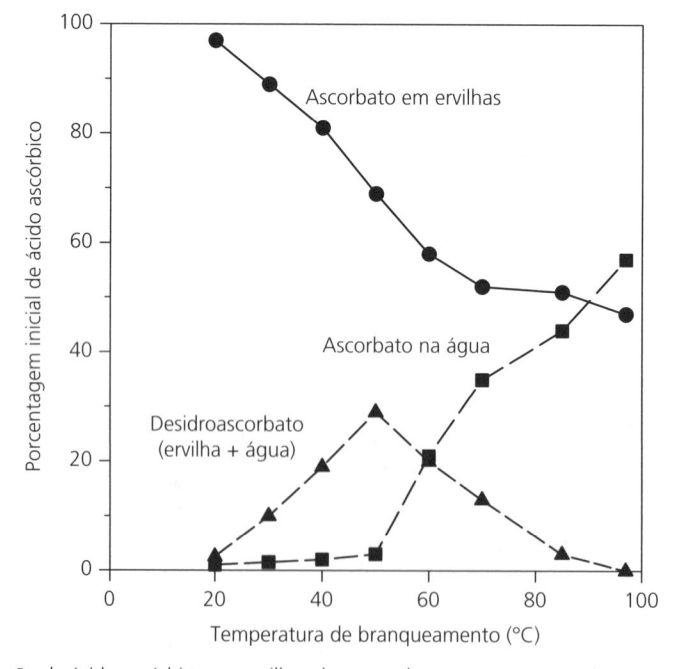

FIGURA 8.2 Retenção de ácido ascórbico em ervilhas durante o branqueamento em água por 10 min, em diversas temperaturas. (Redesenhada a partir de Selman, J., *Food Chem.*, 49, 137, 1994.)

TABELA 8.6 Perdas típicas (%) de vitaminas durante o enlatamento[a,b]

Produto	Biotina	Folato	Vitamina B_6	Ácido pantotênico	Vitamina A	Tiamina	Ribo-flavina	Niacina	C
Aspargo	0	75	64	—	43	67	55	47	54
Feijão-de-lima	—	62	47	72	55	83	67	64	76
Feijão-verde	—	57	50	60	52	62	64	40	79
Beterraba	—	80	9	33	50	67	60	75	70
Cenoura	40	59	80	54	9	67	60	33	75
Milho	63	72	0	59	32	80	58	47	58
Cogumelo	54	84	—	54	—	80	46	52	33
Ervilha	78	59	69	80	30	74	64	69	67
Espinafre	67	35	75	78	32	80	50	50	72
Tomate	55	54	—	30	0	17	25	0	26

[a] Inclui branqueamento.
[b] A partir de diversas fontes, compilada por Lund [93,94].

a tiamina e o ácido ascórbico. Por exemplo, a Figura 8.3 ilustra como a retenção de vitamina C em batatas pode ser afetada pelo processamento térmico. A importância relativa da lixiviação, da degradação química e do tipo de recipiente (latas ou bolsas) são observadas a partir desses dados.

Em alimentos com umidade reduzida, a estabilidade das vitaminas é fortemente influenciada pela atividade de água (p. ex., pressão relativa de vapor), além de outros fatores a serem discutidos. Na ausência de oxidantes lipídicos, as vitaminas hidrossolúveis costumam apresentar pouca degradação

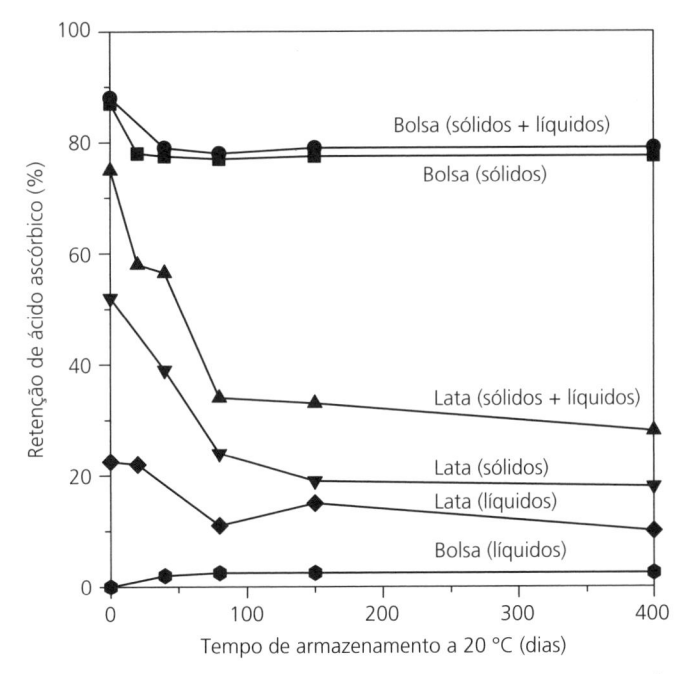

FIGURA 8.3 Retenção e distribuição de ácido ascórbico em batatas termicamente processadas em latas ou embalagens flexíveis. Os valores mostram o conteúdo de ácido ascórbico, em relação ao teor presente antes do processamento, na batata e no líquido dos recipientes. Os valores de letalidade (F_o) não foram fornecidos. (Redesenhada a partir de Ryley, J. e Kajda P., *Food Chem.*, 49, 119, 1994.)

com atividades de água inferiores ou iguais às da monocamada de hidratação ($a_a \approx 0{,}2\text{–}0{,}3$). As taxas de degradação aumentam em proporção à atividade de água nas regiões da multicamada de hidratação, o que reflete a maior solubilidade de vitaminas, reagentes potenciais e catalisadores. Em contrapartida, a influência da atividade de água sobre a estabilidade de vitaminas lipossolúveis e carotenoides corresponde ao padrão de gordura insaturada, que é constituído por uma taxa mínima de monocamada de hidratação e por aumentos de taxa acima ou abaixo desse valor (ver Capítulo 2). Perdas substanciais de vitaminas sensíveis à oxidação podem ocorrer se os alimentos forem secos em excesso.

8.6.6 Influência dos processamentos químicos e de outros componentes alimentares

A composição química dos alimentos pode exercer influências significativas sobre a estabilidade das vitaminas. Agentes oxidantes podem degradar diretamente ácido ascórbico, folato, vitamina A, carotenoides e vitamina E, podendo afetar outras vitaminas de forma indireta. A extensão do impacto é ditada pela concentração do oxidante e de seu potencial de oxidação. Em contrapartida, agentes redutores, como ácido ascórbico e ácido isoascórbico, além de vários tióis, aumentariam a estabilidade de vitaminas oxidáveis por sua ação redutora e desativadora de oxigênio e radicais livres. O que segue é uma breve discussão sobre a influência de diversas outras transformações químicas sobre as vitaminas. Leia as Seções posteriores para detalhes sobre vitaminas específicas.

O cloro pode ser aplicado em alimentos como ácido hipocloroso (HClO), ânion hipoclorito (ClO$^-$), clorito de sódio (NaClO$_2$), cloro molecular (Cl$_2$) ou dióxido de cloro (ClO$_2$). Esses compostos podem interagir com vitaminas por substituição eletrofílica, oxidação ou cloração de duplas ligações. O grau de perda de vitaminas causado pelos tratamentos dos alimentos com água clorada não foi estudado com rigor; no entanto, pode-se predizer que seu efeito poderia ser menor se a aplicação se limitasse à superfície do produto. Presume-se que a cloração de farinha para bolos exerça pouca influência sobre vitaminas em outros ingredientes utilizados na cozinha, pois a presença de cloro residual seria insignificante. Produtos da reação de diversas formas de cloro com vitaminas são, em sua maioria, desconhecidos.

O sulfito e outros agentes sulfitantes (SO$_2$, bissulfito, metabissulfito), utilizados em vinhos, para a obtenção de efeitos antimicrobianos, e em alimentos secos, para a inibição do escurecimento enzimático, exercem efeitos protetores sobre o ácido ascórbico e efeitos deletérios sobre várias outras vitaminas. Os íons de sulfito reagem diretamente com a tiamina, causando sua inativação. O sulfito também reage com grupos carbonila da vitamina B$_6$, convertendo aldeídos (piridoxal e piridoxal fosfato) em derivados sulfonatados inativos. A ação dos agentes sulfitantes sobre outras vitaminas ainda não foi extensivamente estudada.

O nitrito é usado para a conservação e para a cura de carnes, podendo desenvolver-se por meio da redução microbiana do nitrato de ocorrência natural. O ácido ascórbico, ou ácido isoascórbico, é adicionado a carnes contendo nitrito, a fim de prevenir a formação de N-nitrosaminas. Isso é realizado por meio da formação de NO e da formação preventiva de anidrido nitroso indesejável (o N$_2$O$_3$ é o principal agente de nitrosação). As reações propostas são as mostradas a seguir [91]:

Ácido ascórbico + HNO$_2$ →
2-Nitrito éster do ácido ascórbico →
Radical semidesidroascorbato + NO

A formação de NO é esperada, pois trata-se do ligante desejável para a ligação com a mioglobina, para que se forme a cor da carne curada. O radical semidesidroascorbato residual conserva a atividade da vitamina C de forma parcial.

Esterilizantes químicos são utilizados em aplicações muito específicas, como no tratamento de especiarias com óxidos de etileno e de propileno para desinfestação. A função biocida desses compostos ocorre por alquilação de proteínas e ácidos nucleicos. Efeitos semelhantes foram observados em algumas vitaminas, embora a perda de atividade vitamínica por esse meio seja insignificante para o fornecimento geral de alimentos.

Produtos químicos e ingredientes alimentares que influenciam no pH afetam diretamente a estabilidade de vitaminas, como tiamina e ácido ascórbico, em particular nos casos de pH neutro a levemente ácido. A acidificação aumenta a estabilidade do ácido ascórbico e da tiamina. Ao contrário disso, compostos alcalinizantes reduzem a estabilidade do ácido ascórbico, da tiamina, do ácido pantotênico e de alguns folatos.

8.7 VITAMINAS LIPOSSOLÚVEIS
8.7.1 Vitamina A
8.7.1.1 Estrutura e propriedades gerais

A vitamina A refere-se a um grupo de hidrocarbonetos insaturados com atividade nutricional, incluindo retinol e compostos relacionados (Figura 8.4), bem como alguns carotenoides (Figura 8.5). A atividade da vitamina A em tecidos animais é encontrada predominantemente sob a forma de retinol ou de seus ésteres, de retinal e, em menor quantidade, como ácido retinoico. A concentração de vitamina A é maior no fígado, o principal órgão armazenador do corpo, no qual o retinol e seus ésteres são as principais formas presentes. O termo "retinoides" refere-se à classe de compostos que inclui retinol e seus derivados químicos, com quatro unidades de isoprenoides. Vários retinoides análogos às formas nutricionalmente ativas da vitamina A exibem propriedades farmacológicas úteis. Além disso, o acetato de retinil e o palmitato de retinil são muito utilizados em sua forma sintética, para a fortificação de alimentos.

Os carotenoides contribuem significativamente para a atividade de vitamina A em alimentos tanto de origem animal como vegetal. De ≈ 600 carotenoides conhecidos, ≈ 50 apresentam alguma atividade de pró-vitamina A (i.e., são convertidos em vitamina A *in vivo*, de forma parcial). A vitamina A pré-formada não ocorre em plantas e fungos. Sua atividade de vitamina está associada a alguns carotenoides. As estruturas de carotenoides selecionados, junto a suas atividades relativas de vitamina A determinadas por bioensaio em ratos, são apresentadas

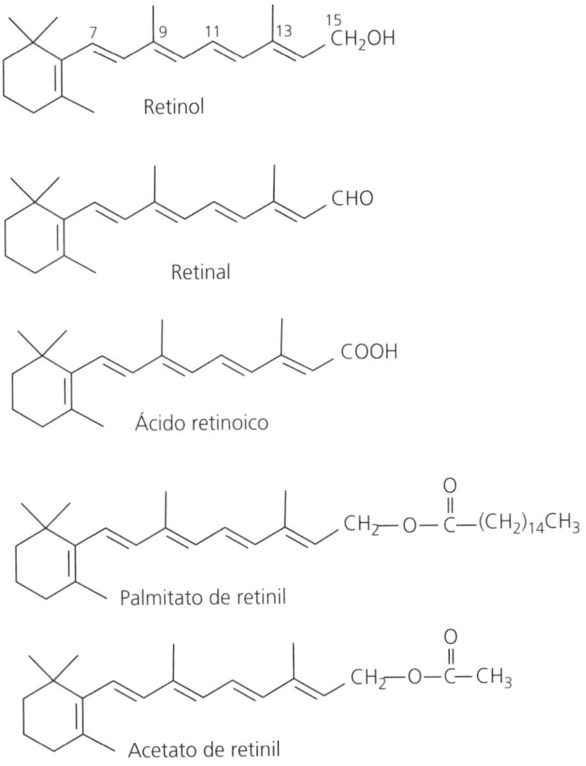

FIGURA 8.4 Estruturas de retinoides comuns.

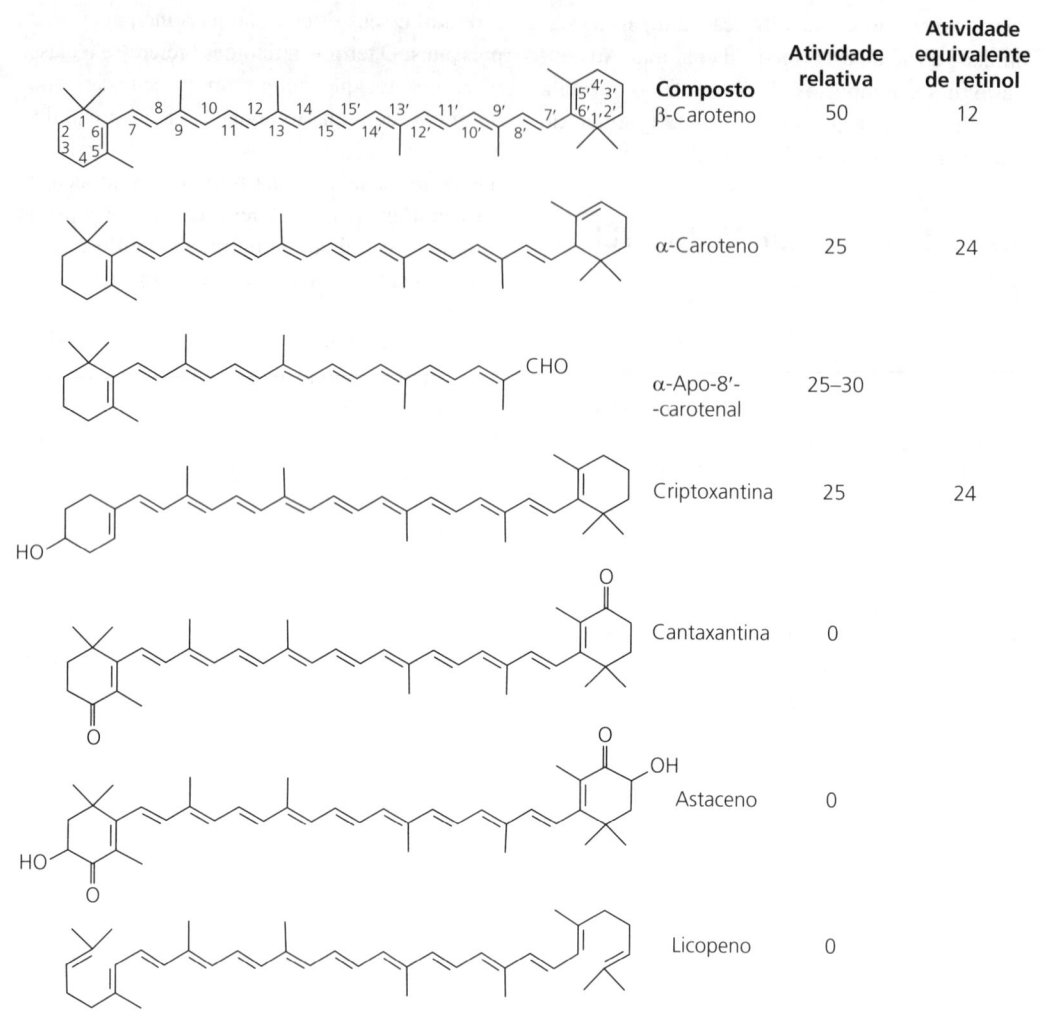

Composto	Atividade relativa	Atividade equivalente de retinol
β-Caroteno	50	12
α-Caroteno	25	24
α-Apo-8'-carotenal	25–30	
Criptoxantina	25	24
Cantaxantina	0	
Astaceno	0	
Licopeno	0	

FIGURA 8.5 Estruturas e atividades de pró-vitamina A de carotenoides selecionados. Os valores de atividade relativa são baseados na hipótese de 50% para β-caroteno, em relação ao retinol, devendo ser analisados como estimativas máximas.

na Figura 8.5. O Capítulo 10 apresenta uma discussão mais aprofundada sobre as propriedades dos carotenoides, no contexto de seu papel como pigmentos alimentares.

Para que um composto apresente atividades de vitamina A ou pró-vitamina A, ele deve apresentar algumas semelhanças estruturais com o retinol, como: (a) ter pelo menos um anel β-ionona intacto e não oxigenado e (b) ter uma cadeia lateral isoprenoide com terminação de uma função de álcool, aldeído ou carboxila (Figura 8.4). Os carotenoides com atividade de vitamina A, como o β-caroteno (Figura 8.5), são considerados pró-vitamínicos até que passem por clivagem enzimática oxidativa da ligação central C^{15}–$C^{15'}$ na mucosa intestinal, para a liberação de duas moléculas ativas de retinol. Entre os carotenoides, o β-caroteno exibe a maior atividade pró-vitamínica A. Carotenoides com hidroxilação no anel ou com presença de grupos carbonila apresentam menor atividade pró-vitamínica A que o β-caroteno, quando apenas um anel é afetado, não apresentando nenhuma atividade se ambos os anéis estiverem oxigenados. Embora haja a possibilidade de duas moléculas de vitamina A serem produzidas a partir de cada molécula de β-caroteno, a ineficiência desse processo contribui para o fato de que o β-caroteno exibe apenas ≈ 50% da atividade de vitamina A exibida pelo retinol, com base na massa. Esse foi o fundamento da convicção inicial de que a relação das atividades de vitamina A do retinol e do β-caroteno são de 1:2, com base na massa. Existe uma variação considerável entre diferentes espécies animais e seres humanos no que diz respeito à eficiência da utilização dos carotenoides e ao grau de absorção das moléculas de carotenoide na forma intacta, baseando-se em pesquisas com alimentos (ver discussão sobre a biodisponibilidade, adiante), sendo que alguns pesquisadores não concordam com a existência de equivalência entre a vitamina A e o β-caroteno. Uma reavaliação recente sobre questões de biodisponibilidade e bioconversão (i.e., conversão de carotenoides em vitamina A), realizada pelo U.S. Institute of Medicine, recomendou que os dados sejam expressos em unidades equivalentes de atividade de retinol [170]. Nesse sistema, equivalentes de atividade de retinol, β-caroteno, vitamina A e carotenoides ativos são de 1:12:24, com base na massa. Por exemplo, 1 μg de atividade equivalente de retinol = 12 μg de β-caroteno, a partir de uma dieta típica. A função antioxidante *in vivo* atribuída à dieta com carotenoides exige a absorção da molécula intacta [15].

Os retinoides e os carotenoides pró-vitamínicos A são compostos muito lipofílicos. Em consequência disso, eles se associam a componentes lipídicos, organelas específicas ou proteínas transportadoras nos alimentos e nas células vivas. Em muitos sistemas alimentares, os retinoides e carotenoides são encontrados em associação a gotículas de lipídeos ou micelas dispersas, em meios aquosos. Por exemplo, tanto os retinoides quanto os carotenoides estão presentes nos glóbulos da gordura do leite, ao passo que no suco de laranja, os carotenoides associam-se a óleos dispersos. As ligações duplas conjugadas do sistema dos retinoides proporcionam uma absorção forte e característica no espectro ultravioleta, ao passo que o acréscimo de ligações duplas conjugadas ao sistema de carotenoides causa mais absorção no espectro visível e na cor amarelo-alaranjado desses compostos. Os isômeros *all-trans* apresentam grande atividade de vitamina A, sendo as formas de ocorrência natural predominantes nos retinoides e nos carotenoides nos alimentos (Tabelas 8.7 e 8.8). Sua conversão em isômeros *cis* (que pode ocorrer durante o tratamento térmico) causa perda de atividade de vitamina A.

Os carotenoides que não têm atividade de vitamina A ainda podem desempenhar funções importantes na manutenção da saúde. Análises de tecidos revelam que a concentração de alguns carotenoides, em determinados tecidos, pode refletir em funções antioxidantes específicas. Os papéis do licopeno, na próstata, e da zeaxantina e da luteína, na retina, são de interesse particular. Estudos epidemiológicos apoiam essas relações.

8.7.1.2 Estabilidade e modos de degradação

A degradação da vitamina A (retinoides e carotenoides com atividade pró-vitamínica A) costuma

TABELA 8.7 Atividade relativa de vitamina A de formas estereoisoméricas de derivados de retinol

Isômero	Atividade relativa de vitamina A[a]	
	Acetato de retinil	Retinal
All-trans	100	91
13-*cis*	75	93
11-*cis*	23	47
9-*cis*	24	19
9,13-di-*cis*	24	17
11,13-di-*cis*	15	31

[a]Atividade molar de vitamina A relativa a *all-trans* retinílico ou acetato de retinil, em bioensaios com ratos.
Fonte: Ames, S. R., *Fed. Proc.*, 24, 917, 1965.

TABELA 8.8 Atividade relativa de vitamina A de formas estereoisoméricas de carotenos

Composto e isômero	Atividade relativa de vitamina A[a]
β-Caroteno	
All-trans	100
9-cis (neo-U)	38
13-cis (neo-B)	53
α-Caroteno	
All-trans	53
9-cis (neo-U)	13
13-cis (neo-B)	16

[a]Atividade relativa ao *all-trans*-β-caroteno, em bioensaios com ratos.
Fonte: Zechmeister, L., *Vitam. Horm.*, 7, 57, 1949.

ser paralela à degradação oxidativa de lipídeos insaturados. Os fatores que promovem a oxidação dos ácidos graxos insaturados aumentam a degradação da vitamina A, quer por oxidação direta, quer por efeitos indiretos dos radicais livres. As alterações no conteúdo de β-caroteno em cenouras desidratadas cozidas ilustra o grau de degradação típico do processamento e da exposição ao oxigênio durante a manipulação associada a esse processo (Tabela 8.9). Pode-se observar, contudo, que o armazenamento de vitamina A em alimentos como cereais matinais fortificados, fórmulas infantis, leite, sacarose fortificada e condimentos não costuma implicar grandes prejuízos à retenção de vitamina A adicionada.

Perdas de atividades de vitamina A em retinoides e carotenoides dos alimentos ocorrem principalmente por reações que envolvem a cadeia isoprenoide lateral insaturada, tanto por autoxidação como por isomerização geométrica. Retinoides e moléculas de carotenoides permanecem, em grande parte, quimicamente intactas durante o processamento térmico, apesar de, algumas vezes, sofrerem um pouco de isomerização. Análises por cromatografia líquida de alta eficiência (CLAE) revelaram que muitos alimentos contêm uma mistura de *all-trans* e *cis* isômeros de retinoides e carotenoides. Como resumido na Tabela 8.10, o enlatamento convencional de frutas e vegetais é suficiente para a indução de isomerização e consequente perda de atividade de vitamina A. Além das isomerizações térmicas, a conversão das formas *all-trans* de retinoides e carotenoides em diversos isômeros *cis* pode ser induzida por exposição a luz, ácidos, solventes clorados (p. ex., clorofórmio) e iodo diluído. Os solventes clorados frequentemente usados na análise lipídica aumentam a isomerização fotoquímica do palmitato de retinila e, presumivelmente, de outros retinoides e carotenoides.

A existência de isômeros *cis* de carotenoides é conhecida há muitos anos (Figura 8.6). A nomenclatura anterior para os isômeros do β-caroteno foi derivada de separações cromatográficas, com inclusão do neo-β-caroteno U (9-*cis*-β-caroteno) e do neo-β-caroteno B (13-*cis*-β-caroteno). Essa confusão é recorrente na literatura, pois, no início, o neo-β-caroteno B foi

TABELA 8.9 Concentração de β-caroteno em cenouras desidratadas cozidas

Amostra	Concentração de β-caroteno (µg/g de sólidos)
Fresca	980–1.860
Leito fluidizado	805–1.060
Liofilização	870–1.125
Secagem convencional por ar	636–987

Fonte: Dellamonica, E. e McDowell, P., *Food Technol.*, 19, 1597, 1965.

TABELA 8.10 Distribuição dos isômeros do β-caroteno em exemplos de frutas e vegetais frescos e processados

		Porcentagem total de β-caroteno		
Produto	Forma	13-*cis*	*All-trans*	9-*cis*
Batata-doce	Fresca	0,0	100,0	0,0
	Enlatada	15,7	75,4	8,9
Cenoura	Fresca	0,0	100,0	0,0
	Enlatada	19,1	72,8	8,1
Abóbora	Fresca	15,3	75,0	9,7
	Enlatada	22,0	66,6	11,4
Espinafre	Fresco	8,8	80,4	10,8
	Enlatado	15,3	58,4	26,3
Couve	Fresca	16,6	71,8	11,7
	Enlatada	26,6	46,0	27,4
Pepinos	Fresco	10,5	74,9	14,5
Picles	Pasteurizado	7,3	72,9	19,8
Tomate	Fresco	0,0	100,0	0,0
	Enlatado	38,8	53,0	8,2
Pêssego	Fresco	9,4	83,7	6,9
	Enlatado	6,8	79,9	13,3
Damasco	Desidratado	9,9	75,9	14,2
	Enlatado	17,7	65,1	17,2
Nectarina	Fresca	13,5	76,6	10,0
Ameixa	Fresca	15,4	76,7	8,0

Fonte: Chandler, L. e Schwartz, S., *J. Food Sci.*, 52, 669, 1987.

identificado de forma incorreta como 9,13-*cis*-β-caroteno [143]. Isomerizações análogas ocorrem com outros carotenoides. A extensão máxima da isomerização térmica costuma ser observada em frutas e vegetais enlatados, representando ≈ 40% de 13-*cis*-β-caroteno e 30% de 9-*cis*-β-caroteno (Tabela 8.10). Os valores observados para os isômeros *cis* de β-caroteno em alimentos processados são semelhantes aos observados na isomerização do β-caroteno catalisada por iodo, o que sugere que a dimensão e a especificidade de isomerização são semelhantes, independentemente do mecanismo.

A isomerização fotoquímica dos compostos vitamínicos A ocorre tanto direta como indiretamente por meio de fotossensitizadores. As taxas e as quantidades de isômeros *cis* produzidos diferem conforme o meio de fotoisomerização. A fotoisomerização do *all-trans*-β-caroteno envolve uma série de reações reversíveis, sendo que cada isomerização é acompanhada por degradação fotoquímica (Figura 8.7). Taxas similares de fotoisomerização e fotodegradação têm sido observadas em dispersões aquosas de β-caroteno e em suco de cenoura. Essas reações fotoquímicas também têm sido observadas quando retinoides, em alimentos, são expostos à luz (p. ex., no leite). O tipo de material da embalagem pode exercer efeitos substanciais sobre a retenção de atividade de vitamina A em alimentos expostos à luz durante o armazenamento.

A degradação oxidativa de vitamina A e carotenoides em alimentos pode ocorrer por peroxidação direta ou por ação indireta de radicais livres, produzidos durante a oxidação de ácidos graxos. O β-caroteno, e, provavelmente, outros carotenoides, tem a capacidade de agir como antioxidante em condições de concentração reduzida de oxigênio (< 150 torr de O_2), embora possa atuar como pró-oxidante em concentrações maiores de oxigê-

FIGURA 8.6 Estruturas de *cis*-isômeros de β-carotenos selecionados. (a) *All-trans*; (b) 11,15-di-*cis*; (c) 9-*cis*; (d) 13-*cis*; e (e) 15-*cis*.

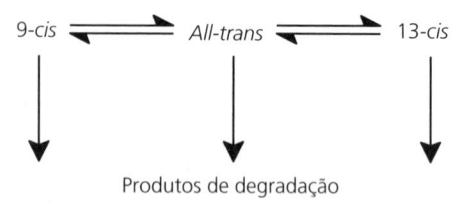

FIGURA 8.7 Modelo de reações do β-caroteno induzidas fotoquimicamente. (De Pesek, C. e Warthesen, J., *J. Agric. Food Chem.*, 38, 1313, 1990).

nio [15,16]. O β-caroteno pode agir como antioxidante por desativação de oxigênio singlete, radical hidroxila e superóxido, bem como por reação com radicais peroxil (ROO•). Esses radicais atacam o β-caroteno, formando um aduto que é chamado de ROO-β-caroteno•, no qual o radical peroxil liga-se à posição C^7 do β-caroteno, enquanto um par de elétrons desemparelhados é removido ao longo do sistema de ligações duplas conjugadas. O β-caroteno aparentemente não age como radical com ruptura da cadeia (doando H•), como fazem os antioxidantes fenólicos. O comportamento antioxidante do β-caroteno e, talvez, de outros carotenoides, ocasiona a redução da perda total de atividade de vitamina A, sem que se leve em consideração o mecanismo por meio do qual ocorre a iniciação dos radicais livres. Para retinol e ésteres retinílicos, contudo, o ataque de radicais livres ocorre principalmente nas posições C14 e C15.

A oxidação do β-caroteno envolve a formação do 5,6-epóxido, o qual pode isomerizar para 5,8-epóxido (mutacromo). Oxidações induzidas por meio fotoquímico geram mutacromos como produto primário de degradação. A fragmentação do β-caroteno para muitos compostos de baixa massa molecular pode ocorrer durante tratamentos com alta temperatura. Os compostos voláteis resultantes podem exercer efeitos significativos sobre o sabor. A fragmentação também ocorre durante a oxidação de retinoides. Uma visão geral dessas reações e de outros aspectos do comportamento químico da vitamina A é encontrada na Figura 8.8.

8.7.1.3 Biodisponibilidade

Os retinoides são absorvidos com eficiência, exceto em condições em que há má absorção de gordura. O acetato e o palmitato de retinil são utilizados de forma tão eficaz como o retinol não esterificado. Dietas que contêm materiais hidrofóbicos não absorvíveis, tais como substitutos de gordura, podem contribuir para a má absorção da vitamina A.

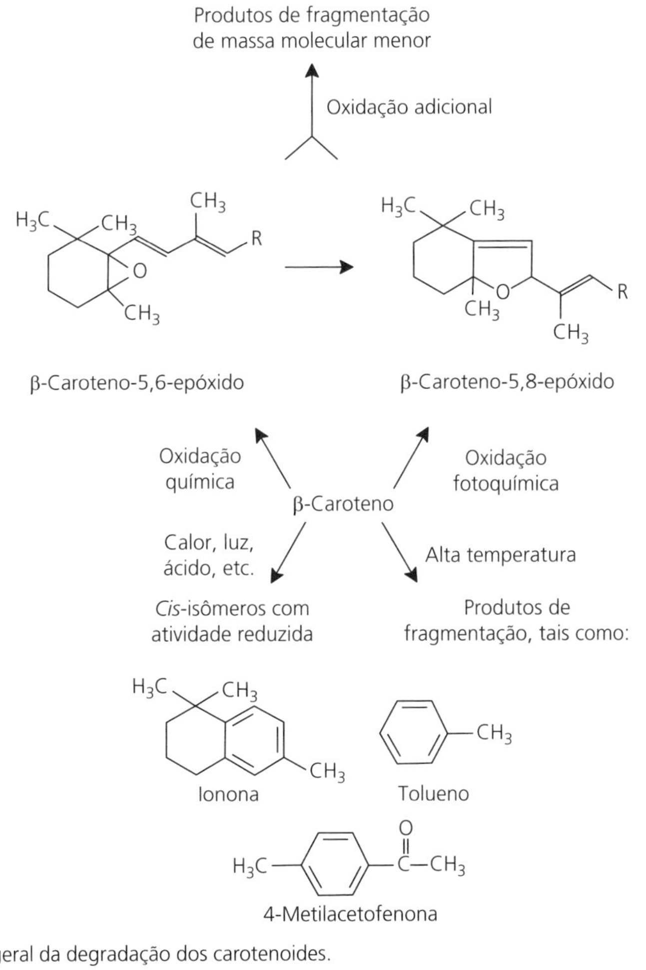

FIGURA 8.8 Visão geral da degradação dos carotenoides.

A biodisponibilidade de vitamina A adicionada ao arroz tem sido observada em seres humanos.

Apesar da diferença inerente à utilização entre o retinol e os carotenoides pró-vitamínicos A, os carotenoides de muitos alimentos sofrem marcadamente menor absorção intestinal. A absorção pode ser prejudicada pela ligação específica dos carotenoides a carotenoproteínas ou pela retenção promovida por proteínas vegetais de baixa digestibilidade. Em estudos com seres humanos, o β-caroteno de cenouras forneceu apenas ≈ 21% de β-caroteno no plasma, resposta obtida a partir de uma dose equivalente de β-caroteno puro. O β-caroteno em brócolis também exibiu biodisponibilidades baixas similares [12].

8.7.1.4 Métodos analíticos

Os métodos recentes de análise de vitamina A estão focados nas reações de retinoides com ácidos de Lewis, tais como tricloreto de antimônio e ácido trifluoroacético, para a produção de cor azul. Além disso, métodos fluorométricos têm sido utilizados como forma de quantificação da vitamina A [142]. Costumam ocorrer interferências quando esses métodos são aplicados aos alimentos. Além disso, eles não detectam as isomerizações *trans-cis* que podem ocorrer durante o processamento ou o armazenamento dos alimentos. Como os *cis*-isômeros apresentam menos atividade nutricional que os compostos *all-trans*, a equiparação **total** de vitamina A ou a atividade pró-vitamínica A, simplesmente como soma de todas as formas isoméricas, é imprecisa. CLAE é o método escolhido, por permitir a quantificação de cada um dos retinoides com muita precisão. As abordagens de cromatografia líquida acoplada à espectrometria de massa (LC-MS) também ganharam ampla aplicação. A medição exata dos carotenoides é uma tarefa muito complexa, considerando-se suas diversas formas químicas de ocorrência natural presentes nos alimentos [12,20,79].

8.7.2 Vitamina D

8.7.2.1 Estrutura e propriedades gerais

A atividade de vitamina D nos alimentos está associada a vários análogos de esteróis solúveis em lipídeos, incluindo o colecalciferol (vitamina D_3), de fontes animais, e o ergocalciferol (vitamina D_2), produzido sinteticamente (Figura 8.9). Ambos os compostos são usados na forma sintética para a fortificação de alimentos. Evidências recentes indicam que a atividade da vitamina D do colecalciferol excede a do ergocalciferol [49,67]. O colecalciferol é formado na pele humana mediante a exposição à luz solar. Esse processo é constituído de várias etapas, as quais envolvem a modificação fotoquímica do 7-di-hidrocolesterol, seguida pela isomerização não enzimática. Por esse motivo, na síntese *in vivo*, as exigências de vitamina D da dieta dependerão do grau de exposição à luz solar. O ergocalciferol é uma forma exclusivamente sintética de vitamina D, a qual é formada pela irradiação comercial do fitoesterol (um esterol vegetal), com UV. Diversos metabólitos hidroxilados das vitaminas D_2 e D_3 são formados *in vivo*. O derivado de 1,25-di-hidroxi de colecalciferol é sua principal forma fisiologicamente ativa e está envolvido na regulação da absorção e do metabolismo de cálcio. O 25-hidroxicolecalciferol, além de colecalciferol, possui uma quantidade significativa de atividade de vitamina D de ocorrência natural em carnes e produtos lácteos.

A fortificação de produtos lácteos com ergocalciferol ou colecalciferol fornece uma contribuição significativa às necessidades dietéticas. A vitamina D é suscetível à degradação pela luz. Essa degradação pode ocorrer em embalagens de leite de vidro, durante o armazenamento. Por exemplo, ≈ 50% do colecalciferol adicionado ao leite desnatado é perdido durante 12 dias de exposição contínua à luz fluorescente, a 4 °C. Não se sabe se essa degradação envolve degradação fotoquímica direta, mecanismos que envolvem fotossensitizadores que geram uma espécie reativa de oxigênio (p. ex., $^1O_2$) ou como um efeito indireto da luz que leva à oxidação lipídica. Assim como outros componentes solúveis na gordura insaturada dos alimentos, as vitaminas D são compostos sensíveis à degradação oxidativa. De modo geral, no entanto, a estabilidade da vitamina D em alimentos, sobretudo em condições anaeróbicas, não é uma preocupação importante.

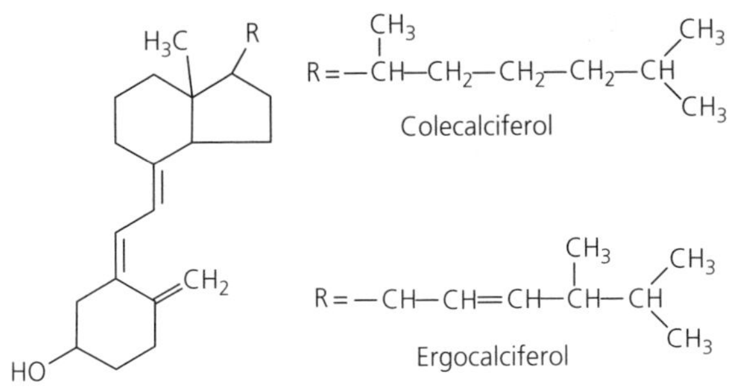

FIGURA 8.9 Estrutura do ergocalciferol (vitamina D_2) e do colecalciferol (vitamina D_3).

8.7.2.2 Métodos analíticos

A quantificação da vitamina D é realizada principalmente por métodos de CLAE e LC-MS [68]. Em condições alcalinas, há uma rápida degradação da vitamina D; sendo assim, a saponificação, muito utilizada na análise de compostos solúveis em lipídeos, não pode ser empregada. Vários métodos cromatográficos preparativos foram desenvolvidos para a purificação de extratos alimentares antes da análise por CLAE.

8.7.3 Vitamina E

8.7.3.1 Estrutura e propriedades gerais

Vitamina E é o termo genérico usado para tocóis e tocotrienóis que apresentam atividade vitamínica semelhante à do a-tocoferol. Os tocóis são 2-metil-2 (4', 8', 12'-trimetiltridecil) cromano-6-óis, ao passo que os tocotrienóis são idênticos, exceto pela presença de ligações duplas nas posições 3', 7' e 11' da cadeia lateral (Figura 8.10). Os tocoferóis, os quais normalmente são os principais compostos com atividade de vitamina E em alimentos, são derivados do composto original tocol e têm um ou mais grupos metil nas posições 5, 7 ou 8 da estrutura do anel (anel cromano) (Figura 8.10). As formas α, β, γ e δ de tocoferol e tocotrienal diferem conforme o número e a posição dos grupos metil e, portanto, diferem significativamente quanto à atividade de vitamina E. Os dados apresentados na Tabela 8.10 representam o ponto de vista tradicional das atividades relativas desses compostos, e o α-tocoferol apresenta a maior atividade de vitamina E. Em sistemas novos de representação da atividade de vitamina E [69], o α-tocoferol é visto como a única forma que exibe atividade específica de vitamina E, ao mesmo tempo em que ele e todos os outros tocoferóis e tocotrienóis apresentam função antioxidante geral. Esse fato continua a ser um ponto de controvérsia entre alguns pesquisadores.

Os três carbonos assimétricos (2', 4' e 8') da molécula de tocoferol e a configuração estereoquímica dessas posições na vitamina E influenciam a atividade vitamínica do composto. As nomenclaturas recentes para os compostos vitamínicos E são confusas no que diz respeito à atividade de vitaminas de estereoisômeros. A configuração de ocorrência natural do α-tocoferol exibe a maior atividade de vitamina E, sendo agora designada como RRR-α-tocoferol. Outras terminologias, como o termo D-α-tocoferol, não devem ser utilizadas. As formas sintéticas do acetato de α-tocoferil são muito utilizadas na fortificação de alimentos. A presença de um éster de acetato melhora a estabilidade do composto pelo bloqueio do grupo hidroxila fenólico e, assim, elimina sua capacidade de desativação de radicais. Formas sintéticas, que são misturas racêmicas constituídas por oito combinações possíveis de isômeros geométricos, envolvendo as posições 2', 4' e 8', devem ser designadas como acetato de *all*-rac-α-tocoferil, em substituição ao termo que era usado antigamente, de acetato de DL-α-tocoferil. A atividade de vitamina E dos tocoferóis e dos tocotrienóis varia de acordo com sua forma particular de apresentação (α, β, γ ou δ) (Tabela 8.11), além da natureza quiral da cadeia lateral do tocoferol (Tabela 8.12). A menor atividade de vitamina E de acetato de *all*-rac-α-tocoferil, em relação à ocorrência natural de isômeros-RRR da vitami-

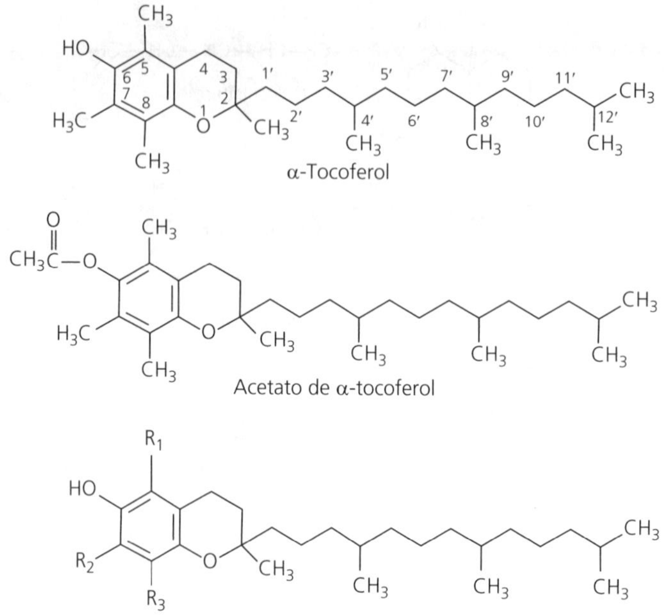

FIGURA 8.10 Estruturas de tocoferóis. As estruturas de tocotrienóis são idênticas às dos tocoferóis correspondentes, exceto pela presença de ligações duplas nas posições 3', 7' e 11'.

	R_1	R_2	R_3
α	CH_3	CH_3	CH_3
β	CH_3	H	CH_3
γ	H	CH_3	CH_3
δ	H	H	CH_3

na, deve ser reconhecida e compensada quando os compostos forem utilizados na fortificação de alimentos. O α-tocoferol é a principal forma de vitamina E na maioria dos produtos de origem animal, sendo que outros tocoferóis e tocotrienóis ocorrem em proporções variadas em produtos vegetais (Tabela 8.13). Novos princípios para o aumento do conteúdo de vitamina E e da atividade vitamínica em plantas envolvem engenharia genética experimental para o aumento da síntese de γ-tocoferol e da conversão de γ-tocoferol em α-tocoferol [131].

Os tocoferóis e os tocotrienóis são muito apolares, existindo principalmente na fase lipídica dos alimentos. Todos os tocoferóis e tocotrienóis, quando não esterificados, têm a capacidade de agir como antioxidantes. Eles desativam radicais livres, doando um H^+ fenólico e um elétron. Os tocoferóis são constituintes naturais de todas as membranas biológicas. Acredita-se que eles contribuam para a estabilidade da membrana devido à sua atividade antioxidante. Os tocoferóis e os tocotrienóis de ocorrência natural também contribuem para a estabilidade de óleos vegetais altamente insaturados, por meio de sua ação antioxidante. Em contrapartida, a adição de acetato de α-tocoferil a alimentos fortificados não apresenta nenhuma atividade antioxidante, pois, nesse caso, o éster de acetato substituiu o H^+ fenólico. O acetato de α-tocoferil não apresenta atividade de vitamina E, bem como efeitos antioxidantes *in vivo*, como resultado da clivagem enzimática do éster. A concentração de vitamina E na dieta dos animais influencia a estabilidade oxidativa de sua carne após o abate. Por exemplo, a suscetibilidade à oxidação do colesterol e de outros lipídeos da carne suína é inversamente relacionada à ingestão de acetato de α-tocoferil por esses animais.

TABELA 8.11 Pontos de vista tradicionais sobre a atividade relativa de vitamina E de tocoferóis e tocotrienóis

Composto	Método de bioensaios			
	Reabsorção fetal em ratos	Hemólise em eritrócitos em ratos	Distrofia muscular (frango)	Distrofia muscular (ratos)
α-Tocoferol	100	100	100	100
β-Tocoferol	25–40	15–27	12	
γ–Tocoferol	1–11	3–20	5	11
δ-Tocoferol	1	0,3–2		
α-Tocotrienol	27–29	17–25		28
β-Tocotrienol	5	1–5		

Fonte: Sies, H. et al., *Ann N Y Acad Sci*, 669, 7, 1992.

TABELA 8.12 Atividade de vitamina E de formas isoméricas do acetato de α-tocoferol

Forma do acetato α-tocoferol	Atividade relativa de vitamina E (%)
RRR	100
All-rac	77
RRS	90
RSS	73
SSS	60
RSR	57
SRS	37
SRR	31
SSR	21

[a]R e S referem-se à configuração quiral das posições 2, 4′ e 8′, respectivamente. R é a forma quiral de ocorrência natural. *All*-rac significa racemização completa.
Fonte: Weiser, H. e Vecchi, M., em *J. Vitam. Nutr. Res.*, 52, 351, 1982

8.7.3.2 Estabilidade e mecanismo de degradação

Os compostos vitamínicos E apresentam estabilidade razoável na ausência de oxigênio e lipídeos oxidantes. Tratamentos anaeróbicos no processamento de alimentos, como em produtos enlatados autoclavados, exercem pouco efeito sobre a atividade de vitamina E. Em contrapartida, a taxa de degradação da vitamina E aumenta na presença de oxigênio molecular, podendo ser particularmente rápida quando radicais livres também estão presentes. A degradação oxidativa da vitamina E é influenciada de forma intensa pelos mesmos fatores que influenciam a oxidação dos ácidos graxos insaturados. A dependência de a_a na degradação do α-tocoferol é semelhante à de lipídeos insaturados, com a ocorrência de taxas mínimas no valor de umidade da monocamada e taxas maiores e mais rápidas para a_a tanto superiores como inferiores (ver Capítulo 2). A utilização de tratamentos oxidativos intencionais, como o branqueamento de farinha, pode levar a grandes perdas de vitamina E.

Um interessante uso não nutricional do α-tocoferol nos alimentos é o aplicado à cura do toucinho para a redução de formação de nitrosaminas. Acredita-se que o α-tocoferol serve como um composto fenólico lipossolúvel para desativar radicais livres de nitrogênio (NO•, NO$_2$•) em um processo de nitrosação mediada por radicais.

As reações dos compostos vitamínicos E nos alimentos, sobretudo do α-tocoferol,

TABELA 8.13 Concentração de tocoferóis e tocotrienóis em óleos vegetais e alimentos selecionados

Alimento	α-T	α-T3	β-T	β-T3	γ-T	γ-T3	δ-T
Óleos vegetais (mg/100 g)							
Girassol	56,4	0,013	2,45	0,207	0,43	0,023	0,087
Amendoim	14,1	0,007	0,396	0,394	13,1	0,03	0,922
Soja	17,9	0,021	2,80	0,437	60,4	0,078	37,1
Algodão	40,3	0,002	0,196	0,87	38,3	0,089	0,457
Milho	27,2	5,37	0,214	1,1	56,6	6,17	2,52
Oliva	9,0	0,008	0,16	0,417	0,471	0,026	0,043
Palma	9,1	5,19	0,153	0,4	0,84	13,2	0,002
Outros alimentos (µg/mL^{-1} ou g^{-1})							
Fórmulas infantis (saponificadas)	12,4		0,24		14,6		7,41
Espinafre	26,05	9,14					
Carne	2,24						
Farinha de trigo	8,2	1,7	4,0	16,4			
Cevada	0,02	7,0		6,9		2,8	

T, tocoferol; T3, tocotrienol.
Fonte: Thompson, J. e Hatina G., J. Liquid. Chromatogr., 2, 327, 1979; van Niekerk, P. e Burger, A., J. Am. Oil Chem. Soc. 62, 531, 1985.

têm sido muito estudadas. Como resumido na Figura 8.11, o α-tocoferol pode reagir com um radical peroxil (ou outros radicais livres), formando um hidroperóxido e um radical α-tocoferil. Assim como acontece com outros radicais fenólicos, o α-tocoferol é relativamente pouco reativo, pois o par de elétrons desemparelhado encontra-se em ressonância no sistema do anel. Podem ocorrer reações de terminação dos radicais, de modo a formar dímeros e trímeros de tocoferil, ligados de forma covalente, ao mesmo tempo em que a oxidação posterior e a reorganização podem gerar tocoferóxido, tocoferil hidroquinona e tocoferil quinona (Figura 8.11). A reorganização e a maior oxidação podem originar muitos outros produtos. Embora o acetato de α-tocoferil e outros ésteres vitamínicos E não participem da desativação de radicais, eles estão sujeitos à degradação oxidativa, mas em uma taxa inferior à dos compostos não esterificados. Os produtos de degradação da vitamina E apresentam pouca ou nenhuma atividade vitamínica. Por sua capacidade de agir como antioxidantes fenólicos, os compostos vitamínicos E não esterificados contribuem para a estabilidade oxidativa dos lipídeos nos alimentos.

Os compostos vitamínicos E também podem contribuir indiretamente para a estabilidade oxidativa de outros compostos, pela desativação do oxigênio singlete enquanto são degradados ao mesmo tempo. Como mostra a Figura 8.12, esse oxigênio ataca diretamente o sistema de anel da molécula de tocoferol, formando um sistema transitório de derivados de hidroperoxidieneona. Isso pode reorganizar as formas tanto do tocoferil quinona como do 2,3-óxido tocoferil quinona, os quais têm pouca atividade de vitamina E. A ordem de reatividade em relação ao oxigênio singlete é α > β > γ > δ, sendo que a potência antioxidante apresenta ordem inversa. Os tocoferóis também podem desativar fisicamente o oxigênio singlete, o que implica na desativação do oxigênio, no estado singlete, sem haver oxidação do tocoferol. Esses atributos dos tocoferóis são condizentes com o fato de que eles são potentes inibidores da fotossensitização, a qual é mediada pela oxidação do oxigênio singlete no óleo de soja.

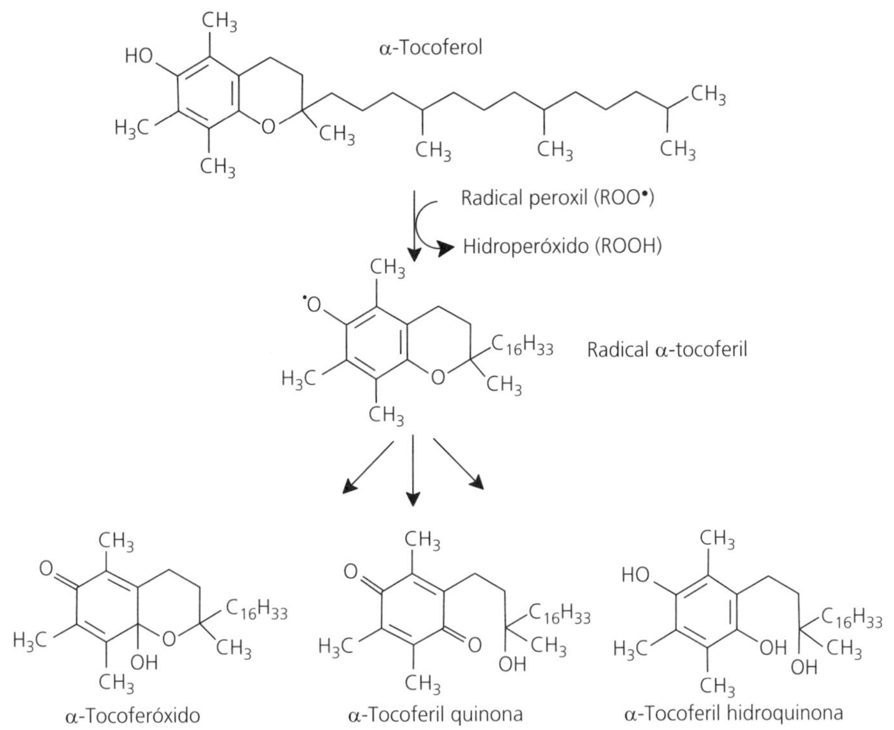

FIGURA 8.11 Visão geral da degradação oxidativa da vitamina E. Além dos produtos de oxidação demonstrados inicialmente, muitos outros compostos são formados como resultado da oxidação e da reorganização posterior.

8.7.3.3 Biodisponibilidade

A biodisponibilidade dos compostos vitamínicos E costuma ser muito elevada em indivíduos que digerem e absorvem gordura normalmente. Em base molar, a biodisponibilidade do acetato de α-tocoferil é quase equivalente à do α-tocoferol [16], exceto em doses elevadas, nas quais a desesterificação enzimática do acetato de α-tocoferil pode ser limitada. Estudos prévios indicando que o acetato de α-tocoferil era mais potente que o α-tocoferol em base molar podem ter sido influenciados pela instabilidade oxidativa do α-tocoferol.

8.7.3.4 Métodos analíticos

Os métodos por CLAE para a determinação de vitamina E já substituem os métodos espectrofotométricos e os procedimentos fluorimétricos diretos, ambos ultrapassados. O uso de CLAE permite a medição de formas específicas de vitamina E (p. ex., α, β, γ e δ-tocoferóis e tocotrienóis) e, assim, a estimativa do total de atividade de vitamina E de um produto, com base na potência relativa dos compostos específicos. A detecção pode ser obtida com uso de absorção na região do UV ou por fluorescência. Quando a saponificação é utilizada para auxiliar na separação de lipídeos de vitamina E, algum éster de vitamina E pode ser hidrolisado para a forma de α-tocoferol livre. Deve-se tomar cuidado para evitar a oxidação durante extração, saponificação e outros tratamentos preliminares.

8.7.4 Vitamina K

8.7.4.1 Estrutura e propriedades gerais

A vitamina K consiste em um grupo de naftoquinonas que apresentam ou não uma cadeia lateral terpenoide, na posição 3 (Figura 8.13). A forma não substituída de vitamina K é a menadiona. Ela é de primordial importância como uma forma sintética de vitamina, sendo utilizada em suplementos vitamínicos e na fortificação alimentar. A filoquinona (vitamina K_1) é um produto de origem vege-

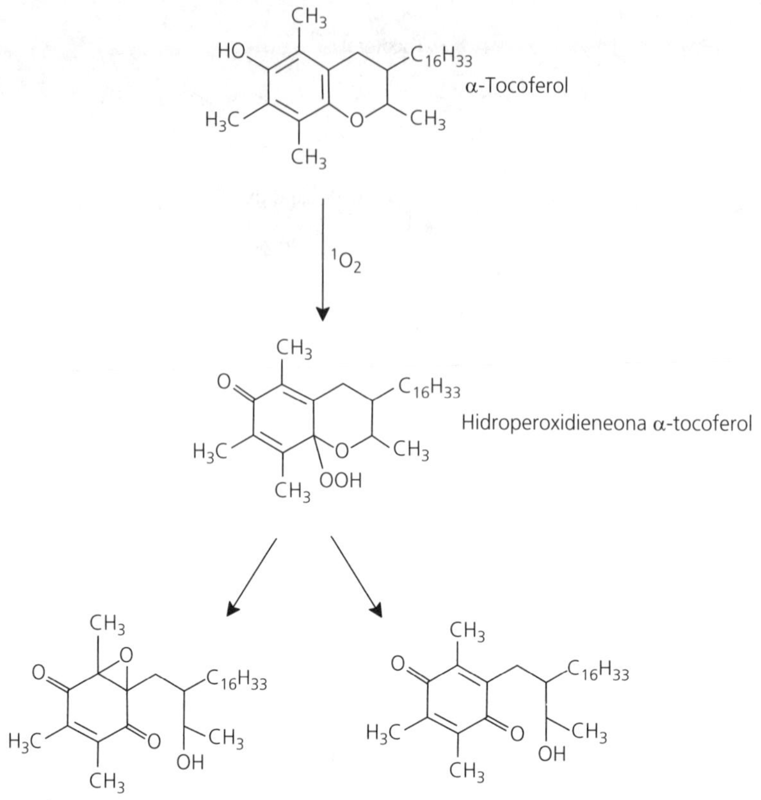

FIGURA 8.12 Reações do oxigênio singlete e α-tocoferol.

tal, ao passo que as menaquinonas (vitamina K_2) de comprimento de cadeia variável são produtos de síntese bacteriana, principalmente da microflora intestinal. As filoquinonas podem ocorrer em quantidades elevadas nas folhas de vegetais, como espinafre, couve, couve-flor, estando ainda presentes, porém em menor quantidade, no tomate e em alguns óleos vegetais. A deficiência de vitamina K é rara em indivíduos saudáveis, em razão da presença generalizada de filoquinonas na dieta e da absorção das menaquinonas microbianas a partir do intestino delgado. A deficiência de vitamina K costuma estar associada a síndromes de má absorção ou ao uso de anticoagulantes farmacológicos. Embora a utilização de substitutos de gordura tenha sido relatada como causadora de prejuízos à absorção de vitamina K, a ingestão moderada desses produtos não exerce nenhum efeito significativo sobre a utilização dessa vitamina.

A estrutura quinona dos compostos vitamínicos K pode ser reduzida para a forma hidroquinona por alguns agentes redutores, porém a atividade de vitamina K é mantida. Pode ocorrer degradação fotoquímica, mas essa vitamina é bastante estável ao calor. A hidrogenação de óleos causa uma redução da atividade da vitamina K pela conversão da vitamina K_1 em di-hidrovitamina K_1 [10].

8.7.4.2 Métodos analíticos

Análises espectrofotométricas e químicas baseadas na medição das propriedades de oxirredução da vitamina K não apresentam a especificidade necessária para a análise de alimentos. Existem vários métodos por CLAE e LC-MS que fornecem uma especificidade satisfatória, permitindo que as formas individuais de vitamina K sejam medidas.

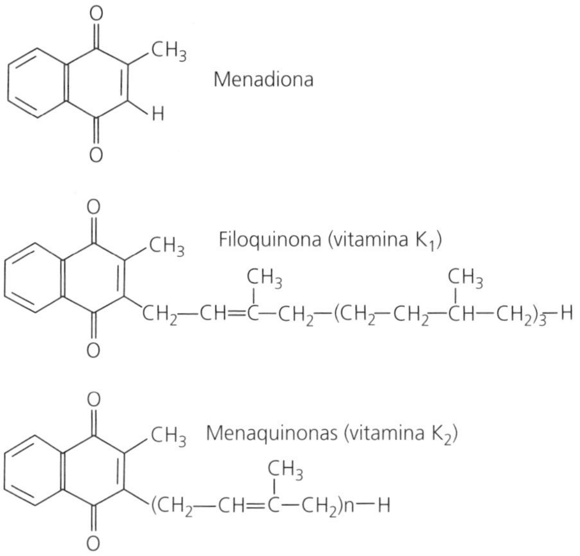

FIGURA 8.13 Estrutura de várias formas da vitamina K.

8.8 VITAMINAS HIDROSSOLÚVEIS
8.8.1 Ácido ascórbico
8.8.1.1 Estrutura e propriedades gerais

O ácido L-ascórbico (AA) (Figura 8.14) é um composto considerado como carboidrato, cujas propriedades redutoras e de acidez são dadas pela porção 2,3-enediol. Esse composto é altamente polar; dessa forma, é bastante solúvel em soluções aquosas e insolúvel em solventes apolares. O AA tem características ácidas como resultado da ionização do grupo hidroxila C-3 (pK_{a1} = 4,04 a 25 °C). Uma segunda ionização, dissociação da hidroxila do C-2, é muito menos favorável (pK_{a2} = 11,4). A oxidação de dois elétrons com dissociação de hidrogênio converte o AA em ácido L-desidroascórbico (DHAA). O DHAA exibe aproximadamente a mesma atividade vitamínica que o AA devido à sua fácil redução ao AA no organismo.

O ácido L-isoascórbico, um isômero óptico na posição C-5, e o D-AA, um isômero óptico na posição C-4 (Figura 8.14), comportam-se de modo parecido ao do AA, quimicamente, mas esses compostos não têm, de fato, atividade de vitamina C. O ácido L-isoascórbico e o AA são muito utilizados como ingredientes alimentares devido às suas atividades redutora e antioxidante (p. ex., na cura de carnes e na inibição do escurecimento enzimático em frutas e vegetais), porém o ácido isoascórbico (ou ácido D-ascórbico) não tem nenhum valor nutricional.

O AA encontra-se naturalmente em frutas e vegetais e, em menor quantidade, em tecidos animais e produtos derivados. Ele ocorre de forma natural quase exclusivamente em sua forma reduzida AA. A concentração de DHAA encontrada em alimentos é, em geral, sempre muito menor que a de AA devido às taxas de oxidação do ascorbato e da hidrólise do DHAA para ácido 2,3-dicetogulônico. Atividades da desidroascorbato redutase e do radical livre ascorbato redutase são encontradas em alguns tecidos animais. Acredita-se que essas enzimas conservem a vitamina por meio da reciclagem, contribuindo para a baixa concentração de DHAA. Uma fração significativa, mas atualmente desconhecida, do DHAA em alimentos e materiais biológicos parece ser um artefato analítico que ocorre a partir da oxidação do AA para DHAA, durante preparação e análises de amostras. A instabilidade do DHAA complica ainda mais a análise.

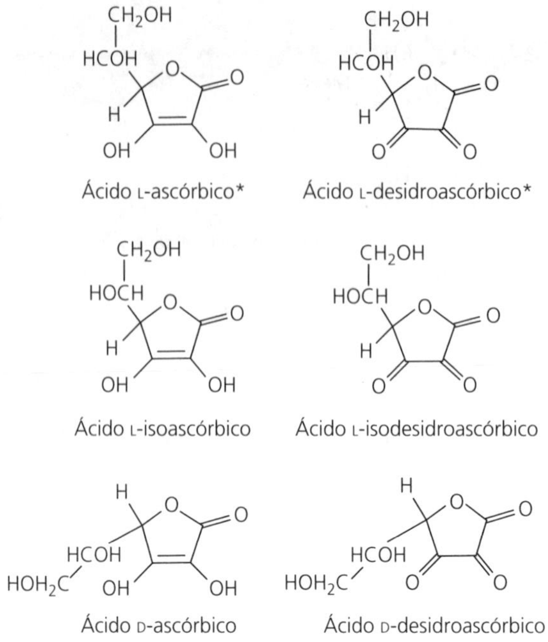

FIGURA 8.14 Estruturas do ácido L-ascórbico e ácido L-desidroascórbico e suas formas isoméricas. *Indica atividade de vitamina C.

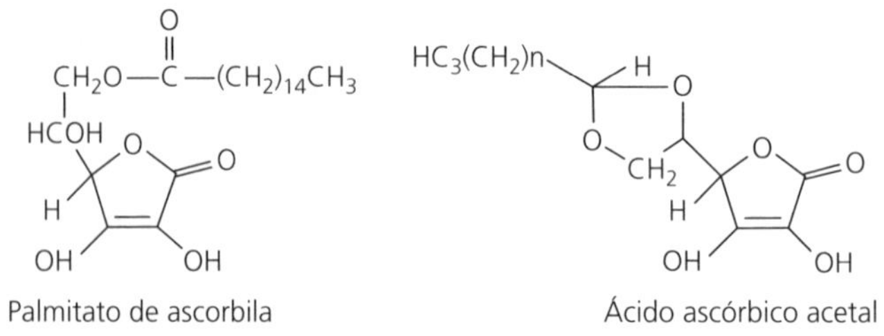

FIGURA 8.15 Estruturas do palmitato de ascorbila e de acetais.

O AA pode ser adicionado aos alimentos por meio de ácidos não dissociados ou neutralizados, como o sal de sódio (ascorbato de sódio). A conjugação de AA com compostos hidrofóbicos confere a ele solubilidade lipídica. Ésteres de ácidos graxos, tais como palmitato de ascorbila e acetais de AA (Figura 8.15), são solúveis em lipídeos, podendo proporcionar efeitos antioxidantes nesses meios.

A oxidação do AA pode ocorrer pelos processos de transferência de elétrons simples ou dupla, sem detecção do intermediário semidesidroascorbato (Figura 8.16). No caso da oxidação de um elétron, a primeira etapa envolve a transferência de elétrons para a formação de radicais livres do ácido semidesidroascórbico. A perda de um elétron adicional fornece ácido desidroascórbico, o qual é altamente instável devido à sua suscetibilidade à hidrólise da ponte de lactona. Essa hidrólise, que forma o ácido 2,3-dicetogulônico de forma irreversível (Figura 8.16), é responsável pela perda da atividade de vitamina C.

O AA é muito suscetível à oxidação, principalmente quando catalisado por íons metálicos, como Cu^{2+} e Fe^{3+}. O calor e a luz também aceleram esse processo, ao passo que fatores como pH, concentração de oxigênio e atividade de água influenciam

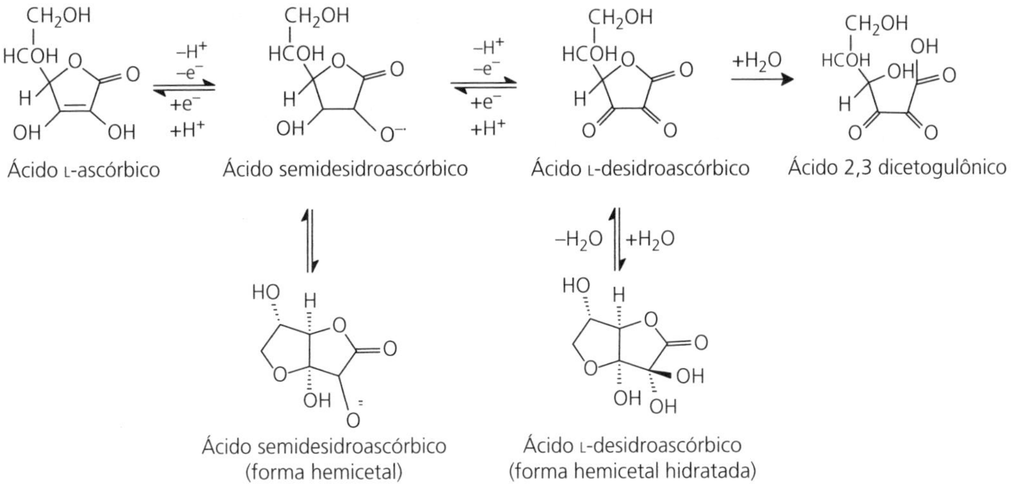

FIGURA 8.16 Oxidação sequencial de um elétron do ácido L-ascórbico. Todos apresentam atividade de vitamina C, exceto o ácido 2,3-dicetogulônico.

muito na velocidade de reação. Como a hidrólise de DHAA ocorre com muita facilidade, a oxidação de DHAA representa, com frequência, um aspecto da degradação oxidativa da vitamina C.

Uma propriedade geralmente esquecida do AA é sua capacidade, em baixas concentrações, de atuar como pró-oxidante em altas pressões de oxigênio. Supõe-se que isso ocorra por geração de radicais hidroxila (OH•) mediada por ascorbato ou de outras espécies reativas. Tal fato parece ser de pouca importância na maior parte dos aspectos da química de alimentos.

8.8.1.2 Estabilidade e modos de degradação

8.8.1.2.1 Visão geral

Devido à alta solubilidade do AA em soluções aquosas, podem ocorrer perdas significativas por lixiviação a partir do corte ou descascamento de frutas e vegetais. A degradação química envolve, principalmente, oxidações para DHAA, seguidas de hidrólise para ácido 2,3-dicetogulônico, bem como oxidação, desidratação e polimerização adicionais para a formação de diversos outros produtos nutricionalmente inativos. Os processos de oxidação e desidratação são quase paralelos às reações de desidratação de açúcares que formam muitos produtos insaturados e polímeros. Os principais fatores que afetam a taxa, o mecanismo e a natureza qualitativa dos produtos de degradação de AA incluem o pH, a concentração de oxigênio e a presença de metais-traço catalisadores.

Os alimentos podem passar por grandes perdas de AA durante a rotina de armazenamento e processamento, incluindo o congelamento. Por exemplo, produtos comercialmente embalados e congelados, como ervilhas, espinafre, feijão-verde e quiabo, sofrem perdas de AA que poderiam ser descritas pela cinética de primeira ordem, com dependência de temperatura de acordo com a equação de Arrhenius [42]. Neste estudo, a estabilidade do AA foi menor no espinafre ($t_{1/2}$ = 8 – 155 dias na faixa de temperatura de –5 a 20 °C) e maior no quiabo ($t_{1/2}$ = 40 – 660 dias na faixa de temperatura de –5 a 20 °C). Essas conclusões ilustram que a estabilidade do AA depende da composição dos alimentos, além das condições de armazenamento; assim, a taxa de degradação de AA determinada para um tipo de alimento pode não vir a ser utilizada para prever a cinética de degradação de AA em outro sistema alimentar, mesmo que existam apenas diferenças sutis na composição dos alimentos.

A taxa de degradação oxidativa da vitamina é uma função não linear do pH, pois as diferentes formas iônicas de AA diferem em sua suscetibilidade à oxidação: completamente protonados (AH_2) < monodesidroascórbico monoânion (AH^-) < ânion diascórbico (A^{2-}). Sob condições relevantes para a maioria dos alimentos, a dependência do pH para a oxidação é direcionada principalmente pela concentração relativa das espécies AH_2 e AH^-, a qual é regida, por sua vez, pelo pH (pK_{a1} 4,04). A presença de concentrações significativas da forma A^{2-}, controlada por um pK_{a2} de 11,4, gera o aumento na taxa para pH $\geq$ 8. Os estudos dessas relações são complicados devido ao oxigênio e à concentração de metais-traço.

8.8.6.2.2 Efeitos catalíticos de íons metálicos

O esquema global de degradação do AA representado na Figura 8.17 é uma visão integrada dos efeitos de íons metálicos, bem como de presença ou ausência de oxigênio sobre o mecanismo de degradação do AA. A taxa de degradação oxidativa do AA costuma ser de primeira ordem, no que diz respeito à concentração de monodesidroascórbico monoânion (HA^-), oxigênio molecular e íon metálico. Acreditava-se que a degradação oxidativa do AA em pH neutro e na ausência de íons metálicos (i.e., a reação não catalisada) ocorria a taxas lentas, mas significativas. Por exemplo, uma constante de primeira ordem de 5,87 $\times$ 10^{-4} s^{-1} foi relatada para a oxidação espontânea não catalisada do ascorbato, em pH neutro. Contudo, evidências posteriores indicaram taxas muito menores com constante de reação de 6 $\times$ 10^{-7} s^{-1}, para a oxidação de AA em solução saturada, com ar a pH 7,0 [13]. Essa diferença indica que a oxidação não catalisada é insignificante e que metais-traço em alimentos ou em soluções experimentais são responsáveis, em grande parte, pela degradação oxidativa. Constantes de reação obtidas na presença de íons metálicos, em concentrações de várias ppm, são muito maiores que as obtidas em soluções quase desprovidas de íons metálicos.

A taxa de oxidação do AA catalisada por metais é proporcional à pressão parcial de oxigênio, dissolvido no intervalo de 1,0 a 0,4 atm, sendo independente da concentração de oxigênio em pressões parciais < 0,20 atm [80]. Em contrapartida, a oxidação de AA catalisada por quelatos metálicos é independente da concentração de oxigênio [75].

A potência de íons metálicos em catalisar a degradação do ascorbato depende do metal envolvido, de seu estado de oxidação e da presença de quelantes. A potência catalítica é a seguinte: Cu(II) é $\approx$ 80 vezes mais potente que Fe(III); os quelatos de Fe(III) e ácido etilenodiaminotetracético (EDTA) são $\approx$ 4 vezes maiores que os sem catalisador Fe(III) [13]. A representação da taxa de oxidação do ascorbato é apresentada como

$$-\frac{d[TA]}{dt} = k_{cat} \times [AH^-] \times [Cu(II) \text{ ou } Fe(III)]$$

A concentração do íon metálico e a k_{cat} para íons metálicos podem ser usadas para estimativas da taxa de degradação do AA (em que [TA] = concentração do total de ácido ascórbico). Em tampões fosfato de pH 7,0 (20 °C), os valores de k_{cat} para Cu(II), Fe(III) e Fe(III)–EDTA são de 880, 42 e 10 (M^{-1} s^{-1}), respectivamente. Deve-se observar que os valores absolutos e relativos dessas constantes catalíticas em soluções simples podem ser diferentes das dos sistemas alimentares reais. Isso ocorre, provavelmente, porque metais-traço podem associar-se a outros constituintes (p. ex., aminoácidos) ou participar de outras reações, sendo que alguns podem gerar radicais livres ou espécies ativas de oxigênio que podem acelerar a oxidação do ácido ascórbico.

Em contrapartida ao reforço da potência do catalisador Fe(III) quando quelado por EDTA, a oxidação do ascorbato catalisada por Cu(II) é amplamente inibida na presença de EDTA [13]. Desse modo, a influência do EDTA ou de outros quelantes (p. ex., citrato e polifosfatos) sobre a oxidação do ácido ascórbico nos alimentos não é previsível por completo.

8.8.1.2.2.1 Mecanismos de degradação do ácido ascórbico

A oxidação de AA pode ser iniciada pela formação de um complexo ternário (monodesidroascórbico, íon metálico e O_2), como descrito anteriormente, ou por uma variedade de elétrons de oxidação. Como revisado por Buettner [14], há muitos modos pelos quais a oxidação de um elétron do AH^- para $A^{-\bullet}$ e do $A^{-\bullet}$ para a formação

TABELA 8.14 Potencial de redução de radicais livres e antioxidantes selecionados, dispostos a partir do nível mais alto de oxidação (acima) para o nível mais redutor

Par[a]		
Oxidada	**Reduzida**	**$\Delta E^{o\prime}$ (mV)**
HO•, H$^+$	H$_2$O	2.310
RO•, H$^+$	ROH	1.600
HO$_2$•, H$^+$	H$_2$O$_2$	1.060
O$_2^{-}$•, 2H$^+$	H$_2$O$_2$	940
RS	RS$^-$	920
O$_2$ ($^1\Delta_g$)	O$_2^{-}$•	650
PUFA•, H$^+$	PUFA-H	600
α-Tocoferil•, H$^+$	α-Tocoferol	500
H$_2$O$_2$, H$^+$	H$_2$O, OH•	320
Ascorbato$^-$•, H$^+$	Monoânion ascorbato	282
Fe(III) EDTA	Fe(II) EDTA	120
Fe(III)aq	Fe(II)aq	110
Fe(III)citrato	Fe(II)citrato	≈ 100
Desidroascorbato	Ascorbato$^-$•	≈ 100
Ribofavina	Ribofavina$^-$•	–317
O$_2$	O$_2^{-}$•	–330
O$_2$, H$^+$	HO$_2$•	–460

Cada espécie oxidada em um par de oxidação-redução é capaz de abstrair um elétron ou átomo de H de qualquer espécie reduzida abaixo dela.
[a]Ascorbato$^-$•, radical semidesidroascorbato; PUFA, radical ácido graxo poli-insaturado; PUFA-H, ácido graxo poli-insaturado, bisalílico H; RO•, o radical alcoxil alifático. $E^{o\prime}$ é o padrão do potencial de redução de um elétron (mV).
Fonte: Buettner, G. R., *Arch. Biochem. Biophys.*, 300, 535, 1993.

de DHAA pode ocorrer. Um ordenamento do potencial de produção, ou seja, a reatividade de oxidantes relevantes, é resumido na Tabela 8.14. Isso ilustra as inter-relações da função antioxidante de várias vitaminas, incluindo AA, α-tocoferol e riboflavina, e ilustra como o poder redutor do AA (como o monoânion) pode regenerar componentes alimentares oxidados, tais como radicais livres de ácidos graxos insaturados, outros radicais livres derivados de lipídeos e as formas radicalares da vitamina E (radical α-tocoferoxil•).

O mecanismo de degradação do AA pode ser diferente, dependendo da natureza do sistema alimentar ou do meio de reação. A degradação do AA catalisada por metais tem sido proposta como consequência da formação de um complexo ternário constituído por monodesidroascórbico, O$_2$ e um íon metálico (Figura 8.17). O complexo ternário de ascorbato, oxigênio e metal catalisador fornece DHAA como produto direto, sem formação detectável do produto de oxidação com um elétron, o radical semidesidroascorbato.

A perda da atividade de vitamina C durante a degradação oxidativa do AA ocorre com a hidrólise de DHAA lactona, para a formação de ácido 2,3-dicetogulônico (DKG). Essa hidrólise é favorecida por condições alcalinas, e o DHAA é mais estável a pH entre 2,5 e 5,5. A estabilidade do DHAA em pH maior do que 5,5 é muito baixa e torna-se mais acentuada à medida que o pH aumenta. Por exemplo, o tempo de meia-vida para a hidrólise do DHAA a 23 °C é de 100 e 230 min em pHs de 7,2 e 6,6, respectivamente [9]. A taxa de hidrólise do DHAA cresce de forma acentuada com o aumento da temperatura, mas não é afetada pela presença ou a ausência de oxigênio. Tendo em vista a natureza lábil do DHAA em pH neutro, amostras analíticas mostram que quantidades significativas de DHAA nos alimentos devem ser observadas com cautela, pois concentrações ele-

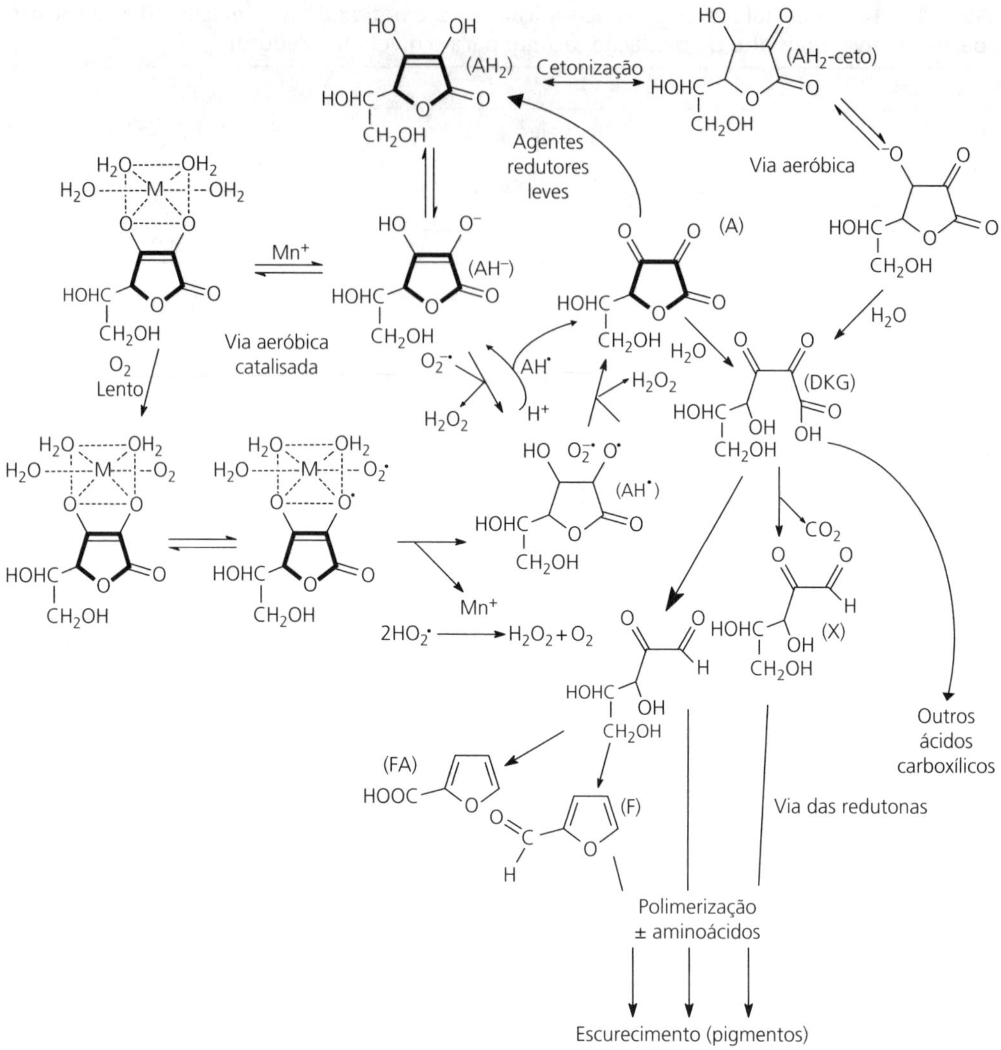

FIGURA 8.17 Visão geral dos mecanismos de degradação oxidativa e anaeróbica de ácido ascórbico. As estruturas com linhas em **negrito** são fontes primárias de atividade de vitamina C. AH_2, ácido ascórbico completamente protonado; AH^-, monodesidroascórbico monoânion; $^\bullet AH$, radical semidesidroascobato; A, ácido desidroascórbico; FA, ácido 2-furoico; F, 2-furaldeído; DKG, ácido dicetogulônico; DP, 3-desoxipentosona; X, xilosona; Mn^+, catalisador metálico; $HO_2^{\,\bullet}$, radical per-hidroxil. (Com base em Buettner, G. R., *J. Biochem. Biophys. Methods*, 16, 27, 1988; Buettner, G. R., *Arch. Biochem. Biophys.* 300, 535, 1993; Khan, M. e Martell A., *J. Am. Chem. Soc.*, 89, 4176, 1967; Khan, M. e Martell, A., *J. Am. Chem. Soc.*, 89, 7104, 1969; Liao, M.-L. e Seib, P., *Food Technol.*, 31, 104, 1987; Tannenbaum, S. et al. (1985). Vitamins and mineral, em *Food Chemistry*, Fennema, O., ed., Marcell Dekker, New York, 1985, pp. 477–544.)

vadas de DHAA também podem refletir o descontrole da oxidação durante a análise.

Embora os complexos ternários, como o proposto por Khan e Martell [80], sejam um modelo aparentemente preciso da oxidação do AA, estudos posteriores têm expandido os conhecimentos sobre esse mecanismo. Scarpa e colaboradores [127] observaram que a oxidação do monodesidroascórbico, catalisada por metais, (AH^-) forma superóxido $(O_2^{-\bullet})$ na etapa que determina a taxa:

$$AH^- + O_2 \rightarrow AH^\bullet + O_2^{-\bullet}$$

Etapas posteriores da reação envolvem a participação do superóxido como potencializador de velocidade, com duplicação efetiva da taxa global de oxidação do ascorbato para a formação de desidroascorbato (A) por meio de:

$$AH^- + O_2^{-\bullet} + 2H^+ \rightarrow AH^\bullet + H_2O_2$$

$$AH^\bullet + O_2^{-\bullet} + H^+ \rightarrow A + H_2O_2$$

Uma reação como a de terminação também pode ocorrer, envolvendo dois radicais de ascorbato como:

$$2AH^\bullet \rightarrow A + AH^-$$

A degradação anaeróbica de AA (Figura 8.17) é relativamente insignificante como meio de perda de vitamina na maioria dos alimentos. O mecanismo anaeróbico é mais significativo em produtos enlatados, por exemplo, legumes, tomate e sucos de fruta após esgotamento de oxigênio residual, porém, mesmo nesses produtos, a perda de AA por meio anaeróbico ocorre com muita lentidão. Surpreendentemente, a via anaeróbica foi identificada como o mecanismo predominante da perda de AA, durante o armazenamento de suco de tomate desidratado, na presença ou na ausência de oxigênio. A catálise por metais-traço na degradação anaeróbica tem sido relatada com o aumento de taxa proporcional à concentração de cobre.

O mecanismo de degradação anaeróbica do AA ainda não foi completamente estabelecido. A clivagem direta da ponte de 1,4-lactona **sem** oxidação prévia para DHAA parece estar envolvida nesse processo, talvez seguindo um tautomerismo cetoenol, como mostra a Figura 8.12. Ao contrário da degradação do AA sob condições oxidativas, a degradação anaeróbica exibe uma taxa máxima em pH de ≈ 3 a 4. A taxa máxima, em uma faixa levemente ácida, pode refletir os efeitos do pH sobre a abertura do anel lactona, bem como sobre a concentração de espécies de monodesidroascórbico.

A complexidade do mecanismo de degradação anaeróbica e a influência da composição do alimento são indicadas por alterações significativas na energia de ativação, a 28 °C, para a perda total de vitamina C em sucos de laranja não concentrados, durante o armazenamento. Em contrapartida, o gráfico de Arrhenius para a degradação da vitamina C total durante o armazenamento de suco de toranja enlatado é linear ao longo do mesmo intervalo (≈ 4–50 °C), o que sugere a predominância de um único mecanismo [106]. A razão para a cinética ou a diferença de mecanismo nesses produtos similares não é conhecida.

Tendo em vista a existência de oxigênio residual em muitos alimentos embalados, a degradação do ácido ascórbico em contentores selados, sobretudo em garrafas e latas, pode ocorrer normalmente, tanto na via oxidativa como na anaeróbica. Na maioria dos casos, as taxas constantes de degradação do ácido ascórbico são de duas a três ordens de grandeza menores que as da reação oxidativa.

8.8.1.2.2.2 Produtos de degradação do AA

Independentemente do mecanismo de degradação, a abertura do anel lactona destrói a atividade de vitamina C de maneira irreversível. Embora sem relevância nutricional, as muitas reações envolvidas nas fases terminais de degradação do ascorbato são importantes, em virtude de seu envolvimento na produção de precursores ou de compostos do sabor ou de sua participação no escurecimento não enzimático.

Mais de 50 produtos de degradação do ácido ascórbico de baixa massa molecular já foram identificados. Os tipos e as concentrações desses compostos, bem com os mecanismos envolvidos, são fortemente influenciados por fatores como temperatura, pH, atividade de água, as concentrações de oxigênio e de metais catalisadores e a presença de espécies ativas de oxigênio. Três tipos gerais de produtos de decomposição foram identificados: (1) intermediários polimerizados; (2) ácidos carboxílicos insaturados de cadeia de comprimento de 5 e 6-carbonos; e (3) produtos de fragmentação com cinco ou menos carbonos. A geração de formaldeído durante a degradação térmica do ascorbato em pH neutro também foi relatada. Alguns desses compostos são contribuintes prováveis para mudanças no sabor e odor ocorrentes em sucos cítricos, durante armazenamento ou processamento excessivos.

As degradações dos açúcares e do ácido ascórbico são muito parecidas, sendo, em alguns casos, mecanicamente idênticas. Ocorrem diferenças qualitativas entre as condições aeróbicas e anaeróbicas no padrão de degradação do AA, sendo que o pH exerce influência sobre todas as circunstâncias. Os principais produtos de degradação do AA em solução neutra e ácida são: L-xilosona; ácido oxálico; ácido L-treônico; ácido tartárico; 2-furaldeído (furfural); e ácido furanoico, bem como diversas carbonilas e outros compostos insaturados. Assim como acontece na degradação do açúcar, o grau de fragmentação aumenta sob condições alcalinas.

A degradação do ácido ascórbico está associada a reações de perda de cor, tanto na presença como na ausência de aminas. O DHAA e as dicarbonilas formadas durante sua degradação podem participar da degradação de Strecker com aminoácidos. Seguindo a degradação de Strecker do DHAA com um aminoácido, o produto do ácido sorbâmico (Figura 8.18) pode formar dímeros, trímeros e tetrâmeros, vários dos quais apresentam cor avermelhada ou amarelada. Além disso, o 3,4-di-hidroxi-5-metil-2 (5H)-furanona, um produto intermédio de desidratação que segue uma decarboxilação durante a degradação anaeróbica do AA, apresenta uma cor acastanhada. Polimerizações adicionais, desses ou de outros produtos insaturados, também formam melanoidinas (polímeros nitrogenados) ou pigmentos não nitrogenados, como o caramelo. Embora o escurecimento não enzimático de sucos cítricos e bebidas relacionadas seja um processo complexo, a contribuição do AA para o escurecimento já foi claramente demonstrada [74].

FIGURA 8.18 Participação do ácido desidroascórbico na reação de degradação de Strecker.

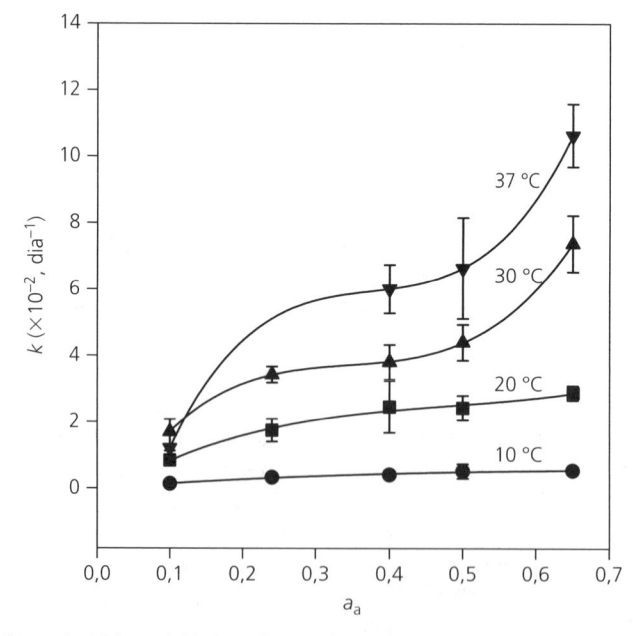

FIGURA 8.19 Degradação de ácido ascórbico em função da temperatura de armazenamento e atividade de água, em sistemas-modelo alimentares desidratados que simulam cereais matinais. Os dados (média ± DP) são expressos como constantes de primeira ordem aparentes (k) para a perda de ácido ascórbico total (AA + DHAA). (De Kirk, J., et al. *J. Food Sci.*, 42, 1274, 1977.)

8.8.1.2.2.3 Outras variáveis ambientais

Além dos fatores que afetam a estabilidade do ascorbato, como já discutido (p. ex., oxigênio, catalisadores, pH), muitas outras variáveis influenciam na retenção dessa vitamina nos alimentos. Como acontece com muitos outros compostos hidrossolúveis, encontrou-se um aumento progressivo ao longo do intervalo de ≈ 0,10 a 0,65 de atividade de água [76,83,86] (Figura 8.19). Esse fato está aparentemente associado à maior disponibilidade de água para ação como solvente para reagentes e catalisadores. A presença de alguns açúcares (cetoses) pode aumentar a taxa de degradação anaeróbica. A sacarose exerce efeitos semelhantes em pH baixo, o que condiz com a dependência do pH para a geração de frutose. Em contrapartida, alguns açúcares e alcoóis de açúcares exercem efeitos protetores contra a degradação oxidativa do ácido ascórbico, o que se dá possivelmente pela ligação com íons metálicos e pela redução de seu potencial catalítico. Os efeitos adversos dos agentes fotossensitizadores na retenção de AA ocorrem por meio da geração de oxigênio singlete. A importância dessas observações para alimentos autênticos permanece sob estudo, devendo ser determinada.

8.8.1.2.2.4 Funções do ácido ascórbico em alimentos

Além de sua função como nutriente essencial, o AA é bastante usado como ingrediente/aditivo de alimentos devido às suas propriedades antioxidante e redutora. Como discutido em outras partes deste livro, o AA inibe o escurecimento enzimático de maneira eficaz, principalmente pela redução dos produtos de ortoquinonas. Outras funções do AA são: (1) ação redutora em massas acondicionadas; (2) proteção de alguns compostos oxidáveis (p. ex., folatos), por efeitos redutores da desativação de radicais livres e de oxigênio; (3) inibição da formação de nitrosaminas em carnes curadas; e (4) redução de íons metálicos.

O papel antioxidante do ácido ascórbico é multifuncional, e o ascorbato inibe a autoxidação lipídica por meio de diversos mecanismos [14,91,132]. Esses mecanismos incluem: (1) desativação de oxigênio singlete; (2) redução de radicais de oxigênio e carbono centradas, com a formação de um radical semidesidroascorbato menos reativo ou de um DHAA; (3) oxidação preferencial do ascorbato, concomitante à depleção de oxigênio; e (4) regeneração de outros antioxidantes, por exemplo, por meio da redução do radical tocoferol.

O AA é um composto muito polar, sendo insolúvel em óleos. No entanto, é surpreendentemente eficaz como antioxidante quando disperso em óleos, bem como em emulsões [40]. Combinações de ácido ascórbico e α-tocoferol são eficazes, sobretudo em sistemas à base de óleo, ao passo que o conjunto de α-tocoferol e do lipofílico palmitato de ascorbila é mais eficaz em emulsões de óleo em água. Do mesmo modo, o palmitato de ascorbila age sinergicamente com o α-tocoferol e com outros antioxidantes fenólicos.

8.8.1.2.2.5 Biodisponibilidade do ácido ascórbico em alimentos

As principais fontes alimentares de AA são frutas, vegetais, sucos e alimentos enriquecidos (p. ex., cereais matinais). A biodisponibilidade do AA no brócolis cozido, na laranja e no suco de laranja tem demonstrado ser equivalente à de vitaminas em comprimidos para seres humanos [96]. A biodisponibilidade do AA no brócolis cru é 20% menor que no cozido. Isso pode ser causado pela ruptura incompleta das células durante a mastigação e a digestão. A diferença relativamente pequena entre biodisponibilidade nos brócolis cru e cozido (o que pode ocorrer com outras matérias-primas vegetais, em relação às suas formas cozidas) pode ter pouco significado nutricional. Em geral, é claro que o AA na maior parte das frutas e dos vegetais encontra-se altamente disponível para os seres humanos [44,69].

8.8.1.2.2.6 Métodos analíticos

Existem muitos procedimentos para quantificar o AA nos alimentos. Nesse sentido, a seleção de um método analítico adequado é essencial para a obtenção de resultados precisos [109]. O ácido ascórbico absorve a luz UV fortemente ($\lambda_{máx} \approx 245$ nm), embora a análise espectrofotométrica direta seja evitada por encontrar muitos outros cromóforos na maioria dos alimentos. O DHAA apresenta absorção fraca, a $\lambda_{máx} \approx 300$ nm. Procedimentos analíticos tradicionais envolvem a titulação da oxirredução da amostra, com um corante como 2,6-diclorofenolindofenol, durante a qual a oxidação do AA acompanha a redução do corante para sua forma incolor. Uma das limitações desse processo é a interferência por outros agentes redutores e a falta de respostas para o DHAA. A análise sequencial da amostra antes e depois da saturação com gás ou H_2S, ou tratamento com um reagente tiol para redução de DHAA a ácido ascórbico, permite a quantificação do ácido ascórbico total. A quantificação do DHAA por diferença necessita, contudo, de melhor precisão na análise direta.

Uma abordagem alternativa envolve a condensação do DHAA (formado por oxidação controlada de L-AA na amostra), com vários reagentes carbonil. O tratamento direto com fenilidrazina para a forma espectrofotometricamente detectável, o derivado ascorbila-bis-fenilidrazona, permite a medição simples de L-AA em solução pura. Muitos compostos carbonila nos alimentos podem interferir nesse procedimento. Um método similar envolve a reação de DHAA com o-fenilenodiamina, formando um produto de condensação tricíclico altamente fluorescente. Ainda mais específico e sensível que o método fenilidrazina, o procedimento com o-fenilenodiamina também está sujeito a interferências de algumas dicarbonilas dos alimentos. Alimentos que contêm ácido isoascórbico não podem ser analisados para a determinação de vitamina C por titulação de oxirredução ou condensação com reagentes carbonila, pois tais métodos respondem a esse composto nutricionalmente inativo.

Muitos métodos por CLAE fornecem precisão e sensibilidade à quantificação do ácido ascórbico total (antes e depois de tratamento com um agente redutor), sendo que alguns métodos permitem a medição direta do AA e do DHAA. O uso de métodos acoplados ao cromatógrafo, como o espectrofotométrico, o fluorométrico ou a detecção eletroquímica, torna as análises por CLAE mais específicas que os tradicionais métodos redox. Muitos métodos de CLAE foram relatados, incluindo aqueles que permitem a determinação simultânea de ácidos ascórbico e isoascórbico, bem como suas formas desidro [145]. Um método baseado em cromatografia gasosa e espectrometria de massa tem sido relatado, mas a demora na etapa de preparação da amostra é uma desvantagem desse processo [29].

8.8.2 Tiamina

8.8.2.1 Estrutura e propriedades gerais

A tiamina (vitamina B_1) é uma pirimidina substituída ligada por uma ponte de metileno ($-CH_2-$) a um tiazol substituído (Figura 8.20). A tiamina tem ampla distribuição em tecidos vegetais e animais. A maior ocorrência natural de tiamina encontra-se na forma de pirofosfato de tiamina (Figura 8.20), com quantidades menores de tiamina não fosforilada, monofosfatada e trifosfato de tiamina. A tiamina pirofosfatada funciona como uma coenzima de diversos ácidos, como α-cetodesidrogenases, α-cetodecarboxilases, fosfocetolases e transcetolases. A tamina encontra-se comercialmente

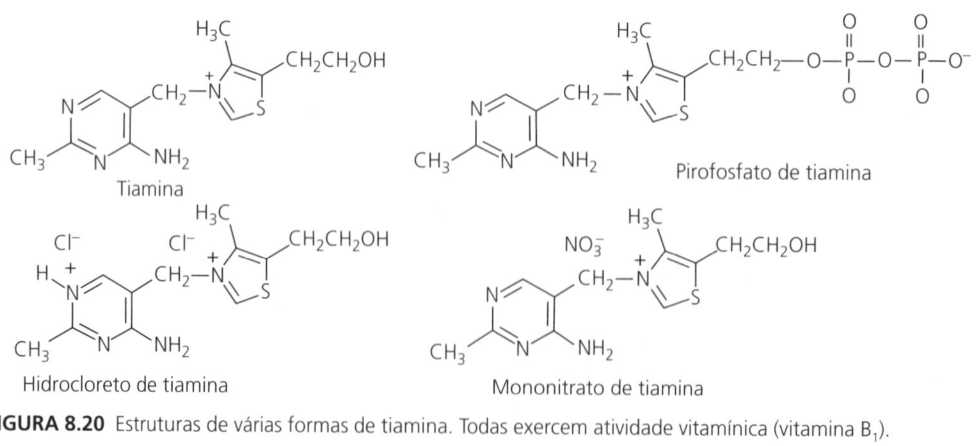

FIGURA 8.20 Estruturas de várias formas de tiamina. Todas exercem atividade vitamínica (vitamina B_1).

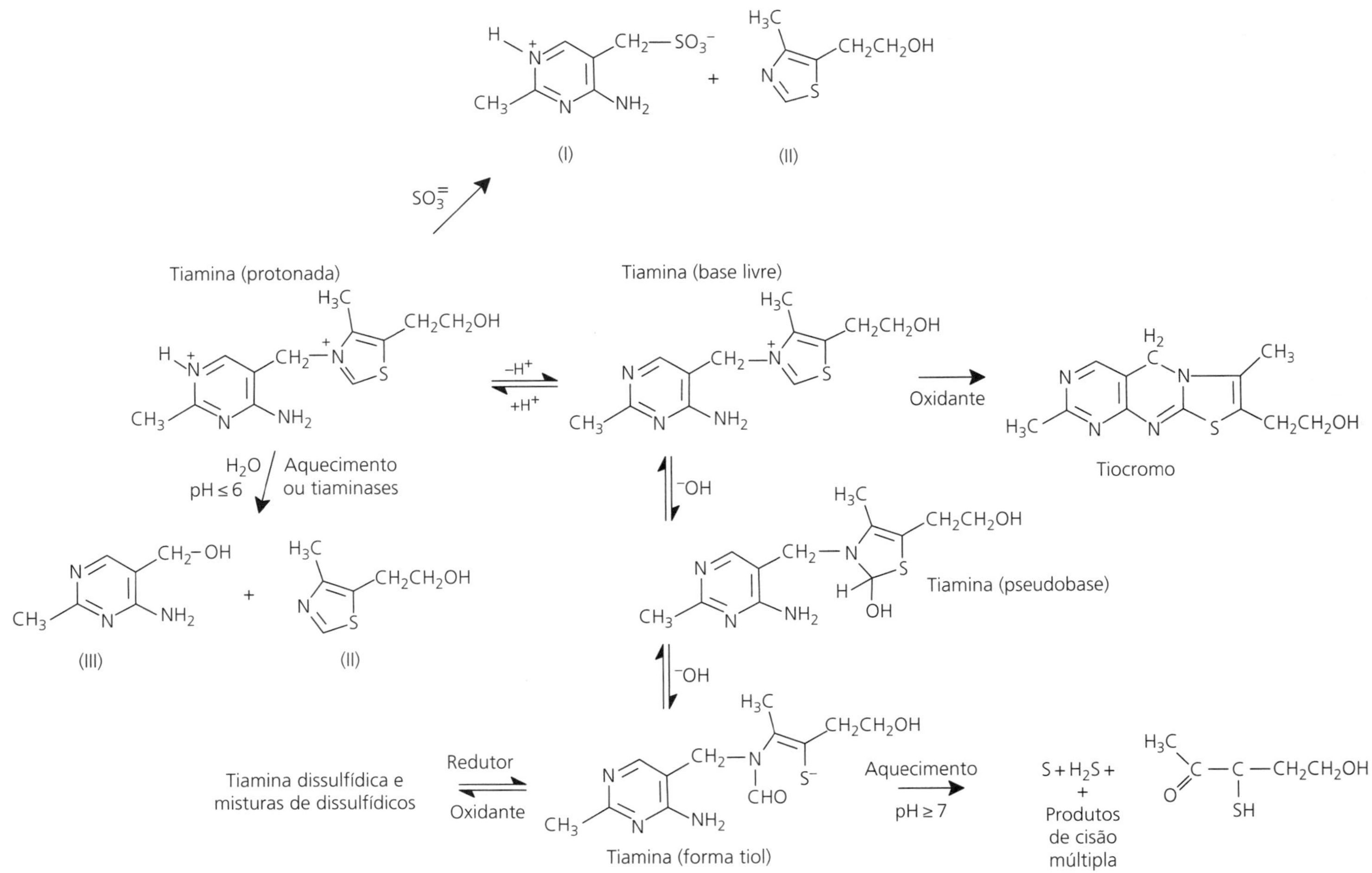

FIGURA 8.21 Resumo das principais vias de ionização e degradação da tiamina. (Adaptada de forma modificada de Tannenbaum, S. et al., Vitamins and minerals; em: *Food Chemistry*, Fennema, O., ed., Marcell Dekker, New York, 1985, pp. 477–544; Dwivedi, B. K. e Arnold, R. G., *J. Agric. Food Chem.*, 21, 54, 1973.)

disponível na forma de sais de hidrocloridrato e mononitrato, sendo que essas formas são muito utilizadas para a fortificação de alimentos e como suplementos nutricionais (Figura 8.20).

A molécula de tiamina exibe um comportamento ácido-base incomum. O primeiro pK_a ($\approx$ 4,8) envolve a dissociação da pirimidina protonada N^1 para fornecimento do componente pirimidil sem carga da tiamina de base livre (Figura 8.21). Em uma faixa de pH alcalino, observa-se outra transição (pK_a aparente de 9,2), a qual corresponde à absorção de dois equivalentes de base para o fornecimento de uma pseudobase tiamina. A pseudobase pode sofrer abertura do anel tiazol para produzir a forma tiol da tiamina, acompanhada pela dissociação de um único próton. Outra característica da tiamina é o N quaternário do anel do tiazol, que se mantém catiônico para todos os valores de pH. A dependência acentuada de pH na degradação da tiamina corresponde a mudanças que dependem de pH na forma iônica. A tiamina protonada é muito mais estável que a forma de base livre, a pseudobase e as formas tiol, o que representa a estabilidade observada em meio ácido (Tabela 8.15). Embora a tiamina seja relativamente estável à oxidação e à luz, está entre as vitaminas menos estáveis quando em solução a pH neutro ou alcalino.

8.8.2.2 Estabilidade e modos de degradação

8.8.2.2.1 Propriedades da estabilidade

Existe um grande número de dados publicados comprovando a estabilidade da tiamina nos alimentos [38,98]. Estudos representativos, como já resumido por Tannenbaum e colaboradores [138], ilustram o potencial para grandes perdas em condições determinadas (Tabela 8.16). As perdas de tiamina em alimentos são favorecidas quando: (1) as condições favorecem a lixiviação de vitamina no meio aquoso que a envolve; (2) o pH é aproximadamente neutro ou maior; e/ou (3) ocorre exposição a um agente sulfitante. As perdas de tiamina também podem ocorrer em alimentos completamente hidratados, durante o armazenamento em temperaturas moderadas, embora em taxas previstas como mais baixas, em comparação às observadas durante o tratamento térmico (Tabela 8.17). A degradação da tiamina em alimentos quase sempre segue uma cinética de primeira ordem. Como a degradação da tiamina pode ocorrer por diversos mecanismos possíveis, por vezes muitos deles ocorrem ao mesmo tempo. A ocorrência de gráfico de Arrhenius não linear para as perdas térmicas de tiamina, em alguns alimentos, é uma evidência de que os muitos mecanismos de degradação são dependentes de temperaturas diferentes.

A tiamina apresenta excelente estabilidade em condições de baixa atividade de água à temperatura ambiente. A tiamina, em sistemas-modelo desidratados que simulam cereais matinais, sofre pouca ou nenhuma perda, em temperaturas inferiores a 37 °C, em a_a de 0,1 a 0,65 (Figura 8.22). Em contrapartida, a degradação da tiamina será marcadamente acelerada a 45 °C, sobretudo em a_a 0,4 ou superior (p. ex., acima do valor de umidade monomolecular aparente, que é $a_a \approx 0,24$). Nesses sistemas-modelo, a taxa máxima

TABELA 8.15 Comparação entre a estabilidade térmica da tiamina e do pirofosfato de tiamina, em tampão de fosfato 0,1 M a 265 °C

	Tiamina		Pirofosfato de tiamina	
pH da solução	k^a (min^{-1})	$t_{1/2}$ (min)	k^a (min^{-1})	$t_{1/2}$ (min)
4,5	0,0230	30,1	0,0260	26,6
5,0	0,0215	32,2	0,0236	29,4
5,5	0,0214	32,4	0,0358	19,4
6,0	0,0303	22,9	0,0831	8,33
6,5	0,0640	10,8	0,1985	3,49

$^a k$ é uma constante de primeira ordem e $t_{1/2}$ é o tempo necessário para que haja 50% de degradação térmica.
Fonte: adaptada de Mulley, E. A., et al., J. Food Sci.. 40, 989, 1975.

TABELA 8.16 Taxas representativas de degradação (meia-vida tendo como referência a temperatura de 100 °C) e energia de ativação, por perdas de tiamina de alimentos durante o processamento térmico

Sistema alimentar	pH	Faixa de temperatura estudada (°C)	Meia-vida (h)	Energia de ativação (kJ mol^{-1})
Patê de coração bovino	6,10	109–149	4	120
Patê de fígado bovino	6,18	109–149	4	120
Patê de carne de cordeiro	6,18	109–149	4	120
Patê de carne de porco	6,18	109–149	5	110
Carne moída	Não relatado	109–149	4	110
Patê bovino	Não relatado	70–98	9	110
Leite integral	Não relatado	121–138	5	110
Purê de cenoura	6,13	120–150	6	120
Purê de feijão-verde	5,83	109–149	6	120
Purê de ervilhas	6,75	109–149	6	120
Purê de espinafre	6,70	109–149	4	120
Purê de ervilhas	Não relatado	121–138	9	110
Purê de ervilhas em salmoura	Não relatado	121–138	8	110
Ervilhas em salmoura	Não relatado	104–133	6	84

Atividade de água estimada entre 0,98 e 0,99. Valores de meia-vida e energia de ativação arredondados para 1 e 2 algarismos significativos, respectivamente.
Fonte: Mauri, L., et al., Int. J. Food Sci. Technol., 24, 1, 1989. Dados compilados a partir de várias fontes.

TABELA 8.17 Perdas típicas de tiamina, durante o armazenamento em alimentos enlatados

	Retenção após 12 meses de armazenamento (%)	
Alimento	38 °C	1,5 °C
Damascos	35	72
Feijão-verde	8	76
Feijão-de-lima	48	92
Suco de tomate	60	100
Ervilhas	68	100
Suco de laranja	78	100

Fonte: Freed, M., et al., *Food Technol.*, 3, 148, 1948.

de degradação de tiamina ocorreu em atividades de água de 0,5 a 0,65 (Figura 8.23). Em um sistema-modelo semelhante, a taxa de degradação da tiamina diminuiu quando a a_a aumentou de 0,65 para 0,85 [5].

A tiamina é um pouco instável no pós-abate de muitos peixes e crustáceos, o que se atribui à presença de tiaminases. No entanto, pelo menos uma parte da atividade de degradação da tiamina é causada por hemeproteínas (mioglobina e hemoglobina), que são catalisadores não enzimáticos da degradação da tiamina [113]. A presença de hemeproteínas que degradam tiamina em atum, carne de porco e carne bovina indica que a mioglobina desnaturada pode estar envolvida na degradação de tiamina em alimentos durante o processamento e o armazenamento. Essa via não enzimática que modifica a atividade vitamínica aparentemente não causa a clivagem da molécula de tiamina, como é comum em sua degradação. Acredita-se, agora, que o componente antitiamina de vísceras de peixe, anteriormente

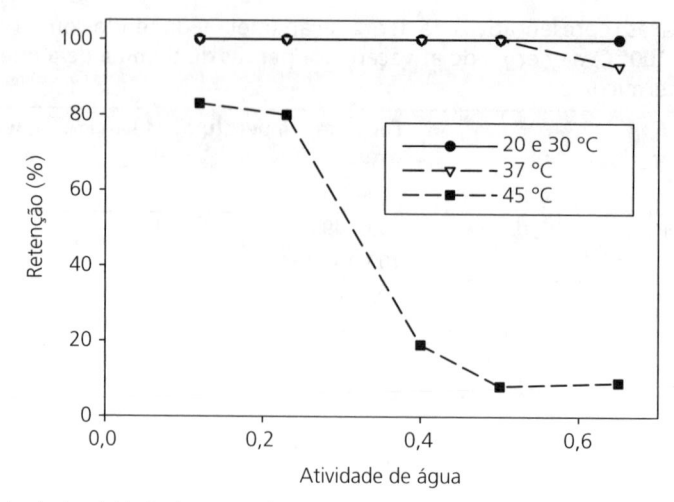

FIGURA 8.22 Influência da atividade de água e da temperatura da água sobre a retenção de tiamina, em sistema-modelo alimentar desidratado simulando cereais matinais. Valores de porcentagem de retenção aplicável a um período de armazenamento de oito meses. (De Dennison, D., et al., *J. Food Process. Preserv.*, *1, 43, 1977.*)

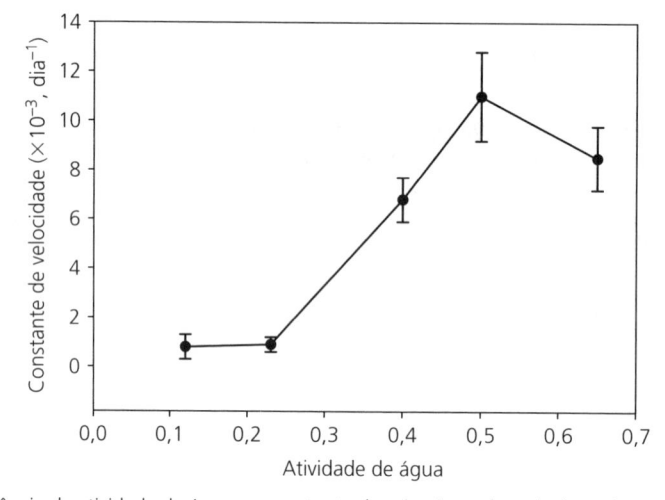

FIGURA 8.23 Influência da atividade de água na constante de primeira ordem da degradação de tiamina em sistema-modelo alimentar desidratado simulando cereais matinais a 45 °C. (De Dennison, D. et al., *J. Food Process. Preserv.*, 1, 43, 1977.)

relatado como tiaminases, seja termoestável, e é provável que também seja um catalisador não enzimático.

Outros componentes alimentares podem influenciar na degradação da tiamina em alimentos. Os taninos podem desativar a tiamina, aparentemente pela formação de vários adutos biologicamente inativos. Diversos flavonoides podem alterar a molécula de tiamina, mas o produto aparente da oxidação de flavonoides na presença de tiamina é a tiamina dissulfídica, um composto que exerce atividade de tiamina. Proteínas e carboidratos podem reduzir a taxa de degradação da tiamina durante o aquecimento ou na presença de bissulfito, embora a extensão desse efeito seja de difícil previsão, em sistemas alimentares complexos. Parte do efeito estabilizador de proteínas pode ocorrer por meio da formação de dissulfitos com a forma tiol da tiamina, uma reação que parece retardar ainda mais os modos de degradação. O cloro (como íon hipoclorito), presente na água, em níveis utilizados na formulação e no processamento do alimento, pode causar a degradação rápida da tiamina por um processo de clivagem, aparentemente idêntico à clivagem térmica de tiamina sob condições ácidas.

Outro fator que complica a avaliação e a previsão da estabilidade da tiamina é a diferença inerente à estabilidade e à dependência do pH, entre a tiamina livre e sua principal forma de ocorrência natural, o pirofosfato de tiamina. Embora a tiamina e o pirofosfato de tiamina exibam taxas quase equivalentes de degradação térmica em pH 4,5, o pirofosfato de tiamina degrada com rapidez quase três vezes maior em pH 6,5 (Tabela 8.15).

Existem diferenças significativas de estabilidade entre as formas hidrocloridrato e mononitrato de tiamina sintética. A tiamina HCl é mais solúvel que o mononitrato, o que é vantajoso para a fortificação de produtos líquidos. Em razão das diferentes energias de ativação, o mononitrato de tiamina é mais estável a temperaturas inferiores a 95 °C, ao passo que o cloridrato exibe mais estabilidade a temperaturas > 95 a 110 °C (Tabela 8.18).

8.8.2.2.2 Mecanismos da degradação

A taxa e o mecanismo de degradação térmica da tiamina são muito influenciados pelo pH do meio de reação, mas, em geral, a degradação envolve a clivagem da molécula na ponte central de metileno.

Em condições ácidas (p. ex., pH ≤ 6), a degradação térmica da tiamina ocorre com lentidão, envolvendo a clivagem da ponte de metileno para liberação de pirimidina e moléculas de tiazol em larga escala, em formas inalteradas. Entre pHs de 6 e 7, a degradação da tiamina acelera junto ao aumento intenso da extensão de fragmentação do anel tiazol, sendo que em pH 8, anéis de tiazol intactos não são encontrados entre os produtos. Sabe-se que a degradação da tiamina produz um grande número de compostos que contêm enxofre, os quais, presume-se, surgem a partir de fragmentação e reorganização do anel tiazol. Esses compostos contribuem para o sabor da carne. Acredita-se que os produtos de fragmentação do tiazol sejam formados a partir do tiazol que surge de pequenas quantidades de

TABELA 8.18 Valores cinéticos para perda de tiamina em massa de sêmola submetida a altas temperaturas

a_a	Temperatura (°C)	k (× 10^4, min^{-1}) ± 95% CI[a]	Meia-vida (min)	Energia de ativação (kcal mol^{-1})
Hidrocloreto				
0,58	75	3,72 ± 0,01	1.863	95,4
	85	11,41 ± 3,64	607	
	95	22,45 ± 2,57	309	
0,86	75	5,35 ± 2,57	1.295	92,1
	85	12,20 ± 4,45	568	
	95	30,45 ± 8,91	228	
Mononitrato				
0,58	75	2,88 ± 0,01	2.406	109
	85	7,91 ± 0,01	876	
	95	22,69 ± 2,57	305	
0,86	75	2,94 ± 0,01	2.357	111
	85	8,31 ± 0,01	834	
	95	23,89 ± 0,01	290	

[a]Constante de primeira ordem com intervalo de confiança de ± 95%.
Fonte: Labuza, T. e Kamman, J., *J. Food Sci.*, 47, 664, 1982.

tiamina, as quais existem nas formas de tiol ou pseudobase, em pH > 6.

A tiamina degrada com rapidez na presença de íons bissulfito, um fato que estimulou a regulamentação federal que proíbe a utilização de agentes sulfitantes em alimentos que sejam fontes significativas de tiamina na dieta. A clivagem de tiamina por bissulfito é semelhante à que ocorre em pH ≤ 6, embora o produto da pirimidina seja sulfonado (Figura 8.21). Essa reação é descrita como uma base de troca ou deslocamento nucleofílico no carbono metilênico, pelo qual o íon bissulfito desloca o agrupamento tiazol. Não se sabe ao certo se outros nucleófilos relevantes para alimentos apresentam efeitos semelhantes. A clivagem de tiamina por bissulfitos ocorre ao longo de uma faixa grande de pH, com a ocorrência da taxa máxima em pH ≈ 6 [156]. A reação depende do pH, apresentando perfil em formato de sino, pois o íon sulfito reage principalmente com as formas protonadas da tiamina.

Diversos pesquisadores têm observado correspondências de condições (p. ex., o pH e a atividade de água) que favoreçam a degradação da tiamina e o progresso da reação de Maillard. A tiamina, especificamente por apresentar um grupo amina primário em seu agrupamento pirimidil, revela uma taxa máxima de degradação em atividade de água intermediária, exibindo grande aumento nas taxas de reação para valores neutro e alcalino de pH. Os primeiros estudos demonstraram a capacidade da tiamina de reagir com açúcares, sob condições determinadas; no entanto, os açúcares muitas vezes tendem a aumentar a estabilidade da tiamina. Apesar da semelhança entre as condições que favoreçam a degradação da tiamina e o escurecimento de Maillard, parece haver pouca ou nenhuma interação direta entre a tiamina e os reagentes ou intermediários da reação de Maillard nos alimentos.

8.8.2.2.3 Biodisponibilidade

A biodisponibilidade da tiamina parece estar quase completa na maioria dos alimentos analisados [52,71]. Como já mencionado, a formação de tiamina dissulfídica e misturas de compostos dissulfídicos durante o processamento dos alimentos parece exercer pouco efeito sobre a biodisponibilidade da tiamina. A tiamina dissulfídica apresentou 90% da atividade da tiamina em bioensaios com animais.

8.8.2.2.4 Métodos analíticos

Embora existam métodos de crescimento microbiológico para a quantificação da tiamina em alimentos, sua utilização é rara devido à disponibilidade de procedimentos fluorométricos e por CLAE [41]. A tiamina geralmente é extraída dos alimentos por aquecimento (p. ex., autoclave), em soluções ácidas diluídas. Para a análise de tiamina total, trata-se o extrato tamponado com uma forma de vitamina fosfatase hidrolase fosforilada. Após a remoção de fluoróforos não tiamínicos por cromatografia, o tratamento com um agente oxidante converte a tiamina para um tiocromo altamente fluorescente, o qual é medido com facilidade (Figura 8.21).

A tiamina total pode ser determinada por CLAE, seguindo tratamento com fosfatase ou como a soma da tiamina livre e suas várias formas fosforiladas. A análise fluorimétrica por CLAE pode ser utilizada após a conversão de tiamina a tiocromo ou, de forma alternativa, após pré-cromatografia, uma oxidação para tiocromo pode permitir a detecção fluorimétrica.

8.8.3 Riboflavina

8.8.3.1 Estrutura e propriedades gerais

Riboflavina, também conhecida como vitamina B_2, é o termo genérico para o grupo de compostos que exibe a atividade biológica da riboflavina (Figura 8.24). O composto original da família riboflavina é o 7,8-dimetil-10(1'-ribitil)isoaloxazina, e a todos os derivados da riboflavina é dado o nome genérico de flavinas. A fosforilação da posição 5 da cadeia lateral ribitil fornece flavina mononucleotídeo (FMN), ao passo que a flavina adenina dinucleotídeo (FAD) tem um grupamento adicional de 5'-adenosil monofosfato (Figura 8.24). FMN e FAD funcionam como coenzimas em um grande número de enzimas dependentes de flavina que catalisam diferentes processos de oxirredução. Ambas as formas são facilmente convertíveis à riboflavina por ação de fosfatases, as quais estão presentes nos ali-

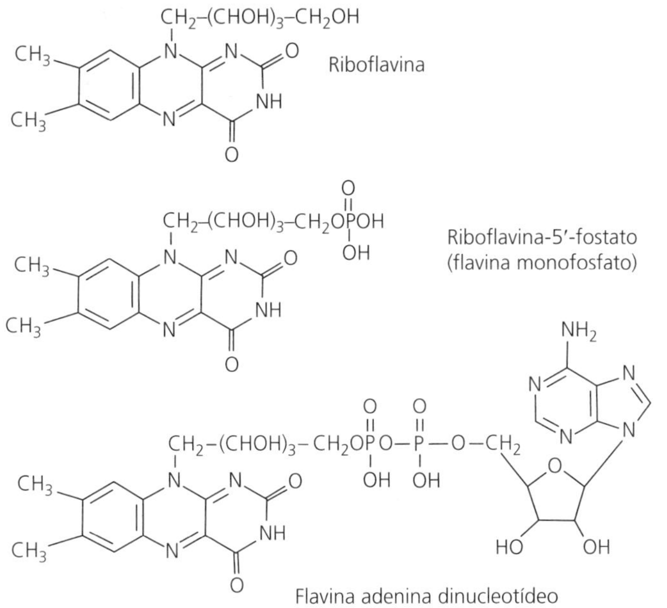

FIGURA 8.24 Estruturas da riboflavina, da flavina mononucleotídeo e da flavina adenina dinucleotídeo.

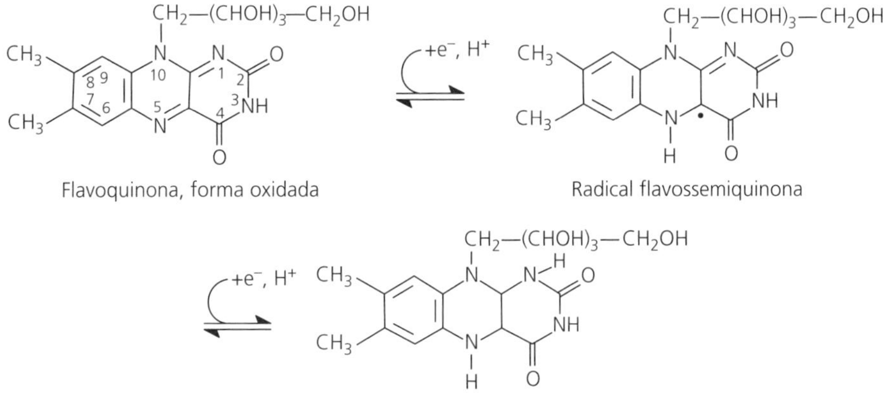

FIGURA 8.25 Comportamento de oxirredução das flavinas.

mentos e no sistema digestório. Uma fração minoritária (< 10%) da FAD, em materiais biológicos, ocorre na forma de coenzima, sendo que a posição 8α é ligada de forma covalente a um resíduo do aminoácido da proteína enzimática.

O comportamento químico da riboflavina e de outras flavinas é complexo, pois cada forma é capaz de existir em diversos estados de oxidação e formas iônicas variadas. A riboflavina, como vitamina livre e em sua função coenzimática, sofre oxirredução cíclica entre três espécies químicas. Estas incluem flavoquinona amarela nativa (totalmente oxidada) (Figura 8.25), flavossemiquinona (vermelha ou azul, dependendo do pH) e flavo-hidroquinona incolor. Cada conversão dessa sequência envolve a redução de um elétron e a captação de um H^+. A flavossemiquinona N^5 tem um pK_a de ≈ 8,4, ao passo que a flavo-hidroquinona N^1 tem um pK_a de ≈ 6,2.

Diversas formas minoritárias de riboflavina também são encontradas nos alimentos, embora sua origem química e seu significado quantita-

TABELA 8.19 Distribuição de compostos de riboflavina em leite fresco de seres humanos e bovinos

Composto	Leite humano (%)	Leite bovino (%)
FAD	38–62	23–46[a]
Riboflavina	31–51	35–59
10-Hidroxietilflavina	2–10	11–19
10-Formilmetilflavina	Traços	Traços
7-α-Hidroxirriboflavina	Traços–0,4	0,1–0,7
8-α-Hidroxirriboflavina	Traços	Traços

[a]Após pasteurização, FAD em leite a granel cru diminuiu de 26 para 13%, com aumento correspondente da porcentagem de riboflavina.
Fontes: adaptada de Roughead, Z. K. e McCormick, D.B., *Am. J. Clin. Nutr.*, 52, 854, 1990; Roughead, Z. K. e McCormick, D.B., *J. Nutr.*, 120, 382, 1990.

tivo na nutrição humana ainda não tenham sido totalmente determinados. Como mostrado na Tabela 8.19, FAD e riboflavina livre representam mais de 80% do total de flavinas nos leites bovino e humano [120,121]. Das formas minoritárias presentes, a de maior interesse é a 10-hidroxietilflavina, um produto da flavina de metabolismos bacterianos. A 10-hidroxietilflavina é conhecida por sua ação como inibidora de flavocinase em mamíferos, podendo, ainda, inibir a absorção de riboflavina nos tecidos. Outros derivados minoritários (como lumiflavina) também podem agir como antagonistas. Assim, os alimentos contêm flavinas, como riboflavina, FAD e FMN, as quais exibem atividade vitamínica, e, além disso, podem conter compostos que agem como antagonistas do metabolismo e do transporte de riboflavina. Isso ilustra a necessidade de análises aprofundadas sobre as formas de riboflavina e outras vitaminas, a fim de que se avalie com precisão as propriedades nutricionais dos alimentos.

8.8.3.2 Estabilidade e modos de degradação

A riboflavina é mais estável em meio ácido, sendo menos estável em pH neutro e rapidamente degradada em ambientes alcalinos. A retenção de riboflavina, na maioria dos alimentos, ocorre de forma moderada a muito boa, durante processamento térmico convencional, manipulação e preparação. Perdas de riboflavina durante o armazenamento de vários alimentos desidratados (cereais matinais e sistemas-modelo) costumam ser insignificantes. As taxas de degradação aumentam de forma mensurável a a_a acima do valor da monocamada, quando as temperaturas estão acima da temperatura ambiente [28].

O mecanismo típico de degradação da riboflavina é o fotoquímico, o qual gera dois produtos biologicamente inativos, a lumiflavina e o lumicromo (Figura 8.26), bem como uma série de radicais livres [152]. A exposição de soluções de riboflavina à luz visível tem sido utilizada há muitos anos como uma técnica experimental de geração de radicais livres. A fotólise da riboflavina gera superóxido e radicais de riboflavina (R•), e a reação de O_2 com R• fornece radicais peroxil, além de diversos outros produtos. O grau de responsabilidade da degradação fotoquímica da riboflavina sobre as reações de oxidação fotossensitizada em alimentos não foi determinado em números, embora não haja dúvidas de que esse processo contribua de forma significativa. A riboflavina está envolvida na degradação fotossensitizada do ácido ascórbico e, supõe-se, de outras vitaminas lábeis. O sabor indesejado no leite, induzido pela luz solar, que já não é comum, é um processo fotoquímico mediado por riboflavina. Apesar de o mecanismo de formação de sabor indesejado ainda não ter sido determinado por completo, a indução da luz (provavelmente mediada por radicais) por decarboxilação e desaminação de metionina para a formação de metional (CH_3–S–CH_2–CH_2–CH=O) é, pelo menos em parte, responsável por esse processo. Também pode ocorrer oxidação leve concomitante de lipídeos do leite. Mudanças na embalagem e distribuição comercial minimizaram esse problema.

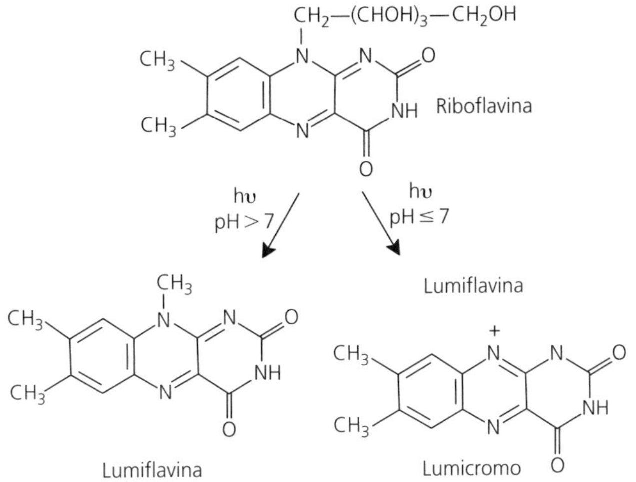

FIGURA 8.26 Conversão fotoquímica da riboflavina para lumicromo e lumiflavina.

8.8.3.3 Biodisponibilidade

Sabe-se relativamente pouco a respeito da biodisponibilidade das formas de ocorrência natural da riboflavina. No entanto, há poucos indícios de problemas associados à biodisponibilidade incompleta. As formas covalentes ligadas de coenzimas FAD mostraram disponibilidade muito baixa quando administradas em ratos, embora essas sejam as formas minoritárias de vitamina. A importância nutricional dos derivados da riboflavina na dieta, que tenham potencial de atividade antivitamínica, ainda não foi determinada em animais ou seres humanos.

8.8.3.4 Métodos analíticos

As flavinas são compostos com alta fluorescência em sua forma flavoquinona completamente oxidada (Figura 8.25). Essa propriedade serve de base para a maioria dos métodos analíticos. O procedimento tradicional de quantificação da riboflavina total em alimentos envolve a medição da fluorescência antes e depois da redução química para a flavo-hidroquinona não fluorescente [129]. A fluorescência é uma função linear da concentração em solução diluída, embora alguns componentes alimentares possam interferir na medição precisa. Diversos métodos atuais de CLAE e LC-MS também são adequados para a medição da riboflavina total em extratos alimentares com base nos princípios descritos anteriormente [38]. Procedimentos comuns de CLAE requerem a extração por autoclavagem em ácido diluído seguida por uma análise direta de riboflavina, FMN e FAD [121] ou então por um tratamento com fosfatase para liberar a riboflavina a partir de FMN e FAD.

8.8.4 Niacina

8.8.4.1 Estrutura e propriedades gerais

Niacina é o termo genérico para piridina 3-ácido carboxílico (ácido nicotínico) e derivados que exibem atividades vitamínicas semelhantes (Figura 8.27). O ácido nicotínico e sua amida correspondente (nicotinamida; piridina 3-carboxamida) são, provavelmente, as vitaminas mais estáveis. As formas de coenzima da niacina são a nicotinamida adenina dinucleotídeo (NAD) e a nicotinamida adenina dinucleotídeo fosfato (NADP), podendo também existir nas formas oxidada ou reduzida. NAD e NADP agem como coenzimas (na transferência de equivalentes redutores) em muitas reações de desidrogenase. O calor, especialmente sob condições ácidas ou alcalinas, converte a nicotinamida em ácido nicotínico, sem perda da atividade vitamínica. A niacina não é afetada pela luz, não ocorrendo perdas térmicas em condições relevantes do processamento dos alimentos. Assim como acontece com outros nutrientes hidrossolúveis, as perdas

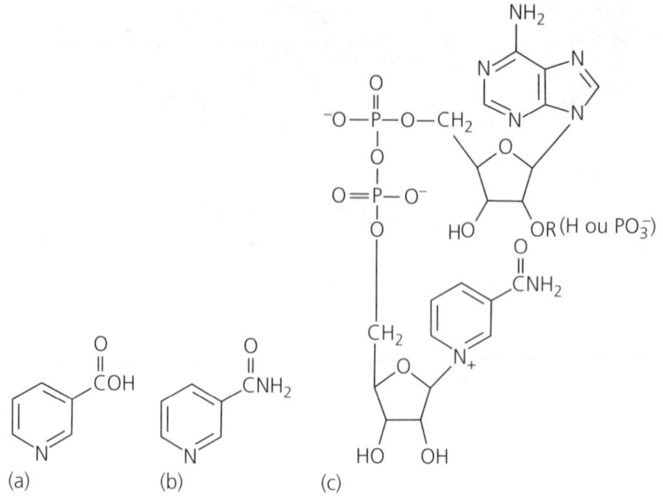

FIGURA 8.27 Estruturas do (a) ácido nicotínico, (b) da nicotinamida e (c) da nicotinamida adenina dinucleotídeo (fosfato).

podem ocorrer por lixiviação na lavagem, no branqueamento e no processamento/elaboração, bem como pela exsudação de líquidos dos tecidos (p. ex., gotejamento). A niacina é amplamente distribuída em vegetais e alimentos de origem animal. A deficiência de niacina é rara nos Estados Unidos, o que se dá, em parte, como resultado dos programas de enriquecimento de cereais com esse nutriente. Dietas de alto valor proteico reduzem as exigências de niacina, em decorrência da conversão metabólica de triptofano em nicotinamida.

Em alguns cereais, a niacina existe em várias formas químicas que, se não forem hidrolisadas, não apresentarão atividade vitamínica. As formas inativas de niacina incluem complexos com caracterização pobre, envolvendo carboidratos, peptídeos e fenóis. A análise dessas formas quimicamente ligadas, indisponíveis de maneira nutricional, revelou heterogeneidade cromatográfica e variação de composição química, o que indica que muitas formas ligadas de niacina existem de modo natural. Tratamentos alcalinos liberam niacina a partir de derivados complexos, permitindo a quantificação da niacina total. Diversas formas esterificadas de ácido nicotínico existem naturalmente em cereais, mas esses compostos contribuem pouco para a atividade de niacina em alimentos.

A trigonelina, ou ácido N-metilnicotínico, é um alcaloide de ocorrência natural, encontrado em concentrações relativamente elevadas no café e, em menores concentrações, em cereais e leguminosas. Sob condições levemente ácidas, ocorrentes durante a torrefação do café, a trigonelina é desmetilada para a forma de ácido nicotínico, levando ao aumento de 30 vezes da concentração de atividade de niacina do café. A cocção também altera a concentração relativa de alguns compostos da niacina por meio de reações de interconversão [147,148]. Por exemplo, o aquecimento libera nicotinamida livre a partir de NAD e NADP durante a fervura do milho. Além disso, a distribuição de compostos de niacina em um produto varia em função da espécie (p. ex., milho doce ou milho do campo) e da fase de maturidade.

8.8.4.2 Biodisponibilidade

A existência de formas de niacina nutricionalmente indisponíveis em muitos alimentos de origem vegetal é conhecida há muitos anos, embora as identidades químicas dessas formas indisponíveis sejam caracterizadas de maneira insatisfatória. Além das formas quimicamente ligadas já discutidas, várias outras formas de niacina contribuem para que sua disponibilidade seja incompleta em alimentos de origem vegetal [148]. NADH, a forma reduzida de NAD, e, com base nisso, NADPH apresentam biodisponibilidade muito pequena, devido à sua instabilidade na acidez do ambiente

TABELA 8.20 Concentração de niacina em alimentos selecionados como determinado por ensaio químico (métodos de extração alcalina ou ácida) ou por bioensaios com ratos

Alimento	Tipo de análise química		
	Niacina livre (µg/g)[a]	Niacina total (extração alcalina) (µg/g)[a]	Bioensaio com ratos (µg/g)[a]
Milho	0,4	25,7	0,4
Milho cozido	3,8	23,8	6,8
Milho após aquecimento alcalino (retenção de líquidos)	24,6	24,6	22,3
Tortilhas	11,7	12,6	14
Milho doce (cru)	—	54,5	40
Milho doce a vapor	45	56,4	48
Grão de sorgo cozido	1,1	45,5	16
Arroz cozido	17	70,7	29
Trigo cozido	—	57,3	18
Batatas assadas	12	51	32
Fígado assado	297	306	321
Feijão assado	19	24	28

A análise do extrato ácido propicia a quantificação de "niacina livre", os ensaios de extração alcalina permitem a quantificação de niacina total e os bioensaios com ratos são a quantificação de niacina biologicamente disponível.
[a]Com base em peso úmido.
Fontes: adaptada de Carpenter, K.J. et al., *J. Nutr.*, 118, 165, 1988; Wall, J. e Carpenter, K., *Food Technol.*, 42, 198, 1988.

gástrico. Esse fato pode ser de pouca importância nutricional em decorrência da baixa concentração das formas reduzidas em muitos alimentos. O principal fator a afetar a biodisponibilidade de niacina é a proporção de niacina total quimicamente ligada. Como indicado na Tabela 8.20, muitas vezes há muito mais niacina mensurável após extração alcalina que em bioensaios com ratos (niacina disponível biologicamente) ou em análise direta (niacina livre).

8.8.4.3 Métodos analíticos

A niacina pode ser medida por análise microbiológica. A principal análise química envolve a reação da niacina com brometo de cianogênio, para geração de piridina *N*-substituída que é, então, acoplada à amina aromática para formar um cromóforo [35]. Métodos por CLAE e LC-MS estão disponíveis para a quantificação de ácido nicotínico, nicotinamida, NAD, NADP e outros derivados de niacina em alimentos e materiais biológicos [34,84], e CLAE tem sido utilizada para a determinação de formas livres individuais e ligadas de niacina, em cereais [147,148].

8.8.5 Vitamina B_6

8.8.5.1 Estrutura e propriedades gerais

Vitamina B_6 é o termo genérico para o grupo de 2-metil, 3-hidroxi, 5-hidroximetil-piridinas, apresentando atividades vitamínicas de piridoxina. As formas distintas de vitamina B_6 diferem de acordo com a natureza do substituinte no carbono 1 para a posição 4, como mostrado na Figura 8.28. Para a piridoxina (PN), o substituinte é um álcool, para o piridoxal (PL), um aldeído, e, para a piridoxamina (PM), uma amina. Essas três formas básicas também podem ser fosforiladas no grupo 5'-hidroximetil, formando piridoxina 5'-fosfato (PNP), piridoxal 5'-fosfato (PLP) ou piridoxamina 5'-fosfato (PMP). A vitamina B_6, sob a forma de PLP e, em menor quantidade, PMP, funciona como coenzima em mais de 140 reações enzimáticas ocorridas no metabolismo de aminoácidos, carboidratos, neurotransmissores e lipídeos. Todas as formas mencionadas de vitamina B_6 possuem atividade vitamínica, pois podem ser convertidas *in vivo* nessas coenzimas.

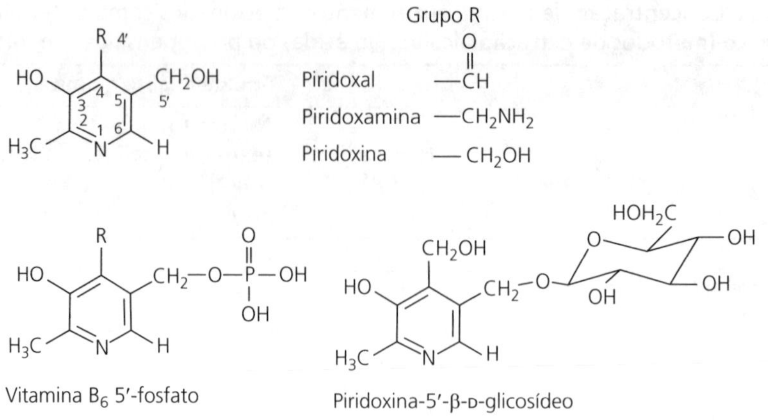

FIGURA 8.28 Estruturas de compostos vitamínicos B_6.

O termo "piridoxina" para generalizar a vitamina B_6 não tem sido mais utilizado. Do mesmo modo, o termo "piridoxol" foi substituído por piridoxina.

Formas glicosiladas da vitamina B_6 estão presentes na maioria das frutas, dos vegetais, cereais e grãos, em geral como piridoxina-5′-β-D--glicosídeo (Figura 8.28; [55]). Elas compreendem de 5 a 75% do total de vitamina B_6, contribuindo para 15 a 20% da vitamina B_6 nas dietas mistas típicas. A piridoxina glicosídeo torna-se nutricionalmente ativa apenas após a hidrólise por glicosidase, por meio da ação das β-glicosidases, no intestino ou em outros órgãos. Várias outras formas glicosiladas de vitamina B_6 também são encontradas em alguns produtos vegetais.

Os compostos vitamínicos B_6 são de ionização complicada, que envolve diversos sítios iônicos (Tabela 8.21). Devido ao caráter básico do N-piridínio (pK_a ≈ 8) e à natureza ácida do 3-OH (pK_a ≈ 3,5–5,0), o sistema de anel da piridina das moléculas de vitamina B_6 existe, principalmente na forma zwitteriônica, em pH neutro. A carga líquida dos compostos vitamínicos B_6 varia muito, em função do pH. O grupo 4′-amino da PM e da PMP (pK_a ≈ 10,5) e o 5′-fosfato éster da PLP e da PMP (pK_a < 2,5, ≈ 6 e ≈ 12) também contribuem para a carga dessas formas de vitamina.

Todas as formas químicas da vitamina B_6 são encontradas nos alimentos, embora sua distribuição seja muito variável. A PN-glicosídeo existe apenas em produtos vegetais, embora a maioria desses produtos também contenha todas as outras formas de vitamina. A vitamina B_6 no tecido muscular e nos órgãos apresenta predominância

TABELA 8.21 Valores de pk_a de compostos vitamínicos B_6

	pk_a				
Ionização	PN	PL	PM	PLP	PMP
3-OH	5,00	4,20–4,23	3,31–3,54	4,14	3,25–3,69
N-Piridínio	8,96–8,97	8,66–8,70	7,90–8,21	8,69	8,61
Grupo 4′-amina			10,4–10,63		ND
Éster 5′-fosfato					
pk_{a1}				< 2,5	< 2,5
pk_{a2}				6,20	5,76

ND, não determinado; PN, piridoxina; PL, piridoxal; PM, piridoxamina; PLP, piridoxal 5′-fosfato; PMP, piridoxamina 5′-fosfato.
Fonte: Snell, E., *Compr. Biochem.*, 2, 48, 1963.

(> 80%) de PLP e PMP, com pequenas quantidades de espécies não fosforiladas. A ruptura de tecidos vegetais crus, por congelamento e descongelamento, ou homogeneização, libera fosfatases e β-glicosidases que podem alterar as formas dos compostos de vitamina B_6, por reações catalisadas de defosforilação e deglicosilação. Do mesmo modo, o rompimento de tecidos animais antes de sua cocção pode causar a desfosforilação intensa de PLP e PMP. O PNP é um intermediário transiente no metabolismo de vitamina B_6, sendo, em geral, um componente não significativo no conteúdo total de vitamina B_6. A piridoxina (como o sal ácido –HCl) é a forma de vitamina B_6 usada na fortificação de alimentos e nos suplementos nutricionais, em virtude de sua excelente estabilidade. Ingestões de suplementos de vitamina B_6 acima de 100 mg/dia devem ser evitadas por seu potencial de neurotoxicidade. Suplementos que contenham qualquer outra forma de vitamina B_6, como piridoxal fosfato, geralmente não oferecem nenhum benefício nutricional além da piridoxina. Desconsiderando-se a forma HCl, a piridoxina tem sido comercializada sob a forma de complexo de piridoxina-α-cetoglutarato (PAK). As declarações relativas à PAK são pouco fundamentadas, e as doses relatadas em relação a seu uso podem ser perigosas. Alegações de que altas doses de suplementos de PM têm propriedades antidiabéticas não são fortemente apoiadas por evidências experimentais.

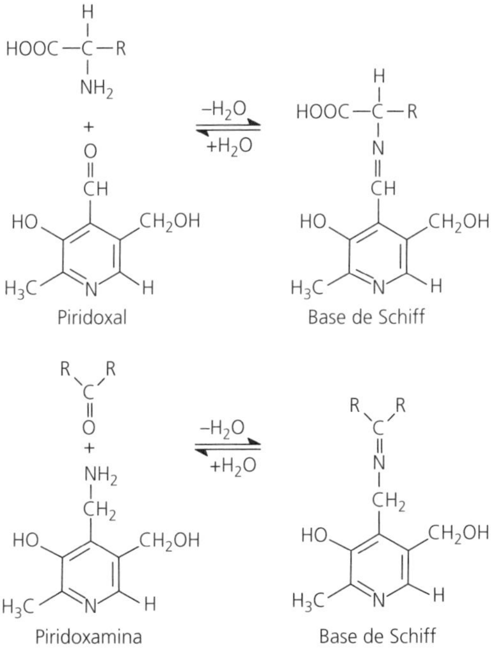

As formas de aldeído e amina de vitamina B_6 participam com facilidade de reações carbonilamina: PLP ou PL com aminas; PMP ou PM com aldeídos ou cetonas (Figura 8.29). A ação coenzimática de PLP, na maioria das enzimas dependentes de vitamina B_6, ocorre por um mecanismo enzimático envolvendo condensação de carbonilamina. Em alimentos e outros sistemas não enzimáticos, PLP e PL formam bases de Schiff com grupos neutros de aminoácidos, peptídeos ou proteínas com facilidade. A ligação covalente coordenada a um íon metálico aumenta a estabilidade da base de Schiff em sistemas não enzimáticos, embora as bases de Schiff possam existir em soluções desprovidas de íons metálicos. O PLP forma bases de Schiff com muito mais facilidade do que o PL, pois o grupo fosfato do PLP bloqueia a formação de um hemiacetal interno, mantendo a carbonila na forma reativa (Figura 8.30; [151]). Assim como ocorre em outras reações carbonilamina, a formação não enzimática de uma base de Schiff de vitamina B_6 é muito dependente do pH, apresentando um pH alcalino ótimo. A estabilidade dos complexos de base de Schiff também depende muito do pH, sendo que sua dissociação ocorre em meios ácidos. Nesse sentido, para as formas de base de Schiff da vitamina B_6, espera-se a completa dissociação em meio ácido, assim como acontece com o conteúdo gástrico após a refeição. Além das bases de Schiff apresentadas na Figura 8.29, diversas outras formas tautoméricas e iônicas podem ser encontradas em situações de equilíbrio.

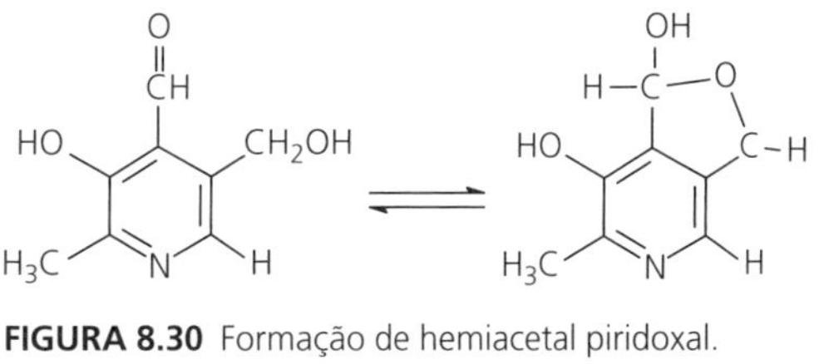

FIGURA 8.29 Formação das estruturas de base de Schiff a partir de PL e PM. Reações análogas ocorrem com PLP e PMP.

FIGURA 8.30 Formação de hemiacetal piridoxal.

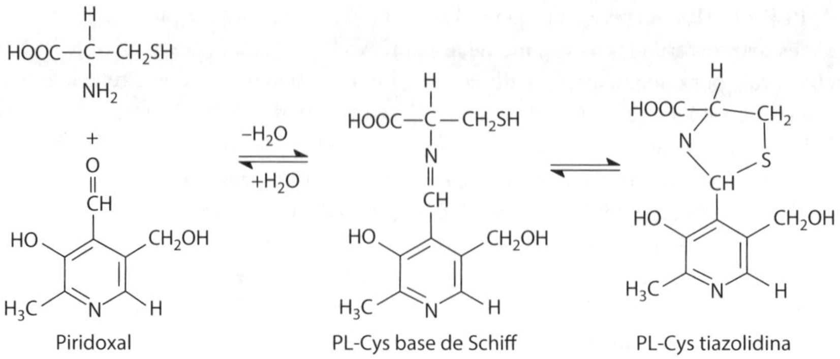

FIGURA 8.31 Formação de complexos de base de Schiff e tiazolidina de PL e cisteína.

Dependendo da natureza química dos compostos amina condensados com PLP ou PL, na base de Schiff, pode haver mais reorganizações para várias estruturas cíclicas. Por exemplo, a cisteína condensa com PL ou PLP para formar uma base de Schiff, e, em seguida, o grupo SH ataca a base de Schiff no 4′-C, formando um derivado cíclico de tiazolidina (Figura 8.31). Histidina, triptofano e muitos outros compostos relacionados (p. ex., histamina e triptamina) podem formar complexos cíclicos semelhantes, com PL ou bases de PLP, por meio de reações de cadeias laterais de imidazólio e indolila, respectivamente.

8.8.5.2 Estabilidade e modos de degradação

O processamento térmico e o armazenamento dos alimentos podem influenciar no conteúdo de vitamina B_6 de vários modos. Assim como acontece com outras vitaminas hidrossolúveis, a exposição à água pode causar lixiviação e perdas consequentes. As alterações químicas podem envolver interconversão de formas químicas da vitamina B_6, degradação térmica ou fotoquímica, bem como complexação irreversível com proteínas, peptídeos ou aminoácidos.

A interconversão de compostos vitamínicos B_6 ocorre principalmente por transaminação não enzimática, a qual envolve a formação de uma base de Schiff e a migração da ligação dupla da base de Schiff, seguida de dissociação e hidrólise. Tal transaminação não enzimática tem sido muito estudada como um modelo de transaminação enzimática mediada por PLP. Esse processo ocorre de forma ostensiva durante o processamento térmico de alimentos que contêm as formas de aldeídos ou aminas de vitamina B_6. Por exemplo, aumentos na proporção de PM e PMP costumam ser observados na cocção ou no processamento térmico de carnes e produtos lácteos [11,47], bem como em estudos de sistemas-modelo líquidos à base de proteínas [46]. A ocorrência dessa transaminação não tem nenhum efeito nutricional adverso. Transaminações similares foram observadas em sistemas-modelo de umidade intermediária durante o armazenamento ($a_a \approx 0,6$). Eliminações não enzimáticas, mediadas por PL, de H_2S e metilmercaptano, a partir de aminoácidos que contêm enxofre, também podem ocorrer durante o processamento dos alimentos. Esse processo pode ser uma fonte significativa de sabor, podendo causar descoloração nos alimentos enlatados pela formação de FeS, o qual tem cor escura [56].

Todos os compostos vitamínicos B_6 são sensíveis à degradação induzida pela luz, o que pode causar prejuízos durante processamento, preparação, armazenamento e análise de alimentos. O mecanismo de degradação da vitamina B_6 pela luz não é totalmente compreendido; a relação entre taxa de reação e comprimento de onda não é conhecida. A oxidação mediada pela luz parece estar envolvida nesse processo, talvez com um radical livre intermediário. A exposição de vitamina B_6 à luz ocasiona a formação dos derivados nutricionalmente inativos ácido 4-piridóxido (a partir de PL e PM) e ácido 4-piridóxido 5′-fosfato (a partir de PLP e PMP), fornecendo evidências da suscetibilidade à oxidação fotoquímica [117,125]. No entanto, as taxas de degradação

TABELA 8.22 Influência de temperatura, atividade de água e intensidade luminosa sobre a degradação de piridoxal, em sistema-modelo alimentar desidratado

Intensidade de luz (lumens/m^2)	a_a	Temperatura (°C)	k^a (dia^{-1})	$t_{1/2}^a$ (dias)
4.300	0,32	5	0,092	7,4
		28	0,1085	6,4
		37	0,2144	3,2
		55	0,3284	2,1
4.300	0,44	5	0,0880	7,9
		28	0,1044	6,6
		55	0,3453	2,0
2.150	0,32	27	0,0675	10,3

^{a}Constante de primeira ordem e tempo para 50% de degradação, respectivamente.
Fonte: adaptada de Saidi, B., e Warthesen, J., J. Agric. Food Chem., 31, 876, 1983.

fotoquímica de PLP, PMP e PM e a quantidade de produtos de degradação obtidas apresentam diferenças pequenas pela presença ou pela ausência de ar, o que indica que o início da oxidação não necessita de ataque direto de O_2. A degradação fotoquímica do PL, em um sistema-modelo de baixa umidade, ocorre a taxas maiores que as de PL e PN. As reações são de primeira ordem para a concentração de PL, sendo muito influenciadas pela temperatura, mas sofrendo pouca influência da atividade de água (Tabela 8.22).

A taxa de degradação não fotoquímica de vitamina B_6 depende muito de forma da vitamina, temperatura, pH da solução e presença de outros compostos reativos (p. ex., proteínas, aminoácidos e açúcares redutores). Todas as formas de vitamina B_6 apresentam excelente estabilidade em pH muito baixo (p. ex., HCl 0,1 M), condição que

TABELA 8.23 Influência do pH e da temperatura sobre a degradação de piridoxal e piridoxamina, em solução aquosa

Composto	Temperatura (°C)	pH	k^a (dia^{-1})	$t_{1/2}^a$ (dias)
Piridoxal	40	4	0,0002	3.466
		5	0,0017	407
		6	0,0011	630
		7	0,0009	770
Piridoxal	60	4	0,0011	630
		5	0,0225	31
		6	0,0047	147
		7	0,0044	157
Piridoxamina	40	4	0,0017	467
		5	0,0024	289
		6	0,0063	110
		7	0,0042	165
Piridoxamina	60	4	0,0021	330
		5	0,0044	157
		6	0,0110	63
		7	0,0108	64

Não foi encontrada degradação significativa de piridoxina em pH 4 a 7, a 40 ou 60 °C, por até 140 dias.
^{a}Constante de reação de primeira ordem e tempo para 50% de degradação, respectivamente.
Fonte: adaptada de Saidi, B. e Warthesen, J., J. Agric. Food Chem., 31, 876, 1983.

é utilizada durante os métodos de extração tradicionais para a análise de vitamina B_6. Durante a incubação de compostos vitamínicos B_6 a 40 ou 60 °C, em soluções aquosas tamponadas a pH entre 4 e 7 para até 140 dias, a PN não apresentou nenhuma perda, a PM exibiu as maiores perdas em pH 7 e o PL apresentou sua maior perda em pH 5 (Tabela 8.23) [124]. A degradação do PL e da PM seguiu uma cinética de primeira ordem nesses estudos. Pelo contrário, em estudos semelhantes sobre degradação de PL, PN e PM, em 110 a 145 °C, em solução aquosa tamponada a pH 7,2, esses compostos exibiram cinética mais bem descrita como de segunda ordem, ordem 1,5 e pseudoprimeira ordem, respectivamente [107]. Estudos paralelos sobre a degradação térmica da vitamina B_6 em purê de couve-flor também não seguiram uma cinética de primeira ordem. As razões responsáveis pelas diferenças cinéticas desses estudos não estão claras. Em condições de calor seco, como simulação do processo de torrefação, a degradação da PN em um sistema-modelo desidratado exibiu cinéticas de primeira ordem [36].

Estudos sobre a estabilidade térmica da vitamina B_6 em alimentos são complicados, pois as formas variadas dessa vitamina podem sofrer diversas reações de degradação, podendo, ainda, ocorrer interconversão entre as muitas formas da vitamina. As perdas totais de vitamina B_6 no processamento ou no armazenamento de alimentos são semelhantes às observadas em outras vitaminas hidrossolúveis. Por exemplo, grão-de-bico e feijão-de-lima exibem ≈ 20 a 25% das perdas do total de vitamina B_6 durante os processos de branqueamento e preparo de conservas.

O desenvolvimento de métodos por CLAE tem facilitado os estudos sobre o comportamento químico dos compostos vitamínicos B_6 durante processamento e armazenamento. A interconversão simultânea de PL e PM, junto à perda de primeira ordem da vitamina B_6 total, tem sido observada em estudos de tratamento térmico e armazenamento em sistemas-modelo de umidade intermediária e em sistemas-modelo líquidos que simulam fórmula infantil (Figura 8.32; Tabela 8.24) [46]. A PN apresentou mais estabilidade que o PL ou a PM, embora os níveis dessa diferença tenham variado com a temperatura (Tabela 8.23). Apesar das diferenças de energia de ativação indicarem diferença nos mecanismos de degradação dessas três formas de vitamina, os cálculos termodinâmicos fornecem evidências da existência de uma etapa com taxa limitante para a perda de PL, PM e PN [45]. Existe a necessidade de mais estudos para a avaliação mais detalhada do comportamento da ocorrência natural de vitamina B_6 em diversos alimentos.

A análise ostensiva da estabilidade térmica de vitamina B_6 em produtos lácteos foi motivada por um incidente infeliz envolvendo fórmulas infantis. No início dos anos 1950, ocorreram mais de 50 casos de ataques convulsivos em bebês que haviam consumido uma formulação infantil à base

TABELA 8.24 Constantes cinéticas e energias de ativação para a perda térmica de vitamina B_6 total em sistema-modelo líquido simulando fórmula infantil

Forma de vitamina B_6 adicionada	Temperatura (°C)	k_a (min^{-1})	$t_{1/2}$[a] (min)	Energia de ativação (KJ mol^{-1})
Piridoxina	105	0,0006	1.120	114
	118	0,0025	289	
	133	0,0083	62	
Piridoxamina	105	0,0021	340	99,2
	118	0,0064	113	
	133	0,0187	35	
Piridoxal	105	0,0040	179	87,0
	118	0,0092	75	
	133	0,0266	24	

[a] Constante cinética de primeira ordem e tempo para 50% de degradação, respectivamente.
Fonte: Gregory, J. e Hiner. M., *J. Food Sci.*, 48, 2434, 1983.

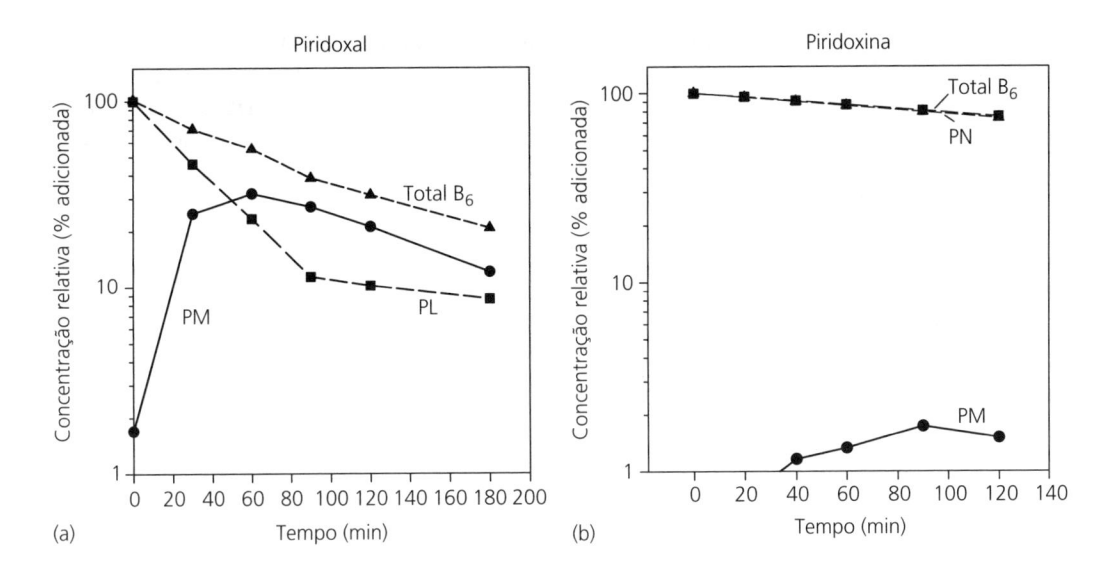

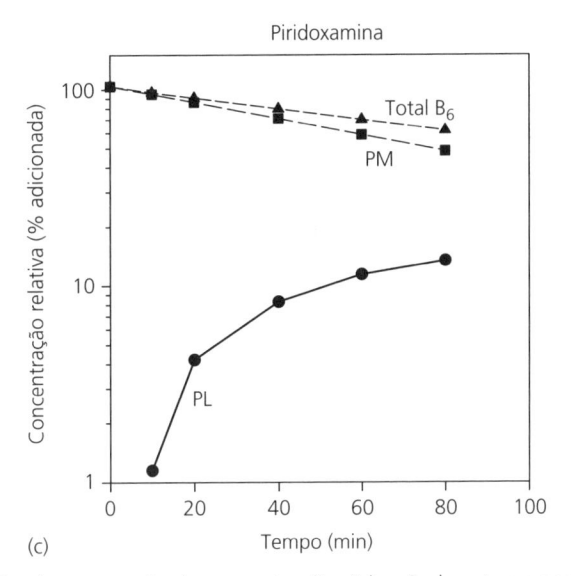

FIGURA 8.32 Degradação e interconversão de compostos vitamínicos B_6 durante o processamento térmico a 118 °C, em um sistema-modelo líquido que simula fórmula infantil. (De Gregory, J. e Hiner, M., *J. Food Sci.*, 48, 2434, 1983.) Conteúdo original de 100% de vitamina B_6 para piridoxal (PL) (a), 100% de piridoxina (PN) (b) e 100% de piridoxamina (PM) (c).

de um leite disponível comercialmente [23], ao passo que milhares de recém-nascidos consumiram a mesma fórmula, sem efeitos nocivos. Esses distúrbios convulsivos foram resolvidos pela administração de PN aos bebês afetados. O problema de conteúdo inadequado de vitamina B_6 nas fórmulas processadas foi corrigido por fortificação com PN, que é muito mais estável que PL, a qual é a principal forma de ocorrência natural des-

FIGURA 8.33 Estrutura do bis-4-piridoxil-dissulfeto.

sa vitamina no leite [61]. A esterilização comercial de leite evaporado ou fórmulas infantis não fortificadas ocasionam perdas de 40 a 60% da vitamina B_6 de ocorrência natural. Pouca ou nenhuma perda de PN adicionada foi encontrada durante processos térmicos semelhantes. Esse incidente põe em evidência a necessidade da avaliação completa e profunda sobre a qualidade nutricional dos alimentos, sobretudo quando novos métodos de processamento e formulações são empregados.

A ocorrência de deficiência de vitamina B_6, no caso das fórmulas infantis fortificadas, tem sido atribuída, pelo menos em parte, à interação do PL com proteínas do leite durante o processamento para a formação de um derivado que contém enxofre, o bis-4-piridoxil-dissulfeto (Figura 8.33). O bis-4-piridoxil-dissulfeto tem sido relatado por sua formação lenta, após o aquecimento de uma solução concentrada de PL e cisteína [150], apresentando atividade parcial de vitamina ($\approx 20\%$) em bioensaios com ratos. Evidências do envolvimento de grupos sulfidrílicos na interação de PL com proteínas do leite também têm sido relatadas [134]. No entanto, a análise por CLAE do tratamento térmico do leite que contém PL e PLP radiomarcados não revela indícios de formação de bis-4-piridoxil-dissulfeto [47]. De maneira alternativa, encontrou-se a realização de ligações a partir de PL e PLP a grupos lisil ε-amina de proteínas do leite por redução da ligação –C=N– da base de Schiff (Figura 8.34). A formação dos resíduos piridoxilisil também tem sido detectada em músculos e fígados processados por meio térmico, bem como durante o armazenamento em sistemas-modelo alimentares de umidade intermediária. O mecanismo que causa a redução da ligação da base de Schiff não foi determinado.

Resíduos de piridoxilisil associados a proteínas alimentares exibem $\approx 50\%$ de atividade vitamínica B_6 de PN [54]. Quando administrado em ratos com deficiência de vitamina B_6, esse composto acentuou a deficiência. Tal efeito pode ter tido envolvimento nas deficiências associadas ao consumo de fórmulas infantis processadas termicamente, já mencionado.

O papel dos grupos sulfidrílicos de proteínas na interação de PL com proteínas não está completamente esclarecido. Assim como ocorre no caso dos grupos ε-amina ou imidazólio de cadeias laterais de aminoácidos, grupos sulfidrilas podem

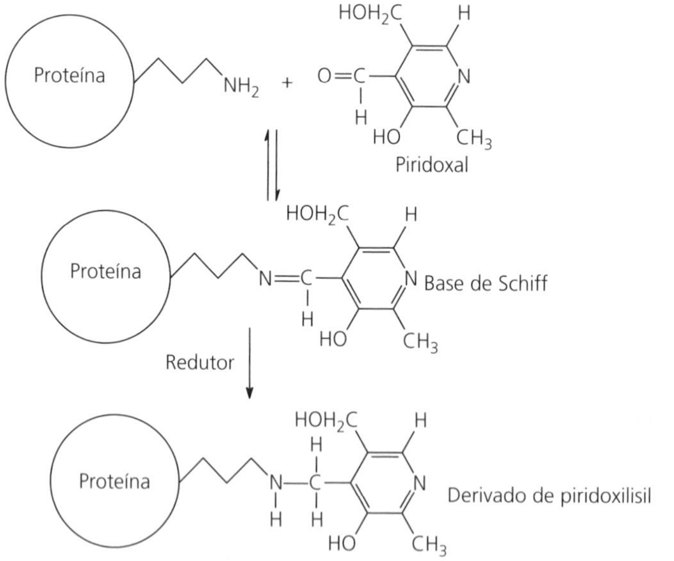

FIGURA 8.34 Interação de PL com o grupo ε-amina do resíduo lisil de uma proteína alimentar para a formação de uma base de Schiff, seguida da redução para o complexo piridoxilamino.

interagir de maneira reversível, ligando PL com a base de Schiff da proteína, para formar uma aldamina substituída, de modo análogo ao apresentado na Figura 8.31.

A vitamina B_6 também pode ser convertida em compostos biologicamente inativos por reações com radicais livres. Os radicais hidroxila gerados durante a degradação do ácido ascórbico podem atacar diretamente a posição C^6 de PN, formando o 6-hidroxiderivado [136]. Presume-se que essa reação possa ocorrer com todas as outras formas de vitamina B_6. A 6-hidroxipiridoxina não apresenta nenhuma atividade de vitamina B_6.

8.8.5.3 Biodisponibilidade

Muitos fatores influenciam na biodisponibilidade da vitamina B_6 [53]. A biodisponibilidade da vitamina B_6 total presente em dietas mistas típicas tem sido estimada em ≈ 75% para seres humanos adultos [139]. Na dieta, PL, PN, PM, PLP, PMP e PNP parecem ser absorvidos de forma eficaz no metabolismo da vitamina B_6. As formas da base de Schiff de PL, PLP, PM dissociam-se no meio ácido do estômago, apresentando alta biodisponibilidade.

O PN-glicosídeo e outras formas glicosiladas de vitamina B_6 são utilizados parcialmente na nutrição por seres humanos. A biodisponibilidade média do PN-glicosídeo é de 50 a 60% em relação à PN, embora a variação observada entre indivíduos seja grande. A importância da biodisponibilidade incompleta do PN-glicosídeo nas dietas humanas depende muito da quantidade total de vitamina B_6 consumida e da seleção dos alimentos. Contudo, mesmo alimentos com porcentagens altas de PN-glicosídeo podem ser fontes efetivas de vitamina B_6 na dieta em decorrência da biodisponibilidade parcial. A biodisponibilidade de PN-glicosídeo varia consideravelmente entre as espécies animais. É essencial que os métodos analíticos da vitamina B_6 sejam capazes de detectar as formas glicosiladas, sendo ideal que forneçam medições de suas quantidades.

A determinação da biodisponibilidade de PL ou PLP, sob a forma de compostos piridoxaminos (p. ex., piridoxilisina, Figura 8.34) não é simples. Ao contrário das formas de base de Schiff que são facilmente dissociáveis, as de piridoxilamino apresentam uma ligação reduzida muito estável entre PL ou PLP e o grupo ε-amina lisina. Em consequência da estabilidade da ligação covalente, há pouca ou nenhuma dissociação da porção de B_6 de compostos de piridoxilamino sob condições de extração normalmente utilizadas em análise de vitamina B_6. Assim, a ligação redutora de PL ou PLP a proteínas na maioria das análises de alimentos trata-se de um modo de degradação de vitamina B_6, sendo visto por meio da perda significativa dessa vitamina. No entanto, como já discutido anteriormente, estudos de biodisponibilidade de PLP ligados redutivamente (resíduos de piridoxilisil) em dietas de proteínas têm indicado uma biodisponibilidade de ≈ 50% [54]. Os mamíferos podem utilizar parcialmente a piridoxilisina liberada na digestão proteica por meio de fosforilação enzimática *in vivo* e clivagem oxidativa que libera a porção PLP. A piridoxilisina pode exercer uma fraca atividade antivitamina B_6, embora isso contribua para a deficiência de vitamina B_6 apenas quando a dieta é marginal em relação ao teor total de vitamina B_6 [54].

8.8.5.4 Quantificação

A vitamina B_6 pode ser medida pelos métodos de análise microbiológica ou por CLAE [51]. Ensaios microbiológicos para a vitamina B_6 total podem ser realizados pela utilização das leveduras *Saccharomyces uvarum* (antigamente *S. carlsbergensis*) ou *Kloeckera brevis*. Ensaios de crescimento de leveduras envolvem a hidrólise ácida prévia para extração da vitamina B_6 de alimentos, bem como para hidrolisar ésteres de fosfato e β-glicosídeos. Deve-se tomar cuidado quando se utilizam análises microbiológicas, pois os organismos usados podem subestimar PM. Os métodos por CLAE baseiam-se principalmente em fase reversa ou separação por troca iônica com detecção fluorométrica ou por métodos recentes de LC-MS. Os métodos de CLAE que envolvem a conversão química ou enzimática das espécies vitamínicas B_6 em uma única espécie (p. ex., PN) são propensos a erros resultantes de interconversões incompletas.

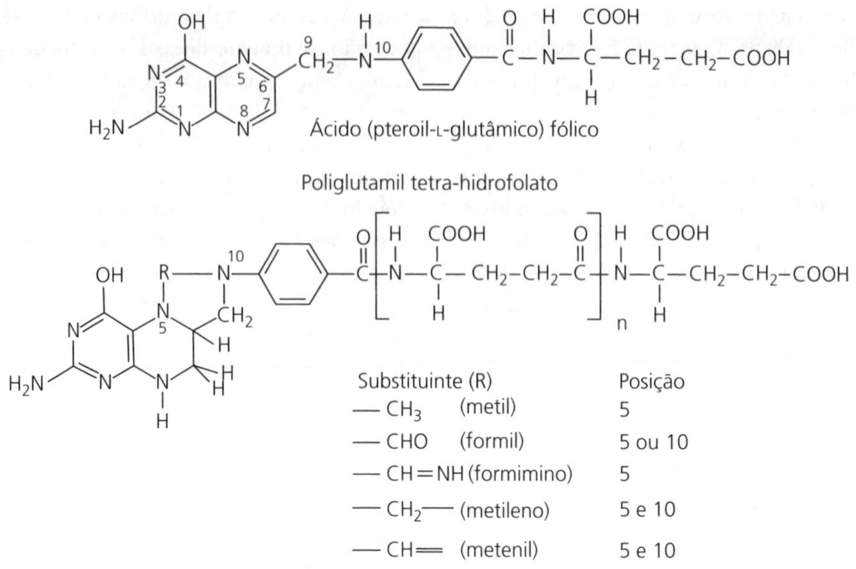

FIGURA 8.35 Estrutura de folatos.

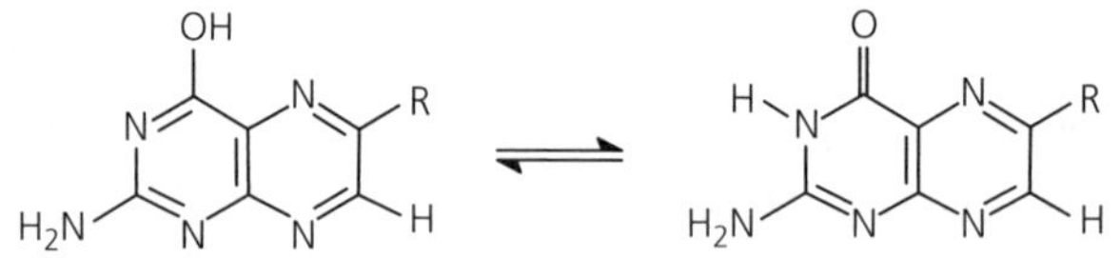

FIGURA 8.36 Ressonância do sítio 3,4-amida do sistema de anel do folato pteridina. O sistema de pteridina completamente oxidado do ácido fólico é apresentado. H_4 folatos e H_2 folatos exibem comportamentos idênticos.

8.8.6 Folato

8.8.6.1 Estrutura e propriedades gerais

O termo genérico "folato" refere-se à classe de derivados de pteridina que têm estrutura química e atividade nutricional semelhantes às do ácido fólico (pteroil-L-glutâmico). Os diferentes elementos dessa classe são designados como "folatos". O uso de "folacina" e "ácido fólico", como termos genéricos, deixou de ser recomendado. O ácido fólico é composto de ácido L-glutâmico, que é acoplado por meio de seu grupo α-amina ao grupo carboxila de ácido para-aminobenzoico, o qual, por sua vez, está ligado a uma 2-amina-4--hidroxipteridina (Figura 8.35). Em ácido fólico, a porção pteridina é totalmente oxidada; isto é, existe como um sistema conjugado totalmente ligado. Todos os folatos contêm uma estrutura semelhante à amida que envolve N^3 e C^4, apresen-tando ressonância entre as duas formas mostradas na Figura 8.36.

O ácido fólico (pteroil-L-glutâmico) existe naturalmente apenas em quantidades-traço. A principal forma de ocorrência natural do folato, em matérias vegetais, animais e fontes microbiológicas, são as espécies de poliglutamil de 5,6,7,8-tetra-hidrofolatos (H_4 folatos) (Figura 8.35), nas quais duas ligações duplas do sistema de anel da pteridina são reduzidas. Pequenas quantidades de 7,8-di-hidrofolatos (H_2 folatos) também existem de forma natural (Figura 8.35). Os H_4 folatos são mediadores de transportes e transformações de um único carbono, ou seja, de transferência, oxidação e redução de unidades de um carbono, o que contribui para a existência de folatos com várias formas substituídas de um carbono em células vivas. Substituintes de um carbono podem existir tanto na posição N^5 como na N^{10} (com predominância dos grupos metil e formil), ou como unidades de metileno (–CH_2–) ou metenil (–CH=) ligadas entre N^5 e N^{10} (Figura 8.35). Muitos folatos de ocorrência natural em tecidos vegetais e animais, bem como em alimentos derivados de plantas e animais, têm uma cadeia lateral de 5 a 7 resíduos de glutamato com ligações γ-peptídicas. Estima-se, em termos gerais, que ≈ 50 a 80% da ocorrência de folato natural na dieta ocorra na forma de poliglutamil, dependendo do padrão de seleção alimentar. No início de 1998, o mandado federal de adição de ácido fólico à maioria dos alimentos com cereais (p. ex., farinhas, pães enriquecidos, pãezinhos, massas, arroz) alterou esse padrão, de modo que 25 a 50% da ingestão de folato costuma ser obtida na forma de ácido fólico sintético (pteroil-L-glutamato), em dietas típicas. No entanto, existem poucos dados relativos à distribuição dos diferentes folatos em alimentos individuais pertencentes a dietas completas. Todos os folatos, não importando o estado de oxidação do sistema de anel pteridina, N^5 ou N^{10} substituintes de um carbono ou comprimento da cadeia de poliglutamil, apresentam atividade vitamínica em mamíferos, incluindo os seres humanos. Muitos análogos estruturais de folatos, como os que contêm um grupo 4-amina, são antagonistas potentes, utilizados em quimioterapia para câncer e doenças autoimunes.

Os folatos sofrem alterações na forma iônica em função do pH (Tabela 8.25). As alterações de carga do sistema de anel pteridina contribuem, em parte, para a dependência do pH de estabilidade do folato, absorção dos espectros UV e comportamento dos folatos apresentando dependência de pH, durante a separação cromatográfica.

Cada carbono assimétrico (glutamil α-carbono de todos os folatos e pteridina C^6 de H_4 folatos) pode existir em qualquer uma das duas configu-rações; assim, os folatos são chamados de diastereoisômeros. O agrupamento do ácido glutâmico deve estar na forma isomérica L para ter atividade de vitamina, ao passo que o C_6 deve estar na correta forma quiral para que os tetra-hidrofolatos exibam atividade de vitamina. Os tetra-hidrofolatos sintetizados por redução química não específica do ácido fólico contêm uma mistura de diastereoisômeros 6R e 6S, mas somente um deles é ativo nutricionalmente. A nomenclatura formal dita que a forma natural e nutricionalmente ativa de H_4 folato, 5-metil, 5-formil e 5-formimino H_4 folato deve ser designada com 6S, enquanto aqueles com um substituinte na posição C10 (10-formil, 5,10-metileno e 5,10-metenil H_4 folato) devem ser designados 6R. É necessário cuidado ao usar essa nomenclatura. Uma nomenclatura abreviada designa todas as formas naturais e nutricionalmente ativas de tetra-hidrofolato como L (p. ex., L-5-metiltetra-hidrofolato). Uma vez que a configuração natural é necessária para a atividade da vitamina em animais (incluindo seres humanos) e em ensaios microbiológicos para folato, as formas de mistura diastereoisomérica (6R + 6S) de H_4 folato exibem apenas 50% de atividade nutricional.

O 5-formil e 10-formil H_4 folatos apresentam um grupo aldeído, tal como o carbono único substituinte. As formas formil de H_4 folato são interconversíveis por meio do intermediário 5,10-metenil. A formação das espécies de metenil, quer a partir de 5, quer por 10-formil-H_4 folato é favorecida apenas em pH < 2. Sendo assim, essa forma é um constituinte minoritário dos folatos na maioria dos alimentos. A existência de transientes de 5,10-metenil-H_4 folato em pH > 2 contribui para a conversão de 10-formil-H_4 folato à forma mais estável 5-formil-H_4 folato, quando aquecido em

TABELA 8.25 Valores de pk_a para grupos ionizáveis de folatos

Composto folato	Amida[a]	N^1	N^5	N^{10}	α-COOH	γ-COOH
5,6,7,8-H_4 folato	10,5	1,24	4,82	–1,25	3,5	4,8
7,8-H_2 folato	9,54	1,38	3,84	0,28	ND[b]	ND[b]
Ácido fólico	8,38	2,35	≤ 1,5	0,20	ND[b]	ND[b]

[a]Amida refere-se à dissociação na posição N^3–C^4– similar à amida.
[b]ND, não foram determinados devido à insuficiência de solubilidade. Convenciona-se que os valores de pK_a desses grupos carboxila são semelhantes para todos os folatos.
Fonte: adaptada de Poe, M., *J. Biol. Chem.*, 252, 3724, 1997.

ácido fraco, bem como para a formação, dependente de pH, de 10-formil-H_4 folato, a partir de 5-formil-H_4 folato [119].

As grandes diferenças de estabilidade existentes entre os muitos H_4 folatos resultam da influência do carbono substituinte sobre a suscetibilidade à degradação oxidativa. Na maioria dos casos, o ácido fólico (com o sistema de anel pteridina todo oxidado) exibe substancialmente mais estabilidade que H_4 folatos ou H_2 folatos. A ordem de estabilidade das formas de H_4 folatos é 5-formil-H_4 folato > 5-metil-H_4 folato > 10-formil-H_4 folato ≥ H_4 folato. A estabilidade de cada folato é ditada apenas pela natureza química dos sistemas de anel pteridina, sem qualquer influência do comprimento da cadeia de poliglutamil. As diferenças inerentes à estabilidade entre os folatos, bem como a produtos químicos e variáveis ambientais que influenciam na estabilidade de folato, serão discutidas na próxima Seção.

Todos os folatos estão sujeitos à degradação oxidativa, embora o mecanismo e a natureza dos produtos variem entre as diferentes espécies químicas da vitamina. Agentes redutores, como o ácido ascórbico e os ditióis, exercem diversos efeitos sobre a proteção de folatos por meio de suas ações como desativadores de oxigênio, agentes redutores e desativadores de radicais.

À parte o oxigênio molecular, outros agentes oxidantes encontrados em alimentos podem exercer efeitos deletérios sobre a estabilidade do folato. Por exemplo, em concentrações semelhantes às utilizadas para tratamentos antimicrobianos, o hipoclorito causa a clivagem oxidativa de ácido fólico, H_2 folato e H_4 folato, formando produtos nutricionalmente inativos. Sob as mesmas condições oxidantes, outros folatos (p. ex., 5-metil-H_4 folato) são convertidos em formas que podem manter atividades nutricionais pelo menos parciais. A luz também é conhecida por promover a degradação de folatos, embora o mecanismo, em geral, seja mal entendido. Antes do início da fortificação de alimentos com ácido fólico, nos Estados Unidos, o folato costumava ser uma das vitaminas mais limitadas na dieta humana. Isso continua ocorrendo, pois a maioria dos outros países não pratica a adição de ácido fólico aos alimentos. A frequente insuficiência de folato de ocorrência natural na dieta deve-se principalmente a: (a) seleção de dietas pobres, sobretudo no que diz respeito a alimentos ricos em folato (p. ex., frutas, em especial as cítricas, folhas verdes, legumes e carnes); (b) perdas de folato durante o processamento dos alimentos e a preparação doméstica por oxidação, lixiviação ou ambos; e (c) biodisponibilidade incompleta de muitos tipos de folato de ocorrência natural nas dietas humanas [48,51].

O ácido fólico, devido à sua excelente estabilidade, é a única forma de folato adicionada aos alimentos, sendo também utilizada em pílulas vitamínicas. Em situações clínicas que exigem a utilização de folatos reduzidos, emprega-se o 5-formil-H_4 folato, por sua estabilidade (semelhante à do ácido fólico), sendo que o 5-metil-H_4 folato também está disponível em alguns suplementos nutricionais.

TABELA 8.26 Efeito da cocção sobre o conteúdo de folato em vegetais selecionados

Vegetal (cozido em água por 10 min)	Folato total[a] (μg/100 g de peso fresco)		
	Cru	Cozido	Folato na água de cocção
Aspargo	175 ± 25	146 ± 16	39 ± 10
Brócolis	169 ± 24	65 ± 7	116 ± 35
Couve-de-bruxelas	88 ± 15	16 ± 4	17 ± 4
Couve	30 ± 12	16 ± 8	17 ± 4
Couve-flor	56 ± 18	42 ± 7	47 ± 20
Espinafre	143 ± 50	31 ± 10	92 ± 12

[a] Média ± DP, n = 4.
Fonte: adaptada de Leichter, J. et al., Nutr. Rep. Int., 18, 475, 1978.

8.8.6.2 Estabilidade e modos de degradação

8.8.6.2.1 Estabilidade do folato

O ácido fólico apresenta excelente retenção durante o processamento e o armazenamento de alimentos fortificados e em pré-misturas [48,50]. Como é mostrado nas Tabelas 8.2 e 8.3, ocorre pouca degradação dessas formas de vitamina durante o armazenamento prolongado, em baixa umidade. Retenções semelhantes de ácido fólico adicionado têm sido observadas durante a autoclave de fórmulas infantis fortificadas e fórmulas médicas.

Muitos estudos têm demonstrado o potencial para grandes perdas de folato durante o processamento e a preparação doméstica de alimentos. Além da suscetibilidade à degradação oxidativa, os folatos são facilmente extraídos de alimentos por meio aquoso (Tabela 8.26). De um modo ou de outro, grandes perdas de folato de ocorrência natural podem ocorrer durante o processamento e a preparação dos alimentos. A perda global de folato de um alimento depende de grau de extração, formas de folato presentes, bem como natureza do ambiente químico (catalisadores, oxidantes, pH, íons-tampões, etc.) Sendo assim, a retenção de folato é difícil de ser prevista em alimentos determinados.

8.8.6.2.2 Mecanismos de degradação

O mecanismo de degradação do folato depende da forma da vitamina e do ambiente químico. Como já mencionado, a degradação do folato costuma envolver mudanças na ligação C^9–N^{10}, no sistema do anel pteridina, ou em ambos. O ácido fólico, o H_4 folato e o H_2 folato podem sofrer clivagem C^9–N^{10}, resultando em inativação na presença de oxidantes ou redutores [97]. O SO_2 dissolvido

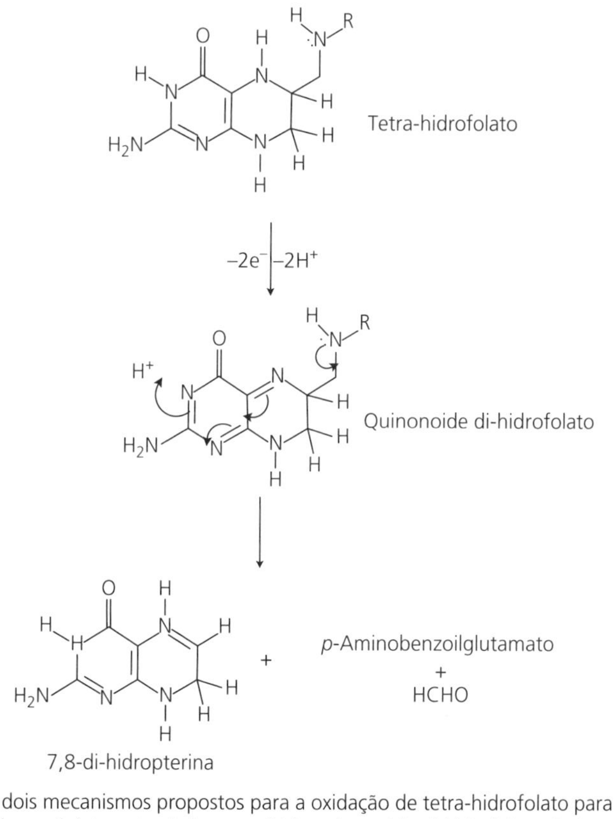

FIGURA 8.37 Um dos dois mecanismos propostos para a oxidação de tetra-hidrofolato para 7,8-di-hidropterina formaldeído e *p*-aminobenzoilglutamato via intermediário quinonoide di-hidrofolato. (Adaptada de Reed, L. e Archer, M., *J. Agric. Food Chem.*, 28, 801, 1980.) O mecanismo proposto alternativo produz 6-formil-pterina e *p*-aminobenzoilglutamato (não mostrado).

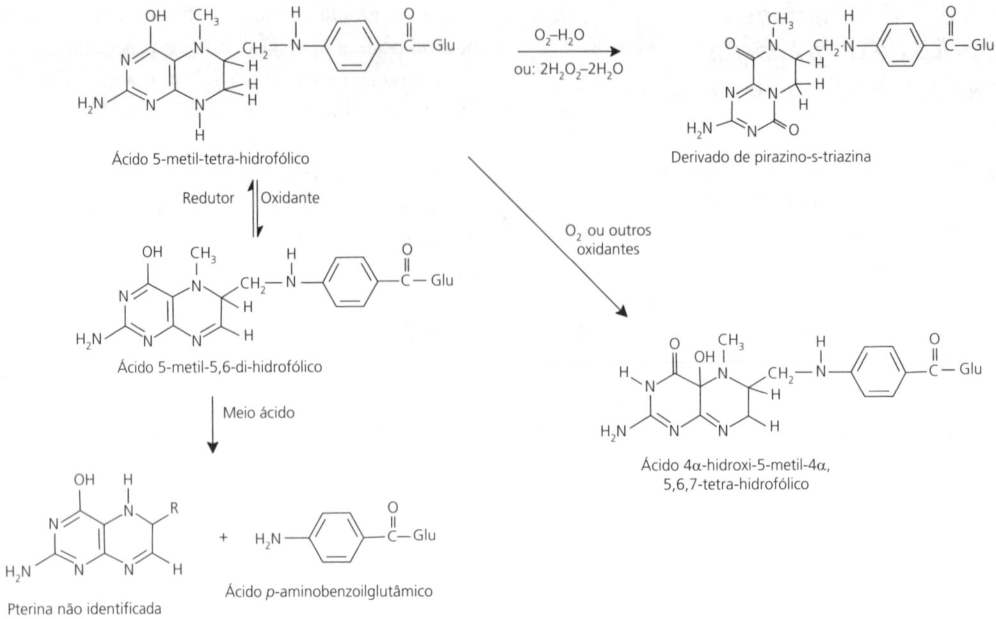

FIGURA 8.38 Mecanismo proposto para a degradação oxidativa de 5-metil-H_4 folato.

pode causar a clivagem de alguns folatos, mas há apenas outros poucos agentes redutores relevantes para alimentos que podem induzir a essa clivagem. Existe apenas uma ligeira conversão oxidativa de H_4 folato para H_2 folato ou para ácido fólico.

Sabe-se que a clivagem oxidativa do H_4 folato, do H_2 folato e, em menor extensão, do ácido fólico gera produtos nutricionalmente inativos (p-aminobenzoilglutamato e uma pterina). O mecanismo de oxidação e a natureza da pterina produzida durante a clivagem oxidativa do H_4 folato variam de acordo com o pH, como mostrado na Figura 8.37.

A principal forma de folato de ocorrência natural em muitos alimentos é o 5-metil-H_4 folato. A degradação do 5-metil-H_4 folato pode ocorrer pela conversão de pelo menos dois produtos (Figura 8.38). O primeiro foi experimentalmente identificado como 5-metil-5,6-di-hidrofolato (5-metil-H_2 folato), o qual mantém a atividade vitamínica, pois pode ser reduzido com facilidade, voltando a 5-metil-H_4 folato por redutores fracos, como tióis ou ascorbato. O 5-metil-H_2 folato sofre clivagem na ligação C^9–N^{10} em meio ácido, o que ocasiona a perda de atividade vitamínica. Alguns dados sugerem que pode haver reorganização da pteridina, de modo a formar uma pirazino-s-triazina (Figura 8.38 [73]). Um produto alternativo da degradação de 5-metil-H_4 folato é o 4α-hidroxi-5-metil-H_4 folato, que, de fato, pode ser a degradação predominante em alguns alimentos e outros sistemas biológicos. Muitos aspectos do mecanismo químico dos processos envolvidos na degradação do 5-metil-H_4 folato continuam a ser determinados. Foi relatado que o 5-metil-H_4 folato sofre fotodegradação em baixa concentração de O_2 por um mecanismo mediado pelo fotossensibilizador, ao passo que o oxigênio singlete derivado da luz decompõe prontamente o 5-metil-H_4 folato em maior concentração de O_2 [108].

Blair e colaboradores [8] relataram que a oxidação de 5-metil-H_4 folato depende muito do pH. A estabilidade (monitorada pela captação de oxigênio) aumenta à medida que o pH é reduzido de 6 a 4, sendo que esse intervalo corresponde à faixa de protonação da posição N^5. Resultados contrários têm sido relatados [100], mas os fatores responsáveis por essa contradição não foram determinados.

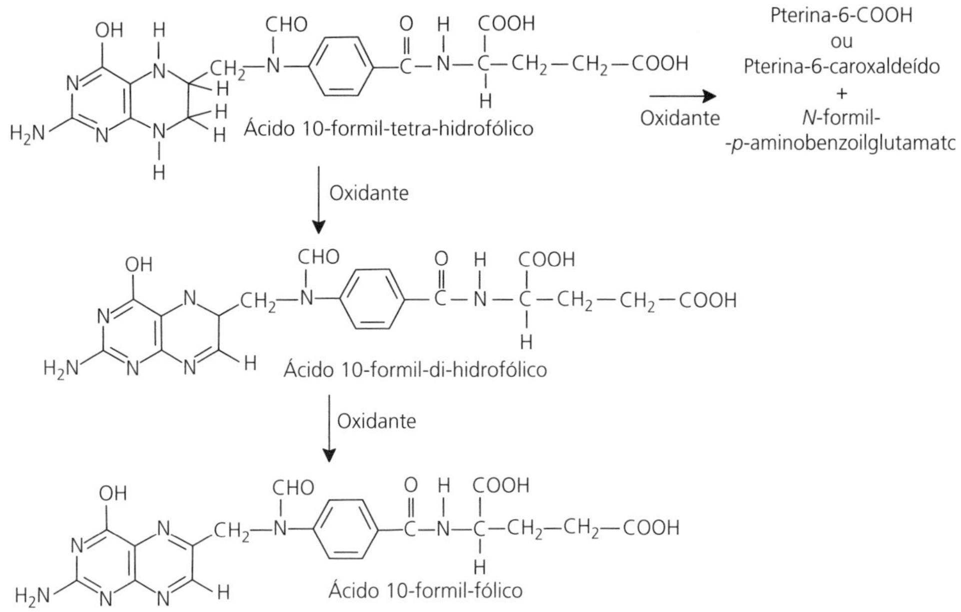

FIGURA 8.39 Mecanismo proposto para a degradação oxidativa do 10-formil-H_4 folato.

Em alguns alimentos, incluindo vários tecidos animais e vegetais, o 10-formil-H_4 folato e/ou 5,10-metenil-H_4 folato pode contribuir para mais de 1/3 do folato total. A degradação oxidativa do 10-formil-H_4 folato pode ocorrer por meio de oxidação da fração de pteridina, formando 10-formil-H_2 folato ou 10-formil-folato, ou por clivagem oxidativa, formando uma pterina e N--formil-p-aminobenzoilglutamato (Figura 8.39). Tanto o 10-formil-H_2 folato como o 10-formil--folato exibem atividade nutricional, ao passo que os produtos de clivagem, não. A detecção de 10-formil-H_2 folato ou 10-formil-folato em diversos alimentos [111] indica que a oxidação do 10-formil-H_4 folato ocorre com facilidade durante a preparação e o processamento. Os fatores que influenciam na importância relativa desses mecanismos oxidativos, em alimentos, não foram determinados. Ao contrário do 10-formil-H_4 folato, o 5-formil-H_4 folato apresenta excelente estabilidade térmica e oxidativa. Os métodos de CLAE e LC-MS para análise de folato que não permitem a quantificação de 10-formil-H_4 folato, 5,10-metenil-H_4 folato, 10-formil-H_2 folato e 10-formil folato podem subestimar seriamente o conteúdo total de folato em muitos alimentos.

8.8.6.2.3 Fatores que afetam a estabilidade do folato

Muitos estudos têm sido realizados com o intuito de comparar a estabilidade relativa dos folatos em solução tamponada, em função de pH, concentração de oxigênio e temperatura. A estabilidade dos folatos, nos alimentos complexos, é pouco conhecida.

O ácido fólico é geralmente a forma mais estável. É resistente à oxidação, embora a estabilidade reduzida ocorra em meio ácido. H_4 folato é a forma menos estável da vitamina. A estabilidade máxima do H_4 folato é observada entre pHs de 8 a 12 e de 1 a 2, ao passo que sua estabilidade mínima fica entre pHs 4 e 6. No entanto, mesmo em zonas favoráveis de pH, o H_4 folato é extremamente instável. H_4 folatos com substituintes na posição N^5 apresentam muito mais estabilidade que H_4 folatos não substituídos. Isso sugere que o efeito estabilizador do grupo metil N^5 deve-se, pelo menos em parte, ao impedimento estérico de restrição do acesso de oxigênio ou outros oxidantes ao anel pteridina. O efeito estabilizador do substituinte N^5 é mais aparente no 5-formil-H_4 folato que no 5-metil-H_4 folato, sendo que ambos apresentam muito mais estabilidade que o H_4 fo-

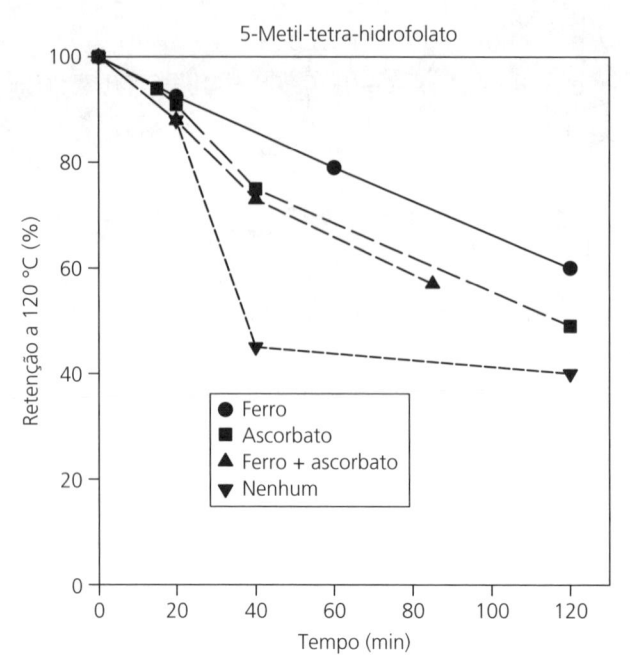

FIGURA 8.40 Efeitos do tratamento térmico sobre o 5-metil-H_4 folato em sistema-modelo alimentar líquido que simula fórmula infantil. O sistema-modelo consistiu de 1,5% (m/v) de caseinato de potássio e de 7% (m/v) de lactose em tampão de fosfato 0,1 M, pH 7,0. Quando presentes, o ferro foi adicionado ao sulfato ferroso heptahidratado, em concentração de 6,65 mg/100 mL, e o ascorbato foi adicionado como ascorbato de sódio, em concentração de 6,38 mg/100 mL. A concentração inicial de folatos foi de 10 μg/ mL^{-1}.
(De Day, B.P.F. e Gregory, J.F., *J. Food Sci.*, 48, 581, 1983.)

lato ou o 10-formil-H_4 folato. Em condições de baixa concentração de oxigênio, 5-metil-H_4 folato e ácido fólico apresentaram estabilidade térmica semelhante durante processamento térmico.

A influência da concentração de oxigênio na estabilidade de folatos em alimentos, soluções-tampão e sistemas alimentares-modelo tem sido amplamente estudada. Como dito anteriormente, a taxa de oxidação do 5-metil-H_4 folato depende do acordo entre a concentração de oxigênio dissolvido e a equação de segunda ordem ou pseudoprimeira ordem. Em condições relativamente anaeróbicas, a presença de componentes adicionados, como ascorbato, átomo de ferro e açúcares redutores, tende a melhorar a estabilidade oxidativa do ácido fólico e do 5-metil-H_4 folato. Esses componentes parecem agir por meio da redução da concentração de oxigênio dissolvido por suas próprias reações de oxidação (Figura 8.40). Esses resultados indicam que sistemas alimentares complexos podem conter componentes que influenciam na estabilidade do folato por consumirem oxigênio, atuarem como agentes redutores, ou por exercerem ambas as atividades.

Barrett e Lund [6] relataram a degradação térmica de 5-metil-H_4 folato em solução-tampão neutra e observaram degradação sob condições aeróbicas e anaeróbicas. De modo surpreendente, as constantes para as reações de degradação aeróbica e anaeróbica são de magnitude similar (Tabela 8.27). Não se sabe até que ponto outros folatos obedecem a esse comportamento. Evidentemente, a perda de 5-metil-H_4 folato durante o processamento dos alimentos é minimizada, mas não eliminada, pela redução da disponibilidade de oxigênio [146].

A composição iônica do meio também influencia de maneira significativa na estabilidade da maioria dos folatos. Tampões de fosfato têm sido relatados por acelerar a degradação oxidativa dos folatos, ao mesmo tempo em que esse efeito pode ser superado pela adição de íons citrato. A presença frequente de Cu (II), como substância contaminante em sais de tampão de fosfato, pode

TABELA 8.27 Constantes de velocidade de reação para a degradação de 5-metil-H_4 folato pelos processos oxidativo e não oxidativo, em tampão de fosfato em 0,1 M, pH 7,0[a,b]

Temp (°C)	$k_{(O2+N2)}$ (oxidativo + não oxidativo combinados, min^{-1})	k_{N2} (não oxidativo, min^{-1})	k_{O2} (oxidativo, min^{-1})
40	0,004 ± 0,0002	0,0005 ± 0,00001	0,004 ± 0,00005
60	0,020 ± 0,0005	0,009 ± 0,0004	0,011 ± 0,0001
80	0,081 ± 0,010	0,046 ± 0,003	0,035 ± 0,009
92	0,249 ± 0,050	0,094 ± 0,009	0,155 ± 0,044

[a]Os valores são médias ± 95% de intervalo de confiança.
[b]Valores de taxas de primeira ordem: k_{N2}, degradação por processo não oxidativo (em ambiente saturado com N_2); k_{O2}, degradação por processo oxidativo (em ambiente saturado com O_2); $k_{(O2+N2)}$, degradação tanto pelo processo oxidativo como pelo processo não oxidativo.
Fonte: Barrett, D.M. e Lund, D.B., *J. Food Sci.*. 54, 146, 1989.

explicar esse efeito, já que os catalisadores metálicos são conhecidos por acelerarem a oxidação do folato. Por exemplo, em soluções aeróbicas de 5-metil-H_4 folato em água, a adição de 0,1 mM de Cu (II) chega próximo de causar uma aceleração de 20 vezes na taxa de oxidação, apesar de o Fe (III) causar apenas o dobro dessa taxa [8]. Sob condições anaeróbicas, o Fe (III) catalisa a oxidação de H_4 pteridinas (p. ex., H_4 folato) → H_2 pteridinas (p. ex., H_2 folato) → pteridinas totalmente oxidadas (p. ex., ácido fólico). A razão para as diferenças na eficiência catalítica desses metais não é conhecida. Os folatos podem sofrer degradação por reações com radicais superóxido [130,137], porém a extensão das perdas mediadas por radicais de folatos em alimentos não foi determinada.

Vários componentes reativos dos alimentos podem acelerar a degradação dos folatos. O SO_2 dissolvido pode causar clivagem redutora de folatos, como já indicado. A exposição a íons nitritos contribui para a clivagem oxidativa de 5-metil-H_4 folato e H_4 folato. Em contrapartida, o nitrito reage com ácido fólico, gerando ácido 10-nitroso fólico, um carcinógeno fraco. No entanto, é importante observar que alimentos que contêm nitritos costumam não conter ácido fólico, apresentando baixas concentrações de outros folatos. A importância desta última reação para os alimentos é mínima, pois o ácido fólico não ocorre em quantidades significativas em alimentos que contêm nitritos. A degradação oxidativa dos folatos pela exposição ao hipoclorito pode ocasionar perdas significativas de folatos em alguns alimentos.

8.8.6.2.4 Biodisponibilidade de folato em alimentos

A absorção de folatos ocorre principalmente no jejuno, requerendo a hidrólise da cadeia de poliglutamil por uma peptidase específica (hidrolase pteroilpoliglutamato), seguida pela absorção por processo de transporte mediado por carregador [50,155]. A biodisponibilidade de folato de ocorrência natural nos alimentos é incompleta, em geral, na média de 50% ou menos [48,71]. Além disso, essa biodisponibilidade, na maioria dos alimentos, não foi completamente determinada em **condições reais de consumo**, incluindo as consequências das interações entre os diversos alimentos. A média de biodisponibilidade do poliglutamil folato varia muito e é normalmente de 70% **em relação às espécies de monoglutamil**, o que sugere uma limitação de velocidade potencial da desconjugação intestinal. Embora tenha sido relatado, com base em estudos preliminares, que a biodisponibilidade do ácido fólico adicionado a cereais é de apenas 30 a 60% [21], investigações posteriores mostraram que o ácido fólico é altamente biodisponível em cereais enriquecidos [48,71].

Os fatores responsáveis pela biodisponibilidade incompleta são: (1) efeitos da matriz alimentar, o que se presume pelas ligações não covalentes de folatos ou retidas na estrutura celular; (2) possível degradação dos folatos H_4 lábeis no meio ácido do estômago; e (3) conversão enzimática intestinal incompleta dos folatos poliglutamil para as formas absorvíveis de monoglutamil. Muitos alimentos contêm compostos que inibem a pteroilpoliglutamato hidrolase intestinal, quando avaliados *in vitro*; no entanto, o significado desses efeitos, no que diz respeito à biodisponibilidade do folato *in vivo*, não é claro. Muitas matérias-primas vegetais, frutas e carnes também contêm enzimas ativas capazes de desconjugar poliglutamil folatos. Homogeneização, congelamento e descongelamento, bem como outros procedimentos que rompem as células, podem liberar essas enzimas, promovendo o processo de desconjugação. As melhorias que esse processo pode causar à biodisponibilidade de folatos da dieta não foram determinadas. Há pouca ou nenhuma desconjugação de poliglutamil folatos durante a preparação e o processamento dos alimentos, a menos que as células sejam rompidas.

8.8.6.2.5 Métodos analíticos

Algumas técnicas que podem ser adequadas para a quantificação de folatos em alimentos incluem métodos de crescimento microbiológico, métodos por CLAE e LC-MS e procedimentos de radioensaios de ligação competitiva [114]. A quantificação de folato é dificultada pela necessidade de se responder a todas as formas da vitamina, o que poderia implicar a inclusão de diversos compostos, considerando-se a existência de cada forma de folato em todas as combinações possíveis, com diferentes comprimentos de cadeia de poliglutamato. Antes do início da década de 1960, os testes de folato frequentemente produziam resultados grosseiramente imprecisos, porque um agente redutor necessário no tampão de extração e no meio de ensaio microbiológico não estava incluído. Da mesma forma, o ascorbato, um tiol reagente como mercaptoetanol ou uma combinação de ascorbato e tiol são necessários à estabilização dos folatos durante extração e análise.

A extração de folato de amostras de alimentos envolve: (1) ruptura da matriz alimentar e da estrutura celular por homogeneização em solução-tampão; (2) aquecimento (geralmente a 100 °C) para a liberação de folato a partir de proteínas ligadas, inativando enzimas capazes de catalisar a interconversão de folatos e desproteinizar a amostra; (3) centrifugação para a produção de um extrato clarificado; e (4) tratamento com uma pteroilpoliglutamato hidrolase ("conjugase"), se a dosagem responder apenas a monoglutamil ou outros folatos de cadeia curta. Outras enzimas, como a protease e/ou a amilase, podem ser úteis à melhoria da extração de folato a partir de alguns alimentos (p. ex., grãos de cereais). Ainda há necessidade de que se padronizem os métodos de extração e pré-tratamentos enzimáticos para a melhoria interlaboratorial da precisão e da exatidão dos ensaios de folato.

Os ensaios de crescimento microbiológico servem de método tradicional de análise de folato, sendo baseados nas necessidades nutricionais dos microrganismos (*Lactobacillus rhamnosus*, antigamente *Lactobacillus casei*, *Pediococcus cerevisiae* e *Streptococcus faecium*). *P. cerevisiae* e *S. faecium* (usados no método oficial da AOAC) têm pouca utilidade para a análise de alimentos, pois não respondem a todas as formas de vitamina. Em contrapartida, o *L. rhamnosus* responde a todas as formas de folato, sendo o organismo mais adequado para o teste microbiológico do total de folato em alimentos. Com o controle adequado do pH no meio de crescimento, o *L. rhamnosus* produz respostas equivalentes a todas as formas de folato. Como os alimentos costumam conter diversos folatos, a verificação das respostas equivalentes nas análises microbiológicas é essencial.

Ensaios de ligação competitiva envolvem a concorrência entre folato na amostra ou padrão com folato radiomarcado pelo sítio de ligação entre o folato e a proteína, em geral, a partir do leite. Apesar da velocidade e da conveniência desses ensaios, sua aplicação à análise de alimentos é limitada devido à variação de afinidade entre as várias formas de folato. Comparações entre os ensaios de competitividade de ligação e o método de *L. rhamnosus* têm gerado desacordo, possivelmente por esse motivo.

8.8.7 Biotina

8.8.7.1 Estrutura e propriedades gerais

A biotina é uma vitamina bicíclica, hidrossolúvel, que age coenzimaticamente em reações de

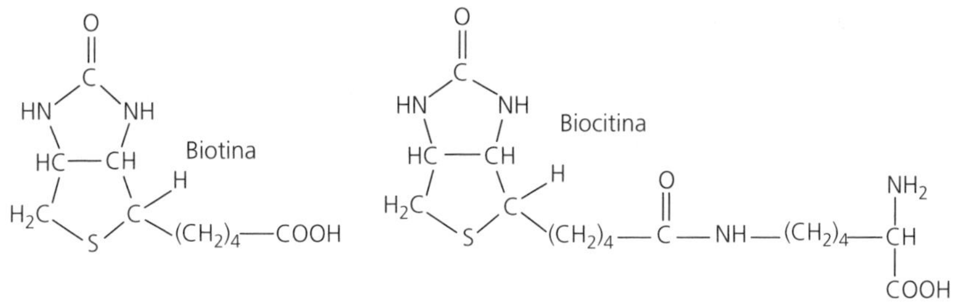

FIGURA 8.41 Estruturas da biotina e da biocitina.

carboxilação e transcarboxilação. Suas duas formas de ocorrência natural são a D-biotina livre e a biocitina (ε-*N*-biotinil-L-lisina) (Figura 8.41). A biocitina funciona como a forma coenzimática, consistindo, na prática, em um resíduo de lisil biotinilado, formado por biotinilação pós-translacional de várias carboxilases. O sistema de anel de biotina pode existir em oito estereoisômeros possíveis, dos quais apenas um (D-biotina) é a forma natural e biologicamente ativa. Tanto a biotina livre como a biocitina ligada à proteína exibem atividade de biotina quando consumidas na dieta, considerando-se que a ocorrência natural de produtos catabólicos de biotina em tecidos animais (bisnorbiotina e sulfóxido de biotina) não apresenta atividade vitamínica. A biotina é amplamente distribuída em produtos vegetais e animais. A deficiência de biotina é rara em seres humanos saudáveis.

8.8.7.2 Estabilidade

A biotina é muito estável ao calor, à luz e ao oxigênio. Níveis extremamente baixos ou altos de pH podem causar degradação, o que pode se dar pela promoção da hidrólise da ligação da –N–C=O (amida) do sistema de anel de biotina. Condições oxidativas, como a exposição ao peróxido de hidrogênio, podem oxidar o enxofre para a formação de sulfóxido ou sulfona de biotina biologicamente inativa. A reação do anel de carbonil de biotina com aminas também pode ocorrer, embora isto não tenha sido avaliado. Perdas de biotina durante o processamento e o armazenamento de alimentos têm sido documentadas e resumidas [66,94]. Essas perdas podem ocorrer por processos de degradação química, como já mencionado, bem como por lixiviação de biotina livre. Ocorre pouca degradação de biotina durante o armazenamento em baixa umidade de cereais enriquecidos. De um modo geral, ela apresenta boa retenção em alimentos.

A estabilidade de biotina durante o armazenamento de leite materno também foi analisada [101,102]. A sua concentração em amostras de leite não se alterou em uma semana, em temperatura ambiente, em um mês, a 5 ou a –20 °C ou menos por um ano e meio.

8.8.7.3 Métodos analíticos

A quantificação da biotina em alimentos é realizada por ensaios microbiológicos (em geral com *Lactobacillus plantarum*) ou por diversos procedimentos de ligação obrigatória que envolvem avidina como ligante proteico. Diversos métodos por CLAE também têm sido desenvolvidos, a maioria deles envolve o uso de um processo de ligação com avidina para proporcionar e aumentar a sensibilidade. Os ensaios microbiológicos, CLAE, e com ligantes respondem à biotina livre e à biocitina; porém, esta não pode ser determinada a não ser que seja liberada, inicialmente, a partir da proteína por clivagem da ligação peptídica por meio de hidrólise enzimática ou ácida [101,102]. Deve-se tomar cuidado, pois a hidrólise ácida pode degradar proporções substanciais da biotina. A existência de análogos de biotina inativa nutricionalmente, tais como a bisnorbiotina e o sulfóxido de biotina, detectados em alguns tecidos animais e em urina humana, pode complicar as análises. Esses análogos podem responder a procedimentos de ligação com avidina e alguns ensaios microbiológicos. A separação de derivados da biotina por CLAE antes do ensaio de ligação com avidina diminui os problemas, permitindo sua quantificação individual.

8.8.7.4 Biodisponibilidade

Sabe-se pouco sobre a biodisponibilidade da biotina em alimentos. Ao que parece, há biotina suficiente em dietas normais, de modo que a biodisponibilidade incompleta causa impactos nutricionais adversos pequenos. A síntese bacteriana da biotina, no intestino delgado, fornece uma fonte suplementar de biotina parcialmente disponível aos seres humanos. A maior parte da biotina de ocorrência natural em muitos alimentos apresenta-se como biocitina ligada a proteínas. As proteínas são liberadas pela biotinidase do suco pancreático e na mucosa intestinal, convertendo as ligações de biotina para a forma livre com atividade funcional; no entanto, pode haver absorção de peptídeos biotinilados.

A absorção de biotina é quase evitada por completo pelo consumo da albumina de ovo cru, que contém a proteína avidina que se liga à biotina. A avidina é uma glicoproteína tetramérica da albumina do ovo que é capaz de se ligar a biotinas por subunidade. Essa proteína possui uma forte ligação com a biotina (constante de dissociação $\approx 10^{-15}$ M), resistindo à digestão. Pouca ou nenhuma biotina ligada é absorvida. O consumo crônico de ovos crus ou albúmen de ovo cru prejudica, dessa forma, a absorção de biotina, podendo levar à sua deficiência. Quantidades pequenas de avidina na dieta não apresentam consequências nutricionais. A utilização de avidina dietética (ou albúmen de ovo) permite o desenvolvimento experimental de deficiência de biotina em animais de laboratório. A cocção desnatura a avidina, eliminando as propriedades de ligação da biotina.

Embora existam poucas informações relativas à biodisponibilidade de biotina em seres humanos, sabe-se bastante sobre sua biodisponibilidade em rações para animais. Como é demonstrado pela Tabela 8.28, a biodisponibilidade da biotina é baixa em alguns materiais.

8.8.8 Ácido pantotênico

8.8.8.1 Estrutura e propriedades gerais

O ácido pantotênico, ou D-N-(2,4-di-hidroxi--3,3-dimetil-butiril-β-alanina), é uma vitamina hidrossolúvel compreendida por β-alanina, com ligação por amido ao ácido 2,4-di-hidroxi-3,3-dimetil-butírico (pantoico) (Figura 8.42). O ácido pantotênico funciona metabolicamente como um componente da coenzima A (Figura 8.42) e como um grupo prostético ligado de forma covalente (sem o agrupamento adenosil da coenzima A) à proteína transportadora de acil, na síntese de ácidos graxos. A formação de um derivado tioéster de coenzima A com ácidos orgânicos facilita a grande variedade de processos metabólicos que envolvem principalmente adição ou remoção de grupos acil, em uma organização de reações biossintéticas e metabólicas. O ácido pantotênico é essencial a todas as formas vivas, apresentando

TABELA 8.28 Biodisponibilidade de biotina em rações para suínos e perus

	Biodisponibilidade de biotina (%)	
Material	Suínos (Sauer et al. [126])	Perus (Misir e Blair [99])
Farelo de soja	55,4	76,8
Farinha de carne e ossos	2,7	ND[a]
Canola	3,9	65,4
Cevada	4,8	19,2
Milho	4,0	95,2
Trigo	21,6	17,0
Biotina suplementar	93,5	ND
Sorgo	ND	29,5

[a]ND, não determinada.

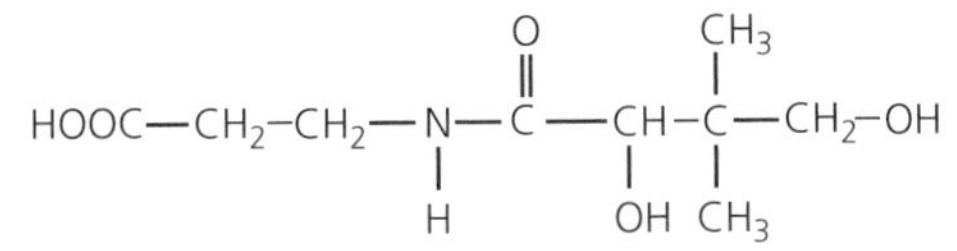

$$HOOC-CH_2-CH_2-\underset{H}{\overset{|}{N}}-\overset{O}{\overset{\|}{C}}-CH-\underset{CH_3}{\overset{CH_3}{\overset{|}{C}}}-CH_2-OH$$
$$OH$$

FIGURA 8.42 Estrutura do ácido pantotênico.

grande distribuição em carnes, cereais, ovos, leite e muitos vegetais frescos.

O ácido pantotênico é encontrado em muitos alimentos e materiais biológicos, principalmente sob a forma de coenzima A, sendo que a maior parte dele existe em forma de derivados tioéster de diversos ácidos orgânicos. Apesar de os dados analíticos serem bastante limitados no que diz respeito às formas livres e de coenzima do ácido pantotênico em alimentos, estima-se que o ácido pantotênico livre represente apenas metade do total do conteúdo dessa vitamina em carne muscular bovina e em ervilhas [57]. A coenzima A é totalmente disponível como fonte de ácido pantotênico, pois é convertida em ácido pantotênico livre, no intestino delgado, por meio da ação de fosfatase alcalina e de uma amidase. A absorção intestinal ocorre por um processo de absorção mediado por transportadores.

O ácido pantotênico sintético é utilizado na fortificação de alimentos e em suplementos vitamínicos, na forma de pantotenato de cálcio. Esse composto é um material branco e cristalino que apresenta maior estabilidade, sendo menos higroscópico que o ácido livre. O pantenol, seu álcool correspondente, também tem sido utilizado como suplemento para a alimentação de animais. Além disso, ele é utilizado como ingrediente em alguns xampus, para efeitos de aparência física (i.e., condicionadores), e não nutricionais, quando aplicado aos cabelos.

8.8.8.2 Estabilidade e modos de degradação

Em solução, o ácido pantotênico é mais estável em pH entre 5 e 7. Ele exibe estabilidade relativamente boa durante o armazenamento de alimentos, sobretudo em atividade de água reduzida. As perdas ocorrem na cocção e no processamento térmico, em proporção à ostensividade do tratamento e à extensão da lixiviação. Essas perdas podem variar de 30 a 80%. A lixiviação do ácido pantotênico ou sua perda nos fluidos teciduais pode ser muito significativa. Embora o mecanismo de perda térmica do ácido pantotênico não tenha sido totalmente determinado, uma hidrólise catalisada por ácidos ou bases da ligação entre β-alanina e o grupo ácido 1,4-di-hidroxi,3,3-butiril-carboxílico parece provável. A molécula de ácido pantotênico é, por outro lado, bastante inerte, interagindo pouco com outros componentes alimentares. A coenzima A é suscetível à formação de misturas de dissulfitos com outros tióis em alimentos; no entanto, isso exerce um pequeno efeito sobre a quantidade líquida de ácido pantotênico disponível.

A degradação do ácido pantotênico durante o processamento térmico apresenta uma cinética de primeira ordem [57]. As taxas de degradação de ácido pantotênico livre em soluções-tampão aumentam com o decréscimo do pH em níveis entre 6,0 e 4,0, ao passo que a energia de ativação diminui ao longo dessa faixa. As taxas de degradação de ácido pantotênico relatadas são muito inferiores às de outros nutrientes lábeis (p. ex., tiamina). Esses resultados sugerem que as perdas desse ácido em outros estudos de transformação de alimentos podem ser causadas mais pela lixiviação do que pela destruição efetiva. Contudo, o resultado líquido de ambos os processos é o mesmo.

8.8.8.3 Biodisponibilidade

A biodisponibilidade média do pantotenato em dietas mistas tem sido relatada equivalendo a ≈ 50% [139]. Há poucas preocupações em relação a eventuais consequências negativas da biodisponibilidade incompleta, pois a ingestão de ácido pantotênico costuma ser adequada. Nenhuma evidência de problemas nutricionais significativos, oriundos de biodisponibilidade incompleta, foi relatada, e as formas de coenzima A complexada são digeridas e absorvidas com facilidade.

8.8.8.4 Métodos analíticos

A quantidade de ácido pantotênico nos alimentos pode ser medida principalmente pela análise microbiológica, por meio da utilização de *L. plantarum*, GCMS [43,122]. Um fator essencial, que afeta a validade da análise de ácido pantotênico, é o pré-

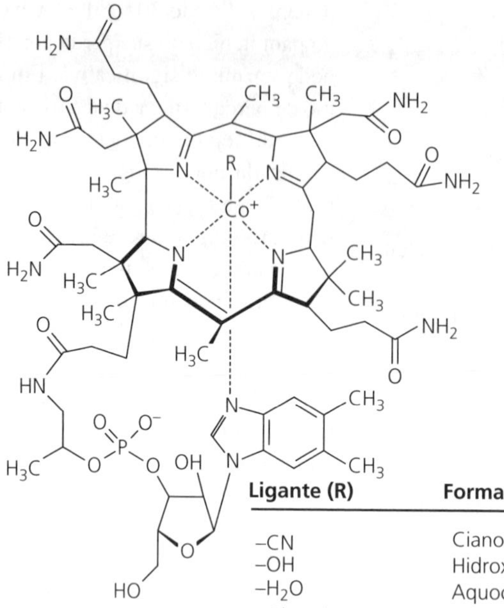

Ligante (R)	Forma B$_{12}$
–CN	Cianocobalamina
–OH	Hidroxicobalamina
–H$_2$O	Aquocobalamina
–Glutationa	Glutationanilcobalamina
–CH$_3$	Metilcobalamina
–5'-Deoxiadenosina	5'-Deoxiadenosilcobalamina

FIGURA 8.43 Estrutura de várias formas de vitamina B$_{12}$.

-tratamento necessário à liberação das formas ligadas da vitamina [43]. Diversas combinações de proteases e fosfatases têm sido utilizadas para liberar ácido pantotênico de muitos derivados de coenzimas A e formas ligadas às proteínas.

8.8.9 Vitamina B$_{12}$

8.8.9.1 Estrutura e propriedades gerais

Vitamina B$_{12}$ é o termo genérico para o grupo de compostos (cobalaminas) com atividades vitamínicas semelhantes às da cianocobalamina. Esses compostos são corrinoides, os quais são estruturas tetrapirrólicas nas quais um íon cobalto é ligado de forma covalente e coordenada aos quatro nitrogênios pirrólicos. A quinta ligação covalente coordenada com o Co é um átomo de nitrogênio do agrupamento dimetilbenzimidazolil, ao passo que a sexta posição pode ser ocupada por cianeto, um grupo 5'-deoxiadenosil, um grupo metila, glutationa, água, um íon hidroxila ou outros ligantes como nitrito, amônia ou sulfito (Figura 8.43). Todas as formas da vitamina B$_{12}$ mostradas na Figura 8.43 exibem atividade de vitamina B$_{12}$. A cianocobalamina, uma forma sintética de vitamina B$_{12}$ utilizada na fortificação de alimentos e em suplementos nutricionais, exibe estabilidade superior, sendo de fácil disponibilidade comercial. As formas de coenzima da vitamina B$_{12}$ são a metilcobalamina e a 5'-deoxiadenosilcobalamina. A metilcobalamina age de maneira coenzimática na transferência de um grupo metil (de 5-metil-tetra-hidrofolato) na metionina sintetase, ao passo que a 5'-deoxiadenosilcobalamina age como coenzima em uma reação de reorganização enzimática catalisada pela metilmalonil-CoA mutase. Existe pouca ou nenhuma cianocobalamina de ocorrência natural em alimentos; na verdade, a identificação original da vitamina B$_{12}$ como cianocobalamina envolve sua formação como um artefato do procedimento de isolamento. A cianocobalamina tem uma cor avermelhada no estado cristalino e em solução. A sua coloração pode representar limitações quanto à possibilidade de sua adição a alguns alimentos, sobretudo a produtos pouco coloridos (p. ex., pão branco).

TABELA 8.29 Classificação de alimentos de acordo com a concentração de vitamina B_{12}

Alimento	Vitamina B_{12} (µg/100 g de peso úmido)
Fontes ricas: carnes de órgãos (fígado, rim, coração), bivalves (amêijoas e ostras)	> 10
Fontes moderadamente ricas: leite seco desnatado, alguns peixes e caranguejos, gemas de ovos	3–10
Fontes moderadas: carnes musculares, alguns peixes, queijos fermentados	1–3
Outros: leite fluido, queijo *cheddar*, queijo *cottage*	< 1

Fonte: adaptada de Herbert, V., Vitamin B-12, em: *Present Knowledge in Nutrition*, Brown, M., ed., International Life Sciences Institute, Nutrition Foundation, Washington, DC, 1990, pp. 170–178.

Ao contrário de outras vitaminas que são sintetizadas principalmente por plantas, apenas os microrganismos produzem cobalaminas. Algumas leguminosas têm sido relatadas por absorver pequenas quantidades de vitamina B_{12}, produzidas por bactérias associadas a nódulos de suas raízes; no entanto, apenas uma pequena porção dessa substância entra nas sementes [104]. A maioria dos alimentos de origem vegetal é desprovida de vitamina B_{12}, a menos que esteja contaminada por material fecal, por exemplo, a partir de fertilizantes [62]. A vitamina B_{12} existente na maioria dos tecidos animais consiste principalmente em formas de coenzimas, metilcobalamina e 5'-deoxiadenosilcobalamina, bem como aquocobalamina. Herbert [63] classificou os alimentos de acordo com o conteúdo de vitamina B_{12}, como mostra a Tabela 8.29.

Cerca de 20 análogos da vitamina B_{12} de ocorrência natural já foram identificados. Alguns desses não apresentam nenhuma atividade biológica em mamíferos, sendo que uns podem ser antagonistas da vitamina B_{12} e outros podem exibir atividade vitamínica, pelo menos parcial, mas, nesse caso, muitas vezes são mal absorvidos.

8.8.9.2 Estabilidade e modos de degradação

Sob a maioria das condições de processamento, preservação e armazenamento, há pouca perda nutricional significativa de vitamina B_{12}. Para a cianocobalamina adicionada a cereais matinais, relatou-se uma perda média de 17% durante o processamento, com um adicional de 17% de perdas durante o armazenamento por 12 meses, à temperatura ambiente [135]. Em estudos de processamento de leite líquido, observou-se a retenção média de 96% durante pasteurização HTST, sendo que retenção similar (> 90%) foi encontrada em leite processado, utilizando-se diversos modos de processamento de ultra-alta temperatura (UHT) [39]. Embora o armazenamento refrigerado do leite exerça pouco impacto sobre a retenção de vitamina B_{12}, o armazenamento de leite processado UHT, à temperatura ambiente, por até 90 dias, causa perdas que podem chegar a 50% da concentração inicial de vitamina B_{12} [17]. Relatou-se que a esterilização de leite durante 13 min a 120 °C causa apenas 23% de retenção de vitamina B_{12} [77], mas sua concentração prévia (como na produção de leite condensado) contribui para perdas mais graves. Isso indica o potencial de perda substancial de vitamina B_{12} durante aquecimento prolongado de alimentos em pH neutro ou próximo dele. O aquecimento de refeições preparadas comercialmente em fornos tradicionais demonstrou uma retenção de 79 a 100% de vitamina B_{12}.

Há muito tempo já se sabe que o ácido ascórbico acelera a degradação de vitamina B_{12}, embora isso possa ter pouco significado prático, já que os alimentos que contêm vitamina B_{12} costumam não conter quantidades significativas de ácido ascórbico. O uso de ascorbato ou eritorbato em soluções de cura para presunto não exerce nenhuma influência sobre a retenção de vitamina B_{12} [35]. Tiamina e nicotinamida em solução podem acelerar a degradação de vitamina B_{12}, mas a relevância desse fenômeno em alimentos é provavelmente mínima.

O mecanismo de degradação de vitamina B_{12} não foi completamente determinado, o que se deve, em parte, à complexidade da molécula e à concentração muito baixa em alimentos. A degradação fotoquímica de coenzimas de vitamina B_{12} produz a aquocobalamina. Esse tipo de reação interfere em estudos experimentais do metabolismo e das funções da B_{12}, mas a conversão não tem qualquer influência sobre o total de atividade de vitamina B_{12} nos alimentos, pois a aquocobalamina conserva a atividade vitamínica. A estabilidade geral da vitamina B_{12} é maior em pHs de 4 a 7. A exposição a ácidos ocasiona a remoção hidrolítica do agrupamento nucleotídeo, ocorrendo fragmentação adicional quando a ostensividade das condições ácidas aumenta. A exposição a condições ácidas ou alcalinas causa a hidrólise de amidas, produzindo derivados de ácidos carboxílicos de vitamina B_{12} biologicamente inativos.

Interconversões entre cobalaminas podem ocorrer por meio da troca do ligante do átomo de Co. Por exemplo, o íon bissulfito causa a conversão de aquocobalamina em sulfitocobalamina, e, ao mesmo tempo, podem ocorrer reações similares para a formação de cobalaminas substituídas com amônia, nitrito ou íons hidroxila. Tais reações exercem pouca influência sobre a atividade de vitamina B_{12} em alimentos.

8.8.9.3 Biodisponibilidade

A biodisponibilidade da vitamina B_{12} foi examinada sobretudo no contexto do diagnóstico de deficiência de vitamina B_{12} associada à má absorção. Pouco se sabe sobre a influência da composição dos alimentos sobre a biodisponibilidade dessa vitamina. Vários estudos têm mostrado que a pectina e gomas semelhantes reduzem a biodisponibilidade de vitamina B_{12} em ratos. A importância desse efeito para os seres humanos continua a ser pouco clara. Embora pouca ou nenhuma vitamina B_{12} esteja presente na maioria das plantas, algumas formas de algas contêm quantidades significativas da vitamina. As algas não são recomendadas como fonte de vitamina B_{12} devido à sua biodisponibilidade muito baixa [24].

Em seres humanos em condições normais, a absorção de vitamina B_{12} a partir de ovos mostrou-se inferior à metade da absorção promovida pela cianocobalamina administrada na ausência de alimentos [32]. Resultados semelhantes foram obtidos em relação à biodisponibilidade de vitamina B_{12} em estudos com vários peixes e carnes [31,33].

Alguns poucos indivíduos têm deficiência de vitamina B_{12}, em decorrência da má digestão proteica e liberação incompleta de cobalaminas a partir da matriz alimentar, embora os mesmos indivíduos absorvam normalmente os compostos puros [18]. A má absorção de vitamina B_{12} dos alimentos é mais prevalente em idosos. Estudos recentes mostram que a cianocobalamina adicionada ao pão ou ao leite é absorvida de modo satisfatório por indivíduos idosos, o que sugere que a fortificação desses produtos é tecnicamente viável [123].

8.8.9.4 Métodos analíticos

A concentração de vitamina B_{12} nos alimentos é determinada principalmente por análises de crescimentos microbiológicos, com a utilização do *Lactobacillus leichmannii* ou por procedimentos radioligantes. Embora as diversas formas de vitamina B_{12} possam ser separadas cromatograficamente, métodos por CLAE não podem ser adaptados com facilidade à análise de alimentos, devido às concentrações muito baixas normalmente encontradas, exceto em alimentos fortificados. Ensaios recentes de radioligantes para a vitamina B_{12}, em amostras clínicas e de alimentos, mostraram-se, muitas vezes, imprecisos, pois a ligação com a proteína empregada poderia ser realizada com formas ativas de vitamina B_{12}, bem como com análogos biologicamente inativos. A especificidade desses ensaios foi bastante aprimorada pela utilização de uma proteína com ligação à vitamina B_{12} (fator intrínseco geralmente porcina), a qual é específica para as formas biologicamente ativas dessa vitamina. Análises microbiológicas com *L. leichmannii* podem estar sujeitas a interferências caso as amostras contenham concentrações elevadas de desoxirribonucleosidases.

As amostras de alimentos costumam ser preparadas por homogeneização em solução-tampão, seguida por incubação a uma temperatura elevada ($\approx 60\,°C$), na presença de papaína e de cianeto de sódio. Esses tratamentos liberam as formas ligantes das proteínas da vitamina B_{12}, convertendo todas as cobalaminas para a cianocobalamina, que é uma forma mais estável. A conversão em cianocobalamina também melhora o desempenho dos ensaios que podem variar nas respostas às várias formas da vitamina B_{12}.

8.9 COMPOSTOS OCASIONALMENTE CONSIDERADOS VITAMINAS ESSENCIAIS

8.9.1 Colina e betaína

A colina (Figura 8.44) é encontrada em todos os seres vivos como um composto livre e como um constituinte de diversos componentes celulares, incluindo fosfatidilcolina (a fonte alimentar predominante de colina), esfingomielina e acetilcolina. Embora a síntese de colina ocorra em seres humanos e outros mamíferos, existe um conjunto crescente de evidências de que a suplementação adequada de colina, por meio de dieta, também é necessária [72], e uma exigência nutricional foi recentemente estabelecida para a colina [71]. No entanto, indivíduos saudáveis que consomem uma dieta variada raramente apresentam ingestão inadequada dessa substância, pois a colina existe em abundância (como colina, fosfocolina e constituintes das membranas da esfingomielina e da fosfatidilcolina) em muitas fontes alimentares. A colina é usada nas formas de sais de clorexidina e bitartarato para a fortificação de fórmulas infantis. Não se costuma adicioná-la a outros alimentos, a não ser como um ingrediente, por exemplo, no caso da fosfatidilcolina, como emulsificante. A colina é um composto muito estável, não ocorrendo perdas significativas durante armazenamento, manipulação, processamento ou preparação de alimentos.

A betaína (N-trimetilglicina, Figura 8.44) é um componente da degradação metabólica da colina. Ela apresenta ocorrência natural na dieta, sendo especialmente abundante em beterraba, trigo, espinafre, camarão e fontes alimentares relacionadas [154]. A betaína serve metabolicamente como uma alternativa ao 5-metil-H_4 folato, em uma reação que converte homocisteína em metionina para a síntese proteica e, após a formação da S-adenosilmetionina (SAM), em muitas reações celulares de metilação. Esse processo ajuda na conservação da metionina, controlando os níveis de homocisteína e facilitando o processo de metilação dependente de SAM, de modo que não haja dependência de um abastecimento estável de folato. Uma vez que a betaína é obtida de alimentos comuns, sendo gerada *in vivo* a partir da colina, a qual costuma ser facilmente encontrada, é raro que essa substância apresente limitações metabólicas. Em situações nas quais a homocisteína plasmática é elevada por razões nutricionais ou genéticas, são administrados suplementos de betaína junto a suplementos vitamínicos (B_6, B_{12} e ácido fólico), na tentativa de maximização da conversão de homocisteína e metionina.

8.9.2 Carnitina

A carnitina (Figura 8.45) pode ser sintetizada pelo corpo humano; no entanto, algumas pessoas necessitam de adição de carnitina à dieta [115]. Não foram estabelecidas necessidades nutricionais para a carnitina. Embora pouca ou nenhuma carnitina seja encontrada em plantas e produtos vegetais, ela é distribuída com abundância em alimentos de origem animal. Metabolicamente, a carnitina desempenha função de transporte de ácidos orgânicos através de membranas biológicas e, portanto, facilita a utilização e/ou a eliminação metabólica. Ela também facilita o transporte de alguns ácidos orgânicos, reduzindo o potencial de toxicidade de algumas células. Em alimentos de origem animal, a carnitina existe nas formas livre

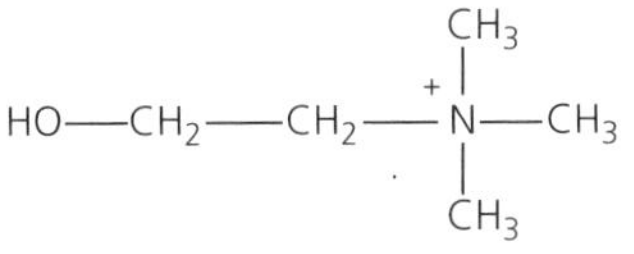

FIGURA 8.44 Estrutura da colina.

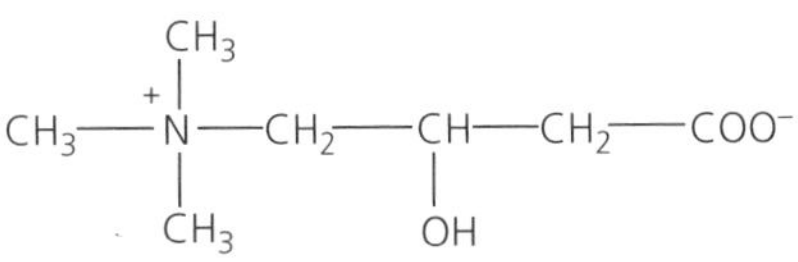

FIGURA 8.45 Estrutura da carnitina.

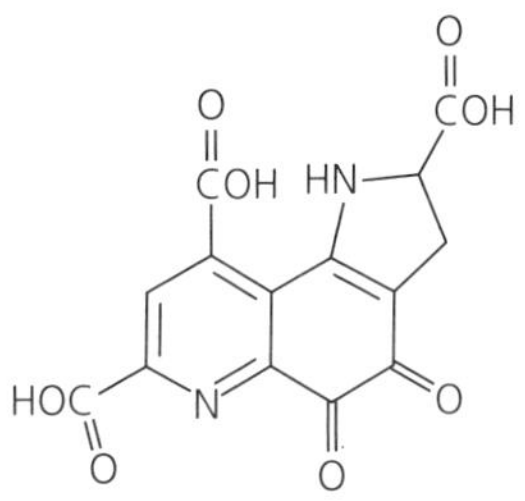

FIGURA 8.46 Estrutura da pirroloquinolina quinona.

e acilada. As acil carnitinas ocorrem esterificadas ao grupo C^3 hidroxila, com diversos ácidos orgânicos. A carnitina é altamente estável, sofrendo pouca ou nenhuma degradação nos alimentos.

A carnitina sintética é usada como L-isômero biologicamente ativo em algumas aplicações clínicas. A D-carnitina não tem nenhuma atividade biológica; a L-carnitina é adicionada a fórmulas infantis como forma de melhorar sua concentração no leite materno.

8.9.3 Pirroloquinolina quinona

A pirroloquinolina quinona (PQQ) é uma quinona tricíclica (Figura 8.46) que funciona como coenzima em várias oxidorredutases bacterianas, tendo sido relatada como coenzima de lisil oxidases e amina oxidases em mamíferos [82]. No entanto, conclusões posteriores indicaram que a coenzima designada, em sua origem, como PQQ nas enzimas de mamíferos, foi identificada de forma errônea, sendo, provavelmente, 6-hidroxi-di-hidroxifenilalanina quinona [58]. Embora não se conheça nenhuma função da PQQ em mamíferos, vários estudos têm mostrado exigências nutricionais muito pequenas dessa substância para ratos e camundongos, as quais parecem estar associadas à formação de tecido conectivo e à reprodução normal [82]. Assim, a função da PQQ em espécies de mamíferos permanece um enigma. Por ser encontrada em diversas fontes da natureza e em decorrência de sua síntese pelas bactérias intestinais, o desenvolvimento espontâneo de deficiência de PQQ em roedores ou em seres humanos é improvável.

8.9.4 Coenzima Q_{10}

A coenzima Q_{10} (também conhecida como ubiquinona) é uma quinona substituída, cuja função bioquímica primária envolve sua ação como coenzima no sistema mitocondrial de transporte de elétrons [24]. O agrupamento quinona substituído de coenzima Q_{10} facilita sua função redutora, pois acomoda uma sequência de dois elétrons redutores *in vivo* (Figura 8.47). A longa cadeia isoprenoide lateral fornece solubilidade lipídica e parece servir como uma âncora para a membrana, duran-

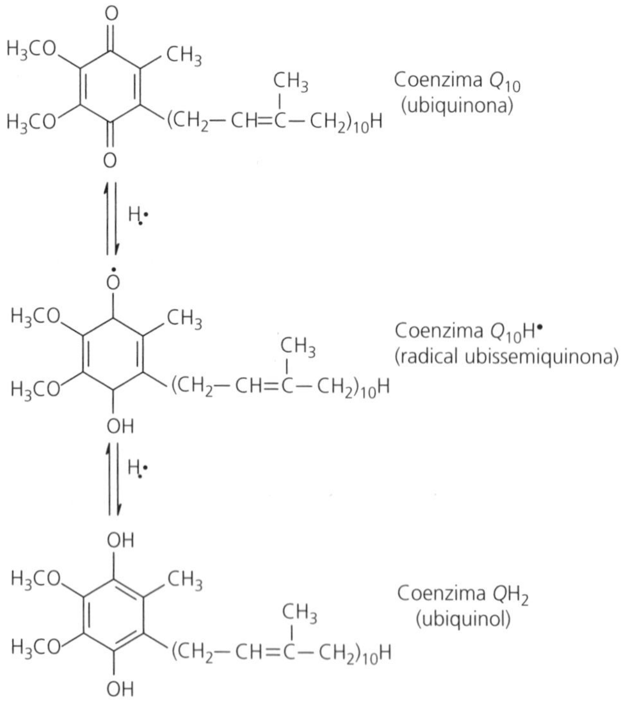

FIGURA 8.47 Estrutura da coenzima Q_{10}.

te sua função redox nas mitocôndrias. A forma ubiquinol é um antioxidante potente, sendo um componente do sistema de defesa oxidativa e, por isso, protegendo membranas lipídicas, o que pode ser relevante para alguns sistemas alimentares. A coenzima Q_{10} não é um nutriente essencial, pois é sintetizada em quantidades suficientes pelo corpo humano. No entanto, fontes alimentares (tanto vegetais como animais) parecem contribuir, pelo menos em parte, para que a coenzima Q_{10} seja biodisponível para a utilização por seres humanos. No presente momento, há poucos indícios de que a suplementação dessa coenzima seja necessária ou benéfica para a manutenção da saúde. A administração terapêutica dessa coenzima pode ser útil no suporte nutricional de algumas formas de câncer, de doenças cardíacas e da doença de Parkinson, por contrariar os efeitos antagônicos de alguns fármacos, e de alguns distúrbios hereditários do metabolismo mitocondrial e para a função antioxidante geral.

8.10 OTIMIZAÇÃO DA RETENÇÃO DE VITAMINAS

Em diferentes graus, a perda de valor nutricional que ocorre durante o pós-colheita, manipulação, cozimento, processamento e armazenamento dos alimentos é inevitável. Essas perdas ocorrem no processamento industrial de alimentos, em estabelecimentos de serviços alimentares e em casa. A otimização da retenção dos nutrientes é responsabilidade dos produtores e dos processadores de alimentos, sendo de interesse mútuo da indústria e dos consumidores. Do mesmo modo, a maximização da retenção de nutrientes em casa, bem como em instituições e serviços alimentares de varejo, é uma possibilidade que não deve ser esquecida.

Muitas abordagens para a otimização da retenção de vitaminas baseiam-se nas propriedades físicas e químicas dos nutrientes envolvidos. Por exemplo, o uso de acidulantes, quando compatível com determinado produto, promoverá a estabilidade de tiamina e ácido ascórbico. No entanto, a redução do pH diminuiria a estabilidade de alguns folatos, o que ilustra a complexidade dessa abordagem. A cocção ou o processamento comercial, sob condições que minimizem a exposição ao oxigênio e o excesso de líquido, diminui a oxidação de muitas vitaminas e a extração (p. ex., lixiviação) de vitaminas e minerais. As condições HTST causarão, em muitos casos, menos degradação de vitamina que processamentos térmicos convencionais de igual intensidade térmica (com base na inativação microbiana). Além disso, algumas combinações de ingredientes podem aumentar a retenção de diversos nutrientes (p. ex., a presença de antioxidantes naturais que favorecem a retenção de muitas vitaminas).

Vários exemplos de otimização de nutrientes serão apresentados adiante. O leitor é convidado a participar de discussões adicionais sobre esse tema [76,92].

8.10.1 Otimização das condições de processamento térmico

Perdas de nutrientes costumam ocorrer durante o tratamento térmico, por procedimentos destinados a proporcionar a estabilidade dos produtos até o momento de serem consumidos. As perdas nutricionais costumam envolver tanto degradação química como lixiviação. A cinética e a termodinâmica das alterações químicas que envolvem a destruição de microrganismos e vitaminas diferem de maneira acentuada. A inativação térmica dos microrganismos ocorre, em grande parte, pela desnaturação de macromoléculas essenciais, envolvendo grandes energias de ativação (em geral, 200–600 kJ mol^{-1}). Em contrapartida, reações associadas à degradação das vitaminas geralmente apresentam energias de ativação de 20 a 100 de kJ mol^{-1}. Sendo assim, as taxas de inativação microbiana e as de degradação de vitaminas dependentes da temperatura diferem de maneira significativa. Em consequência disso, a taxa de inativação microbiana aumenta devido à temperatura com muito mais rapidez que a de degradação de vitaminas. Esses princípios de cinética de reação e termodinâmica formam a base para a melhoria da retenção de nutrientes, quando se utilizam condições HTST. Estudos clássicos realizados por Teixeira e colaboradores. [140] envolveram diversas condições de processamento térmico, todos eles providos de letalidade microbiana equivalente. Esses autores demonstraram que a retenção de tiamina durante o tratamento térmico de purê de ervilha pode ser melhorada, pelo menos 1,5 vezes, por meio da seleção de boas combinações entre tempo e temperatura. Embora muitas outras vitaminas sejam menos lábeis que a tiamina durante o processamento de alimentos de baixa acidez, é previsível que elas apresentem melhoras semelhantes em relação à sua manutenção.

8.10.2 Previsão de perdas

A previsão da dimensão das perdas de vitaminas exige o conhecimento exato da cinética de degradação e da dependência de temperatura, bem como da(s) forma(s) particular(es) da(s) vitamina(s) considerada(s) no meio químico do(s) alimento(s) de interesse. As diferentes formas químicas das vitaminas reagem de maneira distinta em alimentos de composições variadas e para condições específicas de processamento. Deve-se determinar se estudos cinéticos do **conteúdo total** (p. ex., a soma de todas as formas) da vitamina de interesse dão informações úteis, ou mais específicas, sobre as diversas formas da vitamina. Os estudos de processamento devem ser realizados em condições idênticas às vigentes durante o processamento comercial real ou em condições de armazenamento modelados em decorrência da sensibilidade de muitos nutrientes em seus ambientes químicos e físicos. Como já descrito [64,90], as reações cinéticas devem ser obtidas em várias temperaturas para que se permita o cálculo da taxa de reação e da energia de ativação. Além disso, as condições experimentais devem ser selecionadas, a fim de proporcionarem a perda suficiente da vitamina estudada, de modo que a taxa de reação possa ser determinada com precisão adequada [64]. Estudos acelerados de armazenamento podem ser efetuados se a cinética e os mecanismos, a uma temperatura elevada, forem condizentes com os ocorridos no âmbito das condições reais de armazenamento. Devido às variações de temperatura durante as condições reais de armazenamento e transporte de alimentos, os modelos de estabilidade de vitamina devem fornecer disposições para a avaliação dos efeitos da flutuação de temperatura [42,88].

8.10.3 Efeitos das embalagens

A embalagem influencia na estabilidade das vitaminas de diversas maneiras. Em conservas, os alimentos que transmitem energia térmica, principalmente por condução (sólidos ou semissólidos) sofrerão mais perda global de nutrientes que os alimentos que transmitem calor por convecção, sobretudo quando grandes recipientes são utilizados. Essa diferença é causada pela exigência de que o processo térmico se baseie na porção "mais lenta de aquecimento" do produto, o que, para a condução de aquecimento de alimentos, é o centro geométrico do recipiente. As perdas são minimizadas pelo uso de recipientes com uma grande relação de superfície/massa, ou seja, pequenas latas e recipientes não cilíndricos como embalagens esterilizáveis (*retortable pouches*) [118]. Estas também oferecem a vantagem de necessitarem de menos líquido para seu preenchimento; assim, a lixiviação de nutrientes durante o processamento de alimentos pode ser minimizada.

A permeabilidade do material de embalagens também pode exercer efeitos substanciais sobre a retenção de vitaminas nos alimentos, durante seu armazenamento. O ácido ascórbico em sucos de frutas e bebidas apresenta mais estabilidade quando embalagens com baixa permeabilidade ao oxigênio são usadas [74]. Além disso, a utilização de materiais opacos nas embalagens impede a degradação fotoquímica de vitaminas fotolábeis, como vitamina A e riboflavina, bem como outros nutrientes suscetíveis aos modos fotossensíveis de degradação.

8.11 RESUMO

Como foi discutido neste capítulo, as vitaminas são substâncias químicas orgânicas que apresentam diversas propriedades no que diz respeito a estabilidade, reatividade, suscetibilidade às variáveis ambientais e influência sobre outros constituintes dos alimentos. A previsão da retenção líquida das vitaminas e dos mecanismos de degradação, sob um conjunto de circunstâncias determinadas, costuma ser repleta de dificuldades, em consequência da multiplicidade de formas da maioria das vitaminas. A partir dessa ressalva, o leitor deve reportar-se à Tabela 8.1 para obter uma visão geral das características de cada vitamina.

REFERÊNCIAS

1. American Society for Nutrition. Nomenclature policy: Generic descriptors and trivial. Names for vitamins and related compounds. *J Nutr* 120: 12–19, 1990.
2. Ames SR. Bioassay of vitamin A compounds. *Fed Proc* 24: 917–923, 1965.
3. Anderson RH, Maxwell DL, Mulley AE, and Fritsch CW. Effects of processing and storage on micronutrients in breakfast cereals. *Food Technol* 30: 110–114, 1976.
4. Anonymous. The nutritive quality of processed food. General policies for nutrient addition. *Nutr Rev* 40: 93–96, 1982.
5. Arabshahi A and Lund D. Thiamin stability in simulated intermediate moisture food. *J Food Sci* 53: 199–203.
6. Barrett DM and Lund DB. Effect of oxygen on thermal degradation of 5-methyl-5,6,7,8-tetrahydrofolic acid. *J Food Sci* 54: 146–149, 1989.
7. Bauernfeind J and LaChance P. *Nutrient Additions to Food. Nutritional, Technological and Regulatory Aspects.* Trumbull, CT: Food and Nutrition Press, Inc., 1992.
8. Blair JA, Pearson AJ, and Robb AJ. Autoxidation of 5-methyl-5,6,7,8-tetrahydrofolic acid. *J Chem Soc Perkin Transactions.* II: 18, 1975.
9. Bode AM, Cunningham L, and Rose RC. Spontaneous decay of oxidized ascorbic acid (dehydro-L-ascorbic acid) evaluated by high-pressure liquid chromatography. *Clin Chem* 36: 1807–1809, 1990.
10. Booth SL, Pennington JA, and Sadowski JA. Dihydro-vitamin K1: Primary food sources and estimated dietary intakes in the American diet. *Lipids* 31: 715–720, 1996.
11. Bowers J and Craig J. Components of vitamin B6 in turkey breast muscle. *J Food Sci* 43: 1619–1621, 1978.
12. Brown ED, Micozzi MS, Craft NE, Bieri JG, Beecher G, Edwards BK, Rose A, Taylor PR, and Smith JC, Jr. Plasma carotenoids in normal men after a single ingestion of vegetables or purified beta-carotene. *Am J Clin Nutr* 49: 1258–1265, 1989.
13. Buettner GR. In the absence of catalytic metals ascorbate does not autoxidize at pH 7: Ascorbate as a test for catalytic metals. *J Biochem Biophys Methods* 16: 27–40, 1988.
14. Buettner GR. The pecking order of free radicals and antioxidants: Lipid peroxidation, alpha-tocopherol, and ascorbate. *Arch Biochem Biophys* 300: 535–543, 1993.
15. Burton GW and Ingold KU. beta-Carotene: An unusual type of lipid antioxidant. *Science* 224: 569–573, 1984.
16. Burton GW and Traber MG. Vitamin E: Antioxidant activity, biokinetics, and bioavailability. *Annu Rev Nutr* 10: 357–382, 1990.
17. Burton H, Ford JE, Franklin JG, and Porter J. Effect of repeated heat treatments on the levels of some vitamins of the B-complex in milk. *J Dairy Res* 34: 193–197, 1967.
18. Carmel R, Sinow RM, Siegel ME, and Samloff IM. Food cobalamin malabsorption occurs frequently in patients with unexplained low serum cobalamin levels. *Arch Intern Med* 148: 1715–1719, 1988.
19. Carpenter KJ, Schelstraete M, Vilicich VC, and Wall JS. Immature corn as a source of niacin for rats. *J Nutr* 118: 165–169, 1988.
20. Chandler L and Schwartz S. HPLC separation of *cis-trans* carotene isomers in fresh and processed fruits and vegetables. *J Food Sci* 52: 669–672, 1987.
21. Colman N, Green R, and Metz J. Prevention of folate deficiency by food fortification. II. Absorption of folic acid from fortified staple foods. *Am J Clin Nutr* 28: 459–464, 1975.
22. Cort WM, Borenstein B, Harley J, Osadca M, and Scheiner J. Nutrient stability of fortified cereal products. *Food Technol* 30: 52–62, 1976.
23. Coursin DB. Convulsive seizures in infants with pyridoxine-deficient diet. *J Am Med Assoc* 154: 406–408, 1954.
24. Dagnelie PC, van Staveren WA, and van den Berg H. Vitamin B-12 from algae appears not to be bioavailable. *Am J Clin Nutr* 53: 695–697, 1991.
25. Day BPF and Gregory JF. Thermal stability of folic acid and 5-methyltetrahydrofolic acid in liquid model food systems. *J Food Sci* 48: 581–587, 1983.
26. Dellamonica E and McDowell P. Comparison of beta-carotene content of dried carrots prepared by three dehydrated processes. *Food Technol* 19: 1597–1599, 1965.
27. DellaPenna D. Nutritional genomics: Manipulating plant micronutrients to improve human health. *Science* 285: 375–379, 1999.
28. Dennison D, Kirk J, Bach J, Kokoczka P, and Heldman D. Storage stability of thiamin and riboflavin in a dehydrated food system. *J Food Process Preserv* 1: 43–54, 1977.
29. Deutsch JC and Kolhouse JF. Ascorbate and dehydroascorbate measurements in aqueous solutions and plasma determined by gas chromatography-mass spectrometry. *Anal Chem* 65: 321–326, 1993.
30. Díaz de la Garza R, Gregory J, and Hanson A. Folate biofortification of tomato fruit. *Proc Natl Acad Sci USA* 104: 4218–4222, 2007.
31. Doscherholmen A, McMahon J, and Economon P. Vitamin B12 absorption from fish. *Proc Soc Exp Biol Med* 167: 480–484, 1981.
32. Doscherholmen A, McMahon J, and Ripley D. Vitamin B12 absorption from eggs. *Proc Soc Exp Biol Med* 149: 987–990, 1975.
33. Doscherholmen A, McMahon J, and Ripley D. Vitamin B12 assimilation from chicken meat. *Am J Clin Nutr* 31: 825–830, 1978.
34. Dwivedi BK and Arnold RG. Chemistry of thiamine degradation in food products and model systems: A review. *J Agric Food Chem* 21: 54–60, 1973.
35. Eitenmiller RR and de Souza S. Niacin. In: *Methods of Vitamin Assay*, Augustin J, Klein B, Becker D, and Venugopal P, eds., 1985, John Wiley & Sons, New York, pp. 385–398.
36. Evans S, Gregory J, and Kirk J. Thermal degradation kinetics of pyridoxine hydrochloride in dehydrated model food systems. *J Food Sci* 48: 555–558, 1981.
37. Farrer K. The thermal destruction of vitamin B1 in foods. *Adv Food Res* 6: 257–311, 1955.
38. Finglas P and Falks R. Critical review of HPLC methods for the determination of thiamin, riboflavin and niacin in food. *J Micronutr Anal* 3: 555–558, 1987.
39. Ford JE, Porter J, Thompson S, Toothill J, and Edwards-Webb J. Effects of ultra-high-temperature (UHT)

processing and of subsequent storage on the vitamin content of milk. *J Dairy Res* 36: 447–454, 1969.
40. Frankel EN, Huang S-W, Kanner J, and German J. Interfacial phenomena in the evaluation of antioxidants: Bulk oils vs. emulsions. *J Agric Food Chem* 42: 1054–1059, 1994.
41. Freed M, Brenner S, and Wodicka V. Prediction of thiamine and ascorbic acid stability in canned stored foods. *Food Technol* 3: 148–151, 1948.
42. Giannakourou MC and Taoukis, P. Kinetic modelling of vitamin C loss in frozen green vegetables under variable storage conditions. 83: 33–41, 2003.
43. Gonthier A, Fayol V, Viollet J, and Hartmann D. Determination of pantothenic acid in foods: Influence of the extraction method. *Food Chem* 63: 287–294, 1998.
44. Gregory J. Ascorbic acid bioavailability in foods and supplements. *Nutr Rev* 51: 301–303, 1993.
45. Gregory J. Chemical reactions of vitamins during food processing. In: *Chemical Changes in Food Processing*, Richardson T and Finley J, eds., Westport, CT: AVI Publishing Co., 1985, pp. 373–408.
46. Gregory J and Hiner M. Thermal stability of vitamin B6 compounds in liquid model food systems. *J Food Sci* 48: 2434–2437, 1983.
47. Gregory J, Ink S, and Sartain D. Degradation and binding to food proteins of vitamin B-6 compounds during thermal processing. *J Food Sci* 51: 1345–1351, 1986.
48. Gregory J, Quinlivan E, and Davis S. Integrating the issues of folate bioavailability, intake and metabolism in the era of fortification. *Trends Food Sci Technol* 16: 229–240, 2005.
49. Gregory JF. Accounting for differences in the bioactivity and bioavailability of vitamers. *Food Nutr Res* 56: 5809, 2012.
50. Gregory JF, III. Chemical and nutritional aspects of folate research: Analytical procedures, methods of folate synthesis, stability, and bioavailability of dietary folates. *Adv Food Nutr Res* 33: 1–101, 1989.
51. Gregory JF. Bioavailability of folate. *Eur J Clin Nutr* 51(Suppl 1): S54–S59, 1997.
52. Gregory JF. Bioavailability of thiamin. *Eur J Clin Nutr* 51(Suppl 1): S34–S37, 1997.
53. Gregory JF. Bioavailability of vitamin B-6. *Eur J Clin Nutr* 51(Suppl 1): S43–S48, 1997.
54. Gregory JF. Effects of epsilon-pyridoxyllysine bound to dietary protein on the vitamin B-6 status of rats. *J Nutr* 110: 995–1005, 1980.
55. Gregory JF and Ink SL. Identification and quantification of pyridoxine-beta-glucoside as a major form of vitamin B6 in plant-derived foods. *J Agric Food Chem* 35: 76–82, 1987.
56. Gruenwedel D and Patnaik R. Release of hydrogen sulfide and methyl mercaptan from sulfur-containing amino acids. *J Agric Food Chem* 19: 775–779, 1971.
57. Hamm DJ and Lund DB. Kinetic parameters for thermal inactivation of pantothenic acid. *J Food Sci* 43: 631–633, 1978.
58. Harris ED. The pyrroloquinoline quinone (PQQ) coenzymes: A case of mistaken identity. *Nutr Rev* 50: 263–267, 1992.

59. Harris R. General discussion on the stability of nutrients. In: *Nutritional Evaluation of Food Processing*, Harris R and von Loesecke H, eds. Westport, CT: AVI Publishing Co., 1971, pp. 1–4.
60. Harris R and Karmas E. *Nutritional Evaluation of Food Processing*. Westport, CT: AVI Publishing Co., 1975.
61. Hassinen JB, Durbin GT, and Bernhart FW. The vitamin B6 content of milk products. *J Nutr* 53: 249–257, 1954.
62. Herbert V. Vitamin B-12: Plant sources, requirements, and assay. *Am J Clin Nutr* 48: 852–858, 1988.
63. Herbert V. Vitamin B-12. In: *Present Knowledge in Nutrition*, Brown M, ed. Washington, DC: International Life Sciences Institute, Nutrition Foundation, 1990, pp. 170–178.
64. Hill MK and Grieger-Block R. Kinetic data: Generation, interpretation, and use. *Food Technol* 34: 56–66, 1980.
65. Holden J, Harnly J, and Beecher G. Food composition. In: *Present Knowledge in Nutrition*, Bowman B and Russell R, eds. Washington, DC: International Life Science Institute, 2006, pp. 781–794.
66. Hoppner K and Lampi B. Pantothenic acid and biotin retention in cooked legumes. *J Food Sci* 58: 1084–1085, 1089, 1993.
67. Houghton LA and Vieth R. The case against ergocalciferol (vitamin D2) as a vitamin supplement. *Am J Clin Nutr* 84: 694–697, 2006.
68. Huang M, LaLuzerne P, Winters D, and Sullivan D. Measurement of vitamin D in foods and nutritional supplements by liquid chromatography/tandem mass spectrometry. *J AOAC Int* 92: 1327–1335, 2009.
69. Institute of Medicine. *Dietary Reference Intakes for Vitamin C, Vitamin E, Selenium, and Carotenoids*. Washington, DC: National Academy Press, 2000.
70. Institute of Medicine. Food and Nutrition Board. *Dietary Reference Intakes for Vitamin A, Vitamin K, Arsenic, Boron, Chromium, Copper, Iodine, Iron, Manganese, Molybdenum, Nickel, Silicon, Vanadium, and Zinc—Institute of Medicine*. Washington, DC: National Academy Press, 2001.
71. Institute of Medicine. Food and Nutrition Board. *Dietary Reference Intakes: Thiamin, Riboflavin, Niacin, Vitamin B6, Folate, Vitamin B12, Pantothenic Acid, Biotin, and Choline*. Washington, DC: National Academy Press, 1998.
72. Jiang X, Yan J, and Caudill M. Choline. In: *Handbook of Vitamins*, Zempleni J, Suttie J, Gregory J, and Stover P, eds. Boca Raton, FL: CRC Press, 2014, pp. 491–513.
73. Jongehan JA, Mager H, and Berends W. Autoxidation of 5-alkyl-tetrahydropteridines. The oxidation product of 5-methyl-THF. In: *The Chemistry and Biology of Pteridines*, Kisliuk R, ed. Elsevier North Holland, Inc., Amsterdam, the Netherlands, 1979, pp. 241–246.
74. Kacem B, Cornell J, Marshall M, Shireman, and Matthews R. Nonenzymatic browning in aseptically packaged orange drinks: Effect of ascorbic acid, amino acids and oxygen. *J Food Sci* 52: 1668–1672, 1987.
75. Kahn M and Martell A. Metal ion and metal chelate catalyzed oxidation of ascorbic acid by molecular oxygen. II. Cupric and ferric chelate catalyzed oxidation. *J Am Chem Soc* 89: 7104–7111, 1969.

76. Karel M. Prediction of nutrient losses and optimization of processing conditions. In: *Nutritional and Safety Aspects of Food Processing*, Tannenbaum SR, ed. Marcel Dekker, New York, 1979, pp. 233–263.
77. Karlin R. Folate content of large mixture of milks. Effect of different thermic treatments on the amount of folates, B12 and B6 of these milks. *Int Z Vitaminforsch* 39: 359–371, 1969.
78. Karmas E and Harris R. *Nutritional Evaluation of Food Processing*. Van Nostrand Reinhold Co., 1988.
79. Khachik F, Beecher GR, and Lusby WR. Separation, identification, and quantification of the major carotenoids in extracts of apricots, peaches, cantaloupe, and pink grapefruit by liquid chromatography. *J Agric Food Chem* 37: 1465–1473, 1989.
80. Khan M and Martell A. Metal ion and metal chelate catalyzed oxidation of ascorbic acid by molecular oxygen. I. Cupric and ferric ion catalyzed oxidation. *J Am Chem Soc* 89: 4176–4185, 1967.
81. Khan M and Martell A. Metal ion and metal chelate catalyzed oxidation of ascorbic acid by molecular oxygen. II. Cupric and ferric chelate catalyzed oxidation. *J Am Chem Soc* 89: 7104–7111, 1969.
82. Killgore J, Smidt C, Duich L, Romero-Chapman N, Tinker D, Reiser K, Melko M, Hyde D, and Rucker RB. Nutritional importance of pyrroloquinoline quinone. *Science* 245: 850–852, 1989.
83. Kirk J, Dennison D, Kokoczka P, and Heldman D. Degradation of ascorbic acid in a dehydrated food system. *J Food Sci* 42: 1274–1279, 1977.
84. Kirkland J. Niacin. In: *Handbook of Vitamins*, Zempleni J, Suttie J, Gregory J, and Stover P, eds. Boca Raton, FL: CRC Press, 2014.
85. Klein B and Perry A. Ascorbic acid and vitamin A activity in selected vegetables from different geographical areas of the United States. *J Food Sci* 47: 941–945, 1982.
86. Labuza T. The effect of water activity on reaction kinetics of food deterioration. *Food Technol* 34: 36–41, 59, 1980.
87. Labuza T and Kamman J. A research note. Comparison of stability of thiamin salts at high temperature and water activity. *J Food Sci* 47: 664–665, 1982.
88. Labuza TP. A theoretical comparison of losses in foods under fluctuating temperature sequences. *J Food Sci* 44: 1162–1168, 1979.
89. Leichter J, Switzer V, and Landymore A. Effect of cooking on folate content of vegetables. *Nutr Rep Int* 18: 475–479, 1978.
90. Lenz MK and Lund D. Experimental procedures for determining destruction kinetics of food components. *Food Technol* 34: 51–55, 1978.
91. Liao M-L and Seib P. Selected reactions of L-ascorbic acid related to foods. *Food Technol* 31: 104–107, 1987.
92. Lund D. Designing thermal processes for maximizing nutrient retention. *Food Technol* 31: 71–78, 1977.
93. Lund D. Effects of commercial processing on nutrients. *Food Technol* 33: 28–34, 1979.
94. Lund D. Effects of heat processing on nutrients. In: *Nutritional Evaluation of Food Processing*, Karmas E and Harris R, eds. New York: Van Nostrand Reinhold Co., 1988, pp. 319–354.
95. Malewski W and Markakis P. Ascorbic acid content of developing tomato fruit. *J Food Sci* 36: 537–539, 1971.
96. Mangels AR, Block G, Frey CM, Patterson BH, Taylor PR, Norkus EP, and Levander OA. The bioavailability to humans of ascorbic acid from oranges, orange juice and cooked broccoli is similar to that of synthetic ascorbic acid. *J Nutr* 123: 1054–1061, 1993.
97. Maruyama T, Shiota T, and Krumdieck CL. The oxidative cleavage of folates. A critical study. *Anal Biochem* 84: 277–295, 1978.
98. Mauri L, Alzamora S, Chirife J, and Tomio M. Review: Kinetic parameters for thiamine degradation in foods and model solutions of high water activity. *Int J Food Sci Technol* 24: 1–9, 1989.
99. Misir R and Blair R. Biotin bioavailability of protein supplements and cereal grains for starting turkey poults. *Poult Sci* 67: 1274–1280, 1988.
100. Mnkeni AP and Beveridge T. Thermal destruction of 5-methyltetrahydrofolic acid in buffer and model food systems. *J Food Sci* 48: 595–599.
101. Mock D. Biotin. In: *Handbook of Vitamins*, Zempleni J, Suttie J, Gregory J, and Stover P, eds. Boca Raton, FL: CRC Press, 2014, pp. 397–419.
102. Mock DM, Mock NI, and Langbehn SE. Biotin in human milk: Methods, location, and chemical form. *J Nutr* 122: 535–545, 1992.
103. Moran T. Nutritional significance of recent work on wheat, flour and bread. *Nutr Abstr Rev Ser Hum Exp* 29: 1–16, 1959.
104. Mozafar A, Zentrum E, Oertli JJ, and Zentrum E. Uptake of a microbially-produced vitamin (B12) by soybean roots. *Plant Soil* 139: 23–30, 2014.
105. Mulley EA, Strumbo C, and Hunting W. Kinetics of thiamine degradation by heat. Effect of pH and form of the vitamin on its rate of destruction. *J Food Sci* 40: 989–992, 1975.
106. Nagy S. Vitamin C contents of citrus fruit and their products: A review. *J Agric Food Chem* 28: 8–18, 1980.
107. Navankasattusas S and Lund DB. Thermal destruction of vitamin B6 vitamers in buffer solution and cauliflower puree. *J Food Sci* 47: 1512–1518, 1982.
108. Offer T, Ames BN, Bailey SW, Sabens EA, Nozawa M, and Ayling JE. 5-Methyltetrahydrofolate inhibits photosensitization reactions and strand breaks in DNA. *FASEB J* 21: 2101–2107, 2007.
109. Pelletier O. Vitamin C. In: *Methods of Vitamin Assay*, Augustin J, Klein B, Becker D, and Venugopal P, eds. New York: John Wiley & Sons, 1985, pp. 303–347.
110. Pesek C and Warthesen J. Kinetic model for photoisomerization and concomitant photodegradation of .beta.-carotenes. *J Agric Food Chem* 38: 1313–1315, 1990.
111. Pfeiffer C, Rogers L, and Gregory J. Determination of folate in cereal-grain food products using trienzyme extraction and combined affinity and reversed-phase liquid chromatography. *J Agric Food Chem* 45: 407–413, 1997.
112. Poe M. Acidic dissociation constants of folic acid, dihydrofolic acid, and methotrexate. *J Biol Chem* 252: 3724–3728, 1977.

113. Porzio MA, Tang N, and Hilker DM. Thiamine modifying properties of heme proteins from Skipjack tuna, pork, and beef. *J Agric Food Chem* 21: 308–310, 1973.
114. Quinlivan E, Hanson A, and Gregory J. The analysis of folate and its metabolic precursors in biological samples. *Anal Biochem* 348: 163–184, 2006.
115. Rebouche C. Carnitine. In: *Present Knowledge in Nutrition*, Bowman B and Russell R, eds. Washington, DC: International Life Science Institute, 2006, pp. 340–351.
116. Reed L and Archer M. Oxidation of tetrahydrofolic acid by air. *J Agric Food Chem* 28: 801–805, 1980.
117. Reiber H. Photochemical reactions of vitamin B 6 compounds, isolation and properties of products. *Biochim Biophys Acta* 279: 310–315, 1972.
118. Rizvi S and Acton J. Nutrient enhancement of thermostabilized foods in retort pouches. *Food Technol* 36: 105–109, 1982.
119. Robinson D. The nonenzymatic hydrolysis of N5,N10-methenyltetrahydrofolic acid and related reactions. In: *Methods in Enzymology*, Chytyl F, ed. San Diego, CA: Academic Press, 1971, pp. 716–725.
120. Roughead ZK and McCormick DB. Flavin composition of human milk. *Am J Clin Nutr* 52: 854–857, 1990.
121. Roughead ZK and McCormick DB. Qualitative and quantitative assessment of flavins in cow's milk. *J Nutr* 120: 382–388, 1990.
122. Rucker R and Bauerly K. Pantothenic acid. In: *Handbook of Vitamins*, Zempleni J, Suttie J, Gregory J, and Stover P, eds. Boca Raton, FL: CRC Press, 2014, pp. 325–350.
123. Russell RM, Baik H, and Kehayias JJ. Older men and women efficiently absorb vitamin B-12 from milk and fortified bread. *J Nutr* 131: 291–293, 2001.
124. Ryley J and Kajda P. Vitamins in thermal processing. *Food Chem* 49: 119–129, 1994.
125. Saidi B and Warthesen J. Influence of pH and light on the kinetics of vitamin B6 degradation. *J Agric Food Chem* 31: 876–880, 1983.
126. Sauer WC, Mosenthin R, and Ozimek L. The digestibility of biotin in protein supplements and cereal grains for growing pigs. *J Anim Sci* 66: 2583–2589, 1988.
127. Scarpa M, Stevanato R, Viglino P, and Rigo A. Superoxide ion as active intermediate in the autoxidation of ascorbate by molecular oxygen. Effect of superoxide dismutase. *J Biol Chem* 258: 6695–6697, 1983.
128. Selman J. Vitamin retention during blanching of vegetables. *Food Chem* 49: 137–147, 1994.
129. Shah J. Riboflavin. In: *Methods of Vitamin Assay*, Augustin J, Klein B, Becker D, and Venugopal P, eds. New York: John Wiley & Sons, 1985, pp. 365–383.
130. Shaw S, Jayatilleke E, Herbert V, and Colman N. Cleavage of folates during ethanol metabolism. Role of acetaldehyde/xanthine oxidase-generated superoxide. *Biochem J* 257: 277–280, 1989.
131. Shintani D and DellaPenna D. Elevating the vitamin E content of plants through metabolic engineering. *Science* 282: 2098–2100, 1998.
132. Sies H, Stahl W, and Sundquist AR. Antioxidant functions of vitamins. Vitamins E and C, beta-carotene, and other carotenoids. *Ann N Y Acad Sci* 669: 7–20, 1992.
133. Snell E. Vitamin B6. *Compr Biochem* 2: 48–58, 1963.
134. Srncova V and Davidek J. Reaction of pyridoxal and pyridoxal-5-phosphate with proteins. Reaction of pyridoxal with milk serum proteins. *J Food Sci* 37: 310–312, 1972.
135. Steele C. Cereal fortification—Technological problems. *Cereal Foods World* 21: 538–540, 1976.
136. Tadera K, Arima M, and Yagi F. Participation of hydroxyl radical in hydroxylation of pyridoxine by ascorbic acid. *Agric Biol Chem* 52: 2359–2360, 1988.
137. Taher MM and Lakshmaiah N. Hydroperoxide-dependent folic acid degradation by cytochrome c. *J Inorg Biochem* 31: 133–141, 1987.
138. Tannenbaum S, Young V, and Archer M. Vitamins and minerals. In: *Food Chemistry*, Fennema O, ed. New York: Marcel Dekker, 1985, pp. 477–544.
139. Tarr JB, Tamura T, and Stokstad EL. Availability of vitamin B6 and pantothenate in an average American diet in man. *Am J Clin Nutr* 34: 1328–1337, 1981.
140. Teixeira A, Dixon J, Zahradnik J, and Zinsmeister G. Computer optimization of nutrient retention in the thermal processing of conduction-heating foods. *Food Technol* 23: 845, 1969.
141. Thompson J and Hatina G. Determination of tocopherols and tocotrienols in foods and tissues by high performance liquid chromatography. *J Liquid Chromatogr* 2: 327–344, 1979.
142. Thompson JN. Problems of official methods and new techniques for analysis of foods and feeds for vitamin A. *J Assoc Off Anal Chem* 69: 727–738, 1986.
143. Tsukida K, Saiki K, and Sugiura M. Structural elucidation of the main cis beta-carotenes. *J Nutr Sci Vitaminol (Tokyo)* 27: 551–561, 1981.
144. van Niekerk P and Burger A. The estimation of the composition of edible oil mixtures. *J Am Oil Chem Soc* 62: 531–538, 1985.
145. Vanderslice J and Higgs D. Chromatographic separation of ascorbic acid, isoascorbic acid, dehydroascorbic acid and dehydro-isoascorbic acid and their quantitation in food products. *J Micronutr Anal* 4: 109–118, 1988.
146. Viberg U, Jagestad M, Oste R, and Sjöholm I. Thermal processing of 5-methyltetrahydrofolic acid in the UHT region in the presence of oxygen. *Food Chem* 59: 381–386, 1997.
147. Wall J and Carpenter K. Variation in availability of niacin in grain products. Changes in chemical composition during grain development and processing affect the nutritional availability of niacin. *Food Technol* 42: 198–204, 1988.
148. Wall J, Young M, and KJ C. Transformation of niacin-containing compounds in corn during grain development: Relationship to niacin nutritional availability. *J Agric Food Chem* 35: 752–758, 1987.
149. Weiser H and Vecchi M. Stereoisomers of alpha-tocopheryl acetate. II. Biopotencies of all eight stereoisomers, individually or in mixtures, as determined by rat resorption-gestation tests. *Int J Vitam Nutr Res* 52: 351–370, 1982.
150. Wendt G and Bernhart FW. The structure of a sulfur-containing compound with vitamin B6 activity. *Arch Biochem Biophys* 88: 270–272, 1960.
151. Wiesinger H and Hinz HJ. Kinetic and thermodynamic parameters for Schiff base formation of vitamin B6 derivatives with amino acids. *Arch Biochem Biophys* 235: 34–40, 1984.

152. Woodcock E, Warthesen J, and Labuza T. Riboflavin photochemical degradation in pasta measured by high performance liquid chromatography. *J Food Sci* 47: 545–549, 1982.
153. Zechmeister L. Stereoisomeric provitamins A. *Vitam Horm* 7: 57–81, 1949.
154. Zeisel SH, Mar MH, Howe JC, and Holden JM. Concentrations of choline-containing compounds and betaine in 12 common foods. *J Nutr* 133: 1302–1307, 2003.
155. Zhao R, Diop-Bove N, Visentin M, and Goldman ID. Mechanisms of membrane transport of folates into cells and across epithelia. *Annu Rev Nutr* 31: 177–201, 2011.
156. Zoltewicz JA and Kauffmann GM. Kinetics and mechanism of the cleavage of thiamin, 2-(1-hydroxyethyl) thiamin, and a derivative by bisulfite ion in aqueous solution. Evidence for an intermediate. *J Am Chem Soc* 99: 3134–3142, 1977.

LEITURAS SUGERIDAS

Augustin J, Klein BP, Becker DA, and Venugopal PB (eds.). *Methods of Vitamin Assay*, 4th edn. John Wiley & Sons, New York, 1985.

Bauernfeind JC and Lachance PA. *Nutrient Additions to Food. Nutritional, Technological and Regulatory Aspects*. Trumbull, CT: Food and Nutrition Press, Inc., 1992.

Caudill MA, Miller JW, Gregory JF, and Shane B. Folate, choline, vitamin B12, and vitamin B6. In: *Biochemical, Physiological, and Molecular Aspects of Human Nutrition*, 3rd edn., Stipanuk MH and Caudill MA, eds. St. Louis, MO: Elsevier, 2012, pp. 565–609.

Chytyl F and McCormick DB (eds.). *Methods in Enzymology, Vol. 122 and 123, Parts G and H (Respectively). Vitamins and Coenzymes*. San Diego, CA: Academic Press, 1986.

Davidek J, Velisek J, and Polorny J (eds.). Vitamins. In: *Chemical Changes during Food Processing*. Amsterdam, the Netherlands: Elsevier, 1990, pp. 230–301.

Eitenmiller RR and Landen WO Jr. *Vitamin Analysis for the Health and Food Sciences*, Weimar, TX: Culinary and Hospitality Industry Publications Services, 1998.

Erdman JW, MacDonald IA, and Zeisel SH (eds.). Vitamin B6. In: *Present Knowledge in Nutrition*, 10th edn. New York: Wiley-Blackwell, 2012.

Gregory JF, Quinlivan EP, and Davis SR. Integrating the issues of folate bioavailability, Intake and metabolism in the era of fortification. *Trends Food Sci Technol* 16: 229–240, 2005.

Harris RS and Karmas E. *Nutritional Evaluation of Food Processing*, 2nd edn. Westport, CT: AVI Publishing Co, 1975.

Harris RS and von Loesecke H. *Nutritional Evaluation of Food Processing*. Westport, CT: AVI Publishing Co., 1971.

Institute of Medicine. *Nutrition Labeling. Issues and Directions for the 1990s*, Porter DV and Earl RO, eds. Washington, DC: National Academy Press, 1990.

Karmas E and Harris RS. *Nutritional Evaluation of Food Processing*, 3rd edn. New York: Van Nostrand Reinhold Co., 1988.

McCormick DB. Coenzymes, Biochemistry. In: *Encyclopedia of Human Biology*, R. Dulbecco, ed., Vol. 2. San Diego, CA: Academic Press, 1991, pp. 527–545.

McCormick DB, Suttie JW, and Wagner C. *Methods in Enzymology, Vols. 280 and 281, Parts K and J (respectively), Vitamins and Coenzymes*. San Diego, CA: Academic Press, 1997.

Stipanuk MH and Caudill MA (eds.). *Biochemical, Physiological, and Molecular Aspects of Human Nutrition*, 3rd edn. St. Louis, MO: Elsevier, 2012.

Zempleni J, Suttie JW, Gregory JF, and Stover PJ (eds.). *Handbook of Vitamins*, 5th edn. Boca Raton, FL: CRC Press, 2014.

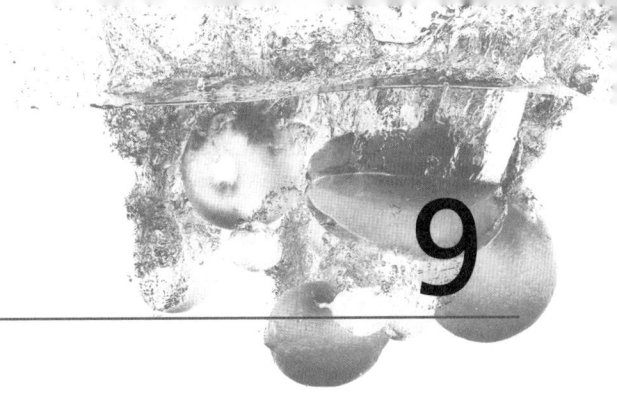

Minerais

Dennis D. Miller

CONTEÚDO

9.1 Introdução 623
9.2 Princípios da química dos minerais 624
   9.2.1 Solubilidade dos minerais em sistemas aquosos 624
   9.2.2 Minerais e a química de ácidos/bases .. 625
      9.2.2.1 Teoria de Bronsted de ácidos e bases 625
      9.2.2.2 Teoria de Lewis de ácidos e bases .. 625
   9.2.3 O efeito quelato 627
9.3 Aspectos nutricionais dos minerais 629
   9.3.1 Elementos minerais essenciais 629
   9.3.2 Ingestões dietéticas de referência para nutrientes minerais (Estados Unidos e Canadá) 630
   9.3.3 Biodisponibilidade de minerais 632
      9.3.3.1 Melhoradores de biodisponibilidade 633
      9.3.3.2 Antagonistas da biodisponibilidade .. 636
   9.3.4 Aspectos nutricionais de minerais: visão geral 639
   9.3.5 Aspectos nutricionais de minerais essenciais: minerais individuais 639
      9.3.5.1 Cálcio 640
      9.3.5.2 Fósforo 641
      9.3.5.3 Sódio, potássio e cloreto 642
      9.3.5.4 Ferro 644
      9.3.5.5 Zinco 646
      9.3.5.6 Iodo 647
      9.3.5.7 Selênio 648
   9.3.6 Toxicologia de metais pesados de origem alimentar 649
      9.3.6.1 Chumbo 651
      9.3.6.2 Mercúrio 651
      9.3.6.3 Cádmio 653
9.4 Composição mineral dos alimentos 654
   9.4.1 Cinzas: definição e significância para a análise de alimentos 654
   9.4.2 Minerais individuais 654
   9.4.3 Fatores que afetam a composição mineral dos alimentos 655
      9.4.3.1 Fatores que afetam a composição mineral de alimentos de origem vegetal ... 655
      9.4.3.2 Adequação de alimentos de origem vegetal ao suprimento das necessidades minerais dos seres humanos 655
      9.4.3.3 Fatores que afetam a composição mineral de alimentos de origem animal ... 658
      9.4.3.4 Adequação de alimentos de origem animal ao suprimento das necessidades minerais dos seres humanos 658
   9.4.4 Fortificação e enriquecimento de alimentos com minerais 658
      9.4.4.1 Ferro 659
      9.4.4.2 Zinco 662
      9.4.4.3 Iodo 662
   9.4.5 Efeitos do processamento 663
9.5 Propriedades químicas e funcionais dos minerais em alimentos 664
   9.5.1 Cálcio 664
   9.5.2 Fosfatos 664
   9.5.3 Cloreto de sódio 666
   9.5.4 Ferro 668
   9.5.5 Níquel 668
   9.5.6 Cobre 669
9.6 Glossário de termos 669
Referências 672

9.1 INTRODUÇÃO

Noventa elementos químicos apresentam ocorrência natural na crosta terrestre. Cerca de 25 são conhecidos por serem essenciais à vida e, por essa razão, estão presentes nas células vivas (Figura 9.1). Como nossa alimentação é derivada de plantas ou animais vivos, podemos esperar que esses 25 elementos sejam encontrados nos alimentos. Os alimentos também contêm outros elementos, pois os sistemas vivos podem acumular elementos não essenciais, bem como elementos essenciais a partir do meio ambiente. Entretanto, os elementos podem estar presentes nos alimentos como contaminantes durante colheita, processamento, armazenamento ou se apresentarem em aditivos alimentares intencionais.

Como não existe uma definição de **mineral** aceita universalmente, aplicada à alimentação e à nutrição, esse termo costuma se referir aos outros elementos que não C, H, O e N, os quais estão presentes nos alimentos. Esses quatro elementos não minerais estão presentes principalmente em moléculas orgânicas e na água, constituindo ≈ 99% do número total de átomos dos sistemas vivos [29]. Sendo assim, os elementos minerais estão presentes em concentrações relativamente baixas nos alimentos. No entanto, eles desempenham funções essenciais tanto nos sistemas vivos como nos alimentares.

Historicamente, os minerais foram classificados como principais ou traços, dependendo de suas concentrações em plantas e animais. Essa classificação surgiu quando os métodos analíticos não eram capazes de quantificar pequenas concentrações dos elementos com precisão. Assim, o termo "traço" foi utilizado para indicar a presença de um elemento que não podia ser medido com exatidão. Hoje, métodos e instrumentos modernos permitem medições muito precisas e exatas de quase todos os elementos da tabela periódica [86]. No entanto, os termos principais e traços continuam sendo utilizados para a descrição dos elementos minerais em sistemas biológicos. Os elementos principais incluem cálcio, fósforo, magnésio, sódio, potássio e cloreto. Os elementos-traço incluem ferro, iodo, zinco, selênio, cromo, cobre, flúor e estanho.

9.2 PRINCÍPIOS DA QUÍMICA DOS MINERAIS

Os elementos minerais estão presentes nos alimentos em muitas formas químicas diferentes. Essas formas costumam ser chamadas de "espécies", sendo denominadas como compostos complexos e íons livres [126]. Em virtude da diversidade das propriedades químicas entre os elementos minerais, do número e da diversidade dos compostos não minerais em alimentos que podem se ligar aos elementos minerais e das alterações químicas que ocorrem nos alimentos durante processamento e armazenamento, não é de surpreender que a quantidade das diferentes espécies minerais nos alimentos seja enorme. Como os alimentos são muito complexos e muitas espécies minerais são transientes, o isolamento e a caracterização das espécies minerais nos alimentos são muito difíceis. Por isso, a compreensão sobre as formas químicas exatas dos minerais nos alimentos continua a ser limitada. Felizmente, princípios e conceitos provenientes da vasta literatura de química inorgânica, química orgânica e bioquímica podem ser muito úteis para orientar na previsão do comportamento dos elementos minerais dos alimentos.

9.2.1 Solubilidade dos minerais em sistemas aquosos

A maioria dos nutrientes é consumida e metabolizada pelo organismo em um meio aquoso. Desse

1A	2A	3B	4B	5B	6B	7B	8B	8B	8B	1B	2B	3A	4A	5A	6A	7A	O
H																	He
Li	Be											B	C	N	O	F	Ne
Na	Mg											Al	Si	P	S	Cl	Ar
K	Ca	Sc	Ti	V	Cr	Mn	Fe	Co	Ni	Cu	Zn	Ga	Ge	As	Se	Br	Kr
Rb	Sr	Y	Zr	Nb	Mo	Tc	Ru	Rh	Pd	Ag	Cd	In	Sn	Sb	Te	I	Xe
Cs	Ba	Ln	Hf	Ta	W	Re	Os	Ir	Pt	Au	Hg	Tl	Pb	Bi	Po	At	Rn
Fr	Ra	Ac	Th	Pa	U												

FIGURA 9.1 Tabela periódica dos elementos de ocorrência natural. Acredita-se que os elementos que estão sombreados sejam nutrientes essenciais a animais e seres humanos.

modo, a disponibilidade e a reatividade dos minerais dependem, em grande parte, de sua solubilidade em água. Isso exclui a forma elementar de quase todos os elementos (oxigênio e nitrogênio são exceções) das atividades fisiológicas nos sistemas vivos, uma vez que essas formas, como, por exemplo, o ferro elementar, são insolúveis em água e, portanto, indisponíveis para a incorporação a organismos ou moléculas biológicas.

As espécies (formas) dos elementos presentes nos alimentos variam consideravelmente em função da propriedade química de cada elemento. Os elementos dos grupos 1A e 7A (Figura 9.1) são encontrados nos alimentos predominantemente como espécies iônicas livres (Na^+, K^+, Cl^- e F^-). Estes íons são altamente solúveis em água e têm baixa afinidade para a maioria dos ligantes; assim, eles existem principalmente como íons livres em sistemas aquosos. A maioria dos outros minerais está presente como complexos coordenados fracos, quelatos ou ânions contendo oxigênio (ver adiante uma discussão sobre complexos e quelatos, Seção 9.2.3).

As solubilidades dos complexos minerais e quelatos podem ser muito diferentes das solubilidades dos sais inorgânicos. Por exemplo, se cloreto férrico for dissolvido em água, o ferro logo precipitará como hidróxido férrico. Por outro lado, o íon férrico quelado com citrato é bastante solúvel. Ao contrário, o cálcio como cloreto de cálcio é muito solúvel, ao passo que o cálcio quelado com íons oxalato é insolúvel.

9.2.2 Minerais e a química de ácidos/bases

Grande parte da química dos elementos minerais pode ser entendida por meio da aplicação dos conceitos da química de ácidos/bases. Além disso, ácidos e bases podem influenciar profundamente as propriedades funcionais e a estabilidade de outros componentes alimentares por alteração do pH dos alimentos. Sendo assim, a química de ácidos/bases tem importância fundamental na ciência dos alimentos. Adiante será apresentada uma breve revisão sobre a química de ácidos/bases. Para uma abordagem mais completa sobre esse tema, ver Sriver e colaboradores [116] ou outros livros didáticos sobre química inorgânica.

9.2.2.1 Teoria de Bronsted de ácidos e bases

Um **ácido de Bronsted** é qualquer substância capaz de doar prótons.
Uma **base de Bronsted** é qualquer substância capaz de receber prótons.

Muitos ácidos e bases têm ocorrência natural nos alimentos, podendo ser usados como aditivos alimentares ou auxiliares de processamento. Ácidos orgânicos comuns incluem os ácidos acético, láctico e cítrico. O ácido fosfórico é um exemplo de ácido mineral encontrado nos alimentos. Ele é usado como agente acidulante e saborizante em alguns refrigerantes carbonatados. Trata-se de um ácido tribásico (que contém três prótons disponíveis).

$$H_3PO_4 \rightleftarrows H_2PO_4^- + H^+ \qquad pK_1 = 2,12$$

$$H_2PO_4^- \rightleftarrows HPO_4^{-2} + H^+ \qquad pK_2 = 7,1$$

$$HPO_4^{-2} \rightleftarrows PO_4^{-3} + H^+ \qquad pK_3 = 12,4$$

Outros ácidos minerais comuns são o HCl e o H_2SO_4. Eles raramente são adicionados aos alimentos de forma direta, embora possam ser formados neles durante processamento ou cocção. Por exemplo, o H_2SO_4 é produzido quando um fermento com sulfato de sódio e alumínio é aquecido na presença de água:

$$Na_2SO_4 \cdot Al_2(SO_4)_3 + 6H_2O$$
$$\downarrow$$
$$Na_2SO_4 + 2Al(OH)_3 + 3H_2SO_4$$

9.2.2.2 Teoria de Lewis de ácidos e bases

Uma definição alternativa e mais geral de ácidos e bases foi desenvolvida por G.N. Lewis na década de 1930 [116]:

Um **ácido de Lewis** é um aceptor de um par de elétrons.
Uma **base de Lewis** é um doador de um par de elétrons.

Por convenção, os ácidos de Lewis costumam ser representados como A e as bases como :B. A reação entre um ácido de Lewis e uma base de Lewis torna-se então

A + :B → A − B

É importante lembrar que esta reação não implica a mudança do estado de oxidação de A ou B, ou seja, não se trata de uma reação redox. Assim, A deve ter um orbital vazio de baixa energia e B deve ter um par de elétrons não compartilhado. A ligação resulta da interação entre orbitais do ácido e da base, os quais formam novos orbitais moleculares. A estabilidade do complexo depende, em grande parte, da redução da energia eletrônica que ocorre quando os orbitais a partir de A e de :B interagem, a fim de formar orbitais moleculares de ligação. As estruturas eletrônicas desses complexos são muito intricadas, pois vários orbitais atômicos podem estar envolvidos. Os metais de transição d, por exemplo, podem contribuir com até nove orbitais atômicos (orbitais 1s, 3p e 5d) para a formação de orbitais moleculares. O produto da reação entre um ácido e uma base de Lewis costuma ser referido como um complexo em que A e :B estão ligados um ao outro por meio do compartilhamento de um par de elétrons doados por :B.

O conceito de ácidos/bases de Lewis é a chave da compreensão da química dos minerais nos alimentos, pois os cátions metálicos são ácidos de Lewis e se ligam a bases de Lewis. Os complexos resultantes das reações entre os cátions metálicos e as moléculas dos alimentos abrangem desde hidratos de metal a pigmentos que contêm metais, tais como a hemoglobina e a clorofila, bem como as metaloenzimas.

O número de moléculas de base de Lewis que podem se ligar a um único íon metálico é mais ou menos independente da carga do íon metálico. Esse número, que costuma ser chamado de número de coordenação, pode variar de 1 a 12, mas é mais comum que seja 6. Por exemplo, Fe^{3+} liga-se a seis moléculas de água para formar o hexa-aquoferro, o qual possui uma geométrica octaédrica (Figura 9.2).

As espécies doadoras de elétrons desses complexos são comumente chamadas de "ligantes". Os principais doadores de elétrons em átomos ligantes são oxigênio, nitrogênio e enxofre. Desse modo, muitas moléculas dos alimentos, como proteínas, carboidratos, fosfolipídeos, ácidos orgânicos e minerais, são ligantes para íons metálicos. Os ligantes podem ser classificados conforme o número de ligações que podem formar com um íon metálico. Os que formam uma ligação são ligantes monodentados, os que formam duas ligações são bidentados, e assim por diante. Os ligantes que formam duas ou mais ligações são chamados coletivamente de ligantes multidentados. Alguns exemplos de ligantes comuns são mostrados na Figura 9.3.

A estabilidade dos complexos metálicos pode ser expressa como o equilíbrio constante para a reação que representa a formação do complexo. Os termos "constante de estabilidade" (k) e "constante de formação" são frequentemente utilizados sem distinção. A reação generalizada para a formação de um complexo entre um íon metálico (M) e um ligante (L) é [116]

$$M + L \leftrightarrows ML \qquad k = \frac{[ML]}{[M][L]}$$

$$ML + L \leftrightarrows ML_2 \qquad k = \frac{[ML_2]}{[ML][L]}$$

↓ ↓ ↓

↓ ↓ ↓

$$ML_{n-1} + L \leftrightarrows ML_n \qquad k_n = \frac{[ML_n]}{[ML_{n-1}][L]}$$

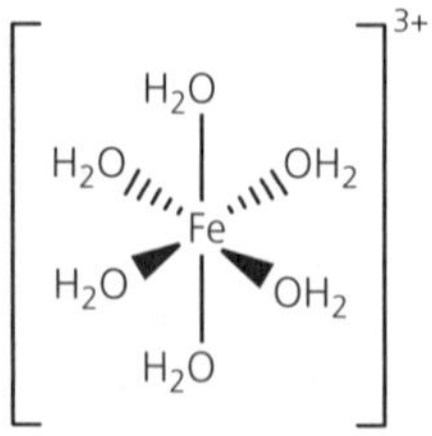

$$\begin{bmatrix} & H_2O & \\ H_2O & | & OH_2 \\ & Fe & \\ H_2O & | & OH_2 \\ & H_2O & \end{bmatrix}^{3+}$$

FIGURA 9.2 Íon férrico com seis moléculas de água coordenadas. Essa é a forma predominante de Fe^{3+} em soluções aquosas ácidas (pH < 1).

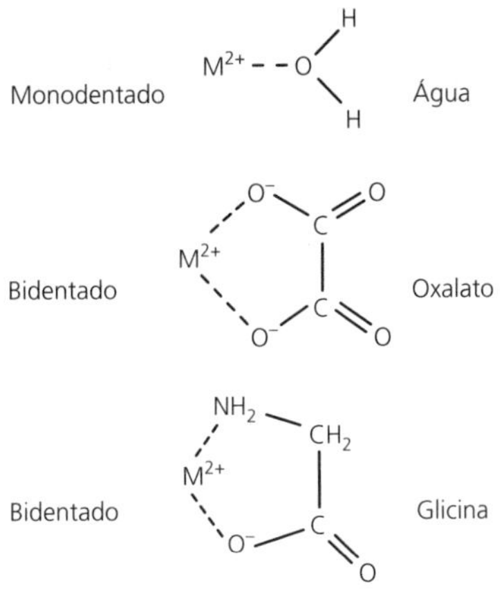

FIGURA 9.3 Exemplos de ligantes coordenados com um íon metálico (M$^+$).

Quando mais de um ligante está ligado a um íon metálico, a constante de formação pode ser expressa como

$$K = \beta_n = \frac{[ML_n]}{[M][L]^n}$$

onde $K = \beta_n = k_1 k_2 \ldots k_n$ e n é o número de ligantes por íon metálico.

Algumas constantes de estabilidade para o Cu^{2+} e o Fe^{3+} são apresentadas na Tabela 9.1.

9.2.3 O efeito quelato

Um quelato é um complexo resultante da combinação de um íon metálico e um ligante multidentado, de modo que as duas formas ligantes, ou mais ligações com o metal, resultam em uma estrutura de anel que inclui o íon metálico. O termo quelato é derivado de "chele", a palavra grega para garra. Dessa forma, um ligsante quelante (também chamado de agente quelante) deve conter pelo menos dois grupos funcionais capazes de doar elétrons. Além disso, os grupos funcionais devem estar espacialmente dispostos de maneira que o anel que contenha o íon metálico possa se formar. Os quelatos têm mais estabilidade termodinâmica que os complexos similares que não são quelatos. Esse fenômeno é conhecido como "efeito quelato". Diversos fatores interagem, afetando a estabilidade do quelato. Kratzer e Vohra [67] resumiram esses fatores da seguinte forma:

1. **Tamanho do anel**: anéis com cinco membros insaturados e anéis de seis membros saturados tendem a ser mais estáveis que anéis maiores ou menores.
2. **Número de anéis**: quanto maior for o número de anéis no quelato, maior sua estabilidade.
3. **Força da base de Lewis**: são bases mais fortes tendem a formar quelatos mais fortes.

TABELA 9.1 Constantes de estabilidade (log K) de complexos metálicos e quelatos selecionados

Ligante	Cu^{2+}	Fe^{3+}
OH$^-$	6,3	11,8
Oxalato	4,8	4,8
Histidina	10,3	10,0
Ácido etilenodiaminotetracético	18,7	25,1

Nota: os valores são corrigidos para a constante de força iônica.
Fonte: adaptada de Shriver, D.F. et al., *Inorganic Chemistry*, 2nd edn., W.H. Freeman, New York, 1994.

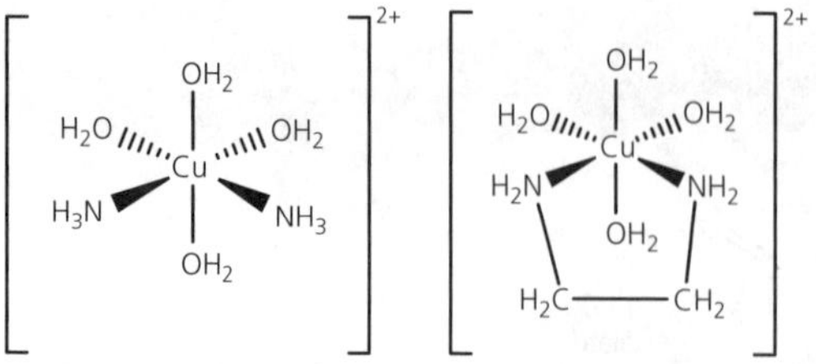

FIGURA 9.4 Cu^{2+} complexado com amônia e etilenodiamina.

4. **Carga do ligante**: ligantes com carga formam quelatos mais estáveis que os sem carga. Por exemplo, o citrato forma mais quelatos estáveis que o ácido cítrico.
5. **Ambiente químico do átomo doador**: forças relativas da ligação de metais ligantes são mostradas aqui em ordem decrescente:
   - **Oxigênio como doador**: $H_2O > ROH > R_2O$.
   - **Nitrogênio como doador**: $H_3N > RNH_2 > R_3N$.
   - **Enxofre como doador**: $R_2S > RSH > H_2S$.
6. **Ressonância no anel do quelato**: aumentos de ressonância tendem a aumentar a estabilidade.
7. **Impedimento estérico**: ligantes grandes e volumosos tendem a formar quelatos menos estáveis.

Assim, as estabilidades dos quelatos são afetadas por muitos fatores, sendo difíceis de serem previstas. No entanto, o conceito de energia livre de Gibbs ($\Delta G = \Delta H - T\Delta S$) é útil para a explicação do efeito quelato. Considere o seguinte exemplo do Cu^{2+} complexando tanto com amônia como com etilenodiamina [116]

Ambos os complexos têm dois nitrogênios ligados a um único íon de cobre (Figura 9.4) e, ainda, a estabilidade do complexo etilenodiamina é muito maior que a do complexo de amônia (os logs das constantes de formação são 10,1 e 7,7, respectivamente). Tanto a entalpia como a entropia contribuem para a diferença de estabilidade, mas a mudança na entropia é o principal fator do efeito quelato. A amônia, um ligante monodentado, forma uma ligação com o cobre, ao passo que a etilenodiamina, um ligante bidentado, forma duas ligações. A diferença na mudança da entropia se deve à alteração do número de moléculas independentes em solução. Na primeira reação (i.e., com NH_3), o número de moléculas é igual em ambos os lados da equação, de modo que a mudança na entropia é pequena. A reação de formação do quelato (com etilenodiamina), por outro lado, resulta no aumento líquido do número de moléculas independentes em solução e, por consequência, no aumento da entropia.

O íon etilenodiaminotetracético (EDTA) fornece uma ilustração ainda mais drástica do efeito quelato [97]. O EDTA é um ligante hexadentado. Quando se forma um quelato com um íon metálico em solução, deslocam-se seis moléculas de água a partir do metal, o que exerce um grande efeito sobre a entropia do sistema (Figura 9.5):

$Ca(H_2O)_6^{2+} + EDTA^{4-} \rightarrow$
$Ca(EDTA)^{2-} + 6H_2O$ ($\Delta S = +118$ J/K/mol)

Além disso, os quelatos de EDTA contêm cinco anéis, que também reforçam a estabilidade. O EDTA forma quelatos estáveis com muitos íons metálicos.

Os quelatos são muito importantes em alimentos e em todos os sistemas biológicos. Agentes quelantes podem ser adicionados aos

$$Cu(H_2O)_6^{2+} + 2NH_3 \rightarrow [Cu(H_2O)_4(NH_3)_2]^{2+} + 2H_2O$$
($\Delta H = -46$ kJ/mol; $\Delta S = -8,4$ J/K/mol; e log $\beta = 7,7$)
$$Cu(H_2O)_6^{2+} + NH_2CH_2CH_2NH_2 \rightarrow [Cu(H_2O)_4(NH_2CH_2CH_2NH_2)]^{2+} + 2H_2O$$
($\Delta H = -54$ kJ/mol; $\Delta S = +23$ J/K/mol; e log $K = 10,1$)

alimentos, a fim de capturarem íons minerais, como ferro e cobre, prevenindo sua ação como pró-oxidantes. Quelantes pré-formados, como o sódio férrico EDTA, podem ser adicionados aos alimentos como fortificantes [10]. Além disso, a maioria dos complexos resultantes de interações entre íons metálicos e moléculas dos alimentos é formada por quelatos.

9.3 ASPECTOS NUTRICIONAIS DOS MINERAIS

9.3.1 Elementos minerais essenciais

Diversas definições para os elementos minerais essenciais já foram propostas. Uma definição amplamente aceita é a seguinte: um elemento é essencial para a vida se sua remoção da dieta ou de outra via de exposição a um organismo "resultar em debilitamento consistente e reprodutível de uma função fisiológica" [122]. Desse modo, a essencialidade pode ser demonstrada por dietas com baixas quantidades de um elemento em particular para seres humanos ou animais experimentais, sendo verificada por sinais de debilitação de função.

A necessidade humana de minerais essenciais varia entre alguns microgramas por dia e ≈ 1 g/dia. Se a ingestão for baixa por algum período de tempo, surgirão sinais de deficiência. Ao contrário, a ingestão excessiva pode resultar em toxicidade. Felizmente, a faixa entre a ingestão segura e a ingestão adequada para a maioria dos minerais é bastante ampla, de modo que a deficiência ou a toxicidade costumam ser raras quando dietas variadas são consumidas.

A ampla faixa entre ingestão segura e ingestão adequada só é possível porque os organismos possuem mecanismos homeostáticos para lidar com altas ou baixas exposições a nutrientes essenciais. Homeostasia pode ser definida como o processo pelo qual um organismo mantém os níveis de nutrientes teciduais dentro de um intervalo estreito e constante. Em organismos superiores, a homeostasia é um conjunto complexo de processos que envolvem a regulação de absorção, excreção, metabolismo e armazenamento de nutrientes. Sem os mecanismos homeostáticos, a ingestão de nutrientes teria de ser controlada com muito rigor para se evitar a deficiência e a toxicidade (Figura 9.6). A homeostasia pode ser ultrapassada quando os níveis na dieta forem excessivamente baixos ou altos por longos períodos de tempo. A persistência de baixa ingestão de nutrientes minerais não é incomum, sobretudo em populações pobres, em que o acesso a diversos alimentos costuma ser limitado. A toxicidade causada pela ingestão elevada de minerais essenciais é menos comum, embora a ingestão excessiva de sódio seja um fator importante para a hipertensão (pressão arterial alta) [79].

Os minerais são essenciais para muitas reações enzimáticas do organismo, são peças-chave na regulação do metabolismo, essenciais à resistência e à rigidez dos ossos e dentes, facilitam o transporte de oxigênio e dióxido de carbono no sangue e são necessários à adesão e à divisão celulares. Os minerais também podem ser tóxicos, sendo que há muitos casos documentados de graves lesões, e até mesmo morte, por exposição a mi-

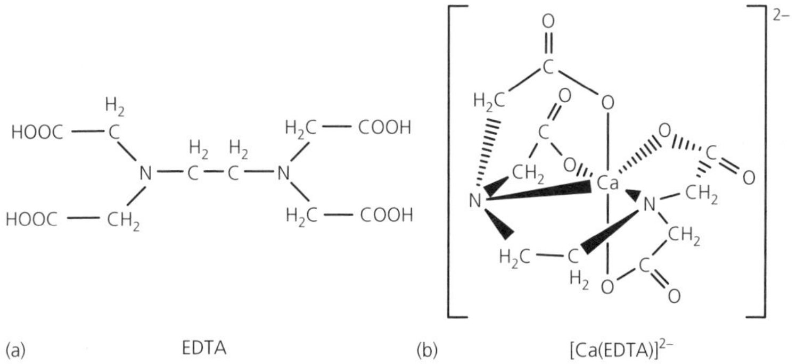

FIGURA 9.5 (a) Ácido etilenodiaminotetracético (EDTA) e (b) um quelato de Ca^{2+}–EDTA. Observe que, no quelato, os grupos carboxila no EDTA estão ionizados; assim, a carga líquida sobre o quelato é –2.

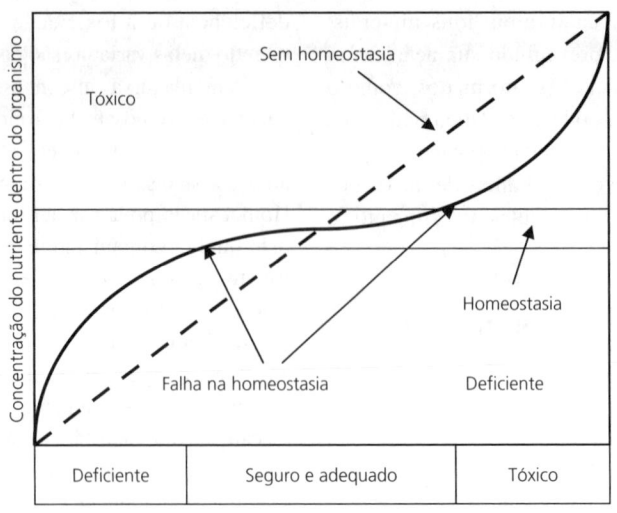

FIGURA 9.6 Homeostasia em organismos vivos. Sem homeostasia (linha tracejada), a faixa entre a ingestão segura e a ingestão adequada de nutrientes é muito estreita. Com homeostasia (linha sólida), a faixa entre a ingestão segura e a ingestão adequada é muito mais ampla. Os mecanismos homeostáticos falham quando as doses são muito baixas ou muito elevadas, produzindo deficiência ou toxicidade, respectivamente. (Redesenhada de Mertz, W., *Nutr. Today*, 19(1), 22, 1984.)

nerais. A Tabela 9.2 resume alguns dos principais aspectos nutricionais e toxicológicos dos minerais.

9.3.2 Ingestões dietéticas de referência para nutrientes minerais (Estados Unidos e Canadá)

Em 1997, o Standing Committee on the Scientific Evaluation of Dietary Reference Intakes da Food and Nutrition Board of the Institute of Medicine emitiu um relatório descrevendo novas abordagens para o estabelecimento da ingestão dietética adequada para indivíduos saudáveis, nos Estados Unidos e no Canadá [119]. As novas recomendações são chamadas de ingestões dietéticas de referência (DRIs, do inglês *dietary reference intakes*) e substituem as antigas recomendações de ingestão diária (RDAs, do inglês *recommended dietary allowance*), que foram lançadas em 1941 e revisadas periodicamente desde então. A última versão de RDAs foi publicada em 1989. As DRIs incluem um subconjunto de valores: requerimento estimado médio (EAR, do inglês *estimated average requirement*), RDA, ingestão adequada (AI, do inglês *adequate int ake*) e nível superior à ingestão tolerável (UL, do inglês *tolerable upper intake level*). Cada um desses valores é baseado em critérios específicos, utilizados para sua estimativa. Breves descrições desses valores são feitas adiante. Para descrições detalhadas, o leitor é convidado a consultar a Referência [69].

1. **Requerimento estimado médio (EAR)**: é definido como o nível de ingestão de um nutriente que satisfaça a necessidade de 50% de indivíduos de um determinado grupo de idade e gênero. Sendo assim, a necessidade dos 50% restantes dos indivíduos é mais elevada do que o EAR.
2. **Recomendação de ingestão diária (RDA)**: é definida como o nível de ingestão de nutrientes suficientes para satisfazer as necessidades de quase todos os indivíduos saudáveis em uma determinada idade, de um determinado gênero. Ela é fixada em dois desvios-padrão (DP) acima do EAR: RDA = EAR + 2DP.
3. **Ingestão adequada (IA)**: é utilizada quando as avaliações científicas disponíveis são in-

TABELA 9.2 Aspectos nutricionais e toxicológicos dos minerais

Mineral	Função	Efeitos da deficiência	Efeitos adversos da ingestão excessiva	Fontes alimentares
Cálcio	Mineralização dos ossos e dentes, circulação do sangue, secreção de hormônios, neurotransmissor	Aumentos do risco de osteoporose, hipertensão, alguns tipos de câncer	A ingestão excessiva é rara. Quando ocorre, pode causar cálculos renais e síndrome do leite alcalino	Leite, iogurte, queijos, sucos fortificados, tofu, couve-de-folhas, brócolis, espinha de peixe
Fósforo	Mineralização dos ossos; síntese de DNA e RNA; a síntese de fosfolipídeos, metabolismo energético, sinalização celular	A deficiência é rara devido a ampla distribuição nos alimentos; baixa ingestão pode prejudicar a mineralização dos ossos	Formação de ossos enfraquecidos, cálculos renais, decréscimo na absorção de Ca e Fe, deficiência de ferro e de zinco pela alta ingestão de fitato	Presente em praticamente todos os alimentos. Alimentos com alto conteúdo proteico (carnes, laticínios, etc.), cereais, e bebidas à base de cola (como H_3PO_4) são fontes especialmente ricas
Magnésio	Cofator de diversas enzimas	A deficiência é rara, exceto em algumas situações clínicas; pacientes em recuperação de cirurgia cardíaca costumam apresentar hipomagnesemia	Raramente ocorre, exceto quando há consumo exagerado de suplementos de Mg; causa problemas intestinais, diarreia, câimbras e náusea	Vegetais verdes folhosos, leite, grãos integrais
Sódio	Cátion predominante no líquido extracelular, controle do volume de líquido extracelular e pressão sanguínea; é necessário para o transporte de muitos nutrientes para dentro e para fora das células	A deficiência é rara, exceto quando há prática excessiva de esportes. A deficiência pode causar câimbras musculares	Altas ingestões podem levar à hipertensão em indivíduos sensíveis ao sal	A maioria dos alimentos apresenta baixas quantidades naturais de Na. Alimentos processados e preparados contêm níveis variáveis de Na
Ferro	Transporte de oxigênio (hemoglobina e mioglobina), respiração e metabolismo energético (citocromos e proteínas sulfuradas com cobre), destruição do peróxido de hidrogênio (peroxidase e catalase) e síntese de DNA (ribonucleotídeo redutase)	A deficiência é generalizada. Seus efeitos incluem fadiga, anemia, prejuízos à capacidade de trabalho, prejuízos na função cognitiva, prejuízos na resposta imune e resultados insatisfatórios da gravidez	Sobrecargas de ferro conduzem ao aumento do risco de alguns cânceres e doenças cardíacas	Carne vermelha, cereais, feijão, alimentos fortificados, vegetais verdes folhosos
Zinco	Cofator de metaloenzimas, regulação da expressão genética	Retardo no crescimento, prejuízos na cicatrização de feridas, retardo da maturação sexual, prejuízos na resposta imune e diarreia	Inibição da absorção de Cu e Fe, prejuízos na resposta imune	Carne vermelha, marisco, gérmen de trigo, alimentos fortificados

(Continua)

TABELA 9.2 Aspectos nutricionais e toxicológicos dos minerais (*Continuação*)

Mineral	Função	Efeitos da deficiência	Efeitos adversos da ingestão excessiva	Fontes alimentares
Iodo	Necessário à síntese de hormônios da tireoide	Bócio, deficiência intelectual, diminuição da fertilidade, aborto espontâneo, cretinismo e hipotireoidismo	Raros em indivíduos supridos com iodo; hipertireoidismo em pessoas com deficiência de iodo	Sal iodado, algas marinhas, frutos do mar, produtos lácteos (se o I for adicionado ao alimento ou se forem utilizados sanitizantes contendo iodo)
Selênio	Antioxidante (como componente de peroxidases)	Miocardite, osteoartrite, aumenta o risco de alguns cânceres	Perda de cabelo e unhas, lesões cutâneas, náusea, aumento do risco de alguns cânceres	Cereais cultivados em solo com altos níveis de selênio, carnes de animais suplementados com Se
Chumbo	Nenhuma, não é um nutriente essencial	Nenhum	Problemas comportamentais e de aprendizagem em crianças, anemia, danos renais	Contaminação de alimentos por latas soldadas com Pb, exaustão de carros que utilizam gasolina com chumbo, alguns esmaltes de cerâmica
Mercúrio	Nenhuma, não é um nutriente essencial	Nenhum	Dormência, perda de visão e audição, danos renais	Peixes (sobretudo os longevos e carnívoros)
Cádmio	Desconhecida	Deprime o crescimento em ratos	Danos nos rins, doença óssea, câncer	Grãos e vegetais cultivados em solos contaminados com Cd

suficientes para a definição da RDA. Ela se baseia em estimativas de ingestões médias efetivas de um nutriente por indivíduos saudáveis e não em resultados de estudos controlados, concebidos para estimar necessidades individuais de nutrientes.

4. **Nível superior à ingestão tolerável (UL):** é o nível de ingestão de um nutriente abaixo do qual efeitos adversos para a saúde são pouco prováveis de ocorrer. Ou seja, doses acima do UL podem constituir riscos de toxicidade.

Uma representação gráfica de EAR, RDA, IA e UL é mostrada na Figura 9.7.

As DRIs foram fixadas para apenas nove dos 25 minerais conhecidos como essenciais à vida: Ca, P, Mg, Fe, Zn, Cu, Cr, Mn e I. As DRIs, para os mais importantes desses minerais, são listadas nas Tabelas 9.3 e 9.4.

9.3.3 Biodisponibilidade de minerais

Sabe-se muito bem que a concentração de um nutriente em um alimento nem sempre é um indicador confiável do valor desse alimento como fonte do nutriente em questão. Isso levou os nutricionistas a desenvolverem o conceito de biodisponibilidade de nutrientes. A biodisponibilidade pode ser definida como a proporção de um nutriente ingerido que está disponível para utilização em processos metabólicos ou para deposição em um compartimento de armazenamento no corpo. No caso dos nutrientes minerais, a biodisponibilidade é determinada principalmente pela eficiência de absorção do lúmen intestinal para o sangue. Em alguns casos, porém, o nutriente absorvido pode estar em uma forma não utilizável. Por exemplo, o ferro está ligado tão fortemente a

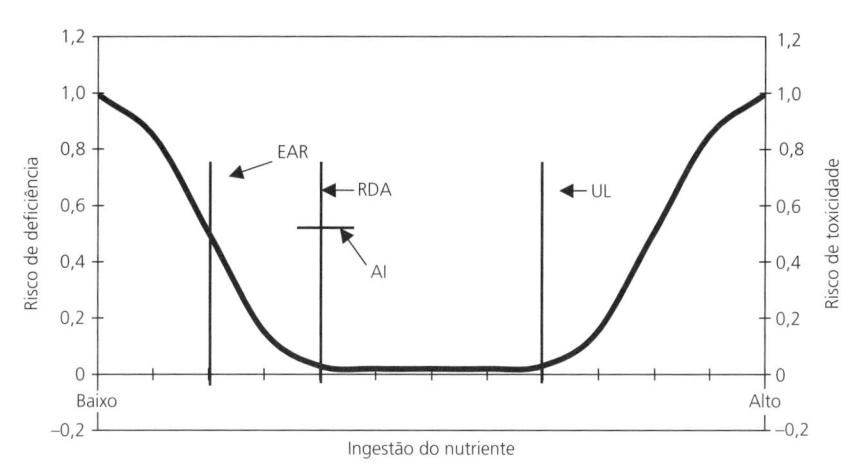

FIGURA 9.7 Risco de deficiência (eixo esquerdo vertical) ou excesso (eixo direito vertical) ao longo de uma faixa de ingestão de um nutriente determinado, para as categorias de DRI (EAR, RDA, IA e UL). Com o aumento da ingestão, o risco de deficiências diminui, tendendo a zero. Com o aumento da ingestão entre a faixa de seguro e adequado, o risco de toxicidade aumenta. (Redesenhada de Standing Committee on the Scientific Evaluation of Dietary Reference Intakes, Food and Nutrition Board, Institute of Medicine, *Dietary Reference Intakes for Calcium, Phosphorous, Vitamin D, and Flouride*, National Academy Press, Washington, DC, 1997.)

alguns quelatos que, mesmo que o quelato de ferro seja absorvido, o ferro não será liberado para as células para ser incorporado às proteínas férricas; além disso, o quelato intacto será excretado na urina.

A biodisponibilidade de nutrientes minerais varia entre menos de 1% para algumas formas de ferro e mais de 90% para sódio e potássio. As razões da extensão dessa faixa são variadas e complexas, pois muitos fatores interagem, a fim de determinar a biodisponibilidade final dos nutrientes (Tabela 9.5). Um dos fatores mais importantes é a solubilidade do mineral no conteúdo do intestino delgado, uma vez que compostos insolúveis não podem se difundir para as membranas dos enterócitos e, em consequência disso, não podem ser absorvidos. Por esse motivo, muitos dos fatores que melhoram e inibem a biodisponibilidade parecem operar por meio de efeitos sobre a solubilidade dos minerais.

9.3.3.1 Melhoradores de biodisponibilidade

Ácidos orgânicos: vários ácidos orgânicos aumentam a biodisponibilidade dos minerais. A dimensão desse efeito depende da composição da refeição, dos nutrientes minerais específicos e das proporções relativas do ácido orgânico e do mineral. Os ácidos orgânicos que têm recebido mais atenção são os ácidos ascórbico, o cítrico e o láctico. Supõe-se que esses e outros ácidos orgânicos melhoram a biodisponibilidade por formar quelatos solúveis com o mineral. Estes quelatos protegem os minerais de precipitação e/ou ligação com outros ligantes que podem inibir a absorção.

O ácido ascórbico é, em especial, um potente melhorador da absorção de ferro, pois, além da sua capacidade quelante, é um forte agente redutor, promovendo a redução de Fe^{3+} para Fe^{2+}, o qual é mais solúvel e biodisponível. A seguinte reação mostra como o ácido ascórbico pode reduzir o ferro [120]:

O ácido ascórbico exerce efeitos mínimos sobre a biodisponibilidade de outros minerais, provavelmente porque eles não podem ser reduzidos com facilidade.

Fator carne: carnes bovinas, aves e peixes melhoram muito a absorção de ferro não heme e ferro heme consumidos na mesma refeição [141]. As numerosas tentativas de identificação e isolamento do então chamado fator carne foram inú-

TABELA 9.3 Ingestões dietéticas de referência de minerais nutricionalmente essenciais (Ca, P e Mg)[a]

Estágio de vida	Cálcio (mg/dia) RDA/IA/UL	Fósforo (mg/dia) RDA/IA/UL	Magnésio (mg/dia) RDA/IA/UL
Lactentes			
0-6 meses	210/ND[b]	**100**/ND	30/ND
7-12 meses	270/ND	**275**/ND	75/ND
Crianças			
1-3 anos	500/2500	**460**/3.000	**80**/65
4-8 anos	800/2.500	**500**/3.000	**130**/110
Homens			
9-13 anos	1.300/2.500	**1.250**/4.000	**240**/350
14-18 anos	1.300/2.500	**1.250**/4.000	**410**/350
19-30 anos	1.000/2.500	**700**/4.000	**400**/350
31-50 anos	1.000/2.500	**700**/4.000	**420**/350
50-70 anos	1.200/2.500	**700**/4.000	**400**/350
> 70 anos	1.200/2.500	**700**/3.000	**400**/350
Mulheres			
9-13 anos	1.300/2.500	**1.250**/4.000	**240**/350
14-18 anos	1.300/2.500	**1.250**/4.000	**360**/350
19-30 anos	1.000/2.500	**700**/4.000	**310**/350
31-50 anos	1.000/2.500	**700**/4.000	**320**/350
50-70 anos	1.200/2.500	**700**/4.000	**320**/350
> 70 anos	1.200/2.500	**700**/3.000	**320**/350
Gestantes			
≤ 18 anos	1.300/2.500	**1.250**/3.500	**400**/350
19-30 anos	1.000/2.500	**700**/3.500	**350**/350
31-50 anos	1.000/2.500	**700**/3.500	**350**/350
Lactantes			
≤ 18 anos	1.300/2.500	**1.250**/4.000	**360**/350
19-30 anos	1.000/2.500	**700**/4.000	**310**/350
31-50 anos	1.000/2.500	**700**/4.000	**320**/350

[a]Recomendações de Ingestão Diária (RDA) são apresentadas em **negrito**, e Ingestão Adequada (IA), em texto normal. Os primeiros valores listados abaixo de cada elemento são tanto de RDA como de IA. Por exemplo, apenas IAs são listados para cálcio e apenas RDAs são listados para fósforo, ao passo que para magnésio, alguns são IAs e outros RDAs. Os valores listados na sequência da barra (/) são de Nível Superior à Ingestão Tolerável (UL). Na maioria dos casos, os ULs são para ingestão de todas as fontes (alimentos, água e suplementos). No caso do magnésio, no entanto, os ULs são para ingestões de suplementos e não incluem a ingestão de alimentos e água. Ver no texto as explicações sobre RDA, IA e UL.
[b]ND, não foi determinado pela Food and Nutrition Board, devido à insuficiência de dados para a realização de uma estimativa.
Fonte: adaptada de Food and Nutrition Board (FNB), Institute of Medicine, *Dietary Reference Intakes for Vitamin A, Vitamin K, Arsenic, Boron, Chromium, Copper, Iodine, Iron, Manganese, Molybdenum, Nickel, Silicon, Vanadium, and Zinc*, National Academy Press, Washington, DC, 2002; Food and Nutrition Board, Institute of Medicine, Dietary reference intake tables: Elements table, 2003, http://www.iom.edu/file.asp?id=7294.

TABELA 9.4 Ingestões Diárias de Referência de minerais-traço nutricionalmente essenciais (Fe, Zn, Se, I e F)[a]

Estágio de vida	Ferro (mg/dia) RDA ou IA/UL	Zinco (mg/dia) RDA ou IA/UL	Selênio (μg/dia) RDA ou IA/UL	Iodo (μg/dia) RDA ou IA/UL	Fluoreto (mg/dia) RDA ou IA/UL
Lactentes					
0–6 meses	0,27/40	2/4	15/45	110/ND[b]	0,01/0,7
7–12 meses	**11**/40	**3**/5	20/60	130/ND	0,5/0,9
Crianças					
1–3 anos	**7**/40	**3**/7	**20**/90	**90**/200	0,7/1,3
4–8 anos	**10**/40	**5**/12	**30**/150	**90**/300	1/2,2
Homens					
9–13 anos	**8**/40	**8**/23	**40**/280	**120**/600	2/10
14–18 anos	**11**/45	**11**/34	**55**/400	**150**/900	3/10
19–30 anos	**8**/45	**11**/40	**55**/400	**150**/1.100	4/10
31–50 anos	**8**/45	**11**/40	**55**/400	**150**/1.100	4/10
50–70 anos	**8**/45	**11**/40	**55**/400	**150**/1.100	4/10
> 70 anos	**8**/45	**11**/40	**55**/400	**150**/1.100	4/10
Mulheres					
9–13 anos	**8**/40	**8**/23	**40**/280	**120**/600	2/10
14–18 anos	**15**/45	**9**/34	**55**/400	**150**/900	3/10
19–30 anos	**18**/45	**8**/40	**55**/400	**150**/1.100	3/10
31–50 anos	**18**/45	**8**/40	**55**/400	**150**/1.100	3/10
50–70 anos	**8**/45	**8**/40	**55**/400	**150**/1.100	3/10
> 70 anos	**8**/45	**8**/40	**55**/400	**150**/1.100	3/10
Gestantes					
≤ 18 anos	**27**/45	**12**/34	**60**/400	**220**/900	3/10
19–30 anos	**27**/45	**11**/40	**60**/400	**220**/1.100	3/10
31–50 anos	**27**/45	**11**/40	**60**/400	**220**/1.100	3/10
Lactantes					
≤ 18 anos	**10**/45	**13**/34	**70**/400	**290**/900	3/10
19–30 anos	**9**/45	**12**/40	**70**/400	**290**/1.100	3/10
31–50 anos	**9**/45	**12**/40	**70**/400	**290**/1.100	3/10

[a]Recomendações de Ingestão Diária (RDA) são apresentadas em **negrito**, e Ingestão Adequada (IA), em texto normal. Os primeiros valores listados abaixo de cada elemento são tanto de RDA como de IA. Por exemplo, as RDAs são listadas para ferro, mas apenas as IAs são listadas para o fluoreto. Os valores listados na sequência da barra (/) são de Nível Superior à Ingestão Tolerável (UL). Ver no texto as explicações sobre RDA, IA e UL.
[b]ND, não foi determinado pela Food and Nutrition Board, devido à insuficiência de dados para a realização de uma estimativa.
Fontes: adaptada de Food and Nutrition Board (FNB); Institute of Medicine, *Dietary Reference Intakes for Vitamin A, Vitamin K, Arsenic, Boron, Chromium, Copper, Iodine, Iron, Manganese, Molybdenum, Nickel, Silicon, Vanadium, and Zinc*, National Academy Press, Washington, DC, 2002; Food and Nutrition Board; Institute of Medicine, Dietary reference intake tables: Elements table, 2003, http://www.iom.edu/file.asp?id=7294.

TABELA 9.5 Fatores que podem influenciar na biodisponibilidade dos minerais nos alimentos

1. Forma química do mineral no alimento
   a. Formas muito insolúveis são pouco absorvidas
   c. Formas de quelato solúvel podem ser pouco absorvidas se o quelato em questão apresentar alta estabilidade
   d. O ferro heme é absorvido de forma mais eficiente que o ferro não heme na maioria das dietas
2. Ligantes de alimentos
   a. Ligantes que formam quelatos solúveis com metais podem aumentar a absorção de alguns alimentos (p. ex., o EDTA aumenta a absorção do Fe de algumas dietas)
   b. Ligantes de alta massa molecular que são mal digeridos podem reduzir a absorção (p. ex., fibras dietéticas e algumas proteínas)
   c. Ligantes que formam quelatos insolúveis com minerais podem reduzir a absorção (p. ex., o oxalato inibe a absorção de Ca, o ácido fítico inibe a absorção de Ca, Fe e Zn)
3. Atividade redox dos componentes alimentares
   a. Redutores (p. ex., ácido ascórbico) aumentam a absorção de ferro, mas exercem pouco efeito sobre outros minerais
   b. Os oxidantes inibem a absorção do ferro, convertendo-o na forma férrica menos biodisponível
4. Interações mineral-mineral
   a. Altas concentrações de minerais na dieta podem inibir a absorção de outros minerais (p. ex., o Ca inibe a absorção de Fe, o Fe inibe a absorção de Zn, o Pb inibe a absorção de Fe)
5. Estado fisiológico do indivíduo
   a. A regulação homeostática dos minerais no organismo pode funcionar no local da absorção, resultando no aumento da regulação de absorção da deficiência e na diminuição da absorção em casos de níveis adequados ou de sobrecarga. Esse é o caso de Fe, Zn e Ca
   b. Distúrbios de má absorção (p. ex., doença de Crohn e doença celíaca) podem reduzir a absorção de minerais e outros nutrientes
   c. A acloridria (redução da secreção ácida do estômago) pode prejudicar a absorção de Fe e Ca
   d. A idade pode afetar a absorção mineral: a eficiência da absorção muitas vezes diminui com a idade
   e. **Gestantes**: a absorção de ferro aumenta durante a gravidez

teis. A carne exerce um efeito sobre a redução de ferro [66]; desse modo, um mecanismo possível é a conversão de Fe^{3+} para Fe^{2+} durante a digestão. Além disso, os produtos de digestão da carne, incluindo aminoácidos e polipeptídeos podem formar quelatos com o ferro, que são mais solúveis no conteúdo do intestino delgado.

9.3.3.2 Antagonistas da biodisponibilidade

9.3.3.2.1 Ácido fítico

O ácido fítico e os diversos fitatos estão entre os fatores mais importantes da dieta, limitando a biodisponibilidade de minerais [60]. O ácido fítico e seus complexos de minerais (fitatos) são as principais formas de armazenamento de fósforo em sementes. O ácido fítico mioinositol--1,2,3,4,5,6-hexafosfato contém seis grupos fosfatos esterificados para o inositol (Figura 9.8). Esses grupos fosfatos são ionizados rapidamente em pH fisiológico, por isso, o ácido fítico é um potente quelante de cátions, sobretudo de minerais di e trivalentes, como Ca^{2+}, Fe^{2+}, Fe^{3+}, Zn^{2+} e Mg^{2+} (Figura 9.9). Os minerais ligados a esses quelatos têm baixa biodisponibilidade, e, por isso, o fitato costuma ser reconhecido como um antinutriente.

Ácido ascórbico + $2Fe^{3+}$ → Ácido deidroascórbico + $2H^+$ + $2Fe^{2+}$

Além disso, para sua função já bem estabelecida de armazenamento de fósforo nas células vegetais, o ácido fítico e seus derivados atuam em diversas funções metabólicas, incluindo transdução de sinais e, possivelmente, trifosfato de adenosina (ATP, do inglês *adenosine triphosphate*), exportação de RNA, reparação de DNA e recombinação de DNA [102]. O ácido fítico é hidrolisado com rapidez por enzimas conhecidas como fitases. A hidrólise parcial gera uma mistura de fosfatos de inositol, dependendo do número de grupos fosfato liberados (Figura 9.9). O ácido fítico e seus vários produtos de hidrólise são chamados de IP6, IP5, IP4, e assim por diante, para indicar o número de grupos fosfato esterificados ao agrupamento inositol. O efeito inibitório do ácido fítico sobre a absorção mineral é reduzido pela hidrólise, mas evidências recentes sugerem que IP5, IP4 e IP3, bem como IP6, podem inibir a absorção de ferro [111].

As concentrações de fitatos nos alimentos variam de 1 a 3% (base úmida) em cereais e leguminosas, representando a fração de 1% em raízes, tubérculos e vegetais [111]. Como a maioria das plantas contém fitases endógenas, as quais podem ser ativadas durante o processamento, os alimentos preparados contêm uma mistura de inositol hexafosfato e seus diversos produtos de hidrólise. A Tabela 9.6 enumera as concentrações desses fosfatos em alimentos selecionados [51]. A partir da comparação entre os níveis de fosfato de farelo de cereal integral e cereais refinados, torna-se evidente que os fitatos estão concentrados nas camadas de farelo da semente, apresentando níveis

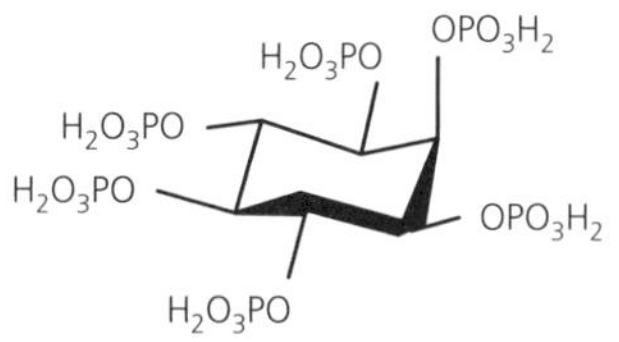

FIGURA 9.8 Estrutura química do ácido fítico: mioinositol-1,2,3,4,5,6-hexafosfato.

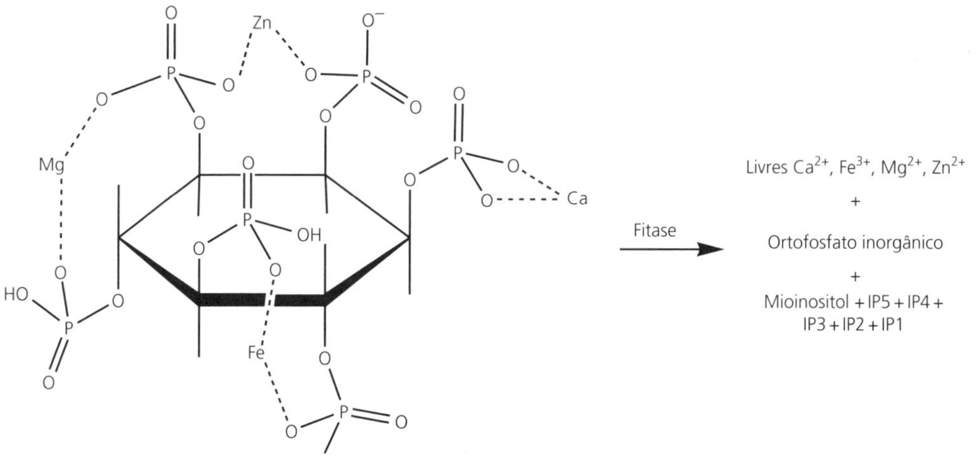

FIGURA 9.9 Projeção de Haworth mostrando a estrutura possível de um fitato contendo magnésio, zinco, cálcio e ferro quelados. Ca, Mg e Zn são cátions bivalentes e Fe é di ou trivalente. As fitases catalisam a hidrólise dos grupos fosfatos, gerando uma mistura de inositol, fosfatos de inositol, fosfato inorgânico e cátions metálicos livres, alguns dos quais devem permanecer ligados ao ácido fítico parcialmente hidrolisado. (Redesenhada de Lei, X.G. e Stahl, C.H., *Appl. Microbiol. Biotechnol.*, 57, 474, 2001.)

baixos no endosperma. Em sementes de leguminosas, por outro lado, o fitato encontra-se distribuído de forma homogênea, sendo que os níveis de fitato são elevados na maioria dessas sementes.

Em virtude da existência de muitas evidências consistentes que sustentam a hipótese de que o ácido fítico reduz a biodisponibilidade de diversos minerais essenciais, é razoável deduzir que a redução das concentrações de fitato em alimentos melhorará a biodisponibilidade mineral. Isso tem motivado esforços de agricultores em selecionar variedades com baixo teor de fitato para culturas de cereais e leguminosas como uma estratégia para a redução da prevalência de traços de má nutrição mineral [101]. Essa abordagem, embora promissora, ainda não foi suficientemente testada para merecer sua adoção como intervenção nutricional em seres humanos. Outra estratégia para reduzir o ácido fítico em alimentos é adicionar fitases durante o preparação ou o processamento de alimentos ou imediatamente antes do consumo. A adição de fitase a um mingau de milho antes do consumo aumentou a absorção de zinco em seres humanos em mais de 80% [11]. De modo alternativo, imersão de farinha de milho em água durante a noite para ativar fitases endógenas como uma estratégia para reduzir os níveis de fitato foi testada em um estudo no Malawi [74]. Observou-se uma pequena melhora no nível de ferro em crianças que consumiram mingau feito de farinha. Infelizmente, a eficácia desse tipo de abordagem tem sido decepcionante e inconsistente [71].

Embora a redução da ingestão de ácido fítico possa beneficiar o nível da nutrição mineral de algumas populações, essa prática pode ser considerada insensata, pois existem evidências a partir de estudos com animais de que o ácido fítico é protetor contra alguns tipos de câncer [46,125,129]. Os mecanismos envolvidos nesse processo são pouco entendidos, mas podem explicar a atividade antioxidante resultante da formação de quelatos de ferro e cobre. O ácido fítico também está associado à redução do risco de formação de cálculos renais, presumivelmente pela sua capacidade de inibir a cristalização de sais de cálcio [129].

9.3.3.2.2 Compostos polifenólicos

Os alimentos ricos em compostos polifenólicos reduzem a biodisponibilidade de ferro das refeições [119,122]. O chá é, em especial, um potente inibidor, o que é presumível pelo seu alto teor de taninos. Outros alimentos ricos em compostos polifenólicos que inibem a absorção de ferro incluem café, feijões que não sejam brancos, uvas-passas e sorgo [143].

TABELA 9.6 Conteúdo do inositol hexafosfato (IP6) e três dos seus produtos de hidrólise (IP3, IP4 e IP5) em alimentos selecionados

Alimento	IP3	IP4	IP5	IP6
Pão, farinha integral	0,3	0,2	0,5	3,2
Farinha de soja texturizada	—	0,9	4,4	21,8
Canjiquinha, Quaker®	Traços	0,03	0,3	2,0
Corn flakes, Kellogg's®	Traços	0,06	0,09	0,07
Cheerios, General Mills®	0,06	2,2	4,6	5,1
Farelo de aveia, Quaker®	0,07	1,0	5,6	21,2
Farinha de aveia, Quaker®	0,08	0,7	3,0	10,3
Rice Krispies, Kellogg's®	0,05	0,4	0,9	1,2
Shredded Wheat, Nabisco®	0,1	0,7	3,2	9,7
Wheaties, General Mills®	0,6	1,8	3,7	5,1
All-bran, Kellogg's®	0,8	3,9	11,5	22,6
Grão-de-bico	0,1	0,56	2,04	5,18
Red kidney beans	0,19	1,02	2,81	9,12

Os valores são expressos como µmol por grama de alimento.
Fonte: adaptada de Harland. B. e Narula, G., *Nutr. Res.*, 19(6), 947, 1999.

9.3.4 Aspectos nutricionais de minerais: visão geral

Os processos de digestão e absorção de nutrientes minerais podem ser descritos da forma mostrada a seguir [85]. No início do processo, o alimento é mastigado na boca, onde a amilase salivar começa o processo de digestão do amido. Nessa fase, ocorrem apenas mudanças limitadas nas espécies minerais. Em seguida, o alimento ingerido entra no estômago, onde o pH é reduzido gradualmente para ≈ 2 pelo ácido gástrico. Nessa fase, ocorrem mudanças drásticas nas espécies minerais. A estabilidade dos complexos é alterada pela alteração do pH, bem como por desnaturação e hidrólise das proteínas. Os minerais podem ser liberados para a solução, formando novos complexos com ligantes diferentes. Além disso, metais de transição como o ferro podem sofrer mudanças de valência quando o pH é reduzido. O comportamento redox do ferro depende muito do pH. Em pH neutro, mesmo com excesso de agentes redutores, como o ácido ascórbico, o íon férrico permanecerá no estado de oxidação 3+. No entanto, quando o pH diminuir, o ácido ascórbico reduzirá rapidamente o Fe^{3+} para Fe^{2+}. Uma vez que o Fe^{2+} tem menos afinidade que o Fe^{3+} com a maioria dos ligantes, essa redução promoverá a liberação de ferro dos complexos nos alimentos.

Na etapa seguinte da digestão, o alimento parcialmente digerido no estômago é esvaziado para o intestino delgado proximal, onde secreções pancreáticas que contêm bicarbonato de sódio e enzimas digestivas elevam o pH, fazendo o processo de digestão de proteínas, lipídeos e amido prosseguir. À medida que a digestão prossegue, novos ligantes são formados e os existentes são alterados, de forma que suas afinidades com os íons metálicos são afetadas universalmente. Desse modo, mais uma reorganização das espécies minerais ocorre no lúmen do intestino delgado, resultando na mistura complexa de espécies solúveis e insolúveis, de alta e baixa massa molecular. As espécies solúveis, incluindo íons minerais não ligados, podem difundir-se para a superfície da borda em escova das células epiteliais do intestino, onde podem ser capturadas pelos enterócitos ou passar entre as células (rota paracelular). A absorção pode ser facilitada por uma membrana transportadora (ou canal iônico), o que pode ser um processo ativo, que exige energia, podendo, ainda, ser saturável ou regulado por processos fisiológicos.

Sem dúvida, o processo de absorção mineral e os fatores que o afetam são extremamente complexos. Além disso, as mudanças nas espécies minerais durante a digestão, embora sejam de ocorrência conhecida, são pouco compreendidas. No entanto, os resultados de diversos estudos permitem a identificação de fatores que podem influenciar na biodisponibilidade mineral. Alguns desses fatores estão resumidos na Tabela 9.5.

9.3.5 Aspectos nutricionais de minerais essenciais: minerais individuais

Por diversas razões, as deficiências são comuns para alguns elementos minerais e raras ou inexistentes para outros. Além disso, existem grandes variações das prevalências de deficiências específicas entre as divisões geográficas socioeconômicas. Relatam-se as deficiências para cálcio, cobalto (como vitamina B_{12}), cromo, iodo, ferro, selênio e zinco nas dietas humanas [53]. Cálcio, cromo, ferro e zinco ocorrem em formas ligadas nos alimentos, sendo que sua biodisponibilidade pode ser reduzida dependendo da composição do alimento ou da refeição. Portanto, as deficiências desses minerais resultam da combinação entre baixa biodisponibilidade e baixa ingestão.

O iodo está presente nos alimentos e na água predominantemente na forma não ligada iônica. Ele apresenta biodisponibilidade elevada. A deficiência de iodo é causada por baixa ingestão. O selênio está presente em alimentos, principalmente como selenometionina, mas é utilizado de forma eficiente; desse modo, sua deficiência é causada por baixa ingestão. A deficiência de vitamina B_{12} (cobalto) é um problema apenas para indivíduos com dietas vegetarianas restritas, as quais são pobres para essa vitamina, ou para indivíduos que sofrem de algumas síndromes de má absorção. Essas observações ilustram ainda mais a complexidade envolvida na biodisponibilidade mineral. Algumas formas ligadas de minerais têm baixa biodisponibilidade, ao passo que outras têm alta biodisponibilidade. As formas não ligadas, em geral, têm alta biodisponibilidade. As discussões atuais sobre biodisponibilidade e deficiências minerais são resumidas na Figura 9.10 [53].

Nos Estados Unidos, as deficiências de cálcio e ferro têm recebido mais atenção nos últimos anos. Nos países em desenvolvimento, o ferro e o iodo têm recebido atenção especial, devido à prevalência elevada de deficiências desses minerais entre as populações desses países.

9.3.5.1 Cálcio

Os organismos de homens e mulheres adultos contêm ≈ 1.200 e 1.000 g de cálcio, respectivamente, o que o torna o mineral mais abundante no organismo. Mais de 99% do total de cálcio do corpo está presente nos ossos [131]. Além de sua função estrutural, o cálcio desempenha importantes funções reguladoras em numerosos processos bioquímicos e fisiológicos de plantas e animais. Por exemplo, o cálcio está envolvido em fotossíntese, fosforilação oxidativa, coagulação sanguínea, contração muscular, divisão celular, transmissão de impulsos nervosos, atividade enzimática, função da membrana celular, adesão intercelular e secreção hormonal.

O cálcio é um cátion divalente com um raio de 99 picômetros. Seus diversos papéis em células vivas estão relacionados à sua capacidade de formar complexos com proteínas, carboidratos e lipídeos. A ligação de cálcio é seletiva. Sua capacidade de ligar-se a oxigênio neutro, incluindo o dos alcoóis e o dos grupos carbonila, e a dois centros simultaneamente permite que ele realize ligações cruzadas com proteínas e polissacarídeos [29].

Os níveis de IA para o cálcio estão listados na Tabela 9.3. Eles variam de 210 mg/dia para lactentes a 1.300 mg/dia para adolescentes, mulheres grávidas e lactantes. As ingestões de cálcio, para a maioria da população dos Estados Unidos, estão bem abaixo do nível de IA, sendo um motivo de preocupação. As baixas ingestões de cálcio contribuem para a ocorrência de várias doenças crônicas, incluindo osteoporose, hipertensão e algumas formas de câncer. A osteoporose é ca-

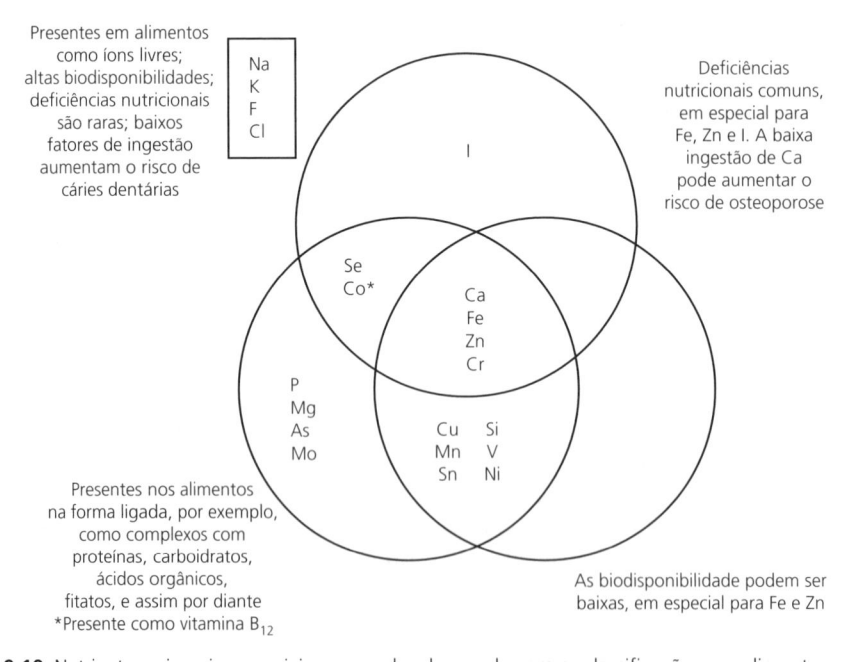

FIGURA 9.10 Nutrientes minerais essenciais, agrupados de acordo com as classificações nos alimentos (íons metálicos livres em solução ou complexos ligados ou quelatos), biodisponibilidade e ocorrência de deficiência em populações humanas. (Adaptada de Hazell, T., *World Rev. Nutr. Diet.*, 46, 1, 1985.)

racterizada por densidade mineral óssea muito baixa e risco aumentado de fraturas ósseas. Mais de 40 milhões de americanos têm osteoporose ou correm alto risco de desenvolvê-la [91]. A osteoporose é uma doença crônica caracterizada pela densidade mineral óssea muito baixa. Indivíduos com essa doença têm grandes riscos de sofrer fraturas ósseas, sobretudo fraturas de quadril, pulso e vértebras. Embora muitos fatores estejam associados a essa doença, a baixa ingestão de cálcio e de vitamina D parece estar entre os mais importantes. Essa suposta relação entre a ingestão de cálcio e a saúde óssea levou muitos profissionais de saúde a recomendar suplementos diários de cálcio. No entanto, metanálises recentes não corroboram a hipótese de que os suplementos de cálcio reduzem o risco de fraturas ósseas [105]. Além disso, há algumas evidências de que tomar suplementos de cálcio pode aumentar o risco de eventos cardiovasculares, cálculos renais e problemas gastrintestinais [105]. Felizmente, não há evidências de que altas ingestões de cálcio de fontes alimentares estejam associadas a esses resultados adversos à saúde. Portanto, parece prudente obter cálcio dos alimentos, em vez de suplementos de cálcio.

9.3.5.1.1 Biodisponibilidade do cálcio

A concentração de cálcio nos alimentos e a presença de inibidores ou melhoradores da absorção determinam sua absorção a partir dos alimentos [132]. A eficiência da absorção de cálcio (expressa pela porcentagem de cálcio ingerido) é inversa e relacionada logaritmicamente à concentração de cálcio ingerido ao longo de uma ampla faixa de ingestão [54]. Os principais inibidores da absorção de cálcio da dieta são o oxalato e o fitato, sendo que o oxalato é o mais potente. Os íons de cálcio formam quelatos insolúveis com oxalato (Figura 9.11). As fibras não parecem exercer grandes impactos sobre a absorção de cálcio [132].

O conteúdo de cálcio de diversas fontes alimentares, a absorção ajustada para o cálcio carregado e os números de porções equivalentes ao cálcio absorvível em uma porção de leite estão listados na Tabela 9.7. Apenas sucos de frutas fortificados oferecem mais cálcio absorvível por porção que o leite. Esses dados demonstram como é difícil atingir as doses recomendadas de ingestão de cálcio sem o consumo de leite ou outros produtos lácteos ricos em cálcio.

É evidente, a partir da Tabela 9.7, que os conteúdos de cálcio e sua capacidade de absorção variam muito. A porcentagem de absorção de cálcio a partir do leite é inferior à de alguns outros alimentos, não por estar ligado a formas indisponíveis, mas porque se encontra em uma concentração elevada. A pouca biodisponibilidade do cálcio a partir do espinafre e do feijão-rajado deve-se, talvez, às altas concentrações de oxalato e fitato, respectivamente.

9.3.5.2 Fósforo

O fósforo é encontrado em todos os sistemas vivos, devido ao seu papel vital na estrutura das membranas celulares e em quase todos os processos metabólicos. Ele existe em tecidos moles na forma de fosfato inorgânico, principalmente como HPO_4^{2-}, e como um constituinte de inúmeras moléculas orgânicas. O corpo humano adulto contém até 850 g de fósforo, dos quais 85% encontram-se no esqueleto, sob a forma de hidroxiapatita, $Ca_{10}(PO_4)_6(OH)_2$. A proporção de cálcio em relação ao fosfato nos ossos mantém-se em cerca de 2:1 [4].

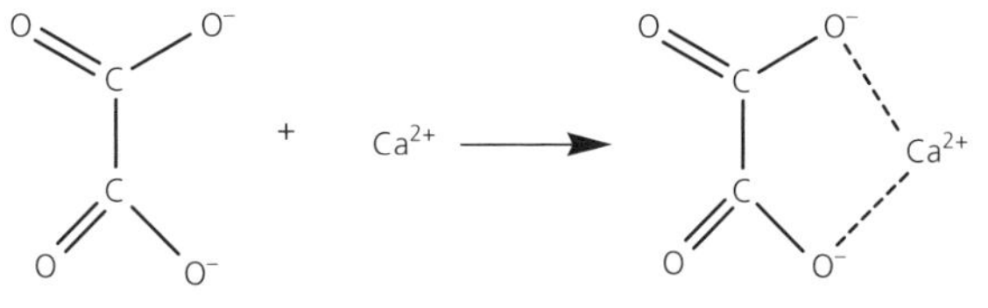

FIGURA 9.11 Formação de oxalato de cálcio a partir do cátion cálcio e do íon oxalato. A solubilidade do oxalato de cálcio é de apenas 0,04 mmol/L.

TABELA 9.7 Conteúdo e biodisponibilidade de cálcio em alimentos selecionados

Alimento	Tamanho da porção (g)	Conteúdo de cálcio (mg)	Absorção fracionada[a] (%)	Ca absorvido estimado/ porção (mg)	Porção igual a 240 mL de leite (n)
Leite	240	300	32,1	96,3	1,0
Amêndoas	28	80	21,2	17,0	5,7
Feijão-rajado	86	44,7	17,0	7,6	12,7
Brócolis	71	35	52,6	18,4	5,2
Couve-verde	75	25	64,9	16,2	5,9
Couve-flor	62	17	68,6	11,7	8,2
Ponche cítrico, com CCM[b]	240	300	50,0	150	0,64
Couve-de-folhas	65	47	58,8	27,6	3,5
Leite de soja	120	5	31,0	1,6	6,4
Espinafre	90	122	5,1	6,2	15,5
Tofu, com adição de Ca	126	258	31,0	80,0	1,2
Nabo verde	72	99	51,6	31,1	1,9
Agrião	17	20	67,0	13,4	7,2

[a]Porcentual de absorção ajustado à carga de cálcio.
[b]Cálcio-citrato-maleato.
Fonte: Weaver, C.M., e Plawecki, K.L., *Am. J. Clin. Nutr.*, 59, 1238S, 1994.

Os fosfatos orgânicos encontrados em sistemas vivos incluem fosfolipídeos, que formam a bicamada lipídica em todas as membranas celulares, DNA e RNA; ATP e creatina fosfato; monofosfato de adenosina cíclico (cAMP, do inglês *cyclic adenosine monophosphate*) (um mensageiro extracelular secundário) e muitos outros. Dessa forma, o fósforo é necessário para reprodução celular, integridade celular, transporte de nutrientes atráves das membranas, metabolismo energético e regulação de processos metabólicos.

As RDAs para o fósforo variam entre 100 mg/dia, para lactentes, a 1.250 mg/dia, para adolescentes, mulheres grávidas e lactantes (Tabela 9.3). A RDA do fósforo é muito semelhante à IA de Ca, porém, ao contrário da situação do Ca, a deficiência de P é rara, exceto em indivíduos portadores de algumas doenças metabólicas. Isso ocorre porque o fósforo está presente em concentrações significativas em muitos alimentos.

Como o fósforo está presente em quase todos os alimentos, aqueles com altos teores de proteína, como produtos lácteos, carnes, aves e peixes, são, em especial, boas fontes. Grãos integrais e leguminosas também são abundantes em fósforo, porém a maioria dele está presente na forma de fitato, a principal forma de armazenamento de fósforo nas sementes. Ao contrário do fosfato inorgânico e da maioria dos fosfatos orgânicos, o fitato fosforoso tem baixa biodisponibilidade e pode inibir a absorção de alguns minerais (ver Seção 9.3.3.2). Os fosfatos provenientes de aditivos alimentares contribuem para o aumento da proporção de ingestão de fósforo. Os fosfatos são muito usados em vários alimentos processados, como bebidas carbonatadas, queijos processados, carnes curadas, produtos assados e muitos outros [36].

9.3.5.3 Sódio, potássio e cloreto

O sódio e o potássio são classificados como metais alcalinos (grupo 1A da tabela periódica). Eles renunciam com rapidez à sua valência eletrônica (ns^1) para formar cátions monovalentes. Esses elementos têm ocorrência natural apenas como sais. O sódio é o sexto elemento mais abundante na crosta terrestre. Há enormes depósitos subterrâneos de cloreto de sódio. O potássio tem ocorrência natural como KCl (silvita) e KCl·$MgCl_2$·$6H_2O$ (carnalita). O principal uso industrial do potássio é como fertilizante.

O sódio, o potássio e o cloreto são nutrientes essenciais, mas suas deficiências são raras, pois as ingestões são quase sempre maiores que as necessidades. Uma função importante do sódio e do cloreto no corpo é regular o volume do líquido extracelular, um fator-chave que afeta a pressão sanguínea. Na^+ é o cátion predominante no líquido extracelular e 95% do sódio total do organismo está presente neste compartimento. Cl^- é o principal ânion no líquido extracelular. As funções do Na^+ e do Cl^- são fortemente interligadas, sendo que, por vezes, torna-se difícil separar seus papéis no metabolismo [100]. O potássio, por outro lado, é encontrado principalmente no líquido intracelular. Suas funções no organismo incluem a manutenção da polarização das membranas, que, por sua vez, afeta a transmissão nervosa, a contração muscular e o tônus vascular [61]. As RDAs não foram estabelecidas para Na, K ou Cl porque não há dados suficientes disponíveis para isso. No entanto, o Instituto de Medicina definiu os níveis de IA. Para homens e mulheres adultos, as IAs para Na, Cl e K são de 1,5, 2,3 e 4,7 g/dia, respectivamente [61]. Os ULs foram estabelecidos para sódio e cloreto, com base na evidência de que altas ingestões de sódio aumentam a pressão arterial. Os ULs para sódio e cloreto para homens e mulheres adultos são 2,3 e 3,6 g/dia, respectivamente [61]. Um UL para potássio não foi estabelecido, uma vez que não há evidência de um efeito adverso à saúde por consumir muito potássio a partir dos alimentos [61]. Para a maioria das pessoas, a ingestão de sódio é muito alta. O terceiro *National Health and Nutrition Examination Survey*, que foi realizado de 1988 a 1994, relatou que 95% dos homens e 75% das mulheres tinham ingestões de cloreto de sódio que excediam o UL. Powles e colaboradores [98] relataram que a ingestão média global de sódio é de 3,95 g/dia por pessoa, com consumo médio na América do Norte variando de 3,4 a 3,8 g/dia. O Guia Dietético para Americanos de 2010 recomenda que os americanos "reduzam a ingestão diária de sódio para menos de 2.300 miligramas (mg) e reduzam a ingestão para 1.500 mg entre pessoas com 51 anos ou mais e aquelas de qualquer idade afro-americanas ou com hipertensão, diabetes ou doença renal crônica. A recomendação de 1.500 mg aplica-se a cerca de metade da população dos Estados Unidos, incluindo crianças e a maioria dos adultos" [124]. Claramente, estamos muito longe de cumprir essas diretrizes.

9.3.5.3.1 Fontes dietéticas de sódio

Embora o sódio esteja presente nos alimentos em muitas formas químicas diferentes, estima-se que ≈ 90% do sódio na dieta dos Estados Unidos esteja na forma de cloreto de sódio e que a maior parte seja adicionada durante o processamento de alimentos [61]. A Tabela 9.8 fornece um resumo das fontes de sódio na dieta americana. Isso coloca uma pressão considerável na indústria alimentar para reduzir os níveis de sódio adicionado nos seus produtos [16]. Muitas empresas se comprometeram a reduzir gradualmente os níveis de sódio nos alimentos.

Há evidências substanciais ligando altas ingestões de sódio à pressão arterial elevada [62]. Isso, juntamente com evidências que mostram uma associação entre a pressão arterial elevada e a doença cardiovascular, é a base para recomendações, como as das Diretrizes Dietéticas para Americanos, para diminuir a ingestão de sódio nas populações. No entanto, há também evidências de que o baixo consumo de sódio pode aumentar o risco de morte em pacientes com insuficiência cardíaca congestiva [62]. Isso, juntamente com evidências conflitantes sobre a eficácia da redução da ingestão de sódio em populações para prevenir doenças crônicas, gerou considerável controvérsia na literatura sobre a sensatez das intervenções de saúde pública destinadas a reduzir o risco de doenças cardiovasculares e outras, reduzindo-se a ingestão de sódio [62]. Parte da controvérsia se deve à falta de evidências convincentes de que a redução da ingestão de sódio se traduza em redução da mortalidade por doenças cardiovasculares e outras doenças crônicas. Uma metanálise recente pode ser uma indicação de que evidências mais convincentes estão se acumulando. Esse artigo de Mozaffarian e colaboradores [90] concluiu que 1,65 milhão de mortes por causas cardiovasculares em todo o mundo podem ser atribuídas a ingestões de sódio acima de 2,0 g/dia.

9.3.5.4 Ferro

O ferro é o quarto elemento mais abundante na crosta terrestre, sendo um nutriente essencial para quase todas as espécies vivas. Em sistemas biológicos, ele está presente, quase exclusivamente, na forma de quelatos com anéis de porfirina ou proteínas. Os organismos de homens e mulheres adultos contêm por volta de 4 e 2,5 g de ferro, respectivamente. Cerca de dois terços desse ferro é funcional, o que significa que desempenham um papel ativo no metabolismo. O restante, em indivíduos supridos de ferro, encontra-se nas reservas de ferro, localizadas principalmente no fígado, no baço e na medula óssea. O ferro funcional desempenha muitos papéis fundamentais nos sistemas biológicos, incluindo transporte de oxigênio (hemoglobina e mioglobina), respiração e metabolismo energético (citocromos e proteínas ferro-enxofre), destruição de peróxido de hidrogênio (peroxidase de hidrogênio e catalase) e síntese de DNA (redutase ribonucleotídeo). Muitas das proteínas acima citadas contêm heme, um complexo de ferro com protoporfirina IX (Figura 9.12). O envolvimento do ferro em muitas dessas reações metabólicas depende de sua capacidade de aceitar ou doar um elétron, isto é, facilidade do ciclo redox entre as formas de Fe^{2+} e Fe^{3+}).

O ferro livre pode ser tóxico para as células vivas. Presumivelmente, esta toxicidade resulta da geração de espécies ativas de oxigênio, que podem promover oxidação lipídica ou atacar proteínas ou moléculas de DNA (ver esta Seção e Seção 9.5.4). Para evitar as consequências tóxicas do ferro livre, na prática, todas as células vivas têm mecanismos de armazenamento extra de ferro intracelular, em uma forma não tóxica. O ferro é capturado no interior de uma proteína globular oca chamada de apoferritina. Essa proteína-envelope é composta de 24 subunidades polipeptídicas dispostas na forma de esfera. O ferro é depositado na cavidade do envelope como oxi-hidróxido férrico polimérico. Até 4.500 átomos de ferro podem ser armazenados em um único envelope de ferritina [22]. O ferro da ferritina é, em resumo, uma reserva celular que pode ser mobilizada quando o ferro se faz necessário às sínteses de hemoglobina, mioglobina ou de outras proteínas com ferro.

Apesar da abundância de ferro no meio ambiente, a deficiência de ferro em humanos, alguns animais de criação e vegetais cultivados em alguns solos é generalizada. Por exemplo, a Organização Mundial da Saúde estima que a deficiência de ferro é o distúrbio nutricional mais prevalente no mundo [139]. A deficiência de ferro é uma das principais causas de anemia, caracterizada por baixas contagens de glóbulos vermelhos e baixas concentrações de hemoglobina no sangue. Cerca de um terço da população mundial sofre de anemia. Suas consequências para a saúde incluem desenvolvimento mental e físico prejudicado em crianças, fadiga, diminuição da produtividade no trabalho e aumento da mortalidade infantil e materna [139]. A deficiência de ferro e a anemia por deficiência de ferro são particularmente comuns nos países em desenvolvimento do sul da Ásia e da África. Crianças e mulheres em idade fértil são mais afetadas pela deficiência de ferro.

O paradoxo da alta prevalência da deficiência nutricional de um nutriente presente em abundância no ambiente pode ser explicado pelo comportamento do ferro em soluções aquosas. O ferro é um elemento de transição, o que significa que

TABELA 9.8 Fontes de sal (NaCl) na dieta americana

Fontes de sal	% do sal total
Adicionado durante o processamento de alimentos	77
Ocorrência natural nos alimentos	12
Adicionado na mesa	6
Adicionado em casa durante o cozimento	5
Água de torneira	< 1

Fonte: adaptada de Institute of Medicine, *Dietary Reference Intakes: The Essential Guide to Nutrient Requirements*, Otten, J.J., Hellwig, J.P., e Meyers, L.D., eds., The National Academies Press, Washington, DC, 2006.

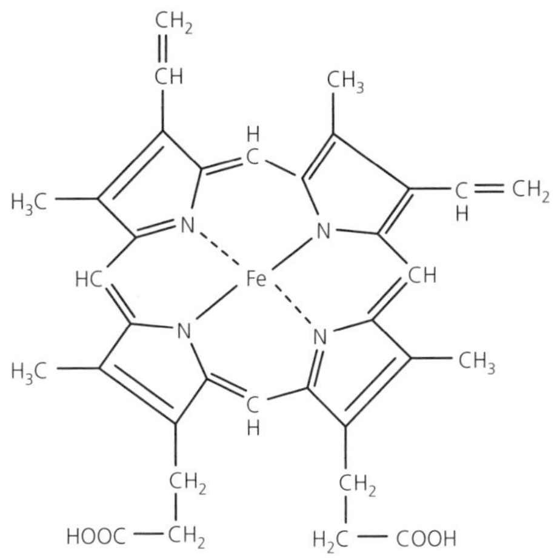

FIGURA 9.12 Heme, um quelato de ferro encontrado em muitas proteínas, incluindo hemoglobina, mioglobina, citocromos e peroxidases. O estado de oxidação do ferro pode ser II ou III.

possui orbitais não preenchidos. Seu estado de oxidação na maioria das formas naturais é +2 (ferroso) ou +3 (férrico). O ferro ferroso tem seis elétrons d, ao passo que o férrico tem cinco. Em soluções aquosas, sob condições redutoras, a forma predominante é a de ferroso. O ferro ferroso é bastante solúvel em água a pHs fisiológicos. Na presença de oxigênio molecular, no entanto, o Fe^{2+} aquoso pode reagir com oxigênio molecular, formando Fe^{3+} e o ânion superóxido:

$$Fe_{aq}^{2+} + {}^{\bullet}O_2 \rightarrow Fe_{aq}^{3+} + {}^{\bullet}OL_2^-$$

Quando as moléculas de água se ligam ao ferro, sua acidez aumenta, e elas podem perder prótons para formar hidróxidos. À medida que mais e mais moléculas de água ligadas liberam prótons, formam-se espécies de hidróxido férrico cada vez mais insolúveis [23]:

$$Fe(H_2O)_6^{3+} + H_2O \rightarrow$$
$$Fe(H_2O)_5(OH^-)^{2+} + H_3O^+ \rightarrow \rightarrow \rightarrow Fe(OH)_3$$

Como essa reação ocorre facilmente, exceto em pH muito baixo, os hidróxidos férricos insolúveis predominam em sistemas aquosos, e isso explica, em parte, a baixa biodisponibilidade do ferro não heme na dieta.

A biodisponibilidade de ferro é quase toda determinada pela eficiência de sua absorção no intestino. A ingestão total de ferro, a composição da dieta, a condição fisiológica (p. ex., gravidez, obesidade, infecção) e o estado de ferro do consumo individual na dieta desempenham um papel na determinação da quantidade de ferro absorvida.

Dietas de países industrializados, como os Estados Unidos, fornecem ≈ 6 mg de ferro por 1.000 kcal (4.187 kJ) [8]. As espécies de ferro nos alimentos podem ser agrupadas tanto como heme como não heme. O ferro heme encontra-se bem ligado ao centro de um anel de porfirina (Figura 9.12), não se dissociando desse ligante até que seja absorvido por células epiteliais intestinais. Ele ocorre na maioria das vezes com hemoglobina ou mioglobina e, portanto, encontra-se quase exclusivamente em carnes, aves e peixes. A maior parte do ferro dos alimentos vegetais e ≈ 40 a 60% do ferro dos tecidos animais encontram-se na forma de ferro não heme. Essa forma de ferro está ligada a proteínas, mas também pode ser complexada com citrato, fitato, oxalato, polifenóis e outros ligantes.

A biodisponibilidade do ferro heme é relativamente inalterada pela composição da dieta, sendo muito maior que a do ferro não heme. A biodisponibilidade deste varia muito, dependendo da composição da dieta. Sabe-se que o ferro não heme de todas as fontes de uma refeição (alimentos, bem como fortificação com ferro) entra em uma mescla comum durante a digestão, sendo que a absorção de ferro a partir dessa mistura é determinada pela totalidade dos ligantes presentes no bolo alimentar que se move pelo trato gastrintestinal.

Diversos melhoradores e inibidores da absorção de ferro não heme foram identificados. Entre os melhoradores estão a carne bovina, aves, peixes, ácido ascórbico, inulina e EDTA (em dietas em que a biodisponibilidade é baixa). Os inibidores incluem polifenóis (taninos no chá, legumes e sorgo), fitatos (presentes em leguminosas e cereais integrais), algumas proteínas vegetais (principalmente proteínas de leguminosas), cálcio (presumivelmente devido à competição por proteínas de transporte nas membranas das células epiteliais intestinais) e fosfatos.

Em geral, a biodisponibilidade de ferro na dieta é determinada por uma complexa interação dos melhoradores e dos inibidores presentes. A absorção de ferro em dietas compostas basicamente de raízes, tubérculos, leguminosas e cereais, com limitação para carne e ácido ascórbico, pode ser apenas de ≈ 5%, mesmo em indivíduos com níveis restritos de ferro. Desse modo, a dieta deve fornecer ≈ 0,7 mg de ferro absorvível por dia, uma quantidade muito pequena para satisfazer as necessidades de muitas pessoas. A absorção do ferro em dietas baseadas em raízes, cereais e leguminosas, que contenham um pouco de carne bovina, aves ou peixes e alguns alimentos ricos em ácido ascórbico pode ser de ≈ 10%. Essas dietas fornecem ≈ 1,4 mg de ferro absorvível por dia, quantidade adequada para a maioria dos homens e das mulheres que se encontram no pós-menopausa, mas insuficiente para ≈ 50% daquelas em idade fértil. Dietas compostas de quantidades generosas de carne bovina, aves, peixes e alimentos ricos em ácido ascórbico proporcionam mais de 2 mg de ferro absorvível por dia, quantidade suficiente para satisfazer as necessidades de quase todas as pessoas saudáveis [8].

9.3.5.5 Zinco

O zinco está presente em sistemas biológicos sob a forma do cátion bivalente Zn^{2+}. Ele não altera sua valência sob a maioria das condições e, portanto, não participa diretamente das reações redox como os elementos de transição ferro e cobre. Trata-se de um forte ácido de Lewis e, como consequência, liga-se a dois ligantes doadores de elétrons. Ligantes que contêm grupos sulfidrílicos (−SH) e grupos amina fazem ligações fortes com o Zn^{2+}. Portanto, o zinco, na maioria dos sistemas biológicos, está ligado a proteínas [27].

O zinco está envolvido em diversas funções metabólicas. Mais de 50 metaloenzimas de zinco já foram identificadas. Elas incluem RNA polimerases, fosfatase alcalina e anidrase carbônica [27]. O zinco age na estrutura, bem como na catálise em metaloenzimas. Ele funciona como um antioxidante, ou seja, como um cofator da metaloenzima superóxido dismutase Cu/Zn. Além disso, ele desempenha uma função-chave na regulação da expressão genética. As RDAs de zinco variam de 2 mg/dia, para lactentes, a 13 mg/dia, para mulheres lactantes adolescentes (Tabela 9.4).

Apesar de seu papel em muitos processos metabólicos, um indicador confiável e sensível para o nível de zinco não foi desenvolvido. A concentração plasmática de zinco é amplamente utilizada, mas não é muito sensível a mudanças no nível de zinco. No entanto, as concentrações plasmáticas de zinco na faixa de 12 a 18 μmol/L são consideradas normais.

A deficiência de zinco em homens e animais gera a diminuição da resposta imune, dificultando a cicatrização de feridas e a redução do apetite. Prasad [99] foi o primeiro a descrever a deficiência de zinco, em 1961, em rapazes que apresentavam nanismo e hipogonadismo (atraso da maturação sexual). Supõe-se que esses casos tenham sido causados pelo consumo de pães com alto teor de fitato [33]. A capacidade de armazenamento de zinco no organismo é limitada e, em decorrência disso, a deficiência de zinco pode desenvolver-se rapidamente caso sua ingestão seja baixa [27].

O conteúdo e a biodisponibilidade de zinco em alimentos é muito variável. Nos Estados Unidos, carnes e produtos lácteos são suas fontes mais importantes [73,75]. A regulação homeostática do total de zinco no organismo ocorre principalmente no intestino. Quando a ingestão é baixa, a taxa de absorção real aumenta, e a excreção endógena de zinco pelo intestino diminui [27]. A excreção fecal de zinco endógeno resulta de secreções no suco pancreático diretamente causadas pelos enterócitos.

Estudos sobre os efeitos do ácido fítico sobre a biodisponibilidade do zinco mostram, com eficiência, que o ácido fítico prejudica sua absorção. Portanto, dietas ricas em cereais integrais e leguminosas devem aumentar o risco de deficiência de zinco. Os produtos fabricados a partir de farinhas refinadas têm níveis mais baixos de ácido fítico, apresentando, também, níveis mais baixos de zinco, uma vez que ele se encontra concentrado nas frações do farelo e do germe da semente. Sandström e colaboradores [112] relataram que a absorção total de zinco a partir de pão de trigo integral é 50% maior que a partir de pão branco, embora as porcentagens de absorção tenham sido de 17 e 38%, respectivamente. A deficiência desse mineral parece ser muito mais prevalente em países em desenvolvimento, quando em comparação a países desenvolvidos. No México, 25% das crianças com menos de 11 anos apresentam níveis séricos de zinco inferiores a 10,0 μmol/L (0,65 mg/L) [110]. A explicação possível para essa discrepância é o consumo mais baixo de carne e produtos lácteos nos países em desenvolvimento. Por outro lado, em países desenvolvidos, como os Estados Unidos, os níveis de zinco em vegetarianos não parecem ser mais baixos que em não vegetarianos, embora alguns estudos venham mostrando níveis plasmáticos mais baixos desse mineral, porém dentro da normalidade [59]. A falta de um ensaio sensível à deficiência marginal de zinco pode ser a explicação para esses resultados.

9.3.5.6 Iodo

O iodo é um nutriente essencial, necessário à síntese dos hormônios da tireoide. Esses hormônios, tiroxina (3,4,3′,5′-tetraiodotironina, designada como T_4) e 3,5,3′-tri-iodotironina (T_3), têm múltiplas funções no organismo [118]. Eles influenciam no crescimento das células nervosas, nos desenvolvimentos físico e mental de crianças e na taxa metabólica basal. As RDAs de iodo variam de 90 μg/dia em crianças a 290 μg/dia em mulheres lactantes (Tabela 9.4).

A ingestão inadequada de iodo causa diversas doenças, conhecidas como distúrbios de deficiência de iodo (IDD, do inglês *iodine deficiency disorders*) [30,31]. O bócio é o IDD mais conhecido, mas muitos outros distúrbios podem resultar dessa deficiência, como diminuição da fertilidade, aumento das taxas de mortalidade perinatal, retardo de crescimento em crianças e comprometimento do desenvolvimento mental [31]. A deficiência de iodo é a principal causa de deficiência intelectual no mundo. O cretinismo, sua forma mais grave, ocorre em crianças cujas mães tiveram deficiência grave de iodo durante a gravidez. Segundo algumas estimativas, 2 bilhões de pessoas em todo o mundo têm ingestes insuficientes de iodo [58]. As maiores prevalências de baixas ingestões ocorrem em países da África subsaariana e do Sul da Ásia, mas as ingestões na Austrália e em alguns países europeus também são baixas [144]. A ingestão de iodo nos Estados Unidos parece ser adequada para a maioria das pessoas [14]. Os produtos lácteos são o maior contribuinte para a ingestão de iodo nos Estados Unidos, mas o sal iodado é também uma fonte importante [95]. As fontes de iodo nos produtos lácteos incluem sanitizantes contendo iodo e suplementos alimentares. Nas áreas onde o iodo do solo é alto, as culturas forrageiras contêm concentrações significativas de iodo, e este será passado para o leite das vacas que se alimentam dessas culturas.

A deficiência de iodo ocorre mais em regiões onde os níveis de iodo no solo são baixos, devido a lixiviação causada pelo derretimento de geleiras (p. ex., nas regiões montanhosas da Bolívia), chuvas torrenciais e inundações [31]. O problema dessa deficiência pode ser agravado pela ingestão de bocígenos. Estes são substâncias que promovem o desenvolvimento do bócio. Uma delas é a linamarina, um tioglicosídeo presente na mandioca. Se o bocígeno não for removido ou degradado por imersão ou cozimento adequado antes de a mandioca ser consumida, a linamarina é hidrolisada em cianeto no intestino, absorvida e convertida em tiocianato. Este interfere na absorção de iodo pela glândula tireoide. Os bocígenos contribuem para o desenvolvimento de bócio apenas quando as ingestões de iodo são baixas, não causando bócio em pessoas com IAs de iodo [118].

9.3.5.7 Selênio

O selênio é um constituinte essencial de pelo menos 25 proteínas no organsimo [80]. Elas incluem glutationa peroxidase (GSH), selenoproteína P plasmática, selenoproteína W muscular e selenoproteínas encontradas na próstata e na placenta. A glutationa peroxidase catalisa a redução de hidroperóxidos, agindo, assim, como um importante antioxidante. Essa função explica observações recentes de que o selênio poderia poupar a vitamina E em seres humanos e animais, ou seja, as necessidades de vitamina E aumentam quando há deficiência de selênio, e diminuem quando há quantidades adequadas desse mineral. As RDAs de selênio variam entre 14 µg/dia para lactentes, e 70 µg/dia para mulheres lactantes (Tabela 9.4).

O Se encontra-se no mesmo grupo da tabela periódica (4A) do oxigênio e do enxofre e, por consequência, apresenta propriedades químicas semelhantes. Ele está presente em tecidos animais principalmente na forma de selenocisteína, um aminoácido com um esqueleto de carbono idêntico ao da serina e ao da cisteína (Figura 9.13).

As proteínas que contêm Se em proporções estequiométricas são chamadas de selenoproteínas. A selenocisteína é a forma ativa do Se em proteínas animais. A selenometionina também está presente, mas parece ser uma forma de armazenamento não específica, ocorrente tanto em plantas como em animais, como parte da reserva de metionina [13]. O Se é conhecido por não ser um nutriente essencial em plantas, embora a selenometionina esteja presente em tecidos vegetais, em concentrações muito diferentes, em função dos níveis de selênio biodisponível nos solos onde as plantas são cultivadas.

A deficiência de selênio causa problemas graves de saúde em animais e seres humanos. Sua prevalência varia muito entre as regiões do mundo. Prevalências elevadas ocorrem em áreas em que os níveis de Se no solo são baixos e as populações dependem muito de alimentos produzidos no local. A doença de Keshan e a doença de Kaschin-Beck ocorrem em áreas rurais da China e da Sibéria Oriental, onde os níveis de Se no solo são extremamente baixos [26]. A doença de Keshan é uma miocardite (inflamação da camada muscular média da parede do coração), que se manifesta como insuficiência cardíaca, aumento cardíaco, arritmias cardíacas e outros problemas no coração. A suplementação com comprimidos de selenito de sódio (Na_2SeO_3) tem produzido, nos últimos anos, uma redução drástica da prevalência dessa doença em áreas com baixo teor de Se, mas, agora, sabe-se que essa condição é multifatorial, podendo envolver uma infecção viral que é mais potente na presença de deficiência de Se [26]. A doença de Kaschin-Beck é uma forma de osteoartrite que se apresenta como deformidades nas articulações e, em casos graves, como nanismo. Essa doença está claramente associada à deficiência de selênio, porém, como no caso da doença de Keshan, outros fatores estão envolvidos em sua causa [13]. Esses fatores são mi-

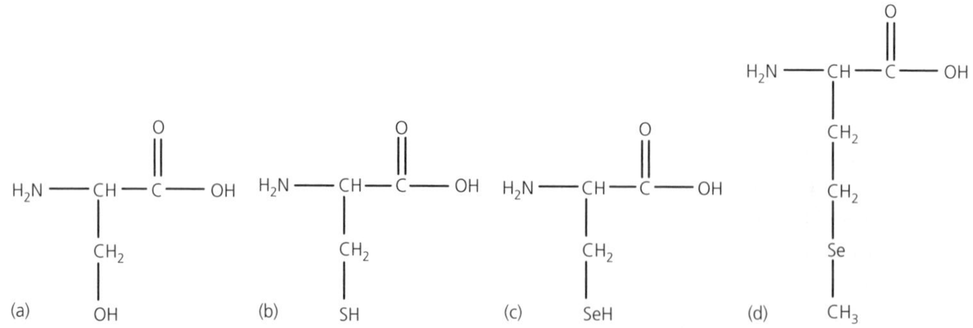

FIGURA 9.13 Estruturas químicas de (a) serina, (b) cisteína, (c) selenocisteína e (d) selenometionina. (Redesenhada a partir de Burk, R.F. e Levander, O.A., Selenium, em: Shills, M.E. Olson, J.A., Shike, M., e Ross, A.C., eds., *Modern Nutrition in Health and Disease*, 9th edn., Lippincott Williams & Wilkins, Philadelphia, PA, 1999, pp. 265–276.)

cotoxinas em grãos e contaminantes orgânicos desconhecidos na água potável.

Além de seu papel como nutriente essencial, de evitar os distúrbios causados pelas deficiências acima citadas, evidências indicam que a ingestão de Se acima daquela necessária para prevenir deficiências pode também prevenir o câncer. Muitos estudos observacionais relataram uma associação inversa entre as ingestões dietéticas de selênio e as taxas de câncer. Uma metanálise recente de 55 estudos observacionais prospectivos encontrou que ingestões maiores de selênio estavam associadas a um menor risco de incidência de câncer e mortalidade por câncer [128]. No entanto, no mesmo estudo, uma metanálise de ensaios controlados randomizados não revelou evidências claras de que a suplementação de selênio reduzisse o risco de qualquer câncer. Os autores concluíram que "até o momento, nenhuma evidência convincente sugere que os suplementos de selênio podem prevenir o câncer" [128]. Esses resultados conflitantes podem ser devidos a uma possível interação selênio-gene, em que o efeito do nível de selênio no risco de câncer pode ser diferente em diferentes indivíduos ou populações [80]. Também é possível que o nível inicial de selênio das populações estudadas possa influenciar o efeito protetor do selênio, ou a falta dele, no risco de câncer. Se este for o caso, o selênio pode ser protetor em pessoas com nível baixo ou moderado nível de selênio, mas não em pessoas que estejam bem nutridas com relação ao selênio. De fato, há evidências crescentes de que suplementos de selênio podem aumentar câncer de pele não melanoma e diabetes tipo 2 em pessoas com níveis de selênio adequados [103].

As fontes primárias de Se nas dietas de seres humanos são cereais, carnes e frutos do mar [3]. A concentração de Se desses alimentos é bastante variável entre as regiões do mundo, devido às grandes oscilações dos níveis de Se biodisponível nos solos. Um exemplo considerável dessa situação é observado em grãos de trigo. Os cultivados na Dakota, nos Estados Unidos, podem conter mais de 2 mg Se/kg, ao passo que as concentrações no trigo cultivado na Nova Zelândia podem ser muito baixas, chegando a 0,005 mg/kg. O conteúdo de Se em produtos de origem animal também é variável, pois é afetado pelas concentrações dos alimentos usados para os animais, os quais, por sua vez, são influenciados pelos níveis de Se do solo. Nas últimas décadas, a prática da adição de Se para suplementar a alimentação animal, a fim de prevenir sua deficiência, tem-se tornado cada vez mais comum. Tal prática reduziu a variação geográfica dos níveis de Se em produtos de origem animal [26]. A Tabela 9.9 lista o teor de Se de alimentos selecionados disponíveis em diversos países. Dadas as diferenças de concentração de Se nos alimentos de diferentes países, não é surpreendente que as ingestões desse mineral também variem entre as regiões do mundo. A Tabela 9.10 resume a ingestão de Se em vários países.

É interessante a observação de que a ingestão de Se no Reino Unido parece ter diminuído entre 1978 e 1995. Essa diminuição é atribuída à troca da farinha do trigo cultivado nos Estados Unidos pela farinha do trigo cultivado no Reino Unido, a qual era utilizada na fabricação de pães [106]. A maioria do trigo cultivado nos Estados Unidos é proveniente de áreas onde os níveis de Se são elevados.

9.3.6 Toxicologia de metais pesados de origem alimentar

Todos os metais, incluindo os que são nutrientes essenciais, são tóxicos quando sua ingestão excede os níveis seguros; contudo, mercúrio, chumbo e cádmio são considerados os mais tóxicos por apresentarem riscos significativos nos alimentos.

Os metais pesados podem estar presentes nos alimentos por diversos meios. Eles podem ser retirados do solo por meio das raízes das plantas ou ser depositados nas superfícies de folhas de plantas, a partir de partículas atmosféricas ou aerossóis. Os animais que se alimentam de plantas contaminadas, água ou outros animais podem acumular metais em seus tecidos. A água contaminada pode ser utilizada para irrigação, processamento de alimentos ou preparação doméstica de alimentos. As máquinas de processamento de

TABELA 9.9 Conteúdo de Se em categorias de alimentos selecionados em μg/g

Alimento	Estados Unidos	Finlândia[a]		China por regiões de Se[b]		
		Pré 1984	Pós 1984	Se baixo	Se moderado	Se alto
Cereais	0,06–0,66	0,005–0,12	0,01–0,27	0,005–0,02	0,017–0,11	1,06–6,9
Carnes vermelhas	0,08–0,50	0,05–0,10	0,27–0,91	0,01–0,03	0,05–0,25	—
Laticínios	0,01–0,26	0,01–0,09	0,01–0,25	0,002–0,01	0,01–0,03	—
Peixes	0,13–1,48	0,18–0,98	—	0,03–0,20	0,10–0,60	—

[a] O uso de fertilizantes de Se como meio de aumentar seus níveis nos alimentos foi iniciado na Finlândia, em 1984.
[b] A China tem regiões de níveis baixos, moderados e elevados de Se nos solos.
Fonte: adaptada de Combs, G.F., Br. J. Nutr., 85, 517, 2001.

TABELA 9.10 Ingestão de selênio na dieta de países selecionados ao redor do mundo

País ou região	Ingestão de Se, μg/dia, taxas
China (área com baixo teor de Se)	3–11
China (área com alto teor de Se)	3.200–6.690
Finlândia (1974)	25–60
Finlândia (1992)	90 (média)
Nova Zelândia	6–70
Reino Unido (1978)	60 (média)
Reino Unido (1995)	29–39
Estados Unidos	62–216

Fonte: adaptada de Reilly, C., Trends Food Sci. Technol., 9, 114, 1998.

alimentos e os materiais para embalagens podem conter metais pesados que podem lixiviar dentro dos alimentos. A contaminação pode ser natural, bem como por fontes artificiais. A chuva pode lixiviar os metais pesados de rochas, depositando-os em formas biodisponíveis em solos utilizados para a produção de alimentos. As erupções vulcânicas costumam conter altos níveis de mercúrio. As fontes artificiais são fertilizantes, fungicidas, sedimentos de água de esgoto, soldas usadas para selar latas, argilas utilizadas na fabricação de cerâmica, pigmentos utilizados em tintas, exaustões de carros que usam gasolina com chumbo, emissões provenientes de centrais elétricas e efluentes de fábricas de manufaturas, como fábricas de papel. Felizmente, progressos substanciais vêm ocorrendo ao longo das últimas três ou quatro décadas na redução e na eliminação da contaminação de muitas dessas fontes. Por exemplo, a gasolina com chumbo foi substituída, em grande parte, pela gasolina sem chumbo em muitos países. Os fabricantes têm aplicado tecnologias para remoção de substâncias tóxicas do ar e de efluentes; além disso, fungicidas e pesticidas que contêm mercúrio e arsênio foram substituídos por alternativas menos tóxicas. No entanto, a contaminação de metais pesados nos alimentos é uma preocupação permanente que requer vigilância e acompanhamento constantes.

As operações de processamento podem remover metais pesados contaminantes dos alimentos, bem como adicioná-los aos alimentos. Por exemplo, a concentração de cádmio em massas alimentícias, obtidas a partir de trigo duro, era de 63% do valor encontrado na semente intacta. Em contrapartida, os níveis de chumbo nas mesmas massas eram de 120% dos valores da semente intacta [28]. O cozimento da massa em água reduziu as concentrações de cádmio e chumbo para 33 e 52% dos níveis encontrados na semente intacta. Deve-se observar que tanto os níveis de cádmio como os de chumbo das amostras de trigo estão bem abaixo dos 0,2 µg/g (peso fresco) máximos fixados pela European Comission, em 2001.

9.3.6.1 Chumbo

O chumbo (Pb) é um metal maleável e resistente à corrosão e, portanto, é um material atraente para muitos usos, incluindo tubulações de água, que foram usadas em muitos sistemas municipais de água a partir de 1800. Algumas dessas tubulações permanecem em uso até hoje. O chumbo também tem sido usado como um aditivo na gasolina, em solda usada em latas de alimentos, e em tintas. Felizmente, muitos desses usos do chumbo foram proibidos pelos governos ou eliminados voluntariamente pelas indústrias, mas o chumbo persiste como um contaminante ambiental disseminado.

O chumbo é uma neurotoxina que pode causar danos sérios e irreversíveis à saúde. Crianças e mulheres grávidas são especialmente vulneráveis aos seus efeitos. Os sinais e os sintomas de intoxicação por chumbo em crianças incluem problemas de aprendizagem e comportamento, anemia, danos renais e, quando a exposição é elevada, convulsões, coma e até mesmo morte [39]. Em adultos com exposição ocupacional ao chumbo já foram relatadas supressão da imunidade, neuropatia periférica, insuficiência renal, gota e hipertensão [12]. Os U.S. Centers for Disease Control declararam um nível de chumbo no sangue (BLL, do inglês *blood lead level*) de 10 µg/dL como um **nível de preocupação** em crianças [20]. No entanto, nenhum BLL seguro foi identificado e BLLs abaixo de 10 µg/L foram associados a efeitos adversos em crianças, incluindo déficits de QI, comportamentos relacionados à atenção e baixo desempenho acadêmico [1]. Isso levou a pedidos para a eliminação da designação de **nível de preocupação** e uma reorientação para a prevenção primária, em vez de uma resposta a situações em que os BLLs excedem 10 µg/L ou qualquer outro nomeado de **nível de preocupação**. A prevenção primária implicaria reduzir as fontes de exposição ao chumbo mesmo sem evidência de BLLs elevados [1].

Felizmente, a exposição ao chumbo caiu de maneira drástica nas últimas três décadas, como resultado dos regulamentos governamentais dos Estados Unidos destinados à redução do chumbo no ambiente. O uso de chumbo em tintas foi proibido em 1978, a adição de chumbo à gasolina foi completamente eliminada em 1995, após um programa de eliminação que durou 25 anos, o uso de chumbo em encanamentos foi proibido em 1986 e a solda de chumbo em latas de alimentos foi proibida em 1995 [12]. O impacto dessas medidas tem sido notável. Por exemplo, um estudo da Food and Drug Administration (FDA) sobre a dieta total mostrou que as doses diárias de chumbo a partir de fontes alimentares, por crianças de 2 a 5 anos de idade, diminuíram de 30 µg/dia (em 1982–1984) para 1,3 µg (em 1994–1996). Em adultos, a diminuição ao longo do mesmo período foi de 38 para 2,5 µg/dia.

As quantidades mencionadas também produziram reduções impressionantes no nível sanguíneo da população norte-americana. A média geométrica de BLLs em crianças de 1 a 5 anos nos Estados Unidos diminuiu de 15 µg/dL (em 1976-1980) para menos de 2 µg/dL (em 2007-2008) [12]. No entanto, os cientistas dos Centros de Controle de Doenças dos Estados Unidos informaram que análises de amostras entre 1999 e 2001, realizadas pela *National Health and Nutrition Exame Survey* mostraram que um número estimado de 434 mil crianças nos Estados Unidos ainda têm BLLs > 10 µg/dL [82]. Portanto, a vigilância contínua é necessária, principalmente porque os efeitos adversos da exposição ao chumbo em crianças são irreversíveis.

9.3.6.2 Mercúrio

O mercúrio (Hg) é um dos elementos mais tóxicos. Não tem função fisiológica conhecida. O mercúrio ocorre naturalmente na crosta terrestre e pode chegar ao solo, à água e/ou à atmosfera por meio de erosão, erupções vulcânicas, fluxo de resíduos de processos industriais, fungicidas agrícolas, queima de combustíveis fósseis e resíduos sólidos e outras atividades antrópicas [19]. O mercúrio em suas várias formas tem sido usado na fabricação de amálgamas dentárias, fungicidas agrícolas, fármacos antibacterianos, termômetros, manômetros de pressão sanguínea, interruptores elétricos e muitos outros produtos. Contudo, em uma época relativamente recente, sua toxicidade tornou-se bastante reconhecida.

9.3.6.2.1 Ocorrência e toxicidade

O mercúrio existe em três estados de oxidação (0, +1 e +3) e três formas químicas: mercúrio elementar, um líquido vulgarmente conhecido como "azougue"; sais inorgânicos de mercúrio; e mercúrio orgânico, incluindo os compostos fenil e alquil de mercúrio, por exemplo, metilmercúrio, CH_3-Hg^+, e dietilmercúrio, $(CH_3CH_2)_2Hg$ [2]. O mercúrio elementar é um líquido à temperatura ambiente. Ele tem uma pressão de vapor relativamente alta a 20 °C ($1,3 \times 10^{-3}$ mm Hg) e, portanto, pode evaporar e ser inalado para os pulmões. CH_3-Hg^+ é carregado positivamente e, portanto, deve ser combinado com um contraíon; o cloreto parece ser um dos mais comuns, produzindo $CH_3-Hg-Cl$. A ligação Hg–Cl no cloreto de metilmercúrio é altamente covalente na natureza, fazendo esse composto ser lipofílico e, por isso, é capaz de atravessar membranas celulares. Isso explica sua capacidade de bioacumulação [77]. Os compostos metilmercúrio são formados por biometilação de mercúrio inorgânico que se acumula em sedimentos de lagos, córregos e oceanos [121]. Esses compostos entram na cadeia alimentar aquática e se acumulam em peixes e mamíferos marinhos. As concentrações são mais elevadas em peixes predadores de vida longa, como peixe-espada, tubarão, lúcio e robalo [24].

A toxicidade do mercúrio e de seus compostos varia de acordo com a forma química, envolvendo, em geral, patologias neurológicas e/ou renais. O mercúrio elementar é pouco absorvido no trato gastrintestinal e excretado com facilidade nas fezes; desse modo, os efeitos tóxicos a partir da ingestão oral são raros, exceto em casos de exposição crônica ou em níveis altos [32]. No entanto, a inalação de vapores de mercúrio pode ser tóxica [24], sendo que o uso de mercúrio elementar tem sido eliminado aos poucos de muitas aplicações, incluindo termômetros de laboratório e manômetros usados para a medição de pressão arterial em consultórios médicos. Os sais de mercúrio e os compostos orgânicos de mercúrio, por outro lado, são altamente tóxicos em baixos níveis de exposição. Os compostos organossulfurados são os mais tóxicos. Os compostos metilmercúrio foram sintetizados pela primeira vez em Londres, na década de 1860; dois técnicos de laboratório que trabalhavam no projeto morreram por intoxicação de mercúrio [25]. Uma professora de química do Dartmouth College morreu em 1997, 298 dias após ter derramado, acidentalmente, uma pequena quantidade de dimetilmercúrio em suas luvas [93]. Os sinais clínicos e os sintomas que envolvem os rins são glomerulonefrite renal e proteinúria [2]. Os efeitos neurológicos podem ser parestesia (dormência ou formigamento), ataxia (perda da coordenação de músculos voluntários), neurastenia (problemas emocionais e psicológicos), perda de visão e audição, coma e até mesmo morte [2].

Os compostos de mercúrio têm uma forte afinidade pelos grupos tiol (–SH), e esta propriedade parece estar relacionada com a sua toxicidade. Na mitocôndria, o mercúrio se liga a GSH, causando uma depleção de GSH livre. A GSH é um importante antioxidante dentro das células e seu esgotamento leva ao acúmulo de radicais livres e estresse oxidativo [19].

Diversos episódios trágicos de intoxicação por mercúrio resultante da contaminação alimentar já foram documentados. Em Minamata, no Japão, houve um surto causado pelo consumo de peixes pescados na baía de Minamata [108]. Essa baía estava bastante contaminada por mercúrio proveniente de resíduos industriais líquidos [32]. Em outro caso, no inverno de 1971 a 1972, houve um surto no Iraque que afetou centenas de pessoas, tendo sido causado pelo uso equivocado de sementes de trigo tratadas com um fungicida que continha metilmercúrio para a produção de pães assados. A intenção era que as sementes fossem usadas para a plantação, mas, de algum modo, elas foram desviadas para uma fábrica de farinha. Houve mais de 6 mil casos de intoxicação e 500 pessoas morreram. A Environmetal Protection Agency, desde então, proibiu o uso de compostos de alquilmercúrio na agricultura [2].

Como os compostos de mercúrio não podem mais ser usados como fungicidas, peixes e mamíferos marinhos tornaram-se a principal fonte de exposição ao metilmercúrio [24]. Os níveis de mercúrio em peixes podem variar muito, como indicado na Tabela 9.11. Embora os peixes marinhos capturados comercialmente representem riscos maiores, os de água doce também podem ser contaminados por mercúrio.

A contaminação conhecida de peixes e outros frutos do mar com mercúrio representa um pequeno dilema para as instituições que fazem recomendações dietéticas. Frutos do mar são a nossa principal fonte de ácidos graxos ômega-3 de cadeia longa, ácido eicosapentaenoico (EPA) e ácido docosa-hexaenoico (DHA). O consumo de EPA e DHA está associado à redução do risco de doença cardiovascular. Há também evidências moderadas de que a ingestão de ácidos graxos ômega-3 por mulheres grávidas e lactantes está associada a um melhor desenvolvimento visual e cognitivo em seus bebês. Portanto, as Diretrizes Dietéticas para Americanos de 2010 recomendam que os adultos consumam 227 g de frutos do mar por semana e as mulheres grávidas e lactantes consumam pelo menos 227 a 340 g de frutos do mar por semana [124]. As diretrizes dietéticas afirmam que "Evidências moderadas e consistentes mostram que os benefícios para a saúde de consumir uma variedade de frutos do mar em quantidades recomendadas superam os riscos à saúde associados ao metilmercúrio, um metal pesado encontrado em frutos do mar em níveis variados". A FDA recomenda que as mulheres grávidas escolham peixes que tendem a conter níveis mais baixos de mercúrio [146]. Estes incluem salmão, camarão, badejo, atum, tilápia, peixe-gato e bacalhau. A FDA recomenda evitar peixes que geralmente contêm níveis mais altos de mercúrio, incluindo peixes do Golfo do México, tubarão, peixe-espada e peixe-cavala.

9.3.6.3 Cádmio

A toxicidade crônica de cádmio está associada a disfunção renal, doença óssea e algumas formas de câncer [64]. As fontes de exposição ao cádmio incluem alimentos, fumaça de tabaco, emissões de queima de combustíveis fósseis e alguns processos industriais. O Joint Expert Commitee on Food Additives (JECFA) da FAO/OMS, publicou, provisoriamente, os níveis de ingestão semanal toleráveis (PTWI, do inglês *provisional tolerable weekly intake*), que são 7 µg/kg de peso corporal por semana (1 µg/kg de peso corporal por dia) para o cádmio. O JECFA define a PTWI como o nível de ingestão que pode ser ingerido por semana, com segurança, ao longo da vida, sem riscos significativos de efeitos adversos à saúde [113,115]. Recentemente, alguns autores sugeriram que os riscos de disfunção renal aumentam com ingestões abaixo dos níveis de PTWI atuais [64,113,114].

O cádmio tem ocorrência natural em solos, água e sedimentos de lagos, córregos e oceanos [88]. A comparação entre o teor de cádmio dos solos agrícolas e o dos não agrícolas, na Austrália, revelou que os níveis dos solos agrícolas foram muito mais elevados que os solos não

TABELA 9.11 Níveis de mercúrio em algumas espécies de frutos do mar

Espécies	Média (ppm)	Variação (ppm)
Peixe-batata (Golfo do México)	1,45	0,65–3,73
Peixe-espada	1,00	ND–3,22
Peixe-cavala	0,73	0,23–1,67
Tubarão	0,98	ND–4,54
Atum (fresco ou congelado, Albacore)	0,35	ND–0,85
Lagosta (do norte dos Estados Unidos)	0,11	ND–0,23
Atum (enlatado, Albacore)	0,35	ND–0,85
Salmão (fresco ou congelado)	ND	ND–0,19
Camarões	0,01	ND–0,05

ND, não detectável.
Fonte: adaptada de Food and Drug Administration, Mercury levels in commercial fish and shellfish (1990–2010), 2006, http://www.fda.gov/food/foodborneillnesscontaminants/metals/ucm115644.htm, acessado em 26 de agosto de 2014.

agrícolas [115]. A explicação provável é a utilização de adubos fosfatados contaminados por cádmio; no entanto, a aplicação de sedimentos de água de esgoto também pode contribuir para esse fato. Essa preocupação surgiu desde que se soube que o cádmio presente nos solos é mais biodisponível para as plantas que o chumbo ou o mercúrio, e que alimentos cultivados em solos contaminados com cádmio são a principal fonte de exposição do metal para a população em geral [115].

Nos Estados Unidos, a principal fonte de exposição ao cádmio entre os não fumantes é a dieta. A Tabela 9.12 fornece estimativas do teor de cádmio de diversos alimentos, o consumo desses alimentos e a ingestão diária de cádmio. Vegetais folhosos, grãos, legumes e carnes de rins tendem a conter níveis mais altos do que outros alimentos [147]. Alguns animais e plantas são bioacumuladores desse metal. Por exemplo, as sementes de girassol costumam conter níveis mais elevados de cádmio do que outras culturas cultivadas no mesmo solo. Crustáceos e moluscos também são acumuladores. Felizmente, o consumo desses alimentos costuma ser baixo. A estimativa da ingestão diária típica de cádmio é de 30 μg/dia, representando um nível inferior aos 70 μg/dia da FAO/OMS, definido como o nível seguro de ingestão.

9.4 COMPOSIÇÃO MINERAL DOS ALIMENTOS

9.4.1 Cinzas: definição e significância para a análise de alimentos

As **cinzas** estão incluídas nas bases de dados como um dos componentes centesimais dos alimentos. Sua determinação é feita pela pesagem do resíduo após a combustão completa dos compostos orgânicos do alimento, fornecendo estimativas do total do conteúdo mineral dos alimentos [50]. Os métodos de determinação da sua quantidade em alimentos específicos e para grupos de alimentos são descritos em publicações oficiais [5]. Os minerais presentes nas cinzas são encontrados nas formas de óxidos metálicos, sulfatos, fosfatos, nitratos, cloretos e outros halogenados. Dessa maneira, as cinzas superestimam o conteúdo mineral total, uma vez que o oxigênio está presente em muitos dos ânions. No entanto, isso fornece uma ideia bruta do conteúdo mineral, sendo necessários cálculos de carboidratos totais para determinação da composição centesimal.

9.4.2 Minerais individuais

Os minerais individuais dos alimentos são determinados por meio de sua transformação em cin-

TABELA 9.12 Teor de cádmio (Cd) em categorias de alimentos e estimativa de ingestão em populações humanas

Alimento	Teor de Cd em alimentos (mg/kg)		Ingestão típica do alimento (g/dia)	Exposição (μg/dia)	
	Máximo	Típico		Extrema	Típica
Vegetais, incluindo batatas	0,1	0,05	250	25	12,5
Cereais e leguminosas	0,2	0,05	200	40	10
Fruta	0,05	0,01	150	7,5	1,5
Oleaginosas e cacau	1,0	0,5	1	1	0,5
Carne e aves	0,1	0,02	150	15	3,0
Fígado (bovino, ovino, de aves, suíno)	0,5	1,0	5	2,5	0,5
Rim (bovino, ovino, de aves, suíno)	2,0	0,5	1	2	0,5
Peixes	0,05	0,02	30	1,5	0,6
Crustáceos, moluscos	2	0,25	3	6	0,75
Total				93,5	30

Fonte: adaptada de Satarug, S. et al., *Br. J. Nutr.*, 84(6), 791, 2000.

zas, seguida de dissolução (geralmente em ácido) e medição das concentrações minerais na solução resultante [18,50,86]. Tanto métodos químicos como instrumentais são utilizados para medições de concentrações minerais; porém, os instrumentais costumam ser mais rápidos, precisos e exatos. A espectroscopia de absorção atômica está disponível desde a década de 1960, sendo, ainda, muito utilizada. Trata-se de uma técnica confiável, mas que só pode medir um mineral por vez. Os espectrofotômetros de plasma indutivamente acoplados ganharam popularidade nos últimos anos, sobretudo por serem capazes de quantificar diversos elementos minerais ao mesmo tempo, a partir de uma única amostra [86].

Dados de composição de nutrientes estão disponíveis *online* no United States Department of Agriculture National Nutrient Database for Standard Reference [148]. Esta base de dados de pesquisa fornece dados de composição para mais de 8 mil alimentos, incluindo muitos produtos de marca. Valores para água, proteína, gordura, carboidratos, vitaminas e minerais são fornecidos. Ca, Fe, Mg, P, K, Na e Zn são listados para a maioria dos alimentos. Os valores são médias de amostras múltiplas, presumivelmente representativas; portanto, os valores para uma determinada amostra de alimento podem diferir consideravelmente da média.

9.4.3 Fatores que afetam a composição mineral dos alimentos

Muitos fatores interagem, afetando a composição mineral dos alimentos; desse modo, as composições podem variar muito.

9.4.3.1 Fatores que afetam a composição mineral de alimentos de origem vegetal

Para que as plantas cresçam, elas devem absorver água e nutrientes minerais essenciais do solo. Uma vez absorvidos pelas suas raízes, os nutrientes são transportados para outras partes da planta. A composição final das partes comestíveis da planta é influenciada e controlada por sua genética, bem como pela fertilidade do solo e do ambiente em que ela cresce (Figura 9.14). Evidências recentes sugerem que a variação do conteúdo de minerais-traço dos grãos de cereais e do feijão é bastante grande (Tabela 9.13).

9.4.3.2 Adequação de alimentos de origem vegetal ao suprimento das necessidades minerais dos seres humanos

Alimentos à base de plantas são as principais fontes de nutrientes para grande parte da população mundial. Portanto, é importante que se saiba que plantas podem satisfazer as necessidades nutricionais humanas e como os níveis de nutrientes podem ser manipulados a fim de melhorarem a qualidade nutricional. Isso suscita uma série de perguntas. As plantas e os seres humanos necessitam dos mesmos nutrientes minerais? As concentrações de nutrientes minerais em plantas são suficientes para satisfazer as necessidades humanas? As concentrações de minerais das plantas podem ser alteradas por meios agrícolas ou genéticos, a fim de aumentar sua qualidade nutricional? Plantas cultivadas em solos empobrecidos são nutricionalmente inferiores a plantas cultivadas em solos mais férteis?

A lista de minerais essenciais para plantas é semelhante, mas não idêntica, à lista para seres humanos. F, Se e I são essenciais para o ser humano, mas não para a maioria das plantas. Desse modo, pode-se esperar que haja deficiência desses elementos em populações que dependem de plantas cultivadas no local, quando as concentrações desses elementos no solo são baixas. De fato, deficiências humanas graves de selênio e iodo ocorrem em diversas regiões do mundo [26,31].

Para nutrientes que são necessários tanto às plantas como aos animais, se poderia supor que as deficiências humanas não seriam um problema, pois os elementos estariam presentes em alimentos vegetais. Infelizmente, as concentrações de minerais nas plantas, às vezes, são muito baixas para satisfazer necessidades humanas ou, por outro lado, os minerais podem estar presentes em formas que não podem ser utilizadas com efetividade pelo

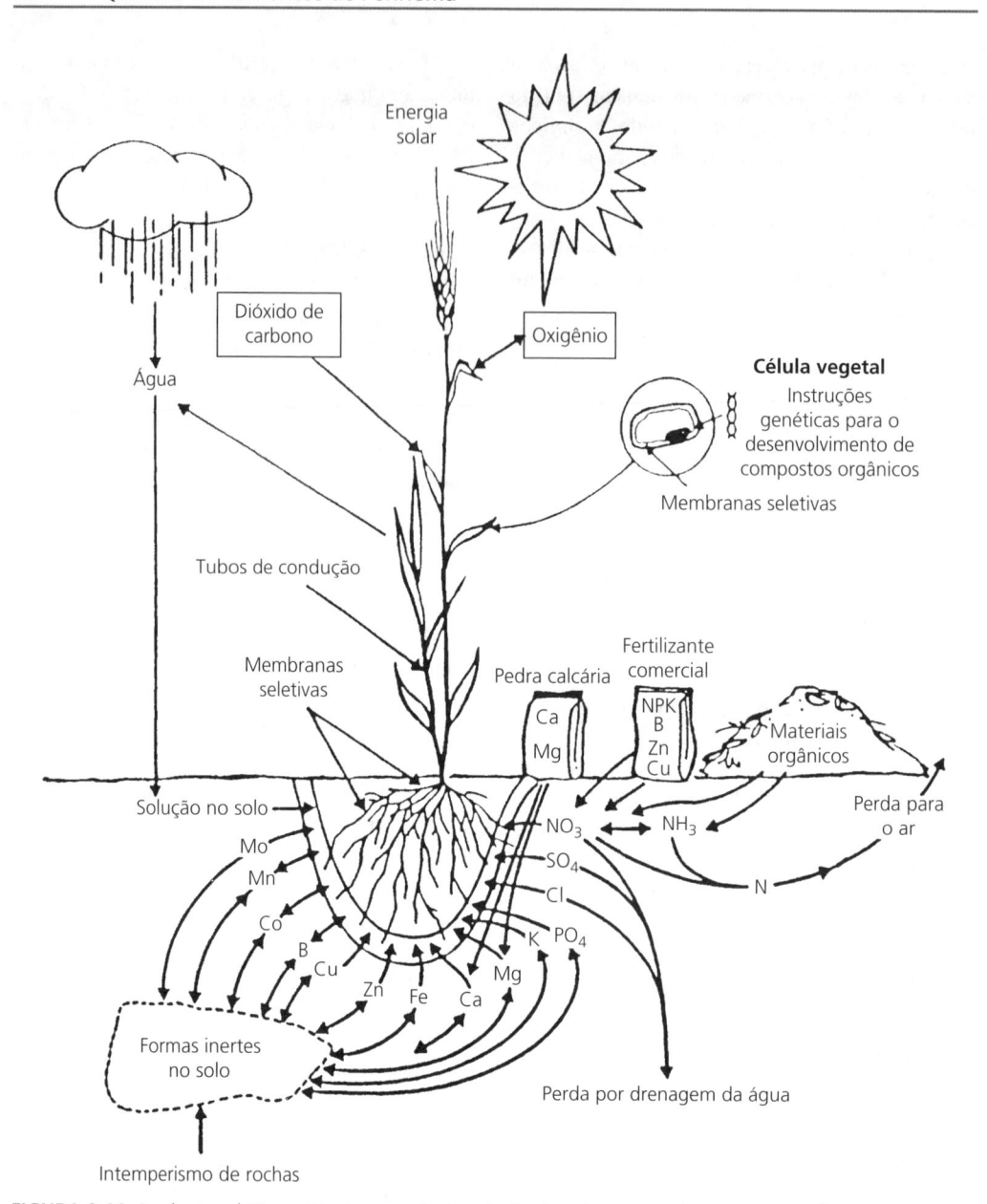

FIGURA 9.14 As plantas obtêm nutrientes a partir da solução do solo que envolve as raízes. As fontes desses nutrientes são fertilizantes, matéria orgânica em decomposição e intemperismo de rochas. Os minerais são captados para dentro das raízes por um processo seletivo, sendo transportados às partes superiores da planta. Todo processo é regulado por instruções codificadas no genoma da planta. (De Allaway, W.H., The effects of soils and fertilizers on human and animal nutrition, Agriculture Information Bulletin No. 378, U.S. Department of Agriculture, Washington, DC, 1975.)

TABELA 9.13 Variação do conteúdo de ferro e zinco (em base de matéria seca) em genótipos selecionados de arroz, trigo e feijão comum

Cultura	Fe (µg/g)		Zn (µg/g)	
	Média	Variação	Média	Variaçao
Arroz integral	13	9–23	24	13–42
Trigo	37	29–57	35	25–53
Feijões	55	34–89	35	21–54

Fonte: os dados são de Welch, R.M. e House, W.A., Factors affecting the bioavailability of mineral nutrients in plant foods, em: Welch, R.M., ed., *Crops as Sources of Nutrients for Humans,* Soil Science Society of America, Madison, WI, 1984, pp. 37–54.

ser humano (ver Seções 9.3.5.1 e 9.3.5.4). Essas situações se aplicam ao cálcio e ao ferro, respectivamente. O teor de cálcio de algumas plantas é muito baixo. O arroz, por exemplo, contém apenas ≈ 10 mg de cálcio por 100 kcal. Desse modo, indivíduos que consomem dietas à base de arroz devem depender de outros alimentos para satisfazer as exigências de cálcio. O ferro é distribuído de forma mais uniforme em alimentos vegetais, em comparação ao cálcio, mas sua biodisponibilidade pode ser muito pequena, por isso, dietas à base de cereais e leguminosas costumam ser inadequadas em relação ao ferro [69]. Por exemplo, Joy e colaboradores [65] usaram dados de balanços de alimentos e tabelas de composição de alimentos para estimar o fornecimento *per capita* de vários minerais em 46 países da África. De acordo com a análise, 54% da população está em risco de deficiência de cálcio, 40% de deficiência de zinco e 28% de deficiência de selênio. Em muitos países africanos, os alimentos de origem animal constituem uma proporção relativamente pequena da dieta. Isso sugere que é difícil atender aos requisitos de nutrientes minerais a partir dos vegetais.

Embora em alguns casos seja possível melhorar a qualidade nutricional das culturas por meio de práticas agronômicas e melhoramento vegetal, o movimento de nutrientes minerais do solo para as plantas e destas para animais ou seres humanos é um processo extremamente complicado. Os solos diferem de forma considerável em sua composição mineral. Além disso, a concentração de um elemento na terra pode não ser um bom indicador do valor absorvível pelas raízes das plantas, uma vez que as formas químicas do elemento e o pH do solo exercem efeitos significativos sobre a biodisponibilidade mineral para as plantas. Por exemplo, o aumento do pH da terra por meio de adição de cal diminuirá a disponibilidade de ferro, zinco, manganês e níquel para as plantas, aumentando a disponibilidade de molibdênio e selênio [134]. Além disso, as plantas costumam ter mecanismos fisiológicos para a regulação das quantidades dos nutrientes retirados do solo. Por isso, poderia supor-se que as tentativas de alteração da composição mineral das culturas culminariam em resultados variados. Por exemplo, a aplicação de fertilizantes não aumenta de forma significativa os teores de ferro, manganês e cálcio nas culturas [134]. Por outro lado, a fertilização com zinco em níveis superiores às exigências da planta demonstrou aumentar os níveis de zinco em sementes de ervilha [135]. Além disso, há evidências crescentes de que os fatores genéticos desempenham um papel importante na determinação do conteúdo mineral das plantas e, nesse sentido, a variação entre os genótipos pode ser muito grande [9,133]. Isso sugere a possibilidade de aumento do teor desses minerais-traço em alimentos importantes, por meio de práticas convencionais de produção de vegetais. Essa estratégia tem sido denominada como biofortificação.

A biofortificação é uma estratégia mediante a qual o cultivo de plantas e práticas agronômicas são usados para aumentar as concentrações e/ou biodisponibilidades de nutrientes-chave em culturas alimentares [133]. Um grande esforço internacional liderado pelo programa HarvestPlus é trabalhar com reprodutores de plantas, empresas de sementes, agricultores, nutricionistas e outros para prevenir a desnutrição de micronutrientes em regiões pobres em recursos, fornecendo aos agricultores locais sementes biofortificadas [52]. A ideia é que as espécies cultivadas a partir dessas sementes proporcionarão maiores quantidades de nutrientes às pessoas que as consomem. O HarvestPlus está focado na biofortificação de colheitas de alimentos básicos com ferro, zinco e provitamina A; que são os três micronutrientes deficientes nas dietas de milhões de pessoas em todo o mundo Suas culturas-alvo incluem feijão, mandioca, milho, milheto, arroz, batata-doce e trigo.

9.4.3.3 Fatores que afetam a composição mineral de alimentos de origem animal

As concentrações minerais de alimentos de origem animal variam menos que as concentrações minerais de alimentos vegetais. Em geral, mudanças na ingestão alimentar de animais exercem efeitos pequenos sobre as concentrações minerais de carne, leite e ovos. Isso se dá porque o funcionamento dos mecanismos homeostáticos do animal regula as concentrações dos nutrientes essenciais nos tecidos. Uma exceção a isso é o teor de ferro, que é muito mais baixo na carne de terneiros em comparação à carne de bovinos adultos, os quais são alimentados com rações à base de leguminosas e cereais. Ambos são bovinos, mas os terneiros costumam ser alimentados com dietas à base de leite que são baixas em ferro e, como consequência, muitas vezes são deficientes em ferro no momento do abate. Isso pode afetar o teor de ferro da carne. Por exemplo, o teor de ferro de guisado de carne de terneiros, separando-se somente a carne magra, é de 1,32 mg/100 g, em comparação ao guisado de bovino adulto, que é de 3,32 mg/100 g [123].

9.4.3.4 Adequação de alimentos de origem animal ao suprimento das necessidades minerais dos seres humanos

A composição dos tecidos animais é semelhante à dos seres humanos; assim, espera-se que os alimentos de origem animal sejam boas fontes de nutrientes. Carnes, aves e peixes são boas fontes de ferro, zinco, fosfato e cobalto (sob a forma de vitamina B_{12}). No entanto, esses produtos não são boas fontes de cálcio, a menos que os ossos sejam consumidos, o que normalmente não ocorre. Além disso, o teor de iodo dos alimentos de origem animal, exceto em peixes marinhos, pode ser baixo. Os produtos lácteos são excelentes fontes de cálcio. Dessa forma, o consumo de alimentos variados de origem animal, junto a alimentos variados de origem vegetal, é a melhor forma de garantir as IAs de todos os minerais essenciais.

9.4.4 Fortificação e enriquecimento de alimentos com minerais

A fortificação de alimentos nos Estados Unidos começou em 1924, com a adição de iodo ao sal para a prevenção do bócio, um problema prevalente de saúde pública no país naquela época [17]. No início dos anos 1940, a fortificação de alimentos foi ampliada ainda mais quando se tornou evidente que muitos jovens adultos fracassaram em exames físicos do Exército devido ao seu péssimo estado nutricional. Em 1943, o governo emitiu uma ordem tornando obrigatório o enriquecimento de farinha com ferro (junto a riboflavina, tiamina e niacina). Muitas outras iniciativas de fortificação incluíram nutrientes além dos minerais, incluindo a vitamina D, em 1933, e o ácido fólico, em 1998 [6].

Desde a introdução da fortificação, na década de 1920, houve uma redução drástica das prevalências de muitas doenças causadas por deficiência nutricional, nos Estados Unidos. Essas deficiências incluem as de ferro, iodo, niacina e vitamina D. Como o aprimoramento geral das dietas foi o fator mais importante da melhora do estado nutricional, a fortificação, sem dúvida, merece créditos pelas baixas prevalências de doenças causadas por deficiência nutricional, hoje, nos Estados Unidos. As taxas de anemia em crianças norte-americanas têm diminuído gradualmente desde 1970 e continuam a cair [142]. Esse declínio coincide com o aumento da qualidade e da quantidade de fórmulas infantis e cereais fortificados com ferro, o que indica que a fortificação é fundamental nesse processo. Outro exemplo bem-sucedido do programa de fortificação é o Chile, onde a prevalência da deficiência de ferro entre crianças tem diminuído de forma significativa, por meio da aplicação de um programa nacional para a fortificação de produtos lácteos com ferro [142].

Hoje, nos Estados Unidos, a maioria dos alimentos que contêm grãos de cereais refinados (p. ex., farinha branca, arroz branco, farinha de milho) são enriquecidos com ferro, niacina, riboflavina, tiamina e ácido fólico. Os padrões atuais da FDA para o enriquecimento de farinha, pão, arroz, milho e macarrão estão listados na Tabela 9.14. A maioria do sal destinado ao uso doméstico é iodada. Além disso, cálcio, zinco e outros minerais-traço por vezes são adicionados a cereais matinais e outros produtos. As fórmulas infantis apresentam o maior número de minerais adicionados, uma vez que devem ser nutricionalmente completas.

9.4.4.1 Ferro

Em 4000 a.C., um médico persa chamado Melampus fez a primeira recomendação registrada para fortificação com ferro [107]. Ele recomendou que os marinheiros consumissem vinho doce com adição de limalhas de ferro, a fim de reforçarem sua resistência a lanças e flechas e aumentarem sua potência sexual. A fortificação disseminada de ferro começou nos Estados Unidos, em 1943, quando a War Food Order Nº 1 tornou obrigatório o enriquecimento da farinha branca vendida em comércio interestadual. Os regulamentos federais já não exigem esse enriquecimento, mas muitas regulamentações estatais o fazem.

A adição de ferro aos alimentos é difícil de ser equilibrada, uma vez que algumas formas de ferro catalisam a oxidação dos ácidos graxos insaturados e das vitaminas A, C e E [83]. As reações de oxidação e outras interações dos alimentos enriquecidos com ferro com componentes dos alimentos podem produzir mudanças indesejáveis na cor, no odor e/ou no sabor. Em muitos casos, as formas com alta biodisponibilidade também são as mais ativas cataliticamente, sendo que as quase inertes quimicamente tendem a apresentar baixa biodisponibilidade. Em geral, quanto maior a solubilidade dos compostos de ferro em água, maior sua biodisponibilidade e maior sua tendência de afetar de maneira negativa as propriedades sensoriais dos alimentos. Alguns fortificantes de ferro comumente usados e suas propriedades estão listados na Tabela 9.15.

O sulfato ferroso é um dos mais baratos para a produção de alimentos fortificados. Ele costuma ser utilizado como padrão de referência em estudos sobre biodisponibilidade de ferro, em virtude de sua biodisponibilidade relativamente elevada em muitos alimentos (Tabela 9.15). Os resultados de diversos estudos têm indicado a presença de odores e sabores indesejáveis em produtos de panificação feitos a partir de farinha altamente fortificada com sulfato ferroso, armazenados por longos

TABELA 9.14 Padrões da FDA para o enriquecimento* de cereais com ferro e cálcio

Alimento	Ferro (mg/kg)** (deve conter)	Cálcio (mg/kg)** (pode conter)
Farinha enriquecida[a]	44	2.133
Pão, pãezinhos e brioches enriquecidos[a]	28	1.323
Macarrão e talharim enriquecidos[b]	Não menos que 29	Não menos que 1.333
	Não mais que 36	Não mais que 1.389
Arroz enriquecido[b]	Não menos que 29	Não menos que 1.111
	Não menos que 57	Não mais que 2.222
Farinha de milho enriquecida[b]	Não menos que 29	Não menos que 1.111
	Não mais que 57	Não mais que 1.667

*Os produtos chamados de enriquecidos devem obedecer a essas normas.
[a]Pode ser a partir de quaisquer substâncias seguras e adequadas.
[b]Deve ser a partir de fontes de ferro e/ou cálcio que sejam inofensivas e assimiláveis.
Fonte: adaptada de Food and Drug Administration, Code of federal regulations, U.S. Government Printing Office, Washington, DC, Chapter I, Parts 136, 137, 139, 2003, http://www.gpoaccess.gov/cfr/index.html.
**N. de R. T. A recomendação da FDA é em mg/lb. Para facilitar o entendimento, foram feitas as conversões desses valores (1 lb = 0,45 kg).

TABELA 9.15 Características de fortificantes de ferro selecionados usados na fortificação de produtos alimentares

Nome químico	Fórmula/massa molecular	Teor de ferro (g/kg de fortificante)	Solubilidade	Biodisponibilidade relativa[a]
Sulfato ferroso	$FeSO_4 \cdot 7H_2O$ F.W. = 278	200	Solúvel em H_2O e HCl diluído	100
Gluconato de ferro	$FeC_{12}H_{22}O_{14} \cdot H_2O$ F.W. = 482	116	Solúvel em H_2O e HCl diluído	89
Fumarato ferroso	$FeC_4H_2O_4$ F.W. = 170	330	Solúvel em H_2O e HCl diluído	27–200
Pirofosfato férrico	$Fe_4(P_2O_7)_3 \cdot xH_2O$ F.W. = 745	240	Insolúvel em H_2O, solúvel em HCl diluído	21–74
Nanopartículas de pirofosfato férrico	$FePO_4 \cdot 2H_2O$ F.W. = 187	300	Solúvel em H_2O e HCl diluído	96
Fosfato de amônio ferroso	$FeNH_4PO_4$	240–300	Insolúvel em H_2O, solúvel em HCl diluído	70
Pirofosfato férrico micronizado	$Fe_4(P_2O_7)_3 \cdot xH_2O$ F.W. = 745	240	Dispersível em água	100
Bisglicinato ferroso	$FeC_4H_8O_4 \cdot H_2O$ F.W. = 240	230	Solúvel em H_2O e HCl diluído	90–350
Etilenodiaminotetracetato de sódio férrico	$FeNaC_{10}H_{12}N_2O_8 \cdot 3H_2O$ F.W. = 421	130	Solúvel em H_2O, HCl diluído	30–390
Ferro eletrolítico em pó	Fe F.W. = 56	970	Insolúvel em H_2O, solúvel em HCl diluído	75
Pó de ferro reduzido em hidrogênio	Fe F.W. = 56	97	Insolúvel em H_2O, solúvel em HCl diluído	13–148
Pó de ferro reduzido em carbono	Fe F.W. = 56	99	Insolúvel em H_2O, solúvel em HCl diluído	5–20

[a] A biodisponibilidade relativa é comparada à do sulfato ferroso, a qual é fixada em 100.
Fontes: adaptada de Miller, D.D., Iron fortification of the food supply: A balancing act between bioavailability and ironcatalyzed oxidation reactions, em: Lyons, T.P. e Jacques, K.A., eds., *Nutritional Biotechnology in the Feed and Food Industries,* Nottingham University Press, Nottingham, England, 2002. Dados adicionais de Bothwell, T.H. e MacPhail, A.P., *Int. J. Vitam. Nutr. Res.*, 74(6), 421, 2004; Fidler, M.C. et al., *Br. J. Nutr.*, 91, 107, 2004; *Food Chemicals Codex*, 9th edn., National Academy Press, Washington, DC, 2014; Hertrampf, E. e Olivares, M. *Int. J. Vitam. Nutr. Res.*, 74(6), 435, 2004; Walczyk, T. et al., *Eur. J. Nutr.*, 52(4), 1361, 2013; Zimmermann, M.B. e Hilty, F.M., *Nanoscale*, 3(6), 2390, 2011.

períodos de tempo. Barrett e Ranum [7] fizeram as seguintes recomendações para a minimização dos problemas de oxidação em produtos de panificação que foram fortificados com sulfato ferroso:

1. O sulfato ferroso é a melhor fonte de ferro para a adição na panificação.
2. O sulfato ferroso pode ser utilizado na fortificação de farinha de trigo desde que os níveis de ferro sejam mantidos abaixo de 40 ppm e a farinha seja armazenada em temperaturas e umidades moderadas por períodos que não sejam superiores a 3 meses.
3. O sulfato ferroso não deve ser utilizado na fortificação de farinhas que podem vir a ser armazenadas por longos períodos de tempo (como é o caso de todas as farinhas destinadas ao uso doméstico) ou farinhas que serão utilizadas em misturas que contenham gordu-

ras, óleos ou outros ingredientes que se oxidam com facilidade.
4. Pré-misturas concentradas contendo sulfato ferroso e farinha de trigo para adição posterior a farinhas não devem ser usadas, pois pode haver desenvolvimento de rancidez na pré-mistura.

Quando a fortificação com sulfato ferroso é propensa a causar problemas em um alimento, outras fontes costumam ser usadas. Nos últimos anos, pós de ferro elementar têm sido as fontes escolhidas para a fortificação de farinhas de uso doméstico, cereais de café da manhã e cereais infantis. Todos esses produtos têm longa vida.

Como o próprio nome indica, o pó de ferro elementar é constituído de ferro elementar e uma forma dividida finamente. Os pós têm constituição idêntica à do ferro puro, com um pouco de contaminação por outros minerais-traço e óxidos de ferro. O ferro elementar é insolúvel em água e, portanto, deve ser oxidado para um estado de oxidação maior antes que possa ser absorvido no intestino. É presumível que essa oxidação ocorra no estômago, quando o ferro está exposto ao ácido estomacal:

$Fe^0 + 2H^+ \rightarrow Fe^{2+} + H_2 \uparrow$

Como alternativa, o oxigênio poderá servir como receptor de elétrons na reação de oxidação:

$Fe^0 + O_2 + 4H^+ \rightarrow Fe^{2+} + 2H_2O$

A reação com oxigênio pode ocorrer durante operações de processamento de alimentos, como a panificação. Três tipos diferentes de pós de ferro elementar estão disponíveis [94]:

1. **Ferro reduzido**: essa forma é produzida por meio da redução de óxido de ferro com o gás monóxido de hidrogênio ou com o carbono. Em seguida, realiza-se a moagem para se obter um pó fino. É o menos puro dos três tipos, sendo que sua pureza depende, em grande parte, da pureza do óxido de ferro usado [94].
2. **Ferro eletrolítico**: essa forma é produzida por deposição eletrolítica de ferro sobre um cátodo feito de folhas flexíveis de aço inoxidável. O depósito de ferro é removido pela flexão das folhas, sendo então moído para a obtenção de um pó fino. A pureza do ferro eletrolítico é maior que a do ferro reduzido. A principal impureza presente é o óxido de ferro que se forma na superfície durante a moagem e o armazenamento [94].
3. **Ferro carbonil**: essa forma é produzida pelo aquecimento de sucata ou de ferro reduzido, na presença de CO, sob alta pressão, para formar ferro pentacarbonil, o $Fe(CO)_5$. O pentacarbonil é então decomposto por aquecimento, a fim de produzir um pó muito fino e de elevado grau de pureza [94].

Os pós de ferro elementar são relativamente estáveis e não parecem causar sérios problemas com a oxidação nos alimentos. No entanto, a biodisponibilidade dos pós é variável, provavelmente devido a diferenças no tamanho das partículas. Os pós de ferro são de coloração cinza-escura, podendo causar um leve escurecimento à farinha branca, o que não é considerado um problema [7].

Recentemente, tem havido um interesse renovado no uso de formas queladas de ferro como fortificantes com etilenodiaminotetracetato de ferro sódico [NaFe(III)EDTA], mostrando ser consideravelmente promissor. Estudos com ratos revelaram que o ferro NaFe(III)EDTA é absorvido de forma tão efetiva ou melhor que o ferro $FeSO_4$ [35]. Numerosos ensaios com seres humanos mostraram que a biodisponibilidade do ferro a partir de NaFe(III)EDTA, em dietas que contêm quantidades significativas de inibidores da absorção de ferro, é superior à biodisponibilidade de ferro a partir das mesmas dietas fortificadas com $FeSO_4$ [10,63]. O EDTA liga-se ao ferro férrico e ferroso com maior afinidade que outros ligantes, como o ácido cítrico e compostos polifenólicos [55,117]. A alta afinidade produz um quelato estável, que não pode se dissociar durante a digestão gastrintestinal, impedindo, assim, a liberação do ferro a partir da ligação a inibidores da absorção. Na ausência de inibidores da absorção de ferro, a biodisponibilidade de NaFeEDTA pode ser inferior à de sulfato ferroso, o que explica a grande variação de biodisponibilidade relativa de NaFeEDTA, apresentada na Tabela 9.15. Em um recente estudo controlado, duplo-cego, prospectivo, no Vietnã, Van Thuy e colaboradores [127] mostraram que a prevalência de deficiência de ferro em mulheres recebendo molho de peixe fortificado com NaFeEDTA por 6 meses foi ≈ 50% menor do que em mulheres de um grupo-controle que receberam molho de peixe não fortificado. Um teste de eficácia semelhante na China demonstrou que o molho de soja fortificado com NaFeEDTA reduziu significativamente as prevalências de anemia por deficiência de ferro em homens, mulheres e crianças [21].

Os quelatos de aminoácido e ferro também são fortificantes alimentares promissores [57]. O mais estudado é o bisglicinato ferroso, que é o ferro ferroso quelatado com o aminoácido glicina em uma relação molar de 1:2. O bisglicinato ferroso é menos afetado pelos inibidores da absorção de ferro do que o sulfato ferroso. Ele parece ter eficácia particular em refeições que contêm grãos de cereais integrais. Uma grande desvantagem dos quelatos de aminoácidos é seu custo um tanto elevado, quando em comparação ao sulfato ferroso ou ao pó de ferro elementar [57].

Como indicado anteriormente, a redução do tamanho de partículas dos pós de ferro elementares melhora sua biodisponibilidade. Agora, há evidências de que a redução do tamanho de partículas dos compostos de ferro também pode melhorar a biodisponibilidade. Zimmermann e Hilty [145] prepararam óxidos e fosfatos de ferro **nanoestruturados** usando um processo chamado pirólise por *spray* de chama. Eles prepararam ortofosfato férrico e outros compostos de ferro com tamanhos de partículas na faixa de 10 nm. O ortofosfato férrico comercialmente disponível tem tamanhos de partículas na faixa de mícron e baixa solubilidade em água. Portanto, tem um impacto negativo mínimo na cor e no odor dos alimentos. Infelizmente, também tem baixa biodisponibilidade. O nano-ortofosfato férrico apresentou biodisponibilidade de ferro semelhante ao sulfato ferroso quando comparado com um modelo de rato. Esses nanocomplexos ainda precisam ser testados em seres humanos, mas se mostram promissores como fortificantes com boa biodisponibilidade e mínima reatividade em alimentos [84].

9.4.4.2 Zinco

Devido à ocorrência aparentemente generalizada de deficiência marginal de zinco, muitos nutricionistas defendem a fortificação com zinco nos alimentos como uma estratégia para enfrentar esse problema. Nos Estados Unidos, cinco compostos de zinco estão na lista dos geralmente reconhecidos como seguros (GRAS, do inglês *generally recognized as safe*): sulfato de zinco, cloreto de zinco, gliconato de zinco, óxido de zinco e estearato de zinco [110]. Desses, o óxido de zinco é o mais utilizado para a fortificação de alimentos. Ele é mais estável em alimentos, o que se deve, em parte, à sua baixa solubilidade. No entanto, sua biodisponibilidade parece ser igual à do sulfato de zinco, que é mais solúvel. As taxas de absorção fracionárias de zinco a partir de óxido de zinco e sulfato de zinco adicionados a tortilhas de milho foram de 36,8 e 37,2%, respectivamente [110]. Além disso, o zinco adicionado como sulfato de zinco à farinha de trigo fortificada com ferro, em almôndegas, diminuiu a absorção de ferro em crianças de 4 a 8 anos de idade, porém a mesma quantidade de zinco adicionado como óxido de zinco não exerceu nenhum efeito sobre a absorção de ferro [56]. Rosado [110] recomenda níveis de fortificação de 20 a 50 mg Zn/kg de farinha de milho no México.

9.4.4.3 Iodo

Como mencionado anteriormente, um programa para iodação de sal foi aprovado nos Estados Unidos, em 1924. Apesar do processo relativamente simples de adição de iodo ao sal e do reconhecido sucesso desse programa nos Estados Unidos e em outros países desenvolvidos, recentemente, como há 25 anos, a iodação do sal não era comum em muitos países em desenvolvimento e a deficiência de iodo continua sendo um problema hoje. Felizmente, a Organização Mundial da Saúde adotou uma estratégia de intervenção, denominada Iodação Universal do Sal (USI, do inglês *Universal Salt Iodization*), em 1993, para enfrentar o problema. As intervenções da USI esforçam-se para que todo o sal consumido por seres humanos e animais seja iodado, incluindo o sal utilizado no processamento dos alimentos [30]. O número de países com a política de iodação do sal aumentou de 43, em 1993, para 93, em 2003, e as taxas de bócio e deficiência intelectual caíram significativamente como resultado [138]. Infelizmente, no entanto, o IDD ainda é um problema significativo em muitas áreas do mundo, por diversas razões, como pela abundância de sal não iodado, o qual é mais barato e, muitas vezes, produzido localmente.

Tanto o iodeto de sódio (NaI) como o iodato de sódio ($NaIO_3$) podem ser usados para fortificar o sal. O iodato de sódio costuma ser preferido, pois é mais estável, durante o armazenamento prolongado, que o iodeto de sódio, sobretudo em condições de alta umidade e alta temperatura [30].

9.4.5 Efeitos do processamento

Os elementos minerais, ao contrário das vitaminas e dos aminoácidos, não podem ser destruídos por exposição ao calor, luz, agentes oxidantes, pHs extremos ou outros fatores que afetem nutrientes orgânicos. Em sua essência, os sais minerais são indestrutíveis. No entanto, os minerais podem ser removidos dos alimentos por lixiviação ou separação física. Além disso, a sua biodisponibilidade pode ser alterada pelos fatores já mencionados (ver Seção 9.3.3).

O fator mais importante de perda mineral nos alimentos é a moagem de cereais. Os elementos minerais dos grãos tendem a se concentrar nas camadas do farelo e do germe. O que resta da remoção do farelo e do germe é o endosperma puro, o qual é pobre em minerais. As concentrações de minerais em trigo integral, farinha branca, farelo de trigo e germe de trigo são apresentadas na Tabela 9.16. Perdas semelhantes ocorrem durante a moagem de arroz e de outros cereais. Trata-se de perdas substanciais. Durante a fortificação de produtos de moagem nos Estados Unidos, o ferro é o único mineral comumente adicionado.

A retenção de cálcio no queijo pode ser afetada de forma drástica pelas condições de fabricação. Nos queijos em que o pH é baixo, ocorrem perdas significativas de cálcio quando o soro é drenado. Os conteúdos de cálcio e fosfato de vários queijos são apresentados na Tabela 9.17. As composições são expressas tanto como mg/100 g de queijo como pela proporção de Ca:proteína. Essa última expressão permite um melhor comparativo das perdas de Ca, pois o teor de água dos queijos difere de uma variedade para outra. O queijo *cottage* tem a menor concentração de cálcio, pois o pH, no momento da remoção do soro do leite, costuma ser menor que 5 [49]. Nos queijos *cheddar* e *emmental*, o soro costuma ser drenado nos pHs 6,1 e 6,5, respectivamente. O fosfato de cálcio coloidal, a maior fração de Ca no leite, torna-se cada vez mais solúvel com o declínio do pH. Parte do Ca solúvel passa para a fração do soro durante a fabricação do queijo, sendo perdido quando o soro é drenado. Isso explica o menor teor de Ca no queijo *cottage* [72].

Como muitos minerais apresentam hidrossolubilidade significativa, é de se esperar que a cocção em água resulte em algumas perdas de minerais. Infelizmente, poucos estudos controlados foram feitos nesse sentido. Em geral, a fervura em água ocasiona mais perda de minerais em vegetais que a cocção a vapor [68]. Perdas durante o cozimento de massas são mínimas para ferro, mas representam

TABELA 9.16 Minerais em trigo integral e produtos moídos

Mineral	Trigo integral	Farinha branca	Germe de trigo	Forragens (farelos)	Perda a partir do trigo para a farinha (%)
Ferro	43	10,5	67	47–78	76
Zinco	35	9	101	54–130	78
Manganês	46	6,5	137	64–119	86
Cobre	5	2	7	7–17	68
Selênio	0,6	0,5	1,1	0,5–0,8	16

Nota: os valores estão em mg de mineral/kg de produto.
Fonte: Rotruck, J.T., em: *Handbook of Nutritive Value Processed Food*, 3rd edn., M. Rechcigl, Jr., ed., CRC Press, Boca Raton, FL, Vol. I, 1982, pp. 521–528.

TABELA 9.17 Ca e P em queijos selecionados

Variedade de queijo	Proteína (%)	Ca (mg/100 g)	Ca:proteína (mg:g)	PO$_4$ (mg/100 g)	PO$_4$:proteína (mg:g)
Cottage	15,2	80	5,4	90	16,7
Cheddar	25,4	800	31,5	860	27,3
Emmental	27,9	920	33,1	980	29,6

Fontes: Guinee, T.P. et al., em: *Cheese: Chemistry, Physics and Microbiology*, Vol. 2, 2nd edn., P. F. Fox, ed., Chapman & Hall, London, 1993, pp. 369–371; Lucey, J.A. e Fox, P.F., J. Dairy Sci., 76(6), 1714–1724, 1993.

mais de 50% para potássio [68]. Isso é previsível, pois o potássio está presente nos alimentos na forma de íon livre, ao passo que o ferro dos alimentos está ligado a proteínas e outras moléculas ligantes de alta e baixa massas moleculares.

9.5 PROPRIEDADES QUÍMICAS E FUNCIONAIS DOS MINERAIS EM ALIMENTOS

Embora os minerais estejam presentes nos alimentos em concentrações relativamente baixas, muitas vezes eles exercem efeitos profundos sobre as propriedades físicas e químicas dos alimentos, devido a interações com outros componentes alimentares. Detalhes sobre as interações mineral-alimento, para a ampla possibilidade de minerais encontrados nos alimentos, são fornecidos principalmente em outros capítulos; e essas interações e suas funções estão resumidas na Tabela 9.18. Segue-se uma abordagem mais detalhada sobre minerais selecionados.

9.5.1 Cálcio

O papel funcional do cálcio no leite e em produtos lácteos tem sido estudado ostensivamente, servindo, por isso, de exemplo das interações minerais em um sistema alimentar (ver Capítulo 14). O leite contém uma mistura complexa de minerais, incluindo cálcio, magnésio, sódio, potássio, cloro, sulfato e fosfato. O cálcio do leite está distribuído entre seu soro e as micelas de caseína. O cálcio no soro está em solução e compreende ≈ 30% do cálcio total do leite. O restante do cálcio está associado a micelas de caseína e está presente principalmente como fosfato de cálcio coloidal. É provável que a associação das submicelas envolva pontes de cálcio entre os grupos fosfatos esterificados, em resíduos de serina de caseínas e íons fosfato inorgânicos.

O cálcio e o fosfato desempenham papéis funcionais importantes na fabricação do queijo. A adição de cálcio antes da formação de coalho encurta o tempo de coagulação [72]. Coalhadas com baixo teor de Ca tendem a ser esfareladas, ao passo que queijos com alto teor de Ca são bastante elásticos.

Os sais de cálcio são amplamente utilizados na indústria de frutas e vegetais para melhorar a textura. Os íons de cálcio, que são divalentes, podem retardar o declínio da firmeza em frutas e vegetais minimamente processados, formando ligações cruzadas entre resíduos de ácido galacturônico das pectinas da parede celular [109]. Os tratamentos normalmente envolvem mergulhar o produto em uma solução contendo sais de cálcio dissolvidos, como cloreto de cálcio ou lactato de cálcio. O lactato de cálcio é preferido, uma vez que o cloreto de cálcio pode causar amargor [76].

9.5.2 Fosfatos

Os fosfatos ocorrem nos alimentos de muitas formas distintas, podendo tanto ter ocorrência natural, como compostos intrínsecos a tecidos vegetais e animais, como ocorrer na forma de componentes de aditivos alimentares. Existe uma literatura extensa sobre a utilização de fosfatos nos alimentos. Para abordagens mais profundas sobre esse tema, recomenda-se Ellinger [37] e Molins [87]. Vários fosfatos são aditivos alimentares aprovados. Estes incluem ácido fosfórico, os ortofosfatos, pirofosfatos, tripolifosfatos e polifosfatos superiores. Suas estruturas são mostradas na Figura 9.15.

Os aditivos alimentares de fosfatos desempenham muitas funções, incluindo acidificação (refrigerantes), ação de tampão (diversas bebi-

TABELA 9.18 Papel funcional de minerais e sais minerais/complexos em alimentos

Mineral	Fontes alimentares	Função
Alumínio	Baixo e variável em alimentos; aditivos alimentares (fermentos ácidos, agentes corantes) são uma fonte importante; Al endógeno em alimentos vegetais e contaminação a partir de vasilhames para cocção também contribuem	**Fermento ácido**: como sulfato de sódio e alumínio ($Na_2SO_4 \cdot Al_2(SO_4)_3$) **Corante** laca de Al de corantes alimentares **Agente emulsificante** $Na_3Al(PO_4)_2$ em queijo processado
Bromo	Farinha bromatada	**Melhorador de massas**: o $KBrO_3$ melhora a qualidade de cozimento de farinha de trigo. Nos Estados Unidos, essa substância tem sido substituída, em grande parte, por ácido ascórbico
Cálcio	Produtos lácteos, folhas de vegetais verdes, tofu, ossos de peixe, alimentos fortificados com Ca	**Modificadores de textura**: forma géis com macromoléculas carregadas negativamente, tais como alginatos, pectina com baixo grau de metoxilação, proteínas de soja e caseína. Aumento da viscosidade de soluções de alginato. Firmeza de conservas de vegetais, quando adicionado à salmoura
Cobre	Miúdos, frutos do mar, nozes, sementes	**Catalisador**: peroxidação lipídica, oxidação do ácido ascórbico, escurecimento oxidativo não enzimático **Modificador de cor**: pode causar descoloração em enlatados, carnes curadas **Cofator enzimático**: polifenoloxidase **Estabilizador de textura**: estabiliza a espuma de clara de ovos
Iodo	Sal iodado, frutos do mar, plantas e animais de áreas onde o iodo do solo não é esgotado	**Melhorador de massa**: o KIO_3 melhora a qualidade de cozimento da farinha de trigo
Ferro	Cereais, leguminosas, carnes, contaminação por ferro proveniente de utensílios e solo, produtos enriquecidos ou fortificados	**Catalisador**: Fe^{2+} e Fe^{3+} catalisam a peroxidação lipídica em alimentos **Modificador de cor**: a cor de carne fresca depende da valência do Fe na hemoglobina e na mioglobina: Fe^{2+} é vermelho; Fe^{3+} é marrom. Forma complexos verdes, azuis ou pretos com compostos polifenólicos. Reage com S^{2-} para formar FeS (de cor escura) em alimentos enlatados **Cofator enzimático**: lipoxigenase, citocromos, ribonucleotídeo redutase, etc
Magnésio	Grãos integrais, nozes, leguminosas, vegetais de folhas verdes	**Modificador de cor**: a remoção de Mg da clorofila muda a cor de verde para verde-oliva
Manganês	Grãos integrais, frutas, vegetais	**Cofator enzimático**: piruvato carboxilase, superóxido dismutase
Níquel	Alimentos vegetais	**Catalisador**: hidrogenação de óleos vegetais e açúcares redutores refinados, o Ni elementar é o catalisador mais utilizado para esse processo

(Continua)

TABELA 9.18 Papel funcional de minerais e sais minerais/complexos em alimentos (*Continuação*)

Mineral	Fontes alimentares	Função
Fosfatos	Onipresentes, produtos de origem animal tendem a ser boas fontes; aditivo alimentar amplamente utilizado	**Acidulante**: H_3PO_4 em refrigerantes **Fermento ácido**: o $Ca(H_2PO_4)_2$ é um fermento ácido de ação rápida **Retenção de umidade em carnes**: tripolifosfato de sódio melhora a retenção de umidade em carnes curadas **Auxiliar na emulsificação**: os fosfatos são utilizados para auxiliar a emulsificação em carnes maceradas e queijos processados
Potássio	Frutas, vegetais, carnes	**Substituto de sal**: o KCl pode ser utilizado como um substituto de sal; pode causar sabor amargo **Fermento ácido**: tartarato ácido de potássio
Selênio	Frutos do mar, miúdos, cereais (os níveis variam dependendo do solo)	**Cofator enzimático**: glutationa peroxidase
Sódio	NaCl, gutamato monossódico, outros aditivos alimentares, leite; níveis baixos na maioria dos alimentos crus	**Modificador do sabor**: o NaCl estimula o sabor salgado clássico em alimentos e aumenta outros sabores **Conservante**: o NaCl pode ser usado para diminuir a atividade de água nos alimentos para prevenir ou controlar o crescimento microbiano **Fermentos químicos**: muitos fermentos químicos são sais de sódio, por exemplo, bicarbonato de sódio, sulfato de alumínio e sódio e pirofosfato ácido de sódio
Enxofre	Amplamente distribuído como componente de aminoácidos que contêm enxofre; aditivos alimentares (sulfitos, SO_2)	**Inibidor do escurecimento**: o dióxido de enxofre e os sulfitos inibem o escurecimento enzimático e não enzimático; amplamente utilizado em frutas secas **Antimicrobiano**: previne e controla o crescimento microbiano; amplamente utilizado na fabricação de vinho
Zinco	Carnes, cereais, alimentos fortificados	O ZnO é usado no revestimento de latas para alimentos proteicos, minimizando a formação de FeS (de cor escura) durante o aquecimento

das), antiaglutinante, fermento, estabilizador, emulsificante, promotor de ligação à água e protetor contra oxidação. A química responsável pela diversidade de propriedades funcionais dos fosfatos não é totalmente compreendida, mas, sem dúvida, está relacionada à acidez dos prótons associados aos fosfatos e à carga dos íons de fosfato. Em pHs comuns em alimentos, os fosfatos apresentam cargas negativas e os polifosfatos comportam-se como polieletrólitos. As cargas negativas dão aos fosfatos um forte caráter de base de Lewis e, desse modo, uma grande tendência de se ligar a cátions metálicos. A capacidade de se ligar a íons metálicos pode estar subjacente a várias das propriedades funcionais citadas anteriormente. Deve-se mencionar, no entanto, que existe uma controvérsia considerável sobre os mecanismos funcionais do fosfato, em particular no que concerne à capacidade de aumento de retenção de água em carnes e peixes.

9.5.3 Cloreto de sódio

O cloreto de sódio (sal) é bastante utilizado como aditivo alimentar. Suas funções benéficas nos alimentos incluem reforço do sabor, controle de crescimento microbiano, melhora da capacidade de retenção de água em carnes e reforço da cor. O sal não somente acrescenta sabor como um in-

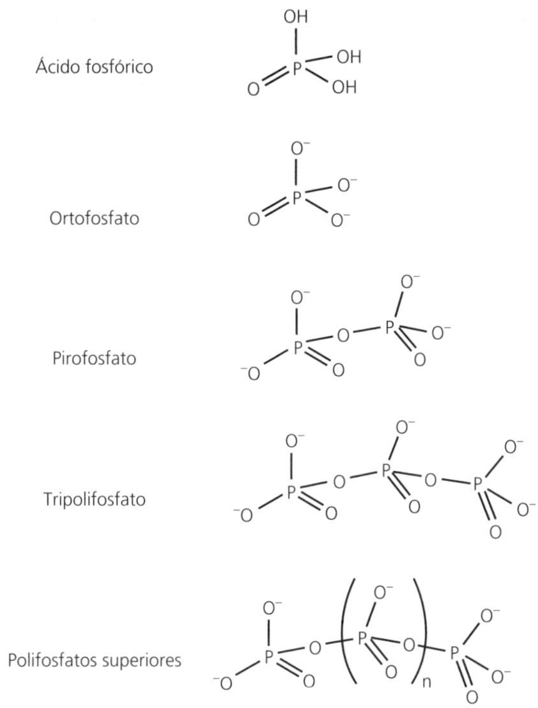

FIGURA 9.15 Estruturas de ácido fosfórico e de íons de fosfato importantes nos alimentos.

grediente único, mas aumenta outros sabores nos alimentos, diminuindo seu amargor. Muitos alimentos com adição de sal, por exemplo, pães e outros produtos à base de cereais, não apresentam gosto salgado naturalmente, por isso é difícil para os consumidores julgarem o teor de sal dos alimentos, com base no sabor. Os alimentos que são fontes de sódio, nos Estados Unidos, são listados na Tabela 9.19.

O sal é um ingrediente essencial para a maioria dos queijos. Além de acrescentar sabor e ajudar no controle do crescimento de bactérias indesejáveis por redução da atividade de água, ele controla a taxa de fermentação do ácido láctico e modifica a textura [104].

Em carnes processadas, como salsichas, o sal funciona como um conservante por meio da redução da atividade de água. Ele também promove a solubilização das proteínas musculares (fenômeno *salting in* [solubilização por sais]), que, então, funcionam como agentes emulsificantes [47].

Em produtos de panificação, o sal salienta o sabor, sem que o gosto se torne salgado, controla a taxa de fermentação em produtos fermentados por leveduras e funciona como um melhorador da massa por meio de suas interações com as proteínas do glúten [104].

Apesar da controvérsia sobre a redução de sódio mencionada anteriormente, existe um amplo consenso de que a redução do sódio nos alimentos reduzirá a pressão arterial e as taxas de mortalidade por doenças cardiovasculares e possivelmente outras doenças crônicas. Os países membros da Organização Mundial de Saúde estabeleceram uma meta voluntária de redução de 30% na ingestão de sal na população mundial até 2025 (http://www.who.Int/dietphysicalactivity/reducingsalt/en/, acessado em 20 de agosto de 2014). Individualmente, as empresas de alimentos têm trabalhado para reduzir o sódio em seus produtos [34]. Várias estratégias estão sendo buscadas, incluindo a redução gradual da quantidade de sal adicionada aos alimentos, a adição de outros sabores que podem melhorar o sabor salgado e o uso de substitutos do sal. A redução gradual da ingestão de sal ao longo do tempo demonstrou aumentar a sensibili-

TABELA 9.19 Contribuição de grupos de alimentos para a ingestão de sódio na população dos Estados Unidos

Categoria alimentar	Contribuição para a ingestão de Na (% de ingestão total)
Leite e produtos lácteos	6,5
Produtos à base de grãos	22,0
Frutas e vegetais	6,6
Carne, peixe, aves e ovos	26,1
Pratos diversos (caçarola, sopas, etc.)	22,1
Gorduras, óleos e molhos	8,2
Sobremesas e doces	4,8
Outros	3,8

Fonte: adaptada de Engstrom. A. et al., *Am. J. Clin. Nutr.*, 65(Suppl), 704S, 1997.

dade ao sabor salgado, de modo que os consumidores não percebem uma diminuição na qualidade do sabor. Essa é uma estratégia promissora, mas levará tempo e exigirá cooperação das indústrias [34]. Sabe-se que outros compostos de sabor aumentam a salinidade nos alimentos. Estes incluem compostos ácidos, como ácidos orgânicos, glutamato e outros aminoácidos, nucleotídeos e extratos de levedura. Outra estratégia é usar substitutos de sal. Cloreto de potássio é o substituto mais utilizado. A vantagem de sua adição é que, aumentando a ingestão de potássio, se reduz a pressão arterial. A desvantagem é que pode produzir um sabor amargo na comida.

9.5.4 Ferro

É bem conhecido que o ferro pode promover peroxidação lipídica em alimentos. Ele age como catalisador dos estágios tanto de iniciação como de propagação da peroxidação lipídica. A química desse processo é extremamente complexa, mas diversos mecanismos prováveis já foram sugeridos. Na presença de agentes redutores, como grupos tiol e ácido ascórbico, o ferro férrico promove a formação do ânion superóxido [137]:

$Fe^{3+} + RSH \rightarrow Fe^{2+} + RS^{\bullet} + H^+$

$RSH + RS^{\bullet} + O_2 \rightarrow RSSR + H^+ + {}^{\bullet}O_2^-$

Esse ânion pode, então, reagir com prótons, formando peróxido de hidrogênio ou reduzindo ferro férrico para a forma de ferroso:

$2H^+ + 2{}^{\bullet}O_2^- \rightarrow H_2O_2 + O_2$

$Fe^{3+} + {}^{\bullet}O_2^- \rightarrow Fe^{2+} + O_2$

O íon ferroso promove a decomposição de peróxido de hidrogênio para radicais hidroxila pela reação de Fenton:

$Fe^{2+} + H_2O_2 \rightarrow Fe^{3+} + OH^- + {}^{\bullet}OH$

O radical hidroxila é altamente reativo, podendo gerar, com rapidez, radicais livres de lipídeos, pela remoção de átomos de hidrogênio dos ácidos graxos insaturados. Isso inicia a reação em cadeia da peroxidação lipídica.

O ferro também pode catalisar a peroxidação lipídica, acelerando a decomposição de hidroperóxidos lipídicos presentes nos alimentos:

$Fe^{2+} + LOOH \rightarrow Fe^{3+} + LO^{\bullet} + OH^-$

ou

$Fe^{3+} + LOOH \rightarrow Fe^{2+} + LOO^{\bullet} + H^+$

A taxa da primeira reação é maior que a da segunda, por uma ordem de grandeza. Isso explica por que o ácido ascórbico pode funcionar como um pró-oxidante em alguns sistemas alimentares, já que pode reduzir ferro férrico para a forma de ferroso.

9.5.5 Níquel

Embora a deficiência de níquel nunca tenha sido relatada em seres humanos, há evidências substanciais de sua necessidade em diversas espécies animais [92]. Não existe RDA ou IA para o níquel. As fontes alimentares de níquel incluem chocolates, nozes, feijões e grãos [92]. O significado primário do níquel de uma perspectiva de processamento de alimentos é seu uso como catalisador para a hidrogenação de óleos comestíveis [89] (ver Capítulo 4) e para produzir alcoóis de açúcar (Capítulo 3).

9.5.6 Cobre

O cobre, como o ferro, é um elemento de transição, sendo encontrado nos alimentos em dois estados de oxidação, Cu^+ e Cu^{2+}. Ele é um cofator em várias enzimas, incluindo as fenolases, e encontra-se no centro ativo da hemocianina, uma proteína que transporta oxigênio em alguns artrópodes. Tanto o Cu^+ como o Cu^{2+} ligam-se a moléculas orgânicas e, portanto, existem principalmente como complexos e quelatos nos alimentos. Uma característica negativa do cobre é sua ação como um potente catalisador da oxidação lipídica nos alimentos.

O cobre desempenha um intrigante papel funcional na culinária da região oeste dos Estados Unidos, há pelo menos 300 anos [78]. Muitas receitas descrevem o uso de tigelas de cobre para a preparação de merengue, sendo o utensílio de preferência para que se batam as claras em neve. Um problema comum com as espumas de clara de ovo é o colapso resultante do excesso de transporte. A estabilidade da espuma é reduzida quando as proteínas da interface ar-líquido são excessivamente desnaturadas pelas batidas. A clara de ovo contém conalbumina, uma proteína análoga à proteína transferrina que se liga ao ferro no plasma. A conalbumina liga-se tanto ao Cu^{2+} como ao Fe^{3+}, sendo que a presença da ligação com cobre ou ferro estabiliza a conalbumina contra desnaturação excessiva [96].

9.6 GLOSSÁRIO DE TERMOS

Os minerais estão presentes nos alimentos em concentrações baixas, mas variáveis, bem como sob diversas formas químicas. As espécies de minerais sofrem alterações complexas durante processamento, armazenamento e digestão dos alimentos. Com exceção dos elementos dos grupos 1A e 7A, os minerais são encontrados nos alimentos como complexos, quelatos ou oxiânions. Embora a compreensão das formas químicas e das propriedades de muitas dessas espécies minerais continue a ser limitada, seu comportamento nos alimentos muitas vezes pode ser previsto por aplicação de princípios da química inorgânica, orgânica, física e biológica.

O principal papel dos minerais nos alimentos é o fornecimento de uma fonte confiável de nutrientes essenciais, em formas equilibradas e biodisponíveis. Nos casos em que as concentrações e/ou as biodisponibilidades nos alimentos são baixas, tem-se usado a fortificação como auxílio à garantia das IAs por todos os segmentos da população. A fortificação com ferro e iodo tem reduzido de forma significativa as doenças por deficiência associadas a esses nutrientes nos Estados Unidos e em outros países industrializados. Infelizmente, a fortificação adequada de alimentos não tem sido possível em muitos países em desenvolvimento, fazendo muitas pessoas desses países sofrerem as consequências trágicas das deficiências de ferro, iodo, zinco e outros minerais.

Os minerais também desempenham papéis funcionais fundamentais nos alimentos. Por exemplo, os minerais podem alterar drasticamente a cor, a textura, o sabor e a estabilidade dos alimentos. Desse modo, essas substâncias podem ser adicionadas ou removidas dos alimentos, a fim de que se atinjam determinados efeitos funcionais. Quando a manipulação das operações de concentração de minerais nos alimentos não é praticável, agentes quelantes como EDTA (quando permitido) podem ser usados para alterar seu comportamento.

- **Minerais**: outros elementos além de C, H, O e N que permanecem depois que a matéria orgânica de um alimento é removida por combustão ou ácidos oxidantes.
- **Elemento mineral essencial**: um mineral necessário para uma função fisiológica fundamental no corpo. Ingestão inadequada de um mineral essencial levará a um comprometimento de uma ou mais funções fisiológicas.

- **Espécie mineral**: a forma química de elementos minerais. Os minerais estão presentes nos alimentos em muitas formas químicas diferentes, incluindo íons livres, complexos, quelatos e compostos.
- **Ácido de Lewis**: aceptor de um par de elétrons.
- **Base de Lewis**: doador de um par de elétrons.
- **Ligantes**: espécies químicas capazes de doar pares de elétrons a um íon metálico para formar complexos e quelatos. Os principais átomos doadores de elétrons nos ligantes incluem oxigênio, nitrogênio e enxofre.
- **Quelato**: um complexo metálico no qual o ligante forma duas ou mais ligações com o íon metálico, formando uma estrutura de anel. Os quelatos são mais estáveis do que complexos semelhantes que não são quelatos.
- **Homeostasia**: processos pelos quais um organismo mantém níveis teciduais de nutrientes dentro de intervalos estreitos e constantes, mesmo quando a ingestão dos nutrientes pode ser baixa ou alta.
- **Ingestões dietéticas de referência (DRIs)**: estimativas das necessidades nutricionais de pessoas saudáveis. As DRIs abrangem quatro subconjuntos de valores que incluem o EAR, a RDA, a IA e o UL.
- **Requerimento estimado médio (EAR)**: é definido como o nível de ingestão de um nutriente que satisfaça a necessidade de 50% de indivíduos de idade e gênero determinados. Sendo assim, a necessidade dos 50% restantes dos indivíduos é mais elevada do que o EAR.
- **Recomendação de ingestão diária (RDA)**: é definida como o nível de ingestão de nutrientes suficientes para satisfazer as necessidades de quase todos os indivíduos saudáveis em uma determinada idade, de um determinado gênero. Está definida em dois desvios-padrão (DP) acima do EAR: RDA = EAR + 2DP.
- **Ingestão adequada (IA)**: é utilizada quando as avaliações científicas disponíveis são insuficientes para a definição da RDA. Ela baseia-se em estimativas de ingestões médias efetivas de um nutriente por indivíduos saudáveis e não em resultados de estudos controlados, concebidos para estimar necessidades individuais de nutrientes.
- **Nível superior à ingestão tolerável (UL)**: é o nível de ingestão de um nutriente abaixo do qual efeitos adversos para a saúde são pouco prováveis de ocorrer. Ou seja, doses acima do UL podem constituir riscos de toxicidade.
- **Aspectos nutricionais dos minerais**: 25 minerais são considerados nutrientes essenciais para os seres humanos. Ver Tabela 9.2 para um resumo dos aspectos nutricionais dos nutrientes minerais.
- **Biodisponibilidade**: a proporção de um nutriente ingerido que está disponível para utilização em um processo metabólico ou para deposição em um compartimento de armazenamento no corpo. A biodisponibilidade de um nutriente em um alimento é influenciada por muitos fatores, incluindo a forma química do nutriente, ligantes que podem estar presentes no alimento ou formados durante a digestão, a atividade redox da matriz alimentar, as concentrações de outros nutrientes nos alimentos ou refeição e o estado fisiológico do consumidor.
- **Ácido fítico**: mioinositol-1,2,3,4,5,6-hexaquisfosfato. A forma primária de armazenamento de fósforo em sementes de plantas. O ácido fítico e seus sais são potentes inibidores da absorção de alguns minerais, incluindo ferro, zinco e cálcio.
- **Composição mineral de alimentos à base de plantas**: a composição mineral dos alimentos vegetais é influenciada por muitos fatores, incluindo a genética da planta, a qualidade e a fertilidade do solo em que a planta é cultivada, a quantidade de chuva e sol durante a estação de crescimento e a maturidade da planta na colheita.
- **Composição mineral de alimentos à base de animais**: é menos variável do que no caso dos alimentos vegetais. Animais alimentados com dietas pobres em iodo e selênio apresentam níveis reduzidos desses minerais em seus tecidos, leite e/ou ovos. Novilhos jovens

alimentados com dietas de baixo teor de ferro têm baixos níveis de ferro em seus músculos.
- **Fortificação**: a adição de um ou mais nutrientes a um alimento com a finalidade de prevenir deficiências nutricionais nas populações.
- **Biofortificação**: a aplicação de técnicas convencionais de melhoramento de plantas ou engenharia genética para aumentar as concentrações e/ou biodisponibilidades de micronutrientes em culturas alimentares básicas. As sementes melhoradas são, então, distribuídas aos agricultores em áreas pobres em recursos, que as plantam e, subsequentemente, colhem culturas nutricionalmente melhoradas. A distribuição dessas culturas para os consumidores locais resulta em um aumento na ingestão de micronutrientes que podem ser deficientes em suas dietas tradicionais. A biofortificação como estratégia para prevenir a desnutrição de micronutrientes é especialmente vantajosa em regiões rurais onde os alimentos processados comercialmente fortificados não estão disponíveis ou acessíveis.
- **Impacto da fortificação na qualidade dos alimentos**: na maioria dos casos, a adição de nutrientes minerais aos alimentos tem um efeito mínimo na qualidade. A adição de ferro é uma exceção. O ferro, um mineral com atividade redox, pode catalisar a oxidação lipídica nos alimentos, levando à formação de odores e aromas anormais. Algumas formas de ferro também podem catalisar a destruição de alimentos antioxidantes, como as vitaminas A, C e E. Os pós de ferro elementar, os quelatos de ferro, como o EDTA férrico, e sódico, e as nanopartículas de pirofosfato férrico são menos ativos como catalisadores de oxidação do que o sulfato ferroso e outros sais.
- **Minerais tóxicos**: todos os minerais, incluindo nutrientes minerais essenciais, podem ser tóxicos quando presentes em níveis excessivos na dieta. No entanto, a maioria dos nutrientes minerais essenciais raramente está presente em níveis tóxicos nos alimentos. Os elementos minerais que mais preocupam do ponto de vista da toxicidade não são nutrientes essenciais. Eles incluem chumbo, mercúrio, arsênico e cádmio. Estes minerais altamente tóxicos podem penetrar nos alimentos por meio de absorção do solo pelas raízes das plantas, contaminação da água e do ar por processos naturais e industriais, ingestão de alimentos contaminados por animais, lixiviação de embalagens de alimentos e outros mecanismos. Os níveis de chumbo nos alimentos foram substancialmente reduzidos nos últimos anos devido à proibição da gasolina com chumbo e da solda contendo chumbo usada na fabricação de latas de alimentos; substituição de tubos de água de chumbo por tubos de ferro, cobre ou polímero sintético; a proibição de fungicidas agrícolas contendo mercúrio; e outras estratégias. O metilmercúrio, um composto de mercúrio altamente tóxico, continua a ser uma preocupação devido à sua acumulação em alguns peixes, sobretudo em peixes predadores de vida longa, como peixe-espada, peixe-batata, tubarão e espadarte, o peixe-telha, o tubarão e o peixe-cavala.
- **Efeitos do processamento de alimentos no conteúdo mineral dos alimentos**: os minerais são essencialmente indestrutíveis, mas certas operações de processamento podem diminuir ou aumentar a concentração de minerais nos alimentos. Moagem de grãos de cereais para remover o farelo e o gérmen diminui a concentração de vários minerais em grãos integrais. A fabricação de queijo leva a perdas significativas de cálcio e potássio quando o soro é drenado. A adição de sal (NaCl) e outros aditivos alimentares contendo sódio aumenta o teor de sódio dos alimentos. Estima-se que 77% do sal total na dieta americana seja de sal adicionado durante o processamento de alimentos. Os fosfatos são adicionados a muitos alimentos como ingredientes funcionais. Alguns minerais podem ser adicionados aos alimentos para fortificá-los com nutrientes que são deficientes na dieta. Ferro e iodo são os nutrientes minerais mais comumente adicionados, porém o cálcio e o zinco também são adicionados a alguns alimentos.

- **Papéis funcionais dos minerais em alimentos**: os minerais desempenham uma variedade de ações funcionais importantes em alimentos, que vão desde a acidificação para modificação de cor a controle de atividade de água para aprimoramento de sabor. Ver a Tabela 9.18 para um resumo dos papéis funcionais dos minerais nos alimentos.

REFERÊNCIAS

1. Advisory Committee on Childhood Lead Poisoning Prevention (ACCLPP) (2012). Low level lead exposure harms children: A renewed call for primary prevention. http://www.cdc.gov/nceh/lead/acclpp/final_document_030712.pdf (accessed August 26, 2014).
2. Ahmed, F.E. (1999). Trace metal contaminants in food, in: *Environmental Contaminants in Food*, C.F. Moffat and Whittle, K.J., eds., Sheffield Academic Press, Sheffield, U.K., Chapter 6, pp. 146–214.
3. Allaway, W.H. (1975). The effects of soils and fertilizers on human and animal nutrition. Agriculture Information Bulletin No. 378, U.S. Department of Agriculture, Washington, DC.
4. Anderson, J.J.B., M.L. Sell, S.C. Garner, and M.S. Calvo (2001). Phosphorus, in: *Present Knowledge in Nutrition*, 8th edn., B.A. Bowman and R.M. Russell, eds., ILSI Press, Washington, DC, Chapter 27, pp. 281–291.
5. AOAC International (2012). *Official Methods of Analysis*, 19th edn., AOAC International, Washington, DC.
6. Bailey, L.B., S. Moyers, and J.F. Gregory (2001). Folate, in: *Present Knowledge in Nutrition*, 8th edn., B.A. Bowman and R.M. Russell, eds., ILSI Press, Washington, DC, Chapter 21, pp. 214–229.
7. Barrett, F. and P. Ranum (1985). Wheat and blended cereal foods, in: *Iron Fortification of Foods*, F.M. Clydesdale and K.L. Wiemer, eds., Academic Press, Orlando, FL, pp. 75–109.
8. Baynes, R.D. and T.H. Bothwell (1990). Iron deficiency. *Annu Rev Nutr* 10: 133–148.
9. Blair, M.W., P. Izquierdo, C. Astudillo, and M.A. Grusak (2013). A legume biofortification quandary: Variability and genetic control of seed coat micronutrient accumulation in common beans. *Front Plant Sci* 4: 1–14.
10. Bothwell, T.H. and A.P. MacPhail (2004). The potential role of NaFeEDTA as an iron fortificant. *Int J Vitam Nutr Res* 74(6): 421–434.
11. Brnic, M., R. Wegmuller, C. Zeder, G. Senti, and R.F. Hurrell (2014). Influence of phytase, EDTA, and polyphenols on zinc absorption in adults from porridges fortified with zinc sulfate or zinc oxide. *J Nutr* 144: 1467–1473.
12. Brown, M.J. and S. Margolis (2012). Lead in drinking water and human blood levels in the United States. *MMWR Morb Mortal Wkly Rep* 61(Suppl.): 1–9.
13. Burk, R.F. and O.A. Levander (1999). Selenium, in: *Modern Nutrition in Health and Disease*, 9th edn., M.E. Shills, J.A. Olson, M. Shike, and A.C. Ross, eds., Lippincott Williams & Wilkins, Philadelphia, PA, pp. 265–276.
14. Caldwell, K.L., A. Makhmudov, E. Ely, R.L. Jones, and R.Y. Wang (2011). Iodine status of the U.S. population, National Health and Nutrition Examination Survey, 2005–2006 and 2007–2008. *Thyroid* 21(4): 419–427.
15. Canfield, R.L., C.R. Henderson Jr., D.A. Cory-Slechta, C. Cox, T.A. Jusko, and B.P. Lanphear (2003). Intellectual impairment in children with blood lead concentrations below 10 µg per deciliter. *N Engl J Med* 348(16): 1517–1526.
16. Cappuccio, F.P., S. Capewell, F.J. He, and G.A. MacGregor (2014). Salt: The dying echoes of the food industry. *Am J Hypertens* 27(2): 279–281.
17. Carpenter, K.J. (1995). Episodes in the history of food fortification. *Cereal Foods World* 42(2): 54–57.
18. Ward, C.R.E. and C.E. Carpenter (2010). Traditional methods for mineral analysis, in: *Food Analysis*, 4th edn., S.S. Nielsen, ed., Springer, New York, Dordrecht, Heidleberg, London, pp. 201–215.
19. Carocci, A., N. Rovito, M.S. Sinicropi, and G. Genchi (2014). Mercury toxicity and neurodegenerative effects. *Rev Environ Contam Toxicol* 229: 1–18.
20. Centers for Disease Control and Prevention (2005). Preventing lead poisoning in young children. CDC, Atlanta, GA. http://www.cdc.gov/nceh/lead/publications/PrevLeadPoisoning.pdf (accessed August 26, 2014).
21. Chen, J., X. Zhao, X. Zhang, S. Yin, J. Piao, J. Huo, B. Yu, N. Qu, Q. Lu, S. Wang, and C. Chen (2005). Studies on the effectiveness of NaFeEDTA-fortified soy sauce for controlling iron deficiency: A population-based intervention trial. *Food Nutr Bull* 26(2): 177–186.
22. Chiancone, E., P. Ceci, A. Ilari, F. Ribacchi, and S. Steranini (2004). Iron and proteins for iron storage and detoxification. *Biometals* 17(3): 197–202.
23. Chrichton, R.R. (1991). *Inorganic Biochemistry of Iron Metabolism*, Ellis Horwood Series in Inorganic Chemistry, J. Burgess, series ed., Ellis Horwood, New York.
24. Clarkson, T.W., L. Magos, and G.J. Meyers (2003). The toxicology of mercury. *N Eng J Med* 349(18): 1731–1737.
25. Clarkson, T.W. and J.J. Strain (2003). Nutritional factors may modify the toxic action of methyl mercury in fish-eating populations. *J Nutr* 133(5 Suppl 1): 1539S–1543S.
26. Combs, G.F. (2001). Selenium in global food systems. *Br J Nutr* 85: 517–547.
27. Cousins, R.J. (1996). Zinc, in: *Present Knowledge in Nutrition*, 7th edn., E.E. Ziegler and L.J. Filer Jr., eds., ILSI Press, Washington, DC, Chapter 29, pp. 293–306.
28. Cubadda, F., A. Raggi, F. Zanasi, and M. Carcea (2003). From durum wheat to pasta: Effect of technological processing on the levels of arsenic, cadmium, lead and nickel—A pilot study. *Food Addit Contam* 20(4): 353–360.
29. da Silva, J.J.F.R. and R.J.P. Williams (1991). *The Biological Chemistry of the Elements: The Inorganic Chemistry of Life*, Clarendon Press, Oxford, U.K.
30. Delange, F., H. Burgi, Z.P. Chen, and J.T. Dunn (2002). World status of monitoring of iodine deficiency disorders control programs. *Thyroid* 12(10): 915–924.

31. Delange, F., B. de Benoist, E. Pretell, and J.T. Dunn (2001). Iodine deficiency in the world: where do we stand at the turn of the century? *Thyroid* 11(5): 437 - 447.
32. Deshpande, S.S. (2002). Toxic metals, radionuclides, and food packaging contaminants, in: *Handbook of Food Toxicology*, S.S. Deshpande, ed., Marcel Dekker, Inc., New York, Chapter 16, pp. 783–812.
33. Dibley, M.J. (2001). Zinc, in: *Present Knowledge in Nutrition*, 8th edn., B.A. Bowman and R.M. Russell, eds., ILSI Press, Washington, DC, Chapter 31, pp. 329–343.
34. Dotsch, M., J. Busch, M. Batenburg, G. Liem, E. Tareilus, R. Mueller, and G. Meijer (2009). Strategies to reduce sodium consumption: A food industry perspective. *Crit Rev Food Sci Nutr* 49(10): 841–851.
35. Dutra-de-oliveira, J.E., M.L.S. Freitas, J.F. Ferreira, A.L. Goncalves, and J.S. Marchini (1995). Iron from complex salts and its bioavailability to rats. *Int J Vitam Nutr Res* 65: 272–275.
36. Dziezak, J.D. (1990). Phosphates improve many foods. *Food Technol* 44(4): 80–92.
37. Ellinger, R.H. (1972). Phosphates in food processing, in: *Handbook of Food Additives*, 2nd edn., T.E. Furia, ed., CRC Press, Cleveland, OH, pp. 617–780.
38. Engstrom, A., R.C. Tobelmann, and A.M. Albertson (1997). Sodium intake trends and food choices. *Am J Clin Nutr* 65(Suppl.): 704S–707S.
39. Farley, D. (1998). Dangers of lead still linger. *FDA Consum* 32(1): 16–21.
40. Fidler, M.C., T. Walczyk, L. Davidsson, C. Zeder, N. Sakaguchi, L.R. Juneja, and R.F. Hurrell (2004). A micronized, dispersible ferric pyrophosphate with high relative bioavailability in man. *Br J Nutr* 91:107–120.
41. Food and Drug Administration (2003). Code of federal regulations. U.S. Government Printing Office, Washington, DC, Chapter I, Parts 136, 137, 139. http://www.gpoaccess.gov/cfr/index.html (accessed August 26, 2014).
42. Food and Drug Administration (2006). Mercury levels in commercial fish and shellfish (1990–2010). http://www.fda.gov/food/foodborneillnesscontaminants/metals/ucm115644.htm (accessed August 26, 2014).
43. Food and Nutrition Board (FNB); Institute of Medicine (2002). *Dietary Reference Intakes for Vitamin A, Vitamin K, Arsenic, Boron, Chromium, Copper, Iodine, Iron, Manganese, Molybdenum, Nickel, Silicon, Vanadium, and Zinc*, National Academy Press, Washington, DC.
44. Food and Nutrition Board; Institute of Medicine (2003). Dietary reference intake tables: Elements table. http://www.iom.edu/file.asp?id=7294 (accessed August 26, 2014).
45. Committee on Food Chemicals Codex. (2014). Food chemicals codex, 9th edn. National Academy Press, Washington, DC.
46. Fox, C.H. and M. Eberl (2002). Phytic acid (IP6), novel broad spectrum anti-neoplastic agent: A systematic review. *Complement Ther Med* 10(4): 229–234.
47. Gelabert, J., P. Gou, L. Guerrero, and J. Arnau (2003). Effect of sodium chloride replacement on some characteristics of fermented sausages. *Meat Sci* 65: 833–839.
48. Graham, R.D., R.M. Welch, and H.E. Bouis (2001). Addressing micronutrient malnutrition through enhancing the nutritional quality of staple foods: Principles, perspectives, and knowledge gaps. *Adv Agron* 70: 77–142.
49. Guinee, T.P., P.D. Pudja, and N.Y. Farkye (1993). Fresh acid-cured cheese varieties, in: *Cheese: Chemistry, Physics and Microbiology*, Vol. 2, 2nd edn., P.F. Fox, ed., Chapman & Hall, London, U.K., pp. 369–371.
50. Marshall, M.R. (2010). Ash analysis, in: *Food Analysis*, 4th edn., S.S. Nielsen, ed., Springer, New York, Dordrecht, Heidelberg, London, pp. 105–115.
51. Harland, B. and G. Narula (1999). Phytate and its hydrolysis products. *Nutr Res* 19(6): 947–961.
52. HarvestPlus (2014). It all starts with a seed. http://www.harvestplus.org/ (accessed September 5, 2014).
53. Hazell, T. (1985). Minerals in foods: Dietary sources, chemical forms, interactions, bioavailability. *World Rev Nutr Diet* 46: 1–123.
54. Heaney, R.P., C.M. Weaver, and M.L. Fitzsimmons (1990). Influence of calcium load on absorption fraction. *J Bone Miner Res* 5: 1135–1138.
55. Hegenauer, J., P. Saltman, and G. Nace (1979). Iron III phosphoprotein chelates: Stoichiometric equilibrium constant for interaction of iron III and phosphorylserine residues of phosvitin and casein. *Biochemistry* 18: 3865-3879.
56. Herman, S., I.J. Griffin, S. Suwarti, F. Ernawati, D. Permaesih, D. Pambudi, and S.A. Abrams (2002). Cofortification of iron-fortified flour with zinc sulfate, but not zinc oxide, decreases iron absorption in Indonesian children. *Am J Clin Nutr* 76(4): 813–817.
57. Hertrampf, E. and M. Olivares (2004). Iron amino acid chelates. *Int J Vitam Nutr Res* 74(6): 435–443.
58. Horton, S., V. Mannar, and A. Wesley (2008). Best practice paper: Food fortification with iron and iodine. Copenhagen Consensus Center, Copenhagen Business School, Copenhagen, Denmark.
59. Hunt, J.R. (2003). Bioavailability of iron, zinc, and other trace minerals from vegetarian diets. *Am J Clin Nutr* 78: 633S–639S.
60. Hurell, R.F. (2004). Phytic acid degradation as a means of improving iron absorption. *Int J Vitam Nutr Res* 74(6): 445–452.
61. Institute of Medicine (2006). Introduction to the dietary reference intakes, in *Dietary Reference Intakes: The Essential Guide to Nutrient Requirements*, J.J. Otten, J.P. Hellwig, and L.D. Meyers, eds., The National Academies Press, Washington, DC, pp. 5–17.
62. Institute of Medicine (2013). *Sodium Intake in Populations: Assessment of Evidence*, The National Academies Press, Washington, DC.
63. International Nutritional Anemia Consultative Group (INACG) (1993). Iron EDTA for food fortification. ILSI Research Foundation, Washington, DC, pp. 27–35.
64. Jarup, L. (2002). Cadmium overload and toxicity. *Nephrol Dial Transplant* 17(Suppl. 2): 35–39.
65. Joy, E.J., E.L Ander, S.D. Young, C.R. Black, M.J. Watts, A.D. Chilimba, B. Chilima et al. (2014). Dietary mineral supplies in Africa. *Physiol Plant* 151(3): 208–229.
66. Kapsokefalou, M. and D.D. Miller (1991). Effects of meat and selected food components on the valence of nonheme iron during in vitro digestion. *J Food Sci* 56(2): 352–355, 358.

67. Kratzer, F.H. and P. Vohra (1986). *Chelates in Nutrition*, CRC Press, Boca Raton, FL.
68. Lachance, P.A. and M.C. Fisher (1988). Effects of food preparation procedures in nutrient retention with emphasis on food service practices, in: *Nutritional Evaluation of Food Processing*, E. Karmas and R.S. Harris, eds., Van Nostrand Reinhold, New York, pp. 505–556.
69. La Frano, M.R., F.F. de Moura, E. Boy, B. Lonnerdal, and B.J. Burri (2014). Bioavailability of iron, zinc, and provitamin A carotenoids in biofortified staple crops. *Nutr Rev* 72(5): 289–307.
70. Lei, X.G. and C.H. Stahl (2001). Biotechnological development of effective phytases for mineral nutrition and environmental protection. *Appl Microbiol Biotechnol* 57: 474–481.
71. Lind, T., B. Lonnerdal, L.A. Persson, H. Stenlund, C. Tennefors, and O. Hernell (2003). Effects of weaning cereals with different phytate contents on hemoglobin, iron stores, and serum zinc: A randomized intervention in infants from 6 to 12 mo of age. *Am J Clin Nutr* 78(1): 168–175.
72. Lucey, J.A. and P.F. Fox (1993). Importance of calcium and phosphate in cheese manufacture: A review. *J Dairy Sci* 76(6): 1714–1724.
73. Ma, J. and N.M. Betts (2000). Zinc and copper intakes and their major food sources for older adults in the 1994--96 continuing survey of food intakes by individuals (CSFII). *J Nutr* 130(11): 2838–2843.
74. Manary, M.J., N.F. Krebs, R.S. Gibson, R.L. Broadhead, and K.M. Hambidge (2002). Communitybased dietary phytate reduction and its effect on iron status in Malawian children. *Ann Trop Paediatr* 22(2): 133–136.
75. Mares-Perlman, J.A., A.F. Subar, G. Block, J.L. Greger, and M.H. Luby (1995). Zinc intake and sources in the US adult population: 1976–1980. *J Am Coll Nutr* 14(4): 349–357.
76. Martín-Diana, A.B., D. Rico, J.M. Frías, J.M. Barat, G.T.M. Henehan, and C. Barry-Ryan (2007). Calcium for extending the shelf life of fresh whole and minimally processed fruits and vegetables: A review. *Trends Food Sci Technol* 18: 210–218.
77. McElwee, M.K., L.A. Ho, J.W. Chou, M.V. Smith, and J.H. Freedman (2013). Comparative toxicogenomic responses of mercuric and methyl-mercury. *BMC Genomics* 14: 698.
78. McGee, H.J., S.R. Long, and W.R. Briggs (1984). Why whip egg whites in copper bowls? *Nature* 308: 667–668.
79. Meneton, P., X. Jeunemaitre, H.E. de Wardener, and G.A. MacGregor (2005). Links between dietary salt intake, renal salt handling, blood pressure, and cardiovascular diseases. *Physiol Rev* 85(2): 679–715.
80. Méplan, C. and J. Hesketh (2014). Selenium and cancer: A story that should not be forgotten—Insights from genomics. *Cancer Treat Res* 159: 145–166.
81. Mertz, W. (1984). The essential elements: Nutritional aspects. *Nutr Today* 19(1): 22–30.
82. Meyer, P.A., T. Pivetz, T.A. Dignan, D.M. Homa, J. Schoonover, and D. Brody (2003). Surveillance for elevated blood lead levels among children—United States, 1997–2001. *MMWR Surveill Summ* 52(SS-10): 1–21.

83. Miller, D.D. (2002). Iron fortification of the food supply: A balancing act between bioavailability and iron-catalyzed oxidation reactions, in: *Nutritional Biotechnology in the Feed and Food Industries*, T.P. Lyons and K.A. Jacques, eds., Nottingham University Press, Nottingham, England.
84. Miller, D.D. (2010). Food nanotechnology: New leverage against iron deficiency. *Nat Nanotechnol* 5(5):318–319.
85. Miller, D.D. and L.A. Berner (1989). Is solubility in vitro a reliable predictor of iron bioavailability? *Biol Trace Elem Res* 19: 11–24.
86. Miller, D.D. and M.A. Rutzke (2010). Atomic absorption and emission spectroscopy, in: *Food Analysis*, 4th edn., S.S. Nielsen, ed., Springer Science + Business Media, New York, pp. 421–442.
87. Molins, R.A. (1991). *Phosphates in Food*, CRC Press, Boca Raton, FL.
88. Morgan, J.N. (1999). Effects of processing on heavy metal content of foods, in: *Impact of Processing on Food Safety*, L.S. Jackson, M.G. Kinze, and J.N. Morgan, eds., Kluwer Academic/Plenum Publishers, New York, Chapter 13, pp. 195–211.
89. Mounts, T.L. (1987). Alternative catalysts for hydrogenation of edible oils, in: *Hydrogenation: Proceedings of an AOCS Colloquium*, R. Hastert, ed., American Oil Chemists Society, Champaign, IL.
90. Mozaffarian, D., S. Fahimi, G.M. Singh, R. Micha, S. Khatibzadeh, R.E. Engell, S. Lim, G. Danaei, M. Ezzati, and J. Powles (2014).Global sodium consumption and death from cardiovascular causes. *N Engl J Med* 371: 624–634.
91. National Institutes of Health (2014). Osteoporosis basics. http://www.niams.nih.gov/Health_Info/Bone/Osteoporosis/osteoporosis_ff.asp (accessed August 22, 2014).
92. Nielsen, F.H. (2001). Boron, manganese, molybdenum, and other trace elements, in: *Present Knowledge in Nutrition*, 8th edn., B.A. Bowman and R.M. Russel, eds., ILSI Press, Washington, DC, pp. 392–393.
93. Nierenberg, D.W., R.E. Nordgren, M.B. Chang, R.W. Siegler, M.B. Blayney, F. Hochberg, T.Y. Toribara, E. Cernichiari, and T. Clarkson (1998). Delayed cerebellar disease and death after accidental exposure to dimethylmercury. *N Engl J Med* 338(23): 1672–1676.
94. Patrick, J. (1985). Elemental sources, in: *Iron Fortification of Foods*, F.M. Clydesdale and K.L. Wiemer, eds., Academic Press, Orlando, FL, pp. 31–38.
95. Perrine, C.G., K.M. Sullivan, R. Flores, K.L. Caldwell, and L.M. Grummer-Strawn (2013). Intakes of dairy products and dietary supplements are positively associated with iodine status among U.S. children. *J Nutr* 143(7): 1155–1160.
96. Phillips, L.G., Z. Haque, and J.E. Kinsella (1987). A method for measurement of foam formation and stability. *J Food Sci* 52: 1047–1049.
97. Porterfield, W. (1993). *Inorganic Chemistry: A Unified Approach*, 2nd edn., Academic Press, San Diego, CA.
98. Powles, J., S. Fahimi, R. Micha, S. Khatibzadeh, P. Shi, M. Ezzati, R.E. Engell, S.S. Lim, G. Danaei, D. Mozaffarian; on behalf of the Global Burden of Diseases Nutrition and Chronic Diseases Expert Group (Nutri-

CoDE) (2013). Global, regional and national sodium intakxes in 1990 and 2010: A systematic analysis of 24 h urinary sodium excretion and dietary surveys worldwide. *BMJ Open* 3(12): e003733. doi: 10.1136/bmjopen-2013-003733.
99. Prasad, A.S., J.A. Halsted, and M. Nadimi (1961). Syndrome of iron deficiency, hepatosplenomegaly, hypogonadism, dwarfism and geophagia. *Am J Med* 31: 532-546.
100. Preuss, H.G. (2001). Sodium, chloride, and potassium, in: *Present Knowledge in Nutrition*, 8th edn., ILSI Press, Washington, DC, Chapter 29, pp. 302–310.
101. Raboy, V. (2007). The ABCs of low-phytate crops. *Nat Biotechnol* 25: 874–875.
102. Raboy, V. (2003). Myo-inositol-1,2,3,4,5,6-hexakisphosphate. *Phytochemistry* 64(6): 1033–1043.
103. Rayman, M.P. (2012). Selenium and human health. *Lancet* 279(9822): 1256–1268.
104. Reddy, K.A. and E.H. Marth (1991). Reducing the sodium content of foods: A review. *J Food Protect* 54(2): 138–150.
105. Reid, I.R. (2014). Should we prescribe calcium supplements for osteoporosis prevention? *J Bone Metab* 21(1): 21–28.
106. Reilly, C. (1998). Selenium: A new entrant into the functional food arena. *Trends Food Sci Technol* 9: 114–118.
107. Richardson, D.P. (1990). Food fortification. *Proc Nutr Soc* 49: 39–50.
108. Rice, D.C., R. Schoeny, and K. Mahaffey (2003). Methods and rationale for derivation of a reference dose for methylmercury by the U.S. EPA. *Risk Anal* 23(1): 107–115.
109. Rico, D., A.B. Martín-Diana, J.M. Barat, and C. Barry-Ryan (2007). Extending and measuring the quality of fresh-cut fruit and vegetables: A review. *Trends Food Sci Technol* 18: 373–386.
110. Rosado, J.L. (2003). Zinc and copper: Proposed fortification levels and recommended zinc compounds. *J Nutr* 133(9): 2985S–2989S.
111. Sandberg, A.-S. (2002). Bioavailability of minerals in legumes. *Br J Nutr* 88: S281–S285.
112. Sandström, B., Arvidsson, B., Cederblad, A., and Bjorn-Rasmussen, E. (1980). Zinc absorption from composite meals, I: The significance of wheat extraction rate, zinc, calcium, and protein content in meals based on bread. *Am J Clin Nutr* 33: 739–745.
113. Satarug, S., J.R. Baker, S. Urbenjapol, M. Haswell-Elkins, P.E. Reilly, D.J. Williams, and M.R. Moore (2003). A global perspective on cadmium pollution and toxicity in non-occupationally exposed population. *Toxicol Lett* 137(1–2): 65–83.
114. Satarug, S., S.H. Garrett, M.A. Sens, and D.A. Sens (2010). Cadmium, environmental exposure, and health outcomes. *Environ Health Perspect* 118(2): 182–190.
115. Satarug, S., M.R. Haswell-Elkins, and M.R. Moore (2000). Safe levels of cadmium intake to prevent renal toxicity in human subjects. *Br J Nutr* 84(6): 791–802.
116. Shriver, D.F., P.W. Atkins, and C.H. Langford (1994). *Inorganic Chemistry*, 2nd edn., W.H. Freeman, New York.
117. South, P.K. and D.D. Miller (1998). Iron binding by tannic acid: Effects of selected ligands. *Food Chem* 63: 167–172.
118. Stanbury, J.B. (1996). Iodine deficiency and iodine deficiency disorders, in: *Present Knowledge in Nutrition*, 7th edn., E.E. Ziegler and L.J. Filer, eds., ILSI Press, Washington, DC, pp. 378–383.
119. Standing Committee on the Scientific Evaluation of Dietary Reference Intakes; Food and Nutrition Board; Institute of Medicine (1997). *Dietary Reference Intakes for Calcium, Phosphorous, Vitamin D, and Flouride*, National Academy Press, Washington, DC.
120. Suh, J., B.Z. Zhu, and B. Frei (2003). Ascorbate does not act as a pro-oxidant towards lipids and proteins in human plasma exposed to redox-active transition metal ions and hydrogen peroxide. *Free Radic Biol Med* 34(10): 1306–1314.
121. Tchounwou, P.B., W.K. Ayensu, N. Ninashvili, and D. Sutton (2003). Environmental exposure to mercury and its toxicopathologic implications for public health. *Environ Toxicol* 18: 149–175.
122. Underwood, E.J. and W. Mertz (1987). Introduction, in: *Trace Elements in Human and Animal Nutrition*, 5th edn., W. Mertz, ed., Academic Press, San Diego, CA, pp. 1–19.
123. USDA Agricultural Research Service. USDA Food Composition Databases. 2016. https://ndb.nal.usda.gov/ndb/ (accessed October 6, 2016).
124. U.S. Department of Agriculture and U.S. Department of Health and Human Services (2010). Dietary guidelines for Americans, 2010, 7th edn., U.S. Government Printing Office, Washington, DC.
125. Urbano, G., M. Lopez-Jurado, P. Aranda, C. Vidal-Valverde, E. Tenorio, and J. Porres (2000). The role of phytic acid in legumes: Antinutrient or beneficial function? *J Physiol Biochem* 56(3): 283–294.
126. van Dokum, W. (1989). The significance of speciation for predicting mineral bioavailability, in: *Nutrient Availability: Chemical and Biological Aspects*, D. Southgate, I. Johnson, and G.R. Fenwick, eds., Royal Society of Chemistry, Cambridge, England, pp. 89–96.
127. Van Thuy, P., J. Berger, L. Davidsson, N. Cong Khan, N. Thi Lam, J.D. Cook, R.F. Hurrell, and H. Huy Khoi (2003). Regular consumption of NaFeEDTA-fortified fish sauce improves iron status and reduces the prevalence of anemia in anemic Vietnamese women. *Am J Clin Nutr* 78: 284–290.
128. Vinceti, M., G. Dennert, C.M. Crespi, M. Zwahlen, M. Brinkman, M.P.A. Zeegers, M. Horneber, R. D'Amico, and C. Del Giovane (2014). Selenium for preventing cancer. *Cochrane Database Syst Rev* (3): Art. No. CD005195. doi: 10.1002/14651858.CD005195.pub3.
129. Vucenik, I. and A.M. Shamsuddin (2006). Protection against cancer by dietary IP$_6$ and inositol. *Nutr Cancer* 55(2): 109–125.
130. Walczyk, T., P. Kastenmayer, S. Storcksdieck Genannt Bonsmann, C. Zeder, D. Grathwohl, and R.F. Hurrell (2013). Ferrous ammonium phosphate (FeNH$_4$PO$_4$) as a new food fortification: Iron bioavailability compared to ferrous sulfate and ferric pyrophosphate form an instant milk drink. *Eur J Nutr* 52(4): 1361–1368.
131. Weaver, C.M. (2001). Calcium, in: *Present Knowledge in Nutrition*, 8th edn., B.A. Bowman and R.M. Russell, eds., ILSI Press, Washington, DC, Chapter 26, pp. 273–280.

132. Weaver, C.M. and K.L. Plawecki (1994). Dietary calcium: Adequacy of a vegetarian diet. *Am J Clin Nutr* 59: 1238S–1241S.
133. Welch, R.M. and R.D. Graham (2002). Breeding crops for enhanced micronutrient content. *Plant Soil* 245(1): 205–214.
134. Welch, R.M. and W.A. House (1984). Factors affecting the bioavailability of mineral nutrients in plant foods, in: *Crops as Sources of Nutrients for Humans*, R.M. Welch, ed., Soil Science Society of America, Madison, WI, pp. 37–54.
135. Welch, R.M., W.A. House, and W.H. Allaway (1974). Availability of zinc from pea seeds to rats. *J Nutr* 104: 733–740.
136. Whittaker, P., J.E. Vanderveen, M.J. DiNovi, P.M. Kuznesof, and V.C. Dunkel (1993). Toxicological profile, current use and regulatory issues of EDTA compound for assessing potential use of sodium iron EDTA for food fortification. *Regulat Toxicol Pharmacol* 18: 419–427.
137. Wong, D.W.S. (1989). *Mechanism and Theory in Food Chemistry*, Van Nostrand Reinhold, New York, pp. 5–7.
138. World Health Organization (2003). Eliminating iodine deficiency disorders. http://www.who.int/nut/idd.htm (accessed August 22, 2014).
139. World Health Organization (2014). Micronutrient deficiencies. http://www.who.int/nutrition/topics/ida/en/ (accessed August 22, 2014).
140. Yeung, C.K., R.P. Glahn, X. Wu, R.H. Liu, and D.D. Miller (2003). In vitro iron bioavailability and antioxidant activity of raisins. *J Food Sci* 68(2): 701–705.
141. Yip, R. (2001). Iron, in: *Present Knowledge in Nutrition*, 8th edn., B.A. Bowman and R.M. Russell, eds., ILSI Press, Washington, DC, Chapter 23, pp. 311–328.
142. Yip, R. and U. Ramakrishnan (2002). Experiences and challenges in developing countries. *J Nutr* 132: 827S––830S.
143. Zijp, I.M., O. Korver, and L.B. Tijburg (2000). Effect of tea and other dietary factors on iron absorption. *Crit Rev Food Sci Nutr* 40(5): 371–398.
144. Zimmermann, M.B. (2009). Iodine deficiency. *Endocr Rev* 30(4): 376–408.
145. Zimmermann, M.B. and F.M. Hilty (2011). Nanocompounds of iron and zinc: Their potential in nutrition. *Nanoscale* 3(6): 2390–2398.
146. FDA (2014). Fish: What pregnant women and parents should know. http://www.fda.gov/food/foodborneillnesscontaminants/metals/ucm393070.htm (accessed August 28, 2014).
147. Agency for Toxic Substances & Disease Registry. Toxic substances portal—cadmium. http://www.atsdr.cdc.gov/toxfaqs/tf.asp?id=47&tid=15 (accessed October 5, 2016).
148. USDA. USDA Food Composition Databases. Nutrient Data Laboratory, Beltsville Human Nutrition Research Center. http://ndb.nal.usda.gov/ (accessed October 5, 2016).

Corantes

Steven J. Schwartz, Jessica L. Cooperstone, Morgan J. Cichon, Joachim H. von Elbe e M. Monica Giusti

CONTEÚDO

10.1 Introdução........................ 677
10.2 Pigmentos em tecidos animais e vegetais . . 679
    10.2.1 Compostos heme................ 679
        10.2.1.1 Mioglobina/hemoglobina........ 680
        10.2.1.2 Pigmentos de carnes curadas..... 684
        10.2.1.3 Estabilidade dos pigmentos da carne............................ 684
        10.2.1.4 Considerações sobre embalagens.. 685
    10.2.2 Clorofilas..................... 685
        10.2.2.1 Estrutura e nomenclatura........ 685
        10.2.2.2 Características físicas e análises... 687
        10.2.2.3 Alterações da clorofila.......... 688
        10.2.2.4 Perda de cor durante processamento térmico.................. 694
        10.2.2.5 Tecnologia de conservação da cor.. 695
    10.2.3 Carotenoides..................... 697
        10.2.3.1 Estruturas dos carotenoides...... 699
        10.2.3.2 Ocorrência e distribuição........ 701
        10.2.3.3 Propriedades físicas, extração e análise........................... 702
        10.2.3.4 Propriedades químicas.......... 703
        10.2.3.5 Estabilidade durante o processamento..................... 704
    10.2.4 Antocianinas e outros fenóis........ 705
        10.2.4.1 Antocianinas................ 705
        10.2.4.2 Outros flavonoides............ 718
        10.2.4.3 Quinoides e xantonas.......... 721
    10.2.5 Betalaínas..................... 722
        10.2.5.1 Estrutura.................... 722
        10.2.5.2 Propriedades físicas............ 724
        10.2.5.3 Propriedades químicas.......... 724
10.3 Corantes de alimentos................. 728
    10.3.1 Aspectos regulatórios............. 728
        10.3.1.1 Estados Unidos.............. 729
        10.3.1.2 Internacionais............... 730
    10.3.2 Propriedades dos corantes certificados... 733
    10.3.3 Uso de corantes certificados........ 738
    10.3.4 Corantes isentos de certificação..... 739
    10.3.5 Uso de corantes isentos de certificação............................ 741
Referências........................... 742
Leituras sugeridas..................... 748

10.1 INTRODUÇÃO

A cor é talvez um dos atributos mais importantes que ditam o gosto e a vontade de comer para um determinado alimento. "A cor pode ser definida como a interpretação pelo cérebro de um sinal de luz proveniente de uma amostra" [71]. Um corante é qualquer produto químico, natural ou sintético, que confere cor. Os alimentos têm cor devido à sua capacidade de reflexão ou emissão de diferentes quantidades de energia em comprimentos de onda capazes de estimular as retinas dos olhos. A faixa de energia a que o olho é sensível é chamada de luz visível. Esta, dependendo da sensibilidade do indivíduo, engloba comprimentos de onda de ≈ 380 a 770 nm. Essa faixa representa uma porção muito pequena do espectro eletromagnético (Figura 10.1). Além das cores simples (tonalidades), o preto, o branco e os cinzas intermediários também são considerados cores.

Os pigmentos são substâncias (muitas vezes nas células e nos tecidos de plantas e animais) que conferem cor. Tinturas são substâncias adicionadas para dar cor aos materiais. O termo tintura costuma ser usado nas indústrias têxteis. Na indústria americana de alimentos, tinturas são consideradas corantes solúveis em água de grau alimentício certificado pela Food and Drug Administration (FDA). Essas tinturas específicas são chamadas de "cores certificadas" e a cada uma é atribuído um número de alimentos, medicamentos e cosméticos (FD&C, do inglês *foods drugs and cosmetics*). A designação FD&C indica que o corante pode ser utilizado em alimentos, medicamentos e cosméticos. Incluem-se na lista aprovada de cores certificadas as lacas FD&C. Lacas

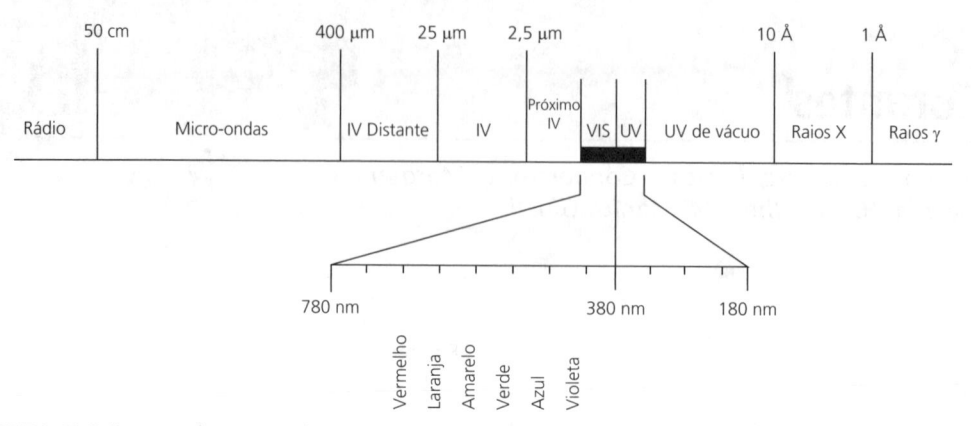

FIGURA 10.1 Espectro eletromagnético.
IV, infravermelho; VIS, luz visível; UV, ultravioleta.

são corantes difundidos em um substrato, sendo dispersíveis em óleo. A combinação corante/substrato é atingida por adsorção, coprecipitação ou reação química. O complexo envolve um sal de um corante primário hidrossolúvel e um extrato insolúvel aprovado. A alumina é o único substrato aprovado para a preparação de lacas FD&C. Além disso, existem outros corantes ou lacas aprovados para uso em outros países, nos quais as especificações estão estabelecidas pela União Europeia (UE) ou pela Organização Mundial da Saúde (OMS). Corantes isentos de certificação também podem ser usados. Estes são pigmentos naturais ou substâncias que foram sintetizadas, mas que são consideradas idênticas aos pigmentos naturais (idênticos aos naturais). A classificação dos corantes e um exemplo dentro de cada categoria são apresentados na Tabela 10.1.

Os pigmentos desempenham papéis importantes nas plantas, com várias funções diferentes. Alguns pigmentos estão envolvidos na fotossíntese como parte da maquinaria da planta que absorve, transfere e converte a luz em energia [149]. Os pigmentos também são usados como atrativos ou sinais entre plantas e animais/insetos, para filtrar a luz de comprimentos de onda indesejados e para desativar compostos intermediários contendo elevada energia que foi absorvida a partir da luz [149].

É devido à nossa capacidade de perceber facilmente a cor e a aparência que esses fatores são os primeiros a ser avaliados pelo consumidor no momento da compra de alimentos. Pode-se oferecer aos consumidores alimentos nutritivos, seguros e com boa relação custo-benefício, mas se eles não forem atraentes, a compra destes será limitada. O consumidor também relaciona a cor dos alimentos à qualidade. Cores específicas são frequentemente associadas com maturidade e frescor; por exemplo, a vermelhidão da carne crua é frequentemente associada a frescor e um morango verde pode ser considerado imaturo. A cor também influencia na percepção do sabor. O consumidor espera que as bebidas tenham um certo sabor com base na cor, por exemplo, que as bebidas vermelhas sejam saborizadas com frutos silvestres/cereja/melancia, bebidas amarelas com sabor de limão e bebidas verdes com sabor de limão [155]. O impacto da cor na percepção da doçura também foi demonstrado, com bebidas mais pigmentadas sendo percebidas como mais doces [107].

Também deve ser observado que muitos compostos responsáveis pelas cores brilhantes de frutas e vegetais podem exibir bioatividade nos alimentos e/ou potenciais benefícios à saúde quando consumidos. Está claro, portanto, que a cor dos alimentos pode ter múltiplos efeitos sobre os consumidores e não é puramente cosmética.

Infelizmente, muitos pigmentos alimentares são instáveis durante o processamento e o armazenamento. A prevenção completa de alterações indesejáveis é frequentemente difícil ou impossível. Dependendo do pigmento, a estabilidade é afetada por fatores como presença ou ausência de luz, oxigênio, metais e agentes redutores/oxidantes, temperatura, atividade de água e pH. Devido à relativa instabilidade de pigmentos que ocorrem naturalmente, os corantes são às vezes adicionados aos alimentos [50].

TABELA 10.1 Classificação dos corantes

Corante	Exemplo
Certificado	
Corante	FD&C Vermelho N° 40
Laca	Laca FD&C Vermelho N° 40
Isento de certificação	
Pigmentos naturais	Antocianina, suco concentrado, extrato de urucum
Pigmentos sintéticos (idênticos aos naturais)	β-Caroteno

O objetivo deste capítulo é proporcionar entendimento sobre a química dos corantes, um pré-requisito essencial para o controle da cor e da estabilidade da cor nos alimentos.

10.2 PIGMENTOS EM TECIDOS ANIMAIS E VEGETAIS

Os pigmentos de ocorrência natural em tecidos vegetais e animais são aqueles sintetizados e acumulados ou excretados a partir de células vivas. Além disso, as transformações de pigmentos que ocorrem nos alimentos durante o processamento podem resultar na formação ou alteração da cor. Pigmentos nativos de animais e plantas historicamente têm feito parte da dieta humana normal e têm um histórico de segurança. Suas estruturas químicas podem ser usadas para classificá-los, como mostra a Tabela 10.2.

10.2.1 Compostos heme

Os pigmentos heme são responsáveis pela cor da carne. A mioglobina (algumas vezes referida como hemoglobina em publicações mais antigas) é o principal pigmento no músculo, ao passo que a hemoglobina, o pigmento do sangue, é de importância secundária na carne. A maior parte da hemoglobina no músculo é removida quando os animais são abatidos e sangrados. Assim, a mioglobina de tecido adequadamente sangrado é responsável por 90% ou mais da pigmentação muscular. O conteúdo de mioglobina varia consideravelmente entre os tecidos musculares e é influenciado por fatores, incluindo espécie, tipo muscular, idade, sexo, condições de criação e atividade física. Por exemplo, a carne de vitela de cor pálida tem menor conteúdo de mioglobina do que a carne bovina de cor vermelha. Isso é o que acontece com a carne de galinha, em que a cor

TABELA 10.2 Classificação de pigmentos animais e vegetais com base em sua estrutura química

Grupo químico	Pigmento	Exemplos	Coloração	Ocorrência (exemplos)
Tetrapirróis	Compostos heme	Oximioglobina	Vermelha	Carnes frescas
		Mioglobina	Púrpura/vermelha	
		Metamioglobina	Marrom	Carnes embaladas
	Clorofilas	Clorofila a	Verde-azulada	Brócolis, alface, espinafre
		Clorofila b	Verde	
Isoprenoides/ tetraterpenoides	Carotenoides	β-Caroteno	Amarela/laranja	Cenouras, melões, pêssegos, pimentas
		Licopeno	Vermelha/rosa/laranja	Tomates, melancia, toranja-rosa
Compostos O-heterocíclicos/ quinonas	Flavonoides/ fenólicos	Antocianinas	Laranja/vermelha/azul	Frutas vermelhas, maçã vermelha, repolho-roxo, rabanete
		Flavonóis	Branca/amarela	Cebolas, couve-flor
		Taninos	Vermelha-marrom	Vinho, chá-preto
Compostos N-heterocíclicos	Betalaínas	Betacianinas	Púrpura/vermelha	Beterraba-vermelha, beterraba-branca, figo-da-índia
		Betaxantinas	Amarela/laranja	Beterrabas-amarelas

clara da carne do peito é facilmente distinguida da cor escura da carne da coxa e sobrecoxa. São listados, na Tabela 10.3, os principais pigmentos encontrados nas carnes fresca, curada e cozida. Outros pigmentos pequenos, presentes no tecido muscular, incluem enzimas de citocromo, flavinas e vitamina B_{12}.

10.2.1.1 Mioglobina/hemoglobina
10.2.1.1.1 Estrutura dos compostos heme

A mioglobina é uma proteína globular que se liga ao ferro e ao oxigênio e consiste em uma única cadeia polipeptídica. Sua estrutura tridimensional foi determinada em 1958 e resultou em um Prêmio Nobel de Química por sua descoberta [112]. Sua massa molecular é 16,8 kDa, sendo composta por 153 aminoácidos. A porção proteica da molécula é uma globina. O componente cromóforo responsável pela absorção de luz e cor é uma porfirina conhecida como heme, que é composta de quatro anéis pirrólicos unidos e ligados a um átomo de ferro central (Figura 10.2). O estado de oxidação deste átomo de ferro, o estado do núcleo de hematina e o estado da proteína globina são importantes para determinar a cor da carne. A porfirina heme está presente em uma bolsa hidrofóbica da proteína globina, estando ligada a um resíduo de histidina (Figura 10.3) [127]. A localização central do átomo de ferro apresenta seis sítios de coordenação, sendo que quatro deles estão ocupados por átomos de nitrogênio dentro do anel tetrapirrólico. O quinto sítio de coordenação está ligado a um resíduo de histidina da globina, permitindo que o sexto sítio esteja à disposição para a formação de complexos com átomos eletronegativos doados por diversos ligantes, principalmente O_2, NO e CO [26].

A hemoglobina é constituída por quatro mioglobinas ligadas entre si sob a forma de tetrâmero. A hemoglobina, um componente dos glóbulos vermelhos, forma complexos reversíveis com o oxigênio no pulmão. Esse complexo é distribuído ao longo do sangue para vários tecidos e células do corpo do animal, nos quais o oxigênio é necessário. A mioglobina dentro do tecido atua de maneira semelhante, aceitando o oxigênio transportado pela hemoglobina e armazenando-o nos tecidos para o metabolismo.

10.2.1.1.2 Química e cor: estado de oxidação

A cor da carne é determinada pela química da mioglobina, incluindo seu estado de oxidação, pelo tipo de ligantes ao grupo heme e pelo estado da proteína globina. O ferro heme do anel da porfirina pode assumir dois estados de oxidação: ferroso reduzido (Fe^{2+}) ou férrico oxidado (Fe^{3+}). O estado de **oxidação** para o átomo de ferro do grupo heme é variável, dependendo da **oxigenação** da mioglobina. A **oxigenação** ocorre quando o oxigênio molecular se liga à mioglobina e a oximioglobina é formada. Quando ocorre a **oxidação** da mioglobina, o átomo de ferro é convertido do estado ferroso (Fe^{2+}) para o estado férrico (Fe^{3+}), formando metamioglobina.

Os tecidos cárneos que contêm principalmente mioglobina (também chamada de desoximioglobina) têm cor vermelho-púrpura. A ligação do oxigênio molecular ao sexto ligante produz oximioglobina; e a cor do tecido muda para vermelho vivo, uma cor desejável para os consumidores de carne. Essa cor está frequentemente presente na superfície da carne, pois o músculo ainda contém enzimas ativas do citocromo, que podem utilizar o oxigênio *post mortem* [126]. Tanto o roxo da mioglobina como o vermelho da oximioglobina podem oxidar-se, alterando o estado do ferro de ferroso para férrico. Se essa mudança de estado ocorrer por meio de auto-oxidação, os pigmentos adquirirão a cor indesejável vermelho-acastanhado da metamioglobina. Nesse estado, a metamioglobina não é capaz de se ligar ao oxigênio, e a sexta posição da ligação é ocupada por água [60]. A me-

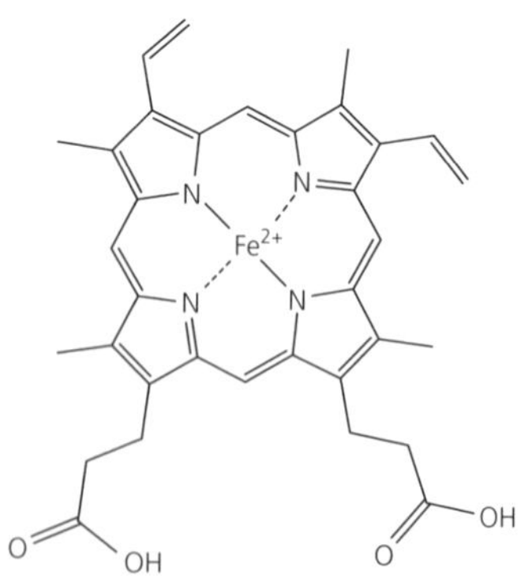

FIGURA 10.2 Estrutura química do heme a partir da hemoglobina ou da mioglobina.

TABELA 10.3 Principais pigmentos encontrados em carnes frescas, curadas e cozidas

Pigmento	Modo de formação	Estado do ferro	Estado do núcleo da hematina	Estado da globina	Cor
1. Mioglobina	Redução da metamioglobina; desoxigenação da oximioglobina	Fe^{2+}	Intacto	Nativa	Vermelho-púrpura
2. Oximioglobina	Oxigenação da mioglobina	Fe^{2+}	Intacto	Nativa	Vermelho-brilhante
3. Metamioglobina	Oxidação da mioglobina, oximioglobina	Fe^{3+}	Intacto	Nativa	Marrom
4. Mioglobina óxido nítrico (nitrosomioglobina)	Combinação de mioglobina com óxido nítrico	Fe^{2+}	Intacto	Nativa	Vermelho-brilhante (rosa)
5. Metamioglobina óxido nítrico (nitrosometamioglobina)	Combinação de metamioglobina com óxido nítrico	Fe^{3+}	Intacto	Nativa	Vermelho-escuro
6. Nitrito metamioglobina	Combinação de metamioglobina com excesso de nitrito	Fe^{3+}	Intacto	Nativa	Vermelho-marrom
7. Mio-hemocromogena globina	Efeito do aquecimento e dos agentes de desnaturação sobre mioglobina e oximioglobina; irradiação da hemicromogena globina	Fe^{2+}	Intacto (geralmente ligado a uma proteína desnaturada que não a globina)	Desnaturada (geralmente desligada da molécula)	Vermelho-fosco
8. Mio-hemocromogena globina	Efeito do aquecimento e dos agentes de desnaturação sobre mioglobina, oximioglobina, metamioglobina e hemocromogena	Fe^{3+}	Intacto (geralmente ligado a uma proteína desnaturada que não a globina)	Desnaturada (geralmente desligada da molécula)	Marrom (às vezes acinzentado)
9. Mio-hemocromogena óxido nítrico	Efeito do aquecimento e dos agentes de desnaturação sobre mioglobina óxido nítrico	Fe^{2+}	Intacto	Desnaturada	Vermelho-brilhante (rosa)
10. Sulfomioglobina	Efeito de H_2S e oxigênio sobre mioglobina	Fe^{3+}	Intacto, mas com uma das ligações duplas saturada	Nativa	Verde
11. Metassulfomioglobina	Oxidação da sulfomioglobina	Fe^{3+}	Intacto, mas com uma das ligações duplas saturada	Nativa	Vermelho
12. Coleglobina	Efeito do peróxido de hidrogênio sobre mioglobina ou oximioglobina; efeito do ascorbato ou de outro agente redutor sobre a oximioglobina	Fe^{2+} ou Fe^{3+}	Intacto, mas com uma das ligações duplas saturada	Nativa	Verde
13. Nitri-hemina	Efeito do excesso de nitrito e do aquecimento sobre o pigmento 5	Fe^{3+}	Intacto, mas reduzido	Ausente	Verde
14. Verde-heme	Efeito de reagentes em excesso como em 7-9	Fe^{3+}	Anel da porfirina aberto	Ausente	Verde
15. Pigmentos da bile	Efeito de reagentes em muito excesso como em 7-9	Fe ausente	Anel da porfirina destruído Cadeia de porfirinas	Ausente	Amarelo ou incolor

Fonte: Lawrie, R. A. (1985). *Meat Science*, 4th edn., Pergamon Press, New York.

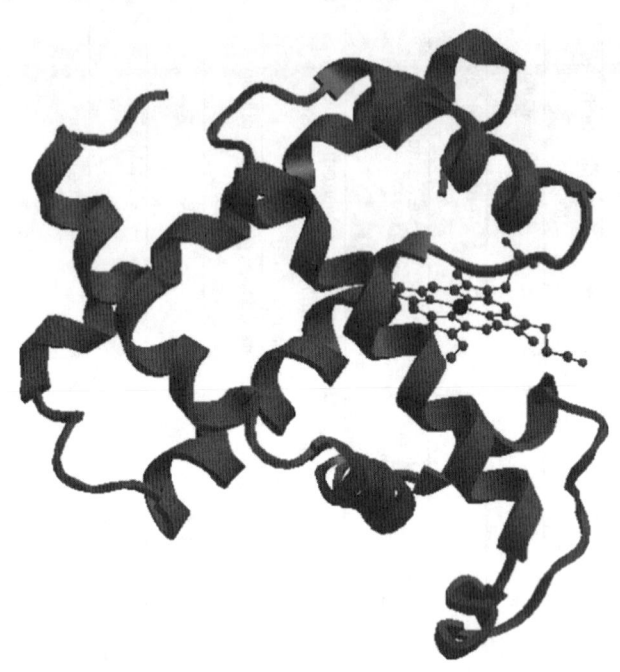

FIGURA 10.3 Estrutura terciária da mioglobina, mostrando coordenação da molécula heme com a proteína globina. (Adaptada de PDB ID 1co8; Liong, E.C. et al., *J. Biol. Chem.*, 276, 9093, 2001.)

tamioglobina pode ser reduzida de volta à mioglobina, tanto enzimática como não enzimaticamente. A principal via parece se dar pela ação de uma metamioglobina redutase que, na presença de NADH, pode reduzir com efetividade a metamioglobina para o estado ferroso [88,148,156]. A Figura 10.4 mostra as diferentes reações dos pigmentos heme. As cores das reações em carnes frescas são dinâmicas, sendo determinadas pelas condições do músculo e das proporções de mioglobina, metamioglobina e oximioglobina. Enquanto a interconversão entre mioglobina e oximioglobina pode ocorrer com facilidade (e espontaneamente), dependendo da tensão de oxigênio, a conversão de metamioglobina para as outras formas requer redução enzimática ou não enzimática do ferro, do estado férrico para o estado ferroso.

A Figura 10.5 mostra a relação entre a pressão parcial de oxigênio e a porcentagem de cada tipo de pigmento heme. A alta pressão parcial de oxigênio favorece a oxigenação, formando oximioglobina de cor vermelho-brilhante. Cortes de carnes frescas "brilharão" ou desenvolverão rapidamente uma coloração vermelho-brilhante, o que é resultado da rápida conversão de mioglobina para oximioglobina, quando exposta ao oxigênio do ambiente. Em contrapartida, a baixas pressões parciais de oxigênio, mioglobina e metamioglobina são favorecidas. No sentido de reforçar a formação de oximioglobina, os níveis de saturação de oxigênio do meio ambiente são úteis. A taxa de formação de metamioglobina, causada pela oxidação de grupo heme (Fe^{2+} para Fe^{3+}), pode ser minimizada se o oxigênio for totalmente excluído. Diferentes músculos têm diferentes pressões parciais de oxigênio, fazendo as proporções das formas do pigmento variarem de maneira dependente do tecido.

A presença da proteína globina pode diminuir a taxa de oxidação do grupo heme. Além disso, a oxidação ocorre mais rapidamente com valores de pH mais baixos, e a taxa de auto-oxidação da oximioglobina ocorre mais lentamente do que a da mioglobina. A presença de metais-traço, sobretudo de íons de cobre, promove a auto-oxidação.

10.2.1.1.3 Química e cor: descoloração

Duas reações diferentes podem causar descoloração da mioglobina para a cor verde [126]. O

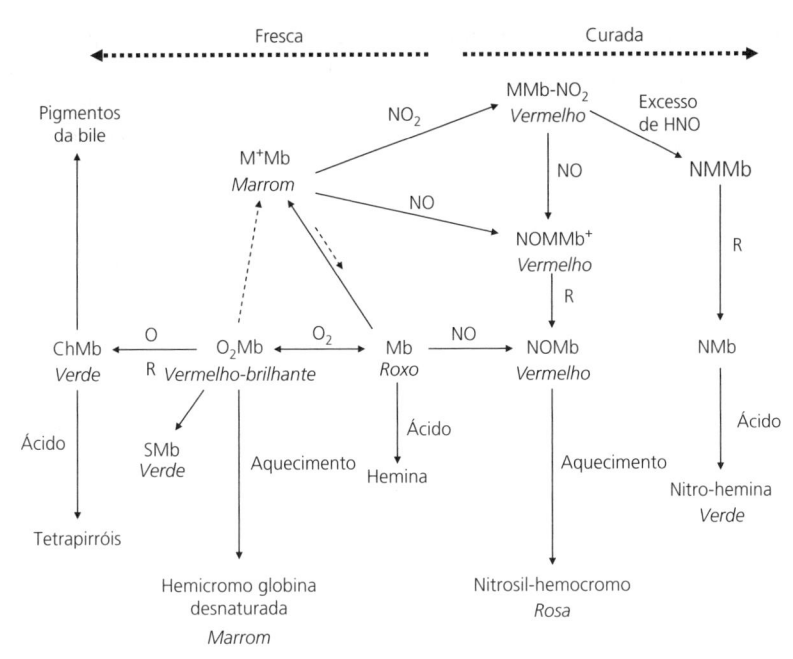

FIGURA 10.4 Reações da mioglobina em carnes frescas e curadas. ChMb, colemioglobina (anel oxidado da porfirina); O_2Mb, oximioglobina (Fe^{2+}); MMb, metamioglobina (Fe^{3+}); Mb, mioglobina (Fe^{2+}); $MMb\text{-}NO_2$, nitrito metamioglobina; NOMMb, nitrosilmetamioglobina; NOMb, nitrosilmioglobina; NMMb, nitrometamioglobina; NMb, nitromioglobina, sendo que os dois últimos são produtos de reação do ácido nitroso com a porção heme da molécula; SMb, sulfomioglobina; R, redutor; O, condições fortes de oxidação. (De Fox Jr., J.B., *J. Agric. Food Chem.*, 14, 207, 1966.)

peróxido de hidrogênio pode reagir com o ferro no estado férrico ou no estado ferroso, resultando em coleglobina, um pigmento de cor verde. Além disso, na presença de sulfeto de hidrogênio e oxigênio, pode-se formar a sulfomioglobina de cor verde. Acredita-se que o peróxido de hidrogênio e/ou de sulfeto de hidrogênio surge a partir do desenvolvimento de bactérias. Um terceiro mecanismo para a formação da pigmentação verde (o aquecimento da nitrimioglobina em um ambiente redutor) ocorre em carnes curadas, o qual é descrito na Seção 10.2.1.2.

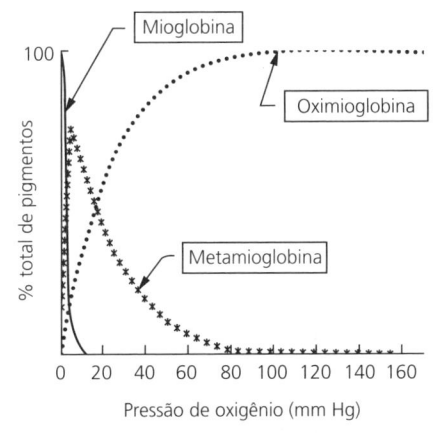

FIGURA 10.5 Influência da pressão parcial de oxigênio sobre os três estados químicos da mioglobina. (De Forrest, J. et al., *Principles of Meat Science*, W.H. Freeman, San Francisco, CA, 1975.)

10.2.1.2 Pigmentos de carnes curadas

Na fabricação de carnes mais curadas, nitratos ou nitritos são adicionados para inibir a germinação de esporos de *Clostridium botulinum*, com o benefício adicional de melhorar a cor e o sabor. Durante o processo de cura, ocorrem reações específicas, as quais são responsáveis pela coloração rosa estável de produtos à base de carnes curadas. Essas reações são apresentadas na Figura 10.4; os compostos responsáveis por essas reações são listados na Tabela 10.3.

A primeira reação ocorre entre o óxido nítrico e a mioglobina, produzindo a mioglobina óxido nítrico (MbNO), também conhecida como nitrosilmioglobina. A nitrosilmioglobina é vermelha, brilhante e instável. Após o aquecimento, forma-se a mio-hemocromogena óxido nítrico (nitrosil-hemocromo), que é mais estável. Esse composto é responsável pela coloração rosa desejável das carnes curadas. O aquecimento desse pigmento desnatura a globina, mas a coloração rosa permanece. É postulado que, se a metamioglobina está presente, necessita-se de agentes redutores para a conversão da metamioglobina para mioglobina, antes que a reação com o óxido nítrico ocorra. Como alternativa, o nitrito pode interagir diretamente com a metamioglobina. Na presença de excesso de ácido nitroso, a nitrimioglobina será formada. Após aquecimento em meio redutor, a nitrimioglobina é convertida a nitri-hemina, um pigmento verde. Essa série de reações gera o defeito conhecido como "queima por nitrito".

Na ausência de oxigênio, os complexos de óxido nítrico da mioglobina são relativamente estáveis. No entanto, sob condições aeróbicas, esses pigmentos são sensíveis à luz. Se forem adicionados agentes redutores, como ascorbato ou compostos sulfidrílicos, a conversão redutora de nitrito para óxido nítrico será favorecida. Dessa forma, sob essas condições, a formação de mioglobina óxido nítrico ocorre com mais facilidade.

Os presuntos Parma (*prosciutto di Parma*) são um tipo especial de presunto, os quais são produzidos usando-se apenas carne de porco e sal, sem adição de nitratos ou nitritos. Durante a secagem para cura desses produtos, um novo pigmento foi descoberto, a zinco-protoporfirina, na qual o ferro do grupo heme é substituído pelo zinco. Esses pigmentos são responsáveis pela estabilidade da cor vermelho-brilhante dos presuntos Parma na ausência de um agente de cura [218].

Na literatura, estão disponíveis revisões detalhadas sobre a química dos pigmentos de carne curada [69,126,129,161].

10.2.1.3 Estabilidade dos pigmentos da carne

O fator determinante para a aceitação de carnes pelo consumidor é a cor dos músculos. Muitos fatores em um sistema alimentar complexo podem influenciar na estabilidade dos pigmentos da carne. Geralmente, quando a parte globina do composto não está intacta, a mioglobina não pode se ligar ao oxigênio, e a prevalência de ferro oxidado na forma férrica é aumentada. Isso resulta em uma preferência pela metamioglobina quando a globina é, por qualquer motivo, desnaturada [126]. Além disso, as interações entre vários fatores são críticas e dificultam a determinação de relações absolutas de causa e efeito. Algumas das condições ambientais que exercem efeitos importantes sobre a cor da carne e a estabilidade dos pigmentos são: exposição à luz, temperatura, umidade relativa, pH e presença de bactérias específicas. Estão disponíveis revisões sobre esse assunto [60,121].

Reações específicas, como a oxidação lipídica, são conhecidas por aumentarem a taxa de oxidação dos pigmentos [59]. A estabilidade da cor pode ser melhorada pela adição de antioxidantes, como ácido ascórbico, vitamina E, hidroxianisol butilado (BHA) ou galato de propila [83]. A suplementação de vitamina E em rações de gado de corte é um procedimento eficaz com reforço da estabilidade lipídica e da cor dos produtos cárneos obtidos desses animais [61]. Esses compostos têm demonstrado retardo da oxidação lipídica e melhora da retenção de cor nos tecidos. Outros fatores bioquímicos, como a taxa de consumo de oxigênio antes do abate e a atividade da metamioglobina redutase, podem influenciar na estabilidade da cor da carne fresca [136].

A irradiação de carnes também pode causar alterações na cor devido à suscetibilidade da molécula de mioglobina, sobretudo do ferro, a alterações no ambiente químico e à entrada de energia. Podem ocorrer pigmentos vermelhos estáveis, pigmentos marrons e até mesmo descoloração para o verde durante a irradiação. A combinação de alimentação pré-abate dos animais com antioxidantes, com otimização das condições da carne antes de irradiação, a adição de antioxidantes na carne, o uso de embalagem em atmosfera modificada e o controle da temperatura podem contribuir para a otimização das cores durante a irradiação [20].

Muitos consumidores usam a aparência interna da carne cozida (p. ex., hambúrgueres de carne moída) para avaliar a eficácia do cozimento e, assim, a inativação de microrganismos nocivos. No entanto, dois fenômenos impedem que o cozimento interno seja avaliado usando-se as cores como indicador: o escurecimento prematuro e a persistência da coloração rosa. No escurecimento prematuro, a carne parece cozida (marrom), embora não tenha atingido a temperatura interna requerida para a eliminação de agentes patogênicos. Por outro lado, a cor de alguns resíduos das carnes permanece rosada mesmo após eles terem atingido a temperatura segura para a cocção interna, o que faz os consumidores cozinharem a carne em excesso. A coloração rosa persistente pode ser influenciada pelo pH da carne e pela concentração de pigmentos da carne [146]. Um pH mais alto (> 6,0) protege a mioglobina da desnaturação [84]. A carne de animais mais velhos e daqueles que foram estressados é de pH mais alto e mais suscetível à coloração rosa persistente. Portanto, é importante que os consumidores entendam que a cor da carne não deve ser usada como um indicador de seu cozimento [98,116].

10.2.1.4 Considerações sobre embalagens

Um importante meio de se estabilizar a cor da carne é seu armazenamento sob condições ambientais adequadas. O uso de embalagens em atmosfera modificada pode prolongar a vida de prateleira dos produtos cárneos. Essa técnica requer a utilização de embalagens com filmes de baixa permeabilidade a gás. Após a embalagem, o ar é removido e o gás de armazenamento é injetado, criando-se condições que minimizam a descoloração causada pela oxidação do ferro heme de férrico para ferroso. Utilizando-se atmosferas enriquecidas ou desprovidas de oxigênio, a estabilidade da cor pode ser melhorada [154]. O tecido muscular armazenado sob condições desprovidas de O_2 (100% de CO_2) e na presença de um sequestrador de oxigênio também exibe boa estabilidade de cor [174,212]. O uso de técnicas de embalagens em atmosfera modificada pode resultar em outras alterações químicas e bioquímicas que podem vir a influenciar na aceitabilidade dos produtos cárneos. Parte do efeito da atmosfera modificada sobre a estabilidade dos pigmentos está relacionada à sua influência sobre o crescimento microbiano. Combinações de O_2, CO_2 e N_2 têm sido usadas na manutenção da qualidade da carne vermelha fresca para otimizar tanto as propriedades microbiológicas como a organoléptica. A adição de baixos níveis de CO tem resultado no aumento da vida de prateleira mediante a formação de carboximioglobina, que é mais estável à oxidação que a oximioglobina e dá uma atraente cor vermelho-cereja à carne, embora não seja legalmente permitida em alimentos nos Estados Unidos [135]. Maiores informações sobre o uso de atmosferas modificadas para armazenamento de carne fresca podem ser encontradas em um artigo de revisão de Seideman e Durland [190] e em Luño e colaboradores [135].

10.2.2 Clorofilas

As clorofilas são os principais pigmentos absorventes de luz em plantas verdes, algas e bactérias fotossintéticas. Esses pigmentos são responsáveis pela cor verde-clara de muitos legumes frescos e estão ligados à percepção de qualidade do consumidor. A perda de cor verde durante o processamento e armazenamento de vegetais pode ser atribuída à degradação da clorofila.

10.2.2.1 Estrutura e nomenclatura

Moléculas de clorofila são cíclicos tetrapirrólicos substituídos com um átomo de magnésio centralmente coordenado. Elas são derivadas da porfirina, que é uma estrutura macrocíclica totalmente insaturada contendo quatro anéis pirrólicos ligados por pontes de metino. Os anéis pirrólicos são designados da letra A à letra D (Figura 10.6). De acordo com o sistema de numeração de Fischer, os carbonos pirrólicos são numerados de 1 a 8, ao passo que os carbonos de ligação são desig-

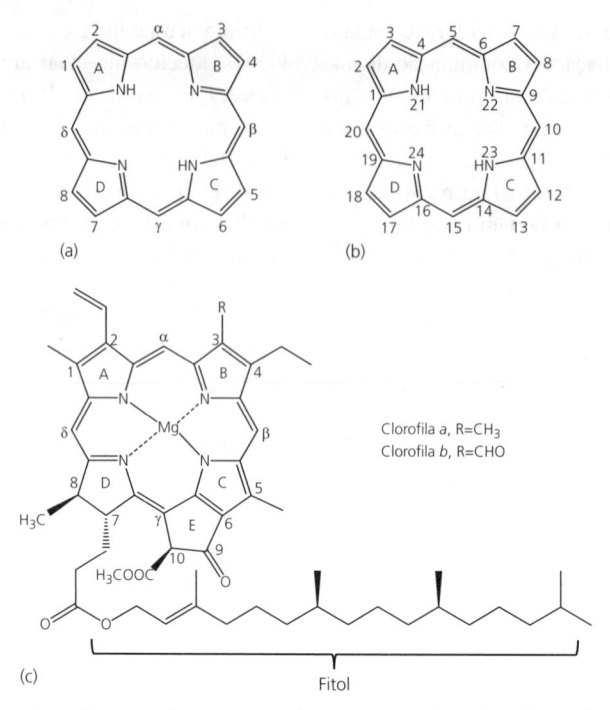

FIGURA 10.6 Estruturas de porfina usando o esquema de numeração de Fischer (a), porfina usando o esquema de numeração 1 a 24 (b) e clorofila (c).

nados como α, β, γ e δ (Figura 10.6a). Devido ao grande número de nomes triviais das porfirinas substituídas no sistema de Fischer, um esquema de numeração 1 a 24 (Figura 10.6b) foi desenvolvido para porfirinas pela Union of Pure and Applied Chemistry e pela International Union of Biochemistry [147]. Enquanto o esquema de numeração 1 a 24 simplifica a nomenclatura para as porfirinas, o sistema de numeração de Fischer ainda é comumente usado para clorofilas.

A forbina é considerada o núcleo de todas as clorofilas e é formada pela adição de um quinto anel isocíclico (E) à porfirina (Figura 10.6). Clorofilas são ligantes tetradentados, ligando Mg^{2+} através dos átomos de nitrogênio no anel porfirínico. Elas também são caracterizadas pela presença de ácido propiônico na posição C-7. Várias clorofilas são encontradas na natureza, e suas estruturas diferem nos substituintes ao redor do núcleo da forbina. As clorofilas *a* e *b* são as clorofilas predominantes nos alimentos e são encontradas nas plantas verdes em uma proporção aproximada de 3:1. Elas diferem no substituinte C-3; a clorofila *a* contém um grupo metila, ao passo que a clorofila *b* contém um grupo formila (Figura 10.6c). Ambas as clorofilas têm um grupo vinil na posição C-2, um grupo etil na posição C-4, um grupo carbometóxi na posição C-10 do anel E e um grupo fitol esterificado para propionato na posição C-7. O fitol é um álcool isoprenoide monoinsaturado de 20 carbonos, responsável pela maior parte da lipofilicidade da clorofila e que liga a molécula de clorofila às regiões hidrofóbicas da membrana tilacoide dentro do cloroplasto. Outras clorofilas que ocorrem naturalmente incluem as clorofilas *c* e *d*. A clorofila *c* é encontrada em associação com a clorofila *a* em algas marrons, dinoflagelados e diatomáceas. A clorofila *d* é um constituinte minoritário que acompanha a clorofila *a* em algas vermelhas. Bacterioclorofilas e clorofilas clorobium são pigmentos relacionados à clorofila encontrados em bactérias fotossintéticas púrpuras e bactérias sulforosas verdes, respectivamente. Nomes vulgares são muito utilizados para as clorofilas e seus derivados [104]. Na Tabela 10.4 estão listados os nomes mais usados. A Figura 10.7 mostra uma representação esquemática das relações estruturais da clorofila e de alguns de seus derivados.

TABELA 10.4 Nomenclatura dos derivados da clorofila

Nome	Tipo
Filinas	Derivados da clorofila que contêm magnésio
Feofitina	Derivados das clorofilas sem magnésio
Clorofilídeos	Produtos que contêm um ácido propiônico na posição C-7, resultante de hidrólise enzimática ou química do éster fitil
Feoforbídeos	Os derivados isentos de magnésio contendo um ácido propiônico C-7 resultante da hidrólise enzimática ou química do éster fitílico
Metil ou etilfeoforbídeos	O correspondente 7-propionato metil ou etilpropionato
Pirocompostos	Derivados nos quais o grupo carbometóxi C-10 foi substituído por hidrogênio
Mesocompostos	Derivados nos quais o grupo carbometóxi C-2 foi reduzido para um grupo etil
Clorinas e	Derivados de feoforbídeo *a* resultante da clivagem do anel isocíclico E
Rodinas g	Derivados correspondentes do feoforbídeo *b*

10.2.2.2 Características físicas e análises

As clorofilas estão localizadas nas lamelas de organelas intercelulares das plantas verdes conhecidas como cloroplastos. Elas estão associadas a carotenoides, lipídeos e lipoproteínas. Ocorrem ligações fracas (ligações não covalentes) entre essas moléculas. Como essas ligações são facilmente quebradas, as clorofilas podem ser efetivamente extraídas pela maceração de tecidos vegetais em solventes orgânicos. Devido às diferentes polaridades das clorofilas e de seus derivados, a escolha do solvente para a extração é importante. Clorofilas lipofílicas e derivados de clorofila com uma cadeia de fitol intacta são comumente extraídos com acetona ou éter. Dependendo da amostra, a separação de clorofilas a partir de coextratos lipídicos é às vezes necessária antes da análise [6,170]. Derivados que não possuem o grupo fitol, como os clorofilídeos e os feoforbídeos, são solúveis em água e mais bem extraídos usando solventes mais polares. A cromatografia líquida de alta eficiência (CLAE) é comumente usada para separar clorofilas individuais e seus derivados [36,62,179].

As clorofilas são sistemas altamente conjugados que estão de acordo com a regra $4n + 2$ de aromaticidade de Hückel. Diante disso, as clorofilas possuem cromóforos únicos e podem ser identificadas com base em seus espectros de absorção característicos. As clorofilas *a* e *b* e seus derivados exibem bandas de absorção acentuadas entre 600 e 700 nm (regiões vermelhas) e entre 400 e 500 nm (regiões azuis) (Tabela 10.5). A banda na região azul é referida como a banda Soret e é comum a todas as porfirinas, ao passo que a banda na região vermelha é particular para clorofilas [95]. Os comprimentos de onda de absorção máxima para as clorofilas *a* e *b* dissolvidas em éter

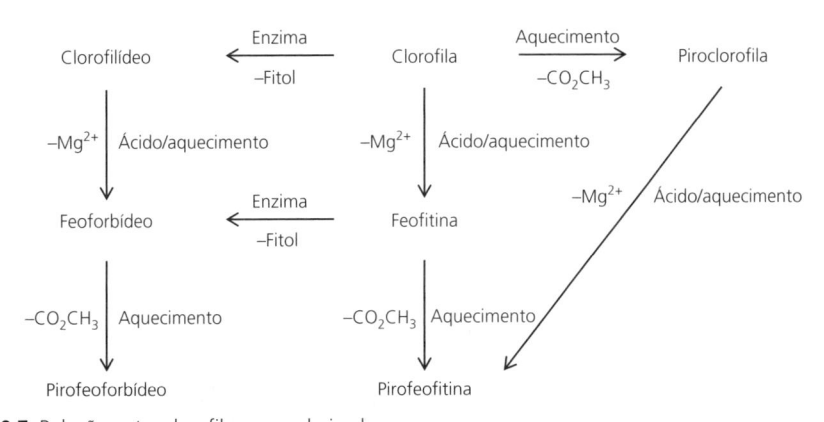

FIGURA 10.7 Relação entre clorofila e seus derivados.

TABELA 10.5 Propriedades espectrais em éster etílico das clorofilas a e b e de seus derivados

Composto	Absorção máxima (nm)		Relação de absorção ("azul/vermelho")	Absortividade molar (região do "vermelho")
	Região do "vermelho"	Região do "azul"		
Clorofila a	660,5	428,5	1,30	86.300[a]
Metilclorofilídeo a	660,5	427,5	1,30	83.000[b]
Clorofila b	642,0	452,5	2,84	56.100[a]
Metilclorofilídeo b	641,5	451,0	2,84	—[b]
Feofitina a	667,0	409,0	2,09	61.000[b]
Metilfeoforbídeo a	667,0	408,5	2,07	59.000[b]
Feofitina b	655	434	—	37.000[c]
Pirofeofitina a	667,0	409,0	2,09	49.000[b]
Zinco feofitina a	653	423	1,38	90.300[d]
Zinco feofitina b	634	446	2,94	60.200[d]
Cobre feofitina a	648	421	1,36	67.900[d]
Cobre feofitina b	627	438	2,53	49.800[d]

[a]Strain e colaboradores [205].
[b]Pennington e colaboradores [164].
[c]Davidson [47].
[d]Jones e colaboradores [110].

etílico são, respectivamente, de 660,5 e 642 nm, na região do vermelho, e de 428,5 e 452,5 nm, na região do azul [205]. O deslocamento batocrômico na banda de Soret da clorofila a para a b pode ser atribuído ao aumento das estruturas de ressonância com o substituinte formil na clorofila b. Técnicas de espectroscopia de massa empregando ionização química à pressão atmosférica (APCI, do inglês *atmospheric pressure chemical ionization*) e ionização por *eletrospray* em conjunto com separação cromatográfica também foram usadas para a elucidação das estruturas de derivados de clorofila produzidos durante o processamento de alimentos [99,170,227].

10.2.2.3 Alterações da clorofila

10.2.2.3.1 Alteração enzimática

A clorofilase e a feofitinase são duas enzimas conhecidas por catalisar a degradação da clorofila durante a senescência da planta, o amadurecimento dos frutos e sob algumas condições de processamento de vegetais. A clorofilase é uma esterase que catalisa a clivagem do fitol a partir das clorofilas, formando clorofilídeos verdes (Figura 10.7). A perda da cadeia de fitol aumenta significativamente a hidrofilicidade da resultante unidade de forbina, mas como o cromóforo é inalterado, o espectro de absorção permanece o mesmo. No entanto, os clorofilídeos demonstraram ser menos estáveis ao calor e mais propensos a se degradarem em derivados livres de magnésio do que a clorofila [36].

A atividade da clorofilase é limitada a porfirinas com um grupo carbometóxi na posição C-10 e hidrogênios nas posições C-7 e C-8 [145]. A enzima é ativa em soluções contendo alcoóis, acetona ou água quente [222]. Na presença de grandes quantidades de alcoóis, como o metanol ou o etanol, o grupo fitol é removido e o clorofilídeo é esterificado, formando tanto metil como etilclorofilídeo. As taxas de degradação das clorofilas a e b e de seus respectivos clorofilídeos livres, de metil e de etil, em acetona acidificada aumentam à medida que o comprimento da cadeia C-7 diminui, sugerindo que o impedimento estérico da cadeia C-7 afeta a taxa de ataque de íons de hidrogênio e a perda subsequente de magnésio do anel porfirínico [176]. A temperatura ótima para a formação de clorofilídeos em vegetais varia de 60 a 82,2 °C [108,132]. A atividade enzimática é essencialmente perdida quando o tecido vegetal é aquecido a 100 °C [108,132]. No espinafre, a atividade da clorofilase flutua durante o crescimento com a máxima atividade observada no momento em que a planta começa a florescer. O armazenamento pós-colheita de espinafre fresco a 5 °C diminui a atividade da enzima em comparação com a atividade medida durante o crescimento da planta e no momento da colheita [183].

A conversão de clorofilas para clorofilídeos no aquecimento de folhas de espinafre é mostrada na Figura 10.8. O espinafre sem branqueamento contém apenas as clorofilas *a* e *b*. A atividade de clorofilase de espinafres branqueados a 71 °C é ilustrada pela formação de clorofilídeos, ao passo que a quase inexistência de clorofilídeos, em espinafres branqueados a 88 °C, resulta da inativação da enzima.

A feofitinase é a hidrolase mais recentemente descoberta que cliva o fitol das feofitinas isentas de magnésio para formar feoforbídeos de cor castanho-oliva. Acredita-se que a feofitinase desempenhe um papel crucial na degradação da clorofila durante a senescência foliar [178]. A expressão gênica da feofitinase em vários tratamentos pós-colheita de brócolis tem melhor correlação com a perda de clorofila do que com a expressão da clorofilase [25].

10.2.2.3.2 Por aquecimento e ácido

Os derivados da clorofila formados durante aquecimento ou processamento térmico podem ser classificados em dois grupos, com base na presença ou na ausência do átomo de magnésio no centro tetrapirrólico. Os derivados contendo magnésio são de cor verde, ao passo que os derivados isentos de magnésio têm cor castanho-oliva. Os últimos são quelantes, e quando, por exemplo, quantidades suficientes de átomos de zinco ou cobre estão

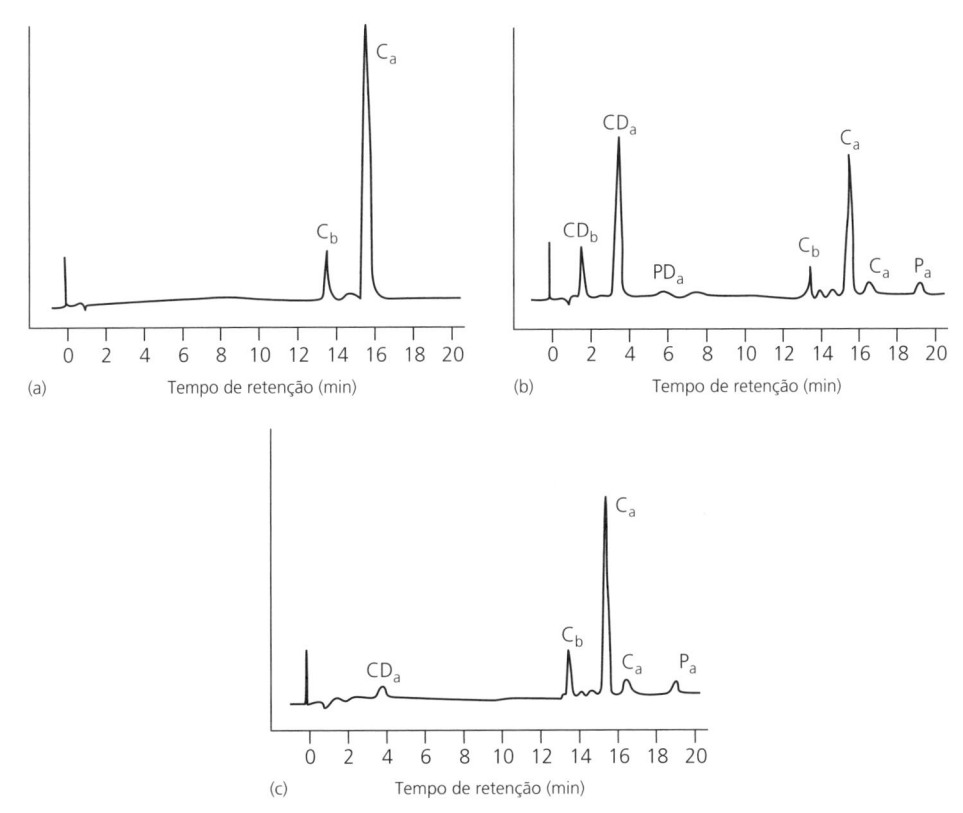

FIGURA 10.8 Cromatogramas de cromatografia líquida de alta resolução de fase reversa de clorofila e derivados de clorofila em espinafre: (a) não branqueada, (b) branqueada por 3 min a 71 °C, (c) branqueada por 3 min a 88 °C. C_a, clorofila *a* (diferentes tempos de retenção correspondem a formas isoméricas); C_b, clorofila *b*; P_a, feofitina *a*; PD_a, feoforbídeo *a*; CD_a, clorofilídeo *a*; CD_b, clorofilídeo *b*. (De von Elbe, J.H. e Laborde, L.F., Chemistry of color improvement in thermally processed green vegetables, ACS Symposium Series 405, em: Jen, J.J., ed., *Quality Factors of Fruits and Vegetables,* American Chemical Society, Washington, DC, 1989, pp. 12–28.)

disponíveis, eles podem formar complexos verdes de zinco ou de cobre (ver Seção 10.2.2.3.3).

A primeira alteração observada quando a molécula de clorofila é exposta ao aquecimento é a isomerização. Os isômeros da clorofila são formados pela inversão do grupo carbometóxi C-10 e são designados por a' e b'. A isomerização ocorre rapidamente no aquecimento do tecido vegetal ou em solventes orgânicos. O estabelecimento do equilíbrio nas folhas resulta na conversão de 5 a 10% de clorofila a e b para a' e b', respectivamente, após aquecimento por 10 min a 100 °C [12,183,221]. Os cromatogramas de extratos de clorofila do espinafre fresco *versus* espinafre branqueado na Figura 10.9 mostram a separação cromatográfica dos isômeros formados durante o aquecimento [183].

O átomo de magnésio da clorofila é facilmente deslocado por dois átomos de hidrogênio, resultando na formação de feofitina de cor marrom-oliva (Figura 10.7). Essa reação é irreversível. Em comparação com seus compostos de origem, feofitina a e b são menos polares. Como a clorofila b é mais estável ao calor do que a clorofila a, a formação das respectivas feofitinas ocorre mais rapidamente a partir da clorofila a do que da clorofila b [180]. A maior estabilidade da clorofila b é atribuída ao elétron que retira o grupo formil na posição C-3. A transferência de elétrons de fora para o centro da molécula ocorre em virtude da conjugação da estrutura da clorofila. O aumento resultante da carga positiva sobre os quatro nitrogênios pirrólicos reduz a constante de equilíbrio para a hidrogenação nessa posição, de modo que a formação de feofitina é menos favorecida.

A taxa de formação de feofitina durante o processamento pode ser afetada por fatores como a matriz alimentar, pH e temperatura [87,172,180,223]. A degradação da clorofila no tecido vegetal aquecido é grandemente afetada pelo pH do tecido. Em meios básicos (pH 9,0), a clorofila é muito estável sob aquecimento, ao passo que em meios ácidos (pH 3,0) ela é instável.

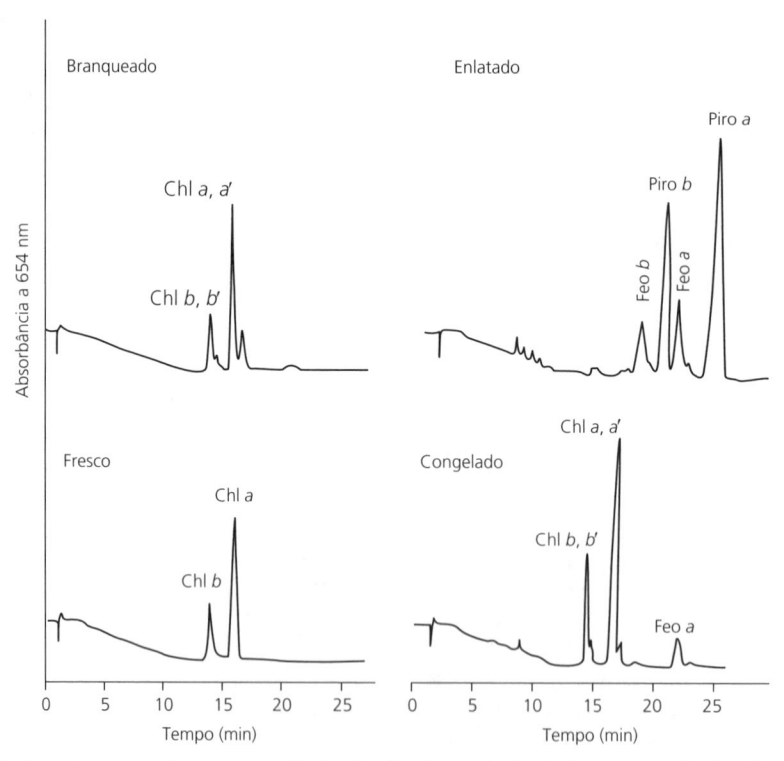

FIGURA 10.9 Cromatogramas de cromatografia líquida de alta resolução de fase reversa de clorofilas (Chl) e seus derivados, feofitina (Feo) e pirofeofitina (Piro), em espinafres frescos, branqueados, congelados e enlatados. (De Schwartz, S.J. et al., *J. Agric. Food Chem.*, 29, 533, 1981.)

Uma diminuição de 1 unidade de pH pode ocorrer durante o aquecimento do tecido vegetal pela liberação de ácidos orgânicos, o que estimula a degradação da clorofila. Em um estudo de Haisman e Clarke [89], a degradação da clorofila em folhas de beterraba mantidas sob aquecimento em uma solução tampão não foi iniciada até que a temperatura atingisse 60 °C. A conversão de clorofila em feofitina após 60 min a 60 ou 90 °C foi de 32 e 97%, respectivamente. Foi proposto que a formação de feofitina em células vegetais é iniciada pela ruptura do cloroplasto induzida pelo calor, que, por sua vez, aumenta a permeabilidade dos íons de hidrogênio através das membranas celulares. A temperatura crítica para o início da formação da feofitina coincidiu com mudanças abruptas na organização da membrana, como observado por microscopia eletrônica. Portanto, a formação de feofitina no tecido vegetal intacto pós-colheita é mediada pela disponibilidade de íons de hidrogênio para deslocar o magnésio da clorofila.

A adição de sais de cloreto de sódio, magnésio ou cálcio (1,0 M) diminui a taxa de formação de feofitina em folhas de tabaco aquecidas a 90 °C em ≈ 47, 70 e 77%, respectivamente. A diminuição da degradação da clorofila foi atribuída ao efeito de blindagem eletrostática dos sais [89]. Tem sido proposto que a adição de cátions neutraliza a carga superficial negativa dos ácidos graxos e de proteínas da membrana do cloroplasto, reduzindo, assim, a atração de íons de hidrogênio para a superfície da membrana [153].

A permeabilidade do hidrogênio através da membrana do cloroplasto também pode ser afetada pela adição de detergentes que adsorvem em sua superfície. Detergentes catiônicos repelem íons de hidrogênio, limitando sua difusão através da membrana e diminuindo a degradação da clorofila. Os detergentes aniônicos atraem íons de hidrogênio, aumentando a taxa de difusão de hidrogênio através da membrana, o que, por sua vez, aumenta a degradação da clorofila. No caso dos detergentes neutros, a carga superficial negativa sobre a membrana é diluída, causando a redução da atração dos íons de hidrogênio e, consequentemente, da degradação da clorofila [40,89].

O tratamento térmico extensivo também pode resultar na perda do grupo carbometóxi C-10 da feofitina, resultando na formação de pirofeofitina de cor verde-oliva. Essa modificação não altera o cromóforo da molécula, de modo que tanto o espectro de absorção quanto a cor da pirofeofitina são idênticos aos da feofitina nas regiões vermelha e azul (Tabela 10.5). As pirofeofitinas *a* e *b* são mais apolares que suas respectivas feofitinas (Figuras 10.8 e 10.9).

Os dados na Tabela 10.6 mostram que, durante os primeiros 15 min de aquecimento, a clorofila diminui rapidamente, ao passo que a feofitina aumenta rapidamente [180]. Com mais aquecimento, a feofitina diminui e a pirofeofitina aumenta rapidamente. Embora uma pequena quantidade de pirofeofitina seja evidente após 4 min de aquecimento, o acúmulo não se torna apreciável até depois de 15 min. Dependendo da temperatura, a constante de velocidade de primeira ordem para conversão de feofitina *b* em pirofeofitina *b* é 31 a 57% maior que a conversão de feofitina *a* em pirofeofitina *a* [180]. As energias de ativação para a remoção do grupo carbometóxi C-10 das feofitinas *a* e *b* são menores que as energias de ativação para a formação de feofitinas *a* e *b*, indicando uma dependência da temperatura ligeiramente inferior para a formação de pirofeofitinas sobre as feofitinas.

Estão listadas na Tabela 10.7 as concentrações de feofitinas *a* e *b* e pirofeofitinas *a* e *b* em produtos vegetais enlatados comercialmente. Esses dados indicam que as pirofeofitinas *a* e *b* são os principais derivados da clorofila, sendo responsáveis pela cor verde-oliva de muitos vegetais enlatados. Também é importante observar que a quantidade de pirofeofitina formada é reflexo da intensidade do tratamento térmico. Comparando-se a esterilidade comercial de espinafre, feijão-verde, aspargos cortados e ervilhas processadas a 121 °C, as porcentagens de pirofeofitinas em relação ao total de compostos feo para esses produtos correspondem razoavelmente bem aos tempos de aquecimento (Tabela 10.6).

Embora não seja tão comum, é possível que as clorofilas percam o grupo carbometóxi C-10 antes do deslocamento do magnésio do anel porfirina, formando piroclorofilas verdes (Figura 10.10). As piroclorofilas têm o mesmo espectro de absorção que suas clorofilas de origem e, portanto, são difíceis de diferenciar apenas por espectroscopia UV-Vis. As piroclorofilas *a* e *b* foram identificadas em pistache torrado utilizando espectrometria de massa com ionização química à pressão

TABELA 10.6 Concentração (mg/g de peso seco)[a] de clorofilas, feofitinas e pirofeofitinas a e b, em espinafres frescos, branqueados e aquecidos, processados a 121 °C, em vários tempos

	Clorofila		Feofitina		Pirofeofitina		pH[b]
	a	b	a	b	a	b	
Fresco	6,98	2,49					
Branqueado	6,78	2,47					7,06
Processado (min)[c]							
2	5,72	2,46	1,36	0,13			6,90
4	4,59	2,21	2,20	0,29	0,12		6,77
7	2,81	1,75	3,12	0,57	0,35		6,60
15	0,59	0,89	3,32	0,78	1,09	0,27	6,32
30		0,24	2,45	0,66	1,74	0,57	6,00
60			1,01	0,32	3,62	1,24	5,65

[a]Erro estimado de ± 2%; cada valor representa uma média de três determinações.
[b]O pH foi medido antes do processamento e depois da extração do pigmento.
[c]Os tempos listados foram medidos depois que a temperatura interna do produto atingiu 121 °C.
Fonte: Schwartz, S.J. e von Elbe, J., *J. Food Sci.*, 48, 1303, 1983.

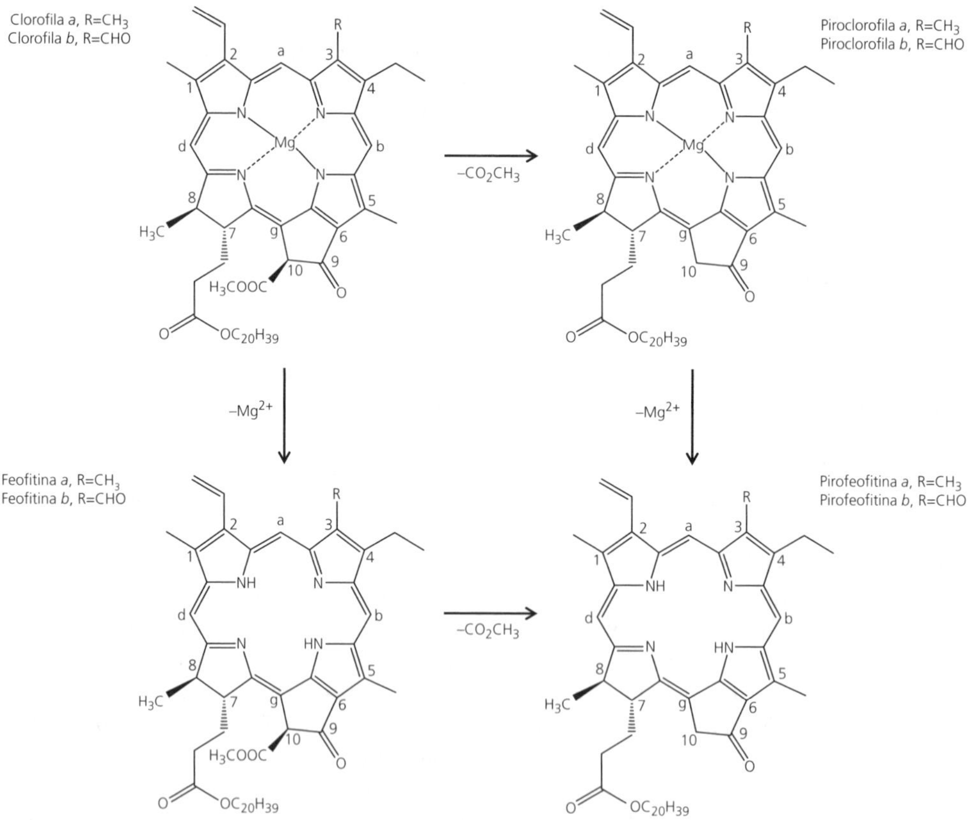

FIGURA 10.10 Formação de feofitina, pirofeofitina e piroclorofila a partir da clorofila.

TABELA 10.7 Feofitinas e pirofeofitinas *a* e *b* em vegetais enlatados comercialmente

	Feofitina[a] (μg/g de peso seco)		Pirofeofitina[a] (μg/g de peso seco)	
Produto	a	b	a	b
Espinafre	830	200	4.000	1.400
Feijões	340	120	260	95
Aspargos	180	51	110	30
Ervilhas	34	13	33	12

[a]Erro estimado de ± 2%.
Fonte: Schwartz, S.J. e von Elbe, J., *J. Food Sci.*, 48, 1303, 1983.

atmosférica [170]. Após a torrefação por 60 min a 138 °C, piroclorofilas e pirofeofitinas foram os produtos predominantes de degradação da clorofila detectados em pistaches. Piroclorofilas também foram relatadas em folhas de espinafre após tratamento térmico com micro-ondas [210]. Supõe-se que altas temperaturas e baixa umidade favoreçam a formação de piroclorofilas em alimentos [170].

Como discutido anteriormente, os feoforbídeos verde-oliva podem se formar a partir da clivagem enzimática da cadeia de fitol a partir da feofitina. Os feoforbídeos também podem se formar a partir do deslocamento químico do magnésio das clorofílidas verdes sob condições de processamento térmico. Os feoforbídeos *a* e *b* são mais solúveis em água do que suas respectivas feofitinas, mas mantêm as mesmas características espectrais (Tabela 10.5).

10.2.2.3.3 Formação de complexos metálicos

Os dois átomos de hidrogênio interior do núcleo tetrapirrólico dos derivados de clorofila livres de magnésio são facilmente deslocados por íons de cobre ou zinco, formando complexos metálicos verdes. A formação de metalocomplexos a partir de feofitinas *a* e *b* faz o máximo de absorção do vermelho mudar para um comprimento de onda mais curto e o máximo de absorção do azul para um comprimento de onda maior (Tabela 10.5) [110]. As características espectrais dos complexos metálicos isentos de fitol são idênticas às de seus compostos originais.

Os complexos de zinco e cobre são mais estáveis em meio ácido que em soluções alcalinas. O magnésio, como mencionado, é facilmente deslocado pela adição de ácido à temperatura ambiente, ao passo que a feofitina *a* de zinco é estável em solução a pH 2. A remoção de cobre é alcançada apenas em valores de pH suficientemente baixos para que se inicie a degradação do anel de porfirina.

A incorporação dos íons metálicos a uma porfirina neutra é uma reação bimolecular. Acredita-se que seja uma reação S_N2 envolvendo a ligação do íon metálico a um nitrogênio pirrol e o deslocamento simultâneo de dois átomos de hidrogênio [58]. A formação de complexos metálicos é afetada por grupos substituintes devido ao impedimento estérico e à estrutura altamente conjugada do núcleo tetrapirrólico [55,199].

Os complexos metálicos de derivados de clorofila são conhecidos por se formarem no tecido vegetal, sendo que os complexos *a* formam-se com mais rapidez que os complexos *b*. A formação mais lenta dos complexos *b* tem sido atribuída à retirada eletrônica do grupo formil C-3. A migração de elétrons para o sistema de anéis conjugados da porfirina induz os átomos de nitrogênio pirróis a se tornarem mais positivamente carregados e, portanto, menos reativos com cátions metálicos.

O impedimento estérico a partir da cadeia do fitol também diminui a taxa de formação de complexos. O feoforbídeo *a* em etanol reage quatro vezes mais rápido com íons de cobre que a feofitina *a* [109]. De modo similar, em acetona/água (80/20), a formação de zinco pirofeoforbídeo *a* ocorre mais rapidamente, seguida por feoforbídeo *a*, metilfeoforbídeo *a*, etilfeoforbídeo *a*, pirofeofitina *a* e feofitina *a*. Não apenas as taxas de reação diminuem à medida que o comprimento da cadeia C-7 aumenta, mas elas também são reduzidas pela presença do grupo carbometóxi no carbono C-10. Isso demonstra a importância dos substituintes da porfirina na formação do complexo metálico, o que pode ser atribuído aos efeitos sobre o impedimento estérico e à distribuição de carga [164,214].

Estudos comparativos sobre a formação de complexos metálicos em purês vegetais indicam que o cobre é quelado mais rapidamente que o zinco. Os complexos de cobre são detectáveis em purê de ervilha quando a concentração de Cu^{2+} apresenta níveis baixos, $\approx$ 1 a 2 ppm. Em contrapartida, a formação de complexos de zinco em condições semelhantes não ocorre em purês que contenham menos de 25 ppm de Zn^{2+}. Quando Zn^{2+} e Cu^{2+} estão presentes, a formação de complexos de cobre é predominante [177]. Os complexos de cobre de derivados de clorofila foram identificados em azeitonas de mesa de coloração verde-claro por CLAE-MS [6]. Estes complexos são responsáveis por defeitos de cor verde-azulado nas superfícies das azeitonas, um efeito conhecido como "pigmentação verde".

O pH também é um fator na taxa de formação dos complexos. O aumento de pH em purê de espinafre de 4,0 a 8,5 resulta em um aumento de 11 vezes na quantidade de zinco pirofeofitina a formada durante o aquecimento por 60 min a 121 °C. Uma diminuição na taxa de formação de complexos ocorre quando o pH é elevado para 10, presumivelmente devido à precipitação do Zn^{2+} [123].

Esses complexos metálicos são de interesse em virtude da cor verde que eles transmitem. Os complexos de cobre, devido à sua estabilidade na maioria das condições de processamento de alimentos, são utilizados como corantes na União Europeia. No entanto, a adição de cobre durante o processamento de alimentos não é aprovada nos Estados Unidos. Um processo que melhora a cor verde de vegetais enlatados com base na formação de complexos metálicos de zinco foi introduzido nos Estados Unidos em 1990 e é discutido em uma Seção posterior (10.2.2.5.4).

10.2.2.3.4 Alomerização

As clorofilas podem oxidar quando dissolvidas em álcool ou outros solventes e quando expostas ao ar, um processo conhecido como alomerização. Esse processo está associado à absorção de oxigênio equimolar para as clorofilas presentes e à oxidação do anel E (Figura 10.6) para a posição C-10 [188]. Os produtos primários da alomerização foram identificados como 10-hidroxiclorofilas, 10-metoxiclorofilas e 10-metoxilactonas (Figura 10.11) [122,175].

10.2.2.3.5 Fotodegradação

A clorofila é protegida da destruição pela luz durante a fotossíntese, em células de plantas saudáveis, as quais são envolvidas por carotenoides e outros lipídeos. Ela pode agir como sensibilizador, gerando oxigênio singlete, ao passo que os carotenoides são conhecidos como desativadores de espécies reativas de oxigênio, protegendo as plantas da fotodegradação. Uma vez que essa proteção é perdida durante a senescência da planta, pela extração do pigmento do tecido ou dano celular causado durante o processamento, as clorofilas tornam-se suscetíveis à fotodegradação [130,131]. Quando isso ocorre, estando presentes luz e oxigênio, as clorofilas branqueiam-se irreversivelmente.

Muitos pesquisadores têm tentado identificar produtos incolores da fotodegradação das clorofilas. A metiletilmaleimida foi identificada por Jen e Mackinney [106]. Em um estudo realizado por Llewellyn e colaboradores [130,131], foi descoberto que o glicerol é o principal produto de degradação, havendo quantidades menores dos ácidos láctico, cítrico, succínico, malônico e de alanina. Os pigmentos reatantes branquearam completamente.

Acredita-se que a fotodegradação das clorofilas resulte na abertura do anel tetrapirrólico e na fragmentação para compostos de menor massa molecular. Tem-se sugerido que a fotodegradação inicia-se com a abertura do anel para uma das pontes de metina, formando tetrapirróis lineares oxidados [206]. O oxigênio singlete e os radicais hidroxilas são conhecidos por serem produzidos durante a exposição das clorofilas, ou de porfirinas similares, à luz, na presença de oxigênio [65]. Uma vez formado o oxigênio singlete ou os radicais hidroxilas, eles reagirão com mais tetrapirróis, a fim de formar peróxidos e radicais livres adicionais, levando, ao final, à destruição das porfirinas e à perda total da cor.

10.2.2.4 Perda de cor durante processamento térmico

A perda de cor verde em vegetais processados termicamente resulta da degradação de clorofilas e da subsequente formação de feofitinas e pirofeofitinas. A esterilização térmica comercial pode reduzir o teor de clorofila de 80 a 100% [181,183]. A evidência de que se forma uma quantidade

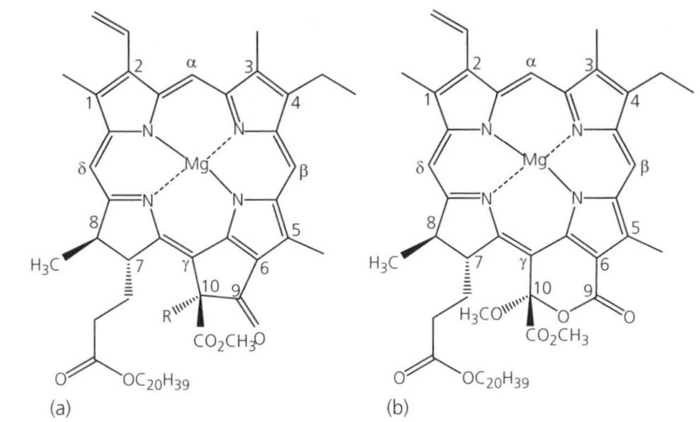

FIGURA 10.11 Estruturas de 10-hidroxiclorofila *a* (R=OH) e 10-metoxiclorofila *a* (R=OCH$_3$) (a) e 10-metoxilactona de clorofila *a* (b).

pequena de feofitina durante o branqueamento, antes da esterilização comercial, é apresentada na Figura 10.9. A quantidade maior de feofitina detectada em espinafres congelados, em comparação a espinafres branqueados para conservas, pode ser atribuída à ostensividade do tratamento de branqueamento, que é geralmente utilizado em vegetais destinados ao congelamento. Uma das principais razões para o branqueamento do espinafre antes do envase é o fato de o tecido murchar e para facilitar a embalagem, sabendo-se que o branqueamento antes do congelamento deve ser suficiente não apenas para murchar os tecidos, mas também para inativar enzimas. A composição de pigmentos para amostras enlatadas indica a ocorrência de conversão total de clorofilas a feofitinas e pirofeofitinas (Tabela 10.6).

A degradação de clorofilas em tecidos vegetais processados é iniciada por ácidos celulares, devido à descompartimentalização induzida por calor, bem como à síntese de novos ácidos [89]. Em diversos vegetais ácidos foram identificados, incluindo oxálico, málico, cítrico, acético, succínico e ácido pirrolidona carboxílico (PCA). Acredita-se que a degradação térmica da glutamina para a formação de PCA seja a principal causa do aumento da acidez dos vegetais durante o aquecimento [41]. A diminuição do pH que ocorre durante o processamento térmico do purê de espinafre é apresentada na Tabela 10.6. Outros ácidos fracos liberados durante o processamento térmico incluem: ácidos graxos formados por hidrólise lipídica, sulfeto de hidrogênio dissolvido liberado de proteínas ou aminoácidos e dióxido de carbono dissolvido liberado a partir de reações de escurecimento.

10.2.2.5 Tecnologia de conservação da cor

Os esforços para conservar a cor verde em vegetais enlatados concentraram-se em reter a clorofila ou criar uma cor verde mais aceitável por meio da formação de complexos metálicos.

10.2.2.5.1 Neutralização da acidez para a retenção de clorofila

A adição de agentes alcalinizantes a vegetais verdes enlatados pode resultar no aumento da retenção das clorofilas durante o processamento pela preservação da degradação induzida por ácidos. As técnicas têm incluído a adição de óxido de cálcio e di-hidrogênio fosfato de sódio à água de branqueamento para manutenção do pH ou para elevação do pH para 7,0. O carbonato de magnésio ou o carbonato de sódio, em combinação com o fosfato de sódio, foram testados para esse propósito. No entanto, todos esses tratamentos resultaram em amaciamento dos tecidos, gerando um sabor **alcalino**.

Em 1940, James Blair reconheceu o efeito endurecedor do cálcio e do magnésio quando adicionado a vegetais. Essa observação levou ao uso de hidróxido de cálcio ou magnésio com o objetivo de elevar o pH e manter a textura, parte de um tratamento conhecido como "processo de Blair" [17]. A aplicação comercial desse processo não foi bem-

-sucedida devido à incapacidade dos agentes alcalinizantes de neutralizar com eficácia o interior de tecidos ácidos durante um longo período de tempo, resultando em perda substancial da cor depois de menos de 2 meses de armazenamento.

Outra técnica para reter clorofila envolve o revestimento do interior da lata com etilcelulose e 5% de hidróxido de magnésio. Alegou-se que a lenta lixiviação do óxido de magnésio causada pelo revestimento deveria manter o pH próximo a 8,0 por um longo tempo e, portanto, ajudaria a estabilizar a cor verde [137,138]. Essas tentativas foram apenas parcialmente bem-sucedidas, pois o aumento do pH de vegetais enlatados também pode causar hidrólise de amidas, como a glutamina ou a asparagina, resultando na formação de odores indesejáveis de amônia. Além disso, os ácidos graxos formados pela hidrólise de lipídeos, durante o branqueamento em pH elevado, podem oxidar-se, formando sabores rançosos. Nas ervilhas, pHs elevados (8,0 ou mais) podem causar formação de estruvitas, que são cristais como os de vidro, constituídos de magnésio e fostato de amônio. Acredita-se que a estruvita resulte da reação de magnésio com o amônio gerado a partir da proteína, durante o aquecimento das ervilhas [77].

10.2.2.5.2 Novas técnicas de processamento

Os efeitos de novas técnicas de processamento de alimentos na degradação de clorofilas têm sido investigados. O processamento de alta temperatura de curta duração (HTST, do inglês *high temperature and short time*) mostrou-se eficaz na conservação de cor em purê de espinafre, visto que a proporção relativa de esporos de *C. botulinum* inativados em relação à quantidade de clorofila degradada aumenta com a elevação da temperatura do processo [82,168]. Outros estudos em vegetais têm combinado o processamento HTST com o ajuste do pH. As amostras tratadas dessa forma eram, a princípio, mais verdes, contendo mais clorofila que as amostras-controle (processamento típico e pH). No entanto, a melhora na cor após tratamento com HTST foi geralmente perdida durante o armazenamento [28,87]. O processamento de alta pressão também demonstrou reter vitaminas, sabor e cor melhor do que as técnicas convencionais de processamento de alimentos. As clorofilas *a* e *b* foram consideradas relativamente estáveis sob alta pressão (800 MPa) em suco de brócolis a temperaturas inferiores a 50 °C [133].

10.2.2.5.3 Aplicação comercial de complexos metálicos

As tentativas atuais de melhoria da cor verde de vegetais processados, bem como de preparo de clorofilas para serem usadas como corantes em alimentos, têm envolvido o uso de complexos de zinco ou cobre de derivados de clorofila. Os complexos de cobre de feofitina e feoforbídeo estão disponíveis no comércio sob os nomes de clorofila de cobre e clorofilina de cobre, respectivamente. Estes derivados de clorofila têm uso aprovado limitado em alimentos nos Estados Unidos. Seu uso em alimentos enlatados, sopas, doces e laticínios é permitido na maioria dos países europeus, sob o controle regulamentar da União Europeia. A Food and Agriculture Organization (FAO) das Nações Unidas certificou a sua utilização segura em alimentos, desde que a concentração de cobre ionizado livre não seja superior a 200 ppm no aditivo.

A produção comercial de clorofilas cúpricas foi descrita por Humphrey [97]. A clorofila é extraída a partir da alfafa ou capim seco, com acetona ou hidrocarbonetos clorados. Acrescenta-se água, dependendo do teor de umidade do material vegetal, a fim de auxiliar na penetração do solvente, enquanto se evita a ativação da clorofilase. Um pouco de feofitina forma-se espontaneamente durante a extração. Adiciona-se acetato de cobre para se formar a clorofila de cobre lipossolúvel. Como alternativa, a feofitina pode ser hidrolisada por ácido antes que o íon de cobre seja adicionado, resultando na formação de clorofilina de cobre hidrossolúvel. Os complexos de cobre têm maior estabilidade quando comparados com os complexos de magnésio.

10.2.2.5.4 Recuperação da cor verde (*regreening*) em vegetais processados termicamente

Tem sido observado que quando purês vegetais são comercialmente esterilizados, pequenas áreas verde-claras aparecem ocasionalmente, e foi descoberto que os pigmentos nas áreas verde--claras contêm zinco e cobre. A formação dessas áreas verdes brilhantes em vegetais foi denominada "*regreening*". O *regreening* de vegetais processados comercialmente pode ser observado quando íons de zinco e/ou de cobre estão presentes nas soluções de processamento. Quando o quiabo é processado em solução de salmoura com cloreto de zinco, sua cor verde-brilhante é mantida, a qual é atribuída à formação de complexos de zinco dos derivados da clorofila [63,207,209].

Emitiu-se uma patente para a Continental Can Company (agora Crown Holding, Inc.) para enlatados comerciais de vegetais com sais metálicos no branqueamento ou na solução de salmoura. O processo envolve o branqueamento de vegetais em água que contenha a quantidade suficiente de sais de Zn^{2+} e Cu^{2+}, para que ocorra aumento da concentração nos tecidos de íons metálicos, entre 100 e 200 ppm. Os vegetais verdes processados em água modificada foram considerados mais verdes que os processados convencionalmente. Outros íons metálicos bi ou trivalentes foram menos eficazes ou ineficazes em comparação com o uso de sais de cobre ou zinco [189]. Esse processo é conhecido como *Veri-Green*. Os pigmentos presentes no feijão-verde enlatado e processado pelo processo *Veri-Green* foram identificados como feofitina de zinco e pirofeofitina de zinco [55].

Atualmente, a produção comercial de feijão-verde processado com zinco existe, mas a aplicação desse processo a outros vegetais teve resultados variados. A Figura 10.12 mostra a sequência da mudança dos pigmentos que ocorre quando o purê de ervilha é aquecido na presença de 300 ppm de Zn^{2+}. A clorofila *a* diminui para níveis-traço apenas após 20 min de aquecimento. Acompanhando essa rápida diminuição de clorofila está a formação de complexos de zinco de feofitina *a* e pirofeofitina *a*. O aquecimento aumenta a concentração de zinco pirofeofitina graças à diminuição de zinco feofitina (Figura 10.12). O zinco pirofeofitina pode formar-se por meio da descarboximetilação de zinco feofitina ou pela reação de pirofeofitina com Zn^{2+} (Figura 10.13). Esses resultados sugerem que a cor verde dos vegetais processados na presença de zinco se deve, em grande parte, à presença de zinco pirofeofitina.

A formação de complexos de zinco ocorre mais rapidamente com pH entre 4,0 e 6,0 e a taxa diminui acentuadamente a pH 8,0. A razão para a diminuição é que o Mg^{2+} dentro da clorofila é retido no pH alto, limitando, assim, a quantidade de derivados da clorofila disponíveis para a formação de complexos metálicos [124,125]. Da mesma forma, demonstrou-se que a formação de complexos de zinco pode ser influenciada pela presença de surfactantes aniônicos. A adsorção de tais compostos pelas membranas dos cloroplastos aumenta a carga superficial negativa, aumentando a formação dos complexos [124,125].

Atualmente, o melhor processo para se obter uma cor verde desejável em vegetais enlatados envolve adicionar zinco à solução de branqueamento, aumentando a permeabilidade da membrana pelo aquecimento do tecido antes do branqueamento, em temperaturas iguais ou um pouco acima de 60 °C, ajustando a um pH que favoreça a formação de complexos metálicos e usando ânions para alterar a carga superficial na membrana do cloroplasto.

10.2.3 Carotenoides

Os carotenoides são os pigmentos mais difundidos da natureza. Eles fornecem as cores características amarelo, laranja e vermelho de muitas frutas, vegetais e plantas; no entanto, quando ligados a proteínas, eles podem provocar cores verde, azul e púrpura [22]. A maioria desses pigmentos é biossintetizada por populações de algas oceânicas. Os carotenoides foram descritos pela primeira vez no início do século XIX e se mostraram tanto sensíveis ao calor quanto lipofílicos [57]. Mais de 700 carotenoides foram identificados na natureza, ao passo que apenas 60 ou mais existem em alimentos consumidos por seres humanos [235]. Os carotenoides existem em todos os organismos fotossintéticos e podem ser adicionalmente produzidos por algumas bactérias, leveduras e fungos [120]. Nas plantas superiores, os carotenoides nos cloroplastos são frequentemente mascarados pelos pigmentos de clorofila mais dominantes. Na estação do outono, quando os cloroplastos se decompõem durante a senescência das plantas, a cor amarelo--laranja dos carotenoides torna-se evidente [15].

Os carotenoides desempenham importantes funções na fotossíntese e na fotoproteção nos te-

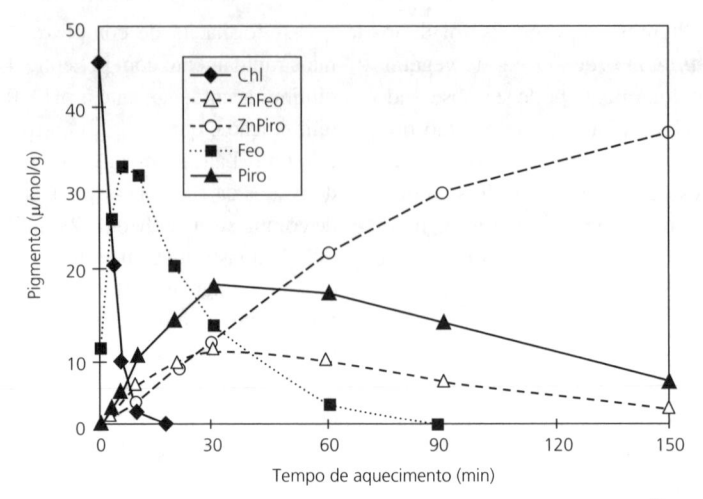

FIGURA 10.12 Transformação de pigmentos em purê de ervilha contendo 300 ppm de Zn^{2+} após aquecimento a 121 °C por até 150 min. Chl, clorofila; ZnFeo, feofitina de zinco; ZnPiro, pirofeofitina de zinco; Feo, feofitina; Piro, pirofeofitina. (De von Elbe, J.H. e Laborde, L.F., Chemistry of color improvement in thermally processed green vegetables, ACS Symposium Series 405, em: Jen, J.J., ed., *Quality Factors of Fruits and Vegetables,* American Chemical Society, Washington, DC, 1989, pp. 12–28.)

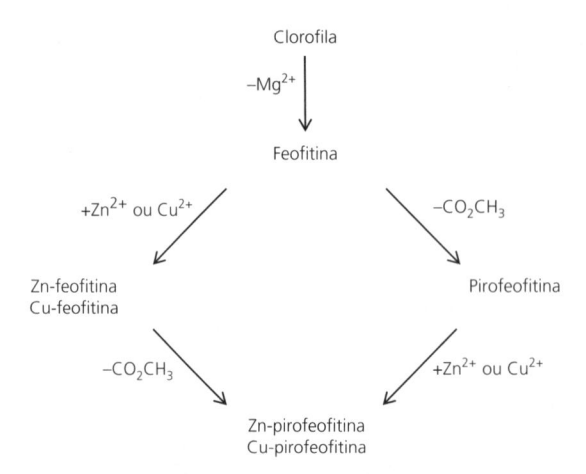

FIGURA 10.13 Reações químicas que ocorrem no aquecimento de vegetais verdes que contêm zinco ou cobre.

cidos vegetais [82]. Em todos os tecidos que contêm clorofila, os carotenoides funcionam como pigmentos secundários na captação de energia da luz via fotossíntese. O papel fotoprotetor dos carotenoides deriva de sua capacidade de extinguir espécies reativas de oxigênio (particularmente oxigênio singlete) formadas pela exposição à luz e ao ar. Além disso, os carotenoides específicos, presentes nas raízes e nas folhas, agem como precursores do ácido abscísico, um hormônio vegetal que funciona como mensageiro químico e regulador do crescimento [48,158]. Os carotenoides também sinalizam imunocompetência em aves, influenciando a seleção de parceiros [197] e afetando a atração de polinizadores [113].

O papel mais proeminente dos pigmentos carotenoides na dieta de seres humanos e outros animais é sua capacidade de servir como precursores da vitamina A. Embora o carotenoide β-caroteno possua a maior atividade pró-vitamínica A, devido à sua capacidade de formar duas moléculas de retinol, outros carotenoides comumente consumidos, como α-caroteno e β-criptoxantina, também possuem atividade pró-vitamínica A. Estima-se que os carotenoides pró-vitamínicos A presentes em frutas e vegetais forneçam de 30 a 100% da necessidade de vitamina A em populações humanas [15,37]. Um pré-requisito para a atividade da vitamina A é a existência de um anel de β-ionona não substituído no carotenoide. Desse modo, apenas alguns carotenoides possuem atividade de vitamina. Esse tópico é abordado com profundidade no Capítulo 8.

Em 1981, Peto e colaboradores [165] chamaram a atenção para esses pigmentos devido aos achados epidemiológicos de que o consumo de frutas e vegetais ricos em carotenoides estava associado à diminuição da incidência de cânceres específicos em seres humanos. Mais recentemente, o interesse se concentrou na presença de carotenoides na dieta e em sua importância fisiológica. Essas descobertas estimularam o aumento substancial de pesquisas sobre eles. Uma visão geral sobre o impacto dos carotenoides sobre a saúde e as doenças pode ser encontrada em outras literaturas [43a,120,236].

10.2.3.1 Estruturas dos carotenoides

Os carotenoides são compostos compreendidos por duas classes: os carotenos hidrocarbonetos e as xantofilas oxigenadas (Figura 10.14). As xantofilas consistem de diversos derivados, os quais costumam conter grupos hidroxila, epóxi, aldeído, ácido carboxílico e ceto. Além disso, os ésteres de ácidos graxos de carotenoides hidroxilados também são muito encontrados na natureza. Até a presente data, mais de 700 estruturas de carotenoides já foram identificadas e compiladas [235]. Além disso, quando os isômeros geométricos *cis (Z)* e *trans (E)* ou enantiômeros *R* e *S* são considerados, são possíveis muitas outras configurações. Uma lista exaustiva de carotenoides e suas estruturas (além dos espectros de UV/visível, MS, RMN e outros dados característicos) pode ser encontrada em *Carotenoids Handbook* [235].

Os carotenoides são biossintetizados nas plantas por meio de uma via independente do ácido mevalônico, chamada de via do metileritritol 4-fosfato [51]. Revisões completas sobre a biossíntese de carotenoides podem ser encontradas em outros lugares [49,73]. A base estrutural da espinha dorsal do carotenoide é constituída por unidades de isopreno ligadas covalentemente na forma cabeça-cauda ou cauda-cauda, para que se crie uma molécula simétrica (Figura 10.15). Os carotenoides são derivados dessa estrutura primária de 40 carbonos. Algumas estruturas contêm grupos cíclicos terminais (p. ex., β-caroteno, Figura 10.14), ao passo que outras possuem apenas um ou nenhum grupo cíclico (p. ex., licopeno, o marcante pigmento vermelho do tomate). Outros compostos podem ter esqueletos com menos de 40 carbonos e são conhecidos como apocarotenoides (p. ex., bixina, apo-8'-carotenal). Embora existam regras para a nomeação e a numeração de todos os carotenoides [101,102], seus nomes vulgares são comumente utilizados e serão apresentados neste capítulo.

O carotenoide mais difundido encontrado nos tecidos vegetais consumidos pelos seres humanos é o β-caroteno. Esse carotenoide é também amplamente utilizado como corante em alimentos. Tanto a forma natural como a sintética podem ser adicionadas a produtos alimentares. Alguns carotenoides encontrados em plantas, ou carotenoides comumente usados como corantes em alimentos ou rações, são mostrados na Figura 10.14. Essa lista inclui β-caroteno (onipresente em plantas), α-caroteno (cenoura), β-criptoxantina (tangerina, mamão), astaxantina (salmão, camarão), capsantina (pimentão vermelho, páprica), cantaxantina (ovos de galinhas alimentadas com dietas suplementadas com cantaxantina), luteína (milho, folhas verdes, tagetes ou cravo-de-defunto), zeaxantina (*goji berries*), licopeno (tomates), violaxantina (folhas verdes), bixina (semente de urucum) e β-apo-8'-carotenal (usado como um aditivo de cor). Cada item entre parênteses é um exemplo de uma fonte principal do carotenoide, embora esses pigmentos também possam ser encontrados em outros lugares.

Recentemente, verificou-se que os pulgões de ervilha desenvolveram a capacidade de sintetizar pigmentos carotenoides através de genes adquiridos de fungos associados a esses insetos, os primeiros animais que mostraram ser capazes de sintetizar tais compostos [150]. No entanto, os animais geralmente são incapazes de sintetizar carotenoides e, portanto, derivam esses pigmentos pelo consumo de materiais vegetais contendo carotenoides. Por exemplo, a cor rosada da carne

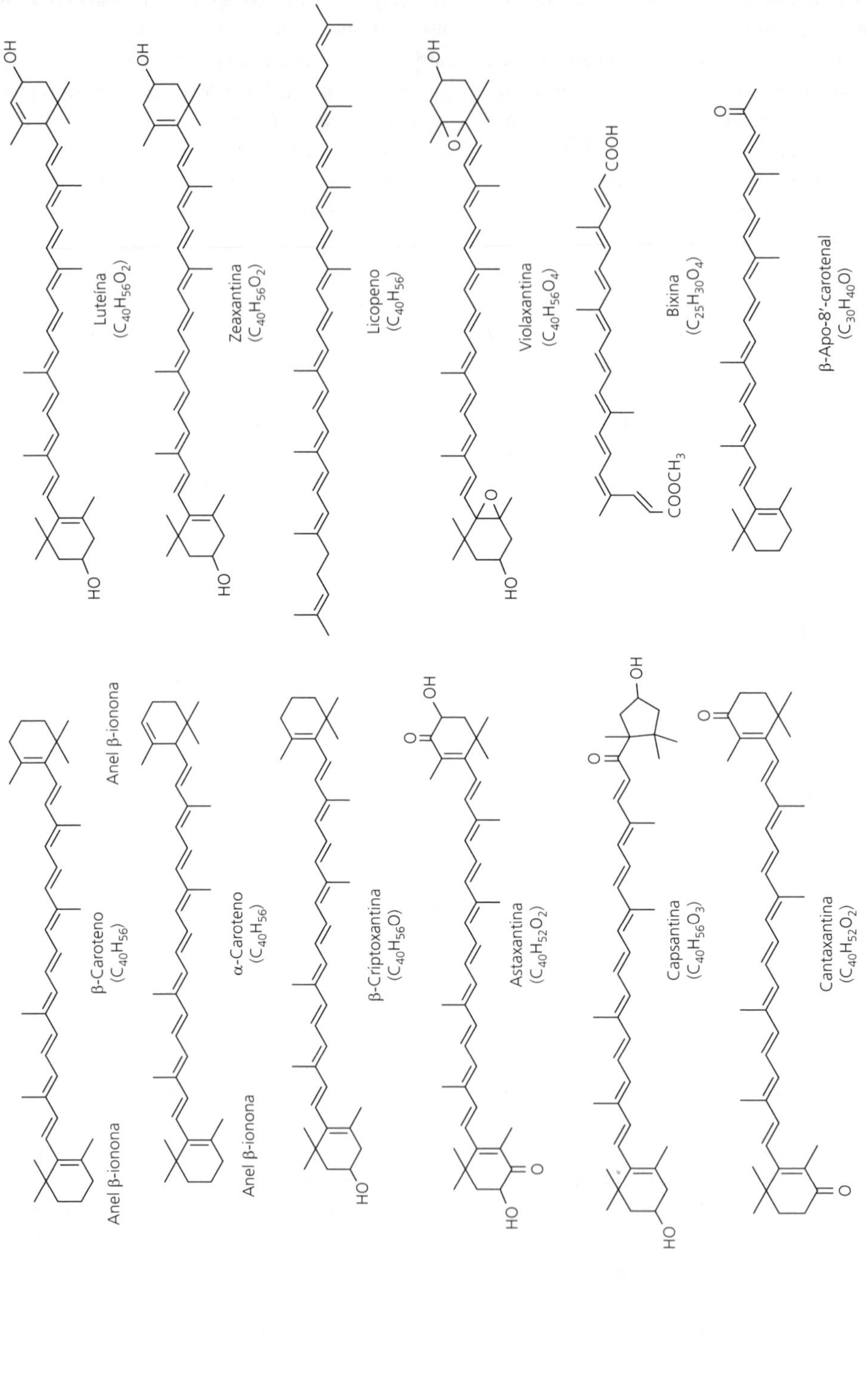

FIGURA 10.14 Estruturas e fórmulas de carotenoides e apocarotenoides comumente encontrados como corantes em alimentos e rações.

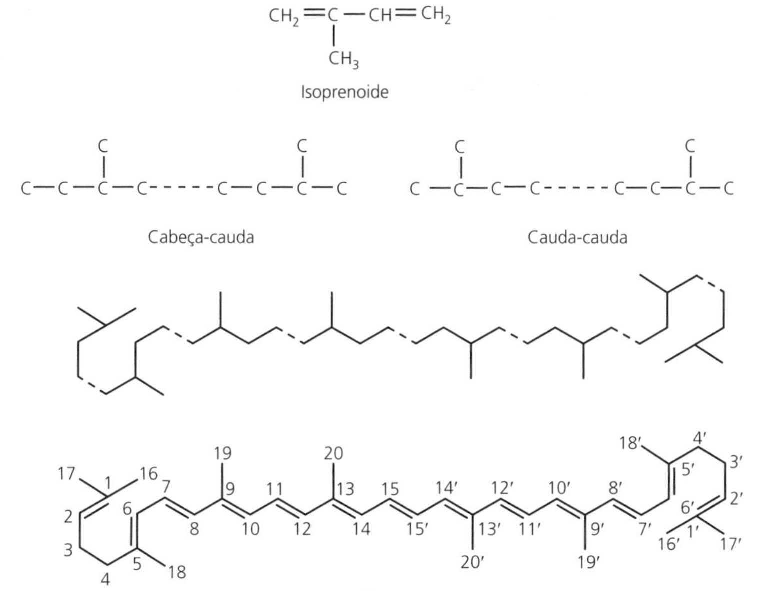

FIGURA 10.15 Junção de oito unidades isoprenoides para formar o licopeno. (De Fraser, P.D. e Bramley, P.M., *Prog. Lipid Res.*, 43, 228, 2004.)

do salmão é devida, principalmente, à presença de astaxantina, a qual é obtida pela ingestão de plantas marinhas que contêm carotenoides. Também se sabe que alguns carotenoides, tanto em plantas como em animais, estão ligados ou associados a proteínas. O pigmento vermelho astaxantina, do exoesqueleto de camarão e lagosta, é de cor azul quando complexado com proteínas. O aquecimento desnatura a crustacianina (o complexo de proteína astaxantina), liberando o carotenoide e alterando as propriedades espectroscópicas e visuais do pigmento, causando uma mudança hipsocrômica de azul para vermelho [39]. Outros exemplos de complexos de carotenoides-clorofila-proteína são a ovoverdina [231], o pigmento verde encontrado em ovos de lagosta, e os complexos de carotenoides-clorofila-proteína em cloroplastos vegetais [85]. Outras estruturas são os carotenoides glicosídeos, sendo que alguns deles são encontrados em bactérias e em outros microrganismos. Os carotenoides também podem existir como carotenoides glicosilados em plantas. Um exemplo notável é a crocina, o glicosídeo da crocetina encontrado nos estames das flores de *Crocus sativus*, que fornece a cor amarelo-alaranjada ao açafrão [166].

10.2.3.2 Ocorrência e distribuição

Os tecidos vegetais comestíveis contêm diversos carotenoides [86]. Muitas frutas vermelhas, laranjas e amarelas, raízes e vegetais são ricos em carotenoides. Todos os vegetais folhosos verdes (e outras folhas verdes não comestíveis) contêm carotenoides, mas sua cor é mascarada pela clorofila verde. Geralmente, as concentrações mais altas de carotenoides são encontradas nesses tecidos com a maior quantidade de pigmentos de clorofila. Por exemplo, o espinafre e a couve são ricos em carotenoides; ervilhas, feijão-verde e aspargos também contêm concentrações significativas dessa substância. A Tabela 10.8 fornece dados sobre o teor de carotenoides de alimentos selecionados em uma dieta ocidental, conforme relatado no USDA Nutrient Database. Muitos fatores influenciam no teor dos carotenoides das plantas. Em algumas frutas, a maturação pode ocasionar mudanças drásticas nos carotenoides. Por exemplo, no tomate, o conteúdo de carotenoide, em particular o licopeno, aumenta significativamente durante o processo de amadurecimento. Dessa forma, as concentrações de carotenoides diferem amplamente dependendo do estágio de maturidade do

TABELA 10.8 Conteúdo de carotenoide em alimentos comumente consumidos

Alimento	Peso (g)	β-Caroteno	α-Caroteno	β-Criptoxantina	Licopeno	Luteína + zeaxantina
Brócolis cru	91	0,33	0,02	0	0	1,28
Cantalouope cru	177	3,58	0,03	0,03	0	0,05
Cenoura crua	128	10,61	4,45	0	0	0,33
Ovo cozido duro	136	0,02	0	0,01	0	0,48
Toranja-rosa	230	1,58	0,01	0,01	3,26	0,012
Couve cozida	130	10,62	0	0	0	23,72
Mandarina enlatada	189	0,56	0,39	1,47	0	0,46
Ervilhas congeladas	134	1,64	0,09	0	0	3,15
Abóbora enlatada	245	17,00	11,75	0	0	0
Pimentão vermelho (doce) cru	149	2,42	0,03	0,73	0	0,08
Espinafre cru	30	1,69	0	0	0	3,66
Abobrinha (amarela ou verde)	180	1,21	0	0	0	2,07
Abobrinha (*Squash, winter*)	205	5,73	1,40	0	0	2,90
Batada-doce cozida	328	30,98	0	0	0	0
Molho de tomate[a]	132	0,52	0	0	16,72	0,25
Tomate cru	149	0,67	0,15	0	3,83	0,18

[a] Porção de molho de tomate = 0,5 xícara.
Nota: o conteúdo é dado em mg de carotenoide/porção, em que 1 porção = 1 xícara[a], e são fornecidas as medidas de 1 xícara em gramas. Dados de carotenoides são selecionados a partir da USDA Standard, Referência [26].

vegetal. Mesmo após a colheita, os carotenoides do tomate continuam a ser sintetizados. Uma vez que a luz estimula a sua síntese, sabe-se que o grau de exposição à luz pode afetar sua concentração. Outros fatores que alteram a ocorrência e a concentração de carotenoides incluem o clima durante o desenvolvimento do vegetal, os pesticidas e adubos utilizados e o tipo de solo [86].

10.2.3.3 Propriedades físicas, extração e análise

Todas as classes de carotenoides (tanto os carotenos de hidrocarbonetos como as xantofilas oxigenadas) são compostos lipofílicos e solúveis em óleos e solventes orgânicos. Eles são moderadamente estáveis ao calor dentro de uma matriz alimentar e estão sujeitos à perda de cor por oxidação. Os carotenoides podem ser isomerizados com facilidade por calor, ácido ou luz. Como sua faixa de cor varia do amarelo ao vermelho, os comprimentos de onda para o seu monitoramento costumam variar entre 400 a 480 nm. Em métodos espectrofotométricos, os maiores comprimentos de onda normalmente são utilizados para algumas xantofilas, a fim de evitar interferências da clorofila. Muitos carotenoides exibem mudança espectral após reação com vários reatantes, e essas mudanças são úteis para auxiliar na identificação.

A natureza complexa e a diversidade dos carotenoides presentes em alimentos vegetais exigem separação cromatográfica para uma identificação e quantificação precisa [119]. Os procedimentos de extração para a remoção quantitativa de carotenoides a partir de tecidos utilizam solventes orgânicos que devem penetrar a matriz hidrofílica. Misturas de hexano e acetona são comumente empregadas para esse propósito, mas solventes especiais e tratamentos são algumas vezes necessários para se obter uma extração satisfatória, dependendo da polaridade do carotenoide de interesse [115,117].

Muitos procedimentos cromatográficos, incluindo CLAE, têm sido desenvolvidos para a separação dos carotenoides [44,56,117]. Podem ocorrer desafios analíticos especiais quando ésteres de carotenoides, isômeros *cis/trans* e isômeros ópticos precisam ser separados e identificados [117].

Os carotenoides existem nos frutos vermelhos, laranja e amarelos nos cromoplastos, ao passo que quando o tecido vegetal está verde ocorrem nos cloroplastos [185,187]. Os carotenoides podem ocorrer em várias formas em alimentos vegetais frescos, inclusive em complexos de carotenoide-proteínas em cloroplastos, na forma cristalina dentro de cromoplastos ou em gotículas dissolvidas em lipídeos, chamadas de plastoglóbulos [217]. Estruturas cristalinas são difíceis de solubilizar, ao passo que carotenoides associados a lipídeos podem ser mais bioacessíveis. Esses carotenoides dissolvidos em lipídeos podem ser mais facilmente removidos da matriz alimentar e, portanto, teoricamente, são mais disponíveis para absorção pelo enterócito [22,23,186]. O estado físico dos carotenoides nos cromoplastos é responsável pela biodisponibilidade relativamente baixa em vegetais folhosos verdes crus, como o espinafre; é uma função dos carotenoides que estão fortemente ligados aos complexos de proteínas dentro das células vegetais [24,25]. O licopeno em tomates-vermelhos é armazenado como cristais [90]. Por outro lado, o licopeno em tomate-tangerina contendo *cis*-licopeno está armazenado como gotículas dissolvidas em lipídeos. Pensa-se que essa diferença de estrutura seja responsável pelo aumento acentuado da biodisponibilidade do licopeno de tomates-tangerina em comparação com os tomates-vermelhos [43]. Por consequência, essa é também a hipótese da razão pela qual o licopeno de tomates-tangerina é mais suscetível à degradação e à isomerização no processamento térmico [43b]. O estado físico dos carotenoides nas plantas varia amplamente dentro das mesmas espécies de plantas e até mesmo em diferentes partes da mesma planta [198], conferindo grande heterogeneidade no armazenamento destes pigmentos nas plantas [34]. É importante ter em mente que o estado físico no qual os carotenoides são armazenados em uma planta pode influenciar significativamente a sua biodisponibilidade *in vivo* [165].

10.2.3.4 Propriedades químicas
10.2.3.4.1 Oxidação

Os carotenoides oxidam com facilidade, pois eles contêm um grande número de ligações duplas conjugadas. Essas reações podem causar a perda de cor dos carotenoides em alimentos e são uma importante via de degradação. A suscetibilidade à oxidação de um pigmento em particular é altamente dependente de seu ambiente. Dentro dos tecidos vegetais, os pigmentos são frequentemente compartimentalizados separadamente das enzimas degradativas e, portanto, mantêm alguma proteção contra a oxidação. No entanto, danos físicos aos tecidos ou extração dos carotenoides aumentam sua suscetibilidade à oxidação. O armazenamento de carotenoides em solventes orgânicos costuma acelerar a decomposição. Em razão da estrutura insaturada, de elevada conjugação dos carotenoides, os produtos de sua degradação são muito complexos. A caracterização desses produtos em alimentos, no sangue e nos tecidos dos seres humanos e de animais representa uma área ativa de pesquisa [64,114,118,219]. Durante a oxidação, epóxidos e compostos carbonílicos são formados inicialmente. Grandes oxidações resultam na formação de cadeias curtas de compostos mono e dioxigenados, incluindo compostos epóxi-β-ionona. Em geral, os epóxidos formam-se dentro do anel terminal, embora possa ocorrer cisão oxidativa para diversos sítios ao longo da cadeia. Para carotenoides pró-vitamínicos A, a formação de epóxido no anel resulta em perda da atividade pró-vitamínica. Auto-oxidações grandes resultarão no clareamento dos carotenoides e na perda de sua cor. A destruição oxidativa do β-caroteno é intensificada na presença de sulfito e íons metálicos [162].

A atividade enzimática, sobretudo de lipoxigenase, acelera a degradação oxidativa dos carotenoides. Isso se dá por mecanismos indiretos. A lipoxigenase a princípio catalisa a oxidação de ácidos graxos insaturados ou poli-insaturados para produzir peróxidos, os quais, por sua vez, reagem prontamente com os carotenoides. De fato, esse esquema conjugado de reação é muito eficiente, sendo que a perda de cor do caroteno e sua diminuição de absorbância em solução muitas vezes são utilizadas como indicadores para a atividade da lipoxigenase [11].

10.2.3.4.2 Atividade antioxidante

Uma vez que os carotenoides podem ser facilmente oxidados, não é surpreendente que eles apresentem propriedades antioxidantes. Além das proteções celular e *in vitro* contra o oxigênio singlete, os carotenoides, sob baixas pressões parciais de oxigênio, inibem a peroxidação lipídica [30]. Sob altas pressões parciais de oxigênio, o β-caroteno tem propriedades pró-oxidantes [31]. Na presença de oxigênio molecular, fotossensibilizadores (p. ex., clorofila) e de luz, o oxigênio singlete pode ser produzido, o qual é uma espécie de oxigênio altamente reativa. Os carotenoides são conhecidos por desativar o oxigênio singlete, proporcionando, dessa forma, proteção contra danos oxidativos celulares. Nem todos os carotenoides são igualmente eficazes como protetores fotoquímicos. Por exemplo, o licopeno é conhecido por ser eficaz na desativação do oxigênio singlete em comparação com outros pigmentos carotenoides [142,194].

Tem sido proposto que as funções antioxidantes dos carotenoides desempenham um papel na redução do risco de câncer, catarata, aterosclerose e processos de envelhecimento, embora isso não tenha sido mostrado de forma eficiente [35]. A abordagem detalhada do papel antioxidante dos carotenoides extrapola o foco desta discussão. Nesse sentido, o leitor é convidado a consultar várias outras excelentes revisões [31,119,157,230].

10.2.3.4.3 Isomerização *cis/trans*

Em geral, as ligações duplas conjugadas dos carotenoides ocorrem na configuração totalmente *trans* (*all-trans*). Os isômeros *cis* de alguns carotenoides podem ser encontrados naturalmente em poucos tecidos vegetais, embora geralmente tenham grande importância. A alga *Dunaliella salina* acumula alta concentração de *cis*-β-caroteno, e estas preparações são frequentemente usadas em suplementos. No entanto, o 9-*cis*-β-caroteno é pouco convertido em vitamina A quando comparado ao all-*trans*-β-caroteno e não se acumula no plasma em grande quantidade [76,152,232]. Isso sugere que o *cis*-β-caroteno pode ser uma forma menos desejável para administrar este nutriente. Inversamente, o tomate-tangerina, um tomate de cor laranja, carece de uma cópia funcional da enzima carotenoide isomerase e é, portanto, incapaz de produzir *all-trans*-licopeno e, em vez disso, acumula tetra-*cis*-licopeno (i.e., prolicopeno). Verificou-se que o licopeno de tomates-tangerina é mais bem absorvido que o licopeno de tomates-vermelhos [43], em parte porque os isômeros do *cis*-licopeno demonstraram ser mais biodisponíveis [216].

Reações de isomerização podem ser induzidas por tratamentos térmicos, exposição a solventes orgânicos, tratamento com ácidos, ozonólise e iluminação de soluções (particularmente com iodo presente). A isomerização catalisada por iodo é um meio útil para o estudo da fotoisomerização, pois forma-se uma mistura de equilíbrio de configurações isoméricas [74]. Teoricamente, um grande número de configurações geométricas possíveis pode resultar da isomerização, em decorrência da alta quantidade de ligações duplas presentes nos carotenoides. Por exemplo, o licopeno tem 1.056 formas *cis* diferentes, em função de suas 11 ligações duplas simétricas. No entanto, devido ao impedimento estérico, apenas um número limitado de isômeros *cis* ocorre na realidade [233]. Devido à complexidade de vários isômeros *cis/trans* dentro de um único carotenoide, esforços significativos têm sido feitos para desenvolver métodos precisos para identificar e quantificar esses compostos em alimentos [117]. A isomerização de *trans* para *cis* pode afetar a atividade de pró-vitamina A, mas não a cor dos carotenoides. A atividade pró-vitamínica A dos isômeros *cis* do β-caroteno varia, dependendo da forma isomérica, de 13 a 53% quando em comparação ao *all-trans*-β-caroteno [234].

10.2.3.5 Estabilidade durante o processamento

Os carotenoides são relativamente estáveis durante o armazenamento e a manipulação típicos da maior parte das frutas e dos vegetais. O congelamento gera poucas mudanças no seu conteúdo. No entanto, o branqueamento é conhecido por influenciar o conteúdo de carotenoides. Muitas vezes, os produtos vegetais branqueados exibem um aumento aparente de conteúdo relativo de carotenoides em tecidos crus. Tratamentos térmicos suaves tradicionalmente usados durante o branqueamento podem alterar a estrutura celular e, assim, aumentar a eficiência da extração dos pigmentos em relação ao tecido fresco. A homogeneização física intensa e os tratamentos térmicos também aumentam a extração [149] e a biodisponibilidade desses compostos quando são consumidos [114,143]. A solução de descascamento, que é bastante utilizada para a batata-doce e os tomates, ocasiona pouca destruição ou isomerização de carotenoides. Além disso, a inativação da lipoxigenase também pode prevenir a decomposição oxidativa de carotenoides.

Embora os carotenos tenham sido historicamente considerados relativamente estáveis durante o aquecimento, sabe-se agora que a esterilização por calor pode induzir reações de isomerização *cis/trans*. Para diminuir a isomerização excessiva, a severidade dos tratamentos térmicos deve ser minimizada quando possível. No caso de extrusão e de alta temperatura de aquecimento de óleos, não ocorrerá apenas a isomerização dos carotenoides, mas a degradação térmica também ocorrerá. Temperaturas muito elevadas podem gerar produtos de fragmentação que são voláteis. Os produtos resultantes de aquecimento intenso do β-caroteno, na presença de ar, são semelhantes aos que decorrem da oxidação do β-caroteno. Em contrapartida, o ar de desidratação expõe os carotenoides ao oxigênio, o que pode causar uma grande degradação dessas substâncias. Produtos desidratados que têm grande superfície de massa, como a cenoura ou os flocos de batata-doce, são particularmente suscetíveis a decomposição oxidativa durante a secagem, exposição à luz e armazenamento sob ar.

Quando os isômeros *cis* são formados, ocorrem apenas ligeiros desvios hipsocrômicos de 3 a 5 nm e, assim, a cor do produto não é afetada; no entanto, uma diminuição na atividade de pró-vitamina A pode ocorrer. Essas reações têm efeitos nutricionais importantes que devem ser considerados ao se selecionar medidas analíticas para pró-vitamina A. Os métodos mais antigos da Association of Official Analytical Chemists (AOAC) para determinação de vitamina A em alimentos não levam em conta as diferenças na atividade de pró-vitamina A de carotenoides individuais ou suas formas isoméricas [237,238]. Portanto, os dados nutricionais antigos dos alimentos são equivocados, sobretudo no caso daqueles que contêm altas proporções de carotenoides pró-vitamínicos A, em relação a outros β-carotenos e a carotenoides que contêm quantidades significativas de isômeros *cis*. Informações adicionais sobre a atividade de pró-vitamina A dos carotenoides podem ser encontradas no Capítulo 8.

10.2.4 Antocianinas e outros fenóis

10.2.4.1 Antocianinas

Os compostos fenólicos compreendem um grande grupo de substâncias orgânicas, sendo os flavonoides um importante subgrupo. O subgrupo flavonoide contém as antocianinas, um dos grupos de pigmentos de maior distribuição no reino vegetal. Elas são responsáveis por diversas cores nas plantas, como azul, roxo, violeta, magenta, vermelho e laranja. A palavra antocianina é derivada de duas palavras gregas: *anthos*, flor, e *kyanos*, azul. Esses compostos têm atraído a atenção de químicos e botânicos por mais de um século. No entanto, o interesse pelas antocianinas aumentou muito nas últimas décadas devido aos seus potenciais benefícios para a saúde e ao seu potencial uso como corantes alimentares [91].

10.2.4.1.1 Estrutura

As antocianinas pertencem ao grupo dos flavonoides, devido à sua característica de esqueleto carbônico $C_6C_3C_6$. A estrutura química básica dos flavonoides e sua relação com as antocianinas são mostradas na Figura 10.16. Dentro de cada grupo, há muitos compostos diferentes, e sua cor depende da presença e do número de substituintes ligados à molécula.

A estrutura base das antocianinas são derivados poli-hidroxi e/ou polimetóxi 2-fenilbenzopirona do sal flavilium (Figura 10.17). Elas diferem no número de grupos hidroxila e/ou nos grupos metóxi presentes; tipos, números e sítios de ligação dos açúcares na molécula; e tipos e números de ácidos alifáticos ou aromáticos que estão ligados aos açúcares da molécula [79]. Com essa diversidade estrutural, não é surpreendente que mais

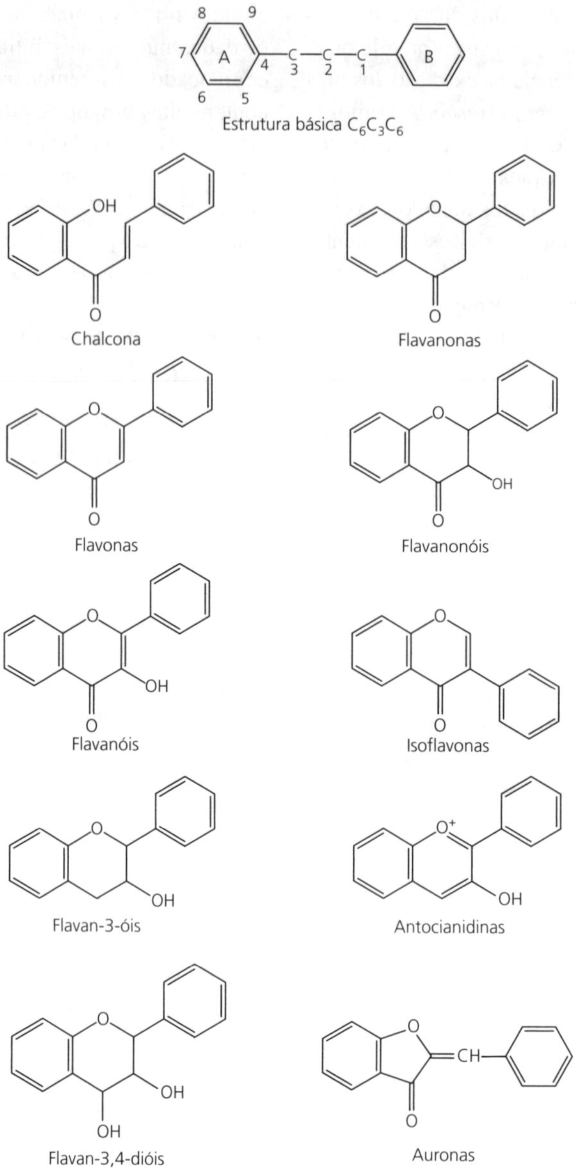

FIGURA 10.16 Esqueleto carbônico de alguns flavonoides importantes, classificados por sua cadeia estrutural C-3.

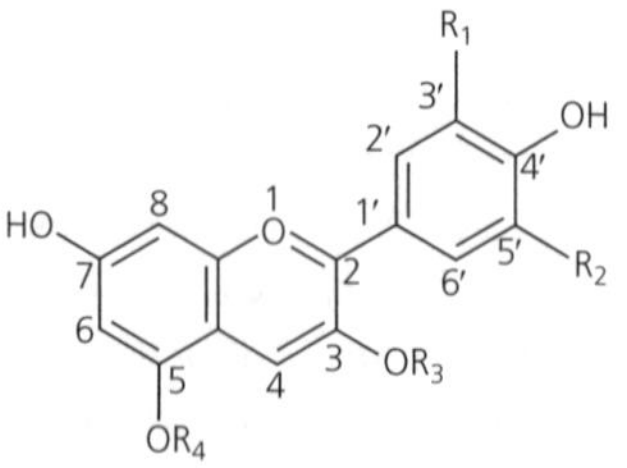

FIGURA 10.17 Cátion flavilium. R_1 e R_2 = –H, –OH, ou –OCH$_3$, R_3 = –glicosil, R_4 = –H ou –glicosil.

de 700 diferentes antocianinas já tenham sido identificadas em plantas em todo o mundo [5].

Uma antocianina livre de substituições de açúcar é conhecida como uma antocianidina (a porção aglicona). Existem 27 antocianidinas diferentes de ocorrência natural que compartilham o mesmo esqueleto $C_6C_3C_6$ [5], mas ≈ 90% são derivadas de seis agliconas, isto é, cianidina, delfinidina, malvidina, pelargonidina, peonidina e petunidina; e ocorrem comumente em alimentos (Figura 10.18).

As antocianidinas são menos hidrossolúveis que seus glicosídeos correspondentes (antocianinas) e tendem a ser altamente instáveis. O grupo livre 3-hidroxila da molécula da antocianidina desestabiliza o cromóforo; portanto, as antocianinas são quase sempre glicosiladas. Apenas as 3-desoxiantocianidinas, que são amarelas, são encontradas como agliconas na natureza. Portanto, quando apenas um açúcar está presente, este é geralmente O-glicosilado na posição C-3, e as antocianinas diglicosiladas são geralmente glicosiladas nas posições C-3 e C-5. Glicosilação adicional também pode ocorrer no grupo hidroxila C-7, -3′, -4′ e/ou -5′ (Figura 10.17). O impedimento estérico não permite a glicosilação, tanto em C-3′ como em C-4′ [23]. No entanto, em casos raros, antocianinas C-glicosiladas também foram relatadas [173].

As substituições de açúcar mais comuns são a glicose, seguida por galactose, ramnose, arabinose, xilose e die trissacarídeos homogêneos ou heterogêneos formados como glicosídeos desses açúcares.

Mais de 65% de todas as antocianinas identificadas em plantas são aciladas [5]. Os ácidos mais comumente envolvidos na acilação de antocianina são os ácidos aromáticos, incluindo os ácidos p-cumárico, cafeico, ferúlico, sinápico, gálico, p-hidroxibenzoico e/ou ácidos alifáticos, tais como os ácidos malônico, acético, málico, succínico ou oxálico. Esses substituintes acil costumam estar ligados ao açúcar do C-3, esterificados ao 6-OH ou, com menos frequência, ao grupo 4-OH dos açúcares [91]. No entanto, as antocianinas que contêm outras acilações mais complexas, ligadas a moléculas de diferentes açúcares, já foram relatadas [192,211,226].

10.2.4.1.2 Cor e estabilidade das antocianinas

A cor das antocianinas e das antocianidinas resulta da excitação de uma molécula pela luz visível. A facilidade com a qual uma molécula é excitada depende da mobilidade eletrônica relativa da estrutura. As ligações duplas, que são abundantes nas antocianinas e nas antocianidinas, são excitadas com muita facilidade, e sua presença é essencial para a cor. Deve-se observar que o aumento das substituições no anel B (Figura 10.16) da molécula resulta em mais tonalidade. O aumento da tonalidade é o resultado de uma mudança batocrômica (i.e., a banda de absorção da luz na faixa de espectro visível muda de um comprimento de onda menor para um maior, com alteração consequente da cor, de laranja/vermelho para roxo em pH ácido). A mudança oposta é chamada de mudança hipsocrômica. Os efeitos batocrômicos podem ser causados por grupos auxocromos, grupos que, por si sós, não têm propriedades de cromóforo, mas que causam o aumento de tonalidade quando ligados à molécula. Os grupos auxocromos são grupos de doadores de elétrons e, no caso das antocianidinas, eles são geralmente os grupos metóxi e hidroxila. Os grupos metóxi causam um maior desvio batocrômico do que os grupos hidroxila uma vez que sua capacidade de doação de elétrons é maior que a dos grupos hidroxila. O efeito do número de grupos metóxi sobre a cor está ilustrado na Figura 10.18. Em antocianinas, o tipo e o número de substituições de açúcar e os padrões de acilação também desempenham um papel importante nas características de cor, assim como vários outros fatores, como respostas a mudanças no pH, formação de complexos metálicos e copigmentação.

As plantas não somente contêm misturas de antocianinas, mas proporções relativas que variam com o tipo de cultivo e com a maturidade. O teor total de antocianinas varia entre as plantas em valores que vão de algumas g/100g. Concentrações mais altas de pigmentos normalmente resultam em coloração mais profunda, embora a cor exibida pelas antocianinas também possa ser bastante afetada pelo microambiente onde elas estão localizadas.

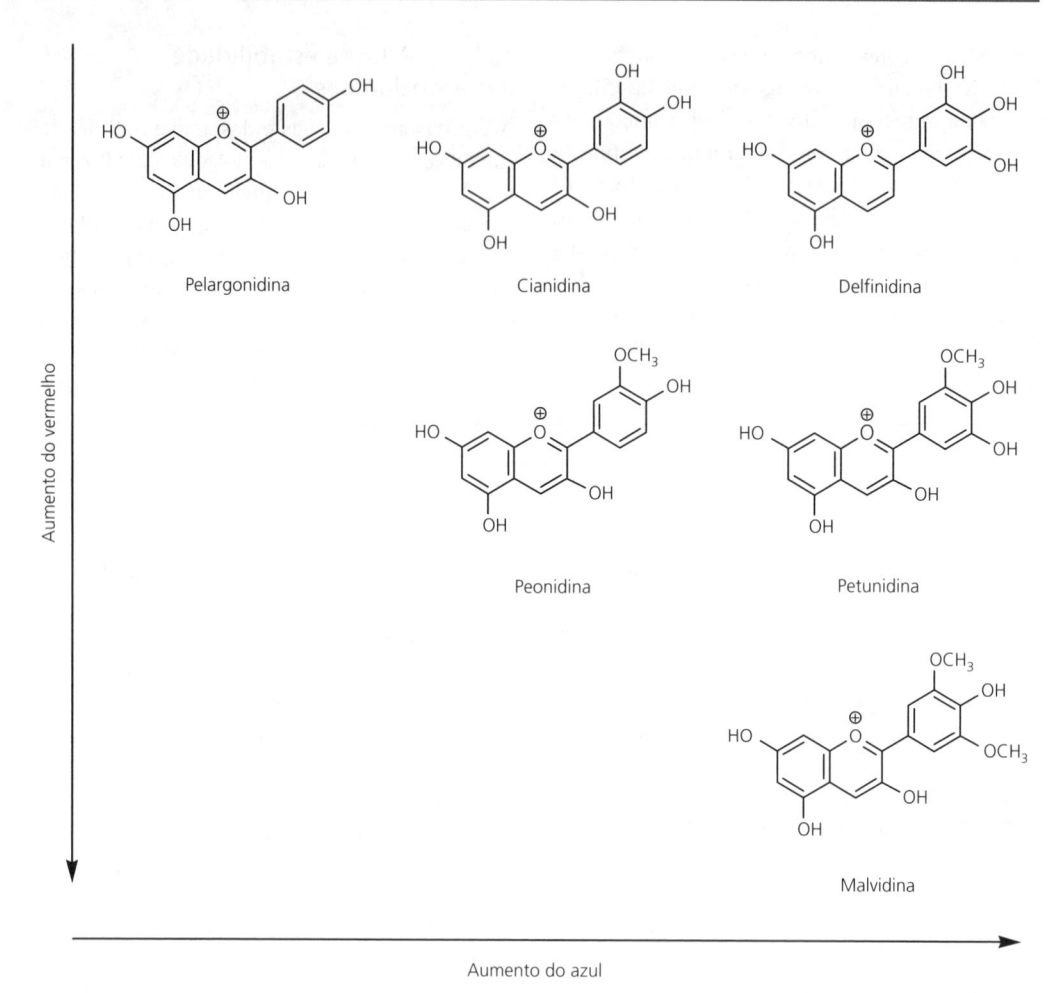

FIGURA 10.18 As mais comuns antocianidinas em alimentos, dispostas em relação ao aumento da intensidade das cores vermelho e azul.

As antocianinas são pigmentos relativamente instáveis, com maior estabilidade ocorrendo sob condições ácidas. Tanto as características de cor (tonalidade e saturação) dos pigmentos como sua estabilidade são muito influenciadas pelos diferentes substituintes na molécula. A degradação das antocianinas pode ocorrer não apenas durante a extração a partir de tecidos vegetais, mas também durante o processamento e o armazenamento dos alimentos.

O conhecimento da química das antocianinas pode ser usado para minimizar a degradação por meio da seleção adequada de processos e pigmentos antociânicos específicos para as aplicações pretendidas. Os principais fatores que governam a degradação das antocianinas incluem fatores intrínsecos, como sua estrutura química e a copigmentação intramolecular, bem como fatores extrínsecos, como pH, temperatura e composição da matriz. Os componentes da matriz que podem afetar a estabilidade da antocianina incluem a presença de enzimas degradativas, ácido ascórbico, dióxido de enxofre, íons metálicos e açúcares. Além disso, proteínas, gorduras e outros compostos na matriz podem afetar ou parecem afetar a taxa de degradação.

10.2.4.1.3 Estrutura química das antocianinas

As taxas de degradação variam muito entre as antocianinas, o que se deve à diversidade de suas estruturas químicas. Em geral, o aumento da hidroxilação das antocianinas diminui a estabilidade, ao passo que o aumento da metoxilação aumenta a estabilidade. A cor dos alimentos que contêm antocianinas que são ricas em agliconas pelargonidina, cianidina ou delfinidina é usualmente menos estável do que daqueles alimentos que contêm antocianinas ricas em agliconas petunidina ou malvidina. O aumento da estabilidade do último grupo ocorre porque os grupos hidroxilas estão bloqueados. A glicosilação também pode aumentar a estabilidade. Uma antocianidina aglicona é altamente instável, e a adição a um açúcar na posição C-3 aumenta muito a estabilidade, bem como a solubilidade, em parte formando uma rede de ligação de H intramolecular dentro da molécula de antocianina [18]. O papel de grupos glicosilantes adicionais na estabilidade da antocianina não está claro; e eles podem ou não aumentar a estabilidade, dependendo da antocianina e das condições da matriz ou ambiente [215]. Também foi demonstrado que o tipo de açúcar no meio influencia a estabilidade. Starr e Francis [200] descobriram que as antocianinas de amora que continham galactose eram mais estáveis durante o armazenamento do que as que continham arabinose. A cianidina 3-(2-glicosilrutinosídeo) a pH 3,5 e 50 °C apresenta tempo de meia-vida de 26 horas, em comparação com o tempo de meia-vida de 16 horas da cianidina-3-rutinosídeo [53]. O tipo de substituição do açúcar tem um impacto crítico na estabilidade quando a degradação é mediada por enzimas, uma vez que a atividade enzimática tende a ser muito seletiva. Esses exemplos ilustram que os substituintes têm um efeito marcante sobre a estabilidade da antocianina, mesmo que eles próprios não reajam.

10.2.4.1.4 Transformações estruturais e pH

Em meio aquoso, incluindo alimentos, as antocianinas sofrem reversivelmente transformações entre quatro formas estruturais predominantes, dependendo do pH (Figura 10.19): a base quinonoidal azul (A), o cátion flavilium vermelho (AH^+), a pseudobase carbinol incolor (B) e a chalcona incolor (C) [24]. As distribuições de equilíbrio dessas quatro formas na faixa de pH 0 a 6 para malvidina-3-glicosídeo, cloreto de di-hidroxiflavilium e cloreto de 4-metóxi-4--metil-7-hidroxiflavilium (Figura 10.19, painéis II, III, IV, respectivamente). Para cada pigmento, apenas duas das quatro espécies são importantes ao longo dessa faixa de pH. Em uma solução de malvidina-3-glicosídeo em pH ácido, a estrutura do flavilium predomina. À medida que o pH aumenta de 3 para 6, ocorre uma rápida hidratação do cátion flavilium na posição C-2 para gerar a pseudobase carbinol incolor. Uma situação semelhante ocorre com o 4',7-hidroxiflavilium, a não ser que a mistura em equilíbrio seja constituída principalmente de flavilium e da estrutura chalcona. Desse modo, em um pH próximo de 6, a solução torna-se incolor. Novos aumentos de pH favorecerão a formação das bases quinonoides e muitas antocianinas exibirão colorações azuis [2]. À medida que o pH aumenta acima de 8, a base quinonoidal pode ser ionizada para carregar uma ou duas cargas negativas [7].

Curiosamente, nos mesmos níveis de pH e sob condições similares, uma antocianina 3,5-diglicosídeo tende a ter menor proporção da forma de cátion do que o correspondente 3-monoglicosídeo, ao passo que as antocianinas aciladas exibirão maiores proporções de cátions flavílium, particularmente em níveis de pH acima de 4 [45]. Essa é uma das razões pelas quais as antocianinas aciladas parecem ser melhores candidatas como corantes alimentares para um maior número de aplicações, uma vez que elas podem reter melhor a cor em uma faixa maior de pH [79].

Para demonstrar ainda mais o efeito do pH na cor das antocianinas, os espectros para a cianidina-3-diglicosídeo-5-glicosídeo acilada e não acilada em soluções tampão em níveis de pH entre 1 e 8 são mostrados na Figura 10.20. Entre pH 1 e 6, o comprimento de onda da absorção máxima mostra pouca mudança; no entanto, a intensidade da absorção diminui drasticamente com o aumento do pH. Uma vez que o pH é elevado novamente de 6 a 8, a intensidade da cor aumenta novamente, o que é mostrado pelos efeitos batocrômicos e hipercrômicos observados. É interessante que as antocianinas aciladas mostram o mesmo comportamento geral que sua antocianina não acilada; no entanto, não parece perder

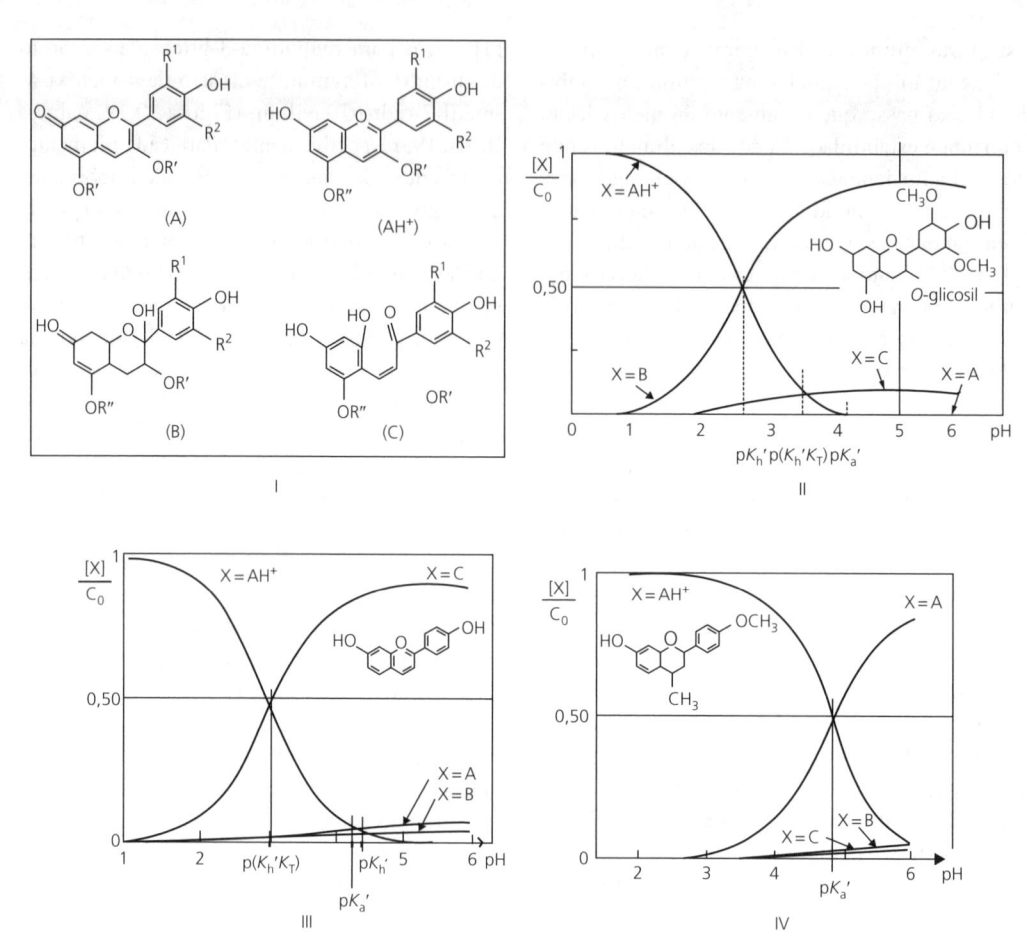

FIGURA 10.19 (I) Estruturas de quatro antocianinas presentes em solução aquosa ácida, em temperatura ambiente: A, base quinonoidal (azul); (AH⁺) sal flavilium (vermelho); B, pseudobase ou carbinol (incolor); C, chalcona (incolor). (II–IV) Distribuição do equilíbrio a 25 °C de AH⁺, A, B e C, em função do pH: (II) para malvidina-3-glicosídeo; (III) para cloreto de 4',7-hidroxiflavilium, e (IV) para cloreto de 4-metoxi-4-metil-7-hidroxiflavilium. (De Brouillard, R., Chemical structures of anthocyanins, em: Markakis, P., ed., *Anthocyanins as Food Colors*, Academic Press, New York, 1982, pp. 1–40.)

completamente a cor em qualquer pH. Mudanças de cor em uma mistura de antocianinas de arônia como uma função do pH são ilustradas na Figura 10.21. Em soluções tampão, como em sucos ou coquetéis, mudanças no pH podem causar grandes mudanças na cor. As antocianinas mostram sua maior capacidade corante em pH abaixo de 3, quando as moléculas dos pigmentos estão em sua maioria na forma ionizada. A pH 4,5, as antocianinas em sucos de frutas são quase incolores, particularmente as antocianinas não aciladas; e, à medida que o pH é aumentado, aparecem as formas quinonoides azuladas.

10.2.4.1.5 Temperatura

A estabilidade das antocianinas nos alimentos é muito afetada pela temperatura. A degradação da antocianina segue geralmente a cinética de primeira ordem [4,171]. As taxas de degradação termicamente induzida também são influenciadas pela presença ou ausência de oxigênio e outros compostos na matriz que poderiam interagir com as antocianinas e, como já apontado, pelo pH e pela conformação estrutural. Em geral, as características estruturais que conduzem ao aumento de estabilidade do pH também levam ao aumento da estabilidade térmica. As antocianidinas altamente

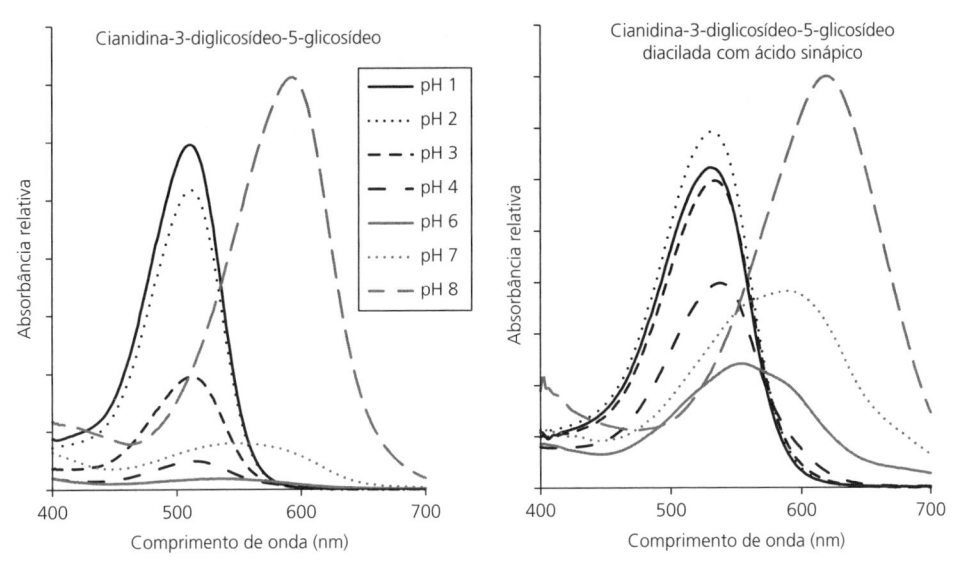

FIGURA 10.20 Espectros de absorção de derivados de cianidina acilada e não acilada de repolho-vermelho em tampões com pH 1 a 8. Concentração de pigmento de 100 µM em KCl 0,25 M (pH 1), citrato 0,1 M (pH 2–4) e tampão fosfato 0,1 M (pH 6–8). (De Ahmadiani, N. e Giusti, M., 2015. Dados não publicados.)

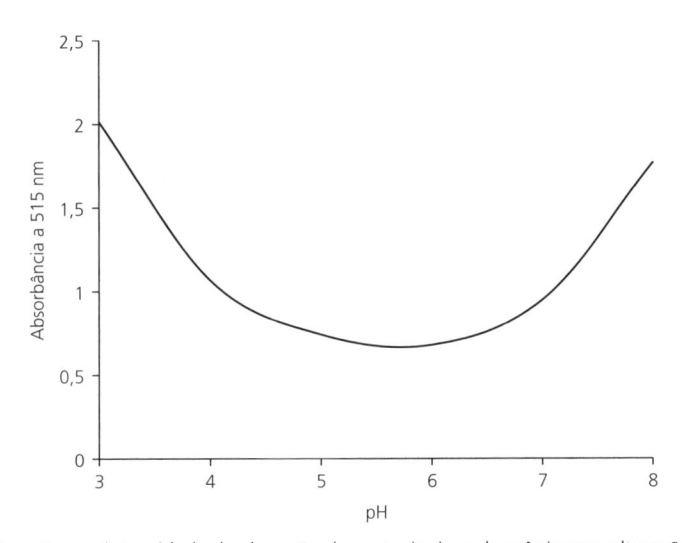

FIGURA 10.21 Alterações na intensidade de absorção das antocianinas de arônia com alterações no pH. Concentração de pigmentos de 50 µM em acetato de sódio 0,5 M (pH 3–6) ou tampões de fosfato de sódio 0,5 M (pH 7–8). (De Sigurdson, G. e Giusti, M., 2015. Dados não publicados.)

hidroxiladas são menos estáveis que as antocianidinas metoxiladas, glicosiladas ou aciladas. Por exemplo, o tempo de meia-vida do 3,4′,5,5′,7-penta-hidroxiflavilium em pH 2,8 é de 0,5 por dia, em comparação aos 6 dias do 3,4′,5,5′,7--pentametoxiflavilium [143]. Sob condições semelhantes, o tempo de meia-vida da cianidina-3--rutinosídeo é de 65 dias, em relação às 12 horas da cianidina [139]. Deve-se observar que comparações dos dados publicados de estabilidade dos pigmentos são difíceis, o que se deve à diversidade das condições experimentais usadas. Um dos erros nos dados publicados envolve a falha ao se considerar as reações de equilíbrio entre as quatro estruturas conhecidas da antocianina (Figura 10.19).

O aquecimento desloca o equilíbrio em direção à forma chalcona, sendo a reação reversa mais lenta que a direta. Leva-se, por exemplo, 12 horas para que a chalcona do 3,5-diglicosídeo atinja o equilíbrio. Uma vez que a determinação da quantidade de pigmentos restantes costuma basear-se na medição do sal flavilium, ocorrerão erros se o tempo for insuficiente para permitir que o equilíbrio seja atingido [139].

O mecanismo exato de degradação térmica das antocianinas não foi completamente elucidado, mas uma revisão dos conhecimentos atuais na área foi feita por Patras e colaboradores [160]. A degradação da antocianina mediada pelo calor dependerá da temperatura e do tempo do tratamento e é principalmente causada pela oxidação e a clivagem das ligações covalentes. Três vias têm sido sugeridas (Figura 10.22). No mecanismo (a), o cátion flavilium é transformado primeiro em base quinonoidal, depois, em vários intermediários e, finalmente, em derivados da cumarina e em um composto correspondente ao anel B. No mecanismo (b), o cátion flavilium é transformado primeiro em base carbinol incolor, em seguida em chalcona e, finalmente, em produtos da degradação de cor marrom. O mecanismo (c) é semelhante ao (b), exceto que o primeiro passo de degradação envolve a desglicosilação da molécula. A hidrólise da antocianina pode ser favorecida pelo calor, resultando na perda da ligação glicosídica e na formação das antocianidinas instáveis. Os produtos de degradação são de cor marrom a amarelo, inadequados como corantes naturais [78]. Em todos os mecanismos propostos, a degradação térmica das antocianinas dependerá do tipo de antocianina envolvida com antocianinas aciladas que apresentam maior estabilidade ao calor do que as antocianinas não aciladas.

10.2.4.1.6 Oxigênio e ácido ascórbico

A natureza insaturada da estrutura das antocianinas a torna suscetível à reação com o oxigênio molecular. Sabe-se, há muitos anos, que, quando o suco de uva é engarrafado a quente, o preenchimento completo das garrafas retarda a degradação da cor púrpura para o marrom-fosco. Observações semelhantes têm sido feitas em relação a outras antocianinas presentes em sucos. O efeito positivo da remoção do oxigênio sobre a retenção da cor das antocianinas também foi demonstrado pelo processamento de suco de frutas com pigmentos antociânicos, sob nitrogênio ou a vácuo [46,200]. Além disso, a estabilidade dos pigmentos de suco de uva Concord, em uma bebida seca, é bastante reforçada quando o produto é embalado em uma atmosfera de nitrogênio. A estabilidade da antocianina foi encontrada como sendo maior em valores de a_a no intervalo de 0,63 a 0,79 (Tabela 10.9).

O ácido ascórbico pode estar presente em uma variedade de frutas e vegetais e também é adicionado a uma variedade de alimentos como acidulante e para aumentar o valor nutricional de um produto. Sabe-se que as antocianinas se degradam mais rapidamente na presença de ácido ascórbico, sugerindo alguma interação direta entre as duas moléculas. No entanto, outro mecanismo proposto é que a degradação da antocianina induzida pelo ácido ascórbico resulta indiretamente do peróxido de hidrogênio que se forma durante a oxidação do ácido ascórbico [103]. Essa última reação pode ser acelerada pela presença de cobre, sendo inibida pela presença de flavonóis, como quercetina e quercitrina [193] ou catequinas [38]. Portanto, as condições que não favorecem a formação de H_2O_2 durante a oxidação do ácido ascórbico são responsáveis pela estabilidade da antocianina em alguns sucos de frutas. A clivagem do H_2O_2 do anel de pirilium, por um ataque nucleofílico na posição C-2 da antocianina, produz ésteres incolores e derivados cumarínicos. Esses produtos de decomposição podem se degradar ainda mais ou polimerizar e, em última instância, formar os precipitados marrons que muitas vezes são observados em sucos de frutas.

10.2.4.1.7 Luz

A exposição das plantas à luz é um fator importante que induz a produção e o acúmulo de antocianinas. No entanto, a luz acelera a degradação de antocianinas nos alimentos após os tecidos vegetais terem sido rompidos. Esse efeito adverso tem sido demonstrado em diversos sucos de frutas e em vinho tinto. No vinho, determinou-se que os diglicosídeos acilados e metoxilados são mais estáveis que os diglicosídeos não acilados, os quais são mais estáveis que os monoglicosídeos [29]. A copigmentação

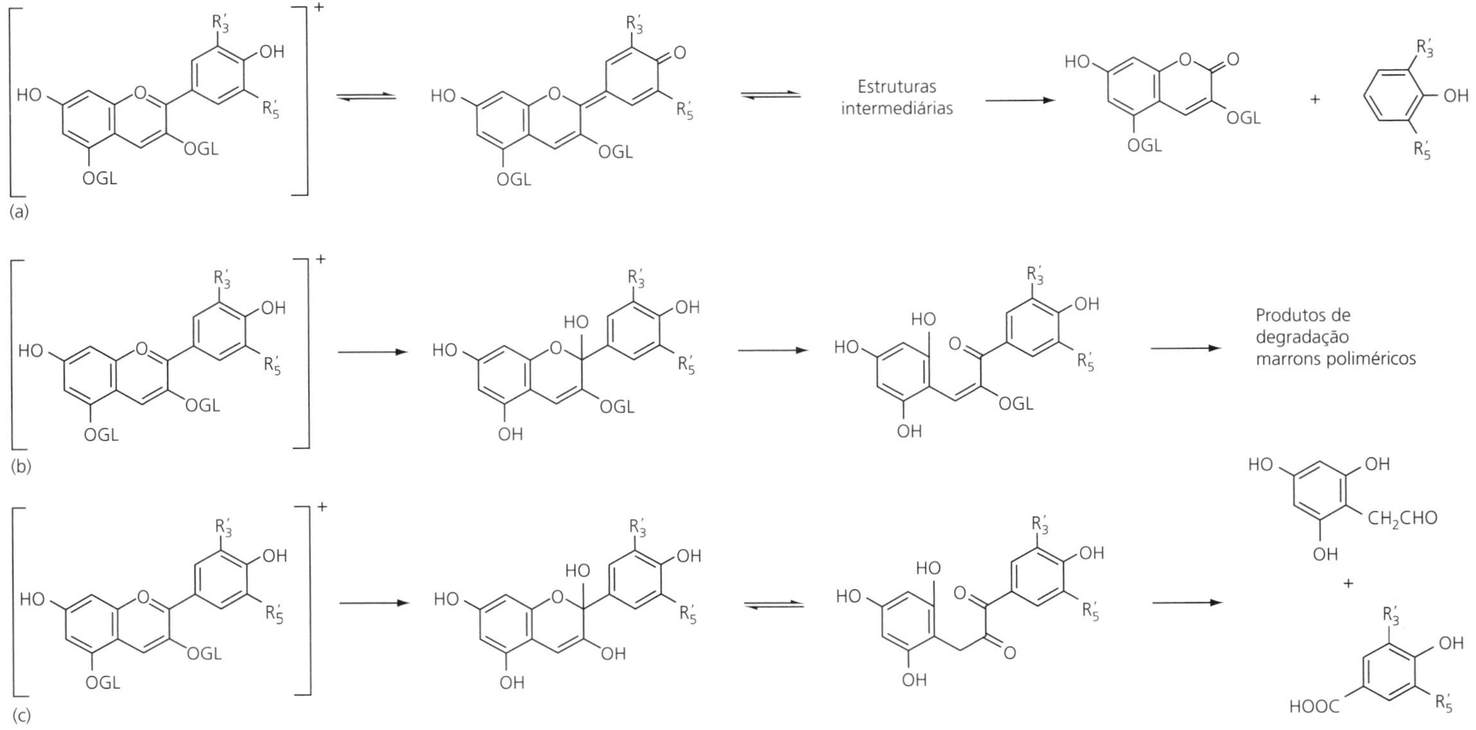

FIGURA 10.22 Mecanismos de degradação para antocianidina-3,5-diglicosídeo e antocianidina-3-diglicosídeo via (a) base quinoidal, (b) base carbinol e (c) desglicosilação. R_3', R_5' = -OH, -H, -OCH$_3$ ou -OGL; GL, grupo glicosil. (De Fulcrand, H. et al., *Phytochemistry*, 47, 1401, 1998.)

TABELA 10.9 Efeito da a_a sobre a estabilidade da cor de antocianinas[a] durante aquecimento medido por absorbância

Tempo de retenção a 43 °C (min)	Absorbância em atividades de água						
	1,00	0,95	0,87	0,74	0,63	0,47	0,37
0	0,84	0,85	0,86	0,91	0,92	0,96	1,03
60	0,78	0,82	0,82	0,88	0,88	0,89	0,90
90	0,76	0,81	0,81	0,85	0,86	0,87	0,89
160	0,74	0,76	0,78	0,84	0,85	0,86	0,87
% de mudança da absorbância (0–160 min)	11,9	10,5	9,3	7,6	7,6	10,4	15,5

[a]Concentração de 700 mg/100 mL (1 g de pigmento comercial em pó seco).
Fonte: Kearsley, M.W. e Rodriguez, N., J. Food Technol., 16, 421, 1981.

(antocianina condensada consigo própria ou com outros compostos orgânicos) pode acelerar ou retardar a degradação, dependendo das circunstâncias. A flavona poli-hidroxilada, a isoflavona e a aurona sulfonato exercem um efeito protetor contra a fotodegradação [208]. Esse efeito protetor é atribuído à formação de interações intermoleculares do anel entre o sulfonato, carregado negativamente, e o íon flavilium, carregado positivamente (Figura 10.23). As antocianinas substituídas no grupo hidroxila C-5 são mais suscetíveis à fotodegradação do que as que não são substituídas nessa posição. As não substituídas, ou monossubstituídas, são suscetíveis ao ataque nucleofílico nas posições C-2 e/ou C-4. Outras formas de energia radiante, como a radiação ionizante, também podem resultar na degradação das antocianinas [140].

10.2.4.1.8 Açúcares e seus produtos de degradação

Concentrações elevadas de açúcares, como a encontrada em conserva de frutas, estabilizam as antocianinas. Acredita-se que esse efeito seja resultado da diminuição da atividade de água (Tabela 10.9). O ataque nucleofílico do cátion flavilium pela água ocorre na posição C-2, formando a base carbinol incolor. Quando os açúcares estão presentes em concentrações baixas o suficiente para causar poucos efeitos sobre a a_a, sua ação ou a ação de seus produtos de degradação, por vezes, pode acelerar a degradação das antocianinas. Em baixas concentrações, frutose, arabinose, lactose e sorbose podem causar um efeito maior sobre a degradação das antocianinas que glicose, sacarose e maltose.

A taxa de degradação das antocianinas segue a de açúcar para furfural. O furfural, que é derivado de aldopentoses e hidroximetilfurfural, que, por sua vez, é obtido de ceto-hexoses, resulta da reação de Maillard ou a partir da oxidação do ácido ascórbico. Esses compostos se condensam facilmente com as antocianinas, formando compostos marrons. O mecanismo dessa reação é desconhecido. A reação é dependente da temperatura, é acelerada pela presença de oxigênio e provoca mudanças perceptíveis na cor do suco de frutas.

10.2.4.1.9 Metais

Os complexos metálicos de antocianinas são comuns no reino vegetal. Tais complexos fornecem o espectro de cores das flores. Muitas das belas cores azuis das flores são devidas à complexação das antocianinas e dos metais. Durante muito tempo, o revestimento de latas metálicas foi essencial para a retenção das cores típicas das antocianinas de frutas e vegetais durante a esterilização comercial. As antocianinas com grupos hidroxilas fenólicos vicinais podem sequestrar diversos metais polivalentes. A complexação produz um efeito batocrômico em direção ao azul. A adição de $AlCl_3$ em soluções de antocianinas tem sido utilizada como uma ferramenta analítica para diferenciação entre cianidina, petunidina e delfinidina de pelargonidina, peonidina e malvidina. O último grupo de antocianidinas não possui hidroxilas fenólicas vicinais e não reagirá com o Al^{3+} (Figura 10.18). Alguns estudos mostraram que a complexação metálica estabiliza a cor dos alimentos que contêm antocianinas. Os

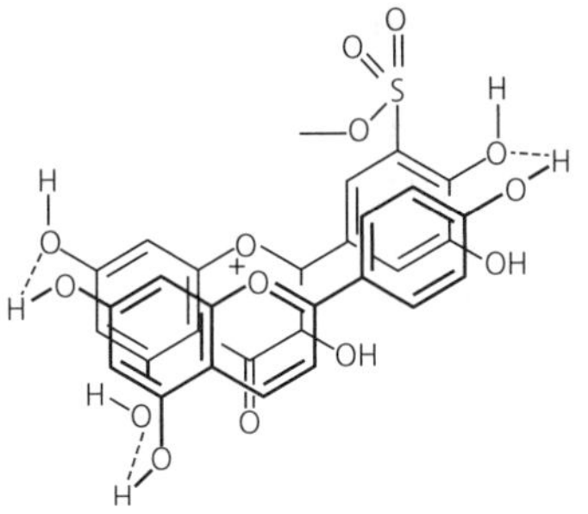

FIGURA 10.23 Complexo molecular entre antocianina e poli-hidroxiflavona sulfonato. (De Sweeny, J. et al., *J. Agric. Food Chem.*, 29, 563, 1981.)

íons Ca, Fe, Al e Sn mostraram oferecer alguma proteção às antocianinas no suco de *cranberry*; entretanto, a associação com metais também resultará em um deslocamento batocrômico que pode ser desejável ou indesejável, dependendo da aplicação [72].

Por exemplo, antocianinas tratadas com íons férricos exibiram maiores mudanças batocrômicas do que pigmentos tratados com Al^{3+}. Estes deslocamentos batocromáticos podem atingir 100 nm ou mais. O grau do deslocamento batocrômico aumenta à medida que o número e a disponibilidade de grupos livres de hidroxila aumentam [27].

A formação de cor azul foi possível quando os sais de Al^{3+} ou Fe^{3+} foram adicionados a cianidina acilada e derivados de delfinidina [196]. O pH e a composição da solução foram fatores críticos e, em pH entre 4 e 6, um forte efeito hipercrômico foi relatado, além dos deslocamentos batocrômicos, levando a cores mais intensas e mais azuis.

O problema de descoloração de frutas, denominado *pinking*, foi atribuído à formação de complexos metálicos antociânicos. Esse tipo de descoloração tem sido relatado em peras, pêssegos e lichias. Em geral, acredita-se que o *pinking* seja causado pela conversão induzida pelo calor de proantocianidinas incolores para antocianinas sob condições ácidas, seguida pela formação de complexos metálicos [134].

10.2.4.1.10 Dióxido de enxofre

Uma das etapas da produção de licores de cereja e de cerejas em calda envolve o branqueamento das antocianinas por SO_2 em altas concentrações (0,8–1,5%). As frutas que contêm antocianinas são preservadas quando mantidas em uma solução que contenha de 500 a 2.000 ppm de SO_2, resultando na formação de um complexo incolor. Essa reação tem sido amplamente estudada, e acredita-se que ela envolva a ligação do SO_2 na posição C-4 (Figura 10.24). A razão indicativa do envolvimento da posição 4 é o fato de que o SO_2, nessa posição, desorganiza o sistema de ligações duplas conjugadas, o que resulta em perda de cor. A constante aparente (k_s) para a reação de descoloração da cianidina-3-glicosídeo por SO_2 foi calculada em 25.700/µA a pH 3,24 [213].

O valor elevado da constante de reação significa que pequenas quantidades de SO_2 podem descolorir rapidamente quantidades significativas de antocianinas. As resistentes ao branqueamento

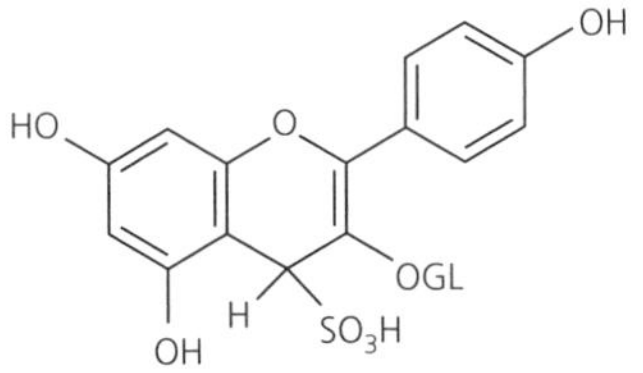

FIGURA 10.24 Complexo incolor de antocianina-sulfato ($-SO_2$). Gl, glicose.

por SO_2 têm a posição C-4 bloqueada ou ocorrem como dímeros ligados por meio de sua posição 4 [21]. A descoloração das antocianinas mediada por enxofre pode ser reversível até certo ponto se o sulfito for removido. No entanto, o branqueamento que ocorre durante a longa incubação de cerejas em dióxido de enxofre na produção de licor de cereja ou cerejas em caldas é irreversível. A cor deve ser posteriormente restaurada para as cerejas pela adição de um corante, geralmente corantes sintéticos, como o FD&C Vermelho Nº 40.

Estranhamente, o dióxido de enxofre ou seus equivalentes, como bissulfito ou metabissulfito, também têm sido usados para aumentar a eficiência de extração de antocianinas a partir de materiais vegetais. Os extratos obtidos com bissulfito aquoso produziram cores mais puras e intensas e estáveis em comparação aos extratos aquosos [105].

10.2.4.1.11 Copigmentação

Sabe-se que as antocianinas se condensam consigo mesmas (autoassociação, também conhecida como copigmentação intramolecular) e outros compostos orgânicos (copigmentação extramolecular). Os complexos fracos podem ser formados com proteínas, taninos, outros flavonoides e polissacarídeos. Embora a maior parte desses compostos não seja colorida, eles podem modular a cor das antocianinas, causando um efeito batocrômico e proporcionando o aumento da absorção da luz para um comprimento de onda máximo. Esses complexos também tendem a serem mais estáveis durante o processamento e o armazenamento. Durante a vinificação, as antocianinas sofrem uma série de reações para formar pigmentos mais estáveis complexos no vinho. Acredita-se que a cor estável do vinho seja um resultado da autoassociação covalente das antocianinas. Esses polímeros são menos sensíveis ao pH, pois a associação ocorre por meio da posição 4, sendo, ainda, resistentes à descoloração por SO_2. Além disso, os pigmentos derivados antociânicos (vitisinas A e B) foram encontrados no vinho [13,75], como resultado da reação entre malvidina e ácido pirúvico ou acetaldeído, respectivamente. Essa reação gera um efeito hipsocrômico na absorção do comprimento de onda na região do visível, produzindo um tom mais alaranjado/avermelhado, quando em comparação à tonalidade roxo-azulada típica da malvidina. No entanto, a contribuição da vitisina para a cor total do vinho pode ser de menor importância [184].

A adsorção do cátion flavilium e/ou da base quinonoidal para um substrato adequado, como pectinas ou amidos, pode estabilizar as antocianinas. Essa estabilização deve aumentar sua utilidade como potenciais aditivos de cor para os alimentos. Outras reações de condensação podem causar perda de cor. Alguns nucleófilos, como os aminoácidos, o floroglucinol e a catequina, podem condensar com os cátions flaviliuns, formando flav-2-enos 4-substituídos incolores [139]. Estruturas propostas são mostradas na Figura 10.25.

10.2.4.1.12 Reações enzimáticas

As enzimas têm sido implicadas na descoloração das antocianinas. Dois grupos foram identificados: glicosidases e polifenoloxidases. Juntos, eles costumam ser chamados de antocianases. As glicosidases, como o nome já indica, hidrolisam ligações glicosídicas, resultando em açúcares e aglicona. Embora as antocianidinas também sejam coloridas, a perda de cor pode ocorrer rapidamente, devido à diminuição da estabilidade das antocianidinas e sua transformação em produtos incolores. As polifenoloxidases agem na presença de *o*-difenóis e oxigênio, oxidando as antocianinas. A primeira enzima oxida o *o*-difenol para *o*-benzoquinona, a qual reage com as antocianinas por um mecanismo não enzimático, formando antocianinas oxidadas e produtos de degradação (Figura 10.26) [139].

Embora o branqueamento de frutas não seja uma prática generalizada, as enzimas que destroem as antocianinas podem ser inativadas por um curto tratamento de branqueamento (45–60 s a 90–100 °C). Essas condições têm sido sugeridas para cerejas antes do congelamento. Concentrações muito baixas de SO_2 (30 ppm) foram relatadas como inibidoras da degradação enzimática de antocianinas em cerejas [81]. Da mesma forma, observou-se um efeito de estabilização por aquecimento sobre as antocianinas quando Na_2SO_3 está presente [1]. Abordagens alternativas para evitar a degradação enzimática de antocianinas são o uso de condições acidificadas que desnaturam as enzimas e impedem que elas destruam os pigmentos.

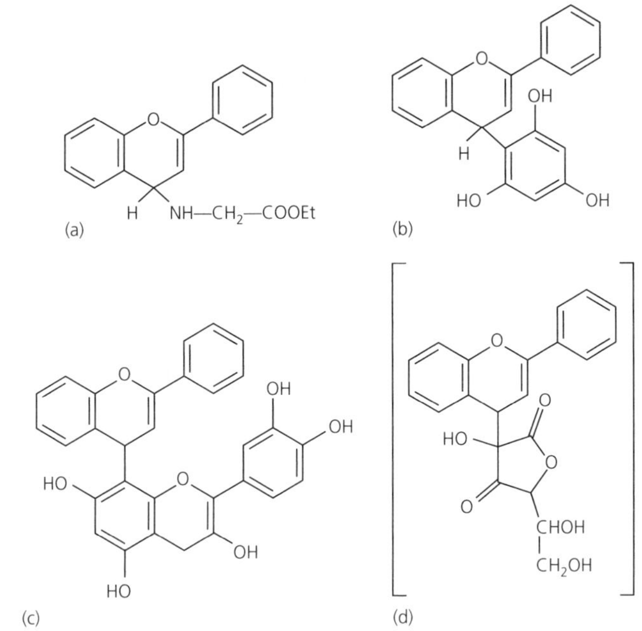

FIGURA 10.25 Flav-2-enos 4-substituídos incolores resultantes da condensação de flavilium com (a) etilglicina, (b) floroglucinol, (c) catequina e (d) ácido ascórbico. (De Markakis, P., Stability of anthocyanins in foods, em: Markakis, P., ed., *Anthocyanins as Food Colors*, Academic Press, New York, 1982, pp. 163–180.)

Além disso, algumas enzimas, tais como enzimas de maceração utilizadas para facilitar a prensagem da fruta e para melhorar os rendimentos do suco, podem também conter atividades de glicosidase. Recomenda-se a seleção de preparações enzimáticas para atividades de glicosidase para evitar a desglicosilação do pigmento e a perda de cor [225].

10.2.4.1.13 Antocianinas como corantes alimentares naturais

O interesse pelas antocianinas como alternativas potenciais aos corantes sintéticos aumentou muito nas últimas décadas. A descoberta de antocianinas aciladas com alta estabilidade aumentou a possibilidade de que esses pigmentos possam ser usados para conferir cor e estabilidade desejáveis a uma ampla variedade de produtos alimentícios comerciais [79]. Exemplos de fontes comestíveis de antocianinas com cor e estabilidade desejáveis são rabanetes, batata-vermelha, repolho-roxo, cenoura-preta, milho-roxo e batata-doce-roxa. Dentre esses, os rabanetes e a batata-vermelha apresentam-se como alternativas potenciais para o uso do FD&C Vermelho Nº 40 (vermelho allura). As aplicações típicas seriam sucos ou sistemas à base de água com pH inferior a 3. No entanto, outros alimentos

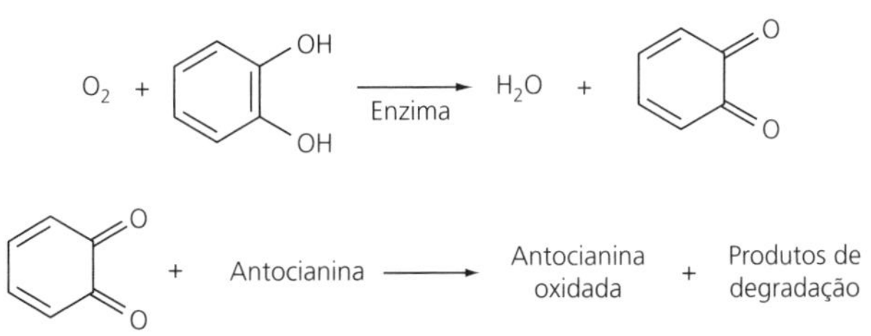

FIGURA 10.26 Mecanismos propostos de degradação das antocianinas por polifenoloxidase. (De Peng, C. e Markakis, P., *Nature*, 199, 597, 1963.)

têm sido coloridos com sucesso com corantes à base de antocianina; cerejas marasquino (pH 3,5) com cor vermelho-brilhante, atraente e estável foram preparadas usando extrato de rabanete rico em antocianina [80], demonstrando que os pigmentos de rabanete poderiam funcionar como alternativas adequadas ao vermelho allura. Aplicações potenciais adicionais para antocianinas aciladas incluem outros sistemas desafiadores, como produtos com pouca acidez ou pH neutro, como produtos lácteos [68,79], incluindo iogurte e leite. As 3-desoxiantocianinas de sorgo também estão sendo investigadas como alternativas possíveis ao uso de corantes artificiais [10]. Esses pigmentos são significativamente mais estáveis a mudanças de pH, armazenamento e condições de processamento, proporcionando cores que variam entre o amarelo-alaranjado e o vermelho. O aumento da estabilidade desses pigmentos, junto a seus valores adicionais, que se devem a seu potencial benéfico à saúde, proporcionam novas oportunidades para sua utilização em diversas aplicações alimentares. Novas aplicações de antocianinas também estão sendo exploradas em alimentos com pH quase neutro, onde as bases quinonoides são formadas e as cores são produzidas na região azul do espectro visível. Em geral, há muito menos informação disponível sobre a química e a estabilidade das antocianinas nessas faixas de pH em comparação com o pH ácido, mas alguns estudos sugerem que pode ser possível usar antocianinas para dar cores diferentes do vermelho tradicional e expandir as aplicações de antocianinas em alimentos selecionados [2,196].

Embora o objetivo dos corantes alimentares seja fornecer cor, as antocianinas também podem ser consideradas como corantes com valor agregado, uma vez que também são antioxidantes potentes e têm sido associadas a vários benefícios para a saúde. O tópico dos benefícios para a saúde das antocianinas está além do escopo deste capítulo, e os leitores interessados neste tópico podem se referir a uma extensa compilação no trabalho apresentado em *Anthocyanins in Health and Disease,* editado por Wallace e Giusti [239].

10.2.4.2 Outros flavonoides

As antocianinas, como já mencionado, são os flavonoides predominantes. No entanto, existem mais de 6 mil diferentes flavonoides caracterizados encontrados em plantas, e alguns deles fornecem uma contribuição valiosa para a cor. Embora a maior parte da cor amarela dos alimentos seja atribuída à presença de carotenoides, essa cor em alguns alimentos é atribuída à presença de flavonoides do tipo não antociânico (NA). Além disso, os flavonoides também são responsáveis pela brancura dos vegetais, e seus produtos de oxidação que contêm um grupamento fenólico contribuem para as cores marrons e pretas encontradas na natureza. O termo antoxantina também costuma ser utilizado para designar alguns grupos de flavonoides amarelos. As diferenças entre as classes de flavonoides referem-se ao estado de oxidação do carbono da ligação 3 (Figura 10.16). As estruturas normalmente encontradas na natureza variam de flavan-3-óis (catequinas) para flavonóis (3-hidroxiflavonas) e antocianinas. Os flavonoides também incluem flavanonas, flavononóis ou di-hidroflavonóis e flavan-3,4-dióis (proantocianidina). Além disso, existem cinco classes de compostos que não possuem o esqueleto básico flavonoide, mas são quimicamente relacionadas e, por isso, são incluídas no grupo flavonoide. Estes são as di-hidrochalconas, chalconas, isoflavonas, neoflavonas e auronas. Os compostos individuais desse grupo se distinguem, como acontece com as antocianinas, pelo número de hidroxilas, metoxilas e outros substituintes sobre os dois anéis de benzeno. Muitos compostos flavonoides têm seu nome relacionado à primeira fonte a partir do qual foram isolados, em vez de serem chamados de acordo com os substituintes de sua respectiva aglicona. O uso dessa nomenclatura inconsistente causou confusão em relação à atribuição dos compostos de diferentes classes.

10.2.4.2.1 Propriedades físicas

As características de absorção de luz das classes dos flavonoides demonstram com clareza a relação entre cor e a insaturação de uma molécula e o impacto de auxocromos (grupos presentes em uma molécula que aumenta a cor). Nas flavanas hidroxissubstituídas e na proantocianina, a insaturação é interrompida entre os dois anéis benzeno e, por consequência, a absorção espectral é semelhante à dos fenóis, que exibem sua absorção máxima de luz entre 275 e 280 nm (Figura 10.27a). Na fla-

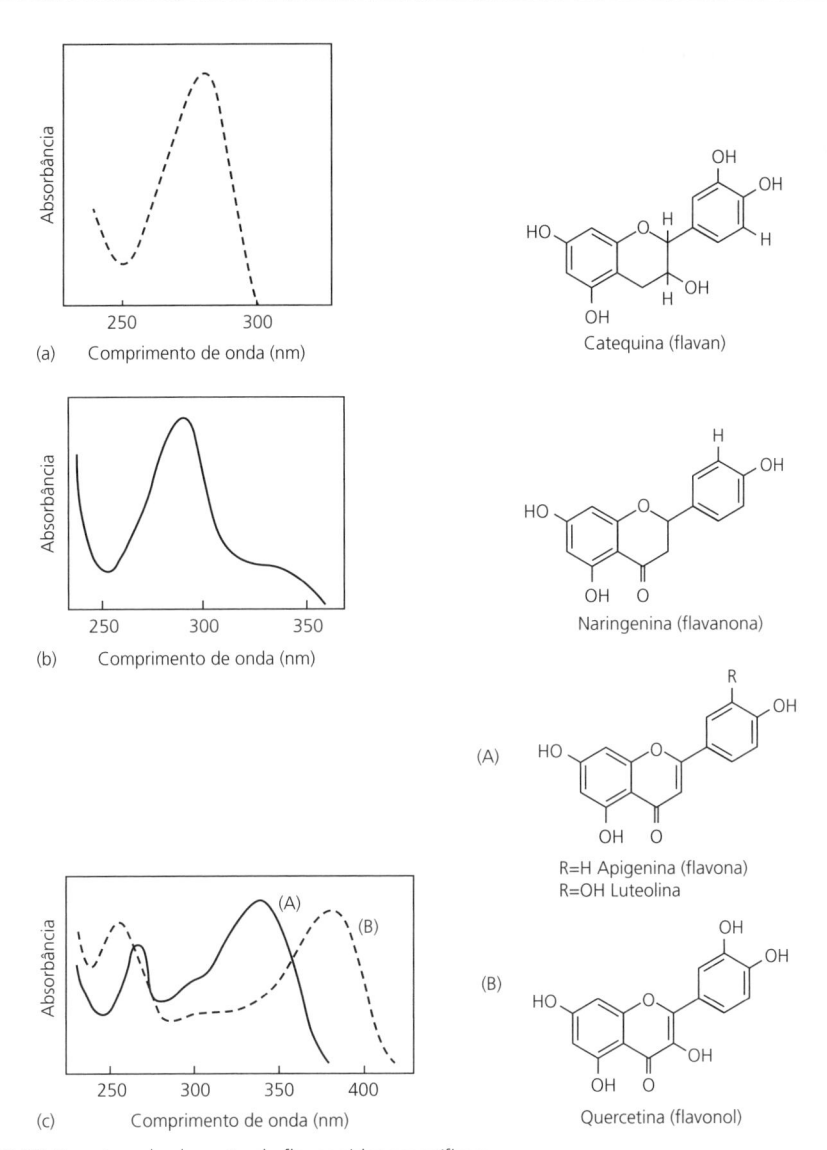

FIGURA 10.27 Espectros de absorção de flavonoides específicos.

vanona naringenina, os grupos hidroxila ocorrem apenas em conjunto com o grupo carbonila em C-4 e, por isso, não exercem suas características auxocrômicas (Figura 10.27b). Dessa forma, sua absorção de luz é semelhante à das flavonas. No caso das flavonas luteolina (Figura 10.27c), os grupos hidroxilas associados a ambos os anéis benzênicos exercem suas características auxocrômicas por meio da conjugação de C-4. A absorção da luz no maior comprimento de onda (350 nm) está associada ao anel B, ao passo que o menor comprimento de onda está associado ao anel A.

O grupo hidroxila em C-3, no flavonol quercetina, gera uma nova mudança, proporcionando um comprimento de onda ainda maior (380 nm) para a máxima absorção de luz, em comparação à das flavonas. Os flavonóis, portanto, são amarelos se presentes em concentrações suficientemente altas. A acilação e/ou glicosilação resulta em outras mudanças nas características espectrais.

Como já mencionado, os flavonoides podem envolver-se em copigmentação, e esse acontecimento tem um grande impacto sobre muitos tons da natureza. Além disso, os flavonoides, como as antocianinas, são quelantes de metais. A quelação com ferro ou alumínio aumenta a saturação do amarelo. A luteolina, quando quelada com alumínio, apresenta uma cor amarela chamativa (390 nm).

10.2.4.2.2 Importância nos alimentos

Os flavonoides NA, contribuem, de certa forma, para a cor dos alimentos; no entanto, a palidez da maioria dos flavonoides NA geralmente restringe sua contribuição global. A brancura de vegetais, como couve-flor, cebola e batata, é atribuída, em grande parte, aos flavonoides NA, mas sua contribuição à cor por meio da copigmentação é mais importante. As características quelantes desses compostos podem contribuir, tanto positiva como negativamente, para a cor dos alimentos. Por exemplo, a rutina (3-rutinosídeo da quercetina) gera descoloração para a cor preto-esverdeada em aspargos enlatados quando complexada com Fe^{3+}. A adição de um quelante, como o ácido etilenodiaminotetracético (EDTA), inibirá essa cor ,indesejável. O complexo de estanho com rutina apresenta uma cor amarela muito chamativa, a qual contribuiu bastante para a aceitação do feijão-amarelo até que a prática de enlatamento com estanho comum fosse eliminada. O complexo Sn^{3+}-rutina é mais estável que o complexo Fe^{3+}; assim, a adição ou a disponibilidade apenas de quantidades muito pequenas de estanho favoreceria a formação do complexo de estanho.

A cor das azeitonas pretas maduras se deve, em parte, aos produtos de oxidação dos flavonoides. Um dos flavonoides envolvidos nesse processo é a luteolina-7-glicosídeo. A oxidação desse composto e a formação da cor preta ocorrem durante a fermentação e o armazenamento posterior [19]. Outras funções muito importantes dos flavonoides presentes nos alimentos são suas propriedades antioxidantes e sua contribuição para o sabor, em particular para o amargor.

10.2.4.2.3 Proantocianidinas

É conveniente que se considere as proantocianidinas ao se tratar do tema geral das antocianinas. Embora estes compostos sejam incolores, eles apresentam semelhanças estruturais com as antocianidinas. Eles podem ser convertidos em produtos coloridos durante o processamento de alimentos. As proantocianidinas também são chamadas de leucoantocianidinas ou leucoantocianinas. Outros termos utilizados para descrever esses compostos incolores são antoxantina, antocianogênios, flavolanos, flavilanos e flailogenos. O termo leucoantocianidina é apropriado se for usado para designar o flavan-3,4-diol monomérico (Figura 10.28), o qual é a estrutura básica das proantocianidinas. Esse último pode ocorrer sob as formas de dímeros, trímeros ou polímeros. A ligação intermonômera geralmente se dá por meio dos carbonos 4 e 8 ou 4 e 6.

As proantocianidinas foram inicialmente encontradas em amêndoas de cacau, nas quais, após aquecimento sob condições ácidas, se hidrolisam em cianidina e (−)-epicatequina (Figura 10.29) [67]. As proantocianidinas dímeras são encontradas em maçãs, peras, noz-de-cola e outras frutas. Esses compostos são conhecidos por se degradarem ao ar ou sob a luz, formando derivados estáveis de cor vermelho-acastanhada. Eles contribuem significativamente para a cor do suco de maçã e de outros sucos de frutas, bem como para a adstringência de alguns alimentos. Para produzirem adstringência, as proantocianidinas de 2 e 8 unidades interagem com proteínas. Outras proantocianidinas encontradas na natureza formam, na hidrólise, antocianidinas comuns, incluindo pelargonidina, petunidina ou delfinidina.

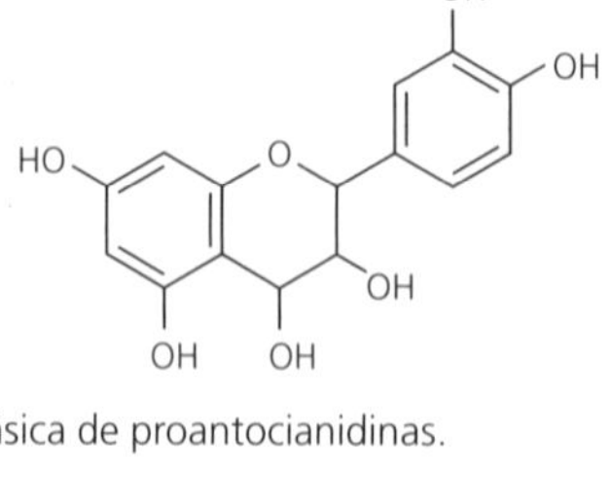

FIGURA 10.28 Bloco de construção básica de proantocianidinas.

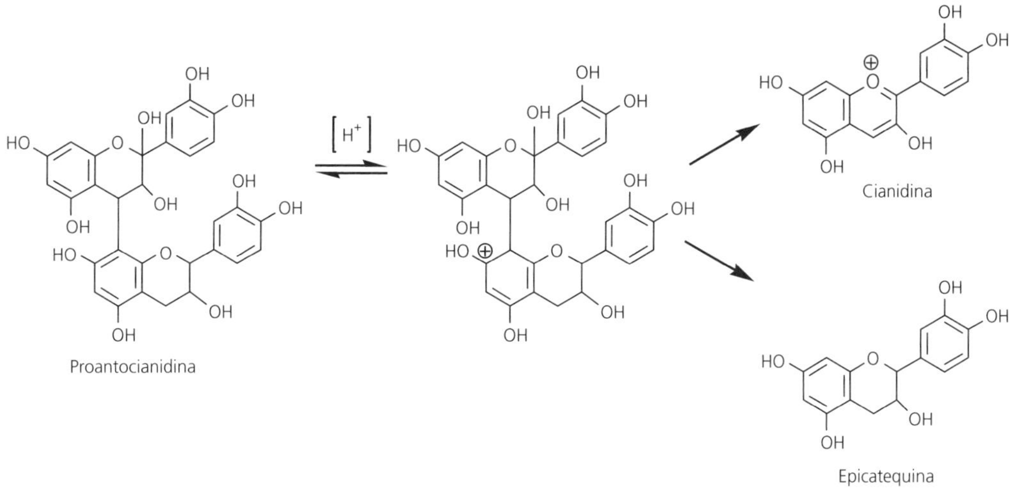

FIGURA 10.29 Mecanismo de hidrólise ácida da proantocianidina. (De Forsyth, W. e Roberts, *J., Biochem. J.*, 74, 374, 1960.)

10.2.4.2.4 Taninos

Não existe uma definição rigorosa para os taninos, e muitas substâncias que variam em sua estrutura são identificadas por esse nome. Os taninos são compostos fenólicos especiais, recebendo esse nome devido à sua capacidade de combinação com proteínas e outros polímeros, como os polissacarídeos, em vez de receberem o nome por sua natureza química exata. Esses compostos são definidos funcionalmente como fenólicos hidrossolúveis com massa molecular entre 500 e 3.000, tendo a capacidade de precipitar alcaloides, gelatina e outras proteínas. Eles ocorrem em cascas de árvores de carvalho e em frutas. A química dos taninos é complexa. Eles costumam ser classificados em dois grupos: (1) proantocianidinas, também chamadas de "taninos condensados" (previamente discutido), e (2) poliésteres de glicose do ácido gálico de ácidos hexa-hidroxifenil (Figura 10.30). O último grupo também é conhecido como grupo dos taninos hidrolisáveis, pois eles consistem de uma molécula de glicose ligada a várias moléculas fenólicas. O exemplo mais importante é a glicose ligada ao ácido gálico e à lactona de seu dímero, ácido elágico. Os taninos variam em cor de branco-amarelado a castanho-claro, contribuindo para a adstringência dos alimentos. Esses compostos contribuem para a cor preta de chás quando as catequinas são convertidas em teaflavinas e tearubiginas durante a fermentação. Sua capacidade de precipitar proteínas torna-os valiosos como agentes clarificadores.

10.2.4.3 Quinoides e xantonas

As quinonas são compostos fenólicos que variam em massa molecular a partir de monômeros, como a 1,4-benzoquinona, para dímero, 1,4-naftaquinona, para trímero, 9,10-antraquinona, e, finalmente, polímeros representados pela hipericina (Figura 10.31). Elas estão bastante distribuídas em plantas, especificamente em árvores, contribuindo para a cor da madeira. Em sua maioria, as quinonas são amargas no sabor. Elas contribuem para algumas das cores mais escuras; como amarelos, laranjas e marrons de certos fungos e líquens, e, ainda, para vermelhos, azuis e roxos de lírios-do-mar e insetos coccídeos. Compostos com substituintes complexos, como a naftoquinona e as antraquinonas, têm ocorrência nas plantas, apresentando tons profundos que vão do roxo ao preto. Outras mudanças podem ocorrer na cor *in vitro* sob condições alcalinas, por meio da adição de grupos hidroxila. Os pigmentos xantonas são pigmentos fenólicos amarelos, sendo, com frequência, confundidos com quinonas e flavonas devido às suas características estruturais. A mangiferina xantona (Figura 10.32) ocorre

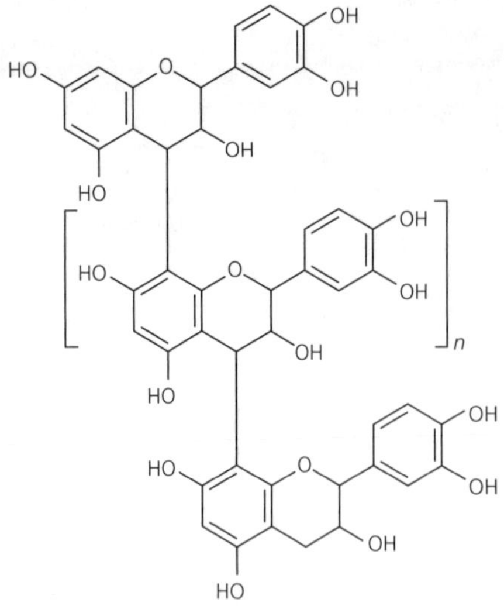

Proantocianidina

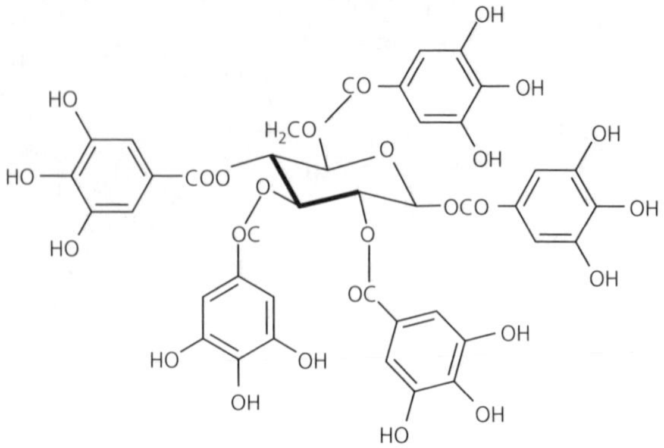

Pentagaloil-glicose

FIGURA 10.30 Estrutura dos taninos.

como um glicosídeo na manga. Os pigmentos xantona são facilmente distinguíveis das quinonas por suas características espectrais.

10.2.5 Betalaínas

10.2.5.1 Estrutura

As betalaínas são uma classe de pigmentos contendo nitrogênio compostos de dois subgrupos estruturais, betacianinas (vermelho/violeta) e betaxantinas (amarelo/laranja). Plantas contendo betalaínas têm cores semelhantes às das plantas que contêm antocianinas, porém sua cor é menos afetada por mudanças no pH. As betalaínas são hidrossolúveis e existem como sais internos (zwitteríons: um íon com carga positiva e negativa no mesmo grupo de átomos) nos vacúolos das células vegetais. As plantas que possuem esses pigmentos são restritas a 10 famílias da ordem Caryophyllales. A presença de betalaínas nas

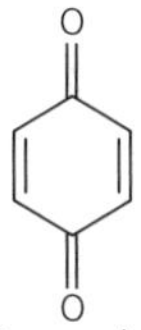

1,4-Benzoquinona

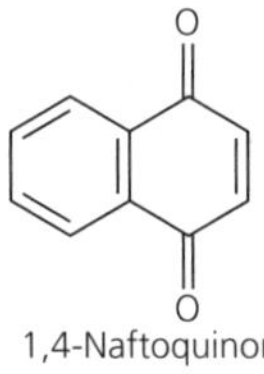

1,4-Naftoquinona

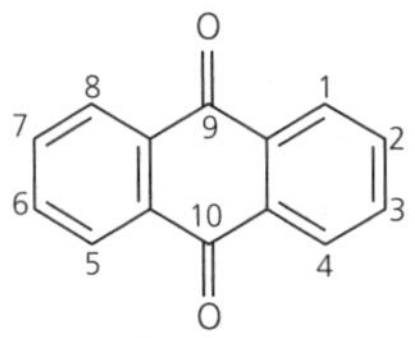

9,10-Antraquinona

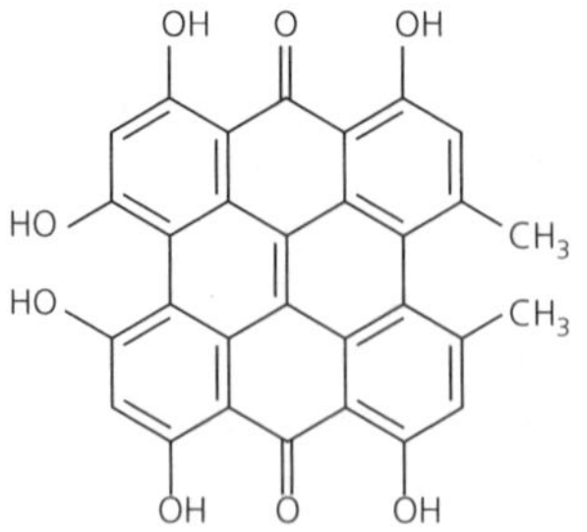

Hipericina

FIGURA 10.31 Estrutura das quinonas.

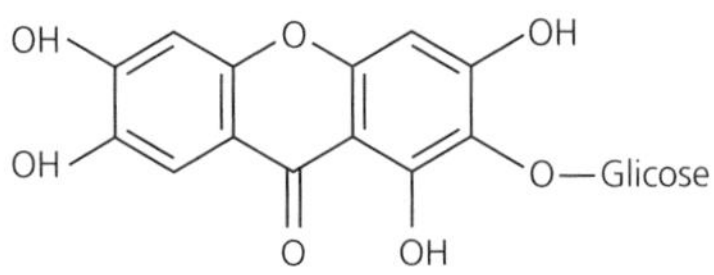

FIGURA 10.32 Estrutura da mangiferina.

plantas é mutuamente exclusiva da ocorrência de antocianinas (p. ex., betalaínas e antocianinas não existem juntas na mesma planta) [199]. Fontes de betalaínas incluem beterraba-vermelha, amaranto, frutos de cactos, acelga-suíça, beterraba-amarela e pitaia-roxa. O amaranto pode ser consumido tanto sob a forma de grãos verdes como de grãos maduros. As betalaínas mais bem estudadas são as da beterraba-vermelha.

Aproximadamente 55 diferentes estruturas de betalaínas foram identificadas até o momento [201]. A estrutura geral das betalaínas (Figura 10.33a) vem da condensação de uma amina primária ou secundária com o ácido betalâmico (BA, do inglês *betalamic acid*) (Figura 10.33b). Todos os pigmentos de betalaínas podem ser descritos como um sistema de ressonância estabilizado 1,2,4,7,7-pentas-substituído 1,7-diaza-heptametina (Figura 10.33c). Quando R não se estende à conjugação do sistema 1,7-diaza-heptametina, o composto exibe absorção máxima de luz em ≈ 480 nm, o que é característico de betaxantinas amarelo-alaranjanjadas. Se a conjugação é estendida a R', a absorção máxima de luz desloca-se para ≈ 540 nm, o que é característico das betacianinas vermelho-violetas.

As betacianinas são opticamente ativas devido aos dois carbonos quirais C-2 e C-15 (Figura 10.34). A hidrólise das betacianinas leva tanto à betanidina (Figura 10.34a) como ao epímero isobetanidina C-15 (Figura 10.34f), bem como a uma mistura das duas agliconas isoméricas. Essas agliconas são compostas por BA conjugadas ao ciclodopa e são compartilhadas por todas as betacianinas. Diferenças entre betacianinas são encontradas em seus substituintes nas posições C-5 e C-6. Os substituintes relatados de betacianina incluem glicose, ácido glutâmico e apiose, que podem ser, ainda, modificados por meio de esterificação com ácidos, tais como ácidos malônico, 3-hidroxi-3-metilglutárico, cafeico, *p*-cumárico e ferúlico [204]. A primeira betacianina isolada e caracterizada foi a betanina (betanidina 5-*O*-β-glicosídeo) da beterraba-vermelha [228]. A betanina e a isobetanina (Figura 10.34b e g) são as betacianinas predominantes na beterraba-vermelha, ao passo que a amarantina e a isoamarantina (Fi-

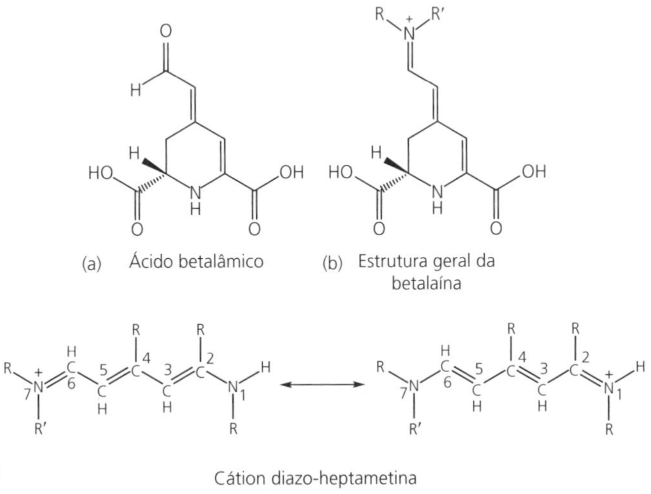

(a) Ácido betalâmico (b) Estrutura geral da betalaína

(c) Cátion diazo-heptametina

FIGURA 10.33 Estruturas gerais de betalaínas e seus blocos de construção.

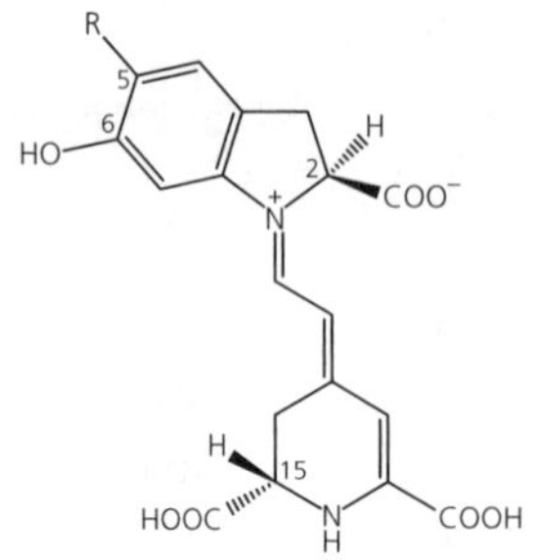

(a) Betanidina, R = OH
(b) Betanina, R = glicose
(c) Amarantina, R = 2'-ácido glicurônico-glicose
(d) Filocactina, R = 6'-malonil-glicose
(e) Hilocerenina,
R = 6'-(3"-hidroxi-3"-metilglutaril)-glicose

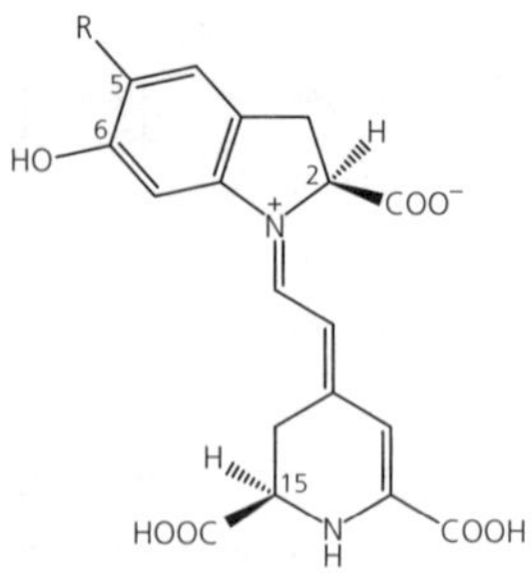

(f) Isobetanidina, R = OH
(g) Isobetanina, R = glicose
(h) Isoamarantina, R = 2'-ácido glicurônico-glicose
(i) Isofilocactina, R = 6'-malonil-glicose
(j) Iso-hilocerenina,
R = 6'-(3"-hidroxi-3"-metilglutaril)-glicose

FIGURA 10.34 Estruturas de betacianinas selecionadas.

gura 10.34c e 10.34h) são as betacianinas predominantes no amaranto.

As betaxantinas são estruturalmente semelhantes às betacianinas, mas diferem em que o BA é conjugado a um aminoácido ou amina em vez de ciclodopa. A primeira betaxantina isolada e caracterizada foi a indicaxantina de palma de cactos [168] (Figura 10.35a). A indicaxantina é o BA conjugado ao aminoácido prolina. Duas betaxantinas foram isoladas a partir da beterraba, as vulgaxantinas I e II (Figura 10.35b, c). Elas diferem da indicaxantina, pois a prolina é substituída por glutamina ou ácido glutâmico, respectivamente. Embora apenas um pequeno número de betaxantinas tenha sido caracterizado até a presente data, ao considerar o número de aminoácidos disponíveis, é provável que existam diversas outras.

10.2.5.2 Propriedades físicas

As betalaínas são pigmentos solúveis em água e exibem uma hidrofilicidade ainda maior do que as antocianinas. Elas podem ser extraídas de material vegetal usando água, mas a extração com metanol permitirá a precipitação de proteínas potencialmente interferentes. Como outros pigmentos de plantas, as betalaínas absorvem a luz fortemente na região do visível. Os valores de $A^{1\%}_{1\,cm}$ são de 1.120 para betanina e de 750 para a vulgaxantina, o que sugere um alto poder corante no estado puro. A absorção máxima na região visível depende da estrutura dos substituintes da betaína, mas geralmente ocorre em torno de 535 a 538 nm para betacianinas [202] e entre 460 e 477 nm para betaxantinas [203]. A cor observada na natureza é devida à proporção de betacianinas para betaxantinas presentes na planta [201].

Ao contrário das antocianinas, as betalaínas são relativamente estáveis em pH entre 4,0 e 7,0. Abaixo de pH 4,0, o máximo de absorção desloca-se para um comprimento de onda ligeiramente mais curto (535 nm a pH 2,0 para betanina). Acima de pH 7,0, o máximo de absorção muda para um comprimento de onda mais longo (544 nm a pH 9,0 para betanina). Métodos espectrofotométricos, por CLAE, MS e RMN têm sido desenvolvidos e utilizados para identificação e elucidação estrutural de betalaínas. Esses métodos de análise foram revisados em outros trabalhos [201,204].

10.2.5.3 Propriedades químicas

Assim como outros pigmentos naturais, as betalaínas são afetadas por diversos fatores ambientais.

10.2.5.3.1 Calor e/ou pH

Em condições alcalinas moderadas, a betanina é hidrolisada na ligação de aldimina a BA e ciclodopa 5-O-glicosídeo (CDG) (Figura 10.36). Como a BA tem um máximo de absorção em torno de 430 nm, a solução muda de vermelho para amarelo após a hidrólise da betanina. Essa reação também ocorre durante o aquecimento de soluções ácidas de betanina ou durante o processamento térmico

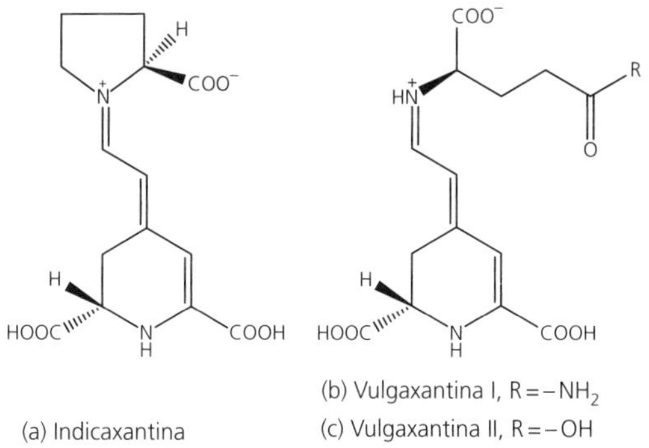

(a) Indicaxantina
(b) Vulgaxantina I, R = –NH$_2$
(c) Vulgaxantina II, R = –OH

FIGURA 10.35 Estruturas de betaxantinas selecionadas.

de produtos que contenham beterraba, mas, nesses casos, de forma mais lenta [182]. A hidrólise é dependente do pH (Tabela 10.10) e a estabilidade mais alta da betanina ocorre na faixa de pH entre 4,0 e 5,0. Também deve ser observado que a reação de hidrólise requer água; assim, quando a água não está disponível ou é limitada, a betanina é muito estável. Segue-se que uma diminuição na atividade de água (a_a) provoca uma diminuição na taxa de degradação da betanina [159]. Uma a_a de 0,12 e teor de umidade de 2% (com base na massa seca) tem sido recomendada para que a estabilidade de armazenamento de pigmentos de beterraba em pó seja ótima [42]. A maior degradação de betanina em beterraba encapsulada foi relatada em a_a de 0,64, sugerindo que uma atividade de água intermediária pode ser mais prejudicial para betalaínas do que uma alta atividade de água [191].

A degradação da betanina a BA e CDG é reversível e, portanto, a regeneração parcial do pigmento ocorre após aquecimento. O mecanismo proposto para a regeneração envolve a condensação do gru-

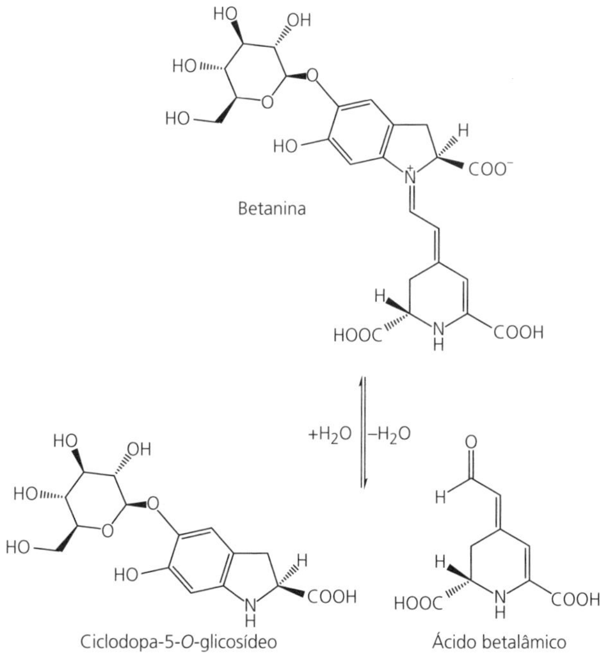

Betanina

+H$_2$O ∥ –H$_2$O

Ciclodopa-5-O-glicosídeo   Ácido betalâmico

FIGURA 10.36 Reação de degradação da betanina.

TABELA 10.10 Efeito do oxigênio e do pH nos valores de meia-vida da betanina em solução aquosa a 90 °C

pH	Valores do tempo de meia-vida de betanina (min)	
	Sem O_2	Com O_2
3,0	56 ± 6	11,3 ± 0,7
4,0	115 ± 10	23,3 ± 1,5
5,0	106 ± 8	22,6 ± 1,0
6,0	41 ± 4	12,6 ± 0,8
7,0	4,8 ± 0,8	3,6 ± 0,3

Fonte: adaptada de Huang, A. e von Elbe, J., *J. Food Sci.*, 52, 1689, 1987.

po aldeído do BA e da amina nucleofílica de CDG para formar a base Schiff (Figura 10.36). A regeneração da betanina é maximizada em uma faixa intermediária de pH (4,0–5,0) [96]. É devido a essa reação inversa que enlatadores têm tradicionalmente examinado beterrabas enlatadas várias horas após o processamento para avaliar a cor.

Como consequência do centro quiral C-15 (Figura 10.34), as betacianinas ocorrem em duas formas epiméricas. A epimerização também é ocasionada por ácido ou calor. Portanto, espera-se que, durante o aquecimento de um alimento que contém betanina, a proporção de isobetanina para betanina aumente. No entanto, a epimerização não afeta o espectro de absorção do composto, de modo que a cor permanece a mesma.

Embora a degradação térmica da betanina ocorra principalmente por meio de clivagem hidrolítica, foi demonstrado que a descarboxilação e a desidrogenação também podem ocorrer. Quando a betanina em solução aquosa é aquecida, a descarboxilação pode ocorrer para formar descarboxil-betaninas vermelho-alaranjado (505 nm). Evidência para esta transformação é a geração de CO_2 e a perda do centro quiral. A taxa de descarboxilação aumenta com o aumento da acidez [96]. A betanina também pode sofrer desidrogenação para formar a neobetanina laranja (477 nm). As reações de degradação da betanina em ácido e/ou calor são resumidas na Figura 10.37. Para algumas betacianinas aciladas, como a filocactina (malonil-betanina) (Figura 10.34d) e a hilocerenina (3"-hidroxi-3"-metilglutaril-betanina) (Figura 10.34e) da pitaia-roxa, a descarboxilação e a desidrogenação são as reações predominantes responsáveis pela degradação do pigmento [93].

A estabilidade das betaxantinas não foi estudada extensivamente, mas ambas, as betacianinas e as betaxantinas, possuem a mesma estrutura geral; elas provavelmente têm mecanismos de degradação similares. A indicaxantina de suco de opúncia tem mostrado isomerizar para formar isoindicaxantina sob calor. Tal como acontece com a betanina, a regeneração da indicaxantina também foi observada após o tratamento térmico e o armazenamento a frio [151]. De maneira semelhante às betacianinas, as betaxantinas em solução são relatadas como mais estáveis em pH 5,5 [33]. Enquanto ambos os subgrupos são mais estáveis secos do que em uma solução aquosa, as betaxantinas parecem ser mais bem retidas durante o armazenamento a frio na ausência de luz e oxigênio [32].

10.2.5.3.2 Oxigênio e luz

Outro fator importante que contribui para a degradação das betalaínas é a presença de oxigênio. O oxigênio presente no espaço de cabeça das beterrabas enlatadas acelera a perda de pigmentos. Em soluções que contêm excesso molar de oxigênio, a perda da betanina segue uma cinética de primeira ordem. A degradação da betanina desvia-se de uma cinética de primeira ordem quando a concentração molar de oxigênio é reduzida para níveis próximos aos da betanina. Na ausência de oxigênio, a estabilidade aumenta. O oxigênio molecular tem sido indicado como um agente ativo na degradação oxidativa da betanina. Uma vez que as betalaínas são suscetíveis à oxidação, es-

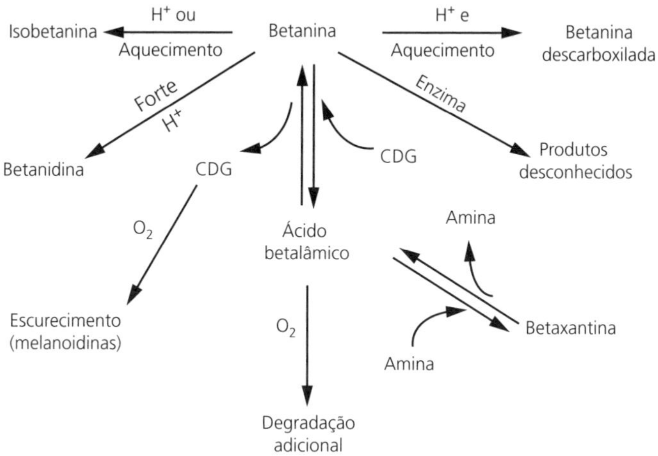

FIGURA 10.37 Degradação da betanina sob acidez e/ou calor. CDG, ciclodopa-5-O-glicosídeo.

ses compostos também são antioxidantes eficazes [224]. A glicosilação também é um fator, já que a betanina demonstrou ter uma meia-vida mais longa do que sua aglicona betanidina quando exposta ao oxigênio molecular. Isto corresponde a um potencial redox menor para a betanidina em comparação com a betanina [52].

A oxidação das betalaínas é acelerada pela luz. Em um sistema-modelo, a luz mostrou aumentar a degradação da betanina em 27, 83 e 212% a 55, 40 e 25 °C, respectivamente [8]. O menor impacto a altas temperaturas foi explicado pela dominância da degradação química induzida pelo calor sobre a oxidação fotoquímica. Efeitos similares de luz também foram observados em alimentos ricos em betalaína, como suco de pitaia-roxa [92].

A presença de antioxidantes, como ácido ascórbico e ácido isoascórbico, melhora a estabilidade de betalaína. Considerando-se que os cátions metálicos podem catalisar a oxidação do ácido ascórbico por oxigênio molecular, eles prejudicam a eficácia do ácido ascórbico como protetor das betalaínas. A presença de metais quelantes (EDTA ou ácido cítrico) melhora a eficácia do ácido ascórbico como estabilizador de betalaínas [9,16]. Vários antioxidantes, incluindo o hidroxianisol butilado, o hidroxitolueno butilado, a catequina, a quercetina, o ácido nordi-hidroguaiarético, o ácido clorogênico e o alfatocoferol inibem a autoxidação da cadeia por radical livre. Uma vez que a oxidação de radicais livres não parece estar envolvida na oxidação da betalaína, esses antioxidantes são, como seria de se esperar, estabilizadores ineficazes de betanina [9]. Do mesmo modo, os antioxidantes que contêm enxofre, como o sulfito de sódio e o metabissulfito de sódio, não são apenas estabilizadores ineficazes, sendo, ainda, aceleradores da perda de cor. O tiossulfito de sódio, um sequestrador fraco de oxigênio, não causa nenhum efeito sobre a estabilidade da betanina. O ácido tiopropiônico e a cisteína também são ineficazes como estabilizadores da betanina. Essas observações confirmam que a betanina não se degrada por um mecanismo de radicais livres. A suscetibilidade das betalaínas à oxidação tem limitado seu uso como corante em alimentos.

10.2.5.3.3 Alteração enzimática

As betalaínas são suscetíveis à degradação enzimática. As peroxidases estão presentes em beterraba-vermelha e podem catalisar a degradação oxidativa das betalaínas. As peroxidases demonstraram degradar as betacianinas a um ritmo mais rápido do que as betaxantinas [220]. Na presença de peroxidase de beterraba-vermelha, os polímeros de BA e CDG são os produtos de oxidação observados da betanina, ao passo que a betanidina quinona é o produto de oxidação observado da betanidina [141].

As polifenoloxidases também estão presentes nas beterrabas-vermelhas e podem catalisar a degradação das betalaínas. A polifenoloxidase é uma enzima que contém cobre e é responsável pelo escurecimento de muitas frutas e vegetais. No extrato de beterraba, a atividade da polifenoloxidase é maior em pH 7, ao passo que a atividade da peroxidase é maior em pH 6 [100]. As peroxidases e polifenoloxidases de beterraba podem ser inativadas em temperaturas acima de 70 e 80 °C, respectivamente, [100] bem como tratamento com alta pressão de dióxido de carbono [128].

10.2.5.3.4 Conversão e estabilidade de betalaínas

Em 1965, demonstrou-se que a betaxantina indicaxantina podia ser formada a partir de betacianina, betanina e um excesso de prolina, na presença de hidróxido de amônio 0,6 N, a vácuo. Essa foi a primeira evidência conclusiva da relação estrutural entre a betacianina e a betaxantina. Demonstrou-se, ainda, que a formação de betaxantina a partir de betanina envolvia a condensação de produtos de hidrólise da betanina BA e de um aminoácido (Figura 10.38) [94,167,169].

A Figura 10.39 mostra as diferenças de estabilidade térmica entre betacianina betanina e betaxantina vulgaxantina sob as mesmas condições experimentais. O mecanismo da Figura 10.38 sugere que o excesso de um aminoácido adequado mudaria o equilíbrio em direção à betaxantina correspondente, reduzindo a quantidade de BA em solução. Excessos de aminoácido aumentam a estabilidade da betaxantina formada por redução da quantidade de BA disponível para degradação. Esse efeito é ilustrado nas duas curvas superiores da Figura 10.39. A conversão da betacianina em betaxantina pode ser responsável por algumas das perdas da cor vermelha em alimentos ricos em proteínas coloridos com betalaínas.

10.3 CORANTES DE ALIMENTOS
10.3.1 Aspectos regulatórios

Desde os tempos antigos, as cores têm sido adicionadas aos alimentos para torná-los mais atraentes, para aumentar a uniformidade ou para melhorar ou restaurar a cor perdida durante o processamento. Aditivos de cor, obtidos a partir de fontes vegetais, tais como páprica ou açafrão, e fontes minerais, tais como óxidos de ferro e sulfato de cobre, são apenas alguns exemplos. Em 1856, o primeiro corante orgânico sintético, chamado de malva, foi descoberto por W.H. Perkin, e, posteriormente, muitos outros mais [14]. No entanto, alguns dos aditivos de cor estavam sendo usados para esconder defeitos nos alimentos e alguns eram perigosos, pois continham materiais venenosos, como chumbo, arsênico e mercúrio. Tornou-se evidente que a regulamentação cuidadosa do uso de aditivos coloridos era necessária para proteger os consumidores e garantir a segurança dos alimentos.

Atualmente, os países desenvolveram diferentes regulamentações para controlar o uso de agentes corantes em alimentos, adicionados direta ou indiretamente. Os primeiros regulamentos lidavam com adulteração e adição de substâncias tóxicas e

```
                    ┌─────────→ Degradação adicional
                    │
      Betanina ⇌ BA + CDG
                    ⇊
          +Prolina  │  −Prolina
     (ou outro aminoácido) (ou outro aminoácido)
                    │
              Indicaxantina
           (ou outra betaxantina)
```

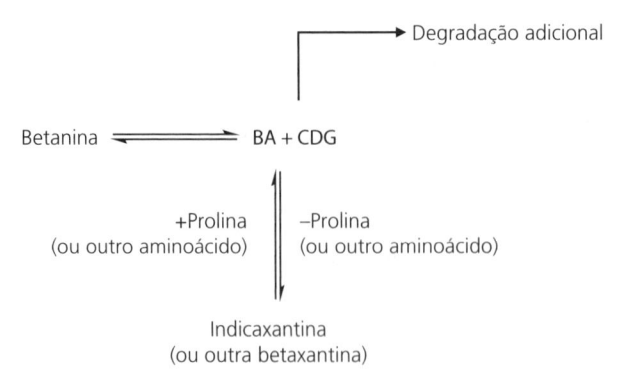

FIGURA 10.38 Formação de indicaxantina a partir de betanina em excesso de prolina. (De Wyler, H. et al., *Helv. Chim. Acta*, 48, 361, 1965.)

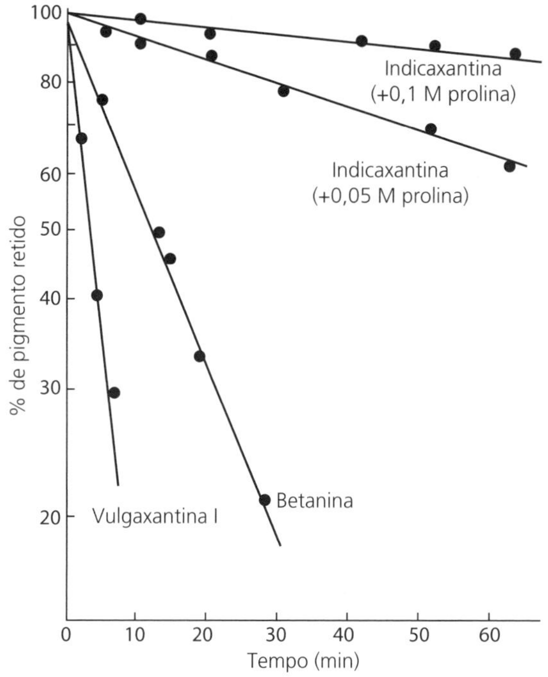

FIGURA 10.39 Comparação de estabilidade de betanina, vulgaxantina I e indicaxantina com 0,05 ou 0,1 M de prolina, em solução a pH 5,0, 90 °C, sob condições atmosféricas.

se expandiam ao longo dos anos para garantir a segurança de quaisquer aditivos para uso alimentar.

Em um mercado global, manter-se atualizado com as regulamentações de corantes pode ser um desafio, pois determinados países e regiões do mundo podem permitir o uso de diferentes materiais sob diferentes condições de uso. As regulamentações de corantes podem ser descritas como fluidas e dinâmicas, dadas suas mudanças em resposta a novas evidências científicas e pressões do consumidor, e espera-se que continuem a mudar.

Nesta Seção, abordaremos importantes questões regulatórias que regem o uso de corantes alimentares nos Estados Unidos e em todo o mundo. No entanto, os processadores de alimentos, interessados na aplicação de corantes alimentares, são aconselhados a verificar as informações mais atualizadas para a região específica do país onde seu produto se destina a ser vendido.

10.3.1.1 Estados Unidos

Nos Estados Unidos, o uso de corantes é controlado pela Color Additive Amendment, de 1960, do Food, Drug and Cosmetic Act, de 1938.* A emenda classifica os corantes em duas categorias: corantes certificados e corantes isentos de certificação. Os certificados são corantes sintéticos, não sendo encontrados na natureza. Estes corantes incluem as cores FD&C (p. ex., FD&C Vermelho Nº 40 e Amarelo Nº 5). A certificação significa que o corante cumpre normas de qualidade governamentais específicas. Amostras de cada lote de produção devem ser submetidas a um laboratório da FDA, para determinação de sua conformidade. Se o lote estiver em conformidade, será atribuído a ele um número oficial. Os corantes certificados, além de receberem essa classificação, são listados como permanentes ou provisórios. Um corante certificado aprovado **provisório** pode ser utilizado de forma legal enquanto se aguarda a conclusão de todas as investigações científicas necessárias para que haja um posicionamento a favor da sua aprovação

---

*N. de R. T. No Brasil, o uso de corantes é regulamentado pela Agência Nacional de Vigilância Sanitária (Anvisa).

permanente. As mesmas considerações valem para as lacas. Corantes isentos de certificação são considerados seguros e são pigmentos obtidos de fontes naturais ou corantes sintéticos específicos que são idênticos aos naturais. Um exemplo do último caso é o β-caroteno, que é amplamente distribuído na natureza, mas também pode ser sintetizado, obtendo-se uma substância de **natureza idêntica**.

A Color Additive Amendment inclui uma nomenclatura simplificada para os corantes certificados. Além do uso de nomes comuns longos e difíceis, esses corantes são designados por um número e pelas abreviaturas FD&C, D&C ou D&C Ext. (externo). FD&C para alimentos, medicamentos e cosméticos e corantes rotulados como tal podem ser usados em todos os três produtos D&C e Ext. Os corantes D&C podem ser utilizados apenas em medicamentos ou cosméticos. Por exemplo, o corante certificado amarelo crepúsculo FCF tem a designação FD&C Amarelo Nº 6, indicando que é aprovado para uso em alimentos, medicamentos e cosméticos A lista atual de corantes certificados permitidos em alimentos contém sete corantes para uso geral (Tabela 10.11). Dois outros corantes, Laranja B e Vermelho Citrus Nº 2, podem ser utilizados, no entanto, seu uso é restrito a aplicações específicas. O corante Laranja B só pode ser utilizado para colorir coberturas ou superfícies de *frankfurters* (salsicha do tipo alemão) e salsichas, sendo que sua utilização nessas aplicações é restrita a não mais que 150 ppm, em peso de produto acabado. O corante Vermelho Citrus Nº 2 pode ser utilizado apenas para colorir cascas de laranja não destinadas ou usadas no processamento, e o uso dessa aplicação é restrito a no máximo 2 ppm, com base no peso da fruta inteira.

A adoção do Nutritional Labeling and Education Act (NLEA), de 1990, que se tornou efetivo em 1994, torna obrigatória a listagem individual dos corantes certificados por seus nomes abreviados. Os corantes isentos de certificação devem ser declarados, mas podem ser listados genericamente como "corantes artificiais", "corantes adicionados" e "colorido com (nome da cor)" ou usando outro nome específico ou genérico para o corante. Apesar do fato de que a maioria dos consumidores e a indústria de alimentos referem-se a corantes de fontes naturais como cores naturais, o uso do termo "natural" referido aos aditivos corantes é proibido nos Estados Unidos. Isso porque pode levar o consumidor a acreditar que a cor é derivada da própria comida. Os aditivos corantes atualmente isentos de certificação estão listados na Tabela 10.12. Na última década, cinco corantes foram adicionados à lista de cores certificadas. Informações completas sobre os aditivos corantes permitidos nos Estados Unidos e os requisitos de pureza e níveis de uso estão listados no U.S. Code of Federal Regulations (http://www.ecfr.gov/), que é atualizado anualmente.

10.3.1.2 Internacionais

Os corantes são adicionados aos alimentos em todos os países ao redor do mundo, mas os tipos de corantes permitidos para utilização variam

TABELA 10.11 Aditivos corantes certificados, atualmente permitidos para o uso geral em alimentos e suas nomenclaturas correspondentes, de acordo com a União Europeia

Nome	Status		Nome comum	Nº E[a]
	Corante	Laca		
FD&C Azul Nº 1	Permanente	Provisório	Azul-brilhante	E133
FD&C Azul Nº 2	Permanente	Provisório	Indigotina	E132
FD&C Verde Nº 3	Permanente	Provisório	Verde-rápido	NA[b]
FD&C Vermelho Nº 3	Permanente	Banido	Eritrosina	E123
FD&C Vermelho Nº 40	Permanente	Provisório	Vermelho allura	E129
FD&C Amarelo Nº 5	Permanente	Provisório	Tartrazina	E102
FD&C Amarelo Nº 6	Permanente	Provisório	Amarelo crepúsculo	E110

[a]Números listados na União Europeia.
[b]O uso está banido na União Europeia.
Fonte: Code of Federal Regulations, Title 21, Chapter 74, revisado em abril de 2015.

TABELA 10.12 Aditivos corantes dos EUA atualmente isentos de certificação, limitação do uso do corante e sua nomenclatura correspondente, de acordo com a União Europeia[a]

Seção	Aditivo corante	Limitações de uso em alimentos nos Estados Unidos	N° E[b]
73.30	Extrato de urucum	BPF	E160b
73.35	Astaxantina	< 80 mg/kg de alimentos para peixe	E161j
73.37	Astaxantina dimetilsuccinato	< 110 mg/kg de alimentos para peixe	E161j
73.40	Beterraba desidratada (beterraba em pó)	BPF	E162
73.50	Azul ultramarino	Sal para alimentação animal	NA
73.75	Cantaxantina	< 67 mg/kg* de sólido/alimento ou semilíquido < 4,41 mg/kg de alimentos para frangos	E161g
73.85	Caramelo	BPF	E150a-d
73.90	β-Apo-8'-carotenal	< 33 mg/kg* de alimento sólido/semissólido ou 15 mg de alimento líquido ou semilíquido	E160e
73.95	β-Caroteno	BPF	E160a
73.100	Extrato de cochonilha; carmim	BPF	E120
73.125	Clorofilina cúprica de sódio	< 0,2% para mistura seca de bebidas cítricas	E141
73.140	Farinha torrada de semente de algodão parcialmente desengordurada e cozida	BPF	NA
73.160	Gluconato de ferro	BPF para azeitonas maduras	NA
73.165	Lactato ferroso	BPF para azeitonas maduras	NA
73.169	Extrato aquoso de uva	BPF para alimentos, exceto bebidas	E163
73.170	Extrato de casca de uva (enocianina)	BPF para bebidas	E163
73.185	Farinha de algas comestíveis *Haematococcus*	< 80 mg/kg de alimentos para peixes salmonídeos	NA
73.200	Óxido de ferro sintético	Alimentos para animais de estimação até 0,25%	E172
73.250	Sucos de frutas	BPF	NA
73.260	Sucos de vegetais	BPF	NA
73.275	Algas secas comestíveis	BPF em ração para frangos	NA
73.295	Tagetes (*Aztec marigold*) comestíveis e extrato	BPF em ração para frangos	NA
73.300	Óleo de cenoura	BPF	NA
73.315	Óleo de endosperma de milho	BPF em ração para frangos	NA
73.340	Páprica	BPF	E160c
73.345	Oleorresina de páprica	BPF	E160c
73.350	Pigmentos perolados à base de mica	< 1,25% em cereais, confeitaria < 0,07% em *spirits* de 18–23% de álcool	NA
73.352	Pigmentos *Paracoccus*	< 80 mg/kg de alimentos para peixes salmonídeos	NA
73.355	Levedura *Phaffia*	< 80 mg/kg de alimentos para peixes salmonídeos	NA
73.450	Riboflavina	BPF	E101
73.500	Açafrão	BPF	E164
73.530	Extrato de espirulina	BPF para doces e chicletes	NA
73.575	Dióxido de titânio	< 1% por peso de alimento	E171

(Continua)

TABELA 10.12 Aditivos corantes dos Estados Unidos atualmente isentos de certificação, limitação do uso do corante e sua nomenclatura correspondente, de acordo com a União Europeia[a] (*Continuação*)

Seção	Aditivo corante	Limitações de uso em alimentos nos Estados Unidos	N° E[b]
73.585	Extrato de licopeno de tomate; concentrado de licopeno de tomate	BPF	E160d
73.600	Curcumina	BPF	E100
73.615	Oleorresina de cúrcuma	BPF	E100

[a]*Nota*: de Code of Federal Regulations, Title 21, Chapter 1, Part 73, revisado em abril de 2015.
[b]N°E: número listado na União Europeia (UE). Além disso, a UE permite o uso de antocianinas/concentrados de suco (E163), pigmentos de beterraba (E162) e clorofilas (E140).
*N. de R. T. A recomendação da FDA é em mg/lb. Para facilitar o entendimento, foram feitas as conversões desses valores (1 lb = 0,45 kg).
BPF, boas práticas de fabricação; NA, não aplicável (não possui um N°E associado).

consideravelmente entre os países ou regiões do mundo. Infelizmente, não existe uma lista de aditivos corantes permitidos no mundo inteiro; portanto, eles têm se tornado, em alguns casos, barreiras comerciais para os alimentos. Nos Estados Unidos, por exemplo, o FD&C Vermelho N° 40 é permitido para uso alimentar, mas o FD&C Vermelho N° 2 não é permitido desde 1976. No outro extremo, a Noruega proíbe o uso de qualquer corante sintético na indústria de alimentos. As autoridades legislativas da UE tentaram obter uma legislação uniforme de aditivos corantes para os seus países membros, atualmente com 28, com mais 5 membros possíveis. Para cada corante permitido, independentemente da sua natureza, foi atribuído um N°E (E = Europa). Listados na Tabela 10.11 estão os corantes FD&C, seus nomes comuns e os equivalentes N°E, quando eles existem. Informações semelhantes para os corantes norte-americanos e da UE isentos de certificação são fornecidas na Tabela 10.12. Ao se verificar essas tabelas, deve-se lembrar que o uso de um corante pode ser limitado a um ou mais produtos específicos. Além disso, um corante de uso geral da UE pode não ser aprovado por todos os países da UE. Em geral, torna-se evidente que há um uso maior, tanto de corantes sintéticos como de corantes de origem natural, entre os países da UE do que nos Estados Unidos e no Canadá. Historicamente, o Japão já adotou políticas muito rigorosas a respeito da utilização de corantes em alimentos, e os corantes sintéticos foram proibidos. No entanto, há mais de uma década, o Japão expandiu sua lista de aditivos designados, que inclui corantes alimentares. Em dezembro de 2004, a lista agregou não apenas aditivos alimentares sintetizados não enzimaticamente, mas também uma lista de 12 corantes sintéticos diferentes e muitas lacas correspondentes, todos com restrições de uso. Entre os sete corantes FD&C e as lacas aprovados pela FDA, todos, exceto FD&C Amarelo N° 6, foram incluídos na lista japonesa de aditivos sujeitos à lei de sanitização de alimentos [70].

A FAO das Nações Unidas e a OMS têm também tentado harmonizar os regulamentos alimentares entre os países por meio de seu Codex Alimentarius. Elas formaram o Joint WHO/FAO Expert Committee on Food Aditives (JEFCA), para trabalharem em uma base global de avaliação da segurança dos aditivos alimentares. O JEFCA tem concebido "ingestões diárias aceitáveis" para aditivos alimentares, incluindo corantes (Tabela 10.13), e recomendou especificações para a identidade e a pureza dos diferentes aditivos coloridos. O JEFCA alimenta o Codex Alimentarius, que estabelece o Padrão Geral para Aditivos Alimentares (GSFA, do inglês *General Standard for Food Additives*). Esses padrões definem categorias de alimentos e aditivos alimentares, bem como condições para o uso desses aditivos, incluindo corantes de alimentos. Sob o GSFA, cada aditivo de cor é atribuído a um número INS, que geralmente corresponde ao N°E. Um aditivo de cor como o vermelho allura pode ser listado como FD&C Vermelho N°

TABELA 10.13 Ingestão diária aceitável de alguns corantes sintéticos e naturais[a]

Pigmento	N°E	IDA (JEFCA) (mg/kg peso corpóreo)
Curcumina	E100	0,1
Riboflavina[b]	E101	0,5
Tartrazina	E102	7,5
Carmim	E120	5,0
Eritrosina	E127	0,1
Azul-brilhante FCF	E133	12,5
Clorofilas[b]	E140	NE
Caramelo	E150	200
β-Caroteno	E160a	5,0
Páprica	E160b	0,065
Páprica	E160c	NE
Beterraba-vermelha	E162	NE
Antocianinas	E163	NE
Extrato de casca de uva[b]	E163	2,5

[a]De Francis, F. J. (1999). Colorants, Eagan Press Handbook Series, St Paul, Minnesota, USA.
NE, não especificado.
Fonte: modificada de Henry, B.S., Natural food colours, em: Hendry, G.A.F. e Houghton, J.D. (eds.), *Natural Food Colorants*, pp. 40–79, Springer-Science+Business Media, London, UK, 1996.

40 sob os regulamentos dos Estados Unidos sob os regulamentos da UE e como INS129 sob os padrões GSFA. Os esforços mundiais de estabelecimento da segurança dos corantes deveriam, eventualmente, conduzir a regulamentos aceitos internacionalmente para a utilização dos corantes nos alimentos. Entretanto, o uso de corantes alimentares em produtos alimentícios deve seguir os regulamentos atuais no país específico onde o produto será vendido. Para informações adicionais atualizadas sobre o *status* regulatório de diferentes corantes de alimentos em diferentes regiões do mundo, os leitores podem acessar os seguintes *sites*:

- www.fda.gov (Code of Federal Regulations, para regulamentações nos Estados Unidos)
- http://laws.justice.gc.ca/en/F-27/C.R.C.-c.870/index.html (para regulamentações no Canadá).
- https://webgate.ec.europa.eu/sanco_foods/main/?event=display (Food Additives Database Users Guide, para regulamentações na UE, atualizado em 2011).
- http://ec.europa.eu/food/food/fAEF/additives/index_en.htm (European Food Safety).
- www.codexalimentarius.net/gsfaonline/index.html (orientações fornecidas pelo JEFCA, GSFA [CODEX]).
- http://www.mhlw.go.jp/ (regulamentações no Japão).
- http://www.foodstandards.govt.nz/thecode/foodstandardscode.cfm (regulamentações na Austrália/Nova Zelândia).

10.3.2 Propriedades dos corantes certificados

Os corantes certificados dividem-se em quatro classes químicas: azo, trifenilmetano, xantina ou índigo. Estão listados na Tabela 10.14 os corantes FD&C, sua classe química e algumas de suas propriedades. As estruturas são mostradas na Figura 10.40. Na Tabela 10.15 estão listadas a solubilidade e a estabilidade dos corantes da UE.

Uma sequência simplificada da síntese química do Verde FD&C N° 3, um corante trifenilmetano, é apresentada na Figura 10.41. No processamento de qualquer corante é necessário encontrar as especificações de pureza necessárias para a certificação nos Estados Unidos (*Code of Federal Regulations, Title 21, Part 70–83*).

TABELA 10.14 Corantes certificados e suas propriedades químicas e físicas

Nome comum e número FD&C	Tipo de corante	Solubilidade (g/100mL)[a]							Estabilidade[b]									
		Água		Propileno glicol		Álcool		Glicerina		pH					Luz	10% de AcOH	10% de NaOH	250 ppm de SO$_2$	1% de ácido ascórbico	1% de benzoato de sódio
		25°C	60°C	25°C	60°C	25°C	60°C	25°C	60°C	3,0	5,0	7,0	8,0						
Azul FD&C Nº 1	Trifenil-metano	20,0	20,0	20,0	20,0	0,35	0,20	20,0	20,0	4	5	5	5	3	5	4	5	4	6
Azul FD&C Nº 2	Índigo	1,6	2,2	0,1	0,1	In	0,007	20,0	20,0	3	3	2	1	1	1	2^{b2}	1	2	4
Verde FD&C Nº 3	Trifenil-metano	20,0	20,0	20,0	20,0	0,01	0,03	1,0	1,3	4	4	4	4^{b1}	3	5	2^{b1}	5	4	6
Vermelho FD&C Nº 3	Xantina	9,0	17,0	20,0	20,0	In	0,01	20,0	20,0	In	In	6	6	2	In	2	In	In	5
Vermelho FD&C Nº 40	Azo	22,0	26,0	1,5	1,7	0,001	0,113	3,0	8,0	6	6	6	6	5	5	3^{b1}	6	6	6
Amarelo FD&C Nº 5	Azo	20,0	20,0	7,0	7,0	In	0,201	18,0	18,0	6	6	6	6	5	5	4	3	3	6
Amarelo FD&C Nº 6	Azo	19,0	20,0	2,2	2,2	In	0,001	20,0	20,0	6	6	6	6	3	5	5	3	2	6

[a] n, insolúvel.
[b] 1 = perda de cor; 2 = perda de cor considerável; 3 = perda de cor sensível; 4 = perda de cor leve; 5 = perda de cor muito leve; 6 = sem alteração; b1 = a tonalidade torna-se azul; b2 = a tonalidade torna-se amarela.

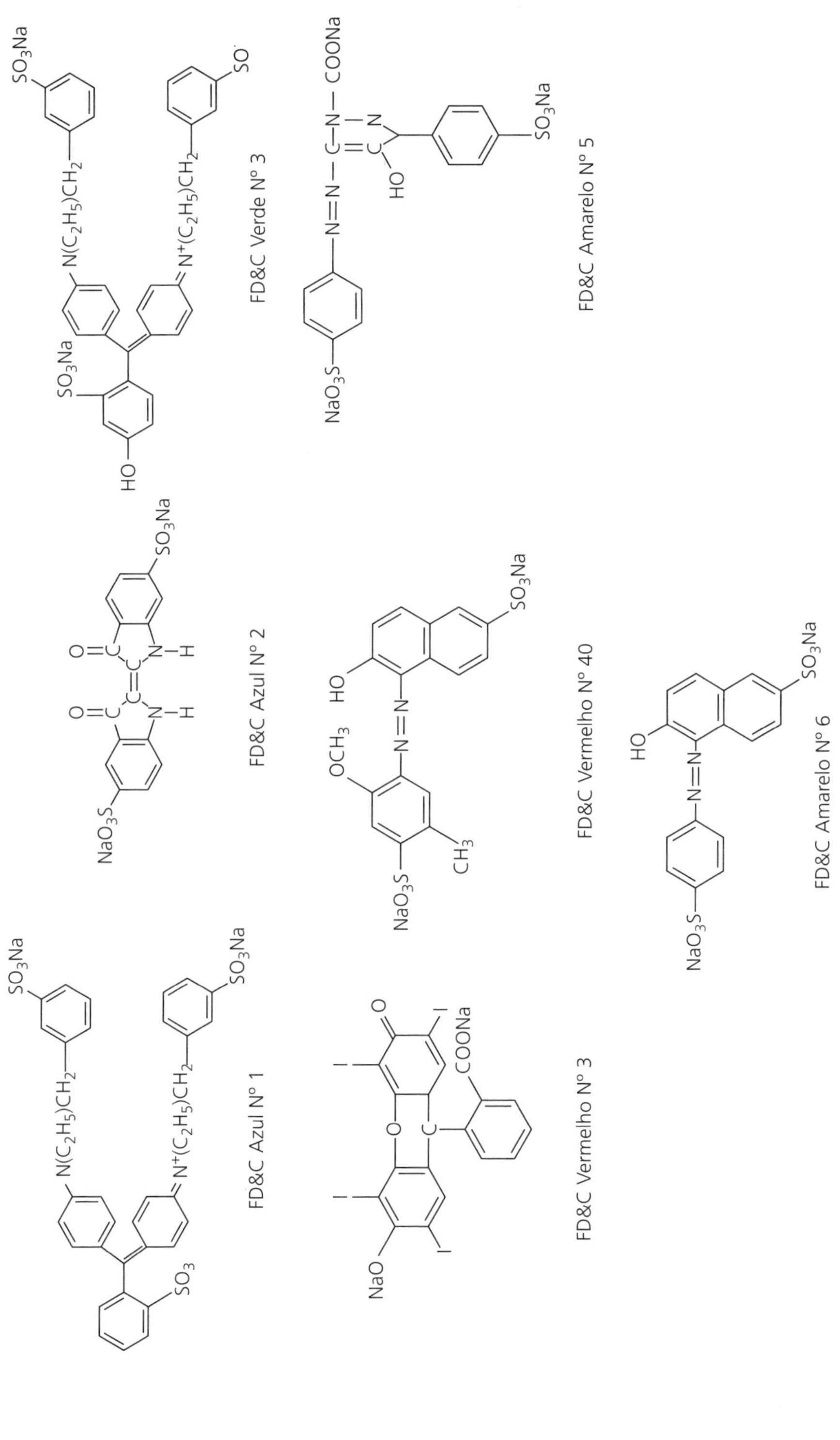

FIGURA 10.40 Estruturas de corantes certificados atualmente autorizados para uso geral nos Estados Unidos.

TABELA 10.15 Propriedades químicas e físicas de corantes comuns da UE

Nome comum e número EEC	Solubilidade (g/100 mL) a 16 °C				Estabilidade[a]				
								pH	
	Água	Propileno-glicol	Álcool	Glicerina	Luz	Calor	SO_2	3,5/4,0	8,0/9,0
Amarelo quinolina, E104	14	< 0,1	< 0,1	< 0,1	6	5	4	5	2
Ponceau 4R, E124	30	4	< 0,1	0,5	4	5	3	4	1
Carmoisina, E122	8	1	< 0,1	2,5	5	5	4	4	3
Amaranto, E123	5	0,4	< 0,1	1,5	5	5	3	4	3
Azul patente, E131	6	2	< 0,1	3,5	6	5	3	1	2
Verde-brilhante, E142	5	2	0,2	1,5	3	5	4	4	3
Marrom-chocolate HT, E156	20	15	Insolúvel	5	5	5	3	4	4
Preto-brilhante BN, E151	5	1	< 0,1	< 0,5	6	1	1	3	4

[a]1 = perda de cor; 2 = perda de cor considerável; 3 = perda de cor sensível; 4 = perda de cor leve; 5 = perda de cor muito leve; 6 = sem alteração.

O teor de pureza de um típico corante certificado é de 86 a 96%. Uma variação de 2 a 3% no total do teor de um corante é de pouca significância prática, uma vez que essa alteração não causa efeitos significativos sobre a cor do produto final.

O teor de umidade dos corantes em pó fica entre 4 e 5%. O teor de sal (cinzas) de um corante em pó é de ≈ 5%. O alto teor de cinzas é proveniente do sal utilizado para a cristalização do corante. Embora seja tecnicamente possível eliminar a utilização

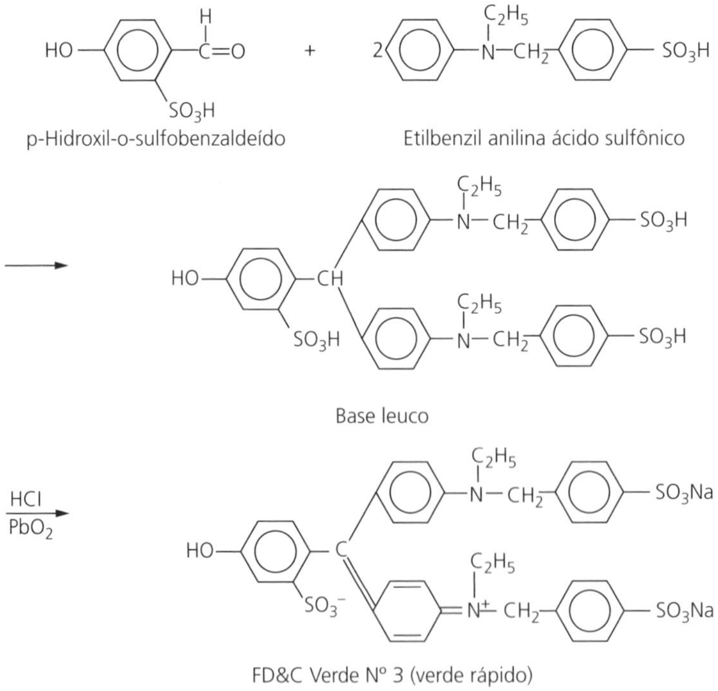

FIGURA 10.41 Síntese do Verde FD&C Nº 3 (verde-rápido).

de cloreto de sódio, esse procedimento pode ser caro, apresentando vantagens mínimas.

Todos os corantes hidrossolúveis FD&C azo são ácidos, sendo que suas propriedades físicas são muito semelhantes entre si. Quimicamente, eles são reduzidos facilmente por agentes redutores fortes e suscetíveis à oxidação. Os corantes FD&C trifenilmetano (FD&C Verde N° 3 e FD&C Azul N° 1) são semelhantes em estrutura, diferindo apenas em um grupo –OH. Suas diferenças de solubilidade e estabilidade são, portanto, menores. A substituição de um grupo sulfônico por um grupo hidroxila em qualquer um desses corantes melhora sua estabilidade à luz e sua resistência a produtos alcalinos. A descoloração alcalina do corante trifenilmetano envolve a formação de uma base carbinol incolor (Figura 10.42). O grupo ácido sulfônico ortossubstituído estericamente dificulta o acesso do íon hidroxila ao átomo de carbono central, impedindo, assim, a formação da base carbinol.

O FD&C Vermelho N° 3 é o único corante aprovado do tipo xantina. A sua estrutura indica que o corante é insolúvel em ácidos, bastante estável em álcali e exibe forte fluorescência. A forma insolúvel em água (laca) de FD&C Vermelho N° 3 não é mais permitida para uso em alimentos em decorrência de preocupações toxicológicas.

Embora o corante em sua forma hidrossolúvel seja permanentemente listado, seu futuro a longo prazo é questionável. O Azul FD&C N° 2 é o único corante do tipo índigo. Ele é fabricado a partir de índigo, um dos pigmentos naturais mais antigos e conhecidos, além de ser um dos mais utilizados. Esse pigmento é obtido a partir de diferentes espécies da planta de índigo, encontrada na Índia. O FD&C Azul N° 2 é produzido por sulfonatação do índigo, gerando o 5,5'-indigotina dissulfonato (Figura 10.43). Sua cor é de um azul profundo, em comparação ao azul-esverdeado do FD&C Azul N° 1. O corante azul FD&C N° 2 tem menos hidrossolubilidade e menos resistência à luz que qualquer outro corante FD&C, mas é relativamente resistente aos agentes redutores.

Em geral, as condições mais propensas a causar descoloração ou precipitação de corantes certificados são a presença de agentes redutores ou metais pesados, a exposição à luz, o calor excessivo e a exposição a ácidos ou álcalis. Muitas das condições que causam falhas nos corantes nos alimentos podem ser prevenidas. Os agentes redutores são os mais problemáticos. A redução dos cromóforos dos corantes azo e trifenilmetano é mostrada na Figura 10.44. Os corantes azo são reduzidos para hidrazo incolor ou, às vezes, para amina primária. Os corantes trifenilmetano são reduzidos para base

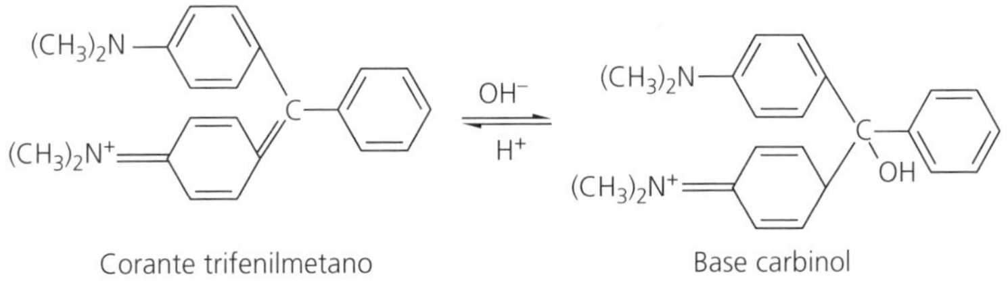

FIGURA 10.42 Formação de base carbinol incolor a partir de um corante trifenilmetano.

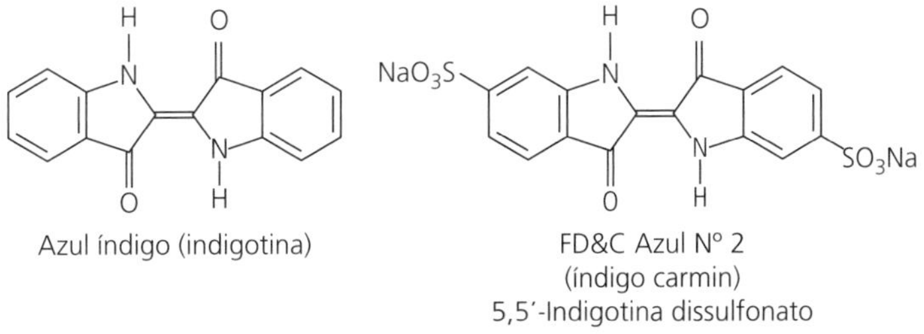

FIGURA 10.43 Estruturas de corantes do tipo indigoide.

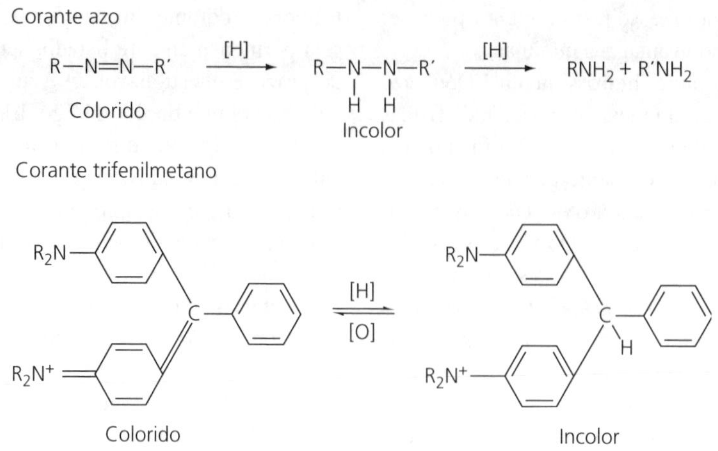

Corante azo

$$R-N=N-R' \xrightarrow{[H]} R-N(H)-N(H)-R' \xrightarrow{[H]} RNH_2 + R'NH_2$$

Colorido — Incolor

Corante trifenilmetano

$$\text{(colorido)} \xrightleftharpoons[{[O]}]{[H]} \text{(incolor)}$$

Colorido — Incolor

FIGURA 10.44 Redução de corantes azo ou trifenilmetano para produtos incolores.

leuco incolor. Exemplos de agentes redutores comuns em alimentos são monossacarídeos (glicose, frutose), aldeídos, cetonas e ácido ascórbico.

Os metais livres podem combinar-se quimicamente com muitos corantes, causando perda de cor. Os mais preocupantes são o ferro e o cobre. A presença de cálcio e magnésio pode resultar na formação de sais insolúveis e precipitados.

10.3.3 Uso de corantes certificados

Existem algumas vantagens práticas no uso de corantes sintéticos. Em geral, eles têm elevado poder corante; portanto, pequenas quantidades já são suficientes para fornecer a cor desejada, o que resulta, ainda, em baixo custo. Além disso, têm elevada estabilidade às condições de processamento e de armazenamento, em comparação aos seus corantes naturais. Além disso, eles estão disponíveis nas formas hidrossolúvel (corantes) e insolúvel em água (lacas). Melhores uniformidades na incorporação dos corantes hidrossolúveis aos alimentos são alcançadas se o corante for, antes de mais nada, dissolvido em água. Deve-se usar água destilada para evitar precipitações. Corantes líquidos de várias intensidades podem ser comprados de fabricantes. A concentração dos corantes nessas preparações não costuma exceder 3%, para evitar a coloração excessiva. O ácido cítrico e o benzoato de sódio costumam ser adicionados às preparações líquidas para evitar a deterioração microbiana.

Muitos alimentos apresentam níveis baixos de umidade, o que torna impossível a dissolução completa e a distribuição uniforme dos corantes. O resultado disso é uma cor fraca e/ou um efeito de mancha. Isso se trata de um problema potencial em balas duras, as quais apresentam um teor de umidade < 1%. O problema é evitado pela utilização de solventes que não a água, como o glicerol ou o propilenoglicol (Tabelas 10.14 e 10.15). Uma segunda opção para superar problemas de má dispersão de corantes em alimentos com baixos teores de umidade é a utilização de "lacas". Estas ocorrem como dispersões nos alimentos, em vez de solução. Elas variam em teor de corante de 1 a 40%. Nem sempre teores altos de corante levam a cores intensas. O tamanho das partículas é de importância fundamental nesse sentido – quanto menor o tamanho, mais fina a dispersão e mais intensas as cores. As técnicas especiais de trituração usadas pelos fabricantes de corantes tornaram possível a preparação de lacas com um tamanho médio de partículas inferior a 1 μm.

Assim como acontece com os corantes, a pré-dispersão das lacas em glicerol, propilenoglicol ou óleos comestíveis muitas vezes é necessária. A pré-dispersão ajuda a prevenir a aglomeração das partículas, contribuindo, assim, para o desenvolvimento integral da intensidade da cor e reduzindo a incidência de produtos manchados. As dispersões de lacas variam em teor de corante de 15 até 35%. As dispersões típicas de laca podem conter 20% de FD&C Laca A, 20% de FD&C

Laca B, 30% de glicerol e 30% de propilenoglicol, resultando em um teor final de corante de 16%.

Os fabricantes de corantes também preparam pastas coloridas ou cubos sólidos de corantes ou lacas. Essa pasta é feita com a adição, por exemplo, do glicerol como solvente em pó e de açúcar para aumentar a viscosidade. Os corantes em forma de cubos são produzidos por meio da adição de gomas e emulsificantes, a fim de colorir as dispersões durante o processo de fabricação.

A segurança dos corantes certificados recebeu muita atenção do público ao longo dos anos. A raiz da preocupação tem sido atribuída em parte à infeliz associação de cores sintéticas ao termo original "corante alcatrão de carvão", com uma percepção pública de inadequação para uso em alimentos. O fato é que as matérias-primas para a síntese dos corantes são altamente purificadas antes do uso. O produto final é um composto específico que tem pouca relação com o termo alcatrão. Além disso, corantes alimentares sintéticos têm sido cada vez mais ligados a alergias, outras preocupações relacionadas à presença de impurezas ou contaminantes e, mais recentemente, a problemas comportamentais na infância.

Um estudo de 2007 realizado por um grupo de pesquisadores da Universidade de Southampton encontrou uma ligação entre uma combinação de alguns corantes alimentares sintéticos e benzoato de sódio (um conservante) na dieta e problemas comportamentais em crianças, como a hiperatividade [144]. Como consequência deste achado, desde 2010 a UE exigiu que os alimentos que contêm os corantes sintéticos (azo corantes) incluídos naquele estudo carregassem um rótulo que avisasse aos consumidores que os alimentos "podem ter um efeito adverso na atividade e atenção em crianças". Em 2011, a FDA formou um painel do Comitê Consultivo Alimentar para rever as evidências científicas sobre a ligação entre corantes artificiais e hiperatividade. A FDA revisou as evidências disponíveis e concluiu que não se justificariam mais ações da agência. No entanto, a propaganda negativa e os regulamentos de rotulagem mais rigorosos para corantes sintéticos resultaram em uma tendência crescente para o uso de corantes de fontes naturais.

10.3.4 Corantes isentos de certificação

Uma breve descrição de cada um dos corantes listados na Tabela 10.12 será apresentada a seguir:

- **Extrato de urucum** é o extrato preparado a partir da semente do urucum, a *Bixa orellana* L. Vários solventes de grau alimentício podem ser utilizados nessa extração. A extração supercrítica com dióxido de carbono tem sido testada como uma alternativa à utilização de solventes orgânicos. Essa tecnologia, porém, ainda não é comercializada. O principal pigmento do extrato de urucum é o carotenoide bixina. Após a saponificação da bixina (Figura 10.14), o grupo metil éster é hidrolisado, formando um diácido chamado de norbixina. A bixina é mais lipossolúvel, ao passo que a norbixina é mais solúvel em água.

- **Beterraba desidratada** é obtida por desidratação do suco de beterrabas comestíveis. Os pigmentos nos corantes de beterraba são betalaínas, incluindo betacianinas (vermelho) e betaxantinas (amarelo). A proporção de betacianina/betaxantina varia, dependendo do cultivo e da maturidade da beterraba. Esse corante também pode ser produzido sob a categoria de "suco vegetal". Tal tipo de corante de beterraba é obtido por meio da concentração de suco de beterraba a vácuo para um conteúdo sólido suficiente para impedir a deterioração ($\approx$ 60% de sólidos).

- **Cantaxantina** (β-caroteno-4,4'-diona), **β-apo-8-carotenal** e **β-caroteno** são carotenoides sintéticos, sendo considerados de **natureza idêntica** aos naturais. As estruturas desses compostos são mostradas na Figura 10.14. Tanto o β-caroteno quanto o β-apo-8'-carotenal exibem atividade de pró-vitamina A.

- **Caramelo** é o líquido marrom-escuro produzido pela caramelização de carboidratos induzida pelo calor.

- **Extrato de cochonilha** é o concentrado produzido a partir de um extrato aquoso-alcoólico do inseto cochonilha, *Dactylopius coccus* L. Costa. A coloração se deve, principalmente, ao ácido carmínico, um pigmento vermelho (Figura 10.45). O extrato de cochonilha

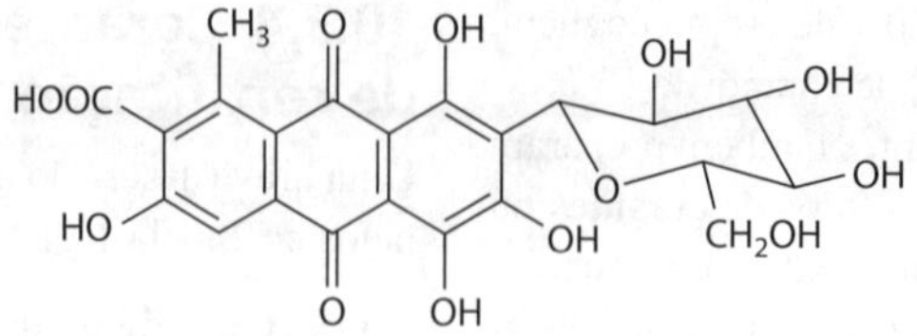

FIGURA 10.45 Estrutura do ácido carmínico.

contém ≈ 2 a 3% de ácido carmínico. Corantes com ácido carmínico com concentrações acima de 50% também são produzidos. Esses corantes são vendidos com o nome de carmim. O extrato de cochonilha não é nem vegetariano nem *kosher*.
- **Clorofilina cúprica de sódio** é um pó, que varia do verde ao preto, preparado a partir da clorofila por saponificação e substituição do magnésio pelo cobre (ver Seção 10.2.2 para maiores informações). A clorofila é extraída da alfafa, pelo uso de acetona, etanol e/ou hexano. Ela pode ser usada com segurança para colorir misturas para bebidas cítricas, em quantidades não superiores a 0,2% na mistura seca.
- **Farinha tostada de semente de algodão cozida, parcialmente desengordurada,** é preparada da seguinte forma: a semente de algodão é descascada, os gérmens são peneirados, aspirados e laminados; a umidade é ajustada; os gérmens são aquecidos e o óleo é prensado; os gérmens cozidos são arrefecidos, moídos e reaquecidos para que se obtenha um produto com diferentes tonalidades, de marrom-claro a marrom-escuro.
- **Gluconato ferroso** é um pó cinza-amarelado, com odor pouco semelhante ao do açúcar queimado.
- **Lactato ferroso** é um pó branco-esverdeado usado para a coloração de azeitonas maduras.
- **Extrato de casca de uva** é o líquido vermelho-púrpura preparado a partir de um extrato aquoso do bagaço remanescente das uvas, após elas terem sido prensadas para a retirada do suco. O material corante do extrato é composto principalmente de antocianinas. Esse extrato é vendido com o nome de "enocianina", sendo restrito à coloração de bebidas não carbonatadas, carbonatadas, refrigerantes, bases para bebidas e bebidas alcoólicas.
- **Extrato aquoso de uva** é uma solução aquosa de antocianinas obtidas de uvas Concord ou pó hidrossolúvel preparado a partir de uma solução aquosa desidratada. O extrato de uva pode ser utilizado para a coloração de alimentos que não sejam bebidas, desde que não afete seus padrões de identidade.
- **Sucos de vegetais e frutas** são aditivos corantes aceitáveis, podendo ser utilizados ao natural ou como líquidos concentrados. Dependendo da origem do suco, os pigmentos de muitas das categorias descritas anteriormente podem estar presentes. Os sucos concentrados de beterraba e de uva têm sido produzidos e comercializados como corantes dessa categoria. O suco de uva concentrado, ao contrário do extrato de casca de uva, pode ser utilizado em alimentos que não sejam bebidas.
- **Óleo de cenoura** é extraído das cenouras por meio do hexano. Este é removido posteriormente por destilação a vácuo. O corante é composto principalmente por β e α-caroteno, com outros carotenoides minoritários também presentes.
- **Páprica ou oleorresina de páprica** é tanto a vagem seca moída de páprica (*Capsicum annum* L.) como o extrato dessa planta. Na produção da oleorresina, vários solventes podem ser utilizados. O principal corante da páprica é a capsantina (Figura 10.14), um carotenoide.
- **Os pigmentos perolados à base de mica** são plaquetas de silicato de potássio e alumínio (mica) às quais o dióxido de titânio foi depositado por reação química. Estes pigmentos exibem um efeito de cor perolada que vem de uma combinação de transmitância parcial, reflexão e interferência da luz através das plaquetas.
- **Riboflavina** ou vitamina B_2 é um pó amarelo-alaranjado e é um pigmento nativo do leite.

- **Açafrão** é o estigma seco de *Crocus sativul* L. Sua cor amarela é atribuída à crocina, o digentiobiosido de crocetina.
- **Extrato de espirulina.** O aditivo de cor extrato de espirulina é preparado pela filtração da extração aquosa da biomassa seca de *Arthrospira platensis*, uma cianobactéria. O aditivo de cor contém ficocianinas como os principais componentes de coloração e pode ser usado para fornecer cores de azul a verde a produtos de confeitaria
- **Óxido de titânio** é o pigmento mais branco conhecido até o momento. Muitas vezes, ele contém dióxido de silício e/ou óxido de alumínio para auxiliar sua dispersão em alimentos. Esses diluentes não podem exceder 2% do total.
- **Extrato de licopeno de tomate e concentrado de licopeno de tomate.** Estes pigmentos são vermelhos a castanho-escuros, extraídos com acetato de etila da polpa de tomate, seguindo-se a remoção do solvente por evaporação. O material resultante pode ser usado como oleorresina viscosa (extrato de licopeno) ou em forma de pó (concentrado de licopeno). O principal componente corante é o carotenoide vermelho licopeno (Figura 10.14).
- **Curcumina e oleorresina de cúrcuma** são os rizomas triturados ou um extrato de cúrcuma (*Curcuma longa* L.). O material corante da cúrcuma é a curcumina. Diversos solventes orgânicos podem ser utilizados na produção da oleorresina de cúrcuma.

Outros corantes isentos de certificação (astaxantina, azul ultramarino, algas *Haematococcus* spp., óxido de ferro, farinha de algas secas [células secas de algas do gênero *Spongiococcum*], tagetes comestíveis [pétalas das flores secas de *Aztec marigold, Tagetes erecta* L.], óleo do endosperma de milho, pigmento *Paracoccus* e levedura *Phaffia* são de pouco interesse, uma vez que esses corantes são restritos ao uso em alimentos para animais. No entanto, eles podem afetar indiretamente a cor dos alimentos.

A indicação nos rótulos de corantes adicionados que estão isentos de certificação é um pouco controversa. Embora os corantes isentos de certificação sejam obtidos a partir de fontes naturais ou de natureza idêntica, eles devem ser listados como **corante artificial adicionado** ou com uma descrição similar. Isso é necessário, pois, na maioria dos usos, o corante adicionado não é natural do produto alimentar em questão. Da mesma forma que os corantes certificados, os isentos de certificação devem ser declarados quando utilizados em alimentos nos Estados Unidos.

10.3.5 Uso de corantes isentos de certificação

Com exceção dos pigmentos sintéticos idênticos aos naturais, os corantes isentos de certificação são preparações químicas brutas. Além disso, eles são matérias não puras ou extrato bruto de origem vegetal ou animal. Devido à sua impureza, são necessárias quantidades relativamente grandes para que se alcance a cor desejada. Isso faz com que alguns sugiram que esses pigmentos não têm poder de pigmentação e que contribuem para sabores indesejáveis no produto. Nenhuma dessas críticas é necessariamente verdadeira. Muitos pigmentos naturais puros têm alto poder corante. Isso pode ser ilustrado pela comparação entre os valores de absortividade de uma solução a 1% de pigmento natural e de um corante sintético. Nos comprimentos de onda de máxima absorção de luz, os valores de $A^{1\%}_{1\,cm}$ para FD&C Vermelho Nº 40 e Amarelo Nº 6 são 586 e 569, respectivamente, ao passo que a $A^{1\%}_{1\,cm}$ para betanina, o principal pigmento na beterraba em pó, e o β-caroteno são 1.120 e 2.400, respectivamente. Além disso, a maioria dos pigmentos puros não influencia no sabor do produto. A falta de poder corante e a possível influência dos corantes naturais não puros no sabor pode ser superada pela aplicação das tecnologias disponíveis de separação e purificação. Infelizmente, alguns desses avanços da tecnologia não foram sancionados.

A busca por alimentos mais saudáveis tem resultado no aumento da procura de corantes a partir de fontes naturais. Os benefícios para a saúde associados a muitos pigmentos naturais os tornam alternativas atraentes para as cores sintéticas. Isso, combinado com a ação legislativa e a conscientização dos consumidores, levou a um interesse crescente no uso de cores de fontes naturais.

REFERÊNCIAS

1. Adams J (1973). Colour stability of red fruits. *Food Manuf* 48: 19–20.
2. Ahmadiani N (2012). Anthocyanin based blue colorants. MS thesis, The Ohio State University, Columbus, OH.
3. Ahmadiani N, Giusti M (2015). Unpublished data.
4. Ahmed J, Shivhare U, Raghavan G (2004). Thermal degradation kinetics of anthocyanin and visual color of plum puree. *Eur Food Res Technol* 218: 525–528.
5. Andersen O, Jordheim M (2014). Basic anthocyanin chemistry and dietary sources. In Wallace TC, Giusti MM (eds.), *Anthocyanins in Health and Disease*, pp. 13–113. CRC Press, Boca Raton, FL.
6. Aparicio-Ruiz R, Riedl KM, Schwartz SJ (2011). Identification and quantification of metallo-chlorophyll complexes in bright green table olives by high-performance liquid chromatography-mass spectrometry quadrupole/time-of-flight. *J Agric Food Chem* 59: 11100–11108.
7. Asenstorfer R, Iland P, Tate M, Jones G (2003). Charge equilibria and pKa of malvidin-3-glucoside by electrophoresis. *Anal Biochem* 318: 291–299.
8. Attoe EL, von Elbe J (1981). Photochemial degradation of betanine & selected anthocyanins. *J Food Sci* 46: 1934–1937.
9. Attoe EL, von Elbe JH (1985). Oxygen involvement in betanine degradation: effect of antioxidants. *J Food Sci* 50: 106–110.
10. Awika J, Rooney L, Waniska R (2004). Properties of 3-deoxyanthocyanins from sorghum. *J Agric Food Chem* 52: 4388–4394.
11. Ben Aziz A, Grossman S, Ascarelli I, Budowski P (1971). Carotene-bleaching activities of lipoxygenase and heme proteins as studied by a direct spectrophotometric method. *Phytochemistry 10*: 1445–1452.
12. Bacon MF, Holden M (1967). Changes in chlorophylls resulting from various chemical and physical treatments of leaves and leaf extracts. *Phytochemistry 6*: 193–210.
13. Bakker J, Timberlake C (1997). Isolation, identification, and characterization of new color-stable anthocyanins occurring in some red wines. *J Agric Food Chem* 45: 35–43.
14. Barrows J, Lipman A (2003). Color additives: FDA's regulatory process and historical perspectives. *Food Saf Mag Volume*: Oct/Nov 2003.
15. Bauernfeind J (1972). Carotenoid vitamin A precursors and analogs in food and feeds. *J Agric Food Chem* 20: 455–473.
16. Bilyk A, Kolodij MA, Sapers GM (1981). Stabilization of red beet pigments with isoascorbic. *J Food Sci* 46: 1616–1617.
17. Blair J (1940). Color stabilization of green vegetables. U.S. Patent 2,186,003, March 3, 1937.
18. Borkowski T, Szymusiak H, Gliszczynska-Swiglo A, Tyrakowska B (2005). The effect of 3-O-β-glucosylation on structural transformations of anthocyanidins. *Food Res Int* 38: 1031–1037.
19. Brenes P, Duran MG, Garrido A (1993). Concentration of phenolic compounds in storage brines or ripe olives. *J Food Sci* 58: 347–350.
20. Brewer S (2004). Irradiation effects on meat color—A review. *Meat Sci* 68: 1–17.
21. Bridle P, Scott K, Timberlake C (1973). Anthocyanins in Salix species. A new anthocyanin in *Salix purpurea* bark. *Phytochemistry* 12: 1103–1106.
22. Britton G, Weesie RJ, Askin D, Warburton JD, Gallardo--Guerrero L, Jansen FJ, de Groot HJM, Lugtenburg J, Cornard J-P, Merlin J-C (1997). Carotenoid blues: Structural studies on carotenoproteins. *Pure Appl Chem* 69: 2075–2084.
23. Brouillard R (1982). Chemical structures of anthocyanins. In Markakis P (ed.), *Anthocyanins as Food Colors*, pp. 1–40. Academic Press, New York.
24. Brouillard R, Delaporte B (1977). Chemistry of anthocyanin pigments. 2. Kinetic and thermodynamic study of proton transfer, hydration, and tautomeric reactions of malvidin 3-glucoside. *J Am Chem Soc* 99: 8461–8468.
25. Büchert AM, Civello PM, Martínez GA (2011). Chlorophyllase versus pheophytinase as candidates for chlorophyll dephytilation during senescence of broccoli. *J Plant Physiol* 168: 337–343.
26. Buchler J (1975) Static coordination chemistry of metalloporphyrins. In Smith KM (ed.), *Porphyrins and Metalloporphyrins*, pp. 157–278. Elsevier, Amsterdam, the Netherlands.
27. Buchweitz M, Carle R, Kammerer DR (2012). Bathochromic and stabilising effects of sugar beet pectin and an isolated pectic fraction on anthocyanins exhibiting pyrogallol and catechol moieties. *Food Chem* 135: 3010–3019.
28. Buckle K, Edwards R (1970). Chlorophyll, colour and pH changes in H.T.S.T. processed green pea puree. Int J Food Sci Technol 5: 173–186.
29. Van Buren J, Bertino J, Robinson W (1968). The stability of wine anthocyanins on exposure to heat and light. *Am J Enol Vitic* 19: 147–154.
30. Burton GW (1989). Antioxidant action of carotenoids. *J Nutr* 119: 109–111.
31. Burton G, Ingold K (1984). Beta-carotene: An unusual type of lipid antioxidant. *Science* 224: 569–573.
32. Cai Y, Sun M, Corke H (2005). Characterization and application of betalain pigments from plants of the Amaranthaceae. *Trends Food Sci Technol* 16: 370–376.
33. Cai Y, Sun M, Schliemann W, Corke H (2001). Chemical stability and colorant properties of betaxanthin pigments from *Celosia argentea*. *J Agric Food Chem* 49: 4429–4435.
34. Camara B, Hugueney P, Bouvier F, Kuntz M, Moneger R (1995). Biochemistry and molecular biology of chromoplast development. *Int Rev Cytol* 163: 175–247.
35. Canfield LM, Krinsky NI, Olson JA (1993). *Carotenoid in Human Health*, Vol. 691. New York Academy of Sciences, New York.
36. Canjura FL, Schawrtz SJ, Nunes RV (1991). Degradation kinetics of chlorophylls and chlorophyllides. *J Food Sci* 56: 1639–1643.
37. Castenmiller JJM, West CE, Linssen JPH, van het Hof KH, Voragen AGJ (1999). The food matrix of spinach is a limiting factor in determining the bioavailability of beta-carotene and to a lesser extent of lutein in humans. *J Nutr* 129: 349–355.

38. Chen L, Giusti M (2015). Effect of catechin copigmentation and ascorbic acid fortification on color stability of black carrot and chokeberry anthocyanins under heat treatment. In *Institute of Food Technologists Annual Meeting*, Chicago, IL.
39. Cianci M, Rizkallah PJ, Olczak A, Raftery J, Chayen NE, Zagalsky PF, Helliwell JR (2002). The molecular basis of the coloration mechanism in lobster shell: Beta-crustacyanin at 3.2-Å resolution. *Proc Natl Acad Sci 99*: 9795–9800.
40. Clydesdale F, Fleischmann D, Francis F (1970). Maintenance of color in processed green vegetables. *Food Prod Dev 4*: 127–138.
41. Clydesdale F, Lin Y, Francis F (1972). Formation of 2-pyrrolidone-5-carboxylic acid from glutamine during processing and storage of spinach puree. *J Food Sci 37*: 45–47.
42. Cohen E, Saguy I (1983). Effect of water activity and moisture content on the stability of beet powder pigments. *J Food Sci 48*: 703–707.
43. Cooperstone JL, Ralston RA, Riedl KM, Haufe TC, Schweiggert RM, King SA, Timmers CD et al. (2015). Enhanced bioavailability of lycopene when consumed as cis-isomers from tangerine compared to red tomato juice, a randomized, cross-over clinical trial. *Mol Nutr Food Res 59*: 658–669.
43a. Cooperstone JL, Schwartz SJ (2016). Recent insights into health benefits of carotenoids. In Carle, R, Schweiggert, RM (Eds.), *Handbook on Natural Pigments in Food and Beverages: Industrial Applications for Improving Food Color*. Woodhead Publishing. p. 473–497
43b. Cooperstone JL, Francis DM, Schwartz SJ (2016). Thermal processing differentially affects lycopene and other carotenoids in cis-lycopene containing, tangerine tomatoes. *Food Chem 210*: 466–472.
44. Craft NE (2005). Chromatographic techniques for carotenoid separation. In Wrolstad R, Acree E, Decker E, Penner M, Reid D, Schwartz S, Shoemaker C, Smith D, Sporns P (eds.), *Current Protocols in Food Analytical Chemistry*, Chapter F2.3. John Wiley & Sons, Hoboken, NJ.
45. Dangles O, Saito N, Brouillard R (1993). Anthocyanin intramolecular copigment effect. *Phytochemistry 34*: 119–142.
46. Daravingas G, Cain R (1965). Changes in anthocyanin pigments of raspberries during processing and storage. *J Food Sci 33*: 400–405.
47. Davidson J (1954). Procedures for the extraction, separation and estimation of the major fat-soluble pigments of hay. *J Sci Food Agric 5*: 1–7.
48. Davies W, Zhang J (1991). Root signals and the regulation of growth and development of plants in drying soil. *Annu Rev Plant Physiol Plant Mol Biol 42*: 55–76.
49. DellaPenna D, Pogson BJ (2006). Vitamin synthesis in plants: Tocopherols and carotenoids. *Annu Rev Plant Biol 57*: 711–738.
50. Downham A, Collins P (2000). Colouring our foods in the last and next millennium. *Int J Food Sci Technol 35*: 5–22.
51. Eisenreich W, Schwarz M, Cartayrade A, Arigoni D, Zenk MH, Bacherl A (1998). The deoxyxylulose phosphate pathway of terpenoid biosynthesis in plants and microorganisms. *Chem Biol 5*: R221–R233.
52. Von Elbe J, Attoe E (1985). Oxygen involvement in betanine degradation measurement of active oxygen species and oxidation reduction potentials. *Food Chem 16*: 49–67.
53. Von Elbe J (1963). Factors affecting the color stability of cherry pigments and cherry juice. PhD thesis, University of Wisconsin, Madison, WI.
54. Von Elbe JH, Laborde LF (1989). Chemistry of color improvement in thermally processed green vegetables, ACS Symposium Series 405. In Jen JJ (ed.), *Quality Factors of Fruits and Vegetables*, pp. 12–28. American Chemical Society, Washington, DC.
55. Von Elbe JH, Huang AS, Attoe EL, Nank WK (1986). Pigment composition and color of conventional and Veri-Green canned beans. *J Agric Food Chem 34*: 52–54.
56. Emenhiser C, Sander LC, Schwartz SJ (1995). Capability of polymeric C30 stationary phase to resolve *cis-trans* carotenoid isomers in reversed-phase liquid chromatography. *J Chromatogr A 707*: 205–216.
57. Eugster CH (1995) History: 175 years of carotenoid chemistry. In Britton G, Liaaen-Jensen S, Pfander H (eds.), *Carotenoids*, Volume 1A: Isolation and Analysis, pp. 1–12. Birkhauser Verlag, Basel, Switzerland.
58. Falk J, Phillips J (1964). Physical and coordination chemistry of the tetrapyrrole pigments. In Dwyer F, Mellor D (eds.), *Chelating Agents and Metal Chelates*, pp. 441–490. Academic Press, New York.
59. Faustman C, Cassens RG, Schaefer DM, Buege DR, Williams SN, Scheller KK (1989). Improvement of pigment and lipid stability in Holstein steer beef by dietary supplementation with vitamin E. *J Food Sci 54*: 858–862.
60. Faustman C, Cassens RG (1990). The biochemical basis for discoloration in fresh meat: A review. *J Muscle Foods 1*: 217–243.
61. Faustman C, Chan WKM, Schaefer DM, Havens A (1998). Beef color update: The role for Vitamin E. *J Anim Sci 76*: 1019–1026.
62. Ferruzzi MG, Schwartz SJ (2005). Chromatographic separation of chlorophylls. In Wrolstad RE, Acree TA, Decker EA, Penner M, Reid D, Schwartz SJ, Shoemaker C, Smith D, Sporns P (eds.), *Handbook of Food and Analytical Chemistry*, p. F4.4. Wiley, Hoboken, NJ.
63. Fishbach H (1943). Microdeterminations for organically combined metal in pigment of okra. *J Assoc Off Agric Chem 26*: 139–143.
64. Fleshman MK, Lester GE, Riedl KM, Kopec RE, Narayanasamy S, Curley RW, Schwartz SJ, Harrison EH (2011). Carotene and novel apocarotenoid concentrations in orange-fleshed Cucumis melo melons: Determinations of β-carotene bioaccessibility and bioavailability. *J Agric Food Chem 59*: 4448–4454.
65. Foote CS (1968). Mechanisms of photosensitized oxidation. *Science 162*: 963–970.
66. Forrest J, Aberle E, Hedrick H, Judge M, Merkel R (1975). *Principles of Meat Science*. W.H. Freeman, San Francisco, CA.
67. Forsyth W, Roberts J (1960). Cacao polyphenolic substances. 5. The structure of cacao 'leucocyanidin 1'. *Biochem J 74*: 374–378.

68. Fossen T, Cabrita L, Andersen O (1998). Colour and stability of pure anthocyanins influenced by pH including the alkaline region. *Food Chem 63*: 435–440.
69. Fox Jr J, Ackerman S (1968). Formation of nitric oxide myoglobin: Mechanisms of the reaction with various reductants. *J Food Sci 33*: 364–370.
70. Fox Jr. JB (1966). Chemistry of meat pigments. *J Agric Food Chem 14*: 207–210.
71. Francis FJ (2003). Color analysis. In Nielsen SS (ed.), *Food Analysis*, pp. 529–541. Kluwer Academic/Plenum Publishers, New York.
72. Francis F (1977). Anthocyanins. In Furia T (ed.), *Current Aspects of Food Colorants*, pp. 19–27. CRC Press, Cleveland, OH.
73. Fraser PD, Bramley PM (2004). The biosynthesis and nutritional uses of carotenoids. *Prog Lipid Res* 43:228–265.
74. Frohlich K, Conrad J, Schmid A, Breithaupt DE, Bohm V (2007). Isolation and structural elucidation of different geometrical isomers of lycopene. *Int J Vitam Nutr Res 77*: 369.
75. Fulcrand H, Benabdeljalil C, Rigaud J, Cheynier V, Moutounet M (1998). A new class of wine pigments generated by reaction between pyruvic acid and grape anthocyanins. *Phytochemistry 47*: 1401–1407.
76. Gaziano JM, Johnson EJ, Russell RM, Manson JE, Stampfer MJ, Ridker PM, Frei B, Hennekens CH, Krinsky NI (1995). Discrimination in absorption or transport of beta-carotene isomers after oral supplementation with either all-trans- or 9-cis-beta-carotene. *Am J Clin Nutr 61*: 1248–1252.
77. Gieseker LF (1949). Art of preserving and maintaining color of green vegetables. U.S. Patent 2,473,747, June 21, 1949.
78. Giusti MM, Wallace TC (2009). Flavonoids as natural pigments. In Bechtold T, Mussak R (eds.), *Handbook of Natural Colorants*, pp. 257–275. John Wiley & Sons, West Sussex, U.K.
79. Giusti MM, Wrolstad RE (2003). Acylated anthocyanins from edible sources and their applications in food systems. *Biochem Eng J 14*: 217–225.
80. Giusti MM, Wrolstad RE (1996). Characterization of red radish anthocyanins. *J Food Sci 61*: 322–326.
81. Goodman L, Markakis P (1965). Sulfur dioxide inhibition of anthocyanin degradation by phenolase. *J Food Sci 30*(1): 135–137.
82. Goodwin T (1980). Functions of carotenoids. In Goodwin T (ed.), *The Biochemistry of Carotenoids*, Vol. 1, pp. 77–95. Chapman and Hall, New York.
83. Govindarajan S, Hultin H, Kotula AW (1977). Myoglobin oxidation in ground beef: Mechanistic studies. *J Food Sci 42*: 571–577.
84. Graham RT (1989). Variation in myoglobin denaturation and color of cooked beef, pork, and turkey meat as influenced by pH, sodium chloride, sodium tripolyphosphate, and cooking temperature. *J Food Sci 54*: 536–540.
85. Green B, Durnford D (1996). The chlorophyll-carotenoid proteins of oxygenic photosynthesis. *Annu Rev Plant Physiol Plant Mol Biol 47*: 685–714.
86. Gross J (1991). *Pigments in Vegetables: Chlorophylls and Carotenoids*. Springer, New York.
87. Gupte S, El-Bisi HM, Francis F (1964). Kinetics of thermal degradation of chlorophyll in spinach puree. *J Food Sci 29*: 379–382.
88. Hagler L, Coppes Jr. RI, Herman RH (1979). Identification dependent and enzyme. *J Biol Chem 254*:6505––6514.
89. Haisman D, Clarke M (1975). The interfacial factor in the heat-induced conversion of chlorophyll to pheophytin in green leaves. *J Sci Food Agric 26*: 1111–1126.
90. Harris WM, Spurr AR (1969). Chromoplasts of tomato fruits. II. The red tomato. *Am J Bot 56*: 380–389.
91. He J, Giusti MM (2010). Anthocyanins: Natural colorants with health-promoting properties. *Annu Rev Food S 1*: 163–187.
92. Herbach KM, Maier C, Stintzing FC, Carle R (2007). Effects of processing and storage on juice colour and betacyanin stability of purple pitaya (Hylocereus polyrhizus) juice. *Eur Food Res Technol 224*:649–658.
93. Herbach KM, Stintzing FC, Carle R (2006). Betalain stability and degradation—Structural and chromatic aspects. *J Food Sci 71*: R41–R50.
94. Herbach KM, Stintzing FC, Carle R, Stintzing F, Carle R (2004). Quantitative and structural changes of betacyanins in red beet (*Beta vulgaris* L.) juice induced by thermal treatment. In Dufose L (ed.), *Pigments in Foods, More Than Colours*, pp. 103–105. Le Berre Imprimeur, Quimper, France.
95. Rabinowitch E, Govindjee (1969). Photosynthesis. John Wiley & Sons, New York, NY.
96. Huang A, von Elbe J (1987). Effect of pH on the degradation and regeneration of betanine. *J Food Sci 52*: 1689–1693.
97. Humphrey BB (1980). Chlorophyll. *Food Chem 5*: 57––67.
98. Hunt MC, Sorheim O, Slinde E (1999). Color and heat denaturation of myoglobin forms in ground beef. *J Food Sci 64*: 847–851.
99. Hyvärinen K, Hynninen P (1999). Liquid chromatographic separation and mass spectrometric identification of chlorophyll b allomers. *J Chromatogr A 837*: 107–116.
100. Im J-S, Parkin KL, von Elbe JH (1990). Endogenous polyphenoloxidase activity associated with the 'black ring' defect in canned beet (*Beta vulgaris* L.). *J Food Sci 55*: 1042–1059.
101. Isler O (1971). *Carotenoids*. Birkhauser Verlag, Basel, Switzerland.
102. IUPAC-IUB (1974). Nomenclature of carotenoids. *Pure Appl Chem 41*: 407–417.
103. Jackman R, Smith J (1996). Anthocyanins and betalains. In Hendry G, Houghton J (eds.), *Natural Food Colorants*, pp. 244–369. Chapman and Hall, New York.
104. Jackson A (1976). Structure, properties and distribution of chlorophyll. In Goodwin T (ed.), *Chemistry and Biochemistry of Plant Pigments*, pp. 1–63. Academic Press, New York.
105. Jahangiri Y, Ghahremani H, Toghabeh JA, Hassani S (2012). The effects of operational conditions on the total amount of anthocyanins extracted from Khorasan's native fig fruit 'Ficus carica'. *Ann Biol Res 3*: 2181–2186.

106. Jen JJ, Mackinney G (1970). On the photodecomposition of chlorophyll in vitro. II. Intermediates and breakdown products. *Photochem Photobiol 11*: 303–308.
107. Johnson J, Clydesdale FM (1982). Perceived sweetness and redness in colored sucrose solutions. *J Food Sci 47*: 3–8.
108. Jones I, White R, Gibbs E (1962). Some pigment changes in cucumbers during brining and brine storage. *Food Technol 16*: 96–102.
109. Jones I, White R, Gibbs E, Butler L, Nelson L (1977). Experimental formation of zinc and copper complexes of chlorophyll derivatives in vegetable tissue by thermal processing. *J Agric Food Chem 25*:149–153.
110. Jones ID, White RC, Gibbs E, Denard C (1968). Absorption spectra of copper and zinc complexes of pheophytins and pheophorbides. J Agric Food Chem 16: 80–83.
111. Kearsley MW, Rodriguez N (1981). The stability and use of natural colours in foods: Anthocyanin, betacarotene and riboflavin. *J Food Technol 16*: 421–431.
112. Kendrew J, Bodo G, Dintzis H, Parrish R, Wyckoff H (1958). A three-dimensional model of the myoglobin molecule obtained by x-ray analysis. *Nature 181*: 662–666.
113. Kevan P, Baker H (1983). Insects as flower visitors and pollinators. *Annu Rev Entomol 28*: 407–453.
114. Khachik F, Spangler C, Smith J, Canfield L, Steck A, Pfander H (1997). Identification, quantification, and relative concentrations of carotenoids and their metabolites in human milk and serum. *Anal Chem 69*: 1873–1881.
115. Khachik F, Beecher GR, Goli MB, Lusby WR (1991). Separation, identification, and quantification of carotenoids in fruits, vegetables and human plasma by high performance liquid chromatography. *Pure Appl Chem 63*: 71–80.
116. Killinger KM, Hunt MC, Campbell RE, Kropf DH (2000). Factors affecting premature browning during cooking of store-purchased ground beef. *J Food Sci 65*: 585–587.
117. Kopec RE, Cooperstone JL, Cichon MJ, Schwartz SJ (2012) Analysis methods of carotenoids. In Xu Z, Howard LR (eds.), *Analysis of Antioxidant Rich Phytochemicals*, pp. 105–148. Wiley-Blackwell, Oxford, U.K.
118. Kopec RE, Riedl KM, Harrison EH, Curley RW, Hruszkewycz DP, Clinton SK, Schwartz SJ (2010). Identification and quantification of apo-lycopenals in fruits, vegetables, and human plasma. *J Agric Food Chem 58*: 3290–3296.
119. Krinsky NI (1989). Antioxidant functions of carotenoids. *Free Radic Biol Med 7*: 617–635.
120. Krinsky NI, Mayne ST, Sies H (2004). *Carotenoids in Health and Disease*. Marcel Dekker, New York.
121. Kropf D (1980). Effects of retail display conditions on meat color. *Proc Reciprocal Meat Conf 33*:15–32.
122. Kuronen P, Hyvarinen K, Hynninen PH, Kilpelainen I (1993). High-performance liquid chromatographic separation and isolation of the methanolic allomerization products of chlorophyll a. *J Chromatogr A 654*: 93–104.
123. LaBorde LF, von Elbe JH (1990). Zinc complex formation in heated vegetable purees. *J Agric Food Chem 38*: 484–487.
124. LaBorde LF, von Elbe JH (1994). Chlorophyll degradation and zinc complex formation with chlorophyll derivatives in heated green vegetables. *J Agric Food Chem 42*: 1100–1103.
125. LaBorde LF, von Elbe JH (1994). Effect of solutes on zinc complex formation in heated green vegetables. *J Agric Food Chem 42*: 1096–1099.
126. Lawrie R, Ledward D (2006). *Meat Science*. CRC Press, New York.
127. Liong EC, Dou Y, Scott EE, Olson JS, Phillips Jr. GN (2001). Waterproofing the heme pocket: Role of proximal amino acid side chains in preventing hemin loss from myoglobin. *J Biol Chem 276*: 9093–9100.
128. Liu X, Gao Y, Peng X, Yang B, Xu H, Zhao J (2008). Inactivation of peroxidase and polyphenol oxidase in red beet (*Beta vulgaris* L.) extract with high pressure carbon dioxide. *Innov Food Sci Emerg Technol 9*: 24–31.
129. Livingston D, Brown W (May 1981). The chemistry of myoglobin and its reactions [Meat pigments, food quality indices]. *Food Technol 35*(5): 238–252.
130. Llewellyn CA, Mantoura RFC, Brereton RG (1990). Products of chlorophyll photodegradation—1. Detection and separation. *Photochem Photobiol 52*: 1037–1041.
131. Llewellyn CA, Mantoura RFC, Brereton RG (1990). Products of chlorophyll photodegradation—2. Structural identification. *Photochem Photobiol 52*: 1043–1047.
132. Loef H, Thung S (1965). Ueber den Einfluss von Chlorophyllase auf die Farbe von Spinat waehrend und nach der Verwertung. *Z Leb Unters Forsch 126*: 401–406.
133. Van Loey A, Ooms V, Weemaes C, van den Broeck I, Ludikhuyze L, Denys S, Hendrickx M (1998). Thermal and pressure-temperature degradation of chlorophyll in broccoli (Brassica oleracea L. italica) juice: A kinetic study. *J Agric Food Chem 46*: 5289–5294.
134. Luh B, Leonard S, Patel D (1960). Pink discoloration in canned Bartlett pears. *Food Technol 14*: 53–56.
135. Luño M, Roncalés P, Djenane D, Beltrán JA (2000). Beef shelf life in low O_2 and high CO_2 atmospheres containing different low CO concentrations. *Meat Sci 55*: 413–419.
136. Madhavi DL, Carpenter CE (1993). Aging and processing affect color, metmyoglobin reductase and oxygen consumption of beef muscles. *J Food Sci 58*: 939–947.
137. Malecki G (1965). Blanching and canning process for green vegetables. U.S. Patent 3,183,102, May 11, 1965.
138. Malecki G (1978). Processing of green vegetables for color retention in canning. U.S. Patent 4,104,410, August 1, 1978.
139. Markakis P (1982) Stability of anthocyanins in foods. In Markakis P (ed.), *Anthocyanins as Food Colors*, pp. 163–180. Academic Press, New York.
140. Markakis P, Livingstone G, Fellers R (1957). Quantitative aspects of strawberry-pigment degradation. *Food Res 22*: 117–130.
141. Martinez-Parra J, Munoz R (2001). Characterization of betacyanin oxidation catalyzed by a peroxidase from *Beta vulgaris* L. roots. J Agric Food Chem 49: 4064–4068.
142. Di Mascio P, Kaiser S, Sies H (1989). Lycopene as the most efficient biological carotenoid singlet oxygen quencher. *Arch Biochem Biophys 274*: 532–538.
143. Mazza G, Miniati E (1993). *Anthocyanins in Fruits, Vegetables, and Grains*. CRC Press, Boca Raton, FL.

144. McCann D, Barrett A, Cooper A, Crumpler D, Dalen L, Grimshaw K, Kitchin E et al. (2007). Food additives and hyperactive behaviour in 3-year-old and 8/9-year-old children in the community: A randomised, double-blinded, placebo-controlled trial. *Lancet 370*: 1560–1567.
145. McFeeters RF (1975). Substrate specificity of chlorophyllase. *Plant Physiol 55*: 377–381.
146. Mendenhall VT (1989). Effect of pH and total pigment concentration on the internal color of cooked ground beef patties. *J Food Sci 54*: 1–2.
147. Merritt J, Loening K (1979). Nomenclature of tetrapyrroles. *Pure Appl Chem 51*: 2251–2304.
148. Mikkelsen A, Juncher D, Skibsted LH (1999). Metmyoglobin reductase activity in porcine *m. longissimus dorsi* muscle. *Meat Sci 51*: 155–161.
149. Mohr H (1980). Light and pigments. In Czygan F-C (ed.), *Pigments in Plants*, pp. 7–30. Gustav Fischer Verlag, Stuttgart, Germany.
150. Moran NA, Jarvik T (2010). Lateral transfer of genes from fungi underlies carotenoid production in aphids. *Science (80-) 328*: 624–627.
151. Moßhammer MR, Rohe M, Stintzing FC, Carle R (2007). Stability of yellow-orange cactus pear (*Opuntia ficus-indica* [L.] Mill. cv. 'Gialla') betalains as affected by the juice matrix and selected food additives. *Eur Food Res Technol 225*: 21–32.
152. Nagao A, Olson JA (1994). Enzymatic formation of 9-cis, 13-cis and all-trans retinals from isomers of beta-carotene. *FASEB J 8*: 968–973.
153. Nakatani H, Barber J, Forrester J (1978). Surface charges on chloroplast membranes as studied by particle electrophoresis. *Biochim Biophys Acta 504*: 215–225.
154. Okayama T (1987). Effect of modified gas atmosphere packaging after dip treatment on myoglobin and lipid oxidation of beef steaks. *Meat Sci 19*: 179–185.
155. Oram N, Laing DG, Hutchinson I, Owen J, Rose G, Freeman M, Newell G (1995). The influence of flavor and color on drink identification by children and adults. *Dev Psychobiol 28*: 239–246.
156. Osborn HM, Brown H, Adams JB, Ledward DA (2003). High temperature reduction of metmyoglobin in aqueous muscle extracts. *Meat Sci 65*: 631–637.
157. Palozza P, Krinsky NI (1992). Antioxidant effects of carotenoid in vivo and in vitro: An overview. *Methods Enzymol 213*: 403–420.
158. Parry AD, Horgan R (1992). Abscisic acid biosynthesis in roots. I. The identification of potential abscisic acid precursors, and other carotenoids. *Planta 187*: 185–191.
159. Pasch JH, von Elbe J (1975). Betanine as influenced degradation by water activity. *J Food Sci 40*:1145–1146.
160. Patras A, Brunton NP, O'Donnell C, Tiwari B (2010). Effect of thermal processing on anthocyanin stability in foods; mechanisms and kinetics of degradation. *Trends Food Sci Technol 21*: 3–11.
161. Pegg R, Shahidi F, Fox Jr. J (1997). Unraveling the chemical identity of meat pigments. *Crit Rev Food Sci Nutr 37*: 561–589.
162. Peiser GD, Yang SF (1979). Sulfite-mediated destruction of beta-carotene. *J Agric Food Chem 27*:446–449.
163. Peng C, Markakis P (1963). Effect of prenolase on anthocyanins. *Nature 199*: 597–598.
164. Pennington F, Strain H, Svec W, Katz JJ (1963). Preparation and properties of pyrochlorophyll a, methylpyrochlorophyllide a, pyropheophytin a, and methyl pyropheophorbide a derived from chlorophyll by decarbomethoxylation. *J Am Chem Soc 3801*: 1418–1426.
165. Peto R, Doll R, Buckley J, Sporn M (1981). Can dietary beta-carotene materially reduce human cancer rates? *Nature 290*: 201–208.
166. Pfister S, Meyer P, Steck A, Pfander H (1996). Isolation and structure elucidation of carotenoid–glycosyl esters in gardenia fruits (*Gardenia jasminoides* Ellis) and saffron (Crocus sativus Linne). *J Agric Food Chem 44*: 2612–2615.
167. Piattelli M, Minale L, Nicolaus R (1965). Pigments of centrospermae—V. Betaxanthins from *Mirabilis jalapa* L. *Phytochemistry 4*: 817–823.
168. Piattelli M, Minale L, Prota G (1964). Isolation, structure and absolute configuration of indicaxanthin. *Tetrahedron 20*: 2325–2329.
169. Piattelli M, Minale L, Nicolaus R (1965). Pigments of centrospermae—III. Betaxanthins from *Beta vulgaris* L. *Phytochemistry 4*: 121–125.
170. Pumilia G, Cichon MJ, Cooperstone JL, Giuffrida D, Dugo G, Schwartz SJ (2014). Changes in chlorophylls, chlorophyll degradation products and lutein in pistachio kernels (*Pistacia vera* L.) during roasting. *Food Res Int 65*: 193–198.
171. Rhim J (2002). Kinetics of thermal degradation of anthocyanin pigment solutions driven from red flower cabbage. *Food Sci Biotechnol 11*: 361–364.
172. Ryan-Stoneham T, Tong CH (2000). Degradation kinetics of chlorophyll in peas as a function of pH. *J Food Sci 65*: 1296–1302.
173. Saito N, Tatsuzawa F, Miyoshi K, Shigihara A, Honda T (2003). The first isolation of C–glycosylanthocyanin from the flowers of *Tricyrtis formosana*. *Tetrahedron Lett 44*: 6821–6823.
174. Sante V, Renerre M, Lacourt A (1994). Effect of modified atmosphere packaging on color stability and on microbiology of turkey breast meat. *J Food Qual 17*: 177–195.
175. Schaber PM, Hunt JE, Fries R, Katz JJ (1984). High-performance liquid chromatographic study of the chlorophyll allomerization reaction. *J Chromatogr 316*: 25–41.
176. Schanderl SH, Chichester C, Marsh G (1962). Degradation of chlorophyll and several derivatives in acid solution. *J Org Chem 27*: 3865–3868.
177. Schanderl SH, Marsh G, Chichester C (1965). Color reversion in processed I. Studies on regreened vegetables pea purges. *J Food Sci 30*: 312–316.
178. Schelbert S, Aubry S, Burla B, Agne B, Kessler F, Krupinska K, Hörtensteiner S (2009). Pheophytin pheophorbide hydrolase (pheophytinase) is involved in chlorophyll breakdown during leaf senescence in *Arabidopsis*. *Plant Cell 21*: 767–785.
179. Schoefs B (2002). Chlorophyll and carotenoid analysis in food products. Properties of the pigments and methods of analysis. *Trends Food Sci Technol 13*: 361–371.
180. Schwartz SJ, von Elbe J (1983). Kinetics of chlorophyll degradation to pyropheophytin in vegetables. *J Food Sci 48*: 1303–1306.

181. Schwartz S, Lorenzo T (1991). Chlorophyll stability during continuous aseptic processing and storage. *J Food Sci 56*: 1059–1062.
182. Schwartz SJ, Elbe JH (1983). Identification of betanin degradation products. *Z Leb Unters Forsch 176*:448–453.
183. Schwartz SJ, Woo SL, von Elbe JH (1981). High-performance liquid chromatography of chlorophylls and their derivatives in fresh and processed spinach. *J Agric Food Chem 29*: 533–535.
184. Schwarz M, Quast P, von Baer D, Winterhalter P (2003). Vitisin A content in Chilean wines from *Vitis vinifera* Cv. Cabernet Sauvignon and contribution to the color of aged red wines. *J Agric Food Chem 51*:6261–6267.
185. Schweiggert RM, Carle R (2016). Carotenoid deposition in plant and animal foods and its impact on bioavailability. *Crit Rev Food Sci Nutr*. Epub ahead of print.
186. Schweiggert RM, Kopec RE, Villalobos-Gutierrez MG, Högel J, Quesada S, Esquivel P, Schwartz SJ, Carle R (2014). Carotenoids are more bioavailable from papaya than from tomato and carrot in humans: A randomised cross-over study. *Br J Nutr 111*: 490–498.
187. Schweiggert RM, Steingass CB, Heller A, Esquivel P, Carle R (2011). Characterization of chromoplasts and carotenoids of red- and yellow-fleshed papaya (*Carica papaya* L.). *Planta 234*: 1031–1044.
188. Seely G (1996). The structure and chemistry of functional groups. In Vernon L, Seely G (eds.), *The Chlorophylls*, pp. 67–109. Academic Press, New York.
189. Segner W, Ragusa T, Nank W, Hayle W (1984). Process for the preservation of green color in canned vegetables. European Patent 0112178 A2, June 27, 1984.
190. Seideman SC, Durland PR (1984). The utilization of modified gas atmosphere packaging for fresh meat: A review. *J Food Qual 6*: 239–252.
191. Serris GS, Biliaderis CG (2001). Degradation kinetics of beetroot pigment encapsulated in polymeric matrices. *J Sci Food Agric 81*: 691–700.
192. Shi Z, Lin M, Francis F (1992). Stability of anthocyanins from *Tradescantia pallida*. *J Food Sci 57*:758–770.
193. Shrikhande A, Francis F (1974). Effect of flavonols on ascorbic acid and anthocyanin stability in model systems. *J Food Sci 39*: 904–906.
194. Sies H, Stahl W, Sundquist AR (1992). Antioxidant functions of vitamins. Vitamins E and C, betacarotene, and other carotenoids. *Ann N Y Acad Sci 669*: 7–20.
195. Sigurdson G, Giusti M (2015). Unpublished data.
196. Sigurdson GT, Giusti MM (2014). Bathochromic and hyperchromic effects of aluminum salt complexation by anthocyanins from edible sources for blue color development. *J Agric Food Chem 62*:6955–6965.
197. Simons MJP, Cohen AA, Verhulst S (2012). What does carotenoid-dependent coloration tell? Plasma carotenoid level signals immunocompetence and oxidative stress state in birds—A meta-analysis. *PLoS One 7*: e43088.
198. Sitte P, Falk H, Liedvogel B (1980). Chromoplasts. In Czygan F-C (ed.), *Pigments in Plants*, pp. 117–148. Gustav Fischer Verlag, Stuttgart, Germany.
199. Stafford HA (1994). Anthocyanins and betalains: Evolutions of the mutually exclusive pathways. *Plant Sci 101*: 91–98.
200. Starr M, Francis F (1968). Oxygen and ascorbic acid effect on the relative stability of four anthocyanins pigments in cranberry juice. *Food Technol 22*: 1293–1295.
201. Stintzing FC, Carle R (2007). Betalains—Emerging prospects for food scientists. *Trends Food Sci Technol 18*: 514–525.
202. Stintzing FC, Carle R (2004). Functional properties of anthocyanins and betalains in plants, food, and in human nutrition. *Trends Food Sci Technol 15*: 19–38.
203. Stintzing FC, Schieber A, Carle R (2002). Identification of betalains from yellow beet (Beta vulgaris L.) and cactus pear [*Opuntia ficus-indica* (L.) Mill.] by high-performance liquid chromatography—Electrospray ionization mass spectrometry. *J Agric Food Chem 50*: 2302–2307.
204. Strack D, Vogt T, Schliemann W (2003). Recent advances in betalain research. *Phytochemistry 62*:247–269.
205. Strain HH, Thomas MR, Katz JJ (1963). Spectra absorption properties of ordinary and fully deuteriated chlorophylls a and b. *Biochim Biophys Acta 75*: 306–311.
206. Struck A, Cmiel E, Schneider S, Scheer H (1918). Photochemical ring-opening in meso-chlorinated chlorophylls. *Photochem Photobiol 01*: 217–222.
207. Sweeney JP, Martin M (1958). Determination of chlorophyll and pheophytin in broccoli heated by various procedures. *J Food Sci 23*: 635–647.
208. Sweeny J, Wilkinson M, Iacobucci G (1981). Effect of flavonoid sulfonates on the photobleaching of anthocyanins in acid solution. *J Agric Food Chem 29*: 563–567.
209. Swirski MA, Allouf R, Guimard A, Cheftel H (1969). Water-soluble, stable green pigment, originating during processing of canned brussels sprouts picked before the first autumn frosts. *J Agric Food Chem 17*: 799–801.
210. Teng S, Chen B (1999). Formation of pyrochlorophylls and their derivatives in spinach leaves during heating. *Food Chem 65*: 367–373.
211. Terahara N, Oda M, Matsui T, Osajima Y, Saito N, Toki K, Honda T (1996). Five new anthocyanins, ternatins A3, B4, B3, B2, and D2, from *Clitoria ternatea flowers*. *J Nat Prod 59*: 139–144.
212. Tewari G, Jayas D. (2001). Prevention of transient discoloration of beef. *J Food Sci 66*: 506–510.
213. Timberlake CF, Bridle P (1967). Flavylium salts, anthocyanidins and anthocyanins. II. Reactions with sulphur dioxide. *J Sci Food Agric 18*: 479–485.
214. Tonucci LH, von Elbe JH (1992). Kinetics of the formation of zinc complexes of chlorophyll derivatives. *J Agric Food Chem 40*: 2341–2344.
215. Torskangerpoll K, Andersen OM (2005). Colour stability of anthocyanins in aqueous solutions at various pH values. *Food Chem 89*: 427–440.
216. Unlu NZ, Bohn T, Francis DM, Nagaraja HN, Clinton SK, Schwartz SJ (2007). Lycopene from heatinduced cis--isomer-rich tomato sauce is more bioavailable than from all-trans-rich tomato sauce in human subjects. *Br J Nutr 98*: 140–146.
217. Vasquez-Caicedo AL, Heller A, Neidhart S, Carle R (2006). Chromoplast morphology and beta-carotene accumulation during postharvest ripening of Mango Cv. 'Tommy Atkins'. *J Agric Food Chem 54*: 5769–5776.

218. Wakamatsu J, Nishimura T, Hattori A (2004). A Zn-porphyrin complex contributes to bright red color in Parma ham. *Meat Sci 67*: 95–100.
219. Wang X-D (2009) Biological activities of carotenoid metabolites. In Britton G, Liaaen-Jensen S, Pfander H (eds.), *Carotenoids Volume 5: Nutrition and Health*, pp. 383–408. Birkhauser Verlag, Basel, Switzerland.
220. Wasserman B, Eiberger L, Guilfoy M (1984). Effect of hydrogen peroxide and phenolic compounds on horseradish peroxidase-catalyzed decolorization of betalain pigments. *J Food Sci 49*: 536–538.
221. Watanabe T, Nakazato M, Mazaki H, Hongu A, Konno M, Saitoh S, Honda K (1985). Chlorophyll a epimer and pheophytin a in green leaves. *Biochim Biophys Acta 807*: 110–117.
222. Weast C, Mackinney G (1940). Chlorophyllase. *J Biol Chem 133*: 551–558.
223. Weemaes CA, Ooms V, van Loey AM, Hendrickx ME (1999). Kinetics of chlorophyll degradation and color loss in heated broccoli juice. *J Agric Food Chem 47*: 2404–2409.
224. Wettasinghe M, Bolling B, Plhak L, Xiao H, Parkin K (2002). Phase II enzyme-inducing and antioxidant activities of beetroot (*Beta vulgaris* L.) extracts from phenotypes of different pigmentation. *J Agric Food Chem 50*: 6704–6709.
225. Wightman J, Wrolstad R (1996). β-Glucosidase activity in juice-processing enzymes based on anthocyanin analysis. *J Food Sci 61*: 427–440.
226. Williams C, Greenham J, Harborne J, Kong J-M, Chia L-S, Goh N-K, Saito N, Toki K, Tatsuzawa F (2002). Acylated anthocyanins and flavonols from purple flowers of Dendrobium cv. 'Pompadour'. *Biochem Syst Ecol 30*: 667–675.
227. Woolley PS, Moir AJ, Hester RE, Keely BJ (1998). A comparative study of the allomerization reaction of chlorophyll a and bacteriochlorophyll a. *J Chem Soc Perkin Trans 2*: 1833–1840.
228. Wyler H, Mabry TJ, Dreiding AS (1963). Uber die Konstitution des Randenfarbstoffes Betanin. *Helv Chim Acta 23*: 1960–1963.
229. Wyler H, Wilcox M, Dreiding AS (1965). Urnwandlung eines Betacyans in ein Betaxanthin Synthese von Indicaxanthin aus Betanin. *Helv Chim Acta 48*: 361–366.
230. Young A, Phillip D, Lowe G (2004). Carotenoid antioxidant activity. In Krinsky NI, Mayne ST, Sies H (eds.), *Carotenoids in Health and Disease*, pp. 105–126. CRC Press, Boca Raton, FL.
231. Zagalsky P (1985). A study of the astaxanthin-lipovitellin, ovoverdin, isolated from the ovaries of the lobster, *Homarus gammarus* (L.). *Comp Biochem Physiol 8011*: 589–597.
232. Zechmeister L (1949). Stereoisomer provitamins A. In Harris RS, Thimann KV (eds.), *Vitamins and Hormones*, pp. 57–81. Academic Press, Inc., New York.
233. Zechmeister L (1944). Cis–trans isomerization and stereochemistry of carotenoids and diphenylpolyenes. *Chem Rev 34*: 267–344.
234. Zechmeister L (1962). *Cis–Trans Isomeric Carotenoids, Vitamin A and Arylpolyenes*. Academic Press, Inc., New York.
235. Britton G, Liaaen-Jensen, S., Pfander H, eds. (2004). *Carotenoids Handbook*. Birkhauser Verlag, Basel, Switzerland.
236. Britton G, Liaaen-Jensen S, Pfander H, eds. (2009). *Carotenoids*, Vol. 5: Nutrition and Health. Birkhauser Verlag, Basel, Switzerland.
237. AOAC International (2012). Official method 970.64, Carotene and xanthophylls in dried plant materials and mixed feeds. In *Official Methods of Analysis of AOAC International*. AOAC International, Gaithersburg, MD.
238. AOAC International (2012). Official method 941.15, Carotene in fresh plant materials and silage. In *Official Methods of Analysis of AOAC International*. AOAC International, Gaithersburg, MD.
239. Wallace TC, Giusti MM, eds. (2014). *Anthocyanins in Health and Disease*. CRC Press, Boca Raton, FL.
240. Henry BS (1996) Natural food colours. In Hendry GAF, Houghton JD (eds.), *Natural Food Colorants*, pp 40–79. Springer-Science+Business Media, London, U.K.

LEITURAS SUGERIDAS

Bauernfeind JB, ed. (1981). *Carotenoids as Colorants and Vitamin A Precursors*. Academic Press, New York.

Bechtold T, Mussak R, eds. (2009). *Handbook of Natural Colorants*. John Wiley & Sons, West Sussex, U.K.

Carle R, Schweiggert RM, eds. (2016). Handbook on Natural Pigments in Food and Beverages, Industrial Applications for Improving Food Color. Woodhead Publishing, Amsterdam, the Netherlands.

Counsell JN, ed. (1981). *Natural Colours for Food and Other Uses*, Applied Science, Essex, U.K.

Francis FJ (1999). *Colorants: Practical Guide for the Food Industry*. Eagan Press Handbook Series. Eagan Press, St. Paul, MN.

Griffiths JC (2005). Coloring foods and beverages. *Food Technol 59*(5): 38–44.

Houghton J, Hendry G, eds. (1996). *Natural Food Colorants*. Springer-Science+Business Media, Berlin, Germany.

Lauro GJ, Francis FJ, eds. (2000). *Natural Food Colorants*. IFT Basic Symposium Series. Marcel Dekker, Inc., New York.

Mazza G, Miniati E (1993). *Anthocyanins in Fruits, Vegetables and Grains*. CRC Press, Boca Raton, FL.

Schwartz SJ, Lorenzo TV (1990). *Chlorophylls in Foods*. Food Science and Nutrition. CRC Press, Boca Raton, FL.

Socaciu C, ed. (2008). *Food Colorants, Chemical and Functional Properties*. CRC Press, Boca Raton, FL.

Wallace TC, Giusti MM, eds. (2014). *Anthocyanins in Health and Disease*. CRC Press, Boca Raton, FL.

Wrolstad RE, Acree TE, Decker EA, Penner MH, Ried DS, Schwartz SJ, Shoemaker CF, Smith D, Sporns P, eds. (2005). Pigments and colorants. In *Handbook of Food Analytical Chemistry*, pp. 1–216. John Wiley & Sons, Hoboken, NJ.

Xu Z, Howard LR, eds. (2012). *Analysis of Antioxidant Rich Phytochemicals*. Wiley-Blackwell, West Sussex, U.K.

Sabor*

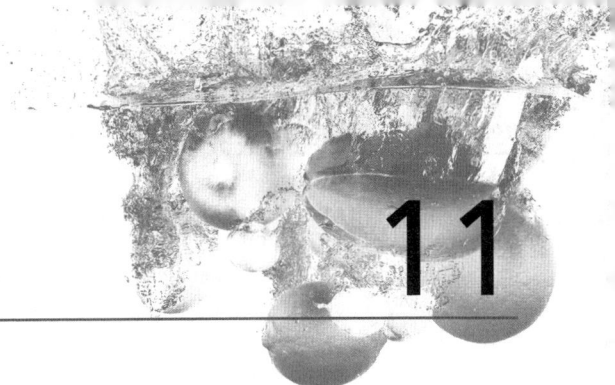

Robert C. Lindsay

CONTEÚDO

11.1 Introdução 749
   11.1.1 Filosofia geral 749
   11.1.2 Métodos para análise do sabor. 750
   11.1.3 Avaliação sensorial dos sabores. 751
   11.1.4 Mecanismos moleculares de
   percepção do sabor 752
11.2 Gosto e outras substâncias do sabor 753
   11.2.1 Substâncias de gosto doce 754
   11.2.2 Substâncias de gosto amargo. 755
   11.2.3 Substâncias de gosto salgado. 761
   11.2.4 Substâncias de gosto azedo 762
   11.2.5 Substâncias de gosto *umami* 762
   11.2.6 Substâncias de gosto *kokumi* e outros
   modificadores de sabor 763
   11.2.7 Substâncias pungentes. 765
   11.2.8 Substâncias refrescantes 766
   11.2.9 Substâncias adstringentes 766
11.3 Sabores de hortaliças, frutas
e condimentos 767
   11.3.1 Voláteis sulfurados em *Allium* sp. 768
   11.3.2 Voláteis sulfurados em Cruciferae 769
   11.3.3 Compostos sulfurados únicos em
   cogumelos *Shiitake* 770
   11.3.4 Voláteis metoxi alquil pirazina
   em vegetais 770
   11.3.5 Voláteis derivados enzimaticamente
   de ácidos graxos 771
      11.3.5.1 Sabores derivados da lipoxigenase
      em plantas. 771
      11.3.5.2 Voláteis da β-oxidação de ácidos
      graxos de cadeia longa 773
   11.3.6 Voláteis de aminoácidos de cadeia
   ramificada 773
   11.3.7 Sabores derivados da rota do ácido
   chiquímico. 774
   11.3.8 Terpenoides voláteis 775
   11.3.9 Sabores de cítricos. 776
   11.3.10 Sabores de ervas e especiarias 777
11.4 Sabores da fermentação do ácido
láctico-etanol 778
11.5 Sabores de voláteis de gorduras e óleos . . 781
   11.5.1 Sabores da hidrólise de gorduras
   e óleos 781
   11.5.2 Sabores diferenciados de ácidos graxos
   poli-insaturados de cadeia longa 782
11.6 Sabores de voláteis em carnes e leite 783
   11.6.1 Sabores relacionados às espécies em
   carnes e leite de ruminantes 783
   11.6.2 Sabores relacionados às espécies em
   carnes de não ruminantes 785
   11.6.3 Voláteis em peixes e sabores de
   frutos do mar. 786
11.7 Sabores voláteis ocasionados por
reações ou processos 788
   11.7.1 Voláteis de processos induzidos
   termicamente. 788
   11.7.2 Voláteis derivados de clivagens
   oxidativas dos carotenoides. 792
11.8 Direções futuras da química e da
tecnologia do sabor 793
Referências. 794
Leituras sugeridas 797

11.1 INTRODUÇÃO
11.1.1 Filosofia geral

A química do sabor costuma ser entendida como o desenvolvimento relativamente recente da química de alimentos, a qual evoluiu desde o final dos anos 1950 com o advento da cromatografia gasosa e da espectrometria de massa de alta velocidade de varredura. Embora a disponibilidade dessas ferramentas tenha fornecido meios para uma investigação definitiva de toda a gama de substâncias do sabor, técnicas químicas clássicas foram elegantemente aplicadas em muitos estu-

---

*N. de T. O sabor (*flavor*) refere-se, principalmente, a uma resposta integrada das percepções de gosto, aroma e das demais sensações (adstringência, pungência, refrescância, etc.), sendo que o gosto é atribuído aos compostos não voláteis presentes nos alimentos, ao passo que o aroma é bem mais complexo e se deve a dezenas ou centenas de compostos voláteis.

dos anteriores, sobretudo aos óleos essenciais e aos extratos de condimentos [28]. O foco abrangente e um pouco separado da atenção voltada a perfumes e cosméticos, em combinação com o rápido desenvolvimento, aparentemente desorganizado, da química do sabor dos alimentos, têm contribuído para a lenta evolução de uma disciplina voltada à identidade dos compostos do sabor.

Embora as substâncias do sabor representem uma faixa bem ampla de estruturas químicas derivadas de quase todos os famosos constituintes dos alimentos, a característica de "estimular os receptores de gosto ou aroma ou nervos especializados em produzir respostas psicológicas integradas conhecidas como sabores" permanece como o único requisito essencial à inclusão de uma molécula para a categoria de sabor na química de alimentos. Contudo, a partir de uma perspectiva mais ampla, o termo sabor, ou *flavor*, evoluiu para uma utilização que implica a percepção global integrada de todos os contribuintes dos sentidos (odor, paladar, visão, percepções e som) no momento do consumo do alimento. Assim, embora os sentidos não químicos ou indiretos (visão, som e sensações) muitas vezes influenciem substancialmente a percepção dos sabores e, em consequência disso, a aceitação dos alimentos, a discussão desses efeitos extrapola o âmbito deste capítulo.

A atenção deste capítulo está voltada a produtos químicos que produzem respostas especializadas de odor e/ou gosto, porém uma clara distinção entre o significado desses termos e do sabor nem sempre será contemplada. Incluímos a química de importantes sistemas de sabor e compostos característicos de impacto, os quais foram selecionados para ilustrar a química de sistemas alimentares relevantes e a base química para a existência de compostos de sabor nos alimentos. Quando esse for o caso e quando a informação estiver disponível, as relações estrutura-atividade para os compostos do sabor serão observadas.

Aqui, serão dadas informações limitadas para a lista de perfis de compostos do sabor presentes em vários alimentos. Listas que englobam os compostos do sabor para os alimentos estão disponíveis em outras literaturas [48,83], bem como nas tabelas de concentrações limiares de diversos compostos [21]. Finalmente, se existem informações relativas à química do sabor dos principais constituintes dos alimentos, elas serão tratadas aqui, ou nos capítulos dedicados aos componentes majoritários dos alimentos. Considerou-se apropriado conduzir essas discussões nos capítulos dos componentes principais dos alimentos. Por exemplo, muitos detalhes para os sabores derivados da reação de Maillard são discutidos no Capítulo 3, e, similarmente, aqueles derivados da oxidação de radicais livres de lipídeos são discutidos no Capítulo 4. Informações sobre edulcorantes de baixas calorias e sobre a ligação do sabor com macromoléculas são, por necessidade, parcialmente discutidas aqui e parcialmente nos Capítulos 3 e 5 (ligação com macromoléculas) e no Capítulo 12 (edulcorantes de baixas calorias).

11.1.2 Métodos para análise do sabor [22,53,64]

Conforme observado no início deste capítulo, a química do sabor muitas vezes tem sido equiparada com a análise de compostos voláteis por cromatografia gasosa combinada com espectrometria de massa de alta velocidade de varredura, mas essa visão é muito restritiva, considerando-se a ampla variedade de métodos que tem sido desenvolvida para a análise de compostos do sabor. No entanto, aqui apenas uma atenção limitada será direcionada à análise do sabor, uma vez que discussões abrangentes podem ser encontradas em outras literaturas [49,66,76].

Diversos fatores tornam a análise do sabor um tanto exigente, incluindo sua presença em baixas concentrações (ppm, 1×10^6; ppb, 1×10^9; ppt, 1×10^{12}), a complexidade das misturas (p. ex., mais de 450 compostos voláteis identificados no café), a instabilidade de alguns compostos e, algumas vezes, sua volatilidade extremamente elevada (alta pressão de vapor) ou baixa volatilidade (baixa pressão de vapor). A identificação dos compostos do sabor costuma requerer isolamento inicial a partir de constituintes volumosos dos alimentos em combinação com concentração substancial (p. ex., destilação), mas isso deve ocorrer com o mínimo de distorção da composição nativa, sobretudo quando a qualidade do sabor está sendo estudada. A adsorção da fase gasosa de equilíbrio dos compostos do sabor dos alimentos para polímeros porosos seguida por dessorção térmica ou por solvente de eluição propiciou um meio de se minimizar a perda de compostos sensíveis durante o isolamento. No entanto, compostos de alto ponto de ebulição e alguns compostos presentes em concentrações muito baixas ainda podem exigir técnicas de destilação para que se assegure a recuperação adequada para análise.

A identificação dos compostos ativos do sabor e das substâncias precursoras associadas a ele é um objetivo primordial da análise do sabor, mas medições precisas das concentrações desses compostos nos alimentos são um objetivo de igual importância. A informação quantitativa é especialmente valiosa quando são procuradas correlações entre a ocorrência de compostos do sabor e os resultados das percepções sensoriais. Embora tenham sido acumulados dados abrangentes sobre a presença quantitativa das substâncias do sabor em gases do espaço-livre (*headspace*) e diversos isolados obtidos a partir de alimentos, devido à perda de compostos ou valores quantitativos distorcidos, muitas vezes é difícil reconstruir com alta qualidade reproduções iguais de sabor com origem nesses dados.

Além disso, as tentativas de duplicação de sabores em alimentos modificados nutricionalmente (p. ex., formulações com baixo teor de gordura) pela adaptação das composições do sabor utilizadas em alimentos não modificados (p. ex., formulações integrais) geralmente têm tido sucessos limitados. Em resposta às suspeitas de que a liberação de compostos individuais do sabor na boca é diferente a partir de uma matriz alimentícia modificada (p. ex., formulação com baixo teor de gordura), esforços consideráveis têm sido dedicados à aplicação de técnicas de espectrometria de massa de ionização à pressão atmosférica para medição em tempo real da liberação de compostos do sabor na cavidade oral. Enquanto diferentes experimentos têm validado o conceito de taxa de liberação tempo-intensidade para compostos individuais a partir de alimentos na boca, as diferenças de medida referem-se principalmente aos efeitos da intensidade de sabor e não parecem estar correlacionadas às diferenças de qualidade de percepção do sabor observadas entre alimentos não modificados e a composição de matrizes alimentares modificadas. Devido a essas conclusões, a atenção tem sido voltada à descoberta de moléculas modificadoras do sabor que estão presentes nos alimentos não modificados (p. ex., formulações integrais), mas que são excluídas ou omitidas em alimentos modificados (p. ex., formulações com baixo teor de gordura).

Em geral, embora tenham sido realizados progressos no desenvolvimento e na aplicação de métodos que correlacionam dados químicos objetivos do sabor a informações sensoriais subjetivas, a avaliação de rotina de sabores por meios puramente analíticos permanece limitada. O desenvolvimento e a comercialização de dispositivos de **nariz eletrônico** (*electronic nose*) [51] foi uma resposta às exigências de longa data por meios rápidos para a medição de parâmetros químicos que forneçam informações confiáveis sobre a intensidade e a qualidade do sabor nos alimentos. Apesar de alguns sucessos nas aplicações terem sido relatados para esses dispositivos, sobretudo na classificação de alimentos para sabores deterioráveis (p. ex., rancidez oxidativa), eles ainda são considerados como em estágio inicial de desenvolvimento.

11.1.3 Avaliação sensorial dos sabores

A avaliação sensorial de compostos do sabor e de alimentos é essencial para que se atinjam os objetivos de investigações do sabor, independentemente dos objetivos finais. Algumas situações para a caracterização sensorial de amostras necessitam de indivíduos qualificados (pesquisadores ou provadores experientes). No entanto, em muitos casos, é necessário que se utilizem painéis sensoriais treinados e análise estatística para a detecção de diferenças nos sabores, obtenham-se informações descritivas do sabor ou se determinem preferências de sabor dos consumidores. Excelentes revisões e livros sobre análise sensorial oficial estão disponíveis [1,2,61,71], devendo ser consultados para informações detalhadas sobre esse aspecto, que é extremamente importante na avaliação do sabor.

As avaliações sensoriais são utilizadas para a documentação das características qualitativas do sabor e dos aromas químicos, e tanto as determinações qualitativas como as quantitativas de sensações de gosto ou aroma para uma substância única ou para combinações de substâncias químicas variam com a concentração. A determinação dos limiares de detecção para a química do sabor proporciona uma medida da potência do sabor fornecida pelos compostos individuais, e os valores dos limiares de detecção costumam ser determinados usando-se um representante individual da população em geral. A faixa de concentrações de um composto selecionado em um meio definido (água, leite, ar, etc.) é apresentada a painelistas sensoriais e cada um deles indica se o composto pode ou não ser detectado. O intervalo de concentração em que pelo menos metade (às vezes mais) dos painelistas pode detectar o composto é designado como concentração limiar (*threshold*) [21]. Os compostos variam muito em sua potência de sabor ou odor e, dessa forma, as pequenas quantidades de um composto com um limiar muito baixo são percebidas por terem maior influência sobre o sabor do alimento em comparação a alimentos muito abundantes em determinada substância, mas que possuem um elevado limiar.

O cálculo das unidades de odor (OUs, do inglês *odor units*) envolve a divisão da concentração do composto do sabor por sua concentração limiar (OU = concentração presente/concentração limiar) e fornece uma estimativa da contribuição do composto para o sabor. Mais recentemente, a análise da diluição do extrato aromático tem sido muito utilizada para identificar o odor mais potente em alimentos [27], envolvendo a detecção sensorial dos compostos individuais (fator de diluição do odor), nos efluentes de cromatografia gasosa resultantes de diluições seriais de extratos de aroma de alimentos. Esses métodos fornecem informações quantitativas sobre a potência ou a intensidade relativa de compostos do sabor presentes nos alimentos e bebidas. No entanto, essas determinações costumam excluir ou subestimar as características qualitativas do sabor dos compostos. Esse é, especialmente, o caso de compostos individuais que contribuem para reconhecimento, **caracterização** ou **fator de impacto** característicos de um sabor em particular. Os métodos do composto de aroma mais potente são criticados, pois também fornecem dados sobre o sabor potencial, os quais são determinados na ausência de influentes da matriz alimentícia e da interação dos efeitos psicofísicos sobre a percepção de misturas de compostos do sabor. Sendo assim, a extrapolação desses dados para sistemas alimentares reais é muito limitada.

11.1.4 Mecanismos moleculares de percepção do sabor

Apesar da compreensão da base molecular da percepção do sabor ter persistido há muito tempo como um importante objetivo com muitas aplicações práticas, apenas recentemente as descobertas da pesquisa nesse campo começaram a substituir as teorias por fatos e princípios estabelecidos. Grande parte dos progressos recentes na compreensão da percepção do sabor tem sido realizada valendo-se da utilização de técnicas comuns às investigações da biologia molecular moderna.

Uma importante força motriz para que se dê prosseguimento aos estudos básicos sobre os mecanismos de percepção do sabor é fornecida pelo anseio de se utilizar de forma mais ampla as características estrutura-atividade das moléculas (p. ex., definir a característica estrutural pode conduzir à previsão de um aroma e de um gosto), a fim de que se oriente o desenvolvimento de compostos de sabor mais úteis e eficazes (tais como os fortes edulcorantes; ver também Capítulo 12). Do mesmo modo, altas demandas de substâncias que mascaram ou anulam sabores desagradáveis encontrados em alguns ingredientes alimentares (p. ex., derivados de proteína de soja) e, especialmente, o amargor indesejado que é inerente a alguns ingredientes farmacêuticos e nutracêuticos (Capítulo 13).

As células especializadas do epitélio olfatório da cavidade nasal, as quais têm a capacidade de detectar quantidades-traço de aromatizantes voláteis, consideram variações quase ilimitadas na intensidade e na qualidade de odores e sabores. As papilas gustativas, localizadas na língua e na parte posterior da cavidade oral, capacitam os seres humanos aos sentidos de doçura, acidez, salgado, amargor e *umami*, e essas sensações contribuem para o gosto dos componentes do sabor dos alimentos. Globalmente, o processo geral de percepção do odor e do gosto, em nível molecular, envolve três fases sucessivas, que, em última instância, culminam na experiência sensorial do provador. São elas a recepção, a transdução e o processamento neural ou codificação das informações dos impulsos elétricos. Uma visão geral detalhada, incluindo esquemas e descrições desses processos biológicos pode ser encontrada em revisões recentes [44,73].

Para o olfato e alguns dos paladares (doce, amargo e *umami*), o evento da percepção inicial envolve a ligação seletiva (acredita-se que ele obedeça a um modelo conceitual de chave-fechadura) de uma molécula de sabor a um receptor proteico específico na membrana da célula de um receptor apropriado.

Quando ocorre a ligação da molécula do sabor ao receptor proteico, a energia química é transduzida em energia elétrica por meio de várias reações bioquímicas em sequência.

A ligação inicial entre um receptor proteico e uma molécula de sabor estimula um receptor acoplado à proteína G para ativar reações enzimáticas, produzindo produtos em cascata de reação (p. ex., adenosina 5′-monofosfato cíclico [cAMP] ou trifosfato de inositol) que interagem entre si e abrem canais iônicos de Na^+ ou Ca^{2+} na membrana da célula receptora. O fluxo repentino resultante de íons carregados ao longo da membrana celular ocasiona a despolarização da célula, produzindo uma série única de cargas elétricas (ações potenciais ou impulsos nervosos) que refletem a quantidade de odorante estimulando as células e fornecendo algumas informações sobre a identidade da molécula de sabor. Os processos críticos pelos quais a informação elétrica é codificada são largamente teóricos nesse momento, mas evidências genéticas e fisiológicas sustentam a posição de que isso é conseguido por meio da produção de mapas espaciais (diferenciando intensidades e velocidades de disparo neurais), no bulbo olfatório e em outras estruturas cerebrais.

Os eventos moleculares envolvidos na percepção dos paladares azedo (H^+) e salgado (Na^+) são diferentes dos eventos dos odores e paladares doce, amargo e *umami*, sendo, ainda, diferentes entre si. No entanto, tanto o paladar amargo como o salgado interagem diretamente com os canais iônicos do receptor de gosto das membranas celulares. Para paladares azedos, os íons H^+ ligam-se diretamente a canais iônicos, causando o encerramento no fluxo de Na^+, o que resulta em despolarização da membrana e impulso neural. Em contrapartida, a percepção de sabores salgados é iniciada pela entrada direta de íons Na^+ a partir do ambiente externo para as células do receptor do paladar, pois os canais iônicos são permeáveis aos cátions de sal (Na^+). Desse modo, quando os íons de Na^+ entram no receptor das células e alteram o potencial elétrico ao longo da membrana celular, as células despolarizam e geram um impulso, em resposta à presença de sal (NaCl) no ambiente externo.

Algumas moléculas de sabor apresentam propriedades sensoriais únicas, incluindo calor ou pungência, frio e sensações de formigamento, que contribuirão muito para os sabores de alguns alimentos e bebidas. Uma vez que essas sensações decorrem de influências sobre determinadas fibras nervosas, faltando o envolvimento de células receptoras específicas (p. ex., de gosto ou olfativas) em sua geração, no passado elas costumavam ser chamadas de sensações de sabor inespecíficas. Essas sensações nos tecidos orais e nasais são paralelas às detectadas pelo sistema quimiossensor cutâneo (pele) (p. ex., irritação, dor, calor, frio, etc.). Contudo, para se distinguir as sensações relacionadas ao sabor provenientes de sistemas inervados das cavidades oral e nasal (p. ex., nervos trigêmeo, glossofaríngeo e vago), recentemente o termo "quimestese" tem sido adotado como referência coletiva a essas sensações.

Outras sensações inespecíficas, quimicamente induzidas, influenciadas pelo sabor (plenitude, complexidade, etc.) são detectadas pelo sistema neural do trigêmeo, mas os compostos que causam os efeitos não são muito conhecidos e os mecanismos de percepção ainda não são compreendidos.

Avanços para a solução dos detalhes sobre o processo intrigante da percepção do sabor ainda são ativamente emergentes, e revisões sobre esse tema podem ser encontradas em outras literaturas [50,73].

11.2 GOSTO E OUTRAS SUBSTÂNCIAS DO SABOR

Muitas vezes, embora nem sempre, as substâncias responsáveis pelos aspectos da percepção do gosto são hidrossolúveis e relativamente não voláteis. Como regra, elas também estão presentes em concentrações mais elevadas nos alimentos em comparação às substâncias responsáveis pelos aromas, tendo sido, muitas vezes, tratadas com superficialidade na abrangência dos sabores. Devido ao seu papel bastante influente na aceitação dos alimentos, a química das substâncias responsáveis pelas sensações do paladar, bem como a das responsáveis por algumas das sensações menos definidas do sabor, é analisada aqui.

11.2.1 Substâncias de gosto doce

Substâncias doces têm sido foco de muita atenção devido ao interesse por alternativas para o açúcar e ao desejo de se encontrar substitutos adequados para determinados edulcorantes de baixas calorias, incluindo a sacarina e o ciclamato (ver Capítulo 12). Antes que as teorias modernas sobre doçura estivessem avançadas, era comum deduzir-se que ela estava associada aos grupos hidroxilas (–OH), uma vez que as moléculas de açúcar são dominadas por essa característica. No entanto, tal opinião logo foi alvo de críticas, pois os compostos poli-hidroxilados variam bastante em doçura e muitos aminoácidos, alguns sais metálicos e compostos não relacionados, tais como o clorofórmio ($CHCl_3$) e a sacarina (Capítulo 12), também são doces. Ainda assim, era evidente que existiam algumas características comuns entre as substâncias doces, e ao longo dos últimos 75 anos, tem sido desenvolvida uma teoria que relaciona a estrutura molecular e o sabor doce, a qual explica de maneira satisfatória a razão pela qual alguns compostos exibem doçura.

Shallenberger e Acree [68] propuseram a teoria AH/B para a unidade de sabor (produção de gosto) comum a todos os compostos que causam sensação doce (Figura 11.1). A unidade de sabor era vista no início como a combinação de um próton H-ligante covalentemente ligado e um orbital eletronegativo posicionado a uma distância de ≈ 3 Å do próton. Assim, os átomos eletronegativos vicinais de uma molécula são essenciais para a doçura. Além disso, um dos átomos deve possuir um próton H-ligante. Os átomos de oxigênio, nitrogênio e cloro costumam cumprir esses papéis na molécula doce, e os átomos de oxigênio do grupo hidroxila podem servir tanto para a função AH como pra a B em uma molécula. Relações simples AH/B são apresentadas para clorofórmio (I), sacarina (II) e glicose (III).

(I) Clorofórmio

(II) Sacarina

(III) Glicose

Entretanto, conforme indicado na Figura 11.1, também existem requisitos estereoquímicos para os componentes AH/B da unidade de sabor, de modo que eles se alinharão de forma adequada com o receptor. A interação entre os grupos ativos da molécula doce e do receptor do gosto é atualmente prevista por ocorrer ao longo do H-ligante dos componentes AH/B para estruturas similares no receptor de gosto. Uma terceira propriedade também foi acrescentada a essa teoria, a fim de estender sua validade para a intensidade das substâncias doces. Essa adição incorpora regiões lipofílicas adequadas, arranjadas estereoquimicamente nas moléculas doces, designadas como γ, que são atraídas para regiões lipofílicas similares do receptor. As porções lipofílicas de moléculas doces costumam ser grupos metileno ($-CH_2-$), metil ($-CH_3$) ou fenil ($-C_6H_5$). A estrutura de sabor doce completa é geometricamente situada para que possa haver um contato triangular de todas as unidades ativas (AH, B e γ) com o receptor da molécula, para substâncias bastante doces, sendo que essa disposição das formas é o argumento para a teoria da estrutura tripartite de doçura.

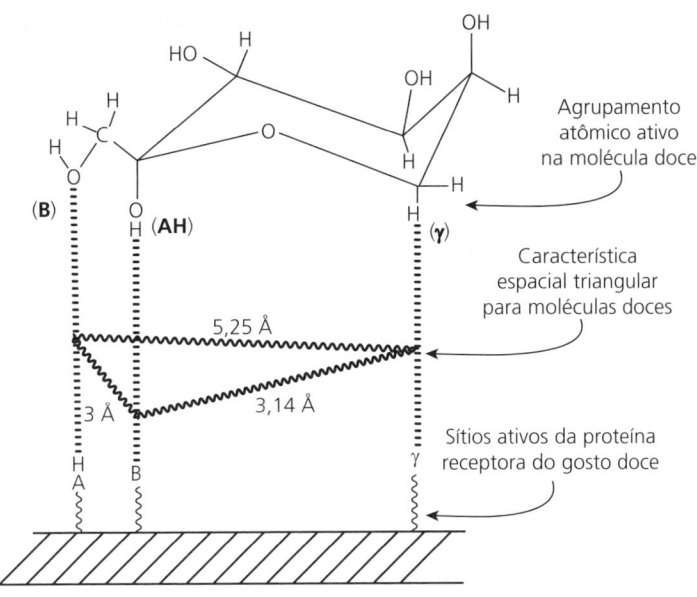

FIGURA 11.1 Esquema que apresenta a relação entre os sítios AH/B e γ na unidade de sabor doce da β-D-frutopiranose.

O sítio γ é uma característica de extrema importância da intensidade das substâncias doces, mas desempenha um papel menos importante na doçura do açúcar [8]. Ele parece funcionar facilitando a adesão de algumas moléculas ao sítio do receptor do gosto e, portanto, afetando a percepção da intensidade de doçura. Como os açúcares são, em grande parte, hidrofílicos, essa característica entra em jogo em um sentido limitado apenas para alguns açúcares, como a frutose. Esse componente da unidade de sabor doce provavelmente representa uma parcela substancial da variação da qualidade da doçura, o que é observado entre as diferentes substâncias doces. Ele não é apenas importante no tempo-intensidade ou nos aspectos temporais da percepção de doçura, mas também parece estar relacionado a algumas das interações entre os gostos doce e amargo, observadas para alguns compostos.

As estruturas de açúcar doce-amargo aparentemente têm características que lhes permitem interagir com qualquer ou ambos os tipos de receptores, produzindo a sensação do gosto combinado. As propriedades de amargor das estruturas reduzem a doçura, mesmo que a concentração de uma solução-teste esteja abaixo da sensação de amargor. Este parece ser transmitido por uma combinação de efeitos que envolvem a configuração do centro anomérico, o anel de oxigênio, o grupo alcoólico primário das hexoses e a natureza de quaisquer substituintes. Em geral, as mudanças estrutural e estereoquímica de uma molécula doce conduzem à perda ou à supressão de doçura ou, ainda, à indução de amargor.

11.2.2 Substâncias de gosto amargo [58,59]

A sensação de amargor parece estar relacionada à doçura, a partir da relação molecular estrutura-receptor. O amargor se assemelha à doçura, em decorrência de sua dependência estereoquímica de moléculas estimulantes, e ambas as sensações são geradas por características semelhantes nas moléculas, fazendo algumas delas produzirem sensações tanto de amargor como de doçura. Embora as moléculas doces devam conter dois grupos polares que podem ser suplementados com um grupo apolar, as moléculas amargas parecem ter apenas a exigência de um grupo polar e um grupo hidrofóbico [9].

No entanto, alguns autores [5,7,14] acreditam que a maioria das substâncias amargas possui entidade AH/B idêntica à encontrada nas moléculas doces, bem como um grupo hidrofóbico. Com base nesse conceito, a orientação das unidades AH/B com sítios receptores específicos, os quais estão localizados na superfície lisa do fundo das cavidades receptoras, prevê a discriminação entre a doçura e o amargor de moléculas que possuem as características moleculares necessárias. Moléculas que se encaixam em sítios que foram orientados para compostos do amargor dão resposta amarga; as que ajustam sua orientação para doçura fornecem resposta doce. Se a geometria de uma molécula for de tal ordem que a orientação possa ocorrer em ambos os sentidos, haverá respostas doces-amargas.

Esse modelo parece especialmente interessante para os aminoácidos em que os D-isômeros são doces e os L-isômeros são amargos [39]. Uma vez que o sítio γ ou o hidrofóbico do receptor doce é não direcionalmente lipofílico, ele poderá participar tanto da resposta doce como da amarga. Os fatores de volume molecular servem para dar seletividade estereoquímica aos sítios receptores localizados em cada cavidade. Pode-se concluir que existe uma ampla base estrutural para a modalidade do gosto; porém, mais observações empíricas sobre o amargor e a estrutura molecular podem ser explicadas por teorias atuais.

O quinino é um alcaloide que costuma ser aceito como o padrão para a sensação do gosto amargo. O limiar de detecção para o cloridrato de quinino (IV) é ≈ 10 ppm. Em geral, as substâncias amargas têm limiares de detecção mais baixos que outras substâncias do gosto e, ainda, tendem a ser menos solúveis em água do que outros materiais ativos para o gosto. O quinino é permitido como aditivo em bebidas, como refrigerantes que também têm atributo azedo-doce. O amargor combina bem com os outros gostos, propiciando estímulo gustativo refrescante nessas bebidas. A prática de misturar quinino em refrigerantes é, aparentemente, proveniente de esforços para suprimir ou mascarar o amargor desse alcaloide quando de sua prescrição como fármaco contra a malária.

(IV) Cloridrato de quinino

Além de refrigerantes, o amargor é um importante atributo do sabor de várias outras bebidas consumidas em grandes quantidades, incluindo café, cacau e chá. A cafeína (V) é moderadamente amarga a 150 a 200 ppm em água, e está presente no café, no chá e nas nozes de cola. A teobromina (VI) é muito semelhante à cafeína, e está presente sobretudo no cacau, onde contribui para o amargor. A cafeína é adicionada em concentrações de até 200 ppm em refrigerantes à base de cola, e grande parte da cafeína empregada para esse efeito é obtida a partir de extrações de café verde, as quais são realizadas na preparação de café descafeinado.

(V) Cafeína

(VIII) Feniltiocarbamida (PTC)

(IX) 6-n-Propil-2-tiouracil (PROP ou PTU)

(VI) Teobromina

Grandes quantidades de lúpulo são empregadas na indústria cervejeira para proporcionar sabores únicos à cerveja. O amargor contribuído por alguns compostos derivados de isoprenoides não usuais é um aspecto muito importante do sabor do lúpulo. Essas substâncias não voláteis e amargas no geral podem ser categorizadas como derivados de humulona ou lupulona, isto é, α ou β-ácidos, respectivamente, como são conhecidos na indústria cervejeira. A humulona é a substância mais abundante, sendo convertida durante a fervura do mosto para iso-humulona por uma reação de isomerização (Figura 11.2) [16].

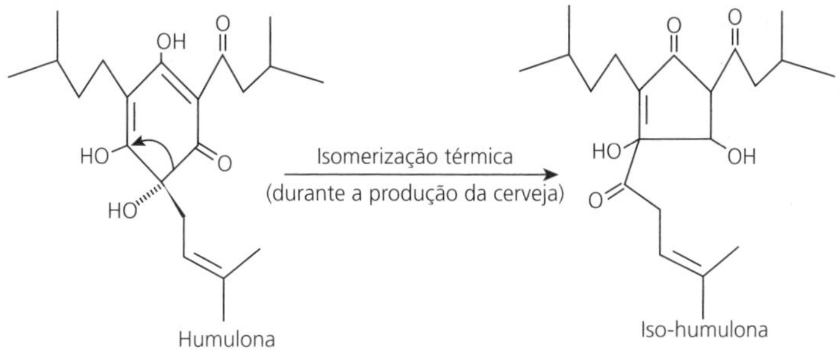

FIGURA 11.2 Isomerização térmica da humulona para iso-humulona ocorrida durante a fervura do mosto no processo tradicional de produção de cerveja.

A iso-humulona é o precursor de compostos que causam o sabor chamado "gosto de luz" (*sunstruck* ou *skunky flavor*) na cerveja exposta à luz. Na presença de sulfureto de hidrogênio, a partir da fermentação de leveduras, ocorre uma reação fotocatalisada no carbono adjacente ao grupo ceto da cadeia iso-hexenil. Isso origina 3-metil-2-buteno-1-tiol (prenilmercaptano), o qual apresenta aroma *skunky*. A redução seletiva da cetona em extratos de lúpulo pré-isomerizados impede essa reação e permite a embalagem da cerveja em garrafas claras sem o desenvolvimento dos sabores *skunky* ou *sunstruck*. Dúvidas a respeito da resistência dos compostos voláteis do aroma de lúpulo ao processo de fervura do mosto foram um tema controverso durante alguns anos. No entanto, hoje é sabido que os compostos influentes que sobrevivem ao processo de fervura do mosto, além de outros compostos, são formados a partir de substâncias do lúpulo amargo; juntos, eles contribuem para o aroma de lúpulo fervido (*kettle-hop*) da cerveja.

Embora o amargor seja desejável em muitos alimentos e bebidas, o amargor indesejado de alguns produtos, incluindo novos ingredientes nutracêuticos e preparações farmacêuticas, é um problema frequente. Grandes esforços têm sido realizados para a identificação de substâncias que mascarem os sabores amargos, mas até hoje tem-se obtido sucesso limitado. Apesar de determinadas gomas ou polímeros que aumentam a viscosidade suprimirem sabores amargos, em geral a sua utilização alivia apenas parcialmente o problema. Contudo, há pouco tempo descobriu-se que a cAMP (VII), que está associada ao metabolismo energético intermediário, tem propriedades potentes para bloquear o amargor, e sua aplicação na supressão do sabor amargo parece ser promissora.

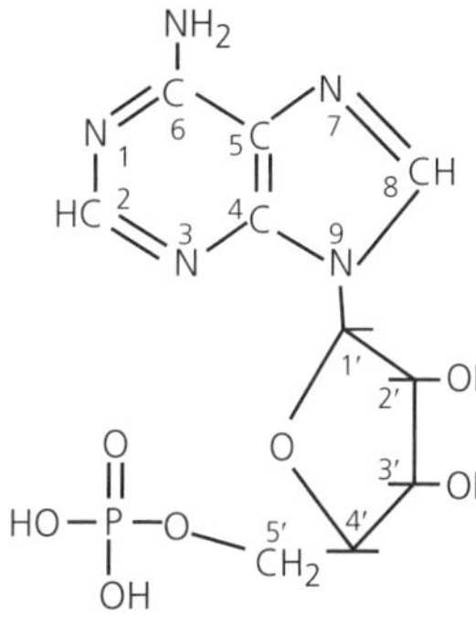

(VII) Adenosina 5'-monofosfato
(cAMP, um potente bloqueador de amargor)

O desenvolvimento de amargor excessivo é um grande problema da indústria de cítricos, especialmente em produtos processados. No caso da toranja, alguma amargura é desejável e esperada, mas, frequentemente, a intensidade do amargor em frutas frescas e processadas excede a preferida por muitos consumidores. As frutas cítricas contêm vários glicosídeos de flavononas, sendo a naringina a flavonona predominante encontrada na toranja e na laranja amarga (*Citrus auranticum*). Sucos que contêm altos níveis de naringina são extremamente amargos e são de pouco valor econômico, exceto nos casos em que podem ser extensivamente diluídos com sucos contendo baixos níveis de amargor. O amargor da naringina está associado à configuração da molécula que se desenvolve a partir da ligação 1–2 entre ramnose e glicose. A naringinase é uma enzima que tem sido isolada a partir de preparações de pectina cítrica comercial e de *Aspergillus* sp., e esta enzima hidrolisa a ligação 1–2 (Figura 11.3), para gerar produtos não amargos. Sistemas da enzima imobilizada também têm sido desenvolvidos com o propósito de reduzir o amargor em sucos de toranja que contêm níveis excessivos de naringina. Naringina também tem sido recuperada comercialmente a partir de cascas de toranja, sendo utilizada no lugar da cafeína para a obtenção do sabor amargo em algumas aplicações alimentares.

O principal componente amargo das laranjas-de-umbigo e das laranjas-valência é uma dilactona triterpenoide (anéis A e D) chamada limonina, também encontrada como agente do amargor em toranjas. A limonina não está presente em frutas intactas, mas um derivado insípido da limonina produzido por hidrólise enzimática do anel D da limonina é a forma particularmente predominante (Figura 11.4). Depois da extração do suco, as condições ácidas favorecem o fechamento do anel D para formar limonina, ocorrendo o fenômeno de amargor tardio, que gera graves consequências econômicas.

Foram desenvolvidos métodos para reduzir o amargor em suco de laranja utilizando-se enzimas imobilizadas de *Arthrobacter* sp. e *Acinetobacter* sp. [34]. As enzimas que simplesmente abrem o anel D lactona fornecem apenas soluções temporárias para o problema, uma vez que o anel fecha-se novamente sob condições ácidas. No entanto, o uso de limonoato desidrogenase para a conversão da abertura do anel D para o composto não amargo 17-desidrolimonoato lactona anel A (Figura 11.4) fornece um meio irreversível para a redução de amargor do suco de laranja. Os métodos de redução do amargor em sucos cítricos também incluem o uso de polímeros adsorventes, que, atualmente, são os métodos preferidos para processamento comercial [40].

Amargores indesejáveis e pronunciados costumam ser encontrados em hidrolisados de proteínas e queijos envelhecidos, e esse efeito é causado pela hidrofobicidade global de cadeias laterais de aminoácidos em peptídeos. Todos os peptídeos contêm um número adequado de grupos polares do tipo AH, os quais podem se combinar com o sítio receptor polar, porém os peptídeos individuais variam muito em tamanho e natureza de seus grupos hidrófobicos e, portanto, na capacidade desses grupos de interagir com os sítios hidrofóbicos essenciais dos receptores de amargor. Ney [58] demonstrou que o sabor amargo de peptídeos pode ser previsto pelo cálculo de um valor de hidrofobicidade significativo, denominado Q. A capacidade de uma proteína de participar de associações hidrofóbicas está relacionada à soma das contribuições hidrofóbicas individuais

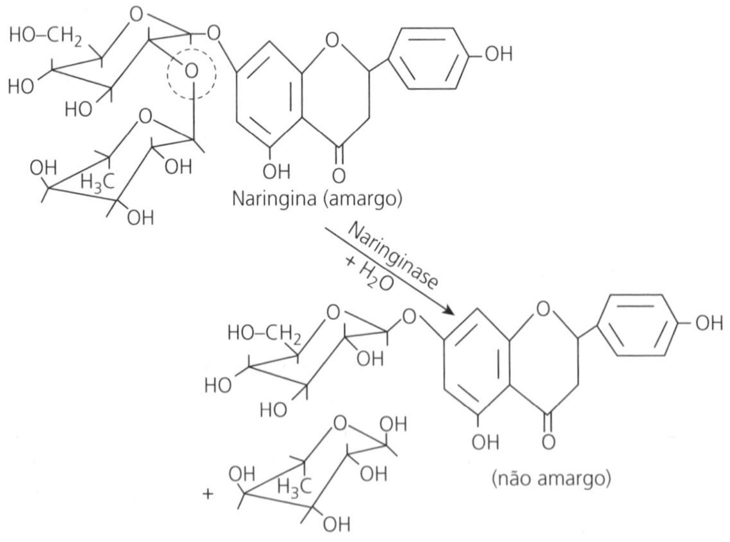

FIGURA 11.3 Reação que mostra a hidrólise enzimática da naringina por naringinase, a qual é utilizada na redução do amargor de produtos cítricos.

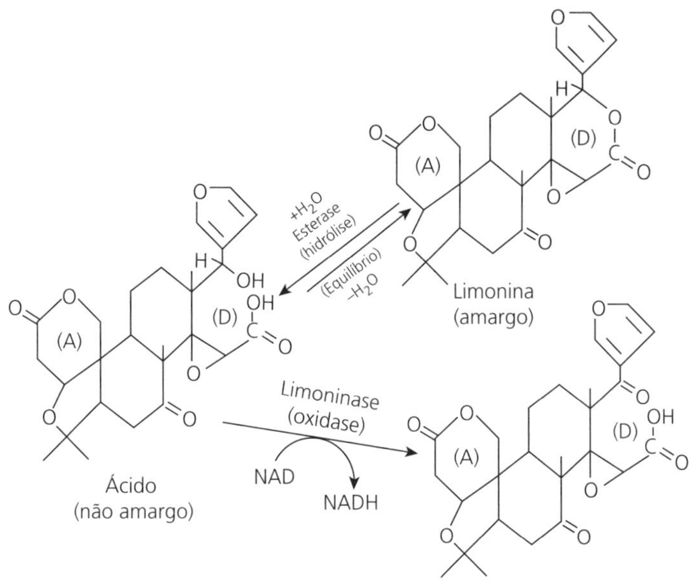

FIGURA 11.4 Reação de equilíbrio que leva à formação de limonina a reações enzimáticas que revertem o desenvolvimento de sabor amargo em sucos de frutas cítricas.

de aminoácidos de cadeia lateral apolar, e essas interações contribuem principalmente para a energia livre (ΔG) associada ao desdobramento da proteína. Sendo assim, por meio do somatório dos valores de ΔG para cada uma das cadeias laterais de aminoácidos em um peptídeo, é possível calcular a hidrofobicidade média Q por meio da Equação 11.1:

$$Q = \frac{\Sigma \Delta G}{n}, \qquad (11.1)$$

onde n é o número de resíduos de aminoácidos. Os valores individuais de ΔG para aminoácidos foram determinados a partir de dados de solubilidade [75], sendo estes resumidos na Tabela 11.1. Os valores de Q acima de 5.855, com base em joules mol^{-1} (baseados em 1.400 calorias mol^{-1}), indicam que o peptídeo será amargo; valores abaixo de 5.436 joules mol^{-1} (baseados em 1.300 calorias mol^{-1}) asseguram que o peptídeo não será amargo. A massa molecular de um peptídeo também influencia sua capacidade de produzir amargor, e apenas peptídeos com pesos moleculares inferiores a 6.000 apresentam potencial de amargor. Peptídeos maiores do que isso aparentemente não têm acesso aos sítios receptores em decorrência de seu volume (ver Capítulo 5).

O peptídeo mostrado na Figura 11.5 é derivado da clivagem da α_{s1}-caseína entre os resíduos 144 a 145 e os resíduos 150 a 151 [58], apresentando um valor calculado de Q de 9.576, com base em joules mol^{-1} (baseados em 2.290 calorias mol^{-1}). Esse peptídeo é muito amargo, sendo ilustrativo da força hidrofóbica de peptídeos que podem ser facilmente obtidos a partir de α_{s1}-caseína. Eles são responsáveis pelo amargor que se desenvolve nos queijos maturados.

Devido às diferenças genéticas entre os seres humanos, os indivíduos variam em sua capacidade de perceber as substâncias amargas. Ao definir uma concentração, determinadas substâncias podem ser amargas, doces-amargas ou insípidas, dependendo do indivíduo. A sacarina é percebida como puramente doce por alguns indivíduos, mas outros encontram esse sabor em uma faixa a partir de pouco amargo e doce a bastante amargo e doce. Muitos outros compostos também mostram variações acentuadas na forma como os indivíduos os percebem e, muitas vezes, o sabor amargo ou sua ausência não são percebidos por todos.

TABELA 11.1 Valores de ΔG calculados para aminoácidos individuais

Aminoácidos	Valor de ΔG^a (kJ mol^{-1})
Glicina	0 (0)
Serina	167,3 (40)
Treonina	1.839,9 (440)
Histidina	2.090,8 (500)
Ácido aspártico	2.258,1 (540)
Ácido glutâmico	2.299,9 (550)
Arginina	3.052,6 (730)
Alanina	3.052,6 (730)
Metionina	5.436,1 (1.300)
Lisina	6.272,4 (1.500)
Valina	7.066,9 (1.690)
Leucina	10.119,5 (2.420)
Prolina	10.955,8 (2.620)
Fenilalanina	11.081,2 (2.650)
Tirosina	12.001,2 (2.870)
Isoleucina	12.419,4 (2.970)
Triptofano	12.544,8 (3.000)

^{a}Os valores de ΔG em calorias mol^{-1} são mostrados entre parênteses; 1 caloria = 4,1816 kJ. Os valores de ΔG representam mudança na energia livre para a transferência de cadeias laterais de aminoácidos a partir de etanol para água. Esses valores são ligeiramente diferentes dos obtidos a partir da transferência de cadeias laterais dos aminoácidos de octanol para água (ver Tabela 5.3)
Fonte: de Ney, K.H., Bitterness of peptides: Amino acid composition and chain length, em: Boudreau, J.C., ed., *Food Taste Chemistry*, American Chemical Society, Washington, DC, 1979, pp. 149–173.

A feniltiocarbamida (PTC) (VIII) é um dos compostos mais notáveis dessa categoria [1], tendo sido descoberto no início dos anos 1930 [4] que o sabor amargo atribuído a esse composto não é percebido por cerca de 40% da população norte-americana branca, porém é percebido pelos outros 60% dessa população. Uma vez que a capacidade de perceber o amargor da PTC mostrou-se controlada geneticamente, sua utilização como marcador para explorar diferenças comportamentais e metabólicas entre os provadores de gosto amargo e os não provadores foi logo utilizada. Como a PTC também exibe um odor sulfuroso, mais recentemente os pesquisadores têm adotado o 6-*n*-propil-2-tiouracil (PROP) (IX), que não apresenta odor inerente para continuação dos estudos [62]. Para essas duas moléculas, acredita-se que o agrupamento N−C=S seja responsável por seus gostos amargos.

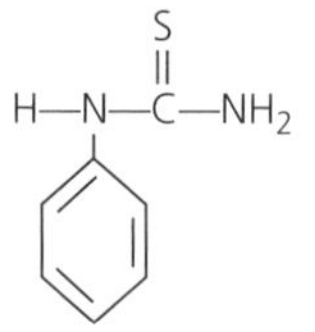

(VIII) Feniltiocarbamida (PTC) 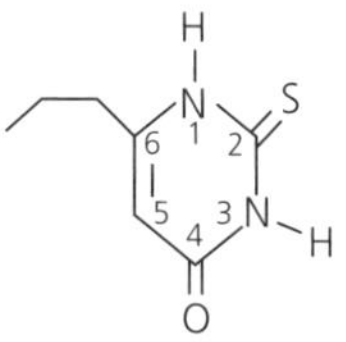   (IX) 6-*n*-Propil-2-tiouracil (PROP ou PRU)

Estudos recentes mostraram que os indivíduos que percebem um gosto amargo intenso em PROP são geneticamente dotados da capacidade de perceber muitos sabores dentro de uma gama de sabores. Esses indivíduos se tornaram conhecidos como "superprovadores" (*supertasters*). Atualmente, muitos pesquisadores estão investigando diversos aspectos fisiológicos e psicológicos, tanto de indivíduos sensíveis como não sensíveis ao PROP, na esperança de fundamentar os fatores que regulam a ingestão e a preferência

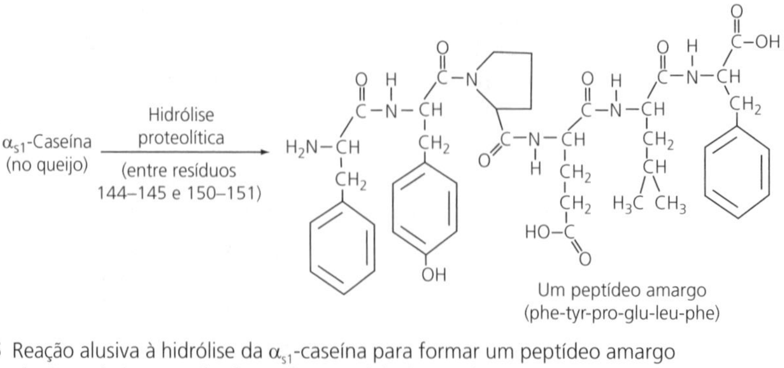

Um peptídeo amargo (phe-tyr-pro-glu-leu-phe)

FIGURA 11.5 Reação alusiva à hidrólise da α_{s1}-caseína para formar um peptídeo amargo (phe–tyr–pro–glu–leu–phe), que exibe fortes funcionalidades apolares.

de alimentos, bem como para descobrir algumas condições patológicas e os riscos à saúde da população em geral.

Embora o PTC e o PROP sejam compostos novos que não ocorrem em alimentos, a creatina (X) é um constituinte de tecidos musculares que apresenta propriedades semelhantes de sensibilidade variável ao gosto amargo na população. Ela pode ocorrer em níveis de até mg/g em carnes magras [1], sendo que isso é suficiente para o fornecimento de sabor amargo em algumas sopas, considerando indivíduos sensíveis.

$$H_3C-N-\underset{\underset{\underset{COOH}{|}}{\underset{CH_2}{|}}}{\overset{\overset{NH}{\|}}{C}}-NH_2$$

(X) Creatina

O amargor ocorre em sais, e essa propriedade sensorial dificulta muito a substituição de cátions alternativos por sódio em alimentos com composição modificada, para permitir a ingestão restrita de sódio pelos consumidores. As características atômicas (moleculares) que causam amargor em sais ao que parece são bastante diferentes das que causam amargor em compostos orgânicos. O amargor em sais parece estar relacionado à soma dos diâmetros iônicos de componentes catiônicos e aniônicos compreendidos no sal em questão [5,6]. Sais com diâmetros iônicos inferiores a 6,5 Å têm sabor puramente salgado (LiCl = 4,98 Å; NaCl = 5,56 Å; KCl = 6,28 Å), embora alguns indivíduos percebam sabores um pouco amargos no KCl. Conforme o diâmetro iônico aumenta (CsCl = 6,96 Å; CsI = 7,74 Å), os sais tornam-se cada vez mais amargos. O cloreto de magnésio (8,50 Å) é, portanto, bastante amargo.

11.2.3 Substâncias de gosto salgado

O sabor salgado clássico é fornecido pelo cloreto de sódio (NaCl), mas também é dado por cloreto de lítio (LiCl), que não pode ser utilizado em alimentos devido às suas propriedades tóxicas. Em geral, os sais apresentam sabores complexos descritos normalmente como misturas psicológicas de clássicos componentes perceptivos de doce, amargo, azedo e salgado. No entanto, o gosto dos sais costuma estar fora das sensações tradicionais de sabor [65], sendo de difícil descrição em termos de sabor clássico. Em alguns casos, outros termos vagos, como químico ou ensaboado, descrevem com mais precisão as sensações produzidas por sais, em comparação aos termos clássicos.

Os efeitos do sabor de NaCl parecem extrapolar muito os gostos clássicos, e, nos alimentos, a aplicação de NaCl prevê claramente propriedades especiais de reforço no sabor. Esses efeitos podem ser demonstrados com facilidade por meio da redução substancial ou da omissão de NaCl de formulações-padrão alimentares (p. ex., pães e produtos de panificação).

Estabeleceu-se que cátions causam sabor salgado básico e que ânions modificam a base do gosto salgado [3]. Os cátions de sódio e lítio produzem sabor apenas salgado, ao passo que o potássio e outros cátions alcalinos terrosos produzem uma combinação entre os gostos salgado e amargo. Os ânions modificam o gosto salgado por inibição do gosto dos cátions e, com frequência, contribuem para seus próprios gostos. Entre os ânions mais encontrados em alimentos, o cloreto é o que menos inibe o sabor salgado, e o citrato é mais inibitório que o ortofosfato. Além disso, o ânion cloreto não contribui para o gosto, e o ânion citrato contribui menos para o gosto do que o ânion ortofosfato.

Os efeitos do gosto de ânions impactam o sabor de muitos alimentos, como queijos fundidos, nos quais os ânions citrato e fosfato contidos em sais emulsificantes (Capítulo 12) suprimem a percepção do sabor salgado dos íons sódio e também adicionam gostos aniônicos. Do mesmo modo, os gostos saponáceos causados por sais de sódio de ácidos graxos de cadeia longa (XI) e detergentes de sulfatos de cadeia longa (XII) resultam de gostos específicos produzidos por ânions, e esses sabores podem mascarar completamente o sabor do cátion.

(XI) Laurato de sódio

(XII) Lauril sulfato de sódio

As políticas nacionais que incentivam a redução do consumo de sódio estimularam o interesse por alimentos nos quais os sais de sódio fossem substituídos por substâncias alternativas, em particular os que contêm íons de potássio e amônio. Uma vez que os alimentos com esses substitutos apresentam gostos diferentes, geralmente menos desejáveis do que os flavorizados com NaCl, novos estudos estão sendo realizados para que se possa compreender melhor os mecanismos básicos do gosto salgado e o desenvolvimento de substitutos do sal, na esperança de que se concebam produtos com baixos níveis de sódio com gosto salgado próximo do normal.

11.2.4 Substâncias de gosto azedo

As substâncias de gosto azedo são ácidas por natureza e, assim, contêm pelo menos um próton dissociável em sistemas aquosos (Capítulo 12). Embora o primeiro evento em nível molecular da percepção dos sabores de acidez, azedo ou picante envolva a ligação de prótons (H^+) aos canais iônicos da membrana celular do receptor, o que resulta em fechamento de fluxo de Na^+ e despolarização, os aspectos qualitativos da resposta ao gosto azedo são mal compreendidos. Ao contrário do que se costuma crer, a força do ácido em uma solução não parece ser o principal determinante da sensação de azedo; em particular, outras características moleculares pouco compreendidas parecem ser de importância primordial (p. ex., massa molecular, tamanho e polaridade global), e a experiência empírica prévia, muitas vezes, determina a seleção de ácidos para aplicações em alimentos.

11.2.5 Substâncias de gosto *umami* [39]

Os compostos que produzem essa sensação de gosto têm sido utilizados pelo ser humano para melhorar os sabores desde o início da preparação e da cocção dos alimentos. Durante muitos anos, o paladar *umami*, em particular, L-glutamato monossódico (MSG; XIII) e os 5-ribonucleotídeos (inosina 5′-monofosfato [5′-IMP], XIV e guanosina 5′-monofosfato), foram cientificamente transferidos à categoria de respostas a gostos inespecíficos, pois os receptores específicos de gosto para essas substâncias ainda não haviam sido detectados. No entanto, desde a descoberta de receptores para o sabor desses compostos, o *umami* hoje é amplamente aceito como resposta básica do gosto [39].

(XIII) L-glutamato monossódico (MSG, *umami*)

(XIV) Inosina 5′-monofosfato (IMP, *umami*)

As substâncias *umami* contribuem para um sabor delicioso em alimentos, que dá "água na boca", quando utilizadas em níveis além de seu limiar de detecção independente, modificando e melhorando os sabores em níveis abaixo de seus limiares de detecção independentes. Seus efeitos são proeminentes e desejáveis nos sabores de vegetais, carnes, aves, peixes, mariscos e queijos envelhecidos.

O D-glutamato e os ribonucleotídeos 2′ ou 3′ não exibem atividade intensificadora do sabor. Diversos derivados sintéticos dos 5′-ribonucleotídeos apresentam fortes propriedades de reforço do sabor [43]. Geralmente, esses derivados têm substituições no grupamento da purina na posição 2. Ocorre uma interação sinérgica entre os MSG e os 5′-ribonucleotídeos, o que proporciona tanto o gosto *umami* quanto o reforço dos sabores, sendo que as misturas dessas substâncias são muito utilizadas comercialmente. Existem indícios de que algumas das propriedades de reforço do sabor dos compostos *umami* resultam de sua ocupação acoplada aos sítios receptores envolvidos na percepção dos sabores doce, azedo, salgado, amargo e das sensações.

Embora o MSG, o 5′-IMP e a 5′-guanosina monofosfato sejam os únicos melhoradores de sabor utilizados comercialmente, 5′-xantina monofosfato e alguns aminoácidos naturais, inclusive o ácido L-ibotênico e o L-tricolômico, são candidatos potenciais para uso comercial [88]. Grande parte da contribuição do sabor para os alimentos por hidrolisados de leveduras resulta da presença de 5′-ribonucleotídeos. Quantidades significativas de reforçadores do sabor purificados empregados na indústria de alimentos são derivadas de fontes microbianas, incluindo nucleosídeos fosforilados (in vitro) derivados de RNA [43]. Discussões gerais sobre os reforçadores de sabor podem ser encontradas em várias revisões [43,88].

11.2.6 Substâncias de gosto *kokumi* e outros modificadores de sabor

Conforme mencionado na Seção 11.2.3, o sal comum (NaCl) fornece efeitos profundos de melhoria do sabor e modifica os efeitos de muitos sabores alimentares. Embora o sal seja especificamente detectado por células especializadas de gosto (Seção 11.1.2), muitos acreditam que ele também pode fornecer reforço ao sabor, modificando as funções de outras células receptoras de gostos básicos ou por meio de sensações provenientes de outros sistemas neurais (p. ex., nervo trigêmeo) na cavidade oral. Assim, é provável que o sal possua algumas propriedades semelhantes às de outras substâncias reforçadoras do sabor, sendo que as funções globais que modificam o sabor permanecem mal entendidas.

Os japoneses introduziram um termo distinto, *kokumi*, para se referir a pelo menos uma parte desses produtos químicos que não explicam as respostas para os quatro gostos básicos originais ou para a resposta ao *umami*, mas que melhoram a palatabilidade dos alimentos, proporcionando o que é mais bem descrito como plenitude, complexidade, continuidade, espessura e corpo dos sabores dos alimentos [80]. Por exemplo, os principais precursores para a caracterização de compostos voláteis do aroma no alho e na cebola são aminoácidos sulfóxidos de cisteína *S*-substituídos (Figura 11.6), e ambos os compostos são facilmente solúveis e apresentam fortes propriedades *kokumi* que influenciam de forma distinta a palatabilidade [80,81]. Sendo assim, embora os sabores dos alimentos que contêm alho (p. ex., molhos de massas, carnes *sautéed*) possam não

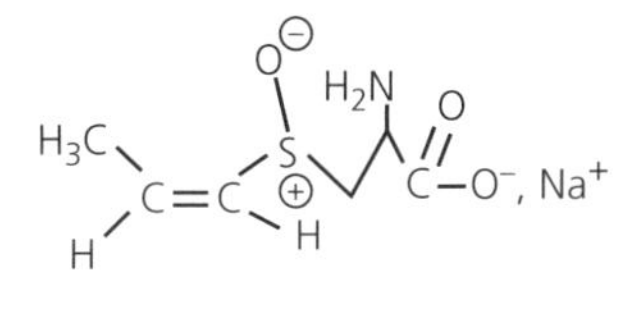

Sulfóxido de
S-(1-propenil)-L-cisteína
(cebola; *kokumi*)

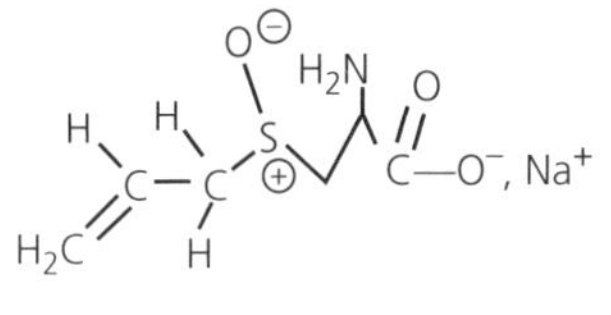

Sulfóxido de
S-(2-propenil)-L-cisteína
(alho; *kokumi*)

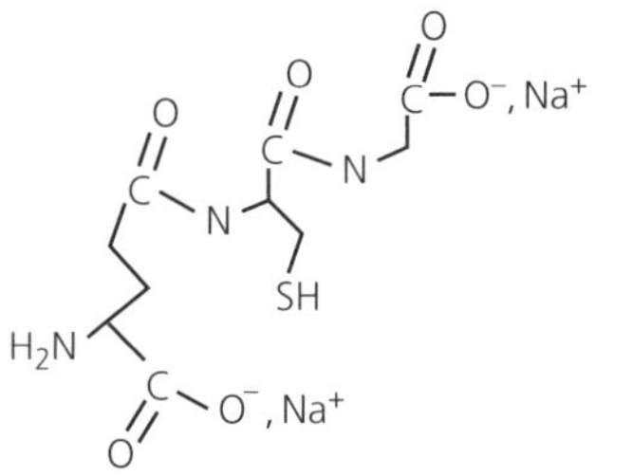

Glutationa
(γ-glu–cys–gly; *kokumi*)

Succinato de sódio
(semelhante a sopa de carne, caldo)

FIGURA 11.6 Estruturas de alguns compostos modificadores de sabor facilmente solúveis em água.

exibir sabores voláteis do alho, com facilidade seus sabores são percebidos como extremamente complexos, completos e palatáveis, devido à presença de sulfóxido de *S*-(2-propenil)-L-cisteína.

Embora as substâncias hidrossolúveis relatadas por fornecer sabores *kokumi* ainda não sejam numerosas, outros peptídeos que contêm cisteína, glutationa (Figura 11.6), também são *kokumi* ativos [82]. Em uma resposta potencialmente relacionada, o ácido succínico (ácido e seus sais solúveis, Figura 11.6) exibe um distinto sabor característico, semelhante ao de sopa de carne, além de um gosto ácido. Embora o sabor do ácido succínico não tenha sido classificado como *kokumi*, essa substância é utilizada comercialmente para fornecer a complexidade de um sabor agradável de caldo de carne, sobretudo em molhos de carne.

Uma série de outros termos descritivos é usada comercialmente para descrever diversos modificadores de sabor que parecem estar relacionados às influências *kokumi*, incluindo aveludado, rico, cremoso e suculento. Várias substâncias naturais e sintéticas (Figura 11.7) têm a capacidade de fornecer essas modificações de sabores, e semelhanças estruturais ocorrem entre algumas dessas substâncias. Entre eles, o sabor do tipo vanilina (baunilha) compreende um dos sabores mais populares em todo o mundo. Os aromas de vanilina e etilvanilina são percebidos como muito desejáveis pela maioria. No entanto, além de contribuições ao aroma, as substâncias relacionadas à vanilina igualmente têm efeitos sobre a modificação de sabores que resultam em maiores sensações de suavidade, riqueza, cremosidade, sobretudo nos doces e alimentos que contêm gordura, como os sorvetes.

Do mesmo modo, maltol e etilmaltol (Figura 11.7) também têm sido bastante utilizados como melhoradores de sabor em doces e produtos que contêm frutas. Embora esses dois tipos de substâncias possuam um agradável aroma de caramelo queimado em concentrações elevadas, muitas vezes eles são comercializados para amaciar e proporcionar uma sensação aveludada a doces e sucos de fruta em níveis relativamente baixos (50 ppm), nos quais as concentrações de caramelo não são distinguíveis. O etilmaltol é mais eficaz como realçador da doçura do que o maltol, mas este no geral diminui a detecção da concentração limiar para sacarose por um fator de 2.

Recentemente, foi descoberto que alguns alquilfenóis que ocorrem naturalmente no leite e na carne de ruminantes contribuem para sensações de derretimento, cremosidade e suculência em concentrações muito baixas (ng/g). Os compostos *m*-alquil substituídos em anéis aromáticos fornecem maior influência sobre os efeitos de modificação do sabor entre os membros desse grupo, e *m*-cresol e *m*-(*n*)-propilfenol (Figura 11.7) são os mais importantes em produtos e ingredientes derivados de bovinos [32].

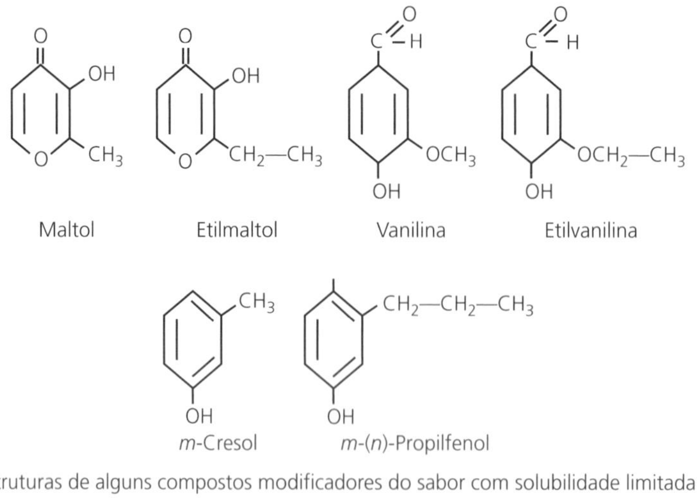

FIGURA 11.7 Estruturas de alguns compostos modificadores do sabor com solubilidade limitada em água.

11.2.7 Substâncias pungentes

A pungência é uma propriedade quimestésica exibida por alguns compostos encontrados em especiarias e vegetais que causam sensações características de calor e ardor [15]. Alguns princípios pungentes, como os encontrados em pimenta, pimenta-preta e gengibre, não são voláteis, a não ser que ocorra aerotransporte de gotículas via aerossol e sejam exercidos efeitos principalmente sobre os tecidos orais. Outros vegetais e especiarias contêm princípios pungentes que são um pouco voláteis e produzem pungência, tanto na cavidade oral como na cavidade nasal, e aromas característicos. Eles incluem mostardas, rábano-silvestre, rabanetes, agrião, cebola e cravo, uma especiaria aromática que contém eugenol como componente ativo.

Todos esses vegetais e especiarias pungentes são utilizados em alimentos para proporcionar sabores característicos ou, em geral, para reforçar a palatabilidade. Seu uso em baixas concentrações em alimentos processados costuma fornecer vivacidade a sabores sutis por meio de contribuições que completem a percepção dos sabores. Apenas as três principais especiarias pungentes, pimenta-vermelha, gengibre e pimenta, são discutidas nesta Seção do capítulo, mas outros são mencionados posteriormente, em discussões sobre sistemas de sabores derivados de plantas (i.e., isotiocianatos, óxido de tiopropanal e eugenol). Revisões abrangentes sobre os compostos pungentes também estão disponíveis (ver Referência [24]).

A pimenta-vermelha (*Capsicum* sp.) contém um grupo de substâncias conhecidas como capsaicinoides, os quais são vanililamidas de ácidos monocarboxílicos com comprimento de cadeia e insaturação variados (C_8–C_{11}). A capsaicina (XV) representa esses princípios pungentes. Diversos capsaicinoides que contêm componentes ácidos de cadeia reta saturados são sintetizados como substitutos para extrativos ou oleorresinas naturais da pimenta. O conteúdo total de capsaicinoides entre *Capsicum* sp. varia consideravelmente [24]; por exemplo, o pimentão vermelho contém 0,06%; a pimenta-vermelha caiena, 0,2%; a de Sannam (Índia), 0,3%; e a de Uganda (África), 0,85%. A páprica doce apresenta uma concentração muito baixa de compostos pungentes, sendo utilizada principalmente por seus efeitos na coloração e no sabor sutil, o que se deve, em parte, à oxidação de carotenoides. A pimenta-vermelha também contém alguns compostos voláteis do aroma que passarão a fazer parte do sabor global dos alimentos condimentados com ela.

(XV) Capsaicina

As pimentas branca e preta são elaboradas a partir de frutos de *Piper nigrum* e diferem apenas pelo fato de a preta ser preparada a partir de frutos verdes imaturos e a branca ser feita a partir de frutos mais maduros, colhidos no momento em que eles mudam da cor verde para a amarela, mas antes que se tornem vermelhos. O principal composto pungente da pimenta é a (XVI) piperina, uma amida. A geometria *trans* da insaturação do alquil é necessária para uma forte pungência, e a perda desta durante a exposição à luz e o armazenamento é atribuída, principalmente, à isomerização para as formas *cis* dessas ligações duplas [24]. A pimenta também contém compostos orgânicos voláteis, incluindo L-formilpiperidina e piperonal (heliotropina), contribuindo para o sabor dos alimentos condimentados com pimenta ou oleorresinas. A piperina também é sintetizada para uso como flavorizante de alimentos.

(XVI) Piperina

O gengibre é uma especiaria que deriva do rizoma de uma tuberosa perene, a *Zingiber officinale* Roscoe, que possui princípios pungentes além de alguns componentes voláteis de aroma. A pungência do gengibre fresco é causada por um grupo de fenilalquil cetonas chamadas gingeróis, e o [6]-gingerol (Figura 11.8) é o mais ativo entre esses compostos. Os gingeróis variam em comprimento da cadeia (C_5–C_9) externa para átomos de carbono com hidroxilas substituídas. Durante

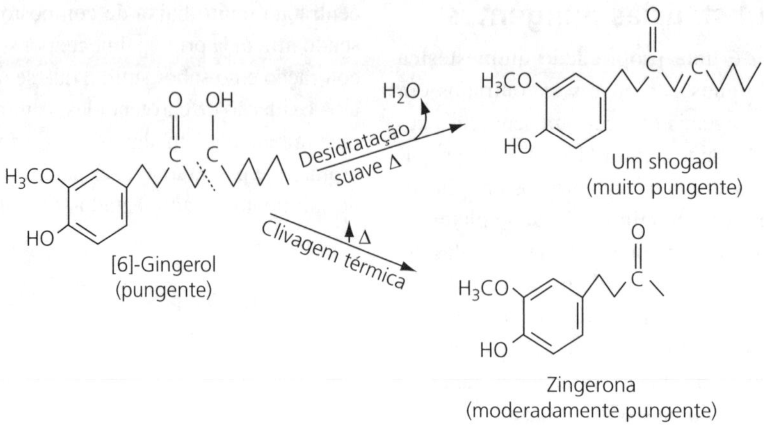

FIGURA 11.8 Reações de alteração do gingerol que afetam a pungência relativa do gengibre.

a secagem e o armazenamento, eles tendem a se desidratar para formar uma ligação dupla externa que se encontra em conjugação com o grupo ceto. Essa reação resulta em um grupo de compostos conhecidos como shogaóis, que são compostos pungentes ainda mais potentes que os gingeróis. A exposição do [6]-gingerol a temperaturas substancialmente elevadas pode levar à clivagem da cadeia alquil externa para o grupo ceto, produzindo uma metilcetona, a zingerona, que apresenta pouca pungência.

11.2.8 Substâncias refrescantes [84]

A refrescância é outra sensação quimestésica que ocorre quando algumas substâncias químicas entram em contato com os tecidos nasais e/ou orais e estimulam sistemas neurais inespecíficos (p. ex., nervo trigêmeo). Esses efeitos, quando causados por substâncias de ocorrência natural, estão mais associados a sabores como os de menta, incluindo hortelã-pimenta, hortelã e gualtéria. Vários compostos causam a sensação, mas o (XVII) (−)-mentol, em sua forma natural (L-isômero), é mais usado nos sabores. Diversos compostos sintéticos refrescantes já foram descobertos, e tanto os compostos naturais como os sintéticos muitas vezes também acompanham um aroma canforado. A (XVIII) cânfora costuma ser citada como o modelo para o grupo canforoso de compostos, pois ela produz um odor distinto, além de sensação de refrescância.

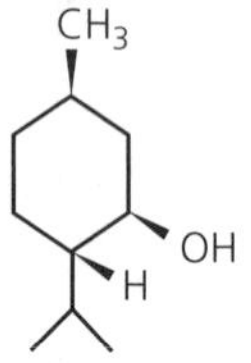

(XVII) (−)-Mentol 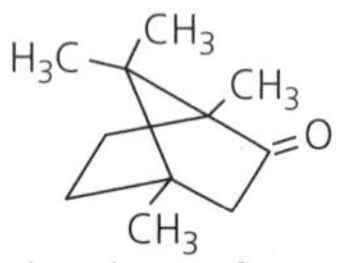   (XVIII) D-cânfora

O efeito refrescante produzido pelos compostos relacionados à menta é mecanicamente diferente da ligeira sensação de refrescância produzida quando edulcorantes polióis (Capítulos 3 e 12), como o xilitol, são degustados como materiais cristalinos. Nesse último caso, acredita-se que a dissolução endotérmica desses materiais dê origem ao efeito.

11.2.9 Substâncias adstringentes

A adstringência é o fenômeno relacionado a uma sensação percebida como secura pela boca, junto ao enrugamento áspero do tecido oral [45]. Ela geralmente resulta da associação de taninos ou polifenóis (Capítulo 10) com proteínas salivares para a formação de precipitados ou agregados. Além disso, as proteínas moderadamente solúveis, como as que são encontradas em alguns leites em pó, também podem combinar-se com proteínas e mucopolissacarídeos da saliva e gerar adstringência. Esta muitas vezes é confundida com o amargor, pois algumas pessoas não compreendem claramente sua natureza, e, além disso, muitos polifenóis ou taninos causam sensações tanto de adstringência como de amargor, como é o caso dos vinhos tintos [1].

Os taninos mais adstringentes costumam ser taninos condensados resultantes de reações oxidativas, sendo que essas moléculas oferecem amplas áreas transversais (Figura 11.9) adequadas para associações hidrofóbicas com proteínas. Os taninos contêm muitos grupos fenólicos que podem se converter em estruturas quinoidais, e estas, por sua vez, podem realizar ligações cruzadas com proteínas [57]. Tem-se sugerido a essas ligações cruzadas uma contribuição à atividade de adstringência.

A adstringência pode ser uma propriedade de sabor desejável, como nos chás. No entanto, a prática de se adicionar leite ou nata ao chá suprime a adstringência por meio das ligações de polifenóis com as proteínas do leite. O vinho tinto é um bom exemplo de bebida que apresenta tanto amargor como adstringência, a qual é causada por polifenóis ou taninos. No entanto, altos níveis de adstringência são considerados sensorialmente indesejáveis em vinhos. Nesse sentido, muitas vezes medidas são tomadas para reduzir os taninos ou os polifenóis que estão relacionados aos pigmentos antociânicos.

Os derivados adstringentes a partir de polifenóis em bananas verdes também podem levar a sabores indesejáveis nos produtos nos quais essas bananas foram adicionadas como ingrediente [23].

11.3 SABORES DE HORTALIÇAS, FRUTAS E CONDIMENTOS [11,63]

A classificação de sabores de hortaliças e frutas em um número razoavelmente pequeno de grupos distintos não é fácil, pois os agrupamentos lógicos não estão necessariamente disponíveis para esses produtos. Por exemplo, algumas informações sobre sabores derivados de plantas foram apresentadas na Seção sobre pungência e alguns são abrangidos pela Seção que trata do desenvolvimento de sabores a partir de "reações". A ênfase desta Seção está na biogênese e no desenvolvimento de sabores em frutas e hortaliças importantes. Para se obter informações sobre outros sabores de hortaliças e frutas, o leitor é direcionado a referências gerais (ver Referência [48]).

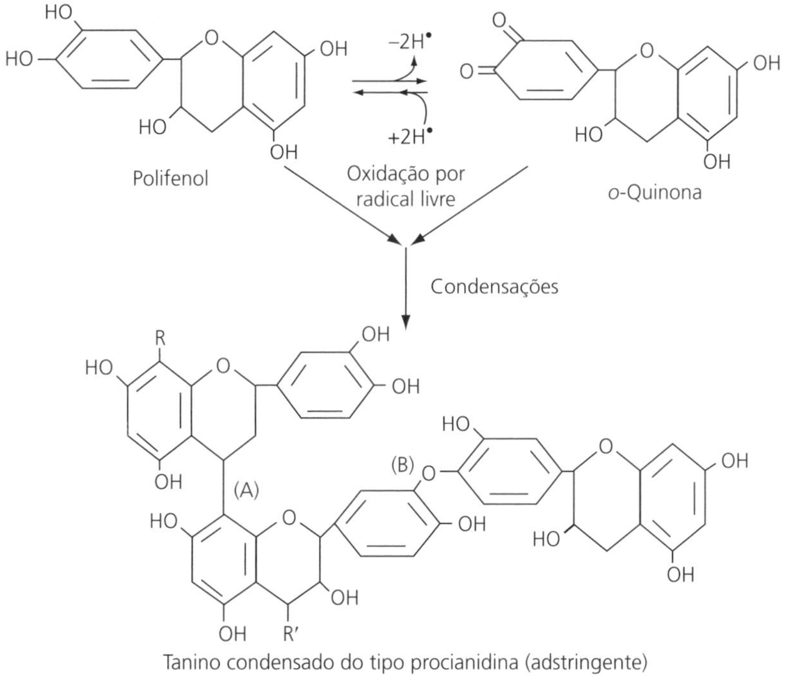

FIGURA 11.9 Reação-modelo que ilustra a formação de um tanino tipo procianidina, com grandes áreas planares hidrofóbicas capazes de se associarem a proteínas para causar adstringência.

11.3.1 Voláteis sulfurados em *Allium* sp.

As plantas do gênero *Allium* são caracterizadas por seus aromas fortes e penetrantes. Membros importantes desse gênero são cebolas, alho, alho-poró, cebolinha e chalota. Essas plantas apresentam um aroma característico forte somente quando seu tecido é danificado e as enzimas são descompartimentalizadas, fazendo os precursores do sabor serem convertidos em voláteis odoríferos. No caso das cebolas (*A. cepa* L.), o precursor dos compostos sulfurados responsáveis pelos voláteis do sabor e do aroma é o sulfóxido de S-(1-propenil)-L-cisteína [69,85], sendo que essa substância também possui propriedades *kokumi* de sabor (Seção 11.2.6). Tal precursor de cisteína sulfóxido substituído também é encontrado no alho-poró.

A hidrólise rápida do sulfóxido de S-(1-propenil)-L-cisteína pela alinase em cebolas gera um ácido sulfênico intermediário instável, junto à amônia e ao piruvato (Figura 11.10). O ácido sulfênico passa por rearranjos, gerando um composto lacrimejante, o óxido de tiopropanal,

que também está associado ao aroma global fresco de cebolas. O ácido pirúvico produzido pela conversão enzimática do composto precursor é um produto estável da reação, servindo como um bom índice indireto para a intensidade de sabor de produtos da cebola. Parte do ácido sulfênico instável também se reorganiza e se decompõe em um grande número de compostos nas classes de mercaptanos, dissulfetos, trissulfetos e tiofenos. Uma formação mais extensa desses compostos e de outros derivados também inclui substâncias que proporcionam o sabor da cebola cozida.

O sabor do alho (*Allium sativum* L.) é formado pelo mesmo tipo de mecanismo geral que ocorre na cebola, exceto pelo fato de que seu precursor é o sulfóxido de S-(2-propenil)-L-cisteína [69]. A dialil tiossulfinato (alicina) (Figura 11.11) contribui para o sabor do alho, não se formando um S-óxido lacrimejante semelhante ao que é encontrado na cebola. Os compostos de sabor tiossulfinatos do alho se decompõem e se reorganizam do mesmo modo que o ácido sulfênico da cebola (Figura 11.10). Isso resulta em metil, alil e dialil dissulfitos e outros princípios dos sabores do óleo de alho e do alho cozido.

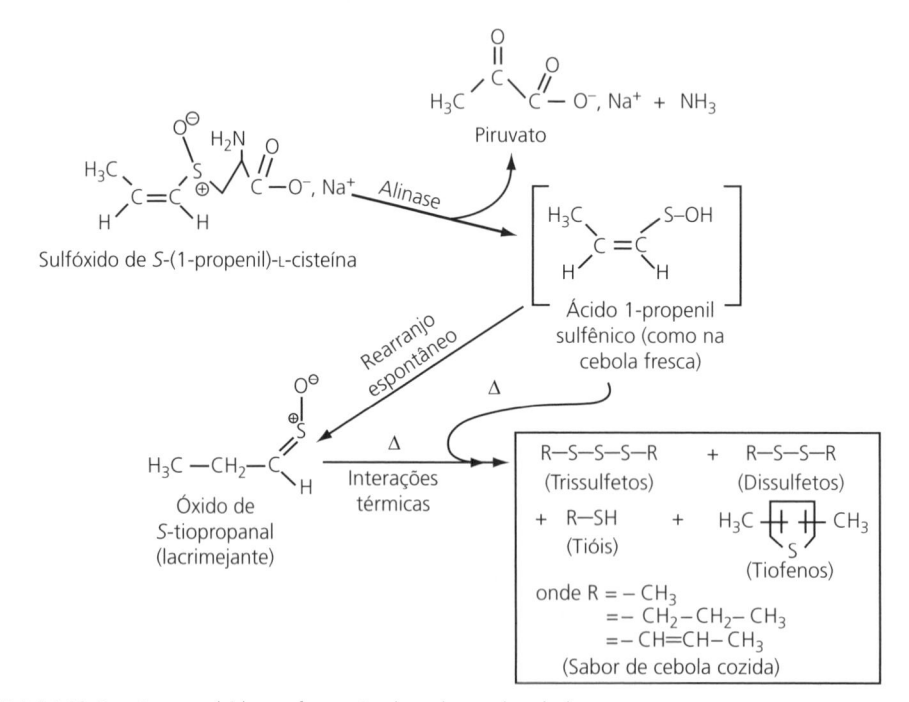

FIGURA 11.10 Reações envolvidas na formação dos sabores da cebola.

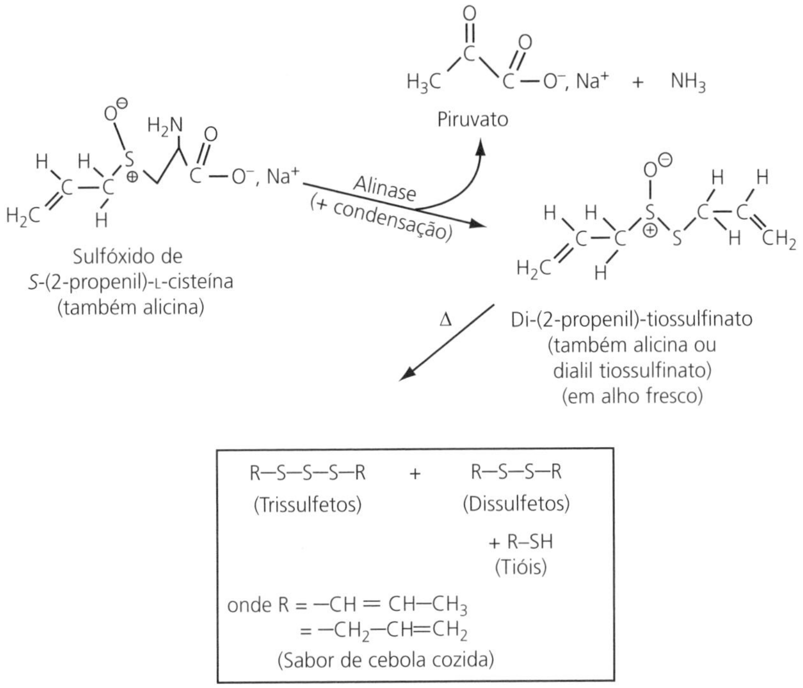

FIGURA 11.11 Reações envolvidas na formação de compostos do sabor do alho.

11.3.2 Voláteis sulfurados em Cruciferae

A família Cruciferae contém plantas *Brassica*, como repolho (*Brassica oleracea capitata* L.), couve-de-bruxelas (*Brassica oleracea* var. *gemmifera* L.), nabos (*Brassica rapa* var. *rapa* L.), mostarda-parda (*Brassica juncea* Coss.), bem como agrião (*Nasturtium officinale* R. Br.), rabanetes (*Raphanus sativus* L.) e raiz-forte (*Armoracia lapathifolia* Gilib). Como observado na discussão sobre compostos pungentes, os princípios ativos pungentes das Cruciferae também são voláteis e, portanto, contribuem para os aromas característicos. Além disso, os compostos pungentes das Cruciferae costumam causar sensações de irritação pronunciada, principalmente na cavidade nasal, bem como efeitos lacrimejantes. Os compostos do sabor dessas plantas são formados por meio de processos enzimáticos em tecidos rompidos e por cocção.

Os sabores frescos em tecidos rompidos são causados principalmente por isotiocianatos resultantes da ação de glicosinolatos sobre precursores tioglicosilados. A reação mostrada na Figura 11.12 ilustra o mecanismo de formação do sabor nas Cruciferae frescas. Alil isotiocianato é a principal fonte de pungência e aroma em rábanos e mostardas-pretas [24].

Vários glicosinolatos (S-glicosídeos, Capítulo 13) ocorrem em Cruciferae [69], e cada um dá origem a sabores característicos. A pequena pungência dos rabanetes é causada pelo composto do aroma, 4-metiltio-3-*t*-butenilisotiocianato (XIX). Além dos isotiocianatos, os glicosinolatos também produzem tiocianatos e nitrilas.

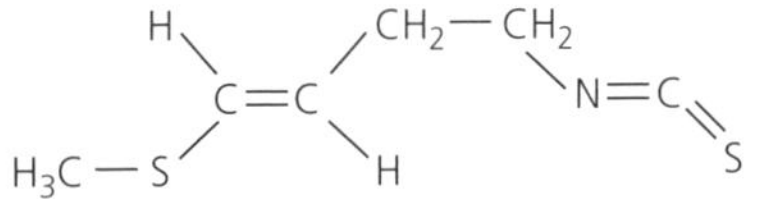

(XIX) 4-Metiltio-3-*t*-butenilisotiocianato (rabanete)

Embora não seja comum que haja pungência distinta, o repolho fresco e a couve-de-bruxelas apresentam potencial tanto para alil isotiocianato como para alil nitrila, e a concentração de cada um varia com o estágio de crescimento, a localização da parte comestível e a intensidade do tratamento. O processamento a temperaturas bem acima da ambiente (cocção e desidratação) tende a destruir os isotiocianatos e aumentar a

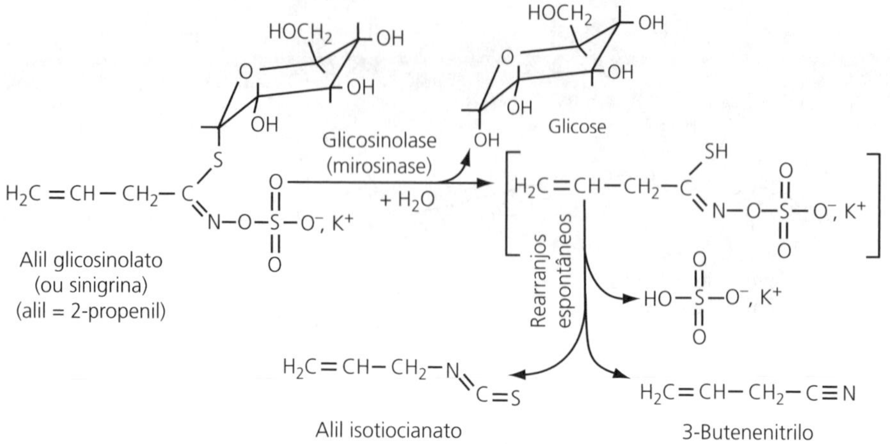

FIGURA 11.12 Reações envolvidas na formação dos sabores em Cruciferae.

quantidade de nitrilas e outros compostos de degradação que contêm enxofre e outros nitrilos, ou apresentem degradação e rearranjo de compostos. Diversos isotiocianatos aromáticos ocorrem nas Cruciferae. Por exemplo, o 2-feniletil isotiocianato é um dos principais compostos de aroma do agrião. Ele também contribui para a sensação de dormência pungente que influencia os sabores das saladas que contêm esse vegetal.

11.3.3 Compostos sulfurados únicos em cogumelos *Shiitake*

Um novo sistema enzimático C–S-liase relacionado ao sabor ocorre nos cogumelos *Shiitake* (*Lentinus edodes*), os quais são apreciados no Japão e em outros países por seu sabor único. O precursor para o grande contribuinte do sabor, o ácido lentínico, é um sulfóxido de L-cisteína S-substituída ligada como γ-glutamil peptídeo [89]. A primeira reação enzimática do desenvolvimento do sabor envolve uma γ-glutamil transpeptidase, a qual libera um precursor cisteína sulfóxido (ácido lentínico). O ácido lentínico é, então, atacado pela S-alquil-cisteína sulfóxido liase, gerando produtos que posteriormente formam lentionina, o composto ativo de sabor do *Shiitake* (Figura 11.13). Essas reações são iniciadas apenas após o rompimento do tecido, e o sabor máximo desenvolve-se somente depois da secagem e da reidratação ou depois da manutenção do tecido fresco macerado por um período de tempo. Outros politiepanos além da lentionina são formados, contribuindo para o sabor global sulfuroso dos cogumelos [37,69].

11.3.4 Voláteis metoxi alquil pirazina em vegetais

Muitos vegetais frescos exibem aromas "verde-terrestres" que contribuem fortemente para seu reconhecimento. Verificou-se que as metoxi alquil pirazinas costumam ser responsáveis por essa propriedade [85]. Além disso, mais recentemente, as metoxi alquil pirazinas têm sido associadas aos sabores de alguns varietais de vinhos tintos. Esses compostos têm odores excepcionalmente potentes e penetrantes, fornecendo aromas fortes identificáveis. A 2-metoxi-3-isobutilpirazina foi o primeiro composto dessa classe a ser descoberto. Ela exibe um poderoso aroma de pimentão, detectável em um nível limiar de 0,002 ppb. Grande parte do aroma de batatas cruas, ervilhas e vagens de ervilha é atribuído à 2-metoxi-3-isopropilpirazina, sendo que a 2-metoxi-3-*sec*-butilpirazina contribui para o aroma das beterrabas vermelhas cruas. Esses compostos surgem da biossíntese em plantas, sendo que algumas estirpes de microrganismos (*Pseudomonas perolens* e *Pseudomonas tetrolens*) também são produtoras ativas dessas substâncias únicas [52]. Os aminoácidos de cadeia ramificada servem como precursores para os voláteis de metoxi alquil pirazina; o esquema proposto de seu mecanismo é mostrado na Figura 11.14.

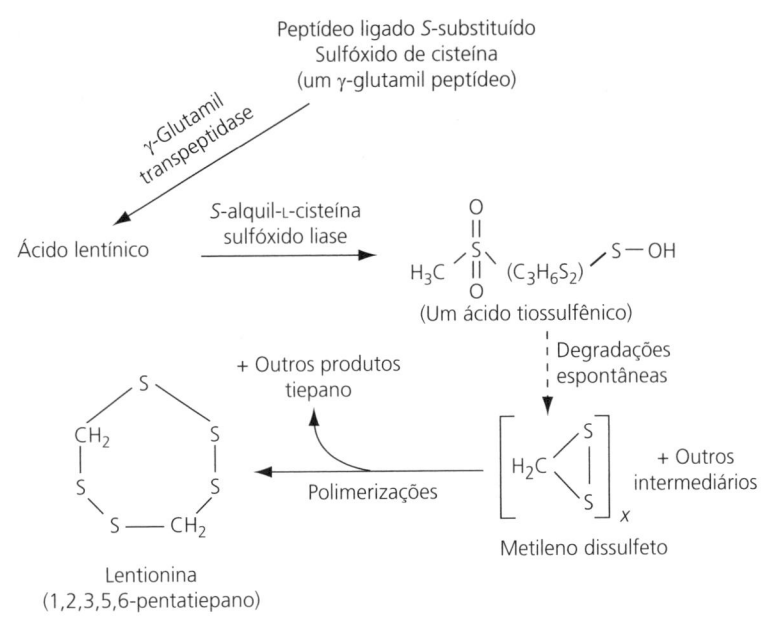

FIGURA 11.13 Reações envolvidas na formação de lentionina em cogumelos *Shiitake*.

FIGURA 11.14 Esquema enzimático proposto para a formação de metoxi alquil pirazinas.

11.3.5 Voláteis derivados enzimaticamente de ácidos graxos

Os compostos gerados enzimaticamente derivados de ácidos graxos de cadeia longa desempenham um importante papel na característica dos sabores de frutas e vegetais. Além disso, esses tipos de reações podem conduzir a importantes odores indesejáveis, como os que estão associados a proteínas de soja processada. Informações adicionais sobre essas reações podem ser encontradas nas discussões sobre lipídeos (Capítulo 4) e enzimas (Capítulo 6).

11.3.5.1 Sabores derivados da lipoxigenase em plantas

Nos tecidos vegetais, a degradação oxidativa induzida por enzimas de ácidos graxos insaturados ocorre extensivamente, o que gera aromas características associados ao amadurecimento de algumas frutas e à ruptura dos tecidos [19]. Em contrapartida à produção aleatória de compostos do sabor derivados de lipídeos por sistemas puramente autoxidativos, muitos sabores distintos ocorrem quando os compostos são produzidos por determinadas enzimas. A especificidade enzimática para a produção de compostos do sabor é ilustrada na Figura 11.15, em que 1-octeno-3-ona, t-2-c-6-nonadienal e t-2-hexenal são formados a partir de ácidos graxos insaturados, sendo que esses compostos fornecem sabores característicos a cogumelos frescos, pepinos e tomates, respectivamente. Os sítios específicos de peroxidações dos ácidos graxos liberados são conduzidos por lipoxigenases específicas e reações subsequentes de clivagem por liases. Após a clivagem da molécula do ácido graxo, oxoácidos também são formados, mas eles não parecem influenciar os sabores.

A decompartimentalização de enzimas é necessária para que se dê início a essas e outras reações. Dessa forma, ocorrem reações sucessivas, e os sabores globais mudam com o tempo. Por exemplo, aldeídos e cetonas derivados da lipoxigenase são convertidos em alcoóis correspondentes (Figura 11.16), que normalmente têm limiares de detecção mais elevados e aromas mais fortes do que os compostos carbonílicos progenitores. Além disso, as isomerases cis-$trans$, que também estão presentes, convertem ligações cis-3 de aldeídos para isômeros $trans$-2 (Figura 11.15). Essas mudanças estruturais alteram a qualidade

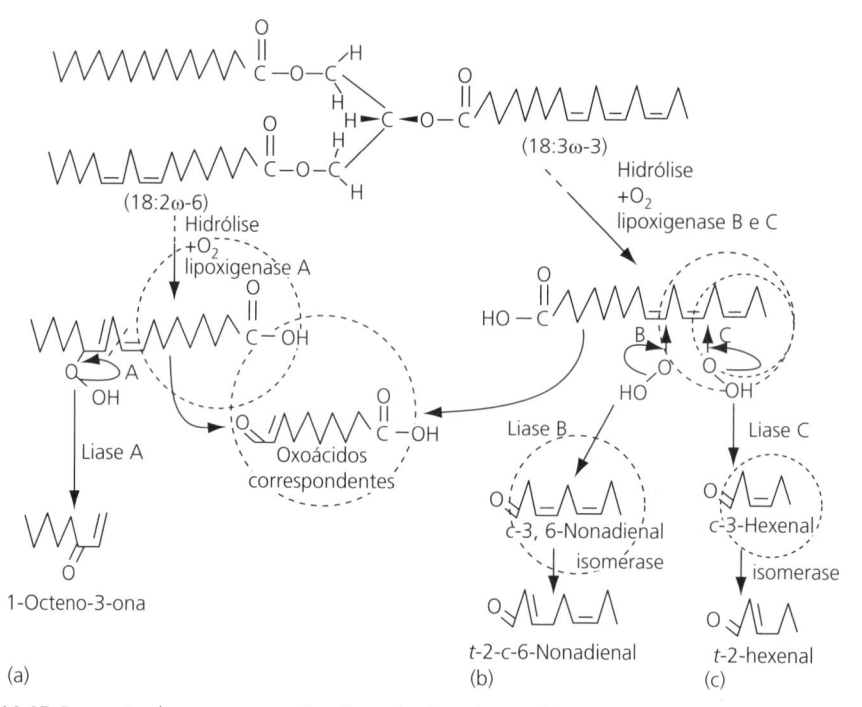

FIGURA 11.15 Formação de compostos carbonílicos direcionados por lipoxigenase a partir de ácidos graxos insaturados: (a) importante em cogumelos frescos; (b) importante em pepinos; e (c) importante em tomates frescos.

FIGURA 11.16 Conversão de um aldeído para um álcool correspondente, resultando em uma modificação sutil de sabor.

do aroma dos aldeídos. Em geral, os compostos C_6 fornecem aromas semelhantes aos de plantas verdes e aromas de grama recém-cortada; os C_9 têm odor semelhante ao de pepinos e melões; e os compostos C_8 têm odor semelhante ao de cogumelos ou violeta e de folhas de gerânio [78]. Os compostos C_6 e C_9 são alcoóis primários e aldeídos; os C_8 são alcoóis secundários e cetonas.

11.3.5.2 Voláteis da β-oxidação de ácidos graxos de cadeia longa

O desenvolvimento de aromas frutados agradáveis está associado ao amadurecimento de peras, pêssegos, damascos e outras frutas. Esses aromas são frequentemente dominados por derivados voláteis de cadeias de comprimento médio (C_6–C_{12}) a partir da β-oxidação de ácidos graxos de cadeia longa [79]. A formação de etil deca-2-*t*,4-*c*-dienoato por meio desse processo é ilustrada na Figura 11.17. Esse éster é o composto de aroma de impacto ou o de aroma característico em peras Bartlett. Embora não estejam incluídos na figura, os ácidos hidroxi (C_8–C_{12}) também podem ser formados como parte do processo enzimático global. Eles ciclizam rapidamente para produzir γ e δ-lactonas. Reações similares ocorrem durante o metabolismo e a biossíntese da gordura do leite, as quais são discutidas com mais detalhes na Seção 11.5. As lactonas C_8–C_{12} têm aromas delicados semelhantes aos aromas característicos de coco e pêssego.

11.3.6 Voláteis de aminoácidos de cadeia ramificada

Os aminoácidos de cadeia ramificada servem como importantes precursores do sabor para a biossíntese de compostos associados ao amadurecimento de algumas frutas. Bananas e maçãs são exemplos particularmente bons desse processo, uma vez que grande parte do sabor das frutas maduras é causado por voláteis formados a partir de aminoácidos [79]. A reação inicial envolvida na formação do sabor (Figura 11.18) às vezes é chamada de degradação enzimática de Strecker, pois a transaminação e a decarboxilação ocorrentes são paralelas às que ocorrem durante o escurecimento não enzimático. Vários microrganismos, incluindo leveduras de panificação e linhagens de *Lactococcus lactis* produtoras de sabor maltado, também podem modificar a maioria dos aminoácidos de uma forma semelhante à mostrada na Figura 11.18. As plantas também podem produzir derivados parecidos a partir de outros aminoácidos diferentes da leucina. A ocorrência de 2-fenetanol com um aroma semelhante ao da rosa ou flor lilás é atribuída a essas reações.

Embora aldeídos, alcoóis e ácidos dessas reações contribuam diretamente para os sabores da maturação das frutas, os ésteres são os principais compostos de impacto. Há muito tempo já se sabe que o acetato de isoamila (3-metilbutil acetato) é importante no sabor da banana, porém outros compostos também são necessários para o sabor

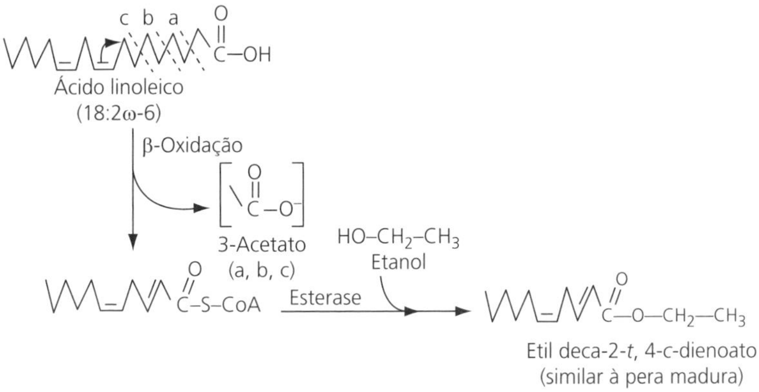

FIGURA 11.17 Formação de uma substância-chave do aroma de peras amadurecidas por meio de β-oxidação do ácido linoleico seguida por esterificação.

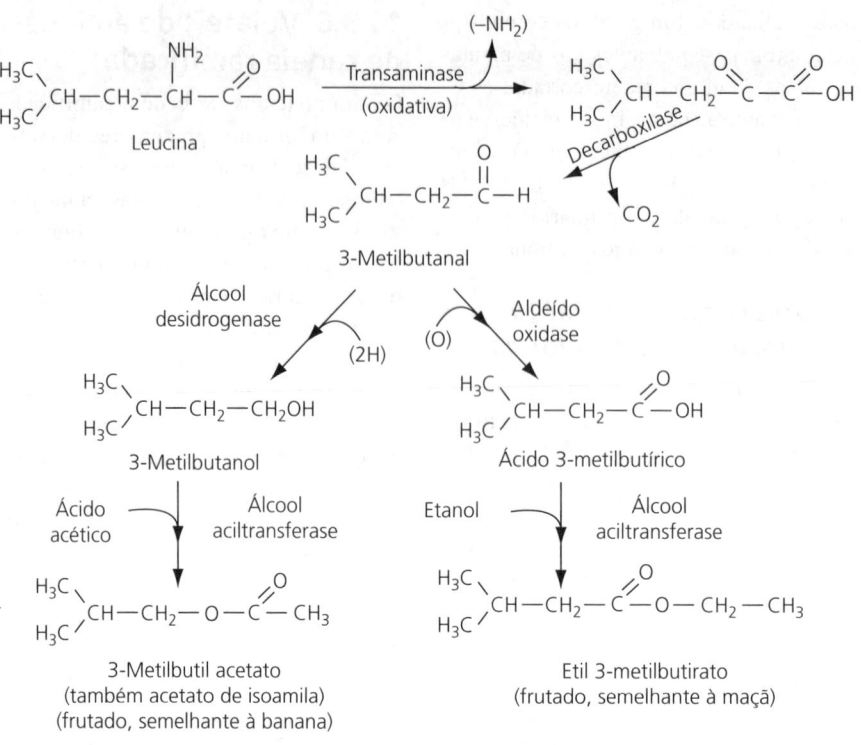

FIGURA 11.18 Conversão enzimática da leucina em voláteis, ilustrando os compostos de aroma formados a partir de aminoácidos na maturação das frutas.

absoluto dessa fruta. O etil 2-metilbutirato é mais semelhante à maçã do que o etil 3-metilbutirato, sendo uma nota dominante do aroma de maçãs maduras e saborosas.

11.3.7 Sabores derivados da rota do ácido chiquímico

Em sistemas biossintéticos, a via do ácido chiquímico fornece a porção aromática de compostos relacionados a esse ácido, sendo a via mais conhecida da produção de fenilalanina e outros aminoácidos aromáticos. Além dos compostos de sabor derivados de aminoácidos aromáticos, a via do ácido chiquímico fornece outros compostos voláteis, os quais são frequentemente associados a óleos essenciais (Figura 11.19). Ela também fornece o esqueleto fenilpropanol de polímeros da lignina, que são os principais elementos estruturais das plantas. Conforme indicado na Figura 11.19, a lignina gera muitos fenóis durante a pirólise [86], e o aroma característico de fumaça utilizado nos alimentos é causado, em grande parte, por compostos desenvolvidos a partir de precursores da via do ácido chiquímico.

Também é evidente, a partir da Figura 11.19, que a vanilina, o composto caracterizador mais importante em extratos de baunilha, pode ser obtida naturalmente por meio desta via ou como um subproduto de lignina durante o processamento de polpa de madeira e papel. A vanilina também é sintetizada bioquimicamente na fava de baunilha, onde está inicialmente presente em grande quantidade como glicosídeo de vanilina, até que a ligação glicosídica seja hidrolisada durante a fermentação. Os anéis aromáticos metoxilados dos princípios pungentes do gengibre, da pimenta e da pimenta-preta, discutidos na Seção 11.2.7, também contêm muitas das características essenciais dos compostos mostrados na Figura 11.19. O álcool cinamílico é um componente do aroma da canela; o eugenol é o principal elemento de aroma e pungência no cravo.

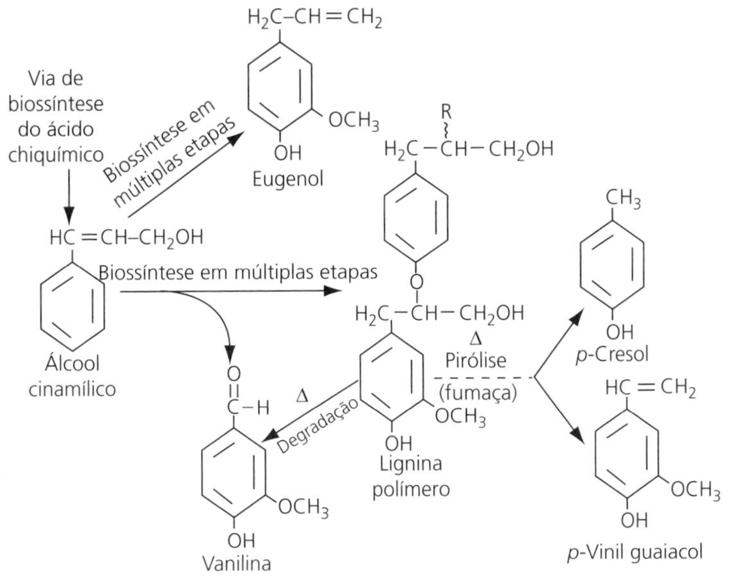

FIGURA 11.19 Alguns compostos importantes do sabor derivados dos precursores da via do ácido chiquímico.

11.3.8 Terpenoides voláteis

Devido à abundância dos terpenos nos materiais vegetais utilizados em indústrias de óleo essencial e perfumaria, sua importância em outros sabores associados a vegetais às vezes é subestimada. No entanto, eles são, em grande parte, responsáveis por sabores de frutas cítricas e de muitos temperos e ervas. Os terpenos voláteis estão presentes em baixas concentrações em várias frutas, e são responsáveis por grande parte do sabor da cenoura crua. Os terpenos são biossintetizados por meio da via isoprenoide (C_5) (Figura 11.20); os monoterpenos contêm 10 átomos de C; os sesquiterpenos, 15 átomos de C. Os sesquiterpenos também são compostos importantes característicos de aroma. O β-sinensal (XX) e a *nootkatona* (XXI) servem como bons exemplos, pois fornecem características de sabores de la-

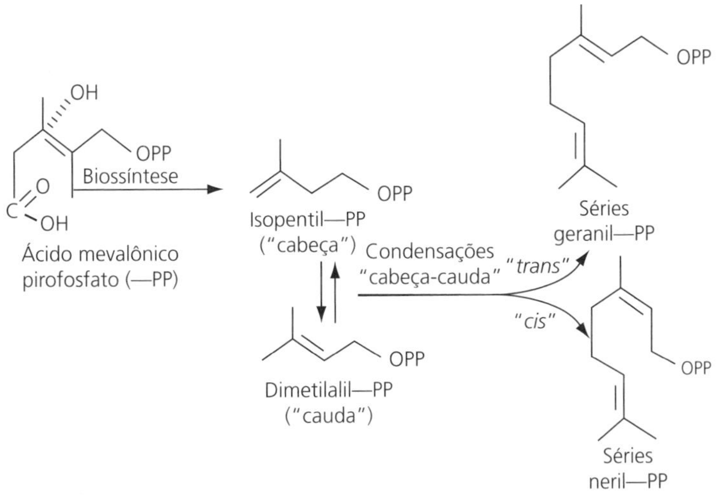

FIGURA 11.20 Esquema isoprenoide generalizado para a biossíntese de monoterpenos.

ranja e toranja, respectivamente. Os diterpenos (C$_{20}$) são muito grandes, não sendo voláteis o suficiente para contribuir de forma direta com aromas.

(XX) β-Sinensal (laranja)   (XXI) *Nootkatona* (toranja)

(XXII) 4S-(+)-Carvona (semelhante ao cominho)

(XXIII) 4R-(−)-Carvona (semelhante à hortelã)

Os terpenos voláteis costumam apresentar caráter de impacto extremamente forte sobre as propriedades de aroma, e muitos podem ser identificados com facilidade pela experimentação de produtos naturais. Os isômeros ópticos (i.e., imagens estruturais especulares) dos terpenos, assim como os isômeros ópticos de outros compostos não terpenoides, podem exibir qualidades de odor bastante diferentes [12,42,54]. No caso dos terpenos, as carvonas foram estudadas a partir dessa perspectiva, a *d*-carvona [4S--(+)-carvona] (XXII) tem o aroma característico de cominho; a *l*-carvona [4R-(−)-carvona] (XXIII) tem um forte aroma característico de hortelã. Estudos sobre esses pares de compostos são de especial interesse, uma vez que eles dão informações sobre o processo fundamental da relação entre o olfato e a atividade-estrutura das moléculas.

11.3.9 Sabores de cítricos

Os sabores de cítricos estão entre os mais populares em frutas frescas, bem como em sabores para bebidas, e a maioria das informações sobre a química dos sabores naturais de cítricos decorre de pesquisas sobre sucos processados, óleos essenciais de cascas, óleos essenciais e essências aquosas utilizadas para o fornecimento de sabores a sucos. Diversas classes de componentes do sabor servem como importantes contribuintes para o sabor de cítricos, incluindo terpenos, aldeídos, ésteres e alcoóis. Além disso, um grande número de compostos voláteis foi identificado em diversos extratos de cada fruta cítrica [70]. No entanto, os compostos importantes de sabor, incluindo compostos de impacto característicos, das frutas cítricas estão, em geral, limitados a poucas delas; os que são considerados importantes para algumas das principais frutas cítricas são apresentados na Tabela 11.2.

Os sabores de laranja e mandarina (tangerina tem o mesmo significado que mandari-

TABELA 11.2 Alguns compostos voláteis considerados importantes para o sabor de cítricos

Laranja	Mandarina	Toranja	Limão
Etanol	Etanol	Etanol	Neral
Octanol	Octanol	Decanal	Geranial
Nonanal	Decanal	Acetato de etila	β-Pineno
Citral	α-Sinensal	Butanoato de metila	Geraniol
Etil butanoato	γ-Terpineno	Butanoato de etila	Geranil acetato
d-Limoneno	β-Pineno	*d*-Limoneno	Neril acetato
α-Pieno	Timol	Nootkatona	Bergamoteno
	Metil-*N*-metil-antranilato	1-*p*-Meteno-8-tiol	Cariofileno
			Carvil etil éter
			Linalil etil éter
			Fencil etil éter
			Metil epijasmonato

Fonte: de Shaw, P.E., Fruits II, em: Maarse, H., ed., *Volatile Compounds in Foods and Beverages*, Marcel Dekker, New York, 1991, pp. 305–327.

na, nos Estados Unidos) são delicados, e, muitas vezes, mudam, em diversos graus, nas aplicações de sabor. Como se pode observar na Tabela 11.2, poucos aldeídos e terpenos são considerados essenciais para esses sabores, embora outros compostos estejam presentes. Tanto o α como o β-sinensal (XX) estão presentes nos sabores de laranja e mandarina, sendo que o α-sinensal é considerado especialmente importante para proporcionar o sabor cítrico de laranjas maduras em sabores de mandarina. As toranjas contêm dois compostos de impacto característicos, *nootkatona* (XXI) e 1-*p*-meteno-8-tiol, os quais são responsáveis, em grande parte, pelo reconhecimento do sabor dessa fruta. A *nootkatona* é bastante utilizada para proporcionar o sabor artificial de toranja; o *p*-meteno-8-tiol é, aparentemente, um dos poucos compostos sulfurados influentes nos sabores das frutas cítricas.

O sabor de limão requer contribuições de um grande número de compostos importantes, sendo favorecido pela presença de vários éteres de terpeno. Do mesmo modo, o número de compostos essenciais do sabor da lima é diverso, e dois tipos de óleo de lima costumam ser utilizados. O principal é o óleo de lima mexicano destilado, que apresenta um intenso sabor de lima, que é popular em refrigerantes de lima-limão e cola. O óleo de lima-da-pérsia prensado a frio e o mexicano centrifugado estão se tornando mais populares por possuírem um sabor mais natural. O processamento menos rigoroso que envolve prensagem a frio e a centrifugação, em comparação com a destilação, resulta na manutenção de alguns dos compostos mais sensíveis, mas importantes no sabor de limão fresco. Por exemplo, o citral, que tem aroma desejável, semelhante ao produto fresco, é degradado sob condições ácidas de destilação para *p*-cimeno e α-*p*-dimetilestireno, os quais têm sabores grosseiros. Por isso, essas conversões levam a sabores mais agressivos de óleo de lima [70].

Os óleos essenciais de cítricos, ou extratos que contêm terpenos, podem ser separados em frações não oxigenadas (hidrocarbonetos) e oxigenadas, utilizando-se cromatografia com ácido silícico e eluição com solventes apolares e polares, respectivamente. O óleo de laranja livre de terpenos, por exemplo, contém, principalmente, terpenos oxigenados, aldeídos e alcoóis que foram recuperados a partir de óleos de laranja. Devido à sua maior qualidade de sabor, as frações de terpeno oxigenado costumam ser mais desejadas nos sabores do que as não oxigenadas.

11.3.10 Sabores de ervas e especiarias

Embora ocorram algumas variações entre as indústrias e as diversas agências reguladoras nacionais e internacionais em relação às definições, especiarias e ervas são conhecidas e regulamentadas como especiarias e condimentos que são produtos vegetais naturais, utilizados como flavorizantes, temperos e transmissores de aromas aos alimentos. A Food and Drug Administration dos Estados Unidos exclui produtos da família Allium, como cebola e alho, da classificação de especiarias, mas as classificações internacionais e industriais de especiarias costumam incluir esses materiais. O termo condimento tem sido mantido em definições de legislação, e é definido como um produto que serve para melhorar o sabor dos alimentos, ou um tempero pungente. Alegou-se que esse termo deveria ser retirado de uso, mas alguns o mantêm para determinadas situações. No entanto, ele geralmente não fornece base para a inclusão em sistemas de classificação de materiais de plantas aromáticas.

Em alguns sistemas de classificação baseados na botânica, as ervas aromáticas são separadas das especiarias, e incluem plantas de caule macio, como manjericão, manjerona, menta, orégano, alecrim e tomilho, bem como arbustos aromáticos (sálvia) e folhas de árvores (louro). Nessas classificações, as especiarias compreendem todos os outros materiais vegetais aromáticos utilizados como flavorizantes ou temperos de alimentos. Essas especiarias, geralmente sem clorofila, incluem rizomas ou raízes (gengibre), cascas (canela), botões florais (cravo), frutas (endro, pimenta) e sementes (noz-moscada, mostarda).

As especiarias e as ervas têm sido usadas desde a Antiguidade para propiciar paladar, sensação picante e apimentada, bem como para caracterizar sabores de alimentos e bebidas. Algumas também têm sido amplamente utilizadas em perfumaria e para fins medicinais, sendo que muitas apresentam efeito antioxidante ou antimicrobiano. Embora muitas outras ervas aromáticas e especiarias existam em todo o mundo, apenas cerca de 70 são oficialmente reconhecidas como ingredientes úteis para os alimentos. Contudo, suas características de sabor costumam variar dependendo da localização do crescimento e das variações genéticas; sendo assim, esse grupo proporciona uma vasta gama de sabores aos alimentos. Aqui, apenas as especiarias e as ervas que costumam ser usadas na indústria de alimentos como flavorizantes serão consideradas.

As especiarias geralmente são derivadas de plantas tropicais, ao passo que as ervas costumam ser provenientes de plantas de climas subtropicais ou temperados. Além disso, as especiarias costumam conter altas concentrações de fenilpropanoides a partir da via do ácido chiquímico (p. ex., eugenol, no cravo; ver Figura 11.19); as ervas no geral contêm maiores concentrações de p-mentanoides a partir da biossíntese de terpenos (p. ex., mentol em hortelã; ver XVII).

Comumente, as especiarias e as ervas apresentam um grande número de compostos voláteis, porém, na maioria dos casos, alguns deles, sejam abundantes ou componentes voláteis minoritários, fornecem aromas e sabores de impacto característicos para o material. Importantes compostos de sabor encontrados nas principais plantas aromáticas e especiarias utilizados pela indústria de alimentos estão resumidos nas Tabelas 11.3 e 11.4 [12,63], respectivamente. O sucesso das aplicações de ervas e especiarias em alimentos e bebidas necessita de conhecimento dos materiais ou do sabor dominante e das notas sutis de sabor fornecidas por seus componentes químicos. A avaliação da importância do sabor dos compostos listados nas Tabelas 11.3 e 11.4 para especiarias e ervas mostra que eles fornecem sabores relacionados, e também indicam os tipos de sabores a serem esperados conforme sua utilização. Ainda assim, deve-se lembrar que um grande número de compostos de menor influência está presente e também contribui para os sabores únicos de ervas e especiarias.

11.4 SABORES DA FERMENTAÇÃO DO ÁCIDO LÁCTICO-ETANOL

O envolvimento de microrganismos na produção do sabor é extenso, mas, frequentemente, sua especificidade ou seu papel definitivo na química do sabor de fermentações não é bem conhecido ou, ainda, os compostos de sabor não apresentam grande característica de impacto. Tem-se

TABELA 11.3 Importantes compostos de sabor encontrados em algumas ervas aromáticas que costumam ser utilizadas como flavorizantes na indústria de alimentos

Erva	Parte da planta	Compostos importantes do sabor
Manjericão-doce	Folhas	Metilcavicol, linalol, metileugenol
Folha de louro	Folhas	1,8-Cineol
Manjerona	Folhas, flores	Hidratos de c e t-sabineno, terpineno-4-ol
Orégano	Folhas, flores	Carvacrol, timol
Origanum	Folhas	Timol, carvacrol
Alecrim	Folhas	Verbenona, 1,8-cineol, cânfora, linalol
Sálvia, Salvia sclarea	Folhas	Salvial-4(14)-eno-1-ona, linalol
Sálvia da Dalmácia	Folhas	Tuiona, 1,8-cineol, cânfora
Sálvia espanhola	Folhas	Acetato de c e t-sabinil, 1,8-cineol, cânfora
Segurelha	Folhas	Carvacrol
Losna	Folhas	Metilcavicol, anetol
Tomilho	Folhas	Timol, carvacrol
Menta	Folhas	l-Mentol, mentona, mentofurano
Hortelã	Folhas	l-Carvona, derivados de carvona

Fonte: Boelens, M.H. et al. *Perfum. Flavor.*, 18, 1, 1993; Richard, H.M.J., Spices and condiments I, em: Maarse, H., ed., *Volatile Compounds in Foods and Beverages,* Marcel Dekker, New York, 1991, pp. 411–447.

TABELA 11.4 Compostos importantes de sabor encontrados em algumas especiarias que costumam ser utilizadas como flavorizantes na indústria de alimentos

Especiaria	Parte da planta	Compostos importantes do sabor
Pimenta inglesa	Fruta, folhas	Eugenol, β-cariofileno
Erva-doce	Fruta	(E)-Aanetol, metilcavicol
Pimentas *Capsicum*	Fruta	Capsaicina, di-hidrocapsaicina
Cominho	Fruta	d-Carvona, derivados de carvona
Cardamomo	Fruta	α-Terpinil acetato 1,8-cineol, linalol
Canela, cássia	Cascas, folhas	Cinamaldeído, eugenol
Cravo	Botões florais	Eugenol, eugenilacetato
Coentro	Fruta	d-Linalol, C_{10}–C_{14} 2-alquenais
Cominho	Fruta	Cuminaldeído, p-1,3-mentadienal
Endro, aneto	Fruta, folhas	Anetofurano, d-carvona
Funcho	Funcho	(E)-Anetol, fenchona
Gengibre	Rizoma	Gingerol, shogaol, neral, geranial
Flor de noz-moscada	Cobertura	α-Pineno, sabineno, 1-terpenin-4-ol
Mostarda	Semente	Alil isotiocianato
Noz-moscada	Semente	Sabineno, α-pineno, miristicina
Salsa	Folhas, sementes	Apiol
Pimenta	Fruta	Piperina, δ-3-careno, β-carofileno
Açafrão	Estigma	Safranal
Turmerico	Rizoma	Turmerona, zingibereno, 1,8-cineol
Baunilha	Fruta, sementes	Vanilina, p-OH-benzil metil éter

Fonte: de Boelens, M.H. et al., *Perfum. Flavor.*, 18, 1, 1993; Richard, H.M.J., Spices and condiments I, em: Maarse, H., ed., *Volatile Compounds in Foods and Beverages*, Marcel Dekker, New York, 1991, pp. 411–447.

dado muita atenção ao sabor dos queijos, mas excetuando as distintas propriedades do sabor fornecidas por metilcetonas e alcoóis secundários para queijos azuis, bem como as propriedades moderadas de sabor fornecidas por alguns compostos de enxofre à superfície de queijos curados, os compostos de sabor derivados microbiologicamente não podem ser classificados na categoria de compostos de impacto. Do mesmo modo, as fermentações por leveduras, muito realizadas em cervejas, vinhos, aguardentes, e as leveduras da fermentação de pães não parecem fornecer características fortes e distintas de impacto dos compostos de sabor. O etanol em bebidas alcoólicas, no entanto, deve ser considerado como tendo caráter de impacto.

Os produtos primários da fermentação heterofermentativa de bactérias lácticas (p. ex., *Leuconostoc citrovorum*) estão resumidos na Figura 11.21. A combinação de ácido acético, diacetil e acetaldeído fornece a maior parte do aroma característico das culturas de manteiga e do soro de leite. A homofermentação de bactérias lácticas (p. ex., *Lactococcus lactis, Streptococcus thermophilus*) produz apenas ácido láctico, acetaldeído e etanol em culturas de leite. O acetaldeído é o composto de impacto encontrado no iogurte, um produto que geralmente é preparado por processo homofermentativo. O diacetil é o composto de impacto da maioria das fermentações lácticas com estirpes mistas, o qual se tornou universalmente conhecido como um flavorizante de produtos lácteos ou produtos com manteiga. A acetoína, embora inodora, pode sofrer oxidação a diacetil. O ácido láctico não é volátil, contribuindo apenas com acidez em culturas ou em fermentados de produtos lácteos.

Observando-se em termos gerais, as bactérias ácido-lácticas produzem muito pouco etanol (partes por milhão) e utilizam o piruvato como o

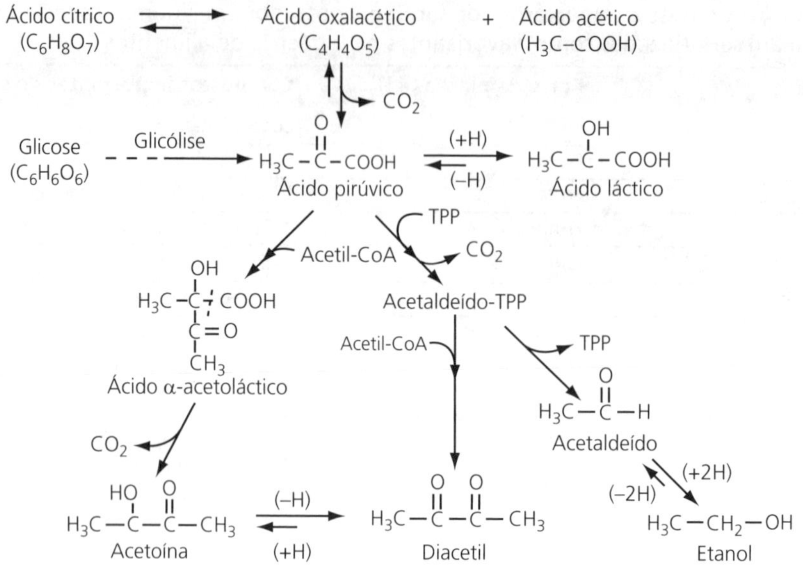

FIGURA 11.21 Formação dos principais produtos de fermentação relacionados ao sabor, na heterofermentação do metabolismo de bactérias lácticas (TPP, pirofosfato de tiamina).

principal aceptor final de H no metabolismo. Por outro lado, as leveduras produzem etanol como o principal produto final do metabolismo. As cepas "maltadas" de *Lactococcus lactis* e todas as leveduras de cerveja (*Saccharomyces cerevisiae*, *Saccharomyces carlsbergensis*) também convertem ativamente aminoácidos a compostos voláteis por meio de transaminações e descarboxilações. No exemplo mostrado na Figura 11.22, a fenilalanina produz diversos compostos aromáticos voláteis que, no geral, são percebidos como florais ou semelhantes a rosas. O queijo *cheddar* envelhecido, contendo produção excessiva de álcool feniletílico, é, muitas vezes, considerado defeituoso, em parte porque queijos com sabor semelhante a rosas eram associados, antigamente, a fermentações lácticas descontroladas resultantes da utilização de equipamentos leiteiros limpos de maneira inadequada.

As reações mostradas para a fenilalanina são análogas às discutidas para aminoácidos de cadeia ramificada na Secção 11.3.6. No entanto, esses microrganismos tendem a produzir principalmente as formas reduzidas de derivados (alcoóis), embora alguns compostos oxidados (aldeídos e ácidos) também estejam presentes. Sabores de vinho e cerveja, os quais podem ser atribuídos diretamente às fermentações, envolvem misturas complexas desses produtos voláteis, bem como a interação dos compostos com o etanol, como

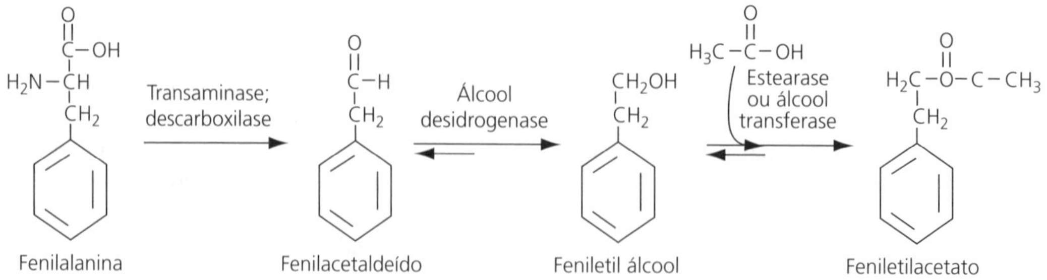

FIGURA 11.22 Formação enzimática de compostos voláteis a partir de aminoácidos por microrganismos, utilizando-se fenilalanina como composto precursor modelo.

mistura de ésteres e acetais. Essas misturas dão origem a sabores semelhantes a espuma e frutado, associados a bebidas fermentadas.

11.5 SABORES DE VOLÁTEIS DE GORDURAS E ÓLEOS

Gorduras e óleos são conhecidos por seu papel no desenvolvimento de odores indesejáveis por meio da autoxidação, e a química dos sabores derivados dos lipídeos tem sido bem relatada [26,38]. Aldeídos e cetonas são os principais compostos voláteis da autoxidação, e esses compostos podem causar odor de pintura, gordura, metal, semelhante a papel e vela, nos alimentos, quando suas concentrações são suficientemente elevadas. No entanto, muitos dos sabores desejáveis de alimentos cozidos e processados decorrem de concentrações modestas desses compostos. Detalhes sobre os mecanismos da autoxidação lipídica e de outras degradações dos lipídeos são apresentados no Capítulo 4.

11.5.1 Sabores da hidrólise de gorduras e óleos

A hidrólise de acilgliceróis vegetais e de depósitos de gorduras animais conduz, essencialmente, à formação de sabores saponáceos potenciais de ácidos graxos. A gordura do leite, por outro lado, serve como uma fonte rica de compostos voláteis de sabor, que influenciam no sabor dos produtos lácteos e nos alimentos preparados com gordura de leite ou manteiga. As classes de compostos voláteis obtidos por hidrólise da gordura do leite são apresentadas na Figura 11.23, com compostos específicos selecionados para ilustração de cada classe. Os ácidos graxos de cadeia curta (C_4–C_{12}) são extremamente importantes para o sabor do queijo e de outros produtos lácteos, sendo que o ácido butírico é o mais potente e influente desse grupo. A hidrólise de hidroxiácidos graxos conduz à formação de lactonas, as quais fornecem um sabor desejável de coco ou notas semelhantes a pêssegos em produtos assados, mas causa perda de qualidade no armazenamento de leite concentrado esterilizado. As metilcetonas são produzidas a partir de β-cetoácidos, por aquecimento após a hidrólise, contribuindo muito para o sabor dos produtos lácteos, da mesma forma que as lactonas. Em queijos azuis, no entanto, as metilcetonas são produzidas com muito mais abundância, mais pela atividade metabólica da *Penicillium roquefortti* sobre os ácidos graxos do que pela conversão dos cetoácidos que estão ligados em acilgliceróis.

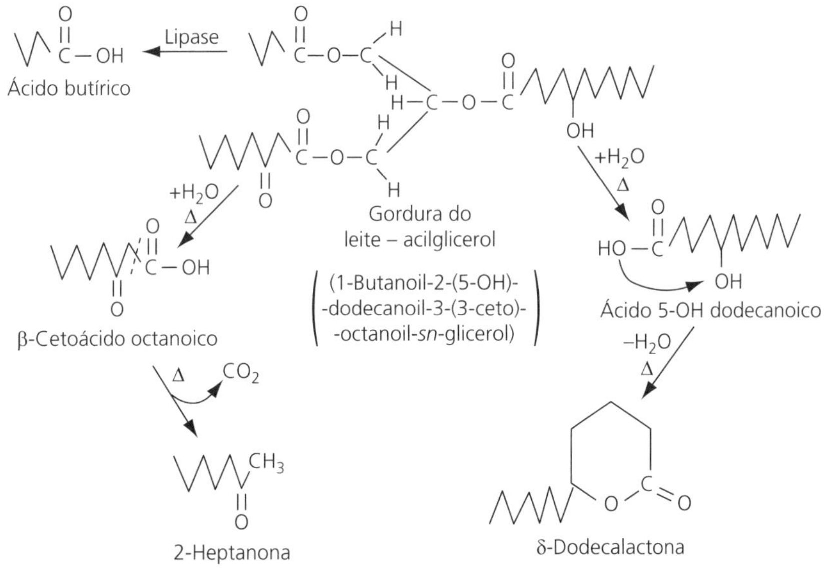

FIGURA 11.23 Formação de compostos voláteis influentes no sabor a partir da gordura do leite, por meio de clivagem hidrolítica de acilgliceróis.

Embora a hidrólise de gorduras, com exceção da gordura do leite, não costume produzir sabores distintos, como observado anteriormente, acredita-se que as gorduras animais estejam intimamente envolvidas nos sabores de carnes, nas espécies relacionadas. O papel dos lipídeos nos aspectos relacionados à espécie dos sabores da carne será discutido na próxima Seção, que trata sobre os alimentos do tecido muscular e do leite (Seção 11.6).

11.5.2 Sabores diferenciados de ácidos graxos poli-insaturados de cadeia longa

Muitos consideram que cozinhar com gorduras animais (p. ex., banha, sebo bovino) produz alimentos com sabores significativamente diferentes e melhores do que os cozidos com qualquer um dos óleos atuais e das gorduras, derivados de plantas.

As razões consideradas como responsáveis pelos diferentes sabores têm incluído diferentes composições de ácidos graxos que geram diferentes compostos de oxidação de sabor e, ainda, diferentes componentes minoritários dissolvidos nas respectivas gorduras. No entanto, a base química dessas diferenças ainda é debatida.

Óleos e gorduras alimentares derivados de plantas terrestres, atualmente, contêm apenas ácidos graxos poli-insaturados com 18 C (principalmente, 18:2:ω-6 e 18:3:ω-3), ou menos. No entanto, enquanto os derivados e produtos de gorduras animais contêm ácidos graxos poli-insaturados semelhantes aos óleos e às gorduras vegetais, elas contêm, igualmente, notáveis quantidades de ácidos graxos poli-insaturados de cadeia longa, ácido araquidônico (20:4:ω-6). Pesquisas recentes têm esclarecido os produtos de oxidação primários do sabor, derivados do ácido araquidônico [10], sendo que essas descobertas proporcionam um discernimento fundamental das diferenças químicas do sabor entre gorduras vegetais e animais. A oxidação pura do ácido araquidônico proporciona um aroma distinto, por vezes desagradável, semelhante ao aroma de frango e aves não cozidos; e os aromas são substancialmente causados por (*E,Z,Z*)-2,4,7--tridecatrienal, que, em sua forma pura, exibe um potente aroma semelhante ao de ovo não cozido e ao de galinha (Figura 11.24). Uma vez que esses produtos de oxidação insaturados do ácido araquidônico são tão potentes e distintos, é provável que as características ou o composto de impacto sejam responsáveis pela observação casual de que "muitas carnes brancas têm um gosto semelhante ao de frango".

As gorduras animais também contêm ácidos graxos poli-insaturados de cadeia longa ω-3, embora em menor abundância do que ácido araquidônico, mas os óleos de peixes contêm quantidades relativamente grandes desses ácidos graxos.

Estão incluídos o ácido docosa-hexaenoico (22:6ω-3; DHA) e o eicosapentaenoico (EPA; 20:5:ω-3), sendo que a oxidação de ambos gera, entre outros produtos, (*E,Z,Z*)-2,4,7--decatrienal, o qual possui sabores oxidados potentes, semelhantes a óleo de fígado de bacalhau ou mau cheiro de peixes (Figura 11.24). Em concentrações excessivas, (*E,Z,Z*)-2,4,7-de-

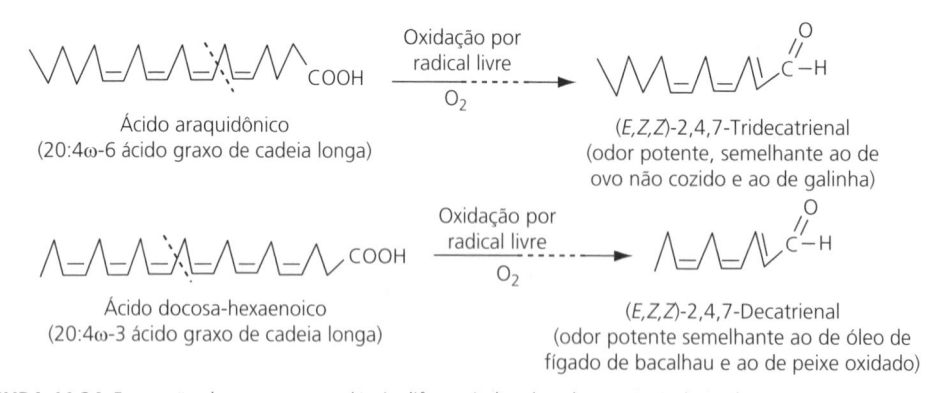

FIGURA 11.24 Formação de compostos voláteis diferenciados do sabor a partir de ácidos graxos poli-insaturados de cadeia longa.

catrienal causa sabor extremamente indesejável de peixe, porém, em níveis aceitáveis, transmite propriedades desejáveis de sabor característico ou compostos de impacto de peixes e frutos do mar. Desse modo, os produtos de oxidação de ácidos graxos poli-insaturados de cadeia longa ω-3 fornecem a base química para a diferenciação entre os sabores de alimentos de animais de origem terrestre e aquática. No entanto, também é provável que os ácidos graxos poli-insaturados ω-3 estejam envolvidos nas diferenças de sabor resultantes a partir de óleos e gorduras vegetais e animais. Notavelmente, devido ao cultivo comercial de algas e aos avanços da engenharia genética que têm ocorrido recentemente, é certo que a diferenciação tradicional dos sabores distintivos entre óleos e gorduras vegetais e animais rapidamente se tornará difícil.

11.6 SABORES DE VOLÁTEIS EM CARNES E LEITE

Os sabores das carnes têm atraído muita atenção, mas, apesar da realização de pesquisas consideráveis, o conhecimento sobre os compostos do sabor que causam características de impacto às carnes de diversas espécies continua um pouco obscuro [17,67]. No entanto, esforços concentrados nos estudos sobre os sabores da carne têm proporcionado muitas informações sobre compostos que contribuem para os sabores da carne cozida. As diferentes qualidades de sabor dos compostos do sabor de carne que não estão relacionados às espécies são muito valiosas para os alimentos e para a indústria de flavorizantes, mas as definições químicas dos sabores de carnes levemente cozidas e as relacionadas às espécies são muito procuradas. Alguns detalhes sobre a química relativa aos sabores de carne bem cozida são discutidos na Seção 11.7.

11.6.1 Sabores relacionados às espécies em carnes e leite de ruminantes

A caracterização de sabores de alguns tipos de carnes está associada à fração lipídica. Embora seja um tema de amplo debate, alguns avanços significativos sobre a definição dos sabores relacionados às espécies foram iniciados por Wong e colaboradores [87], em relação aos sabores das carnes de carneiro e cordeiro. Esses autores mostraram que o sabor característico semelhante a suor de carne de carneiro estava estreitamente associado a alguns voláteis, ácidos graxos de cadeia média, dos quais alguns membros metil ramificados são muito significativos. A formação de um dos mais importantes ácidos graxos de cadeia ra-

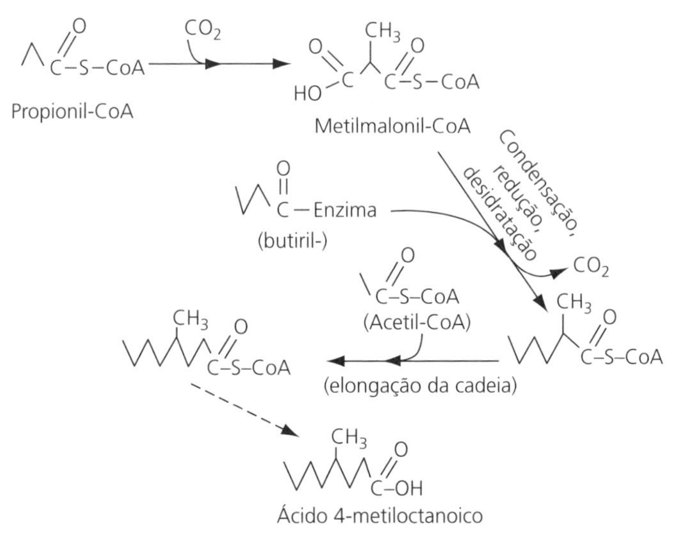

FIGURA 11.25 Reações que mostram a biossíntese de ramificações de metil em ruminantes, ácidos graxos de cadeia média.

mificada em cordeiros e carneiros, o ácido 4-metiloctanoico, é mostrada na Figura 11.25.

As fermentações no rúmen geram acetato, propionato e butirato, porém, em sua maioria, os ácidos graxos são biossintetizados a partir do acetato, que produz cadeias retas não ramificadas. No entanto, ocorre alguma ramificação metil que se deve à presença de propionato, mas quando a alimentação e outros fatores aumentam a concentração de propionato no rúmen, ocorre maior ramificação metil [72]. Diversas cadeias médias, ácidos graxos metil ramificados, são importantes contribuintes para sabores relacionados às espécies, incluindo ácido 4-metilnonanoico em sabores de cordeiro e carneiro. Além disso, o ácido 4-etiloctanoico (limiar de percepção = 1,8 ppb em água) é particularmente importante para a transmissão de sabores muito distintos, semelhantes ao de bode, tanto para carnes como para produtos lácteos, sendo formado quando o ácido graxo inicial é o butírico (butiril-CoA), em vez de ácido propiônico (propionil-CoA), e estando acoplado a uma porção butiril-enzima, conforme mostrado na Figura 11.25 [29–31].

Vários alquilfenóis (isômeros de metilfenol, isômeros de etilfenol, isômeros de *n*-propila, isômeros de isopropilfenol e isômeros de metil-isopropilfenol) contribuem muito para os sabores característicos relacionados às espécies semelhantes a carne bovina e de carneiro em carnes e leites [31,32,47]. Além disso, alguns alquilfenóis, sobretudo os membros *m*-substituídos, exibem propriedades de sabor semelhante a *kokumi* (Seção 11.2.6). Os alquilfenóis estão presentes como substâncias livres (palatáveis) e com ligações conjugadas (sem sabor) em carne e leite, e são inicialmente produzidos por meio de conversões da fermentação ruminal da via bioquímica do ácido chiquímico encontrado em plantas forrageiras (Figura 11.26). Sulfatos, fosfatos e glicuronídeos conjugados de alquilfenóis são formados *in vivo* em ruminantes, a fim de melhorar a hidrossolubilidade de alquilfenóis,

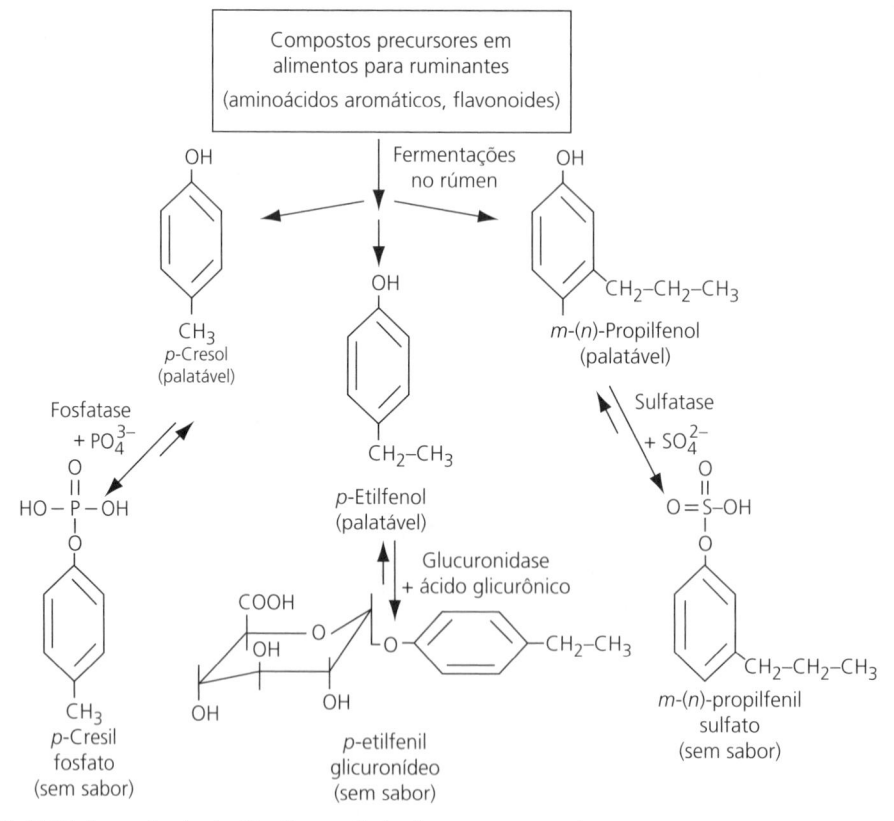

FIGURA 11.26 Formação de alquilfenóis a partir de alimentos para ruminantes.

aumentando sua eliminação na urina. Posteriormente, tanto a hidrólise enzimática como a térmica podem liberar alquilfenóis a partir de conjugados e, assim, reforçar o sabor desenvolvido durante as fermentações e o cozimento de carne e produtos lácteos.

11.6.2 Sabores relacionados às espécies em carnes de não ruminantes

Aspectos da química do sabor relacionados às espécies em carnes de animais não ruminantes permanecem incompletos. O distinto sabor semelhante ao da carne de porco, ou *piggy*, perceptível na banha ou em resíduos de gordura animal e na carne suína, é causado, em parte, pelo *p*-cresol e pelo ácido isovalérico, que são produzidos a partir de conversões microbianas de aminoácidos correspondentes, na parte inferior do intestino dos suínos [29,31]. Uma formação similar de indólicos e escatol a partir de triptofano também pode intensificar os sabores desagradáveis *piggy* na carne suína. Níveis excessivos de (*E*,*Z*,*Z*)-2,4,7-tridecatrienal a partir da oxidação do ácido araquidônico (Seção 11.5.2) também acentuam esses sabores, embora concentrações aceitáveis (ver Seção 11.1.3) desse composto contribuam para sabores desejáveis de carne suína. Além disso, alguns estudos têm mostrado que as γ-C_5, C_9, C_{12} lactonas são razoavelmente abundantes em suínos [17], e que esses compostos podem contribuir para alguns dos sabores semelhantes aos de suor de carne suína.

Tem-se concentrado grande interesse nos compostos do aroma responsáveis pelo odor sexual suíno que gera odores indesejáveis a essa carne. Dois compostos que contribuem muito para o odor indesejável são a 5-α-androst-16-en-3α-ona, que tem um aroma de urina, e o 5-α-androst-16-en-3α-ol, que tem um aroma semelhante a almíscar (Figura 11.27 [25]). Os compostos do odor sexual suíno são associados principalmente ao sexo masculino, mas podem ocorrer em machos castrados e em fêmeas. Esses compostos esteroides são ofensivos para alguns indivíduos, sobretudo mulheres, sendo que outros são geneticamente incapazes de sentir esse odor. Uma vez que os compostos responsáveis pelo odor sexual suíno só foram encontrados na carne de porco, eles podem ser considerados como compostos do sabor relacionados às espécies suínas.

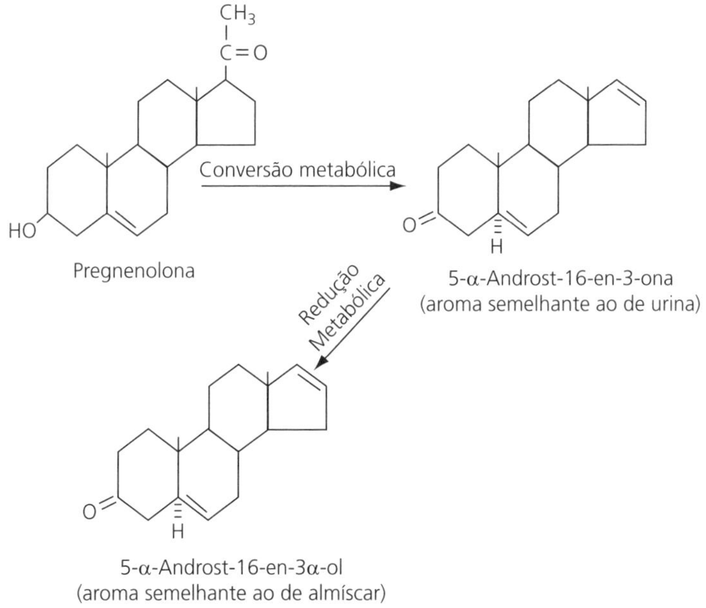

FIGURA 11.27 Formação de compostos esteroides responsáveis por aromas semelhantes aos de urina e almíscar, associados ao odor sexual suíno na carne de porco.

Os sabores distintos de frango foram igualmente objeto de numerosos estudos, sendo que a oxidação lipídica produz compostos característicos de impacto em frangos. Investigações recentes [33] envolveram carbonilas, *c*-4-decenal, *t*-2-*C*-5-undecadienal e *t*-2-*C*-4-*t*-7-tridecatrienal no sabor característico de frango cozido. Acredita-se que eles sejam derivados dos ácidos linoleico e araquidônico. No entanto, uma recente reavaliação detalhada [10] dos produtos voláteis da autoxidação do ácido araquidônico (ver também Seção 11.5.2) mostrou que (*E,Z,Z*)-2,4,7-tridecatrienal, a partir dessa reação, é uma substância extremamente potente, semelhante ao sabor de frango, e, portanto, é um composto de impacto para frango e outros sabores de carnes brancas. Outros fatores, como o método de cocção, também influenciam as características dos sabores de aves cozidas. Um provável fator de influência é que os frangos acumulam α-tocoferol (um antioxidante), mas os perus, não, e, ainda, durante o cozimento, em particular durante a torrefação, formam-se compostos carbonílicos em quantidade muito maior no peru do que no frango.

11.6.3 Voláteis em peixes e sabores de frutos do mar

Os sabores de frutos do mar cobrem uma faixa um pouco mais ampla de qualidades de sabor que os ocorridos em outros alimentos de tecidos musculares. Devido à vasta gama de animais envolvidos (peixes, mariscos e crustáceos), e às variadas qualidades de sabor e aroma relacionadas ao frescor desses alimentos, diferentes sabores são encontrados. Uma vez que os sabores e os aromas frescos de frutos do mar com frequência são diminuídos ou perdidos em produtos que foram processados, armazenados e congelados e que estão disponíveis no comércio, muitos consumidores associam secundariamente o desenvolvimento do sabor de mofo ou um sabor estranho de peixe a todos os peixes e frutos do mar. No entanto, muitos frutos do mar frescos exibem aromas delicados e sabores bastante diferentes dos evidentes nesses produtos, quando **comercialmente frescos**. Um fator que contribui para isso é a acumulação e o subsequente declínio nos tecidos da substância *umami*, inosina 5'-monofosfato (Seção 11.2.5), que causa mudanças drásticas nos sabores de peixes e frutos do mar refrigerados com o passar do tempo.

Um grupo de aldeídos, cetonas e alcoóis C_6, C_8 e C_9 derivados da lipoxigenase, a princípio fornece aromas e sabores característicos e agradáveis de peixe fresco [46]. De modo geral, os compostos do sabor produzidos em peixes e frutos do mar são semelhantes aos produzidos por lipoxigenases vegetais (Seção 11.3.5). No entanto, as lipoxigenases encontradas em peixes e frutos do mar realizam oxidações enzimáticas relacionadas à síntese de leucotrienos, e a produção dos compostos do sabor é um subproduto dessas reações. Para o exemplo mostrado na Figura 11.28, a peroxidação seguida por reações de desproporcionamento parece conduzir primeiro a um álcool e, em seguida, à carbonila correspondente [74]. Coletivamente, esses compostos fornecem notas de aromas semelhantes às de melão e vegetais verdes para peixes frescos, contribuindo para os sabores delicados de muitos peixes frescos cozidos, seja diretamente ou como reagentes que conduzem a novos sabores durante o cozimento.

Os sabores de crustáceos e moluscos contam, em particular, com muitas substâncias não voláteis de gosto, além de contribuições de compostos voláteis, Por exemplo, o sabor da carne de

Ácido docosa-hexaenoico
(22:6ω-3 ácido graxo de cadeia longa)

Lipoxigenase
(O_2; rearranjo)

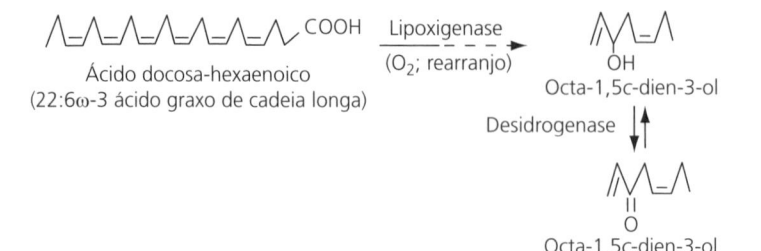

Octa-1,5c-dien-3-ol

Desidrogenase

Octa-1,5c-dien-3-ol

FIGURA 11.28 Formação enzimática de voláteis influentes no aroma de peixe fresco a partir de ácidos graxos insaturados de cadeia longa ω-3.

caranguejo da neve cozido é duplicado com uma mistura de 12 aminoácidos, nucleotídeos e íons de sal [41]. Uma boa imitação desse sabor pode ser preparada a partir das substâncias supramencionadas, junto a algumas contribuições de carbonilas e trimetilamina. A trimetilamina tem sido há muito associada a aromas semelhantes aos de peixes e caranguejo, sendo que ela sozinha exibe um aroma amoniacal de peixe. A trimetilamina e a dimetilamina são produzidas por meio das degradações enzimáticas endógena ou microbiana do óxido de trimetilamina (Figura 11.29), que é encontrado em quantidades significativas apenas em espécies de peixes e frutos do mar de água salgada. O óxido de trimetilamina age como parte do sistema osmótico em espécies marinhas ou peixes de água salgada [36]. Uma vez que muitos peixes frescos essencialmente não contêm trimetilamina, esse composto modifica e contribui para o aroma envelhecido de peixes frescos, o que aumenta os aromas típicos de peixaria. A formação de dimetilamina é mais associada ao envelhecimento ocorrente durante o armazenamento congelado. Acredita-se que o formaldeído produzido junto com dimetilamina facilita a ligação cruzada de proteínas, e, consequentemente, contribui para o endurecimento de tecidos musculares de peixes durante o armazenamento congelado.

Outros aromas e sabores associados a produtos de pesca costumam ser caracterizados por termos como "envelhecido" ou "oxidados de peixe" e "óleo de fígado de bacalhau", sendo causados por determinados compostos carbonílicos que se desenvolvem a partir da autoxidação de ácidos graxos poli-insaturados ω-3 (Seção 11.5.2). Deles, o (E,Z,Z)-2,4,7-decatrienal (ver Figura 11.24) fornece um composto de impacto de bastante importância para a qualidade do sabor de peixe estragado, sendo que o c-4-heptenal potencializa esses compostos [46].

Alguns sabores característicos importantes em peixes e frutos do mar são derivados do meio ambiente, principalmente por meio da cadeia alimentar natural das espécies capturadas. Por exemplo, o dimetil sulfeto proporciona uma nota característica de aroma cozido de moluscos e ostras, surgindo a partir da degradação térmica de dimetil-β-propiotetina (Figura 11.30), presente na microflora marinha que é ingerida [55], sendo que sua presença no *habitat* depende das condições ambientais.

Os sabores de culturas aquáticas de camarão e salmão são afetados por suas dietas, que diferem substancialmente das encontradas nas espécies de vida livre [55]. Uma das principais diferenças entre os sabores correspondentes desses animais é causada pela falta geral de bromofenóis na dieta da aquacultura, em comparação com as dietas consumidas pelos espécimes de vida livre. Os bromofenóis são produzidos me-

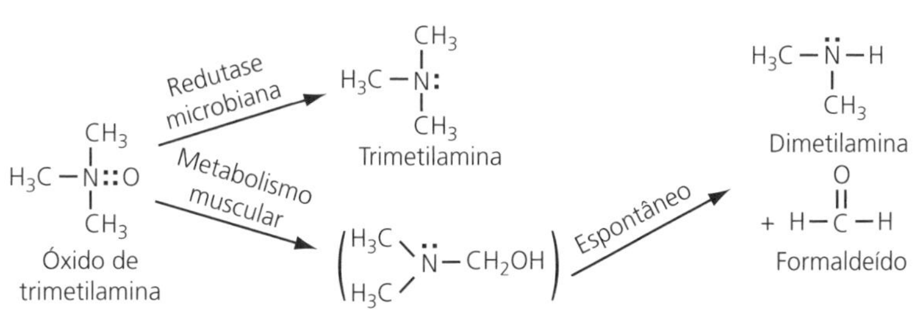

FIGURA 11.29 Formação de aminas voláteis principais em tecidos musculares de espécies de peixes de água salgada.

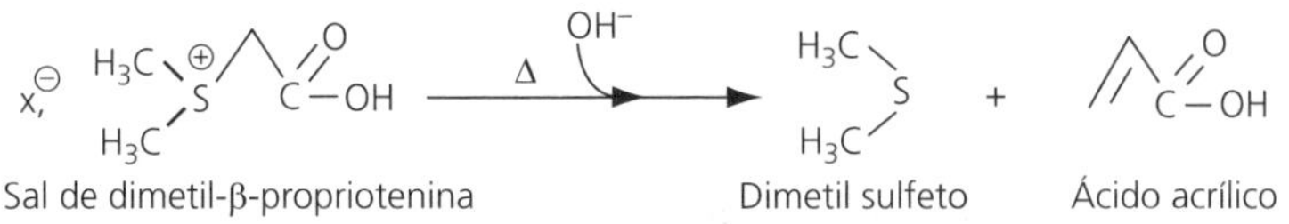

FIGURA 11.30 Formação de dimetil em frutos do mar.

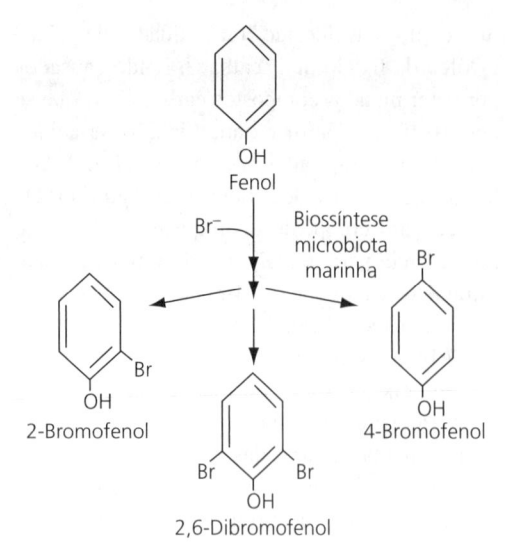

FIGURA 11.31 Formação de bromofenóis em frutos do mar.

tabolicamente (Figura 11.31) por diversos organismos ou formas marinhas de água salgada, passando ao longo da cadeia alimentar e fornecendo os sabores de compostos de impacto, tanto para peixes como para frutos do mar [13]. Um dos efeitos mais notáveis do sabor de bromofenóis é encontrado nas espécies selvagens de camarão capturadas, nas quais o sabor pode variar de gostos marinhos sutis até gostos distintos semelhantes ao de iodo. Por outro lado, níveis muito baixos de bromofenóis, ocorrentes em camarões de aquacultura, resultam em sabores incertos ou suaves, em comparação com os sabores semelhantes aos de frutos do mar tradicionais.

11.7 SABORES VOLÁTEIS OCASIONADOS POR REAÇÕES OU PROCESSOS

Muitos compostos de sabor encontrados em alimentos processados ou cozidos ocorrem como resultado de reações comuns a todos os tipos de alimentos, independentemente de serem de origem animal, vegetal ou microbiana. Essas reações ocorrem quando reagentes adequados estão presentes e existem condições adequadas (calor, pH, luz). Os sabores derivados de processos ou reações são discutidos separadamente nesta Seção devido à sua ampla importância para todos os alimentos e porque eles englobam uma grande quantidade de sabores naturais concentrados que são bastante utilizados em alimentos, sobretudo quando sabores de carne são desejados. Informações relacionadas podem ser encontradas nas discussões sobre carboidratos (Capítulo 3), lipídeos (Capítulo 4) e vitaminas (Capítulo 8).

11.7.1 Voláteis de processos induzidos termicamente

Tradicionalmente, esses sabores têm sido encarados como produtos de reações de escurecimento devido a recentes descobertas que mostram o papel de açúcares redutores e compostos amina na indução de um processo que, em última análise, leva à formação de pigmentos marrons (ver Capítulos 3 e 4, para detalhes sobre escurecimento pela reação de Maillard). Embora as reações de escurecimento estejam quase sempre envolvidas no desenvolvimento de sabores de processos nos alimentos, as interações entre os produtos das reações de escurecimento e de outros componentes alimentares também são importantes e abrangentes. Por meio de uma abordagem ampla para discussões de sabores induzidos termicamente, as interações supracitadas, bem como as reações que ocorrem após o tratamento térmico, podem ser devidamente consideradas.

Embora muitos dos compostos associados aos sabores de processos apresentem aromas potentes e agradáveis, poucos desses compostos parecem constituir, de fato, compostos distintos de impacto, com efeitos sobre o sabor. Em vez disso, muitas vezes, eles contribuem para sabores e aromas de nozes, carnes, torrado, queimado, floral, vegetal ou caramelo. Alguns compostos de sabor de processos são acíclicos, mas muitos são heterocíclicos, com substituintes comuns, como nitrogênio, enxofre ou oxigênio (Figura 11.32). Os compostos do sabor de processos ocorrem em muitos alimentos e bebidas, como em carnes assadas, carnes cozidas, café, castanhas torradas, cerveja, pães, bolachas, salgadinhos, cacau e muitos outros alimentos processados. A distribuição dos diferentes compostos, no entanto, depende de fatores como disponibilidade de precursores, temperatura, tempo e atividade de água.

A produção de concentrados de sabor do processo é realizada pela seleção de misturas e condições de reação, de modo que as reações que ocor-

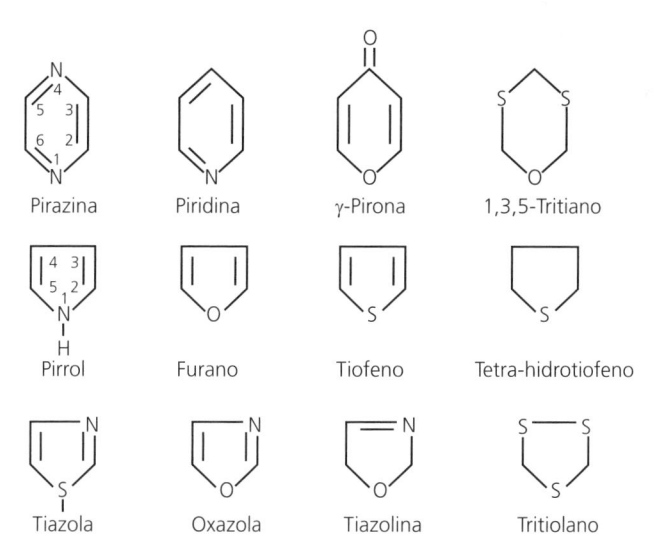

FIGURA 11.32 Alguns esqueletos moleculares heterocíclicos bastante encontrados em compostos do sabor, associados a sabores induzidos termicamente ou por escurecimento.

rem no processamento normal de alimentos sejam duplicadas. Selecionados os ingredientes (Tabela 11.5), em geral incluindo-se açúcares redutores, aminoácidos e compostos com átomos de enxofre, eles são processados sob temperaturas elevadas para se produzir um perfil distinto de compostos de sabor [35]. A tiamina é um ingrediente comum, pois oferece tanto átomos de nitrogênio como de enxofre presentes na estrutura do anel (ver Capítulo 8).

Em decorrência do grande número de compostos de sabor provenientes de processos produzidos durante o processamento normal de alimentos e em simulação de processos, não é realista que se aborde a química de sua formação com profundidade. Pelo contrário, os exemplos são apresentados

TABELA 11.5 Alguns ingredientes comuns usados em sistemas de reações a partir de processos para o desenvolvimento de sabores semelhantes aos da carne

Proteína vegetal hidrolisada	Tiamina
Levedura autolisada	Cisteína
Extrato de carne	Glutationa
Gorduras animais específicas	Glicose
Sólidos de ovo de galinha	Arabinose
Glicerol	5′-Ribonucleotídeos
Glutamato monossódico	Metionina

para ilustrar alguns dos mais importantes voláteis de sabor formado, bem como os mecanismos de sua formação. As alquil pirazinas estão entre os primeiros compostos a serem reconhecidos como contribuintes importantes para os sabores de todos os alimentos torrados, tostados ou, da mesma forma, de alimentos processados termicamente. O caminho mais direto para sua formação resulta da interação de compostos α-dicarbonil (produtos intermediários da reação de Maillard) com aminoácidos ao longo da reação de degradação de Strecker (Figura 11.33). A transferência do grupo amina para o dicarbonil fornece um meio para integrar o nitrogênio do aminoácido em pequenos compostos destinados a quaisquer mecanismos de reação de condensação envolvidos nessas reações. A metionina foi escolhida como o aminoácido envolvido na reação de degradação de Strecker, pois contém um átomo de enxofre que leva à formação de metional, que é um importante composto de impacto em sabores de batatas cozidas e biscoitos de queijo. O metional também se decompõe com mais facilidade, gerando o metanotiol (metil mercaptano) que oxida para dissulfeto de dimetila, proporcionando, assim, uma fonte de compostos reativos de enxofre de baixa massa molecular, que contribuem para o sistema global do desenvolvimento do sabor.

Os sulfetos de hidrogênio e de amônia são ingredientes muito reativos em misturas destinadas ao

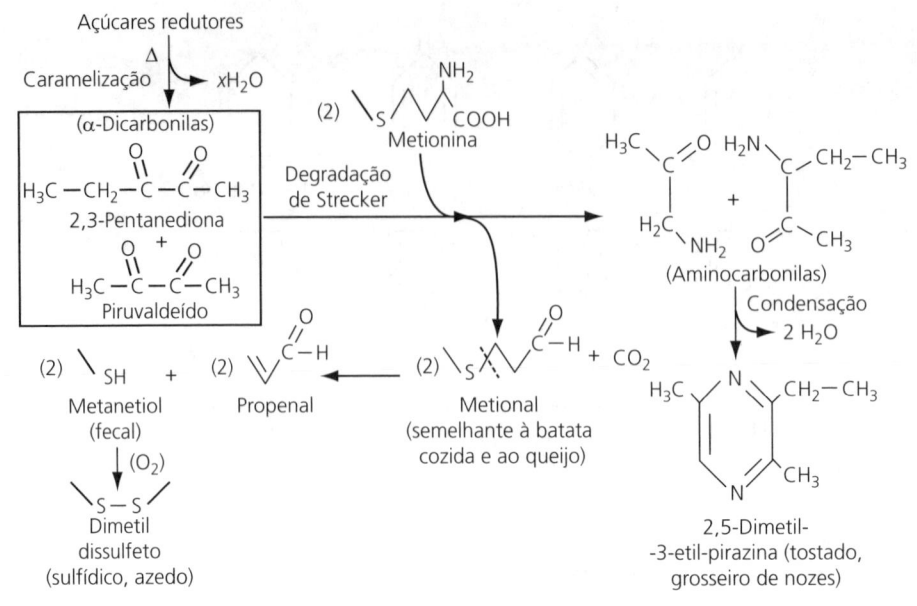

FIGURA 11.33 Formação de uma alquil pirazina e de pequenos compostos sulfurados por meio de reações que ocorrem no desenvolvimento de sabores por processos.

desenvolvimento de sabores em processos e, muitas vezes, são incluídos em sistemas-modelo, que auxiliam na promoção de certos mecanismos de reação. A degradação térmica da cisteína (Figura 11.34) gera tanto amônia como sulfeto de hidrogênio e acetaldeído. A reação posterior do acetaldeído com um mercaptano derivado da acetoína (a partir da reação de Maillard) dá origem à tiazolina, que contribui para o sabor de carne cozida [56].

Alguns compostos heterocíclicos de sabor são muito reativos e tendem a degradar ou interagir mais com componentes dos alimentos ou misturas de reação. Um exemplo interessante da estabilidade do sabor e de sua transmissão para os alimentos é fornecido pelos compostos mostrados na Equação 11.2, os quais fornecem marcantes, mas diferentes aromas semelhantes aos da carne [20]. Um aroma de carne assada é exibido por

FIGURA 11.34 Formação de uma tiazolina encontrada na carne cozida por meio de reação de fragmentos a partir de cisteína e aminoaçúcares do escurecimento.

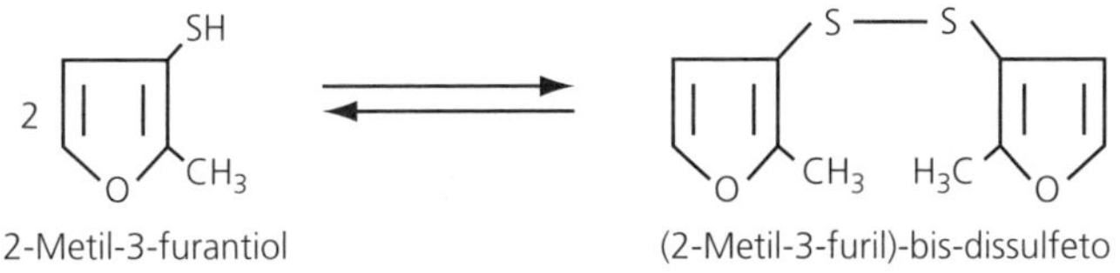

$$\underset{\text{2-Metil-3-furantiol}}{2\;\begin{array}{c}\text{SH}\\\text{[furan ring]}\\\text{CH}_3\end{array}} \rightleftharpoons \underset{\text{(2-Metil-3-furil)-bis-dissulfeto}}{\begin{array}{c}\text{S}-\text{S}\\\text{[furan-S-S-furan]}\end{array}} \qquad (11.2)$$

2-metil-3-furantiol (forma reduzida) (ver Equação 11.2) mas, mediante a oxidação para a forma dissulfeto, o sabor torna-se mais característico ao de carnes completamente cozidas, com cozimento que já dura algum tempo. Reações químicas, como a que foi mencionada, são responsáveis pelas mudanças sutis no sabor da carne, decorrentes do grau de cocção e após o intervalo de tempo de cocção.

Durante o processamento de sistemas complexos, enxofre ou tióis e polissulfetos podem ser incorporados a diversos compostos, resultando na geração de novos sabores. No entanto, embora o dimetil sulfeto seja encontrado em alimentos processados, ele não reage com rapidez. Em alimentos vegetais, o dimetil sulfeto origina-se a partir de moléculas biologicamente sintetizadas, em particular sais sulfônicos da *S*-metilmetionina (Figura 11.35). Os sais de *S*-metilmetionina são bastante lábeis ao calor, e o dimetil sulfeto é facilmente liberado durante a cocção. No caso dos alimentos de origem vegetal, ele proporciona notas características aos sabores de milho doce cozido e enlatado, bem como de suco de tomate e outros produtos à base de tomate cozido.

Alguns dos aromas mais agradáveis derivados das reações originadas de processo são fornecidos pelos compostos mostrados na Figura 11.36. Esses compostos apresentam aroma semelhante ao de caramelo, tendo sido encontrados em muitos alimentos processados. O cicloteno é bastante utilizado como substância sintética do sabor em xarope de bordo (xarope de ácer); e o maltol é utilizado como intensificador de sabor em alimentos doces e bebidas (Seção 11.2.6). A 4-hidroxi-2,5-dimetil-3(2H)-furanona (Furaneol) é, às vezes, chamada de "composto de abacaxi", pois foi primeiramente isolada a partir de abacaxi processado, contribuindo para seu sabor característico. O furaneol também é produzido em sistemas biológicos, o que contribui muito para a nota de morango maduro que pode ser detectada em frutos recém-colhidos. A 3-OH-4,5--dimetil-2,5-di-hidrofuran-2-ona é designada com frequência como açúcar furanona, pois seu aroma muito característico pode ser facilmente detectado nos gases acima do açúcar refinado a granel (sacarose). Além disso, as furanonas são encontradas em carnes cozidas, como em carne bovina, nas quais parecem aumentar a suculência.

A estrutura planar enol-cíclica-cetona dos compostos mostrados na Figura 11.36 é normalmente derivada de precursores de açúcares, e esse componente estrutural parece ser o res-

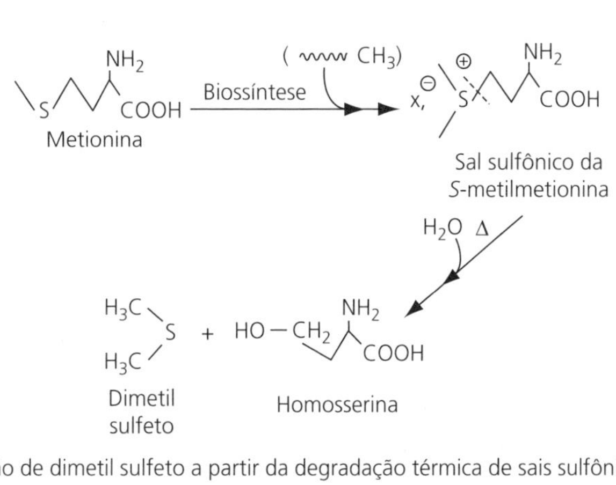

FIGURA 11.35 Formação de dimetil sulfeto a partir da degradação térmica de sais sulfônicos da *S*-metilmetionina.

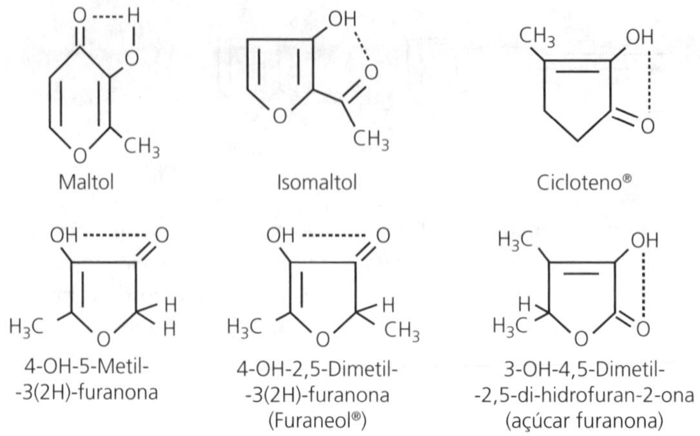

FIGURA 11.36 Estruturas de alguns compostos importantes do sabor semelhante a caramelo, derivados de reações que ocorrem durante o processamento.

Estruturas: Maltol; Isomaltol; Cicloteno®; 4-OH-5-Metil-3(2H)-furanona; 4-OH-2,5-Dimetil-3(2H)-furanona (Furaneol®); 3-OH-4,5-Dimetil-2,5-di-hidrofuran-2-ona (açúcar furanona).

ponsável por sua qualidade de aroma semelhante ao de caramelo [60]. Conforme mostrado na Equação 11.3 para o maltol, a forma enolona planar é bastante favorecida sobre a forma cíclica dicetona, pois a forma enolona permite que ocorra uma forte ligação de H intramolecular.

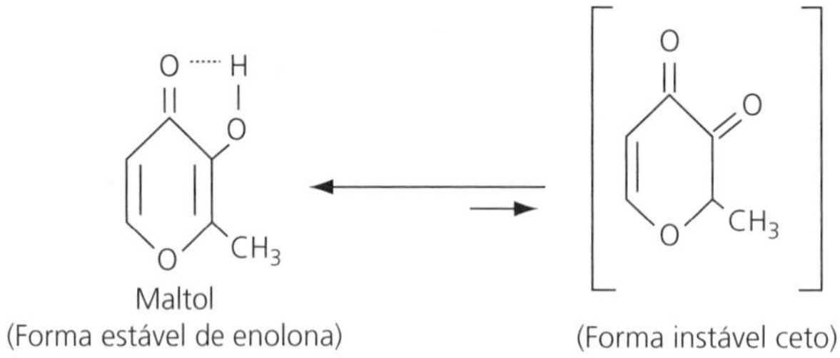

Maltol (Forma estável de enolona) ⇌ (Forma instável ceto) (11.3)

O sabor do chocolate e do cacau tem recebido muita atenção devido à grande procura por esses sabores. Após a colheita, os grãos do cacau costumam ser fermentados sob condições um tanto quanto não controladas. Os grãos são, então, torrados, algumas vezes com um tratamento alcalino que escurece a cor e produz um sabor menos grosseiro. A fermentação hidrolisa a sacarose para açúcares redutores e aminoácidos livres, oxidando alguns polifenóis. Durante a torrefação, muitas pirazinas e outros heterocíclicos são formados, mas o sabor único do cacau é obtido de uma interação entre aldeídos a partir da reação de degradação de Strecker. A reação mostrada na Figura 11.37 entre fenilacetaldeído (a partir de fenilalanina) e 3-metilbutanal (de leucina) constitui um importante tipo de formação do sabor do cacau. O produto dessa condensação aldol, 5-metil-2-fenil-2-hexenal, exibe um caráter de impacto persistente sobre o aroma de chocolate. Esse exemplo serve, ainda, para mostrar que as reações de desenvolvimento de sabores em processos nem sempre produzem compostos de aroma heterocíclicos.

11.7.2 Voláteis derivados de clivagens oxidativas dos carotenoides

As oxidações que focam os triacilgliceróis e os ácidos graxos foram discutidas em Seções anteriores, mas alguns compostos de sabor de extrema importância, que são derivados oxidativamente a partir de precursores carotenoides, não foram discutidos e merecem menção aqui. Algumas dessas reações necessitam de oxigênio singlete por meio da sensitização da clorofila; outras são processos de foto-oxidação. Um grande número de compostos do sabor, derivados da oxidação de carotenoides (ou isoprenoides), foi identificado na cura

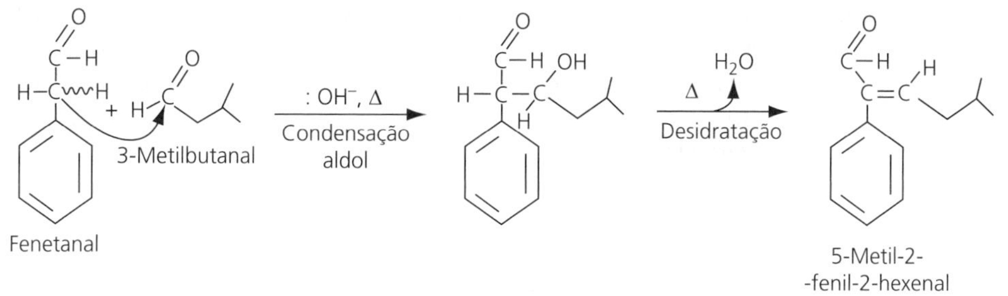

FIGURA 11.37 Formação de um importante aroma volátil de cacau, por meio da condensação de aldol de dois aldeídos derivados da reação de Strecker.

do tabaco [18] e muitos deles são considerados importantes para a caracterização do sabor de tabaco. No entanto, poucos compostos dessa categoria (três compostos representativos são mostrados na Figura 11.38) são atualmente considerados muito importantes como sabores nos alimentos. Cada um desses compostos exibe características únicas de doce, floral e semelhantes às de frutas, as quais variam significativamente com a concentração. Eles também combinam muito bem com os aromas de alimentos para produzir efeitos sutis que podem ser desejáveis ou muito indesejáveis. A β-damascenona exerce efeitos muito positivos em aromas de maçã fresca. Ela também melhora o sabor dos vinhos, mas, na cerveja, esse composto, em apenas algumas partes por mil bilhões, resulta em uma nota semelhante a ranço. A β-ionona também exibe um agradável aroma floral violeta compatível com sabores semelhantes a frutas, mas também é o principal composto causador de odor indesejável presente na oxidação de cenouras desidratadas congeladas. Além disso, esses compostos têm sido encontrados no chá preto, onde fazem contribuições positivas para o sabor. O teaspirano e seus derivados relacionados contribuem de forma importante para as notas de aroma doce, frutado e terroso do chá. Embora geralmente presentes em baixas concentrações, esses compostos e outros relacionados estão bem distribuídos, sendo provável que eles contribuam para o sabor pleno e de misturas em muitos alimentos.

11.8 DIREÇÕES FUTURAS DA QUÍMICA E DA TECNOLOGIA DO SABOR

Muito tem sido realizado ao longo dos últimos 45 anos, desde a era dourada da química e da

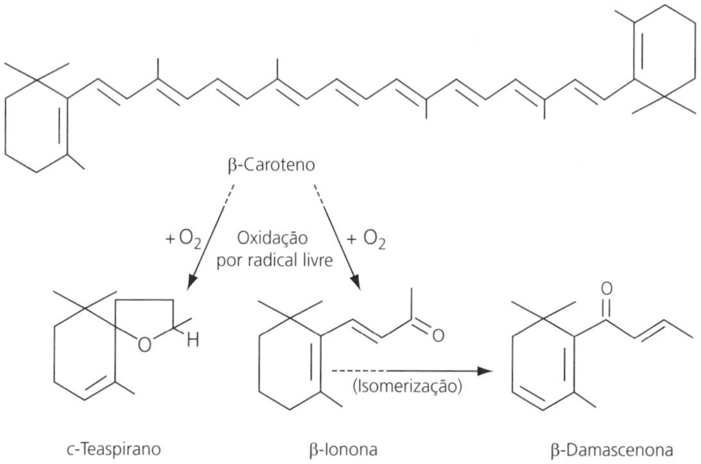

FIGURA 11.38 Formação de alguns compostos importantes do sabor por meio de clivagens oxidativas de carotenoides.

tecnologia moderna do sabor [77], que foi iniciada com o desenvolvimento e a disponibilidade imediata de poderosos instrumentos de cromatografia gasosa e espectrometria de massa de alta velocidade de varredura. Grande parte desse período foi dedicado à descoberta sistemática de substâncias ativas do aroma, além de se investigar pormenores, esforços centrados têm conquistado, em grande parte, os objetivos desta missão. Do mesmo modo, a base dos conhecimentos que incluem os aspectos mecanísticos envolvidos na formação e na degradação de compostos de sabor tornou-se abrangente, mas muitos detalhes sobre esses processos continuam incompletos e disponíveis para estudos futuros. É certo que o avanço contínuo da engenharia genética para efeitos específicos do sabor em várias células e organismos superiores serve para fornecer motivações para que se obtenham mais esforços no sentido de se compreender mais profundamente os mecanismos envolvidos na biossíntese de substâncias relacionadas ao sabor.

No entanto, é provável que seja necessário mudar o foco da pesquisa futura da química do sabor para que satisfaçam as demandas mais urgentes enfrentadas pela indústria de alimentos. Expansões substanciais de alimentos nutracêuticos ou funcionais trarão novos desafios para mascarar ou neutralizar outros sabores indesejáveis, os quais são inerentes aos ingredientes utilizados para fornecer as propriedades funcionais. Contudo, os problemas mais desafiantes residem no sucesso da reformulação de alimentos por razões de saúde, evitando-se uma quantidade excessiva de ingredientes tradicionais, em particular de sal, gorduras e carboidratos refinados. A princípio, as tentativas de se desenvolver o que tem sido chamado de alimentos "nutricionalmente adequados" têm encontrado muitos fracassos e frustrações, mas pressões públicas são realizadas para que a indústria de alimentos supere os obstáculos que frustraram essas tentativas.

Alguns estudos recentes da química do sabor, sobre as taxas de liberação de compostos de sabores individuais a partir de várias matrizes, foram realizados na tentativa de se entender e se superar os problemas encontrados no fornecimento de sabores de alta qualidade em alimentos reformulados cujas composições foram radicalmente alteradas para o cumprimento de objetivos nutricionais (p. ex., alimentos com baixo teor de gordura). Ainda assim, até hoje, grandes avanços ainda não emergiram de estudos da liberação de sabores, os quais sugerem que outras abordagens também devem ser vigorosamente exploradas. Uma das áreas mais esquecidas a esse respeito é a de potenciadores e modificadores de sabor (Seção 11.2.6), cujos papéis no sabor dos alimentos não são muito reconhecidos nem compreendidos, e a área está madura para exploração. Esses esforços, no entanto, exigirão mudanças na alimentação tradicional e no pensamento sobre a química do sabor e, necessariamente, exigirão alterações em técnicas de análise sensorial para detecção e avaliação específica das características sutis de palatabilidade dos alimentos, fornecidas pelos modificadores de sabor. Os desafios são grandes, mas os benefícios potenciais para a saúde e o bem-estar da população também o são.

REFERÊNCIAS

1. Amerine, M. A., R. M. Pangborn, and E. B. Roessler (1965). *Principles of Sensory Evaluation of Food*, Academic Press, New York, p. 106.
2. ASTM (1968). *Manual on Sensory Testing Methods*, STP434, American Society for Testing Materials, Philadelphia, PA.
3. Bartoshuk, L. M. (1980). Sensory analysis in the taste of NaCl. In *Biological and Behaviorial Aspects of Salt Intake* (R. H. Cagan and M. R. Kare, eds.), Academic Press, New York, pp. 83–96.
4. Bartoshuk, L. M., K. Fast, D. Snyder, and V. B. Duffy (2004). Genetic differences in human oral perception. In *Genetic Variation in Taste Sensitivity* (J. Prescott and B. J. Tepper, eds.), Marcel Dekker, New York, pp. 1–41.
5. Beets, M. G. J. (1978). The sweet and bitter modalities. In *Structure–Activity Relationships in Human Chemoreception*, Applied Science Publishers, London, U.K., pp. 259–303.
6. Beets, M. G. J. (1978). The sour and salty modalities. In *Structure–Activity Relationships in Human Chemoreception*, Applied Science Publishers, London, U.K., pp. 348–362.
7. Belitz, H. D. and H. Wieser (1985). Bitter compounds: Occurrence and structure–activity relationships. *Food Rev. Int.* 1:271–354.
8. Birch, G. G. (1981). Basic tastes of sugar molecules. In *Criteria of Food Acceptance* (J. Solms and R. L. Hall, eds.), Forster Verlag, Zurich, Switzerland, pp. 282–291.
9. Birch, G. G., C. K. Lee, and A. Ray (1978). The chemical basis of bitterness in sugar derivatives. In *Sensory*

Properties of Foods (G. G. Birch, J. G. Brennan, and K. J. Parker, eds.), Applied Science Publishers, London, U.K., pp. 101–111.
10. Blank, I., J. Lin, F. A. Vera, D. H. Welti, and L. B. Fay (2001). Identification of potent odorants formed by autoxidation of arachidonic acid: Structure elucidation and synthesis of (EZZ)-2,4,7-tridecatrienal. *J. Agric. Food Chem.* 49:2959–2965.
11. Boelens, M. H. (1991). Spices and condiments II. In *Volatile Compounds in Foods and Beverages* (H. Maarse, ed.), Marcel Dekker, New York, pp. 449–482.
12. Boelens, M. H., H. Boelens, and L. J. van Gemert (1993). Sensory properties of optical isomers. *Perfum. Flavor.* 18:1–16.
13. Boyle, J. L., R. C. Lindsay, and D. A. Stuiber (1993). Occurrence and properties of flavor-related bromophenols found in the marine environment: A review. *J. Aquat. Food Prod. Technol.* 2:75–112.
14. Brieskorn, C. H. (1990). Physiological and therapeutical aspects of bitter compounds. In *Bitterness in Foods and Beverages* (R. L. Rouseff, ed.), Elsevier, Amsterdam, the Netherlands, pp. 15–33.
15. Cliff, M. and H. Heymann (1992). Descriptive analysis of oral pungency. *J. Sens. Stud.* 7:279–290.
16. DeTaeye, L., D. DeKeukeleire, E. Siaeno, and M. Verzele (1977). Recent developments in hop chemistry. In *European Brewery Convention Proceedings, European Brewing Congress*, Amsterdam, the Netherlands, pp. 153–156.
17. Dwivedi, B. K. (1975). Meat flavor. *Crit. Rev. Food Technol.* 5:487–535.
18. Enzell, C. R. (1981). Influence of curing on the formation of tobacco flavour. In *Flavour '81* (P. Schreier, ed.), Walter de Gruyter, Berlin, Germany, pp. 449–478.
19. Eriksson, C. E. (1979). Review of biosynthesis of volatiles in fruits and vegetables since 1975. In *Progress in Flavour Research* (D. G. Land and H. E. Nursten, eds.), Applied Science Publishers, London, U.K., pp. 159–174.
20. Evers, W. J., H. H. Heinsohn, B. J. Mayers, and A. Sanderson (1976). Furans substituted at the three positions with sulfur. In *Phenolic, Sulfur, and Nitrogen Compounds in Food Flavors* (G. Charalambous and I. Katz, eds.), American Chemical Society, Washington, DC, pp. 184–193.
21. Fazzalari, F. A. (ed.) (1978). *Compilation of Odor and Taste Threshold Values Data*, American Society for Testing Materials, Philadelphia, PA.
22. Forss, D. A. (1981). Sensory characterization. In *Flavor Research, Recent Advances* (R. Teranishi, R. A. Flath, and H. Sugisawa, eds.), Marcel Dekker, New York, pp. 125–174.
23. Forsyth, W. G. C. (1981). Tannins in solid foods. In *The Quality of Foods and Beverages*, Vol. 1, Chemistry and Technology (G. Charalambous and G. Inglett, eds.), Academic Press, New York, pp. 377–388.
24. Govindarajan, V. S. (1979). Pungency: the stimuli and their evaluation. In *Food Taste Chemistry* (J. C. Boudreau, ed.), American Chemical Society, Washington, DC, pp. 52–91.
25. Gower, D. B., M. R. Hancock, and L. H. Bannister (1981). Biochemical studies on the boar pheromones, 5α-androst-16-en-3-one and 5α-androst-16-en-3α-ol, and their metabolism by olfactory tissue. In *Biochemistry of Taste and Olfaction* (R. H. Cagan and M. R. Kare, eds.), Academic Press, New York, pp. 7–31.
26. Grosch, W. (1982). Lipid degradation products and flavour. In *Food Flavours, Part A, Introduction* (I. D. Morton and A. J. Macleod, eds.), Elsevier Scientific, Amsterdam, the Netherlands, pp. 325–398.
27. Grosch, W. (1994). Determination of potent odourants in foods by aroma extract dilution analysis (AEDA) and calculation of odour activity values (OAVs). *Flavour Frag. J.* 9:147–158.
28. Guenther, E. (1948). *The Essential Oils*, Vols. 1–6, van Nostrand, New York.
29. Ha, J. K. and R. C. Lindsay (1990). Distribution of volatile branched-chain fatty acids in perinephric fats of various red meat species. *Lebensm. Wissen. Tech.* 23:433–439.
30. Ha, J. K. and R. C. Lindsay (1991). Contributions of cow, sheep, and goat milks to characterizing branched-chain fatty acid and phenolic flavors in varietal cheeses. *J. Dairy Sci.* 74:3267–3274.
31. Ha, J. K. and R. C. Lindsay (1991). Volatile alkylphenols and thiophenol in species-related characterizing flavors of red meats. *J. Food Sci.* 56:1197–1202.
32. Han, L.-H. A. (2000). Characterization and enhancement of contributions of alkylphenols to baked-butter and other flavors. PhD thesis, University of Wisconsin-Madison, Madison, WI, pp. 90–135.
33. Harkes. P. D. and W. J. Begemann (1974). Identification of some previously unknown aldehydes in cooked chicken. *J. Am. Oil Chem. Soc.* 51:356–359.
34. Hasegawa, S., M. N. Patel, and R. C. Snyder (1982). Reduction of limonin bitterness in navel orange juice serum with bacterial cells immobilized in acrylamide gel. *J. Agric. Food Chem.* 30:509–511.
35. Heath, H. B. (1981). *Source Book of Flavors*, AVI Publishing Co., Westport, CT, p. 110.
36. Hebard, C. E., G. J. Flick, and R. E. Martin (1982). Occurrence and significance of trimethylamine oxide and its derivatives in fish and shellfish. In *Chemistry and Biochemistry of Marine Products* (R. E. Martin, G. J. Flick, and D. R. Ward, eds.), AVI Publishing Co., Westport, CT, pp. 149–304.
37. Hiraide, M., Y. Miyazaki, and Y. Shibata (2004). The smell and odorous components of dried shiitake mushroom, *Lentinula edodes* I: Relationship between sensory evaluations and amounts of odorous components. *J. Wood Sci.* 50:358–364.
38. Ho, C. T. and T. G. Hartman (eds.) (1994). *Lipids in Food Flavors*, American Chemical Society, Washington, DC, pp. 1–333.
39. Kawamura, Y. and M. R. Kare (eds.) (1987). *Umami: A Basic Taste*, Marcel Dekker, New York, pp. 1–649.
40. Kimball, D. A. and S. I. Norman (1990). Processing effects during commercial debittering of California navel orange juice. *J. Agric. Food Chem.* 38:1396–1400.
41. Konosu, S. (1979). The taste of fish and shellfish. In *Food Taste Chemistry* (J. C. Boudreau, ed.), American Chemical Society, Washington, DC, pp. 203–213.

42. Koppenhoefer, B., R. Behnisch, U. Epperlein, H. Holzschuh, and R. Bernreuther (1994). Enantiomeric odor differences and gas chromatographic properties of flavors and fragrances. *Perfum. Flavor.* 19:1–14.
43. Kuninaka, A. (1981). Taste and flavor enhancers. In *Flavor Research Recent Advances* (R. Teranishi, R. A. Flath, and H. Sugisawa, eds.), Marcel Dekker, New York, pp. 305–353.
44. Laing, D. G. and A. Jinks (1996). Favour perception mechanisms. *Trend Food Sci. Technol.* 7:387–389, 421–424.
45. Lee, C. B. and H. T. Lawless (1991). Time-course of astringent sensations. *Chem. Senses* 16:225–238.
46. Lindsay, R. C. (1990). Fish flavors. *Food Rev. Int.* 6:437–455.
47. Lopez, V. and R. C. Lindsay (1993). Metabolic conjugates as precursors for characterizing flavor compounds in ruminant milks. *J. Agric. Food Chem.* 41:446–454.
48. Maarse, H. (1991). *Volatile Compounds in Foods and Beverages*, Marcel Dekker, New York.
49. Martin, G., G. Remaud, and G. J. Martin (1993). Isotopic methods for control of natural flavours authenticity. *Flavour Frag. J.* 8:97–107.
50. McGregor, R. (2004). Taste modification in the biotech era. *Food Technol.* 58:24–30.
51. Mielle, P. (1996). "Electronic noses": Towards the objective instrumental characterization of food aroma. *Trend Food Sci. Technol.* 7:432–438.
52. Morgan, M. E., L. M. Libbey, and R. A. Scanlan (1972). Identity of the musty-potato aroma compound in milk cultures of *Pseudomonas taetrolens*. *J. Dairy Sci.* 55:666.
53. Morton, I. D. and A. J. Macleod (eds.) (1982). *Food Flavours, Part A, Introduction*, Elsevier Scientific, Amsterdam, the Netherlands.
54. Mosandl, A. (1988). Chirality in flavor chemistry—Recent developments in synthesis and analysis. *Food Rev. Int.* 4:1–43.
55. Motohito, T. (1962). Studies on the petroleum odor in canned chum salmon. *Mem. Fac. Fisheries Hokkaido Univ.* 10:1–5.
56. Mussinan, C. J., R. A. Wilson, I. Katz, A. Hruza, and M. H. Vock (1976). Identification and some flavor properties of some 3-oxazolines and 3-thiazolines isolated from cooked beef. In *Phenolic, Sulfur, and Nitrogen Compounds in Food Flavors* (G. Charalambous and I. Katz, eds.), American Chemical Society, Washington, DC, pp. 133–145.
57. Neucere, N. J., T. J. Jacks, and G. Sumrell (1978). Interactions of globular proteins with simple polyphenols. *J. Agric. Food Chem.* 26:214–216.
58. Ney, K. H. (1979). Bitterness of peptides: Amino acid composition and chain length. In *Food Taste Chemistry* (J. C. Boudreau, ed.), American Chemical Society, Washington, DC, pp. 149–173.
59. Ney, K. H. (1979). Bitterness of lipids. *Fette Seifen Anstrichm.* 81:467–469.
60. Ohloff, G. (1981). Bifunctional unit concept in flavor chemistry. In *Flavour '81* (P. Schreier, ed.), Walter de Gruyter, Berlin, Germany, pp. 757–770.
61. O'Mahony, M. (1986). *Sensory Evaluation of Food: Statistical Methods and Procedures*, Marcel Dekker, New York.
62. Reed, D. R. (2004). Progress in human bitter phenylthiocarbamide genetics. In *Genetic Variation in Taste Sensitivity* (J. Prescott and B. J. Tepper, eds.), Marcel Dekker, New York, pp. 43–61.
63. Richard, H. M. J. (1991). Spices and condiments I. In *Volatile Compounds in Foods and Beverages* (H. Maarse, ed.), Marcel Dekker, New York, pp. 411–447.
64. Scanlan, R. A. (ed.) (1977). *Flavor Quality: Objective Measurement*, American Chemical Society, Washington, DC.
65. Schiffman, S. S. (1980). Contribution of the anion to the taste quality of sodium salts. In *Biological and Behavioral Aspects of Salt Intake* (R. H. Cagan and M. R. Kare, eds.), Academic Press, New York, pp. 99–114.
66. Schreier, P. (ed.) (1981). *Flavour '81*, Walter de Gruyter, Berlin, Germany.
67. Shahidi, F. (ed.) (1994). *Flavor of Meat and Meat Products*, Blackie Academic & Professional, London, U.K., pp. 1–298.
68. Shallenberger, R. S. and T. E. Acree (1967). Molecular theory of sweet taste. *Nature (London)* 216:480–482.
69. Shankaranarayana, M. L., B. Raghaven, K. O. Abraham, and C. P. Natarajan (1982). Sulphur compounds in flavours. In *Food Flavours, Part A, Introduction* (I. D. Morton and A. J. Macleod, eds.), Elsevier Scientific, Amsterdam, the Netherlands, pp. 169–281.
70. Shaw, P. E. (1991). Fruits II. In *Volatile Compounds in Foods and Beverages* (H. Maarse, ed.), Marcel Dekker, New York, pp. 305–327.
71. Stone, H. and J. L. Sidel (1985). *Sensory Evaluation Practices*, Academic Press, New York.
72. Smith, A. and W. R. H. Duncan (1979). Characterization of branched-chain lipids from fallow deer perinephric triacylglycerols by gas chromatography-mass spectrometry. *Lipids* 14:350–355.
73. Special Issue on Flavour Perception (1996). *Food Sci. Technol.* 7:457.
74. Swoboda, P. A. T. and K. E. Peers (1979). The significance of octa-1-*cis*-5-dien-3-one. In *Progress in Flavour Research* (D. G. Land and H. E. Nursten, eds.), Applied Science Publishers, London, U.K., pp. 275–280.
75. Tanford, C. (1960). Contribution of hydrophobic interactions to the stability of globular conformations of proteins. *J. Am. Chem. Soc.* 84:4240–4247.
76. Teranishi, R., R. A. Flath, and H. Sugisawa (eds.) (1981). *Flavor Research: Recent Advances*, Marcel Dekker, New York.
77. Teranishi, R., E. L. Wick, and I. Hornstein (eds.) (1999). *Flavor Chemistry: Thirty Years of Progress*, Kluwer Academic/Plenum Publishers, New York.
78. Tressl, R., D. Bahri, and K. H. Engel (1982). Formation of eight-carbon and ten-carbon components in mushrooms (*Agaricus campestris*). *J. Agric. Food Chem.* 30:89–93.
79. Tressl, R., M. Holzer, and M. Apetz (1975). Biogenesis of volatiles in fruit and vegetables. In *Aroma Research: Proceedings of the International Symposium on Aroma Research*, Zeist, the Netherlands (H. Maarse and P. J. Groenen, eds.), Centre for Agricultural Publishing and Documentation, PUDOC, Wageningen, the Netherlands, pp. 41–62.

80. Ueda, Y., M. Sakaguchi, and K. Hirayama (1990). Characteristic flavor constituents in water extract of garlic. *Agric. Biol. Chem.* 54:163–169.
81. Ueda, Y., T. Tsubuku, and R. Miyajima (1994). Composition of sulfur-containing components in onion and their flavor characters. *Biosci. Biotech. Biochem.* 58:108–110.
82. Ueda, Y., M. Yonemitsu, T. Tsubuku, and M. Sakaguchi (1997). Flavor characteristics of glutathione in raw and cooked foodstuffs. *Biosci. Biotech. Biochem.* 61:1977–1980.
83. van Straten, S., F. de Vrijer, and J. C. deBeauveser (eds.) (1977). *Volatile Compounds in Food*, 4th edn., Central Institute for Nutrition and Food Research, Zeist, the Netherlands.
84. Watson, H. R. (1978). Flavor characteristics of synthetic cooling compounds. In *Flavor: Its Chemical, Behavioral, and Commercial Aspects* (C. M. Apt, ed.), Westview Press, Boulder, CO, pp. 31–50.
85. Whitfield, F. B. and J. H. Last (1991). Vegetables. In *Volatile Compounds in Foods and Beverages* (H. Maarse, ed.), Marcel Dekker, New York, pp. 203–269.
86. Wittkowski, R., J. Ruther, H. Drinda, and F. Rafiei-Taghanaki (1992). Formation of smoke flavor compounds by thermal lignin degradation. In *Flavor Precursors: Thermal and Enzymatic Conversions* (R. Teranishi, G. R. Takeoka, and M. Guntert, eds.), American Chemical Society, Washington, DC, pp. 232–243.
87. Wong, E., L. N. Nixon, and C. B. Johnson (1975). Volatile medium chain fatty acids and mutton flavor. *J. Agric. Food Chem.* 23:495–498.
88. Yamaguchi, S. (1979). The umami taste. In *Food Taste Chemistry* (J. C. Boudreau, ed.), American Chemical Society, Washington, DC, pp. 33–51.
89. Yashimoto, K., K. Iwami, and H. Mitsuda (1971). A new sulfur-peptide from *Lentinus edodes* acting as a precursor for lenthionine. *Agric. Biol. Chem.* 35:2059–2069.

LEITURAS SUGERIDAS

Amerine, M. A., R. M. Pangborn, and E. B. Roessler (1965). *Principles of Sensory Evaluation of Food*, Academic Press, New York.

Beets, M. G. J. (1978). *Structure–Activity Relationships in Human Chemoreception*, Applied Science Publishers, London, U.K.

Burdock, G. A. (2004). *Fenaroli's Handbook of Flavor Ingredients*, 5th edn., CRC Press, Boca Raton, FL.

Fazzalari, F. A. (ed.) (1978). *Compilation of Odor and Taste Threshold Values Data*, American Society for Testing Materials, Philadelphia, PA.

Ho, C. T. and T. G. Hartman (eds.) (1994). *Lipids in Food Flavors*, ACS Symposium Series 558, American Chemical Society, Washington, DC.

Maarse, H. (1991). *Volatile Compounds in Foods and Beverages*, Marcel Dekker, New York.

Morton, I. D. and A. J. Macleaod (eds.) (1982). *Food Flavors, Part A, Introduction*, Elsevier Scientific, New York.

O'Mahony, M. (1986). *Sensory Evaluation of Food: Statistical Methods and Procedures*, Marcel Dekker, New York.

Parliment, T. H., M. J. Morello, and R. J. McGorrin (1994). *Thermally Generated Flavors: Maillard, Microwave, and Extrusion Processes*, ACS Symposium Series 543, American Chemical Society, Washington, DC.

Rouseff, R. L. (ed.) (1990). *Bitterness in Foods and Beverages*, Elsevier, Amsterdam, the Netherlands.

Shahidi, F. (ed.) (1994). *Flavor of Meat and Meat Products*, Blackie Academic & Professional, London, U.K.

Stone, H. and J. L. Sidel (1985). *Sensory Evaluation Practices*, Academic Press, New York.

Teranishi, R., G. R. Takeoka, and M. Guntert (eds.) (1992). *Flavor Precursors: Thermal and Enzymatic Conversions*, ACS Symposium Series 490, American Chemical Society, Washington, DC.

Aditivos alimentares

Robert C. Lindsay

CONTEÚDO

12.1 Introdução 799
12.2 Ácidos 800
    12.2.1 Características gerais 800
    12.2.2 Sistemas de fermentação química 803
12.3 Bases 807
12.4 Sistemas de tamponamento e sais 808
    12.4.1 Tampões e controle de pH
        em alimentos 808
    12.4.2 Sais em produtos lácteos processados .. 809
    12.4.3 Fosfatos e ligações de água
        em tecidos animais 810
12.5 Agentes quelantes (sequestrantes) 810
12.6 Antioxidantes 812
12.7 Agentes antimicrobianos 814
    12.7.1 Sulfitos e dióxido de enxofre 814
    12.7.2 Sais nitrito e nitrato 817
    12.7.3 Ácido acético 817
    12.7.4 Ácido propiônico 817
    12.7.5 Ácido sórbico e outros ácidos graxos
        de cadeia média 818
    12.7.6 Ésteres de gliceril 820
    12.7.7 Arginato láurico 821
    12.7.8 Natamicina 821
    12.7.9 Ácido benzoico 821
    12.7.10 Ésteres alquílicos do
        p-hidroxibenzoato 822
    12.7.11 Epóxidos 823
    12.7.12 Antibióticos 824
    12.7.13 Dietil pirocarbonato 824
12.8 Adoçantes intensamente doces
não nutritivos e de baixa caloria 825
    12.8.1 Sulfoamidas: ciclamato, sacarina,
        acessulfame K 825
    12.8.2 Peptídeos: aspartame, neotame
        e alitame 827
    12.8.3 Clorossacarídeos: sucralose 829
    12.8.4 Outros adoçantes intensamente
        doces não nutritivos ou de baixa caloria ... 830
12.9 Polióis: adoçantes, texturizantes
    e emulsificantes 833
12.10 Estabilizantes e espessantes 837
12.11 Substituintes de gordura 837
    12.11.1 Carboidratos miméticos de gordura .. 838
    12.11.2 Proteínas miméticas de gordura 838
    12.11.3 Substitutos de gordura de
        triacilglicerol sintético de baixa caloria 839
    12.11.4 Substituintes de gordura sintéticos .. 840
        12.11.4.1 Polidextrose 840
        12.11.4.2 Poliésteres de sacarose 840
12.12 Substâncias mastigáveis 841
12.13 Texturizantes firmadores 842
12.14 Controle de aparência e agentes
    clarificantes 842
12.15 Agentes branqueadores de farinha
    e melhoradores de massa 846
12.16 Agentes antiaglutinantes 848
12.17 Gases e propelentes 848
    12.17.1 Proteção contra oxigênio 849
    12.17.2 Carbonatação 849
    12.17.3 Propelentes 849
12.18 Resumo 850
Referências 860
Leituras sugeridas 861

12.1 INTRODUÇÃO

Muitas substâncias são incorporadas aos alimentos com um propósito funcional e, em muitos casos, também podem ser de ocorrência natural em alguns alimentos. No entanto, quando usados em alimentos processados, esses agentes químicos passaram a ser chamados de "aditivos alimentares". Do ponto de vista legislativo, cada aditivo alimentar deve fornecer alguma função ou atributo útil ou aceitável como justificativa do seu uso. Em geral, melhorar e manter a qualidade, aprimorar o valor nutricional, fornecer e aperfeiçoar a funcionalidade, facilitar o processamento e melhorar a aceitação do consumidor são considerados funções aceitáveis dos aditivos alimentares. O uso de aditivos alimentares para ocultar danos ou deterioração em alimentos, bem como para iludir os consumidores é expressamente proibido pelas legislações que regem o uso dessas substâncias em alimentos. Além disso, o uso desses aditivos é desaconselhado nos casos em que efeitos similares podem ser obtidos por meio de boas práticas de fabricação, mais econômicas.

A variedade de constituintes alimentares que podem ser considerados de importância suficiente para atenção específica em livros-texto de química de alimentos tem aumentado nos últimos anos, e alguns desses constituintes podem ser abordados de maneira similar a aditivos alimentares tradicionais. Entretanto, o aumento do conhecimento sobre os benefícios à saúde proporcionados por grupos de constituintes ou constituintes individuais introduziu no mercado inúmeros ingredientes alimentares novos. Muitos desses ingredientes foram desenvolvidos para atender desafios de formulação apresentados por necessidades específicas, como a redução de calorias de gorduras, ao passo que outros surgiram como ingredientes para proporcionar efeitos específicos benéficos à saúde, por exemplo, o uso de esteróis de vegetais para a redução do colesterol sanguíneo. Enquanto muitos desses ingredientes e substâncias são claramente classificados na categoria de aditivos alimentares, existe um movimento no sentido de desassociá-los da imagem desfavorável de aditivos alimentares.

Já ocorreram muitas dúvidas a respeito da terminologia tradicional. É notável a ampla e recente aceitação dos termos "alimentos funcionais" e "aditivos alimentares funcionais" para designar alimentos e ingredientes que contenham constituintes relacionados à saúde em maior profusão do que seus análogos usuais. Como resultado dessa utilização, a utilidade dos termos "propósitos funcionais" e "ingredientes com finalidade funcional" – do modo como têm sido aplicados tradicionalmente ao desempenho dos aditivos alimentares – tem diminuído, e é necessário explorar uma terminologia alternativa.

No entanto, existem equivalentes naturais para muitos aditivos alimentares, e, cada vez mais, esses próprios novos ingredientes são derivados comerciais de fontes naturais. Este capítulo está focado no papel das substâncias naturais e sintéticas que são adicionadas aos alimentos, fornecendo uma visão integradora de suas funcionalidades. Discussões adicionais sobre a química de componentes alimentares específicos podem ser encontradas nos capítulos apropriados, componentes principais deste livro. Por exemplo, substâncias naturais por vezes usadas como aditivos alimentares são discutidas nos Capítulos 4 (Seção 4.11.4), 8 a 11 e 13.

12.2 ÁCIDOS
12.2.1 Características gerais

Tanto os ácidos orgânicos como os inorgânicos têm grande ocorrência em sistemas naturais, em que desempenham diversos papéis, desde metabólitos intermediários até componentes de sistemas de tamponamento. Os ácidos são adicionados aos alimentos e ao processamento de alimentos com diferentes propósitos, onde proporcionam os benefícios de muitas de suas funções naturais. Uma das funções mais importantes dos ácidos em alimentos é sua participação em sistemas de tamponamento, e esse aspecto será abordado na próxima Seção. O uso de ácidos e seus sais em sistemas de fermentos químicos, o papel de ácidos específicos como inibidores microbianos (p. ex., ácido sórbico, ácido benzoico) na conservação de alimentos e a função de ácidos como agentes quelantes também serão discutidos em Seções subsequentes deste capítulo. Os ácidos são importantes no assentamento de géis de pectina (Capítulo 3). Eles servem como agentes antiespumantes e emulsificantes, além de induzirem a coagulação de proteínas do leite (Capítulos 5 e 14) na produção de queijo e produtos lácteos cultivados, como a coalhada. Em processos de fermentação natural, o ácido láctico (CH_3–CHOH–COOH) produzido por estreptococos e lactobacilos causa coagulação pela diminuição do pH a valores próximos ao ponto isoelétrico da caseína. Os queijos podem ser produzidos pela adição de coalho e acidulantes, como ácido cítrico e ácido hidroclorídrico, ao leite frio (4–8 °C). O aquecimento subsequente do leite (a 35 °C) produz um gel de estrutura uniforme. A adição de ácido ao leite morno resulta em um precipitado proteico, em vez de um gel.

A δ-gluconolactona, que é derivada da glicose por meio de um processo que envolve fermentação, também pode ser usada na produção lenta de ácidos em produtos lácteos cultivados e em sistemas de fermentação química, pois ela hidrolisa lentamente em sistemas aquosos, formando o ácido glucônico (Figura 12.1). A desidratação do ácido láctico resulta no lactídeo, uma dilactona cíclica (Figura 12.2), que também pode ser usada como ácido de liberação lenta em sistemas aquosos. A reação de desidratação ocorre sob condições de baixa atividade de água e temperatura elevada. A introdução do lactídeo em alimentos com atividade de água elevada gera a reversão do processo, com a produção de 2 moles de ácido láctico.

Ácidos como o ácido cítrico são adicionados a algumas frutas e hortaliças com acidez moderada para reduzir o pH a valores inferiores a 4,5. Em alimentos enlatados, esse processo permite que se alcance a esterilização sob condições térmicas menos severas que as necessárias para produtos menos ácidos, com a vantagem adicional de impedir o crescimento de microrganismos de risco (p. ex., *Clostridium botulinum*).

Ácidos como o tartarato ácido de potássio (HOOC–CHOH–CHOH–COOK) são empregados na fabricação de glacês e caldas, para induzir a hidrólise limitada (inversão) da sacarose (Capítulo 3). A inversão da sacarose resulta em frutose e glicose, as quais melhoram a textura pela inibição do crescimento excessivo de cristais de sacarose. Os monossacarídeos inibem a cristalização da sacarose, contribuindo para a complexidade do xarope e diminuindo a atividade de água e a umidade relativa de equilíbrio correspondente.

Uma das contribuições mais importantes dos ácidos aos alimentos é sua capacidade de produzir sabores azedos ou adstringentes ([22]; Capítulo 11). Além disso, eles têm a capacidade

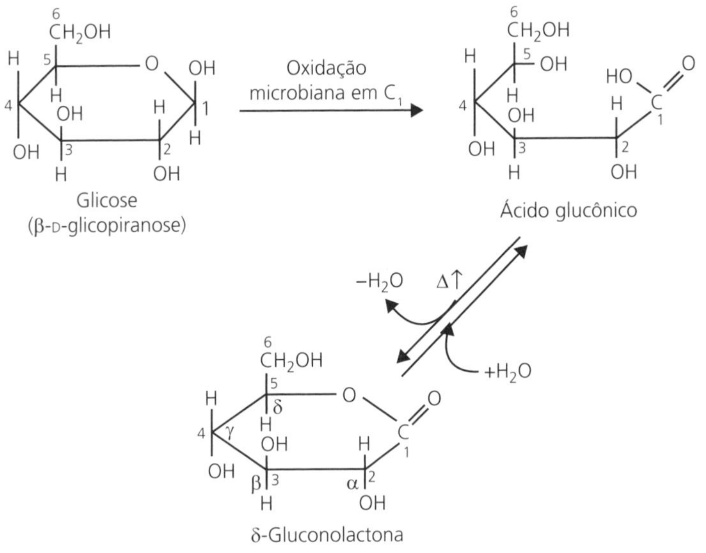

FIGURA 12.1 Reações de formação do ácido glucônico por fermentação oxidativa da glicose, seguida de desidratação térmica para a formação de δ-gluconolactona; a última reação é revertida pelo contato da δ-gluconolactona, que, em meio aquoso, proporciona um modo de acidificação lenta dos alimentos.

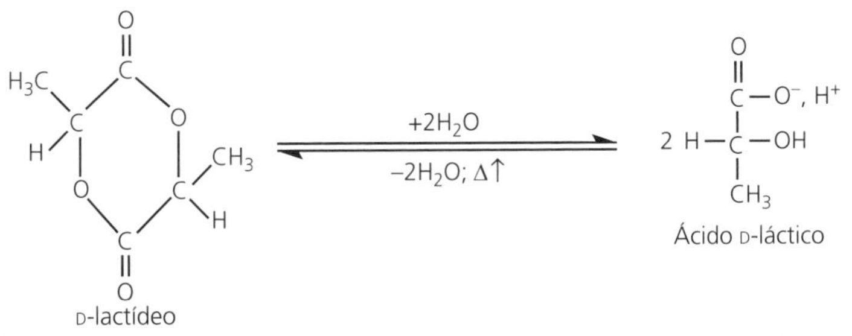

FIGURA 12.2 Reação de equilíbrio mostrando a formação do ácido láctico a partir da hidrólise de lactídeo.

de modificar e intensificar a percepção de outros agentes saborizantes. O íon hidrônio (H_3O^+) está envolvido na geração de resposta ao sabor azedo. Além disso, os ácidos graxos livres de cadeia curta (C_2–C_{12}) contribuem de forma significativa para o aroma dos alimentos. Por exemplo, o ácido acético domina o aroma e o sabor do vinagre. O ácido butírico, em concentrações relativamente altas, contribui muito para o sabor característico de rancidez hidrolítica dos produtos lácteos, porém, em baixas concentrações, contribui para o sabor típico de alimentos como queijo e manteiga.

A capacidade de influenciar o pH dos alimentos também é, sem dúvida, uma consideração importante na seleção de um ácido para uma aplicação específica, e essa capacidade é, em grande parte, determinada pelo grau de dissociação sofrido pelo grupo funcional ácido em sistemas aquosos. As constantes de dissociação de alguns ácidos usados em alimentos são mostradas na Tabela 12.1 [59]. Alguns dos ácidos orgânicos mais comumente utilizados para aplicações alimentícias são o acético (CH_3COOH), láctico (CH_3–CHOH–COOH), cítrico (HOOC–CH_2–COH(COOH)-CH_2–COOH), málico (HOOC–CHOH–CH_2–COOH), fumárico (HOOC–CH=CH–COOH), succínico (HOOC––CH_2–CH_2–COOH) e tartárico (HOOC–CHOH––CHOH–COOH). O ácido fosfórico (H_3PO_4) é o ácido inorgânico mais utilizado como acidulante em alimentos, sendo extensivamente utilizado em bebidas carbonatadas aromatizadas, sobretudo, colas e *root beer*.*

Os ácidos minerais fortes (p. ex., HCl, H_2SO_4) costumam ser dissociáveis demais para a acidificação de alimentos em geral, e sua introdução direta pode resultar em problemas nas características de qualidade dos alimentos. Entretanto, esses ácidos minerais altamente dissociáveis são úteis e econômicos na manufatura de alguns ingredientes

TABELA 12.1 Constantes de dissociação a 25 °C de alguns ácidos usados em alimentos

Ácido	Etapa	pK_a
Ácidos orgânicos		
Acético		4,75
Adípico	1	4,43
	2	5,41
Benzoico		4,19
n-Butírico		4,81
Cítrico	1	3,14
	2	4,77
	3	6,39
Fórmico		3,75
Fumárico	1	3,03
	2	4,44
Hexanoico		4,88
Láctico		3,08
Málico	1	3,40
	2	5,10
Propiônico		4,87
Succínico	1	4,16
	2	5,61
Tartárico	1	3,22
	2	4,82
Ácidos inorgânicos		
Carbônico	1	6,37
	2	10,25
o-Fosfórico	1	2,12
	2	7,21
	3	12,67
Pirofosfórico	1	0,85
	2	1,49
	3	5,77
	4	8,22
Sulfúrico	2	1,92

Fonte: de Weast, R.C., ed., *Handbook of Chemistry and Physics*, CRC Press, Boca Raton, FL, 1988, pp. D161–D163.

---

*N. de T. *Root bear* é uma bebida carbonatada, em geral não alcoólica, com adição de aromazante artificial de sassafrás, uma árvore típica da América do Norte.
**N. do T. GRAS é uma denominação dada a qualquer substância que, apesar de não ser classificada inicialmente como aditivo alimentar pelo FDA (órgão americano que administra alimentos e medicamentos), é reconhecida por especialistas por ser segura sob as condições de uso pretendidas. *Fonte*: www.fda.gov.

intermediários, como os hidrolisados proteicos.** O sulfato ácido de sódio (p. ex., bissulfato de sódio [$NaHSO_4$]) ou o ácido sulfúrico parcialmente neutralizado são outra opção de ingrediente, tendo recentemente recebido a aprovação GRAS (do inglês *generally recognized as safe* – geralmente reconhecido como seguro) nos Estados Unidos. O sulfato ácido de sódio é produzido na forma de pó granular, e seu pK_a permite que forneça propriedades de acidificação similares às do ácido fosfórico.

12.2.2 Sistemas de fermentação química

Os sistemas de fermentação química são formados por compostos que reagem para liberar gás em uma massa ou mistura sob condições apropriadas de umidade e temperatura. Durante a panificação, a liberação de gás, juntamente com a expansão do ar retido e ao vapor de umidade, proporciona a característica estrutura celular porosa ao produto final. Os sistemas de fermentação química são encontrados em farinhas com adição de fermento, misturas prontas para panificação, pós caseiros e comerciais para panificação e produtos à base de massa refrigerados [25].

O dióxido de carbono é o único gás gerado pelos sistemas de fermentos químicos usados atualmente, sendo derivado de um sal de carbonato ou de bicarbonato. O sal de fermentação mais comum é o bicarbonato de sódio ($NaHCO_3$), embora o carbonato de amônio [$(NH_4)_2CO_3$] e o bicarbonato de amônio (NH_4HCO_3) sejam, por vezes, utilizados em biscoitos. Ambos os sais de amônio se decompõem em temperaturas de forneamento e, portanto, não necessitam, como o bicarbonato de sódio, de adição de fermentos ácidos para funcionar. O bicarbonato de potássio ($KHCO_3$) tem sido empregado como componente de sistemas de fermentação em dietas com teor de sódio reduzido, mas sua aplicação é parcialmente limitada devido à sua natureza higroscópica e ao seu sabor levemente amargo.

O bicarbonato de sódio é bastante solúvel em água (619 g/100 mL), ionizando por completo (Equações 12.1 a 12.3):

$$NaHCO_3 \rightleftarrows Na^+ + HCO_3^- \quad (12.1)$$

$$HCO_3^- + H_2O \rightleftarrows H_2CO_3 + OH^- \quad (12.2)$$

$$HCO_3^- \rightleftarrows CO_3^{2-} + H^+ \quad (12.3)$$

Essas reações se aplicam apenas a soluções aquosas simples. Em sistemas de massa, a distribuição iônica torna-se muito mais complexa, pois proteínas e outras espécies iônicas de ocorrência natural estão disponíveis para participar das reações. Na presença de íons hidrogênio, fornecidos principalmente por fermentos ácidos e, em parte, pela massa, o bicarbonato de sódio reage, liberando dióxido de carbono (Equação 12.4, que mostra um ácido carboxílico).

$$R-COO^-, H^+ + NaHCO_3 \rightleftarrows$$
$$R-COO^-, Na^+ + H_2O + CO_2 \uparrow$$
$$(12.4)$$

O equilíbrio adequado entre ácido e bicarbonato de sódio é essencial, pois o excesso de bicarbonato confere um sabor de sabão aos produtos de panificação; o excesso de ácido leva à adstringência e, algumas vezes, a amargor. A força neutralizante dos fermentos ácidos não é uniforme, sendo que a atividade relativa de um ácido é dada por seu valor de neutralização, que é determinado pelo cálculo de quantas partes de bicarbonato de sódio neutralizarão 100 partes em unidades de massa do fermento ácido [53]. Entretanto, na presença de ingredientes naturais da farinha, a quantidade de fermento ácido necessário para atingir a neutralidade ou qualquer outro pH desejado em um produto assado pode ser bastante diferente da quantidade teórica determinada para um sistema simples. Além disso, os valores de neutralidade são úteis para a determinação de formulações iniciais de sistemas de fermentação. Os sais residuais de um processo de fermentação equilibrado de forma adequada ajudam a estabilizar o pH do produto final.

Os fermentos ácidos não são reconhecidos com facilidade como ácidos no sentido habitual, pois eles devem fornecer íons hidrogênio para a liberação de dióxido de carbono. Os fosfatos e o tartarato ácido de potássio são sais de ácidos parcialmente neutralizados; o sulfato de sódio e alumínio reage com a água, resultando em ácido sulfúrico (Equação 12.5). Como já mencionado, a δ-gluconolactona é um éster intramolecular (ou lactona) que hidrolisa lentamente em sistemas aquosos, gerando o ácido glucônico:

$$Na_2SO_4 \cdot Al_2(SO_4)_3 + 6H_2O \rightleftarrows$$
$$Na_2SO_4 + 2Al(OH)_3 + 3H_2SO_4$$
$$(12.5)$$

Os fermentos ácidos costumam apresentar hidrossolubilidade limitada em temperatura ambiente, mas alguns são menos solúveis que outros. Essa diferença de solubilidade ou disponibilidade é responsável pela taxa inicial de liberação de dióxido de carbono em temperatura ambiente, sendo a base para a classificação de fermentos ácidos de acordo com a velocidade. Por exemplo, se o composto é moderadamente solúvel, o dióxido de carbono é liberado com rapidez e o ácido é classificado como de ação rápida. Ao contrário, se o ácido se dissolve aos poucos, é considerado um fermento ácido de ação lenta. Os fermentos ácidos costumam liberar uma porção do dióxido de carbono antes do forneamento, sendo que o restante é liberado sob as temperaturas elevadas do processo de forneamento.

Os padrões gerais de liberação de dióxido de carbono a 27 °C para o di-hidrogenofosfato de cálcio monoidratado [$Ca(H_2PO_4)_2 \cdot H_2O$] de ação rápida, bem como para o 1-3-8-fosfato de sódio e alumínio [$NaH_{14}Al_3(PO_4)_8 \cdot 4H_2O$] de ação lenta, são mostrados na Figura 12.3 [53]. Mais de 60% do dióxido de carbono é liberado com muita rapidez a partir do di-hidrogenofosfato de cálcio, que é mais solúvel; apenas 20% do dióxido de carbono potencial é liberado a partir do 1-3-8-fosfato de sódio e alumínio de ação lenta, durante um período de reação de 10 min. Devido à camada de alumina hidratada, esse último fermento ácido reage apenas em parte até que seja ativado por calor. Também pode ser observado na Figura 12.3 o padrão de liberação de dióxido de carbono em baixa temperatura a partir do di-hidrogenofosfato de cálcio anidro [$Ca(H_2PO_4)_2$]. Os cristais deste fermento ácido foram cobertos por compostos de fosfatos de metais alcalinos levemente solúveis. A liberação gradual de dióxido de carbono durante os 10 min de reação corresponde ao tempo necessário para que a água penetre a cobertura. Esse comportamento é muito desejável para alguns produtos que apresentam algum atraso antes do forneamento.

A liberação do dióxido de carbono restante a partir de sistemas de fermentação durante o forneamento promove a ação final da modificação da textura. Na maioria dos sistemas, a taxa em que o dióxido de carbono é liberado acelera-se de forma intensa, conforme a temperatura aumenta. O efeito das temperaturas elevadas sobre a taxa de liberação de dióxido de carbono a partir do pirofosfato ácido de sódio ($Na_2H_2P_2O_7$) é apresentado na Figura 12.4. Mesmo um pequeno aumento de temperatura (de 27 para 30 °C) acelera notavelmente a produção de gás. Temperaturas próximas de 60 °C causam uma liberação completa de dió-

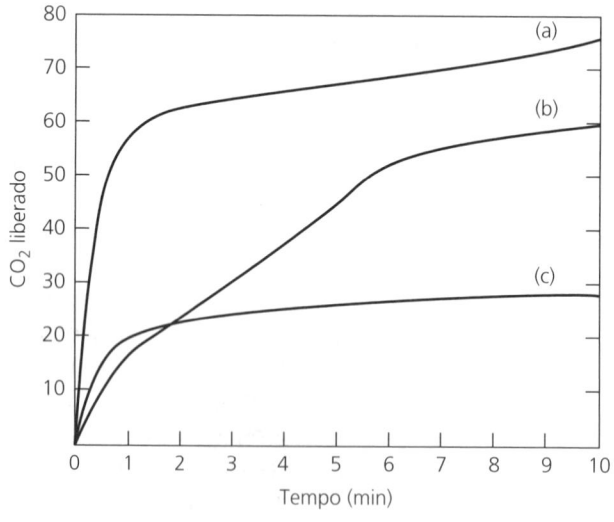

FIGURA 12.3 Produção de dióxido de carbono a 27 °C a partir da reação de $NaHCO_3$ com (a) fosfato monocálcico·H_2O, (b) fosfato monocálcico anidro revestido e (c) 1–3–8 fosfato de alumínio sódico. (Dados de Stahl, J.E. e Ellinger, R.H., The use of phosphates in the baking industry, em: *Symposium: Phosphates in Food Processing*, Deman, J.M. e Melnychyn, P., eds., AVI Publishing Co., Westport, CT, 1971, pp. 194–212.)

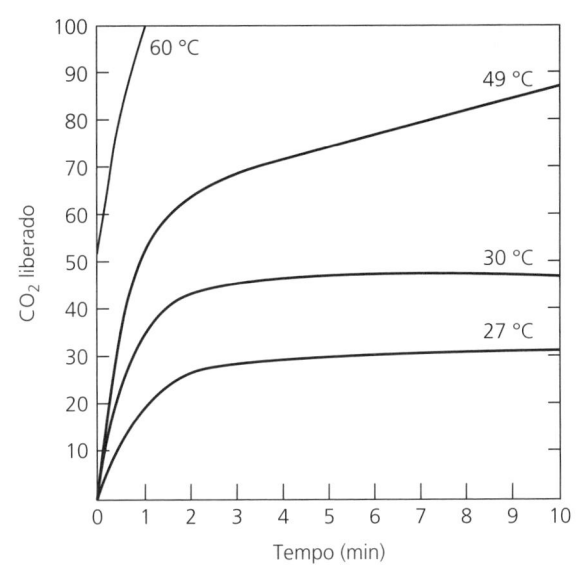

FIGURA 12.4 Efeito da temperatura sobre a taxa de liberação de dióxido de carbono a partir da reação do $NaHCO_3$ com o pirofosfato ácido de ação lenta. (Reimpressa de Stahl, J.E. e Ellinger, R.H., The use of phosphates in the baking industry, em: *Symposium: Phosphates in Food Processing*, Deman, J.M. e Melnychyn, P., eds., AVI Publishing Co., Westport, CT, 1971, p. 201.)

xido de carbono em 1 min. Alguns fermentos ácidos são menos sensíveis a temperaturas elevadas e não exibem atividade vigorosa até que se obtenham temperaturas próximas à temperatura máxima de forneamento. O mono-hidrogenofosfato de cálcio (Ca_2HPO_4) não é reativo em temperatura ambiente, pois ele forma uma solução levemente alcalina a essa temperatura. Entretanto, sob aquecimento acima de ≈ 60 °C, íons de hidrogênio são liberados, ativando, por consequência, o processo de fermentação. Esta ação lenta reserva o uso dessa substância a produtos que necessitam de tempos longos de forneamento, como alguns tipos de bolos. Formulações de fermentos ácidos que empregam um ou mais componentes ácidos são comuns, e os sistemas costumam estar preparados para aplicações de massas ou misturas específicas.

Os fermentos ácidos atualmente empregados são tartarato ácido de potássio, sulfato de sódio e alumínio, δ-gluconolactona, ortofosfatos e pirofosfatos. Os fosfatos incluem fosfato de cálcio, fosfato de sódio e alumínio e pirofosfato ácido de sódio. Algumas propriedades gerais de fermentos ácidos bastante usados são apresentadas na Tabela 12.2. Deve-se lembrar que esses são apenas exemplos e

que uma tecnologia de grandes proporções foi desenvolvida para a modificação e o controle usados como fermentos ácidos de fosfato [53].

Os fermentos em pó respondem por grande parte dos fermentos químicos usados tanto em residências como em padarias. Essas preparações contêm bicarbonato de sódio, fermentos ácidos adequados, amido e outros extensores. Os padrões federais norte-americanos para fermentos em pó exigem que a fórmula renda pelo menos 12% em massa de dióxido de carbono disponível, sendo que a maioria contém entre 26 e 30% em massa de bicarbonato de sódio. Os fermentos em pó tradicionais do tipo tartarato ácido de potássio têm sido substituídos, em larga escala, por preparações de dupla ação. Além de $NaHCO_3$ e amido, esses fermentos costumam conter di-hidrogenofosfato de cálcio monoidratado [$Ca(H_2PO_4)_2 \cdot H_2O$], que tem ação rápida durante a etapa de mistura, e sulfato de sódio e alumínio [$Na_2SO_4 \cdot Al_2(SO_4)_3$], que não reage de forma considerável até que a temperatura aumente durante o forneamento.

O aumento dos alimentos de conveniência tem estimulado vendas de misturas preparadas de pão e massas refrigeradas. Em misturas para bolo

TABELA 12.2 Algumas propriedades de fermentos ácidos comuns

Ácido	Fórmula	Valor de neutralização[a]	Taxa relativa de reação em temperatura ambiente[b]
Sulfato de sódio e alumínio	$Na_2SO_4 \cdot Al_2(SO_4)_3$	100	Lenta
Mono-hidrogenofosfato de cálcio di-hidratado	$CaHPO_4 \cdot 2H_2O$	33	Nenhuma
Di-hidrogenofosfato de cálcio monoidratado	$Ca(H_2PO4)_2 \cdot H_2O$	80	Rápida
1-3-8-Fosfato de sódio e alumínio	$NaH_{14}Al_3(PO_4)_8 \cdot 4H_2O$	100	Lenta
Pirofosfato ácido de sódio (ação lenta)	$Na_2H_2P_2O_7$	72	Lenta
Tartarato ácido de potássio	$KHC_4H_4O_6$	50	Média
δ-Gluconolactona	$C_6H_{10}O_6$	55	Lenta

[a] Em sistemas-modelo simples; partes por massa de $NaHCO_3$ que neutralizarão 100 partes por massa do fermento ácido.
[b] Taxa de produção de CO_2 na presença de $NaHCO_3$.
Fonte: de Stahl, J.E. e Ellinger, R.H., The use of phosphates in the baking industry, em: *Symposium: Phosphates in Food Processing*, Deman, J.M. e Melnychyn, P., eds., AVI Publishing Co., Westport, CT, 1971, pp. 194–212.

brancas e amarelas, a combinação de fermentos ácidos mais utilizada contém di-hidrogenofosfato de cálcio anidro [$Ca(H_2PO_4)_2$] e fosfato de sódio e alumínio [$NaH_{14}Al_3(PO_4)_8 \cdot 4H_2O$]; as misturas para bolo de chocolate costumam conter di-hidrogenofosfato de cálcio anidro e pirofosfato ácido de sódio ($Na_2H_2P_2O_7$) [53]. As misturas típicas de ácidos contêm de 10 a 20% de monofosfato anidro de ação rápida e de 80 a 90% de fosfato de sódio e alumínio ou pirofosfato ácido de sódio de ação lenta. Os fermentos ácidos em misturas preparadas para biscoitos normalmente consistem em 30 a 50% de di-hidrogenofosfato de cálcio anidro e 50 a 70% de fosfato de sódio e alumínio ou pirofosfato ácido de sódio. As primeiras farinhas com adição de fermento e misturas de farinhas de milho continham di-hidrogenofosfato de cálcio monoidratado [$Ca(H_2PO_4)_2 \cdot H_2O$], mas o di-hidrogenofosfato de cálcio anidro e o fosfato de sódio e alumínio recobertos ainda são de uso comum [53].

As massas refrigeradas para biscoitos e pães necessitam de liberação inicial limitada de dióxido de carbono durante preparação e embalagem, além de liberação considerável de gás durante o forneamento. As formulações para biscoitos normalmente contêm de 1,0 a 1,5% de bicarbonato de sódio e 1,4 a 2,0% de fermentos ácidos de ação lenta, tais como di-hidrogenofosfato de cálcio e pirofosfato ácido de sódio recoberto, com base na massa total da mistura. Os pirofosfatos são úteis em massas, pois podem ser manufaturados com intervalos grandes de reatividades. Por exemplo, as pirofosfatases da farinha conseguem hidrolisar o pirofosfato ácido de sódio ao ortofosfato (Figura 12.5), e a reação do bicarbonato de sódio e do pirofosfato gera algum pirofosfato trissódico, o qual também pode ser hidrolisado para ortofosfatos. Essa ação enzimática leva à produção de gás, que auxilia na vedação de embalagens de massas refrigeradas, mas também pode levar à formação de cristais grandes de ortofosfatos que

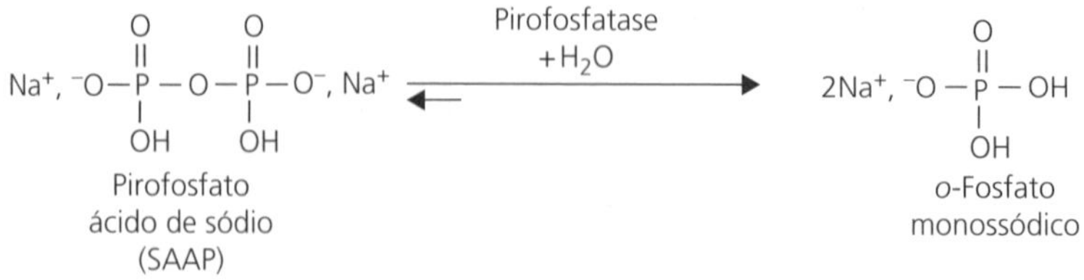

FIGURA 12.5 Hidrólise enzimática do pirofosfato ácido de sódio.

podem ser confundidos com vidro quebrado pelo consumidor.

12.3 BASES

As substâncias básicas ou alcalinas são usadas com diversas aplicações em alimentos e processamento de alimentos. Embora a maioria das aplicações envolva tamponamento e ajustes de pH, outras funções incluem liberação de dióxido de carbono, melhora de cor e sabor, solubilização de proteínas e descascamento químico. O papel dos sais de carbonato e bicarbonato na produção de dióxido de carbono durante o forneamento já foi discutido.

Diversos produtos alimentícios são submetidos a tratamentos alcalinos com o objetivo de melhorar cor e sabor. As azeitonas maduras são tratadas com soluções de hidróxido de sódio (0,25–2,0%) para auxiliar na remoção do amargor principal e para desenvolver uma coloração mais escura. Os *pretzels* são mergulhados em uma solução de 1,25% de hidróxido de sódio a 87 a 88 °C antes do forneamento para a alteração de proteínas e amido, de modo que a superfície torne-se lisa e desenvolva cor marrom intensa durante o forneamento. Acredita-se que o tratamento com NaOH usado para a preparação de massas de milho e de tortilhas destrua ligações dissulfeto que são sensíveis a álcalis e melhore o sabor. As proteínas de soja são solubilizadas por meio de processamento alcalino, e, nesse sentido, tem havido preocupação com a racemização de aminoácidos (Capítulo 5) e as perdas de outros nutrientes induzidas por álcalis. Pequenas quantidades de bicarbonato de sódio são usadas na manufatura de confeitos de amendoim quebradiços para melhorar a caramelização e o escurecimento e para fornecer, por meio da liberação de dióxido de carbono, uma estrutura parcialmente porosa.*
As bases, em geral o carbonato de potássio, também são usadas no processamento do cacau para a produção de chocolate amargo (tipo Dutched) [41]. O pH elevado aumenta as reações de escurecimento de aminoaçúcares e a polimerização de flavonoides (Capítulo 10), resultando em um sabor de chocolate suave, menos ácido e menos amargo, além de uma cor mais escura e uma solubilidade levemente aumentada.

Os sistemas alimentares algumas vezes necessitam de ajuste para valores superiores de pH para alcançarem características mais desejáveis ou mais estáveis. Por exemplo, sais alcalinos, como fosfato dissódico, fosfato trissódico e citrato trissódico, são usados na preparação de queijos processados (1,5–3%) para aumentarem o pH (5,7–6,3) e para realizarem a dispersão de proteína (caseína). A interação sal-proteína melhora a capacidade de emulsificação e ligação de água das proteínas do queijo [48], pois os sais ligam os componentes de cálcio às micelas de caseína, formando quelatos.

Pudins de leite instantâneos são preparados pela combinação de misturas secas que contêm amido pré-gelatinizado com leite frio, mantendo-se a mistura em temperatura de refrigeração por um curto período. Os sais alcalinos, como o pirofosfato tetrassódico ($Na_4P_2O_7$) e o fosfato dissódico (Na_2HPO_4), na presença de íons de cálcio de leite causam a gelificação das proteínas do leite em combinação com o amido pré-gelatinizado. O pH ótimo de um pudim aceitável está entre 7,5 e 8,0. Embora uma pequena fração da alcalinização necessária seja obtida por sais alcalinos de fosfatos, outros agentes alcalinizantes costumam ser adicionados [13].

A adição de fosfatos e citratos muda o equilíbrio salino nos produtos de leite fluido pela formação de complexos com íons de cálcio e magnésio da caseína. Esse mecanismo não é inteiramente compreendido, mas, dependendo do tipo e da concentração de sal adicionados, o sistema de proteínas do leite pode sofrer estabilização, gelificação ou desestabilização.

Agentes alcalinos são usados para neutralizar o excesso de ácidos na produção de alimentos, como manteiga cultivada. Antes de ser batida, a nata é fermentada por bactérias ácido-lácticas, de modo que apresente ≈ 0,75% de acidez titulável, expressa em ácido láctico. As bases são, então, adicionadas para que se alcance a acidez titulável de ≈ 0,25%. A redução da acidez melhora a eficiência da batedura, retardando o desenvolvimento de sabores oxidativos indesejáveis. Diversos materiais, incluindo bicarbonato de sódio

---

*N. de T. Chocolate tratado com um álcali, de modo a gerar um chocolate com gosto menos amargo.

(NaHCO$_3$), carbonato de sódio (Na$_2$CO$_3$), carbonato de magnésio (MgCO$_3$), óxido de magnésio (MgO), hidróxido de cálcio (Ca(OH)$_2$) e hidróxido de sódio (NaOH), são utilizados, isoladamente ou em combinação, como neutralizantes para alimentos. A solubilidade, a formação de espuma como resultado da liberação de dióxido de carbono e a força da base influenciam a seleção do agente alcalino. O uso de agentes alcalinos ou bases em quantidades excessivas levam a sabores de sabão ou neutralizante, sobretudo quando quantidades substanciais de ácidos graxos estão presentes.

As bases fortes são empregadas no descascamento de diversas frutas e hortaliças. A exposição do produto a soluções de hidróxido de sódio ($\approx$ 3%) aquecidas a 60 a 82 °C e com subsequente abrasão suave causa a remoção da pele com redução substancial de água residual da planta fabril, quando em comparação a outras técnicas convencionais de descascamento. A solubilização diferencial de constituintes de células e tecidos (as substâncias pécticas da lamela média são particularmente solúveis) promove a base do processo de descascamento cáustico.

12.4 SISTEMAS DE TAMPONAMENTO E SAIS

12.4.1 Tampões e controle de pH em alimentos

Como muitos alimentos são materiais complexos de origem biológica, eles contêm muitas substâncias que podem participar do controle do pH e de sistemas de tamponamento, incluindo proteínas, ácidos orgânicos e sais de fosfatos ácidos inorgânicos fracos. O ácido láctico e os sais de fosfato, assim como as proteínas, são importantes para o controle do pH em tecidos animais; ácidos policarboxílicos, sais de fosfato e proteínas são importantes em tecidos vegetais. Os efeitos de tamponamento de aminoácidos e proteínas, bem como a influência do pH e dos sais, no que diz respeito a suas funcionalidades, são discutidos no Capítulo 5. Em vegetais, os sistemas de tamponamento que contêm ácido cítrico (limões, tomates, ruibarbo), ácido málico (maçãs, tomates, alface), ácido oxálico (ruibarbo, alface) e ácido tartárico (uvas e abacaxi) são comuns, e costumam funcionar em conjunto com sais de fosfatos na manutenção do controle do pH. O leite age como um tampão complexo devido a seu conteúdo de dióxido de carbono, proteínas, fosfato, citrato e vários outros componentes minoritários.

Em situações em que o pH deve ser alterado, é desejável que se estabilize o pH ao nível almejado por meio de um sistema de tamponamento. Isso é alcançado de forma natural quando o ácido láctico é produzido em fermentações de queijos e picles. Além disso, nos casos em que quantidades substanciais de ácidos são usadas em alimentos e bebidas, é desejável que se reduza a intensidade dos sabores ácidos e se obtenha um produto com sabor suave, sem a indução de sabores de neutralização. Isso pode ser obtido, em geral, por meio do emprego de um sistema de tamponamento no qual o sal de um ácido orgânico fraco seja dominante. O efeito do íon comum é a base para a obtenção do controle do pH nesses sistemas, sendo que o sistema se desenvolve quando o sal adicionado contém um íon que já está presente em um ácido fraco existente. O sal adicionado ioniza imediatamente, resultando na ionização reprimida do ácido com acidez reduzida, além de um pH mais estável. A eficiência de um tampão depende da concentração das substâncias de tamponamento. Como existe uma fração de ácido não dissociado e sal dissociado, os tampões resistem a mudanças de pH. Por exemplo, adições relativamente grandes de ácidos fortes, como o ácido hidroclorídrico, a sistemas de ácido acético-acetato de sódio causam reações dos íons hidrogênio com o conjunto de íons acetato, de modo a aumentar a concentração do ácido acético levemente ionizado. O pH permanece relativamente estável. Do mesmo modo, a adição de hidróxido de sódio desencadeia a reação dos íons hidroxila com os íons hidrogênio para formar moléculas de água não dissociadas.

A titulação dos sistemas de tamponamento e as curvas de titulação resultantes (i.e., pH vs. volume de base adicionada) revela sua resistência a mudanças de pH. Se um tampão de ácido fraco é titulado com uma base, ocorre um aumento gradual constante do pH à medida que o sistema se aproxima da neutralização, ou seja, a mudança de pH por mL de base adicionada é pequena. Os ácidos fracos são apenas levemente dissociados no início da titulação. Entretanto, a adição de íons hidroxila modifica o equilíbrio das espécies dissociadas, e então a capacidade de tamponamento é ultrapassada.

Em geral, para um ácido (HA) em equilíbrio com íons (H^+) e (A^-), o equilíbrio é expresso como na Equação 12.6:

$$HA \rightleftarrows H^+ + A^- \quad (12.6)$$

$$K_a^1 = \frac{[H^+ + A^-]}{[HA]} \quad (12.7)$$

A constante K_a^1 é a constante de dissociação aparente (Equação 12.7), sendo característica do ácido em particular. A constante de dissociação aparente K_a^1 torna-se igual à concentração dos íons de hidrogênio [H^+] quando a concentração do ânion [A^-] torna-se igual à do ácido não dissociado [HA]. Essa situação gera um ponto de inflexão na curva de titulação, e o pH correspondente a esse ponto é chamado de pK_a^1 do ácido. Portanto, para um ácido fraco, o pH é igual ao pK_a^1 quando as concentrações do ácido e da base conjugada forem iguais (Equação 12.8):

$$pH = pK_a^1 = -\log_{10}[H^+] \quad (12.8)$$

Um método conveniente para se calcular o pH aproximado de uma mistura de tampões, sabendo-se o pK_a^1 do ácido, é fornecido pela Equação 12.11. Essa equação é obtida primeiro resolvendo-se a Equação 12.7 para [H^+] para produzir a Equação 12.9:

$$[H^+] = K_a^1 \frac{[HA]}{[A^-]} = K_a^1 \frac{[ácido]}{[sal]} \quad (12.9)$$

Como o sal em solução encontra-se quase completamente dissociado, ele é considerado como igual à concentração da base conjugada [A^-]. Os logaritmos negativos dos termos geram a Equação 12.10. Substituindo-se pH por $-\log[H^+]$ e pK_a^1 por $-\log K_a^1$, obtém-se a Equação 12.11. O pH de um sistema de tamponamento derivado de qualquer ácido fraco que se dissocie em H^+ e A^- pode ser calculado pela equação 12.11:

$$-\log[H^+] = -\log K_a^1 - \log\frac{[ácido]}{[sal]} \quad (12.10)$$

$$pH = pK_a^1 + \log\frac{[sal]}{[ácido]} = pK_a^1 + \log\frac{[A^-]}{[HA]} \quad (12.11)$$

Ao se calcular os valores de pH de soluções-tampão é importante reconhecer que a constante aparente de dissociação K_a^1 difere de K_a, a constante de dissociação verdadeira. Entretanto, para qualquer tampão, o valor de K_a^1 permanece constante conforme o pH varia, fazendo a força iônica total da solução permanecer inalterada.

Os sais sódicos dos ácidos glucônico, acético, cítrico e fosfórico são frequentemente usados para controle do pH e modificação adstringente na indústria de alimentos. Os citratos costumam ter preferência sobre os fosfatos para a modificação ácida, uma vez que eles geram sabores ácidos mais suaves. Quando produtos com baixo teor de sódio são necessários, os tampões de sais de potássio podem ser substitutos por sais de sódio. Em geral, os sais de cálcio não são utilizados devido às suas solubilidade e incompatibilidade limitadas com outros componentes do sistema. Os intervalos eficazes de tamponamento para combinações de ácidos e sais têm pHs entre 2,1 e 4,7 para ácido cítrico-citrato de sódio; pHs entre 3,6 e 5,6 para ácido acético-acetato de sódio; pHs entre 2,0 e 3,0, entre 5,5 e 7,5 e entre 10 e 12 para os três ânions orto e pirofosfato, respectivamente.

12.4.2 Sais em produtos lácteos processados

Os sais são muito utilizados em queijos processados e imitações de queijos para promover uma textura uniforme e lisa. Estes aditivos às vezes são chamados de sais emulsificantes devido à sua capacidade de auxiliar na dispersão da gordura. Embora os mecanismos de emulsificação não estejam completamente definidos, os ânions dos sais, quando adicionados ao queijo processado, combinam-se com o cálcio, removendo-o do complexo **paracaseína**. Isso gera a reorganização e a exposição de regiões polares e apolares das proteínas do queijo. Acredita-se, ainda, que os ânions desses sais participem de pontes iônicas entre moléculas proteicas, fornecendo, portanto, uma matriz estabilizada que retém a gordura nos queijos processados [48]. Os sais utilizados para o processamento de queijos incluem mono, di e trifosfatos de sódio, fosfato dipotássico, hexametafosfato de sódio, pirofosfato ácido de sódio, pirofosfato tetrassódico, fosfato de sódio e alumínio e outros fosfatos condensados, citrato trissódico, citrato tripotássico, tartarato de sódio e tartarato de sódio e potássio.

A adição de alguns fosfatos, como o fosfato trissódico, à leite evaporado previne a separação entre as fases de gordura e a aquosa. A quantidade necessária varia com a estação do ano e a fonte do leite. Leites concentrados que são esterilizados por métodos de temperatura elevada e tempo curto costumam gelificar durante o armazenamento. A adição de polifosfatos, como hexametafosfato de sódio e tripolifosfato de sódio, previne a formação de gel por meio de um mecanismo de desnaturação e solubilização de proteínas que envolve a complexação de cálcio e magnésio por fosfatos.

12.4.3 Fosfatos e ligações de água em tecidos animais

A adição de fosfatos adequados aumenta a capacidade de retenção de água em carnes cruas e cozidas [27]. Os fosfatos são usados na produção de salsichas e linguiças, na cura de presuntos, na diminuição de perdas por gotejamento em frango e produtos marinhos e, mais recentemente, para dar suculência a carnes suína e bovina frescas pré-embaladas. O tripolifosfato de sódio ($Na_5P_3P_{10}$) é o fosfato mais comum adicionado a carnes processadas, frango e frutos do mar. Ele costuma ser usado em misturas com hexametafosfato de sódio [$NaPO_3)_n$, $n = 10$–15] para aumentar a tolerância a íons de cálcio presentes em salmouras usadas na cura de carnes. Os orto e pirofosfatos costumam precipitar se usados em salmouras que contenham quantidades substanciais de cálcio, mas o cálcio pode ser complexado com hexametafosfato, o qual permanece solúvel e previne a precipitação de fosfato de cálcio.

O mecanismo pelo qual os fosfatos alcalinos e os polifosfatos aumentam a hidratação de carnes não é claramente compreendido, apesar de inúmeros estudos. Essa ação pode envolver influência de mudanças de pH (Capítulo 15), efeitos da força iônica e interações específicas de ânions de fosfato com cátions divalentes e proteínas miofibrilares.

Muitos acreditam que a complexação do cálcio e o enfraquecimento resultantes da estrutura do tecido sejam a principal função dos polifosfatos. Acredita-se, ainda, que a ligação de ânions de polifosfato a proteínas e a clivagem simultânea de ligações cruzadas entre actina e miosina resultam no aumento da repulsão eletrostática entre as cadeias peptídicas e no inchaço do sistema muscular. Se houver água exterior disponível, ela pode, então, ser absorvida em um estado imobilizado dentro da rede proteica enfraquecida. Após isso, devido ao aumento da força iônica, a interação entre proteínas talvez seja reduzida a um ponto em que parte das proteínas miofibrilares forma uma solução coloidal. Em produtos a partir de carne triturada, como mortadela e salsicha, a adição de cloreto de sódio (2,5–4,0%) e polifosfato (0,35–0,5%) contribui para o aumento da estabilidade da emulsão, e, após o cozimento, a formação de uma rede coesa de proteínas coaguladas.

Quando a solubilização induzida por fosfatos ocorre principalmente na superfície dos tecidos, como no caso de filés de peixe, crustáceos e frango submersos em polifosfato (solução de 6–12%, com retenção de 0,35–0,5%), uma camada de proteína coagulada é formada durante o cozimento, o que melhora a retenção de umidade [38].

12.5 AGENTES QUELANTES (SEQUESTRANTES)

Os agentes quelantes ou sequestrantes desempenham um papel significativo na estabilização dos alimentos por meio de reações com íons metálicos e alcalino-terrosos, de modo a formar complexos que alteram as propriedades dos íons e seus efeitos nos alimentos. Muitos dos agentes quelantes empregados na indústria de alimentos são substâncias naturais, como ácidos policarboxílicos (cítrico, málico, tartárico, oxálico e succínico), ácidos polifosfóricos (trifosfato e pirofosfato de adenosina) e macromoléculas (porfirinas e proteínas). Muitos metais são encontrados em estado naturalmente quelado. Exemplos disso incluem magnésio, na clorofila; cobre, zinco e manganês, em várias enzimas; ferro, em proteínas como a ferritina; e ferro, no anel porfirínico da mioglobina e da hemoglobina. Quando esses íons são liberados por reações hidrolíticas ou degradativas, tornam-se livres para participar de reações que levam a descoloração, rancidez oxidativa, turbidez e alterações de sabor dos alimentos. Agentes quelantes são, por vezes, adicionados para a formação de complexos com esses íons metálicos e, assim, estabilizar os alimentos.

Qualquer molécula ou íon com um par de elétrons não compartilhado pode coordenar-se ou formar complexos com íons metálicos. Portanto, compostos contendo dois ou mais grupos funcionais, tais como $-OH$, $-SH$, $-COOH$, $-PO_3H_2$, $C=O$, $-NR_2$, $-S-$ e $-O-$, em uma relação geométrica adequada entre si, podem quelar metais em um ambiente físico favorável. O ácido cítrico e seus derivados, diversos fosfatos e os sais do ácido etilenodiaminotetracético (EDTA) são os agentes quelantes mais utilizados em alimentos. Em geral, a capacidade de um agente quelante (ligante) de formar anéis de cinco ou seis membros com um metal é necessária para que a quelação seja estável. Por exemplo, o EDTA forma quelatos de alta estabilidade com cátions cúpricos, devido à coordenação inicial que envolve os pares eletrônicos de seus átomos de nitrogênio e os pares de elétrons livres dos átomos de oxigênio aniônicos dos quatro grupos carboxila (Figura 12.6). A configuração espacial do complexo EDTA-cátion cúprico é constituída de modo a permitir a coordenação adicional do íon cúprico com os pares livres de elétrons dos átomos de oxigênio aniônicos dos dois grupos carboxil remanescentes. Isso resulta em um complexo extremamente estável, com a utilização de todos os seis grupos doadores de elétrons.

Além das considerações espaciais e eletrônicas, fatores como o pH influenciam na formação de quelatos metálicos fortes. O grupo carboxílico não ionizado não é um grupo doador eficiente, mas o íon carboxilato funciona de forma eficaz. Um aumento sensato do pH permite a dissociação do grupo carboxila, aumentando a eficiência da quelação. Em alguns casos, os íons de hidroxila competem por íons metálicos, reduzindo a eficácia dos agentes quelantes. Os íons metálicos são encontrados em solução como complexos hidratados (metal·H_2O^{M+}), e a taxa na qual esses complexos são rompidos influencia a taxa pela qual eles podem ser complexados por agentes quelantes. A atração relativa de agentes quelantes por diferentes íons pode ser determinada a partir das constantes de estabilidade ou equilíbrio (K = [metal·agente quelante]/[metal] [agente quelante]) (Capítulo 9). Por exemplo, para o cálcio, a constante de estabilidade (expressa como log K) é 10,7 com EDTA; 5,0 com pirofosfato; e 3,5 com ácido cítrico [20]. À medida que a constante de estabilidade (K) aumenta, mais metal é complexado, deixando menos metal na forma de cátion não complexado (i.e., o íon metálico do complexo está ligado mais fortemente).

Os agentes quelantes não são antioxidantes no sentido de bloquear a oxidação por terminação da cadeia ou como sequestrantes de oxigênio. No entanto, eles são antioxidantes sinérgicos importantes, pois removem íons metálicos que catalisam a oxidação (Capítulo 4). Quando um

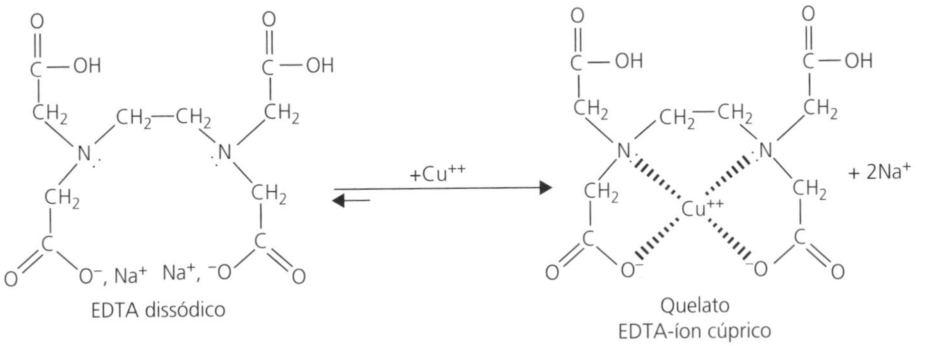

FIGURA 12.6 Representação esquemática da quelação do cátion cúprico (um catalisador da oxidação de lipídeos) pelo EDTA dissódico.

agente quelante é selecionado para uma função de sinergismo antioxidante, sua solubilidade deve ser considerada. O ácido cítrico e os ésteres de citrato (20–200 ppm) em solução de propilenoglicol são solubilizados por gorduras e óleos e, portanto, são sinergistas eficazes em sistemas lipídicos. Por outro lado, o Na_2EDTA e o Na_2Ca–EDTA são dissolvidos apenas em quantidade limitada, não sendo eficazes em sistemas de gordura puros. Entretanto, os sais de EDTA (até 500 ppm) são antioxidantes muito eficazes em sistemas de emulsão, como molhos de salada, maionese e margarina, pois podem funcionar na fase aquosa, e, em especial, na interface entre as fases aquosa e lipídica.

Os polifosfatos e o EDTA são usados em frutos do mar enlatados para a prevenção da formação de cristais vítreos de estruvita ou fosfato de amônio e magnésio ($MgNH_4PO_4 \cdot 6H_2O$). Os frutos do mar contêm quantidades substanciais de íons de magnésio que, algumas vezes, reagem com fosfato de amônio durante o armazenamento desses produtos enlatados, gerando cristais que podem ser confundidos com contaminação por vidro. Os agentes quelantes complexam o magnésio e minimizam a formação de estruvita. Os agentes quelantes podem também ser utilizados para complexar ferro, cobre e zinco em frutos do mar, de modo a prevenir reações – em particular, com sulfitos – que levam à descoloração dos produtos. A adição de agentes quelantes a produtos vegetais antes do branqueamento pode inibir a descoloração induzida por metais, podendo, ainda, remover cálcio de substâncias pécticas da parede celular, promovendo, assim, o amaciamento.

Embora os ácidos cítrico e fosfórico sejam empregados como acidulantes em refrigerantes, eles também quelam metais, que, por outro lado, promovem a oxidação de compostos saborizantes, como os terpenos, e catalisam reações de descoloração. Os agentes quelantes também estabilizam bebidas fermentadas de malte pela complexação do cobre. O cobre livre catalisa a oxidação de compostos polifenólicos, os quais, subsequentemente, interagem com proteínas para formar turvação permanente ou turbidez.

A capacidade quelante extremamente eficiente de alguns agentes, em particular EDTA sintético e ácido fítico natural (hexafosfoinositol), tem suscitado a especulação de que seu uso excessivo ou sua ocorrência em alimentos poderia levar à eliminação de cálcio e outros minerais catiônicos no organismo. Para lidar com essa preocupação, os níveis e as aplicações do EDTA são regulados e, em alguns casos, o cálcio é adicionado aos sistemas alimentares pelo uso do sal de Na_2Ca do EDTA, em vez de sais sódicos (Na, Na_2, Na_3 ou Na_4 EDTA) ou formas ácidas. Entretanto, o pensamento científico atual adota a opinião de que não existe motivo para grandes preocupações dietéticas a respeito desses quelantes nas quantidades permitidas ou encontradas, considerando-se as concentrações naturais de cálcio e outros cátions divalentes encontradas nos alimentos.

12.6 ANTIOXIDANTES

A oxidação ocorre quando elétrons são removidos de um átomo ou de um grupo de átomos. Ao mesmo tempo, há uma reação de redução correspondente que envolve adição de elétrons a um átomo ou a um grupo de átomos diferente. As reações de oxidação podem ou não envolver adição de átomos de oxigênio ou remoção de átomos de hidrogênio da substância que está sendo oxidada. As reações de oxirredução são comuns em sistemas biológicos e em alimentos. Embora algumas reações de oxidação sejam benéficas aos alimentos, outras podem causar efeitos prejudiciais, como a degradação de lipídeos (Capítulo 4), vitaminas (Capítulo 8) e pigmentos (Capítulo 10), com perda de valor nutricional e desenvolvimento de sabores indesejáveis. O controle da oxidação não desejada nos alimentos costuma ser alcançado pelo emprego de técnicas de processamento e embalagem que excluem o oxigênio ou envolvem a adição de agentes químicos apropriados.

Antes do desenvolvimento de uma tecnologia química específica para o controle da oxidação lipídica mediada por radicais livres, o termo "antioxidante" era aplicado a todas as substâncias que inibiam reações de oxidação, não importando o mecanismo envolvido. Por exemplo, o ácido ascórbico foi considerado um antioxidante, tendo sido empregado na prevenção do escurecimento enzimático de superfícies de frutas e hortaliças cortadas (Capítulo 6). Nesta aplicação, o ácido ascórbico funciona como agente redutor pela transferência de átomos de hidrogênio de volta às quinonas formadas pela oxidação enzimática dos compostos fenólicos. Em sistemas fechados, o ácido ascórbico reage rapidamente com o oxigênio e, portanto, age como sequestrante de oxigênio. Do mesmo modo, os sulfitos são oxidados com facilidade a sulfonatos e sulfatos em sistemas alimentares, funcionando como antioxidantes eficazes em alimentos como frutas secas (Seção 12.7.1). Os antioxidantes de uso mais comum em alimentos são as substâncias fenólicas. Mais recentemente, tem-se aplicado com frequência o termo "antioxidantes alimentares" àqueles compostos que interrompem a reação em cadeia dos radicais livres envolvidos na oxidação lipídica e àqueles que eliminam o oxigênio singlete; no entanto, o termo provavelmente não deveria ser usado em um sentido tão restrito.

Os antioxidantes costumam apresentar graus variáveis de eficiência na proteção de sistemas alimentares, e combinações deles costumam fornecer uma maior proteção em geral do que a fornecida pelo efeito de uma adição simples [55]. Logo, os antioxidantes mistos às vezes têm ação sinérgica, embora o mecanismo desse efeito não seja compreendido por completo. Acredita-se, por exemplo, que o ácido ascórbico pode regenerar antioxidantes fenólicos pelo fornecimento de átomos de hidrogênio aos radicais fenoxil que se formam quando os antioxidantes fenólicos geram átomos de hidrogênio para a reação em cadeia da oxidação de lipídeos. A fim de que se consiga essa ação em lipídeos, o ácido ascórbico deve ser menos polar, de modo que possa se dissolver na gordura. Esse efeito é obtido por esterificação com ácidos graxos para a formação de compostos, como o palmitato de ascorbila.

A presença de íons de metais de transição, em particular Cu e Fe, promove a oxidação de lipídeos por meio de ações catalíticas (Capítulos 4 e 9). Estes pró-oxidantes metálicos são frequentemente inativados pela adição de agentes quelantes, como ácido cítrico ou EDTA (Seção 12.5). Nesse sentido, os agentes quelantes também são chamados de sinergistas, pois aumentam bastante a ação dos antioxidantes fenólicos. Entretanto, eles costumam ser ineficazes como antioxidantes quando empregados isoladamente.

Muitas substâncias de ocorrência natural têm atividade antioxidante; os tocoferóis são um exemplo amplamente utilizado (Capítulo 4). Recentemente, extratos de temperos contendo substâncias polifenólicas, sobretudo o alecrim, também são explorados comercialmente com sucesso como antioxidantes naturais. O gossipol, que ocorre naturalmente em sementes de algodão, é um antioxidante, mas apresenta propriedades tóxicas. Outros oxidantes de ocorrência natural são o álcool coniferil (encontrado em vegetais) e os ácidos guaiacônico e guaiácico (da goma de guáiaco). Todas essas substâncias são estruturalmente relacionadas ao hidroxianisol butilado (BHA), ao hidroxitolueno butilado (BHT), ao galato de propila e ao di-t-butil-hidroquinona (TBHQ), os quais são antioxidantes fenólicos sintéticos aprovados para o uso em alimentos (Capítulo 4). O ácido nordi-hidroguairético, um composto relacionado a alguns constituintes da goma de guáiaco, é um antioxidante eficaz, mas seu uso direto em alimentos foi suspenso devido a seus efeitos tóxicos. Todas essas substâncias fenólicas agem como terminadores da oxidação por participarem das reações por meio de formas de radicais livres estabilizados por ressonância [55], mas também acredita-se que elas ajam como sequestrantes de oxigênio singlete. Por outro lado, considera-se que o β-caroteno funcione com mais eficácia que as substâncias fenólicas como sequestrante de oxigênio singlete.

O ácido tiodipropiônico e o dilauroil tiodipropionato continuam sendo antioxidantes de alimentos permitidos, embora a remoção desses compostos da lista de substâncias permitidas tenha sido proposta por eles não serem mais utilizados em alimentos. A presença de um átomo de enxofre nos tiodipropionatos levou à especulação de que essas substâncias poderiam causar sabores desagradáveis, porém essa hipótese não é fundamentada. Uma razão mais provável é que os tiodipropionatos não têm sido usados em alimentos devido à sua incapacidade de inibir a oxidação de lipídeos nos alimentos, quando medidos pelo valor de peróxido e usados nos níveis permitidos (até 200 ppm) [32]. O papel clássico dos tiodipropionatos é o de antioxidante secundário, em que, em elevadas concentrações (> 1.000 ppm), degradam hidroperóxidos formados durante a oxidação de olefinas a produtos de oxidação relativamente estáveis. Usados dessa forma, são úteis na estabilização de poliolefinas sintéticas.

Embora os tiodipropionatos – em níveis alimentares permitidos – sejam inertes na redução dos índices de peróxidos, eles são altamente eficazes na decomposição dos perácidos (Figura 12.7) encontrados em lipídeos oxidados [32]. Os perácidos são substâncias muito eficientes na mediação da oxidação de ligações duplas em epóxidos, e, na presença de água, os epóxidos formados por essa reação hidrolisam com facilidade para formar dióis. Quando essas reações ocorrem com o colesterol, formam-se tanto o epóxido de colesterol como o colesterol-triol derivado. Estes óxidos de colesterol são considerados mutagênicos e aterogênicos, respectivamente, para seres humanos [42]. Como os tiodipropionatos inibem prontamente o acúmulo de perácidos, eles se mantêm como antioxidantes permitidos pela Food and Drug Administration (FDA) dos Estados Unidos.

A metionina (Capítulo 5) apresenta uma estrutura química similar à dos tiodipropionatos, a qual se presume que seja responsável por um mecanismo análogo, em algumas propriedades antioxidantes apresentadas por proteínas. A reação de um sulfito (i.e., tioéter) com um perácido ou hidroperóxido gera um sulfóxido, ao passo que reações com dois perácidos ou dois hidroperóxidos geram uma sulfona.

12.7 AGENTES ANTIMICROBIANOS

Os conservantes químicos com propriedades antimicrobianas desempenham um papel importante na prevenção da deterioração e na garantia de segurança de muitos alimentos. Alguns desses compostos são abordados na Seção seguinte.

12.7.1 Sulfitos e dióxido de enxofre

O dióxido de enxofre (SO_2) e seus derivados são muito utilizados como conservantes de alimentos no geral. Eles são adicionados aos alimentos para inibir o escurecimento não enzimático, inibir reações catalisadas por enzimas, inibir e controlar microrganismos e agir como antioxidantes e agentes redutores. Geralmente, o SO_2 e seus derivados são metabolizados em sulfato e excretados na urina sem nenhum resultado patológico evidente [60]. Entretanto, em decorrência de recentes reações graves a dióxido de enxofre e seus derivados em indivíduos asmáticos sensíveis, o uso dessas substâncias em alimentos passou a ser regulado, estando sujeito a rigorosas restrições de rotulagem. Apesar disso, esses conservantes desempenham papéis-chave nos alimentos atuais.

As formas comumente usadas nos alimentos incluem o gás SO_2 e os sais de sódio, potássio ou cálcio do sulfito (SO_3^{2-}), bissulfito (HSO_3^-) ou metabissulfito ($S_2O_5^{2-}$). Os agentes de sulfitação mais frequentes são os metabissulfitos de sódio e potássio, por sua boa estabilidade contra a auto-oxidação na fase sólida. Entretanto, o dióxido de enxofre gasoso é empregado em casos nos quais a lixiviação de sólidos causa problemas ou nos quais o gás também pode servir de ácido para o controle de pH.

Embora os nomes tradicionais para os ânions desses sais ainda sejam amplamente utilizados (sulfitos, bissulfitos e metabissulfitos), eles foram designados pela IUPAC como oxiânions de enxofre (IV), respectivamente sulfitos (SO_3^{2-}), sulfitos de hidrogênio (HSO_3^-) e dissulfitos ($S_2O_5^{2-}$). Os oxiânions H_2SO_3 e $H_2S_3O_5$ são chamados de ácidos sulfurosos e dissulfurosos, respectivamente [60].

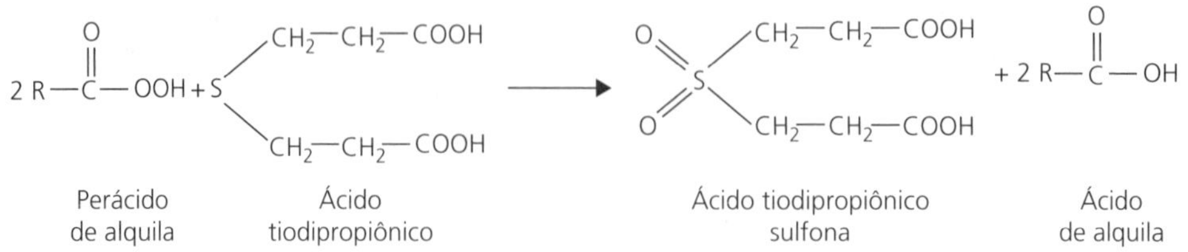

FIGURA 12.7 Mecanismo de destruição de perácidos por ácido tiodipropiônico, em lipídeos oxidados.

A visão até então bem aceita sobre a existência de ácido sulfuroso em soluções aquosas também mudou. Antigamente, presumia-se que, quando o dióxido de enxofre era dissolvido em água, ele formava ácido sulfuroso, pois os sais de oxiânions simples de enxofre (IV) (valência +4) são sais desse ácido (H_2SO_3; ácido sulfuroso). Entretanto, evidências da existência de ácido sulfuroso livre não foram encontradas, e estima-se que ele seja responsável por < 3% do SO_2 dissolvido não dissociado. Ao contrário, a solução de SO_2 gera apenas interações fracas com a água, o que resulta em um complexo não dissociado, que é particularmente abundante em pHs < 2. Este complexo tem sido denominado $SO_2 \cdot H_2O$, e não se costuma fazer distinção entre esse complexo e o ácido sulfuroso [60] (Equação 12.12).

Como a acidez de soluções de SO_2 é significativa e ácido sulfuroso livre não é encontrado, argumenta-se que o ácido forte $HSO_2(OH)$ exista em pequenas quantidades e que sua dissociação leve predominantemente ao íon HSO_3^- (bissulfito), em vez de ao íon $SO_2(OH)^-$, o qual se estima que ocorra em uma extensão de apenas 2,5% das espécies de sulfito de hidrogênio (Equação 12.13). O íon HSO_3^- predomina em pH de 3 a 7, porém, acima de pH 7, o íon SO_3^{2-} é mais abundante (Equação 12.14). O pK_a da primeira dissociação do **ácido sulfuroso** é 1,86; sua segunda dissociação tem um pK_a de 7,18. Em soluções diluídas de HSO_3^- (10^{-2} M), existe pouco íon metabissulfito (dissulfito), mas, à medida que a concentração de bissulfito aumenta, a proporção aumenta rapidamente (Equação 12.15). Logo, a proporção relativa de cada forma depende do pH da solução, da força iônica das oxiespécies de enxofre (IV) e da concentração de sais neutros [60]:

$$SO_2 + H_2O \leftrightarrows SO_2 \cdot H_2O \quad (12.12)$$

$$SO_2 \cdot H_2O \leftrightarrows HSO_2(OH) \leftrightarrows HSO_3^- + H^+ \quad (12.13)$$

$$HSO_3^- \leftrightarrows H^+ + SO_3^{2-} \quad (12.14)$$

$$2HSO_3^- \leftrightarrows S_2O_5^{2-} + H_2O \quad (12.15)$$

O dióxido de enxofre é o mais eficaz como agente antimicrobiano em meio ácido. Esse efeito resulta de condições que permitem que compostos não dissociados penetrem a parede celular.

Em pHs elevados, observa-se que o íon HSO_3^- é eficaz contra bactérias, mas não contra leveduras. O SO_2 age tanto como agente biocida como biostático, sendo mais ativo contra bactérias do que contra bolores e leveduras. Além disso, ele é mais eficaz contra bactérias gram-negativas do que contra as gram-positivas.

Acredita-se que a nucleofilicidade do íon sulfito seja responsável por grande parte da efetividade do dióxido de enxofre como conservante de alimentos, tanto em aplicações microbiológicas como químicas [61]. Houve acúmulo de evidências, indicando que a interação de oxiespécies de enxofre (IV) com ácidos nucleicos causa efeitos biostáticos e biocidas [60]. Outros mecanismos postulados como fatores pelos quais as oxiespécies de enxofre (IV) inibem microrganismos incluem reação do bissulfito com acetaldeído na célula, redução de ligações de dissulfeto essenciais em enzimas e formação de compostos de adição de bissulfito que interferem em reações respiratórias que envolvem nicotinamida dinucleotídeo.

Dos inibidores de escurecimento não enzimático alimentar conhecidos (Capítulo 3), o dióxido de enxofre é um dos mais eficazes. Inúmeros mecanismos químicos estão envolvidos na inibição do escurecimento não enzimático pelo dióxido de enxofre (Figura 12.8), mas um dos mais importantes envolve a reação de oxiânions de enxofre (IV) (bissulfito) com grupos carbonila de açúcares redutores e outros compostos participantes do escurecimento. Logo, esses compostos de adição reversível de bissulfito ligam os grupos carbonila para retardar o processo de escurecimento, mas também propôs-se que essa reação remove cromóforos carbonila de estruturas de melanoidinas, causando um efeito de branqueamento do pigmento. Os oxiânions de enxofre (IV) também reagem irreversivelmente com grupos hidroxila, sobretudo com os da posição 4, em intermediários de açúcares e ácido ascórbico, nas reações de escurecimento que geram sulfonatos ($R–CHSO_3^-–CH_2–R'$). A formação de derivados relativamente estáveis de sulfonatos retarda a reação em geral e interfere nas rotas que são especialmente mais propensas à produção de pigmentos coloridos [60].

O dióxido de enxofre também inibe algumas reações catalisadas por enzimas (principalmente

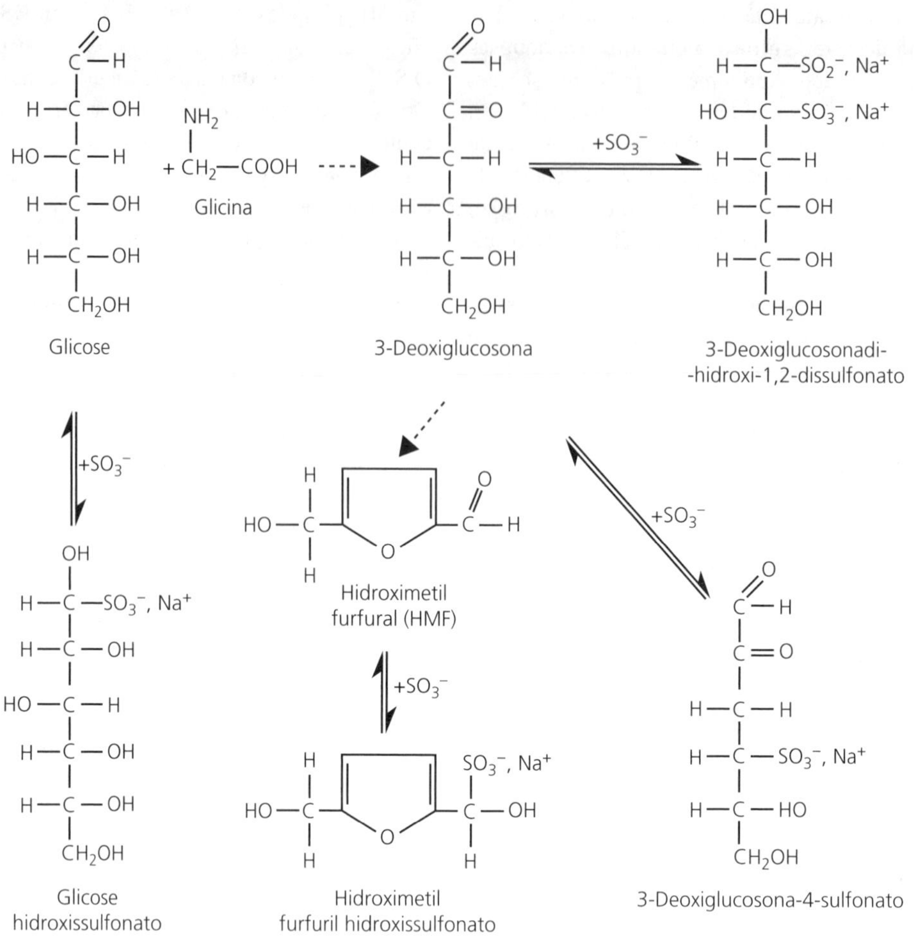

FIGURA 12.8 Mecanismos de inibição do escurecimento de Maillard (carbonilamino) por alguns oxiânions de enxofre (IV) (bissulfito, sulfito).

o escurecimento enzimático), que são importantes na conservação de alimentos. A produção de pigmentos escuros a partir da oxidação catalisada por enzimas de compostos fenólicos pode levar a problemas graves de qualidade durante a manipulação de alguns frutas e hortaliças secas (Capítulo 6). Entretanto, o uso de *sprays* ou imersão de sulfito ou metabissulfito, com ou sem adição de ácido cítrico, proporciona o controle eficaz do escurecimento enzimático em batatas, cenouras e maçãs, todas pré-descascadas e pré-fatiadas.

O SO_2 também funciona como antioxidante em diversos sistemas alimentares, mas não costuma ser empregado com esse objetivo. Quando ele é adicionado à cerveja, o desenvolvimento de sabor oxidado é inibido de forma significativa durante o armazenamento. A cor vermelha da carne fresca também pode ser mantida com eficácia pela presença do dióxido de enxofre. No entanto, essa prática não é permitida devido ao potencial para mascarar a deterioração em produtos cárneos alterados.

Quando adicionado durante a manufatura de massa à base de farinha de trigo, o dióxido de enxofre causa a clivagem reversível das ligações de dissulfeto das proteínas. Na manufatura de biscoitos, a adição de bissulfito de sódio reduz o tempo de mistura e a elasticidade que facilita a laminação da massa, reduzindo, também, as variações ocasionadas por diferentes lotes de farinha [60]. Antes da secagem de frutas, muitas vezes aplica-se dióxido de enxofre gasoso, o que em alguns casos é feito na presença de agentes de tamponamento (i.e., $NaHCO_3$). Esse tratamento previne o escurecimento e induz o branqueamento reversível de pigmentos antocianinas. As propriedades resultantes são desejáveis aos produtos, tais como as utilizadas para a produção de vinhos brancos e cerejas ao marasquino. Os níveis de dióxido de enxofre encontrados em frutas secas logo após o processamento às vezes chegam a 2.000 ppm. Entretanto, quantidades bem menores são encontradas em muitos outros alimentos, pois concentrações acima de 500 ppm causam sabores desagradáveis e porque os sulfitos tendem a se volatilizar e/ou reagir durante armazenamento e cocção.

12.7.2 Sais nitrito e nitrato

Os sais de sódio e potássio de nitritos e nitratos são usados em misturas de cura para carnes para desenvolver e fixar a cor, para inibir microrganismos e para desenvolver sabores característicos [50]. O nitrito, mais que o nitrato, é, aparentemente, o constituinte funcional. Os nitritos da carne formam óxido nítrico, o qual reage com compostos heme para formar nitrosomioglobina, o pigmento responsável pela cor rosada das carnes curadas (Capítulo 10). A avaliação sensorial também indica que o nitrito contribui para o sabor de carnes curadas, aparentemente por ação antioxidante, mas os detalhes químicos desse processo são pouco compreendidos [46]. Além disso, os nitritos (150–200 ppm) inibem os clostrídeos em carnes trituradas enlatadas e carnes curadas. Nesse sentido, o nitrito é mais eficaz em pHs 5,0 e 5,5 do que em valores superiores. O mecanismo antimicrobiano do nitrito é desconhecido, mas há indícios de que ele reage com grupos sulfidril, criando compostos que não são metabolizados por microrganismos em condições anaeróbias.

Os nitritos são associados à formação de níveis baixos, mas possivelmente tóxicos, de nitrosaminas, em algumas carnes curadas. O processo químico e as implicações à saúde das nitrosaminas serão discutidos no Capítulo 13. Os sais de nitrato também têm ocorrência natural em muitos alimentos, incluindo hortaliças, como o espinafre. O acúmulo de grandes quantidades de nitratos em tecidos vegetais cultivados em solos com fertilização intensa é preocupante, sobretudo em alimentos para crianças preparados a partir desses tecidos. A redução de nitrato a nitrito no intestino, com sua absorção subsequente, pode levar à cianose devido à formação da metamioglobina. Por esse motivo, o uso de nitritos e nitratos em alimentos tem sido questionado. A capacidade antimicrobiana dos nitritos justifica seu uso em carnes curadas, principalmente quando há possibilidade do crescimento de *C. botulinum*. Entretanto, em conservas nas quais o botulismo não representa riscos, há poucas justificativas para a adição de nitratos e nitritos.

12.7.3 Ácido acético

A conservação de alimentos com ácido acético (CH_3COOH) na forma de vinagre remonta à antiguidade. Além de vinagre (ácido acético a 4%) e ácido acético, também são usados em alimentos acetato de sódio (CH_3COONa), acetato de potássio (CH_3COOK), acetato de cálcio [$(CH_3-COO)_2Ca$] e diacetato de sódio ($CH_3COONa \cdot CH_3-COOH \cdot \frac{1}{2}H_2O$). Os sais são usados em pães e outros produtos de padaria (0,1–0,4%) para a prevenção da viscosidade causada por fungos e do crescimento de bolores, sem que interfiram nas leveduras [8]. O vinagre e o ácido acético são usados em picles de carnes e peixes. Se carboidratos fermentáveis estiverem presentes, deve-se adicionar pelo menos 3,6% de ácido para a prevenção do crescimento de bactérias e leveduras ácido-lácticas. O ácido acético também é usado em alimentos, como *ketchup*, maionese e picles, nos quais desempenha função dupla, tanto de inibição de microrganismos como de contribuição para o sabor. A atividade antimicrobiana do ácido acético aumenta à medida que o pH diminui, uma propriedade análoga à encontrada em outros ácidos graxos alifáticos.

12.7.4 Ácido propiônico

O ácido propiônico (CH_3-CH_2-COOH) e seus sais de sódio e cálcio exercem atividade antimicrobiana contra bolores e algumas bactérias. Este composto tem ocorrência natural no queijo suíço (até 1%, em massa), onde é produzido pela *Propionibacterium shermanii* [8]. Usa-se extensivamente ácido propiônico no campo da panificação, não apenas pela inibição efetiva de bolores, mas também pela atividade contra o organismo *Bacillus mesentericus*, que causa viscosidade no pão. Seus níveis de utilização costumam ser de até 0,3% em massa. Como outros ácidos carboxílicos antimicrobianos, a forma não dissociada desse ácido é ativa, e o intervalo de eficácia se estende até o pH 5,0 em muitas aplicações. A toxicidade do ácido propiônico a bolores e algumas bactérias está relacionada à incapacidade dos organismos afetados de metabolizar esqueletos de três carbonos. Em mamíferos, ele é metabolizado de modo similar a outros ácidos graxos, e não se demonstrou que isso causa efeito tóxico nos níveis encontrados em alimentos.

12.7.5 Ácido sórbico e outros ácidos graxos de cadeia média

Os ácidos graxos monocarboxílicos alifáticos de cadeia média e longa apresentam atividade antimicrobiana, sobretudo antimicótica. Os análogos α-insaturados são especialmente eficazes. O ácido sórbico (C–C=C–C=C–COOH) e seus sais de sódio e potássio são amplamente utilizados na inibição de bolores e leveduras em diversos alimentos, como queijos, produtos de panificação, sucos de frutas, vinho e picles. O ácido sórbico é encontrado na natureza, principalmente nos frutos da sorveira. Os sais de sorbato comerciais empregados na indústria de alimentos são sintetizados industrialmente e são compostos, sobretudo, de isômeros *trans* de ácidos graxos. Como o ácido sórbico é, em sua constituição química, uma substância lipídica, sob a ótica da rotulagem seu uso contribui para o conteúdo de gordura *trans* dos alimentos.

Esse ácido é particularmente eficaz na prevenção do crescimento de bolores, contribuindo pouco para o sabor, nas concentrações em que é usado (até 0,3% em massa). Seu método de aplicação pode envolver incorporação direta, coberturas de superfície, ou incorporação em materiais de embalagem. A atividade do ácido sórbico aumenta à medida que o pH diminui, indicando que a forma não dissociada é mais inibitória que a dissociada. Em geral, o ácido sórbico é eficaz em pH até 6,5, número consideravelmente superior aos intervalos eficazes de pH dos ácidos propiônico e benzoico.

A ação antimicótica do ácido sórbico parece ser oriunda da incapacidade dos bolores de metabolizar sistemas dieno α-insaturados de sua cadeia alifática. Há indícios de que a estrutura dieno do ácido sórbico interfira nas desidrogenases celulares, que geralmente desidrogenam os ácidos graxos no primeiro passo da oxidação.

Os ácidos graxos saturados (C_2–C_{12}) também inibem de forma moderada muitos bolores, como o *Penicillium roqueforti*. Entretanto, alguns desses bolores são capazes de mediar a β-oxidação de ácidos graxos saturados a seus β-cetoácidos correspondentes, sobretudo quando a concentração do ácido é inibitória apenas marginalmente. A decarboxilação do β-cetoácido resultante gera a metilcetona correspondente (Figura 12.9), que não exibe propriedades antimicrobianas. Por outro lado, o mecanismo da formação de metilcetonas é responsável pela maior parte do sabor característico dos queijos azuis maturados com bolores. Alguns poucos bolores também mostraram a capacidade de metabolizar o ácido sórbico, havendo indícios de que esse metabolismo ocorre por meio de β-oxidação, semelhante à observada em mamíferos. Todas as evidências indicam que animais e seres humanos metabolizam o ácido sórbico praticamente da mesma maneira como o fazem com outros ácidos graxos de ocorrência natural.

Embora esse ácido possa, à primeira vista, parecer estável e não reativo, ele costuma ser alterado microbiológica ou quimicamente nos alimentos. Dois outros mecanismos de desativação das propriedades antimicrobianas do ácido sórbico são apresentados na Figura 12.10. A reação na Figura 12.10 foi demonstrada em bolores, em particular no *P. roqueforti*. Ela envolve a descarboxilação direta do ácido sórbico para formação de um hidrocarboneto, 1,3-pentadieno. O aroma intenso desse composto pode causar sabores indesejáveis, semelhantes aos de hidrocarboneto ou gasolina, quando o crescimento do bolor ocorre em alimentos que contêm ácido sórbico, sobretudo na superfície de queijos tratados com sorbato.

Se um vinho que contém ácido sórbico sofre deterioração na garrafa por bactérias ácido-lácticas, desenvolve-se um sabor indesejável descrito como semelhante ao gerânio [11]. As

FIGURA 12.9 Destoxificação de um ácido graxo mediada por fungos (ácido octanoico) por meio de β-oxidação seguida de descarboxilação para a formação de metilcetona (heptanona).

bactérias ácido-lácticas reduzem o ácido sórbico a álcool sorbílico e, então, em decorrência das condições ácidas por elas criadas, causam uma reorganização a álcool secundário (Figura 12,10b). A reação final envolve a formação de um hexadieno etoxilado, o qual apresenta um aroma marcante de folhas de gerânio, reconhecido com facilidade.

O ácido sórbico é usado, em alguns casos, em combinação com dióxido de enxofre, o que leva a reações que consomem tanto o ácido sórbico como os oxiânions de enxofre (IV) (Figura 12.11) [23]. Sob condições aeróbias, principalmente na presença de luz, radicais SO_3^- são formados, os quais sulfonam ligações olefínicas, além de promoverem a oxidação do ácido sórbico. Essa

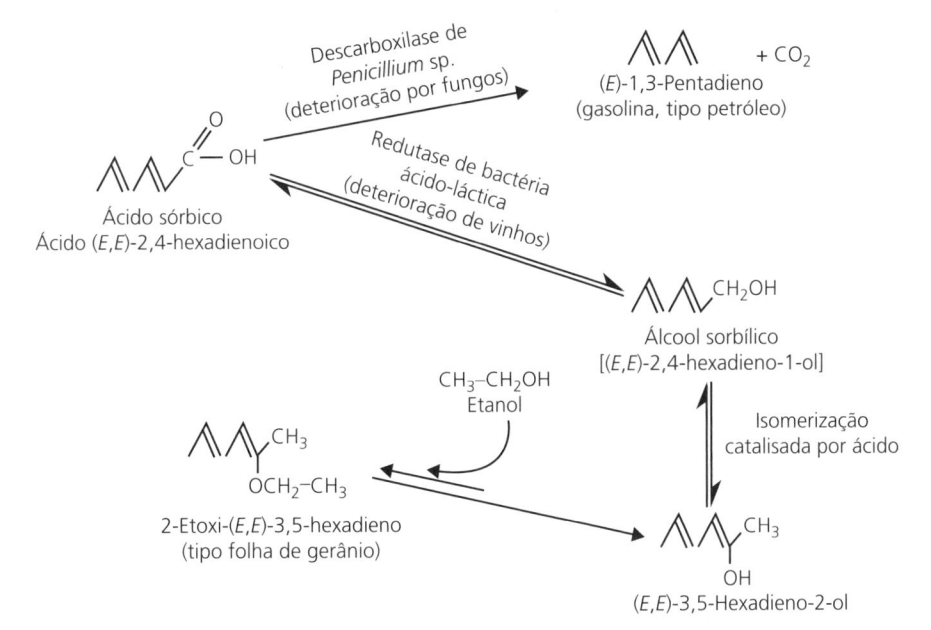

FIGURA 12.10 Destruição das propriedades antimicrobianas do ácido sórbico promovida por conversões enzimáticas: decarboxilação realizada por *Penicillium* sp. e formação de dienos etoxilados em vinhos, resultante da redução do grupo carboxila seguida de reorganização e desenvolvimento de um éter.

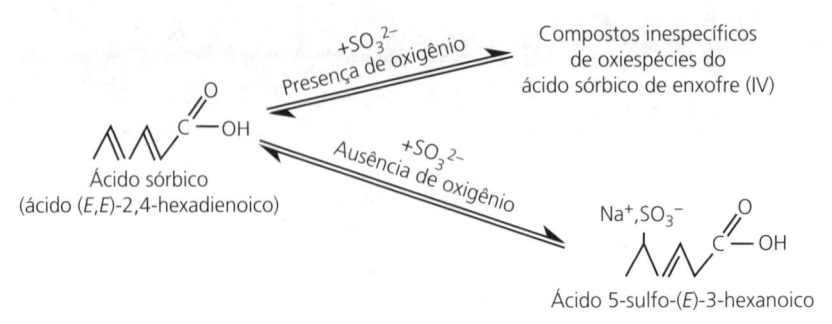

FIGURA 12.11 Reações do ácido sórbico com o dióxido de enxofre (ânions do enxofre (IV)).

reação que envolve apenas o ácido sórbico não é perceptivelmente afetada pela presença de antioxidantes convencionais. Nesse sentido, alimentos mantidos aerobiamente com dióxido de enxofre e ácido sórbico são muito suscetíveis à auto-oxidação. Sob condições anaeróbias, a combinação de ácido sórbico e dióxido de enxofre em alimentos resulta em uma reação nucleofílica muito mais lenta do íon sulfito (SO_3^-) com o dieno (adição 1,4) em ácido sórbico para a formação de ácido 5-sulfo-3-hexanoico (Figura 12.11).

Ocorrem reações entre o ácido sórbico e proteínas quando ele é usado em alguns alimentos, como em massas à base de farinha de trigo, cujas proteínas contêm quantidades substanciais de grupos tióis oxidados ou reduzidos (R–S–S–R, na cistina, e R–SH, na cisteína, respectivamente). Os grupos tiol (R–SH) dissociam-se em íons de tiolato (R–S$^-$) que são nucleófilos reativos, e reagem, principalmente, por adição em 1,6 no dieno conjugado do ácido sórbico. Essa reação, que ocorre com facilidade em pHs (> 5) e temperaturas elevados, liga a proteína ao ácido sórbico (p. ex., durante o forneamento de pão). Embora a reação seja reversível sob condições muito ácidas (pH < 1), a consequência comum aos alimentos em pHs mais elevados é a perda da ação conservante do ácido sórbico [33].

Enquanto o ácido sórbico e o sorbato de potássio têm recebido amplo reconhecimento como antimicóticos, pesquisas mais recentes estabeleceram que o sorbato apresenta ampla atividade antimicrobiana, a qual se estende a leveduras e muitas espécies bacterianas envolvidas na deterioração de frango, peixes e carnes frescas. Essa substância é especialmente efetiva em retardar a toxigênese do *C. botulinum* em *bacon* e pescado fresco refrigerado embalados em atmosfera modificada.

12.7.6 Ésteres de gliceril

Muitos ácidos graxos e monoacilgliceróis desempenham elevada atividade antimicrobiana contra bactérias gram-positivas e algumas leveduras [31]. Membros insaturados, em especial os que têm 18 átomos de carbono, apresentam forte atividade como ácidos graxos; os membros de cadeia média (12 átomos de carbono) são mais inibitórios quando esterificados com glicerol. O monolaurato de glicerol (I), também conhecido pelo nome comercial de Monolaurin, é inibitório contra diversos estafilococos e estreptococos patogênicos quando presente na concentração de 15 a 250 ppm. Ele é bastante utilizado em cosméticos e, devido à sua natureza lipídica, pode ser usado em alguns alimentos.

Monolaurina (I)

Os agentes lipofílicos desse tipo também exibem atividade inibitória contra *C. botulinum*. O monolaurato de glicerol, quando desempenha essa função, pode ter aplicações em carnes curadas e pescado fresco embalado e refrigerado. O efeito inibitório dos derivados de glicerídeos lipofílicos está aparentemente relacionado à sua capacidade de facilitar a condução de prótons por meio das membranas celulares, destruindo efetivamente a força protomotriz necessária para o transporte de substratos [18]. Os efeitos de morte celular são observados apenas em concentrações elevadas desses compostos, sendo que ela parece resultar da geração de buracos nas membranas celulares.

12.7.7 Arginato láurico

O arginato láurico (hidrocloreto de etil-*N*-dodecanoil-L-arginato; II) é um novo antimicrobiano disponível, que, como o monolaurato de glicerol, contém um grupamento de ácido graxo de cadeia média.

Arginato láurico (II)

O arginato láurico recebeu o *status* GRAS nos Estados Unidos, apresentando grande eficácia antimicrobiana, cuja utilidade no controle de patógenos alimentares (*Campylobacter*, *Salmonella*, *Clostridium*, *Escherichia* e *Staphylococcus*) é esperada. O modo de ação do arginato láurico envolve a ruptura da bicamada lipídica da membrana plasmática, o que ocasiona interferências nos processos metabólicos e no ciclo celular [3].

12.7.8 Natamicina

A natamicina ou pimaricina (Reg. CAS N° 768–93–8) é um polieno macrolídeo antimicótico (III), aprovado, nos Estados Unidos, para uso contra bolores em queijos curados.*

Natamicina (III)

Esse inibidor de fungos é muito eficaz quando aplicado à superfície de alimentos expostos diretamente ao ar, nos quais os fungos apresentam tendência a se proliferar. Acredita-se que o mecanismo de ação da natamicina resulte da sua ligação com moléculas de esteróis na membrana celular fúngica, a qual altera a permeabilidade das membranas e, portanto, causa a ruptura dos processos celulares. A natamicina é especialmente indicada para aplicação em alimentos fermentados, como queijos curados, por inibir os bolores de forma seletiva, enquanto permite o crescimento e o metabolismo normais das bactérias envolvidas na maturação.

12.7.9 Ácido benzoico

O ácido benzoico (C_6H_5COOH) tem sido bastante utilizado como agente antimicrobiano em alimentos [5]. Ele tem ocorrência natural no oxicoco, ameixas, canela e cravo-da-índia. O ácido não dissociado é a forma com atividade antimicrobiana, exibindo atividade ótima no intervalo de pH entre 2,5 e 4,0, o que propicia que ele seja adequado para uso em alimentos ácidos, como sucos de frutas, bebidas carbonatadas, picles e chucrute. Os benzoatos apresentam pouquíssima atividade antimicrobiana em alimentos em valores de pH acima

---

*N. de T. CAS (do inglês Chemicals Abstracts Service) é o banco de dados de substâncias químicas dos Estados Unidos e pode ser acessado em https://cas.org.

de 5,2 a 5,5. Os sais de sódio e potássio do ácido benzoico são os costumeiramente utilizados, uma vez que são dispersos em alimentos aquosos com mais facilidade que a forma ácida. Uma vez presente em um produto com acidez adequada, uma grande fração do sal de benzoato se converte à forma protonada ativa, que é mais eficaz contra leveduras e bactérias e menos eficaz contra bolores. Em geral, o ácido benzoico é usado em combinação com ácido sórbico ou parabenos, e seus níveis de uso costumam variar de 0,05 a 0,1% em massa.

O modo de atividade antimicrobiana do ácido benzoico não está claramente estabelecido. Entretanto, acredita-se que o caráter lipofílico desse ácido protonado facilite a entrada da molécula através da membrana e do interior da célula. Dependendo do tipo de microrganismo, evidências indicam que inúmeros modos de ação podem estar envolvidos, incluindo ruptura da força protomotriz e inibição de enzimas metabólicas fundamentais. O ácido benzoico não tem sido associado a efeitos prejudiciais em seres humanos quando utilizado em pequenas quantidades. Ele é eliminado com facilidade do organismo principalmente após a conjugação com glicina (Figura 12.12), para formar ácido hipúrico (benzoil glicina). Essa etapa de destoxificação impede a sua acumulação no organismo.

12.7.10 Ésteres alquílicos do *p*-hidroxibenzoato

Os parabenos são um grupo de ésteres alquílicos do ácido *p*-hidroxibenzoico, muito utilizados como agentes antimicrobianos em alimentos, produtos farmacêuticos e cosméticos. Os ésteres metílico (IV), propílico (V) e heptílico (VI) têm uso doméstico e, em outros países, os ésteres etílico e butílico também são usados para esse fim.

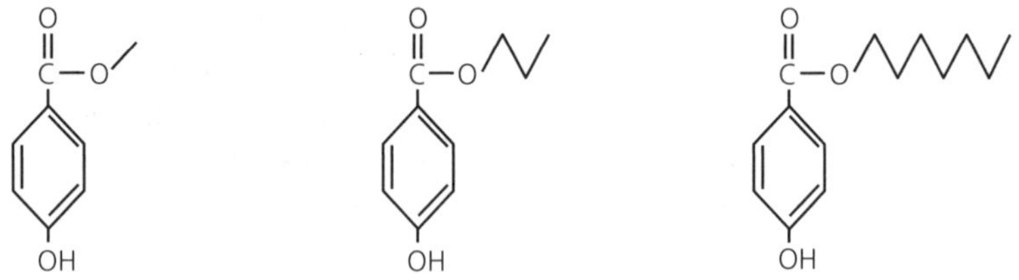

Metilparabeno (IV)
(metil-*p*-hidroxibenzoato)

Propilparabeno (V)
(propil-*p*-hidroxibenzoato)

Heptilparabeno (VI)
(heptil-*p*-hidroxibenzoato)

Os parabenos são utilizados como conservantes microbianos em produtos de panificação, refrigerantes, cervejas, azeitonas, picles, geleias, gelatinas e xaropes. Eles exercem pouco efeito sobre o sabor, são inibidores eficazes de bolores e leveduras (0,050–1%, em massa) e são relativamente inertes contra bactérias, sobretudo contra bactérias gram-negativas [8]. A atividade antimicrobiana dos parabenos aumenta e sua solubilidade em água diminui conforme o aumento da extensão da cadeia alquílica. Os membros de cadeia menores costumam ser usados devido a suas características de solubilidade. Ao contrário de outros agentes antimicóticos, os parabenos são ativos em

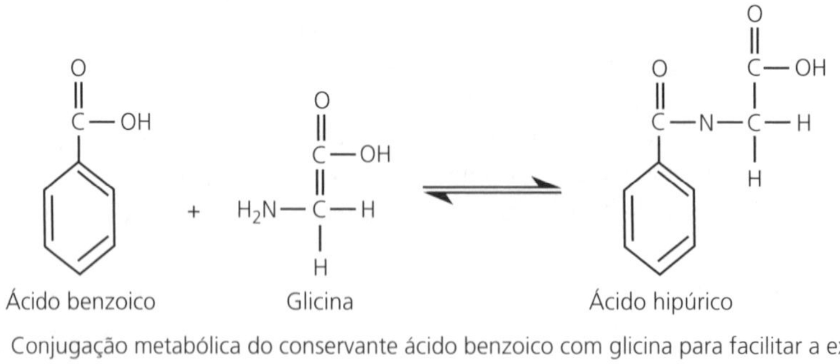

Ácido benzoico + Glicina ⇌ Ácido hipúrico

FIGURA 12.12 Conjugação metabólica do conservante ácido benzoico com glicina para facilitar a excreção.

pH 7 e pHs superiores, o que aparentemente parece ser resultado de sua capacidade de permanecer na forma não dissociada nesses valores de pH. O grupo fenólico dá um caráter de ácido fraco à molécula. A ligação éster é estável à hidrólise mesmo em temperaturas de esterilização. Os parabenos têm muitas propriedades em comum com o ácido benzoico, por isso eles geralmente são usados em conjunto. Os parabenos exibem uma baixa ordem de toxicidade para seres humanos, sendo excretados na urina após a hidrólise do grupo éster e sua subsequente conjugação metabólica.

12.7.11 Epóxidos

Muitos agentes antimicrobianos utilizados em alimentos apresentam efeitos inibitórios, em vez de efeitos letais nas concentrações empregadas. Entretanto, os óxidos de etileno (VII) e propileno (VIII) são exceções.

$$H_2C\underset{O}{-}CH_2 \qquad H_2C\underset{O}{-}CH_2-CH_3$$

Óxido de etileno (VII) 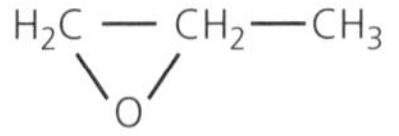   Óxido de propileno (VIII)

Estes esterilizantes químicos são usados para o tratamento de alguns alimentos de baixa umidade, bem como para esterilizar materiais de embalagens assépticas. Os epóxidos são usados em estado de vapor, de modo a alcançar contato próximo com os microrganismos. Após a exposição adequada, grande parte do epóxido residual que não reagiu é removido por lavagem e evacuação.

Os epóxidos são éteres cíclicos reativos que destroem todas as formas de microrganismos, incluindo esporos e até vírus, mas o seu mecanismo de ação é pouco compreendido. No caso do óxido de etileno, foi sugerido que a alquilação de intermediários metabólicos essenciais contendo um grupo hidroetil ($-CH_2-CH_2-OH$) pode contribuir para resultados letais [8]. Nesse caso, o sítio de ataque seria qualquer hidrogênio lábil do sistema metabólico. Os epóxidos também reagem com água, formando glicóis correspondentes (Figura 12.13). Entretanto, a toxicidade dos glicóis é baixa, assim, não conseguem contribuir para o efeito inibitório.

Como a maioria do epóxido ativo é removida do alimento tratado e os glicóis formados são de baixa toxicidade, parecia que esses esterilizantes gasosos seriam usados extensivamente. Seu uso, no entanto, é limitado a itens secos, como nozes e especiarias, porque a reação com a água rapidamente esgota a concentração de epóxidos em alimentos com alta umidade. As especiarias costumam apresentar carga microbiana elevada, estando destinadas à incorporação a alimentos perecíveis. A esterilização térmica de especiarias é inadequada, pois alguns compostos importantes do sabor são voláteis, e estes produtos geralmente são instáveis ao calor. Logo, o tratamento com epóxidos é um método adequado para a redução da carga microbiana.

A formação potencial de cloridrinas relativamente tóxicas como resultado das reações entre epóxidos e cloretos inorgânicos (Figura 12.13) é um ponto de preocupação. Entretanto, existem relatos de que cloridrinas em baixas concentrações na dieta não causam efeitos adversos [62]. Outra consideração sobre o uso de epóxidos são seus possíveis efeitos adversos sobre vitaminas, incluindo riboflavina, niacina e piridoxina.

O óxido de etileno (ponto de ebulição a 13,2 °C) é mais reativo que o óxido de propileno e também é mais volátil e inflamável. Por razões de segurança, o óxido de etileno costuma ser fornecido como uma mistura que consiste em 10% de óxido de etileno e 90% de dióxido de carbono. O produto a ser esterilizado é colocado em uma

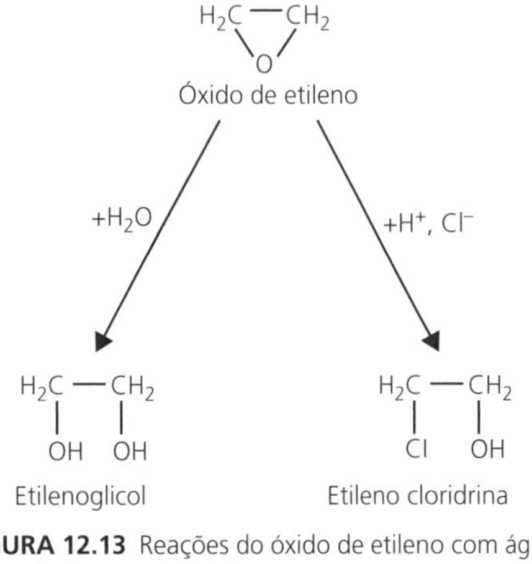

$$H_2C\underset{O}{-}CH_2$$
Óxido de etileno

$+H_2O$ ↙   ↘ $+H^+, Cl^-$

$$H_2C-CH_2 \atop |\quad\;\; | \atop OH\;\; OH$$
Etilenoglicol

$$H_2C-CH_2 \atop |\quad\;\; | \atop Cl\;\;\; OH$$
Etileno cloridrina

FIGURA 12.13 Reações do óxido de etileno com água e íon de cloreto, respectivamente.

câmara fechada; a câmara é evacuada e então pressurizada a 30 libras com a mistura de óxido de etileno e dióxido de carbono. Essa pressão é necessária para fornecer uma concentração de epóxido suficiente para matar microrganismos em um espaço de tempo razoável. Quando o óxido de propileno (ponto de ebulição a 34,3 °C) é usado, deve-se aplicar calor suficiente para a manutenção do epóxido em estado gasoso.

12.7.12 Antibióticos

Os antibióticos compreendem um grande grupo de agentes antimicrobianos produzidos de forma natural por diversos microrganismos. Eles apresentam atividade antimicrobiana seletiva, e suas aplicações medicinais têm contribuído significativamente para o campo da quimioterapia. O sucesso dos antibióticos no controle de microrganismos patogênicos em animais vivos levou a investigações ostensivas sobre sua aplicação potencial na conservação de alimentos. Entretanto, devido a receios de que o uso rotineiro de antibióticos causará a evolução de organismos resistentes, sua aplicação a alimentos, com uma exceção (nisina), atualmente não é permitida nos Estados Unidos. O desenvolvimento de linhagens de organismos resistentes causaria especial preocupação se um antibiótico usado em alimentos também fosse usado em aplicações médicas.

A nisina é um antibiótico polipeptídico produzido por estreptococos lácticos. Nos Estados Unidos, ela atualmente é permitida em queijos processados de umidade elevada, nos quais é usada para a prevenção do crescimento potencial de *C. botulinum*. A nisina tem sido bastante explorada em aplicações na conservação de alimentos. Ela é ativa contra organismos gram-positivos, sobretudo na prevenção do crescimento de esporos [49], não sendo usada em aplicações médicas. Também é usada em outras partes do mundo na prevenção da deterioração de produtos lácteos, como queijos processados e leite condensado. A nisina não é efetiva contra organismos deteriorantes gram-negativos, e algumas linhagens de clostrídeos também são resistentes a ela. Além disso, a nisina é essencialmente atóxica para seres humanos, não levando à resistência cruzada com antibióticos médicos e sendo degradada sem danos no trato intestinal.

Alguns outros países permitem o uso limitado de alguns outros antibióticos. Eles incluem a clorotetraciclina e a oxitetraciclina [8]. A maioria das aplicações atuais ou propostas de antibióticos em alimentos envolvem seu uso como adjuvantes a outros métodos de conservação de alimentos. Isso inclui principalmente o retardo da deterioração de alimentos perecíveis refrigerados e a redução da severidade dos processos térmicos. Carnes frescas de peixe, frango e gado são produtos perecíveis que poderiam ser beneficiados pela ação de antibióticos de amplo espectro. De fato, muitos anos atrás, a FDA dos Estados Unidos permitia a imersão de carcaças inteiras de frango em soluções de clorotetraciclina ou oxitetraciclina. Isso aumentava a vida útil do frango. Os antibióticos residuais eram destruídos pelos métodos usuais de cozimento.

Os mecanismos bioquímicos de ação dos antibióticos vêm sendo elucidados há pouco tempo, sendo que a ênfase da pesquisa são os aspectos moleculares. Além disso, existe uma investigação contínua sobre conservantes naturais, os quais se espera que sejam adequados para aplicações a alimentos. Entretanto, a imposição necessária de requisitos estritos para que substâncias sejam usadas em alimentos indica que será difícil encontrar substâncias aceitáveis.

12.7.13 Dietil pirocarbonato

Usa-se o dietil pirocarbonato como um aditivo alimentar antimicrobiano para bebidas como sucos de frutas, vinho e cerveja. A vantagem do dietil pirocarbonato é que ele pode ser utilizado em processos de pasteurização a frio para soluções aquosas, sendo, após, hidrolisado com facilidade a etanol e dióxido de carbono (Figura 12.14). Níveis de utilização entre 120 e 300 ppm em bebidas ácidas (abaixo de pH 4,0) causam destruição completa das leveduras em cerca de 60 min. Outros organismos, como as bactérias do ácido láctico, são mais resistentes e a esterilização é alcançada apenas quando a carga microbiana é baixa (< 500 UFC mL^{-1}) e o pH se encontra abaixo de 4,0. O pH baixo retarda a velocidade de decomposição do dietil pirocarbonato, intensificando sua efetividade.

O dietil pirocarbonato concentrado é uma substância irritante. No entanto, como a hidrólise é completa em 24 h em bebidas ácidas, existe

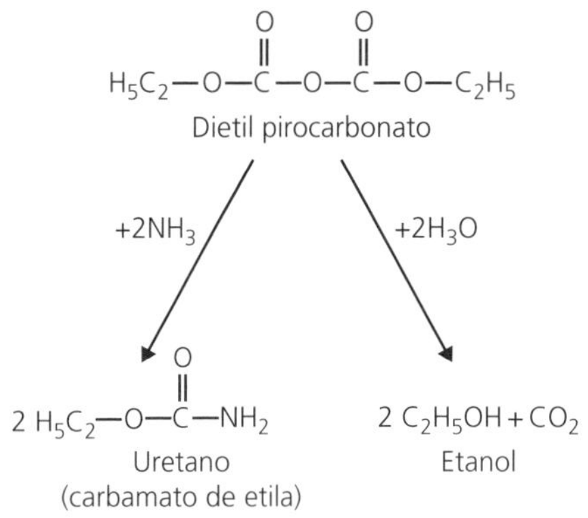

12.8 ADOÇANTES INTENSAMENTE DOCES NÃO NUTRITIVOS E DE BAIXA CALORIA

Os edulcorantes de baixa caloria e os não calóricos englobam um grande grupo de substâncias que evocam sabor doce ou melhoram a percepção de sabores doces (ver Capítulo 11). A proibição do uso de ciclamatos, nos Estados Unidos, juntamente com o levantamento de questões sobre a segurança da sacarina, iniciaram a busca intensa por edulcorantes de baixa caloria alternativos, para atender as demandas por alimentos e bebidas de baixa caloria. Isso levou à descoberta de muitas moléculas doces novas, e o número de edulcorantes de baixa caloria com possível viabilidade comercial continua a aumentar. Os valores de doçura relativa de algumas dessas substâncias são dados na Tabela 12.3.

12.8.1 Sulfoamidas: ciclamato, sacarina, acessulfame K

Os edulcorantes da família das sulfonamidas são substâncias estruturalmente relacionadas pelo grupamento do ácido sulfâmico (IX), e os membros com disponibilidade comercial incluem acessulfame K (X), ciclamato (XI) e sacarina (XII).

FIGURA 12.14 Reações mostrando a hidrólise e a amidização do dietil pirocarbonato.

pouca preocupação em relação à toxicidade direta. Infelizmente, o dietil pirocarbonato reage com diversos compostos para formar derivados de carboetoxi e ésteres etílicos. De forma mais específica, ele reage com facilidade com amônia, gerando uretano (carbamato de etila; Figura 12.14). Essa reação foi aparentemente considerada responsável pelo uretano encontrado em alimentos tratados com dietil pirocarbonato, e uma restrição ao seu uso foi legalizada em 1972, baseando-se no fato de que o uretano é um carcinógeno conhecido. Como a amônia é onipresente em tecidos animais e vegetais, parece razoável a suposição de que alimentos tratados com dietil pirocarbonato contivessem um pouco de uretano.

Entretanto, mostrou-se, após algum tempo, que o uretano é intrínseco a alimentos e bebidas fermentados e costuma estar presente em concentrações inferiores a 10 ppb na maioria dos alimentos fermentados, incluindo pães, vinho e cerveja [26]. Há indícios de que a principal rota para sua produção nesses alimentos é a reação da ureia, a partir do metabolismo da arginina, com o etanol. As bebidas alcoólicas contêm níveis muito maiores de uretano que alimentos não alcoólicos. Níveis superiores a 10 ppm foram relatados em licores de frutas com caroço. Apesar das ocorrências naturais do uretano, a adição de dietil pirocarbonato a alimentos não é mais permitida nos Estados Unidos devido a seu potencial de elevar os níveis de um carcinógeno nos alimentos.

TABELA 12.3 Doçura relativa de algumas substâncias intensamente doces

Substância	Valores de doçura relativa[a] (sacarose = 1, base em massa)
Acessulfame K	200
Alitame	2.000
Aspartame	180–200
Ciclamato	30
Glicirrizina	50–100
Monelina	3.000
Neoesperidina di-hidrochalcona	1.600–2.000
Neotame	7.000–13.000
Sacarina	300–400
Estévia	300
Sucralose	600–800
Taumatina	1.600–2.000

[a]Os valores de doçura relativa normalmente citados estão listados. Entretanto, a concentração e a matriz do alimento ou da bebida podem influenciar de modo significativo os valores reais de doçura relativa dos edulcorantes.

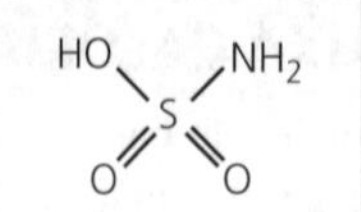

Ácido sulfâmico (IX)

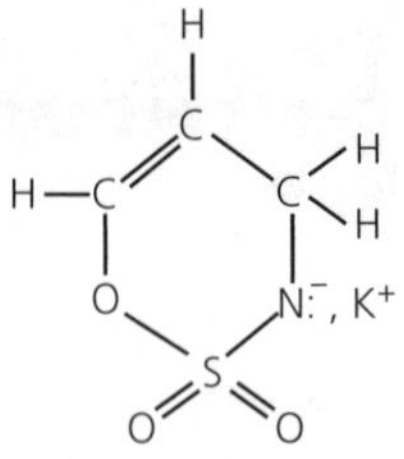

Acessulfame K (X)

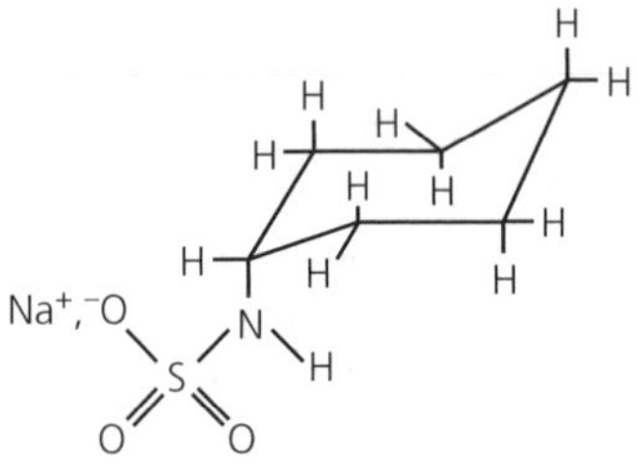

Ciclamato de sódio (XI)
(*N*-ciclo-hexilsulfamato de sódio)

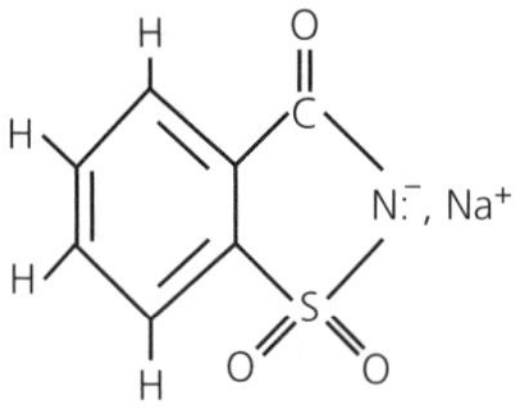

Sacarina sódica (XII)

O ciclamato (ácido ciclo-hexilsulfâmico; ácido ciclâmico; XI) foi aprovado como aditivo alimentar nos Estados Unidos em 1949, e, antes que seu uso fosse proibido pela FDA, no final de 1969, os sais de sódio e cálcio e a forma ácida do ácido ciclâmico foram amplamente empregados como edulcorantes. Os ciclamatos são cerca de 30 vezes mais doces que a sacarose, têm sabor semelhante ao da sacarose sem interferência significativa nas sensações de sabor e são termoestáveis. A doçura dos ciclamatos tem um início lento, persistindo por um período de tempo que é mais longo que o da sacarose.

Algumas evidências preliminares obtidas em experiências com cobaias sugeriram que o ciclamato e seu produto de hidrólise, a cicloexilamina (Figura 12.15), causaram câncer de vesícula biliar [5,45]. Entretanto, testes intensos realizados posteriormente não confirmaram os relatos anteriores, fazendo com que petições venham sendo apresentadas nos Estados Unidos para a reaprovação do ciclamato como edulcorante [40]. Hoje, o ciclamato é permitido para uso em alimentos de baixa caloria em cerca de 40 países, incluindo o Canadá. Mesmo assim, por diversas razões, ainda que dados extensivos suportem a conclusão de que nem o ciclamato nem a cicloexilamina sejam cancerígenos ou genotóxicos [4], a FDA não reaprovou seu uso em alimentos.

Os sais de sódio e cálcio e a forma de ácido livre da sacarina (3-oxo-2,3-di-hidro-1,2-benzisotiazola-1,1-dióxido; XII) estão disponíveis como edulcorantes não calóricos. Existe um conceito bastante aceito de que a sacarina é cerca de 300 vezes mais doce que a sacarose, em concentra-

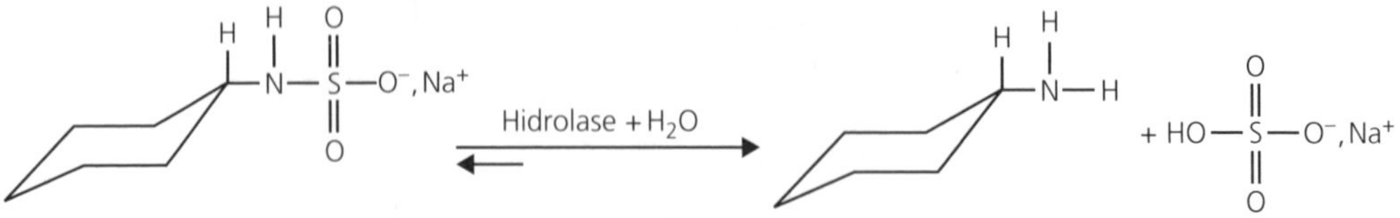

Ciclamato de sódio → Hidrolase + H_2O → Cicloexilamina

FIGURA 12.15 Formação da cicloexilamina pela hidrólise do ciclamato.

ções até o equivalente a uma solução de 10% de sacarose, atingindo 200 a 700 vezes a doçura da sacarose, dependendo da concentração e da matriz alimentar [47]. A sacarina exibe um sabor residual amargo e metálico, sobretudo para alguns indivíduos. Esse efeito se torna mais evidente com o aumento da concentração.

A segurança da sacarina esteve sob investigação por mais de 50 anos, verificando-se que ela causa uma incidência baixa de carcinogênese em animais de laboratório. Entretanto, muitos cientistas argumentam que os dados em animais não são relevantes para seres humanos. Em seres humanos, a sacarina é absorvida com rapidez, sendo, então, excretada na urina. Embora a legislação atual dos Estados Unidos proíba o uso de aditivos alimentares que causem câncer em animais experimentais, a proibição da sacarina nos Estados Unidos, proposta pela FDA em 1977, é mantida pela legislação do congresso, que aguarda novas pesquisas. Em 2000, a sacarina foi removida da lista de carcinógenos humanos nos Estados Unidos, o que desobriga a presença do aviso de perigo à saúde, antes requerido em embalagens de alimentos contendo sacarina. A sacarina está aprovada para uso em mais de 90 países.

O acessulfame K [6-metil-1,2,3-oxatiazina--4(3H)-ona-2,2-dióxido] (X) foi descoberto na Alemanha, e inicialmente aprovado para uso como edulcorante não calórico nos Estados Unidos, em 1988. A complexidade do nome químico dessa substância levou à criação do nome comercial comum acessulfame K, que se baseia na relação entre os ácidos acetoacético e sulfâmico, empregados em sua síntese, bem como em sua natureza de sal de potássio.

O acessulfame K é cerca de 200 vezes mais doce que a sacarose em solução de concentração de 3%, apresentando qualidade de doçura entre a dos ciclamatos e da sacarina. Como o acessulfame K possui algumas notas de sabor metálico e amargo em concentrações mais altas, ele é especialmente útil quando misturado com outros adoçantes de baixa caloria, como o aspartame. O acessulfame K é particularmente estável a temperaturas elevadas encontradas na panificação, e também é estável em produtos ácidos, como refrigerantes gaseificados. O acessulfame K não é metabolizado pelo organismo, logo não fornece calorias, sendo excretado pelos rins sem modificações. Muitos testes demonstraram ausência de efeitos tóxicos em animais, além de uma estabilidade excepcional para aplicações em alimentos.

12.8.2 Peptídeos: aspartame, neotame e alitame

Os edulcorantes peptídicos surgiram em resposta às demandas de ingredientes adoçantes que reduzissem o conteúdo calórico de alimentos e bebidas. Embora o componente aminoácido dos edulcorantes peptídicos torne-se caloricamente disponível durante o processo digestivo, sua doçura intensa permite que a funcionalidade seja alcançada com concentrações muito baixas, fornecendo calorias insignificantes. O aspartame (XIII), o neotame (XIV) e o alitame (XV) formam o grupo de edulcorantes peptídicos permitidos em alimentos em alguns países.

Aspartame (XIII)
(éster metílico de L-aspartil-L-fenilalanina)

Neotame (XIV)
(L-fenilalanina, N-{N-(3,3-dimetilbutil)--L-α-aspartil}-,1-metil éster)

Alitame (XV)
[L-α-aspartil-N-(2,2,4,4--tetrametil-3-tietanil)--D-alaninamida]

O aspartame (L-aspartil-L-fenilalanina metil éster; XIII) apresenta uma força adoçante 180 a 200 vezes maior que a da sacarose. Ele foi inicialmente aprovado nos Estados Unidos em 1981, e agora seu uso é aprovado em mais de 75 países, onde é utilizado em diversos produtos. Ele é conhecido por ter um sabor limpo e doce, embora lhe faltem algumas das qualidades de doçura da sacarose. Duas desvantagens técnicas do aspartame são sua instabilidade sob condições ácidas e sua degradação rápida quando exposto a temperaturas elevadas. Sob condições ácidas, como em bebidas carbonatadas, a taxa de perda de doçura é gradual e depende da temperatura e do pH. A natureza peptídica do aspartame o torna suscetível à hidrólise (Figura 12.16). Esta propriedade também permite outras interações químicas e degradação microbiológica. Além da perda de doçura resultante da hidrólise tanto da ligação metil éster na fenilalanina como da ligação peptídica entre os dois aminoácidos, o aspartame sofre condensação intramolecular com facilidade, principalmente sob temperaturas elevadas, resultando na dicetopiperazina (ácido acético 5-benzil-3,6--dioxo-2-piperazina), mostrada na Figura 12.16. Esta reação é especialmente favorecida por valores de pH neutros e alcalinos, pois os grupos amina não protonados da molécula são mais disponíveis para a reação sob essas condições. Do mesmo modo, os valores de pH alcalinos promovem reações carbonil-amina, e o aspartame demonstrou reagir prontamente com a glicose e a vanilina sob tais condições. No caso da reação com a glicose, a perda de doçura do aspartame durante o armazenamento é a principal preocupação, ao passo que a perda do sabor de baunilha é a principal preocupação na reação com a vanilina.

Mesmo que o aspartame seja composto de aminoácidos de ocorrência natural e sua ingestão diária seja projetada para ser muito baixa (0,8 g

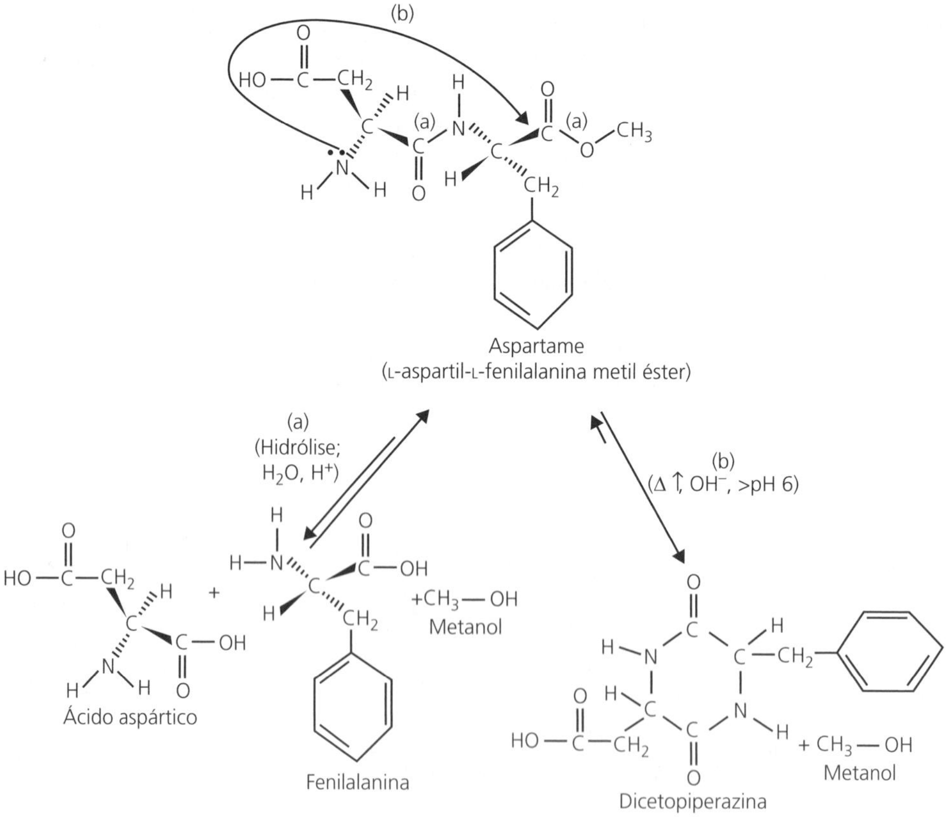

FIGURA 12.16 Reações envolvidas na degradação do aspartame.

por pessoa), existem preocupações sobre sua segurança como aditivo alimentar. Os produtos adoçados com aspartame devem ser rotulados com clareza sobre seu conteúdo de fenilalanina, a fim de permitir que indivíduos com fenilcetonúria, que não possuem a 4-monoxigenase envolvida no metabolismo da fenilalanina, evitem seu consumo. Também existem preocupações referentes ao efeito toxicológico potencial a longo prazo do metanol que é liberado via hidrólise do éster metílico. Essa questão de saúde tem a ver com o potencial de conversão metabólica do metanol a formaldeído. Entretanto, o metanol substancial que é liberado a partir de polímeros de pectina em alimentos de origem vegetal (Capítulo 3) também é consumido sem efeitos tóxicos aparentes. Do mesmo modo, o consumo de aspartame pela população normal não é associado a efeitos adversos à saúde. Embora sob críticas, testes minuciosos mostraram que a dicetopiperazina formada a partir do aspartame também não apresenta riscos a seres humanos nas concentrações potencialmente encontradas em alimentos [29].

O neotame (L-fenilalanina, N-{N-(3,3-
-dimetilbutil)-L-α-aspartil}-L,1-metil éster; XVI) é estruturalmente relacionado ao aspartame (XIII), e seu uso em alimentos foi aprovado nos Estados Unidos em 2002. O neotame foi desenvolvido como ingrediente porque exibe estabilidade aumentada nas condições encontradas na preparação de alimentos e divido ao seu poder adoçante extremamente elevado (7.000–13.000 vezes maior que o da sacarose), que permite seu uso sem a necessidade de rotulagem de alerta para fenilcetonúricos. A doçura intensa do neotame comparada com a do aspartame é derivada, em grande parte, da adição do substituinte 3,3-dimetilbutilo ao grupo amina no grupamento ácido aspártico do ácido aspártico. Essa substituição suplementa o grupo γ do aspartame com um componente fortemente hidrofóbico que promove doçura intensa (Capítulo 11). Como o uso de níveis muito baixos de neotame costuma causar efeitos benéficos sobre os sabores de alguns alimentos, essa substância também é comercializada como um realçador de sabor (Capítulo 11).

O alitame [L-α-aspartil-N-(2,2,4,4-tetrametil-
-3-tietanil)-D-alaninamida; XV] é um edulcorante baseado em aminoácidos que possui um poder adoçante cerca de 2.000 vezes maior que o da sacarose e apresenta um sabor doce e puro semelhante ao da sacarose. Ele é bastante solúvel em água, apresentando boa estabilidade térmica e vida útil, mas o armazenamento prolongado em algumas soluções ácidas pode resultar em sabores desagradáveis. Em geral, o alitame pode ser utilizado na maioria dos alimentos nos quais edulcorantes são empregados, incluindo produtos de panificação.

O alitame é sintetizado a partir dos aminoácidos D-alanina e ácido L-aspártico e de uma nova amina. O grupamento amida da alanina do alitame parece passar pelo organismo com mudanças metabólicas mínimas. Testes minuciosos indicaram que ele é seguro para o consumo humano, e uma petição para seu uso em alimentos foi submetida em 1986 para a FDA dos Estados Unidos. Embora ainda não seja aprovado para uso em alimentos nos Estados Unidos, o alitame é aprovado na Austrália, na Nova Zelândia, na China e no México.

12.8.3 Clorossacarídeos: sucralose

Os clorossacarídeos são sintetizados pela combinação de cloração seletiva de moléculas de sacarídeos (açúcares) com outras estratégias sintéticas, como condensações dirigidas, para a geração de moléculas que possam apresentar doçura intensa. O clorossacarídeo sucralose (1,6-dicloro-1,6-didesoxi-
-β-frutofuranosil-4-cloro-α-D-galactopiranosídeo) foi aprovado, em 1998 e 1999, para ampla aplicação em alimentos nos Estados Unidos, e hoje também é aprovado em mais de 40 países.

A sucralose é cerca de 600 vezes mais doce que a sacarose e possui uma doçura com perfil tempo-intensidade semelhante ao da sacarose, com ausência de amargor ou outros sabores residuais indesejáveis; ela exibe um grau elevado de cristalinidade, elevada solubilidade em água e estabilidade muito boa em temperaturas elevadas. Ela também é bastante estável nos pHs de bebidas carbonatadas, com ocorrência de hidrólise limitada a unidades de monossacarídeos durante a manipulação e o armazenamento normais desses produtos.

A molécula da sucralose possui uma estrutura ideal para resistir aos ataques digestivos e metabólicos pelo fornecimento de propriedades moleculares que não são reconhecidas com facilidade por enzimas hidrolíticas constitutivas. As propriedades moleculares que contribuem para essa estabilidade são mostradas na Figura 12.17, em que são comparadas com as propriedades dos sacarídeos sacarose e lactose, que têm ocorrência natural (Capítulo 3).

Além disso, para a substituição dos três grupos hidroxila por átomos de cloro na molécula da sucralose, ela também possui uma ligação β-glicosídica entre seus grupos de galactose e frutose (Figura 12.17a). A comparação entre as propriedades da sacarose (Figura 12.17b) e da lactose (Figura 12.17c) revela uma mistura das duas estruturas básicas na sucralose, o que impede o reconhecimento pelas enzimas digestivas e metabólicas usuais. Entretanto, relatou-se a ocorrência de um pouco de hidrólise da molécula da sucralose durante a digestão, mediada tanto por processos catalisados por ácido como por processos enzimáticos microbianos (Figura 12.18).

Estudos detalhados sobre a segurança da sucralose foram realizados e geralmente demonstram que essa substância é segura nos níveis de uso esperados. No entanto, alguns especialistas acusam a aprovação da sucralose de prematura, pois essa substância contém componentes estruturais de substâncias tóxicas que poderiam ser formadas, principalmente sob exposição a condições térmicas degradativas (Figura 12.19).

12.8.4 Outros adoçantes intensamente doces não nutritivos ou de baixa caloria

A busca intensa por edulcorantes alternativos nas duas décadas passadas levou à descoberta de diversos compostos doces novos, e alguns deles estão sendo submetidos a desenvolvimento aprofundado e estudos de segurança para determinar se são adequados à comercialização futura. Esses

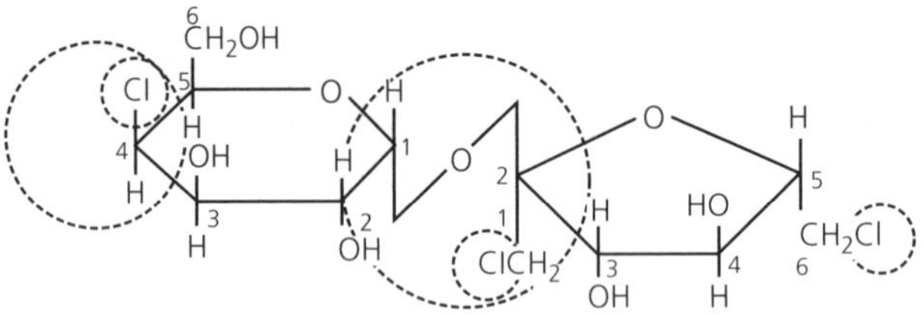

(a) Sucralose
(4-cloro-4-desoxi-α-D-galactopiranosil-(1→2)--1,6-dicloro-1,6-didesoxi-β-D-frutofuranosídeo)

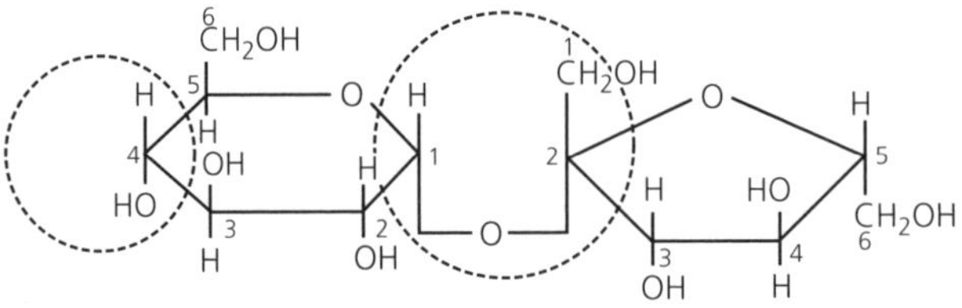

(b) Sacarose
(α-D-glicopiranosil-(1→2)-α-D-frutofuranosídeo)

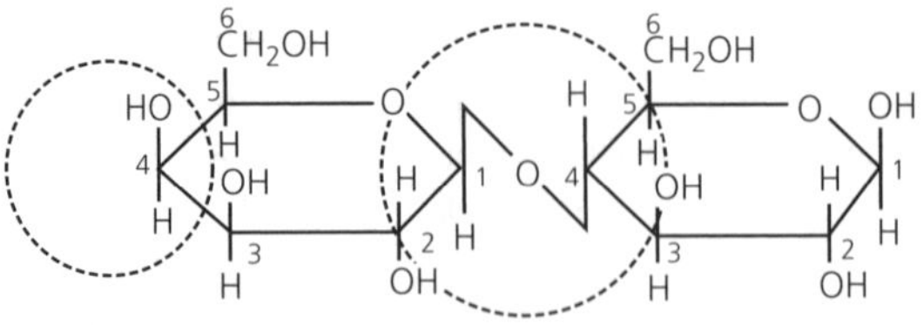

(c) Lactose
(β-D-galactopiranosil-(1→4)-β-D-glicopiranosídeo)

FIGURA 12.17 Comparação entre as propriedades estruturais de (a) sucralose, (b) sacarose e (c) lactose.

FIGURA 12.18 Reação que mostra os produtos de hidrólise da sucralose.

Sucralose
(4-cloro-4-desoxi-α-D-galactopiranosil-(1→2)-
-1,6-dicloro-1,6-didesoxi-β-D-frutofuranosídeo)

Hidrólise; + H$_2$O

4-cloro-4-desoxi-
-α-D-galactopiranose

1,6-dicloro-1,6-didesoxi-
-β-D-frutofuranose

1,6-dicloro-1,6-didesoxi-
-β-D-frutofuranose

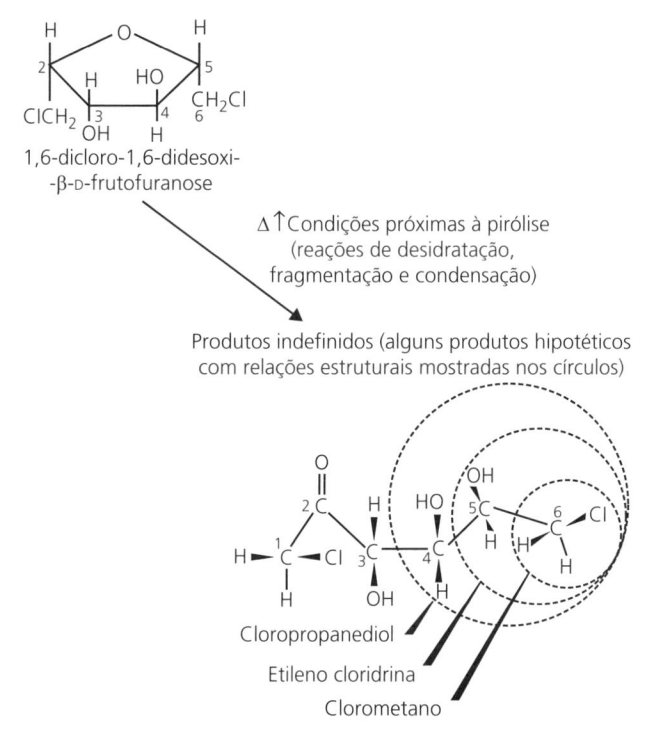

Δ ↑ Condições próximas à pirólise
(reações de desidratação,
fragmentação e condensação)

Produtos indefinidos (alguns produtos hipotéticos
com relações estruturais mostradas nos círculos)

Cloropropanediol
Etileno cloridrina
Clorometano

FIGURA 12.19 Estruturas de substâncias potencialmente tóxicas contidas na estrutura geral da 1,6-dicloro-1,6-didesoxi-β-D-frutofuranose.

compostos se juntam a uma lista substancial de compostos intensamente doces menos conhecidos, mas emergentes, e alguns são abordados aqui.

A glicirrizina (ácido glicirrízico) é uma saponina triterpeno encontrada em raízes de alcaçuz, sendo 50 a 100 vezes mais doce que a sacarose. Ela é um glicosídeo que, sob hidrólise, gera 2 moles de ácido glucurônico e 1 mol de ácido glicirretínico, além de um triterpeno relacionado ao ácido oleanólico. O glicirrizinato de amônio (o sal de amônio do ácido glicirrízico) está disponível comercialmente, e seu uso é permitido apenas como sabor e surfactante, mas não como edulcorante. O ácido glicirrízico é usado principalmente em produtos de tabaco e até certo ponto em alimentos e bebidas. Seu sabor semelhante ao licopódio influencia sua adequação a algumas aplicações.

Uma mistura de glicosídeos encontrada nas folhas da planta sul-americana *Stevia rebaudiana* Bertoni é a fonte do esteviosídeo e dos rebaudiosídeos. O esteviosídeo puro é cerca de 300 vezes mais doce que a sacarose. Ele exibe alguns sabores residuais amargos e indesejáveis em concentrações elevadas, e o rebaudiosídeo A exibe o melhor perfil de sabor da mistura. Entretanto, os extratos produzidos a partir da *S. rebaudiana* são usados como formas comerciais desse adoçante, sendo muito empregados no Japão. Testes de segurança e toxicológicos minuciosos indicam que os extratos são seguros para o consumo humano, embora não sejam aprovados nos Estados Unidos.

A neoesperidina di-hidrochalcona é um edulcorante não calórico 1.500 a 2.000 vezes mais doce que a sacarose, sendo derivada de flavononas amargas de frutas cítricas. A neoesperidina di-hidrochalcona exibe um início de doçura lento, além de doçura residual duradoura, o que diminui a percepção do amargor concorrente. Esta substância intensamente doce, assim como outros compostos similares, é produzida por hidrogenação de (1) naringina, para formar naringina di-hidrochalcona, (2) neoesperidina para formar neoesperidina di-hidrochalcona ou (3) esperidina para formar esperidina di-hidrochalcona 4'-O-glicosídeo [44]. A neoesperidina di-hidrochalcona é submetida a muitos testes de segurança, e esses estudos costumam confirmar sua segurança. Ela é aprovada para uso na Bélgica e na Argentina, mas a FDA nos Estados Unidos requisitou testes toxicológicos adicionais.

Diversas proteínas doces são conhecidas na atualidade, e as taumatinas I e II, obtidas a partir da fruta tropical africana *katemfe* (*Thaumatococcus daniellii*), foram bem caracterizadas. Elas são proteínas alcalinas, cada uma com massa molecular de cerca de 20.000 [58] e, em base de massa, apresentam cerca de 1.600 a 2.000 vezes mais doçura que a sacarose. Um extrato da fruta *katemfe* é comercializado sob o nome de Talin*, no Reino Unido, e seu uso como edulcorante e realçador de sabor foi aprovado no Japão e na Grã-Bretanha. Esse extrato também é permitido como realçador de sabor em gomas de mascar nos Estados Unidos. O Talin exibe doçura residual com um sabor levemente semelhante a alcaçuz que, em conjunto com seu elevado custo, limita seu uso.

A monelina** é uma proteína doce obtida da *Serendipity berry* e tem massa molecular de aproximadamente 11.500. A monelina é cerca de 3.000 vezes mais doce que a sacarose em massa, e a doçura da monelina natural é destruída pela fervura. O uso potencial de proteínas doces é limitado, pois esses produtos são caros, instáveis ao calor e perdem a doçura quando mantidos em soluções de pH 2 em temperatura ambiente.

A brazeína é uma proteína vegetal doce (54 resíduos de aminoácidos) que foi descoberta inicialmente em frutas da vinha africana *Pentadiplandra brazzeana*. Variedades de milho do campo têm sido geneticamente modificadas para a produção dessa proteína doce. Além disso, esforços têm sido direcionados à produção comercial do edulcorante para uso em alimentos por meio de sua extração a partir do germe das sementes de milho. Essa proteína é descrita como relativamente estável, apresentando tanto doçura como características de sensação bucal desejáveis.

Outra proteína básica, a miraculina, foi isolada a partir da fruta-milagrosa (*Richadella dulcifica*). Essa proteína não possui sabor. Entretanto, ela tem a propriedade pecu-

---

*N. de T. No Brasil, esse extrato é conhecido como Taumatina.
**N. de T. A monelina ainda não se encontra disponível no Brasil.

liar de mudar o sabor ácido para doce, ou seja, ela possibilita que limões tenham sabor doce. A miraculina é uma glicoproteína com massa molecular de 42.000 [58] e, como outras proteínas doces, é termossensível e inativada em valores baixos de pH. A doçura induzida por ácido cítrico 0,1 M após experimentar-se uma solução de 1 mM de miraculina é equivalente à de uma solução de 0,4 M de sacarose; logo, a doçura de uma solução de miraculina induzida por solução 0,1 M de ácido é calculada como 400.000 vezes maior que a de uma solução de sacarose. Os efeitos de sabor da miraculina persistem por 24 h após ser colocada na boca, o que limita seu uso potencial. Na década de 70, a miraculina foi introduzida nos Estados Unidos como um adoçante auxiliar para diabéticos, mas foi proibida pela FDA devido à insuficiência de dados sobre segurança.

12.9 POLIÓIS: ADOÇANTES, TEXTURIZANTES E EMULSIFICANTES

Os poliois simples ou alcoóis poli-hídricos são análogos estruturais dos carboidratos e contêm apenas grupos hidroxila como grupo funcional (Capítulo 3). Logo, açúcares simples e alcoóis poli-hídricos (alcoóis de açúcares) são estruturalmente similares, exceto que os açúcares também contêm grupos aldeído ou cetona (livres ou ligados) que podem afetar sua estabilidade química de forma adversa, sobretudo em temperaturas elevadas.

Os poliois costumam ser materiais bastante higroscópicos, hidrossolúveis, que apresentam viscosidade moderada em concentrações elevadas em água. As estruturas poli-hidroxiladas desses compostos fornecem propriedades de ligação à água que são exploradas em alimentos. As funções específicas dos alcoóis poli-hídricos incluem controle de viscosidade e textura, adição de corpo, retenção de umidade, redução da atividade de água, controle da cristalização, melhora ou retenção da maciez, melhora das propriedades de reidratação de alimentos desidratados e uso como solvente em compostos saborizantes [24]. Muitas aplicações dos alcoóis poli-hídricos em alimentos contam com contribuições concorrentes das propriedades funcionais de açúcares, proteínas, amidos e gomas.

Alguns alcoóis poli-hídricos simples apresentam ocorrência natural, porém, em virtude da limitação de suas concentrações, eles não costumam exercer papéis funcionais nos alimentos. Por exemplo, o glicerol livre é encontrado no vinho e na cerveja como resultado da fermentação, e o sorbitol ocorre em frutas, como peras, maçãs e ameixas. Enquanto o número de alcoóis poli-hídricos simples disponíveis é significativo, poucos deles têm importância para aplicações em alimentos (Figura 12.20).

Os polióis simples (alcoóis de açúcares) geralmente são doces, mas menos que a sacarose (Tabela 12.4). Os membros de cadeia muito curta, como o glicerol, são um pouco amargos em concentrações elevadas. Quando usados na forma seca, os polióis simples costumam proporcionar uma sensação refrescante e prazerosa, devido a seu calor de dissolução negativo. O uso de alguns alcoóis poli-hídricos é substancialmente crescente pela demanda por suas propriedades edulcorantes de caloria reduzida. Historicamente, considera-se a energia de polióis simples derivados de açúcares, similar à dos açúcares, como 16,7 kJ (4 kcal)/g (Joules = calorias × 4,1816) para fins de rotulagem nos Estados Unidos. Entretanto, este número mudou muito recentemente, seguin-

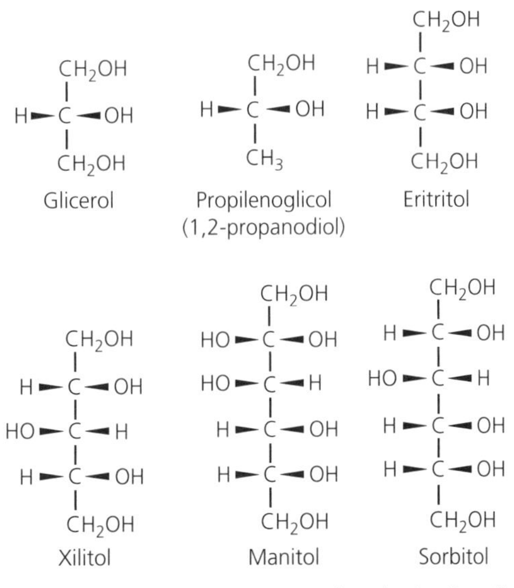

FIGURA 12.20 Estruturas comparativas de alcoóis poli-hídricos simples usados como ingredientes alimentares.

do a legislação da União Europeia de 1990, que associa um valor de energia de 10 kJ (2,4 kcal)/g aos polióis como um grupo. A FDA nos EUA tem aceitado conteúdos calóricos no intervalo de 6,7 a 12,5 kJ (1,6–3,0 kcal)/g para os vários polióis disponíveis comercialmente (Tabela 12.4). Isso tem mudado de forma significativa o posicionamento dos polióis como ingredientes de alimentos, podendo-se antecipar que sua presença nos alimentos de baixa caloria, com gordura reduzida e livres de açúcares continuará crescendo no futuro. Embora existam pequenas controvérsias relacionadas à influência dos polióis em casos de diabéticos, a filosofia geral aceita hoje é de que eles são apropriados a dietas para esses indivíduos.

Xilitol, sorbitol, manitol, maltitol e lactitol são produzidos por hidrogenação de xilose, glicose (Figura 12.21), manose, maltose e lactose, respectivamente. Amidos hidrogenados hidrolisados também são empregados como ingredientes

TABELA 12.4 Doçura relativa e valores de energia de alguns açúcares e polióis relativamente simples

Substância	Doçura relativa[a] (sacarose = 1, base em massa)	Valor energético[b] (kJ/g)
Polióis simples		
Eritritol	0,7	0,84
Manitol	0,6	6,69
Lactitol	0,3	8,36
Isomaltol	0,4–0,6	8,36
Xilitol	1,0	10,03
Sorbitol	0,5	10,87
Maltitol	0,8	12,54
Xarope de milho hidrogenado	0,3–0,75	12,54
Açúcares		
Xilose	0,7	16,72
Glicose	0,5–0,8	16,72
Frutose	1,2–1,5	16,72
Galactose	0,6	16,72
Manose	0,4	16,72
Lactose	0,2	16,72
Maltose	0,5	16,72
Sacarose	1,0	16,72

[a]Os valores de doçura relativa normalmente citados são listados. Entretanto, a concentração e a matriz do alimento ou da bebida podem influenciar de modo significativo os valores reais de doçura relativa dos edulcorantes.
[b]Valores energéticos aceitos pela FDA dos Estados Unidos; 1 kcal = 4,1816 kJ.

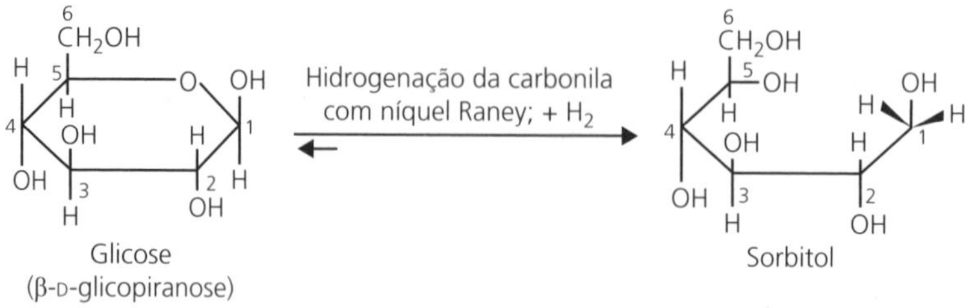

FIGURA 12.21 Reação mostrando a hidrogenação da glicose para manufatura do sorbitol.

alimentares, sobretudo em produtos de confeitaria, e eles contêm sorbitol a partir da glicose, maltitol a partir da maltose, e diversos polióis poliméricos (maltodextrinas hidrogenadas), a partir de oligossacarídeos. O isomalte deriva da sacarose por meio de um processo de múltiplas etapas (Figura 12.22). As ligações glicosídicas 1 e 2 da sacarose são, em princípio, isomerizadas enzimaticamente a ligações 1-6 entre os grupamentos glicose e frutose, respectivamente. A hidrogenação subsequente deste intermediário resulta na mistura equimolecular de dois polióis dissacarídicos, o glicomanitol e o glicossorbitol.

Os polióis simples podem fornecer materiais de partida para a manufatura de outros ingredientes alimentares, como os emulsificantes (Capítulo 7). Um exemplo disso é o uso do sorbitol como reatante na manufatura de *Spans* e *Tweens* (Figura 12.23). O sorbitol é inicialmente convertido a sorbitano e, então, é esterificado em um ácido graxo (ácido esteárico, nesse caso) para fornecer propriedades anfifílicas à molécula resultante de sorbitano monoestearato (*Span*). Os grupos hidroxila remanescentes do sorbitano monoestearato podem então fornecer sítios de reação para a adição repetida de grupos via ligação éter a partir do óxido de etileno, a fim de gerar emulsificantes polissorbatos (*Tween*).

Formas poliméricas de alta massa molecular de alcoóis poli-hídricos foram desenvolvidas para

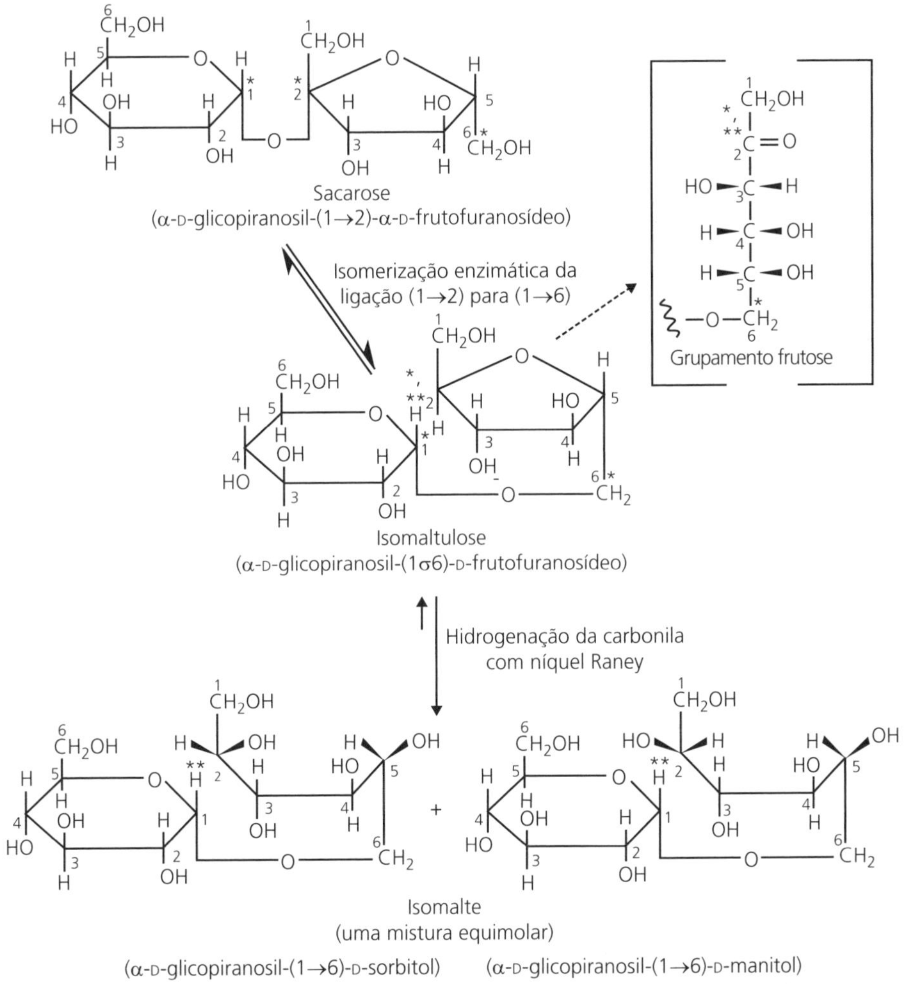

FIGURA 12.22 Reações utilizadas na manufatura do isomalte.

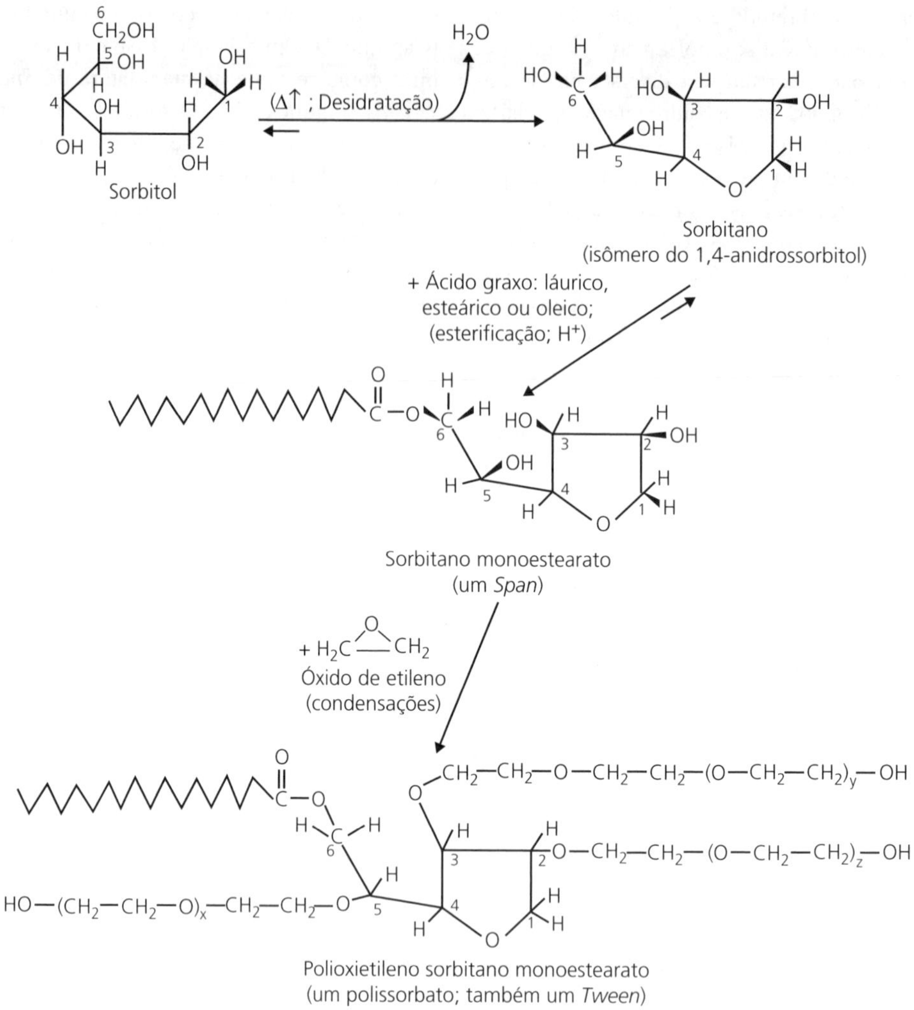

FIGURA 12.23 Reações que mostram o uso do sorbitol na manufatura de emulsificantes *Span* e *Tween* (polissorbato).

aplicações em alimentos. Enquanto o etilenoglicol ($CH_2OH–CH_2OH$) é tóxico, o polietilenoglicol 6.000 é permitido em algumas aplicações de cobertura e como plastificante em alimentos. O poliglicerol [$CH_2OH–CHOH–CH_2–(O–CH_2CHOH–CH_2)_n–O–CH_2–CHOH–CH_2OH$], formado a partir de glicerol por meio de uma polimerização alcalina catalisada, também apresenta propriedades úteis. Ele pode ser posteriormente modificado por esterificação com ácidos graxos para a obtenção de materiais com características semelhantes a lipídeos. Esses poligliceróis foram aprovados para uso em alimentos, pois os produtos de hidrólise, glicerol e ácidos graxos são metabolizados normalmente.

Os alimentos de umidade intermediária (UI) merecem discussão, pois os alcoóis poli-hídricos podem dar contribuições importantes à estabilidade desses produtos. Os alimentos de UI contêm umidade significativa (15–30%), mas são estáveis à deterioração microbiológica sem refrigeração. Vários alimentos conhecidos, incluindo frutas secas, geleias, gelatinas, *marshmallow*, bolos de frutas e carne seca devem sua estabilidade a características de UI [35]. Alguns desses itens podem ser reidratados antes do consumo, mas todos apresentam textura plástica, podendo ser consumidos diretamente. Embora os alimentos úmidos e com prazo de validade para *pets foods* tenham obtido aceitação fácil, as novas formas de alimentos UI para consumo humano ainda não se tornaram populares. No entanto, carnes, hortaliças, frutas e pratos combinados pré-prontos estão sendo desenvolvidos e, por fim, podem tornar-se formas importantes de alimentos conservados.

A maioria dos alimentos de UI têm atividade de água de 0,70 a 0,85; os que contêm umectantes apresentam umidade de ≈ 20 g de água/100 g de sólidos (82% de H_2O em massa). Se os alimentos de UI com atividade de água de ≈ 0,85 forem preparados por dessorção, eles ainda serão suscetíveis ao ataque de bolores e leveduras. Para superar esse problema, os ingredientes podem ser aquecidos durante a preparação, podendo-se adicionar um agente antimicótico, como o ácido sórbico.

Para que se obtenha a atividade de água desejada, costuma ser necessária a adição de um umectante que ligue a água e mantenha uma textura suave e palatável. Relativamente poucas substâncias, entre elas glicerol, sacarose, glicose, propilenoglicol e cloreto de sódio, são tanto eficazes o suficiente para diminuir a atividade de água quanto organolepticamente toleráveis, tendo grande valor na preparação de alimentos de UI. Por outro lado, a tecnologia de formulações para a maioria dos doces livres de açúcar atuais depende de princípios fundamentais de UI.

12.10 ESTABILIZANTES E ESPESSANTES

Diversos materiais hidrocoloidais são amplamente utilizados por suas características texturais, estruturais e funcionais únicas em alimentos, aos quais fornecem estabilização a emulsões, suspensões e espumas, bem como propriedades gerais de espessamento. Muitos desses materiais, às vezes classificados como gomas, são derivados de fontes naturais, embora alguns sejam quimicamente modificados para alcançarem características desejadas. Muitos estabilizantes e espessantes são polissacarídeos, como goma-arábica, goma-guar, carboximetilcelulose, carragenana, ágar, amido e pectina. As propriedades químicas desses estabilizantes e de carboidratos relacionados são discutidas no Capítulo 3. A gelatina, uma proteína derivada do colágeno, é um dos poucos estabilizantes de uso frequente que não é um carboidrato, sendo discutida no Capítulo 5. Todos os estabilizantes e espessantes eficazes são hidrofílicos, sendo dispersos em solução como coloides, que são designados como hidrocoloides. As propriedades gerais dos hidrocoloides úteis incluem hidrossolubilidade significativa, capacidade de aumentar a viscosidade e, em alguns casos, capacidade de formar géis (Capítulo 3). Algumas funções específicas dos hidrocoloides incluem melhora da textura, inibição da cristalização (açúcar e gelo), estabilização de emulsões e espumas, melhoria (redução da viscosidade) de coberturas em produtos de panificação e encapsulação de sabores [31]. Os hidrocoloides geralmente são usados em concentrações de ≈ 2% ou menos, uma vez que muitos exibem dispersibilidade limitada e a funcionalidade desejável é obtida nesses níveis. A eficácia dos hidrocoloides, em muitas aplicações, tem dependência direta da sua capacidade de aumentar a viscosidade. Por exemplo, esse é o mecanismo pelo qual os hidrocoloides estabilizam emulsões óleo em água. Eles não conseguem funcionar como emulsificantes verdadeiros, pois não apresentam a combinação necessária de propriedades hidrofílicas e lipofílicas fortes em uma mesma molécula individual.

12.11 SUBSTITUINTES DE GORDURA

Embora a gordura seja um componente essencial da dieta, um excesso de gordura na dieta está associado a risco mais elevado de doenças cardíacas e alguns tipos de câncer. Os consumidores são aconselhados a ingerir carnes magras, em especial pescados e frango sem pele, produtos lácteos desnatados e, além disso, restringir seu consumo de alimentos fritos, produtos de panificação gordurosos, bem como molhos e molhos de salada. Entretanto, os consumidores procuram alimentos de baixa caloria que apresentem propriedades sensoriais de alimentos tradicionais com alto conteúdo de gordura.

Embora o aumento da disponibilidade de alimentos preparados complexos tenha contribuído para a abundância de gordura nas dietas dos países desenvolvidos, com ele foi possível o desenvolvimento das tecnologias complexas necessárias à manufatura e ao *marketing* de alimentos com teor reduzido de gordura, que simulam os com gordura total. Nas duas décadas passadas, houve um grande progresso na adaptação e no desenvolvimento de ingredientes para uso em alimentos com teor reduzido de gorduras. Os tipos de ingredientes sugeridos para as diversas aplicações de alimentos com teor reduzido de gordura variam muito, sendo derivados de diversos grupos químicos, como carboidratos, proteínas, lipídeos e compostos sintéticos.

Quando a gordura é parcial ou completamente omitida dos alimentos, as suas propriedades são alteradas, sendo necessária sua reposição por meio de outro ingrediente ou componente. Portanto, o termo "substituinte de gordura" tem sido usado como indicação generalizada dos ingredientes que são usados funcionalmente para essa capacidade. Quando as substâncias fornecem propriedades físicas e sensoriais idênticas às das gorduras, mas sem fornecer calorias, elas são chamadas de "substitutos de gordura". Estes ingredientes apresentam tanto as propriedades sensoriais similares às das gorduras como seu desempenho físico em várias aplicações, como em alimentos fritos.

Os ingredientes que não possuem equivalência funcional total às gorduras são chamados de "miméticos de gordura", pois podem ser produzidos para mimetizar (imitar) os efeitos da gordura em algumas aplicações. Um exemplo disso é a formação de pseudoumidade fornecida pela gordura em alguns produtos de padaria com alto teor de gordura. Algumas substâncias, sobretudo amidos modificados, podem ser usadas para proporcionar as propriedades de simulação de gordura ao contribuir para as propriedades sensoriais que surgem do aumento de volume e da retenção de umidade.

12.11.1 Carboidratos miméticos de gordura

Amidos, gomas, hemiceluloses e celuloses moderadamente processados são usados de diversas formas para o fornecimento parcial da funcionalidade da gordura a alimentos com teor reduzido de gordura. A química dessas substâncias é discutida no Capítulo 3 e nas Seções 12.9 e 12.10. Informações adicionais sobre suas aplicações em alimentos com teor reduzido de gordura também podem ser encontradas em revisões [2,37]. Alguns carboidratos miméticos de gordura essencialmente não fornecem calorias (p. ex., gomas e celuloses), ao passo que outros fornecem até 16,7 kJ (4 kcal)/g (p. ex., amidos modificados), em comparação aos 37,6 kJ (9 kcal/g) das gorduras tradicionais. Estas substâncias imitam a suavidade e a cremosidade das gorduras nos alimentos principalmente pela retenção de gordura e pelo encorpamento de seus sólidos que auxiliam no fornecimento de sensações semelhantes às da gordura, como umectância em produtos assados e a textura bucal do sorvete.

12.11.2 Proteínas miméticas de gordura

Muitas tentativas foram realizadas para a exploração de proteínas selecionadas (Capítulo 5) como miméticos de gordura [39], com frequente aprovação GRAS nos Estados Unidos. No entanto, a funcionalidade dessas proteínas como miméticos de gordura é limitada, pois elas não se comportam como gorduras em temperaturas elevadas, como as necessárias em frituras. Entretanto, algumas dessas proteínas (16,7 kJ [4 kcal]/g) podem ser úteis como ingredientes substituintes de gorduras em alimentos, sobretudo em emulsões óleo em água. Para estas aplicações, as proteínas podem ser preparadas em micropartículas (diâmetro < 3 μm), nas quais simulam a natureza física das gorduras por meio do modo que tem sido descrito como similar a rolamentos flexíveis. As proteínas em solução também fornecem efeitos de espessamento, lubrificação e cobertura bucal. A gelatina é bastante funcional em produtos sólidos com teor reduzido de gordura, como a margarina, onde ela fornece gelificação termicamente reversível durante a fabricação e, subsequentemente, fornece espessura à massa da margarina.

A manufatura de produtos miméticos de gordura baseados em proteínas envolve diversas estratégias que utilizam proteínas solúveis como material de partida. As proteínas particuladas são obtidas a partir de proteínas solúveis pela indução de algum dos seguintes processos: (1) interações hidrofóbicas, (2) precipitação isoelétrica, (3) desnaturação e/ou coagulação térmica, (4) formação de complexos proteína-proteína ou (5) formação de complexos proteína-polissacarídeos [39]. Estes processos geralmente são acompanhados por ação de cisalhamento físico, garantindo a formação de micropartículas.

12.11.3 Substitutos de gordura de triacilglicerol sintético de baixa caloria

Existem tentativas no sentido de explorar alguns triacilgliceróis (Capítulo 4), os quais, devido às suas propriedades estruturais únicas, não geram valor calórico total quando consumidos por seres humanos e outros monogástricos. Esses triacilgliceróis são de síntese variada, utilizando hidrogenação, bem como esterificações e interesterificações dirigidas. Um dos membros desse grupo de lipídeos são os triacilgliceróis de cadeia média (TCM), que têm sido usados no tratamento de alguns distúrbios de metabolismo lipídico. Os TCMs são compostos por ácidos graxos saturados de comprimento de cadeia C_6–C_{12} e fornecem ≈ 34,7 kJ (8,3 kcal)/g, em comparação aos triacilgliceróis regulares, que contêm 37,6 kJ (9 kcal)/g [34].

A incorporação de ácidos graxos saturados de cadeia curta (C_2–C_5) juntamente com um ácido graxo de cadeia longa (C_{14}–C_{24}) a moléculas de triacilgliceróis é outra estratégia usada, a qual reduz de forma significativa o valor calórico. A redução calórica resulta, em parte, do fato de que ácidos graxos de cadeia curta fornecem menos calorias por unidade de massa em comparação aos de cadeia longa. Além disso, a posição do ácido graxo de cadeia longa na molécula do glicerol influencia muito a absorção do ácido graxo de cadeia longa. Em algumas combinações posicionais de ácidos graxos saturados de cadeias longa e curta, a absorção dos ácidos graxos de cadeia longa pode ser reduzida para mais da metade (ver Capítulo 4).

Desenvolveu-se uma família de triacilgliceróis baseada nos princípios supracitados, chamada comercialmente de Salatrim (acrônimo do inglês *short and long acyltriglyceride molecule* – molécula de acitriglicerídeo curta e longa) [52]. O Salatrim (XVI) é uma mistura de triacilgliceróis, composta pelo ácido esteárico (C_{18}) como ácido graxo de cadeia longa obtido a partir de gorduras vegetais hidrogenadas, além de proporções variáveis dos ácidos acético, propiônico e butírico (C_2, C_3 e C_4, respectivamente) como ácidos graxos de cadeia curta. Os seres humanos obtêm entre 19,16 e 21,3 kJ (4,7–5,1 kcal)/g de vários produtos Salatrim, sendo que a composição de ácidos graxos pode ser controlada para o fornecimento de propriedades físicas desejadas, como ponto de fusão.

Isômero Salatrim (XVI)
(1-propionil-2-butil-3-estearoil-*sn*-glicerol)

Caprenina é o nome comercial de um produto de um triacilglicerol de calorias reduzidas (≈ 20,9 kJ ou 5 kcal/g) sintetizado de forma semelhante, que contém os ácidos graxos de cadeia média e os ácidos caprílico (C_6) e cáprico (C_{10}), assim como o ácido graxo de cadeia longa ácido beênico (C_{22}). A caprenina tem sido utilizada em barras de doce. Os ácidos caprílico e cáprico são obtidos a partir de óleos de coco e palma; o ácido beênico pode ser obtido a partir de óleos marinhos hidrogenados, óleo de colza hidrogenado, e óleo de amendoim. O óleo de amendoim contém ≈ 3% de ácido beênico, ao passo que o óleo de colza contém ≈ 35% de ácido erúcico ($C_{22:1}$), o qual é convertido em ácido beênico por hidrogenação. Os óleos marinhos costumam conter mais de 10% de ácido docosa-hexaenoico (DHA), que também é convertido em ácido beênico por hidrogenação.

12.11.4 Substituintes de gordura sintéticos

Descobriu-se que um grande número de compostos sintéticos fornece tanto propriedades de miméticos de gordura como de substitutos de gordura [1,2]. Muitos deles contêm grupos funcionais e estruturais do tipo triacilglicerol, tais como os trialcoxicarbalatos, que apresentam os grupos éster reversos em comparação a gorduras convencionais (i.e., um ácido tricarboxílico é esterificado em um álcool saturado, em vez de o glicerol ser esterificado a ácidos graxos). Devido à sua natureza sintética, esses compostos são resistentes à hidrólise enzimática, sendo pouco digeridos no intestino. A aprovação da FDA dos Estados Unidos para muitas dessas substâncias tem sido de difícil obtenção, e resta saber se alguns desses compostos encontrarão um papel definitivo no fornecimento de alimentos.

12.11.4.1 Polidextrose

Embora usada principalmente como um ingrediente glicídico de caloria reduzida, a polidextrose (XVII) comporta-se como um mimético de gordura em algumas aplicações. Como a polidextrose rende apenas 4,18 kJ (1 kcal)/g, trata-se de um ingrediente de interesse especial, com o duplo propósito de reduzir calorias tanto de carboidratos como de gorduras. Hoje, a polidextrose (cujo nome comercial é Litesse®) é manufaturada por polimerização aleatória de glicose (mínimo 90%), sorbitol (máximo 2%) e ácido cítrico, e contém quantidades mínimas do monômero glicose e 1,6-anidroglicose [2]. Para que se mantenha a hidrossolubilidade adequada, a massa molecular dos polímeros de polidextrose é controlada para menos de 22.000.

Polidextrose (XVII)

12.11.4.2 Poliésteres de sacarose

Os poliésteres de sacarose (XVIII) compreendem uma família de substâncias [1] que são formadas por meio da esterificação de dois ou mais dos oito grupos hidroxila disponíveis na molécula da sacarose. Alguns poliésteres de sacarose são encontrados na natureza, como as coberturas cerosas das folhas de algumas plantas. Os poliésteres de sacarose são manufaturados comercialmente por esterificação da sacarose com ácidos graxos obtidos a partir de fontes naturais. As propriedades de polaridade e ponto de fusão resultantes dependem tanto da seleção dos ácidos graxos como do grau de esterificação. Os poliésteres de sacarose que apresentam baixos graus de esterificação possuem propriedades anfifílicas que permitem seu uso como emulsificantes. A esterificação completa de moléculas de sacarose, sobretudo com ácidos graxos de cadeia longa, resulta em octaésteres de sacarose lipofílicos, não digeríveis e não absorvíveis, os quais possuem propriedades físicas e químicas de gorduras convencionais.

Um isômero de poliéster de sacarose (XVII)

Embora não sejam muito utilizados como emulsificantes, os poliésteres de sacarose foram aprovados para uso em alimentos nos Estados Unidos em 1983, com pouquíssimo debate sobre os aspectos de saúde. Isso se deu pelo fato de que apenas pequenas quantidades de poliésteres de sacarose são empregadas como emulsificantes, sendo digeridos devido a seu baixo grau de esterificação. Por outro lado, os substituintes de gordura de poliésteres de sacarose (octaésteres, cujos nomes comerciais são Olestra e Olean) foram considerados seguros e aprovados para uso limitado como meio de fritura industrial de *snacks* (p. ex., *chips* de batata e de milho) pela FDA nos Estados Unidos apenas em 1996, após duas décadas de estudos sobre segurança e saúde. Os principais aspectos de saúde que causaram a aprovação limitada desses poliésteres como substitutos de gordura foram problemas muito debatidos relacionados a interferências na absorção de vitaminas lipossolúveis e de micronutrientes, bem como diarreia e outros distúrbios causados pela passagem de quantidades excessivas de poliésteres de sacarose similares a gordura pelo trato digestivo.

12.12 SUBSTÂNCIAS MASTIGÁVEIS

As substâncias mastigáveis são empregadas para a obtenção da propriedade de flexibilidade duradoura da goma de mascar. Essas substâncias são tanto produtos naturais quanto resultados de síntese orgânica, sendo que ambas são razoavelmente resistentes à degradação. As substâncias mastigáveis sintéticas são preparadas pelo processo Fischer-Tropsch, que envolve monóxido de carbono, hidrogênio e um catalisador, com processamento posterior para a remoção de compostos de baixa massa molecular. A partir daí, o produto é hidrogenado, gerando a parafina sintética [10]. As substâncias mastigáveis modificadas quimicamente são preparadas pela hidrogenação parcial da colofônia de madeira, a qual é, em grande parte, composta de diterpenos, com esterificação dos produtos com pentaeritritol ou glicerol. Outros polímeros similares a borrachas sintéticas também foram preparados para uso como substâncias mastigáveis. Essas substâncias são preparadas a partir dos monômeros etileno, butadieno ou vinila.

Muitas das bases mastigáveis empregadas em gomas de mascar são derivadas direto de gomas vegetais. Essas gomas são purificadas por tratamentos intensos, que envolvem aquecimento, centrifugação e filtragem. Os chicletes de plantas da família Sapotaceae (sapota), as gomas de *Gutta Katiau* de *Palaquium* sp. e os látex sólidos (borracha natural) da *Hevea brasiliensis* são substâncias mastigáveis de derivação natural muito usadas.

12.13 TEXTURIZANTES FIRMADORES

O processamento térmico ou o congelamento de tecidos vegetais costumam causar amolecimento devido à modificação da estrutura celular. A estabilidade e a integridade desses tecidos dependem da manutenção das células intactas e da firmeza das ligações moleculares entre os constituintes das paredes celulares. As substâncias pécticas (Capítulos 3 e 16) são bastante envolvidas na estabilização da estrutura por meio de ligações cruzadas de seus grupos carbonila livres via cátions polivalentes. Embora quantidades consideráveis de cátions polivalentes sejam encontradas na natureza, os sais de cálcio (0,1–0,25% como cálcio) são adicionados com frequência. Isso aumenta a firmeza, pois as ligações cruzadas melhoradas resultam em quantidades maiores de pectato e pectinato de cálcio relativamente insolúveis. Essas estruturas estabilizadas suportam a massa do tecido, e a integridade é mantida mesmo durante processamento térmico. Frutas, como tomates, frutas vermelhas e fatias de maçã, costumam ser firmadas pela adição de um ou mais sais de cálcio, antes do enlatamento ou congelamento. Os sais mais usados são cloreto de cálcio, citrato de cálcio, sulfato de cálcio, lactato de cálcio e fosfato monocálcio. A maioria dos sais de cálcio são pouco solúveis, e alguns contribuem com a formação de sabor amargo em concentrações mais elevadas.

Sais ácidos de alume, sulfato de sódio e alumínio [$NaAl(SO_4)_2 \cdot 12H_2O$], sulfato de potássio e alumínio, sulfato de amônio e alumínio e sulfato de alumínio [$Al_2(SO_4)_3 \cdot 18H_2O$] são adicionados a picles fermentados em salmoura para a obtenção de produtos à base de pepino mais crocantes e firmes que os preparados sem esses sais. Acredita-se que o íon de alumínio trivalente esteja envolvido no processo de crocância por meio da formação de complexos com substâncias pécticas. Entretanto, algumas investigações demonstraram que o sulfato de alumínio exerce efeitos amaciantes sobre picles pasteurizados ou recém-embalados, não devendo ser incluído nesses produtos [14]. As razões para o amaciamento não são compreendidas, mas a presença do sulfato de alumínio contrapõe os efeitos firmadores que costumam ser fornecidos pelo ajuste do pH de ≈ 3,8 com ácido acético ou ácido láctico.

A firmeza e a textura de algumas hortaliças e frutas podem ser manipuladas durante o processamento, sem o uso direto de aditivos. Por exemplo, a enzima pectina metilesterase é ativada durante o branqueamento a baixa temperatura (70–82 °C por 3–15 min) em vez de ser inativada como nos casos normais de branqueamento (88–100 °C por 3 min). O grau de firmeza produzido após o branqueamento em baixa temperatura pode ser controlado pelo tempo de espera antes da autoclave [57]. A pectina metilesterase hidrolisa o metanol esterificado (algumas vezes chamado de grupo metoxil) dos grupos carboxila da pectina, gerando ácidos pécticos e pectínicos. A pectina, tendo poucos grupos carboxila livres, não está fortemente ligada e, por ser hidrossolúvel, ela é livre para migrar da parede celular. Por outro lado, os ácidos pécticos e pectínicos possuem um grande número de grupos carboxila livres e são relativamente insolúveis, principalmente na presença de íons de cálcio endógenos ou adicionados. Como resultado disso, eles permanecem na parede celular durante o processamento, produzindo texturas firmes. Os efeitos de firmeza pela ativação da pectina metilesterase foram obtidos para vagens, batatas, couve-flor e ginja, bem como para diversas outras frutas e hortaliças. A adição de íons de cálcio, bem como a ativação enzimática, levam a efeitos adicionais de firmeza.

12.14 CONTROLE DE APARÊNCIA E AGENTES CLARIFICANTES

A aparência das bebidas é fundamental para a aceitação do consumidor, e a manutenção de dispersões de partículas coloidais ou outras entidades é uma consideração crucial para esses produtos. Em alguns casos, a aparência física pode ser mantida de

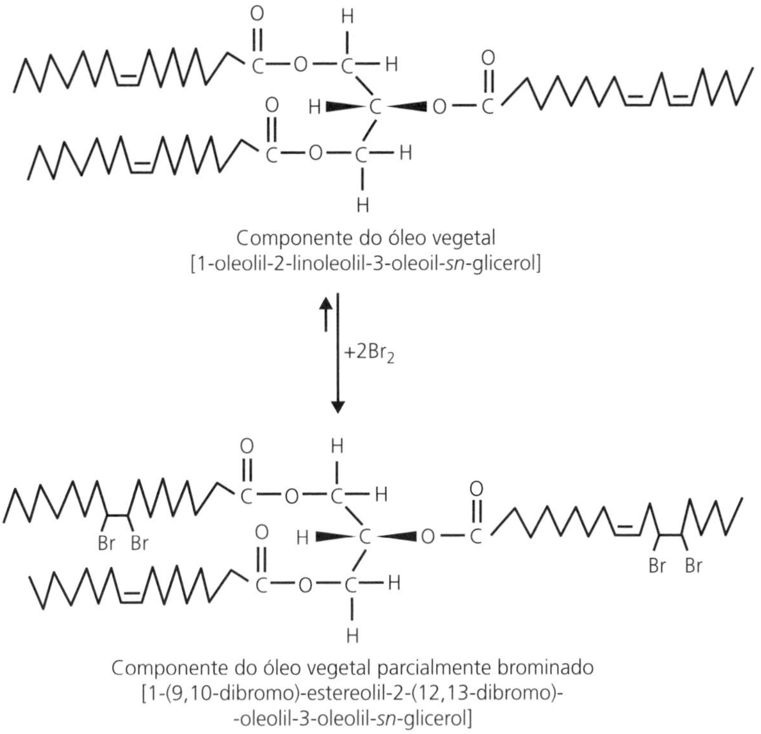

Componente do óleo vegetal
[1-oleolil-2-linoleolil-3-oleoil-sn-glicerol]

$+2Br_2$

Componente do óleo vegetal parcialmente brominado
[1-(9,10-dibromo)-estereolil-2-(12,13-dibromo)-
-oleolil-3-oleoil-sn-glicerol]

FIGURA 12.24 Reações empregadas na manufatura de óleos vegetais bromados.

forma adequada pelo retardo da sedimentação de sólidos por meio de associações iônicas e melhora da viscosidade. Esse é o caso da carragenana (Capítulo 3), adicionada ao leite na manufatura de leite achocolatado saborizado com sólidos do cacau. Em outros casos, entretanto, a melhoria da viscosidade para a estabilização da aparência de bebidas ou alimentos líquidos não é prática nem adequada. Nesses casos, a alteração da densidade de uma fase dispersa pode fornecer um método conveniente de estabilização da aparência do produto.

A manutenção da turbidez fornecida por óleos saborizantes dispersos em refrigerantes, em particular os compostos de óleos cítricos (terpenos; Capítulo 11), é alcançada pelo aumento da densidade da fase do óleo cítrico (gravidade específica 0,85–0,90 g/cm^3), aproximando-a dos níveis da fase de suporte açúcar-água livre (1,04–1,05 g/cm^3). Historicamente, isso se obtém por meio da dissolução de uma pequena quantidade de óleo vegetal bromado (gravidade específica 1,23–1,33 g/cm^3) no óleo cítrico saborizante empregado. Os óleos vegetais bromados são preparados pela reação de óleos vegetais insaturados com bromo (Figura 12.24). Entretanto, em razão de implicações toxicológicas, agentes de ponderação alternativos vêm substituindo óleos vegetais bromados nas aplicações de óleos cítricos saborizantes. As alternativas incluem as gomas damar (densidade específica 1,05 g/cm^3), que são exsudatos naturais obtidos a partir de arbustos das famílias Caesalpinaceae e Dipterocarpacea, e as gomas de éster, como o triabietato de glicerila (densidade específica $\approx$ 1,05 g/cm^3; XIX), que são manufaturados a partir de colofônia de madeira. O hexaisobutirato de diacetato de sacarose (densidade específica 1,10–1,14 g/cm^3; XX), que é um poliéster sintetizado de sacarose, também é muito utilizado. Em termos de comparação, quando foi incorporado ao óleo de soja e disperso em uma emulsão óleo em água padronizada, as concentrações (massa %) isodensas (com água) de agentes de ponderação em óleo de soja foram 25, 45, 55 e 55 para óleo vegetal bromado, hexaisobutirato de diacetato de sacarose, goma damar e goma de éster, respectivamente [7].

Triabietato de glicerila (XIX)

Sucrose diacetato hexaisobutirato (XX)

Em cervejas, vinhos e muitos sucos de frutas, a formação de turvação ou sedimentos e deterioração oxidativa são problemas de longa data. As substâncias fenólicas naturais estão envolvidas nesses fenômenos. A química das substâncias fenólicas, incluindo antocianinas, flavonoides, proantocianidinas e taninos é discutida no Capítulo 10. As proteínas e as substâncias pécticas participam, junto aos polifenóis, da formação dos coloides promotores de turvação. Enzimas específicas têm sido utilizadas para a hidrólise parcial de proteínas de alta massa molecular (Capítulo 6) e, portanto, para redução das tendências de formação de turvação. Todavia, em alguns casos, o excesso de atividade enzimática pode afetar de maneira adversa outras propriedades desejadas, como a formação de espuma na cerveja.

Uma maneira importante de manipulação da composição polifenólica de modo a controlar tanto os efeitos desejáveis como os indesejáveis é o uso de diversos agentes clarificantes (**refinação**) e adsorventes. A turvação pré-formada pode ser, pelo menos, removida em parte com a ajuda de filtros, como as terras diatomáceas. Muitos dos agentes clarificantes de uso comum são não seletivos, afetando o conteúdo de polifenóis de forma mais ou menos incidental. A adsorção costuma ser máxima quando a solubilidade do adsorbato é mínima e os materiais em suspensão ou quase insolúveis, como os complexos tanino-proteína, tendem a ser coletados na interface. Como a atividade do adsorvente aumenta, as substâncias menos solúveis ainda tendem a ter preferência na adsorção, mas os compostos mais solúveis também são adsorvidos.

A bentonita, uma argila montmorillonita, é a representante de muitos minerais similares e moderadamente eficazes, os quais têm sido empregados com agentes clarificantes. A montmorillonita é um complexo hidratado de silicato de alumínio com cátions intercambiáveis, frequentemente íons de sódio. Em suspensão aquosa, a bentonita comporta-se como pequenas plaquetas de silicato insolúvel. As plaquetas de bentonita têm uma carga negativa e uma área de superfície muito grande, de ≈ 750 m^2/g. A bentonita é um adsorvente razoavelmente seletivo para proteínas, sendo evidente que essa adsorção resulta da atração entre as cargas positivas da proteína e as negativas do silicato. Uma partícula de bentonita recoberta com proteína adsorvida adsorverá alguns taninos fenólicos sobre ou junto à proteína [51]. A bentonita é usada como agente clarificante para vinhos, evitando a precipitação de proteínas. Doses da ordem de algumas libras por mil galões costumam reduzir o conteúdo proteico no vinho, de 50 a 100 mg/L para um nível estável de menos de 10 mg/L. A bentonita forma rapidamente um sedimento pesado e compacto, sendo frequentemente empregada em combinação com a filtração final para a remoção dos coloides precipitados.

Os agentes clarificantes importantes que têm afinidade seletiva com taninos, proantocianidinas e outros polifenóis incluem proteínas e algumas resinas sintéticas, como as poliamidas e a polivinilpirrolidona (PVP). A gelatina e a *isinglass* (obtida a partir da bexiga natatória de peixes) são as proteínas mais usadas para a clarificação de bebidas. Aparentemente, o tipo de ligação mais importante entre taninos e proteínas, embora provavelmente não o único, envolve ligações de hidrogênio entre grupos hidroxila fenólicos e ligações amida das proteínas. A adição de pequenas quantidades de gelatina (40–170 g/380 L) ao suco de maçã causa agregação e precipitação do complexo gelatina-tanino que, sob decantação, entrelaça e remove outros sólidos em suspensão. A quantidade exata de gelatina para cada utilização deve ser determinada na hora do processamento. Sucos que contêm níveis baixos de polifenóis são suplementados com tanino ou ácido tânico (0,005–0,01%), para facilitar a floculação da gelatina.

Em baixas concentrações, a gelatina e outros agentes clarificantes solúveis podem agir como coloides protetores; em concentrações superiores, essas substâncias podem causar precipitação; em concentrações ainda maiores podem novamente deixar de causar precipitação. As ligações de hidrogênio entre os agentes clarificantes coloidais e a água são responsáveis por sua solubilidade. As moléculas do agente clarificante e de polifenóis podem combinar-se em diferentes proporções, tanto para neutralizar como para aumentar a hidratação e a solubilidade de uma determinada partícula coloidal. Quanto mais completa for a ruptura de ligações de H entre água e ou proteína ou polifenol, mais completa será a precipitação. Isso pode ser esperado quando a quantidade de agente clarificante dissolvido de forma grosseira igualar-se em massa ao tanino que está sendo removido.

As resinas sintéticas (poliamidas e PVP) têm sido usadas para a prevenção do escurecimento em vinhos brancos [6] e para a remoção da turvação de cervejas [12]. Estes polímeros estão disponíveis tanto na forma solúvel como na insolúvel, mas a necessidade de pouco ou nenhum polímero residual em bebidas tem estimulado o uso de formas de massa molecular elevada e ligações cruzadas que são insolúveis. As resinas sintéticas são particularmente úteis na indústria cervejeira, em que a turvação reversível induzida por refrigeração (do inglês *chill haze*) e a turvação permanente (associada ao desenvolvimento de sabor oxidado) são problemas graves. Essa turvação é causada pela formação de complexos entre proteínas nativas e proantocianidinas da cevada maltada. A remoção excessiva de proteínas causa características defeituosas à espuma, mas a remoção seletiva de polifenóis aumenta a estabilidade da cerveja. Aplicações iniciais envolviam poliamidas (Nylon 66), mas uma eficiência superior foi alcançada com o uso de PVP, que contém ligações cruzadas (XXI). O tratamento com 1,4 a 2,3 kg de PVP insolúvel por 100 barris de cerveja resulta no controle da turvação a frio, melhorando a estabilidade de armazenamento [12]. A PVP é adicionada após a fermentação e antes da filtração, adsorvendo os polifenóis com rapidez. Assim como a bentonita remove alguns taninos juntamente com proteínas de adsorção preferencial, os adsorventes seletivos de taninos removem algumas proteínas juntamente com os fenólicos.

Polivinilpirrolidona (XXI)

Além dos adsorventes já discutidos, emprega-se o carvão ativo e alguns outros materiais. O carvão ativo é bastante reativo, mas adsorve quantidades apreciáveis de moléculas pequenas (sabores, pigmentos) junto a compostos grandes que contribuem para formação de turvação. O ácido tânico (tanino) é usado para precipitar proteínas, mas sua adição pode levar aos efeitos indesejáveis já descritos. Outras proteínas com baixa solubilidade (queratina, caseína e zeína) e proteínas solúveis (caseinato de sódio, albúmen de ovo, albumina sérica) também apresentam capacidades adsortivas seletivas para polifenóis, mas elas não são muito utilizadas.

12.15 AGENTES BRANQUEADORES DE FARINHA E MELHORADORES DE MASSA

A farinha de trigo recém-moída apresenta tons amarelo-pálido e gera uma massa pegajosa difícil de manipular e assar. Quando a farinha é armazenada, ela se torna branca aos poucos, passando por um processo de envelhecimento ou maturação, que aprimora suas qualidades de forneamento. O uso de outros tratamentos químicos para acelerar esses processos naturais é uma prática comum [54], bem como o uso de aditivos para melhorar a atividade fermentadora das leveduras e retardar o início do envelhecimento.

O branqueamento da farinha envolve sobretudo a oxidação de pigmentos carotenoides. Isso resulta na ruptura do sistema de ligações duplas conjugadas dos carotenoides, formando um sistema com menos conjugações e sem cor. Acredita-se que a ação de melhora da massa, desempenhada por agentes oxidantes, envolva a oxidação dos grupos sulfidrila das proteínas do glúten. Os agentes oxidantes empregados podem participar do branqueamento apenas, ou tanto do branqueamento como da melhora da massa ou apenas da melhora da massa. Um agente bastante usado no branqueamento de farinhas é o peróxido de benzoíla [$(C_6H_5CO)_2O_2$], o qual exibe uma ação de branqueamento ou despigmentação sem influenciar as propriedades de forneamento da massa. Os materiais que agem tanto como branqueadores quanto como agentes de melhora incluem gás cloro (Cl_2), dióxido de cloro (ClO_2), cloreto de nitrosila (NOCl) e óxidos do nitrogênio (dióxido de nitrogênio, NO_2, e tetróxido de nitrogênio [N_2O_4]) [43]. Esses agentes oxidantes são gasosos e exercem sua ação logo que entram em contato com a farinha. Os agentes oxidantes que agem principalmente como melhoradores de farinha exercem sua ação durante os estágios de massa mais do que nos estágios de farinha. Incluem-se nesse grupo bromato de potássio ($KBrO_3$), iodato de potássio (KIO_3), iodato de cálcio [$Ca(IO_3)_2$] e peróxido de cálcio (CaO_2).

O peróxido de benzoíla costuma ser adicionado à farinha (0,025–0,075%) ainda no moinho. Ele é um pó normalmente adicionado com agentes diluentes ou estabilizantes, tais como sulfato de cálcio, carbonato de magnésio, fosfato dicálcico, carbonato de cálcio e fosfato de alumínio e sódio. O peróxido de benzoíla é um iniciador de radicais livres (ver Capítulo 4) e requer várias horas após a adição para se decompor em radicais livres disponíveis para o início da oxidação de carotenoides.

Os agentes gasosos para a oxidação de farinha desempenham eficiências de branqueamento variáveis, mas melhoram efetivamente as qualidades de fornecimento de farinhas adequadas. O tratamento com dióxido de cloro melhora um pouco a cor da farinha, mas resulta em uma farinha com propriedades melhoradas de manipulação da massa. O gás cloro, que, em geral, contém uma pequena quantidade de cloreto de nitrosila, é muito usado como branqueador e melhorador da farinha de trigo mole para bolos. O ácido hidroclorídrico é formado a partir de reações de oxidação do cloro, e o pH resultante, levemente diminuído, leva a propriedades melhoradas no assamento de bolos. O tetróxido de nitrogênio (N_2O_4) e outros óxidos de nitrogênio, produzidos pela passagem de ar por um arco com eletricidade intensa, têm efetividade moderada como agentes branqueadores, mas produzem boas propriedades de forneamento em farinhas tratadas.

Os agentes oxidantes cuja função principal é de melhoradores de massa podem ser adicionados à farinha (10–40 ppm) ainda no moinho. No entanto, eles costumam ser incorporados a uma mistura condicionadora de massa que contém diversos sais inorgânicos, sendo, então, adicionados na padaria. O bromato de potássio, um agente oxidante usado tradicionalmente como melhorador de farinhas, permanece inerte até que a fermentação diminua o pH da massa o suficiente para ativá-lo. Como resultado, ele age um pouco tarde no processo, causando aumento do volume da massa e melhorando, assim, a simetria, bem como as propriedades do miolo e da textura.

Investigações iniciais propunham que as qualidades melhoradas de forneamento resultantes do tratamento com agentes oxidantes estavam associadas à inibição de enzimas proteolíticas presentes na farinha. Entretanto, a hipótese mais recente é de que os melhoradores de farinha, no tempo adequado, oxidam grupos sufridrila (–SH) no glúten, resultando em um maior número de ligações dissulfeto intermoleculares (–S–S–). Essa ligação cruzada permitiria que as proteínas do glúten formassem redes finas e resistentes de filmes proteicos, que serviriam de vesículas para a fermentação. O resultado é uma massa mais firme, mais seca e mais extensível, que dá origem a características melhoradas ao produto final. A oxidação excessiva da farinha deve ser evitada, pois ocasiona produtos de qualidade inferior, com miolo cinza, grãos irregulares e volume reduzido.

A adição de pequenos volumes de farinha de soja à farinha de trigo a ser usada para massas fermentadas por levedura tornou-se uma prática comum. A adição da lipoxigenase de soja (ver Capítulos 4 e 6) é uma maneira excelente de iniciar a oxidação dos carotenoides por radicais livres [15]. A adição da lipoxigenase de soja também melhora muito as propriedades reológicas da massa, por mecanismos ainda não elucidados. Enquanto sugeriu-se que os hidroperóxidos lipídicos participam da oxidação dos grupos –SH do glúten, evidências indicam que outras interações proteína-lipídeo também estão envolvidas no melhoramento da massa por oxidantes [15].

Os sais inorgânicos incorporados a condicionadores de massa incluem cloreto de amônio (NH_4Cl), sulfato de amônio [$(NH_4)_2SO_4$], sulfato de cálcio ($CaSO_4$), fosfato de amônio [$(NH_4)_3PO_4$] e fosfato de cálcio (p. ex., $CaHPO_4$). Eles são adicionados à massa para facilitar o crescimento da levedura e auxiliar no controle do pH. A principal contribuição dos sais de amônio é o fornecimento de uma fonte fácil de nitrogênio para o crescimento da levedura. Os sais de fosfato parecem melhorar a massa pelo tamponamento do pH em um valor levemente inferior ao normal. Isso é de importância especial quando a água adicionada é alcalina.

Outros tipos de materiais também são usados como melhoradores da massa na indústria da panificação. O estearoil-2-lactilato de cálcio (Figura 12.25) e agentes emulsificantes similares são usados em baixas quantidades (até 0,5%)

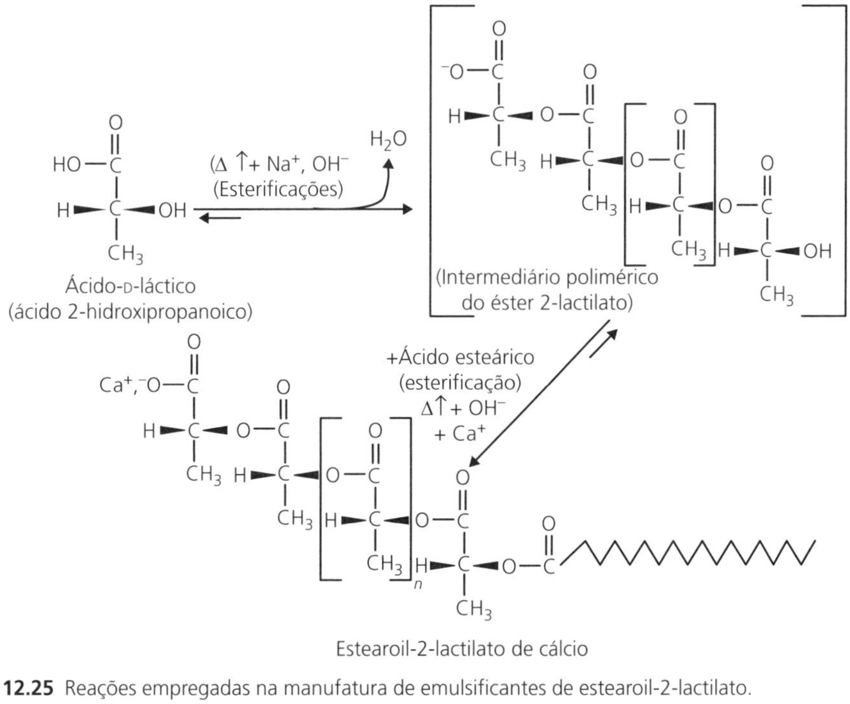

FIGURA 12.25 Reações empregadas na manufatura de emulsificantes de estearoil-2-lactilato.

para melhorar as qualidades de mistura da massa, promovendo o aumento do volume do pão [56]. As gomas hidrocoloides são usadas na indústria da panificação para melhorar a capacidade de retenção de água da massa e modificar outras propriedades da massa e dos produtos assados [34]. A carragenana, a carboximetilcelulose, a goma de alfarroba e a metilcelulose estão entre os hidrocoloides mais úteis para aplicações em panificação. A metilcelulose e a carboximetilcelulose retardam a retrogradação e o envelhecimento de pães, retardando, também, a migração de umidade para a superfície do produtos durante armazenamento posterior. A carragenana (0,1%) amacia a textura do miolo de produtos de massa doce. Diversos hidrocoloides (p. ex., 0,25% de carboximetilcelulose) podem ser incorporados a misturas de roscas, diminuindo significativamente a quantidade de gordura absorvida durante a fritura. Esse benefício parece ser proveniente da melhora da massa e do estabelecimento de uma barreira hidratada com mais eficácia na superfície das roscas.

12.16 AGENTES ANTIAGLUTINANTES

Diversos agentes de condicionamento são usados para a manutenção das características de escoamento livre de formas granulares e em pó de alimentos que são de natureza higroscópica. Em geral, esses materiais funcionam por absorverem o excesso de umidade com facilidade, por recobrirem as partículas, transmitindo um grau de repelência à água e/ou por fornecerem um diluente particulado insolúvel. O silicato de cálcio ($CaSiO_3 \cdot XH_2O$) é usado para prevenir a aglutinação em fermentos em pó (até 5%), sais de mesa (até 2%) e outros alimentos e ingredientes alimentares. O silicato de cálcio finamente dividido absorve líquidos em quantidades que apresentam 2,5 vezes sua massa, ainda assim escoando livremente. Além de absorver água, o silicato de cálcio absorve óleos e outros compostos orgânicos apolares com eficácia. Essa característica o torna útil em misturas complexas em pó e em alguns temperos que contêm óleos essenciais livres.

Os sais de cálcio e magnésio de ácidos graxos de cadeias longas em grau alimentar, que são derivados do sebo, são usados como agentes de condicionamento em produtos vegetais desidratados, sal, cebola e sal de alho, bem como em diversos outros ingredientes alimentares e misturas encontradas na forma de pó. O estearato de cálcio geralmente é adicionado a alimentos em pó para evitar aglomeração, promover escoamento livre durante o processamento e garantir que não ocorra aglutinação durante a vida útil do produto final. O estearato de cálcio é essencialmente insolúvel em água, mas adere bem a partículas e fornece uma cobertura parcialmente repelente à água a essas partículas. Os pós comerciais de estearato têm uma densidade elevada (≈ 27 kg/m^3) e possuem grandes áreas superficiais que fazem seu uso como condicionadores (0,5–2,5%) ser economicamente razoável. O estearato de cálcio também é usado como lubrificante de liberação (1%) na manufatura de doces formatados em tablete por pressão.

Outros agentes antiaglutinantes empregados na indústria de alimentos incluem silicoaluminato de sódio, fosfato de tricálcio, silicato de magnésio e carbonato de magnésio. Esses materiais são, em sua essência, insolúveis em água, e apresentam capacidades variadas de absorção de umidade. Seus níveis de utilização são similares aos de outros agentes antiaglutinantes (p. ex., $\approx 1\%$ de silicoaluminato de sódio é usado em açúcares em pó). Os pós de celulose microcristalina são utilizados para evitar que os queijos ralados ou em pedaços se aglutinem. Os agentes antiaglutinantes são metabolizados (amido, estearatos) ou apresentam efeitos atóxicos nos níveis em que são empregados nos alimentos [19].

12.17 GASES E PROPELENTES

Os gases, tanto os reativos como os inertes, desempenham papéis importantes na indústria de alimentos. Por exemplo, o hidrogênio é usado para hidrogenar gorduras insaturadas (Capítulo 4), o cloro é usado para o branqueamento de farinhas (ver agentes branqueadores de farinha e melhoradores de massa neste capítulo) e higienização de equipamentos, o SO_2 é usado para a inibição do escurecimento enzimático em frutas secas (ver sulfitos e SO_2 neste capítulo), o gás etileno é utilizado para promover o amadurecimento de frutas (Capítulo 16), o óxido de etileno é usado como esterilizante para temperos (ver epóxidos neste capítulo) e o ar é usado na oxidação de azeitonas maduras para o desenvolvimento de cor. Entretanto, as funções e as propriedades dos gases inertes usados em alimentos serão o tópico de interesse principal das próximas Seções.

12.17.1 Proteção contra oxigênio

Alguns processos de remoção do oxigênio envolvem o uso de gases inertes, como nitrogênio ou dióxido de carbono, para preencher espaços de cabeça, esvaziar ou aspergir líquidos ou cobrir produtos durante ou após o processamento. O dióxido de carbono não é totalmente inerte, pois é solúvel em água, podendo levar a sabores pungentes carbonatados em alguns alimentos. A capacidade do dióxido de carbono de fornecer coberturas gasosas, densas e mais pesadas que o ar sobre um produto o torna atrativo para muitas aplicações de processamento. A cobertura com nitrogênio requer efusão completa seguida por leve pressão positiva, de modo a prevenir a difusão rápida do ar no sistema. Produtos evacuados por completo, preenchidos com nitrogênio e hermeticamente selados apresentarão aumento de estabilidade contra a deterioração oxidativa [30].

12.17.2 Carbonatação

A adição de dióxido de carbono (carbonatação) a produtos líquidos, como refrigerantes carbonatados, cervejas, alguns vinhos e alguns sucos de fruta, possibilita que eles se tornem efervescentes, pungentes, levemente adstringentes e um pouco palpáveis. A quantidade de dióxido de carbono utilizada e o método de introdução variam muito com o tipo de produto [30]. Por exemplo, a cerveja torna-se parcialmente carbonatada durante o processo de fermentação, mas é novamente carbonatada antes do engarrafamento. A cerveja geralmente contém de 3 a 4 volumes de dióxido de carbono (1 volume de cerveja a 16 °C e uma atmosfera de pressão contém 3–4 volumes de gás dióxido de carbono em mesma temperatura e pressão). A carbonatação é frequentemente conduzida em baixas temperaturas (4 °C) e pressões elevadas para aumentar a solubilidade do dióxido de carbono. Outras bebidas carbonatadas contém de 1,0 a 318 volumes de dióxido de carbono, dependendo do efeito desejado. Associa-se a retenção de grandes volumes de dióxido de carbono em soluções em pressão atmosférica à adsorção de superfície por coloides e à ligação química. É bem sabido que compostos do tipo carbamino são formados em alguns produtos por reações rápidas e reversíveis entre o dióxido de carbono e os grupos amina livres de aminoácidos e proteínas. Além disso, a formação de ácido carbônico (H_2CO_3) e íons de bicarbonato (HCO_3^-) também ajuda na estabilização do sistema de dióxido de carbono. A expulsão espontânea de dióxido de carbono da cerveja,* ou seja, o *gushing*, é associada a traços de impurezas metálicas e à presença de cristais de oxalato que fornecem núcleos para a nucleação de bolhas de gás.

12.17.3 Propelentes

Alguns alimentos fluidos são descarregados na forma de líquidos, espumas ou *sprays* a partir de aerossóis pressurizados. Como o propelente costuma estar em contato direto com o alimento, ele se torna um componente ou um ingrediente incidental. Os principais propelentes para a descarga de um alimento por pressão são óxido nitroso, nitrogênio e dióxido de carbono [30]. Produtos do tipo espuma ou *spray* costumam ser descarregados por óxido nitroso e dióxido de carbono, pois esses propelentes são razoavelmente solúveis em água e sua expansão durante o processo colabora para a formação do *spray* ou da espuma. O dióxido de carbono também é empregado em produtos como cremes à base de queijo, em que sabores picantes e adstringentes são características aceitáveis. O nitrogênio, por sua baixa solubilidade em água e gordura, é usado para descarregar líquidos nos quais a espuma deve ser evitada (*ketchup*, óleos comestíveis, xaropes). O uso de todos esses gases em alimentos é regulado, e a pressão não deve exceder 100 psig a 21 °C ou 135 psig a 54 °C. Nessas condições, nenhum dos gases se liquefaz e uma grande parte do recipiente é ocupada pelo propelente. Logo, à medida que o produto é descarregado, a pressão diminui, e isso pode levar a dificuldades relacionadas à uniformidade do produto e à descarga completa. Os gases propelentes são

---

*N. de T. No momento em que a garrafa ou a lata é aberta.

atóxicos, não inflamáveis, baratos e não costumam causar cores e sabores indesejáveis. Entretanto, o dióxido de carbono, quando usado sozinho, fornece um sabor indesejável a alguns alimentos.

Os propelentes líquidos também foram desenvolvidos e aprovados para uso em alimentos, mas questões ambientais relacionadas à degradação do ozônio na atmosfera superior levaram à proibição dos clorofluorocarbonos (CFC). Os propelentes aprovados para alimentos são o octafluorociclobutano ou Freon C–318 (CF_2––CF_2–CF_2–CF_2) e o cloropentafluoroetano ou Freon 115 ($CClF_2$–CF_3). Embora potencialmente perigosos, os hidrocarbonetos inflamáveis propano, butano e isobuteno são usados como gases propelentes para aerossóis à base de óleos vegetais e *sprays* de cozimento à base de emulsões aquosas. Quando utilizados, uma proporção do propelente encontra-se no recipiente como uma camada líquida situada sobre o produto alimentício, e um espaço livre apropriado contendo o propelente vaporizado também está presente. O uso de um propelente liquefeito permite realizar a descarga a pressões constantes, mas o conteúdo deve ser previamente agitado para produzir a emulsão que formará espuma ou *spray* com a descarga do frasco. Uma pressão constante de descarga é essencial para um bom desempenho de aerossóis do tipo *spray*. Esses propelentes são atóxicos nos níveis utilizados, não fornecendo sabor indesejável aos alimentos. Eles proporcionam espumas particularmente boas, pois apresentam alta solubilidade em qualquer gordura que possa estar presente, podendo ser emulsificados de maneira eficaz.

12.18 RESUMO

Estão resumidos na Tabela 12.5 [9,16,17,21,28,36] diversos tipos de aditivos alimentares e suas funções nos alimentos.

TABELA 12.5 Aditivos alimentares selecionados[a]

Classe e função geral	Nome químico	Função adicional ou específica	Fonte de discussão (Capítulos)
I. ADITIVOS DE PROCESSAMENTO			
Agentes aeradores e espumantes	Dióxido de carbono	Carbonatação, espumantes	12
	Nitrogênio	Espumantes	12
	Bicarbonato de sódio	Espumantes	12
Agentes antiespumantes	Estearato de alumínio	Processamento de leveduras	—
	Estearato de amônio	Processamento de açúcar de beterraba	—
	Estearato de butila	Açúcar de beterraba, levedura	—
	Ácido decanoico	Açúcar de beterraba, levedura	—
	Dimetilpolisiloxano	Uso geral	—
	Dimetilpolisilicone	Uso geral	—
	Ácido láurico	Açúcar de beterraba, levedura	—
	Óleo mineral	Açúcar de beterraba, levedura	—
	Ácido oleico	Uso geral	—
	Oxiestearina	Açúcar de beterraba, levedura	—

(Continua)

TABELA 12.5 Aditivos alimentares selecionados[a] (*Continuação*)

Classe e função geral	Nome químico	Função adicional ou específica	Fonte de discussão (Capítulos)
	Ácido palmítico	Açúcar de beterraba, levedura	—
	Ceras de petróleo	Açúcar de beterraba, levedura	—
	Dióxido de silicone	Uso geral	—
	Ácido esteárico	Açúcar de beterraba, levedura	—
Catalisadores (incluindo enzimas)	Níquel	Hidrogenação de lipídeos	4
	Amilase	Conversão de amidos	3, 6
	Glicose oxidase	Remoção de oxigênio	6
	Lipase	Desenvolvimento de sabor láctico	6
	Papaína	Prevenção da turvação a frio de cerveja*	6
	Pepsina	Amaciante de carnes	6
	Renina	Produção de queijos	6
Agentes clarificantes e floculantes	Bentonita	Absorve proteínas	12
	Gelatina	Complexa polifenóis	12
	Polivinilpirrolidona	Complexa polifenóis	12
	Ácido tânico	Complexa proteínas	12
Agentes de controle de cor	Gluconato de ferro	Azeitonas pretas	—
	Cloreto de magnésio	Ervilhas enlatadas	10
	Nitrato, nitrito (potássio, sódio)	Carnes curadas	10, 12
	Eritorbato de sódio	Coloração de carnes curadas	10
Agentes de congelamento e resfriamento	Dióxido de carbono	—	12
	Nitrogênio líquido	—	—
Auxiliares de malteação e fermentação	Cloreto de amônio	Nutrientes de leveduras	12
	Carbonato de cálcio	—	—
	Fosfato de cálcio	—	—
	Fosfato de cálcio (dibásico)	—	—
	Sulfato de cálcio	—	—
	Cloreto de potássio	—	—
	Fosfato de potássio	—	—
Auxiliares de manipulação de materiais	Fosfato de alumínio	Antiaglutinante	12
	Silicato de cálcio	Antiaglutinante	12
	Estearato de cálcio	Antiaglutinante	12
	Fosfato dicálcio	Antiaglutinante	12

*N. de T. Em inglês, *chillproof*, ou seja, o tratamento enzimático da cerveja para prevenir a turbidez causada pelo frio (*chill hate*).

(*Continua*)

TABELA 12.5 Aditivos alimentares selecionados[a] (*Continuação*)

Classe e função geral	Nome químico	Função adicional ou específica	Fonte de discussão (Capítulos)
	Fosfato de dimagnésio	Antiaglutinante	12
	Caulim	Antiaglutinante	12
	Silicato de magnésio	Antiaglutinante	—
	Estearato de magnésio	Antiaglutinante	—
	Carboximetilcelulose de sódio	Encorpante	12
	Silicoaluminato de sódio	Antiaglutinante	12
	Amidos	Antiaglutinante	–
	Fosfato de tricálcio	Antiaglutinante	12
	Silicato de tricálcio	Antiaglutinante	13
	Xantana (outras gomas)	Encorpante	3, 12
Agentes oxidantes	Peróxidos de acetona	Iniciador de radicais livres	12
	Peróxido de benzoíla	Iniciador de radicais livres	12
	Peróxido de cálcio	Iniciador de radicais livres	12
	Peróxido de hidrogênio	Iniciador de radicais livres	
	Dióxido de enxofre	Clareador de frutas secas	12
Agentes de controle e modificação de pH			
Acidulantes (ácidos)	Ácido acético	Agente antimicrobiano	12
	Ácido cítrico	Agente quelante	4, 12
	Ácido fumárico	Agente antimicrobiano	12
	δ-Gluconolactona	Fermento	12
	Ácido hidroclorídrico	—	12
	Ácido láctico	—	12
	Ácido málico	Agente quelante	12
	Ácido fosfórico	—	12
	Tartarato ácido de potássio	Fermento	12
	Ácido succínico	Agente quelante	12
	Ácido tartárico	Agente quelante	12
Álcalis (bases)	Bicarbonato de amônio	Fonte de dióxido de carbono	12
	Hidróxido de amônio	—	—
	Carbonato de cálcio	—	—
	Carbonato de magnésio	—	—
	Carbonato de potássio	Fonte de dióxido de carbono	—
	Hidróxido de potássio	—	—
	Bicarbonato de sódio	Fonte de dióxido de carbono	12

(*Continua*)

TABELA 12.5 Aditivos alimentares selecionados[a] (*Continuação*)

Classe e função geral	Nome químico	Função adicional ou específica	Fonte de discussão (Capítulos)
	Carbonato de sódio	—	—
	Citrato de sódio	Sal emulsificante	12
	Citrato de trissódio	Sal emulsificante	12
Sais de tamponamento	Fosfato de amônio (mono e dibásico)	—	12
	Citrato de cálcio	—	—
	Gluconato de cálcio	—	—
	Fosfato de cálcio (mono e dibásico)	—	—
	Tartarato ácido de potássio	—	—
	Citrato de potássio	—	—
	Fosfato de potássio (mono e dibásico)	—	—
	Acetato de sódio	—	—
	Pirofosfato ácido de sódio	—	—
	Citrato de sódio	—	—
	Fosfato de sódio (mono, di e tribásico)	—	—
	Tartarato de sódio e potássio	—	—
Agentes antiendurecimento	Monoacilgliceróis acilados	—	4, 12
	Cera de abelha	—	4, 12
	Estearato de cálcio	—	4, 12
	Silicato de magnésio	—	4, 12
	Óleo mineral	—	—
	Mono e diacilgliceróis	Emulsificantes	4
	Amidos	—	3
	Ácido esteárico	—	4, 12
	Talco	—	—
Agentes higienizantes e de fumigação	Cloro	Oxidante	—
	Brometo de metila	Fumigação de insetos	—
	Hipoclorito de sódio	Oxidante	—
Auxiliares de filtração e separação	Terra diatomácea	—	—
	Resinas trocadoras de íons	—	—
	Silicato de magnésio	—	—
Solventes, transportadores e agentes de encapsulação	Acetona	Solvente	—
	Ágar-ágar	Encapsulação	3
	Arabinogalactano	Encapsulação	3
	Celulose	Carreador	3
	Glicerina	Solvente	4, 12
	Goma-guar	Encapsulação	3
	Cloreto de metileno	Solvente	—
	Propilenoglicol	Solvente	12
	Citrato de trietila	Solvente	—

(*Continua*)

TABELA 12.5 Aditivos alimentares selecionados[a] (*Continuação*)

Classe e função geral	Nome químico	Função adicional ou específica	Fonte de discussão (Capítulos)
Agentes de lavagem e remoção de superfícies	Dodecilbenzenosulfonato de sódio	Detergente	—
	Hidróxido de sódio	Descascamento por lixiviação	—
II. ADITIVOS DE PRODUTOS FINAIS			
Agentes antimicrobianos	Ácido acético (e sais)	Bactéria, levedura	12
	Ácido benzoico (e sais)	Bactéria, levedura	12
	Óxido de etileno	Esterilizante geral	12
	Ésteres de *p*-hidroxibenzoato de alquila	Bolores, leveduras	12
	Nitratos, nitritos (K, Na)	*C. botulinum*	10, 12
	Ácido propiônico (e sais)	Bolor	12
	Óxido de propileno	Esterilizante geral	12
	Ácido sórbico (e sais)	Bolores, leveduras, bactérias	12
	Dióxido de enxofre e sulfitos	Geral	12
Antioxidantes	Ácido ascórbico (e sais)	Agente redutor	4, 8
	Palmitato de ascorbila	Agente redutor	12
	BHA	Elimina radicais livres	4, 12
	BHT	Elimina radicais livres	4, 12
	Goma de guáiaco	Elimina radicais livres	4, 12
	Galato de propila	Elimina radicais livres	4, 12
	Sais de sulfito e metabissulfito	Agentes redutores	4, 12
	Ácido tiodipropiônico (e ésteres)	Decompõe perácido	12
Agentes de controle de aparência			
Corantes e modificadores de cor	Urucum (annatto)	Queijo, manteiga, produtos de panificação	10
	Pó de beterraba	Coberturas, refrigerantes	10
	Caramelo	Produtos de confeitaria	10
	Caroteno	Margarina	10
	Extrato de cochonilha	Bebidas	10
	FD&C N° 3	Geleia de hortelã, bebidas	10
	FD&C N° 3 (eritrosina)	Coquetéis de frutas enlatados	10
	Dióxido de titânio	Confeitos brancos, queijos italianos	10
	Açafrão-da-terra	Picles, molhos	10
Outros agentes de aparência	Cera de abelha	Verniz, polimento	4
	Glicerina	Verniz, polimento	4

(*Continua*)

TABELA 12.5 Aditivos alimentares selecionados[a] (*Continuação*)

Classe e função geral	Nome químico	Função adicional ou específica	Fonte de discussão (Capítulos)
	Ácido oleico	Verniz, polimento	4
	Sacarose	Glacê cristalino	3
	Cera, carnaúba	Verniz, polimento	—
Sabores e modificadores de sabor			
Agentes saborizantes[b]	Óleos essenciais	Geral	11
	Ervas e condimentos	Geral	11
	Extratos de plantas	Geral	11
	Compostos saborizantes sintéticos	Geral	—
Realçadores de sabor	Guanilato dissódico	Carnes e hortaliças	11
	Inosinato dissódico	Carnes e hortaliças	11
	Maltol	Produtos de panificação, doces	11
	Glutamato monossódico	Carnes e hortaliças	11
	Cloreto de sódio	Geral	—
Agentes de controle de umidade	Glicerina	Plastificante, umectante	3, 11
	Goma de acácia	—	—
	Açúcar invertido	—	3
	Propilenoglicol	—	11
	Manitol	—	3, 11
	Sorbitol	—	3, 11
Nutrientes, suplementos dietéticos			
Aminoácidos	Alanina	—	5
	Arginina	Essencial	5
	Ácido aspártico	—	5
	Cisteína	—	5
	Cistina	—	5
	Ácido glutâmico	—	5
	Histidina	—	5
	Isoleucina	Essencial	5
	Leucina	Essencial	5
	Lisina	Essencial	5
	Metionina	Essencial	5
	Fenilalanina	Essencial	5
	Prolina	—	5
	Treonina	Essencial	5
	Valina	Essencial	5
Minerais	Ácido bórico	Fonte de boro	9
	Carbonato de cálcio	Cereais matinais	9
	Citrato de cálcio	Flocos de milho	9
	Fosfatos de cálcio	Farinha enriquecida	9

(*Continua*)

TABELA 12.5 Aditivos alimentares selecionados[a] (*Continuação*)

Classe e função geral	Nome químico	Função adicional ou específica	Fonte de discussão (Capítulos)
	Pirofosfato de cálcio	Farinha enriquecida	9
	Sulfato de cálcio	Pão	9
	Carbonato de cobalto	Fonte de cobalto	9
	Cloreto de cobalto	Fonte de cobalto	9
	Cloreto cúprico	Fonte de cobre	9
	Gluconato cúprico	Fonte de cobre	9
	Óxido cúprico	Fonte de cobre	9
	Fluoreto de cálcio	Água fluoretada	—
	Fosfato férrico	Fonte de ferro	9
	Pirofosfato férrico	Fonte de ferro	9
	Gluconato de ferro	Fonte de ferro	9
	Sulfato ferroso	Fonte de ferro	9
	Iodo	Fonte de iodo	9
	Iodeto, cuproso	Sal de mesa	9
	Iodato, potássio	Fonte de iodo	9
	Cloreto de magnésio	Fonte de magnésio	9
	Óxido de magnésio	Fonte de magnésio	9
	Fosfatos de magnésio	Fonte de magnésio	9
	Sulfato de magnésio	Fonte de magnésio	9
	Citrato de manganês	Fonte de manganês	9
	Óxido de manganês	Fonte de manganês	9
	Molibdato, amônio	Fonte de molibdênio	9
	Sulfato de níquel	Fonte de níquel	9
	Fosfatos, cálcio	Fonte de fósforo	9
	Fosfatos, sódio	Fonte de fósforo	9
	Cloreto de potássio	Substituto de NaCl	—
	Cloreto de zinco	Fonte de zinco	9
	Estearato de zinco	Fonte de zinco	9
Vitaminas	Ácido *p*-aminobenzoico	Fator do complexo B	8
	Biotina	—	8
	Caroteno	Pró-vitamina A	8
	Ácido fólico	—	8
	Niacina	—	8
	Niacinamina	Farinha enriquecida	8
	Pantotenato, cálcio	Vitamina do complexo B	8
	Hidrocloreto de piridoxina	Vitamina do complexo B	8
	Riboflavina	Vitamina do complexo B	8
	Hidrocloreto de tiamina	Vitamina B_1	8
	Acetato de tocoferol	Vitamina E	8
	Vitamina A, acetato	—	—

(*Continua*)

TABELA 12.5 Aditivos alimentares selecionados[a] (*Continuação*)

Classe e função geral	Nome químico	Função adicional ou específica	Fonte de discussão (Capítulos)
	Vitamina B_{12}	—	8
	Vitamina D	—	8
Nutrientes diversos	Hidrocloreto de betaína	Suplemento dietético	8
	Cloreto de colina	Suplemento dietético	8
	Inositol	Suplemento dietético	8
	Ácido linoleico	Ácido graxo essencial	4
	Rutina	Suplemento dietético	8
Sequestrantes (agentes quelantes)	Citrato de cálcio	—	12
	EDTA, cálcio dissódico	—	12
	Gluconato de cálcio	—	—
	Fosfato de cálcio (monobásico)	—	—
	Ácido cítrico	—	12
	EDTA dissódico	—	12
	Ácido fosfórico	—	12
	Citrato de potássio	—	—
	Fosfato de potássio (mono e dibásico)	—	—
	Pirofosfato ácido de sódio	—	9, 12
	Citrato de sódio	—	12
	Gluconato de sódio	—	—
	Hexametafosfato de sódio	—	—
	Fosfato de sódio (mono, di e tri)	—	—
	Tartarato de sódio e potássio	—	—
	Tartarato de sódio	—	—
	Tripolifosfato de sódio	—	9, 12
	Ácido tartárico	—	—
Agente de controle de densidade específica	Óleo vegetal bromado	Aumento da densidade de gotículas de óleo	12
Agentes de controle de tensão de superfície	Dioctil sulfossuccinato de sódio	—	—
	Extrato da bile bovina	—	—
	Fosfato sódico (dibásico)	—	—
Edulcorantes			
Não calóricos	Acessulfame K	—	11, 12
	Sacarina, sal de amônio	—	11, 12
	Sacarina, sal de cálcio	—	11, 12
	Sacarina	—	11, 12
	Sacarina sódica	—	11, 12
Calóricos	Aspartame	—	11, 12
	Glicose	—	3
	Sorbitol	—	3, 12

(*Continua*)

TABELA 12.5 Aditivos alimentares selecionados[a] (Continuação)

Classe e função geral	Nome químico	Função adicional ou específica	Fonte de discussão (Capítulos)
Agentes de controle de textura e consistência			
Emulsificantes e sais emulsificantes	Estearoil-2-lactilato de cálcio	Clara de ovo desidratada, produtos de panificação	4, 12
	Ácido cólico	Clara de ovo desidratada	4
	Deoxicolato	Clara de ovo desidratada	4
	Dioctil sulfossuccinato de sódio	Geral	—
	Ácidos graxos (C_{10}–C_{18})	Geral	4
	Ésteres lactílicos de ácidos graxos	Encurtadores	4, 12
	Lecitina	Geral	4
	Mono e diacilgliceróis	Geral	4
	Extrato da bile bovina	Geral	—
	Ésteres de poliglicerol	Geral	12
	Ésteres de sorbitano polioxietileno	Geral	4, 12
	Mono e diésteres de propilenoglicol	Geral	4
	Fosfato de potássio, tribásico	Queijo processado	12
	Polimetabissulfito de potássio	—	—
	Pirofosfato de potássio	Queijo processado	12
	Sulfato de sódio e alumínio	Geral	12
	Citrato de sódio	Queijo processado	12
	Metafosfato de sódio	Geral	12
	Fosfato de sódio, dibásico	Queijo processado	12
	Fosfato de sódio, monobásico	Queijo processado	12
	Fosfato de sódio, tribásico	Queijo processado	12
	Pirofosfato de sódio	Geral	12
	Mono-oleato de sorbitano	Produtos dietéticos	4
	Monopalmitato de sorbitano	Dispersão de sabor	4
	Monoestearato de sorbitano	Geral	4
	Triestearato de sorbitano	Cobertura de confeitos	4
	Estearoil-2-lactilato	Encurtadores para panificação	4
	Citrato de estearoil monogliceridil	Encurtadores	4
	Ácido taurocólico	Clara de ovo	4
Agentes firmadores	Sulfatos de alumínio (Alume)	Picles	12
	Carbonato de cálcio	Geral	12
	Cloreto de cálcio	Tomates enlatados	12
	Citrato de cálcio	Tomates enlatados	12
	Gluconato de cálcio	Maçã fatiada	12
	Hidróxido de cálcio	Frutas fatiadas	12

(Continua)

TABELA 12.5 Aditivos alimentares selecionados[a] (*Continuação*)

Classe e função geral	Nome químico	Função adicional ou específica	Fonte de discussão (Capítulos)
	Lactato de cálcio	Maçã fatiada	12
	Fosfato de cálcio, monobásico	Tomates enlatados	12
	Sulfato de cálcio	Batatas e tomates enlatados	12
	Cloreto de magnésio	Ervilhas enlatadas	—
Fermentos	Bicarbonato de amônio	Fonte de dióxido de carbono	12
	Fosfato de amônio (dibásico)	—	12
	Fosfato de cálcio	—	12
	5-Gluconolactona	—	12
	Pirofosfato ácido de sódio	—	12
	Fosfato de sódio e alumínio	—	12
	Sulfato de sódio e alumínio	—	12
	Bicarbonato de sódio	Fonte de dióxido de carbono	12
Substâncias mastigáveis	Parafina (sintética)	Base para goma de mascar	12
	Pentaeritritol éster de colofônia	Base para goma de mascar	12
Propelentes	Dióxido de carbono	—	12
	Óxido nitroso	—	12
Estabilizantes e espessantes	Goma de acácia	Estabilizador de espuma	3, 12
	Ágar	Sorvete	3, 12
	Ácido algínico	Sorvete	3, 12
	Carragenana	Achocolatados	3, 12
	Goma-guar	Queijos	3, 12
	Hidroxipropilmetilcelulose	Geral	3, 12
	Goma de alfarroba	Molhos de salada	3, 12
	Metilcelulose	Geral	3, 12
	Pectina	Geleias	3, 12
	Carboximetilcelulose de sódio	Sorvete	3, 12
	Goma tragacante	Molhos de salada	3, 12
Texturizantes	Carragenana	Geral	3, 12
	Manitol	—	3, 12
	Pectina	—	3, 12
	Caseinato de sódio	—	5
	Citrato de sódio	—	12
Marcadores	Dióxido de titânio	Extensores de proteínas vegetais	13

[a]Para mais informações, ver Referências [9,16,17,21,28,36]; ver também Leituras sugeridas.
[b]Os membros individuais que compõem agentes saborizantes são muito numerosos para serem mencionados. Ver Referências [21,28] para listas detalhadas; ver também Leituras sugeridas.

REFERÊNCIAS

1. Akoh, C. C. and B. G. Swanson (eds.) (1994). *Carbohydrate Polyesters as Fat Substitutes*, Marcel Dekker, New York, pp. 1–9.
2. Artz, W. E. and S. L. Hansen (1994). Other fat substitutes, in *Carbohydrate Polyesters as Fat Substitutes* (C. C. Akoh and B. G. Swanson, eds.), Marcel Dekker, New York, pp. 197–236.
3. Bakal, G. and A. Diaz (2005). Antimicrobial resistance: The lowdown on lauric arginate. *Food Qual.* February-March:54–61.
4. Brusick, D., M. Cifone, R. Young, and S. Benson (1989). Assessment of the genotoxicity of calcium cyclamate and cyclohexylamine. *Environ. Mol. Mutagen.* 14:188–199.
5. Bryan, G. T. and E. Erturk (1970). Production of mouse urinary bladder carcinomas by sodium cyclamate. *Science* 167:996–998.
6. Caputi, A. and R. G. Peterson (1965). The browning problem in wines. *Am. J. Enol. Vitic.* 16(1):9–13.
7. Chanamai, R. and D. J. McClements (2000). Impact of weighting agents and sucrose on gravitational separation of beverage emulsions. *J. Agric. Food Chem.* 48:5561–5565.
8. Chichester, D. F. and F. W. Tanner (1972). Antimicrobial food additives, in *Handbook of Food Additives* (T. E. Furia, ed.), CRC Press, Cleveland, OH, pp. 115–184.
9. Committee on Food Protection, Food and Nutrition Board (1965). Chemicals used in food processing, Publ. 1274. National Academy of Sciences Press, Washington, DC, 294pp.
10. Considine, D. M. (ed.) (1982). Masticatory substances, in *Foods and Food Production Encyclopedia*, Van Nostrand Reinhold Co., New York, pp. 1154–1155.
11. Crowell, E. A. and J. F. Guyman (1975). Wine constituents arising from sorbic acid addition, and identification of 2-ethoxyhexa-3,5-diene as source of geranium-like off-odor. *Am. J. Enol. Vitic.* 26(2):97–102.
12. Dahlstrom, R. W. and M. R. Sfat (1972). The use of polyvinylpyrrolidone in brewing. *Brewer's Dig.* 47(5):75–80.
13. Ellinger, R. H. (1972). Phosphates in food processing, in *Handbook of Food Additives* (T. E. Furia, ed.), CRC Press, Cleveland, OH, pp. 617–780.
14. Etchells, J. L., T. A. Bell, and L. J. Turney (1972). Influence of alum on the firmness of fresh-pack dill pickles. *J. Food Sci.* 37:442–445.
15. Faubian, J. M. and R. C. Hoseny (1981). Lipoxygenase: Its biochemistry and role in breadmaking. *Cereal Chem.* 58:175–180.
16. Food and Nutrition Board (1981). *Food Chemicals Codex*, 3rd edn., National Research Council, National Academy Press, Washington, DC, 735pp.
17. Food Chemical News (1983). USDA petitioned to remove titanium dioxide marker requirements for soy protein. March 21,1982, Informa UK ltd., London, UK, pp. 37–38.
18. Freese, E. and B. E. Levin (1978). Action mechanisms of preservatives and antiseptics, in *Developments in Industrial Microbiology* (L. A. Underkofler, ed.), Society of Industrial Microbiology, Washington, DC, pp. 207–227.
19. Furia, T. E. (1972). Regulatory status of direct food additives, in *Handbook of Food Additives* (T. E. Furia, ed.), CRC Press, Cleveland, OH, pp. 903–966.
20. Furia, T. E. (1972). Sequestrants in food, in *Handbook of Food Additives* (T. E. Furia, ed.), CRC Press, Cleveland, OH, pp. 271–294.
21. Furia, T. E. and N. Bellanca (eds.) (1976). *Fenaroli's Handbook of Flavor Ingredients*, Chemical Rubber Co., Cleveland, OH, 2 vols.
22. Gardner, W. H. (1972). Acidulants in food processing, in *Handbook of Food Additives* (T. E. Furia, ed.), CRC Press, Cleveland, OH, pp. 225–270.
23. Goddard, S. J. and B. L. Wedzicha (1992). Kinetics of the reaction of sorbic acid with sulphite species. *Food Addit. Contam.* 9:485–492.
24. Griffin, W. C. and M. J. Lynch (1972). Polyhydric alcohols, in *Handbook of Food Additives* (T. E. Furia, ed.), 2nd edn., CRC Press, Cleveland, OH, pp. 431–455.
25. Griswold, R. M. (1962). Leavening agents, in *The Experimental Study of Foods* (R. M. Griswold, ed.), Houghton Mifflin Co., Boston, MA, pp. 330–352.
26. Haddon, W. F., M. L. Mancini, M. McLaren, A. Effio, L. A. Harden, R. L. Degre, and J. L. Bradford (1994). Occurrence of ethyl carbamate (Urethane) in U.S. and Canadian breads: Measurements by gas chromatography-mass spectrometry. *Cereal Chem.* 71:207–215.
27. Ham, R. (1971). Interactions between phosphates and meat proteins, in *Symposium: Phosphates in Food Processing* (J. M. DeMan and P. Melnychyn, eds.), AVI Publishing Co., Westport, CT, pp. 65–84.
28. Heath, H. B. (1981). *Source Book of Flavors*, AVI Publishing Co., Westport, CT, 861pp.
29. Ishii, H. and T. Koshimizu (1981). Toxicity of aspartame and its diketopiperazine for Wistar rats by dietary administration for 104 weeks. *Toxicology* 21:91–94.
30. Joslyn, M. A. (1964). Gassing and deaeration in food processing, in *Food Processing Operations: Their Management, Machines, Materials, and Methods* (M. A. Joslyn and J. L. Heid, eds.), Vol. 3, AVI Publishing Co., Westport, CT, pp. 335–368.
31. Kabara, J. J., R. Varable, and M. S. Jie (1977). Antimicrobial lipids: Natural and synthetic fatty acids and monoglycerides. *Lipids* 12:753–759.
32. Karahadian, C. and R. C. Lindsay (1988). Evaluation of the mechanism of dilauryl thiodipropionate antioxidant activity. *J. Am. Oil Chem. Soc.* 65:1159–1165.
33. Khandelwal, G. D., Y. L. Rimmer, and B. L. Wedzicha (1992). Reaction of sorbic acid in wheat flour doughs. *Food Addit. Contam.* 9:493–497.
34. Klose, R. E. and M. Glicksman (1972). Gums, in *Handbook of Food Additives* (T. E. Furia, ed.), CRC Press, Cleveland, OH, pp. 295–359.
35. Labuza, T. P., N. D. Heidelbaugh, M. Silver, and M. Karel (1971). Oxidation at intermediate moisture contents. *J. Am. Oil Chem. Soc.* 48:86–90.
36. Lewis, R. J., Sr. (1989). *Food Additives Handbook*, Van Nostrand Reinhold, New York.
37. Lucca, P. A. and Tepper, B. J. (1994). Fat replacers and the functionality of fat in foods. *Trends Food Sci. Technol.* 5:12–19.
38. Mahon, J. H., K. Schlamb, and E. Brotsky (1971). General concepts applicable to the use of polyphosphates in red meat, poultry, seafood processing, in *Symposium: Phosphates in Food Processing* (J. M. DeMan and P. Malnychyn, eds.), AVI Publishing Co., Westport, CT, pp. 158–181.

39. Miller, M. S. (1994). Proteins as fat substitutes, in *Protein Functionality in Food Systems* (N. S. Hettiarachchy and G. R. Ziegler, eds.), Marcel Dekker, New York, pp. 435–465.
40. Miller, W. T. (1987). The legacy of cyclamate. *Food Technol.* 41(1):116.
41. Minifie, B. W. (1970). *Chocolate, Cocoa and Confectionery: Science and Technology*, AVI Publishing Co., Westport, CT, pp. 38–41.
42. Peng, S. K., C. Taylor, J. C. Hill, and R. J. Marin (1985). Cholesterol oxidation derivatives and arterial endothelial damage. *Arteriosclerosis* 54:121–136.
43. Pomeranz, Y. and J. A. Shallenberger (1971). *Bread Science and Technology*, AVI Publishing Co., Westport, CT.
44. Pratter, P. J. (1980). Neohesperidin dihydrochalcone: An updated review on a naturally derived sweetener and flavor potentiator. *Perfumer Flavorist* 5(6):12–18.
45. Price, J. M., C. G. Biana, B. L. Oser, E. E. Vogin, J. Steinfeld, and H. L. Ley (1970). Bladder tumors in rats fed cyclohexylamine or high doses of a mixture of cyclamate and saccharin. *Science* 167:1131–1132.
46. Ramarathnam, N. and L. J. Rubin (1994). The flavour of cured meat, in *Flavor of Meat and Meat Products* (F. Shahidi, ed.), Blackie Academic & Professional, London, U.K., pp. 174–198.
47. Salant, A. (1972). Nonnutritive sweeteners, in *Handbook of Food Additives* (T. E. Furia, ed.), 2nd edn., CRC Press, Cleveland, OH, pp. 523–586.
48. Scharpf, L. G. (1971). The use of phosphates in cheese processing, in *Symposium: Phosphates in Food Processing* (J. M. deMan and P. Melnychyn, eds.), AVI Publishing Co., Westport, CT, pp. 120–157.
49. Scott, U. N. and S. L. Taylor (1981). Effect of nisin on the outgrowth of *Clostridium botulinum* spores. *J. Food Sci.* 46:117–126.
50. Sebranek, J. G. and R. G. Cassens (1973). Nitrosamines: A review. *J. Milk Food Technol.* 36:76–88.
51. Singleton, V. L. (1967). Adsorption of natural phenols from beer and wine. *MBAA Tech. Q.* 4(4):245–253.
52. Smith, R. E., J. W. Finley, and G. A. Leveille (1994). Overview of Salatrim, a family of low-calorie fats. *J. Agric. Food Chem.* 42:432–434.
53. Stahl, J. E. and R. H. Ellinger (1971). The use of phosphates in the baking industry, in *Symposium: Phosphates in Food Processing* (J. M. Deman and P. Melnychyn, eds.), AVI Publishing Co., Westport, CT, pp. 194–212.
54. Stauffer, C. E. (1983). Dough conditioners. *Cereal Foods World* 28:729–730.
55. Stukey, B. N. (1972). Antioxidants as food stabilizers, in *Handbook of Food Additives* (T. E. Furia, ed.), CRC Press, Cleveland, OH, pp.185–224.
56. Thompson, J. E. and B. D. Buddemeyer (1954). Improvement in flour mixing characteristics by a stearoyl lactylic acid salt. *Cereal Chem.* 31:296–302.
57. van Buren, J. P., J. C. Moyer, D. E. Wilson, W. B. Robinson, and D. B. Hand (1960). Influence of blanching conditions on sloughing, splitting, and firmness of canned snap beans. *Food Technol.* 14:233–236.
58. van der Wel, H. (1974). Miracle fruit, katemfe, and serendipity berry, in *Symposium: Sweeteners* (G. Inglett, ed.), AVI Publishing Co., Westport, CT, pp. 194–215.
59. Weast, R. C. (ed.) (1988). *Handbook of Chemistry and Physics*, CRC Press, Boca Raton, FL, pp. D161–D163.
60. Wedzicha, R. L. (1984). *Chemistry of Sulphur Dioxide in Foods*, Elsevier Applied Science Publishers, London, U.K.
61. Wedzicha, R. L. (1992). Chemistry of sulphiting agents in foods. *Food Additives Contam.* 9:449–459.
62. Wesley, F., F. Rourke, and O. Darbishire (1965). The formation of persistent toxic chlorohydrins in foodstuffs by fumigation with ethylene oxide and with propylene oxide. *J. Food Sci.* 30:1037–1042.

LEITURAS SUGERIDAS

Ash, M. and I. Ash (2002). *Handbook of Food Additives*, 2nd edn., Synapse Information Resources, Endicott, New York. Burdock, G. A. (1997). *Encyclopedia of Food and Color Additives*, CRC Press, Boca Raton, FL.

Burdock, G. A. (ed.) (2004). *Fenaroli's Handbook of Flavor Ingredients*, 5th edn., CRC Press, Boca Raton, FL.

Davidson, P. M., J. N. Sofos, and A. L. Branen (eds.) (2005). *Antimicrobials in Food*, 3rd edn., CRC Press, Boca Raton, FL.

Food and Nutrition Board (1981). *Food Chemicals Codex*, 3rd edn., National Research Council, National Academy Press, Washington, DC.

Gould, G. W. (1989). *Mechanisms of Action of Food Preservation Procedures*, Elsevier Applied Science, London, U.K.

Heath, H. B. (1981). *Source Book of Flavors*, AVI Publishing Co., Westport, CT.

Lewis, R. J., Sr. (1989). *Food Additives Handbook*, Van Nostrand Reinhold, New York.

Molins, R. A. (1991). *Phosphates in Food*, CRC Press, Boca Raton, FL.

Nabors, L. O. and R. C. Geraldi (eds.) (1991). *Alternative Sweeteners*, 2nd edn., Marcel Dekker, New York.

Phillips, G. O., D. J. Wedlock, and P. A. Williams (eds.) (1990). *Gums and Stabilizers for the Food Industry*, IRL Press, Oxford University Press, Oxford, U.K.

Roller, S. (2003). *Natural Antimicrobials for the Minimal Processing of Foods*, CRC Press, Boca Raton, FL.

Taylor, R. J. (1980). *Food Additives*, John Wiley & Sons, New York.

Wood, R., L. Foster, A. Damont, and P. Key (2004). *Analytical Methods for Food Additives*, CRC Press, Boca Raton, FL.

Yannai, S. (2004). *Dictionary of Food Compounds*, CRC Press, Boca Raton, FL.

Substâncias bioativas: nutracêuticas e tóxicas

Hang Xiao e Chi-Tang Ho

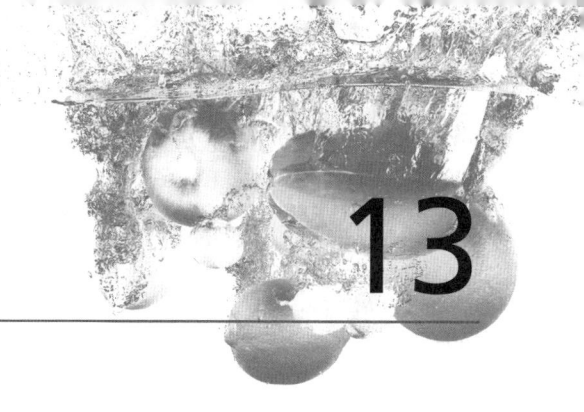

CONTEÚDO

13.1 Aspectos de saúde.................. 863
13.2 Fitoquímicos benéficos à saúde 864
    13.2.1 Carotenoides 864
    13.2.2 Flavonoides 867
    13.2.3 Proantocianidinas 872
    13.2.4 Outros compostos polifenólicos 874
    13.2.5 Substâncias bioativas que
         contêm enxofre 876
    13.2.6 Isotiocianatos e indóis 878
13.3 Mecanismos gerais de proteção
    dos nutracêuticos 880
13.4 Interações entre os neutracêuticos....... 882
13.5 Biodisponibilidade de nutracêuticos..... 883
13.6 Suplementos alimentares naturais....... 884
13.7 Métodos de extração de nutracêuticos ... 886
13.8 Nutracêuticos induzidos pelo
    processamento de alimentos 888
13.9 Componentes alimentares com
    efeitos adversos 889
13.10 Substâncias tóxicas desenvolvidas
    no processamento de alimentos............ 895
Referências............................. 897

As substâncias bioativas incluem uma ampla gama de substâncias da dieta que produzem efeitos biológicos em seres humanos, e são classificadas como nutracêuticas e tóxicas. As nutracêuticas são compostos ativos e derivados naturais que promovem a saúde, previnem doenças, têm propriedades medicinais e causam impactos positivos à saúde humana. As tóxicas também são compostos químicos de ocorrência natural ou induzidos por processos que exercem efeitos adversos à saúde humana. Frutas, vegetais, bebidas comuns, grãos, frutas oleaginosas, produtos marinhos, plantas medicinais e produtos com ervas contêm tanto substâncias nutracêuticas como tóxicas. Dependendo da fonte, a quantidade de bioativos que possuem propriedades farmacológicas diversificadas é variável. Geralmente, a maioria das frutas e dos vegetais contém mais substâncias nutracêuticas do que tóxicas; dessa forma, possuem potencial de fornecer benefícios para a saúde. Essas substâncias são frequentemente consumidas juntas como parte da dieta, em que interações complexas podem ocorrer entre elas no corpo humano. Essas interações podem impactar de forma benéfica ou adversa a saúde, diminuindo ou aumentando o risco de doenças. Atualmente, as substâncias bioativas são uma das áreas mais estudadas em alimentos e nutrição. Neste capítulo, são apresentadas as principais substâncias nutracêuticas e tóxicas encontradas em alimentos.

13.1 ASPECTOS DE SAÚDE

Os efeitos positivos da ingestão de frutas e vegetais à saúde foram descobertos a partir da observação de populações, por meio de estudos de observação epidemiológica. A observação nutricional de uma população é conhecida como epidemiologia nutricional, que estuda doenças relacionadas a um ou a vários nutrientes de um alimento. No entanto, os estudos de observação epidemiológica nutricional têm limitações, uma vez que avaliam os resultados de um único nutriente, alimento ou categoria de alimento. Dessa forma, esses métodos não são representativos, visto que as pessoas não se alimentam de apenas um nutriente, um alimento ou misturas predefinidas deles; em vez disso, consomem diversos alimentos com muitos nutrientes. Na tentativa de superar essas limitações, métodos complementares têm sido utilizados [1]. Algumas soluções ainda estão sendo desenvolvidas, porém é fundamental ressaltar que informações importantes foram adquiridas graças aos métodos de epidemiologia nutricional. Um bom exemplo disso é o estudo das vitaminas no âmbito da nutrição humana.

Pesquisas de epidemiologia nutricional mostraram que o elevado consumo de frutas e vegetais está diretamente associado a menor risco de mortalidade, principalmente por doenças cardiovasculares [2]. Estudos também sugerem que certos compostos presentes em frutas e vegetais podem interferir no desenvolvimento de vários tipos de câncer, e que o consumo de nutracêuticos, como, por exemplo, o resveratrol encontrado em uvas, o sulforafano presente em brócolis e as isoflavonas encontradas em produtos de soja, pode reduzir tanto a morbidade como a mortalidade provocada pelo câncer [3]. Entre os alimentos e as ervas que apresentam atividades contra o câncer, pode-se destacar alho, gengibre, alcaçuz, cebola, linhaça, cúrcuma, vegetais crucíferos, tomates, pimentas, arroz integral, trigo e vegetais umbelíferos, como cenoura, aipo e salsinha [3].

Para demonstrar o efeito das substâncias nutracêuticas sobre a saúde, pesquisas em laboratório são realizadas, produzindo evidências científicas. As pesquisas laboratoriais são realizadas por meio de sistemas-modelo bem caracterizados ou por meio de organismos-teste, a fim de determinar as respostas biológicas a potenciais agentes bioativos. As pesquisas *in vitro* são conduzidas fora do organismo, em um meio artificial que simula as condições orgânicas internas. Esses estudos incluem métodos que utilizam enzimas isoladas, culturas de células, tecidos e órgãos. Os sistemas *in vivo* costumam ser baseados na observação da resposta fisiológica relevante de um organismo vivo a um tratamento, tal como um nutracêutico ou um tóxico. São desenvolvidos modelos específicos para os diferentes estágios de uma doença, e os materiais biológicos podem ser obtidos tanto de fornecedores especializados como desenvolvidos em laboratórios de pesquisa. Muitas técnicas podem ser usadas para a criação desses modelos; por exemplo, modelos de tumores em diferentes locais dos órgãos podem ser obtidos tratando animais de laboratório, como ratos e camundongos, que tenham órgãos específicos com câncer. A engenharia genética é uma ferramenta poderosa capaz de criar muitos modelos úteis com camundongos, denominados camundongos *knockout*.* Apesar de todos os modelos laboratoriais apresentarem limitações, estudos bem projetados em laboratórios fornecem informações importantes que podem ser utilizadas para estudos humanos. Com relação aos compostos bioativos encontrados nos alimentos, é importante garantir que os sistemas-modelo utilizados em laboratório tenham relevância fisiológica, pelo consumo oral dos alimentos. Por exemplo, para determinar a eficácia das isoflavonas no combate ao câncer de mama, por meio de um modelo que utiliza roedores, é importante garantir que as isoflavonas encontradas na soja sejam administradas por via oral aos roedores, em vez de serem injetadas na corrente sanguínea ou intraperitonealmente.

13.2 FITOQUÍMICOS BENÉFICOS À SAÚDE

Muitos fitoquímicos têm sido isolados de diferentes alimentos, tendo mostrado propriedades benéficas à saúde. Eles podem ser divididos em diversas classes, sendo cada uma delas caracterizadas nas páginas a seguir.

13.2.1 Carotenoides

Os carotenoides são pigmentos lipossolúveis que proporcionam coloração a plantas e animais. Uma característica que define os carotenoides é a estrutura química de suas moléculas, a saber, uma cadeia polienoica de 40 carbonos, derivada do isopreno (Figura 13.1). O esqueleto de polieno consiste em ligações duplas conjugadas, possibilitando que os carotenoides possam absorver o excesso de energia de outras moléculas [4]. Essa característica pode ser responsável pela atividade antioxidante dos carotenoides, como os efeitos de eliminação em espécies reativas de oxigênio (ROS) e radicais livres.

A estrutura característica de ligação dupla conjugada dos carotenoides também é responsável por sua instabilidade química, tornando esses compostos sensíveis à luz, ao ar, ao calor e à exposição a ácidos. Essa sensibilidade os torna muito vulneráveis durante seu processamento e armazenamento, podendo causar degradação e produção de rancidez, requerendo que vários cuidados devam ser tomados para minimizar suas perdas em alimentos. Por exemplo, a incorporação de carotenoides em

---

*Camundongos geneticamente modificados, nos quais um ou mais genes passam a ser inoperantes.

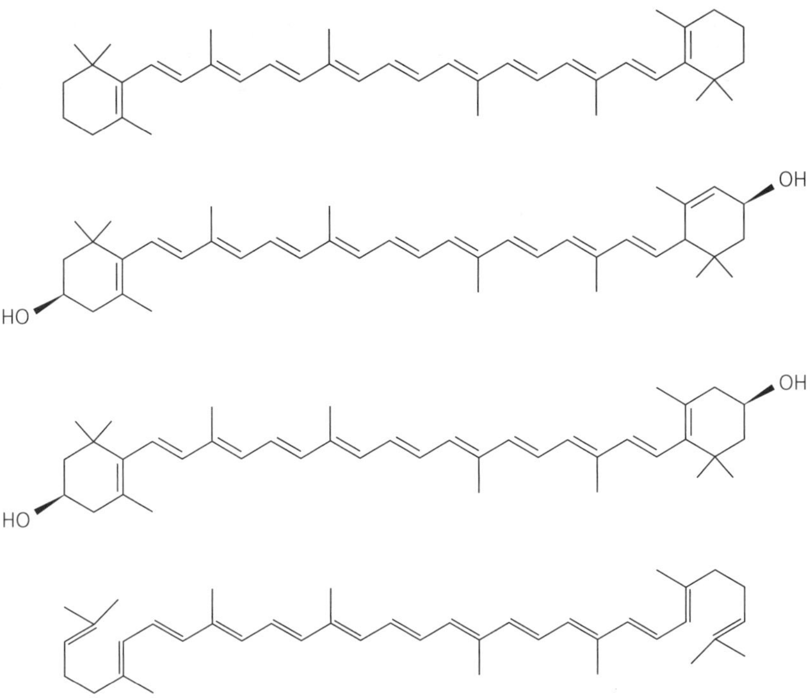

FIGURA 13.1 Estruturas de (a) β-caroteno, (b) luteína, (c) zeaxantina e (d) licopeno.

emulsões pode aumentar sua estabilidade, impedindo seu contato com pró-oxidantes comuns encontrados em alimentos. Além disso, sistemas de emulsões em multicamadas podem oferecer proteção adicional para os carotenoides [5].

O β-caroteno (Figura 13.1) é o carotenoide mais comum, encontrado principalmente em óleo de palma vermelha, palmito, vegetais verdes folhosos, cenoura, batata-doce, abobrinha, abóbora, manga e mamão. Ele possui forte cor vermelho-alaranjado e é conhecido por suas várias características benéficas à saúde, como atividade pró-vitamina A e prevenção contra diversas doenças, incluindo doenças cardiovasculares, degeneração macular relacionada à idade e formação de catarata. O β-caroteno é precursor da vitamina A, ou seja, uma molécula de β-caroteno é enzimaticamente convertida em duas moléculas de vitamina A no intestino delgado, fornecendo ≈ 30% da vitamina A presente na dieta de países desenvolvidos. Esse carotenoide é absorvido e transportado principalmente pelo sistema linfático, que o distribui por todo o corpo. A quantidade de β-caroteno absorvida e convertida em vitamina A é regulada de acordo com a necessidade do corpo pela vitamina. Por esse motivo, é pouco provável que a ingestão de β-caroteno cause toxicidade por vitamina A; porém, pode levar a casos de carotenose, que promove a condição de pele laranja provocada pela ingestão excessiva desse caroteno.

Os efeitos do β-caroteno na prevenção do câncer são controversos. Alguns estudos demonstraram que o β-caroteno não tem efeito contra o câncer de pâncreas, mama e pele, ao passo que outros estudos apoiam a hipótese de que o β-caroteno pode prevenir o câncer em seres humanos [6]. Ensaios clínicos controlados em seres humanos revelaram que a suplementação dietética de β-caroteno pode aumentar o risco de câncer de pulmão e estômago em fumantes e em trabalhadores expostos ao amianto [7]. Outros estudos mostraram que, enquanto o uso do β-caroteno isolado pode ser anticarcinogênico, seus produtos de oxidação podem facilitar a carcinogênese, o que pode ser uma explicação para o aumento dos riscos de câncer causados pelo β-caroteno entre certas populações. Em outras palavras, a instabilidade da molécula de β-caroteno em meios ricos em radicais livres, por exemplo, o pulmão de um fumante, pode gerar subprodutos oxidados do caroteno que são carcinogênicos [6].

A atividade antioxidante do β-caroteno pode contribuir em certos efeitos na saúde. Por exemplo, níveis elevados de β-caroteno no sangue foram associados à baixa incidência de síndrome metabólica causada por estresse oxidativo [8]. O β-caroteno também exibe capacidade de aprisionamento de radicais livres em pressões parciais de oxigênio muito abaixo da pressão normal do ar [9]. Essa pressão parcial de oxigênio tão baixa é encontrada em tecidos sob condições fisiológicas; quando a pressão de oxigênio é maior, o β-caroteno perde seu poder antioxidante, apresentando efeitos pró-oxidantes [9]. Esses estudos mostram claramente a necessidade de se entender a química de substâncias nutracêuticas específicas sob condições fisiológicas, como, por exemplo, nos pulmões de fumantes. Se a pesquisa nutracêutica for conduzida sem considerar a relevância fisiológica, serão gerados resultados nebulosos, como os dos testes de câncer de β-caroteno, criando mais confusão no campo das substâncias bioativas.

A luteína e seu isômero, a zeaxantina, são pigmentos amarelos que pertencem à classe dos carotenoides não precursores da vitamina A (Figura 13.1). Ao contrário de outros carotenoides, os grupos hidroxila estão substituídos na estrutura anelar, no final das cadeias de ligações duplas conjugadas de luteína e zeaxantina, por isso, eles também podem ser chamados de oxicarotenoides ou xantofilas. A luteína tem ocorrência natural, sendo encontrada predominantemente em alimentos verde-escuros e vegetais folhosos, como o espinafre e a couve-galega. A zeaxantina é a responsável pela coloração amarela do milho. Outras fontes incluem abobrinha, pera, repolho, pimentas, laranja, *kiwi* e uva. A luteína e a zeaxantina têm sido usadas como corantes seguros na cromovitrectomia [10]. Embora não haja evidências suficientes para relacionar a luteína ou a zeaxantina a doenças crônicas, há cada vez mais indícios (inclusive com estudos *in vivo*, *in vitro* e epidemiológicos) que afirmam que elas contribuem para a saúde, diminuindo o risco de catarata e retardando a degeneração macular dos olhos relacionada à idade [11]. Existem fortes evidências para confirmar que a luteína e a zeaxantina desempenham um papel importante na saúde dos olhos, uma vez que existem diversos estudos epidemiológicos realizados nesse sentido e que essas substâncias são encontradas exclusivamente nos tecidos oculares. Há um grande acúmulo delas na mácula do olho, área de maior percepção visual, indicando que essas substâncias têm o poder de filtrar a luz azul prejudicial e, ao mesmo tempo, agir como antioxidantes que minimizam o efeito destruidor potencial das espécies reativas de oxigênio (ROS) [12]. A luteína e a zeaxantina são encontradas principalmente na membrana celular devido às suas estruturas moleculares, que são capazes de se ordenar paralelamente às cadeias fosfolipídicas presentes na membrana celular. Essa localização facilita a proteção da membrana celular e da bicamada fosfolipídica contra os pró-oxidantes. Além disso, a luteína e a zeaxantina podem proteger a pele dos danos causados pela luz, principalmente aqueles causados pela luz ultravioleta.

O licopeno (Figura 13.1) é um carotenoide de coloração vermelha, encontrado em tomate, melancia, mamão, pêssego e toranjas. Cerca de 80% do licopeno alimentar é encontrado no tomate e seus derivados; sua segunda maior fonte é a melancia. A maioria dos licopenos obtidos de fontes naturais é encontrada na forma *all-trans*. A biodisponibilidade do licopeno é baixa, mas pode ser melhorada por meio de processos térmicos. Isso ocorre porque o processamento térmico, bem como a luz e certas interações químicas, podem induzir a transformação do licopeno na forma *all-trans* para os isômeros na forma *cis*, que são termodinamicamente mais estáveis. Os isômeros *cis* representam mais de 50% do licopeno presente nos tecidos e no plasma humano. Após a ingestão, o licopeno *all-trans* é transformado na forma *cis*, na qual apresenta melhor atividade antioxidante. Os isômeros *cis* do licopeno têm maior biodisponibilidade, uma vez que podem ser incorporados mais facilmente em micelas de ácido biliar e quilomícrons. O licopeno *all-trans* forma cristais em alguns alimentos, o que dificulta sua absorção intestinal [13,14].

A forte capacidade antioxidante do licopeno é devida às várias ligações duplas conjugadas presentes na sua estrutura química. O efeito antioxidante do licopeno contra as ROS, que podem causar danos ao DNA, membranas celulares e proteínas, tem sido demonstrado em muitos estudos [6]. O licopeno é o carotenoide mais abundante no plasma humano, geralmente ligado a lipoproteínas de baixa densidade (LDL), sendo transportado para vários tecidos, como fígado, glândula suprarrenal, testículos e próstata. Embora os efeitos benéficos do licopeno à saúde se devam às suas propriedades antioxidantes, outros mecanismos de ação têm sido sugeridos, como o hormonal e a modulação do sistema imune. O maior consumo de produtos à base de tomate tem sido associado à redução do risco de vários tipos de câncer. Esses fatores podem ser atribuídos à capacidade do licopeno de interferir nas vias de sinalização relacionadas ao câncer, bem como modular a comunicação celular ou inibir a formação de vasos sanguíneos (angiogênese) que contribuem para o crescimento do câncer. Vários estudos, incluindo ensaios em seres humanos, indicam que o licopeno reduz o risco de câncer de próstata. No entanto, não foram encontradas evidências do efeito protetor do licopeno contra esse tipo de câncer [15]. Outro benefício do licopeno para a saúde é sua atividade contra as doenças cardiovasculares. A diminuição dessas doenças tem sido associada ao consumo elevado de produtos que contenham tomate como fonte de licopeno [16].

13.2.2 Flavonoides

Os flavonoides estão amplamente presentes nas plantas; quase todos os tecidos das plantas são capazes de sintetizá-los. Os flavonoides exercem papel importante na fisiologia das plantas, pois estão envolvidos no seu crescimento e na sua reprodução, além de fornecer resistência a patógenos e predadores [17]. Além do mais, existe uma variedade enorme de flavonoides identificados – mais de 4.000 – de ocorrência natural. Os flavonoides estão presentes em frutas comestíveis, vegetais folhosos, raízes, tubérculos, bulbos, ervas, temperos, legumes, chá, café e vinho tinto. Eles podem ser classificados em sete grupos: flavonas, flavononas, flavonolóis, isoflavonas, flavanóis

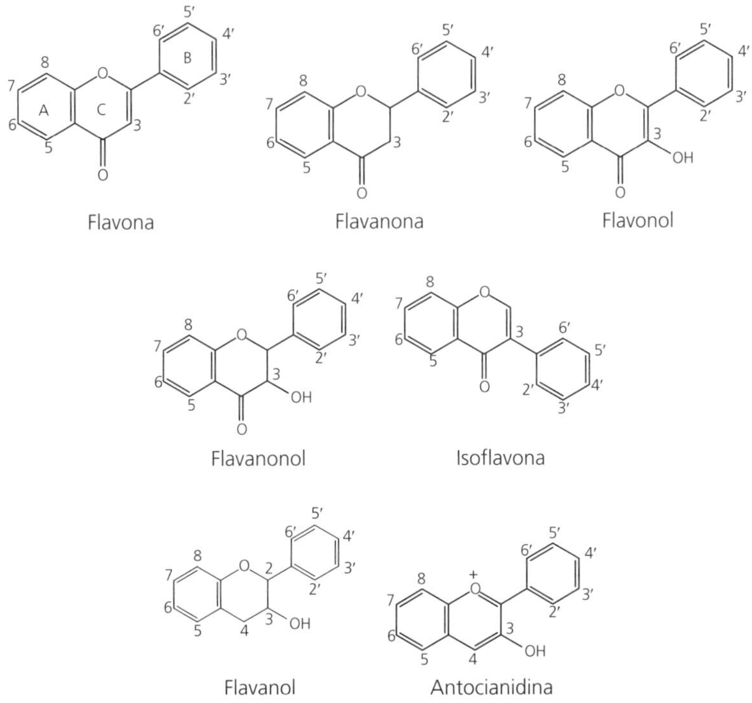

FIGURA 13.2 Estruturas dos flavonoides (classificação do anel identificada na flavona).

(catequinas) e antocianinas. As estruturas desses flavonoides são mostradas na Figura 13.2. Exemplos de flavonoides frequentes em alimentos estão listados na Tabela 13.1. Em geral, as folhas, as flores ou a própria planta contêm flavonoides glicosídicos; tecidos de madeira costumam apresentar agliconas, e as sementes apresentam os dois tipos.

Como resultado de sua ubiquidade nas plantas, os flavonoides são parte importante da dieta humana. Estima-se que a média norte-americana do consumo total de flavonoides em adultos seja de 345 mg/dia, sobretudo o consumo de flavan-3-ols (55,7%), seguido de proantocianidinas (28,5%), flavanonas (6,5%), flavonóis (5,2%), antocianidinas (2,7%), isoflavonas (0,7%) e flavonas (0,3%) [18]. A ingestão diária de flavonoides se deu principalmente a partir de alimentos como chá, sucos de frutas cítricas e frutas cítricas.

Quase todos os flavonoides têm várias características biológicas e químicas em comum: (1) atividade antioxidante, (2) capacidade de sequestrar espécies reativas de oxigênio, (3) capacidade de sequestrar eletrófilos, (4) capacidade de inibir a nitrosação, (5) capacidade de quelar metais (como Fe e Cu), (6) potencial para produzir peróxido de hidrogênio na presença de alguns metais e (7) capacidade de modular a atividade de algumas enzimas celulares [2]. Aparentemente, dietas ricas em flavonoides podem proteger contra doenças cardiovasculares, distúrbios neurodegenerativos e alguns tipos de câncer.

Entre os flavonoides mais benéficos e mais estudados nos últimos anos estão as catequinas do chá-verde. O chá é a segunda bebida mais consumida do mundo, bem à frente de bebidas como café, cerveja, vinho e refrigerantes [19]. Ele tem sido usado com propósitos medicinais, na China e no Japão, há milhares de anos. Mais de 300 tipos de chás são produzidos a partir das folhas da *Camellia sinensis* por meio de diferentes processos manufaturados. Em geral, eles são divididos em três tipos: chá-verde "não fermentado" (produzido pela secagem e vaporização das folhas frescas do chá, promovendo a inativação da polifenoloxidase e, assim, minimizando a oxidação), chá *oolong* "semifermentado" (produzido pela fermentação parcial das folhas frescas do chá, antes do processo de secagem) e chá-preto e vermelho "fermentado" (*Pu-Erh*) (produzido pela fermentação das folhas, antes do processo de secagem e vaporização; a fermentação do chá-preto ocorre devido à reação de oxidação catalisada pela polifenoloxidase, ao passo que a

TABELA 13.1 Diferentes classes de flavonoides, seus padrões de substituição e suas fontes alimentares

Classe	Nome	Substituição	Fonte alimentar
Flavona	Apigenina	5,7-OH	Salsinha, aipo
	Rutina	5,7,3',4'-OH, 3-O-rutinose	Trigo-sarraceno, frutas cítricas
Flavanona	Naringina	5,4'-OH	Frutas cítricas
	Naringenina	5,7,4'-OH	Casca de laranja
Flavonol	Canferol	3,5,7,4'-OH	Brócolis, chá
	Quercetina	3,5,7,3',4'-OH	Cebola, brócolis, maçã, sementes
Flavanonol	Taxifolina	3,5,7,3',4'-OH	Frutas
Isoflavona	Genisteína	5,7,4'-OH	Soja
	Daidzeína	4'-OH, 7-O-glicose	Soja
	Puerarina	7,4'-OH, 8-C-glicose	*Kudzu*
Flavanol (catequina)	(–)-Epicatequina	3,5,7,3',4'-OH	Chá
	(–)-Epigalocatequina	3,5,7,3',4',5'-OH	Chá
	(–)-Epigalocatequina galato	5,7,3',4',5'-OH, 3-galato	Chá
Antocianidina	Cianidina	3,5,7,3',4'-OH	Cereja, morango
	Delfinidina	3,5,7,3',4',5'-OH	Frutas escuras

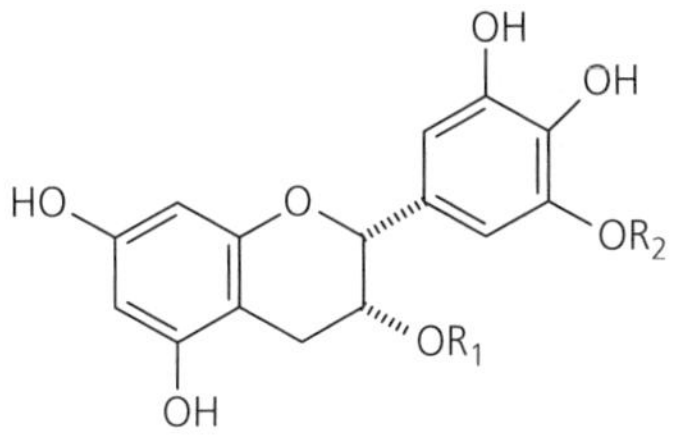

Nome comum	Abreviatura	R_1	R_2
Epicatequina	EC	H	H
Epicatequina galato	ECG	Galato	H
Epigalocatequina	EGC	H	Galato
Epigalocatequina galato	EGCG	Galato	Galato

FIGURA 13.3 Estruturas das principais catequinas do chá-verde.

fermentação do chá *Erh* ocorre por microrganismos) [19]. O chá-verde e o chá *oolong* são mais populares na China, no Japão, na Coreia e em alguns países africanos, ao passo que o chá-preto é preferido na Índia e em países ocidentais. Estudos experimentais e epidemiológicos têm mostrado a ligação entre o consumo de chá e a redução do risco de doenças cardiovasculares e câncer. Além disso, muitos estudos sugerem que o consumo do chá-verde pode trazer benefícios para densidade óssea, função cognitiva, cárie dentária e cálculos renais. Esses efeitos têm sido atribuídos aos compostos polifenólicos do chá [20]. As catequinas são os polifenóis mais abundantes do chá-verde. Uma xícara normal desse chá contém, em peso seco, 30 a 40% de catequinas, incluindo epigalocatequina-3-galato (EGCG), epigalocatequina (EGC), epicatequina-3-galato (ECG) e epicatequina (EC) (Figura 13.3). A EGCG é a catequina mais abundante nos chás verde, *oolong* e preto. O chá-verde e o *oolong* normalmente contêm de 30 a 130 mg de EGCG por xícara (237 mL), ao passo que os chás-pretos podem conter até 70 mg de EGCG por xícara [21]. Os principais pigmentos

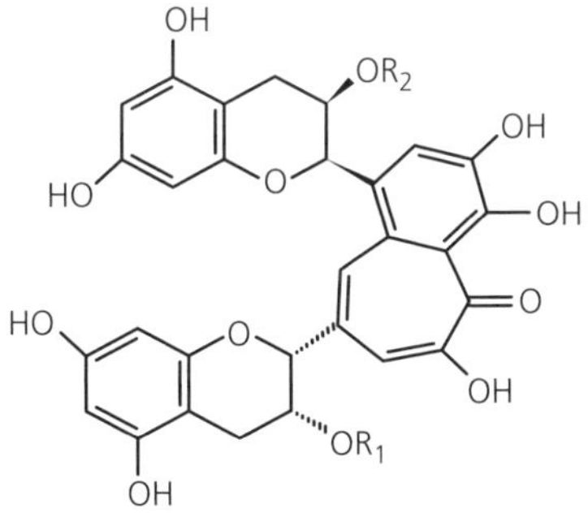

Nome comum	Abreviatura	R_1	R_2
Teaflavina	TF	H	H
Teaflavina-3-galato	TF3G	Galato	H
Teaflavina-3'-galato	TF3'G	H	Galato
Teaflavina-3,3'-digalato	TFDG	Galato	Galato

FIGURA 13.4 Estruturas das teaflavinas do chá-preto.

presentes no chá-preto são as teaflavinas e as tearubiginas, as quais são formadas por oxidação e polimerização de catequinas durante a fermentação. As estruturas de quatro teaflavinas são apresentadas na Figura 13.4. As estruturas da tearubiginas ainda não estão bem caracterizadas, mas alguns estudos propuseram estruturas e mecanismo de formação de algumas tearubiginas [22]. Já se sabe que as teaflavinas desempenham um papel importante em propriedades do chá-preto, como cor, gosto e sensação bucal.

O chá-verde e seus constituintes têm sido amplamente estudados, tanto *in vitro* como em modelos animais de carcinogênese. Embora esses compostos venham se mostrando eficientes em um grande número de modelos animais de carcinogênese, as evidências epidemiológicas em relação aos efeitos do consumo de chá sobre os riscos de câncer em seres humanos ainda são conflitantes [21]. Alguns estudos mostraram diminuição na incidência e recorrência de câncer associada ao consumo de chá-verde, porém outros estudos demonstraram que não havia qualquer efeito. Em sua maioria, as pesquisas epidemiológicas que mostram uma relação inversa entre o consumo de chá e o desenvolvimento de câncer foram conduzidas em câncer gastrintestinal, realizadas no Japão e na China, onde o chá-verde é a principal forma de chá consumida. No Japão, as mulheres que consomem mais de 10 xícaras de chá por dia têm mostrado redução notável no risco de metástase* e recorrência do câncer de mama, além de diminuir o risco do câncer de pulmão, colo e fígado [23]. Na China, foi realizado um estudo de caso que mostrou diminuição no risco de câncer de próstata devido ao aumento do consumo de chá-verde [24]. Um estudo observacional realizado em Iowa demonstrou que o consumo de chá está associado com menor risco de câncer no trato digestório e urinário de mulheres [25]. Vários mecanismos têm sido propostos para demonstrar os efeitos contra o câncer, baseando-se em estudos com linhagens de células cancerígenas. *In vitro*, os polifenóis do chá, sobretudo o EGCG, têm mostrado inibição do crescimento e da indução de apoptose de células de tumores, como melanoma, câncer de mama, câncer de pulmão, leucemia e câncer de colo [20,26]. A importância relativa dos mecanismos *in vivo* ainda deve ser determinada. Em geral, as atividades biológicas importantes que podem ser moduladas pela baixa concentração de um agente são propensas a terem mais relevância *in vivo*. Um problema encontrado em vários estudos é a concentração relativamente alta dos compostos do chá usados nos estudos *in vitro*. Essas concentrações costumam exceder em muito a concentração normal encontrada no plasma animal ou em tecidos que entram em contato com o chá consumido.

Os efeitos benéficos das catequinas para a saúde, obtidas do chá-verde, não dependem somente da quantidade total consumida, mas também da sua biodisponibilidade e biotransformação, que podem variar sob diferentes condições. Diversos estudos sobre a biodisponibilidade sistêmica do chá-verde administrado oralmente, bem como sobre catequinas em seres humanos, têm sido realizados. Esses estudos têm mostrado que a administração de 20 mg de sólidos de chá-verde/kg de peso humano atinge níveis máximos no plasma para EGC, EC e EGCG de 729, 428 e 170 nM, respectivamente. A EC e a EGC do plasma estão presentes como conjugados de glicuronida ou sulfato, ao passo que 77% da EGCG se apresenta na forma livre [27]. Outro estudo foi realizado para comparar a biodisponibilidade de doses puras de EGC, ECG e EGCG em 10 voluntários saudáveis. Foi observado que as médias das concentrações do plasma obtidas após uma dose de 1,5 mmol foram de 5,0 µM para EGC, 3,1 µM para ECG e 1,3 µM para EGCG. Após 24 h, o EGC e o EGCG retornaram ao nível de base, porém o ECG permaneceu elevado [28]. Esses estudos fornecem uma ideia dos níveis alcançáveis de catequinas em seres humanos, após o consumo oral. Informações como essas podem ser utilizadas em estudos com modelos *in vitro*, assegurando a relevância fisiológica.

Outro flavonoide muito comum é a quercetina (Figura 13.5). Ela é encontrada em alimentos como uva, vinho, chá, cebola, maçã e vegetais verdes folhosos. A quercetina tem mostrado vários benefícios à saúde, incluindo proteção contra a osteo-

---

*Metástase é a propagação do câncer de um órgão para outro, que não estão diretamente ligados.

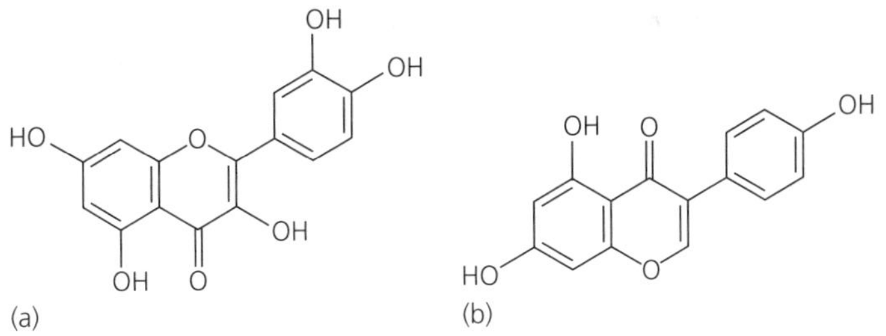

FIGURA 13.5 Estruturas da (a) quercetina e da (b) genisteína.

porose, certos tipos de câncer, doenças pulmonares e cardiovasculares. Seus possíveis benefícios estão relacionados com sua capacidade de eliminar espécies altamente reativas, como os radicais peroxinitrito e hidroxila [29]. No entanto, para confirmar o papel da atividade antioxidante da quercetina com seus potenciais efeitos benéficos, são necessários estudos em seres humanos. Em um estudo realizado com base na dieta e na análise bioquímica de amostras de sangue, o consumo de quercetina foi associado com a redução dos níveis de colesterol total (LDL), o que pode levar à proteção contra doenças cardiovasculares [30]. Em animais de laboratório, a quercetina inibiu a formação de câncer no pulmão, no colo, na glândula mamária e no fígado, induzida por produtos químicos [31].

Os benefícios da soja e de seus derivados têm sido reconhecidos nos últimos anos. Acredita-se que a genisteína (Figura 13.5), uma isoflavona, seja a principal substância nutracêutica da soja e de seus produtos, como a farinha de soja, flocos de soja, óleo de soja, proteína isolada de soja, tofu e bebidas à base de soja. A quantidade de genisteína contida em 1 g de *chips* de soja em pó é de mais de 500 μg, ao passo que 1 g de proteína de soja contém ≈ 250 μg de genisteína [32]. Sendo um fitoestrogênio, a genisteína inibe a atividade estrogênica e exibe atividade antiestrogênica.* As estruturas dos fitoestrogênios têm mostrado uma grande semelhança com a estrutura dos esteroides estrogênicos, o que confirma sua relação antagônica. A ligação competitiva dos fitoestrogênios aos receptores de estrogênio dos núcleos celulares altera a produção de proteínas específicas dentro da célula; essas proteínas se mantêm dentro do núcleo celular, ligam-se aos sítios regulatórios do DNA e afetam a produção de proteínas, aumentando ou diminuindo a expressão de genes [33]. Entre os benefícios relatados da genisteína, estão a prevenção de câncer, doenças cardiovasculares, obesidade e osteoporose e a atenuação de problemas pós-menopáusicos [34]. A genisteína, por meio de estudos em animais, tem mostrado inibição de crescimento de vários tipos de células cancerígenas, incluindo a formação de câncer induzido quimicamente na glândula mamária, na próstata e no estômago, além da formação de câncer de pele induzido por radição ultravioleta (UV), câncer endometrial induzido por mutação, tumores transplantados de próstata, leucemia e células cancerígenas da bexiga. Estudos realizados em seres humanos também têm mostrado efeitos protetores da genisteína contra o câncer. A diminuição do risco de câncer de mama entre um grupo de mulheres na China expostas a uma dieta foi inversamente associada à concentração plasmática de isoflavona (incluindo genisteína). A menor incidência de câncer de próstata foi associada ao consumo de uma dieta rica em soja, que resultou em níveis relativamente altos de isoflavonas presentes no soro, na urina e no líquido prostático de homens asiáticos. Além disso, o elevado consumo de leite de soja por homens americanos também mostrou redução nos riscos de câncer de próstata [34]. No entanto, para confirmar a relação entre a genisteína (isoflavonas de soja) e o menor risco de câncer, são necessários ensaios clínicos controlados randomizados.

As polimetoxiflavonas (PMFs) são uma classe única de flavonoides encontrados em frutas cítricas, principalmente em cascas de laranjas

---

*Atividade estrogênica é a atividade biológica provocada por um estrogênio ou análogos.

(*Citrus sinensis*) e tangerinas (*Citrus reticulate*). Durante séculos, elas têm sido utilizadas como um medicamento natural em países asiáticos. As PMF são flavonas que contêm dois ou mais grupos metoxi em seu esqueleto básico de benzo-γ-pirona, possuindo um grupo carbonila na posição C_4. Na figura 13.6, são mostrados três exemplos de PMFs. Essa classe de flavonoides tem despertado um crescente interesse em sua pesquisa, pois evidências científicas demonstram que as PMFs têm um espectro de ação biológico muito amplo, que inclui atividades anticarcinogênicas, anti-inflamatórias, antiaterogênicas, antivirais e antioxidantes [35]. Mais de 20 PMFs foram isoladas e identificadas, sendo que a tangeretina, a nobiletina e a 5-desmetilnobiletina (Figura 13.6) são as mais estudadas devido aos seus potenciais efeitos benéficos à saúde. Entre as atividades das PMFs, a anti-inflamatória é considerada a mais significativa. Diferentes mecanismos têm sido propostos como responsáveis pelos efeitos anti-inflamatórios das PMFs. Entre eles, o mecanismo de inibição de enzimas pró-inflamatórias, por exemplo, a enzima óxido nítrico sintase induzível (iNOS) e a enzima cicloxigenase 2 (COX-2), e o mecanismo de regulação negativa de citocinas pró-inflamatórias, como, por exemplo, interleucina (IL)-1α, IL-1β, fator de necrose tumoral alfa (TNF-α) e IL-6. Os efeitos das PMFs contra diferentes tipos de câncer têm sido demonstrados em estudos *in vitro* e *in vivo*. Os mecanismos de ação incluem bloqueio da metástase, inibição da mobilidade de células cancerígenas, apoptose, citotoxicidade seletiva e antiproliferação. As PMFs possuem uma subclasse formada por compostos 5-hidroxilados que podem ser formados pela auto-hidrólise de sua parte oposta permetoxilada, por exemplo, a 5-desmetilnobiletina (Figura 13.6) pode ser formada a partir de nobiletina. Estudos mostraram que as PMFs 5-hidroxiladas inibem de forma mais potente diferentes tipos de células cancerígenas, em comparação com a nobiletina e a tangeretina [36,37].

13.2.3 Proantocianidinas

As proantocianidinas são oligômeros ou polímeros de flavan-3-ols e são encontradas em frutas, sementes, feijões, nozes, cacau e vinho. A sua abundância em plantas possibilita que desempe-

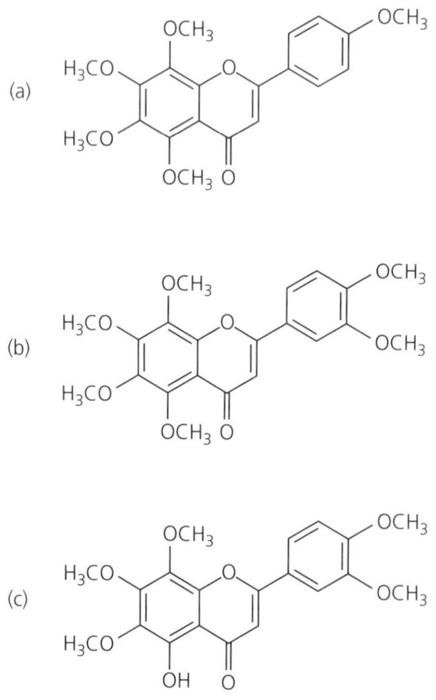

FIGURA 13.6 Estruturas da (a) tangeretina, (b) nobiletina e (c) 5-desmetilnobiletina.

nhem um papel importante na dieta humana [38]. As proantocianidinas são oligômeros ou polímeros de flavan-3-ols, e essas unidades estão conectadas principalmente pela ligação C4 → C8. Essa ligação é denominada ligação do tipo B. Ligações éter adicionais entre C2 → C7 resultam em ligações duplas das unidades de flavan-3-ols, chamadas de ligações do tipo A [38]. A Figura 13.7 mostra as estruturas químicas dos dímeros mais comuns, B1, B2 e A2, assim como dos trímeros C1 e C2. O teor de proantocianidinas varia nas plantas, devido à sua elevada diversidade estrutural e ampla faixa de grau de polimerização.

Muitos estudos *in vitro* e *in vivo* mostraram uma ampla gama de atividades biológicas das proantocianidinas, incluindo as atividades antio-

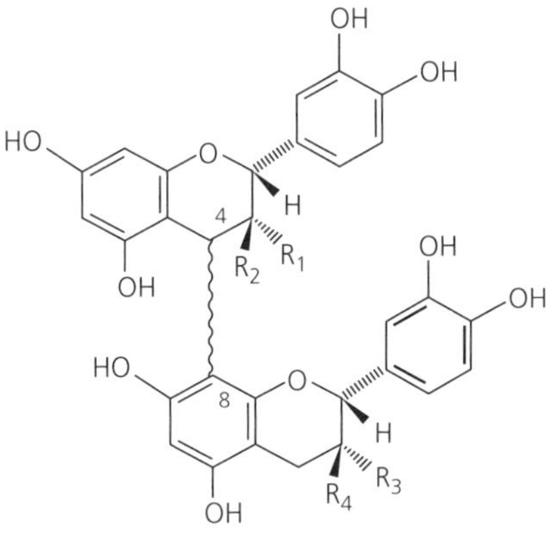

B1: R_1 = OH; R_2 = H; R_3 = H; R_4 = OH
B2: R_1 = OH; R_2 = H; R_3 = OH; R_4 = H

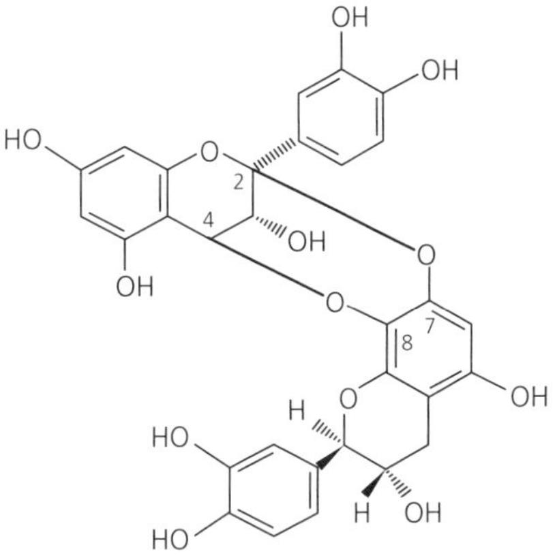

Dímero A_2

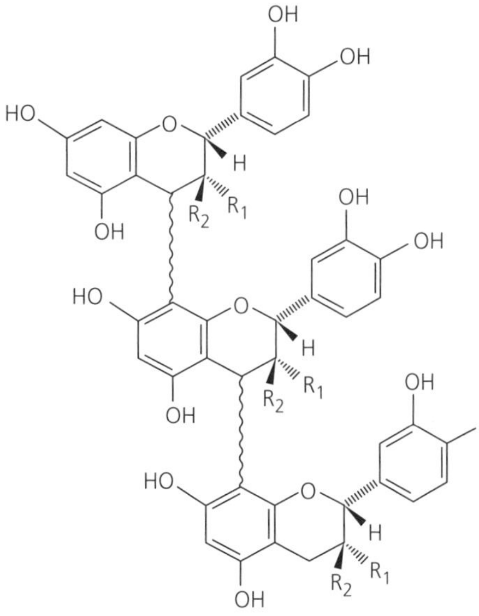

C1: R_1 = OH; R_2 = H
C2: R_1 = H; R_2 = OH

FIGURA 13.7 Estruturas de dímeros e trímeros de proantocianidinas mais comuns.

xidante, anticarcinogênica e antimicrobiana, além de efeitos cardioprotetores e neuroprotetores. No entanto, informações sobre a sua biodisponibilidade e biotransformação em seres humanos ainda são limitadas. Em geral, a biodisponibilidade das proantocianidinas é baixa devido ao seu alto grau de polimerização e grande massa molecular [39]. Os estudos disponíveis mostram que as proantocianidinas são pouco absorvidas, e a maioria das proantocianidinas poliméricas passa inalterada pelo intestino delgado, onde mais tarde são degradadas em ácidos fenólicos menores pela microbiota do intestino grosso [38]. Evidências indicam que os metabólitos derivados do catabolismo microbiano das proantocianidinas são os responsáveis pelos seus efeitos benéficos à saúde [39].

13.2.4 Outros compostos polifenólicos

Além dos flavonoides, existem muitos outros compostos polifenólicos nos alimentos, principalmente em frutas, vegetais e condimentos. A Tabela 13.2 mostra os benefícios de alguns desses compostos à saúde.

O rizoma seco da planta *Curcuma longa* Linn tem sido usado durante séculos como um remédio natural para o tratamento tópico de inflamações e outras doenças. O principal pigmento encontrado no rizoma em pó, conhecido como tempero turmérico, foi identificado como curcumina (Figura 13.8). Esse tempero, o turmérico, é consumido diariamente nos alimentos da Índia, sendo utilizado, ainda, para preservar alimentos e como agente corante. Muitos laboratórios têm mostrado que a curcumina e/ou o turmérico exercem uma potente atividade anti-inflamatória. Muitos estudos *in vitro* e alguns *in vivo* têm mostrado que a curcumina foi bastante eficiente na indução da apoptose em muitos tipos de células cancerígenas [40]. No entanto, a curcumina tem uma biodisponibilidade muito baixa devido à fraca absorção intestinal, ao rápido metabolismo de primeira passagem e à eliminação sistemática rápida no corpo humano, o que limita seu potencial como um nutracêutico eficaz na prevenção de doenças crônicas.

O gengibre comum tem sido utilizado como medicamento popular há milhares de anos. O gingerol e o *shogaol* são os principais componentes bioativos do gengibre, além de serem os principais componentes pungentes do gengibre. Os gingeróis são séries homólogas com cadeias alquílicas variadas, ao passo que os *shogaols* são séries derivadas da desidratação (em C5 e C4) dos gingeróis (Figuras 13.8 e 13.9). Os gingeróis são sensíveis ao calor. Durante secagem ou processo térmico, eles se desidratam em *shogaol* correspondente ou se degradam por reação de retroaldol com a zingerona e seus aldeídos correspondentes (Figura 13.9) [41]. Os gingeróis, particularmente o 6-gingerol, são mais encontrados em gengibre fresco, ao passo que o *shogaol* é encontrado principalmente em gengibre seco. A proporção de 6-gingerol para 6-*shogaol* é de cerca de 10:1 no gengibre fresco, e 1:1 no gengibre seco. Os componentes bioativos mais estudados no gengibre são os 6-gingerol e 6-*shogaol* (Figura 13.8), que têm demonstrado efeitos anti-inflamatórios e anticancerígenos, tanto *in vitro* como em modelos *in vivo*. Alguns estudos demonstraram que o 6-*shogaol* tem atividades anticancerígenas e antioxidantes mais fortes do que o 6-gingerol. Foi observado que, após a ingestão oral, tanto o 6-gingerol como o 6-*shogaol* são metabolizados, porém o 6-gingerol não é detectado no sangue, ao passo que uma pequena quantidade do 6-*shogaol* pode ser detectada [42].

TABELA 13.2 Outros polifenóis, suas fontes alimentares e seus benefícios potenciais à saúde

Polifenol	Fonte alimentar	Benefícios potenciais à saúde
Curcumina	Raízes tuméricas	Anticarcinogênico, anti-inflamatório, protetor cardíaco, inibidor do diabetes
Gingerol, shogaol	Gengibre	Anticarcinogênico, antiemético
Ácido carnósico, carnosol	Alecrim, sálvia	Antioxidante, anticarcinogênico
Resveratrol	Uva, vinho tinto	Anticarcinogênico, antioxidante e protetor cardíaco
Pterostilbeno	Mirtilo	Anticarcinogênico, antioxidante e protetor cardíaco

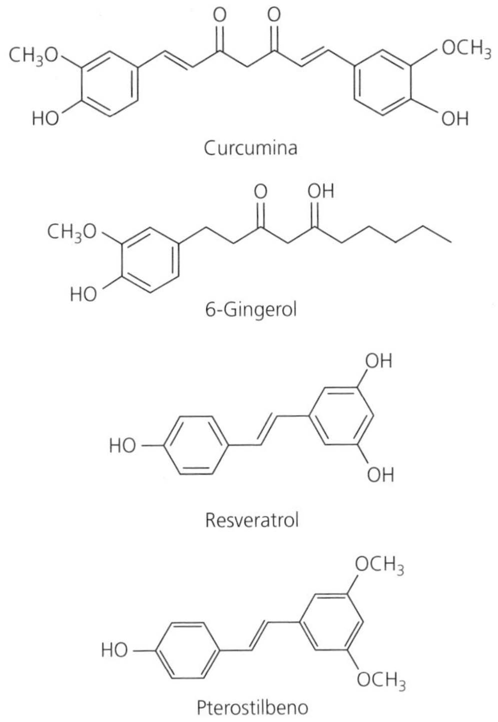

FIGURA 13.8 Estruturas da curcumina, do 6-gingerol, do 6-*shogaol* resveratrol e do pterostilbeno.

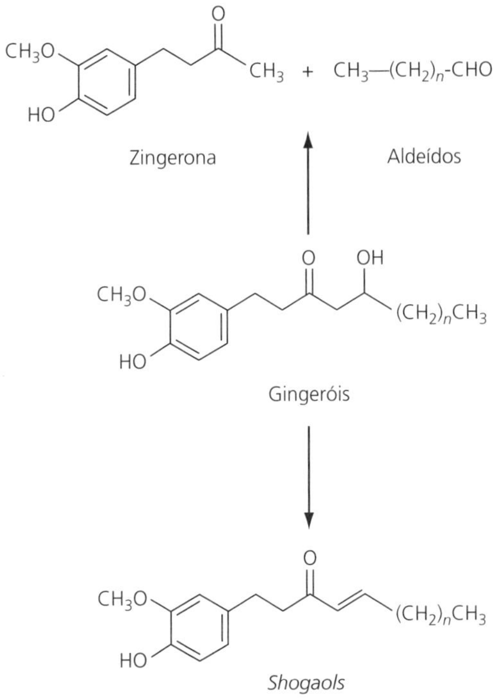

FIGURA 13.9 Reações de degradação dos gingeróis.

O resveratrol (3,5,4'-tri-hidroxiestilbeno; Figura 13.8) é um composto encontrado principalmente em uvas, amendoim, amoras e vinhos tintos. Ele é sintetizado a partir do *p*-cumaroil--CoA e do malonil-CoA em resposta a estresse, lesões, infecções ou irradiação UV. O resveratrol é classificado como uma fitoalexina, dando resistência às plantas. Experimentos *in vitro* e *in vivo* mostraram que ele apresenta vários efeitos biológicos, como proteção contra a aterosclerose, atividades antioxidantes, inibição da agregação de plaquetas e propriedades antimutagênicas e anticarcinogênicas [43]. No entanto, vários estudos clínicos indicaram que a baixa biodisponibilidade e o rápido metabolismo do resveratrol podem limitar seus efeitos benéficos à saúde [44].

O pterostilbeno (*trans*-3,5-dimetoxi-4-hidroxiestilbeno; Figura 13.8) é um análogo do resveratrol, encontrado principalmente em mirtilos e na parte interna do *Pterocarpus marsupium*. Além de semelhante ao resveratrol, o pterostilbeno também é considerado uma fitoalexina. Por meio de estudos demonstraram que ele apresenta vários benefícios à saúde, possuindo ação anti-inflamatória e proteção contra doenças cardiovasculares e câncer. Por meio de estudos realizados com animais, observou-se que o pterostilbeno exibiu maior biodisponibilidade e maior bioatividade, quando comparado com o resveratrol, sugerindo que os dois grupos metoxi presentes no pterostilbeno aumentam sua lipofilia, e, como consequência, sua biodisponibilidade [44].

As folhas de alecrim e sálvia costumam ser utilizadas como tempero e agentes flavorizantes. A folha seca do alecrim é um dos temperos mais utilizados no processamento de alimentos devido ao seu sabor e seu alto poder antioxidante. Muitos diterpenos fenólicos com atividades antioxidantes têm sido isolados das folhas do alecrim e da sálvia, e o mais importante é o ácido carnósico. Experimentos *in vitro* indicaram que o ácido carnósico pode proteger as membranas biológicas e prevenir a peroxidação lipídica [45]. Além da atividade antioxidante, tanto o extrato do alecrim como o ácido carnósico têm mostrado inibir a iniciação de tumores induzidos quimicamente em modelos animais. O ácido carnósico não é estável durante seu processamento e seu armazenamento. A princípio, ele se oxida para formar o carnosol e, após, forma o rosmanol por meio de transformações oxidativas. O mecanismo dessa transformação é mostrado na Figura 13.10 [46]. É importante ressaltar que tanto o carnosol como o rosmanol exercem atividades antioxidantes comparáveis às do ácido carnósico [46].

13.2.5 Substâncias bioativas que contêm enxofre

Outro grupo de fitonutrientes são os sulfetos, os quais são compostos encontrados em vegetais de espécies de *Allium*, que inclui cebola, alho, cebolinha e alho-poró. Na figura 13.11, são mostrados exemplos de compostos organossulfurados encontrados em alguns vegetais *Allium*. Segundo estudos epidemiológicos, a maior ingestão de vegetais *Allium* está associada à redução do risco de diferentes tipos de câncer [47]. Os altos níveis de compostos organossulfurados presentes nesses vegetais estão associados com o seu efeito protetor contra o câncer no estômago, no esôfago, nas glândulas mamárias, na mama, na pele e nos pulmões, demonstrados mediante estudos com animais. Diferentes mecanismos estão associados aos efeitos benéficos desse composto, como inibição do crescimento e da proliferação de células cancerígenas, atividade antimicrobiana e antioxidante e inibição da formação de adutos em DNA. Apesar dos potenciais efeitos contra o câncer sugeridos pelos estudos epidemiológicos, os resultados dos ensaios clínicos não foram conclusivos. Por exemplo, dois pequenos ensaios clínicos sugeriram efeitos do alho contra o câncer de colo, ao passo que outro grande ensaio não mostrou tal efeito [48].

A alicina (dialil tiossulfinato) é o principal composto organossulfurado identificado no alho moído (*Allium sativum* L.) e contribui para as propriedades benéficas do alho. No entanto, a alicina não é encontrada em tecidos intactos do alho. Depois de cortada ou moída, a alina (*S*-alilcisteína *S*-óxido; Figura 13.11), o principal composto do alho inteiro, é convertida em alicina pela ação da alinase (ver Capítulos 6 e 11). A transforma-

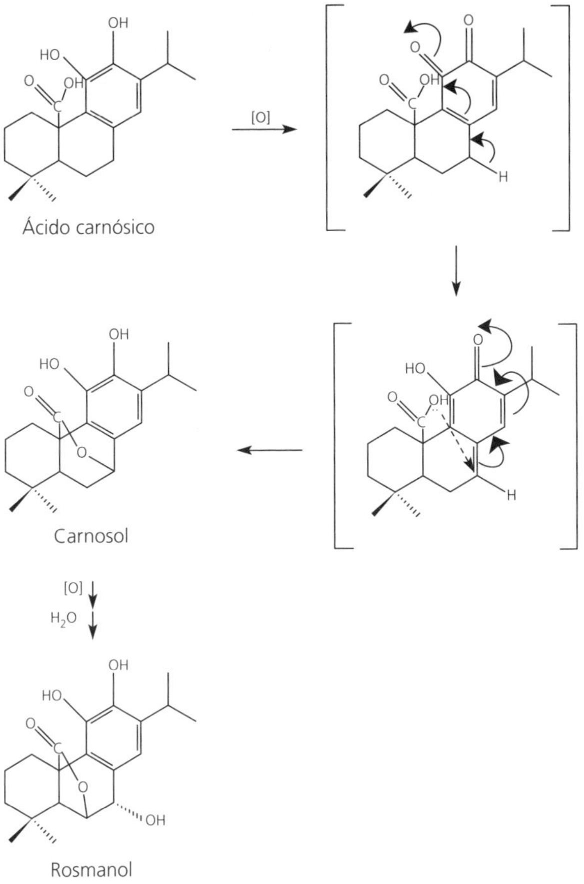

Capítulo 13   Substâncias bioativas: nutracêuticas e tóxicas

FIGURA 13.10 Transformação oxidativa do ácido carnósico em carnosol e em rosmanol.

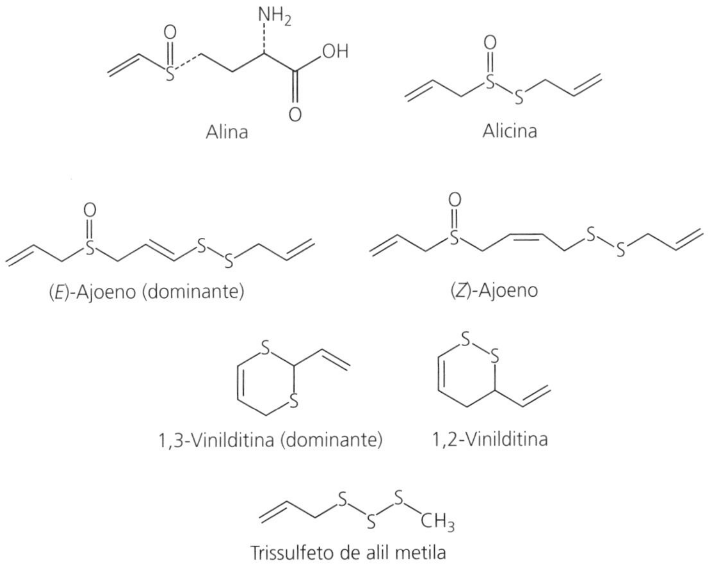

FIGURA 13.11 Estruturas da alina, da alicina, dos ajoenos, da vinilditina e de trissulfeto de alil metila.

ção química da alicina por meio do calor produz outros compostos sulfurosos, como ajoenos, vinilditina e trissulfeto de alil metila (Figura 13.11), os quais são parcialmente responsáveis pelo aumento da atividade fibrinolítica e pela inibição da agregação plaquetária.

O alho tem sido estudado com relação aos seus potenciais benefícios em doenças como resfriado comum, hipercolesterolemia, hipertensão, doença arterial periférica e pré-eclâmpsia. No entanto, nenhuma evidência concreta dos seus benefícios foi encontrada para as doenças mencionadas [48]. Estudos em animais indicaram seu efeito anti-inflamatório e na inibição da calcificação coronariana. O hálito geralmente é o efeito adverso mais associado ao alho; contudo, também são relatados outros efeitos, como reações alérgicas, alteração da função plaquetária e alteração da coagulação, bem como a alteração na eficiência de medicamentos prescritos [49].

13.2.6 Isotiocianatos e indóis

Outra classe principal de compostos organossulfurados bioativos são os isotiocianatos e os indóis, formados durante a hidrólise enzimática do glicosinolato. Esses compostos são abundantes em vegetais crucíferos, como brócolis, couve-de-bruxelas, couve-flor, couve, repolho, mostarda e couve-rábano. A grande quantidade de glicosinolato é responsável pelo sabor amargo e, às vezes, azedo das Cruciferae. Quando as células dos vegetais crucíferos são danificadas, por exemplo, por ataque microbiano, predação por inseto, processamento do alimento, ou mastigação do vegetal, os compartimentos celulares são quebrados, e a enzima mirosinase (β-tioglicosidase glico-hidrolase) ganha acesso aos glicosinolatos, promovendo a hidrólise e a subsequente formação de isotiocianatos e indóis. O composto bioativo mais conhecido da família dos isotiocianatos é o sulforafano, presente no brócolis após a ruptura dos tecidos da planta, sendo que o principal glicosinolato responsável pela produção de sulforafano no brócolis é a glucorafanina (Figura 13.12) [50]. Durante a digestão, a enzima mirosinase pode converter os glicosinolatos a isotiocianatos e indóis.

Os isotiocianatos são termicamente instáveis durante seu processamento, e a maioria de seus produtos de decomposição deriva da tioureia. A Figura 13.13 mostra a decomposição do sulforafano. Ele é inicialmente hidrolisado em uma amina, que reage com o sulforafano, formando a N,N'-di(metilssulfinil)butil tioureia [51]. A consequência dessa decomposição à bioativi-

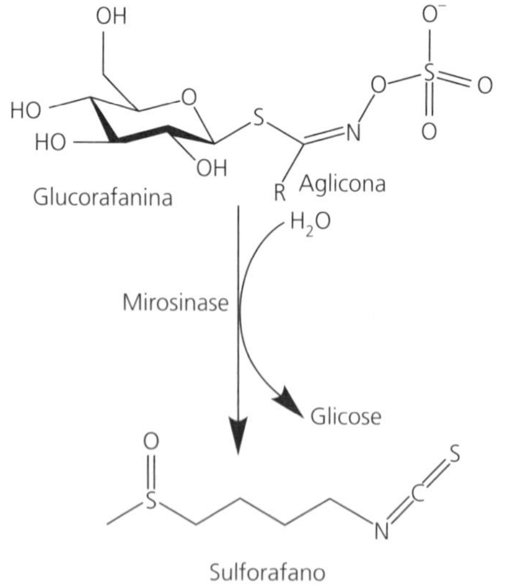

FIGURA 13.12 Formação do sulforafano, a partir da hidrólise de glucorafanina realizada pela mirosinase.

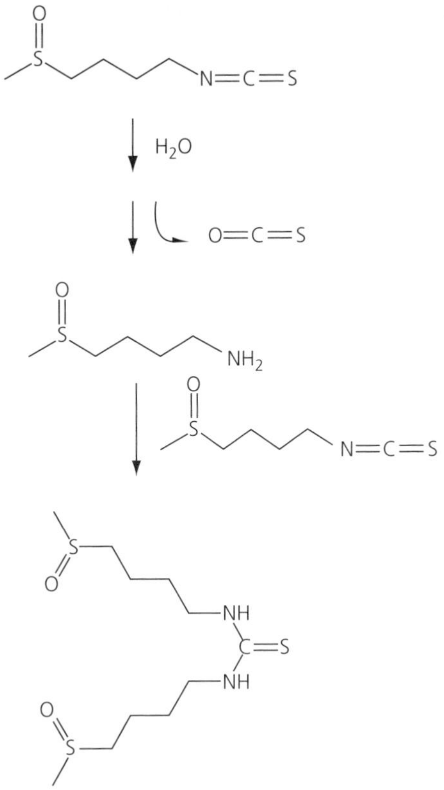

FIGURA 13.13 Formação da N,N'-di(metilssulfinil)butil tioureia a partir do sulforafano.

dade ainda não é conhecida. Por outro lado, o calor pode inativar a mirosinase, reduzindo a produção de isotiocianatos a partir de seus precursores glicosinolatos, diminuindo sua disponibilidade. Os glicosinolatos são compostos solúveis em água que podem ser perdidos durante o branqueamento dos vegetais. Dessa forma, o cozimento de vegetais crucíferos pode reduzir seus efeitos benéficos à saúde [50].

Alguns estudos têm mostrado que animais tratados com isotiocianatos, como fenetil isotiocianato, benzil isotiocianato, alil isotiocianato e sulforafano (Figura 13.14) [52], após exposição a carcinogênicos, reduziram a incidência de tumores no fígado, no pulmão, no colo, na mama, na próstata e no pâncreas. Além disso, vários estudos epidemiológicos realizados com seres humanos apoiam os efeitos anticancerígenos dos isotiocianatos observados nos modelos animais, mostrando uma associação inversa entre o consumo de vegetais crucíferos e o risco de câncer [50]. Ensaios clínicos controlados são necessários para confirmar a eficácia dos isotiocianatos como agentes anticancerígenos em seres humanos. Os isotiocianatos exercem seus efeitos por diferentes mecanismos, entre eles a indução de enzimas que atuam na desintoxicação de fase II (p. ex., glutationa S-transferases [GSTs] e UDP-glucuronosiltransferases [UGTs]). Dessa forma, o aumento da atividade dessas enzimas pode promover a eliminação de substâncias cancerígenas do corpo humano.

O indol-3-carbinol é um composto bioativo derivado da hidrólise por mirosinase da glicobrassicina encontrado em vegetais crucíferos, sendo induzido pela maceração (Figura 13.15). O indol-3-carbinol tem se mostrado portador de propriedades anticarcinogênicas e preventivas contra o câncer. Após o consumo oral, o indol-3-carbinol condensa devido às condições ácidas

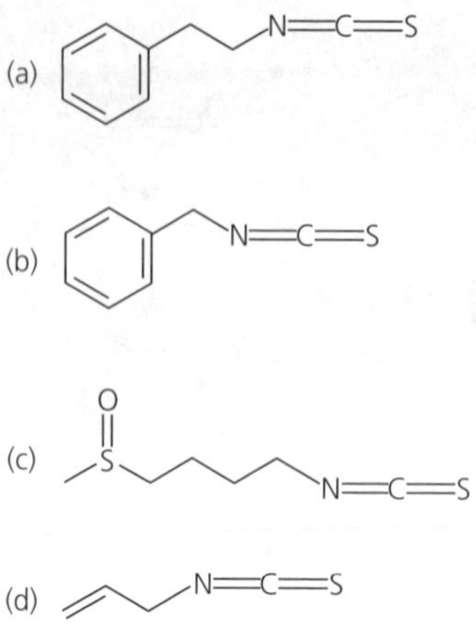

FIGURA 13.14 Estruturas do (a) fenetil isotiocianato, do (b) benzil isotiocianato, do (c) sulforafano e do (d) alil isotiocianato.

encontradas no estômago, formando produtos oligoméricos, particularmente o 3,3'-di-indolilmetano (Figura 13.15). Análises do sangue de seres humanos que receberam doses orais de indol-3-carbinol mostraram que este não era detectável, porém uma quantidade considerável de 3,3'-di-indolilmetano foi encontrada no sangue desses indivíduos. Levando em consideração que os efeitos do 3,3'-di-indolilmetano contra o câncer já foram demonstrados, é válido propor que ele seja o responsável pelos efeitos anticancerígenos *in vivo* do indol-3-carbinol.

13.3 MECANISMOS GERAIS DE PROTEÇÃO DOS NUTRACÊUTICOS

Muitos fitonutrientes têm apresentado diversas propriedades benéficas à saúde. Os mecanismos gerais de proteção usados por esses compostos derivados de plantas exercem diferentes ações, como proteção antioxidativa, proteção contra danos ao DNA, melhora do sistema imune e modulação hormonal [3,53–55].

A ação anti-inflamatória de muitos nutracêuticos tem sido relatada, mostrando a forte ligação

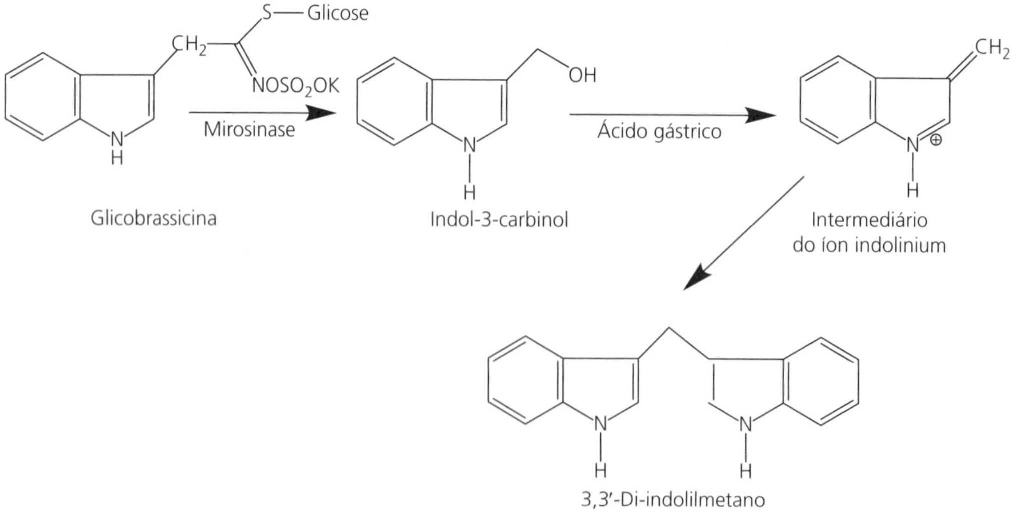

FIGURA 13.15 Formação do indol-3-carbinol, a partir do 3,3'-di-indolilmetano no estômago.

entre a inflamação crônica com diferentes doenças, como câncer, obesidade, diabetes e doenças cardiovasculares e neurológicas. A obesidade e a resistência à insulina em pacientes com diabetes tipo 2 são exemplos frequentemente associados com inflamações crônicas de baixo grau, evidenciados pelo aumento do nível de expressão da citocina* pró-inflamatória, TNF-α [56]. Um dos mecanismos mais importantes da inflamação envolve a superprodução de óxido nítrico (NO), superóxido e outras espécies reativas de oxigênio e de nitrogênio produzidas por macrófagos, neutrófilos, linfócitos e outras células envolvidas na resposta imune. Essas células imunes podem penetrar no tecido inflamado e contribuir para a transformação maligna, mediante a indução ao dano no DNA nas células em proliferação [3]. O mecanismo geral de ação anti-inflamatória usado pelos compostos derivados de plantas é a inibição da COX-2 e iNOS, duas importantes proteínas pró-inflamatórias, por meio da diminuição dos seus níveis de expressão e/ou inibição de suas atividades enzimáticas [3]. Foi demonstrado que tanto a COX-2 como a iNOS estão envolvidas em respostas inflamatórias estimuladas por antígenos. Outros mecanismos importantes de ação anti-inflamatória dos fitonutrientes incluem a inibição de citocinas pró-inflamatórias, quimiocinas, moléculas reguladoras do ciclo celular, modulação das principais vias de sinalização e fatores de transcrição** associados à inflamação [57].

A proteção antioxidante contra danos ocasionados pelos radicais livres é vital para a integridade das estruturas celulares e das macromoléculas [58]. O sistema de defesa funciona por meio de uma complexa rede entre as vitaminas C e E, carotenoides, enzimas antioxidantes dependentes de zinco, cobre, selênio e magnésio e outros fitonutrientes, os quais, juntos, executam reações perfeitamente integradas de renovação e regeneração, otimizando a proteção contra radicais livres. A deficiência de qualquer um dos compostos essenciais antes mencionados pode ocasionar comprometimentos graves ao sistema imune [53,58]. O estresse oxidativo ocorre quando há um desequilíbrio entre a criação de ROS e sua remoção. As ROSs incluem radicais livres, como hidroxila, peróxido, ânion superóxido e outras espécies reativas, como peróxido de hidrogênio e molécula isolada de oxigênio, gerada como consequência de processos naturais (p. ex., transporte mitocondrial de elétrons, exercício), estímulo ambiental (p. ex., radiação ionizante pelo sol), poluidores ambientais, condições alteradas da atmosfera (p. ex., hipóxia) e fatores relacionados ao estilo de vida (como consumo excessivo de álcool e cigarro). Os mecanismos de defesa usados para a remoção das ROSs incluem enzimas, como superóxido dismutase, glutationina peroxidase e antioxidantes, as quais podem ter ocorrência natural no corpo humano ou podem ser consumidas por meio da dieta. Podem ocorrer danos oxidativos em macromoléculas, como proteínas, DNA e lipídeos. Alterações nas bases do DNA, rupturas na estrutura e mutações são problemas que costumam estar associados a ataques dos radicais livres ao DNA. Em alguns estudos, mostrou-se que esses danos podem ser estabilizados, reduzidos e até mesmo revertidos por meio de suplementos antioxidantes [3]. Tais resultados foram encontrados não apenas em populações com níveis altos de estresse oxidativo (fumantes), mas também em populações nas quais esse estresse não era o principal fator de risco [59].

O câncer é uma das principais causas de morte no mundo, estimulando o intensivo estudo de fitonutrientes que tenham efeitos contra essa doença. Existem três etapas nas quais o processo de formação do câncer ocorre: iniciação, promoção e progressão. O estágio de iniciação consiste na transformação de uma célula normal em uma célula "iniciada", na qual as células sofrem o efeito causado pelo metabolismo carcinogênico, provocando mutações genéticas e disfunções no reparo aos danos no DNA [3]. Durante essa fase, os agentes ambientais que provocam câncer (p. ex., compostos tóxicos, tabaco e poluentes) causam mutações simples, como transições ou pequenas modificações nos genes-chave que controlam o processo de carcinogênese. Dois tipos de enzimas

---

*Citocinas são substâncias proteicas fundamentais para o funcionamento das respostas imunes inatas e adaptativas.

**A falta de regulação desse fator de transcrição costuma estar associada a respostas inflamatórias.

equilibram o processo de iniciação. As enzimas da fase I (p. ex., citocromos *p*450) podem ativar pró-carcinógenos, produzindo agentes cancerígenos que reagem com o DNA, causando mutações. Por outro lado, as enzimas da fase II (p. ex., glucuronidases e sulfotransferases) promovem a eliminação dos agentes cancerígenos no corpo. Certos fitonutrientes ativam vias de sinalização que levam à ativação de fatores de transcrição, como o fator nuclear eritroide 2 relacionado ao fator 2 (Nrf2), e os receptores AhR e PXR (pregnano X), que resultam no aumento dos níveis de expressão da fase II e enzimas antioxidantes, como GST, UGT, heme oxigenase 1 e outras enzimas celulares de defesa [60]. Essas enzimas podem promover a eliminação de agentes carcinogênicos, por meio da redução de radicais livres e ROS, e remoção ou eliminação de proteínas oxidadas, diminuindo o risco de ocorrência de câncer.

Os estágios de promoção e progressão são caracterizados pela desregulação das vias de sinalização celular que levam ao aumento da proliferação celular e à diminuição da morte celular, particularmente a morte celular programada, também conhecida como apoptose. Uma das principais características da carcinogênese é a proliferação celular desregulada. No câncer, os genes que regulam a progressão do ciclo celular sofrem frequentemente mutações, levando à perda da regulação do ciclo celular, que é uma das características dessa doença. O ciclo celular consiste em quatro fases (G1, S, G2 e M), em que cada fase é rigidamente controlada por proteínas sinalizadoras, tais como cinases dependentes de ciclina (CDKs)/complexos de ciclina e inibidores de CDK (p. ex., *p*16, *p*21 e *p*27). Como consequência, mutações nessas proteínas podem estimular o crescimento e resultar em alta proliferação de células transformadas [61]. A apoptose é a principal morte celular programada que ocorre quando o dano ao DNA é irreparável. Existem duas principais vias de sinalização da apoptose: via intrínseca (mediada pela mitocôndria) e extrínseca (mediada por receptores de morte celular). Em ambas as vias, as caspases, um grupo de proteases baseadas em cisteína, desempenham o papel de regulação da apoptose. O principal executor da apoptose é a caspase 3, que pode ser ativada por uma caspase iniciadora, como a caspase 9. Com a ativação da caspase 3 ocorre a inativação da enzima poli(ADP-ribose) polimerase (PARP) por clivagem, resultando na perda de funções de reparo do DNA, o que, eventualmente, leva à apoptose [62]. Uma estratégia eficaz na inibição do crescimento de células cancerígenas é a interrupção do ciclo celular e/ou da apoptose. Muitos fitonutrientes se mostraram eficazes nessa interrupção, por meio da modulação das principais moléculas de sinalização associadas à progressão do ciclo celular e à apoptose [3].

O sistema imune humano é vital na promoção de proteção contra vários agentes patológicos, como células malignas e mutantes. Com seus compostos bioativos produzidos por células altamente interativas, ele se torna muito suscetível a alguns fatores, tais como estresse, exposição ao ambiente, deficiências nutricionais e envelhecimento. Alguns estudos têm mostrado que o uso de determinados antioxidantes melhora a função imune, facilitando o aumento do número de células, como as células *killer* naturais, células T auxiliares e células dependentes do receptor IL-2 [63].

O mecanismo benéfico final dos fitoterápicos é a modulação hormonal [64]. Os fitoestrogênios, um grupo de compostos derivados de plantas, principalmente a soja, têm apresentado propriedades que retardam o câncer de mama, demonstrando impacto positivo à densidade óssea, melhorando o perfil lipídico do plasma, diminuindo o colesterol e atenuando os sintomas da menopausa [65].

13.4 INTERAÇÕES ENTRE OS NEUTRACÊUTICOS

A dieta humana é altamente complexa e formada por muitos nutracêuticos diferentes. A combinação desses nutracêuticos pode produzir efeitos diferentes daqueles produzidos pelos nutracêuticos na sua forma individual. Há evidências que indicam interações sinérgicas produzidas pela combinação de agentes bioativos que possuem mecanismos de ação diferentes [66]. A sinergia entre esses agentes pode potencializar os benefícios à saúde, quando comparados com aqueles produzidos por cada agente individualmente. Além disso, a combinação pode diminuir a dose necessária de cada agente, reduzindo custos e oferecendo um impacto econômico positivo. De fato, pesquisas mostraram que a combinação de certos nutracêuticos pode trazer maiores benefícios à saúde [66]. Esses estudos têm sido focados principalmente em comprovar sua eficácia contra o câncer.

O tratamento combinado dos polifenóis da curcumina e do chá-verde demonstrou aumento da inibição nos estágios de iniciação e progressão de carcinogênese no cólon de ratos, em comparação com os polifenóis da curcumina ou do chá--verde isolados [67]. Também foi demonstrada a sinergia do chá-verde com óleo de peixe, inibindo a formação de tumores intestinais em camundongos [68]. Estudos mostraram que os efeitos contra o câncer foram aumentados devido à combinação de vários componentes presentes no alimento ou em vários alimentos combinados. Por exemplo, o tomate em pó diminuiu de forma significativa o peso do tumor de próstata em ratos, ao passo que o licopeno, que é o principal fitonutriente do tomate, utilizado numa concentração duas vezes maior que a encontrada no tomate em pó, não diminuiu significativamente o peso do tumor [69]. Além disso, a combinação de tomate em pó com brócolis em pó causou efeito ainda maior na diminuição do peso do tumor. O tomate também tem sido usado em combinação com o alho, visando aumentar o efeito contra o câncer no colo de ratos [70]. Outro estudo utilizou a combinação do óleo de peixe com butirato, demonstrando a inibição significativa da formação de lesões que provocam câncer no colo de ratos [71]. Por outro lado, a mistura do óleo de milho com butirato promoveu a formação dessas lesões. Dessa forma, o butirato, quando combinado com dois óleos diferentes, produziu efeitos opostos, destacando a importância das interações entre os componentes e seus efeitos sobre a saúde.

Impactos profundos na biodisponibilidade e na bioatividade dos nutracêuticos podem ser provocados devido às suas interações com os macronutrientes no trato gastrintestinal [72]. Por exemplo, os polifenóis podem formar complexos com proteínas, retardando sua absorção, porém, quando combinados com gorduras, a absorção aumenta, pelo aumento da solubilidade no trato gastrintestinal. Os carboidratos também podem melhorar a absorção dos polifenóis, aumentando o transporte celular e suprimindo a degradação provocada por bactérias nos polifenóis. Essas interações mostram a necessidade de avaliar o comportamento nutracêutico em relação à matriz alimentar e à dieta como um todo, visando garantir os efeitos desejados à saúde.

13.5 BIODISPONIBILIDADE DE NUTRACÊUTICOS

A biodisponibilidade é definida como a fração de um nutracêutico ingerido por via oral que realmente alcança a circulação sistêmica (sanguínea) de forma ativa, permitindo sua distribuição aos tecidos e órgãos, onde pode exercer seus benefícios à saúde. Algumas barreiras podem impedir que os nutracêuticos alcancem a circulação de forma ativa, por exemplo, aprisionamento na matriz alimentar, instabilidade química durante a digestão, baixa solubilidade nos fluidos gastrintestinais, baixa absorção pelos enterócitos e pelo metabolismo de primeira passagem. A biodisponibilidade (F) de um nutracêutico pode ser estimada pela seguinte equação [73]:

$$F = F_B \times F_A \times F_M$$

Onde F_B é a fração do nutracêutico que resiste à passagem pelo trato gastrintestinal superior e que é liberada da matriz alimentar para os fluidos gastrintestinais, tornando-se acessível para absorção pelos enterócitos. F_A é a fração acessível que realmente é absorvida pelos enterócitos e depois transportada para o sangue. F_M é a fração absorvida que está em forma ativa após o metabolismo de primeira passagem no trato gastrintestinal e no fígado (ou outras formas de metabolismo).

Nos alimentos, os compostos bioativos geralmente estão aprisionados na matriz e precisam ser liberados durante a digestão antes de serem absorvidos no trato gastrintestinal. Para que ocorra a absorção pelos enterócitos, os compostos liberados devem ser solubilizados pelos fluidos gastrintestinais durante a digestão, porém, muitos nutracêuticos, como carotenoides e curcuminoides, possuem baixa bioacessibilidade devido à sua fraca solubilidade nos fluidos gastrintestinais. Durante a passagem pelo trato gastrintestinal, os nutracêuticos ficam expostos às estruturas do trato digestório, que é composto pela boca, estômago, intestino delgado e intestino grosso. Estas condições diversas podem causar alterações no estado físico e na química dos compostos bioativos, diminuindo ou aumentando a sua bioacessibilidade. Por exemplo, o EGCG (um polifenol do chá-verde) é instável nas condições de pH encontradas no intestino delgado, sendo este o lugar onde a maioria dos compostos bioativos são absorvidos. Para que ocorra a absorção pelos enterócitos, os nutracêuticos precisam ser transportados através da camada aquosa de muco, o que pode ser um desafio para compostos altamente hidrofóbicos. A membrana celular dos enterócitos é outra barreira que pode impedir a absorção dos nutracêuticos, dificultando a passagem de compostos hidrofílicos pela membrana celular à base de lipídeos. O metabolismo de primeira passagem (também conhecido como efeito de primeira passagem) é um processo no qual os nutracêuticos são metabolizados por uma ampla gama de enzimas presentes no trato gastrintestinal e no fígado. Como resultado, apenas uma fração dos nutracêuticos absorvidos atinge a circulação sistêmica de forma ativa, o que leva à diminuição da biodisponibilidade. Com isso, novas tecnologias em alimentos estão sendo desenvolvidas, a fim de superar as barreiras mencionadas acima e melhorar a biodisponibilidade dos nutracêuticos [3].

Pesquisas demonstram a importância da biodisponibilidade e os efeitos relacionados à saúde dos compostos bioativos. Por exemplo, em sua maioria, os polifenóis presentes como glicosídeos são pouco absorvidos no trato gastrintestinal, limitando seus efeitos biológicos. No entanto, enzimas presentes no microbioma intestinal podem converter os glicosídeos em agliconas, que podem ser absorvidas pelos enterócitos e transportadas para o fígado pelo sangue. As agliconas são extensivamente metabolizadas no fígado e convertidas em conjugados (glucuronídeos e sulfatos). Estes conjugados são transportados de volta para o intestino delgado pela bile ou pela circulação sistêmica, para finalmente serem excretados pela urina. Os polifenóis da aglicona e seus metabólitos (conjugados) que não são absorvidos no intestino delgado migram para o intestino grosso, onde poderão ser metabolizados pela microbiota intestinal. As enzimas glucuronidases e sulfatases podem converter novamente os conjugados a agliconas, permitindo, assim, que sejam reabsorvidas pelo intestino grosso. No entanto, a microbiota intestinal também pode metabolizar as agliconas, produzindo metabólitos simples, como ácido hidroxifenilacético, ácido hidroxifenilpropiônico e fenilvalerolactonas. Esses metabólitos podem ser absorvidos no intestino grosso e posteriormente metabolizados no fígado e/ou excretados pelas fezes. Muitos metabólitos são gerados durante a passagem dos polifenóis pelo trato gastrintestinal, causando grande impacto nos benefícios gerados pelos polifenóis à saúde. Alguns metabólitos são facilmente absorvidos, ao passo que outros, não. Além disso, certos metabólitos têm baixa atividade biológica, ao passo que outros têm atividades biológicas potentes. Por exemplo, um estudo com camundongos mostrou que as PMFs (como a nobiletina e a 5-desmetilnobiletina) transformadas em diferentes metabólitos mostraram efeitos contra o câncer muito mais fortes do que seus compostos originais [74,75]. Outro exemplo interessante é o caso da daidzeína, uma isoflavona de soja que pode ser convertida pela ação da microbiota intestinal em equol. Esse metabólito possui atividades biológicas muito maiores em comparação com seu precursor daidzeína [76].

13.6 SUPLEMENTOS ALIMENTARES NATURAIS

Com o aumento da busca da prevenção de doenças, os produtos herbáceos têm se tornado muito populares no mercado internacional, não mencionando os países que já possuem uma longa história de uso de plantas medicinais, como China, Índia, Japão e Alemanha. Hoje, somam-se cerca de 20 mil plantas medicinais registradas pela Organização Mundial da Saúde (OMS) e 400 plantas medicinais amplamente comercializadas no mundo todo. O uso de substâncias bioativas na medicina alternativa e nos suplementos alimentares é muito comum atualmente, embora sua eficácia e segurança ainda não tenham sido cientificamente comprovadas. Em 1994, o Congresso Americano aprovou o Dietary Supplement Health and Education Act (DSHEA), que reduziu de forma significativa o número de exigências de rotulagem de suplementos alimentares em comparação ao exigido para remédios e aditivos alimentares. Essa medida enfraqueceu muito a autoridade do órgão americano Food and Drug Administration (FDA) em relação à regulamentação de segurança, pureza e eficácia dos suplementos alimentares. A FDA não divulgou nenhuma regulamentação sobre substâncias nutracêuticas ou alimentos medicinais; na verdade, os suplementos alimentares, legalmente, não são considerados nem alimentos nem medicamentos [77].

Nos Estados Unidos, os produtos herbáceos são considerados como suplementos nutricionais, sendo vendidos sob diferentes formas: plantas frescas, pós botânicos secos, extratos botânicos líquidos, extratos suaves, extratos secos, tinturas e compostos naturais purificados. A abertura do mercado internacional permite que todos os tipos de produtos botânicos sejam vendidos nos Estados Unidos. *Ginseng*, *ginkgo*, alho, palmeira, equinácea, soja, mirtilo, semente de uva e extrato de chá-verde são produtos que figuram entre os mais vendidos. A Tabela 13.3 lista alguns dos suplementos nutricionais botânicos mais populares, com compostos ativos e funções potenciais [78].

De acordo com seu objetivo comercial, existem diferentes tipos de controle e padrões distintos que asseguram a qualidade desses suplementos, mas algumas normas gerais sempre são seguidas [79]: as plantas devem ser autênticas, seguras, com um limite definido de materiais estranhos, metais pesados, aflatoxinas e pesticidas. Valor do pH, cinzas, teor de umidade e tamanho de partícula devem estar dentro de um limite razoável. Além disso, análises microbiológicas devem ser realizadas. No entanto, problemas de segurança relacionados aos suplementos alimentares naturais podem ocorrer. Alguns produtos herbáceos, quan-

TABELA 13.3 Suplementos alimentares de origem vegetal mais comuns, compostos ativos e funções potenciais

Suplemento	Nomenclatura em latim	Compostos ativos potenciais	Principal benefício potencial à saúde
Astragalus	*Astragalus membranaceus*	Polissacarídeos, saponinas (astragalosídeos)	Imunomodulador, hepatoprotetor
Cohosh negro	*Cimicifuga racemosa*	Ácido fuquinólico 23-epi-26-desoxiacteína	Alívio dos sintomas da menopausa
Oxicoco	*Vaccinium macrocarpon*	Proantocianidina	Prevenção e tratamento das infecções do trato urinário
Dang Gui	*Angelica sinensis*	Ligustilide	Tratamento de condições ginecológicas
Equinácea	*Echinacea purpurea, E. pallida, E. angustifolia*	Polissacarídeos e glicoproteínas, ácido cicórico, alcamidas	Tratamento de resfriados comuns, tosse e infecções respiratórias
Tanaceto	*Tanacetum parthenium*	Partenolida e outras lactonas sesquiterpeno	Alívio de febre, dores de cabeça e cólicas
Alho	*Allium sativum*	Compostos alil sulfúricos	Antimicrobiano, anticarcinogênico, antitrombótico, hipolipidêmico
Gengibre	*Zingiber officinale* Roscoe	Gingeróis	Antiemético, anti-inflamatório, digestivo
Ginkgo biloba	*Ginkgo biloba*	Ginkgolídeos, flavonoides	Tratamento de disfunções cerebrais e distúrbios circulatórios
Ginseng americano	*Panax quinquefolium*	Ginsenosídeos	Efeitos terapêuticos em funções imunes, doenças cardiovasculares, câncer e disfunções sexuais

(*Continua*)

TABELA 13.3 Suplementos alimentares de origem vegetal mais comuns, compostos ativos e funções potenciais (*Continuação*)

Suplemento	Nomenclatura em latim	Compostos ativos potenciais	Principal benefício potencial à saúde
Ginseng asiático	Panax ginseng	Ginsenosídeos	Combate ao cansaço mental e à astenia
Hidraste	Hydrastis canadensis	Alcaloides berberina e β-hidrastina	Alivia irritações da pele e das membranas mucosas; diminui a dispepsia
Extrato de semente de uva	Vitis vinifera	Proantocianidina	Antioxidante, anti-inflamatório, estimulador do sistema imune, antiviral e anticancerígeno
Polifenóis do chá-verde	Camellia sinensis	Epigalocatequina galato e catequinas	Efeitos preventivos em doenças cardiovasculares, câncer, doenças neurodegenerativas e diabetes
Kava-kava	Piper methysticum	Lactonas da Kava	Relaxante e calmante
Alcaçuz	Glycyrrhiza glabra	Triterpeno saponinas, flavonoides e outros fenólicos	Calmante, anti-inflamatório e alívio da tosse
Maca	Lepidium meyenii	Isotiocianatos aromáticos	Uso afrodisíaco
Cardo-mariano	Silybum marianum	Silimarina	Tratamento de distúrbios hepáticos
Picnogenol	Pinus pinaster ssp. atlantica	Procianidinas	Proteção da circulação e restauração capilar
Trevo-dos-prados	Trifolium pratense	Isoflavonas	Tratamento dos sintomas da menopausa
Cogumelo Reishi	Ganoderma lucidum	Triterpenoides, polissacarídeos	Efeitos imunomoduladores e antitumorais
Serenoa	Serenoa repens	Desconhecidos	Saúde da próstata
Isoflavonas da soja	Glycine max	Genisteína, daidzeína	Prevenção dos sintomas da menopausa, osteoporose, doenças coronarianas e câncer
Erva-de-são-joão	Hypericum perforatum	Hiperforina, hipercina	Tratamento de depressão moderada
Valeriana	Valeriana officinalis L.	Valepotriatos (iridoides)	Usado como sedativo leve e para perturbações do sono
Ioimbina	Pausinystalia johimbe	Ioimbina	Uso afrodisíaco

do usados em combinação com medicamentos vendidos sem prescrição médica, podem causar interações adversas que, às vezes, ameaçam a vida [80]. Por exemplo, um produto herbáceo que reduz a pressão arterial combinado com um medicamento anti-hipertensivo pode resultar em uma pressão sanguínea perigosamente baixa. Devido à falta de padronização, a qualidade dos produtos herbáceos pode ser inconsistente; composições químicas variam muito em virtude das diferenças na área onde são cultivadas, efeitos do processo de secagem, tipo de extração, condições de armazenamento, diferentes fatores ambientais, etc. [81]. Além disso, a adulteração não é incomum nesse mercado, fazendo até o uso de substâncias proibidas.

13.7 MÉTODOS DE EXTRAÇÃO DE NUTRACÊUTICOS

Substâncias nutracêuticas são utilizadas como ingredientes em alimentos funcionais e suplementos alimentares. Para obter nutracêuticos a partir de produtos naturais, são necessárias técnicas eficazes de extração que concentrem os compostos bioativos e removam os componentes indesejados. A extração com Soxhlet é uma técnica tradicional, que tem sido utilizada por muitas décadas, porém, recentemente, novas técnicas foram desenvolvidas para melhorar a eficiência da extração e a relação custo-benefício do processo. Antes do processo de extração, os materiais brutos geralmente são submetidos a um pré-tratamento, como quebra, trituração e moagem, facilitando a eficácia da extração. Além disso, a eficiência de extração depende muito da polaridade dos nutracêuticos e do tipo de solvente usado durante a extração. Os solventes devem ser selecionados com base na seletividade, capacidade, reatividade, estabilidade, solubilidade, capacidade de regeneração e toxicidade. Este tópico fornece uma visão geral sobre as novas técnicas de extração adequadas para produtos naturais [82].

A extração acelerada por solvente (ASE) também é conhecida como extração com solvente pressurizado, extração subcrítica ou extração com líquido pressurizado [83]. A técnica de ASE atualmente é muito utilizada para a extração de nutracêuticos. Como o recipiente de extração é pressurizado, temperaturas superiores ao ponto de ebulição dos solventes de extração podem ser usadas durante essa técnica [84]. Com temperatura e pressão mais elevadas, a extração é facilitada pelo aumento da solubilidade do composto-alvo, aumentando a taxa de difusão do solvente e diminuindo a viscosidade e a tensão superficial [84]. No entanto, alguns compostos termicamente instáveis podem se degradar em temperaturas muito elevadas, resultando em extratos de baixa qualidade. Vale ressaltar que a ASE permite o uso de solventes ambientalmente seguros, como água e etanol, para obter a extração exaustiva dos produtos. Essa técnica é rápida, uma vez que o tempo de extração prolongado não aumentou significativamente a eficácia. Além disso, o processo de extração pode ser automatizado e, portanto, menos intensivo em mão de obra [82].

A extração com fluido supercrítico (SFE) apresenta vantagens na extração de nutracêuticos. O estado supercrítico é uma fase entre o gás e o líquido, em que a temperatura e a pressão estão acima do ponto crítico [83]. O fluido supercrítico possui densidade semelhante ao líquido e viscosidade semelhante ao gás, mas seu coeficiente de difusão é muito maior do que o líquido, promovendo uma extração mais rápida em comparação com a extração convencional com solvente. O fluido supercrítico tem sido usado como um solvente de extração eficiente devido à sua alta capacidade de dissolução. O principal solvente SFE utilizado é o dióxido de carbono, devido às condições críticas relativamente baixas, além de ser atóxico, não inflamável e de baixo custo [85,86]. Dependendo da pressão e da temperatura do CO_2 supercrítico, a solubilidade dos nutracêuticos pode ser alterada. Com isso, as condições de SFE podem ser modificadas, visando aumentar a seletividade da extração e obter produtos com maior pureza. A solubilidade dos nutracêuticos no CO_2 supercrítico diminui quando a densidade do fluido diminui. Assim, os nutracêuticos extraídos podem ser facilmente recuperados, diminuindo a pressão de CO_2. Devido às suas baixas condições críticas, o CO_2 supercrítico possui uma temperatura de extração relativamente baixa, o que o torna um método ideal para a extração de compostos termicamente lábeis [85,86]. O CO_2 supercrítico não possui polaridade, portanto pode não ser eficiente na extração de compostos polares, como os fenólicos. No entanto, para compostos polares, a eficiência da SFE pode ser aumentada pela combinação de CO_2 supercrítico com modificadores de solventes orgânicos, como o etanol [87,88]. O custo elevado e as condições sofisticadas de operação exigidas pela técnica SFE limitam sua ampla utilização.

A extração assistida por ultrassom (UAE) é uma técnica simples e econômica que obtém uma extração eficiente de muitos produtos. As ondas ultrassônicas induzem ao processo de cavitação que altera as propriedades físicas e químicas do material, causado pelo aumento da pressão e da temperatura próxima à superfície do substrato, rompendo, dessa forma, as paredes celulares e liberando compostos intracelulares para o solvente de extração [89,90]. Essa técnica também causa inchaço do material vegetal, facilitando e melhorando a extração de fitoquímicos, como polifenóis e carotenoides. Uma das vantagens da técnica é a extração em temperaturas relativamente baixas, permitindo o uso adequado em nutracêuticos termicamente lábeis [82].

O princípio da extração assistida por enzimas (EAE) é utilizar enzimas como celulases, pectinases e hemicelulases para decompor a parede celular de plantas, facilitando a extração de compostos derivados de plantas [91]. Esse método tem sido empregado na extração de proteínas, compostos fenólicos, licopeno e óleos. Apesar de apresentar maior eficiência de extração, em comparação com os métodos de extração convencionais, o método EAE demanda mais tempo de execução, e pode não apresentar maior eficácia de extração comparado a outras técnicas novas, como a UAE. Durante a EAE, enzimas específicas são necessárias para quebrar de maneira eficiente a parede celular e liberar os componentes-alvo de diferentes matérias-primas. Além disso, fatores como custo relativamente alto e sensibilidade ambiental das enzimas podem limitar a aplicação desse método [82].

A extração assistida por campo elétrico pulsado (PEF) utiliza um campo elétrico para induzir a eletroporação das membranas celulares, permitindo maior permeabilidade do solvente na matriz da planta e aumento da eficiência de extração [83]. Esse tratamento melhora a extração de compostos como antocianinas e taninos. Em comparação com outros métodos de pré-tratamento, como UAE, a extração por PEF demanda menos tempo e tem menor custo de energia. Além disso, esse método tem sido utilizado como pré-tratamento antes da prensagem de sucos de diferentes frutas e vegetais, visando aumentar o rendimento e a qualidade (turbidez e intensidade do odor) [82].

A extração assistida por micro-ondas (MAE) é utilizada para penetrar nos materiais e interagir com moléculas polares, como a água, gerando calor. O calor gerado internamente pode causar a ruptura da estrutura celular e facilitar a dissolução dos nutracêuticos [92]. Além disso, o tratamento com micro-ondas aumenta a temperatura do material e do solvente de extração, melhorando a eficiência. O MAE reduz o tempo de extração em comparação com os métodos convencionais; porém, em certos casos, produtos indesejados podem ser gerados, principalmente em temperaturas elevadas. A principal vantagem desse método é a redução significativa no tempo de extração, bem como o uso de solventes que possuem eficácia de extração igual ou maior que os utilizados nos métodos convencionais [82,83].

13.8 NUTRACÊUTICOS INDUZIDOS PELO PROCESSAMENTO DE ALIMENTOS

Quase todos os alimentos consumidos hoje são, de alguma forma, processados. O processamento do alimento desempenha um papel vital na qualidade, na segurança, no armazenamento e em características alimentares específicas. As reações químicas envolvidas no processamento de um alimento são inúmeras e complexas. Embora alguns compostos bioativos sejam destruídos durante o processamento, muitos deles, que não estavam presentes no tecido intacto ou na forma crua, acabam sendo gerados. Alguns desses compostos possuem um grande potencial benéfico à saúde.

Os ácidos hidroxicinâmicos, como o ácido ferúlico e o ácido cafeico, têm larga distribuição na natureza. Eles se apresentam em sua forma livre ou como ésteres simples em frutas, vegetais e cereais. A concentração de compostos relacionados ao ácido hidroxicinâmico em grãos de café é bastante alta. Os grãos de café verde contêm ≈ 6 a 9% de ácido clorogênico, que é o éster ácido quínico do ácido cafeico [93]. Durante o processo de torrefação, o ácido clorogênico diminui drasticamente. O café torrado apresenta atividades anticarcinogênicas e antibacterianas, sugerindo que a degradação dos produtos do ácido clorogênico pode contribuir para os efeitos benéficos [94].

O ácido cafeico é um dos principais constituintes catecólicos do café verde. Quando submetido ao calor, sofre descarboxilação rapidamente, formando monômeros simples de catecol, bem como complexos dímeros cíclicos condensados e polímeros. Dois compostos, fenilindanos, 1,3-*cis* e 1,3-*trans*-tetraoxigenados, foram isolados como produtos da pirólise leve do ácido cafeico. Estudos *in vitro* mostraram que esses dois compostos apresentam grandes atividades antioxidantes e antimutagênicas. A Figura 13.16

mostra o mecanismo de sua formação. Eles apresentaram níveis que variam entre 10 e 15 ppm no café torrado [95].

O tratamento ácido durante o processamento de alguns alimentos pode causar a conversão de alguns fitoquímicos. A formação de um antioxidante ativo durante o refino do óleo do gergelim é um bom exemplo disso. A sesamolina é a principal lignina encontrada na semente do gergelim. Durante o refino, a concentração de sesaminol aumentou significativamente como resultado da alta conversão de sesamolina em sesaminol, via transferência intramolecular de grupo catalisada por argila ácida usada para branqueamento [96]. O sesaminol é responsável pela atividade antioxidante do óleo de gergelim sem torrefação. A Figura 13.17 mostra o mecanismo de formação do sesaminol. A transformação de nutracêuticos também pode ser induzida por fermentação. Por exemplo, a concentração de genisteína aumenta significativamente durante a fermentação da soja, devido à hidrólise da genistina [97]. A genisteína é considerada mais potente contra o câncer, quando comparada com a genistina.

13.9 COMPONENTES ALIMENTARES COM EFEITOS ADVERSOS

Além de componentes bioativos benéficos, alimentos derivados de plantas e animais podem conter componentes com efeitos adversos em seres humanos, conhecidos como toxinas e antinutrientes (Tabela 13.4; [98]). Em plantas, as toxinas são usadas como proteção contra predadores, porém, em seres humanos, elas podem causar sintomas leves ou até severos, dependendo do tipo de toxina e da dose consumida [99]. Algumas das toxinas encontradas em plantas são consideradas carcinogênicas (Tabela 13.5). No entanto, apenas poucas dessas substâncias tóxicas realmente causam danos em indivíduos que consomem dietas normais.

Alcaloides são compostos derivados principalmente de plantas, podendo ser tóxicos para outros organismos. Existe um tipo de intoxicação, chamada de envenenamento por alcaloide pirrolizidina, que pode causar danos ao fígado, problemas gastrintestinais e até a morte. Sua es-

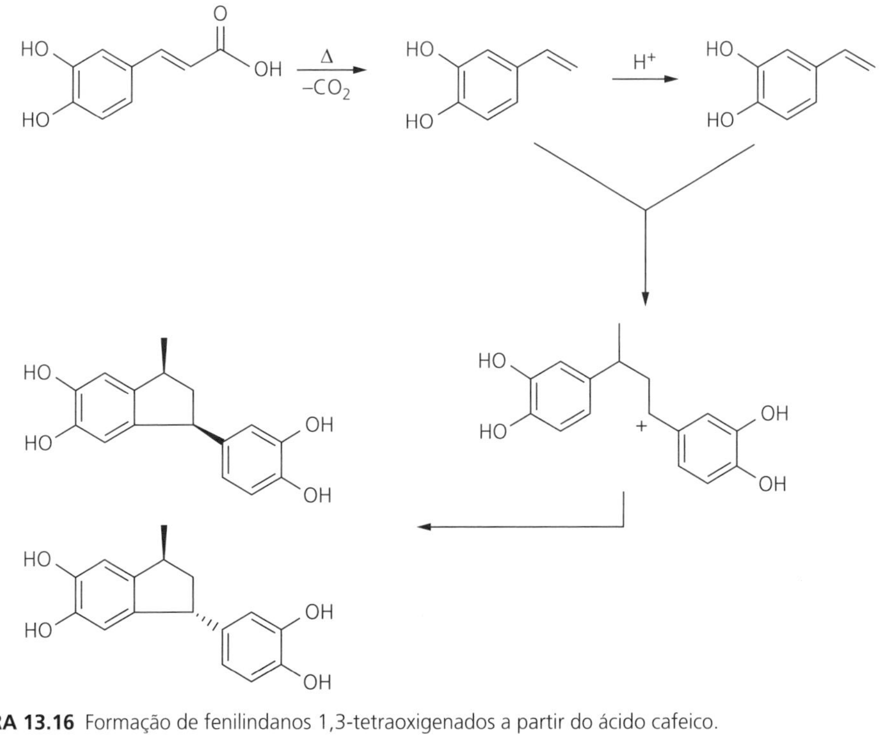

FIGURA 13.16 Formação de fenilindanos 1,3-tetraoxigenados a partir do ácido cafeico.

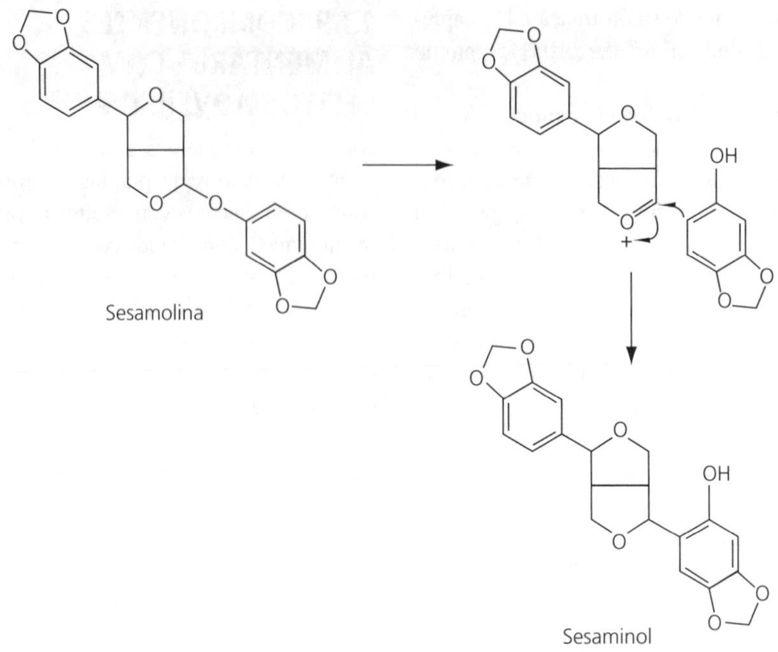

FIGURA 13.17 Formação do sesaminol a partir da sesamolina.

TABELA 13.4 Exemplos de substâncias tóxicas presentes em plantas

Toxinas	Natureza química	Principal fonte alimentar	Principais sintomas
Inibidores de proteases	Proteínas (massa molecular 4.000–24.000)	Grãos (soja, feijão *mung*, feijão-vermelho, feijão-branco, feijão-lima); grão-de-bico, ervilha, batata (branca, doce); cereais	Crescimento e utilização do alimento desordenados; hipertrofia pancreática
Inibidores de amilases	Proteínas	Farinha de trigo	Alergia alimentar em pessoas sensíveis
Composto antitiamina	Proteínas (enzimas)	Peixe, caranguejo, amêijoas, mirtilos, groselhas, couve-de-bruxelas	Alergia alimentar em pessoas sensíveis
Hemaglutinina	Proteínas (massa molecular 10.000–124.000)	Grãos (mamona, soja, feijão-vermelho, feijão-de-porco); lentilha, ervilha	Crescimento e utilização do alimento desordenados; aglutinação de eritrócitos *in vitro*; atividade mitogênica em culturas celulares *in vitro*
Saponinas	Esteroides ou triterpenos glicosídicos	Soja, beterraba, amendoim, espinafre, aspargos	Hemólise dos eritrócitos *in vitro*
Glucosinolatos (específicos)	Tioglicosídeos	Repolho e espécies relacionadas; nabo, rabanete, semente de colza, mostarda	Hipotireoidismo e aumento da tireoide
Cianógenos	Glicosídeos cianogênicos	Ervilhas e feijões, sementes comestíveis, semente de linhaça, semente de linho, sementes de frutas, mandioca	Envenenamento por HCN
Pigmentos de gossipol	Gossipol	Semente de algodão	Danos ao fígado, hemorragias, edemas

(Continua)

TABELA 13.4 Exemplos de substâncias tóxicas presentes em plantas (*Continuação*)

Toxinas	Natureza química	Principal fonte alimentar	Principais sintomas
Latirógenos	β-Aminopropionitrila e derivados	Grão-de-bico; ervilhaca	Neurolatirismo (danos ao sistema nervoso central)
Alérgenos	Proteínas	Praticamente todos os alimentos (em particular grãos, legumes e frutas oleaginosas)	Respostas alérgicas em pessoas sensíveis
Cicasina	Metilazoximetanol	Nozes do gênero *Cycas*	Câncer de fígado e outros órgãos
β-Tujona	Monoterpenos	Sálvia, sálvia esclareia, atanásia e absinto	Convulsão tônico-clônica, transtornos causados pelo absinto (absintismo)
Ácido erúcico	Ácidos graxos monoinsaturados de cadeia longa (22:1)	Óleo de colza	Infarto do miocárdio em diferentes espécies de animais
Miristina	Composto relacionado à mescalina	Pimenta-preta, cenoura, aipo, salsa e endro	Efeitos psicotrópicos
Favisma	Vicina e convicina (pirimidina β-glicosídeo)	Grãos em favas	Anemia hemolítica aguda
Fitoalexinas	Furanos simples (ipomeamarone)	Batata-doce	Edema pulmonar, danos ao fígado e ao rim
	Benzofuranos (psoralenos)	Aipo; pastinaca	Fotossensibilidade dérmica
	Furanos acetilênicos (*wyerone*)	Fava	Lise das células *in vitro*
	Isoflavonoides (pisaína e faseolina)	Ervilhas, vagens	
Alcaloides de pirrolizidina	Di-hidropirróis	Chás de ervas das famílias Compositae e Boraginacceae	Danos ao fígado e aos pulmões, carcinógenos
Solanina e chaconina	Glicoalcaloides	Batata	Inibidores da acetilcolinesterase, hiperestesia, sintomas gastrintestinais
Safrol	Benzeno alil-substitutos	Sassafrás; pimenta-preta	Carcinógenos
α-Amantina	Octapeptídeos bicíclicos	Cogumelos, (*Amanita phalloides*)	Salivação; vômito; convulsões; morte
Atractilosida	Glicosídeo esteroide	Espinho (*Atractylis gummifera*)	Depleção do glicogênio

Fonte: adaptada de Hu, F.B., *Curr. Opin. Lipidol.*, 13(1), 3, 2002; Palozza, P. e Krinsky, N.I., *Methods Enzymol.*, 213, 403, 1992.

TABELA 13.5 Alguns carcinógenos de ocorrência natural em alimentos

Carcinógeno	Alimento	Concentração (ppm)
5-/8-Metoxipsoraleno	Salsinha	14
	Pastinaca cozida	32
	Aipo	0,8
	Aipo novo	6,2
	Aipo velho	25
p-Hidrazinobenzoato	Cogumelos	11
Glutamil *p*-hidrazinobenzoato	Cogumelos	42

(*Continua*)

TABELA 13.5 Alguns carcinógenos de ocorrência natural em alimentos (*Continuação*)

Carcinógeno	Alimento	Concentração (ppm)
Sinigrina (isotiocianato de alila)	Repolho	35–590
	Repolho-verde	250–788
	Couve-flor	12–66
	Couve-de-bruxelas	110–1.560
	Mostarda (marrom)	16.000–72.000
	Rábano	4.500
Estragol (1-alil-4-metoxibenzeno)	Manjericão	3.800
	Erva-doce	3.000
Safrol (1-alil-3,4-metilenodioxibenzeno)	Noz-moscada	3.000
	Flor de noz-moscada	10.000
	Pimenta-preta	100
Etil acrilato	Abacaxi	0,07
Sesamol	Semente de gergelim (óleo quente)	75
Álcool α-metilbenzílico	Cacau	1,3
Acetato de benzila	Manjericão	82
	Chá de jasmim	230
	Mel	15
	Café (grãos torrados)	100
Ácido cafeico	Maçã, cenoura, aipo, cereja, berinjela, endívia, uva, alface, pera, ameixa e batata	50
	Absinto, anis, manjericão, cominho, endro, manjerona, alecrim, sálvia, segurelha, losna e tomilho	> 1.000
	Café (grãos torrados)	1.800
	Damasco, cereja, pêssego e ameixa	50–500
Ácido clorogênico (ácido cafeico)	Café (grãos torrados)	21.600
Ácido neoclorogênico (ácido cafeico)	Maçã, damasco, brócolis, couve-de-bruxelas, repolho, cereja, pêssego, pera e ameixa	50–500
	Café (grãos torrados)	11.600
Cumarina (2*H*-1-benzopiran-2-onas)	Feijões-de-tonca, melilotos e aspérulas	
Quercetina 2-(3,4-d-hidroxifenil)-3,5,7-tri-hidroxi-4*H*-1-benzopiran-4-ona	Frutos tipo baga, cereais, chá e café	

Fonte: adaptada de Hu, F.B., *Curr. Opin. Lipidol.*, 13(1), 3, 2002; Boon, C.S. et al., *Crit. Rev. Food Sci. Nutr.*, 50(6), 515, 2010.

trutura anelar básica é mostrada na Figura 13.18. A exposição a esses compostos pode ocorrer de diversas formas, indo desde o consumo do leite de uma vaca que foi alimentada com ração que continha alcaloides até o consumo de grãos processados que foram cultivados e depois processados com ervas daninhas, as quais também continham esses alcaloides. Dois glicosídeos de alcaloides, a α-solanina e a α-chaconina (Figura 13.19), são encontrados em batatas, sendo tóxicos em altas concentrações. A FDA limita a quantidade de solanina presente na batata em até 20 mg/100 g [100].

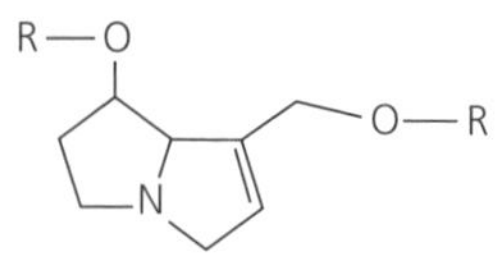

FIGURA 13.18 Estrutura geral dos alcaloides pirrolizidinas.

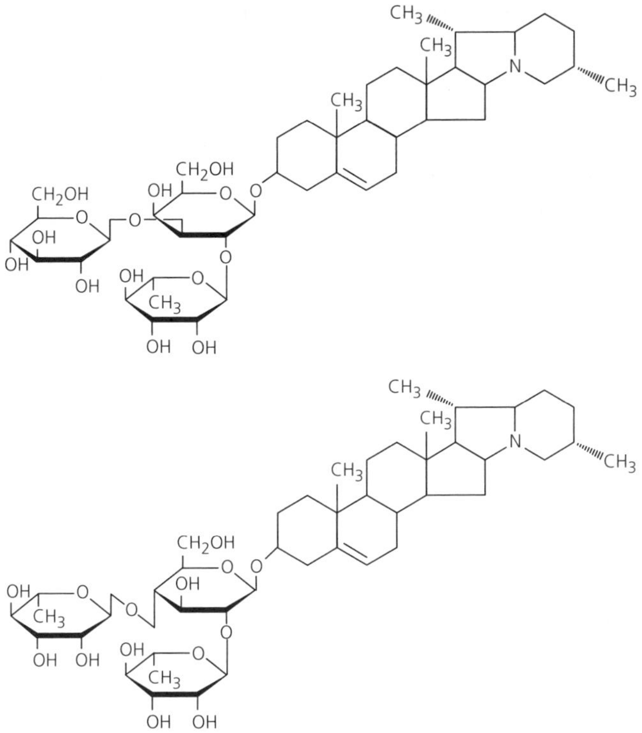

FIGURA 13.19 Estruturas da (a) α-solanina e (b) α-chaconina.

A família tóxica dos glicosídeos cianogênicos é preocupante, pois uma vez ingeridos, eles são metabolizados a HCN. Três glicosídeos cianogênicos foram identificados em plantas comestíveis: amidalina (benzaldeído ciano-hidrina β-glicosídeo-6-β-glicosídeo), durrina (*p*-hidroxibenzaldeído ciano-hidrina glicosídeo) e linamarina (acetona ciano-hidrina glicosídeo) (Figura 13.20). A amidalina está presente em amêndoas amargas, a durrina no sorgo e a linamarina em sementes

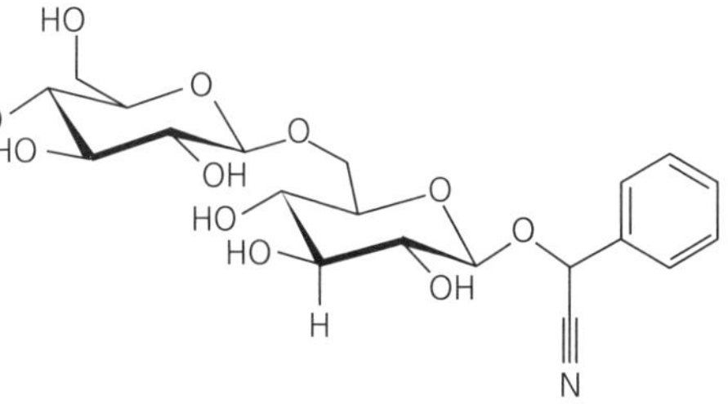

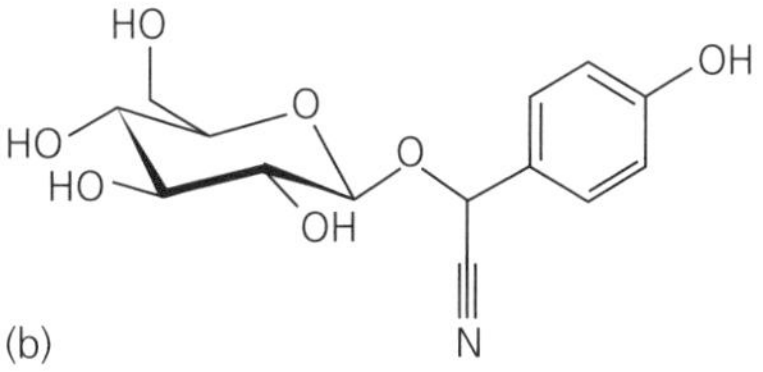

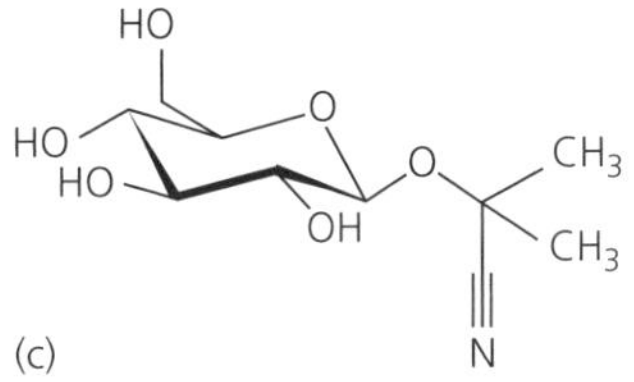

FIGURA 13.20 Estruturas da (a) amidalina, da (b) durrina e da (c) linamarina.

comestíveis, semente de linho e mandioca [100]. A Figura 13.21 mostra o mecanismo de liberação do HCN a partir da hidrólise da linamarina.

O goitrogen é uma substância que interfere na absorção de iodo no organismo. Quando vegetais *Brassica* são consumidos, a mirosinase catalisa a transformação de glucosinolatos em isotiocianatos, que são, então, ciclizados para produzir goitrina, uma das substâncias goitrogênicas (Figura 13.22) [99]. Essa substância diminui o nível de iodo, que é importante para a produção do hormônio tiroxina sintetizado pela glândula tireoide, podendo resultar em um aumento potencial da glândula tireoide.

Alguns frutos do mar contêm toxinas potentes, como a tetrodotoxina, encontrada em grande parte dos tecidos do baiacu. Essa toxina causa paralisia dos nervos periféricos e do sistema nervoso central. Ela possui estabilidade em altas temperaturas, mas é instável em condições alcalinas. A toxina pirofeoforbídeo A é encontrada em caracóis marinhos conhecidos como abalones. Essa toxina é derivada da clorofila presente nas algas de que os abalones se alimentam. Ela é uma toxina fotoativa e produz compostos amina a partir de aminoácidos, levando a inflamação e outras reações tóxicas. Outra toxina conhecida é a ciguatoxina, encontrada em mais de 300 espécies de peixes que consomem plantas e dinoflagelados que contêm a toxina. Ela inibe a colinesterase, uma enzima importante na neuro-

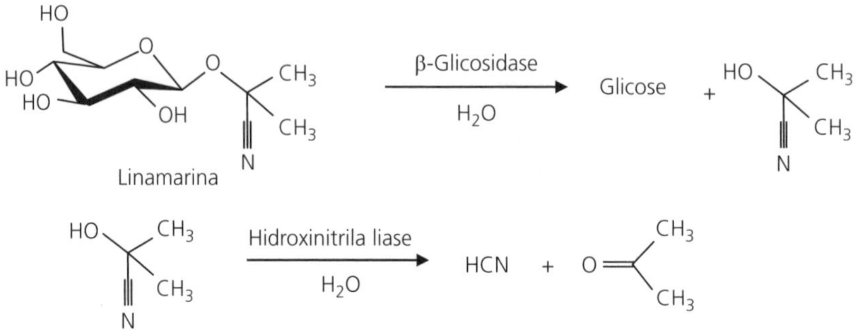

FIGURA 13.21 Liberação de HCN a partir da hidrólise da linamarina.

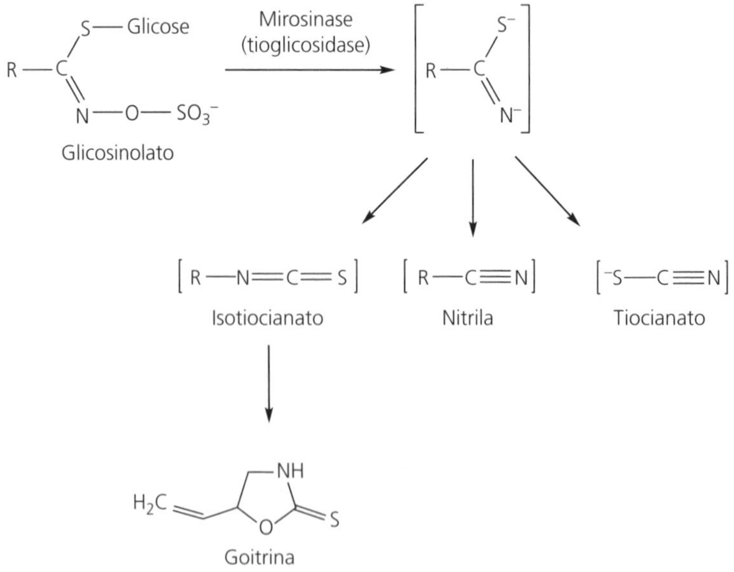

FIGURA 13.22 Formação da goitrina.

transmissão, interrompendo, assim, as funções nervosas [99].

Antinutrientes são compostos que interagem com os nutrientes e afetam negativamente sua digestão, absorção e atividades benéficas. Os principais antinutrientes são divididos em três classes: antiproteínas, antiminerais e antivitaminas. Os inibidores da quimotripsina são exemplos de antiproteínas. Eles inibem as atividades proteolíticas das enzimas digestivas que são necessárias para a quebra das proteínas, antes da sua absorção. Esses inibidores estão presentes em alimentos, como claras de ovos, legumes, vegetais, leite e batatas. Os inibidores da quimotripsina são termolábeis, assim, o cozimento desses alimentos pode efetivamente inativar esses inibidores de enzimas. Um exemplo de antiminerais são os oxalatos, encontrados em espinafre, ruibarbo e tomate. Esses antiminerais podem reduzir a solubilidade do zinco, ferro e cálcio, causando menor absorção [100]. Como antivitaminas, temos certas cumarinas encontradas em feijões-de-tonca, melilotos e aspérulas. Durante a deterioração de alimentos causada por fungos, essas cumarinas são metabolizadas em dicumarol, que tem estrutura semelhante à vitamina K. Elas atuam como inibidores competitivos capazes de esgotar a vitamina K ativa no sangue [101].

13.10 SUBSTÂNCIAS TÓXICAS DESENVOLVIDAS NO PROCESSAMENTO DE ALIMENTOS

Algumas reações químicas iniciadas nos alimentos por meio de processos térmicos podem ser benéficas, como é o caso da formação de alguns sabores desejáveis, ou prejudiciais, como a geração de substâncias tóxicas. Exemplos importantes dessas substâncias são as aminas aromáticas heterocíclicas (HCAs), os hidrocarbonetos aromáticos policíclicos (PAHs) e acrilamida.

As substâncias HCAs e PAHs são geradas quando alimentos proteicos passam por processos térmicos em altas temperaturas, como carnes, peixes e aves preparadas em frigideiras ou grelhas diretamente sobre uma chama aberta [102]. Estudos realizados mostraram que roedores que se alimentavam com uma dieta contendo HCAs ou PAHs desenvolveram tumores em diferentes órgãos [103]. No entanto, as doses usadas nesses estudos eram extremamente altas (muito mais altas do que a dose que uma pessoa consumiria em uma dieta normal). Estudos em seres humanos não confirmaram a ligação entre o consumo de carne cozida exposta à HCA e ao PAH e o aumento do risco de câncer. No entanto, estudos epidemiológicos sugeriram uma associação entre o consumo de carnes bem passadas, fritas ou assadas e o aumento do risco de vários tipos de câncer em seres humanos [104].

Um dos principais tipos de HCAs são os aminoimidazoazarenos (AIA). A Figura 13.23 mostra os AIAs de ocorrência mais comum, incluindo 2-amino-3-metilimidazo[4,5-*f*]quinolina (IQ), 2-amino-3,4-dimetilimidazo[4,5-*f*]quinolina (MeIQ), 2-amino-3,8-dimetilimidazo-[4,5-*f*]quinoxalina (MeIQx) e 2-amino-3,4,8-trimetilimidazo[4,5-*f*]quinoxalina (4,8-DiMeIQx). Todos os AIAs foram isolados a partir de produtos cárneos fritos [105]. IQ e MeIQ foram isolados a partir de sardinhas fervidas, secas ao sol [106].

Embora o mecanismo exato da formação de HCAs em alimentos ainda não esteja claro, é possível que a parte 2-aminoimidazo da molécula se origine da creatina de ocorrência natural no músculo [105]. Acredita-se que as partes de quinolina e quinoxalina sejam formadas por meio dos produtos da reação de Maillard, em particular os precursores de pirazinas ou piridinas e aldeídos [105]. A Figura 13.24 mostra o mecanismo provável da formação da 4,8-DiMeIQx. A primeira

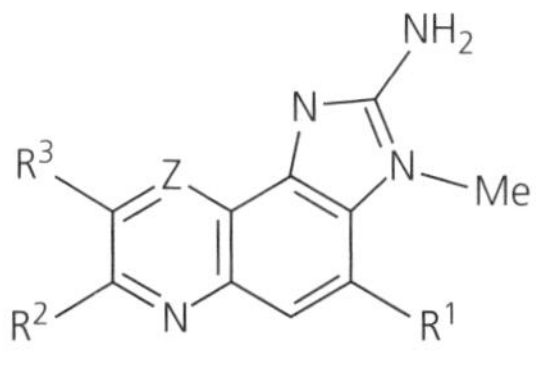

Abreviatura	Z	R^1	R^2	R^3
IQ	C	H	H	H
MeIQ	C	Me	H	H
MeIQx	N	H	H	Me
4,8-DiMeIQx	N	Me	H	Me

FIGURA 13.23 Estrutura dos principais aminoimidazoazarenos (AIAs).

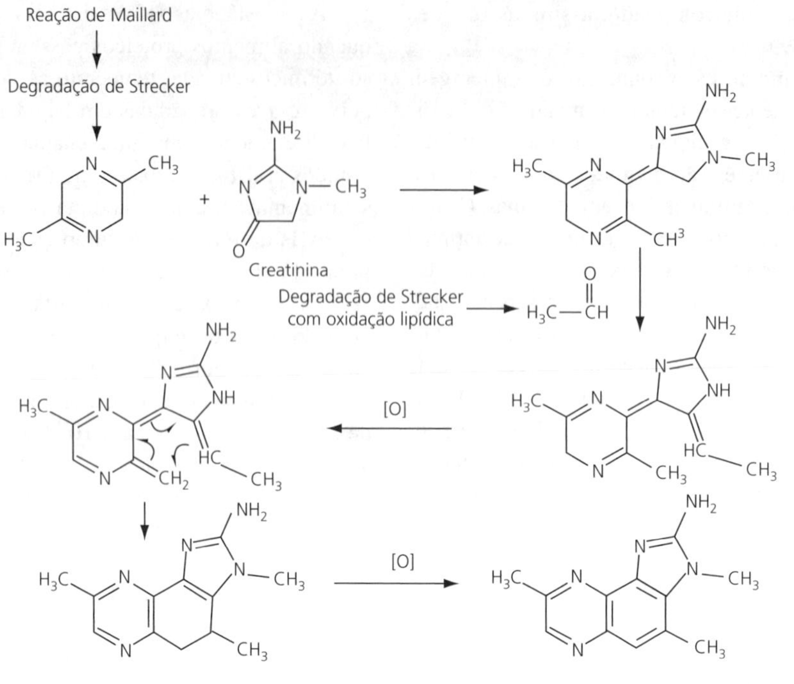

FIGURA 13.24 Mecanismo de formação da 4,8-DiMeIQx.

etapa desse mecanismo é a reação de Maillard entre os açúcares redutores e os aminoácidos, formando compostos reativos dicarbonila, como o piruvaldeído. Após, a degradação de Strecker entre a dicarbonila e o aminoácido produzirá uma molécula reativa de di-hidropirazina. Por fim, a condensação entre di-hidropirazina, creatinina e acetaldeído formará 4,8-DiMeIQx. O acetaldeído é produto da degradação de Strecker de aminoácidos como a alanina e a cisteína. Por outro lado, o acetaldeído é um produto importante da oxidação lipídica. Essa pode ser a razão pela qual a presença de triacilgliceróis facilita a formação de HCAs [107].

Outra substância potencialmente tóxica gerada pela reação de Maillard é a acrilamida. Esta é uma neurotoxina muito estudada [108,109]. Ela apresenta toxidade reprodutiva, genotoxicidade e carcinogenicidade em animais. O mecanismo de formação da acrilamida, a partir da asparagina pela reação de Maillard inicial, é mostrado na Figura 13.25 [109]. Existem muitas preocupações a respeito da possibilidade de que a acrilamida presente em dietas possa oferecer riscos à saúde.

No entanto, um estudo populacional não encontrou nenhuma associação entre a acrilamida presente em alimentos e as neoplasias de intestino grosso, rim e bexiga [110].

As nitrosaminas são substâncias formadas durante os processos de conservação de alimentos, por meio da reação de nitritos com aminas secundárias ou terciárias. O agente nitrosante geralmente encontrado nos alimentos é o anidrido nitroso, formado a partir do nitrito sob condições ácidas e aquosas [111]. As nitrosaminas são encontradas em diferentes alimentos, como queijo, óleo de soja, frutas enlatadas, carnes curadas ou defumadas, produtos derivados de peixe, temperos usados para curar carnes, cerveja e outras bebidas alcoólicas [101]. Entre eles, a carne e os derivados de peixe são as principais fontes de exposição. Estudos *in vivo* demonstraram que *N*-nitrosodimetilamina (NDMA), *N*-nitrosopirrolidina (NPIR) e *N*-nitrosopiperidina (NPIP) são as substâncias encontradas com mais frequência nos alimentos e podem causar câncer em seres humanos [101]. Outros estudos realizados também afirmam uma associação entre a ingestão de

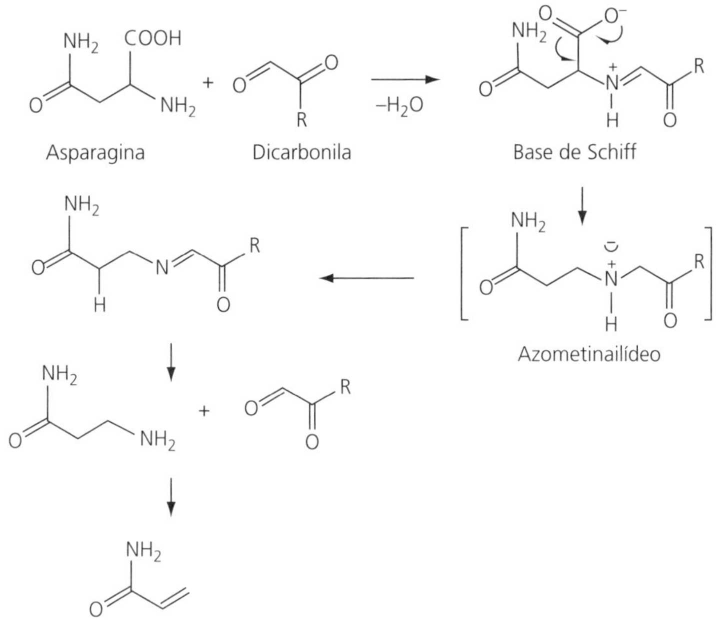

FIGURA 13.25 Mecanismo de formação da acrilamida a partir da asparagina, por meio da reação de Maillard inicial.

nitrito e nitrosamina com a ocorrência de câncer de estômago em seres humanos [112].

Existem muitos alimentos que contêm materiais nanométricos, principalmente nanopartículas metálicas, que são adicionadas aos alimentos de forma proposital ou não intencional, para melhorar a qualidade do produto e facilitar o uso. Por exemplo, nanopartículas de dióxido de titânio (TiO_2, E171) e sílica (SiO_2, E551) são usadas como aditivos, ao passo que nanopartículas de prata (Ag, E174) e óxido de zinco (ZnO) são utilizadas em embalagens de alimentos [113]. Após a entrada dessas nanopartículas no trato gastrintestinal, o destino e os efeitos biológicos ainda não estão totalmente compreendidos, porém evidências indicam que a ingestão de nanopartículas metálicas pode causar complicações à saúde [114]. Estudos mostraram que as nanopartículas de TiO_2 e SiO_2 podem atravessar a barreira da placenta em camundongos durante a gestação, causando neurotoxicidade na prole [115]. Desse modo, a utilização dessas nanopartículas em alimentos deve ser abordada com cautela, pois mais pesquisas são necessárias para garantir sua segurança.

REFERÊNCIAS

1. Hu, F.B., Dietary pattern analysis: A new direction in nutritional epidemiology. *Curr Opin Lipidol*, 2002. **13**(1): 3–9.
2. Wang, X., Y. Ouyang, J. Liu, M. Zhu, G. Zhao, W. Bao, and F.B. Hu, Fruit and vegetable consumption and mortality from all causes, cardiovascular disease, and cancer: Systematic review and dose-response meta-analysis of prospective cohort studies. *Br Med J*, 2014. **349**: g4490.
3. Pan, M.H. and C.T. Ho, Chemopreventive effects of natural dietary compounds on cancer development. *Chem Soc Rev*, 2008. **37**(11): 2558–2574.
4. Palozza, P. and N.I. Krinsky, Antioxidant effects of carotenoids in vivo and in vitro: An overview. *Methods Enzymol*, 1992. **213**: 403–420.
5. Boon, C.S., D.J. McClements, J. Weiss, and E.A. Decker, Factors influencing the chemical stability of carotenoids in foods. *Crit Rev Food Sci Nutr*, 2010. **50**(6): 515–532.
6. Álvarez, R., B. Vaz, H. Gronemeyer, and Á.R. de Lera, Functions, therapeutic applications, and synthesis of retinoids and carotenoids. *Chem Rev*, 2013. **114**(1): 1–125.
7. Druesne-Pecollo, N., P. Latino-Martel, T. Norat, E. Barrandon, S. Bertrais, P. Galan, and S. Hercberg, Beta-carotene supplementation and cancer risk: A systematic review and metaanalysis of randomized controlled trials. *Int J Cancer*, 2010. **127**(1): 172–184.
8. Liu, J., W.Q. Shi, Y. Cao, L.P. He, K. Guan, W.H. Ling, and Y.M. Chen, Higher serum carotenoid concentrations associated with a lower prevalence of the metabolic syndrome in middle-aged and elderly Chinese adults. *Br J Nutr*, 2014: 1–8.

9. Burton, G.W. and K.U. Ingold, beta-Carotene: An unusual type of lipid antioxidant. *Science*, 1984. **224**(4649): 569–573.
10. Maia, M., B.A. Furlani, A.A. Souza-Lima, D.S. Martins, R.M. Navarro, and R.J. Belfort, LUTEIN: A new dye for chromovitrectomy. *Retina*, 2014. **34**(2): 262–272. 10.1097/IAE.0b013e3182a0b7f4.
11. Carpentier, S., M. Knaus, and M.Y. Suh, Associations between lutein, zeaxanthin, and age-related macular degeneration: An overview. *Crit Rev Food Sci Nutr*, 2009. **49**(4): 313–326.
12. Roberts, R.L., J. Green, and B. Lewis, Lutein and zeaxanthin in eye and skin health. *Clin Dermatol*, 2009. **27**(2): 195–201.
13. Anese, M., G. Mirolo, A. Fabbro, and G. Lippe, Lycopene bioaccessibility and bioavailability from processed foods. *J Sci Ind Res*, 2013. **72**(9–10): 543–547.
14. Viuda-Martos, M., E. Sanchez-Zapata, E. Sayas-Barberá, E. Sendra, J.A. Pérez-Álvarez, and J. Fernández-López, Tomato and tomato byproducts. Human health benefits of lycopene and its application to meat products: A review. *Crit Rev Food Sci Nutr*, 2013. **54**(8): 1032–1049.
15. Ilic, D. and M. Misso, Lycopene for the prevention and treatment of benign prostatic hyperplasia and prostate cancer: A systematic review. *Maturitas*, 2012. **72**(4): 269–276.
16. Burton-Freeman, B. and H.D. Sesso, Whole food versus supplement: Comparing the clinical evidence of tomato intake and lycopene supplementation on cardiovascular risk factors. *Adv Nutr*, 2014. **5**(5): 457–485.
17. Ross, J.a. and C.M. Kasum, Dietary flavonoids: Bioavailability, metabolic effects, and safety. *Annu Rev Nutr*, 2002. **22**: 19–34.
18. Wei Bai, C.W. and C. Ren, Intakes of total and individual flavonoids by US adults. *Int J Food Sci Nutr*, 2014. **65**(1): 9–20.
19. Cabrera, C., Beneficial effects of green tea—A review. *J Am Coll Nutr*, 2006. **25**: 79–99.
20. Sang, S., J.D. Lambert, C.-T. Ho, and C.S. Yang, Green tea polyphenols, in *Encyclopedia of Dietary Supplements* (P. Coates, M.R. Blackman, G.M. Cragg, M. Levine, J. Moss, and J.D. White, eds.), Marcel Dekker, New York, 2005, pp. 327–336.
21. Ju, J., G. Lu., J.D. Lambert, and C.S. Yang, Inhibition of carcinogenesis by tea constituents. *Semin Cancer Biol*, 2007. **17**(5): 395–402.
22. Kuhnert, N., J.W. Drynan, J. Obuchowicz, M.N. Clifford, and M. Witt, Mass spectrometric characterization of black tea thearubigins leading to an oxidative cascade hypothesis for thearubigin formation. *Rapid Commun Mass Spectrom: RCM*, 2010. **24**: 3387–3404.
23. Khan, N. and H. Mukhtar, Tea polyphenols for health promotion. *Life Sci*, 2007. **81**: 519–533.
24. Jian, L., L.P. Xie, A.H. Lee, and C.W. Binns, Protective effect of green tea against prostate cancer: A case-control study in southeast China. *J Int Cancer* 2004. **108**: 130–135.
25. Lambert, J.D. and C.S. Yang, Cancer chemopreventive activity and bioavailability of tea and tea polyphenols. *Mutat Res*, 2003. **523–524**: 201–208.
26. Yang, C.S., P. Maliakal, and X. Meng, Inhibition of carcinogenesis by tea. *Annu Rev Pharmacol Toxicol*, 2002. **42**: 25–54.
27. Yang, C.S., L. Chen, M.J. Lee, D. Balentine, M.C. Kuo, and S.P. Schantz, Blood and urine levels of tea catechins after ingestion of different amounts of green tea by human volunteers. *Cancer Epidemiol Biomarkers Prev*, 1998. **7**: 351–354.
28. Higdon, J.V. and B. Frei, Tea catechins and polyphenols: Health effects, metabolism, and antioxidant functions. *Crit Rev Food Sci Nutr*, 2003. **43**: 89–143.
29. Boots, A.W., G.R.M.M. Haenen, and A. Bast, Health effects of quercetin: From antioxidant to nutraceutical. *Eur J Pharmacol*, 2008. **585**: 325–337.
30. Arai, Y., S. Watanabe, M. Kimira, K. Shimoi, R. Mochizuki, and N. Kinae, Dietary intakes of flavonols, flavones and isoflavones by Japanese women and the inverse correlation between quercetin intake and plasma LDL cholesterol concentration. *J Nutr*, 2000. **130**: 2243–2250.
31. Gibellini, L., M. Pinti, M. Nasi, J.P. Montagna, S. De Biasi, E. Roat, L. Bertoncelli, E.L. Cooper, and A. Cossarizza, Quercetin and cancer chemoprevention. *Evid Based Complement Alternat Med*, 2011. **2011**: 591356.
32. Szkudelska, K. and L. Nogowski, Genistein—A dietary compound inducing hormonal and metabolic changes. *J Steroid Biochem Mol Biol*, 2007. **105**: 37–45.
33. De Naeyer, A., W. Vanden Berghe, D. De Keukeleire, and G. Haegeman, Characterization and beneficial effects of kurarinone, a new flavanone and a major phytoestrogen constituent of *Sophora flavescens* Ait., Chapter 25, in *Phytopharmaceuticals in Cancer Chemoprevention* (D. Bagchi and H. G. Preuss, eds.), CRC Press, Boca Raton, FL, 2005, pp. 427–448.
34. Banerjee, S., Y. Li, Z. Wang, and F.H. Sarkar, Multi-targeted therapy of cancer by genistein. *Cancer Lett*, 2008. **269**: 226–242.
35. Li, S., M.-H. Pan, C.-Y. Lo, D. Tan, Y. Wang, F. Shahidi, and C.-T. Ho, Chemistry and health effects of polymethoxyflavones and hydroxylated polymethoxyflavones. *J Funct Foods*, 2009. **1**: 2–12.
36. Qiu, P., P. Dong, H. Guan, S. Li, C.T. Ho, M.H. Pan, D.J. McClements, and H. Xiao, Inhibitory effects of 5-hydroxy polymethoxyflavones on colon cancer cells. *Mol Nutr Food Res*, 2010. **54**(Suppl. 2): S244–S252.
37. Charoensinphon, N., P. Qiu, P. Dong, J. Zheng, P. Ngauv, Y. Cao, S. Li, C.T. Ho, and H. Xiao, 5-Demethyltangeretin inhibits human nonsmall cell lung cancer cell growth by inducing G2/M cell cycle arrest and apoptosis. *Mol Nutr Food Res*, 2013. **57**(12): 2103–2111.
38. Rasmussen, S.E., H. Frederiksen, K.S. Krogholm, and L. Poulsen, Dietary proanthocyanidins: Occurrence, dietary intake, bioavailability, and protection against cardiovascular disease. *Mol Nutr Food Res* 2005. **49**(2): 159–174.
39. Monagas, M., M. Urpi-Sarda, F. Sánchez-Patán, R. Llorach, I. Garrido, C. Gómez-Cordovés, C. Andres-Lacueva, and B. Bartolomé, Insights into the metabolism and microbial biotransformation of dietary flavan-3-ols and the bioactivity of their metabolites. *Food Funct*, 2010. **1**: 233–253.
40. Rahmani, A.H., M.A. Al Zohairy, S.M. Aly, and M.A. Khan, Curcumin: A potential candidate in prevention of cancer via modulation of molecular pathways. *Biomed Res Int*, 2014. **2014**: 761608.

41. Chen, C.-C., R.T. Rosen, and C.-T. Ho, Chromatographic analyses of isomeric shogaol compounds derived from isolated gingerol compounds of ginger (*Zingiber officinale* Roscoe). *J Chromatogr A*, 1986. **360**: 175–184.
42. Yu, Y., S. Zick, X. Li, P. Zou, B. Wright, and D. Sun, Examination of the pharmacokinetics of active ingredients of ginger in humans. *AAPS J*, 2011. **13**(3): 417–426.
43. Wu, J.M., X. Lu, J. Guo, and T.C. Hsieh, Vascular effects of resveratrol, in *Phytochemicals: Mechanisms of Action* (M.S. Meskin, W.R. Bidlack, A.J. Davies, D.S. Lewis, and R.K. Randolph, eds.), CRC Press, Boca Raton, FL, 2004, pp. 145–161.
44. Kapetanovic, I.M., M. Muzzio, Z. Huang, T.N. Thompson, and D.L. McCormick, Pharmacokinetics, oral bioavailability, and metabolic profile of resveratrol and its dimethylether analog, pterostilbene, in rats. *Cancer Chemother Pharmacol*, 2011. **68**: 593–601.
45. Manoharan, S., M. Vasanthaselvan, S. Silvan, N. Baskaran, A. Kumar Singh, and V. Vinoth Kumar, carnosic acid: A potent chemopreventive agent against oral carcinogenesis. *Chem-Biol Interact*, 2010. **188**: 616–622.
46. Ho, C.T., T. Ferraro, Q. Chen, R.T. Rosen, and M.T. Huang, Phytochemicals in teas and rosemary and their cancer-preventive properties. ACS Symposium series 547, Washington DC, pp. 2–19, 1994.
47. Moriarty, R.M., R. Naithani, and B. Surve, Organosulfur compounds in cancer chemoprevention. *Mini Rev Med Chem*, 2007. **7**(8): 827–838.
48. Pittler, M.H. and E. Ernst, Clinical effectiveness of garlic (*Allium sativum*). *Mol Nutr Food Res*, 2007. **51**(11): 1382–1385.
49. Borrelli, F., R. Capasso, and A.A. Izzo, Garlic (*Allium sativum* L.): Adverse effects and drug interactions in humans. *Mol Nutr Food Res*, 2007. **51**(11): 1386–1397.
50. Herr, I. and M.W. Buchler, Dietary constituents of broccoli and other cruciferous vegetables: Implications for prevention and therapy of cancer. *Cancer Treat Rev*, 2010. **36**(5): 377–383.
51. Jin, Y., M. Wang, R.T. Rosen, and C.T. Ho, Thermal degradation of sulforaphane in aqueous solution. *J Agric Food Chem*, 1999. **47**(8): 3121–3123.
52. Zhang, Y., Allyl isothiocyanate as a cancer chemopreventive phytochemical. *Mol Nutr Food Res*, 2010. **54**(1): 127–135.
53. Calder, P.C. and S. Kew, The immune system: A target for functional foods? *Br J Nutr*, 2002. **88**(Suppl. 2): S165–S177.
54. Fenech, M., C. Stockley, and C. Aitken, Moderate wine consumption protects against hydrogen peroxide-induced DNA damage. *Mutagenesis*, 1997. **12**(4): 289–296.
55. Somjen, D., E. Knoll, J. Vaya, N. Stern, and S. Tamir, Estrogen-like activity of licorice root constituents: Glabridin and glabrene, in vascular tissues in vitro and in vivo. *J Steroid Biochem Mol Biol*, 2004. **91**(3): 147–155.
56. Leiherer, A., A. Mundlein, and H. Drexel, Phytochemicals and their impact on adipose tissue inflammation and diabetes. *Vascul Pharmacol*, 2013. **58**(1–2): 3–20.
57. Reuter, S., S.C. Gupta, M.M. Chaturvedi, and B.B. Aggarwal, Oxidative stress, inflammation, and cancer: How are they linked? *Free Radic Biol Med*, 2010. **49**(11): 1603–1616.
58. De la Fuente, M., Effects of antioxidants on immune system ageing. *Eur J Clin Nutr*, 2002. **56**(Suppl. 3): S5–S8.
59. Zhang, J., S. Jiang, and R.R. Watson, Antioxidant supplementation prevents oxidation and inflammatory responses induced by sidestream cigarette smoke in old mice. *Environ Health Perspect*, 2001. **109**(10): 1007–1009.
60. Lee, J.H., T.O. Khor, L. Shu, Z.Y. Su, F. Fuentes, and A.N. Kong, Dietary phytochemicals and cancer prevention: Nrf2 signaling, epigenetics, and cell death mechanisms in blocking cancer initiation and progression. *Pharmacol Ther*, 2013. **137**(2): 153–171.
61. Gupta, S.C., J.H. Kim, S. Prasad, and B.B. Aggarwal, Regulation of survival, proliferation, invasion, angiogenesis, and metastasis of tumor cells through modulation of inflammatory pathways by nutraceuticals. *Cancer Metastasis Rev*, 2010. **29**(3): 405–434.
62. Ouyang, L., Z. Shi, S. Zhao, F.T. Wang, T.T. Zhou, B. Liu, and J.K. Bao, Programmed cell death pathways in cancer: A review of apoptosis, autophagy and programmed necrosis. *Cell Prolif*, 2012. **45**(6): 487–498.
63. Ganjali, S., A. Sahebkar, E. Mahdipour, K. Jamialahmadi, S. Torabi, S. Akhlaghi, G. Ferns, S.M. Parizadeh, and M. Ghayour-Mobarhan, Investigation of the effects of curcumin on serum cytokines in obese individuals: A randomized controlled trial. *Scientific World Journal*, 2014. **2014**: 898361.
64. Branca, F. and S. Lorenzetti, Health effects of phytoestrogens. *Forum Nutr*, 2005. **57**: 100–111.
65. Patisaul, H.B. and W. Jefferson, The pros and cons of phytoestrogens. *Front Neuroendocrinol*, 2010. **31**(4): 400–419.
66. DiMarco-Crook, C. and H. Xiao, Diet-based strategies for cancer chemoprevention: The role of combination regimens using dietary bioactive components. *Annu Rev Food Sci Technol*, 2015. **6**: 505–526.
67. Sengupta, A., S. Ghosh, and S. Das, Tomato and garlic can modulate azoxymethane-induced colon carcinogenesis in rats. *Eur J Cancer Prev*, 2003. **12**(3): 195–200.
68. Bose, M., X. Hao, J. Ju, A. Husain, S. Park, J.D. Lambert, and C.S. Yang, Inhibition of tumorigenesis in ApcMin/+ mice by a combination of (−)-epigallocatechin-3-gallate and fish oil. *J Agric Food Chem*, 2007. **55**(19): 7695--7700.
69. Canene-Adams, K., B.L. Lindshield, S. Wang, E.H. Jeffery, S.K. Clinton, and J.W. Erdman, Jr., Combinations of tomato and broccoli enhance antitumor activity in dunning r3327-h prostate adenocarcinomas. *Cancer Res*, 2007. **67**(2): 836–843.
70. Sungupta, A., S. Ghosh, and S. Das, Modulatory influence of garlic and tomato on cyclooxygenase-2 activity, cell proliferation and apoptosis during azoxymethane induced colon carcinogenesis in rat. *Cancer Lett*, 2004. **208**(2): 127–136.
71. Crim, K.C., L.M. Sanders, M.Y. Hong, S.S. Taddeo, N.D. Turner, R.S. Chapkin, and J.R. Lupton, Upregulation of p21Waf1/Cip1 expression in vivo by butyrate administration can be chemoprotective or chemopromotive depending on the lipid component of the diet. *Carcinogenesis*, 2008. **29**(7): 1415–1420.
72. Zhang, H., D. Yu, J. Sun, X. Liu, L. Jiang, H. Guo, and F. Ren, Interaction of plant phenols with food macronutri-

ents: Characterisation and nutritional-physiological consequences. *Nutr Res Rev*, 2014. **27**(1): 1–15.
73. Yao, M.F., H. Xiao, and D.J. McClements, Delivery of lipophilic bioactives: Assembly, disassembly, and reassembly of lipid nanoparticles. *Annu Rev Food Sci Technol*, 2014. **5**: 53–81.
74. Zheng, J., M. Song, P. Dong, P. Qiu, S. Guo, Z. Zhong, S. Li, C.T. Ho, and H. Xiao, Identification of novel bioactive metabolites of 5-demethylnobiletin in mice. *Mol Nutr Food Res*, 2013. **57**(11): 1999–2007.
75. Wu, X., M. Song, M. Wang, J. Zheng, Z. Gao, F. Xu, G. Zhang, and H. Xiao, Chemopreventive effects of nobiletin and its colonic metabolites on colon carcinogenesis. *Mol Nutr Food Res*, 2015. **59**(12): 2383–2394.
76. Valdes, L., A. Cuervo, N. Salazar, P. Ruas-Madiedo, M. Gueimonde, and S. Gonzalez, The relationship between phenolic compounds from diet and microbiota: Impact on human health. *Food Funct*, 2015. **6**(8): 2424–2439.
77. Hathcock, J., Dietary supplements: How they are used and regulated. *J Nutr*, 2001. **131**(3s): 1114S–1117S.
78. Coates, P.M., J.M. Betz, M.R. Blackman, G.M. Cragg, M. Levine, J. Moss, and J.D. White, *Encyclopedia of Dietary Supplements*, Marcel Dekker, New York, 2005.
79. Yi, J., H. Chi-Tang, W. Mingfu, W. Qing-Li, and E.S. James, Chemistry, pharmacology, and quality control of selected popular Asian herbs in the U.S. market, in *Asian Functional Foods* (J. Shi, F. Shahidi, and C.-T. Ho, eds.), CRC Press, Boca Raton, FL, 2005, pp. 73–102.
80. Elvin-Lewis, M., Should we be concerned about herbal remedies. *J Ethnopharmacol*, 2001. **75**(2–3): 141–164.
81. Pawar, R., H. Tamta, J. Ma, A. Krynitsky, E. Grundel, W. Warner, and J. Rader, Updates on chemical and biological research on botanical ingredients in dietary supplements. *Anal Bioanal Chem*, 2013. **405**(13): 4373–4384.
82. Blumberg, J.B., B.W. Bolling, C.Y.O. Chen, and H. Xiao, Review and perspective on the composition and safety of green tea extracts. *Eur J Nutr Food Safety*, 2015. **5**(1): 1–31.
83. Wijngaard, H., M.B. Hossain, D.K. Rai, and N. Brunton, Techniques to extract bioactive compounds from food by-products of plant origin. *Food Res Int*, 2012. **46**(2): 505–513.
84. Hossain, M.B., C. Barry-Ryan, A.B. Martin-Diana, and N.P. Brunton, Optimisation of accelerated solvent extraction of antioxidant compounds from rosemary (*Rosmarinus officinalis* L.), marjoram (*Origanum majorana* L.) and oregano (*Origanum vulgare* L.) using response surface methodology. *Food Chem*, 2011. **126**(1): 339–346.
85. Herrero, M., J.A. Mendiola, A. Cifuentes, and E. Ibanez, Supercritical fluid extraction: Recent advances and applications. *J Chromatogr A*, 2010. **1217**(16): 2495–2511.
86. Diaz-Reinoso, B., A. Moure, H. Dominguez, and J.C. Parajo, Supercritical CO_2 extraction and purification of compounds with antioxidant activity. *J Agric Food Chem*, 2006. **54**(7): 2441–2469.
87. Santos, S.A.O., J.J. Villaverde, C.M. Silva, C.P. Neto, and A.J.D. Silvestre, Supercritical fluid extraction of phenolic compounds from *Eucalyptus globulus* Labill bark. *J Supercrit Fluids*, 2012. **71**: 71–79.
88. Casas, L., C. Mantell, M. Rodríguez, E.J.M.D.L. Ossa, A. Roldán, I.D. Ory, I. Caro, and A. Blandino, Extraction of resveratrol from the pomace of *Palomino fino* grapes by supercritical carbon dioxide. *J Food Eng*, 2010. **96**: 304–308.
89. Chen, B.Y., C.H. Kuo, Y.C. Liu, L.Y. Ye, J.H. Chen, and C.J. Shieh, Ultrasonic-assisted extraction of the botanical dietary supplement resveratrol and other constituents of *Polygonum cuspidatum*. *J Nat Prod*, 2012. **75**(10): 1810–1813.
90. Chemat, F., Zill-e-Huma, and M.K. Khan, Applications of ultrasound in food technology: Processing, preservation and extraction. *Ultrason Sonochem*, 2011. **18**(4): 813–835.
91. Puri, M., D. Sharma, and C.J. Barrow, Enzyme-assisted extraction of bioactives from plants. *Trends Biotechnol*, 2012. **30**(1): 37–44.
92. Kaufmann, B., P. Christen, and J.L. Veuthey, Parameters affecting microwave-assisted extraction of withanolides. *Phytochem Anal*, 2001. **12**(5): 327–331.
93. Daglia, M., M.T. Cuzzoni, and C. Dacarro, Antibacterial activity of coffee. *J Agric Food Chem*, 1994. **42**(10): 2270–2272.
94. Daglia, M., M.T. Cuzzoni, and C. Dacarro, Antibacterial activity of coffee - Relationship between biological-activity and chemical markers. *J Agric Food Chem*, 1994. **42**(10): 2273–2277.
95. Stadler, R.H., D.H. Welti, A.A. Stampfli, and L.B. Fay, Thermal decomposition of caffeic acid in model systems: Identification of novel tetraoxygenated phenylindan isomers and their stability in aqueous solution. *J Agric Food Chem*, 1996. **44**(3): 898–905.
96. Jongen, W.M.F., Food phytochemicals for cancer prevention II: Teas, spices and herbs, (ACS Symposium Series 547). *Trends Food Sci Technol*, 1995. **6**: 216.
97. Chiou, R.Y.Y. and S.L. Cheng, Isoflavone transformation during soybean koji preparation and subsequent miso fermentation supplemented with ethanol and NaCl. *J Agric Food Chem*, 2001. **49**(8): 3656–3660.
98. Pariza, M., Toxic substances. *Food Chem*, 1996. **3**: 825–841.
99. Omaye, S.T., *Food and Nutritional Toxicology*, CRC Press, Boca Raton, FL, 2004.
100. Rietjens, I.M., M.J. Martena, M.G. Boersma, W. Spiegelenberg, and G.M. Alink, Molecular mechanisms of toxicity of important food-borne phytotoxins. *Mol Nutr Food Res*, 2005. **49**(2): 131–158.
101. Dolan, L.C., R.A. Matulka, and G.A. Burdock, Naturally occurring food toxins. *Toxins*, 2010. **2**(9): 2289–2332.
102. Cross, A.J. and R. Sinha, Meat-related mutagens/carcinogens in the etiology of colorectal cancer. *Environ Mol Mutagen*, 2004. **44**(1): 44–55.
103. Sugimura, T., K. Wakabayashi, H. Nakagama, and M. Nagao, Heterocyclic amines: Mutagens/carcinogens produced during cooking of meat and fish. *Cancer Sci*, 2004. **95**(4): 290–299.
104. Cross, A.J., L.M. Ferrucci, A. Risch, B.I. Graubard, M.H. Ward, Y. Park, A.R. Hollenbeck, A. Schatzkin, and R. Sinha, A large prospective study of meat consumption and colorectal cancer risk: An investigation of potential mechanisms underlying this association. *Cancer Res*, 2010. **70**(6): 2406–2414.
105. Jagerstad, M., A.L. Reutersward, R. Oste, A. Dahlqvist, S. Grivas, K. Olsson, and T. Nyhammar, Creatinine and

Maillard-reaction products as precursors of mutagenic compounds formed in fried beef. *ACS Symposium Series*, 1983. **215**: 507–519.

106. Kasai, H., Z. Yamaizumi, K. Wakabayashi, M. Nagao, T. Sugimura, S. Yokoyama, T. Miyazawa, and S. Nishimura, Structure and chemical synthesis of Me-Iq, a potent mutagen isolated from broiled fish. *Chem Lett*, 1980. **9**(11): 1391–1394.

107. Johansson, M., K. Skog, and M. Jagerstad, Effects of edible oils and fatty-acids on the formation of mutagenic heterocyclic amines in a model system. *Carcinogenesis*, 1993. **14**(1): 89–94.

108. Mottram, D.S., B.L. Wedzicha, and A.T. Dodson, Acrylamide is formed in the Maillard reaction. *Nature*, 2002. **419**(6906): 448–449.

109. Stadler, R.H., F. Robert, S. Riediker, N. Varga, T. Davidek, S. Devaud, T. Goldmann, J. Hau, and I. Blank, In-depth mechanistic study on the formation of acrylamide and other vinylogous compounds by the Maillard reaction. *J Agric Food Chem*, 2004. **52**(17): 5550–5558.

110. Mucci, L.A., P.W. Dickman, G. Steineck, H.O. Adami, and K. Augustsson, Dietary acrylamide and cancer of the large bowel, kidney, and bladder: Absence of an association in a population-based study in Sweden. *Br J Cancer*, 2003. **88**(1): 84–89.

111. Scanlan, R.A., Formation and occurrence of nitrosamines in food. *Cancer Res*, 1983. **43**(5): 2435–2440.

112. Jakszyn, P. and C.A. Gonzalez, Nitrosamine and related food intake and gastric and oesophageal cancer risk: A systematic review of the epidemiological evidence. *World J Gastroenterol*, 2006. **12**(27): 4296–4303.

113. Wang, H.F., L.J. Du, Z.M. Song, and X.X. Chen, Progress in the characterization and safety evaluation of engineered inorganic nanomaterials in food. *Nanomedicine*, 2013. **8**(12): 2007–2025.

114. Martirosyan, A. and Y.J. Schneider, Engineered nanomaterials in food: Implications for food safety and consumer health. *Int J Environ Res Public Health*, 2014. **11**(6): 5720–5750.

115. Yamashita, K., Y. Yoshioka, K. Higashisaka, K. Mimura, Y. Morishita, M. Nozaki, T. Yoshida et al., Tsutsumi, Silica and titanium dioxide nanoparticles cause pregnancy complications in mice. *Nat Nanotechnol*, 2011. **6**(5): 321–328.

Parte III

Sistemas alimentares

Características do leite

David S. Horne

CONTEÚDO

14.1 Introdução 905
   14.1.1 Alguns fatos e percepções 906
14.2 Lactação, evolução e síntese do leite..... 907
   14.2.1 Biossíntese do leite 909
14.3 Composição do leite de vaca........... 911
   14.3.1 Proteínas do leite 911
      14.3.1.1 Caseínas e micelas de caseína 912
      14.3.1.2 Estrutura primária da caseína e interações 913
      14.3.1.3 Estrutura e organização da micela de caseína 916
      14.3.1.4 Proteínas do soro 918
   14.3.2 Lipídeos e glóbulos de gordura do leite 920
      14.3.2.1 Lipídeos do leite............. 920
      14.3.2.2 Membrana do glóbulo de gordura do leite................. 923
      14.3.2.3 Composição da membrana do glóbulo de gordura do leite 924
      14.3.2.4 Estrutura da membrana do glóbulo de gordura do leite 925
   14.3.3 Sais e minerais do leite, lactose e compostos enzimáticos minoritários....... 926
      14.3.3.1 Sais e minerais do leite.......... 926
      14.3.3.2 Lactose.................... 927
      14.3.3.3 Enzimas 928
14.4 Produtos lácteos 929
   14.4.1 Introdução 929
   14.4.2 Leites fluidos.................... 930
      14.4.2.1 Pasteurização 931
      14.4.2.2 Efeitos do tratamento térmico 931
   14.4.3 Produtos lácteos fermentados 933
   14.4.4 Queijos........................ 934
   14.4.5 Manteiga 935
   14.4.6 Leite evaporado, leite condensado e leite em pó 935
   14.4.7 Processo de separação por membranas.. 936
14.5 Proteínas do leite como ingredientes funcionais 937
   14.5.1 Peptídeos bioativos derivados das proteínas do leite.................. 940
      14.5.1.1 Derivados das caseínas 940
      14.5.1.2 Derivados das proteínas do soro... 942
14.6 Valor nutritivo do leite................ 943
   14.6.1 Intolerância à lactose............. 946
Referências............................. 948
Leituras sugeridas 952

14.1 INTRODUÇÃO

Estamos, talvez, mais familiarizados com o leite como aquele líquido branco que vertemos sobre nosso cereal matinal, ou que adicionamos ao nosso chá ou café para branqueá-lo, ou como precursor de muitos produtos lácteos encontrados nas prateleiras de mercearias ou geladeiras. Contudo, devemos também estar conscientes de que o leite é o primeiro alimento que consumimos, uma característica compartilhada por todas as espécies de mamíferos. O leite é o primeiro alimento perfeito projetado pela natureza para suprir, através da mãe, todos os requisitos para nutrição, sustento e crescimento do recém-nascido, mas apenas nos primeiros meses da nova vida.

Ao longo dos tempos, o leite aparece com frequência na mitologia e nas lendas. Por trás de muitos desses contos, está a ideia de que o lactente assume as características da mãe. Assim, a galáxia de estrelas, a Via Láctea, surgiu porquê, na mitologia grega, a criança chamada Héracles foi colocada no peito da deusa adormecida, Hera, na esperança de adquirir os atributos divinos de seu pai, o deus Zeus. Ao despertar, a deusa lançou a criança para longe, e as gotículas de leite que jorraram de seu seio originaram as estrelas da Via Láctea. A lenda também diz que os fundadores de Roma, Rômulo e Remo, foram amamentados por uma loba. A eles não, a docilidade e mansidão de uma ovelha, mas antes a força e astúcia do lobo. Continuando no tema romano, Aurélia, a mãe de Júlio César, amamentou todos os seus filhos por considerar irresponsabilidade entregá-los a escravas para serem amamentados, como fazia a maioria dos aristocratas romanos num sintoma claro e chocante de sua degeneração. Ao mesmo tempo, os romanos justificavam a invasão da Grã-Bretanha como forma de trazer civilização a uma sociedade bárbara que se entregava a hábitos indescritíveis, como o canibalismo e beber leite [46]!

Não se sabe quando o homem percebeu pela primeira vez os benefícios de consumir e conservar o leite de outras espécies, certamente além de qualquer história escrita, provavelmente anterior a qualquer prática agrícola estabelecida e, possivelmente, em um período de transição da caça para a coleta. Os fazendeiros do Neolítico começaram a domesticação dos bovinos, caprinos e ovinos entre os anos 10000 e 11000 a.C., em Anatolia (atual Turquia), no oeste do Irã e no norte da Mesopotâmia [78]. A partir dessas regiões, a domesticação se espalhou para o norte e oeste, nos Balcãs, na região do Cáucaso e pela Europa. O momento em que a produção leiteira se tornou parte disso é uma questão de suposição. Os lipídeos extraídos de vasilhas de cerâmica fosca quebradas mostraram que havia gordura láctea presente no noroeste da Anatolia por volta de 7000 a 8000 a.C. e, passado mais de um milênio, nas regiões central e sudeste da Anatolia [28]. Indicações de práticas leiteiras disseminadas na Grã-Bretanha em 5000 a 7000 a.C. são evidenciadas pela detecção de gorduras de ruminantes em cacos de cerâmica em diversos locais, anteriormente à chegada da agricultura (cultivo de culturas) difundida a partir de suas origens no Oriente Médio [14]. Essa detecção é baseada na presença do recipiente de cerâmica, ao passo que a produção leiteira pode preceder essa tecnologia, pois acredita-se que a descoberta de produtos lácteos fermentados, como queijo e iogurte, ocorreu graças ao armazenamento fortuito do leite em bolsas feitas com estômago de animais que permitiam a digestão enzimática do leite e a produção de coalho.

Essa descoberta não só possibilitou a estocagem e a preservação de muitos componentes nutricionais do leite para consumo posterior como também removeu a lactose, cuja presença tornava o leite inadequado como alimento para a maioria dos adultos (ver Seção 14.6.1). Todos nascem com uma enzima lactase ativa no estômago, porém essa enzima é naturalmente inibida durante a infância, tornando o adulto intolerante à lactose, exceto quando uma modificação genética responsável pela preservação da atividade da lactase está presente. Essa modificação genética surgiu na região centro-norte da Europa, onde hoje fica a Hungria, há cerca de 8.000 anos [66]. A partir dessa região, a alteração genética se disseminou e alcançou uma alta frequência nas populações do norte da Europa por meio de um *feedback* cultural/evolutivo. A ainda incipiente indústria de laticínios assim gerada pegou carona no trem da diáspora europeia e se disseminou para o mundo inteiro. Na era moderna, outros fatores que contribuem para o crescimento da indústria de laticínios incluem a inovação tecnológica na preservação da qualidade do leite e na fabricação de derivados do leite, bem como os aprimoramentos na reprodução e na criação do gado leiteiro para produção de leite.

14.1.1 Alguns fatos e percepções

Em 2011, a produção mundial de leite estava em torno de 734 milhões de toneladas [30]. À parte de uma insignificante quantidade de leite de éguas, essa produção se refere ao leite obtido de ruminantes que, de longe, era na maior parte ($\approx$ 84%) leite bovino. Outras espécies que contribuíram para esse total foram búfalas (13%), cabras (1,8%), ovelhas (1,1%) e camelos (0,3%). O leite de renas também é consumido localmente na região da Lapônia. Em termos de quantidade, a produção agregada de leite alcançou o terceiro lugar entre os produtos agrícolas, atrás do açúcar (1,8 bilhão de toneladas) e do milho (885 milhões de toneladas). A produção de leite bovino é difundida no mundo todo (Tabela 14.1), ao passo que as de leite de búfala e de camelo são mais regionalmente específicas: leite de búfala na Índia e no Sudeste Asiático, e leite de camelo na península Arábica e na região do Chifre da África. Como apresentado na Tabela 14.1, em 2011, os Estados Unidos ficaram em primeiro lugar na produção de leite bovino fresco, mas a contribuição dos leites de búfala e de cabra para os números listados para o leite de vaca elevou a Índia à posição número 1 para a produção total de leite, sendo esta quase toda consumida dentro do próprio país.

A produção de leite por vaca depende de vários fatores, incluindo o sistema de produção e a dieta. O que a vaca come tem o maior impacto sobre o rendimento obtido. Rendimentos maiores, em torno de 12.500 kg de leite por vaca ao ano,

TABELA 14.1 Estatísticas da produção de leite (leite bovino integral) dos 20 principais países produtores, em 2011

Classificação	Área	Produção (t)
	Mundial	614.578.723
1	Estados Unidos	89.015.235
2	Índia	57.400.000 (dados não oficiais)
3	China (continente)	36.578.000
4	Brasil	32.096.214
5	Alemanha	30.301.359
6	Federação Russa	31.385.732
7	França	24.361.094
8	Nova Zelândia	17.893.848
9	Turquia	13.802.428
10	Reino Unido	13.849.000
11	Paquistão	12.906.000
12	Polônia	12.413.796
13	Holanda	11.627.312
14	Argentina	11.206.000
15	México	10.724.288
16	Itália	10.479.053
17	Ucrânia	10.804.000
18	Austrália	9.101.000
19	Canadá	8.400.000
20	Japão	7.474.309

foram obtidos em Israel com vacas confinadas recebendo dieta mista rica em energia, ao passo que a produção média na Nova Zelândia foi de ≈ 4.000 kg por vaca ao ano, com vacas mantidas em pastagens durante todo o ano [41]. Em média, a produção de leite por vaca nos Estados Unidos é de 10.000 kg ao ano. Na Índia, a produção média é de somente 1.200 kg, atestando o regime de produção mais eficiente usado nos Estados Unidos e a dieta pobre disponível na Índia. Entretanto, Herrero e colaboradores [44] estimaram que, no ano 2000, rebanhos mistos forneceram 69% do leite produzido globalmente, contribuindo de modo substancial para a subsistência dos produtores rurais mais pobres em países em desenvolvimento. Eles também calcularam que as eficiências alimentares da produção de proteína alimentícia a partir do leite são entre 1,5 e 5 vezes mais altas do que a da produção de carne de ruminantes, independentemente da região considerada. A vaca é um conversor eficiente de gramíneas e de fibras de baixa digestibilidade em alimento aceitável para o ser humano.

14.2 LACTAÇÃO, EVOLUÇÃO E SÍNTESE DO LEITE

Os mamíferos são animais vertebrados de sangue quente que alimentam seus filhotes com leite produzido pelas glândulas mamárias. Seu aparecimento ocorreu há ≈ 166 milhões de anos. A árvore filogenética da Figura 14.1 mostra os tempos aproximados de divergência das principais classes e infraclasses com exemplos existentes de seus membros. A estratégia reprodutiva, os requerimentos para o desenvolvimento dos jovens e o ambiente do par mãe-filhote direcionam a variação na composição do leite entre as espécies. Filhotes recém-nascidos de ornitorrincos e marsupiais exibem aparência de embrião e dependem do leite para seu crescimento e proteção imunológica durante a fase equivalente ao período fetal dos mamíferos placentários. Ao contrário, mamíferos placentários têm gestação relativamente mais longa e período de lactação mais curto. Essas estratégias reprodutivas impactam diretamente a composição do leite.

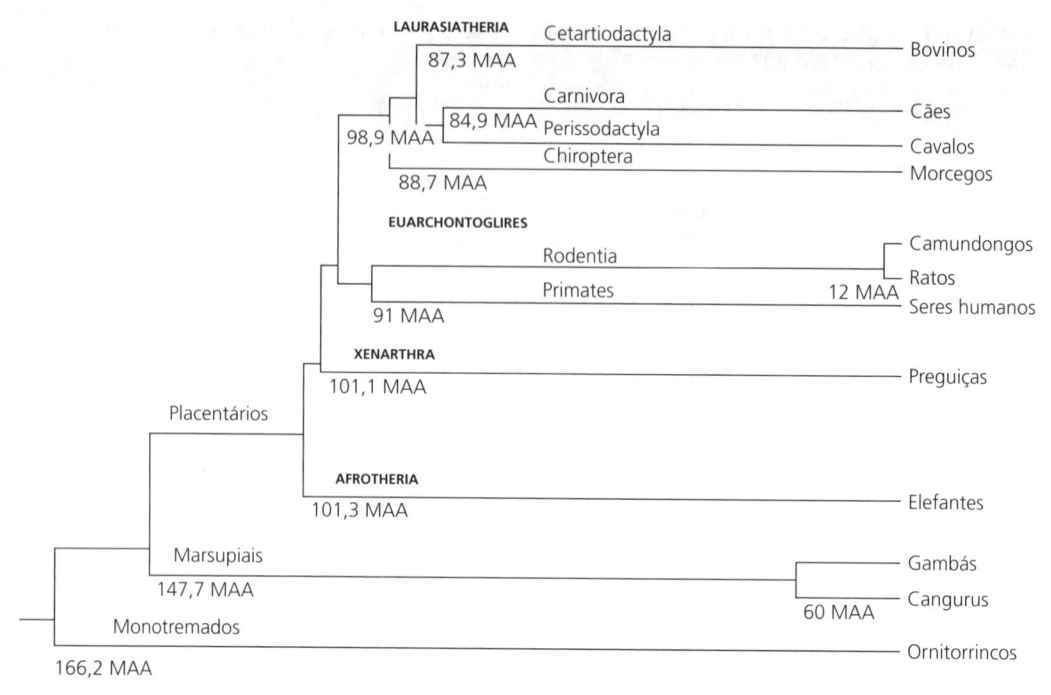

FIGURA 14.1 Árvore filogenética simplificada ilustrando a relação dos mamíferos existentes representativos das espécies. Estimativas da origem dos principais pontos de ramificação são dadas em milhões de anos atrás (MAA). Os dois primeiros dividem monotremados estabelecidos (166,2 MAA) e marsupiais e placentários (147,7 MAA). Cerca de 50 milhões de anos se passam até a origem de quaisquer ordens existentes e, então, as quatro superordens placentárias (em **negrito**) surgiram em um espaço de tempo de 2,4 milhões de anos uma da outra. (Reproduzida, com permissão, de LeMay, D.G. et al., *Genome Biol.*, 10, R43, 1, 2009.)

Os dados da Tabela 14.2 mostram que mesmo a composição bruta de macronutrientes do leite pode ser altamente variável entre as espécies. Deve-se observar também que essas são composições representativas que podem variar significativamente, dependendo do estágio da lactação (particularmente) e do estado nutricional da mãe.

O leite, sendo a única fonte de nutrientes do recém-nascido, contém todos os nutrientes essenciais necessários para o crescimento e desenvolvimento. A produção diária de uma vaca bem alimentada pode conter o equivalente de 2 kg de queijo, 1 kg de manteiga e 1 kg de açúcar. Esses produtos não vêm compactados nem embalados para as prateleiras ou refrigeradores do supermercado. Tão pouco o leite é simplesmente uma sopa de nutrientes individuais, e sim um conjunto de biomoléculas com estruturas complexas altamente organizadas. As caseínas, proteínas lácteas mais abundantes, são secretadas como micelas; a gordura é fornecida como glóbulos de gordura do leite (GGL); e os carboidratos estão presentes em solução, na forma do dissacarídeo lactose.

As micelas de caseína e os glóbulos de gordura são considerados em detalhes em Seções posteriores. Aqui, é suficiente mencionar que, na análise de genomas de uma variedade de espécies animais [77], as proteínas da membrana do glóbulo de gordura do leite (MGGL) se mostraram altamente conservadas, com 98 a 100% de suas sequências de aminoácido permanecendo inalteradas ao longo dos 160 milhões de anos decorridos desde o aparecimento do mamífero ancestral comum. A mesma análise mostrou que as proteínas lácteas mais divergentes eram aquelas com propriedades nutricionais ou imunológicas, como as proteínas mais abundantes (as caseínas), ao passo que os genes lácteos e mamários por si só eram, em média, mais altamente conservados do que outros genes do genoma dos mamíferos.

TABELA 14.2 Composição bruta de macronutrientes do leite de mamíferos

Espécie	Gordura (%)	Proteína (%)	Lactose e açúcar (%)
Vaca	3,7	3,4	4,6
Canino	9,5	7,5	3,8
Égua	1,9	2,5	6,2
Morcego	13,5	7,4	3,3
Murino	27	12,5	2,6
Rato	8,8	8,1	3,8
Ser humano	4	1	7
Preguiça	6,9	6,1	?
Elefante	11,6	4,9	4,7
Gambá	7,4	10	10 (oligossacarídeos)
Canguru (≈ 36 semanas)	20	13	12
Ornitorrinco	22,2	8,2	3,7 (difucosilactose)
Foca cinzenta	53,1	11,2	0,7

Fonte: adaptada de Lemay, D.G. et al., *Genome Biol.*, 10, R43.1, 2009, com adições.

Além disso, apesar da significativa divergência existente entre as caseínas, sua estrutura montada organizada no leite (a micela de caseína) é encontrada em todos os leites examinados até o momento, incluindo o leite de marsupiais. Isso sugere que o processo secretório da produção de leite foi estabelecido mais de 150 milhões de anos atrás e herdado de um ancestral pré-mamífero.

Uma diversidade de teorias foram elaboradas para explicar a origem da glândula mamária, mas a ausência de uma evidência fóssil direta de qualquer estágio de seu desenvolvimento torna difícil validar ou desaprovar quaisquer sugestões. Tais hipóteses, do modo como foram propostas, são resumidas por Oftedal [100–102]. Glândulas sudoríparas ancestrais, glândulas sebáceas, folículos pilosos e glândulas apócrinas foram propostas como candidatas a serem precursoras das glândulas mamárias primitivas. Confundindo o problema do rastreamento do desenvolvimento evolutivo, está o reconhecimento de que a extensão da proliferação glandular e secreção, os notáveis ciclos repetidos de proliferação e secreção, seguidos de apoptose celular e involução glandular, e a multiplicidade dos produtos de secreção sintetizados na glândula mamária representam, todos, novidades evolutivas [102]. Muitos desses processos envolveram o desenvolvimento de controles hormonais elaborados que requerem ativação via outras modificações corporais, como a gravidez e o parto.

14.2.1 Biossíntese do leite

A glândula mamária é surpreendentemente um órgão produtivo destinado à biossíntese. A maior parte das pesquisas sobre a fisiologia e o funcionamento da glândula foram realizadas em tecidos humanos, de ruminantes ou de roedores, e todas mostraram similaridades impressionantes em seus resultados, sugerindo que os mecanismos de secreção são os mesmos em todas as espécies.

O leite originado no tecido secretor é coletado em dutos que aumentam em tamanho à medida que se aproximam da região dos mamilos. A menor "fábrica" de leite completa, que inclui uma região de estocagem, é o alvéolo (Figura 14.2). O alvéolo é um organismo mais ou menos esférico que consiste em um compartimento central de estocagem (o lúmen) circundado por uma camada única de células epiteliais secretórias, conectado diretamente ao sistema de ductos. Essas células são orientadas em uma direção tal que a extremidade apical, com sua membrana única, é posicionada próxima ao lúmen e a extremidade basal é separada do sangue e da linfa por uma membrana basal. Consequentemente, ocorre um fluxo direcional de metabólitos ao longo da célula, com os blocos constituintes do leite entrando através da membrana basolateral. As rotas seguidas ao longo da célula pelos principais componentes do leite, proteínas, gorduras, lactose, íons, etc., são representadas no diagrama da Figura 14.2. Os componentes básicos são sintetizados na linha de produção do retículo endoplasmático. Os componentes são, então, "embalados" em vesículas secretórias no aparelho de Golgi, ou como gotículas de gordura no citoplasma.

Estas vias já são conhecidas há um longo tempo. O que não se conhece com toda certeza são os fatores que controlam as taxas de síntese ao nível molecular. Está claro que as proteínas sintetizadas são específicas do leite, com muito pouca ou nenhuma expressão em outros tecidos senão aquele da glândula mamária lactente (ou próximo do início da lactação). Até o presente, as pesquisas demonstram nitidamente que a expressão das principais proteínas do leite aumenta de forma drástica e combinada durante o início da lactação, e permanece alta até que a lactação diminua (com algumas exceções nos marsupiais) [3]. Sabe-se que vários hormônios, a matriz extracelular e a interação entre células exercem um papel fundamental na indução da adaptação, com diferenças entre as espécies. Também se sabe que a nutrição influencia a quantidade de proteínas lácteas produzidas, sendo o conteúdo energético da dieta particular-

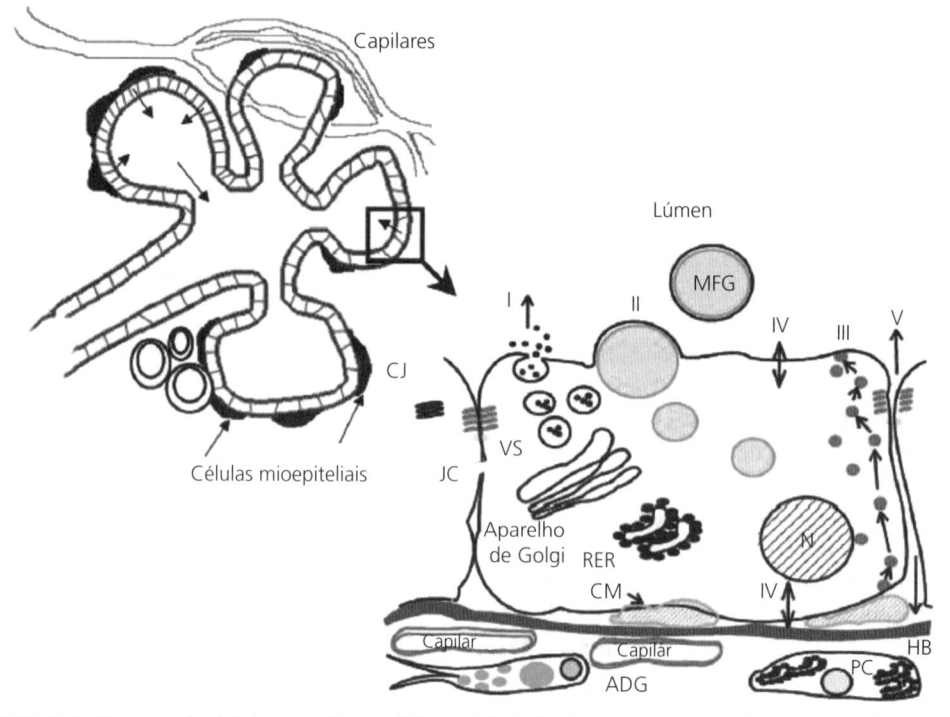

FIGURA 14.2 Diagrama de alvéolos mamários e células epiteliais alveolares mostrando as vias secretoras de leite. O leite é secretado pelas células epiteliais alveolares no lúmen (setas) e, então, sai através dos ductos por contração das células mioepiteliais que envolvem as células epiteliais alveolares e ductais. O alvéolo é cercado por uma vasculatura bem desenvolvida e um estroma consistindo em componentes de matriz extracelular, fibroblastos e adipócitos. A região destacada está expandida para mostrar as principais características estruturais e de transporte das células alveolares. A via I ilustra a secreção exocitótica de proteínas do leite, lactose, cálcio e outros componentes da fase aquosa do leite. A via II ilustra a secreção da gordura do leite com formação de gotículas lipídicas citoplasmáticas, as quais se movem rumo à membrana apical para serem secretadas como glóbulos de gordura ligados à membrana. A via III representa a transcitose vesicular de proteínas, como as imunoglobulinas, a partir do espaço intersticial. A via IV destaca os transportadores que realizam a movimentação direta de íons monovalentes, água e glicose através das membranas apical e basal da célula. A via V destaca o transporte através da via paracelular para componentes do plasma e leucócitos. A via V é aberta somente durante a gravidez, na involução e em estados inflamatórios, como a mastite. VS, vesícula secretora; RER, retículo endoplasmático rugoso; MB, membrana basal; N, núcleo; PC, plasma celular; ADG, adipócito depletado de gordura; CJ, complexo juncional (contendo *tight junctions* e junções aderentes); JC, junções comunicantes; CM célula mioepitelial. (Reproduzida, com permissão, de McManaman, JL e Neville, MC. *Adv. Drug Delivery Rev*, 55, 451, 2003.)

mente importante. Tem-se demonstrado que o suprimento e o transporte de aminoácidos não limita a síntese proteica na glândula mamária. De fato, alguns estudos [3] encontraram um decréscimo na expressão de proteínas ribossomais, isto é, uma diminuição na maquinaria de síntese proteica dentro da célula epitelial mamária. Contudo, isso pode ser somente um mecanismo para a otimização da translação e da síntese de proteínas relacionadas ao leite para que haja um aumento da função primária da glândula mamária, a produção de leite.

A gordura também é sintetizada dentro da célula epitelial mamária, aparecendo primeiro como pequenas gotículas de lipídeos originárias do retículo endoplasmático. Parece que as gotículas de lipídeos se acumulam entre as metades externa e interna da bicamada da membrana de e, então, são liberadas do retículo endoplasmático para o citoplasma como gotículas revestidas com a metade externa da membrana do retículo endoplasmático [43]. As gotículas parecem aumentar de volume, fundindo-se umas com as outras e, assim, originando gotículas maiores, denominadas gotículas lipídicas citoplasmáticas (GLC), porém o mecanismo que controla seu crescimento, se randômico ou regulado, permanece desconhecido. Em seguida, as gotículas lipídicas devem transitar de seu local de origem para a região apical da célula (via II na Figura 14.2). Aqui também, o que direciona essa migração apical é pouco conhecido. Na membrana apical, as gotículas lipídicas são progressivamente envolvidas pela membrana até o ponto em que se destacam da célula, totalmente envoltas pela membrana plasmática. A cobertura externa do GGL aparece como uma clássica membrana de dupla camada, chamada de membrana do glóbulo de gordura do leite (MGGL), derivada, em sua maior parte (se não totalmente), da membrana plasmática apical [43]. Os mecanismos que controlam a secreção da gordura láctea permanecem desconhecidos.

14.3 COMPOSIÇÃO DO LEITE DE VACA

De agora em diante, quando nos referirmos ao leite, estaremos falando somente do leite bovino. Como já observado, a maior parte do leite utilizado pelas indústrias de laticínios em todo o mundo provém de vacas. Sua composição média em relação às principais classes de componentes é mostrada na Tabela 14.3 para algumas das principais raças de gado leiteiro. A maior variabilidade na composição é observada na fração lipídica. A composição do leite é influenciada tanto pela dieta quanto pela raça, e o sucesso da seleção de vacas para uma alta produção de gordura é prontamente evidente.

Tendo em vista a significativa contribuição da lactose e dos sais lácteos para a osmolalidade, além da correspondência obrigatória entre a pressão osmótica do leite e a pressão arterial, observa-se muito pouca variabilidade na soma desses constituintes. Deve-se observar que as cinzas não representam verdadeiramente os sais lácteos, uma vez que os ácidos orgânicos são destruídos pelo aquecimento. Por exemplo, vários sais de citrato estão entre os principais componentes do sistema de sais do leite [82].

14.3.1 Proteínas do leite

O leite contém de 30 a 36 g/L de proteína total. A Tabela 14.4 mostra as concentrações das principais proteínas da fração de leite desnatado, isto é, a subfase remanescente após a remoção dos lipídeos (gordura) por centrifugação. Existem seis produ-

TABELA 14.3 Composição (g/100 g) do leite bovino das principais raças de gado leiteiro

Raça	Gordura	Proteína	Lactose	Cinzas	Sólidos totais
Holandesa	3,6	3,0	4,6	0,7	11,9
Pardo suíço	3,8	3,2	4,8	0,7	12,7
Ayrshire	4,0	3,3	4,6	0,7	12,7
Guernsey	4,6	3,5	4,6	0,8	13,7
Jersey	5,0	3,7	4,7	0,8	14,2

Fonte: segundo Huppertz, T. e Kelly, A.L., Properties and constituents of cow's milk, em: *Milk Processing and Quality Management*, Tamime, A.Y., ed, Wiley-Blackwell Publishing, Oxford, U.K., 2009, pp. 23–47.

TABELA 14.4 Concentrações das principais proteínas do leite

Proteína		Concentração (g/L)	% da proteína total (aproximada)
Caseínas		24–28	80
	α_{S1}-Caseínas	12–15	34
	α_{S2}-Caseínas	3–4	8
	β-Caseínas	9–11	25
	κ-Caseínas	3–4	9
	γ-Caseínas	1–2	4
Proteínas do soro		5–7	20
	β-Lactoglobulina	2–4	9
	α-Lactalbumina	1–1,5	4
	Proteose-peptonas	0,6–1,8	4
Proteínas do sangue	Albumina sérica	0,1–0,4	1
	Imunoglobulinas	0,6–1,0	2
Total			100

tos gênicos principais da glândula mamária: quatro pertencentes à família da caseína (α_{S1}-caseína, α_{S2}-caseína, β-caseína e κ-caseína) e dois conhecidos como proteínas do soro (β-lactoglobulina e α-lactalbumina). Todas as caseínas, combinadas ao fosfato de cálcio, são encontradas no leite em um único complexo agregado esférico altamente hidratado, conhecido como micela de caseína. As micelas de caseína têm uma ampla faixa de tamanhos que variam de 30 a 600 nm de diâmetro, cuja média é em torno de 200 nm. As proteínas do soro, ao contrário, são predominantemente monoméricas ou diméricas e existem na forma não micelar, na fase aquosa do leite.

As proteínas do leite podem ser prontamente separadas em frações de caseína e proteínas do soro. Na elaboração do queijo, a coagulação do leite pode ser produzida pela aglomeração das micelas de caseína após tratamento enzimático. As outras proteínas passam para o soro liberado na formação do coágulo, recebendo, assim, a designação de proteínas do soro. A separação das caseínas também pode ser obtida por precipitação em seu ponto isoelétrico (pH em torno de 4,6), produzindo a chamada caseína ácida e uma solução de proteínas do soro. A centrifugação em alta velocidade também pode ser empregada para sedimentar as micelas de caseína, originando um sobrenadante com proteínas do soro. Finalmente, as técnicas de filtração por membrana empregando membranas porosas apropriadas foram desenvolvidas para esse propósito.

Além da β-lactoglobulina e da α-lactalbumina, que são os produtos dos genes da glândula mamária, o soro também contém albumina sérica e imunoglobulinas (Ig) derivadas do sangue, bem como traços de enzimas. O leite também contém vários componentes "de proteínas" que, na verdade, são grandes polipeptídeos, chamados de peptona-proteoses. Estas surgem a partir da proteólise pós-translacional das proteínas do leite (principalmente a β-caseína) pela ação da plasmina, enzima láctea nativa, que é derivada do sangue. Sua fração maior, as chamadas γ-caseínas, permanecem ligadas e precipitam com a micela de caseína. Quantidades grandes ou crescentes de γ-caseínas frequentemente são indicativas de mastite.

14.3.1.1 Caseínas e micelas de caseína

As caseínas são uma família de fosfoproteínas, compreendendo ≈ 80% das proteínas do leite bovino. Na família bovina, os membros mais altamente fosforilados (α_{S1}-caseína, α_{S2}-caseína e β-caseína) são denominados sensíveis ao cálcio e, de modo isolado, são prontamente precipitados pelo Ca^{2+}.

Em contrapartida, a κ-caseína, com somente um ou no máximo dois resíduos de fosfosserina, é insensível ao cálcio. Misturada aos membros sensíveis ao cálcio, a κ-caseína estabiliza os agregados cálcio--induzidos a dimensões de coloides não precipitantes. Tendo em vista que as caseínas utilizam os mesmos mecanismos sequestradores de cálcio para regular a concentração de fosfato de cálcio do seu ambiente, foram identificadas como membros de uma família mais ampla de fosfoproteínas secretórias ligadoras de cálcio (SCPPs, do inglês *secretory calcium-binding phosphoproteins*) descendentes de um gene ancestral comum [68,69]. Todas as SCPPs descendem de genes primitivos fundamentais por duplicação e divergência, para exercer suas funções adaptativas especializadas. Acredita-se que as caseínas primitivas sensíveis ao cálcio tenham divergido dos genes da matriz proteica antes do aparecimento dos monotremados, na era jurássica [68]. Mais controversamente, Kawasaki e colaboradores [70] argumentaram que todas as caseínas, tanto as sensíveis como as insensíveis ao cálcio (i.e., as caseínas tipo κ), têm um gene ancestral comum (o gene odontogênico associado ao ameloblasto) a partir do qual evoluíram por duas vias diferentes.

A caseína permite que o leite se apresente super-saturado com fosfato de cálcio. Basicamente, na forma micelar, a caseína transporta o mineral fosfato de cálcio em segurança, ao longo da glândula mamária, o qual é essencial para o desenvolvimento dos ossos e dos dentes do lactente.

14.3.1.2 Estrutura primária da caseína e interações

As composições de aminoácidos e as sequências primárias das caseínas são conhecidas por sequenciamento químico e por inferência a partir de sequenciamento genético. Existem diversas revisões ótimas que trazem ao leitor uma discussão mais completa das caracterísiticas individuais das caseínas [61,62,104]. Uma excelente referência sobre trabalhos anteriores é o capítulo escrito por H. E. Swaisgood, na quarta edição do livro *Química de alimentos de Fennema* (2007) [127].

Como resultado da análise sequencial, as caseínas foram identificadas como membros de uma família mais ampla de ligantes de fosfato de cálcio secretados, por exibirem características funcionais e de sequência comuns às daquela família [68,69]. Entre os motivos conservados, está a sequência relativa ao peptídeo SXE (Ser-X_{aa}-Glu), onde X_{aa} pode ser qualquer aminoácido. Nas caseínas, esse peptídeo fornece um modelo de reconhecimento para a fosforilação pós-translacional da serina na glândula mamária, por uma caseína-cinase [93]. Além disso, nas caseínas, os resíduos de serina frequentemente são encontrados agrupados em dois, três ou quatro resíduos. Tais agrupamentos são altamente conservados na $α_{S1}$-caseína e na β-caseína [89], e seus números confirmam a importância do requerimento de fosfato de cálcio para o crescimento pós-natal dos mamíferos, ainda mais quando se observa que as caseínas $α_{S1}$ e $α_{S2}$ contêm dois ou mais de tais agrupamentos (Figura 14.3).

Esses aglomerados de resíduos de fosfosserina e os resíduos essenciais de ácido glutâmico modelando sua existência, na molécula individual, carregariam densidades consideravelmente altas de carga negativa no pH normal do leite. Existe uma densidade de carga de $-9e$ no vão dos resíduos 65 a 72 da $α_{S1}$-caseína, e mais outra de $-6e$ ao longo da sequência 48 a 53 da mesma proteína. Uma densidade de carga similarmente alta, da ordem de $-9e$, é encontrada entre os resíduos 16 e 23 da β-caseína, abrangendo os aglomerados de fosfosserina lá encontrados. Densidades altas semelhantes são encontradas em volta dos aglomerados de fosfosserina da $α_{S2}$-caseína. A existência de aglomerados de fosfosserina e a carga alta que os acompanha estão na raiz da sensibilidade ao cálcio das $α_S$ e β-caseínas, uma vez que a neutralização dessas cargas pela ligação ao cálcio leva à precipitação da proteína.

Longe dos aglomerados de fosfosserina, as moléculas de caseína são distintamente hidrofóbicas. Essa segregação de resíduos hidrofílicos e hidrofóbicos confere às caseínas uma natureza anfipática definida que contribui para sua capacidade de funcionar com sucesso como estabilizadores em emulsões óleo-água [54,57]. Os gráficos de hidrofobicidade da sequência obtidos pelo cálculo de uma média móvel de hidrofobicidade de aminoácidos com uma janela de cinco resíduos são apresentados na Figura 14.4, para as quatro sequências de caseína. Podemos considerá-los de forma detalhada localizando os aglomerados hidrofóbicos ao longo das caseínas. Estes são reconhecidos como discretos quando separados por quatro ou mais

α_{S1}-caseína (8P)
---- -SerP$_{46}$-Glu-SerP$_{48}$-Thr-Glu----
-SerP$_{64}$-Ile-SerP$_{66}$-SerP$_{67}$-SerP$_{68}$-Glu-Glu ------ -SerP$_{75}$- -----SerP$_{115}$- ------

α_{S1}-caseína (11 ou 12P)
---- SerP$_8$-SerP$_9$-SerP$_{10}$-Glu-Glu- --- -SerP$_{16}$- ------
-SerP$_{56}$-SerP$_{57}$-SerP$_{58}$-Glu-Glu-SerP$_{61}$-Ala-Glu- ---------

β-caseína (5P)
-------SerP$_{15}$-Leu-SerP$_{17}$-SerP$_{18}$-SerP$_{19}$-Glu-Glu---------SerP$_{35}$-Glu-Glu---------

κ-caseína (1P)
---------------- -SerP$_{149}$-Pro-Glu- -------

FIGURA 14.3 Agregados aniônicos nas caseínas bovinas.

resíduos não hidrofóbicos. Os ácidos hidrofóbicos são VILFMYW (ver no Capítulo 5, os códigos de uma letra dos aminoácidos), e todos os outros são considerados não hidrofóbicos. Os aglomerados hidrofóbicos assim isolados são indicados como barras discretas acima dos perfis de hidrofobicidade (Figura 14.4). Na ligação hidrofóbica, pode-se imaginar um desses aglomerados interagindo com qualquer outro em sua própria molécula ou em qualquer outra molécula. Portanto, as possibilidades são inúmeras. Embora sejam muitas, essas ligações são efêmeras, lábeis e fracas.

As caseínas individuais sofrem autoassociação, mas aparentemente de modo que os aglomerados de fosfoserina hidrofílicos se projetam para a fase aquosa o mais espacialmente espalhado possível. A β-caseína forma micelas semelhantes às de detergente, ao passo que a α_{S1}-caseína forma cadeias vermiformes, com o grau de polimerização sendo promovido pela diminuição do pH da solução ou pelo aumento da força iônica (ver Referência [54], uma discussão mais abrangente). Comparada com a interação hidrofóbica, a repulsão eletrostática é uma força de longo alcance. Não há como salientar muito a importância da carga no controle da extensão da aglomeração das caseínas. Tal importância se manifesta na limitação da autoassociação dessas proteínas, em suas precipitações isoelétricas à medida que o pH é reduzido e na sensibilidade ao cálcio das α_S e β-caseínas. Exerce também um papel importante na formação da micela de caseína, como será discutido na Seção seguinte.

A κ-caseína insensível ao cálcio é igualmente muito anfipática, com domínios polar e hidrofóbico distintos, em que o último apresenta alguns aglomerados discretos (Figura 14.4). Como será visto mais adiante, a κ-caseína tem papel essencial na formação das micelas de caseína. Evidências experimentais apontam uma localização superficial dessas proteínas e um papel limitante do tamanho da micela de caseína [17,25]. A κ-caseína também exibe uma importante função fisiológica, tendo em vista a presença de uma sequência exclusiva de reconhecimento específica para a proteólise limitada pela enzima quimosina, no estômago do bezerro, permitindo a liberação do domínio polar e a coagulação das micelas. Produzida naturalmente para auxiliar na digestão do leite no bezerro, essa reação de proteólise é explorada pela indústria de laticínios como o primeiro estágio da formação do coágulo na fabricação de queijos.

Em vez dos aglomerados aniônicos de fosfoserina característicos das caseínas sensíveis ao cálcio, os resíduos seril e treonil localizados no domínio polar da κ-caseína são frequentemente glicosilados [45]. Esta modificação pós-translacional resulta na ligação de porções de tri ou tetrassacarídeos que incluem resíduos de ácido N-acetilneuramínico (AcNeu). Não existem resíduos catiônicos no domínio polar no resíduo C-terminal 53, cuja forma não glicosilada tem uma carga líquida de −11 em pH 6,6. Um ou dois resíduos seril no domínio polar poderiam ser potencialmente fosforilados, contudo estão distantes um do outro. Cargas adicionais poderiam resultar da ligação das cadeias AcNeu. Essa alta carga negativa, muitos outros resíduos polares e a presença de oito resíduos de prolina uniformemente espaçados criam uma estrutura altamente hidratada, aberta e flexível. Esse domínio polar é ligado

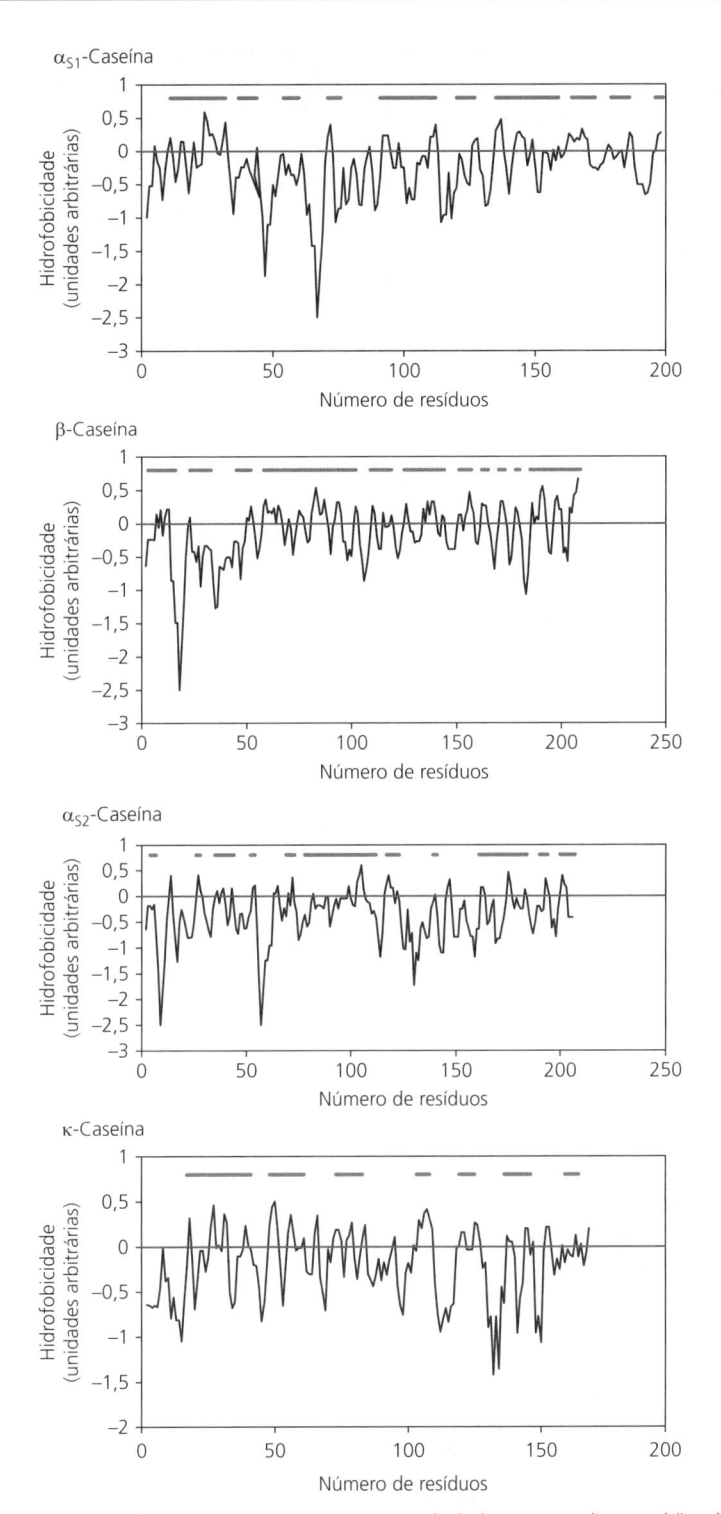

FIGURA 14.4 Gráficos da hidrofobicidade das quatro caseínas calculada como média móvel (janela n = 3) das hidrofobicidades de aminoácidos obtidas da escala de consenso utilizada por Horne [51]. As barras acima dos gráficos denotam aglomerados hidrofóbicos, com os comprimentos denotando seu tamanho.

sequencialmente a um domínio hidrofóbico muito grande, contendo numerosos sítios de aglomerados hidrofóbicos potencialmente capazes de interagir com as outras caseínas. A κ-caseína, em uma localização superficial na micela de caseína, atua como um estabilizador coloidal estérico. O sítio da quimosina de proteólise de Phe-Met ligado na porção N-terminal do domínio polar implica que a clivagem leva à perda do domínio e da sua capacidade de estabilização estérica, seguida da agregação e formação do coágulo no leite.

14.3.1.3 Estrutura e organização da micela de caseína

Como consequência de sua fosforilação e estruturas anfifílicas, as caseínas interagem entre si e com o fosfato de cálcio para formar grandes micelas esféricas com diâmetro médio aproximado de 200 nm, todavia com uma faixa de tamanhos ampla. A dispersão da luz por esses complexos e pelos glóbulos de gordura é responsável pela aparência branca do leite. As micelas bovinas são constituídas por proteínas representando 92% de sua massa, por compostos de α_{S1}:α_{S2}:β:κ-caseínas em proporções molares aproximadas de 3:1:3:1, e por sais de leite correspondendo a 8% de sua massa total, os quais são compostos basicamente por fosfato de cálcio, além de quantidades significativas de Mg^{2+} e citrato. As características das micelas determinam o comportamento do leite e seus derivados durante o processamento industrial e a estocagem, portanto as propriedades das micelas naturais e dos sistemas-modelo, incluindo os conhecidos fosfocaseinatos micelares (FCMs), têm recebido considerável atenção (ver revisões de DeKruif e Holt [20], Payens [108], Rollema [112] e Schmidt [114]).

As micelas têm uma estrutura porosa, "esponjosa", com grande voluminosidade, ≈ 4 mL/g de caseína e uma hidratação excepcional de 3,7 g H_2O/g de caseína. A ordem de grandeza dessa hidratação é maior do que aquela das proteínas globulares típicas. Assim, moléculas grandes, até mesmo as proteínas, têm acesso e conseguem se equilibrar com todas as partes da estrutura micelar. Todos os componentes da micela aparentemente estão em equilíbrio lento com o soro do leite. Dessa forma, sob condições adequadas, várias caseínas e sais lácteos podem ser reversivelmente dissociados da micela. De modo surpreendente, tal dissociação pode ocorrer a uma extensão limitada sem qualquer alteração aparente no tamanho da micela (hidrodinâmica). A diminuição da temperatura a um valor próximo de 0 °C leva a certo grau de dissociação reversível da β-caseína, da κ-caseína e do fosfato de cálcio coloidal. A redução do pH promove a perda do fosfato de cálcio. Entretanto, à temperatura fisiológica e no pH natural, a quantidade de caseínas individuais no soro é extremamente pequena.

Tendo em vista que a estrutura micelar não foi diretamente determinada, a localização das moléculas individuais de caseína continua incerta. Mesmo assim, como já mencionado, todas as evidências apontam para uma localização predominantemente superficial da κ-caseína, ao passo que as α_S e β-caseínas predominam no interior. Entretanto, essa distribuição pode não ser exclusiva, uma vez que as caseínas sensíveis ao cálcio também podem estar acessíveis na superfície, uma situação confundida pela abertura da estrutura da micela. A suposição de que a κ-caseína deve predominar na superfície se baseia na observação de que a quantidade de κ-caseína aumenta linearmente com a razão superfície/volume. Os mesmos resultados mostram que o conteúdo de β-caseína na região da superfície diminui linearmente. Observe que a razão superfície/volume para uma esfera aumenta com o aumento do tamanho.

As primeiras micrografias eletrônicas da micela de caseína mostraram uma aparência semelhante à da framboesa (p. ex., Referência [115]). Estudos mais recentes com microscopia eletrônica [85,88,125] sugeriram que essas estruturas bem definidas tendem a ser artefatos do processo de fixação, embora micrografias obtidas por microscopia eletrônica de varredura com emissão de campo mostrem uma complexa estrutura de superfície com protusões cilíndricas ou tubulares (e não esféricas) medindo entre 10 e 20 nm de diâmetro e estendendo-se a partir da superfície da micela [18]. As amostras não foram revestidas de metal, embora fossem necessariamente submetidas a um processo de fixação e desidratação que talvez tenha introduzido algum colapso de uma proteína mais frouxamente ligada a um esqueleto mais denso. As imagens crio-TEM de Marchin e colaboradores [88] iluminam o detalhe mais fino da estrutura micelar, mostrando pequenas regiões de alta densidade eletrônica, medindo ≈ 2,5 nm de diâmetro, aparentemente distribuídas de modo uniforme em uma teia homogênea de proteínas. Isso confere à micela um aspecto granular que diminuiu à medida que o pH foi reduzido de 6,7 a 5,2 [88], paralelamente à comprovada dissociação do fosfato de cálcio que ocorre com a acidificação, todavia sem perda da integridade micelar. Isso confirma o envolvimento de mais de um tipo de ligação na manutenção dessa integridade. Apesar de aparentemente homogênea nas imagens resultantes de microscopia eletrônica de McMahon e McManus [85] e de Marchin e colaboradores [88], as imagens topográficas obtidas do estudo de Trejo e colaboradores [125], geradas pela variação do ângulo de incidência do feixe de elétrons, revelaram uma estrutura esquelética heterogênea com cavidades e canais preenchidos com água, conversão da estrutura esquelética sobre os nodos de densidade mais alta considerados como sendo aglomerados de fosfato de cálcio. Essa abertura da estrutura está de acordo com as observações sobre a acessibilidade interna das micelas às enzimas e a pronta liberação da β-caseína. Isso também é reforçado por uma resposta não afim de suspensões de micelas de caseína à compressão osmótica [5].

A estrutura da micela da caseína não é fixa, e sim **dinâmica**, respondendo de vários modos às mudanças do ambiente micelar, de temperatura e de pressão. O resfriamento do leite que é ordenhado, cuja temperatura então é de 37 °C, para ser armazenado sob refrigeração provoca significativa solubilização da β-caseína, de alguma κ-caseína e de quantidades muito menores de α_{S1} e α_{S2}-caseínas nas micelas. A elevação da temperatura de volta para 37 °C reverte o processo. Nenhum desses movimentos da β-caseína causa qualquer ruptura na estrutura interna principal da micela. De modo significativo, o fosfato de cálcio coloidal pode ser solubilizado pelo abaixamento do pH, mas sem que haja rompimento substancial da estrutura micelar, ainda que essa resposta seja dependente da temperatura alinhada à observação referente ao fluxo das β e κ-caseínas. Do mesmo modo, a entidade remanescente, após perda do fosfato de cálcio, mostra um abrandamento em sua resposta às sondas do microscópio de força atômica (AFM, do inglês *atomic force microscopy*) [106].

Os modelos de micela de caseína têm sido extensivamente revisados (ver, na Referência [54], uma lista abrangente de referências). Com base nas propriedades bioquímicas e físicas das micelas de caseína e das proteínas caseína propriamente ditas, foram propostos três modelos principais: o modelo da submicela [115,120], o modelo do nanoaglomerado [20,48] e o modelo de dupla ligação [52,53].

No modelo de submicela, as micelas de caseína são compostas de subunidades proteináceas menores, as submicelas, que são pré-montadas e então unidas por fosfato de cálcio coloidal. No modelo de Holt, os nanoaglomerados de fosfato de cálcio coloidal estão aleatoriamente distribuídos, em ligação cruzada com uma rede tridimensional de moléculas de caseína, por meio de aglomerados de fosfosserina. Ambos os modelos têm sido severamente criticados [29,52], e o modelo de dupla ligação foi criado para superar suas deficiências. Esse modelo se baseia nas interações e na química tanto das caseínas como do fosfato de cálcio. A ligação cruzada das cadeias de proteína por meio de nanocristais de fosfato de cálcio contribui como um meio para a formação de rede na micela, assim como no modelo de Holt, porém fundamentalmente, em vez de pela simples adsorção a um cristal pré-formado. Considera-se que os aglomerados de fosfosserina altamente carregados das α_S e β-caseínas atuem, no modelo de dupla ligação, como um padrão de iniciação do crescimento dos cristais minerais e como uma capa de terminação desse crescimento [60]. O crescimento da rede é conseguido graças à multiplicidade dos aglomerados de fosfosserina em cada molécula de α_S-caseína. Entetanto, a β-caseína tem somente um desses aglomerados (Figura 14.3) e terminaria essa progressão se não fosse pelo fato de a neutralização da alta carga negativa do aglomerado de fosfosserina permitir uma diminuição da repulsão eletrostática entre as moléculas suficiente para possibilitar a formação de ligações hidrofóbicas. Interações semelhantes são permitidas entre regiões hidrofóbicas das α_S-caseínas, sequências ascendente e descendente dos aglomerados de fosfosserina então neutralizados, formando duas redes interligadas na terminologia de McMahon e Oommen [86], no modelo estrutural de dupla ligação da micela de caseína.

Este é essencialmente um modelo de condensação polifuncional com dois tipos de funcionalidades, os aglomerados de fosfosserina nas caseínas sensíveis ao cálico e os aglomerados hidrofóbicos agrupados nos domínios hidrofóbicos de todas as caseínas. Tendo em vista que a κ-caseína não tem um aglomerado de fosfosserina, ela não entra na primeira via de reação, a ligação cruzada dos aglomerados de fosfosserina por meio dos nanocristais de fosfato de cálcio. A κ-caseína tem um domínio hidrofóbico e pode entrar na ligação hidrofóbica com outras caseínas quando as condições de energia são favoráveis, isto é, quando a repulsão eletrostática tiver sido neutralizada. Entretanto, a κ-caseína não pode estender ainda mais a formação de ligações em rede entre os domínios hidrofóbicos, uma vez que a porção C-terminal glicosilada da molécula é hidrofílica. O crescimento da rede, portanto, é terminado nessa região, com a aquisição da uma molécula de κ-caseína, ao passo que a micela adquire um revestimento de superfície de κ-caseína. Além disso, o conteúdo de κ-caseína controla o tamanho da micela. Uma vez que a chegada de uma molécula de κ-caseína em qualquer ponto pode ser vista como um evento aleatório, é gerada uma variedade de tamanhos de micela, cuja média é ditada por todos os níveis de κ-caseína. Portanto, o modelo de dupla ligação atende ao requerimento primordial definido por observações empíricas. Mais exemplos de como o modelo de dupla ligação prediz as propriedades das micelas de caseína e sua resposta aos tratamentos de processamento e desestabilização aplicados pela indústria de laticínios são ampliados nos textos de Horne [54] e Dalgleish e Corredig [16].

14.3.1.4 Proteínas do soro

As proteínas do soro representam ≈ 20% do peso das proteínas no leite bovino. A β-lactoglobulina e a α-lactalbulmina representam quase 80% do peso das proteínas do soro, com a β-lactoglobulina isoladamente representando em torno de 55%. Suas propriedades e comportamento foram revisados recentemente por Sawyer [113], Brew [6] e Edwards e Jameson [26]. Alguns métodos de separação das proteínas do soro já foram mencionados. A discussão das técnicas de separação por membranas é apresentada na Seção 14.4.7.

As estruturas da β-lactoglobulina e da α-lactalbumina são típicas daquelas de outras proteínas globulares. De modo semelhante às caseínas, estão carregadas negativamente no pH do leite. Entretanto, ao contrário das caseínas, a distribuição sequencial dos resíduos hidrofóbicos, polares e carregados é bastante uniforme. Como resultado, essas proteínas se dobram intramolecularmente, escondendo, assim, a maior parte de seus resíduos hidrofóbicos, de tal modo que a extensiva autoassociação com outras moléculas de proteína não ocorre. As estruturas tridimensionais foram determinadas por cristalografia por raios X, e a estrutura da β-lactoglobulina em solução aquosa foi estabelecida por espectroscopia de ressonância magnética [75,126].

14.3.1.4.1 β-Lactoglobulina

A β-lactoglobulina é um membro da família das proteínas lipocalinas, assim denominadas por sua habilidade de se ligar a pequenas moléculas hidrofóbicas em cavidades hidrofóbicas com formato de xícara. A estrutura quaternária das proteínas varia entre monômeros, dímeros e oligômeros, dependendo do pH, da temperatura e da força iônica, sendo o dímero a forma prevalente no leite bovino sob condições fisiológicas. A estrutura dimérica é apresentada na Figura 14.5 e mostra o ácido 12-bromododecanoico ligado nas cavidades hidrofóbicas, um para cada molécula do dímero.

As propriedades térmicas da β-lactoglobulina são de considerável relevância industrial, devido ao seu papel no entupimento de equipamentos de processamento (trocadores de calor e similares), bem como às propriedades funcionais que podem ser transmitidas a alguns produtos lácteos pela agregação termicamente induzida da β-lactoglobulina. Em pH neutro, o ponto médio da transição do desdobramento térmico, determinado por calorimetria de varredura diferencial, é ≈ 70 °C [21]. Nesse ponto, o dímero se dissocia e as moléculas constituintes começam a se desdobrar. Isso revela o tiol livre na posição Cys_{121} e um trecho hidrofóbico, abrindo a possibilidade de ambas as interações, covalentes e hidrofóbicas [65]. As trocas de dissulfeto covalentes podem ocorrer tanto ao nível intramolecular quanto ao nível intermolecular e, no leite aquecido, ocorrem com outras proteínas do soro e, de modo significativo, com a κ-caseína. Os últimos complexos conferem propriedades de textura favoráveis aos derivados do leite acidificados, como o iogurte, mas prejudicam a coagulação do leite pela renina. As reações são complexas e sofrem influência de muitos fatores. Resumos de pesquisas atuais podem ser encontrados nas revisões de Anema [1] e de Edwards e Jameson [26]. A desnaturação e as reações consequentes também podem ser obtidas por tratamentos de alta pressão. Trabalhos nesta área foram revisados por Patel e Huppertz [107].

14.3.1.4.2 α-Lactalbumina

Aproximadamente 20% das proteínas do soro do leite bovino correspondem à α-lactalbumina. A α-lactalbumina é uma proteína globular compacta, cuja sequência primária exibe uma notável homologia com a lisozima da clara de ovo. Cinquenta e quatro dos 123 resíduos são idênticos àqueles da lisozima, e as quatro ligações dissulfeto têm localizações semelhantes. Na célula mamária secretora, a síntese de lactose começa com a síntese da α-lactalbumina no retículo endoplasmático rugoso. A α-lactalbumina, então, é transportada ao aparelho de Golgi, onde encontra uma proteína transmembrana, a β-1,4--galactosil transferase. Esta, quando ligada a uma UDP-galactose, sofre uma mudança conformacional que permite a ligação da α-lactalbumina. Com a α-lactalbumina ligada, a especificidade da β-1,4-galactosil transferase é alterada para permitir que a glicose se torne aceptora de açúcar para transferência da galactose, resultando na síntese de lactose. Assim, a α-lactalbumina atua como reguladora da β-1,4-galactosil transferase. Na ausência da α-lactalbumina, a enzima não sintetiza lactose em condições fisiológicas [6].

A α-lactalbumina é uma metaloproteína contendo um Ca^{2+} por mol, em uma cavidade contendo quatro resíduos Asp. Com as ligações dissulfeto intactas, do mesmo modo como a proteína ocorre no leite, a estrutura terciária se desdobra e redobra de modo reversível. Embora a α-lactalbumina sofra desnaturação a uma temperatura mais baixa que a β-lactoglobulina, a transição é reversível, exceto em temperaturas muito altas. Assim, α-lactalbumina, ao contrário da β-lactoglobulina, não é irreversivelmente desnaturada pelo calor nas condições mais usuais de processamento de leite.

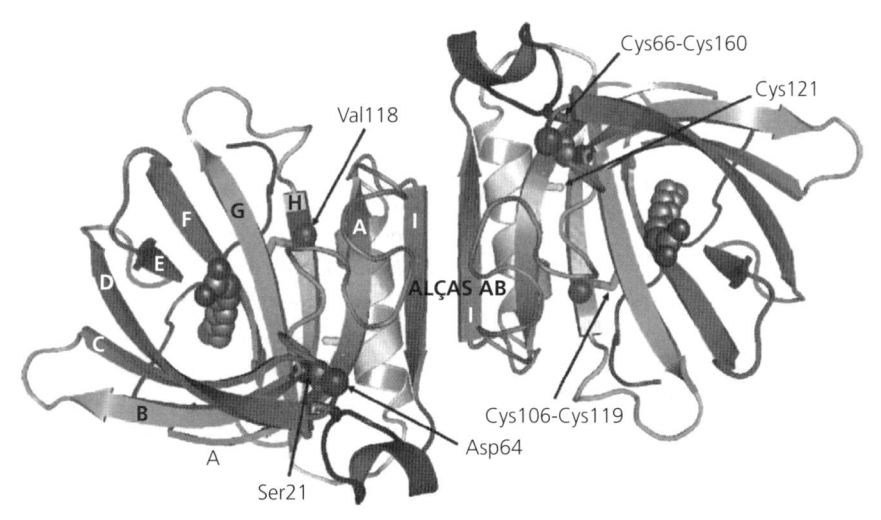

FIGURA 14.5 Diagrama da estrutura dimérica da β-lactoglobulina bovina A, mostrando o duplo eixo visto de cima para baixo. As cadeias que formam o cálice β são rotuladas de A a H. A fita I com parte da alça AB forma a interface do dímero em pH neutro. Os locais de diferença entre as variantes A e B também são mostrados. A Ser21, que mostra flexibilidade conformacional, e os ânions 12-bromododecanoicos ligados são mostrados como esferas. (Reproduzida, com permissão, de Edwards, P.J.B. e Jameson, G.B., Structure and stability of whey proteins, em: *Milk Proteins: From Expression to Food*, 2nd edn., H. Singh, M. Boland, A. Thompson, eds, Elsevier/Academic Press, London, U.K., 2014, pp. 201–241.)

14.3.1.4.3 Albumina sérica, imunoglobulinas e lactoferrina

O leite normal contém 0,1 a 0,4 g/L de albumina sérica no sangue, provavelmente como resultado de transferência do sangue. Sua função biológica no leite é desconhecida, mas é sabido que pode atuar como um transportador "promíscuo" de moléculas hidrofóbicas (ácidos graxos) [26]. Sua estrutura é notável pelo alto número de ligações dissulfeto.

O leite bovino maduro contém 0,6 a 1 g/L de Ig, porém o colostro contém 10% (m/v) de Ig, cujos níveis diminuem rapidamente após o parto. Os filhotes de vacas, ovelhas e cabras não têm Ig no sangue ao nascerem, mas podem absorvê-las a partir do intestino por vários dias após o nascimento e, assim, adquirir imunidade passiva até que possam sintetizar suas próprias Ig, decorridas algumas semanas do nascimento. No leite bovino, as espécies predominantes de Ig são membros da subfamília IgG. Uma revisão da análise e propriedades da Ig bovina é disponibilizada para o leitor em Gapper e colabordores [36].

Baixos níveis de lactoferrina, inferiores a 0,1% do total das proteínas do soro, são encontrados no leite. Apesar dessas baixas concentrações, surgiram aplicações comerciais utilizando lactoferrina bovina purificada, e seus peptídeos parcialmente digeridos estão aparecendo como nutracêuticos em fórmulas infantis. Brock [7] revisou as propriedades e as aplicações comerciais dessa proteína.

14.3.2 Lipídeos e glóbulos de gordura do leite

14.3.2.1 Lipídeos do leite

Os lipídeos do leite ou gorduras do leite são uma importante fonte de energia da dieta. As características detalhadas dos vários lipídeos do leite e uma discussão sobre sua biossíntese estão disponíveis para o leitor interessado nas revisões sugeridas [43,71,83].

O leite contém em torno de 3 a 5% de gordura, secretada como glóbulos de 2 a 6 μm de diâmetro, envoltos por uma membrana de lipídeos polares e proteínas, denominada membrana do glóbulo de gordura do leite (MGGL). No núcleo do glóbulo de gordura, os triacilgliceróis são a principal forma molecular, compreendendo 96 a 98% da massa total (Tabela 14.5). Quantidades menores de diacilgliceróis, monoacilgliceróis, ácidos graxos livres, lipídeos polares e esteróis e traços de vitaminas lipossolúveis e de β-caroteno também estão presentes [83].

Os triacilgliceróis contendo três ácidos graxos diferentes têm um carbono quiral na posição sn-2 do esqueleto de glicerol. A composição de ácidos graxos da gordura do leite é complexa, se comparada à de outras gorduras da dieta (p. ex., manteiga de cacau, óleo de girassol, óleo de oliva). Mais de 400 ácidos graxos diferentes foram identificados nos lipídeos do leite bovino. Consequentemente, se forem considerados os isômeros posicionais, teoricamente, é possível que existam 400^3 ou 64 milhões de espécies de triacilgliceróis. Entretanto, somente 13 ácidos graxos foram detectados em concentrações acima de 1% (m/m). As concentrações apresentadas na Tabela 14.5 são representativas do leite fresco, e, na Tabela 14.6, as relativas à gordura do leite. Dentro de uma espécie, a composição de ácidos graxos pode variar em função da genética, estágio da lactação e da dieta. Os ácidos graxos esterificados no triacilglicerol derivam tanto de lipídeos plasmáticos quanto da síntese *de novo* a partir de pequenas moléculas precursoras. Na glândula mamária bovina, ácidos graxos de cadeia curta e de cadeia média, a partir de C4:0 a C14:0 e também alguns C16:0, são os principais produtos da lipogênese *de novo*, ao passo que os lipídeos plasmáticos contribuem para as espécies de cadeias mais longas e monoinsaturadas.

Ácidos graxos saturados contribuem para 65 a 70% da massa dos ácidos graxos do leite bovino, com C16:0 contribuindo com 22 a 35% da massa. O restante insaturado é principalmente C18:1, em torno de 20% da massa. Os ácidos graxos poli-insaturados essenciais, C18:2 e C18:3, contribuem para ≈ 1,2 a 2% e 0,5 a 0,7% da massa, respectivamente. Nos últimos anos, grandes esforços de pesquisa foram empreendidos na tentativa de mudar a proporção de ácidos graxos saturados *versus* poli-insaturados na gordura do leite. Têm sido empregadas várias estratégias nas fazendas e após a saída destas. As abordagens usadas fora da fazenda incluem (1) o fracionamento seco da gordura, (2) a mistura de gorduras lácteas com outras gorduras mais ricas em ácidos graxos insaturados (p. ex., óleos vegetais ou de peixes) e (3) a interesterificação química e enzi-

TABELA 14.5 Composição de lipídeos do leite bovino

Lipídeo	% em massa	g/L*
Triacilgliceróis (triglicerídeos)	95,8	30,7
1,2-Diacilgliceróis (diglicerídeos)	2,25	0,72
Monoacilgliceróis (monoglicerídeos)	0,08	0,03
Ácidos graxos livres	0,28	0,09
Fosfolipídeos	1,11	0,36
Colesterol	0,46	0,15
Éster de colesterol	0,02	0,006
Hidrocarbonetos	Traços	Traços

*Com base na porcentagem de gordura de leite pasteurizado integral (3,2%).
Fonte: Swaisgood, H.E., Characteristics of milk, em: *Fennema's Food Chemistry*, 4th edn, Damodaran, S., Parkin, K.L., Fennema, O.R. eds., CRC Press, Boca Raton, FL, pp. 881–917, 2007.

mática. As estratégias empregadas na fazenda incluem (1) a seleção de animais e (2) a manipulação da alimentação com óleos de colza e linhaça. Com relação a esta última, o componente ácido graxo insaturado deve ser administrado na forma encapsulada para permitir sua passagem através do rúmen sem que haja alteração.

Com os 13 ácidos graxos, o potencial número teórico de isômeros de posição é reduzido a 13^3 ou 2.197. Gresti e colaboradores [42] isolaram e identificaram 223 triacilgliceróis com diferentes composições, contribuindo com 80% da massa da gordura total do leite. Eles determinaram que a distribuição dos ácidos graxos entre as três posições *sn* do esqueleto de glicerol não é randômica. Isso tem origem nas propriedades específicas das acil transferases na glândula mamária dos ruminantes [95]. Resumidamente, o *sn*-glicerol-3-fosfato é a principal via de biossíntese de triacilglicerol, enquanto a acil coenzima A de cadeia longa (especialmente a palmitoil coenzima A) é o substrato preferido para acilação na posição *sn*-1 e, então, em *sn*-2. Ao contrário, a esterificação de ácidos graxos de cadeia curta na posição *sn*-3, catalisada pela 1,2-diacil-*sn*-glicerol acil transferase, é mais rápida do que aquela dos ácidos de cadeia longa. Em consequência, análises estereoespecíficas dos triacilgliceróis bovinos totais revelam que os ácidos graxos de cadeia curta são acilados exclusivamente na posição *sn*-3, ao passo que os ácidos graxos saturados de cadeia longa são igualmente acilados nas posições *sn*-1 e *sn*-2. Ácidos graxos de cadeia média são esterificados nas três posições, mas as proporções diminuem na posição *sn*-3, quando o comprimento da cadeia do ácido graxo aumenta (Figura 14.6). O ácido oleico está distri-

TABELA 14.6 Principais ácidos graxos constituintes da gordura do leite bovino (triacilgliceróis da gordura da manteiga obtida da nata batida)

Ácido graxo	% em massa	Ácido graxo	% em massa
C4:0	3,81	C15:0	1,18
C6:0	2,51	C16:0	28,17
C8:0	1,60	C16:1	1,93
C10:0	3,68	C17:0	0,52
C12:0	4,26	C18:0	9,97
C14:0	11,74	C18:1	22,06
C14:1	0,94	C18:2	1,15
		C18:3	0,64

Fonte: Fong, B.Y. et al., *Int. Dairy J.*, 17, 275, 2007.

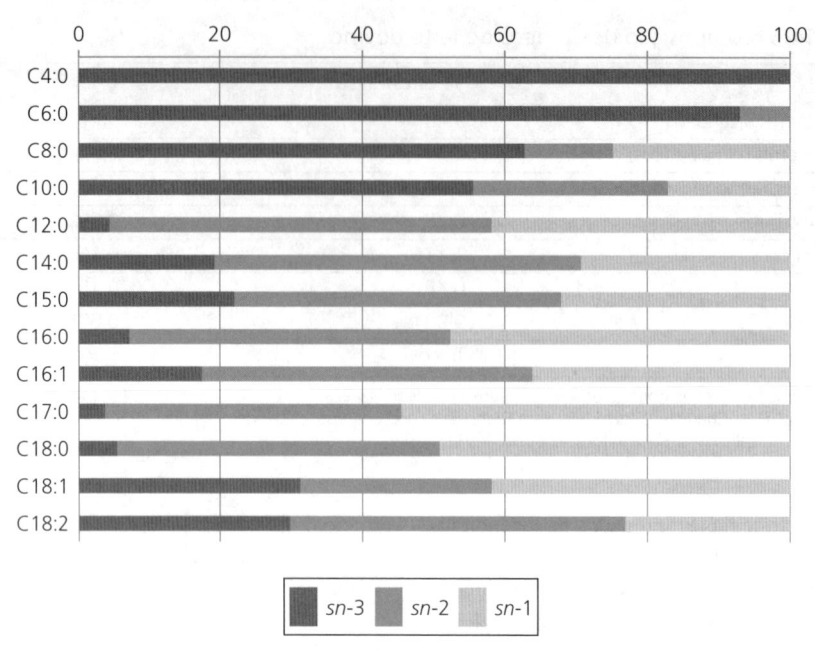

FIGURA 14.6 Distribuições porcentuais de ácidos graxos entre as posições nos triacilgliceróis, na gordura do leite bovino. (Adaptada de Lopez, C., *Curr. Opin. Colloid Interface Sci.*, 16, 391, 2011.)

buído quase igualmente entre as três posições. O padrão geral da distribuição dos ácidos graxos nas moléculas de triacilgliceróis não é afetado significativamente pela dieta do animal. Tem-se sugerido que essa tendenciosidade molecular específica resulta de uma regulação durante a síntese de triacilgliceróis para manter a gordura em um estado líquido a temperaturas fisiológicas.

Desde o trabalho pioneiro do falecido Professor Pieter Walstra nos anos 1960, foram realizadas poucas investigações sobre as propriedades de cristalização dos triacilgliceróis junto aos GGLs. Os triacilgliceróis lipídicos aprisionados nos GGLs são líquidos na temperatura fisiológica de sua síntese e secreção (36–39 °C). A diminuição da temperatura do leite após a coleta e a estocagem conduz a uma fase de transição de triacilgliceróis lipídicos em estado líquido para estado sólido e, então, à formação de cristais de gordura. A cristalização e as propriedades térmicas dos GGL são uma função de sua composição em ácidos graxos, da estrutura molecular dos triacilgliceróis e de seu polimorfismo. A história térmica da amostra também exerce uma influência significativa sobre a cristalização da gordura, assim como o tamanho do glóbulo de gordura.

Tudo isso significa que a gordura do leite bovino é uma mistura de cristais e óleos a temperaturas de estocagem (4–7 °C), de processamento (7–30 °C) e de consumo e digestão (37 °C) do leite e seus derivados.

Além de ter importância tecnológica na fabricação de produtos lácteos, por exemplo, afetando a suscetibilidade dos glóbulos de gordura à agitação ou a estrutura e estabilidade do sorvete, ou, ainda, influenciando as propriedades reológicas, a consistência e a sensação na boca produzidas por produtos com alto teor de gordura, a fase sólida da gordura presente no glóbulo de gordura do leite poderia ter consequências nutricionais e relacionadas à saúde particulares. As moléculas de triacilgliceróis que permanecem na fase sólida nas temperaturas de ingestão e digestão são compostos de lipídeos com alto ponto de fusão que contêm ácidos graxos saturados de cadeia longa (C18:0 e C16:0). Tem sido relatado que a presença da fase sólida limita a hidrólise dos triacilgliceróis pelas enzimas digestivas e sua subsequente absorção [4], levantando questões como a biodisponibilidade de ácidos graxos, especialmente dos tipos saturados de cadeia longa.

14.3.2.2 Membrana do glóbulo de gordura do leite

Os glóbulo de gordura do leite (GGLS) são envoltos por uma camada (ou camadas) de material ativo superficial, a qual é chamada de membrana do glóbulo de gordura do leite (MGGL). Essencialmente, trata-se de uma estrutura tripartida (Figura 14.7), considerada como tendo se originado da seguinte maneira [43,92]: junto às células secretórias de leite, os triacilgliceróis são sintetizados dentro ou na superfície da membrana do retículo endoplasmático rugoso e se acumulam na forma de microgotículas no citoplasma. Essas gotículas intracelulares são cobertas com uma camada interfacial difusa que consiste em fosfolipídeos, glicoesfingolipídeos, colesterol e proteínas. As microgotículas de lipídeos crescem em volume por fusão, para formar gotículas de gordura cobertas (GGCs) de vários tamanhos que, então, são deslocadas até o polo apical da célula, através do citoplasma, por mecanismos ainda desconhecidos e secretadas para fora da célula epitelial. Durante a secreção, as gotículas são revestidas pela membrana plasmática externa e expelidas por brotamento a partir da célula. Assim, a composição da camada externa que circunda o glóbulo de gordu-

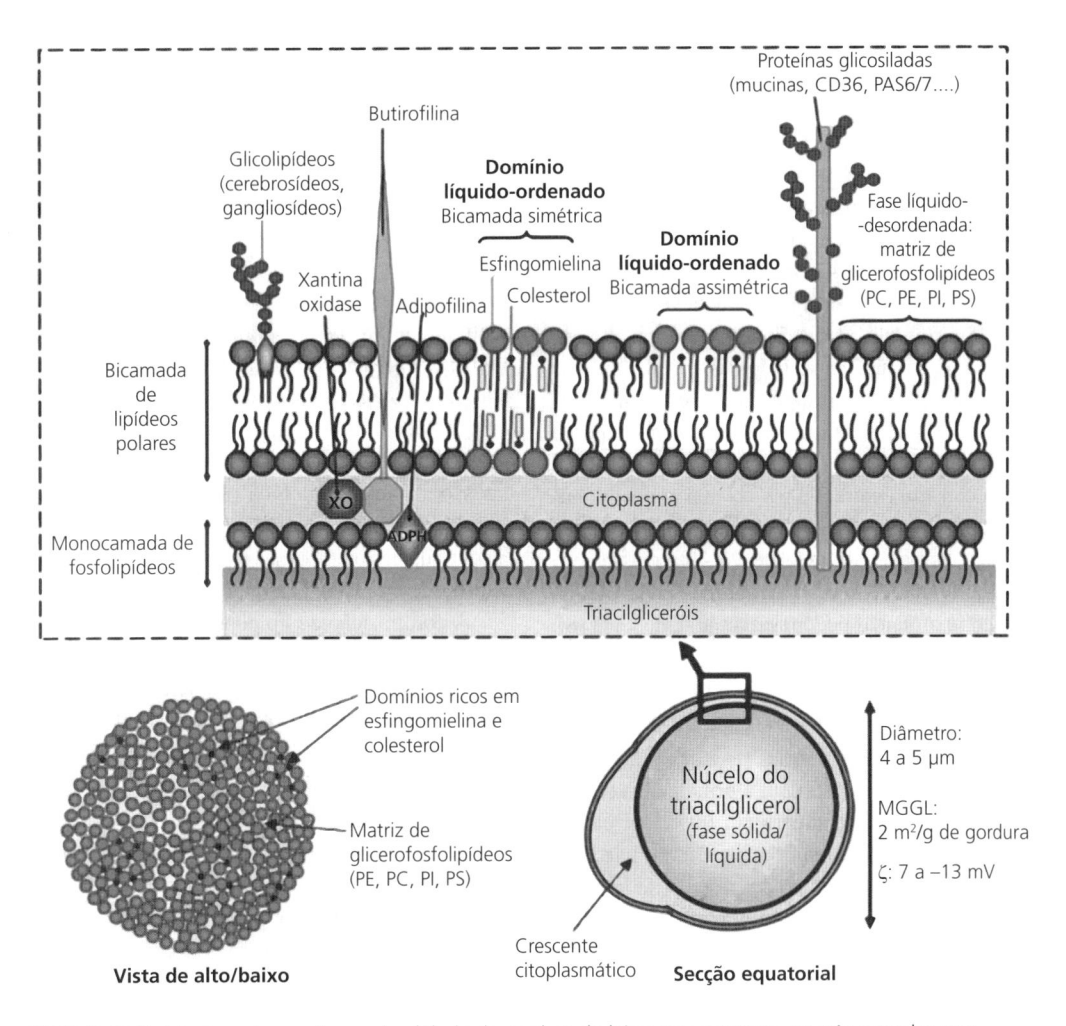

FIGURA 14.7 Estrutura da membrana do glóbulo de gordura do leite: uma estrutura em três camadas com organização lateral de lipídeos polares e distribuição heterogênea de proteínas. (Reproduzida, com permissão, de Lopez, C., *Curr. Opin. Colloid Interface Sci.*, 16, 391, 2011.)

ra é semelhante à da membrana plasmática apical das células secretórias.

Consequentemente, os glóbulos de gordura no leite não são uma simples emulsão óleo-água. Esses glóbulos são revestidos por uma membrana estruturada complexa que não pode ser considerada uma simples película monomolecular de material superficial ativo. Em vez disso, a membrana tem várias camadas distintas (Figura 14.7) depositadas durante sua síntese na célula secretora mamária. Olhando a partir do núcleo lipídico para fora, há primeiramente uma camada interna de superfície ativa circundando a gotícula intracelular, seguida de uma densa cobertura proteica localizada na superfície interna da membrana de bicamada e, finalmente, uma membrana de bicamada.

14.3.2.3 Composição da membrana do glóbulo de gordura do leite

A quantidade e a composição da membrana pode variar consideravelmente, dependendo tanto do conteúdo como do tamanho do glóbulo de gordura, que, por sua vez, são afetados por fatores como dieta, raça, saúde e estágio de lactação das vacas [92]. Por exemplo, na distribuição dos tamanhos do glóbulo de gordura, os glóbulos menores, com suas áreas de superfície proporcionalmente maiores, contribuem para uma maior proporção do material total da MGGL. Estima-se que o material da membrana constitua entre 2 e 6% da massa dos glóbulos de gordura totais. As proteínas e lipídeos contribuem, juntos, para mais de 90% da massa seca da membrana, contudo as proporções relativas de lipídeos e proteínas podem variar largamente [118].

14.3.2.3.1 Composição de lipídeos

A composição de lipídeos da MGGL é complexa, mas foi detalhada em várias revisões [33,71,83]. Os triacilglicróis constituem a principal fração de lipídeos da MGGL, superior a 60%, entretanto parecem se originar majoritariamente a partir da contaminação pelo núcleo do glóbulo de gordura durante o isolamento da membrana. Consequentemente, o método usado para o isolamento do material da membrana exerce grande influência sobre o conteúdo de triacilglicerois [33]. Os triacilgliceróis associados à MGGL contêm proporções mais altas de ácidos graxos saturados de cadeia mais longa, do que os triacilgliceróis do núcleo do glóbulo de gordura. Os conteúdos medidos de esteróis e ésteres de esteróis relatados variam amplamente, mas não ultrapassam 2% da massa dos lipídeos totais da membrana, com o colesterol contribuindo para 90% da massa dos esteróis totais. Mono e diacilgliceróis também estão presentes e, ambos, ao lado dos ácidos graxos livres e esteróis, constituem ≈ 10% da massa dos lipídeos totais na MGGL. Os cerca de 30% da massa remanescentes consistem em fosfolipídeos, principalmente as formas zwiteriônicas, fosfatidilcolina, fosfatidiletanolamina e esfingomielina, em torno de 25 a 30% de cada dos fosfolipídeos totais, com porcentagens menores das formas aniônicas, fosfatidilinositol, fosfatidilserina e traços de lisofosfatidilcolina [71].

Os principais ácidos graxos associados com o glicerol são C16:0, C18:0, C18:1 e C18:2. A esfingomielina foi encontrada com uma alta proporção de ácidos graxos C20:0, C23:0, C24:1 e C24:0 ligados a uma base esfingoide [33]. Ácidos graxos de cadeias curta e média estão presentes em quantidades muito baixas. A MGGL contém dois gangliosídeos principais, os glicol-esfingolipídeos neutros, compostos de ceramida e uma cadeia de oligossacarídeo ligada a uma ou mais moléculas de ácido siálico e a vários açúcares. A quantidade de gangliosídeos é de ≈ 8 µg/mg de proteína da membrana. Na MGGL, as principais formas encontradas são a glicosilceramida (35%) e a lactosilceramida (65%). Sua composição é idêntica àquela encontrada nas membranas plasmáticas apicais das células secretoras da glândula mamária.

A composição de lipídeos polares da MGGL é específica do leite, particularmente a sua alta proporção de esfingomielina, que a torna drasticamente diferente de outras fontes de fosfolipídeos, como a lecitina do ovo ou a da soja, que contêm baixas quantidades de esfingolipídeos.

14.3.2.3.2 Conteúdo de proteínas da MGGL

As proteínas contribuem para 25 a 60% da massa da MGGL, dependendo do método de isolamento utilizado e da história da amostra. Também constituem em torno de 1 a 2% das proteínas totais do leite. Aproximadamente 40 proteínas diferentes podem ser resolvidas a partir da fração proteica da MGGL, usando-se uma combinação de eletroforese e focagem isoelétrica. As estruturas, as sequências de aminoácidos e as propriedades das principais proteínas da MGGL estão revisadas e discutidas em detalhes por Mather [90]: muitas são glicoproteínas. As principais proteínas da MGGL são a butirofilina (uma glicoproteína que representa mais de 40% da massa de proteínas totais associadas à MGGL bovina), a enzima redox xantina oxidase (12% das proteínas totais da MGGL bovina) e as proteínas altamente glicosiladas semelhantes à mucina (MUC1, MUC15, etc.), PAS 6/7 (lactaderina), PAS III, o altamente glicosilado CD36 e as proteínas não glicosiladas, adipofilina e proteínas ligadoras de ácidos graxos.

A butirofilina, uma glicoproteína, constitui mais de 40% do peso das proteínas totais da MGGL no leite de vacas Holstein, e ≈ 20% da MGGL no leite de vacas Jersey [91]. Sua provável massa molecular é 67.000 Da e contém ≈ 5% de carboidratos. A butirofilina é sintetizada como um peptídeo de 526 aminoácidos com uma porção N-terminal hidrofóbica de 26 aminoácidos. A butirofilina é expressa especificamente na glândula mamária e está concentrada na membrana plasmática apical e na MGGL.

A xantina oxidase, que representa ≈ 12 a 20% das proteínas totais da MGGL, pertence à família das flavina hidroxilases de ferro-enxofre-molibdênio que convertem xantina em ácido úrico. A xantina oxidase bovina é um dímero com duas subunidades idênticas de massa molecular em torno de 150.000 Da. Nas células secretoras de leite, essa proteína está concentrada ao longo da face interna da membrana plasmática apical e na MGGL. Há evidências de que a butirofilina e a xantina oxidase interagem especificamente uma com a outra [43]. Em vacas, essas duas proteínas são expressas em quantidades variáveis, mas em proporções moleculares constantes (4:1) durante toda a lactação. Essa interação parece envolver ligações dissulfeto entre as duas proteínas, de modo que a xantina oxidase possa ser liberada da MGGL pela redução das ligações dissulfeto. A interrupção da expressão de qualquer uma dessas proteínas demonstrou seu papel essencial na secreção normal de GGLs.

A proteína MUC1 é altamente glicosilada (até 50% de sua massa) e rapidamente dissociada dos glóbulos de gordura no leite desnatado, quando este é resfriado ou agitado. Os termos "PAS 6" e "PAS 7" são abreviaturas para ácido periódico/Schiff 6 e 7, respectivamente. Suas massas moleculares variam de 48.000 a 54.000 Da. As sequências de aminoácidos de PAS 6 e de PAS 7 são idênticas, diferindo somente quanto ao nível de glicosilação. PAS 6 e PAS 7 também estão ligadas fracamente à MGGL, podendo ser removidas da membrana por lavagem com soluções salinas.

A adipofilina é um dos principais constituintes da fração insolúvel, persistindo após a extração da MGGL com sais e detergentes não iônicos. O papel da adipofilina (se houver algum) na secreção dos glóbulos de gordura é incerto. Diferentemente da butirofilina e da xantina oxidase, a adipofilina não parece estar localizada nas regiões apicais da membrana plasmática. Em vez disso, essa proteína aparentemente está concentrada nas gotículas lipídicas intracelulares, onde pode estar envolvida nas interações entre gotícula lipídica e membrana plasmática que levam ao progressivo encapsulamento e secreção da gotícula, embora isso ainda seja especulativo [43].

14.3.2.4 Estrutura da membrana do glóbulo de gordura do leite

Embora tenha havido um grande aumento no interesse científico por esse assunto nos últimos anos, os detalhes da estrutura da MGGL ainda são desconhecidos. A organização da MGGL apresentada na Figura 14.7 como uma estrutura tricamada (espessura de 10–50 nm) atualmente é bem aceita, com a camada interna composta de proteínas e lipídeos polares oriundos do retículo endoplasmático, e a dupla camada externa contendo lipídeos polares originados das regiões apicais da membrana plasmática das células epiteliais mamárias. Os GGLs frequentemente são envoltos de modo compacto pela membrana plasmática apical. Entretanto, em alguns casos, o fechamento da membrana plasmática ao redor da gotícula pode arrastar consigo um pouco de citoplasma entre a membrana e a superfície da gotícula de gordura (Figura 14.7, em detalhe). Os resultados podem variar desde um fragmento de material celular até os casos em que o volume de citoplasma aprisionado excede o volume do glóbulo de gordura. A aplicação de microscopia de varredura a *laser* confocal com sondas lipofílicas revelou heterogeneidades tanto na composição quanto na estrutura da membrana dos glóbulos de gordura, junto e entre glóbulos oriundos da mesma espécie. Os estudos de Lopez e colaboradores [80] revelaram a separação de fases de lipídeos polares no plano da membrana do glóbulo de gordura, tida como uma segregação lateral de esfingomielinas e colesterol em microdomínios de fase rígida líquido-ordenada, circundados por uma matriz fluida de glicerol-fosfolipídeos em uma fase líquido-desordenada. Uma difusão lateral dos domínios ricos em esfingomielina também foi observada. A microscopia de varredura confocal também revelou que as proteínas e as glicoproteínas também estão distribuídas de forma heterogênea na membrana dos glóbulos de gordura, organizadas como retalhos ou redes, porém ausentes nos domínios ricos em esfingomielina [79].

Apesar de todo esse conhecimento sobre composição e estrutura, praticamente nada se conhece sobre os mecanismos moleculares envolvidos em qualquer uma das etapas, desde a formação intracelular das gotículas lipídicas até sua secreção pela célula como GGLs.

14.3.3 Sais e minerais do leite, lactose e compostos enzimáticos minoritários

14.3.3.1 Sais e minerais do leite

Os principais sais do leite incluem os sais de citrato, fosfato, carbonato e cloreto de H^+, K^+, Na^+, Mg^{2+} e Ca^{2+}, como íons livres ou complexos em solução, ou como formas coloidais complexadas às caseínas. Existem inúmeras revisões sobre o tópico de sais lácteos, incluindo-se nesse termo as espécies inorgânicas e orgânicas (citrato) [38,47,50,82].

As concentrações aproximadas de sais do leite e sua distribuição entre as fases coloidal e sérica são mostradas na Tabela 14.7. Essa composição é relativamente constante, mas alguma variação é vista durante a lactação, com as mudanças mais importantes ocorrendo próximo ao momento do parto [38]. Mudanças nas concentrações de cálcio no leite parecem ser reguladas pela quantidade de citrato e de caseína no leite [98]. De fato, graficamente, a concentração de cálcio mostra correlação linear ao ser comparada com as concentrações de caseína no leite de muitas espécies [50]. A maior parte ou todo o cálcio no leite parece ser derivado por exocitose de vesículas secretoras oriundas do compartimento de Golgi. O cálcio é aí bombeado nos locais de sua distribuição entre as várias moléculas ligadoras de cálcio presentes, equilibrando-se com estas em uma quantidade determinada por suas concentrações, as concentrações ligadoras de cálcio, e a concentração de cálcio ionizado $[Ca^{2+}]$. A dificuldade é compreender como a grande quantidade de cálcio necessária pode ser transferida para dentro do Golgi e dos compartimentos secretores, enquanto o cálcio do citosol é mantido na faixa micromolar. Pesquisas nessa área estão resumidas em Neville [98]. O citrato é um dos ligantes parceiros de cálcio e suas concentrações variam amplamente durante a lactação. O citrato exerce um papel indireto na síntese *de novo* dos ácidos graxos, e as manipulações na dieta que acarretam decréscimo na síntese *de novo* aumentam a concentração de citrato no leite [37]. Acredita-se também que a principal via secretora de fosfato no leite seja a via da vesícula do Golgi por um mecanismo de cotransporte de Na^+-P_i [116].

Os sais lácteos têm impacto decisivamente importante sobre muitas propriedades do leite, incluindo a formação e a estabilidade do sistema micelar da caseína (discutido anteriormente na Seção 14.3.2.3), no tamponamento ácido-base e sobre várias propriedades coligativas, além de suas funções biológicas essenciais ao crescimento ósseo e ao desenvolvimento do recém-nascido. Além disso, esses componentes exercem uma influência poderosa sobre a estabilidade das proteínas durante o processamento. A coagulação pela renina, a estabilidade térmica e ao álcool, a textura de vários tipos de géis proteicos de leite, a textura de queijos e sua funcionalidade, e a estabilidade de emulsões são, todas, influenciadas pelo conteúdo de minerais.

As espécies solúveis, que estão em equilíbrio com as formas coloidais, podem ser obtidas no permeado por diálise ou ultrafiltração (UF). Os íons multivalentes, Ca^{2+} e Mg^{2+}, existem no soro principalmente como complexos, incluindo grandes quantidades de citrato de cálcio e de magnésio e quantidades menores de $Ca(H_2PO_4)_2$. Assim, somente 20 a 30% do total de Ca e Mg no ultrafiltrado existem como cátions divalentes livres. Por outro lado, mais de 95% do citrato está complexado a es-

TABELA 14.7 Concentração e distribuição dos principais sais no leite

	Concentração		Coloidal (micelar) (%)	Soro (solúvel) (%)
	mg/L	mmol/kg		
Catiônicos				
Cálcio	1.040–1.280	26–32	69	31
Magnésio	100–150	4–6	47	53
Potássio	1.210–1.680	31–43	6	94
Sódio	350–600	17–28	5	95
Aniônicos				
Carbonatos (incluindo CO_2)	≈ 200	≈ 2		
Cloreto	780–1.200	22–34	5	95
Citrato	1.320–2.080	7–11	14	86
Fósforo total (PO_4) (todas as formas)	1.800–2.180	30–32		
Fósforo inorgânico (como PO_4)	930–1.000	19–23	53	47
Sulfato	≈ 100	≈ 1		

Fonte: adaptada de Lucey, J.A. e Horne, D.S., Milk salts: Technological significance, em: *Advanced Dairy Chemistry*, Vol. 3, Lactose, Water, Salts and Minor Constituents, 3rd edn., McSweeney, P.L.H. e Fox, P.F., eds., Springer Science, New York, pp. 351–389, 2009.

ses cátions. Íons monovalentes, como K^+, Na^+ e Cl^-, estão presentes quase totalmente como íons livres na fase do soro. Levando-se em conta essas diferentes associações, a fração difusível do leite em pH 6,6 a 6,7 parece estar supersaturada em fosfato de cálcio e ter uma força iônica aproximada de 80 mM.

Em torno de 70% do cálcio, 50% do fosfato e 50% do magnésio no leite encontram-se na fase coloidal. De modo estrito, todos esses minerais estão associados às micelas de caseína. Como temos observado, os resíduos de fosfosserina das caseínas podem se ligar a íons cálcio, porém, na maioria das vezes, o fosfato de cálcio micelar está ligado nos nanoaglomerados de fosfato de cálcio (ver discussão prévia sobre a estrutura da micela de caseína, Seção 14.3.2.3). Um aspecto importante da partição dos minerais do leite entre os compartimentos micelar e difusível é o controle das concentrações das várias espécies exercido pelas complexas séries de equilíbrios envolvidas, tanto na formação quanto na solubilidade dos complexos. A distribuição depende das condições ambientais, incluindo pH, temperatura e concentração, conforme resumido por Gaucheron [38], e tem implicações importantes para a estabilidade e propriedades funcionais.

14.3.3.2 Lactose

Devido aos requisitos biossintéticos da iso-osmolalidade com o sangue, poderia ser esperada uma relação de concentração recíproca entre os sais do leite e a lactose. Tal relação inversa foi documentada entre os conteúdos de sódio e lactose e entre os conteúdos de sódio e potássio [47, 111]. Consequentemente, o leite tem um ponto de congelamento essencialmente constante (–0,53 a –0,57 °C) e essa propriedade coligativa é usada na detecção de diluição ilegal com água.

A lactose (4-*O*-β-D-galactopiranosil-D--glicopiranosil) é o carboidrato predominante no leite desnatado. Sua síntese está associada à da principal proteína do soro, a α-lactalbumina, que atua como uma proteína modificadora para a UTP-galactosil transferase, mudando a especificidade dessa enzima de modo que o grupo galactosil é transferido preferencialmente para a glicose, e não para a glicoproteína. A lactose ocorre em ambas as formas, α e β, com uma razão de equilíbrio β/α = 1,68 a 20 °C [99]. A forma β é muito mais solúvel do que a forma α, e a taxa de mutarrotação é rápida à temperatura ambiente, mas muito lenta a 0 °C. A forma cristalizada α-hidratada, que cristaliza sob condições normais, ocorre em vários formatos, porém o mais familiar é o formato de "machadinho indígena" que confere aos produtos lácteos uma sensação bucal "arenosa", como a de um sorvete "arenoso". A lactose, cuja doçura é cerca de um quinto menor que a da sacarose, contribui para o sabor característico do leite. Uma discussão mais ampla sobre as propriedades da lactose pode ser encontrada na revisão de Fox [34].

14.3.3.3 Enzimas

Esta discussão se limita às enzimas naturais do leite, mas deve-se observar que as enzimas também são introduzidas no leite como resultado do crescimento microbiano. Para uma apresentação mais completa das enzimas naturais, recomendamos ao leitor que consulte O'Mahony e colaboradores [104,105]. Das cerca de 60 enzimas naturais encontradas no leite bovino, em torno de 20 foram isoladas e caracterizadas com considerável detalhamento. A maior parte delas tem alguma importância técnica. A Tabela 14.8 apresenta algumas das mais importantes.

Provavelmente, essas enzimas não têm uma função específica no leite, mas entram nele devido às peculiaridades dos mecanismos envolvidos na secreção e excreção dos constituintes lácteos. A lipoproteína lipase e o sistema da plasmina entram a partir do sangue, através de junções vazantes existentes entre as células secretoras. Essas enzimas tendem a estar associadas às micelas de caseína. As células somáticas transferidas para a glândula mamária a partir do sangue para combater infecções bacterianas na glândula dão origem às catepsinas B e D. A MGGL é uma das principais localizações das enzimas encontradas no leite, na qual a maioria entra arrastada, como a xantina oxidase.

A compartimentalização física das enzimas facilita sua separação por técnicas como a centrigugação. Entretanto, a estocagem e o manuseio do leite causam a redistribuição de muitas enzimas nativas e isso resulta em danos. Assim, a lipólise da gordura láctea induzida pelo frio pode ser causada pela transferência de lipase das micelas para os glóbulos de gordura, e a estocagem refrigerada pode induzir dissociação de proteinase das micelas de caseína. Essas enzimas podem ter importantes efeitos sobre o sabor e a estabilidade proteica nos alimentos lácteos.

Entre outros efeitos importantes, alguns benéficos, alguns úteis, alguns prejudiciais, estão os descritos a seguir. Os níveis de plasmina ou de catalase são indicativos da saúde animal, especialmente de mastite. A fosfatase alcalina é uma enzima resistente ao calor, cuja inativação é utilizada como um indicador da efetividade da pasteurização. Algumas enzimas produzem mudanças desejáveis nos produtos lácteos, como a lipoproteína lipase, a fosfatase ácida e a xantina oxidase na maturação de queijos. Do mesmo

TABELA 14.8 Algumas enzimas nativas do leite[a]

Oxidorredutases	Hidrolases
• Xantina oxidase (xantina:O_2 oxidorredutase)	• Proteinases (plasmina, trombina, aminopeptidase e peptidil peptídeo hidrolase)
• Sulfidril oxidase (proteína:peptídeo-SH:O_2 oxidorredutase)	• Lipase (glicerol éster hidrolase)
• Lactoperoxidase (doador:H_2O_2 oxidorredutase)	• Lisozima (mucopeptídeo N-acetilneuraminil hidrolase)
• Superóxido dismutase (O_2^-:O_2^- oxidorredutase)	• Fosfatase alcalina (monoéster ortofosfórico fosfo-hidrolase)
• Glutationa peroxidase (GSH:H_2O_2 oxidorredutase)	• ATPase (ATP fosfo-hidrolase)
• Catalase (H_2O_2:H_2O_2 oxidorredutase)	• N-Acetil-β-D-glicosaminidase
• Diaforase (NADH:lipoamida oxidorredutase)	• Colinesterase (acilcoline acil-hidrolase)
• Citocromo c redutase (NADH:citocromo c oxidorredutase)	• β-Esterase (éster carboxílico hidrolase)
• Lactato desidrogenase (L-lactase:NAD oxidorredutase)	• α-Amilase (α-1,4-glicano-4-glicano-hidrolase)
Transferases	• β-Amilase (β-1,4-glican malto-hidrolase)
• UDP-galactosil transferase (UDP galactosil:D-glicose-1-galactosil transferase)	• 5'-Nucleotidase (5'-ribonucleotídeo fosfo-hidrolase)
• Ribonuclease (polirribonuclease 2-oligonucleotídeo transferase)	**Liases**
• γ-Glutamiltransferase	• Aldolase (fruto-1,6-difosfato D-gliceraldeído-3-fosfato liase)
	• Anidrase carbônica (carbonato hidrolase)

[a]O nome sistemático é dado entre parênteses.
Fonte: Swaisgood, H.E., Characteristics of milk, em: *Fennema's Food Chemistry*, 4th edn., Damodaran, S., Parkin, K.L., Fennema, O.R. eds., CRC Press, Boca Raton, FL, pp. 881–917, 2007. Table 15.12.

modo, as mesmas enzimas podem levar à deterioração da qualidade do produto, principalmente a lipoproteína lipase (rancidez hidrolítica), a plasmina (proteólise, insipidez) e a xantina oxidase (rancidez oxidativa).

A lactoperoxidase é encontrada em alta concentração no leite bovino. Quando combinada com peróxido de hidrogênio ou tiocianato, apresenta propriedades antibacterianas, porém nenhum dos parceiros está presente no leite. A principal função dessa enzima pode ser a de limitar o acúmulo de níveis tóxicos de peróxidos no úbere.

14.4 PRODUTOS LÁCTEOS

14.4.1 Introdução

Destinado pela natureza como alimento de emissão direta e de consumo imediato por sucção, o leite é um produto altamente perecível, suscetível à contaminação bacteriana que leva à sua deterioração ou causa doenças nos consumidores. Conhecedor dos benefícios nutricionais, o homem desenvolveu uma variedade de processos destinados à preservação do leite ou de seus componentes, em particular no caso de seus derivados historicamente mais antigos, como meio de conservação em tempos de excedentes na produção.

Entre a grande variedade de produtos atualmente encontrados, estão o leite líquido, leites fermentados, queijos, manteiga e manteiga clarificada líquida *(ghee)*, leites condensado e evaporado, sorvetes, leite em pó, creme de leite, produtos do soro e caseína. Essa listagem é feita mais ou menos de acordo com a vida útil de prateleira dos produtos, embora para cada agrupamento individual possa haver um alcance considerável e, consequentemente, muita sobreposição. A Tabela 14.9 indica que o consumo de uma seleção dos principais produtos varia amplamente dentro e entre os grupos de produtos em todo o mundo, de um alto consumo na América do Norte e na Europa a um baixo consumo na Ásia. Mesmo dentro das regiões, como na Europa, o consumo de leite líquido é alto nos países escandinavos comparado ao consumo na França e na Itália, onde existe uma tendência histórica do consumo de queijos dominar o de leite. Isso pode ser simplesmente um reflexo do clima nessas regiões, evidência de uma cultura de fabricação de produtos mais estáveis (queijos) em regiões de climas mais quentes como meio de conservação anteriormente ao advento das tecno-

TABELA 14.9 Consumo per capita (kg) mundial de produtos lácteos selecionados

País	Leite	Manteiga	Queijo	Leite em pó desnatado	Leite em pó integral
1. Ucrânia	122,73	2,11 (8)	2,09 (10)	0,64 (14)	0,27 (13)
2. Austrália	108,94	3,56 (4)	10,41 (5)	3,30 (1)	1,74 (5)
3. Estados Unidos	90,61	2,50 (6)	15,14 (3)	1,64 (5)	0,08 (15)
4. Canadá	87,26	2,78 (5)	15,41 (2)	2,02(4)	—
5. Rússia	77,11	2,34 (7)	5,53 (7)	1,07 (8)	0,65 (9)
6. Nova Zelândia	61,66	4,71 (1)	7,17 (6)	0,67 (13)	0,45 (12)
7. Eu-27	66,45	3,99 (2)	16,60 (1)	1,57 (6)	0,54 (10)
8. Brasil	58,96	0,40 (12)	3,64 (8)	0,88 (11)	3,03 (3)
9. Argentina	51,91	0,90 (9)	12,44 (4)	0,44 (15)	2,19(4)
10. Índia	42,05	3,66 (3)	—	0,34 (16)	—
11. México	34,49	1,87 (8)	2,89 (9)	2,08 (3)	1,27 (7)
12. Japão	31,79	0,61(11)	2,22 (11)	—	—
13. Taiwan	14,61	0,77 (10)	0,92 (12)	0,90 (10)	1,33 (6)
14. China	9,82	—	—	0,19 (17)	1,12 (8)
15. Filipinas	0,54	—	—	0,99 (9)	0,13 (14)

Os países são classificados pelo consumo de leite *per capita*. Os valores entre parênteses em cada linha indicam a classificação do produto na coluna. *Fonte*: FAO, 2012.

logias mais modernas, baseadas na refrigeração, no tratamento térmico e/ou no acondicionamento asséptico, todas importantes contribuintes para a disponibilidade de suprimento de leite fluido.

14.4.2 Leites fluidos

O leite sai do úbere a uma temperatura em torno de 37 °C. O leite fresco de uma vaca sadia é praticamente livre de bactérias, porém, subsequentemente, é exposto à contaminação em todos os estágios do manuseio. As bactérias se multiplicam mais vigorosamente a temperaturas ao redor de 37 °C. Por esse motivo, o leite deve ser resfriado imediatamente a uma temperatura aproximada de 4 °C, a fim de minimizar a velocidade de crescimento bacteriano, e essa temperatura deve ser mantida durante o transporte e o armazenamento, até que um processamento adicional possa ser realizado. Mesmo essa simples mudança na temperatura altera o equilíbrio dentro do sistema láctea. A possibilidade de tais alterações deve ser sempre lembrada ao considerar o impacto do processamento na qualidade e na funcionalidade do produto.

A gordura e a proteína podem sofrer alterações durante o armazenamento. A gordura pode ser oxidada nas duplas ligações dos ácidos graxos insaturados, sendo aqueles da lecitina mais suscetíveis ao ataque. Os sais de ferro ou cobre aceleram o início da auto-oxidação, assim como a presença de oxigênio dissolvido ou a exposição à luz, especialmente a luz direta do Sol. Na presença de luz e/ou íons de metais de transição (como Cu^+ e Fe^{2+}), os ácidos graxos são ainda mais degradados, por fim, em aldeídos e cetonas, que dão origem à insipidez e à rancidez. A gordura também pode sofrer lipólise, liberando ácidos graxos que tornam o sabor do leite rançoso. Contudo, a lipase naturalmente presente pode atuar somente sobre os triacilgliceróis expostos após o dano à MGGL. É possível que isso ocorra durante o bombeamento, esguichamento ou outro tipo de agitação. A agitação indevida deveria ser evitada, mas uma certa quantidade é necessária no armazenamento em silos, para reduzir a formação de creme na superfície pelos glóbulos de gordura de menor densidade.

A exposição à luz também pode provocar a oxidação de componentes relacionados à proteína, no entanto a complexidade dessas reações está além dessa discussão simplificada e limitada. Mais detalhes sobre as mudanças ocorridas durante o armazenamento do leite e muitos outros aspectos do processamento do leite podem ser encontrados em Walstra e colaboradores [128].

O leite fluido é comercializado com diferentes teores de gordura: leite integral (na forma secretada), padronizado (normalmente, em 3,5% de gordura), semidesnatado (metade da gordura) e desnatado (sem gordura). As variedades contendo gordura geralmente são homogeneizadas. A homogeneização evita que os glóbulos de gordura de menor densidade formem uma camada de creme. Os glóbulos sofrem redução do tamanho, passando de 3 a 10 μm para menos de 2 μm através da passagem forçada por válvulas sob alta pressão ($\approx$ 25 MPa). A homogeneização é mais eficiente quando a fase da gordura é líquida, e as temperaturas normalmente aplicadas estão entre 60 e 70 °C. A diminuição do diâmetro da gotícula é acompanhada de um aumento de 5 a 10 vezes na área da superfície. Há material de membrana insuficiente para envolver a superfície recém-criada, e essa deficiência é compensada pela rápida adsorção de proteína. Esta pode ser a caseína micelar, fragmentos micelares ou proteínas do soro, e essa camada interfásica previne a coalescência dos glóbulos de gordura.

O principal benefício da homogeneização é a prevenção da separação do creme. Um benefício secundário é a intensificação da brancura decorrente do aumento do número e do tamanho diminuído dos glóbulos de gordura que, assim, dispersam a luz mais efetivamente. A homogeneização traz também várias desvantagens. O leite se torna menos estável ao calor [119]. Além disso, qualquer produto que necessite da agregação e gelifacação das caseínas, como na formação do coágulo pela renina ou na gelificação ácida em leites fermentados, resulta em um derivado com propriedades reológicas e de textura diferentes em comparação aos alimentos feitos de leite não homogeneizado. Os glóbulos de gordura também são mais suscetíveis à oxidação induzida pela luz, prontamente evitada pelo acondicionamento opaco, e à lipólise, quando a lipase ativa está presente.

14.4.2.1 Pasteurização

A pasteurização é um processo de tratamento térmico que estende a vida útil do leite e reduz o número de possíveis microrganismos patogênicos a níveis inócuos à saúde. As condições de pasteurização são projetadas para a destruição efetiva de *Mycobacterium tuberculosis*, reconhecido como o mais resistente dos organismos comumente encontrados, e de *Coxiella burnetii*. À parte dos microrganismos patogênicos, o leite também contém outras substâncias e microrganismos que dão origem à deterioração e diminuem a vida de prateleira. Consequentemente, um propósito secundário do tratamento térmico é destruir muitos desses outros organismos e sistemas enzimáticos (p. ex., lipases). O nível de letalidade desejado pode ser obtido em uma ampla variedade de combinações de temperatura/tempo. Aquelas comumente empregadas pela indústria de laticínios estão listadas na Tabela 14.10, algumas das quais são obrigadas por lei em várias jurisdições. Os procedimentos mais comuns usados nas fábricas modernas são a combinação temperatura alta/tempo curto (HTST, do inglês *high temperature/short time*) e a esterilização por fluxo à temperatura ultra-alta (UHT, do inglês *ultrahigh temperature*). As combinações reais de tempo/temperatura empregadas em cada processo dependem da qualidade do leite cru, do tipo de produto tratado e da vida de prateleira desejada para o produto. Leites pasteurizados HTST devem ser mantidos resfriados, e a cadeia fria deve ser mantida em casa pelo consumidor. Na embalagem lacrada, o leite pasteurizado HTST deve ter uma vida de prateleira de 8 a 10 dias, à temperatura de 5 a 7 °C (uma descrição completa das combinações de tempo/temperatura usadas no processo térmico é disponibilizada ao leitor em Walstra e colaboradores [128]).

O tratamento UHT é um processo de fluxo contínuo, que ocorre em sistema fechado e previne a contaminação do produto por microrganismos transmissíveis pelo ar. O produto passa por estágios de aquecimento e resfriamento em uma sucessão muito rápida. O enchimento asséptico, para evitar a recontaminação do leite, é parte integrante do processo. O leite UHT resultante pode ser estocado na embalagem inviolada por meses, em vez de semanas, à temperatura ambiente.

14.4.2.2 Efeitos do tratamento térmico

Mudanças na temperatura alteram os equilíbrios internos no sistema de sais, no sistema proteico e entre sais e proteínas. Frequentemente, essas alterações não são completamente reversíveis, mesmo que as condições originais sejam restauradas, de modo que as características finais e as propriedades dos produtos lácteos dependem das condições de processamento. Veja uma revisão desse tópico em Huppertz e Kelly [62]. O soro do leite é saturado ou supersaturado com relação aos vários fosfatos de cálcio e ao citrato de cálcio. Em virtude disso, pequenas mudanças nas condições ambientais causam alterações significativas nesses equilíbrios [47,50]. A solubilidade do fosfato de cálcio é fortemente dependente da temperatura e, ao contrário da maior parte dos compostos, diminui com a temperatura.

A pasteurização ou processamento UHT aumenta de modo irreversível a quantidade de fosfa-

TABELA 14.10 Principais categorias de tratamento térmico empregadas na indústria de laticínios

Processo	Temperatura (°C)	Tempo
Termização	63–65	15 s
Pasteurização LTLT (temperatura baixa, tempo prolongado)	63	30 min
Pasteurização HTST (temperatura alta, tempo curto)	72–75	15–20 s
Pasteurização HTST da nata	> 80	1–5 s
Ultrapasteurização	125–138	2–4 s
Pasteurização UHT (temperatura ultra-alta) (esterilização por fluxo)	Normalmente 135–138	Poucos segundos
Esterilização na embalagem	115–120	20–30 min

LTLT, do inglês *low temperature/long time*; HTST, do inglês *high temperature/short time*; UHT, do inglês *ultrahigh temperature*.

to de cálcio coloidal à custa tanto de cálcio solúvel e ionizado como de fosfato solúvel. As reduções induzidas pelo calor (85 °C) nos níveis de cálcio e fosfato são rápida e quase completamente reversíveis pelo resfriamento subsequente [109,110]. Um tratamento térmico mais severo (> 90 °C) pode resultar em alterações irreversíveis no balanço mineral [49]. Consequentemente, o pH também diminui devido à liberação de prótons dos fosfatos primários e secundários. O cálcio transformado em fosfato de cálcio terciário não vem inteiramente da fase sérica, visto que o aquecimento também retira cálcio ligado à proteína. Assim, a pasteurização e, especialmente, a esterilização afetam as propriedades de estabilidade micelar.

Individualmente, os leites têm sido classificados de acordo com sua estabilidade térmica pH-dependente, definida como sendo a duração do aquecimento a 140 °C necessária para a coagulação da proteína. Revisões são disponibilizadas ao leitor interessado em Singh e Creamer [119], O'Connell e Fox [103] e Huppertz [61]. O leite tipo A exibe um máximo, seguido por um mínimo, na região da curva de estabilidade entre os pH 6,6 e 6,9. Por outro lado, a estabilidade do leite tipo B geralmente aumenta à medida que o pH aumenta acima de 6,6. Esse fenômeno parece estar relacionado com a proporção de β-lactoglobulina para κ-caseína e a interação induzida pelo calor entre estas duas proteínas. A adição de κ-caseína converterá o leite tipo A em leite tipo B, e o contrário pode ser obtido pela adição de β-lactoglobulina ao leite tipo B. Interações competitivas calor-induzidas da proteína com os produtos de transformação da ureia gerados pelo calor também foram implicadas no fenômeno, mas ainda há controvérsia sobre os mecanismos de reação envolvidos [55,59].

Uma breve visão geral das alterações induzidas pelo calor em caseínas e micelas de caseína é apresentada a seguir. Uma revisão completa é disponibilizada ao leitor em O'Connell e Fox [103] e em Huppertz e Kelly [62]. Tratamentos térmicos de intensidade crescente são acompanhados pelo aumento da produção de resíduos desidroalanil, devido à β-eliminação de ligações dissulfeto e resíduos fosfoserina, desamidação aumentada de resíduos asparaginil e glutamil, e escurecimento de Maillard intensificado. As ligações cruzadas de proteínas durante o aquecimento podem resultar da reação de resíduos desidroalanil com grupos ε-amino dos resíduos de lisina para formar lisinoalanina, ou da reação com grupos sulfidril dos resíduos cisteinil para formar lantionina (ver Capítulo 5). O aquecimento continuado (p. ex., 20–40 min a 140 °C) desestabiliza as micelas, levando à formação de gel. O aquecimento prolongado também induz queda no pH, por meio da degradação da lactose, e hidrolisa a fosfoserina com o passar do tempo, no auge da mudança mais rápida do equilíbrio do fosfato de cálcio desde o fosfato primário e secundário até a hidroxiapatita. A coagulação pode ser vista como um processo de precipitação isoelétrica, com algumas alterações das proteínas (p. ex., reação de grupos acila) contribuindo com um efeito estabilizador por meio do aumento da carga negativa e, consequentemente, da repulsão eletrostática.

Devido à rápida desnaturação das proteínas séricas ocorrendo em temperaturas acima de 70 °C, o tratamento térmico comercial normal desnatura uma porção dessas proteínas. As principais proteínas do soro exibem estabilidade térmica ao desdobramento estrutural na ordem de α-lactalbumina < albumina sérica bovina < Ig < β-lactoglobulina. Entretanto, o desdobramento termal da α-lactalbumina é reversível, de tal modo que a desnaturação medida por alterações irreversíveis indica uma ordem de aumento da estabilidade térmica de Ig < albumina sérica bovina < β-lactoglobulina < α-lactalbumina. A exposição do grupo sulfidril na desnaturação inicia a agregação de, digamos, β-lactoglobulina com outras proteínas mediada pelo intercâmbio sulfidril-dissulfeto. Os parceiros potenciais no leite, ao lado da β-lactoglobulina em si, incluem outras proteínas do soro, α_{S2}-caseína, κ-caseína e algumas proteínas da MGGL. Essas interações apresentam efeitos significativos sobre muitas características de processamento do leite, positivamente no leite fermentado, mas negativamente na fabricação de queijo [62]. O tratamento térmico intenso também exerce efeito deletério na aparência, no sabor e no valor nutritivo do leite.

O leite exposto ao tratamento térmico deve ser de boa qualidade e capaz de suportar a aplicação da combinação temperatura/tempo sem mostrar instabilidade. Isso é particularmente importante no processamento UHT. Na América do

Sul e na América Latina, a qualidade do leite para esses propósitos é avaliada por um teste de estabilidade ao álcool. Amostras de leite são misturadas a uma solução de etanol (em geral, 72% v/v). Se não houver floculação imediata, o leite é julgado adequado para processamento posterior. O teste de estabilidade ao álcool originalmente era adotado como um indicador de acidificação do leite resultante de degradação fermentativa. No entanto, alguns leites rejeitados para o processamento UHT não mostram redução significativa de pH. Os fatores que afetam o teste da estabilidade ao álcool e sua aplicação nesse contexto são discutidos em mais detalhes por Horne [55], que, anteriormente, havia derivado um mecanismo para a desestabilização alcoólica, envolvendo efeitos dielétricos na ionização e no equilíbrio mineral.

14.4.3 Produtos lácteos fermentados

Produtos lácteos cultivados ou fermentados são preparados pela fermentação do ácido láctico (p. ex., iogurte) ou por uma combinação desta com a fermentação por leveduras (p. ex., *kefir*). O leite fermentado é originário do Oriente Próximo e, subsequentemente, tornou-se popular no Leste Europeu e na região da Europa Central. É provável que os primeiros exemplares tenham sido preparados acidentalmente, talvez pelas tribos nômades. Esse leite azedou e coagulou sob a influência de certos microrganismos. Felizmente, as bactérias eram de um tipo inócuo acidificante, e não eram produtoras de toxinas. O *kefir* é oriundo da mesma região. Os organismos ativos usados na sua produção também incluem leveduras capazes de formar álcool em um conteúdo máximo aproximado de 0,8% v/v.

O iogurte atualmente é produzido em escala industrial e sua popularidade está crescendo no mundo todo (Tabela 14.9). Seu consumo nos Estados Unidos, onde está associado a um estilo de vida saudável, dobrou nos últimos 10 anos e, atualmente, está em $4,5 \times 10^9$ lb/ano [127].

O iogurte é produzido pelo abaixamento do pH das proteínas do leite até seu ponto isoelétrico ($\approx$ pH 4,6), por meio da fermentação do ácido láctico, usando-se bactérias iniciadoras, como a combinação de *Streptococcus thermophilus* e *Lactobacillus bulgaricus* (também chamado *Streptococcus salivarius* ssp. termófilo e *Lactobacillus delbrueckii* ssp. *Bulgaricus*). Antes da inoculação, o leite deve passar por tratamento com calor para destruir quaisquer microrganismos competidores, normalmente a 85 a 90 °C por 5 a 20 minutos. Esse tratamento térmico também desnatura as proteínas do soro e propicia reações de troca de dissulfeto com as caseínas que contêm cisteína. Essas reações modificam a superfície da micela e contribuem para as propriedades de textura favoráveis no coágulo acidificado. Após o tratamento térmico e a inoculação, o leite é mantido na temperatura ótima para o crescimento dos organismos iniciadores e a produção de ácido láctico. Quando o pH em torno de 4,6 é atingido, o produto é resfriado rapidamente para cessar o processo de fermentação. Essa incubação e resfriamento podem ser realizados na embalagem final, caso em que o produto é referido como iogurte tradicional ou em tanques, onde, após a gelificação, o gel é batido e bombeado em para dentro de embalagens comerciais, passando a ser chamado de iogurte batido. Além do sabor e do aroma, a aparência e a consistência adequadas são características importantes determinadas pela escolha dos parâmetros pré-processamento. Estes incluem o tratamento térmico e a homogeneização adequados, por vezes combinados com métodos que proporcionam aumento do conteúdo de sólidos. Podem ser adicionados estabilizantes para modificar as propriedades de textura ou inibir a separação do soro, quando necessário. Os estabilizantes mais usados incluem o amido, a gelatina e a pectina.

Iogurtes naturais são comercializados com diferentes conteúdos de gordura, feitos com leites com teores de gordura padronizados. Os iogurtes também podem ter sabores de frutas diferentes, em que a fruta é colocada em uma camada no pote antes da adição do leite e da incubação, misturada no gel estabelecido, ou embalada separadamente em um pote acessório integrado ao pote básico. Observa-se, ainda, um consumo crescente de iogurtes suplementados com lactobacilos acidófilos e bifidobactérias. Esses microrganismos são membros importantes da microbiota intestinal humana. O consumo desses derivados lácteos é estimulado como um meio ideal de restaurar o balanço ou manter seus níveis, mas algumas alegações associadas precisam ser substanciadas.

14.4.4 Queijos

Os queijos são outros dos produtos da conservação do leite que datam de tempos pré-históricos. Como o iogurte, o queijo provavelmente foi descoberto por acidente, quando o leite armazenado nos intestinos de animais foi encontrado coagulado e este, por compressão adicional, sofreu a perda do soro líquido [35].

Aproximadamente 50% dos queijos do mundo são produzidos na Europa, embora o maior produtor individual seja os Estados Unidos ($\approx$ 30% da produção mundial em 2009 [30]). Devido à grande variedade ($\approx$ 1.400 variantes [35]) e à considerável literatura disponível, foge ao foco do presente capítulo uma discussão detalhada sobre os queijos. Um pequeno resumo é apresentado a seguir.

A fabricação de queijo envolve algumas etapas principais comuns à maioria dos tipos de queijo. A etapa mais importante, a coagulação do componente caseína do leite, é realizada usando-se um dos seguintes métodos: (1) proteólise limitada pelo uso de enzimas, (2) acidificação pela adição de ácidos ou de culturas iniciadoras e (3) acidificação combinada com aquecimento a $\approx$ 90 °C [35]. A maior parte dos queijos são produzidos por coagulação enzimática, empregando-se tradicionalmente a renina do estômago de terneiros, cordeiros e búfalos. A enzima ativa, quimosina, foi clonada e é amplamente disponível.

Apesar da ampla pesquisa, resumida em Dagleish [15], Hyslop [64], Lucey [81] e Horne e Banks [56], o mecanismo da formação do coágulo ainda não é totalmente compreendido. Na visão atual, a micela de caseína é um sistema coloidal eletroestericamente estabilizado. O componente estérico e uma parte significativa da carga eletrostática é fornecida pela κ-caseína localizada na superfície da micela. A quimosina cliva a κ-caseína em uma ligação específica, a Phe_{104}-Met_{105}. Com o macropeptídeo glicosilado liberado para a fase de soro do leite, o componente estérico é removido e, como resultado, a micela é desestabilizada, seguindo-se, então, agregação e gelificação. O processo todo é governado por temperatura, pH e concentração de cálcio. A reação de coagulação é extremamente sensível à temperatura. Por muitos anos, isso foi atribuído à diminuição na atração hidrofóbica que acompanhava a queda da temperatura [15,64]. Entretanto, uma recente reavaliação da cinética de agregação de micelas de caseínas totalmente coaguladas por renina sugeriu fortemente que a diminuição da velocidade de agregação se deve à diminuição do nível de ligação de íons cálcio conforme a temperatura [58]. Esse destaque da importância da energia de repulsão eletrostática nas interações da micela de caseína está de acordo com um comportamento de estabilidade universal para a micela, e mostra o papel central do cálcio iônico e de suas ligações nesse cenário.

O tratamento do coágulo segue um protocolo específico para cada tipo de queijo, que, em alguns casos, é um procedimento desenvolvido ao longo de anos de experimentação e, frequentemente, com um toque regional. Em termos gerais, o coágulo é separado do soro, sendo a metodologia ditada pelo conteúdo de umidade desejado do queijo final. Queijos mais macios com alto conteúdo de umidade, como o *camembert*, simplesmente são moldados em formas e assim mantidos de um dia para outro, ao passo que o soro do leite é drenado. Em outros, o coágulo é cortado em cubos e quanto mais fino for o corte, menor será o teor de umidade. Quando o soro é drenado, o coágulo pode ser submetido a aquecimento, cozimento, agitação, prensagem, salga e outras operações que promovem a sinerese do gel.

Em seguida, o coágulo é prensado em moldes ou aros e pode passar por nova prensagem posteriormente. A maioria dos queijos coagulados pela renina são, então, submetidos à maturação. Durante esse período, o queijo passa por uma série de processos de natureza microbiológica, bioquímica e física. Essas mudanças afetam a lactose, as proteínas e a gordura, principalmente a proteína nos queijos duros.

As técnicas criadas para fabricar diferentes tipos de queijos são sempre direcionadas para o controle e a regulação do crescimento e da atividade das bactérias produtoras de ácido láctico. No queijo *cheddar*, a lactose já foi fermentada antes de o coágulo ser moldado. Para outros queijos, a fermentação da lactose deve ser controlada de tal forma que a maior parte da decomposição ocorra durante a etapa de prensagem e, no máximo, durante a primeira ou segunda semana de estocagem. Os lactatos fornecem um substrato adequado para as bactérias produtoras de ácido propiônico que são um componente importante da microbiota dos queijos *emmental*, *gruyere* e outros tipos semelhantes. Além do ácido propiônico, quantidades consideráveis de dióxido de carbono são produzidas, sendo esta a causa direta da formação dos orifícios redondos característicos desses queijos.

O grau de decomposição proteica causada pelas enzimas bacterianas influencia fortemente a qualidade do queijo, em particular quanto ao seu sabor e textura. As condições externas de estocagem são ajustadas para controlar otimamente o processo de maturação a uma temperatura e umidade relativa específicas para cada tipo de queijo. Em queijos semiduros, como o Tilsiter, no qual a decomposição proteica é assistida por um esfregaço bacteriano de superfície, as condições iniciais promovem seu crescimento antes da transferência para outros regimes que sejam vantajosos para outros processos, e a remoção do esfregaço. Em todos os queijos, a caseína é progressivamente degradada durante o amadurecimento, produzindo uma miríade de peptídeos e aminoácidos livres.

Em queijos semimoles de veios azuis, como o *roquefort*, a lipólise é uma importante fonte de odor e sabor. O queijo *roquefort* é produzido com leite de ovelha, que contém alto teor de gordura. Outros queijos de veios azuis podem ser produzidos com leite bovino, cuja gordura é aumentada pela adição de nata. O leite é parcialmente homogeneizado antes de ser coagulado. Essa exposição aumenta a sensibilidade das gorduras às enzimas lipolíticas emanadas do fungo *Penicillium roqueforti* inoculado, característico desses queijos. Os queijos necessitam ser perfurados com agulhas passados aproximadamente 5 dias de maturação, para facilitar a entrada do oxigênio necessário ao crescimento do fungo.

O período de maturação depende do produto final. Queijos duros, como parmesão, manchego ou *cheddar*, são maturados por meses, até anos. Queijos frescos, como o queijo coalhado ou tipo *quark*, praticamente não são maturados de nenhuma forma, e são mantidos resfriados até a venda no varejo.

14.4.5 Manteiga

Manteiga é o terceiro dos derivados do leite que têm sido produzidos desde o período Neolítico. A gordura da manteiga foi detectada em cacos de cerâmica encontrados em *crannogs*, na Escócia, em escavações arqueológicas conduzidas no Oriente Médio. Até meados do século XIX, a manteiga ainda era feita do creme que azedava naturalmente. O creme, então, era separado da superfície do leite e derramado em um tacho de madeira. A manteiga era feita em seguida, batendo-se à mão. À medida em que a disponibilidade de resfriamento tornou-se comum, foi possível separar o creme antes de o leite azedar. A invenção do separador de creme melhorou a eficiência da desnatação e deu origem à produção de manteiga em larga escala.

As variações na composição da manteiga são devidas às diferenças na produção. A manteiga contém 80% de gordura e 16 a 18% de umidade, basicamente dependendo da adição ou não de sal. A cor da manteiga varia com o conteúdo de carotenoides, que compõem 11 a 50% da atividade total da vitamina A do leite. Como o teor de carotenoides normalmente flutua entre o inverno e o verão, a manteiga produzida no período de inverno tem cor mais brilhante.

14.4.6 Leite evaporado, leite condensado e leite em pó

Estes derivados lácteos preservados foram introduzidos nos séculos XIX e XX. A preservação de um leite evaporado pela adição de açúcar foi aperfeiçoada por volta de 1850. O alto conteúdo de açúcar no leite condensado adoçado aumenta a pressão osmótica a tal nível que a maioria dos microrganismos são destruídos. O conteúdo de açúcar na fase aquosa não pode ser menor que 62,5% nem maior que 64,5%. Nesse último nível, algum açúcar pode cristalizar e sedimentar. Esse produto é usado industrialmente na fabricação de sorvete e chocolate, mas também é oferecido em latas para venda a varejo. Um leite condensado adoçado extensivamente submetido ao tratamento térmico e, portanto, caramelizado é amplamente comercializado nos países da América do Sul como doce de leite.

O produto referido como leite evaporado é um derivado esterilizado, de cor clara e com aparência de creme. É muito usado nas situações em que há indisponibilidade de leite fresco, e também na Europa, como creme para café. Seu preparo se dá pela evaporação do leite em até duas vezes a sua concentração, seguida de homogeneização, acondicionamento em latas e autoclavagem a 110 a 120 °C por 15 a 20 minutos. É importante que o leite seja apto a tolerar um tratamento térmico intensivo sem que haja coagulação do produto na lata durante a estocagem. A estabilidade térmica, portanto, deve ser avaliada antes do processamento e pode ser melhorada pela adição de um estabilizante, em geral o fosfato dissódico ou trissódico. A quantidade a ser adicionada é determinada durante os testes pré-processamento. A capacidade de passar pelo processo de esterilização é essencial. O leite condensado pode ser estocado por praticamente qualquer período de tempo, a temperaturas de 0 a 15 °C. Falhas podem ocorrer e, para evitá-las, cada lote da produção deve ser testado, incubando-se as latas à temperatura ambiente, 30 e 38 °C, por 10 a 14 dias, para posteriormente realizar os testes de qualidade (viscosidade; contagens de bactérias e esporos; avaliação de cor, odor, sabor).

Levar a remoção de água do leite ao extremo por meio da dessecação resulta na produção de leite em pó. A secagem estende a vida de prateleira do leite, ao mesmo tempo em que diminui sua massa e volume, reduzindo drasticamente os custos de transporte e estocagem do produto. Atualmente, o leite em pó é produzido em larga escala nas fábricas modernas, permitindo que o excesso de produção em um país seja exportado para o benefício de outro. O leite em pó desnatado tem uma vida de prateleira de aproximadamente 6 meses. Isso se deve ao fato de que, na forma em pó, a gordura se oxida durante a estocagem, causando a deterioração gradual do sabor.

Dois dos principais métodos de secagem são empregados na indústria: a secagem por cilindros e a secagem por pulverização. Na secagem por pulverização, o leite primeiramente é concentrado por evaporação a vácuo até a obtenção de um conteúdo de matéria seca em torno de 45 a 55%, sendo, então, submetido à secagem em uma torre de pulverização. Na secagem do leite em cilindros, o leite entra no cilindro secador, e todo o processo ocorre em uma só etapa, porém com aquecimento significativamente mais forte do que na secagem por pulverização.

O leite em pó seco tem muitas aplicações. Exemplos (não exaustivos) incluem a reconstituição do leite; na indústria de panificação, em que os benefícios são encontrados em vários produtos, como pães e itens de confeitaria; na produção de leite achocolatado; e na produção de sorvete. Cada campo de aplicação faz suas próprias demandas específicas de leite em pó. Se o leite em pó é usado como leite reconstituído para consumo, deve ser prontamente solúvel e ter o sabor correto. Algum grau de caramelização da lactose é benéfico na produção de chocolate. No primeiro caso, é essencial que a secagem na torre de pulverização seja branda, ao passo que, no segundo caso, o leite deve ser submetido a um intenso tratamento térmico no cilindro de secagem. O tratamento térmico desnatura as proteínas do soro, cuja porcentagem de desnaturação aumenta com a intensidade da aplicação do calor. O grau de desnaturação normalmente é expresso pelo índice de nitrogênio da proteína do soro (NPS), em miligramas da proteína do soro não desnaturada por grama de leite em pó. Quanto mais alto o índice, menos danos pelo calor terão ocorrido ao leite em pó. Leites em pó submetidos ao tratamento a altas temperaturas apresentam NPS $< 1,5$, ao passo que os leites em pó submetidos ao tratamento a baixas temperaturas possuem NPS $> 6,0$.

14.4.7 Processo de separação por membranas

A aplicação da tecnologia de membranas, uma técnica de separação comprovada baseada no tamanho molecular, apresentou um crescimento significativo na indústria de laticínios nos últimos 50 anos. A variedade de tamanho dos componentes do leite presta-se para a separação física usando toda a gama de operações das membranas (Figura 14.8).

Na indústria de laticínios, a tecnologia de membranas é associada principalmente às seguintes técnicas:

- Osmose reversa (OR) – Concentração da solução por remoção de água.
- Nanofiltração (NF) – Concentração de componentes orgânicos por remoção parcial de íons monovalentes como Na^+ e Cl^-.
- Ultrafiltração (UF) – Concentração de partículas grandes e macromoléculas.
- Microfiltração (MF) – Remoção de bactérias, separação de macromoléculas.

Todas essas técnicas apresentam filtração por membrana de fluxo cruzado, na qual a solução de alimentação é forçada através da membrana sob

Tamanho (μm)	0,0001	0,001	0,01	0,1	1,0	10	100
Massa molecular (D)	100	1.000	10.000	100.000	500.000		

Leite Sistema Componentes			
Íons	Proteínas do soro		Glóbulos de gordura
Sais	Micelas de caseína		Bactérias
Lactose	Vitaminas	Agregados de proteína do soro, queijos finos	

Separação Processo			
OR	Ultrafiltração		Filtração tradicional
Nanofiltração		Microfiltração	

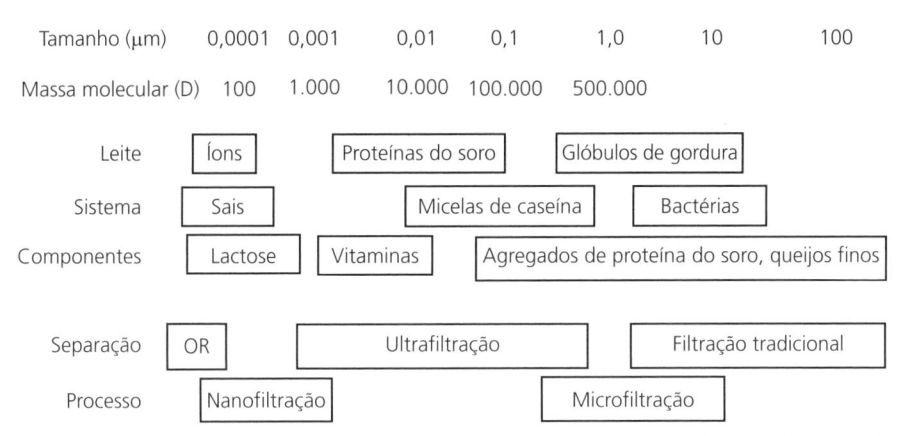

FIGURA 14.8 Componentes do leite, seu tamanho e técnicas de separação por membranas aplicadas na indústria de laticínios.

pressão. A solução flui sobre o material; o componente maior (o retentado) é retido, ao passo que o permeado é removido. As diferenças serão somente quanto ao tamanho dos poros da membrana.

As técnicas de separação utilizadas pela indústria de laticínios servem para diferentes propósitos. A osmose reversa é usada para desidratação do soro, a ultrafiltração é destinada ao permeado e ao condensado. A nanofiltração é usada diante da necessidade de dessalinização parcial do soro, do permeado da UF ou do retentado. A UF geralmente é empregada para concentrar as proteínas do leite e do soro e para padronização da proteína do leite destinado à fabricação de queijo, iogurte e outros produtos. A microfiltração é usada basicamente para a redução das bactérias no leite desnatado, no soro e na salmoura, bem como para retirar a gordura do soro quando se deseja produzir concentrado proteico de soro (CPS) e para o fracionamento de proteínas, incluindo a separação da micela de caseína, originando o concentrado proteico de caseína (CPC). Frequentemente, esses elementos são operados em série, permitindo a separação e a produção de componentes particulares desejáveis do leite, como as micelas de caseína ou as proteínas do soro.

14.5 PROTEÍNAS DO LEITE COMO INGREDIENTES FUNCIONAIS

As proteínas de fontes tradicionais têm sido cada vez mais consumidas como ingredientes funcionais em uma variedade crescente de alimentos formulados [19]. As proteínas lácteas são especialmente úteis nesse aspecto, uma vez que podem ser separadas do leite e de seus outros componentes por uma gama de processos que separam proteínas, tanto isoladas quanto em misturas, com um amplo espectro de propriedades. Uma revisão dos métodos de preparação e isolamento foi realizada por Mulvihill e Ennis [97]. Na Seção 14.4.7, as técnicas de separação por membrana das proteínas lácteas já foram mencionadas, mas as técnicas comerciais tradicionais que antecederam essa tecnologia são bastante usadas.

Quatro tipos de produtos de caseína estão disponíveis, notadamente a caseína ácida, a caseína renina, os caseinatos e os coprecipitados. As caseínas ácidas (hidroclórica, láctica ou sulfúrica) são simplesmente precipitados isoelétricos (pH 4,6) e pouco solúveis. Da mesma forma, a caseína renina que é preparada pelo tratamento com quimosina (renina) não é muito solúvel, especialmente na presença de Ca^{2+}, uma vez que o domínio polar da κ-caseína foi removido. A caseína renina tem ainda um alto conteúdo de minerais, porque o fosfato de cálcio coloidal está incluído nas micelas coaguladas (precipitadas), ao passo que a caseína ácida tem menor teor de minerais, porque o fosfato de cálcio coloidal está solubilizado e passa para o soro. Os coprecipitados de caseína e proteínas do soro são preparados pelo tratamento térmico de um leite o suficiente para desnaturar totalmente as proteínas do soro, que coprecipitam com as caseínas em acidificação a pH 4,6. Os coprecipitados são mais solúveis do que as caseínas ácidas ou caseínas reninas, mas não são tão solúveis quanto os caseinatos. A solubilização dos coprecipitados pode ser melhorada ajustando-se as suspensões aquosas para um pH alcalino e pela adição de polifosfatos. Os caseinatos (sódio, potássio e cálcio) são preparados pela neutralização de caseínas ácidas com álcalis apropriados, antes da secagem. Esses isolados, especialmente os caseinatos de sódio e potássio, são muito solúveis e extremamente estáveis ao calor em uma ampla variedade de condições.

Os CPSs ou os isolados proteicos de soro (IPS) podem ser preparados a partir de soros ácidos ou do soro de queijo. Os CPSs são produzidos pela combinação de UF/diafiltração utilizando uma membrana adequada. A diafiltração envolve a diluição do retentado com água e UF repetida, resultando em uma remoção mais completa de solutos de baixa massa molecular. Os IPSs são elaborados pelo uso da tecnologia de troca de íons. Abaixo de seu ponto isoelétrico, as proteínas do soro apresentam carga líquida positiva e se comportam como cátions que podem ser adsorvidos em trocadores de cátions. Acima de seu ponto isoelétrico, essas proteínas exibem carga negativa e podem ser adsorvidas em trocadores de ânions.

Dois principais processos são realizados comercialmente. As etapas envolvidas no fracionamento de troca de íons são as seguintes: (1) a proteína do soro é acidificada até o pH 4,6, bombeada para um reator e agitada para permitir a adsorção da proteína no trocador de cátions; (2) a lactose e outros compostos não adsorvidos são removidos por filtração; (3) a resina é resuspensa em água e o pH é ajustado a um valor supreior a 5,5 para liberar as proteínas do trocador de íons; (4) a solução aquosa da proteína é retirada por filtração e o eluato rico em proteína é concentrado por UF e evaporação, para, então, ser desidratado por pulverização para obtenção do IPS contendo ≈ 95% de proteína. No segundo processo, a adsorção é feita em pH alto em um trocador de ânions, ao passo que a liberação é feita pela redução do pH com ácido. O controle do nível de desnaturação proteica limitando-se à extensão do tratamento térmico é o fator-chave na determinação da utilidade dessas proteínas como ingredientes funcionais. Também é importante reduzir o conteúdo de minerais e lipídeos, na medida em que estes podem causar efeitos prejudiciais ao desempenho funcional.

Algumas aplicações das proteínas do leite em alimentos formulados e seus papéis funcionais são listadas na Tabela 14.11. É evidente que muitos do produtos alimentícios listados são anteriores ao conceito de funcionalidade ou à disponibilidade de componentes separados de proteínas do leite. Nesses casos, provavelmente o leite ou os leites concentrados se destacaram primeiro nas receitas, e nossa consciência sobre o papel dos componentes do leite veio somente mais tarde, em forma de ideias acerca do desempenho funcional desenvolvidas na década de 1980.

Notoriamente, as propriedades funcionais das proteínas estão relacionadas a suas estruturas primária, secundária e terciária. A estrutura comanda as propriedades de interação, a solubilidade e a atividade da superfície. A solubilidade é importante porque a habilidade para funcionar exercendo outros papéis depende da completa dispersão em solução. A atividade de superfície é uma função complexa da hidrofobicidade da superfície da proteína e sua flexibilidade, que lhe permite se desdobrar e se espalhar em uma interface, seja ar/água (como nas espumas) ou óleo/água (como nas emulsões). A ordem de atividade de superfície para vários componentes proteicos do leite é a seguinte: β-caseína > micelas de caseína monodispersadas > albumina sérica > α-lactalbumina > $α_s$-caseína/κ-caseína > β-lactoglobulina. As interações intermoleculares que ocorrem entre as estruturas parcialmente desdobradas das proteínas são extremamente importantes para a funcionalidade, mas são uma complexa interação da estabilidade e da estrutura da proteína, bem como do tipo de superfície ou estrutura da superfície exposta nas proteínas parcialmente abertas. As caseínas são únicas, uma vez que suas estruturas flexíveis permitem interações com muitas estruturas parcialmente desdobradas de outras proteínas por meio de interações hidrofóbicas e/ou extensões de estruturas secundárias. O controle das interações proteína/proteína pode levar à formação de agregados e géis, contribuindo para a textura, a elasticidade e a aptidão para extrusão dos produtos alimentícios.

A Tabela 14.11 mostra que os produtos de caseína e os produtos de proteínas do soro podem funcionar de modo semelhante em muitos alimentos, com a possibilidade de um substituir o outro depen-

TABELA 14.11 Algumas aplicações de proteínas e derivados do leite em alimentos formulados

Tipo de alimento	Alimentos específicos em que caseína/caseinato/coprecipitados são úteis	Alimentos específicos em que as proteínas do soro do leite são úteis
Produtos de panificação	Pães, biscoitos/*cookies*, cereais matinais, misturas para bolos, massas para tortas, tortas congeladas	Pães, bolos, *muffins* e *croissants*
Papel funcional	Emulsificante, consistência de massa, textura, volume/rendimento, nutricional	Emulsificante, substituto do ovo, nutricional
Alimentos lácteos	Imitações de queijos, cremes para café, derivados lácteos fermentados e bebidas lácteas	Iogurte, queijos e queijos em pasta
Papel funcional	Textura, propriedade ligadora de gordura e água, emulsificante	Textura, consistência, emulsificante
Confeitos	Balas tipo *toffee*, caramelos, *fudges*, *marshmallow* e torrone	Misturas aeradas para doces, merengues e bolos
Papel funcional	Textura, retenção de água, emulsificante, cor	Propriedades de aeração, emulsificante
Sobremesas	Sorvetes, sobremesas congeladas, musses, pudins instantâneos, coberturas cremosas aeradas	Sorvetes, picolés de fruta e coberturas para sobremesas congeladas
Papel funcional	Propriedades de aeração, textura, emulsificante	Propriedades de aeração, textura, emulsificante
Bebidas	Bebidas de chocolate, bebidas gaseificadas, bebidas de frutas, licores cremosos, aperitivos à base de vinho, vinho e cerveja	Refrigerantes, sucos de frutas, bebidas de laranja congeladas ou em pó, e bebidas lácteas aromatizadas
Papel funcional	Estabilizante, propriedades de aeração e formação de espuma, emulsificante, clarificação	Nutricional, viscosidade, estabilidade coloidal
Derivados de carne	Produtos cominuídos	Salsichas, fiambres e salmoura para injeção
Papel funcional	Emulsificante, retenção de água, formação de gel	Pré-emulsão, geleificação

Fonte: compilada de Mulvihill, D.M. e Ennis, M.P., Functional milk proteins: Production e utilization, em: *Advanced Dairy Chemistry*, Vol. 1B, Proteins, 3rd edn., Fox, P.F. e McSweeney, P.L.H., eds., Kluwer Academic/Plenum Publishers, New York, pp. 1175–1228, 2003.

dendo do efeito desejado. Uma aplicação específica dos agregados particulados de proteínas do soro é o seu desenvolvimento como imitação da gordura, dando a ilusão de cremosidade sem a gordura. Nesse aspecto, esses produtos podem ser singulares; contudo, o exemplo ilustra a importância da extensão e do tipo de desnaturação proteica na obtenção da funcionalidade desejada no estado final.

Enfim, a maior parte das propriedades dos sistemas coloidais, incluindo os alimentos coloidais, são determinadas pela natureza e a força das interações entre os vários tipos de partículas e polímeros constituintes [22]. Nos sistemas alimentares, as partículas são entidades como as gotículas de emulsão, as bolhas de gás, os cristais de gordura e os agregados de proteínas, cujas interações são sensivelmente influenciadas pela estrutura e composição de suas superfícies. Os polímeros são proteínas e polissacarídeos, cujas interações entre si e com as superfícies das partículas são sensivelmente moderadas pela presença de espécies moleculares muito menores, como sais, açúcares, lipídeos e tensoativos. A abrangência total deste tópico complexo está além do escopo deste capítulo e o leitor interessado pode consultar as revisões de Dickinson [22,23]. Sem dúvida, à medida que o conhecimento dessas interações aumenta, maior controle pode ser exercido sobre as propriedades dos alimentos manufaturados.

Embora os estudos sobre os aspectos físicos da funcionalidade das proteínas descritos anteriormente continuem sendo um campo ativo da pesquisa em ciência dos alimentos, tem havido um maior reconhecimento das consequências biológicas [32]. A função biológica pode ser benéfica, como na suplementação de aminoácidos para a síntese proteica ou no fornecimento de peptídeos bioativos (ver Seção 14.5.1), ou pode ainda ser prejudicial e causar, por exemplo, uma resposta alérgica. Um exemplo de benefício nutricional é visto na substituição parcial das proteínas de cereais por caseína em pães e cereais matinais [97]. O aminoácido limitante na maioria dos cereais é a lisina, particularmente abundante nas caseínas. São necessários apenas ≈ 4% de caseína em uma mistura de farinha de trigo/caseína para aumentar o conteúdo de lisina em ≈ 60%, sem afetar negativamente o pão produzido. Os CPSs ou IPSs também conferem benefícios desejáveis, devido ao seu alto conteúdo de aminoácidos sulfurados, quando comparados a proteínas vegetais, como a da soja.

Os trabalhos realizados com o objetivo de compreender as propriedades alérgicas de proteínas alimentares constituem um campo ativo de pesquisa. Estudos sobre a alergenicidade das proteínas do leite foram revisados por Kaminogawa e Totsuka [67]. Existem excelentes revisões disponíveis descrevendo o conhecimento atual acerca dos mecanismos responsáveis pela patogênese da alergia alimentar, incluindo as potenciais vias de sensibilização em indivíduos afetados [9,117]. Parece que as proteínas alimentares mais alergênicas se ligam à IgE e podem causar ligações cruzadas na superfície dos mastócitos, resultando em uma cascata de reações subsequentes que levam à resposta alérgica. As porções de uma proteína que se ligam à IgE são referidas como epítopos. Os epítopos são atribuídos seja a uma dada sequência linear de aminoácidos dentro da proteína, seja a uma porção da estrutura tridimensional da proteína, sendo então designados lineares ou conformacionais, respectivamente. Acredita-se que a maior parte dos epítopos das proteínas alergênicas possuem um comprimento de pelo menos oito aminoácidos.

De forma típica, as proteínas alergênicas são consumidas como um componente interno de uma matriz alimentícia complexa. O processamento e a matriz alimentícia influenciam significativamente o potencial dos alérgenos alimentares de reagirem com indivíduos sensibilizados [94]. Os açúcares, polissacarídeos e lipídeos são exemplos comuns de moléculas que podem reagir com proteínas, caracteristicamente durante as operações de processamento, e afetam o potencial alergênico da proteína. Por exemplo, os fosfolipídeos mostraram um efeito protetor sobre a alergenicidade da α-lactalbumina durante a digestão experimental *in vitro* [96]. Da mesma forma, as modificações de Maillard em relação à β-lactoglobulina comprovadamente diminuem o potencial alergênico dessa importante proteína do soro, tendo sido essencialmente proposto que glicação mascara os epítopos ao longo da proteína [124]. A redução da alergenicidade das proteínas do leite também foi observada quando de sua hidrólise [67].

14.5.1 Peptídeos bioativos derivados das proteínas do leite

As proteínas do leite contêm sequências de peptídeos que podem afetar os principais sistemas do corpo, a saber os sistemas circulatório, digestório, imune e nervoso [11,31,72] (Figura 14.9). Alguns também influenciam o crescimento microbiano [12]. Esses peptídeos são inativos na sequência da proteína de origem e podem ser liberados pela (1) digestão gastrintestinal do leite (ou derivado lácteo), (2) fermentação do leite com culturas iniciadoras proteolíticas ou (3) hidrólise por enzimas proteolíticas. Foi publicada uma revisão abrangente sobre os agentes bioativos derivados do leite [72,74]. Nos parágrafos seguintes, são listados alguns peptídeos bioativos derivados da caseína e de proteínas do soro. A lista não é de forma alguma exaustiva, uma vez que a pesquisa nesta área é ativa e contínua [73].

14.5.1.1 Derivados das caseínas (Tabela 14.12)

Alguns peptídeos (casoquininas) derivados de α_{s1}-caseína e β-caseína exibem atividade anti-hipertensiva por inibirem a enzima conversora de angiotensina (ECA). Tendo em vista que a ECA

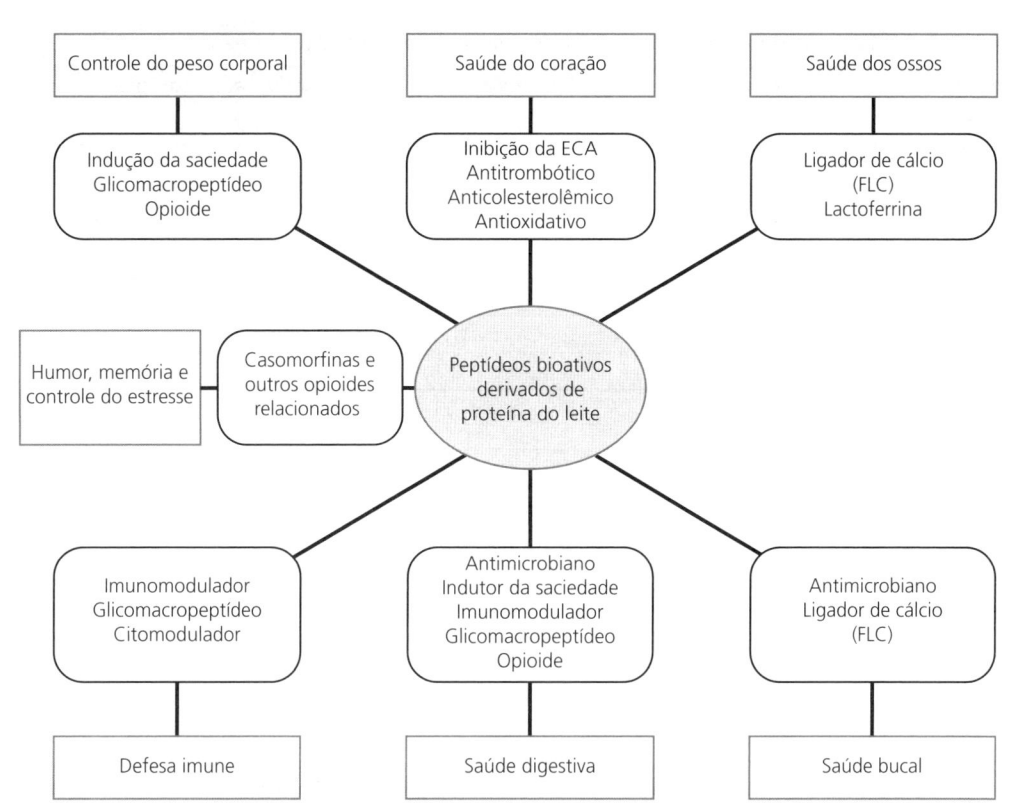

FIGURA 14.9 Peptídeos bioativos derivados de proteína do leite e áreas de potencial atividade. (Reproduzida, com permissão, de Korhonen, H., *J. Funct. Foods*, 1, 177, 2009.)

converte a angiotensina I em angiotensina II, os inibidores da ECA diminuem a pressão arterial e a aldosterona e ativam o efeito depressor da bradicinina. Dois peptídeos com atividade antimicrobiana, a isracidina e a casocidina I, são derivados das α_{S1} e α_{S2}-caseínas, respectivamente. Esses peptídeos são ativos contra espécies gram-positivas e gram-negativas. O glicomacropeptídeo derivado da κ-caseína durante a fabricação de queijo exibe atividade anticariogênica, uma vez que inibe o crescimento dos estreptococos orais e a formação da placa bacteriana dental. Daí seu uso em alguns produtos de saúde bucal. Os domínios fosfopeptídeos das caseínas sensíveis ao cálcio apresentam excelentes propriedades de ligação ao cálcio e são resistentes à proteólise. Consequentemente, esses caseinofosfopeptídeos, derivados das α_{S1}, α_{S2} e β-caseínas, estão presentes no intestino delgado, onde aumentam a solubilidade do cálcio e intensificam seu transporte ao longo da parede intestinal, aumentando, assim, a absorção de cálcio e a calcificação óssea.

Foram identificados alguns peptídeos com atividade opioide. Vários derivados da β-caseína são conhecidos como β-casomorfinas, devido à sua atividade semelhante à da morfina. Embora sua estrutura primária seja um pouco diferente daquela dos peptídeos opioides típicos conhecidos como endorfinas, esses peptídeos atípicos são agonistas opioides, visto que suas estruturas se encaixam bem no bolsão de ligação do receptor opioide. Consequentemente, podem modular atividades fisiológicas, como o tempo do trânsito gastrintestinal, a ação antidiarreica, o transporte de aminoácidos e a atividade endócrina do pâncreas, causando aumento da secreção de insulina. Dois peptídeos, a casoxina D da α_{S1}-caseína e a casoxina C derivada da κ-caseína, agem como antagonistas opioides.

Vários peptídeos, principalmente derivados da κ-caseína, exibem atividades antitrombóticas e/ou imunomoduladoras. Por exemplo, o glicomacropeptídeo promove síntese da IgA e induz proliferação de linfócitos B, além de inibir a agre-

TABELA 14.12 Peptídeos bioativos derivados das caseínas do leite

Proteína	Nome comum	Peptídeo	Atividade biológica
α_{S1}-Caseína	Isracidina	α_{S1}-Caseína (f1–23)	Antimicrobiana
	α_{S1}-Casoquinina 5	α_{S1}-Caseína (f23–27)	Antimicrobiana e inibidora de ECA
	Caseinofosfopeptídeo	α_{S1}-Caseína (f59–79)	Transporte e ligação de cálcio
	α-Caseína exorfina	α_{S1}-Caseína (f90–96)	Agonista opioide
	Casoxina D	α_{S1}-Caseína (f158–164)	Antagonista opioide
α_{S2}-Caseína	Casocidina I	α_{S2}-Caseína (f165–203)	Antimicrobiana
β-Caseína	β-Casoquinina 7	β-Caseína (f177–183)	Inibidora da ECA
	β-Casoquinina 10	β-Caseína (f193–202)	Inibidora da ECA e imunomoduladora
	β-Casomorfina 5	β-Caseína (f60–64)	Agonista opioide
	Morficetina	β-Caseína (f60–63 amida)	Agonista opioide
κ-Caseína	Casoplatelina	κ-caseína (f106–116)	Antitrombótica
	Peptídeo inibidor de trombina	κ-Caseína (f112–116)	Antitrombótica
	Glicomacropeptídeo	κ-Caseína (f106–169)	Inibe a agregação plaquetária, anticariogênica e imunomoduladora
	Casoxina C	κ-Caseína (f25–34)	Antagonista opioide

gação de plaquetas e, assim, diminuir a trombose. Vários outros peptídeos derivados da região do glicomacropeptídeo na κ-caseína também apresentam atividade antitrombótica.

14.5.1.2 Derivados das proteínas do soro

Diversos peptídeos antimicrobianos derivados da β-lactoglobulina e α-lactalbumina foram identificados (Tabela 14.13). Esses peptídeos parecem ser ativos somente contra bactérias gram-positivos. As β-lactorfinas, derivadas da β-lactoglobulina, exibem atividade inibidora de ECA e uma delas também é agonista opioide.

O peptídeo antimicrobiano mais bem conhecido e caracterizado é a lactoferricina B, derivada da lactoferrina. Estudos demonstraram que o consumo de fórmulas infantis ou de bebidas para adul-

TABELA 14.13 Peptídeos bioativos derivados de proteínas do soro do leite

Proteína	Nome comum	Peptídeo	Atividade biológica
β-Lactoglobulina	Nenhum	β-Lactoglobulina (f15–20)	Antimicrobiana
	Nenhum	β-Lactoglobulina (f25–40)	Antimicrobiana
	Nenhum	β-Lactoglobulina (f78–83)	Antimicrobiana
	Nenhum	β-Lactoglobulina (f92–100)	Antimicrobiana
	β-Lactorfina	β-Lactoglobulina (f142–148)	Inibidora da ECA
	β-Lactorfina (amida)	β-Lactoglobulina (f102–105)	Agonista opioide, inibidora da ECA
α-Lactoalbumina	Nenhum	α-Lactalbumina (f17–31S–S109–114)	Antimicrobiana
	Nenhum	α-Lactalbumina (f61–68S–S75–80)	Antimicrobiana
Lactoferrina	Lactoferricina B	Lactoferrina (f17–41)	Antimicrobiana

tos suplementadas com lactoferrina produz níveis relativamente altos do peptídeo no trato gastrintestinal, o que poderia ter efeitos benéficos. A lactoferricina B exibe atividade bactericida tão efetiva quanto a dos antibióticos, contra patógenos como *Staphylococcus aureus* e *Escherichia coli*. Outras atividades biológicas também estão associadas à lactoferrina B. Esse peptídeo induziu apoptose em uma linhagem de células leucêmicas, a qual foi mediada por espécies reativas ao oxigênio intracelulares e ativada por endonucleases. Propriedades antivirais, imunorregulatórias e anti-inflamatórias também foram atribuídas a esse peptídeo.

Os potenciais benefícios à saúde proporcionados pelos peptídeos derivados das proteínas do leite têm sido objeto de crescente interesse comercial no contexto dos alimentos funcionais promotores da saúde. Os peptídeos bioativos podem ser incorporados na forma de ingredientes em alimentos funcionais e novos, em suplementos dietéticos e mesmo em produtos farmacêuticos, com o objetivo de proporcionar benefícios específicos à saúde. Entretanto, numerosas questões científicas e tecnológicas devem ser resolvidas para que muitas dessas incorporações possam ser efetivadas. Particularmente, estudos moleculares são necessários para determinar os mecanismos pelos quais os peptídeos bioativos exercem suas atividades. A maioria dos peptídeos bioativos conhecidos não são absorvidos a partir do trato gastrintestinal para a corrente sanguínea, por isso é provável que seus efeitos sejam mediados diretamente no lúmen intestinal ou por meio de receptores existentes nas células da parede intestinal. Com relação a esse aspecto, a função alvo do peptídeo em questão é de extrema importância.

14.6 VALOR NUTRITIVO DO LEITE

Os produtos lácteos contribuem significativamente para os nutrientes totais da dieta de muitas populações, especialmente no norte da Europa e da América do Norte. A Tabela 14.14 exibe o equivalente energético e os conteúdos de gordura, carboidratos, proteínas e micronutrientes importantes de alguns derivados do leite. A epidemiologia tem apontado uma associação positiva entre o leite de vaca e a saúde humana, cujos mecanismos subjacentes ainda são pouco conhecidos [27] pelo fato de o leite ser um alimento complexo. A maior parte dos constituintes do leite não agem de modo isolado, mas interagem com outros componentes. Frequentemente, estão envolvidos em mais de um processo biológico, por vezes com efeitos conflitantes sobre a saúde, dependendo do processo em questão.

Têm aumentado o número evidências, revisadas por McGregor e Poppitt [84], de que as proteínas do leite podem melhorar ou prevenir uma gama de problemas crônicos de saúde relacionados com o envelhecimento, em particular os distúrbios relacionados com a saúde metabólica, incluindo síndrome metabólica, diabetes tipo 2, aterosclerose e hipertensão. As proteínas do leite também podem ter papel no controle do peso corporal e na manutenção da massa magra e/ou da massa muscular esquelética durante o envelhecimento e no emagrecimento.

Outro exemplo é a gordura do leite. O paradigma tradicional de saúde, desenvolvido nas décadas de 1960 e 1970, sustentava que o consumo de gordura, em particular de gordura saturada, elevava o colesterol total e os níveis de colesterol de lipoproteína de baixa densidade (LDL, do inglês *low-density lipoprotein*), dando origem à doença coronariana. Estudos e análises mais recentes sugerem que nem todas as gorduras saturadas são iguais e que, na realidade, o consumo da gordura láctea pode diminuir os riscos de doença cardíaca [63,122].

Também é importante lembrar que as gorduras da dieta, além de serem uma fonte de energia concentrada, atuam como um importante veículo para vitaminas lipossolúveis, além de conterem vários ácidos graxos (p. ex., ácido linoleico conjugado) e fatores bioativos benéficos à saúde (p. ex., fosfolipídeos) [40]. Do mesmo modo, considerar até mesmo os ácidos graxos saturados como um grupo uniforme de gorduras pode ser uma simplificação exagerada, uma vez que aqueles, considerados individualmente, têm funções específicas, dependendo do comprimento de suas cadeias. Outro aspecto a considerar e estudar é a influência da estrutura do alimento na digestão e nos processos biológicos posteriores. Atualmente, ao contrário do que havia nas décadas de 1960 e 1970, muitas gorduras são apresentadas nos alimentos em uma forma emulsionada altamente estabilizada, muitas vezes com um emulsificante à base de proteína. A influência disso na acessibi-

TABELA 14.14 Conteúdo de nutrientes selecionados (por 100 g) de leite integral, leite desnatado e outros derivados

Nome do alimento (USDA) e código	Energia (kcal)	Proteína (g)	Gordura total (g)	Carboi-drato (g)	Cálcio (mg)	Sódio (mg)	AGS (g)	AGMI (g)	AGPI (g)	Colesterol (mg)
Leite, produtor, fluido, 3,7% gordura de leite (01078)	64	3,3	3,7	4,7	119	49	2,3	1,1	0,1	14
Leite, sem gordura, livre de gordura ou desnatado (01151)	34	3,4	0,1	5,0	122	42	0,1	0,0	0,0	2
Manteiga, sem sal (01145)	717	0,9	81,1	0,1	24	11	51,4	21,0	3,0	215
Manteiga, com sal (01001)	717	0,9	81,1	0,1	24	714	51,4	21,0	3,0	215
Iogurte, natural, baixo teor de gordura, 12 g em 226,8 g (01117)	63	5,3	1,6	7,0	183	70	1,0	0,4	0,0	6
Queijo tipo *cheddar* (01009)	403	24,9	33,1	1,3	721	621	21,1	9,4	0,9	105
Quantidades diárias recomendadas	2.000	56	< 65	300		< 2.400	< 20			< 300

AGMI, ácidos graxos monoinsaturados; AGPI, ácidos graxos poli-insaturados.

lidade da lipase e quaisquer mudanças consequentes nos padrões de digestão da gordura ainda não está completamente determinada.

A digestibilidade é também um aspecto importante da biodisponibilidade proteica, sendo definida como a obtenção dos aminoácidos a partir da estrutura do alimento, no trato gastrintestinal, para as células corporais que deles necessitam. Assim, é necessário que as proteínas nos alimentos estejam acessíveis às enzimas digestivas do estômago e do intestino delgado. Demonstrou--se que, nas emulsões estabilizadas de caseína, a conformação adotada pela caseína adsorvida limita a acessibilidade das enzimas proteolíticas, em comparação com a caseína livre em solução [76]. Em geral, entretanto, as proteínas animais, incluindo as do leite, apresentam boa biodisponibilidade em comparação com a maioria das proteínas de plantas e cereais. De fato, a proteína do soro de leite tem um valor biológico excepcional que excede o da proteína de referência (a proteína do ovo) em ≈ 15% [121].

A ingestão diária de proteínas recomendada para adultos é de 800 mg de proteína/kg de peso corporal [129]. Isso equivale a 56 g/dia para a referência de um indivíduo adulto, do sexo masculino, pesando 69,85 kg, segundo o *Dietary Guidelines for Americans*, 2010. Particularmente, essa proteína deveria assegurar o consumo de uma quantidade suficiente de aminoácidos essenciais na dieta, cuja ingestão recomendada pela OMS [24,129] está listada na Tabela 14.15. Nela, também estão listados os níveis calculados desses aminoácidos nas amostras comerciais de caseinato de sódio e em CPS (CPS80), com base na ingestão de 800 mg de proteína. A caseína (e também o queijo) é uma fonte excelente de aminoácidos essenciais, excedendo os requerimentos de todos eles. A proteína do soro é deficiente apenas em histidina e valina, porém essa deficiência é facilmente compensada se a proteína for consumida em combinação com as caseínas do leite líquido.

A caseína e a proteína do soro são fontes particularmente abundantes de lisina, ao contrário das proteínas de plantas básicas, que são marcadamente deficientes neste aminoácido [10]. Ter um conteúdo adequado de lisina torna-se duplamente importante quando percebemos que esse aminoácido é quimicamente instável e sofre várias reações quando o alimento é aquecido. A mais importante dessas reações é a reação de Maillard, em que as cadeias laterais dos resíduos de lisina na proteína reagem com açúcares para produzir derivados glicosilados. Essa reação pode ocorrer sob condições de aquecimento moderado. Entretanto, sob condições mais extremas, a reação é responsável pelo escurecimento do alimento durante o cozimento. Em estágios avançados da reação de Maillard, não há biodisponibilidade de lisina e deve ser previsto que as perdas desse aminoácido por essa via são proporcionais ao seu conteúdo. Portanto, a proteína láctea ainda deve ser melhor. Além disso, existe outra reação importante para os produtos lácteos. Trata-se da reação da lisina com a fosfosserina, originando a lisinoalanina, que não é biodisponível. Esse problema é específico de produtos que contêm caseína (principalmente leite em pó e caseinatos), devido ao seu alto teor de fosfosserina.

A rotulagem de alimentos para listagem de macro e micronutrientes, bem como seus equivalentes de energia, onde apropriado, está se tornando obrigatória em muitos países, concomitante-

TABELA 14.15 Ingestão diária de proteína e aminoácidos essenciais recomendada pela OMS, com as quantidades destes fornecidas por caseinato de sódio e concentrado de proteínas do soro (WPC80)

Componente da dieta	Ingestão diária recomendada (mg/kg de peso corporal)	Contribuição do caseinato de sódio	Contribuição do WPC80
Proteína	800	800	800
Histidina	10	19	6[a]
Isoleucina	20	37	40
Leucina	39	71	85
Lisina	30	62	70
Metionina + cistina	15	25	64
Fenilalanina + tirosina	25	81	46
Treonina	15	32	55
Triptofano	4	8	14
Valina	26	45	15[a]

Nota: quantidades mais recentes com base na ingestão de 800 mg de proteína.
[a]Aminoácidos essenciais, deficientes no WPC80.
Fonte: WHO, Protein and amino acid requirements in human nutrition: Report of a Joint FAO/WHO/UNU Expert Consultation, World Health Organization, Geneva, Switzerland, 2007.

mente ao aumento das recomendações de ingestão para manter e sustentar um peso saudável. O característico rótulo contendo as informações nutricionais, exibido em alimentos comercializados nos Estados Unidos, é mostrado na Figura 14.10 para vários produtos lácteos. Assim como a lista de nutrientes e as respectivas quantidades por porção, cada rótulo deve apresentar os valores diários (VDs) recomendados com base em um consumo de referência que deve ser consumido ou que não deve ser excedido. Dois conjuntos de valores para as necessidades energéticas são dados: para o primeiro nível, de 2.000 kcal/dia, espera-se que satisfaça as necessidades de uma mulher adulta, moderadamente ativa; e o segundo nível, mais alto, de 2.500 kcal/dia, é aplicável a um homem adulto, moderadamente ativo [24]. A atividade mais intensa queima mais energia. Um jogador profissional de tênis em final de torneio "Gram Slam" pode queimar entre 5.000 e 6.000 kcal em uma partida. Um ciclista em uma corrida de 150 km de estrada pode requerer valores semelhantes a partir de sua dieta. O consumo desses níveis de energia em situação de sedentarismo leva à obesidade.

Quanto mais alta a porcentagem do VD, maior é a contribuição da porção de alimento para a ingestão do indivíduo de um nutriente específico. Os alimentos *low* em um nutriente geralmente contêm menos do que 5% do VD. Alimentos que são uma "boa" fonte de um nutriente contêm 10 a 19% do VD por porção. Alimentos *high* ou "ricos em", ou que são "excelentes" fontes, geralmente contêm 20% ou mais do VD por porção. Com base nisso, os produtos lácteos são *low* ou "pobres em" carboidratos e fibras; o leite integral e o queijo são "boas" fontes de gordura e "excelentes" fontes de cálcio. O VD para proteína não é listado nesses rótulos e sim em outros locais, segundo o *Dietary Guidelines for Americans*, 2010, sendo fornecida a quantidade de 56 g para a referência de um homem adulto. Isso indicaria que uma única porção de qualquer um desses produtos lácteos fornece pelo menos 12% do VD, classificando todos como "boas" fontes de proteína.

14.6.1 Intolerância à lactose

É normal que os mamíferos percam muito da atividade de sua lactase intestinal e a habilidade para digerir a lactose logo após o desmame. Em seres humanos, isso ocorre na primeira infância. O consumo de leite por tais indivíduos resulta na digestão da lactose pelas bactérias do cólon e na consequente produção de ácidos graxos e de vários gases, particularmente o hidrogênio. Além disso, a presença de lactose no cólon exerce um efeito osmótico, drenando a água do sangue para a luz intestinal. Os resultados podem incluir diarreia, cólicas abdominais, inchaço e flatulência crônica. Sintomas parecidos com esses são referidos como intolerância à lactose, no entanto seria mais correto denominar a condição como má digestão da lactose ou baixa atividade da lactase intestinal.

Estima-se que aproximadamente 75 milhões de americanos e 75% da população mundial sofram de má digestão da lactose [8]. Esses 75% não estão uniformemente espalhados. Em indivíduos hispânicos, a prevalência varia de 50 a 80%, com 60 a 80% da população de afrodescendentes ou de judeus Ashkenazi afetados, e quase 100% dos asiáticos ou dos americanos nativos. Por outro lado, a persistência da lactase é alta, chegando a quase 98% entre os norte-europeus, além de ocorrer também em algumas regiões da África e no Oriente Médio. Nas populações europeias, a ocorrência de uma única mutação genética parece explicar a ausência de regulação negativa (inibitória) da enzima lactase e sua persistência na vida adulta. As estimativas para a idade de alelos associados à persistência da lactase coincidem com aquelas para a idade da domesticação dos animais e a prática de fabricação de produtos lácteos culturalmente transmitida. Dependendo da metodologia, as datas de origem variam entre 2.000 e 20.000 anos atrás por um método, [2] e entre 7.500 e 12.300 anos por outro [13]. Tais datas ainda são notavelmente recentes para os alelos encontrados com frequências tão altas em múltiplas populações amplamente separadas [39]. É fácil prever alelos recentes como sendo raros, uma vez que suas frequências mudam lentamente, de um modo desorientado, por derivação genética. Entretanto, um alelo recente que tenha alcançado tais populações requer mais de uma única derivação genética: deve haver uma vantagem seletiva, uma herança extragenética, exercendo um papel-chave no sobrevivente do carreador. Uma vez que o traço tenha sido identificado prin-

Leite Integral

Informação nutricional
Tamanho da porção 1 xícara (240 mL)

Quantidade por porção	
Calorias 150	Calorias das gorduras 70
	% de Valor diário[a]
Gorduras totais 8 g	13%
Gordura saturada 5 g	26%
Colesterol 35 mg	11%
Sódio 120 mg	5%
Carboidratos totais 12 g	4%
Fibra dietética 0 g	0%
Açúcares 12 g	
Proteína 8 g	
Vitamina A 6% • Vitamina C 4%	
Cálcio 30% • Ferro 0%	

[a] Os percentuais de valores diários são baseados em uma dieta de 2.000 calorias. Seus valores diários podem ser maiores ou menores, dependendo de suas necessidades energéticas:

	Calorias:	2.000	2.500
Gorduras totais	Menos de	65 g	80 g
Gorduras sat.	Menos de	20 g	25 g
Colesterol	Menos de	300 mg	300 mg
Sódio	Menos de	2.400 mg	2.400 mg
Carboidratos totais		300 g	375 g
Fibra dietética		25 g	30 g

Leite com baixo teor de gordura (1%)

Informação nutricional
Tamanho da porção 1 xícara (240 mL)

Quantidade por porção	
Calorias 110	Calorias das gorduras 20
	% de Valor diário[a]
Gorduras totais 2,5 g	4%
Gordura saturada 1,5 g	7%
Colesterol 10 mg	3%
Sódio 130 mg	5%
Carboidratos totais 12 g	4%
Fibra dietética 0 g	0%
Açúcares 12 g	
Proteína 9 g	
Vitamina A 10% • Vitamina C 4%	
Cálcio 30% • Ferro 0%	

[a] Os percentuais de valores diários são baseados em uma dieta de 2.000 calorias. Seus valores diários podem ser maiores ou menores, dependendo de suas necessidades energéticas:

	Calorias:	2.000	2.500
Gorduras totais	Menos de	65 g	80 g
Gorduras sat.	Menos de	20 g	25 g
Colesterol	Menos de	300 mg	300 mg
Sódio	Menos de	2.400 mg	2.400 mg
Carboidratos totais		300 g	375 g
Fibra dietética		25 g	30 g

Queijo (cheddar)

Informação nutricional
Tamanho da porção 1 onça (28 g)
Porções por embalagem 16

Quantidade por porção	
Calorias 110	Calorias das gorduras 80
	% de Valor diário[a]
Gorduras totais 9 g	14%
Gordura saturada 6 g	30%
Colesterol 30 mg	10%
Sódio 170 mg	7%
Carboidratos totais 0 g	0%
Fibra dietética 0 g	0%
Açúcares 0 g	
Proteína 7 g	
Vitamina A 6% • Vitamina C 0%	
Cálcio 20% • Ferro 0%	

[a] Os percentuais de valores diários são baseados em uma dieta de 2.000 calorias. Seus valores diários podem ser maiores ou menores, dependendo de suas necessidades energéticas:

	Calorias:	2.000	2.500
Gorduras totais	Menos de	65 g	80 g
Gorduras sat.	Menos de	20 g	25 g
Colesterol	Menos de	300 mg	300 mg
Sódio	Menos de	2.400 mg	2.400 mg
Carboidratos totais		300 g	375 g
Fibra dietética		25 g	30 g

Iogurte

Informação nutricional
Tamanho da porção 1 xícara (225 g)

Quantidade por porção	
Calorias 230	Calorias das gorduras 20
	% de Valor diário[a]
Gorduras totais 2,5 g	4%
Gordura saturada 1,5 g	8%
Colesterol 10 mg	3%
Sódio 130 mg	5%
Carboidratos totais 43 g	4%
Fibra dietética 0 g	0%
Açúcares 34 g	
Proteína 10 g	
Vitamina A 2% • Vitamina C 2%	
Cálcio 35% • Ferro 0%	

[a] Os percentuais de valores diários são baseados em uma dieta de 2.000 calorias. Seus valores diários podem ser maiores ou menores, dependendo de suas necessidades energéticas:

	Calorias:	2.000	2.500
Gorduras totais	Menos de	65 g	80 g
Gorduras sat.	Menos de	20 g	25 g
Colesterol	Menos de	300 mg	300 mg
Sódio	Menos de	2.400 mg	2.400 mg
Carboidratos totais		300 g	375 g
Fibra dietética		25 g	30 g

FIGURA 14.10 Exemplos de rótulos de alimentos adotados nos Estados Unidos, de diferentes produtos lácteos.

cipalmente na prática leiteira ou nas populações pastoris, e sendo o leite fresco e alguns derivados as únicas fontes naturais da lactose, é improvável que a persistência da lactase fosse selecionada sem um suprimento de leite fresco. Portanto, foi sugerido que a persistência da lactase coevoluiu com a adaptação cultural da prática leiteira em um processo de coevolução gene-cultural. Várias hipóteses foram elaboradas visando determinar como as pressões seletivas operavam. O leitor pode ser direcionado a ler Gerbault e colaboradores [39] para conhecer em mais detalhes esse tópico e sua associação com a expansão e o crescimento da produção leiteira a partir do Oriente Médio e ao longo da Europa. Estudos com simulações computadorizadas sobre a dispersão do alelo situam sua origem em alguma região da Hungria, na Europa central [66]. A produção agrícola e leiteira pode ter sido originada no Oriente Médio, mas também iniciou a fabricação de leites fermentados e queijos, produtos quase isentos de lactose. Nos climas mais temperados da Europa central e do norte europeu, o leite pode permanecer fresco por longos períodos, apesar da provável ausência de uma boa higiene e a falta definitiva de refrigeração, empacotamento asséptico e de conhecimento acerca da pasteurização. Diarreia e flatulência não são condições que põem a vida em risco nas sociedades modernas. Contudo, em condições de inanição, a diarreia infantil pode ser fatal. Por isso, nos primitivos tempos neolíticos, a habilidade de consumir leite após o desmame pode ter reduzido a mortalidade infantil e aumentado as taxas de sobrevivência. Outro cenário destaca o papel da vitamina D do leite na absorção de seu conteúdo de cálcio e a prevenção ao raquitismo em regiões de latitudes mais altas com baixa incidência de luz solar.

Hoje, para os consumidores que sofrem da má digestão da lactose, está disponível a opção de ingerir leite no qual a lactose tenha sido hidrolisada pelo pré-tratamento com lactase microbiana imobilizada, permitindo que eles se beneficiem plenamente das principais qualidades nutricionais do leite.

REFERÊNCIAS

1. Anema, S.G. (2014). The whey proteins in milk: Thermal denaturation, physical interactions and effects on the functional properties of milk. In *Milk Proteins: From Expression to Food*, 2nd edn. (H. Singh, M. Boland, A. Thompson, eds.). Elsevier/Academic Press, London, U.K., pp. 270–318.
2. Bersaglieri, T., Sabati, P.C., Patterson, N., Vanderploeg, T., Schaffner, S.F., Drake, J.A., Rhodes, M., Reich, D.E., Hirschhorn, J.N. (2004). Genetic signatures of strong recent positive selection at the lactase gene. *American Journal of Human Genetics*, **74**, 1111–1120.
3. Bionaz, M., Perlasamy, K., Rodriguez-Zas, S.L., Everts, R.E., Lewin, H.A., Hurley, W.L., Loor, J.J. (2012). Old and new stories: Revelations from functional analysis of the bovine mammary transcriptome during the lactation cycle. *PLoS ONE*, **7**, e33268, 1–14.
4. Bonnaire, L., Sandra, L., Helgason, T., Decker, E.A., Weiss, J., McClements, D.J. (2008). Influence of lipid physical state on the in vitro digestibility of emulsified lipids. *Journal of Agricultural and Food Chemistry*, **56**, 3791–3797.
5. Bouchoux, A., Gesan-Guiziou, G., Perez, J., Cabane, B. (2010). How to squeeze a sponge. Casein micelles under osmotic stress, a SAXS study. *Biophysical Journal*, **99**, 3754–3762.
6. Brew, K. (2013). α-Lactalbumin. In *Advanced Dairy Chemistry*, Vol. 1A, Proteins: Basic Aspects (P.L.H. McSweeney, P.F. Fox, eds.). Springer Science+Business Media, New York, pp. 261–273.
7. Brock, J.H. (2002). The physiology of lactoferrin. *Biochemistry and Cell Biology*, **80**, 1–6.
8. Brown-Esters, O., McNamara, P., Savaiano, D. (2012). Dietary and biological factors influencing lactose intolerance. *International Dairy Journal*, **22**, 98–103.
9. Burks, A.W. (2008). Peanut allergy. *Lancet*, **371**, 1538–2546.
10. Chatterjee, S., Sarkar, A., Boland, M.J. (2014). The world supply of food and the role of dairy protein. In *Milk Proteins: From Expression to Food*, 2nd edn. (H. Singh, M. Boland, A. Thompson, eds.). Elsevier/Academic Press, London, U.K., pp. 2–18.
11. Clare, D.A., Swaisgood, H.E. (2000). Bioactive milk peptides: A prospectus. *Journal of Dairy Science*, **83**, 1187–1195.
12. Clare, D.A., Castignani, G.L., Swaisgood, H.E. (2003). Biodefense properties of milk; the role of antimicrobial proteins and peptides. *Current Pharmaceutical Design*, **9**, 1239–1255.
13. Coelho, M., Luiselli, D., Bertorelle, G., Lopes, A.I., Seixas, S., Destro-Bisol, G., Rocha, J. (2005). Microsatellite variation and evolution of human lactase persistence. *Human Genetics*, **117**, 329–339.

14. Copley, M.S., Berstan, R., Dudd, S.N., Docherty, G., Mukherjee, A.J., Straker, V. et al. (2003). Direct chemical evidence for widespread dairying in prehistoric Britain. *Proceedings of the National Academy of Sciences of the United States of America*, **100**, 1524–1529.
15. Dalgleish, D.G. (1992). The enzymatic coagulation of milk. In *Advanced Dairy Chemistry*, Vol. I, Proteins (P.F. Fox, ed). Elsevier Applied Science, London, U.K., pp. 579–619.
16. Dalgleish, D.G., Corredig, M. (2012). The structure of the casein micelle of milk and its changes during processing. *Annual Review of Food Science and Technology*, **3**, 449–467.
17. Dalgleish, D.G., Horne, D.S., Law, A.J.R. (1989). Size-related differences in bovine casein micelles. *Biochimica et Biophysica Acta*, **991**, 383–387.
18. Dalgleish, D.G., Spagnuolo, P.A., Goff, H.D. (2004). A possible structure of the casein micelle based on field-emission scanning electron microscopy. *International Dairy Journal*, **14**, 1025–1031.
19. Damodaran, S., Paraf, A. (1997). *Food Proteins and Their Applications*, Marcel Decker Inc., New York.
20. DeKruif, C.G., Holt, C. (2003). Casein micelle structure, functions and interactions. In *Advanced Dairy Chemistry*, Vol. I, Proteins, 3rd edn., Part A (P.F. Fox, P.L.H. McSweeney, eds.). Kluwer Academic/Plenum Publishers, New York, pp. 233–276.
21. deWit, J.N., Swinkels, G.A.M. (1980). A differential scanning calorimetry study of the thermal denaturation of bovine β-lactoglobulin. Thermal behaviour at temperatures up to 100°C. *Biochimica Biophysica Acta Protein Structure*, **624**, 40–50.
22. Dickinson, E. (2006). Colloid science of mixed ingredients. *Soft Matter*, **2**, 642–652.
23. Dickinson, E. (2011). Food colloids research: Historical perspective and outlook. *Advances in Colloid and Interface Science*, **165**, 7–13.
24. U.S. Department of Agriculture and U.S. Department of Health and Human Services. (2010). Dietary guidelines for Americans, 2010, 7th edn. U.S. Government Printing Office, Washington, DC.
25. Donnelly, W.J., McNeill, G.P., Bucheim, W., McGann, T.C.A. (1984). A comprehensive study of the relationship between size and protein composition in natural casein micelles. *Biochimica et Biophysica Acta*, **789**, 136–143.
26. Edwards, P.J.B., Jameson, G.B. (2014). Structure and stability of whey proteins. In *Milk Proteins: From Expression to Food*, 2nd edn. (H. Singh, M. Boland, A. Thompson, eds.). Elsevier/Academic Press, London, U.K., pp. 201–241.
27. Elwood, P.C., Givens, D.J., Beswick, A.D., Fehily, A.M., Pickering, J.E., Gallagher, J. (2008). The survival advantage of milk and dairy consumption. An overview of cohort studies of vascular diseases, diabetes and cancer. *Journal of American College of Nutrition*, **27**, S723–S734.
28. Evershed, R.P., Payne, S., Sherrat, A.G., Copley, M.S., Coolidge, J., Uram-Kotsu, D. et al. (2008). Earliest date for milk use in the Near East and south-eastern Europe linked to cattle herding. *Nature*, **455**, 528–531.
29. Farrell, Jr., H.M., Malin, E.L., Brown, E.M., Qi, P.X. (2006). Casein micelle structure: What can be learned from milk synthesis and structural biology? *Current Opinion in Colloid and Interface Science*, **11**, 135–147.
30. FAOSTAT. (2011). Statistical database. Food and Agricultural Organization of the United Nations, Rome, Italy.
31. Fitzgerald, R.J., Meisel, H. (2003). Milk protein hydrolysates and bioactive peptides. In *Advanced Dairy Chemistry*, Vol. 1, Proteins, 3rd edn. (P.F. Fox, P.L.H. McSweeney, eds.). Kluwer Academic/Plenum Publishers, New York, pp. 675–698.
32. Foegeding, E.A., Davis, J.P. (2011). Food protein functionality: A comprehensive approach. *Food Hydrocolloids*, **25**, 1853–1864.
33. Fong, B.Y., Norris, C.S., MacGibbon, A.K.H. (2007). Protein and lipid composition of bovine milk fat globule membrane. *International Dairy Journal*, **17**, 275–288.
34. Fox, P.F. (2009). Lactose: Chemistry and properties. In *Advanced Dairy Chemistry*, Vol. 3, Lactose, Water, Salts and Minor Constituents, 3rd edn. (P.L.H. McSweeney, P.F. Fox, eds.). Springer Science, New York, pp. 1–15.
35. Fox, P.F., McSweeney, P.L.H. (2004). Cheese: An overview. In *Cheese Chemistry, Physics and Microbiology*, Vol. 1 (P.F. Fox, P.L.H. McSweeney, T.M. Cogan, T.P. Guinee, eds). Academic Press, London, U.K., pp. 1–18.
36. Gapper, L., Copestake, D., Otter, D., Indyk, H. (2007). Analysis of bovine immunoglobulin G in milk, colostrums and dietary supplements: A review. *Analytical and Bioanalytical Chemistry*, **389**, 93–109.
37. Garnsworthy, P.C., Masson, L.L., Lock, A.L., Mottram, T.T. (2006). Variation of milk citrate with stage of lactation and de novo fatty acid synthesis in dairy cows. *Journal of Dairy Science*, **89**, 1604–1612.
38. Gaucheron, F. (2005). The minerals of milk. *Reproduction, Nutrition, Development*, **45**, 473–483.
39. Gerbault, P., Liebert, A., Itan, Y., Powell, A., Currat, M., Burger, J., Swallow, D.M., Thomas, M.G. (2011). Evolution of lactase persistence: An example of human niche construction. *Philosophical Transactions of the Royal Society B*, **366**, 863–877.
40. German, J.B., Dillard, C.J. (2006). Composition, structure and adsorption of milk lipids: A source of energy, fat-soluble nutrients and bioactive molecules. *Critical Reviews in Food Science and Nutrition*, **46**, 57–92.
41. Gerosa, S., Skoet, J. (2013). Milk availability: Current production and demand and medium-term outlook. In *Milk and Dairy Products in Human Nutrition* (E. Muehlhoff, A. Bennett, D. McMahon, eds). Food and Agricultural Organization of the United Nations, Rome, Italy, pp. 11–40.
42. Gresti, J.M., Bugant, M., Maniongui, C., Bezard, J. (1993). Composition of molecular species of triacylglycerols in bovine milk fat. *Journal of Dairy Science*, **76**, 1850–1869.

43. Heid, H.W., Keenan, T.W. (2005). Intracellular origin and secretion of milk fat globules. *European Journal of Cell Biology*, **84**, 245–258.
44. Herrero, M., Havlik, P., Valin, H., Notenbaert, A., Rufino, M.C., Thornton, P.K. et al. (2013). Biomass use, production, feed efficiencies, and greenhouse gas emissions from global livestock systems. *Proceedings of the National Academy of Sciences of the United States of America*, **110**, 20888–20893.
45. Holland, J.W., Boland, M. (2014). Post-translational modification of the caseins. In *Milk Proteins: From Expression to Food*, 2nd edn. (H. Singh, M. Boland, A. Thompson, eds.). Elsevier/Academic Press, London, U.K., pp. 141–168.
46. Holland, T. (2003). *Rubicon, the Triumph and Tragedy of the Roman Republic*. Little, Brown and Co., New York.
47. Holt, C. (1985). The milk salts: Their secretion, concentration and physical chemistry. In *Developments in Dairy Chemistry*, Vol. 3, Lactose and Minor Constituents (P.F. Fox, ed.). Applied Science Publishers, London, U.K., pp. 143–181.
48. Holt, C. (1992). Structure and stability of casein micelles. *Advances in Protein Chemistry*, **43**, 63–151.
49. Holt, C. (1995). Effect of heating and cooling on the milk salts and their interaction with casein. In *Heat-Induced Changes in Milk* (P.F. Fox, ed.) Special Issue 9501, International Dairy Federation, Brussels, Belgium, pp. 105–133.
50. Holt, C. (1997). The milk salts and their interaction with casein. In *Advanced Dairy Chemistry*, Vol. 3, Lactose, Water, Salts and Vitamins, 2nd edn. (P.F. Fox, ed.). Chapman and Hall, London, U.K., pp. 233–256.
51. Horne, D.S. (1988). Prediction of protein helix content from an autocorrelation analysis of sequence hydrophobicities. *Biopolymers*, **27**, 451–477.
52. Horne, D.S. (2006). Casein micelle structure: Models and muddles. *Current Opinion in Colloid and Interface Science*, **11**, 148–153.
53. Horne, D.S. (1998). Casein interactions: Casting light on the Black Boxes, the structure in dairy products. *International Dairy Journal*, **8**, 171–177.
54. Horne, D.S. (2014). Casein micelle structure and stability. In *Milk Proteins: From Expression to Food*, 2nd edn. (H. Singh, M. Boland, A. Thompson, eds.). Elsevier/Academic Press, London, U.K., pp. 169–200.
55. Horne, D.S. (2016). Ethanol stability and milk composition. In *Advanced Dairy Chemistry*, Vol. 1B, Proteins (P.L.H. Mac Sweeney, J.A. O'Mahony, P.F. Fox, eds.). Springer Science+Business Media, New York, pp. 225–246.
56. Horne, D.S., Banks, J. (2004). Rennet-induced coagulation of milk. In *Cheese: Chemistry, Physics and Microbiology*, Vol. 1, General Aspects, 3rd edn. (P.F. Fox, P.L.H. McSweeney, T.M. Cogan, T.P. Guinee, eds.). Academic Press, London, U.K., pp. 47–70.
57. Horne, D.S., Leaver, J. (1995). Milk proteins on surfaces. *Food Hydrocolloids*, **9**, 91–95.
58. Horne, D.S., Lucey, J.A. (2014). Revisiting the temperature dependence of the coagulation of renneted bovine casein micelles. *Food Hydrocolloids*, 42, 75–80.
59. Horne, D.S., Muir, D.D. (1990). Alcohol and heat stability of milk protein. *Journal of Dairy Science*, **73**, 3613–3626.
60. Horne, D.S., Lucey, J.A., Choi, J. (2007). Casein interactions: Does the chemistry really matter? In *Food Colloids: Self Assembly and Materials Science* (E. Dickinson, M. Leser, eds.). Royal Society of Chemistry, Cambridge, U.K., pp. 155–166.
61. Huppertz, T. (2013). Chemistry of the caseins. In *Advanced Dairy Chemistry*, Vol. 1A, Proteins: Basic Aspects, 4th edn. (P.L.H. McSweeney, P.F. Fox, eds.). Springer, New York, pp. 135–160.
62. Huppertz, T., Kelly, A.L. (2009). Properties and constituents of cow's milk. In *Milk Processing and Quality Management* (A.Y. Tamime, ed.). Wiley-Blackwell Publishing, Oxford, U.K., pp. 23–47.
63. Huth, P.J., Park, K.M. (2012). Influence of dairy product and milk fat consumption on cardiovascular disease risk: A review of the evidence. *Advances in Nutrition*, **3**, 266–285.
64. Hyslop, D.B. (2003). Enzymatic coagulation of milk. In *Advanced Dairy Chemistry*, Vol. I, Proteins, 2nd edn. (P.F. Fox, P.L.H. McSweeney, eds.). Kluwer Academic/Plenum Publishers, New York, pp. 839–878.
65. Iametti, S., De Gregori, B., Vecchio, G., Bonomi, F. (1996). Modifications occur at different structural levels during the heat denaturation of β-lactoglobulin. *European Journal of Biochemistry*, **237**, 106–112.
66. Itan, Y., Powell, A., Beaumont, M.A., Burger, J., Thomas, M.G. (2009). The origins of lactase persistence in Europe. *PLoS Computational Biology*, **5**(8), e1000491.
67. Kaminogawa, S., Totsuka, M. (2003). Allergenicity of milk proteins. In *Advanced Dairy Chemistry*, Vol. 1, Proteins, 3rd edn. (P.F. Fox, P.L.H. McSweeney, eds). Kluwer Academic/Plenum Publishers, New York, pp. 647–674.
68. Kawasaki, K., Weiss, K.M. (2003). Mineralized tissue and vertebrate evolution: The secretory calcium-binding phosphoprotein gene cluster. *Proceedings of the National Academy of Sciences of the United States of America*, **100**, 4060–4065.
69. Kawasaki, K., Weiss, K.M. (2006). Evolutionary genetics of vertebrate tissue mineralization: The origin and evolution of the secretory calcium-binding phosphoprotein family. *Journal of Experimental Zoology (Molecular Development and Evolution)*, **306B**, 295–316.
70. Kawasaki, K., Lafont, A.-G., Sire, J.-Y. (2012). The evolution of milk casein genes from tooth gene before the origin of mammals. *Molecular Biology and Evolution*, **28**, 2053–2061.
71. Keenan, T.W., Mather, I.H. (2006). Intracellular origin of milk fat globules. In *Advanced Dairy Chemistry, Lipids*, 3rd edn. (P.F. Fox, P.L.H. McSweeney, eds.). Springer, New York, pp. 137–171.
72. Korhonen, H. (2006). Technological and health aspects of bioactive components of milk. *International Dairy Journal*, **16**, 1227–1426.
73. Korhonen, H. (2009). Milk-derived bioactive peptides: From science to application. *Journal of Functional Foods*, **1**, 177–187.

74. Korhonen, H., Pihlanto, A. (2006). Bioactive peptides: Production and functionality. *International Dairy Journal*, **16**, 945–960.
75. Kuwata, K., Hoshino, M., Forge, V., Batt, C.A., Goto, Y. (1999). Solution structure and dynamics of bovine β-lactoglobulin. *Protein Science*, **8**, 2541–2545.
76. Leaver, J., Dalgleish, D.G. (1990). The topography of bovine β-casein at an oil/water interface as determined from the kinetics of trypsin-catalysed hydrolysis. *Biochimica et Biophysica Acta*, **1041**, 217–222.
77. Lemay, D.G., Lynn, D.J., Martin, W.F., Neville, M.C., Casey, T.M., Rincon, G. et al. (2009). The bovine lactation genome: Insights into the evolution of mammalian milk. *Genome Biology*, **10**, R43.1–18.
78. Leonardi, M., Gerbault, P., Thomas, M.G., Burger, J. (2012). The evolution of lactase persistence in Europe. A synthesis of archaeological and genetic evidence. *International Dairy Journal*, **22**, 88–97.
79. Lopez, C. (2011). Milk fat globules enveloped by their biological membrane: Unique colloidal assemblies with a specific composition and structure. *Current Opinion in Colloid and Interface Science*, **16**, 391–404.
80. Lopez, C., Madec, M.-N., Jimenez-Flores, R. (2010). Lipid rafts in the bovine milk fat globule membrane revealed by the lateral segregation of phospholipids and heterogeneous distribution of glycoproteins. *Food Chemistry*, **120**, 22–33.
81. Lucey, J.A. (2014). Milk protein gels. In *Milk Proteins: From Expression to Food*, 2nd edn. (H. Singh, M. Boland, A. Thompson, eds.). Elsevier/Academic Press, London, U.K., pp. 494–318.
82. Lucey, J.A., Horne, D.S. (2009). Milk salts: Technological significance. In *Advanced Dairy Chemistry*, Vol. 3, Lactose, Water, Salts and Minor Constituents, 3rd edn. (P.L.H. McSweeney, P.F. Fox, eds.). Springer Science, New York, pp. 351–389.
83. MacGibbon, A.K.H., Taylor, M.W. (2006). Composition and structure of bovine milk lipids. In *Advanced Dairy Chemistry, Lipids*, 3rd edn. (P.F. Fox, P.L.H. McSweeney, eds.). Springer, New York, pp. 1–35.
84. McGregor, R.A., Poppitt, S.D. (2014). Milk proteins and human health. In *Milk Proteins: From Expression to Food*, 2nd edn. (H. Singh, M. Boland, A. Thompson, eds.). Elsevier/Academic Press, London, U.K., pp. 541–555.
85. McMahon, D.J., McManus, W.R. (1998). Rethinking casein micelle structure using electron microscopy. *Journal of Dairy Science*, **81**, 2985–2993.
86. McMahon, D.J., Oommen, B.S. (2008). Supramolecular structure of casein micelles. *Journal of Dairy Science*, **91**, 1709–1721.
87. McManaman, J.L., Neville, M.C. (2003). Mammary physiology and milk secretion. *Advanced Drug Delivery Reviews*, **55**, 629–641.
88. Marchin, S., Putaux, J.-L., Pignon, F., Leonil, J. (2007). Effects of the environmental factors on the casein micelle structure studied by cryo-transmission electron microscopy and small-angle X-ray scattering/ultra-small-angle X-ray scattering. *Journal of Chemical Physics*, **126**, 045101.
89. Martin, P., Ferranti, P., Leroux, C., Addeo, F. (2003). Non-bovine caseins: Quantitative variability and molecular diversity. In *Advanced Dairy Chemistry*, Vol. 1, Proteins, 3rd edn. (P.F. Fox, P.L.H. McSweeney, eds.). Kluwer Academic/Plenum Publishers, New York, pp. 277–317.
90. Mather, I.H. (2000). A review and proposed nomenclature for major proteins of the milk fat globule membrane. *Journal of Dairy Science*, **83**, 203–247.
91. Mather, I.H., Jack, I.J.W. (1996). A review of the molecular and cellular biology of butyrophilin, the major protein of milk fat globule membrane. *Journal of Dairy Science*, **76**, 3832–3850.
92. Mather, I.H., Keenan, T.W. (1998). Origin and secretion of milk lipids. *Journal of Mammary Gland Biology and Neoplasia*, **3**, 259–273.
93. Mercier, J.-C. (1981). Phosphorylation of casein. Present evidence for an amino acid triplet code posttranslationally recognized by specific kinases. *Biochimie*, **68**, 1–17.
94. Mills, E.N.C., Mackie, A.R. (2008). The impact of processing on the allergenicity of food. *Current Opinion in Allergy and Clinical Immunology*, **8**, 249–253.
95. Moore, J.H., Christie, W.W. (1979). Lipid metabolism in the mammary gland of ruminants. *Progress in Lipid Research*, **17**, 347–395.
96. Moreno, F.J., Mackie, A.R., Mills, E.N.C. (2005). Phospholipid interactions protect the milk allergen alpha-lactalbumin from proteolysis during in vitro digestion. *Journal of Agricultural and Food Chemistry*, **53**, 9810–9816.
97. Mulvihill, D.M., Ennis, M.P. (2003). Functional milk proteins: Production and utilization. In *Advanced Dairy Chemistry*, Vol. 1B, Proteins, 3rd edn. (P.F. Fox, P.L.H. McSweeney, eds.). Kluwer Academic/Plenum Publishers, New York, pp. 1175–1228.
98. Neville, M.C. (2005). Calcium secretion into milk. *Journal of Mammary Gland Biology and Neoplasia*, **10**, 119-128.
99. Nickerson, T.A. (1965). Lactose. In *Fundamentals of Dairy Chemistry* (B.H. Webb, A.H. Johnson, eds.). AVI Publishing, Westport, CT, pp. 224–260.
100. Oftedal, O.T. (2002). The mammary gland and its origin during synapsid evolution. *Journal of Mammary Gland Biology*, **7**, 225–252.
101. Oftedal, O.T. (2012). The evolution of milk secretion and its ancient origin. *Animal*, **6**, 355–368.
102. Oftedal, O.T. (2013). Origin and evolution of the constituents of milk. In *Advanced Dairy Chemistry*, Vol. 1A, Proteins: Basic Aspects (P.L.H. McSweeney, P.F. Fox, eds.). Springer Science+Business Media, New York, pp. 1–42.
103. O'Connell, J.E., Fox, P.F. (2003). Heat-induced coagulation in milk. In *Advanced Dairy Chemistry*, Vol. 1, Proteins (P.F. Fox, P.L.H. McSweeney, eds.). Kluwer Academic/Plenum Publishers, New York, pp. 879–945.
104. O'Mahony, J.A., Fox, P.F. (2014). Milk: An overview. In *Milk Proteins: From Expression to Food*, 2nd edn. (H. Singh, M. Boland, A. Thompson, eds.). Elsevier/Academic Press, London, U.K., pp. 19–73.

105. O'Mahony, J.A., Fox, P.F., Kelly, A.L. (2013). Indigenous enzymes of milk. In *Advanced Dairy Chemistry*, Vol. 1A, Proteins: Basic Aspects (P.L.H. McSweeney, P.F. Fox, eds.). Springer Science+Business Media, New York, pp. 337–386.
106. Ouanezar, M., Guyomarc'h, F., Bouchoux, A. (2012). AFM imaging of casein micelles: Evidence for structural rearrangement upon acidification. *Langmuir*, **28**, 4915–4919.
107. Patel, H.A., Huppertz, T. (2014). Effects of high-pressure processing on structure and interactions of milk proteins. In *Milk Proteins: From Expression to Food*, 2nd edn. (H. Singh, M. Boland, A. Thompson, eds.). Elsevier/Academic Press, London, U.K., pp. 243–267.
108. Payens, T.A.J. (1979). Casein micelles: The colloid chemical approach. *Journal of Dairy Research*, **46**, 291–306.
109. Pouliot, Y., Boulet, M., Paquin, P. (1989a). Observations on the heat-induced salt balance changes in milk. I. Effect of heating time between 4 and 90°C. *Journal of Dairy Research*, **56**, 185–192.
110. Pouliot, Y., Boulet, M., Paquin, P. (1989b). Observations on the heat-induced salt balance changes in milk. II. Reversibility on cooling. *Journal of Dairy Research*, **56**, 193–199.
111. Pyne, G.T. (1962). Some aspects of the physical chemistry of salts of milk. *Journal of Dairy Research*, **29**, 101–130.
112. Rollema, H.S. (1992). Casein association and micelle formation. In *Advanced Dairy Chemistry*, Vol. 1, Proteins (P.F. Fox, ed). Elsevier Applied Science, London, U.K., pp. 111–140.
113. Sawyer, L. (2013). β-Lactoglobulin. In *Advanced Dairy Chemistry*, Vol. 1A, Proteins: Basic Aspects (P.L.H. McSweeney, P.F. Fox, eds). Springer Science+Business Media, New York, pp. 211–259.
114. Schmidt, D.G. (1980). Colloidal aspects of the caseins. *Netherlands Milk and Dairy Journal*, **34**, 42–64.
115. Schmidt, D.G. (1982). Association of caseins and casein micelle structure. In *Developments in Dairy Chemistry*, Vol. 1 (P.F. Fox, ed). Applied Science Publishers, London, U.K., pp. 61–86.
116. Shennan, D., Peaker, M. (2000). Transport of milk constituents to the mammary gland. *Physiological Reviews*, **80**, 925–951.
117. Sicherer, S.H., Sampson, H.A. (2010). Food allergy. *Journal of Allergy and Clinical Immunology*, **125**, S116–S125.
118. Singh, H. (2006). The milk fat globule membrane. A biophysical system for food applications. *Current Opinion in Colloid and Interface Science*, **11**, 154–163.
119. Singh, H., Creamer, L.K. (1992). Heat stability of milk. In *Advanced Dairy Chemistry*, Vol. 1, Proteins (P.F. Fox, ed) Elsevier Applied Science, London, U.K., pp. 621–656.
120. Slattery, C.W., Evard, R. (1973). A model for the formation of casein micelles from sub-units of variable composition. *Biochimica et Biophysica Acta*, **317**, 529–538.
121. Smithers, G.W. (2008). Whey proteins—From "gutter to gold." *International Dairy Journal*, **18**, 695–704.
122. Soedamah-Muthu, S.S., Ding, E.L., Al-Delaimy, W.K., Hu, F.b., Engberink, M.F., Willett, W.C., Galeijnse, J.M. (2011). Milk and dairy consumption and incidence of cardiovascular diseases and all-cause mortality: Dose-response meta-analysis of prospective cohort studies. *American Journal of Clinical Nutrition*, **93**, 158–171.
123. Swaisgood, H.E. (2007). Characteristics of milk. In *Fennema's Food Chemistry*, 4th edn. (S. Damodaran, K.L. Parkin, O.R. Fennema, eds.). CRC Press, Boca Raton, FL., pp. 881–897.
124. Taheri-Kafrani, A., Gaudin, J.C., Rabesona, H., Nioi, C., Agarwal, D., Drouet, M. et al. (2009). Effects of heating and glycation of beta-lactoglobulin on its recognition by IgE of sera from cow milk allergy patients. *Journal of Agricultural and Food Chemistry*, **57**, 4974–4982.
125. Trejo, R., Dokland, T., Jurat-Fuentes, J., Harte, F. (2011). Cryo-transmission electron tomography of native casein micelles from bovine milk. *Journal of Dairy Science*, **94**, 5770–5775.
126. Uhrinova, S., Smith, M.H., Jameson, G.B., Uhrin, D., Sawyer, L., Barlow, P.N. (2000). Structural changes accompanying pH-induced dissociation of the β-lactoglobulin dimer. *Biochemistry*, **39**, 3565–3574.
127. Dairy Products 2012 Summary. (April, 2013). USDA National Agricultural Statistics Service, Washington, D.C.
128. Walstra, P., Wouters, J.T.M., Guerts, T.J. (2005). *Dairy Science and Technology*, 2nd edn. CRC Press, Boca Raton, FL.
129. WHO (2007). Protein and amino acid requirements in human nutrition: Report of a Joint FAO/WHO/UNU Expert Consultation. World Health Organization, Geneva, Switzerland.

LEITURAS SUGERIDAS

Fox, P.F., McSweeney, P.L.H. (eds.) (2006). *Advanced Dairy Chemistry, Lipids*, 3rd edn. Springer, New York.

Fox, P.F., McSweeney, P.L.H., Cogan, T.M., Guinee, T.P. (eds). (2004). *Cheese Chemistry, Physics and Microbiology*, Vol. 1. Academic Press, London, U.K.

McSweeney, P.L.H., Fox, P.F. (eds.) (2009). *Advanced Dairy Chemistry*, Vol. 3, Lactose, Water, Salts and Minor Constituents, 3rd edn. Springer Science, New York.

McSweeney, P.L.H., Fox, P.F. (eds.) (2013). *Advanced Dairy Chemistry*, Vol. 1A, Proteins: Basic Aspects. Springer Science+Business Media, New York.

McSweeney, P.L.H., O'Mahony, J.A. (eds.) (2016). *Advanced Dairy Chemistry*, Vol. 1B, Proteins: Applied Aspects. Springer Science+Business Media, New York.

Muehlhoff, E., Bennett, A., McMahon, D. (eds.) (2013). *Milk and Dairy Products in Human Nutrition*, Food and Agricultural Organization of the United Nations, Rome, Italy.

Singh, H., Boland, M., Thompson, A. (eds.) (2014). *Milk Proteins: From Expression to Food*, 2nd edn. Elsevier/Academic Press, London, U.K.

Tamime, A.Y. (ed.) *Milk Processing and Quality Management*. Wiley-Blackwell Publishing, Oxford, U.K.

Walstra, P., Wouters, J.T.M., Guerts, T.J. (eds.) (2009). *Dairy Science and Technology*, 2nd edn. CRC Press, Boca Raton, FL.

Fisiologia e química dos tecidos musculares comestíveis

15

Gale M. Strasburg e Youling L. Xiong

CONTEÚDO

- 15.1 Introdução.......................... 953
- 15.2 Valor nutricional 954
  - 15.2.1 Resumo 957
- 15.3 Estrutura e função muscular 957
  - 15.3.1 Estrutura do músculo esquelético 957
  - 15.3.2 Estrutura do músculo cardíaco 962
  - 15.3.3 Estrutura do músculo liso 963
  - 15.3.4 Proteínas do tecido muscular........ 964
    - 15.3.4.1 Tecido conectivo ou proteínas da matriz extracelular................. 964
    - 15.3.4.2 Proteínas sarcoplasmáticas....... 970
    - 15.3.4.3 Proteínas contráteis 972
    - 15.3.4.4 Proteínas reguladoras........... 975
    - 15.3.4.5 Proteínas estruturais da miofibrila .. 976
    - 15.3.4.6 Proteínas do retículo sarcoplasmático e do sarcolema 980
  - 15.3.5 Acoplamento excitação-contração.... 982
  - 15.3.6 Tipos de fibras musculares 984
  - 15.3.7 Resumo 985
- 15.4 Conversão do músculo em carne........ 986
  - 15.4.1 Degradação pós-morte de proteínas musculares........................... 987
  - 15.4.2 Resumo 990
- 15.5 Alterações bioquímicas pós-morte naturais e induzidas que afetam a qualidade da carne.. 990
  - 15.5.1 Carne pálida, mole e exsudativa 991
  - 15.5.2 Carne escura, firme e seca 992
  - 15.5.3 Encurtamento pelo frio 993
  - 15.5.4 Rigor de descongelamento 995
  - 15.5.5 Estimulação elétrica.............. 995
  - 15.5.6 Resumo 996
- 15.6 Alterações químicas durante a conservação da carne.................... 996
  - 15.6.1 Resfriamento e refrigeração 997
  - 15.6.2 Congelamento 998
  - 15.6.3 Pressurização................... 998
  - 15.6.4 Irradiação..................... 1000
  - 15.6.5 Resumo 1000
- 15.7 Química das carnes processadas 1001
  - 15.7.1 Cura......................... 1001
  - 15.7.2 Hidratação e retenção de água 1002
  - 15.7.3 Formação de matriz de gel proteico.. 1004
  - 15.7.4 Imobilização da gordura e estabilização 1006
  - 15.7.5 Carnes reestruturadas............. 1008
  - 15.7.6 Química do *surimi* 1009
  - 15.7.7 Resumo 1009
- Questões............................. 1010
- Referências........................... 1011

15.1 INTRODUÇÃO

Evidências arqueológicas indicam que os seres humanos têm consumido produtos animais, incluindo a carne, como fonte de alimento por milhares de anos. Esse fato foi confirmado pela descoberta do Eis Mann (homem de gelo), que são os restos mortais congelados de um homem encontrado nos Alpes Italianos, por alpinistas, em 1991 [1]. Ötzi, como ele foi carinhosamente apelidado pelos moradores da região, morreu há cerca de 5100 a 5300 anos. Parece que ele seria um caçador que teria morrido ao ser atingido por flechas de outro caçador ou de um grupo de caça rival. Seu corpo estava tão bem preservado pelo gelo que os cientistas conseguiram utilizar técnicas de recombinação de DNA para analisar o conteúdo de seu trato gastrintestinal e determinar o que ele havia comido em suas duas últimas refeições. A penúltima refeição antes de sua morte era composta de carne de íbex (uma espécie de cabra selvagem encontrada nos Alpes), grãos de cereais e outros tipos de plantas comestíveis. Sua refeição final constituía-se de carne de cervo e, possivelmente, de cereais.

Ao longo da história, algumas culturas têm se alimentado de carne por escolha, ao passo que outras o fizeram por necessidade. Da mesma forma, fatores religiosos e culturais exercem uma influência considerável sobre a definição de quais tipos de carne são aceitáveis ou não para consumo. Alguns grupos religiosos, por exemplo, proíbem o consumo de carne de porco, ao passo que outros proíbem o consumo de carne bovina. Nos Estados Unidos, comer carne de cavalo é considerado um tabu, embora seja uma prática aceitável em outros países. Algumas pessoas evitam totalmente o consumo de carne por razões éticas ou de saúde. Contudo, é evidente que, conforme a economia das nações cresce, sobretudo nos países em desenvolvimento, há um crescimento paralelo da demanda de produtos cárneos.

O termo "carne" é coloquialmente utilizado para designar carne vermelha (vaca, porco, cordeiro), ao passo que as carnes de frango e de peixe são classificadas de maneira individual. Neste capítulo, o termo "carne" será utilizado em referência ao tecido muscular esquelético de mamíferos, pássaros, répteis, anfíbios e peixes que passam por uma série de reações químicas após sua morte. Esse termo exclui outros órgãos, como o fígado, o timo e os rins, mas inclui o coração e a língua como tecidos musculares únicos.

Como acontece com qualquer produto alimentício, a compreensão fundamental do(s) tecido(s) do(s) qual(is) o produto é derivado é essencial para gerenciar e otimizar as características funcionais dos componentes do produto em alimentos processados. Assim, depois de descrever o valor nutritivo do músculo de várias espécies como alimento, este capítulo enfocará a estrutura e a função do músculo no animal vivo, cujas características são importantes determinantes das propriedades funcionais e dos índices de qualidade de carne e dos produtos cárneos. Posteriormente, este capítulo descreverá a conversão de músculo em carne, isto é, as mudanças químicas e fisiológicas que ocorrem no músculo após a morte do animal. O capítulo termina com uma descrição das mudanças químicas que ocorrem na carne como resultado da preservação e do processamento.

15.2 VALOR NUTRICIONAL

O grande apelo sensorial de carnes frescas e seus derivados, e a sensação de saciedade proporcionada após o consumo de uma refeição que inclui carne, ensejam que esses produtos tenham um grande destaque nas dietas do mundo inteiro. A variedade, biodisponibilidade e densidade de nutrientes (p. ex., as concentrações de nutrientes por quilocaloria) na carne combinam-se para torná-la um contribuinte substancial de nutrientes para as dietas de muitos consumidores.

A composição da carne é muito variável. Espécie, raça, sexo, idade, *status* nutricional e nível de atividade do animal são fatores que afetam sua composição [2]. Além disso, em um único animal, a composição da carne pode mudar de acordo com a área anatômica do corte, com o processo de pós-abate, com o armazenamento e, é claro, com a forma de cocção. A análise dessas questões extrapola o objetivo deste capítulo, não havendo nada além de breves generalizações, mostradas posteriormente. Informações detalhadas sobre a composição de produtos cárneos por espécie, tipo de corte, nível de ordenamento, produtos crus e cozidos, etc., são disponibilizadas pelo USDA, sendo periodicamente atualizadas [3]. No entanto, tais valores devem ser considerados como aproximados, já que existem muitas variações.

A composição aproximada de tecido magro separável (músculo esquelético livre de gordura externa) é variável, mas, normalmente, 70% da massa do músculo fresco é constituída de água (Tabela 15.1). A maior parte da água fica dentro ou entre as células do músculo, com quantidades menores ligadas em diferentes níveis a proteínas. A variação de quantidade de água é afetada pela mudança da composição de lipídeos, ao passo que a composição de proteínas é em torno de 18 a 23% e a quantidade de cinzas ou minerais é de ≈ 1 a 1,2% (Tabela 15.1).

A quantidade e a composição dos lipídeos são as mais variáveis entre os quatro componentes primários encontrados na carne. Uma vez que as frações de lipídeos associadas ao tecido muscular e aos tecidos adiposos variam em sua quantidade e em sua composição, a quantidade de tecidos adiposos presentes nos produtos à base de carne afeta bastante sua composição [4]. Além disso, à medida que o tecido adiposo presente na carne diminui, a porcentagem de contribuição dos fosfolipídeos aumenta (Tabela 15.2). A maioria dos lipídeos da carne é formada por triacilgliceróis neutros, pequenas quantidades de fosfolipídeos de membranas celulares e uma pe-

TABELA 15.1 Composição aproximada de carnes a partir de diversas fontes[a]

	Carne vermelha			Aves		Peixes	
	Bovina[b]	Suína[c]	Cordeiro[d]	Frango[e]	Peru[f]	Bacalhau[g]	Atum[h]
Água	70,29	73,17	73,42	75,46	75,37	81,22	68,09
Proteína	20,72	21,20	20,29	21,39	22,64	17,81	23,33
Lipídeos	7,37	4,86	5,25	3,08	1,93	0,67	4,90
Cinzas	1,02	1,00	1,06	0,96	1,04	1,16	1,18

[a]Porcentagem em massa da porção comestível.
[b]Carne bovina, peito, inteiro, apenas carne magra, todos os tipos, crus.
[c]Carne suína, fresca, composição de cortes elaborados (pernil, lombo, paleta), apenas carne magra, crua.
[d]Cordeiro, doméstico, composição de cortes elaborados, apenas carne magra, cortados para 1/4" de gordura, selecionada, crua.
[e]Frango, assado ou frito, apenas carne, crua.
[f]Peru, inteiro, apenas carne, crua.
[g]Peixe, bacalhau, Atlântico, cru.
[h]Peixe, atum, fresco, rabilho, cru.
Fonte: compilada de U.S. Department of Agriculture, Agricultural Research Service, USDA National Nutrient Database for Standard Reference, Release 26, Nutrient Data Laboratory Home Page, https://ndb.nal.usda.gov/ndb/, 2013.

quena quantidade de colesterol encontrada principalmente na membrana plasmática muscular e no tecido nervoso. A fração gordurosa neutra consiste em uma maior porcentagem de ácidos graxos saturados do que a da fração fosfolipídica, o que não é surpreendente do ponto de vista funcional. A necessidade de manter uma membrana da célula fluida em temperaturas fisiológicas requer que os fosfolipídeos tenham uma maior porcentagem de ácidos graxos insaturados, ao passo que a natureza mais sólida do tecido adiposo resulta da grande fração de ácidos graxos saturados com seus pontos de fusão mais altos. Embora a contribuição dos fosfolipídeos em relação à composição total dos lipídeos seja pequena, sua natureza poli-insaturada, bem como sua elevada relação superfície/volume, tornam a fração lipídica altamente suscetível a reações oxidativas que contribuem para a deterioração do sabor e da coloração da carne [5].

TABELA 15.2 Conteúdo lipídico de diversas carnes

		Conteúdo[a]		
Espécie	Tipo de músculo	Lipídeos (%)	Lipídeos neutros (%)	Fosfolipídeos (%)
Frango	Branco	1,0	52	48
	Vermelho	2,5	79	21
Peru	Branco	1,0	29	71
	Vermelho	3,5	74	26
Peixe (sucker fish)	Branco	1,5	76	2
	Vermelho	6,2	93	7
Bovina	Latissimus dorsi	2,6	78	22
		7,7	92	8
		12,7	95	5
Suína	Latissimus dorsi	4,6	79	21
	Psoas major	3,1	63	37
Cordeiro	Latissimus dorsi	5,7	83	10
	Semitendinoso	3,8	79	17

[a]Porcentagem da composição do músculo.
Fonte: Allen, C.E. e Foegeding, E.A., Food Technol., 35, 253, 1981.

A composição lipídica varia de acordo com a espécie: os maiores índices de ácidos graxos poli-insaturados são encontrados em peixe, ao passo que as menores quantidades são encontradas em carnes bovina e de carneiro (Tabela 15.3). Vários peixes, especialmente espécies marinhas gordurosas, como o salmão, são fontes exclusivamente ricas de ácidos graxos poli-insaturados n-3, como o ácido docosa-hexaenoico (C22:6) e o ácido eicosapentaenoico (C20:5). A composição de ácidos graxos pode ser alterada até certo ponto pela dieta. Por exemplo, a manutenção de bovinos de corte em uma dieta baseada em gramíneas, em vez de uma dieta com grãos, aumenta a porcentagem de gorduras poli-insaturadas, incluindo ácidos graxos n-3 [6]. No entanto, apesar do aumento atribuído à dieta, a quantidade de ácidos graxos n-3, tanto na carne de animais criados em pasto como na terminada em grãos, é muito pequena quando comparada com a da maioria dos peixes gordurosos [3]. A composição lipídica também varia de acordo com o músculo em uma mesma espécie, especialmente quando se comparam músculos nos quais a maioria das fibras depende do metabolismo oxidativo (músculos vermelhos) com músculos que costumam depender do metabolismo glicolítico (músculos brancos).

A quantidade de proteínas encontrada na carne é medida por meio da análise total do conteúdo de nitrogênio multiplicado por 6,25, um fator baseado na média de nitrogênio encontrada na proteína da carne. No entanto, esse cálculo superestima a quantidade de proteínas, já que mais de 10% do nitrogênio do músculo provém de fontes não proteicas, como aminoácidos, peptídeos, creatina, ácidos nucleicos e outras moléculas com nitrogênio.

A carne é uma excelente fonte de proteínas, uma vez que a composição de seus aminoácidos é muito próxima aos aminoácidos essenciais necessários à dieta humana. A alta qualidade, aliada à abundância relativa dessas proteínas da carne significam que uma porção de apenas 85 g pode

TABELA 15.3 Composição de ácidos graxos de carnes de diversas fontes[a]

	Carne vermelha			Aves		Peixes	
	Bovina[b]	Suína[c]	Cordeiro[d]	Frango[e]	Peru[f]	Bacalhau[g]	Atum[h]
Saturados total	35,14	33,44	35,81	25,65	23,78	19,55	25,65
14:0	2,99	1,19	2,67	0,65	0,67	1,34	2,84
16:0	22,12	21,13	19,43	17,21	15,03	13,58	16,53
18:0	9,91	10,80	11,81	7,14	7,00	4,48	6,27
Monoinsaturados total	46,95	42,45	40,19	29,22	24,72	14,03	32,65
16:1	4,75	2,61	3,05	3,90	2,23	2,39	3,31
18:1	42,06	39,18	36,38	24,68	21,87	9,10	18,86
Poli-insaturados total	3,12	10,68	9,14	24,35	21,30	34,48	29,24
18:2	2,44	9,05	6,86	17,86	20,67	0,75	1,08
18:3	0,27	0,41	1,33	0,65	0,88	0,15	0,00
20:4	0,41	1,01	0,95	2,60	1,61	3,28	0,88
20:5	0,00	0,00	0,00	0,32	0,00	9,55	5,77
22:5	0,00	0,00	0,00	0,65	0,16	1,49	2,55
22:6	0,00	0,00	0,00	0,97	0,10	17,91	18,20

[a]Porcentagem de gordura total no tecido muscular magro para carnes vermelhas selecionadas de aves e peixes. Calculada com base em informações compiladas de U.S. Department of Agriculture, Agricultural Research Service (2013). USDA National Nutrient Database for Standard Reference, Release 26. Nutrient Data Laboratory Home Page, https://ndb.nal.usda.gov/ndb/.
[b]Carne bovina, peito, inteiro, apenas carne magra, todos os tipos, crua.
[c]Carne suína, fresca, composição de cortes elaborados (pernil, lombo, paleta), apenas carne magra, crua.
[d]Cordeiro, doméstico, composição de cortes elaborados, apenas carne magra, cortados para 1/4" de gordura, selecionada, crua.
[e]Frango, frango de corte (broilers ou fryers), apenas carne magra, crua.
[f]Peru, inteiro, apenas carne, cru.
[g]Peixe, bacalhau, Atlântico, cru.
[h]Peixe, atum, fresco, rabilho, cru.

conter de 50 a 100% da quantidade de proteínas necessárias ao bom crescimento e à manutenção da saúde [7]. Além disso, a composição de aminoácidos da carne possibilita a complementação de outras fontes proteicas. Por exemplo: mesmo uma pequena quantidade de carne adicionada a uma dieta baseada em cereais ou legumes, os quais seriam deficientes em lisina e aminoácidos sulfurados, respectivamente, aumentaria de maneira considerável o valor nutricional desses alimentos.

A proteína da carne também é reconhecida como uma fonte de peptídeos bioativos que exercem funções além dos papéis nutricionais normais. Por exemplo, muitos peptídeos produzidos durante a digestão gástrica (pepsina) e intestinal (tripsina, quimotripsina e aminopeptidase) da carne (mamíferos, aves e peixes) exibem atividades antioxidantes, inibidoras da enzima angiotensina 1, e atividades de ligação de íons metálicos. Peptídeos individuais com tais bioatividades foram isolados a partir da digestão *in vitro* de miosina, proteínas sarcoplasmáticas, colágeno e muitas outras proteínas musculares [8].

O tecido muscular é uma excelente fonte de vitaminas hidrossolúveis, tais como tiamina, riboflavina, niacina, vitaminas B_6 e B_{12} (Tabela 15.4). No entanto, assim como ocorre com outros nutrientes, a quantidade de vitamina é muito influenciada por fatores como espécie, idade, sexo e condição nutricional do animal. Um fator curioso são os altos níveis de tiamina e os baixos níveis de vitamina B_{12} encontrados na carne suína em comparação com as carnes bovina e ovina. Os níveis das vitaminas C, D, E e K tendem a ser baixos em todos os músculos comestíveis. No entanto, alguns estudos têm mostrado que os níveis de vitamina E da carne podem ser aumentados significativamente por meio de suplementos dietéticos na ração animal. Como a vitamina E funciona como um antioxidante, sua presença em níveis elevados tem efeitos benéficos na estabilização da cor da carne, na redução da oxidação lipídica e na melhora da saúde humana [9].

As carnes vermelhas são ótimas fontes de ferro em virtude de seu alto teor de mioglobina; no entanto, mesmo algumas carnes brancas podem ser importantes fontes de ferro (Tabela 15.4). Além disso, a forma heme do ferro implica um maior nível de biodisponibilidade em comparação à maioria das fontes inorgânicas de ferro. O potássio, o fósforo e o magnésio são relativamente abundantes na carne. O cálcio, embora muito importante na regulação da contração muscular, está presente em níveis muito baixos em relação aos que são requeridos nutricionalmente. Em carnes processadas por meio mecânico, o cálcio pode ser encontrado em níveis mais altos devido à presença de pequenas quantidades microscópicas de fragmentos de osso no produto final [10].

Os carboidratos são uma parte muito pequena da composição da carne fresca ($< 1\%$). A principal fonte de carboidrato do músculo é o glicogênio, com pequenas quantidades de monossacarídeos e metabólitos glicolíticos. Durante a conversão do músculo em carne, o glicogênio é convertido em lactato por meio da glicólise anaeróbia, o que torna o lactato a principal fonte de carboidrato encontrada na carne [11].

15.2.1 Resumo

- A carne consiste em $\approx 70\%$ de água, 21% de proteína, 7% de gordura, 1% de carboidratos e 1% de teor de minerais (cinzas). O teor de água e cinzas é relativamente constante, ao passo que as porcentagens de proteína e gordura são muito mais variáveis.
- A carne é um alimento denso em nutrientes. É uma excelente fonte de proteína completa, vitaminas do complexo B, ferro, potássio, magnésio e fósforo. É notavelmente deficiente em vitaminas C, D e K e em cálcio.
- O conteúdo lipídico e a composição variam significativamente de espécie para espécie, mas podem ser alterados até certo ponto pelas práticas de manejo.

15.3 ESTRUTURA E FUNÇÃO MUSCULAR

15.3.1 Estrutura do músculo esquelético

Os músculos esqueléticos variam muito em tamanho e morfologia. Em geral, os músculos se apresentam no formato de células multinucleadas, alongadas e arranjadas paralelamente, chamadas

TABELA 15.4 Composição de vitaminas e minerais de carnes de diversas fontes

	Carne vermelha			Aves		Peixes		IDR[b]
	Bovina[c]	Suína[d]	Cordeiro[e]	Frango[f]	Peru[g]	Bacalhau[h]	Atum[i]	RDA ou IA*
Minerais								
Potássio	330	363	280	229	235	413	252	4.700/4.700*
Fósforo	201	216	189	173	190	203	254	700/700
Sódio	79	59	66	77	118	54	39	1.500/1.500*
Magnésio	23	24	26	25	27	32	50	420/320[j]
Cálcio	5	13	10	12	11	16	8	1.000/1.000*
Zinco	4,31	2,21	4,06	1,54	1,84	0,45	0,6	11/8
Ferro	1,92	0,82	1,77	0,89	0,86	0,38	1,02	8/18
Vitaminas								
Tiamina	100	642	130	73	50	76	241	1.200/1.100
Riboflavina	170	254	230	142	192	65	251	1.300/1.100
Niacina	3.940	5.573	6.000	8.239	8.100	2.063	8.654	16.000/14.000
Ácido pantotênico	350	936	700	1058	844	153	1054	5.000/5.000*
B6	420	644	160	430	652	245	455	1.300/1.300
Folato	7	2	23	7	7	7	2	400/400
B12	2,43	0,64	2,62	0,37	1,24	0,91	9,43	2,4/2,4

[a]Os valores são expressos como mg/100 g e μg/100 g para minerais e vitaminas, respectivamente. U.S. Department of Agriculture, Agricultural Research Service (2013). USDA National Nutrient Database for Standard Reference, Release 26. Nutrient Data Laboratory Home Page, https://ndb.nal.usda.gov/ndb/.
[b]IDR (ingestão dietética de referência): os valores são expressos como RDA (Recomendação de Ingestão Diária) ou IA* (Ingestão Adequada) para homens/mulheres adultos (idade 19–50). Compilada de Food and Nutrition Board, Institute of Medicine, National Academy of Sciences. IDR para cálcio, fósforo, magnésio, vitamina D e flúor; Food and Nutrition Board, Institute of Medicine, National Academy of Sciences (1998). IDR para tiamina, riboflavina, niacina, vitamina B_6, folato, vitamina B_{12}, ácido pantotênico, biotina e colina; Food and Nutrition Board, Institute of Medicine, National Academy of Sciences (2000). IDR para vitamina A, vitamina K, arsênico, boro, cromo, cobre, iodo, ferro, manganês, molibdênio, níquel, silício, vanádio e zinco; Food and Nutrition Board, Institute of Medicine, National Academy of Sciences (2004). IDR para água, potássio, sódio, cloreto e sulfato.
[c]Carne bovina, peito, inteiro, apenas carne magra, todos os tipos, crua.
[d]Carne suína, fresca, composição de cortes elaborados (pernil, lombo, paleta), apenas carne magra, crua.
[e]Cordeiro, doméstico, composição de cortes elaborados, apenas carne magra, cortados para 1/4 em gordura, selecionada, crua.
[f]Frango, frango de corte (*broilers* ou *fryers*), apenas carne, crua.
[g]Peru, inteiro, apenas carne, cru.
[h]Peixe, bacalhau, Atlântico, cru.
[i]Peixe, atum, fresco, rabilho, cru.
[j]Idade 31–50.

de miofibras ou fibras musculares. Elas variam de 10 a 100 μM de largura e de poucos milímetros a vários centímetros de comprimento, por vezes acompanhando toda a extensão do músculo. As miofibrilas estão organizadas de maneira hierárquica associadas com os tecidos circulatório, nervoso e sanguíneo, formando, assim, o órgão muscular completo (Figura 15.1). A matriz extracelular (ECM, do inglês *extracellular matrix*), um termo sinônimo de tecido conectivo intramuscular, serve como o sistema de andaimes em que as miofibras são montadas. Dentro da ECM, cada miofibra é envolvida por uma camada de tecido conectivo, chamada de endomísio. Os grupos de miofibra estão organizados em fascículos primários e secundários, que estão envoltos por outra camada de tecido conectivo, chamada de perimísio. Uma bainha final de tecido conectivo grosso, o epimísio, envolve todo o músculo. O epimísio se funde com os tendões para ligar o músculo aos ossos. As propriedades estruturais e moleculares do tecido conectivo estão descritas na Seção 15.3.4.1.

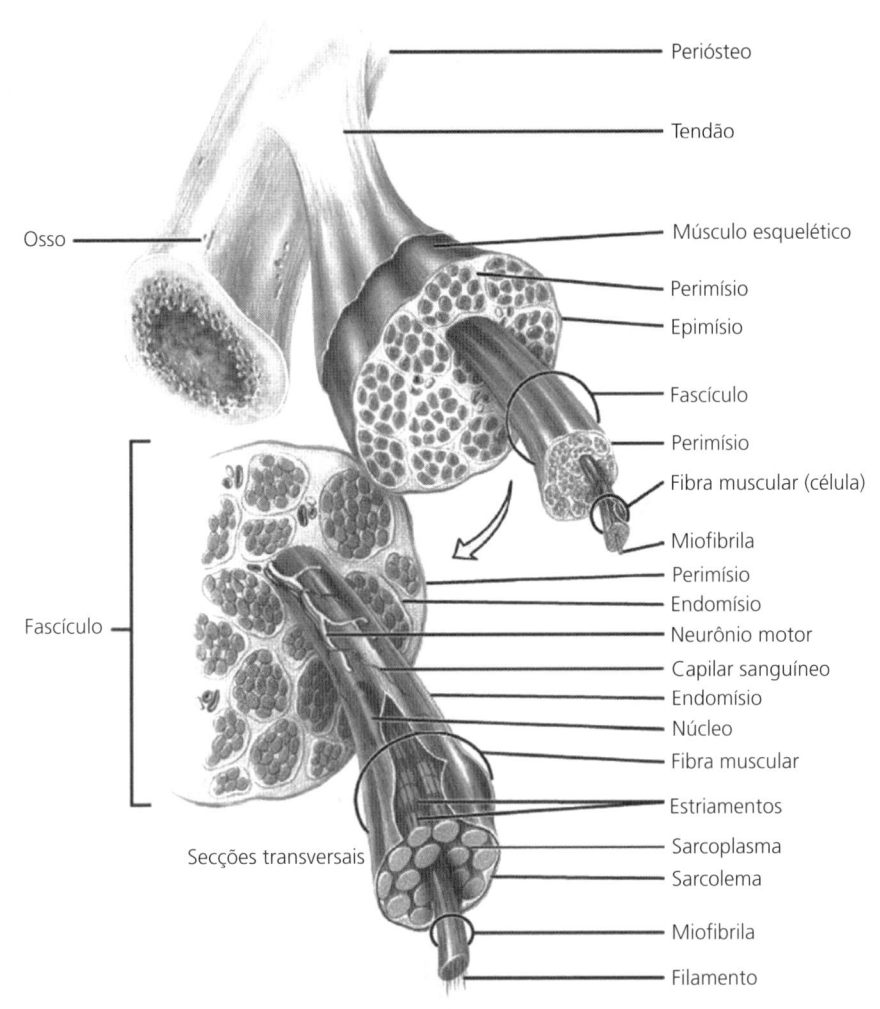

FIGURA 15.1 Representação diagramática da organização estrutural do músculo a partir de miofibrilas subcelulares até o órgão. As células musculares individuais (fibras) são rodeadas por uma camada de tecido conectivo (endomísio), que, por sua vez, está organizada em feixes (fascículos), separada por outra camada de tecido conectivo, chamada de perimísio. Os vasos sanguíneos e os nervos penetram o perimísio e servem como tecidos que suportam a função muscular. (Reimpressa, com permissão, de Tortora, G.J. e Derrickson, B., *Principles of Anatomy and Physiology*, 14th edn., John Wiley & Sons, Inc., Hoboken, NJ, 2014.)

O músculo é infiltrado por um complexo sistema de nervos que regulam a contração muscular e a manutenção do tônus muscular, bem como o sistema vascular, o qual, por meio do sangue, leva oxigênio e nutrientes ao mesmo tempo que remove os produtos metabólicos finais, tais como dióxido de carbono e lactato (Figura 15.1). O perimísio e o endomísio juntam-se para providenciar a estrutura necessária à manutenção da integridade estrutural desses tecidos enquanto o músculo descansa e, mais importante, durante o estresse mecânico da contração. Pode-se, ainda, encontrar tecido adiposo na camada perimisial, o qual é visível em carnes vermelhas como estrias brancas de gordura (marmorizado) em contraste com o fundo vermelho das miofibras. A abundância de estrias de gordura é muito utilizada como indicador visual da qualidade da carne [12].

A estrutura única das células musculares permite a transmissão de impulsos eletroquímicos, desencadeada por estimulação neural, que aumenta as concentrações intracelulares de Ca^{2+}, culminando na contração muscular. Como todas as células, a miofibra é limitada por uma membrana de plasma, conhecida como sarcolema (SL) no músculo. No entanto, o músculo esquelético SL se diferencia estruturalmente do plasmalema de outras células por invaginações periódicas perpendiculares da membrana no interior da célula do músculo, que são como dedos que forçam a superfície de um balão. Essas extensões internas do SL, conhecidas como túbulos transversos ou túbulos T, transmitem a ação potencial ou o sinal de despolarização da contração a partir da junção neuromuscular para o interior da miofibra. Os túbulos T estão em contato com uma membrana intracelular extensa e bem desenvolvida, chamada de retículo sarcoplasmático (RS), que é o equivalente muscular do retículo endoplasmático (Figura 15.2). O sistema RS envolve as organelas contráteis (miofibrilas) e funciona como um reservatório de íons Ca^{2+}, que servem como um gatilho para a contração muscular. Muitas proteínas presentes no RS são responsáveis por funções específicas relacionadas à regulação do Ca^{2+} intracelular. Algumas proteínas interiores (lúmen) do RS se ligam ao Ca^{2+} enquanto o músculo está em repouso [13]. Outras proteínas formam canais que se abrem em resposta ao sinal de despolarização, permitindo a difusão do Ca^{2+} de dentro do RS para o sarcoplasma (citoplasma); esse processo inicia a contração muscular [14]. Outra proteína do RS bombeia Ca^{2+} de volta para o lúmen do RS, permitindo, assim, o relaxamento do músculo. Essas proteínas são estudadas detalhadamente na Seção 15.3.4.6.

As células do músculo também possuem organelas típicas de outras células. Em decorrência da via de desenvolvimento pela qual as células do músculo esquelético se originam, as miofibras são caracteristicamente células multinucleadas (Figura 15.2). Os núcleos costumam ser dispersos para a periferia da célula, e normalmente são encontrados logo abaixo do SL. As mitocôndrias funcionam como transdutores de energia para a miofibra, sendo encontradas ao longo de toda a célula em associação às miofibrilas. Os lisossomos funcionam como reservatório para a família das enzimas proteolíticas conhecidas como catepsinas, as quais desenvolvem uma ação catabólica na reciclagem da proteína.

O sarcoplasma pode conter partículas de glicogênio e gotas de lipídeos, cuja quantidade dependerá do tipo de fibra muscular (oxidante ou não oxidante) e do estado nutricional e dinâmico

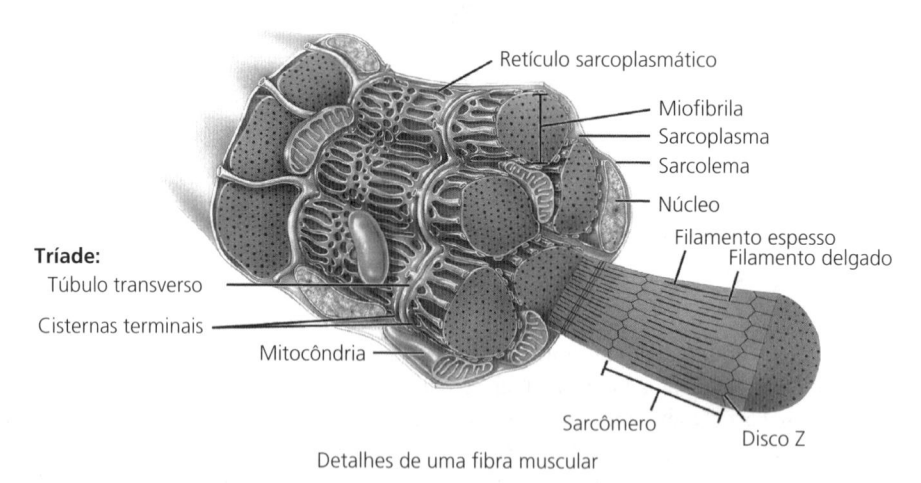

Detalhes de uma fibra muscular

FIGURA 15.2 Representação esquemática da organização estrutural da fibra muscular. As fibras musculares multinucleadas estão envolvidas pelo sarcolema (membrana celular muscular). As invaginações do sarcolema, no centro da fibra muscular, formam estruturas chamadas de túbulos transversos (túbulos T). Cada túbulo T está imprensado e ligado entre as cisternas terminais do RS, formando uma estrutura chamada de tríade. O RS (retículo endoplasmático do músculo) envolve as miofibrilas, armazena íons Ca^{2+} quando o músculo está em repouso e libera Ca^{2+} para o sarcoplasma durante a contração muscular. (Reimpressa, com permissão, de Tortora, G.J. e Derrickson, B., *Principles of Anatomy and Physiology*, 14th edn., John Wiley & Sons, Inc., Hoboken, NJ, 2014.)

(em exercício/repouso) do organismo. A mioglobina, proteína de armazenamento de oxigênio, é encontrada em vários níveis dentro do sarcoplasma, assim como várias enzimas, metabólitos, aminoácidos, nucleotídeos, e assim por diante.

A contração muscular é realizada pela ação de proteínas especializadas que se organizam em filamentos finos (ou delgados) e grossos (ou espessos) interligados paralelamente (miofilamentos), que compreendem de 80 a 90% do volume da miofibra. Os miofilamentos são agrupados em miofibrilas que funcionam de forma coordenada com as organelas das células do músculo. O alto grau de organização estrutural das miofibrilas é evidente quando finas secções longitudinais do músculo esquelético são analisadas em microscópio. Pode-se observar um padrão de faixas claras e escuras resultantes da repetição longitudinal da unidade estrutural fundamental da contração do músculo conhecida como sarcômero (Figura 15.3a). Quando vistas com luz polarizada, as bandas escuras são anisotrópicas, sendo conhecidas como "bandas A". As bandas claras, as "bandas I", são isotrópicas em luz polarizada. As extremidades do sarcômero são definidas por estruturas conhecidas como discos Z (também chamados de linhas Z), que são faixas de proteínas estreitas, escuras e densas em elétrons, as quais se localizam no centro da banda I. O termo disco Z é derivado do alemão *zwischen*, que significa "entre", indicando sua posição no centro da banda I. A matriz das proteínas que constituem os discos Z serve como estrutura de sustentação para as proteínas dos filamentos finos que saem dos dois lados do disco Z (Figuras 15.3b e 15.4).

O sarcômero é constituído de filamentos finos e grossos dispostos de forma alternada. A banda I é constituída de filamentos finos, ao passo que a banda A apresenta uma sobreposição de filamentos finos e grossos. O centro da banda A é um pouco menos denso do que as regiões distais e, por isso, se mostra mais claro, já que essa zona é constituída apenas de filamentos grossos, sem a sobreposição dos filamentos finos (Figuras 15.3b e 15.4). Essa banda é chamada de zona H, termo derivado da palavra alemã *helle*, que significa "claro". No centro da zona H existe uma zona escura análoga ao disco Z. Essa estrutura, chamada de linha M, consiste em várias proteínas que mantêm o arranjo estrutural dos filamentos compactos de proteínas, servindo como ponto de sustentação para a proteína titina que abrange toda a distância da linha M até o disco Z (ver Seção 15.3.4.5).

Em 1954, Huxley e Hanson propuseram a teoria da contração muscular, conhecida como teoria dos filamentos deslizantes, que permanece inalterada até hoje [15]. Essa teoria se baseia na observação de que o comprimento dos filamentos, tanto os finos como os mais grossos, se mantinha constante, independentemente de o músculo estar estirado, contraído ou em repouso. Em contrapartida, o comprimento do sarcômero, definido como a distância entre os centros dos discos Z adjacentes, varia de acordo com o grau de contração ou estiramento aplicado sobre a fibra. Além disso, micrografias eletrônicas de secções transversais indicaram que os filamentos finos e grossos se interligam de tal modo que um filamento grosso é cercado por um arranjo hexagonal de seis filamentos finos. Huxley e Hanson sugeriram que, quando ocorre uma contração, os filamentos finos e grossos passam um pelo outro, de forma que os finos, que se encontram na terminação oposta do sarcômero, movem-se de encontro ao outro. Isso resulta na diminuição do comprimento do sarcômero (Figura 15.4). Em compensação, o estiramento resultante do aumento da separação dos discos Z é acompanhado pelo afastamento entre os filamentos finos do sarcômero, enquanto eles se movem junto à banda A. A extensão em que os filamentos finos e espessos se sobrepõem tem grande significado prático em relação à maciez da carne. Como será visto mais adiante (Seção 15.5.3), existe uma correlação negativa entre o comprimento do sarcômero e a maciez da carne. Quando os músculos estão contraídos ao máximo, os sarcômeros encontram-se na forma mais curta possível, e a grande sobreposição entre os filamentos, junto à grande quantidade de ligações rígidas ou ligações cruzadas formadas entre os dois tipos de filamentos, resulta no aumento da rigidez da carne. Os detalhes moleculares sobre como o deslizamento dos filamentos resulta na contração do músculo são discutidos na Seção 15.3.5.

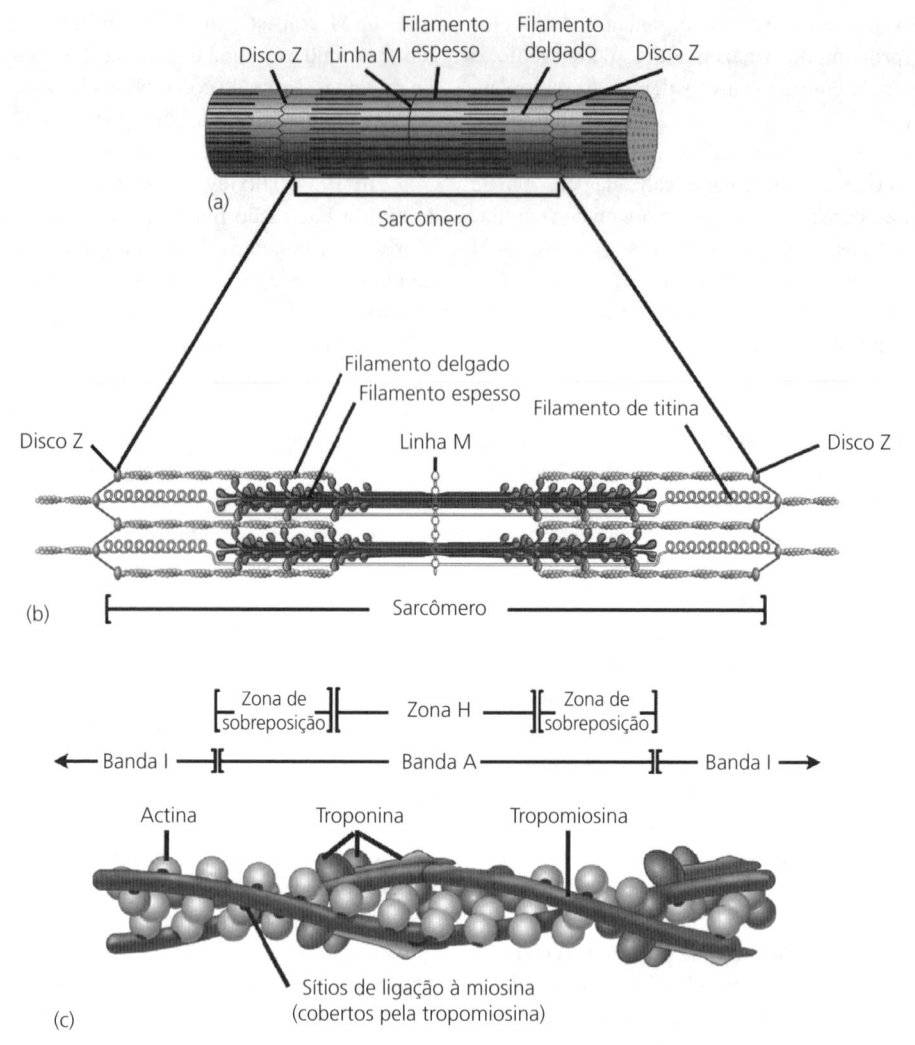

FIGURA 15.3 Arranjo estrutural do sarcômero. (a) A unidade sarcomérica da miofibrila começa em um disco Z e se estende até o próximo disco Z. No centro de cada sarcômero há um arranjo de proteínas que formam a linha M. (b) Os principais componentes do sarcômero são os filamentos delgados, ancorados no disco Z, filamentos espessos da região central do sarcômero que se sobrepõem parcialmente aos filamentos delgados e aos filamentos de titina, os quais transpõem o disco Z para a linha M. (c) Os monômeros de actina polimerizam-se para formar uma espiral de dupla cadeia, que constitui o esqueleto do filamento. A tropomiosina polimeriza-se de modo "cabeça-cauda" e se dispõe próxima ao sulco da dupla-hélice de actina, cobrindo os sítios de ligação à miosina sobre o esqueleto de actina. Uma molécula de tropomiosina transpõe sete monômeros de actina. Uma molécula de troponina (constituída de subunidades T, I e C) liga-se a uma molécula de tropomiosina via subunidade assimétrica TnT. (Reimpressa, com permissão, de Tortora, G.J. e Derrickson, B., *Principles of Anatomy and Physiology*, 14th edn., John Wiley & Sons, Inc., Hoboken, NJ, 2014.)

15.3.2 Estrutura do músculo cardíaco

O músculo cardíaco pode ser usado diretamente como alimento ou, o que é mais comum, pode ser picado e incorporado a carnes processadas, como salsichas. Assim como o músculo esquelético, o cardíaco é estriado, o que sugere um arranjo de proteínas contráteis similares às do músculo esquelético. Do ponto de vista anatômico, o arranjo das fibras é menos regular do que as fibras do músculo esquelético e, ao contrário das

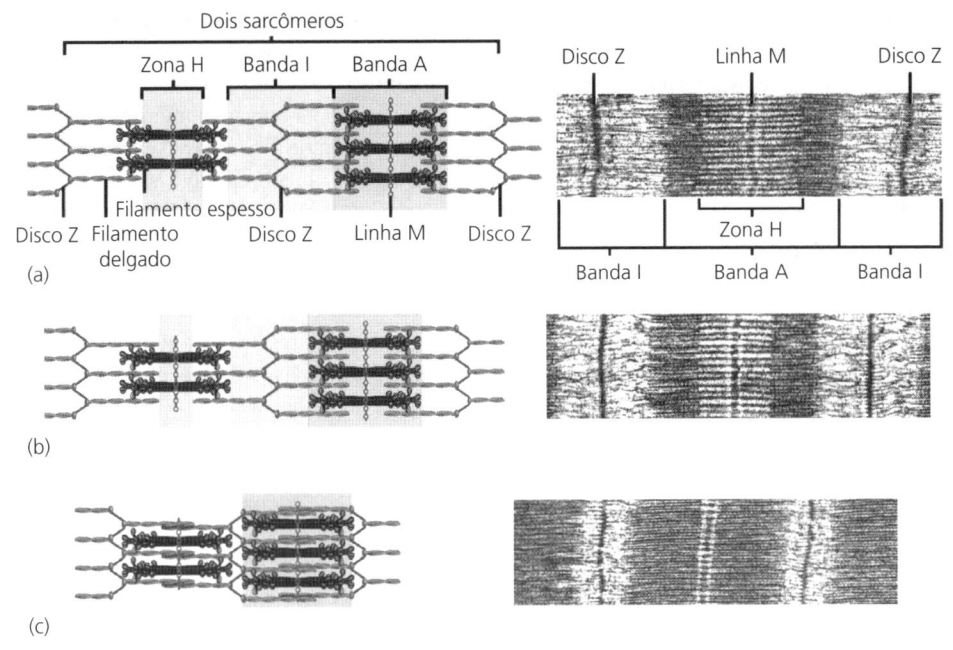

FIGURA 15.4 Ilustração da teoria dos filamentos deslizantes: (a) relaxado; (b) parcialmente contraído; e (c) contração máxima. Os filamentos espessos e delgados se interpenetram, permitindo o deslizamento de filamentos que passam um pelo outro. Observe o encurtamento da distância entre os discos Z e o aumento de sobreposição dos filamentos espesso e delgado à medida que o músculo encurta. (Reimpressa, com permissão, de Tortora, G.J. e Derrickson, B., *Principles of Anatomy and Physiology*, 14th edn., John Wiley & Sons, Inc., Hoboken, NJ, 2014.)

fibras multinucleadas deste, o músculo cardíaco normalmente apresenta entre 1 e 2 núcleos localizados no centro. Embora as proteínas contidas no dispositivo contrátil cardíaco sejam as mesmas do esquelético, as isoformas são geralmente específicas do músculo cardíaco. As diferenças nas sequências de aminoácidos entre as isoformas esquelética e cardíaca conferem diferenças na funcionalidade entre as proteínas nos alimentos a partir desses tecidos. Além disso, o mecanismo de sinalização da excitação da contração do músculo cardíaco e o mecanismo de liberação do Ca^{2+} são diferentes dos que ocorrem no músculo esquelético. Todos esses fatores têm uma grande importância no metabolismo pós-morte do músculo cardíaco e na utilização do coração como alimento. O estudo detalhado desses fatores extrapolaria o objetivo deste capítulo. Para mais informações sobre a biologia do músculo cardíaco, o leitor deverá consultar outras referências [16,17].

15.3.3 Estrutura do músculo liso

Alguns músculos lisos (p. ex., moela, estômago e intestino) são consumidos como órgãos. Ao contrário dos músculos esquelético e cardíaco, o músculo liso não apresenta um padrão estriado quando secções longitudinais são analisadas no microscópio; por isso, o termo "músculo liso". Esta aparência se deve ao arranjo desestruturado de proteínas contráteis internas desse músculo. Muitas proteínas envolvidas na contração do músculo esquelético são as mesmas envolvidas no músculo liso, mas algumas (p. ex., troponina) não se envolvem nesse processo. Existem diversos mecanismos de regulação de contração muscular entre os diferentes músculos lisos, bem como entre as diferentes espécies. Assim como ocorre com o músculo cardíaco, mesmo quando as mesmas proteínas estão presentes (p. ex., miosina, actina, tropomiosina), as isoformas são específicas para cada tecido, variando consideravelmente das isoformas esqueléticas, tanto que suas propriedades funcionais em produtos com carne processada podem diferir muito das do músculo esquelético. O leitor deve consultar outras referências para mais detalhes sobre a fisiologia e a bioquímica do músculo liso [17,18].

15.3.4 Proteínas do tecido muscular

As proteínas do músculo esquelético foram organizadas de acordo com sua solubilidade ou sua função biológica. As categorias relacionadas às funções biológicas normalmente se referem às contribuições das proteínas a estrutura do músculo, contração, metabolismo e outras. A categoria solubilidade abrange as muitas solubilidades das proteínas do músculo em diferentes concentrações de sais, compreendendo três classes primárias de proteínas. Essas classes costumam estar correlacionadas à localização celular, sendo identificadas como (1) proteínas sarcoplasmáticas, (2) miofibrilares e (3) do estroma.

Como o próprio nome indica, as proteínas sarcoplasmáticas compreendem as proteínas encontradas no sarcoplasma da miofibra, incluindo as enzimas glicolíticas, a mioglobina e outras enzimas envolvidas no metabolismo. Essas proteínas, às vezes, são chamadas de proteínas "solúveis em água", pois podem ser dissolvidas em baixa força iônica ($\approx 0{,}3$ mM). Essa fração representa $\approx 30\%$ do teor de proteínas totais do músculo [19].

A classe miofibrilar das proteínas constitui a maior porcentagem (50–60%) de proteína muscular. Essas proteínas necessitam de altas concentrações de sais (p. ex., $> 0{,}3$ M de NaCl) para sua solubilização, por isso, elas também são conhecidas como "fração solúvel em sais" das proteínas musculares. No tecido muscular, a concentração fisiológica de sal é de $\approx 0{,}15$ M. Essa concentração é baixa o suficiente para evitar que as proteínas se dissolvam no sarcoplasma, mantendo a estrutura complexa quaternária dos miofilamentos.

A miosina e a actina, os constituintes primários dos filamentos espessos e delgados (Figura 15.3b), respectivamente, abrangem $\approx 65\%$ do total das proteínas miofibrilares e $\approx 40\%$ da quantidade total de proteínas musculares [20]. Em termos de quantidade, o comportamento químico dessas duas proteínas em soluções salinas explica as propriedades de solubilidade desses grupos, bem como a melhoria ocasionada por seu uso em carnes processadas. É preciso que se leve em conta que, embora as proteínas miofibrilares na maioria das vezes sejam consideradas como muito solúveis em sais, isso se trata de uma generalização muito ampla. Por exemplo, em alguns casos, a solubilização completa das proteínas miofibrilares do bacalhau foi observada em forças iônicas muito baixas ($< 0{,}0002$) [21]. Outras proteínas miofibrilares, como o complexo troponina, quando purificadas, também solubilizam com força iônica muito baixa.

Os padrões de qualidade de produtos elaborados com carne fresca estão diretamente ligados à quantidade e à composição das proteínas do estroma ou tecido conectivo, que constituem de 10 a 20% do total das proteínas musculares. O conteúdo das proteínas do estroma varia de acordo com espécie, idade e tipo de músculo [22]. Elas normalmente são insolúveis em condições normais de extração: próximas a pH neutro, baixa ou alta concentração salina e baixas temperaturas. O colágeno é a proteína dominante da porção do estroma e também a mais abundante do corpo. As proteínas do estroma formam as camadas do tecido conectivo descritas anteriormente, as quais protegem e sustentam os músculos; dessa forma, pode haver alguma correlação entre a quantidade e a qualidade de colágeno e a maciez da carne. Além disso, as moléculas de colágeno são ligações covalentes cruzadas (ver texto a seguir), e o número dessas ligações cruzadas aumenta com a idade do animal [23]. A importância do colágeno para a qualidade da carne é acentuada pelo fato de que vários processos e métodos de cocção são elaborados com o objetivo de romper e solubilizar parcialmente as fibras do colágeno da carne, aumentando sua maciez [24].

15.3.4.1 Tecido conectivo ou proteínas da matriz extracelular

Como observado anteriormente, a ECM serve como o princípio organizador do músculo na forma de uma rede de andaimes necessária para suportar a função muscular, mantendo um grau de elasticidade [23]. Além disso, a ECM é permeado por uma complexa rede de macromoléculas, incluindo membros da família do colágeno, elastina, proteoglicanos e glicosaminoglicanos, bem como uma variedade de tipos de células, incluindo fibroblastos que sintetizam colágeno, macrófagos, células linfoides, mastócitos e eosinófilos. Até pouco tempo, pensava-se que a função primária da ECM era a manutenção estática da integridade da estrutura muscular. Agora, é evidente que a ECM desempenha um papel dinâmico na regulação do comportamento das células circundantes [25,26]. A ECM comunica informações às células por intermédio do complexo da integrina, proteínas incorporadas no SL que ligam a rede intracelular do citoesqueleto à ECM (Figura 15.5) [27]. Por meio das integrinas, a EMC regula e modula várias funções celulares, incluindo expressão gênica, migração, adesão, proliferação e diferenciação. A diferenciação do músculo esquelético é absolutamente dependente da síntese de proteoglicano [28], e os tipos de proteoglicanos expressos mudam à medida que o desenvolvimento avança [29]. Além disso, tem sido sugerido que a redução do nível de expressão das proteínas da ECM [30], bem como a degradação de integrinas no pós-morte [31], podem contribuir para a perda excessiva de líquido associada à má qualidade da carne.

As proteínas dominantes que compõem a ECM são membros da família do colágeno e, portanto, serão o foco da maior parte da discussão sobre as proteínas da ECM. O termo "colágeno" refere-se a um grupo de pelo menos 29 diferentes tipos de proteínas que são produtos de mais de 30 genes encontrados em tecidos conectivos em todo o corpo, incluindo ossos, tendões, cartilagens, vasos sanguíneos, pele, dentes e músculos [32]. O colágeno contribui em vários graus para a resistência de alguns alimentos musculares, enquanto na forma semipura, e é um importante ingrediente funcional como a gelatina. A contribuição do colágeno para a tenacidade da carne está em parte correlacionada com o tamanho e a função no animal. Músculos esqueléticos de pequenos animais e peixes, por exemplo, têm menos necessidade de força de sustentação de peso e tendem a ser compostos de níveis mais baixos de colágeno e de menor reticulação em relação a colágenos em animais terrestres de grande porte.

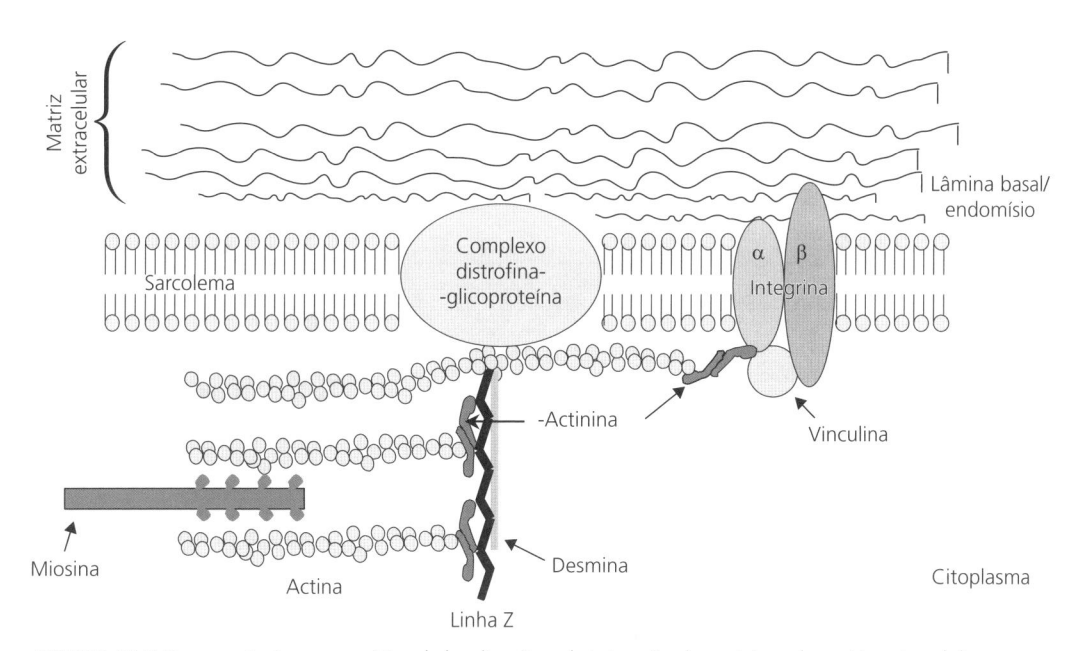

FIGURA 15.5 Representação esquemática da localização e da interação de proteínas da matriz extracelular com a rede de proteínas do citoesqueleto intracelular. As proteínas da matriz extracelular conectam-se ao citoesqueleto celular por meio do complexo da integrina embebido no sarcolema. (Modificada, com permissão, de Lewis, M.P. et al., *Eur. J. Oral Sci.*, 109, 209, 2001.)

Os colágenos são agrupados de acordo com as estruturas supramoleculares que eles formam. Esses grupos incluem (1) estriados ou fibrilares, (2) não fibrosos ou formadores de rede, (3) microfibrilares ou filamentosos e (4) colágenos associados a fibrilas com triplas-hélices interrompidas (FACITs). Por convenção, cada produto gênico de proteína de colágeno é identificado por um numeral romano, por exemplo, Tipo I, Tipo II,... até o Tipo XXIX, com base na ordem cronológica de descoberta. Dos 29 tipos de colágeno, os Tipos I, III, IV, V, VI, XII e XIV são encontrados no músculo [33]. A seguir, estão descritos alguns exemplos de tipos de colágeno associados ao músculo.

Os colágenos Tipo I, III e V são membros da família do colágeno fibrilar, caracteristicamente encontrados na ECM. Um estudo desses colágenos por microscopia eletrônica mostrou bandas repetidas a cada 64 a 70 nm, resultantes de arranjos alinhados lado a lado das moléculas de colágeno (Figura 15.6). Esses três tipos de colágeno estão associados ao epimísio, que consiste apenas de colágeno Tipo I e perimísio, que inclui os Tipos I e III, com algum tipo de colágeno Tipo V [23]. Acredita-se que o colágeno Tipo III seja uma forma embrionária de colágeno, já que sua expressão é mais alta no embrião e no neonato e diminui em conjunto com o aumento do colágeno Tipo I. Parte da literatura mais antiga sobre músculos refere-se a uma fração de proteína estromal resistente ao calor, chamada de reticulina, que forma pequenas fibras dentro do perimísio. É agora evidente que essas fibras são principalmente colágeno Tipo III com quantidades menores de outros colágenos, glicoproteínas e proteoglicanos [34]. Existem alguns estudos que sugerem uma correlação entre a relação de colágeno Tipo I e Tipo III e a tenacidade da carne, porém esses estudos se mostraram inconclusivos [23].

O colágeno Tipo IV pertence ao grupo de colágeno formador de rede [23], e, ao contrário dos colágenos fibrosos, o colágeno Tipo IV forma uma aparência de folha semelhante à estrutura de uma cerca de arame. Essa estrutura se forma a partir das diferenças na sequência de aminoácidos que previnem a associação lado a lado observada no grupo de colágeno fibroso. O colágeno do Tipo IV é um dos componentes predominantes da membrana basal, uma estrutura em forma de folha preguada imprensada e ligada ao SL à camada endomisial da ECM. O colágeno Tipo IV também é encontrado em associação com colágenos Tipos I, III e V no endomísio [23].

A unidade básica do colágeno é chamada de tropocolágeno. Este é formado por três cadeias de polipeptídeos entrelaçadas como uma bobina, em um formato helicoidal, formando uma molécula linear com 180 nm de comprimento e 1,4 a

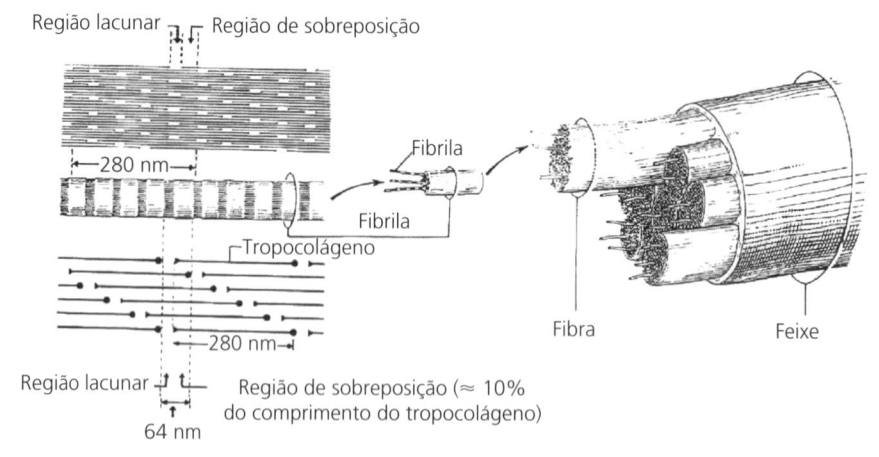

FIGURA 15.6 Formação de fibrilas do colágeno. As unidades de tropocolágeno organizam-se em arranjos de conformação torsa, lado a lado, com sobreposição cabeça-cauda. Lacunas e sobreposições criadas na conformação torsa das unidades do tropocolágeno geram o aparecimento de zonas claras (regiões lacunares) e zonas escuras (regiões de sobreposição). As fibrilas de colágeno envolvem as fibras musculares, os feixes de fibras e o músculo. (Reimpressa, com permissão, de Junqueira, L.C. et al., *Basic Histology*, Appleton & Lange, Norwalk, CT, 1989.)

1,5 nm de largura (Figura 15.7). As cadeias podem ser idênticas ou podem diferir na sequência de aminoácidos, dependendo do tipo de colágeno. Por exemplo: o colágeno Tipo I é formado por duas cadeias idênticas de polipeptídeos, denominadas α1(I), e por uma cadeia com uma sequência diferente de aminoácidos, denominada α2(I). O colágeno Tipo III é formado por três cadeias iguais: α1(III). Por convenção, os numerais arábicos são utilizados para identificar diferentes cadeias de colágeno dentro de um determinado tipo, ao passo que os numerais romanos referem-se ao tipo de colágeno. Portanto, as cadeias α1 do colágeno Tipo I são diferentes das cadeias α1 do colágeno Tipo III.

No colágeno Tipo I, uma cadeia de polipeptídeos comum apresenta ≈ 1.000 resíduos de aminoácidos, com uma sequência repetida ao longo da cadeia de $(Gly-X-Y)_n$. O resíduo X quase sempre é prolina, e o Y, hidroxiprolina ou hidroxilisina. Os outros aminoácidos são formados por hidroxilação pós-traducional de prolina e lisina pela prolil hidroxilase e lisil hidroxilase, respectivamente. Em geral, os colágenos contêm ≈ 33% de glicina, 12% de prolina, 11% de alanina, 10% de hidroxiprolina, 1% de hidroxilisina e pequenas quantidades de aminoácidos polares e carregados. O triptofano está ausente no colágeno; na verdade, essa falta às vezes é utilizada como critério em preparações que exigem a pureza de colágeno. A dominância dos aminoácidos identificados anteriormente e a notável ausência da maioria dos aminoácidos essenciais tornam o colágeno (particularmente quando consumido como gelatina ou como um hidrolisado de colágeno) uma fonte pobre de proteína na dieta humana.

Como em todas as proteínas, a estrutura primária do colágeno determina o dobramento e a montagem da família de proteínas do colágeno. A presença de glicina no início de cada trinca de aminoácidos, seguida normalmente de um resíduo de prolina, forma uma extensa cadeia α-polipeptídica que gera uma hélice única, superficial e levógira. No colágeno Tipo I, três cadeias α formam uma tripla-hélice espiral dextrógira, a qual forma a molécula de tropocolágeno (Figura 15.7). Estudos de estrutura indicam que a cadeia lateral de cada resíduo de glicina, composta por um átomo de hidrogênio, é direcionada para o centro da espiral da hélice. Devido ao tamanho reduzido do átomo de hidrogênio, em comparação com outras cadeias de aminoácidos, a glicina é o único aminoácido cuja cadeia pode adaptar-se a essa estrutura. Além disso, cada cadeia é ligeiramente escalonada em relação às outras duas. Isso permite uma ligação de hidrogênio entre o hidrogênio da amida polipeptídica de um resíduo de glicina, com o oxigênio carbonílico do resíduo X adjacente em outra cadeia. A presença de prolina e de hidroxiprolina em intervalos frequentes ao longo da sequência impede que a cadeia adote a forma clássica de α-hélice em razão das limitações possíveis dos ângulos φ e desses resíduos. Ademais, eles não possuem átomos de hidrogênio amida, os quais costumam

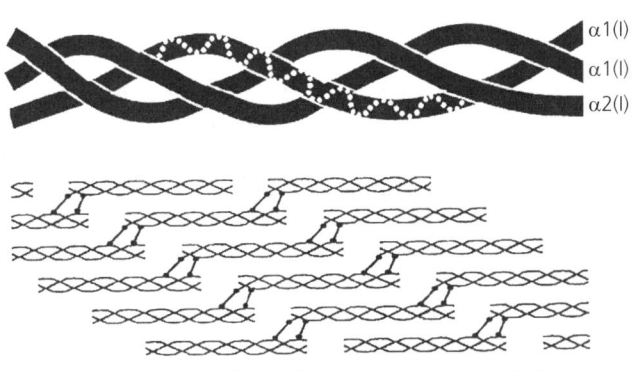

FIGURA 15.7 Representação esquemática da tripla-hélice do tropocolágeno e de ligações cruzadas entre moléculas de tropocolágeno em uma fibrila de colágeno. (Reimpressa, com permissão, de Chiang, W. et al., em: *Food Chemistry: Principles and Applications,* 2nd edn., Y.H. Hui, ed., Science Technology System, West Sacramento, CA, 2007.)

estar presentes na estabilização das α-hélices. Os grupos hidroxi da hidroxiprolina e da hidrolisina também são estabilizados pelas ligações de hidrogênio da cadeia. Por isso, a estrutura secundária do colágeno é pouco comum, na forma de uma hélice estendida, relativamente rígida, sendo muito característica entre as proteínas [34].

Os polipeptídeos de colágeno são sintetizados como precursores, chamados de cadeias pro-α. Esses polipeptídeos precursores apresentam uma sequência-sinal aminoterminal que direciona o polipeptídeo para o lúmen do retículo endoplasmático do fibroblasto. Seguindo essa sequência-sinal no N-terminal assim como no C-terminal, encontra-se uma série de resíduos adicionais, denominados propeptídeos. Na entrada do polipeptídeo dentro do lúmen do retículo endoplasmático, alguns resíduos de prolina e lisina são hidroxilados e alguns poucos resíduos de hidroxilisina são glicosilados. As cadeias pro-α então se combinam, formando uma molécula de tripla-fita de procolágeno. Acredita-se que as sequências de propeptídeos iniciam a formação da molécula de procolágeno e previnem a formação de fibrilas volumosas dentro da célula, as quais não podem ser secretadas com facilidade [23].

O procolágeno é secretado para a ECM, onde as proteinases rompem os propeptídeos nos dois lados da molécula, formando o tropocolágeno, que começa a se unir com outras moléculas de tropocolágeno, formando fibrilas. As moléculas de tropocolágeno se unem na forma de conformação torsa por meio de associações lado a lado estabilizadas primeiramente pelas interações hidrofóbicas e eletrostáticas. Os resíduos de tropocolágeno N-terminal 14 e C-terminal 10 não apresentam a sequência característica Gly-X-Y encontrada na maioria das moléculas de tropocolágeno; e, como consequência, essas regiões de "telopeptídeos" não formam a característica hélice do colágeno.

As regiões telopeptídicas estão presentes na formação das ligações cruzadas covalentes intermoleculares entre as cadeias (Figura 15.7). Essas ligações cruzadas fornecem a estabilidade e a força tensora necessárias à estrutura supramolecular. Existem quatro resíduos-chave envolvidos no início das ligações das cadeias de tropocolágeno: dois resíduos de lisina ou hidroxilisina de telopeptídeos N-terminal e dois resíduos lisina ou hidroxilisina de telopeptídeos C-terminal. O arranjo cabeça-cauda-torso das moléculas de tropocolágeno permite a interação entre os telopeptídeos N-terminal com os telopeptídeos adjacentes C-terminal.

A etapa que precede a ligação cruzada é a desaminação oxidativa dos resíduos de lisina ou hidroxilisina, a qual forma, respectivamente, a alisina e a hidroxialisina, por meio da ação da enzima lisil oxidase. As reações subsequentes ocorrem espontaneamente pela condensação do aldol ou pela formação de bases de Schiff, resultantes da condensação de grupos amina da lisina ou da hidroxilisina com aldeídos da alisina ou da hidroxialisina. Vários exemplos de reações de ligações cruzadas são mostrados na Figura 15.8. As ligações cruzadas divalentes formadas por essas reações podem ser reduzidas por boro-hidreto, e são, assim, chamadas de "ligações cruzadas reduzíveis".

Ao longo do envelhecimento do animal, as ligações divalentes reduzíveis se tornam mais estáveis, não reduzíveis e trivalentes. Dois tipos dessas ligações cruzadas foram identificados: hidroxilisilpiridinolina (HP) e lisilpiridinolina (LP) (Figura 15.9), sendo que a última está presente em quantidades insignificantes no músculo. É provável que a HP se forme pela condensação de duas ligações cruzadas de cetoamina (Figura 15.8), como evidenciado pelo desaparecimento estequiométrico das ligações cruzadas redutíveis, com o aparecimento concorrente de formas não redutíveis. Ao contrário das ligações cruzadas redutíveis, as não redutíveis são estáveis ao calor, tendo uma importância muito grande para a maciez da carne. Além disso, outras ligações cruzadas que se formam espontaneamente durante a maturação contribuem para o enrijecimento da carne, situação também observada em animais mais velhos [23,33].

As ligações cruzadas variam não só com a idade, mas também com função muscular (p. ex., postural vs. locomotora), espécie, exercício e ingestão de promotores de crescimento. Além disso, à medida que a quantidade e o nível de ligações cruzadas são relacionados com a rigidez da carne, torna-se evidente que há um efeito mais intenso desses dois componentes. Músculos menos macios, como o *biceps femoris*

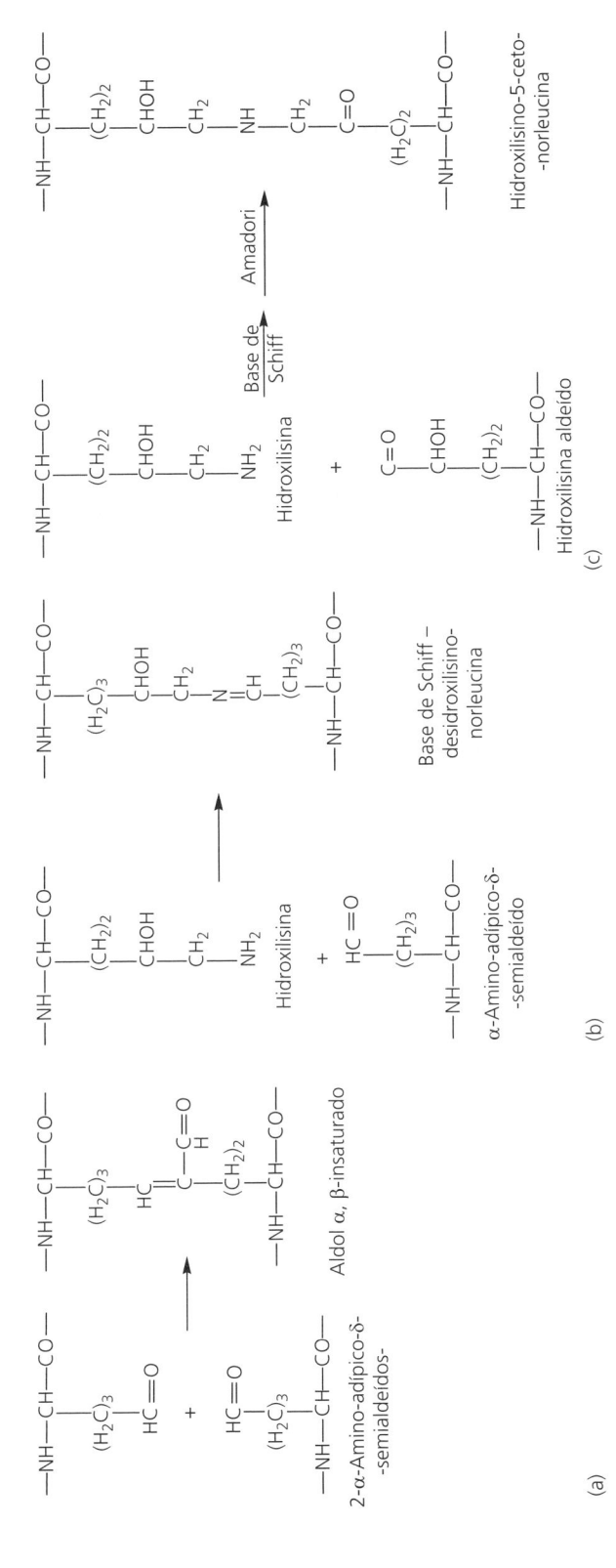

FIGURA 15.8 Mecanismo pelo qual as cadeias laterais do colágeno podem formar ligações cruzadas. (a) Condensação de aldol de dois resíduos de alisina seguida de perda de uma molécula de água. (b) Formação de base de Schiff após condensação de hidroxilisina com alisina e (c) formação de base de Schiff após condensação de hidroxilisina e hidroxialisina. A base de Schiff intermediária sofre rearranjo de Amadori para formar hidroxilisino-5-ceto-norleucina.

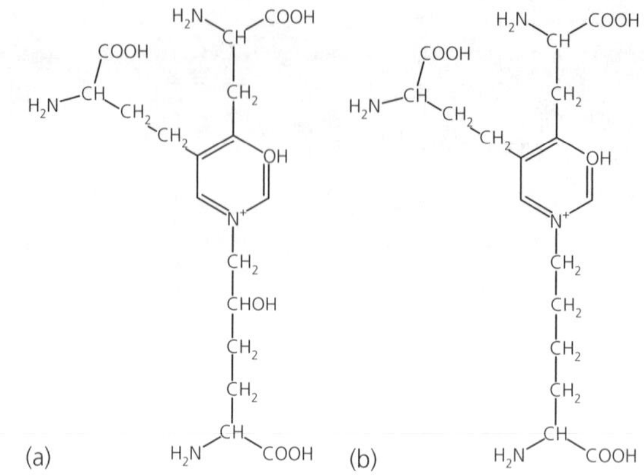

FIGURA 15.9 Estruturas de ligações cruzadas de colágeno (a) HP e (b) LP.

bovino, apresentam altas concentrações de colágeno, bem como grandes concentrações de HP. Por outro lado, um músculo relativamente macio como o *longissimus dorsi* possui apenas metade ou um terço da quantidade total de colágeno e HP do músculo anterior. O *gluteus medius* apresenta uma alta concentração de colágeno e uma baixa concentração de HP, ao passo que o músculo peitoral apresenta pouco colágeno, mas altos níveis de HP. Os dois músculos são relativamente macios. Dessa forma, a rigidez do músculo parece estar mais relacionada ao efeito aditivo desses dois parâmetros do colágeno [35].

15.3.4.2 Proteínas sarcoplasmáticas

As proteínas sarcoplasmáticas estão presentes em grande quantidade (25–30% da proteína total do músculo) e, como o próprio nome sugere, elas estão localizadas na porção sarcoplasmática da célula do músculo [19]. Muitas das proteínas (não todas) são enzimas envolvidas na glicólise, na síntese glicogênica e na glicogênese (Tabela 15.5). Uma enzima, a gliceraldeído fosfato desidrogenase, é responsável por mais de 20% da fração sarcoplasmática. Juntas, as quatro ou cinco enzimas glicolíticas mais abundantes são responsáveis por mais da metade do conteúdo da proteína sarcoplasmática. Outras proteínas incluem enzimas do ciclo das pentoses e enzimas auxiliares como creatinocinase (fração solúvel), monofosfato de adenosina (AMP) desaminase, e a proteína de armazenamento do oxigênio, mioglobina.

A abundância de algumas proteínas encontradas no sarcoplasma pode variar muito dependendo de espécie, raça, tipo de fibra do músculo, idade do animal e genética. Por exemplo: a mioglobina tende a ser pouco abundante em animais jovens, o que explica a cor pálida da vitela em comparação à carne de animais adultos. O músculo do peito de frango e os músculos de alguns peixes apresentam uma cor levemente avermelhada, devido á baixa quantidade de mioglobina. Já a coxa e a sobrecoxa do frango apresentam uma coloração avermelhada mais forte do que o peito, pois seus níveis de mioglobina são maiores. Os músculos da baleia apresentam os maiores níveis de mioglobina conhecidos: mais de 70% das proteínas sarcoplasmáticas dos músculos das baleias são mioglobina [19].

Outra enzima com um papel importante, tanto no músculo vivo como na sua conversão pós-morte é a creatinocinase. Essa enzima é encontrada tanto na fração solúvel da proteína sarcoplasmática como em um componente da proteína matriz linha M da miofibrila. A creatinocinase mantém estáveis os níveis de trifosfato de adenosina (ATP) para serem utilizados pelo músculo quando ele é submetido a grandes demandas de energia, como em uma corrida ou em um levantamento de peso [36]. Os níveis de ATP são consumidos rapidamente antes que o metabolismo oxidativo e a glicólise possam repor essa perda. A creatina fosfato (CrP) serve como um reservatório de alta energia, podendo doar seu

TABELA 15.5 Abundância de proteínas sarcoplasmáticas no músculo

Proteína	mg/g
Fosforilase B	2,5
Fosfoglicomutase	1,5
Fosfoglicomutase isomerase	1,0
Fosfofrutocinase	1,0
Aldolase	6,0
Triose fosfato isomerase	2,0
α-Glicerofosfato desidrogenase	0,5
Gliceraldeído fosfato desidrogenase	12
Fosfoglicerato cinase	1,2
Fosfoglicerato mutase	1,0
Enolase	5
Piruvato cinase	3
Lactato desidrogenase	4
Creatinocinase	5
Adenilato cinase	0,5
AMP desaminase	0,2
Mioglobina	0,5–2,0

Fonte: compilada de Scopes, R.K. (1970). Characterization and study of sarcoplasmic proteins (Ch. 22). Em: *The Physiology and Biochemistry of Muscle as a Food*, 2nd edn., (E.J. Briskey, R.G. Cassens, e B.B. Marsh, eds.), The University of Wisconsin Press, Madison, WI, pp. 471–492.

fosfato ao difosfato de adenosina (ADP) em uma reação catalisada pela creatinocinase:

$$CrP + MgADP \rightarrow MgATP + Cr$$

No músculo em repouso, enquanto a glicólise e o metabolismo oxidativo restauram os níveis de ATP, esse processo é revertido, e uma parte do excesso de energia metabólica é convertida de ATP para a forma de reserva de creatina fosfato.

Duas outras proteínas importantes na fração sarcoplasmática são a adenilato cinase e a AMP desaminase. Enquanto o ATP é utilizado para suprir as demandas de energia, o ADP é convertido outra vez em ATP por glicólise, fosforilação oxidativa e creatinocinase. A adenilato cinase é outra enzima que suporta a demanda de energia pela síntese de ATP por meio da seguinte reação:

$$2ADP \rightarrow ATP + AMP$$

Durante o período de demanda intensa de energia no músculo, como em uma corrida, bem como durante a fase inicial do pós-morte, em que o músculo se transforma em carne, os níveis de ATP baixam rapidamente. Essa reação se torna mais importante quando outras fontes de geração de ATP estão escassas. O outro produto, o AMP, é desaminado pela ação da AMP desaminase em monofosfato de inosina (IMP), por meio da seguinte reação:

$$AMP \rightarrow IMP + NH_3$$

O IMP é posteriormente degradado em hipoxantina, que tem um sabor amargo. A hipoxantina há muito tempo é considerada um indicador bioquímico do tempo de pós-morte do músculo do peixe.

Por fim, há várias proteinases envolvidas no crescimento do músculo, em sua manutenção e na degradação de proteínas do músculo pós-morte. O papel dessas enzimas na idade e na maciez do músculo será descrito na Seção 15.4.1. Outro grupo de proteínas sarcoplasmáticas não é solúvel, mas elas podem ser solubilizadas utilizando-se várias metodologias de extração. Essas proteínas incluem membros dos microfilamentos e dos filamentos intermediários pertencentes à rede de proteínas do citoesqueleto no músculo.

15.3.4.3 Proteínas contráteis
15.3.4.3.1 Miosina

Como o colágeno, a miosina é uma superfamília composta de muitas proteínas intimamente relacionadas que são encontradas em quase todas as células e desempenham funções importantes na motilidade celular. As miosinas são organizadas em um número cada vez maior de classes filogenéticas baseadas amplamente na função e na similaridade de sequência. Atualmente, existem 24 classes dentro da superfamília miosina; as isoformas dos músculos esquelético, cardíaco e liso compreendem as miosinas de Classe II [37]. Mesmo dentro da classe de miosina Tipo II, existem muitas isoformas de proteínas diferentes que são produtos de genes diferentes ou que sofrem uniões alternativas. Essas isoformas são diferencialmente expressas dependendo de fatores como estágio de desenvolvimento (embrião, neonato, adulto), tipo de tecido muscular (esquelético, cardíaco, liso) e tipo de fibra (rápida, intermediária, lenta).

A miosina age como um motor molecular para a contração muscular. Ela é a proteína predominante da banda A, correspondendo a 45% da proteína miofibrilar, sendo a mais abundante do músculo esquelético [20]. A molécula da miosina é constituída de seis subunidades: duas "cadeias pesadas" de M_r próximo de 220.000 e quatro "cadeias leves", cujas massas variam entre 16.000 e 20.000 [38]. Essas seis subunidades se combinam para formar uma estrutura quaternária com uma massa molecular de $\approx$ 520.000, e aparência de duas sequências globulares projetadas a partir do final de uma haste (Figura 15.10a). A extremidade N-terminal de cada cadeia pesada se dobra em uma estrutura chamada de cabeça da miosina, ao passo que a porção C-terminal (60% de resíduos) consiste em uma importante sequência que dá origem a uma longa α-hélice. As hélices das duas cadeias pesadas se entrelaçam, formando uma espiral tipo haste. As duas cadeias leves de miosina se embrulham à cabeça da miosina. Essas cadeias são formadas por dois peptídeos solúveis em álcali, conhecidos como cadeia leve 1 (LC1) ($M_r \approx 20.900$) e cadeia leve 3 (LC3) ($M_r \approx 16.600$), respectivamente. A cadeia leve de miosina 2 ($M_r \approx 18.000$) é por vezes referida como cadeia leve DTNB, porque o tratamento da miosina com ácido (5,5'-ditiobis)-2-nitrobenzoico (DTNB) remove essa proteína da cabeça da miosina. Cada cabeça contém uma cadeia leve solúvel em álcali e uma cadeia leve DNTB. A cadeia leve DTNB, às vezes, é chamada de cadeia leve regulatória, pois ela é necessária à regulação-base da miosina na contração muscular em moluscos e outros músculos lisos de organismos mais evoluídos. Da mesma forma, a LC1 e a LC3 são chamadas de cadeias leves essenciais. Juntas, as cadeias leves desempenham papéis importantes na ligação da actina pelas cadeias pesadas da miosina e no ajuste fino da cinética da hidrólise do ATP e consequente função contrátil.

A cabeça e a haste da molécula de miosina exercem funções distintas e muito importantes. Sob condições fisiológicas, as moléculas de miosina se unem por meio de associações lado a lado na conformação torsa da porção da haste de cada molécula (Figura 15.10b). Sendo assim, o domínio da haste da miosina fornece a base estrutural para a formação do filamento espesso. Os filamentos grossos são dispostos de maneira bipolar, de tal forma que a origem do filamento é a linha M, localizada no centro do filamento grosso. As moléculas de miosina prosseguem em direções opostas, afastando-se da linha M (Figura 15.3c). As cabeças da miosina se projetam radialmente a partir de cada filamento, sendo direcionadas aos filamentos delgados (Figura 15.10c). A parte de cima da cabeça da miosina liga-se à actina, a proteína que forma a espinha dorsal do filamento delgado. A cabeça da miosina também contém um sítio de ligação ATP e serve como motor molecular que efetua a contração muscular.

O tamanho e as características de solubilidade da miosina dificultaram o estudo das propriedades contráteis e enzimáticas da proteína nativa. No entanto, os pesquisadores descobriram, no início da década de 1950, que uma breve proteólise da miosina com tripsina ou papaína resultava em fragmentos da proteína que eram mais adequados para o estudo em condições fisiológicas. Dois produtos primários desta proteólise controlada foram obtidos, e cada fragmento reteve características estruturais e funcionais específicas encontradas na proteína intacta [39]. Um fragmento, chamado de meromiosina pesada (HMM, do inglês *heavy meromyosin*), é constituído de duas cabeças de miosi-

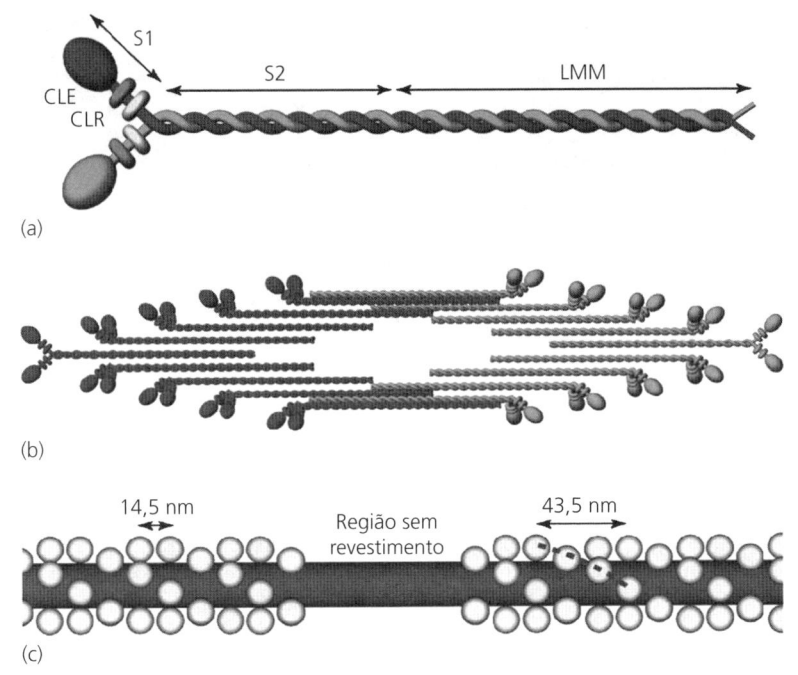

FIGURA 15.10 Representação esquemática das propriedades estruturais da molécula de miosina e seu arranjo nos filamentos espessos. (a) Uma molécula funcional de miosina consiste em duas cadeias pesadas, e cada qual forma um domínio de cabeça globular e uma α-hélice similar a uma haste. As hélices das duas cadeias pesadas formam uma espiral similar a uma haste. Duas cadeias leves ligam a região do pescoço de cada cadeia pesada: qualquer uma das duas cadeias leves essenciais (CLE), conhecidas como cadeias leves 1 e 3, e a cadeia leve reguladora (CLR), também conhecida como cadeia leve 2. Proteólise controlada da miosina produz meromiosina pesada (HMM) e leve (LMM). A proteólise controlada gera dois subfragmentos da HMM: o subfragmento 1 (S1), que consiste nos domínios de cabeça e pescoço da HMM, e o subfragmento 2 (S2), que serve como um elo entre a cabeça de miosina e a porção da haste que está envolvida na formação de filamentos (LMM). (b) As moléculas de miosina organizam-se em arranjos bipolares, torsos para formar filamentos espessos. (c) As cabeças de miosina radiam a partir do eixo do filamento de modo espiral. Paralelamente, as moléculas de miosina adjacentes estão em conformação dispersa por uma distância de 14,5 nm; as cabeças de miosina encontram-se separadas por uma distância translacional de 43,5 nm. (Reimpressa, com permissão, de Craig, R., e Woodhead, J.L., *Curr. Opin. Struct. Biol.*, 16, 204, 2006.)

na mais uma pequena porção da haste da miosina que sai de cada cabeça. A HMM mantém a ligação da actina e as atividades de hidrólise do ATP da molécula-mãe da miosina. A porção restante da haste é chamada de meromiosina leve (LMM, do inglês *light meromyosin*); ela retém os compostos moleculares determinantes que permitem a organização das moléculas individuais de miosina em filamentos grossos. Posteriormente, descobriu-se que os tratamentos adicionais proteolíticos de HMM resultaram em ruptura na junção cabeça-cauda, formando dois produtos. Um produto resultante da cabeça da miosina foi chamado de subfragmento 1 (S1) e a porção curta da cauda foi chamada de subfragmento 2 (S2) (Figura 15.10a).

O subfragmento 2 não possuía nem a propriedade de automontagem nem a atividade motora molecular da molécula de origem. Dessa forma, esse subfragmento parece servir como um segmento de conexão que separa a cabeça da miosina do filamento grosso da haste [40].

O subfragmento 1 da miosina foi cristalizado, e sua estrutura molecular foi determinada a uma alta resolução [41]. Entre os vários aspectos observados na estrutura do S1, dois sulcos se destacam. Um serve como local de ligação do ATP, e o outro, como local de ligação da actina (Figura 15.11). Essas duas funções constituem as propriedades essenciais da atividade motora molecular da molécula de miosina. Além disso, a estrutura

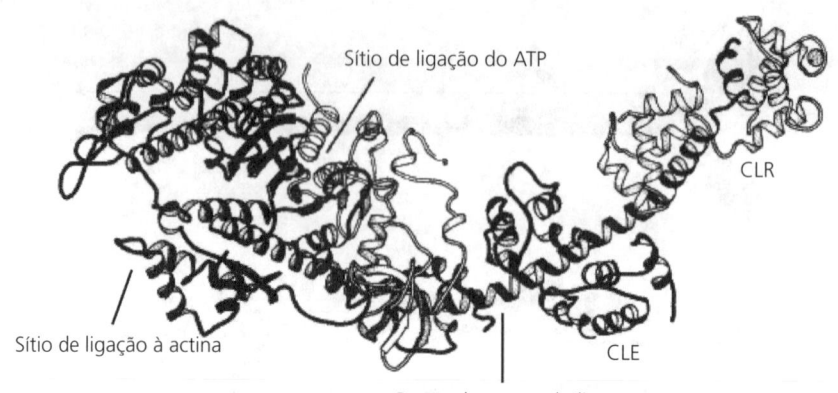

FIGURA 15.11 Representação da estrutura tridimensional do subfragmento 1 da miosina. Dois sulcos são proeminentes na cabeça da miosina: um sítio de ligação à actina, que serve como domínio para formação de ligações cruzadas, e um sítio de ligação a nucleotídeos, no qual o ATP sofre hidrólise para gerar energia mecânica como suporte à contração muscular. A estrutura também indica uma longa α-hélice, que serve como domínio de ligação para as cadeias leves, e como um braço-alavanca sobre o qual ocorrem as mudanças conformacionais da miosina durante a contração e o relaxamento. CLR, cadeia leve reguladora; CLE, cadeia leve essencial. (Reimpressa, com permissão, de Rayment, I. et al., Annu. Rev. Physiol., 58, 671, 1996.)

apresenta um segmento longo alfa-helicoidal que conecta a cabeça da miosina (S1) à haste da miosina (S2). Essa espiral funciona como um braço de alavanca, no qual se realiza a mudança conformacional associada ao movimento da cabeça da miosina durante a contração muscular.

15.3.4.3.2 Actina

Como a miosina, a actina é uma proteína quase onipresente encontrada em quase todas as células eucarióticas e procarióticas. No entanto, ao contrário da miosina, a actina é uma das famílias mais amplamente conservadas de proteínas encontradas na natureza. Correspondendo a ≈ 20% da proteína miofibrilar, a actina é a segunda proteína mais abundante do músculo [20]. O monômero de actina, chamado de actina globular ou actina G, é uma cadeia única de polipeptídeos com massa molecular de 42.000 Da e contém um único local de ligação para nucleotídeo de adenina. O termo actina G deriva da visão histórica de que o monômero era esférico. Quando a estrutura cristalina de alta resolução da actina G foi determinada, tornou-se claro que, na verdade, a molécula tem o formato da casca de um amendoim, com dois grandes domínios subdivididos em outros dois subdomínios [42]. No entanto, o termo actina G continuou a ser utilizado para descrever o monômero de actina.

A actina G permanece monomérica sob forças iônicas muito baixas. No entanto, sob condições fisiológicas aproximadas de forças iônicas acopladas à presença de MgATP, a actina se polimeriza na forma cabeça-cauda, formando filamentos de dupla cadeia, espirais e finos, chamados de actina filamentosa ou actina F [43]. O final de cada filamento é ancorado no disco Z, e os filamentos se projetam para a linha M, localizada no centro do sarcômero (Figura 15.3b). Devido à natureza direcional dos filamentos finos, os filamentos de actina que ficam nos lados opostos da linha M são direcionados uns contra os outros, como setas dentro do sarcômero. O comprimento dos filamentos finos é precisamente de 1 μM. Acredita-se que outros filamentos finos de proteínas, como nebulina, tropomodulina e proteína CapZ, desempenhem um papel-chave no controle do tamanho individual dos filamentos finos [38].

A actina desempenha duas funções na miofibrila. Ela se liga à miosina durante a contração muscular, formando ligações cruzadas de actomiosina entre os dois filamentos. A ligação da actina à miosina ativa a ATPase da miosina, fazendo a miosina agir como um motor molecular que puxa filamentos delgados antes dos espessos, para encurtar o sarcômero. Além disso, a actina forma o suporte principal para a ligação da tropomiosina e da troponina, duas proteínas que agem em conjunto para regular a interação actina-miosina em resposta às mudanças dos níveis de Ca^{2+} sarcoplasmático.

15.3.4.4 Proteínas reguladoras

15.3.4.4.1 Tropomiosina

A tropomiosina, junto à troponina, constitui o "interruptor" regulatório que ativa ou desativa a contração muscular no interior do sarcômero [44]. Ela é constituída de duas subunidades alfa-helicoidais ($M_r \approx$ 37.000 Da) que se entrelaçam para formar uma proteína longa, espiral, com massa molecular de $\approx$ 74.000 Da. Duas subunidades diferentes de isoformas de tropomiosina, denominadas α e β-tropomiosinas, são encontradas no músculo esquelético. Essas subunidades podem se combinar de formas variadas para formar homodímeros (αα ou ββ) ou heterodímeros (αβ) [45]. A quantidade de cada isoforma encontrada na miofibra depende do tipo de fibra do músculo (rápida vs. lenta), tipo do músculo (p. ex., esquelético, cardíaco ou liso), estágio de desenvolvimento (embrionário, neonatal ou adulto) e espécie. Além disso, a emenda alternativa pós-traducional gera várias isoformas de tropomiosina adicionais que, presumivelmente, fornecem um nível adicional de modulação das propriedades contráteis de diferentes tipos de miofibras.

Assim como a actina, a tropomiosina se polimeriza sob forças iônicas fisiológicas de modo cabeça-cauda, com uma sobreposição de $\approx$ 8 a 11 aminoácidos no final de cada molécula de tropomiosina. Uma molécula individual de tropomiosina tem $\approx$ 42 nm, abrangendo sete unidades monoméricas de actina (Figura 15.3c). O cordão filamentoso de tropomiosina se liga à estrutura principal da actina em sítios específicos junto a cada monômero de actina, perto do encaixe da dupla-hélice do filamento delgado. Nessa posição, a tropomiosina bloqueia os sítios de ligação da miosina nos domínios externos do filamento da actina quando o músculo está em repouso (Figura 15.12). Durante a contração muscular, a tropomiosina é deslocada para outros locais de ligação localizados mais profundamente dentro do sulco formado pelo filamento da bobina em espiral de actina. Quando o sinal de contração cessa, a tropomiosina retorna à sua posição de repouso, na qual os locais de ligação da miosina são bloqueados estereoquimicamente [45].

15.3.4.4.2 Troponina

O complexo troponina, que constitui 5% da proteína miofibrilar, é um heterotrímero que se liga à tropomiosina (Figura 15.12). Trabalhando junto à tropomiosina, a troponina reage a mudanças na concentração de Ca^{2+} sarcoplasmático para controlar a interação actina-miosina e, portanto, desencadeia a contração ou o relaxamento do músculo [44].

A troponina C (TnC) tem um M_r de $\approx$ 18.000, sendo a subunidade ligante de Ca^{2+} do complexo da troponina [46]. A molécula de TnC consiste em dois domínios de ligação a íons. Na metade C-terminal da molécula, existem dois sítios de ligação de Ca^{2+} de alta afinidade ($K_d \approx 10^{-9}$ M) que também podem se ligar a Mg^{2+}. Na metade N-terminal da molécula, há um ou dois sítios de ligação de cálcio com afinidade mais baixa ($K_d \approx 10^{-6}$ M). A isoforma TnC do músculo esquelético rápido contém dois locais de baixa afinidade, ao passo que as isoformas do músculo esquelético e cardíaco lentos têm apenas um local de baixa afinidade. Para todas as isoformas de TnC, os locais de baixa afinidade são específicos para ligação de Ca^{2+}. Acredita-se que, no músculo em repouso, os dois sítios de baixa afinidade fiquem vazios por causa da baixa concentração de Ca^{2+} ($< 10^{-7}$ M), ao passo que os sítios de alta afinidade provavelmente são ocupados por Mg^{2+} devido à sua alta concentração intercelular ($\approx$ 1–5 mM) em relação ao Ca^{2+} [47]. Quando um neurônio motor inicia a contração muscular, a concentração de Ca^{2+} sarcoplasmático aumenta mais de 100 vezes para $> 10^{-5}$ M; alguns dos íons de Ca^{2+} se conectam a sítios de baixa afinidade de TnC, desencadeando uma mudança conformacional na proteína, a qual é transmitida por meio das outras subunidades de troponina para tropomiosina e actina. Quando o sinal de contração cessa, a concentração Ca^{2+} sarcoplasmático diminui abaixo de 10^{-7} M, e o Ca^{2+} é removido dos sítios TnC de baixa afinidade, causando, assim, uma reversão da estrutura do complexo troponina ao seu estado de repouso.

O complexo troponina liga-se à tropomiosina principalmente por meio da subunidade troponina T (TnT), uma proteína em forma de malha de M_r próximo de 30.500. A terceira subunidade, troponina I (TnI), é assim denominada porque inibe

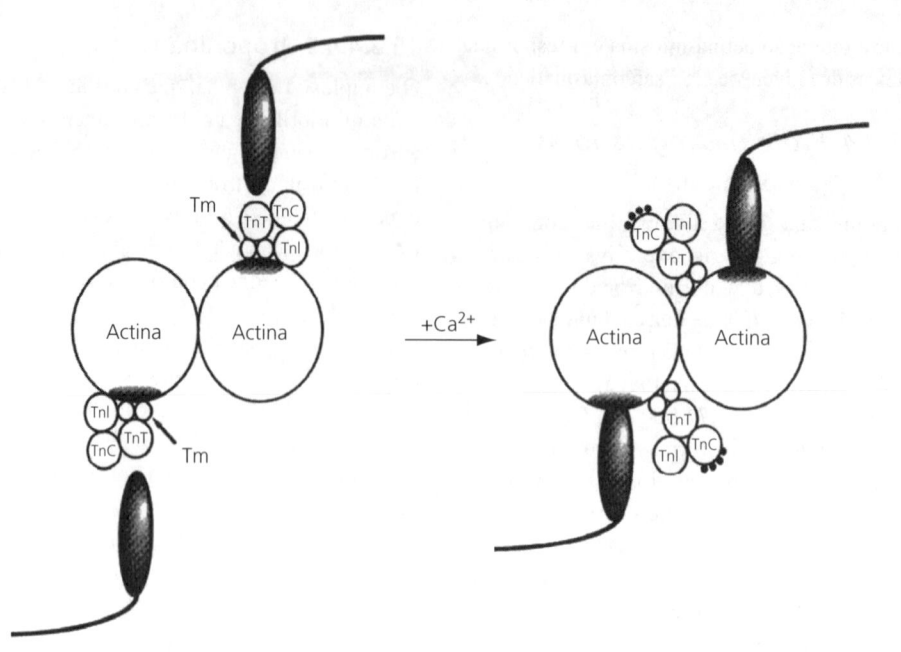

FIGURA 15.12 Regulação da contração e do relaxamento pelo complexo tropomiosina-troponina. Quando o músculo está em estado de repouso, a tropomiosina impede espacialmente que as cabeças de miosina se liguem ao sítio de ligação à miosina (regiões sombreadas) no filamento de actina. Quando o Ca^{2+} se liga à troponina C, o complexo troponina sofre uma mudança conformacional que causa o deslocamento da tropomiosina no filamento de actina, expondo os sítios de ligação à miosina e permitindo que ela forme ligações cruzadas com a actina. (Reimpressa, com permissão, de Chiang, W. et al., em *Food Chemistry: Principles and Applications*, 2nd edn., Y.H. Hui, ed., Science Technology System, West Sacramento, CA, 2007.)

a atividade ATPase da actomiosina. Ele interage com as outras duas subunidades da troponina, bem como com a actina em condições de repouso. O complexo troponina está ancorado nas proximidades da junção cabeça-cauda do filamento da tropomiosina na proporção de uma molécula de troponina para uma molécula de tropomiosina [44].

15.3.4.5 Proteínas estruturais da miofibrila

15.3.4.5.1 Titina

A titina (algumas vezes chamada de conectina) é a terceira proteína mais abundante das miofibrilas do músculo. Com mais de 38.000 resíduos de aminoácidos e um M_r de 3 a 4.000.000, ela é a maior cadeia única de polipeptídeos que se conhece. No entanto, apesar do tamanho da titina e da abundância no músculo, essa proteína foi descoberta relativamente tarde por K. Wang e colaboradores em 1979 [48]. Ironicamente, essa proteína só não foi encontrada antes devido ao seu tamanho: a massa molecular extremamente elevada da titina impediu a sua migração para sistemas de géis de poliacrilamida SDS convencionalmente usados para caracterizar proteínas musculares. O uso de baixas concentrações de acrilamida em géis de poliacrilamida-dodecil sulfato de sódio ou agarose SDS criou poros maiores no gel, possibilitando a migração da titina, levando, assim, à descoberta dessa e de outra proteína grande, a nebulina (Quadro 15.1).

A titina é uma proteína flexível, elástica e filamentosa de ≈ 1 μm de comprimento e consiste de vários domínios estruturais e funcionais que contribuem para as várias funções da proteína no músculo. A terminação amino de uma molécula de titina é ligada a um disco Z de um sarcômero, e a terminação carboxila é ancorada na linha M. Uma molécula de titina correspondente, de polaridade oposta, abrange a metade oposta do sarcômero. Dado este arranjo estrutural, a molécula de titina deve ser capaz de acomodar tanto o alongamento quanto a contração dos sarcômeros musculares. A região extensível da titina localiza-se na banda I e é composta de domínios semelhantes a imunoglobulinas dispostos em série e um segmento PEVK, assim denominado porque é abundante em prolina (P), glutamato (E), valina (V) e lisina (K) [49]. Acredita-se também que essa região da titina seja intrinsecamente desordenada, tornando-a alvo da atividade de protease na conversão de músculo em carne no pós-morte. Além desses segmentos, a região cardíaca extensível da titina contém uma sequência única de 572 resíduos, que é parte específica do elemento cardíaco N2B [50]. Estes segmentos têm rigidez de curvatura distinta, e, como resultado, o estiramento

QUADRO 15.1 Eletroforese no estudo das proteínas musculares

Já em 1930, a eletroforese estava sendo usada em estudos sobre proteínas. Os géis originais foram feitos a partir do amido como matriz de separação e, posteriormente, foram seguidos por agarose e poliacrilamida. A interpretação dos experimentos iniciais de eletroforese foi limitada, no entanto, pelo fato de as proteínas migrarem através do gel em função do tamanho (massa molecular), da carga e da forma da proteína. Assim, se a proteína 1 e a proteína 2 tiverem a mesma massa molecular e forma esférica, mas cargas líquidas opostas, uma proteína migrará para o gel, e a outra, não. Da mesma forma, duas proteínas podem ter a mesma massa molecular e cargas globais semelhantes; se uma for aproximadamente esférica, enquanto a outra é semelhante a uma haste, a proteína esférica migrará muito mais rapidamente através do gel do que a proteína em forma de bastonete.

O campo da ciência das proteínas foi dramaticamente transformado pela publicação seminal de K. Weber e M. Osborne [143] em 1969. Esses pesquisadores observaram que a inclusão do detergente dodecil sulfato de sódio (SDS) em uma mistura de proteínas resultou no desdobramento completo da maioria das proteínas com uma quantidade aproximadamente constante de SDS ligado por unidade de massa de proteína. A molécula de SDS é carregada negativamente, e o número total de moléculas de SDS ligadas por unidade de massa de proteína geralmente sobrecarrega a carga nativa (positiva ou negativa) em qualquer proteína. Assim, na presença de SDS, todas as proteínas adotam uma forma de bastonete e carregam uma carga negativa líquida. A mobilidade de uma proteína desnaturada por SDS é inversamente proporcional ao logaritmo da massa molecular. Ao medir as mobilidades de várias proteínas com massas moleculares conhecidas como padrões, pode-se desenvolver uma curva-padrão para calcular a massa molecular de proteínas desconhecidas. Algumas proteínas anômalas em relação à sua massa molecular aparente migram muito pouco; porém, em geral, a técnica prediz a massa molecular com uma precisão de ± 10%.

Logo após a publicação de Weber e Osborne, a eletroforese em gel de poliacrilamida SDS (PAGE) foi amplamente adotada para o estudo de proteínas musculares. Por exemplo, Greaser e Gergely usaram SDS-PAGE para provar que a troponina, originalmente descoberta em 1965 como monômero, na verdade consistia de três subunidades [143]. Além disso, SDS-PAGE poderia facilmente ser usada para determinar o grau de purificação de uma proteína, pois proteínas contaminantes seriam vistas em géis com intensidade de coloração proporcional à sua abundância.

O protocolo SDS-PAGE original poderia ser facilmente modificado para abordar questões específicas. Por exemplo, ajustando a concentração de monômero de acrilamida e a concentração do agente de reticulação bis-acrilamida, foi possível usar SDS-PAGE para exibir e analisar o que era – na década de 1970 – considerado o espectro completo de proteínas miofibrilares da menor subunidade proteica de miosina (cadeia leve 3, PM = 15.000) para a cadeia pesada da miosina (PM = 200.000) (Figura Q15.1.1a).

Os géis de SDS das preparações de miofibrilas frequentemente mostram quantidades variáveis e proteína de alta massa molecular próximo ao topo das faixas do gel (ver Figura Q15.1.1). Essas bandas (ou frequentemente esfregaços) de proteína foram geralmente ignoradas pelos pesquisadores; a maioria acreditava que esse material de alta massa molecular era algum tipo de artefato, por exemplo, proteína não desassociada/desnaturada. Suspeitando que essas bandas pudessem ser de fato proteínas distintas e únicas de alta massa molecular, o Dr. K. Wang conduziu experimentos no final da década de 1970 com concentrações de poliacrilamida de 3 a 4%, em vez das concentrações típicas de 10 a 20%. A menor concentração de poliacrilamida resultou na migração de todas as proteínas para o gel. Proteínas menores que a massa molecular de ≈ 35.000 não foram retidas no gel; no entanto, três proteínas de alta massa molecular migraram ainda mais para o gel. Esses experimentos levaram à descoberta da titina (bandas 1 e 2) e nebulina (banda 3), proteínas tão grandes que não eram "vistas" anteriormente.

(Continua)

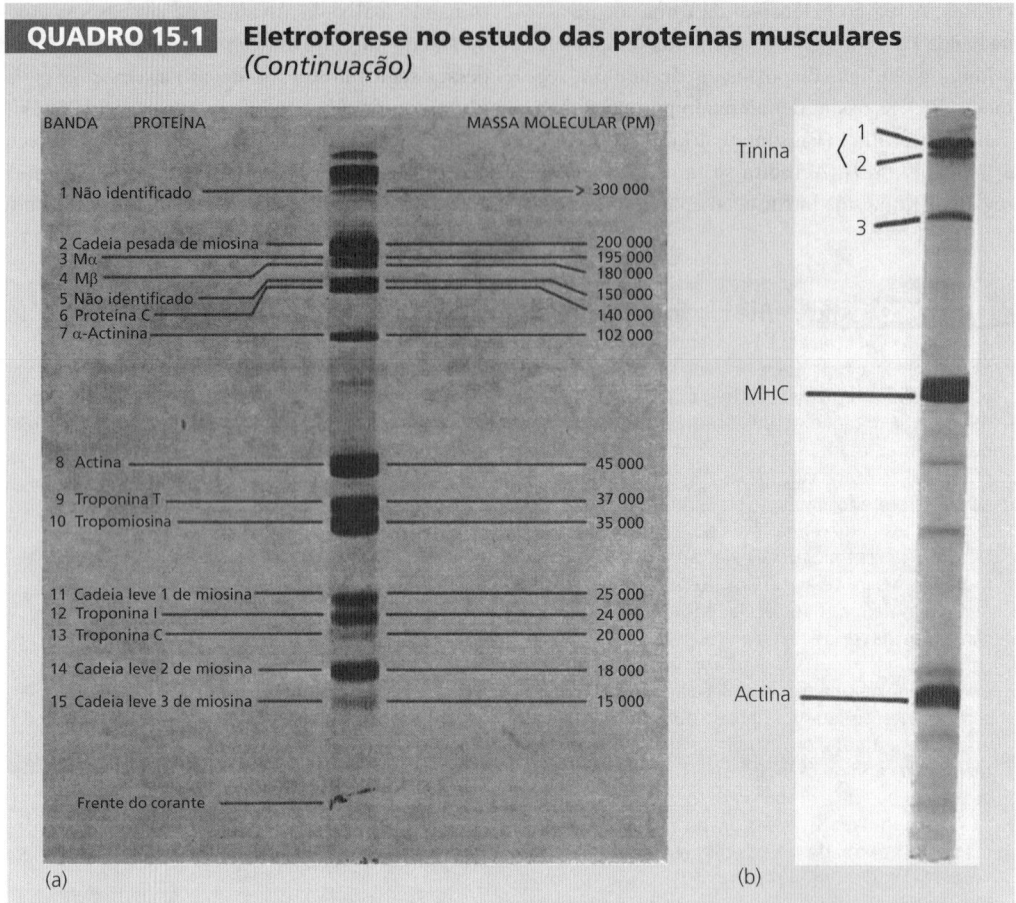

> **QUADRO 15.1** **Eletroforese no estudo das proteínas musculares**
> *(Continuação)*
>
> | BANDA | PROTEÍNA | MASSA MOLECULAR (PM) |
> |---|---|---|
> | 1 | Não identificado | > 300 000 |
> | 2 | Cadeia pesada de miosina | 200 000 |
> | 3 | Mα | 195 000 |
> | 4 | Mβ | 180 000 |
> | 5 | Não identificado | 150 000 |
> | 6 | Proteína C | 140 000 |
> | 7 | α-Actinina | 102 000 |
> | 8 | Actina | 45 000 |
> | 9 | Troponina T | 37 000 |
> | 10 | Tropomiosina | 35 000 |
> | 11 | Cadeia leve 1 de miosina | 25 000 |
> | 12 | Troponina I | 24 000 |
> | 13 | Troponina C | 20 000 |
> | 14 | Cadeia leve 2 de miosina | 18 000 |
> | 15 | Cadeia leve 3 de miosina | 15 000 |
>
> (a) (b)
>
> **FIGURA Q15.1.1** Uso de eletroforese na análise de proteínas musculares. (a) SDS-PAGE de uma preparação de miofibrila muscular utilizando 10% de monômero de acrilamida e 0,1% de reticulação bis-acrilamida. As bandas de proteína são visualizadas por coloração com o corante azul de Coomassie e as proteínas são identificadas com base em sua massa molecular aparente. (Reimpressa, com permissão, de Elsevier, de *Biochim. Biophys. Acta-Protein Struct.*, 490, Porzio, A.M. e Pearson, A.M., 30, Copyright 1977.) (b) SDS-PAGE de uma preparação de miofibrila utilizando 3,2% de monômero de acrilamida e 0,1% de reticulação bis--acrilamida. As bandas de tinina 1 e 2 têm massa molecular $> 3 \times 10^6$ e correspondem à proteína intacta e a um fragmento proteolítico de tinina. A banda 3 foi identificada como nebulina. (Reimpressa, com permissão, de Wang, K. e Williamson, C.L., *Proc. Natl. Acad. Sci.* USA, 77, 3255, 1980.)

dos sarcômeros de comprimento de repouso inicialmente dá origem à extensão (desdobramento) de segmentos de Ig em tandem, seguidos pela extensão de segmentos PEVK. Quando o músculo relaxa, a titina sofre um rearranjo estrutural que restaura o músculo ao comprimento do sarcômero em repouso.

Além de seu papel na manutenção da elasticidade muscular, a titina desempenha numerosas funções adicionais. Como um dos primeiros genes expressos na síntese de proteína muscular na embriogênese, a titina serve como um molde sobre o qual as moléculas de miosina formam filamentos grossos [51]. A porção da banda A da titina pode servir como uma régua molecular, mantendo o comprimento uniforme dos filamentos grossos. Além disso, a titina se liga a uma infinidade de outras proteínas musculares, levando à especulação de que ela serve como um modelo de adesão para a montagem de todo o sarcômero muscular.

15.3.4.5.2 Nebulina

Assim como a titina, a nebulina foi descoberta há pouco tempo devido ao seu tamanho pouco comum ($M_r \approx 800.000$). Ela está presente em quantidades equivalentes às da tropomiosina e da troponina. A nebulina está localizada ao longo de ambos os lados dos filamentos finos de actina do músculo esquelético, com a extremidade do C-terminal parcialmente inserida na linha Z e a extremidade do N-terminal estendendo-se para a extremidade oposta do filamento delgado. Há uma sequência de aminoácidos muito repetida na sequência nebulina, análoga a uma das funções da titina. A nebulina pode atuar como uma régua molecular para especificar os comprimentos precisos dos filamentos delgados [52]. No entanto, ao contrário da titina, a nebulina é inextensível e não desempenha um papel na manutenção da elasticidade muscular. A nebulina também pode estar envolvida na transdução de sinal, na regulação contrátil e na geração de força miofibrilar [53], mas, como o próprio nome sugere, os mecanismos precisos pelos quais a nebulina cumpre essas funções permanecem sem esclarecimentos.

15.3.4.5.3 α-Actinina

O principal componente da linha Z é a α-actinina ($M_r \approx 97.000$), que funciona como proteína ligante da actina. A α-actinina contém três áreas principais: um domínio globular N-terminal ligante de actina, um domínio em haste central e um domínio C-terminal, que apresenta similaridade com a proteína ligante de cálcio, a calmodulina [54]. Os domínios da haste de monômero de α-actinina interagem para estabelecer dímeros antiparalelos que são capazes de fazer ligações cruzadas entre os filamentos de actina e titina próximas ao sarcômero. De fato, a α-actinina tem a capacidade de se associar com vários parceiros de proteína na linha Z. Essas interações de proteína fornecem integridade de tração para a linha Z e também podem servir como um local de ancoragem adicional para outras proteínas associadas à linha Z (Figura 15.5).

15.3.4.5.4 CapZ e tropomodulina

A formação dos filamentos de actina é um processo dinâmico, e a sua regulação durante a formação dos miofilamentos é o fator-chave para que o comprimento de tais filamentos seja uniforme [43]. A CapZ, também conhecida como β-actinina, e a tropomodulina se ligam e limitam os filamentos delgados para bloquear o alongamento e o encurtamento do filamento [55,56]. A CapZ é um heterodímero que consiste em uma subunidade α ($M_r \approx 36.000$) e uma β ($M_r \approx 32.000$), ambas necessárias para sua função na nucleação e na estabilização de filamentos de actina. No músculo estriado, a CapZ se localiza nas linhas Z, onde se liga à α-actinina, formando uma área de ancoramento para os filamentos finos. A tropomodulina ($M_r \approx 40.000$) possui dois domínios, um dos quais se liga à tropomiosina, ao passo que o outro se liga à actina, cobrindo as extremidades pontiagudas (extremidade oposta da linha Z) dos filamentos delgados e impedindo a adição ou a perda de monômeros de actina a partir do filamento fino [38]. Com base nas interações específicas proteína-proteína dessas moléculas, pode-se prever uma estequiometria de 1 CapZ na origem da linha Z de um filamento delgado e duas moléculas de tropomodulina na extremidade oposta.

15.3.4.5.5 Desmina

A desmina ($M_r \approx 55.000$) é a proteína dominante dos filamentos intermediários (10 nm de diâmetro), componentes-chave que mantêm a integridade estrutural da maioria das células. No músculo, os filamentos de desmina são encontrados na periferia das linhas Z, e parece que esses filamentos servem para reticular as miofibrilas adjacentes e ligar as linhas Z miofibrilares às proteínas do SL (Figura 15.5) [57].

15.3.4.5.6 Filamina

Três filaminas (α, β e γ) ($M_r \approx 300.000$) foram identificadas nos músculos. Elas compartilham uma estrutura molecular semelhante: a cabeça N-terminal ligante de actina, seguida de 24 áreas de imunoglobulina. A γ-filamina (também conhecida como ABP-280) é a isoforma de filamina específica do músculo. A filamina se localiza na periferia das linhas Z, fazendo uma ligação crítica entre o SL e o sarcômero do citoesqueleto. Como a γ-filamina está presente desde os estágios mais primários de formação das linhas Z, acredita-se que essa isoforma esteja envolvida na formação do sarcômero das linhas Z [58].

15.3.4.5.7 Proteínas C e H de ligação à miosina

A proteína C de ligação à miosina (MyBP-C, $M_r \approx 140.000$) e a proteína H de ligação à miosina (MyBP-H, $M_r \approx 58.000$) são encontradas em intervalos discretos dentro de filamentos grossos. Ambas estão distribuídas na zona C (terço médio de cada metade da banda A) dos filamentos grossos, formando uma série de listras transversas com um espaço de 43 nm. Apesar disso, a proteína H também é algumas vezes encontrada fora dessa área [59]. A MyBP-C (formalmente conhecida como proteína C) é encontrada em uma proporção molar de 1:8, com cadeias pesadas de miosina. Ela interage tanto com filamentos de miosina como de titina. As MyBP-C e as proteínas H podem ligar ou alinhar os filamentos grossos da banda A [60].

15.3.4.5.8 Miomesina e proteínas da linha M

A principal proteína componente da linha M é a miomesina, um polipeptídeo único com M_r de 162.000 a 185.000, dependendo da isoforma [61]. Existem três genes diferentes que codificam para a miomesina: a miomesina 1 é encontrada em todos os músculos estriados, ao passo que a miomesina 2 e a miomesina 3 são encontradas nas fibras musculares de contração rápida e de contração lenta, respectivamente. Além de servir como suporte para a ligação da titina e da miosina, a miomesina pode estar envolvida na manutenção da integridade estrutural dos filamentos grossos. Componentes adicionais da linha M incluem a creatinocinase e a adenilato cinase, enzimas envolvidas na regeneração do ATP nos músculos, conforme descrito na Seção 15.3.4.2. A localização dessas enzimas perto do ponto de utilização de ATP pela miosina na contração muscular é fundamental para a função muscular durante os períodos de alta demanda de ATP, como na corrida de velocidade.

15.3.4.5.9 Distrofina e o complexo das distroglicanas

A distrofina e as proteínas associadas que compõem o complexo das distroglicanas desempe-

nham papéis críticos na estrutura e na função muscular. A distrofina ($M_r = 427.000$) é assim denominada porque mutações no gene resultam em proteínas anormais associadas com vários tipos de distrofia muscular [62]. O complexo das distroglicanas consiste em um grande complexo multiproteico embutido no SL que serve como ligação estrutural transmembrana entre proteínas específicas na ECM e distrofina no lado intracelular da membrana (Figura 15.5) [63].

15.3.4.5.10 Integrinas

Analogamente ao complexo das distroglicanas, as integrinas são proteínas sarcolêmicas intrínsecas que ligam estruturalmente as proteínas da ECM às proteínas estruturais intracelulares [27]. As integrinas também desempenham um papel fundamental na transdução de sinal da ECM para o interior da célula. A proteína integrina funcional é um heterodímero consistindo de uma subunidade α e uma subunidade β e existem pelo menos 18 α e 8 β produtos de gene. Ambas as subunidades atravessam a largura do SL e formam ligações com proteínas como fibronectina, laminina e colágeno na ECM. No lado intracelular, as integrinas ligam-se a uma variedade de proteínas do citoesqueleto, incluindo α-actinina, vinculina e talina. As ligações específicas são determinadas em parte pela identidade das subunidades individuais [64].

15.3.4.6 Proteínas do retículo sarcoplasmático e do sarcolema

As membranas das diversas organelas dos músculos – núcleos, mitocôndrias, SL, etc. – contêm proteínas que agem nas necessidades específicas das organelas e das células. As proteínas do RS merecem atenção especial devido ao seu papel de armazenamento, transporte e liberação de Ca^{2+} na miofibra. Uma vez que os íons Ca^{2+} iniciam a contração muscular e regulam os passos-chave da glicólise, essas proteínas desempenham papéis fundamentais na atividade muscular dos organismos vivos. As proteínas do RS também podem servir como fatores decisivos na qualidade da carne, dependendo da extensão de sua influência no controle das concentrações sarcoplasmáticas de Ca^{2+}, no período inicial do pós-morte. Embora existam muitas proteínas no RS e no SL, o foco aqui será dado a três proteínas. Duas dessas proteínas, o receptor de rianodina (RyR) e o receptor de di-hidropiridina (DHPR), compreendem os elementos-chave para o mecanismo de liberação de Ca^{2+}, responsável pelo início da contração muscular. A terceira proteína, que é a bomba de Ca^{2+}, está primariamente responsável pelo relaxamento do músculo.

O DHPR é uma proteína intrínseca de membrana complexa embutida nos túbulos T, que serve como sensor de mudanças de voltagem por meio da membrana, quando a contração do músculo é iniciada por estímulos neutros [65]. Deve-se observar que, embora o termo DHPR ainda seja comumente usado para descrever este complexo proteico, esse termo está sendo substituído pela nomenclatura adotada recentemente que categoriza todos os canais de Ca^{2+} dependentes de voltagem dentro de 1 de 10 grupos dessa família de proteínas baseada na similaridade de características fisiológicas, farmacológicas e genéticas [66]. O complexo muscular esquelético é definido como $Ca_V 1.1$; o complexo muscular cardíaco é definido como $Ca_V 1.2$. Para os objetivos deste capítulo, no entanto, o termo DHPR será mantido.

O DHPR é constituído de quatro subunidades diferentes, identificadas como α_1, β, γ e $\alpha_2\delta$. A subunidade α_1 forma um canal de cálcio, detecta mudanças na voltagem por meio do túbulo T e contém o local de ligação para uma classe de compostos farmacêuticos, chamadas de di-hidropiridinas, que são usadas terapeuticamente para modular a função da proteína. O papel das outras subunidades das proteínas ainda não está claro, mas há evidências que sustentam sua função na modulação do processo de acoplamento da excitação-contração [67]. A função dos DHPRs em vários tecidos depende muito da isoforma expressa no tecido. Por exemplo, a isoforma α_1 específica do músculo cardíaco permite a difusão interna do Ca^{2+} do meio extracelular, ao passo que a isoforma do músculo esquelético é essencialmente inativa como canal, mas desempenha um papel crítico como um sensor da tensão da membrana.

Uma porção do RS, chamada de cisterna terminal, localiza-se perto do túbulo T (Figura 15.2). Essa porção do RS é enriquecida em uma proteína chamada canal de liberação de Ca^{2+} do RS ou receptor de rianodina (RyR), assim denominada porque liga um alcaloide de tóxico de planta (rianodina) muito específico e com alta afinidade. A família RyR compreende uma série de proteínas homólogas, às vezes chamadas de RyR1, RyR2 e RyR3. Nos mamíferos, RyR1 é a isoforma do músculo esquelético, ao passo que RyR2 é a forma dominante do músculo cardíaco. O RyR2 também é encontrado em outros tecidos, incluindo o cérebro; o RyR3 é encontrado em vários tecidos não musculares de mamíferos e em pequenas quantidades no músculo esquelético. Em aves, peixes e anfíbios, o RyR3 é encontrado na maioria dos músculos esqueléticos, em uma proporção equivalente à do RyR1 [68]. Os RyRs funcionam como canais ou condutos transmembrana para a difusão de Ca^{2+} de dentro do lúmen do RS, onde a concentração é milimolar, para o sarcoplasma, onde a concentração de Ca^{2+} do músculo em repouso é de $< 10^{-7}$ M.

O RyR é uma proteína muito grande, constituída de quatro subunidades idênticas, cada uma com massa molecular relativa de ≈ 550.000, resultando em um canal funcional de íons com massa molecular de $\approx 2.200.000$. Várias outras proteínas estão fortemente associadas ao RyR e modulam a condutância do Ca^{2+} através do canal [13]. Mais de 80% da massa do RyR encontra-se no lado citoplasmático da membrana do RS, formando uma estrutura chamada de junção basal, que abrange a abertura entre a cisterna terminal do RS e o túbulo T. Músculo esquelético, DHPRs e RyRs parecem estar em associação física [14]. Micrografias eletrônicas mostram que os DHPRs se unem em grupos de quatro unidades, chamados de "tétrades". Superposições de tétrades de DHPR em túbulos T com proteínas da junção basal do RS (RyRs) indicam que todo o RyR interage com a DHPR tétrade. Em contrapartida, os outros RyRs não interagem com uma DHPR (Figura 15.13) [69]. Dentro do RS de pássaros, peixes e anfíbios, o RyR3, que normalmente é encontrado na mesma proporção que o RyR1, concentra-se na periferia da junção RS/túbulo T e, por isso, não interage com o túbulo T ou com a tétrade DHPR [70].

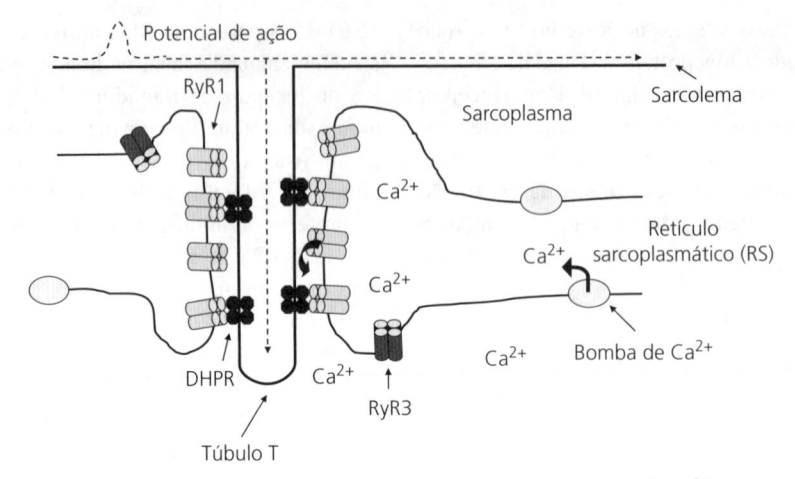

FIGURA 15.13 Representação esquemática dos mecanismos de liberação e captura de Ca^{2+} no músculo esquelético. DHPRs embebidas na membrana de túbulos T servem como sensores do potencial de ação, iniciados por um neurônio motor. Os receptores de rianodina (RyR1 e RyR3), localizados no RS, servem como canais de Ca^{2+} que se abrem, permitindo que Ca^{2+} se difunda do RS ao sarcoplasma, durante a contração. Quando a estimulação neuronal cessa, os canais de RyR se fecham, e as proteínas de bombeamento de Ca^{2+} reduzem a concentração sarcoplasmática de Ca^{2+} pelo transporte de Ca^{2+} para o RS. No músculo esquelético de mamíferos, qualquer outro RyR1 está acoplado a uma tétrade DHPR. O RyR3 está localizado na região periférica das cisternas terminais distais ao túbulo T e não se associa com a DHPR. Os canais RyR3 são ativados quando o Ca^{2+} liberado pelo RyR1 se liga ao lado citoplasmático do RyR3, resultando na abertura do canal. O RyR3 está presente em muito baixa quantidade no músculo esquelético de mamíferos, mas em quantidade aproximadamente igual em abundância à de RyR1 na maioria dos músculos de aves, peixes e anfíbios.

DHPR e o RyR trabalham em conjunto com suas proteínas regulatórias associadas, a fim de causar a liberação de Ca^{2+} no sarcoplasma, dando início à contração muscular. Quando o sinal de contração neuromuscular cessa, essas proteínas retornam para seu estado de "repouso" e a concentração de Ca^{2+} do sarcoplasma é restaurada pela ação da bomba de Ca^{2+}. Essa proteína se localiza no RS longitudinal, que é a porção distal do RS à cisterna terminal. Utilizando ATP como fonte de energia, a proteína bomba de cálcio transporta dois íons Ca^{2+} contra a concentração gradiente através da membrana do RS e contra o lúmen do RS para cada molécula de ATP hidrolisada [71].

15.3.5 Acoplamento excitação-contração

À primeira vista, um entendimento detalhado sobre a contração muscular pode parecer irrelevante para a qualidade da carne. A diferença entre o tecido do músculo vivo e o da carne é praticamente a diferença entre a vida e a morte. No entanto, no ponto de abate, o tecido muscular inicia imediatamente uma série de reações de transição (descritas na Seção 15.4), conhecidas como conversão de músculo em carne. Os eventos bioquímicos associados a essa transição envolvem os mesmos mecanismos da contração muscular e as reações fisiológicas e bioquímicas do músculo vivo, todos eles importantes na determinação da qualidade da carne.

Quando a célula do músculo está em repouso no animal vivo, existe uma diferença de voltagem ao longo do SL de ≈ -90 mV, sendo que a concentração intracelular de Ca^{2+} é muito baixa ($< 10^{-7}$ M). Nas miofibrilas, a tropomiosina está situada no filamento de actina em uma posição que previne a formação de uma ligação miosina-actina. Por meio da estimulação de uma miofibra pelo neurônio motor, a célula do músculo é despolarizada na junção neuromuscular. Essa voltagem muda ao longo do caminho do SL, penetrando o interior do músculo via túbulo T. O DHPR responde ao transiente eletroquímico por meio da membrana, sofrendo uma mudança conformacional que é transmitida pela junção da membrana T-tubular/RS para RyR1 localizada nas cisternas do terminal RS. O RyR1, por sua vez, responde abrindo o poro do seu canal. Os Ca^{2+} vão do lúmen para o RS, onde a concentração é relativamente mais alta ($> 10^{-3}$ M) para o sarcoplasma, aumentando a concentração de Ca^{2+} mais de 100 vezes para $> 10^{-5}$ M. O Ca^{2+} se liga à troponina C, resultando em uma mudança conformacional no complexo de troponina, a qual é transmitida para a tropomiosina. Isso causa a troca de posição da tropomiosina ao longo do filamento de actina. A tropomiosina se desloca profundamente na ranhura do filamento delgado, expondo os sítios ligantes de miosina nos monômeros de actina, possibilitando, assim, a formação de pontes actina-miosina (Figura 15.12) [17].

Nesse ponto do ciclo da contração muscular (Figura 15.14), o sulco de ligação a nucleotídeos da cabeça da miosina contém ADP e fosfato inorgânico (P_i), os quais são produtos da hidrólise de ATP. A exposição dos sítios ligantes de miosina no filamento de actina possibilita o enfraquecimento da ligação da cabeça da miosina ao filamento fino, fazendo essa cabeça se ligar em uma orientação perpendicular relativa ao eixo do filamento grosso. Depois de se ligar à actina, a cabeça da miosina libera P_i, causando uma pequena mudança conformacional na miosina, reforçando a sua ligação com a actina. Essa ação é imediatamente seguida por uma grande mudança conformacional na cabeça da miosina, chamada força de arranque, na qual a cabeça da miosina puxa o filamento de actina ao longo do filamento espesso, em um movimento similar ao de remada, em direção à linha M. O ADP é, então, liberado da cabeça da miosina e o ATP se liga ao sítio vazio de ligação do nucleotídeo, que ativa a liberação da cabeça da miosina da actina. A hidrólise do ATP dentro da cabeça da miosina resulta em uma mudança conformacional nela, de forma que, outra vez, ela se aproxima perpendicularmente do filamento grosso, ativando um novo ciclo de contração [72]. Uma vez que a actina e a miosina presentes dentro do sarcômero são orientadas em direção à linha M, cada ciclo de contração resulta em um encurtamento na distância entre os discos Z, afetando a contração muscular (Figuras 15.4 e 15.14) [73].

O ciclo de formação de ligações cruzadas da miosina, a força de arranque e o desligamen-

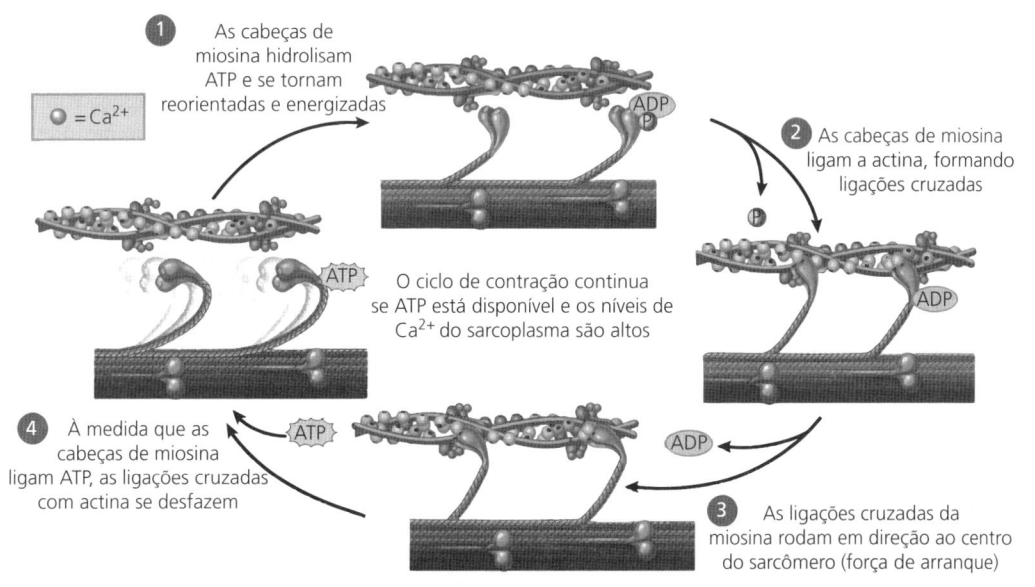

FIGURA 15.14 Ciclo de ligações cruzadas durante a contração muscular. (Reimpressa, com permissão, de Tortora, G.J. e Derrickson, B., *Principles of Anatomy and Physiology*, 14th edn., John Wiley & Sons, Inc., Hoboken, NJ, 2014.)

to mantêm a tensão ou a contração, ao passo que a estimulação neural das miofibras é mantida. Quando o estímulo cessa, o Ca^{2+} sarcoplasmático é reduzido a concentrações do músculo em repouso pela ação da proteína bomba de Ca^{2+}. À medida que a concentração de Ca^{2+} sarcoplasmático diminui, a TnC perde Ca^{2+} devido à baixa afinidade dos sítios ligantes de Ca^{2+}, o que resulta em uma mudança conformacional na TnC, voltando à estrutura associada ao músculo em repouso. Essa mudança conformacional implica que a tropomiosina retorne à sua posição de relaxamento no filamento de actina, bloqueando a formação de pontes entre a miosina-actina e resultando no relaxamento do músculo.

É importante identificar os vários papéis do ATP na contração muscular e reconhecer sua importância na conversão do músculo em carne. Como fonte dominante de energia na célula, a hidrólise da ligação fosfodiéster é convertida em energia mecânica pela miosina, resultando na contração muscular. Assim como em outras diversas reações químicas que necessitam de ATP, seu suporte na bomba de Ca^{2+} é fundamental para a conversão do músculo em carne. Conforme os níveis de ATP caem, a capacidade da bomba de Ca^{2+} de sequestrar Ca^{2+} sarcoplasmático fica comprometida. Por fim, deve ficar evidente que, depois da morte do animal, os níveis de ATP devem cair a um ponto em que não haja mais ATP suficiente para ligação nas cabeças da miosina, mantendo-se a miosina dissociada da actina. A posição na qual a cabeça da miosina se liga à actina ao final da força de arranque por vezes é chamada de "complexo do rigor". Um resumo das etapas do acoplamento excitação-contração é fornecido no Quadro 15.2.

15.3.6 Tipos de fibras musculares

O músculo esquelético possui muitos tipos diferentes de fibras musculares, os quais apresentam funções diferenciadas, incluindo velocidade da contração (rápida ou lenta) e suporte metabólico (oxidativo ou anaeróbico). Os tipos de fibras musculares têm um grande potencial de adaptação e seus perfis fenotípicos são afetados pelo tipo de neurônio que inerva a fibra do músculo, pelo grau de atividade neuromuscular, pelo tipo de exercício/treinamento, pela carga/descarga mecânica, por hormônios e pela idade [74]. Esses tipos de fibras podem ser categorizados pela utilização de características histoquímicas, morfológicas ou fisiológicas; no entanto, a classificação dessas fibras por meio de técnicas diferentes nem sempre é unânime. No passado, os músculos eram classificados como de contração rápida (tipo I) ou contração lenta (tipo II), com base na velocidade de encurtamento das fibras individuais [75]. Essa classificação também apresenta uma diferença morfológica, apresentando os músculos de contração rápida com uma coloração branca, em algumas espécies, e vermelha, em músculos de contração lenta. A coloração vermelha das fibras está relacionada a grandes quantidades de mioglobina, que fornecem uma fonte instantânea de oxigênio para o metabolismo oxidativo. Nos músculos de contração lenta, as fibras vermelhas normalmente contêm uma grande quantidade de mitocôndrias e lipídeos, que são o combustível para o metabolismo oxidativo, ao passo que, nos músculos de contração rápida, as fibras estão mais preparadas para o metabolismo anaeróbico devido aos carboidratos. Mais tarde, as fibras musculares dos tipos I e II foram reclassificadas com uma nomenclatura bifuncional baseada em suas propriedades contráteis e em sua capacidade oxidativa. Mais especificamente, o músculo, na "contração rápida oxidativa" (FOG, do inglês *fast-twitch oxidative*), apresenta uma velocidade de contração maior em comparação ao músculo de "contração lenta oxidativa" (SO, do inglês *slow-twitch oxidative*), mas tem uma capacidade oxidativa maior do que o músculo de "contração rápida glicolítica" (FG, do inglês *fast-twitch glycolytic*).

Com o advento de métodos imuno-histoquímicos capazes de diferenciar as isoformas de cadeias pesadas de miosinas, os tipos de fibras puderam ser categorizados em tipo I "vermelho-lento" e tipo IIa "vermelho-rápido", ao passo que a fibra tipo IIb "branco-rápido" foi categorizada em tipos IIx e IIb, em roedores, e em IIx, mas não IIb, em seres humanos [76]. Existe uma boa correlação entre o tipo I e as fibras do SO. No entanto, as correlações entre os tipos de fibra IIa e FOG e entre o tipo IIb e as fibras FG são mais variadas. O tipo de fibra IIb nem sempre é recorrente de

QUADRO 15.2 Sequência de eventos no músculo esquelético – acoplamento excitação-contração

1. O neurônio motor dispara a despolarização da voltagem ao longo do SL.
2. O potencial de ação se move ao longo do SL para os túbulos T.
3. A despolarização é detectada pela subunidade α da DHPR (sensor de tensão), resultando em uma mudança conformacional.
4. A mudança conformacional na DHPR é transmitida para o RyR1.
5. O canal RyR1 se abre, permitindo a difusão do Ca^{2+} de dentro do RS para o sarcoplasma.
6. No músculo esquelético não mamífero, o Ca^{2+} liberado via RyR1 liga-se ao RyR3, desencadeando mais liberação de Ca^{2+} do RS.
7. Os níveis de concentração de Ca^{2+} no sarcoplasma aumentam para > 10 μM; locais de baixa afinidade de ligação de Ca^{2+} na TnC estão saturados, causando uma alteração conformacional no complexo troponina.
8. A mudança conformacional na troponina é transmitida à tropomiosina, resultando no deslocamento da molécula de tropomiosina de sua posição de bloqueio estérico ao longo da espinha dorsal de actina para uma posição mais profunda no sulco actina-actina.
9. A mudança de posição da tropomiosina expõe a ligação da miosina ao filamento de actina, permitindo a formação de pontes cruzadas com cabeças de miosina. O íon fosfato é liberado da cabeça da miosina.
10. As cabeças de miosina liberam ADP e sofrem uma mudança conformacional, puxando o filamento de actina em direção ao centro do sarcômero.
11. O ATP liga-se à cabeça da miosina, resultando em desligamento da cabeça da miosina da actina.
12. As cabeças de miosina hidrolisam o ATP e sofrem alteração conformacional para reorientar a posição perpendicular em relação ao filamento.
13. As etapas de 9 a 12 continuam enquanto o ATP estiver disponível e a concentração de Ca^{2+} for alta o suficiente para manter a saturação dos sítios de ligação do Ca^{2+} da troponina.
14. Quando a estimulação neural cessa, a voltagem ao longo do SL é restaurada.
15. A DHPR sofre uma mudança conformacional de volta à sua estrutura de estado de repouso.
16. A mudança conformacional da DHPR leva o canal RyR1 a se fechar, terminando, assim, a liberação de Ca^{2+}.
17. Com o fim da liberação de Ca^{2+}, a atividade da proteína da bomba de Ca^{2+} agora domina o transporte de Ca^{2+} contra o gradiente de concentração do sarcoplasma para o lúmen do RS. A concentração sarcoplasmática de Ca^{2+} diminui abaixo de 100 nM.
18. A diminuição na concentração sarcoplasmática de Ca^{2+} resulta na remoção de Ca^{2+} da troponina.
19. A troponina sofre uma mudança estrutural, revertendo para a conformação em estado de repouso, que é transmitida à tropomiosina.
20. A tropomiosina reverte para a posição de repouso no filamento de actina, bloqueando, assim, a formação da ponte cruzada actina-miosina.
21. O músculo relaxa.
22. Nota adicional: na conversão de músculo em carne, quando o ATP é esgotado, a bomba de Ca não pode mais funcionar para restaurar as concentrações de Ca^{2+} em estado de repouso, e as pontes cruzadas de miosina-actina não podem ser quebradas (Etapa 11). Este é o estado de rigor.

forma primária no metabolismo anaeróbico/glicolítico, tampouco as fibras do tipo IIa recorrem de forma primária no metabolismo aeróbico/oxidativo [77]. Com o desenvolvimento de novos métodos moleculares, a classificação de outros tipos de fibras musculares com certeza será desenvolvida.

15.3.7 Resumo

- As fibras musculares são classificadas como de contração rápida, contração lenta ou intermediária, dependendo do tipo de metabolismo primário (glicolítico, oxidativo) e das isoformas de proteína que compõem a fibra.
- O músculo esquelético como órgão contrátil é construído em um padrão hierárquico: miofilamentos (delgados e grossos) < sarcômero < miofibrila < miofibra (célula) < feixe de fibras (fascículo) < órgão.
- A ECM muscular, ou o tecido conectivo intramuscular, é igualmente organizada em um padrão hierárquico dentro do músculo. Uma miofibra é envolvida pelo endomísio. Um feixe de miofibras é cercado pelo perimísio. O órgão inteiro é envolto pelo epimísio. A ECM fornece resistência mecânica ao tecido, serve como uma estrutura na qual os va-

sos sanguíneos e os nervos estão inseridos e desempenha um papel dinâmico nos processos de sinalização associados ao crescimento e à diferenciação celular.

- Embora o Ca^{2+} seja limitante como nutriente no músculo, ele desempenha um papel crucial na sinalização intracelular para iniciar a cascata de eventos moleculares que levam ao encurtamento dos sarcômeros e, portanto, à contração muscular.
- A contração muscular ocorre como resultado da formação de pontes cruzadas entre cabeças de miosina e monômeros de actina, uma mudança conformacional na ponte cruzada resulta na miosina "puxando" os filamentos delgados de extremidades opostas do sarcômero em direção ao meio, encurtando, assim, o sarcômero. O ATP desempenha um papel duplo nesse processo (1) servindo uma fonte de energia para a contração e (2) ligando-se à cabeça da miosina para liberá-la da actina.

15.4 CONVERSÃO DO MÚSCULO EM CARNE

O tecido muscular vivo tem um sistema metabólico bastante desenvolvido, que tem como objetivo auxiliar na função específica do músculo, que é converter energia química em energia mecânica. A principal fonte de energia química é o ATP, e as reações metabólicas se baseiam nos níveis de ATP necessários tanto para a contração como para a manutenção homeostática celular. A circulação do sangue no tecido do músculo, para o transporte de oxigênio e substratos de energia e para a remoção do dióxido de carbono e de produtos metabólicos finais, é uma função importante para a manutenção do mecanismo metabólico.

Depois do abate do animal, a primeira etapa da conversão do músculo em carne é a interrupção do fluxo sanguíneo para o músculo. Embora a morte fisiológica do animal ocorra momentos depois do abate, muitos órgãos do corpo, incluindo o músculo, ativam os mecanismos de reserva numa tentativa inútil de manter a homeostasia celular. Sem fornecimento contínuo de oxigênio ao músculo, a miofibra utiliza suas reservas de oxigênio ligado à mioglobina dentro da célula; logo depois, a glicólise anaeróbia se torna a via metabólica dominante para a geração de ATP. À medida que os produtos finais metabólicos se acumulam e o suprimento de substratos é exaurido, a síntese de ATP não pode mais corresponder à taxa de hidrólise. As concentrações de Ca^{2+} sarcoplasmáticas não podem mais ser mantidas no estado de repouso, ao passo que outras bombas de íons que necessitam de ATP, como a Na^+-K^+-ATPase, tornam-se inoperantes. A diminuição de ATP também resulta no enrijecimento do músculo conhecido como *rigor mortis*. Esse estado se deve à falta de ATP suficiente para dissociação da miosina da actina durante a contração. Por fim, a atividade de enzimas endógenas resulta na degradação parcial da estrutura do miofilamento. O período de tempo para a ocorrência dessas reações varia muito de espécie para espécie e, como será visto a seguir, varia até mesmo dentro da mesma espécie.

Existem algumas reservas mais importantes de energia, as quais abastecem as necessidades imediatas do músculo no início do pós-morte. A creatina fosfato serve como uma fonte de rápido acesso de fosfato de alta energia. À medida que o ATP é hidrolisado para atender a demanda da contração muscular, a creatinocinase transfere a fração de fosfato da creatina fosfato para o ADP, regenerando o ATP. A enzima adenilato cinase (descrita na Seção 15.3.4.2) provavelmente contribui para a geração de ATP nesse momento. No entanto, no músculo pós-morte, essas fontes de síntese de ATP se esgotam com rapidez. O glicogênio costuma ser uma ótima fonte para a síntese de ATP. A enzima fosforilase libera unidades monoméricas de glicose do glicogênio, produzindo glicose-1-fosfato, que, em seguida, inicia o caminho glicolítico de regeneração do ATP. Na falta de oxigênio, o piruvato é convertido em lactato, que se acumula no músculo.

Como se pode observar na Figura 15.15, a geração inicial de ATP a partir da creatina fosfato e do glicogênio é praticamente a mesma utilizada pelo ATP, mantendo sua concentração na média de 5 mM. Conforme o nível de ATP se mantém alto, as necessidades fisiológicas do músculo são supridas, e as características físicas e a resposta ao estímulo do tecido durante o estágio inicial de conversão do músculo da carne (fase de espera) permanecem muito parecidas com as do músculo vivo. O mais interessante é que o músculo se mantém elástico, podendo ser alongado quando sub-

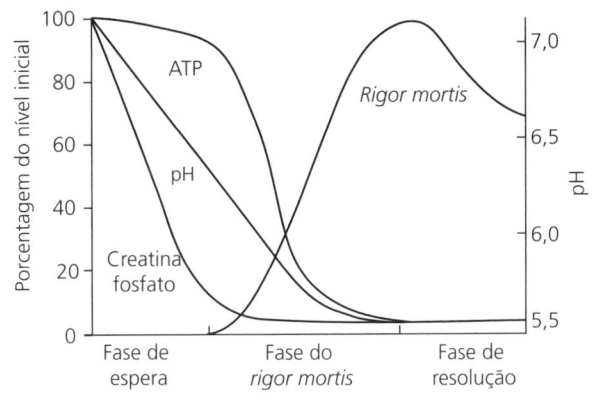

FIGURA 15.15 Representação esquemática das alterações pós-morte em concentração de ATP, concentração de creatina fosfato, pH e desenvolvimento do *rigor mortis* no músculo em função do tempo. (Reimpressa, com permissão, de Chiang, W. et al., em *Food Chemistry: Principles and Applications*, 2nd edn., Y.H. Hui, ed., Science Technology System, West Sacramento, CA, 2007.)

metido a estiramento. No entanto, mesmo quando os níveis de ATP são mantidos altos, a hidrólise de ATP necessária para que se supram as necessidades fisiológicas resulta na geração e no acúmulo de íons de hidrogênio, os quais baixam o pH do músculo. A redução do pH é reflexo do acúmulo de lactato, que serve como um indicador da taxa de glicólise pós-morte [11]. Como será visto adiante, variações extremas na taxa da glicólise pós-morte costumam estar associadas a problemas de qualidade na carne. O tempo requerido pela fase de espera é muito variável, dependendo da espécie do animal, de sua genética, de sua condição nutricional, da forma como ele foi tratado antes do abate e do próprio método de abate. Em carnes vermelhas, esse período pode durar até 12 horas, ao passo que, em aves, pode variar de 30 minutos a 2 horas [2].

Quando a creatina fosfato está próxima do esgotamento, a concentração de ATP começa a declinar precipitadamente, já que a utilização agora excede a capacidade regenerativa, iniciando, assim, a fase de *rigor mortis* (Figura 15.15). À medida que os níveis de ATP decrescem, ocorre um aumento proporcional no desenvolvimento do *rigor mortis*, notado pela dificuldade de estiramento do músculo. O esgotamento de ATP reduz a capacidade da bomba de Ca^{2+} de manter as concentrações de Ca^{2+} sarcoplasmáticas na faixa submicromolar e a concentração normal do músculo em repouso. Da mesma forma, ocorre um aumento gradual no número de ligações miosina-actina, as quais se mantêm estáveis em razão da falta de ATP, a fim de dissociar essas duas proteínas, levando ao enrijecimento ou à falta de flexibilidade do músculo. Como seria esperado, pode ocorrer encurtamento do sarcômero durante essa fase, a qual pode ser relacionada à dureza da carne.

A fase final da conversão do músculo em carne é conhecida como maturação ou resolução da rigidez cadavérica (*post rigor mortis*). Esse período pode durar poucos dias para frangos, porcos e cordeiros, e até duas semanas para a carne bovina. Durante essa fase, ocorre um aumento gradual de flexibilidade e maciez do músculo. Essas mudanças favoráveis ocorrem pelo rompimento proteolítico da ultraestrutura da miofibra, mais especificamente nos discos Z, que perdem sua integridade estrutural com rapidez em função do tempo. Enquanto o desenvolvimento de tensão durante o *rigor mortis* tem uma importância final na resolução da rigidez cadavérica, sabe-se que a proteólise é responsável pela ruptura da estrutura muscular e pelo aumento da maciez da carne [78].

15.4.1 Degradação pós-morte de proteínas musculares

Já se sabe que, conforme o músculo é convertido em carne, sua maciez tende a aumentar com o tempo de armazenamento pós-morte. Essa maciez se deve, ao menos em parte, à degradação das proteínas miofibrilares e citoesqueléticas do músculo [79].

Entre as proteases musculares, a calpaína tem sido muito estudada por seus efeitos na degradação proteica muscular pós-morte. A calpaína é uma cisteína protease ativada por Ca^{2+} que é mais ativa na faixa de pH neutro. Ela é regulada por vários fatores, incluindo Ca^{2+}, fosfolipídeos e calpastatina, um inibidor proteico específico da calpaína amplamente distribuído [80]. O tecido muscular apresenta três tipos de calpaínas: duas calpaínas ubíquas e a calpaína 3 [81]. As ubíquas incluem a μ-calpaína, que necessita de 5 a 50 μM de Ca^{2+} para sua ativação parcial, e a m-calpaína, que necessita de 0,25 a 1 mM de Ca^{2+} para sua ativação parcial. Essas duas isoformas são onipresentes nos tecidos, sugerindo seu envolvimento em funções celulares básicas e essenciais, reguladas pela via de sinalização por Ca^{2+}. A calpaína 3 (também chamada de p94 ou CAPN3) é uma isoforma específica do músculo esquelético e requer pouco Ca^{2+} para ser ativada. As calpaínas ubíquas são compostas por duas subunidades: uma subunidade catalítica de $M_r \approx 80.000$ e uma subunidade reguladora de $M_r \approx 30.000$. As subunidades reguladoras são homólogas entre as duas isoformas, mas as subunidades catalíticas apresentam algumas diferenças. A calpaína 3 apresenta a estrutura clássica de calpaína, a não ser pela presença de três sequências únicas, as quais não são encontradas em nenhuma outra calpaína. As ubíquas concentram-se nos discos Z, sendo que o tratamento das miofibrilas com calpaínas causa a rápida e completa perda dos discos Z (Quadro 15.3). Nas células do músculo esquelético, a calpaína 3 se liga especificamente a algumas

---

QUADRO 15.3 **Mudanças molecular e ultraestrutural no músculo pós-morte**

Os consumidores tomam decisões de compra em relação a produtos cárneos com base em várias características, sendo a maciez uma das mais importantes. Produtos percebidos como duros e difíceis de mastigar, bem como aqueles que são suaves e moles, provavelmente serão rejeitados. Assim, os cientistas se concentraram no desenvolvimento de uma compreensão detalhada das mudanças bioquímicas e estruturais que ocorrem na conversão de músculo em carne, de modo que as características de qualidade do produto final são mais desejáveis.

Eletromicrografias de músculos nos estágios iniciais do pós-morte mostram alterações distintas, principalmente nos discos Z. No ponto de morte, os discos Z do músculo bovino (centrados nas bandas I) são zonas densas e bem demarcadas que estão estruturalmente intactas (Figura Q15.3.1a). Após 24 h a 25 °C (Figura Q15.3.1b), os discos Z ampliaram-se consideravelmente e perderam grande parte de sua massa. Os sarcômeros parecem ter inchado, provavelmente devido à degradação dos filamentos do citoesqueleto, ligando as miofibrilas adjacentes.

A análise por SDS-PAGE da degradação proteica revelou uma relação complexa entre as alterações ultraestruturais observadas no tecido muscular e a maciez da carne mensurada por medidas de força de cisalhamento de Warner-Bratzler ou por análise sensorial. A titina, a desmina, a filamina, a distrofina e a TnT são algumas das principais proteínas degradadas no pós-morte (revisado em [145]). Com exceção da TnT, cada uma dessas proteínas desempenha um papel importante na manutenção da integridade estrutural do músculo, portanto, pode-se especular que a degradação dessas proteínas resulta na deterioração do disco Z e da estrutura sarcomérica como um todo. A fragmentação dessas proteínas pode desencadear processos enzimáticos ou oxidativos associados ao desenvolvimento da maciez.

A TnT é uma proteína reguladora dentro da miofibrila, e acredita-se que sua degradação seja mais provavelmente um marcador de atividade enzimática no músculo do que um contribuinte para o efeito de amaciamento no envelhecimento. Curiosamente, as principais proteínas miofibrilares miosina e actina permanecem praticamente intactas durante o envelhecimento da carne.

Complicando o quadro de proteólise e amaciamento muscular está o fato de que diferentes músculos apresentam diferentes taxas de degradação de proteínas. A Figura Q15.3.1c mostra perdas de titina (T1) e nebulina em três músculos diferentes em função do tempo. Enquanto a titina e a nebulina são degradadas, a taxa e a extensão da perda variam significativamente entre os três músculos. Nesse momento, a contribuição da fragmentação dessas proteínas para a maciez ainda não está clara. A maciez da carne é provavelmente um fenômeno multifatorial, e muito mais estudos ainda precisam ser realizados para dissecar as contribuições relativas de cada componente.

(Continua)

QUADRO 15.3   Mudanças molecular e ultraestrutural no músculo pós-morte (*Continuação*)

(a)   Z   Z

(b)   Z   Z

       45 min   6 h   24 h   48 h   120 h
       LD SM PM   LD SM PM   LD SM PM   LD SM PM   LD SM PM

T1
T2

Nebulina

(c)

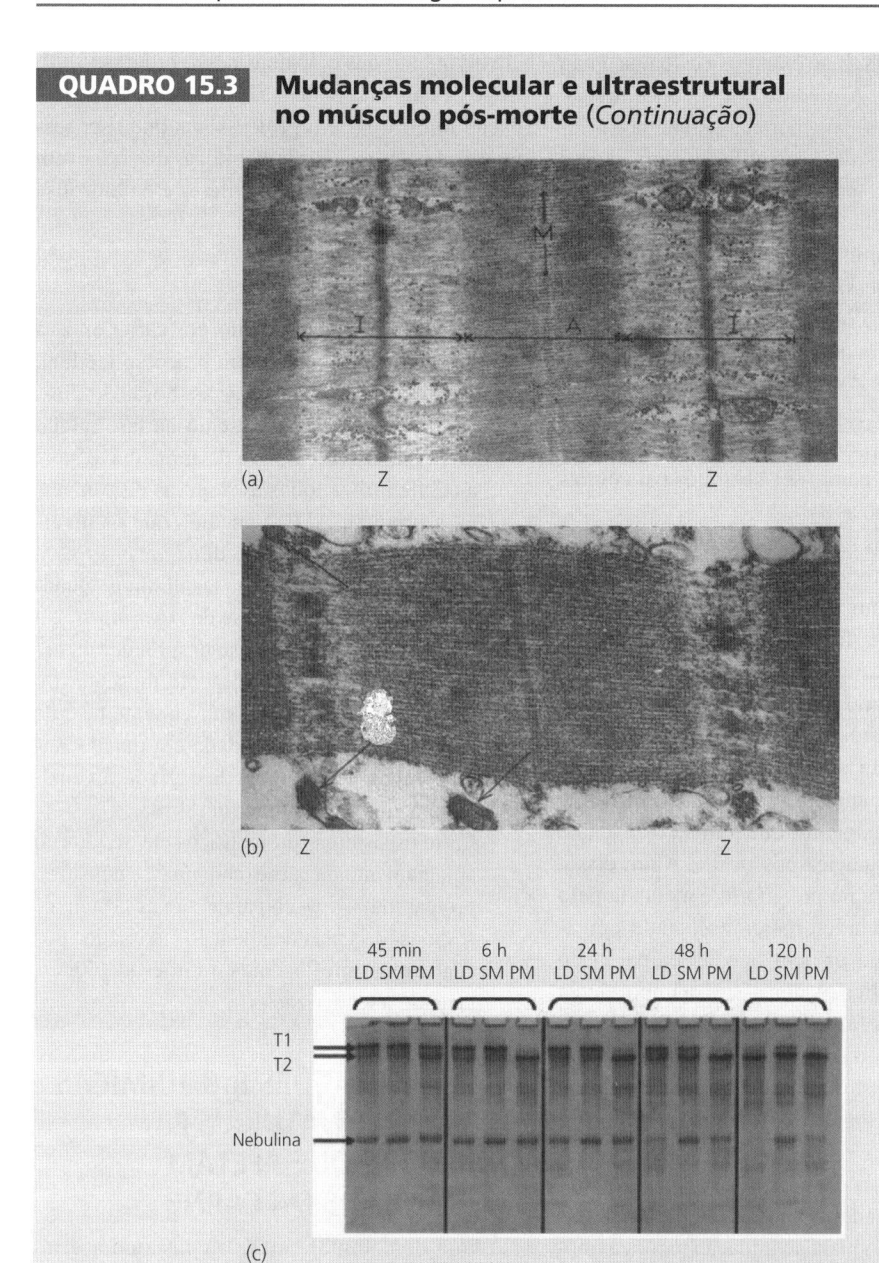

FIGURA Q15.3.1 Uso de microscopia eletrônica e eletroforese para analisar mudanças na estrutura e na função muscular no pós-morte. (a) Micrografia eletrônica do músculo bovino no momento da morte. Os discos Z (Z) localizados no centro de cada banda I (I). Outras estruturas: Linha M (M), Banda A (A). (b) Micrografia eletrônica do músculo bovino após 24 horas de armazenamento a 25 °C. (Reimpressas, com permissão, de Henderson, D.W., Goll, D.E., e Stromer, M.H. (1970). A comparison of shortening and Z line degradation in post-mortem bovine, porcine, and rabbit muscle. *Am. J. Anat.* 128, 117–135. Copyright Wiley-VCH Verlag GmbH & Co. KGaA.) (c) Gel SDS-PAGE mostrando degradação de titina e nebulina em extratos musculares inteiros de músculos *longissimus dorsi* (LD), semimembranoso (SM) e *psoas major* (PM). T1 indica titina intacta; T2 é um fragmento proteolítico da titina. (Reimpressa, com permissão, de Elsevier, de *Meat Sci.*, 86, Huff-Lonergan, E., Zhang, W., e Lonergan, S.M., 184–195, Copyright 2010.)

regiões da titina [82]; no entanto, a calpaína 3 não hidrolisa a titina. À medida que a concentração de Ca^{2+} aumenta no pós-morte, as calpaínas (principalmente as ubíquas) são ativadas, iniciando a degradação de proteínas musculares, tais como a TnT, a titina, a nebulina, a MyBPC, a α-actinina, a desmina, a filamina, a vinculina e a sinemina [79]. A maioria dessas proteínas está diretamente ligada (titina, nebulina), associada (filamina, desmina, sinemina) ou se localiza muito perto (vinculina) dos discos Z miofibrilares. Quando os discos Z estão quase rompidos, a actina e a miosina são liberadas em conjunto com outras proteínas do sarcômero, tornando-se substratos para outras enzimas proteolíticas.

As catepsinas são proteases lisossomais que desempenham atividade máxima em pH ácido, condição predominante no período pós-morte, principalmente na fase de maturação. A princípio, isso sugere que a atividade da catepsina é mais importante do que a das calpaínas no que se refere aos efeitos de maciez da carne durante a fase de maturação. No entanto, quando as proteinases são incubadas com as miofibrilas, é a atividade das calpaínas que simula os eventos proteolíticos da maciez pós-morte. Além disso, a maciez da carne no pós-morte é mediada pelo Ca^{2+} [83], uma característica associada unicamente ao sistema proteolítico de calpaína do músculo esquelético. Ainda assim, a importância das catepsinas na fase de maturação não deve ser ignorada. A localização intracelular e a atividade sobre inúmeras proteínas no pós-morte fazem delas candidatas lógicas à proteólise pós-morte e à maciez [84].

O proteassoma é um grande sistema proteolítico ubíquo dependente de ATP e ubiquitina, que pode estar envolvido na degradação proteica miofibrilar durante a maturação da carne. O proteassoma é capaz de degradar actina e miosina *in vitro* [85]; entretanto, não consegue degradar miofibrilas intactas. As proteínas musculares, como a actina e a miosina, são liberadas do sarcômero por um mecanismo dependente de Ca^{2+}/calpaína antes de passarem por ubiquinização e degradação promovidas pelo proteassoma. Em animais que superexpressam calpastatina, a degradação pós-morte pelo proteassoma é menor, confirmando o envolvimento das calpaínas nesse processo [86]. Logo, a calpaína pode ser a ativadora da degradação miofibrilar e o proteassoma pode ser responsável pelas reações proteolíticas que removem todos os fragmentos miofibrilares e os hidrolisa em aminoácidos.

15.4.2 Resumo

- A conversão de músculo em carne após a morte de um animal é um processo gradual, que ocorre durante várias horas a dias. As propriedades do músculo na fase inicial (*delay*) assemelham-se à do animal vivo, pois a célula utiliza todas as reservas disponíveis para produzir ATP. À medida que os níveis de ATP diminuem (fase de *rigor mortis*), a ciclagem de pontes cruzadas diminui. Quando o ATP é esgotado (fase de *rigor mortis*), a miosina não pode mais se desprender da actina, levando ao enrijecimento muscular ou à inextensibilidade. Na subsequente fase de resolução, a extensibilidade e a maciez aumentam como resultado da degradação enzimática da ultraestrutura miofibrilar.
- Entre os sistemas proteolíticos envolvidos no amaciamento da carne (calpaínas, catepsinas, proteassomas), as calpaínas são as principais responsáveis pela degradação enzimática dos filamentos miofibrilares e citoesqueléticos, levando à tenderização.

15.5 ALTERAÇÕES BIOQUÍMICAS PÓS-MORTE NATURAIS E INDUZIDAS QUE AFETAM A QUALIDADE DA CARNE

Na hora de comprar carne, o consumidor é influenciado por diversos fatores encontrados no produto, como capacidade de retenção de água, coloração, quantidade de gordura e maciez. Pedaços de carne com coloração muito pálida ou muito escura, ou que apresentem muito líquido na embalagem, têm mais chances de serem rejeitados pelos consumidores, desvalorizando o produto. Da mesma forma, uma experiência frustrante com um pedaço de carne excessivamente duro pode resultar na rejeição desse corte.

Os atributos de qualidade da carne são influenciados por diversos fatores interligados que incluem espécie, raça, genótipo, *status* nutricional, tratamento pré-abate e resfriamento, processamento e armazenamento pós-morte do animal. Alguns exemplos específicos de problemas com a qualidade da carne e suas explicações moleculares serão mostrados nas próximas Seções.

Após a maturação da carne, as características do tecido do animal abatido diferem muito das encontradas no músculo vivo. O metabolismo pós-morte ocasiona decréscimo no pH do valor fisiológico de $\approx 7{,}4$ do tecido do músculo para um pH final de $\approx 5{,}5$ a $5{,}9$ na carne vermelha e no frango. Além disso, existe um grau de contração no tecido antes da formação do complexo de rigor.

As consequências da redução do pH são tanto benéficas quanto prejudiciais para o produto. Está claro que a acidificação do pH da carne retarda o crescimento microbiano, aumentando sua vida de prateleira quando em comparação a um pH neutro no músculo. No entanto, essa vantagem se desfaz com a perda econômica do produto, resultante da perda de água do tecido quando o pH se torna muito ácido. O ponto isoelétrico da miosina (proteína dominante do músculo) é de $\approx 5{,}0$; a soma das cargas positivas e negativas, com esse pH, é zero, sendo que as interações proteína-proteína são máximas e as interações proteína-água são mínimas. Como resultado disso, as miofibrilas encolhem e perdem muito de sua capacidade de retenção de água. A perda de água durante o armazenamento do produto fresco ou cozido (também conhecido como "purga") pode ser muito significativa, resultando em perdas de valor, já que um produto banhado em seu exsudato não é atrativo. Além disso, uma vez que a carne é um produto vendido por peso, a perda de água diminui o peso, causando perda de rentabilidade. Um produto que teve uma perda considerável da quantidade de água será visto pelo consumidor como uma carne que perdeu sua suculência e sua maciez. Deve também ser reconhecido que o exsudato aquoso transporta quantidades significativas de vitaminas hidrossolúveis, minerais, aminoácidos e outros nutrientes que seriam perdidos para o consumidor. Além da baixa capacidade de retenção de líquido, alguns defeitos visuais podem ser causados pela glicólise pós-morte acelerada e por um pH final baixo.

15.5.1 Carne pálida, mole e exsudativa

Todo o tecido muscular passa por redução de pH como resultado da hidrólise durante a conversão do músculo em carne. No entanto, em casos extremos, quando a taxa de pH já baixou rapidamente, a temperatura da carcaça permanece alta. Por exemplo: depois de 45 min pós-morte, o pH do músculo do porco varia entre 6,5 e 6,7, ao passo que sua temperatura é de ≈ 37 °C. No entanto, em algumas carcaças, o pH pode baixar para menos de 6,0, no mesmo período de tempo. É a combinação posterior do rápido decréscimo de pH com a temperatura alta da carcaça que resulta na desnaturação de algumas proteínas contráteis, ocasionando a perda de capacidade de retenção de água e gerando um fenômeno conhecido como PSE (do inglês *pale, soft, exudative meat* – carne pálida, mole e exsudativa) [87]. Enquanto essas características em cortes frescos de carne fazem alguns produtos serem rejeitados pelo consumidor, a diminuição da funcionalidade das proteínas da carne PSE em produtos processados também acarreta uma grave perda econômica para a indústria. A incidência de carne de porco PSE foi estimada em 15,5% [88], embora esses resultados tenham sido questionados.

A base molecular sobre a carne PSE tem sido objeto de intensa pesquisa ao longo do último meio século. Já ficou claro que fatores de estresse *ante mortem* do animal, como temperatura, transporte, exercício físico, contato com animais desconhecidos e manuseio, contribuem de forma significativa para a qualidade da carne. O mecanismo exato pelo qual esses fatores resultam em uma carne PSE ainda não está claro, mas, como demostram vários estudos, é evidente que a redução do estresse *ante mortem* gera uma melhora significativa na qualidade da carne.

O genótipo de um animal pode aumentar sua predisposição a uma resposta adversa ao estresse. Nos anos 1960, observou-se que alguns grupos de porcos de várias raças eram particularmente mais suscetíveis a esses fatores. O termo "síndrome do estresse suíno" foi concebido para descrever o distúrbio muscular hereditário dos porcos com baixa tolerância aos fatores de estresse [89]. Esses animais respondem ao estresse desenvolvendo uma condição chamada de hipertermia maligna, que é caracterizada por uma contratura muscular intensa, dificuldade de respiração, febre alta repentina, levando, por fim, à morte. Animais que apresentam esse distúrbio e que não oferecem resistência aos efeitos do estresse apresentam uma maior propensão à produção de carne PSE.

Estudos realizados por mais de 30 anos identificaram uma mutação no RyR responsável pela síndrome do estresse suíno. A substituição de timina por citosina no nucleotídeo 1843, na sequência do RyR, leva à substituição da cisteína por arginina no resíduo 615 [90]. Essa mutação ocasiona perda excessiva de Ca^{2+} do RS no animal estressado, que, por sua vez, desencadeia uma contração muscular intensa e, eventualmente, hipertermia maligna no porco vivo. A liberação excessiva de cálcio pós-morte nos músculos de porcos suscetíveis à PSE gera contração muscular e glicólise anaeróbia, associada a acúmulos consequentes de íons de hidrogênio e produção de calor associados ao desenvolvimento de carne de porco PSE.

O problema da carne PSE é normalmente associado à carne suína; no entanto, no início dos anos 1990, ocorreu um aumento no número desses casos, na indústria, com carne processada de peru. A semelhança surpreendente do desenvolvimento de casos de PSE em porcos e perus fez com que se concluísse que uma mutação no RyR era a responsável por esse problema nos perus [91]. Conforme observado na Seção 15.3.4.6, há uma diferença significativa no mecanismo de acoplamento excitação-contração entre os mamíferos e as aves. Dessa forma, se realmente existe uma mutação, é possível que ela ocorra nas isoformas RyR1 ou RyR3, ou em ambas. Até hoje, nenhuma mutação foi identificada em nenhuma isoforma RyR. No entanto, há indicações intrigantes de que os perus se adaptam ao estresse térmico pela expressão de várias transcrições alternativas de RyR que podem alterar a tendência de produzir carne PSE [92]. O advento de métodos de sequenciamento de RNA para analisar o transcriptoma muscular oferece novas oportunidades para analisar amostras de carne normal e de carne PSE para diferenças na expressão gênica e, portanto, diferenças na abundância de proteína. A aplicação desse método revelou diferenças de expressão entre vários genes em carne de peru normal em comparação com amostras de carne PSE, incluindo a piruvato desidrogenase cinase 4, a enzima que regula a atividade da piruvato desidrogenase [93].

Outra anomalia genética que pode gerar carne PSE em porcos é o gene Nápole. A mutação, nesse caso, é a substituição da glutamina por arginina no resíduo 200 da subunidade gama da proteínocinase ativada por AMP [94]. Essa enzima desempenha várias funções no músculo, incluindo ativação de vias de produção de ATP e inibição de vias de consumo de ATP, bem como inativação do glicogênio sintetase.

Porcos que possuem o alelo dominante RN tendem a ter uma quantidade muito maior de glicogênio do que porcos com o alelo rn+ recessivo. A taxa de decréscimo do pH pós-morte no músculo de porcos com o gene Nápole tende a ser normal. No entanto, os altos níveis de glicogênio levam a um declínio prolongado do pH, resultando em um pH final muito baixo, em geral próximo a 5,0. Como o ponto isoelétrico da miosina é de $\approx$ 5,0, esse baixo pH final resulta em carne PSE com pouca funcionalidade proteica. Embora a capacidade de retenção de água seja reduzida quando comparada com a carne suína normal, a funcionalidade proteica da carne de porco processada RN é ainda menor do que a de porcos que apresentam o distúrbio RyR. Uma média de 65 a 80% de carne de porco é consumida sob a forma de carne processada, o que ressalta a importância de se eliminar o gene Nápole desses animais.

15.5.2 Carne escura, firme e seca

Uma consequência ocasional do estresse pré-abate é a depleção *ante mortem* dos estoques de glicogênio por fatores de estresse, exercícios ou jejum excessivo. Esses fatores geram um produto com características opostas às da carne PSE, conhecida como "escura, firme e seca" ou carne DFD (do inglês *dark, firm, dry*) [2]. A cor dessa carne pode variar de vermelho levemente escuro a vermelho-escuro intenso ou quase preto, contrastando com a coloração vermelho-cereja da carne normal. Esse problema é mais comum na carne bovina, mas também pode ser encontrado na carne suína. A falta de reservas adequadas de glicogênio encerra a glicólise mais cedo, mantendo o pH relativamente alto ($> 6,0$). A incidência de carne DFD tende a ser sazonal, com maior incidência quando os animais são submetidos, por longos períodos, ao frio e a condições muito úmidas, usando-se o verão como termo de comparação.

A carne DFD tem capacidade de retenção de água muito maior do que o normal, uma vez que o pH final normalmente é pelo menos uma unidade de pH maior do que o ponto isoelétrico da miosina. No entanto, essa vantagem se desfaz pelo aumento da suscetibilidade ao desenvolvimento de microrganismos e pela rejeição do consumidor à coloração anormal do produto. A coloração incomum vermelho-escuro desse produto é também consequência do alto pH pós-morte, que mantém a carga das proteínas musculares, maximizando a separação das miofibrilas musculares e reduzindo a dispersão da luz. A respiração mitocondrial ativa em pH elevado também reduz a fração de oximioglobina do tecido.

15.5.3 Encurtamento pelo frio

No início dos anos 1950, a indústria de cordeiro processado na Nova Zelândia começou a receber várias reclamações de importadores da Europa e da América do Norte de que a carne estava excessivamente dura. Esse problema contrastava com o fato de que, na Nova Zelândia, a carne consumida não era dura, o que sugere que fatores no processamento ou no armazenamento da carne desempenham um papel fundamental em sua maciez [95].

Uma série de estudos realizados pelo New Zealand Meat Research Institute (Instituto de Pesquisa de Carne da Nova Zelândia) mostrou a complexa relação existente entre o resfriamento pré-rigor e a maciez da carne (Figura 15.16). Quando os músculos pré-rigor são retirados do osso, eles se contraem. A extensão da contração depende do tipo de músculo (vermelho ou branco), quantidade de tempo pós-morte, estado

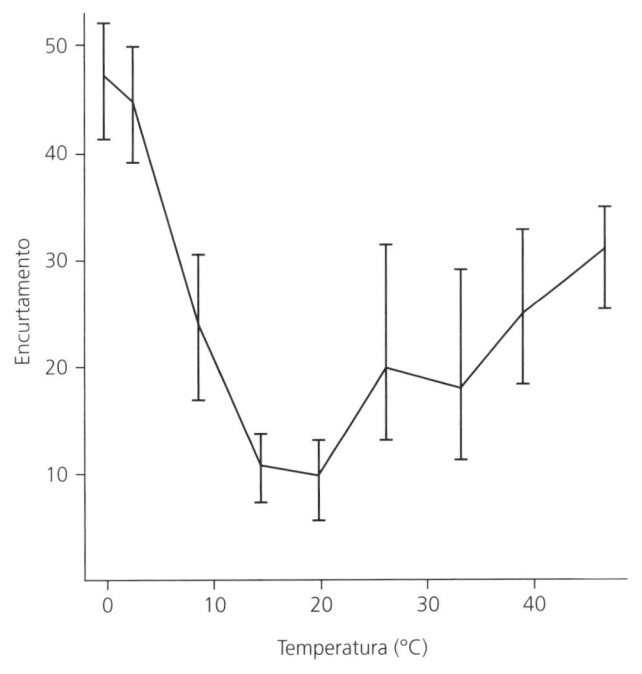

FIGURA 15.16 Encurtamento de músculo bovino excisado pré-rigor, em função da temperatura de armazenamento. (Reimpressa, com permissão, de Locker, H.H.e Hagyard, C.J., *J. Sci. Food Agric.*, 14, 787, 1963.)

fisiológico do músculo e temperatura. Sob temperaturas fisiológicas, o grau de encurtamento é alto. Em temperaturas baixas, a contração muscular diminui progressivamente até que um ponto entre 10 e 20 °C seja atingido; nessa faixa, ocorrem algumas contrações mínimas. Se os mesmos músculos pré-rigor forem submetidos a temperaturas mais baixas, será observado um aumento drástico no grau de contração a temperaturas abaixo de 10 °C. A contração muscular induzida pelo frio é denominada "encurtamento pelo frio".

Posteriormente, Marsh e Leet [96] demonstraram a relação entre o encurtamento pelo frio pré-rigor e a dureza da carne (Figura 15.17). O teste de cisalhamento de Warner-Bratzler mede a quantidade de força necessária para se cortar um tecido de músculo em um tamanho definido. Usando esse teste, Marsh e Leet demonstraram que, à medida que o grau de encurtamento aumenta, o grau de dureza (medido pela força de cisalhamento) aumenta até o ponto em que o músculo se contrai 40%. Nesse ponto, há uma superposição máxima entre os filamentos espessos e delgados, e quase todas as cabeças de miosina encontram-se ligadas aos filamentos de actina. Após esse ponto, pode ocorrer outra contração, sendo resultante da diminuição da dureza. A explicação para essa observação é que, dependendo do contexto, por exemplo, falta de tensão, a contração muscular pode continuar até o ponto em que os filamentos grossos perfuram a linha Z, causando grande dano à ultraestrutura do músculo e desencadeando um aumento de maciez neste [97]. Com base nessas observações, várias modificações foram feitas no resfriamento pós-abate das carcaças de ovelha, a fim de diminuir a taxa de resfriamento pré-rigor. Estudos feitos posteriormente, nos Estados Unidos e na Europa, confirmaram as causas do encurtamento pelo frio na indústria de carne vermelha, viabilizando práticas que minimizaram esse problema.

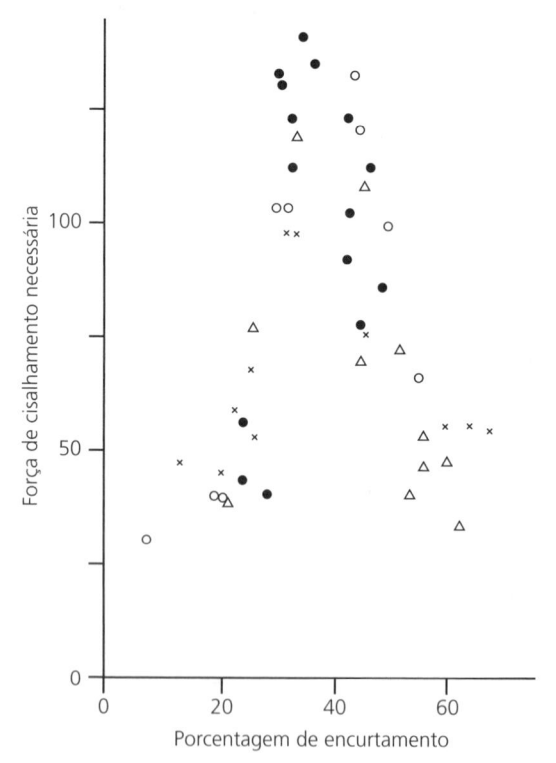

FIGURA 15.17 Dureza da carne medida pela força de cisalhamento necessária para o corte de uma amostra de carne, em função do encurtamento do sarcômero. (Reimpressa, com permissão, de Marsh, B.B. e Leet, N.G., *Nature*, 211, 635, 1966.)

Os mecanismos de ação que levam ao encurtamento pelo frio ainda não estão claros, mas os seguintes fatores com certeza contribuem para o processo. O músculo deve estar no estado pré-rigor para que se contraia, pois apenas nesse estado há níveis adequados de ATP que fornecem a energia necessária para a contração, bem como para a dissociação das cabeças da miosina da actina para um ciclo subsequente de contração. A temperatura deve estar abaixo de 10 °C e, quanto mais perto de 0 °C, maior o grau de encolhimento. Por fim, os músculos mais suscetíveis ao encurtamento pelo frio são aqueles com maior percentual de fibras vermelhas, como as carnes bovina, ovina e de cordeiro. O encurtamento pelo frio não ocorre tanto na carne suína, pois os músculos do porco apresentam maior percentual de fibras brancas. Relativamente pouco encurtamento pelo frio ocorre no músculo de aves.

Parece que a regulação alterada do cálcio no pós-morte e mudanças dependentes da temperatura nas atividades enzimáticas são responsáveis pelo fenômeno do encurtamento pelo frio. À medida que a temperatura do músculo fica abaixo de 10 °C, as mitocôndrias anóxicas e o RS perdem sua capacidade de reter íons Ca^{2+}. A proteína da bomba de Ca^{2+} normalmente manteria as concentrações de Ca^{2+} sarcoplasmáticas nos níveis musculares em repouso. No entanto, a temperaturas mais baixas, a taxa de reabsorção do Ca^{2+} pelo RS é suprimida; assim, as concentrações de Ca^{2+} sarcoplasmáticas aumentam, provocando, assim, a contração muscular. As fibras do músculo vermelho têm maior propensão a apresentarem encurtamento pelo frio. Elas contam, primeiramente, com o metabolismo oxidativo para conseguirem energia e, portanto, apresentam um número maior de mitocôndrias do que as fibras brancas. Além disso, as fibras vermelhas tendem a ter um sistema RS menos desenvolvido, reduzindo sua capacidade de reacúmulo de Ca^{2+} [98].

As formas de prevenir o encurtamento pelo frio foram inicialmente planejadas a partir da relação entre o controle de resfriamento da carcaça e o desenvolvimento da dureza da carne. Deve-se manter a temperatura da carcaça na faixa de 10 a 20 °C até que o *rigor mortis* seja estabelecido, prevenindo-se, assim, o encurtamento pelo frio. No entanto, essa técnica entra em conflito com a ação de se baixar a temperatura da carcaça de maneira rápida para a minimização do crescimento microbiano da superfície da carne. Nos anos 1970, experiências com estimulação elétrica em carcaças demonstraram que o tempo necessário para o desenvolvimento do *rigor mortis* podia ser diminuído drasticamente [99]. Esse procedimento está descrito na Seção 15.5.5; ele se tornou padrão em operações de abate na indústria das carnes bovina e ovina.

15.5.4 Rigor de descongelamento

Um fenômeno muito parecido com o encurtamento pelo frio é a contração muscular intensa ocorrente em músculos descongelados que foram congelados enquanto ainda estavam na fase pré-rigor. O rigor de descongelamento foi descrito pela primeira vez por Sharp e Marsh [100], os quais observaram que o músculo pré-rigor de baleias descongeladas encurtava mais de 60%, além de apresentar uma grande perda em sua capacidade de retenção de água. Esse rigor ocorre devido ao dano estrutural causado às membranas do SL e do RS, pela formação dos cristais de gelo. A perda da integridade na membrana resulta em um influxo de Ca^{2+} no sarcoplasma, causando contração muscular, uma vez que os níveis de ATP ainda são bastante altos para que ocorra encurtamento. Da mesma forma, os danos à membrana resultam em perda excessiva de líquido das fibras musculares durante o descongelamento. As mesmas medidas adotadas para a prevenção do encurtamento pelo frio, como estimulação elétrica ou armazenamento da carcaça a temperaturas acima das de congelamento até o ponto em que o *rigor mortis* se inicie, devem ser utilizadas para se prevenir o rigor de descongelamento.

15.5.5 Estimulação elétrica

A estimulação elétrica refere-se à aplicação de uma corrente elétrica alternada em carcaças de animais após o abate. Quando aplicada a carcaças durante o período pós-morte inicial, essa estimulação elétrica induz a contração e o relaxamento muscular extensos que, consequentemente, aceleram o metabolismo do músculo, a taxa de metabolismo do ATP e o desenvolvimento do rigor.

Dependendo da voltagem, da frequência e da duração do estímulo, esse procedimento melhora a maciez, o sabor, a cor, a qualidade, o tempo no varejo e as características de processamento da carne e de seus produtos [101].

Melhoras na cor e na qualidade foram os principais motivos para que a estimulação elétrica fosse adotada pelas indústrias dos Estados Unidos. Em outros países, o motivo principal foram melhoras em relação à maciez. O uso da estimulação elétrica foi adotado a princípio na Nova Zelândia, onde a prática de resfriamento rápido e congelamento de carcaças de cordeiro para exportação gerou problemas, como encurtamento pelo frio, rigor de descongelamento e aumento da dureza [99]. No entanto, a estimulação elétrica também é efetiva para melhorar a maciez da carne, mesmo quando não apresenta o encurtamento pelo frio. Pearson e Dutson [102] discutiram mecanismos para o amaciamento da carne. O rompimento lisossomal com a consequente liberação de proteases endógenas foi sugerido como o mecanismo possível, estando baseado no aumento da atividade livre das enzimas lisossomais após a estimulação elétrica. Dessa forma, o aumento da atividade proteolítica antes e durante a fase de maturação poderia explicar, em parte, o aumento da maciez. Outro mecanismo sugerido é o rompimento físico da integridade da miofibra causado pelas várias contrações induzidas por estimulação elétrica [103]. Zonas de supercontração (bandas de contratura) e alongamento excessivo dos miofilamentos adjacentes nas bandas de contratura são evidentes em fotomicrografias de carne de carcaças estimuladas eletricamente. Baseado nas dimensões físicas dos filamentos espessos e delgados, contrações além de 40% do comprimento do sarcômero em descanso resultariam em filamentos espessos que penetram as linhas Z, interagindo com os filamentos delgados dos sarcômeros adjacentes [97]. Outras áreas devem se alongar ou romper, a fim de acomodar essas zonas de supercontração. Deve ocorrer aumento de maciez. Embora ainda faltem informações conclusivas sobre o rompimento físico, esse mecanismo proposto é consistente com outros momentos de maciez associados à contração excessiva.

Os efeitos benéficos da estimulação elétrica ocorrem devido à aceleração da conversão pós-morte do músculo da carne. Em resumo, as carcaças estimuladas alcançam seu pico máximo de qualidade mais cedo, o que permite ao produtor aumentar a produção com os mesmos níveis de qualidade ou, ainda, aumentar a qualidade com a mesma produção [101]. Quando a qualidade influencia no preço, os dois casos são financeiramente mais favoráveis para o produtor, favorecendo o uso da estimulação elétrica na indústria da carne.

15.5.6 Resumo

- Capacidade de retenção de água, cor, textura e tenacidade são importantes índices de qualidade da carne que influenciam fortemente a escolha do consumidor. Esses atributos são influenciados em algum grau pelas práticas de manejo que afetam o animal vivo (p. ex., minimizar o estresse de transporte, retenção de alimento antes do abate), bem como protocolos de processamento (p. ex., taxa de controle de congelamento, uso de estimulação elétrica).
- A identificação de genes e interações entre gene e meio ambiente associadas a alguns problemas de qualidade da carne (carne PSE, carne DFD, etc.) será necessária para reduzir a incidência desses defeitos de qualidade.

15.6 ALTERAÇÕES QUÍMICAS DURANTE A CONSERVAÇÃO DA CARNE

A suscetibilidade do músculo da carne à deterioração microbiana implica que a carne seja conservada por métodos físicos ou químicos. A refrigeração e o congelamento proporcionam a maneira mais efetiva de retardar o crescimento microbiano e minimizar os processos químicos e bioquímicos nocivos no processamento da carne e de seus produtos. Tradicionalmente, a carne fresca é preservada com sal e desidratação parcial, o que aumenta a pressão osmótica e diminui a atividade de água, inibindo o crescimento dos microrganismos. A irradiação e os tratamentos com alta pressão são métodos relativamente novos de preservação que estão se tornando mais aceitos na indústria de carnes. Por outro lado, os sistemas de embalagens não tradicionais, como embalagens com atmosfera modificada, estão se tornando cada vez mais populares para aumentar a vida de prateleira das carnes. Todas essas técnicas de preservação afetam não apenas a ecologia dos microrganismos, mas também as propriedades químicas da carne e de seus derivados.

15.6.1 Resfriamento e refrigeração

Em uma unidade processadora de carne, as carcaças de animais são rapidamente resfriadas entre 2 e 5 °C em um resfriador, a fim de minimizar o crescimento microbiano; as carcaças de frango e de peixe no geral são resfriadas por imersão em gelo ou por jatos de ar frio. O tempo necessário para que uma carcaça atinja sua temperatura final de resfriamento varia de acordo com tamanho, espessura da camada de gordura subcutânea e método de resfriamento. O tempo de resfriamento pode ser menor do que uma hora para carcaças de frango resfriadas com gelo e até 24 horas para carcaças de gado com 300 kg. Em algumas processadoras comerciais, banhos com água fria e ar com alta velocidade são utilizados para facilitar o processo de resfriamento.

O grau de resfriamento afeta as reações enzimáticas do tecido do músculo pós-morte, o que, por sua vez, afeta a qualidade da carne maturada. As principais mudanças bioquímicas durante o início da conversão do músculo em carne – queda do pH (glicólise), esgotamento do ATP e contração muscular – são processos enzimáticos. Quando as carcaças são resfriadas de forma rápida, essas mudanças bioquímicas são retardadas em decorrência da inibição das atividades enzimáticas. A oxidação lipídica também ocorre de forma mais lenta em temperaturas de refrigeração em decorrência da redução das atividades das enzimas oxidativas. A inibição da oxidação lipídica preserva o sabor da carne e minimiza a oxidação da mioglobina. Apesar de seus benefícios gerais, o resfriamento também pode produzir características indesejáveis de qualidade na carne. Por exemplo, quando uma carcaça de carne magra é resfriada antes do rigor, uma faixa escura de descoloração com aparência afundada, comumente chamada de "anel de calor", às vezes se forma perto da fáscia lombodorsal do músculo longuíssimo. Esse fenômeno parece ser causado pelo encurtamento pelo frio (supercontração da fibra muscular) da borda do músculo pré-rigor, mas pode ser eliminado pela estimulação elétrica da carcaça imediatamente após a morte.

Como discutido previamente, a exposição do músculo pré-rigor a baixas temperaturas pode resultar em efeitos adversos na maciez da carne, o que se deve ao aumento da contração ou ao encurtamento das fibras musculares ou miofibrila, sobretudo na carne vermelha. Para minimizar o encurtamento pelo frio, é obrigatório que o músculo se mantenha unido ao esqueleto durante o resfriamento, principalmente no armazenamento da fase inicial do pós-morte. Devido à diminuição das atividades das proteases endógenas envolvidas na maciez da carne durante o pós-morte, como a calpaína e as catepsinas, em baixas temperaturas, é necessário que as carcaças ou a carne sejam maturadas de modo adequado, a fim de que adquiram um nível aceitável de maciez.

Super-resfriamento ou resfriamento profundo também é usado para inibir o crescimento microbiano e prolongar a vida útil da carne. Neste processo, a carne é resfriada a 1 a 2 °C abaixo do ponto de congelamento da água. Enquanto uma camada muito fina de gelo pode se formar na superfície, o interior da carne permanece descongelado, mas super-resfriado [104]. Os frangos de corte e peixes são particularmente adequados para super-resfriamento, pois podem ser facilmente submersos em um meio aquoso de super-resfriamento. Essa tecnologia relativamente nova é altamente desejável, uma vez que os microrganismos de deterioração e as enzimas não se adaptam facilmente a temperaturas abaixo de zero. No entanto, o super-resfriamento nem sempre reduz e às vezes acelera as reações químicas. Além disso, foram desenvolvidas tecnologias para armazenar carne e produtos cárneos a temperaturas entre 0 e –0,8 °C para manter o produto em estado não congelado, ao mesmo tempo em que se alcançou uma vida útil microbiológica substancialmente prolongada.

15.6.2 Congelamento

O congelamento é um dos métodos mais efetivos para a preservação da carne. Quando a carne e seus produtos são armazenados a temperaturas abaixo de –10 °C, o crescimento microbiano e as reações enzimáticas são bastante reduzidos e, assim, a perda da qualidade é minimizada. No entanto, as reações físicas e químicas podem continuar ocorrendo na carne durante congelamento, armazenamento e descongelamento posterior. As mudanças químicas ocorridas na carne congelada durante seu armazenamento incluem a descoloração e o desenvolvimento de ranço oxidativo, resultante da oxidação da mioglobina e dos lipídeos insaturados, respectivamente, bem como alteração da textura, causada pela desnaturação e pela agregação de proteínas. Essas mudanças adversas são influenciadas pelos graus de congelamento e pelo descongelamento, pelo tempo de armazenamento, pelas mudanças de temperatura do *freezer* durante o armazenamento e pelas condições atmosféricas da carne congelada. No caso de carnes processadas, os ingredientes adicionados à carne (p. ex., NaCl) e os processos específicos em seu processamento, como moagem, corte, emulsificação e reestruturação, podem influenciar na qualidade e no tempo de vida de prateleira do produto congelado. Antioxidantes costumam ser adicionados para inibir a oxidação induzida por sais em produtos cárneos congelados.

A desnaturação de proteínas induzida pelo congelamento, um efeito colateral na carne congelada, é atribuída a danos físicos resultantes da formação e do crescimento de cristais de gelo e a processos químicos associados a desidratação e concentração de solutos no tecido do músculo. A desnaturação da proteína induzida por congelamento é especialmente notável sob condições de congelamento lento. A uma taxa de congelação lenta, o fluido exterior das células musculares resfria mais rapidamente do que o fluido interior e, quando o líquido extracelular super-resfriado atinge uma temperatura crítica, a água separa-se dos solutos e forma cristais de gelo. À medida que ocorre a cristalização, os sais extracelulares se tornam mais concentrados, criando uma pressão osmótica gradiente ao longo da membrana da célula. Esses processos podem ocasionar a desnaturação de proteínas e o rompimento da membrana celular [105]. Para evitar a desnaturação de proteínas, crioprotetores, como o polifosfato e os polióis (sorbitol, sacarose, polidextrina, etc.), podem ser incorporados à carne antes de seu congelamento.

A taxa de congelamento é determinada de acordo com o método de congelamento, seguindo a ordem de congelamento criogênico > ar forçado > ar parado. O congelamento criogênico utiliza gases condensados, como nitrogênio líquido (–195 °C), dióxido de carbono sólido ou gelo seco (–98 °C), para resfriar a carne de forma rápida a temperaturas abaixo de 0 °C e transformar água líquida em cristais de gelo, em questão de minutos. O congelamento com ar forçado (p. ex., –50 °C) também permite a transferência rápida de calor, cristalizando a água intramuscular de maneira muito eficiente. Por outro lado, o congelamento por ar parado permite a dissipação lenta de calor da carne, podendo causar danos às células do músculo e a suas proteínas. Em geral, o congelamento rápido promove a formação de pequenos cristais de gelo que se distribuem de forma uniforme dentro e fora das células do músculo, enquanto o congelamento lento favorece a formação de grandes cristais de gelo, os quais se apresentam em menor quantidade e prevalecem na parte extracelular.

Uma tecnologia relativamente nova, conhecida como congelamento por mudança de pressão, foi anunciada como um método potencial de preservação da qualidade da carne. Durante esse processo, amostras de carne são resfriadas a temperaturas negativas (–20 °C) e não congelarão sob determinada pressão. Quando a pressão é subitamente restaurada, ocorre a microcristalização instantânea e homogênea ao longo do tecido muscular. Carnes processadas com o método de congelamento por mudança de pressão apresentaram alterações mínimas em sua ultraestrutura, reduziram a desnaturação de proteínas e tiveram sua qualidade melhorada [106,107].

15.6.3 Pressurização

O tratamento com alta pressão é potencialmente utilizado para a preservação da carne e também para melhoras da qualidade do produto. Pressões hidrostáticas entre 100 e 800 MPa foram utilizadas para destruir microrganismos patogênicos e desativar enzimas deteriorantes em carnes frescas antes de serem armazenadas. O processo de alta pressão não térmica também é utilizado para processar refeições embaladas prontas para o consumo, como em produtos de *delicatessens*, a fim de proporcionar a eliminação da contaminação por *Listeria monocytogenes*. Como a energia de compressão é baixa (19,2 kJ em 1 L de água, a 400 MPa de pressão), as ligações covalentes normalmente não são afetadas. Entretanto, o tratamento com alta pressão pode romper as interações eletrostáticas e hidrofóbicas das proteínas, tornando-as menos estáveis. Uma vez que os processos de pressurização não dependem de aditivos ou de temperatura, os produtos derivados da carne mantêm seu gosto e seu sabor original.

As modificações físicas no tecido muscular sob altas pressões incluem diminuição do volume na fase aquosa e queda de pH. Tais modificações são reversíveis quando a pressão é liberada. Todavia, mesmo pequenas exposições a essas modificações podem alterar de forma permanente a estrutura das proteínas e sua associação com compostos não proteicos. Pressões acima de 100 MPa podem causar dissociação da estrutura quaternária da proteína em subunidades, desdobramento parcial de estruturas monoméricas, podendo, ainda, induzir a agregação e a gelificação de proteínas [108,109]. Tratamentos com alta pressão separam as cadeias pesadas de miosina em monômeros de uma cabeça, seguidos de uma interação cabeça-cabeça, formando agregados [110].

Mudanças induzidas por pressão no volume de hidratação parecem desempenhar um papel-chave na desnaturação, na agregação e na gelatinização das proteínas musculares. Produtos de proteína muscular tratados com pressão, como o *surimi*, podem formar um gel espontaneamente sob temperaturas amenas. Isso se deve à exposição de grupos de cadeias laterais hidrofóbicas, que permite a pronta agregação proteica. Devido às modificações estruturais da proteína e à melhor solubilidade, a carne tratada com alta pressão é adequada para a fabricação de produtos cárneos com baixo teor de sal, pois a ligação à água e a gelificação se tornam menos dependentes de altas forças iônicas [111]. A maior exposição de grupos hidrofóbicos também permite que proteínas musculares processadas por pressão contribuam mais efetivamente na formação e estabilização de emulsões de carne.

Os tratamentos com alta pressão em músculos pré-rigor aumentam o nível de glicólise e a contração muscular. Esses fatores se devem à ruptura do RS, no qual o cálcio é normalmente armazenado, e à perda de atividade do Ca-ATPase. A alta concentração citosólica de Ca^{2+} ativa as enzimas envolvidas na glicólise (p. ex., a fosforilase cinase) e a contração muscular (p. ex., miosina ATPase). Quando a pressão aplicada é suficientemente alta (> 400 Mpa), ocorre descoloração em carnes cruas, como indicado pelo aumento do valor L* e pela diminuição do valor a* [108]. De fato, a exposição de carne crua a altas pressões resulta no aumento da metamioglobina (marrom), em detrimento da mioglobina (vermelha), devido à oxidação do ferro heme e à desnaturação da globina.

Pressões acima de 150 MPa podem induzir grandes mudanças na estrutura do sarcômero, como o desaparecimento da linha M e da zona H, além da perda da integridade dos filamentos da banda I. Surpreende o fato de que essas mudanças estruturais não parecem melhorar a maciez da carne. Isso pode ser decorrente do espessamento das linhas Z em costâmeros e da perda de atividade da protease [110]. Por sua vez, a estrutura do colágeno não é afetada por processos de alta pressão.

Na carne bovina tratada com alta pressão, o nível de μ-calpaína é bastante reduzido durante a maturação [112]. Tanto a μ-calpaína como a m-calpaína são parcialmente inativadas a 200 Mpa, sendo inativadas, por exemplo, a 400 MPa. A desnaturação sob alta pressão e a autólise das calpaínas devido à alta concentração de Ca^{2+} citosólico liberado do RS são responsáveis pelo efeito negativo. Por outro lado, a aplicação de alta pressão aumenta a atividade de catepsinas (B, D, L, H e peptidases) devido ao rompimento da membrana lisossomal. O aumento da liberação de catepsinas dos lisossomas parece ser suficiente para superar a desnaturação induzida por pressão. Mesmo assim, a elevada atividade das catepsinas não é suficiente para compensar a perda de maciez, resultando na perda da calpaína e em mudanças estruturais das miofibrilas. Por essa razão, o amolecimento dos tecidos musculares de peixes durante o armazenamento em virtude de atividades proteolíticas excessivas pode ser evitado por tratamentos com alta pressão que desativam proteases endógenas, sobretudo as enzimas lisossomais.

Pressões extremamente altas produzidas com materiais pirotécnicos foram criadas com o objetivo de amaciar a carne. Um exemplo específico dessas tecnologias é o Hydrodyne® [113]. Nesse método, a carne fresca encapsulada é colocada em um recipiente lacrado com água, situado abaixo do nível do solo. Uma pequena quantidade de um explosivo, que consiste em um líquido e um sólido, gera uma onda de choque que se encontra em combinação acústica com a água do músculo. As ondas de choque produzem uma pressão extraordinária de ≈ 680 atm, ou 10.000 psi, na superfície em contato com a carne. A carne exposta a essa pressão apresenta uma incrível melhora em sua maciez, necessitando de menos tempo de maturação para atingir a maciez desejada. Essa maciez é atribuída ao rompimento das miofibrilas, incluindo os discos Z. Como o Hydrodyne também inativa alguns microrganismos, ele apresenta o benefício adicional de preservar a carne fresca e de aumentar sua segurança.

15.6.4 Irradiação

A irradiação como forma de desativar microrganismos patogênicos tem sido bastante aceita na indústria da carne. Existem dois tipos irradiação: radiação iônica e não iônica. Na não iônica, como as micro-ondas e as frequências infravermelhas, a energia de radiação não é alta o suficiente para causar a ionização do átomo. Em vez disso, é o calor gerado que destrói os microrganismos, e, por isso, ela pode ser aplicada em produtos termoprocessados derivados da carne. Na radiação iônica, a radiação gerada por elétrons de alta velocidade ou isótopos radioativos (radiação gama) colide com átomos, produzindo íons; por isso, a destruição de microrganismos é mais efetiva. As dosagens permitidas de irradiação são de 1,5 a 3,0 kilogray (kGy) para o frango e 7,0 kGy para a carne bovina.

A irradiação γ é um método testado de radiação para carnes frescas ou cruas. Embora seja efetiva na redução da contaminação microbiana, podem ocorrer mudanças químicas adversas no tecido do músculo devido a radiólises. Por exemplo, essa irradiação em carne fresca pode produzir radicais superóxido e hidroxil. Esses radicais primários são altamente reativos, podendo reagir com lipídeos e proteínas do músculo, a fim de gerar radicais secundários e produtos de degradação lipídica e proteica. Ao contrário dos radicais pequenos, que apresentam curta duração no ambiente aquoso da carne, os radicais de proteínas podem apresentar longa duração, podendo ligar-se entre si, causando o endurecimento do tecido muscular. Por outro lado, a degradação de lipídeos insaturados no músculo tratado por irradiação γ gera a produção de vários hidrocarbonetos, em particular compostos alqueno e carbonil, que contribuem para a falta de sabor. Os compostos sulfúricos voláteis também são produzidos por irradiação γ, em decorrência da degradação radiolítica de cadeias de metionina e resíduos de cisteína, sendo as principais substâncias voláteis inodoras produzidas em embalagens a vácuo irradiadas de carne vermelha e frango [114].

A descoloração é outra grande consequência da irradiação γ. A carne irradiada pode desenvolver as cores verde ou marrom-acinzentado indesejáveis, que parecem ser causadas pela quebra da estrutura de porfirina do heme ou pela formação de sulfomioglobina [115]. Para carnes com pouca coloração, como o peito de frango, pode-se formar um rosa intenso, e essa reação pode ser atribuída à formação do complexo de monóxido de carbono-mioglobina [116]. Uma vez que as mudanças químicas causadas pela irradiação γ costumam ser processos conduzidos por radicais, o uso de embalagens a vácuo ou a incorporação de água e antioxidantes lipossolúveis podem minimizar o impacto negativo sobre a qualidade do músculo.

15.6.5 Resumo

- O resfriamento melhora a estabilidade da prateleira de carnes frescas e processadas por meio do retardo de reações bioquímicas (microbianas e enzimáticas) e processos químicos que dependem da energia térmica,

ao passo que o congelamento (conversão de água em gelo) confere estabilidade adicional ao produto pela privação do meio aquoso necessário para o metabolismo microbiano e reações químicas.
- A obtenção de uma estabilidade de prateleira prolongada da carne por tratamentos de alta pressão é devida ao rompimento de células microbianas, bem como à inativação de algumas enzimas metabólicas endógenas.
- A irradiação ionizante proporciona a pasteurização ou esterilização não térmica mais eficiente da carne, uma vez que gera radicais por meio de ionização que causam danos ao DNA microbiano e a outros componentes celulares. No entanto, alterações indesejáveis de sabor podem resultar de altas doses de exposições à radiação.

15.7 QUÍMICA DAS CARNES PROCESSADAS

O processamento da carne refere-se à aplicação de tratamentos físicos, químicos e térmicos no tecido muscular, os quais aumentam a variedade do produto, a fim de oferecer maior conveniência e aumentar a vida de prateleira da carne. Esses processos envolvem grandes modificações nas propriedades físico-químicas da carne fresca. As carnes processadas podem ser divididas em três categorias principais: (1) aquelas nas quais as características estruturais do músculo são pouco alteradas, como o presunto e o toucinho curado e a carne enlatada; (2) aquelas com alterações moderadas na estrutura do músculo, como bifes e assados seccionados e depois reestruturados; (3) aquelas extensamente processadas e reformuladas, como salsichas e linguiças. As mudanças químicas no tecido do músculo dependem dos procedimentos específicos e dos ingredientes utilizados. Por exemplo, o desenvolvimento de uma coloração rosada e estável no presunto curado é causado pela reação química do óxido nítrico com a mioglobina; a formação de glóbulos de gordura estáveis em produtos com emulsão é atribuída à interação proteína-lipídeo na interface água-óleo; e a adesividade e a textura suave do presunto de peru sem osso resultam da interação e da gelatinização das proteínas miofibrilares extraídas do sal e do fosfato.

15.7.1 Cura

O termo "cura" refere-se a carnes frescas tratadas com sal e nitritos (ou nitrato) com o objetivo de preservar e se obter cor e sabor específicos. A origem da tecnologia da cura se perdeu na antiguidade, mas acredita-se que ela ocorreu por volta de 3.000 a.C. As carnes curadas apresentam uma coloração rosada característica e um aroma único. Elas incluem produtos tradicionais, como presunto, toucinho, salsichas e diversos produtos prontos para o consumo, disponíveis em *delicatessens* ou em seções refrigeradas de supermercados, como presunto de peru reconstituído e fatiado e mortadela de Bolonha.

O cloreto de sódio (NaCl) é o sal mais utilizado na cura de carnes. As suas principais funções, além de fornecimento de sabor, são extração das proteínas miofibrilares e aumento da pressão osmótica, inibindo o crescimento microbiano e a deterioração do produto. Embora o sal seja um ingrediente indispensável, os principais agentes de cura, hoje, são o nitrito (NO_2^-) e o nitrato (NO_3^-). O nitrato foi inicialmente aprovado para fixar a cor em carnes curadas, mas já é muito utilizado no lugar do nitrito, precursor direto do óxido nítrico (NO), o responsável definitivo da cura. Hoje, o nitrato está restrito a produtos de cura seca, como o presunto artesanal e as salsichas secas. Na fabricação desses produtos, o nitrato é lentamente convertido em nitrito por microrganismos ou pela redução de compostos, permitindo reações lentas de cura que devem produzir um sabor melhor e uma coloração mais estável. De modo alternativo, carnes curadas podem ser preparadas com os extratos de vegetais e frutas contendo nitratos, como aipo e cereja. Os extratos são geralmente tratados com culturas bacterianas, incluindo *Staphylococcus xylosus* e *Staphylococcus carnosus*, que contêm nitrato redutase para converter nitrato em nitrito para posterior reação de cura [117].

O nitrito é um composto químico multifuncional. Ele induz e estabiliza a coloração rosada da carne magra, contribui para o sabor característico da carne curada, inibe a deterioração e os microrganismos (em particular o *Clostridium botulinum*) e retarda o desenvolvimento do ranço oxidativo. A coloração vermelho-rosado característica de carnes curadas cozidas é resultante da reação do heme da mioglobina com o óxido nítrico, formando o pigmento nitrosilmioglobina. O óxido nítrico é derivado do nitrito na presença de compostos de redução como o ácido eritórbico. Parte do nitrito dissolvido na água pode formar ácido nitroso (HNO_2). Sob condições de redução, esse ácido se decompõe em óxido nítrico. Quando o óxido nítrico se liga ao ferro heme, ele muda a distribuição de elétrons na estrutura do heme, produzindo uma coloração rosada. Quando submetida ao calor, a nitrosilmioglobina é convertida em nitrosil-hemocromo, que é mais estável devido à desnaturação da globina.

$$NaNO_2 + H_2O \rightarrow HNO_2 + NaOH$$

$$3HNO_2 \rightarrow HNO_3 + 2NO + H_2O$$

Compostos redutores são adicionados à mistura da carne curada, a fim de acelerarem o desenvolvimento da cor, convertendo nitrito em óxido nítrico e íon férrico do heme em íon ferroso. O composto de redução mais utilizado é o eritorbato de sódio (um isômero do ascorbato). O músculo contém redutores endógenos e redutores de atividade enzimáticos, como os citocromos, as quininas e NADH, porém o poder de redução desses compostos é baixo. Além de reduzir a metamioglobina (Fe^{3+}) em mioglobina (Fe^{2+}) e nitrito em óxido nítrico, o eritorbato age como antioxidante para estabilizar a cor e o sabor e no combate à formação das nitrosaminas. Os fosfatos, como pirofosfato de sódio, tripolifosfato e hexametafosfato, são outros agentes de cura. Eles não agem diretamente nas reações de cura, mas aumentam a capacidade de retenção de água do músculo, contribuindo para a estabilidade oxidativa por meio da complexação de íons metálicos pró-oxidantes.

15.7.2 Hidratação e retenção de água

Como discutido em Seções anteriores, a água é responsável por 70 a 80% do peso da carne fresca. Em carnes injetadas ou de enchimento, o teor de água pode exceder 85%. A quantidade de umidade presente na carne assada determina sua suculência e sua maciez. A água da carne pode estar livre ou ligada. A ligada está associada a proteínas por meio de ligações de hidrogênio, as quais são influenciadas pela carga superficial e pela polaridade da proteína. A livre é mantida por forças capilares em diferentes compartimentos do tecido do músculo, por exemplo, nos espaços entre os miofilamentos, entre as miofibrilas e fora das fibras. Essa forma de água é a mais predominante na carne (70–90%). Em carnes moídas, uma grande parte de água é retida na matriz dos géis de proteínas miofibrilares. Condições de desnaturação, como armazenamento de peças congeladas, oxidação e acúmulo rápido de ácido no pós-morte enquanto a temperatura permanece alta, fazem com que ocorra redução da água ligada na carne. Exemplos de carnes com pouca disponibilidade de água ligada são a carne PSE de porco e de peru, as quais já foram abordadas em Seções anteriores.

A capacidade de ligar, imobilizar e reter água endógena e exógena na carne processada é atribuída às proteínas miofibrilares, que são influenciadas pelos ingredientes da carne. Altas concentrações de soluções de sal monovalente (NaCl ou KCl), ou seja, salmoura, são bastante incorporadas à carne por meio de injeções ou quando ela é posta para marinar. A hidratação e a retenção de água adicionada se tornaram possíveis mediante a expansão da miofibrila induzida por NaCl, devido à repulsão eletrostática, a qual resulta em um inchaço transverso [118]. Diversos compostos de fosfato, como pirofosfato de sódio, tripolifosfato de sódio e hexametafosfato de sódio são utilizados junto ao sal para aumentar a capacidade de retenção de água na carne. Carnes frescas injetadas costumam conter tanto sal (0,5–2,0%) como fosfato (0,25–0,40%). Quando um fosfato alcalino é utilizado, ele beneficia a carne, aumentando seu pH de ≈ 5,5 a 5,6 (próximo ao ponto isoelétrico da actomiosina) para 5,8 a 6,0, fazendo a miosina e as outras proteínas musculares reterem a água mais fortemente, devido ao aumento das cargas líquidas. O aumento de pH também permite que os espaços entre os filamentos possam se expandir via repulsões eletrostáticas para que mais água possa ser imobilizada.

O mecanismo de hidratação da carne induzido por NaCl e fosfato extrapola seu simples efeito de repulsão eletrostática. Além do aumento da repulsão de cargas entre os miofilamentos adjacentes, altas concentrações de NaCl (p. ex., > 2,5%) podem dissociar filamentos de miosina, criando uma volumosa matriz polipeptídica de retenção de umidade [119]. Além disso, sob elevadas concentrações de NaCl, o ponto isoelétrico da miosina muda para um pH mais baixo, devido à busca de cargas positivas ($-NH_3^+$) em proteínas por Cl^-. Como resultado disso, a miosina (ou actomiosina) dentro do intervalo normal de pH da carne apresentará mais cargas de superfície (Figura 15.18). O aumento da repulsão eletrostática interpeptídica permite uma interação mais forte entre proteína e água e uma capacidade maior de retenção de água por parte da carne. Por outro lado, baixas concentrações de pirofosfato e tripolifosfato (< 0,5% ou 5-15 mM) são capazes de dissociar o complexo actomiosina. Na presença do magnésio, o efeito de dissociação do pirofosfato é muito similar ao exercido pelo ATP. A separação entre a actina e os filamentos de miosina permite que ocorra uma propagação de água mais rápida entre os espaços interfilamentos. A dissociação também aumenta a maciez da carne. Ocorre dilatação significativa das fibras do músculo quando a concentração de NaCl aumenta de 0,1 M para 0,6 M, na ausência de fosfato, ou para 0,4 M, na presença de fosfato [120]. O aumento da dilatação e da hidratação continua até que 1,0 M de NaCl ($\approx$ 4,0% do peso do músculo) seja incorporado, ponto em que a fibra dilatada começará a se contrair devido ao efeito *salt-out*.

A hidratação da carne tratada com sal e fosfato é acompanhada pela extração parcial das proteínas miofibrilares. A remoção seletiva de proteínas das miofibrilas da coluna vertebral pode ser necessária à expansão transversa dos filamentos de proteína. A microscopia de contraste de fase mostra que a "dilatação" da miofibrila e a remoção de proteínas dos filamentos grossos (miosina) em solução de 0,6 a 1,0 M de NaCl ocorrem concomitantemente [118]. A adição de 10 mM de pirofosfato ou tripolifosfato facilita muito o processo de hidratação, causando a remoção da miosina presente no final da banda A, na qual a miosina se liga à actina. Além disso, a remoção de polipeptídeos estruturais transversos, como as proteínas M, X e C ligantes da miosina, com a presença de sal e fosfato, parece promover a

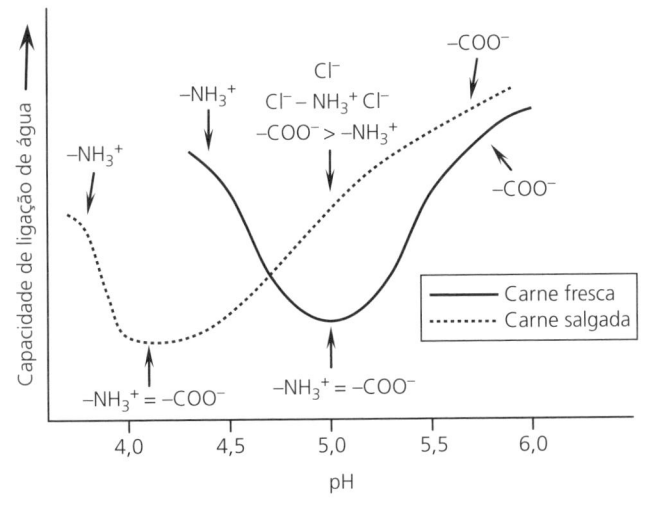

FIGURA 15.18 Representação esquemática das relações entre o pH e a ligação de água por proteínas nas carnes fresca e salgada.

perda de miofibrilas reticuladas, permitindo a captação de água pelas fibras musculares [120,121].

15.7.3 Formação de matriz de gel proteico

A gelificação de proteínas é um processo físico-químico envolvido na produção de produtos com carne reestruturada e moída. A formação de gel não é responsável apenas pela aderência de partículas e pedaços de carne, mas também desempenha um papel importante em relação à ligação de água, ao sabor e à gordura de produtos cozidos. A gelificação em alimentos musculares aquecidos ocorre como um processo sequencial de três etapas. O desdobramento inicial (desnaturação) de moléculas de proteínas individuais é seguido por sua agregação, em grande parte por meio de interações hidrofóbicas; e, na etapa final, pequenos agregados de proteínas ou oligômeros são reticulados para formar cordões finos que, eventualmente, levam a uma rede viscoelástica contínua [122] conforma mostra a Equação 15.1.

Exemplos de alimentos gelatinizados: mortadela, salsichas e vários embutidos feitos com carne moída. Devido à sua capacidade de adesão, o gel formado na junção entre os pedaços de carne em produtos reestruturados (p. ex., presunto e peru desossado embalado) é responsável pela integridade e pela facilidade de corte do produto.

As proteínas sarcoplasmáticas e do tecido conectivo (estroma) não têm grande responsabilidade no fenômeno de gelatinização de carnes processadas. A maioria das proteínas sarcoplasmáticas se coagula imediatamente quando carnes salgadas são cozidas entre 40 e 60 °C; elas não formam uma estrutura de gel ordenada e funcional. O colágeno parcialmente hidrolisado (gelatina) é a proteína gelatinosa mais conhecida, e sua gelatinização é um tanto insensível às forças iônicas. A gelatina forma géis reversíveis induzidos por frio, que são estabilizados por ligações de hidrogênio. Entretanto, a dissociação e a agregação do colágeno em gelatina solúvel (o componente de gelificação) necessitam de umidade e calor prolongados, um processo que não é muito usado em alimentos que utilizam músculo. Por outro lado, as proteínas miofibrilares como um todo são proteínas de gelatinização superiores, que desempenham um papel fundamental na produção de características específicas de textura em alimentos processados com músculo. A miosina (pré-rigor) e a actomiosina (pós-rigor), em particular, são as maiores responsáveis pela capacidade de formação de gel do sistema de proteínas da miofibrila [123].

Para formar gel, as proteínas miofibrilares devem ser primeiramente extraídas, processo que se inicia com a mistura de sal (NaCl ou KCl) e fosfatos. As propriedades de gelatinização dessas proteínas são influenciadas pela estrutura e pelo tamanho da proteína, por sua concentração, por sua fonte, ou tipo de carne, e por várias condições de processamento, como pH, força iônica e quantidade de calor. Por isso, a miosina, que possui uma proporção comprimento-diâmetro grande ($\approx$ 100 nm de comprimento e 1,5–2 nm de diâmetro), pode formar um gel muito viscoelástico, ao passo que a actina, uma proteína globular que apresenta um décimo do tamanho da miosina, não é indicada para o processo de gelatinização [124], embora ela possa reforçar o gel da miosina em uma proporção miosina-actina (m/m) de cerca de 24 [125]. As proteínas miofibrilares de fibras de músculos brancos (contração glicolítica rápida) formam géis mais rígidos do que as de fibras vermelhas (contração oxidativa lenta), o que se deve às diferenças das características físico-químicas

$$\chi P_N \xrightarrow[\text{(Desnaturação)}]{\text{Calor}} \chi P_D \xrightarrow[\text{(Agregação)}]{\text{Calor}} (P_D)_\phi, (P_D)_\psi, \ldots \xrightarrow[\text{(Ligação cruzada)}]{\text{Aquecimento/resfriamento}} (P_D)_\phi - (P_D)_\psi - \cdots \quad (15.1)$$

onde

χ é o número total de moléculas de proteína.

ϕ e ψ ($\phi + \psi + \ldots = \chi$) são o número de moléculas agregadas em determinado ponto do processo de gelificação.

P_N é a proteína nativa.

P_D é a proteína desnaturada.

existentes entre as isoformas da miosina [126]. Esse fato explica por que o peito de frango, que consiste quase exclusivamente de fibras brancas, e de miosina ou de proteínas miofibrilares mistas, forma um gel mais resistente do que o músculo gastrocnêmio da galinha (quase só fibras vermelhas) ou suas proteínas sob as mesmas condições de processamento. Outra propriedade única das proteínas miofibrilares é que elas tendem a formar um gel mais resistente a um pH de ≈ 6,0, embora o pH ótimo varie um pouco, dependendo do tipo de músculo e da espécie do animal.

O mecanismo de gelatinização de proteínas miofibrilares induzido por calor é explicado, em grande parte, pela miosina, o principal componente de gelatinização no extrato salino da carne processada. Em condições normais de processamento da carne (pH 6,0 e 0,6 M ou 2,5% de NaCl), a gelatinização começa com o desdobramento da região S1 da HMM, no qual a proteína sol é aquecida a ≈ 35 °C, causando associação hidrofóbica ao longo das interações cabeça-cabeça (Figura 15.19). Os oligômeros coalescem ≈ 48 °C, produzindo alguma característica elástica. Quando a temperatura se aproxima de 50 a 60 °C ocorrem mudanças conformacionais na LMM (haste), criando uma estrutura aberta que expõe as regiões hidrofóbicas e os grupos específicos de cadeias laterais. As mudanças estruturais resultam em redução temporária das características elásticas do semigel. Para a actomiosina, a redução da rigidez do gel nessa região de temperatura intermediária também está relacionada à separação da actina. Contudo, a associação seguinte da LMM via interações cauda-cauda sob aquecimento leva à formação de uma rede de gel filamentoso e fitas permanentes com alta elasticidade e capacidade de retenção de água.

A transglutaminase microbiana, uma enzima que catalisa reações de transferência de acil fazendo ligações cruzadas de proteínas por meio da ponte glutamina-lisina, tem um grande efeito sobre a gelatinização de proteínas miofibrilares. A incorporação dessa enzima à solução do gel aumenta pelo menos 10 vezes a força do gel miofibrilar e, por isso, parece ser um excelente ingrediente para ser utilizado no processamento de carne e *surimi*, nos quais a ligação da carne é de maior importância [127,128]. Além disso, por meio da promoção da

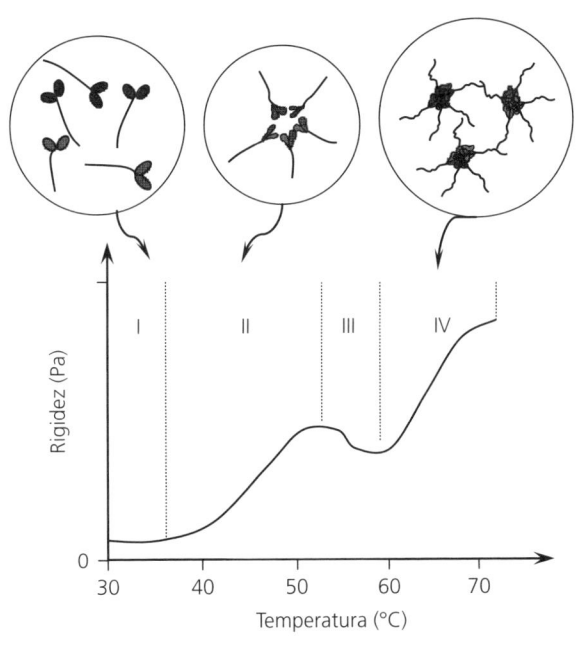

FIGURA 15.19 Representação esquemática de gelatinização induzida por calor da miosina em solução de 0,6 M de NaCl, pH 6,0. As quatro regiões de temperatura apresentadas são, respectivamente, (I) sem mudanças na miosina, (II) associação cabeça-cabeça, (III) rearranjo estrutural de agregados de miosina devido ao desdobramento leve da meromiosina e (IV) ligação cruzada de aglomerados de miosina via associação cauda-cauda.

associação de proteínas, espécies reativas de oxigênio, ácido ascórbico oxidado e flavonoides e muitos outros agentes oxidantes são capazes de aumentar o potencial de gelificação das proteínas musculares. Curiosamente, sob condições de estresse oxidativo, a ligação cruzada cauda-cauda da miosina (bastonete) via ligação dissulfeto é favorecida pela associação cabeça-cabeça (S1), e este fenômeno é particularmente notável para as fibras musculares brancas e desempenha um papel na melhoria da gelificação da miosina em sistemas levemente oxidantes [129,130]. O Quadro 15.4 ilustra os efeitos da oxidação proteica do músculo do peito de frango.

15.7.4 Imobilização da gordura e estabilização

A gordura de carnes processadas, sobretudo de produtos emulsificados, é imobilizada e estabilizada pela formação de uma membrana proteica interfacial e de matrizes de proteína. Durante moagem ou emulsificação, grandes partículas de gordura ou de tecido adiposo são transformadas em finos grânulos por cisalhamento. À medida que os pequenos glóbulos de gordura são formados, eles são revestidos por proteínas, que são de natureza anfótera, ou seja, possuem grupos hidrofóbicos e hidrofílicos. Especificamente, os grupos apolares estão embebidos em gordura (hidrofóbica), ao passo que os grupos polares se estendem para a fase aquosa, formando um filme interfacial que separa as duas fases imiscíveis (lipídeo e água). A adsorção da proteína na superfície dos glóbulos de gordura resulta em uma redução total da energia livre, que é complementada pela matriz do gel de proteínas, aumentando, assim, a estabilidade da emulsão. A atividade emulsificante relativa das proteínas musculares segue a ordem: miosina > actomiosina > proteínas sarcoplasmáticas > actina [131]. A excelente capacidade emulsificante da miosina é atribuída à sua estrutura única (alta relação comprimento-diâmetro), bem como à sua natureza bipolar (cabeça hidrofóbica e cauda hidrofílica). Um filme interfacial presumido de monocamada, formado predominantemente por miosina, é apresentado na Figura 15.20.

Os glóbulos de gordura em uma carne bem triturada, comumente chamada de "massa" (*batter*), são uniformemente distribuídos em uma fase aquosa contínua, mas complexa, composta de proteínas solúveis em sal, segmentos de fibras, miofibrilas, fibras de tecido conectivo, fragmentos de colágeno e vários ingredientes suspensos em água. Os dois mecanismos de estabilização da emulsão – formação de um revestimento proteico na superfície das partículas de gordura para reduzir a tensão interfacial e a imobilização de partículas de gordura em matrizes de proteínas, em grande parte por meio de aprisionamento físico – são aplicáveis à "massa" de carne (*meat batters*). O revestimento, isto é, a membrana proteica que envolve os glóbulos de gordura, não é homogêneo, mas multicamadas na natureza. Três camadas distintas de estrutura proteica foram observadas em filme de proteína interfacial espessa de "massas" de carne [132]. Elas são descritas como uma fina camada interna que reveste a superfície do glóbu-

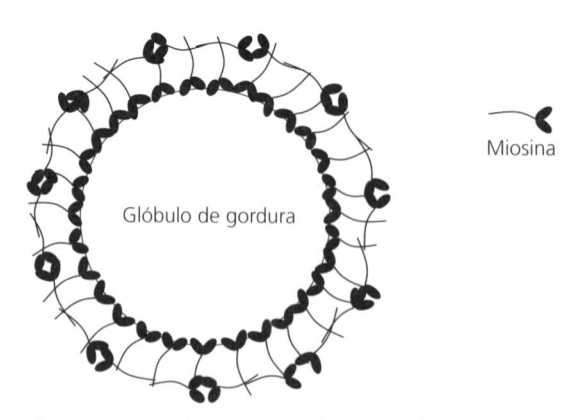

FIGURA 15.20 Representação esquemática de um glóbulo de gordura de emulsão de carne representando uma monocamada de miosina.

QUADRO 15.4 — A oxidação altera a ligação cruzada padrão dos subfragmentos de miosina

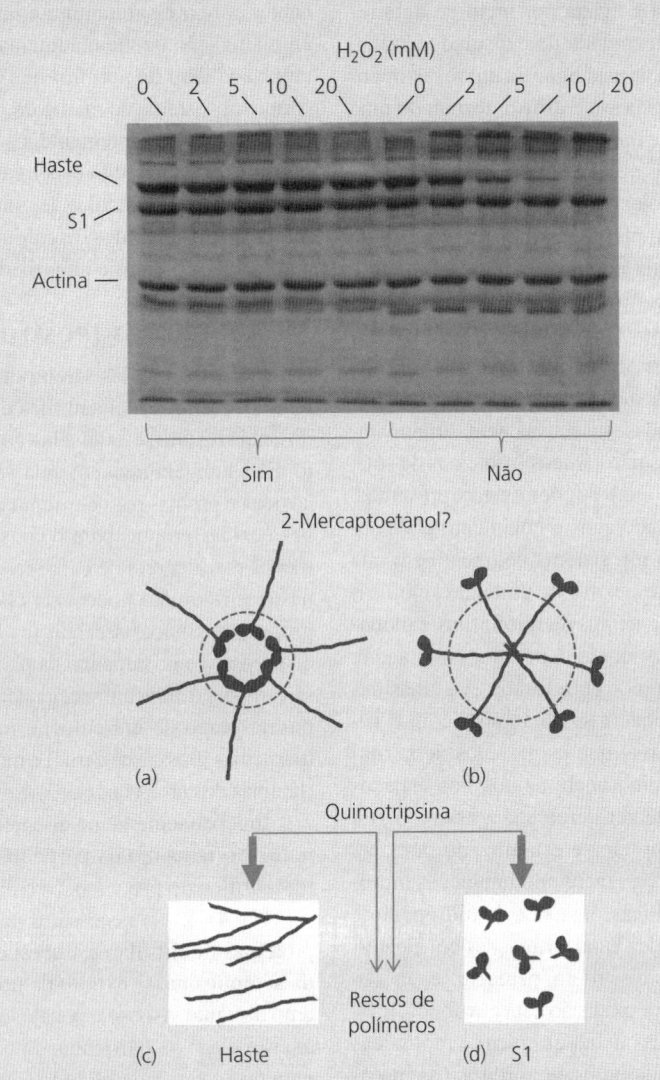

FIGURA Q15.4.1 A proteína miofibrilar extraída do músculo maior de peito de frango é estressada oxidativamente com radical hidroxila gerado com $Fe^{2}-H_2O_2$ para induzir o desdobramento parcial tanto da cauda helicoidal (haste) quanto da cabeça globular (S1). Diferentemente da associação S1–S1 (a) na miosina não oxidada, os polímeros formados com concentrações crescentes de H_2O_2 são predominantemente via haste-haste (b) ligação cruzada via ligação dissulfeto. O tratamento com quimotripsina em 0,1 M de NaCl decompõe os polímeros pela clivagem na região da dobra do pescoço da miosina para liberar a haste (c), S1 (d) e restos que permanecem polimerizados, mas redutíveis por 2-mercaptoetanol. Em concordância, com 0,6 M de NaCl, a meromiosina leve é perdida, ao passo que a meromiosina pesada permanece abundante após a oxidação. Os dois experimentos produzem evidências consistentes de que o radical hidroxila promove a interação cauda-cauda da miosina via ligações dissulfeto.

lo de gordura, provavelmente resultante da deposição de proteínas na camada monomolecular de miosina ou actomiosina (Figura 15.20). Esta camada mais interna é ligada por meio de uma região difusa a outra camada de densidade similar. Esta segunda camada está ligada a um revestimento proteico muito espesso e difuso, formando uma estrutura estável de membrana proteica.

Da mesma forma, a estabilização da gordura pela matriz do gel de proteína é um processo físico-químico complexo, visto que a solução de gelificação, referida como proteína "sol", não é simplesmente uma proteína suspensa na solução aquosa. Em vez disso, o sol representa uma matriz heterogênea, consistindo de proteínas solúveis com alguns fragmentos de fibras ou miofibrilas insolúveis, hidratadas, suspensas nele. Frequentemente, ingredientes não cárneos (proteínas de soja, amido, temperos, etc.) também estão presentes. Assim, o gel formado após o cozimento pode ser considerado como um sistema composto em que agregados formados a partir de proteínas miofibrilares extraídas, fragmentos de miofibrilas e glóbulos de gordura revestidos com proteínas interagem, conduzindo a uma rede entrelaçada. Algumas das fibras insolúveis podem se emaranhar com o suporte de gel, ao passo que os glóbulos de gordura podem atuar como enchimentos nos espaços vazios da matriz de gel, reforçando, assim, o gel. O gel da matriz proteica é estabilizado por uma combinação de forças, incluindo interações hidrofóbicas e eletrostáticas, ligações de hidrogênio e interações de Van der Waals. Ligações covalentes, tais como ligações dissulfeto, parecem ser menores, exceto quando a oxidação está envolvida.

As propriedades físico-químicas e reológicas da membrana dos glóbulos de gordura e as matrizes proteicas contínuas são os determinantes da estabilidade da emulsão, e são influenciadas por muitos fatores, incluindo pH, viscosidade da fase aquosa, tempo e temperatura de corte ou emulsificação e relação carne-gordura. A composição e as propriedades, tanto da membrana do glóbulo de gordura como da fase aquosa contínua, podem ser modificadas por ingredientes e aditivos para se obter uma alta estabilidade da emulsão, evitando-se a aglutinação causada por altas temperaturas. Hidrolisado de soja, glúten e soro de proteínas podem ajudar na estabilização do sistema de emulsão, reforçando a membrana interfacial e a matriz de proteína. O tratamento de proteínas emulsificantes com transglutaminase microbiana antes da emulsificação também aumenta a estabilidade da emulsão, além de permitir que a emulsão amorfa forme um sistema de matriz de gel mais estável ao calor [133]. Aparentemente, os efeitos da enzima promovem a interação e as ligações cruzadas das membranas de partículas de gordura, bem como a interação dos glóbulos de gordura com segmentos da rede de proteínas na matriz do gel.

15.7.5 Carnes reestruturadas

Carnes reestruturadas são produtos processados e remoldados, que incluem filés crus, postas e assados, cuja textura se assemelha ao seu produto intacto. Eles também incluem uma variedade de carnes cozidas e prontas para consumo. A maioria das carnes cozidas prontas para o consumo está mais ou menos na categoria de carne reestruturada. As carnes reestruturadas podem ser classificadas em três grupos principais, baseando-se no método específico utilizado e no tamanho da partícula de carne, ou seja, de sua trituração: seccionadas (músculo inteiro ou um grupo de músculos) e moldadas; cortadas (partículas grossas de carne) e moldadas; e flocadas (lâminas de carne congelada) e moldadas.

Independentemente do método utilizado para reduzir o tamanho da partícula de carne, o fator mais crítico do processo é a aplicação e a ação do sal (NaCl). Ele é necessário para a extração das proteínas miofibrilares, em especial da miosina e da actomiosina. O extrato da proteína é um exsudato bastante viscoso e pegajoso, que proporciona adesão entre as partículas da carne. No entanto, para que a liga seja efetiva, o extrato da proteína precisa ser convertido em uma matriz viscoelástica e semissólida, ou seja, um gel ou semigel. Isso é possível por meio do calor, quando a carne moldada é cozida. A extração de proteínas miofibrilares solúveis em sal é realizada pela mistura de carne com pelo menos 0,5 M de sal em uma misturadora mecânica (de pás ou um tambor rotatório). O método de tombamento se baseia no impacto gravitacional e no atrito da queda de pedaços de carne (previamente misturados) contra outros pedaços de carne para extração da proteína miofibrilar, ao passo que a mistura consiste no atrito entre as partículas de carne e entre a carne e as pás de rotação para extração das proteínas. O polifosfato também é utilizado em conjunto com o NaCl para melhorar a extração da proteína e sua retenção de líquido. Outros ingredientes, por exemplo, temperos, leite em pó desnatado, concentrado de soro de leite, farinha de soja e nitrito podem ser utilizados em carnes reestruturadas a fim de acentuar o sabor e aumentar a força das ligações, a textura e a aparência.

Bifes frescos de carne reestruturada e filés de carne de porco com adição de transglutaminase microbiana já foram produzidos com sucesso [134]. A enzima forma ligações cruzadas covalentes entre as cadeias laterais de glutamina e lisina, o que leva as partículas de carne a se unirem. Produtos com carne reestruturada sem calor oferecem grande flexibilidade e controle de fracionamento, podendo ser comercializados em diferentes formatos e tamanhos.

15.7.6 Química do *surimi*

O *surimi* é um concentrado de proteína miofibrilar preparado a partir da lavagem do músculo picado de peixe mecanicamente desossado (para remoção dos constituintes sarcoplasmáticos e da gordura), seguida pela mistura de crioprotetores (quase sempre polióis) para evitar a desnaturação da proteína durante seu armazenamento congelado. O *surimi* é um produto "intermediário", pois é processado mais adiante para a confecção de *kamaboko* (bolo de peixe) e de produtos análogos a frutos do mar, como imitações de carne de caranguejo e lagosta, ou pode, ainda, ser utilizado como ingrediente funcional em outros produtos.

Existe uma grande preocupação em relação à qualidade das espécies de peixes utilizadas para a produção do *surimi*, pois algumas delas podem apresentar uma intensa atividade proteolítica, a qual é prejudicial para os produtos que utilizam o *surimi* como base. Por exemplo, as catepsinas B, L e uma protease tipo L são difíceis de ser removidas por completo no processo de lavagem. Estas proteases endógenas exibem altas atividades na faixa de temperatura de 45 a 55 °C e, portanto, podem prejudicar as propriedades texturais de alimentos cozidos análogos de frutos do mar à base de *surimi*, degradando a actomiosina [135]. A proteína desidratada de plasma bovino, a clara de ovo e o extrato de batata são capazes de prevenir o amolecimento do gel, sendo adicionados ao *surimi* antes do início da cocção. Peptídeos pequenos (inibidores de enzima) presentes nesses aditivos podem competir com as proteínas do músculo do peixe como substrato para as proteases. Como a maioria da superfamília de enzimas catepsinas são cisteína proteases, a cistatina (um inibidor geral da catepsina) também é usada para prevenir o enfraquecimento do gel de *surimi* durante o cozimento. Esse inibidor pode ser produzido de forma eficiente por meio de tecnologia de recombinantes [136].

Uma alternativa próxima ao método tradicional de preparo do *surimi* são as solubilizações ácida e alcalina. Ao contrário do processo tradicional, que utiliza lavagens repetidas do tecido triturado do músculo do peixe para concentrar a proteína miofibrilar pela retirada dos constituintes sarcoplasmáticos e de gordura, o método de solubilização envolve tanto o tratamento ácido (pH 2,5–3,5) como o alcalino (pH 9–10) para solubilizar as proteínas miofibrilares e sarcoplasmáticas do tecido homogeneizado do músculo. As proteínas solúveis são subsequentemente recuperadas por precipitação isoelétrica (pH 5,0–5,5) [137]. Essa técnica possui a vantagem de produzir alto rendimento (> 90% de recuperação de proteínas em comparação com 55 a 65% do método tradicional). O método de solubilização ácida-precipitação isoelétrica é particularmente adequado para músculos escuros e peixes gordurosos.

15.7.7 Resumo

- A cura com nitrito é um aspecto muito importante do processamento de carne, em que o óxido nítrico produzido a partir da redução de nitrito se liga ao ferro heme na mioglobina para produzir a característica cor vermelho-rosado da carne conhecida como nitrosil-mioglobina (crua) ou nitrosil-hemocromogênio (cozida).
- A hidratação e a retenção de água na carne processada são alcançadas pelo efeito químico do sal e do fosfato, que promovem a repulsão eletrostática entre os miofilamentos e a dissociação do complexo de actomiosina

para criar espaços intermiofilados expandidos para o aprisionamento da água.
- A gelificação de proteínas miofibrilares ocorre geralmente durante o cozimento quando são estruturalmente desdobradas, proteínas solúveis começam a se associar predominantemente via forças hidrofóbicas para formar agregados. Esses agregados subsequentemente interagem para produzir uma matriz tridimensional capaz de imobilizar água e gordura e exercer uma força adesiva para ligar as partículas de carne. A formação de gel desempenha um papel essencial no processamento de produtos reestruturados de carne e produtos de *surimi* cozidos.
- Emulsões de carne são produtos triturados formados pelo encapsulamento de partículas de gordura dispersas com uma membrana proteica interfacial, e as partículas de emulsão com uma tensão superficial reduzida são, ainda, estabilizadas por armadilhas físicas na matriz de gel de proteína que tem alta viscosidade e elasticidade.
- No processamento de carne com sal e fosfato, a actomiosina é dividida em miosina e actina, pela ação do pirofosfato ou tripolifosfato que se liga à cabeça da miosina. A funcionalidade geral das proteínas musculares mistas, incluindo retenção de água, gelificação, emulsificação e adesão, é largamente atribuída a uma única proteína: miosina.

QUESTÕES

15.1 Compare e contraste a variação na composição de ácidos graxos entre carne bovina, suína, frango e peixe.

15.2 Embora as carnes com frequência sejam consideradas densas em nutrientes, elas geralmente são fontes pobres de vitaminas e minerais?

15.3 Descreva os papéis do endomísio, perimísio e endomísio no músculo esquelético.

15.4 Quais proteínas compõem o filamento delgado e o filamento grosso, respectivamente?

15.5 Qual característica da estrutura primária dá origem à estrutura terciária única dos colágenos fibrosos?

15.6 Que tipos de ligações cruzadas são formadas no colágeno e como elas contribuem para a função do colágeno e para a maciez da carne?

15.7 Explique a importância da creatina fosfato no músculo vivo e na conversão de músculo em carne.

15.8 Como uma molécula de troponina é capaz de regular a atividade de sete monômeros de actina?

15.9 O que é uma ligação rígida e qual é a sua importância para a maciez da carne?

15.10 Se um músculo tem um comprimento médio de sarcômero de 1,8 μm e outro tem um comprimento médio de sarcômero de 1,4 μm, qual músculo seria provavelmente o mais resistente e por quê?

15.11 Descreva o processo passo a passo de contração muscular. Como este ciclo está relacionado com a conversão de músculo em carne?

15.12 Descreva os principais eventos bioquímicos que ocorrem durante as três fases de conversão do músculo em carne.

15.13 Qual o papel do glicogênio no desenvolvimento de carnes PSE e DFD?

15.14 Descreva o modo de ação do congelamento, do tratamento de alta pressão e da irradiação para a preservação da qualidade de carne fresca e produtos cárneos.

15.15 Delineie as reações químicas para a cura de carne com nitrito e indique os aditivos químicos e aditivos que são comumente aplicados para facilitar o processo de cura.

15.16 Descreva os papéis químicos específicos de NaCl e pirofosfato na gelificação de proteínas miofibrilares durante o cozimento e a formação de textura em carne cozida como resultado.

15.17 Liste e descreva fatores intrínsecos e extrínsecos que afetam a estabilidade de uma emulsão de carne.

REFERÊNCIAS

1. Rollo, F., Ubaldi, M., Ermini, L., and Marota, I. (2002) Otzi's last meals: DNA analysis of the intestinal content of the Neolithic glacier mummy from the Alps. *Proc Natl Acad Sci USA* **99**, 12594–12599.
2. Lawrie, R. A. and Ledward, D. A. (2006) *Lawrie's Meat Science*, 7th edn., Woodhead Publishing, Cambridge, U.K.
3. U.S. Department of Agriculture, Agricultural Research Service (2013). National Nutrient Database for Standard Reference, Release 26, https://ndb.nal.usda.gov/ndb/, Accessed October 4, 2016.
4. Allen, C. E. and Foegeding, E. A. (1981) Some lipid characteristics and interactions in muscle foods—A review. *Food Technol* **35**, 253–257.
5. Gray, J. I. and Pearson, A. M. (1998) Lipid-derived off-flavors in meat formation and inhibition. In *Flavor of Meat and Meat Products* (Shahidi, F. ed.), Chapman and Hall, London, U.K., pp. 116–139.
6. Daley, C. A., Abbott, A., Doyle, P. S., Nader, G. A., and Larson, S. (2010) A review of fatty acid profiles and antioxidant content in grass-fed and grain-fed beef. *Nutr J* **9**, 10.
7. Bodwell, C. and Anderson, B. (1986) Nutritional composition and value of meat and meat products. In *Muscle as Food* (Bechtel, P. ed.), Academic Press, Inc., Orlando, FL.
8. Ryan, J. T., Ross, R. P., Bolton, D., Fitzgerald, G. F., and Stanton, C. (2011) Bioactive peptides from muscle sources: Meat and fish. *Nutrients* **3**, 765–791.
9. Faustman, C., Chan, W. K., Schaefer, D. M., and Havens, A. (1998) Beef color update: The role for vitamin E. *J Anim Sci* **76**, 1019–1026.
10. Knight, S. and Winterfeldt, E. A. (1977) Nutrient quality and acceptability of mechanically deboned meat. *J Am Diet Assoc* **71**, 501–504.
11. Bendall, J. (1973) Post-mortem changes in muscle. In *The Structure and Function of Muscle* (Bourne, G. ed.), 2nd edn., Academic Press, Inc., London, U.K., pp. 243–309.
12. Aberle, E. D., Forrest, J. C., Gerrard, D. E., and Mills, E. W. (2001) *Principles of Meat Science*, 4th edn., Kendall/Hunt, Dubuque, IA.
13. Rossi, A. E. and Dirksen, R. T. (2006) Sarcoplasmic reticulum: The dynamic calcium governor of muscle. *Muscle Nerve* 33, 715–731.
14. Dulhunty, A. F., Haarmann, C. S., Green, D., Laver, D. R., Board, P. G., and Casarotto, M. G. (2002) Interactions between dihydropyridine receptors and ryanodine receptors in striated muscle. *Prog Biophys Mol Biol* 79, 45–75.
15. Huxley, H. and Hanson, J. (1954) Changes in the cross-striations of muscle during contraction and stretch and their structural interpretation. *Nature* **173**, 973–976.
16. Bers, D. M. (2001) *Excitation-Contraction Coupling and Cardiac Contractile Force*, 2nd edn., Kluwer Academic Publishers, Dordrecht, the Netherlands.
17. Hill, J. A. and Olxon, E. N. (2012) *Muscle Fundamental Biology and Mechanisms of Disease*, Elsevier Science, Amsterdam, the Netherlands.
18. Barr, L. and Christ, G. J. (2000) *A Functional View of Smooth Muscle*, JAI Press, Stamford, CT.
19. Scopes, R. (1970) Characterization and study of sarcoplasmic proteins. *In The Physiology and Biochemistry of Muscle as a Food* (Briskey, E. J., Cassens, R. G., and Marsh, B. eds.), The University of Wisconsin Press, Madison, WI, pp. 471–492.
20. Yates, L. D. and Greaser, M. L. (1983) Quantitative determination of myosin and actin in rabbit skeletal muscle. *J Mol Biol* **168**, 123–141.
21. Stefansson, G. and Hultin, H. (1994) On the solubility of cod muscle proteins in water. *J Agric Food Chem* **42**, 2656–2664.
22. McCormick, R. J. (1999) Extracellular modifications to muscle collagen: Implications for meat quality. *Poult Sci* **78**, 785–791.
23. McCormick, R. J. (2009) Collagen. In *Applied Muscle Biology and Meat Science* (Du, M. and McCormick, R. J. eds.), CRC Press, Boca Raton, FL, pp. 129–148.
24. Resurreccion, A. V. A. (1994) Cookery of muscle foods. In *Muscle Foods* (Kinsman, D. M., Kotula, A. W., and Breidenstein, B. C. eds.), Chapman and Hall, New York, pp. 406–429.
25. Kjaer, M. (2004) Role of extracellular matrix in adaptation of tendon and skeletal muscle to mechanical loading. *Physiol Rev* **84**, 649–698.
26. Velleman, S. G. (2012) Meat science and muscle biology symposium: Extracellular matrix regulation of skeletal muscle formation. *J Anim Sci* **90**, 936–941.
27. Lewis, M. P., Machell, J. R., Hunt, N. P., Sinanan, A. C., and Tippett, H. L. (2001) The extracellular matrix of muscle—Implications for manipulation of the craniofacial musculature. *Eur J Oral Sci* **109**, 209–221.
28. Osses, N. and Brandan, E. (2002) ECM is required for skeletal muscle differentiation independently of muscle regulatory factor expression. *Am J Physiol Cell Physiol* **282**, C383–C394.
29. Velleman, S. G., Liu, X., Eggen, K. H., and Nestor, K. E. (1999) Developmental regulation of proteoglycan synthesis and decorin expression during turkey embryonic skeletal muscle formation. *Poult Sci* **78**, 1619–1626.
30. Velleman, S. G. (2001) Role of the extracellular matrix in muscle growth and development. *J Anim Sci* **80**, E8–E13.
31. Lawson, M. A. (2004) The role of integrin degradation in post-mortem drip loss in pork. *Meat Sci* **68**, 559–566.
32. Fratzl, P. (2008) *Collagen: Structure and Mechanics*, Springer Science+Business Media, LLC, New York.
33. Purslow, P. P. (2014) New developments on the role of intramuscular connective tissue in meat toughness. *Annu Rev Food Sci Technol* **5**, 133–153.
34. Ushiki, T. (2002) Collagen fibers, reticular fibers and elastic fibers. A comprehensive understanding from a morphological viewpoint. *Arch Histol Cytol* **65**, 109–126.
35. Purslow, P. P. (2005) Intramuscular connective tissue and its role in meat quality. *Meat Sci* **70**, 435–447.
36. Wallimann, T., Wyss, M., Brdiczka, D., Nicolay, K., and Eppenberger, H. M. (1992) Intracellular compartmentation, structure and function of creatine kinase isoenzymes in tissues with high and fluctuating energy demands: The 'phosphocreatine circuit' for cellular energy homeostasis. *Biochem J* **281**(Pt 1), 21–40.
37. Foth, B. J., Goedecke, M. C., and Soldati, D. (2006) New insights into myosin evolution and classification. *Proc Natl Acad Sci USA* **103**, 3681–3686.
38. Clark, K. A., McElhinny, A. S., Beckerle, M. C., and Gregorio, C. C. (2002) Striated muscle cytoarchitecture: An

intricate web of form and function. *Annu Rev Cell Dev Biol* **18**, 637–706.
39. Lowey, S., Slayter, H. S., Weeds, A. G., and Baker, H. (1969) Substructure of the myosin molecule. I. Subfragments of myosin by enzymatic degradation. *J Mol Biol* **42**, 1–29.
40. Highsmith, S., Kretzschmar, K. M., O'Konski, C. T., and Morales, M. F. (1977) Flexibility of myosin rod, light meromyosin, and myosin subfragment-2 in solution. *Proc Natl Acad Sci USA* **74**, 4986–4990.
41. Rayment, I., Rypniewski, W. R., Schmidt-Bäse, K., Smith, R., Tomchick, D. R., Benning, M. M., Winkelmann, D. A., Wesenberg, G., and Holden, H. M. (1993) Three-dimensional structure of myosin subfragment-1: A molecular motor. *Science* **261**, 50–58.
42. Kabsch, W., Mannherz, H. G., Suck, D., Pai, E. F., and Holmes, K. C. (1990) Atomic structure of the actin:DNase I complex. *Nature* **347**, 37–44.
43. Carlier, M. F. (1991) Actin: Protein structure and filament dynamics. *J Biol Chem* **266**, 1–4.
44. Brown, J. H. and Cohen, C. (2005) Regulation of muscle contraction by tropomyosin and troponin: How structure illuminates function. *Adv Protein Chem* **71**, 121–159.
45. Lees-Miller, J. P. and Helfman, D. M. (1991) The molecular basis for tropomyosin isoform diversity. *Bioessays* **13**, 429–437.
46. Grabarek, Z., Tao, T., and Gergely, J. (1992) Molecular mechanism of troponin-C function. *J Muscle Res Cell Motil* **13**, 383–393.
47. Potter, J. D. and Gergely, J. (1975) The calcium and magnesium binding sites on troponin and their role in the regulation of myofibrillar adenosine triphosphatase. *J Biol Chem* **250**, 4628–4633.
48. Wang, K., McClure, J., and Tu, A. (1979) Titin: Major myofibrillar components of striated muscle. *Proc Natl Acad Sci USA* **76**, 3698–3702.
49. Labeit, S. and Kolmerer, B. (1995) Titins: Giant proteins in charge of muscle ultrastructure and elasticity. *Science* **270**, 293–296.
50. Granzier, H. L. and Labeit, S. (2004) The giant protein titin: A major player in myocardial mechanics, signaling, and disease. *Circ Res* **94**, 284–295.
51. Tskhovrebova, L. and Trinick, J. (2003) Titin: Properties and family relationships. *Nat Rev Mol Cell Biol* **4**, 679–689.
52. Trinick, J. (1994) Titin and nebulin: Protein rulers in muscle? *Trends Biochem Sci* **19**, 405–409.
53. McElhinny, A. S., Kazmierski, S. T., Labeit, S., and Gregorio, C. C. (2003) Nebulin: The nebulous, multifunctional giant of striated muscle. *Trends Cardiovasc Med* **13**, 195–201.
54. Blanchard, A., Ohanian, V., and Critchley, D. (1989) The structure and function of alpha-actinin. *J Muscle Res Cell Motil* **10**, 280–289.
55. Cooper, J. A. and Schafer, D. A. (2000) Control of actin assembly and disassembly at filament ends. *Curr Opin Cell Biol* **12**, 97–103.
56. Fischer, R. S. and Fowler, V. M. (2003) Tropomodulins: Life at the slow end. *Trends Cell Biol* **13**, 593–601.
57. Lazarides, E. (1980) Desmin and intermediate filaments in muscle cells. *Results Probl Cell Differ* **11**, 124–131.
58. van der Ven, P. F., Obermann, W. M., Lemke, B., Gautel, M., Weber, K., and Fürst, D. O. (2000) Characterization of muscle filamin isoforms suggests a possible role of gamma-filamin/ABP-L in sarcomeric Z-disc formation. *Cell Motil Cytoskeleton* **45**, 149–162.
59. Bennett, P., Craig, R., Starr, R., and Offer, G. (1986) The ultrastructural location of C-protein, X-protein and H-protein in rabbit muscle. *J Muscle Res Cell Motil* **7**, 550–567.
60. Koretz, J. F., Irving, T. C., and Wang, K. (1993) Filamentous aggregates of native titin and binding of C-protein and AMP-deaminase. *Arch Biochem Biophys* **304**, 305–309.
61. Schoenauer, R., Lange, S., Hirschy, A., Ehler, E., Perriard, J. C., and Agarkova, I. (2008) Myomesin 3, a novel structural component of the M-band in striated muscle. *J Mol Biol* **376**, 338–351.
62. Hoffman, E. P., Knudson, C. M., Campbell, K. P., and Kunkel, L. M. (1987) Subcellular fractionation of dystrophin to the triads of skeletal muscle. *Nature* **330**, 754–758.
63. Michele, D. E. and Campbell, K. P. (2003) Dystrophin-glycoprotein complex: Post-translational processing and dystroglycan function. *J Biol Chem* **278**, 15457–15460.
64. Ervasti, J. M. (2003) Costameres: The Achilles' heel of Herculean muscle. *J Biol Chem* **278**, 13591–13594.
65. Leong, P. and MacLennan, D. H. (1998) Complex interactions between skeletal muscle ryanodine receptor and dihydropyridine receptor proteins. *Biochem Cell Biol* **76**, 681–694.
66. Catterall, W. A., Perez-Reyes, E., Snutch, T. P., and Striessnig, J. (2005) International Union of Pharmacology. XLVIII. Nomenclature and structure-function relationships of voltage-gated calcium channels. *Pharmacol Rev* **57**, 411–425.
67. Catterall, W. A. (1988) Structure and function of voltage-sensitive ion channels. *Science* **242**, 50–61.
68. Sutko, J. L. and Airey, J. A. (1996) Ryanodine receptor Ca2+ release channels: Does diversity in form equal diversity in function? *Physiol Rev* **76**, 1027–1071.
69. Block, B. A., Imagawa, T., Campbell, K. P., and Franzini-Armstrong, C. (1988) Structural evidence for direct interaction between the molecular components of the transverse tubule/sarcoplasmic reticulum junction in skeletal muscle. *J Cell Biol* **107**, 2587–2600.
70. Felder, E. and Franzini-Armstrong, C. (2002) Type 3 ryanodine receptors of skeletal muscle are segregated in a parajunctional position. *Proc Natl Acad Sci USA* **99**, 1695–1700.
71. MacLennan, D. H., Rice, W. J., and Green, N. M. (1997) The mechanism of Ca2+ transport by sarco(endo) plasmic reticulum Ca2+-ATPases. *J Biol Chem* **272**, 28815–28818.
72. Rayment, I. and Holden, H. M. (1994) The three-dimensional structure of a molecular motor. *Trends Biochem Sci* **19**, 129–134.
73. Onishi, H., Mochizuki, N., and Morales, M. F. (2004) On the myosin catalysis of ATP hydrolysis. *Biochemistry* **43**, 3757–3763.
74. Pette, D. and Staron, R. S. (2001) Transitions of muscle fiber phenotypic profiles. *Histochem Cell Biol* **115**, 359–372.
75. Spangenburg, E. E. and Booth, F. W. (2003) Molecular regulation of individual skeletal muscle fibre types. *Acta Physiol Scand* **178**, 413–424.

76. Scott, W., Stevens, J., and Binder–Macleod, S. A. (2001) Human skeletal muscle fiber type classifications. *Phys Ther* **81**, 1810–1816.
77. Pette, D., Peuker, H., and Staron, R. S. (1999) The impact of biochemical methods for single muscle fibre analysis. *Acta Physiol Scand* **166**, 261–277.
78. Maltin, C., Balcerzak, D., Tilley, R., and Delday, M. (2003) Determinants of meat quality: Tenderness. *Proc Nutr Soc* **62**, 337–347.
79. Huff-Lonergan, E., Mitsuhashi, T., Beekman, D. D., Parrish, F. C., Olson, D. G., and Robson, R. M. (1996) Proteolysis of specific muscle structural proteins by mu-calpain at low pH and temperature is similar to degradation in postmortem bovine muscle. *J Anim Sci* **74**, 993–1008.
80. Goll, D. E., Thompson, V. F., Li, H., Wei, W., and Cong, J. (2003) The calpain system. *Physiol Rev* **83**, 731–801.
81. Bartoli, M. and Richard, I. (2005) Calpains in muscle wasting. Int *J Biochem Cell Biol* **37**, 2115–2133.
82. Sorimachi, H., Kinbara, K., Kimura, S., Takahashi, M., Ishiura, S., Sasagawa, N., Sorimachi, N., Shimada, H., Tagawa, K., and Maruyama, K. (1995) Muscle-specific calpain, p94, responsible for limb girdle muscular dystrophy type 2A, associates with connectin through IS2, a p94-specific sequence. *J Biol Chem* **270**, 31158–31162.
83. Koohmaraie, M. (1992) Role of neutral proteinases in postmortem muscle protein degradation and meat tenderness. *Proc Recip Meat Conf* **45**, 63–71.
84. Zeece, M. G., Woods, T. L., Keen, M. A., and Reville, W. J. (1992) Role of proteinases and inhibitors in postmortem muscle protein degradation. *Proc Recip Meat Conf* **45**, 51–61.
85. Solomon, V. and Goldberg, A. L. (1996) Importance of the ATP-ubiquitin-proteasome pathway in the degradation of soluble and myofibrillar proteins in rabbit muscle extracts. *J Biol Chem* **271**, 26690–26697.
86. Kent, M. P., Spencer, M. J., and Koohmaraie, M. (2004) Postmortem proteolysis is reduced in transgenic mice overexpressing calpastatin. *J Anim Sci* **82**, 794–801.
87. Wismer-Pedersen, J. (1959) Quality of pork in relation of rate of pH change postmortem. *Food Res* **24**, 711–727.
88. McKeith, F. K. and Stetzer, A. J. (2003) Benchmarking value in the pork supply chain: Quantitative strategies and opportunities to improve quality: Phase I. American Meat Science Association, Savoy, IL.
89. Mitchell, G. and Heffron, J. J. (1982) Porcine stress syndromes. *Adv Food Res* **28**, 167–230.
90. Fujii, J., Otsu, K., Zorzato, F., de Leon, S., Khanna, V. K., Weiler, J. E., O'Brien, P. J., and MacLennan, D. H. (1991) Identification of a mutation in porcine ryanodine receptor associated with malignant hyperthermia. *Science* **253**, 448–451.
91. Sosnicki, A., Greaser, M., Pietrzak, M., Pospiech, E., and Sante, V. (1998) PSE-like syndrome in breast muscle of domestic turkeys: A review. *J Muscle Foods* **9**, 13–23.
92. Chiang, W., Allison, C. P., Linz, J. E., and Strasburg, G. M. (2004) Identification of two alphaRYR alleles and characterization of alphaRYR transcript variants in turkey skeletal muscle. *Gene* **330**, 177–184.
93. Malila, Y., Carr, K. M., Ernst, C. W., Velleman, S. G., Reed, K. M., and Strasburg, G. M. (2014) Deep transcriptome sequencing reveals differences in global gene expression between normal and pale, soft, and exudative turkey meat. *J Anim Sci* **92**, 1250–1260.
94. Andersson, L. (2003) Identification and characterization of AMPK gamma 3 mutations in the pig. *Biochem Soc Trans* **31**, 232–235.
95. Marsh, B. B. and Thompson, J. F. (1958) Rigor mortis and thaw rigor in lamb. *J Sci Food Agric* **9**, 417–424.
96. Marsh, B. B. and Leet, N. G. (1966) Resistance to shearing of heat-denatured muscle in relation to shortening. *Nature* **211**, 635–636.
97. Marsh, B. B. (1985) Electrical-stimulation research: Present concepts and future directions. *Adv Meat Res* **1**, 277–305.
98. Pearson, A. M. and Young, R. B. (1989) *Muscle and Meat Biochemistry*, Academic Press, San Diego, CA.
99. Carse, W. A. (1973) Meat quality and the acceleration of postmortem glycolysis by electrical stimulation. *J Food Technol* **8**, 163–166.
100. Sharp, J. G. and Marsh, B. B. (1953) Whale meat, production and preservation. Food Invest. Board, G.B. Dep. Sci. Ind. Res. Spec. Rep. 58.
101. Smith, G. C. (1985) Effects of electrical stimulation on meat quality, color, grade, heat ring and palatability. *Adv Meat Res* **1**, 121–158.
102. Pearson, A. M. and Dutson, T. R. (1985) Scientific basis for electrical stimulation. *Adv Meat Res* **1**, 185–218.
103. Sorinmade, S. O., Cross, H. R., Ono, K., and Wergin, W. P. (1982) Mechanisms of ultrastructural changes in electrically stimulated beef Longissimus muscle. *Meat Sci* **6**, 71–77.
104. Zhou, G. H., Xu, X. L., and Liu, Y. (2010) Preservation technologies for fresh meat—A review. *Meat Sci* **86**, 119–128.
105. Fennema, O. (1982) Behavior of proteins at low-temperatures. *ACS Symp Series* **206**, 109–133.
106. Fernandez-Martin, F., Otero, L., Solas, M., and Sanz, P. (2000) Protein denaturation and structural damage during high-pressure-shift freezing of porcine and bovine muscle. *J Food Sci* **65**, 1002–1008.
107. Zhu, S., Le Bail, A., Ramaswamy, H., and Chapleau, N. (2004) Characterization of ice crystals in pork muscle formed by pressure-shift freezing as compared with classical freezing methods. *J Food Sci* **69**, E190–E197.
108. Cheftel, J. and Culioli, J. (1997) Effects of high pressure on meat: A review. *Meat Sci* **46**, 211–236.
109. Heremans, K., Van Camp, J., and Huyghebaert, A. (1997) High-pressure effects on proteins. In *Food Proteins and Their Applications* (Damodaran, S. and Paraf, A. eds.), Marcel Dekker, Inc., New York, pp. 473–502.
110. Jung, S., Ghoul, M., and de Lamballerie-Anton, M. (2000) Changes in lysosomal enzyme activities and shear values of high pressure treated meat during ageing. *Meat Sci* **56**, 239–246.
111. Sikes, A. L., Tobin, A. B., and Tume, R. K. (2009) Use of high pressure to reduce cook loss and improve texture of low-salt beef sausage batters. *Innov Food Sci Emerg Technol* **10**, 405–412.
112. Ouali, A. (1990) Meat tenderization: Possible causes and mechanisms: A review. *J Muscle Foods* **1**, 129–165.

113. Solomon, M., Long, J., and Eastridge, J. (1997) The Hydrodyne: A new process to improve beef tenderness. *J Anim Sci* **75**, 1534–1537.
114. Ahn, D. U., Jo, C., Du, T., Olson, D. G., and Nam, K. C. (2000) Quality characteristics of pork patties irradiated and stored in different packaging and storage conditions. *Meat Sci* **56**, 203–209.
115. Brewer, S. (2004) Irradiation effects on meat color—A review. *Meat Sci* **68**, 1–17.
116. Nam, K. and Ahn, D. (2003) Effects of ascorbic acid and antioxidants on the color of irradiated ground beef. *J Food Sci* **68**, 1686–1690.
117. Sebranek, J. G. and Bacus, J. N. (2007) Cured meat products without direct addition of nitrate or nitrite: What are the issues? *Meat Sci* **77**, 136–147.
118. Offer, G. and Trinick, J. (1983) On the mechanism of water holding in meat—The swelling and shrinking of myofibrils. *Meat Sci* **8**, 245–281.
119. Hamm, R. (1986) Functional properties of the myofibrillar system and their measurements. In *Muscle as Food* (Bechtel, P. ed.), Academic Press, New York, NY, pp. 135–199.
120. Xiong, Y., Lou, X., Wang, C., Moody, W., and Harmon, R. (2000) Protein extraction from chicken myofibrils irrigated with various polyphosphate and NaCl solutions. *J Food Sci* **65**, 96–100.
121. Parsons, N. and Knight, P. (1990) Origin of variable extraction of myosin from myofibrils treated with salt and pyrophosphate. *J Sci Food Agric* **51**, 71–90.
122. Xiong, Y. L. (2004) Muscle proteins. In *Proteins in Food Processing* (Yada, R. ed.), Woodhead Publishing, Cambridge, U.K., pp. 100–122.
123. Asghar, A., Samejima, K., and Yasui, T. (1985) Functionality of muscle proteins in gelation mechanisms of structured meat-products. *CRC Crit Rev Food Sci Nutr* **22**, 27–106.
124. Samejima, K., Hashimoto, Y., Yasui, T., and Fukazawa, T. (1969) Heat gelling properties of myosin, actin, actomyosin and myosin-subunits in a saline model system. *J Food Sci* **34**, 242–245.
125. Morita, J. and Ogata, T. (1991) Role of light-chains in heat-induced gelation of skeletal-muscle myosin. *J Food Sci* **56**, 855–856.
126. Xiong, Y. L. (1994) Myofibrillar protein from different muscle fiber types: Implications of biochemical and functional properties in meat processing. *Crit Rev Food Sci Nutr* **34**, 293–319.
127. Kuraishi, C., Sakamoto, J., Yamazaki, K., Susa, Y., Kuhara, C., and Soeda, T. (1997) Production of restructured meat using microbial transglutaminase without salt or cooking. *J Food Sci* **62**, 488–490.
128. Ramirez-Suarez, J. and Xiong, Y. (2003) Effect of transglutaminase-induced cross-linking on gelation of myofibrillar/soy protein mixtures. *Meat Sci* **65**, 899–907.
129. Ooizumi, T. and Xiong, Y. L. (2006) Identification of cross-linking site(s) of myosin heavy chains in oxidatively stressed chicken myofibrils. *J Food Sci* **71**, C196–C199.
130. Xiong, Y. L., Blanchard, S. P., Ooizumi, T., and Ma, Y. (2010) Hydroxyl radical and ferryl-generating systems promote gel network formation of myofibrillar protein. *J Food Sci* **75**, C215–C221.
131. Galluzzo, S. and Regenstein, J. (1978) Role of chicken breast muscle proteins in meat emulsion formation—Myosin, actin and synthetic actomyosin. *J Food Sci* **43**, 1761–1765.
132. Gordon, A. and Barbut, S. (1992) Mechanisms of meat batter stabilization—A review. *Crit Rev Food Sci Nutr* **32**, 299–332.
133. Ramirez-Suarez, J. and Xiong, Y. (2003) Rheological properties of mixed muscle/nonmuscle protein emulsions treated with transglutaminase at two ionic strengths. *Int J Food Sci Technol* **38**, 777–785.
134. Motoki, M. and Seguro, K. (1998) Transglutaminase and its use for food processing. *Trends Food Sci Technol* **9**, 204–210.
135. An, H. J., Seymour, T. A., Wu, J. W., and Morrissey, M. T. (1994) Assay systems and characterization of Pacific whiting (*Merluccius productus*) protease. *J Food Sci* **59**, 277–281.
136. Tzeng, S. and Jiang, S. (2004) Glycosylation modification improved the characteristics of recombinant chicken cystatin and its application on mackerel surimi. *J Agric Food Chem* **52**, 3612–3616.
137. Hultin, H. O. (2000) Surimi processing from dark muscle fish. In *Surimi and Surimi Seafood* (Park, J. W. ed.), Marcel Dekker, Inc., New York, pp. 59–77.
138. Tortora, G.J. and Derrickson B. (2014) *Principles of Anatomy and Physiology* 14th Ed. John Wiley and Sons, Inc., Hoboken, NJ.
139. Junqueira, L.C., Carneiro, J., and Kelley R.O. (1989) *Basic Histology*. Appleton & Lange, Norwalk, CT.
140. Chiang, W., Strasburg, G.M., and Byrem, T.M. (2007) Red meats. Ch. 23, pp. 23-1–23-21. In *Food Chemistry: Principles and Applications*, 2nd Ed. Y.H. Hui (Ed.), Science Technology System, West Sacramento, CA.
141. Craig, R. and Woodhead, J.L. (2006) Structure and function of myosin filaments. *Curr Opin Struc Biol* **16**, 204–212.
142. Rayment, I., Smith, C., and Yount, R.G. (1996) The active site of myosin. *Annu Rev Physiol* **58**, 671–702.
143. Weber, K. and Osborn, M. (1969) The reliability of molecular weight determinations by dodecyl sulfatepolyacrylamide gel electrophoresis. *J Biol Chem* **244**, 4406–4412.
144. Greaser, M.L. and Gergely, J. (1971) Reconstitution of troponin activity from three protein components. *J Biol. Chem* **246**, 4226–4233.
145. Huff-Lonergan, E., Zhang, W., Lonergan, S.M. (2010). Biochemistry of postmortem muscle—Lessons on mechanisms of meat tenderization. *Meat Sci* **86**, 184–195.
146. Henderson, D.W., Goll, D.E., and Stromer, M.H. (1970) A comparison of shortening and Z line degradation in post-mortem bovine, porcine, and rabbit muscle. *Am. J. Anat.* **128**, 117–135.
147. Locker, R.H. and Hagyard, C.J. (1963) A cold shortening effect in beef muscles. *J Sci Food Agric* **14**, 787–793.

Fisiologia pós-colheita de tecidos vegetais comestíveis

16

Christopher B. Watkins

CONTEÚDO

16.1 Introdução...................... 1015
16.2 Qualidade e fisiologia pós-colheita..... 1017
16.3 Natureza e estrutura dos tecidos
     vegetais comestíveis 1018
    16.3.1 Morfologia..................... 1018
    16.3.2 Estágio de desenvolvimento
        fisiológico na colheita................ 1019
    16.3.3 Amadurecimento e senescência..... 1020
    16.3.4 Fatores pré-colheita.............. 1021
16.4 Metabolismo primário................ 1024
16.5 Hormônios 1030
    16.5.1 Etileno 1030
        16.5.1.1 Biossíntese do etileno 1030
        16.5.1.2 Frutos climatéricos
           e não climatéricos................ 1032
    16.5.2 Auxinas 1034
    16.5.3 Giberelinas.................... 1035
    16.5.4 Ácido abscísico 1035
    16.5.5 Citocininas.................... 1035
    16.5.6 Outros hormônios 1036
        16.5.6.1 Poliaminas 1036
        16.5.6.2 Óxido nítrico 1036
        16.5.6.3 Ácido jasmônico,
           brassinosteroides e ácido salicílico...... 1037
16.6 Composição........................ 1037
    16.6.1 Água......................... 1037
    16.6.2 Carboidratos 1038
        16.6.2.1 Carboidratos estruturais 1038
        16.6.2.2 Carboidratos solúveis........ 1041
        16.6.2.3 Carboidratos de reserva 1041
    16.6.3 Ácidos orgânicos 1044
    16.6.4 Compostos fenólicos 1046
    16.6.5 Proteínas e aminoácidos 1048
    16.6.6 Lipídeos...................... 1049
    16.6.7 Pigmentos 1051
    16.6.8 Compostos orgânicos voláteis...... 1052
    16.6.9 Vitaminas e substâncias
        benéficas à saúde.................... 1053
        16.6.9.1 Ácido ascórbico
           (ascorbato, vitamina C) 1054
        16.6.9.2 Vitamina A 1054
        16.6.9.3 Fitoquímicos 1055
        16.6.9.4 Compostos de enxofre 1055
16.7 Tecnologias pós-colheita............. 1056
    16.7.1 Temperatura de armazenamento 1056
    16.7.2 Umidade relativa 1061
    16.7.3 Armazenamento em atmosfera
        modificada e controlada 1061
    16.7.4 Revestimentos comestíveis 1063
    16.7.5 Etileno....................... 1068
        16.7.5.1 Como evitar o etileno........ 1069
        16.7.5.2 Adsorventes de etileno,
           oxidação e decomposição catalítica 1070
        16.7.5.3 Inibidores da ação do etileno.... 1071
    16.7.6 Tratamentos térmicos............ 1072
    16.7.7 Radiação ionizante.............. 1073
    16.7.8 Outras tecnologias.............. 1073
16.8 Produtos vegetais transgênicos 1074
    16.8.1 Organismos geneticamente
        modificados........................ 1074
    16.8.2 Cultivos alimentares melhorados
        nutricionalmente 1075
    16.8.3 Modificação dos processos de
        amadurecimento e senescência......... 1075
16.9 Exigências dos produtos 1076
    16.9.1 Cereais, nozes e sementes 1076
    16.9.2 Frutas e hortaliças inteiras........ 1076
    16.9.3 Frutas e hortaliças frescas
        (minimamente processadas) 1077
16.10 Considerações finais 1079
Referências............................ 1080

16.1 INTRODUÇÃO

Os produtos vegetais comestíveis incluem grãos de cereais, nozes, sementes, frutas, hortaliças e até mesmo flores, podendo ser consumidos inteiros, minimamente processados e/ou processados. Esses produtos são metabolicamente ativos (exceto quando processados), consumindo O_2 e produzindo CO_2 durante a respiração. Nesse processo, os carboidratos e outros substratos, como ácidos orgânicos, proteínas e gorduras, são metabolizados para fornecer a energia de que as células necessitam para manter sua estrutura e função, enquanto produzem calor ("calor vital") e água. Após a metabolização, os substratos não podem ser fornecidos novamente à planta; portanto, quanto mais rápida a taxa de respiração, maior a redução da qualidade do produto, pois ocorre perda de valor nutricional e de peso rentável, além de produzir sabor e textura desagradável.

Raízes e tubérculos, grãos, legumes e outras sementes são considerados alimentos básicos, sendo os principais produtos que contribuem no suprimento de alimentos (Tabela 16.1), entre eles, o arroz, o milho e o trigo correspondem a dois terços do consumo humano de alimentos. Se comparados com raízes e tubérculos, os cereais apresentam menor teor de água (média 6,8 vezes menor), o que corresponde a maiores teores de energia, proteínas e carboidratos (3, 6,5 e 3,1 vezes maior, respectivamente) [1]. Grande parte dos cultivos agrícolas é dedicada à plantação de culturas básicas derivadas de cereais (arroz, milho, trigo, cevada, sorgo), tubérculos (batata, batata-doce, inhame), raízes (mandioca, taro) e sementes de feijão e ervilha, que são os principais alimentos que armazenam amido [2]. Anualmente, é estimada a colheita de 2.500 milhões de toneladas de culturas de amido, sendo a maioria consumida diretamente como alimento ou usada como ração animal [3].

Esses produtos básicos são fonte de minerais e vitaminas, que são componentes importantes de dietas saudáveis. A importância do consumo de frutas e hortaliças na redução do risco de doenças cardiovasculares, acidente vascular cerebral, diabetes e câncer tornou-se cada vez mais reconhecida. Além dos principais constituintes, como ácidos, açúcares e aromas, que contribuem para a qualidade dos alimentos, a presença de antioxidantes (vitaminas A, C e E), fenólicos e outros fitoquímicos é fundamental. Muitas frutas e hortaliças também têm valor estético (juntamente com flores e produtos ornamentais), que contribui para o bem-estar do ser humano.

Estimativas confiáveis sobre as perdas de produtos após a colheita não são facilmente obtidas, mas acredita-se que um terço (≈ 1,3 bilhão de toneladas) dos alimentos produzidos no mundo seja desperdiçado a cada ano [4]. Em geral, grãos, nozes e sementes têm alta estabilidade devido ao baixo teor de umidade presente nos tecidos. O manejo pós-colheita desses produtos geralmente está focado no controle da germinação, micotoxinas e infestações de insetos, por exemplo, por secagem apropriada após a colheita. Em condições adequadas, o período de armazenamento de grãos pode ser superior a 12 meses. No entanto, as perdas na África em média são de 15% ao ano, devido a fatores como quebra de grãos na colheita e manuseio, derramamento durante o transporte e perda de qualidade em todas as etapas da cadeia pós-colheita, incluindo o armazenamento, principalmente em clima quente e úmido. Os principais agentes de perda de qualidade são fungos, insetos, roedores e pássaros. Para frutas e hortaliças, em média, as perdas são de 32% [5]. Essas perdas são semelhantes tanto nos países desenvolvidos, como nos países em desenvolvimento, mas as razões são diferentes: nos países em desenvolvimento, a falta de infraestrutura leva a maiores perdas entre a produção e o varejo (22%) em comparação com as perdas nos serviços de alimentação, varejo e locais de consumo (10%), ao passo que nos países desenvolvidos as

TABELA 16.1 Teor de nutrientes dos principais alimentos básicos (porção de 100 g)

	Milho	Arroz (branco)	Arroz (integral)	Trigo	Batata	Mandioca	Soja (verde)	Batata-doce	Sorgo	Inhame	Banana
Água (g)	10	12	10	13	79	60	68	77	9	70	65
Energia (kJ)	1.528	1.528	1.549	1.369	322	670	615	360	1.419	494	511
Proteína (g)	9,4	7,1	7,9	12,6	2,0	1,4	13,0	1,6	11,3	1,5	1,3
Gordura (g)	4,7	0,7	2,9	1,5	0,1	0,3	6,8	0,05	3,3	0,2	0,4
Carboidratos (g)	74	80	77	71	17	38	11	20	75	28	32
Fibra (g)	7,3	1,3	3,5	12,2	2,2	1,8	4,2	3	6,3	4,1	2,3

Fonte: USDA Nutrient Data Laboratory, ndb.nal.usda.gov/ndb/search/list, 2014.

maiores perdas ocorrem no varejo (20%) devido a fatores como deterioração do produto, excesso de produção, armazenamento doméstico inadequado e desperdício (insatisfação, preferências alimentares, "estômago cheio").

Devido ao maior teor de água, as frutas e hortaliças tendem a ser menos estáveis que os cereais, pois seu metabolismo continua muito ativo após a colheita, resultando em mudanças desejáveis e indesejáveis durante o armazenamento. Entre as alterações desejáveis estão o desenvolvimento de pigmentos: por exemplo, licopeno no tomate, antocianinas na maçã e no morango e carotenoides (cores amarelo e laranja) em damascos e pêssegos. Outras mudanças incluem o processo de amadurecimento (amolecimento), perda de clorofila (degradação da cor verde) e desenvolvimento de características de aroma e sabor. Esses processos podem ser positivos em algumas situações e negativos em outras: a perda de clorofila é desejável em tomates, mas não em pepinos e brócolis. A conversão de amido em açúcares é desejável para maçãs, mas não para batatas fritas, pois provoca excesso de escurecimento durante a fritura, ao passo que a conversão de açúcares para amido pode ser desejável para batatas, mas não é para ervilha e milho doce, pois provoca perda de doçura. Dependendo do estágio fisiológico do produto colhido, os processos de crescimento podem continuar, como o surgimento indesejável de brotos em batatas e curvatura geotrópica em aspargos.

A presença de frutas e hortaliças recém-cortadas ou minimamente processadas tem sido cada vez maior no mercado de países desenvolvidos devido à sua conveniência, sanidade, aparência atraente e sabor. O preparo desses produtos requer processos como corte, trituração, raspagem e desinfecção antes de embalar, provocando danos aos tecidos da planta, que normalmente encurtam os períodos de armazenamento em comparação com o produto inteiro.

Portanto, a utilização de tecnologias que visam retardar os processos metabólicos associados á senescência e ao amadurecimento de vegetais perecíveis, sejam eles inteiros ou cortados, é essencial para manter a qualidade após a colheita. A compreensão química da fisiologia pós-colheita é fundamental para o sucesso dessas tecnologias, permitindo a preservação dos tecidos vegetais comestíveis.

16.2 QUALIDADE E FISIOLOGIA PÓS-COLHEITA

O uso de tecnologias pós-colheita auxilia a manutenção da qualidade dos tecidos vegetais comestíveis, ligando a produção ao consumo, agregando valor, estendendo os períodos de comercialização e permitindo que novos mercados sejam acessados [6]. No entanto, existem diferentes concepções sobre o que é "qualidade", como ela pode ser medida e como se relaciona com a aceitação do consumidor [7]. As definições abrangem "adequação ao uso", "atender às expectativas do consumidor" e "grau de excelência de um produto ou sua adequação para um uso específico". Em escala global, a qualidade está cada vez mais integrada com fatores econômicos, sociais e questões ambientais, incluindo fatores como padrões de proteção ao trabalhador, uso de produtos químicos, irradiação, preferências culturais e modificação genética [6].

Muitos consumidores acreditam que o termo "fresco" se refere a produtos que são recém-colhidos e enviados diretamente ao mercado, em vez de serem armazenados. Todavia, o armazenamento é fundamental para garantir o fornecimento de alimentos durante todo o ano, variando de dias a meses em refrigeração, sob condições de atmosfera controlada. Qualquer produto "intacto" comercializado após a colheita antes do fim do prazo de validade é considerado "fresco". Após o armazenamento, o produto pode ser idêntico ao da colheita, mantendo a qualidade e as substâncias benéficas à saúde, se as condições de seleção e armazenamento do cultivo forem ótimas. Apesar disso, conforme discutido na Seção 16.3.4, fatores como a seleção de cultivares e o momento da colheita podem influenciar o grau de insatisfação com a qualidade de frutas e hortaliças no mercado.

Os principais objetivos do uso de tecnologias pós-colheita para manter a qualidade são:

1. Reduzir as taxas metabólicas que ocasionam mudanças indesejáveis na cor, na composição, na textura, no sabor e no estado nutricio-

nal e o crescimento indesejável, como germinação, brotação ou enraizamento.
2. Reduzir a perda de água, que provoca diminuição de peso e crocância, murchamento, enrugamento e amolecimento.
3. Minimizar contusões, danos por fricção e outras lesões mecânicas.
4. Reduzir a deterioração causada pela degradação microbiana, especialmente dos tecidos danificados ou feridos.
5. Prevenir o desenvolvimento de lesões por congelamento ou distúrbios fisiológicos, como lesão pelo frio ou senescência.
6. Garantir que os procedimentos de manuseio, armazenamento e transporte minimizem o risco de contaminações químicas ou microbianas que afetam a segurança dos alimentos.

Esses objetivos podem ser alcançados pelo entendimento de que a manutenção da qualidade desde a colheita até o consumo é um processo integrado de manipulação, armazenamento, transporte e exposição no varejo, que distingue a biologia de cada tipo de tecido vegetal. Os produtos devem ser colhidos nas melhores condições de maturação ou qualidade, manuseados com cuidado para evitar ferimentos mecânicos, resfriados rapidamente para remover o calor de campo, tratados com produtos químicos (se necessário) e/ou armazenados em atmosferas modificadas apropriadas e devem ser mantidos em temperaturas aceitáveis durante o armazenamento, o transporte e a comercialização. Produtos químicos contaminantes devem ser evitados ou removidos, e a ocorrência natural de substâncias químicas prejudiciais, como o etileno, precisa ser monitorada. Todos os produtos recém-colhidos possuem naturalmente bactérias, leveduras e fungos, sendo que esses "contaminantes" estão relacionados com poeira, insetos, solo, chuva e, às vezes, com a atividade humana. Surtos de intoxicação alimentar têm sido associados à contaminação dos produtos por animais e pelo contato humano. Com isso, os protocolos de segurança de alimentos, como os programas de Boas Práticas Agrícolas (GAP) e Análise de Perigos e Pontos Críticos de Controle (HACCP) se tornaram requisitos cada vez mais importantes para a comercialização de produtos vegetais comestíveis.

16.3 NATUREZA E ESTRUTURA DOS TECIDOS VEGETAIS COMESTÍVEIS

16.3.1 Morfologia

A variedade de tecidos vegetais colhidos para o uso humano é vasta, porém pode ser classificada de acordo com as partes da planta [8]. Essa classificação inclui plantas intactas, partes de plantas separadas, estruturas acima do solo (folhas, pecíolos, caules, espigas, flores, frutos secos e carnudos e outras estruturas, como cogumelos [fungos]) e estruturas abaixo do solo (raízes, rizomas e tubérculos, bulbos, cormos e órgãos de não armazenamento, como estacas de raiz e coroas). Esses tecidos foram discutidos em detalhes [8] e estão resumidos na Tabela 16.2. A estrutura também pode ser subdividida em tipos de tecidos, compostos pelo sistema dérmico, fundamental, vascular, de suporte e meristemático (Tabela 16.3). As características desses tecidos e partes das plantas são diversas, mas incluem diferenças nas taxas metabólicas, presença ou ausência de reservas de carboidratos e suscetibilidade à perda de água e lesões. Os protocolos de manejo pós-colheita também podem variar muito, dependendo do processo, que pode ser relacionado ao amadurecimento e à senescência, ou a fatores como crescimento, por exemplo, brotação, enraizamento e germinação, lignificação ou formação da periderme por ferimentos. A classificação das partes das plantas e o entendimento dos tipos de tecidos fornecem distinções importantes das características físicas e fisiológicas que influenciam o comportamento pós-colheita, o manuseio e o armazenamento de produtos para uso inteiro, minimamente processados ou para processamento.

A morfologia dos produtos vegetais comestíveis também pode ser diferenciada pelo tipo [9]. Para frutos, a parte carnosa ingerida é derivada de muitas partes da planta (Figura 16.1), podendo ser do pistilo ou de partes acessórias. Independentemente da origem, os frutos são em grande parte compostos pelo tecido parenquimático. Os cereais são exemplos de frutos secos ou óvulos de frutos secos. Entre eles, grãos de arroz, trigo e cevada são considerados frutos indeiscentes, classificados como cariopses, ou seja, frutos no qual a semente está aderida ao pericarpo (Figura 16.2).

TABELA 16.2 Partes de plantas utilizadas por seres humanos com base na morfologia

Parte da planta		Exemplos
Planta inteira		Brotos de feijão ou alfafa; mudas de raiz nua e estacas enraizadas
Partes de plantas (acima do solo)	Folhas	Espinafre, couve, couve-chinesa, alface, repolho
	Pecíolos	Aipo, ruibarbo, acelga-chinesa
	Caules, ramos e hastes	Aspargos, brotos de bambu, gladíolo, folhas pontiagudas do gengibre
	Flores	Couve-flor, brócolis, flor de lírio
	Frutas carnosas	Maçã, banana, figo, laranja, pêssego, abacaxi, morango, tomate
	Frutos secos	Trigo, arroz, soja, castanha-do-brasil, papoula, soja, noz
	Outras estruturas	Cogumelos, trufas
Partes de plantas (abaixo do solo)	Raízes	Beterraba, cenoura
	Rizomas e tubérculos	Gengibre, lótus, batata, batata-doce
	Bulbos	Cebola
	Cormos	Castanha-d'água-chinesa, taro

Fonte: Kays, S.J., *Postharvest Physiology of Perishable Plant Products*, Exon Press, Athens, Greece, 1997.

TABELA 16.3 Tecidos e células de tecidos vegetais comestíveis

Tipo de tecido	Tipo de célula
Dérmico	Epiderme (estômatos, tricomas, nectáreos, hidatódios), periderme
Fundamental	Células parenquimáticas
Vascular	Xilema, floema
Suporte	Colênquima, esclerênquima
Meristema	Meristemáticas

Fonte: Kays, S.J., *Postharvest Physiology of Perishable Plant Products*, Exon Press, Athens, Greece, 1997.

16.3.2 Estágio de desenvolvimento fisiológico na colheita

O estágio fisiológico no qual os produtos agrícolas são colhidos para fins comerciais pode variar entre brotos e mudas, colhidos no estágio inicial de crescimento, ou sementes e grãos secos, colhidos no estágio senescente de desenvolvimento (Figura 16.3). A fisiologia dos produtos é afetada principalmente pelo grau de desenvolvimento, influenciando fatores como taxa de respiração, desenvolvimento epidérmico e suscetibilidade a ferimentos e patógenos, além de fatores pós-colheita, como temperatura de armazenamento.

A maneira como os produtos são colhidos, manuseados e armazenados pode afetar muito a validade de frutas e hortaliças, até mesmo as mais duradouras. Nas frutas totalmente desenvolvidas, ocorrem dois fatores concorrentes. Por um lado, a doçura e o sabor característico, desejado pelos consumidores, aumentam à medida que as frutas amadurecem. Ao mesmo tempo, a capacidade de armazenamento do produto diminui (Figura 16.4). Esses fatores concorrentes resultam na colheita antecipada das frutas destinadas ao armazenamento, em vez da colheita adequada ao consumo imediato. Por exemplo, maçãs colhidas em pleno amadurecimento apresentam baixo teor de amido e alta concentração de sólidos solúveis, sendo altamente aromáticas, mas têm curta duração de armazenamento. Em contrapartida, maçãs destinadas ao armazenamento a longo prazo devem ser colhidas menos maduras, quando a fruta tiver alta concentração de amido e caráter aromático menos desenvolvido. Morangos totalmente vermelhos e

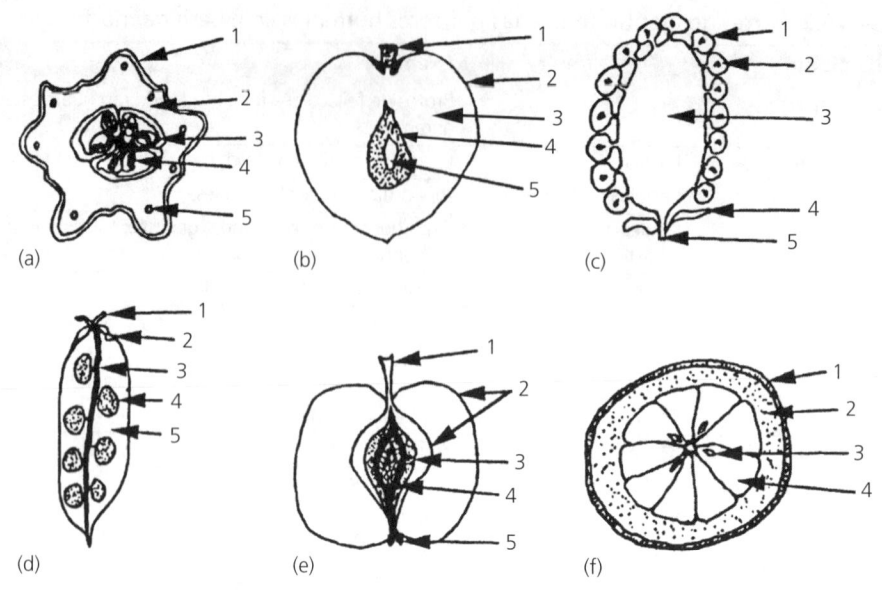

FIGURA 16.1 Ilustrações esquemáticas de estruturas anatômicas de diferentes tipos de frutas. (a) Peponídeo (pepino, abobrinha e abóbora) em secção transversal: (1) casca (receptacular), (2) polpa (parede do ovário), (3) placenta, (4) semente e (5) feixe vascular. (b) Drupa (cereja, pêssego e ameixa) em secção longitudinal: (1) pedúnculo, (2) casca (parede do ovário), (3) polpa (parede do ovário), (4) caroço (parede rígida do ovário) e (5) semente. (c) Agregado (amora, morango e framboesa) em secção longitudinal: (1) parede carnosa do ovário; (2) semente (parede rígida do ovário mais semente), (3) receptáculo carnoso, (4) sépala e (5) pedúnculo. (d) Legume (ervilha, soja e feijão-de-lima) em secção longitudinal: (1) pedúnculo, (2) sépala, (3) feixes vasculares, (4) semente, e (5) bainha (parede do ovário). (e) Pomo (maçã e pera) em secção longitudinal: (1) pedúnculo, (2) casca e polpa (receptáculo), (3) carpelo (parede do ovário), (4) semente e (5) cálix (sépalas e estame). (f) *Hespiridium* (*citrus*) em secção transversal: (1) exocarpo colenquimatoso (flavedo), (2) mesocarpo parenquimatoso (albedo), (3) semente e (4) endocarpo de bolsas de suco, formadas pela quebra de grupos de células similares às do parênquima.

aromáticos têm vida útil mais curta, quando comparados com a colheita no estágio de ponta branca. No entanto, os frutos colhidos no estágio de ponta branca terão um sabor e aroma menos intensos do que no fruto totalmente maduro. Portanto, a percepção de qualidade dos frutos no supermercado durante a entressafra é frequentemente menor do que os cultivados localmente, devido à necessidade de equilibrar o tempo de trânsito pós-colheita com a taxa de deterioração do produto.

16.3.3 Amadurecimento e senescência

Os tecidos dos vegetais comestíveis colhidos geralmente sofrem processos de senescência que levam à morte celular. A senescência é considerada a etapa final do desenvolvimento dos vegetais, na qual a planta esgota os recursos orgânicos acumulados durante o crescimento e o desenvolvimento para sustentar os processos da vida ou, em outras palavras, o estágio final da ontogenia*, que leva à morte e à diminuição da capacidade funcional. Contudo, o amadurecimento é um estágio adicional de desenvolvimento nas frutas, que envolve processos metabólicos distintos, tanto anabólicos como catabólicos. Como resultado, ocorrem o amolecimento da parede celular e mudanças de textura, alterações de cor e produção de aroma, tornando o fruto mais desejável como alimento aos animais, ou mais suscetíveis à decomposição pela ação de microrganismos, para garantir a dispersão de sementes. Por definição, um fruto só é considerado "maduro" se puder completar seu amadurecimento normal depois de colhido. Os frutos sofrem grandes alterações durante o desenvolvimento do ovário até o

---

*Ontogenia é o percurso de desenvolvimento de um organismo.

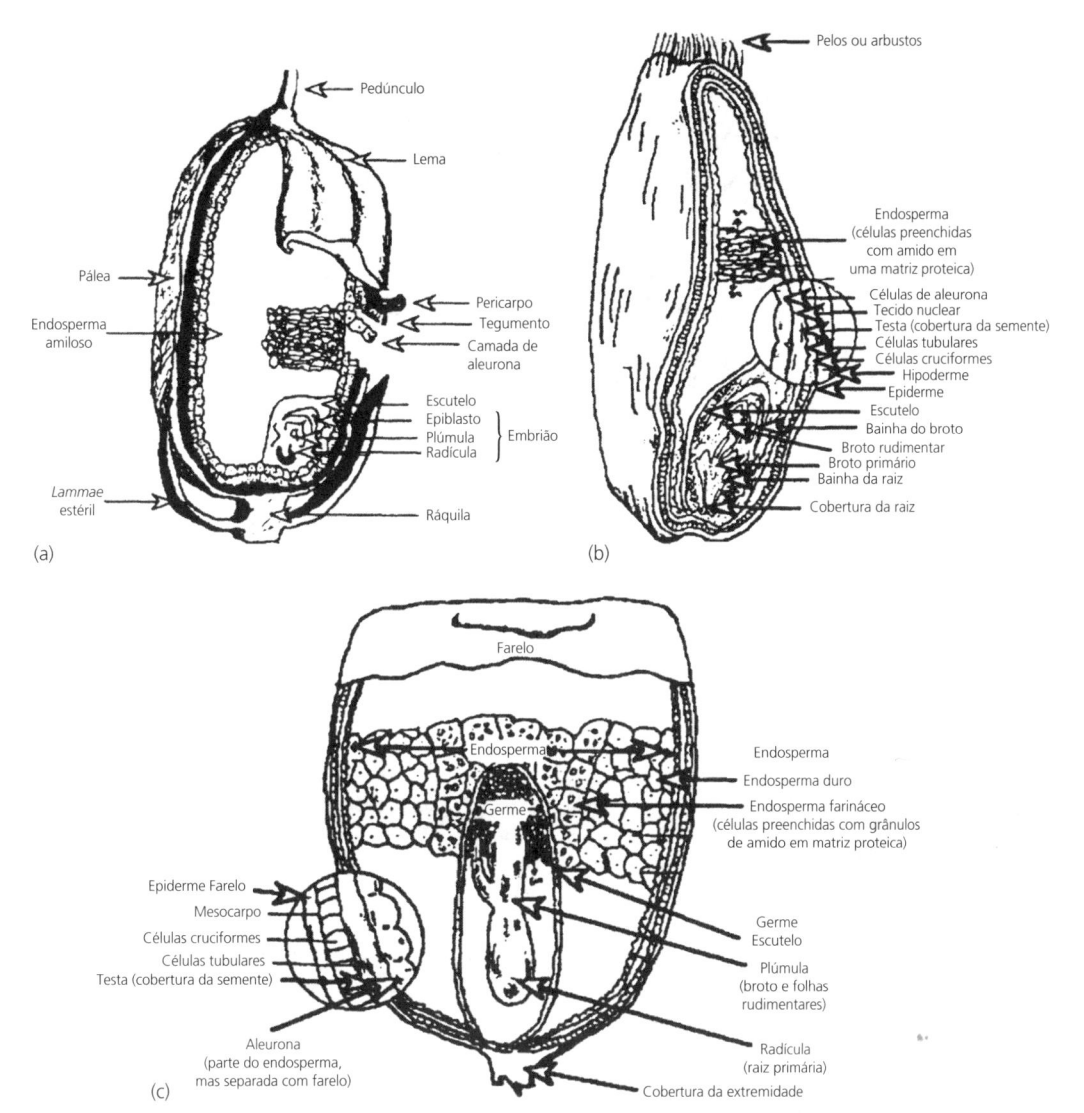

FIGURA 16.2 Ilustração esquemática de grãos de cereais chamados de frutas cariopse: (a) arroz, (b) trigo, (c) milho, (d) cevada e (e) aveia. Um exemplo de cultura agrícola de semente verdadeira que não contém uma fina camada de fruta é a soja (f).

(*Continua*)

fruto maduro, embora seus padrões de amadurecimento possam ser muito diferentes, por exemplo, climatério ou não climatério (Seção 16.5.1.2).

16.3.4 Fatores pré-colheita

Embora este capítulo esteja relacionado à fisiologia pós-colheita, muitas questões referentes aos tecidos vegetais comestíveis são afetadas pela seleção de cultivares e pelo manejo pré-colheita.

Os produtores geralmente selecionam cultivares com base na comercialização (qualidades visuais específicas para a escolha de mercado) e rendimento, pois esses fatores afetam diretamente a sustentabilidade econômica. No entanto, os cultivares podem variar muito em relação ao armazenamento e ao prazo de validade, incluindo resistência a doenças pós-colheita e distúrbios fisiológicos. As diferenças fisiológicas e bioquímicas de cada cultivar resultam em diferentes condi-

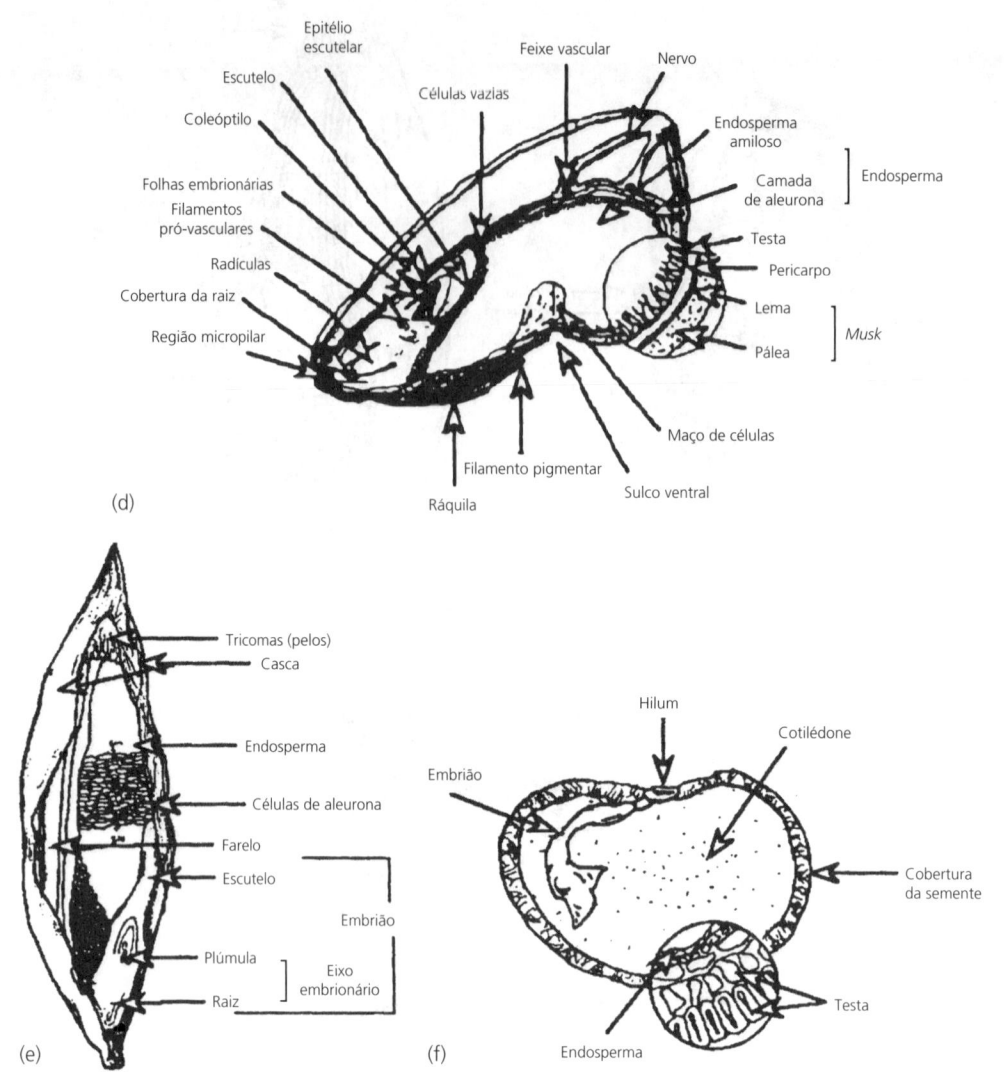

FIGURA 16.2 (*Continuação*) Ilustração esquemática de grãos de cereais chamados de frutas cariopse: (a) arroz, (b) trigo, (c) milho, (d) cevada e (e) aveia. Um exemplo de cultura agrícola de semente verdadeira que não contém uma fina camada de fruta é a soja (f).

ções de armazenamento de produtos específicos. Além disso, os produtores têm optado por seleções com maior resistência aos abusos de manipulação durante a colheita, manuseio e transporte, que podem resultar em contusões e danos à superfície. Essa estratégia rendeu o desenvolvimento de cultivares com cascas mais duras, podendo ocasionar a redução da qualidade dos alimentos. Em alguns casos, foram introduzidos genes nos produtos para controlar processos como a baixa produção de etileno, a baixa respiração e o amolecimento mais lento. Por exemplo, o mutante *rin* foi incorporado na maioria dos cultivares comerciais de tomate, resultando em frutos mais firmes e com menores taxas de amolecimento, porém seu sabor e aroma diminuíram.

A capacidade de armazenamento das frutas e hortaliças é afetada pela composição mineral na colheita [10]. Níveis elevados de cálcio estão geralmente associados com maior capacidade de armazenamento, ao passo que o baixo teor de cálcio está relacionado com menor tempo de armazena-

Estágios de desenvolvimento

Início — Desenvolvimento — Morte

Crescimento

Maturação

Maturidade fisiológica

Amadurecimento

Senescência

Maturidade horticultural

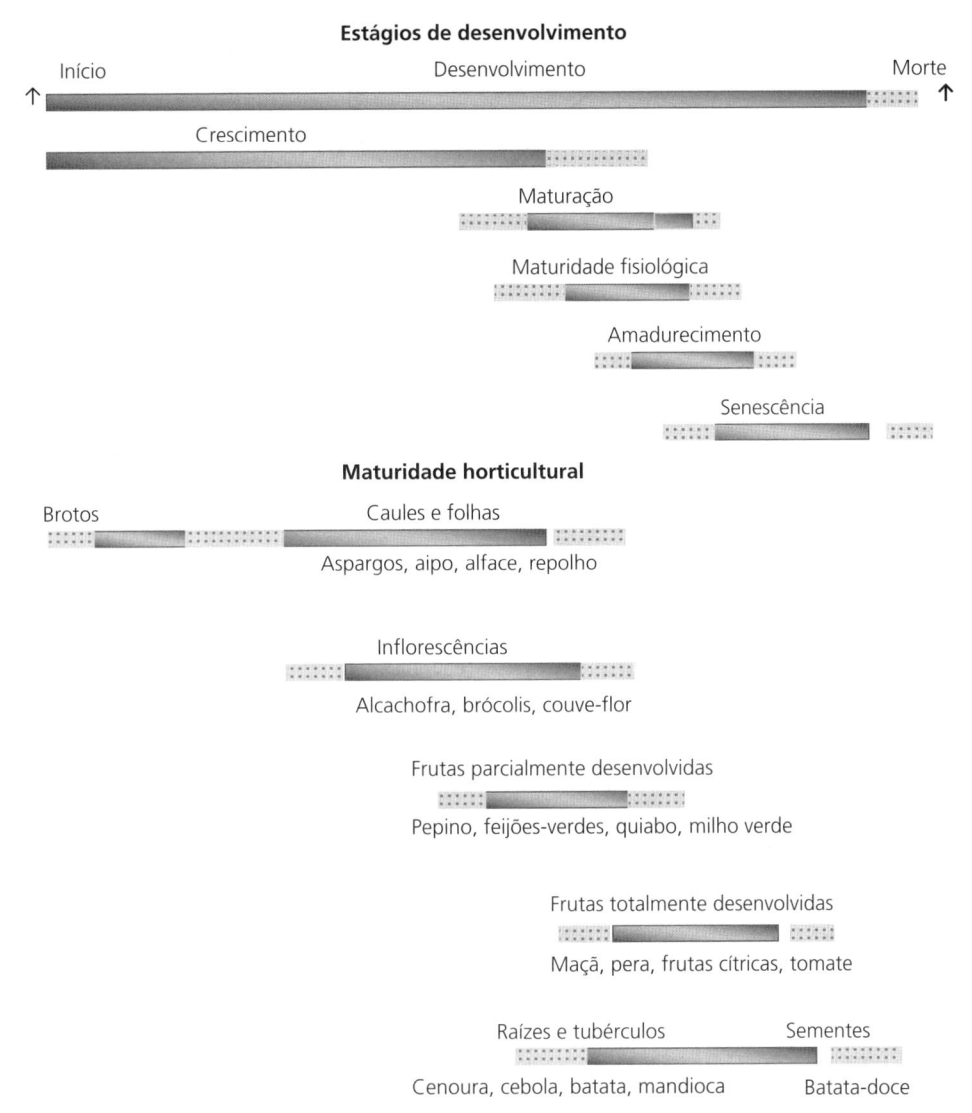

Brotos

Caules e folhas
Aspargos, aipo, alface, repolho

Inflorescências
Alcachofra, brócolis, couve-flor

Frutas parcialmente desenvolvidas
Pepino, feijões-verdes, quiabo, milho verde

Frutas totalmente desenvolvidas
Maçã, pera, frutas cítricas, tomate

Raízes e tubérculos   Sementes
Cenoura, cebola, batata, mandioca   Batata-doce

FIGURA 16.3 Maturidade horticultural em relação aos estágios de desenvolvimento da planta. (Adaptada de Watadam A.E. et al., *HortScience*, 19, 20, 1984.)

---

mento, sendo propenso a distúrbios de armazenamento e infecção por patógenos. No tomate, por exemplo, um distúrbio conhecido como "podridão apical" está relacionado com baixas concentrações de cálcio no fruto. Para aumentar o rendimento o nitrogênio é frequentemente aplicado, no entanto, a qualidade pós-colheita pode ser afetada de forma negativa, pois as taxas de respiração são maiores e os níveis de cálcio são menores, devido ao tamanho do produto ser geralmente maior e, portanto, os níveis de minerais podem se tornar limitantes.

Outro exemplo é a cebola, que tem o rendimento aumentado em teores elevados de nitrogênio, mas apodrece mais rápido durante o armazenamento. Níveis elevados de nitrogênio em cebolas favorecem o engrossamento excessivo (pescoço grosso), propensos a formação de feridas e apodrecimento. Altos níveis de potássio, magnésio e boro, e baixos níveis de fósforo também podem reduzir a capacidade de armazenamento. Outros fatores, como o manejo de pragas e patógenos no campo ou no pomar, podem afetar o produto após a colheita.

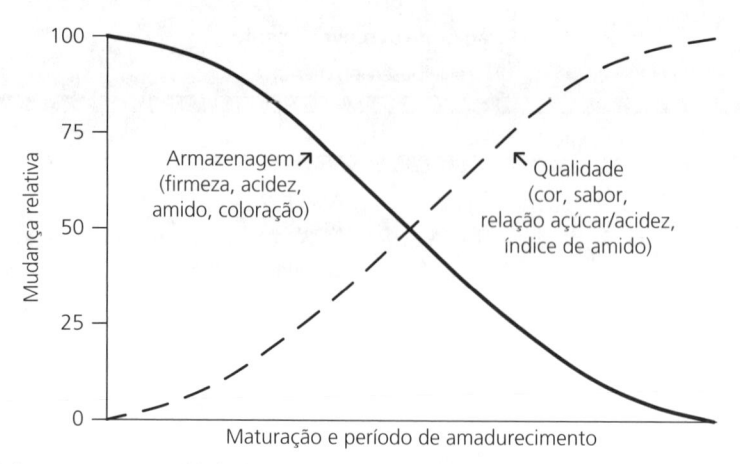

FIGURA 16.4 Relação entre a capacidade de armazenamento de um produto hortícola maduro e as características de qualidade desejadas pelo consumidor. Conforme a fruta amadurece, os atributos de qualidade, como cor e sabor, aumentam, porém o período de armazenamento diminui potencialmente.

16.4 METABOLISMO PRIMÁRIO

A fotossíntese é a fonte de carboidratos para os tecidos vegetais comestíveis, tanto de forma direta, em produtos de folhas verdes, como translocada, em frutas e tubérculos. No entanto, os produtos colhidos são geralmente removidos dos ambientes onde a fotossíntese pode ocorrer. Produtos que continuam o processo de fotossíntese, como plantas ornamentais e estacas folhosas, na maioria das vezes não são comestíveis. Os vegetais comestíveis com potencial fotossintético, como folhas, brotos, pecíolos e frutos que contêm clorofila, como maçãs e pimentões, são armazenados em ambientes de pouca luz. A utilização de baixas temperaturas no armazenamento diminui a contribuição de fontes fotossintéticas de carbono. Assim, o carboidrato no produto no momento da colheita se torna a única fonte de energia para a manutenção da função celular.

A respiração é o principal processo metabólico que utiliza carboidratos, sendo essencial para a manutenção do suprimento adequado dos compostos de alta energia, como trifosfato de adenosina (ATP), nicotinamida adenina dinucleotídeo (NADH) e pirofosfato (PPi), necessários para manter a organização das células vivas. Nas plantas, substratos, como amidos, açúcares e ácidos orgânicos, são catabolizados pela glicólise e por vias associadas a moléculas mais simples, como CO_2 e H_2O, juntamente com a liberação de calor (energia).

Os intermediários formados durante a glicólise fornecem esqueletos de carbono que são utilizados pela célula para sintetizar aminoácidos, nucleotídeos, pigmentos, lipídeos e compostos aromáticos (Tabela 16.4). Além disso, o carboidrato é utilizado por uma via complexa de ligações (Figura 16.5), produzindo compostos importantes que afetam a qualidade e a capacidade de armazenamento dos tecidos vegetais colhidos.

Na glicólise, se a glicose é usada como substrato, a equação geral da respiração pode ser expressa como mostrado na Equação 16.1.

A glicose pode ser obtida de açúcares simples, como a sacarose, ou de carboidratos complexos, como o amido. Quando carboidratos são usados para a respiração aeróbica, o quociente respiratório (QR), definido como a razão do CO_2 produzido para o O_2 consumido, é próximo de 1. Quando o substrato é lipídico, o QR será inferior a 1 (p. ex., o ácido palmítico tem QR = 0,36), e quando o substrato é um ácido orgânico, o QR será superior a 1 (p. ex., o ácido málico tem QR = 1,33). O O_2 utilizado na respiração se difunde da atmosfera circundante, ao passo que o CO_2 se propaga para fora do tecido. Durante

$$C_6H_{12}O_6 + 6\,O_2 + 38\,ADP + 38\,Pi \rightarrow 6\,CO_2 + 6\,H_2O + 38\,ATP + 686\,kcal \qquad (16.1)$$

TABELA 16.4 Exemplos de ligações entre via glicolítica e ciclo TCA com outras vias no interior da célula

Intermediários da via glicolítica	Metabólito(s) derivado(s)
Glicose-6-fosfato	Nucleotídeos
Frutose-6-fosfato	Aminoácidos, glicolipídeos, glicoproteínas
Di-hidroxiacetona fosfato	Lipídeos
3-Fosfoglicerato	Serina
Fosfoenolpiruvato	Aminoácidos, pirimidinas
Piruvato	Alanina
Ciclo TCA	
Citrato	Aminoácidos, colesterol, ácidos graxos, isoprenoides
α-Cetoglutarato	Glutamato, outros aminoácidos, purinas
Succinil-CoA	Heme, clorofila
Oxalacetato	Aspartato, outros aminoácidos, purinas, pirimidinas

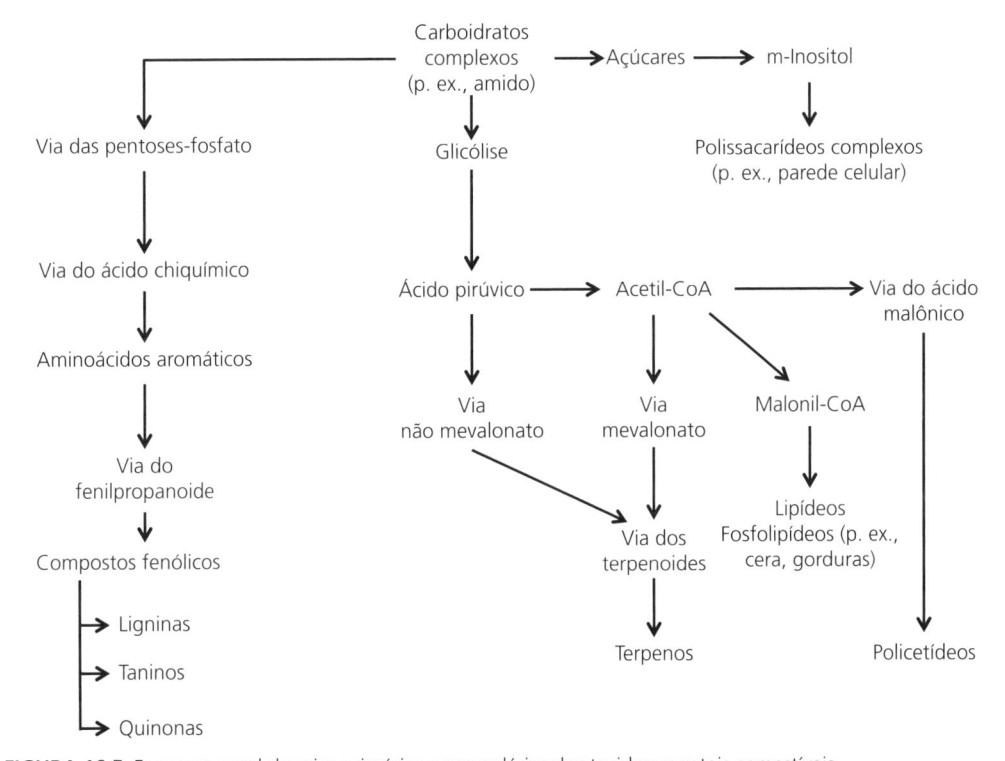

FIGURA 16.5 Esquema geral das vias primárias e secundárias dos tecidos vegetais comestíveis.

a reação, um mol de glicose libera 686 kcal, em que ≈ 281 kcal (41%) são usadas para produzir 38 moléculas de ATP, 13 kcal (2%) representam a entropia aumentada à medida que a glicose é convertida em produtos finais oxidados e 392 kcal (57%) são perdidas como "calor vital".

A respiração envolve uma série de metabolismos complexos e interconectados, entre eles: glicólise, ciclo dos ácidos tricarboxílicos (TCA) e sistema de transporte de elétrons [11] (Figura 16.6).

A glicólise ocorre no citoplasma, produzindo duas moléculas de piruvato a partir de cada molécula de glicose. Durante a glicólise acontecem 10 reações sequenciais distintas, em que cada uma delas é catalisada por uma enzima específica que realiza alguma das seguintes ações: adicionar um grupo fosfato contendo energia à molécula de substrato, reorganizar a molécula ou decompor a molécula em uma molécula mais simples. As duas principais enzimas da glicólise são a fosfofrutocinase (PFK) e a piruvato cinase (PK). A taxa de produção de energia das células pode ser controlada pela alteração da taxa de glicólise, principalmente por meio do controle de PKF e PK. Sendo um dos produtos da respiração, o ATP é utilizado como inibidor de retroalimentação negativa, que controla a atividade da PFK. A glicólise produz duas moléculas de ATP e duas

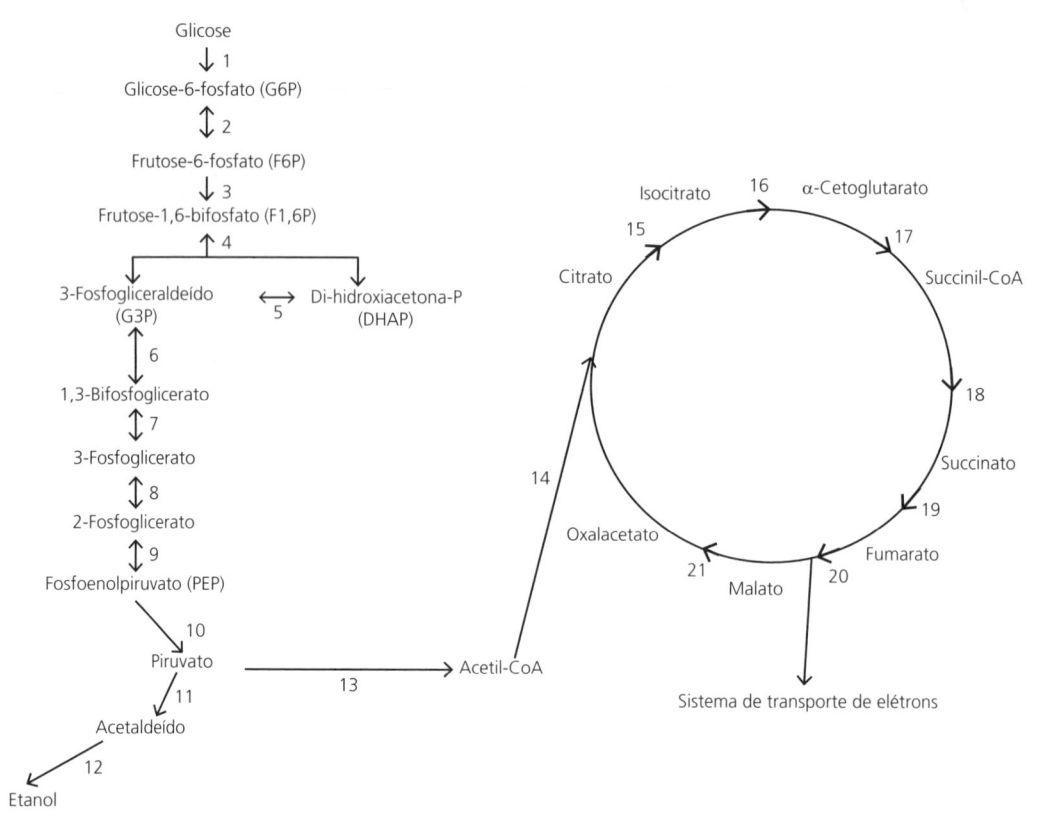

FIGURA 16.6 Via da glicólise, ciclo do TCA e via de elétrons, com enzimas e reagentes associados. Cada molécula de glicose produz duas moléculas de ATP e duas moléculas de NADH. Cada molécula de piruvato produz uma molécula de $FADH_2$ e quatro moléculas de NADH. Por meio do sistema de transporte de elétrons, uma molécula NADH produz três moléculas de ATP, ao passo que uma molecula de $FADH_2$ produz duas moleculas de ATP. (1) Hexocinase (glicose + ATP → G6P + ADP), (2), fosfoexose isomerase (G6P → F6P), (3) fosfofrutocinase (F6P + ATP → F1,6P + ADP), (4) aldolase (F1,6P → DHAP + G3P), (5) isomerase (DHAP → G3P), (6) 3-fosfogliceraldeído desidrogenase (G3P + NAD^+ → 1,3-bifosfoglicerato + NADH, (7) fosfoglicerocinase (1,3-bifosfoglicerato + ADP + Pi → 3-fosfoglicerato + ATP), (8) fosfogliceromutase (3-fosfoglicerato → 2-fosfoglicerato), (9) enolase (2-fosfoglicerato → PEP + H_2O), (10) piruvato cinase (PEP + ADP → piruvato + ATP), (11) piruvato descarboxilase (piruvato → acetaldeído + CO_2), (12) álcool desidrogenase (acetaldeído + NADH → etanol + NAD^+), (13) complexo piruvato desidrogenase (piruvato + CoA-SH + NAD^+ → acetil-CoA + CO_2 + NADH + H^+), (14) citrato sintase (acetil-CoA + oxalacetato + H_2O → citrato + CoA), (15) aconitase (citrato + H_2O → isocitrato + H_2O), (16) isocitrato desidrogenase (isocitrato + NAD → α-cetoglutarato + NADH + CO_2), (17) α-cetoglutarato desidrogenase (α-cetoglutarato + NAD → succinil-CoA + NADH + CO_2), (18) succinato tiocinase (succinil-CoA + Pi + nucleosídeo difosfato (GDP ou ADP) → succinato + CoA + nucleosídeo trifosfato (GTP ou ATP), (19) succinato desidrogenase (succinato + H_2O → fumarato), (20) fumarase (fumarato + FAD → malato + $FADH_2$), (21) malato desidrogenase (malato + NAD → oxalacetato + NADH + H^+).

moléculas de NADH a partir da quebra de cada molécula de glicose.

O ciclo do TCA ocorre na matriz mitocondrial, envolvendo a quebra do piruvato em CO_2 por nove reações enzimáticas sequenciais. O piruvato é descarboxilado para formar acetato, que se condensa com auxílio de uma coenzima para formar acetil--CoA (Figura 16.6). Então, o composto entra no ciclo por condensação com oxalacetato, formando o ácido cítrico, que possui três grupos carboxílicos, dos quais o ciclo deriva o seu nome. Por meio de uma série de sete sucessivos rearranjos, oxidações e descarboxilações, o ácido cítrico é convertido novamente em oxalacetato, estando pronto para aceitar outra molécula de acetil-CoA. Além de produzir vários intermediários que são usados nas reações sintéticas da célula, o ciclo TCA também produz uma molécula de flavina adenina dinucleotídeo ($FADH_2$) e quatro moléculas de NADH para cada molécula de piruvato metabolizada.

O sistema de transporte de elétrons ocorre nas membranas da mitocôndria, envolvendo a produção de ATP a partir dos intermediários de alta energia $FADH_2$ e NADH. Em uma série de reações, uma molécula de NADH produz três moléculas de ATP, ao passo que uma molécula de $FADH_2$ produz duas moléculas de ATP. A produção de ATP não depende somente da energia derivada do NADH e do $FADH_2$, mas também do ambiente químico (pH e concentrações de íons) dentro da célula e das mitocôndrias.

Na ausência de O_2, NADH e $FADH_2$ se acumulam na forma reduzida. À medida que as formas oxidadas (NAD^+ e FAD) são consumidas, o ciclo do TCA é interrompido, e a glicólise se torna a única fonte de produção de ATP. A regeneração do NAD^+ é absolutamente essencial para a sobrevivência da célula anaeróbica e ocorre pela descarboxilação redutiva de piruvato em etanol no metabolismo fermentativo.

A fermentação, ou respiração anaeróbica, envolve a conversão dos açúcares hexose em álcool e CO_2, na ausência de O_2. O piruvato produzido por meio da glicólise (reações que não requerem O_2) pode ser convertido em ácido láctico, ácido málico, acetil-CoA ou acetaldeído. As vias dominantes envolvidas dependem do pH celular, do estresse anterior e das necessidades metabólicas da célula. A acidificação do citoplasma aumenta a atividade da piruvato descarboxilase, desviando o piruvato para formar CO_2 e acetaldeído. O acetaldeído é convertido em etanol pela enzima álcool desidrogenase, com a recuperação de NAD^+. Duas moléculas de ATP e 21 kcal de energia térmica são produzidas na respiração anaeróbica (fermentação alcoólica) a partir de cada molécula de glicose. Para manter o fornecimento de ATP na taxa aeróbica seriam necessárias 19 vezes mais moléculas de glicose, aumentando a glicólise na mesma proporção. No entanto, apenas duas moléculas de CO_2 são produzidas durante a glicólise, em vez de seis durante a respiração aeróbica e, portanto, a taxa de produção de CO_2 aumenta apenas 6,3 vezes.

A concentração de O_2 na qual ocorre mudança da respiração predominantemente aeróbica para predominantemente anaeróbica varia entre os tecidos, e é conhecida como ponto de compensação anaeróbico (ACP, do inglês *anaerobic compensation point*) (Figura 16.7) [12]. O ACP representa a concentração de O_2 abaixo do qual ocorrem as condições anaeróbicas. O armazenamento dos tecidos vegetais comestíveis acima do ACP resultará em períodos máximos de armazenamento, porém sua exposição em períodos prolongados de concentrações de O_2 abaixo do ACP causará a morte celular.

A via oxidativa das pentoses-fosfato também pode decompor os açúcares em CO_2. O primeiro passo dessa via é a oxidação irreversível da glicose-6-P a partir da glicólise, para o ácido 6-fosfoglucônico [8]. A via das pentoses fornece uma fonte de ribose-5-fosfato que produz ácido nucleico, uma fonte de NADP reduzido para as reações sintéticas, e um meio de interconversão de açúcares que fornece três, quatro, cinco, seis ou sete esqueletos de carbono para reações biossintéticas. Tanto as vias do ciclo das pentoses-fosfato, como a do TCA, parecem operar nos tecidos vegetais colhidos, mas a contribuição exata de cada uma delas não é bem conhecida. Enquanto no fruto do tomate a via das pentoses-fosfato é responsável por $\approx$ 16% do carboidrato total utilizado, nos tecidos de raiz de armazenamento, entre 25 e 50% dos carboidratos podem ser oxidados por meio dessa via [8].

A taxa de respiração está fortemente ligada à taxa de metabolismo, portanto, sua mensuração proporciona um importante método de monitoramento do estado metabólico e fisiológico dos tecidos vegetais comestíveis. As taxas de respiração

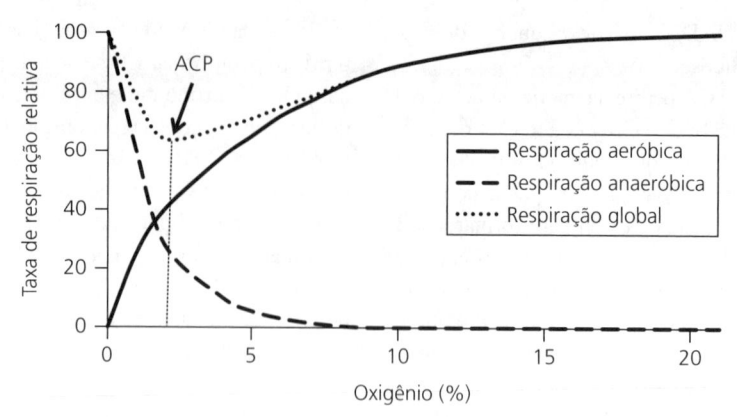

FIGURA 16.7 Taxa de respiração aeróbica, anaeróbica e global de um produto vegetal, com relação ao oxigênio no ambiente de armazenamento. O ponto de compensação anaeróbico (ACP) corresponde à menor concentração de oxigênio alcançável sem fermentação prejudicial, representando a concentração na qual o potencial de armazenamento máximo pode ser obtido.

podem ser muito baixas ou muito altas, dependendo do produto (Tabela 16.5), sendo algumas vezes relacionadas ao estágio de crescimento na colheita (Figura 16.3). Embora as taxas respiratórias de cada tipo de produto possam ser afetadas pelas condições de crescimento sazonais, estágio de desenvolvimento no qual o produto é colhido, e manejo do cultivar e pós-colheita, a vida útil dos produtos é amplamente consistente. Como regra geral, a taxa de deterioração dos diferentes tecidos vegetais comestíveis após a colheita está associada às respectivas taxas de respiração (Tabela 16.6), em que as taxas respiratórias mais altas resultam no uso mais rápido de carboidratos e outras reservas de energia nos tecidos, resultando, assim, na perda acelerada da qualidade do produto. Alimentos com taxas respiratórias elevadas, como aspargos, cogumelos, salsa, ervilha, espinafre e milho doce, se deterioram muito mais rapidamente do que alimentos com taxas de respiração mais baixas, como maçãs, beterrabas, aipo, alho, uva, melão e cebola. Os produtos secos têm taxas respiratórias extremamente baixas; sendo assim, têm vida útil prolongada, sob condições adequadas de armazenamento. Por exemplo, a taxa de respiração do arroz é muito baixa, < 1 mg CO_2/kg · h em condições ótimas, mas as taxas aumentam acentuadamente em condições elevadas de umidade e temperatura [13].

É importante ressaltar que a relação entre as taxas de respiração e a manutenção da qualidade impõe limitações no aumento dos períodos de armazenamento em qualquer tipo de produto específico. Por exemplo, o produto que tem duração de armazenamento de uma semana não pode ser prolongado significativamente em comparação ao produto com duração de armazenamento de vários meses. No entanto, o controle da taxa de respiração é um aspecto importante em todas as tecnologias pós-colheita, visto que o tratamento pode reduzir as taxas de respiração e aumentar o tempo de armazenamento. A principal tecnologia utilizada para controlar a respiração dos tecidos vegetais comestíveis é a diminuição da temperatura de armazenamento. A baixa concentração de O_2 e a alta concentração de CO_2 também diminuem as taxas respiratórias, porém os níveis de O_2 devem ser suficientes para manter a respiração aeróbica, e as concentrações de CO_2 devem ser baixas o suficiente para evitar o desenvolvimento de lesões. Se uma fruta fresca ou hortaliça for mantida em um saco plástico selado, pode ocorrer a morte celular devido à concentração insuficiente de O_2, bem como à concentração excessiva de CO_2 que se acumula na atmosfera em torno do produto. Além disso, o "calor vital" decorrente da respiração resultará em temperaturas mais altas ao redor do produto e, caso não seja removido por refrigeração ou ventilação, reduzirá a vida útil de armazenamento. Outro produto da respiração é a água, e sua perda descontrolada pode diminuir a qualidade, por exemplo, pelo murchamento. A forma como esses fatores estão associados às tecnologias pós-colheita, mantendo a qualidade dos tecidos vegetais comestíveis, é descrita na Seção 16.7.

TABELA 16.5 Tecidos vegetais comestíveis classificados de acordo com suas taxas de respiração relativas

Classe	Faixa de respiração (mg de CO_2/kg·h) a 5 °C	Inteiro	Cortado
Muito baixa	< 5	Tâmaras, frutas e hortaliças secas, nozes	
Baixa	5–10	Maçã, beterraba, aipo, oxicoco, alho, uva, melão amarelo, cebola, mamão, batata (madura), batata-doce, melancia	Pimenta em cubos, beterraba vermelha ralada, fatias de batata
Moderada	11–20	Damasco, banana, mirtilo, repolho, melão *cantaloupe*, cenoura (com casca), aipo-rábano, cereja, pepino, figo, groselha, alface (pé), nectarina, azeitona, pêssego, pera, pimenta, ameixa, batata (não madura), rabanete (com casca), abóbora, tomate	Cubos de melão, palitos e fatias de cenoura, anéis de cebola, alho descascado, repolho e alface picada, fatias de abóbora
Alta	21–30	Amora, cenoura (com folhas), couve-flor, alho-poró, alface (folha), feijão-de-lima, rabanete (com folhas), framboesa, morango	Floretes da couve-flor, anéis de alho-poró, mix de folhas de alface cortadas, chicória, endívia, rúcula e/ou *radicchio*
Muito alta	> 30	Alcachofra, aspargos, brotos de feijão, brócolis, couve-de-bruxelas, endívia, cebolinha, couve, cogumelo, quiabo, salsa, ervilhas, feijão, espinafre, milho doce, agrião	Floretes de brócolis, fatias de cogumelos, ervilhas sem casca

Fonte: adaptada de Kader, A.A., *Postharvest Technology of Horticultural Crops,* Regents of the University of California, Division of Agricultural and Natural Resources, Oakland, CA, 2002; Kader, A.A. e Saltveit, M.E., Respiration and gas exchange, em: *Postharvest Physiology and Pathology of Vegetables,* Bartz, J.A. e Brecht, J.K., Eds, Marcel Dekker, New York, pp. 7–30, 2003.

TABELA 16.6 Tecidos vegetais comestíveis classificados de acordo com sua perecibilidade relativa e vida útil de armazenamento em atmosfera em temperatura e umidade relativa próximas do ideal

Perecibilidade relativa	Vida útil de armazenamento (semanas)	Tecidos vegetais comestíveis
Muito baixa	> 16	Nozes, frutas e hortaliças secas, grãos
Baixa	8–16	Maçã e pera (alguns cultivares), batata (madura), cebola seca, alho, abóbora, abóbora de inverno, batata-doce, taro; bulbos e outros propágulos de plantas ornamentais
Moderada	4–8	Maçã e pera (alguns cultivares), uva (tratada com SO_2), toranja, beterraba de mesa, cenoura, rabanete, batata (não madura)
Alta	2–4	Uva (sem tratamento com SO_2), melão, nectarina, mamão, pêssego, pepino, ameixa; alcachofra, feijão-verde, couve-de-bruxelas, repolho, aipo, berinjela, pé de alface, quiabo, pimenta, abobrinha, tomate (parcialmente maduro)
Muito alta	< 2	Damasco, amora, mirtilo, cereja, figo, framboesa, morango; aspargos, brotos de feijão, brócolis, couve-flor, melão, cebolinha, folhas de alface, cogumelo, ervilha, espinafre, milho doce, tomate (maduro); a maioria das flores e folhas de corte; frutas e hortaliças minimamente processadas

Fonte: adaptada de Kader, A.A., *Postharvest Technology of Horticultural Crops,* Regents of the University of California, Division of Agricultural and Natural Resources, Oakland, CA, 2002.

16.5 HORMÔNIOS

Os hormônios vegetais são compostos químicos que desenvolvem uma rede de sinalização e regulam os sistemas metabólicos relacionados ao crescimento e ao desenvolvimento das plantas e as respostas das plantas a estresses bióticos e abióticos. Os cinco hormônios vegetais "clássicos" são etileno, auxina, giberelina, ácido abscísico e citocinina (Figura 16.8), sendo eles comumente considerados como reguladores do crescimento das plantas (PGRs). Muitos estudos relacionados com a qualidade pós-colheita dos tecidos vegetais comestíveis têm focado no etileno, em virtude dos seus efeitos diretos no amadurecimento e na senescência, e, em parte, devido à sua facilidade de quantificação. Em comparação com o etileno, pouco se sabe sobre o envolvimento de outros hormônios no amadurecimento e na senescência. Outro fator que causa confusão na interpretação dos hormônios e de seus efeitos é que, enquanto as concentrações de hormônios são importantes, a sensibilidade dos tecidos aos hormônios também é crítica [14]. Nesta Seção, os papéis desempenhados pelos principais hormônios e suas funções são brevemente apresentados. No entanto, embora essas divisões sejam úteis para a compreensão dos processos pós-colheita, deve-se reconhecer que elas não são reais. Sabe-se que os processos metabólicos são regulados de forma complexa pelo efeito cruzado de vários hormônios, incluindo as famílias de hormônios vegetais recentemente reconhecidas, como poliaminas, óxido nítrico, ácido jasmônico, brassinosteroides e ácido salicílico [15–17]. Os mecanismos receptores foram identificados ou descontados, os processos de transporte hormonal foram amplamente elucidados, e os processos celulares posteriores da sinalização hormonal foram minuciosamente avaliados. A classificação dos hormônios em categorias de desenvolvimento ou de resposta ambiental foi substituída pelo mapeamento de sinalização hormonal em redes de resposta transcricional e pós-transcricional [18].

16.5.1 Etileno

O etileno é um regulador natural de crescimento das plantas que afeta muitos aspectos do seu crescimento e desenvolvimento. Ele é um gás com capacidade de exercer seus efeitos em concentrações muito baixas, desde partes por bilhão (ppb; nL/L) a partes por milhão (ppm; μL/L).

16.5.1.1 Biossíntese do etileno

A biossíntese do etileno, sua compreensão, transdução de sinal e regulação nos níveis genéticos e bioquímicos foram documentadas [19]. Nas plantas superiores, a produção de etileno ocorre a partir da metionina, onde primeiro ela é convertida em S-adenosil-L-metionina (S-AdoMet, ou SAM) pela adição de adenina e utilização de

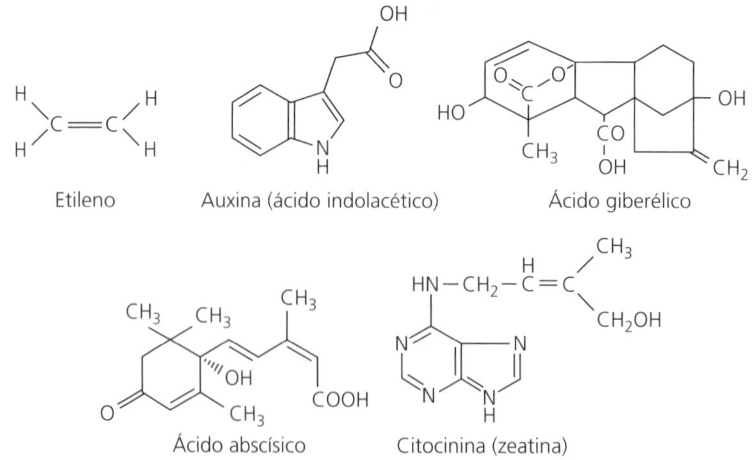

FIGURA 16.8 Estrutura dos principais hormônios vegetais: etileno, auxina (ácido indolacético), ácido giberélico, ácido abscísico e citocinina (zeatina).

ATP catalisado pela SAM sintetase (Figura 16.9). A SAM é um metabólito importante, pois é doador de um grupo propilamina na biossíntese de poliaminas (Seção 16.6.2.1) e doador de um grupo metila na transmetilação de lipídeos, ácidos nucleicos e polissacarídeos. Além disso, a SAM está envolvida na primeira etapa da biossíntese do etileno, onde ocorre a conversão da SAM em ácido aminociclopropano-1-carboxílico (ACC). A enzima envolvida nessa etapa, a ACC sintase, é normalmente limitante da velocidade. O subproduto dessa etapa, 5'-metiltioadenosina (MTA), é reciclado para metionina por meio do ciclo Yang, permitindo, assim, que a produção de etileno ocorra com pequena quantidade de metionina livre. O ACC é, então, convertido em etileno pela ACC oxidase (conhecida anteriormente como enzima formadora de etileno). O ACC também pode ser metabolizado pela ação da N-maloniltransferase e γ-glutamiltranspeptidase, produzindo malonil-ACC (MACC) e γ-glutamil-ACC (GACC), respectivamente. O MACC não pode ser metabolizado novamente a ACC em condições fisiológicas. O motivo da conversão de ACC em MACC e GACC permanece incerto, mas a conjugação do ACC pode contribuir regulando a formação do etileno. O ACC pode ter um papel importante como uma molécula de sinalização [20].

O etileno tem que ser percebido pela célula vegetal para exercer sua ação. Assim, a transdução de sinal ocorre por uma série de reguladores de expressão gênica, resultando na expressão de genes e na síntese de proteínas, muitas delas importantes na senescência e no amadurecimento. As mudanças fenotípicas* em resposta ao etileno são determinadas por (1) percepção do hormônio, (2) transdução do sinal por intermédio de regu-

---

*Fenótipos são as características visíveis.

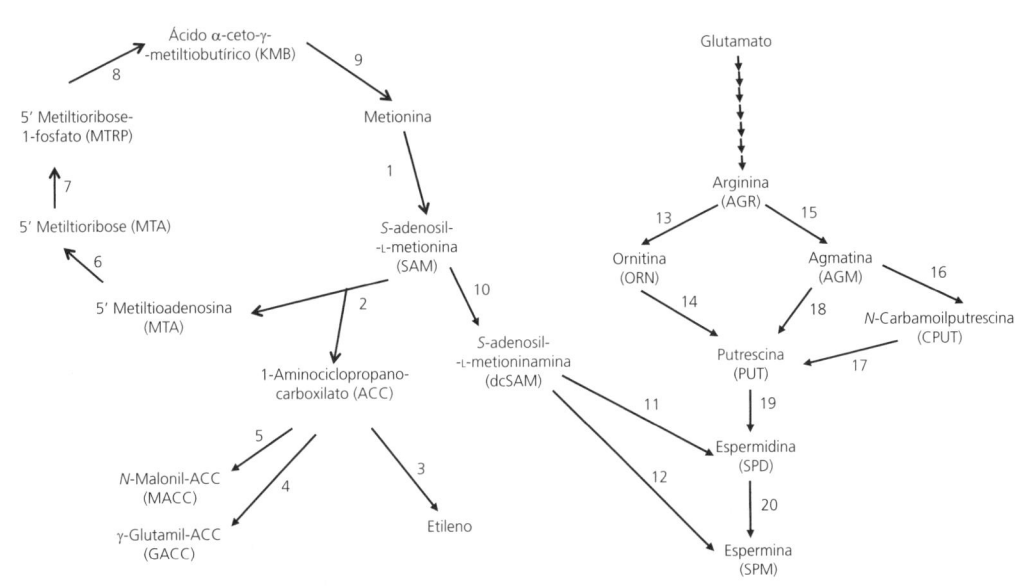

FIGURA 16.9 Via biossintética do etileno e da poliamina, com enzimas e reagentes associados. (1) SAM sintase (MET + ATP → SAM + difosfato (PPi) + fosfato (Pi)), (2) ACC sintase (SAM → ACC + MTA), (3) ACC oxidase (ACC + ½ O_2 → Etileno + CO_2 + HCN + H_2O), (4) γ-glutamiltranspeptidase (ACC + glutationa → GACC + Cys-Gly), (5) ACC N-maloniltransferase (ACC + malonil coenzima A → MACC + coenzima A-SH), (6) MTA nucleosidase (MTA + H_2O → MTR + adenina), (7) MTR cinase (MTR + ATP → MTRP + ADP), (8) reação espontânea, (9) transaminase (KMB + aminoácido → Metionina + 2-oxoácido), (10) SAM descarboxilase (SAM → dSAM + CO_2), (11) SPD sintase (dSAM → SPD + MTA), (12) SPM sintase (dSAM → SPM + MTA), (13) arginase (ARG + H_2O → ORN + ureia), (14) ORN descarboxilase (ORN → PUT + CO_2), (15) ARG descarboxilase (ARG → AGM + CO_2), (16) AGM iminoidrolase (agmatina desaminase) (AGM + H_2O → CPUT + NH_3), (17) N-carbamoilputrescina amidoidrolase (amidase) (CPUT + 2H_2O → PUT + CO_2 + NH_3), (18) agmatinase (AGM + H_2O → PUT + ureia), (19) SPD sintase (PUT + dSAM → SPD + SAM), (20) SPM sintase (SPD + dSAM → SPM + SAM).

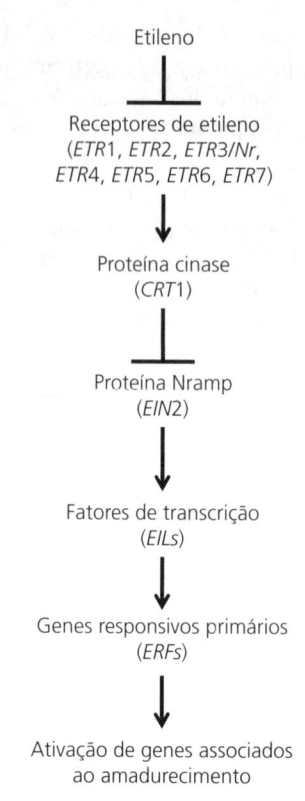

```
                    Etileno
                       │
                       ▼
             Receptores de etileno
              (ETR1, ETR2, ETR3/Nr,
               ETR4, ETR5, ETR6, ETR7)
                       │
                       ▼
              Proteína cinase
                  (CRT1)
                       ┬
                       ▼
               Proteína Nramp
                   (EIN2)
                       │
                       ▼
             Fatores de transcrição
                   (EILs)
                       │
                       ▼
            Genes responsivos primários
                   (ERFs)
                       │
                       ▼
           Ativação de genes associados
                 ao amadurecimento
```

FIGURA 16.10 Percepção do etileno e via de transdução de sinais, usando como modelo o sistema de frutos do tomate. A percepção do etileno ocorre através da ligação a sete genes receptores de etileno (resposta ao etileno) (*ETR, ETR2, ETR3/Never ripe (Nr), ETR4-7*). A cascata de sinalização do etileno termina com os fatores de transcrição ERF (do inglês *ethylene response factor*).

ladores de expressão gênica e (3) expressão de genes e síntese de proteínas sensíveis ao sinal de etileno [21].

A percepção do etileno ocorre através da ligação dos receptores (Figura 16.10) no retículo endoplasmático. No tomate, sete genes receptores de etileno (resposta ao etileno) (*ETR, ETR2, ETR3/ Never ripe (Nr), ETR4-7*) foram identificados, ao passo que na *Arabidopsis* foram encontradas cinco [19,22]. A expressão desses genes pode regular a receptividade do etileno nos tecidos e mediar diferentes processos biológicos, incluindo o amadurecimento. A sinalização de etileno a jusante dos receptores é mediada por meio do regulador negativo *CTR1* (do inglês *constitutive triple response 1*) dos genes da MAP cinase-cinase-cinase. A proteína reguladora positiva *EIN2* (do inglês *ethylene insensitive 2*), que é regulada negativamente pelo *CTR1*, modula as etapas posteriores da sinalização do etileno pela via de transcrição do *EIN3*. Em frutos, foi observado um gene *EIN3* na *Arabidopsis* e quatro genes *EIL* (*EIN3-like*) no tomate (*EIL1-4*). A cascata de sinalização do etileno termina com os fatores de transcrição ERF (do inglês *ethylene response factor*), que ativam os genes de resposta secundária responsáveis pelo amadurecimento.

16.5.1.2 Frutos climatéricos e não climatéricos

Os frutos podem ser divididos em duas categorias, aqueles que não produzem etileno como parte do amadurecimento e senescência, e aqueles em que a produção de etileno é necessária para que o amadurecimento natural possa ocorrer. Os dois tipos de frutos têm diferentes padrões de respiração durante a maturação e o amadurecimento (Figura 16.11). As taxas de respiração dos frutos não climatéricos diminuem gradualmente ao longo do tempo e não produzem quantidades significativas de etileno. Por outro lado, os frutos climatéricos mostram aumento de respiração associado à produção autocatalítica do etileno. A distinção entre frutos climatéricos e não climatéricos foi originalmente baseada nas diferenças entre os padrões de respiração, porém, atualmente, é identificada pelas diferenças na produção de etileno.

Dois sistemas de produção de etileno podem ocorrer. O sistema I do etileno ocorre em ambos os tecidos vegetais climatéricos e não climatéricos. Esse sistema é responsável pela produção basal de etileno em vegetais, e pela produção de etileno como resultado de ferimentos e outros estresses (a)bióticos que podem ocorrer na planta. O sistema II é responsável pela produção autocatalítica de etileno que ocorre nos frutos climatéricos. Durante o amadurecimento desses frutos, a produção de etileno do sistema II está associada ao aumento da expressão dos genes *ACC sintase* e *ACC oxidase*, bem como ao aumento das atividades dessas enzimas. A regulação transcricional da *ACC sintase* é o principal ponto de controle da biossíntese do etileno; enquanto a atividade da *ACC oxidase* não é considerada limitante durante o amadurecimento normal, a inibição da ativação do gene da *ACC oxidase* em mutantes transgênicos reduz a produção de etileno, evitando ou impedindo o amadurecimento [19]. Embora a separação entre frutos climatéricos e não climatéricos seja aceita, existem evidências indicando que essa categorização não é absoluta. Um aumento na produção de etileno, embora pequeno, foi detectado em morangos não climatéricos [15]. Além disso, ambas as ocorrências de amadurecimento dependente e independente do etileno foram descritas em frutos climatéricos; por exemplo, no melão, os genes de expressão independente do etileno codificam cor, açúcares, acidez, determinadas enzimas que degradam a parede celular e alguns genes de amolecimento, ao passo que os genes de expressão dependente de etileno codificam degradação da clorofila, abscisão, aromas, respiração climatérica, algumas enzimas que degradam a parede celular e a maioria dos genes de amolecimento [23].

A Tabela 16.7 mostra exemplos de frutos climatéricos e não climatéricos. Muitos frutos populares são listados como climatéricos, incluindo maçã, pêssego, ameixa e tomate. Os baixos níveis de etileno desses frutos ajudam a retardar o início do amadurecimento; porém, o amadurecimento desses frutos não ocorre na ausência do etileno. Por exemplo, tomates verdes maduros não amolecem ou desenvolvem cor vermelha sem o etileno endógeno ou exógeno. Embora não seja necessária uma maior produção de etileno para amadurecer os frutos não climatéricos, eles podem ser afetados, geralmente de forma negativa, mediante a exposição ao etileno exógeno de frutas e hortaliças produtoras de etileno, por produtos danificados e con-

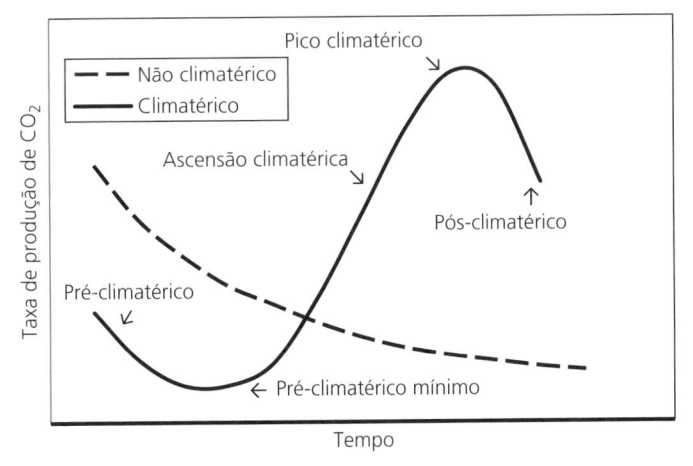

FIGURA 16.11 Padrões de respiração em frutos não climatéricos comparados com frutos climatéricos. No fruto não climatérico, a taxa respiratória diminui ao longo do tempo, ao passo que, no fruto climatérico, a taxa pré-climatérica declinou até uma taxa mínima, e, na sequência, aumentou até alcançar o pico.

taminados. Frutas climatéricas podem ter curta ou longa duração, por exemplo, pêssego e maçã, respectivamente, assim como frutas não climatéricas, como morangos e limões, respectivamente. Assim, como as taxas de produção de etileno variam muito nas frutas e hortaliças (Tabela 16.8), não há uma associação clara dessas taxas com o tempo de armazenamento. No entanto, entre um mesmo tipo de fruta pode haver relação entre a produção de etileno e a taxa de amadurecimento, como a alta produção associada ao amolecimento rápido, por exemplo, de maçãs McIntosh.

A estimulação da produção de etileno também pode ocorrer em consequência de doença e deterioração, exposição a temperaturas baixas e ferimentos (inclusive durante o processamento mínimo). Além disso, o etileno pode ser produzido por motores de combustão interna, fumaça e outras fontes de poluição, e cuidados especiais devem ser tomados para evitar a contaminação de produtos sensíveis, como os *kiwis*, no ambiente de manuseio e armazenamento. Outros gases semelhantes, como propileno, dióxido de carbono e acetileno, podem exercer efeitos semelhantes aos do etileno, mas apenas em concentrações muito mais altas. A exposição de frutas e hortaliças ao etileno estimula a respiração, aumentando o uso das reservas de carboidratos. O conhecimento das respostas do tecido vegetal ao etileno em tecnologias de pós-colheita será descrito na Seção 16.7.

16.5.2 Auxinas

As auxinas (Figura 16.8) são os principais hormônios responsáveis pelo alongamento celular no fototropismo* e no gravitropismo**, controlando a diferenciação do meristema no tecido vascular e promovendo o desenvolvimento e o arranjo das folhas [24,25]. As auxinas afetam o florescimento, o amadurecimento e o acúmulo de frutos e a inibição da abscisão***. O ácido indolacético (IAA) é a forma mais comum, sendo derivado do triptofano. A auxina possui atividade mesmo em concentrações muito baixas nas células vegetais; o controle preciso dessas concentrações é modulado pelas taxas de síntese, pelas vias de catabolismo (IAA oxidase), degradação (p. ex., H_2O_2, luz, oxidação direta), conjugação e transporte.

---

*Fototropismo é a orientação em resposta à luz.
**Gravitropismo é a orientação em resposta à gravidade.
***Abscisão é o destacamento natural de partes da planta.

TABELA 16.7 Frutos classificados de acordo com o comportamento respiratório climatérico e não climatérico durante o amadurecimento

Climatéricos	Não climatéricos
• Maçã	• Amora
• Damasco	• Cacau
• Abacate	• Cereja (doce, azeda)
• Banana	• Oxicoco
• Melão amargo	• Cacau
• Mirtilo	• Oxicoco
• Fruta-pão	• Pepino
• Melão *cantaloupe*	• Berinjela
• Chirimoia	• Uva
• Feijoa	• Limão
• *Kiwi*	• Nêspera
• Manga	• Tangerina
• Melão	• Azeitona
• Nectarina	• Pimenta
• Pêssego	• Abacaxi
• Pera	• Framboesa
• Ameixa	• Morango
• Tomate	• Abobrinha
• Melancia	• Tamarilho

TABELA 16.8 Frutas e hortaliças classificadas de acordo com as taxas de produção de etileno

Classe	Taxa de produção a 20 °C ($\mu L\ C_2H_4/kg\cdot h$)	Tecidos vegetais comestíveis
Muito baixa	< 0,1	Alcachofra, aspargos, couve-flor, cereja, frutas cítricas, uva, jujuba, morango, romã, vegetais folhosos, tubérculos, batata
Baixa	0,1–1	Amora, mirtilo, melão casaba, amora, pepino, berinjela, quiabo, azeitona, pimenta (doce e *chili*), caqui, abacaxi, abóbora, framboesa, tamarilho, melancia
Moderada	1–10	Banana, figo, goiaba, melão *honeydew*, lichia, manga, banana da terra, tomate
Alta	10–100	Maçã, damasco, abacate, melão *cantaloupe*, feijoa, *kiwi* (maduro), nectarina, mamão papaia, pêssego, pera, ameixa
Muito alta	> 100	Chirimoia, abricó-do-pará, maracujá, sapoti

Fonte: adaptada de Kader, A.A., *Postharvest Technology of Horticultural Crops*, Regents of the University of California, Division of Agricultural and Natural Resources, Oakland, CA, 2002.

Auxinas sintéticas são usadas para prevenir a queda prematura de frutas, como maçãs, mas seu uso pode afetar negativamente a qualidade dos frutos, estimulando a produção de etileno. No tomate, as concentrações elevadas de auxina podem retardar o amadurecimento. No morango não climatérico, o amadurecimento ocorre com a diminuição da concentração de auxina abaixo de um nível limiar [26]. A auxina é produzida no morango pelo aquênio*, onde o acúmulo de antocianinas e o amolecimento é acelerado pela remoção do aquênio.

16.5.3 Giberelinas

As giberelinas (GAs) (Figura 16.8) são um grupo com cerca de 125 hormônios vegetais intimamente relacionados, que estimulam o alongamento da brotação, a germinação de sementes e a maturação de frutos e flores. As GAs são sintetizadas nos meristemas apicais da raiz e do caule, das folhas jovens e dos embriões de sementes. Eles também rompem a dormência nas sementes de plantas que requerem exposição ao frio ou luz para germinar. Outros efeitos produzidos pelas GAs incluem expressão de gênero, desenvolvimento de frutos sem sementes e o retardamento da senescência em folhas e frutos [27]. Uvas em maturação são frequentemente tratadas com GA para promover aumento no tamanho dos frutos, bem como cachos mais soltos (hastes mais compridas).

16.5.4 Ácido abscísico

O ácido abscísico (ABA) (Figura 16.8) está relacionado com as respostas das plantas em diferentes tipos de estresses abióticos, como seca, temperatura elevada, resfriamento e salinidade; no entanto, o envolvimento do ABA na regulação do estresse abiótico em frutos é raramente relatado [28]. Evidências fortes indicam que o ABA está envolvido no controle do amadurecimento [15,28]: (1) no início do amadurecimento e/ou do processo de amadurecimento é observado aumento acentuado de ABA nos frutos climatéricos e não climatéricos; (2) a utilização do ABA aumenta a produção de vários metabólitos que promovem o amadurecimento; e (3) a inibição da sinalização do ABA em morangos silenciados com RNAi impede o amadurecimento dos frutos. O ácido abscísico é um forte adversário da ação do GA.

16.5.5 Citocininas

As citocininas (Figura 16.8) são mais abundantes nos tecidos em crescimento, como raízes, embriões e frutos, onde a divisão celular (citocinese) está ocorrendo. As citocininas retardam a senescência e mantêm a cor verde e a frescura de vegetais folhosos, além de retardar o amadurecimento de frutos [27].

---

*Aquênio é um fruto indeiscente pequeno, seco e semeado.

16.5.6 Outros hormônios

16.5.6.1 Poliaminas

Poliaminas (PAs) são pequenas aminas alifáticas carregadas positivamente em pH fisiológico na célula. A diamina putrescina (PUT), a triamina espermidina (SPD) e a tetra-amina espermina (SPM) estão presentes em todos os organismos vivos (Figura 16.12). As PAs são consideradas PGRs e estão envolvidas em diversos processos metabólicos durante o crescimento e o desenvolvimento das plantas, incluindo a senescência e o amadurecimento, bem como respostas ao estresse de plantas abióticas e bióticas [29].

A importância das PAs está relacionada com seu papel central em múltiplas vias de sinalização que conduzem diferentes funções celulares. Os níveis intracelulares de PAs nas plantas são regulados principalmente pelos processos anabólicos e catabólicos, bem como pela conjugação com os ácidos hidroxicinâmicos. A PUT é produzida por duas vias alternativas (Figura 16.9): pela ornitina, mediante a ação da ornitina descarboxilase (ODC), ou a partir da arginina, que é convertida em agmatina pela ação da arginina descarboxilase (ADC), para depois ser transformada em N-carbamoilputrescina amidoidrolase pela ação da agmatina aminoidroxilase. As duas vias podem ser explicadas pela compartimentação diferencial de ADC e ODC no cloroplasto e no citoplasma, respectivamente. A PUT é convertida em SPD pela adição sequencial de resíduos de aminopropil derivados da S-adenosilmetionina descarboxilado (dcSAM), pela ação da SPD sintase. O dcSAM é utilizado na mesma reação, porém é catalisado pela SPM sintase para produzir SPM. Os reservatórios de PA livres são modulados por vias catabólicas, degradação, conjugação e transporte.

A utilização da SAM representa uma ligação importante com a via biossintética do etileno, uma vez que esse substrato também produz ACC (Figura 16.9) e exerce efeitos opostos no amadurecimento e na senescência. As concentrações de PA são mais altas nas fases iniciais de crescimento dos frutos e as reduções na concentração podem ser sinais para o amadurecimento dos frutos, porém essas relações nem sempre são consistentes [29].

16.5.6.2 Óxido nítrico

O óxido nítrico (NO) é um radical livre gasoso com meia-vida relativamente longa (3–5 s) quando comparado com outros radicais livres em sistemas biológicos. Nos mamíferos, o NO é metabolizado por meio da conversão de arginina em citrulina, pela ação da óxido nítrico sintase. Ele é considerado uma importante molécula sinalizadora com diversas funções fisiológicas no crescimento e no desenvolvimento das plantas, incluindo o amadurecimento e a senescência [16,30]. O NO pode provocar efeitos benéficos ou prejudiciais nas células vegetais, dependendo de fatores como concentração de NO, taxa de síntese, translocação, efetividade de remoção de espécies reativas de nitrogênio, eliminação de espécies reativas de oxigênio, bem como capacidade de interagir diretamente com outras moléculas e sinais [16,31]. O NO exógeno pode aumentar o tempo de armazenamento e o prazo de validade de frutas e hortaliças climatéricas e não climatéricas, assim

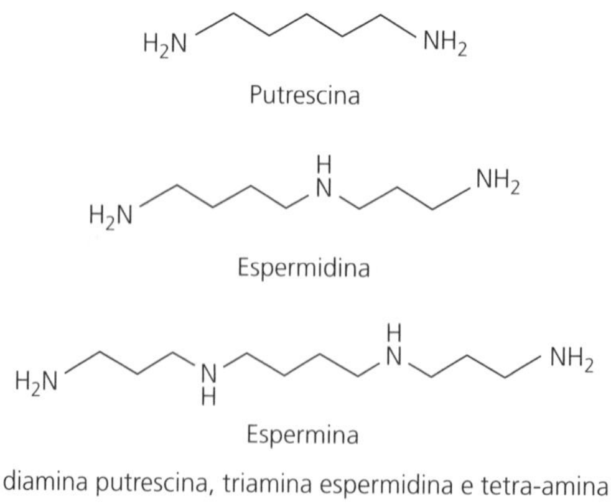

FIGURA 16.12 Estruturas da diamina putrescina, triamina espermidina e tetra-amina espermina.

como de produtos minimamente processados, retardando o amadurecimento e a senescência e inibindo o desenvolvimento de lesões causadas pelo frio [30].

16.5.6.3 Ácido jasmônico, brassinosteroides e ácido salicílico

Os jasmonatos, como o ácido jasmônico (JA) e o metilJA (Figura 16.13), são importantes reguladores celulares de processos biológicos, incluindo a senescência e o amadurecimento [15]. A utilização de jasmonatos em frutos no pós-colheita pode aumentar as concentrações de açúcar e antocianina, além da biossíntese de lignina e da produção de etileno, podendo regular a degradação da parede celular.

O ácido salicílico (AS), um ácido mono-hidroxibenzoico, e o salicilato de metila (MeSA) (Figura 16.13) são encontrados em plantas, possuindo papel no crescimento e no desenvolvimento, como fotossíntese, transpiração, absorção e transporte de íons, e indução de doença e resistência ao estresse. Os tratamentos com AS podem retardar o amadurecimento de frutos, como maçãs, bananas, *kiwis*, manga, pêssego, caqui e tomate, provavelmente pela inibição da produção de etileno. No entanto, não há evidências suficientes sobre as mudanças endógenas do AS que provem o papel do hormônio durante o amadurecimento dos frutos.

Os brassinosteroides (BRs) são esteroides promotores de crescimento (Figura 16.13), os quais atualmente são reconhecidos como hormônios vegetais; análises demonstraram que a capacidade de sintetizar, perceber e responder aos BRs é essencial para o crescimento e o desenvolvimento normal das plantas [32]. Embora as informações sobre seu papel no amadurecimento e na senescência sejam limitadas, os BRs estão envolvidos no amadurecimento de uvas, morangos e tomates.

16.6 COMPOSIÇÃO
16.6.1 Água

A água é o principal componente da maioria das frutas e hortaliças, que podem ser consideradas como "água dentro de embalagens agradáveis" ou "água com estrutura mecânica"! Com isso, a perda de água ou transpiração é um fator importante que afeta a qualidade desses produtos. Além de

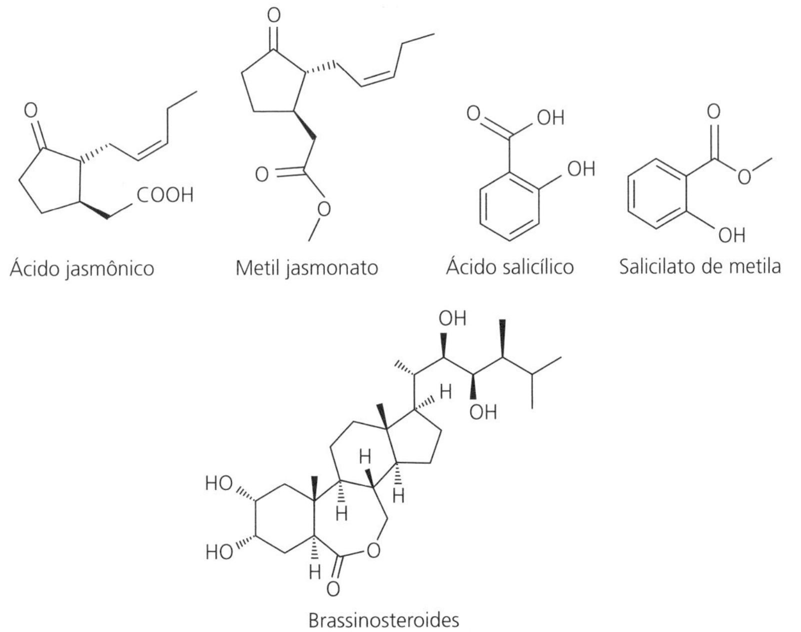

FIGURA 16.13 Estruturas do ácido jasmônico, metil jasmonato, ácido salicílico, salicilato de metila e brassinosteroides.

diminuir o peso de venda, a perda de água pode afetar a qualidade de várias maneiras, incluindo murchamento, enrugamento, flacidez, textura macia e perda de valor nutricional. A taxa de perda de água e o impacto dessa perda variam de produto para produto. Por exemplo, as perdas máximas toleráveis podem variar de 3% para alface a 10% para cebola. A perda de água dos produtos varia devido às diferenças morfológicas, entre elas a espessura e a composição da cutícula* e a presença ou ausência de estômatos** e lenticelas***, que são estruturas que permitem a entrada e saída de gases e umidade da planta. Para alguns produtos, essas diferenças são afetadas pelo estágio de desenvolvimento.

16.6.2 Carboidratos

Carboidratos são um dos principais constituintes dos tecidos vegetais comestíveis, consistindo de 50 a 80% da matéria seca. Eles podem ser classificados em três grupos gerais: carboidratos estruturais, solúveis e de armazenamento. Nas células, os carboidratos são fontes de energia predominantes, sendo os principais produtos translocados na fotossíntese. Quando o tecido vegetal comestível é removido da planta-mãe, ou a fotossíntese é interrompida de alguma forma, as reservas necessárias para manter a função celular são representadas pelos carboidratos. A composição dos carboidratos, principalmente o equilíbrio entre carboidratos complexos e açúcares simples (e ácidos), pode ter grande influência na aceitabilidade do produto pelo consumidor. As funções e o metabolismo dos carboidratos foram detalhados [8,29,33–35] e resumidos aqui.

16.6.2.1 Carboidratos estruturais

A parede celular das plantas constitui a maior parte da fibra alimentar dos tecidos vegetais comestíveis. Os carboidratos estruturais formam a base da parede celular que envolve a membrana e fornece às células suporte estrutural e proteção. A parede celular primária é constituída por uma camada fina, flexível e extensível, desenvolvida enquanto a célula está crescendo. A parede celular secundária é formada por uma camada espessa dentro da parede celular primária, após a célula estar completamente crescida. A lamela média se forma na interface entre as células vegetais adjacentes e promove a adesão célula-célula.

A parede celular é composta de celulose e diversos polissacarídeos hemicelulósicos e pécticos. Juntos, esses compostos representam ≈ 90% da matéria seca da parede celular. Outros componentes incluem proteínas de parede celular, tanto estruturais quanto enzimáticas, íons minerais e compostos fenólicos, como a lignina, em paredes secundárias. A maioria das células dos tecidos vegetais comestíveis não apresenta lignificação nas paredes primárias, e geralmente apenas pequenas quantidades da parede secundária são lignificadas. Exemplos de exceções são as camadas externas dos grãos de trigo e partes do farelo de trigo, os aspargos maduros, nos quais as fibras esclerenquimáticas são responsáveis pela textura dura e fibrosa e pelas células de pedra em peras e feijoas, conferindo aos frutos uma textura arenosa. Entre as proteínas da parede celular estão incluídas as extensinas, uma família de glicoproteínas ricas em hidroxiprolina, que são necessárias para a expansão da parede celular. As extensinas são abundantes e formam redes interligadas na parede celular.

A celulose, um polímero linear formado por resíduos de D-glicose unidos por ligações β-1,4, é depositada na parede na forma de microfibrilas cristalinas/semicristalinas, como resultado de associações laterais das cadeias de celulose individuais por meio de ligações de hidrogênio. A estrutura cristalina formada é resistente à degradação química e enzimática. As microfibrilas são estabelecidas por arranjos helicoidais ao redor da célula, e seu padrão de deposição fornece controle sobre a direção da expansão celular.

As hemiceluloses são compostas por diferentes açúcares neutros, sobretudo xilose, mas também incluem manose, galactose, ramnose e arabinose. Além disso, em contraste com a celulose, as hemiceluloses são ramificadas. A matriz mais comum de glicano na maioria das frutas e

---

*Cutícula é a camada externa de cutina e cera secretada pela epiderme.

**Estômatos são aberturas na epiderme que permitem a troca de gás/vapor.

***Lenticelas são agregados de células que formam poros na superfície, permitindo a troca de gás/vapor.

hortaliças é o xiloglucano, um polímero composto por β-1,4-D-glicose que possui cadeias laterais de xilose regularmente espaçadas (principalmente ligações α-1,6), nas quais outros açúcares estão ligados. As hemiceluloses se unem às microfibrilas da celulose de forma não covalente.

Polissacarídeos pécticos, ou pectinas, são polímeros lineares ou ramificados, ricos em ácido galacturônico, podendo conter 17 tipos diferentes de monossacarídeos, incluindo espécies substitutas. Esses polímeros estão dispersos por toda a parede celular primária, formando uma matriz de gel coextensiva com a rede de celulose-hemicelulose. Entre os polissacarídeos pécticos estão incluídos o ácido homogalacturônico (HGA), ramnogalacturonano I (RG-I), ramnogalacturonano II (RG-II) e xilogalacturonano, em que os três últimos são heteroglicanos ramificados. HGA é um polímero próximo ao ácido α-D-galacturônico, unidos por ligações 1,4 e sintetizados com elevado grau de metil esterificação na posição C-6, transportando grupos acetil em O-2 e O-3. O HGA é encontrado na parede celular primária, sendo considerado um componente importante da lamela média, onde é menos esterificado. O grau de esterificação afeta a carga iônica e a capacidade de ligação ao cálcio, bem como a disponibilidade de sítios para ação enzimática. A baixa esterificação do HGA na lamela média promove a formação de gel, e acredita-se que seja importante para a adesão célula-célula. As pectinas RG-I possuem uma espinha dorsal constituída pelo dissacarídeo α-D-(1,4)-ácido galacturônico e pela α-(1,2)-ramnose. As cadeias laterais dos açúcares neutros são derivadas dos resíduos de ramnose. Entre os açúcares neutros encontram-se principalmente D-galactose, L-arabinose e D-xilose, com os tipos e proporções variando de acordo com a origem da pectina. O RG-I também está presente na parede celular primária, sendo encontrado em menor proporção na lamela média. As cadeias laterais altamente ramificadas são conhecidas como "região em cabeleira" (*hairy region*). Entre as ligações que compõem a superestrutura da pectina, estão incluídas as pontes de cálcio que ocorrem nos grupos carboxílicos do ácido urônico, criando um modelo semelhante a uma caixa de ovo, chamada *egg-box* de pectina, e ligações de diéster-borato, que abrangem dois monômeros de RG-II.

Algumas evidências indicam que as cadeias laterais de RG-I estão ligadas covalentemente a hemiceluloses, formando uma rede polimérica com superestrutura macromolecular. O RG-II é um polissacarídeo complexo altamente ramificado, considerado um componente menor da parede celular primária, e está ausente na lamela média. As paredes celulares também possuem constituintes não polissacarídicos, incluindo proteínas estruturais e numerosas enzimas, e algumas células têm paredes especializadas, como as paredes secundárias lignificadas, ou as paredes das células epidérmicas, onde são encontradas grandes quantidades de lipídeos estruturais na forma de cutículas.

A composição das paredes celulares varia entre plantas, tecidos, tipos de células e durante o desenvolvimento, podendo influenciar a qualidade do tecido vegetal comestível. Por exemplo, a parede celular de grãos e seus componentes têm impactos importantes sobre seu uso final; na moagem, o padrão de ruptura e a absorção de água durante a etapa de acondicionamento são influenciados pela organização e composição da parede celular nos tecidos de revestimento do pericarpo [36]. Os perfis dos principais componentes também são geralmente conhecidos, diferentemente da estrutura da parede celular, que não está bem compreendida, embora vários modelos tenham sido propostos. Esses modelos representam de forma característica os componentes estruturais da parede, suas orientações, interações e abundâncias relativas, que, juntos, fornecem uma visão da arquitetura geral [37]. Embora os modelos tenham componentes em comum, eles diferem em suas interações e distribuições nos polissacarídeos. Os modelos mais citados descrevem a parede celular sendo composta por duas redes polissacarídicas [38]. A primeira rede é composta de microfibrilas de celulose reticuladas com hemiceluloses (na maioria das vezes xiloglucanas ou xilanas): uma analogia simples pode ser feita, na qual essa rede pode ser comparada com redes de aço e arame que compõem uma laje de concreto armado, ao passo que na segunda rede, os polissacarídeos da pectina seriam o concreto (Figura 16.14). Um ponto fraco encontrado em todos os modelos é que eles não refletem a natureza dinâmica da parede celular, em que os processos biossintéticos e degradativos ocorrem simultaneamente, especialmente durante o crescimento da planta.

Embora ocorram mudanças na composição da parede celular durante os processos normais de crescimento e senescência, as mudanças mais dramáticas são aquelas relacionadas à textura e ao amolecimento, que ocorrem durante o amadurecimento de muitos frutos [39]. Essas mudanças são associadas com características de cor, aroma e nutricionais, tornando os frutos maduros atraentes como alimento para seres humanos, para animais dispersarem as sementes e também sujeitos à decomposição. O desenvolvimento da textura macia nos frutos é desejado pelos consumidores, por exemplo, no abacate, no *kiwi* e na pera, apesar do amolecimento ser mais limitado em frutos como maçãs. A forma como as células atuam em resposta ao estresse aplicado, como na mastigação, pode afetar muito a percepção sensorial. Um bom exemplo são as maçãs de textura crocante ou farinhentas. Se a lamela média é mais frágil que a parede celular, as células irão se separar umas das outras, ao passo que se a lamela média for mais forte que a parede celular, a parede celular falhará. No primeiro caso, a maçã terá uma textura farinhenta, comparada com a textura suculenta do último caso.

A textura dos frutos é influenciada pela integridade estrutural da parede celular primária e pela lamela média, pelo acúmulo de polissacarídeos de armazenamento, como o amido, e pela pressão de turgor dentro das células, resultante da osmose. Alterações na pressão de turgor podem apresentar efeitos importantes na textura de algumas frutas (p. ex., frutas cítricas), ao passo que a hidrólise do amido na manga e na banana está associada ao afrouxamento da estrutura da parede celular. No entanto, alterações relacionadas com o amadurecimento na estrutura da parede geralmente envolvem a degradação da parede primária e de polissacarídeos de lamela média, além de alterações na ligação entre os polímeros, resultando em separação celular e inchaço da parede. A maioria dos polissacarídeos sofre despolimerização, embora a extensão de degradação da pectina e da hemicelulose varie entre as espécies, sendo que o grau de degradação da celulose não está claro. Da mesma forma, são discutidos quais os componentes da parede, se houver, são os primeiros a sofrer modificações. Alguns relatos sugerem que inicialmente ocorre a perda de cadeias laterais dos galactanos pécticos e a despolimerização da matriz dos glicanos, podendo ocorrer nos estágios precoces de amadurecimento, seguidos pela perda das cadeias laterais de arabinanos pécticos e a solubilização da pectina na parede. A despolimerização da pectina pode se iniciar durante o amadurecimento precoce, mas geralmente é mais pronunciada tardiamente no amadurecimento [39]. No entanto, esses eventos podem estar ausentes ou podem ocorrer de forma limitada em algumas espécies. Durante o amadurecimento de frutos, a despolimerização da pectina é ausente em maçã, banana, melão, pimenta, morango, mamão e melancia, porém, ocorre de forma moderada a alta em abacate, pêssego e tomate. A solubilização da pectina não está presente em maçãs e melancias, mas é encontrada em abacate, banana, amora, *kiwis*, ameixa e tomate. A perda de

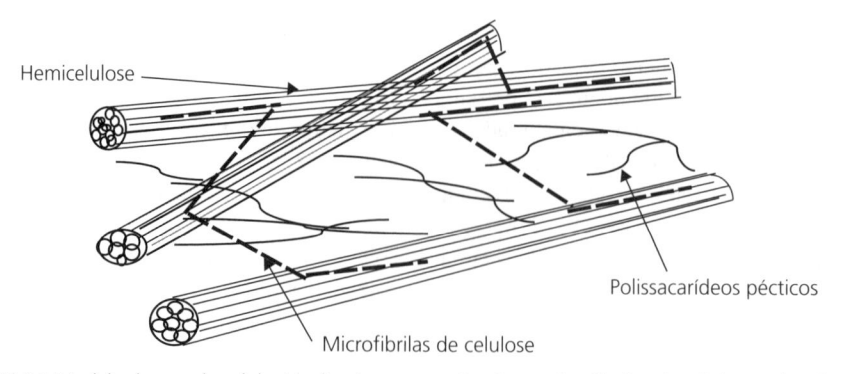

FIGURA 16.14 Modelo de parede celular idealizado, representando as microfibrilas de celulose, a hemicelulose e os polissacarídeos pécticos.

cadeias laterais de galactano e arabinano péctico também varia de acordo com o tipo de fruto [39].

Além disso, o inchaço da parede celular pode estar relacionado ao afrouxamento da rede celulose-hemicelulose e à solubilização da pectina, e esses processos combinados com a perda das cadeias laterais pécticas aumentam a porosidade da parede. Também foi proposto que um dos primeiros eventos no amadurecimento é a diminuição das ligações de hidrogênio entre as hemiceluloses e as microfibrilas de celulose. A despolimerização da pectina aumenta a porosidade nas paredes, permitindo o aumento do acesso de enzimas degradativas aos seus substratos. As propriedades das cutículas são um importante fator que afeta a firmeza dos frutos, tornando-se cada vez mais reconhecidas [40,41]. As cutículas podem influenciar a perda de água e, portanto, o turgor celular, além de desempenharem um papel central na detecção e na interação do produto vegetal comestível com o ambiente.

Diferentes enzimas e proteínas não enzimáticas determinam as alterações da parede celular durante o amadurecimento dos frutos. Nesse aspecto, a mais estudada é a poligalacturonase (*PG*), que hidrolisa o HGA desmetilado. A manipulação da atividade por meio do silenciamento gênico ou da superexpressão do gene *PG* em tomate indicou que ele não é o único responsável pelo amolecimento do fruto [19], mostrando claramente que um conjunto de enzimas modificadoras da parede celular está provavelmente envolvido, incluindo metilesterases da pectina, pectato liase, arabinanases e galactanases, e um espectro de glicosidases, bem como a expansão de proteínas modificadoras de parede ("afrouxamento"), que parece agir não enzimaticamente. A contribuição exata de cada enzima, ou como elas atuam sinergicamente, não está bem definida. Além disso, sua importância provavelmente varia de acordo com as composições específicas das paredes celulares e diversos arranjos texturais em frutos de diferentes espécies, o que, por sua vez, está relacionado à qualidade da textura de diferentes frutas.

16.6.2.2 Carboidratos solúveis

Nos tecidos vegetais comestíveis, os carboidratos solúveis são principalmente os monossacarídeos glicose e frutose, e o dissacarídeo sacarose, encontrados em diferentes quantidades e proporções nas frutas e hortaliças (Tabela 16.9). Outros carboidratos solúveis são encontrados em quantidades variáveis em certas espécies, incluindo xilose, manose, arabinose, galactose, maltose, estaquiose e rafinose. Alcoóis de açúcar, como o sorbitol, podem estar presentes em quantidades significativas nas frutas da família Rosaceae, como maçã, pêssego e cereja. A sacarose é o carboidrato solúvel primário transportado para as células das folhas e outros tecidos fotossintéticos. Entre outros compostos, estão incluídos o sorbitol na Rosaceae, o manitol em aipo e rafinose e estaquiose em abóbora e melão-japonês. Os carboidratos solúveis também podem ser derivados dos carboidratos de reserva e de processos, como a quebra da parede celular. Esses carboidratos são usados em processos metabólicos, como na glicólise, ou em vias metabólicas secundárias, incluindo o acúmulo de compostos de armazenamento, como o amido. Além disso, os carboidratos de baixa massa molecular contribuem para os atributos característicos de sabor e qualidade de muitos produtos vegetais comestíveis.

As enzimas relacionadas com o metabolismo dos carboidratos solúveis são as invertases (ácidas, alcalinas e neutras), sacarose sintase e sacarose fosfato sintase. As invertases convertem a sacarose em glicose e frutose, a sacarose sintase converte a UDP-glicose e a frutose em sacarose e UDP, ao passo que a sacarose fosfato sintase converte a UDP-glicose e a frutose-6-P em sacarose-6-P e UDP. O papel dessas enzimas pode mudar dependendo da espécie, do estágio de desenvolvimento e durante o armazenamento pós-colheita (discutido na Seção seguinte) [34].

16.6.2.3 Carboidratos de reserva

O amido é considerado um homoglucano insolúvel, composto por dois polímeros de glicose, amilopectina e amilose, sendo esses os principais carboidratos de reserva nos tecidos vegetais comestíveis. A amilose e a amilopectina (Figura 16.15) em conjunto formam grânulos semicristalinos e insolúveis, com estrutura lamelar interna [42] (Figura 16.16). A amilopectina é o principal componente do amido, constituindo 75% ou mais do grânulo de amido, sendo responsável pela sua natureza granu-

TABELA 16.9 Principais açúcares solúveis (mg/g MF) em frutas e hortaliças selecionadas

Produto	Sacarose	Glicose	Frutose
Aspargo	0,3–3,0	5,5–10	8,2–14
Repolho	0,2–4,0	14–17	9–22
Cenoura	34–45	1,0–11	3,9–15
Pepino	*tr–1,0	6,7–12	8,0–12
Berinjela	*tr–4,2	14–20	14–20
Melão-japonês	24–90	7,0–25	8,0–22
Cebola doce	8,0–29	13–25	9,4–24
Batata	0,4–2,4	0,2–3,0	0,05–1,4
Espinafre	*tr–1,0	0,1–1,2	0,1–5,1
Morango	5,0–16	20–22	23–26
Cereja-doce	4,4–20	61–161	54–102
Batata-doce	19–47	0,5–2,3	0,9–4,0
Uva de mesa	0,7–29	55–77	68–85
Tomate	*tr–1,0	8,9–22	11–16

*tr, traço.
Fontes: adaptada de Maness, N. e Perkins-Veazie, P., Soluble and storage carbohydrates, em: *Postharvest Physiology and Pathology of Vegetables,* Bartz, J.A. e Brecht, J.K., Eds, Marcel Dekker, New York, pp. 361–382, 2003; Lee, C.Y. et al., *NY Food Life Sci. Bull,* New York State Agricultural Experiment Station, Geneva, 1, 1–12, 1970; Paul, A.A. et al., *J. Human Nutr.,* 32, 335, 1978; Li, B.W. et al., *J. Food Comp. Anal.,* 15, 715, 2002.

lar. A amilopectina é uma molécula grande, ramificada, com resíduos de glucosil unidos por ligações α-1,4, que formam cadeias com comprimento entre 6 e > 100 resíduos de glucosil. As cadeias ligadas a α-1,4 são conectadas por ligações α-1,6 (pontos de ramificação). O menor teor de amilose é produzido por uma estrutura linear formada apenas por unidades de α-1,4-D-glicose. A estrutura semicristalina compõe a maior parte da matriz do grânulo de amido, sendo altamente conservada em plantas superiores [2].

Por ser o principal carboidrato de armazenamento, o amido desempenha um papel importante durante o ciclo de vida da planta. Nas folhas, uma fração de carbono assimilado pela fotossíntese é retida nos cloroplastos na forma de amido, em vez de ser convertida em sacarose e utilizada na exportação para locais de crescimento ou órgãos onde acumulam açúcares e/ou armazenam carboidratos. Esse amido transitório é degradado à noite, fornecendo substratos de respiração foliar e de síntese continuada de sacarose para a exportação ao resto da planta. Em órgãos não fotossintéticos, como caules, raízes, tubérculos e sementes, a sacarose pode ser convertida em amido para o armazenamento a longo prazo, muitas vezes em níveis elevados, como em plastídeos específicos, denominados amiloplastos. Frutas climatéricas, como maçãs e bananas, também acumulam amido durante a maturação, e a hidrólise desse amido em açúcares é parte importante do processo de amadurecimento. As tecnologias pós-colheita podem levar a mudanças indesejáveis no equilíbrio açúcar/amido. O armazenamento de batatas a menos de 10 °C pode causar a transformação de alguns amidos em açúcar solúvel, provocando o escurecimento indesejável de batatas fritas por meio da reação de Maillard [43]. O milho doce mantido em temperaturas de armazenamento aquecidas pode levar à biossíntese da rede do amido e à diminuição dos níveis de açúcar solúvel, resultando na perda da doçura desejada.

Nas plantas superiores, o amido é sintetizado nos plastídeos em células fotossintéticas e não fotossintéticas. A biossíntese tanto do amido transitório, como o de reserva, é regulada por interações entre metabólitos e enzimas presentes no citosol e nos plastídeos [2,44]. Enquanto aspectos da biossíntese do amido ainda estão sendo debatidos, modelos clássicos para células fotossintéticas e heterotróficas* estão disponíveis [44,45].

---

*Heterotróficas necessitam de fontes complexas de N e C para a síntese metabólica de outros tecidos, visto que não podem sintetizar as suas próprias.

Amilose

Amilopectina

FIGURA 16.15 Estruturas da amilose e amilopectina.

Nos tecidos de plantas fotossintetizantes, o amido é o produto final de uma via diretamente ligada ao ciclo de Calvin, por meio da fosfoglicose isomerase (PGI), que ocorre exclusivamente no cloroplasto. A triose-fosfato sintetizada fotossinteticamente é exportada para o citosol e convertida em sacarose, no qual é transportada para as partes heterotróficas da planta. O mecanismo de biossíntese do amido em cloroplastos e amiloplastos é geralmente considerado um processo unidirecional e vetorial, em que a pirofosforilase de ADPG (AGPase) catalisa exclusivamente a síntese do ADPG e PPi, atuando como a principal etapa limitadora da taxa do processo gliconeogênico.

Nos tecidos heterotróficos, sacarose e UDP são convertidos pela sacarose sintase (SS) em UDP-glicose (UDPG) e frutose. A UDPG é então convertida em glicose-1-P (G1P) pela UDPG-pirofosforilase (UGPase), e, em seguida, o G1P é metabolizado em glicose-6-fosfato (G6P) por meio da fosfoglicomutase citosólica (PGM). Então, a G6P entra no amiloplasto, onde é convertida em amido pelas atividades sequenciais da PGM, AGPase e amido sintase [44,45] (Figura 16.17).

A hidrólise do amido envolve a conversão da matriz insolúvel semicristalina, formada pela amilopectina, em glicose e G1P, alimentando o metabolismo intermediário. As reações degradativas ocorrem nos tecidos fotossintéticos, onde acontece a biossíntese, sendo necessário o controle metabólico, ao passo que, nos tecidos heterotróficos, a biossíntese e os processos de

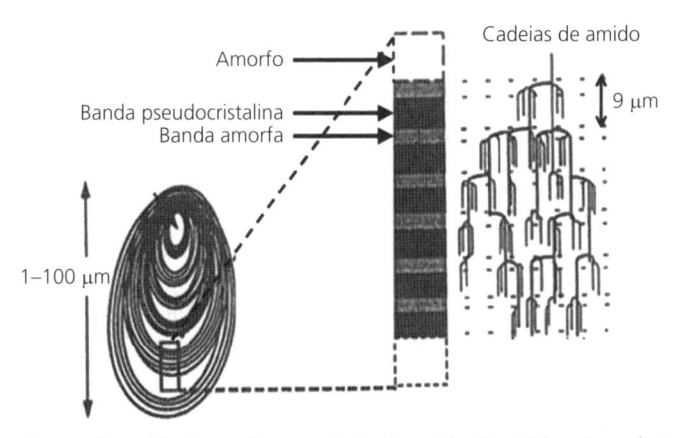

FIGURA 16.16 Organização do amido dentro de um grânulo de amido. (De Mishra, S. et al., Food structure and carbohydrate digestibility, em: *Biochemistry, Genetics and Molecular Biology "Carbohydrates – Comprehensive Studies on Glycobiology and Glycotechnology"* C-F. Chang, Ed, InTech, Rijeka, Croatia, 2012.)

hidrólise são separados temporariamente. Durante a hidrólise do amido, ocorre a ação coordenada de várias enzimas na superfície dos grânulos de amido, sendo as principais: α-amilase, β-amilase, fosforilase e α-glicosidase (maltase) (Figura 16.18). As α-amilases hidrolisam as ligações α-(1–4) da amilose, liberando fragmentos oligossacarídicos de ≈ 10 unidades de glicose (maltodextrinas), sendo essas lentamente hidrolisadas em maltose [8]. As α-amilases também hidrolisam as ligações α-(1–4) da amilopectina, porém, elas não são ativas nas regiões dos pontos de ramificação α-(1–6), liberando dextrinas (2–10 unidades de glicosil). A β-amilase hidrolisa unidades de maltose (duas unidades de glicose) a partir da extremidade não redutora das cadeias de amido, produzindo maltose e limitando as dextrinas. A amido fosforilase ataca as ligações α-(1–4), formando G1P e incorporando Pi. A α-glucosidase catalisa a hidrólise da maltose em glicose.

16.6.3 Ácidos orgânicos

Os ácidos orgânicos mais comuns nos tecidos vegetais comestíveis são os ácidos mono, di ou tricarboxílicos (Figura 16.19). Os ácidos orgânicos podem estar na forma de ácido livre ou como base conjugada (aniônica), como sais ou quelatos com cátions, ou combinados covalentemente com outros metabólitos, formando ésteres ou glicosídeos. Os ácidos orgânicos possuem muitas funções metabólicas, inclusive como intermediários no ciclo de TCA (Seção 16.3.1), como metabólitos na fotossíntese (ácido fosfoglicérico) e como substrato respiratório, onde são encontrados em altas concentrações, servindo como fonte de energia para a função celular pós-colheita.

O acúmulo de ácidos orgânicos também ocorre nos vacúolos dos tecidos vegetais comestíveis, principalmente em frutos, onde contribuem para perfis de sabor e pressão de turgor. Em geral, o acúmulo de ácidos em hortaliças é menos pronuncia-

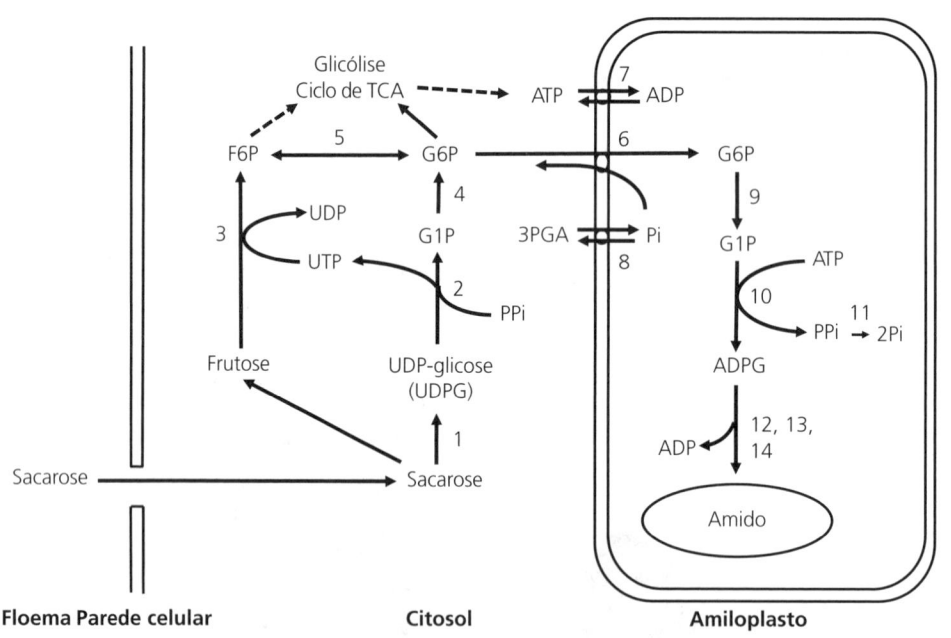

FIGURA 16.17 Representação esquemática da conversão de sacarose em amido nos tecidos heterotróficos de plantas dicotiledôneas. (1) Sacarose sintase (sacarose + UDP → UDP-glicose + frutose), (2) UDP-glicose pirofosforilase (UDP-glicose + PPi → G1P + UTP), (3) frutocinase (frutose + UTP → F6P + UDP), (4) fosfoglicomutase citosólica (F1P → G6P), (5) fosfoglicoisomerase (G6P → F6P), (6) translocador fosfato-hexose, (7) translocador adenilato, (8) translocador triose-fosfato, (9) fosfoglicomutase plastídica (G6P → G1P), (10) ADP-glicose pirofosforilase (ATP + G1P → PPi + ADP-glicose), (11) pirofosfato alcalino (PPi → 2Pi), (12) síntese dos grânulos de amido (ADP-glicose + (1,4-α-D-glicosil)$_n$ → ADP + (1,4-α-D-glicosil)$_{n+1}$), (13) síntese do amido solúvel (ADP-glicose + (1,4-α-D-glicosil)$_n$ → ADP + (1,4-α-D-glicosil)$_{n+1}$), (14) enzima ramificadora.

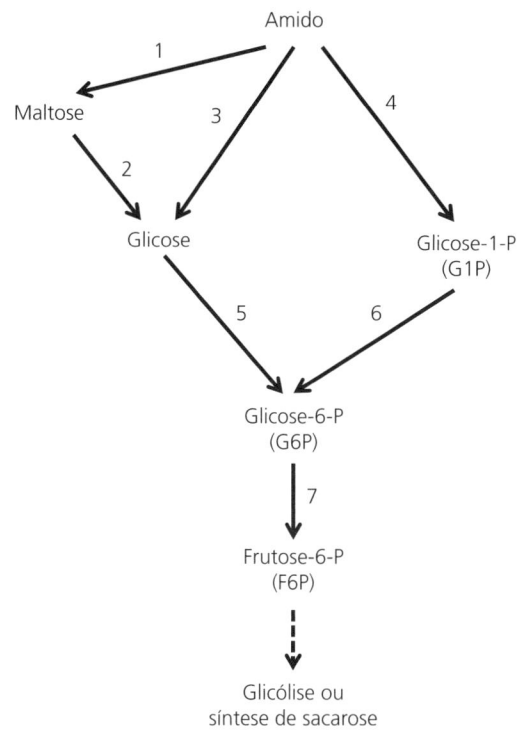

```
                        Amido
                   1  ↙   ↓   ↘ 4
              Maltose    3
                   ↓ 2   ↓    ↘
                  Glicose      Glicose-1-P
                                  (G1P)
                        ↘ 5   ↙ 6
                        Glicose-6-P
                          (G6P)
                           ↓ 7
                        Frutose-6-P
                          (F6P)
                           ⋮
                        Glicólise ou
                        síntese de sacarose
```

FIGURA 16.18 Vias de degradação do amido. (1) β-amilase (amido + nH$_2$O → n maltose), (2) α-glucosidase sin. maltase (maltose + H$_2$O → 2 glicose), (3) α-amilase (amido → glicose), (4) amido fosforilase (amido + n Pi → n G1P), (5) hexose cinase (glicose + ATP → G6P + ADP), (6) fosfoglicomutase (G1P → G6P), (7) fosfoexose isomerase (G6P → F6P).

do. O acúmulo de ácidos orgânicos é normalmente associado a frutos menos maduros, sendo que a diminuição da acidez é uma característica comum do amadurecimento. Existem exceções, e um exemplo é o acúmulo de acidez durante o amadurecimento de cerejas-doces na árvore [46]. O tipo de ácido e sua proporção relativa varia muito entre e dentro das espécies frutíferas, por exemplo, pode variar de 0,4 a 1,7% e de 0,7 a 1,6% nos cultivares de tomate e ameixeira, respectivamente [29]. Os ácidos predominantes em alguns tecidos vegetais comestíveis incluem: ácido málico em maçãs, damasco, alcachofra, brócolis, couve-flor, cebola, ameixa, nectarina, pêssego, nêspera, romã e cereja; ácido cítrico em frutas cítricas, tomate, caqui, mirtilo, morango e manga; ácido isocítrico em amoras; ácido tartárico em abacate e uva; e ácido oxálico em espinafre e ruibarbo. O ácido tartárico é importante em uvas de mesa e vinho, onde as propriedades organolépticas e o potencial de envelhecimento dos vinhos estão intimamente ligados com sua concentração na fruta, bem como aquele adicionado durante a vinificação. Outros ácidos orgânicos importantes incluem o ácido clorogênico e o ácido ascórbico, que foram discutidos em relação aos compostos fenólicos (Seção 16.6.4) e ao metabolismo antioxidativo (Seção 16.6.9.1), respectivamente.

Os grandes responsáveis pela percepção sensorial de acidez e amargor em frutas e hortaliças são os ácidos orgânicos. No entanto, o equilíbrio entre açúcares e ácidos é um fator muitas vezes mais importante na percepção do paladar do que as concentrações absolutas de cada composto sozinho. Se a concentração de açúcar é alta, a percepção da acidez pode ser diminuída. O ácido cítrico pode mascarar a percepção de sacarose e frutose, ao passo que o ácido málico aumenta a percepção da sacarose [47].

Ácidos orgânicos também existem como ésteres com alcoóis, produzindo sabores e aromas

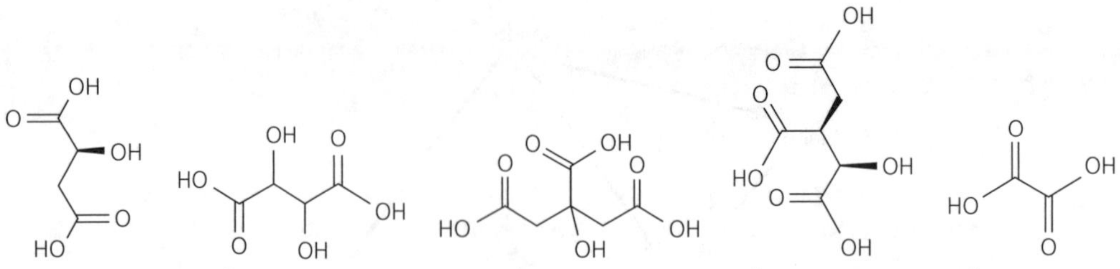

FIGURA 16.19 Principais estruturas dos ácidos orgânicos encontrados nos tecidos vegetais comestíveis.

característicos de frutas e hortaliças. Os ésteres são especialmente responsáveis pelo aroma de muitas frutas, incluindo maçãs, peras, bananas, abacaxis e morangos. É encontrada uma grande quantidade de ésteres, e as formas predominantes em algumas frutas são etil, propil butil, amil, hexil, isobutil acetatos, butil e amil butiratos, butil propionatos em maçã e metil e etil butanoatos e hexanoatos em morango. Alguns desses componentes de álcool e ácido orgânico são derivados do catabolismo de aminoácidos.

O ácido málico é sintetizado pela ação sequencial da fosfoenolpiruvato carboxilase e NAD-malato desidrogenase, e a degradação em piruvato mais CO_2 é catalisada pela enzima NADP-málica. Curiosamente, os padrões de acúmulo e degradação do ácido málico não correspondem à classificação típica em frutos climatéricos ou não climatéricos, ou às mudanças gerais nas taxas respiratórias [15]. Determinados frutos climatéricos utilizam o malato durante a respiração, ao passo que outros acumulam malato durante o amadurecimento. O metabolismo do ácido málico é importante para o metabolismo do amido transitório durante o desenvolvimento dos frutos [48].

O ácido cítrico é sintetizado por meio da condensação da acetil-CoA em oxalacetato, catalisada pela enzima citrato sintase na mitocôndria, no ciclo do TCA e armazenada no vacúolo. A degradação do ácido cítrico ocorre principalmente no citosol, catalisada por uma cascata de enzimas, incluindo aconitase, isocitrato desidrogenase, glutamato descarboxilase e glutamina sintase. O citrato é sequencialmente metabolizado em isocitrato, 2-oxoglutarato e glutamato e glutamato, que é utilizado na produção de glutamina, onde é catabolizado por meio da derivação de ácido γ-aminobutírico (GABA) (Seção 16.6.5) [49]. Além da isomerização pela aconitase citosólica, o citrato pode ser degradado pela ATP-citrato liase em oxalacetato e acetil-CoA no citosol celular, suportando a síntese de aminoácidos, ácidos graxos, isoprenoides e outros metabólitos [50].

A síntese do ácido tartárico a partir do ácido ascórbico é uma reação catabólica que prossegue mediante a conversão do ácido ascórbico em ácido 2-ceto-L-idônico, com redução sucessiva do ácido L-idônico e oxidação ao ácido 5-ceto-D--glucônico. Na penúltima etapa, o ácido 5-ceto-D--glucônico é clivado entre os carbonos 4 e 5 para produzir o L-treo-tetruronato de quatro carbonos, que é oxidado espontaneamente para formar o ácido tartárico [51].

16.6.4 Compostos fenólicos

Os compostos fenólicos são metabólitos secundários de plantas que afetam a aparência (cor), o gosto e o sabor dos tecidos vegetais comestíveis. Esses compostos também são fortes antioxidantes, devido à deslocalização de elétrons sobre o anel aromático e seu alto potencial redox, permitindo a esses compostos agir como agentes redutores, doadores de hidrogênio e inibidores de oxigênio singlete [29]. Consequentemente, os compostos fenólicos são reconhecidos por suas propriedades benéficas à saúde, tais como atividades antiplaquetárias, antioxidantes e anti-inflamatórias [52].

Existem várias estruturas e ocorrência de compostos fenólicos, incluindo compostos muito simples, como os ácidos hidroxibenzoicos, ou grandes polímeros, como os taninos condensados e taninos hidrolisáveis com alta massa molecular. Entre os compostos fenólicos se encontram a oleuropeína e compostos relacionados, derivados do ácido hidroxibenzoico, cinamatos, flavonoides (flavonas e isoflavonas, flavanonas, flavonóis e flavanóis), lignanas e estilbenos, antocianinas, chalconas e di-hidrochalconas, proantocianidinas e compostos semelhantes a taninos e elagitaninos.

A maioria dos compostos fenólicos é sintetizada a partir do fosfoenolpiruvato (da glicólise) e da eritrose-4-fosfato (da via das pentoses-fosfato) por meio do chiquimato na via do ácido chiquímico. O 3-desoxiarabino-heptulosonato 7-fosfato é biossintetizado pela sintase correspondente, sendo esta a enzima-chave que controla o fluxo de carbono na via do metabólito fenólico (Figura 16.20). O aminoácido aromático fenilalanina é desaminado pela enzima fenilalanina amônia-liase (PAL), que é a enzima-chave na biossíntese fenólica. A PAL catalisa a desaminação não oxidativa da L-fenilalanina, formando o ácido *trans* cinâmico e um íon de amônio livre. Essa reação é o primeiro passo na biossíntese de vários produtos secundários derivados dos fenilpropanoides em plantas, tais como flavonoides e isoflavonoides, cumarinas, ligninas, ésteres do ácido hidroxicinâmico e outros compostos fenólicos. Portanto, a regulação da atividade da PAL é importante na modulação da biossíntese de fenilpropanoides em plantas.

A participação dos compostos fenólicos na fisiologia pós-colheita dos tecidos vegetais comestíveis é extensa, devido às funções mencionadas com relação a aparência, gosto e sabor, sendo estes discutidos nas Seções 16.6.7 a 16.6.9. No entanto, os compostos fenólicos também estão envolvidos no escurecimento de frutas e hortaliças. A oxidação enzimática dos compostos fenólicos ocorre pela ação da polifenol oxidase (PPO), que está localizada principalmente nos plastídeos das plantas superiores. A PPO catalisa duas reações diferentes na presença de oxigênio molecular: a reação de hidroxilação dos monofenóis para *o*-difenóis (atividade de monofenolase, cresolase ou hidroxilase) e a reação de oxidação dos *o*-difenóis para *o*-quinonas (atividade da difenolase, catecolase ou oxidase). As *o*-quinonas não polimerizam enzimaticamente, dando origem a pigmentos heterogêneos pretos, marrons ou vermelhos, comumente chamados de melaninas.

As melaninas são geralmente prejudiciais para a qualidade do produto. Os exemplos incluem o escurecimento das superfícies cortadas ao serem feridas pelo manuseamento inadequado (p. ex., contusões) ou determinadas atividades

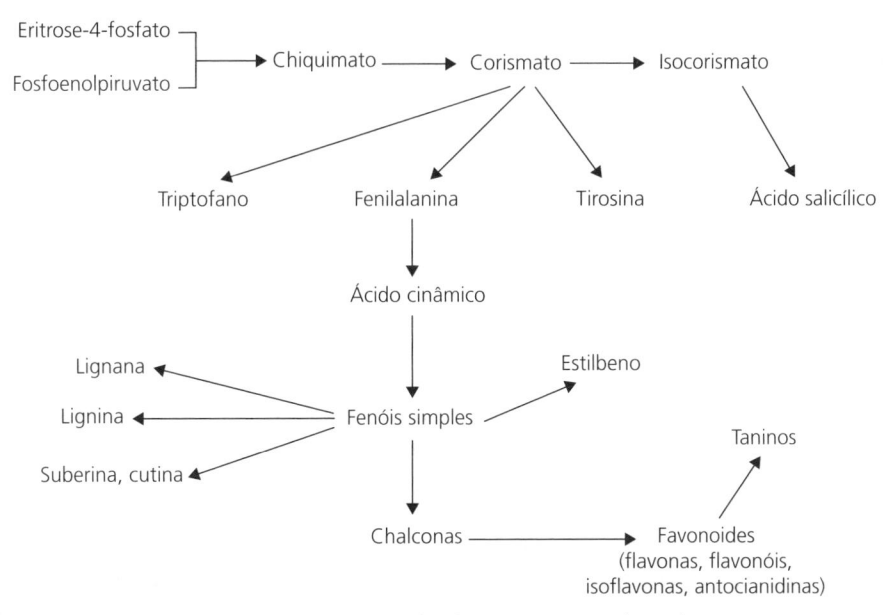

FIGURA 16.20 Via simplificada de síntese dos ácidos fenólicos e compostos derivados.

(como em produtos minimamente processados), desordens fisiológicas, tais como a decomposição senescente de maçãs, ou lesões devido ao gerenciamento inadequado de temperatura ou atmosfera pós-colheita.

16.6.5 Proteínas e aminoácidos

As proteínas são determinantes para o funcionamento das plantas, pois regulam o metabolismo por meio de suas funções enzimáticas no citoplasma, nas membranas e nas paredes celulares. Essas enzimas são sintetizadas, ativadas e/ou degradadas durante as funções celulares normais, e também atuam mediando respostas a mudanças ambientais, além de mudanças no crescimento e no desenvolvimento, como amadurecimento e senescência. Além das proteínas catalíticas, outras proteínas podem ter funções estruturais, regulatórias ou de armazenamento. Elas também podem ser lipoproteínas (grupo prostético lipídico), nucleoproteínas (ácido nucleico), metaloproteínas (metais) ou glicoproteínas (carboidratos).

Aminoácidos livres (proteínas e não proteínas) e seus derivados solúveis em água desempenham um papel importante no armazenamento de nitrogênio para posterior crescimento e desenvolvimento das plantas. Esses compostos podem representar 5% ou mais do peso seco em sementes de leguminosas, por exemplo, favas (arginina), ou sementes de lentilhas (γ-hidroxiarginina). As plantas armazenam proteínas no embrião e nas células vegetativas, fornecendo recursos de carbono, nitrogênio e enxofre, os quais são importantes para o ciclo de vida das plantas. Mecanismos de armazenamento e mobilização de proteínas servem para diferentes funções fisiológicas e de desenvolvimento.

As proteínas de armazenamento presentes nos cereais e grãos são as principais contribuintes das dietas humanas [53], porém, nozes com alto teor de proteína, como amendoim, noz, amêndoas, castanha de caju e castanha-do-brasil, também são importantes. Enquanto os frutos possuem baixas concentrações de proteína, vegetais, como lentilhas, edamame, grão-de-bico, feijão, ervilha, milho, aspargo e batata, podem ter níveis mais altos de proteínas, embora tenham percentuais relativamente pequenos da composição do produto.

Vários compostos nitrogenados não proteicos são encontrados nos tecidos vegetais comestíveis. Além de serem proteínas de armazenamento, esses compostos podem atuar como inibidores de crescimento e na defesa contra insetos e herbívoros. Esses compostos incluem:

- Canavanina (ácido 2-amino-4-guanidinoxibutanoico) em feijão [54].
- Glicina betaína e prolina, que são dois principais osmólitos orgânicos que se acumulam em diversas espécies de plantas como resposta a estresses ambientais, como seca, salinidade e temperaturas extremas [55]. Ambos os compostos possuem efeitos positivos na manutenção enzimática e na integridade das membranas, juntamente com papéis de adaptação na mediação do ajuste osmótico em plantas.
- A dopamina é encontrada em muitas plantas alimentícias, com as maiores concentrações em bananas, nas quais a polpa da fruta de bananas vermelhas e amarelas contém concentrações de 40 a 50 ppm em peso [56]. Batatas, abacates, brócolis e couve-de-bruxelas também podem conter dopamina em níveis de 1 ppm ou mais, ao passo que laranjas, tomates, espinafre, feijão e algumas outras plantas contêm menos de 1 ppm.
- Os alcaloides são compostos orgânicos nitrogenados, sendo a solanina o mais conhecido nos tecidos vegetais comestíveis [57]. Esse glicoalcaloide é tóxico e está contido nas folhas, nos frutos e nos tubérculos das plantas de beladona (Solanaceae), como tomate, batata e *goji berries*.

Outro aminoácido não proteico, o ácido γ-aminobutírico (GABA), é encontrado em vários organismos. O GABA foi caracterizado como um neurotransmissor ou neuromodulador no sistema nervoso central de animais, mas desempenha diferentes papéis no metabolismo das plantas, incluindo o metabolismo de carbono e nitrogênio, balanço de energia, sinalização e desenvolvimento. O GABA pode se acumular na presença de estresses bióticos e abióticos, como anoxia, resfriamento, seca, salinidade e danos mecânicos [58]. Recentemente, foi verificado que o GABA pode se acumular nos frutos em resposta a tratamentos pós-colheita, como CO_2 elevado e durante o desenvolvimento de distúrbios fisiológicos. Além disso, tratamentos exógenos com GABA podem inibir desordens fisiológicas, como a lesão pelo frio.

O GABA é produzido principalmente pelo desvio de GABA (Figura 16.21). Esse desvio está intimamente relacionado ao ciclo do TCA, sendo considerado uma entidade única, exercendo um papel importante no metabolismo primário do C/N [59]. O glutamato derivado do ciclo de TCA é descarboxilado para produzir GABA e CO_2 por intermédio da enzima glutamato descarboxilase (GAD), que é dependente do pH e da calmodulina no citosol. O GABA é, então, transportado para a mitocôndria, onde é primeiramente catabolizado pela GABA transaminase, que usa piruvato (-TP) ou α-cetoglutarato (-TK) para produzir semialdeído succínico (SAA) e alanina ou glutamato, respectivamente. Então, SAA é catabolizado pela enzima semialdeído succínico desidrogenase dependente de NAD^+, produzindo succinato e NADH, que são usados na cadeia respiratória mitocondrial. A semialdeído succínico desidrogenase é muito sensível ao metabolismo energético mitocondrial, e sua atividade pode ser inibida sob condições de estresse nas quais as razões NAD^+:NADH são baixas. Com isso, SAA pode se acumular e inibir a atividade da GABA transaminase. O SAA também pode ser catabolizado em ácido γ-hidroxibutírico (GHB) pela atividade da SAA redutase. A produção de SAA atua na tolerância ao estresse por meio da desintoxicação de SAA. Outra via de produção do GABA é a partir de poliaminas, pela oxidação da putrescina [58].

16.6.6 Lipídeos

Os lipídeos são um grupo diversificado de compostos hidrofóbicos que incluem longas cadeias de hidrocarbonetos e também de ligações éster na molécula. Nas plantas inteiras e nos tecidos destacados, os lipídeos possuem funções estruturais e metabólicas sobre as membranas celulares, os corpos oleosos e as ceras cuticulares. Quatro tipos gerais de lipídeos são encontrados nas plan-

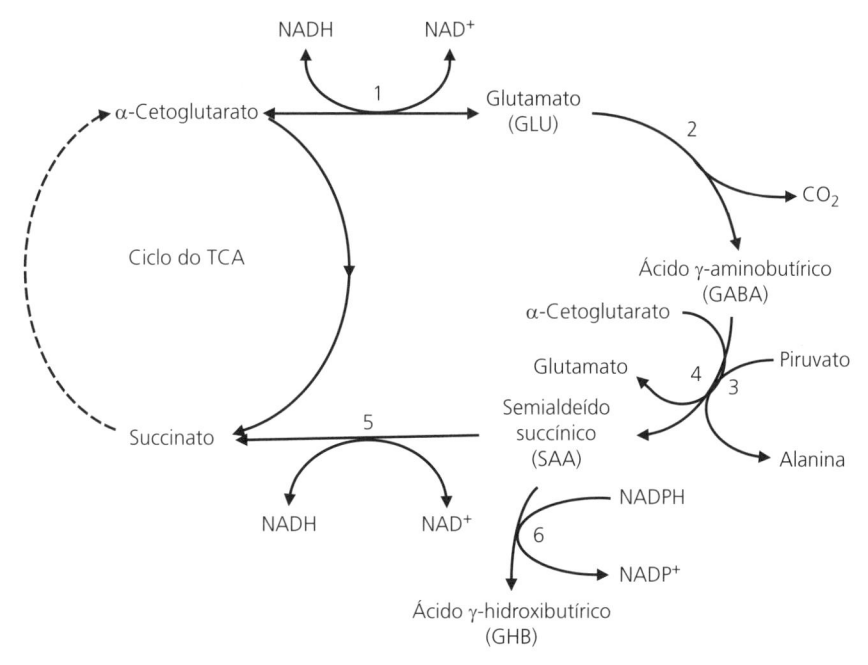

FIGURA 16.21 Desvio do ácido γ-aminobutírico (GABA). (1) Glutamato desidrogenase (α-cetoglutarato + NH_4^+ + NADH → GLU + NAD^+), (2) glutamato descarboxilase (GAD) (GLU → GABA + CO_2), (3) GABA transaminase--TP (dependente do piruvato; GABA + piruvato → SAA + alanina), (4) GABA transaminase-TK (dependente do α-cetoglutarato; GABA + α-cetoglutarato → SAA + glutamato), (5) semialdeído succínico desidrogenase (SAA + NAD^+ → succinato + NADH), (6) semialdeído succínico redutase (SAA + NADPH → GHB + $NADP^+$).

tas: triacilgliceróis, fosfolipídeos, ceras e lipídeos derivados do isopreno (ver Capítulo 4). Os triacilgliceróis são compostos por três ácidos graxos esterificados com a molécula de glicerol, sendo eles a forma mais rica em energia da reserva alimentar, existindo nos tecidos como gotículas de óleo ou corpos lipídicos. Os lipídeos da membrana são compostos por ésteres do diacilglicerol com o terceiro grupo OH do glicerol esterificado em um grupo polar, como carboidrato/açúcar (produzindo um glicolipídeo) ou um composto (organo) fosfato (produzindo um fosfolipídeo). Os galactosil-glicolipídeos são os lipídeos principais e por vezes dominantes nas membranas dos plastídeos (cloroplastos, cromoplastos, amiloplastos); esses lipídeos são particularmente abundantes em grãos como o trigo, e acredita-se que eles contribuam para o desenvolvimento do glúten em massas. Esteróis e outros lipídeos derivados do isopreno, como os tocoferóis e os carotenoides, fazem parte das membranas e fornecem diferentes funcionalidades para os tecidos. Os lipídeos cuticulares são uma mistura complexa de hidrocarbonetos e ésteres de ácidos alifáticos de cadeia longa (incluindo diácidos e ácidos oxigenados) e alcoóis incorporados no polímero lipídico, chamado de cutina. As ceras e a cutina formam a cutícula, que regula a transmissão de água e gás entre a planta e o meio ambiente. Apesar das concentrações lipídicas serem baixas na maioria dos tecidos vegetais comestíveis (Tabela 16.1), os lipídeos representam compostos de reserva que podem ser usados como fonte de energia em frutos, como abacates e azeitonas, e em cereais e sementes, como amendoim e nozes [8]. Se comparadas com o amido, as gorduras estão presentes em quantidades muito menores, porém fornecem quase o dobro de energia por peso. Quando os ácidos graxos são removidos do glicerol, eles podem sofrer β-oxidação para produzir energia.

A composição lipídica das membranas determina suas propriedades físicas e funcionalidade, tendo papel importante na manutenção da qualidade dos tecidos vegetais comestíveis. Os fosfolipídeos, principalmente a fosfatidilcolina e a fosfatidiletanolamina, compreendem a maior parte da matriz lipídica das membranas celulares vegetais. A fluidez da bicamada lipídica é determinada em grande parte pela composição dos ácidos graxos e a distribuição dos fosfolipídeos. As membranas possuem propriedades de barreira à água e aos íons, mantêm a compartimentalização de várias funções celulares e contêm enzimas específicas para essas funções celulares. A qualidade dos tecidos vegetais colhidos é muito afetada em função da membrana, uma vez que o catabolismo das membranas é considerado parte crucial da senescência. A perda de água e a consequente perda da pressão de turgor, que resulta em murchamento e alterações indesejáveis na textura, são atribuídas em parte ao aumento da permeabilidade da membrana plasmática (membrana celular) e do tonoplasto (membrana vacuolar). A reação dos tecidos em baixas temperaturas de armazenamento, e principalmente a suscetibilidade à lesão pelo frio, estão fortemente associadas à composição lipídica das membranas. Geralmente, os tecidos vegetais com mais membranas fluidas (maior grau de insaturação) são capazes de resistir a temperaturas mais baixas de não congelamento.

A peroxidação lipídica das membranas é parte integrante do amadurecimento e da senescência, bem como em condições de estresse, como temperaturas que induzem lesões pelo frio. A peroxidação pode ocorrer tanto no catabolismo dos fosfolipídeos como nas reações mediadas por radicais livres iniciadas por espécies reativas de oxigênio. A peroxidação lipídica e a deterioração da membrana ocorrem quando os sistemas de defesa antioxidante estão comprometidos, resultando em efeitos adversos na atividade enzimática e nas propriedades de barreira física das membranas. Esses processos são semelhantes durante o amadurecimento, a senescência e sob condições de estresse, incluindo um ou mais dos seguintes processos: (1) declínio geral da insaturação do ácido graxo glicerolipídico, devido à peroxidação lipídica e/ou à diminuição da insaturação, (2) mudança no conteúdo e na proporção dos fosfolipídeos e galactolipídeos, (3) acúmulo de catabólitos lipídicos desestabilizadores e produtos da peroxidação e (4) aumento no nível e/ou mudanças na composição e conjugação de lipídeos esteroides [60].

Os lipídeos são componentes de ceras, cutina e suberina, tendo papel importante nas plantas, afetando o comportamento e o tempo de armazenamento de muitos tecidos vegetais comestíveis. As ceras e a cutina são encontradas na cutícula, fornecem proteção contra desidratação e patógenos e influenciam a difusão de gás do ar para o interior do produto. Suberina é um material polimérico derivado de lipídeos, encontrado em partes de plantas subterrâneas e em ferimentos superficiais cicatrizados. Como a cutina, a suberina é frequentemente incorporada a ceras [8] e também fornece proteção contra desidratação e patógenos.

16.6.7 Pigmentos

Os pigmentos encontrados nos tecidos vegetais comestíveis possuem vários compostos que desempenham papéis essenciais na fotossíntese e/ou proporcionam atração visual para animais e insetos. As quatro classes primárias de pigmentos com base na composição química são clorofilas, carotenoides, flavonoides (particularmente antocianinas) e betalaínas.

As clorofilas são pigmentos primários das plantas, cuja função é capturar a energia da luz e convertê-la em energia química (assimilação do carbono). Sua presença e abundância proporcionam às plantas a coloração verde. A cor verde de muitos vegetais folhosos e algumas frutas, como maçãs verdes, é um importante indicador de frescor e qualidade para o consumidor. Com isso, as tecnologias pós-colheita são projetadas para evitar que a cor verde seja perdida. Por outro lado, a perda da coloração verde e o desenvolvimento da coloração vermelha, amarela e laranja é um indicador de qualidade para outros produtos, como tomate, banana, pera e cítricos.

Carotenoides são tetraterpenoides de coloração amarela, laranja ou vermelha que atuam como pigmentos adicionais nas plantas, ajudando a abastecer a fotossíntese, reunindo comprimentos de onda da luz não absorvida pela clorofila. Esses pigmentos protegem a clorofila da foto-oxidação e também possuem funções importantes como precursores do ácido abscísico (ABA). No geral, são encontrados nas plantas seis carotenoides: neoxantina, violaxantina, anteraxantina, zeaxantina, luteína e β-caroteno, junto com as duas principais clorofilas (Chl), Chl a e Chl b. Nas plantas, os carotenoides mais conhecidos são o β-caroteno (pigmento laranja), a luteína (pigmento amarelo encontrado nas frutas e hortaliças, sendo o carotenoide mais abundante nas plantas) e o licopeno (pigmento vermelho responsável pela cor do tomate). A composição do pigmento e a cor resultante são características da espécie e do cultivar, mas a composição carotenoide e a quantidade relativa nos tecidos das plantas são pouco conservadas, provavelmente devido à necessidade de função ótima da fotossíntese.

Os flavonoides incluem as antocianinas vermelhas ou azuis solúveis em água, e compostos amarelo-pálido, como rutina, quercetina e canferol. As antocianinas (ver Capítulo 10) são o maior e mais diversificado grupo de pigmentos vegetais derivados da via do fenilpropanoide. Sua cor é afetada pelo pH no tecido hospedeiro. As antocianinas estão presentes em todos os tecidos das plantas superiores, conferindo cor a folhas, caule, raízes, flores e frutos, embora nem sempre em quantidades suficientes para serem notadas.

Betalaínas são pigmentos vermelhos ou amarelos. Como as antocianinas, elas são solúveis em água, porém, ao contrário das antocianinas, sua estrutura básica é sintetizada principalmente a partir da tirosina e de outros aminoácidos. Essa classe de pigmentos se encontra apenas nas Caryophyllales, e não ocorre em plantas com antocianinas. As betalaínas são responsáveis pela cor vermelha intensa das beterrabas, sendo usadas comercialmente como corantes em alimentos.

Exemplos dos principais carotenoides e antocianinas nos tecidos vegetais comestíveis são mostrados na Tabela 16.10. A reprodução e seleção por seres humanos tiveram grande influência na composição desses tecidos vegetais comestíveis. Por exemplo, a cenoura, que antes da domesticação possuía raízes brancas, carotenoides deficientes e apenas traços de luteína e outros carotenoides. O melhoramento genético criou as variedades ricas em carotenoides que são atualmente conhecidas, incluindo as cenouras alaranjadas, que são muito populares e acumulam altos níveis de carotenoides pró-vitamínicos A, entre eles o β-caroteno e, em menor grau, α-caroteno [61]. A cor da cenoura-roxa é produzida pelo acúmulo de antocianinas, embora esses cultivares também acumulem carotenoides. Existe uma grande diversidade de cítricos, com cores que vão do amarelo da lima, ao verde do limão, o laranja em tangerinas e laranjas doces e o rosa em toranjas-vermelhas. Essas cores refletem as diferentes composições de clorofilas e carotenoides, apesar das antocianinas fornecerem uma coloração vermelha a roxa na polpa de um grupo específico de laranjas-sanguíneas [62]. Abordagens tradicionais e biotecnológicas estão sendo adotadas visando aumentar as concentrações de pigmentos, como antocianina, betalaína e licopeno, em diferentes frutas e hortaliças [63,64].

16.6.8 Compostos orgânicos voláteis

Compostos orgânicos voláteis (VOCs) são metabólitos secundários de plantas que desempenham papéis importantes nas interações bióticas e nas respostas ao estresse abiótico. Esses compostos voláteis contribuem para o aroma de muitos vegetais, mas são reconhecidos principalmente pelo seu papel em frutos. Nos frutos climatéricos, os VOCs normalmente aumentam no início do amadurecimento e atingem o pico pouco antes do amadurecimento total, e a biossíntese de muitos voláteis é regulada pelo etileno. A acumulação de VOCs nos frutos está provavelmente associada com a dispersão de sementes de forma semelhante ao desenvolvimento da cor; no entanto, esse é um aspecto importante de qualidade para os consumidores, em que os compostos interagem com o epitélio olfativo no nariz para produzir sensações aromáticas características das espécies.

Frutas e hortaliças podem conter centenas de voláteis, mas eles não são necessariamente percebidos pelo consumidor. Diferenças no número e na concentração de VOCs podem ser específicas de um cultivar, dentro de um genótipo (p. ex., maçã) [65]. Interações complexas são encontradas entre compostos voláteis e não voláteis, outras sensações gustativas (doce, azedo, salgado, amargo) e equilíbrio de reações que são produzidas e degradadas quando maceradas e/ou cozidas. Relativamente poucos VOCs são considerados compostos de impacto no sabor, e os limiares de aroma (concentração abaixo da qual nenhum aroma é percebido) são muito variados. Por exemplo, o limiar de aroma para o etanoato de butila é de 5.000 ppb, porém para o seu isômero butanoato de etila é de apenas 0,13 ppb.

Entre os VOCs importantes nos vegetais estão incluídos as ftalidas no aipo, o óxido de S-tiopropanal em cebolas frescas, o 2-propenil isotiocianato em repolho e o 2,5-nonadienal em pepino [66]. As maçãs apresentam uma mistura complexa com mais de 200 compostos voláteis,

TABELA 16.10 Principais antocianinas e carotenoides em diferentes tecidos vegetais comestíveis

Antocianina	Frutas ou hortaliças
Pelargonidina-3-glicosídeo	Morango, salsaparrilha
Cianidina-3-rutinosídeo	Cereja-doce
Cianidina-3-glicosídeo	
Cianidina-3-glicosídeo	Ameixa, amora, romã
Peonidina-3-glicosídeo	Uvas
Cianidina-3-glicosídeo	
Malvidina-3-glicosídeo	
Malvidina-3-glicosídeo	Mirtilo
Carotenoide	
Capsantina	Pimentão vermelho
Licopeno	Tomate, melancia, mamão, goiaba, toranja-vermelha e Star Ruby
β-Caroteno	Pêssego, nectarina, ameixa, nêspera, damasco, limão-mexicano, cidra, cenoura, batata-doce
β-Criptoxantina	Tangerina, limão, limão-cravo
Violaxantina	Toranja chandler, laranja

Fonte: adaptada de Valero, D. e Serrano, M., *Postharvest Biology and Technology for Preserving Fruit Quality*, CRC Press, Boca Raton, FL, 2010.

incluindo alcoóis, aldeídos, cetonas, sesquiterpenos e ésteres. Os ésteres estão relacionados com os atributos "frutais", e normalmente seus níveis aumentam no final do processo de amadurecimento. Na fruta madura, o sabor é influenciado pelo acetato de butila, acetato de hexila e acetato de 2-metilbutila, em que os dois últimos foram identificados por painéis sensoriais analíticos como os de maior impacto na atratividade do fruto.

A biossíntese dos VOCs varia nas frutas e hortaliças, mas o tomate pode ser usado para ilustrar as principais vias que foram identificadas e são compartilhadas entre a maioria dos frutos comestíveis. A concentração da maioria dos sabores voláteis no tomate (embora não de todos) aumenta no início do amadurecimento e atinge o pico pouco antes do amadurecimento total, sugerindo que a síntese de produtos voláteis do aroma é altamente regulada [67]. Os VOCs podem ser derivados de carotenoides, ácidos graxos, terpenoides e aminoácidos.

1. **Compostos voláteis derivados de carotenoides:** entre os VOCs mais importantes nos frutos do tomate estão os apocarotenoides, que são derivados de carotenoides, como β-ionona, 6-metil-5-hepten-2-ona, geranilacetona e β-damascenona. Esses VOCs são produzidos por clivagem oxidativa não enzimática de carotenoides, lineares e cíclicos, ou pela ação de clivagem da dioxigenase. Dada a sua ligação com os carotenoides, sua abundância é bem correlacionada com o amadurecimento dos frutos, sendo encontrados em grande quantidade no tomate vermelho.
2. **Compostos voláteis derivados de ácidos graxos:** os produtos de degradação lipídica aromáticos, como *cis*-2-penteno-1-ol, *trans*-2-pentenal, *cis*-3-hexanal, *trans*-2-hexanal e *trans*-2-heptenal, estão entre os aromas voláteis mais abundantes no tomate. Os hexanais são formados a partir de 13-hidroperóxidos dos ácidos graxos linoleicos e gerados por reações sequenciais e coordenadas da lipoxigenase, liase e isomerase. O *cis*-3-hexanal está relacionado ao aroma verde fresco do tomate, e possui um limiar sensorial excepcionalmente baixo de 0,25 ppb.
3. **Compostos terpenoides voláteis:** a principal classe de VOCs terpenoides é representada pelos mono, sesqui e diterpenoides lipofílicos, derivados do geranil difosfato ou do *trans*-farnesil difosfato, sendo que esses compostos são geralmente voláteis. Os tomates são ricos em terpenoides, e, durante o seu desenvolvimento inicial, a via citosólica da biossíntese dos terpenoides é operacional, produzindo glicoalcaloides e esteróis, e, durante o amadurecimento, a atividade da via terpenoide plastídica aumenta. No entanto, o tomate maduro possui quantidades mínimas de monoterpenos e sesquiterpenos. Óleos essenciais cítricos são particularmente ricos em terpenoides.
4. **Compostos voláteis derivados de aminoácidos:** os compostos voláteis do tomate também são derivados de aminoácidos. Diversos aminoácidos de cadeia ramificada e aminoácidos aromáticos estão associados à senescência, e os derivados da fenilalanina, como guaiacol, MeSA e eugenol, também contribuem para o aroma do tomate.

16.6.9 Vitaminas e substâncias benéficas à saúde

A importância das vitaminas nos tecidos vegetais comestíveis com relação à melhora da saúde e à prevenção ou à diminuição de doenças é conhecida há muito tempo. Os fatores nutricionais fornecidos em quantidades significativas às dietas humanas pelos tecidos vegetais comestíveis são as vitaminas hidrossolúveis B_1 (tiamina), B_2 (riboflavina), B_6 (piridoxina), B_{12}, niacina, biotina, ácido fólico, ácido pantotênico e vitamina C (ácido ascórbico). Todas essas vitaminas não são produzidas pelos seres humanos (exceto algumas niacinas), portanto, dietas à base de vegetais são essenciais para a manutenção da saúde humana. Além disso, os antioxidantes têm recebido grande ênfase, como tocoferóis (requeridos nutricionalmente), flavonoides, carotenoides e glucosinolatos. Alimentos vegetais comestíveis são também uma fonte exclusiva de fibras alimentares para seres humanos (ver Seção 3.4 para uma descrição detalhada). Frutas e hortaliças são reconhecidas como "quimiopreventivas" e "alimentos funcionais".

16.6.9.1 Ácido ascórbico (ascorbato, vitamina C)

O ácido L-ascórbico é um antioxidante solúvel em água que é estruturalmente relacionado aos açúcares C_6 ($C_6H_8O_6$), sendo uma aldono-1,4-lactona de um ácido hexônico (Figura 16.22) [68]. Ele é um dos fatores de qualidade nutricional mais importante nas culturas hortícolas, possuindo muitas funções biológicas no corpo humano. A via predominante de biossíntese do ácido ascórbico é pela GDP-manose e L-galactose. Os ácidos D-galacturônico e D-glucurônico e a GDP-gulose podem ser precursores menores do ascorbato [69]. No entanto, os seres humanos e alguns vertebrados são incapazes de sintetizar o ácido ascórbico devido à falta da enzima L-glucono-1,4-lactona oxidase. Na dieta humana, ≈ 90% da vitamina C é derivada de hortaliças e frutas frescas para atender necessidades, como manutenção da cartilagem, ossos, gengivas, pele e dentes, e como agente redutor potente contra doenças relacionadas ao estresse oxidativo, incluindo cânceres, doenças cardiovasculares, envelhecimento e formação de catarata [68].

Nas plantas, o ácido ascórbico funciona como cofator enzimático, captador de radicais e doador/receptor no transporte de elétrons na membrana plasmática ou nos cloroplastos, servindo como substrato para a biossíntese do oxalato e do tartarato em espécies como as uvas. A principal função do ácido ascórbico é eliminar os efeitos tóxicos do peróxido de hidrogênio (H_2O_2) produzido pelo metabolismo durante a fotossíntese e, principalmente, condições de estresse. Durante o amadurecimento dos frutos, é característico o aumento da produção de espécies reativas de oxigênio (ROS). Estudos recentes também revelaram que as ROS são componentes centrais que atuam na complexa rede de sinalização das células, adquirindo papéis dinâmicos e específicos na sinalização. A homeostasia das ROS é mantida por enzimas do sistema redox. O ácido ascórbico contribui para a eliminação das ROS por uma via bioquímica que possui quatro etapas, conhecida como ciclo do ascorbato-glutationa ou ciclo de Foyer-Halliwell-Ashada (Figura 16.23) [70]. Diversas enzimas estão envolvidas nesse ciclo, entre elas a ascorbato peroxidase oxidase (APX), a monodesidroascorbato redutase (MDHAR), a desidroascorbato redutase (DHAR) e a glutationa redutase (GR). Em condições metabólicas normais e como resposta a estresses, essas reações mantêm o estado redox de ascorbato (ASA/DHA) e glutationa (GSH/GSSG) elevado. Outras enzimas antioxidantes importantes incluem peroxidase, superóxido dismutase e catalase.

A concentração de ácido ascórbico em grãos é baixa, sobretudo em comparação com frutas e hortaliças. Nos tecidos vegetais comestíveis, essa concentração pode ser influenciada por vários fatores, como diferenças genotípicas, condições climáticas pré-colheita e práticas de cultivo, métodos de maturação e colheita e procedimentos de manuseio pós-colheita [71]. Em geral, tratamentos pós-colheita que mantêm a qualidade, como evitar a perda de água e utilizar baixas temperaturas de armazenamento, diminuem a perda do ácido ascórbico.

16.6.9.2 Vitamina A

A vitamina A é o descritor genérico de compostos lipossolúveis com atividade biológica qualitativa de retinol (retinóis e alguns carotenoides). A vitamina A é um isoprenoide que possui um anel cíclico de 6 carbonos e cadeia lateral de 11 carbonos (ver Seção 8.7.1 para mais detalhes). Essa vitamina é extremamente importante para a nutrição humana, visto que sua síntese é dependente de fontes vegetais de caroteno. A vitamina A é formada na mucosa intestinal pela clivagem do caroteno, e,

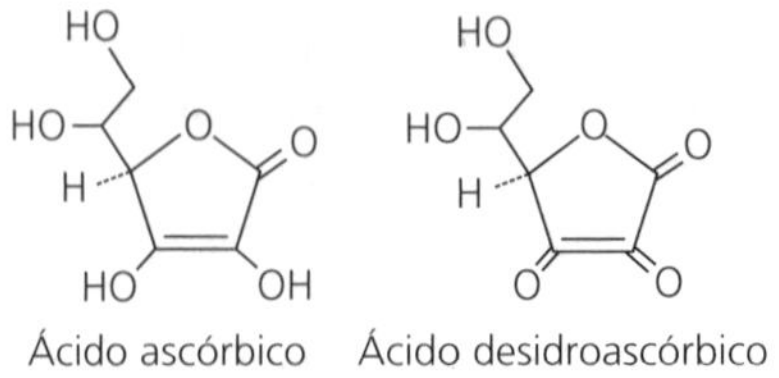

Ácido ascórbico   Ácido desidroascórbico

FIGURA 16.22 Estruturas do ácido ascórbico e do ácido desidroascórbico.

como o retinol não está presente intrinsecamente nas plantas, os carotenoides pró-vitamina A são considerados um grupo funcional de vitamina A, reconhecido como unidades internacionais (UI) de α-caroteno e β-caroteno, possuindo 1,2 e 0,9 μg, respectivamente [8,72]. A deficiência dessa vitamina é comum, afetando milhões de crianças a cada ano com xeroftalmia, cegueira ou morte. O uso de técnicas de engenharia genética sobre a via biossintética do β-caroteno no endosperma do arroz, utilizada para o desenvolvimento do arroz dourado, pode melhorar muito a saúde humana, mas está sujeito a preocupações com a regulamentação (ver Seção 16.8.2).

Vegetais folhosos e frutas têm uma média de 5.000 UI e de 100 a 500 UI de vitamina A por 100 g de peso fresco, respectivamente, mas frutas como manga e mamão contribuem com níveis maiores (3.000 e 2.500 UI por 100 g de peso fresco, respectivamente) [8]. Com exceção do arroz dourado e da batata-doce (2.500 UI por 100 g de peso fresco), os cultivos básicos têm níveis insignificantes. Durante o armazenamento pós-colheita, a estabilidade dos carotenoides é geralmente maior que a do ácido ascórbico [72], mas pode ser afetada por fatores como genótipo, condições de pré-armazenamento e temperatura e umidade de armazenamento não ideais.

16.6.9.3 Fitoquímicos

Os compostos fenólicos são fortes antioxidantes (Seção 16.6.4), e são reconhecidos devido às suas atividades benéficas à saúde, como atividade antioxidante e outros efeitos biológicos. Em frutas como a maçã, a contribuição do ácido ascórbico para a atividade antioxidante é pequena (0,4%). A maior parte da atividade antioxidante das frutas e hortaliças é resultante dos compostos fenólicos e flavonoides, e os efeitos aditivos e sinérgicos dos fitoquímicos nas frutas e hortaliças são responsáveis por suas atividades antioxidantes e anticancerígenas potentes [73]. Em geral, os compostos fenólicos são estáveis durante o armazenamento e processamento, exceto quando a atividade da PPO resulte em sua oxidação.

16.6.9.4 Compostos de enxofre

Cebolas e outros vegetais *Allium* possuem compostos precursores de sabor que são metabólitos secundários envolvidos na biossíntese e no metabolismo da cisteína e da glutationa em vias essenciais para a absorção de enxofre e eliminação de compostos tóxicos. Os principais compostos são os sulfóxidos de γ-glutamil-*S*-alc(en)il-L-cisteínas e *S*-alc(en)il-L-cisteínas (ACSOs). A hidrólise das ACSOs localizadas no citoplasma

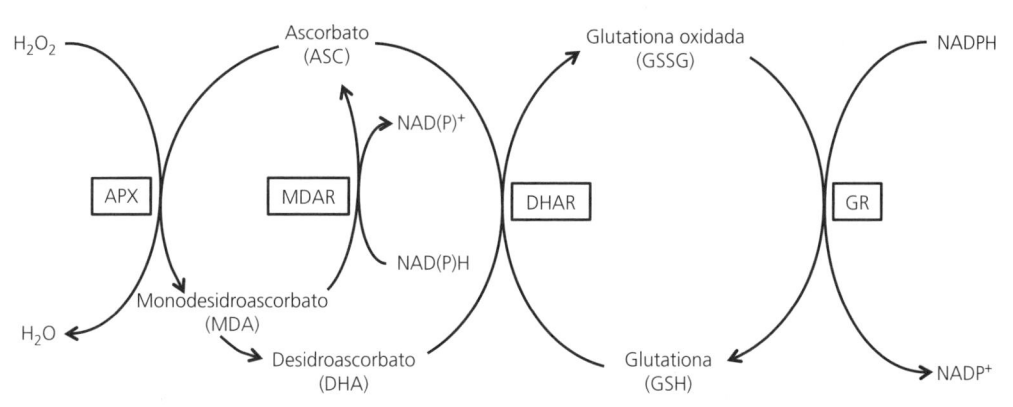

FIGURA 16.23 Ciclo do ascorbato-glutationa. O peróxido de hidrogênio (H_2O_2) é reduzido a H_2O pela atividade da ascorbato peroxidase (APX), usando o ascorbato (ASC) como doador de elétrons para produzir o monodesidroasc,orbato (MDA). O ASC é regenerado a partir do MDA pela atividade da monodesidroascorbato redutase (MDAR), usando NAD(P)H. Qualquer MDA que não seja reduzido é desproporcional ao ASC mais desidroascorbato (DHA). O DHA é reduzido a ASC pela enzima desidroascorbato redutase (DHAR) por meio da glutationa (GSH), produzindo glutationa oxidada (GSSG). Por fim, a GSSG é reduzida pela glutationa redutase (GR), usando NADPH como doador de elétrons.

ocorre por meio da enzima aluinase vacuolar durante a mastigação ou homogeneização, produzindo compostos de enxofre pungente e subprodutos piruvato e amônia [10]. Vegetais crucíferos (Brassicaceae ou Cruciferae) contêm glucosinolatos que são transformados em isotiocianatos e indóis, sendo considerados compostos benéficos à saúde. Os compostos ativos não estão presentes nos produtos intactos, mas a mastigação ou homogeneização promove a hidrólise pela mirosinase. A quantidade de ACSOs e glucosinolatos pode aumentar durante o armazenamento, mas geralmente diminui à medida que o produto perde qualidade pela deterioração [6].

16.7 TECNOLOGIAS PÓS-COLHEITA

16.7.1 Temperatura de armazenamento

O controle de temperatura é uma ferramenta fundamental para a manutenção da qualidade dos tecidos vegetais comestíveis. A temperatura tem efeito profundo nas taxas de reações biológicas [11]. Portanto, é essencial resfriar o produto o mais rápido possível após a colheita para retardar a atividade metabólica. Os benefícios do uso de temperaturas mais baixas incluem taxas de respiração reduzidas, redução da perda de água, redução da sensibilidade ao etileno e diminuição da suscetibilidade dos produtos à degradação fisiológica e microbiana. Um processo no qual não se utilizam baixas temperaturas de armazenamento é a cura, que é utilizada em cebolas para secar o pescoço e as escamas externas e em batatas para desenvolver periderme em superfícies danificadas. A cura é geralmente realizada em condições ambientais no campo ou em temperaturas de 7 a 16 °C em salas de cura.

A baixa temperatura de armazenamento pode preservar a aparência dos tecidos vegetais comestíveis e manter a estabilidade de compostos nutricionais importantes, como antocianinas, carotenoides e ácido ascórbico, bem como preservar a cor, retardar a taxa de amolecimento indesejável e mudanças de textura [6,74]. Os compostos de sabor e aroma são mais elevados nos produtos consumidos frescos, em vez de armazenados a frio (p. ex., tomate) [75], mas a interação dos compostos aromáticos com açúcares, ácidos e matrizes de tecidos é complexa, resultando em respostas variadas ao armazenamento.

Os métodos de resfriamento são personalizados para o tipo de produto e escala de operação. Esses métodos incluem refrigeração em câmara ou refrigeração passiva, resfriamento com ar forçado, refrigeração a água, congelamento de pacotes e resfriamento a vácuo. Detalhes completos de cada método estão disponíveis na literatura e em fontes baseadas na *web* [76,77] e não serão descritos aqui. Contudo, independentemente do método, a taxa de resfriamento dos produtos segue as leis da física à medida que se torna progressivamente mais lenta, resfriando os produtos ao longo do tempo, conforme o diferencial de temperatura entre o produto e o meio de resfriamento diminui. A curva de resfriamento típica de um tecido vegetal comestível em uma câmara de armazenamento a frio (Figura 16.24) mostra o conceito de tempo de meio e de sete oitavos do resfriamento. O tempo de meio resfriamento é o tempo necessário para reduzir a temperatura inicial do produto, a partir do momento em que é colocado pela primeira vez na câmara fria, até a metade da temperatura definida na sala. Por exemplo, se a temperatura do produto é de 20 °C quando colocado na câmara, que está ajustada a 0 ou 10 °C, o meio resfriamento é o tempo necessário para a temperatura do produto atingir 10 e 15° C, respectivamente. Então, o mesmo período de tempo será levado para reduzir a temperatura do produto pela metade novamente, e assim por diante. Assim, o tempo de sete oitavos do resfriamento é três vezes mais longo que o tempo de meio resfriamento.

Diminuir a temperatura do intervalo fisiológico (0 a 30 °C) da maioria dos cultivos causa diminuição exponencial da respiração. A regra de Van't Hoff afirma que a velocidade de uma reação biológica diminui duas a três vezes, a cada decréscimo de 10 °C da temperatura. O quociente de temperatura no intervalo de 10 °C é chamado de Q_{10}, que é calculado dividindo-se a taxa de reação a uma temperatura mais alta, pela taxa a uma temperatura inferior a 10 °C: $Q_{10} = R_2/R_1$. O quociente de temperatura é útil, pois permite estimar ganhos potenciais de vida de prateleira, pela extensão do resfriamento com base na redução das taxas de respiração. No entanto, a taxa de respiração não segue um comportamento ideal, e o Q_{10} é geralmente menor em temperaturas mais elevadas do que em temperaturas mais baixas.

Valores típicos de Q_{10} em diferentes temperaturas variam de 2,5 a 4,0 de 0 a 10 °C; 2,0 a 2,5 de 10 a 20 °C; 1,5 a 2,0 de 20 a 30 °C; e 1,0 a 1,5 de 30 a 40 °C [11]. Os valores de Q_{10} podem ser utilizados para demonstrar os efeitos de diferentes temperaturas nas taxas de respiração ou deterioração e no prazo de validade de um produto perecível (Tabela 16.11). A tabela mostra que um produto com vida útil de 100 dias a 0 °C possui tempo de armazenamento de 13 dias a 20 °C, e apenas 4 dias a 40 °C.

No geral, quanto menor a temperatura de armazenamento, maior o tempo de armazenamento de um determinado produto, desde que a temperatura de congelamento não seja atingida. No entanto, a temperatura de armazenamento mais baixa considerada segura não é a mesma para todos os produtos, pois muitos deles são sensíveis a baixas temperaturas e desenvolvem lesões pelo frio. Os produtos podem ser classificados como sensíveis ou insensíveis ao frio (Tabela 16.12). Os produtos sensíveis à refrigeração são frequentemente de origem subtropical e tropical; porém, o produto em específico, a maturação e o grau de amadurecimento na colheita e o tempo de exposição a baixas temperaturas afetam as respostas dos produtos. Como exemplos das diferenças entre os produtos podemos citar as bananas, que são extremamente sensíveis ao frio se armazenadas em temperaturas inferiores a 12,5 °C por alguns dias, ao passo que os melões levam semanas para mostrar sinais do resfriamento a 5 °C. A maturação e o grau de amadurecimento também são fatores importantes que conferem sensibilidade ao frio em frutos como abacates, melões e tomates. Frutos mais maduros são menos sensíveis a lesão pelo frio, sobretudo se o sintoma de dano for a falta de amadurecimento. Além disso, danos podem ocorrer em um curto período de tempo se as temperaturas estiverem consideravelmente abaixo do nível limite, mas levam mais tempo se o produto estiver pouco abaixo da temperatura mínima de segurança. Por exemplo, é comum tomates serem mantidos na geladeira, apesar de sua sensibilidade ao frio, mas se o período de tempo não for estendido, a lesão pelo frio não é detectada. Além disso, as recomendações de armazenamento podem ser complexas; por exemplo, frutas como o pêssego desenvolvem lesões a uma taxa mais lenta a 0 °C do que em temperaturas entre 4 e 10 °C; portanto, é recomendado utilizar a menor temperatura de armazenamento. Estratégias pós-colhei-

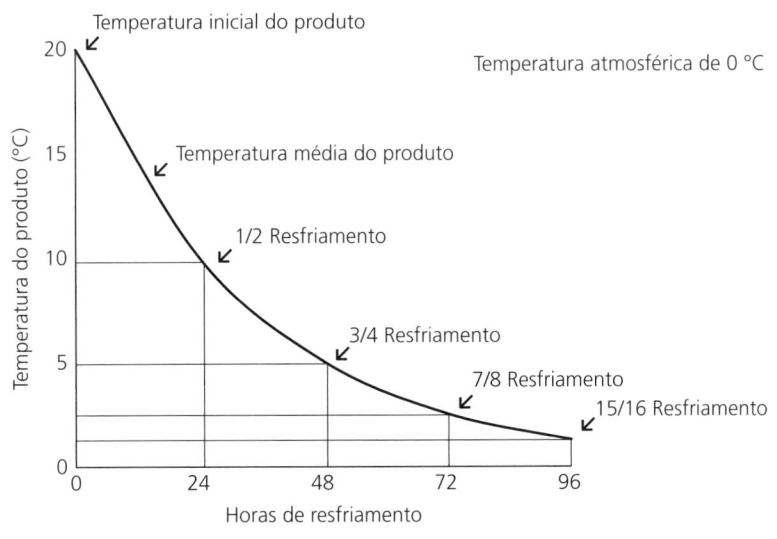

FIGURA 16.24 Padrão típico de resfriamento dos tecidos vegetais comestíveis em uma câmara fria. Neste exemplo, um produto a 20 °C é colocado em uma câmara fria com temperatura de 0 °C. O tempo para reduzir a temperatura do produto em 50% (i.e., para 10 °C) é chamado de "meio resfriamento".

ta podem diminuir os danos pelo frio nos tecidos vegetais comestíveis, como o armazenamento em atmosfera modificada e controlada, tratamentos térmicos, temperatura de pré-condicionamento e aquecimento intermitente [78].

A temperatura ideal de armazenamento é maior para os produtos sensíveis ao frio do que para os produtos não sensíveis. Na Tabela 16.13 são mostrados exemplos de temperaturas seguras de armazenamento para diferentes frutas e hortaliças, bem como os sintomas provocados pelos danos no resfriamento. Os sintomas de lesão podem se manifestar de diferentes formas, entre elas, o amadurecimento irregular, falhas no amadurecimento, aspecto encharcado, descoloração da pele, textura farinhenta, buracos na superfície da pele e maior suscetibilidade à decomposição.

TABELA 16.11 Efeito da temperatura na taxa de respiração e no tempo de armazenamento dos tecidos vegetais comestíveis, baseados no Q_{10}

Temperatura (°C)	Q_{10} adotado	Velocidade de respiração	Tempo de armazenamento
0		1,0	100
10	3,0	3,0	33
20	2,5	7,5	13
30	2,0	15,0	7
40	1,5	22,5	4

Fonte: Kader, A.A. e Saltveit, M.E., Respiration and gas exchange, em: Postharvest Physiology and Pathology of Vegetables, Bartz, J.A. e Brecht, J.K., Eds, Marcel Dekker, New York, 2003, pp. 7–30.

TABELA 16.12 Tecidos vegetais comestíveis classificados de acordo com a sensibilidade à lesão pelo frio

Insensíveis ao frio	Sensíveis ao frio
• Maçã*	• Abacate
• Damasco	• Banana
• Aspargo	• Feijão-de-vagem
• Feijão (lima)	• Melão cantaloupe
• Beterraba	• Oxicoco
• Amora	• Pepino
• Mirtilo	• Berinjela
• Brócolis	• Limão
• Couve-flor	• Lima
• Aipo	• Manga
• Milho (doce)	• Melão cantaloupe
• Cereja	• Laranja
• Groselha	• Mamão
• Alho	• Pimenta
• Uva	• Abacaxi
• Cogumelos	• Batata
• Cebola	• Moranga
• Salsinha	• Abóbora
• Pêssego*	• Batata-doce
• Framboesa	• Tomate
• Espinafre	• Melancia
• Morango	• Inhame
• Nabo	• Abobrinha

*Alguns cultivares são sensíveis ao frio.
Fonte: adaptada de Kader, A.A., Postharvest Technology of Horticultural Crops, Regents of the University of California, Division of Agricultural and Natural Resources, Oakland, CA, 2002.

A Figura 16.25 ilustra as diferenças entre frutas e hortaliças sensíveis e não sensíveis ao resfriamento durante o armazenamento. Nos produtos não sensíveis à refrigeração, o tempo de armazenamento mais longo é associado a temperaturas menores de armazenamento, sem congelar. No entanto, para os produtos sensíveis à refrigeração, o tempo de armazenamento aumenta com a diminuição da temperatura, atingindo o máximo de 7 a 18 °C dependendo do produto. Em temperaturas mais baixas, o tempo de armazenamento diminui devido à suscetibilidade a lesões pelo frio.

A base fisiológica para o desenvolvimento de lesões pelo frio se concentra nas mudanças físicas das membranas, onde a ordem molecular dos lipídeos é alterada (transição da fase líquida para gel em algumas espécies lipídicas) na faixa de temperatura em que os efeitos do resfriamento se tornam aparentes. Eventos secundários posteriores podem ocorrer, e, caso a refrigeração seja limitada em intensidade e exposição, os tecidos vegetais podem se recuperar (Figura 16.26). Essa hipótese é sustentada por evidências que indicam que espécies tropicais tendem a ter lipídeos com maior proporção de ácidos graxos saturados (o ácido palmítico não possui duplas ligações, portanto, tem pontos de fusão mais elevados), ao passo que as plantas de clima frio tendem a ter mais ácidos graxos in-

TABELA 16.13 Tecidos vegetais comestíveis suscetíveis a danos pelo frio, quando armazenados em temperaturas baixas, sem congelamento

Tecido vegetal comestível	Temperatura mínima de segurança (°C)	Sintomas de lesão
Maçã (determinados cultivares)	2–3	Escurecimento interno, núcleo marrom, colapso pelo encharcamento
Aspargo	0–2	Opaco, cinza-esverdeado, extremidades flácidas
Abacate	4,5–13	Descoloração marrom-acinzentada da polpa
Banana	11,5–13	Cor opaca quando amaduro
Feijão-lima	1–4,5	Manchas marrom enferrujadas, locais ou superficiais
Feijão-de-vagem	7	Furos e avermelhamento
Oxicoco	2	Textura emborrachada, polpa vermelha
Pepino	7	Furos, manchas encharcadas de água, deterioração
Berinjela	7	Queimadura da superfície, mancha de *Alternaria*, escurecimento das sementes
Goiaba	4,5	Lesão da polpa, deterioração
Toranja	10	Queimadura, corrosão, quebra aquosa
Limão	11–13	Furos, tingimento da membrana, manchas vermelhas
Lima	7–9	Furos, tornando-se queimado com o tempo
Lichia	3	Escurecimento da pele
Manga	10–13	Descoloração acinzentada da pele, amadurecimento desigual
Abacaxi	7–10	Verde-fosco quando maduro, escurecimento interno
Batata	3	Cor castanho-mogno, adoçamento
Moranga e abóbora	10	Deterioração, principalmente por *Alternaria*
Batata-doce	13	Deterioração, furos, descoloração interna, endurecimento quando cozida
Tomate maduro	7–10	Absorção de água e amolecimento, deterioração
Tomate verde maduro	13	Coloração fraca quando madura, deterioração por *Alternaria*
Melancia	4,5	Furos, sabor desagradável

Fonte: adaptada de Kader, A.A., *Postharvest Technology of Horticultural Crops*, Regents of the University of California, Division of Agricultural and Natural Resources, Oakland, CA, 2002.

saturados, como os ácidos oleico, linoleico e linolênico. No entanto, é necessário padronizar de forma consistente as diferenças na composição da membrana lipídica entre as plantas resistentes ou suscetíveis ao frio, pois nenhum fator fisiológico isolado foi relacionado à suscetibilidade da planta à lesão pelo frio [79]. Alguns mecanismos estão relacionados com a maior resistência à lesão pelo frio, principalmente aqueles que resultam de estratégias pós-colheita, como tratamentos térmicos, que incluem a melhora da integridade da membrana pelo aumento da relação ácido graxo insaturado/ácido graxo saturado; aumento da expressão e acumulação do gene da proteína de choque térmico; aumento da atividade do sistema antioxidante; aprimoramento das vias de arginina que levam ao acúmulo de moléculas sinalizadoras, no qual possuem papel fundamental na melhoria da tolerância ao frio, como poliaminas, óxido nítrico e prolina; modificação da atividade das enzimas fenilalanina amônia-liase e polifenol oxidase; e incremento do metabolismo do açúcar [80].

Outro dano que pode ocorrer é a lesão por congelamento, que ocorre quando os vegetais são expostos (geralmente de forma acidental) a temperaturas abaixo do ponto de congelamento. A lesão pelo congelamento é resultado da formação de cristais de gelo e da destruição da integridade celular durante o descongelamento. Como consequência, a lesão se expressa na forma de uma aparência encharcada de água, associada à perda da estrutura celular e turgor. A suscetibilidade das frutas e hortaliças às lesões pelo congelamento varia bastante [81]. A temperatura exata abaixo de 0 °C na qual o produto irá congelar vai depender da quantidade de açúcares ou outros solutos presentes e do ponto de congelamento correspondente. Por exemplo, a alface que possui baixo teor de açúcar pode congelar a –0,2 °C, ao passo que a ameixa com alto teor de açúcar pode congelar a –1,7 °C ou menos. Alguns produtos podem ser congelados e descongelados várias vezes, apresentando pouca ou nenhuma lesão, ao passo que outros produtos sofrem lesões até mesmo por um leve congelamento. As frutas e hortaliças podem ser classificadas em três grupos com base em sua sensibilidade ao congelamento: mais suscetíveis – provável que sofram lesões até mesmo por um leve congelamento; moderadamente suscetíveis – se recuperam de um ou dois ciclos de congelamento; e menos suscetíveis – podem ser congeladas várias vezes sem danos sérios.

A natureza do dano por congelamento e os efeitos sobre o metabolismo e a química dos tecidos vegetais comestíveis são semelhantes aos resultados observados por outros tipos de danos físicos, que não são relevantes ao contexto deste capítulo. No entanto, quando o aumento da temperatura ocorre de forma lenta, os tecidos congelados podem se recuperar parcialmente, embora

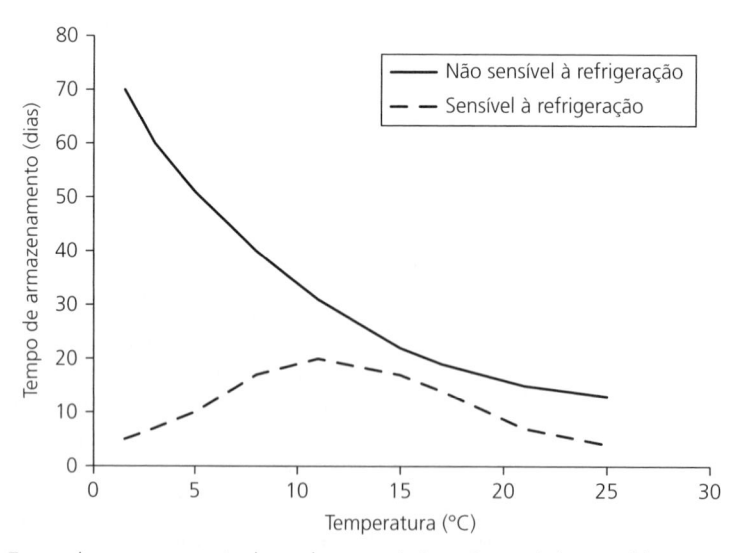

FIGURA 16.25 Tempo de armazenamento de produtos sensíveis e não sensíveis ao resfriamento.

Capítulo 16   Fisiologia pós-colheita de tecidos vegetais comestíveis

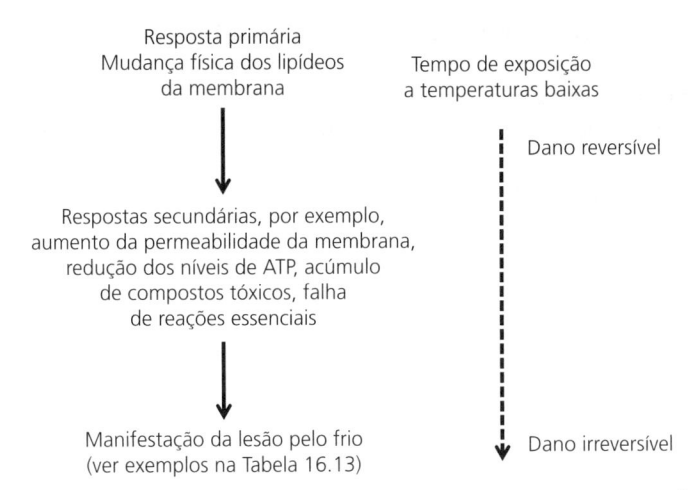

```
         Resposta primária
    Mudança física dos lipídeos          Tempo de exposição
          da membrana                    a temperaturas baixas
                │
                │                              ┊  Dano reversível
                ▼                              ┊
    Respostas secundárias, por exemplo,        ┊
    aumento da permeabilidade da membrana,     ┊
    redução dos níveis de ATP, acúmulo         ┊
    de compostos tóxicos, falha                ┊
    de reações essenciais                      ┊
                │                              ┊
                │                              ┊
                ▼                              ▼
    Manifestação da lesão pelo frio          Dano irreversível
    (ver exemplos na Tabela 16.13)
```

FIGURA 16.26 Esquema simplificado das respostas dos tecidos vegetais sensíveis ao estresse da refrigeração.

normalmente o tempo de armazenamento dos produtos seja comprometido.

16.7.2 Umidade relativa

A umidade relativa é definida como a relação entre a pressão do vapor da água contida no ar e a pressão de vapor saturado na mesma temperatura. A perda de água durante o manuseio e o armazenamento pós-colheita está relacionada com permeabilidade do produto, temperatura e diminuição da pressão de vapor entre os tecidos internos do produto e atmosfera circundante [74]. A umidade relativa afeta diretamente a qualidade de armazenamento dos produtos. Grãos de cereais devem ser mantidos em condições de baixa umidade, porém para a maioria dos produtos, a perda excessiva de água causa murchamento, enrugamento, flacidez, textura mole e perda de valor nutricional, bem como a perda de peso para venda. A umidade relativa da maioria das frutas e hortaliças deve ser mantida alta, ainda que a umidade relativa próxima de 100% estimule o crescimento de microrganismos e a divisão de superfícies da pele, pois geralmente é mais problemático manter a umidade suficientemente alta do que o oposto. Todavia, as interações entre a umidade relativa e a temperatura significam que os tratamentos recomendados para o armazenamento dos tecidos vegetais comestíveis podem comprometer as respostas físicas, fisiológicas e patológicas.

16.7.3 Armazenamento em atmosfera modificada e controlada

O armazenamento em atmosfera modificada (AM) corresponde a uma mudança na atmosfera ao redor do produto, em que caracteristicamente ocorre a redução de 21% dos níveis de O_2, e aumento de 0,04% de CO_2 na atmosfera. A AM pode ser desenvolvida de forma passiva pela própria respiração do produto, ou de forma ativa, em que a composição de gás desejada é injetada no espaço livre, geralmente em uma embalagem, denominada embalagem em atmosfera modificada (EAM). Logo, a atmosfera nas embalagens está em função de fatores como tipo de produto e temperatura, que afetam as taxas de respiração, a permeabilidade da película de plástico à difusão de oxigênio e ao dióxido de carbono e a razão entre a massa do produto e o volume da embalagem. A atmosfera controlada (AC) é um subgrupo da AM, mas, como o nome sugere, a atmosfera ao redor do produto é controlada continuamente. O controle é conferido pelo uso de equipamentos, como geradores de nitrogênio e depuradores de dióxido de carbono, capazes de manter a composição de gás desejada.

Com base nas mudanças químicas relacionadas à respiração (Seção 16.4), foi assumido que baixos níveis de O_2 e altos níveis de CO_2 inibiriam a respiração e, assim, aumentariam o tempo de armazenamento. No entanto, a interação entre os gases e o metabolismo dos tecidos vegetais comestíveis é mais complexa, principalmente em relação à percepção e à produção de etileno. A ação do etileno é inibida pelo baixo O_2, sendo 2,8% a concentração na qual a ação do etileno é reduzida pela metade [82], e por concentrações elevadas de CO_2. Os efeitos dos dois gases podem ser interativos, e juntos eles podem retardar a respiração de forma mais efetiva do que sozinhos.

A redução da concentração de O_2 ao redor das frutas e hortaliças diminui as taxas de respiração até que o ACP seja atingido (Figura 16.7). Essa transição na respiração está associada com a fermentação e o acúmulo prejudicial de acetaldeído e etanol, que resultam em danos.

Cada tipo de tecido vegetal comestível possui tolerância a baixo O_2 e alto CO_2 (Tabelas 16.14 e 16.15), embora haja considerável variação conferida pela variedade, condição de crescimento e duração da exposição a cada gás. A faixa de concentração segura de O_2 e CO_2 para a maioria dos tecidos vegetais comestíveis durante o armazenamento em temperaturas ótimas foi identificada [83], e está bem acima do ACP, levando em conta a variabilidade das respostas do produto.

As atmosferas obtidas no interior do sistema de AM, como a EAM, são uma função das taxas de respiração, que é afetada pelo peso e a temperatura de armazenamento do produto, permeabilidade dos filmes a O_2 e CO_2 e volume da embalagem do filme. As aplicações de EAM ainda são relativamente restritas, devido à limitada disponibilidade de filmes adequados que sejam econômicos e dificuldades em manter temperaturas uniformes em toda a cadeia de comercialização. A principal exceção é a ampla utilização de EAM em produtos minimamente processados (Seção 16.9.3).

Os efeitos benéficos nas condições ótimas de AC incluem o atraso da senescência (incluindo amadurecimento) e alterações bioquímicas e fisiológicas associadas, particularmente diminuindo as taxas de respiração, produção de etileno, amolecimento e alterações de composição. A análise dos efeitos gerais das concentrações de O_2 e CO_2 nos processos metabólicos é apresentada na Tabela 16.16. As concentrações específicas nas quais essas respostas ocorrem e sua magnitude diferem entre os tipos e cultivares de plantas, estágios de maturação e amadurecimento, temperaturas e durações de armazenamento e, em alguns casos, concentrações de etileno [84]. Condições estressantes de AC diminuem os níveis de pH e ATP, reduzindo a atividade da piruvato desidrogenase ao mesmo tempo que ativa as atividades da piruvato descarboxilase e da álcool desidrogenase, produzindo produtos de fermentação, como acetaldeído e etanol (Figura 16.6).

O uso comercial de armazenamento em AC é maior para preservação de maçãs e peras, e menor em repolhos, cebolas doces, *kiwis*, abacates, caquis, romãs, nozes, frutas secas e hortaliças. A modificação atmosférica é usada para o transporte em longa distância de maçãs, aspargos,

TABELA 16.14 Limites de O_2 abaixo dos quais pode ocorrer lesão em culturas hortícolas selecionadas, mantidas em temperaturas típicas de armazenamento

Concentração mínima de O_2 tolerada (%)	Produtos
0,5	Nozes, frutas secas e hortaliças
1	Alguns cultivares de maçãs e peras, brócolis, cogumelos, alho, cebola, maioria das frutas e hortaliças cortadas ou fatiadas (minimamente processados)
2	A maioria dos cultivares de maçãs e peras, *kiwis*, damasco, cereja, nectarina, pêssego, ameixa, morango, mamão, abacaxi, azeitona, melão, milho doce, feijão-verde, aipo, alface, repolho, couve-flor, couve-de-bruxelas
3	Abacate, caqui, tomate, pimentão, pepino, alcachofra
5	Frutas cítricas, ervilha verde, espargos, batata, batata-doce

Fonte: adaptada de Kader, A.A., *Postharvest Technology of Horticultural Crops*, Regents of the University of California, Division of Agricultural and Natural Resources, Oakland, CA, 2002.

TABELA 16.15 Limites de CO_2 acima dos quais pode ocorrer lesão em culturas hortícolas selecionadas, mantidas em temperaturas típicas de armazenamento

Concentração máxima de CO_2 tolerada (%)	Tecidos vegetais comestíveis
2	Pera-asiática, pera-europeia, damasco, uva, azeitona, tomate, pimenta (doce), alface, endívia, couve-chinesa, aipo, alcachofra, batata-doce
5	Maçã (maioria dos cultivares), pêssego, nectarina, ameixa, laranja, abacate, banana, manga, mamão, *kiwi*, amora, ervilha, pimenta (*chilli*), berinjela, couve-flor, repolho, couve-de-bruxelas, rabanete, cenoura
10	Toranja, limão, lima, caqui, abacaxi, pepino, abobrinha, feijão, quiabo, aspargos, brócolis, salsa, alho-poró, cebola verde, cebola seca, alho, batata
15	Morango, framboesa, amora, mirtilo, cereja, figo, melão, milho doce, cogumelo, espinafre, couve, acelga

Fonte: adaptada de Kader, A.A., *Postharvest Technology of Horticultural Crops*, Regents of the University of California, Division of Agricultural and Natural Resources, Oakland, CA, 2002.

abacates, bananas, brócolis, framboesas, amoras, cerejas, figos, *kiwis*, mangas, melões, nectarinas, pêssegos, peras, ameixas e morangos. O desenvolvimento tecnológico contínuo para fornecer AC durante o transporte e o armazenamento, com custo razoável (relação custo/benefício positivo) é essencial para ampliar o uso em hortícolas frescas e seus produtos. A AC é limitada em muitos produtos, uma vez que exige investimento de capital significativo. As estruturas devem ser herméticas e refrigeradas, com controle preciso de temperatura e equipamentos capazes de modificar as atmosferas. O volume das salas de armazenamento deve ser grande para maximizar o valor do equipamento. Por isso, o retorno sobre o investimento requer produtos duradouros, que são armazenados por meses, não dias ou semanas.

A importância econômica e o potencial de armazenamento a longo prazo das maçãs têm impulsionado o desenvolvimento de novas tecnologias de AC. O padrão utilizado em AC, no qual as concentrações de O_2 e CO_2 são mantidas na faixa de 2 a 3%, tem sido substituído cada vez mais por níveis ultrabaixos de O_2 (ULO). Alguns cultivares de determinadas regiões podem ser armazenados em baixas concentrações de O_2, entre 1 e 1,5%, se salas de armazenamento de alta qualidade, com monitoramento computadorizado e manutenção dos níveis de gás, estiverem disponíveis.

Uma nova tecnologia de AC, conhecida como AC dinâmica (ACD), foi desenvolvida e comercializada. Em vez de estabelecer uma concentração baixa predeterminada de O_2, a qualidade dos frutos armazenados pode ser ainda maximizada, armazenando-os em concentrações mais próximas do ACP (Seção 16.4; Figura 16.7). As concentrações de O_2 nas salas de armazenamento são reduzidas até o ponto em que os sinais de estresse são mensuráveis, e, então, a concentração é aumentada ≈ 0,2% acima da concentração de O_2, em que o estresse é observado para assegurar que a fermentação e o dano ao produto sejam evitados. Dessa forma, é possível acompanhar as respostas em tempo real, garantindo que as taxas de metabolismo dos frutos sejam mantidas o mais baixo possível durante o armazenamento. Para determinar o estresse nos frutos, três métodos são utilizados: acúmulo de etanol, RQ e fluorescência da clorofila [85,86]. Em princípio, a ACD pode ser aplicada em qualquer fruta ou tecido vegetal, mas a maior parte do uso dessa tecnologia tem sido em maçãs.

Outras tecnologias baseadas na atmosfera, como o armazenamento hipobárico, em que os produtos são armazenados em baixas pressões atmosféricas, possuem potencial para armazenamento a longo prazo, mas sistemas práticos e com custo acessível ainda não estão disponíveis.

16.7.4 Revestimentos comestíveis

Os revestimentos comestíveis são camadas finas de material comestível que são aplicadas nas superfícies dos tecidos vegetais, em complemento ou como substituta da cobertura cerosa que ser-

TABELA 16.16 Análise dos efeitos gerais dos níveis de O_2 inferiores a 5% e dos níveis de CO_2 superiores a 5% no metabolismo dos tecidos vegetais comestíveis

	Efeitos gerais no metabolismo	
	O_2 reduzido	CO_2 elevado
Respiração		
Taxa	↓	↓, SE, ou ↑
Alteração de aeróbico para anaeróbico	↑ (< 1%)	↑ (> 20%)
Energia produzida	↓	
Biossíntese e ação do etileno		
Metionina para S-AdoMet	SE	?
Síntese da ACC sintase	↓	↓
Atividade de ACC sintase	SE	↓
Síntese da ACC oxidase	↓	↓
Atividade de ACC oxidase	↓	↓ ou ↑
Ação do etileno	↓	↓
Mudanças de composição		
Pigmentos		
Degradação da clorofila	↓	↓
Desenvolvimento de antocianinas	↓	↓
Biossíntese de carotenoides	↓	↓
Compostos fenólicos		
Atividade da fenilalanina amônia-liase	↓	↑
Fenólicos totais	↓	↓
Atividade polifenol oxidase	↓	↓
Componentes da parede celular		
Atividade da poligalacturonase	↓	↓
Poliuronídeos solúveis	↓	↓
Conversão de amido para açúcar	↓	↓
Compostos orgânicos e aminoácidos		
Perda de acidez	↓	↓
Ácido succínico	↓	↑
Ácido málico	↑	↓
Ácido aspártico e glutâmico	?	↓
Ácido γ-aminobutírico	?	↓
Compostos voláteis		
Compostos de aroma voláteis característicos	↓	↓
Off-flavors (produtos de fermentação)	↑ (< 1%)	↑ (> 20%)
Vitaminas		
Perda de pró-vitamina A (caroteno)	↓	↓
Perda de ácido ascórbico	↓	↓

↓, diminui ou inibe; ↑, estimula ou aumenta; SE, sem efeito; ?, dados inadequados para conclusão.
Fonte: adaptada de Kader, A.A. e Saltveit, M.E., Atmosphere modification, em: *Postharvest Physiology and Pathology of Vegetables,* Bartz, J.A. e Brecht, J.K., Eds, Marcel Dekker, New York, 2003, pp. 229–246.

ve de proteção natural. A aplicação nos produtos pode ser por imersão, pulverização ou escovagem. Os revestimentos comestíveis podem atuar de maneira semelhante à EAM, em que as concentrações internas de gás podem ser modificadas pela aplicação do revestimento. O revestimento ideal é definido como aquele que pode prolongar o tempo de armazenamento de frutas e hortaliças, inteiras ou minimamente processadas, sem causar anaerobiose ou afetar negativamente qualquer atributo de qualidade desejável.

Entre as principais razões para o uso de revestimentos comestíveis estão a melhora da aparência, perda reduzida de água, retardamento do amadurecimento e menor incidência de degradação e distúrbios fisiológicos. A goma-laca e a cera de carnaúba são materiais de revestimento muito comuns, sendo usados sozinhos ou combinados em maçãs e laranjas. Revestimentos sintéticos têm sido usados há décadas; a maioria dos consumidores está provavelmente ciente de que as maçãs são enceradas, mas pode não saber de outros produtos, como pepinos, laranjas, mangas, papaias e pimentas. No entanto, o recente interesse do consumidor em nutrição, segurança alimentar e preocupações ambientais tem estimulado a pesquisa de revestimentos comestíveis [87–89]. O uso de revestimentos comestíveis aumentou em frutas e hortaliças frescas cortadas, pois reduz as taxas de deterioração associadas ao corte e ao processamento. Os revestimentos comestíveis também podem ser usados em produtos como amendoim e amêndoas torradas. Outra área de interesse é a adição de ingredientes ativos, como antioxidantes, antimicrobianos e nutracêuticos nos revestimentos comestíveis [88].

Os requisitos dos revestimentos comestíveis variam de acordo com o produto e a finalidade. No entanto, eles não devem apresentar baixa concentração de O_2 ou alta concentração de CO_2, que podem resultar no desenvolvimento de sabores desagradáveis e deterioração, ou interferir na qualidade do produto. As características desejáveis dos revestimentos são a melhora da aparência, manutenção da integridade estrutural, propriedades melhoradas de manuseio mecânico, transporte de agentes ativos, como antioxidantes e vitaminas; resistência à água, para que permaneçam intactos e protejam o produto; redução da permeabilidade à água; dissolver-se acima de 40 °C sem decomposição; o revestimento deve ser facilmente emulsionável, não aderente ou pegajoso, e ter desempenho de secagem eficiente; apresentar baixa viscosidade e ser econômico, ser translúcido a opaco, e capaz de tolerar uma leve pressão [88,89].

Os materiais utilizados para revestimentos incluem lipídeos, polissacarídeos, proteínas e combinações desses materiais ou revestimentos compósitos [90]. Todos os materiais geralmente reconhecidos como seguros (GRAS, do inglês *generally recognized as safe*) aprovados para uso em revestimentos sem restrição são considerados pelo FDA como "comestíveis".

Os **lipídeos** são usados principalmente devido às suas propriedades higroscópicas, que os torna capazes de barrar a perda de água [88]. Os revestimentos lipídicos comumente utilizados incluem:

- **Revestimentos à base de cera e óleo.** Esses revestimentos podem ser derivados de animais (p. ex., cera de goma-laca e cera de abelhas), derivados de vegetais (p. ex., cera de carnaúba e cera de candelila), ou ceras minerais e sintéticas (p. ex., cera de parafina).
- **Ácidos graxos e monoacilgliceróis.** São principalmente utilizados como agentes emulsionantes e dispersantes (ácidos graxos são extraídos de óleos vegetais, e monoacilgliceróis, preparados por transesterificação do glicerol e triacilgliceróis).
- **Resinas e resinas residuais.** A goma-laca é uma resina composta pelo ácido aleurítico e lacaico, sendo uma secreção do inseto *Laccifer lacca*, ao passo que as resinas residuais são obtidas de oleorresinas dos pinheiros, que são resíduos deixados após a destilação de compostos voláteis da resina bruta.
- **Emulsões.** Derivados de glicerol e ácidos graxos (p. ex., poligliceróis-poliestearatos).

Os **polissacarídeos** são hidrofílicos e não funcionam bem como barreiras físicas à umidade. Eles podem, ainda, interagir com a água e retardar a perda de umidade para a atmosfera. No entanto, eles podem apresentar excelentes propriedades de barreira a gases, e sua estrutura linear torna seus filmes resistentes, flexíveis e transparentes [88]. Os polissacarídeos comumente usados incluem:

- **Celulose e derivados.** As cadeias poliméricas da anidroglucose são compactadas, resultando em uma estrutura altamente cristalina (celulose; Seção 16.6.2.1), que necessita de tratamento com álcali para aumentar sua solubilidade em água, seguido por tratamento com ácido cloroacético, cloreto de metila ou óxido de propileno, para produzir carboximetilcelulose (CMC), metilcelulose (MC), hidroxipropilmetilcelulose (HPMC) ou hidroxipropilcelulose (HPC). Esses revestimentos são solúveis em água e transparentes, exibindo maior capacidade de barreira à umidade e à transmissão de O_2 do que a celulose.
- **Amido e derivados.** Amilose e amilopectina (Seção 16.6.2.3) têm sido utilizadas na produção de filmes biodegradáveis. No entanto, o amido precisa ser tratado com plastificantes (glicerol, polietilenoglicol, manitol, sorbitol) misturados com outros materiais e/ou modificados quimicamente para formar filmes com boas propriedades mecânicas, como alongamento percentual elevado, e resistência a tração e flexão.
- **Quitina e quitosana.** A quitina, estruturalmente análoga à celulose, é encontrada em exoesqueletos de crustáceos, paredes celulares de fungos e outros materiais biológicos. A quitosana é derivada da quitina por desacetilação na presença de álcalis. Ela também possui atividade antimicrobiana contra diferentes microrganismos patogênicos e de deterioração, incluindo bactérias gram-positivas e gram-negativas, sendo muito utilizada em filmes antimicrobianos [89].
- **Alginatos e carragenanas.** Os alginatos, extraídos de algas marinhas, são sais do ácido algínico, que consiste em um copolímero linear dos monômeros D-manurônico e L-glicurônico. O alginato reage com agentes gelificantes, tais como cálcio e magnésio, para formar materiais de revestimento. A carragenana é uma mistura complexa com pelo menos cinco polímeros de galactose solúveis em água. Esses filmes são fracos como barreiras de umidade, pois são filmes hidrofílicos, embora a incorporação de cálcio possa reduzir sua permeabilidade ao vapor de água.
- **Pectina.** A alta metoxilação da pectina forma excelentes filmes, e a mistura de pectina cítrica e amido com alto teor de amilose fornece filmes fortes e flexíveis (ver Seção 16.6.2.1).
- **Gel Aloe.** O gel de *Aloe vera* é obtido das células parenquimáticas de plantas suculentas da *Aloe* spp., que foi identificado como um novo revestimento de pele [89]. Esse gel também possui atividade antifúngica.

As **proteínas**, por meio de suas diversas fontes, podem ser usadas como revestimentos comestíveis, porém os revestimentos de proteína são os materiais menos desenvolvidos [88]. Contudo, eles receberam maior atenção devido à sua abundância como subprodutos agrícolas e resíduos de processamento de alimentos. A presença de resíduos de aminoácidos reativos permite que proteínas possam ser modificadas e reticuladas mediante tratamentos físicos e químicos, produzindo novas estruturas poliméricas [91]. As proteínas são geralmente hidrofílicas e sensíveis à absorção de umidade, portanto, elas são afetadas pela temperatura e umidade relativa. Os revestimentos comestíveis mais comuns derivados de proteínas são:

- **Gelatinas.** As gelatinas são obtidas pela hidrólise controlada da proteína fibrosa insolúvel colágeno, que é um dos principais constituintes da pele, dos ossos e dos tecidos conectivos. As gelatinas possuem altos teores de glicina, prolina e hidroxiprolina, e contêm misturas de cadeias desdobradas simples e duplas de carácter hidrofílico.
- **Zeína de milho.** A zeína é uma proteína prolamina obtida do endosperma do milho, que se dissolve em etanol e possui excelentes características de formação de filme.
- **Glúten de trigo.** É um termo geral para proteínas da farinha de trigo que são insolúveis em água e contêm gliadina e glutenina. A gliadina é solúvel em etanol a 70%, embora a glutenina não seja, e filmes comestíveis podem ser produzidos pela secagem de soluções aquosas de etanol do glúten de trigo.

- **Proteína de soja.** A maior parte da proteína da soja é insolúvel em água, mas solúvel em soluções salinas neutras diluídas. A proteína de soja consiste em duas frações proteicas principais; 7S (conglicina, 35%) e 11S (glicinina, 52%), contendo resíduos de cisteína que conduzem à formação da ligação dissulfeto. Revestimentos comestíveis podem ser produzidos pela formação de filme de superfície a partir de leite de soja aquecido, ou formação de filme a partir de soluções de isolados de proteína de soja [91].
- **Caseína.** A caseína é uma proteína derivada do leite que é facilmente processável devido à sua estrutura helicoidal aleatória, produzindo materiais que variam de rígidos e quebradiços a flexíveis e resistentes [88].
- **Queratina.** A queratina é extraída de materiais residuais, como cabelos, unhas e penas, porém ela é de difícil processamento devido ao seu alto conteúdo de cistina (dissulfeto) e à baixa solubilidade aquosa. Após o processamento, é produzido um plástico totalmente biodegradável e insolúvel em água, mas suas propriedades mecânicas ainda são inferiores em comparação com outras proteínas. A mistura ou laminação é necessária para superar sua insensibilidade à umidade [88].
- **Soro.** A proteína do soro do leite é um subproduto da produção de queijo e iogurte, que pode ser processada para produzir filmes flexíveis, porém frágeis. A proteína do soro é hidrofílica, e lipídeos são adicionados às soluções formadoras de filme para reduzir a migração de umidade.

Os efeitos dos revestimentos comestíveis foram amplamente testados em diferentes frutas e hortaliças inteiras e minimamente processadas [88-90]. Embora seja comumente utilizado em maçã, pimentão, limão, laranja, pepino e outros produtos, o uso comercial real de revestimentos não é quantificado facilmente. Os produtos minimamente processados, nos quais os revestimentos comestíveis podem ser aplicados, incluem maçã, melão *cantaloupe*, cenoura, alface, melão *cantaloupe*, pera, pêssego e batata. Entretanto, a utilização de revestimentos exige rotulagem nas embalagens, o que pode ser interpretado como prejudicial à imagem dos produtos [87].

Os principais efeitos dos revestimentos comestíveis na qualidade do produto são percebidos pela modificação da perda de água e da atmosfera interna. Frutas e hortaliças perdem água para o ambiente circundante como resultado da transpiração; portanto, o armazenamento em condições de alta umidade é muitas vezes desejável. A perda de água dos produtos pode ser agravada por danos nos revestimentos protetores naturais, por meio da lavagem e outras etapas de manuseio, especialmente em produtos minimamente processados. Em geral, materiais lipídicos (ceras e óleos) oferecem a barreira mais eficaz ao vapor de água, seguidos pela goma-laca, sendo os carboidratos e as proteínas os menos eficazes devido às suas características hidrofílicas [90].

Revestimentos comestíveis podem modificar a atmosfera interna de produtos tratados pela criação de uma barreira à troca gasosa. Nos produtos tratados, as concentrações de O_2 diminuem enquanto as concentrações de CO_2 aumentam, resultando em efeitos semelhantes aos obtidos usando EAM; se as concentrações desses gases forem inferiores a 8% ou superiores a 5%, a diminuição das taxas respiratórias e a produção de etileno podem retardar o amadurecimento ou a senescência. Materiais altamente permeáveis aos gases, como o polietileno e a cera de carnaúba, controlam a perda de água, mas não modificam de forma significativa a atmosfera interna e o progresso de amadurecimento, ao passo que as resinas apresentam baixa permeabilidade aos gases e podem controlar o amadurecimento de forma mais eficaz. No entanto, a utilização de resinas pode contribuir para o desenvolvimento de anaerobiose, que é prejudicial em condições abusivas de temperatura que podem ocorrer comercialmente. Revestimentos de carboidratos e proteínas são geralmente hidrofílicos, mas podem modificar as atmosferas internas.

As características de qualidade afetadas pela inibição do amadurecimento e da senescência são:

- **Aparência.** Alto lustro e brilho e redução da perda de água (enrugamento) que resultam em melhor aparência do produto para os consumidores. Outros processos que dependem de O_2 podem ser inibidos pelos revestimentos comestíveis, entre eles a brotação e síntese de clorofila e solanina em batatas, descoloração

de limas e limões e formação de esbranquiçamento (descoloração) em minicenouras.
- **Fatores físicos.** Taxas de perda de firmeza e acidez do produto e aumento da concentração de sólidos solúveis são geralmente reduzidos com a utilização de revestimentos comestíveis, mas a magnitude dos efeitos depende muito do tipo de produto e do revestimento específico usado [89].
- **Sabor e nutrição.** Os revestimentos podem afetar o sabor dos produtos, influenciando o metabolismo de biossíntese dos voláteis e/ou seu aprisionamento no produto tratado. Efeitos positivos foram relatados, mas outros podem ser negativos, sobretudo se a produção de etanol aumenta devido à anaerobiose. A perda de concentração fenólica e atividade antioxidante total pode ser reduzida pelos revestimentos comestíveis, mas isso também é afetado pelo tipo de produto e revestimento [87,89]. Maior concentração de carotenoides e ácido ascórbico foi encontrada em cenouras descascadas e pimentas revestidas, em comparação com cenouras descascadas e pimentas não revestidas, respectivamente.
- **Escurecimento.** O escurecimento e a atividade da PPO podem ser reduzidos em longanas, cogumelos frescos, abóbora e pêssego, mediante o uso de revestimentos comestíveis [92].
- **Decomposição.** Revestimentos comestíveis podem reduzir ferimentos (lesões superficiais, cicatrizes, abrasão), que podem resultar em infecções por patógenos oportunistas. Revestimentos contendo acidulantes ou conservantes podem reduzir a decomposição em cítricos, pepino, batata cortada e morango [87].

16.7.5 Etileno

A exposição ao etileno pode ser benéfica ou prejudicial, dependendo não só da fruta ou hortaliça em específico, mas também quando ocorre a exposição [93]. As respostas dos produtos ao etileno podem ser afetadas por espécie, cultivar, práticas culturais, exposição prévia a hormônios e níveis de estresse passado e atual. Não existe um padrão definido da concentração de etileno no qual podem ocorrer efeitos prejudiciais, e diferenças importantes na sensibilidade ao etileno entre as frutas e hortaliças são encontradas (Tabela 16.17). Frutas climatéricas, como maçãs e peras, possuem alta produção de etileno e alta sensibilidade, ao passo que outros produtos (p. ex., brócolis, repolho, cenoura e morango) podem apresentar baixas taxas de produção de etileno, mas são altamente sensíveis ao etileno. A maioria das frutas não climatéricas, como cereja, uva, frutas vermelhas e pimenta, tem baixa produção e sensibilidade ao etileno.

O etileno, liberado a partir de uma formulação química líquida conhecida como etefon (ácido 2-cloroetilfosfônico), pode ser usado no tratamento pré-colheita de maçãs e tomates para estimular o desenvolvimento da cor vermelha. Após a colheita, o etileno é aplicado comercialmente para acelerar a perda de clorofila e garantir o amadurecimento das bananas e, às vezes, como parte de protocolos de produtos prontos para o consumo, como abacates e peras. Os consumidores também podem usar frutas produtoras de etileno, como maçãs, para amadurecer outros tipos de frutas, colocando ambas as frutas em uma embalagem de papel.

Os efeitos prejudiciais do etileno são muitas vezes mais preocupantes para os produtores e comerciantes. A exposição de frutos climatéricos verdes ao etileno pode causar o amadurecimento mais cedo que o desejado, bem como o amarelecimento indesejável de vegetais verdes, como pepino, salsa e brócolis, e muitos outros efeitos negativos (Tabela 16.18). A exposição de frutas e hortaliças não climatéricas também aumenta suas taxas de respiração, e, com isso, as reservas de carboidratos são usadas mais rapidamente, além de aumentar a perda de água e acelerar o início da senescência. Normalmente, a exposição ocorre pela mistura de vegetais produtores de etileno com vegetais sensíveis ao etileno na mesma sala de armazenamento. A mesma resposta ao etileno, embora bioquimicamente idêntica para os diferentes produtos, pode ser benéfica ou prejudicial. A aceleração da perda de clorofila, a promoção do amadurecimento e a estimulação da produção de compostos fenólicos podem ser benéficas ou prejudiciais dependendo do produto (Tabela 16.19).

TABELA 16.17 Produção de etileno e sensibilidade dos tecidos vegetais comestíveis selecionados

Produto	Produção de etileno	Sensibilidade ao etileno
Fruto climatérico		
Maçã, *kiwi*, pera, chirimoia	Alta	Alta (0,03–0,1 ppm)
Abacate, melão *cantaloupe*, maracujá	Alta	Média (> 0,4 ppm)
Damasco, banana, manga	Média	Alta (0,03–0,1 ppm)
Nectarina, mamão, pêssego, ameixa, tomate	Média	Média (> 0,4 ppm)
Frutas e hortaliças não climatéricas		
Brócolis, couve-de-bruxelas, repolho, cenoura	Baixa	Alta (0,01–0,02 ppm)
Couve-flor, pepino, alface, caqui	Baixa	Alta (0,01–0,02 ppm)
Batata, espinafre, morango	Baixa	Alta (0,01–0,02 ppm)
Aspargo, feijão, aipo, frutas cítricas, berinjela	Baixa	Média (0,04–0,2 ppm)
Alcachofra, frutas vermelhas, cereja, uva, abacaxi	Baixa	Baixa (> 0,2 ppm)
Pimenta	Baixa	Baixa (> 0,2 ppm)

Fonte: adaptada de Martinez-Romero, D. et al., *Crit. Rev. Food Sci. Nutr.*, 47, 543, 2007.

16.7.5.1 Como evitar o etileno

Evitar a exposição ao etileno começa com o cuidado na colheita, classificação e embalagem, minimizando os danos aos produtos. No caso de produtos climatéricos, é difícil reduzir os níveis internos de etileno logo que iniciada a produção autocatalítica. Os produtos devem ser resfriados rapidamente à sua menor temperatura segura para reduzir a produção natural de etileno e diminuir a sensibilidade ao etileno. O uso de motores de combustão interna ao redor de produtos sensíveis ao etileno deve ser evitado, fazendo-se uso de empilhadeiras elétricas ou isolando veículos das áreas de manuseio e armazenamento. Fontes naturais de etileno, como produtos maduros e em decomposição, devem ser removidas das áreas

TABELA 16.18 Resumo dos efeitos prejudiciais do etileno na qualidade dos tecidos vegetais comestíveis

Efeito do etileno	Sintoma ou órgão afetado	Produto
Distúrbios fisiológicos	Dano pelo frio	Caqui, abacate
	Manchas castanho-avermelhadas	Alface
	Queimadura superficial	Pera, maçã
	Escurecimento interno	Pera, pêssego
Abscisão	Aglomerados	Tomate cereja
	Caule	Melão
	Cálice	Caqui
Amargor	Isocumarina	Cenoura, alface
Dureza	Lignificação	Aspargo
Off-flavor	Voláteis	Banana
Brotamento	Bulbos e tubérculos	Batata, cebola
Cor	Amarelecimento	Brócolis, salsa, pepino
	Castanho	Cereja-doce
Descoloração	Mesocarpo	Abacate
Amolecimento	Firmeza	Abacate, manga, maçã, morango, *kiwi*, melão

Fonte: adaptada de Martinez-Romero, D. et al., *Crit. Rev. Food Sci. Nutr.*, 47, 543, 2007.

de armazenamento e manuseio. Produtos sensíveis ao etileno e produtores de etileno não devem ser armazenados juntos por longos períodos. As exposições no comércio varejista devem evitar a colocação de frutas produtoras de etileno, como maçãs e tomates, perto de produtos como alface e pepino, ainda que uma boa ventilação nessas áreas provavelmente reduza a severidade da exposição ao etileno.

A concentração de etileno no ambiente de armazenamento pode ser reduzida por ventilação com ar limpo e fresco. No entanto, o ar fresco tem que ser resfriado, e o aumento da ventilação requer o uso intensivo de energia. Taxas de ventilação mais altas também reduzirão a capacidade de manter a umidade relativa alta na câmara fria. O uso de ventilação também não é adequado para produtos armazenados em AC, nem para produtos embalados em ambientes de armazenamento normal, pois as atmosferas são rigidamente controladas.

16.7.5.2 Adsorventes de etileno, oxidação e decomposição catalítica

O etileno pode ser reduzido por adsorção ou oxidação nas salas de armazenamento [94]. Os adsorvedores ("purificadores"), como carvão ativado e zeólitos (minerais aluminossilicatos microporosos), estão disponíveis há muitos anos. Os zeólitos incorporados em películas plásticas podem manter a qualidade sensorial e reduzir o armazenamento microbiano. O etileno pode ser oxidado usando-se várias estratégias. O permanganato de potássio ($KMnO_4$) está disponível na forma de sachês, filmes e filtros, mas seu contato direto com produtos comestíveis deve ser evitado devido à sua toxicidade. Estudos mostraram efetividade em alguns produtos, mas a eficácia em produtos com alta produção de etileno é comercialmente questionável. Como o etileno é absorvido pelo permanganato de potássio, sua efetividade está baseada na presença de uma grande área de superfície, embora tenham sido desenvolvidos sistemas em que o ar da sala é extraído por purificadores para aumentar a eficiência.

O ozônio (O_3) também oxida o etileno, e seu uso tem sido documentado na desaceleração do amadurecimento, bem como desinfetante, reduzindo a contaminação por fungos e bactérias. Entretanto, os produtos podem variar com relação à sensibilidade de exposição ao ozônio. Além disso, o ozônio é instável, dificultando a manutenção de concentrações estáveis durante o armazenamento.

A decomposição catalítica do etileno pode ser separada em dois tipos. No primeiro, podem ser usados elementos metálicos puros para aumentar a taxa de reações químicas e, no caso do etileno, oxidá-lo efetivamente em CO_2 e água. A maior parte do trabalho de remoção do etileno tem sido centralizada no Pd (paládio) e no TiO_2 (dióxido de titânio), usando carvão ativado como suporte do catalisador. O amadurecimento retardado de tomates e abacates foi demonstrado utilizando carvão ativado com Pd. Outra forma de remover o etileno é pela catálise ativada por luz (fotocatálise). O principal composto usado na fotocatálise é o TiO_2, que é ativado pela luz ultravioleta (comprimentos de onda de 300–370 nm). A fotocatálise apresenta vantagens, como eliminação do etileno onde ele é produzido; Ti é barato, fotoestável e limpo; a umidade relativa na sala de armazenamento não é afetada; e a eliminação do etileno pode ser alcançada em temperatura ambiente [94]. A principal desvantagem dessa tecnologia é a necessidade de luz UV permanen-

TABELA 16.19 Exemplos de como a mesma resposta fisiológica ou bioquímica ao etileno pode ser benéfica em um sistema e prejudicial em outro

Resposta ao etileno	Exemplo de benefício	Exemplo de dano
Acelera a perda de clorofila	Maturação de citrinos	Amarelecimento de vegetais verdes
Promove o amadurecimento	Amadurecimento de frutos climatéricos	Fruta excessivamente macia e farinhenta
Estimula o metabolismo dos fenilpropanoides	Defesa contra patógenos	Escurecimento e gosto amargo

Fonte: Saltveit, M.E., *Postharvest Biol. Tec.*, 15, 279, 1999.

16.7.5.3 Inibidores da ação do etileno

te; sendo assim, não pode ser utilizada no interior de embalagens.

O armazenamento em AM/AC inibe a percepção e produção de etileno devido ao baixo O_2 e alto CO_2, conforme descrito na Seção 2.6, porém, recentemente, um poderoso método capaz de controlar a percepção de etileno se tornou disponível para frutas e hortaliças. O 1-metilciclopropeno (1-MCP) é um derivado do ciclopropeno (Figura 16.27) que inibe de forma competitiva a percepção do etileno, que atua ligando-se praticamente de forma irreversível aos receptores de etileno, evitando seus efeitos e indução da tradução e transdução de sinal (Seção 16.5.1). O 1-MCP é extremamente ativo, embora seja instável na fase líquida. No entanto, foi desenvolvido um processo em que o 1-MCP é complexado com α-ciclodextrina para manter sua estabilidade. A comercialização do 1-MCP como Sistema de Qualidade SmartFresh™ levou à rápida adoção de tecnologias baseadas em 1-MCP em muitas indústrias de horticultura. Ele possui resíduos indetectáveis, está na forma de gás em temperaturas fisiológicas e é aplicado em um curto período de tempo (≤ 24 h), sendo ativo em baixas concentrações (1 ppm). Após a colheita, o 1-MCP é aplicado nos produtos hortícolas o mais cedo possível, com o objetivo de inibir rapidamente a ação do etileno [95].

Em 2016, foi aprovado o uso do 1-MCP em mais de 40 países, sendo registrado para utilização em diferentes frutas e hortaliças, como maçã, abacate, banana, brócolis, pepino, tâmara, *kiwi*, manga, melão, nectarina, mamão, pêssego, pera, pimenta, caqui, abacaxi, banana-da-terra, ameixa, abóbora e tomate. Os produtos específicos registrados em cada país variam muito, levando em consideração a importância do cultivo no país.

Como no caso do armazenamento em AC, a maior parte do uso da tecnologia 1-MCP é em maçãs [96]. O foco nas maçãs é devido aos grandes volumes de frutas que são mantidos no armazenamento em rão AC por períodos de até 12 meses, dependendo do cultivar e região de crescimento. Em alguns casos, o tratamento com 1-MCP pode ser usado como alternativa ao armazenamento em AC, mas geralmente AC e 1-MCP são utilizados em combinação. A vantagem do 1-MCP é que ele evita o amolecimento rápido da fruta que pode ocorrer após a remoção do armazenamento em AC. Além disso, a maçã é considerada uma fruta ideal para o uso com 1-MCP, pois o melhor produto no mercado é aquele que se assemelha à colheita – único com textura quebradiça crocante e relação ácido/açúcar apropriada em cada cultivar.

O uso de 1-MCP em outros produtos é relativamente limitado. Diferentemente da maçã, outros frutos climatéricos, como abacate, banana, pera e tomate, necessitam de um atraso, não uma inibição do amadurecimento, para garantir que o consumidor receba produtos de alta qualidade com as características esperadas de cor, textura e sabor. Menores concentrações de 1-MCP, que não inibem o amadurecimento, podem ser difíceis de aplicar como um gás. No entanto, novas tecnologias aquosas para a aplicação de 1-MCP no campo ou por imersão continuam a ser investigadas [95]. Outro fator que limita o uso de 1-MCP é sua relação custo-benefício, em que para alguns produtos, como hortaliças, o custo da aplicação de 1-MCP pode não justificar seu uso. O amarelecimento do brócolis, que pode ser resultado de armazenamento e transporte sob condições abusivas de alta temperatura e exposição ao etileno, pode ser controlado pelo tratamento com 1-MCP, mas esses abusos não são comuns o suficiente para justificar o tratamento de uma mercadoria de baixo custo.

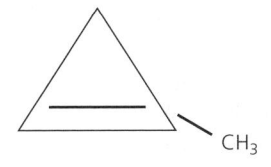

FIGURA 16.27 Estruturas químicas do 1-metilciclopropeno, um inibidor da ligação do etileno.

Na maior parte dos casos, várias generalizações podem ser feitas sobre as respostas de frutas e hortaliças ao 1-MCP:

1. As características primárias do amadurecimento de frutos climatéricos, como amolecimento, desenvolvimento de cor e produção de voláteis, estão, de forma inexorável, ligadas com a produção de etileno, mas os efeitos específicos do tratamento com 1-MCP estão intimamente ligados com as espécies, cultivares e maturidade. A capacidade de interromper a progressão do amadurecimento, logo que iniciado, varia de acordo com o fruto e os atributos específicos estudados. Em geral, frutas, com taxas mais rápidas de metabolismo ou em estágio fisiológico mais maduro são menos sensíveis ao 1-MCP; se a produção de etileno foi iniciada, inibir a percepção de etileno é menos eficaz. O amadurecimento de certos frutos, como goiaba, tomate e banana, pode ser completamente inibido ou anormal, caso os frutos sejam imaturos.
2. Frutos não climatéricos podem ser afetados pelo 1-MCP, e esse efeito permite a percepção da ocorrência de eventos dependentes ou não de etileno durante o amadurecimento, incluindo mudanças na expressão gênica (regulação positiva e negativa). Os benefícios comuns do tratamento com 1-MCP em produtos não climatéricos incluem o atraso nas perdas de clorofila e proteína.
3. Perdas de compostos que trazem benefícios à saúde, como a vitamina C, costumam ser mais lentas nos produtos tratados com 1-MCP, ao passo que os efeitos sobre os compostos fenólicos costumam ser menores.
4. A qualidade dos produtos tratados, incluindo os níveis de compostos benéficos à saúde, é geralmente próxima aos frutos não tratados, quando o amadurecimento é atrasado, mas não inibido pelo 1-MCP.
5. Os distúrbios fisiológicos associados com a senescência ou induzidos pelo etileno (endógeno e exógeno) são inibidos pelo tratamento com 1-MCP, mas outros, como aqueles associados ao CO_2 elevado no ambiente de armazenamento, são aumentados. A lesão pelo frio é aumentada ou diminuída dependendo de se a produção de etileno aumenta ou suaviza esse distúrbio.

16.7.6 Tratamentos térmicos

O uso de tratamento térmico como meio não químico para o controle de pragas e insetos, prevenção de decomposição, aumento do tempo de armazenamento e prevenção do desenvolvimento de distúrbios fisiológicos tem sido investigado em muitos tecidos vegetais comestíveis [97]. Três métodos são utilizados para tratar esses produtos: (1) tratamentos com água quente, por imersão ou pulverização; (2) calor de vaporização (ar saturado de água); e (3) ar quente, estático ou forçado. Tratamentos com água quente podem ser suplementados com outros tratamentos, como escovagem do fruto [98].

Cada produto é tratado com esses métodos por meio de combinações específicas de temperatura e período de tempo (de segundos a dias de duração), resultando na resposta desejada sem provocar lesão aos tecidos ou incapacidade de recuperação metabólica pelo tratamento. A resposta de uma determinada fruta ou hortaliça resultará de uma combinação de fatores: condições ambientais pré-colheita, idade termofisiológica do produto, tempo e temperatura de exposição e se o produto é transferido do calor para a temperatura de armazenamento ou amadurecimento. A resposta ao tratamento térmico de muitos produtos vegetais foi investigada (p. ex., maçãs, aspargos, cenouras, aipo, alface, manga, pêssego, mamão, batatas, morangos e tomates), mas a aceitação comercial dessa tecnologia é limitada por fatores como altos custos de energia.

Tratamentos térmicos podem diminuir a degradação pela eliminação de esporos dos produtos, conferindo efeitos letais diretos sobre organismos ou pragas que causam decomposição, ou mediante a alteração da estrutura e composição da cera. A melhoria da qualidade de armazenamento ocorre com a inibição dos processos metabólicos envolvidos no amadurecimento e na senescência. No amadurecimento de frutos, uma característica importante dos tratamentos térmicos é a inibição da biossíntese do etileno, principalmente porque a atividade da ACC oxidase é inibida, mas os efeitos térmicos também podem provocar a percepção dessensibilizada de etileno e diminuir a síntese proteica [97]. As taxas de respiração podem inicialmente aumentar durante o tratamento, mas depois diminuir para níveis mais baixos que na fruta controle. Outros fatores do amadurecimento inibido pelo tratamento térmico incluem a desmontagem da parede celular, síntese de carotenoides, como o licopeno no tomate que é mediado pelo etileno, e a evolução dos sabores e de compostos voláteis. A descoloração indesejável de frutos foi observada em maçã, pepino, banana-da-terra e tomate. Se os frutos forem tratados com combinações inadequadas de temperatura/tempo, eles não irão se recuperar da inibição do amadurecimento.

Os tratamentos térmicos estão associados com respostas ao estresse térmico, que envolve a regulação de um conjunto específico de genes codificadores de proteínas de choque térmico (HSPs); essa resposta frequentemente corresponde à regulação negativa de muitos genes de amadurecimento. Acredita-se que a termotolerância exija a transcrição e tradução das HSPs, levando à proteção celular. Se um produto for tratado com combinações incorretas de temperatura/tempo, a síntese de proteínas citoprotetoras pode ser atenuada, gerando danos pelo calor. No entanto, os produtos podem ser pré-condicionados usando um estresse térmico moderado que fornece maior tolerância a estresses de temperatura, e esse processo pode ser mediado pela indução de HSPs [97]. Outras mudanças nos produtos tratados pelo calor incluem a maior saturação de ácidos graxos nos frutos aquecidos do que nos frutos não aquecidos.

16.7.7 Radiação ionizante

A irradiação de alimentos envolve a exposição dos produtos aos raios gama a partir de uma fonte de radioisótopos, ou de raios X ou elétrons gerados a partir de um acelerador de elétrons. Essa tecnologia é considerada segura e eficaz pela WHO, pela FAO e pela Agência Internacional de Energia Atômica, apesar de existir alguma resistência do consumidor [99]. O potencial de radiação ionizante está baseado no fato de que o DNA dos microrganismos indesejáveis é danificado, ou que as respostas fisiológicas desejáveis são obtidas sem danificar ou reduzir a qualidade do produto tratado. A radiação não produz resíduos e pode diminuir a necessidade do uso de produtos químicos em produtos vegetais comestíveis.

A irradiação pode proteger a qualidade do produto e reduzir as perdas pós-colheita de várias formas, entre elas, reduzir a carga microbiana de patógenos, como *Escherichia coli* e *Listeria monocytogenes*; inibir a brotação de cenoura, cebola e batata; e prolongar o prazo de validade de frutas e hortaliças inteiras e minimamente processadas. Os efeitos da irradiação na qualidade dos produtos vegetais comestíveis, incluindo a produção de etileno, respiração, aparência, textura, sabor e composição nutricional, são geralmente pequenos [99,100]. Os produtos podem variar com relação à sensibilidade, mas um fator limitante para o uso da irradiação é a perda da qualidade do produto na faixa de 1 a 2 kGy ou mais. Além disso, efeitos indesejáveis foram encontrados em doses menores que 1 kGy. Esses efeitos incluem maior amolecimento, perda de ácido ascórbico e interferência na cicatrização de feridas em doses que impedem o brotamento da batata. Frutas e hortaliças recém-cortadas aparentam ser menos sensíveis à irradiação do que produtos inteiros. O uso de tecnologias de barreira, nas quais são utilizadas combinações de métodos para manter a qualidade, está sendo investigado para reduzir as taxas de dose eficazes. Entre os métodos adicionais utilizados, estão incluídos a EAM, tratamentos com água quente, sanitizantes químicos, sais de cálcio e antioxidantes.

16.7.8 Outras tecnologias

Pesquisas continuam identificando novas tecnologias para manter a qualidade e aumentar o potencial de armazenamento dos tecidos vegetais comestíveis. Entre elas estão incluídas:

1. Poliaminas que diminuem durante o amadurecimento e interagem com a via biossintética do etileno (Seções 16.5.1.1 e 16.5.6.1). O tratamento pós-colheita de frutos com poliaminas pode aumentar seus níveis endógenos, inibir a produção de etileno, manter a qualidade e proteger contra danos mecânicos [29,94].
2. O óxido nítrico (Seção 16.5.6.2) pode retardar a senescência de várias frutas e hortaliças não climatéricas, suprimindo a geração de etileno [16]. O gás NO é aplicado como fumigante ou

liberado de soluções de nitroprussiato de sódio, *S*-nitrosotióis ou diazeniumdiolatos, e o desenvolvimento futuro da tecnologia requer um sistema inteligente transportador/controlador para a liberação de NO [30,101]. Uma opção de tratamento alternativa é aplicar compostos como a arginina, um precursor da biossíntese de NO, para estimular a produção de NO [30].

A utilização desses e de outros tratamentos pode prosseguir, conforme os modos de ação sejam mais bem compreendidos e as tecnologias de aplicação desenvolvidas. Contudo, as limitações de comercialização nem sempre estão relacionadas apenas com a eficácia. Oportunidade limitada de controle de patentes e pequenos mercados são fatores que resultam na falta de incentivos financeiros para arcar com o custo de atender às aprovações regulatórias exigidas.

16.8 PRODUTOS VEGETAIS TRANSGÊNICOS

16.8.1 Organismos geneticamente modificados

O melhoramento de plantas está em paralelo com a civilização humana, sendo a base da mudança da caça e da coleta para a agricultura. A domesticação de cultivos de produção agrícola resultou em muitos dos alimentos básicos da dieta humana, como arroz, trigo, milho e batata, e a seleção de características desejáveis, como qualidade, rendimento e resistência a doenças e pragas, continua. Em qualquer tecido vegetal comestível, os agricultores geralmente selecionam cultivares com base na comercialização (qualidades visuais específicas na escolha de mercado) e no rendimento, pois esses fatores afetam diretamente a sustentabilidade econômica. Conforme discutido na Seção 16.3.4, as características desejáveis podem estar em conflito com a qualidade. Os criadores, às vezes favorecem as seleções de frutas e hortaliças com maior resistência aos abusos de manipulação, produzindo cultivares com peles mais duras, mas que podem reduzir a qualidade do alimento.

Muitas abordagens têm sido utilizadas no melhoramento de plantas, além da simples seleção com atributos desejáveis, incluindo a hibridação e a criação de mutações [102]. Muitas culturas foram geradas por hibridação e seleção (p. ex., maçã, morango, tomate e abóbora), mas a tecnologia é limitada pela exigência de duas plantas compatíveis no mesmo gênero ou espécie. Além disso, a possibilidade de transferência de características indesejáveis juntamente com as características desejadas é alta. A criação de mutações vai depender de variações espontâneas das espécies, por exemplo, culturas de cereais semianãs e variedades de maçã com coloração vermelha, ou pela exposição de sementes, cortes, pólen, ou células cultivadas em tecidos a mutagênicos físico ou químico. A criação de mutações é um processo aleatório, não específico, que pode produzir mutações que revertem para o fenótipo original e são quimeras.*

Recentemente, tem sido utilizada a tecnologia transgênica, em que um gene com traços desejáveis pode ser inserido no genoma do hospedeiro. Comumente conhecido como geneticamente modificado (GM) ou organismos geneticamente modificados (OGMs), a tecnologia envolve a inserção ou a regulação positiva e negativa de genes com funções específicas. A modificação genética pode ser classificada como "transgênica", em que genes de outras espécies são introduzidos em plantas, ou "cisgênicas", onde apenas genes dentro da mesma espécie ou aqueles estreitamente relacionadas são utilizados para a transformação. A maioria das aplicações comerciais tem sido na produção de culturas de campo, principalmente aquelas resistentes a herbicidas, por exemplo, glifosato (Roundup®), estresse e resistência a insetos e doenças. Essa tecnologia também tem sido utilizada em frutas como o mamão, no qual o gene que resiste ao vírus da doença *ringspot* (PRSV) foi inserido na fruta [103]. O campo de pesquisa está mudando rapidamente, com surgimento de novas tecnologias, tais como "repetições palindrômicas curtas agrupadas e regularmente interespaçadas" (CRISPRs), que estão sendo empregadas para realizar a edição de genes com

---

*Quimera ocorre quando células de mais de um genótipo (composição genética) são encontradas em crescimento adjacente nos tecidos de uma mesma planta.

precisão sem precedentes, eficiência e flexibilidade [104]. A técnica está em estágios iniciais, mas pode ser usada para modificar processos metabólicos dos tecidos vegetais comestíveis.

A segurança dos alimentos GM – principalmente a preocupação com os riscos para a saúde humana, o impacto ambiental e as percepções de naturalidade – tem sido levantada por grupos contrários ao seu desenvolvimento comercial [105,106]. A hostilidade relativa aos alimentos geneticamente modificados e as barreiras legislativas para a sua aprovação são maiores na União Europeia do que nos Estados Unidos [107]. Fatores que afetam a atitude do público em relação aos alimentos GM incluem variáveis socioeconômicas, conhecimento dos indivíduos e formação científica e educação dos pais em ciência e religião [105]. Apesar disso, pelo menos 36 países concederam a aprovação da regulação de culturas GM desde 1994, e mais de 300 milhões de hectares de culturas GM são cultivadas por 17 milhões de agricultores em mais de 25 países.

A avaliação de segurança dos alimentos transgênicos se baseia no "Princípio de Equivalência Substancial", no qual a composição do produto transgênico é comparada com a da contraparte tradicionalmente cultivada [108,109]. O objetivo de tais comparações é detectar alterações não intencionais resultantes de modificação genética. Exemplos de alterações são toxicidade, alergenicidade, possível resistência a antibióticos a partir de culturas GM, carcinogenicidade pelo consumo de alimentos transgênicos e alteração da qualidade nutricional (macro, micro e antinutrientes) [110]. Todos os estudos comparativos sobre nutrientes e composição de substâncias tóxicas naturais de produtos como batata, mamão, pimenta vermelha, tomate, trigo, milho e arroz encontraram "equivalência substancial" nas quantificações de açúcares, ácidos orgânicos, carotenoides, alcaloides, VOCs, antioxidantes e minerais [103,110,111].

No entanto, para os produtos vegetais comestíveis, a maior parte do foco tem sido na modificação genética que resulta no aumento da qualidade nutricional, ou modificação dos processos de senescência e amadurecimento para melhorar a manutenção da qualidade.

16.8.2 Cultivos alimentares melhorados nutricionalmente

A biofortificação de cultivos pode ocorrer pela adição de minerais ou compostos inorgânicos apropriados em fertilizantes, ou pela reprodução convencional de plantas, mas a biotecnologia permite que métodos sustentáveis e de baixo custo possam melhorar os atributos do produto [103,112]. O arroz biofortificado é um exemplo, em que o gene do β-caroteno, que é a molécula precursora da vitamina A, foi inserido para fornecer concentrações mais altas de vitamina A [113]. O arroz GM, conhecido como arroz dourado, foi a primeira safra especificamente projetada para combater a desnutrição; a deficiência de vitamina A provoca degeneração ocular em 3 milhões de crianças a cada ano. A biofortificação com β-caroteno foi estendida para o milho e a mandioca.

Outros cultivos GM incluem o arroz, em que inserções de genes foram realizadas para aumentar a biodisponibilidade do ferro e diminuir os níveis de ácido fítico (inibidor da absorção de zinco), e o trigo para aumentar o teor de zinco. Milho fortificado com três vitaminas que expressam grandes quantidades de β-caroteno, ascorbato e folato. Além disso, níveis de gliadinas causadoras de doença celíaca foram reduzidos no trigo.

Uma área interessante de pesquisa é o desenvolvimento de "cultivos desenhados", em que os níveis de compostos bioativos importantes para a saúde humana são aumentados. Por exemplo, o aumento de ácidos graxos ômega-3 em óleos de armazenamento das sementes de plantas, e expressão de antocianinas e resveratrol em tomates.

16.8.3 Modificação dos processos de amadurecimento e senescência

A modificação genética de produtos vegetais comestíveis, principalmente o tomate, é comum em muitos laboratórios e tem levado ao aumento da compreensão dos processos de amadurecimento e senescência.

O primeiro alimento GM disponível para consumo humano foi o tomate Flavr Savr. Esse tomate, produzido pela Calgene, foi geneticamente modificado pela inserção de um gene antissenso na enzima PG de amolecimento da parede celular (Seção 16.6.2.1). Embora a vida de prateleira do fruto tenha aumentado, os efeitos positivos na firmeza não se realizaram, e a produção durou somente entre 1994 e 1997 [114]. Um tomate GM semelhante com expressão gênica PG negativa, produzido na Inglaterra, pela Zeneca, resultou em uma polpa de tomate 20% mais barata. Esse produto, rotulado como geneticamente modificado, era popular no mercado, porém, com o aumento da opinião pública anti-OGM a produção foi interrompida [115].

Recentemente, maçãs e batatas transgênicas receberam aprovação regulamentar nos Estados Unidos [116]. Maçãs com reduzida atividade de PPO e baixo escurecimento, registradas como maçãs Artic, e batatas "Innate" GM, produzidas pela J.R. Simplot Co., foram projetadas para resistir a manchas negras e escurecimento e conter menos asparagina. Concentrações mais baixas de asparagina reduzem a formação da acrilamida, considerada um possível agente cancerígeno formado durante a fritura de batatas.

16.9 EXIGÊNCIAS DOS PRODUTOS
16.9.1 Cereais, nozes e sementes

Cereais, nozes e sementes podem ser armazenados por longos períodos, desde que não haja infestação de insetos e que a atividade de água seja baixa o suficiente para impedir o crescimento microbiano. Por isso, diferentemente das frutas e hortaliças, a manipulação das condições de armazenamento dos grãos, nozes e sementes tem menor foco no produto e maior foco nas condições que afetam as pragas e o crescimento microbiano.

Os componentes de armazenamento bem-sucedido desses produtos incluem [117]:

1. **Estruturas de armazenamento apropriadas.** O armazenamento deve proteger grãos, nozes e sementes de fatores ambientais externos, como chuva e água subterrânea, minimizar os efeitos da temperatura e da umidade do ambiente e excluir insetos, roedores e pássaros.
2. **Controle de temperatura.** A temperatura não afeta diretamente a qualidade do produto, mas afeta a população de insetos e a atividade de fungos, leveduras e bactérias.
3. **Controle de umidade.** A umidade no ar intergranular alcança o equilíbrio com a umidade dos grãos, nozes e sementes dentro da zona de armazenamento. A umidade relativa deve ser mantida $\leq 70\%$ para evitar perdas devido a fungos, leveduras e bactérias.

Entre as alternativas aos pesticidas sintéticos, estão incluídas a manipulação da temperatura usando aeração forçada para modificar o microclima do grão a granel, minimizando as pragas e a contaminação e mantendo a qualidade do produto; resfriamento de grãos usando refrigeração; e tratamentos térmicos. A composição do gás dentro da zona de armazenamentos dos grãos, que compreende $\approx 50\%$ do volume da estrutura de armazenamento, tem menores concentrações de O_2 e maiores concentrações de CO_2 do que o ar, dependendo dos níveis de aeração. Essas atmosferas podem ser modificadas (diminuição de O_2 e/ou aumento de CO_2) para destruir insetos e inibir o crescimento de patógenos. Pós inertes (p. ex., argila, areia, cinzas, terra diatomácea, sílica sintética) e pós minerais (p. ex., dolomita, cal), que funcionam como dessecantes, podem ser utilizados para eliminar insetos por meio da abrasão de suas cutículas, seguida da perda de água.

16.9.2 Frutas e hortaliças inteiras

Cada fruta e hortaliça, e às vezes cada cultivar dentro de uma espécie, possui exigências específicas de armazenamento que representam uma integração de fatores discutidos nas Seções 16.3 e 16.7. Os fatores que afetam as exigências dos produtos incluem:

1. O tempo de armazenamento máximo que pode ser obtido, que está geralmente relacionado com a genética do cultivar e o estágio de maturidade e/ou amadurecimento no momento da colheita. Por exemplo, os tomates têm potencial de armazenamento muito menor do que as maçãs, mas mesmo dentro de cada grupo, esse potencial pode variar de dias a semanas, e de semanas a meses, respectivamente.

2. As temperaturas ótimas de armazenamento baseadas na sensibilidade aos danos gerados pelo frio e o congelamento. Por exemplo, frutas tropicais e subtropicais tendem a ter taxas mais altas de metabolismo e são mais suscetíveis aos danos causados pelo frio do que frutas temperadas.
3. A umidade relativa é geralmente alta para frutas e hortaliças, pois a perda de umidade resulta em efeitos adversos na aparência, na textura, no sabor e no peso. As taxas de perda de umidade dependem de propriedades inerentes ao produto, como as propriedades cuticulares e peridérmicas; presença ou ausência de estômatos, lenticelas, tricomas e pelos; e temperatura de armazenamento, que afeta as taxas de transpiração.
4. Tolerância dos produtos a baixas concentrações de O_2 e CO_2.
5. Sensibilidade dos produtos ao etileno.

As respostas dos produtos vegetais comestíveis a esses fatores formam a base das recomendações publicadas que estão disponíveis em muitas fontes, incluindo aquelas facilmente acessíveis na *web* [83]. O grau em que essas recomendações são seguidas depende da indústria envolvida e do nível de sofisticação disponível. Um mercado de varejo local, por exemplo, pode armazenar vários produtos juntos e em temperaturas inadequadas para alguns produtos. A perda de qualidade pode ser insignificante em decorrência do período de tempo limitado em temperaturas inadequadas. Em contrapartida, um local de armazenamento de maçãs, que visa armazenar a fruta durante 10 meses, deve prestar mais atenção à escolha de cultivares adequados, garantindo o resfriamento rápido em temperaturas ótimas de armazenamento, utilizando tecnologias suplementares, como o 1-MCP, e estabelecendo rapidamente as ACs ótimas.

16.9.3 Frutas e hortaliças frescas (minimamente processadas)

O crescimento do mercado de frutas e hortaliças recém-cortadas ou minimamente processadas, devido à conveniência de produtos prontos para consumo que são percebidos como saudáveis, teve um desenvolvimento empolgante nos últimos anos. O processamento afeta a química dos alimentos vegetais comestíveis de muitas maneiras [118,119]. A diferença mais significativa entre os produtos minimamente processados e os produtos inteiros é, obviamente, o corte dos tecidos e as alterações fisiológicas associadas aos cortes, incluindo as respostas aos ferimentos. O corte dos produtos elimina a proteção natural da epiderme e provoca grandes rupturas nos tecidos, resultando no contato entre enzimas e substratos, e expondo as superfícies dos tecidos a microrganismos. O processamento aumenta as taxas de respiração, o etileno induzido por ferimentos, a atividade de água e a área de superfície por unidade de volume, o que pode acelerar a perda de água. Essas alterações fisiológicas podem ser acompanhadas por perda de sabor, descoloração da superfície de corte, perda de cor, deterioração, aumento da taxa de perda de vitamina, amolecimento rápido, enrugamento e menor tempo de armazenamento.

A produção de produtos minimamente processados envolve uma série de procedimentos que foram projetados para minimizar a carga microbiana das matérias-primas recebidas, mediante o preparo eficiente de ambientes limpos com temperatura e umidade controladas [119]. As operações envolvidas no preparo incluem:

1. Recebimento e armazenamento.
2. Limpeza preliminar e seleção do produto no estágio adequado de maturação e amadurecimento para o corte.
3. Tratamentos de pré-corte e processamento.
4. Descascamento (se necessário).
5. Redução de tamanho e corte.
6. Lavagem e resfriamento.
7. Eliminação de água.
8. Embalagem.

Dessas etapas, fatores comuns entre as frutas e hortaliças inteiras que afetam a qualidade são: seleção de cultivares apropriados para os propósitos desejados, manejo de culturas pré-colheita regimes adequados de temperatura e armazenamento pós-colheita e equilíbrio entre o tempo de colheita e a qualidade (ver Figura 16.4). Por exemplo, uma fruta menos madura pode ser mais firme e ter melhor qualidade de manuseio, transporte e armazenamento, mas pode apresentar menos atributos de aroma e sabor. Como nos produtos inteiros, a remoção da planta-mãe limita os recursos energéticos disponíveis para continuar a atividade metabólica pós-colheita "normal".

Ao contrário dos produtos inteiros, a utilização de EAM é uma característica comum e muitas vezes essencial para a manutenção da qualidade dos produtos minimamente processados [120]. Devido à remoção das barreiras epidérmicas que fornecem resistência à difusão de gás, é comum encontrar concentrações ótimas de O_2 e CO_2 que são menores e maiores, respectivamente, em produtos minimamente processados do que em produtos inteiros. Além disso, frutas e hortaliças minimamente processadas sensíveis ao frio são frequentemente armazenadas em temperaturas mais baixas do que o produto inteiro, pois a parte do tecido que exibe visualmente a lesão foi removida e/ou os períodos de armazenamento não são longos o suficiente para o desenvolvimento dos sintomas de CI.

Os efeitos específicos do processamento de produtos frescos que exigem bom gerenciamento são [118]:

1. **Dano mecânico.** Facas afiadas para o corte de produtos minimamente processados diminuem os danos e as taxas de respiração, em comparação com facas sem corte. Quanto menor o tamanho do produto cortado, maiores as taxas de respiração e produção de etileno, e maior a estimulação da atividade de PAL pelo etileno. As respostas induzidas pelos ferimentos incluem a produção de ligninas (fibrosas) e cumarinas (amargas). A qualidade nutricional, especialmente a vitamina C, pode ser diminuída por perda de água, exposição do tecido à luz e ao ar, degradação enzimática ou química e produtos químicos, como o cloro. No entanto, a estabilidade das vitaminas depende do tipo de produto e da temperatura. A aplicação de EAM, muitas vezes um componente crucial para a manutenção da qualidade de produtos minimamente processados, pode manter os compostos nutricionais, porém o alto teor de CO_2 nas embalagens pode resultar na degra-

dação mais rápida. A concentração fenólica e a capacidade antioxidante dos produtos minimamente processados podem aumentar devido aos ferimentos, de 26 para 191% e de 51 para 442%, respectivamente [121].

2. **Escurecimento enzimático.** Reações devido à combinação de compostos fenólicos com a atividade da PPO podem provocar o rápido escurecimento após o corte, principalmente em produtos com alta concentração de compostos fenólicos pré-formados (maçã, alcachofra, pêssego, pera, batata). Além disso, a síntese e o acúmulo de compostos fenólicos em produtos como alface, que possui baixa concentração no momento do corte, podem ser estimulados pela lesão. Para reduzir o escurecimento enzimático são utilizados tratamentos com ácido ascórbico e outros acidulantes e/ou sulfitos e O_2 e atmosferas de CO_2 elevadas (EAM).

3. **Mudanças indesejáveis na coloração.** A perda de clorofila e a exposição de carotenoides amarelos ou incolores nos vegetais verdes provoca um amarelecimento inaceitável, ao passo que a formação de feofitina pode resultar em escurecimento do tecido. Cenouras cortadas podem desenvolver uma aparência esbranquiçada na superfície, que está associada com a desidratação das camadas celulares externas e/ou formação de lignina. Manchas cor-de-rosa ou marrom ("avermelhado") na alface estão relacionadas com a exposição dos tecidos ao etileno. Dependendo do distúrbio, as medidas de controle podem ser temperatura baixa, EAM, controle de umidade, revestimentos comestíveis e antioxidantes.

4. **Amolecimento.** Enzimas pécticas liberadas durante o corte podem causar o amolecimento do tecido, principalmente nas partes do produto em contato com a superfície de corte. Alterações de textura também podem ocorrer devido à desidratação. Essas alterações podem ser minimizadas pelo controle adequado de temperatura e umidade. A produção de etileno pode acelerar o amo-

lecimento, podendo ser controlada em parte pela EAM. O tratamento adicional com sais de cálcio nos produtos cortados é empregado com frequência para manter a firmeza.

5. **Espaços de ar**. O desenvolvimento de espaços de ar em tecidos corticais* de produtos como aipo e rabanete, conhecido como aerênquima,** é uma característica indesejável. Esse distúrbio pode ser controlado com baixa temperatura e EAM.
6. **Sabores e odores desagradáveis.** Caracteristicamente, sabores e odores indesejáveis estão relacionados com EAM, em que as concentrações de O_2 são muito baixas e as concentrações de CO_2 são muito altas para o produto. Estratégias importantes de controle são utilizadas, como a seleção adequada de filmes para a embalagem e a prevenção de flutuações de temperatura, as quais resultam em mudanças nas taxas de respiração. Outra causa de aromas e odores desagradáveis resulta do aumento estimulado por feridas em metabólitos secundários, como o ácido clorogênico em cenouras raladas e sesquiterpenos em abacaxi minimamente processado.
7. **Translucidez.** A translucidez, um distúrbio fisiológico no qual o líquido se acumula nos espaços celulares livres, ocorre no tomate e no melão minimamente processados. O fator de pré-processamento que causa esse defeito é a deficiência de cálcio nos tecidos, embora o distúrbio possa ser amenizado pela utilização de baixa temperatura e EAM e o tratamento com 1-MCP reduz as respostas mediadas por etileno.

16.10 CONSIDERAÇÕES FINAIS

Os produtos vegetais comestíveis na forma de culturas básicas, frutas e hortaliças fornecem as principais fontes de energia, proteínas, carboidratos, vitaminas e outros compostos benéficos à saúde para a população mundial. Espera-se que essa população, de ≈ 7,5 bilhões em 2016, alcance mais de 9 bilhões em 2050. A disponibilidade e segurança alimentar é uma parte importante da estabilidade política em todo o mundo e representa um enorme desafio social. O aumento da produção de produtos vegetais comestíveis é necessário para a alimentação da população mundial, porém ao mesmo tempo, enfrentamos a diminuição de terra arável utilizável, problemas com a distribuição de alimentos, aumento do uso de recursos vegetais para a produção animal, preocupações ambientais e mudanças climáticas. Além disso, o consumidor mais abastado é mais crítico, e procura por produtos sem defeitos, com tamanho e cor uniformes, protegidos de patógenos, sem resíduos de pesticidas e, muitas vezes, com ênfase crescente na sustentabilidade.

Esses desafios serão abordados principalmente no campo, com ênfase no melhoramento de plantas e práticas de produção, resultando em maiores rendimentos de produtos uniformes com perdas reduzidas devido a fatores estéticos. Contudo, a melhora significativa na oferta mundial de alimentos pode ser obtida pela redução das altas taxas de perdas de produtos após a colheita, tanto nos países desenvolvidos quanto nos países em desenvolvimento. Muitas culturas básicas apresentam baixa perecibilidade, mas a maioria dos produtos vegetais comestíveis tem potencial de armazenamento relativamente curto. Os tópicos abordados neste capítulo delinearam a (bio)química alimentar básica que afeta a qualidade dos produtos vegetais comestíveis, tanto o inteiro como o minimamente processado, e as tecnologias que podem ser estabelecidas para reduzir as taxas de metabolismo que resultam na qualidade inaceitável do produto para o consumidor. A aplicação dessas tecnologias é desigual, às vezes em virtude de requisitos básicos para eletricidade. Outros, como a modificação genética, têm potencial incrível para melhorar a qualidade nutricional e aumentar o tempo de armazenamento dos produtos vegetais comestíveis, porém permanecem controversos.

---

*Cortical (relacionado ao córtex) são células não especializadas situadas entre a epiderme e os tecidos vasculares.

**Aerênquima é um tecido mole, esponjoso, que contém grandes espaços de ar intercelulares.

REFERÊNCIAS

1. USDA Food Composition Databases, USDA Nutrient Data Laboratory, ndb.nal.usda.gov/ndb/search/list, 2014. Accessed September 30, 2016.
2. Zeeman, S.C., J. Kossmann, and A.M. Smith, Starch: Its metabolism, evolution, and biotechnological modification in plants. *Annual Review of Plant Biology*, 2010. 61:209–234.
3. Food And Agriculture Organization Of The United Nations, FAOSTAT, faostat.fao.org.proxy.library.cornell.edu, 2015. Accessed September 30, 2016.
4. FAO, Global food losses and food waster - Extent, causes and prevention. http://www.fao.org/docrep/014/mb060e/mb060e00.pdf, 2011.
5. Kader, A.A., Increasing food availability by reducing postharvest losses of fresh produce. *Acta Horticulturae*, 2005. 682:2169–2175.
6. Watkins, C.B. and J.H. Ekman, How postharvest technologies affect quality, in *Environmentally Friendly Technologies for Agricultural Produce Quality*, S. Ben-Yoshua, Ed. 2005, CRC Press: Boca Raton, FL, pp. 333–396.
7. Shewfelt, R.L., What is quality? *Postharvest Biology and Technology*, 1999. 15:197–200.
8. Kays, S.J., *Postharvest Physiology of Perishable Plant Products*. 1997, Athens, Greece: Exon Press.
9. Brecht, J.K., M.A. Ritenour, N.F. Haard, and G.W. Chism, Postharvest physiology of edible plant tissues, in *Fennema's Food Chemistry*, S. Damodaran, K.L. Parkin, and O.R. Fennema, Eds. 2008, pp. 975–1049, CRC Press: Boca Raton, FL.
10. Sams, C.E. and W.S. Conway, Preharvest nutritional factors affecting postharvest physiology, in *Postharvest Physiology and Pathology of Vegetables*, J.A. Bartz and J.K. Brecht, Eds. 2003, Marcel Dekker: New York, pp. 161–176.
11. Kader, A.A. and M.E. Saltveit, Respiration and gas exchange, in *Postharvest Physiology and Pathology of Vegetables*, J.A. Bartz and J.K. Brecht, Eds. 2003, Marcel Dekker: New York, pp. 7–30.
12. Ben-Yehoshua, S., R.M. Beaudry, S. Fishman, J. Jayanty, and N. Mir, Modified atmosphere packaging and controlled atmosphere storage, in *Environmentally Friendly Technologies for Agricultural Produce Quality*, S. Ben-Yoshua, Ed. 2005, CRC Press: Boca Raton, FL, pp. 61–112.
13. Dillahunty, A.L., T.J. Siebenmorgen, R.W. Buescher, D.E. Smith, and A. Mauromoustakos, Effect of moisture content and temperature on respiration rate of rice. *Cereal Chemistry*, 2000. 77:541–543.
14. Trewavas, A.J., Growth substances in context: A decade of sensitivity. *Biochemical Society Transactions*, 1992. 20:102–108.
15. Cherian, S., C.R. Figueroa, and H. Nair, 'Movers and shakers' in the regulation of fruit ripening: A cross-dissection of climacteric versus non-climacteric fruit. *Journal of Experimental Botany*, 2014. 65:4705–4722.
16. Manjunatha, G., V. Lokesh, and N. Bhagyalakshmi, Nitric oxide in fruit ripening: Trends and opportunities. *Biotechnology Advances*, 2010. 28:489–499.
17. Munné-Bosch, S. and M. Müller, Hormonal cross-talk in plant development and stress responses. *Frontiers in Plant Science*, 2013. 4: 529.
18. Murphy, A., Hormone crosstalk in plants. *Journal of Experimental Botany*, 2015. 66:4853–4854.
19. Gapper, N.E., R.P. McQuinn, and J.J. Giovannoni, Molecular and genetic regulation of fruit ripening. *Plant Molecular Biology*, 2013. 82:575–591.
20. Van de Poel, B. and D. Van der Straeten, 1-Aminocyclopropane-1-carboxylic acid (ACC) in plants: More than just the precursor of ethylene! *Frontiers in Plant Science*, 2014. 5:640.
21. Cara, B. and J.J. Giovannoni, Molecular biology of ethylene during tomato fruit development and maturation. *Plant Science*, 2008. 175:106–113.
22. Ju, C. and C. Chang, Mechanistic insights in ethylene perception and signal transduction. *Plant Physiology*, 2015. 169:85–95.
23. Pech, J.C., M. Bouzayen, and A. Latche, Climacteric fruit ripening: Ethylene-dependent and independent regulation of ripening pathways in melon fruit. *Plant Science*, 2008. 175:114–120.
24. Tromas, A. and C. Perrot-Rechenmann, Recent progress in auxin biology. *Comptes Rendus Biologies*, 2010. 333:297–306.
25. Su, L.Y., G. Diretto, E. Purgatto, S. Danoun, M. Zouine, Z.G. Li, J.P. Roustan, M. Bouzayen, G. Giuliano, and C. Chervin, Carotenoid accumulation during tomato fruit ripening is modulated by the auxin-ethylene balance. *BMC Plant Biology*, 2015. 15: 114.
26. Given, N.K., M.A. Venis, and D. Grierson, Hormonal regulation of ripening in the strawberry, a nonclimacteric fruit. *Planta*, 1988. 174:402–406.
27. Ludford, P.M., Hormonal changes during postharvest, in *Postharvest Physiology and Pathology of Vegetables*, J.A. Bartz and J.K. Brecht, Eds. 2003, Marcel Dekker: New York, pp. 31–77.
28. Leng, P., B. Yuan, Y. Guo, and P. Chen, The role of abscisic acid in fruit ripening and responses to abiotic stress. *Journal of Experimental Botany*, 2014. 65:4577–4588.
29. Valero, D. and M. Serrano, *Postharvest Biology and Technology for Preserving Fruit Quality*. 2010, CRC Press: Boca Raton, FL.
30. Wills, R.B.H., Potential of nitric oxide as a postharvest technology, in *Advances in Postharvest Fruit and Vegetable Technology*, R.B.H. Wills and J. Golding, Eds. 2015, CRC Press: Boca Raton, FL, pp. 191–210.
31. Arasimowicz, M. and J. Floryszak-Wieczorek, Nitric oxide as a bioactive signalling molecule in plant stress responses. *Plant Science*, 2007. 172:876–887.
32. Haubrick, L.L. and S.M. Assmann, Brassinosteroids and plant function: Some clues, more puzzles. *Plant, Cell and Environment*, 2006. 29:446–457.
33. Caffall, K.H. and D. Mohnen, The structure, function, and biosynthesis of plant cell wall pectic polysaccharides. *Carbohydrate Research*, 2009. 344:1879–1900.
34. Maness, N. and P. Perkins-Veazie, Soluble and storage carbohydrates, in *Postharvest Physiology and Pathology of Vegetables*, J.A. Bartz and J.K. Brecht, Eds. 2003, Marcel Dekker: New York, pp. 361–382.
35. Smith, A.C., K.W. Waldron, N. Maness, and P. Perkins-Veazie, Vegetable texture: Measurement and structural implications, in *Postharvest Physiology and Pathology of Vegetables*, J.A. Bartz and J.K. Brecht, Eds. 2003, Marcel Dekker: New York, pp. 297–330.

36. Stone, B., Cell walls of cereal grains. The Regional Institute, http://www.regional.org.au/au/cereals/2/12stone.htm, 2005.
37. Vicente, A.R., M. Saladie, J.K.C. Rose, and J.M. Labavitch, The linkage between cell wall metabolism and fruit softening: Looking to the future. *Journal of the Science of Food and Agriculture*, 2007. 87:1435–1448.
38. Carpita, N.C. and D.M. Gibeaut, Structural models of primary-cell walls in flowering plants – Consistency of molecular-structure with the physical-properties of the walls during growth. *Plant Journal*, 1993. 3:1–30.
39. Brummell, D.A., Cell wall disassembly in ripening fruit. *Functional Plant Biology*, 2006. 33:103–119.
40. Saladie, M., A.J. Matas, T. Isaacson, M.A. Jenks, S.M. Goodwin, K.J. Niklas, X.L. Ren, J.M. Labavitch, K.A. Shackel, A.R. Fernie, A. Lytovchenko, M.A. O'Neill, C.B. Watkins, and J.K.C. Rose, A reevaluation of the key factors that influence tomato fruit softening and integrity. *Plant Physiology*, 2007. 144:1012–1028.
41. Lara, I., B. Belge, and L.F. Goulao, The fruit cuticle as a modulator of postharvest quality. *Postharvest Biology and Technology*, 2014. 87:103–112.
42. Mishra, S., A. Haracre, and J. Monro, Food structure and carbohydrate digestibility, in *Carbohydrates—Comprehensive Studies on Glycobiology and Glycotechnology*, C-F. Chang, Ed. 2012, Chapter 13, pp. 289–316, InTech: Rijeka, Croatia. http://www.intechopen.com/books/carbohydrates-comprehensive-studies-on-glycobiology-and-glycotechnology/food-structure-and-carbohydrate-digestibility
43. Blenkinsop, R.W., R.Y. Yada, and A.G. Marangoni, Metabolic control of low-temperature sweetening in potato tubers during postharvest storage, J. Janick, Ed. in *Horticultural Reviews*. 2004, John Wiley & Sons, Inc: New York, Volume 30, pp. 317–354.
44. Munoz, F.J., E. Baroja-Fernandez, M.T. Moran-Zorzano, A.M. Viale, E. Etxeberria, N. Alonso-Casajus, and J. Pozueta-Romero, Sucrose synthase controls both intracellular ADP glucose levels and transitory starch biosynthesis in source leaves. *Plant and Cell Physiology*, 2005. 46:1366–1376.
45. Tiessen, A., J.H.M. Hendriks, M. Stitt, A. Branscheid, Y. Gibon, E.M. Farre, and P. Geigenberger, Starch synthesis in potato tubers is regulated by post-translational redox modification of ADP-glucose pyrophosphorylase: A novel regulatory mechanism linking starch synthesis to the sucrose supply. *Plant Cell*, 2002. 14:2191–2213.
46. Serrano, M., F. Guillen, D. Martinez-Romero, S. Castillo, and D. Valero, Chemical constituents and antioxidant activity of sweet cherry at different ripening stages. *Journal of Agricultural and Food Chemistry*, 2005. 53:2741–2745.
47. Lobit, P., M. Genard, B.H. Wu, P. Soing, and R. Habib, Modelling citrate metabolism in fruits: Responses to growth and temperature. *Journal of Experimental Botany*, 2003. 54:2489–2501.
48. Centeno, D.C., S. Osorio, A. Nunes-Nesi, A.L.F. Bertolo, R.T. Carneiro, W.L. Araujo, M.C. Steinhauser, J. Michalska, J. Rohrmann, P. Geigenberger, S.N. Oliver, M. Stitt, F. Carrari, J.K.C. Rose, and A.R. Fernie, Malate plays a crucial role in starch metabolism, ripening, and soluble solid content of tomato fruit and affects postharvest softening. *Plant Cell*, 2011. 23:162–184.
49. Degu, A., B. Hatew, A. Nunes-Nesi, L. Shlizerman, N. Zur, E. Katz, A.R. Fernie, E. Blumwald, and A. Sadka, Inhibition of aconitase in citrus fruit callus results in a metabolic shift towards amino acid biosynthesis. *Planta*, 2011. 234:501–513.
50. Hu, X.M., C.Y. Shi, X. Liu, L.F. Jin, Y.Z. Liu, and S.A. Peng, Genome-wide identification of citrus ATPcitrate lyase genes and their transcript analysis in fruits reveals their possible role in citrate utilization. *Molecular Genetics and Genomics*, 2015. 290:29–38.
51. DeBolt, S., D.R. Cook, and C.M. Ford, L-Tartaric acid synthesis from vitamin C in higher plants. *Proceedings of the National Academy of Sciences of the United States of America*, 2006. 103:5608–5613.
52. Tomas-Barberan, F.A. and J.C. Espin, Phenolic compounds and related enzymes as determinants of quality in fruits and vegetables. *Journal of the Science of Food and Agriculture*, 2001. 81:853–876.
53. Shewry, P.R. and N.G. Halford, Cereal seed storage proteins: Structures, properties and role in grain utilization. *Journal of Experimental Botany*, 2002. 53:947–958.
54. Ekanayake, S., K. Skog, and N.G. Asp, Canavanine content in sword beans (*Canavalia gladiata*): Analysis and effect of processing. *Food and Chemical Toxicology*, 2007. 45:797–803.
55. Larher, F.R., D. Gagneul, C. Deleu, and A. Bouchereau, The physiological functions of nitrogenous solutes accumulated by higher plants subjected to environmental stress. *Acta Horticulturae*, 2007. 279:33–41.
56. Pereira, A. and M. Maraschin, Banana (Musa spp) from peel to pulp: Ethnopharmacology, source of bioactive compounds and its relevance for human health. *Journal of Ethnopharmacology*, 2015. 160:149–163.
57. Petersson, E.V., U. Arif, V. Schulzova, V. Krtkova, J. Hajslova, J. Meijer, H.C. Andersson, L. Jonsson, and F. Sitbon, Glycoalkaloid and calystegine levels in table potato cultivars subjected to wounding, light, and heat treatments. *Journal of Agricultural and Food Chemistry*, 2013. 61:5893–5902.
58. Shelp, B.J., G.G. Bozzo, C.P. Trobacher, G. Chiu, and V.S. Bajwa, Strategies and tools for studying the metabolism and function of gamma-aminobutyrate in plants. I. Pathway structure. *Botany-Botanique*, 2012. 90:651–668.
59. Fait, A., H. Fromm, D. Walter, G. Galili, and A.R. Fernie, Highway or byway: The metabolic role of the GABA shunt in plants. *Trends in Plant Science*, 2008. 13:14–19.
60. Whitaker, B.D., Chemical and physical changes in membranes, in *Postharvest Physiology and Pathology of Vegetables*, J.A. Bartz and J.K. Brecht, Eds. 2003, Marcel Dekker: New York, pp. 79–110.
61. Rodriguez-Concepcion, M. and C. Stange, Biosynthesis of carotenoids in carrot: An underground story comes to light. *Archives of Biochemistry and Biophysics*, 2013. 539:110–116.
62. Rodrigo, M.J., B. Alquezar, E. Alos, J. Lado, and L. Zacarias, Biochemical bases and molecular regulation of pigmentation in the peel of citrus fruit. *Scientia Horticulturae*, 2013. 163:46–62.

63. Seymour, G.B., N.H. Chapman, B.L. Chew, and J.K.C. Rose, Regulation of ripening and opportunities for control in tomato and other fruits. *Plant Biotechnology Journal*, 2013. 11:269–278.
64. Simon, P.W., Progress toward increasing intake of dietary nutrients from vegetables and fruits: The case for a greater role for the horticultural sciences. *HortScience*, 2014. 49:112–115.
65. Dixon, J. and E.W. Hewett, Factors affecting apple aroma/flavour volatile concentration: A review. *New Zealand Journal of Crop and Horticultural Science*, 2000. 28:155–173.
66. Sims, C.A. and R. Golaszewski, Vegetable flavor and changes during postharvest storage, in *Postharvest Physiology and Pathology of Vegetables*, J.A. Bartz and J.K. Brecht, Eds. 2003, Marcel Dekker: New York, pp. 7–30.
67. Klee, H.J. and J.J. Giovannoni, Genetics and control of tomato fruit ripening and quality attributes. *Annual Review of Genetics*, 2011. 45:41–59.
68. Davey, M.W., M. Van Montagu, D. Inze, M. Sanmartin, A. Kanellis, N. Smirnoff, I.J.J. Benzie, J.J. Strain, D. Favell, and J. Fletcher, Plant L-ascorbic acid: Chemistry, function, metabolism, bioavailability and effects of processing. *Journal of the Science of Food and Agriculture*, 2000. 80:825–860.
69. Smirnoff, N., Vitamin C: The metabolism and functions of ascorbic acid in plants, in *Advances in Botanical Research*, R.B. Fabrice and D. Roland, Eds. 2011, Academic Press: Cambridge, MA, pp. 107–177.
70. Foyer, C.H. and G. Noctor, Ascorbate and glutathione: The heart of the redox hub. *Plant Physiology*, 2011. 155:2–18.
71. Lee, S.K. and A.A. Kader, Preharvest and postharvest factors influencing vitamin C content of horticultural crops. *Postharvest Biology and Technology*, 2000. 20:207–220.
72. Zhuang, H. and W.S. Barth, The physiological roles of vitamins in vegetables, in *Postharvest Physiology and Pathology of Vegetables*, J.A. Bartz and J.K. Brecht, Eds. 2003, Marcel Dekker: New York, pp. 341–360.
73. Liu, R.H., Health benefits of fruit and vegetables are from additive and synergistic combinations of phytochemicals. *American Journal of Clinical Nutrition*, 2003. 78:517S–520S.
74. Paull, R.E., Effect of temperature and relative humidity on fresh commodity quality. *Postharvest Biology and Technology*, 1999. 15:263–277.
75. Renard, C., C. Ginies, B. Gouble, S. Bureau, and M. Causse, Home conservation strategies for tomato (*Solanum lycopersicum*): Storage temperature vs. duration - Is there a compromise for better aroma preservation? Food Chemistry, 2013. 139:825–836.
76. Kader, A.A., *Postharvest Technology of Horticultural Crops*. 2002, Oakland, CA: Regents of the University of California, Division of Agricultural and Natural Resources.
77. Thompson, J.F., Precooling and storage facilities, in *The Commercial Storage of Fruits, Vegetables, and Florist and Nursery Stocks*, in Agricultural Handbook Number 66, Revised, K.C. Gross, C.Y. Wang, and M.E. Saltveit, Eds. 2016. pp. 11–21.
78. Wang, C.Y., Alleviation of chilling injury in tropical and subtropical fruits. 2010. 279:267–273.
79. Lukatkin, A.S., A. Brazaityte, C. Bobinas, and P. Duchovskis, Chilling injury in chilling-sensitive plants: A review. *Zemdirbyste (Agriculture)*, 2012. 99:111–124.
80. Aghdam, M.S. and S. Bodbodak, Postharvest heat treatment for mitigation of chilling injury in fruits and vegetables. *Food and Bioprocess Technology*, 2014. 7:37–53.
81. Wang, C.Y., Chilling and freezing injury, in *The Commercial Storage of Fruits, Vegetables, and Florist and Nursery Stocks*, in Agricultural Handbook Number 66, Revised, K.C. Gross, C.Y. Wang, and M.E. Saltveit, Eds. 2016. pp. 62–67.
82. Burg, S.P. and E.A. Burg, Molecular requirements for biological activity of ethylene. *Plant Physiology*, 1967. 42:144–152.
83. USDA, *The Commercial Storage of Fruits, Vegetables, and Florist and Nursery Stocks*, in Agricultural Handbook Number 66, Revised, K.C. Gross, C.Y. Wang, and M.E. Saltveit, Eds. 2016.
84. Kader, A.A. and M.E. Saltveit, Atmosphere modification, in *Postharvest Physiology and Pathology of Vegetables*, J.A. Bartz and J.K. Brecht, Eds. 2003, Marcel Dekker: New York, pp. 229–246.
85. Gasser, F., T. Eppler, W. Naunheim, S. Gabioud, and E. Hoehn, Control of the critical oxygen level during dynamic CA storage of apples by monitoring respiration as well as chlorophyll fluorescence. *Acta Horticulturae*, 2008. 796:69–76.
86. Zanella, A. and O. Rossi, Post-harvest retention of apple fruit firmness by 1-methylcyclopropene (1-MCP) treatment or dynamic CA storage with chlorophyll fluorescence (DCA-CF). *European Journal of Horticultural Science*, 2015. 80:11–17.
87. Baldwin, E.A., Coatings and other supplementary treatments to maintain vegetable quality, in *Postharvest Physiology and Pathology of Vegetables*, J.A. Bartz and J.K. Brecht, Eds. 2003, Marcel Dekker: New York, pp. 413–436.
88. Dhall, R.K., Advances in edible coatings for fresh fruits and vegetables: A review. *Critical Reviews in Food Science and Nutrition*, 2013. 53:435–450.
89. Serrano, M., D. Martinez-Romero, P.J. Zapata, F. Guillen, J.M. Valverde, H.M. Diaz-Mula, S. Castillo, and D. Valero, Advances in edible coatings, in *Advances in Postharvest Fruit and Vegetable Technology*, R.B.H. Wills and J. Golding, Eds. 2015, CRC Press: Boca Raton, FL, pp. 147–166.
90. Baldwin, E.A., Edible coatings, in *Environmentally Friendly Technologies for Agricultural Produce Quality*, S. Ben-Yehoshua, Ed. 2005, Taylor & Francis: Boca Raton, FL, pp. 301–315.
91. Gennadios, A., *Protein-Based Films and Coatings*. 2002, CRC Press: Boca Raton, FL.
92. Falguera, V., J. Pablo Quintero, A. Jimenez, J. Aldemar Munoz, and A. Ibarz, Edible films and coatings: Structures, active functions and trends in their use. *Trends in Food Science & Technology*, 2011. 22:292–303.
93. Saltveit, M.E., Effect of ethylene on quality of fresh fruits and vegetables. *Postharvest Biology and Technology*, 1999. 15:279–292.

94. Martinez-Romero, D., G. Bailen, M. Serrano, F. Guillen, J.M. Valverde, P. Zapata, S. Castillo, and D. Valero, Tools to maintain postharvest fruit and vegetable quality through the inhibition of ethylene action: A review. *Critical Reviews in Food Science and Nutrition*, 2007. 47:543–560.
95. Watkins, C.B., Advances in the use of 1-MCP, in *Advances in Postharvest Fruit and Vegetable Technology*, R.B.H. Wills and J. Golding, Eds. 2015, CRC Press: Boca Raton, FL, pp. 117–146.
96. Watkins, C.B., Overview of 1-methylcyclopropene trials and uses for edible horticultural crops. *HortScience*, 2008. 43:86–94.
97. Lurie, S., Postharvest heat treatments. *Postharvest Biology and Technology*, 1998. 14:257–269.
98. Fallik, E., Prestorage hot water treatments (immersion, rinsing and brushing). *Postharvest Biology and Technology*, 2004. 32:125–134.
99. Arvanitoyannis, I.S., A.C. Stratakos, and P. Tsarouhas, Irradiation applications in vegetables and fruits: A review. *Critical Reviews in Food Science and Nutrition*, 2009. 49:427–462.
100. Fan, X.T., Irradiation of fresh and fresh-cut fruits and vegetables: Quality and shelf-life, in *Food Irradiation Research and Technology*, X. Fan and C.H. Sommers, Eds. 2012, Blackwell: Oxford, U.K., pp. 271–293.
101. Mahajan, P.V., O.J. Caleb, Z. Singh, C.B. Watkins, and M. Geyer, Postharvest treatments of fresh produce. *Philosophical Transactions of the Royal Society A-Mathematical Physical and Engineering Sciences*, 2014. 372: DOI: 10.1098/rsta.2013.0309.
102. Xiong, J.S., J. Ding, and Y. Li, Genome-editing technologies and their potential application in horticultural crop breeding. *Horticulture Research*, 2015. 2:(May 13, 2015).
103. Jiao, Z., J.C. Deng, G.K. Li, Z.M. Zhang, and Z.W. Cai, Study on the compositional differences between transgenic and non-transgenic papaya (*Carica papaya* L.). *Journal of Food Composition and Analysis*, 2010. 23:640–647.
104. Ledford, H., CRISPR, the disruptor. *Nature*, 2015. 522:20–24.
105. Hudson, J., A. Caplanova, and M. Novak, Public attitudes to GM foods. The balancing of risks and gains. *Appetite*, 2015. 92:303–313.
106. Konig, A., A. Cockburn, R.W.R. Crevel, E. Debruyne, R. Grafstroem, U. Hammerling, I. Kimber, I. Knudsen, H.A. Kuiper, A. Peijnenburg, A.H. Penninks, M. Poulsen, M. Schauzu, and J.M. Wal, Assessment of the safety of foods derived from genetically modified (GM) crops. *Food and Chemical Toxicology*, 2004. 42:1047–1088.
107. Ceccoli, S. and W. Hixon, Explaining attitudes toward genetically modified foods in the European Union. *International Political Science Review*, 2012. 33:301–319.
108. Commission, C.A., Codex principles and guidelines on foods derived from biotechnology. Codex Alimentarius Commission, Joint FAO/WHO Food Standard Programme. Food and Agriculture Organization of United Nations, Rome, Italy, 2003.
109. OECD, Safety evaluation of foods derived from modern biotechnology, concepts and principles. Organization for Economic Cooperation and Development, Paris, France, 1993.
110. Venneria, E., S. Fanasca, G. Monastra, E. Finotti, R. Ambra, E. Azzini, A. Durazzo, M.S. Foddai, and G. Maiani, Assessment of the nutritional values of genetically modified wheat, corn, and tomato crops. *Journal of Agricultural and Food Chemistry*, 2008. 56:9206–9214.
111. Bhandari, S.R., S. Basnet, K.H. Chung, K.H. Ryu, and Y.S. Lee, Comparisons of nutritional and phytochemical property of genetically modified CMV-resistant red pepper and its parental cultivar. *Horticulture Environment and Biotechnology*, 2012. 53:151–157.
112. Hefferon, K.L., Nutritionally enhanced food crops; Progress and perspectives. *International Journal of Molecular Sciences*, 2015. 16:3895–3914.
113. Xudong, Y., S. Al-Babili, A. Kloeti, Z. Jing, P. Lucca, P. Beyer, and I. Potrykus, Engineering the provitamin A (beta-carotene) biosynthetic pathway into (carotenoid-free) rice endosperm. *Science*, 2000. 287:303–305.
114. Weasel, L.H., *Food Fray, 2009*. Amacom Publishing: New York.
115. Grierson, D., Identifying and silencing tomato ripening genes with antisense genes. *Plant Biotechnology Journal*, 2016. 14:835–838.
116. FDA, FDA concludes arctic apples and innate potatoes are safe for consumption, http://www.fda.gov/NewsEvents/Newsroom/PressAnnouncements/ucm439121.htm, U.S.F.a.D. Administration, Ed. 2015.
117. Navarro, S. and J. Donahaye, Innovative environmentally friendly technologies to maintain quality of durable agricultural produce, in *Environmentally Friendly Technologies for Agricultural Produce Quality*, S. Ben-Yoshua, Ed. 2005, CRC Press: Boca Raton, FL, pp. 205–262.
118. Artes, F., P.A. Gomez, and F. Artes-Hernandez, Physical, physiological and microbial deterioration of minimally fresh processed fruits and vegetables. *Food Science and Technology International*, 2007. 13:177–188.
119. Barrett, D.M., J.C. Beaulieu, and R.L. Shewfelt, Color, flavor, texture, and nutritional quality of freshcut fruits and vegetables: Desirable levels, instrumental and sensory measurement, and the effects of processing. *Critical Reviews in Food Science and Nutrition*, 2010. 50:369–389.
120. Oliveira, M., M. Abadias, J. Usall, R. Torres, N. Teixido, and I. Vinas, Application of modified atmosphere packaging as a safety approach to fresh-cut fruits and vegetables—A review. *Trends in Food Science & Technology*, 2015. 46:13–26.
121. Reyes, L.F., J.E. Villarreal, and L. Cisneros-Zevallos, The increase in antioxidant capacity after wounding depends on the type of fruit or vegetable tissue. *Food Chemistry*, 2007. 101:1254–1262.

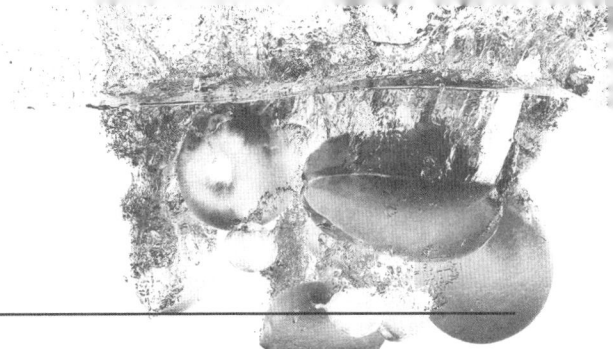

Índice

A

Absorção, 471-472
AC. *Ver* Atmosfera controlada (AC)
Acessulfame K, 827
Ácido abscísico (ABA), 1030, 1034-1035
Ácido acético (CH_3COOH), 817-818
Ácido ascórbico, 636, 1053-1055
   aditivos alimentares, 812-813
   biodisponibilidade, 577-578
   degradação, estabilidade e tipos de degradação química, 570-572
      íons metálicos, efeitos catalíticos de, 570-574
      mecanismo de, 572-577
      produtos da, 575-577
      variáveis ambientais, 575-577
   e tióis, 226-227
   em batatas, 552-554
   em ervilhas, 551-553
   em tomates, 549-550
   funções, 576-578
   método analítico, 577-578
   propriedades estruturais e gerais, 568-572
Ácido benzoico (C_6H_5COOH), 821-823
Ácido cafeico, 888-889
Ácido carmínico, 739-740
Ácido carnósico, 876-877
Ácido ciclâmico, 825-827
Ácido ciclo-hexil-sulfâmico, 825-827
Ácido cítrico
   acidulantes, 812-813
   tecidos vegetais comestíveis, 1044-1047
Ácido docosa-hexaenoico (DHA), 782-784
Ácido eicosapentaenoico (EPA), 782-784
Ácido etilenodiaminotetracético (EDTA), 628-629, 811-813
Ácido fítico, 636-638
Ácido fólico, 541, 543
Ácido fosfórico (H_3PO_4), 802-803, 812-813
Ácido glicônico, 800-801, 803-804
Ácido hidrociânico (HCN), 889-890, 894-896
Ácido hidroclorídrico, 846-847
Ácido indolacético (IAA), 1034-1035
Ácido jasmônico (AJ), 1037
Ácido lático, 800-801
Ácido L-desidroascórbico (DHAA), 568-572
Ácido linoleico conjugado (CLA), 234-235
Ácido málico, 1044-1047
Ácido nicotínico, 587-588
Ácido nordi-hidroguaiarético, 813-814
Ácido oleico, 921-922
Ácido pantotênico
   biodisponibilidade, 609-610
   degradação, estabilidade e tipos de, 608-609
   estrutura e propriedades gerais, 608-609
   métodos analíticos, 609-610
Ácido pirrolidona carboxílico (PCA), 694-696
Ácido propiônico (CH_3–CH_2–COOH), 817-818
Ácido salicílico (AS), 1037
Ácido sórbico
   ação antimicótica, 817-818
   atividade de, 817-818
   bactérias do ácido lático, 818-820
   dióxido de enxofre, 818-820
   e proteína, 819-820
   propriedades antimicrobianas, 818-820
   sais de sódio e potássio, 817-818
Ácido tartárico, 1044-1047
Ácido tetra-hidrofólico, 541
Ácido tiobarbitúrico (TBA), 232-233
Ácido tiodipropiônico, 813-814
Ácido γ-aminobutírico (GABA), 1048-1050
Ácidos graxos saturados (C_2–C_{12}), 818-819
Ácidos graxos *trans*, 233-234
Ácidos graxos ω-3, 233-235
Ácidos hidroxicinâmicos, 888-889
Ácidos minerais, 802-803
Ácidos orgânicos, 632-633, 1044-1047
Ácidos urônicos, 102-104
Acilação, de proteínas, 346-348
Acoplamento excitação-contração, 981-985
Actina, 963-964, 1004-1005
α-Actinina, 976-979
Açúcar invertido, 117-118
Açúcares redutores, 101
Aditivos alimentares
   ácidos
      ácido acético, 801-802
      ácido lático, 800-802
      ácidos graxos livres de cadeia curta, 801-802
      ácidos minerais, 802-803
      cítricos, 801-802
      constantes de dissociação, 801-803
      D-gluconolactona, 800-801
      formação do ácido glucônico, 800-801
      funções dos, 800-801
      géis de pectina, 800-801
      queijos, 800-801
      sistemas de fermentação química (*Ver* Sistemas de fermentação química)
      tartarato de potássio, 801-802
   adoçantes não nutritivos e de baixa caloria
      brazeína, 832-833
      clorossacarídeos, 829-831
      estevisídeo, 832-833
      glicirrizina, 830-832
      miraculina, 832-833
      monelina, 832-833
      neoesperidina di-hidrocalcona, 832-833
      peptídeos, 827-830
      sulfoamida, 825-827
      talina, 832-833
      taumatinas I e II, 832-833
      valores de doçura relativa, 825-826
   agentes antiaglomerantes, 847-849
   agentes antimicrobianos
      ácido acético, 817-818

ácido benzoico, 821-823
ácido propiônico, 817-818
ácido sórbico, 817-820
ácidos graxos de cadeia média, 817-820
antibióticos, 823-825
arginato láurico, 820-822
dietil pirocarbonato, 824-826
dióxido de enxofre, 814-817
epóxidos, 822-824
ésteres de alquil p-hidroxibenzoato, 822-823
ésteres de gliceril, 820-821
natamicina, 821-822
nitrito, 816-818
sais de nitrato, 816-818
sulfitos, 814-817
agentes branqueadores de farinhas, 845-848
agentes quelantes, 810-813
antioxidantes, 812-815
bases, 807-808
carbonatação, 848-850
controle de aparência e agentes clarificantes, 842-846
espessantes, 837-838
estabilizadores, 837-838
ingredientes de alimentos funcionais, 799-800
melhoradores de pão, 845-848
oxigênio, proteção contra, 848-849
polióis
    alimentos de umidade intermediária, 835-838
    aplicações, 833-834
    doçura e valores de energia, 833-834
    estruturas comparativas, 833-834
    etilenoglicol, 835
    funções, 833-834
    glicose, hidrogenação da, 833-834
    isomalte, 834-835
    poliglicerol, 835
    sorbitol, 835-836
propelentes, 849-850
propósitos funcionais, 799-800
resumo, 849-860
sistemas tampão e sais
    controle do pH, 808-809
    derivados do leite processados, 910-911
    fosfatos, em tecidos animais, 810
    ligação de água, em tecidos animais, 810
substâncias mastigatórias, 841-842
substituintes de gorduras (*Ver* Substituintes de gorduras)
texturizantes fixantes, 841-843
uso de, 799-800
Aditivos coloridos, 729-731
Adsorção, 471-473
Adstringência, 766-768
Adulteração do alimento, fases da, 2-5
Ágar dinamarquês, 161-162
Agentes antimicrobianos, em aditivos alimentares
    ácido acético, 817-818
    ácido benzoico, 821-823
    ácido propiônico, 817-818
    ácido sórbico, 817-820
    ácidos graxos de cadeia média, 817-820
    antibióticos, 823-825
    arginato láurico, 820-822
    dietil pirocarbonato, 824-826
    dióxido de enxofre, 814-817
    epóxidos, 822-824
    ésteres de gliceril, 820-821

ésteres de p-hidroxibenzoato de alquila, 822-823
natamicina, 821-822
nitrito, 816-818
sais de nitrato, 816-818
sulfitos, 814-817
Agentes físicos desnaturantes, 272-280
Agentes quelantes, 800-801, 810-814
Agentes químicos desnaturantes, 279-285
Aglicona, 99
Água
    densidade, 19-21
    função de distribuição radial, 32-33
    ligações de hidrogênio
        eletronegatividade, 25-28
        energia potencial, 27-29
        força, 28-29
        massa molecular, 26-27
    perfil de temperatura-densidade, 34-35
    propriedades anômalas, 21-21
    propriedades da água, 20-21
    propriedades físicas, 22-23
    relação entre as fases, 20-25
Água de plastificação, 121
Água ligada, 43-46
Água líquida, estrutura da, 30-35
Água não congelável, 121
AIAs. *Ver* Aminoimidazoarenos (AIAs)
Ajoenos, 876-878
Alcaloides de pirrolizidina, 889-890, 892-893
Álcoois poli-hídricos. *Ver* Polióis
Aldo-hexose, 95
Alergenicidade, 323-324
Alginas, 161-163
Alginato de cálcio, 162-163
Alginatos de propileno glicol (PGAs), 162-163
Alginatos, 1066-1067
Alho, 767-769
Alicina, 876-878
Alimentos de origem animal, 657-658
Alimentos de umidade intermediária
    álcoois poli-hídricos, 835-838
    atividade de água *versus* relações de estabilidade dos alimentos, 54-55, 58-60
    desafios tecnológicos
        migração de umidade, 69-73
        transição de fase, 72-73
    escurecimento de Maillard, 60-61
Alimentos multidomínios, migração de umidade em, 69-73
Alimentos vegetais, 656-657
Alitame, 829-830
Alquifenóis, 782-784
Alquilação, de proteínas, 345-346
Alumina, 677-678
Alumino sulfato de sódio, 803-804
Amadurecimento de Ostwald, 478-479
    emulsões, 517-518
    espuma, 528-529
Amido, 134-136
    amido pré-gelatinizado, 151-152
    amido solúvel em água fria, 151-152
    amidos alimentares modificados, 146-152
    amidos não modificados, 140-142
    amilopectina, 136-138
    amilose, 135-137
    ciclodextrinas, 117-120
    complexos, 143-145

grânulos
  gelatinização e formação da pasta, 138-141
  propriedades, 135-137
  rede cristalina, 137-138
hidrólise, 1043-1045
produtos comerciais, 135-136, 138-139
produtos da hidrólise, 144-147
retrogradação e degradação, 143-144
tecidos vegetais, 140-144
Amido de milho, 135-136
Amido pré-gelatinizado, 151-152
Amido resistente, 170-171
Amido solúvel em água fria, 151-152
Amidos alimentares modificados, 140-142
  amidos de ligações cruzadas, 147-151
  amidos estabilizados, 147-149
  aplicações, 150-152
Amidos com ligações cruzadas, 147-151
Amidos estabilizados, 147-149
Amidos fisicamente modificados, 146-147
Amidos modificados por ácidos, 144-145
Amidos não modificados, 140-142
Amidos oxidados, 150-151
Amidos pré-cozidos. *Ver* Amidos alimentares modificados
Amidos quimicamente modificados, 146-147, 151-152
Amigdalina, 889-890, 892-893
α-Amilase, 145-146
Amilopectina de batata, 136-138
Amilopectina, 136-138, 1041-1043
Amilose, 135-137
Aminoácidos
  estereoquímica, 243
  estrutura e classificação, 241-243
  hidrofobicidade, 247-249
  propriedades acidobásicas, 244-247
  propriedades ópticas, 248-249
  reatividade química, 249, 253
Aminoimidazoazarenos (AIAs), 894-896
Análise de diluição do extrato de aroma, 752
Análise sensorial, de lipídeos oxidados, 230-231
Anfifílicos, 472-475
Ângulos de contato, 475-477
Ânion superóxido, 227-228
Anisidina, 232-233
Antibióticos, em aditivos alimentares, 823-825
Antioxidantes
  ácido ascórbico e tióis, 226-227
  aditivos alimentares, 812-815
  ânion superóxido, 227-228
  atividade sinergística, 228-230
  fenóis sintéticos, 224-226
  fenóis vegetais, 224-227
  intermediários da oxidação, 227-228
  lipoxigenases, 227-228
  localização física, 229-230
  mecanismos químicos, 220-221
  metais, atividade pró-oxidativa de, 226-228
  oxigênio singlete, 227-228
  peróxidos, 228-229
  pró-oxidantes, 226-227
  radicais livres, 221-222
  tocoferóis, 221-226
Antioxidantes hidrofílicos, 229-230
Antioxidantes lipofílicos, 229-230
Antioxidantes polares, 229-230
Antocianidinas, 705-708

Antocianinas, 1051-1052
  acilação, 707-708
  açúcares e produtos de degradação, 714-715
  antocianidina, 705-708
  cátion flavílio, 704-708
  como corantes naturais de alimentos, 717-718
  copigmentação, 715-717
  cor e estabilidade, 707-708
  dióxido de enxofre, 715-716
  estruturas químicas, 707-710
  flavonoides, estrutura química de, 704-706
  glicosilações, 706-708
  luz, 712-715
  metais, 714-716
  oxigênio e ácido ascórbico, 712-714
  reações enzimáticas, 716-718
  temperatura, 709-714
  transformações estruturais e níveis de pH, 709-710
Antoxantina, 718-720
Apoptose, 881-882
Área de superfície e taxas de oxidação de lipídeos, 229-230
Arginato láurico, 820-822
AS. *Ver* Ácido salicílico (AS)
Aspartame, 827-830
Aspectos nutricionais
  de minerais
    biodisponibilidade, 632-633, 636-638
    cálcio, 640-643
    cloreto, 641-644
    DRIs, 630-635
    ferro, 643-646
    fósforo, 641-643
    homeostasia, 629-630
    iodo, 646-648
    potássio, 641-644
    processo de digestão e absorção, 639
    resumo, 631-632
    selênio, 647-650
    sódio, 641-644
    zinco, 645-647
  de proteínas
    métodos biológicos, 327-329
    métodos enzimáticos e microbiológicos, 329-330
    métodos químicos, 328-330
Atividade de água, 13-14
  crescimento de microrganismos, 60-61
  definição e medida, 47-51
  dependência de temperatura e pressão, 64-67
  determinação da monocamada BET, 62-65
  estabilidade de alimentos, 54-55
  histerese, 66-70
  isotermas de sorção de umidade
    categorias, 50-52
    interpretação, 51-55
  taxas de oxidação de lipídeos, 229-230
Atmosfera controlada (AC), 1060-1065
Atmosfera modificada (AM), 1060-1065
Aumento do ponto de ebulição, 47
Auxinas, 1030, 1034-1035
Azeitonas maduras, 807

B

Bancroft, regra de, 514-515
Bentonita, 843-844
Betaína, 613

Betalaínas, 1051-1052
  betacianinas, 723-724
  betaxantinas, 723-725
  estruturas gerais e unidades básicas, 721-724
  propriedades físicas, 723-725
  propriedades químicas
    calor e pH, 724-727
    conversão e estabilidade, 727-729
    degradação enzimática, 727-728
    oxigênio e luz, 726-728
Bicarbonato de potássio (KHCO$_3$), 802-803
Bicarbonato de sódio (NaHCO$_3$), 802-803, 807
Biocitina, 606-607
Biodisponibilidade, de minerais
  antagonistas, 636-638
  potencializadores, 632-633, 636
Biofortificação, 1074-1075
Biólogos *versus* químicos de alimentos, 1
Biotina
  biodisponibilidade, 607-608
  estabilidade, 606-607
  estrutura e propriedades gerais, 606-607
  métodos analíticos, 607-608
Bócio, 646-647
Branqueamento, 551-553
Brassinoesteroides (BRs), 1037
Brazeína, 832-833
Bromato de potássio, 846-847
Bromofenóis, 787-789

C

Cacau, 792-793
Cádmio, 653-655
Cafeína, 756
Cálcio, 640-641
  biodisponibilidade, 641-643
  funções, 663-664
Calpaína, 988-990
Camembert, 934-935
Cânfora, 766-767
Caotrópicos, 37
Capilaridade, 477-478
Caprenina, 839-840
Capsaicinoides, 764-765
Caramelização, 109-111
Carboidratos, 169-171
  enzimas transformadoras, 385-388
    açúcar, 395-400
    amido, 388, 391-396
      pectina enzimática, 399-403
  fibras dietéticas, 168-171
  monossacarídeos, 91-114
  oligossacarídeos, 113-120
  polissacarídeos, 120-168
  processamento e manuseio de alimentos, 9
Carboidratos estruturais, 1038-1042
Carboidratos solúveis, 1041-1043
Carbonatação, de aditivos alimentares, 848-850
Carbonato de amônio [(NH$_4$)$_2$CO$_3$], 802-803
Carbonato de potássio, 807
Carbonilas, 231-233
Carboximetilceluloses, 154-157
Carga de superfície, 471-472, 515
Cariopse, 1020-1022
Carne, 953-954
  alterações bioquímicas naturais e induzidas pós-morte
    carne escura, firme e seca, 992-993
    encurtamento pelo frio, 993-996
    estímulo elétrico, 995-997
    pH, 991
    PSE, 991-992
    rigor de descongelamento, 995-996
  carnes processadas
    categorias, 1000-1001
    cura, 1000-1002
    estabilização, 1005-1008
    formação de matriz de gel de proteínas, 1003-1007
    hidratação, 1001-1004
    imobilização de gorduras, 1005-1008
    reestruturação, 1006-1009
    retenção de água, 1001-1004
    surimi, 1009
  conservação, alterações químicas na
    congelamento, 997-999
    irradiação, 999-1001
    processo de resfriamento, 996-998
    refrigeração, 996-998
    tratamento de alta pressão, 998-1000
  conversão do músculo em
    creatina fosfato, 986-987
    fase de resolução, 987
    fase de retardo, 986-987
    fase do rigor, 987
    glicogênio, 986
    proteínas musculares, degradação *post-mortem* das, 987-990
  valor nutritivo
    carboidratos, 956-957
    composição de ácidos graxos, 955-957
    composição de aminoácidos, 955-957
    composição de lipídeos, 954-957
    composição de proteínas, 955-957
    composição, 954-955
    minerais, 956-958
    vitaminas hidrossolúveis, 956-958
Carne escura, firme e seca (DFD), 992-993
Carne pálida, mole e exsudativa (PSE), 991-992
Carnes vermelhas, 956-957
Carnitina, 613-615
β-Caroteno, 813-814, 864-866, 1075-1076
Carotenoides, 234-235, 863-867, 1050-1052
  alimentos comumente consumidos, composição de, 701-703
  atividade da vitamina A, 556-558, 697-699
  clivagens oxidativas de, 792-793
  complexos carotenoides-clorofila-proteína, 701-703
  degradação, 560-562
  e apocarotenoides, estruturas e fórmulas de, 697-701
  em organismos fotossintéticos, 697-699
  em populações de algas marinhas, 697-699
  estabilidade, 704-705
  estruturas e atividades da pró-vitamina A, 554-557
  glicosídeos, 701-703
  ocorrência e distribuição, 701-703
  papel fotoprotetor, 697-699
  propriedades físicas, extração e análise, 702-703
  propriedades químicas
    atividade antioxidante, 703-704
    isomerização *cis/trans*, 703-704
    oxidação, 702-704
  unidades de isopreno, 699-701
  via do metileritritol-4-fosfato, 699-701

Carragenanas, 124-125, 159-162, 847-848, 1066-1067
Carvão ativado, 845-846
Caseínas
  aminoácidos essenciais, 945-946
  caseína ácida, 911-912
  caseinatos, 937-938
  coagulação, 934-935
  coalho, 937-938
  coprecipitados de, 937-938
  famílias, 911-912
  fosfosserinas, 913-914
  isolado da proteína do soro de leite, 937-941
  lisina, 945-946
  micelas, 911-917
  peptídeos bioativos, 940-942
  tecidos vegetais comestíveis, 1066-1067
  γ-caseínas, 912-914
  κ-caseínas, 913-915
Caspase 3, 881-882
Catálise covalente, 363-369
Catepsinas, 988-990
Catequinas do chá verde, 868-871
Cebola, 767-769
Celulose microcristalina (MCC), 153-155, 848-849
Celulose, 153-157, 1038
Cetoses, 95
α-Chaconina, 889-890, 892-893
Chumbo, 651-652
Cianocobalamina, 609-612
Ciclamato, 825-827
Ciclo de contração muscular, 982-983
Ciclo dos ácidos tricarboxílicos (TCA), 1024-1027
Ciclodextrina glucanotransferase, 146-147
Ciclodextrinas, 117-120
Ciguatoxina, 895
Cinza, 654-655
Cisteína, estrutura química da, 647-648
Citocininas, 1030, 1034-1035
CLA. Ver Ácido linoleico conjugado (CLA)
Cloreto de lítio (LiCl), 760-761
Cloreto de sódio (NaCl), 666-669, 760-762
Cloretos, 641-644
Cloro, 848-849
Clorofilas, 1050-1051
  alomerização, 694-695
  atividade enzimática
    clorofilase, 688-689
    feofitinase, 688-689
  características físicas e análise, 686-688
  estruturas da porfina, modelo de numeração de Fischer, 685-687
  feofitinas e pirofeofitinas
    e piroclorofilas, 691-693
    em vegetais comerciais enlatados, 691-693
    no espinafre, 690-693
  formação de metalocomplexos, 691-695
  fotodegradação, 694-696
  manutenção da cor
    metalocomplexos, aplicação comercial de, 696-697
    neutralização ácida, 694-697
    processamento HTST, 696-697
    vegetais processados termicamente, recuperação de, 696-699
  nomenclatura de, 685-687
  pigmentos coletores de luz, 684-685
  processamento térmico, perda de cor, 694-696

relações estruturais, 686-687
Clorofilase, 688-689
Clorossacarídeos, 829-831
Clortetraciclina, 824-825
Cobre, 668-670
Coenzima Q_{10}, 614-615
Cogumelos shiitake, 770-771
Colágeno, 963-964
  estrutura primária, 967
  grupos, 965-966
  HP e LP, 968-971
  polipeptídeos, 967-970
  procolágeno, 968-970
  reações cruzadas, 968-969
  regiões de telopeptídeos, 967
  tipo I, 967
  tipo III, 966
  tipo IV, 966
  tipo V, 966
  tropocolágeno, 966-967
Colecalciferol, 561-563
Colina, 613
Coloração verde, 694-695
Complexo distroglicano, 979-980
Complexo para-caseína, 810
Componentes bioativos dos alimentos
  compostos tóxicos induzidos por processamento, 894-897
  efeitos adversos, componentes alimentares com
    alcaloides pirrolizidínicos, 889-890, 892-893
    amigdalina, 889-890, 892-893
    carcinógenos, 889-891
    ciguatoxina, 895
    durrina, 889-890, 892-893
    goitrina, 894-895
    HCN, 889-890, 894-895
    linamarina, 889-890, 892-893
    oxalatos, 895
    pirofeoforbídeo A, 895
    quimotripsina, 895
    tetrodotoxina, 895
    toxinas e antinutrientes, 889-895
    α-solanina e α-chaconina, 889-890, 892-893
  efeitos na saúde de, 863-864
  nutracêuticos
    apoptose, 881-882
    biodisponibilidade, 883-886
    carotenoides, 863-867
    compostos organossulforados, 876-878
    efeitos anticancerígenos, 881-882
    efeitos anti-inflamatórios, 880-881
    fitoestrógenos, 882-883
    flavonoides (Ver Flavonoides)
    indóis, 876-881
    induzidos por processamento, 888-890
    isotiocianatos, 876-881
    polifenóis, 873-877, 882-884
    proantocianidinas, 872-874
    proteção antioxidante, 880-882
    sistema imune, 882-883
    tratamento dietético combinado, 882-883
  Suplementos dietéticos vegetais, 884-887
  tecnologias de extração, para produtos vegetais
    acelerada por solvente (ASE), 886-887
    assistida por campo elétrico pulsado (PEF), 887-888
    assistida por enzimas (EAE), 887-888
    assistida por micro-ondas (MAE), 887-888

assistida por ultrassom (UAE), 887-888
com fluido supercrítico (SFE), 886-888
extração com Soxhlet, 886-887
Compostos orgânicos voláteis, 1051-1053
Compostos organossulfurados, 876-878
Concentração de oxigênio e taxas de oxidação de lipídeos, 229-230
Concentração micelar crítica, 473-475
Congelamento por mudança de pressão, 998-999
Constante de estabilidade, de complexos de metais, 626-628
Corantes
　amplitude de energia, luz visível, 677-678
　classificação de, 677-679
　consumidores, efeitos nos, 677-679
　cores isentas de certificação, 739-742
　definição, 677-678
　espectro eletromagnético, 677-678
　idênticos aos da natureza, 677-678
　percepção de sabor, 678-679
　percepção do dulçor, 678-679
　pigmento/substrato, 677-678
　pigmentos dos tecidos vegetais e animais (Ver Pigmentos)
　pigmentos/cores certificados
　　propriedades de, 733-738
　　uso de, 737-740
　questões de controle
　　corantes sintéticos e naturais, 730-733
　　Estados Unidos, 728-731
Corantes certificados, 677-678, 729-730
　propriedades de, 733-738
　uso de, 737-740
Corantes naturais, 730-733
Corantes sintéticos, 730-733
Cosmotrópicos, 36-37
Cretinismo, 646-647
Cromatografia, 749-750
Curcumina, 873-875

D

β-D-glicopiranose, 98-99
D-frutose, 95
D-glicose, 92-94
D-manitol, 102-103
Decreto de Alimentos Puros e Medicamentos, 5-6
Decreto Hatch, 5-6
Defeito da parede açucarada, 458-459
Degradação, 143-144
Degradação química, de lipídeos
　reação de oxidação
　　antioxidantes, 220-230
　　medida, 230-233
　　produtos da degradação, 217-221
　　pró-oxidantes, 213-218
　　taxas de oxidação, fatores que influenciam a, 229-230
　　via química, 209-214
　　reações hidrolíticas, 209-210
　　reações oxidativas, 209-210
Departamento de Agricultura dos Estados Unidos, 5-6
Depressão do ponto de congelamento, 46
Desmina, 979-980
Desoximioglobina, 680-682
Dextrina limite, 145-146
Dextrinas, 144-145
DFD. Ver Carne escura, firme e seca (DFD)
DHPR. Ver Receptor de di-hidropiridina (DHPR)

Diagrama de fase, 80-81
Diagrama de fase pressão-temperatura, 23-24
Diagramas de estado
　aplicabilidade, 82-83
　solução de sacarose, 79-82
Dialil tiossulfinato, 876-878
Dietary Supplement Health Education Act (DSHEA), 884-886
Dietil pirocarbonato, 824-826
Digestibilidade, de proteínas
　conformação de proteínas, 324-327
　fatores antinutricionais, 326-328
　processamento, 327-328
Di-hidrogenofosfato de cálcio monoidratado [$Ca(H_2PO_4)_2 \cdot H_2O$], 805-806
Dilauril tiodipropionato, 813-814
Dióxido de cloro, 846-847
Dióxido de enxofre (SO_2), 715-716, 814-817
Dispersões líquidas
　agregação, 489-491
　mudanças nas, 487-488
　sedimentação, 487-490
Dispositivos de nariz eletrônico, 750-751
Dissacarídeos, 114-115
Distrofina, 979-980
Doença de Kaschin-Beck, 648-650
Durrina, 889-890, 892-893

E

ECM. Ver Matriz extracelular (ECM)
EDTA. Ver Ácido etilenodiaminotetracético (EDTA)
Efeito de Gibbs-Marangoni, 513-514
Efeito hidrofóbico, 40-43
Efeito Marangoni, 480-481
Efeito quelante, 627-629
Efeitos adversos, de componentes bioativos dos alimentos
　alcaloides pirrolizidínicos, 889-890, 892-893
　alho, 876-878
　amigdalina 889-890, 892-893
　carcinógenos, 889-891
　ciguatoxina, 895
　durrina, 889-890, 892-893
　goitrina, 894-895
　HCN, 889-890, 894-895
　linamarina, 889-890, 892-893
　oxalatos, 895
　pirofeoforbídeo A, 895
　quimotripsina, 895
　tetrodotoxina, 895
　toxinas e antinutrientes, 889-895
　α-solanina e α-chaconina, 889-890, 892-893
EGC. Ver Epigalocatequina (EGC)
EGCG. Ver Epigalocatequina-3-galato (EGCG)
Elementos não minerais, 623-624
Embalagens em atmosfera modificada (EAM), 684-685
Emenda de adição de corantes, 728-730
Emulsificantes estearoil-2-lactilato, 846-848
Emulsões, 523-525
　camada de superfície, 512
　coalescência
　　centrifugação, 520-521
　　estresse externo, 518-519
　　filme mais espesso entre as gotículas, 519-520
　　gotículas menores, 519-520
　　maior tensão interfacial, 519-520
　　número de Weber, 518-519

    proteínas, 519-521
    ruptura do filme, 517-519
    surfactantes de moléculas pequenas, 520-521
  coalescência parcial
    cristalização de gordura, 521-523
    diâmetro do glóbulo, 522-523
    gordura sólida, proporção de, 520-522
    gotículas, fração de volume das, 521-522
    sorvete, 523-524
    taxa de cizalhamento, 521-522
    tipo e concentração de surfactante, 522-523
  distribuição de gotículas, 511
  fase contínua, 512
  fração de volume, 511
  instabilidade física, tipos de, 516-518
  proteínas, 299-305, 514-516
  recoalescência, 513-515
  regra de Bancroft, 514-515
  rompimento de gotícula, 512-514
  tipos, 466-467, 511
Energia interna do íon, 45
Energia livre de hidratação de Gibbs, 36-37
Engenharia genética, 863-864
Enzimas
  biocatalizadores, 356-357
  biogênese do sabor
    hidroperóxido liase, 448-451
    lipoxigenases, 444-449
    sabores derivados de lipídeos, 450-451
  cinética da reação
    análise gráfica, 374-378
    expressões de velocidade, 372-373
    modelos, 371-373
  enzimas endógenas
    efeitos celulares e teciduais, 433-436
    qualidade da cor, 435-445
  enzimas exógenas
    carboidratos, 385-396
    transformação da pectina enzimática, 399-403
    transformação do açúcar, 395-400
  especificidade e seletividade, 378-385
  fatores ambientais
    efeitos do pH, 420-427
    proporções de água, 427-433
    técnicas de processamento não térmicas, 432-434
    temperatura, 417-420
  natureza proteica e não proteica, 356-358
  poder catalítico, 357-359
    aproximação, 363-364
    catálise covalente, 363-369
    efeitos líquidos, 370-371
    energia de ligação, 362-364
    sítios ativos, 361-362
    tensão e distorção, 369-370
    teoria da colisão, 358-359
    teoria do estado de transição, 358-361
  qualidade textural
    defeito da parede açucarada, 458-459
    degradação de proteínas, 456-458
    polímeros de carboidratos, 456-457
  sabores pungentes, 451-456
  transformadoras de lipídeos
    fosfolipases, 416-417
    lipases, 412-416
    lipoxigenase, 414-416

Enzimas endógenas
  efeitos celulares e teciduais, 433-436
  qualidade da cor, 435-445
Enzimas exógenas
  biogênese do sabor
    hidroperóxido liase, 448-451
    lipoxigenases, 444-445, 445-449
    sabores derivados de lipídeos, 450-451
  carboidratos, 385-396
  transformação da pectina enzimática, 399-403
  transformação de açúcares, 395-400
Enzimas transformadoras de lipídeos
  fosfolipases, 416-417
  lipases, 412-416
  lipoxigenases, 414-416
Epicatequina (EC), 869-871
Epicatequina-3-galato (ECG), 869
Epigalocatequina (EGC), 869-871
Epigalocatequina-3-galato (EGCG), 869-871
Epóxidos, 822-824
Equação de Clausius-Clapeyron, 65-67
Equação de Gordon-Taylor, 83-85
Equação de Henderson-Hasselbalch, 245
Equação de Kelvin, 477-478
Equação de Smoluchowski, 77-78
Equação de Stokes-Einstein, 77-78
Equação de Williams-Landel-Ferry (WLF), 78-83
Equação de Young, 475-477
Equilíbrio hidrofílico-lipofílico (HLB), valores, 473-474
Equivalente de dextrose (DE), 145-146
Ergocalciferol, 561-563
Ervas e especiarias, 777-780
Escurecimento não enzimático, 6-7, 105-106-109110
Espécies reativas de oxigênio (ROS), 864-865, 881-882, 1054-1055
Espectro eletromagnético, 677-678
Espectrometria de massa de varredura rápida, 749-750
Espumas
  e emulsões, diferenças quantitativas, 524-525
  estabilidade
    amadurecimento de Ostwald, 528-529
    coalescência, 530-532
    drenagem, 529-530
  evolução da estrutura, 526-528
  forças mecânicas, 525-527
  supersaturação, 524-526
Estabilidade de alimentos e mobilidade molecular
  diagrama de estado, 79-82
  estado vítreo, 77-80
  transição vítrea, 74-77
  velocidades de reação, 76-78
Estaquiose, 116-117
Estearato de cálcio, 848-849
Estereoquímica, de aminoácidos, 243
Ésteres de alquil *p*-hidroxibenzoato, 822-823
Ésteres de gliceril, 820-821
Esterificação, de proteínas, 348-349
Esteviosídeos, 832-833
Estresse tangencial, 479-480
Estrutura
  água líquida, 30-35
  aminoácidos, 241-243
  proteínas
    estrutura primária, 253-255
    estrutura quaternária, 261-263

estrutura secundária, 255-259
estrutura terciária, 258-262
Estruturas de Rosanoff, 94
Estruturas macromoleculares biológicas organizadas, 19-20
Etileno
   biossíntese, 1030-1032
   frutas climatéricas, 1032-1035
   frutas não climatéricas, 1032-1035
   tecnologias pós-colheita
      adsorção, 1070-1071
      decomposição catalítica, 1070-1071
      efeitos deletérios, 1068-1070
      inibidores de, 1070-1072
      oxidação, 1070-1071
      produção e sensibilidade, 1068-1070
      resposta fisiológica/bioquímica, 1069-1070
      supressão, 1069-1071
Etilenoglicol (CH_2OH-CH_2OH), 835
Etilmaltol, 764-765
Extração acelerada por solvente (ASE), 886-887
Extração assistida por campo elétrico pulsado (PEF), 887-888
Extração assistida por enzimas (EAE), 887-888
Extração assistida por micro-ondas (MAE), 887-888
Extração assistida por ultrassom (UAE), 887-888
Extração com fluido supercrítico (SFE), 886-888
Extração com Soxhlet, 886-887

F

FAD. *Ver* Flavina adenina dinucleotídeo (FAD)
Fator carne, 636
Feniltiocarbamida (PTC), 759-761
Fenóis sintéticos, 224-226
Fenóis vegetais, 224-227
Fenômeno de arredondamento, 142-143
Fenômenos de superfície
   adsorção, 471-473
   ângulos de contato, 475-477
   gradientes de tensão superficial, 479-481
   interfaces curvas, 476-479
   reologia interfacial, 478-480
   surfactantes
      anfifílicos, 472-475
      funções dos, 480-482
      polímeros, 474-476
   tensão interfacial, 470-472
Feofitinase, 689
Feoforbídeos, 691-693
Fermentos, 355-356
Ferro
   alimentos, fortificação e enriquecimento de, 658-662
   aspectos nutricionais, 643-646
   papel funcional, 668-669
Ferro carbonila, 661
Ferro eletrolítico, 661
Ferro reduzido, 661
Fibras dietéticas, 168-169
Fibras prebióticas, 168-169
Filaminas, 979-980
Fitoesteroides, 234-235
Fitoestrógenos, 882-883
Fitoquímicos, 1054-1055
Flavina adenina dinucleotídeo (FAD), 584-586
Flavina mononucleotídeo (FMN), 584-586

Flavonoides
   catequinas do chá verde, 868-871
   chás oolong, 868-869
   classificação, 867
   consumo diário, 868
   estruturas, 867
   função, 867
   genisteína, 870-872
   PMFs, 871-874
   propriedades químicas e biológicas, 868
   quercetina, 870-872
   teaflavinas, 869
   tecidos vegetais comestíveis, 1050-1052
Flavonoides do tipo não antociânico
   antoxantina, 718-720
   em alimentos, 718-720
   espectros de absorção, 718-720
   proantocianidinas
      hidrólise ácida, 720-721
      unidade básica das, 719-721
   taninos, 720-722
Flavorizantes de crucíferas, 769-770, 876-878
Flavorizantes formados em reações de escurecimento, 788-789
FMN. *Ver* Flavina mononucleotídeo (FMN)
Folatos
   biodisponibilidade, 605-606
   degradação, estabilidade e tipos de, 600-606
   estrutura e propriedades gerais, 597-601
   métodos analíticos, 605-607
Food, Drug and Cosmetic Act de 1938, 542
Forças de estabilidade, estrutura proteica
   interações de Van der Waals, 262-264
   interações eletrostáticas, 264-266
   interações hidrofóbicas, 265-268
   ligações de hidrogênio, 263-265
   ligações dissulfeto, 266-268
   tensões estéricas, 262-263
Formação da massa, de proteínas, 318-321
Formação de acrilamida, 110-114, 895-897
Formação de formaldeído (HCHO), 458-459
Fortificação e enriquecimento, com alimentos minerais
   ferro, 658-662
   iodo, 662-664
   zinco, 662
Fosfatases, 663-664, 666-668
Fosfatos orgânicos, 641-643
Fosforilação, de proteínas, 347-348
Fósforo, 641-643
Fosfoserina, 913-914
Fruto-oligossacarídeos, 167
Frutos do mar
   aromas de peixe fresco, 786-787
   bromofenóis, 787-789
   dimetilsulfeto, 787-788
   espécies de peixes marinhos, 786-788

G

GAs. *Ver* Giberelinas (GAs)
Géis alimentares
   géis de caseinato, 503-506
   géis mistos, 506-508
   gelatina, 503-505
   polissacarídeos, 502-505
   proteínas globulares, 505-508

Géis de caseinato, 503-506
Géis de pectina, 800-801, 842-843
Géis de polímeros, 493-495, 497-498
Géis, 491-492, 508-510
    consistência, 499
    de caseinato, 503-506
    de partículas, 493-495, 498-499
    de polímeros, 493-495, 497-498
    difusão, 500-502
    dilatação e sinerese, 500-502
    estabilidade física, 499-501
    estrutura tridimensional em rede, 133-134
    exemplos, 134-135
    formados a frio, 494-495
    formados a quente, 494-496
    fracos, 500-502
    gelatina, 503-505
    mistos, 506-508
    módulo, 496-498
    parâmetros reológicos e de fratura, 495-497
    permeabilidade, 500-502
    polissacarídeos, 502-505
    proteínas globulares, 505-508
Gel de *Aloe vera*, 1066-1067
Gel de proteínas globulares, 505-508
Gelana, 165-166
Gelatina, 503-505, 844-845, 1003-1004, 1066-1067
Gelatinização, 138-141
Gelificação, de proteínas, 313-316
Gelo
    densidade, 19-21
    estrutura, 28-31
    falhas de prótons, 30-31
    propriedades físicas, 22-23
Gengibre, 765-766
Genisteína, 870-872
GGL. *Ver* Glóbulos de gordura do leite (GGL)
Giberelinas (GAs), 1030, 1034-1035
Gingeróis, 874-876
Gliadinas, 319-320, 1066-1067
Glicanos não ramificados, 124-125
Glicanos, 120
β-Glicanos de ligações mistas, 169
Glicerol livre, 833-834
Glicina, 967
Glicirrizina, 830-832
Glicoamilase, 145-146
Glicosídeos, 99-100
Glicosinolatos, 876-879
Glóbulos de gordura do leite (GGL), 908-911, 922-924
Glucomanana de Konjac (GK), 165-167
Glutationa, 763-764
Glutationa peroxidase, 228-229
Gluteninas de alta massa molecular (HMW), 319-321
Gluteninas de baixa massa molecular (LMW), 320-321
Goitrina, 894-895
Goitrógenos, 647-648
Goma arábica, 164-166
Goma guar, 155-157
Goma locuste (LBGs), 155-157
Gomas alimentares. *Ver* Hidrocoloides
Gomas damar, 842-843
Gorduras estruturadas de baixas calorias, 235-236
Gossipol, 813-814
Grau de polimerização (DP), 120, 123-124

Grupo hidroxila de ésteres, 103-104
Grupo hidroxila de éteres, 103-106

H

HCN. *Ver* Ácido hidrociânico (HCN)
Hemiceluloses, 1038
Hidratação hidrofóbica, 41
Hidrocarbonetos aromáticos policíclicos (PAHs), 894-895
Hidrocoloides, 122, 837-838
Hidrofobicidade, de aminoácidos, 247-249
Hidrogenação, 101-103
Hidrogênio, como aditivo alimentar, 848-849
Hidrólise enzimática de lecitina, atividade de água na, 59-61
Hidroperóxidos de lipídeos, 231-232
10-hidroxiclorofilas, 694-695
10-hidroxietilflavina, 585-586
Hidroxilisilpiridinolina (HP), 968-971
Hidroxipropilação, 149-150
Hidroxipropilamido, 149-150
Hidroxipropilmetilceluloses (HPMCs), 154-157
Homeostasia, 629-630
Humulona, 756-757
Hydrodina®, 999-1000

I

IAA. *Ver* Ácido indolacético
Índice de dispersibilidade proteica (PDI), 294-295
Índice de nitrogênio da proteína do soro de leite (NPS), 936-937
Índice de solubilidade proteica (PSI), 294-295
Indóis, 876-881
Indol-3-carbinol, 878-881
Ingestão adequada (IA), 630-633
Ingestão diária recomendada (IDRs), 545-547
Ingestões dietéticas de referência (DRIs), 630-635
Inibidores ácidos de microrganismos, 800-801
Inosina-5′-monofosfato (5′-IMP), 761-763
Inositol hexacisfosfato (IP6), 638
Integrinas, 965, 979-981
Interação carga-dipolo, 35-37
Interação coloidal
    camadas elétricas duplas, 482-485
    força de interação líquida, consequências, 482-483
    forças de Van der Waals, 482-483
    interação de depleção, 486
    interações hidrofóbicas, 487
    repulsão estérica, 484-486
    teoria DLVO, 484-485
Interações água-soluto, 34-35
Interações de Van der Waals, 262-264, 482-483
Interações dipolo induzidas por dipolo, 39-40
Interações dipolo-dipolo, 38-39
Interações eletrostáticas, 264-266
Interações hidrofóbicas, 42, 265-268
Intermediários da oxidação, 227-228
Internet, 15-16
Intervalos, 835
Inulina, 167
Iodação Universal do Sal (USI), 662
Iodo
    alimentos, fortificação e enriquecimento de, 662-664
    aspectos nutricionais, 646-648

Iogurte, 933-934
Isinglass, 844-845
Isoflavonas da soja, 863-864
Iso-humulona, 757
Isomalte, 834-835
Isomaltol, 107-109
Isoterma de adsorção, 471-472
Isoterma de dessorção de umidade, 66-67
Isoterma de reabsorção de umidade, 66-67
Isotermas de sorção de umidade (MSIs)
   categorias, 50-52
   glúten, 63
   histerese, 66-70
   interpretação, 51-55
Isotiocianatos, 876-881

J

Joint WHO/FAO Expert Committee on Food Aditives (JEFCA), 730-733

L

L-glutamato monossódico (MSG), 761-763
α-Lactalbumina, 919-920
Lactase, 115-116
Lactoferricina B, 941-943
Lactoferrina, 919-920
β-Lactoglobulina, 918-920
Lactose, 114-117
Land-Grant College Act, 4-6
Laticínios. *Ver* Produtos lácteos
Leite
   árvore filogenética, 907-908
   biossíntese, 909-911
   composição bruta de macronutrientes, 907-909
   composição do leite de vaca, 910-911
      concentrações, 911-912
      enzimas, 927-930
      estrutura primária e interações, 912-917
      lactose, 927-928
      lipídeos, 919-924
      membrana dos glóbulos de gordura do leite (*Ver* Proteínas da membrana de glóbulos de gordura do leite)
      proteínas (*Ver* Proteínas do leite)
      proteínas do leite, 918-920
      sais e minerais, 912-917, 925-927
   consumo, 905-906
   fatos e números, 906-908
   iogurte, 905-906
   micelas de caseína, 908-909
   produtos comercializáveis do leite (*Ver* Produtos lácteos)
   queijo, 905-906
   valor nutritivo
      composição, 942-944
      desenho das etiquetas de alimentos, 945-947
      digestibilidade, 943-944
      gordura, 942-944
      intolerância à lactose, 946-948
      valores diários, 945-948
Leite de vaca, 906-907, 910-911, 919-922, 927-928
Leite de renas, 906-907
Leucoantocianidinas. *Ver* Proantocianidinas
Licopeno, 702-703, 864-867
Ligação de sabor, de proteínas, 308-310

fatores que influenciam, 310-312
termodinâmica, 309-311
Ligações cruzadas carbono-carbono, 220-221
Ligações cruzadas catalisadas por transglutaminase, 349-350
Ligações de hidrogênio
   água
      comprimento, 28-29
      eletronegatividade, 25-28
      energia potencial, 27-29
      massa molecular 26-27
   proteínas, 263-265
Ligações dissulfeto, 266-268
Ligações duplas conjugadas, 230-232
Ligantes, 626-627
Limonina, 758-759
Linamarina, 889-890, 892-893
Linha de equilíbrio sólido-líquido, 22-24
Lipídeos
   ácidos graxos, 176-179
   acilgliceróis, 178-180
   benefícios para a saúde
      ácidos graxos *trans*, 233-234
      ácidos graxos ω-3, 233-235
      carotenoides, 234-235
      CLA, 234-235
      fitoesteroides, 234-235
      lipídeos de baixas calorias, 234-236
      lipídeos nutricionais, 233-234
   ceras, 181-182
   composição dos ácidos graxos, 181-184
   conteúdo de gordura sólida, 192-193
   cristalização, 193-204
   densidade, 190
   esfingolipídeos, 180-181
   esteroides, 180-182
   fosfolipídeos, 179-181
   funcionalidade
      aspecto, 208-209
      sabor, 208-210
      textura, 208-209
   perfis de ácidos graxos, alteração dos, 203-208
   processamento e manuseio de alimentos, 10
   propriedades elétricas, 192
   propriedades moleculares, 184-187
   propriedades ópticas, 191-192
   propriedades reológicas, 186-190
   propriedades térmicas, 190-191
   reação de oxidação
      antioxidantes, 220-230
      medida, 230-233
      produtos de decomposição, 217-221
      pró-oxidantes, 213-218
      taxas de oxidação, fatores que afetam, 229-230
      via química, 209-214
   reações hidrolíticas, 209-210
   refino, 182-185
Lipídeos de baixas calorias, 234-236
Lipídeos nutricionais, 233-234
Lipoproteína de baixa densidade (LDL)-níveis de colesterol, 233-234
Lipoxigenases (LOX), 215-217, 227-228
Lisilpiridinolina (LP), 968-971
Lisina, 945-946
Lisofosfatidilcolina, 144-145
Luteína, 865-866

M

Malondialdeído (MDA), 232-233
Maltodextrinas, 145-146
Maltol, 107-109, 764-765
Maltose, 114-115
Mangiferina, 721-723
Matriz extracelular (ECM)
    colágeno, 965
        estrutura primária, 967
        grupos, 965-966
        HP e LP, 968-971
        polipeptídeos, 967-970
        procolágeno, 968-970
        reações de ligações cruzadas, 968-969
        regiões de telopeptídeos, 967
        Tipo I, 967
        Tipos III e V, 966
        Tipo IV, 966
        tropocolágeno, 966-967
    integrinas, 965
    localização e interação, 965
1-MCP. *Ver* 1-meticiclopropeno (1-MCP)
MDA. *Ver* Malondialdeído (MDA)
Melaninas, 1047-1048
Melanoidinas, 108-109
Mercúrio, 651-654
Metais pesados oriundos dos alimentos, toxicologia dos, 649-650
    cádmio, 653-655
    chumbo, 651-652
    mercúrio, 651-654
1-meticiclopropeno (1-MCP), 1070-1072
Metil alil trissulfeto, 876-878
Metilceluloses (MCs), 154-157
Metional, 789
Metionina, 789
Metmioglobina, 680-682
Metoxi alquil pirazinas, 770-773
10-metoxiclorofila, 694-695
10-metoxilactona, 694-695
MGGL. *Ver* Proteínas da membrana de glóbulos de gordura do leite (MGGL)
Mimetizadores de gordura, 234-236
    carboidratos, 838-839
    proteínas, 838-839
    pseudo-umidade, 838-839
Minerais
    alimentos
        alimentos de origem animal, 657-658
        alimentos de origem vegetal, 656-657
        cinza, 654-655
        efeitos do processamento, 663-664
        fortificação e enriquecimento, 657-664
        minerais individuais, 654-655
        propriedades físicas e químicas, 663-670
    aspectos nutricionais
        biodisponibilidade, 632-633, 636-638
        cálcio, 640-643
        cloreto, 641-644
        DRIs, 630-635
        ferro, 643-646
        fósforo, 641-643
        homeostasia, 629-630
        iodo, 646-648
        potássio, 641-644
        processo de digestão e absorção, 639
        resumo, 631-632
        selênio, 647-650
        sódio, 641-644
        zinco, 645-647
    definição, 623-624
    efeito quelante, 627-629
    química de ácidos/bases
        teoria de ácidos e bases, 624-626
        teoria de Lewis de ácidos e bases, 625-628
    solubilidade, 624-625
Minerais individuais, em alimentos, 654-655
Miofibras
    ECM, 957-959
    endomísio, 958-960, 986
    miofilamentos, 960-961
    perimísio, 958-960, 986
    RS, 958-961
    sarcolema, 958-960
    sarcômero, 960-962
    sarcoplasma, 958-961
    teoria do filamento deslizante, 960-963
    tipos, 984
Mioglobina/hemoglobina, 678-679
    descoloração verde, 682-684
    estados de oxidação
        carnes cruas e curadas, reações em, 680-683
        forma ferrosa reduzida (Fe^{2+})/férrica oxidada (Fe^{3+}), 679-680
        pressão parcial de oxigênio, influência da, 683-684
        versus oxigenação, 679-680
    estrutura química, 679-682
    estrutura terciária, 679-682
Miomesina, 979-980
Miosina, 963-964, 970-974, 984, 1004-1005
Miraculina, 832-833
Mirosinase microbiana, 878-879
Mobilidade molecular
    diagrama de estado, 79-82
    estado vítreo, 77-80
    transição vítrea, 74-77
    velocidades de reação, 76-78
Modelo de Guggenheim, Anderson e De Boer (GAB), 63-65
Modelo do aglomerado oscilante, 31-32
Módulo superfície-dilatação, 478-480
Molécula de água isolada, modelo esquemático da, 25-26
Monelina, 832-833
Mono-hidrogenofosfato de cálcio ($CaHPO_4$), 806
Monoamido fosfatos, 148-149
Monocamada de água de Brunauer, Emmett e Teller (BET), 53-54, 62-65
Monolaurina, 820-821
Monossacarídeos, 801-802
    definição, 92-93
    formas em anel, 95-99
    glicosídeos, 99-100
    isomerização, 95-96
    reações
        ácidos urônicos, 102-104
        caramelização, 109-111
        escurecimento não enzimático, 105-110
        formação de acrilamida, 110-114
        grupo hidroxila de ésteres, 103-104
        grupo hidroxila de éteres, 103-106
        oxidação do ácido aldônico, 99-101
        redução do grupo carbonila, 101-103

Montorilonita, 844-845
Músculo cardíaco, estrutura do, 962-963
Músculo de contração lenta oxidativa (SO), 984
Músculo de contração rápida oxidativa, 984
Músculo esquelético
   acoplamento excitação-contração, 984-985
   mecanismos de liberação e captação
     de Ca^{2+}, 980-982
   miofibras
     ECM, 957-959
     endomísio, 958-960, 986
     miofilamentos, 960-961
     perimísio, 958-960, 986
     RS, 958-961
     sarcolema, 958-960
     sarcômero, 960-962
     sarcoplasma, 958-961
     teoria do filamento deslizante, 960-963
     tipos, 984
Músculo glicolítico de contração rápida, 984
Músculos lisos, 962-964

N

Naringina, 757-758
Natamicina, 821-822
Nebulina, 976-979
Neoesperidina di-hidrochalcona, 832-833
Neotame, 829-830
Niacina
   biodisponibilidade, 588-590
   estrutura e propriedades gerais, 587-589
   métodos analíticos, 588-589
Nicotinamida adenina dinucleotídeo (NAD), 587-589
Nicotinamida adenina dinucleotídeo fosfato (NADP), 587-589
Níquel, 668-669
Nisina, 824-825
Nitrito, 816-818, 1001-1002
Nitrosaminas, 895-897
Nitrosilmioglobina, 682-684
Níveis de hidratação de proteínas, 56-57
Nível superior à ingestão tolerável (UL), 630-633
NO. *Ver* Óxido nítrico (NO)
Número de Weber, 518-519
Nutracêuticos
   apoptose, 881-882
   biodisponibilidade de, 883-886
   carotenoides, 863-867
   compostos organossulfurados, 876-878
   compostos polifenólicos, 873-877
   efeitos anticancerígenos, 881-882
   efeitos anti-inflamatórios, 880-881
   fitoestrogênios, 882-883
   flavonoides (*Ver* Flavonoides)
   indóis, 876-881
   induzidos por processamento, 888-890
   isotiocianatos, 876-881
   polifenóis, 882-884
   proantocianidinas, 872-874
   proteção antioxidante, 880-882
   sistema imune, 882-883
   tratamento dietético combinado, 882-883
Nutritional Labeling and Education Act (NLEA) de 1990, 729-730

O

OGMs. *Ver* Organismos geneticamente modificados (OGMs)
Óleos cítricos, 843-844
Óleos vegetais bromados, 842-844
Oligossacarídeos
   ciclodextrinas, 117-120
   lactose, 114-117
   maltose, 114-115
   sacarose, 116-118
   trealose, 117-118
Organismos geneticamente modificados (OGMs), 1044-1075
Orientações Dietéticas para Americanos de 2010, 643-644
Oxalatos, 895
Oxidação do colesterol, 220-221
Óxido de etileno, 823-824, 848-849
Óxido de propileno, 823-824
Óxido nítrico (NO), 1036, 1073-1074
Oxigenação
   da mioglobina, 679-680
   lipoxigenases, 384
   pigmento heme, 683
Oxigênio singlete, 227-228
Oxitetraciclina, 824-825

P

Padrão Geral para Aditivos Alimentares (GSFA), 733
PAHs. *Ver* Hidrocarbonetos aromáticos policíclicos (PAHs)
Parabenos, 822-823
Pectinas, 162-165, 1038-1040, 1066-1067
Pelagra, 542
Peptídeos amargos, 323-324
Peptídeos, 827-830
Peróxido de benzoíla [$(C_6H_5CO)_2O_2$], 845-847
Peróxido de hidrogênio, 228-229
Peróxidos, 228-229
Pigmento trifenilmetano, 737-738
Pigmento, 677-678
Pigmentos
   antocianinas
     açúcares e produtos de degradação, 714-715
     como corantes alimentares naturais, 717-718
     copigmentação, 715-717
     cor e estabilidade, 707-708
     dióxido de enxofre, 715-716
     estrutura, 704-708
     estruturas químicas, 707-710
     luz, 712-715
     metais, 714-716
     oxigênio e ácido ascórbico, 712-714
     reações enzimáticas, 716-718
     temperatura, 709-714
     transformações estruturais e níveis de pH, 709-710
   betalaínas
     betacianinas, 723-724
     betaxantinas, 723-725
     estruturas gerais e unidades básicas de construção, 721-724
     propriedades físicas, 723-725
     propriedades químicas, 723-729
   carotenoides
     alimentos comumente consumidos, composição de, 701-703
     atividade da vitamina A, 697-699
     complexos carotenoide-clorofila-proteína, 701-703
     e apocarotenoides, estruturas e fórmulas de, 697-701

em organismos fotossintetizantes, 697-699
em populações de algas marinhas, 697-699
estabilidade, 704-705
glicosídeos, 701-703
ocorrência e distribuição, 701-703
papel fotoprotetor, 697-699
propriedades físicas, extração e análise, 702-703
propriedades químicas, 702-704
unidades isopreno, 699-701
via do metileritritol-4-fosfato, 699-701
clorofila
alomerização, 694-695
atividade enzimática, 688-689
calor e meio ácido, 689-693
características físicas e análise, 686-688
estrutura e nomenclatura, 685-687
formação de metalocomplexos, 691-695
fotodegradação, 694-696
preservação das cores, 694-699
processamento térmico, perde de cor, 694-696
de carne curada, 678-679, 681-684
estruturas químicas, classificação, 678-680
flavonoides do tipo não antociânico
antoxantina, 718-720
em alimentos, 718-720
espectros de absorção, 718-720
proantocianidinas, 719-721
taninos, 720-722
pigmentos heme
carnes curadas, 678-679, 681-684
cor da carne e estabilidade de pigmentos, 682-685
em carnes cruas e cozidas, 678-679, 681
estruturas químicas, classificação, 678-680
mioglobina/hemoglobina, 679-684
descoloração verde, 682-684
estados de oxidação, 679-684
estrutura química, 679-682
estrutura terciária, 679-682
técnicas de embalagem em atmosfera modificada, 684-685
quinonas, 721-723
tipo índigo, 737-738
xantona, 721-723
Pimaricina, 821-822
Pimenta malagueta, 764-765
Pimenta, 765-766
Piroclorofilas, 691-693
Pirofeoforbídeo A, 895
Pirofosfato de sódio, 805-806
Pirroloquinolina quinona (PQQ), 614-615
PMFs. Ver Polimetoxiflavonas (PMFs)
Poder catalítico, das enzimas, 357-359
aproximação, 363-364
catálise covalente, 363-369
efeitos líquidos, 370-371
energia de ligação, 362-364
sítios ativos, 361-362
tensão e deformação, 369-370
teoria da colisão, 358-359
teoria do estado de transição, 358-361
Poliaminas (PAs), 1036
Polidextrose, 167-168, 839-841
Poliésteres de sacarose, 840-842
Polifenóis, 638, 882-886
Poliglicerol, 835
Polímeros, 474-476

Polimetoxiflavonas (PMFs), 871-874
Polióis
alimentos de umidade intermediária, 835-838
aplicações, 833-834
doçura e valores de energia, 833-834
estruturas comparativas, 833-834
etilenoglicol, 835
funções, 833-834
glicose, hidrogenação de, 833-834
isomalte, 834-835
poliglicerol, 835
sorbitol, 835-836
Polissacarídeos
alginas, 161-163
amido
amido pré-gelatinizado, 151-152
amido solúvel em água fria, 151-152
amidos alimentares modificados, 146-152
amidos não modificados, 140-142
amilopectina, 136-138
amilose, 135-137
ciclodextrinas, 117-120
complexos, 143-145
grânulos, 135-141
produtos comerciais, 135-136, 138-139
produtos da hidrólise, 144-147
retrogradação e degradação, 143-144
tecidos vegetais, 140-144
carragenanas, ágar e furcelarana, 158-162
celulose, 153-157
cristalinidade, solubilidade e crioestabilização, 121-122
estruturas químicas e propriedades, 120-121
fruto-oligossacarídeos, 167
géis, 133-135, 502-505
gelana, 165-166
glicomanana Konjac, 165-167
goma arábica, 164-166
gomas de alfarroba, 155-157
gomas guar, 155-157
hidrólise, 134-135
inulina, 167
pectinas, 162-165
polidextrose, 167-168
viscosidade e estabilidade da solução, 123-125, 133-134
xantana, 157-159
Polivinilpirrolidona (PVP), 844-846
Ponto triplo, 22-23
Potássio, 641-644
Pressão de Laplace, 476-478
Pressão de superfície, 472-473
Pressão relativa de vapor (RVP), 50-51
Pretzels, 807
Proantocianidinas, 872-874
hidrólise ácida, 720-721
unidade básica das, 719-721
Processamento de produtos frescos, 1076-1079
Processamento e manuseio de alimentos
carboidratos, 9
fatores de estabilidade dos alimentos, 11-14
interações químicas, 6-7, 11-12
lipídeos, 10
proteínas, 8-10
Processo de amadurecimento, 1020-1023, 1067-1068, 1075-1076
Processo de Blair, 694-696
Processo de secagem por congelamento, 22-23

Processo de senescência, 1020-1023, 1067-1068, 1075-1076
Processo de Veri-Green, 696-697
Produtos de hidrólise
   amido, 144-147
   polissacarídeos, 134-135
Produtos lácteos
   consumo, 928-930
   leite condensado, 935-937
   leite em pó, 935-937
   leite evaporado, 935-937
   leite fluido
      exposição à luz, 929-930
      gorduras e proteínas, 929-930
      homogeneização, 929-931
      pasteurização, 930-931
      temperatura, 928-930
      tratamento térmico, efeitos do, 930-934
   manteiga, 935-936
   processamento por separação de membrana, 936-938
   produtos cultivados, 933-934
   queijo, 933-936
Produtos minimamente processados, 1067-1068, 1076-1079
Produtos primários da oxidação de lipídeos, 230-231
Produtos secundários da oxidação de lipídeos, 231-232
Produtos vegetais transgênicos
   amadurecimento, modificação do, 1075-1076
   OGM, 1073-1075
   plantações de alimentos vegetais nutricionalmente melhorados, 1074-1076
   processos de senescência, modificação dos, 1075-1076
Produtos voláteis da oxidação de lipídeos, 231-232
Projeção de Haworth, 95-98, 637
Pró-oxidantes, 226-227
   autoxidação, 213-216
   hidroperóxidos, 214-217
   LOX, 215-217
   metais de transição, 216-218
   oxigênio singlete, 214-216
   radicais livres, 216-217
6-n-Propil-2-tio-uracil (PROP), 760-761
Propriedades acidobásicas
   aminoácidos, 244-247
   minerais
      teoria de Bronsted, 624-626
      teoria de Lewis, 625-628
Propriedades coligativas, 46-47
Propriedades ópticas, dos aminoácidos, 248-249
Proteassoma, 988-990
Proteínas
   adição de sabor, 308-310
      fatores que influenciam, 310-312
      termodinâmica, 309-311
   alimentos, atributos sensoriais dos, 285-287
   avaliação do valor nutritivo
      métodos biológicos, 327-329
      métodos enzimáticos e microbianos, 329-330
      métodos químicos, 328-330
   coalescência, 519-521
   composição de aminoácidos, 324-327
   desnaturação, 270-271
      agentes físicos, 272-280
      agentes químicos, 279-285
      termodinâmica, 271-273
   digestibilidade
      conformação de proteínas, 324-327
      fatores antinutricionais, 326-328
      processamento, 327-328
   emulsões, 299-305, 514-516
   espumas, 304-309
   estabilidade conformacional, 268-269
   estrutura primária, 253-255
   estrutura quaternária, 261-263
   estrutura secundária, 255-259
   estrutura terciária, 258-262
   forças de estabilidade
      interações de Van der Waals, 262-264
      interações eletrostáticas, 264-266
      interações hidrofóbicas, 265-268
      ligações de hidrogênio, 263-265
      ligações dissulfeto, 266-268
      tensões estéricas, 262-263
   formação da massa, 318-321
   gelação, 313-316
   hidratação, 287-291
   hidrolisados, 312-322
      alergenicidade, 323-324
      peptídeos amargos, 323-324
      propriedades funcionais, 321-324
   modificações enzimáticas
      hidrólise, 348-350
      ligações cruzadas, 349-350
      reação da plasteína, 349-350
   modificações químicas, 344-346
      acilação, 346-348
      alquilação, 345-346
      esterificação, 348-349
      fosforilação, 347-348
      sulfitólise, 347-349
   processamento e manuseio de alimentos, 8-10
   propriedades interfaciais, 294-299
      propriedades de formação de espumas, 304-309
      propriedades emulsificantes, 299-305
   qualidade, 324-326
   solubilidade, 290-292
      força iônica e, 293-294
      pH e, 292-294
      solventes orgânicos e, 294-295
      temperatura e, 294-295
   surfactantes, 474-475
   texturização, 316-317
      extrusão, 316-318
      fibra texturizada, 316-317
   viscosidade, 311-313
Proteínas contráteis
   actina, 963-964, 974-975
   miosina, 963-964, 970-974
Proteínas da membrana de glóbulos de gordura do leite (MGGL)
   composição de lipídeos, 923-925
   composição de proteínas, 924-926
   estrutura tripartida, 922-926
Proteínas da soja, 807, 1066-1067
Proteínas de choque térmico (HSPs), 1072-1073
Proteínas do leite
   adsorção, 938-939
   aplicações, 938-939
   atividade de superfície, 938-940
   caseína
      aminoácidos essenciais, 945-946
      caseína ácida, 911-912
      caseinatos, 937-938

coagulação, 934-935
coalho, 937-938
coprecipitados de, 937-938
famílias, 911-912
fosfoserina, 913-914
isolado da proteína do soro de leite, 937-941
lisina, 945-946
micelas, 911-917
peptídeos bioativos, 940-942
γ-caseínas, 912-914
κ-caseínas, 913-915
consumo diário, 943-946
digestibilidade, 943-944
fracionamento por permuta de íons, 938-939
interações intermoleculares, 938-940
proteína do leite, 938-943
proteínas alérgicas, 938-941
solubilidade, 938-939
Proteínas do soro do leite
albumina sérica, 919-920
imunoglobulinas, 919-920
lactoferrina, 919-920
lisina, 945-946
tecidos vegetais comestíveis, 1067-1068
α-lactalbumina, 919-920
β-lactoglobulina, 918-920
Proteínas estromais, 963-964, 1003-1004
Proteínas miofibrilares, 963-964, 1003-1007
Proteínas regulatórias
tropomiosina, 974-976
troponina, 975-979
Proteínas sarcoplasmáticas, 963-964, 968-972, 1003-1004
PSE. *Ver* Carne pálida, mole e exudativa (PSE)
PTC. *Ver* Feniltiocarbamida (PTC)
Pterostilbeno, 874-876
Pudins instantâneos de leite-gel, 807
PVP. *Ver* Polivinilpirrolidona (PVP)

Q

Queima por nitrito, 682-684
Queratina, 1066-1067
Quercetina, 870-872
Químicos de alimentos
abordagem analítica, 5-6
papel social
razões para, 13-15
tipos de envolvimento, 14-16
versus biólogos, 1
Quimioestesia, 753-754
Quimiofobia, 14-15
Quimotripsina, 895
Quinino, 754-756
Quinonas, 721-723
Quitina, 1066-1067
Quitosanos, 1066-1067

R

Radicais livres, 221-222
Rafinose, 116-117
Ranço oxidativo, 209-210, 216-217, 232-233
Reação da plasteína, 349-350
Reação de adição de Michael, 220-221

Reação de escurecimento de Maillard, 58, 60, 105-111, 895-897, 1042-1044
Reação de Fenton, 216-217
Reação de Haber-Weiss, 217-218
Reação de oxidação, lipídeos
antioxidantes, 220-230
ácido ascórbico e tióis, 226-227
ânion superóxido, 227-228
atividade sinergística, 228-230
fenóis sintéticos, 224-226
fenóis vegetais, 224-227
intermediários de oxidação, 227-228
lipoxigenases, 227-228
localização física, 229-230
mecanismos químicos, 220-221
metais, atividade pró-oxidativa de, 226-228
oxigênio singlete, 227-228
peróxidos, 228-229
pró-oxidantes, 226-227
radicais livres, 221-222
tocoferóis, 221-226
medida, 230-233
produtos da decomposição
ligações cruzadas carbono-carbono, 220-221
modelos de reação, 217-219
oxidação de colesterol, 220-221
radicais de alcoxila, 220-221
reação de β-clivagem, 218-221
pró-oxidantes
autoxidação, 213-216
hidroperóxidos, 214-217
LOX, 215-217
metais de transição, 216-218
oxigênio singlete, 214-216
radicais livres, 216-217
taxas de oxidação, fatores que influenciam, 229-230
via química, 209-214
Reação de β-clivagem, 218-221
Reações limitadas por barreira de energia de ativação, 76-77
Rearranjo de Amadori, 106-107
Reatividade química, de aminoácidos, 249, 253
Receptor de di-hidropiridina (DHPR), 980-983
Receptor de rianodina (RyR), 980-983, 992
Recomendação de ingestão diária (RDA), 545-547, 630-633
Regra de Bancroft, 514-515
Reguladores do crescimento das plantas (PGRs), 1030
Requerimento estimado médio (EAR), 630-633
Resinas, 1065-1066
Resveratrol, 874-876
Retículo sarcoplasmático (RS), 958-961, 980-983
Retinoides
atividade da vitamina A, 555-558
estruturas de, 554-557
Retrogradação, 140-141, 143-144
Riboflavina
biodisponibilidade, 586-588
degradação fotoquímica, 585-587
estabilidade, 585-586
estrutura e propriedades gerais
comportamento de oxidação-redução, 585-586
FMN e FAD, 584-586
leite humano e bovino, distribuição no, 585-587
métodos analíticos, 587-588
Roquefort, 935-936

ROS. *Ver* Espécies reativas de oxigênio (ROS)
Rosinas, 1065-1066
Rotulagem nutricional, 545-546
RS. *Ver* Retículo sarcoplasmático (RS)
RVP. *Ver* Pressão relativa de vapor (RVP)
RyR. *Ver* Receptor de rianodina (RyR)

S

Sabor de caramelo, 791-793
Sabor de limão, 776-777
Sabor superaquecido, 217-218
Sabores
   adstringência, 766-768
   alimentos à base de músculos e leite
      carnes de não ruminantes, 785-787
      ruminantes, 782-784
      sabores de peixe e frutos do mar, 786-789
   avaliações sensoriais, 750-752
   composições da matriz de alimentos não modificada e modificada, 750-751
   conceito de taxa de liberação de acordo com o tempo, 750-751
   cromatografia a gás, 749-750
   dispositivos de nariz eletrônico, 750-751
   espectrometria de massa de varredura rápida, 749-750
   fermentações com ácido lático-etanol, 777-782
   gorduras e óleos
      ácido graxo poli-insaturado de cadeia longa, 780-784
      hidrólise, 780-782
   informação quantitativa, 750-751
   kokumi e compostos modificadores de sabor, 762-765
   percepção, mecanismos moleculares de, 752-754
   química e tecnologia, 792-794
   sabores de vegetais e frutas
      ácidos graxos de cadeia longa, β-oxidação, 771-774
      Allium sp., 767-769
      aminoácidos de cadeia ramificada, 773-774
      cogumelos shiitake, 770-771
      Cruciferae, voláteis contendo enxofre, 769-770
      metoxi alquil pirazinas, 770-773
      sabores cítricos, 775-777
      sabores derivados da lipoxigenase, 771-774
      temperos e ervas culinárias, 777-780
      terpenos, 774-776
      via do ácido chiquímico, 774-775
   sabores que resultam de processamento/reação
      carotenoides, clivagens oxidativas de, 792-793
      sabores induzidos termicamente pelo processamento, 788-793
   substâncias com gosto salgado, 760-762
   substâncias com gosto *umami*, 761-763
   substâncias de gosto amargo
      aminoácidos, valores DG para, 758-760
      cafeína, no café, chá e noz colada, 756
      feniltiocarbamida, 759-761
      humulona a iso-humulona, isomerização térmica, 756-757
      limonina, 758-759
      naringina, em sucos de toranja, 757-758
      peptídeos, 758-760
      PROP, 760-761
      quinino, em bebidas não alcoólicas, 754-756
      relação estrutura molecular-receptor, 754-756
      teobromina no cacau, 756
   substâncias de gosto azedo, 761-762
   substâncias de gosto doce, 753-756
   substâncias pungentes, 764-766
   substâncias refrescantes, 765-767
   técnicas de espectrometria de massa por ionização à pressão atmosférica, 750-751
Sabores cítricos, 775-777
Sacarina, 827
Sacarose de ésteres de ácidos graxos, 235-236
Sacarose diacetato hexaisobutirato, 842-843
Sacarose, 116-118, 1041-1042
Sais de nitratos, 816-818
Salatrim (XVI), 839-840
Sarcolema, 958-960, 980-982
Sedimentação de Stokes, 488-489
Segurança dos alimentos, 5-6
   atributos e alterações, 6-7
   isoterma de absorção de umidade, 54-55
   nanopartículas, 897
   reações químicas e bioquímicas, 6-7
Selênio, 647-650
Selenocisteína, estrutura química da, 647-648
Selenometionina, estrutura química da, 647-648
Sequestrantes de radicais livres (SRLs), 221-222, 224-226, 228-229
Sequestrantes. *Ver* Agentes quelantes
Série de Hofmeister, 37
Serina proteases, 404-405
Serina, estrutura química da, 647-648
Sesamolina, 888-890
6-shogaol, 874-876
Silicato de cálcio (Ca $SiO_3 \cdot XH_2O$), 847-848
Síndrome do estresse suíno, 991
Sistema de numeração de Fischer, 685-686
Sistema de transporte de elétrons, 1024-1027
Sistemas de cofatores NAD(P)H/FMN, 459
Sistemas de fermentação química
   ácido glucônico, 803-804
   bicarbonato de potássio, 802-803
   bicarbonato de sódio, 802-803
   dióxido de carbono, 802-803
      de ação lenta, 803-804
      de ação rápida, 803-804
      evolução, 804-805
      produção, 803-805
   fermento em pó, 804-806
   fosfato dicálcio, 804-805
   fosfatos e tartarato de potássio, 803-804
   massas refrigeradas, 805-807
   misturas para bolo, 805-806
   propriedades, 804-806
   sais de amônio, 802-803
   sulfato de alumínio sódico, 803-804
Sistemas dispersos
   alimentos fabricados, 465-466
   alimentos, 465-467
   dispersão de sólidos, 467-468
   dispersões líquidas
      agregação, 489-491
      alterações em, 487-488
      sedimentação, 487-490
   emulsões, 523-525
      camada de superfície, 512
      coalescência parcial, 520-524
      coalescência, 517-521

Índice 1101

distribuição em gotículas, 511
fase contínua, 512
fração de volume, 511
instabilidade física, tipos de, 516-518
proteína, 514-516
recoalescência, 513-515
regra de Bancroft, 514-515
rompimento de gotículas, 512-514
tipos, 466-467, 511
espumas
e emulsões, diferenças quantitativas, 524-525
estabilidade, 528-532
evolução da estrutura, 526-528
forças mecânicas, 525-527
supersaturação, 524-526
fenômenos de superfície
adsorção, 471-473
anfifílicos, 472-475
ângulos de contato, 475-477
funções, 480-482
gradientes de tensão de superfície, 479-481
interfaces curvas, 476-479
polímeros, 474-476
reologia interfacial, 478-480
tensão interfacial, 470-472
interação coloidal
camadas elétricas duplas, 482-485
força de interação líquida, consequências, 482-483
forças de Van der Waals, 482-483
interação por depleção, 486
interações hidrofóbicas, 487
repulsão estérica, 484-486
teoria DLVO, 484-485
sistema coloidal, 467-468
sólidos macios
características de ingestão dos alimentos, 506-510
géis, 491-510
materiais celulares, 491-492
misturas de biopolímeros, separação de fase, 491-494
sistemas embalados hermeticamente, 491-492
tamanho/escala, efeitos do
área de superfície, 467-468
aspecto visual, 467-468
distribuição de tamanho, 469-470
elementos estruturais nos alimentos, 467-469
escalas de tempo envolvidas, 468-469
forças externas, efeito das, 468-469
separação, facilidade de, 468-469
tamanho do poro, 468-469
velocidades de reação, efeitos nas, 469-470
Sódio, 641-644
α-Solanina, 889-890, 892-893
Sólidos de xarope de milho, 145-147
Sólidos macios
características de ingestão dos alimentos, 506-510
géis, 491-492, 508-510
consistência, 499
difusão, 500-502
dilatação e sinerese, 500-502
estabilidade física, 499-501
géis de caseinato, 503-506
géis de partículas, 493-495, 498-499
géis de polímeros, 493-495, 497-498
géis formados a frio, 494-495
géis formados a quente, 494-496
géis fracos, 500-502

géis mistos, 506-508
gelatina, 503-505
módulo, 496-498
parâmetros reológicos e de fratura, 495-497
permeabilidade, 500-502
polissacarídeos, 502-505
proteínas globulares, 505-508
materiais celulares, 491-492
misturas de biopolímeros, separação de fases, 491-493
complexo coacervação, 493-494
incompatibilidade termodinâmica, 492-494
sistemas embalados hermeticamente, 491-492
Solubilidade
minerais, 624-625
proteínas, 290-292
força iônica e, 293-294
pH e, 292-294
solventes orgânicos e, 294-295
temperatura e, 294-295
Soluções aquosas
água ligada, 43-46
efeito hidrofóbico, 40-43
interação carga-dipolo, 35-37
interação dipolo induzida por dipolo, 39-40
interações água-soluto, 34-35
propriedades coligativas, 46-47
Solúveis, polissacarídeos alimentares não amiláceos, 126-132
Sorbitol, 834-836
Substâncias amargas
aminoácidos, valores DG de, 758-760
cafeína, no café, chá e noz colada, 756
feniltiocarbamida, 759-761
humulona a iso-humulona, isomerização térmica, 756-757
limonina, 758-759
naringina, em sucos de toranja, 757-758
peptídeos, 758-760
PROP, 760-761
quinino, em bebidas não alcoólicas, 754-756
relação molecular estrutura-receptor, 754-756
teobromina no cacau, 756
Substâncias com gosto *umami*, 761-763
Substâncias de gosto amargo, 761-762
Substâncias de gosto doce, 753-756
Substâncias de gosto *kokumi*, 762-764
Substâncias de refrigeração, 765-767
Substâncias de sabor salgado, 760-762
Substâncias pungentes
gengibre, 765-766
pimenta malagueta, 764-765
pimenta preta e branca, 765-766
Substituintes de gorduras
alimentos com gorduras reduzidas, 837-838
compostos sintéticos
polidextrose, 839-841
poliésteres de sacarose, 840-842
trialcoxicarbalatos, 839-840
mimetizadores de
carboidratos, 838-839
proteínas, 838-839
pseudo-umidade, 838-839
substituintes de gorduras, 837-838
substitutos de gorduras de triacilglicerol sintéticos de calorias reduzidas, 838-840
Sucralose, 829-831
Sulfato de sódio, 802-803
Sulfato ferroso, 659-661

Sulfitólise, de proteínas, 347-349
Sulfitos, 814-817
Sulfoamida, 825-827
Sulfonato de poli-hidroxiflavona, 714-715
Sulforafano, 878-879
Superóxido dismutase (SOD), 227-228
Surfactantes
   anfifílicos, 472-475
   funções dos, 480-482
   polímeros, 474-476

T

Tabela periódica, 623-624
Talina, 832-833
Taninos, 720-722, 844-846
Tartarato de potássio, 801-802
Taumatinas I e II, 832-833
TBA. *Ver* Ácido tiobarbitúrico (TBA)
Tecidos biológicos, conteúdo de água de, 19-20
Tecidos musculares comestíveis
   acoplamento excitação-contração, 981-985
   carne (*Ver* Carne)
   músculo cardíaco, 962-963
   músculo esquelético (*Ver* Músculo esquelético)
   músculos lisos, 962-964
   proteínas
      actina, 963-964, 974-975
      CapZ, 978-980
      complexo distroglicano, 979-980
      desmina, 979-980
      distrofina, 979-980
      ECM, 963-970
      estromais, 963-964
      filaminas, 979-980
      integrinas, 979-981
      linha M, 979-980
      miofibrilar, 963-964
      miomesina, 979-980
      miosina, 963-964, 970-974
      MyBP-C, 979-980
      MyBP-H, 979-980
      nebulina, 976-979
      RS, 980-982
      sarcolema, 980-982
      sarcoplasmático, 963-964, 968-972
      titina, 976-979
      tropomiosina, 974-976
      tropomodulina, 979-980
      troponina, 975-979
      α-actinina, 976-979
   tipos de fibras musculares, 984
Tecidos vegetais comestíveis
   ácidos orgânicos, 1044-1047
   alimentos básicos, 1014-1017
   alterações desejáveis e indesejáveis, 1016-1017
   amadurecimento, 1020-1023
   carboidratos
      de armazenamento, 1041-1045
      estruturais, 1038-1042
      solúveis, 1041-1043
   compostos fenólicos, 1046-1048
   compostos orgânicos voláteis, 1052-1055
   conteúdo de água, 1037-1038
   estágio fisiológico, 1019-1024
   fatores pré-colheita, 1021-1024

   hormônios
      ABA, 1030, 1034-1035
      auxinas, 1030, 1034-1035
      BR, 1037
      citocininas, 1030, 1034-1035
      estruturas dos, 1030
      etileno (*Ver* Etileno)
      GAs, 1030, 1034-1035
      JA, 1037
      NO, 1036
      PAs, 1036
      PGR, 1030
      SA, 1037
   lipídeos, 1049-1051
   metabolismo primário
      ciclo TCA, 1025-1027
      fotossíntese, 1022-1024
      perecibilidade relativa, 1028-1029
      respiração aeróbia, 1024-1029
      respiração anaeróbia, 1024-1029
      sistema de transporte de elétrons, 1024-1027
      taxa de respiração, 1028-1029
      tempo de armazenamento potencial, 1028-1029
      via glicolítica, 1025-1027
      via oxidativa das pentoses-fosfato, 1024-1029
   morfologia, 1018-1022
   necessidades das mercadorias
      cereais, castanhas e sementes, 1075-1077
      frutas e vegetais integrais, 1076-1077
      processamento de vegetais frescos, 1076-1079
   período de armazenamento, 1016-1017
   pigmentos, 1050-1052
   produtos de plantas transgênicas
      amadurecimento, modificação de, 1075-1076
      OGM, 1073-1075
      plantações de alimentos melhorados nutricionalmente, 1074-1076
      processos de senescência, modificação de, 1075-1076
   proteínas e aminoácidos, 1047-1050
   qualidade e fisiologia pós-colheita, 1017-1018
   senescência, 1020-1023
   tecnologias pós-colheita (*Ver* Tecnologias pós-colheita)
   vitaminas e substâncias promotoras da saúde
      ácido ascórbico, 1053-1055
      compostos de enxofre, 1055-1056
      fitoquímicos, 1054-1055
      vitamina A, 1054-1055
Tecnologias pós-colheita
   atmosfera controlada, 1060-1065
   atmosfera modificada, 1060-1065
   etileno
      adsorção, 1070-1071
      degradação catalítica, 1070-1071
      efeitos deletérios, 1068-1070
      inibidores de, 1070-1072
      oxidação, 1070-1071
      produção e sensibilidade, 1068-1070
      resposta fisiológica/bioquímica, 1069-1070
      supressão, 1069-1071
   óxido nítrico, 1073-1074
   poliaminas, 1073-1074
   radiação ionizante, 1072-1074
   revestimentos comestíveis
      amadurecimento e senescência, inibição de, 1067-1068
      concentrações prejudiciais de gases anaeróbios, 1067-1068

goma laca e cera de carnaúba, 1065-1066
lipídeos, 1065-1066
materiais, 1065-1066
necessidades, 1065-1066
polissacarídeos, 1065-1067
produtos minimamente processados, 1067-1068
produtos não derivados de carne, 1065-1066
proteínas, 1066-1068
sintéticos, 1065-1066
temperatura de armazenamento
  baixa, 1055-1056
  compostos flavorizantes e aromatizantes, 1056-1058
  cura, 1055-1056
  lesão por congelamento, 1060-1061
  métodos de resfriamento, 1055-1058
  não sensível ao resfriamento, 1057-1060
  sensíveis à refrigeração, 1057-1060
  taxa de respiração e tempo de armazenamento relativo, 1056-1058
  tratamentos por calor, 1072-1073
  umidade relativa, 1060-1061
Temperatura de Kauzmann, 75-76
Temperatura de transição vítrea
  dependência da massa molecular, 83-87
  determinação, 82-85
  relações entre atividade de água e composição de umidade, 85-88
Temperatura e taxas de oxidação de lipídeos, 229-230
Tensão interfacial, 470-472
Tensões estéricas, 262-263
Teobromina, 756
Teoria da colisão da reação de catálise, 358-359
Teoria de Bronsted de ácidos e bases, 624-626
Teoria de Deryagin-Landau, Verwey-Overbeek (DLVO), 484-485
Teoria de Lewis de ácidos e bases, 625-628
Teoria do estado de transição da catálise enzimática, 358-361
Teoria do filamento deslizante, 960-963
Terpenos, 774-776
Tetrodotoxina, 895
Tetróxido de nitrogênio (N_2O_4), 846-847
Texturização
  enzimas dos alimentos
    defeito da parede açucarada, 458-459
    degradação de proteínas, 456-458
    polímeros de carboidratos, 456-457
  proteínas, 316-317
    extrusão, 316-318
    fibra texturizada, 316-317
Texturização de fibras torcidas, 316-317
Texturização por extrusão, 316-318
Tiamina
  biodisponibilidade, 583-585
  degradação, estabilidade e tipos de
    degradação térmica, velocidade e mecanismo de, 582-584
  propriedades de estabilidade, 578-584
  estrutura e propriedades gerais, 578-579
  métodos analíticos, 584-585
Tiamina, 788-789
Tiazolina, 790
Tilsiter, 934-935
Titina, 976-979
Tocoferóis, 221-226
  atividade de vitamina E, 564-565
  em óleos vegetais e alimentos, 564, 566-567
  estruturas dos, 563-564
Tocotrienóis
  atividade da vitamina E, 564-565
  em óleos vegetais e alimentos, 564, 566-567
  estruturas dos, 563-564
Tratamentos de alta temperatura e tempo curto (HTST), 696-697
Trealose, 117-118
Triacilgliceróis, 920-921
Triacilgliceróis de cadeia média (TCMs), 838-839
Trialcoxicarbalatos, 839-840
Tripolifosfato de sódio ($Na_5P_3P_{10}$), 811
Tropocolágeno, 966-970
Tropomiosina, 974-976, 982-983
Tropomodulina, 979-980
Troponina, 975-979
Tweens, 835

U

U.S. Department of Agriculture's National Nutrient Database for Standard Reference, 545-548
Ubiquinona. *Ver* Coenzima Q_{10}
Umidade relativa, 1060-1061
Unidades de odor (OUs), 752

V

Valores diários de referência (VDRs), 545-548
Vanilina, 764-765
Via do ácido chiquímico, 774-775
Via glicolítica, 1025-1027
Via oxidativa das pentoses-fosfato, 1024-1029
Vias de sinalização celular desreguladas, 881-882
Vinilditina, 876-878
Viscosidade do atrito de superfície, 478-479
Viscosidade, de proteínas, 311-313
Vitaminas
  ácido ascórbico
    biodisponibilidade, 577-578
    degradação, estabilidade e tipos de, 570-577
    estrutura e propriedades gerais, 568-572
    funções, 576-578
    método analítico, 577-578
  ácido pantotênico, 608-610
  betaína, 613
  biodisponibilidade, 548-549
  biotina, 606-608
  carnitina, 613-615
  coenzima Q_{10}, 614-615
  colina, 613
  estabilidade, 540-541
  folatos
    biodisponibilidade, 605-606
    degradação, estabilidade e tipos de, 600-606
    estrutura e propriedades gerais, 597-601
    métodos analíticos, 605-607
  fontes, 541-542
  funções, 540-541
  métodos analíticos, 545-549
  niacina, 587-590
  nutrientes, adição de, 542-544
  pirroloquinolina quinona, 614-615

recomendações nutricionais, 545-547
retenção, otimização da
  embalagens, efeitos da, 615-616
  perdas, previsão de, 615-616
  procedimentos de processamento térmico, 614-616
toxicidade, 541
variação/perdas, causas
  branqueamento e processamento térmico, 551-553
  mudanças pós-colheita, 550-551
  perdas pós-processamento, 551-554
  substâncias químicas e produtos alimentares, influência de, 553-556
  tratamentos preliminares, 550-552
  variação inerente, 549-550
vitamina A
  biodisponibilidade, 560-562
  degradação, estabilidade e tipos de, 556-562
  estrutura e propriedades gerais, 554-558
  métodos analíticos, 560-562
vitamina B1 (*Ver* Tiamina)
vitamina B12, 609-612
vitamina B2 (*Ver* Riboflavina)
vitamina B6
  biodisponibilidade, 597-598
  degradação, estabilidade e tipos, 592-598
  estrutura e propriedades gerais, 588-593
  medição da, 597-598
vitamina C, 1053-1055
vitamina D
  estrutura e propriedades gerais, 561-563
  métodos analíticos, 563
vitamina E
  biodisponibilidade, 566-569
  degradação oxidativa, 565-568
  estabilidade, 565
  estrutura e propriedades gerais, 563-567
  métodos analíticos, 567-569
  oxigênio singlete e α-tocoferol, reação de, 566-568
vitamina K
  estrutura e propriedades gerais, 567-569
  métodos analíticos, 568-569
Vitaminas hidrossolúveis
  ácido ascórbico
    biodisponibilidade, 577-578
    degradação, estabilidade e tipos de, 570-577
    estrutura e propriedades gerais, 568-572
    funções, 576-578
    método analítico, 577-578
  ácido pantotênico, 608-610
  biotina, 606-608
  folatos
    biodisponibilidade, 605-606
    degradação, estabilidade e tipos de, 600-606
    estrutura e propriedades gerais, 597-601
    métodos analíticos, 605-607
  niacina
    biodisponibilidade, 588-590
    estrutura e propriedades gerais, 587-589
    métodos analíticos, 588-589

riboflavina
  biodisponibilidade, 586-588
  degradação fotoquímica, 585-587
  estabilidade, 585-586
  estrutura e propriedades gerais, 584-587
  métodos analíticos, 587-588
tiamina
  biodisponibilidade, 583-585
  degradação, velocidade e mecanismo de degradação, 582-584
  estrutura e propriedades gerais, 578-579
  métodos analíticos, 584-585
  propriedades de estabilidade, 578-584
vitamina B12, 609-612
vitamina B6
  biodisponibilidade, 597-598
  degradação, estabilidade e tipos de, 592-598
  estrutura e propriedades gerais, 588-593
  medida de, 597-598
Vitaminas lipossolúveis
  vitamina A
    biodisponibilidade, 560-562
    degradação, estabilidade e tipos de, 556-562
    estrutura e propriedades gerais, 554-558
    métodos analíticos, 560-562
  vitamina D
    estrutura e propriedades gerais, 561-563
    métodos analíticos, 563
  vitamina E
    biodisponibilidade, 566-569
    degradação oxidativa, 565-568
    estabilidade, 565
    estrutura e propriedades gerais, 563-567
    métodos analíticos, 567-569
    oxigênio singlete e α-tocoferol, reação de, 566-568
  vitamina K
    estrutura e propriedades gerais, 567-569
    métodos analíticos, 568-569
Voláteis
  derivados de ácidos graxos, 1052-1053
  derivados de aminoácidos, 1052-1053
  derivados de carotenoides, 1052-1053
  terpenoides, 1052-1053

X

Xantana, 157-159
Xantonas, 721-723
Xarope de milho, 146-147
Xilitol, 102-103

Z

Zeaxantina, 865-866
Zeína de milho, 1066-1067
Zinco
  alimentos, fortificação e enriquecimento de, 662
  aspectos nutricionais, 645-647